Medica Flora of Shandong

山东药用植物志

李建秀　周凤琴　张照荣　主编
Li jianxiu　Zhou fengqin　Zhang zhaorong

西安交通大学出版社
XI'AN JIAOTONG UNIVERSITY PRESS

内容简介

本志收载了山东省自然分布和引种栽培的重要药用植物164科1 160种及变种、变型,是山东省中药界目前资料齐全、系统、新颖的第一部地方性专著,被行内专家视为"山东地区的本草纲目"。全志分总论和各论两部分。总论介绍山东省地理概况、编者团队几十年从事山东药用植物资源研究精品的总结和展现、山东药用植物资源区划以及药用植物资源开发应用等。各论收载了每种药用植物的中文名、别名、学名、植物形态、分布与产地、药用部位、采收加工、药材性状、化学成分、功效主治、历史等;附植物形态图和彩色照片近1 100余幅,图文并茂,突显了山东道地药材和药用植物的实用性。本志是中药学、中医学、植物学、资源学及植物保护、园林、农业等专业人员和大专院校学生的重要工具书,也是中药爱好者识别药用植物及药材、防病治病、养生保健、药食两用、收藏之佳品。

图书在版编目(CIP)数据

山东药用植物志 / 李建秀,周凤琴,张照荣主编. —西安:西安交通大学出版社,2013.8
ISBN 978-7-5605-4573-8

Ⅰ.①山… Ⅱ.①李… ②周… ③张… Ⅲ.①药用植物-植物志-山东省 Ⅳ.①Q949.95

中国版本图书馆CIP数据核字(2012)第221402号

书　　名	山东药用植物志
主　　编	李建秀　　周凤琴　　张照荣
责任编辑	王丽娜
出版发行	西安交通大学出版社 (西安市兴庆南路10号　邮政编码 710049)
网　　址	http://www.xjtupress.com
电　　话	(029)82668357　82667874(发行中心) (029)82668315　82669096(总编办)
传　　真	(029)82668280
印　　刷	中煤地西安地图制印有限公司
开　　本	880mm×1230mm　1/16　印张 58.75　彩页 8　字数 2026千字
版次印次	2013年8月第1版　2013年8月第1次印刷
书　　号	ISBN 978-7-5605-4573-8/Q·10
定　　价	368.00元

读者购书、书店添货,如发现印装质量问题,请与本社发行中心联系、调换。
订购热线:(029)82665248　(029)82665249
投稿热线:(029)82668226　(029)82668804
读者信箱:xjtumpress@163.com

版权所有　侵权必究

《山东药用植物志》
编委会

主　编　李建秀　周凤琴　张照荣
副主编　张永清　郭庆梅
　　　　（按姓氏笔画排序）

万　鹏	马　艳	王如峰	石优霞	孙经兴
孙响波	孙稚颖	张秀云	李　佳	李圣波
李志勇	李雨航	李晓娟	谷民举	邵　林
陈桂玉	孟高旺	赵珠祥	郝智慧	项东宇
郭新苗	高文学	崔晓秋	蒲晓芳	

编　委　（按姓氏笔画排序）

于　晓	于妮娜	马会利	丰　睿	孔　浩
王　刚	王　婷	王　鹏	王建成	王真真
王慧慧	冉　蓉	史国玉	生力嵩	刘　会
刘苗苗	刘洪超	刘艳辉	孙俊英	孙积泉
安国政	张　芳	张立群	张百霞	张荣超
李　栓	李　静	李云尧	李彦文	李高燕
辛　杰	陈　萌	陈沪宁	侯爱霞	宫春博
柯剑林	赵华英	赵金凤	聂金娥	顾正位
高翠芳	崔洋洋	康玉秋	梁　良	梁秀坤
韩琳娜	蔡　青			

主编简介

李建秀 男,1937年4月生,山东齐河人。山东中医药大学教授,硕士生导师。享受国务院政府特殊津贴学者,山东省优秀教师,山东省高校"科教兴鲁"先进工作者。历任山东植物学会副理事长,国家自然科学基金专家组成员,山东省科技进步奖评委,国际蕨类植物学家协会会员。2010年荣获山东省"老教授新贡献奖"。现任山东省老教授协会理事。

从事中药资源学、蕨类植物学和孢粉学教学科研工作30余年,先后主持中药资源调查、蕨类植物研究等省级自然科学基金重点课题9项,荣获山东省科技进步二等奖、三等奖和厅局级一、二、三等奖13项。编著《山东植物志》(蕨类植物门);在《植物分类学报》、《植物分类与资源学报》、《中国中药杂志》等国家自然科学核心期刊,发表专业学术论文60余篇,发现并命名山东贯众、山东石竹、山东丹参、山东耳蕨等13种重要药用植物新种,分别收载于《中国植物志》、《新编中药志》、《中国高等植物》等专著中。主持和主讲的《中药鉴定学》2008年被评为省级精品课程。2012年被评为省级教学团队(中药学专业)学科带头人。

周凤琴 女,1951年4月生,山东临沂人。山东中医药大学教授,博士生导师。山东省知名技术专家,山东植物学会常务理事、中国商品学会中药商品学专业委员会副会长、山东省老科协常务理事。山东省省级精品课程《中药商品学》负责人,山东省省级精品课程《中药鉴定学》与《药用植物学》主讲教师,山东中医药大学教学名师。

从事中药质量与资源研究,中药材开发应用研究和中药材规范化种植研究等。承担并完成国家及省厅级课题30余项,荣获山东省科技进步一、二、三等奖7项,厅局级奖多项。发表学术论文160余篇,主编《中药商品学实验》,参编《中华海洋本草》及《中药商品学》、《中药材商品学》、《中药鉴定学》、《中药鉴定学专论》(研究生"十一五"规划教材)等10余部。

张照荣 女,1951年7月生,山东博兴人。山东中医药大学教授,硕士生导师。讲授《中药化学》、《天然药物化学》、《药物结构解析》、《有机化合物波谱解析》等课程,山东中医药大学教学名师。

从事中药化学和天然药物化学研究。主要研究成果有"常用中药材酸枣仁品种整理及质量研究"、"紫荆花化学成分的研究"、"人参固本口服液的研究"、"鲜姜有效部位液-固萃取技术的研究"等。发表论文40余篇。参与《中药化学习题与解析》、《中药化学》等教材的编写。

序 一

进入 21 世纪以来,随着社会的发展与进步,人们的生活方式以及生活理念发生了巨大变化,"崇尚天然"已经成为国际社会的共识;当今世界医学模式已由原来的治疗医学逐渐转变为健康医学,人们的健康观念亦已转向了预防和保健,"回归自然"的理念成为新的健康取向。作为植物界的一个重要经济部分——药用植物越来越受到人们的青睐。我国远古时代"神农尝百草,始有医药"的记述,生动地阐明了药用植物与劳动人民防病治病的密切联系。因此,药用植物不仅与中药品种、中药资源、中药栽培、中药质量和中医事业息息相关,更是中华民族繁衍、生息、昌盛,长期赖以健康生存和发展的重要物质基础。

《山东药用植物志》编者们自上个世纪 80 年代以来,历经山东省多次大规模的中药资源调查,主持承担并完成了国家级和省级 40 余项药用植物、道地药材、开发应用等重点研究项目,取得了许多创新性成果,发现了几十种新植物和新药源,查明了山东省药用植物资源,编制了山东省药用植物区划。在此基础上,总结了前人的经验,编著了山东省第一部药用植物资源专著——《山东药用植物志》。

《山东药用植物志》分为总论和各论两部分,总论部分论述了山东省自然概况、山东省药用植物资源、山东药用植物资源区划、山东药用植物资源开发利用和保护,山东药用植物资源可持续利用和发展原则等。各论部分收载了从山东 2 500 余种植物资源中筛选出来的 1 160 余种药用植物,对每个物种均进行了详细的介绍。《山东药用植物志》在我国各省区同类书籍中尤具特色。严谨性:该书对全部物种均进行了拉丁学名考证,订正了误用学名或异名 60 余个。新颖性:查阅并收载了全部药用植物近 20 年来化学成分的研究成果,对 650 余种药用植物进行了药用历史考证。每种药用植物都附有植物形态墨线图,并附有山东道地药材、濒危植物彩色照片。创新性:收载了山东省近年来发现的药用植物新资源,新编写了 600 余种药用植物的药材性状,制定了性状质量标准。

《山东药用植物志》内容新颖、图文并茂,是一部首次全面论述和反映山东省药用植物资源的专著,她积聚了编者几十年的深厚积淀,凝聚了编者对药用植物领域诚挚的爱,是对山东省药用植物资源的重要贡献,将会对山东药用植物研究及资源应用领域产生深远的影响。期望《山东药用植物志》早日面世。

中国工程院院士
2013 年 5 月 18 日

序 二

伟大的中华民族在数千年的历史长河中形成了自己古老而闻名的优秀文化，中医药是优秀传统文化宝库的重要组成部分。从秦、汉到清代，有文字记载的古本草专著有400余部，是中华民族繁衍昌盛的重要支柱和对人类文明的杰出贡献。

中华人民共和国成立以来，党和政府十分重视和关心中医药事业的发展，在毛泽东主席"中国医药学是一个伟大的宝库，应当努力发掘，加以提高"的精神鼓舞下，先后出版了《中华人民共和国药典》、《中华本草》、《新编中药志》等重要标准和专著，极大地促进了中医药事业的发展，但反映各省区地域性的中药资源专著为数不多。

《山东药用植物志》的编者们是集几代人所形成的团队，几十年来承担了国家和省级中药领域几十项重大科研课题，《山东药用植物志》是其科研成果集中的总结和展现。本志收载山东地区野生和栽培的重要药用植物1 160余种，内容新颖、丰富、系统，图文并茂，突出了山东道地药材，实用性强，为山东中药界同行多年所期盼、国内少有的地方性药用植物志，是我们山东的"本草纲目"。我有机会先读《山东药用植物志》书稿，认为这是一本内容新、水平高、实用性强的好书，是中医中药专业教学、科研很有参考价值的工具书，也是收藏之佳品。为此，我高兴为本志作序。

束怀瑞

中国工程院院士

2013 年 5 月 16 日

前 言

　　药用植物是指植物界中具有防治疾病和保健作用的植物,是国宝中药的主要资源。山东省历经 50 年代、60 年代和 80 年代数次大规模的中药资源调查,现知野生维管植物 1 700 余种,其中药用植物 1 400 余种(包括引种栽培的药用植物 80 余种)。数十年来,山东省数所高校和中药科技工作者对山东药用植物开展了大量的研究工作,取得了许多科研成果,但迄今尚无一部能够全面反映山东药用植物资源的专著面世,科研成果不能很好地发挥其社会效益、经济效益和生态效益。

　　自 1980 年以来,本志编者集几代精英,凝聚率领这支教学科研团队,参加了山东省中药资源的调查工作,并主持完成了"山东中药资源调查及开发利用的研究"、"山东蕨类植物研究"、"山东药用蕨类植物研究"、"常用中药材酸枣仁品种整理及质量研究"、"常用中药材瞿麦品种整理及质量研究"、"常用中药材紫苏子品种整理及质量研究"、"金银花高产优质栽培技术及其推广应用的研究"、"金银花质量标准研究"、"忍冬体内绿原酸的含量分布及其变化规律的研究"、"常用中药材菊花及野菊花品种整理及质量研究"、"山东珍稀濒危野生药用植物的调查研究"等 30 余项重点课题,对蕨类植物、石竹科、毛茛科、大戟科、唇形科、忍冬科、玄参科、桔梗科、菊科、天南星科、百合科、莎草科、禾本科等多种重要药用植物资源进行了专项研究,取得了许多开创性成果,发现并命名了山东贯众、山东丹参、山东石竹等十几种重要药用植物新种以及五倍子、兴安石竹、拟两色乌头等几十种新药源。在此基础上,总结前人经验,吸取最新科研成果,去伪存真,编著完成了《山东药用植物志》。

　　《山东药用植物志》分为总论和各论两个部分,收载了山东省重要的野生及引种栽培药用植物 1 160 余种(其中包括 80 余种栽培药用植物)。总论论述了山东省自然概况、山东药用植物资源、山东药用植物资源区划、药用植物资源开发利用和保护等。各论收载了每种药用植物的中文名、别名、拉丁学名、植物形态、生长环境、产地分布、药用部位、采收加工、药材性状、化学成分、功效主治、历史、附注等 10 余项内容。每种药用植物都附有植物形态墨线图或彩色照片。中国工程院院士管华诗教授和束怀瑞教授为本志作序,并得到中国药科大学赵守训教授、周荣汉教授和山东大学周光裕教授的关注,《山东植物志》主编为本志提供部分植物墨线图,在此一并衷心感谢。

　　《山东药用植物志》是一部内容新颖、图文并茂的中药资源学专著,是编者团队几十年科研成果的总结和精品展现,是山东中药资源研究跨入新时代的里程碑。本志可作为医药院校、医疗科研单位、药检机构、药材生产与经营部门的重要工具书,也是从事农、林、牧、副、渔、医药卫生保健、药用植物资源生态保护和开发应用、中药采收采购工作者必备的重要参考书,为山东省有关部门制定药用植物资源开发利用政策和发展中药材生产规划提供可靠依据,又是中药爱好者识别药用植物及药材、防病治病、养生保健、药食两用收藏之佳品。

由于编者的水平及工作条件所限,不足之处在所难免,敬请读者批评指正。

《山东药用植物志》编委会
2013年5月30日于济南

目 录

总 论

一、山东省自然概况
　　(一)地理位置、地质和地形 …… (3)
　　(二)气候 …… (3)
　　(三)土壤 …… (4)
二、山东药用植物资源
　　(一)山东药用植物资源的类型 …… (4)
　　(二)山东药用植物资源专题研究 …… (5)
　　(三)山东药用植物新资源 …… (19)
　　(四)山东药用植物学名的订正 …… (20)
三、山东药用植物资源区划
　　(一)药用植物资源区划的目的和意义 …… (21)
　　(二)药用植物资源区划的原则 …… (22)
　　(三)药用植物资源区划的系统和命名 …… (22)
　　(四)药用植物资源的分区概述 …… (23)
四、山东药用植物资源的开发利用和保护
　　(一)药用植物资源开发应用的重点 …… (27)
　　(二)寻找和开发新中药资源 …… (27)
　　(三)药用植物种质资源的保护 …… (28)

各 论

念珠藻科 …… (33)
　葛仙米 …… (33)
小球藻科 …… (33)
　小球藻 …… (33)
石莼科 …… (33)
　蛎菜 …… (33)
　石莼 …… (34)
　孔石莼 …… (35)
海带科 …… (36)
　海带 …… (36)
翅藻科 …… (37)
　裙带菜 …… (37)
马尾藻科 …… (37)
　羊栖菜 …… (37)
　海蒿子 …… (38)
红毛菜科 …… (39)
　甘紫菜 …… (39)
　条斑紫菜 …… (40)
石花菜科 …… (40)
　石花菜 …… (40)
　附:细毛石花菜 …… (41)
麦角菌科 …… (41)
　麦角 …… (41)
木耳科 …… (42)
　木耳 …… (42)
　附:银耳 …… (42)
多孔菌科 …… (43)
　树舌 …… (43)
　附:彩绒革盖菌 …… (43)
　灵芝 …… (44)
　紫芝 …… (45)
灰包科 …… (45)
　大马勃 …… (45)
　紫色马勃 …… (46)
　脱皮马勃 …… (46)
梅衣科 …… (47)
　石梅衣 …… (47)
地钱科 …… (47)
　地钱 …… (47)
提灯藓科 …… (48)
　尖叶走灯藓 …… (48)
葫芦藓科 …… (49)
　葫芦藓 …… (49)
石杉科 …… (49)
　蛇足石杉 …… (49)
卷柏科 …… (50)
　中华卷柏 …… (50)
　旱生卷柏 …… (51)
　卷柏 …… (52)
木贼科 …… (53)
　问荆 …… (53)
　草问荆 …… (54)
　林问荆 …… (54)
　节节草 …… (55)
　附:中日节节草 …… (56)
阴地蕨科 …… (56)
　阴地蕨 …… (56)
紫萁科 …… (57)
　紫萁 …… (57)
　附:矛状紫萁 …… (58)

蕨科 …………………………………（58）	金粟兰科 ………………………………（84）	檀香科 …………………………………（117）
蕨 ……………………………………（58）	丝穗金粟兰 …………………………（84）	百蕊草 ………………………………（117）
凤尾蕨科 ………………………………（59）	银线草 ………………………………（85）	桑寄生科 ………………………………（118）
井栏边草 ……………………………（59）	及已 …………………………………（86）	北桑寄生 ……………………………（118）
中国蕨科 ………………………………（60）	杨柳科 …………………………………（87）	槲寄生 ………………………………（119）
银粉背蕨 ……………………………（60）	银白杨 ………………………………（87）	马兜铃科 ………………………………（120）
附:陕西粉背蕨 ………………（60）	加拿大杨 ……………………………（87）	北马兜铃 ……………………………（120）
野鸡尾 ………………………………（60）	山杨 …………………………………（88）	马兜铃 ………………………………（121）
蹄盖蕨科 ………………………………（61）	毛白杨 ………………………………（89）	寻骨风 ………………………………（122）
河北蛾眉蕨 …………………………（61）	垂柳 …………………………………（90）	细辛 …………………………………（122）
附:山东蛾眉蕨 ………………（62）	旱柳 …………………………………（91）	蓼科 ……………………………………（123）
肿足蕨科 ………………………………（63）	胡桃科 …………………………………（92）	金线草 ………………………………（123）
山东肿足蕨 …………………………（63）	野核桃 ………………………………（92）	附:短毛金线草 ………………（124）
附:修株肿足蕨 ………………（63）	胡桃楸 ………………………………（93）	荞麦 …………………………………（124）
鳞毛蕨科 ………………………………（63）	胡桃 …………………………………（94）	何首乌 ………………………………（125）
全缘贯众 ……………………………（63）	化香树 ………………………………（95）	两栖蓼 ………………………………（126）
贯众 …………………………………（64）	枫杨 …………………………………（96）	萹蓄 …………………………………（127）
附:山东贯众、密齿贯众、	桦木科 …………………………………（97）	附:直立萹蓄 …………………（128）
倒鳞贯众 …………………（65）	白桦 …………………………………（97）	拳蓼 …………………………………（128）
半岛鳞毛蕨 …………………………（66）	榛 ……………………………………（98）	叉分蓼 ………………………………（129）
骨碎补科 ………………………………（67）	壳斗科 …………………………………（99）	水蓼 …………………………………（129）
海州骨碎补 …………………………（67）	板栗 …………………………………（99）	酸模叶蓼 ……………………………（130）
水龙骨科 ………………………………（67）	麻栎 …………………………………（100）	附:绵毛酸模叶蓼 ……………（131）
华北石韦 ……………………………（67）	槲树 …………………………………（101）	红蓼 …………………………………（131）
有柄石韦 ……………………………（68）	白栎 …………………………………（102）	杠板归 ………………………………（132）
银杏科 …………………………………（69）	蒙古栎 ………………………………（102）	习见蓼 ………………………………（133）
银杏 …………………………………（69）	榆科 ……………………………………（103）	刺蓼 …………………………………（134）
松科 ……………………………………（70）	榔榆 …………………………………（103）	附:箭叶蓼 ……………………（134）
雪松 …………………………………（70）	附:黑榆、旱榆 ………………（103）	支柱蓼 ………………………………（135）
白皮松 ………………………………（71）	榆树 …………………………………（104）	戟叶蓼 ………………………………（135）
赤松 …………………………………（71）	附:黄榆 ………………………（105）	蓼蓝 …………………………………（136）
红松 …………………………………（72）	桑科 ……………………………………（105）	虎杖 …………………………………（137）
马尾松 ………………………………（74）	构树 …………………………………（105）	酸模 …………………………………（138）
油松 …………………………………（75）	大麻 …………………………………（106）	皱叶酸模 ……………………………（139）
黑松 …………………………………（76）	柘树 …………………………………（108）	齿果酸模 ……………………………（139）
金钱松 ………………………………（77）	无花果 ………………………………（109）	钝叶酸模 ……………………………（140）
杉科 ……………………………………（78）	啤酒花 ………………………………（110）	附:红丝酸模 …………………（141）
杉木 …………………………………（78）	葎草 …………………………………（110）	巴天酸模 ……………………………（141）
水杉 …………………………………（79）	桑 ……………………………………（111）	长刺酸模 ……………………………（141）
柏科 ……………………………………（80）	附:华桑、蒙桑 ………………（113）	藜科 ……………………………………（142）
侧柏 …………………………………（80）	鸡桑 …………………………………（113）	中亚滨藜 ……………………………（142）
圆柏 …………………………………（81）	荨麻科 …………………………………（113）	甜菜 …………………………………（143）
麻黄科 …………………………………（81）	长叶苎麻 ……………………………（113）	藜 ……………………………………（143）
木贼麻黄 ……………………………（81）	苎麻 …………………………………（114）	附:小藜、灰绿藜 ……………（144）
草麻黄 ………………………………（82）	悬铃叶苎麻 …………………………（115）	土荆芥 ………………………………（145）
附:中麻黄 ……………………（83）	墙草 …………………………………（116）	杂配藜 ………………………………（145）
三白草科 ………………………………（83）	透茎冷水花 …………………………（116）	地肤 …………………………………（146）
蕺菜 …………………………………（83）	宽叶荨麻 ……………………………（117）	附:扫帚菜 ……………………（147）

盐角草 …… (147)	雀舌草 …… (177)	木通科 …… (206)
猪毛菜 …… (148)	繁缕 …… (177)	五叶木通 …… (206)
菠菜 …… (149)	麦蓝菜 …… (178)	附：三叶木通 …… (207)
碱蓬 …… (149)	**睡莲科** …… (179)	**小檗科** …… (207)
盐地碱蓬 …… (150)	芡 …… (179)	黄芦木 …… (207)
苋科 …… (151)	莲 …… (180)	细叶小檗 …… (208)
牛膝 …… (151)	睡莲 …… (182)	十大功劳 …… (209)
喜旱莲子草 …… (152)	**金鱼藻科** …… (183)	附：阔叶十大功劳 …… (210)
莲子草 …… (153)	金鱼藻 …… (183)	**防己科** …… (210)
尾穗苋 …… (153)	**毛茛科** …… (183)	木防己 …… (210)
附：繁穗苋 …… (154)	乌头 …… (183)	蝙蝠葛 …… (211)
反枝苋 …… (154)	附：展毛乌头 …… (185)	**木兰科** …… (212)
刺苋 …… (155)	圆锥乌头 …… (185)	鹅掌楸 …… (212)
苋 …… (156)	附：拟两色乌头、高帽乌头	玉兰 …… (212)
附：凹头苋 …… (156)	…… (186)	附：木兰 …… (213)
皱果苋 …… (157)	类叶升麻 …… (186)	厚朴 …… (214)
青葙 …… (157)	侧金盏花 …… (187)	附：凹叶厚朴 …… (215)
鸡冠花 …… (158)	山东银莲花 …… (188)	**五味子科** …… (215)
千日红 …… (159)	多被银莲花 …… (188)	五味子 …… (215)
紫茉莉科 …… (160)	耧斗菜 …… (189)	**蜡梅科** …… (216)
紫茉莉 …… (160)	附：紫花耧斗菜 …… (190)	蜡梅 …… (216)
商陆科 …… (161)	三角叶驴蹄草 …… (190)	**樟科** …… (217)
商陆 …… (161)	兴安升麻 …… (190)	樟 …… (217)
垂序商陆 …… (162)	褐紫铁线莲 …… (192)	山胡椒 …… (218)
马齿苋科 …… (162)	毛果扬子铁线莲 …… (192)	附：狭叶山胡椒、红果山胡椒
马齿苋 …… (162)	长冬草 …… (193)	…… (219)
土人参 …… (163)	附：棉团铁线莲 …… (193)	三桠乌药 …… (219)
落葵科 …… (164)	大叶铁线莲 …… (194)	红楠 …… (220)
落葵 …… (164)	太行铁线莲 …… (195)	檫木 …… (221)
石竹科 …… (165)	附：狭裂太行铁线莲 …… (195)	**罂粟科** …… (221)
老牛筋 …… (165)	转子莲 …… (195)	白屈菜 …… (221)
无心菜 …… (166)	烟台翠雀花 …… (196)	东北延胡索 …… (222)
球序卷耳 …… (166)	白头翁 …… (196)	地丁草 …… (223)
石竹 …… (167)	附：白花白头翁、多萼白头翁	黄堇 …… (224)
附：辽东石竹、三脉石竹	…… (198)	附：台湾黄堇、小黄紫堇
…… (168)	茴茴蒜 …… (198)	…… (224)
兴安石竹 …… (168)	毛茛 …… (199)	齿瓣延胡索 …… (225)
山东石竹 …… (169)	石龙芮 …… (199)	小药八旦子 …… (225)
瞿麦 …… (169)	扬子毛茛 …… (200)	延胡索 …… (226)
附：长萼瞿麦 …… (170)	唐松草 …… (201)	角茴香 …… (227)
长蕊石头花 …… (171)	附：朝鲜唐松草 …… (202)	博落迴 …… (228)
鹅肠菜 …… (171)	东亚唐松草 …… (202)	罂粟 …… (229)
孩儿参 …… (172)	瓣蕊唐松草 …… (203)	**白花菜科** …… (230)
漆姑草 …… (173)	短梗箭头唐松草 …… (203)	白花菜 …… (230)
女娄菜 …… (174)	附：丝叶唐松草 …… (204)	**十字花科** …… (231)
麦瓶草 …… (175)	**芍药科** …… (204)	芸苔 …… (231)
蝇子草 …… (175)	芍药 …… (204)	擘蓝 …… (232)
山蚂蚱草 …… (176)	牡丹 …… (205)	油菜 …… (232)

芥菜 …… (233)	…… (261)	附:粉团蔷薇 …… (292)
甘蓝 …… (234)	**蔷薇科** …… (261)	玫瑰 …… (292)
白菜 …… (235)	龙芽草 …… (261)	黄刺玫 …… (293)
荠 …… (235)	附:黄龙尾、托叶龙芽草	山莓 …… (294)
碎米荠 …… (236)	…… (262)	牛叠肚 …… (295)
附:弯曲碎米荠 …… (237)	扁桃 …… (262)	茅莓 …… (295)
弹裂碎米荠 …… (237)	山桃 …… (263)	多腺悬钩子 …… (296)
附:毛果碎米荠 …… (238)	桃 …… (264)	宽蕊地榆 …… (297)
水田碎米荠 …… (238)	榆叶梅 …… (265)	附:柔毛宽蕊地榆 …… (297)
播娘蒿 …… (238)	东北杏 …… (266)	地榆 …… (297)
花旗杆 …… (239)	梅 …… (267)	附:长叶地榆、细叶地榆
葶苈 …… (240)	杏 …… (268)	…… (298)
小花糖芥 …… (240)	附:山杏 …… (269)	花楸树 …… (299)
菘蓝 …… (241)	麦李 …… (269)	附:北京花楸、湖北花楸
独行菜 …… (242)	欧李 …… (270)	…… (299)
北美独行菜 …… (243)	附:毛叶欧李 …… (271)	**豆科** …… (300)
附:家独行菜 …… (244)	郁李 …… (271)	合萌 …… (300)
涩芥 …… (244)	樱桃 …… (272)	合欢 …… (300)
豆瓣菜 …… (244)	山樱花 …… (273)	山合欢 …… (302)
诸葛菜 …… (245)	木瓜 …… (273)	紫穗槐 …… (303)
萝卜 …… (245)	皱皮木瓜 …… (274)	土圞儿 …… (303)
蔊菜 …… (247)	野山楂 …… (275)	落花生 …… (304)
附:广州蔊菜、无瓣蔊菜、	山楂 …… (276)	斜茎黄芪 …… (305)
沼生蔊菜 …… (247)	附:山里红、无毛山楂	华黄芪 …… (306)
白芥 …… (248)	…… (277)	背扁黄芪 …… (306)
蕲蓂 …… (248)	蛇莓 …… (278)	草木犀状黄芪 …… (307)
景天科 …… (249)	草莓 …… (279)	黄芪 …… (308)
八宝 …… (249)	路边青 …… (279)	蒙古黄芪 …… (309)
附:长药八宝、轮叶八宝	附:柔毛路边青	糙叶黄芪 …… (310)
…… (250)	…… (280)	紫云英 …… (310)
瓦松 …… (250)	苹果 …… (280)	刀豆 …… (311)
费菜 …… (251)	稠李 …… (281)	锦鸡儿 …… (312)
堪察加费菜 …… (252)	石楠 …… (281)	附:小叶锦鸡儿 …… (313)
垂盆草 …… (252)	毛叶石楠 …… (282)	决明 …… (313)
虎耳草科 …… (253)	委陵菜 …… (282)	附:小决明、槐叶决明
落新妇 …… (253)	翻白草 …… (283)	…… (314)
附:大落新妇 …… (254)	莓叶委陵菜 …… (284)	望江南 …… (315)
扯根菜 …… (254)	三叶委陵菜 …… (285)	紫荆 …… (315)
山麻子 …… (255)	蛇含委陵菜 …… (286)	野百合 …… (316)
虎耳草 …… (256)	朝天委陵菜 …… (286)	黄檀 …… (317)
金缕梅科 …… (257)	菊叶委陵菜 …… (287)	山皂荚 …… (318)
枫香树 …… (257)	附:腺毛委陵菜 …… (288)	皂荚 …… (318)
檵木 …… (258)	李 …… (288)	大豆 …… (320)
杜仲科 …… (259)	杜梨 …… (288)	野大豆 …… (321)
杜仲 …… (259)	白梨 …… (289)	刺果甘草 …… (322)
悬铃木科 …… (260)	鸡麻 …… (290)	甘草 …… (323)
悬铃木 …… (260)	月季花 …… (290)	附:光果甘草、胀果甘草
附:法国梧桐、一球悬铃木	野蔷薇 …… (291)	…… (324)

米口袋 …………………(324)	牻牛儿苗 …………………(356)	附:多花一叶萩 ………(390)
附:白花米口袋、光滑米口袋、	老鹳草 ……………………(357)	算盘子 ……………………(390)
狭叶米口袋 …………(325)	附:鼠掌老鹳草、朝鲜老鹳草	白背叶 ……………………(391)
本氏木蓝 …………………(325)	………………………(358)	叶下珠 ……………………(392)
花木蓝 ……………………(326)	亚麻科 ……………………(358)	蜜柑草 ……………………(393)
长萼鸡眼草 ………………(327)	野亚麻 ……………………(358)	蓖麻 ………………………(394)
鸡眼草 ……………………(328)	亚麻 ………………………(358)	白木乌桕 …………………(395)
扁豆 ………………………(328)	蒺藜科 ……………………(359)	乌桕 ………………………(395)
茳芒香豌豆 ………………(329)	小果白刺 …………………(359)	地构叶 ……………………(396)
胡枝子 ……………………(330)	蒺藜 ………………………(360)	油桐 ………………………(397)
截叶铁扫帚 ………………(331)	芸香科 ……………………(361)	黄杨科 ……………………(398)
兴安胡枝子 ………………(331)	佛手 ………………………(361)	黄杨 ………………………(398)
绒毛胡枝子 ………………(332)	白鲜 ………………………(362)	漆树科 ……………………(399)
朝鲜槐 ……………………(333)	臭檀 ………………………(363)	黄栌 ………………………(399)
白花草木犀 ………………(333)	吴茱萸 ……………………(364)	附:毛叶黄栌 ………(400)
细齿草木犀 ………………(334)	黄檗 ………………………(365)	黄连木 ……………………(400)
印度草木犀 ………………(335)	附:黄皮树 …………(366)	盐肤木 ……………………(400)
草木犀 ……………………(335)	枳 …………………………(366)	附:光枝盐肤木、泰山盐肤木
野苜蓿 ……………………(336)	竹叶椒 ……………………(367)	………………………(401)
南苜蓿 ……………………(336)	花椒 ………………………(368)	漆树 ………………………(402)
天蓝苜蓿 …………………(337)	青椒 ………………………(369)	冬青科 ……………………(403)
紫苜蓿 ……………………(338)	野花椒 ……………………(370)	枸骨 ………………………(403)
菜豆 ………………………(339)	苦木科 ……………………(371)	卫矛科 ……………………(404)
豌豆 ………………………(339)	臭椿 ………………………(371)	苦皮藤 ……………………(404)
补骨脂 ……………………(340)	附:刺椿 ……………(372)	南蛇藤 ……………………(405)
葛 …………………………(341)	苦木 ………………………(372)	卫矛 ………………………(406)
鹿藿 ………………………(343)	楝科 ………………………(373)	扶芳藤 ……………………(407)
刺槐 ………………………(343)	楝 …………………………(373)	白杜 ………………………(407)
田菁 ………………………(344)	川楝 ………………………(374)	无患子科 …………………(408)
苦参 ………………………(345)	香椿 ………………………(375)	倒地铃 ……………………(408)
附:毛苦参 …………(346)	远志科 ……………………(376)	栾树 ………………………(409)
槐 …………………………(346)	瓜子金 ……………………(376)	无患子 ……………………(410)
白刺花 ……………………(347)	西伯利亚远志 ……………(377)	凤仙花科 …………………(411)
胡芦巴 ……………………(348)	远志 ………………………(378)	凤仙花 ……………………(411)
山野豌豆 …………………(349)	大戟科 ……………………(379)	附:水金凤 …………(412)
牡岭野豌豆 ………………(350)	铁苋菜 ……………………(379)	鼠李科 ……………………(412)
救荒野豌豆 ………………(350)	山麻杆 ……………………(380)	北枳椇 ……………………(412)
附:四籽野豌豆 ……(351)	重阳木 ……………………(381)	鼠李 ………………………(413)
歪头菜 ……………………(351)	乳浆大戟 …………………(381)	附:圆叶鼠李、薄叶鼠李
赤豆 ………………………(352)	狼毒 ………………………(382)	………………………(414)
绿豆 ………………………(352)	泽漆 ………………………(383)	猫乳 ………………………(414)
赤小豆 ……………………(353)	地锦 ………………………(385)	枣 …………………………(415)
豇豆 ………………………(354)	通奶草 ……………………(385)	附:无刺枣 …………(416)
附:长豇豆 …………(355)	甘肃大戟 …………………(386)	酸枣 ………………………(416)
紫藤 ………………………(355)	续随子 ……………………(387)	葡萄科 ……………………(417)
酢浆草科 …………………(355)	斑地锦 ……………………(388)	乌头叶蛇葡萄 ……………(417)
酢浆草 ……………………(355)	大戟 ………………………(389)	三裂蛇葡萄 ………………(417)
牻牛儿苗科 ………………(356)	一叶萩 ……………………(390)	附:掌裂蛇葡萄 ……(418)

东北蛇葡萄 …………（418）	附：戟叶堇菜、东北堇菜、	小二仙草科 …………（466）
葎叶蛇葡萄 …………（419）	白花地丁 …………（447）	穗状狐尾藻 …………（466）
白蔹 …………………（419）	早开堇菜 ……………（447）	五加科 ………………（467）
乌蔹莓 ………………（420）	堇菜 …………………（447）	五加 …………………（467）
爬山虎 ………………（421）	附：鸡腿堇菜、双花堇菜	无梗五加 ……………（468）
蘡薁 …………………（422）	…………………………（448）	楤木 …………………（469）
葡萄 …………………（422）	秋海棠科 ……………（448）	辽东楤木 ……………（470）
附：山葡萄、葛藟葡萄、毛葡萄	秋海棠 ………………（448）	刺楸 …………………（471）
…………………………（423）	附：中华秋海棠 ……（449）	人参 …………………（472）
椴树科 ………………（424）	仙人掌科 ……………（449）	西洋参 ………………（474）
甜麻 …………………（424）	仙人掌 ………………（449）	伞形科 ………………（476）
扁担木 ………………（425）	瑞香科 ………………（450）	骨缘当归 ……………（476）
糠椴 …………………（426）	芫花 …………………（450）	附：东北长鞘当归 …（476）
锦葵科 ………………（426）	河朔荛花 ……………（451）	白芷 …………………（476）
苘麻 …………………（426）	胡颓子科 ……………（452）	杭白芷 ………………（477）
蜀葵 …………………（427）	沙枣 …………………（452）	紫花前胡 ……………（478）
附：黄蜀葵、咖啡黄葵	大叶胡颓子 …………（453）	拐芹 …………………（479）
…………………………（428）	木半夏 ………………（453）	峨参 …………………（480）
陆地棉 ………………（428）	牛奶子 ………………（454）	旱芹 …………………（480）
木芙蓉 ………………（429）	中国沙棘 ……………（455）	北柴胡 ………………（481）
木槿 …………………（430）	千屈菜科 ……………（456）	附：烟台柴胡 ………（482）
野西瓜苗 ……………（432）	耳基水苋 ……………（456）	大叶柴胡 ……………（482）
锦葵 …………………（432）	附：多花水苋 ………（456）	红柴胡 ………………（483）
附：圆叶锦葵 ………（433）	千屈菜 ………………（456）	附：线叶柴胡 ………（484）
野葵 …………………（433）	附：中型千屈菜 ……（457）	山茴香 ………………（484）
梧桐科 ………………（434）	节节菜 ………………（457）	葛缕子 ………………（485）
梧桐 …………………（434）	附：轮叶节节菜 ……（458）	附：田葛缕子 ………（485）
猕猴桃科 ……………（435）	石榴科 ………………（458）	毒芹 …………………（485）
软枣猕猴桃 …………（435）	石榴 …………………（458）	蛇床 …………………（486）
中华猕猴桃 …………（436）	蓝果树科 ……………（459）	芫荽 …………………（487）
葛枣猕猴桃 …………（437）	喜树 …………………（459）	野胡萝卜 ……………（488）
山茶科 ………………（438）	八角枫科 ……………（460）	附：胡萝卜 …………（489）
山茶 …………………（438）	八角枫 ………………（460）	茴香 …………………（489）
茶 ……………………（439）	附：瓜木 ……………（461）	珊瑚菜 ………………（490）
藤黄科 ………………（440）	菱科 …………………（461）	短毛独活 ……………（491）
黄海棠 ………………（440）	菱 ……………………（461）	附：少管短毛独活 …（492）
地耳草 ………………（441）	附：乌菱、丘角菱、细果	天胡荽 ………………（492）
金丝桃 ………………（442）	野菱、四角菱（462）	香芹 …………………（493）
贯叶连翘 ……………（443）	柳叶菜科 ……………（462）	辽藁本 ………………（494）
附：赶山鞭 …………（443）	柳兰 …………………（462）	水芹 …………………（494）
柽柳科 ………………（444）	水珠草 ………………（463）	附：中华水芹 ………（495）
柽柳 …………………（444）	附：露珠草 …………（463）	滨海前胡 ……………（495）
附：多枝柽柳 ………（445）	柳叶菜 ………………（464）	泰山前胡 ……………（496）
堇菜科 ………………（445）	附：光华柳叶菜 ……（464）	羊红膻 ………………（496）
球果堇菜 ……………（445）	丁香蓼 ………………（464）	变豆菜 ………………（497）
附：长萼堇菜、茜堇菜	月见草 ………………（465）	防风 …………………（498）
…………………………（445）	附：红萼月见草 ……（466）	泽芹 …………………（499）
紫花地丁 ……………（446）	待宵草 ………………（466）	小窃衣 ………………（499）

附：窃衣 …………………… (500)	瘤毛獐牙菜 ………………… (526)	老鸦糊 ……………………… (555)
山茱萸科 …………………… (500)	**夹竹桃科** ………………… (527)	日本紫珠 …………………… (556)
山茱萸 ……………………… (500)	罗布麻 ……………………… (527)	海州常山 …………………… (556)
毛梾 ………………………… (501)	长春花 ……………………… (528)	附：臭牡丹 ………………… (557)
鹿蹄草科 …………………… (502)	夹竹桃 ……………………… (528)	马鞭草 ……………………… (557)
鹿蹄草 ……………………… (502)	络石 ………………………… (529)	黄荆 ………………………… (558)
杜鹃花科 …………………… (503)	石血 ………………………… (530)	附：荆条 …………………… (559)
照山白 ……………………… (503)	**萝藦科** …………………… (531)	单叶蔓荆 …………………… (559)
迎红杜鹃 …………………… (504)	合掌消 ……………………… (531)	附：蔓荆 …………………… (560)
杜鹃花 ……………………… (504)	附：紫花合掌消 …………… (532)	**唇形科** …………………… (560)
报春花科 …………………… (505)	白薇 ………………………… (532)	藿香 ………………………… (560)
点地梅 ……………………… (505)	牛皮消 ……………………… (533)	筋骨草 ……………………… (561)
虎尾珍珠菜 ………………… (506)	白首乌 ……………………… (534)	风轮菜 ……………………… (561)
泽珍珠菜 …………………… (506)	鹅绒藤 ……………………… (534)	香薷 ………………………… (562)
珍珠菜 ……………………… (507)	竹灵消 ……………………… (535)	海州香薷 …………………… (563)
附：狭叶珍珠菜 …………… (508)	附：华北白前 ……………… (536)	活血丹 ……………………… (564)
黄连花 ……………………… (508)	徐长卿 ……………………… (536)	夏至草 ……………………… (565)
轮叶过路黄 ………………… (509)	地梢瓜 ……………………… (537)	宝盖草 ……………………… (565)
白花丹科 …………………… (510)	附：雀瓢 …………………… (538)	野芝麻 ……………………… (566)
二色补血草 ………………… (510)	变色白前 …………………… (538)	益母草 ……………………… (567)
补血草 ……………………… (510)	隔山消 ……………………… (539)	錾菜 ………………………… (568)
柿树科 …………………… (511)	萝藦 ………………………… (539)	毛叶地瓜儿苗 ……………… (569)
柿 …………………………… (511)	杠柳 ………………………… (540)	附：地笋 …………………… (569)
君迁子 ……………………… (512)	**旋花科** …………………… (541)	薄荷 ………………………… (570)
山矾科 …………………… (513)	毛打碗花 …………………… (541)	石香薷 ……………………… (571)
华山矾 ……………………… (513)	打碗花 ……………………… (542)	小鱼仙草 …………………… (572)
木犀科 …………………… (514)	旋花 ………………………… (542)	石荠苎 ……………………… (573)
流苏树 ……………………… (514)	肾叶打碗花 ………………… (543)	荆芥 ………………………… (573)
连翘 ………………………… (514)	田旋花 ……………………… (544)	罗勒 ………………………… (574)
附：秦连翘 ………………… (515)	南方菟丝子 ………………… (544)	紫苏 ………………………… (575)
白蜡树 ……………………… (515)	菟丝子 ……………………… (545)	糙苏 ………………………… (577)
大叶白蜡树 ………………… (516)	金灯藤 ……………………… (546)	山菠菜 ……………………… (578)
迎春花 ……………………… (517)	附：啤酒花菟丝子 ………… (547)	夏枯草 ……………………… (578)
附：探春花 ………………… (518)	番薯 ………………………… (547)	内折香茶菜 ………………… (579)
茉莉花 ……………………… (518)	北鱼黄草 …………………… (548)	蓝萼香茶菜 ………………… (580)
女贞 ………………………… (519)	裂叶牵牛 …………………… (548)	华鼠尾草 …………………… (581)
小叶女贞 …………………… (520)	附：牵牛 …………………… (549)	丹参 ………………………… (582)
木犀 ………………………… (520)	圆叶牵牛 …………………… (549)	附：单叶丹参 ……………… (583)
紫丁香 ……………………… (521)	**紫草科** …………………… (550)	白花丹参 …………………… (583)
附：白丁香 ………………… (522)	厚壳树 ……………………… (550)	荔枝草 ……………………… (584)
暴马丁香 …………………… (522)	鹤虱 ………………………… (551)	山东丹参 …………………… (585)
龙胆科 …………………… (522)	紫草 ………………………… (552)	裂叶荆芥 …………………… (586)
百金花 ……………………… (522)	砂引草 ……………………… (552)	黄芩 ………………………… (587)
条叶龙胆 …………………… (523)	附：细叶砂引草 …………… (553)	附：粘毛黄芩 ……………… (588)
鳞叶龙胆 …………………… (524)	紫筒草 ……………………… (553)	半枝莲 ……………………… (588)
附：笔龙胆 ………………… (524)	附地菜 ……………………… (554)	韩信草 ……………………… (589)
荇菜 ………………………… (524)	**马鞭草科** ………………… (554)	京黄芩 ……………………… (590)
北方獐牙菜 ………………… (525)	白棠子树 …………………… (554)	附：紫茎京黄芩 …………… (590)

水苏 ……………………… (590)	附：厚萼凌霄 ……………… (621)	缬草 ……………………… (646)
附：毛水苏 ……………… (591)	楸 ………………………… (621)	附：宽叶缬草 …………… (647)
甘露子 …………………… (591)	梓 ………………………… (622)	**川续断科** ………………… (647)
地椒 ……………………… (592)	角蒿 ……………………… (622)	川续断 …………………… (647)
茄科 …………………… (593)	**胡麻科** ………………… (623)	日本续断 ………………… (648)
辣椒 ……………………… (593)	芝麻 ……………………… (623)	**葫芦科** ………………… (649)
毛曼陀罗 ………………… (594)	**列当科** ………………… (624)	盒子草 …………………… (649)
洋金花 …………………… (595)	列当 ……………………… (624)	冬瓜 ……………………… (650)
曼陀罗 …………………… (596)	附：中华列当 …………… (625)	假贝母 …………………… (651)
宁夏枸杞 ………………… (597)	**苦苣苔科** ……………… (625)	西瓜 ……………………… (652)
枸杞 ……………………… (598)	旋蒴苣苔 ………………… (625)	甜瓜 ……………………… (653)
西红柿 …………………… (599)	**爵床科** ………………… (626)	黄瓜 ……………………… (654)
烟草 ……………………… (599)	穿心莲 …………………… (626)	南瓜 ……………………… (655)
挂金灯 …………………… (600)	爵床 ……………………… (627)	西葫芦 …………………… (655)
苦蘵 ……………………… (601)	**透骨草科** ……………… (627)	绞股蓝 …………………… (656)
附：毛酸浆 ……………… (602)	透骨草 …………………… (627)	葫芦 ……………………… (657)
小酸浆 …………………… (602)	**车前科** ………………… (628)	附：小葫芦 ……………… (658)
华北散血丹 ……………… (603)	车前 ……………………… (628)	丝瓜 ……………………… (658)
附：日本散血丹 ………… (603)	附：芒苞车前、长叶车前	苦瓜 ……………………… (659)
野海茄 …………………… (603)	………………………… (629)	佛手瓜 …………………… (660)
白英 ……………………… (604)	平车前 …………………… (629)	赤瓟 ……………………… (661)
附：千年不烂心 ………… (605)	大车前 …………………… (630)	栝楼 ……………………… (661)
茄 ………………………… (605)	**茜草科** ………………… (631)	附：中华栝楼 …………… (663)
龙葵 ……………………… (606)	猪殃殃 …………………… (631)	**桔梗科** ………………… (663)
青杞 ……………………… (607)	四叶葎 …………………… (631)	展枝沙参 ………………… (663)
马铃薯 …………………… (607)	蓬子菜 …………………… (632)	细叶沙参 ………………… (663)
玄参科 ………………… (608)	栀子 ……………………… (633)	石沙参 …………………… (664)
柳穿鱼 …………………… (608)	鸡矢藤 …………………… (634)	沙参 ……………………… (665)
山罗花 …………………… (609)	附：毛鸡矢藤 …………… (635)	轮叶沙参 ………………… (665)
沟酸浆 …………………… (609)	茜草 ……………………… (635)	荠苨 ……………………… (666)
毛泡桐 …………………… (610)	附：山东茜草 …………… (636)	附：薄叶荠苨 …………… (666)
附：泡桐、光泡桐 ……… (611)	**忍冬科** ………………… (636)	羊乳 ……………………… (667)
兰考泡桐 ………………… (611)	苦糖果 …………………… (636)	党参 ……………………… (668)
附：楸叶泡桐 …………… (611)	忍冬 ……………………… (637)	半边莲 …………………… (669)
返顾马先蒿 ……………… (612)	附：红白忍冬、灰毡毛忍冬	山梗菜 …………………… (670)
松蒿 ……………………… (612)	………………………… (638)	桔梗 ……………………… (670)
地黄 ……………………… (613)	接骨木 …………………… (638)	**菊科** …………………… (672)
玄参 ……………………… (614)	荚蒾 ……………………… (640)	香青 ……………………… (672)
附：北玄参 ……………… (615)	鸡树条 …………………… (640)	附：香青密生变种 ……… (672)
阴行草 …………………… (616)	**败酱科** ………………… (641)	牛蒡 ……………………… (672)
北水苦荬 ………………… (616)	墓头回 …………………… (641)	莳萝蒿 …………………… (674)
附：水苦荬 ……………… (617)	附：窄叶败酱 …………… (642)	附：海州蒿 ……………… (674)
婆婆纳 …………………… (617)	岩败酱 …………………… (642)	黄花蒿 …………………… (675)
细叶婆婆纳 ……………… (618)	糙叶败酱 ………………… (642)	艾 ………………………… (676)
水蔓菁 …………………… (618)	败酱 ……………………… (643)	附：朝鲜艾 ……………… (677)
草本威灵仙 ……………… (619)	攀倒甑 …………………… (645)	茵陈蒿 …………………… (677)
紫葳科 ………………… (620)	附：少蕊败酱 …………… (646)	附：滨蒿 ………………… (678)
凌霄 ……………………… (620)	黑水缬草 ………………… (646)	青蒿 ……………………… (678)

南牡蒿 …… (679)	一年蓬 …… (716)	款冬 …… (754)
五月艾 …… (680)	佩兰 …… (717)	蒙古苍耳 …… (755)
牡蒿 …… (681)	白头婆 …… (718)	苍耳 …… (755)
菴䕡 …… (682)	林泽兰 …… (719)	**香蒲科** …… (757)
野艾蒿 …… (682)	牛膝菊 …… (720)	长苞香蒲 …… (757)
蒙古蒿 …… (683)	大丁草 …… (720)	水烛 …… (757)
魁蒿 …… (684)	鼠麴草 …… (721)	附:小香蒲 …… (759)
红足蒿 …… (685)	菊三七 …… (722)	香蒲 …… (759)
白莲蒿 …… (686)	向日葵 …… (723)	**黑三棱科** …… (760)
附:密毛白莲蒿 …… (687)	菊芋 …… (724)	黑三棱 …… (760)
萎蒿 …… (687)	泥胡菜 …… (725)	**眼子菜科** …… (761)
大籽蒿 …… (688)	阿尔泰狗娃花 …… (726)	眼子菜 …… (761)
三脉紫菀 …… (688)	山柳菊 …… (726)	篦齿眼子菜 …… (761)
紫菀 …… (689)	猫儿菊 …… (727)	穿叶眼子菜 …… (762)
朝鲜苍术 …… (690)	欧亚旋覆花 …… (728)	大叶藻 …… (762)
苍术 …… (691)	土木香 …… (729)	**泽泻科** …… (763)
北苍术 …… (692)	旋覆花 …… (730)	东方泽泻 …… (763)
白术 …… (692)	线叶旋覆花 …… (731)	附:窄叶泽泻 …… (764)
婆婆针 …… (693)	中华小苦荬 …… (732)	野慈姑 …… (764)
金盏银盘 …… (695)	抱茎小苦荬 …… (733)	**水鳖科** …… (765)
大狼杷草 …… (695)	苦荬菜 …… (734)	水鳖 …… (765)
小花鬼针草 …… (696)	马兰 …… (735)	苦草 …… (766)
鬼针草 …… (697)	莴苣 …… (736)	**禾本科** …… (766)
狼杷草 …… (698)	火绒草 …… (736)	荩草 …… (766)
丝毛飞廉 …… (699)	黄瓜菜 …… (737)	附:矛叶荩草 …… (767)
烟管头草 …… (700)	附:羽裂黄瓜菜 …… (738)	薏米 …… (767)
红花 …… (701)	蜂斗菜 …… (738)	附:薏苡 …… (768)
石胡荽 …… (702)	日本毛连菜 …… (739)	狗牙根 …… (768)
菊苣 …… (703)	多裂翅果菊 …… (739)	牛筋草 …… (769)
绿蓟 …… (704)	附:毛脉翅果菊 …… (740)	画眉草 …… (769)
蓟 …… (704)	华北鸦葱 …… (740)	茅香 …… (770)
附:野蓟 …… (705)	鸦葱 …… (741)	大麦 …… (771)
刺儿菜 …… (706)	蒙古鸦葱 …… (742)	白茅 …… (772)
大刺儿菜 …… (707)	桃叶鸦葱 …… (742)	臭草 …… (773)
小蓬草 …… (708)	林荫千里光 …… (743)	芒 …… (774)
附:野塘蒿 …… (708)	豨莶 …… (744)	稻 …… (774)
大丽花 …… (709)	腺梗豨莶 …… (745)	糯稻 …… (775)
野菊 …… (709)	长裂苦苣菜 …… (746)	稷 …… (776)
附:委陵菊 …… (710)	附:苣荬菜 …… (747)	狼尾草 …… (777)
甘菊 …… (710)	苦苣菜 …… (747)	芦苇 …… (777)
菊花 …… (711)	漏芦 …… (748)	苦竹 …… (779)
东风菜 …… (713)	甜叶菊 …… (749)	淡竹 …… (780)
华东蓝刺头 …… (713)	兔儿伞 …… (750)	毛金竹 …… (780)
附:蓝刺头 …… (714)	山牛蒡 …… (750)	硬质早熟禾 …… (781)
紫锥菊 …… (714)	蒲公英 …… (751)	谷子 …… (782)
附:淡紫紫锥菊、狭叶紫锥菊 …… (715)	附:白缘蒲公英 …… (752)	狗尾草 …… (783)
	狗舌草 …… (753)	附:金色狗尾草 …… (783)
鳢肠 …… (715)	女菀 …… (753)	高粱 …… (783)

黄背草 …………………（784）	灯心草科 …………………（809）	吉祥草 …………………（834）
虱子草 …………………（785）	灯心草 …………………（809）	绵枣儿 …………………（835）
附：锋芒草 …………（785）	百部科 ……………………（810）	鹿药 ……………………（836）
荻 ………………………（785）	直立百部 ………………（810）	菝葜 ……………………（837）
小麦 ……………………（786）	附：山东百部 ………（811）	白背牛尾菜 ……………（838）
玉米 ……………………（786）	百合科 ……………………（811）	牛尾菜 …………………（839）
菰 ………………………（787）	粉条儿菜 ………………（811）	附：尖叶牛尾菜 ……（839）
莎草科 ……………………（788）	洋葱 ……………………（812）	华东菝葜 ………………（839）
香附 ……………………（788）	葱 ………………………（812）	附：鞘柄菝葜 ………（840）
荸荠 ……………………（789）	薤白 ……………………（813）	老鸦瓣 …………………（840）
两歧飘拂草 ……………（790）	附：密花小根蒜 ……（814）	藜芦 ……………………（841）
萤蔺 ……………………（791）	蒜 ………………………（814）	附：毛穗藜芦 ………（842）
扁秆藨草 ………………（792）	韭 ………………………（815）	薯蓣科 ……………………（842）
水葱 ……………………（792）	附：矮韭、野韭、球序韭	穿龙薯蓣 ………………（842）
荆三棱 …………………（793）	…………………………（816）	薯蓣 ……………………（843）
天南星科 …………………（794）	苍葱 ……………………（816）	鸢尾科 ……………………（844）
菖蒲 ……………………（794）	芦荟 ……………………（816）	射干 ……………………（844）
石菖蒲 …………………（795）	知母 ……………………（818）	番红花 …………………（845）
附：金钱蒲 …………（796）	天门冬 …………………（819）	野鸢尾 …………………（846）
东北天南星 ……………（796）	石刁柏 …………………（820）	玉蝉花 …………………（847）
附：齿叶东北南星 …（797）	龙须菜 …………………（821）	马蔺 ……………………（848）
天南星 …………………（797）	铃兰 ……………………（821）	鸢尾 ……………………（849）
芋 ………………………（797）	宝铎草 …………………（822）	姜科 ………………………（850）
虎掌 ……………………（798）	黄花菜 …………………（823）	姜 ………………………（850）
半夏 ……………………（799）	附：小黄花菜 ………（823）	美人蕉科 …………………（851）
附：狭叶半夏 ………（800）	萱草 ……………………（824）	美人蕉 …………………（851）
鹞落坪半夏 ……………（801）	附：北黄花菜 ………（824）	兰科 ………………………（851）
大薸 ……………………（801）	野百合 …………………（824）	天麻 ……………………（851）
独角莲 …………………（802）	百合 ……………………（825）	角盘兰 …………………（852）
浮萍科 ……………………（803）	渥丹 ……………………（826）	羊耳蒜 …………………（853）
浮萍 ……………………（803）	附：有斑百合 ………（826）	二叶舌唇兰 ……………（854）
紫萍 ……………………（803）	卷丹 ……………………（826）	蜈蚣兰 …………………（854）
谷精草科 …………………（804）	山丹 ……………………（827）	绶草 ……………………（854）
白药谷精草 ……………（804）	青岛百合 ………………（828）	参考文献 …………………（857）
鸭跖草科 …………………（805）	禾叶山麦冬 ……………（829）	附录一 建议列为山东省重点保
饭包草 …………………（805）	阔叶山麦冬 ……………（830）	护的野生药用植物名录
鸭跖草 …………………（805）	山麦冬 …………………（830）	…………………………（865）
裸花水竹叶 ……………（806）	麦冬 ……………………（831）	附录二 药用植物中文名索引
水竹叶 …………………（807）	玉竹 ……………………（832）	…………………………（868）
竹叶子 …………………（807）	附：二苞黄精 ………（833）	附录三 药用植物拉丁名索引
雨久花科 …………………（808）	黄精 ……………………（833）	…………………………（896）
雨久花 …………………（808）	附：热河黄精 ………（834）	附录四 重要药用植物彩色照片
鸭舌草 …………………（809）		…………………………（919）

总论

一、山东省自然概况

(一)地理位置、地质和地形

山东省地处中国东部,黄河下游,位于东经114°36′~122°43′,北纬34°25′~38°23′之间,陆地南北最长约420km,东西最宽700km。水平地形分为半岛和内陆两部分。半岛称为山东半岛,突出于渤海和黄海之间,隔渤海海峡同辽东半岛遥遥相对,庙岛群岛(又称长山列岛)屹立在渤海海峡,是渤海与黄海的分界处,扼海峡咽喉,成为拱卫首都北京的重要海防门户。西部内陆部分自北向南依次与河北、河南、安徽、江苏4省接壤。陆地总面积157 100km^2,近海域面积170 000km^2。现辖17个市139个县(市、区)。

山东省位于新华夏系第二隆起带中部,地处东亚大陆边缘,地层比较发育,以巨大的北北东向沂沭断裂带纵贯山东中部,将全省分为具有显著差异的东西两个地质区。沂沭断裂带以西,鲁西地区从太古界到新生界,除奥陶系上统、志留系、泥盆系、石炭系下统外,都有出露。断裂带以东,鲁东地区以元古生界为主要特点,广泛出露前寒武纪变质岩系。断裂带以北,鲁西北平原区为新生代沉降区,广泛分布着第四纪松散堆积物。全省岩浆岩分布广泛,约占全省基岩出露面积的1/3。岩石种类齐全,矿产资源丰富。

山东省地形比较复杂,有山地、丘陵和平原,习称山东丘陵。根据地形及成因的不同,总体分为鲁东丘陵区、鲁中南山地丘陵区和鲁西北平原区。

1. 鲁东丘陵区

该区位于潍河以东的胶东丘陵,胶州湾以南、沭河以东的沭东丘陵。胶东丘陵位于山东省东部,三面环海,地形起伏和缓,大部分为海拔200~300m的波状丘陵。沭东丘陵是胶东丘陵的延伸。较高的山有崂山(1 133m)、昆嵛山(923m)、艾山(814m)、牙山(805m)、大泽山(737m)、小珠山(724m)、五莲山(707m)等,均由花岗岩构成。较大的河流有潍河、胶莱河、大沽河、沭河、五龙河等。

2. 鲁中南山地丘陵区

该区位于山东省中南部,东以潍河、沭河与鲁东丘陵为界,西以华北平原相接,整个地势以中部最高,泰山、蒙山、鲁山、沂山成为山地脊部,主峰海拔1 000m以上,向四周逐渐降低为海拔300~500m的丘陵。主要的山有泰山(1 524m)、蒙山(1 155m)、鲁山(1 108m)、沂山(1 032m)、徂徕山(1 027m)、望海楼(1 001m)、莲花山(925m)等。较大的河流有沂河、大汶河、泗水等。

3. 鲁西北平原区

该区位于山东省的西南部、西部和北部,为华北平原的组成部分,由黄河冲积而成。区内地形平坦,海拔一般在50m左右,由西南向东北渐低。根据其形成的早晚,海拔高度的不同及地表形态的差异,分为鲁西南平原、鲁西北平原和黄河三角洲等。本区除黄河贯穿全境外,较大的河流还有徒骇河、德惠新河、马颊河、小清河、京杭运河、新万福河、洙赵新河、东鱼河等。

在鲁中南山地丘陵和鲁西南平原交界地带,有一连串的大小湖泊,通常以济宁市为界,济宁市以南,以微山湖为代表的习称南四湖,济宁市以北,习称北五湖。

(二)气候

山东省的气候属于暖温带半湿润季风型气候,四季分明。夏季多偏南风,炎热多雨;冬季多偏北风,寒冷干燥;春季干旱少雨,而多风沙;秋季雨水较少,常为"秋高气爽"的晴朗天气。山东半岛及东南沿海为海洋性气候,鲁西北地区近大陆性气候,两者差异显著。

全省年平均气温在11~14℃,由东部沿海向西南内陆递增。鲁西北平原平均气温多在13℃以上,胶东丘陵和黄河三角洲平均气温多在12℃以下。冬季一般1月份最低,平均温度为-1~-4℃之间,极端最低温度在-11~-20℃;夏季一般以7月份气温最高,平均温度在24~27℃之间,胶东半岛气温多在24℃以下。

全省无霜期一般为180~220天。鲁南及鲁西南平原无霜期较长,一般为220天;鲁北、泰沂山区和胶东半岛则较短,一般为180天。如果以日平均温度5℃以上作为植物的生长期,省内的植物生长期为260天左右。热量资源丰富。

全省年平均降水量一般为550~950mm,由东南向西北递减,鲁南和鲁东南降水量最大,一般为800~900mm以上,而鲁西北和黄河三角洲降水量最少,一般在600mm以下,其他地区为600~800mm。年降水多集中于6~8月,约占全年降水量的2/3。

（三）土壤

山东省地带性土壤为棕壤（棕色森林土）和褐土（褐色森林土），自东向西有规律地分布着。棕壤：主要分布于鲁东丘陵（胶东丘陵）区，成土母质主要为花岗岩和变质岩等，土色棕黄，全剖面无石灰反应，显微酸性（pH6 左右），土层深厚，通气良好，能蓄水保肥，抗旱抗涝。褐土：主要分布于鲁中南山地丘陵区的中、下部梯田和河谷阶梯地上；成土母质多为石灰岩和钙质沙质岩，或富有钙质的厚层黄土及黄土堆积物；属于半湿润性的干旱地带，降水量为 550～650mm，春旱明显，土壤显中性至碱性反应（pH8 左右），石灰反应强烈，土色黄褐，土层深厚，多为壤土或重壤土。

非地带性土壤为山地草甸土、潮土（浅色草甸土）、盐碱土和沼泽土。山地草甸土：主要分布于省内海拔 800m 以上的山顶坡，处于多雨、低温、相对湿度大及多风等气候下。由于生境湿润，生长着丰富的草甸植物，相应的发育着山地草甸型土。潮土（浅色草甸土）：广泛分布于鲁西北黄河冲积平原，由于地下水位较高，土体下部湿润，故称潮土。这类土壤质地适中，生产潜力大，是粮棉的重要生产基地。盐碱土：是盐土和碱土的统称，主要是内陆盐碱土，其次是海滨盐碱土。内陆盐碱土：主要分布于鲁西北平原的洼地边缘、河间洼地和黄河沿岸。滨海盐碱土：主要分布在渤海湾沿岸，构成宽约 20km 的狭带，自胶莱河口向西，包括潍坊市北部、东营市及滨州市的沿海地带。这类盐碱土含盐量一般约为 0.5%，以氯化钠为主，目前仅生长少量耐盐植物。沼泽土（湖洼黑土）：仅分布于鲁西湖区、鲁南及胶东的低洼地带。这类土壤是低洼地长期积水，后干涸而形成，土质黏重，湿时泥泞，干时坚硬。

总之，山东省地形比较复杂，土壤类型较多，气候四季分明，热量资源充分，降水集中，雨热同季，对药用植物的生长发育和分布以及植物体内有机物质的积累影响较大，在这样的环境因素影响下形成了本省 60 余种道地药材。

二、山东药用植物资源

山东省属于暖温带落叶阔叶林区域，地带性植被是落叶阔叶林，植物种类较丰富。植物物种的分布特点是：山区多于平原，沿海多于内陆，胶东半岛地区的植物种类最丰富，鲁中南山地丘陵次之，鲁北地区植物种类最贫乏。根据山东现有文献记载及本志编著者多年来对山东中药资源调查所采集的标本统计，现知本省有维管植物 2 362 种（包括变种和变型），隶属 185 科、925 属。除栽培品种和外来品种外，属于自然分布的有 156 科、622 属、1 700 余种，其中药用植物 1 400 余种。本志收载了 164 科、1 160 种重要药用植物，其中包括野生变家种、引种栽培多年，已形成稳定商品的药材 80 余种。

（一）山东药用植物资源的类型

1. 地产药材资源

山东境内由于优越的地理条件和独特的多样性气候，蕴藏着丰富的药用植物资源。地产药材系指已被《中国药典》、部颁标准或地方标准收载的，各地野生或家种的中药材。地产药材包括道地药材、主产药材和非主产药材，销省内、全国或出口。山东省出产的地产植物类药材达 350 余种，总产量仅次于四川、浙江、河南等省。这些地产药材在整个药用植物资源中占有重要的位置，也对山东省国民经济的发展起着举足轻重的作用。常见的地产药材有：拳参、虎杖、何首乌、牛膝、商陆、藕节、太子参、威灵仙、白头翁、白芍、北豆根、土元胡、板蓝根、地榆、苦参、葛根、远志、白蔹、白芷、前胡、辽藁本、防风、柴胡、北沙参、白前、白薇、徐长卿、白首乌、紫草、丹参、白花丹参、黄芩、玄参、地黄、茜草、天花粉、土贝母、桔梗、苍术、白术、紫菀、漏芦、芦根、白茅根、三棱、泽泻、香附、天南星、半夏、白附子、水菖蒲、百部、薤白、玉竹、知母、生姜、干姜；芫花条、桑白皮、牡丹皮、合欢皮、白鲜皮、苦楝皮、香加皮、地骨皮；侧柏叶、桑叶、牡丹叶、荷叶、大青叶、西洋参叶、罗布麻叶、紫苏叶、艾叶；松花粉、玫瑰花、月季花、槐花、槐米、葛花、芫花、洋金花、金银花、红花、菊花、蒲黄；白果、柏子仁、火麻仁、桑椹、马兜铃、水红花子、地肤子、青葙子、王不留行、葶苈子、莱菔子、白芥子、黄芥子、木瓜、苦杏仁、桃仁、郁李仁、山楂、决明子、补骨脂、蒺藜、花椒、椒目、酸枣仁、大枣、蛇床子、芫荽子、柿霜、柿蒂、连翘、女贞子、菟丝子、牵牛子、紫苏子、蔓荆子、车前子、瓜蒌、瓜蒌子、瓜蒌皮、甜瓜子、冬瓜子、牛蒡子、苍耳子、韭菜子、葱子、薏苡仁；萹蓄、马齿苋、垂盆草、瞿麦、紫花地丁、苦地丁、仙鹤草、翻白草、甜地丁、老鹳草、透骨草、地锦草、阴行草、益母草、薄荷、紫苏、荆芥、藿香、香薷、半枝莲、泽兰、车前草、旱莲草、佩兰、豨莶草、茵陈、青蒿、大蓟、小蓟、蒲公英等。

2. 道地药材资源

在丰富的地产药材资源中，有许多著名的道地药材。道地药材系指在特定自然条件、生态环境的地域内，采用历代药农独特的栽培、养殖技术和加工方法，集中生产并形成的品质优良和临床疗效好的传统中药材。据统计，山东省药用资源中，属于道地药材的约 60 种，其中许多药材驰名中外。重要的植物类道地药材 40 余种，有灵芝、昆布、海藻；太子参、白芍、白头翁、北沙参、徐长卿、丹参、黄芩、地黄、天花粉、桔梗、香附、半夏、薤白、三棱；牡丹皮、白鲜皮；侧柏叶；玫瑰花、槐花、槐米、金银花、菊花（济菊）；白果（银杏叶）、柏子仁、马兜铃、芡实、苦杏仁、桃仁、郁李仁、木瓜（皱皮木瓜）、山楂、猪牙皂（皂角刺）、大枣、酸枣仁、连翘、蔓荆子、菟丝子（小粒菟丝子）、瓜蒌、牛蒡子、薏苡仁；老鹳草、茵陈等。

山东产道地药材有许多冠以产区名称，如：泰山灵芝、临沭太子参、菏泽白芍、莱阳沙参、莱阳参、文黄芩、青岛条芩、莒黄芩、沂山丹参、高唐天花粉、东香附、汶香附、潍香附、东明香附、齐州半夏；菏泽牡丹、平阴玫瑰、济银花、东银花、山东银花；郯城白果、临沂山楂、青州山楂、邹城木瓜、邹城猪牙皂、威海蔓荆子、长清马山瓜蒌、牛庄薏苡仁、惠民茵陈等。

3. 地区习惯用药资源

山东地域广阔，药用植物资源丰富，人们除了使用国家标准规定的药材外，各地往往依据中医药传统理论和用药经验，习惯地使用当地所产的药用资源。这些药材常被收载于《山东省中药材标准》，有的已被国家标准收载，并且已形成商品药材。山东常见的地区习惯用药资源有：金芝（忍冬茎基部寄生的茶蔍子叶孔菌的子实体）；紫萁贯众（紫萁贯众根茎及叶柄基部）、土元胡（小药八旦子的块茎）、威灵仙（华东菝葜的根及根茎，铁灵仙）、烟台柴胡（烟台柴胡的根）、白首乌（萝藦科白首乌的块根，泰山何首乌）、白花丹参（白花丹参的根及根茎）、丹参（山东丹参的根及根茎）；芫花条（芫花的枝条）、络石藤（石血茎藤）、石楠藤（石楠的带叶茎藤）；白杨花（毛白杨和加拿大杨雄花序）；软蒺藜（中亚滨藜的果实）、石莲子（莲的经霜老熟果实）、白花菜子（白花菜的种子）、莱阳梨（白梨的栽培变种茌梨的新鲜果实）、光皮木瓜（蔷薇科木瓜的果实）、望江南（豆科茳芒决明的种子）、花生红衣（花生的种皮）、凤眼草（臭椿的成熟果实）、葫芦（葫芦的变种瓠瓜的成熟果皮）；杠板归（杠板归的全草）、翻白草（翻白草的全草）、苦地丁（地丁草的全草）、甜地丁（米口袋的全草）、小草（远志地上部分）、猫眼草（猫眼草的地上部分）、珍珠透骨草（地构叶的地上部分）、春柴胡（狭叶柴胡未抽茎的全草）、蜀羊泉（白英的地上部分）、羊角透骨草（角蒿的全草）、刘寄奴（阴行草的全草，北刘寄奴）、罗勒（香佩兰的全草）、白花益母草（唇形科錾菜的全草）、墓头回（糙叶败酱和异叶败酱的根）、败酱草（黄花败酱和白花败酱的全草）、北败酱草（中华小苦荬的全草）等近百种。

4. 民间药资源

民间药是指国家药典、部颁标准和地方标准尚未收载，也未形成大宗商品药材，但根据中医药理论，在民间用以防病治病所使用的疗效显著的药用植物。如：葛仙米、蛎菜、紫菜、地钱、节节草、中华卷柏、山东肿足蕨、半岛鳞毛蕨、井栏边草、海州骨碎补、银白杨、野核桃、无花果、鸡桑、百蕊草、荞麦、藜、菠菜、猪毛菜、落葵、金不换（土大黄）、酸模叶蓼、千日红、兴安石竹、山东石竹、漆姑草、圆锥乌头、太行铁线莲、回回蒜、唐松草、黄芦木、木防已、鹅掌楸、三桠乌药、东北延胡索、齿瓣延胡索、荠菜、诸葛菜、豆瓣菜、虎耳草、路边青、山莓、紫穗槐、华黄芪、鸡眼草、胡枝子、野首蓿、鹿藿、白刺花、酢浆草、枸橘、野花椒、香椿、铁苋菜、蜜柑草、三裂蛇葡萄、葎叶蛇葡萄、乌蔹莓、爬山虎、扁担木、软枣猕猴桃、地耳草、多枝柽柳、球果堇菜、堇菜、仙人掌、沙枣、野西瓜苗、锦葵、月见草、刺楸、骨缘当归、峨参、拐芹、石防风、泰山前胡、滨海前胡、点地梅、珍珠菜、二色补血草、补血草、君迁子、流苏树、茉莉花、迎春花、长春花、鳞叶龙胆、荇菜、牛皮消、地梢瓜、隔山消、鹅绒藤、打碗花、旋花、北鱼黄草、金灯藤、附地菜、紫筒草、白棠子树、老鸦糊、筋骨草、夏至草、内折香茶菜、荔枝草、荆芥、烟草、苦蘵、华北散血丹、柳穿鱼、山罗花、水蔓菁、列当、透骨草、猪殃殃、蓬子菜、鸡矢藤、苦糖果、荚蒾、缬草、苦瓜、黄瓜、赤飑、羊乳、山梗菜、香青、牡蒿、蒙古蒿、魁蒿、莳萝蒿、海州蒿、朝鲜苍术、青蒿、五月艾、野艾蒿、婆婆针、小花鬼针草、大狼杷草、狼杷草、烟管头草、东风菜、一年蓬、大丽花、甘菊、大丁草、三七草、菊芋、泥胡菜、紫锥菊、莴苣、火绒草、蜂斗菜、翅果菊、鸦葱、蒙古鸦葱、林荫千里光、长裂苦苣菜、苦苣菜、甜叶菊、兔儿伞、山牛蒡、蒙古苍耳、眼子菜、野慈姑、水鳖、莒草、狗牙根、牛筋草、臭草、狼尾草、狗尾草、虱子草、荻、荸荠、扁杆藨草、大藻、饭包草、水竹叶、洋葱、葱、铃兰、宝铎草、野百合、渥丹、青岛百合、禾叶山麦冬、吉祥草、绵枣儿、鹿药、牛尾菜、玉蝉花、美人蕉、角盘兰、羊耳蒜、蜈蚣兰、绶草等700余种。

（二）山东药用植物资源专题研究

20世纪后期，尤其近20多年来，编者凝聚了几代精英，搭建了一支优秀的教学科研团队，围绕着山东药用植物资源，采用本草学、中药资源学、植物分类学、生药学、孢粉学、现代生物技术、中药化学、药理学等多学科相结合的手段，将经典分类的研究方法与扫描电镜、色谱法、光谱法、分子生物学等现代科学技术相结合，先后主持承担并完成了国家级、省级和厅局级几十项重点课题，对山东产忍冬科、唇形科、葫芦科、石竹科、毛茛科、大戟科、玄参科、伞形科、桔梗科、菊科、蔷薇科、天南星科、百合科、莎草科、禾本科以及蕨类的多种药用植物资源进行了专项研究，取得了几十项创新瞩目的科研成果，荣获省、部级科技进步一、二、三等奖及厅局级奖30余项。

1. 药用蕨类植物资源研究

自1980年至今,编者先后主持完成了"山东蕨类植物研究"、"山东药用蕨类植物研究"、"山东蕨类植物孢子形态的研究"、"山东蕨类植物形态解剖的研究"等山东省自然科学基金重点课题,对山东蕨类植物资源进行了全面、系统的深入研究。现知山东蕨类植物27科、45属、117种(包括变种和变型),其中药用蕨类植物约占2/3,比文献记载增加了2科(石杉科、球子蕨科)、4属(石杉属、鳞盖蕨属、薄鳞蕨属和球子蕨属)。

1983年以来,李建秀(J. X. Li)与周凤琴(F. Q. Zhou)、李峰(F. Li)、丁作超(Z. C. Ding)、李法曾(F. Z. Li)、卫云(Y. Wei)、孔宪需(H. S. Kong)、李晓娟(X. J. Li)等合作,分别命名发表了蕨类植物10个新种:**山东贯众** Cyrtomium shandongense J. X. Li(彩图1-模式标本),本新种近似贯众 C. fortunei J. Sm.,与贯众的主要区别是:羽片12～15对,边缘有细密锯齿,顶生1羽片羽裂,囊群盖边缘流苏状,上表面通常有少数纤维状小鳞毛,孢子周壁具瘤状纹饰(图版Ⅲ:7,10),分布于山东南部(塔山),生林下阴坡岩石缝,海拔约500m,1982年10月12日,李建秀02023-1(模式标本藏山东中医药大学药用植物标本室,同号标本藏中国科学院植物研究所标本馆);发表于《植物研究》4(2):142～148.1984,收载于《山东植物志》上卷:129.图67.1990,《中国植物志》5(2):207.2001,李法曾《山东植物精要》12.2004。**密齿贯众** Cyrtomium confertiserratum J. X. Li, H. S. Kung et X. J. Li(彩图2-模式标本),本新种近似贯众(原变型)C. fortunei J. Sm f. fortunei,与其主要区别是:顶生羽片菱形,基部1～2深裂,裂片长3～4cm,宽约1cm,侧生羽片边缘有细密锯齿,囊群盖边缘有波状小齿,孢子周壁具不规则瘤状纹饰(图版Ⅲ:1,4),分布于山东:济南南部山区,泰安(良庄),生林下,海拔约600m,1988年6月8日,孙积泉88-131(模式标本藏山东中医药大学药用植物标本室);发表于《植物分类与资源学报》34(1):17～21.2012。**倒鳞贯众** Cyrtomium reflexosquamatum J. X. Li et F. Q. Zhou(彩图3-模式标本),本新种近似山东贯众 C. shandongense J. X. Li,与其主要区别是:本种形体较大,高达60cm,羽片较多,达15～29对,叶轴基部以上密被褐色、线形倒生鳞片;孢子周壁为耳片状及网结状纹饰(图版Ⅲ:3,6),分布于山东:济南南部山区(西营),生林下,海拔约500m,2005年5月5日,李建秀2005-01(模式标本藏山东中医药大学药用植物标本室,副模式标本藏PE),《植物分类与资源学报》34(1):17～21.2012。**山东蛾眉蕨** Lunathyrium shandongense J. X. Li et F. Z. Li(彩图4-模式标本),本新种近似东北蛾眉蕨 L. pycnosorum Christ,与其主要区别是:根状茎直立,叶片下部一对羽片的基部上侧第一裂片格外伸长,比其他裂片长过一倍,并羽状深裂,各裂片间缺刻处偶有少数或无节状柔毛着生,孢子周壁表面具断续的褶皱突起(图版Ⅲ:15,18),分布于山东:牙山,生林下河流溪旁,海拔约200m,1982年8月12日,李建秀0082815(模式标本藏山东中医药大学药用植物标本室,2011年藏中国科学院植物研究所标本馆PE),发表于《植物研究》4:14273～146.1984,收载于《山东植物志》上卷:73.1990,《中国植物志》3(2)蛾眉蕨属编者将其合并于东北蛾眉蕨 L. pycnosorum Christ,证据不足,应予订正,为其正名。**鲁山假蹄盖蕨** Athyriopsis lushanensis J. X. Li,本种近似 A. conilii (Franch. et Sav.) Ching,与其主要区别是:植株较高大,叶片阔披针形,羽片深羽裂,基部一对羽片较大,大多急尖头,孢子囊群常在裂片基部上侧1脉双生,分布于山东:鲁山,生林下湿地,海拔约700m,1981年10月12日,李建秀00109(模式标本藏山东中医药大学药用植物标本室);发表于《植物分类学报》26(2):162～165.1988,收载于《山东植物志》上卷:70.1990,《中国植物志》3(2):330～331,1999,李法曾《山东植物精要》12.2004。**山东假蹄盖蕨** A. shandongensis J. X. Li et Z. C. Ding,该种为山东特有种之一,也是现知该属在我国境内分布纬度最偏北的一种。其形态与山东鲁山地区的鲁山假蹄盖蕨 A. lushanensis J. X. Li 近似,主要区别是:该种叶片为质地较厚的草质,囊群盖边缘在孢子囊群成熟前内弯,孢子周壁表面具不规则的耳片状纹饰,后者叶片薄草质,囊群盖边缘在孢子囊群成熟前平展,不内弯,孢子周壁具不规则的瘤状纹饰,分布于蒙山、崂山、昆嵛山等地,发表于《植物分类学报》26(2):163～165.1988,收载于《山东植物志》上卷:70.1990,《中国植物志》3(2):332～333,1999,李法曾《山东植物精要》13.2004。**山东鳞毛蕨** Dryopteris shandongense J. X. Li. et F. Li(彩图5-模式标本),本种形态近似日本产的 D. ryo-itoanae Kurata,但羽轴上散生极小的披针形鳞片,囊群盖小,中央淡棕色,孢子圆肾形,孢壁具规则的片状纹饰,易于区别;分布于山东:蒙山,生林下湿地,海拔约900m,1983年7月5日,李建秀108(模式标本藏山东中医药大学药用植物标本室;等模式标本藏PE),发表于《植物分类学报》26(5):406～407.1988,收载于李法曾《山东植物精要》20.2004。**山东耳蕨(山东鞭叶耳蕨)** Polystichum shandongense J. X. Li et Y. Wei,与鞭叶耳蕨 P. craspedosorum (Maxim.) Diels 的主要区别是:植株较高大,形体较强壮,叶片较宽,羽片较多,较长(中部长2.5cm),基部上侧呈三角形,耳突较大,孢子囊群在主脉上下两侧各成一行(下侧少于上侧的数目);叶柄具较大的阔披针形鳞片,分布于山东:蒙山,生林下石缝间,海拔约1 100m,1980年10月5日,李建秀、卫云00105(模式标本藏山东中医药大学药用植物标本室,副模式标本藏PE);发表于《植物分类学报》22(2):

164~165.1984；收载于《山东植物志》上卷：124~126.1990，《中国植物志》5(2)：5.2001，李法曾《山东植物精要》21.2004.图66,《中国高等植物》2.540.图746。**山东假瘤蕨** Phymatopsis shandongensis J. X. Li et C. Y. Wang，本种近于金鸡脚假瘤蕨 P. hastata (Thunb.) Pic. Serm. 的单叶型，主要区别是：形体小，叶片卵形圆头，叶柄纤细如线，孢子周壁为细小颗粒状纹饰，非刺状纹饰（图版Ⅲ：13,16），分布于山东：蒙山，生林下岩石边土中，海拔1 115m，1980年10月5日，李建秀、卫云00106（模式标本藏山东中医药大学药用植物标本室，副模式标本藏PE）；泰山，1981年8月，李法曾81-057；发表于《植物分类学报》22(2)：164~166.1984，收载于《山东植物志》上卷：143~144.1990，《中国植物志》6(2)假瘤蕨属编者将其合并于孢子周壁为密生刺状纹饰的金鸡脚假瘤蕨，证据不足，应予订正。本志保留山东假瘤蕨 Phymatopsis shandongensis J. X. Li et C. Y. Wang 在植物分类学上的种级地位。**中日节节草**（新组合变种）Hippochaete ramosissima (Desf.) Boerner var. japonica (Milde) J. X. Li et F. Q. Zhou（彩图 6-模式标本），本变种与原变种（var. ramosissima）的主要区别是：多年生直立草本，株高100~150cm，茎粗壮，直径3~5mm，中部以下不分枝，上部有不规则的分枝或不分枝，髓腔较大，约占茎直径的4/5。发表于《植物研究》11(2)：35~36.1991，分布于山东：东营市孤岛黄河故道，生于草丛中，1989年9月20日，李建秀、周凤琴015、016、017（模式标本藏山东中医药大学药用植物标本室，副模式标本藏PE），崂山、烟台（烟台大学校园）。收载于《山东植物志》上卷27.1992，李法曾《山东植物精要》5.2004。

山东分布新记录14种（变种、变型）：**蛇足石杉** Huperzia serrata (Thunb.) Trev.，产崂山太清宫，生林下山坡阴湿处。**红枝卷柏** Selaginella sanguinolenta (L.) Spiring，产威海市威德山，生林下。**伏地卷柏** S. nipponica Franch. et Sav.，产崂山、蒙山，生林下阴湿处。**犬问荆** Equisetum palustre L.，产崂山、昆嵛山，生林下。**多裂阴地蕨** Scepteridium multifidum (Gmel.) Nishlida，产蒙山，生林下。**边缘鳞盖蕨** Microlepia marginata (Houtt) C. Chr.，产济宁。**粗毛鳞盖蕨** M. strigosa (Thunb.) Presl，产崂山，生林下。**陕西粉背蕨** Aleuritopteris shensinsis Ching，产济南、泰安、枣庄及蒙山，生石灰岩石缝间。**北京粉背蕨** A. niphobola (C. Chr.) Ching var. penkingensis Ching et Hsu，产蒙阴岱崮。**球子蕨** Onoclea interrupta (Maxim.) Ching et Chiu，产威海市威德山，生林下。**阔鳞鳞毛蕨** Drypopteris championii (Benth.) C. Chr. ex Ching、**假蹄盖蕨** Athyriopsis japonica (Thunb.) Ching 均产于青岛崂山，生林下。**小羽贯众（变型）** Cyrtomium fortunei J. Sm f. polypterum (Diels) Ching（图版Ⅲ：9,12），产济南千佛山，生石灰岩岩石缝，李建秀008612。**宽羽贯众（变型）** C. fortunei J. Sm f. latipinna ching，产枣庄山区，生林下岩石缝，明远凯87-06。

采用光学显微镜和扫描电镜对100余种蕨类植物的孢子进行了微形态和超微形态研究，从孢子大小、极面观、赤道面观、极轴长、赤道轴长、裂缝、周壁以及周壁纹饰等方面进行了观察与描述，将孢子超微形态特征引入到经典分类中，为蕨类植物传统的经典分类学增添了新的试验分类学标准。20世纪80年代起，本志编者倡导：应该把扫描电镜下的孢粉形态特征作为建立新分类群诊断语中的重要特征之一，得到植物分类学界同仁们的赞同。对鳞毛蕨科、肿足蕨科、蹄盖蕨科、假蹄盖蕨科、中国蕨科、水龙骨科、木贼科、铁角蕨科等近百种蕨类植物的根、根茎、叶柄、叶轴、羽片、叶表皮、气孔类型、表皮毛、孢子囊和孢子等进行了形态解剖学的系统研究，对部分种的茎叶表皮、表皮毛、孢子囊和孢子等采用扫描电镜进行了超微形态研究，分析了相同科属中不同种蕨类植物形态结构的共性，剖析了不同物种在形态结构上的专属性，为山东蕨类植物的形态解剖学、经典分类学和试验分类学积累了大量的资料。研究成果引起了植物分类学界的普遍关注。首都师大刘家熙等撰文"蕨类植物孢粉形态研究进展"（《纪念秦仁昌论文集》331-334，1999）指出：20世纪70年代以来，扫描电镜和透视电镜的普遍应用，使蕨类植物孢粉学研究进入一个崭新的发展阶段。扫描电镜的应用，观察到了许多在光学显微镜下看不清楚的细微纹饰，并使纹饰呈现立体形象……。在这一方面国外许多学者做了大量的研究工作，如Wagner(1974)提出了蕨类植物科和亚科与孢子类型的相关性，认为尽管结构比较简单，但蕨类植物的孢子在种和较高一级水平上，可以提供一个系统分类证据的丰富来源。Large & Braggins(1991)研究了新西兰蕨类植物的孢子形态，Tryon & Lugardon(1991)系统研究描述了全世界32科232属蕨类植物孢子的表面形态、外壁结构的多样性以及外壁的发育过程。我国应用扫描电镜研究蕨类植物孢粉形态的工作起步较晚。张玉龙等(1974)首先应用扫描电镜观察了几种蕨类植物孢子并介绍了材料制备方法。进入80年代后期，李国范(1988)、吴玉书(1989)、刘宝东等(1989)、李建秀(1989,1991)、向莉琳(1992)、李娜(1992)、刘宏全(1993)、卫全喜等(1994,1997)、程志英等(1997)、刘家熙等(1997)、张宪春等(1998)陆续对中国产200余种蕨类植物的孢子进行扫描电镜的观察。这些充分说明了国内外采用扫描电镜对蕨类植物孢子进行研究的现状和水平。但应该指出的是：本志编者有3篇论文发表于1988年（"Studies on the spore morphology of Hypodematium in China" Proceedings of the ISSP(1988)：269-272、"山东假蹄盖蕨属两新种"《植物分类学报》26(2)：162-164、"山东鳞毛蕨属一新种"《植物分类学报》26(5)：406-407)，其内容是研究扫描电镜下蕨类植物孢子或涉及蕨类植物孢子,而不是从 1989 年开始的。正确的引用应该是李建秀等(1988、1989、1990、1991、1993、1994、1995),共 9 科、属 40 余种。在国内,本志编者的研究起步较早,论文篇数和研究种类最多,研究质量好,居国内领先水平。俄罗斯两家权威学术刊物转载了"山东假蹄盖蕨属孢子形态研究"的论文,在山东乃至国内,本志编者率先把经典分类学与扫描电镜下的孢粉学相结合,在蕨类植物研究史上进入了一个崭新的发展阶段,是蕨类植物孢粉学超微结构研究的里程碑。

研究中发现:粗茎鳞毛蕨和山东产鳞毛蕨属 11 种植物的根茎及叶柄基部基本组织中均生有细胞间隙腺毛,细胞间隙腺毛是鳞毛蕨属植物形态解剖学的专属性特征之一。编者首次发现:12 种鳞毛蕨属植物叶柄基部组织中,细胞间隙腺毛着生于与叶轴向近平行的纵长细胞间隙中。细胞间隙腺毛有两类形态:一类腺毛头部近等径,呈类球形(图版Ⅰ:1-6,图版Ⅱ:7);另一类腺毛头部呈长棒槌形(图版Ⅱ:8-12)。细胞间隙腺毛的数目、大小、腺毛

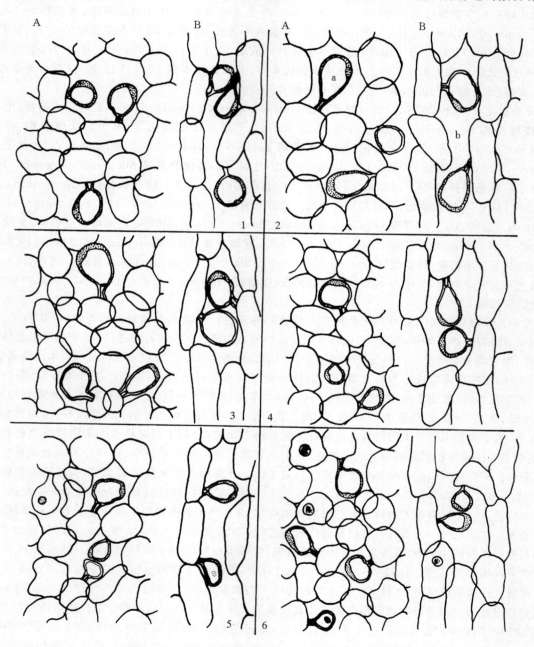

图版Ⅰ 山东鳞毛蕨属叶柄基部解剖(示细胞间隙腺毛)
A. 横切面 B. 纵切面 a. 细胞间隙腺毛 b. 细胞间隙

1. 粗茎鳞毛蕨 Dryopteris crassirhizoma Nakai; 2. 细叶鳞毛蕨 D. woodsiisora Hayata;
3. 半岛鳞毛蕨 D. peninsulae Kitag; 4. 山东鳞毛蕨 D. shandongensis J. X. Li et F. Z. Li;
5. 裸叶鳞毛蕨 D. gymnophylla (Bak.) C. Chr.; 6. 华北鳞毛蕨 D. goeringiana (Kunze) Koidz.

头部的形态等在种间具有显著差异。根据叶片羽轴下面的毛被性质，鳞毛蕨属通常被分为平鳞组（鳞片呈披针形或纤维状）和泡鳞组（鳞片呈泡状或囊状，或鳞片既有披针形又有泡状）。12 种鳞毛蕨中，细胞间隙腺毛呈球形的 7 种均属于平鳞组，包括粗茎鳞毛蕨 Dryopteris crassirhizoma Nakai、细叶鳞毛蕨 D. woodsiisora Hayata（泰山鳞毛蕨 Dryopteris taishanensis F. Z. Li et C. K. Ni）、半岛鳞毛蕨 D. peninsulae Kitag.、山东鳞毛蕨 D. shandongensis J. X. Li et F. Z. Li、裸叶鳞毛蕨 D. gymnophylla (Bak.) C. Chr.、华北鳞毛蕨 D. goeringiana (Kunze) Koidz.、狭顶鳞毛蕨 D. lacera (Thunb.) O. Ktze.；而细胞间隙腺毛呈长棒槌形的 5 种鳞毛蕨中，除中华鳞毛蕨 D. chinensis (Bak.) Koidz. 外，其他 4 种均为泡鳞组，包括：棕边鳞毛蕨 D. sacrosancta Koidz.、阔鳞鳞毛蕨 D. championii (Benth.) C. Chr.、崂山鳞毛蕨 D. laoshanensis J. X. Li et S. T. Ma）、假异鳞毛蕨 D. immixta Ching 和两色鳞毛

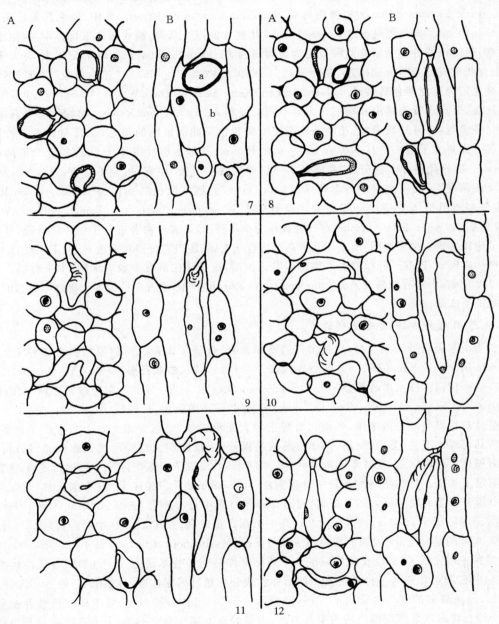

图版 Ⅱ 山东鳞毛蕨属叶柄基部解剖（示细胞间隙腺毛）

A. 横切面 B. 纵切面 a. 细胞间隙腺毛 b. 细胞间隙

7. 狭顶鳞毛蕨 Dryopteris lacera (Thunb.) O. Ktze.；8. 阔鳞鳞毛蕨 D. championii (Benth.) C. Chr.；

9. 棕边鳞毛蕨 D. sacrosancta Koidz.；10. 假异鳞毛蕨 D. immixta Ching；11. 两色鳞毛蕨 D. setosa (Thunb.) Akasawa；12. 中华鳞毛蕨 D. chinensis (Bak.) Koidz.

蕨 D. setosa (Thunb.) Akasawa。编者认为，细胞间隙腺毛的类型在鳞毛蕨属属内分组上具有一定的意义，是应该值得关注的重要特征。在山东蕨类植物研究中，编者发表学术论文30余篇，研究成果获得了显著的社会效益，"山东蕨类植物研究"1989年获山东省科技进步二等奖；"山东蕨类植物孢子形态的研究"1996年获山东省科技进步三等奖。这些为山东蕨类植物的深入研究和开发应用奠定了基础。

2. 乌头属药用植物资源研究

1988年编者主持完成了"山东乌头属药用植物研究"，通过综合研究，查清了山东乌头属资源和药用种类，澄清了山东乌头属植物多年来定名混乱、分类不清的状况。现知山东乌头属有3种1变种：**乌头** Aconitum carmichaeli Debx.（模式产地烟台）、**展毛乌头** Aconitum carmichaeli var. trupelianum (Ulbr.) W. T. Wang et Hsiao、**圆锥乌头** A. peniculigerum Nakai 和**拟两色乌头** Aconitum loczyanum Rapcs。其中，展毛乌头长期被误定为**华乌头** A. chinenses Paxt.。拟两色乌头是Rapcs于1907年建立的一个新种，模式标本采自日本，我国山东、东北有分布。长期以来，我国植物分类学家将此种鉴定为**高帽乌头** A. longecassidatum Nakai，记述为"分布于山东东部（青岛）"和"山东青岛市有记录"，分别描述"花为紫色"（《中国植物志》27:166）或"花为黄色"（《东北草本植物志》3:122.）；后又被鉴定为**直立两色乌头** A. albo-violaceum Kem. var. erectam W. T. Wang。经过多年的野外调查、观察和研究发现，分布于青岛崂山和栖霞牙山等不同生境的 A. loczyanum Rapcs.，植物体均为直根系，茎下部直立，上部蔓生，花黄色，上萼片圆筒状，花序轴及花梗密被黄色反曲而紧贴的短毛；又经与日本学者田村道夫赠送给我国乌头属专家王文采院士的日本产 A. loczyanum Rapcs. 的标本进行核对，认为应鉴定为拟两色乌头 A. loczyanum Rapcs.。而将此类标本鉴定为"高帽乌头"和"直立两色乌头"均有误，应予订正。1990年发表了"山东乌头属植物分类的研究"一文[《山东中医学院学报》14(5):267]，将拟两色乌头作为 A. loczyanum Rapacz. 的中文名，其化学成分和药用价值有待进一步研究。展毛乌头 A. carmichaeli var. trupelianum (Ulbr.) W. T. Wang et Hsiao 与圆锥乌头 A. peniculigerum Nakai 在产地被作为草乌药用，编者对两者进行了生药学研究，并与乌头以及市售草乌进行了比较鉴别。结果表明，山东产几种乌头均含乌头碱，块根有母根和子根之分，子根数目不等；组织结构均属于乌头类构造模式，即双子叶植物次生构造不发达类型，皮层部位散有少数石细胞，中央有髓。另外，《新编中药志》1:64. 2002记载，山东有**北乌头** Aconitum kusnezoffii Reichb. 分布，编者未见标本。研究结果为山东乌头属植物的开发应用提供了依据。

3. 丹参类药用植物资源及质量研究

植物丹参为山东著名的道地药材，通过多年的资源调查，查清了山东产丹参原植物有2种1变种1变型，包括**丹参** Salvia miltiorrhiza Bge.（彩图58；图版Ⅳ:2,5,8,11,14,17）、**白花丹参** f. alba Y. Wu et H. W. Li（彩图59；图版Ⅳ:3,6,9,12,15,18）、**单叶丹参** var. charbonnelii (Levl) C. Y. Wu（山东分布新记录）和**山东丹参（新种）** S. shandongensis J. X. Li et F. Q. Zhou sp. nov.（彩图60,61；图版Ⅳ:1,4,7,10,13,16）。

丹参为商品药材丹参的主流来源，各地均有野生和大面积栽培，需求量很大。山东主产于泰沂山区。目前，临朐、沂水、莒县、蒙阴、平邑、莒南、沂南、济南等地栽培面积大，仅临朐一县的种植面积就超过万亩，山东道地产区丹参种植面积达4万亩以上，全省年产丹参约11 000 000kg，形成了山东产区丹参的种植规模，为建立丹参规范化种植基地奠定了基础。丹参脂溶性成分中丹参酮Ⅱ$_A$(tanshinone Ⅱ$_A$)2010年版《中国药典》规定含量不得少于0.20%，据《中药资源学》（周荣汉，1993）记载，我国6省产丹参中丹参酮Ⅱ$_A$含量：山东0.32%、河南0.23%、湖北0.16%、江苏0.10%、辽宁0.03%、河北0.02%，其中山东含量最高。2005年版《中国药典》规定，丹参酮Ⅱ$_A$的含量不得少于0.20%的基础上，又增加了水溶性成分丹酚酸B(salvianolic acid B)含量不得少于3.0%的内在质量标准。2010年编者主持完成了"中药材质控标准和中药标准样品制备技术研究——丹参药材质控标准和标准品制备技术研究"，研究发现，山东各主产地丹参中的指标性成分均超过国家标准，丹参酮Ⅱ$_A$的平均含量达0.57%，最高可达0.97%；丹酚酸B的平均含量达4.89%，最高达5.45%。因此，按GAP要求建立丹参种植基地是山东省的一大优势。丹参自古以来药用部位均为根及根茎，大量的地上部弃之不用，为了开发应用丹参药材生产过程中的副产品，编者主持并完成了"丹参叶的化学成分分离及主要活性成分提取工艺的优选"、"丹参叶水溶性提取物纯化关键技术研究"项目。课题组首先进行了初步预试，表明丹参叶中主含酚酸类、丹参素、黄酮类、皂苷类及香豆素类成分；含量测定显示，丹参叶中丹酚酸B的含量最高达6.06%，是2010年版《中国药典》中规定的丹参根及根茎中3.0%含量的2倍。目前已从丹参叶中分离并鉴定了12种单体化合物，包括：丹酚酸B、丹参素、迷迭香酸、原儿茶醛、咖啡酸、芦丁、槲皮素、槲皮素-3-O-β-D-葡萄糖苷、山柰酚、山柰酚-3-O-β-D-葡萄糖苷、β-胡萝卜苷和β-谷甾醇等；并对丹参叶提取物进行了提取、纯化关键技术的研究，为丹参叶的开发应用奠定了基础。

白花丹参 S. miltiorrhiza Bge. f. alba C. Y. Wu et H. W. Li. 是20世纪80年代发现的丹参一个白花变型（彩图59,图版Ⅳ:3,6,9,12,15,18），特产山东，模式产地章丘，莱芜、长清及蒙阴有少量分布，属于濒临灭绝的种质资源，目前莱芜市苗山镇有大面积种植，章丘有少量栽培，山东莱芜白花丹参已获得国家地理标志产品。据报道，白花丹参中丹参酮ⅡA的含量最高可达0.899%、隐丹参酮的含量达0.510%；章丘、莱芜等地中医用于治疗血栓闭塞性脉管炎已有近百年的历史，疗效优于丹参，因此白花丹参是一种很值得开发的新资源，应尽快采取种质保护措施。编者主持"白花丹参有效成分及其对血管内皮细胞保护作用的研究"发现，白花丹参中的水溶性成分可通过调节细胞氧化应激状态抑制脂多糖导致的血管内皮细胞凋亡；研究中还发现白花丹参的茎、叶和花含有与根类似的成分，并且水溶性成分含量较高，也是值得开发的优良资源。

在资源调查中，编者还发现了山东丹参（新种）Salvia shandongensis J. X. Li et F. Q. Zhou, sp. nov.（《北方植物学研究》1:242.1993），本种与丹参近似，主要区别是：小叶卵状披针形，先端渐尖。能育雄蕊药隔极短，药隔上、下臂近等长，药室倒挂，深藏于花冠筒内。分布于山东：沂南，平邑，济南郊区丘陵，生于山坡林缘草丛中，海拔300～400m，李建秀等 8902、8904，（模式标本，存山东中医药大学药用植物标本室、中国科学院云南植物研究所标本馆），（彩图60,61；图版Ⅳ：1,4,7,10,13,16）。1991年6月16日，李建秀、周凤琴，91616，济南历城（枣园）和长清（五峰山）、莒县、平邑（郑城镇）、蒙阴（坦埠和蒙山）等地均有分布，在山东临朐、沂南、莒县、平邑、济南等地丹参栽培区大田中，与丹参一起收作丹参药材。编者近期采用叶绿体 psbA-trnH 基因间区序列，对山东丹参及其近缘种丹参进行研究，结果证明两者有明显区别，为山东丹参新种提供了 DNA 分子水平的证据。

4. 瞿麦类药用植物资源及质量研究

1996年编者主持完成了山东中医药"八五"攻关项目"常用中药材瞿麦品种整理及质量研究"。经过多学科综合研究，现知山东瞿麦药材原植物有4种和3变种，包括：**石竹** Dianthus chinensis L.、**辽东石竹** var. liaodungensis Y. C. Chu、**兴安石竹** var. versicolor (Fisch. ex Link) Y. C. Ma（山东分布新记录）、**三脉石竹（新变种）** var. trinervis D. Q. Lu、**山东石竹（新种）** D. shandongensis (J. X. Li et F. Q. Zhou) J. X. Li et F. Q. Zhou（彩图7-模式标本）、**瞿麦** D. superbus L.、**长萼瞿麦** D. longicalyx Miq.。石竹是山东产瞿麦商品药材的主流；辽东石竹与石竹产地分布交叉，在产区与石竹混用；兴安石竹为济南、泰安、临沂等地瞿麦商品药材的主流；商品药材中偶见山东石竹和三脉石竹；而植物瞿麦和长萼瞿麦在山东未形成商品药材。瞿麦的本草考证提出了石竹 D. chinensis L. 是历代瞿麦商品药材的主流，而植物瞿麦 D. superbus L. 在历代本草中很少有记载，为药材次要来源的结论。本研究成果依据生药特征、扫描电镜下茎叶表面超微形态、化学成分、药理实验等结果，将山东产4种3变种瞿麦原植物分为石竹类和瞿麦类。石竹类属于石竹属齿瓣组，包括石竹、辽东石竹、兴安石竹、三脉石竹，均为等面叶，上下表皮内方均有栅栏组织；扫描电镜下，茎叶表皮角质层为多鳞片型；均具有明显的利尿作用，其中兴安石竹、三脉石竹利尿作用最强，辽东石竹和石竹次之；瞿麦类属于石竹属继瓣组，包括瞿麦、长萼瞿麦，均为两面叶，仅上表皮内方有栅栏组织；扫描电镜下，茎叶表面角质层为少鳞片型；利尿作用不显著；山东石竹药材性状似石竹，花瓣先端呈条状中裂似瞿麦，兼有石竹类和瞿麦类的特征，利尿作用明显但维持时间较短，属于一个特殊的类型。瞿麦类和石竹类药材主要化学成分为黄酮类及皂苷类，但两者黄酮类成分的薄层色谱有明显差异。

在资源调查中发现石竹属一新分类群，命名为山东石竹（新变种）Dianthus chinensis L. var. shandongensis J. X. Li et F. Q. Zhou（彩图7-模式标本），发表于《植物研究》21(4):511～512.，2001，收载于李法曾《山东植物精要》222；后组合为新种，即山东石竹 D. shandongensis (J. X. Li et F. Q. Zhou) J. X. Li et F. Q. Zhou，收载于《新编中药志》3:412～414，图65-7 图65-8；5:1181～1182。本新种形似石竹，主要区别：高30～60～(80)cm，茎丛生，全株无毛。萼筒长2.9～3.3cm，萼下苞2～3对，卵形，先端长渐尖，伸展，长约为萼筒的1/3。花瓣玫瑰红色或红紫色，先端边缘呈条状中裂。蒴果短于萼筒。模式产地山东蒙山，产临沂蒙山、徂徕山。生于较高海拔的向阳山坡、林缘草丛。分布区域较狭窄，为山东特有种。全草在产地作瞿麦，偶见混于商品药材中。

5. 酸枣仁药材资源及质量研究

酸枣仁为山东著名的道地药材之一，主产蒙阴、沂水、泰安、莱芜、青州、临朐、历城、长清、牟平等县市。1996年编者主持完成了山东中医药"八五"攻关项目"常用中药材酸枣仁品种整理及质量研究"。采用本草考证、资源调查、生药学、质量研究相结合的方法，对中药酸枣仁进行了品种整理及质量研究。调查研究表明，药材市场上酸枣仁来源于鼠李科植物**酸枣** Ziziphus jujube Mill. var. spinosa (Bunge) Hu ex H. F. Chow.，是酸枣仁商品药材的主流，在山东主产于蒙阴、平邑、沂水、青州、临朐、莱芜、历城、淄博、牟平等20余个县市，为山东著名的道地药材之一，药材蕴藏量约 2 100 000kg。流通领域尚有少量同科属植物**滇刺枣** Z. maunitiana Lam. 的种子，习称滇枣仁、理枣仁或缅枣仁,系云南省地区用药,山东省不产也不习用,作伪品处理。酸枣仁与滇枣仁,外观特征相似,难于鉴别,课题组对两者进行了鉴别研究。结果表明,酸枣仁表面紫红色或紫褐色,色调一致,种子较小,中部厚度约3mm,种皮略厚;而滇枣仁表面黄棕色,并有多数暗色斑纹,种子较宽大,中部厚度约2mm,种皮薄。采用扫描电镜对两者的种皮进行了超微鉴定,酸枣仁种皮角质层具凹窝和脊,表面有不规则疣状突起;滇枣仁凹窝和脊密集,表面具密集的圆形颗粒状突起。两者酸枣仁皂苷 A 和 B 的含量差异显著,酸枣仁中酸枣仁皂苷 A 的含量是滇枣仁的2倍,酸枣仁皂苷 B 的含量是滇枣仁1.5倍。采用双波长薄层扫描法探讨了山东不同产地、不同部位、不同加工方法的酸枣仁药材的内在质量,结果发现不同产地酸枣仁中酸枣仁总皂苷含量为 0.0 854~0.1 146%,其中青州、烟台产酸枣仁中总皂苷含量最高;酸枣仁皂苷 A 以烟台和济南千佛山产酸枣仁含量最高,酸枣仁皂苷 B 以青州产品含量最高;总皂苷以胚含量最高,种皮含量甚微;不同加工方法对总皂苷含量无显著影响。山东省四产区酸枣仁中均含有人体必需的7种微量元素和天冬氨酸、谷氨酸、脯氨酸等17种氨基酸,后者包括蛋氨酸、丝氨酸等8种人体必需氨基酸。该成果1997年获山东应用技术成果三等奖。研究还发现,不同产地的酸枣仁中斯皮诺素、酸枣仁皂苷 A 和 B 的含量,以山东莱芜、青州、平邑的样品中含量较高。

6. 菊花及野菊花资源及质量研究

1996 年,编者承担并完成了"常用中药材菊花类品种整理及质量研究"、"常用中药材野菊花类品种整理及质量研究"国家八五重点攻关项目。其中菊花包括:**菊** Dendranthema morifolium(Ramat.)Tzvel. 的不同栽培药用品种;野菊花包括:**野菊** D. indicum(L.)Des Moul.、**甘菊** D. lavandulifolium(Fisch. ex Trautv.)Ling et Shih 等。研究者从本草考证、药源调查、原植物分类鉴定、药材性状鉴定、显微鉴定、理化分析、加工方法、药理实验等诸方面进行了系统深入的比较研究。经调查,全国菊花药材有八大主流商品,包括济菊、祁菊、滁菊、黄菊、杭菊、怀菊、亳菊、贡菊等8个栽培品种。菊花在山东各地均有栽培,药用菊花主产于嘉祥、禹城等地,已有多年的栽培历史,因济宁为集散地,商品药材习称"济菊"。8 种栽培菊花商品药材各栽培品种间和 4 种野菊花种间差异较小,均为头状花序,外部形态特征相近,性状鉴定和显微鉴定的难度很大。通过研究,首次总结出了菊花类和野菊花类的显微共性:①横切面共性:总苞片维管束上方常有分泌管,中部以下中脉两侧有厚壁纤维束。各种或品种外层苞片的形态、维管束的数目、分泌管数目、分泌物颜色等有差异。②表面制片及粉末特征共性:均具有 T 形毛和无柄鞋底形腺毛,花粉粒外壁有刺状纹饰、舌状花上表皮细胞具细密角质纹理、舌状花上表皮中部边缘有少数气孔、子房基部有单列厚壁细胞环、子房壁由横列细胞组和径列细胞组间隔排列而成、花粉囊内壁细胞具条状和网状微木化增厚、草酸钙小簇晶等。研究认为:以头状花序的形态、大小、松紧程度,总苞片的形态、大小,舌状花的颜色,管状花的数量以及花基部有无小苞片等特征可以作为性状鉴别指标;以 T 形毛顶端细胞的长度、腺毛大小、舌状花上表皮角质纹理超微形态、花粉粒及草酸钙簇晶的直径,花粉粒扫描电镜下的超微形态等可以作为显微鉴定指标。此项研究获得了菊花类和野菊花类生药鉴定的共性,为国家标准的制定提出了菊花和野菊花生药鉴定的质量标准建议。研究发现:不同产地菊花挥发油含量各异,济菊含挥发油 0.6%,在 8 种主流商品药材中含量最高,同时含木犀草素 $0.380\mu g/g$,17 种氨基酸以及 Cu、Fe、Zn、Co、Mn、Sr、Se 等 7 种人体必需微量元素。抑菌实验表明,山东各地所产菊花的挥发油对金色葡萄球菌、白色葡萄球菌、肺炎双球菌、乙型溶血性链球菌、变形杆菌等均有一定的抑制作用,尤其对金色葡萄球菌效果最明显;济菊的抗炎作用明显。研究成果为建立菊花的品质评价提供了标准,也为济菊的开发利用提供了可靠的依据。菊花等 27 类专题获国家中医药管理局 1996 年中医药科学进步二等奖;野菊花等专题获国家中医药管理局 1996 年中医药科学进步一等奖。1998 年该成果获山东省医学科技进步一等奖。

7. 香附资源调查及质量研究

香附为莎草科植物**莎草** Cyperus rotundus L. 的干燥根茎,是山东省重要的道地药材。经资源调查,现知山东产的著名香附药材有汶香附(泰安)、潍香附(潍坊)和明香附(菏泽)等,原植物均为 Cyperus rotundus L.,但其性状特征因产地和生境不同而有较大的区别,其中汶香附药材性状与《中国药典》完全一致,而潍香附和明香附形态与药典记载有较大差异。编者从药材形态、长度、直径、颜色、环节数及毛须、纵向纹理等方面进行了香附标准化的研究。香附的组织结构属于典型的单子叶植物根茎的类型,但过去几乎所有的文献资料(包括高等院校的许多教科书)中记载的香附皮层中叶迹维管束的类型均为周木型(或中韧型)。通过对香附根茎横向切面、径向纵切面和切向纵切面以及莎草茎的维管束观察,确认了香附叶迹维管束是有限外韧型而不是周木型,此研究结果在《中国中药杂志》[18(11):1993] 上发表,订正了前人的错误。该结论于 1994 年被"美国医学索引"摘录收藏,并已被《中药鉴定学》规划教材(1996 年)所采纳。采用薄层色谱法和气相色谱法对山东不同产地香附进行了质量研究,结果挥发油含量以潍香附最高(1.33%),其他样品在1%以上,均高于文献值;各地产香附主要化学成分基本一致,但挥发油的组分和各组分的含量有差异。不同产地香附中木犀草素的含量比较表明,8个产地香附生品中木犀草素的含量以山东泰安产的最高,达57.35 μg/g,潍坊、菏泽、临沂和梁山产的含量在22.73~33.67μg/g;12份制香附样品中,α-香附酮的含量为0.03 826~0.10 380%,山东菏泽产含量最高,湖北产含量最低。研究结果为山东产香附的内在质量和化学鉴定提供了依据。

8. 金银花种质资源及优质高产栽培技术的研究

金银花为忍冬科植物忍冬 Lonicera japonica Thunb. 的干燥花蕾,是山东重要的道地药材,也是中医临床清热解毒的首选药物。全国年需求量约30 000 000kg以上,山东总种植面积约30余万亩,产量约占全国总产量的三分之二。山东种植金银花的历史悠久,山东平邑是金银花著名的道地产区,又是国家金银花地理标志产区,产量和质量为全国之冠。但长期以来,由于生产力及社会需求量的限制,种植技术落后、管理粗放,药材的产量与质量受到影响。20世纪80年代起,由于社会需求量迅速增加,出现了供不应求的局面。为了提高金银花的产量与质量,编者先后主持完成了"金银花产地加工与质量研究"、"金银花病虫害防治研究"、"忍冬部分生物学特性的研究"、"忍冬体内绿原酸的含量分布及其变化规律的研究"、"金银花高产优质栽培技术及其推广应用的研究"、"金银花质量标准研究"、"山东道地药材金银花规范化种植研究(GAP)"、"金银花优良品种选育研究"、"金银花、桔梗种质资源研究"、"大宗道地中药材(金银花、桔梗、丹参、黄芩)优良品种筛选"等10余项课题,相继对金银花的本草与历史、生长特性、开花习性、种质资源、病虫害种类及其防治、田间管理、施肥、修剪整枝、采收时期、加工方法、有效成分的动态变化规律等进行了系统研究。

结果表明,山东金银花种质资源丰富,有传统农家品种11个,引种及培育种质4个,其他物种2个;其中以鸡爪花和大毛花为好。采用植物形态分类学的方法,对已调查的主要种质进行了初步分类,划分为3个系列16个品种,包括鸡爪花系列、毛花系列和野花系列。鸡爪花系列:植株呈矮小丛生灌木状,枝条较短,茎直立或斜伸,枝端常不相互缠绕或缠绕较少;叶片呈长椭圆形,较肥厚,呈绿色或黄绿色,表面毛被较稀疏,手握不绵软;花芽分化可达枝条顶部,花蕾常集中于茎端,形似倒鸡爪;丰产性较好。该系列包括小鸡爪花、大鸡爪花、麻针、大麻叶、犍牛儿腿、红鸡爪、红裤腿、四季花等。毛花系列:植株生长旺盛,枝条较长,上端常相互缠绕;叶片较肥大,色泽绿或深绿,枝叶密被绒毛,手握绵软;花芽分化有时不达枝条顶端,花蕾着生于叶腋间,采摘较困难;产量较高。该系列包括小毛花、大毛花等。野花系列:植株枝条粗壮稀疏而伸展,通常不能直立生长,多匍匐地面或缠绕它物,节间长;叶片质地较薄,花蕾稀疏细长。产量低,属于淘汰类型。该系列包括红梗子、野生忍冬等。此外,山东尚有引种的**灰毡毛忍冬** Lonicera macranthoides Hand.;**红白忍冬** Lonicera japonica Thunb. var. chinensis (Wats.) Bak. 等。

在大量研究和栽培试验的基础上,目前山东金银花已经申报成功山东省金银花良种4个,国家金银花良种3个:①**"亚特"金银花** Lonicera japonica 'Yate'(国S-SV-LJ-022-2010,鲁S-SV-LJ-001-2004,彩图70),良种特性:常绿小灌木,直立多分枝,长枝上部有不明显缠绕。花期长,从5月份开花至11月份,果熟期11月下旬。5年生平均亩产干花100~150kg,花蕾绿原酸含量为4.5%~6.3%,木犀苷草含量0.16%~0.25%;叶中绿原酸含量3.0%~3.5%,木犀苷草0.5%~0.85%。抗逆性强,耐旱、耐涝、耐寒热、耐土壤瘠薄,抗病性强,易繁殖,根系发达,四季不落叶,有非常高的药用价值、经济价值和观赏价值,产量是普通金银花品种3倍以上。②**"亚特红"金银花** Lonicera japonica 'Yatehong'(国S-SV-LJ-023-2010,鲁S-SV-LJ-002-2004,彩图72),良种特性:常绿藤本,近直立,分枝多,易修剪成形。花期5月中旬,花蕾玫瑰红色,观赏、药用极佳。5年生亩产干花30~50kg,花蕾绿原酸含量为5.2%~6.8%,木犀苷草含量0.18%~0.26%;叶中绿原酸含量3.2%~4.0%,木犀草苷含量0.6%~0.9%。适应性强,能耐极低严寒(-30℃),在黄河以南冬季基本不落叶,耐旱、耐土壤瘠薄,抗病性强,根系发达,花香四溢,是普通金银花花香的10倍,是高档保健茶、园林绿化的极品。③**"亚特立本"金银花** Lonicera japonica 'Yateliben'(国S-SV-LJ-023-2010;鲁S-SV-LJ-004-2004,彩图71),良种特性:半常绿小灌木,直立性好,可密植,长枝上部无明显缠绕,幼枝和叶柄密被土黄色卷曲的短糙毛,后变紫褐色而无毛。叶墨绿色,叶缘略背卷。双花20~40朵,集生于一年生枝条上部叶腋或顶端,千针鲜重85.3g。花期5~9月,秋季有少量花,果熟期11月。植株生长健壮,个体差异小,花期长,丰产性好,抗逆能力强。花蕾含绿原酸5.09%,木犀草苷0.19%,叶含绿原酸2.85%,木犀草苷0.5%~0.75%,优于普通金银花品种。

研究表明:金银花花蕾在新生枝条上进行分化与发育,新生枝条的数量与质量决定着花蕾的产量,为控制枝条的数量与质量,人工修剪是一种行之有效的措施,但人工修剪的时间与修剪程度非常关键;施肥能显著提高花蕾的产量,并对有效成分绿原酸的含量具有明显影响,磷肥有提高花蕾中绿原酸含量的趋势;忍冬植株各个器官均含绿原酸,器官越幼嫩含量越高,为兼顾产量与质量,在采收金银花时应在"二白期"进行;金银花质量高低与加工方法密切相关,试验发现低温烘干法最好。编者通过环境监测、控制化肥与农药的施用、制定了金银花生产标准操作规程(SOP)等,使生产的药材达到绿色无污染、质量稳定可控的目的,并与"三精制药"等企业建立了金银花(GAP)规范化生产基地。多年的研究结果确定了一整套优质高产栽培技术,有力地推动了产区金银花栽培生产的发展。目前,编者主持承担国家科技部十二五"金银花规范化种植及综合开发应用研究"课题,此课题的研究,对于生产标准操作规程(SOP)的升级、优化,提高与稳定金银花药材的产量与质量,提高其在国内外市场上的竞争能力,具有重要意义。

9. 半夏高产栽培技术的研究

半夏为山东重要的道地药材,商品药材历来依靠野生资源。近年来由于野生资源的不断减少,国内外的药用需求量不断增加,野生药材远远供不应求。为了解决这一难题,"半夏生长习性观察和高产栽培技术研究"、"半夏组织培养快速繁殖及高产栽培技术研究"省级重点课题的承担者,历经10余年的艰苦努力,总结出了早春催芽盖膜栽种,形成地下珠芽,施用生物钾肥、除草剂,夏季地中撒麦秸降温保墒,防苗倒伏等一整套高产模式栽培技术,并从野生半夏中选育优良品质,采用脱毒组织培养法,快速进行无性繁殖,探索出一整套半夏组织培养、快速繁殖工业化高产栽培技术。先后在菏泽、临沂、潍坊及江苏等地推广种植,最大推广种植面积曾达3 276亩,鲜品最高亩产量达2 000kg,1996年荣获山东省科技进步二等奖,被国家中医药管理局列为重点推广项目。菏泽已被列为山东半夏无公害生产基地。

10. 黄芩资源及质量研究

黄芩为唇形科黄芩属植物**黄芩** Scutellaria baicalensis Georgi 的干燥根,始载于《神农本草经》,列为中品,其性寒味苦,具有清热燥湿、泻火解毒、止血安胎的作用,在临床应用上已有2 000多年的历史。随着临床上对黄芩药材需求量的增大,有限的野生资源遭到了掠夺式采挖,导致黄芩野生资源破坏严重,资源储量锐减,有些地区已经陷于濒临灭绝的境地。20世纪80年代,山东就开始了黄芩的野生变家种研究,到20世纪90年代初,黄芩在山西、河北等地也开始引种栽培,并逐渐形成了山东、山西、陕西、甘肃四大产区。目前,山东莒县黄芩基地种植面积已达数万亩,并建立了多个黄芩深加工企业,基本实现了黄芩产销一条龙。目前,栽培黄芩已经成为黄芩药材的主要来源。编者主持完成的"中药材质控标准和中药标准样品制备技术研究——黄芩药材质控标准和标准品制备技术研究"、"大宗道地中药材(金银花、桔梗、丹参、黄芩)优良品种筛选"课题,从种质资源、生物学特性、繁殖技术、田间管理、采收加工、生物技术快速繁殖和生产次生代谢产物等各个方面进行了研究,为实现其产业化培育奠定了基础。据报道,RP-HPLC测定16份黄芩样品中五个有效成分黄芩苷、汉黄芩苷、黄芩素、汉黄芩素和千层纸素A的含量,结果表明北京、山东、甘肃产的黄芩中黄芩苷的含量较高。

11. 徐长卿优质高产栽培技术的研究

徐长卿为萝藦科植物**徐长卿** Cynanchum paniculatum (Bge.) Kitag. 的干燥根及根茎,始载于《神农本草经》,其性温、味辛,归肝、胃经,具有祛风化湿、止痛止痒的作用,用于治疗风湿痹痛、胃痛胀满、牙痛、腰痛、跌打损伤、荨麻疹、湿疹等症。随着野生资源的不断减少与市场需求量的快速增长,徐长卿药材供求矛盾日益突出,山东于20世纪80年代中期开始了人工种植,栽培药材的量不断增加。国家科技部课题"山东中药现代化科技产业基地关键技术研究的子课题——徐长卿规范化种植研究"的完成,对徐长卿的本草考证、种子质量、播种期和播种密度、有效成分的动态积累、药材性状、显微特征、茎叶表面微形态进行了研究;并在蒙阴建立了徐长卿规范化种植基地。结果表明:植株的生长年限与种子质量有一定关系。两年及两年以上的植株粗壮,果实较大,其种子较饱满,质量较优,种子的发芽率高,且出芽较齐;一年生植株较细弱,果实稍小,种子饱满程度不如两年及两年以上生的,发芽率也略低。催芽播种法无论从质量和产量上看,比直接撒播的方法要好。播种时间对催芽播种影响显著,从试验结果看,在山东蒙阴3月中旬催芽,3月底播种,用种量30kg/hm^2,耕地深度40cm为宜。徐长卿两年生药材重量增加显著,与一年生药材相比增加40%～50%;有效成分丹皮酚含量随生长时间的延长呈增长趋势以两年生药材增长率高。结合药材的产量和质量,生产中以采收两年生药材为宜。

12. 栝楼种质资源及优质高产栽培技术的研究

栝楼 Trichosanthes kirilowii Maxim. 为葫芦科栝楼属多年生草质藤本植物,其果实(瓜蒌)、果皮(瓜蒌皮)、种子(瓜蒌子)、根(天花粉)均为常用中药材。瓜蒌是山东著名的道地药材之一,以山东长清、肥城及宁阳为道地产地,长清马山是中国瓜蒌地理标志产区,历史上产量和质量均位于全国之首。多年来,由于一些地区和药农盲目引种,致使瓜蒌的栽培品种混乱,过量施用农药和化肥,使农药残留量、重金属含量超标,瓜蒌的品质受到影响,不仅限制了出口,也给中药制药业和临床用药带来诸多问题。"山东道地药材瓜蒌规范化种植研究(GAP)"、"山东道地药材瓜蒌不同农家品种的RAPD研究"课题的完成,对瓜蒌的本草考证、生产情况、种质资源、栽培和田间管理、产地加工、药材品质等进行了综合研究。由于栝楼为雌雄异株植物,长期的栽培驯化、选择,无性或有性繁殖的变异,地理环境和生产管理的影响等,逐渐形成了一些农家栽培品种,果实的外形及质量变化较大。目前生产栽培的主要种质有:仁瓜蒌、牛心瓜蒌、糖瓜蒌、地瓜蒌、小光蛋等。为了搞好山东瓜蒌种质资源的分类与评价工作,探索鉴定瓜蒌农家品种的准确方法,编者对收集到的瓜蒌不同品种进行了过氧化物酶和酯酶同工酶、种子蛋白电泳和DNA的RAPD分子标记研究,对种质进行了初步筛选。对瓜蒌种苗繁育方法、种植密度、施肥、病虫害发生规律及防治措施进行了研究,制定了瓜蒌规范化种植标准操作规程(SOP)。为了探讨瓜蒌药材的质量变化规律,编著者对不同品种、不同产地、不同加工方法瓜蒌的灰分、水分、无机元素、重金属、农药残留、浸出物、氨基酸、可溶性糖和粗多糖等进行了测定研究。本研究课题发表学术论文20余篇。目前,编者承担的国家科技部十二五"瓜蒌规范化种植及综合开发应用研究"课题,对瓜蒌生产标准操作规程(SOP)进行升级、优化,该课题的完成,对于提高与稳定瓜蒌药材的产量与质量,提升在国内外市场上的竞争力等,具有重要意义。

13. 北沙参种质资源及优质高产栽培技术的研究

北沙参又名莱阳沙参,为伞形科植物**珊瑚菜** Glehnia littoralis F. Schmida ex Miq. 的干燥根,具有养阴清热、润肺止咳等功效,用于治疗肺热咳嗽、热病口渴等症,属于临床常用中药。山东为北沙参的道地产地,药材产量与质量均属上乘,野生品主要分布于莱阳、莱州、招远、龙口、蓬莱、牟平、日照等沿海沙滩地带,由于资源急剧减少,已被列为国家三级濒危保护植物。栽培北沙参成为商品药材的来源。近年来,不仅沿海地区有大面积栽培,许多内陆地区也有广泛引种。但是,北沙参以莱阳为道地产区,特别是莱阳胡城村所产北沙参最为著名。"山东道地药材北沙参规范化种植研究(GAP)"课题的完成,对北沙参的本草考证、生产情况、品种资源、栽培和田间管理、产地加工、药材品质等进行了综合研究。目前生产栽培的品种主要有:白银条、大红袍等。研究者对北沙参的种苗繁育方法、种植密度、施肥、病虫害发生规律及防治措施进行了研究,并制定了北沙参规范化种植标准操作规程。为了探讨北沙参药材的质量,对有效成分的动态积累、药材性状、显微特征进行了研究,并分析了不同品种、不同产地、不同产地加工方法对北沙参药材质量的影响。

14. 蔓荆子种质资源及栽培技术的研究

蔓荆子为马鞭草科植物**单叶蔓荆** Vitex trifolia L. var. smiplicifolia Cham. 或**蔓荆** Vitex trifolia L. 的干燥成熟果实。始载于《神农本草经》,在我国已有2 000余年的栽培和药用历史,具有疏散风热、清利头目的功效,主治风热头痛、齿龈肿痛、目赤多泪、目暗不明、头晕目眩,属于常用中药材。蔓荆子以野生为主,主产区有山东、江西和广西,其中山东、江西为单叶蔓荆,而广西产的蔓荆在山东无分布。山东蔓荆子目前主要产于威海、烟台等地的沿海沙地,生长环境高温高湿与干旱寒冷并存,处于大风区。近年其资源急剧减少,已被列为国家三类濒危保护植物。随着蔓荆子新用途和新产品的开发利用,其市场需求量日益增加,急需规范化种植及种质资源研究。编者及其研究者们通过山东省科技攻关项目"蔓荆子规范化种植GAP研究"和有关蔓荆子的厅局级项目的实施,对蔓荆子进行了本草考证、RAPD分子标记、种子的质量、种苗繁育、药材表面的扫描电镜、蔓荆子黄素含量、仿野生种植、生长环境土壤质量等研究。结果表明:古代所用蔓荆子与现今《中国药典》收载的品种基本一致;应用RAPD技术对不同产区蔓荆子进行了遗传多样性的分析,各种质之间均存在一定的遗传差异,与地域关系和主要有效成分的化学差异并不一致;3个产区的种子活力为26%～36%,发芽率为0,种子不能作繁殖材料使用;非试管营养器官快速育苗的技术发芽成活率可达84%;仿野生种植的药材符合2010年版《中国药典》质量标准。

15. 虎掌南星规范化种植与质量研究

山东产天南星为天南星科植物**掌叶半夏** Pinellia pedatisecta Schott 的干燥块茎,习称"虎掌南星"。天南星在国内外市场上销售量较大,年需求量约1 000 000kg,是我国传统的常用中药材之一,药用历史悠久,尤其是全国各地广泛种植的虎掌南星更为天南星之佳品,为国内外市场的主流商品。编者于2001～2003年期间承担并完成了国家科技部项目"山东中药科技化产业基地关键技术研究"子课题"天南星中药材规范化种植(GAP)研究"。课题从资源调查(种植地和产销状况)、本草考证、生物学特性、产地生境、栽培技术、病虫害防治、加工贮藏、药材质量等方面进行了系统研究。调查与本草考证确立了掌叶半夏为目前国内栽培天南星的主流。虎掌南星药用历史悠久,历来是天南星的道地药材,自宋代起人们就有种植习惯。栽培种主产于山东、河南、河北、陕西、辽宁、江苏、安徽等省区,浙江、上海、东北等地也习惯使用;以山东菏泽南星、河南禹南星、河北祁南星为著名。项目组在山东曲阜建立了天南星规范化种植试验基地,通过栽培试验研究,制定了天南星规范化生产标准操作规程(SOP)。观察并发现掌叶半夏各器官的形成过程包括营养器官发育期、营养器官生长期和繁殖器官发育期三个生育阶段;掌叶半夏种子可以安全越冬、实生苗抗寒能力强、块茎可以抗寒、土壤湿度影响块茎越冬;病虫害主要有4种,包括天南星病毒病、块茎腐烂病、红天蛾和红蜘蛛;采用块茎晒干、块茎烘干、切片晒干、切片烘干、熏硫晒干等方法加工方法,结果对药材70%乙醇浸出物和氯仿浸出物含量几无影响,但对水浸出物含量影响较大。编者研究了虎掌南星的生药学标准,制定了虎掌南星水分不得过12.5%,总灰分不得过7%,水溶性浸出物(冷浸法)不得少于11.0%,醇溶性浸出物(热浸法)不得少于7.0%,氯仿浸出物(热浸法)不得少于0.60%质量标准,初步制订了规范化生产的天南星(虎掌)药材质量标准(草案);并对山东产虎掌南星进行了红外指纹图谱的研究,确定了9个共有特征峰:1 643cm^{-1}、1 408cm^{-1}宽峰、1 154cm^{-1}、1 080cm^{-1}、1 016cm^{-1}和998cm^{-1}双峰、928cm^{-1}、860cm^{-1}、765cm^{-1}等,野生品在1 643cm^{-1}、1 408cm^{-1}宽峰和1 242cm^{-1}吸收强度明显大于同产地的栽培品。课题"山东中药科技化产业基地关键技术研究"于2006年获山东省科技进步一等奖。

16. 木瓜种质资源的研究

我国是木瓜属植物的起源分布中心,木瓜属共有**木瓜** Chaenomeles sinensis (Thouin) Koehne、**皱皮木瓜** Chaenomeles speciosa (Sweet.) Nakai、**毛叶木瓜** Chaenomeles cathayensis (Hemsl.) Schneid.、**西藏木瓜** Chaenomeles thibetica Yu 和**日本木瓜** Chaenomeles japonica (Thunb.) Lindl. 等5种。除日本木瓜外,其余4种均原产我国。其中皱皮木瓜为中药木瓜的原植物,山东著名的道地药材,主产济宁邹城、临沂。皱皮木瓜具有极高的药用价值、食用价值和观赏价值。目前我国木瓜产区分散,种植仅以农家品种为主,且品种混杂;种质资源的收集、保存、良种选育和推广利用等方面基本属于空白;致使木瓜分类及命名混乱、种质变异严重,优良农家品种退化或缺少提纯复壮。编者承担了山东省科技攻关项目"木瓜种质资源库的建立与评价"等研究,在山东临沂市莒南县建立起了1 000余亩药用植物生态园,收集国内外木瓜种质386个,种质材料9 686份,进行了系统比较,完成了品种分类,建立了我国第一个木瓜种质资源库。研究成果对我国木瓜生产的良种化、优质化、规范化和产业化发展,促进木瓜这一特色产品和优势产业的持续发展和生物多样性保护,将产生重大而深远的影响。目前已通过审定的国家木瓜良种4个,山东省木瓜良种8个:①**皱皮木瓜-"金宝亚特"红香玉** C. speciosa 'Hongxiangyu'(国 S-SV-CS-029-2011,鲁 S-SV-CS-028-2007,彩图27):高可达2.8m,树皮浅褐色平滑。枝条紧凑,有疏生褐色皮孔。花叶同期开放,3~4朵簇生于二年生枝;花瓣近圆形,浅粉红色。果实圆球形或短圆柱形,有大萼洼,内有花柱基,具白色斑点,大而稀,幼时浅绿色,向阳处暗红色,成熟时黄绿色,果皮光滑,棱沟明显,单果均重200~500g,最大800g,五年生亩产果5 000kg以上。果肉较厚,白色,肉细,无纤维,汁液较多。花期4月,果期9~10月。树型优美,果实大,座果率高,不落果,果品质量好,抗病虫能力强,药食兼用。含总酸2.7g/100g,总糖2.6g/100g,齐墩果酸0.142mg/100g,熊果酸0.422mg/100g,维生素C 99.2mg/100g,总氨基酸0.50%。果实耐贮藏,色香味俱佳,是鲜食及加工果脯、果酒、罐头、果酱的优质原料。②**皱皮木瓜-"金宝亚特"绿香玉** C. speciosa 'Lvxiangyu'(国 S-SV-CS-030-2011,鲁 S-SV-CS-031-2007,彩图28):高可达2.6m,树皮灰褐色平滑。分枝稍斜生,疏生深褐色皮孔。花3~4朵簇生于二年生枝上;花瓣近圆形,白色或边缘带红晕。果实长卵形,果脐突出,萼宿存,具白色斑点,小而稀,浅绿色,熟时黄绿色,果皮光滑,具1~3条明显沟棱。单果均重200~300g,最大800g,五年生亩产果5 000kg。果肉较厚,白色,汁液较多。花期4月,果期8~9月。树型优美,果实均匀,座果率高,不落果,果品质量好,齐墩果酸含量为木瓜之首,抗病虫能力强,药食两用。果实含总酸量2.6g/100g,总糖2.1g/100g,齐墩果酸146.6mg/100g,熊果酸30.0mg/100g,维生素C 91.6mg/100g,总氨基酸0.41%。果实耐贮藏,色香味俱佳,是鲜食及加工果汁、罐头、果酱的优质原料。③**皱皮木瓜-"金宝"萝青101** C. speciosa 'Luoqing 101'(国 S-SV-CS-031-2011;鲁 S-SV-CS-024-2007,彩图29):株高2.5m,枝条紧凑,有刺,树皮浅褐色,平滑,疏生皮孔。花瓣近圆形,浅粉红色。花期3~4月,果期9~10月。栽后一年见花,三年丰产,五年生亩产果5 000kg。果实圆柱形,有小突脐,黄褐色斑点大而稀疏,成熟时黄色,有光泽,棱沟明显,单果均重400~500g,最大1 800g;果肉厚3.5cm,淡黄色,肉细,无纤维,汁液多。树型优美,果实大,座果率高,丰产性好,不落果,果品质量好,抗病能力强,药食两用。果实含总酸2.3g/100g,总糖1.5g/100g,齐墩果酸17.1mg/100g,熊果酸38.8mg/100g,维生素C 83.0mg/100g,总氨基酸0.53%。果实耐贮藏,色香味俱佳,为鲜食及加工果汁、罐头、果脯的优质原料。④**皱皮木瓜-"金宝"萝青106** C. speciosa 'Luoqing 106'(国 S-SV-CS-032-2011,鲁 S-SV-CS-026-2007,彩图30):株高达2.6m,枝条平展,刺稀少,疏生褐色皮孔,树皮黄褐色平滑。花、叶同期开放,2~4朵簇生于二年生枝;花瓣近圆形,花边顶端红色。花期4月上旬,果期9~10月。五年生亩产果6 500kg以上。果实长卵形,有不明显突脐,幼果深绿色,有乳白或黄褐色斑点,向阳面红色,成熟时黄绿色,表面光滑,棱不明显,有香气,单果重450~550g,最大2 000g。果肉厚2.3cm,白色,汁液多。抗逆性强,丰产性好。树型整齐,产量高,果实大,座果率高,不落果,果品质量好,抗病虫能力强,药食两用。果实含总酸量2.6g/100g,总糖2.7g/100g,齐墩果酸3.8mg/100g,熊果酸41.3mg/100g,维生素C 72.8mg/100g,总氨基酸量0.48%。果实耐贮藏,色香味俱佳,是鲜食及加工果汁、罐头、果酱的优质原料。⑤皱皮木瓜-"金宝"萝青102 C. speciosa 'Luoqing 102'(鲁 S-SV-CS-025-2007,彩图31):落叶灌木,株高2.5m,树皮青灰色平滑,枝条平展。果实卵形,有突脐,具黄褐色斑点,成熟浅黄色,果面光滑,具2~3条深沟,有香气;单果重400~500g,最大1 500g;栽后一年成花,三年丰产,五年生亩产6 000kg以上。果肉厚,淡黄色,无纤维,汁液多。花期4月,果期9月。树型优美,产量高,果实大,座果率高,果均匀,果品质量好,抗病虫能力强,药食两用。果实含总酸3.5g/100g,总糖2.3g/100g,齐墩果酸66.2mg/100g,熊果酸31.9mg/100g,维生素C 129.0mg/100g,总氨基酸0.31%。果实耐贮藏,色香味俱佳,是鲜食及加工果汁、罐头、果酱的优质原料。⑥皱皮木瓜-"金宝"萝青108 C. speciosa 'Luoqing108'(鲁 S-SV-CS-027-2007,彩图32):高可达3m,树皮灰褐色平滑。枝条平展,有刺,稀少;无毛,紫褐色,有疏生褐色皮孔。花3~5朵簇生于二年生枝上;花瓣近圆形,粉红色。果实长纺锤形,有突脐,幼果深绿色,有乳白或黄褐色斑点,成熟黄绿色,果面光滑,棱不明显,有香味,单果均重600~700g,最大2 800g,五年生亩产5 500kg以上。果肉厚3cm,白色,汁液多,芳香味浓。花期4月,果期9月。树型优美,果实大,座果率高,不落果,果品质量好,抗病虫能力强,药食两用。果实含总酸3.9g/100g,总糖2.9g/100g,齐墩果酸3.0mg/100g,熊果酸3.0mg/100g,维生素C 157.3mg/100g,总氨基酸0.41%。果实耐贮藏,色香味俱佳,是鲜食及加工果汁、罐头、果酱的优质原料。⑦皱皮木瓜-"金宝亚特"金香玉 C. speciosa 'Jinxiangyu'(鲁 S-SV-CS-030-2007,彩图34):株高2.5m,树皮灰褐色。二年生枝红褐色,疏生褐色皮孔。花叶同期开放,3~4朵簇生于二年生枝;花瓣倒卵形,深红色。结果多,常2~3个聚生,果实短圆柱形,宿萼,具白色斑点,小而密,果黄绿色,果皮光滑,棱沟较明显,果梗短或近无梗;单果重100~150g,最大400g,五年生亩产果4 000kg以上。果肉较厚,白色,肉细。花期4月,果期9月。树型优美,果实均匀,座果率高,不落果,果品质量好,香味浓郁,抗病虫能力强,药食两用。果实含总酸3.3g/100g,总糖2.6g/100g,齐墩果酸109.2mg/100g,熊果酸15.0mg/100g,维生素C 68.8mg/100g,总氨基酸0.34%。果实耐贮藏,色香味俱佳,药食兼用,是鲜食及加工果脯、果酒、果酱的优质原料。⑧皱皮木瓜-"金宝亚特"黄香玉 C. speciosa 'Huangxiangyu'(鲁 S-SV-CS-029-2007,彩图33):株高2.5m,树皮浅褐色;株形紧凑,分枝稍平。花瓣近圆形,深红色,直径3.0~4.5cm。果实圆球形或短圆柱形,有小萼洼,具大而稀不规则的黄褐色斑点,果绿黄色,果皮光滑,棱沟不明显,单果均重200~350g,最大650g,五年生亩产4 500kg以上。果肉较厚,淡黄色,肉细。花期4月,果实9月上旬成熟。果实均匀,座果率高,不落果,果品质量好,香味浓郁,抗病虫能力强,药食两用。含总酸3.2g/100g,总糖2.9g/100g,齐墩果酸50.6mg/100g,熊果酸36.8mg/100g,维生素C 75.6mg/100g,总氨基酸0.26%。果实耐贮藏,色香味俱佳,是鲜食及加工果脯、果酒、果酱的优质原料。

17. 黄河三角洲湿地植物资源调查与生物修复工程的构思

黄河三角洲滨海湿地是环渤海地区盐渍化面积最大、生态最脆弱的地区,也是我国三大盐渍化地区之一,具有含盐高、面积大、增长快的特点。现有盐渍化土地442 900hm²,占环渤海地区总面积的一半以上,其中重度盐渍化土壤和盐碱光板地236 300hm²,并且每年还有5%的农耕地因土壤次生盐渍化而撂荒。盐碱化湿地已成为黄河三角洲湿地退化面积最大、最具代表性、同时亦是最难恢复的湿地类型。为有效保护和合理利用黄河三角洲东营市河口区柽柳林场植物资源,编者课题组与中国海洋大学、东营市农业科学研究所、东营市河口区林业局柽柳林场于2006~2009年间,共同承担了国家海洋局黄河三角洲湿地专项"高效净化作用耐盐植物的种质筛选、鉴定及综合栽培技术(模式)研究"和"环境修复作用耐盐植物种质筛选、鉴定及综合栽培技术(模式)研究"课题。在2005年10月、2007年7月、2007年10月三次对东营市河口区柽柳林场天然柽柳林进行了植物群落调查和复查,调查区域被划分为16个样地。通过调查、鉴定与初步整理,基本查清了40万亩柽柳林内的主要群落类型和主要植物种类。根据《中国植被》的植被区划,河口柽柳林场属于暖温带落叶阔叶林区域,暖温带北部落叶栎林亚地带,黄、海河平原栽培植被区。河口区是新生湿地,立地条件特殊,这就决定了柽柳林内没有地带性植被,多属隐域性植被,植物种类的分布受周围生境的影响比较明显。在黄河及引黄灌渠的两岸和洼地,水源充足,土壤潮润,主要是以芦苇为主的沼泽植被。地势低平,受海潮浸湿的广大滩涂,土壤含盐量高,主要分布有盐地碱蓬和柽柳等盐生植物;形成了盐地碱蓬群落、多年生柽柳为主的柽柳灌丛和柽柳-盐地碱蓬灌丛的群落类型。随着土壤含盐量的降低,逐渐出现中层为柽柳,底层为补血草、罗布麻、茵陈蒿和海州蒿的群落类型等。主要群落类型:柽柳-

盐地碱蓬群落——主要优势植物中层为柽柳,低层为盐地碱蓬,伴生植物有芦苇、补血草、碱蓬、蒙古鸦葱、鹅绒藤等,有时可以见到中亚滨藜、阿尔泰狗哇花、獐毛、紫花山莴苣等植物。盐地碱蓬群落——主要优势植物为盐地碱蓬,有时为盐地碱蓬的纯群落,伴生植物有柽柳、补血草、芦苇、茵陈蒿、獐毛等。柽柳群落——纯柽柳群落,主要优势植物为柽柳,盖度在6%～35%之间。柽柳-芦苇群落——优势植物柽柳和芦苇,伴生植物碱蓬、白茅、补血草、茵陈蒿、鹅绒藤、海州蒿等。芦苇-盐地碱蓬群落——优势植物中层为芦苇,底层为盐地碱蓬,伴生植物为柽柳、补血草、碱蓬、紫花山莴苣等。罗布麻-芦苇群落——中层优势植物罗布麻和芦苇,伴生植物有白茅、野大豆、翅果菊、狗哇花、茵陈蒿、鹅绒藤、海州蒿、大刺儿菜、白羊草等。柽柳-补血草群落——中层为柽柳,底层为补血草,伴生植物有盐地碱蓬、碱蓬、鹅绒藤、芦苇、茵陈蒿、山莴苣、中亚滨藜、狗尾草、阿尔泰狗哇花、蒙古鸦葱等。芦苇群落——主要优势植物为芦苇,伴随有盐地碱蓬,少见海州蒿、柽柳、鹅绒藤。此外,尚有柽柳-茵陈蒿群落,柽柳-海州蒿群落,柽柳-白茅群落,罗布麻-茵陈蒿群落,芦苇-獐毛群落,芦苇-海州蒿群落,柽柳-狗哇花群落,罗布麻-狗哇花群落,罗布麻-白茅群落等。柽柳林场植物组成:高等植物约57种,隶属于24科51属,柽柳林场中,单种科、少种科占有相当大比例,共占植物总科数的82.6%,所含属数占总属数的40%,所含种数占总种数的37.5%。含5种以上的科仅有4科,占总科数的17.4%,但这四科所含种数占该林场所有植物种数的62.5%,这充分表明东营柽柳林场的植物种类已趋向集中于少数科内,并且形成了该林场的优势科,它们的优势依次为:菊科(13种)、藜科(8种)、禾本科(7种)和豆科(7种),这四科对该地区的植被组成和演化起着重要作用。在柽柳林场植物属的组成中,含属数量最多的是菊科,包含10属,其次为禾本科和豆科,各包含7属,而有19科仅包含1～2属植物。属内种的组成与科内种的组成相似,绝大多数的属只含有1种,仅有5个属所含植物2种或2种以上,分别为蒿属(Artemisia)、蓟属(Cirsium)、藜属(Chenopodium)、碱蓬属(Suaeda)以及柽柳属(Tamarix)。在黄河三角洲湿地资源调查中,发现**中日节节草(新组合变种)** Hippochaete ramosissima (Desf.) Boerner var. japonica (Milde) J. X. Li et F. Q. Zhou, comb. nov. (彩图6-模式标本),发表于《植物研究》11(2):35～36.1991,《山东植物志》上卷27.1992,李法曾《山东植物精要》5.2004,生于草丛中;分布于山东:东营市孤岛黄河故道,1989年9月20日,李建秀、周凤琴015,016,017(存山东中医药大学药用植物标本室,副模式标本存PE),崂山、烟台(烟台大学校园)模式标本照片。**直立萹蓄** Polygonum aviculare L. var. erectum (J. X. Li et Y. M. Zhang) J. X. Li et F. Q. Zhou(彩图8-模式标本)[Polygonum aviculare L. forma erectum J. X. Li et Y. M. Zhang《植物研究》,21(4):511～512.2001.]。

  根据柽柳林植物物种的组成与物种数量、分布与生态特点,结合不同样地环境与土壤盐度,参考国家"十一五"863计划海洋技术领域课题指南中"耐盐植物滩涂示范种植基地,示范植物耐10‰以上盐度"的思路,设想以含盐量15‰为分界线,将所调查的16个样地划分为两大植物区带。第一区带为沿海滩涂、海水淤积地以及海水经常侵袭或浸泡的潮间带。这些区域属于植物物种贫乏区,普通植物无法生长,或者生长势弱。主要物种仅有盐地碱蓬、柽柳和盐角草。土壤含盐量通常在15‰以上,有的甚至高达57.4‰。第二区带为海水侵袭不到的盐碱地、混生盐碱地、半海水淤积地,或已筑海堤的内侧。这些地区由于雨水或淡水的冲刷,含盐量有所降低(但也有次生盐渍化严重的光板地),属于植物物种由贫乏向物种多样性过渡的区域,植物种类明显增多,或生长势旺盛。主要物种有柽柳、芦苇、盐地碱蓬以及多种伴生植物。土壤含盐量通常在15‰以下,但样地内的个别样方由于微地貌或盐碱光板地土壤含盐量会超过15‰。

  本项目提出了黄河三角洲沿海滩涂生物修复工程的构思与建议。依据生物适应性原则,同时遵循盐碱化湿地植被演替规律,在柽柳林场植物区带划分的基础上,提出了建设"复合人工层带林"进行沿海滩涂湿地保护和生物修复工程的建议。第一层带,在第一区带的沿海滩涂区以补种盐地碱蓬、盐角草为主;海水淤积地、海水侵袭或浸泡的盐碱地以补种柽柳与盐地碱蓬为主,适量种植獐毛、补血草、蒙古鸦葱等。第二层带,在第二区带海水侵袭不到的盐碱地、混生盐碱地以补种柽柳、盐地碱蓬,适当种植单叶蔓荆、罗布麻、补血草、蒙古鸦葱、獐毛、茵陈蒿、白茅、鹅绒藤等,并大量发展野大豆、草木犀等豆科植物。半海水积水区以柽柳、芦苇为主,深积水区以芦苇为主,兼发展菊科植物。通过增加植被的覆盖度,降低土壤中的盐分,减少土壤水分的蒸发,避免土壤耕作层盐分积累,此外还可以不断增加土壤有机质,提高土壤肥力,改善土壤的理化性质,形成土壤性状的良性循环,进一步达到滩涂湿地生态保护和生物修复的目的。从另一个角度讲,在盐碱地种植盐生药用植物,它不仅能给我们提供可观的生态效益,而且还能提供可观的经济效益。

18. 山东珍稀濒危野生药用植物的资源研究

  本专题是在全省中药资源调查的基础上,通过研究总结,针对山东中药资源现状提出的研究成果,发表了"山东珍稀濒危野生药用植物的调查研究"的论文。该研究报道了山东省42种珍稀濒危野生药用植物的分布和生境，包括：狭叶瓶尔小草 Ophioglossum thermale Kom.、芒萁 Dicranopteris dichotoma (Thunb.) Bernh.、玫瑰 Rosa rugosa Thunb.、山茶 Camellia japonica L.、天麻 Gastrodia elata Blume、阴地蕨 Scepteridium ternatum (Thunb.) Lyon、紫萁 Osmunda japonica Thunb.、细辛 Asarum sieboldii Miq.、五味子 Schisandra chinensis (Turcz.) Baill.、甘草 Glycyrrhiza uralensis Fisch.、山东石竹 Dianthus shandongensis (J. X. Li et F. Q. Zhou) J. X. Li et F. Q. Zhou, Stat. nov.、珊瑚菜 Glehnia littoralis Fr. Schmidt ex Miq.、紫草 Lithospermum erythrorhizon Sieb. et Zucc.、单叶蔓荆 Vitex trifolia L. var. simplicifolia Cham.、白花丹参 Salvia miltiorrhiza Bge. f. alba C. Y. Wu et H. W. Li、山东丹参 Salvia shandongensis J. X. Li et F. Q. Zhou、青岛百合 Lilium tsingtauense Gilg、灵芝 Ganoderma lucidum (Leyss. ex Fr.) Karst.、河北蛾眉蕨 Lunathyrium vegetius (Kitagawa) Ching、全缘贯众 Cyrtomium falcatum (L. f.) Presl、草麻黄 Ephedra sinica Stapf、孩儿参 Pseudostellaria heterophylla (Miq.) Pax、多被银莲花 Anemone raddeana Regel、乌头 Aconitum carmichaeli Debx.、黄芪 Astragalus membranaceus (Fisch.) Bge.、野百合 Crotalaria sessiliflora L.、朝鲜老鹳草 Geranium koreanum Kom.、小果白刺 Nitraria sibirica Pal1.、白鲜 Dictamnus dasycarpus Turcz.、远志 Polygala tenuifolia Willd.、防风 Saposhnikovia divaricata (Turcz.) Schischk.、连翘 Forsythia suspensa (Thunb.) Vahl、条叶龙胆 Gentiana mandshurica Kitag.、徐长卿 Cynanchum paniculatum (Bge.) kitag.、白首乌 Cynanchum bungei Decne.、黄芩 Scutellaria baicalensis Georgi、桔梗 Platycodon grandiflorus (Jacq.) A. DC.、羊乳 Codonopsis lanceolata (Sieb. et Zucc.) Trautv.、半夏 Pinellia ternata (Thunb.) Breit.、直立百部 Stemona sessilifolia (Miq.) Miq.、卷丹 Lilium lancifolium Thunb.、二苞黄精 Polygonatum involucratum (Franch. et Savat.) Maxim.。另外，还有山东蛾眉蕨、密齿贯众、倒鳞贯众等。根据山东地区资源分布、物种濒危程度、药用价值和科研价值等进行综合分析，将42种珍稀濒危野生药用植物划分成3个保护等级，提供有关部门参考。一级为濒危灭绝的稀有野生药用植物物种，包括狭叶瓶尔小草、芒萁、玫瑰、山茶、天麻；二级为分布区域狭窄或缩小，资源处于衰竭状态的野生药用植物物种，包括阴地蕨、紫萁、细辛、五味子、甘草、山东石竹、珊瑚菜、紫草、单叶蔓荆、白花丹参、山东丹参、青岛百合；三级为资源严重减少的野生药用植物物种，包括灵芝等25种。研究者提出了资源保护的五项建议：①建议有关部门和新闻单位，广泛宣传国务院关于野生中药材和药用植物资源保护的管理条例，宣传保护珍稀濒危野生药用植物的重要意义，使保护自然资源成为全民的自觉行动；②尽快颁布《山东省重点保护野生药用植物的名录》和《山东省野生药用植物资源保护条例》，加强立法工作；③在珍稀濒危野生药用植物比较集中的泰山、昆嵛山、崂山、蒙山、沂山、鲁山、艾山、牙山等重要山区以及青岛、烟台沿海海岸和部分岛屿，建立省级自然保护区；④增加资金投入，组织省内科技人员，对徐长卿、白花丹参、山东丹参、远志、单叶蔓荆等常用中药材进行引种驯化和质量研究的科技攻关，变野生为家种，以栽培品代替野生品，减少对野生资源的破坏；⑤进行迁地保存和人工培育，对山茶、芒萁、玫瑰、狭叶瓶尔小草等濒危珍稀物种进行生物学特性研究，建立珍稀野生药用植物的保护园，利用人工方法，有效地保护和保存种质资源。目前编者正在主持的山东省高等学校科技计划项目(2012年)"基于DNA条形码技术的山东省珍稀濒危特有野生药用植物资源研究"将会进一步深化山东珍贵药用植物资源的研究和保护。

多年来，编者还对山东的其他药用植物的资源、生药及药材质量等进行了许多研究，包括灵芝、桑、碱蓬和盐地碱蓬、牡丹、芍药、圆锥乌头、展毛乌头、菘蓝、地榆、木瓜、黄芪、甘草、野大豆、地锦草、甘肃大戟、柽柳、枣、地黄、石血、鹅绒藤、枸杞、大蓟、小蓟、茵陈蒿、紫锥菊、牛蒡、鸭跖草等。省内药学工作者还对玫瑰、杜仲、茄科药用植物、菟丝子、蒿属药用植物等进行了研究，为山东中药资源的开发和利用奠定了基础。

(三)山东药用植物新资源

1. 发现的新植物类群

根据30年来对山东中药资源的调查研究，在山东地区发现的植物新分类群45个(31种11变种和3变型)，其中本志主编李建秀(J. X. Li)发现并命名的有11种和2变种(*)：中日节节草 Hippochaete ramosissima (Desf.) Boerner var. japonicum (Milde) J. X. Li et F. Q. Zhou(彩图6-模式标本)*、鲁山假蹄盖蕨 Athyriopsis lushanensis J. X. Li*、山东假蹄盖蕨 A. shandongensis J. X. Li et Z. C. Ding*、山东蛾眉蕨 Lunathyrium shandongense J. X. Li et F. Z. Li(彩图4-模式标本；图版Ⅲ:15,18)*、山东鳞毛蕨 Dryopteris shandongensis J. X. Li et F. Li(彩图5-模式模本)*、山东耳蕨 Polystichum shandongensis J. X. Li et Y. Wei*、密齿贯众 Cyrtomium confertiserratum J. X. Li, H. S. Kung et X. J. Li(彩图2-模式标本)*、倒鳞贯众 C. reflexosquamatum J. X. Li et F. Q. Zhou(彩图3-模式标本)*、山东贯众 Cyrtomium shandongense J. X. Li(彩图1-模式标本，图版Ⅲ:7，

10)*、山东假瘤蕨 Phymatopsis shandongensis J. X. Li et C. Y. Wang(图版Ⅲ:13,16)*、直立萹蓄 Polygonum aviculare L. var. erectum (J. X. Li et Y. M. Zhang) J. X. Li et F. Q. Zhou*〔Polygonum aviculare L. forma erectum J. X. Li et Y. M. Zhang《植物研究》,21(4):511～512. 2001〕(彩图 8-模式标本)、山东石竹 Dianthus shandongensis (J. X. Li et F. Q. Zhou) J. X. Li et F. Q. Zhou(彩图 7-模式标本)*、山东丹参 Salvia shandongensis J. X. Li. et F. Q. Zhou(彩图 60,61;图版Ⅳ:1,4,7,10,13,16)*、蒙山粉背蕨 Aleuritopteris mengshanensis F. Z. Li、假中华鳞毛蕨 Dryopteris parachiensis Ching et F. Z. Li、五莲杨 Populus wulianensis S. B. Liang、泰山柳 Salix taishanensis C. Wang et J. F. Fang、蒙山柳 S. triandra L. var. mengshanensis S. B. Liang、胶东桦 Betula jiaodongensis S. B. Liang、三脉石竹 Dianthus chinensis L. var. trinervis D. Q. Lu、白花白头翁 Pulsatilla chinensis (Bge.) Rogel f. alba D. K. Zang、长梗红果山胡椒 Lindera erythrocarpa Makino var. longipes S. B. Liang、山东瓦松 Orostachys fimbriatusa (Turcz.) Berger var. shandongensis F. Z. Li et X. D. Chen、大花瓦松 var. glandiflorus F. Z. Li et X. D. Chen、山东山楂 Crataegus shandongensis F. Z. Li et W. D. Peng、泰山花楸 Sorbus taishanensis F. Z. Li et X. D. Chen、长毛委陵菜 Potentilla longifolia Willd. ex Schlechr. var. villosa F. Z. Li、白花米口袋 Gueldenstaedtia verna Bge. (Georgi) Boriss. f. alba F. Z. Li Tsui、裂瓣老鹳草 Geranium wilfordii Maxim. var. schizopetalum F. Z. Li、蒙山老鹳草 G. koreanum Kom. f. album. (F. Z. Li) F. Z. Li、泰山盐肤木 Rhus taishanensis S. B. Liang、光枝盐肤木 R. chinensis Mill. var. glabrus S. B. Liang、胶东椴 Tilia jiaodongensis S. B. Liang、泰山椴 T. taishanensis S. B. Liang、济南岩风 Libanotis jinanensis L. C. Xu et M. D. Xu、泰山母草 Lindernia taishanensis F. Z. Li、山东丰花草 Borreria shandongensis F. Z. Li et X. D. Chen、小马泡 Cucumis bisexualis A. M. Lu et G. C. Wang ex Lu et Z. Y. Zhang、山东白鳞莎草 Cyperus shandongense F. Z. Li、荣成藨草 Scirpus rongchengensis F. Z. Li、泰山谷精草 Eriocaulon taishanense F. Z. Li、山东百部 Stemona shandongensis D. K. Zang、矮齿韭 Allium brevidentatum F. Z. Li、泰山韭 A. taishanensis J. M. Xu、低矮山麦冬 Liriope spicata (Thunb.) Lour. var. humilis F. Z. Li。

2. 药用植物新资源

中药资源调查中,编者及其同仁们在山东境内发现的药用植物分布新记录:假蹄盖蕨 Athyriopsis japonica (Thunb.) Ching,产崂山;阔鳞鳞毛蕨 Drypopteris championii (Benth.) C. Chr. ex Ching,产崂山;宽羽贯众(变型)Cyrtomium fortunei J. Sm. f. latipinna Ching,产枣庄山区;小羽贯众(变型)Cyrtomium fortunei J. Sm f. polypterum (Diels) Ching,产济南千佛山,生石灰岩岩石缝,李建秀 83-01(图版Ⅲ:9,12);宽羽贯众(变型)f. latipinna,产枣庄山区,生林下岩石缝,明远凯 87-06;金鸡脚假瘤蕨 Phymatopteris hastata (Thunb.)Pic. Serm. (图版Ⅲ:14,17),产山东半岛山区;兴安石竹 Dianthus chinensis L. var. versicolor (Fisch. ex Link) Y. C. Ma,产长清、泰安、肥城等地;丝叶唐松草 Thalictrum foeniculaceum Bge.,产济南章丘,李建秀 2001-01;庐山石楠 Photinia villosa (Thunb.) DC. var. sinica Rehd. et Wils.,产崂山(太清宫);朝鲜老鹳草 Geranium koreanum Kom. 产于崂山、蒙山等地;西南卫矛 Eaonymus hamiltonianus Wald.,产长岛;白杜 E. maackii Rupr.,产昆嵛山、泰山;栓翅卫矛 E. phellomanus Loes.,产泰山;毛叶欧李 Cesasus dictyoneura (Diels.) Yü et Li,产泰山(判官岭、斗母宫);羽裂黄瓜菜 Paraixeris pinnatipartita (Makino) Tzvel.,产济南千佛山,周凤琴 2001-01;鬼针草 Bidens pilosa L.,产临沂市;鹞落坪半夏 Pinellia yaoluopingensis X. H. Guo ex X. L. Liu,产菏泽。

(四)山东药用植物学名的订正

本志对山东内外一些重要文献记载的部分植物拉丁学名错误或误用异名进行了订正,共 59 个:河北蛾眉蕨 Lunathyrium vegetius (Kitagawa) Ching (*Lunathyrium acrostichoides* Ching.)、山东蛾眉蕨 Lunathyrium shandongense J. X. Li et F. Z. Li〔*Lunathyrium pycnosorum* (Christ) Koidz.〕、山东假瘤蕨 Phymatopsis shandongensis J. X. Li et C. Y. Wang〔*Phymatopteris hastata* (Thunb.) Pic. Serm.〕、箭叶蓼 Polygonum sieboldii Meisn. (*P. sagittatum* auct. non L.)、中亚滨藜 Atriplex centralasiatica Iljin (*A. sibirica* L.)、木防己 Cocculus orbiculatus (L.) DC〔*C. trilobu* (Thunb.) DC.〕、何首乌 Fallopia multiflora (Thunb.) Harald. (*Polygonum multiflorum* Thunb.)、虎杖 Reynoutria japonica Houtt. (*Polygonum cuspidatum* Sieb. et Zucc.)、落葵 Basella alba L. (*B. rubra* L.)、桃 Amygdalus persica L.〔*Prunus persica* (L.) Batch.〕、山桃 Amygdalus davidiana (Carr.) C. de Vos〔*Prunus davidiana* (Carr.) Franch.〕、扁桃 Amygdalus communis L. (*Prunus amygdalus* Batsch.)、榆叶梅 Amygdalus trilob (Lindl.) Ricker (*Prunus triloba* Lindl)、杏 Armeniaca vulgaris Lam. (*Prunus armeniaca* L.)、野杏 var. ansu (Maxim.) Yü et Lu (*Prunus armeniaca* L. var. *ansu* Maxim.)、东北杏 A. mandshurica (Maxim.)

Skv. [*Prunus mandshurica* (Maxim) Koehne]、麦李 Cerasus glandulosa (Thunb.) Lois. (*Prunus glandulosa* Thunb.)、郁李 C. japonica (Thunb.) Lois. (*Prunus japonica* Thunb.)、欧李 C. humilis (Bge.) Sok. (*Prunus humilis* Bge.)、樱桃 C. pseudocerasus (Lindl.) G. Don (*Prunus pseudocerasus* Lindl.)、山樱花 C. serrulata (Lindl.) G. Don ex London (*Prunus serrulata* Lindl.)、扁豆 Lablab purpureus (L.) Sweet (*Dolichos lablab* L.)、白刺花 Sophora daridii (Franch.) Skeels (*S. viciifolia* Hance)、米口袋 Gueldenstaedtia verna (Georgi) Boriss. subsp. multiflora (Bge.) Tsui (*G. multiflora* Bge.)、白花米口袋 f. alba (F. Z. Li) Tsui (*G. multiflora* Bge. f. alba F. Z. Li)、南苜蓿 Medicago polymorpha L. (*M. hispida* Gaertn.)、毛苦参 Sophora flavescens Ait. var. kronei (Hance) C. Y. Ma (var. *galegoides* Hemsl.)、赤豆 Vigna angularis (Willd.) Ohwi et Ohashi [*Phaseolus angularis* (willd.) W. F. wight]、赤小豆 V. umbellata (Thunb.) Ohwi et Ohashi (*Phaseolus calcaratus* Roxb.)、绿豆 V. radiata (L.) Wilczak (*Phaseolus radiatus* L.)、豇豆 V. unguiculata (L.) Walp. [*V. sinensis* (L.) Hassk.]、一叶萩(叶底珠)Flueggea suffruticosa (Pall.) Baill. [*Securinega suffruticosa* (Pall.) Rehd.]、密柑草 Phyllanthus ussuriensis Rupr. et Maxim. (*Ph. matsumurae* Hayata)、斑地锦 Euphorbia maculata L. (*E. supine* Rafin.)、甘肃大戟 E. kansuensis Prokh. (*E. ebracteolata* auct. non Hayata)、枸骨 Ilex cornuta Lindl. (*I. crenata* Lindl.)、梧桐 Firmiana platanifolia (L. f.) Marsili [*F. simplex* (L.) F. W. wight]、白芷 Angelica dahurica (Fisch. ex Hoffm.) Benth. et Hook. f. ex Franch. et Sav. [*A. dahurica* (Fisch.) Benth. et Hook.]、杭白芷 A. dahurica (Fisch. ex Hoffm.) Benth. et Hook. f. ex Franch et Sav. cv. "Hangbaizhi" Yuan et Shan [*A. dahuiica* (Fisch.) Benth. et Hook. cv. 'Hangbaizhi' Yuan et Shan]、薄荷 Mentha haplocalyx Briq. (*M. arvensis* L. var. *haplocalyx* Briq.)、糙叶败酱 Patrinia rupestris (Pall.) Juss. subsp. scabra Bge. (*P. scabra* Bge.)、大丁草 Gerbera anandria (L.) Sch.-Bip. [*Leibnitzia anandria* (L.) Nakai]、猫儿菊 Hypochaeris ciliata (Thunb.) Makino [*Achyrophorus ciliatus* (Thunb.) Sch.]、中华小苦荬 Ixeridium chinense (Thunb.) Tzvel. [*Ixeris chinensis* (Thunb.) Nakai]、抱茎苦荬菜 I. sonchifolium (Maxim.) Shih [*Ixeris sonchifolia* (Bge.) Hance]、窄叶小苦荬 I. gramineum (Fisch.) Tzvel. [*Ixeris graminea* (Fisch.) Nakai]、多裂翅果菊(山莴苣) Pterocypsela indica (L.) Shih (*Lactuca indica* L.)、黄瓜菜(秋苦荬菜) Paraixeris denticulata (Houtt.) Nakai [*Ixeris denticulate* (Houtt.) Stebb.]、沙苦荬菜(匍匐苦荬菜) Chorisis repens (L.) DC. [*Ixeris repens* (L.) A. Gray]、毛脉翅果菊 Pterocypsela raddeana (Maxim.) Shih (*Lactaca raddeana* Maxim.)、乳苣(蒙山莴苣) Mulgedium tataricum (L.) DC. [*Lactuca tatarica* (L.) C. A. Mey.]、狗舌草 Tephroseris kirilowii (Turcz. ex DC.) Holub (*Senecio kirilowii* Turcz.)、东方泽泻 Alisma orientale (Sam.) Juz. (*A. plantagoaquatica* L. var. *orientale* Sam.)、野慈姑 Sagittaria trifolia L. (*S. sagittifolia* auct. non L.)、矛叶荩草 Arthraxon lanceolatus (Roxb.) Hochst. [*A. prionodes* (Steud.) Dandy]、薏米 Coix chinensis Tod. [*C. lacryma-jobi* L. var. *ma-yuen* (Romen.) Stap]、荻 Triarrhena sacchariflora (Maxim.) Nakai [*Miscanthus sacchariflorus* (Maxim.) Hack.]、白茅 Imperata cylindrica (L.) Beauv. [*I. cylindrica* (L.) Beauv var. *major* (Nees.) C. B. Hubb.]、芦苇 Phragmites australis (Cav.) Trin ex Steud. (*Ph. communis* Trin.)、高粱 Sorghum nervosum Bess. ex Schult [*Sorghum bicolor* (L.) Moench.]。

三、山东药用植物资源区划

药用植物资源区划是关于地区性药用植物资源分布规律的总结,也是地区性药用植物资源研究成果的概括,它反映了该地区影响药用植物分布的生态条件,表现出药用植物种质资源组合的特点,也包括药材生产经营、种质资源和土地资源的现状与改造利用途径等内容。

(一)药用植物资源区划的目的和意义

山东省地处我国东部,位于黄河下游,海岸线长,地形复杂,气候多样,孕育着丰富的药用植物资源。根据1980年以来全省多次大规模的药用植物资源调查和专项研究,现知有野生维管植物1 700余种,其中药用植物约1 400种,栽培药用植物80余种。由于本省气候四季分明,热量充足,雨量集中且与高温同季,有利于药用植物的生长发育及其体内活性物质的合成与积累,所产药材质量优良。

山东药用植物区划是以本省的自然条件、社会经济发展与科学技术水平、药用植物资源及开发利用状况、药材生产经营和社会需求为依据,在充分研究本省药用植物种类与分布规律、区域优势和发展潜力的基础上,能够客观、全面、科学地反映本省药用植物资源与合理开发利用现状及其长远发展目标、方向、途径和保护措施而制定的。本区划内药用植物资源按其自身客观规律生息、繁衍,人们可从客观上对其加以保护、控制和合理开发利用,防止无计划的乱采乱挖;建立起满足社会和市场需求的药材生产基地;建立起自然保护区,对于国家和省级重点保护的药用植物种类起到种质基因库的作用,有效的保存物种;建立起高校和科研单位能够顺利进行教学与科研工作的药用植物资源及种质基地。因此,山东药用植物区划是一项科技水平高、实用价值大,具有战略意义的重要工作,可作为领导机关制订药材生产规划决策的依据,也是进行药用植物资源开发利用及保护的得力措施,使教学科研、资源保护、物种保存、药材生产经营一体化,具有显著的社会效益、生态效益及经济效益。

(二)药用植物资源区划的原则

药用植物包括野生药用植物、野生变栽培的药用植物、经长期种植成为道地药材的药用植物以及由外地引种驯化并经多年栽培已形成一定生产规模和产量的药用植物等。药用植物资源区划则是以研究组成资源的药用植物种类、分布和发育规律,合理开发利用以及有效保护为宗旨,它与"以中药资源与中药生产地域系统为研究对象"的中药区划不同,两者既有密切联系又有区别,彼此不可替代,所以我们在进行药用植物资源区划时,应首先考虑制约药用植物资源分布的主要因素。影响药用植物种类和分布最基本的生态条件是热量,而热量是随着纬度的变化而变化的。同时,因经度变化导致了水分差异,这样就制约着不同地区的综合自然条件。地区性的综合自然条件由地形、气候、水文、土壤等因素组成,这些因素构成了药用植物资源的形成和分布的具体生境。

山东省位于受热量条件所制约的暖温带和由水分条件所制约的落叶阔叶林区域内,整个药用植物资源具有暖温带落叶阔叶林区域的区系性质。根据省内生态条件的自然差异,即地形、气候、土壤、水文、生物等特征的不同,形成的药用植物的资源组合,以及由于生产条件的不同而出现的药材生产和经营的不同方式,可将全省分为若干个药用植物资源区;再依据各区内药用植物资源的差异性而划分出下一级的区划单位,即药用植物资源小区。

各级药用植物资源区划单位,均应反映药用植物自然资源的利用、保护及药材生产的实际情况和发展规划建议,按区划的等级分别提供方向性的意见。如以人工栽培方式发展经营该区域的重要药材时,则应提出建立药材的生产基地。

划分出来的任何一个药用植物资源分区,在地图上都应该自成一片而不能分割。

(三)药用植物资源区划的系统和命名

1. 药用植物资源区划的系统

山东省是我国广大版图中的一部分,山东药用植物资源区划只是中国药用植物资源区划高级分区单位下的一个部分,属于中、低级分区单位。由于目前尚缺乏全国性药用植物资源区划的资料,因此在进行山东省药用植物资源区划时,应从本省药用植物资源的实际情况出发,参考相关学科《中国中药区划》、《山东省综合农业区划》等,采用二级分区系统,即药用植物资源区为一级区,药用植物资源小区为二级区,将全省划分为4个一级区和16个二级区。

(1)一级药用植物资源区 区内应具有突出的地形特点和土壤性质,明显制约主要药用植物资源的生态条件和生物因素,特征性药用植物资源类型的组合等特点。

根据上述因素的各种差异,将全省划分为四个药用植物资源区,即胶东丘陵野生兼栽培药用植物资源区、鲁中南山地丘陵野生兼栽培药用植物资源区、鲁北滨海平原野生兼栽培药用植物资源区、鲁西鲁西北平原栽培兼野生药用植物资源区。

(2)二级药用植物资源小区 在药用植物资源区内,以某一地形单位划分出药用植物资源小区。每一个地形单位的自然条件和生物资源都有其自身特点,而且不同地形单位对药用植物资源的影响和利用方式不同,依据这种差异而划分出的小区,有利于药用植物资源的管理、生产或开发利用。

以野生为主的药用植物资源区,宜建立自然保护区,并以保护和开发利用为主。以栽培药用植物为主的资源区一般都是省内的农业区,在这些地区可以按照自然条件的特点以及药材生产的历史习惯,尤其注意突出道地药材的优势,按照国家对中药材规范化种植(GAP)的要求,建立若干个优质绿色中药材生产基地。这些生产基地的提出,可作为制订药材生产发展规划的依据资料。

2. 药用植物资源区划的命名

各级药用植物资源分区的命名及编号拟定规则如下:

(1)一级药用植物资源区 按"地理位置＋地貌类型＋优势药用植物资源名称＋区"命名。编号:Ⅰ、Ⅱ、Ⅲ、Ⅳ。

例：胶东丘陵野生兼栽培药用植物资源区

(2)二级药用植物资源小区　按"地理位置＋地貌类型＋优势药用植物资源利用方式＋小区"命名。编号：1、2、3、4、5……

例：鲁西北平原野生药用植物资源生产小区

3. 山东药用植物资源区划系统表

表　山东药用植物资源区划系统表

一级药用植物资源区	二级药用植物资源小区
胶东丘陵野生兼栽培药用植物资源区Ⅰ	昆嵛山野生药用植物资源自然保护小区Ⅰ1 崂山野生药用植物资源自然保护小区Ⅰ2 滨海滩涂野生药用植物资源开发小区Ⅰ3 半岛海洋药用植物资源开发小区Ⅰ4 半岛丘陵平原栽培药用植物资源生产小区Ⅰ5
鲁中南山地丘陵野生兼栽培药用植物资源区Ⅱ	泰山野生药用植物资源自然保护小区Ⅱ1 蒙山野生药用植物资源自然保护小区Ⅱ2 鲁中丘陵平原栽培兼野生药用植物资源生产小区Ⅱ3 鲁南丘陵平原野生兼栽培药用植物资源开发小区Ⅱ4 鲁南平原栽培药用植物资源生产小区Ⅱ5
鲁北滨海平原野生兼栽培药用植物资源区Ⅲ	黄河三角洲野生药用植物资源开发小区Ⅲ1 鲁北平原栽培兼野生药用植物资源开发小区Ⅲ2
鲁西鲁西北平原栽培兼野生药用植物资源区Ⅳ	鲁西北平原野生药用植物资源开发小区Ⅳ1 鲁西北平原栽培药用植物资源生产小区Ⅳ2 鲁西南平原栽培药用植物资源生产小区Ⅳ3 鲁西湖区野生兼栽培药用植物资源开发小区Ⅳ4

(四)药用植物资源的分区概述

1. 胶东丘陵野生兼栽培药用植物资源区(Ⅰ)

本区位于山东省东部，北、东、南三面环海，包括整个胶东丘陵沿五莲县山地向南延伸到省界，沭河以东的沭东丘陵。全区由威海市、烟台市、青岛市及所辖各县区，日照市及胶潍走廊东南部组成。

全区地形一般为丘陵地，少数地区有海拔1 000m左右的山地。崂山主峰1 133m，是区内的最高山脉；其次是昆嵛山，海拔923m；艾山海拔814m；牙山海拔805m；其他多在800m以下。除山地外，丘陵地带的海拔一般为200~400m。

气候随所在经纬度的不同而略有差异，由于三面环海，受海洋影响显著，年平均温度为10~13℃，由西北向东南逐步升高。年总降水量600~900mm，由东南向西北递减，夏季降水量450~650mm。

区内土壤由于成土母系及形成过程不同而有所差异，绝大部分山地、丘陵为山地棕壤和棕壤，沿海及平原地为潮土。

(1)本区主要特点　由于地形多样、土壤肥沃，并有海滨、沙滩和岛屿等多种类型，尤其是气候上略具冬暖夏凉、降水量适中、相对温湿度大等特点，适宜于多种植物的生长。本区植物的总数超过其他各区，区系成分复杂，药用植物资源丰富，种类多、蕴藏量大；适于栽培药材的生长发育和有效成分的合成积累；海洋药用植物资源丰富，是其他各区所不及的。总之，本区为山东省药用植物资源丰富和药材生产的主要产区之一，重要的野生药用植物1 000种以上。

(2)药用植物资源现状　本区常见的主要药用植物有：紫菜、海蒿子、海带、灵芝、球子蕨、阴地蕨、卷柏、石韦、瓦韦、乌苏里瓦韦、蛇足石杉、紫萁、拳参、五味子、马齿苋、孩儿参、长蕊石头花、瞿麦、多被银莲花、山东银莲花、乌头、长冬草、延胡索、地榆、宽蕊地榆、仙鹤草、委陵菜、郁李、葛、黄芪、野百合、苦参、白鲜、远志、酸枣、山茶、西洋参、防风、柴胡、辽藁本、珊瑚菜、照山白、尖叶杜鹃、杜鹃花、月见草、连翘、石血、紫草、单叶蔓荆、丹参、黄芩、益母草、香薷、地椒、忍冬、茜草、展枝沙参、细叶沙参、石沙参、沙参、轮叶沙参、茅苍、羊乳、桔梗、苍术、北苍术、朝鲜苍术、穿龙薯蓣、半夏、掌叶半夏、天南星、东北天南星、玉竹、黄精、崂山百合等。

（3）重点发展的种类及其开发途径

1）重点发展的栽培道地药材及大宗药材：莱阳、牟平、海阳的北沙参；威海、荣成、蓬莱的蔓荆子、白术；日照、胶南的金银花、月见草、黄芩、黄芪、桔梗；文登、莱阳、荣成、牟平的西洋参、黄芪；蓬莱、龙口、莱州的延胡索；崂山的杜仲、细辛、五味子等。

2）重点开发的野生道地药材及大宗药材：五莲的连翘；崂山、昆嵛山、大泽山的灵芝、紫萁贯众、卷柏、石韦、松花粉、银柴胡、两头尖、地榆（地榆和宽蕊地榆）、辽藁本、茜草、丹参、羊乳、黄精、玉竹等。

3）海洋药材种类：紫菜、海藻、昆布（海带）等。

4）重点保护的野生药用植物资源种类：卷柏、紫萁、蛇足石杉、狭叶瓶尔小草、芒萁、球子蕨、假蹄盖蕨、山东假蹄盖蕨、山东蛾眉蕨、阔鳞鳞毛蕨、全缘贯众、银杏、孩儿参、烟台翠雀花、乌头、展毛乌头、圆锥乌头、拟两色乌头、山东银莲花、多被银莲花、细辛、五味子、玫瑰、黄芪、野百合、朝鲜老鹳草、白鲜、远志、山茶、烟台柴胡、防风、珊瑚菜、山茴香、连翘、络石、紫草、单叶蔓荆、黄芩、丹参、桔梗、羊乳、崂山蓟、半夏、黄精、青岛百合、山东万寿竹、二苞玉竹、天麻、蜈蚣兰等。

5）药用植物资源的保护措施及开发途径：充分利用本区优越的自然条件和丰富的野生、栽培、海洋药用植物资源优势，加强对本区药用植物资源的保护和开发利用。总的原则是有效地保护野生药用植物资源，大力开展野生变栽培的驯化研究，发展大宗药材，开发海洋药材。具体措施是：①加强对野生药用植物资源的保护和合理开发利用，建议建立崂山、昆嵛山植物自然保护区，对野生药用植物资源进行有效地保护；②对本区分布的列为国家重点保护的野生药材物种单叶蔓荆及我省特有或濒危的重要药用植物如狭叶瓶尔小草、山东峨嵋蕨、崂山鳞毛蕨、崂山百合、细辛、五味子、多被银莲花、山东银莲花、烟台翠雀花、拟高帽乌头、展毛乌头等，进行特殊保护，建立种质基因库；③充分利用本区优越的自然条件，大力开展重要药用植物野生变栽培的驯化实验研究工作，为药用植物资源的开发利用走出一条新路子；④大力发展杜仲、细辛等药材，利用崂山、昆嵛山优越的气候条件，划出较大面积的山坡地段，专门营造杜仲-细辛林，杜仲林下栽培细辛，达到充分利用空间，建立山区药材立体结构的生产模式。

（4）资源小区的划分　根据区内自然条件和药用植物资源分布及经营方式的不同，本区分为5个资源小区。

1）昆嵛山野生药用植物资源自然保护小区（Ⅰ1）：昆嵛山是区内第二大山，位于牟平和文登境内，是胶东药用植物资源最为丰富的地区之一，许多东北成分的植物种类集中于此，盛产各种药材，应进行保护和开发利用，建立药用植物资源自然保护区。

2）崂山野生药用植物资源自然保护小区（Ⅰ2）：崂山是青岛市境内最高的山，气候温和，雨量充沛，尤其崂山南麓面临海洋，水、热条件十分优越，因此其植物种类及植被类型是华北地区最复杂的地方，有许多南方成分的植物种类分布。这里也是我省药用植物资源最为丰富之处，且有一些在省内仅在此地区分布的特有种类，因此应建立崂山药用植物资源自然保护区。

3）滨海滩涂野生药用植物资源开发小区（Ⅰ3）：滩涂自然环境特殊，既有陆地的基质，又受海潮的侵袭，滩涂上分布着一些其他地区少有的野生药用植物，其中一些是重要的药材。所以，重视滩涂的开发利用是一项重要的任务。发挥滩涂的优势，建立某些药材生产基地，如建立荣成、威海、蓬莱蔓荆子开发基地，对滩涂野生珊瑚菜资源按照国家重点保护野生药用植物的规定进行物种保护等。

4）半岛海洋药用植物资源开发小区（Ⅰ4）：海洋是沿海各省的特有生境，我省的海岸线长，海洋面积大，特别是胶东海域更是物产丰富，分布着多种海产药用植物资源，具有重大的开发利用价值。

5）半岛丘陵平原栽培药用植物资源生产小区（Ⅰ5）：胶东半岛丘陵和平原是农业生产基地，由于气候条件优越，有利于多种农作物和果树的生长，也适宜于多种药材的种植，在这一地区按GAP规定，可建立下述绿色优质中药材生产基地：文登、荣成黄芪生产基地；莱阳、莱州、莱西、牟平、海阳北沙参生产基地；文登、莱阳、荣成西洋参生产基地；日照月见草生产基地；文登、青岛、莒县黄芩生产基地；蓬莱、莱州、招远延胡索生产基地；威海、荣成蔓荆子生产基地；日照金银花生产基地等。

2. 鲁中南山地丘陵野生兼栽培药用植物资源区（Ⅱ）

本区位于山东省中南部山地、丘陵地带，四周为平原所包围。东部以鲁中断裂带为界，西部达鲁西湖带的东缘，大致沿京杭运河为界，北部以泰山山系北部山麓地带和济南以西的黄河为界，在行政区划上包括济南大部、淄博、枣庄、泰安、临沂和潍坊市的南部。

区内山地最多,海拔最高,省内的主要山脉如泰山、鲁山、蒙山均在本区之内。本区以中部地形最高,泰山、蒙山、鲁山、沂山主峰海拔均在1 000m以上;山地逐渐向外降低为海拔500～600m的低山丘陵或300m左右的山麓地带,还有海拔100m左右的河谷平原。

区内年平均温度12～13℃,年总降水量700～900mm左右,但南北各地气候差异较大。

区内土壤以山地棕壤、棕壤及褐土为主,平原和盆地为潮土。

(1)本区主要特点 本区由于水、热资源丰富。四季分明,雨热同季,适宜于植物生长。野生药用植物资源种类繁多,蕴藏量大,主要野生药用植物有800余种。山东省道地药材中2/3的品种都集中在本区,为山东省药材的主产区,形成了本区药材野生兼栽培两大优势并举的显著特点。

(2)药用植物资源现状 本区面积大,植物资源丰富,重要野生药用植物1 000余种。常见的有:卷柏、石韦、瓦韦、乌苏里瓦韦、凤尾草、山东耳蕨、山东假蹄盖蕨、鲁山假蹄盖蕨、中日假蹄盖蕨、贯众、山东贯众、密齿贯众、倒鳞贯众、山东假瘤蕨、银杏、侧柏、百蕊草、马兜铃、北马兜铃、拳参、商陆、萹蓄、辣蓼、支柱蓼、红蓼、青葙、马齿苋、长蕊石头花、石竹、山东石竹、兴安石竹、长萼石竹、三脉石竹、长萼瞿麦、瞿麦、太行铁线莲、展毛乌头、圆锥乌头、白头翁、木防己、小药八旦子、黄芦木、播娘蒿、委陵菜、翻白草、仙鹤草、地榆、桃、杏、郁李、苦参、葛、黄芪、野百合、地锦草、大戟、狼毒、猫眼草、白蔹、酸枣、紫花地丁、辽藁本、蛇床、白前、白薇、当药、日本菟丝子、菟丝子、牵牛、裂叶牵牛、女贞、连翘、马鞭草、丹参、山东丹参、白花丹参、单叶丹参、黄芩、薄荷、益母草、藿香、地椒、荔枝草、香薷、龙葵、车前、茜草、徐长卿、沙参、荠苨、轮叶沙参、石沙参、展枝沙参、桔梗、苍术、北苍术、漏芦、华东蓝刺头、苍耳、牛蒡、蒲公英、豨莶、旱莲草、茵陈、黑三棱、鸭跖草、灯心草、莎草、菖蒲、半夏、天南星、直立百部、华东菝葜、玉竹、黄精、穿龙薯蓣、射干等。

属于山东省道地药材的品种有:白果、太子参、白芍、牡丹皮、木瓜、玫瑰花、山楂、猪牙皂、徐长卿、丹参、黄芩、地黄、金银花、瓜蒌、天花粉、桔梗等。

(3)重点发展的品种及其开发途径

1)重点发展的栽培道地药材及大宗药材:平邑、费县等地的金银花;邹城、临沂的木瓜;平阴的玫瑰;青州、临朐、泰安、费县的山楂;长清、肥城的瓜蒌;枣庄的山茱萸、石榴皮;临沭的太子参;临沂的玄参;淄博的远志,郯城的银杏;蒙阴、莱芜、平邑的丹参;蒙阴、平邑的徐长卿等。

2)重点开发的野生道地药材及大宗药材:蒙阴、沂水等地的酸枣仁;费县、平邑、沂水、苍山、枣庄的柏子仁及侧柏叶;泰山、蒙山的松花粉;蒙山的连翘、马兜铃、地榆、徐长卿;泰安的汶香附、泰山四大名药。

3)重点保护的野生药用植物资源:卷柏、狭叶瓶尔小草、阴地蕨、山东假瘤蕨、山东假蹄盖蕨、鲁山假蹄盖蕨、河北峨眉蕨、山东鳞毛蕨、山东贯众、倒鳞贯众、密齿贯众、胡桃、马兜铃、北马兜铃、何首乌、孩儿参、山东石竹、黄芦木、展毛乌头、圆锥乌头、五味子、小药八旦子、山东山楂、黄芪、野百合、老鹳草、牻牛儿苗、朝鲜老鹳草、西伯利亚远志、远志、防风、北柴胡、红柴胡、连翘、条叶龙胆、紫草、徐长卿、白首乌、丹参、白花丹参、单叶丹参、山东丹参、黄芩、羊乳、桔梗、半夏、独角莲、直立百部、山东百部、黄精、天门冬等。

4)药用植物资源的保护措施及开发利用途径:充分利用本区面积大、地形多样的自然条件和药用植物资源丰富、道地药材历史悠久的特点及优势,加强对本区药用植物资源的保护和开发利用。总的原则是有效保护野生药用植物资源和大力发展道地药材,应采取的具体措施是:①加强对野生药用植物资源的保护和合理开发利用,建议建立泰山、蒙山药用植物保护区,对野生药用植物资源进行有效的保护;②对本区有分布的"国家重点保护野生药材物种"采取有效措施进行保护,并建议尽早对本志拟订的"山东省重点保护野生药用植物名录",经省级有关立法部门批准并公布,象国家重点保护"野生药材物种"一样,立法保护,加强业务部门具体管理,进行有效保护;③充分发挥道地药材生产基地的作用,保证药材质量,不断提高产量,并进行道地药材质量控制标准的研究,制订出完整的质量控制标准。

(4)资源小区的划分 本区地形复杂,药用植物资源多样性,划分为5个小区。

1)泰山野生药用植物资源自然保护小区(Ⅱ1):泰山是山东省最高的山脉,原始植被虽早已被破坏,但人工次生林发育良好,生物资源丰富,野生药用植物很多,因此宜建药用植物资源自然保护区,进行合理开发利用和建立种质资源基地。

2)蒙山野生药用植物资源自然保护小区(Ⅱ2):蒙山是山东省第二座大山脉,该地温度较高,不仅有较多的药用植物种类,而且还生产着一些南方成分和特有种类,具有一定的特色,宜建立药用植物资源自然保护区和"药用植物种质资源基因库"。

3)鲁中丘陵平原栽培兼野生药用植物资源生产小区(Ⅱ3):本小区包括泰山北麓和山前平原及泰莱平原,除部分丘陵为野生药用植物分布外,其他各处多为农田,是以栽培为主兼有野生的药用植物资源分布区。在小区内可按GAP要求建立优质绿色药材生产基地:长清、肥城、宁阳瓜蒌生产基地;平阴玫瑰生产基地;淄博远志、丹参、黄芩生产基地;青州、临朐、泰安、济南山楂生产基地;泰安香附开发基地;莱芜、章丘的白花丹参生产基地等。

4)鲁南丘陵平原野生兼栽培药用植物资源开发小区(Ⅱ4):鲁南除蒙山为高山外,周围均为丘陵和山前平原,分布着各种野生药用植物,许多种类的蕴藏量较大,具有重要的开发价值,同时也有重要道地药材的栽培,可按GAP要求建立以下绿色中药材基地:平邑、费县金银花生产基地;青州、蒙阴、泰安、临朐、济南、沂水酸枣仁野生人工抚育开发基地;青州、蒙山连翘保护生长基地;济南、费县、平邑、沂水、枣庄柏子仁开发应用基地;邹城木瓜、猪牙皂生产基地;沂南、莒县、莒南黄芩生产基地等。

5)鲁南平原栽培药用植物资源生产小区(Ⅱ5):鲁南平原以临、郯、苍平原为主,是农业区域,长期以来有栽培药材的历史和习惯,可发挥其自然优势,按GAP要求建立以下绿色中药材生产基地:临沭太子参、玄参生产基地;临朐、蒙阴、平邑、曲阜、淄博、莱芜丹参、黄芩、徐长卿生产基地;枣庄山茱萸、石榴皮生产基地;泰安白首乌、羊乳、黄精、紫草生产基地;郯城银杏生产基地;蒙阴、平邑徐长卿生产基地;莱芜生姜、干姜生产基地等。

3. 鲁北滨海平原野生兼栽培药用植物资源区(Ⅲ)

本区位于山东省北部,北濒渤海,西界惠民、阳信、无棣、马颊河,东临胶莱河,南与鲁中山区的北麓洪积平原为邻。行政区划包括滨州市、东营市、潍坊市的北部。

本区系由黄河入海泥沙沉积而成,近海处形成大面积的盐土荒地和滩涂,为著名的黄河三角洲。由于黄河在历史上多次决口改道洪流淤垫的结果,在平原上形成了许多缓岗和洼地。

区内年平均温度为12~13℃,1月份平均温度为－4℃,低于全省的平均低温,无霜期195~215天。年平均降水量为600mm左右,7~9月的降水量占全年降水量的75%。

滨海地区的土壤为盐土,盐土荒地的土壤含盐量一般在0.5%左右,高者为1%~2%,盐分主要是氯化钠。离海较远的地方多已开垦为农田,经过多年耕作,土壤为盐化潮土。

(1)本区主要特点 本区为平原、海滨,盐碱荒地大。区内缺乏森林,植物种类少,野生药用植物资源不多,栽培药材也不丰富。此区是山东省药用植物资源最为贫乏的一个区。

(2)药用植物资源现状 本区植物种类单纯,重要的药用植物近300种,常见的种类有:问荆、节节草、日本节节草、草麻黄、旱柳、萹蓄、直立萹蓄、碱蓬、盐地碱蓬、猪毛菜、中亚滨藜、盐角草、甘草、野大豆、枣、柽柳、多枝柽柳、蛇床、补血草、二色补血草、罗布麻、单叶蔓荆、益母草、枸杞、茵陈、海州蒿、黄花蒿、翅果菊、蒙古鸦葱、蒲公英、阿尔泰狗哇花、獐毛、白茅、芦苇、水烛。

栽培药材主要有:板蓝根及大青叶、月季花、甘草、决明子、山茱萸、地黄、荆芥、菊花等。

(3)重点发展品种及其开发途径

1)重点发展的药材:软蒺藜、甘草、大枣、地黄、蔓荆子、菊花、茵陈蒿等。

2)重点开发的野生药用植物资源:蛇床、柽柳、罗布麻、盐地碱蓬等。

3)重点保护的野生药用植物种类:日本节节草、草麻黄、甘草、柳穿鱼等。

4)本区开发前景:本区土质瘠薄,盐碱化严重,荒地面积大,药用植物资源贫乏,但土地后备资源最丰富。随着本区土地资源的开发,可结合进行药用植物资源的开发利用,一方面可充分开发蛇床子、罗布麻、枣、柽柳等药用植物资源;另一方面可进行甘草、珊瑚菜、单叶蔓荆、沙枣等抗盐药用植物的大面积试验种植工作。

(4)资源小区的划分 根据自然条件及药用植物资源现状,本区可划分为两个小区。

1)黄河三角洲野生药用植物资源利用小区(Ⅲ1):本小区位于渤海湾沿岸,包括东营市的河口、东营、牛庄、广饶,滨州市的无棣、沾化和潍坊市的寒亭、昌邑、寿光等县、市、区的临海部分。土壤含盐量高,多为盐碱荒地,生长着一些耐盐药用植物,如草麻黄、旱柳、中亚滨藜、碱蓬、盐地碱蓬、白刺、柽柳、茵陈、芦苇、獐毛、白茅等,部分种类具有相当大的蕴藏量。根据生产的需要,可按GAP要求建立以下绿色中药材基地:东营、滨州甘草、草麻黄、罗布麻野生保护及种植基地;沾化蛇床子开发基地等。

2)鲁北平原栽培兼野生药用植物资源开发小区(Ⅲ2):位于Ⅰ1小区以西部分,包括东营市和滨州市的一部分。小区内多为农田,也有部分荒地。农田和荒地分布着一些野生药用植物,其中甘草和罗布麻是重要的资源,应加强保护和开发利用,此外也有部分栽培药材。

4. 鲁西鲁西北平原栽培兼野生药用植物资源区(Ⅳ)

本区位于山东省西北部和西南部的德州市、聊城市、济宁市和菏泽市,是华北大平原在我省的主要部分,地形平坦,属于黄河冲积平原。鲁西南的南四湖和北五湖,是省内主要的湖泊群。

年平均温度为13~14℃,年降水量为600~700mm,由于南北相距较远,因此,无论温度或降水量都是由南向北逐渐降低。

土壤为潮土,具石灰反应,主要由流水冲积而成,黄土经流水的分选后,成为沙土、壤土和黏土,以壤土所占面积最大,沙土以黄河故道及其附近为多。因此冬春季风沙严重。

(1)本区主要特点 本区是山东农业发展最早和垦植指数最高的地区,除湖区外,已很少见到天然植被。本区为农业区,除湖区盛产各种水生药材外,野生药用植物资源贫乏;但本区结合农业生产,栽培药材甚为普遍,为我省中药材的主产区之一,也是该区药用植物资源的显著特点。

(2)药用植物资源现状 本区药用植物种类不多,重要的近400种。常见的野生种类:侧柏、桑、柘树、萹蓄、马齿苋、莲、播娘蒿、荠菜、槐、草木犀、米口袋、老鹳草、枣、补血草、罗布麻、菟丝子、益母草、枸杞、白英、龙葵、洋金花、柳穿鱼、车前、茜草、蒲公英、刺儿菜、黑三棱、香附、白茅、芦苇。栽培药材主要有牛膝、附子、白芍、牡丹皮、大青叶、板蓝根、黄芪、决明子、白芷、天花粉、枸杞、瓜蒌、杜仲、地黄、玄参、丹参、紫苏、薄荷、黄芩、金银花、桔梗、白术、菊花、红花、牛蒡子、山药、半夏、天南星、薏苡仁、麦冬等。

(3)重点发展的种类及其开发途径

1)重点发展的大宗栽培药材:菏泽的牡丹、芍药、地黄、红花、紫苏、山药、麦冬、附子、半夏等;嘉祥的菊花;德州、聊城的枸杞、菊花;禹城的金银花等。

2)重点开发的野生药材资源:主要有罗布麻、芦苇、白茅、柽柳等。

(4)资源小区的划分 根据区内自然条件以及药用植物资源的现状及发展趋势,可以划分为4个小区。

1)鲁西北平原野生药用植物资源开发小区(Ⅳ1):位于接近鲁北平原部分,尚有部分荒地,盛产罗布麻、芦苇、白茅等野生药用植物,可以大量采购供药用。在小区内建立起德州市、济南北部罗布麻、芦苇、白茅开发基地。

2)鲁西北平原栽培药用植物资源生产小区(Ⅳ2):在鲁西北广大平原的西部,可按GAP要求建立以下绿色中药材生产基地:临清、茌平大枣生产基地;德州、聊城枸杞、菊花生产基地;禹城金银花生产基地等。

3)鲁西南平原栽培药用植物资源生产小区(Ⅳ3):鲁西南平原由于水热条件比鲁西北更为优越,因此农业生产和药材栽培事业都胜过鲁西北。在本小区内,除了普遍发展各种栽培药材之外,还可按GAP要求建立绿色中药材专业生产基地:如菏泽牛膝、牡丹皮、白芍、白芷、薄荷、地黄、红花、半夏、山药生产基地;嘉祥菊花生产基地;单县附子生产基地;菏泽、高唐天花粉生产基地等。

4)鲁西湖区野生兼栽培药用植物资源开发小区(Ⅳ4):本小区包括北五湖和南四湖及周围低洼地带,主要分布着水生、沼生及湿生药用植物,以野生药用植物为主,兼有栽培种类。主要药用植物资源有水蕨、槐叶萍、芡、莲、浮萍、黑三棱、香蒲、芦苇、香附等。开发品种主要有芡实、莲子、三棱、蒲黄等。为发挥当地优势,宜建立以下药材生产及开发基地:微山湖莲子、三棱、蒲黄生产基地;东平湖芡实开发基地等。

四、山东药用植物资源的开发利用和保护

(一)药用植物资源开发应用的重点

山东道地药材60余种(其中植物类道地药材40余种),是我省药用植物资源中的主要部分和中药材生产的重点,开发资源就必须紧紧抓住道地药材这个重点,尤其是在国内外市场上需求量大的品种,按照国家中药现代化的要求,将山东的道地药材品种分期分批的进行规划,3~5年一期,每期15个品种左右,进行系统研究,以GAP规范化种植试验为示范,逐步扩大种植规模,与农业生产种植结构调整相结合,实现道地药材的道地产地种植面积规模化、种植技术规范化(GAP)、无公害绿色药材质量标准化,树立山东道地药材的品牌形象。如丹参是常用中药材中的大宗品种,全国著名的山东道地药材之一,目前临朐、莒县等地已形成数万亩的种植面积,临朐还注册了"沂山丹参"商标,为建立优质无公害绿色中药材基地奠定了基础。

(二)寻找和开发新中药资源

寻找和开发新的中药资源,要从药用植物资源调查入手,重视中药化学成分和中药药理的相关性研究。现知我省待开发的重要药用植物资源80余种。如白花丹参 Salvia miltiorrhiza Bge. f. alba C. Y. Wu et H. W. Li,特产山东章丘、莱芜,根含有效成分丹参酮$Ⅱ_A$含量0.68%~0.73%,比丹参高1倍以上,而上海引种栽培的白花丹参中丹参酮$Ⅱ_A$含量仅0.12%,因此,白花丹参是一个很值得研究的道地新药源。银杏叶收载于《中国药典》2010

年版中,有敛肺、平喘、活血化瘀、止痛之功效,用于肺虚咳喘、冠心病、心绞痛、高血脂等心脑血管疾病。"天下银杏第一乡"郯城有 28 000 余亩的种植资源,年产银杏叶药材(干叶)10 000 000kg,叶含银杏叶黄酮类,银杏内脂含量 3.3%,20 世纪 90 年代我国以低价出口银杏叶药材或提取物粗品,经国外精制提纯后再高价返销我国。目前,国内已能生产白果酸含量 $5×10^{-6}$ 以下的银杏叶总黄酮产品,其质量符合国际标准,为银杏叶的资源开发和利用开辟了道路。山东文登、荣成、莱阳等地用含磷风化土改良土壤,培育的文登西洋参种系进行农田阴棚大面积栽培成功,总皂苷含量达 8.8%,硒含量为 0.08%,成为国内西洋参三大产区之一,但目前发展比较缓慢,应发挥产区优势,扩大栽培面积,使山东西洋参在全国各大药市占据相应的份额。近年来的研究成果表明:罗布麻叶除有降血压作用外,已发现有较强的抗辐射作用;早开堇菜的抗菌作用在堇菜类药材中最强;兴安石竹根对治疗直肠癌有显著的疗效;兴安石竹、三脉石竹和山东石竹利尿作用明显强于瞿麦;卷柏具有抗肿瘤作用;蛇足石杉含有的石杉碱 A,具有抗胆碱酯酶作用,并可防治有机磷中毒及老年性记忆衰退,水溶性成分有明显的缩瞳作用;野菊类(包括野菊和甘菊),山东灵岩寺一带所产的甘菊抗菌作用最强,野菊具有明显的镇痛作用;紫苏子脂肪油中富含不饱和脂肪酸 α-亚麻酸,是目前已知亚麻酸含量最高的植物之一,具有降低血脂、胆固醇、β-脂蛋白的作用,可以预防动脉粥样硬化继发的心脑血管疾病,利用紫苏子用于开发食用保健油具有广阔的前途等。

(三)药用植物种质资源的保护

植物资源是人类及其他生物赖以生存的物质基础,由于天然的和人为的各种原因,植物资源,尤其是药用植物种质资源受到严重破坏,甚至许多物种濒临灭绝,药用植物种质资源的保护已成为刻不容缓的问题。国家对野生中药材资源保护和合理利用十分重视,于 1987 年 10 月 30 日公布了《野生药材资源保护管理条例》,将国家重点保护的野生药材物种分为三级:一级为濒临绝灭状态的稀有珍贵野生药材物种;二级为分布区域缩小,资源处于衰竭状态的重要野生药材物种;三级为资源严重减少的主要常用药材物种。并规定一级保护的物种严禁采集,二、三级保护的物种必须经县以上医药管理部门会同同级野生动植物管理部门提出计划,报上一级医药管理部门批准,并取得采药证后才能进行采药。此条例已于 1987 年 12 月 1 日起施行。根据这一条例的规定,国家医药管理局会同国务院野生动植物管理部门及有关专家共同制定出第一批"国家重点保护的野生药材物种名录"76 种,其中植物药材物种 58 种。山东省植物类野生药材资源物种处于濒危状态,列为"国家重点保护野生药用植物种名录"有狭叶瓶尔小草、细辛、胡桃、五味子、甘草、防风、北沙参、黄芩、远志、西伯利亚远志、龙胆、紫草、单叶蔓荆、连翘、天冬、黄芪、天麻等 17 种,根据山东省的实际情况,对药用植物种质资源的保护提出以下建议:

1. 建立药用植物种质资源基因库

根据"山东药用植物资源区划",应分别在崂山、昆嵛山、蒙山等地建立药用植物种质资源基因库。崂山、昆嵛山、蒙山均分布有上千种药用植物,是天然的植物种质资源基因库。利用这一天然的资源和优越的地理、气候条件,与高科技管理相结合,以当地分布的物种为主,并引种国内南、北方以及国外一些名贵药用植物物种进行驯化;采用现代生物技术对山东重要及特有药用植物物种进行研究并重点养护,使珍稀濒危药用植物物种得以繁衍生息。这是一项对药用植物种质资源进行有效保护的宏伟工程,使科、教、产一体化,这对山东药用植物种质资源的保护和可持续发展具有显著的社会效益、经济效益和生态效益。

2. 建立药用植物资源自然保护区

建立药用植物种质资源自然保护区,是保护珍稀濒危植物物种最有效的途径和最成功的方法。在划定保护区的范围时必须考虑到植物物种植被的多样性和物种的群落性,特别是对属于山东道地药材的物种,珍稀濒危的名贵物种作为就地保护的重点,给予生息繁衍的机会。目前,山东省已在泰山、蒙山、崂山、徂徕山等山区建立起一些自然保护区或国家、省级森林公园,但这些自然保护区或森林公园多以保护鸟类及其栖息地和森林物种为主要对象。在这些保护区内,崂山分布有 1 000 余种重要药用植物,已列为国家保护的和建议列为山东特有植物的近百种,如:中日节节草、紫萁、芒萁、阔鳞鳞毛蕨、假蹄盖蕨、山东假蹄盖蕨、蛇足石杉、全缘贯众、丝穗金粟兰、孩儿参、瞿麦、多被银莲花、山东银莲花、展毛乌头、拟两色乌头、乌头、小花木兰、五味子、三桠乌药、细辛、玫瑰、黄芪、野百合、远志、西伯利亚远志、狗枣猕猴桃、山茶、黄海棠、珊瑚菜、山茴香、防风、鹿蹄草、滨海前胡、紫花补血草、单叶蔓荆、石血、紫草、黄芩、徐长卿、桔梗、羊乳、半夏、青岛百合、山东万寿竹、天门冬、二苞黄精、蜈蚣兰。蒙山分布有 1 000 余种重要药用植物,已列为国家保护的和建议列为山东特有的重要药用植物 80 余种,主要有:狭叶瓶尔小草、阴地蕨、山东假蹄盖蕨、山东鳞毛蕨、山东贯众、山东耳蕨、胡桃、支柱蓼、何首乌、太子参、山东石竹、瞿麦、长萼瞿麦、乌头、展毛乌头、三桠乌药、小药八旦子、黄芪、朝鲜老鹳草、远志、西伯利亚远志、黄海棠、刺五加、防风、连翘、石血、紫草、龙胆、徐长卿、丹参、山东丹参、白花丹参、桔梗、直立百部、半夏、卷丹等。泰山、徂徕山有重要药用植物 800 余种,已列为国家重点保护和建议列为山东特有的药用植物 80 种,主要有:灵芝、贯众、青檀、马兜铃、北马兜铃、何首乌、山东石竹、瞿麦、孩儿参、兴安石竹、三脉石竹、展毛乌头、五味子、小药八旦子、远志、西伯利亚远志、黄芪、防风、连翘、石血、徐长卿、白首乌、紫草、黄芩、丹参、羊乳、桔梗、直立百部、山东百部、半夏、卷丹、黄精等。建议在这些保护区内把重要药用植物物种也列为重要保护的内容和对象,增设有关专业科技人员,制定保护规划、明确保护目标和具体内容、制定具体可行的措施,切实达到保护的目的。

3. 建立省级重点保护珍稀濒危药用植物名录

山东省保护珍稀濒危药用植物物种的工作起步较晚,1993 年王仁卿等出版了《山东稀有濒危保护植物》一书,提出了山东省要保护的稀有濒危植物名录,其中包括部分药用植物种类。1998 年周凤琴、李建秀等发表了"山东珍稀濒危野生药用植物的调查研究",提出了建议保护的"山东珍稀濒危野生药用植药名录"。根据"国家重点保护野生药材物种名录"及本省的药用植物资源状况,编者提出了"建议列为山东省重点保护野生药用植物名录"(见附录一),建议山东医药及野生动植物管理部门并组织有关专家共同论证审定,提交省立法机关批准正式公布,进行有效的保护。

4. 植物资源保护的立法、教育和管理

长期以来,由于种种原因,人们对植物种质资源保护,尤其是药用植物种质资源的保护认识不足,致使一些重要的中药材物种被掠夺式的采集利用,资源遭到严重破坏,有的物种处于濒临灭绝的状态。如细辛,属于"国家重点保护野生药材物种名录"中被保护的濒危物种,山东仅分布于崂山,而且蕴藏量很少,由于人为的过度采挖,使崂山分布的细辛濒临灭绝。像这样的实例还有山东贯众、倒鳞贯众、密齿贯众、山东石竹、紫草、羊乳、崂山百合等。因此,必须采取多种形式、多种方法进行广泛宣传、深入教育,使全民都懂得保护植物资源和物种的重要性,破坏植物的生态平衡就是破坏人类的生存环境,破坏植物资源使物种绝灭,就是使人类失去赖以生存的物质基础,让整个社会树立起爱护植物资源,保护物种的新风尚。特别要对从事植物资源及相关学科的工作人员、乡村医生、药农、山区采药者等特殊人群更要深入教育,牢固树立保护中药资源,抢救濒危灭绝物种的高度责任感,处理好资源保护与开发利用的矛盾,对濒危物种首先考虑采取有效的保护措施,在确保这些物种生存安全的前提下再考虑如何开发利用;对于那些蕴藏量不大的物种,要考虑先发展后利用,使之采收量不得超过其总生产量的 1/2,为其繁衍再生留有余地,保证这些物种的长期可持续性发展。目前山东省内植物资源的保护工作既缺乏政策又缺乏统一领导管理,建议有关部门在山东省内建立统一的、有一定权威的自然资源保护领导管理机构,组织和协调自然资源的保护管理工作。要认真贯彻执行《国家野生药材资源保护管理条例》,结合山东的具体情况,制定本省的《野生药材资源保护管理条例》和《山东省野生药材物种保护名录》,经立法部门批准公布实施,使人们都能够依法办事。对于那些肆意破坏野生药材资源的部门及人员不仅给予经济处罚,还要依法制裁,切实保证药用植物资源得到保护,合理开发利用,为中医药事业的发展做出贡献,充分发挥其社会效益、经济效益和生态效益。

各论

念珠藻科

葛仙米

【别名】地耳、地木耳、地皮菜、地达菜。

【学名】Nostoc commune Vauch.

[*Strotonostoc commune* (Vauch.) Flenk.]

[*Nostoc sphaeroids* Kutz]

【植物形态】植物体由厚胶质鞘包围,形成不甚规则的球状体,绿褐色、墨绿色或蓝绿色;内有圆形细胞呈念珠状单行排列,细胞直径 $4\sim6\mu m$;并有大的异型细胞,直径 $15\sim20\mu m$,圆形,近透明。环境干燥或藻体干燥后,呈不规则瓣片状,形如菌类的木耳菌;其内的念珠状细胞链顺着胶鞘的表面呈平行排列;藻体中空,常破裂为片状,蓝黑色或黑色,质脆易碎,浸水后可复原。(图1)

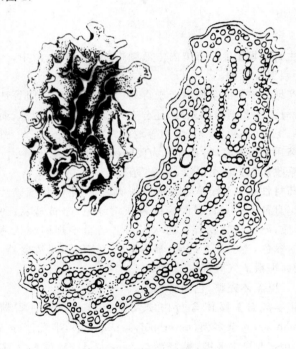

图1 葛仙米

【生长环境】生于夏、秋季雨后潮湿的草地或湿水滩地。

【产地分布】山东境内产于临沂、潍坊等山地丘陵。在我国除山东外,还分布于东北、华东、中南、西南地区及陕西等地。

【药用部位】藻体:葛仙米。为民间药,药食两用。

【采收加工】夏、秋二季雨后采收,洗净,鲜用或晒干。

【药材性状】藻体形似木耳,干后卷缩,大小不等。表面灰褐色或蓝黑色,鲜品绿褐色、墨绿色或蓝绿色,外被透明的厚胶质鞘。质坚实,易碎裂。具草腥气,味淡。水浸泡后可膨胀复原。

【化学成分】藻体含蛋白质:藻胆蛋白(phycobiliprotein),血红蛋白(cyanogbbin),肌红蛋白(myoglobin)等;氨基酸:天冬氨酸(aspartic acid),谷氨酸(glutamic acid),亮氨酸(leucine),赖氨酸(lysine),缬氨酸(valine),异亮氨酸(isoleucine),精氨酸(arginine)等18种;还含维生素(vitamin) A、B_1、B_2、C、E、β-胡萝卜素(β-carotene),海胆烯酮(echinenone),鸡油菌黄质(canthaxanthin),甾醇及其葡萄糖苷,香树脂醇(amyrin),磷脂(phospholipids),葛仙米多糖,粗脂肪及无机元素钾、钠、钙、镁、铁、磷等。

【功效主治】甘、淡,凉。清热明目,收敛益气。用于目赤红肿,夜盲,烫火伤,久痢,脱肛。

【历史】葛仙米始载于《名医别录》,名地耳。《食物本草》名地踏菜。《本草纲目拾遗》名葛仙米,云:"生湖、广沿溪山穴中石上,遇大雨冲开穴口,此米随流而出……初取时如小鲜木耳,紫绿色,以醋拌之,肥脆可食。"传说东晋葛洪曾采以为食,故名葛仙米。形如小鲜木耳,故又名地木耳。所述形态及生境与蓝藻门念珠藻科多种藻体相似。

小球藻科

小球藻

【别名】小球胞藻。

【学名】Chlorella vulgaris Beij.

【植物形态】为单细胞球形藻,胞体圆球形,直径 $5\sim10\mu m$,胞壁透明,胞内的原生质体中有1个透明的细胞核。色素体绿色,呈深杯状,位于胞壁内的细胞底部,往往不见造粉核。繁殖时,每个藻体形成8个不动孢子,不动孢子的直径 $0.8\sim2\mu m$,繁殖能力强。

【生长环境】生于淡水中。

【产地分布】山东境内产于各地湖泊或水池中。在我国除山东外,还分布于河北、江苏、安徽、广东等地。

【药用部位】藻体:小球藻。为民间药,药食两用。

【采收加工】春、夏二季采收,洗净,晒干。

【化学成分】藻体含蛋白质,小球藻糖蛋白(chorella glycoprotein),叶绿素 a(chlorophylla),β-胡萝卜素(β-carotene),类胡萝卜素(carotenoids),叶黄素(lutein)及多糖等。藻体培养物含烟酰胺(nicotinamide),硫胺素(thiamine),维生素 B_2、B_6,叶酸(folic acid),肌醇(inositol),泛酸(pantothenic acid)等。

【功效主治】清热利水,补血。用于肝肾亏虚,水肿,血虚,泄泻。

石莼科

蛎菜

【别名】海青菜、蛎皮菜。

【学名】Ulva conglobata Kjellm.

【植物形态】藻体鲜绿色，密集丛生，高2～4cm，自藻体边缘向基部深裂成许多裂片或分枝，相互重叠，似重瓣花朵，边缘略扭曲。藻体上部薄膜质，厚30～50μm；基部厚100～125μm，软骨质，稍硬。细胞切面观呈长方形，下部随着藻体增厚，细胞呈棱柱形，长为宽的1.5～2倍。（图2）

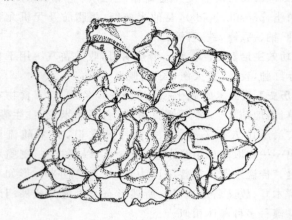

图2 蛎菜

【生长环境】生于沿海中潮带和高潮带略带细沙的岩石上或石沼边缘。系北太平洋西部特有的暖温带性海藻。

【产地分布】山东境内产于日照、青岛、烟台、威海等地沿海。在我国除山东外，还分布于我国的沿海各地。

【药用部位】藻体：蛎菜。为民间药，药食两用。

【采收加工】四季均可采收，洗净，晒干。

【药材性状】藻体干缩成团块状。水浸软展平后，叶状体长2～4cm，密集丛生，略扩展。表面鲜绿色，深裂成多数裂片或分枝，各裂片相互重叠，边缘扭曲；上半部膜质，下部较厚，基部较硬。干品质脆易碎。气微，味淡。

以藻体完整，色绿者为佳。

【化学成分】藻体含粗蛋白；糖类：藻胶，硫酸多糖（sulfated polysaccharide），酸性杂多糖 Uck-b-2；氨基酸：苯丙氨酸（phenylalanine），异亮氨酸，苏氨酸（threonine），丝氨酸（serine），脯氨酸（praline）等17种；还含甲基二-α-L-鼠李糖苷（methyl di-α-L-rhamnoside），亚麻酸，胡萝卜素，脂肪酸及无机元素钾、钙、铁、镁、钠、锌等。

【功效主治】咸，寒。清热解毒，利水消肿。用于瘿瘤，中暑，水肿，小便不利。

石莼

【别名】海菠菜（青岛、烟台）、海白菜（青岛、烟台）、菜石莼、海菜、绿菜。

【学名】Ulva lactuca L.

【植物形态】藻体呈片状卵形，膜质，高10～30cm，有时达40cm，厚约45μm，边缘略呈波状，黄绿色。基部的固着器由营养细胞向下延伸的假根组成。藻体细胞切面观呈亚方形。孢子体和配子体同型，孢子体成熟时，除基部外，全体细胞均能产生游孢子。（图3）

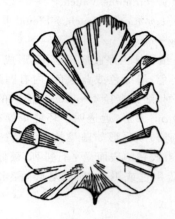

图3 石莼

【生长环境】生于海湾内中低潮带的岩石或石沼中，为泛暖温带性种。

【产地分布】山东境内产于青岛、烟台、威海、日照等地沿海。在我国除山东外，还分布于辽宁、河北、江苏、浙江、上海、福建、广东、海南等地沿海。

【药用部位】藻体：石莼。为民间药，药食两用。

【采收加工】春季采收，洗净，晒干。

【药材性状】干燥藻体呈不规则团块状、条块状或碎片状，直径2～4cm；表面淡绿色或黄绿色，略被盐霜；薄纸质；质脆松软易碎。遇水易展开后呈不规则膜状薄片，绿色，透明或半透明，常不完整。有时可见固着器，表面平滑。气腥，味淡、微咸。

以藻体完整、色绿者为佳。

【化学成分】藻体含蛋白质及糖蛋白；糖类：甘露糖（mannose），杂多糖（heteropolysaccharide），半乳糖（galactose），酸性多糖，糖醛酸（uronic acid），硫酸酯化多糖；脂肪酸：棕榈酸（palmitic acid），油酸（oleic acid），亚麻酸（linoleic acid）；甾醇类：28-异岩藻甾醇（28-isofucosterol），5-燕麦甾烯醇（Δ^5-avenasterol），麦角甾醇（ergosterol）；三萜类：环木菠萝烯醇（cycloartenol），24-亚甲基环木菠萝烷醇（24-methylene cycloartanol）；氨基酸：天冬氨酸，谷氨酸，丙氨酸（alanine），甘氨酸（glucine），苯丙氨酸，亮氨酸等；杂环化合物：3,6-二甲基-2,5-哌嗪二酮（3,6-dimethylpiperazine-2,5-dione），吡咯并哌嗪-2,5-二酮（pyrrolopiperazine-2,5-dione），3-异丙基-6-甲基-2,5-哌嗪二酮（3-isopropyl-6-methylpiperazine-2,5-dione），3-(1-羟乙基)-吡咯并哌嗪-2,5-二酮，3-羟甲基吡咯并哌嗪-2,5-二酮，二甲基-β-丙酸噻亭（dimethyl-β-propiothetin）；还含邻苯二甲酸二丁酯

（dibutyl phthalate），邻苯二甲酸二（2-乙基己基）酯[phthalic acid bis-(2-ethylhexyl)ester]，单棕榈酸甘油酯（glycerol monopalmitate），甘露醇（mannitol），维生素B_2、C、β-胡萝卜素及无机元素碘、铁、钼、钙、铅、汞、钒、锌等。

【功效主治】甘、咸，平。利水消肿，软坚散结，清热解毒，化痰，平肝。用于水肿，小便不利，疝积，瘿瘤瘰疬，中暑，咽痛，疮疖，泄泻，肝阳上亢。

【历史】石莼始载于《本草拾遗》，曰："石莼生南海，附石而生，似紫菜色青……甘平，无毒……下水，利小便"。后历代本草有记载。据考证，古今石莼类基本一致。

【附注】广东等省部分地区作昆布药用。

孔石莼

【别名】海菠菜（龙口）、海白菜（青岛、烟台）、海条、海莴苣。

【学名】Ulva pertusa Kjellm.

【植物形态】藻体幼时绿色，长大后呈碧绿色，单株或2～3株丛生，高10～40cm；基部厚可达500μm，稍向上立即变薄，为130～180μm；藻体上部厚约70μm，边缘较薄。固着器盘状，四周有同心环皱纹，无柄或不明显。藻体形态变很大，通常呈卵形、椭圆形、披针形、圆形或不规则形，常有许多大小不等的圆形或不规则孔洞，几个小孔可连成大的孔洞，使藻体最终裂成数个不规则裂片。细胞切面观纵长方形，边缘细胞为亚方形。（图4）

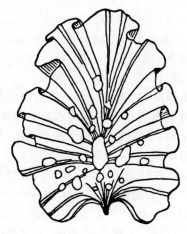

图4 孔石莼

【生长环境】生于中低潮带岩石或石沼内，海湾中较为繁盛。

【产地分布】产地同石莼。在我国除山东外，还分布于辽宁、河北、江苏等地沿海，长江以南的东海和南海沿岸也有，但由北向南逐渐稀少。

【药用部位】藻体：石莼。为民间药，药食两用。

【采收加工】冬、春二季采收，晒干。

【药材性状】形似石莼，浓绿色，遇水展开后，藻体具多数大小不等的孔洞。

【化学成分】藻体含糖类：硫酸多糖，戊聚糖（pentosan）；糖脂：1′-O-棕榈酰基-3′-O-(6-O-α-D-半乳糖基-β-D-半乳糖基)甘油[1′-O-palmitoyl-3′-O-(6-O-α-D-galactosyl-β-D-galactosyl) glycerol]，1′-O-棕榈酰基-3′-O-(6-磺基-O-α-D-异鼠李糖基)甘油[1′-O-palmitoyl-3′-O-(6-sulfo-O-α-D-quinovosyl) glycerol]，1,2-二酯酰甘油基-4′-O-(N,N,N-三甲基)高丝氨酸[1,2-diacylglyceryl-4′-O-(N,N,N-trimethyl) homoserine]，二半乳糖基二脂酰基甘油（digalactosyl diacyl glycerol）；三萜类：乌苏酸（ursolic acid），α-香树脂醇（α-amyrin），22α-甲氧基款冬二醇-3-O-十九酸酯（22α-methyxyfarafaradiol-3-O-nonadecanoate），22α-乙氧基款冬二醇-3-O-十九酸酯（22α-ethylfarafaradiol-3-O-nonadecanoate），款冬二醇-3-O-十九酸酯等；甾醇类：28-异岩藻甾醇，胆甾醇（cholesterol），24-亚甲基胆甾醇（24-methylene cholesterol），24,28-二氨基胆甾醇（24,28-diamino cholesterol），24-羟基-乙烯基胆甾醇（24-hydroxy-24-vinyl-cholesterol），24-乙基过氧基-24-乙烯基胆甾醇（24-ethperoxy-24-vinyl cholesterol），29-羟基-异岩藻甾醇，29-过氧基-异岩藻甾醇；有机酸：2-氧代-十六碳酸（2-oxo-hexadecanoic acid），乙酸（acetic acid），丙酸（prepionic acid），丁酸（butyric acid），缬草酸（valeric acid）和对乙氧基苯甲酸（4-ethoxybenzoic acid），肉豆蔻酸（myristic acid），棕榈酸，亚麻酸等；氨基酸：天冬氨酸，谷氨酸，丙氨酸，甘氨酸，缬氨酸等；黄酮类：5-羟基-3,6,7,3′,4′-五甲氧基黄酮（5-hydroxy-3,6,7,3′,4′-pentamethoxyflavone），5-羟基-6,7,3′,4′-四甲氧基黄酮（5-hydroxy-6,7,3′,4′-tetramethoxyflavone）；挥发油：香芹酮（carvone），柠檬醛（citral），香茅醛（citronellol），异松油烯（terpinolene），α-蒎烯（α-pinene），柠檬烯，黄樟醚（safrole），丁香油酚（eugenol），芳樟醇（linalool），顺式细辛醚（cis-asarone），反式细辛醚（trans-asarone），欧细辛醚（γ-asarone）等。此外，尚含(2,4-二氯苯基)-2,4-二氯苯甲酸酯[(2,4-dichlorophenyl)-2,4-dichlorobenzoate]，N-苯基-2-萘胺（N-phenyl-2-naphthylamine），顺-7-十七碳烯，凝集素（lectin）及无机元素碘、钾、钴、锌、铁、铯、磷等。

【功效主治】甘、咸，平。利水消肿，软坚散结，清热解毒，化痰，平肝。用于水肿，小便不利，疝积，瘿瘤瘰疬，中暑，咽痛，疮疖，泄泻，肝阳上亢。

【历史】见石莼。

【附注】现代药理学研究表明，孔石莼有降低胆固醇的作用。

海带科

海带

【别名】昆布、海带菜。

【学名】Laminaria japonica Aresch.

【植物形态】大型褐藻,藻体扁平长带状,长2~4m,可达6m,宽20~50cm,厚2~5mm,鲜时为深褐色,有光泽,黏滑柔韧,革质,干后暗褐色。藻体明显分为固着器、柄和叶片三部分。固着器为数轮叉状分枝的假根组成。柄部短粗,下部近圆柱形,上部则渐扁平。叶片狭长,边缘具波状褶皱,最宽处在叶全长的中部稍下,先端渐尖,基部钝圆,叶片中央有两条平行纵走的浅沟,两沟中间较厚的部分为"中带部",两侧边缘渐薄。柄和叶片内部均由髓部、皮层及表皮层组成。外皮层内有黏液腔,分泌细胞分泌黏液至叶片体表面,构成胶质层,使藻体黏滑。藻体幼龄期叶面光滑,小海带期叶片有凹凸现象。一年生藻体叶片下部,通常生有孢子囊群,呈近圆形斑块状;二年生藻体除叶片边缘外几乎全部叶片都生有孢子囊群。孢子成熟期秋季。(图5)

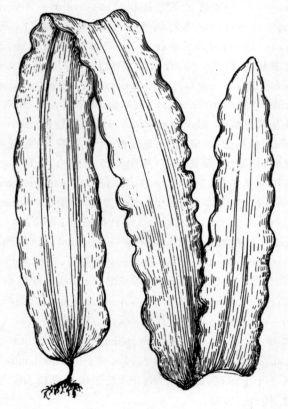

图5 海带

【生长环境】生于肥沃海区风浪较小的岩礁上。人工养殖于沿海肥沃海区。为冷温带性种。

【产地分布】山东境内产于沿海,以青岛、烟台、威海、长山岛产量最多。"荣成海带"获国家地理标志保护产品。野生者仅分布于辽东和山东两半岛的肥沃海区;人工养殖于辽宁、山东、江苏、浙江、福建、广东等地沿海。

【药用部位】干燥叶状体:昆布(海带);固着器:海带根。为较常用中药和民间药,药食两用。昆布(海带)为山东道地药材。

【采收加工】夏、秋二季择晴日低潮时采割,置于海滩上晒干。采集海带时,收集固着器,晒干。

【药材性状】干燥藻体卷曲折叠成团状或缠结成捆,全体黑褐色或绿褐色,常附有白霜。水浸软后膨胀,藻体由叶片、柄和固着器三部分组成,叶部成扁平长带状,长0.5~2m,或更长,宽10~40cm;中部较厚,边缘较薄而呈波状。类革质,难折断。柄部呈扁圆柱状。偶见下部分枝的固着器。气腥,味咸。

以干燥、整齐、色黑褐、无沙石杂质者为佳。

固着器为数轮叉状分枝的假根组成;向上连有长短不一的柄部。柄短粗,下部近圆柱形,上部则渐扁平。质硬韧,不易折断。气腥,味咸。

【化学成分】藻体含多糖:褐藻酸(alginic acid),褐藻酸盐(alginate),岩藻依多糖(fucoidan),海带淀粉(laminarin)即昆布多糖,脂多糖(lipopolysaccharide),半乳聚糖(galactan)等;氨基酸:海带氨酸(laminine),谷氨酸,天冬氨酸,脯氨酸,丙氨酸等;脂肪酸:牛磺酸(taurine),二十碳五烯酸(eicosapentaenoic acid),棕榈酸,油酸,亚油酸,γ-亚麻酸,花生四烯酸(arachidonic acid),肉豆蔻酸(myristic acid)等;挥发油:荜澄茄油烯醇(cubenol),己醛(hexanal),(E)-2-己烯醇,1-辛烯-3-醇(l-octen-3-ol),α-松油醇(α-terpineol),β-环柠檬醛(β-cyclocitral),(E)-2-癸烯醇[(E)-2-decenol],β-紫罗兰酮(β-ionone),表荜澄茄油烯醇(epicubenol)等;尚含甘露醇,岩藻甾醇,维生素A_1、B_1、B_2、C、P、E,胡萝卜素及无机元素碘、钙、铁、钾、镁、铝、锰等。

【功效主治】**海带(昆布)**咸,寒。消痰软坚散结,利水消肿;用于瘿瘤瘰疬,疝气,痰饮水肿。**海带根**咸,寒。清热化痰,止咳,平肝潜阳。用于痰热咳喘,肝阳偏亢,头晕头痛,急躁易怒,少寐多梦,咳喘。

【历史】海带之名始载于《吴普本草》,名纶布。《名医别录》列为中品,名昆布,云:"生东海……今惟出高丽,绳把索之如卷麻,作黄黑色,柔韧可食。"《海药本草》曰:"其草顺流而生,出新罗者,叶细,黄黑色,胡人搓之为索,阴干,从舶上来中国。"明·《医学入门》谓:"昆,大也,形长大如布,故名昆布。"《本草原始》的昆布图为两条略为平行的带状物。上述形态与海带基本一致。《证类本草》始有昆布、海带之分,但此海带实为眼子菜科的虾海藻或大叶藻。《本草纲目》将昆布、海带分列草部水草类,其中"出浙、闽者,大叶似菜"的昆布似为石莼科石莼类。《植物名实图考》的昆布似为翅藻科黑昆布(鹅掌菜)。

【附注】《中国药典》2010年版收载。

翅藻科

裙带菜

【别名】海莴苣、海芥菜、裙带、莙荙菜。

【学名】Undaria pinnatifida (Harv.) Sur. (Alaria pinnatifida Harv.)

【植物形态】藻体为大型羽状分裂的扁平体,呈卵形或披针形,长1~1.5m,有时达2m,宽0.5~1m,淡褐色,近革质。藻体分为固着器、柄和叶片三部分;固着器为叉状分枝的假根组成,呈纤维状,叉状分枝先端略粗大,在柄下端轮生;柄部稍长、扁压,中间略隆起,直径1~1.5cm;叶片棕绿色,中央有从柄伸长而来的较肥厚而隆起的中肋,两侧较薄,通常为羽状分裂,裂片边缘具有大小不等的缺刻,或有时不分裂呈卵形,上面散布许多黑色小斑点,叶片表面密布黏液腺,先端常被波浪摧折而破碎。藻体成熟时,在柄部两侧生有木耳状重叠皱褶的孢子叶,肉厚且富黏性,滑润有光泽,其上密布棒状的游孢子囊。(图6)

【生长环境】生于风浪较小,水质较肥的海湾内大干潮线下1~5m深处的岩礁上,在风浪直接冲击的陡岸或陡岩礁上,也能大量繁殖。为北太平洋西部特有的暖温带性种。

【产地分布】山东境内产于烟台、威海、荣成、青岛等地沿海。"威海裙带菜"获国家地理标志产品。在我国除山东外,还分布于辽宁、浙江嵊泗群岛及福建等地沿海。

【药用部位】干燥叶状体:裙带菜;固着器:裙带菜根。为民间药,药食两用。

【采收加工】夏、秋二季采收,洗净晒干。

【药材性状】藻体卷缩成不规则团块状或条状;全体黑色或绿黑色,多已破碎;质韧不易摔断。水浸泡膨胀复原后,完整叶片部分呈卵形或长卵形,羽状深裂,长1~1.5m,宽0.5~1m。表面绿色或棕褐色,被白色盐霜,并散有许多黑色小斑点;中肋肥厚,两侧裂片长舌状,全缘。固着器呈叉状分枝,柄部扁平,中部稍隆起,两侧有时可见木耳状重叠皱缩的孢子叶。质薄脆,易碎。浸软后的藻体柔滑,半透明,有大量黏液,并可分为2层。气腥,味咸。

以片大、体厚、色绿者为佳。

【化学成分】藻体含糖类:褐藻酸,海带淀粉,岩藻糖(fucose),半乳糖,葡萄糖醛酸(glucuronate),褐藻糖胶(fucoidan),脂多糖(lipopolysaccharide)等;糖脂类:二半乳糖基二酰基甘油(digalactosyl diacyl glycerol),单半乳糖基二酰基甘油(monogalactosyl diacyl glycerol),硫化异鼠李糖基二酰基甘油(sulfoquinovosye diacyl glycerol);甾醇类:24-亚甲基胆甾醇(24-methylene cholesterol),胆甾醇,岩藻甾醇,大褐马尾藻甾醇(saringosterol);挥发油:主成分为荜澄茄油烯醇和β-紫罗兰酮;有机酸:眼晶体酸(ophthalmic acid),亚麻酸,花生四烯酸;尚含甘露醇,凝集素,磷脂酰胆碱(phosphatidyl choline),地芝普内酯(digiprolactone),无羁萜(friedelin),N-甲基烟酰胺(N-methylnicotinamide),维生素B_1、B_2、B_{12}、E_{25}、C、A、K、H、P、β-胡萝卜素,叶酸及无机元素碘、锌、铁、钾、溴、钙、磷、钼等。

【功效主治】裙带菜咸,寒。化痰软坚,消瘿瘤,疗瘰疬,利尿通淋。用于瘿瘤瘰疬,颈淋巴结肿,肝脾肿大,水肿。裙带菜根咸,寒。清热化痰,止咳,平肝潜阳。用于痰热咳喘,肝阳偏亢,头晕头痛,急躁易怒,少寐多梦,咳喘。

【历史】裙带菜始载于《食物本草》,曰:"裙带菜主女人赤白带下,男子精泄梦遗。"日本称和布,混作昆布。

【附注】《山东省中药材标准》2002年版收载。

马尾藻科

羊栖菜

【别名】鹿角尖、海菜芽、小叶海藻。

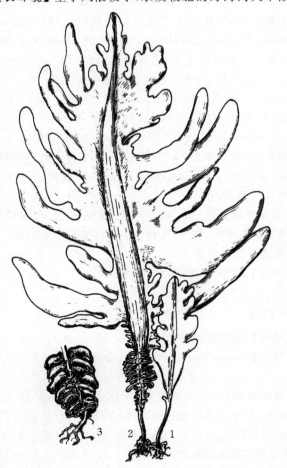

图6 裙带菜

【学名】Sargassum fusiforme (Harv.) Setch. (*Cystophyllum fusiforme* Harv.)

【植物形态】多年生褐藻，藻体直立，高15～40cm，最高达2m以上，多分枝，黄棕色，肥厚多汁，肉质。藻体可明显分为固着器、主干、叶片三部分。固着器由若干圆柱形假根组成。主干（初生分枝）圆柱形，直径1～4mm，直立；四周互生次生分枝，小枝腋生，很短，长5～10cm。叶形多变，大小不一，呈细匙形或线形，细匙形者两边缘有粗齿或波状缺刻。幼苗基部有2～3个初生叶，扁平，具不明显的中肋，后渐脱落；后生叶多为狭倒披针形，长2～3cm，宽2～4mm，边缘略呈波状，先端常膨大中空。气囊腋生，纺锤形，长0.5～1cm，囊柄最长达2mm。同一藻体上，枝、叶、气囊可能不同时存在。生殖托腋生，雌、雄异株；雌托椭圆形，长2～4mm，直径1～1.5mm；雄托圆柱形，长0.4～1cm，直径1～1.5mm。成熟期6～7月。（图7）

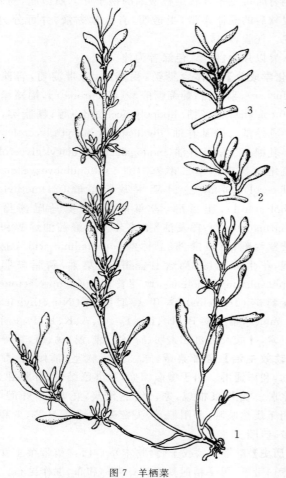

图7 羊栖菜
1.植株 2.雄生殖器托 3.雌生殖器托

【生长环境】生于低潮带和大干潮线下海水激荡处的岩石上。羊栖菜是北太平洋西部特有的暖温带性海藻。

【产地分布】山东境内产于烟台、青岛、日照、威海等地沿海。在我国分布于辽宁、山东、浙江、福建、广东等地沿海，长江口以南为多。

【药用部位】藻体：海藻（小叶海藻）。为少常用中药，药食两用，被称为长寿菜。

【采收加工】全年采收，以立秋前后最宜，除去杂质，晒干。

【药材性状】藻体常卷曲皱缩成团；全体棕黑色，常被白色粉霜（甘露醇）。主干圆柱形，直径1～3mm，四周生有侧枝和叶。叶片狭倒披针形，先端膨大中空。气囊纺锤形、梨形或球形，长0.5～1cm，具短柄，腋丛生。生殖托圆柱形或椭圆形，不常见。固着器须根状。质硬脆，浸水膨胀，黄棕色，肉质肥厚，黏滑而具弹性。气微腥，味微咸。

以质嫩、色棕黑、无沙石者为佳。

【化学成分】藻体含多糖：褐藻酸，羊栖菜多糖A（SFPP），羊栖菜多糖B（SFPPR），羊栖菜多糖C（SFPPRR），褐藻淀粉（laminarin），马尾藻多糖（sargassan）；糖脂类：1-O-十四碳酰基-3-O-（6′-硫代-α-D-脱氧吡喃葡萄糖基）甘油［1-O-myristoyl-3-O-(6′-sulfo-α-D-quinovopyranosyl) glycerol］，1-O-十六碳酰基-3-O-（6′-硫代-α-D-脱氧吡喃葡萄糖基）甘油［1-O-palmitoyl-3-O-(6′-sulfo-α-D-quinovopyranosyl) glycerol］；甾醇类：岩藻甾醇，24R,28R-环氧-24-乙基胆甾醇（24R,28R-epoxy-24-ethylcholesterol），24S,28S-环氧-24-乙基胆甾醇，24-氢过氧基-24-乙烯基胆甾醇（24-hydroperoxy-24-vinylcholesterol），29-氢过氧基豆甾-5,24(28)-二烯-3β-醇［29-hydroperoxystigmasta-5,24(28)-dien-3β-ol］，(24S)-5,28-豆甾二烯-3β,24-二醇［(24S)-5,28-stigmastadien-3β,24-diol］，(24R)-5,28-豆甾二烯-3β,24-二醇等；尚含甘露醇，ATP-硫酸化酶，4种含砷呋喃核糖苷（arsenic-containing ribofuranosides）及无机元素碘、铁、锌、铜、钙等。

【功效主治】苦、咸，寒。消痰，软坚散结，利水消肿。用于瘿瘤瘰疬，疝气，痰饮水肿。不宜与甘草同用。

【历史】见海蒿子。

【附注】《中国药典》2010年版收载。

海蒿子

【别名】海根菜、海藻菜（烟台）、大叶海藻。

【学名】Sargassum pallidum (Turn.) C. Ag. (*Fucus pallidus* Turn.)

【植物形态】多年生褐藻，藻体直立，高30～60cm(1m)，褐色。固着器盘状或钝圆锥状，直径1～2cm。主干圆柱形，多为单生，直径2～7mm，小枝互生，冬春凋落后，于主干上残留圆锥形残基。单叶互生；叶形变异甚大，初生叶倒卵形或披针形，长2～7cm，宽0.3～1.2cm，全缘，具中肋；次生叶较狭小，为线形至披针形，有时浅羽裂或具疏锯齿，较薄，中肋不明显。腋出侧枝上生狭线形叶，其叶腋间又生出具丝状叶的小枝，小枝末端常有气囊，圆球形，直径2～5mm。生殖托单生或成总状排列于生殖小枝上，长卵形至棍棒状，长0.3～1.5cm，直径1～2mm。雌、雄异株。成熟期9～12月。（图8）

图8 海蒿子
1.植株 2.小枝，示气囊 3.生殖器托

【生长环境】生于大干潮线下1～4m深海水激荡处的岩石上。为北太平洋西部特有的暖温带性海藻。

【产地分布】山东境内产于青岛、烟台、日照、威海等地沿海。在我国除山东外，还分布于辽宁、江苏等地沿海，以渤海、黄海沿岸常见。

【药用部位】藻体：海藻（大叶海藻）。为少常用中药，药食两用。山东道地药材。

【采收加工】全年采收，以立秋前后最宜，除去杂质，晒干。

【药材性状】藻体常皱缩卷曲，全体黑褐色，有时被白色盐霜。主干圆柱状，长30～50cm；表面有圆锥形突起，两侧生出主枝，侧枝生于主枝叶腋，具短小的刺状突起。初生叶披针形或倒卵形，长4～6cm，宽约1cm，全缘或具锯齿；次生叶条形或披针形，叶腋间的小枝有条形叶。气囊圆球形或卵圆形，直径2～5mm；黑褐色，顶端钝圆或具细短尖，有的具柄。质脆，潮润时柔软，水浸后膨胀，肉质，黏滑。气腥，味微咸。

以枝嫩、盐霜少、色黑褐、无沙石者为佳。

【化学成分】藻体含多糖：褐藻酸，马尾藻多糖（sargassan），岩藻糖，褐藻糖胶，褐藻胶，褐藻淀粉；黄酮类：5,2′-二羟基-6,7,8,6′-四甲氧基黄酮（5,2′-dihydroxy-6,7,8,6′-tetramethoxyflavone），5,6-二羟基-7-甲氧基黄酮，5,7-二羟基-8-甲氧基黄酮；尚含 aurantiamide, benzoylphenylalaninol, 胸腺嘧啶脱氧核苷（thymidine），4-羟基苯酞（4-hydroxyphthalide），2-amino-3-phenylpropyl acetate, 4(1H)-quinolinone, 2-benzothiazolol, 甘露醇，岩藻甾醇，维生素C，氨基酸，粗蛋白，脑磷脂（cephalin）及无机元素碘、铁、锌、铜、钙、铅、镉、钾等。

【功效主治】苦、咸，寒。消痰，软坚散结，利水消肿。用于瘿瘤瘰疬，疝气，痰饮水肿。不宜与甘草同用。

【历史】海藻始载于《神农本草经》，列为中品。《名医别录》曰："生海岛上，黑色如乱发而大少许，叶大都似藻叶。"《本草拾遗》云："马尾藻生浅水，如短马尾细，黑色……大叶藻生海中及新罗，叶如水藻而大。"《本草图经》曰："海藻生东海池泽，今出登莱诸州海中……一种叶如鸡苏，茎如箸，长四五尺；一种茎如钗股，叶如蓬蒿，谓之聚藻……今谓海藻者乃是海中所生，根着水底石上，黑色。"可知古代药用海藻有两种。据考证，《植物名实图考》附图即今之羊栖菜，而《本草原始》海藻图的大叶海藻为海蒿子。

【附注】《中国药典》2010年版收载。

红毛菜科

甘紫菜

【别名】紫菜。

【学名】Porphyra tenera Kjellm.

【植物形态】藻体呈片状、卵形、竹叶形、不规则圆形等，高20～30cm，少数达60cm以上，宽20～30cm，少数达30cm以上。全体紫红色、紫色或紫蓝色，基部楔形、圆形或心脏形，边缘多少有皱褶，平滑无锯齿。藻体膜质，厚20～33μm；细胞切面观高15～25μm，宽15～24μm，单层，色素体中位，单一。生假根丝的附着细胞呈长棒形或卵形。（图9-1）

【生长环境】生于岩礁上。为北太平洋西海岸特有种，属冷温带性种。

【产地分布】山东境内产于烟台、青岛、日照、威海等地沿海。在我国分布于辽宁至江苏连云港以北的黄海和渤海沿海。

【药用部位】藻体：紫菜。为民间药，药食两用。

【采收加工】夏、秋二季采收，晒干或烘干。

【药材性状】藻体常粘连成片，深紫色或紫色。水泡开，单个完整藻体菲薄，卵形或长条形，长20～30(50)cm，宽

图9 甘紫菜与条斑紫菜
1. 甘紫菜　2. 条斑紫菜

10～25cm；表面平滑，边缘有皱褶或微波状。体轻，质柔韧。气微腥，味微咸。

以体轻薄、色紫红、无杂质者为佳。

【化学成分】藻体含蛋白质：藻青蛋白（phycocyan），藻红蛋白（phycoerythrin）；有机酸及其酯：缬草酸（valeric acid），硫辛酸（lipoic acid），对甲氧基肉桂酸乙酯（ethyl-p-methoxy cinnamate），肉桂酸乙酯；挥发油：α-蒎烯，异松油烯，d-柠檬烯，牻牛儿醇（geraniol），糠醛（furfural），葛缕酮（carvone）；氨基酸：谷氨酸，天冬氨酸，丙氨酸，丝氨酸，缬氨酸等；色素：α-及β-胡萝卜素，玉蜀黍黄素（zeaxathine），叶黄素；维生素 B_2、B_3、B_{12}、C、E；尚含甘露醇，胆碱（choline），齐墩果酸（oleanic acid），β-谷甾醇（β-sitosterol）及无机元素钙、钾、钠、铁、锌、镁等。

【功效主治】甘、咸，寒。化痰软坚，散结，清热除烦，止咳利咽，补肾养心，利水除湿。用于瘿瘤瘰疬，咳嗽痰喘，肺痈，咽痛，麻疹，脚气，水肿，小便淋痛，泻痢。

【历史】甘紫菜始载于《食疗本草》，名紫菜，主治"瘿病结气"，曰："紫菜生南海中，附石，正青色，取而干之则紫色。"《本草纲目》曰："闽、越海边悉有之，大叶而薄，彼人揉成饼状，晒干货之，其色正紫"。所述形态与紫菜属植物基本一致。

条斑紫菜

【别名】紫菜。

【学名】Porphyra yezoensis Ueda

【植物形态】藻体紫红色或微带青紫色，膜质，片状，卵形或长椭圆形，高12～25（30）cm，宽2～6（12）cm；栽培藻体长达1m，宽15cm以上，基部圆形、心脏形，少数楔形，边缘有皱褶，平滑无锯齿。藻体为单层细胞组成，厚35～45μm。切面观营养细胞高25～28μm，直径14～22μm，内含一个星状色素体。雌、雄同株，精子囊群间隔生长在暗紫色果胞群区内，形成灰白色或淡黄色的条斑状。（图9-2）

【生长环境】生于浅海中潮带附近的岩石上或人工养殖的附着物上。

【产地分布】山东境内产于烟台、青岛、日照、威海等地沿海。除山东外，还分布于辽宁、江苏、浙江沿海。为北方主要养殖藻类之一。

【药用部位】藻体：紫菜。为民间药，药食两用。

【采收加工】夏、秋二季采收，晒干或烘干。

【药材性状】叶状体卵形或长椭圆形，长10～25cm，宽4～6cm，基部心形，少楔形，边缘有皱褶，无锯齿，表面有花白色条斑。其他同甘紫菜。

【化学成分】藻体含紫菜聚糖（porphyran），半乳聚糖（galactan），胆甾醇半乳糖苷（cholesterol galactoside），胆甾醇甘露糖苷（cholesterol mannoside），棕榈酰胆甾醇半乳糖苷（palmityl cholesterol galactoside），棕榈酰胆甾醇甘露糖苷（palmityl cholesterol mannoside）；还含R-藻红蛋白，维生素 B_1、B_2、C，烟酸，胡萝卜素和丙氨酸，谷氨酸，天冬氨酸等18种氨基酸及无机元素钙、磷、铁等。

【功效主治】甘、咸，寒。化痰软坚，散结，清热除烦，止咳利咽，补肾养心，利水除湿。用于瘿瘤瘰疬，咳嗽痰喘，肺痈，咽痛，麻疹，脚气，水肿，小便淋痛，泻痢。

石花菜科

石花菜

【别名】石花草、冻菜、牛毛菜。

【学名】Gelidium amansii Lamx.

【植物形态】藻体红色或带紫色，软骨质，丛生，高10～20（30）cm，主枝类圆柱形，侧扁，羽状分枝4～5次，互生或对生，分枝稍弯曲或略平直，各分枝末端急尖，宽0.5～2mm。髓部为无色丝状细胞组成，皮层细胞产生许多根状丝，细胞内充满胶质。藻体成熟时在末枝上生有多数四分孢子囊，十字形分裂，精子囊和囊果均在末枝上生成，囊果两面突出，果孢子囊为棍棒状。藻体固着器假根状。（图10-1）

【生长环境】生于低潮带的石沼中或水深6～10m的海底岩石上。属暖温带性种。

【产地分布】山东境内产于烟台、青岛、日照、威海等地沿海。在我国除山东外，还分布于辽宁、江苏、浙江、福

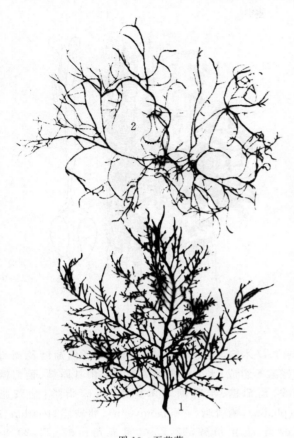

图 10 石花菜
1.石花菜 2.细毛石花菜

建、台湾等地沿海；黄海、渤海较多，东海较少。

【药用部位】藻体：石花菜。为民间药和制琼脂的原料，药食两用。

【采收加工】夏、秋二季采收，洗净，鲜用或晒干。

【药材性状】藻体紫色或紫红色，丛生，长10～25cm，软骨质。基部有假根状固着器。主枝与分枝扁平，羽状分枝4～5次，枝端有时可见略膨大的囊果。气微腥，味微咸。

【化学成分】藻体含琼脂糖（agarose），琼脂胶（agaropectin），抗病毒多糖（antiviral polysaccharide），牛磺酸（taurine），N,N-二甲基牛磺酸（N,N-dimethyl taurine），24-亚甲基胆甾醇，胆碱，凝集素及维生素 B_2。

【功效主治】甘、咸，寒。清热解毒，清肺化痰，化瘀散结，润肠通便，消痔止血，驱蛔。用于肺热咳嗽，瘿瘤瘰疬，泄泻，腰痛，痔疮出血，蛔虫症。

【历史】石花菜始载于《本草纲目拾遗》在麒麟菜条下，名牛毛石花，云："又有细如牛毛者，呼牛毛石花。"据其描述，似与本属植物相符。

附：细毛石花菜

细毛石花菜 G. crinale (Turn.) Lamx.（图10-2）又名马毛，与石花菜的主要区别是：藻体暗紫色，高2～4(6)cm，初生枝匍匐卧生，次生枝直立，圆柱状线形，不规则羽状分枝，互生或对生，有时在同一节上生出2～3个以上的小分枝，枝端尖锐。固着器盘状。固生于中潮带有沙的岩石上。干燥藻体长1.5～3cm，小枝稀疏，细丝状。藻体含胱硫醚（cystathionine）。药用同石花菜，药食两用。

麦角菌科

麦角

【别名】麦角菌、小麦角。

【学名】Claviceps purpurea (Fr.) Tul.

【植物形态】菌核圆柱形，角状，常稍弯曲，长1～2cm，直径约3mm，生于禾本科麦类植物的子房上，最初柔软，有黏性，成熟后即变硬，表面紫黑色，内部近白色。一个菌核可生出20～30个子座。子座柄细，多弯曲，暗褐色；头部近球形，直径1～2mm，红褐色。子囊壳全部埋生于子座内，孔口稍伸出子座的表面，250μm×(150～175)μm。子囊很长，圆柱形，(100～125)μm×4μm。（图11）

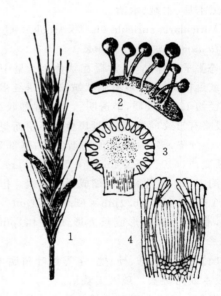

图 11 麦角
1.麦穗上的菌核 2.菌核萌发产生的子实体
3.子座纵切面 4.子囊壳放大

【生长环境】生于禾本科植物的花序上。野生或人工繁殖。

【产地分布】山东境内产于各地。在我国除山东外，还分布于东北、华北地区及江苏、浙江等地。

【药用部位】菌核：麦角。为民间药。

【采收与加工】夏、秋二季麦穗熟黄时采收，阴干或低温（45℃以下）烘干。

【药材性状】菌核长纺锤形，稍弯曲，两端渐尖，长1～2cm，直径约3mm。表面灰紫色或黑紫色，具钝棱和不规则纵槽各3条，并有细纵纹和细小横裂纹。质硬脆，折断面平坦，边缘暗紫色，内部白色或浅红色，中央有时可见星状纹理。气特异,味微辛。

以个大、均匀、色紫褐、断面色白者为佳。

【化学成分】菌核含生物碱:麦角新碱(ergometrine),麦角胺碱(ergotamine),麦角生碱(ergosine),麦角高碱(ergocornine),麦角开碱(ergocryptine),麦角克碱(ergocristine),土麦角碱(agroclavine),爱里莫麦角碱(elymoclavine),羟基土麦角碱(setoclavine),麦角布碱(ergobutine)等;胺类:酪胺,组胺,胍基丁胺,硫组氨酸甲基内盐(ergothioneine)及乙酰胆碱等;尚含麦角黄素(ergoflavine),麦角全素(ergochrysin)A、B,麦角色素(ergochrnme),AD、BD、CD、DD,麦角红素(clavirubin)麦角甾醇,海藻糖(trehalose),甘露醇等。

【功效主治】辛、微苦,平;有毒。缩宫止血,止痛。用于产后止血,偏头痛。

木耳科

木耳

【别名】黑木耳、木蛾、木菌。

【学名】Auricularia auricula (L. ex Hook.) Underw. (Tremella auricula L. ex Hook.)

【植物形态】子实体丛生,常覆瓦状叠生。呈中凹的耳状、叶状或近杯状,平滑或有脉状皱纹,常呈红褐色或黑褐色,直径约12cm;胶质,半透明。干后强烈收缩;子实层光滑或略有皱纹,深褐色至近黑色。不孕面呈暗青褐色,毛短,不分隔,多弯曲,向顶端渐尖削,基部显褐色,往往色渐变浅,(40~150)$\mu m \times$(4.5~6.5)μm,基部膨大,直径约10μm,下部突然细缩成根状细线。担子圆柱形,具三个横隔,(50~62)$\mu m \times$(3~5.5)μm。孢子无色,光滑,常弯曲,圆柱形或长方形,(9~14)$\mu m \times$(5~6)μm。(图12)

【生长环境】生于榆、栎、杨、槐、榕等阔叶树腐木上,或砍伐的段木或树桩上。现人工栽培。

【产地分布】山东境内产于大部分地区。除山东外,还分布于全国各地。

【药用部位】子实体:黑木耳。为民间药,药食两用。

【采收加工】夏、秋二季采收,除去杂质,晒干;或置于烘房中,温度由35℃逐渐升高到60℃烘干。

【药材性状】子实体呈不规则耳状块片,多卷缩,直径约10cm。表面黑褐色或紫褐色,平滑,下表面色较淡;质脆,易折断。水浸后膨胀呈片状,淡棕褐色,质柔润微透明,表面附有滑润黏液。气微香,味淡。

【生长环境】以干燥、片大、肉厚、无树皮泥沙杂质者为佳。

【化学成分】子实体含多糖:木耳多糖,水溶性多糖AA$_4$HE$_2$,黑木耳多糖APE Ⅰ、APE Ⅱ、AAPS-3,其中,木耳多糖由L-岩藻糖(L-fucose)、L-阿拉伯糖(L-arabi-

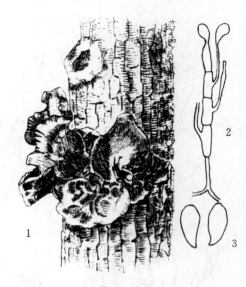

图12 木耳
1.子实体 2.担子 3.担孢子

nose)、D-木糖(D-xylose)、D-甘露糖、D-葡萄糖及葡萄糖醛酸等组成;水溶性多糖AA$_4$HE$_2$由甘露糖、葡萄糖醛酸、葡萄糖、半乳糖及木糖组成;磷脂类:脑磷脂(cephalin),鞘磷脂(sphingomyelin),卵磷脂(lecithin);甾醇类:麦角甾醇,22,23-二氢麦角甾醇(22,23-dihydroergosterol);尚含脑苷脂B(cerebroside B),尿苷(uridine),黑刺菌素(ustilaginoidin),氨基酸、蛋白质、脂质,维生素A、B$_1$、B$_2$,胡萝卜素及无机元素钾、钠、钙、镁等。菌丝体含外多糖(exopolysaccharide),麦角甾醇,原维生素D$_2$及黑刺菌素等。

【功效主治】甘,平。补气养血,润肺止咳,止血,平肝。用于气虚血亏,肺虚久咳,咳血,衄血,崩漏,血痢,肠风下血,腰腿疼痛。

【历史】木耳始载于《神农本草经》桑根白皮项下,列为下品,名木檽,曰:"益气不饥,轻身强志……生桑上者名桑耳,色黑。"《名医别录》曰:"五木耳生犍为山谷,六月多雨时采,即暴干。"《本草图经》曰:"桑、槐、楮、榆、柳,此为五木耳。"《本草纲目》云:"木耳生于朽木上,无枝叶,乃湿热余气所生,曰耳,曰蛾,象形也。"又曰:"木耳各木皆生,其良毒必随木性,不可不审。"所述生态、形态与现今木耳基本一致。

【附注】《中国药典》2010年版附录、《山东省中药材标准》2002年版收载。

附:银耳

银耳 Tremella fuciformis Berk.,又名白木耳。与本种的主要区别是:子实体乳白色,胶质,半透明,柔软富弹性,由多数丛生瓣片组成,直径3~15cm。干后呈米黄色。担子近球形,纵分隔,(10~12)$\mu m \times$(9~10)μm;孢子无色,光滑,卵形,(6~8.5)$\mu m \times$(4~7)μm。山东各地有培养。含蛋白质、脂肪、碳水化合物、多糖等。

多孔菌科

树舌

【别名】扁木灵芝、扁芝、老母菌、平盖灵芝。

【学名】Ganoderma applanatum (Pers. ex Gray) Pat.（Fomes applanatum Pers. ex Gray）

【植物形态】子实体侧生无柄，菌盖半圆形或扁平，木质或近木栓质，长（5～30）cm×（5～50）cm，厚 2～15cm，常呈灰色或灰白色，渐变褐色，具同心环状棱纹，有时具疣或瘤，皮壳脆角质，边缘薄或厚，锐或钝。菌肉浅栗色，有时近皮壳处白色，厚达 8cm。菌管显著，多层，每层厚达 1.5cm；管口近白色至浅黄色，受伤处迅速变为暗褐色，圆形，每毫米 4～6 个。孢子卵形，褐色，$(6.5～10)\mu m×(4.5～6.5)\mu m$。（图 13）

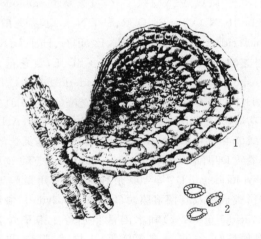

图 13　树舌
1.子实体　2.孢子

【生长环境】生于多种阔叶树树干或竹秆上。

【产地分布】山东境内产于各地。在我国除山东外，还分布于全国各地。

【药用部位】子实体：树舌（老母菌）。为民间药。

【采收与加工】夏、秋二季采收子实体，除去杂质，晒干或切片晒干。民间通常采生于皂角树上者入药。

【药材性状】子实体无柄，菌盖半圆形、新月形、肾脏形或缓山丘状，形成半圆盘形，长 10～30cm，宽 8～40cm，厚 1～15cm。上表面灰褐色、褐色或灰色，无漆样光泽，有同心环状棱纹或具大小不等的瘤突，边缘钝或呈云朵状；皮壳脆，角质。菌肉浅栗色，软木栓质；菌管显著，多层，浅褐色，有的上部菌管呈白色，层间易脱离。质硬韧。气微香，味微苦。

以完整、表面灰褐色、菌肉浅栗色者为佳。

【化学成分】子实体含多糖：树舌多糖 G-Z、G-F，色素葡聚糖（glucan）CF_1、CF_2；其中，树舌多糖 G-Z、G-F 由 D-葡萄糖、D-鼠李糖、D-阿拉伯糖、D-木糖、D-甘露糖、D-半乳糖等组成；甾醇：麦角甾醇，麦角甾-7,22-二烯-3-酮（ergosta-7,22-dien-3-one），麦角甾-7,22-二烯-3β-醇（ergosta-7,22-dien-3β-ol），麦角甾-5,8,22-三烯-3β,15-二醇，麦角甾-7,22-二烯-3β-醇棕榈酸酯（ergosta-7,22-dien-3β-ylpalmitate），麦角甾醇过氧化物（ergosterol peroxide），24-甲基胆甾烷-7,22-二烯-3β-醇（24-methylcholesta-7,22-dien-3β-ol）；三萜类：3β,7β,20,23ξ-四羟基-11,15-二氧羊毛甾-8-烯-26-酸，7β,20,23ξ-三羟基-3,11,15-三氧羊毛甾-8-烯-26-酸，7β,23ξ-二羟基-3,11,15-三氧羊毛甾-8,20 E(22)-二烯-26-酸，7β-羟基-3,11,15,23-四氧羊毛甾-8,20 E(22)-二烯-26-酸甲酯，灵芝-22-烯酸（ganoderenic acid）A、F、G，灵芝-22-烯酸 H，I 甲酯（methyl ganoderenate H、I），7-表灵芝酸 A 甲酯（7-epiganoderate A），呋喃灵芝酸（furanoganoderic acid），灵芝酸 A，P 甲酯（methyl ganoderate acid A、P），树舌环氧酸（applanoxidic acid）A，B，C，D，无羁萜（friedelin），无羁萜醇（friedlinol），表无羁萜醇（epi-friedelinol），D:B-弗瑞德齐墩果-5-烯-3-酮（D:B-friedoolean-5-en-3-one）；还含赤杨烯酮（alnusenone），棕榈酸，亚油酸及凝集素等。

【功效主治】微苦，平。止痛，清热，化积，止血，消痰。用于肝脾肿大，咽痛，肿瘤，失眠多梦。

【附注】《中华人民共和国卫生部药品标准》中药材第一册 1992 年版收载。

附：彩绒革盖菌

彩绒革盖菌 Coriolus versicolor (L. ex Fr.) Quel，药材名云芝，药用部位为干燥子实体。与树舌的主要区别是：菌盖单个呈扇形、半圆形或贝壳形，常数个叠生成覆瓦状或莲座状。表面密生灰、褐、蓝、紫黑等颜色的绒毛（菌丝），构成多色的狭窄同心性环带，边缘薄；腹面灰褐色、黄棕色或淡黄色，无菌管处呈白色，菌管密集，管口近圆形至多角形，部分管口开裂成齿。全年采收，除去杂质，晒干。产于山东境内各山区。健脾利湿，清热解毒。《中国药典》2010 年版收载。子实体含白桦脂酸，2-氰乙基甲酰胺，麦角甾醇-7,22-二烯-3β-棕榈酸酯，麦角甾醇-7,22-二烯-3β-醇，麦角甾醇-7-烯-3β,5α,6β-三醇，麦角甾醇-7,22-二烯-3β,5α,6β-三醇，麦角甾醇过氧化物；4-羟基苯甲酸，3-甲氧基-4-羟基苯甲酸，3,5-二甲氧基-4-羟基苯甲酸，2-呋喃酸，烟酸和草酸，草酸盐脱羧酶，血蛋白，胞外过氧化物酶，漆酶，多酚氧化酶，木质素过氧化物酶，聚半乳糖醛酸酶，超氧化物歧化酶；云芝多糖，水溶性多糖 CVPS-B，水溶性多糖 CVPS-B-1-3；云芝糖肽（polysaccharopeptide, PSP），1,2,3-三油酸甘油酯，维生素 B_1、B_2、B_6 及无机元素铜、铁、钾、锌等。

灵芝

【别名】灵芝草、赤芝、红芝。

【学名】Ganoderma lucidum (Leyss. ex Fr.) Karst. (Polyporus lucidus Leyss. ex Fr.)

【植物形态】腐生真菌。子实体有柄；菌盖（菌帽）半圆形至肾形，罕近圆形，长 4～12cm，宽 3～20cm，厚 0.5～2cm，木栓质，表面褐黄色或红褐色，稍有光泽，久置光泽消失，具有环状棱纹和辐射状的皱纹，边缘薄或平截，往往稍内卷。菌柄侧生，罕偏生，长 3～19cm，直径 1.5～4cm，皮壳带紫褐色，质坚硬，表面的光泽比菌盖更为显著。菌肉近白色至淡褐色，厚 0.2～1cm。菌管长与菌肉厚度相等。孢子褐色，卵形，一端平截，长 9～11μm，宽 6～7μm，外孢壁光滑，内孢壁粗糙，中央有一个大油滴。（图 14）

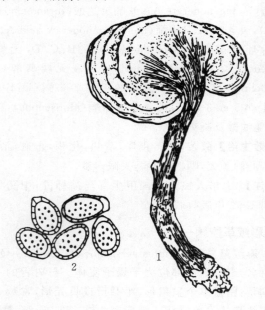

图 14 灵芝
1.子实体 2.孢子（放大）

【生长环境】腐生于栎树或其他阔叶树根部枯干或腐朽木桩旁。现有人工栽培。

【产地分布】山东境内产于威海、泰安、临沂等地，各地有人工培养；野生于泰山、正棋山、李口山、蒙山及昆嵛山等山区。在我国除山东外，还分布于河北、河南、山西、江苏、安徽、浙江、江西、福建、台湾、广东、海南、广西、四川、贵州、云南等地。全国各地有人工培养。

【药用部位】子实体：灵芝。为较常用中药。山东道地药材。

【采收加工】全年可采，除去泥土及杂质，阴干或在 40～50℃烘干。

【药材性状】子实体伞形。菌盖半圆形、肾形、数个重叠或粘连成不规则形，直径 5～10cm，宽 4～18cm，边缘薄，稍下垂而内卷，中间厚，厚 0.5～1.8cm；上表面红褐色或栗褐色，有漆样光泽，波状环纹和辐射状皱纹明显；下表面浅黄色至粉白色，扩大镜下可见有极细小的针眼状小洞（菌管口）。菌柄侧生，扁圆柱形，多弯曲，长 4～15cm，直径 1～3.5cm；表面红褐色至紫褐色，光亮。质硬如木，断面米黄色至浅褐色，菌管层棕褐色。孢子细小，黄褐色，粉状。气微，味苦。

人工培养灵芝，由于培植条件不同，子实体形状及颜色常有差异，如呈分枝状而无菌盖，或菌肉薄，边缘黄，中间褐，菌盖表面皱缩（阳光、湿度不充足）等。

以子实体完整、色红褐、有光泽、味苦者为佳。

【化学成分】子实体含多糖：GL-1，灵芝多糖（ganoderan）A、B、C、BN_3C，以及 BN_3C_1、BN_3C_2、BN_3C_3 和 BN_3C_4 四种多糖均一体；三萜类：灵芝酸（ganoderic acid）A、B、C_1、C_2、D_1、D_2、E_1、E_2、F、G、H、I、J、K、L、M、Ma、Mb、Mc、Md、Me、Mf、Mg、Mh、Mi、Mj、Mk、N、O、P、Q、R、S、T、U、V、W、X、Y、Z，灵芝草酸（ganodermic acid）Ja、Jb、N、O、P_1、P_2、Q、R、S、T-N、T-Q，赤芝酸（lucidenic acid）A、B、C、D_1、D_2、E_1、E_2、F、G、H、I、L、K、L、M，丹芝酸（ganolucidic acid）A、B、C、D、E，灵芝孢子酸（ganosporeric acid）A，灵芝醇（ganoderiol）A、B、C、D、E、F、G、H、I，丹芝醇（ganoderol）A、B，灵芝醛（ganoderal）A、B，灵芝萜烯，灵芝萜酮，灵芝烯酸（ganoderenic acid）A、D、G，灵芝酸 A 甲酯（methyl ganoderate A），20-羟基灵芝酸 G，灵芝烯酸 D 甲酯（methyl ganoderenate D），赤芝酸 D_2 甲酯（methyl lucidenate D_2）等 100 余种；尚含麦角甾醇等 20 余种甾类成分及真菌溶膜酶（fungal lysozyme），酸性蛋白酶（acidic protease）和水溶性蛋白等。孢子含氨基酸：精氨酸、色氨酸、天冬氨酸等；生物碱：胆碱、甜菜碱（betaine），磷脂酰胆碱（phosphatidyl choline）；黄酮类：山柰酚（kaempferol），金雀异黄素（genistein）；尚含磷脂酰乙醇胺（phosphatidyl ethanolamine），甘露醇，α-海藻糖，多种脂肪酸，有机锗及无机元素钙、锰、锌、铜等。

【功效主治】甘，平。补气安神，止咳平喘。用于心神不宁，失眠心悸，肺虚咳喘，虚劳短气，不思饮食。

【历史】灵芝始载于《说文》，名芝。《神农本草经》列为上品，依据色泽将芝分成"赤芝、黑芝、青芝、白芝、黄芝、紫芝"六种。《本草经集注》曰："此六芝皆仙草之类……今俗所用紫芝，乃是朽树木株上所生，状如木橹。"《本草纲目》曰："芝亦菌属可食"，将芝归入"菌类"。由于本草对芝没有详细的形态描述，现很难判断六芝各为何种；但据《本草经集注》对紫芝记载的推测，本草"紫芝"的代表种与 G. sinense 相似；而赤芝的菌盖为黄色至红褐色，其代表种可能为同属的灵芝 G. lucidum。《别录》载，灵芝产"霍山、恒山、太山（山东泰山）、华山、嵩山、高夏"。《名胜志》山东莱阳有"芝山"之称。现时山东各大山区均有野生分布，说明自古以来,山东即为灵芝的重要产地之一。

【附注】《中国药典》2010年版收载。

紫芝

【别名】黑芝、灵芝草、木芝。

【学名】Ganoderma sinense Zhao, Xu et Zhang

【植物形态】腐生真菌。子实体有柄;菌盖半圆形、肾形至近匙形,少见近圆形,长2.5~9.5cm,宽2.2~8cm,厚0.4~1.2cm,木栓质,皮壳质坚硬,表面紫黑色至近黑色,或呈紫褐色,表面有漆样光泽,具同心环沟和纵皱,边缘薄或钝。菌柄常侧生,长7~19cm,直径0.5~1cm,圆柱形或略扁平,皮壳坚硬,与菌盖同色或具更深的色泽和光泽。菌肉褐色、深褐色或栗褐色,厚1~3mm。孢子淡褐色,卵形,长9.5~13.8μm,宽6.9~8.7μm,顶端平截,双层壁,外壁平滑,内壁有小刺。(图15)

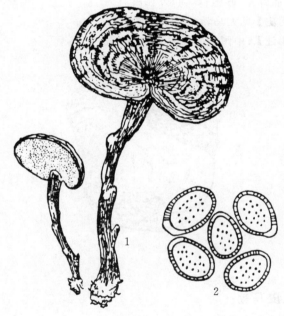

图15 紫芝
1.子实体 2.孢子(放大)

【生长环境】腐生于阔叶树的枯干或腐朽的木桩上,有时也生于竹类的枯死部分。现有人工栽培。

【产地分布】山东境内产于烟台、威海、临沂、青岛等地;泰安等地有人工栽培。在我国除山东外,还分布于河北、浙江、江西、福建、台湾、湖南、广东、广西等地。

【药用部位】子实体:灵芝。为较常用中药。

【采收加工】全年可采,除去泥土及杂质,阴干或在40~50℃烘干。

【药材性状】子实体伞形。菌盖半圆形、肾形或不规则形,长2~9cm,宽2~8cm,厚0.5~1.2cm。上表面紫黑色,有漆样光泽,具明显同心环沟,边缘钝圆,有的边缘又生有小菌盖;下表面锈褐色。菌柄侧生,长7~19cm,紫黑色,有光泽。质硬,断面深褐色。气微,味苦。

以完整、色紫黑、有光泽、味苦者为佳。

【化学成分】子实体含糖类:灵芝多糖,葡聚糖G-A,海藻糖,葡萄糖胺(glucosamine);生物碱:紫芝碱(sinensine)A、B,甜菜碱及其盐酸盐,γ-三甲胺基丁酸(γ-butyrobetaine);甾醇类:麦角甾醇,麦角甾-7,22-二烯-3β-醇,6,9-环氧麦角甾-7,22-二烯-3β-醇(6,9-epidioxyergosta-7,22-dien-3β-ol),过氧麦角甾醇(5,8-epidioxiergosta-6,22-dien-3β-ol),麦角甾-7,22-二烯-3-酮,麦角甾-7,22-二烯-1α,4β-二醇(ergosta-7,22-dien-1α,4β-diol),麦角甾-7,22-二烯-2β,3α,9α-三醇,麦角甾-7,22-二烯-3β,5α,6β,9α-四醇,5α-豆甾醇-3,6-二酮(5α-stigmastan-3,6-dione),β-谷甾醇,胡萝卜苷(daucosterol);有机酸:顺-蓖麻酸(rici-noleic acid),延胡索酸(fumaric acid),α-羟基二十四烷酸(α-hydroxytetracosanoic acid),环-普氨酸-缬氨酸[cyclo(D-Pro-D-Val)],紫芝酸A(sinense acid A),2-羟基木蜡酸(2-hydroxylignoceric acid),木蜡酸;挥发性成分:1-环己烯-1-醇乙酸酯,6-乙基-3-羟基-3,7-二甲基正辛酸甲酯,10-甲基-1-十六烷醇,E-2,3-环氧十四烷-1-醇,2-(2-四呋喃)甲基四氢吡喃,2-(2',2'-二异丙基-1',3'-二噁茂烷)-3,3-二甲基-1,2-丁二醇等;还含甘露醇,泥湖鞘鞍醇(hemisceramide),5-羧基糠醛及天冬氨酸,谷氨酸等。

【功效主治】甘,平。补气安神,止咳平喘。用于心神不宁,失眠心悸,肺虚咳喘,虚劳短气,不思饮食。

【历史】见灵芝。

【附注】《中国药典》2010年版收载。

灰包科

大马勃

【别名】马勃、大秃马勃、巨马勃。

【学名】Calvatia gigantea (Batsch ex Pers.) Lloyd

【植物形态】子实体球形或近球形,直径15~25cm或更大,没有不孕基部或不孕基部很小,由菌索与地面相连。包被白色,渐变成淡黄色或淡青黄色;包被两层,由膜质的外包被和较厚的内包被组成,早期表面稍被一层绒毛,后变平滑,成熟后裂开成碎片而脱落,露出淡青褐色孢体。孢体由孢丝及孢子组成。孢丝稍分枝,横隔稀少,直径2.3~6μm。孢子球形,光滑,具微细小疣,淡青黄色,直径3.8~4.7μm。(图16)

【生长环境】生于草地上。

【产地分布】山东境内产于各地。在我国除山东外,还分布于辽宁、河北、山西、内蒙古、江苏、甘肃、青海、新疆等地。

【药用部位】子实体:马勃。为常用中药,白嫩时可食。

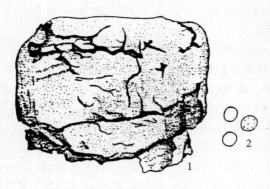

图 16 大马勃
1.子实体 2.孢子

【采收加工】夏、秋二季子实体成熟时采收,除去泥沙,晒干。

【药材性状】子实体呈扁球形或压扁的不规则块状,直径15～22cm或更大。外包被灰黄色,膜质;内包被较厚而硬脆,黄棕色;孢体淡青褐色,絮状而松散。体轻,柔软,有弹性,轻轻捻动即有尘状孢子飞出。气微弱,味微苦、涩。

以个大饱满、色青褐、具弹性者为佳。

【化学成分】子实体含多糖:大马勃多糖ICGP-1由葡糖糖、甘露糖及半乳糖组成;甾醇类:麦角甾醇,麦角甾醇过氧化物,7,22-二烯-3-酮-麦角甾烷,4,6,8(14),22(23)-四烯-3-酮-麦角甾烷;还含α-淀粉酶(α-amy lase),过氧化酶,氨基酸及磷酸盐等。

【功效主治】辛,平。清肺利咽,止血。用于风热蕴肺,咽痛音哑,咳嗽,鼻衄,外伤出血。

【历史】马勃始载于《名医别录》,列为下品,曰:"生园中久腐处"。《本草经集注》曰:"马勃……紫色虚软。状如狗肝。弹之粉出。"《本草衍义》云:"生湿地及腐木上。夏秋采之。有大如斗者。小亦如升杓。"所述形态及各本草附图与现今药用马勃相似,但难于确定为何种。

【附注】《中国药典》2010年版收载。

紫色马勃

【别名】紫色秃马勃、马勃。

【学名】Calvatia lilacina (Mont. & Berk.) Lloyd

【植物形态】子实体球形或陀螺形,直径5～12cm,不孕基部发达。包被两层,薄而平滑,成熟后上半部往往成片破裂,逐渐脱落,露出紫褐色的孢体。孢体被风吹后,孢子及孢丝常散失,仅遗留一个杯状的不孕基部,连在生长处的地上。孢丝长而多分枝,有横隔,相互交织,色淡,直径5～6μm。孢子近球形,略带紫色,无柄或稀有柄,具小刺,直径(4～5.5)μm×(6～6.5)μm。(图17)

【生长环境】生于旷野草地上。

【产地分布】山东境内产于各地。在我国除山东外,还分布于辽宁、河北、山西、江苏、安徽、湖北、福建、广东、广西、青海、新疆、四川等地。

【药用部位】子实体:马勃。为常用中药,白嫩时可食。

【采收加工】夏、秋二季子实体成熟时采收,除去泥沙,晒干。

【药材性状】子实体陀螺形,直径5～12cm,不孕基部发达,基部有小柄。包被薄,紫褐色,粗皱,常裂成小块逐渐脱落或外翻,孢体消失后露出紫色絮状杯形的不孕基部。体轻泡,有弹性,用手捻之有大量孢子飞扬。气味微弱。

以个大完整、色紫、体轻具弹性者为佳。

【化学成分】子实体含水溶性多糖,马勃菌酸(calvatic acid),氨基酸及磷酸盐等。

【功效主治】辛,平。清肺利咽,止血。用于风热蕴肺,咽痛音哑,咳嗽;鼻衄,外伤出血。

【历史】见大马勃。

【附注】《中国药典》2010年版收载。

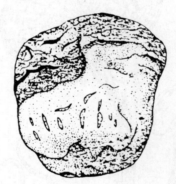

图 17 紫色马勃

脱皮马勃

【别名】马勃、药包。

【学名】Lasiosphaera fenzlii Reich.

【植物形态】子实体近球形或长圆形,直径15～20cm或更大,无不孕基部。新鲜时白色,成熟后失去水分,逐渐变为灰褐色或污灰色。包被分两层,薄而易消失,外包被成块,易与内包被脱离;内包被纸质,成熟后全部消失,仅遗留成一团紧密的孢体,随风滚动。孢体有弹性,灰褐色,渐退成浅烟色。孢体由孢丝及孢子组成。孢丝长,相互交织,浅褐色,直径2～4.5μm。孢子褐色,球形,有小刺,直径6～8μm(包括小刺)。(图18)

【生长环境】生于草地上。

【产地分布】山东境内产于烟台、潍坊、泰安、济南、青岛等地。在我国除山东外,还分布于河北、内蒙古、江苏、安徽、湖北、湖南、陕西、甘肃、新疆、贵州等地。

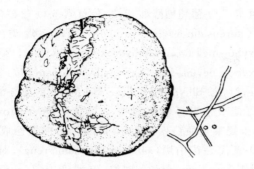

图 18 脱皮马勃

【药用部位】子实体：马勃。为常用中药。白嫩时可食。

【采收加工】夏、秋二季子实体成熟时采收，除去泥沙，晒干。

【药材性状】子实体扁球形或类球形，无不孕基部，直径 15~20cm。外包被常脱落，留下呈块片状破碎的内包被。内包被灰棕色至黄色，纸质。孢体黄棕色或棕褐色。体轻泡，柔软，有弹性，棉絮状，轻轻碰动即有粉尘(孢子)飞扬，手捻有细腻感。气味微弱。

以完整、个大饱满、色黄棕、松软有弹性者为佳。

【化学成分】子实体含马勃素(gemmatein)，尿素；甾醇类：麦角甾类二聚体[(7,7'-biergosta-4,22-diene)-3,6,3',6'-tetraone-8,8'-dihydroxy]，麦角甾-5α,8α-环二氧-6,22-二烯-3β-醇(5α,8α-epidioxy-ergosta-6,22-dien-3β-ol)，麦角甾-7,22-二烯-3,6-二酮(ergosta-7,22-dien-3,6-dione)，过氧麦角甾醇，(22E,24R)麦角甾-7,22-二烯-3β-醇，(22E,24R)麦角甾-4,6,8(14),22-四烯-3-酮，麦角甾-5,7,22-三烯-3β-醇，3-羟基麦角甾-7,22-二烯-6-酮，β-谷甾醇等；有机酸：3,5-二羟基苯甲酸(3,5-dihydroxybenzoic acid)，硬脂酸(22-tetraen-3-one)，棕榈酸(hexadecanoic acid)；还含 4,6-二羟基-1(3H)-异苯并呋喃酮[4,6-dihydroxy-1(3H)-isobenzofuranone]，5,7-二羟基-1(3H)-异苯并呋喃酮，clitocybin A，5-羟甲基糠醛(5-hydroxymethylfurfural)，对苯二酚(p-dihydroxybenzene)，蔗糖(sucrose)及亮氨酸，酪氨酸等多种氨基酸。

【功效主治】辛，平。清肺利咽，止血。用于风热蕴肺，咽痛音哑，咳嗽；鼻衄，外伤出血。

【历史】见大马勃。

【附注】《中国药典》2010 年版收载。

梅衣科

石梅衣

【别名】石花、石衣、梅藓、藻纹梅花衣。

【学名】Parmelia saxatilis (L.) Ach.
(Lichen saxatilis L.)

【植物形态】地衣体叶状，近圆形或不整齐伸展，直径达 5~8cm 或更大；裂片深裂，末端截形或锐尖；上表面灰绿色至灰褐色，裂片中央部分多有颗粒状的粉芽堆，有时堆成短柱状；叶缘光滑，从叶缘至叶片的上表面微有光泽。下表面黑褐色至黑色，边缘暗褐色，稍具光泽，密生黑色不分枝的假根。子囊盘多呈杯状，老熟时盘状，直径 1~7mm，具短柄，果托有白色网纹，边缘幼时内卷，随后纵裂，生裂芽；盘面黄褐色至暗褐色；囊层被厚约 64.8μm；囊层基厚约 30.8μm；子囊内含 8 个子囊孢子；孢子[11.2~13.4(17.5)]μm×(9~10)μm，椭圆形，无色，胞膜稍厚，约 1.7μm。(图 19)

图 19 石梅衣

【生长环境】生山坡岩石表面的腐殖质上。

【产地分布】山东境内产于各地。在我国除山东外，还分布于东北、华北、西北等地。

【药用部位】地衣体：石花。为民间药。

【采收加工】全年采收，从石上铲下，除去杂质，晒干。

【药材性状】地衣体呈薄片状，有多数密接不规则的深裂片，裂片略屈曲，长 0.5~4cm，宽 1~4mm，常再作二叉式分枝。上表面灰褐色或灰绿色，具圆形或线形白斑及突起的网纹；下表面深褐色或近黑色，有多数假根。子囊盘杯状无柄，多散生于上表面。子囊孢子 8 个，无色，椭圆形。体轻，质脆，易碎。气微，味淡。

【化学成分】地衣体含藻纹苔酸(salazinic acid)，地衣酸(diffractic acid)，棕榈酸，油酸，硬脂酸，山嵛酸(behenic acid)，荔枝素(atranorin)和 3,5-二羟基甲苯等。

【功效主治】甘，温。清热利湿，止崩漏，补肝益肾，壮筋骨。用于黄疸，膀胱湿热，风湿腰痛，崩漏；外用于皮肤瘙痒，脚气，小儿口疮，白癜风。

【历史】石梅衣始载于《草木便方》，名石花。

【附录】《山东省中药材标准》2002 年版收载。

地钱科

地钱

【别名】地浮萍、一团云、地衣。

【学名】Marchantia polymorpha L.

【植物形态】植物体扁平，宽带状，深绿色。多数叶状体中间有一条黑色带。多回二歧分叉，长5～10cm，宽1～2cm，边缘呈波曲状。背面具六角形整齐排列的气室分隔；每室中央具1个烟囱形气孔，孔口边细胞4列，十字形排列。气室内具多数直立营养丝。下部基本组织由10～20层细胞组成，腹面鳞片紫色。假根平滑或具横隔。雌、雄异株。雄托圆盘状，边缘波状浅裂成7～8瓣；精子器生于托的背面，托柄长约2cm。雌托扁平，深裂成9～11个指状瓣，孢蒴生于托的腹面；托柄长6cm。叶状体背面前端常生有杯状的胞芽杯，杯缘有锯齿。胞芽圆瓶形。n=9。（图20）

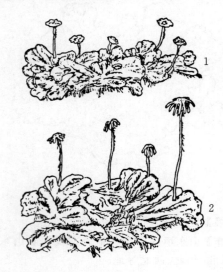

图20　地钱
1. 雄株　2. 雌株

【生长环境】生于阴湿的岩石上、沟边或潮湿土壤表面。

【产地分布】山东境内产于崂山、泰山、蒙山、曲阜、大泽山、徂徕山、昆嵛山、沂山等山地丘陵。分布于全国各地。为世界广布种。

【药用部位】地衣体：地钱。为民间药。

【采收加工】全年采收，除去杂质，晒干。

【药材性状】叶状体呈皱缩的片状或小团块。湿润后展开呈扁平阔带状，多回二歧分叉。背面暗褐绿色，有明显的烟囱状气孔和气室。腹面褐色，有多数紫色鳞片和成丛的假根。气微，味淡。

【化学成分】地衣体含地钱素（marchantin）A、B、C、D、E、G、J、K、L，异地钱素（isomarchantin）C；半月苔酸（lunularic acid），半月苔素（lunularin），片叶苔素（riccardin）C，异片叶苔素（isoriccardin）C，光萼苔种素（perrottetin）E，2-羟基-3,7-二甲氧基菲（2-hydroxy-3,7-dimethoxyphenanthrene）；黄酮类：木犀草素（luteolin），木犀草素-7-O-葡萄糖醛酸苷，芹菜素（apigenin）和芹菜素-7-O-葡萄糖醛酸苷，金鱼草素-6-O-葡萄糖醛酸苷（aureusidin-6-O-glucuronide）等；三萜类：22-hydroxyhopane，6α, 22-dihydroxyhopane，20α, 22-dihydroxyhopane，6α, 11α, 22-trihydroxyhopane，17(21)-hopene，21, 22-dihydroxyhopane 等；色素：α-及β-胡萝卜素，β-胡萝卜素环氧化合物，β-隐黄质（β-cryptoxanthin），玉蜀黍黄质（zeaxanthin），叶黄素；挥发性成分：对映-9-氧代-α-花柏烯（ent-9-oxo-α-chamigrene），对映-α-香附酮（ent-α-cyperone），对映-7β-罗汉柏醇（ent-thujopsan-7β-ol），对映-罗汉柏烯酮（ent-thujopsenone），环丙烷花侧柏醇（cyclopropanecuparenol），花侧柏烯（cuparene），左旋全尊苔烯[(—)gymnomitrene]，罗汉柏烯（thujopsene），δ-二氢花侧柏烯（δ-cuprenene）等；还含 perrotetin E，间-羟基苯甲醛（m-hydroxybenzaldehyde），对-羟基苯甲醛，鱼精蛋白（protamine），泛醌-8（ubiquinone-8），泛醌-10 等。

【功效主治】淡，凉。清热利湿，解毒敛疮。用于湿热黄疸，痈疽肿毒，水火烫伤，刀伤，骨折，毒蛇咬伤。

提灯藓科

尖叶走灯藓

【别名】水木草、尖叶提灯藓。

【学名】Plagiomnium cuspidatum (Hedw.) T. Kop. (Mnium cuspidatum Hedw.)

【植物形态】植物体稀疏丛生，鲜绿色或黄绿色。生殖枝直立，高2～3cm，从基部至上部叶渐大，顶部丛生；不育枝自生殖枝基部或顶端生出，长达10cm，常呈弧形弯曲，先端和基部叶小，中部叶大，均匀着生。叶片干时卷缩，湿时舒展，基部收缩，边缘下延，倒卵形或椭圆形，渐尖；叶缘分化，由3～5列狭长细胞构成，中部以上具单列齿；中肋粗壮，突出于叶尖成刺状；叶细胞圆角六边形，壁薄。雌、雄异株。蒴柄直立，长2～3cm；孢蒴短椭圆形，倾垂或悬垂；蒴齿黄褐色，内齿层具穿孔。孢子具细疣，直径20～28μm。植物体的大小、叶形、细胞大小、锯齿长短等在不同生境下略有变化。（图21）

【生长环境】生于林下阴湿处岩面或林缘草地土表。

【产地分布】山东境内产于泰山、崂山、蒙山、徂徕山、枣庄抱犊崮等山地丘陵。分布于全国各地。

【药用部位】全草：水木草。为民间药。

【采收加工】夏、秋二季采收，洗净，晒干。

【化学成分】全草含花生四烯酸（arachidonic acid），二十碳五烯酸（eicosapentaenoic acid）和肥皂草苷（saponarin）等。

【功效主治】苦，凉。凉血，止血。用于鼻衄，便血，吐血，崩漏。

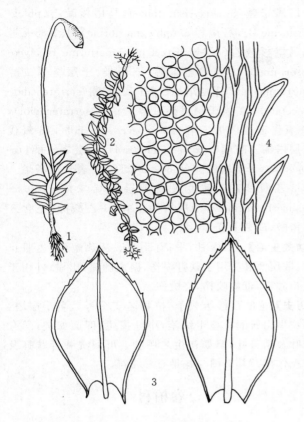

图 21 尖叶走灯藓
1.植株 2.匍匐茎 3.叶 4.叶上部边缘细胞

葫芦藓科

葫芦藓

【别名】石松毛。

【学名】Funaria hygrometrica Hedw.

【植物形态】植物体稀疏丛生或密集丛生,鲜绿色。茎短,直立,分枝或单一,高达 3cm。叶莲座状着生于茎的中上部;叶片舌状或长舌状,渐尖,全缘平滑,仅苞叶先端具齿突,中肋达于叶先端。雌、雄同株。雄苞顶生,花蕾状;雌苞生于雄苞下的短侧枝上,在雄枝萎缩后即转成主枝。孢蒴平列或悬倾,不对称,梨形,背凸,红褐绿色;蒴柄红褐色,长 4~5cm,先端成弧形弯曲,干燥时扭转;蒴盖平凸形;环带分化,2~3 列细胞;蒴齿双层,齿片红褐色,披针形,先端色浅,内齿层短于外齿层。孢子具疣,黄绿色,直径 12~16μm。2n=28。(图 22)

【生长环境】生于山地、林下、庭院、农田等含氮丰富的潮湿土地上。

【产地分布】山东境内产于泰山、临清、东营、济宁、昆嵛山、菏泽牡丹园、崂山、徂徕山等地。分布于全国大部分地区。

【药用部位】全草:葫芦藓。为民间药。

【采收加工】夏季采收,洗净,晒干。

【药材性状】药材皱缩,单株或数株丛集。茎多单一,长约 3cm;表面黄绿色,无光泽,顶端簇生众多皱缩小叶。叶片展平后呈长舌状,渐尖,全缘,中肋达于叶先端。蒴柄细长,上部弯曲,紫红色或黄褐色;孢蒴弯梨形,不对称,蒴帽兜形,具长喙。气微,味淡。

【化学成分】植物体含苔藓激动素(bryokinin),动力精(kinetin),环磷酸腺苷磷酸二酯酶(cAMP phosphodiesterase),苗长素(auxin),吲哚-3-乙酸(indole-3-acetic acid),bracteatin 及脂类。叶含铁、铜、锰、锌等无机元素。

【功效主治】淡,平。祛风除湿,止痛止血。用于痨伤吐血,跌打损伤,湿气脚病。

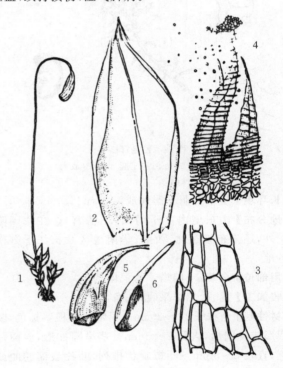

图 22 葫芦藓
1.植株 2.叶 3.叶上部边缘细胞
4.蒴齿与孢子 5.孢蒴 6.蒴帽

石杉科

蛇足石杉

【别名】千层塔、蛇足石松。

【学名】Huperzia serrata (Thunb.) Trev.
(Lycopodium serratum Thunb.)

【植物形态】植株丛生,高 15~30cm。茎直立或下部平卧,单一或一至数回二叉分枝,顶端常具生殖芽,落地成新苗。叶一型,螺旋状排列;叶片披针形,长 1~3cm,宽 2~4mm,大小不一,先端锐尖头,基部变狭,楔形,边缘有不规则的尖锯齿,纸质,仅有主脉 1 条;具短

柄。孢子囊肾形，横生于叶腋，两端超出叶缘，淡黄色，光滑，横裂；孢子同型。（图23）

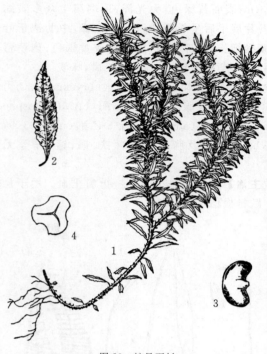

图23 蛇足石杉
1.植株 2.叶放大 3.孢子囊 4.孢子（放大）

【生长环境】生于林荫下湿地或沟谷石上。
【产地分布】山东境内产于崂山（下清宫）。在我国除山东外，还分布于东北、西南、华南地区及长江下游南岸各地。
【药用部位】全草：千层塔。为民间药。
【采收加工】夏、秋二季采收，洗净，晒干。
【药材性状】全株长10～25cm。根须状。根茎棕色，断面圆形或类圆形，直径2～3mm。茎呈圆柱形，表面绿褐色，直径2～3mm。叶螺旋状排列，叶片皱缩卷曲或破碎，完整者展平后呈长椭圆形，长1～2.5cm，宽2～4mm；表面绿褐色，先端急尖，边缘有锯齿，基部渐狭，无柄。孢子囊淡黄色，单生于叶腋，呈肾形。孢子同型。气微，味苦。
【化学成分】全草含生物碱：石松碱（lycopodine），石松定碱（lycodine），蛇足石松碱（lycoserrine），石松灵碱（lycodoline），棒石松宁碱（clavolonine），千层塔碱（serratine），千层塔宁碱（serratinine），千层塔尼定碱（serratinidine），千层塔它宁碱（serratanine），千层塔它尼定碱（serratanidine），石松文碱（lycoclavine），石杉碱（huperzine）A、B、C、G，6-β-羟基石杉碱甲（6-β-hydroxyl huperzine A），蛇足石杉新碱（neohuperzinine），蛇足石杉碱丙（huperzinine C），蛇足石杉碱乙（huperzinine B），光泽石松灵碱（lucidioline），N-甲基石杉碱（N-methylhuperzine）B，蛇足石杉碱（huperzinine），8-去氧千层塔宁碱（8-deoxyserratinine），马尾杉碱乙（phlegmariurine B），马尾杉碱（phlegmariurine）M、N，8-β-羟基马尾杉碱乙（8-β-hydroxyl phlegmariurine B），lycoposerramine D，异福定碱等；三萜类：千层塔烯二醇（serratenediol），千层塔烯二醇-3-乙酸酯（serratenediol-3-acetate），21-表千层塔烯二醇（21-epi-serratenediol），16-氧代千层塔烯二醇（16-oxoserratenediol），16-氧代千层塔烯三醇（16-oxoserratenetriol），千层塔三醇（tohogenol），千层塔四醇（tohogeninol），21-表千层塔烯二醇-3-乙酸酯，16-氧代双表千层塔烯二醇（16-oxodiepiserratenediol），千层塔烯二醇-21-乙酸酯；还含β-谷甾醇，胡萝卜苷等。
【功效主治】苦、微甘，平；有小毒。清热解毒，生肌止血，散瘀消肿。用于跌打损伤，瘀血肿痛，出血；外用于痈疖肿毒，毒蛇咬伤，烧烫伤。
【历史】蛇足石杉始载于《植物名实图考》，名千层塔，曰："生山石间。蔓生绿茎，小叶攒生，四面如刺，间有长叶及梢头叶，俱如初生之柳叶。可煎洗肿毒跌打及鼻孔作痒。"其文图与蛇足石杉相符。

卷柏科

中华卷柏

【别名】地网子（泰安）、地柏、山松（枣庄）、翠云草。
【学名】Selaginella sinensis (Desv.) Spring
[Lycopodioides sinensis (Desv.) J. X. Li et F. Q. Zhou]
【植物形态】植株细弱，匍匐状，长10～40cm。主茎圆柱形，坚硬，禾秆色，多回分枝，各分枝处生根托。茎下部叶卵状椭圆形，长1～1.5mm，宽约1mm，基部近心形，钝尖，全缘，贴伏于茎，疏生；上部叶二型，四列；侧叶长圆形或长卵形，长1.3～2mm，宽约1mm，钝尖或有短刺，基部圆楔形，边缘膜质，有细锯齿和缘毛，干后常反卷；中叶长卵形，长1～1.2mm，宽0.6mm，钝尖头，基部阔楔形，有膜质白边和微齿，叶草质，光滑。孢子叶穗单生于小枝顶端，四棱柱形，长约1cm；孢子叶卵状三角形，先端锐尖，边缘膜质，背部有龙骨状突起；孢子叶圆肾形；大孢子叶通常少数，位于孢子叶穗的下部；小孢子叶多数，位于孢子叶穗的中上部。孢子二型。（图24）
【生长环境】生于干旱山坡的草丛、石缝、路边或林缘。
【产地分布】山东境内产于各山地丘陵。在我国分布于东北、华北、华东地区及河南、陕西等地。
【药用部位】全草：地柏。为民间药。
【采收加工】夏、秋二季采收，除去杂质，晒干。
【药材性状】全草常纠结成团。茎圆柱形，长10～40cm；表面禾秆色，具多回分枝，分枝处有生根托；质坚硬。茎下部叶卵状椭圆形，长宽约1mm，基部近心

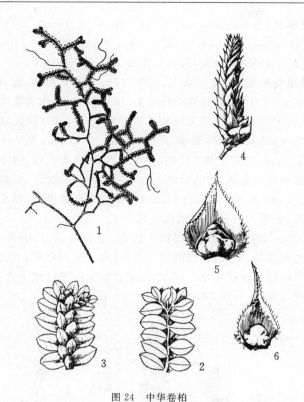

图 24 中华卷柏
1.植株一部分 2.着叶小枝背面观 3.着叶小枝腹面观
4.孢子囊穗 5.大孢子叶和大孢子囊 6.小孢子叶和小孢子囊

形,全缘,贴伏于茎,疏生;上部叶二型,四列;侧叶长圆形或长卵形,长1~2mm,宽约1mm,基部圆楔形,边缘膜质,有缘毛,反卷;中叶长卵形,长约1mm,宽约0.5mm,钝尖头,有膜质白边和微齿;叶草质,无毛。有时可见小枝顶端有孢子叶穗,呈四棱柱形,长约1cm;孢子叶卵状三角形,先端锐尖。气微,味淡。

以茎叶色绿、无杂质者为佳。

【化学成分】全草含黄酮类:阿曼托双黄酮(amentoflavone),2,3-去氢阿曼托双黄酮(2,3-dehydroamentoflavone),扁柏双黄酮(hinokiflavone),银杏双黄酮(ginkgetin),染料木苷(genistin),槲皮素(quercetin);木脂素类:(7S,8R)-4,9,9′-三羟基-3,3′-二甲氧基-7,8-二氢苯并呋喃-1′-丙基新木脂素[(7S,8R)-4,9,9′-trihydroxy-3,3′-dimethoxy-7,8-dihydrobenzo-furan-1′-propylneoligna],丁香脂素(syringaresinol),(一)松脂素[(一)pinoresinol],松脂酚-4-O-β-D-葡萄糖苷(pinoresinol-4-O-β-D-glucopyranoside),丁香脂素-4-O-β-D-葡萄糖苷(syringaresinol-4-O-β-D-glucopyranoside),丁香脂素-4,4′-O-二-β-D-葡萄糖苷,松脂醇二葡萄糖苷(pinoresinol diglucoside);还含 β-甲基-D-吡喃木糖苷(β-methyl-D-xylopyranoside),β-甲基-D-吡喃阿拉伯糖苷(β-methyl-D-arabinopyranoside),亚油酸甘油酯(2,3-dihydroxypropyl octadeca-9,12-dienoa),selaginellin,香草酸(vanillic acid),莽草酸(shikimic acid),α-萘酚(1-naphthol),β-谷甾醇等。

【功效主治】微苦,凉。清热利湿,止血。用于胁肋胀痛,腰痛水肿,泻痢,下肢湿疹,烫火伤,外伤出血。

【历史】《植物名实图考》收载翠云草,曰:"生山石间,绿茎小叶,青翠可爱。群芳谱录之,人多种于石供及阴湿地为玩。江西土医谓之龙须,滇南谓之剑柏,皆云能舒筋络。"所述形态、生境及附图与卷柏属具匍匐茎的蕨类植物相似。

旱生卷柏

【别名】蒲扇卷柏、卷柏、干蕨鸡。
【学名】Selaginella stauntoniana Spring
[Lycopodioides stauntoniana (Spr.) J. X. Li et F. Q. Zhou]

【植物形态】多年生直立草本,植株高10~25cm。根状茎横走,匍匐生根,密被棕红色干鳞片状叶。主茎直立,圆柱形,灰棕色或赤棕色,下部不分枝,被干鳞片状叶,先端有长锐尖刚毛;上部茎互生分枝较密,排列为聚伞圆锥状,密被叶,呈背腹扁平形。叶二型;侧叶斜卵形,开展,基部楔形,先端急尖有刺尖,外缘厚而全缘,内缘膜质,有微锯齿,长1~1.3mm,宽0.7~0.9mm;中叶卵形或长卵形,先端渐尖,有小刺,全缘,长约1.2mm,宽约0.6mm。孢子叶穗生于小枝顶端,四棱柱形,长约1.5cm;孢子叶紧密贴生,三角状卵形,背面中部隆起,先端长渐尖,有刺尖,宽膜质缘,有不整齐的小锯齿;大孢子叶和小孢子叶在孢子叶穗上相间排列。(图25)

【生长环境】生于山坡岩石上。
【产地分布】山东境内产于泰山、蒙山、徂徕山、千佛山、梯子山及抱犊崮等山地丘陵。在我国除山东外,还分布于东北、华北、西北地区及贵州等地。
【药用部位】全草:干蕨鸡。为民间药。
【采收加工】夏、秋二季采收,除去杂质,晒干。
【药材性状】干燥全草常扎成小把,长10~25cm。根状茎节上密被棕红色干鳞叶及须根。茎呈圆柱形,表面灰棕色或赤棕色,节上有干鳞叶,先端具长锐尖刚毛;上部有较密的互生分枝,排列为聚伞圆锥状,密被鳞叶,呈背腹扁平形。叶二型;侧叶斜卵形,开展,基部楔形,先端有刺尖,全缘或微锯齿,长1~1.3mm,宽0.7~0.9mm;中叶卵形或长卵形,先端有小刺,全缘。有时可见小枝顶端着生孢子叶穗,呈四棱柱形;孢子叶紧密贴生,三角状卵形,宽膜质缘,有不整齐小锯齿;大孢子叶和小孢子叶在孢子叶穗上相间排列。气微,味淡。

以完整、叶多、色绿、无杂质者为佳。
【化学成分】全草含醌类:大黄素(emodin),大黄酸

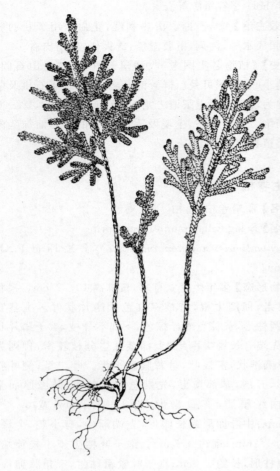

图25 旱生卷柏

(rhein),芦荟大黄素(aloe-emodin),2-甲氧基氢醌(2-methoxyhydroquinone);黄酮类:扁柏双黄酮,2,3-二氢扁柏双黄酮(2,3-dihydrohinokiflavne),银杏双黄酮,穗花杉双黄酮(amentoflavone),去甲基银杏双黄酮(bilobetin),芹菜素-6,8-二-β-D-吡喃葡萄糖碳苷(apigenin-6,8-di-β-D-glucopyranoside),槲皮素-3-O-α-L-鼠李糖苷(quercetin-3-O-α-L-rhamnopyranoside),山柰酚-3-O-α-L-鼠李糖苷(kaempferol-3-O-α-L-rhamnopyranoside);有机酸:香草酸,异香草酸(isovanillic acid),对羟基苯甲酸,3,4,5-三甲氧基苯甲酸(3,4,5-trimethoxybenzoic acid),氢化阿魏酸(hydroferulic acid),氢化咖啡酸(hydrocaffeic acid);酚类:3,4,5-三甲氧基苯酚(3,4,5-trimethoxyphenol),对羟基苯酚(p-hydroxyphenol);甾类:豆甾-4-烯-3,6-二酮,β-谷甾醇,$5\alpha,8\beta$-环二氧麦角甾-6,22-二烯-3β醇;还含有对羟基苯乙醇(p-hydroxyphenylethanol),伞形花内酯(umbelliferone)等。

【功效主治】辛、酸,凉。活血散瘀,凉血止血。用于便血,尿血,崩漏,瘀血肿痛,跌打损伤。

卷柏

【别名】九死还魂草、还魂草、拳头草。

【学名】Selaginella tamariscina (Beauv.) Spring
(Stachygynandrum tamariscinum Beauv.)
[Lycopodioides tamariscina (Beauv.) H. S. Kung]

【植物形态】多年生草本,高5～12cm。主茎粗壮,短而直立,下生须根;顶端分枝丛生,辐射斜展,全株呈莲座状,干后拳卷,雨季又展开。叶二型,四列,交互覆瓦状排列;侧叶斜展,长卵圆形,长1～2.5mm,宽1～1.5mm,先端急尖有长芒,外缘狭膜质,并有微齿,内缘膜质宽而全缘;中叶斜向上,不并行,卵状长圆形,长约1.5mm,宽约1mm,急尖,有长芒,边缘有微齿;叶厚草质,光滑。孢子叶穗单生小枝顶端,四棱柱形,长1～1.5cm;孢子叶一型,卵状三角形,龙骨状,先端有芒,边缘膜质,有微齿,四列交互排列;孢子囊圆肾形;大孢子叶位于孢子叶穗下部,小孢子叶位于孢子叶穗上部;孢子二型。(图26,彩图10)

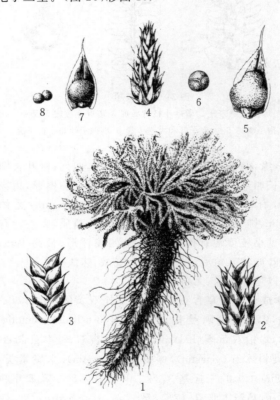

图26 卷柏
1.植株 2.着叶小枝一段(腹面) 3.着叶小枝一段(背面)
4.孢子叶穗 5.大孢子叶及大孢子囊 6.大孢子
7.小孢子叶及小孢子囊 8.小孢子

【生长环境】生于向阳山坡或岩石上。

【产地分布】山东境内产于胶东半岛及蒙山、塔山和济南等地山区。分布于全国各地。

【药用部位】全草:卷柏。为较常用中药。

【采收加工】全年采收,以秋季采者较好,除去须根和泥土,晒干。

【药材性状】全草卷缩似拳状。枝丛生,扁而有分枝,长3～10cm；表面绿色或棕黄色，枝向内卷曲，密生鳞片状小叶。小叶近卵形，长1～2.5mm，宽约1mm，先端具长芒；中叶两行，卵状矩圆形，斜向上排列，叶缘膜质，具不整齐细锯齿；侧叶的膜质缘常棕黑色。基部残留须根，棕色至棕褐色，散生或聚生成短干状。质脆，易折断。无臭，味淡。

以完整、叶多、色绿、无须根者为佳。

【化学成分】全草含黄酮类：穗花杉双黄酮（amentoflavone），苏铁双黄酮（sotetsuflavone），selaginellin，扁柏双黄酮，异柳杉素（isocryptomerin），柳杉素（cryptomerin）B，芹菜素，木犀草素，槲皮素，5,4′-二羟基-7-甲氧基黄酮（5,4′-dihydroxyl-7-methoxyflavone），罗汉松双黄酮A（podocarpusflavone A），新柳杉双黄酮（neocryptomerin），阿曼托双黄酮（amentoflavone），2,3-去氢阿曼托双黄酮等；有机酸：海棠果酸（canophyllic acid），白桦脂酸（betulinic acid），香草酸，对羟基苯甲酸；还含3-甲氧基金黄异茜素（3-methoxychrysazin），3β-羟基-7α-甲氧基-24β-乙基胆甾-5-烯（3β-hydroxy-7α-methoxy-24β-ethyl cholest-5-ene），胆甾醇，β-谷甾醇，对甲氧基苯甲醛（p-anisaldehyde），胡萝卜苷及海藻糖等。

【功能与主治】辛，平。活血通经。用于经闭痛经，瘕瘕痞块，跌扑损伤。

【历史】卷柏始载于《神农本草经》，列为上品，一名万岁。《本草经集注》曰："丛生石土上，细叶如柏，卷曲状如鸡足，青黄色。"《本草图经》曰："宿根紫色多须。春生苗似柏叶而细碎，拳挛如鸡足，青黄色，高三、五寸。无花、子，多生石上"，产于"常山山谷，今关、陕、沂（临沂）、兖（兖州）诸州亦有之"。所述形态及附图，与现今药用卷柏基本一致。

【附注】①《中国药典》2010年版收载。②《山东地道药材》卷柏项下收载垫状卷柏 S. pulvinata（Hook. et Grev.）Maxim.。但据编者调查，山东未见垫状卷柏分布。

木贼科

问荆

【别名】接骨草、驴毛蒿（烟台）、接续草。

【学名】Equisetum arvense L.

【植物形态】地上茎一年生，二型。根状茎长而横走。不定根深埋地下，有暗黑色球茎。春季孢子茎由根状茎生出，肉质，淡褐色，无叶绿素，无分枝，高达15cm，直径2～4mm，有12～14条不明显的棱脊；叶鞘筒状漏斗形，长1～1.8cm，鞘齿棕褐色，厚膜质，阔三角形。孢子叶穗单生于孢子茎的顶端，圆柱形，顶端钝，成熟时总柄伸长；孢子叶六角状盾形，下面生孢子囊6～8个。孢子成熟时，孢子茎枯萎，由生孢子茎的同一根状茎上生出营养茎；营养茎绿色，节上密生轮状分枝，高约25cm，有6～12条棱脊，脊背上有横向波状隆起，沟中有气孔带；叶鞘筒漏斗状，鞘齿三角状披针形，或2～3齿连接成阔三角形，黑褐色，有白色膜质狭边；轮状分枝每节7～11枚，细长，实心，有3～4棱；鞘齿阔披针形，先端有白色膜质小尖头。（图27）

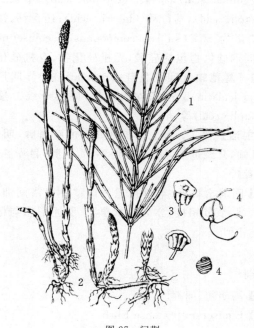

图27 问荆
1.营养茎 2.孢子茎 3.孢子叶及孢子囊 4.孢子

【生长环境】生于山坡、山沟、溪边、河滩等湿地草丛。

【产地分布】山东境内产于各地。在我国除山东外，还分布于东北、华北、西北等地区。

【药用部位】全草：问荆。为民间药。

【采收加工】夏、秋二季采收全草，阴干或鲜用。

【药材性状】全草多干缩或枝节脱落。根茎类圆柱形；表面褐黑色，节明显，节上有鞘状鳞片和细须根；质脆，断面有网状空隙。茎略呈扁圆柱形或圆柱形，长约20cm；表面浅绿色，有纵棱纹；节间长，节上生有多数轮生细枝；叶鞘筒状，环绕节上，硬膜质，先端齿裂。质脆，易折断。气微，味微苦、涩。

以完整、色绿、不脱者为佳。

【化学成分】全草含问荆皂苷（equisetonin）；黄酮类：紫云英苷（astragalin），杨属苷（populnin），问荆苷（equisetrin），山柰酚-3,7-双葡萄糖苷，山柰酚-3-O-β-D-槐糖苷（kaempferol-3-O-sophoroside），山柰酚-7-O-β-D-葡萄糖苷，山柰酚-3-O-芸香糖-7-O-葡萄糖苷，芫花素-5-O-葡萄糖苷（genkwanin-5-glucoside），芹菜素-5-O-β-D-葡萄糖苷，异槲皮素（isoquercetin），槲皮素-3-O-β-D-葡萄糖苷，6-氯芹菜素（6-chloroapigenin），木犀草素-5-O-

葡萄糖苷,柚皮素(naringenin)即柑桔素,二氢山柰酚(dihydrokaempferol),二氢槲皮素(dihydroquercetin),棉花皮异苷(gossypitrin);酚苷:equisetumoside A、B、C;生物碱:烟碱(nicotine),犬问荆碱(palustrine);有机酸:对-羟基苯甲酸,香草酸,原儿茶酸(protocatechuric acid),没食子酸(gallic acid),对-香豆酸(p-coumaric acid),乌头酸(aconitic acid),柠檬酸,延胡索酸(fumaric acid),奎宁酸(quinic acid),苏糖酸(threonic acid),木贼二酸(equisetolic acid),菊苣酸(chicoric acid);还含钙、锰及问荆硅化物 SCE(sillicon compounds of equisetum)。其中,问荆硅化物包括硅酸,无机硅化物,有机硅化物等。**孢子囊穗轴**含问荆色苷(articulatin)和异问荆色苷(isoarticulatin)。**孢子**含木贼酸,即三十烷二羧酸(equisetolic acid)等。

【功效主治】甘、苦,平。清热利尿,止血消肿,明目。用于鼻衄,月经过多,尿赤,小便不利,水肿,目赤肿痛,咯血,骨折。

【历史】问荆始载于《本草拾遗》,曰:"生伊洛间洲渚,苗如木贼,节节相接,亦名接续草"。所述形态与植物问荆类相似。

草问荆

【别名】马胡须、问荆。

【学名】Equisetum pratense Ehrh.

【植物形态】多年生草本,高 15～50cm。根状茎横走,黑褐色。茎二型;春季孢子茎由根状茎生出,稍呈肉质,淡褐色,不分枝,有明显的棱脊;鞘齿膜质,长三角形,具长尖。孢子叶穗单生于孢子茎顶端,长圆形,钝头,有梗。孢子成熟后茎先端枯萎,孢子囊脱落,由茎的节上产生许多分枝,渐变绿色,为其营养茎;分枝细长,轮状排列,开展,与主茎成直角,柔软而先端下垂,叶鞘长 0.8～1.7cm,鞘齿分离,膜质,长三角形,中部棕褐色,边缘白色,常分离,稀有 2～3 齿连接。(图28)

【生长环境】生于林下、山沟林缘或灌木杂草丛。

【产地分布】山东境内产于各地。在我国除山东外,还分布于东北、华北、西北地区及湖北等地。

【药用部位】全草:草问荆。为民间药。

【采收加工】夏、秋二季采收全草,阴干或鲜用。

【药材性状】全草干缩,枝常脱落。茎有多数轮生的细长分枝,分枝柔软。鞘齿长三角形,先端尖,棕褐色,边缘白色,膜质,常分离。气微,味淡。

【化学成分】全草含黄酮:山柰酚-3-O-双葡萄糖苷,芦丁,山柰酚-3,7-双葡萄糖苷,山柰酚-3-双葡萄糖-7-葡萄糖苷,槲皮素-3-芸香糖-7-葡萄糖苷,槲皮素,山柰酚,山柰酚-3-芸香糖苷及生物碱等。

【功效主治】苦,平。活血,利尿,驱虫。用于头晕目眩,小便涩痛不利,寄生虫病。

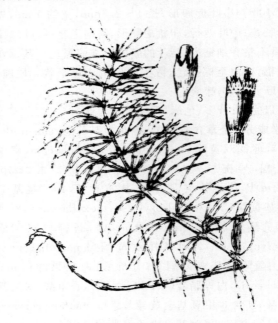

图28 草问荆
1.植株 2.茎的叶鞘齿 3.分枝叶鞘齿

林问荆

【别名】问荆、节节草。

【学名】Equisetum sylvaticum L.

【植物形态】多年生草本,高 20～60cm。根状茎细,黑褐色。茎二型;孢子茎春季由根状茎生出,棕褐色,无分枝;叶鞘钟形,鞘齿膜质,红褐色,每 2～3 齿连接成 3～4 宽齿,呈卵状三角形,宿存。孢子叶穗生于茎顶,长椭圆形,有梗,钝头,长 1.2～2.8cm;孢子叶盾形,每盾状孢子叶下有孢子囊 6～9 个。孢子成熟后,孢子叶穗枯萎脱落,其茎上又生出多数绿色轮状分枝,为其营养茎;分枝再数次分枝,绿色,开展,细弱;棱脊有 2 行刺状突起,分枝的叶鞘齿狭披针形,开展。(图29)

【生长环境】生于林缘、森林草地或灌丛杂草中。

【产地分布】山东境内产于各山区。在我国除山东外,还分布于东北、华北等地。

【药用部位】全草:林问荆。为民间药。

【采收加工】夏、秋二季采收全草,阴干或鲜用。

【药材性状】茎长约30cm;表面灰绿色或黄绿色,有明显的棱脊,每棱脊有 2 列刺状突起,轮生分枝发达,常呈数次分枝。叶鞘齿红褐色,每 2～3 齿连接成 3～4 宽齿,呈卵状三角形;分枝开展,鞘齿呈狭披针形。气微,味淡。

【化学成分】全草含黄酮类:紫云英苷,杨属苷,山柰酚,山柰酚-3-O-双葡萄糖苷,山柰酚-3,7-双葡萄糖苷,山柰酚-3-芸香糖-7-鼠李糖苷(kaempferol-3-rutinoside-7-rhamnoside),异槲皮素,槲皮素-3-双葡萄糖苷,槲皮素-3-双葡萄糖-7-葡萄糖苷,槲皮素-3-芸香糖-7-鼠李糖苷,草棉苷(herbacetrin);挥发油:主成分为1,3-丁二醇,3-羟基-丁酸,2,3-丁二醇;还含4,5-二去氢茉莉酮酸(4,5-didehydrojasmonic acid),止杈酸(abscisic acid),正十八烷(octadecane),壬醇(nonanol),β-谷甾醇。

【功效主治】苦,凉。凉血止血,清热利尿,祛风止痛。用于咯血,尿血,淋病,痛风,风湿疼痛,痼病。

无裂缝,有"裂隙","裂隙"中间弯曲,周壁表面有不明显的颗粒。(图30)

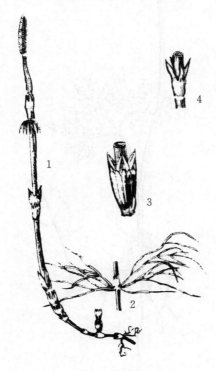

图29 林问荆
1.孢子茎 2.营养茎一部分
3.茎的叶鞘齿 4.分枝的叶鞘齿

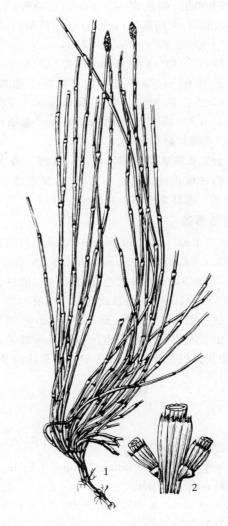

图30 节节草
1.植株全形 2.节部

节节草

【别名】节草(齐河)、麻蒿(诸城、五莲)、分枝木贼(济南)、笔筒草。

【学名】Hippochaete ramosissima (Desf.) Boern. (Equisetum ramosissimum Desf.)

【植物形态】多年生草本,地上茎一型,当年冬季常枯萎。根状茎细长而横走,黑色或黑褐色,表面有粗糙的硅质突起。地上茎高15~35cm,直径约2mm,中心孔大,棱脊狭,6~20条,极粗糙,有小疣状突起一列,或有小横纹,沟中有气孔线1~4列;中部以下茎节多生分枝,每轮常为2~5小枝,稀不分枝或仅有1小枝;叶鞘圆筒状,伸长,长约为宽的2倍,鞘背面无棱脊,鞘齿短,呈三角形,黑色,有易脱落的膜质尖尾。孢子叶穗生于主茎或分枝的顶端,短棒状或椭圆形,长0.5~2cm,小尖头,无柄;孢子叶六角形,中央凹陷,盾状着生,排列紧密,下面边缘着生长形孢子囊。孢子一型,

【生长环境】生于河边湿地、田间或较阴湿低洼处。

【产地分布】山东境内产于各地。分布于全国各地。

【药用部位】全草:节节草(笔筒草);根茎:笔筒草根。为民间药。

【采收加工】夏、秋二季采收,除去杂质,于通风处阴干。

【药材性状】茎圆柱形,长15~35cm,直径1~2mm,中部以下节处有2~5分枝。表面灰绿色或黄绿色,粗糙,有纵棱脊6~20条,棱上有1列小疣状突起。叶鞘筒漏斗状,长约为直径的2倍;鞘齿尖三角形,黑色,边缘膜质,常脱落。质脆,易折断,断面中空。气微,味淡,嚼之有砂石感。

以完整、不脱节、色绿者为佳。

【化学成分】全草含黄酮类:木犀草素,木犀草素-5-O-β-D-葡萄糖苷,山奈酚-7-O-二葡萄糖苷,山奈酚-3-O-槐糖苷,山奈酚-3-O-β-D-葡萄糖苷,山奈酚-3,7-二葡

萄糖苷，山奈酚-3-槐糖苷-7-葡萄糖苷，芹菜素，芹菜素-5-O-β-D-葡萄糖苷，芫花素（genkwanin），芫花素-5-O-β-D-葡萄糖苷，槲皮素-3-O-β-D-葡萄糖苷；生物碱：烟碱（nicotine），犬问荆碱（palustrine）；萜类：环阿尔屯烷-24（30）-烯-3β-醇［cycloart-24（30）-ene-3β-ol］，环阿尔屯烷-22（23）-烯-3β-醇［cycloart-22（23）-ene-3β-ol］，木栓醇；还含有 5α,6α-环氧-β-紫罗兰酮-3-葡萄糖苷，麦角甾-6,22-二烯-3β,5α,8α-三醇（ergost-6,22-diene-3β,5α,8α-triol），黑麦草内酯（loliolide），腺嘌呤核苷（adenine）果糖及葡萄糖等。

【功效主治】**节节草（笔筒草）**甘、苦，微寒。清热利湿，平肝散结，祛痰止咳。用于小便短赤，肾虚腰痛，胁肋胀痛，痰多。**笔筒草根**用于赤白痢。

附：中日节节草

中日节节草 var. japonicum（Milde）J. X. Li et F. Q. Zhou（*Equisetum ramosissimum* Desf. var. japonicum Milde），与原种的主要区别是：植株高 1～1.5m，直径 4～5mm，不分枝或在茎中部有少数不规则分枝，分枝一般为 2～5 条，长 15～30cm（彩图 6-模式标本）。山东境内产于东营市河口区黄河故道、牙山、崂山。除我国山东外，还分布于日本。药用同节节草。

阴地蕨科

阴地蕨

【别名】独脚金鸡、一支箭。

【学名】Sceptridium ternatum（Thunb.）Lyon
（*Osmunda ternata* Thunb.）
［*Botrychium ternatum*（Thunb.）Sw.］

【植物形态】多年生小草本，高 20～40cm，全体无毛。根状茎短，直立，生有一簇肉质须根。叶二型；总柄长约 2～4cm，直径约 3mm；营养叶柄长约 5cm，叶片阔三角形，宽大于长，先端短渐尖，基部近平截，二至三回羽状分裂；羽片 3～4 对，有柄，互生，斜向上，基部 1 对最大，阔三角形，长约 5cm，宽约 4cm，其余向上各对渐短；末回小羽片或裂片为长卵形，先端钝圆，边缘有不整齐的细锯齿；叶脉羽状，分离，不明显；叶厚草质，表面皱凸不平。孢子叶生于总柄顶端，具长柄，高出营养叶 2～3 倍；孢子叶穗二至三回羽状，复总状圆锥形，长 5～10cm；孢子囊圆球形，黄色。（图 31）

【生长环境】生于海拔 200～2 200m 的丘陵灌丛或阴湿地。

【产地分布】山东境内产于安丘、五莲等丘陵。在我国除山东外，还分布于吉林、河北、江苏、安徽、福建、台湾、山西、四川、云南、贵州、广西等地。

【药用部位】全草：阴地蕨。为民间药。

【采收加工】夏、秋季采收带根及根茎的全草，洗净，鲜

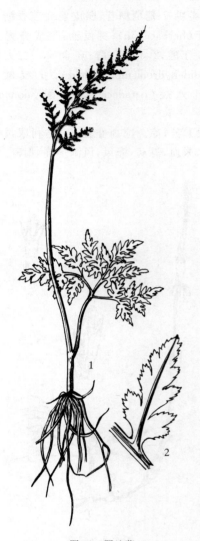

图 31 阴地蕨
1.植株 2.末回小羽片

用或晒干。

【药材性状】全草卷曲。根茎较短，直径约 3mm；表面灰褐色，下部簇生数条须根。根扁圆柱形，常弯曲，长约 5cm，直径 2～3mm；表面黄褐色，具横向皱纹；质脆易断，断面白色，粉性。叶二型；营养叶叶片卷缩，展平后呈阔三角形，二至三回羽状分裂，侧生羽片 3～4 对；表面黄绿色或灰绿色，叶脉不明显；叶柄长 3～8cm，直径 1～2mm，三角状而扭曲，淡红棕色、黄绿色或灰绿色，具纵条纹。孢子囊穗棕黄色，孢子叶柄长 12～25cm；总叶柄长 2～4cm，基部具褐色鞘。质脆，易碎。气微，味微甜、微苦。

以根多、叶完整、色绿者为佳。

【化学成分】全草含阴地蕨素（ternatin），木犀草素，槲皮素-3-O-α-L-鼠李糖-7-O-β-D-葡萄糖苷；尚含皂苷，酚类，糖，有机酸，鞣质，挥发油等。

【功效主治】甘、苦，微寒。清热解毒，平肝息风，止咳，止血，明目去翳。用于小儿高热惊搐，肺热咳嗽，咳血，

百日咳,癫狂,痢疾,疮疡肿毒,瘰疬,毒蛇咬伤,目赤火眼,目生翳障。

【历史】阴地蕨始载于《本草图经》,曰:"叶似青蒿,茎青紫色,花作小穗,微黄,根似细辛,七月采根苗用"。《本草纲目》和《植物名实图考》亦有收载,虽所附图形失真,难以确认,但按所述形态,除将孢子囊穗误认为是花穗以外,其余特征与阴地蕨相符。

紫萁科

紫萁

【别名】紫萁贯众、大贯众、野鸡羽(昆嵛山)。

【学名】Osmunda japonica Thunb.

【植物形态】多年生草本,高 0.4～1m。根状茎粗壮,直立或斜升。叶二型,簇生;叶柄长 20～30cm,禾秆色,基部膨大,两侧有红棕色至褐色托叶状附属物,幼时密被绒毛,后渐脱落;营养叶三角状阔卵形,长 30～70cm,宽 20～40cm,上部一回羽状,下部二回羽状;羽片 5～7 对,对生,长圆形,长 15～25cm,宽 8～12cm,基部一对最大,其余各对向上渐缩狭,有柄,以关节着生于叶轴上,奇数羽状;小羽片 5～9 对,长圆形或长圆状披针形,长 4～6cm,宽 1.5～2cm,先端渐尖或钝尖,基部不对称,边缘有均匀的细锯齿,具短柄或无柄;叶脉羽状,分离,侧脉 2～3 回分叉,斜上,小脉平行;伸达齿端,两面明显;叶纸质,幼时有绒毛,以后全部脱落。孢子叶羽片强度收缩成条形,沿羽片下面中脉两侧密生孢子囊群,成熟时褐色。孢子极面观近圆形,赤道面观椭圆形,三裂缝,无周壁,外壁有小疣状或短棒状纹饰。(图 32)

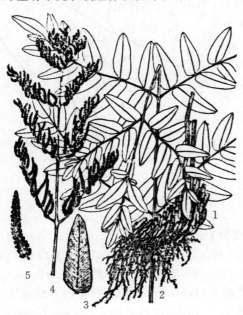

图 32 紫萁
1. 根茎 2. 营养叶 3. 营养叶的小羽片
4. 孢子叶 5. 孢子叶的小羽片,示孢子囊群

【生长环境】生于山坡林下或溪边阴湿处。为酸性土指示植物。

【产地分布】山东境内产于崂山、昆嵛山及胶东半岛各山区。在我国除山东外,还分布于北自秦岭南坡,南达广东、广西,东自沿海,西至四川、贵州、云南等地。

【药用部位】根茎及叶柄残基:紫萁贯众;嫩苗或幼叶柄上的绵毛:紫萁苗。为少常用中药。

【采收加工】春、秋二季采挖,削去叶柄,须根,除净泥土,晒干。春季采收嫩苗及叶柄上的绵毛,晒干或鲜用。

【药材性状】根茎呈纺锤形、类球形或不规则长球形,稍弯曲,有时具分枝,先端钝,下端较尖,长 10～30cm,直径 4～8cm。表面棕褐色,密被斜生的叶柄基及黑色须根,无鳞片。须根常扁压,有时具分枝。叶柄基扁圆柱形,长径约 7mm,短径约 3.5mm,两边具耳状翅,翅易脱落或撕裂;质硬,折断面新月形或扁圆形,常中空,有"U"字形分体中柱一个。气微而特异,味淡、微涩。

以个长大、叶柄基短、无泥土者为佳。

【化学成分】根茎含糖类:紫萁多糖,由葡萄糖、甘露糖、木糖及半乳糖组成;内酯类:紫萁内酯[(4R,5S)-osmundalctone],5-羟基-2-己烯-4-内酯[(4R,5S)-5-hydroxy-2-hexen-4-olide],5-羟基己烯-4-内酯[(4R,5S)-5-hydroxyhexen-4-olide],3-羟基己烯-5-内酯,葡萄糖基紫萁内酯(osmundalin),二氢异葡萄糖基紫萁内酯(dihydroisoos-mundalin),2-去氧-2-吡喃核糖内酯(2-deoxy-2-ribopy-ranolactone);甾酮:尖叶土杉甾酮(ponasterone)A,蜕皮甾酮(ecdysterone),蜕皮酮(ecdysone);挥发油:主成分为己烷,十七烷及 2,2′,5,5′-四甲基-1,1′-联苯等;还含有紫萁酮(osmundacetone),东北贯众素(dryocrassin),类花楸酸苷(parasorboside),麦芽酚-β-D-吡喃葡萄糖苷(maltol-β-D-glucopyranoside),5-羟甲基-2-糠醛(5-hydroxymethyl-2-furfural),甘油,琥珀酸,棕榈酸甲、乙酯,β-谷甾醇等。**地上部分含挥发油**:主成分为 2,3-二氢噻吩(2,3-dihydro-thiophene),2-异氰酸基-2-甲基丙烷(2-isocyanato-2-methylpropane),乙酸,2-(乙烯氧基)-丙烷[2-(ethenyloxy)-propane]等;还含有去氢催吐萝芙木醇(dehydrovomifoliol),紫萁酮,对羟基节叉丙酮(4-hydroxybenzylideneacetone),15-二十九酮,原儿茶酸,原儿茶醛,对羟基苯甲醛,β-谷甾醇,胡萝卜苷等。

【功效主治】**紫萁贯众**苦,微寒;有小毒。清热解毒,止血,杀虫。用于外感发热,热毒泻痢,痈疮肿毒,吐血,衄血,便血,崩漏,虫积腹痛。**紫萁苗**苦,微寒。止血。用于外伤出血。

【附注】《中国药典》1977 年版、2010 年版,《山东省中药材标准》2002 年版收载紫萁贯众。

附：矛状紫萁

矛状紫萁 var. sublancea (Christ) Nakai（图33），与原种的主要区别是：植株部分营养叶的上部羽片强度收缩变质，成为产生孢子囊群的孢子叶羽片。产地及药用同原种。

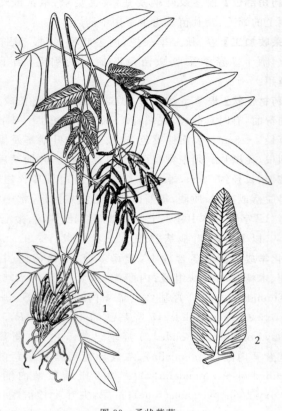

图33 矛状紫萁
1.植株 2.小羽片

蕨科

蕨

【别名】蕨菜、山凤尾、拳头菜。

【学名】Pteridium aquilinum (L.) Kuhn var. latiusculum (Desv.) Underw.
(Pteris latiusculum Desv.)

【植物形态】多年生草本，植株高达1m，或更高。根状茎长而横走，粗壮，被黄褐色茸毛。叶远生；叶柄粗壮，淡褐色，光滑，长25～50cm；叶片阔三角形或长圆状三角形，长30～60cm，宽20～40cm，三至四回羽裂，末回羽片长圆形，顶端圆钝，全缘或下部有1～3对浅裂或波状圆齿；叶脉羽状，侧脉2～3叉；叶片革质，两面近光滑或沿各回羽轴及叶脉下面疏生灰色短毛。孢子囊群沿叶缘分布于小脉顶端的联接脉上；囊群盖线形，薄纸质，为变质的叶缘反卷而成的假囊群盖。（图34）

【生长环境】生于山地林缘、林下草地或向阳山坡。

【产地分布】山东境内产于胶东半岛各山地丘陵及蒙山。在我国除山东外，还分布于全国南北各地，长江以北较多。

【药用部位】嫩叶：蕨菜；根及根茎：蕨根；根及根茎中提取的淀粉：蕨根粉。为民间药，药食两用。蕨根为蕨粉原料。

【采收加工】春季采收嫩叶，鲜用或晒干。秋、冬二季采挖根及根茎，洗净，鲜用或晒干。将根及根茎粉碎后提取淀粉，或用淀粉做成粉丝等食品。

【药材性状】鲜蕨菜常捆成小把。嫩叶长约20cm，叶柄圆柱形，黄绿色或绿紫色，疏被毛；各级幼叶片均卷缩不伸展，常内卷成拳状，被毛。质脆嫩，易折断，断面绿色。气微而特异，味微甜。

以质嫩、色绿或绿紫者为佳。

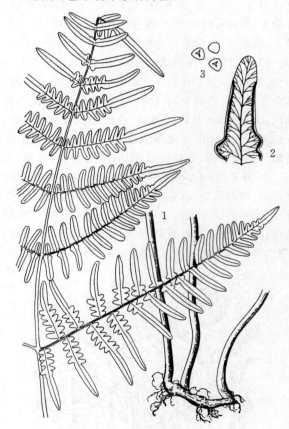

图34 蕨
1.植株的一部分 2.裂片 3.孢子

【化学成分】全草含萜类：蕨素（pterosin）A、B、C、D、E、F、G、I、J、K、L、N、O、Z，蕨素-3-O-β-D-葡萄糖苷，(2R)-蕨素B，(2S,3S)-蕨素C，乙酰蕨素（acetyl pterosin）C，苯甲酰蕨素（benzoylpterosin）B，异巴豆酰蕨素（isocrotonyl pterosin）B，棕榈酰蕨素（palmityl pterosin）A、B、C，苯乙酰蕨素（phenylacetyl pterosin）C，蕨苷（pteroside）A、B、C、D、K、P、Z，蕨根苷（ptaquiloside），欧蕨苷（ptelatoside）A、B、C，凤尾蕨茚酮苷（wallichoside);甾体类:β-谷甾醇,豆甾-4-烯-3-酮,5α-豆甾烷-3,6-二酮(5α-stigmastane-3,6-dione),牛膝甾酮(inokosterone),坡那甾酮 A(ponaterone A),尖叶土杉甾酮(ponasterone)A,尖叶土杉甾酮苷(ponasteroside)A;黄酮类:芦丁,槲皮苷,异槲皮素,山柰酚,山柰酚-3-O-(6″-O-反-对羟基苯丙烯酰基)-β-葡萄糖苷(transtiliroside),异鼠李素-3-O-(6″-O-E-β-香豆酰基)-β-葡萄糖苷[isorhamnetin-3-O-(6″-O-E-β-coumaroyl)-β-glucoside],委陵菜黄酮(transtiliroside),紫云英苷,银椴苷(tiliroside);有机酸:苯甲酸,莽草酸,原儿茶酸,对-羟基苯甲酸,延胡索酸,琥珀酸(succinic acid),对-香豆酰奎宁酸(p-coumaroyl quinic acid),香草酸,反式乌毛蕨酸,苏铁蕨酸;还含异丙三基棕榈酸甘油酯(glycery palmitate),香草醛(vanillin),原儿茶醛(protocatechualdehyde),腺嘌呤核苷。

【功效主治】蕨菜甘,寒。清热利湿,降气化痰,止血。用于外感发热,黄疸,痢疾,带下,噎膈,肺痨咳血,肠风便血,风湿痹痛。蕨根甘,寒;有毒。清热利湿,平肝安神,解毒消肿。用于发热,咽痛,腹泻,痢疾,黄疸,白带,头昏失眠,风湿痹痛,痔疮,脱肛,湿疹,烫伤,蛇虫咬伤。蕨根粉清热解毒,平肝。用于咽喉疼痛,牙痛,清火,泻痢,心痛。

【历史】蕨始载于《食疗本草》。《本草拾遗》云:"蕨生山间,根如紫草,人采茹食之。"《本草纲目》载:"处处山中有之,二、三月生芽,拳曲状如小儿拳。长则开展如凤尾,高三四尺。其茎嫩时采取,以灰汤煮去涎滑,晒干作蔬,味甜滑,亦可醋食。其根紫色,皮内有白粉,捣烂再三洗澄取粉。"所述形态与植物蕨基本一致。

凤尾蕨科

井栏边草

【别名】凤尾蕨、井边草、凤尾草。
【学名】Pteris multifida Poir.
【植物形态】多年生草本,植株高20~40cm。根状茎短而直立,顶端有钻形鳞片。叶二型,簇生;叶柄禾秆色或深禾秆色,长10~15cm,柄上有1条深沟,直达叶轴顶部。孢子叶叶片长卵形,长15~25cm,宽10~20cm,一回羽状;羽片4~8对,下部羽片往往2~3叉,除基部一对有柄外,其余各对基部下延,在叶轴两侧形成狭翅,翅下部渐狭;小羽片条形,先端渐尖,不育,有细锯齿,向下为全缘。营养叶羽片或小羽片较宽,边缘有不整齐的尖锯齿;叶脉羽状分离,侧脉通常2叉,顶端有水囊体,伸达齿端;叶片草质,光滑无毛。孢子囊群线形,沿叶缘连续分布;囊群盖同形,灰色,膜质。n=58。(图35)

【生长环境】生于海拔800m以下的石灰岩缝内、墙缝、井边或灌木林缘阴湿处。

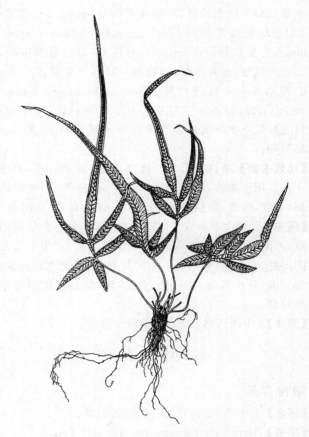

图35 井栏边草

【产地分布】山东境内产于泰安、青岛、临沂、枣庄等地山区。在我国除山东外,还分布于华东、中南、华南、西南地区及河北、山西等地。

【药用部位】全草:凤尾草。为少常用中药。

【采收加工】全年或夏、秋二季采收,洗净,晒干。

【药材性状】全草长约35cm,常扎成小捆。根茎短,棕褐色,下面丛生须根,上面簇生叶。叶片皱缩,草质;展平后呈一回羽状,孢子叶长卵形,长15~25cm,宽约15cm,边缘反卷,孢子囊群生于羽片下面边缘;营养叶羽片边缘具不整齐锯齿;表面灰绿色或黄绿色;叶柄细,有棱,长10~15cm,棕黄色或黄绿色。体轻,质脆。气微,味淡、微涩。

以叶多、色绿、有孢子囊者为佳。

【化学成分】全草含萜类:蕨素(pteronsin)A、B、C、F、N、O、P、Q、S、Z,蕨素 C-3-O-葡萄糖苷(wallichoside),蕨苷 P(pteroside P),乙酰蕨素 B,去羟基蕨素 B(dehydropterosin B),2β,15α-二羟基-对映-16-贝壳杉烯(2β,15α-dihydroxy-ent-kaur-16-ene),2β,16α-二羟基-对映-贝壳杉烷(2β,16α-dihydroxy-ent-kaurane),大叶凤尾苷 A(creticoside A),pterosin C-3-O-β-D-glucopyranoside;黄酮类:芹菜素,芹菜素-7-O-β-D-葡萄糖苷,芹菜素-4′-O-α-L-鼠李糖苷,芹菜素-7-O-β-D-葡萄糖-4′-O-α-L-鼠李糖苷,芹菜素-7-O-β-D-新橙皮糖苷,木犀草素,木犀

草素-7-O-β-D-葡萄糖苷,柚皮素(naringenin),柚皮素-7-O-β-D-新橙皮糖苷(naringenin-7-O-β-D-neohesperidoside),圣草酚(eriodictyol);有机酸:对羟基苯甲酸,二十六烷酸,异香草酸,阿魏酸。**根茎**含萜类:2β,15α-二羟基-(-)-16-贝壳杉烯[2β,15α-dihydroxy-(-)-kaur-16-ene],2β,6β,15α-三羟基-(-)-16-贝壳杉烯,16-羟基-贝壳杉烷-2-β-D-葡萄糖苷即大叶凤尾苷 B;还含 β-谷甾醇等。

【功效主治】淡、微苦,寒。清热利湿,消肿解毒,凉血止血。用于痢疾,泄泻,淋浊,黄疸,疔疮肿毒,喉痹乳蛾,瘰疬,痄腮,乳痈,蛇虫咬伤,吐血,便血,外伤出血。

【历史】井栏边草始载于《履巉岩本草》,名小金星凤尾草,并附图。《植物名实图考》名凤尾草,曰:"生山石及阴湿处,有绿茎、紫茎者。一名井阑草,或谓之石长生。治五淋,止小便痛。"所述形态、生境、功效及附图与本种相似。

【附注】《中国药典》2010 年版附录收载。

中国蕨科

银粉背蕨

【别名】金牛草、金钱草、铜丝草、通经草。

【学名】Aleuritopteris argentea(Gmel.)Fée
(Pteris argentea Gmel.)

【植物形态】多年生草本,植株高 10～25cm。根状茎短,直立或斜升,有棕色狭边的亮黑色披针形鳞片。叶簇生;柄长 5～20cm,栗褐色,有光泽,基部有鳞片;叶片五角形,长宽近相等,5～8cm,三回羽裂;羽片 3～5 对,基部以狭翅相连,基部一对最长大,长 2～5cm,宽 1.5～3cm,有时以无翅的短叶轴与上对分离,近三角形,二回羽裂;小羽片 3～5 对,羽轴下侧的较上侧的大,基部下侧 1 片特大,羽裂,其余向上各片渐小,浅裂或不裂,裂片长圆形,钝尖头,边缘有小圆齿;叶脉羽状,分叉,纤细,下面不明显;叶纸质,下面有乳白色或乳黄色粉末。孢子囊群生于小脉顶端,沿叶边排列,成熟后汇成线形;囊群盖由叶边反卷变质而成,膜质,连续全缘。n=58。(图 36)

【生长环境】生于干旱的岩石缝或旧墙缝中。

【产地分布】山东境内产于各山地丘陵。在我国除山东外,还分布于华北、东北、西北、西南等地区。

【药用部位】全草:金牛草。为少常用中药。

【采收加工】夏、秋二季采收全草,去净泥土,晒干。

【药材性状】全草长 10～20cm。根茎短,棕褐色,被红棕色至深褐色鳞片,无毛。须根棕褐色,多数。叶卷缩;完整叶片展平后呈掌状五角形,长、宽 5～8cm,三回羽裂,最下面的羽片较大,斜三角形,再羽状深裂,裂片长圆形,钝尖头,边缘有小圆齿;上表面深绿色至黑

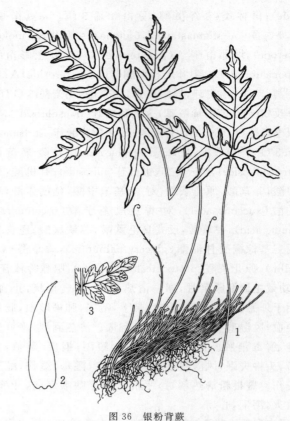

图 36　银粉背蕨
1. 植株　2. 鳞片　3. 裂片,示叶脉

绿色,下表面被乳白色或乳黄色粉末;叶脉纤细,羽状分叉,下表面不凸起;叶柄褐栗色,有光泽。孢子囊群生于小脉顶端,于叶缘成条形,囊群盖厚膜质,连续全缘。体轻,质脆,易碎。气微,味淡。

以叶多、色深绿、背面粉末多、有孢子囊群者为佳。

【化学成分】全草含粉背蕨酸(alepterolic acid),蔗糖和黄酮类化合物。

【功效主治】辛、甘,平。调经活血,解毒消肿,补虚止咳,止血,利湿。用于月经不调,经闭腹痛,赤白带下,肺痨咳嗽,肺痈吐血,大便泄泻,小便涩痛,四肢疼痛,跌打损伤,暴发火眼。

【附注】《中国药典》2010 年版附录、《山东省中药材标准》2002 年版收载。

附:陕西粉背蕨

陕西粉背蕨 Aleuritopteris shensiensis Ching,又名无粉银粉背蕨。与本种的主要区别是:叶片下面不具白粉。山东境内产于济南、泰安、临沂、淄博各山地丘陵。在我国除山东外,还分布于陕西(华山、太白山)、江西、四川及西北各地。

野鸡尾

【别名】小野鸡尾草、金粉蕨、海风丝。

【学名】Onychium japonicum(Thunb.)Kze.

(*Trichomanes japonicum* Thunb.)

【植物形态】多年生草本,植株高30～60cm。根状茎横走,幼时密被深棕色全缘披针形鳞片,老时易脱落而稀疏。叶散生;叶柄禾秆色,长10～30cm,有时基部栗红色;叶片卵状三角形至卵状披针形,长15～30cm,宽10～15cm,四回羽状;羽片约10对,互生,卵状披针形,有短柄,基部一对较大,长7～15cm,宽3～5cm,三回羽裂;各回小羽片彼此接近,上先出,互生,长圆形至斜卵形,基部的较大,长2～3cm,宽1～1.5cm,其余各对向上渐小;末回小羽片长5～8mm,宽不及2mm,全缘,生孢子囊群的末回小羽片短荚果状;叶脉可见,每裂片有中脉1条;叶草质,无毛。孢子囊群顶生脉端,短线形,长3～5mm,成熟时满布裂片背面;囊群盖灰白色,膜质,短线形,盖宽达中脉,形如荚果状。(图37)

图37 野鸡尾
1.植株 2.孢子叶二回小羽片

【生长环境】生于岩石缝间。
【产地分布】山东境内产于塔山。在我国还分布于华东、华中、华南等地区。

【药用部位】全草:小野鸡尾。为民间药。
【采收加工】四季采收带根茎全草,扎成小捆,鲜用或晒干。
【药材性状】全草长30～50cm,常扎成小捆。根茎扁圆柱形,表面密被深棕色披针形鳞片。叶皱缩;完整叶片展开后呈卵圆状披针形或三角状披针形,长10～30cm,宽10～15cm,四回羽裂,末回小羽片梭形,先端短尖,全缘;表面淡黄绿色或棕褐色,略具光泽;叶片草质,孢子囊群生于末回羽片背面的边缘,囊群盖短线形,浅棕色;叶柄细长,略方柱形,表面绿黄色或浅棕色,两侧有纵沟。体轻,质脆。无臭,味微苦。

以叶多、色绿、有孢子囊群者为佳。

【化学成分】叶和根茎含黄酮类:木犀草素,山柰酚-3,7-二鼠李糖苷(kaempferitrin),圣草酚(chrysoeriol),大旋鸡尾酮(japonicone)A、B、C、D、E、F,4,3',4'-三羟基-2,5-二甲氧基查耳酮;萜类:熊果酸(ursolic acid),齐墩果酸,蕨素(pterisin)M,蕨苷(pteroside)M,野鸡尾二萜醇(onychiol)C;香豆素类:大旋鸡尾内酯(japonilactone)A;有机酸:菊苣酸(chicoric acid),咖啡酸,香草酸,4,6-二甲氧基没食子酸(4,6-dimethoxy-gallic acid),原儿茶酸等;还含对羟基水杨醛(p-hydroxysalicylaldehyde),大旋鸡尾内酯B,3,4-二羟基苯乙酮,β-谷甾醇等。

【功效主治】苦,寒。清热解毒,利湿,止血。用于风热外感,咳嗽咽痛,痢疾泄泻,小便淋痛,湿热黄疸,吐血,咳血,便血,痔血,尿血,跌打损伤,烫火伤,疔疮。

【历史】野鸡尾始载于《植物名实图考》,名海风丝。曰:"生广信,一名草莲。丛生,横根绿茎,细如小竹。初生叶如青蒿,渐长细如茴香叶。俚医以治头风,利大小便。"其所述形态及附图与野鸡尾相似。

蹄盖蕨科

河北蛾眉蕨

【别名】蛾眉蕨、贯众、小贯众、亚美蹄盖蕨。
【学名】*Lunathyrium vegetius* (Kitagawa) Ching
(*Lunathyrium acrostichoides* Ching)
(*Asplenium acrostichoides* Sw.)
[*Athyrium acrostichoides* (Sw.) Diels]

【植物形态】根状茎直立,先端连同叶柄基部密被红褐色或深褐色、膜质、阔披针形大鳞片及长鳞毛和节状毛;叶簇生。能育叶长60～80cm;叶柄长20～25cm,禾秆色或带红褐色,上面有纵沟,下面近光滑;叶片狭长圆形或倒披针形,长35～60cm,中部宽16～24cm,急尖头,一回羽状,羽片深羽裂;羽片20对左右,下部3对左右向下略缩短,基部一对长3～4cm,近对生,彼此远离,相距2～3cm,中部羽片披针形,长9～13cm,宽

1～2cm,先端渐尖,基部阔楔形,互生,斜展,深羽裂;裂片15～18对,长圆形,长5～7mm,基部宽3～7mm,圆钝头,近全缘或有波状圆齿。叶脉上面凹陷,下面微凸,在裂片上为羽状,有侧脉4～5对,小脉单一。叶干后纸质,褐绿色。不育叶片上面短节状毛显著;能育叶上、下面几无毛,叶轴和羽轴与叶柄同色,下面稍有疏短毛或近光滑。孢子囊群长圆形,每裂片2～4对;囊群盖新月形,近全缘,宿存。孢子二面形,周壁表面有少数连续的皱褶状突起。(图38)

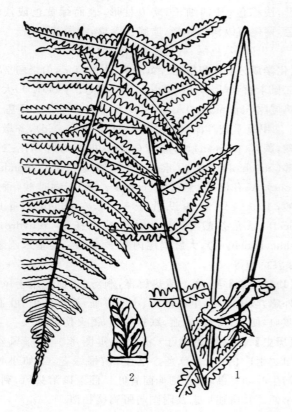

图38 河北蛾眉蕨
1.植株 2.裂片

【生长环境】生于林下湿地。
【产地分布】山东境内产于徂徕山。在我国除山东外,还分布于北京、河北、河南等地。
【药用部位】根茎及叶柄残基:蛾眉蕨贯众。为较常用中药。
【采收加工】夏、秋二季采挖,采后洗净,削去须根和叶柄,晒干。
【药材性状】根茎长卵圆形,一端渐尖,上端较圆,长10～15cm,直径6～10cm;表面暗棕色,密被叶柄残基,并有细长弯曲的须根及浅棕色的鳞叶;质坚硬,断面不规则,有深黄色点状分体中柱。叶柄残基长3～6cm,宽0.7～1cm;表面黑棕色,上部较宽而扁,两侧边缘有明显的刺状突起,向下渐细,呈菱方形,背面隆起,腹面稍内凹;质硬,断面有黄白色分体中柱2个,排成"八"字形。气微,味微涩。
【功效主治】苦、涩,微寒;有小毒。清热解毒,止血,杀虫。用于痢疾,虫积。

附:山东蛾眉蕨

山东蛾眉蕨 Lunathyrium shandongense J. X. Li et F. Z. Li [*Lunathyrium pycnosorum* (Christ) Koidz](图39;彩图4-模式标本;图版Ⅲ:15,18)。根状茎短粗,直立,先端连同叶柄基部密被棕褐色鳞片。叶簇生;叶柄长25～30cm,红紫色或红褐色,向上疏被披针形鳞片和透明多细胞节状毛;叶片长圆状倒披针形,长25～50cm,中部以上最宽,宽12～17cm,下部稍缩短或几不缩短,宽10～12cm,二回羽状,羽片深羽裂;羽片20～25对,互生,无柄,开展,下部1～3对稍缩短或几不缩短,长约5cm,相距4～4.5cm,中部以上羽片长为6～8cm,宽1.5cm,披针形,彼此密接,先端尾尖,基部平截,羽裂几达羽轴;裂片12～20对,平展,长圆形,圆头或圆钝头,全缘或有疏细齿,两边全缘或有少数粗钝齿,裂片间缺刻处有少数或无节状短柔毛着生;叶片下部一对羽片的基部上侧第一裂片格外伸长,长为正常裂片的一倍以上,长约1.5cm,三角状卵形,渐尖头,并羽状深裂。叶脉两面可见,在裂片上为羽状,每裂片有侧脉5～6对,小脉单一,斜上。叶干后薄草质,两面疏被棕色节状短柔毛,沿叶轴和羽轴上节状柔毛较密。孢子囊群近圆状卵形,每裂片34对,彼此密接;囊群盖同形,厚膜质,棕色,边缘啮蚀状,宿存。

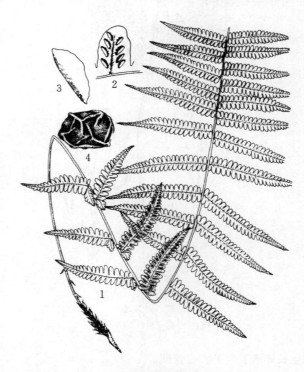

图39 山东蛾眉蕨
1.叶 2.裂片(下表面) 3.囊群盖 4.孢子

孢子二面形,周壁表面具清晰的少数断续的条脊状皱褶突起。产牙山,山东特有种。生海拔200m的林下溪边。药用同河北蛾眉蕨。

肿足蕨科

山东肿足蕨

【别名】肿足蕨、治晕草(济宁)。

【学名】Hypodematium sinense Iwatsuki

【植物形态】多年生草本,植株高达50cm。根状茎横走,与叶柄基部膨大处均密被红棕色披针形鳞片。叶近生,二列;叶柄长达26cm,直径约1mm,禾秆色,近光滑;叶片阔卵状五角形,长达24cm,宽约20cm,先端渐尖并为羽裂,基部楔形,三回羽状;羽片12对,基部一对对生,向上互生,斜展,有柄,下部两对相距约5.5cm,基部一对最大,长约17cm,宽约8cm,长三角形,先端渐尖,基部阔楔形,二回羽状;二回小羽片约10对,互生,有短柄,斜展,基部下侧一片最大,长约7cm,宽约3cm,长三角形,一回羽状;末回小羽片5~6对,长圆形,长约8mm,宽约5mm,先端3锯齿,两侧羽裂;裂片椭圆,先端钝尖或有2粗锯齿,全缘;叶脉羽状,分离,每裂片2~3条,小脉伸向齿端,下面明显;叶草质;叶轴、羽轴和叶片两面密被球杆状腺毛。孢子囊群圆肾形,每裂片1枚,生于小脉中部;囊群盖淡棕色,膜质,宿存,有球杆状腺毛。孢子周壁表面有疣状纹饰。(图40)

【生长环境】生于低山丘陵石灰岩的石缝间。

【产地分布】山东境内产于泰安、济南、临沂、枣庄、济宁等山地丘陵。在我国除山东外,还分布于江苏、河南、陕西、江西、湖南等地。

【药用部位】全草:治晕草。为民间药。

【采收加工】夏、秋二季采收,除去杂质,晒干。

【药材性状】全草常捆扎成把,长30~45cm。根茎呈不规则柱状,密被红棕色披针形鳞片;质硬脆,断面淡棕色或淡绿色,有数个黄白色点状分体中柱环列。叶皱缩或破碎;完整叶片展平后呈阔卵状五角形,三回羽状,最基部一对羽片对生,向上互生,末回小羽片5~6对,长圆形,先端有3锯齿,两侧羽状;表面黄绿色,两面及叶轴、羽轴表面均密被细小球杆状腺毛;孢子囊群圆肾形,生于叶裂片小脉中部,囊群盖淡棕色,膜质;叶柄长约20cm,基部膨大部分密被红棕色披针形鳞片,断面有两个黄白色长圆形分体中柱呈"八"字形排列。叶片质脆,易碎。气微,味淡。

以叶多、色黄绿、带根茎、孢子囊群多者为佳。

【化学成分】全草含肿足蕨苷(changzujueside),肿足蕨碱(hypodematine),对苯二甲酸二甲酯(dimethyl terephthalate),多糖及无机元素铜、铁、锌、锰、铯、镍等。

图40 山东肿足蕨
1.植株 2.末回小羽片 3.叶柄基部的鳞片
4.囊群盖 5.孢子 6.球杆状腺毛

【功效主治】苦,平。和胃止呕,平肝安神。用于恶心,呕吐,失眠,心慌心悸,头晕目眩,不育不孕。

【历史】肿足蕨始载于《植物名实图考》,名金丝矮它它,曰:"生云南山石间。茎叶皆如蕨,而高不俞尺,横根;一茎一白,白皆突起如节。土医以治筋骨、痰火。"又有小金狗之称,意该科植物根茎横卧,连同叶柄基部均密被红棕黄色或黄棕色披针形鳞片,形似。其描述和附图与肿足蕨属植物基本一致。

附:修株肿足蕨

修株肿足蕨 H. gracile Ching,与本种的主要区别是:叶片四回羽状。叶轴、羽轴和叶片下面被灰白色单细胞针状毛和球杆状腺毛。叶干后上面叶脉下陷。山东境内产于泰山、枣庄、济宁、临沂等山地丘陵。产地与山东肿足蕨混用。

鳞毛蕨科

全缘贯众

【别名】贯众、小贯众。

【学名】Cyrtomium falcatum (L. f.) Presl
(Polypodium falcatum L. f.)

【植物形态】多年生草本,植株高25~60cm。根状茎短粗,直立,密被鳞片;鳞片大,棕褐色,质厚,阔卵形或卵形,有缘毛。叶簇生;叶柄长10~25cm,直径约4mm,禾秆色,密被大鳞片,向上渐稀疏;叶片长圆状披针形,长10~35cm,宽8~15cm,一回羽状;顶生羽片有长柄,与侧生羽片分离,卵状披针形或呈2~3叉状;侧生羽片3~11对或更多,互生或近对生,略斜展,有短柄,卵状镰刀形,中部的略大,长6~10cm,宽2~4cm,先端尾状渐尖或长渐尖,基部圆形,上侧多少呈耳状凸起,下侧圆楔形,全缘,有时波状缘或多少有浅直齿,具加厚的边,其余向上各对羽片渐狭缩,向下近等大或略小;叶脉网状,每网眼有内藏小脉1~3条;叶革质,仅沿叶轴有少数纤维状小鳞片。孢子囊群圆形,生于内藏小脉中部;囊群盖圆盾形,边缘略有微齿。孢子周壁有疣状褶皱,表面具细网状纹饰。n=82。(图41;图Ⅲ:2,5)

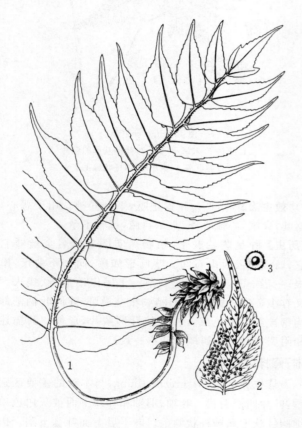

图41 全缘贯众
1.植株 2.羽片 3.囊群盖

【生长环境】生于沿海潮水线的岩石缝间。

【产地分布】山东境内产于崂山、威海、石岛、胶南等地沿海。在我国除山东外,还分布于江苏、浙江、福建、广东、台湾等地沿海。

【药用部位】根茎及叶柄残基:小贯众。为较常用中药。

【采收与加工】全年采挖,除去须根及叶柄,洗净,晒干。

【药材性状】根茎短粗,直立;表面棕褐色,密被鳞片和叶柄残基;鳞片棕褐色,阔卵形或卵形,具缘毛。叶柄残基长2~4cm,直径3~4mm,棕色,有不规则纵棱。质较硬,断面有6个类白色小点(分体中柱)断续排列成环。气微,味涩、微甜。

以根茎粗大、叶柄基部粗壮、气味浓者为佳。

【化学成分】根茎及叶柄含贯众苷(cyrtomin),贯众素(cyrtominetin),紫云英苷(astragalin),异槲皮苷(isoquercitrin),黄绵马酸(flavaspidic acid)等。

【功效主治】苦、涩,寒。清热解毒,凉血止血,驱虫。用于外感,热病斑疹,喉痹,乳痈,瘰疬,痢疾,黄疸,吐血,便血,崩漏,痔血,带下,跌打损伤,虫积。

【历史】见贯众。

贯众

【别名】小贯众。

【学名】Cyrtomium fortunei J. Sm.

【植物形态】多年生草本,植株高30~60cm。根状茎短粗,直立或斜升,密被鳞片;鳞片褐色,披针形或狭披针形,有缘毛。叶簇生;叶柄长10~25cm,禾秆色,基部密被鳞片,向上达叶轴中部渐稀疏而小;叶片长圆状披针形至披针形,长15~40cm,宽10~15cm,一回羽状;顶生羽片有长柄,与侧生羽片分离,2~3叉状或有时基部一侧有1裂片;侧生羽片10~22对,互生或近对生,有短柄,镰刀状披针形,中部的羽片略大,长6~8cm,宽2~3cm,渐尖头或长渐尖头,基部上侧呈耳状凸起,尖耳状凸起或为圆形,下侧圆楔形,边缘有缺刻状细锯齿,其余向上各对羽片稍渐狭缩,向上各对羽片近等大或略小;叶脉网状,每网眼有内藏小脉1~2条;叶纸质或坚草质,边缘不加厚,仅沿叶轴和羽轴有少数纤维状或披针形小鳞片。孢子囊群圆形,生于内藏小脉中部或近顶端;囊群盖大,圆盾形,棕色,质厚,全缘。孢子周壁有疣块状褶皱,表面有片状纹饰。(图42;图版Ⅲ:8,11)

【生长环境】生水沟边、水井壁、路旁石缝或阴湿处石灰岩缝。

【产地分布】山东境内产于肥城、济南等地。在我国除山东外,还分布于长江以南各省区,北达河北、山西、陕西、甘肃等地。

【药用部位】根茎及叶柄残基:小贯众;叶:公鸡头叶。为少常用中药。

【采收加工】全年采集,削去叶柄及须根,洗净,晒干。夏、秋二季采叶,洗净,鲜用或晒干。

【药材性状】根茎梨形,稍弯曲,长3~9cm,直径3~5cm;表面黑棕色,有多数叶柄残基及黑色弯曲的须根,并被红棕色微具光泽的鳞片;质硬,难折断,断面淡

附：山东贯众

山东贯众 C. shandongense J. X. Li(图43；彩图1-模式标本；图版Ⅲ：7，10)，与贯众的主要区别是：顶生羽片有长柄，与侧生羽片分离呈羽裂。囊群盖全缘；孢子周壁有稀疏的瘤状突起，并有细颗粒状和小片状纹饰。山东境内产于费县、平邑、泰安等地。药用同贯众。

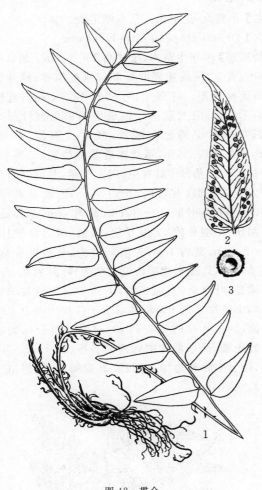

图42 贯众
1.植株 2.羽片 3.囊群盖

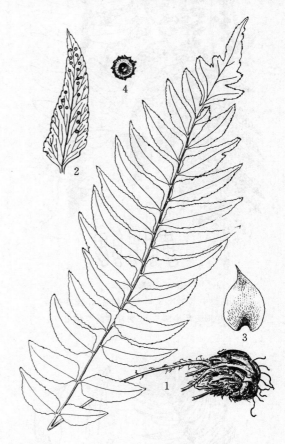

图43 山东贯众
1.植株 2.羽片 3.叶柄基部鳞片 4.囊群盖

黄棕色，有黄白色维管束小点4个。叶柄基部略呈四棱状圆柱形，稍弯曲，长2.5～4cm，直径3～4mm；表面黑棕色；质硬，横断面近角棱处有黄白色维管束小点4个(或1～3个)。气微，味微涩。

以个大、色黑棕、质坚实、断面淡黄棕者为佳。

【化学成分】根茎及叶柄基部含黄绵马酸(flavaspidic acid)，鞣质，挥发油，氨基酸，树胶及糖类。地上部分含异槲皮苷，紫云英苷，冷蕨苷(cyrtopterin)和贯众苷。

【功效主治】**小贯众**苦、涩，微寒；有小毒。清热解毒，止血杀虫。用于肝阳上亢，头晕，头痛，蛔钩虫病。**公鸡头叶**苦，微寒。凉血止血，清热利尿。用于崩漏，白带，刀伤出血，烫火伤。

【历史】贯众始载于《神农本草经》，列为下品。本草记载的贯众来源相当复杂。《植物名实图考》引《蜀本草》曰："苗似狗脊，状如雉尾，形容最切；其叶对生，无锯齿，与狗脊异耳。诸书皆以治血症，而俗以治疫，浸之井与缸中，饮其水，不患时气"，并附贯众图，与本种极相似。邢公侠认为《本草纲目》中的贯众附图系指全缘贯众。

密齿贯众

密齿贯众 C. confertiserratum J. X. Li, H. S. Kung et X. J. Li(图44；彩图2-模式标本；图版Ⅲ：1，4)，本种近似贯众，但顶生羽片菱形，基部1～2深裂，裂片长3～4cm，宽约1cm，侧生羽片边缘有细密锯齿，囊群盖边缘有波状小齿，孢壁具不规则的瘤状纹饰。山东境内产于泰安(良庄)等地。药用同贯众。

倒鳞贯众

倒鳞贯众 C. reflexosquamatum J. X. Li et F. Q. Zhou(图45；彩图3-模式标本；图版Ⅲ：3，6)，本种近似山东贯众 Cyrtomium shandongense J. X. Li，但形体较大，高达60cm，羽片较多，达15～29对，叶轴基部以上密被线形、褐色的倒生鳞片，孢壁为耳片状及网结状纹饰。山东境内产于济南西营。药用同贯众。

半岛鳞毛蕨

【别名】小贯众(昆嵛山)、辽东鳞毛蕨。

【学名】Dryopteris peninsulae Kitagawa

【植物形态】多年生草本,植株高 25~60cm。根状茎粗壮,短而直立,顶端连同叶柄基部密被鳞片;鳞片棕褐色,卵状披针形。叶簇生;叶柄长 13~18cm,直径约 3mm,禾秆色,向上直达叶轴疏生黑褐色披针形小鳞片,偶有卵状棕褐色大鳞片;叶片长圆形,长 15~45cm,中部宽约 20cm,基部或近基部最宽,二回羽状;羽片约 15 对,基部 1 对对生,向上互生,长圆状披针形或镰刀状披针形,有短柄,长约 5mm,彼此分离,相距 4~5cm,基部羽片长 10~12cm,宽约 4cm,基部最宽,一回羽状;小羽片约 12 对互生,斜展,镰刀状披针形,长 2~2.8cm,宽约 1cm,先端渐尖头,基部近对称,两侧略呈耳状,边缘有微锯齿或近全缘;叶脉羽状,分离,下面明显;叶草质,上面光滑,下面和羽轴疏被深褐色披针形小鳞片。孢子囊群通常生于叶片中部以上的羽片背面,约占叶片的 1/2~2/3,有时一直分化到基部羽片的先端,沿小羽片中脉两侧各排成 1 行,5~8 对,密接,位于中脉和边缘之间;囊群盖褐色,质厚,宿存。$n=82$。(图 46)

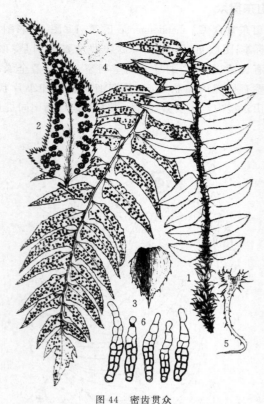

图 44 密齿贯众
1.叶 2.中部羽片 3.叶基部鳞片 4.囊群盖
5.叶轴中部小鳞片 6.羽片背面节状毛

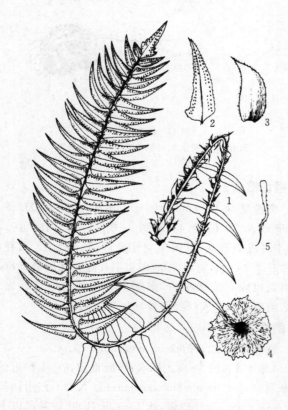

图 45 倒鳞贯众
1.叶 2.中部羽片 3.叶基部鳞片
4.囊群盖 5.叶轴中部小鳞片

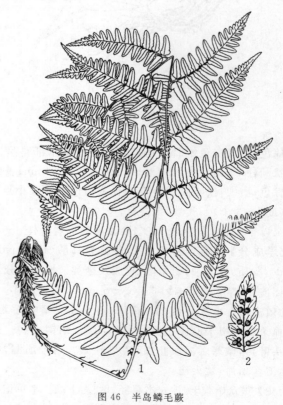

图 46 半岛鳞毛蕨
1.植株叶片 2.小羽片

【生长环境】生阴湿山沟或林下。

【产地分布】山东境内产于鲁中南及胶东半岛各山区,是山东省最常见的蕨类植物之一。在我国除山东外,还分布于辽宁、安徽、河南、陕西、湖北、江西等地。

【药用部位】根茎及叶柄残基:小贯众(鳞毛蕨)。为民间药。

【采收加工】夏、秋二季采挖,削去叶柄及须根,除去泥土,晒干。

【功效主治】苦,凉。清热解毒,凉血止血,杀虫。用于温病发热,吐血,衄血,崩漏,产后便血,寄生虫病。

骨碎补科

海州骨碎补

【别名】申姜、毛姜(昆嵛山、崂山、青岛)。

【学名】Davallia mariesii Moore ex Bak.

【植物形态】多年生草本,植株高15~20cm。根状茎长而横走,连同叶柄基部密被蓬松的鳞片;鳞片灰白色,阔披针形,顶端长渐尖,边缘有睫毛。叶远生;叶柄基部以关节与根状茎相连;叶片五角形,长与宽8~14cm,先端短渐尖,四回羽状细裂;羽片6~7对,有短柄,基部一对最大,长三角形,长5~7cm,宽4~6cm,向上的羽片渐缩小而为长圆形;末回裂片卵圆形,宽1.5~2mm,顶端钝或2裂为不等长的粗钝齿;叶脉单一或分叉,不明显,每齿有小脉1条;叶为坚草质,无毛。孢子囊群生于小脉顶端,每裂片1对;囊群盖半杯状,棕色,厚膜质,长约为宽的2倍,顶端截形,不达到钝齿的弯缺处,成熟时孢子囊群突出口外,覆盖裂片顶端。(图47)

【生长环境】生于山坡阴湿的岩石上。

【产地分布】山东境内产于胶东半岛及蒙山等山区。在我国除山东外,还分布于辽宁、江苏、浙江、台湾、福建、江西、湖南等地。

【药用部位】根茎:骨碎补。为民间药。

【采收加工】夏、秋二季采挖根茎,除去叶柄及须根,洗净,晒干。

【化学成分】根茎含萜类:何帕-16-烯(hopan-16-ene),何帕-21-烯,何帕-22(29)-烯,羟基何帕烷(hydroxyhopane),异何帕-22(29)-烯,新何帕-12(18)-烯,羊齿-7-烯(fern-7-ene),羊齿-9(11)-烯,东北贯众醇(dryocrassol)即何帕烷-3-O-醇,环劳顿烯醇乙酸酯(cyclolaudenyl acetate),环青冈甾烯醇乙酸酯(cyclobalanyl acetate),海州骨碎补苷(marioside);黄烷醇类:左旋表儿茶精-3-O-β-D-吡喃阿洛糖苷,(—)-表儿茶素-5-O-β-D-吡喃葡萄苷,骨碎补素(davallin),骨碎补苷(davallioside)A、B,原花青素(procyanidins)B-2、B-5,原矢车菊素(procyanidin)B_2、B_5;还含有圣草酚-7-O-β-D-葡萄糖醛酸苷(eriodictyol-7-O-β-D-glucuronide),5,7-二羟基色酮-7-O-β-D-葡萄糖醛酸苷甲酯,香草酸-4-O-β-D-吡喃葡萄糖苷,1-萘酚-β-D-吡喃葡萄糖苷,骨碎补内酯(davallialactone),环鸦片甾烯醇乙酸酯(cyclolaudenyl acetate),咖啡酸。叶含羊齿-9(11)-烯,羊齿7,9(11)-二烯,羊齿-7-烯,何帕-22(29)-二烯,何帕醇,东北贯众素。

【功效主治】苦,温。补肾健骨,祛风止痛,行血活络。用于跌打损伤,风湿痹痛,肾虚牙痛,腰痛,久泻。

图47 海州骨碎补
1.植株 2.小羽片 3.根茎上的鳞片

水龙骨科

华北石韦

【别名】小叶石韦、独叶茶(烟台)、猫耳朵(烟台)。

【学名】Pyrrosia davidii (Bak.) Ching
(*Polypodium davidii* Bak.)
[*Pyrrosia pekinensis* (C. Chr.) Ching]

【植物形态】多年生草本,植株高5~20cm。根状茎长而横走,直径2~3mm,密被鳞片;鳞片黑褐色,质厚,披针形,长渐尖,近全缘。叶近生;柄长2~5cm,直径约2mm,淡绿色,基部有鳞片,向上疏被星状毛;叶片狭披针形,长5~15cm,中部宽1~1.5cm,先端渐尖,基部渐变狭,下延几达叶柄基部,全缘,干后有时向上内卷;叶脉不明显;叶近革质,上面近光滑,有凹点,下面密被黄棕色星状毛。孢子囊群圆形,多行,密接,成熟后满布叶片下面或较大部分;无囊群盖。(图48)

【生长环境】生于林下岩石缝间。

【产地分布】山东境内产于泰山、蒙山、徂徕山。在我国分布于长江以北各地。

【药用部位】叶:石韦。为常用中药。

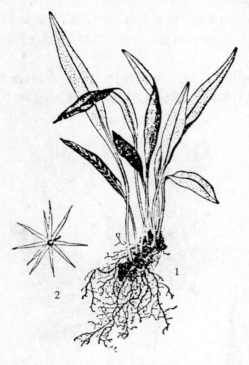

图48 华北石韦
1.植株 2.星状毛

【采收加工】秋季采收,除去根及根茎,晒干。
【药材性状】叶向内卷曲成筒状或平展,一型。完整叶片展平后呈披针形或线状披针形,长5～15cm,宽1～1.5cm。先端长渐尖,基部渐尖狭,全缘。上表面黄绿色或黄棕色,有凹点;下表面密被黄棕色星状毛,孢子囊群多行,密布于主脉两侧。叶柄长2～5cm,直径1～2mm。叶片软革质,较韧。无臭,味淡。

以叶片完整、色绿、质厚者为佳。

【化学成分】全草含绿原酸(chlorogenic acid),熊果酸,橙酮双糖苷[其苷元为金鱼草素(aurensidin)],胡萝卜苷,β-谷甾醇等。
【功效主治】甘、苦,微寒。利尿通淋,清肺止咳,止血。用于热淋,血淋,石淋,小便不通,淋沥涩痛,肺热咳嗽,吐血,衄血,尿血,崩漏。
【历史】见有柄石韦。

有柄石韦

【别名】石韦、独叶茶(烟台)、八宝茶(平邑)。
【学名】Pyrrosia petiolosa (Christ) Ching
(Polypodium petiolosum Christ)
【植物形态】多年生草本,植株高4～15cm。根状茎横走,直径2～3mm,密被鳞片;鳞片棕褐色,卵状披针形,边缘有睫毛。叶近二型,远生。营养叶矮小,高4～6cm,有短柄,叶柄和叶片几等长,叶片卵形至卵状长圆形,长3～4cm,宽1～1.8cm,钝圆头,基部楔形下延,全缘,上面幼时疏被星状毛并有凹点,下面密被灰棕色星状毛;叶脉不明显。孢子叶较大,高约15cm,柄2～3倍长于叶片,密被星状毛,叶片长卵形至长圆状披针形,长4～5cm,宽1～2cm,顶端钝头,基部略下延;叶脉不明显;叶厚革质,幼时上面疏生星状毛并有小凹点,后脱落近无毛,下面密被灰棕色星状毛,干后通常向上内卷,几成筒状。孢子囊群深棕色,成熟时汇合并满布于叶片下面,隐没于星状毛中。(图49)

图49 有柄石韦

【生长环境】生于岩石上。
【产地分布】山东境内产于济南、泰安、临沂、淄博、潍坊、青岛、烟台等山地丘陵,是山东省常见蕨类植物之一。在我国除山东外,还分布于东北、华北、西北、中南、西南等地区。
【药用部位】叶:石韦。为常用中药。
【采收加工】秋季采收,除去根及根茎,晒干。
【药材性状】叶片多卷曲呈筒状,近二型。完整叶片展平后长圆形或矩圆状披针形,长3～5cm,宽1～2cm。先端钝圆头,基部楔形,对称,下延至叶柄,全缘。上表面黄绿色或灰绿色,散有多数黑色圆形小凹点;下表面密被灰棕色星状毛,孢子叶布满棕色孢子囊群。叶柄长于叶片,长3～10cm,直径1～2mm。叶片革质。气微,味微苦。

以叶片完整、色绿、质厚者为佳。

【化学成分】全草含黄酮类：木犀草素，棉黄素（gossypetin）；三萜类：24-methylene-9,19-cyclolanost-3β-yl acetate，环桉烯醇（cycloeucalenol）及里白烯（diploptene）；有机酸：绿原酸（chlorogenic acid），咖啡酸，香草酸，3,4-二羟基苯丙酸；挥发油：主成分为2H-1-苯并呋喃-2-酮（2H-1-benzopyran-2-one），4,10,14-三甲基-2-十五烷酮，三甲基氧化磷（trimethylphosphine oxide）等；还含原儿茶醛，β-谷甾醇，胡萝卜苷。

【功效主治】甘、苦，微寒。利尿通淋，清肺止咳，止血。用于热淋，血淋，石淋，小便不通，淋沥涩痛，肺热咳嗽，吐血，衄血，尿血，崩漏。

【历史】石韦始载于《神农本草经》，列为中品。《本草经集注》云："蔓延石上，生叶如皮，故名石韦，出建平者叶长大而厚。"《本草图经》曰："叶如柳，背有毛，而斑点如皮"。《本草纲目》云："叶长者近尺，阔寸余，柔韧如皮，背有黄毛。"《植物名实图考》云："石韦，种类殊多，今以面绿，背有黄毛，柔韧如韦者为石韦。"据所述形态及附图，说明古代石韦来源于石韦属多种植物，与现今药用情况一致。

【附注】《中国药典》2010年版收载。

银杏科

银杏

【别名】白果、白果树（临沂）、公孙树。

【学名】Ginkgo biloba L.

【植物形态】落叶乔木，高达40m。树皮灰色，纵裂；雌株树枝开展，雄株树枝常向上伸。叶在短枝上簇生，在长枝上互生；叶片扇形，长3～12cm，宽5～15cm，先端中央2浅裂，基部宽楔形，上缘常呈浅波状或不规则浅裂，有多数叉状平行的细脉；叶柄长3～9cm。幼枝及萌芽枝上的叶常较大，先端2深裂。球花单性，雌、雄异株；雌、雄球花均簇生于短枝顶端的鳞片状叶腋内；雄球花柔荑花序状，下垂，雄蕊具短柄，花药2；雌球花6～7，簇生，具长柄，顶端2叉，各生胚珠1枚，通常仅有1枚胚珠发育成熟。种子核果状，肉质；外种皮成熟时黄色，肉质，被白粉状蜡质，有臭味，中种皮白色，骨质，有2～3棱，内种皮膜质，淡红褐色，胚乳丰富，子叶2枚。花期4～5月；种子成熟期9～10月。2n=24。（图50）

【生长环境】栽培于各地古建筑、公园、街道或庭院，国家Ⅰ级保护植物。

【产地分布】山东境内产于各山地丘陵。据资料记载，山东省内各大古迹存千年以上树龄的古银杏48株，500年以上的古银杏200余株。莒县浮来山有一株树龄3 000年以上的古银杏树；沂源县龙洞有一株1 000年以上的古银杏树，曾出现过种子着生于叶缘缺刻处

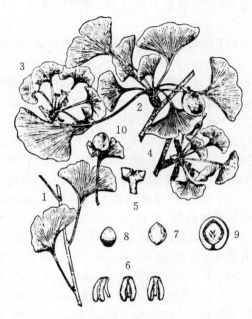

图50　银杏

1.长枝 2.短枝 3.雌球花枝 4.雄球花枝 5.雌球花上端 6.雄蕊正、背、侧面观 7.除去外种皮的种子 8.除去外中种皮的种子，示膜质内的种子 9.种子纵剖面 10.叶缘上着生的种子

叶脉顶端的返祖现象。郯城建成了10万亩的银杏生产基地，成为国内外驰名的"银杏之乡"。全国各地有引种栽培。银杏为我国特产。

【药用部位】叶：银杏叶（白果叶）；除去外种皮的种子：白果；根：白果树根。为较常用中药和民间药，白果药食两用，银杏叶可用于保健食品，银杏叶茶以及银杏叶提取物的原料。白果为山东著名道地药材。

【采收加工】秋季采叶，鲜用或晒干。秋末种子成熟时采收，除去肉质外种皮，洗净，稍蒸或略煮后，晒干或烘干。伐树时采根，洗净，晒干。

【药材性状】干燥叶大多折叠或破碎。完整叶片展平后呈扇形，长3～12cm，宽5～15cm。上缘呈不规则波状弯曲或有缺刻，有的中央凹入，深者可达叶长的4/5，基部楔形。表面黄绿色或浅黄棕色，叶脉细密，为二叉状平行脉，光滑无毛。叶柄长2～8cm。纸质，易纵向撕裂。气微，味微苦。

以叶片完整、色黄绿者为佳。

除去外种皮的种子略呈椭圆形，长1.5～2.5cm，宽1～2cm，厚约1cm；表面黄白色或淡棕黄色，平滑，具2～3条棱线，一端稍尖，另一端钝；中种皮骨质，坚硬；内种皮膜质，红褐色或淡黄棕色。种仁扁球形，淡绿色，胚乳肥厚，粉性，中间有空隙；胚极小。无臭，味甜、微苦。

以粒大、壳色黄白、种仁饱满、断面淡黄者为佳。

根圆柱形，稍弯曲，有分枝，长短不一，直径0.5～3cm。表面灰黄色，有纵皱纹、横向皮孔及侧根痕。质

硬,断面黄白色,具放射状纹理,皮部纤维性。气微,味淡。

【化学成分】叶含黄酮类:山柰酚,木犀草素,槲皮素,异鼠李素(isorhamnetin),丁香黄素(syringetin),山柰酚-3-O-α-L-鼠李葡萄糖苷,山柰酚-3-(6‴-对香豆酰葡萄糖基-β-1,4-鼠李糖苷)[kaempferol-3(6‴-p-coumaroyl-glucosyl-β-1,4-rhamnoside)],槲皮素-3-O-(2″-O-β-D-吡喃葡萄糖基)-α-L-吡喃鼠李糖苷,芦丁,异鼠李素-3-O-芸香糖苷,穗花杉双黄酮(amentoflavone),白果双黄酮(ginkgetin),异白果酸黄酮(isoginkgetin),金松双黄酮(sciadopitysin),5′-甲氧基银杏双黄酮(5′-methoxy-bilobetin);萜类内酯:白果苦内酯(ginkgolide,银杏内酯)A、B、C、J、K、L、M,白果内酯(bilobalide)A、B、C、M、J;有机酸:银杏酸(ginkgolic acid),氢化白果酸(hydroginkgolic acid),腰果酸(anacardic acid),莽草酸(shikimic acid),6-羟基犬尿酸(6-hydroxykynurenic acid)等;氨基酸:苏氨酸,缬氨酸,赖氨酸等17种;还含白果醇(ginnol),红杉醇(sequoyitol),白果酮(ginnone),银杏酮(bilobanone),白果酚(ginkgol),芝麻素(α-sesamin),水溶性多糖,挥发油及无机元素钾、锰、磷、锶等。种子含银杏毒素(ginkgotoxin)、腰果酸,银杏白果多糖(GBSP)、由D-甘露糖组成的匀多糖。种子油主含亚油酸、油酸和少量棕榈酸;还含维生素C、E,胡萝卜素和无机元素钙、磷、硼、硒、钾、镁、锌、铜等。种仁含蛋白质,脂肪和糖。

【功效主治】银杏叶甘、苦、涩,平。敛肺,平喘,活血化瘀,止痛。用于肺虚咳喘,眩晕心痛。白果甘、苦、涩,平;有毒。敛肺定喘,止带浊,缩小便。用于痰多喘咳,带下白浊,遗尿尿频。白果树根用于带下病,遗精。

【历史】银杏始载于《绍兴本草》,曰:"其色如银,形似小杏,故以名之。"《本草纲目》曰:"银杏,原生江南,以宣城者为胜,树高二三丈,叶薄,纵理俨如鸭掌形,有刻缺,面绿背淡,二月开花成簇,青白色,二更开花,随即卸落,人罕见之。一枝结子百十,经霜乃熟,烂去肉,取核为果,其核两头尖,其仁嫩时绿色,久则黄。"其形态及附图均与银杏一致。

【附注】①《中国药典》2010年版收载白果、银杏叶、银杏叶提取物。②药理研究表明,银杏叶提取物可扩张冠状动脉血管,增加脑血流量,改善脑营养,还有明显的抗血小板活性因子及抗菌作用。

松科

雪松

【别名】香柏、松树。

【学名】Cedrus deodara (Roxb.) G. Don (*Pinus deodara* Roxb.)

【植物形态】常绿乔木,高达50m。树皮深灰色,裂成不规则的鳞状块片;树冠塔形,主干端直,侧枝平展,小枝常下垂;一年生枝淡灰黄色,密被短柔毛,微有白粉;叶在长枝上辐射伸展,短枝上成簇生状;针叶坚硬,常呈三棱形,长2.5~5cm,幼时有白粉,灰绿色,每面均有气孔线,球花单性,雌、雄同株;雄球花长圆柱形,长2~3cm,比雌球花早开放;雌球花卵圆形,长约8mm。球果卵圆形至宽椭圆形,长7~12cm,直径5~9cm,顶端圆钝;种鳞木质,扇状倒三角形,长2.5~4cm,宽4~6cm;苞鳞短小。种子近三角形,种翅宽大,连同种子长2.2~3.7cm。花期10~11月;球果第2年10月成熟。(图51)

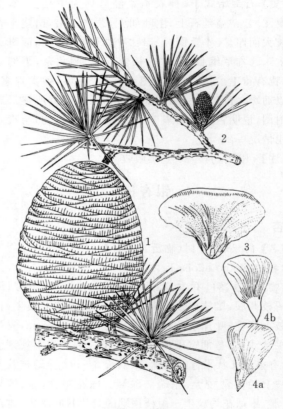

图51 雪松
1.球果枝 2.雄球花枝 3.种鳞
4.种子(a.背面观 b.腹面观)

【生长环境】栽培于园林或街道两旁。

【产地分布】山东各地均有栽培。全国各大城市广泛栽培为公园绿化树。模式标本采自喜马拉雅山区西部。

【药用部位】叶:松针;木材:雪松木。为民间药。

【采收加工】全年采收叶及木材,鲜用或晒干。

【化学成分】木材含雪松醇(centdarol),异雪松醇(isocentdarol),喜马拉雅杉醇(himachalol),别喜马拉雅杉醇(allohtmachlol)。茎皮含雪松素(deodarin),雪松素-4′-葡萄糖苷(dcodarin-4′-glucoside)。花粉含黄酮类:柚皮素,异鼠李素,槲皮素;萜酸类:去氢松香酸(dehydroabietic acid),7β-羟基去氢松香酸（7β-hydroxyde-hydroabietic acid），15-羟基松香酸（15-hydroxyabietic acid），15-甲氧基松香酸（15-methoxyabietic acid）等；氨基酸：精氨酸，谷氨酸，赖氨酸等 16 种；还含十六烷-1,16-二醇-7-咖啡酰酯（7-caffeoyl oxy hexadecane-1,16-diol），9-咖啡酰氧十六醇（9-caffeoxyhexadecanol），类胡萝卜素，菠菜甾醇（spinasterol），β-谷甾醇，右旋松醇（pinitol），棕榈酸，硬脂酸，丙二酸（malonic acid），果糖，半乳糖等。叶含黄酮类：杨梅素，二氢杨梅素（dihydromyricetin），雪松酮 A（cedrusone A）即 3′,5′-二甲氧基杨梅素-3-O-(6″-O-乙酰基)-α-D-吡喃葡萄糖苷[3′,5′-dimethoxymyricetin-3-O-(6″-O-acetyl)-α-D-glucopyranoside]，槲皮素，二氢槲皮素；有机酸：莽草酸，原儿茶酸，9-羟基十二烷酸，5-p-trans-coumaroylguinie acid；有机酸酯：月桂酸乙酯，硬脂酸乙酯，邻苯二甲酸二丁酯（dibutylphthalate），邻苯二甲酸二（2-乙基）己酯[phthalic acid bis-(2-ethylhexyl)ester]，3β-羟基齐墩果酸甲酯；酚苷：阿魏酸-β-D-吡喃葡萄糖苷，(E)-1-O-对香豆酰基-D-吡喃葡萄糖苷（E-1-O-p-coumaroy-D-glucopyranoside）；挥发油：主成分为 α-蒎烯，月桂烯，柠檬烯，石竹烯等；还含（＋)-(6S,9R)-9-O-D-glucopyranosyloxy-6-hydroxy-3-oxo-α-ionol，β-谷甾醇，甲基松柏苷（methylconiferin），二十九烷醇-10（10-nonacosanol）。花序含挥发油：主成分为 D-柠檬烯和 β-蒎烯。

【功效主治】辛、涩、温。收敛止血，解毒止痢。用于咯血，吐血，衄血，尿血，便血，崩漏，痢疾泄泻，肠虫病。

白皮松

【别名】白骨松、三针松、虎皮松。
【学名】Pinus bungeana Zucc. ex Endl.
【植物形态】常绿乔木，高达 30m。树皮幼时灰绿色，光滑，老树皮灰绿色或淡褐灰色，不规则片状脱落，内皮灰白色；冬芽红褐色。针叶 3 针一束，粗硬，长 5～10cm，横断面扇状三角形，树脂道 6～7 个，边生；叶鞘脱落。球花单性，雌、雄同株；雄球花卵圆形或椭圆形，多数聚生于新枝基部成穗状。球果常单生，卵圆形，初直立而后下垂，熟后淡黄褐色，卵圆形；种鳞矩圆状宽楔形，先端厚，鳞盾近菱形，有横脊，鳞脐生于鳞盾中央，有外弯的刺尖。种子倒卵圆形，长约 1cm，种翅短，长约 5mm，有关节，易脱落。花期 4～5 月；球果第二年 10～11 月成熟。2n=24。（图 52）
【生长环境】栽培于山地、公园或庭院。
【产地分布】山东境内产于济南、青岛、临清、泰安、青州、平阴、曲阜、滨州及蒙山等地。在我国除山东外，还分布于山西、河南、陕西、甘肃、四川、湖北等地。为我国特有树种。

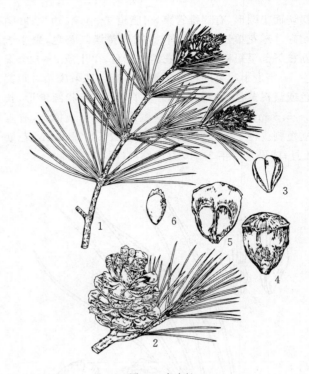

图 52　白皮松
1. 雄球花枝 2. 球果枝 3. 雄球花枝之苞片
4. 种鳞背面和苞鳞 5. 种鳞腹面（示种子）6. 种子

【药用部位】球果：白松塔。为民间药。
【采收加工】春、秋二季采收，晒干。
【药材性状】球果类球形，由螺旋状排列的木质化种鳞组成，直径 4～6cm。表面黄绿色至棕褐色，基部有果柄或果柄痕。种鳞背面先端为宽厚隆起的鳞盾，菱形，中央有鳞脐，具外弯的刺尖，腹面偶有倒卵形的种子及种翅。质硬，不易折断。有松脂的特殊香气，味微苦、涩。
【化学成分】球果含挥发油，皂苷，酚类等。鲜球果挥发油主成分为柠檬烯。松脂挥发油主成分为 α-及 β-蒎烯，长叶松酸/左旋海松酸（palustric acid/levopimaric acid），异海松酸（isopimarric acid），枞酸（abietic acid），新枞酸（neoabietic acid）等。
【功效主治】苦、温。镇咳，祛痰，消炎，平喘。用于咳嗽气喘，气短吐痰。
【附注】《中国药典》1977 年版曾收载。

赤松

【别名】松树、白头松（崂山）、红顶松（威海）。
【学名】Pinus densiflora Sieb. et Zucc.
【植物形态】常绿乔木，高达 30m。树皮桔红色或红褐色，成片状脱落；一年生枝淡黄色或红黄色，无毛，微有白粉；冬芽暗红褐色，芽鳞条状披针形，边缘丝状。针叶 2 针一束，长 5～12cm，直径约 1mm，两面有气孔线，横切面半圆形,有双维管束,树脂道4～6个,边生;叶鞘宿存。球花单性,雌、雄同株;雄球花淡红黄色,聚生于新枝下部呈短穗状;雌球花淡红紫色,单生或2～3个聚生,一年生小球果的种鳞先端有短刺。球果成熟时暗黄色或淡褐黄色,种鳞张开,不久即脱落,卵状圆锥形,长3～5.5cm;种鳞较薄,鳞盾扁菱形,鳞脐平或微凸,有直立短刺。种子倒卵形或椭圆形,连翅长1.5～2cm。花期4月;球果第二年9～10月成熟。(图53)

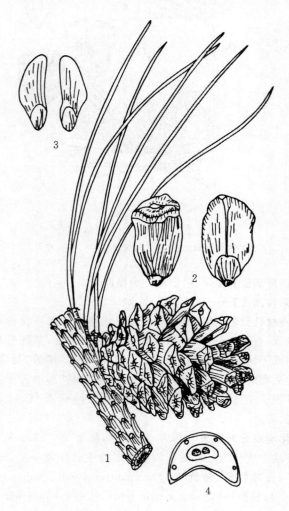

图53 赤松
1.球果枝 2.种鳞背、腹面
3.种子背、腹面 4.针叶横切面

【生长环境】生于沿海山地或丘陵。
【产地分布】山东境内产于崂山、昆嵛山、艾山、牙山等胶东沿海山地及泰山、蒙山。在我国分布于辽东半岛经山东半岛向南达江苏北部的云台山。
【药用部位】花粉:松花粉;茎枝瘤状节:油松节;固体树脂:松香。为少常用中药和民间药。花粉药食两用。
【采收加工】春季采摘雄花球,晒干,收集花粉。全年采伐或在木器加工时锯取茎枝瘤状节部,经选择修整,晒干或阴干。夏季采收树干渗出的油树脂,经蒸馏或提取,所余物质放冷凝固为松香。
【药材性状】花粉为淡黄色细粉。体轻,易飞扬,手捻有滑润感。气微,味淡。

　　以匀细、色淡黄、流动性较强者为佳。

　　松节呈不规则块状或片状,大小粗细不等,一般长宽为5～10cm,厚1～3cm。表面红棕色或黄棕色。体重,质坚硬,折断面刺状,横切面较粗糙,中心淡棕色,边缘深棕色,油润,有圆形年轮。具松节油香气,味微辛。

　　以块大、色红棕、油性足者为佳。

【化学成分】花粉含苹果酸合成酶(malate synthase),酸性磷酸酶(acid phosphatase),异柠檬酸裂合酶(isocitratelyase),羟基苯甲酸酯葡萄糖基转移酶(hydroxybenzoate glucosyl transferase)及去氢分支酸(dehydrochoismic acid)。**树脂**含海松酸(pimarric acid),去氢松香酸(dehydroabietic acid)。**松针**含4-表可木酸(4-epicommunic acid)及海松酸型树脂酸。**叶**含挥发油主成分为β-水芹烯(β-phellandrene),α-及β-蒎烯,莰烯,檀香三烯(santolina triene),柠檬烯等。
【功效主治】松花粉甘,温。燥湿,收敛止血。用于湿疹,黄水疮,皮肤糜烂,浓水淋漓,外伤出血。**油松节**苦,温。祛风燥湿,活血止痛,舒筋通络。用于风寒湿痹,关节风痛,脚痹痿软,跌打伤痛。**松香**苦、甘、温。祛风燥湿,排脓拔毒,生肌止痛。用于痈疽恶疮,瘰疬,瘘症、疥癣,白秃,疠风,痹症,金疮,白带。
【历史】见油松。

红松

【别名】海松、松树、朝鲜松。
【学名】Pinus koraiensis Sieb. et Zucc.
【植物形态】常绿乔木,高达50m。树皮纵裂,成不规则鳞片状脱落,脱落后露出红褐色内皮。一年生枝密生黄褐色或红褐色毛;冬芽淡红褐色。针叶5针一束,长6～12cm,横切面三角形,有单维管束,树脂道3,中生;叶鞘早落。球花单性,雌、雄同株;雄球花椭圆状圆柱形,红黄色,多数密集于新枝下部成穗状;雌球花绿褐色,圆锥状卵圆形,直立,单生或数个集生于新枝近顶端。球果圆锥状卵圆形,长9～14cm,直径6～8cm,成熟后种鳞不张开或稍张开,种子不脱落;种鳞菱形,上部渐窄,向外反曲,鳞盾三角形,种脐不显著。种子大,长1.2～1.6cm,直径0.7～1cm,无翅。花期5～6月;球果第二年9～10月成熟。2n=12。(图54)
【生长环境】栽培于各大山区、公园,国家Ⅱ级保护植物。
【产地分布】山东境内的崂山、昆嵛山、泰山林场及青岛中山公园均有引种。在我国除山东外,还分布于长

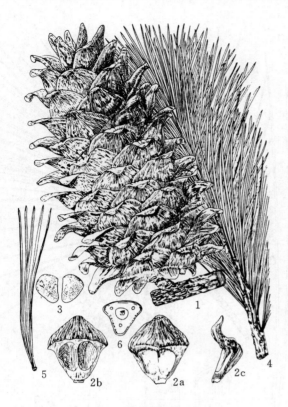

图 54 红松
1. 球果 2. 种鳞（a. 背面 b. 腹面 c. 侧面） 3. 种子
4. 枝叶 5. 一束针叶 6. 针叶横切面

白山区、吉林山区及小兴安岭爱辉以南。

【药用部位】种子：海松子（松子仁）；茎干瘤状节或分枝节：油松节；固体树脂：松香；针叶：松叶；花粉：松花粉。为少常用中药或民间药，种子和花粉药食两用。

【采收加工】秋季采收球果，晒干，除去硬壳，收集种子。全年采伐或木器加工时截取茎枝瘤状节部，晒干或阴干。夏季采收树干渗出的油树脂，经蒸馏或提取，获得挥发油和松香。全年采叶，新用或晒干。

【药材性状】种子呈倒卵状三角形或扁卵形，长1.2～1.6cm，宽0.7～1cm，无翅。表面灰棕色至暗褐色，两侧有棱线，背部稍隆起，腹面较平。质坚硬，难破碎，破开后内有长圆形至扁长圆形的种仁。种仁外被红棕色至棕褐色膜质内种皮，顶端略尖，有深褐色小点，基部钝圆；质柔软而富油性，断面类白色。气微香，味甜、淡。

【化学成分】种子含脱落酸（abscisic acid），顺-5,9-十八碳二烯酸（cis-5,9-octadecadienoic acid），2,4-癸二烯醛，2,4-二叔丁基苯酚，9-十六烯酸，(Z,Z,Z)-9,12,15-十八碳三烯-1-醇，11,14,17-二十碳三烯酸甲酯；种子油含亚油酸，油酸，α-亚麻酸；种皮含多酚和黄酮类。**松塔**含有机酸：8(14)-podocarpen-13-on-18-oic acid, 15-hydroxydehydroabietic acid, 12-hydroxyabietic acid, lambertianic acid, dehydroabietic acid, sandaracopimaric acid；挥发油：主成分为 α-蒎烯，D-柠檬烯，石竹烯等。**树皮**含白藜芦醇（resveratrol），异土大黄苷元（isorhapontigenin），异土大黄苷（isorhapontin），4-麦异瑟模环烯醇（4-epiisocembrol），异瑟模环烯醇（isocembrol），瑟模环烯醇（cembrol），贝壳杉二醇（agathodienediol），兰柏松脂酸（lambertianic acid），兰伯松脂酸甲酯（lambertianic methylate），3,5-二甲氧基芪（3,5-dimethoxystilbene），对羟基苯甲酸，阿魏酸等。**树脂**含顺式新松香烯醇（cis-neoabienol），异贝壳杉醇醛，18-降去氢松香烷-4α-醇（18-nordehydroabietan-4α-ol），19-降去氢松香烷-4(18)-烯，甲基去氢-15-羟基松香烷-18-酸甲酯（methyldehydro-15-hydroxyabietan-18-ate），异海松酸酯（isopimarate），异海松醛（isopimarinal），异海松-8(9),15-二烯-18-醛（isopimara-8(9),15-diene-18-al），异海松醇（isopimarinol），去氢松香烷醛（dehydroabietanal），长叶松醛（palustral），长叶松醇（palustrol），衣兰烯（ylangene），长叶烯（longifolene）和红松烯（pinacene）。**叶**含黄酮类：蛇葡萄素-4-O-β-D-吡喃葡萄糖苷（ampelopsin-4-O-β-D-glucopyranoside），槲皮素-3-O-α-L-呋喃阿拉伯糖苷，山柰酚-3-O-α-L-呋喃阿拉伯糖，山柰酚-3-O-β-D-吡喃葡萄糖苷，5,7,8,4'-四羟基-3-甲氧基-6-甲基黄酮-8-O-β-D-吡喃葡萄糖苷，山柰酚-3-O-反式阿魏酰基-α-L-呋喃阿拉伯糖苷[kaempferol-3-O-(E-feruloyl)-α-L-arabinofuranoside]，山柰酚-3-O-反式对香豆酰基-α-L-呋喃阿拉伯糖苷（kaempferol-3-O-E-p-coumaroyl-α-L-arabinofuranoside）；木脂素类：3-甲氧基-9'-O-α-L-鼠李糖基-4'：7,5'：8-二氧环新木脂素-4,9-二醇（massonianoside E），松脂醇（pinoresino），罗汉松脂醇（mataireseno），bomylp-coumarate, salicifoliol，异落叶松脂素-9-O-β-D-吡喃木糖苷（isolariciresinol-9-O-β-D-xylopyranoside），异落叶松脂素-9-O-β-D-吡喃葡萄糖苷，7S,8R-苏式-3',4,9'-三羟基-3-甲氧基-7,8-二氢苯并呋喃-1'-丙醇基新木脂素-4-O-α-L-吡喃鼠李糖苷（7S,8R-threo-3',9,9'-trihydroxy-3-methoxy-4',7-epoxy-neolignan-4-O-α-L-rhamnopyranoside），7R,8S-赤式-4,7,9-三羟基-3,3'-二甲氧基-8-O-4'-新木脂素-9'-O-α-L-吡喃鼠李糖苷（7R,8S-erythro-4,7,9-tarihydroxy-3,3'-dimethoxy-8-O-4'-neolignan-9'-O-α-L-rhamnopyranoside），7S,8S-苏式-4,7,9-三羟基-3,3'-二甲氧基-8-O-4'-新木脂素-9'-O-α-L-吡喃鼠李糖苷（7S,8S-threo-4,7,9-tarihydroxy-3,3'-dimethoxy-8-O-4'-neolignan-9'-O-α-L-rhamnopyranoside），7S,8S-苏式-3',4,7,9-四羟基-3-甲氧基-8-O-4'-新木脂素-9'-O-α-L-吡喃鼠李糖苷，7R,8S-赤式-3',4,9,9'-四羟基-3-甲氧基-8-O-4'-新木脂素-7-O-D-吡喃葡萄糖苷（7R,8S-erythro-3',4,9,9'-tetrahydroxy-3-methoxy-8-O-4'-neolignan-7-O-D-glucopyranoside）；尚含 epirhododendrin，杜

鹃醇（rhododendrol），覆盆子酮（frambinone），β-谷甾醇，胡萝卜苷。

【功效主治】**海松子(松子仁)** 甘，温。滋补强壮，息风，润肺，镇咳，滑肠。用于风痹，头眩，燥咳，吐血，便秘。**油松节** 苦，温。祛风燥湿，活血止痛，舒筋通络。用于风寒湿痹，关节风痛，脚痹痿软，跌打伤痛。**松香** 苦、甘，温。祛风燥湿，排脓拔毒，生肌止痛。用于痈疽恶疮，瘰疬，瘘症，疥癣，白秃，疠风，痹证，金疮，白带。**松叶** 用于外感，风湿痹痛，跌打肿痛，夜盲症，头晕心慌。**松花粉** 甘，温。燥湿，收敛止血。用于湿疹，黄水疮，皮肤糜烂，浓水淋漓，外伤出血。

【历史】红松始载于《开宝本草》，原名海松子。《本草纲目》云："海松子出辽东及云南，其树与中国松树同，惟至五叶一丛者，毯内结子，大如巴豆有三棱，一头尖尔，久收亦油。"其形态与红松基本一致。

【附注】《中华人民共和国卫生部药品标准》中药材第一册1992年版、《山东省中药材标准》2002年版收载海松子（松子仁）。

马尾松

【别名】松树、青松。

【学名】Pinus massoniana Lamb.

【植物形态】常绿乔木，高达45m。树皮红褐色，下部灰褐色，成不规则裂片状剥落；一年生枝黄褐色，无毛；冬芽褐色。针叶2针一束，长12～20cm，直径约1mm，细柔淡翠，横切面半圆形，有双维管束，树脂道4～8个，边生；叶鞘宿存。球花单性，雌、雄同株；球果卵圆形或圆锥状卵圆形，长4～7cm；鳞盾平或微隆起，无刺尖。种子长卵形，连种翅长约2cm。花期4～5月；球果第2年10月成熟。（图55）

【生长环境】多栽培于向阳山坡。

【产地分布】山东境内泰山、蒙山、塔山等地有引种。在我国除山东外，还分布于江苏、安徽、河南、陕西、福建、广东、台湾、四川、贵州、云南等地。

【药用部位】茎干瘤状节或分枝节：油松节；树皮：松木皮；油树脂中蒸馏出的挥发油：松节油；除去挥发油的树脂：松香；嫩枝尖端：松笔头；针叶：松叶；花粉：松花粉；球果：松球；根：松根。为少常用中药。

【采收加工】全年均可采收瘤状节，锯取后阴干；挖根，洗净晒干；剥取根皮或采剥树皮，晒干。夏季在树干上用刀挖成"V"形或"Y"形槽，使边材部的油树脂自伤口流出，收集松油脂，经水蒸气蒸馏或提取，收集挥发油，所余物质放冷凝固，收集。春季嫩茎梢长出时采收，鲜用或晒干。全年采叶，12月份采集最好，鲜用或晒干。春季花刚开时采摘雄花序，晒干，收集花粉，除去杂质。春末夏初采集松球果，鲜用或晒干。

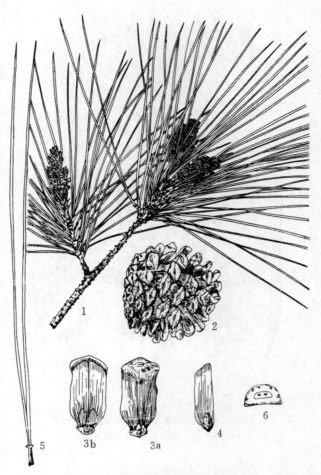

图55 马尾松
1. 雌雄花枝 2. 球果 3. 种鳞（a. 背面 b. 腹面）
4. 种子 5. 一束针叶 6. 针叶横切面

【药材性状】油松节呈扁圆节段或不规则块状，长短粗细不一。表面黄棕色、灰棕色或红棕色，有时带有棕色至黑棕色油斑，或残存栓皮。质坚硬。横截面木部淡棕色，心材色稍深，可见明显的年轮，显油性；髓部小，淡黄棕色。纵断面具纵直或扭曲纹理。有松节油香气，味微苦、辛。

树脂为透明或半透明不规则块状，大小不一。表面淡黄色或棕黄色，常附有一层粉霜。质较松脆，易破碎，断面略有光泽，显颗粒状，触之粘手。具有松节油气。除去挥发油的树脂断面光亮而透明，似玻璃（又称透明松香）。加热则软化，烧之发棕色烟。微臭，带松节油气。

以色浅黄、质松脆、杂质少者为佳。

挥发油为无色至淡黄色澄清液体。臭特异。久贮或暴露空气中，臭渐增强，色渐变黄。易燃，燃烧时有浓烟。易溶于乙醇，与氯仿、乙醚和冰醋酸能任意混合。不溶于水。

叶呈针状，2叶一束，长12～20cm，直径约1mm，细柔。表面深绿色或枯绿色，中央有1细沟，两面有气孔线。叶鞘宿存,长约 0.5cm。质脆,横断面半圆形。气微香,味微苦、涩。

花粉为淡黄色细粉。体轻,易飞扬,手捻有滑润感。气微,味淡。

以匀细、色淡黄、流动性强、无杂质者为佳。

【化学成分】松节含木脂素及挥发油:主成分为 α-及 β-蒎烯,α-松油醇等。树皮含有机酸:左旋海松酸,长叶松酸,新松香酸,南洋杉酸;挥发油:主成分为 α-及 β-蒎稀,3-蒈烯(3-carene),水芹烯,月桂烯(myrcene)。叶含有机酸:海松酸(pimaric acid),山达海松酸(sandaracopimaric acid),左旋海松酸或长叶松酸(l-pimaric acid or palustric acid),异海松酸(isopimaric acid),松香酸,去氢松香酸(dehyoabietic acid),新松香酸(neoabietic acid),莽草酸(shikimic acid),香草酸,原儿茶酸,南洋杉酸(imbricataloic acid);黄酮类:5,3'-二羟基-4'-甲氧基二氢黄酮-7-O-α-L-鼠李糖基(1→6)-β-D-葡萄糖苷[5,3'- dihydroxyl-4'-methoxylflavanone-7-O-α-L-rhamnosyl(1→6)-β-D-glucopyranoside],5,3'-二羟基-4'-甲氧基二氢黄酮-7-O-β-D-葡萄糖基(1→2)-α-L-鼠李糖苷,5,4'-二羟基二氢黄酮-7-O-α-L-鼠李糖基(1→2)-β-D-葡萄糖苷,木犀草素,木犀草素-7-O-β-D-葡萄糖苷,槲皮素,二氢槲皮素等;木脂素类:(7S,8R)- 4,3',9,9'-四羟基-3-甲氧基-7,8-二氢苯并呋喃-1'-丙醇基新木脂素(cedrusin),(7S,8R)-3,4,9'-三羟基-3-甲氧基-7,8-二氢苯并呋喃-1'-丙醇基新木脂素-9-O-α-L-鼠李糖苷(massonianoside A),(7S,8R)-3,9,9'-三羟基-3-甲氧基-7,8-二氢苯并呋喃-1'-丙醇基新木脂素-4-O-α-L-鼠李糖苷(massonianoside B),(7S,8R)-9,9'-二羟基-3,3'-二甲氧基-7,8-二氢苯并呋喃-1'-丙醇基新木脂素-4-O-α-L-鼠李糖苷(massonianoside C),(7S,8R)-4,9'-二羟基-3,3'-二甲氧基-7,8-二氢苯并呋喃-1'-丙基新木脂素-9-O-β-D-吡喃葡萄糖苷,3-甲氧基9'-O-α-L-鼠李糖基-4':7,5':8-二氧环新木脂素-4,9-二醇(massonianoside E),4,4',8,8',9-五羟基-3,3'-二甲氧基-7,9'-单环氧木脂素(4,4',8,8',9-pentahydroxyl-3,3'-dimethoxyl-7, 9'-monoepoxylignan),异落叶松脂素(isolariciresinol),异落叶松脂素-9-O-木糖苷(isolariciresinol-9-O-xyloside),开环异落叶松脂素(secoisolariciresinol);尚含伞形花内酯,4-(4'-羟基-3'-甲氧苯基)-2-丁酮[4-(4'-hydroxyl-3'-methoxylbenzyl)-2-butanone],对羟基苯基-2-丁酮,氢醌等。花粉含油脂及无机元素钾、镁、硫、锰、锌、铁等。

【功效主治】油松节苦、辛,温。祛风除湿,通络止痛。用于风寒湿痹,历节风痛,转筋挛急,跌打伤痛。松木皮苦,温。祛风除湿,活血止血,敛疮生肌。用于风湿骨痛,跌打扭伤,金刃伤,肠风下血,久痢,湿疹,烧烫伤,痈疽久溃不敛。松香苦、甘,温。祛风燥湿,排脓拔毒,生肌止痛。用于痈疽恶疮,瘰疬,瘘症,疥癣,白秃,疠风,癣症,金疮,白带,脱疽。松节油活血通络,消肿止痛。用于肌痛,骨节肿痛,跌打损伤。松笔头苦、涩,凉。祛风除湿,活血消肿,清热解毒。用于风湿痹痛,淋证,尿浊,跌打损伤,乳痈,虫兽咬伤,夜盲。松叶苦,温。祛风除湿,杀虫止痒,活血安神。用于风湿痹痛,脚气,湿疹,疥癣,风疹瘙痒,跌打损伤,头晕心慌,肾虚腰痛,外感。松花粉甘,温。收敛止血,燥湿敛疮。用于外伤出血,湿疹,黄水疮,皮肤糜烂,脓水淋漓。松球甘、苦,温。祛风除湿,化痰,止咳平喘,利尿,通便。用于风湿寒痹,白癜风,咳喘,淋浊,便秘,痔疮。松根苦,温。祛风除湿,活血止血。用于风湿痹痛,风疹瘙痒,白带,咳嗽,跌打吐血,风虫牙痛。

【历史】同油松。

【附注】《中国药典》2010 年版收载松花粉、油松节,后者为新增品种;附录收载鲜松叶。

油松

【别名】短叶松、红皮松。

【学名】Pinus tabulaeformis Carr.

【植物形态】常绿乔木,高达 25m。树皮灰褐色,不规则鳞片状开裂;小枝粗壮,淡橙色或灰黄色;冬芽长椭圆形,红褐色。针叶 2 针一束,较粗硬,长 10～15cm,横切面半圆形,有双维管束,树脂道 5～8 个,边生;叶鞘宿存,暗灰色,外表常被薄粉层。球花单性,雌、雄同株;雄球序长卵形,长 1～1.5cm,簇生于前一年小枝顶端;雌球序阔卵形,长 7mm,紫色,1～2 枚着生于当年新枝顶端,多数珠鳞成螺旋状紧密排列。球果卵圆形,长 4～9cm,向下弯垂,常宿存于树上数年之久;种鳞有肥厚的鳞盾,扁菱形或菱状多角形,横脊显著,鳞脐凸起有刺。种子卵形或长卵形,连翅长 1.5～1.8cm。花期 4～5 月;球果第二年 10 月成熟。2n=24。(图 56)

【生长环境】生于山坡,为荒山主要造林树种。

【产地分布】山东境内产于泰山、蒙山、沂山等山区。在我国除山东外,还分布于东北、华北地区及内蒙古、陕西、甘肃、宁夏、青海、四川等地。为我国特有树种。

【药用部位】花粉:松花粉;球果:松塔;茎干瘤状节或分枝节:油松节;油树脂中蒸馏出的挥发油:松节油;除去挥发油的树脂:松香;针叶:松叶。为少常用中药和民间药。松花粉药食两用。

【采收加工】春季采摘雄花球,晒干,收集花粉。冬初采收松球果,晒干。全年采伐或在木器加工时锯取茎枝瘤状节部,经选择修整,晒干或阴干。夏季采收树干渗出的油树脂,经蒸馏或提取,分别得挥发油和松香。

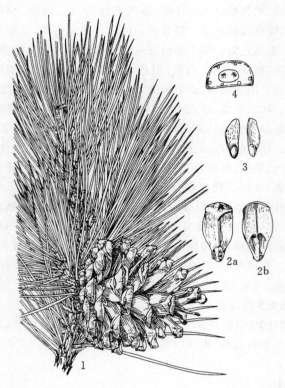

图 56 油松
1. 球果枝 2. 种鳞（a. 背面 b. 腹面）
3. 种子背、腹面 4. 针叶横切面

全年采叶，以12月份采者最好，鲜用或晒干。

【药材性状】花粉为淡黄色细粉。体轻，易飞扬，手捻有滑润感。气微，味淡。

以匀细、色淡黄、流动性较强者为佳。

松节油为无色至微黄色澄清液体。臭特异。久贮或暴露于空气中，臭渐增强，色渐变黄。易燃，燃烧时发生浓烟。

松节呈不规则块状或片状，大小粗细不等，一般长宽为5～10cm，厚1～3cm。表面红棕色或黄棕色。体重，质坚硬，折断面刺状，横切面较粗糙，中心淡棕色，边缘深棕色，油润，有圆形年轮。具松节油香气，味微辛。

以块大、色红棕、油性足、香气浓者为佳。

叶呈针状，2叶并成一束，长10～15cm，直径约1.5mm。边缘有细齿，两面有气孔线。表面光滑，暗灰绿色。叶鞘宿存，长约5mm，淡黑褐色。质轻脆。气微香，味微苦、涩。

【化学成分】茎枝瘤状节含熊果酸，异海松酸，油脂，树脂及挥发油：主成分为α-及β-蒎烯等。幼枝挥发油主成分为苎烯（limonene），β-月桂烯和α-蒎烯。树皮挥发油主成分为D-柠檬烯和丁子香烯（caryophyllene）。花粉含脂肪油及色素。种仁含蛋白质，脂肪及碳水化合物。叶含黄酮类：5,4′-二羟基-3,7,8-三甲氧基-6-甲基黄酮，柚皮素，芹菜素，高良姜素（galangin），山奈酚-3-O-(3″-O-反式-对-肉桂酰基)-(6″-O-反式-阿魏酰基)-β-D-吡喃葡萄糖苷［kaempferol-3-O-(3″-O-E-p-coumaroyl)-(6″-O-E-feruloyl)-β-D-glucopyranoside］，山奈酚-3-O-(3″,6″-二-反式-对-肉桂酰基)-β-D-吡喃葡萄糖苷［kaempferol-3-O-(3″,6″-di-O-E-p-coumaroyl)-β-D-glucopyranoside］，山奈酚-3-O-(3″-反式-对-肉桂酰基)-β-D-吡喃葡萄糖苷，异鼠李素-3-O-β-D-吡喃葡萄糖苷；挥发油：主成分为α-及β-蒎烯和乙酸龙脑酯（boenylacetate）；氨基酸：天冬氨酸，谷氨酸，苯丙氨酸，赖氨酸等；尚含（13S）-15-羟基半日花烷-8（17）-烯-19-酸［(13S)-15-hydroxylabd-8(17)-en-19-oic acid］，β-谷甾醇，胡萝卜苷，维生素，蛋白质，脂类等。

【功效主治】**松花粉**甘，温。收敛止血，燥湿敛疮。用于外伤出血，湿疹，黄水疮，皮肤糜烂，脓水淋漓。**松塔**甘、苦，温。祛风除湿，化痰，止咳平喘，利尿，通便。用于风湿寒痹，白癜风，咳喘，淋浊，便秘，痔疮。**油松节**苦、辛，温。祛风除湿，通络止痛。用于风寒湿痹，历节风痛，转筋挛急，跌打伤痛。**松节油**活血通络，消肿止痛。用于肌肉痛，骨节肿痛，跌打损伤。**松香**苦、甘，温。祛风燥湿，排脓拔毒，生肌止痛。用于痈疽恶疮，瘰疬，瘘症，疥癣，白秃，疠风，痹证，金疮，白带，脱疽。**松叶**苦，温。祛风除湿，杀虫止痒，活血安神。用于风湿痹痛，脚气，湿疹，疥癣，风疹瘙痒，跌打损伤，头晕心慌，肾虚，外感。

【历史】松始载于《神农本草经》，药用松脂，列为上品。后世本草收载松的多个药用部位。《名医别录》收松叶。《新修本草》收花粉，谓："松花名松黄，拂取似蒲黄正尔。"《本草图经》曰："凡用松脂，先须炼治。"《本草纲目》谓："松树磥砢修耸多节，其皮粗厚有鳞形，其叶后凋。二三月抽蕤生花，长四五寸，采其花蕊为松黄。结实状如猪心，叠成鳞砌，秋老则子长鳞裂。然叶有二针、三针、五针之别。"据本草形态及附图，均为松科松属植物，说明古代药用的松脂、松节、松根、松叶、松实、松花粉等均来源于松属多种植物。

【附注】①《中国药典》2010年版收载松花粉及油松节，后者为新增品种。1977年版曾收载松塔。②现代临床报道，松花粉用于胃及十二指肠溃疡，慢性便秘等病，效果较好。

黑松

【别名】日本黑松、白芽松、松树。

【学名】Pinus thunbergii Parl.

【植物形态】常绿乔木，高达30m。树皮灰黑色，呈片状脱落；一年生枝淡黄褐色，无毛；冬芽银白色，圆柱状椭圆形，芽鳞边缘白色丝状。针叶2针一束，长6～12cm，直径1.5～2mm，粗硬，深绿色，有光泽，横切面半圆形,有双维管束,树脂道 6~11 个,中生;叶鞘宿存。球花单性,雌、雄同株;球果成熟前绿色,熟时褐色,圆锥状卵圆形或卵圆形,长 4~6cm,向下弯垂;中部种鳞卵状椭圆形,鳞盾隆起,横脊明显,鳞脐微凹,有短刺。种子倒卵状椭圆形,连翅长 1.5~1.8cm。花期 4~5 月;球果第二年 10 月成熟。(图 57)

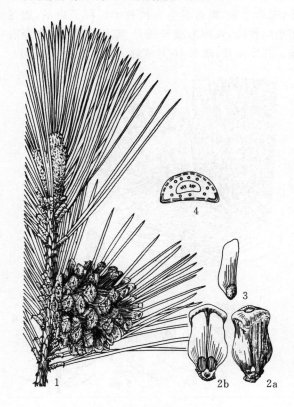

图 57 黑松
1.球果枝 2.种鳞(a.背面 b.腹面)
3.种子 4.针叶横切面

【生长环境】栽培于沿海、丘陵或沙质壤土。
【产地分布】原产日本及朝鲜南部海岸地区。山东境内的青岛、崂山、昆嵛山、蒙山、沂山、徂徕山、泰山及沿海地区有栽培,塔山引种造林已有 80 多年的历史。在我国除山东外,旅顺、大连、南京、武汉、上海、杭州等地也有栽培。
【药用部位】花粉:松花粉;叶:松针。为少常用中药和民间药。花粉药食两用。
【采收加工】春季采摘雄花球,晒干,收集花粉。全年采叶,以 12 月份采者最好,晒干。
【药材性状】叶呈针状,2 叶并成一束,长 6~12cm,直径 1.5~2mm。边缘有细齿,两面有气孔线。表面光滑,深绿色。叶鞘宿存。质硬脆。气微香,味微苦、涩。
【化学成分】叶含聚异戊烯醇(polyprenol);挥发油:主成分为 α-及 β-蒎烯,α-松油醇,异松油烯,β-石竹烯醇(β-caryophyllene)等。枝条挥发油:主成分 α-及 β-蒎烯,D-柠檬烯,异松油烯等。花粉含脂肪酸和 β-谷甾醇等。
【功效主治】松花粉甘,温。收敛止血,燥湿敛疮。用于外伤出血,湿疹,黄水疮,皮肤糜烂,脓水淋漓。松针苦,温。祛风除湿,杀虫止痒,活血安神。用于风湿痹痛,脚气,湿疹,疥癣,风疹瘙痒,跌打损伤,头晕心慌,肾虚,外感。

金钱松

【别名】土荆皮树、金松。
【学名】Pseudolarix amabilis (Nelson) Rehd.
(*Larix amabilis* Nelson)
【植物形态】落叶乔木,高达 40m。树干挺直,树皮灰褐色,粗糙,裂成不规则的鳞片状;枝分长枝和短枝,一年生长枝无毛并有光泽;短枝生长缓慢,叶枕密集成环节状。长枝上的叶螺旋状散生,短枝上的叶 5~30 片簇生;叶条形,柔软,上部较宽,长 2~5.5cm,宽 1.5~4mm,上面中脉明显,每边有 5~12 条气孔带。雌、雄同株;雄球花黄色,下垂,圆柱状;雌球花紫红色,直立,椭圆形。球果卵圆形或倒卵形,长 6~8cm,直径 4~5cm;种鳞卵状披针形,两侧有耳,先端钝,有凹缺;苞鳞短小,长为种鳞的 1/4~1/3。种子卵圆形,白色,长约 6mm,上端有三角状披针形种翅。花期 4~5 月;球果 10 月成熟。2n=44。(图 58)
【生长环境】栽培于公园或庭院。

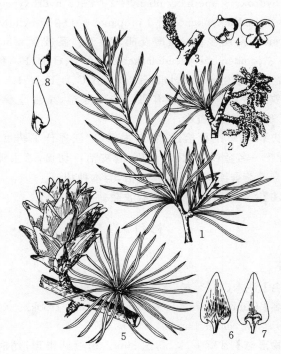

图 58 金钱松
1.长短枝及叶 2.雄球花枝 3.雌球花枝
4.雄蕊 5.球果枝 6.种鳞背和苞鳞 7.种鳞腹面 8.种子

【产地分布】山东境内的青岛、崂山、泰安、蒙山、莱阳有栽培。在我国除山东外,还分布于江苏、浙江、安徽、福建、江西、湖南、湖北、四川等地。为我国特有树种。

【药用部位】根皮或近根部树皮:土荆皮。为少常用中药。

【采收加工】春、夏间挖根,剥取根皮,除去粗皮,晒干。

【药材性状】根皮呈不规则长条状,扭曲而稍卷,大小长短不一,厚2~5mm。外表面灰黄色,粗糙,有皱纹及灰白色横向皮孔,粗皮常鳞片状剥落,剥落处红棕色;内表面黄棕色至红棕色,平坦,有细致的纵向纹理。质韧,折断面呈裂片状,可层层剥离。树皮板片状,厚约至8mm,栓皮较厚;外表面龟裂状,内表面较粗糙。气微,味苦而涩。

以块大、无栓皮、色黄褐、味苦者为佳。

【化学成分】根皮含萜类:土荆皮酸(pseudolaric acid)A、B、C、D、E[C即去甲基土荆皮酸(demethyl pseudolaric acid)B],土荆皮乙酸甲酯(pseudolaric acid B methyl ester),去乙酰基土荆皮乙酸甲酯,土槿乙酸,土槿丙酸,土槿丁酸,土槿甲酸-β-D-葡萄糖苷,土槿乙酸-β-D-葡萄糖苷,土荆皮甲酸甲酯,pseudolaric acid F methyl ester,pseudolarolide A~F、H~L、O~R,金钱松呋喃酸(pseudolarifuroic acid),isopseudolaritone A,isopseudolarifuroic acid A、B,白桦脂酸(betulinic acid),土槿苷甲(tujinoside A)等;木脂素类:(−)-α-conidendrin,dihydrodehydroconiferyl alcohol,massonianoside B,1-(4′-hydroxy-3′-methoxy-phenyl)-2-[4″-(3-hydroxypropyl)-2″-methoxyphenoxy]-3-propanol-4′-O-β-D-xylopyranoside 等;还含 β-谷甾醇及胡萝卜苷。茎枝含 n-butoxy α-conidendral,pseudolarkaemin A、B、C、D、E。种子含土荆皮内酯(pseudolarolide)A、B、C、D、E、H、I。

【功效主治】辛、苦,温;有毒。祛风除湿,杀虫止痒。用于疥癣,湿疹,瘙痒。

【历史】《本草纲目拾遗》卷六木部曰"汪连仕采药书,罗汗松一名金钱松,又名经松;其皮治一切血,杀虫瘴癣,合芦荟香油调搽。"按其主治,与本种相似。

【附注】《中国药典》2010年版收载。

杉科

杉木

【别名】沙木、刺杉、杉。

【学名】Cunninghamia lanceolata (Lamb.) Hook.（Pinus lanceolata Lamb.）

【植物形态】常绿乔木,高达30m。树冠圆锥形,幼时尖塔形;树皮灰褐色,裂成长条片状脱落,内皮淡红色;冬芽近圆形,有叶状芽鳞,花芽圆球形,较大。叶披针形或条状披针形,长3~6cm,宽3~5mm,通常微弯,呈镰状,先端锐尖,坚硬,革质,边缘有锯齿,在侧枝上基部扭转排成2列状,下面中脉两侧各有1条白粉状气孔带。球花单性,雌、雄同株;雄球花圆锥状,簇生枝顶;雌球花单生或2~3枚集生。球果卵圆形,长2.5~5cm;成熟苞鳞革质,棕黄色,三角状卵形,长约1.7cm,先端有坚硬的刺状尖头,边缘有不规则锯齿;种鳞很小,先端3裂,腹面着生3枚种子。种子扁平,遮盖住短小的种鳞,长卵形或长圆形,暗褐色,两侧边缘有窄翅。花期4月;球果10月成熟。2n=22。(图59)

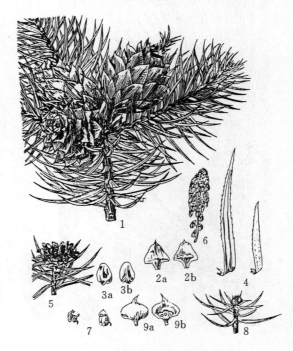

图59 杉木
1.球果枝 2.苞鳞(a.背面 b.腹面和种鳞) 3.种子(a.背面 b.腹面) 4.叶 5.雄球花枝 6.雄球花的一段 7.雄蕊 8.雌球花枝 9.苞鳞(a.背面 b.腹面,示珠鳞和胚珠)

【生长环境】栽培于山区、林场。

【产地分布】山东境内的昆嵛山、崂山、泰山、塔山等林场有栽培。在我国除山东外,长江流域、秦岭以南各地区广泛栽培。

【药用部位】根及根皮:杉木根;树皮:杉皮;枝干结节:杉木节;叶:杉叶;球果:杉塔;种子:杉子;木材沥出的油脂:杉木油;心材:杉木。为民间药。

【采收加工】全年可采根或剥取根皮,或剥去树皮;或采收枝干上的结节;或采收树叶;鲜用或晒干。7、8月采收球果,晒干;或打下种子,晒干。将杉木锯末堆积点燃,收集淋下的液体。

【药材性状】树皮呈板片状或扭曲的卷状,大小不一,干皮较厚,枝皮较薄。外表面灰褐色或淡褐色,具粗糙裂纹;内表面棕红色,稍光滑。气微,味涩。

叶条状披针形,长3~6cm,宽3~5mm。先端锐渐尖,基部下延而扭转,边缘有细齿。表面墨绿色或黄绿色,主脉 1 条,上表面主脉两侧的气孔线较下表面为少;下表面可见白色粉带状气孔带 2 条。质坚硬。气微香,味涩。

种子扁平,长 6~8mm。表面褐色,两侧具狭翅。种皮较硬,种仁富油性。气香,味微涩。

【化学成分】木材含挥发油:主成分为柏木醇(cedrol)即雪松醇(centdarol),α-及 β-蒎烯,β-水芹烯,柠檬烯,α-松油醇,雪松烯(cedrene)等;还含单宁和原花青素。根皮含二十八烷醇(octacosan-1-ol),邻苯二甲酸二丁酯(dibutyl phthalate),邻苯二甲酸二异丁酯(diisobutyl phthalate),山柰酚,β-谷甾醇,胡萝卜苷。根含挥发油,主成分为柏木醇,愈创木醇(guaiol),长叶烯(longifolene),β-松油烯,β-榄香烯等。种子含植物外源凝集素(phytolectin)及无机元素锰、铁、锌、铜、镍。叶含黄酮类:穗花杉双黄酮,红杉双黄酮(sequoiaflavone),异柳杉素(isocryptomerin),扁柏双黄酮,榧双黄酮(kayaflavone),南方贝壳杉双黄酮(robustaflavone)等;挥发油:主成分为 α-柠檬烯,α-及 β-蒎烯等。

【功效主治】**杉木根**辛,微温。祛风除湿,行气止痛,理伤接骨。用于风湿痹痛,胃痛,疝气痛,淋病,白带,血瘀崩漏,痔疮,骨折,脱臼,刀伤。**杉木节**辛,微温。祛风止痛,散湿毒。用于风湿骨节疼痛,胃痛,脚气肿痛,带下,跌扑损伤。**杉皮**辛,微温。利湿,消肿,解毒。用于水肿,脚气,烫伤,漆疮,金疮出血,毒虫咬伤。**杉木油**味苦、辛,微温。利尿排石,消肿杀虫。用于砂石淋,遗精,带下,顽癣,疔疮。**杉叶**辛,微温。祛风,化痰,活血,解毒。用于半身不遂,风疹,咳嗽,牙痛,漆疮,天疱疮,鹅掌风,跌打损伤,毒虫咬伤。**杉塔**辛,微温。温肾壮阳,杀虫解毒,宁心,止咳。用于遗精,阳痿,白癜风,乳痈,心悸,咳嗽。**杉子**辛,微温。理气散寒,止痛。用于疝气疼痛,乳痈。

【历史】杉木始载于《名医别录》,列为中品,原名杉材。《本草图经》曰:"杉木,旧不著所出州土,今南中深山皆有之。木类松而劲直,叶附枝生,若刺针。"《本草纲目》载:"杉木叶硬,微扁如刺,结实如枫实。"所述形态与杉木相同。

水杉

【别名】杉、落叶松。

【学名】Metasequoia glyptostroboides Hu et Cheng

【植物形态】落叶乔木,高达 25m。树干基部常膨大;树皮灰色、灰褐色或暗灰色,大枝斜展,小枝下垂,侧生小枝排成羽状,冬季脱落。叶交互对生,基部扭转排成二列,在侧生小枝上成羽状排列,冬季与侧生无芽的小枝一同脱落;叶片条形,上面淡绿色,下面较淡,长 0.8~3.5cm,宽 1.5~2.5mm。球花单性,雌、雄同株;雄球花单生于叶腋或枝顶,呈总状花序状或圆锥花序状,雄蕊交叉对生;雌球花单生于去年生枝顶,珠鳞 11~14 对,交叉对生,每珠鳞有 5~9 枚胚珠。球果下垂,近四棱状圆球形或长圆状球形;种鳞木质,盾形,顶端扁棱形,中央有 1 横槽,能育种鳞有种子 5~9 粒。种子扁平,倒卵形,周围有窄翅。花期 2 月;球果 11 月成熟。(图 60)

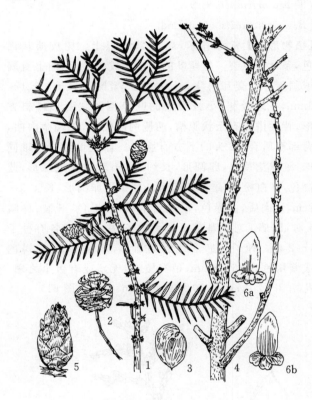

图 60 水杉
1. 球果枝 2. 球果 3. 种子 4. 雄球花枝
5. 雄球花 6. 雄蕊(a. 背面 b. 腹面)

【生长环境】栽培于山区、林场、公园或街道两旁。

【产地分布】山东境内的济南、青岛、烟台,潍坊、日照等城市有栽培。我国除山东外,还分布于四川东部,湖北西南部,湖南西北部山区。现全国各地普遍栽培。为我国特产的古老稀有珍贵树种,称为"活化石"。

【药用部位】叶:水杉叶;球果:水杉果;树脂:水杉脂。为民间药。

【采收加工】夏季采叶,鲜用或晒干。秋季采收果实,晒干。

【化学成分】种子含挥发油:主成分为 α-蒎烯,柠檬烯,石竹烯氧化物等。树脂含山达海松酸(sandaracopimaric acid),异海松酸,长叶松酸等。**叶**含 enantio-3-hydroxylabda-8(20),13-dien-15-oic acid。

【**功效主治**】清热解毒,消炎止痛。用于痈疮肿毒,癣疮。

柏科

侧柏

【**别名**】柏树、柏树种(烟台)、松树(临沂、德州)。

【**学名**】*Platycladus orientalis* (L.) Franco

(*Thuja orientalis* L.)

[*Biota orientalis* (L.) Endl.]

【**植物形态**】常绿乔木,高达20m以上。树皮淡灰褐色,条片状纵裂。生鳞叶的小枝排成一平面,向上直展或斜展。叶交互对生;叶片鳞形,紧贴小枝上,长1~3mm,先端微钝;小枝中央的叶呈倒卵状菱形或斜方形,背面中间有条状腺槽,两侧的叶船形,先端微内曲,背部有盾脊,尖头的下方有腺点。球花单性,雌、雄同株;雄球花黄色,卵圆形,长约2mm;雌球花近球形,蓝绿色,被白粉,较雄球花略大。球果近卵圆形,长1.5~2cm,近肉质,蓝绿色,成熟后木质,红褐色,开裂;种鳞4对,顶部1对及基部1对无种子,中部2对各有种子1~2枚。种子长卵形或近椭圆形,顶端微尖,灰褐色或紫褐色,长6~8mm,稍有棱脊,无翅或有极窄之翅。花期3~4月;球果10月成熟。2n=22。(图61)

图61 侧柏
1.球果枝 2.种子

【**生长环境**】生于石灰岩山地丘陵、阳坡或平原。

【**产地分布**】山东境内产于各地。分布于全国各地。

【**药用部位**】种仁:柏子仁;枝梢及叶:侧柏叶;枝条:柏枝节;树脂:柏脂。为常用中药和民间药,侧柏叶、柏子仁可用于保健食品。柏子仁和侧柏叶为山东省著名道地药材。

【**采收加工**】夏、秋二季采收嫩枝梢或枝条,置通风处晾干。秋、冬二季采收成熟种子,晒干,除去种皮,收集种仁。收集树干自然流出的树脂,或树干经燃烧流出的树脂。

【**药材性状**】种仁长卵形或长椭圆形,长5~7mm,直径1.5~3mm。表面黄白色或淡黄棕色,外被膜质内种皮,顶端略尖,有深褐色小点,基部钝圆。质软,富油性。气微香,味淡而有油腻感。

以颗粒饱满、色黄白、油性大而不泛油、无种皮等杂质者为佳。

枝梢长短不一,多分枝,小枝扁平。叶细小鳞片状,交互对生,贴伏于枝上;深绿色或黄绿色。质脆,易折断。气清香,味苦涩、微辛。

以枝嫩、色深绿、气香者为佳。

【**化学成分**】种子含柏木醇,红松内酯(pinusolide),15,16-双去甲-13-氧代-半日花-8(17)-烯-19-酸[15,16-bis-nor-13-oxo-8(17)-labdene-l9-oic acid],二羟基半日花三烯酸(12R,13-dihydroxycommunic acid)及谷甾醇等;种子油主含亚麻酸,油酸和亚油酸。**叶**含黄酮类:柏木双黄酮(cupressuflavone),扁柏双黄酮,穗花杉双黄酮,芹菜素,槲皮苷,山奈酚-7-O-葡萄糖苷,槲皮素-7-O-鼠李糖苷,杨梅素,杨梅素-3-O-鼠李糖苷等;挥发油:主成分为α-侧柏酮(α-thujene),侧柏烯(thujene),小茴香酮(fenchone),蒎烯,丁香烯等;脂肪酸:棕榈酸,硬脂酸,月桂酸,肉豆蔻酸,油酸等;还含10-二十九烷醇,缩合鞣质,去氧鬼臼毒素(deoxypodophyllotoxin)及异海松酸。**木材**挥发油主成分为柏木醇,α-及β-柏木烯(cedrene),韦得醇(widdrol),α-,β-及γ-花侧柏萜醇(cuparenol),罗汉柏烯(thujopsene),罗汉柏二烯(thujopsadiene),α-及β-花侧柏萜酮(cuparenone)等。

【**功效主治**】柏子仁甘,平。养心安神,润肠通便,止汗。用于阴血不足,虚烦失眠,心悸怔忡,肠燥便秘,阴虚盗汗。**侧柏叶**苦、涩,寒。凉血止血,化痰止咳,生发乌发。用于吐血,衄血,咯血,便血,崩漏下血,肺热咳嗽,血热脱发,须发早白。**柏枝条**苦、辛,温。祛风除湿,解毒疗疮。用于风湿痹痛,历节风,霍乱转筋,牙齿肿痛,恶疮,疥癣。**柏脂**甘,平。除湿清热,解毒杀虫;用于疥癣,癞风,秃疮,黄水疮,丹毒,赘疣。

【历史】侧柏始载于《神农本草经》，列为上品，名柏实。《名医别录》云："生太山山谷，柏叶尤良。"陶隐居"柏处处有之，当以太山（泰山）为佳"。《本草图经》载："柏实，其叶名侧柏，密州出者尤佳，虽与它柏相类，而其叶皆侧向而生，功效殊别。"《本草纲目》云："柏有数种，入药惟取叶扁而侧生者，故曰侧柏。"其形态与现今侧柏一致。

【附注】《中国药典》2010年版收载柏子仁、侧柏叶。

圆柏

【别名】桧、刺柏、柏木。

【学名】Sabina chinensis (L.) Ant.
（Juniperus chinensis L.）

【植物形态】常绿乔木，高达20m。树皮灰褐色，成纵条状脱落。有鳞叶的小枝近圆柱形或四棱形。叶二型，即刺叶和鳞叶；幼树刺叶，刺叶通常3叶交互轮生，披针形，排列疏松，斜展，长0.6～1.2cm，有两条白粉带；老树鳞叶；壮龄树兼有刺叶和鳞叶；生于一年生小枝的一回分枝的鳞叶三叶轮生，排列紧密，背面中部有椭圆形微凹的腺体。球花单性，雌、雄异株；雄球花黄色，雄蕊5～7对，常有3～4花药。球果近球形，暗褐色，二年成熟，有种子1～4粒。种子卵圆形。花期3～4月；球果第二年10～11月成熟。（图62）

【生长环境】生于中性土、钙质土及微酸性土的山坡或丛林。

【产地分布】山东境内产于各地；栽培于公园、庭院中，泰山岱庙有古树。全国分布广泛，以庙宇及城市为多。

【药用部位】嫩枝叶：桧叶。为民间药。

【采收加工】四季采收，鲜用或晒干。

【药材性状】生鳞叶的小枝近圆柱形或近四棱形。叶二型，有刺状叶及鳞叶，生于不同枝上；鳞叶3叶轮生，直伸而紧密，近披针形，先端渐尖，长2.5～5mm；刺状叶，3叶交互轮生，斜展，疏松，披针形，长0.6～1cm。气微香，味微涩。

【化学成分】木材含木脂素。叶含黄酮类：穗花杉双黄酮，扁柏双黄酮，扁柏双黄酮甲醚（monomethyl ether of hinokiflavone），芹菜素；挥发油：主成分为桧烯（sabinene）和柠檬烯。还含葡萄糖和半乳糖。花粉含核糖核酸（RNA），去氧核糖核酸（DNA），中性类脂质及蛋白质等。

【功效主治】苦、辛，温；有小毒。祛风散寒，活血消肿，解毒利尿。用于外感发热，风湿骨痛，风疹，肿毒初起，小便淋痛，瘾疹。

【历史】圆柏《诗经》称为桧，《本草纲目》曰："柏叶松身者，桧也。其叶尖硬，亦谓之栝，今人名圆柏，以别侧柏。"《植物名实图考》载："桧即栝，音疏，柏叶松身，与尔雅桧同，尔雅翼谓之圆柏，以别于侧柏。"其描述与本种相似。

图62 圆柏

麻黄科

木贼麻黄

【别名】麻黄、麻黄草、木麻黄。

【学名】Ephedra equisetina Bge.

【植物形态】直立小灌木，高达1m。木质茎粗长，直立，稀为部分匍匐；小枝直径约1mm，节间长1.5～3cm，纵条纹不明显，常被白粉。叶对生，2裂，下部合生，仅先端分离，裂片宽三角形，先端钝。雄球花单生或3～4枚集生于节上，雄蕊6～8，花丝合生；雌球花常在节上对生，球被管稍弯曲，长达2mm。种子成熟时外被红色肉质苞片，种子通常1枚，长卵形，长约7mm。花期6～7月；种子8～9月成熟。（图63）

【生长环境】生于干旱荒漠、多砂石的山地或草地。栽培于药圃。

【产地分布】山东境内的蓬莱、宁津及济南药圃有少量栽培。在我国除山东外，还分布于河北、山西、陕西、内蒙古、甘肃、新疆等地。

【药用部位】草质茎：麻黄。为常用中药。

【采收加工】秋季采割绿色草质茎，晒干。

【药材性状】茎分枝多，直径1～1.5mm，表面无粗糙感。节间长1.5～3cm。膜质鳞叶长1～2mm，下部约2/3合生成鞘状，上部裂片2(稀3)，为短三角形，灰白

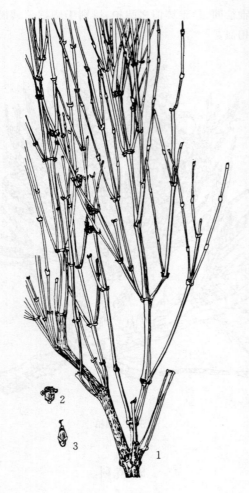

图 63 木贼麻黄
1.雄株 2.雄球花 3.成熟的雌球花

色,先端多不反曲,基部棕红色至棕黑色。体轻,质脆,易折断,断面略呈纤维性,周边绿黄色,髓部红棕色,略呈椭圆形。气微香,味涩、微苦。

以色淡绿、髓部色红棕、手拉不脱节、味苦涩者为佳。

【化学成分】草质茎含生物碱:左旋麻黄碱(ephedrine),右旋伪麻黄碱(pseudoephedrine),左旋去甲基麻黄碱(norephedrine),右旋去甲基伪麻黄碱(norpseudoephedrine),左旋甲基麻黄碱(methylephedrine),右旋甲基伪麻黄碱(methylpseu doephedrine),麻黄恶唑酮(ephedroxane);挥发油:主成分为(1S,5S)-2(10)-蒎烯、异蒎茨醇(isopinocampheol),β-月桂烯等;黄酮类:5,7,4′-三羟基-8-甲氧基黄酮醇-3-O-β-D-吡喃葡萄糖苷(5,7,4′-trihydroxy-8-methoxy-flavonol-3-O-β-D-glucopyranoside);有机酸:苯甲酸,对-羟基苯甲酸,桂皮酸,对-香豆酸(p-coumaric acid),香草酸及原儿茶酸等。

【功效主治】辛、微苦,温。发汗散寒,宣肺平喘,利水消肿。用于外寒发热,胸闷喘咳,风水浮肿,哮喘。

【附注】《中国药典》2010年版收载麻黄。

草麻黄

【别名】麻黄草、麻黄。

【学名】Ephedra sinica Stapf

【植物形态】多年生草本状灌木,高20～40cm。木质茎短或成匍匐状;小枝直立或微曲,常对生或轮生,节间长2.5～5.5cm,直径约2mm,纵条纹不明显。叶交互对生;叶片退化成膜质鞘状,下部合生,上部2裂,裂片锐三角形。雄球花多成复穗状,苞片常4对;雄花具无色膜质角状假花被,雄蕊7～8,伸出假花被外,花丝合生成1束,先端微分离;雌球花单生,于幼枝上顶生,于老枝上腋生,苞片4对,成熟时苞片红色肉质,浆果状。种子通常2粒,包于苞片内,黑红色或灰褐色,三角状卵形或宽卵圆形,长5～6mm,直径2.5～3.5mm,表面具细皱纹。花期5～6月;种子8～9月成熟。(图64)

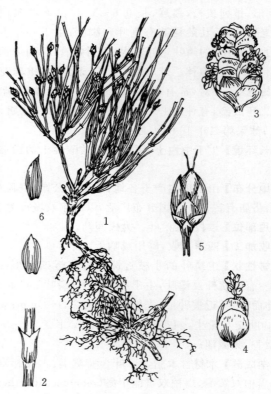

图 64 草麻黄
1.植株 2.小枝的一段及叶 3.雄球花
4.雄花和苞片 5.雌球花 6.种子

【生长环境】生于海滩附近的田边或路旁。有栽培,国家Ⅱ级保护植物。

【产地分布】山东境内产于无棣、沾化、莱州、蓬莱、利津、东营等地。菏泽、青岛、济南等地有栽培。在我国除山东外,还分布于辽宁、吉林、内蒙古、河北、山西、陕西、河南西北部等地。

【药用部位】草质茎：麻黄（草麻黄）；根及根茎：麻黄根。为常用中药。

【采收加工】秋季采割绿色草质茎，晒干。秋、冬二季挖根及根茎，除去泥土，晒干。

【药材性状】茎细长圆柱形，少分枝，直径1～2mm。表面淡绿色至黄绿色，有细纵脊线，触之微有粗糙感。节明显，节间长2～6cm；节上有膜质鳞叶，长3～4mm，裂片2（稀3），锐三角形，先端灰白色，反曲，基部联合呈筒状，红棕色。有的带少量棕色木质茎。体轻，质脆，易折断，断面略呈纤维性，周边绿黄色，髓部红棕色，近圆形。气微香，味涩、微苦。

以色淡绿、髓部色红棕、手拉不脱节、味苦涩者为佳。

根圆柱形，略弯曲，长8～25cm，直径0.5～1.5cm；表面红棕色或灰棕色，有纵皱纹及支根痕，外皮粗糙，易成片状剥落。根茎具节，节间长0.7～2cm；表面有横长突起的皮孔；体轻，质硬脆，断面皮部黄白色，木部淡黄色或黄色，射线放射状，中心有髓。无臭，味微苦。

以质硬、外皮色红棕、断面色黄白者为佳。

【化学成分】草质茎含生物碱：左旋麻黄碱，右旋伪麻黄碱，左旋去甲基麻黄碱，右旋去甲基伪麻黄碱，左旋甲基麻黄碱，右旋甲基伪麻黄碱，麻黄恶唑酮，6-甲氧基犬尿喹啉酸（6-methoxykynurenic acid），（±）-1-苯基-2-亚氨基-1-丙醇（1-phenyl-2-imido-1-propanol），N-甲基麻黄碱，鸟嘌呤（adenine）等；黄酮类：芹菜素，小麦黄素（tricin），山柰酚，芹菜素-5-O-鼠李糖苷，蜀葵苷元（herbacetin），3-甲氧基蜀葵苷元（3-methoxyherbacetin），牡荆素（vitexin），槲皮素，芦丁，草棉黄素-8-甲醚-3-葡萄糖苷（herbacetin-8-methyl ether-3-glucoside），木犀草素，山柰酚-3-葡糖糖-7-鼠李糖苷，橙皮苷（hesperidin）等；有机酸类：苯甲酸，反式肉桂酸（trans-cinnamic acid），咖啡酸，对羟基苯乙酸，绿原酸（chlorogenic acid），原儿茶酸，5-(hydroxyl-isopropyl)-cyclohexene-carboxylic acid；酚类：杜鹃醇葡萄糖苷（rhododendrol 4'-O-β-D-glucopyranoside），对氨基苯酚（p-aminophenol）；蒽醌类：大黄素甲醚，大黄酸；挥发油：主成分为α,α,4-三甲基-3-环己烯-甲醇（α,α,4-trimethyl-3-cyclohexen-l-methanol），β-松油醇，左旋-α-松油醇和2,3,5,6-四甲基吡嗪（2,3,5,6-tetramethylpyrazine）等；尚含1-methyl-naphtho[2,3-d][1,3]dioxole-6-carboxylic acid methyl ester，胡萝卜苷。根含麻黄根碱（ephedradine）A、B、C、D，阿魏酰组胺（feruloylhistamine），麻黄根素（ephedrannin）A，麻黄双黄酮（mahuannin）A、B、C、D及酪氨酸甜菜碱（maokonine）。

【功效主治】麻黄辛、微苦，温。发汗散寒，宣肺平喘，利水消肿。用于风寒感冒，胸闷喘咳，风水浮肿，咳喘。麻黄根甘，平。固表止汗。用于自汗，盗汗。

【历史】麻黄始载于《神农本草经》，列为中品。历代本草记述的麻黄产地有：晋地、河东、青州、彭城、荥阳、中牟、郑州鹿台、关中沙苑和同州沙苑等。《本草图经》云："苗春生，至夏五月则长及一尺已来。梢上有黄花，结实如百合瓣而小，又似皂荚子，味甜，微有麻黄气，外皮红裹人，子黑。根紫赤色。俗说有雌雄二种，雌者于三月、四月内开花，六月内结子，雄者无花不结子。至立秋后收采其茎阴干，令青。"以上记述的产地与现今麻黄产地基本一致，所述形态极似草麻黄。

【附注】《中国药典》2010年版收载。

附：中麻黄

中麻黄 Ephedra intermedia Schrenk ex Mey. 与草麻黄的主要区别是：灌木，高达1m。茎粗壮，直立，分枝较多，直径1.5～3mm，节间长2～6cm，断面髓部三角状圆形。膜质鳞叶长1～2mm，裂片3（稀2），基部约2/3合生成鞘，先端锐尖，微反曲。雌花有长而螺旋状弯曲的珠被管。种子3或2粒。《中国植物志》第七卷记载山东有分布，但我们未见到标本。草质茎含左旋麻黄碱，右旋伪麻黄碱，左旋去甲基麻黄碱，右旋去甲基伪麻黄碱，左旋甲基麻黄碱，痕量右旋甲基伪麻黄碱，麻黄恶唑酮。根含麻黄根碱A、B、C、D，阿魏酰组胺，麻黄根素A，麻黄双黄酮A、B、C、D及酪氨酸甜菜碱。药用同草麻黄。《中国药典》2010年版收载。

三白草科

蕺菜

【别名】鱼腥草、节儿根、折耳根。

【学名】Houttuynia cordata Thunb.

【植物形态】多年生草本；有特殊腥臭。地下茎多节，白色，节上生须根。地上茎紫红色。单叶互生；叶片心形，有细腺点，下面带紫红色，脉上有毛；有长柄，基部与托叶合生成鞘状，抱茎。穗状花序在枝端与叶对生，长1～2cm，基部有白色花瓣状苞片4；雄蕊3，花丝下部与子房贴生。蒴果顶端开裂。花期5～7月；果期8～10月。2n=24。（图65）

【生长环境】生于阴湿山坡、草地、水边、田埂或林下。栽培于公园。

【产地分布】山东境内的济南等地有栽培。在我国除山东外，还分布于长江以南及西藏等地。

【药用部位】新鲜全草或干燥地上部分：鱼腥草；根茎：鱼腥草根（节儿根）。为较常用中药，药食两用；根茎常为湖南、湖北地方小菜。

【采收加工】鲜品全年均可采割；干品夏季茎叶茂盛、花穗多时采割，除去杂质，晒干。

【药材性状】鲜品茎呈圆柱形，长20～45cm，直径2.5～4.5cm；上部绿色或紫红色，下部白色，节明显，下部节

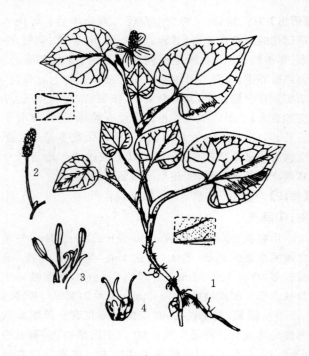

图65 蕺菜
1.植株 2.花序 3.花 4.果实

上生有须根,无毛或被疏毛。叶互生,叶片心形,长3~10cm,宽3~11cm;先端渐尖,全缘;上表面绿色,密生腺点,下表面常紫红色;叶柄细长,基部与托叶合生成鞘状。穗状花序顶生。具鱼腥气,味涩。

全草长20~35cm。茎扁圆柱形,扭曲,直径2~3mm;表面黄棕色,具纵棱数条,节明显,下部节上残存须根;质脆,易折断。叶互生,叶片卷折皱缩;完整叶片展平后呈心形,长3~8cm,宽3~7cm;先端渐尖,全缘;上表面暗黄绿色至暗棕色,下表面灰绿色或灰棕色;叶柄细长,基部与托叶合生成鞘状。穗状花序顶生,黄棕色。搓碎有鱼腥气,味微涩。

以叶多、色绿、带花穗、鱼腥气味浓者为佳。

【化学成分】地上部分含黄酮类:阿福豆苷(afzelin),金丝桃苷(hyperin),芦丁,槲皮苷,槲皮素-3-O-β-D-半乳糖-7-O-β-D-葡萄糖苷,槲皮素-3-O-α-L-鼠李糖-7-O-β-D-葡萄糖苷,山柰酚-3-O-β-D-[α-L-吡喃鼠李糖(1→6)]吡喃葡萄糖苷等;酚类:绿原酸甲酯(chlorogenic methyl ester),4-羟基-4[3′-(β-D-葡萄糖)亚丁基]-3,5,5-三甲基-2-环己烯-1-醇{(E)-4-hydroxy-4-[3′-(β-D-glucopyranosyloxy)butylidene]-3,5,5-trimethyl-2-cyclohexen-1-one},2-(3,4-二羟基)-苯乙基-β-D-葡萄糖苷[2-(3,4-dihydroxyphenyl) ethyl-β-D-]glucopyranoside],对羟基苯乙醇-β-D-葡萄糖苷(p-hydroxyphenethyl-β-D-glucoside),4-β-D-葡萄糖-3-羟基苯甲酸[4-(β-D-glucopyranosy loxy)-3-hydroxy-benzoic acid]等;甾体类:豆甾烷-4-烯-3-酮,豆甾烷-3,6-二酮,β-谷甾醇,胡萝卜苷等;鲜品挥发油主成分为癸醛(decanal),正十三醛,甲基正壬酮(2-undecanone),甲酸癸酯(formic acid,decyl ester),β-马来烯(β-myrcene),癸酰乙醛(decanoyl aldehyde,鱼腥草素),乙酸冰片酯(borneol acetate),乙酸香叶醇酯(geraniol acetate)等;干品挥发油主成分为甲基正壬酮等;氨基酸:天冬氨酸,谷氨酰胺,丝氨酸,组氨酸,缬氨酸,甲硫氨酸等;有机酸:绿原酸,琥珀酸,硬脂酸,油酸,亚油酸等;含氮化合物:N-苯乙基-苯酰胺,2-壬基-5-癸酰基吡啶,N-甲基-5-甲氧基-吡咯烷-2-酮;还含亚油酸甘油酯,正丁基-α-D-果糖苷,sitoindoside等。**叶**含槲皮苷。**花和果穗**含异槲皮苷。**茎**含水溶性多糖:由葡萄糖、果糖、阿拉伯糖、半乳糖、木糖、鼠李糖及另一种未知的五碳糖组成。**根茎**挥发油主成分为甲基正壬酮,α-及β-蒎烯,D-柠檬烯,β-马来烯,乙酸冰片酯,癸酰乙醛等。

【功效主治】鱼腥草辛,微寒。清热解毒,消痈排脓,利尿通淋。用于肺痈吐脓,痰热喘咳,热痢,热淋,痈肿疮毒。**鱼腥草根(节儿根)**辛,微寒。清热解毒,利水消肿,凉血消斑。用于外感发热,湿热淋证。

【历史】鱼腥草始载于《名医别录》,列为下品,原名蕺。《新修本草》云:"叶似荞麦,肥地亦能蔓生,茎紫赤色,多生湿地、山谷阴处。山南江左人好生食之。"《本草纲目》曰:"叶似荞,其状三角,一边红,一边青。可以养猪。"可知蕺是一种集药物、野菜和饲料于一身的植物,参考《本草图经》附图,与三白草科植物蕺菜一致。

【附注】《中国药典》2010年版收载。

金粟兰科

丝穗金粟兰

【别名】水晶花、老妈妈花(崂山)、四块瓦。

【学名】Chloranthus fortunei (A. Gray) Solms-Laub.

【植物形态】多年生草本,高20~50cm。茎节明显,节上生鳞片状小叶。单叶,常4片,交叉对生于茎顶,节间短,近于轮生;叶片卵状椭圆形,长3~12cm,宽2~7cm,边缘有锐锯齿,齿尖有1腺体。穗状花序单生;花密集;苞片2~3裂,倒卵形;雄蕊3,基部合生,药隔延伸成丝状,白色,长1~2cm,中间的1枚花药2室,侧生的花药1室。核果倒卵形。花期4~5月;果期7~8月。(图66)

【生长环境】生于山坡林下阴湿而富含腐殖质的草丛中。

【产地分布】山东境内产于崂山、昆嵛山及威海等地。在我国除山东外,还分布于江苏、浙江、安徽、江西、台湾等地。

【药用部位】全草:水晶花(剪草)。为民间药。

【采收加工】春、夏二季采收带根全草,洗净,晒干。

江)”,并附"润州剪草"图,所绘植物为草本,根生多数细长须根,茎丛生,不分枝,具明显的节,叶生于茎顶,轮生状,花序穗状,有伸长的线状物。《植物名实图考》始载水晶花,云:"水晶花,衡山生者叶似绣毯花叶而小,紫茎有节,花如银丝,作穗长寸许,夏至后即枯"。据其所述及附图(二),与现今丝穗金粟兰基本相符。

银线草

【别名】四块瓦。

【学名】Chloranthus japonicus Sieb.

【植物形态】多年生草本。根状茎横走,有分枝。茎直立,不分枝,高25～50cm。下部各节上有对生的鳞片状小叶,茎顶叶4片,2片对生,近于轮生;叶片倒卵形或椭圆形,长3～11cm,宽1.5～8cm,边缘有锐锯齿,齿尖有1腺体,网状脉明显;有柄。穗状花序单生茎顶;苞片通常不裂,肾形或卵形;雄蕊3,基部合生,突出的药隔条形,长4～6mm;中间的雄蕊无花药。花期5～6月;果期6～7月。(图67)

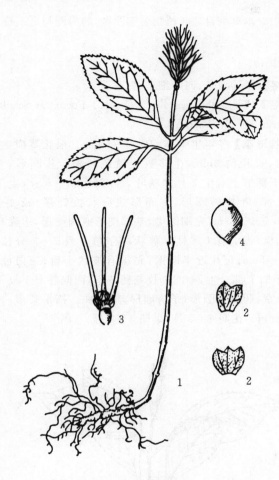

图66 丝穗金粟兰
1.植株 2.苞片 3.花 4.果实

【药材性状】根茎呈团块状,节间较密。须根细长弯曲,直径0.5～1.5mm;表面灰黄色或灰棕色,有纵皱纹及支根痕;质脆易断,皮部与木部易分离而露出木心。茎表面浅棕色,具纵棱;节处棕黑色,托叶残存,节间长4～10cm。叶4片,于茎顶密集对生似轮生;叶片皱缩,完整者展平后呈椭圆形或倒卵状椭圆形,长4～11cm,宽2～6cm;边缘有锐锯齿,灰绿色;叶柄长0.5～1.5cm。有时可见单一顶生的穗状花序或果序。气香,味苦、辛。

以叶完整、色绿、带花序、气味浓者为佳。

【化学成分】根含倍半萜类:chloranthatone, atractylenolaetam,金粟兰内酯(chloranthalactone)C, atractylenolid Ⅲ, shizuka-acoradienol;挥发油:主成分为金粟兰内酯、α-松油醇,香叶醇(geraniol),广藿香烯(patchoulene),乙酸冰片酯等。

【功效主治】辛,温;有小毒。祛风理气,活血散瘀。用于风湿痹痛,痢疾,腹泻,胃痛,咳嗽,干血痨,跌打损伤,疮疖肿毒。

【历史】《本草拾遗》收载剪草,云:"生山泽间,叶如茗而细。江东用之。"《本草图经》谓:"生润州(今江苏镇

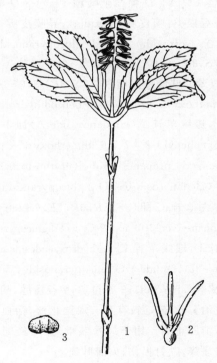

图67 银线草
1.植株上部 2.花 3.苞片

【生长环境】生于阴湿山坡或林下。

【产地分布】山东境内产于崂山、昆嵛山、荣成、青州仰天寺等地。在我国除山东外,还分布于东北、西北、西南、华中等地区。

【药用部位】全草或根及根茎:银线草。为民间药。

【采收加工】夏季采收带根茎全草,洗净,鲜用或晒干。

【药材性状】根茎表面暗绿色,节间较长。须根细长圆

柱形,稍弯曲,长5~20cm,直径约1mm;表面土黄色或灰白色,平滑;质脆易折断,断面较平整,皮部较宽,灰白色,易与木部分离。叶4片,皱缩,于茎顶端对生或近轮生;完整叶片展开呈倒卵形或椭圆形,长3~10cm,宽1~7cm,边缘有锐锯齿,齿尖有腺体。有时可见穗状花序。气微香,味微苦。

【化学成分】根含金粟兰内酯A、B、C、D、E,苍术内酯(α-tractylenolide)Ⅲ,银线草内酯(shizukanolide)A、C、D,银线草内酯醇(shizukolidol),银线草呋喃醇(shizukafuranol),银线草螺二烯醇(shizukaacoradienol),莪术呋喃二烯酮(furanodienone),东莨菪素(sopoletin),异东莨菪素(isoscopoletin),去氢银线草内酯(dehydroshizukanolide),欧亚活血丹内酯(glechomanolide),异莪术呋喃二烯(isofuranadiene),异秦皮定(isofraxidin),银线草醇(shizukaol)等。全草含皂苷:葳严仙皂苷(cauloside)D、G,leonticin D,3-O-β-D-葡萄吡喃糖-(1-3)-α-L-阿拉伯吡喃糖基常春藤皂苷元-28-O-α-L-鼠李吡喃糖-(1-4)-β-D-葡萄吡喃糖-(1-6)-β-D-葡萄吡喃糖苷;香豆素类:嗪皮啶(fraxidin),异嗪皮啶-7-O-β-D-葡萄糖苷(isofraxidin-7-O-β-D-glucopyranoside);木脂素类:$(7S,8R)$-9,9'-二羟基-3,3'-二甲氧基-1'-丙醇基-7,8-二氢苯并呋喃新木脂素[$(7S,8R)$-9,9'-dihydroxy-3,3'-dimethoxy-1'-proanol-7,8-benzodihydrofurans neolignan],银线草苷A(yinxiancaoside A)即1-(4-β-glc-3-methoxyphenyl)-2-[2',6'-dimethoxy-1'-(propan-1-ol)-phyenoxyl]-propane-1,3-diol(erytho-form),银线草苷B即(cleomiscosin-C-4-O-β-glucopyranoside);倍半萜类:银线草苷C即($3S,5R,6R,7E,9S$-tetrahydroxy-megastigmane-7-en-3-O-and 9-O-β-D-diglucopyranoside),银线草苷D,银线草苷E[$1α$-hydroxyeudesman-4(15),7(11)-dien-8α-12-olide-1-O-glucopyranoside]等;还含盾叶夹竹桃苷(androsin),β-谷甾醇,γ-谷甾醇,胡萝卜苷。

【功效主治】辛、苦,温;有毒。燥湿化痰,活血化瘀,祛风止痒,消肿止痛。用于风寒咳嗽,血滞经闭,月经不调,皮肤瘙痒,跌打损伤,瘀滞肿痛。

【历史】《神农本草经》载有鬼督邮,作为赤箭和徐长卿之异名。《新修本草》新增"鬼邮督",云:"苗惟一茎,叶生茎端若伞,根如牛膝而细黑。所在有之,有必丛生。今人以徐长卿代之,非也。"《蜀本草》谓:"茎似细箭杆,高二尺以下。叶生茎端状伞盖。根横而不生须。花生叶心,黄白色。二月、八月采根。"《本草纲目》曰:"鬼督邮与及己同类,根苗皆相似。但以根如细辛而色黑者,为及己;根如细辛而色黄白者,为鬼督邮。"据其形态描述并结合产地分布情况,与银线草较为符合。但《本草蒙筌》、《本草纲目》和《植物名实图考》的附图与之不符。

及己

【别名】獐耳细辛、四叶细辛、四片瓦。

【学名】Chloranthus serratus (Thunb.) Roem. et Schult. (Nigrina serrata Thunb.)

【植物形态】多年生草本,高15~50cm。根状茎横生,短粗,直径约3mm,生多数土黄色须根。茎圆形,无毛,下部节上对生2片鳞状叶。叶对生,4~6片,生于茎上部;叶片椭圆形、倒卵形或卵状披针形,长4~8cm,宽3~6cm,先端渐尖,基部楔形或阔楔形,边缘有圆锯齿,齿尖有1腺体。穗状花序单1或2~3分枝,长4~5cm;苞片近半圆形,先端有波状小齿;花白色;雄蕊3,下部合生,中间1枚花药2室,两侧各有1枚花药1室,药隔长圆形;子房卵形,无花柱。核果梨形,长约2mm。花期4~5月;果期6~8月。(图68)

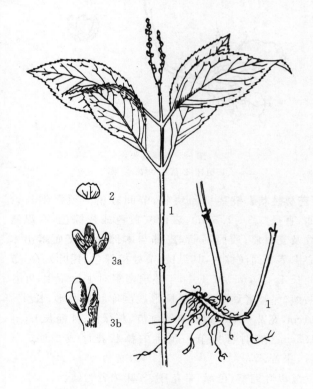

图68 及己
1.植株 2.苞片 3.花(a.腹面 b.背面)

【生长环境】生于山坡林下阴湿肥厚的土壤中。
【产地分布】山东境内产于胶东半岛各山区。在我国除山东外,还分布于安徽、江苏、江西、福建、广东、广西、湖南、湖北、四川等地。
【药用部位】全草或根及根茎:及己。为民间药。
【采收加工】春季开花前采挖根及根茎;春、夏二季花期采挖带根全草,洗净,阴干或晒干。
【药材性状】根茎较短,直径约3mm;上端残留茎基,下侧着生多数须根。根细长圆柱形,长约10cm,直径0.5～2mm;表面土灰色;质脆,断面较平坦,皮部灰黄色,木部淡黄色。气微香,味微苦。

【化学成分】全草含萜类内酯:欧亚活血丹内酯(glechomanolide),neolitacumone B, serralactone A, 1β,4β-dihydroxy-5αH-eudesman-7(11)-en-8α,12-olide, zedoalactone A, oplodiol 2a, cyperusol C, serralactone B、C、D, 3-eudesmene-1β,7,11-triol, 4(15)-eudesmene-1β,7,11-triol, shizukaol B、P、Q, tianmushanol。**根**含二氢莪术呋喃烯酮(dihydopyrocurzerenone),焦莪术呋喃烯酮(pyrocurzerenone),银线草内酯C、E、F,新菖蒲酮(neoacolamone),7-α-羟基新菖蒲酮(7-α-hydroxyneoacolamone),菖蒲大牻牛儿酮(acoragermacrone),菖蒲酮(acolamone),莪术呋喃醚酮(zederone),异莪术呋喃二烯(isofuranodiene),莪术呋喃二烯(furanodiene)和金粟兰内酯(chloranthalactone)C。

【功效主治】苦,平;有毒。舒筋活络,祛风止痛,消肿解毒。用于跌打损伤,风湿腰痛,痈疽疮疖,月经不调。

【历史】及己始载于《名医别录》,列为下品。《本草图经》曰:"此草一茎,茎头四叶,叶隙着白花,好生山谷阴虚软地,根似细辛而黑,有毒,入口使人吐血,今以当杜衡,非也,疗疮必须用之。"《本草纲目》收载及己,又名獐耳细辛,但所述形态不似金粟兰科植物。《植物名实图考》云:"及己《别录》,下品,《唐本草》注,此草一茎四叶,今湖南、江西亦呼为四叶细辛,俗名四大金刚,外科要药"。所述形态和附图与及己相符。

杨柳科

银白杨

【别名】白杨树、杨树、白背杨。

【学名】Populus alba L.

【植物形态】落叶乔木,高达30m。树干不直,雌株更歪斜;分枝多,树冠广阔;树皮灰白色,平滑,下部粗糙;幼枝密被白色短绒毛;芽卵圆形,密被白色绒毛,棕褐色,有光泽。单叶互生;叶形及大小变异较大,长枝上的叶较大,长5～10cm,阔卵形或卵圆形,掌状3～5浅裂,边缘具粗齿,基部圆形、平截或近心形,初时两面有白色绒毛,后上面脱落;短枝叶小,长4～6cm,卵圆形或卵状椭圆形,基部阔楔形至平截,边缘有粗钝齿,上面光滑,下面密被白色绒毛;叶柄略侧扁,有白色绒毛。花单性,雌、雄异株;葇荑花序下垂,先叶开放;雄花序长3～7cm,花序轴和苞片有长毛;雄蕊6～10,花药紫红色;雌花序长6～10cm,花序轴有毛,雌蕊有短柄,柱头2裂,淡黄色。蒴果细圆锥形,长约5mm,2瓣裂,无毛。花期4～5月;果期5月。(图69)

【生长环境】多栽培于公园、庭院或村旁路边。

图69 银白杨
1.叶枝 2.雄花序 3.雄花

【产地分布】山东境内产于各地。在我国除山东外,还分布于东北、华北、西北地区及广西等地。

【药用部位】叶:银白杨叶。为民间药。

【采收加工】夏季采收,鲜用或晒干。

【药材性状】叶片多皱缩破碎。完整叶片展平后近圆形或卵状椭圆形,掌状3～5浅裂或不裂,长4～10cm,宽3～8cm。先端渐尖或钝尖,基部阔楔形或圆形,叶缘有钝齿。上表面灰绿色;下表面密被白色绒毛。质脆易碎。气微清香,味微苦。

以叶片完整、色银白、气味浓者为佳。

【化学成分】叶含右旋-异落叶松脂醇-单-β-D-吡喃葡萄糖苷(isolariciresinol-mono-β-D-glucopyranoside),O-β-D-吡喃葡萄糖基-9-β-D-呋喃核糖基二氢玉蜀黍嘌呤(O-β-D-glucopyranosyl-9-β-D-ribofuranosyl dihydrozeatin),O-β-D-吡喃葡萄糖基玉蜀黍嘌呤(O-β-D-glucopyranosyl zeatin),O-β-D-吡喃葡萄糖基二氢玉蜀黍嘌呤等。

【功效主治】苦,寒。祛痰平喘,消炎止咳。用于咳嗽气喘。

加拿大杨

【别名】加杨、欧美杨、杨树。

【学名】Populus canadensis Moench.

【植物形态】落叶乔木,高约30m。树干下部暗灰色,上部褐灰色,深纵裂;树冠卵形;小枝近于圆柱形,有棱,黄褐色,无毛;芽褐色,先端外曲,富黏质。单叶互生;叶片三角形或三角状卵形,长7~12cm,长大于宽,先端渐尖,基部截形,常有1~2腺体,边缘有圆锯齿,两面无毛;叶柄侧扁,带红色。葇荑花序下垂,先叶开放;花单性,雌、雄异株;雄花序长6~15cm,光滑无毛;苞片淡黄绿色,丝状条裂;雄蕊15~25枚,稀达40;雌花序有花45~50朵;柱头4裂。蒴果卵圆形,长约8mm,2~3瓣裂。多雄株,雌株少见。花期4月;果期5月。(图70)

图70 加拿大杨
1.枝叶 2.雌花 3.雌花苞片 4.雄花 5.雄花苞片

【生长环境】栽培于河堤、道旁或田野。

【产地分布】山东境内产于各地。除广东、云南、西藏外,全国其他各地均有引种。

【药用部位】雄花序:白杨花(杨树花);树皮和嫩枝:毛白杨;叶:杨树叶。为少常用中药和民间药。白杨花又名无事忙,民间食用。

【采收加工】春季花开时采收雄花序,除去杂质,鲜用或晒干。夏季采叶,全年采收嫩枝和树皮,鲜用或晒干。秋、冬二季或结合伐木采剥树皮,刮去粗皮,鲜用或晒干。

【药材性状】雄花序长6~14cm,表面黄绿色或黄棕色。芽鳞片常分离成梭形,单个鳞片长卵形,光滑无毛。花盘黄棕色或深黄棕色;雄蕊15~25枚,棕色或黑棕色,有的脱落。苞片宽卵圆形或扇形,边缘呈条片状或丝状分裂,无毛。体轻,质软。气微,味微苦、涩。

以花序完整粗长、色黄绿者为佳。

【化学成分】树芽含黄酮类:球松素(pinostrobin),白杨素(chrysin),山柰酚,芹菜素,异鼠李素,槲皮素,3-O-甲基槲皮素,高良姜素,高良姜素-7-O-β-D-葡萄糖苷,白杨素-7-O-β-D-葡萄糖苷,乔松素-5-O-β-D-葡萄糖苷(verecundin;pinocembrin-5-O-β-D-glucoside);有机酸:咖啡酸,异阿魏酸(isofemlic acid)等;酚苷类:紫丁香苷(syringin),水杨苷(salicin)。雄花序含黄酮类:乔橙酮(pinostrobin),3-甲氧基高良姜素(3-methoxy galangin),乔松素(pinocermbin),白杨素,3,7-二甲氧基槲皮素,鼠李素,3-甲氧基山柰酚,芹菜素;还含异阿魏酸甲酯。芽胶含粗精油、黄酮及酚类。

【功效主治】白杨花(杨树花)苦,寒。清热解毒,化湿止痢。用于痢疾泄泻,急性肠炎。毛白杨苦、甘,寒。清热解毒,止咳祛痰。用于肺热咳嗽,痰喘,痢疾,淋浊。毛白杨叶外用于无名肿毒。

【附注】《中国药典》1977年版曾收载。《山东省中药材标准》收载白杨花。

山杨

【别名】白杨、杨树、小叶杨。

【学名】Populus davidiana Dode

【植物形态】落叶乔木,高达25m。树皮光滑,灰绿色或灰白色,老树干基部黑色,粗糙;萌枝有柔毛;芽卵形或卵圆形,无毛。单叶互生;叶片卵圆形或近圆形,长3~6cm,长宽近相等,先端短渐尖,基部圆形或阔楔形,边缘波状浅钝齿,被疏柔毛,后变无毛,上面绿色,下面较淡;萌枝叶较大,三角状卵圆形。葇荑花序下垂,先叶开放,花序轴有毛;苞片深裂,棕褐色,边缘有长毛;花单性,雌、雄异株;雄花序长6~9cm,每花有雄蕊5~12,花药紫红色;雌花序长5~8cm,子房圆锥形,柱头2深裂,红色。蒴果卵状圆锥形,长约5mm,有短梗,2瓣裂。花期4月;果期5月。2n=38。(图71)

【生长环境】生于林中、向阳山坡或山沟中。

【产地分布】山东境内产于昆嵛山、崂山、鲁山、泰山等山区。在我国除山东外,还分布于东北、华北、西北、华中及西南各地的高山地区。

【药用部位】根皮:白杨根皮;树皮:白杨树皮;树枝:白杨枝;叶:白杨叶。为民间药。

【采收加工】春季采剥树皮,夏、秋二季采叶,秋季采收根皮,全年采枝,除去杂质,鲜用或晒干。

【药材性状】叶片多皱缩破碎。完整叶片展平后呈卵圆形或近圆形,长3~6cm,长宽近相等。先端短渐尖,基部圆形或阔楔形,边缘波状浅钝齿。上表面绿色;下表面色淡,疏被毛,老叶无毛。质脆易碎。气微清香,

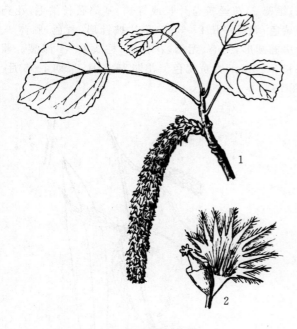

图 71　山杨
1.果序枝　2.雌花和苞片

味微苦。

以叶片完整、色绿、气味浓者为佳。

【化学成分】根皮含生物碱。树皮含三萜类：3β-乙酰氧基-12-乌苏烯-28-酸（3β-acetoxyurs-12-en-28-oic acid）；黄酮类：樱花素（sakuranetin），樱花苷（sakuranin），7-甲氧基二氢山柰酚，高良姜素，白杨素，7-甲氧基白杨素（tectochrysin），芫花素（genkwanin），商陆素（ombuin），乔松素，3-乙酰基乔松素（trans-3-acetoxy-5,7-dihydroxyflavanone）；酚苷类：7-水杨酰颤杨苷（salicyloyl tremuloidin），颤杨苷（tremuloidin），葡萄柳苷（salireposide），水杨苷，7-水杨酰-2'-苯甲酰水杨苷（salicyolyl-tremuloidin），2'-苯甲酰水杨苷，水杨酰水杨苷（salicyloylsalicin），白杨苷（populin），特里杨苷（tremulacin），大齿杨苷（grandidentatin），去羟基大齿杨苷（grandidentatin），柳皮苷（salicortin）等；酚类：对甲氧基苯酚，间甲氧基苯酚（3-methoxy pheno1）；还含有东莨菪素，水杨酶（salicylase），β-谷甾醇，胡萝卜苷，鞣质等。叶含水杨苷，白杨苷，柳皮苷，特里杨苷，柳匍匐苷，去羟基大齿杨苷。

【功效主治】白杨树皮苦，寒。祛风，行瘀，消痰。用于风痹，脚气，扑损瘀血，妊娠下痢，牙痛，口疮。白杨根皮苦，平。清热止咳，利湿，驱虫。用于肺热咳嗽，淋浊，蛔虫腹痛，白带，妊娠下痢。白杨枝苦，寒。行气消积，解毒敛疮。用于腹痛，腹胀，疮疡。白杨叶苦，寒。祛风止痛，解毒敛疮。用于牙痛，骨疽，臁疮。

【历史】山杨始载于《新修本草》，名白杨、独摇，树皮药用，曰："取叶圆大，蒂小，无风自动者"。《本草图经》载："北土尤多，以种于墟墓间，株大，叶圆如梨，皮白，木似杨。采其皮无时。"《本草纲目》曰："白杨木高大，叶圆似梨而肥大有尖，面青而光，背甚白色，有锯齿，木肌细白，性坚直，用为梁栱"，所述形态与现今山杨相似。

毛白杨

【别名】白杨树（平邑）、笨白杨、杨树、大叶杨。

【学名】Populus tomentosa Carr.

【植物形态】落叶乔木，高达30m。树干端直，树冠卵圆形；树皮灰绿色至灰白色，光滑，老树干下部灰黑色，纵裂；幼枝及萌枝密生灰色绒毛，后渐脱落，老枝无毛；芽卵形，花芽卵圆形或近球形，鳞片褐色，微有绒毛。单叶互生；长枝叶片阔卵形或三角状卵形，长10～15cm，宽8～14cm，先端短渐尖，基部心形或截形，边缘有深波状或波状牙齿，上面光滑，绿色，下面密生灰白色绒毛，后渐脱落；叶柄上部侧扁，长4～7cm，顶端通常有2腺体；短枝叶较小，叶片卵形或三角状卵形；叶柄先端无腺体。葇荑花序下垂，先叶开放；花单性，雌、雄异株；雄花序长10～15cm；苞片尖裂，边缘密生长毛；雄蕊6～12，花药红色；雌花序长4～7cm，苞片褐色，尖裂，边缘有长毛；子房长椭圆形，柱头2裂，红色。蒴果长椭圆形，2瓣裂。花期3月；果期4月。2n=38。（图72）

【生长环境】栽培于平原或土壤湿润深厚的山坡。

【产地分布】山东境内产于各地。在我国除山东外，还

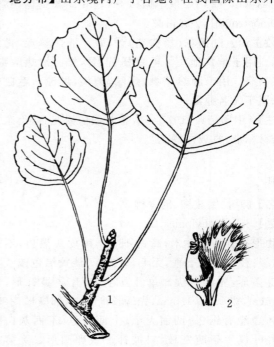

图72　毛白杨
1.枝叶　2.雌花及苞片

分布于辽宁、河北、陕西、山西、甘肃、河南、安徽、江苏、浙江等地,以黄河中、下游为分布中心。

【药用部位】雄花序:白杨花(杨树花);树皮和嫩枝:毛白杨;叶:杨树叶。为少常用中药和民间药。白杨花又名无事忙,民间食用。

【采收加工】春季花开时采收雄花序,除去杂质,鲜用或晒干。夏季采叶,全年采收嫩枝和树皮,鲜用或晒干。秋、冬二季或结合伐木采剥树皮,刮去粗皮,鲜用或晒干。

【药材性状】雄花序长条状圆柱形,长8~14cm,直径0.4~1.4cm,多破碎,红棕色或深棕色。芽鳞紧抱成杯状,单个鳞片呈宽卵形,长0.5~1.5cm,边缘有细毛,表面略光滑。花序轴上具多数带雄蕊的花盘,花盘扁,半圆形或类圆形,深棕色;每雄花雄蕊6~12枚,有的脱落,花丝短,花药2室,棕色。苞片卵圆形或宽卵圆形,边缘深尖裂,具白色长柔毛。质略松软,体轻。气微,味微苦涩。

以花序完整粗长、色红棕、质松软者为佳。

树皮板片状或卷筒状,厚2~4mm。外表面鲜时暗绿色,干后棕黑色,常残存银灰色的栓皮,皮孔菱形,长2~14cm,宽0.3~1.3cm;内表面灰棕色,有细纵条纹理。质坚韧,不易折断。断面纤维性及颗粒性。气微,味微苦。

【化学成分】叶含白杨苷,颤杨苷,水杨苷,特里杨苷,苯甲酸及胡萝卜苷。雄花序含山柰酚,芹菜素,木犀草素,槲皮素,芹菜素-7-O-$β$-D-葡萄糖苷,山柰酚-3-O-$β$-D-葡萄糖($1→2$)-[$α$-鼠李糖($1→4$)]-$β$-D-葡萄糖,乔松酮(pinostrobin),$γ$-谷甾醇。

【功效主治】白杨花(杨树花)苦,寒。清热解毒,化湿止痢。用于痢疾泄泻。毛白杨苦、甘,寒。清热解毒,止咳祛痰。用于肺热咳嗽,痰喘,痢疾,淋浊。毛白杨叶外用于无名肿毒。

【附注】《中国药典》1977年版曾收载杨树花。《山东省中药材标准》收载白杨花。

垂柳

【别名】柳树、倒栽柳、倒垂柳。

【学名】Salix babylonica L.

【植物形态】落叶乔木,高达18m。树皮灰黑色,不规则纵裂;枝细长而下垂,无毛,有光泽,淡黄绿色或淡褐色;芽条形,先端急尖。单叶互生;叶片狭披针形,长8~15cm,宽0.5~1.5cm,先端长渐尖,基部楔形,有时歪斜,边缘有锯齿,两面无毛,上面绿色,下面灰白绿色;托叶仅生于萌发枝,斜披针形或卵圆形。葇荑花序,先叶开放,生于短枝顶端,花序轴有毛;花单性,雌雄异株;雄花序长1.5~3cm,苞片狭长,黄色,边缘有毛;雄蕊2,花丝较苞片长或等长,基部有长柔毛,花药褐黄色;雌花序长2~3cm,苞片披针形,黄色,腺体1。子房椭圆形,无毛,无柄,花柱短,柱头2~4深裂。蒴果长3~4mm,带黄褐色。花期3~4月;果期4~5月。(图73)

图73 垂柳
1.果序枝 2.叶及托叶 3.蒴果、苞片及腺体

【生长环境】栽培于河流、水塘或湖泊边。

【产地分布】山东境内产于各地。在我国分布于长江及黄河流域的各地。

【药用部位】根:柳根;枝和根皮:柳白皮;枝:柳枝;茎枝蛀孔中的蛀屑:柳屑;叶:柳叶;花序:柳花;种子:柳絮。为民间药。

【采收加工】春季采收叶、花序、种子、枝条及枝皮,鲜用或晒干。秋、冬二季采收根或根皮,洗净,晒干。夏、秋季采收茎枝蛀孔中的蛀屑,除去杂质,晒干。

【药材性状】根细长弯曲,有分枝。表面紫棕色至深褐色,较粗糙,有纵沟及根毛,外皮剥落后露出浅棕色内皮和木部。质脆,易折断,断面纤维性。气微,味涩。

树皮呈槽状、扭曲的卷筒状或片状,厚0.5~1.5mm。外表面淡黄色,灰褐色,残留棕黄色栓皮,粗糙,具纵向皱纹及长圆形结节状疤痕;内表面灰黄色,有纵皱纹,易纵向撕裂。体轻,不易折断,断面裂片状。根皮表面深褐色,粗糙,有纵沟纹,栓皮剥落后露出浅棕色皮部。质脆,易折断,断面纤维性。气微,味微苦、涩。

嫩枝圆柱形,直径5～10mm。表面淡黄色,微有纵皱纹。节间长0.5～5cm,芽及叶痕交互排列。质脆,易折断,断面不平坦,皮部薄,浅棕色,木部黄白色,中央为髓。气微,味微苦、涩。

叶狭披针形,长9～15cm,宽约1cm。先端长渐尖,基部楔形,边缘有锯齿。两面无毛,灰绿色或淡绿棕色。叶柄短。质轻脆,易碎。气微,味微苦、涩。

种子呈倒披针形,细小,长1～2mm。表面黄褐色或淡灰黑色,有纵沟,顶端簇生白色丝状绒毛,长2～4mm,成团状包围于种子外面。气微,味淡。

【化学成分】叶含水杨苷,柳皮苷,毛柳苷(salidroside),三蕊柳苷(trianodrin),蒿柳苷(vimalin),木犀草素-7-O-β-D-吡喃葡萄糖苷,木犀草素,柯伊利素(chrysoeriol)及鞣质;鲜叶含碘。**茎皮**、**根皮**含水杨苷,芦丁,柚皮素-7-O-β-D-葡萄糖苷,柚皮素-5-O-β-D-葡萄糖苷,木犀草素-7-O-β-D-葡萄糖苷,槲皮苷和槲皮素。**木材**含水杨苷。

【功效主治】**柳根**苦,寒。利水通淋,祛风利湿,泻火解毒。用于淋浊,白浊,水肿,黄疸,痢疾,白带,风湿疼痛,牙痛。**柳白皮**苦,寒。祛风利湿,消肿止痛。用于风湿骨痛,风肿瘙痒,黄疸,淋浊,白带,疔疮,牙痛。**柳枝**苦,寒。祛风利湿,解毒消肿。用于淋病,白浊,水肿,黄疸,风湿疼痛,黄水湿疮,风疹瘙痒,牙痛,烫伤。**柳屑**苦,寒。祛风除湿,止痒。用于风疹,筋骨疼痛,湿气腿肿。**柳叶**苦,寒。清热解毒,利尿,平肝,止痛,透疹。用于咳喘,尿浊淋痛,白浊,疹发不畅,疔疮疖肿,乳痈,瘰疬,丹毒,烫伤,牙痛,皮肤瘙痒,痧疹。**柳花**苦,寒。祛风利湿,止血散瘀。用于黄疸,咳血,吐血,便血,血淋,经闭,齿痛,疥疮。**柳絮**苦,凉。凉血止血,解毒消痈。用于吐血,湿痹,四肢挛急,膝痛,痈疽脓成不溃,恶疮,外伤出血。

【历史】垂柳始载于《神农本草经》,列为下品,原名柳华,其子名柳絮,叶、实、子、汁皆药用,曰:"生川泽"。《新修本草》曰:"柳叶狭长而青绿,枝条长软。"《本草图经》曰:"柳华、叶、实生琅琊川泽,今处处有之,俗所谓杨柳者也,其类非一"。《本草纲目》始有垂柳之名,曰:"杨柳,纵横倒顺插之皆生。春初生柔荑,即开黄蕊花,至春晚叶长成后,花中结细黑子,蕊落而絮出,如白绒,因风而起"。所述形态与现今垂柳相似。

旱柳

【别名】柳树(德州)、长叶柳(海阳)、白柳(昆嵛山)。

【学名】Salix matsudana Koidz.

【植物形态】落叶乔木,高达20m。树皮灰黑色,纵裂;枝直立或斜展,黄绿色或褐色,无毛,幼枝少有短毛;芽褐色,微有毛。单叶互生;叶片披针形,长5～10cm,宽1～1.5cm,先端长渐尖,基部圆形或微楔形,上面绿色,无毛,下面带白色,幼时有丝状柔毛,后脱落或沿中脉微有毛;叶柄长5～8mm;托叶披针形,有细齿,早落。葇荑花序;花单性,雌、雄异株;雄花序圆柱形,长1.5～2.5cm,花序轴被绒毛;雄花有2腺体,苞片长卵形,黄绿色;雄蕊2,花药黄色;雌花序长达2cm,雌花腺体2;苞片同雄花;子房长椭圆形,近无柄,无毛,花柱短或无。蒴果2瓣裂,果序长达2.5cm。花期4月;果期4～5月。2n=38。(图74)

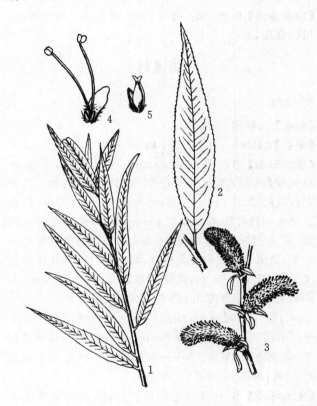

图74 旱柳
1.枝叶 2.叶 3.雄花序枝 4.雄花 5.雌花

【生长环境】生于河流、水塘、湖边及湿地。

【产地分布】山东境内产于各地,以黄河沿岸及盐碱地区最多。在我国除山东外,还分布于东北、华北、西北地区。

【药用部位】嫩枝叶:旱柳。为民间药。

【采收加工】春季采收嫩叶和枝条,鲜用或晒干。

【药材性状】嫩枝圆柱形,长短不一。表面浅褐黄色,略具纵棱,有光泽,节上有芽或脱落后呈三角形斑痕。质轻脆,易折断,横断面皮部极薄,木部黄白色,疏松,中央有髓。气微,味微苦。

嫩叶多纵向卷曲。完整叶片展平后呈披针形,长5～10cm,宽1～1.5cm。先端长渐尖,基部圆形。上表面黄绿色;下表面灰绿色,幼叶有丝状柔毛。叶柄短,亦有柔毛。叶片薄纸质,易碎。气微,味微苦、涩。

【化学成分】叶含黄酮类:芹菜素-7-O-β-D-吡喃葡萄糖醛酸苷,木犀草素-7-O-β-D-吡喃葡萄糖醛酸苷,木犀草素-7-O-β-D-吡喃葡萄糖苷,木犀草素-3′-甲醚-7-O-β-D-吡喃葡萄糖醛酸苷(luteolion-3′-methylether-7-O-β-D-glucuronopyranoside);蒽醌类:大黄酚,大黄素甲醚;挥发油:主成分为苯甲醇和环己烷二酮;还含间-羟基-苄基-葡糖糖苷(o-phenol methyl-O-β-D-glucopyranoside),儿茶酚(catechol)。**树皮**含鞣质。**树皮、树枝**含水杨苷。

【功效主治】微苦,寒。散风祛寒,清湿热。用于黄疸,风湿痹痛,湿疹。

胡桃科

野核桃

【别名】山核桃、小核桃。

【学名】Juglans cathayensis Dode

【植物形态】落叶乔木,高达25m。树皮灰色,平滑;小枝灰绿色,被腺毛及星状毛;髓部疏松成薄片状。奇数羽状复叶,互生,长40～50cm,小叶9～17,叶轴、叶柄及叶两面均有绢毛和星状毛;小叶片卵形或卵状长圆形,长8～15cm,宽3～7cm,先端渐尖,基部圆形或近心形,边缘有细锯齿。花单性,雌、雄同株;雄花序细长葇荑状,长18～25cm;花被4;雄蕊10～14,无花丝,花药黄色,药隔稍伸出;雌花序直立成穗状,长20～25cm;花被4;花柱短,柱头2裂呈绒毛状。果序常有6～8个果实;假核果卵圆形,长3～5cm,外果皮密被腺毛,果核卵形,坚硬,有6～8条纵棱。种仁小。花期4～5月;果期8～9月。(图75)

【生长环境】生于山沟土厚湿润处、溪流两岸及杂木林中。

【产地分布】山东境内产于各山区。在我国除山东外,还分布于山西、河北、河南、陕西、甘肃、湖北、湖南、四川、贵州、云南、广西等地。

【药用部位】未成熟果实或果皮:野核桃果;种仁:野核桃仁;脂肪油:野核桃油。为民间药,野核桃仁和野核桃油药食两用。

【采收加工】秋季果实成熟前采摘,鲜用或晒干,或取果皮鲜用或晒干。秋季果实成熟时采收,堆积,待肉质果皮霉烂后,搓去果皮,晒至半干,除去果核,拣取种仁,晒干。将野核桃仁榨油,收集。

【药材性状】果实呈类卵圆形,直径3～5cm。鲜品外果皮表面灰绿色,密被浅灰色绒毛;干燥果实直径3～

图75　野核桃
1.花枝　2.果实　3.核　4.雄花

4cm,表面褐色,密被浅黄褐色绒毛,并有6～8条纵棱,棱间有不规则深纵纹。一端稍大,有突起的花柱基,花柱基长1.5～2mm;另一端果柄痕凹陷。果皮稍坚硬,不易破碎,断面褐色,略显颗粒性。种仁小,皱褶似脑回状,黄白色,外被黄棕色种皮。破碎后气清香,味涩。

以饱满、色棕褐、果皮厚、断面种仁较多者为佳。

【化学成分】**种仁**含粗脂肪,粗蛋白,粗纤维,脂肪油主含油酸、亚油酸、亚麻酸及维生素E,α-、γ-生育酚。**外果皮**含黄酮类:乔松酮(pinostrobin),乔松素(pinocembrin),黄卡瓦胡椒素(flavokawain B),5-羟基-7,4′-二甲氧基二氢黄酮(5-hydroxy-7,4′-dimehyoxy flavanone),5-羟基-6,7-二甲氧基二氢黄酮(onysilin);还含有5-羟基-2-甲氧基-1,4-萘醌(5-hydroxy-2-methoxy-1,4-naphthoquinone)和β-谷甾醇。**青果皮**含5,8-二羟基-1,4-萘醌,5-羟基-3,3′-双胡桃醌及其衍生物。**叶**含黄酮类:山柰酚,山柰酚-3-O-吡喃葡萄糖苷,槲皮素,槲皮素-3-O-吡喃葡萄糖苷,5,7,8,4′-四羟基黄酮;有机酸:香草酸,咖啡酸,邻苯二甲酸,4-oxo-5hexenoic acid,十八烷酸(octadecanoic acid),12-氧十八烷酸,14-羟基十八烷酸;甾体类:麦角甾-6,22-二烯-5α,8α-表二氧-3β-醇,麦角甾-6,9(11),22-三烯-5α,8α-表二氧-3β-醇,β-谷甾醇,胡萝卜苷;还含有jucalether A,2-乙氧基胡桃醌(2-ethoxyjuglone),6,7-二羟基香豆素(6,7-dihydroxycoumarin),二十九烷醇(nonacosyl alcohol),二十五烷醇(pentacosane alcohol),海藻糖(terhalose)等。

【功效主治】野核桃果辛、微苦,凉。行气止痛,杀虫止痒。用于胃脘疼痛,牛皮癣。**野核桃仁**甘,温。补养气血,润燥化痰,益命门,利三焦,温肺润肠。用于虚寒咳嗽,下肢酸痛。**野核桃油**甘、平、湿。润肠通便,杀虫,敛疮。用于肠燥便秘,虫积腹痛,疥癣,冻疮,狐臭。

【附注】在"Flora of China"4:283,1999中将野核桃并入胡桃楸项下,拉丁学名为Juglans mandshurica Maxim。但同时指出了野核桃与胡桃楸的区别是:野核桃果序下常具6~10个坚果,分布于黄河以南,而胡桃楸果序下常具4或5个坚果,分布于黄河以北。鉴于两者的区别以及山东地区的使用习惯,本志采纳《中国植物志》的分类,将两者分别收载。

胡桃楸

【别名】核桃楸、楸树。

【学名】Juglans mandshurica Maxim.

【植物形态】落叶乔木,高达20m。树皮灰色,有浅纵裂;幼枝有短绒毛。奇数羽状复叶,互生,小叶15~23;小叶片椭圆形至长椭圆形,长6~15cm,宽5~7cm,边缘有细锯齿,上面深绿色,通常无毛,下面脉上密生褐色柔毛及星状毛。花单性,雌、雄同株,与叶同时开放;雄花序葇荑状,长10~20cm,花序轴有短柔毛;雄蕊12(14),花药黄色,被灰黑色细柔毛;雌花序穗状,直立,有花4~10朵,花序轴有柔毛;雌花花被4,披针形;子房下位,柱头红色,2裂。果序长10~15cm,下垂,常具4~7个果实;假核果球形,密被腺质短柔毛,长3.5~7.5cm,直径3~5cm,表面有8条纵棱。花期5月;果期8~9月。(图76)

【生长环境】生于土质肥厚、湿润的山沟或山地。

【产地分布】山东境内的崂山、泰山等地有栽培。在我国除山东外,还分布于东北地区及河北、山西等地。

【药用部位】枝皮或干皮:核桃楸皮;未成熟果实:核桃楸果;种仁:核桃楸仁。为民间药。种仁及种仁油可食用。

【采收加工】春、秋二季剥取枝皮或干皮,晒干。夏季采收未成熟果实,晒干。秋季采摘成熟果实,取种仁,晒干。

【药材性状】枝皮或干皮呈卷筒状或扭曲成绳状,长短不一,厚1~2mm。外表面浅灰棕色,平滑有细纵纹,并有少数浅棕色圆形突起的皮孔及三角状猴脸形叶柄痕;内表面暗棕色,平滑,有细纵纹。质坚韧,断面纤维性。气微,味微苦而略涩。

果实类卵圆形,长3~7cm,直径3~4cm;表面褐色,密被浅黄褐色茸毛,并具8条纵棱,棱间有不规则深纵纹,一端稍大,有突起的花柱基,长1.5~2mm,另一端有凹陷的果柄痕;果皮稍坚硬,不易碎裂,断面褐色,略呈颗粒状。种子皱褶如脑状,黄白色,外被黄棕

图76 胡桃楸
1.花枝 2.核 3.核横切面 4.果枝

色种皮。气清香,味涩。

【化学成分】根含黄酮类:1,8-二羟基-3,7-二甲氧基双苯吡酮(1,8-dihydroxy-3,7-dimethoxy xanthone),1-羟基-3,7,8-三甲氧基双苯吡酮,1,3,8-三羟基-5-甲氧基双苯吡酮,1,7-二羟基-3,8-二甲氧基双苯吡酮,1,5,8-三羟基-3-甲氧基双苯吡酮,1,3,5,8-四羟基双苯吡酮;三萜类:齐墩果酸,熊果酸,α-乳香酸(3α-hydroxy-olean-12-en-24-oic acid);酮类:5-羟基-7-(4-羟基-3-甲氧苯基)-1(4-羟苯基)-庚酮[5-hydroxy-7-(4-hydroxy-3-methoxyphenyl)-1-(4-hydroxyphenyl) heptone],5-羟基-7-(4-羟基-3-甲氧苯基)-1-(4-羟苯基)-庚酮,S-(+)-4-羟基四氢萘酮[S-(+)-4-hydroxy-1-tetralone],(-)-regiolone;还含胡桃苷B(juglanin B),β-谷甾醇及胡萝卜苷。**树皮**含黄酮类:山柰酚,二氢山柰酚,山柰酚-3-O-α-L-鼠李糖苷,杨梅素,杨梅苷,槲皮素,槲皮苷,异槲皮苷,短叶松素(pinobanksin),花旗松素(taxifolin),蛇葡萄素(ampelopsin),阿福豆苷(afzelin),紫云英苷(astragalin),柚皮素,柚皮素-7-O-β-D-葡萄糖苷;萘衍生物:4,8-二羟基萘酚-1-O-β-D-(6′-乙酰氧基)吡喃葡萄糖苷[4,8-dihydroxynaphthalenyl-1-O-β-D-(6′-acetoxyl) glucopyranoside]即山核桃酚,4,8-二羟基萘酚-1-O-β-D-吡喃葡萄糖苷,4,8-二羟基萘酚-1-O-β-D-[6′-O-(3″,5″-二甲氧基-4″-羟基苯甲酰基)]吡喃葡萄糖苷,4,8-二羟基四氢萘醌,胡桃醌(juglone),4,5,8-三

羟基-α-四氢萘醌-O-β-D-[6′-O-(3″,5″-二甲氧基-4″-羟基苯甲酰基)]吡喃葡萄糖苷,4,5,8-三羟基-α-萘酮-5-O-β-D-吡喃葡萄糖苷(4,5,8-trihydroxy-α-tetralone-5-O-β-D-glucopyranoside)等；鞣质：没食子酸,鞣花酸(ellagic acid),3,3′-二甲氧基鞣花酸,1,2,6-三没食子酰葡萄糖(4-hydrolysable tannins-1,2,6-tri-O-galloyl-β-D-glucose),1,3,6-三没食子酰葡萄糖,1,2,4,6-四没食子酰葡萄糖,1,2,3,4,6-五没食子酰葡萄糖；还含有8-羟基蒽醌-1-羧酸,香草酸,胡萝卜苷等。**青果皮**含黄酮类：山柰酚,槲皮素,芦丁,金丝桃苷；二芳基庚烷类：胡桃苷A,枫杨素(pterocarine),galeon,3′,4″-epoxy-1-(4′-hydroxyphenyl)-7-(3″-methoxylphenyl)-2-hydroxy-3-one；三萜类：齐墩果酸,熊果酸,20(S)原人参二醇-3-酮,20(S),24(R)-二羟基达玛烷-25-烯-3-酮,20(S),24(S)-二羟基达玛烷-25-烯-3-酮；还含有胡桃素(juglandoid),胡桃酮(juglanside),胡桃醌,3,5-二甲氧基-4-羟苯甲酸,香草酸,β-谷甾醇。**果仁**含油脂,蛋白质,糖,维生素C等。

【功效主治】**核桃楸皮**苦,辛,寒。清热燥湿,止痢,泻肝明目。用于泄泻,痢疾,白带,目赤。**核桃楸果**用于脘腹疼痛,牛皮癣。**核桃楸果仁**甘,温。敛肺平喘,温肾润肠。用于正气虚弱,肺虚咳嗽,肾虚腰痛,便秘遗精,石淋,乳汁不足。

【附注】胡桃楸皮曾在部分地区混作秦皮使用,现已纠正。与秦皮的主要区别是秦皮水浸液在日光下呈碧蓝色荧光,而胡桃楸皮水浸液为浅黄棕色,不显荧光。

胡桃

【别名】核桃、胡桃隔、青龙衣。

【学名】Juglans regia L.

【植物形态】落叶乔木,高达25m。树皮灰白色,幼时淡灰色,平滑,老时纵裂；枝无毛。奇数羽状复叶,互生,小叶5～9；小叶片椭圆形或椭圆状倒卵形,长4.5～12cm,宽3～6cm,先端钝圆或急尖,基部歪斜,近圆形,全缘或具稀疏锯齿,上面深绿色,无毛,下面淡绿色,脉腋内簇生短柔毛；近无柄。花单性,雌、雄同株,与叶同时开放；雄花序为葇荑状,腋生,长12～16cm；雄花的苞片及花被片均被短腺毛；雄蕊6～30,花药黄色；雌花序穗状,具1～3(4)雌花,雌花总苞被短腺毛,柱头浅黄绿色。假核果球形,直径4～6cm,外果皮绿色,由总苞片及花被发育而成,表面有斑点,中果皮肉质,不规则开裂,内果皮骨质,表面具2条纵棱及不规则浅刻纹,顶端具短尖头,内果皮内壁具空隙而有皱折,隔膜较薄,里面充满种仁。花期4～5月；果期9～10月。(图77)

【生长环境】栽培于山坡或丘陵,国家Ⅱ级保护植物。

图77　胡桃
1.雄花枝 2.雌花枝 3.雄蕊 4.雌蕊 5.果实 6.核

【产地分布】山东境内产于青州、临朐、泰安、莱芜、邹城、滕州、临沂等地。邹城"石墙薄皮核桃"获国家地理标志保护产品。在我国分布于西北、华北、华东、中南、西南等地区。

【药用部位】种仁：核桃仁；种仁油：核桃油；未成熟肉质果皮：青龙衣；种隔：分心木；叶：核桃叶；根：核桃根；嫩茎枝：核桃枝。为较常用中药和民间药,核桃仁和核桃油药食两用。

【采收加工】秋季采收成熟果实,堆集放置,使肉质果皮腐烂,洗净外皮,晒干。敲破果核,取出种仁；挑出种隔。种仁榨油,收集。夏、秋二季采收未成熟果实,剥取果皮,晒干。夏季采叶、嫩枝,鲜用或晒干。秋、冬季采根,除净泥土,晒干。

【药材性状】种子常破碎成不规则块状,有皱曲沟槽,大小不一。完整者类球形,由两片脑状子叶组成,直径2～3cm；一端有三角状突起的胚根。种皮菲薄,淡黄色或黄褐色,维管束脉纹深棕色。子叶类白色或黄白色。质脆,碎断面黄白色或乳白色,富油性。气微香,味甜；种皮味涩、微苦。

以个大、完整、断面色白、富油性、不泛油者为佳。

种隔叉状或不规则片状,多弯曲,破碎而不整齐。表面淡棕色至棕褐色,一侧较厚且粗糙,另一侧延展成薄片翅状,平滑而有光泽。质坚脆,易折断。具油腥气,味微涩。

未成熟肉质果皮呈皱缩的半圆球形或块片状,边缘多内卷,直径3～5cm,厚0.6～1cm。外表面黑绿色,较光滑,有许多黑色斑点,一端具有果柄痕；内表面黄白色，较粗糙。质硬韧，不易折断。无臭，味苦、涩。遇水或用手擦之变黑色。

干燥叶皱缩或破碎。完整者展平后为奇数羽状复叶，小叶 5～9。小叶片呈椭圆形或椭圆状倒卵形，长 4～11cm，宽 2.5～5.5cm。先端钝圆或急尖，基部略歪斜或近圆形，全缘或具稀疏锯齿。上表面深绿色或绿褐色，无毛，下表面淡绿色或灰绿色，主侧脉均明显，侧脉 11～15 对，脉腋内簇生短柔毛；近无柄。质脆，易破碎。气微，味微苦、涩。

以叶片完整、色绿者为佳。

【化学成分】种仁含粗蛋白；可溶性蛋白由谷氨酸、精氨酸及天冬氨酸等组成；脂肪酸：亚油酸和油酸等；甾醇类：β-谷甾醇，菜油甾醇和豆甾醇（stigmasterol）；氨基酸：异亮氨酸，亮氨酸，色氨酸（tryptophane），苯丙氨酸及赖氨酸等。果实含 1,4-萘醌（1,4-naphthoquinone），胡桃叶醌，4-羟基-1-萘基-β-D-葡萄糖苷（4-hydroxy-l-naphthalenyl-β-D-glucoside）及无机元素钾、钙、铁、锰、锌等；未成熟果实含维生素 C；果皮含水杨酸（salicylic acid），对-羟基苯甲酸，香草酸，龙胆酸（gentisic acid），对-羟基苯基乳酸（p-hydroxyphenyllactic acid），没食子酸，对-香豆酸（p-coumaric acid），阿魏酸，青果皮含 α-及 β-氢化胡桃叶醌（hydrojuglone），α-氢化胡桃叶醌-4-β-D-葡萄糖苷，1,4-萘醌，2-甲基-1,4-萘醌，胡桃叶醌，2,3-二氢-5-羟基-1,4-萘二酮（2,3-dihydro-5-hydroxy-1,4-naphthalenedione），4S-4,5-二羟基-α-四氢萘酮-4-O-β-D-吡喃葡糖苷（4S-4,5-dihydroxy-α-tetralone-4-O-β-D-glucopyranoside）等。叶含黄酮类：槲皮苷，金丝桃苷，胡桃苷，槲皮素-3-O-α-L-阿拉伯糖苷；酚酸类：水杨酸，对-羟基苯甲酸，香草酸，龙胆酸，对-羟基苯基乳酸，没食子酸；挥发油主成分为大牻牛儿烯（germacrene）D，丁香烯，β-罗勒烯，β-蒎烯，柠檬烯等。尚含 β-胡萝卜素，维生素 C 及鞣质。枝皮含 2-乙氧基胡桃醌（2-ethoxy juglon），3-乙氧基胡桃醌，大黄素，regiolone，(4S)-4-羟基四氢萘酮［(4S)-4-hydroxy-α-tetralone］。根皮含胡桃叶醌，3,3′-双胡桃叶醌（3,3′-bisjuglone），环-三胡桃叶醌（cyclo-trisjuglone）。

【功效主治】核桃仁甘，温。补肾，温肺，润肠。用于肾阳不足，腰膝酸软，阳痿遗精，虚寒喘嗽，肠燥便秘。**核桃油**辛、甘，温。温补肾阳，润肠，驱虫，止痒，敛疮。用于肾虚腰酸，肠燥便秘，虫积腹痛，聤耳出脓，疥癣，冻疮，狐臭。**分心木**苦、涩，平。固肾涩精。用于肾虚遗精，滑精，遗尿。**青龙衣**苦、涩，平。止痛，止咳，止泻，解毒，杀虫。用于胃脘疼痛，咳嗽痰喘，痛经，久咳，泄泻久痢，白癜风；外用于头癣，牛皮癣，疮疡肿毒。**核桃根**苦、涩，平。止泻止痢，乌须发。用于腹泻，牙痛，须发早白。**核桃枝**苦、涩，平。杀虫止痒，解毒散结。用于疥癣，瘰疬，肿毒。**核桃叶**苦、涩，平。解毒消肿。用于噎膈，下肢肿胀，带下，疥癣。

【历史】胡桃为汉张骞出使西域带回，入药时间约始于唐代。《千金·食治》《食疗本草》均有记载。《本草图经》曰："胡桃生北土，今陕、洛间多有之。大株厚叶多阴。实亦有房，秋冬熟时采之。"《本草纲目》谓："胡桃树高丈许。春初生叶，长四五寸，微似大青叶，两两相对，颇作恶气。三月开花如栗花，穗苍黄色。结实至秋如青桃状，熟时沤烂皮肉，取核为果。"据其形态特征和取核方法，均与现今所用胡桃相吻合。

【附注】《中国药典》2010 年版收载核桃仁；《山东省中药材标准》2002 年版附录收载分心木、核桃枝。

化香树

【别名】花木香、放香树。

【学名】Platycarya strobilacea Sieb. et Zucc.

【植物形态】落叶小乔木，高 5～20m。树皮暗灰色，老时不规则纵裂，幼枝有褐色柔毛，后脱落无毛。奇数羽状复叶，互生，小叶 7～23；小叶片卵状披针形至长椭圆状披针形，长 4～11cm，宽 2～3cm，先端长渐尖，基部偏斜，边缘有重锯齿，上面绿色，下面淡绿，初被毛，后仅脉腋有毛。花序在小枝顶端排列成伞房状，直立；两性花序通常 1 条，着生于中央，长 5～10cm；雌花序位于下部，长 1～3cm；雄花序位于上部，有时仅有雌花序；雄花序位于两性花序周围，长 4～10cm；雄花苞片阔卵形，外曲，外面下部、内面上部及边缘有短柔毛；雄蕊 6～8，花丝短，花药黄色；雌花苞片卵状披针形，不外曲，小苞片 2，贴生于子房两侧，先端与子房分离，背部有翅状纵脊，与子房一起增大。果序球果状；小坚果两侧具狭翅，长 4～6mm，宽 3～6mm。种子卵形，种皮膜质。花期 5～6 月；果期 9～10 月。（图 78）

【生长环境】生于向阳山坡或杂木林。

【产地分布】山东境内产于胶南、五莲、日照、郯城等鲁东南沿海地区。在我国除山东外，还分布于甘肃、陕西、河南、安徽、江苏、浙江等地。

【药用部位】叶：化香树叶；果实：化香树果。为民间药。

【采收加工】夏、秋二季采叶，鲜用或晒干。秋季采收近成熟果实，晒干。

【药材性状】羽状复叶多不完整，叶柄及叶轴较粗，淡黄棕色。小叶片多皱缩破碎，完整者宽披针形，长 4～10cm，宽 2～3cm。先端长渐尖，基部偏斜，略呈镰状弯曲，边缘有重锯齿。上表面灰绿色，下表面黄绿色。叶片薄革质，易碎。气微清香，味淡。

以小叶多、色绿、气清香者为佳。

【化学成分】叶含胡桃叶醌，5-羟基-2-甲氧基-1,4-萘醌，5-羟基-3-甲氧基-1,4-萘醌，对-香豆酸甲酯（methyl-p-

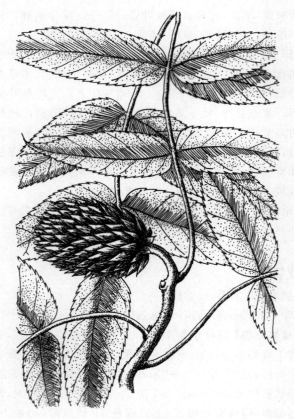

图 78 化香树

coumarate),对-香豆酸,香豆素。**木材**含鞣花酸,没食子酸,葡萄糖,木糖和鼠李糖等。**果序**含鞣花酸,没食子酸,槲皮素,3,3′-二甲氧基鞣花酸(3,3′-dimethoxy ellagic acid),3,3′-二甲氧基鞣花酸-4-O-β-D-吡喃葡萄糖苷。

【功效主治】化香树叶苦,寒;有毒。杀虫,解毒,止痒。用于疮毒,阴囊湿疹,顽癣。化香树果辛,温。行气祛风,消肿止痛,燥湿杀虫。用于内伤胸胀,腹痛,筋骨疼痛,痈肿,湿疮,疥疮。

【历史】化香树始载于《植物名实图考》,云:"化香树,湖南处处有之。高丈余,叶微似椿,有圆齿,如橡叶而薄柔。结实如松毬刺,扁亦薄。子在刺中,似蜀葵子。破其毬,香气芬烈,土人取其实以染黑色。"据其形态及附图,与现今植物化香树相符。

枫杨

【别名】枫柳、嵌宝枫、平柳、燕子柳、麻柳树。
【学名】Pterocarya stenoptera DC.
【植物形态】落叶乔木,高达30m。树皮幼时灰褐色,平滑,老时暗灰色,深纵裂;芽裸生,具柄,密被锈褐色腺鳞。偶数羽状复叶,叶轴具翅,被短柔毛,小叶10～20;小叶片长圆形或长圆状披针形,长8～12cm,宽2～3cm,顶端钝圆或急尖,基部偏斜,有细锯齿,两面有小腺鳞,下面初被毛,后仅脉腋有簇生毛;无柄。花单性,雌、雄同株;花序荑葇状;雄花序长6～10cm,花序轴有稀疏星状毛;雄花具1(稀2或3)枚发育的花被片;雄蕊5～12;雌花序顶生,长10～15cm,花序轴密生星状毛及单毛;雌花无柄,苞片也常具星状毛及腺体。果序长达40cm,坚果有狭翅,条形,长1～2cm,宽3～6mm。花期4～5月;果期8～9月。(图79)

【生长环境】生于山沟、溪边或河岸。
【产地分布】山东境内产于各山地丘陵,以鲁中南及胶东山地、河滩最为常见。在我国除山东外,还分布于陕西、河南、安徽、江苏、浙江、江西、福建、台湾、云南、四川等地。
【药用部位】树皮:枫柳皮;根和根皮:麻柳树根;叶:麻柳叶(枫杨叶);果实:麻柳果。为民间药。
【采收加工】春季或全年采收树皮、根和根皮,晒干。夏、秋二季采叶和近成熟果实,鲜用或晒干。
【药材性状】根圆柱形,长短不一,直径2～5cm;质坚硬,不易折断,断面木部淡棕白色。根皮呈内弯的半筒状或不规则槽状,厚2～3mm;外表面灰褐色,有横长椭圆形皮孔及纵沟纹;内表面棕黄色至棕黑色,有较细密的纵向纹理。体轻质脆,易折断,断面不平整,强纤维性。气微,味苦、涩而微辣。

小叶片多皱缩;完整者展平呈长椭圆形至长椭圆

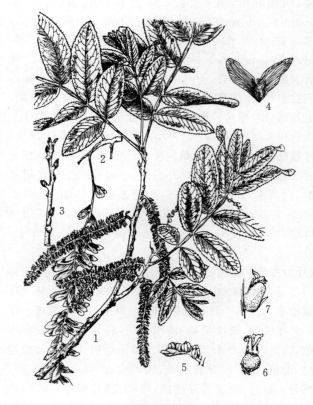

图 79 枫杨
1.花枝 2.果穗 3.冬态小枝 4.带翅坚果
5.雄花 6.雌花 7.雌花和苞片

状披针形,长8~12cm,宽2~3cm。先端钝圆或急尖,基部偏斜,边缘有细锯齿。表面绿褐色,上表面略粗糙,中脉、侧脉及下表面有极稀疏毛茸。质脆易碎。气微,味淡。

小坚果类卵形,长约6mm。表面棕褐色,顶端宿存花柱二分叉。果翅2,着生于果实顶端背面,果翅长圆形至长圆状披针形,平行或顶端稍外展,具纵纹。质坚,不易破碎,断面白色。气微清香,味淡。

【化学成分】叶含2β,3β-二羟基齐墩果-12-烯-23,28-二羧酸,β-谷甾醇,维生素C,鞣质,挥发油主成分为2-戊醇。树皮含5-羟基-2-乙氧基-1,4-萘醌。

【功效主治】**麻柳树根**苦,热;有毒。祛风止痛,解毒敛疮,杀虫止痒。用于疥癣,牙痛,风湿痹痛,疮痈肿毒,溃疡不敛。**枫柳皮**辛,大热;有毒。杀虫,解毒。用于龋齿痛,疥癣,烫火伤。**麻柳叶(枫杨叶)**辛、苦,温;有毒。用于咳嗽痰喘,风湿痹痛,痈疽疖肿,皮肤湿疹。**麻柳果(枫杨果)**苦,温。温肺止咳,解毒敛疮。用于风寒咳嗽,疮疡肿毒,天疱疮。

【历史】枫杨始载于《新修本草》,药用茎皮,名枫柳皮,曰:"枫柳出原州,叶似槐,茎赤根黄。子六月熟,绿色而细。剥取茎皮用之。"《广群芳谱》名桦柳,云:"一名鬼柳,本草云:其树高举,其木如柳,故名,山人讹为鬼柳。郭璞注《尔雅》作柜柳,云似柳皮可煮饭也。多生溪涧水侧,木大者高四五丈,合二三人抱,似柳非柳,似槐非槐,材红紫,作箱案之类甚佳。"所述形态与现今枫杨相符。

桦木科

白桦

【别名】桦木、桦树、桦皮树。

【学名】Betula platyphylla Suk

【植物形态】落叶乔木,高达25m。树皮灰白色,分层剥落;枝暗褐色,小枝红褐色,有白色皮孔,无毛。单叶互生;叶片三角状卵形或三角状菱形,长3~9cm,宽3~8cm,先端锐尖或尾状渐尖,基部楔形或宽楔形,边缘有重锯齿,上面幼时有疏毛和腺点,下面无毛,密生腺点,侧脉5~7对;叶柄长1~3cm,无毛。花单性,雌、雄同株。果序单生,圆柱形,下垂,长3~6cm,直径0.8~1.2cm,序梗长1~2.5cm,初密被短柔毛,后近无毛;果苞长5~7mm,背面初有短柔毛,后渐脱落,上部3裂,中裂片三角状卵形,先端钝尖,侧裂片卵形,直立,斜展至下弯。小坚果长圆形,长1.5~3mm,具膜质翅,翅与坚果等宽或稍窄。(图80)

【生长环境】栽培于山坡或沟旁。

【产地分布】山东境内昆嵛山、崂山、泰山、蒙山等地有栽培。在我国除山东外,还分布于东北、华北地区及河

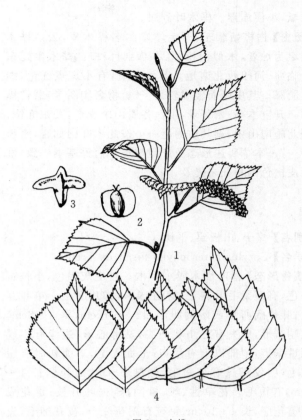

图80 白桦
1.果枝 2.坚果 3.果苞 4.叶形

南、陕西、宁夏、甘肃、四川、云南等地及西藏东南部。

【药用部位】树皮:桦木皮;树干流出的液汁:桦树汁;叶:桦木叶。为民间药。

【采收加工】伐木时,剥取柔软的外皮,晒干。5月间将树皮划开,收集液汁,鲜用。夏季采叶,鲜用或晒干。

【药材性状】树皮反卷呈单筒状,长短不等。外表面(即皮的内表面)淡黄棕色,有深色横条纹,栓皮呈层片状剥落;内表面(即皮的外表面)灰白色而微带红色,有黑棕色疙瘩样的枝痕。质柔韧,折断面略平坦,可成层片状剥离。气微弱而微香,味苦。

【化学成分】树皮含桦叶烯四醇(betulafolienetetraol),桦叶烯四醇A,桦叶烯五醇(betulafolienpentaol),白桦脂醇(betulin)。叶含邻二苯酚(1,2-dihydroxybenzene),对-羟基苯甲醛,对二苯酚,3,4-二羟基苯甲酸,4-甲氧基-3-羟基苯甲酸(4-hydroxy-3-methoxybenzoic acid),2-呋喃甲酸(2-furoic acid),没食子酸,丁二酸,β-谷甾醇,槭木素(acerogenin)E、K,氧杂二苯庚烯(3R-3,5'-dihydroxy-4'-methoxy-3',4''-oxo-1,7-diphenyl-1-heptene),17-甲基-15-甲氧基-7-氧代槭木素丁(17-methyl-15-methoxy-7-oxoacerogenin E)。

【功效主治】**桦木皮**苦,平。清热利湿,祛痰止咳,消肿解毒。用于肺热咳嗽,痢疾泄泻,黄疸,腰痛尿赤,咳喘咽痛。**桦树汁**苦,凉。祛痰止咳,清热解毒。用于痰喘

咳嗽，小便赤涩。**桦木叶**利尿。

【**历史**】白桦始载于《开宝本草》，名桦木皮，云："桦木皮堪为烛者，木似山桃。"《本草纲目》曰："桦木生辽东及临兆、河州西北诸地。其木色黄，有小斑点红色，能收肥腻。其皮厚而轻虚软柔。"《植物名实图考》载："桦木，《开宝本草》始著录，山西各属山中皆产，关东亦饶。湖北施南山中，剥其皮为屋……按此木叶圆如杏，密齿……"。本草所述形态及产地与现今白桦基本一致，惟树皮白色的特征未提及。

榛

【**别名**】榛子、山板栗、平榛。

【**学名**】Corylus heterophylla Fisch. ex Trautv.

【**植物形态**】落叶灌木或小乔木。树皮灰褐色，小枝黄褐色，有短柔毛及腺毛；芽近球形，鳞片有毛。单叶互生；叶片阔卵形或阔倒卵形，长5~12cm，宽3~8cm，先端截形，中央有三角状凸尖，基部心形，边缘有不规则重锯齿，中部以上有浅齿，上面无毛，下面初时有短柔毛，后仅沿脉有疏短毛，侧脉1~5对；叶柄长1~2cm，有短毛。花单性，雌、雄同株，先叶开放；雄花成葇荑花序，长4~10cm；每苞有副苞2个，苞有细毛，先端尖，鲜紫褐色；雄蕊8，花药黄色；雌花2~6个簇生枝端，开花时包在鳞芽内，只有花柱外露；花柱2，红色。果单生或2~6簇生成头状，果苞较果长，密被短柔毛及刺状腺毛。小坚果近球形，长0.7~1.5cm。花期4~5月；果期9~10月。（图81）

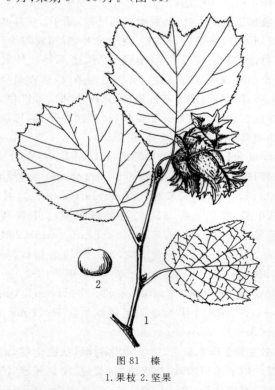

图81 榛
1. 果枝 2. 坚果

【**生长环境**】生于山地阴坡灌丛中。

【**产地分布**】山东境内产于胶东丘陵及鲁中南山区。在我国除山东外，还分布于东北地区及河北、陕西、山西等地。

【**药用部位**】种仁：榛子；雄花序：榛子花。为民间药，榛子仁药食两用。

【**采收加工**】秋季采收或拾取脱落地上的成熟果实，晒干后除去总苞及果壳。春季花开时采收雄花序，鲜用或晒干。

【**药材性状**】种仁略呈卵圆形或类球形，直径约1cm。表面深棕色或棕褐色，有落皮层样的外皮，极易剥落。顶端较尖，可见种脐，自顶端向一侧有脊状隆起的种脊，合点位于基部圆形下陷处，有的不明显。质较硬，剖开后，子叶2，类白色或淡黄色，富含油脂，尖端有胚根与胚芽。气微，味甜、微涩。

【**化学成分**】果仁含氨基酸：精氨酸，谷氨酸，脯氨酸，丙氨酸，酪氨酸和缬氨酸等；还含有蛋白质，脂肪。花含羽扇豆醇，正十六烷酸，9,12,15-反式十八三烯-1-醇，1-(2-羟基-4-甲氧基苯基)-乙酮，2-己基-正癸醇等。叶含鞣质：榛叶素（heterophylliin）B、D，新喷呐草素（tellimagrandin），木麻黄鞣亭（casuarictin），木麻黄鞣宁（casuarinin），刺梨素A（roxbin A），玫瑰素F（rugosin F）；黄酮类：2,4,4'-三羟基查尔酮（2,4,4'-trihydroxychalcone），1,3,5,8-四羟基-2,4-二(3-甲基丁-2-烯基)双苯吡酮（gartanin），4'-羟基二氢黄酮-7-O-β-D-吡喃葡萄糖苷；有机酸：4-羟基-3-甲氧基苯甲酸，对羟基苯甲酸；还含7,22-二烯-3-麦角甾醇，α-D-(6-O-白芥子酰基)-吡喃葡萄糖-β-D-(3-O-白芥子酰基)-呋喃果糖[α-D-(6-O-sinapoyl)-glucopyranosl-β-D-(3-O-sinapoyl)-fructofuranose]，乙基吡喃葡萄糖苷（ethyl glucopyranoside），2,7-二羟基-3,5-二甲氧基-9,10-二氢菲，β-谷甾醇，儿茶酚等。

【**功效主治**】榛子甘，平。健脾和胃，润肺止咳，明目。用于病后体弱，脾虚泄泻，食欲缺乏，咳嗽，视物昏花。**榛子花**止血，消肿，敛疮。用于外伤出血，冻疮，疮疖。

【**历史**】榛始载于《诗经》。《开宝本草》载："榛子，生辽东山谷。树高丈许，子如小栗，军行，食之当粮。中土亦有。"《本草纲目》载："榛树，低小如荆，丛生。冬末开花如栎花，成条下垂，长二、三寸。二月生叶，如初生樱桃叶，多皱文而有细齿及尖。其实作苞，三五相粘，一苞一实。实如栎实，下壮上锐，生青熟褐，其壳厚而坚，其仁白而圆，大如杏仁，亦有皮尖。然多空者，故谚云十榛九空。"本草所述形态、分布及附图，表明古今药食两用的榛子均系榛属多种植物。

壳斗科

板栗

【别名】栗子树、毛栗子、栗蓬(海阳)。

【学名】Castanea mollissima Bl.

【植物形态】落叶乔木,高达20m。树皮灰色,不规则深纵裂,枝条灰褐色,有纵沟和灰黄色圆形皮孔,小枝密被绒毛。单叶互生;叶片长圆形或长圆状披针形,长9~18cm,先端渐尖或短尖,基部圆形或阔楔形,下面密被灰白色星状毛,老叶毛较少,边缘有粗锯齿。花单性,雌、雄同序;雄花序穗状,生于新枝下部的叶腋,长15~20cm,淡黄褐色;雄蕊8~10;雌花1~3朵集生,生于雄花序基部;外有壳斗状总苞,总苞外皮密生分枝长刺,刺上密被短柔毛。每壳斗内有1~3枚坚果。花期5~6月;果期8~10月。$2n=24$。(图82)

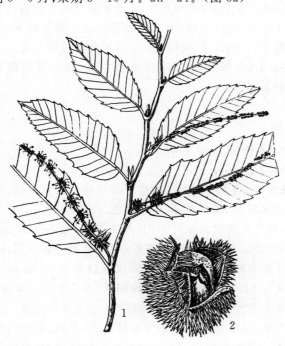

图82 板栗
1.花枝 2.开裂的壳斗和坚果

【生长环境】栽培于山坡或山沟中。

【产地分布】山东省大部分地区均有栽培,以泰安、日照、郯城、五莲、莱阳等地较多。在我国除山东外,还分布于河北、山西、陕西、江苏、浙江、江西、湖北、四川、云南、贵州等地。

【药用部位】种仁:栗子;总苞:板栗壳(栗毛球);外果皮:栗壳;内果皮:栗荴;叶:栗叶;花序:栗花;根:栗树根;树皮:栗树皮。为少常用中药和民间药,栗子药食两用。

【采收加工】秋季果实成熟时采收,去掉总苞,将果实晒干。分别剥取种仁、外果皮、内果皮和总苞。夏季采收叶及花序,鲜用或晒干。秋、冬二季采根,洗净,晒干。

【药材性状】种仁呈半球形或扁圆球形,直径2~3cm,先端短尖。表面黄白色,光滑,略有光泽,有时具浅纵沟纹。质坚实而重,断碎后内面富粉性。气微,味微甜。

外果皮破碎成大小不等的块片,厚约1mm。外表面褐色,平滑无毛,略有光泽;内表面淡褐色,平坦。质坚韧,不易折断,断面凹凸不平。气微,味微苦、涩。

内果皮破碎成大小不等的块片,厚约1.2mm。外表面棕色,粗糙;内表面常与膜质的种皮粘连,淡棕色,平滑。质脆,易碎。气微,味微涩。

总苞刺球形,略扁,连刺直径4~6.5cm,多纵向开裂成2~4瓣。外表面黄棕色或棕色,密布自基部分枝成束的鹿角状利刺,刺长1~1.5cm,表面及刺上密被灰白色至灰绿色柔毛。内表面密被黄棕色紧贴的丝光样长绒毛,基底有1~3个坚果脱落后的疤痕。基部有粗壮的果柄。质坚硬,断面颗粒性,暗棕褐色。气微,味微涩。

树皮呈不规则块片状,大小不一。外表面暗灰色,有不规则深纵裂;内表面黄白色或类白色。气微,味微苦、涩。

叶片长圆状披针形或长圆形,长8~18cm,宽5~7cm。先端尖尾状,基部楔形或两侧不相等,边缘有疏锯齿,齿端内弯呈刺毛状。上表面深绿色,有光泽,羽状侧脉10~17对,中脉有毛;下表面淡绿色,有白色绒毛。叶柄短,具长毛和短绒毛。叶片薄革质。气微,味微涩。

雄花序呈穗状,平直,长9~20cm;花被片6,圆形或倒卵圆形,淡黄褐色;雄蕊8~10,花丝长约为花被片的3倍;雌花无梗,生于雄花序的下部,每2~3(~5)朵聚生于有刺的总苞内;花被6裂;子房下位,花柱5~9。气微,味微涩。

【化学成分】种仁含生物碱:尿嘧啶(uracil),5-羟基-2-羟甲基吡啶(5-hydroxyl-2-hydroxyl methyl pyridine);糖及糖苷:蔗糖,麦芽糖(maltose),D-葡萄糖,D-果糖(D-fructose),正丁基吡喃果糖苷(n-butyl-β-D-fructopyranoside),$6S,9S$-6-羟基-3-酮-α-紫罗兰醇-9-O-β-D-葡糖苷[$6S,9S$-6-hydroxyl-3-oxo-α-ionol-9-O-β-D-glucopyranoside],$6S,9R$-6-羟基-3-酮-α-紫罗兰醇-9-O-β-D-葡糖苷,α-D-呋喃果糖甲苷(methyl-O-α-D-fructofuranoside),正丁基-O-β-D-呋喃果糖苷;还含壬二酸(azelaic acid),异庚酸(isoenanthic acid),β-谷甾醇,胡萝卜苷,软脂酸-1-甘油单酯(hexadecanoic acid 2,3-dihydroxypropyl ester),5-羟甲基糠醛,山柰酚,蛋白质,脂肪,氨基酸及无机元素铁、镁、磷、铜等。**果皮**含黄酮类:槲皮素,芦丁,山柰酚,山柰酚-3-O-(6″-反式-对-香

豆酰基)-β-D-葡萄吡喃糖苷,山奈酚-3-O-(6″,4″-双-反式-对-香豆酰基)-β-D-葡萄吡喃糖苷;甾醇类:胡萝卜苷,豆甾-5-烯-3β,7α-醇(stigmast-5-ene-3β,7α-diol),麦角甾-6,22-二烯-3β,5α,8α-三醇,豆甾-4-烯-6α-醇-3-酮(6α-hydroxy-stigmast-4-ene-3-one);有机酸及其酯类:对羟基桂皮酸甲酯,绿原酸,对羟基苯甲酸,齐墩果酸,2-羟基-丁二酸二丁酯(2-hydroxy-1,4-dibutylbutanedioate),原儿茶酸,乌苏酸(ursolic acid),水杨酸,3,4-二羟基苯甲酸,没食子酸等;还含香草醛,5-羟甲基糠醛,对苯二酚,ganschisandrin,大黄素,3′,3″-dimethoxylarreatricin,连翘酯苷(forsythoside)。**总苞**含黄酮类:槲皮素,山奈酚,山奈酚-3-O-(6″-反式-对-香豆酰基)-β-D-葡萄吡喃糖苷,山奈酚-3-O-(6″,4″-双-反式-对-香豆酰基)-β-D-葡萄吡喃糖苷;有机酸:没食子酸,对羟基苯甲酸,莽草酸,原儿茶酸;三萜类乌苏酸,齐墩果酸;甾醇类:麦角甾-6,22-二烯-3β,5α,8α-三醇,豆甾-4-烯-6β-醇-3-酮;还含对苯二酚,ganschisandrin,2-羟基-丁二酸二丁酯,大黄素,3′,3″-dimethoxylarreatricin,5-羟甲基糠醛等。**花**含三萜类:2α,3β,23-三羟基齐墩果烷-12-烯-28-酸(2α,3β,23-trihydroxyo lean-12-en-28-acid),乌苏酸,24-羟基乌苏酸;黄酮类:槲皮素,槲皮素-3-O-β-D-半乳糖苷,槲皮素-3-O-β-D-葡萄糖醛酸甲酯(quercetin-3-O-β-D-glucuronide-6″-methyl ester),山奈酚,山奈酚-3-O-(6″-O-反式-对香豆酰基)-β-D-吡喃葡萄糖苷,山奈酚-3-O-(2″,6″-O-双-反式-对香豆酰基)-β-D-吡喃葡萄糖苷[kaempferol-3-O-(2″,6″-di-O-E-p-coumaroyl)-β-D-glucopyranoside];尚含 4-喹啉酮-2-羧酸正丁基酯(4-quinolinone carboxylic-2-acid n-butyl ester),没食子酸,原儿茶酸,5-羟甲基糠醛,β-谷甾醇,胡萝卜苷。**叶**含鞣质:3,4,5-三羟基苯甲醛-3-O-(6′-O-没食子酰-β-D-吡喃葡萄糖苷)(castamollissin),异栗瘿鞣质亭(isochesnatin),异栗瘿鞣质(isochestanin),栗木鞣质(castanin),间-去氢二没食子酸(m-dehydrodigallic acid),栗瘿鞣质亭(chesnatin),栗瘿鞣质(chestanin),克列鞣质(cretanin),地榆素(sanguiin)H-5,2,3-(2,2′)-二没食子酰-4-O-没食子酰葡萄糖,4,6-(2,2′)-二没食子酰-1-O-没食子酰葡萄糖(stritinin),路边青鞣质(gemin)D,β-D-没食子酰葡萄糖,木麻黄鞣宁,木麻黄鞣质(casuariin);还含旌节花素(stachyurin),长梗马兜铃素(pedunculagin),(3β)-表栗木脂素(vescalagin)等。**根及树皮**含地衣二醇(orcinol),丁香酸,香草酸,龙胆酸(gentisic acid),对-羟基苯甲酸,没食子酸,鞣花酸以及天冬氨酸,γ-氨基丁酸,天冬酰胺等。

【功效主治】**栗子**甘,温。养胃健脾,补肾强筋,活血止血,消肿解毒。用于反胃,泄泻,腰脚软弱,吐血,衄血,便血,瘰疬。**板栗壳(栗毛球)**微甘、涩,平。清热散结,化痰,止血。用于丹毒,瘰疬痰核,百日咳,中风不语,便血,鼻衄。**栗壳**甘、涩,平。降逆生津,化痰止咳,清热散结,止血。用于反胃,呕吐,反酸,便血,吐血,衄血,崩漏,咳嗽痰多,百日咳,痄腮,瘰疬,衄血,便血。**栗荴**甘、涩,平。散结下气,驻颜。用于骨鲠,反胃,瘰疬,颜面粗糙。**栗花**微苦、涩,平。清热燥湿,止血散结。用于泻痢,便血,瘰疬,带下,瘿瘤。**栗叶**微甘,平。清肺止咳,解毒消肿。用于百日咳,肺痨,咽喉肿痛,肿毒,喉疮火毒。**栗树皮**苦、涩,平。解毒消肿,收敛止血。用于癞疮,丹毒,口疮,漆疮,便血,鼻衄,创伤出血,跌打损伤。**栗树根**微苦,平。行气止痛,活血化瘀。用于疝气偏坠,牙痛,风湿痹痛,月经不调。

【历史】板栗始载于《名医别录》。《本草图经》曰:"叶极似栎,四月开花,青黄色,长条似胡桃花"。《本草纲目》曰:"木高二三丈。苞生多刺如猬毛。每枝不下四五个苞,有青黄赤三色。中子或单或双,或三或四。其壳生黄熟紫,壳内有膜裹仁,九月霜降乃熟。其苞自裂而子坠者,乃可久藏,苞未裂者易腐也。其花作条,大如筯头,长四五寸,可以点灯。"其形态与板栗一致。

【附注】《中国药典》1977年版曾收载;2010年版附录收载板栗壳。

麻栎

【别名】橡树、大橡子(昆嵛山)。

【学名】Quercus acutissima Carr.

【植物形态】落叶乔木,高达30m。树皮暗灰黑色,不规则深纵裂;幼枝有黄褐色绒毛,后渐脱落。单叶互生;叶片长椭圆状披针形,长 8~18cm,宽 3~4.5cm,先端渐尖,基部圆形或阔楔形,叶缘有刺芒状锯齿,幼叶下面有短柔毛,老叶无毛或仅脉腋有毛,侧脉 12~18 对,达齿端。花单性,雌、雄同株;雄花成葇荑花序,集生于新枝叶腋;雌花 1~3 朵集生于老枝的叶腋。壳斗杯状,包围坚果约 1/2,苞片披针形,反曲,有灰白色绒毛。坚果卵状椭圆形,长约 2cm,顶端钝圆,果脐凸起。花期 5 月;果期翌年 9~10 月。2n=24。(图 83)

【生长环境】生于山地或丘陵。

【产地分布】山东境内产于胶东丘陵及鲁中南山区。在我国除山东外,还分布于湖南、湖北、四川、广东、云南、陕西、甘肃、河南、河北、山西、辽宁、江西、浙江、台湾等地。

【药用部位】果实:橡实;壳斗:橡实壳;根皮或树皮:橡木皮。为民间药,橡实仁药食两用。

【采收加工】果实成熟后,连壳斗摘下,晒干后分别收集壳斗和果实。春、秋二季采收根皮或树皮,除去杂质,晒干。

【药材性状】果实卵状球形至长卵形,长约 2cm,直径 1.5~2cm;表面淡褐色或栗褐色,果脐突起。种仁白

图83 麻栎

色。气微,味淡、微涩。

壳斗杯状,直径1.5～2cm,高约2cm。外面鳞片状苞片狭披针形或披针形,覆瓦状排列,反曲,被灰白色柔毛;内面棕色,平滑。气微,味苦、涩。

【化学成分】种子含淀粉,脂肪油。总苞含鞣质。花粉含无羁萜酮(friedelin),β-香树脂酮(β-amyrenone),羽扇烯酮(lupenone),β-谷甾醇,豆甾醇,菜油甾醇(campesterol),阿拉伯聚糖,硬脂酸,棕榈酸,油酸,柠檬酸(citric acid),苹果酸(malic acid)及氨基酸。叶含表木栓醇(epifriedelanol),β-黏霉烯醇(glutinol),羽扇豆醇(lupeol),木栓醇(friedelanol),β-谷甾醇及鞣质。

【功效主治】橡实涩,微温。涩肠固脱。用于泻痢脱肛,痔血。橡实壳涩,温。收敛,止血。用于泻痢脱肛,肠风下血,崩中带下。橡木皮苦,平。收敛,止痢。用于泻痢,瘰疬,恶疮。

【历史】麻栎始载于《雷公炮炙论》,名橡实。《新修本草》云:"槲、栎皆有斗,以栎为胜,所在山谷中皆有。"《本草图经》曰:"橡实,栎木子也……木高二三丈,三、四月开黄花,八、九月结实,其实为皂斗,槲、栎皆有斗,而以栎为胜。不拘时采其皮,并实用。"《本草衍义》"橡实"条下载:"叶如栗叶……山中以橡仁为粮,然涩肠。"《本草纲目》云:"栎,柞木也。实名橡斗、皂斗"。所述形态与现今麻栎及其同属植物相符。

槲树

【别名】柞栎、大叶菠萝。

【学名】Quercus dentata Thunb.

【植物形态】落叶乔木,高达25m。树皮暗灰色,宽纵裂;小枝粗壮,有沟槽,密生黄灰色星状绒毛。单叶互生;叶片倒卵形,长10～20(30)cm,先端钝圆,基部耳形,边缘有波状圆裂齿,侧脉5～10对,幼时两面有毛,后仅下面有灰色柔毛和星状毛。花单性,雌、雄同株。壳斗杯状,包围坚果约1/2,直径1.5～1.8cm,高约1cm;苞片狭披针形,棕红色,反卷。坚果卵形至椭圆形,长1.5～2.5cm。花期4～5月;果期9～10月。2n=24。(图84)

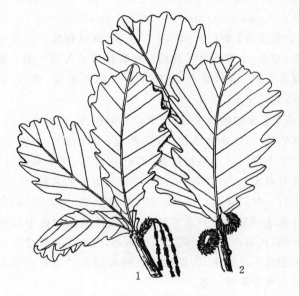

图84 槲树
1.雄花序枝 2.果枝

【生长环境】生于山坡杂木林中。

【产地分布】山东境内产于各山地丘陵。在我国除山东外,还分布于长江以北各地。

【药用部位】叶:槲叶;种子:槲实仁;树皮:槲皮。为少常用中药和民间药,槲实仁药食两用。

【采收加工】春、夏二季采树皮和叶,晒干。冬季果实成熟后连壳斗一并摘下,晒干,除去壳斗及种壳,取出种子,晒干。

【药材性状】干燥叶皱缩或破碎。完整叶片展平后呈倒卵形或长倒卵形,长10～30cm,宽6～20cm;先端短钝尖,基部耳形;叶上表面深绿色或棕绿色,微被毛或无毛,下表面密被灰褐色星状绒毛,叶脉明显,每边侧脉4～10条;边缘呈波状裂片或粗锯齿;叶柄长2～5mm,密被棕色绒毛。质脆,易碎。气微,味涩、微苦。

以叶片完整、色深绿或棕绿、下表面绒毛密集者为佳。

【化学成分】叶含黄酮类:山奈酚-3-O-[2″,6″-O-(E)-二对-香豆酰基-β-D-葡萄糖苷],槲皮素,槲皮素-3-O-α-L-吡喃阿拉伯糖苷,槲皮素-3-O-β-D-吡喃半乳糖苷,异鼠李素-3-O-β-D-吡喃葡萄糖苷,芦丁;三萜类:黏霉烯醇,木栓酮(friedelin),表木栓醇,齐墩果酸,quercilicoside

A等；还含2-新橙皮糖基-2,6-二羟基苯甲酸苯甲酯(2-neohesperidosyloxy-6-hydroxybenzoate),3,5,7-三羟基色原酮-3-O-β-D-吡喃葡萄糖苷[1-O-(5,7-dihydroxy-chr-mon-3-yl)-β-D-glucopyranoside],槲皮醇,1,3,4/2,5-环己五醇,β-谷甾醇等。**树皮**含没食子酸,右旋儿茶精(catechin),右旋没食子儿茶精(gallocatechin),儿茶精-(4α→8)-儿茶精,没食子儿茶精-(4α→8)-没食子儿茶精,3-O-没食子酰表没食子儿茶精-(4α→8)-儿茶精[3-O-galloylepigallocatechin-(4α→8)-catehin]。

【功效主治】槲叶甘、苦,平。止血,清热利尿。用于吐血,衄血,血痢,血痔,淋病。槲实仁用于久泻久痢。槲皮苦,凉。清热解毒,清瘀消肿。用于恶疮,瘰疬,痢疾,肠风下血。

【历史】槲树始载于《新修本草》,名槲皮。《本草图经》名槲若,曰:"木高丈余,若即叶也,与栎相类,亦有斗,但小不中用耳。不拘时采,其叶并皮用。"《本草纲目》载有槲实仁,云:"槲有二种:一种丛生小者名枹,见《尔雅》;一种高者名大叶栎。树、叶俱似栗,长大粗厚,冬月凋落。三四月开花亦如栗,八九月结实似橡子而稍短小,其蒂亦有斗。其实僵涩味恶,荒岁人亦食之。其木理粗不及橡木,所谓樗栎之材者指此。"本草所述形态与现今槲树一致。

【附录】《中国药典》2010年版附录收载槲叶。

白栎

【别名】青冈树。

【学名】Quercus fabri Hance

【植物形态】落叶乔木或灌木状,高达20m。小枝密生灰褐色绒毛。单叶互生;叶片倒卵形或椭圆状倒卵形,先端钝尖或短尖,基部窄圆形或楔形,边缘有波状圆形粗锯齿,幼时有灰黄色星状毛,老叶上面无毛或疏生毛,下面密被灰褐色星状毛,侧脉8～12对;叶柄长3～5mm,被棕黄色绒毛。花单性,雌、雄同株。壳斗杯状,苞片鳞状或卵状披针形,排列紧贴,有短柔毛。坚果长卵形,长1.8～2.2cm。花期4～5月;果期10月。2n=24。(图85)

【生长环境】栽培于山坡丘陵。

【产地分布】山东境内的泰山前坡有引种。在我国除山东外,还分布于长江以南各省区。

【药用部位】带虫瘿的果实及总苞:白栎蔀。为民间药。

【采收加工】秋季采收带虫瘿的果实及总苞,晒干。全年采根,晒干。

【化学成分】果实含维生素C,氨基酸,黄酮,蛋白质等。

图85 白栎

总苞及树皮含鞣质。

【功效主治】苦、涩,平。健脾消积,理气,清火明目。用于疝气,小儿疳积,火眼赤痛,泄泻。

蒙古栎

【别名】柞树、软菠萝(莱阳)、菠萝(昆嵛山)。

【学名】Quercus mongolica Fisch. ex Ledeb.

【植物形态】落叶乔木,高达30m。小枝灰绿色,具棱,无毛。单叶互生;叶片倒卵形或倒卵状椭圆形,长7～20cm,宽5～12cm,顶端钝尖或突尖,基部耳形或圆形,边缘有波状圆裂齿,侧脉7～15对,上面绿色,下面淡绿色,无毛或中脉疏生长毛。花单性,雌、雄同株;雄花序生于新枝下部,雌花序生于新枝上端叶腋。壳斗浅碗状,包围坚果约1/3,直径1.5～2cm,苞片半球形,背部瘤状突起,密被灰白色短柔毛。坚果长卵形或椭圆形,长1.8～2.5cm,果脐微凸起。花期4～5月;果期9～10月。2n=24。(图86)

【生长环境】生于向阳山坡。

【产地分布】山东境内产于崂山、昆嵛山、泰山、蒙山、沂山等山区。在我国除山东外,还分布于东北地区及内蒙古、河北、山西等地。

【药用部位】树皮:柞树皮;叶:柞树叶;果实:柞树实。为民间药。

【采收加工】春、秋二季剥取树皮,刮去外层粗皮,晒干。夏、秋二季采叶,鲜用或晒干。秋季采果,晒干。

【药材性状】树皮呈长片状或大小不等的块片。外表面暗棕色或灰棕色,具深纵裂;内表面灰白色,平滑。质坚韧,折断面纤维状。气微,味苦、涩。

叶多皱缩破碎。完整叶片展平后呈倒卵形至长椭圆状倒卵形，长7～20cm，宽4～11cm。先端钝或急尖，基部耳形，边缘具深波状钝齿。上表面黄绿色至棕绿色，幼叶脉有毛，老叶无毛，下表面色略浅，具明显的侧脉7～15对。叶柄长2～5mm。质脆易碎。气微，味苦、微涩。

【化学成分】果实含4-O-没食子酰莽草酸（4-O-galloylshikimic acid），5-O-没食子酰莽草酸，1-O-没食子酰原栎醇（1-O-galloylprotoguercetol），蒙栎素（mongolicain）A、B，羽扇豆醇（lupeol），β-黏霉烯醇（glutinol），β-谷甾醇。叶挥发油主成分为二十三烷、二十五烷和二十七烷。

【功效主治】柞树皮苦，凉。利湿，清热解毒。用于腹泻，痢疾，黄疸，痔疮。柞树叶微苦，平。清热解毒，健脾和胃。用于痢疾，小儿消化不良，痈肿，痔疮。柞树实苦、涩，微温。健脾止泻，收敛止血，涩肠固脱，解毒消肿。用于脾虚泄泻，痔疮出血，脱肛，乳痈。

图86　蒙古栎
1.果枝　2.壳斗

榆科

榔榆

【别名】榆树、脱皮榆、山樱桃（昆嵛山）。

【学名】Ulmus parvifolia Jacq.

【植物形态】落叶乔木，高达25m。树皮灰褐色，呈不规则鳞片状脱落；老枝灰色，小枝红褐色，多柔毛。单叶互生；叶片椭圆形、椭圆状倒卵形至卵圆形，长1.5～5.5cm，宽1～3cm，先端短渐尖，基部圆形，稍偏斜，边缘有单锯齿，上面光滑或微粗糙，深绿色，下面幼时有毛，后脱落，淡绿色；叶柄短。花两性，簇生于新枝叶腋；花被4；雄蕊4，花药椭圆形；雌蕊柱头2裂，向外反卷。翅果长约1cm，椭圆形，顶端有凹陷，果翅稍厚，两侧的翅较果核部分为窄；果核位于翅果的中上部，上端接近缺口。花期8月；果期9～10月。2n＝28。（图87：1）

【生长环境】生于平原、山坡、山谷或岩石缝间。

【产地分布】山东境内产于鲁中、鲁南山区，曲阜孔林内有老树，泰山南坡黑龙潭水库附近有高6m的植株，济南趵突泉公园有栽培。在我国除山东外，还分布于山西、河南及长江流域以南各地。

【药用部位】树皮或根皮：榔榆皮；茎：榔榆；叶：榔榆叶。为民间药。

【采收加工】夏、秋二季采收，除去杂质，鲜用或晒干。

【药材性状】树皮卷曲状，长短厚薄不一。外表面灰褐色，呈不规则鳞片状剥落，有突出的横向皮孔；内表面黄白色。质柔韧，不易折断，断面纤维性，外侧棕红色，内侧黄白色。根皮外表面灰黄棕色，较平滑。气特异，味淡，嚼之有黏液感。

干燥叶常卷曲。完整叶片展平后呈椭圆形、椭圆状倒卵形至卵圆形，长1.5～5cm，宽1～2.8cm；先端短渐尖或短尖，基部圆形，稍偏斜，边缘有单锯齿；上表面深绿色或绿色，光滑或微粗糙，下表面淡绿色，幼叶有毛，老叶毛脱落；叶柄短。质脆易碎。气微，味淡，嚼之有黏滑感。

【化学成分】树皮含鞣质，豆甾醇，木质素，果胶，油脂。木材含7-羟基卡达烯醛（7-hydroxycadalenal），3-甲氧基-7-羟基卡达烯醛（3-methoxy-7-hydroxycadalenal），曼宋酮（mansonone）C、G、E，8-甲基-5-异丙基-2-羟基-3-萘甲酸（8-methyl-5-isopropyl-2-hydroxy-3-naphthalene carboxylic acid），裂叶榆萜（lacinilene）A，8-甲基-5-异丙基-2-萘酚（8-methyl-5-isopropyl-2-naphathalenol）和谷甾醇。

【功效主治】榔榆皮甘、微苦，寒。清热利水，解毒消痈，凉血止血。用于热淋，小便不利，疮疡肿毒，乳痈，水火烫伤，痢疾，吐血便血，尿血，痔血，腰背酸痛，外伤出血。榔榆茎甘、微苦，寒。通络止痛。用于腰背酸痛。榔榆叶甘、微苦，寒。清热解毒，消肿止痛。用于热毒疮疡，牙痛。

【历史】榔榆始载于《本草拾遗》，云："生山中，如榆，皮有滑汁，秋生荚，如北榆。"《本草纲目》曰："大榆二月生荚，郎榆八月生荚，可分别。"《植物名实图考》谓："榆种类甚多，今以有荚者为姑榆，无荚者为郎榆。南方榆秋深始结荚，不可食，即《本草拾遗》之榔榆也。"所述形态与现今植物榔榆一致。

附：黑榆

黑榆 U. davidiana Planch.（图87：2），与榔榆的主

要区别是：叶片倒卵形，长达10cm，宽2～6cm，两面几无毛。聚伞花序簇生。翅果倒卵形，果核位于翅果上部接近缺口处。花、果期春季。山东境内产于崂山。

旱榆

旱榆 U. glaucescens Franch.（图87:3），与榔榆的主要区别是：叶片卵形，基部圆形。花散生于当年生枝条基部。翅果倒卵形。花、果期春季。山东境内产于济南及郊区县市山地丘陵。

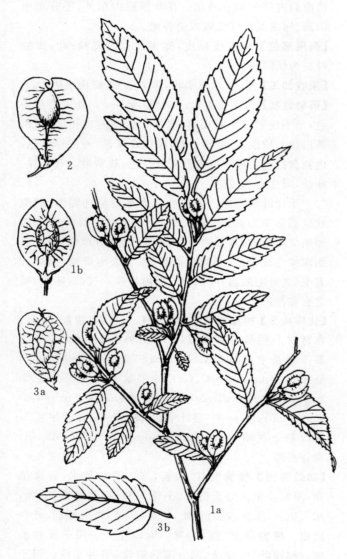

图87 榔榆 黑榆 旱榆
1.榔榆（a.果枝 b.翅果）2.黑榆的翅果
3.旱榆（a.翅果 b.叶）

榆树

【别名】榆、白榆、家榆。

【学名】Ulmus pumila L.

【植物形态】落叶乔木，高达25m。树皮暗灰色，不规则纵裂；小枝灰白色，细长柔软，初有毛；冬芽卵圆形，暗棕色，有毛。单叶互生；叶片卵形或卵状椭圆形，长2～6cm，宽1.5～2.5cm，先端渐尖，基部阔楔形或近圆形，近对称，边缘有不规则的重锯齿或单锯齿，侧脉9～14对，上面无毛，深绿色，下面脉腋有簇生毛；叶柄长2～5mm，有短柔毛。花两性，先叶开放，簇生于去年生枝上的叶腋，有短梗；花被4裂；雄蕊4，与萼片对生；子房扁平，花柱2裂。翅果倒卵形或近圆形，长1～1.5cm，先端有凹缺；果核位于翅果中部，熟时黄白色。花期3～4月；果期4～5月。2n=28。（图88:1）

【生长环境】生于村旁、路边、山坡或河堤。

【产地分布】山东境内产于各地。在我国除山东外，还分布于东北、华北及西北等地区。

【药用部位】茎及根皮韧皮部：榆白皮；茎皮部的涎汁：榆皮涎；嫩茎：榆茎；叶：榆叶；花：榆花；果：榆荚仁。为民间药，榆荚仁和榆叶药食两用。

【采收加工】春、夏二季割下老枝条，立即剥取内皮晒干；割取嫩枝条，鲜用或晒干。全年割破茎皮，收集流出的液体。夏、秋二季采叶，春季采花，鲜用或晒干。果实成熟时采收果实，除去果翅，鲜用或晒干。

【药材性状】树皮板片状或浅槽状，长短不一，厚3～7mm。外表面浅黄白色或灰白色，较平坦，皮孔横生，嫩皮较明显，有不规则纵向浅裂纹，偶有残存的灰褐色粗皮；内表面黄棕色，具细密的纵棱纹。质柔韧，纤维性。气微，味稍淡，有黏性。

叶常皱缩。完整者展平后呈椭圆状卵形或椭圆状披针形，长2～6cm，宽约2cm。先端渐尖，基部阔楔形或近圆形，叶缘有重锯齿或单锯齿。上表面暗绿色，下表面色稍浅，叶脉明显，侧脉9～14对，脉腋有簇生的白色茸毛。叶柄长2～5mm。质脆，易碎。气微，味淡，嚼之发黏。

干燥花呈类球形或不规则团状，暗紫色，直径5～8mm，具短梗。水浸后观察，花被呈钟形，4～5裂；雄蕊4～5，伸出花被或脱落，花药紫色；雌蕊1，子房扁平。体轻，质柔。气微，味淡。

翅果类圆形或倒卵形，直径1～1.5cm；先端有缺口，基部有短柄，长约2mm；果翅类圆形而薄，表面光滑，可见放射状脉纹。果核部分长椭圆形或卵圆形，长1～1.5cm，直径约5mm，位于翅果近中央，与缺口的底缘密接。气微，味微甜，嚼之发黏。

【化学成分】根皮含花生酸（eicosanoic acid），camadulenic acid，arjunolic acid，齐墩果酸，山楂酸（maslinic acid），1-十七烷酸甘油单酯（1-heptadecanoyl glycerol），1-十六烷酸甘油单酯，1-亚油酸甘油单酯，epifriedelanol，无羁萜（friedelin），异莨菪亭（isoscopoletin），mansonone E、F，滨蒿内酯（escoparone-6,7-dimethoxy coumarin），β-谷甾醇，豆甾醇，鞣质，树胶和脂肪油。叶含赖氨酸，组氨酸，精氨酸及缬氨酸等多种氨基酸。果实

含蛋白质,脂肪,硫胺素,核黄素,烟酸及无机元素钙、磷、铁等。**种仁**含棕榈酸,亚油酸,亚麻酸,癸酸,豆蔻酸,硬脂酸及无机元素钾、钠、钙、镁、铁、钴、镍、铜等。

【功效主治】榆白皮甘,平。利水,通淋,消肿。用于小便不通,淋浊,水肿,痈疽发背,丹毒,疥癣。**榆皮涎**杀虫。用于疥癣。**榆茎**甘,平。利尿通淋。用于气淋。**榆叶**甘,平。清热利尿,安神,祛痰止咳。用于水肿,小便不利,石淋,尿浊,失眠,暑热苦闷,痰多咳嗽。**榆花**甘,平。清热定惊,利尿疗疮。用于小儿惊痫,小便不利,头疮。**榆荚实**微辛,平。清湿热,杀虫。用于白带,小儿疳热羸瘦。

【历史】榆始载于《神农本草经》,列为上品,名榆皮,云:"一名零榆,生山谷。"《名医别录》曰"生颍川,三月采皮,取白暴干"。《本草衍义》曰"榆皮,今初春先生荚者是。……青叶嫩时收贮,亦用以为羹茹。"花、果实、叶均药用,其形态与现今榆相符。

附:黄榆

　　黄榆 U. macrocarpa Hance(图85:2),又名大果榆。与本种的主要区别是:幼枝及萌枝常有对生的扁平木栓翅。叶片倒卵形,上面有硬毛,粗糙。翅果有毛。山东境内产于全省各山地丘陵。

图88　榆树和黄榆
1.榆树(a.叶枝 b.果枝 c.花)
2.黄榆(a.翅果 b.枝具木栓翅)

桑科

构树

【别名】楮树、楮桃子、砂纸树。

【学名】Broussonetia papyrifera (L.) L' Hert. ex Vent. (*Morus papyrifera* L.)

【植物形态】落叶乔木,高达18m;植株具乳汁。树皮灰色至灰褐色,平滑或具不规则浅纵裂纹,散生黄褐色皮孔;小枝灰褐色或红褐色,密被灰色长毛。单叶互生;叶片卵形至阔卵形,长7~26cm,宽5~20cm,先端渐尖或锐尖,基部阔楔形、截形、圆形或心形,两侧偏斜,不裂或2~5不规则缺裂,边缘有粗锯齿和缘毛,上面深绿色,被粗毛,下面灰绿色,密被灰柔毛;叶柄圆柱形,长2~12cm,有长柔毛;托叶膜质,卵状披针形,略带紫色。花单性,雌、雄异株;雄花序为柔荑花序,长4~8cm,着生于新枝叶腋;雌花序头状,直径约2cm;雌花花被筒状,苞片棒状,被白色细毛,花柱细长,灰色或紫红色。聚花果球形,直径2~3cm;瘦果由肉质的子房柄挺出于球形果序外,橘红色。种子扁球形,红褐色。花期4~5月;果期7~9月。2n=26。(图89)

【生长环境】生于荒坡、沟谷、石灰岩风化的土壤中以及村边、路旁。

【产地分布】山东境内产于各地,以临朐、沂水为多。在我国除山东外,还分布于华东、中南、西南、东北南部地区及河北、山西、陕西、甘肃等地。

【药用部位】果实:楮实子;根:楮树根;根和茎除去外皮的内皮:楮树白皮;枝条:楮茎;乳汁:楮皮白汁;叶:楮叶。为少常用中药和民间药。成熟的聚花果可食。

【采收加工】秋季聚花果成熟时采摘,洗净,晒干,除去灰白色膜状宿萼及杂质。冬、春二季挖根或剥取根皮,晒干。春季采收枝条,夏季采叶,鲜用或晒干。全年取乳汁,鲜用。

【药材性状】瘦果呈球形或卵圆形,稍扁,直径约1.5mm。表面红棕色,有网状皱纹或颗粒状突起,一侧有棱,一侧有凹沟,有的具果柄。质硬脆,易压碎。胚乳类白色,富油性。无臭,味淡。

　　以颗粒饱满、色红者为佳。

　　根皮呈扭曲筒状,两边向内卷曲,长短不一。外表面类白色,具纵向细纹,并残留黄色或淡黄色栓皮及点状须根痕;内表面淡黄色,光滑。体轻质韧,难折断,断面纤维性,易纵向层片状撕裂,并有白色粉状物飞出。气微,味淡。

【化学成分】果实含皂苷,维生素B及油脂。**种子油**含饱和脂肪酸,油酸及亚油酸。**根**含楮树黄酮醇(broussoflavonol)C、D。**茎**含黄酮类:芹素,木犀草素,山奈酚,芦丁,木犀草素-7-O-β-D-葡萄糖苷,7-甲氧基芹菜

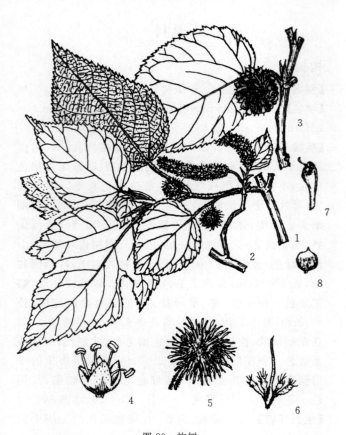

图89 构树
1.雌花枝 2.雄花枝 3.果枝 4.雄花 5.雌花序
6.雌花 7.带肉质子房柄的果实 8.瘦果

素,芹菜素-7-O-β-D-葡萄糖苷,槲皮素,双氢槲皮素,7,3'-dihydroxy-4'-methoxyflavan,butein-4-methyl ester,甘草素(liquiritigenin),异甘草素(isoliquififigenin),异甘草黄酮醇(isolicoflavonol);香豆素类:7-羟基香豆素,东莨菪素(scopoletin);还含螺楮树宁(spirobroussonin)A、B,楮树素(broussin),楮树宁 C,乙酸丁酰鲸鱼醇酯(butyrospermyl acetate),(+)-mannesin,过氧化麦角甾醇,D-半乳糖醇,sulfuretin,黑立脂素苷(liriodendrin),graveolone,胡萝卜苷。**树皮**含黄酮类:楮树黄酮醇 A、B,楮树查尔酮(broussochalcone)A、B,小构树醇(kazinol)A、B,7,4'-dihydroxy-3'-prenylflavan,7,3'-dihydroxy-4'-methoxyflavan,3'-(3-methylbut-2-enyl)-3',4',7-trihydroxyflavane;还含齐墩果酸,augustic acid 及胡萝卜苷。**叶**含黄酮类:芹菜素,芹菜素-7-O-β-D-葡萄糖苷,异牡荆素,牡荆素-7-O-β-D-葡萄糖苷,5,7,4'-三羟基-6-C-[α-L-鼠李糖(1→2)]-β-D-葡萄糖黄酮碳苷(5,7,4'-trihydroxyl-6-C-α-L-rhamnopyranosyl-β-D-glucopyranosyl flavone),5,7,4'-三羟基-8-C-(α-L-鼠李糖)-β-D-葡萄糖黄酮碳苷,柯伊利素-7-O-β-D-吡喃葡萄糖苷(chrysoerid-7-O-β-D-glucopyranoside),大波斯菊苷(cosmosiin),牡荆苷,槲皮素,7-甲氧基芹菜素,木犀草素,木犀草素-7-O-β-D-葡萄糖苷;香豆素类:7-甲氧基香豆素,东莨菪素;倍半萜:3β-羟基-5α,6α-环氧-β-紫罗兰酮-2-O-β-D-吡喃葡萄糖苷(3β-hydroxyl-5α,6α-epoxy-β-ionolne-2α-O-β-D-glucopyranoside),(6S,9S)-6-羟基-3-酮-α-紫罗兰醇-9-O-β-D-葡萄糖苷(roseoside),(2R,3R,5R,6S,9R)-3-羟基-5,6-环氧-乙酰基-β-紫罗兰醇-2-O-β-D-葡萄糖苷,(2R,3R,5R,6S,9R)-3β-羟基-5,6-环氧-β-紫罗兰醇-2-O-β-D-葡萄糖苷,ficustriol,icariside B_1,3-羟基-5α,6α-环氧-β-紫罗兰酮等;木脂素类:落叶松脂素-9-O-β-D-吡喃葡萄糖苷(lariciresinol-9-O-β-D-glucopyranoside),左旋丁香树脂酚-4-O-β-D-吡喃葡萄糖苷(syringaresinol-4-O-β-D-glucopyranoside);核苷类:2'-脱氧腺苷(2'-deoxyadenosine),胸腺嘧啶脱氧核苷(thymidine),2'-尿嘧啶脱氧核苷(2'-deoxyuridine);还含十七烷酸(heptadecanoic acid),对羟基苯乙酮,4-羟基桂皮酸-9-O-β-D-吡喃葡萄糖苷,苯甲酸苯甲酯-2,6-二-O-β-D-吡喃葡萄糖苷,邻苯三酚,构树内酯(broussolactone),三十一烷醇,β-胡萝卜苷等。**雄花序**含5-甲基-3-十四烷基戊内酯(5-methyl-3-tetradecyl-5-pentandide),二十四烷醇,尿嘧啶,棕榈酸。

【**功效主治**】**楮实子**甘,寒。补肾清肝,明目,利尿。用于肝肾不足,腰膝酸软,虚劳骨蒸,头晕目昏,目生翳膜,水肿胀满。**楮树根**甘,寒。凉血散瘀,清利湿热。用于咳嗽吐血,崩漏,水肿,跌打损伤。**楮树白皮**甘,平。利水止血。用于小便不利,水肿胀痛。**楮茎**祛风,明目,利尿。用于风疹,目赤肿痛,小便不利。**楮皮白汁**甘,平。利尿,杀虫,解毒。用于水肿,疮癣,虫咬。**楮叶**甘,凉。凉血止血,利尿,解毒。用于崩漏,吐血,衄血,金疮出血,咳嗽吐血,水肿,疝气,痢疾,跌打损伤。

【**历史**】构树始载于《名医别录》,列为上品,原名楮,曰:"此即榖树也。"《本草纲目》亦云:"按许慎《说文》言楮、榖乃一种也,不必分别,惟辨雌雄耳。雄者皮斑而叶无桠叉,三月开花成长穗,如柳花状,不结实,歉年人采花食之;雌者皮白而叶有桠叉,亦开碎花,结实如杨梅,半熟时水澡去子,蜜煎作果食。二种树并易生,叶多涩毛。南人剥皮捣煮造纸"。据所述形态与植物构树一致。

【**附注**】《中国药典》2010年版收载楮实子。

大麻

【**别名**】野大麻、山麻(济南、威海、泰安)、麻(临沂)。
【**学名**】Cannabis sativa L.
【**植物形态**】一年生直立草本,高 1~3m。茎灰绿色,有纵沟,密生柔毛。叶互生;叶片掌状全裂,裂片 3~11,披针形,先端尖,基部渐窄,长 7~15cm,宽 2~3cm,有粗齿,上面深绿色,有糙毛,下面淡绿色,密被灰白色柔毛;叶柄长4~13cm,有糙毛;托叶线形。花单生,雌、雄异株,稀同株;雄花序圆锥形,疏生于枝顶;花被片5,黄绿色;雄蕊5,花药肥大,黄色;雌花丛生叶腋,呈球形,较密集;苞片被疏毛;花被片膜质,紧包子房;子房近球形。瘦果扁球形,两面凸起,直径约4mm,果皮坚脆,表面具细网纹;宿存苞片黄褐色。花期7月;果期8~9月。2n=20。(图90)

图90 大麻
1.雄株上部 2.雄花 3.雌花
4.宿存苞片包着瘦果 5.瘦果

【生长环境】生于路旁、沟边或栽培于大田。
【产地分布】山东境内产于各地,并有栽培,以鲁中、鲁南地区最多。在我国除山东外,还栽培于东北及浙江、河北、江苏等地。
【药用部位】种子:火麻仁;根:麻根;茎皮纤维:麻皮;叶:麻叶;雄花:麻花;雌花序及幼嫩果序:麻蕡。为少常用中药和民间药,火麻仁药食两用。
【采收加工】秋季果实成熟时采收,除去杂质,晒干,用时除去果皮。夏季采叶、雄花、雌花序及幼嫩果序,鲜用或晒干。秋季采根和茎皮纤维,晒干。
【药材性状】果实呈卵球形,长4~5mm,直径约4mm。表面灰绿色或灰黄色,有微细的白色或棕色网纹,两边有棱,顶端略尖,基部有1圆形果柄痕。果皮薄脆,易破碎。种皮绿色,子叶2,乳白色,富油性。气微,味淡。

以粒大、色灰绿、种仁饱满者为佳。
【化学成分】种仁含脂肪油、蛋白质、膳食纤维以及丰富的维生素和矿物质,其中火麻仁油中不饱和脂肪酸超过80%,主要为油酸和α-亚麻酸,蛋白质主要为麻仁球蛋白和白蛋白,属于全价蛋白质,含有高含量的精氨酸;生物碱:葫芦巴碱(trigonelline),甜菜碱,玉蜀黍嘌呤(zeatin);还含有L-右旋异亮氨酸三甲胺乙内酯[L-(d)-isoleuine betaine],白色蕈毒素(muscarin),麻仁球朊酶(edestinase)等。**雌花序及嫩果序**含酚酸类:Δ^1-四氢大麻酚,大麻色烯(cannabichromene),大麻萜酚(cannabigerol),大麻环酚(cannabicyclol),大麻酚酸(cannabinolic acid),大麻萜酚酸(cannabigerolic acid),六氢次大麻呋酚酸(cannabielsoic acid),次大麻二酚酸,大麻二酚酸(cannabidoic acid),次大麻酚(cannabivarin)等。**雄花**含二羟基大麻酚(cannabitriol),大麻酚(cannabinol),大麻二酚(cannabidiol),芹菜素,木犀草素等;挥发油主含长叶烯(longifolene),葎草烯环氧化物(humulene epoxide)Ⅰ、Ⅱ,丁香烯醇(caryophyllenol)。**叶**含酚酸类:大麻酚,大麻二酚,二羟基大麻酚,大麻环醚萜酚(cannabiglendol),大麻联苯二酚(cannabinodiol),四氢次大麻酚酸(tetrahydrocannabivarinic acid);黄酮类:芹菜素,木犀草素,牡荆素,异牡荆素,荭草素(orientin);生物碱:大麻碱(cannablsativine),脱水大麻碱(anhydrocannabisativine),大麦芽碱(hordenine);螺环类:大麻螺酮(cannabispirone),大麻螺烯酮(cannabispirenone),β-大麻螺醇(β-cannabispirol)等;尚含大麻异戊烯(cannabiprene),菜油甾醇,豆甾醇,N-乙酰氨基葡萄糖(N-acetylglucosamine),N-乙酰氨基半乳糖(N-acetylgalactosamine);挥发油含α-及β-蒎烯,樟烯(camphene)等。**根**含生物碱:大麻碱,脱水大麻碱,胆碱,神经碱(neurine);甾醇类:5α-麦角甾-3-酮,菜油甾醇,豆甾醇;还含葛缕酮(carvone),大麻环醚萜酚等。
【功效主治】火麻仁甘,平。润燥滑肠,通便。用于血虚津亏,肠燥便秘。**麻根**用于淋病,血崩,带下,难产,胞衣不下,跌打损伤。**麻皮**甘,平。活血利尿。用于跌打损伤,热淋胀痛。**麻叶**苦、辛,平;有毒。截疟,驱蛔,定喘。用于驱蛔虫,疟疾,气喘。**麻花**用于风病肢体麻木,遍身苦痒,经闭。**麻蕡**辛,平;有毒。祛风镇痛,定惊安神。用于痛风,痹症,癫狂,失眠,咳喘。
【历史】大麻始载于《神农本草经》,列为上品,名麻勃、麻子,"生太山川谷"。《本草纲目》曰:"大麻即今火麻;亦曰黄麻。处处种之,剥皮收子……大科如油麻。叶狭而长,状如益母草叶,一枝七叶或九叶。五六月开细黄花成穗,随即结实,大如胡荽子,可取油。剥其皮作麻。其秸白有楞,轻虚可为烛心。"据其形态与现今大麻一致。
【附注】《中国药典》2010年版收载火麻仁。

柘树

【别名】柘桑、柘柴、柘条(德州)。

【学名】Cudrania tricuspidata (Carr.) Bur. ex Lavallee. (*Maclura tricuspidata* Carr.)

【植物形态】落叶灌木或小乔木,高1~8m;植株具乳汁。根外皮杏黄色。树皮灰褐色,不规则片状剥落,小枝光滑,暗绿褐色,枝刺深紫色,圆锥形,长0.5~3.5cm。单叶互生;叶片卵形、倒卵形或椭圆状卵形,长3~15cm,宽2~5cm,先端圆钝或渐尖,基部近圆形或阔楔形,全缘或浅波状,不裂或上部2~3裂,上面深绿色,下面浅绿色,嫩叶两面被疏毛,老时仅下面沿主脉有细毛,近革质;叶柄长0.5~1.5cm,有毛。雌、雄异株;雌、雄花序均为球形头状花序,具短梗,成对或单生于叶腋;雄花序直径约5mm;花被片长约2mm,肉质,苞片2;雌花序直径1.3~1.5cm,开花时花被片陷于花托内;子房埋藏于花被下部。聚花果近球形,肉质,成熟时橙黄色或橘红色,直径达2.5cm。花期5~6月;果期9~10月。(图91)

图91 柘树
1.枝叶 2.果枝 3.雄花枝 4.雌花 5.雄花

【生长环境】生于地堰、山坡、路旁或沟边。

【产地分布】山东境内产于各地。在我国除山东外,还分布于华东、中南地区及辽宁、河北、陕西、甘肃、四川、贵州、云南等地。

【药用部位】根及茎内皮:柘木白皮;茎枝或木材:柘木;叶:柘树叶;果实:柘树果。为少常用中药及民间药。

【采收加工】全年采根、茎,刮去外部粗皮,纵向剖开,剥取皮部晒干;木材和茎枝切段或切片晒干。夏季采茎叶,秋季采收成熟果实,晒干。

【药材性状】木材圆柱形,较粗壮。表面黄白色或淡黄棕色,较光滑。质坚体重,难折断;断面黄色或黄棕色,呈刺状,不平坦,中央有小髓。气微,味淡。

茎枝圆柱形,直径0.5~2cm。表面灰褐色或灰黄色,有灰白色小点状皮孔和明显叶痕;棘刺生于节上,粗针状,有的略弯曲,刺长0.5~3cm,质坚硬。气微,味淡。

干燥树皮呈片状扭曲,两边内卷,长短厚薄不一。外表面类白色至灰白色,粗糙,有时残留橙黄色栓皮,并具横向皱纹及颗粒状突起;内表面灰白色,有细纵皱纹。体轻,质坚韧,断面略呈纤维性。微具豆腥气,味微苦、涩。

叶片呈倒卵状椭圆形、椭圆形或长椭圆形,长5~14cm,宽2~5cm;先端钝、渐尖或微凹缺,基部楔形,全缘;表面深绿色或绿棕色,两面无毛,基生脉3条;叶片厚纸质或近革质;叶柄长0.5~1.2cm。气微,味淡。

果实近球形,直径约2.5cm,药材常为对开的切片,呈皱缩的半球形。表面橘黄色或棕红色,果皮内层着生多数瘦果。瘦果被干缩的肉质花被包裹,长约5mm,内含种子1枚,棕黑色。气微,味微甜。

【化学成分】根皮和树皮含黄酮类:柘树呫吨酮(cudraxanthone)A、B、C、D、H、I、J、K,柘树二氢黄酮(cudraflavanone)A,柘树黄酮(cudraflavone)A、B、C、D,环桂木生黄素(cycloartocarpesin),杨属苷,槲皮苷;还含水溶性柘树根多糖(CPS-O)。根含柘树双苯吡酮(cudratricusxanthone)甲、乙、丙、丁、戊、己、庚、辛、壬,macluraxanthone C, cudraxanthone E、K、L,柘二氢黄酮(cudraflavanone) A、C, euchrestaflavanone B。茎枝含桂木生黄素(artocarpesin),降桂木生黄亭(norartocarpetin),5-O-甲基染料木素(5-O-methylgenistein),β-谷甾醇及其葡萄糖苷;木材含黄酮类:山柰酚,二氢山柰酚,槲皮素,二氢桑色素,5,7,4′-三羟基二氢异黄酮;还含丁香脂素,香豌豆酚(orobol),五味子素(schizandrin), gominsin A, gominsin H, β-谷甾醇,染料木素(genistein),环桂木黄素等。叶含植物抗毒素(phytoalexins)。

【功效主治】柘木甘,温。用于虚损,崩中血结,疟疾。柘木白皮苦,平。补肾固精,凉血,舒筋。用于腰痛,遗精,咯血,跌打损伤。柘树叶甘,微苦。清热解毒,舒筋活血。用于痄腮,痈肿,隐疹,湿疹,跌打损伤,腰腿疼。柘树果苦,平。清热活血,舒筋活络。用于跌打损伤。

【历史】柘树始载于《本草拾遗》,名柘木。《本草纲目》载于木部,云:"处处山中有之,喜丛生。干疏而直,叶丰而厚,团而有尖。其叶饲蚕……其实状如桑子而圆,粒如椒。"所述形态及《植物名实图考》附图与现今柘树相符。

【附注】①《中国药典》1977年版曾收载；2010年版附录收载根及茎枝称"柘木"。②柘为 Cudrania Trec.（柘属）植物，"Flora of China"5：36，2003 将本种放于 Maclura Nutt.（橙桑属）内。两属的主要区别是：橙桑属为乔木，具长枝和短枝；雄花序穗状；雄蕊在芽时内折；聚花果直径7～14cm；而柘属为乔木或灌木，无长短枝之分；雌雄花序均为球形头状花序；雄蕊在芽时直立；聚花果直径1.5～4cm。柘的形态符合 Cudrania Trec. 特征。本志依然采用 Cudrania tricuspidata（Carr.）Bur. ex Lavallee. 拉丁学名。

无花果

【别名】天生子、文仙果、奶浆果。

【学名】Ficus carica L.

【植物形态】落叶小乔木，高达5m；植株具乳汁。树皮灰褐色或暗褐色，平滑或不规则纵裂，密布褐色皮孔；枝粗壮，节间明显。单叶互生；叶片倒卵形或近圆形，长宽约20cm以上，掌状3～7浅裂或深裂，全缘或有波状粗齿，先端钝尖，基部心形或近截形，上面粗糙，深绿色，下面黄绿色，沿叶脉有白色硬毛，厚纸质；叶柄长9～13cm；托叶三角状卵形，初绿色，后带红色，早落。雌、雄异株；雄花和瘿花同生于一榕果（隐花果）内壁，雄花生于内壁口部，花被片4～5；雄蕊3；雌花花被与雄花同，子房卵圆形，光滑，花柱侧生，柱头2裂，线形。榕果（隐花果）单生叶腋，梨形，直径3～5cm，顶部下陷，成熟时黄色、绿色或紫红色。瘦果透镜状。果熟期因栽培条件而异，一般8～10月。2n＝26。（图92）

【生长环境】栽培于庭院。

图92　无花果

【产地分布】山东境内栽培于各地，以烟台、青岛、威海沿海各地栽培较多。"威海无花果"获国家地理标志保护产品。全国大部分地区均有栽培。

【药用部位】榕果：无花果；根：无花果根；叶：无花果叶。为少常用中药和民间药，无花果药食两用。

【采收加工】秋季采摘未成熟榕果，于沸水中略烫，晒干或烘干；或采摘成熟果实鲜食。夏季采叶，鲜用或晒干。秋、冬二季采根，洗净，晒干。

【药材性状】榕果呈倒圆锥形或类球形，长约4cm，直径1.5～3cm。表面淡黄棕色、暗棕色至黑色，有波状弯曲的纵棱线，顶端稍平截，中央有圆形突起，基部较狭，有果柄或残存苞片。质坚硬，横切面黄白色，内壁着生众多细小瘦果，长1～2mm，有时上部可见枯萎的雄蕊。气微，味甜。

以干燥、色淡黄棕、味甜者为佳。

【化学成分】果实含有机酸：主为柠檬酸（citric acid）及少量延胡索酸（fumaric acid），琥珀酸（succinic acid），丙二酸（malonic acid），毒八角酸（shikinic acid）及奎宁酸（quinic acid）等；氨基酸：天冬氨酸，甘氨酸，谷氨酸，亮氨酸等；脂肪酸：亚油酸，亚麻酸，十六烷酸甲酯等；挥发性成分：糠醛，苯乙醛，2-乙酰基吡咯和5-甲基糠醛等；多糖：无花果多糖（FCPS）以及 FC_1、FC_2 和 FC_3；还含 γ-胡萝卜素，叶黄素，堇黄质，维生素 B_1、B_2、B_6，菸酸，泛酸，叶酸，无花果朊酶（ficin），寡肽及无机元素钙、铁等。**叶**含香豆素类：补骨脂内酯（psoralen），伞形花内酯（umbelliferone），佛手内酯（bergapten）；三萜类：β-香树脂醇，羽扇豆醇；还含伪蒲公英甾醇（ψ-taraxsterol），愈疮木酚（guaiacol），缬草酸（valeric acid），补骨脂素，植醇，檀香醇等。**根**含补骨脂内酯（psoralen），佛手内酯，薁（azulene），二十八烷，香柠檬内酯（bergapten），羽扇豆醇，β-谷甾醇，胡萝卜苷等。

【功效主治】**无花果**甘，平。健脾益胃，消肿解毒，润肺止咳。用于食欲缺乏，脘腹胀痛，痔疮便秘，咽喉肿痛，热痢，咳嗽多痰。**无花果根**甘，平。清热解毒，散瘀消肿。用于肺热咳嗽，咽喉肿痛，痔疮，痈肿，瘰疬，筋骨疼痛。**无花果叶**甘、微辛，平；小毒。清湿热，解疮毒，消肿止痛。用于湿热泄泻，带下，痔疮，痈肿疼痛，瘰疬。

【历史】无花果始载于《救荒本草》，云："生山野中，今人家园圃中亦栽。叶形如葡萄叶颇长，硬而厚，稍作三叉。枝叶间生果，初则青小，熟大，状如李子，色似紫茄色，味甜。"《本草纲目》谓："无花果出扬州及云南，今吴、楚、闽、越人家亦或折枝插成。枝柯如枇杷树，三月发叶，如花构叶，五月内不花而实，实出枝间，状如木馒头，其内虚软……熟则紫色，软烂甘味，如柿而无核也。"所述形态与植物无花果基本一致。

啤酒花

【别名】忽布、香蛇麻、蛇麻草。

【学名】Humulus lupulus L.

【植物形态】多年生攀援草本,长达10m,全株有倒钩刺。茎枝和叶密生细毛。叶对生;叶片卵形或心形,长4~11cm,不裂或3~5裂,裂片先端渐尖或锐尖,边缘有粗锯齿,上面绿色,下面淡绿色,有疏毛及黄色腺点;叶柄长不超过叶片,有钩状毛。花单性,雌、雄异株;雄花排列为圆锥花序;花被5裂;雄蕊5,花丝细长;雌花有苞片,苞片随花而增大,覆瓦状排列成近圆形的穗状花序。果穗成球果状,直径3~4cm。瘦果扁平形,1~2枚腋生于增大而宿存的苞片内,长约1cm,无毛,具油点,成熟时黄褐色。花期7~8月;果期9月。2n=20。(图93)

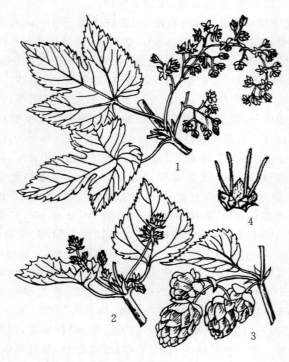

图93 啤酒花
1.雄花枝 2.雌花枝 3.果枝 4.雌花

【生长环境】栽培于农田。

【产地分布】原产于欧洲及亚洲西部,青岛崂山于1930年前后已引种栽培。山东境内的鲁中、鲁南地区有引种。在我国除山东外,还分布于黑龙江、辽宁、河北等地;新疆北部有野生。

【药用部位】未成熟的带花果穗:啤酒花。为民间药,酿造啤酒原料。

【采收加工】夏、秋二季当果穗呈绿色而略带黄色时采摘,晒干或烘干,烘干时温度不得超过45℃。

【药材性状】为压扁的球形体,淡黄白色。膜质苞片覆瓦状排列,椭圆形或卵形,长0.5~1.2cm,宽3~8mm,半透明,对光透视可见棕黄色腺点。苞片腋部有细小雌花2朵或扁平瘦果1~2枚。气微芳香,味微甜、苦。以完整、色淡黄白、气香味苦者为佳。

【化学成分】雌花序含萜类:葎草酮(humulone,酒花酮),异葎草酮(isohumulone)A、B,类葎草酮(cohumulone),聚葎草酮(adhumulone),蛇麻酮(lupulone),类蛇麻酮(colupulone),聚蛇麻酮(adlupulone),葎草二烯酮(humuladienone),葎草烯酮-Ⅱ(humulenone-Ⅱ),香叶烯(myrcene),葎草烯(humulene),芳樟醇,牻牛儿醇,蛇麻醇(luparenol),α-去二氢菖澄茄烯(α-corocalene),γ-去二氢菖蒲烯(γ-calacorene);黄酮类:紫云英苷,异槲皮苷,芦丁,山柰酚-3-鼠李糖基二葡萄糖苷,槲皮素-3-鼠李糖二葡萄糖苷,无色矢车菊素(leucocyanidin),无色飞燕草素(leucodelphinidin),山柰酚,槲皮素,异黄腐醇(isoxanthohumol),黄腐醇(xanthohumol),6-异戊烯基柚皮素(6-isopentenylnaringenin),山柰酚-3-O-α-L-鼠李糖-(1→6)-β-D-吡喃葡萄糖苷,乔松素(pinocembrin),柚皮素;还含葡萄糖、蔗糖、果糖、氨基酸及维生素C等。**野生种茎叶含**槲皮素,槲皮苷,金丝桃苷,β-谷甾醇,β-胡萝卜苷等。

【功效主治】苦,微凉。健胃消食,利尿安神。用于食积不化,腹胀,浮肿,小腹痛,肺痨,失眠。

葎草

【别名】拉拉秧、拉拉藤、拉狗蛋。

【学名】Humulus scandens (Lour.) Merr.
(Antidesma scandens Lour.)

【植物形态】一年生缠绕草本,长达5m。茎淡绿色,有纵条棱,密生短倒向钩刺。叶对生;叶片掌状5~7深裂,长宽7~10cm,裂片卵形或卵状披针形,先端急尖或渐尖,基部心形,边缘有锯齿,上面有粗刚毛,下面有细油点,脉上有硬毛。花单性,雌、雄异株;雄花序为圆锥状;花小,花被片5,黄绿色;雄蕊5,花丝短小;雌花序为短穗状;雌花每2朵具1苞片,苞片卵状披针形,被白色刺毛和黄色小腺点;花被片1,紧包雌蕊;子房单一,上部突起,疏生细毛。果穗绿色,近球形;瘦果扁球形,直径约3mm,外皮坚硬,有黄绿色腺点及斑纹。花期7~8月;果期8~11月。2n=16。(图94)

【生长环境】生于路旁沟边湿地、村边篱笆或林缘灌丛中。

【产地分布】山东境内产于各地。在我国除山东外,还分布于东北、西北、中南、西南等地。

【药用部位】全草:葎草。为民间药。

【采收加工】夏、秋二季割取地上部分,除去杂质,晒干或趁鲜切段晒干。

【药材性状】全草皱缩成团。茎圆柱形,直径1~3mm;

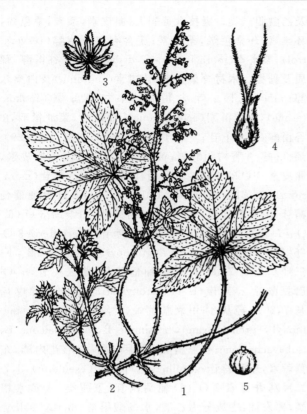

图94 葎草
1.雄花枝 2.雌花枝 3.雄花 4.雌花 5.瘦果

表面粗糙,有倒刺和毛茸;质脆易碎,断面中空,不平坦,皮、木部易分离。叶皱缩或破碎;完整叶片展平后为近肾状五角形,掌状深裂,裂片5~7,长宽7~10cm;边缘有粗锯齿;两面灰绿色,均有毛茸,下面有黄色小腺点;叶柄长5~20cm,有纵沟和倒刺。有时可见花序和果穗。气微,味淡。

以叶多色绿、有花序或果序者为佳。

【化学成分】全草含黄酮类:木犀草素,芹菜素,木犀草素-7-O-β-D-葡萄糖苷,大波斯菊苷(cosmosiin)等;挥发油:主成分为二丁基羟基甲苯,β-葎草烯(β-humulene),丁香烯(caryophyllene),α-芹子烯(α-selinene),β-芹子烯和γ-荜澄茄烯(γ-cadinene)等;还含胆碱,N-p-香豆酰酪胺(N-p-coumaroyltyramine),天冬酰胺,豆甾醇,β-谷甾醇,胡萝卜苷。叶含木犀草素-7-O-β-D-葡萄糖苷,大波斯菊苷(cosmosiin),牡荆素(vitexin)。果穗含葎草酮(humulone),蛇麻酮(lupulone)。

【功效主治】甘、苦,寒。清热解毒,利尿通淋。用于肺热咳嗽,肺痈,虚热烦咳,热淋,水肿,小便不利,湿热泻痢,热毒疮疡,皮肤瘙痒。

【历史】葎草始载于《名医别录》,原名勒草。《新修本草》始称葎草,云:"叶似荨麻而小薄,蔓生,有细刺。"《本草纲目》谓:"茎有细刺,善勒人肤,故名勒草,讹为葎草。"又谓:"叶对节生,一叶五尖,微似蓖麻而有细齿,八、九月开细紫花成簇,结子状如黄麻子。"所述形态与葎草相符。

【附注】《中国药典》2010年版附录、《山东省中药材标准》2002年版附录收载。

桑

【别名】家桑、桑树、桑叶。

【学名】Morus alba L.

【植物形态】落叶乔木或灌木,高达10m;植株具乳液。树皮灰褐色或黄褐色,不规则浅纵裂;枝条细长,灰黄色至灰褐色,光滑或幼时具绒毛;冬芽多红褐色。单叶互生;叶片卵形至阔卵形,长6~15cm,宽4~13cm,先端短渐尖,基部圆形或浅心形,边缘有不整齐的疏钝齿,上面绿色无毛,下面淡绿色,沿叶脉或腋间有白色毛;叶柄长1~3cm。花单性,雌、雄异株,稀同株;雄花序荑黄花序短穗状,腋生,长1.5~3.5cm,下垂,密生绒毛,花被片黄绿色,长卵形;雌花序亦为短穗状,长1.2~2cm,直立或斜生;花被片宽倒卵形,绿色,外面及边缘有毛,果时变肉质;子房卵圆形,顶部有外卷的2柱头,无花柱或花柱极短,柱头2裂,柱头内侧具乳头状突起。聚花果(桑椹)卵状椭圆形至长圆柱状,熟时白色、淡红色或紫黑色,直径1~2cm。花期4~5月;果期6~7月。2n=28。(图95:1)

【生长环境】生于山坡、沟边或地堰。

【产地分布】山东境内产于各山地丘陵;烟台、潍坊、聊

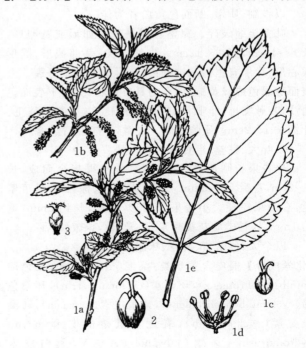

图95 桑 华桑 蒙桑
1.桑(a.雌花枝 b.雄花枝 c.雌花 d.雄花 e.叶)
2.华桑的雌花 3.蒙桑的雌花

城、济宁、临沂等地普遍栽培。分布于全国各地。

【药用部位】根皮：桑白皮；根：桑根；叶：桑叶；嫩枝：桑枝；果穗：桑椹。为常用中药和少常用中药。桑椹、桑叶药食两用；桑白皮、桑枝可用于保健食品。

【采收加工】春、秋二季挖根；或刮去外面粗皮（栓皮），纵向剖开皮部，剥取白色内皮，晒干，取根鲜用或晒干。秋初霜后采叶，除去杂质，晒干，经霜者为佳，习称霜桑叶。春末夏初采收嫩枝，去叶，晒干或趁鲜切片晒干。4～6月果实成熟变红时采收，晒干，或略蒸后晒干。

【药材性状】根皮呈扭曲的卷筒状、槽状或板片状，大小不一，厚1～4mm。外表面白色或淡黄白色，较平坦，有时残留橙黄色或棕黄色鳞片状粗皮；内表面黄白色或灰黄色，有细纵纹。体轻，质韧，纤维性强，难折断，易纵向撕裂，撕裂时有粉尘飞扬。气微，味微甜。

以皮厚色白、粉性足、质柔韧者为佳。

根呈圆柱形，长短不一，直径通常2～4cm。表面黄褐色或橙黄色，粗皮易鳞片状开裂或脱落，有横长皮孔。质地坚韧，难以折断；切断面皮部薄，白色或淡黄白色，纤维性极强，木部宽，淡黄色或淡棕色，纹理细密。气微，味微甜、微苦。

嫩枝长圆柱形，少分枝，长短不一，直径0.5～1.5cm。表面灰黄色或黄褐色，有多数黄褐色点状皮孔及细纵纹，并有灰白色略呈半圆形叶痕和黄棕色腋芽。质坚韧，不易折断，断面纤维性。切片厚2～5mm，皮部较薄，木部黄白色，射线放射状，髓部白色或黄白色。气微，味淡。

以枝细、质嫩、断面色黄白者为佳。

叶多皱缩破碎。完整者展平后呈卵形或宽卵形，长6～14cm，宽4～12cm。先端渐尖，基部截形、圆形或心形，边缘有锯齿或钝锯齿，有时呈不规则分裂。上表面黄绿色或浅黄棕色，有的具小疣状突起；下表面色稍浅，叶脉突出，小脉网状，脉上被疏毛，脉基具簇毛。叶柄长1～2cm。质脆易碎。气微，味淡、微苦、涩。

以叶大、完整、色黄绿色者为佳。

聚花果长圆形穗状，由多数小瘦果集合而成，长1～2cm，直径5～8mm。表面黄棕色、棕红色至暗紫色，有短果序梗。小瘦果卵圆形，稍扁，长约2mm，宽约1mm，外具肉质花被片4枚。气微，味微酸、甜。

以个大、色暗紫、肉厚、味甜者为佳。

【化学成分】根皮含黄酮类：桑素（mulberrin），桑色烯（mulberrochromene），环桑素（cyclomulberrin），环桑色烯（cyclomulbenochromene），桑根皮素（morusin），环桑根皮素（cyclimorusin），氧化二氢桑根皮素（oxydihydromorusin），桑酮（kuwanon）A～V，桑白皮素（moracenin）C，D，桑根酮（sanggenone）A～P；糖类：桑多糖，黏液质，甲壳素，壳聚糖等；还含有桑色呋喃（mulberrofuran）A～Z，伞形花内酯，桑糖阮（moran）A及乙酰胆碱类。嫩枝含黄酮类：槲皮素，桑素，桑色烯，环桑素，环桑色烯，桑色素；还含有白藜芦醇（resveratrol），桑辛素（moracin）A～G，dadahol A，β-谷甾醇，鞣质及糖类。木材含桑色素，柘树素（cudranin）及白桑八醇（alboctalol）。叶含甾体类：牛膝甾酮（inokosterone），蜕皮甾酮（ecdysterone），豆甾醇，菜油甾醇，β-谷甾醇，胡萝卜苷；三萜类：羽扇豆醇，羽扇豆-20(29)-烯-3β醇，β-香树脂醇等；黄酮类：芦丁（rutin），槲皮素，槲皮素-3-O-β-D-吡喃葡萄糖苷，异槲皮苷，桑苷（moracetin），桑黄酮（kuwanon）I，山奈酚-7-O-β-D-吡喃葡萄糖苷，山奈酚-3-O-β-D-吡喃葡萄糖苷，山奈酚-3-O-(6″-O-α-L-鼠李糖基)-β-D-吡喃葡萄糖苷[kaernpferol-3-O-(6″-O-α-L-rhamnosyl)-β-D-glucopyranoside]，5,2′,4′-三羟基黄酮-7-O-β-D-吡喃葡萄糖苷，紫云英苷，6″-O-巴豆酰紫云英苷（6″-O-crotonylastragalin），8-异戊烯基-7,2′-二羟基-4′-甲氧基黄烷（2′,7-dihydroxy-4′-methoxyl-8-prenylflavan），brosimine B，morachalcone B，isobavachalcone；香豆精类：佛手内酯，伞形花内酯，东莨菪素，东莨菪苷（scoplin），七叶内酯（eseuletin），5,7-二羟基香豆素-7-O-β-D-葡萄糖苷；蒽醌类：大黄素甲醚；挥发油：主成分为乙酸，水杨酸甲酯（methyl salicylate），愈创木酚（guaiacol）及丁香油酚等；氨基酸：谷氨酸，天冬氨酸，丙氨酸，赖氨酸及γ-氨基丁酸等；生物碱：腺嘌呤，胆碱，尿嘧啶，胸腺嘧啶（thymine），1-deoxynojirimycin，N-methyl-1-deoxynojirimycin，fagomine，4-O-β-D-glucopyranosyl fagomine及胡芦巴碱（trigonelline）；有机酸类：绿原酸，延胡索酸，棕榈酸，叶酸，三十四烷酸，壬二酸，2,4-二羟基苯甲酸，苯甲酸，丁二酸，3,4-二羟基苯甲酸，邻苯二甲酸丁二酯，咖啡酸乙酯；还含moracin C，芍药苷（peonoside），D-半乳糖醇，1-脱氧野尻霉素（1-deoxynojirimycin），fagomine，1,4-二脱氧-1,4-亚氨基-D-阿拉伯醇（1,4-deoxy-1,4-imino-D-arabinitol），精氨酸醋酸盐（arginine acetate），（＋）-紫丁香树脂酚-O-β-D-葡萄糖苷（syringaresinol-O-β-D-glucopyanoside）等。果穗含磷脂酰胆碱（phosphatidyl choline），溶血磷脂酰胆碱（lysophosphatidyl choline），磷脂酰乙醇胺（phosphatidyl ethanolamine），磷脂酸（phosphatidic acid），磷脂酰肌醇（phosphatidyl inositol），矢车菊素，矢车菊苷（chrysanthemin），苹果酸（malic acid），维生素B_1、B_2和胡萝卜素。

【功效主治】桑白皮甘，寒。泻肺平喘，利水消肿。用于肺热喘咳，水肿胀满尿少，面目肌肤浮肿。桑根微苦，寒。清热定惊，祛风通络。用于惊痫，目赤，牙痛，筋骨疼痛。桑枝微苦，平。祛风湿，利关节。用于风湿痹痛，肩臂、关节酸痛麻木。桑叶甘，苦，寒。疏散风热，清肺润燥，清肝明目。用于风热感冒，肺热燥咳，头晕头痛，目赤昏花。桑椹甘、酸，寒。滋阴补血，生津润燥。用于肝肾阴虚，眩晕耳鸣，心悸失眠，须发早白，津伤口渴，内热消渴，肠燥便秘。

【历史】桑始载于《诗经》。《神农本草经》列为中品。《本草纲目》收载于木部灌木类，曰："桑有数种：有白桑，叶大如掌而厚；鸡桑，叶花而薄；子桑，先椹而后叶；山桑，叶尖而长。"说明传统的药用桑不止一种，其中白桑与现今植物桑 M. alba L. 相符。

【附注】《中国药典》2010年版收载桑叶、桑椹、桑白皮、桑枝；《山东省中药材标准》2002年版收载桑椹，名桑椹花，药用部位为干燥果穗。

附：华桑

华桑 M. cathayana Hemsl.（图95：2），与桑的主要区别是：叶片卵圆形至阔卵形，短突尖，上面绿色，粗糙，有疏毛，下面密生短柔毛，脉腋处毛长而多，叶质较薄。山东境内产于山地丘陵；烟台、青州有栽培。药用同桑。四川省地方标准收载。

蒙桑

蒙桑 M. mongolica (Bur.) Schneid (M. alba L. var. mongolica Bur.)（图95：3），与桑的主要区别是：叶片先端尾尖至长渐尖，边缘有粗锯齿，齿尖刺芒状，长达3mm，常3～5缺刻状裂。山东境内产于各丘陵山地。药用同桑。

鸡桑

【别名】小叶桑、山桑、桑树。

【学名】Morus australis Poir.

【植物形态】落叶灌木或小乔木，高2～3m；植株具乳液。树皮灰褐色至黑褐色，纵裂；枝光滑或幼时有疏毛；冬芽暗红色。单叶互生；叶片卵形、卵圆形或倒卵形，长6～15cm，宽4～10cm，先端急尖或尾状渐尖，基部截形或浅心形，边缘有粗圆齿或重锯齿，齿尖无芒，上面粗糙，密生刺状毛，下面脉上有短毛；叶柄长1.5～5cm。花单性，雌、雄异株，花序腋生，有长柄；雄花序柔荑花序短穗状，长1.5～3cm；花被4，淡绿色，具缘毛；雄蕊4，淡黄色，中央具陀螺形不育雄蕊；雌花序短穗状，长约1cm；花被暗绿色，边缘有白绒毛；子房顶部有花柱，长与2裂的柱头相等，柱头内侧具毛。聚花果长1～1.5cm，椭圆形，多汁，红色或暗紫色。花期4～5月；果期5～6月。（图96）

【生长环境】生于向阳山坡或悬崖石缝处。

【产地分布】山东境内产于昆嵛山及淄博、泰安等地。在我国除山东外，还分布于河北、河南、湖北、四川、云南、贵州等地。

【药用部位】叶：鸡桑叶；根或根皮：鸡桑根。为民间药。

【采收加工】春、秋二季挖根，除净泥土，鲜用或晒干。秋初霜后采叶，除去杂质，晒干。

图96 鸡桑
1.果枝 2.雄花 3.雌花

【药材性状】叶多皱缩破碎。完整者展平后呈卵形、卵圆形或倒卵形，长6～15cm，宽4～10cm；先端渐尖，基部截形或浅心形，边缘有粗圆齿或重锯齿，不分裂或3～5裂；上表面黄绿色，粗糙，密生刺状毛；下表面色稍浅，叶脉突出，脉上有短毛。叶柄长1.5～5cm，被毛。薄纸质，质脆易碎。气微，味淡，微苦、涩。

以叶大、完整、色黄绿色者为佳。

【化学成分】根皮含挥发油，胡萝卜苷，树脂鞣酚（resinotannol），α-及β-香树脂醇，谷甾醇，桑根呋喃A（sanggenofuran A），桑根醇（sanggenol）N、O，环桑根皮素，桑根皮素，桑酮（kuwanone）G、H，硬脂酸和软脂酸。茎皮含桑皮苷（mulberroside）A、B，oxyresveratrol-2-O-β-D-glucopyranoside，xeroboside，东莨菪苷，菊苣苷（cichoriin）。嫩茎含白桑酚B（albanol B），桑根酮C（sanggenon C），二氢桑色素（dihydromorin），槲皮素，山柰酚，异甘草黄酮醇（isolicoflavonol），羟基藜芦酚（oxyresveratrol），白藜芦醇，3,3′4,5′-四羟基二苯乙烯，2,3′,4-三羟基二苯乙烷。

【功效主治】鸡桑叶甘、辛，寒。清热解表，宣肺止咳。用于风热外感，肺热咳嗽，头痛，咽痛。鸡桑根甘、辛，寒。清肺，凉血，利小便。用于肺热咳嗽，衄血，水肿，腹泻，黄疸。

荨麻科

长叶苎麻

【别名】大叶苎麻、山麻、山苎。

【学名】Boehmeria penduliflora Wedd. ex D. G. Long

(*Boehmeria longispica* Steud.)

【植物形态】多年生草本,高1~1.5m。茎基部近圆形,上部带四棱形,有白色短毛。叶对生;叶片宽卵形,长8~19cm,宽6~10cm,先端长渐尖或尾尖,基部阔楔形或近圆形,上部边缘重锯齿,下部边缘有粗大锯齿,两面有糙毛或柔毛。长穗状花序。瘦果狭倒卵形,有白色细毛。花期6~7月;果期8~9月。(图97)

图97 长叶苎麻
1.植株 2.雌花 3.果实

【生长环境】生于山坡、林缘、沟边或路旁。
【产地分布】山东境内产于各山地丘陵。在我国除山东外,还分布于除东北地区及内蒙古、新疆外的全国大部分地区。
【药用部位】根及全草:水禾麻(大叶苎麻)。为民间药。
【采收加工】夏、秋二季采收,鲜用或晒干。
【药材性状】根较粗壮,直径约1cm;表面淡棕黄色,有点状突起和须根痕;质地较硬,断面淡棕色,有放射状纹理。茎长约1m,表面被白色短柔毛,上部略四棱形。叶对生,多皱缩;完整叶片展平后呈宽卵形,长7~18cm,宽5~9cm;先端长渐尖或尾尖,基部近圆形或宽楔形,边缘具粗锯齿,上部常有重锯齿;上表面绿褐色,下表面色稍淡,两面被毛;叶柄长3~8cm。茎上部叶腋常有穗状果序。果实呈狭倒卵形,表面有白色细毛。气微,味淡。

以质嫩、色绿、叶花多者为佳。
【化学成分】根含大黄素(emodin),β-谷甾醇,β-谷甾醇-β-D-葡萄糖苷,熊果酸(ursolic acid),19α-羟基熊果酸(19α-hydroxyursolic acid),具16~22个碳原子的饱和脂肪酸。瘦果油中含以亚油酸为主的脂肪酸。
【功效主治】淡,温。祛风除湿,清热解毒,接骨。用于风湿痹病,小儿麻疹,疮疖;外用于骨折,跌打损伤。
【历史】《植物名实图考》苎麻条下列有野苎和山苎,并附图,云:"山苎稍劲,花作长穗翘出,稍异。"其苎麻图二,所绘叶片及花序形态与现今苎麻科植物大叶苎麻基本一致。

苎麻

【别名】白麻根、苎麻根。
【学名】Boehmeria nivea (L.) Gaud.
(*Urtica nivea* L.)
【植物形态】多年生草本,高达2m。茎枝、花序和叶均被柔毛。单叶互生;叶片宽卵形或近圆形,长5~16cm,宽3.5~13cm,先端渐尖或尾尖,基部阔楔形,叶缘密生粗锯齿,上面粗糙,下面密生交织的白色柔毛;托叶披针形,早落。花单性,雌、雄同株;圆锥花序,雌花序在上,雄花序在下;雄花黄白色,花被4裂;雄蕊4,有退化雌蕊;雌花淡绿色,花被管状,紧包子房,先端3~4齿裂。瘦果椭圆形,长约1.5mm,柱头线形,宿存。花期5~6月;果期9~10月。2n=28。(图98)

图98 苎麻
1.植株 2.雄花 3.雌花簇 4.果实

【生长环境】野生于山坡、山沟或路旁温暖湿润处。
【产地分布】山东境内产于胶东及鲁南地区。在我国除山东外,还分布于我国的中部、南部、西南及江苏、安徽、浙江、陕西、河南等地。
【药用部位】根及根茎:苎麻根;茎皮:苎麻皮;嫩茎或带叶嫩茎:苎麻梗;叶:苎麻叶;花:苎花。为少常用中药和民间药。

【采收加工】冬、春二季采挖根及根茎,除去茎和泥土,晒干。夏、秋二季采茎,剥皮,晒干。夏季采叶、花、嫩茎或带叶的嫩茎,鲜用或晒干。

【药材性状】根茎不规则圆柱形,略弯曲,长4~30cm,直径0.4~5cm;表面灰棕色,粗糙,有纵皱纹及多数皮孔,并有突起的根痕,皮部有时脱落而现棕褐色或棕黄色的纤维状;质坚硬,不易折断,断面纤维性,皮部棕色,木部淡棕色,有的中央有数个同心环纹,中央有髓。根略呈纺锤形,长约10cm,直径1~1.3cm;表面灰棕色,有纵皱纹及横长皮孔;断面粉性,无髓。气微,味淡,嚼之略有黏性。

以根粗、色灰棕、实心者为佳。

茎圆柱形,表面有粗毛;体较轻韧,外皮易纵向撕裂,韧性足,断面淡黄色,中央有髓。叶对生,叶片多皱缩或破碎;完整者展平后呈宽卵形,长达15cm,宽5~10cm;先端渐尖,基部近圆形或宽楔形,边缘有粗齿;上表面棕绿色,基出脉3条,下表面微隆起,密被柔毛。叶柄长约7cm。气微,味微辛、微苦。

以质嫩、色绿、带叶者为佳。

茎皮为长短不一的条片,皮甚薄。外表面粗皮绿棕色,易脱落或有少量残留;内表面白色或淡灰白色。质软,韧性强,曲而不断。气微,味淡。

叶多皱缩或破碎。完整叶片展平后为宽卵形,长达5~15cm,宽3~10cm。先端渐尖,基部近圆形或宽楔形,边缘有粗齿。上表面绿棕色,下表面微隆起,基出脉3条,密被白色柔毛。叶柄长约7cm。气微,味微辛、微苦。

以叶片完整、色绿、气味浓者为佳。

雄花序为圆锥花序,多干缩成条状。花小,淡黄色,花被片4,雄蕊4。雌花序簇成球形,淡绿黄色;花小,花被片4,紧包子房,花柱1。质地柔软。气微香,味微辛、微苦。

【化学成分】根含绿原酸(chlorogenic acid)。全草和种子含氢氰酸。叶含芦丁,野漆树苷(rhoifolin),kiwiionoside,eugenyl-β-rutinoside,尿嘧啶,3-羟基-4-甲氧基苯甲酸,胆甾醇,α-香树脂醇,叶黄素,α-及β-胡萝卜素和谷氨酸等;挥发油主成分为异植物醇(isovegetable alcohol),正十七烷,十八烷等。种子含脂肪酸:亚油酸,油酸和少量棕榈酸;氨基酸:异亮氨酸,苏氨酸,甲硫氨酸,胱氨酸和苯丙氨酸等。

【功效主治】苎麻根甘,寒。止血,安胎。用于胎动不安,尿血;外用于痈肿初起。苎麻梗甘,寒。散瘀,解毒。用于金创折损,痘疮,痈肿,丹毒。苎麻皮甘,寒。清烦热,利小便,散瘀,止血。用于瘀血,心烦,小便不通,肛门肿痛,血淋,创伤出血。苎麻叶甘、微苦,寒。凉血,止血,散瘀。用于咳嗽,血淋,尿血,月经过多,外伤出血,跌打损伤,脱肛不收,丹毒,湿疹、蛇虫咬伤。苎花甘,寒。清心除烦,凉血透疹。用于心烦失眠,口舌生疮,疹发不畅,风疹瘙痒。

【历史】苎麻始载于《名医别录》,药用根,名苎根。《本草经集注》云:"苎麻,即今之绩苎尔,又有山苎亦相似"。《本草图经》云:"苎根……其皮可以绩布。苗高七八尺;叶如楮叶,面青背白,有短毛。夏秋间著细穗、青花;其根黄白而轻虚,二月、八月采。"《本草纲目拾遗》云:"野苎麻,生山土河堑旁。立春后生苗,长一二尺,叶圆而尖,面青背白,有麻纹,结子细碎。根捣之,有滑涎。"所述形态与苎麻相符。

【附注】《中国药典》1977年版曾收载;2010年版附录收载苎麻根。

悬铃叶苎麻

【别名】八角麻、山麻、水苎麻、赤麻。

【学名】Boehmeria tricuspis (Hanee) Makino

(B. platanifolia Franch. et Savat.)

(B. platyphylla var. tricuspis Maxim)

【植物形态】多年生草本,高0.7~1.5m。单叶对生;叶片近圆形或卵圆形,长6~15cm,宽5~13cm,先端3裂,裂片骤尖或尾尖,基部阔楔形或截形,两侧有粗牙齿,叶缘为粗重锯齿,上面有糙伏毛,下面为短柔毛。长穗状花序,着生于茎上部叶腋处。瘦果狭倒卵形,有毛。花期6~7月;果期8~9月。(图99)

图99 悬铃叶苎麻

【生长环境】生于山坡林缘、地堰或沟边湿润处。

【产地分布】山东境内产于胶东半岛。在我国除山东外,还分布于广东、福建、江西、湖南、湖北、安徽等地。

【药用部位】全草:赤麻。根:山麻根。为民间药。

【采收加工】夏季采挖带根全草,除去泥土,晒干。秋季挖根,洗净,晒干。

【药材性状】根圆柱形,略弯曲,直径1~2cm。表面暗赤色,有多数点状突起及须根痕。质硬,断面棕白色,有较细密的放射状纹理。水浸略有黏性。气微,味微辛、微苦、涩。

全草长50~100cm。茎绿褐色,中部以上与叶柄和花序轴均密被短毛。叶对生,完整叶片展平后呈扁五角形或扁圆卵形至卵形,长8~14cm,宽7~13cm;先端三骤尖或三浅裂,基部截形、浅心形或宽楔形,边缘有粗锯齿及重锯齿;上表面绿色或褐绿色,粗糙,被糙伏毛,下面灰绿色,密被短柔毛,侧脉2对;叶柄长1~8cm。穗状花序单生叶腋;同一植株全为雌花序,或茎上部雌花序,下部雄花序;雌花序长5~23cm,雄花序长8~16cm。气微香,味微苦、涩。

以叶多、色绿、茎短、带根者为佳。

【化学成分】根含槲皮素,赤麻苷(boehmerin),蓄苷(avicularin),花旗松素(taxifoline),左旋表儿茶精,左旋表儿茶精-(—)-表儿茶精-4,8-(或6)-二聚体[epicatechin-(—)-epicatechin-4,8(or 6)-dimer],赤麻木脂素(boehmenan),大黄素,β-谷甾醇,β-胡萝卜苷,熊果酸,19α-羟基熊果酸等。**地上部分**含紫云英苷(astragalin),金丝桃苷(hyperin),芦丁,亚油酸,棕榈酸,咖啡酸,油菜甾醇,豆甾醇和谷甾醇。

【功效主治】**赤麻**涩、苦,平。收敛止血,清热解毒。用于咯血、衄血、尿血、便血、崩漏。**山麻根**苦、辛,平。活血止血,解毒消肿。用于跌打损伤,胎漏下血,痔疮肿痛,疖肿。

【附注】本种在"Flora of China"5:172,2003的中文名为八角麻。

墙草

【别名】白猪仔菜、白石薯。

【学名】Parietaria micrantha Ledeb.

【植物形态】一年生或多年生草本,高5~30cm。茎肉质,多分枝,微有柔毛。单叶互生;叶片卵形或狭卵形,长0.5~2cm,宽0.3~2cm,先端微尖,基部宽楔形或圆形,全缘,两面疏生短毛,基出3脉;叶柄细。花杂性,1至数朵成聚伞花序,腋生;两性花,花被4深裂,雄蕊4,与花被裂片对生;雌花花被管状,先端4齿裂。瘦果稍扁,长1~1.5mm,光滑,黑褐色,包于宿存花被内。花期7~8月;果期9~10月。(图100)

【生长环境】生于阴湿多石处、沟边或湿墙壁上。

【产地分布】山东境内产于胶东半岛及泰山。在我国除山东外,还分布于东北地区及云南、四川、台湾、甘肃、陕西、山西、河北、内蒙古等地。

图100 墙草
1.植株上部 2.两性花 3.果实

【药用部位】全草:墙草。为民间药。

【采收加工】夏季采挖带根全草,除去泥土,鲜用或晒干。

【功效主治】苦、酸,平。清热解毒,消痈排脓。用于痈疽疔疮肿痛,秃疮,疝气坠痛,背痛,脓肿,疮疡。

透茎冷水花

【别名】野麻、水麻叶。

【学名】Pilea pumila(L.)A. Cray

(P. mongolica Wedd.)

(Urtica pumila L.)

【植物形态】一年生草本。茎具棱,高20~50cm,肉质透明,光滑无毛;下部节间长,基部稍膨大。单叶对生;叶片卵形或宽椭圆形,先端渐尖,基部楔形,叶缘有粗钝锯齿。花单性,雌、雄同株;雌、雄花常混生同一花序上;聚伞花序腋生,花序梗短或无;雄花无梗,花被片2,裂片先端下部有短角;雄蕊2;雌蕊有柄,果期可延长,花被片3,近等长,条状披针形;退化雄蕊3,短于花被片。瘦果扁卵形。花、果期7~9月。(图101)

【生长环境】生于阴湿林下或溪边。

【产地分布】山东境内产于各大山区。在我国除山东外,还分布于华南、东北及内蒙古、陕西等地。

【药用部位】全草:透茎冷水花;叶:透茎冷水花叶。为民间药。

【采收加工】夏季采收全草,除去杂质,鲜用或晒干。

【功效主治】**透茎冷水花**甘,寒。清热利尿,消肿解毒,安胎。用于尿赤,消渴,胎动不安,跌打损伤,痈肿初起,虫蛇咬伤。**透茎冷水花叶**用于外伤出血,瘀血。

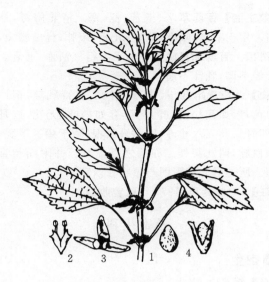

图 101　透茎冷水花
1.植株上部 2.雄花 3.雌花 4.果实

宽叶荨麻

【**别名**】螫麻、痒痒草。

【**学名**】Urtica laetevirens Maxim.

【**植物形态**】多年生草本，高 0.4～1m，有稀疏螫毛和微毛。单叶对生；叶片狭卵形至阔卵形，先端短渐尖至长渐尖，基部宽楔形或近圆形，边缘有锐牙齿，两面有疏短毛，基部 3 脉；叶柄长 1～3cm；有条状披针形托叶。花单性，雌、雄同株；雄花序生于茎上部，长达 8cm；花被 4 深裂；雄蕊 4；雌花序较雄花序短，生于雄花序下方叶腋；花被片 4，不等大，2 枚背生花被片花后增大；子房 1 室，胚珠 1。瘦果稍扁，长达 1.5mm，常包藏于宿存花被内。花期 7～8 月；果期 8～9 月。(图 102)

图 102　宽叶苎麻

【**生长环境**】生于山坡林下或沟边。

【**产地分布**】山东境内产于胶东丘陵及泰山。在我国除山东外，还分布于华北和东北等地区。

【**药用部位**】全草：荨麻；根：荨麻根。为民间药。

【**采收加工**】夏季采收，除去杂质，鲜用或晒干。

【**药材性状**】药材为切制的短段，长短不等，直径 1.5～4mm。表面绿色至红紫色，有钝棱，疏生螫毛和短柔毛，节上有对生叶。叶绿色，皱缩易碎。花序穗状，数个腋生，具短总梗。瘦果密集，宽卵形，稍扁，长约 1.5mm。体轻，质软。气微，味淡、微辛。

以干燥、茎叶绿者为佳。

【**化学成分**】地上部分含三萜类：3β-羟基-5-烯欧洲桤木烷醇（3β-hydroxyglutin-5-ene），α-香树脂醇，β-香树脂醇，羽扇豆醇，2α,3α,19α-三羟基-12-烯-28-乌苏酸（2α,3α,19α-trihydroxy urs-12-en-28-oic acid）；生物碱：2,3,4,9-四氢-1H-吡啶并(3,4-b)吲哚-3-羧酸[2,3,4,9-tetrahydro-1H-pyrido(3,4-b)indole-3-carboxylic acid]，2,3,4,9-四氢-1-甲基-吡啶并(3,4-b)吲哚-3-羧酸；甾体类：豆甾-4-烯-3-酮，胡萝卜苷，5α,6β-二羟基胡萝卜苷，β-谷甾醇；有机酸：4-羟基苯甲酸，十六烷酸，十一烷酸，对羟基桂皮酸，对甲氧基苯甲酸，己二酸等；还含 1,3-二肉豆蔻酸-2-山梨酸甘油三酯（glyceride-1,3-dimyristic-2-sorbate），正二十八烷醇（1-octacosanol），正二十八烷酸甲酯，东莨菪素（scopoletin）。

【**功效主治**】荨麻苦、辛，温；有毒。祛风通络，平肝定惊，消积通便。用于风湿痹痛，小儿惊风，大便不通，五迟五软，肝阳上亢，食积；外用于瘾疹，蛇咬伤。**荨麻根**苦、辛，温；有小毒。祛风，活血，止痛。用于风湿疼痛，湿疹，肝阳上亢。

【**历史**】荨麻始载于《本草图经》。《益部方物记》云："叶能螫人，有花无实，冒冬弗悴，可以袪疾。荨麻自剑以南，处处有之。或触其叶如蜂螫人，以溺之即解。茎有刺，叶似麻叶，或青或紫，善治风肿。"《本草纲目》载："川、黔诸处甚多。其茎有刺，高二、三尺。叶似花桑，或青或紫，背紫者入药。上有毛芒可畏，触人如蜂螫若，以人溺之即解。有花无实，冒冬不凋。按投水中，能毒鱼。"据其所述形态和地理分布，与荨麻及其同属植物相似。

檀香科

百蕊草

【**别名**】积药草、百乳草、地石榴。

【**学名**】Thesium chinense Turcz.

【**植物形态**】多年生柔弱草本，高 15～40cm。茎细长，簇生，基部以上疏分枝，枝柔细，有棱。单叶互生；叶片线形而尖，长 2～5cm，宽约 2mm，具 1 脉。花单一，5 数，腋生,绿白色;基部有1苞片和2小苞片;花被钟状,5裂,裂片内有不甚明显的1束毛;子房下位,花柱短,柱头头状。坚果球形,直径约2mm,花被宿存,表面有明显的网纹。花期4~5月;果期6~8月。(图103)

图103 百蕊草
1.植株 2.花外形及花被剖开面 3.果实

【生长环境】生于田野、山坡、林下或路边草丛中。
【产地分布】山东境内产于各山地丘陵。在我国除山东外,还分布于河北、河南、山西、安徽、浙江、广西、贵州等地。
【药用部位】全草:百蕊草;根:百蕊草根。为少常用中药和民间药。
【采收加工】春、夏二季采收带根全草,去净泥土,晒干。或采收根,晒干。
【药材性状】全草长20~40cm,多分枝。根圆锥形,直径1~4mm;表面灰黄色,有纵皱纹及细支根。茎纤细,丛生,表面淡灰绿色至暗黄绿色,有纵棱;质脆,易折断,断面中空。叶互生,叶片线状披针形,长1~4cm,宽约2mm;表面灰绿色,全缘;近无柄。花单生于叶腋。坚果类球形或椭圆形,直径约2mm;表面灰黄色,有网状雕纹,并宿存叶状小苞片2枚。气微,味淡。

以色灰绿、果实多、无杂质者为佳。

【化学成分】全草含黄酮类:山柰酚(kaempferol),山柰酚-3-O-芸香糖苷(kaempferol-3-glucose-rhamnoside),山柰酚-3-O-葡萄糖苷,5-甲基山柰酚,芹菜素-7-O-葡萄糖苷,芹菜素-5-O-芸香糖苷,木犀草素-7-O-葡萄糖苷,芦丁,紫云英苷等;生物碱:N-甲基金雀花碱(N-methylcytisine),白金雀儿碱(lupanine),槐果碱(sophocarpine);还含琥珀酸(succinic acid),D-甘露醇,甾醇,挥发油及无机元素钾、钠、钙、镁、铝、铁等。

【功效主治】百蕊草辛、微苦、涩,寒。清热解毒,补肾涩精。用于咽痛,咳嗽,肺痈,乳痈,疖肿,肾虚腰痛,遗精,滑精。百蕊草根微苦、辛,平。行气活血,通乳。用于月经不调,乳汁不通。
【历史】百蕊草始载于《本草图经》,名百乳草,谓:"根黄白色,形如瓦松,茎叶具青,有如松叶,无花,三月生苗,四月长及五六寸许,四季采其根,晒干用。下乳,亦通顺血脉,调气甚佳。亦谓之百蕊草。"并附秦州百蕊草图。所述形态和附图与植物百蕊草相符。
【附注】《中国药典》1977年版曾收载。

桑寄生科

北桑寄生

【别名】桑寄生、寄生。
【学名】Loranthus tanakae Franch. et Savat.
【植物形态】落叶灌木,高约1m,全株无毛。茎常二歧分枝,一年生枝条暗紫色,二年生枝条黑色,被白色蜡被,有稀疏皮孔。单叶对生;叶片倒卵形或椭圆形,长2.5~4cm,宽1~2cm,先端圆钝,基部楔形,稍下延,两面无毛;叶柄长3~8mm。穗状花序顶生,长约2.5~4cm,有花10~20朵;两性,近对生,黄绿色;苞片杓状,长约1mm;副萼环状;花瓣6,披针形,开展;雄蕊6,着生于花瓣中部;花柱柱状,柱头稍增粗。浆果球形,直径约8mm,橙黄色。花期5~6月;果期9~10月。(图104)

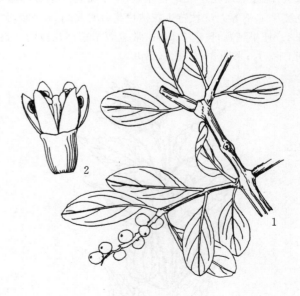

图104 北桑寄生
1.果枝 2.花

【生长环境】生于山地阔林中。常寄生于栎属、榆属、李属和桦木属植物上。
【产地分布】山东境内产于青州、淄博、郯城等地。在我国除山东外，还分布于河北、山西、陕西、甘肃、四川等地。

【药用部位】茎枝：北桑寄生。为民间药。

【采收加工】秋末至次春采割带叶茎枝，除去粗茎，切段，蒸后或沸水烫后晒干。

【药材性状】茎枝圆柱形，常呈二歧分枝，全体无毛；表面暗紫色或黑棕色，被白色蜡被，可见稀疏皮孔。叶对生，常脱落；完整叶片呈倒卵形或椭圆形，长 2～3.5cm，宽 1～2cm；先端圆钝或微凹，基部楔形，稍下延，全缘；叶黄绿色或浅棕黄色；侧脉 3～4 对；叶柄长 3～7mm。有时可见顶生穗状花序，长 2～3.5cm。果球形，长约 7mm，棕黄色或橙黄色，果皮平滑。气微，味微甜、微苦。

以茎枝嫩、暗紫色、带花果者为佳。

【化学成分】茎枝含糖类，鞣质及酚类，黄酮类，蒽醌类，甾体皂苷等。

【功效主治】苦、甘，平。补肝肾，强筋骨，祛风湿，安胎。用于腰膝酸痛，筋骨痿弱，肢体偏枯，风湿痹痛，头昏目眩，胎动不安，崩漏下血。

槲寄生

【别名】寄生、冬青。

【学名】Viscum coloratum (Kom.) Nakai

（Viscum album L. ssp. coloratum Kom.）

【植物形态】常绿灌木，高 30～60cm，全体无毛。枝黄绿色，丛生，2～5 叉状分枝，圆柱形，节稍膨大，节间长 7～12cm。叶对生于枝端；叶片长椭圆形至椭圆状披针形，先端圆钝，基部渐狭，革质，具 3～5 主脉；无柄。花单性，雌、雄异株；花序生枝端或腋生于茎分叉处；无梗，黄绿色；雄花序聚伞状，总苞舟形，有花 3～5 朵；花被片 4；雄蕊 4，着生于花被片上；雌花序聚伞或穗状，有花 3～5 朵；花被片 4；柱头乳头状。浆果球形，直径 6～8mm，淡黄色或橙红色，果皮平滑，半透明。花期 5 月；果期 9～10 月。（图 105）

【生长环境】寄生于槲树、榆树、柳树、板栗、杏、枫杨等树上。

【产地分布】山东境内产于鲁山、蒙山等山区。在我国分布于除新疆、西藏、云南、广东以外的大部分地区。

【药用部位】带叶茎枝：槲寄生。为较常用中药。

【采收加工】冬季至次春采割，除去粗茎，切段晒干或蒸后晒干。

【药材性状】茎枝圆柱形，2～5 叉状分枝，长约 30cm，直径 0.3～1cm；表面黄绿色、金黄色或黄棕色，有纵皱纹，节膨大，节上有分枝或枝痕；体轻，质脆，易折断，断面不平坦，皮部黄色，木部色较浅，射线放射状，髓部常偏向一边。叶对生于枝梢，易脱落，叶片呈长圆状披针形，长 2～7cm，宽 0.5～1.5cm；先端钝圆，基部楔形，

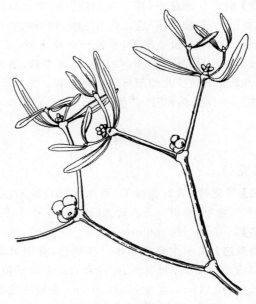

图 105　槲寄生

全缘；表面黄绿色，有细皱纹，主脉 5 条，中间 3 条明显；无柄；叶片革质。浆果球形，皱缩。无臭，味微苦，嚼之有黏性。

以枝嫩、叶多、色黄绿者为佳。

【化学成分】茎叶含黄酮类：3′-甲基鼠李素（rhamnazin），3′-甲基鼠李素-3-O-葡萄糖苷，异鼠李素-3-O-葡萄糖苷，异鼠李素-7-O-葡萄糖苷，3′-甲基圣草素（3′-methyleriodictyol），3′-甲基圣草素-7-O-葡萄糖苷，槲寄生新苷（viscumneoside）Ⅰ、Ⅱ、Ⅲ、Ⅳ、Ⅴ、Ⅵ、Ⅶ，7，3′，4′-三甲氧基槲皮素；三萜类：β-香树脂醇，β-乙酰基香树脂醇（β-acetyl-amyranol），β-香树脂二醇（β-amyrandiol），羽扇豆醇（lupeol），齐墩果酸（oleanolic acid），白桦脂酸（betulic acid），3-表白桦脂酸，白桦酮酸（betulonic acid），棕榈酸-β-香树脂醇酯（β-amyrin palmitate），乙酸-β-香树脂醇酯（β-amyrin acetate）；挥发油：柠檬烯，萜品烯-4-醇，芳姜黄酮（ar-turmerone），苯甲醛，1-甲乙醚芳樟醇等；有机酸：棕榈酸，琥珀酸，阿魏酸，咖啡酸，原儿茶酸等；木脂素类：(+)-表松脂酚[(+)-epipinoresinol]，(+)-丁香脂素[(+)-syringaresinol]，尼克酰胺（nicotinamide），紫丁香苷（syringoside, syringin，紫丁香苷、丁香苷），丁香苷元-O-β-D-呋喃芹菜糖基(1→2)-β-D-吡喃葡萄糖[syringenin-O-β-D-apiofuranosyl(1→2)-β-D-glucopyranoside]；还含黑麦草内酯（loliolide），鹅掌楸苷（liriodendrin），2,3-丁二醇-3-O-单葡萄糖苷（butan-2,3-diol-3-O-monoglucoside），β-谷甾醇，胡萝卜苷，内消旋肌醇（mesoinositol）。

【功效主治】苦，平。祛风湿，补肝肾，强筋骨，安胎元。用于风湿痹痛，腰膝酸软，筋骨无力，崩漏经多，妊娠漏血，胎动不安，头晕目眩。

【历史】槲寄生始载于《神农本草经》，列为上品，原名桑上寄生。《新修本草》载："此多生槲、榉、柳、水杨、枫等树上，子黄，大如小枣子，惟虢州有桑上者，子汁甚粘，核大似小豆，叶无阴阳，如细柳叶而厚软，茎粗短，实九月始熟而黄。"其形态与现今槲寄生一致。

【附注】《中国药典》2010年版收载。

马兜铃科

北马兜铃

【别名】马兜铃、后老婆罐子（沂水、蒙山、海阳、威海、荣成）、三角草（临沂）、马虎铃铛（崂山）。

【学名】Aristolochia contorta Bge.

【植物形态】多年生草质藤本。茎绿色，有细纵条纹，无毛，长2~3m。单叶互生；叶片卵状心形或三角状心形，长3~6(13)cm，宽3~5.5(10)cm，先端钝或短尖，基部心形，全缘，两面均无毛；叶柄长1~3cm。总状花序有花2~8朵或有时仅1朵生于叶腋；花序梗和花序轴极短或近无；花梗长1~1.5cm，基部有小苞片；花被管状，长2~3cm，稍弯，下部膨大为球形，向上变狭呈一长管，绿色，内面有腺毛，外面无毛，管口扩大呈漏斗状；檐部一侧扩大成舌状，舌片先端具丝状长尾尖，多少卷曲，常有紫色脉纹；另一侧极短；雄蕊6，贴生于合蕊柱近基部；子房圆柱形，6棱；合蕊柱顶端6裂，裂片渐尖，向下延伸成波状圆环。蒴果阔倒卵形或椭圆状倒卵形，成熟后6瓣裂。种子扁平三角状心形，边缘有膜质翅。花期6~8月；果期9~10月。（图106）

【生长环境】生于山坡石缝或山沟草丛中。

【产地分布】山东境内产于各山地丘陵，以潍坊、青州、临朐、淄博、临沂（蒙阴、沂水）、章丘、长清、济宁等地产量最多。在我国除山东外，还分布于辽宁、吉林、黑龙江、内蒙古、河北、河南、山西、陕西、甘肃、湖北等地区。

【药用部位】果实：马兜铃；茎叶：天仙藤；根：青木香。为较常用中药和民间药。马兜铃为山东选地教材。

【采收加工】秋季果实由绿变黄时，连果柄摘下，晒干。秋季采割地上部分，除去杂质，晒干。春、秋二季挖根，除去须根及泥土，晒干。

【药材性状】果实卵圆形或椭圆状倒卵形，长3~7cm，直径2~4cm；表面黄绿色、灰绿色或棕褐色，有纵棱线12条，由棱线分出多数横向平行的细脉纹，顶端平钝，中央微凹，基部有细果柄，长2~6cm；果皮轻脆，易裂成6瓣，果柄也分裂为6条；内表面平滑而有光泽，具较密的横向脉纹；果实6室，每室种子多数，平叠整齐排列。种子扁平而薄，钝三角形或扇形，长0.6~1cm，宽0.6~1.2cm；表面淡棕色，边缘有翅。气特异，味微苦。

以个大、色黄绿、不破裂者为佳。

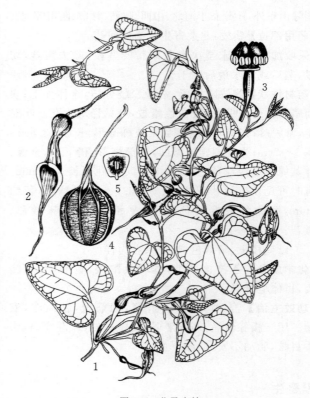

图106 北马兜铃
1.植株上部 2.花 3.花药和合蕊柱 4.蒴果 5.种子

茎细长圆柱形，略扭曲，长短不一，直径1~3mm；表面黄绿色或淡黄褐色，有纵棱及节，节间不等长；质脆，易折断，断面有数个大小不等的维管束小点。叶互生，多皱缩，破碎；完整叶片展平后呈三角状心形或阔卵状心形，长3~13cm，宽3~10cm；先端钝或尖，基部深心形；表面暗绿色或淡黄褐色，基生叶脉明显；叶柄细长。气清香，味淡。

以质嫩、叶多、气清香者为佳。

根似马兜铃根，呈扁圆柱形，较细小。

【化学成分】果实含生物碱：马兜铃酸（aristolochic acid）Ⅰ、Ⅱ、Ⅲ、Ⅲa、Ⅳa、Ⅻa，马兜铃内酰胺（aristololactam）Ⅰ、Ⅱ、Ⅲa，木兰花碱（magnoflorine）；有机酸：丁香酸（syringic acid），香草酸（vanillic acid），对香豆酸（p-coumaric acid），二十五烷酸；挥发油：主成分为石竹烯，氧化石竹烯等；还含β-谷甾醇，胡萝卜苷。种子含生物碱：马兜铃酸Ⅳa、Ⅶ，马兜铃内酰胺-N-β-D-葡萄糖苷（aristolactam-N-β-D-glucopyanoside），aristoloctam Ia-N-β-D-glucopyanoside；还含松醇（pinitol），胡萝卜苷。茎含马兜铃酸。根含生物碱：尿囊素（allantoin），马兜铃酸A、E，木兰花碱，4,5-二氧去氢巴婆碱（4,5-dioxodehydroasimilobine）；还含β-谷甾醇，胡萝卜苷等。

【功效主治】马兜铃苦，微寒。清肺降气，止咳平喘，清肠消痔。用于肺热喘咳，痰中带血，肠热痔血，痔疮肿痛。天仙藤苦，温。行气活血，通络止痛。用于脘腹刺痛,风湿痹痛。**青木香**辛、苦,寒。平肝止痛,解毒消肿。用于眩晕头痛,胸腹胀痛,痈肿疔疮,蛇虫咬伤。

【历史】马兜铃始载于《雷公炮炙论》。《新修本草》名独行根,曰:"蔓生,叶似萝摩,其子如桃李,枯则头四开,悬草木上。其根扁,长尺许,作葛根气。亦似汉防己。生古堤城旁,山南名为土青木香,疗疔肿大效。一名兜零根。"《开宝本草》名马兜铃。《本草图经》曰:"春生苗,如藤蔓。叶如山芋叶。六月开黄紫花,颇类枸杞花。七月结实枣许大,如铃,作四五瓣。"《本草衍义》云:"蔓生,附木而上,叶脱时铃尚垂之,其状如马项铃,故得名。然熟时则自折,坼开有子。"《药物出产辨》载:"产安徽亳州、河南、山东、直隶山西平古等县均有出"。所述形态、生境与产地与植物马兜铃和北马兜铃基本一致。

【附注】《中国药典》2010年版收载马兜铃、天仙藤。

马兜铃

【别名】斗铃、青木香、天仙藤。

【学名】Aristolochia debilis Sieb. et Zucc.

【植物形态】多年生草质藤本。根圆柱形,外皮黄褐色。茎有纵条纹,无毛,长1m以上。单叶互生;叶片卵状三角形、长圆状卵形或戟形,长2~9cm,宽1.5~5.5cm,中部以上渐狭,先端钝圆,基部心形,两侧圆耳形,两面无毛;叶柄较细,长约1~3cm。花较大,单生于叶腋;花梗长1~1.5cm;花被管状,长3~5cm,稍弯,基部为球形,向上变狭成1长管,管口扩大呈漏斗状,黄绿色,口部有紫斑,内面有腺毛;檐部一侧渐延伸成舌片;舌片卵状披针形,顶端渐尖或短尖,钝头;雄蕊6,贴生于合蕊柱近基部;子房圆柱形,6棱,柱头顶端稍有乳头状突起。蒴果椭圆形,成熟时6瓣裂。种子扁平三角形,边缘有膜质宽翅。花期7~8月;果期9~10月。(图107)

【生长环境】生于山坡、沟谷边或路旁灌丛中。

【产地分布】山东境内产于徂徕山、蒙山、沂山、莲花山等山区。在我国除山东外,还分布于长江流域以南及河南、广东、广西等地。

【药用部位】果实:马兜铃;茎叶:天仙藤;根:青木香。为较常用中药和民间药。

【采收加工】秋季果实由绿变黄时,连果柄摘下,晒干。秋季采割地上部分,除去杂质,晒干。春、秋二季挖根,除去须根及泥土,晒干。

【药材性状】果实似北马兜铃,球形或长圆形,长2~3.5cm,直径2.3~3cm。基部钝圆,果柄长2.5~4.5cm。背缝线纵棱较平直。

茎似北马兜铃。完整叶片展开呈三角状长圆形、长圆状卵形或卵状披针形,长2~9cm,宽1~5cm;先

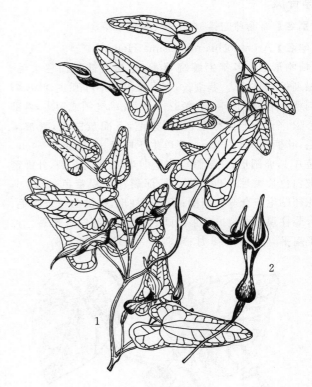

图107 马兜铃
1.植株上部 2.花

端钝或微凹,基部心形,两侧突出呈圆耳状,全缘。

根圆柱形或扁圆柱形,略弯曲,长3~15cm,直径0.5~1.5cm。表面黄褐色或灰棕色,粗糙不平,有纵皱纹及须根痕。质脆,易折断,断面不平坦,皮部淡黄色,木部宽广,射线类白色,放射状排列,形成层环明显,黄棕色。气香特异,味苦。

以粗壮、坚实、色黄褐、香气浓者为佳。

【化学成分】果实和种子含马兜铃酸(aristolochic acid)A和季铵生物碱。根含马兜铃酸A、B、C,7-羟基马兜铃酸(7-hydroxyaristolochic acid),7-甲氧基马兜铃酸,马兜铃酸C-6-甲醚(aristolochic acid C-6-methyl ether),马兜铃酸A甲酯(aristolochic acid A methyl ester),马兜铃酸D-6-甲醚,马兜铃内酰胺的N-六碳糖苷,青木香酸(debilic acid),尿囊素,粉防己碱(tetrandrine),轮环藤酚碱(cyclanoline)等;还含有9个马兜铃烷型倍半萜及3-氧印马兜铃烷(oxoishwarane)。茎含马兜铃酸。

【功效主治】**马兜铃**苦,微寒。清肺降气,止咳平喘,清肠消痔。用于肺热喘咳,痰中带血,肠热痔血,痔疮肿痛。**天仙藤**苦,温。行气活血,通络止痛。用于脘腹刺痛,风湿痹痛。**青木香**辛、苦,寒。平肝止痛,解毒消肿。用于眩晕头痛,胸腹胀痛,痈肿疔疮,蛇虫咬伤。

【历史】见北马兜铃。

【附注】《中国药典》2010年版收载马兜铃、天仙藤。

寻骨风

【别名】绵毛马兜铃、白毛藤、猫耳朵草。
【学名】Aristolochia mollissima Hance
【植物形态】多年生缠绕草本,全株密被灰白色柔毛。根细长,圆柱形。茎细长,有纵条纹。单叶互生;叶片卵圆状心形,长3～8cm,宽3～6cm,先端钝圆或短尖,基部心形,全缘,上面绿色,疏被柔毛,下面灰白色,密被柔毛;叶柄长1.5～3cm。花单生于叶腋;花梗长2～4cm,苞片1,卵圆形;花被管弯曲呈烟斗状,檐部3裂,外面密被白色长柔毛,内面黄色,檐部裂片呈褐紫色;雄蕊6,花药贴生于合蕊柱周围;子房圆柱形,密被白色长绵毛;合蕊柱顶端3裂。蒴果椭圆状倒卵形,熟时6瓣裂。种子扁平。花期6～8月;果期9～10月。(图108)

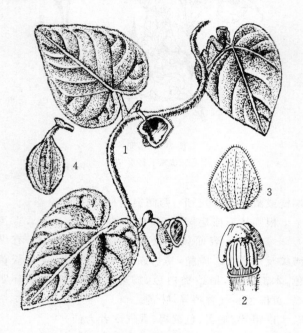

图108 寻骨风
1.植株一部分 2.花药和合蕊柱 3.苞片 4.果实

【生长环境】生于山坡或路旁草丛中。
【产地分布】山东境内产于各山地丘陵。在我国除山东外,还分布于陕西、山西、河南、安徽、湖北、贵州、湖南、江西、浙江、江苏等地。
【药用部位】全草:寻骨风。为少常用中药。
【采收加工】夏、秋二季或5月开花前采挖带根茎全草,除去泥沙,晒干。
【药材性状】全草皱缩成团。根茎细长圆柱形,长短不一,直径2～5mm;表面淡棕色至棕黄色,有纵皱纹,节间长1～3cm,节上有须根和根痕;质韧,断面纤维性,黄白色,有放射状纹理。茎细长,直径1～2mm;表面淡绿色,密被白色绵毛。叶通常皱折或破碎;完整者展平后呈卵状心形;先端钝圆或短尖,基部心形,全缘;表面灰绿色或黄绿色,两面均被白绵毛;质脆易碎。气微香,味微苦而辛。

以根茎多、叶色绿、香气浓者为佳。

【化学成分】根茎含生物碱:尿囊素(allantoin),马兜铃酸,9-乙氧基马兜铃内酰胺;倍半萜内酯:马兜铃内酯(aristolactone),绵毛马兜铃内酯(mollislactone),9-乙氧基马兜铃内酯(9-ethoxyaristolactone);挥发油:主成分为罗勒烯,2-莰醇,1,7,7-三甲基-甲酸-桥二环[2.2.1]-2-庚醇,(一)-匙叶桉油烯醇[(一)-spathulenol],6-丁基-1,2,3,4-四氢-萘烯;还含β-谷甾醇。茎叶含马兜铃酸A、B,马兜铃内酰胺,6-甲氧基马兜铃内酰胺,香草酸,棕榈酮(palmitone),正三十醇,β-谷甾醇,胡萝卜苷和硬脂酸。全草含马兜铃酸Ⅰ,马兜铃酸萜酯Ⅰ(aristolrpenateⅠ),马兜铃内酯,银袋内酯乙(versicolactone B),β-谷甾醇。
【功效主治】辛、苦,平。祛风湿,通经络,消肿止痛。用于风湿痹痛,骨节酸痛,腹痛,痈肿。
【历史】寻骨风始载于《植物名实图考》卷二十一蔓草类,云:"湖南岳州有之。蔓生,叶如萝藦,柔厚多毛,面绿背白。秋结实六棱,似使君子,色青黑,子如豆。"并附带果枝叶图。据其产地及文图记述,与现今普遍使用的马兜铃科植物寻骨风相符。而该书卷十三隰草类寻骨风,据其文图应为菊科泽兰属植物。
【附注】《中国药典》1977年版曾收载。

细辛

【别名】华细辛、铃铛花(崂山)、细辛。
【学名】Asarum sieboldii Miq.
【植物形态】多年生草本。根状茎横生或直立。须根细长,生于根状茎节上,有辛香气。叶通常2枚,生于茎端;叶片心形或卵状心形,长2～5cm,宽2.5～7cm,先端近急尖或渐尖,基部深心形,上面疏生短毛,沿叶脉及叶缘处毛较多,下面仅脉上生短毛;叶柄长5～12cm,光滑无毛。芽苞叶肾圆形,长与宽各约1.3cm,边缘疏生柔毛。花单生于叶腋,花梗长2～4cm;花被管钟形,裂片三角状卵形,长约5mm,宽约8mm,直立或近平展,紫黑色;雄蕊12;子房半下位,花柱6,顶端2裂,柱头侧生。蒴果肉质,近球形,直径约1.5cm,棕黄色。花期4～5月;果期6月。(图109)
【生长环境】生于林下阴湿或岩石间肥沃的土壤中。
【产地分布】山东境内产于青岛崂山。在我国除山东外,还分布于安徽、浙江、江西、河南、湖北、陕西、四川等地。
【药用部位】根及根茎:细辛(华细辛)。为常用中药。
【采收加工】夏季果熟期或初秋采挖根及根茎,除去泥土,摊放通风处阴干。
【药材性状】根茎呈不规则细长圆柱形,长5～20cm,直

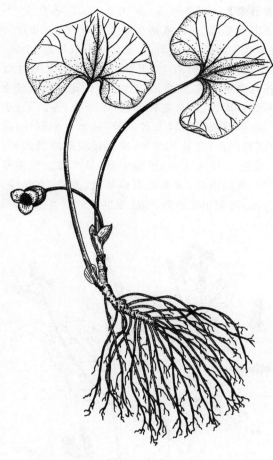

图109 细辛

径约1.5mm；表面灰棕色，粗糙，有节，节间长0.2～1cm。根细长，密生节上，长约15cm，直径约1mm；表面灰黄色，平滑或具纵皱纹，有须根或须根痕。质脆，易折断。气辛香，味辛辣、麻舌。

以根多、色灰黄、香气浓、麻辣味强者为佳。

【化学成分】根及根茎含挥发油：主成分为优葛缕酮(eucarvone)，3,5-二甲氧基甲苯(3,5-dimethoxytoluene)，黄樟醚(safrole)，甲基丁香酚(methyleugenol)，十五烷，卡枯醇(kakuol)，(N-isobutyldodecatetraenamide)；甾醇类：谷甾醇，菜油甾醇，豆甾醇。还含细辛脂素(asarinin)，芝麻脂素(sesamine)，榄香脂素(elemicin, 榄香素)，山奈酚-3-O-葡萄糖苷等。全草挥发油含α-及β-蒎烯(pinene)，樟烯(camphene)，对-聚伞花素(p-cymene)，α-及γ-松油烯(terpinene)，异松油烯，龙脑(borneol)等。

【功效主治】辛，温；小毒。祛风散寒，祛风止痛，通窍，温肺化饮。用于外感风寒，头痛，牙痛，鼻塞流涕，鼻衄，鼻渊，风湿痹痛，痰饮喘咳。

【历史】细辛始载于《神农本草经》，列为上品。《吴普本草》云："细辛如葵叶，赤黑，一根一叶相连。"《名医别录》云："生华阴山谷，二月、八月采根，阴干。"《本草衍义》曰："今惟华州者佳，柔韧，极细直，深紫色，味极辛，嚼之习习如椒……叶如葵叶，赤黑"。《本草纲目》云："叶似小葵，柔茎细根，直而色紫，味极辛者，细辛也。"按其形态与产地分析，应为马兜铃科植物细辛。

【附注】《中国药典》2010年版收载。

蓼科

金线草

【别名】人字草、大叶蓼。

【学名】Antenoron filiforme (Thunb.) Rob. et Vaut. (*Polygonum filiforme* Thunb.)

【植物形态】多年生草本，高0.5～1m。根茎横走，粗壮，常扭曲。茎直立，节膨大。单叶互生；叶片椭圆形或长矩圆形，长6～15cm，宽3～6cm，先端短渐尖或急尖，基部楔形，全缘，两面均有长糙伏毛，散布有棕色斑点；托叶鞘筒状，抱茎，膜质，被毛。穗状花序；花小，红色；苞片有睫毛；花被4裂，裂片广卵形；雄蕊5；柱头2，先端钩状。瘦果卵圆形，棕色，表面光滑。花期7～8月；果期9～10月。(图110-1)

【生长环境】生于山地林缘、沟边或路旁阴湿处。

【产地分布】山东境内产于胶东山地丘陵。在我国除山东外，还分布于河南、山西、陕西、湖北、四川、贵州、云南、广西、广东、江西、浙江、江苏等地。

【药用部位】全草：金线草；根茎：金线草根。为民间药。

【采收加工】夏、秋二季采收带根全草，鲜用或晒干。秋季采收根茎，除去泥土，晒干。

【药材性状】根茎呈不规则结节状条块，长2～15cm，节部略膨大，表面红褐色，有细纵皱纹，并具多数根痕及须根；顶端有茎痕或茎残基；质坚硬，不易折断，断面不平坦，粉红色，髓部色稍深。茎圆柱形，不分枝或上部分枝，表面被长糙伏毛。叶多卷曲，具柄；完整叶片展开后呈宽卵形或椭圆形；先端短渐尖或急尖，基部楔形或近圆形；表面浅棕绿色或棕褐色；托叶鞘膜质，筒状，先端截形，有条纹；叶两面及托叶鞘均被长糙伏毛。气微，味涩、微苦。

以全草完整、茎褐红色、叶多、带根及根茎者为佳。

【化学成分】全草含黄酮类：鼠李黄素(rhamnetin)，槲皮素-3-O-β-D-吡喃半乳糖苷，鼠李黄素-3-O-β-D-吡喃半乳糖苷，山奈酚-3,7-二-O-α-L-吡喃鼠李糖苷；还含5-羟基-2-O-β-D-吡喃葡萄糖基-龙脑，腺苷(adenosine)，1-O-β-D-吡喃葡萄糖基-2-(Δ^9-十六酰胺基)-3,4,12-三羟基正十八烷醇，正二十九烷酸，谷甾醇，豆甾醇，胡萝卜苷等。

【功效主治】金线草辛，温。祛风除湿，理气止痛，止血，散瘀。用于风湿骨痛，胃痛，咳血，吐血，便血，血崩，经期腹痛，产后血瘀腹痛，跌打损伤。**金线草根**苦、辛,寒。凉血止血,散瘀止痛,清热解毒。用于咳嗽咳血,吐血,崩漏,月经不调,痛经,脘腹疼痛,泄泻,痢疾,跌打损伤,风湿痹痛,瘰疬,痈疽肿毒,毒蛇咬伤。

【历史】金线草始载于《本草拾遗》,名海根,曰:"生会稽海畔山谷,茎赤,叶似马蓼,根似菝葜而小"。《植物名实图考》名毛蓼,曰:"其穗细长,花红,冬初尚开,叶厚有毛,俗称为白马鞭。"并附图。按其文图,与金线草相似。

附:短毛金线草

短毛金线草 var. neofiliforme (Nakai) A. J. Li (*Polygonum neofiliformis* Nakai)(图110:2),与金线草的主要区别是:叶先端长渐尖,两面疏生短糙伏毛。根茎含没食子酸(gallic acid),左旋儿茶精,左旋表儿茶精,左旋表儿茶精-3-O-没食子酸酯,原矢车菊素(procyanidin)B_2,原矢车菊素 B_2-3′-O-没食子酸酯。产地及药用同金线草。

【植物形态】一年生草本,高0.3~1m。茎直立,多分枝,光滑无毛,红褐色或淡绿色。单叶互生;叶片三角形或卵状三角形,先端渐尖,基部心形或戟形,全缘,两面无毛或仅沿叶脉有毛;下部叶有长柄,上部叶近无柄;托叶鞘短筒状,膜质,无毛,早落。花序总状或伞房状,短而密集成簇;总花梗细长,不分枝,有短毛;小花梗细长,中部或中部以上有关节;基部有小苞片;花白色或淡粉红色,花被5深裂,裂片长圆形或椭圆形;雄蕊8;花柱3,柱头头状;子房1室,具3棱。瘦果卵状三棱形,先端渐尖,黄褐色至棕褐色,光滑,有光泽,长6~7mm,远超出花被外。花、果期7~10月。2n=16。(图111)

图111 荞麦
1.植株上部 2.花 3.展开花被示雄蕊 4.瘦果

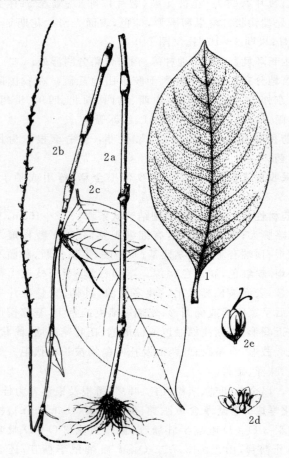

图110 金线草 短毛金线草
1.金线草叶 2.短毛金线草(a.植株下部 b.植株上部 c.叶 d.花纵剖面 e.果实具宿存花被)

【生长环境】逸生于荒坡、路边或栽培。

【产地分布】山东境内产于各山地丘陵。分布于全国各地。

【药用部位】瘦果:荞麦;全草:荞麦秸;叶:荞麦叶。为少常用中药和民间药;荞麦、嫩叶药食两用。

【采收加工】霜降前后种子成熟时收割,打下果实,晒干。夏、秋二季采收全草和叶,鲜用或晒干。

【药材性状】瘦果呈卵形三棱形,长5~6mm;先端渐尖,具三棱,有时带有灰色膜质宿萼。表面黄褐色至棕褐色,光滑,有光泽;质稍硬,破开后内有种子1粒。种子呈三角状卵形;表面淡黄绿色,光滑,断面子叶发达,呈S形卷曲,胚乳白色,富粉性。气微,味淡,嚼之有

荞麦

【别名】乌麦、花荞、三角麦、净肠草。

【学名】Fagopyrum esculentum Moench.

黏性。

以颗粒饱满、色棕褐、断面粉性强、嚼之有黏性者为佳。

茎长短不一，多分枝；表面绿褐色或黄褐色，有细条纹，节部略膨大；断面中空。叶多皱缩或破碎；完整叶片展平后呈三角形或卵状三角形，长3～10cm，宽3.5～11cm，先端狭渐尖，基部心形，叶耳三角状，具尖头，全缘；表面深绿色或绿褐色，两面无毛，纸质；托叶鞘筒状，先端截形或斜截形，褐色，膜质；叶柄长短不一。气微，味淡、略涩。

【化学成分】果实含水杨酸（salicylic acid），4-羟基苯甲胺（4-hydroxybenzylamine），N-亚水杨基水杨胺（N-salicylidenesalicylamine）。种子含槲皮素，槲皮苷，金丝桃苷，芦丁，邻-和对-β-D-葡萄糖氧基苄基胺（o-, p-β-D-glucopyranosyloxy benzyl amine），油酸，亚麻酸，类胡萝卜素（carotenoid），胰蛋白酶抑制剂 TI_1、TI_2 和 TI_4。全草含芦丁，槲皮素和咖啡酸。花和叶含槲皮素，槲皮苷，山柰酚，山柰酚-3-O-β-D-吡喃葡萄糖苷，木犀草素-7-O-β-D-葡萄糖苷，芦丁，胡萝卜苷，β-谷甾醇。

【功效主治】荞麦甘，微酸，寒。开胃宽肠，健脾消积，解毒敛疮。用于肠胃积滞，慢性泄泻，痢疾，绞肠痧，赤游丹毒，痈疽发背，瘰疬，烫火伤，盗汗，自汗，疱疹。荞麦秸酸，寒。下气消积，清热解毒，平肝，止血。用于噎食，食积不化，痢疾，白带，痈肿，烫伤，咳血，紫癜，肝阳上亢。荞麦叶酸，寒。利耳目，下气，止血，平肝。用于眼目昏糊，耳鸣重听，嗳气，紫癜，肝阳上亢。

【历史】荞麦始载于《千金·食治》。《嘉祐本草》名荍麦、乌麦。《本草纲目》曰："荞麦之茎弱，而翘然易长易收，磨面如麦，故曰荞曰荍……荞麦南北皆有。立秋前后下种，八、九月收刈，性最畏霜。苗高一、二尺，赤茎绿叶，如乌桕树叶。开小白花，繁密粲粲然，结实累累如羊蹄，实有三棱，老则乌黑"。所述形态和《植物名实图考》附图与现今荞麦一致。

【附注】《山东省中药材标准》2002年版收载荞麦。

何首乌

【别名】赤首乌、赤何首乌。

【学名】Fallopia multiflora (Thunb.) Harald. (*Polygonum multiflorum* Thunb.)

【植物形态】多年生草本。根细长，末端膨大成块状，外表黑褐色至红褐色。茎缠绕，长2～4m，下部木质，中空。单叶互生；叶片卵形或狭卵形，长5～8cm，宽3～5cm，先端渐尖，基部心形，全缘或微带波状，两面无毛，上面绿色，下面浅绿色；具长柄；托叶鞘筒状，膜质，褐色，无毛。花小，多数密集成大型圆锥花序，总花梗有乳头状突起；小花梗具节；苞片小，膜质，卵状披针形；花被绿白色，花瓣状，5裂，裂片大小不等，外面3片舟状卵圆形，长约1.5mm，背部有宽翅，果时增大，且下延至花梗，内面2片倒卵形；雄蕊8，稍短于花被；子房三角形，花柱短，柱头3裂，头状。瘦果椭圆形，有三棱，长2～3.5mm，黑褐色，有光泽，包于宿存花被内。花期8～9月；果期9～10月。（图112）

图112 何首乌
1.植株的一部分 2.花序 3.花
4.雄蕊 5.雌蕊 6.根

【生长环境】生于草坡、路边、山坡石缝或灌木丛中。

【产地分布】山东境内产于崂山、白云山、蒙山、泰山、徂徕山等山区。在我国除山东外，还分布于山西、河南、河北、陕西、甘肃、湖北、江西、江苏、广东、云南、四川等地。

【药用部位】块根：何首乌；茎藤：首乌藤（夜交藤）；叶：何首乌叶。为常用中药和民间药，生何首乌、制何首乌和首乌藤可用于保健食品。

【采收加工】秋、冬二季茎叶枯萎时采挖块根，削去两端，洗净，个大的切成厚块，晒干。叶脱落时采割茎藤，除去残叶，捆把晒干。夏、秋二季采收叶，鲜用。

【药材性状】块根团块状或不规则纺锤形，长6～15cm，直径4～12cm。表面红棕色或红褐色，皱缩不平，有浅沟，并有横长皮孔及细根痕。体重，质坚实，不易折断，断面浅黄棕色或浅红棕色，显粉性，皮部有4～11个类圆形异型维管束环列，形成云锦状花纹，中央木部较大,有的呈木心。气微,味微苦而甜、涩。

以体重、质坚实、色红棕、断面有云锦花纹、粉性足者为佳。

茎长圆柱形,稍扭曲,具分枝,长短不一,直径4~7mm。表面紫红色至紫褐色,粗糙,具扭曲的纵皱纹,节部略膨大,有侧枝痕,外皮菲薄,可剥离。质脆,易折断,断面皮部紫红色,木部黄白色或淡棕色,导管孔明显,髓部疏松,类白色。无臭,味微苦、涩。

以枝条粗壮、均匀、外皮紫红色者为佳。

【化学成分】块根含蒽醌类:大黄酚,大黄素,大黄素甲醚,大黄素-6-乙醚,大黄素-1,6-二甲醚,大黄酸,大黄酚蒽酮(chrysophanol anthrone),大黄素甲醚-8-O-β-D-(6'-O-乙酰基)-葡萄糖苷[physcion-8-O-β-D-(6'-O-acetyl)glucoside],大黄素-3-甲醚-8-O-β-D-葡萄糖苷(physcionin),决明酮-8-O-β-D-葡萄糖苷(torachrysone-8-O-β-D-glucopyranoside);芪类:白藜芦醇,云杉新苷(piceid),2,3,5,4'-四羟基二苯乙烯-2-O-β-D-葡萄糖苷(2,3,5,4'-tetrahydroxystilbene-2-O-β-D-glucoside),2,3,5,4'-四羟基二苯乙烯-2-O-葡萄糖苷-2″-O-没食子酸酯(2,3,5,4'-tetrahydroxystilbene-2-O-β-D-glucoside-2″-O-monogalloyl ester);磷脂类:对磷脂酰胆碱(phosphatidylcholine,PC),溶血磷脂酰胆碱(lysophosphatidylcholine,LPC),磷脂酰乙醇胺(phosphatidylethanolamine,PE),磷脂酰甘油(phosphatidylglycerol,PG),磷脂酰丝氨酸(phosphatidylserine,PS),磷脂酰肌醇(phosphatidylinositol,PI);还含没食子酸,右旋儿茶精,表儿茶素,3-O-没食子酰左旋儿茶精,3-O-没食子酰左旋表儿茶精,3-O-没食子酰原矢车菊素 B-2(3-O-galloylprocyanidin B-2),3,3'-二-O-没食子酰原矢车菊素 B-2,对羟基苯甲醛,5-羧甲基-7-羟基-2-甲基色原酮(5-carboxymethyl-7-hydroxy-2-methylchromone),正丁基-β-D-吡喃果糖苷和 β-谷甾醇。茎藤含大黄素,大黄素甲醚,大黄素-8-O-β-D-葡萄糖苷,2,3,5,4'-四羟基二苯乙烯-2-O-β-D-葡萄糖苷,夜交藤乙酰苯苷(polygoacetophenoside)及 β-谷甾醇。

【功效主治】何首乌苦、甘、涩,温。解毒,消痈,截疟,润肠通便。用于疮痈,瘰疬,风疹瘙痒,久疟体虚,肠燥便秘,痰浊瘀滞症。首乌藤(夜交藤)甘,平。养血安神,祛风通络。用于失眠多梦,血虚身痛,风湿痹痛,皮肤瘙痒。何首乌叶微苦,平。解毒散结,杀虫止痒。用于疮疡,瘰疬,疥癣。

【历史】何首乌始见于唐·李翱《何首乌传》。《日华子》曰:"其药本草无名,因何首乌见藤夜交,便即采食有功,因以采人为名耳。"《开宝本草》曰:"蔓紫,花黄白,叶如薯蓣而不光,生必相对,根大如拳。"《本草图经》谓:"今在处有之,以西洛、嵩山及南京柘城县者为胜。春生苗叶,叶相对如山芋而不光泽,其茎蔓延竹木墙壁间,夏秋开黄白花,似葛勒花,结子有棱似荞麦而细小,才如粟大。秋冬取根,大者如拳,各有五棱瓣似小甜瓜。"其形态及《植物名实图考》附图与何首乌一致。

【附注】①《中国药典》2010 年版收载何首乌、首乌藤,用异名 Polygonum multiflorum Thunb.。②本志采纳《中国植物志》25(1):102 何首乌 Fallopia multiflora (Thunb.) Harald.(Polygonum multiflorum Thunb.)的分类。

两栖蓼

【别名】小黄药、天蓼。
【学名】Polygonum amphibium L.
【植物形态】多年生草本。根状茎横走。水陆两栖。水生者:茎漂浮,节部生不定根。单叶互生;叶片长圆形,浮于水面,无毛,有光泽,长 5~12cm,宽 2~4cm,先端钝,基部通常心形;叶柄长,柄由托叶鞘中部以上伸出,托叶鞘筒状。陆生者:茎直立,不分枝或自基部分枝。单叶互生;叶片宽披针形,密生短硬毛,长 6~14cm,宽 1.5~2cm,先端急尖,基部近圆形;叶柄短;托叶鞘筒状,先端截形。总状花序呈穗状,苞片三角形;花被 5 深裂,淡红色或白色,长约 4mm;雄蕊 5,长约 1mm;花柱 2,伸出花被外。瘦果近圆形,两面凸出,黑色,有光泽,包于宿存花被内。花期 7~8 月;果期 8~9 月。(图 113)

【生长环境】生于湖泊、河流浅水中或池塘水沟边湿地。

图 113 两栖蓼
1.水生植株 2.陆生植株的一部分
3.展开的花被示雄蕊 4.瘦果

【产地分布】山东境内产于东营、滨州、微山、东平、济南等地。在我国除山东外,还分布于吉林、辽宁、河北、江苏、山西、陕西、湖北、云南等地。

【药用部位】全草:两栖蓼。为民间药。

【采收加工】夏、秋二季采收,除去杂质,鲜用或晒干。

【药材性状】横走茎枝呈长圆柱形,微扁;表面褐色至棕褐色,有细密纵向肋线,无毛,节部略膨大,生有多数黑色细须状不定根。叶多卷曲,完整者展平后,水生叶长圆形或长圆状披针形,长5~12cm,宽2~4cm,先端急尖或钝,基部心形或圆形,无毛;陆生或伸出水面的叶呈长圆状披针形,长5~14cm,宽1~2cm,先端渐尖,两面被短伏毛;托叶鞘筒状,先端截形;叶柄由托叶鞘中部以上伸出。花序穗状;花被褐色,雄蕊5枚,花柱2。气微,味微涩。

【化学成分】全草含黄酮类:金丝桃苷,萹蓄苷,槲皮苷,槲皮素,山柰酚,木犀草素-7-O-葡萄糖苷,芦丁;还含绿原酸,咖啡酸,生物碱及氨基酸。叶含槲皮素-阿拉伯糖-葡萄糖苷,槲皮素-木糖-葡萄糖苷,蛋白质及氨基酸。

【功效主治】苦,平。清热利湿,解毒杀虫。用于痢疾,浮肿,尿血,潮热多汗,无名毒疮,无名肿毒。

萹蓄

【别名】扁竹草(滕州)、珠芽草(临沂、莒南、费县、平邑、沂水、沂源)、扁蓄子芽(崂山)。

【学名】Polygonum aviculare L.

【植物形态】一年生草本。茎匍匐或斜上,基部多分枝,具明显的节及沟纹。单叶互生;叶片条形、披针形至椭圆形,长1~4cm,宽0.2~1cm,先端钝或尖,基部楔形,全缘,两面无毛;叶柄短或近无柄;托叶鞘膜质,茎下部者褐色,上部者白色透明,有明显脉纹,先端数裂。花数朵簇生于叶腋;花梗短,苞片白色膜质;花被5深裂,绿色,边缘白色或变为淡红色;雄蕊8,花丝比花被片短;花柱3,甚短,柱头头状。瘦果被包于宿存的花被内,仅顶端外露,卵形,具3棱,长2.5~3mm,黑色或黑褐色,具由小瘤点排列成规则的细条纹,无光泽。花期5~7月;果期6~8月。(图114)

【生长环境】生于田野、路旁、荒地或河边。

【产地分布】山东境内产于各地。分布于全国各地。

【药用部位】全草:萹蓄。为少常用中药。嫩茎叶可食。

【采收加工】夏季割取地上部分,除去根及杂质,晒干。

【药材性状】全草皱缩,长15~40cm。茎圆柱形而扁,有分枝,直径2~3mm;表面灰绿色或棕红色,有细密微突起的纵纹,节稍膨大,有浅棕色膜质托叶鞘,节间长约3cm;质硬,易折断,断面髓部白色。叶互生,多脱

图114 萹蓄
1.植株 2.花 3.花被片和雄蕊 4.瘦果

落或皱缩破碎;完整叶片展平后呈披针形,全缘;表面棕绿色或灰绿色;近无柄或具短柄。无臭,味微苦。

以质嫩、叶多、色绿者为佳。

【化学成分】全草含黄酮类:杨梅苷(myricitrin),杨梅素(myricetin),槲皮素,萹蓄苷,槲皮苷,牡荆素(vitexin),异牡荆素,木犀草素,鼠李素-3-O-半乳糖苷,金丝桃苷(hyperin),山柰酚,黄芪苷(astragalin),槲皮素-3-O-甘露糖苷,α-儿茶精等;香豆素类:伞形花内酯和东莨菪素;有机酸类:阿魏酸,芥子酸(sinapic acid),香草酸,丁香酸,草木犀酸(melilotic acid),对-香豆酸(p-coumaric acid),对-羟基苯甲酸,龙胆酸(gentisic acid),咖啡酸,原儿茶酸,对-羟基苯乙酸,绿原酸,水杨酸(salicylic acid),并没食子酸,没食子酸,草酸;氨基酸:蛋氨酸(methionine),脯氨酸,丝氨酸等;糖类:葡萄糖,果糖,蔗糖,水溶性多糖BX_1和BX_2;还含黑麦草内酯(loliolide),丁香脂素(syringaresinol),胡桃宁(juglanin),硅酸(silicic acid)。

【功效主治】苦,微寒。利尿通淋,杀虫,止痒。用于热淋涩痛,小便短赤,虫积腹痛,皮肤湿疹,阴痒带下。

【历史】萹蓄始载于《神农本草经》,列为下品。《本草经

集注》载:"处处有,布地生,花节间白,叶细绿,人亦呼为萹竹。"《本草图经》曰:"春中布地生道旁,苗似瞿麦,叶细绿如竹,赤茎如钗股,节间花出甚细,微青黄色,根如蒿根,四月、五月采苗。"《本草纲目》谓:"叶似落帚叶而不尖,弱茎引蔓,促节。三月开细红花,如蓼蓝花,结细子。"其形态与现今萹蓄基本一致。

【附注】《中国药典》2010年版收载。

附:直立萹蓄

直立萹蓄(新组合)P. aviculare L. var. erectum (J. X. Li et Y. M. Zhang) J. X. Li et F. Q. Zhou, stat. nov.——P. aviculare L. forma erectum J. X. Li et Y. M. Zhang,植物研究,2001,21(4):512(Plate Ⅰ:3~5),。本变种与萹蓄的主要区别是:茎直立,高0.6~1.5m,直径4~5mm,节间长4~5cm,少分枝,下部木质化程度较高。叶片条形,长1~3cm,宽不超过5mm。花小,花被片长约1.5mm。果实小,长不及2mm,表面具不规则排列的小瘤状突起(彩图8-模式标本)。模式产地黄河三角洲。在产地药用同萹蓄。

拳蓼

【别名】拳参、虾参(昆嵛山、荣成、泰安、沂水、淄博)、拳头参(泰安)。

【学名】Polygonum bistorta L.

【植物形态】多年生草本,高30~90cm。根状茎肥厚扭曲,外皮紫红色或黑褐色。茎直立,单一或数茎丛生,不分枝,无毛。基生叶有长柄;叶片椭圆状披针形或狭卵形,长10~18cm,宽2.5~5cm,先端渐尖,基部截形或圆钝,沿叶柄下延成狭翅;茎上部叶无柄或抱茎,叶披针形或条形;托叶鞘筒状,膜质。总状花序呈穗状,单一,顶生,长达6cm;花小,白色或淡红色,花被5深裂,裂片椭圆形;雄蕊8,短于花被;花柱3。瘦果椭圆形,有三棱,红褐色,包于宿存花被内。花期6~7月;果期8~9月。(图115)

【生长环境】生于山坡草丛阴湿处或疏林下。

【产地分布】山东境内产于各山地丘陵。在我国除山东外,还分布于东北、华北、西北地区及江苏、浙江、湖北等地。

【药用部位】根茎:拳参。为少常用中药。

【采收加工】春初发芽时或秋季茎叶将枯萎时采挖,除去泥沙,晒干,去须根。

【药材性状】根茎扁长条形或扁圆柱形而弯曲,两端略尖,或一端渐细,有的对卷弯曲,长6~13cm,直径1~2.5cm。表面紫褐色或紫黑色,粗糙,一面隆起,一面稍平坦或略具凹槽,全体密具粗环纹,并残留须根或根痕。质硬,断面浅棕红色或棕红色,维管束呈黄白色点状,排列成环。无臭,味苦、涩。

以根茎粗大、色紫褐、质坚硬、断面红棕色、无须根者为佳。

图115 拳参
1.植株 2.花 3.展开花被示雄蕊 4.瘦果

【化学成分】根茎含黄酮类:山柰酚,芦丁,槲皮素,槲皮素-5-O-β-D-葡萄糖苷,mururin A,儿茶素;酚酸类:没食子酸,并没食子酸,原儿茶酸(protocatechuic acid),右旋儿茶酚(catechol),左旋表儿茶酚(epicatechol),6-没食子酰葡萄糖,3,6-二没食子酰葡萄糖,阿魏酸;还含(3-甲氧基酰胺基-4-甲基苯)-氨基甲酸甲酯[(3-methoxycarbonylamino-4-methylphenyl)-cabamic acid methylester],(3-甲氧基酰胺基-2-甲基苯)-氨基甲酸甲酯,丁二酸,丁香苷(syringin),葡萄糖及无机元素钙、镁、铁、铜、锌、钼等。全草含绿原酸,咖啡酸,原儿茶酸及金丝桃苷等。

【功效主治】苦、涩,微寒。清热解毒,消肿,止血。用于赤痢热泻,肺热咳嗽,痈肿瘰疬,口舌生疮,吐血衄血,痔疮出血,毒蛇咬伤。

【历史】拳蓼始载于《神农本草经》,列为中品,原名紫参。《新修本草》云:"紫参叶似羊蹄,紫花青穗,皮紫黑,肉红白,肉浅皮深,所在有之。"《本草图经》名拳参,谓："拳参生淄州田野。叶如羊蹄,根似海虾,色黑。"并附"淄州拳参"图。其文图均与现今蓼科植物拳参相吻合。

【附注】《中国药典》2010年版收载。

叉分蓼

【别名】酸不溜、分枝蓼、叉分神血宁。

【学名】Polygonum divaricatum L.

【植物形态】多年生草本,高0.5~1.5m。茎从基部生出很多叉状分枝,疏生柔毛,有细沟纹。单叶互生;叶片线状披针形或椭圆状披针形,长5~15cm,宽0.5~3cm,先端渐尖,基部渐狭,两面疏生柔毛或无毛,边缘有缘毛;叶柄短或无;托叶鞘膜质,沿脉疏生长毛或无,不规则开裂。圆锥花序顶生,大型,开展;苞片卵状三角形,膜质,无毛,内有2~3朵花;花小,白色或淡黄色,花被5深裂,裂片长圆形;雄蕊8;花柱3,柱头头状。瘦果三棱形,黄褐色,有光泽,长约4mm,露出花被外。花期7~8月;果期8~9月。(图116)

【生长环境】生于山坡草丛、沙丘、沟谷或丘陵坡地。

【产地分布】山东境内产于胶东半岛及泰山。在我国除山东外,还分布于吉林、辽宁、内蒙古、河北和山西等地。

【药用部位】全草:叉分蓼(酸不溜);根及根茎:叉分蓼根(酸不溜根)。为民间药。

【采收加工】春、秋二季采挖根及根茎,除去泥土,晒干。夏、秋二季采收全草,除去杂质,晒干。

【化学成分】全草含金丝桃苷,槲皮苷,山柰酚,杨梅素。地上部分含黄酮类:槲皮素,萹蓄苷,金丝桃苷,槲皮苷,芦丁,左旋表没食子儿茶精没食子酸酯(epigallo-catecholgallate),左旋表儿茶精没食子酸酯(epicatecholgallate),右旋儿茶精,左旋表儿茶精;氨基酸:天冬氨酸,缬氨酸,亮氨酸,赖氨酸,苏氨酸等;有机酸:苹果酸,柠檬酸,琥珀酸等;还含有维生素C、B_1、PP、β-胡萝卜素及无机元素钾、镁、磷、钙、铁等。根含左旋表没食子儿茶精,右旋没食子儿茶精,左旋表儿茶精,左旋表没食子儿茶精没食子酸酯,没食子酸和花白苷(leucoanthocyanins)。

【功效主治】叉分蓼(酸不溜)酸、苦,凉。清热,消积,散瘿,止泻。用于肠中积热,瘿瘤,热泻腹痛。叉分蓼根(酸不溜根)酸、甘,温。祛寒,温肾。用于寒疝,阴囊出汗。

【附注】本种在"Flora of China"5:309,2003的中文名为叉分神血宁。

图116 叉分蓼
1.植株上部 2.花 3.瘦果

水蓼

【别名】辣蓼、水辣蓼。

【学名】Polygonum hydropiper L.

【植物形态】一年生草本,高20~80cm。茎直立,或下部斜展,多分枝,无毛;节部膨大,节下有一红色的环;基部节上常生须根。单叶互生;叶片披针形或椭圆状披针形,长4~9cm,宽0.5~1.5cm,先端渐尖,基部楔形,通常两面有腺点,无毛或中脉及叶缘上有小刺状毛,有辣味;托叶鞘筒状,膜质,紫褐色,先端截形,有缘毛,长1~4mm,有时短而不显。总状花序呈穗状,细弱,下垂,下面的花间断不连;苞片钟状,疏生小腺点和缘毛;花被5深裂,淡绿色或淡红色,有明显的腺点;雄蕊通常6(5~8);花柱2~3。瘦果卵形,一面凸一面平,少有三棱形,暗褐色或黑色,表面有小点,稍有光泽或无。花期5~9月;果期6~10月。(图117)

【生长环境】生于山谷、溪边、河滩或田边湿地。

【产地分布】山东境内产于各山地丘陵及河沟边。在我国分布于东北、华北、华东、华南、西南、西北等地。

【药用部位】地上部分:辣蓼(水蓼);根:辣蓼根(水蓼根);瘦果:蓼实。为少常用中药及民间药。嫩苗、叶可萄糖苷,异鼠李素甲酸,丙酮酸(pyruvic acid),缬草酸(valeric acid),葡萄糖醛酸,半乳糖醛酸(galacturonic acid),焦性没食子酸(pyrogallic acid)及少量生物碱。**叶**含异水蓼醇醛(isopolygonal),水蓼醛酸(polygonic acid),11-乙氧基桂皮内酯(11-ethoxycinnamolide),水蓼二醛缩二甲醇(polygodialacetal),水蓼酮,11-羟基密叶辛木素(valdiviolide),八氢三甲基萘甲醇(drimenol),异十氢三甲基萘并呋喃醇(isodrimeninol),花白苷(leucoanthocyanin),槲皮素-3-硫酸酯(quercetin-3-sulphate)等。**种子**含水蓼醇醛,水蓼二醛,异水蓼二醛和密叶辛木素。**根**含水蓼内酯(polygonolide),氢化胡椒苷(hydropiperoside),没食子酸,槲皮素-3-O-鼠李糖苷等。

【功效主治】**辣蓼(水蓼)**辛、苦,平。行滞化湿,散瘀止血,祛风止痒,解毒。用于湿滞内阻,脘闷腹痛,泄泻,痢疾,小儿疳积,风湿痹痛,脚气,痈肿,疥癣,跌打损伤,崩漏,血滞经闭,皮肤瘙痒,湿疹。**辣蓼根(水蓼根)**辛,温。活血调经,健脾利湿,解毒消肿。用于月经不调,小儿疳积,痢疾泄泻,跌打肿痛。**蓼实**辛,温。化湿利水,破瘀散结,解毒。用于吐泻腹痛,水肿,小便不利,癥积痞胀,痈肿疮疡,瘰疬。

【历史】水蓼始载于《新修本草》,谓:"叶似蓼,茎赤,味辛,生下湿水傍",又曰:"生于浅水泽中,故名水蓼。其叶大于家蓼,水挼食之,胜于蓼子。"《日华诸家本草》云:"水蓼味辛,冷,无毒。"《本草衍义》云:"水蓼,大率与水红相似,但枝低尔"。《本草纲目》曰:"此乃水际所生之蓼,叶长五六寸,比水荭叶稍狭,比家蓼叶稍大,而功用仿佛。茎叶味辛,无毒。"所述形态与现今辣蓼主流商品原植物水蓼相符。

【附注】《中国药典》1977年版曾收载;2010年版附录收载为六神曲的加工原料(辣蓼、青蒿、杏仁等);《山东省中药材标准》收载辣蓼。

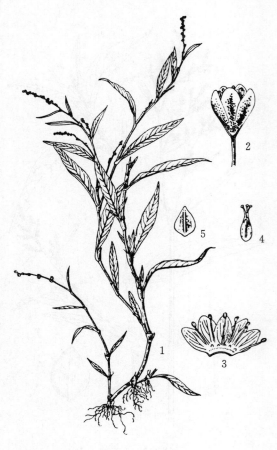

图117 水蓼
1.植株 2.花 3.展开花被示雄蕊 4.雌蕊 5.瘦果

食,古代作为调味食用蓼。

【采收加工】夏、秋二季开花时采割地上部分,或挖取根,除去杂质,晒干。秋季采收成熟果实,除去杂质,晒干。

【药材性状】全草长20~70cm。须根灰棕色或紫褐色。茎圆柱形,有分枝,直径约2mm;表面红褐色或灰绿色,有纵棱线,节膨大;质坚脆,断面稍呈纤维性,皮部菲薄,浅砖红色,木部黄白色,中空。叶互生,皱缩或破碎;完整叶片展平后呈披针形或椭圆状披针形,长4~8cm,宽0.5~1.4cm;先端渐尖,基部楔形,全缘;表面灰绿色、黄棕色或紫褐色,两面有腺点及毛茸,以叶缘及叶中脉尤多;托叶鞘筒状,膜质,紫褐色。有时带花序,花多脱落,花蕾米粒状。气微,味辛、辣。

以叶多、色绿、带花、辛辣味浓者为佳。

【化学成分】**全草**含芦丁,金丝桃苷,异鼠李素,山柰酚,槲皮素,槲皮苷,水蓼二醛(polygodial,tadeonal),异水蓼二醛(isotadeonal,isopolygodial),密叶辛木素(confertifolin),水蓼酮(polygonone),水蓼素-7-甲醚(persicarin-7-methylether),水蓼素,顺/反阿魏酸(cis/trans-ferulic acid),香草酸,丁香酸,草木犀酸(melilotic acid),绿原酸等。**地上部分**含槲皮素,槲皮素-7-O-葡

酸模叶蓼

【别名】马蓼、辣蓼草、旱苗蓼。
【学名】Polygonum lapathifolium L.
【植物形态】一年生草本,高20~90cm。茎直立,上部分枝,无毛,节部明显膨大。单叶互生;叶片披针形或宽披针形,先端渐尖,基部楔形,上面绿色,中央常有黑褐色新月形斑点,下面具腺点,两面沿脉及叶缘有伏生的粗硬毛,全缘;叶柄短,有短硬毛;托叶鞘筒状,膜质,淡褐色,无毛,先端截形,无缘毛。总状花序呈穗状,顶生或腋生,花紧密,通常由数个花穗构成圆锥状;苞片漏斗状,膜质,顶端斜形,有稀疏缘毛,内有数花;花被淡绿色或粉红色,长2~3mm,通常4深裂,裂片椭圆形,有腺点;雄蕊6;花柱2,向外弯曲。瘦果卵圆形,扁

平,两面微凹,黑褐色,有光泽,包被于宿存花被内。花期6~8月,果期7~9月。(图118)

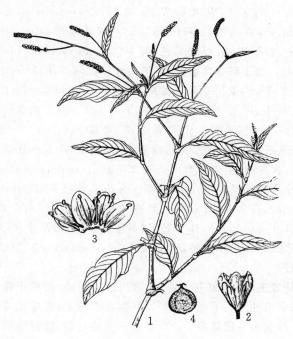

图118 酸模叶蓼
1.植株上部 2.花 3.展开花被示雄蕊 4.瘦果

【生长环境】生于路边、山坡或水边湿地。
【产地分布】山东境内产于各地。在我国除山东外,还分布于黑龙江、辽宁、河北、山西、江苏、安徽、湖北、广东等地。
【药用部位】全草:鱼蓼(大马蓼)。为民间药。
【采收加工】夏、秋二季采收,洗净,鲜用或晒干。
【药材性状】茎圆柱形;表面褐色或浅绿色,无毛,常具紫色斑点。叶片卷曲;完整叶片展平后呈披针形或长圆状披针形,长5~7cm,宽1~3cm;先端渐尖,基部楔形;上表面有新月形斑点,绿色,下表面有腺点,主脉及叶缘具刺伏毛;托叶鞘筒状,膜质,无毛。花序圆锥状,由数个花穗组成;苞片漏斗状,内有数花;花被通常4裂,淡绿色或粉红色,具腺点;雄蕊6,花柱2,外弯。瘦果卵圆形,侧扁,两面微凹,黑褐色,有光泽,直径2~3mm,包于宿存花被内。气微,味微辣、涩。
【化学成分】地上部分含黄酮类:槲皮素-3-O-β-D-葡萄糖苷,槲皮素-3-O-β-D-半乳糖苷,槲皮素-3-O-α-L-呋喃阿拉伯糖苷,山柰酚-3-O-β-D-半乳糖苷,山柰酚-3-O-β-D-葡萄糖苷-2″-没食子酸酯(kaempferol-3-O-β-D-glucoside-2″-gallate),山柰酚-3-O-β-D-(6″-对-羟基苯甲酰)-吡喃半乳糖苷,槲皮素-3-O-β-D-(6″-阿魏酰)-吡喃半乳糖苷,槲皮素-3-O-β-D-(2″-没食子酰)-吡喃鼠李糖苷,槲皮素-3-O-β-D-(2″-没食子酰)-吡喃葡糖苷,酸模叶蓼异黄酮酚(lapathinol),酸模叶蓼二氢查尔酮(lapathone),酸模叶蓼当归酰氧查尔酮(angelafolone),酸模叶蓼异戊酰氧查尔酮(valafolone),酸模叶蓼-2-甲基丁酰氧基查尔酮(melafolone),2′,4′-二羟基-6′-甲氧基查尔酮(2′,4′-dihydroxy-6′-methhoxy chalcone),2′,4′-二羟基-6′-甲氧基-3′-异戊酰氧基查尔酮(2′,4′-dihydroxy-6′-methoxy-3′-isovateryloxy chalcone);脂肪酸:花生酸,亚麻酸,棕榈酸,亚油酸和山嵛酸等。根含2-甲基萘(2-methyl naphthalene)。全草还含3,5-二羟基-4-甲基芪(3,5-dihydroxy-4-methylstilbene)和5-甲氧基-6,7-亚甲二氧基黄酮(5-methoxy-6,7-methylenedioxy flavone)。
【功效主治】辛、辣,温。解毒,除湿,活血。用于腹痛肿疡,瘰疬,腹泻,痢疾,湿疹,疳积,风湿痹痛,跌打损伤,月经不调。
【附注】①本种果实曾在山东和内蒙古作水红花子入药,应注意鉴别。②本种在"Flora of China" 5:289,2003的中文名为马蓼。

附:绵毛酸模叶蓼

绵毛酸模叶蓼 var. *salicifolium* Sibth. 与原种的主要区别是:叶片长披针形,下面密生白色绵毛。果实扁圆至扁长圆形,残存花柱较长。全草民间也称辣蓼,药用同水蓼。全草含脂肪酸,主要为亚油酸,油酸,棕榈酸和花生酸。产于昆嵛山和艾山。

红蓼

【别名】水红棵(临沂)、水红花子(德州)、荭草。
【学名】Polygonum orientale L.
【植物形态】一年生高大草本,高达2m。茎直立,粗壮,上部多分枝,密生开展的柔毛。单叶互生;叶片卵形或宽卵形,长10~20cm,宽6~12cm,先端渐尖,基部圆形,全缘,两面密生短柔毛;有长柄;托叶鞘筒状,下部膜质褐色,上部革质,绿色,向外呈环状开展。总状花序呈穗状,顶生或腋生,长2~8cm,紧密,不间断,常数枚再排成圆锥状;苞片鞘状,宽卵形,有短缘毛,内有1~5朵花;花梗细,有毛;花被红色、粉红色至白色,5深裂,裂片椭圆形,长约3mm;雄蕊7,长于花被;花柱2,合生,稍露出花被外。瘦果近圆形,扁平,直径约3mm,黑色,有光泽,包于宿存花被内。花期6~9月;果期8~10月。2n=22。(图119)
【生长环境】生于沟边湿地或村边路旁。
【产地分布】山东境内产于各地,并有少量栽培。在我国除山东外,还分布于黑龙江、吉林、辽宁、内蒙古、河北、山西、甘肃、江苏等地。
【药用部位】果实:水红花子;全草:荭草;根:荭草根;花序:荭草花。为少常用中药和民间药。
【采收加工】夏季开花时采收花序,鲜用或晒干。秋季果实成熟时割取果穗,晒干,打下果实,除去杂质后再晒干。夏、秋二季采收全草，挖取根，洗净，鲜用或晒干。

【药材性状】果实扁圆形，直径2~3mm，厚1~1.5mm；表面棕黑色或红棕色，有光泽，两面微凹，中部略有纵向隆起，顶端有突起的柱基，基部有浅棕色略突起的果柄痕，有的残留膜质花被。种子扁圆形；表面浅棕色或黄白色，先端突起，另一端有棕色圆形种脐；断面胚乳白色，粉质。气微，味淡。

以粒大饱满、色黑棕者为佳。

全草长约1.5m，被白色长柔毛。茎圆柱形，多分枝；表面灰绿色、棕红色或紫红色，有细纵皱纹，节略膨大，节间长短不一；质坚脆，断面中央有髓。叶互生，多皱缩或破碎；完整叶片展开后呈卵形或阔卵形，长10~20cm，宽6~12cm；先端渐尖，基部圆形或略心形，全缘；表面灰绿色或棕黑色；托叶鞘筒状，膜质，上端常有一叶质环状翅；叶柄长。总状花序呈穗状，顶生；花萼近白色或紫红色，被白色长柔毛。瘦果近圆形，扁平，两面中部微凹；棕黑色。气微，味微辛、辣。

以叶花多、色绿者为佳。

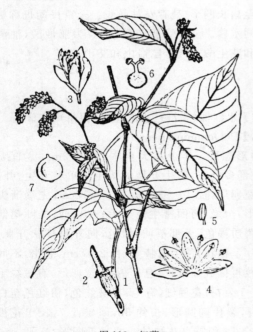

图119 红蓼
1.植株上部 2.节部 3.花 4.展开花被示雄蕊
5.雄蕊 6.雌蕊 7.瘦果

【化学成分】果实含黄酮类：花旗松素（taxifolin），槲皮素，柚皮素，圣草酚（eriodictyol），香橙素（aromadendrin），儿茶素，表没食子儿茶素；还含阿魏酸-对羟基苯乙醇酯（p-hydroxyphenylethanol ferulate），3,5,7-三羟基色原酮，对香豆酸-对羟基苯乙醇酯（p-hydroxyphenylethanol coumarate），β-谷甾醇，28-O-β-D-glucopyranosyl-3β,7β-dihydroxy-lup-20(29)-en-28-oate，5,7-二羟基色原酮，3,3'-二甲基鞣花酸-4'-O-β-D-葡萄糖苷（3,3'-di-O-methylellagic acid-4'-O-β-D-glucopyranoside），3,3'-二甲基鞣花酸（3,3'-di-O-methylellagic acid），异香兰酸（isovanillic acid），异香草醛（isovanillin），香草酸，对羟基苯乙醇[4-(2-hydroxyethyl) phenol]。地上部分含黄酮类：槲皮苷，3,5,6,7,8,3'-六甲氧基-4',5'-亚甲二氧基黄酮，5-羟基-3,6,7,8,3'-五甲氧基-4',5'-亚甲二氧基黄酮，3,5,8,3',-四甲氧基-6,7,4',5'-双（亚甲二氧基）黄酮，3'-羟基-3,5,8,4',5'-五甲氧基-6,7-亚甲二氧基黄酮，洋地黄黄酮（digicitrin）等；挥发油：主成分为丙烯基苯甲醚（1-methoxy-4-propenylbenzene）。叶含牡荆素（vitexin），异牡荆素（isovitexin），荭草素（orientin），异荭草素（isoorientin），荭草苷（orientoside）A，B，槲皮苷，异槲皮苷，木犀草素-7-O-葡萄糖苷，β-谷甾醇，叶绿醌-9（plastoquinone-9）及硝酸钾。

【功效主治】水红花子咸，微寒。散血消癥，消积止痛，利水消肿。用于癥瘕痞块，瘿瘤，食积不消，胃脘胀痛，水肿腹水。荭草根辛，凉；有毒。清热解毒，除湿通络，生肌敛疮。用于痢疾泄泻，水肿，脚气，风湿痹痛，跌打损伤，湿疹，疮痈肿痛，久溃不敛。荭草辛，凉；小毒。祛风利湿，清热解毒，活血，截疟。用于风湿痹痛，痢疾，腹泻，水肿，疟疾，疝气，脚气。荭草花用于头痛，心胃气痛，腹中痞积，痢疾，小儿疳积。

【历史】红蓼始载于《名医别录》，列为中品，名荭草，又名天蓼。《本草图经》谓："荭即水荭也，似蓼而叶大，赤白色，高丈余。"《本草衍义》载有水红子。《本草纲目》曰："此蓼甚大，而花亦繁红，故曰荭。曰鸿，鸿亦大也"，又曰："其茎粗如姆指，有毛，其叶大如商陆叶，其花色浅红成穗，秋深子成，扁如酸枣仁而小，其色赤黑而肉白，不甚辛。"所述形态与现今植物红蓼一致。

【附注】《中国药典》2010年版收载水红花子。

杠板归

【别名】拉拉秧（莒南）、白拉秧（沂水）、贯叶蓼。

【学名】Polygonum perfoliatum L.

【植物形态】一年生攀援草本。茎四棱形，沿棱有倒生皮刺，无毛，绿色，有时带暗红色。单叶互生；叶片近三角形，长宽为2~6cm，上面绿色，下面淡绿色，沿脉疏生皮刺；叶柄盾状着生，与叶片等长，倒生皮刺，托叶鞘叶状，近圆形，穿茎。总状花序呈短穗状，花小，具苞，每苞含2~4花；苞片圆形；花被5裂，淡红色或白色，长约2.5mm，果期增大，肉质，变为深蓝色；雄蕊8，短于花被；子房卵圆形，花柱3叉状。瘦果球形，直径约3mm，黑色，有光泽，包在蓝色花被内。花期6~8月；果期7~10月。（图120）

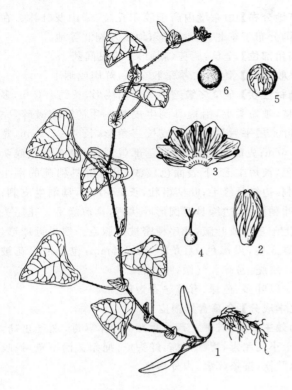

图120 杠板归
1.植株 2.花 3.展开花被示雄蕊
4.雌蕊 5.花被和瘦果 6.瘦果

【生长环境】生于阴湿山沟、林边、路旁草丛或河边。
【产地分布】山东境内产于各山地丘陵。在我国分布于东北、华北、华东、华南、西南等地。
【药用部位】全草：杠板归；根：杠板归根。为少常用中药和民间药。
【采收加工】夏、秋二季采割地上部分，鲜用或晒干。夏季采根，洗净，鲜用或晒干。
【药材性状】全草卷缩成团。茎细长，略呈方柱形，直径1~4mm；表面紫红色或紫棕色，有纵棱及众多倒生皮刺，节略膨大，节间长2.5~5cm，节处具托叶鞘碎落后的环痕；质脆，断面近方形，纤维性，黄白色，中心有白色疏松的髓或小孔隙。叶多皱缩破碎或脱落；完整叶片展平后呈近等边三角形，淡棕色或黄绿色，叶背面主脉及叶柄上疏生小钩状皮刺，托叶鞘包于茎节上或脱落。短穗状花序生于茎顶端或上部叶腋，苞片圆形，宿存或破碎。质脆易碎。气微弱，茎味淡，叶味酸。
以叶多、色绿、气味浓者为佳。
【化学成分】全草含黄酮类：山柰酚，山柰酚-3-O-芸香糖苷，萹蓄苷，槲皮素（quercetin），槲皮素-3-O-β-D-葡萄糖醛酸甲酯，槲皮素-4′-O-β-D-葡萄糖醛酸（quercetin-4′-O-β-D-glucuronide），槲皮素-3-O-β-D-葡萄糖醛酸-6″-正丁酯（quercetin-3-O-β-D-glucuronide-6″-butylester），槲皮素-3-O-β-D-葡萄糖苷，芦丁；有机酸：咖啡酸及其甲酯，原儿茶酸（protocatechuic acid），对-香豆酸，阿魏酸，香草酸；三萜类：熊果酸，白桦脂酸，白桦脂醇，葫芦苦素（cucurbitacin）Ⅱa、U，asteryunnanoside F，saikosaponin M；生物碱：iotroridoside A，pokeweedcerebroside 5，bonaroside；还含有3,4,3′,4′-四甲基并没食子酸，3,3′-二甲基并没食子酸，内消旋酒石酸二甲酯（dimethyl mesotartrate），靛苷（indican），5-羟甲基糠醛，七叶内酯，8-羰基-松脂酚（8-oxo-pinoresinol），3,3′-二甲氧基鞣花酸等。根和根茎含靛苷，少量大黄素和大黄酚。根皮还含鞣质。
【功效主治】杠板归酸，微寒。清热解毒，利水消肿，止咳。用于咽喉肿痛，肺热咳嗽，小儿顿咳，水肿尿少，湿热泻痢，湿疹，疖肿，蛇虫咬伤。杠板归根酸、苦，平。解毒消肿。用于对口疮，痔疮，肛瘘。
【历史】杠板归始载于《万病回春》，谓："四五月生至九月见霜即无，叶尖青如犁头样，藤有小刺，子圆如珠，生青熟黑"。《本草纲目拾遗》名雷公藤，谓："生阴山脚下，立夏时发苗，独茎蔓生，茎穿叶心，茎上又发叶，叶下圆上尖如犁耙。又类三角枫，枝梗有刺"。《植物名实图考》名刺犁头，曰："蔓生，细茎，微刺茸密，茎叶俱似荞麦。开小粉红花成簇，无瓣。结碧实有棱，不甚圆，每分杈处有圆叶一片似蓼。"据其文图，均与现今植物杠板归一致。
【附注】《中国药典》2010年版、《山东省中药材标准》2002年版收载杠板归，前者为新增品种。

习见蓼

【别名】小萹蓄、猪牙草、腋花蓼、铁马鞭。
【学名】Polygonum plebeium R. Br.
【植物形态】一年生草本。茎平卧，自基部多分枝，节间通常短于叶。单叶互生；叶片狭倒卵形、条状长圆形或匙形，长0.5~2cm，宽1~3mm，先端钝，基部楔形；托叶鞘膜质，先端数裂，无脉纹或脉纹不显著。花小，簇生于叶腋；花梗短或近无梗，中部有关节；花被5深裂，裂片长约2mm；雄蕊5，中部以下与花被合生，短于花被；花柱3，甚短，柱头状。瘦果卵状三棱形，长1~1.5mm，黑色或褐色，全包于宿存花被内。花、果期夏、秋季。（图121）
【生长环境】生于原野、荒地或路旁。
【产地分布】山东境内产于烟台、潍坊、泰安、济南、济阳、聊城等地。在我国除山东外，还分布于华东、华南、西南地区及河北、河南等地。
【药用部位】全草：小萹蓄。为民间药。
【采收加工】夏季开花时采收，除去杂质，晒干。
【药材性状】全草形似萹蓄，较短小。茎较细弱，红棕色，节间短而紧密。叶片狭长披针形，长0.5~2cm，宽1~3mm；表面灰绿色或绿色，侧脉不明显；叶鞘只具一

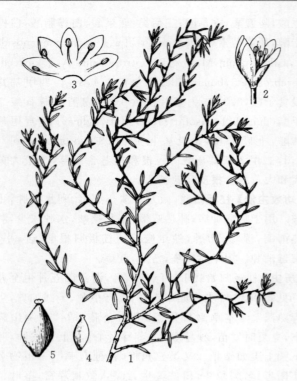

图 121 习见蓼
1.植株部分 2.花 3.花被片和雄蕊 4.雌蕊 5.瘦果

脉或不明显。气微,味淡。

【化学成分】花含槲皮素(quercetin),槲皮素-3-O-阿拉伯糖苷(quercetin-3-arabinoside),芦丁,齐墩果酸(oleanolic acid),白桦脂酸(betulinic acid),表无羁萜醇(epifriedelanol)和 β-谷甾醇。

【功效主治】苦,凉。利尿通淋,清热解毒,化湿杀虫。用于热淋,石淋,黄疸,痢疾,恶疮疥癣,外阴湿痒,阴蚀,蛔虫病。

【附注】本种在"Flora of China"5:285,2003 的中文名为铁马鞭。

刺蓼

【别名】廊茵、猫儿刺。

【学名】Polygonum senticosum (Meisn.) Franch. et Savat. (*Chylocalyx senticosum* Meisn. ex Miq.)

【植物形态】多年生草本。茎攀援,长 1~1.5m,四棱形,下部紫红色,沿棱有倒生皮刺。单叶互生;叶片三角形或三角状戟形,长 4~8cm,宽 3~6cm,先端渐尖或狭尖,基部心形,通常两面无毛或疏生细毛,下面沿脉有倒生皮刺;叶柄较长,有倒生皮刺;托叶鞘短筒状,上部草质,绿色。头状花序,顶生或腋生,总花梗有腺毛和短柔毛,疏生倒生皮刺;花淡红色,花被 5 深裂,裂片椭圆形;雄蕊 8;花柱 3,基部合生,柱头头状。瘦果近球形,黑色,有光泽。(图 122)

【生长环境】生于沟边、路旁或山谷灌丛中。

【产地分布】山东境内产于胶东丘陵、蒙山及临沭。在我国分布于东北、华北、华东地区及湖北等地。

【药用部位】全草:廊茵(刺蓼)。为民间药。

【采收加工】夏、秋二季采收全草,鲜用或晒干。

【药材性状】全草多皱缩。茎呈四棱形,长约 100cm,多分枝,被短柔毛,沿棱具倒生皮刺。叶常皱缩破碎,完整叶片展平后呈三角形或长三角形,长 4~7.5cm,宽 2~6cm;先端急尖或渐尖,基部戟形;上表面绿色或灰绿色,被短柔毛,下表面色较浅,沿叶脉具稀疏的倒生皮刺,边缘具缘毛;叶柄粗壮,长 2~7cm,具倒生皮刺;托叶鞘筒状,边缘具肾圆形叶状翅,具短缘毛。花序头状生于茎顶或叶腋,花序梗密被短腺毛。瘦果近球形,微具 3 棱,黑褐色,无光泽,长 2.5mm,包于宿存花被内。质脆,易碎。气微,味微苦。

以叶多、色绿、有花序者为佳。

【化学成分】全草含异槲皮苷。

【功效主治】苦,平。行血散瘀,消肿解毒,理气止痛。用于小儿胎毒,胃气疼痛,蛇头疮,痈疖久治不愈,蛇咬伤,跌伤,湿疹痒痛,内外痔疮。

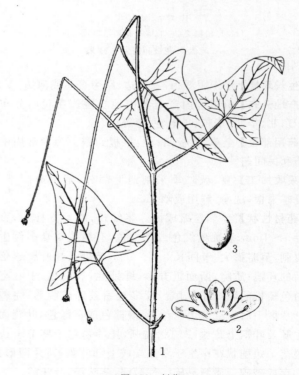

图 122 刺蓼
1.植株上部 2.展开花被示雄蕊 3.瘦果

附:箭叶蓼

箭叶蓼 P. sieboldii Meisn.(*P. sagittatum* auct. non L.)与刺蓼的主要区别是:叶片长卵状披针形(似箭形);托叶鞘膜质,不为叶状,边缘无叶状翅。花序梗无腺毛。瘦果卵状三棱形,黑色,无光泽。山东境内产于各山地丘陵。药用同刺蓼。

支柱蓼

【别名】紫参、血三七、支柱拳参。

【学名】Polygonum suffultum Maxim.

【植物形态】多年生草本，高 18～40cm。根状茎粗壮，通常呈念珠状，黑褐色。茎直立，不分枝。叶基生；叶片卵形或窄卵形，长 4～12cm，宽 3～8cm，先端渐尖或急尖，基部心形，全缘或微波状，两面无毛或上面沿脉有短粗毛；有长柄，长 5～16cm；茎上部的叶较小；有短柄或无柄抱茎；托叶鞘膜质，筒状，浅棕色，开裂。总状花序呈穗状，总轴长 3～5cm；小花白色，花被 5 深裂，裂片椭圆形，长 2～3mm；雄蕊 8，不外露；花柱 3，柱头头状。瘦果卵状三棱形，褐色，有光泽，包于宿存花被内。花期 6～7 月；果期 7～10 月。（图 123）

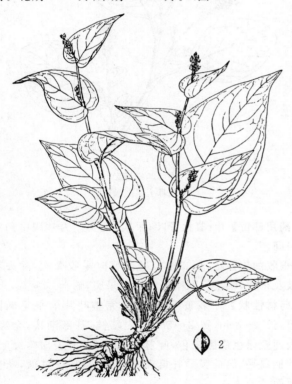

图 123 支柱蓼
1. 植株 2. 瘦果

【生长环境】生于山沟、山坡湿地草丛或林下。

【产地分布】山东境内产于蒙山。在我国除山东外，还分布于河北、山西、河南、陕西、湖北、四川、贵州、浙江、江西等地。

【药用部位】根茎：支柱蓼。为民间药。

【采收加工】秋季采挖，除去茎叶及细根，晒干。

【药材性状】根茎连珠状结节形或不规则圆柱形，长 2～9cm，直径 0.5～2cm。表面紫褐色或棕褐色，有 6～10 节，每节呈扁球形，被残存叶基、须根或须根痕。质坚硬，断面粉红色至棕红色，近边缘处有 12～30 个黄白色维管束小点，断续排列成环状。气微，味涩。以个大、色紫褐、断面色红者为佳。

【化学成分】根茎含蒽醌类：大黄素，大黄酸，大黄酚，芦荟大黄素，大黄素甲醚；三萜类：neohop-13(18)-en-3β-ol，neohop-13(18)-en-3β-yl acetate，hop-17(21)-en-3β-yl acetate，表木栓醇，无羁萜；还含五倍子酸（gallic acid），neochlorogenic acid n-butyl ester，杨梅素-3-O-β-D-吡喃葡萄糖，β-谷甾醇，胡萝卜苷。

【功效主治】微苦、涩，平。散瘀止血，理气止痛，调经。用于跌打损伤，腰痛，胃痛，劳伤吐血，便血，崩漏，月经不调。

【附注】①《中国药典》1977 年版曾收载。②本种在"Flora of China"5：285，2003 的中文名为支柱拳参。

戟叶蓼

【别名】水麻蓼、水麻芍。

【学名】Polygonum thunbergii Sieb. et Zucc.

【植物形态】一年生草本，高 60～90cm。茎直立或斜生，四棱形，沿棱有倒生皮刺。单叶互生；叶片戟形，长 3～9cm，宽 2～7cm，先端渐尖，基部截形或略呈心形，两面疏生伏毛，边缘生短缘毛；叶柄有狭翅和刺毛；托叶鞘膜质，斜筒状，向外反卷，有缘毛。花序头状，顶生或腋生，苞片卵形，绿色，有短毛；花序梗密生腺毛和短毛；花小，白色或淡红色，花被 5 深裂；雄蕊 8；花柱 3。瘦果卵状三棱形，黄褐色，无光泽。花期 7～9 月；果期 8～10 月。（图 124）

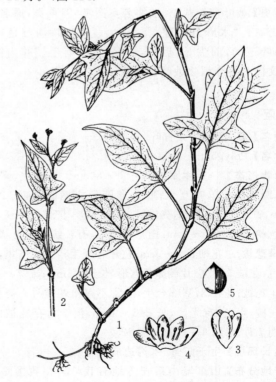

图 124 戟叶蓼
1. 植株 2. 花序 3. 花 4. 展开花被示雄蕊 5. 瘦果

【生长环境】生于山沟湿地或水边。
【产地分布】山东境内产于胶东半岛及鲁山、蒙山、徂徕山等地。在我国除山东外，还分布于吉林、辽宁、河北、江苏、湖北等地。
【药用部位】全草：水麻芳。为民间药。
【采收加工】夏、秋二季采收，鲜用或晒干。
【药材性状】全草皱缩。茎圆柱形，具纵棱，长约60cm，沿棱具倒生皮刺，基部外倾。叶常脱落或破碎；完整者展平后呈戟形，长3～8cm，宽2～6cm；先端渐尖，基部截形或近心形，两面绿色或棕绿色，疏生刺毛，边缘具短缘毛，中部裂片呈卵形或宽卵形，侧生裂片较小，卵形；叶柄长2～5cm，具倒生皮刺和狭翅；托叶鞘膜质，边缘具全缘的叶状翅，具粗缘毛。花序头状，生于茎端或叶腋，花序梗具腺毛及短柔毛；苞片披针形，边缘具缘毛，每苞内具2～3朵花；花被淡红色或白色。瘦果宽卵形，具3棱，黄褐色，无光泽，长约3mm，包于宿存花被内。质脆，易碎。气微，味淡、微苦。
【化学成分】全草含水蓼素(persicarin)，槲皮苷。芽叶含矢车菊苷(chrysanthemin)，花青素鼠李葡萄糖苷(keracyanin)，石蒜花青苷(lycoricyanin)，芍药花苷(paeonin)，矢车菊素(cyanidin)，飞燕草素(delphinidin)，芍药花素(peonidin)，锦葵花素(malvidin)，卡宁(canin)和2,6-二甲氧基苯醌(2,6-dimethoxy benzoquinone)。
【功效主治】酸、微辛，平。清热解毒，凉血止血，祛风镇痛，止咳。用于痢疾泄泻，咳嗽，痧症，蛇虫咬伤。
【历史】戟叶蓼始载于《植物名实图考》隰草类，原名水麻芳，曰："水麻芳生建昌。丛生，茎如蓼；淡红色；绿节；叶三叉，前尖长，后短，面绿，背淡有毛。"并附图。其文图与现今植物戟叶蓼相似。

蓼蓝

【别名】蓼大青叶、大青叶、蓼蓝叶。
【学名】Polygonum tinctorium Ait.
【植物形态】一年生草本，高50～80cm。茎直立，多分枝，圆柱形。单叶互生；叶片卵圆形或椭圆形，长2～8cm，宽1.5～5.5cm，先端钝，基部楔形，灰绿色，干后蓝绿色；叶柄长0.5～1cm；托叶鞘膜质，有长缘毛。总状花序呈穗状；总花梗长4～8cm；苞片有纤毛；花小，密集，淡红色；花被5裂，裂片倒卵状匙形，长约2.5mm；雄蕊6～8，短于花被；花柱3，基部合生，通常不露出花被外。瘦果具三棱，褐色，有光泽，长2.5～3mm，包于宿存花被内。花期7月；果期8～9月。（图125）
【生长环境】生于旷野、水沟边或栽培。
【产地分布】山东境内泰安等地有栽培。在我国除山东外，还分布于辽宁、黑龙江、河北、江苏、陕西、湖北、广东、四川等地。

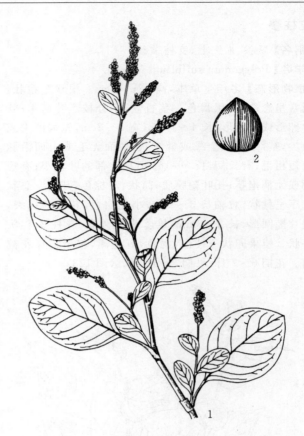

图125 蓼蓝
1.植株上部 2.瘦果

【药用部位】叶：蓼大青叶；果实：蓝实。为常用中药和民间药。
【采收加工】夏、秋二季枝叶茂盛时采收2次，除去茎枝及杂质，晒干。秋季采收成熟果实，晒干。
【药材性状】叶多皱缩或破碎，完整叶片展平呈椭圆形，长3～8cm，宽2～5cm。先端钝，基部渐狭，全缘。表面蓝绿色或黑绿色，叶脉浅黄棕色，下表面略突起。叶柄扁平，偶带膜质托叶鞘。质脆，易碎。气微，味微涩而稍苦。

以叶大、质厚、色蓝绿、无枝梗者为佳。

果实包被于宿存花被内，卵形，长2.5～3mm。表面褐色，有光泽，具三棱线。气微，微苦。
【化学成分】全草含靛玉红(indirubin)，靛蓝(indigo, indigotin)，N-苯基-2-萘胺(N-phenyl-2-naphthylamine)，β-谷甾醇，虫漆蜡醇(laccerol)。地上部分含山柰酚-3-O-β-D-吡喃葡萄糖苷，3,5,4′-三羟基-6,7-亚甲二氧基黄酮-3-O-β-D-吡喃葡萄糖苷，色氨酮，2-甲氧基-4-烯丙基苯酚，3-甲基苯甲醛，十六碳酸，3,7,11,15-四甲基-2-十六烯-1-醇，9,12,15-十八碳三烯酸-2,3-二羟基丙酯等。鲜叶含靛苷(indican)。
【功效主治】蓼大青叶苦，寒。清热解毒，凉血消斑。用于温病发热，发斑发疹，肺热喘咳，喉痹，痄腮，丹毒，痈肿。**蓝实**甘,寒。清热解毒。用于温热发斑,咽痛,疳蚀,肿毒,疮疖。

【**历史**】蓼蓝始载于《神农本草经》,列为上品,果实入药,名蓝实。《名医别录》云:"蓝,其茎叶可以染青。"《新修本草》云:"按《经》所用乃是蓼蓝实也,其苗似蓼,而味不辛者。"《本草图经》云:"生河内平泽,今处处有之,人家蔬圃中作畦种莳,三月、四月生苗,高三二尺许,叶似水蓼,花红白色,实亦若蓼子而大,黑色,五月、六月采实。按蓝有数种……有蓼蓝,但可染碧,而不堪作淀。"《本草纲目》曰:"蓝凡五种,各有主治,惟蓝实专取蓼蓝者。蓼蓝,叶如蓼,五、六月开花,成穗细小,浅红色,子亦如蓼,岁可三刈。"所述形态及《植物名实图考》隰草类蓝(一)附图,与现今植物蓼蓝相符。

【**附注**】《中国药典》2010年版收载蓼大青叶。

虎杖

【**别名**】穿筋龙(泰山)、活血龙、舒筋龙(蒙山)。

【**学名**】Reynoutria japonica Houtt.
(*Polygonum cuspidatum* Sieb. et Zucc.)

【**植物形态**】多年生灌木状草本,高达2m。根状茎横走,木质,外皮黄褐色。茎丛生,直立,圆柱形,表面无毛,散生多数红色或带紫色斑点,中空。单叶互生;叶片阔卵形或卵状椭圆形,长6~12cm,宽5~9cm,先端急尖,基部圆形或宽楔形,全缘,两面无毛;叶柄长1~2.5cm;托叶鞘筒状,膜质,褐色,早落。花单性,雌、雄异株;圆锥花序,花梗细长,中部以下有关节,上部有翅;花小而密,白色或淡绿色,花被5深裂,外轮3片果期增大,背部有翅;雄花雄蕊8,长于花被,有退化雌蕊;雌花有退化雄蕊;花柱3,柱头扩展呈流苏状。瘦果椭圆状三棱形,长3~4mm,黑褐色,光亮,包于增大的花被内。花期8~9月;果期9~10月。2n=52。(图126)

【**生长环境**】生于山沟、溪旁或岸边。

【**产地分布**】山东境内产于胶东丘陵及鲁中南山区。在我国除山东外,还分布于河北、河南、陕西、江苏、湖北、江西、福建、台湾、云南、四川、贵州等地。

【**药用部位**】根茎和根:虎杖;叶:虎杖叶。为较常用中药和民间药。

【**采收加工**】春、秋二季采挖根及根茎,除去须根,洗净,趁鲜切短段或厚片,晒干。春至秋季采收茎叶,洗净,鲜用或晒干。

【**药材性状**】根茎圆柱形,有分枝,或为短段及不规则厚片,长短不一,直径0.5~2.5cm。外皮棕褐色或灰棕色,有纵皱纹、须根或须根痕,节部略膨大,节间长2~3cm。质坚硬,切面皮部较薄,木部宽广,棕黄色,射线放射状,皮部与木部较易分离;根茎髓中有隔或呈

图126 虎杖
1.根 2.花枝 3.花 4.包在宿存花被内的瘦果 5.瘦果

空洞。气微,味微苦、涩。

以粗壮、色棕褐、质坚实、断面色黄者为佳。

【**化学成分**】根及根茎含醌类:大黄素,大黄素甲醚,大黄酚,大黄素甲醚-8-O-β-D-葡萄糖苷,大黄素-8-O-β-D-葡萄糖苷,迷人醇(fallacinol),6-羟基芦荟大黄素(citreorosein),大黄素-8-甲醚(questin),6-羟基芦荟大黄素-8-甲醚(questinol),2-甲氧基-6-乙酰基-7-甲基胡桃醌(2-methoxy-6-acetyl-7-methyljuglone),决明蒽酮-8-葡萄糖苷(torachrysone-8-O-D-glucoside),虎杖素A(cuspidatumin A)即2-乙氧基-8-乙酰基-1,4-萘醌(2-ethoxy-8-acetyl-1,4-naphthoquinone)等;芪类:白藜芦醇(resveratrol),虎杖苷(polydatin);挥发性成分:二苯并噻吩(dibenzothiophene),3-甲基-二苯并噻吩,芴(fluorine),9H-哈吨(9H-xanthene),9-甲基-9H-芴,1-甲基蒽(1-methyl-anthracene),2,8-二甲基二苯并噻吩,邻苯二甲酸二丁酯;有机酸:原儿茶酸,没食子酸,色氨酸(tryptophan),2,6-二羟基苯甲酸;还含1-(3-O-β-D-吡喃葡萄糖基-4,5-二羟基-苯基)乙酮[1-(3-O-β-D-glucopyranosyl-4,5-dihydroxy-phenyl)-ethanone],5,7-二羟基(3H)-异苯并呋喃酮[5,7-dihydroxy(3H) isobenzofuranone],右旋儿茶精,2,5-二甲基-7-羟基色酮,黄葵内酯(ambrettolide),7-羟基-4-甲氧基-5-甲基香豆精,胡萝卜苷,葡萄糖,鼠李糖,多糖,氨基酸及无机元素铜、铁、锰、锌、钾等。茎叶含柠檬酸,酒石酸,苹果酸及羟基蒽酮类化合物;叶还含槲皮苷,异槲皮苷,萹蓄苷,金丝桃苷,芦丁,叶绿醌C、B及鞣质。

【**功效主治**】**虎杖**微苦,微寒。利湿退黄,清热解毒,散

瘀止痛,止咳化痰。用于湿热黄疸,淋浊,带下,风湿痹痛,痈肿疮毒,水火烫伤,经闭,癥瘕,跌打损伤,肺热咳嗽。**虎杖叶**苦,平。祛风湿,解热毒。用于风湿关节疼痛,蛇咬伤,漆疮。

【历史】虎杖始载于《雷公炮炙论》。《本草经集注》曰:"田野甚多,此状如大马蓼,茎斑而叶圆。"《蜀本草》曰:"生下湿地,作树高丈余,其茎赤根黄。二月、八月采根,日干。"《本草图经》曰:"三月生苗,茎如竹笋状,上有赤斑点,初生便分枝丫。叶似小杏叶。七月开花,九月结实。南中出者,无花,根皮黑色,破开即黄。"本草所述形态及"越州虎杖"附图与现今植物虎杖基本一致。

【附注】①《中国药典》2010年版收载虎杖,用异名 *Polygonum cuspidatum* Sieb. et Zucc.。②本志采用《中国植物质志》25(1):125 虎杖 Reynoutria japonica Houtt. (*Polygonum cuspidatum* Sieb. et Zucc.)的分类。

酸模

【别名】山大黄、山菠菜(烟台)、山酸溜(牙山)。

【学名】Rumex acetosa L.

【植物形态】多年生草本,高约1m,有酸味。主根肥厚粗短,生有多数须根,黄色。茎直立,通常不分枝,中空,表面无毛,有沟纹。单叶互生;基生叶叶片椭圆形,长3~13cm,宽1~3cm,先端急尖或圆钝,基部箭形,全缘,有时略呈波状,柄与叶片等长或长1~2倍;茎上部叶较窄,披针形,无柄且抱茎;托叶鞘膜质,斜形。花单性,雌、雄异株;圆锥花序顶生;雄花花被6,椭圆形,排为2轮,外轮较内轮狭小;雄蕊6;雌花内轮花被片果期显著增大,圆形,全缘,基部心形,外轮花被片较小,反折;柱头3,画笔状,紫红色。瘦果三棱形,黑褐色,有光泽。花期5~7月;果期6~8月。2n=14。(图127)

【生长环境】生于路边、林缘、山坡或湿地。

【产地分布】山东境内产于各山地丘陵。在我国除山东外,还分布于南北各省区。

【药用部位】根或全草:酸模。为民间药。

【采收加工】夏、秋二季采收,除去杂质,晒干。

【药材性状】根茎粗短;顶端残留茎基,下面簇生数条根。根稍肥厚,长3~7cm,直径1~6mm;表面棕紫色或棕色,有细纵皱纹;质脆,易折断,断面棕黄色,粗糙,纤维性。气微,味微苦、涩。

叶多皱缩。完整者展平后叶片卵状长圆形,长4~14cm,宽2~4cm;先端钝或微尖,基部箭形或近戟形,全缘或微波状;表面不甚光滑,枯绿色,托叶鞘膜质,斜截形;基生叶有长柄,柄长约15cm;茎生叶无柄或抱茎,

图127 酸模
1.雌株 2.雄花 3.花药 4.雌花 5.花被片和瘦果

较小。气微,味苦、酸、涩。

【化学成分】根含大黄酚,大黄素甲醚,大黄素,大黄酚蒽酮(chrysophanol anthrone),大黄素甲醚蒽酮(physcion anthrone),大黄素蒽酮,芦荟大黄素,大黄酚-8-O-β-D-葡萄糖苷,大黄素-8-O-β-D-葡萄糖苷,ω-乙酰氧基芦荟大黄素(ω-acetoxyaloeemodin)和酸模素(musizin)。叶含蒽醌类:大黄酚,1,8-二羟基蒽醌,芦荟大黄素;黄酮类:槲皮素,山奈酚,杨梅素,牡荆素,金丝桃苷;尚含堇黄质,鞣质,草酸钙,酒石酸,氨基酸和维生素C。果实含槲皮素和金丝桃苷。

【功效主治】酸、苦,寒。凉血,清热,解毒,通便,利尿,杀虫。用于热痢,淋病,小便不通,便秘,内痔出血,吐血,恶疮,疥癣。

【历史】酸模始载于《本草经集注》,列于羊蹄项下,曰:"又一种极相似而味酸,呼为酸模,根亦疗疮也"。《日华子本草》曰:"酸模,所在有之,生山冈上。状似羊蹄,叶小而黄,茎叶俱细,节间生子若荛蔚子"。《本草纲目》云:"平地亦有,根、叶、花形并同羊蹄,但叶小味酸为异。其根赤黄色"。所述形态似现今植物酸模。

皱叶酸模

【别名】羊蹄草、牛舌头、牛耳大黄。

【学名】Rumex crispus L.

【植物形态】多年生草本,高 0.4～1m。根粗大,黄色,有酸味。茎直立,通常不分枝,有浅沟纹。叶基生;叶片披针形或长圆状披针形,长 10～25cm,宽 2～4cm,先端渐尖,基部楔形,边缘皱波状,两面无毛;有长柄;茎上部叶渐小,披针形,有短柄;托叶鞘管状,膜质,常破裂。花序为数枚腋生的总状花序合成一狭长的圆锥花序;花簇轮生;花两性;花被片 6,排成 2 轮,果期内轮花被片增大呈宽卵形,宽约 4mm,全缘或有不明显的微齿,表面有网纹,全部有瘤状突起;雄蕊 6;柱头 3,画笔状。瘦果卵状三棱形,褐色,有光泽。花期 5～6 月;果期 6～7 月。(图 128)

【生长环境】生于山坡、荒野或河边湿地。

【产地分布】山东境内产于崂山、昆嵛山、五莲山等地。在我国除山东外,还分布于华北、东北、西北地区及四川、福建、台湾、广西、云南等地。

【药用部位】根:牛耳大黄。叶:牛耳大黄叶。为民间药。

【采收加工】春、夏二季采叶,鲜用或晒干。秋季采根,除去泥土,晒干。

【药材性状】根呈不规则圆锥状条形,长 10～20cm,直径达 2.5cm,有的具分枝。表面棕色至深棕色,有不规则纵皱纹及多数近圆形的须根痕。根头部有干枯的茎基,其周围有多数棕色片状干枯叶基。质硬,断面黄棕色,纤维性。气微,味苦。

叶枯绿色,皱缩。展平后基生叶叶片长披针形至长圆形,长 16～25cm,宽 2～4cm;基部多为楔形;叶片薄纸质,具长叶柄。茎生叶较小,叶片长披针形;先端急尖,基部圆形、截形或楔形,边缘波状皱褶,两面无毛;托叶鞘筒状,膜质。叶柄较短。气微,味苦、涩。

【化学成分】根及根茎含大黄素,大黄酚,大黄酚-1-O-β-D-吡喃葡萄糖苷,1,8-二羟基-3-甲基-9-蒽酮,矢车菊素,右旋儿茶酚,左旋表儿茶酚。全草含黄酮类:山柰酚,山柰酚-3-O-α-L-吡喃鼠李糖苷,槲皮素,槲皮素-3-O-α-L-吡喃鼠李糖苷,右旋儿茶素,左旋表儿茶素;蒽醌类:大黄素,大黄素-8-O-β-D-吡喃葡萄糖苷,大黄素甲醚,大黄素甲醚-8-O-β-D-吡喃葡萄糖苷,大黄酚,大黄酚-8-O-β-D-吡喃葡萄糖苷;还含没食子酸,二十六烷酸,十六烷酸-2,3-二羟基丙酯等。叶含多种维生素和鞣质。

【功效主治】牛耳大黄苦,寒。清热凉血,化痰止咳,通便杀虫。用于急性黄疸、咳喘、吐血、血崩、紫癜、大便燥结、痢疾、疥癣、秃疮、疔疖。牛耳大黄叶清热解毒,

图 128 皱叶酸模
1.植株 2.花被片和瘦果 3.瘦果

利大便。

齿果酸模

【别名】牛舌草。

【学名】Rumex dentatus L.

【植物形态】一年生草本,高 20～80cm。茎直立,多分枝。单叶互生;叶片长圆形或宽披针形,长 4～8cm,宽 1.5～3cm,先端圆钝或尖,基部圆形或心形,边缘平坦或略呈波状,两面无毛;叶柄长 1～5cm,疏生短毛;托叶鞘膜质,筒状。花序圆锥状,顶生,花簇轮状排列,通常有叶;花两性,黄绿色,花梗基部有关节;花被片 6,排成 2 轮,内轮在果期增大,三角状卵形,有明显网纹,全部具小瘤,边缘通常有不整齐的刺状齿 2～4 个;雄蕊 6;柱头 3,画笔状。瘦果卵形,有 3 锐棱,长约 2mm,褐色,平滑,光亮。花期 5～6 月;果期 6～7 月。(图 129)

【生长环境】生于路旁或水沟边湿地草丛。

【产地分布】山东境内产于各地。在我国除山东外,还分布于云南、四川、陕西、河南、河北、江苏、浙江、台湾、山西等地。

【药用部位】叶:牛舌草。为民间药

【采收加工】4～5 月采叶,鲜用或晒干。

【药材性状】叶片皱缩或破碎。完整者展平后,基生叶叶片长圆形或宽披针形,如牛舌状,长 4～8cm,宽 1～

图129　齿果酸模
1.植株部分　2.花　3.宿存花被和瘦果　4.瘦果

2.5cm；先端钝圆，基部圆形；表面枯绿色；具长柄。茎生叶较小，叶片披针形或长披针形；叶柄短。托叶鞘膜质，筒状。气微，味苦、涩。

【化学成分】根叶含大黄酚，大黄素，芦荟大黄素，大黄素甲醚，helonioside A，没食子酸，异香草酸，反式对羟基肉桂酸（p-hydroxycinnamic acid），琥珀酸（succinic acid），正丁基吡喃果糖苷（n-butyl-β-D-fructopyranoside），槲皮素，软脂酸-1-甘油单酯，β-谷甾醇，胡萝卜苷。全草含亚麻酸，亚油酸，棕榈酸和γ-谷甾醇。

【功效主治】苦，寒。清热解毒，杀虫止痒。用于乳痈，疮疡肿毒，疥癣。

钝叶酸模

【别名】金不换、土大黄。

【学名】Rumex obtusifolius L.

【植物形态】多年生草本，高0.8～1m。主根粗大肥厚，黄色。茎粗壮直立，有沟纹。叶基生；叶片阔椭圆形或卵形，长15～30cm，宽12～15cm，先端钝圆，基部心形，全缘，下面有瘤状突起；具长柄；托叶鞘膜质，易破裂，早落；茎生叶叶片卵状披针形，向上渐小。花簇集成圆锥状花序；花小，绿色或紫绿色，花两性；花被6，排成2轮，外轮花被片开展，内轮花被片增大，狭三角状卵形，边缘每侧具2～3个刺状齿，通常1片具小瘤；柱头3。瘦果卵状三棱形，褐色，有光泽。花期4～5月；果期5～6月。（图130）

【生长环境】生于沟边、湿地或原野山坡。

【产地分布】山东境内的烟台、青岛、潍坊、济南等地有少量栽培。在我国除山东外，还分布于华中地区。

【药用部位】根：土大黄；叶：土大黄叶。为民间药。

【采收加工】秋季采收根，除去茎叶、泥土，晒干。春、夏二季采叶，洗净，鲜用或晒干。

【药材性状】根圆锥形或圆柱形，粗壮，有分枝。表面土黄色或黄褐色，有深皱纹，不平坦，并有多数须根及皮孔样疤痕。根头部留有茎基，下部有横纹。质坚硬，难折断，断面黄色，可见由表面凹入的深沟纹。气微，味苦、涩。

以块大、色黄、味苦者为佳。

叶多皱缩。展平后基生叶叶片卵形至卵状长椭圆形，长14～28cm，宽12～18cm；先端钝或钝圆，基部心形或歪心形；表面绿褐色，下表面有明显的小瘤状突起；托叶鞘膜质，脱落；具长柄。茎生叶卵状披针形，较小。气微，味淡。

【化学成分】根及根茎含结合及游离的大黄素，大黄素甲醚，大黄酚；还含酸模素（musizin）及鞣质。根还含6-O-丙二酰基-β-甲基-D-吡喃葡萄糖苷，阿斯考巴拉酸（ascorbalamic acid）。

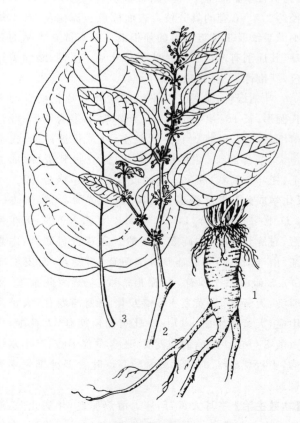

图130　钝叶酸模
1.根　2.花枝　3.叶

【功效主治】土大黄辛、苦,凉。清热解毒,行瘀,杀虫。用于咳血,肺痈,痄腮,大便秘结,痈疡肿毒,湿疹,疥癣,跌打损伤,烫伤。土大黄叶苦、酸,平。清热解毒,凉血止血,消肿散瘀。用于肺痈,肺痨咯血,痈疮肿毒,痄腮,咽痛,跌打损伤。

【历史】钝叶酸模始载于《质问本草》,名土大黄。《本草纲目拾遗》名"金不换",曰:"金不换,亦名救命王,似羊蹄根,而叶圆短,本不甚高。"《植物名实图考》曰:"金不换,江西、湖南皆有之,叶如羊蹄菜而圆,无花实,或呼为土大黄"。所述形态特征及分布,并参考《植物名实图考》附图,与现今土大黄的原植物钝叶酸模基本一致。

附:红丝酸模

红丝酸模 R. chalepensis Mill. 又名网果酸模。与钝叶酸模的主要区别是:茎生叶的叶脉红色。内花被片三角状心形,具极明显的网纹,边缘具锐齿,齿直,全部具小瘤,小瘤长圆形。山东境内各地有栽培,药用同钝叶酸模。

巴天酸模

【别名】羊蹄、牛耳大黄、牛西西。

【学名】Rumex patientia L.

【植物形态】多年生草本,高1~1.5m。根粗壮,黄褐色。茎直立,粗壮,不分枝或分枝,有沟纹,无毛。叶基生;叶片长椭圆形或长圆状披针形,长15~30cm,宽4~10cm,先端钝或急尖,基部圆形、浅心形或楔形,全缘或皱波状,具长柄;茎生叶狭小,叶片长圆状披针形至狭披针形;有短柄;托叶鞘筒状,膜质。圆锥花序大型;花两性;花簇轮生,密生;花被片6,淡绿色,排成2轮,果期内轮花被片增大,呈宽心形,宽约5mm,全缘,有网纹,基部有瘤状突起;雄蕊6;柱头3,画笔状。瘦果三棱形,褐色,有光泽,长约5mm。花期5~6月;果期8~9月。(图131)

【生长环境】生于低山、路旁、草地或沟边。

【产地分布】山东境内产于各山地丘陵及河沟边。在我国除山东外,还分布于黑龙江、辽宁、内蒙古、河北、河南、山西、陕西、青海等地。

【药用部位】根:羊蹄。为民间药。

【采收加工】秋季采挖,除去茎叶、须根、泥土,鲜用或晒干。

【药材性状】根类圆锥形,有分枝,长达15cm,直径约5cm。表面灰棕色,具皱纹、点状突起的须根痕及皮孔样横向延长的疤痕。根头部残留茎基、棕黑色鳞片状物和须根,向下有密集的横环纹。质坚实,难折断,断面灰黄色,纤维性甚强。气微,味苦。

以体大坚实、断面色黄、味苦者为佳。

【化学成分】根和根茎含大黄素,大黄酚,大黄素甲醚,决明酮-8-O-β-D-葡萄糖苷(torachrysone-8-O-β-D-glucopyranoside),尼泊尔羊蹄素(nepodin),5-甲氧基-7-羟基-1(3H)苯并呋喃酮[5-methoxy-7-hydroxy-1(3H)-benzofuranone],5,7-二羟基-1(3H)苯并呋喃酮,十九烷酸-2,3-二羟丙酯(nonadecanoic acid-2,3-dihydroxypropyl ester),没食子酸,β-谷甾醇;胡萝卜苷,儿茶素。全草含蒽醌类:大黄素,大黄酚,大黄素甲醚,大黄素-1,6-二甲醚,大黄素-8-O-β-D-葡萄糖苷,xanthorin-5-methylether;黄酮类:山奈酚,槲皮素-3-O-β-D-葡萄糖苷,异鼠李素,山奈酚-3-O-β-D-葡萄糖苷,5-羟基-4′-甲氧基黄酮-7-O-β-芸香糖苷;木脂素类:牛蒡子苷,3-羟基牛蒡子苷(3-hydroxyl arctiin),3-甲氧基牛蒡子-4″-O-β-D-木糖苷(3-methoxyl arctiin-4″-O-β-D-xylpyranoside)。果实含正三十二烷醇,二十六烷酸,对羟基桂皮酸正二十二酯(p-coumaric acid n-eicosanyl ester),三十四烷。

【功效主治】苦,寒。清热解毒,止血,杀虫。用于痢疾泄泻,肋疼,跌打损伤,各种出血,紫癜,痈疮疥癣,脓泡疮,烫火伤。酒制止泻,补血。

图131 巴天酸模
1.叶 2.花序 3.花 4.花被和瘦果 5.瘦果

长刺酸模

【别名】酸模、皱叶羊蹄、假菠菜。

【学名】Rumex trisetifer Stokes
(R. maritimus auct. non L.)

【植物形态】一年生草本,高30~80cm。茎直立,中空,较粗壮,有棱槽,无毛,略分枝。单叶互生;叶片披针形或狭披针形,长8～14cm,宽1～2.6cm,基部楔形,先端渐尖,全缘,愈近茎顶部的叶愈小;托叶鞘膜质,破裂。大型圆锥花序顶生或腋生,花序上有叶;花两性;花梗细长,近基部有关节;花被6,外轮3片小,线状长圆形,内轮3片大,三角状卵形或菱形,每片背面有长卵形瘤状突起,边缘狭,各边的中央有一长针状刺,针刺长3～4mm。瘦果椭圆形,具3锐棱,褐色,包于花被片内。花期5～6月;果期6～7月。(图132)

图132 长刺酸模
1.植株上部 2.花被和瘦果 3.瘦果

【生长环境】生于山坡湿地、路旁、田边或湖边低洼湿地。
【产地分布】山东境内产于微山等地。在我国除山东外,还分布于东北、华北及长江流域各地。
【药用部位】根及全草;野菠菜。为民间药。
【采收加工】夏、秋二季采收带根全草,除去泥土,鲜用或晒干。
【药材性状】根粗大,单一或数条簇生,偶有分枝;表面棕褐色,断面黄色;味苦。茎粗壮。基生叶较大,完整叶片披针形至长圆形,长8～14cm,宽1～2.5cm,基部多为楔形,具长柄;茎生叶叶片较小,先端渐尖,基部圆形、截形或楔形,边缘波状皱褶,叶柄短;托叶鞘筒状,膜质。圆锥花序,小花黄色或淡绿色。气微,味苦、涩。

【化学成分】全草含大黄酚,7-羟基-2,3-二甲基色酮(7-hydroxy-2,3-dimethylchromone),山柰酚,槲皮素。果含羊蹄根苷(rumarin),芦丁,金丝桃苷(hyperin)。
【功效主治】酸、苦,寒。杀虫,清热,凉血。用于痈疮肿痛,秃疮疥癣,跌打肿痛。

藜科

中亚滨藜

【别名】软蒺藜、白蒺藜。
【学名】Atriplex centralasiatica Iljin
【植物形态】一年生草本,高20～60cm。茎直立,多分枝,有白粉状物。单叶互生;叶片卵状三角形至菱状卵形,长1.5～5.5cm,宽1～3cm,先端钝或短渐尖,基部圆形或阔楔形,边缘有疏锯齿,近基部的一对锯齿较大而呈裂片状,上面灰绿色,下面密被灰白色粉状物;叶柄短。花单性,雌、雄同株;团伞花序腋生;雄花花被5深裂,裂片阔卵形;雄蕊5;雌花无花被,有2苞片,苞片边缘近基部合生,果期增大,呈扇形,长6～8mm,宽0.7～1cm,表面有多数疣状或肉棘状附属物,边缘有不等大的三角状牙齿;苞柄长1～3mm。胞果扁平,阔卵形或圆形,直径2～3mm,白色,包于苞片中。种子直立,红褐色或黑褐色。花期7～8月;果期8～9月。(图133,彩图11)

图133 中亚滨藜
1.植株上部 2.雄花 3.展开的苞片,示雌蕊 4.果期苞片

【生长环境】生于海滨荒地、盐碱地草丛中。
【产地分布】山东境内产于东营、沾化、利津、寿光、无棣、广饶、青岛等地。在我国除山东外,还分布于吉林、辽宁、内蒙古、河北、山西、宁夏、甘肃、青海、新疆、西藏等地。

【药用部位】果实:软蒺藜。为山东、河北部分地区少常用中药和民间药。

【采收加工】秋季果实成熟时割取全草,晒干,打下果实,晒干。

【药材性状】胞果包被于两片扇形宿存苞片中,连苞片长6～8mm;表面土黄色或浅绿色,粗糙,有多数疣状或软刺状附属物,但不刺手。胞果扁圆形,直径2～3mm;表面光滑,一侧有喙状突起。质脆,果皮与种皮均薄,剥开后呈淡黄色,富油性。气微,味微咸。

【化学成分】果实含异鼠李素,苜蓿素,苜蓿素-7-O-β-D-葡萄糖苷（tricin-7-O-β-D-glucoside）,槲皮素-7-O-α-L-吡喃鼠李糖苷,异荭草苷,芸苔二糖苷（brassidine）,异鼠李素-7-O-α-L-鼠李糖苷,β-谷甾醇,胡萝卜苷。

【功效主治】苦,辛。祛风明目,疏肝解郁,活血消肿,通乳。用于目赤多泪,头目眩晕,皮肤风痒,湿疹,疮疡,乳闭不通。

【附注】①《山东省中药材标准》2002年版收载软蒺藜。②《山东经济植物》将此种鉴定为西伯利亚滨藜 A. sibirica L,山东不产。

甜菜

【别名】糖萝卜、甜菜根。

【学名】Beta vulgaris L.

【植物形态】二年生草本,高0.6～1.2m。根肉质,肥厚,呈纺锤形或圆锥形,多汁,富含糖分,外皮紫红色或黄白色。茎直立,有沟纹,无毛,有分枝。叶基生;叶片长圆形或距圆形,长20～30cm,宽10～15cm,上面皱缩不平,下面有粗壮凸出的脉,全缘或略呈心形;叶柄粗壮,下面凸,上面平或有槽;茎生叶互生,较小,叶片菱状卵形或长圆状披针形,先端渐尖,基部渐狭成短柄。圆锥花序,花小,黄绿色,通常2～3朵簇集;花被5裂,裂片条形或狭长圆形,背部有棱,基部与子房结合,果期变硬,包覆果实。胞果下部陷在硬化的花被内,上部稍肉质。种子横生,扁平,双凸镜形,直径2～3mm,红褐色,有光泽,胚环形。花期5～6月;果期7月。（图134）

【生长环境】栽培于田园。

【产地分布】山东境内各地均有栽培。全国各地普遍栽培,以东北地区及内蒙古栽培较多。

【药用部位】根:甜菜根;茎叶:莙荙菜（甜菜）;种子:莙荙子。为民间药,药食两用,莙荙菜为蔬菜。

【采收加工】春、夏二季采收茎叶,秋季挖根,除去杂质,鲜用或晒干。夏季果实成熟时采收,打下种子,晒干。

【化学成分】根含甜菜碱（betaine）,胆碱（choline）,阿魏酸,齐墩果酸,蔗糖,葡萄糖,果糖,棉子糖（raffinose）,

图134 甜菜
1.根 2.植株上部

戊聚糖,果胶,氨基酸,维生素A、B_1、B_2、B_6、B_{12}、E、C及无机元素钾、钙、钠、镁、铁、锌等。红甜菜根中含甜菜红色素（beet red pigment）。根胶含甜菜黄质（betaxanthin）,仙人掌黄质（vulgaxanthin）Ⅰ、Ⅱ。茎叶含可溶性糖,膳食纤维,蛋白质及无机元素钙、铁、锌等。

【功效主治】甜菜根甘、平。宽胸下气。用于胸膈胀闷。莙荙菜（甜菜）甘、苦,寒。清热解毒,行瘀止血。用于时行热病,痔疮,麻疹透发不畅,吐血,热毒下痢,闭经,淋浊,痈肿,跌打损伤,蛇虫咬。莙荙子甘、苦,寒。清热解毒,凉血止血。用于小儿发热,痔疮下血。

【历史】甜菜始载于《名医别录》,列为中品,原名菾菜。《本草纲目》载:"其叶青白色,似白菘叶而短,茎亦相类,但差小耳。生熟皆可食,微作土气。四月开细白花,结实状如茱萸棵而轻虚,土黄色,内有细子。根白色。"所述形态与本种相似。

藜

【别名】灰菜、野灰菜、灰藋。

【学名】Chenopodium album L.

【植物形态】一年生草本,高0.3～1.5m。茎直立,具棱和绿色或紫色条纹,多分枝。单叶互生;下部叶片菱状卵形或卵状三角形,长3～6cm,宽2.5～5cm,先端急尖或微钝,基部楔形至阔楔形,边缘有不整齐锯齿,上面通常无粉,下面通常有白粉;叶柄与叶片等长或稍短。花两性,小型,黄绿色,许多花集成大的圆锥花序;花被5裂,阔卵形至椭圆形,背面有隆脊,有粉;雄蕊5;柱头2。胞果稍扁,近圆形,包于花被内。种子横生,双凸镜形,直径1.2~1.5mm,黑色,有光泽,表面有浅沟纹,胚环形。花期8~9月,果期9~10月。(图135)

图135 藜
1. 植株上部 2. 花被和胞果 3. 种子

【生长环境】生于田间、路旁或村边荒地。
【产地分布】山东境内产于各地。分布于全国各地。
【药用部位】全草:藜;胞果:藜实。为民间药,鲜幼苗药食两用。
【采收加工】6~7月采收地上部分,鲜用或晒干。秋季采收成熟果实,除去杂质,晒干。
【药材性状】全草黄绿色。茎圆柱形,长约1m;表面具条棱。叶片皱缩破碎;完整者展平后呈菱状卵形至宽披针形;先端急尖或微钝,边缘具不整齐锯齿;上表面黄绿色,下表面灰黄绿色,被白粉;叶柄长约3cm。圆锥花序腋生或顶生。气微,味淡。

胞果五角状扁球形,直径1~1.5mm;表面黄绿色,外面紧包花被,顶端5裂,裂片三角形,稍反卷,背面有5棱线,呈放射状,无翅;内有果实1枚。果皮膜质,贴生于种子表面。种子双凸镜形;表面黑色,有光泽,具浅沟纹。气微,味淡。

【化学成分】全草含黄酮类:芦丁,芹菜素-6,8-二-C-β-D-葡萄糖苷,槲皮素-3-O-α-L-鼠李糖(1→4)-α-L-鼠李糖(1→6)-β-D-葡萄糖苷,异鼠李素-3-O-α-L-鼠李糖(1→4)-α-L-鼠李糖(1→6)-β-D-葡萄糖苷,异鼠李素-3-O-芸香糖苷,槲皮素-3-O-β-D-呋喃芹糖(1→2)-O-α-L-鼠李糖(1→6)-β-D-葡萄糖苷[quercetin-3-O-β-D-apio-furanosyl(1→2)-O-α-L-rhamnopyranosyl(1→6)-β-D-glucopyranoside];挥发性成分:3,7,11,15-四甲基-2-十六碳烯-1-醇,六氢化法呢基丙酮(hexahydrofarnesyl acetone)及β-紫罗兰酮等;还含齐墩果酸,β-谷甾醇等。叶含草酸盐,棕榈酸,二十四烷酸,油酸,亚油酸,谷甾醇,二十九烷,油醇(oleyl alcohol)等。根含甜菜碱,氨基酸,甾醇,油脂等。花序含阿魏酸及香草酸。种子含柳杉二醇(cryptomeridiol),8-α-乙酰柳杉二醇(8-α-acetocryptomeridiol),28-O-β-D-吡喃葡萄糖基-齐墩果酸-3-O-β-D-吡喃葡萄糖醛酸苷,20-羟基蜕皮酮(20-hydroxyecdysone)及芦丁等。

【功效主治】藜甘,平;有小毒。清热,利湿,杀虫。用于痢疾,腹泻,湿疮痒疹,毒虫咬伤。藜实苦、微甘,寒,有小毒。清热祛湿,杀虫止痒。用于小便不利,水肿,皮肤湿疮,头疮,耳聋。

【历史】藜始载于《诗经》,名莱,又名灰藋、金锁天、灰菜、灰条菜等。《本草纲目》载:"灰藋处处原野有之。四月生苗,茎有紫红线棱,叶尖有刻,面赤背白,茎心、嫩叶背面皆有白灰……七八月开细白花,结实簇大如球,中有细子";又载:"藜处处有之,即灰藋之红心者,茎叶稍大"。植物藜的形态变异很大,嫩叶上面常有白粉或有紫红色粉,因此本草形态描述与藜一致。

附:小藜

小藜 C. serotinum L.,又名水落藜,与藜的主要区别是:植株高20~50cm。茎有纵棱及绿色条纹。茎下部叶片长圆状卵形,长2.5~5cm,宽1~3.5cm,通常三浅裂,中裂片较长,侧裂片较小,外缘常具2浅裂齿。胞果果皮膜质,具明显的蜂窝状网纹。种子直径约1mm,黑色,有光泽,表面有六角形凹点,胚环形。产地与药用同藜。

灰绿藜

灰绿藜 C. glaucum L.,与藜的主要区别是:茎通常由基部分枝,斜上或平卧,具红色条棱;叶片厚,矩圆状卵形至披针形,长2~4cm,宽0.6~2cm,上面深绿色,下面灰白色或淡紫色,密被白色粉粒;中脉明显,黄绿色;花被片3~4裂,雄蕊1~2,雌蕊柱头2;种子横生,直径约0.7mm,扁球形,暗褐色或红褐色。幼嫩全草含蛋白质,可溶性糖,脯氨酸,维生素C等。生于海滨沙滩、荒地、盐碱地、河湖边、农田边、平原荒地等有轻度盐碱的土壤上。山东境内产于东营、滨州、德州及全省各地。药用同藜。

土荆芥

【别名】臭草、臭荆芥、臭蒿。

【学名】Chenopodium ambrosioides L.

【植物形态】一年生或多年生草本,高约1m;有特殊香气。茎直立,多分枝,有色条及钝条棱,分枝常细瘦,有腺毛、短柔毛或具节的长柔毛,有时近无毛。单叶互生;叶片长圆形至长圆状披针形,先端急尖或渐尖,基部渐狭,边缘有稀疏不整齐的大锯齿,上面无毛,下面有黄色腺点,沿叶脉疏被柔毛,下部叶长达15cm,上部叶逐渐狭小而近全缘;有短柄。穗状花序腋生;花两性及雌性,花小绿色,通常3~5朵簇生于苞腋;花被5裂,稀3裂,果期通常闭合;雄蕊5;花柱不明显,柱头3,丝形。胞果扁球形,长不及1mm,完全包于花被内。种子横生或斜生,黑色或暗红色,平滑,有光泽。花、果期夏秋间。(图136)

【生长环境】生于河边、旷野或村旁。已被列入我国第二批外来入侵物种。

图136 土荆芥
1.植株的一部分及叶 2.叶片部分放大,示背面的腺点
3.花 4.花被片和胞果 5.种子

【产地分布】山东境内产于崂山、临沂、日照、肥城等地。在我国除山东外,还分布于广西、广东、福建、贵州、台湾、江苏、浙江、江西、湖南、四川等地。

【药用部位】带果穗全草:土荆芥。为民间药。

【采收加工】夏、秋二季果实未完全成熟时,割取地上部分,扎成把,置通风处阴干。

【药材性状】全草长约80cm。茎下部圆柱形,上部近方形;表面黄绿色,有纵沟,被毛茸。叶常脱落或破碎,完整叶片展开呈长圆形或长圆状披针形;叶缘有不整齐稀疏钝锯齿;上表面光滑,下表面散生油点;叶脉有毛。花腋生。果穗簇生于枝腋及茎梢,淡绿色或黄绿色;胞果扁球形,完全包被于花被内。种子黑色或暗红色,平滑,直径约0.7mm。具强烈特殊香气,味辣而微苦。

以叶多、色绿、果穗完整、气味浓者为佳。

【化学成分】全草含挥发油,以果实中最多,叶次之,茎最少,油中主要成分为驱蛔素(ascaridole),对-聚伞花素,土荆芥酮(aritasone),双松香芹酮(aritasone),柠檬烯等。叶含山柰酚-7-O-鼠李糖苷,土荆芥苷(ambroside)。果实含山柰酚-3-鼠李糖-4′-木糖苷(kaempferol-3-rhamnoside-4′-xyloside),山柰酚-3-鼠李糖-7-木糖苷,山柰酚,异鼠李素,槲皮素,4-O-去甲相思子黄酮-7-O-α-L-鼠李糖苷-3′-O-β-D-木糖苷(4-O-demethylabrectorin-7-O-α-L-rhamnoside-3′-O-β-D-xyloside)和驱蛔素。地上部分含4-异丙基-1-甲基-4-环己烯-1,2,3-三醇(4-isopropyl-1-methyl-4-cyclohexene-1,2,3-triol),(1R,2S,3S,4S)-1,2,3,4-四羟基薄荷烯[1R,2S,3S,4S-1,2,3,4-tetrahydroxy-p-menthene],α-菠菜甾醇,槲皮素,反式桂皮酸,L-鼠李糖,β-谷甾醇等。

【功效主治】辛、苦,温;有毒。祛风除湿,杀虫,通经,止痛。用于风湿痹痛,钩虫,蛔虫,痛经,经闭,湿疹,蛇虫咬伤。

杂配藜

【别名】大叶藜、大叶灰菜。

【学名】Chenopodium hybridum L.

【植物形态】一年生草本,高0.4~1m。茎直立,较粗壮,有淡黄色或紫色条棱。单叶互生;叶片阔卵形至卵状三角形,长6~15cm,宽5~13cm,先端急尖或锐尖,基部圆形、截形或稍心形,边缘掌状浅裂,裂片不等大,轮廓略呈五角形,两面均呈亮绿色,无粉或稍有粉;叶柄长2~7cm。上部叶较小,叶片多呈三角状戟形,边缘有少数裂片状锯齿,有时几全缘。花序为疏散的大型圆锥花序;花两性兼有雌性;花被片5,狭卵形,背面有纵脊,边缘膜质;雄蕊5;雌蕊1。胞果双凸镜形,果皮膜质,有白色斑点。种子横生,与胞果同形,直径2~3mm,黑色,无光泽,表面有明显的小点或凹凸不平。

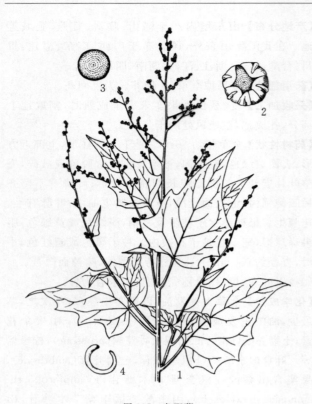

图 137　杂配藜
1.植株上部　2.花被和胞果　3.种子　4.胚

花、果期7~9月。(图137)

【生长环境】生于山坡、林缘或荒地草丛。

【产地分布】山东境内产于泰安、潍坊、青州等地。在我国除山东外,还分布于东北、西北、华北地区及四川、云南、青海、西藏、新疆等地。

【药用部位】全草:大叶藜(血见愁)。为民间药。

【采收加工】6~8月割取带花、果全草,鲜用或切碎晒干。

【药材性状】全草黄绿色。茎粗壮,表面具深纵棱。叶多皱缩破碎;完整叶片展平后呈三角状卵形或卵形,长5~14cm,宽4~12cm;边缘掌状浅裂或全缘。小花成团。胞果果皮膜质,有白色斑点;宿存花被膜质,灰绿色,顶端5裂。种子扁圆形,直径2~3mm;表面黑色,无光泽,凹凸不平。气微,味微苦。

【化学成分】全草含槲皮素等。

【功效主治】甘,平。止血,活血,调经。用于月经不调,崩漏,咯血,衄血,尿血,疮痈肿毒。

地肤

【别名】扫帚菜(临沂)、地肤子、扫帚苗。

【学名】Kochia scoparia (L.) Schrad.
(Chenopodium scoparia L.)

【植物形态】一年生草本,高0.5~1.5m。茎直立,圆柱形,淡绿色或带紫红色,有多数条棱,稍有短柔毛,多分枝。单叶互生;叶片扁平,披针形或线状披针形,长2~7cm,宽3~7mm,先端短渐尖,基部渐狭成短柄,通常有3条明显的主脉,疏生锈色绢状缘毛;无柄;茎上部的叶较小,无柄,1脉。花两性或兼有雌性,通常1~3朵生于上部叶腋,构成疏穗状圆锥花序;花下有时被锈色长柔毛;花被筒状,先端5齿裂,裂片近三角形,绿色;雄蕊5,伸出花被之外;花柱极短,柱头2。胞果扁球形,果皮膜质,与种子离生。种子卵形,黑褐色,直径1~3mm,胚环形,胚乳块状。花期7~9月;果期8~10月。(图138)

【生长环境】生于田边、路旁或海滩荒地。

【产地分布】山东境内产于各地。在我国除山东外,分布于东北地区及内蒙古、河北、山西、陕西、甘肃、宁夏、青海、新疆等地。

【药用部位】果实:地肤子;嫩茎叶:地肤。为较常用中药和民间药,嫩茎叶药食两用。

【采收加工】秋季果实成熟时割下植株,晒干,打下果实,除去枝叶等杂质。春、夏二季采割嫩茎叶,洗净鲜用或晒干。

【药材性状】果实扁球状五角形,直径1~3mm,厚约1mm,外被宿存花被。表面灰绿色或浅棕色,周围有三角形膜质小翅5枚,先端具缺刻状浅裂,背面中心有微突起的果柄痕及放射状脉纹5~10条,上面中央有未被宿存花被包被的五角状空隙,剥开花被,内有果实1

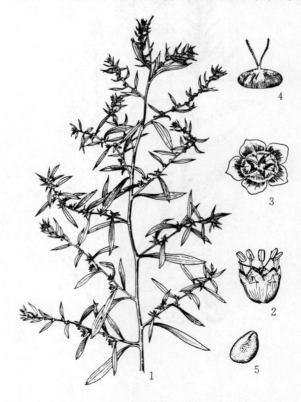

图 138　地肤
1.植株上部　2.花　3.花被和胞果　4.胞果　5.种子

枚。果皮膜质,灰棕色,半透明,质脆,易碎。种子扁卵圆形,长约1mm;表面黑色或棕褐色,有网状皱纹,边缘稍隆起,中部稍下凹,胚马蹄形,绿黄色,油质,胚乳白色。气微,味微苦。

以饱满、宿存花被完整、色灰绿者为佳。

全草分枝较多;表面黄绿色,具条纹,被白色柔毛。叶互生,多脱落;展平后呈狭长披针形,长2～5cm,宽3～7mm;先端渐尖,基部渐狭成短柄,全缘,边缘有长柔毛;表面黄绿色,被短柔毛,通常具3条纵脉。花多1～2,腋生;花被片5,黄绿色,雄蕊5,伸出花被外。质柔软。气微,味淡。

【化学成分】果实含三萜及其苷类:地肤子皂苷Ⅰc(kochiosideⅠc),齐墩果酸,3-O-[β-D-木糖基(1→3)-β-D-葡萄糖醛酸基]齐墩果酸{3-O-[β-D-xylosyl(l→3)-β-D-glucuronosyl] oleanolic acid},3-O-[β-D-木糖基(1→3)-β-D-葡萄糖醛酸甲酯基]齐墩果酸{3-O-[β-D-xylosyl(1→3)-β-D-methylglucuronosylate]oleanolic acid},3-O-β-D-吡喃木糖(1→3)-β-D-吡喃葡萄糖醛酸-齐墩果酸-28-O-β-D-吡喃葡萄糖酯苷,齐墩果酸-28-O-β-D-吡喃葡萄糖酯苷,齐墩果酸-3-O-[β-D-吡喃葡萄糖(1→2)-β-D-吡喃木糖(1→3)]-β-D-吡喃葡萄糖醛酸苷,3-O-β-D-吡喃葡萄糖醛酸甲酯苷,齐墩果酸-3-O-β-D-吡喃木糖(1→3)-β-D-吡喃葡萄糖醛酸甲酯苷;甾体类:豆甾醇-3-O-β-D-吡喃葡萄糖苷,20-羟基蜕皮素(20-hydroxyecdysone),5,20-二羟基蜕皮素,20-羟基-24-亚甲基蜕皮素(20-hydroxy-24-methylenecdysone),20-羟基-24-甲基蜕皮素;还含正三十烷醇,亚油酸,油酸,软脂酸,棕榈油酸(palmitoleic acid)和硬脂酸。茎叶含哈尔满(harman),哈尔明碱(harmine)及无机元素钙、镁、铁、锌、铜、磷等。

【功效主治】地肤子辛、苦,寒。清热利湿,祛风止痒。用于小便涩痛,阴痒带下,风疹,湿疹,皮肤瘙痒。地肤用于赤白痢,泄泻,小便淋痛,目赤涩痛,夜盲,皮肤风热赤肿,恶疮疥癣。

【历史】地肤始载于《神农本草经》,列为上品,一名地葵。《新修本草》名地麦草,云:"叶细茎赤,多出熟田中,苗极弱,不能胜举。"《蜀本草》曰:"叶细茎赤,初生薄地,花黄白,子青白色。"《本草纲目》载:"地肤嫩苗,可作蔬茹,一科数十枝,攒簇团团直上,性最柔弱,故将老时可为帚,耐用。"所述形态与现今地肤子原植物一致。

【附注】《中国药典》2010年版收载地肤子。

附:扫帚菜

扫帚菜 f. trichophylla (Hort.) Schinz et Thell. 与地肤的主要区别是:分枝繁多,植株呈卵形或倒卵形,叶较狭。全省农村有栽培。胞果在东北地区作地肤子药用。

盐角草

【别名】海蓬子、海甲菜(崂山)、海胖子。
【学名】Salicornia europaea L.
【植物形态】一年生草本,高10～35cm。茎直立,多分枝,枝对生,肉质,有关节,苍绿色。叶对生;叶片鳞片状,长约1.5mm,先端锐尖,基部连合成鞘状。穗状花序,长1～5cm,有短梗;花腋生,每一苞片内有3朵花,集成1簇,陷入花序轴内,中间的花较大,位于上部,两侧的花较小,位于下部;花被肉质,倒圆锥形,上部扁平,菱形;雄蕊伸出花被外,花药长圆形;子房卵形;柱头2,钻形,有乳头状小突起。胞果,果皮膜质。种子长圆状卵形,种皮近革质,有钩状刺毛,长约1.5mm,胚马蹄形,无胚乳。花、果期6～8月。(图139,彩图12)

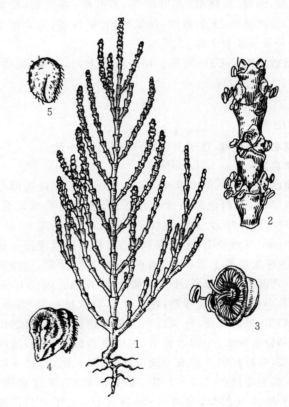

图139 盐角草
1.植株 2.花序(部分) 3.花 4.胞果 5.种子

【生长环境】生于沿海潮湿盐碱地。
【产地分布】山东境内产于烟台、青岛、无棣、沾化、广饶、东营等地。在我国除山东外,还分布于辽宁、河北、山西、陕西、宁夏、甘肃、内蒙古、青海、新疆、江苏等地。
【药用部位】全草:海蓬子。为民间药。
【采收加工】夏季采收,除去杂质,鲜用或晒干。
【化学成分】全草含苋菜红苷(amarantin),7-羟基-6-甲氧基色酮,7-O-β-D-吡喃葡萄糖基-6-甲氧基色酮,2′-羟基-6,7-亚甲二氧基异黄酮醇(2′-hydroxy-6,7-methylenedioxyisoflavonol),7,2′-二羟基-6-甲氧基异黄酮醇(7,2′-dihydroxy-6-methoxyisoflavonol),2′-羟基-6,7-亚甲二氧基二氢黄酮醇(2′-hydroxy-6,7-methylenedioxyflavanonol),丁香树脂酚葡萄糖苷,淫羊藿苷 B_2(icariside B_2),erythro-1-(4-O-β-D-glucopyranosyl-3,5-dimethoxyphenyl)-2-syningaresinoxyl-propane-1,3-diol,长花马先蒿苷 B(longifloroside B)及天冬氨酸,苏氨酸,谷氨酸,缬氨酸,蛋氨酸等。**地上部分**还含槲皮素-3-O-(6″-丙二酰基-β-D-葡萄糖苷)[quercetin-3-O-(6″-malonyl-β-D-glucoside)],槲皮素,槲皮素-3-O-β-D-葡萄糖苷,芦丁,异鼠李素-3-O-β-D-葡萄糖苷。叶含菠菜甾醇,豆甾醇和 24-甲基胆甾-5-烯-3β-醇(24-methylcholest-5-en-3β-ol);新鲜组织含铁。**种子**含脂肪酸:亚油酸,油酸,棕榈酸,亚麻酸等;氨基酸:谷氨酸,精氨酸,苯丙氨酸,天冬氨酸,赖氨酸,甘氨酸等;还含维生素 E 及 β-胡萝卜素。

【功效主治】平肝,利尿。用于肝阳上亢,头晕,头痛,衄血,小便不利。

猪毛菜

【别名】扎蓬棵、蓬子菜(泰山)、猴子毛(平邑)。

【学名】Salsola collina Pall.

【植物形态】一年生草本,高 0.2～1m。茎自基部分枝,绿色,有白色或淡紫红色条纹,被短硬毛或无毛。单叶互生;叶片丝状圆柱形,长 2～5cm,宽 0.5～1.5mm,有短硬毛,先端有刺状尖,基部边缘膜质。穗状花序生枝条上部;苞片卵形,顶部有硬针刺,边缘膜质,背部有白色隆脊;小苞片披针形,先端有刺状尖,苞片及小苞片紧贴花序轴;花被片 5,卵状披针形,膜质,先端尖,果时变硬,自背部中上部生翅状突起,突起以上部分近革质,先端近膜质,向中央折曲成平面,紧贴果实,有时在中央集成小圆锥体;花药长圆形;柱头丝状,长为花柱的 1.5～2 倍。胞果倒卵形;果皮膜质。种子横生或斜生,顶端平;胚螺旋状,无胚乳。花期 5～9 月;果期 9～10 月。(图 140)

【生长环境】生于村头、路旁、田边、山坡荒地、沙丘或碱性砂质地。

【产地分布】山东境内产于各地。在我国除山东外,还分布于东北、华北、西南地区及西藏、河南、江苏等地。

【药用部位】全草:猪毛菜。为民间药,鲜幼苗药食两用。

【采收加工】夏、秋二季采收,除去杂质,鲜用或晒干。

【药材性状】全草黄棕绿色。叶多破碎,完整叶片丝状圆柱形,长 2～5cm,宽约 1mm;先端有硬针刺。穗状花

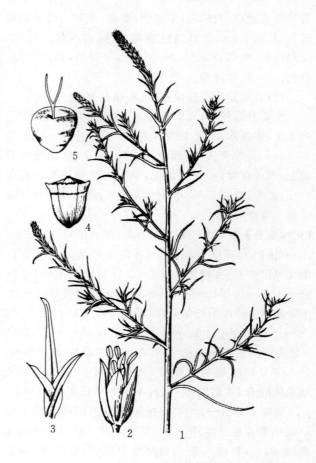

图 140　猪毛菜
1.植株上部 2.花 3.花外面的 3 枚苞片
4.花被和胞果 5.胞果

序着生于枝上部;苞片硬,卵形,顶部延伸成刺尖,边缘膜质,背部有白色隆脊;花被片先端向中央折曲,紧贴果实,在中央聚成小圆锥体。种子直径约 1.5mm,先端平。气微,味淡。

【化学成分】全草含黄酮类:小麦黄素(tricin),小麦黄素-7-O-β-D-吡喃葡萄糖苷,小麦黄素-4′-O-β-D-芹糖苷,异鼠李素-7-O-β-D-吡喃葡萄糖苷,异鼠李素-3-O-α-L-吡喃阿拉伯糖(1→6)-β-D-吡喃葡萄糖苷;糖类:蔗糖,D-葡萄糖,D-果糖,D-甘露醇,葡萄糖和果糖的乙酯;有机酸:阿魏酸,对羟基苯丙烯酸,水杨酸;还含有甾醇糖苷,内消旋肌醇(myo-inositol),三甲铵乙内盐(glyccine betaine)等。**地上部分**含黄酮类:异鼠李素,槲皮素-3-O-β-D-吡喃葡萄糖苷,异鼠李素-3-O-β-D-吡喃葡萄糖苷;生物碱:N-反式阿魏酰基-3-甲基多巴胺(N-transferuloyl-3-methyldopamine),3-[4-(β-D-吡喃葡萄糖氧基)-3-甲氧基苯基]-N-[2-(4-羟基-3-甲氧基苯基)乙基]-2-丙胺{3-[4-(β-D-glucopyranosyloxy)-3-methoxyphenyl]-N-[2-(4-hydroxyl-3-methoxyphenyl)ethyl]-2-propenamide},猪毛菜碱(salsoline)A、B;甾醇类:豆甾醇,菜油甾醇,胆甾醇,β-谷甾醇;还含正三十

一烷醇。

【功效主治】淡,凉。平肝潜阳,润肠通便,清头目。用于肝阳上亢,头晕头痛。嫩苗补气升阳。果期全草清热平肝。

菠菜

【别名】波斯菜。

【学名】Spinacia oleracea L.

【植物形态】一年生草本,高达60cm。根圆锥形,红色。茎直立,光滑无毛,中空。叶互生;叶片戟形至卵形,鲜绿色,柔嫩多汁,全缘或有少数牙齿状裂片。花序上的叶变为披针形,有长柄;花单性,雌、雄异株;雄花簇生,并在茎上部排成间断的穗状圆锥花序;花被4,黄绿色;雄蕊4,伸出;雌花簇生于叶腋,无花被;子房生于2个苞片内,苞片合生成筒状,先端有2小齿,背面通常各有1棘状附属物,果期苞筒变硬增大,花柱4,线形,下部结合。胞果卵形或近圆形,直径约2.5mm,果皮褐色。种子扁圆形,种皮淡红色,胚环形。花、果期夏季。

【生长环境】栽培于菜园或麦田。

【产地分布】山东境内各地普遍栽培。全国各地均有栽培。为极常见蔬菜之一。

【药用部位】全草:菠菜;果实:菠菜子。为民间药,菠菜药食两用。

【采收加工】冬、春二季采收带根全草,洗净,鲜用。夏季种子成熟时,割取地上部分,打下果实,鲜用或晒干。

【化学成分】全草含黄酮类:菠叶素(spinacetin),万寿菊素(patuletin),芦丁,金丝桃苷,紫云英苷,菠菜亭素(spinatin);甾醇类:α-菠菜甾醇,豆甾醇,7-豆甾烯醇,胆甾醇以及甾醇与棕榈酸连接的酯和与葡萄糖、甘露糖连接的苷;昆虫变态激素:水龙骨素(polypodine)B,蜕皮甾酮(β-ecdysone),(24),28-去氢罗汉松甾酮[(24),28-dehydromakisterone]A;色素:叶绿素 a、a′、b、b′、脱镁叶绿素(pheophytin)a、b,堇黄质,新黄质(neoxanthin),叶黄素,β-胡萝卜素,新-β-胡萝卜素 B、U;氨基酸:谷氨酸,丙氨酸,亮氨酸,苯丙氨酸等;有机酸:咖啡酸,绿原酸,新绿原酸,原儿茶酸;还含 6-羟甲基蝶啶二酮(6-hydroxymethyllumazin),铁氧化还原蛋白(ferrdoxin),叶绿醌,维生素 B、B_1、B_2、B_{12}、C、E,叶酸,类胡萝卜素及无机元素钙、磷、铁等。根含菠菜皂苷(spinasaponin)A、B,磷脂酰胆碱(phosphatidylcholine),磷脂酰丝氨酸(phosphatidylserine),磷脂酰乙醇胺(phosphatidylethanolamine),单半乳糖基甘油二酯(monogalactosyldiglyceride),二半乳糖基甘油二酯,聚半乳糖基甘油二酯,脑硫脂(sulfolipid)等。种子含水龙骨素 B,蜕皮甾酮,α-菠菜甾醇,豆甾烯醇和豆甾烷醇。

【功效主治】菠菜甘,平。养血,止血,敛阴,润燥。用于衄血,便血,消渴引饮,大便涩滞。菠菜子微辛、甘,微温。祛风明目,开通关窍,利肠胃。用于风火目赤肿痛,咳喘。

【历史】菠菜始载于《食疗本草》,原名菠薐。《证类本草》云:"菠薐出自西国,有僧将其子来,云本是颇陵国之种,语讹为波陵。"《本草纲目》载:"波陵茎柔脆中空。其叶绿腻柔厚,直出一尖,旁出两尖,似鼓子花叶之状而长大。其根数寸,大如桔梗而色赤,味更甘美。四月起苔尺许,有雌雄,就茎开碎红花,丛簇不显。雌者结实有刺,状如蒺藜子。"所述形态和《植物名实图考》波薐图与菠菜一致。

碱蓬

【别名】灰绿碱蓬、碱蒿子、卤蓬(广饶、无棣、沾化)、蓬子菜(平邑、沂水)。

【学名】Suaeda glauca (Bge.) Bge.
(Schoberia glauca Bge.)

【植物形态】一年生草本,高 0.3～1.5m。茎直立,粗壮,圆柱形,浅绿色,有条棱,上部多分枝,分枝细长。单叶互生;叶片丝状条形,半圆柱状,长 1.5～5cm,宽约 1.5mm,灰绿色,无毛,稍向上弯曲,先端微尖,基部收缩;无柄。花两性兼有雌性,单生或 2～3 朵排列成聚伞花序;两性花花被杯状,长 1～1.5mm,黄绿色;雌花花被近球形,直径约 0.7mm,较肥厚,灰绿色;花被片 5 裂,裂片卵状三角形,果期增厚,使花被呈五角形状,干后变黑;雄蕊 5;柱头 2。胞果包在花被内。种子横生或斜生,双凸镜形,黑色,直径约 2mm,表面有清晰的颗粒状点纹。花期 7～8 月;果期 9～10 月。(图 141)

【生长环境】生于海滩、河谷、路旁或田间等盐碱地。

【产地分布】山东境内产于沿海地区。全国除山东外,还分布于东北地区及内蒙古、河北、山西、陕西、宁夏、甘肃、青海、新疆、江苏、浙江等地。

【药用部位】全草:碱蓬。为民间药。

【采收加工】夏、秋二季采割地上部分,除去杂质,鲜用或晒干。

【药材性状】全草灰绿色或浅绿色。茎圆柱形,长 30～100cm,粗壮;表面黄绿色或浅绿色,有纵条棱和皱纹。叶多破碎,完整者为丝状条形,长 1～5cm,宽约 1.5mm;先端尖锐,全缘;表面灰绿色,光滑或微被白粉,无毛。残存的花着生于叶片基部与总花梗合生的短柄上。果实包于五角星状的宿存花被中,果皮膜质,黑色。种子呈双凸镜形,直径约 2mm,表面黑色,有清晰的颗粒状点纹,稍有光泽。气微,味微咸。

以全草完整、叶多、色灰绿者为佳。

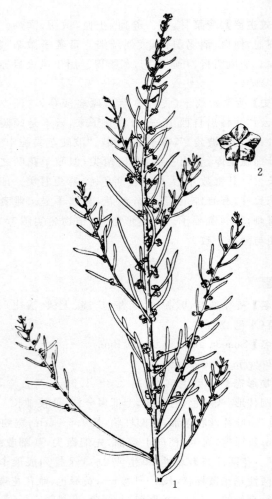

图 141 碱蓬
1. 植株上部 2. 花被和胞果

【化学成分】全草含黄酮类：芦丁，槲皮素-3-O-β-D-半乳糖苷，异鼠李素-3-O-β-D-半乳糖苷等；氨基酸：天冬氨酸，谷氨酸，缬氨酸，甘氨酸，丙氨酸，亮氨酸，赖氨酸，苯丙氨酸等；还含 3,5-二-O-咖啡酰基奎宁酸甲酯，3,5-二-O-咖啡酰基奎宁酸，维生素 B_2、E、C 及无机元素钙、磷、钠、铁、钾、硒等。种子脂肪油主含亚油酸，油酸，棕榈酸，油酸，α-亚麻酸等；氨基酸：赖氨酸，蛋氨酸，胱氨酸等及无机元素钠、钾、硒等。

【功效主治】微咸，凉。清热，消积。用于食积停滞，发热。

【历史】碱蓬之名始载于明代早期的《救荒本草》，云："碱蓬，一名盐蓬，生水傍下湿地，茎似落藜，亦有线楞，叶似蓬而肥壮，比蓬叶亦稀疏，茎叶间结青子，极细小。碱地多有之。"，从形态描述似应包括碱蓬 Suaeda glauce(Bge.)Bge. 和盐地碱蓬 Suaeda salsa(L.)Pall. 两种植物。而其中的"盐蓬"似应为"盐地碱蓬"。此后《野菜博录》中收录了"鹻蓬"，与《救荒本草》记载基本相同。清代《本草纲目拾遗》引《药性考》对碱蓬做了更为详尽的描述："盐蓬、硷蓬，二者皆产北直咸地……至秋时，茎叶俱红"，给予了盐地碱蓬原植物专属性鉴别特征的界定，即"至秋时，茎叶俱红"。经与现代碱蓬类植物比较，碱蓬 Suaeda glauce（Bge.）Bge.，俗称灰绿碱蓬，通体浅绿色或灰绿色，秋季黄绿色至枯萎而非红色，不具备"至秋时，茎叶俱红"之特点；而盐地碱蓬 Suaeda salsa(L.) Pall.，俗称"黄须菜"，因生境的不同，叶呈绿色(内地)、紫绿色、紫红色至红色，尤其随着植株的生长，土壤中盐分的变化，至秋季，植株全株变为紫红色，直至枯萎。成片的盐地碱蓬被人们称为"红地毯"，又是沿海滩涂的草木先锋植物。由此确定，"至秋时，茎叶俱红"者是盐地碱蓬而非碱蓬。本草中的碱蓬应包括碱蓬和盐地碱蓬。

盐地碱蓬

【别名】黄须菜、翅碱蓬、红地毯。

【学名】Suaeda salsa（L.）Pall.
（Suaeda heteroptera Kitagawa）

【植物形态】一年生草本，高 20～80cm，绿色或紫红色，因生境不同，植株形态色泽多变，秋季植株全部变成红色至紫红色，习称"红地毯"。茎直立，圆柱形，黄褐色，有微条棱，无毛，有分枝，枝细瘦。叶无柄，条形，半圆柱状，直伸，或不规则弯曲，长 1～2.5cm，宽 1～2mm，先端尖或微钝。团伞花序有 3～5 朵花，腋生，在分枝上再排列成有间断的穗状花序；小苞片卵形，全缘；花两性，有时兼有雌性，花被半球形，5 裂，裂片卵形，稍肉质，果期背部稍增厚，常在基部延伸出三角形或狭翅状突起；雄蕊 5；柱头 2。胞果包于花被内，果皮膜质，果实成熟后常常破裂而露出种子。种子横生，双凸镜形或歪卵形，直径 0.8～1.5mm，黑色，有光泽，表面具不清晰的网点纹。花、果期 7～10 月。（彩图 13）

【生长环境】生于盐碱土、海边滩涂和海水浸渍的盐碱荒地。

【产地分布】山东境内产于黄河三角洲及沿海各地。在我国除山东外，还分布于黑龙江、辽宁、吉林、内蒙古、河北、山西、陕西北部、宁夏、甘肃北部和西部、青海、新疆等地，以及江苏、浙江的沿海地区。

【药用部位】幼嫩茎叶：黄须菜；全草：碱蓬；种子：黄须菜子；种子油：黄须菜籽油。为民间药，黄须菜和黄须菜籽油药食两用，后者已被列入国家卫生部新资源食品。

【采收加工】春、夏季采收幼嫩茎叶，鲜用或冷藏。夏季开花前采收地上部分，鲜用或晒干。秋季采收成熟的种子，榨油。

【药材鉴别】全草紫绿色或深红色。茎圆柱形，长短不一，有分枝；表面黄绿色或红褐色，有微纵条棱，无毛。

完整叶片展平后呈线形,长1~2cm,宽约1.5mm;先端尖或微钝,无柄。花被半球形,绿色、红色或淡黄绿色;果实包于宿存的花被内,果皮膜质。质脆,易折断破碎。质脆,易折断。气微,味微咸、微涩。

【化学成分】全草含甜菜红素(betacyanins),类胡萝卜素,花青素,芦丁;氨基酸:精氨酸,天冬氨酸,赖氨酸,丝氨酸,苏氨酸,缬氨酸,亮氨酸,异亮氨酸等18种。汁液中含维生素C、B_1、B_5、B_6、B_{12}等及无机元素钙、镁、锌、铁、铜、硒、锰、铬、钴、镍等。**种子油**含亚油酸,油酸和亚麻酸等。

【功效主治】**碱蓬籽油**咸、凉;无毒。清热、消积。用于肝阳上亢、胸闷心痛;现代研究其具有降糖、降压、扩张血管、防治心脏病和增强免疫力等作用。**碱蓬**微咸,凉。清热,消积。用于食积停滞,发热。**黄须菜**食用。

【历史】见碱蓬。

苋科

牛膝

【别名】怀牛膝、牛波落盖(烟台)。

【学名】Achyranthes bidentata Bl.

【植物形态】多年生草本,高0.7~1.2m。根圆柱形,外皮土黄色。茎直立,四棱形,具条纹,分枝对生,节部膨大。叶对生;叶片椭圆形或椭圆状披针形,长4~12cm,宽2~7cm,先端尾尖,基部楔形或阔楔形,两面有贴生或开展的柔毛;叶柄长0.5~3cm,有柔毛。穗状花序顶生及腋生,长3~5cm;总花梗长1~2cm,有白色柔毛;花多数,密生,花期直立,花后反折,贴向穗轴;苞片阔卵形;小苞片刺状;花被片5,披针形,长3~5mm;雄蕊5,花药卵形;子房长圆形,柱头头状。胞果长圆形,长2~2.5mm,黄褐色,光滑。种子长圆形,长约1mm,黄褐色。花期7~9月;果期9~10月。(图142)

【生长环境】生于山沟、溪边或阴湿肥沃的土壤杂草丛。

【产地分布】山东境内产于各山地丘陵,各地有栽培,菏泽种植面积较大。在我国除山东外,还分布于河南、山西、江苏、安徽、浙江、江西、湖南、湖北、四川、云南、贵州等地。

【药用部位】根:牛膝(怀牛膝);野生根:土牛膝;茎叶:牛膝茎叶。为常用中药和民间药,牛膝可用于保健食品。

【采收加工】10月中旬至11月上旬茎叶枯萎时采挖,除去地上茎、须根和泥土,捆成小把,晒至干皱后,用硫黄熏2次,将顶端切齐,晒干。春至秋三季采收茎叶,晒干。全年采收野生品根,洗净,鲜用或晒干。

【药材性状】根细长圆柱形,有的稍弯曲,上端稍粗,下端较细,长15~50cm,最长达90cm,直径0.4~1cm。表面灰黄色或淡棕色,有略扭曲而微细的纵皱纹、横长

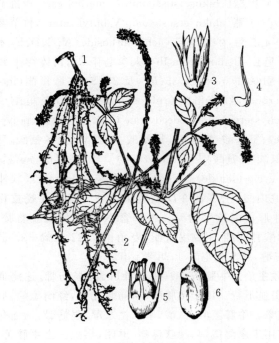

图142 牛膝
1. 根 2. 植株上部 3. 花 4. 小苞片
5. 除去花被片,示雄蕊及雌蕊 6. 果实

皮孔及稀疏的细根痕。质硬脆,易折断,受潮则变柔软,断面平坦,黄棕色,微呈角质样而油润,中心维管束木部较大,黄白色,其外围散有多数点状的维管束,排列成2~4轮。气微,味微甜而稍苦、涩。

以根条长、皮细肉肥、色黄白、味甜者为佳。

野生品根茎圆柱形,长1~3cm,直径0.5~1cm;表面灰棕色,上端残留茎基,周围着生数条粗细不一的根。根长圆柱形,略弯曲,长15cm以下,直径约4mm;表面淡灰棕色,有细密纵皱纹。质稍柔软,干透后易折断,断面黄棕色,有数轮散列的维管束小点。气微,味微甜。

茎长约1m,具四棱,有分枝;表面棕绿色,疏被柔毛,节部略膨大如牛膝状。叶对生,多皱缩;叶片展平后呈卵形、椭圆形或椭圆状披针形,长4~12cm,宽2~7cm;先端锐尖,基部楔形或广楔形,全缘;表面枯绿色,两面被柔毛。气微,味微涩。

【化学成分】根含三萜类:齐墩果酸,齐墩果酸-α-L-鼠李糖基-β-D-半乳糖苷,齐墩果酸-3-O-β-D-葡萄糖醛酸苷(oleanolic acid-3-O-β-D-glucuronopyranoside),齐墩果酸-3-O-β-D-(6′-丁酯)-葡萄糖醛酸苷[oleanolic acid-3-O-β-D-(6′-butyl) glucuronopyranoside],齐墩果酸-3-O-β-D-(6′-甲酯)-葡萄糖醛酸苷[oleanolic acid-3-O-β-D-(6′-methyl) glucuronopyranoside],3-O-(β-D-吡喃葡萄糖醛酸)-齐墩果酸-28-O-(β-D-吡喃葡萄糖),zingibroside R_1 竹节参苷(chikusetsaponin)Ⅰ、Ⅳa、Ⅴ,竹节

参苷 V 甲酯（chikusetsusaponin V methyl ester），竹节参苷 V 丁酯（chikusetsusaponin V butyl ester），竹节参苷 IVa 乙酯，牛膝皂苷（achyranthoside）A、C、D、E，木鳖子皂苷 Ib（momordin Ib），人参皂苷 Ro；甾体类：β-蜕皮甾酮（ecdysterone），25(R)- 及 25(S)-牛膝甾酮（inokosterone），红苋甾酮（rubrosterone），旌节花甾酮 A（stachysterone A），podecdysone C，水龙骨甾酮（polypodine）；氨基酸：精氨酸，甘氨酸，丝氨酸，天冬氨酸，环（酪氨酸-亮氨酸）[cyclo-(tyr-leu)]，环（亮氨酸-异亮氨酸）[cyclo-(leu-ile)]等；还含尿囊素（allantoin），软脂酸，琥珀酸，正丁基-β-D-吡喃果糖苷。**茎叶**含蜕皮甾酮，牛膝甾酮及生物碱。**种子**含 N-反式阿魏酰酪胺，亚油酸甘油酯，β-蜕皮甾酮，麦角甾-7,22-二烯-3β,5α,6β-三醇，竹节参皂苷 1，胡萝卜苷。

【功效主治】**牛膝**苦、酸，平。补肝肾，强筋骨，逐瘀通经，引血下行。用于腰膝酸痛，筋骨无力，经闭癥瘕，肝阳眩晕。**牛膝茎叶**苦、酸，平。祛寒湿，强筋骨，活血化瘀。用于寒湿痿痹，腰膝疼痛，淋闭，疟疾。**土牛膝**苦、酸，平。活血散瘀，祛风除湿，清热解毒，利尿。用于跌打损伤，风湿关节痛，经闭癥瘕，淋证，尿血。

【历史】牛膝始载于《神农本草经》，列为上品，一名百倍。《名医别录》谓："生河内川谷及临朐"。《本草图经》曰："今江、淮、闽、粤、关中亦有之，然不及怀州者为真。"《本草纲目》载："方茎暴节，叶皆对生，颇似苋叶而长且尖，秋月开花，作穗结子，状如小鼠负虫，有涩毛，皆贴茎倒生。"据本草记载的产地、形态及《本草图经》之"怀州牛膝"图，与"四大怀药"中的怀牛膝相吻合。

【附注】《中国药典》2010 年版收载牛膝。

喜旱莲子草

【别名】空心莲子草、空心苋。

【学名】Alternanthera philoxeroides (Mart.) Griseb. (Cucholzia philoxeroides Mart.)

【植物形态】多年生草本。茎基部匍匐，生须状根；上部斜升，高约 1m，中空，具不明显 4 棱，有分枝，幼茎及叶腋有白色或锈色柔毛，后脱落，仅在两纵沟内保留。叶对生；叶片长圆形、长圆状倒卵形或倒卵状披针形，长 2.5~5cm，宽 0.7~2cm，先端急尖或圆钝，有短尖，基部渐狭，全缘，两面无毛或上面有贴生毛，下面有颗粒状突起；叶柄长 0.3~1cm，无毛或微有柔毛。头状花序单生于叶腋，有总花梗；苞片卵形，长 2~2.5mm，白色，先端渐尖；花被片长圆形，长 5~6mm，白色，光滑无毛，先端急尖；雄蕊 5，花丝基部合生成杯状，退化雄蕊长圆状条形，先端细裂；子房卵形，有短柄。胞果压扁，卵状至倒心形，边缘有刺或加厚。花期 5~10 月。（图 143）

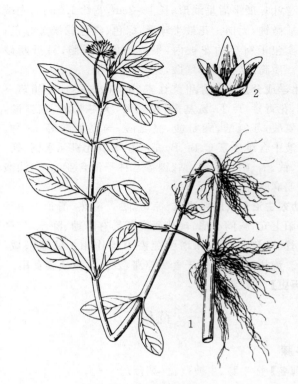

图 143 喜旱莲子草
1. 植株 2. 花

【生长环境】生于田野荒地、池塘或水沟边。已被列为中国首批外来入侵物种。

【产地分布】原产巴西。山东境内的济南、肥城、聊城等地有逸生。在我国除山东外，还分布于北京、江苏、浙江、江西、湖南、福建等地。

【药用部位】全草：空心莲子草（空心苋）。为少常用中药，嫩茎叶药食两用。

【采收加工】春至秋三季采收，多鲜用。

【药材性状】茎扁圆柱形，直径 1~4mm；表面灰绿色，微带紫红色，有纵直条纹及纵沟，有的两侧沟内疏生毛茸或在粗茎节处簇生棕褐色须根；断面中空。叶对生，皱缩；展平后叶片长圆形、长圆状倒卵形或倒卵状披针形，长 2~5cm，宽 0.7~2cm；先端尖，基部楔形，全缘；表面绿黑色，两面均疏生短毛。头状花序腋生，具总花梗；花白色。气微，味微苦、涩。

【化学成分】**全草**含黄酮类：木犀草素，6-甲氧基木犀草素-7-α-L-鼠李糖苷，莲子草素（aiternanthin），槲皮素，可伊利素-6-C-β-波伊文糖基-7-O-β-D-吡喃葡萄糖苷，(chrysoeriol-6-C-β-doivinopyranosyl-7-O-β-D-glucopyranoside)；三萜类：齐墩果酸，齐墩果酸-3-O-β-D-葡萄糖醛酸苷（calenduloside E），熊果酸，乌苏酸，环桉烯醇（cycloeucalenol），二十四亚甲基环阿尔廷醇（24-methylenecycloartanol），竹节参苷 IVa；甾醇类：α-菠菜甾醇，α-菠菜甾醇-3-O-β-D-吡喃葡萄糖苷，胡萝卜苷，3β-

羟基-豆甾-5-烯-7-酮(3β-hydroxystigmast-5-en-7-one)，β-谷甾醇，豆甾醇-3-O-β-D-吡喃葡萄糖苷；蒽醌类：大黄酚-8-O-β-D-吡喃葡萄糖苷，茜草素，茜草素-1-甲醚(rubiadin-1-methyl ether)，2-羟基-3-甲基蒽醌，2-羟基-1-甲氧基蒽醌；生物碱：吲哚-3-甲醛(indole-3-carboxaldehyde)，吲哚-3-甲酸(indole-3-carboxylic acid)，N-反式阿魏酰酪胺；还含土大黄苷(rhaponticin)，布卢姆醇A(blumenol A)，对香豆酸，壬二酸，正三十二烷酸，脱镁叶绿素a、a'，叶绿醇，熊果酸(ursolic acid)。**茎叶**含莲子草素(alternanthin)，齐墩果酸-3-O-β-D-葡萄糖苷，α-及β-谷甾醇，硬脂酸。

【**功效主治**】微甘，寒。清热，凉血，利尿，解毒。用于麻疹，瘟疫，肺痨咳血，淋浊，湿疹，缠腰丹，疔疖，蛇咬伤。

【**附注**】《中国药典》1977年版曾收载。

莲子草

【**别名**】虾钳菜。

【**学名**】Alternanthera sessilis (L.) DC.
(*Illecebrum sessile* L.)

【**植物形态**】多年生草本。茎细长，上升或匍匐，有两纵列白色柔毛，节上密被柔毛。叶对生；叶片变化较大，条状披针形、长圆形、倒卵形、卵状长圆形等，长1~8cm，宽0.2~2cm，先端急尖或圆钝，基部渐狭，全缘或有不明显锯齿，两面无毛或疏生柔毛；叶柄长1~4mm。头状花序腋生，无总花梗；花轴密生白色柔毛；苞片和小苞片白色，先端短渐尖，无毛；花被片卵形，长2~3mm，白色，无毛，先端渐尖或急尖；雄蕊3，花丝基部合生成杯状，花药长圆形，退化雄蕊三角状钻形，全缘，先端渐尖；花柱极短，柱头头状。胞果倒心形，长约2mm，侧扁，深棕色，包在宿存花被内。种子卵球形。花期5月；果期7月。(图144)

【**生长环境**】生于田边、湖边或沟边湿地。

【**产地分布**】山东境内产于微山等地。在我国除山东外，还分布于安徽、江苏、浙江、江西、湖南、湖北、四川、云南、贵州、福建、台湾、广东、广西等地。

【**药用部位**】全草：莲子草（节节花）。为民间药。

【**采收加工**】夏季采收，晒干。

【**药材性状**】全草形似空心莲子草，唯茎表面具明显的条纹及纵沟，并有两纵列白色柔毛，沟内有柔毛，节上密被柔毛。叶缘有时具不明显锯齿。头状花序1~4个，腋生，无总花梗。

【**化学成分**】**全草**含24-亚甲基环木菠萝烷醇(24-methylenecycloartanol)，环桉烯醇(cycloeucalenol)，豆甾醇，β-谷甾醇，菜油甾醇，α-菠菜甾醇，5-α-豆甾烷-7-烯醇(5-α-stigmasta-7-enol)，二十九烷，16-三十一烷酮(16-hentriacontanone)，汉地醇(handianol)。**叶**含3β-O-β-D-吡喃葡萄糖基熊果酸酯，28-O-β-D-吡喃葡萄糖齐墩果酸酯。**根**含羽扇豆醇(lupeol)，亚甲基环木菠萝醇，环优卡仑醇(cycloeucalenol)，豆甾醇，β-谷甾醇，α-菠菜甾醇，5-α-豆甾-7-烯醇，菜油甾醇及其棕榈酸酯。

【**功效主治**】苦，凉。清热凉血，利尿，解毒。用于咳嗽吐血，痢疾，肠风下血，淋病，痈疽肿毒，湿疹。

【**历史**】莲子草始载于《救荒本草》，又名耐惊菜，云："一名莲子草，以其花菁葵状，似小莲蓬样，故名。"《植物名实图考》名满天星，曰："生水滨，处处有之，绿茎铺地，花叶俱类旱莲草"。所述形态与莲子草相似。

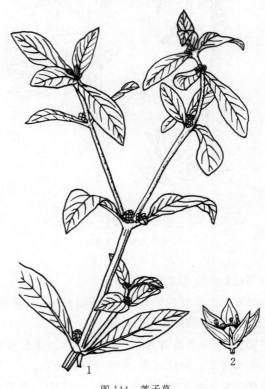

图144 莲子草
1.植株上部 2.花

尾穗苋

【**别名**】红苋菜、老来少。

【**学名**】Amaranthus caudatus L.

【**植物形态**】一年生草本，高1~1.5m。茎直立，粗壮，有钝棱角，绿色或带粉红色。单叶互生；叶片菱状卵形或菱状披针形，长4~15cm，宽2~8cm，先端渐尖或圆钝，有凸尖，基部阔楔形，稍不对称，全缘或波状，绿色或带紫红色，仅叶脉上有毛；叶柄长1~15cm，绿色或粉红色，疏生柔毛。圆锥花序顶生，下垂，有多数分枝，中央分枝特长，由多数穗状花序组成，花穗先端钝；花单性，雄花和雌花混生于同一花簇；苞片及小苞片披针形，长约3mm，红色，透明，先端尾尖；花被片5，长2~2.5mm，红色，透明，先端有凸尖；雄花的花被片长圆形;雌花的花被片长圆状披针形;雄蕊5;柱头3。胞果近球形,直径约3mm,上半部红色,超出花被片,环状开裂。种子近球形,淡棕黄色,直径约1mm,具厚边缘。花期7~8月;果期9~10月。(图145)

附:繁穗苋

繁穗苋 A. paniculatus L.,与尾穗苋的主要区别是:圆锥花序直立或以后下垂,花穗先端尖;苞片及花被片先端芒刺明显。胞果与花被片近等长。滨州、德州等地区村边常见,逸生或栽培。种子名红黏谷。有清热解毒,消肿止痛之功效。本种在"Flora of China: 5: 417-421, 2003 的中文名为老枪谷。

反枝苋

【别名】苋菜、人青菜、红苋菜。
【学名】Amaranthus retroflexus L.
【植物形态】一年生草本,高20~80cm。茎直立,粗壮,淡绿色或带紫红色条纹,稍有钝棱,密生短柔毛。单叶互生;叶片菱状卵形或椭圆状卵形,长5~12cm,宽2~5cm,先端锐尖或微凹,有小凸尖,基部楔形,全缘或波状,两面及边缘有柔毛,下面毛较密;叶柄长1.5~5.5cm,有柔毛。圆锥花序顶生及腋生,直立,直径2~4cm,由多数穗状花序组成,顶生花穗较侧生者长;苞片及小苞片钻形,长4~6mm,白色,背面有一龙骨状突起,伸出成白色芒尖;花被片5,长圆形或长圆状倒卵形,长2~2.5mm,薄膜质,白色,有1淡绿色细中脉,先端急尖或凹,有凸尖;雄蕊5,比花被片稍长;柱头3,有时2。胞果扁卵形,环状开裂,包在宿存花被内。种子近球形,直径约1mm,棕色或黑色,边缘钝。花期7~8月;果期8~9月。(图146)

图145 尾穗苋
1. 植株上部 2. 雄花

【生长环境】栽培于田边或村旁。
【产地分布】山东境内的济南、徂徕山、莲花山等地有栽培或逸生。全国各地均有栽培。
【药用部位】根:老枪谷根(红苋菜根);叶:老枪谷叶;种子:老枪谷子。为民间药,嫩茎叶药食两用。
【采收加工】秋季挖根,洗净,晒干。夏、秋二季采叶,洗净,鲜用。秋季果实成熟时剪下果穗,晒干,搓下种子,除去杂质。
【化学成分】叶含甜菜碱(betaine),苋红素等。种子含尾穗苋凝集素(amaranthus caudatus agglutinin, ACA)及多肽:Ac-AMP$_1$和Ac-AMP$_2$。
【功效主治】老枪谷根(红苋菜根)甘,平。健脾,消积。用于脾胃虚弱,倦怠无力,不思饮食,小儿疳积。老枪谷叶辛,凉。解毒消肿。用于疔疮疖肿,风疹瘙痒。老枪谷子辛,凉。清热透疹。用于小儿水痘,麻疹。
【历史】《植物名实图考》有毵冠花,云:"如鸡冠之尖毵者,高六七尺,每叶发杈开花,秋时百穗俱垂,宛如缨珞。移植湖湘,亦易繁衍。惟旁茎大脆,经风辄折,必作架护持之,稍寒即瘁,不如鸡冠耐久也。"并有附图。其文图与苋科植物尾穗苋一致。

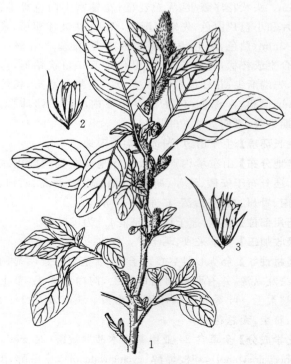

图146 反枝苋
1. 植株上部 2. 雌花 3. 雄花

【生长环境】生于山坡、路旁、田边或村头的荒草地上。
【产地分布】山东境内产于各地。在我国除山东外，还分布于东北及内蒙古、河北、山西、河南、陕西、甘肃、宁夏、新疆等地。
【药用部位】全草：野苋菜。为民间药，嫩茎叶药食两用。
【采收加工】夏季采收带根全草，除去杂质，鲜用或晒干。
【药材性状】主根圆柱形，有须根。茎长20～70cm；表面淡绿色或褐绿色，稍具钝棱，被短柔毛。叶片皱缩；展平后呈菱状卵形或椭圆形，长5～12cm，宽2～5cm；先端锐尖或微凸，具小凸尖，两面及边缘有柔毛；叶柄长1～5cm。圆锥花序。胞果扁卵形，盖裂。种子近球形，棕黑色。气微，味淡。
【化学成分】全草含黄酮类：芦丁，山柰酚-3-O-芸香糖苷；甾醇类：α-菠甾醇，β-谷甾醇，豆甾醇，α-菠甾醇-β-D-吡喃葡萄糖苷；脂肪酸：亚麻酸，棕榈酸，亚油酸，油酸和肉豆蔻酸（myristic acid）；挥发油：含十六烷酸乙酯，6,10,14-三甲基-2-十五烷酮，邻苯二甲酸二辛酯等；还含 1-O-β-D-吡喃葡萄糖基-(2S,3S,2′R)-2-(2′-羟基-二十五酰胺基)-十八烷-3-醇，硝酸盐等。叶含氨基酸：谷氨酸，天冬氨酸，蛋氨酸，组胺酸（histidine）和葡萄糖胺（glucosamine），半乳糖胺（galactosamine）等。
【功效主治】甘、微苦，寒。清热解毒，凉血利湿，收敛消肿。用于痢疾泄泻，痔疮肿痛出血，白带，胁痛，瘰疬，疔疮，湿疹。
【附注】反枝苋的种子曾在部分地区伪充青葙子。种子近球形，直径约1mm；表面深红色至棕黑色，有光泽，放大镜下可见点状花纹。应注意鉴别。

刺苋

【别名】刺苋菜、苋菜。
【学名】Amaranthus spinosus L.
【植物形态】一年生草本，高0.3～1m。茎直立，多分枝，有纵条纹，绿色或带紫色，下部光滑，上部稍有毛。单叶互生；叶片卵形或菱状卵形，长3～12cm，宽1～5.5cm，先端圆钝，有微凸尖，基部楔形，全缘，无毛或幼时沿脉稍有毛；叶柄长1～8cm，无毛；两侧各生一刺，刺长0.5～1cm。花单性，雌花簇生于叶腋，呈球状；雄花集为顶生的圆锥花序，刺毛状苞片在花穗上部者狭披针形，长1.5mm，有凸尖，中脉绿色；小苞片狭披针形，长约1.5mm；花被片5，绿色，先端急尖，有凸尖，边缘透明，中脉绿色或带紫色；雄花的花被片长圆形，长2～2.5mm；雌花的花被片长圆状匙形，长约1.5mm；雄蕊5；柱头3，有时2。胞果长圆形，长1～1.2mm，在中部以下不规则横裂，包在宿存花被内。种子近球形，直径约1mm，黑色或棕黑色。花、果期5～10月。（图147）

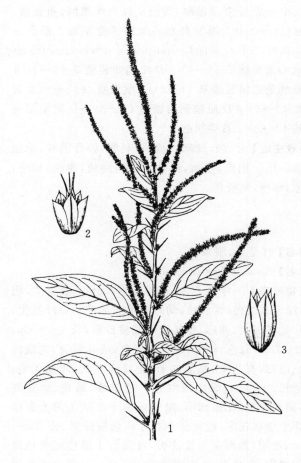

图147　刺苋
1.植株上部　2.雌花　3.雄花

【生长环境】生于路旁、田边、水沟边或荒草地。已被列入我国第二批外来入侵物种。
【产地分布】山东境内产于泰安、郯城、济南、青岛、日照等地。在我国除山东外，还分布于陕西、河南、安徽、江苏、浙江、江西、湖南、湖北、四川、云南、贵州、广西、广东、福建、台湾等地。
【药用部位】全草：刺苋菜（簕苋菜）。为民间药；嫩茎叶药食两用。
【采收加工】夏、秋二季采收带根全草，除去杂质，鲜用或晒干。
【药材性状】主根长圆锥形，稍木质。茎圆柱形，多分枝；表面棕红色或棕绿色，具纵条纹。叶互生，叶片皱缩；完整者展平后呈卵形或菱状卵形，长3～12cm，宽1～5cm；先端有细刺，全缘或微波状；叶柄与叶片等长或稍短，基部两侧有坚刺1对。雄花集成顶生圆锥花序，雌花簇生于叶腋。胞果近卵形，盖裂。气微，味淡。
【化学成分】全草含正烷烃（n-alkanes）C_{29}～C_{33}，异烷烃 C_{29}～C_{33}，酯（ester）C_{18}～C_{32}，游离醇 C_{20}～C_{26}，脂肪

醇 C_{10}~C_{32}，β-谷甾醇，豆甾醇，菜油甾醇，胆甾醇，游离酸 C_4~C_{33}，油酸，亚油酸及以芦丁为主的黄酮。**茎叶**含三十一烷，α-菠菜甾醇，蛋白质以及赖氨酸，蛋氨酸，胱氨酸（cystine），缬氨酸和亮氨酸等氨基酸。**根**含α-菠菜甾醇二十八酸酯（α-spinasterol octacosanoate），β-D-吡喃葡萄糖基-(1→4)-β-D-吡喃葡萄糖基-(1→4)-β-D-吡喃葡萄糖醛酸基-(1→3)-齐墩果酸，β-D-吡喃葡萄糖基-(1→2)-β-D-吡喃葡萄糖基-(1→2)-β-D-吡喃葡萄糖基-(1→3)-α-菠菜甾醇。

【功效主治】甘、淡，微寒。清热，利湿，解毒消肿，凉血止血。用于痢疾，便血，浮肿，白带，胁痛，瘰疬，痔疮，疔疮，喉痛，蛇咬伤。

苋

【别名】红苋菜、雁来红。

【学名】Amaranthus tricolor L.

【植物形态】一年生草本，高 0.5~1.5m。茎直立，粗壮，绿色或红色，常分枝，幼时有毛或无毛。单叶互生；叶片变异极大，卵形、菱状卵形或披针形，长 4~10cm，宽 2~7cm，绿色、红色、紫色或黄色，或具彩斑，先端圆钝或微凹，有凸尖，基部楔形，全缘或波状，两面无毛；叶柄长 2~6cm，绿色或红色。花单性，雄花、雌花混生，集成花簇；花簇球形，腋生或由下部腋生向上延续成顶生穗状花序；苞片及小苞片卵状披针形，长 2.5~3mm，透明，先端有 1 长芒尖，背面有 1 绿色或紫色隆起的中脉；花被片 3，长圆形，长 3~4mm，绿色或黄绿色，先端有 1 长芒尖，背面中脉隆起，绿色或紫色；雄蕊 3；柱头 3。胞果卵状长圆形，长 2~2.5mm，包于宿存花被内，环状开裂。种子近圆形或倒卵形，直径约 1mm，黑色或浅黑棕色，边缘钝。花期 5~8 月；果期 7~9 月。（图 148）

【生长环境】栽培于田间、菜园或逸生。

【产地分布】全国各地均有栽培，或逸生。

【药用部位】茎叶：苋菜；种子：苋实；根：苋根。为民间药，嫩茎叶药食两用。

【采收加工】夏季采收地上部分，除去杂质，鲜用或晒干。秋季果实成熟时采割全株，晒干，打下种子，再晒干。春至秋季挖根，洗净，鲜用或晒干。

【药材性状】茎长约 1m，常分枝；表面淡绿色或棕绿色，有纵棱纹及皱纹。叶互生，皱缩；完整叶片展平后呈卵形、菱状卵形至披针形，长 4~9cm，宽 2~6cm；先端钝或微凹，具凸尖；表面灰绿色或棕绿色，或带有彩斑；叶柄长 2~5cm。穗状花序。胞果卵状矩圆形，盖裂。气微，味淡。

【化学成分】茎含亚油酸及棕榈酸。叶含苋菜红苷（amaranthin），棕榈酸，亚麻酸，二十四烷酸，花生酸

图 148　苋
1. 植株上部　2. 雄花　3. 雌花　4. 花被片和胞果

（arachic acid），菠菜甾醇（spinasterol），单半乳糖基甘油二酯（monogalactosyldiglyceride），二半乳糖基甘油二酯，三半乳糖基甘油二酯，三酰甘油（triglycerides），维生素 A、C、B_1、B_2。**地上部分**含正烷烃，正烷醇和甾醇类。**全草挥发油**含 56 种成分。

【功效主治】**苋菜**甘，微寒。清热解毒，通利二便，止痢。用于痢疾，二便不通，吐血，血崩，疮毒。**苋实**甘，寒。清肝明目。用于眼生翳膜，目赤肿痛。**苋根**辛，微寒。清热解毒，散瘀止痛。用于痢疾泄泻，痔疮，牙痛，疝气坠痛，跌打损伤，崩漏，带下。

【历史】苋始载于《神农本草经》，列为上品，药用种子，名苋实。《说文解字》释云："苋，苋菜也。"《本草纲目》于青葙附录中收载，云："茎叶穗子并与鸡冠同。其叶九月鲜红，望之如花，故名"，又曰："老则抽茎如人长，开细花成穗，穗中细子，扁而光黑，与青葙子、鸡冠子无别。"其形态似植物苋。

附：凹头苋

凹头苋 A. lividus L. 与苋的主要区别是：茎伏卧上升，自基部分枝。叶片小，卵形或菱状卵形，长 1.5~

4.5cm,宽1～3cm,先端凹缺,有1芒尖。胞果扁卵形,长约3mm,超出花被片,不开裂。全草含苋菜红苷。叶含锦葵花素-3-葡萄糖苷(malvidin-3-glucoside)和芍药花素-3-葡萄糖苷(peonidin-3-glucoside)。种子油含肉豆蔻酸(myristic acid),棕榈酸,硬脂酸,花生酸,山萮酸(behenic acid),油酸和亚油酸。产于山东各地。药用同苋。

皱果苋

【别名】白苋、野苋菜。

【学名】Amaranthus viridis L.

【植物形态】一年生或二年生直立草本,高40～80cm。根白色,较茎稍粗。茎少分枝,有条纹,细弱,淡绿色或绿紫色。单叶互生;叶片卵形或卵状长圆形,长2～9cm,宽2.5～6cm,先端钝尖或微缺,基部宽楔形或近截形,两面光滑,上面常有1"V"字形白斑,叶脉下面明显,叶柄长3～6cm。穗状花序腋生,或集成大型稀疏的顶生圆锥花丛;小花淡黄绿色,单性或杂性,花被3片,膜质;雄蕊3个,比花被片短。胞果圆形,扁平,不开裂,极皱缩,超出花被片。种子近球形,黑色有光泽,具环状边缘。花期6～8月,果期8～10月。(图149)

【生长环境】生于庭园、路边或开垦后被废弃的沙荒地。

【产地分布】山东境内产于各地。在我国分布于东北、华北、华东、中南地区及陕西、贵州、云南等地。

【药用部位】全草:皱果苋(白苋)。为民间药,嫩茎叶药食两用。

【采收加工】春至秋季采收全株或根,洗净,鲜用或晒干。

【药材性状】主根圆锥形,白色。茎长40～70cm,分枝较少;表面淡绿色,有纵皱纹。叶互生,叶片皱缩;展平后呈卵形至卵状矩圆形,长2～8cm,宽2～5cm;先端圆钝或微凹,基部近楔形;表面灰绿色或淡棕红色,两面无毛;叶柄长3～5cm。穗状花序腋生。胞果扁球形,不裂,极皱缩,超出宿存花被片。种子细小,黑褐色,略有光泽。气微,味淡。

【化学成分】全草含甾醇类:24-乙基-5α-胆甾烷-7,22-二烯-3β-醇(24-ethyl-5α-cholesta-7,22-dien-3β-ol),菠菜甾醇(spinasterol),24-甲基-7-胆甾烯醇(24-methyllathosterol),24-甲基-22-去氢-7-胆甾烯醇,24-乙基-7-胆甾烯醇(24-ethylcholesterol),24-乙基-22-去氢胆甾醇(24-ethyl-22-dehydrocholesterol)。还含类胡萝卜素,β-胡萝卜素,维生素A。叶含堇黄质(violaxanthin),新黄质(neoxanthin),β-胡萝卜素,α-隐黄质,叶黄素,维生素C,类脂和脂肪酸。根含苋菜甾醇(amasterol)。

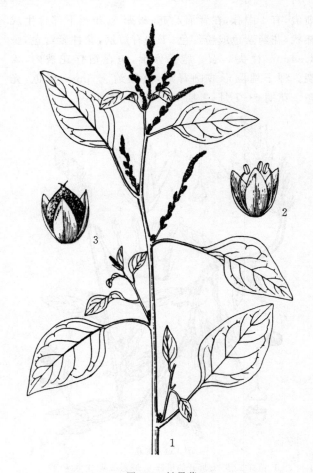

图149 皱果苋
1.植株上部 2.雄花 3.花被和胞果

【功效主治】甘、淡,寒。清热,利湿,解毒。用于痢疾,泄泻,小便赤涩,疮肿,蛇虫蜇伤,牙疳。

【历史】《本草经集注》收载白苋,曰:"苋实当是白苋,所以云细苋亦同,叶如蓝色。细苋即是糠苋。"《本草图经》云:"人、白二苋俱大寒,亦谓之糠苋,亦谓之胡苋,亦谓之细苋,其实一也。但人苋小而白苋大耳……细苋俗谓之野苋,猪好喜之,又名猪苋。"《本草纲目》附野苋图,据其形态特征,极似苋科植物皱果苋,因白苋也名野苋,故认为古代白苋的正品可能为此种。

青葙

【别名】青葙子、野鸡冠花(临沂)、狗尾巴花(烟台)。

【学名】Celosia argentea L.

【植物形态】一年生草本,高0.3～1m,全体无毛。茎直立,有分枝,绿色或带红紫色条纹。单叶互生;叶片披针形或条状披针形,长5～8cm,宽1～3cm,绿色常带紫红色,先端急尖或渐尖,有小芒尖,基部渐狭,叶柄短或无。穗状花序单生于茎顶或枝端,圆柱形或圆锥形,长3～10cm;每花具干膜质苞片3;花被5,干膜质,初为白色,先端红色或全部为粉红色,后成白色,先端渐尖,有1中脉,在背面凸起;雄蕊5,花丝下部合生成杯状,花药紫色或粉红色;子房有短柄,花柱紫红色,长3～4mm,柱头2裂。胞果卵形,包在宿存花被内,盖裂。种子扁圆形或圆肾形,直径约1.5mm,黑色,光亮。花期5～7月;果期7～9月。(图150)

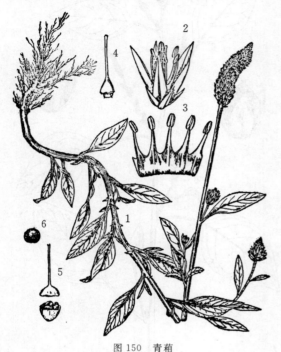

图150 青葙
1.植株 2.花 3.展开的雄蕊 4.雌蕊 5.果实 6.种子

【生长环境】生于山坡、田间、路旁、荒野草地、河滩或沙丘等疏松土壤上。

【产地分布】山东境内产于各地。全国各地均有分布。

【药用部位】种子:青葙子;茎叶:青葙;花序:青葙花。为较常用中药和民间药,嫩茎叶药食两用。

【采收加工】秋季果实成熟时采割植株或摘取果穗,晒干,收集种子,除去杂质。夏季采收茎叶,鲜用或晒干。夏季开花时,采收花序,鲜用或晒干。

【药材性状】种子扁圆形,少数圆肾形,直径1～1.5mm。表面黑色或红黑色,光亮,中间微隆起,放大镜下可见网状花纹,侧边微凹处有种脐。有时可见残留花柱,长3～4mm。种皮薄脆,胚乳类白色。无臭,味淡。

以颗粒饱满、色黑、光亮、无杂质者为佳。

【化学成分】种子含三萜类:齐墩果酸,青葙苷(celosin)A、B、C、D、C_1、D_1、E、F、G,鸡冠花苷(cristatain);青葙子油脂(celosia oil):主含亚油酸,棕榈酸,油酸,硬脂酸,亚麻酸等;甾醇类:豆甾醇,β-谷甾醇;还含烟酸,对羟基苯甲酸,3,4-二羟基苯甲酸,棕榈酸胆甾烯酯,3,4-二羟基苯甲醛,正丁基-β-D-果糖苷,胡萝卜苷,蔗糖及硝酸钾。全草含草酸。花含β-花青苷。

【功效主治】青葙子苦,微寒。清肝泻火,明目退翳。用于肝热目赤,眼生翳膜,视物昏花,肝火眩晕。青葙苦,凉。燥湿清热,杀虫,止血。用于风瘙身痒,疮疥,痔疮,金疮出血。青葙花苦,凉。清肝凉血,明目退翳。用于吐血,头风,目赤,血淋,月经不调,带下病。

【历史】青葙子始载于《神农本草经》,列为下品,名草蒿,又名萋蒿。《本草图经》云:"二月内生青苗,长三四尺,叶阔似柳细软,茎似蒿,青红色。六月、七月内生花,上红下白,子黑光而扁,有似莨菪,根似蒿根而白,直下独茎生根,六月、八月采子。"并附"滁州青葙子"图。《本草纲目》曰:"青葙生田野间,嫩苗似苋可食。长则高三四尺,苗叶花实与鸡冠花一样无别,但鸡冠花穗或有大而扁或团者,此则梢间出花穗,尖长四五寸,状如兔尾,水红色,亦有黄白色者,子在穗中,与鸡冠子及苋子一样难辨。"所述文图与植物青葙一致。

【附注】《中国药典》2010年版收载青葙子。

鸡冠花

【别名】鸡冠子花、红鸡冠花、鸡公花。

【学名】Celosia cristata L.

【植物形态】一年生草本,高60～90cm,全体无毛。茎直立,粗壮。单叶互生;叶片卵形、卵状披针形或披针形,长5～13cm,宽2～6cm,先端渐尖,基部渐狭,全缘。穗状花序多变异,常为扁平肉质的鸡冠状,色有紫、红、淡红、黄或红、黄相间;每花有3苞片;花被5,干膜质,透明;雄蕊5,花丝下部合生成杯状;雌蕊花柱长2～3mm。胞果卵形,长约3mm,盖裂,包在宿存花被内。种子黑色,光亮。花期7～9月;果期9～10月。2n=36。(图151)

图151 鸡冠花
1.植株上部 2.花及苞片 3.除去花被,示雄蕊和雌蕊 4.种子

【生长环境】多栽培于公园或庭院。
【产地分布】山东境内各地常有栽培。全国各地均有栽培。
【药用部位】花序:鸡冠花;茎叶:鸡冠苗;种子:鸡冠子。为少常用中药和民间药。鸡冠花和鸡冠子在民间食用。
【采收加工】秋季花盛开时采收花序,晒干。秋后果实成熟时采收花序,晒干,搓出种子,除去杂质。夏季采收茎叶,鲜用或晒干。
【药材性状】穗状花序扁平而肥厚,呈鸡冠状,长8~25cm,宽5~20cm。表面红色、紫红色或黄白色,上缘宽,具皱褶,密生线状鳞片,下端渐窄,常残留扁平的茎,中部以下密生多数小花,小花的宿存苞片及花被片膜质。果实盖裂。种子扁圆肾形,黑色,有光泽。体轻,质柔韧。无臭,味淡。

以花穗大而扁、柄短、色泽鲜艳者为佳。习惯认为白色者质优。

种子肾形,少数扁圆形,长1.5~1.8mm,宽1~1.5mm。表面黑色,有光泽,解剖镜下可见细密网纹,排成同心环,背面呈弓形隆起,并常有凹陷,侧面凹处为种脊。残留花柱长2~3mm,约比青葙子花柱短1/3左右。气微,味淡。

以饱满、色黑、光亮者为佳。
【化学成分】花序含山奈苷,苋菜红苷(amaranthin),松醇(pinite)及硝酸钾。种子含山奈酚,槲皮素,对羟基苯乙醇,2-羟基十八烷酸,谷甾醇,豆甾醇;种子蛋白质含白蛋白,球蛋白,醇溶蛋白和谷蛋白;还含β-胡萝卜素,视黄醇(retinol),维生素 B_1、B_2、C、E 和 18 种氨基酸;种子油含月桂酸(lauric acid),肉豆蔻酸,棕榈酸,硬脂酸,油酸,亚油酸,亚麻酸等。
【功效主治】鸡冠花甘、涩,凉。收涩止血,止带,止痢。用于吐血,崩漏,便血,痔血,赤白带下,久痢不止。鸡冠子甘,凉。凉血止血,清肝明目。用于肠风便血,赤白痢疾,崩带,淋浊,目赤肿痛。鸡冠苗甘,凉。清热凉血,解毒。用于痢疾泄泻,痔疮。
【历史】鸡冠花始载于《本草拾遗》,种子入药,名鸡冠子。《滇南本草》载有鸡冠花。《本草纲目》云:"鸡冠处处有之。三月生苗……其叶青柔,颇似白苋菜而窄,梢有赤脉……六、七月梢间开花,有红、白、黄三色,其穗圆长而尖者,俨如青葙之穗。扁卷而平者,俨如雄鸡之冠。"所述形态与鸡冠花一致。
【附注】①《中国药典》2010 年版收载鸡冠花。②种子在部分地区误作青葙子,应注意鉴别。

千日红

【别名】千年红、球形鸡冠花、火球花。
【学名】Gomphrena globosa L.
【植物形态】一年生草本。茎直立,粗壮,高 20~60cm。有分枝,茎略呈四棱形,有灰色糙毛,节部稍膨大。单叶互生;叶片长椭圆形或长圆状倒卵形,长 3.5~13cm,宽 1.5~5cm,先端急尖或圆钝,有凸尖,基部渐狭,有缘毛,两面被白色长柔毛及小斑点;叶柄长 1~1.5cm,有灰色长柔毛。头状花序顶生,密生多花,紫红色、淡紫色或白色;总苞片 2,叶状,卵形或心形,长 1~1.5cm,两面有灰色长柔毛;苞片卵形,长 3~5mm,白色,先端紫红色;小苞片三角状披针形,紫红色,背棱有细锯齿;花被片 5,披针形,长 5~6mm,不展开,先端渐尖,外面密生白色绵毛;雄蕊 5,花丝合生成管状,先端 5 浅裂,花药生在裂片内面,微伸出;花柱条形,短于雄蕊管,柱头 2,叉状分枝。胞果近球形,直径 2~2.5mm。种子肾形,棕色,光亮。花、果期 7~10 月。(图 152)

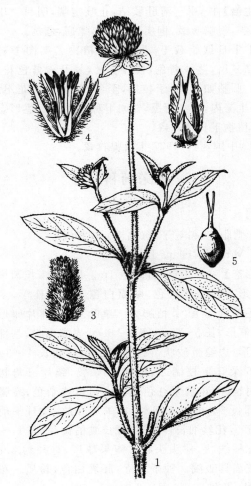

图 152 千日红
1.植株上部 2.花 3.去掉苞片花
4.展开的花 5.果实

【生长环境】栽培于公园或庭院。
【产地分布】原产于北美。山东境内各地常有栽培。全国各地均有栽培。

【药用部位】头状花序:千日红。为民间药。

【采收加工】夏、秋二季开花时采收花序,晒干。

【药材性状】花序球形或长圆状球形,长2~2.5cm,直径1.5~2cm;表面紫红色或红色,由多数小花集合而成。花序基部有2枚叶状卵形总苞片;表面灰绿色,上面疏被短毛,背面密被细长白柔毛。每花有膜质苞片3,外轮1,卵形,内轮2,三角状披针形,淡紫色;花被片5,紫色,有绒毛。胞果近球形,直径约2mm。种子1粒,肾形,表面黑色,有光泽。气微,味淡。

以花序大、色紫红者为佳。

【化学成分】紫色花序含千日红苷(gomphrenin)Ⅰ、Ⅱ、Ⅲ、Ⅴ、Ⅵ,苋菜红苷,异苋菜红苷(isoamaranthin),皂苷,氨基酸及微量挥发油。去花序的全草含黄酮,氨基酸,少量挥发油及祛痰有效成分千日红醇苷(5,4′-dihydroxy-6,7-methylenedioxyflavanol-3-O-β-D-glucoside)。

【功效主治】甘,平。清肝散结,止咳定喘,明目。用于头风目痛,气喘咳嗽,痢疾,百日咳,瘰疬,疮疡。

【历史】千日红始载于《花镜》。《植物名实图考》谓:"本高二三尺,茎淡紫色,枝叶婆娑,夏开深紫色花,千瓣细碎,圆整如球,生于枝梢,至冬,叶虽萎而花不焉。……子生瓣内,最细而黑,春间下种即生。"所述形态及附图与植物千日红一致。

【附注】《中国药典》1977年版曾收载。

紫茉莉科

紫茉莉

【别名】胭脂花、粉豆子花(临沂)、晚饭花。

【学名】Mirabilis jalapa L.

【植物形态】一年生草本,高达1m。根肥大,长圆锥形或纺锤形,肉质,深褐色,断面白色。茎圆柱形,多分枝,无毛或近无毛,节稍膨大。单叶互生;叶片卵形或三角状卵形,长5~9cm,宽3~6cm,先端渐尖,基部楔形或心形,边缘微波状,两面均无毛;叶柄长1~3cm。花3~6朵簇生枝端;总苞钟形,5裂,裂片三角状卵形,果时宿存;花被紫红色、黄色、白色或杂色,高脚碟状,筒部长2~6cm,5浅裂;花午后开放,次日午前凋萎;雄蕊5,花丝细长,与花被等长或稍长;雌蕊1,子房上位,花柱线状,柱头头状。瘦果球形,直径约8mm,黑色,表面具皱纹。种子直立,胚乳白色,粉质。花期6~10月;果期8~11月。2n=56。(图153)

【生长环境】栽培于公园或庭院。

【产地分布】山东境内各地有栽培。全国各地均有栽培。

【药用部位】根:紫茉莉根;叶:紫茉莉叶;果实:紫茉莉子;花:紫茉莉花。为民间药。

【采收加工】秋、冬二季挖取根,洗净泥土,鲜用或晒

图153 紫茉莉
1.花枝 2.雄蕊 3.花柱

干。夏季采收全草、叶或花,鲜用或晒干。秋季采收成熟果实,晒干。

【药材性状】根长圆锥形或纺锤形,长6~16cm,直径2~5cm。表面灰黄色至棕褐色,有纵皱纹、纵沟或须根痕。顶端有茎基。质坚硬,断面类白色或灰白色,不平坦,略显层纹;经蒸煮者断面角质样。气微,味淡,有刺喉感。

干燥叶多卷缩破碎。完整者展平后呈卵形或三角状卵形,长4~9cm,宽2~5cm;先端渐尖,基部楔形或心形,边缘微波状;上表面绿色或棕绿色,下表面灰绿色,两面均无毛;叶柄长1~3cm。质脆,易碎。气微味微甜、酸。

果实类球形或卵圆形,直径5~8mm;表面黑色,有5条明显棱脊,并密布点状突起,顶端有花柱基痕,基部有果柄痕;质硬,破开后内表面较光滑,棱脊明显。种子黄棕色,胚乳较发达,白色,粉质。气微,味淡。

【化学成分】种子含有机酸:8-羟基-十八-顺-11,14-二烯酸(8-hydroxyoctadeca-cis-11,14-dienoic acid);三萜类:β-香树脂醇,β-香树脂醇-3-O-α-L-鼠李糖基-β-D-葡萄糖苷;黄酮类:5,7,3′-三羟基-4′-甲氧基黄酮,5,7,4′-三羟基黄酮;甾醇类:豆甾醇,β-谷甾醇,胡萝卜苷。根含蒽醌类:大黄酚,大黄素甲醚;生物碱:尿囊素,葫芦巴碱(trigonelline);甾醇类:β-谷甾醇,豆甾醇,胡萝卜苷;还含mirabijalone A,boeravinone C,二十三碳酸单甘油酯(glycerin monoeicosate),二肽金色酰胺醇酯(aurantiamide acetate），香草酸，对羟基苯甲酸，紫茉莉多糖（MJL）。**叶**含黄酮类，酚类，甾体类，脂肪酸及氨基酸等。**花**含黄酮类，酚类，甾体类，蒽醌类及氨基酸等。

【功效主治】紫茉莉根甘、淡，微寒。清热利湿，解毒活血。用于热淋，淋浊，白浊，水肿，赤白带下，痈疽发背，乳痈，关节肿痛，跌打损伤。紫茉莉叶甘、淡，寒。清热解毒，祛风渗湿，活血。用于痈疖，疥癣，创伤，乳痈，跌打损伤。紫茉莉花微甘，凉。润肺，凉血。用于咯血。紫茉莉子甘，微寒。清热化斑，利湿解毒。用于面生斑痣，脓疱疮。

【历史】紫茉莉始载于《滇南本草》。《本草纲目拾遗》名紫茉莉根。《广群芳谱》引《草花谱》谓："紫茉莉草本，春间下子，早开午收，一名胭脂花，可以点唇，子有白粉，可傅面"。《植物名实图考》名野茉莉，谓："处处有之，极易繁衍，高二、三尺……花如茉莉而长大，其色多种易变，子如豆，深黑有细纹，中有瓤，白色，可作粉，故又名粉豆花……根大者如拳，黑硬"。所述形态及附图与植物紫茉莉一致。

商陆科

商陆

【别名】水萝卜、王母牛（崂山、海阳）、狼毒（蒙阴）。

【学名】Phytolacca acinosa Roxb.

【植物形态】多年生草本，高1～1.5m，全株无毛。主根肥大，圆锥形，肉质。茎直立，圆柱形，多分枝，绿色或紫红色，具纵沟。单叶互生；叶片椭圆形或卵状椭圆形，长14～25cm，宽5～10cm，先端尖，基部楔形，全缘，表面绿色，背面淡绿色；叶柄长1.5～3cm。总状花序直立，顶生或与叶对生，长10～15cm；花两性，有小花梗，小梗基部有苞片1，梗上有小苞片2；花萼通常5，白色、淡黄绿色或淡粉红色，宿存；无花瓣；雄蕊，花药淡粉红色；心皮8，离生，花柱短，柱头不明显。果序直立；浆果扁球形，直径约7mm，多汁液，熟时由绿变成紫红色或紫黑色。种子肾形，黑褐色，表面平滑。花期6～8月；果期8～10月。（图154）

【生长环境】生于山坡、山沟、荒地或林缘较阴湿处。

【产地分布】山东境内产于各山区。全国各地均有分布，主产于河南、湖北、安徽等地。

【药用部位】根：商陆；叶：商陆叶；花：商陆花；果穗：商陆子。为少常用中药和民间药。

【采收加工】秋季至次春采挖，除去须根及泥沙，晒干，或切成块片，晒干或阴干。春、夏二季采叶，夏季采花，除去杂质，晒干或阴干。

【药材性状】根为横、纵切的不规则块片，厚薄不等。外皮灰黄色或灰棕色，有明显的横向皮孔及纵沟纹。横切片弯曲不平，边缘皱缩，直径2～8cm；切面浅黄棕色或

图154 商陆
1.果枝 2.花及苞片 3.雌蕊 4.果实 5.种子

黄白色，木部隆起，形成数个突起的同心性环轮，俗称"棋盘纹"。纵切片弯曲或卷曲，长5～8cm，宽1～2cm；木部呈平行条状突起。质硬。气微，味稍甜，久嚼麻舌。

以块片大、断面色黄白者为佳。

花呈颗粒状圆球形，直径约6mm；表面棕黄色或淡黄褐色，具短梗，基部的苞片线形。花被片5，卵形或椭圆形，长3～4mm；雄蕊8～10，有时脱落，心皮8（～10）。体轻，质柔韧。气微，味淡。

【化学成分】根含三萜类：商陆苷（esculentoside）A、B、C、D、E、F、H、K、L、O、P、Q、J、M、I、N、G、T，美商陆苷E（phytolaccaside E），商陆酸（esculentic acid），美商陆酸（phytolaccagenic acid），2-羟基商陆酸（jaligonic acid），美商陆皂苷元（phytolaccagenin），2-羟基-30-氢化商陆酸（esculentagenic acid），商陆苷元（esculentagenin）；甾醇类：α-菠菜甾醇，Δ^7-豆甾烯醇及其葡萄糖苷和酰化甾醇葡萄糖，6′-棕榈酰基-α-菠菜甾醇-β-D-葡萄糖苷（6′-palmityl-α-spinasteryl-β-D-glucoside）；脂肪酸及其酯类：邻苯二甲酸二丁酯（dibutylphthalate），硬脂酸，肉豆蔻酸，2-亚油酸甘油酯（2-monolinolein），油酸乙酯（ethyloleate），棕榈酸，棕榈酸乙酯，棕榈酸十四醇酯（tetradetylpalmitate）；还含2-乙基-正己醇（2-ethyl-l-hexanol），2-甲氧基-4-丙烯基苯酚（2-methoxy-4-propenylphenol），γ-氨基丁酸（γ-aminobutyric acid），商陆多糖Ⅰ和植物致丝裂素（phytomitogen）。**叶**含美商陆皂苷元，商陆素（acinospesigenin），糖和氨基酸。**全草**含挥发油。**种子**含商陆皂苷D、B，乙酰紫桐油酸（3-acetylaleuritolic acid），商陆酸，咖啡醛（furfuryl mercaptan），1-（3,4-二羟基苯基）-丙三醇，邻苯二甲酸二丁酯，异洋商陆素A（isoamericanin A），isoamericanol A等。

【功效主治】商陆苦,寒;有毒。逐水消肿,通利二便;外用解毒散结。用于水肿胀满,二便不通;外治痈肿疮毒。**商陆叶**清热解毒。用于痈肿疮毒。**商陆花**化痰开窍。用于痰湿上蒙,健忘,嗜睡,耳目不聪。**商陆子**苦,寒;有毒。利水消肿。用于水肿,小便不利。

【历史】商陆始载于《神农本草经》,列为下品。《本草图经》曰:"商陆俗名章柳根,生咸阳山谷,今处处有之,多生于人家园圃中。春生苗,高三四尺,叶青如牛舌而长,茎青赤,至柔脆。夏秋开红紫花作朵,根如芦菔而长,八月、九月内采根曝干。"所述形态及并州商陆、凤翔府商陆和《植物名实图考》商陆(一)附图,与现今植物商陆相吻合。

【附注】①《中国药典》2010年版收载商陆。②济南及枣庄等地区,有人将商陆和垂序商陆称东北参,误作人参种植或使用,应注意鉴别。

垂序商陆

【别名】美商陆、商陆、狼毒(蒙阴)。

【学名】Phytolacca americana L.

【植物形态】多年生草本,高1~1.5m。主根肥大,圆锥形,肉质。茎直立,圆柱形,绿色或常带紫红色,角棱较明显。单叶互生;叶片长椭圆形,长10~15cm,宽4~10cm,先端尖或渐尖,基部楔形,全缘;叶柄长1.5~3cm。总状花序顶生或侧生,较纤细,花较少而稀疏,略下垂;苞片条形或披针形,细小;花萼5,白色或淡粉红色,常宿存;无花瓣;雄蕊10,心皮10,合生。果序下垂;浆果扁球形,熟时紫黑色。种子圆肾形,直径3mm,表面平滑。花期6~8月;果期8~10月。2n=18。(图155)

【生长环境】同商陆。

图155 垂序商陆
1.根 2.花、果枝 3.花及苞片 4.种子

【产地分布】原产北美洲。自1960年以后,山东境内各山区有零星逸生;各地药圃、庭院有少量栽培。全国多处有引种或逸生。

【药用部位】根:商陆;叶:美商陆叶;种子:美商陆子。为少常用中药和民间药。

【采收加工】秋季采收种子,晒干。冬季挖根,洗净,切片晒干。春、夏二季花未开时采叶,晒干。

【药材性状】根似商陆。干燥叶常皱缩或破碎。完整者展平后呈长椭圆形或卵状长椭圆形,长9~14cm,宽3~9cm。先端尖或渐尖,基部楔形,全缘。上表面绿色或浅棕绿色,下表面浅绿色,可见网状叶脉,主脉粗壮。叶柄长1~3cm。质脆,易碎。气微,味淡。

【化学成分】根含三萜类:美商陆苷A、B、D、E、G、D_2、F,美商陆皂苷(phytolaccasaponin)B,商陆酸(esculentic acid),美商陆酸(phytolaccagenic acid),2-羟基商陆酸,美商陆皂苷元,齐墩果酸;甾醇类:α-菠菜甾醇,Δ^7-豆甾烯醇,α-菠菜甾醇-β-D-葡萄糖苷,Δ^7-豆甾烯醇-β-D-葡萄糖苷,6′-棕榈酰基-Δ^7-豆甾烯醇-β-D-葡萄糖苷,6′-棕榈酰基-α-菠菜甾醇-β-D-葡萄糖苷;氨基酸:天冬氨酸,谷氨酸,瓜氨酸(citrulline),γ-谷氨酰组氨酸(γ-glutamylhistidine)等;挥发油:主成分为苄基喹啉,2-甲氧基-4-丙烯基苯酚,2,6-二丁基-4-甲基苯酚,2-甲基苯吡啶等;还含美商陆毒素(phytolaccatoxin),黄美味草醇(xanthomicrol),美商陆根抗病毒蛋白(PAP-R,pokeweed antiviral protein from roots),美商陆根抗真菌蛋白(pokeweed antifungal protein)R_1、R_2,有丝分裂原(mitogen),1-哌啶甲酸(pipecolinic acid)和组胺(histamine)及无机元素铁、锌、铜、锰、锶等。叶含黄酮类:山柰酚,山柰酚-3-β-D-木糖苷,紫云英苷(astragalin),异槲皮苷,烟花苷(nicotiflorin),芦丁;还含商陆皂苷(phytolaccoside)E,多糖和美洲商陆抗病毒蛋白(PAP)。种子含美商陆素(americanin)A,异美商陆素(isoamericanin)A,美商陆酚(americanol)A,异美商陆酚(isoamericanol)A,3-乙酰齐墩果酸(3-acetyloleanolic acid)及一种单链抗病毒蛋白(PAP-S)。

【功效主治】商陆苦,寒;有毒。逐水消肿,通利二便;外用解毒散结。用于水肿胀满,二便不通;外治痈肿疮毒。**美商陆叶**清热。用于脚气。**美商陆子**苦,寒;有毒。利水消肿。用于水肿,小便不利。

【附注】《中国药典》2010年版收载,称商陆。

马齿苋科

马齿苋

【别名】马苋菜(烟台)、马生菜(昌乐、潍坊、莱芜、德州、广饶)、蚂蚱菜(临沂)。

【学名】Portulaca oleracea L.

【植物形态】一年生肉质草本,全株光滑无毛。茎圆柱形,平卧或斜向上,由基部分歧四散,长 10～15cm,向阳面常带淡褐红色或紫色。叶互生或近对生;叶片扁平,倒卵形,似马齿状,长 1～2.5cm,宽 0.5～1.5cm,肉质肥厚,先端钝圆或平截,有时微凹,基部楔形,上面暗绿色,下面淡绿色或带暗红色,中脉微隆起;叶柄极短。花两性,较小,黄色,单生或 3～5 朵簇生枝端;无花梗;总苞片 4～5,三角状卵形,薄膜质;萼片 2,对生,绿色,阔椭圆形;花瓣 4～5,黄色,倒卵状长圆形,先端微凹;雄蕊 8～12,基部合生;花柱比雄蕊稍长,顶端 4～5 裂;子房半下位,1 室,特立中央胎座,胚珠多数。蒴果卵球形,棕色,盖裂。种子多数,细小,偏斜球形,有小疣状突起,黑褐色,有光泽。花期 6～8 月;果期 8～9 月。(图 156)

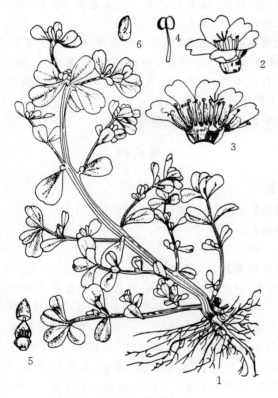

图 156 马齿苋
1.植株 2.花 3.花展开 4.雄蕊 5.开裂的果实 6.种子

【生长环境】生于菜园、农田、路旁或荒地。
【产地分布】山东境内产于各地。全国各地均有分布。
【药用部位】全草:马齿苋;种子:马齿苋子。为较常用中药和民间药,药食两用。
【采收加工】夏、秋二季采收,除去残根及杂草,洗净,略蒸或烫后晒干。果实成熟时采割地上部分,收集种子,晒干。
【药材性状】全草皱缩卷曲,常集结成团。茎圆柱形,长 10～14cm,直径 1～2mm;表面黄褐色或红棕色,有明显纵沟纹。叶对生或互生,易破碎;完整叶片展开后呈倒卵形,长 1～2.5cm,宽 0.5～1.5cm;先端钝平或微缺,全缘;表面绿褐色。花小,3～5 朵生于枝端;花瓣 5,黄色。蒴果圆锥形,长约 5mm,内含多数细小种子。气微,味微酸。

以株小、质嫩、叶多、色青绿者为佳。

种子扁圆形或类三角形,长约 0.9mm,宽约 0.8mm,厚约 0.4mm。表面黑色,少数红棕色,于解剖镜下可见密布细小疣状突起。一端有一凹陷,旁边有一白色种脐。质坚硬,难破碎。气微,味微酸。

以粒饱满、色黑者为佳。
【化学成分】新鲜全草含大量去甲肾上腺素(noradrenaline)。全草含黄酮类:芹菜素,山奈酚,槲皮素,木犀草素,橙皮苷,金合欢素-7-O-β-D-芸香糖苷;三萜类:木栓酮(friedelin),4α-甲基-3β-羟基木栓烷(4α-methyl-3β-hydroxylfriedelan),羽扇豆醇;生物碱:马齿苋酰胺(oleracein) A、B、E,马齿苋脑苷 A(portulacerebroside A)即 (2S,3S,4R)-2-[(2′R,4E)-2′-羟基-二十六碳烯酰胺]-3,4-二羟基-十六碳-1-O-β-D-葡萄糖苷,金莲花碱(trollisine),腺苷,腺嘌呤,左旋去甲肾上腺素;有机酸:α-亚麻酸,反式对香豆酸(E-p-coumatic acid),咖啡酸,草酸,苹果酸,柠檬酸,水杨酸,ω-3-聚不饱和脂肪酸(ω-3-polyunsaturated fatty acid);糖类:葡萄糖,果糖,蔗糖,马齿苋多糖-a(POP-a);环肽及氨基酸:环(苯丙氨酸-异亮氨酸),环(酪氨酸-丙氨酸),环(丙氨酸-亮氨酸),多巴(dopa),多巴胺(dopamine),丙氨酸,天冬氨酸,谷氨酸,亮氨酸,缬氨酸,蛋氨酸等;无机物:硝酸钾,氯化钾,硫酸钾及无机元素钙、锌、铜、铁、锰等;还含甜菜素(betanidin),异甜菜素,甜菜苷(betanin),异甜菜苷(isobetanin),对羟基苯乙胺,正三十烷醇,正二十四烷酸,β-谷甾醇,β-胡萝卜苷。
【功效主治】马齿苋酸,寒。清热解毒,凉血止血,止痢。用于热毒血痢,痈肿疔疮,湿疹,丹毒,蛇虫咬伤,便血,痔血,崩漏下血。马齿苋子甘,寒。清肝,化湿,明目。用于青盲白翳,泪囊炎。
【历史】马齿苋始载于《本草经集注》,列入"苋实"项下,云:"今马苋别一种,布地生,实至微细,俗呼为马苋。亦可食,小酸。"《本草图经》曰:"虽名苋类而苗叶与人苋辈都不相似。又名五行草,以其叶青、梗赤、花黄、根白、子黑也。"《本草纲目》谓:"马齿苋处处园野生之。柔茎布地,细叶对生。六、七月开细花,结小尖实,实中细子如葶苈子状。"据所述形态和《植物名实图考》附图,与现今植物马齿苋一致。
【附注】《中国药典》2010 年版收载马齿苋。

土人参

【别名】栌兰、假人参。

【学名】Talinum paniculatum (Jacq.)Gaertn.
(Portulaca paniculata Jacq.)

【植物形态】一年生或多年生草本,高达30~60cm,全体无毛。根粗壮,肥厚,圆锥形,有少数分枝,外皮棕褐色,断面乳白色。茎圆柱形,肉质,基部稍木质化,下部有分枝。叶互生或近对生;叶片倒卵形或倒卵状长椭圆形,长5~7cm,宽2~3.5cm,先端尖或钝圆,基部狭楔形,全缘;叶柄短。圆锥花序顶生或腋生,多呈二叉状分枝;小枝和花梗的基部均有苞片;花小,淡紫红色;花梗细长;萼片2,卵圆形,早落;花瓣5,倒卵形或椭圆形;雄蕊(10)15~20枚;子房球形,花柱线形,柱头3裂,向外展而微弯。蒴果近球形,熟时灰褐色,直径约3mm,3瓣裂。种子多数,细小,黑色,有光泽,扁圆形,表面有许多微小突起。花期5~7月;果期8~9月。(图157)

图157 土人参
1.植株上部 2.花

【生长环境】栽培于园地。
【产地分布】原产热带美洲。山东境内各地有少量栽培。河南以南各地均有栽培或逸生。
【药用部位】根:土人参;叶:土人参叶。为民间药,药食两用。
【采收加工】秋、冬二季根挖,洗净,除去细根,晒干或蒸后晒干。夏、秋二季采叶,洗净,鲜用或晒干。
【药材性状】根圆锥形或长纺锤形,分枝或不分枝,长7~15cm,直径0.7~1.7cm。表面灰黑色,有纵皱纹及点状突起的须根痕;除去栓皮经蒸煮后,表面为灰黄色半透明状,有点状须根痕及纵皱纹,隐约可见内部纵走的维管束。根头部有木质茎残基。质坚硬,难折断,折断面平坦或角质状,蒸煮者中央常有大空腔。气微,味淡,微有黏滑感。

干燥叶皱缩。完整叶片展平后倒卵形或倒卵状长椭圆形,长5~7cm,宽2~4cm。先端尖或钝圆,基部狭楔形,全缘。表面墨绿色至黑绿色,光滑无毛,叶柄短。干品质脆,断面墨绿色,鲜品肉质,断面翠绿色。气微,味淡。

【化学成分】根含齐墩果酸,3,6-dimethoxy-6″,6″-dimethylchromeno-(7,8,2″,3″)-flavone,十八酸单甘酯(glycerol 1-alkanoates),β-谷甾醇,胡萝卜苷,土人参多糖 TPP3a(由半乳糖、阿拉伯糖和鼠李糖组成),土人参多糖 TPP5b(由葡萄糖、甘露糖组成)。全草含甜菜色素(betalain),草酸(oxalic acid)及皂苷。地上部分还含蛋白质,脂肪,维生素C及无机元素钾、磷、钙、镁、钠、铁、锌等。

【功效主治】土人参甘,平。健脾润肺,止咳,调经。用于脾虚劳倦,食少泄泻,肺痨咳血,眩晕潮热,盗汗自汗,月经不调,带下。土人参叶甘,平。通乳,消肿毒。用于乳汁不足,痈肿疔毒。

【历史】土人参始载于《滇南本草》。

落葵科

落葵

【别名】木耳菜、胭脂菜、胭脂豆、藤三七、三七叶。
【学名】Basella alba L.
(B. rubra L.)
【植物形态】一年生缠绕草本,肉质,光滑无毛。茎长达数米,绿色或淡紫色。叶互生;叶片卵形或近圆形,长4~9cm,宽3~8cm,先端渐尖,基部微心形或圆形,下延成柄,全缘;叶柄长1~3cm。穗状花序腋生,长5~20cm;花小,粉红色;小苞片2,萼状,长圆形,宿存;萼片5,淡紫红色,基部合生,肉质;无花瓣;雄蕊5,与萼片对生;子房球形,花柱3深裂。浆果球形,为宿存肉质小苞片和萼片所包裹,暗紫红色。花期8~9月;果期9~10月。(图158)

【生长环境】栽培于园地。
【产地分布】原产亚洲热带。山东境内有少量栽培。全国各地均有栽培。
【药用部位】全草:落葵;叶:三七叶;果实:落葵子;花:落葵花。为民间药,药食两用。
【采收加工】夏、秋二季采收全草、果实,鲜用或晒干。夏季采花,鲜用。
【药材性状】茎肉质,圆柱形,直径3~8mm,稍弯曲,有分枝。表面绿色或淡紫色;质脆,易断,折断面鲜绿色。叶微皱缩,展平后宽卵形、心形或长椭圆形,长4~

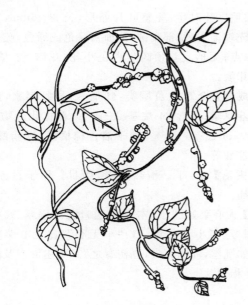

图158 落葵

9cm，宽3～8cm；先端急尖，基部近心形或圆形，全缘；叶柄长1～3cm。气微，味甜，有黏性。

【化学成分】叶含葡聚糖（glucan），黏多糖，β-胡萝卜素，维生素C，有机酸，皂苷，氨基酸及铁。果实含红色素和黄酮类化合物。

【功效主治】落葵 甘、酸，寒。清热，滑肠，凉血，解毒。用于大便秘结，小便短涩，痢疾，便血，斑疹，疔疮。落葵子 甘，寒。润泽肌肤，美容。落葵花 苦，寒。凉血解毒。用于痘疹，乳头破裂。

【历史】落葵始载于《名医别录》，列为下品。《蜀本图经》云："蔓生，叶圆厚如杏叶，子似五味子，生青熟黑，所在有之"。《本草纲目》载："三月种之，嫩苗可食，五月蔓延，其叶似杏叶，而肥厚软滑，作蔬和肉皆宜。八、九月开细紫花，累累结实，大如五味子，熟则紫黑色，揉取汁，红如胭脂……谓之胡胭脂，亦曰染绛"。《植物名实图考》曰："大茎小叶，花紫黄色，即胭脂豆也。"所述形态及附图与现今植物落葵一致。

石竹科

老牛筋

【别名】灯心草蚤缀、山羊胡子、山银柴胡、毛轴蚤缀。

【学名】Arenaria juncea M. Bieb.

【植物形态】多年生草本。主根粗壮，圆锥形，肉质。茎直立，丛生，高20～60cm，基部有许多残留老叶的纤维状物；花序下2节近圆形，密生腺毛。叶片细线形，长1.5～10cm，宽0.3～1mm，基部鞘状，边缘膜质。聚伞花序顶生，有5～8朵或更多朵花；花梗在果期长达2cm，密生腺毛；萼片5，卵形至卵状披针形，长4～5.5mm，有腺毛和缘毛；花瓣5，白色，长倒卵形，长为萼片的1～1.5倍；雄蕊10，花丝基部稍合生，与花瓣互生者基部变宽，其背部有腺体；花柱3。蒴果卵圆形，微长于萼片，顶端5～6裂。种子多数，扁卵形，有疣状突起。花、果期7～9月。（图159）

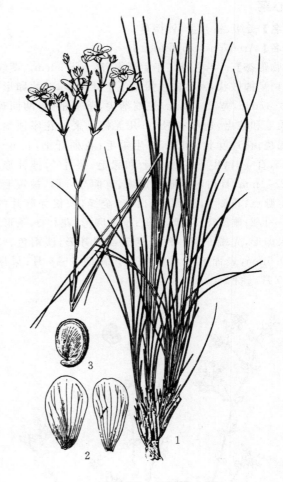

图159 老牛筋
1.植株 2.花瓣 3.种子

【生长环境】生于山坡或荒地草丛。

【产地分布】山东境内产于胶东半岛及蒙山、临沭等地。在我国除山东外，还分布于东北、华北、西北等地区。

【药用部位】根：山银柴胡。为民间药。

【采收加工】秋季挖根，洗净，晒干。

【药材性状】根圆锥形，直径2～4cm，有时具分枝。表面灰棕色或浅棕色，上部具细环纹，向下有纵皱纹及支根痕，有时栓皮剥落呈现黄色斑痕。根头部常残留多数茎基和叶基纤维。质较疏松，易折断，断面黄白色，有不甚明显的放射状纹理。气微，味微苦。

【化学成分】根含黄酮类：牡荆素，异牡荆素，荭草素，合模荭草素（homoorientin），鸢尾苷（tectoridin）；三萜类：木栓酮（friedelin），皂皮酸（quillaic acid）；生物碱：蚤缀碱C（arenarine C），1-乙酰基-β-咔波啉（1-acetyl-β-carboline）；

还含3,4-二羟基苯甲酸甲酯,β-谷甾醇,胡萝卜苷。
【功效主治】甘、苦,凉。清热凉血。用于虚痨骨蒸,阴虚就疟,小儿疳积羸瘦。

无心菜

【别名】蚤缀、雀儿蛋、铃铛草。
【学名】Arenaria serpyllifolia L.
【植物形态】一年生或二年生草本,高10～30cm。茎簇生,稍呈铺散状,密生白色短柔毛。叶对生;叶片卵形,长3～7mm,宽2～3mm,先端渐尖,基部稍圆,两面疏生柔毛和腺点,边缘有缘毛;几无柄。聚伞花序顶生,花稀疏;苞片叶状,卵形,密生柔毛;花梗纤细,长6～9mm,直立,密生下弯的短毛和腺毛;萼片5,披针形,长3～4mm,具白色宽膜质边缘,有明显3脉,被短毛,疏生腺点;花瓣5,倒卵形,白色,全缘,长仅为萼片的1/3～1/2;雄蕊10,比萼片短;子房卵形,花柱3,条形。蒴果卵形,先端6裂。种子肾形或圆肾形,淡褐色,长约0.5mm,表面有条状微突起。花期6～8月;果期8～9月。(图160)

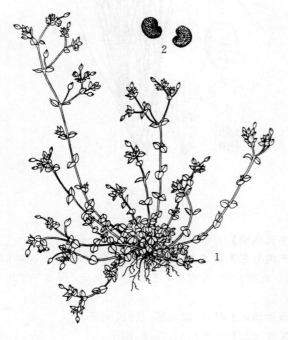

图160 无心菜
1.植株 2.种子

【生长环境】生于河边湿润冲积土、石质山坡、田边、路旁草丛或荒地。
【产地分布】山东境内产于各山地丘陵。全国各地均有分布。
【药用部位】全草:蚤缀。为民间药。
【采收加工】夏、秋二季采收,晒干。
【药材性状】全草长10～25cm。茎纤细,簇生,密被白色短柔毛。叶对生;完整叶片卵形,长3～6mm,宽约2mm;先端渐尖,基部稍圆;两面灰绿色或绿色,疏被茸毛和腺点;无柄。茎顶疏生白色小花,花瓣5。质脆。气微,味淡。
【化学成分】全草含黄酮类:牡荆素,异牡荆素,荭草素,异荭草素;还含24-烷基-Δ^5-或Δ^7-甾体化合物(24-alkyl-Δ^5-or Δ^7-sterols)。种子油含棕榈酸,硬脂酸,油酸,亚油酸等。
【功效主治】辛,平。清热解毒,明目。用于目赤,咳嗽,齿痛。
【历史】无心菜始载于《本草拾遗》,名离隔草。《植物名实图考》名小无心菜,曰:"小无心菜比无心菜茎更细,萢如乱丝,叶圆有尖,春初有之"。所述形态及附图与本种相似。

球序卷耳

【别名】婆婆指甲花、粘毛卷耳。
【学名】Cerastium glomeratum Thuill.
(C. viscosum L.)
【植物形态】一年生草本,全株密生长柔毛。茎簇生,直立或斜升,高达30cm,下部紫红色,上部绿色。叶对生;基部叶匙形,上部叶卵形至椭圆形,长1～2cm,宽0.5～1.2cm,全缘,先端急尖,基部圆钝,主脉明显,两面密被柔毛,边缘有缘毛;无柄。二歧聚伞花序顶生,基部有叶状苞片;花序梗及花梗密被长柔毛,并混生腺毛;萼片5,披针形,绿色,边缘膜质,密被长柔毛及腺毛;花瓣5,白色,倒卵形,先端2裂,与萼片近等长或稍短;雄蕊10;子房卵圆形,花柱4～5。蒴果圆柱形,长约为萼片的1倍,10齿裂。种子近三角形,褐色,密生小疣状突起。花期5月;果期6～7月。(图161)
【生长环境】生于山坡或路边草丛。
【产地分布】山东境内产于胶东丘陵及泰山。在我国除山东外,还分布于江苏、浙江、湖北、湖南、江西等地。
【药用部位】全草:卷耳。为民间药。
【采收加工】夏、秋二季采收,晒干或鲜用。
【药材性状】全草长约20cm,密生毛茸。茎纤细;表面绿色,下部红褐色,触摸有粗糙感。叶对生,完整叶片卵形或椭圆形,长1～2cm,宽约1cm;全缘;表面绿色或灰绿色,密被柔毛,下表面主脉突出。二歧聚伞花序位于茎端;花小,白色。质脆,易碎。气微,味淡。
【化学成分】叶含脂质(lipid)等。
【功效主治】淡,凉。清热解毒,解表,平肝潜阳。用于乳痈,小儿风寒,咳嗽,肝阳上亢。
【历史】球序卷耳始载于《救荒本草》,名婆婆指甲花。《植物名实图考》曰:"生田野中。作地摊斜生,茎细弱。叶似女人指甲,又似初生枣叶,微薄细茎,梢间结小花

【采收加工】夏、秋二季花果期割取地上部分,除去杂质,晒干。

【药材性状】全草常扎成小捆,青绿色。茎圆柱形,有分枝,长30～50cm;表面淡绿色或黄绿色,基部微带紫色,光滑无毛,节膨大,节间长3～7cm;质硬脆,易折断,断面常中空。叶多皱缩,对生;完整叶片展平后呈线形或线状披针形,长3～5cm,宽约5mm,基部短鞘状抱茎。花单生或数朵簇生于枝顶;残存花瓣皱缩破碎,棕紫色或棕黄色,先端浅裂呈锯齿状;花萼筒状,黄绿色,萼筒长2.5～3cm,表面具纵细纹;萼下苞片2～3对,长约为萼筒的1/2,苞片先端尾状渐尖。果实长筒状,比萼筒长或近等长,4齿裂。种子黑色,细小,边缘具狭翅。气微,味淡。

以叶多、色青绿、带花果者为佳。

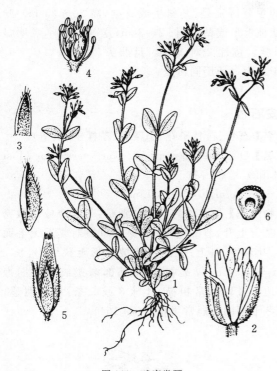

图161 球序卷耳
1.植株 2.花 3.萼片 4.雄蕊和雌蕊
5.花萼和蒴果 6.种子

蒴,苗、叶味甘……江西俗呼瓜子草。"所述形态及附图与植物球序卷耳相似。

石竹

【别名】石竹子、石竹子花、瞿麦、竹叶草。

【学名】Dianthus chinensis L.

【植物形态】多年生草本。茎直立,单一或丛生,高30～60cm,上部分枝,无毛,节部膨大。单叶对生;叶片披针形至条状披针形,长3～6cm,宽3～7mm,先端渐尖,基部渐狭成短鞘围抱茎节上,全缘,两面无毛,叶脉平行。花单生或成疏聚伞花序;萼下有苞片2～3对,苞片卵形,先端渐尖或长渐尖,长约为萼筒的1/2,或几达萼齿基部,开展;花萼筒状,长2～3.5cm,宽4～6mm;萼齿5,直立,披针形,边缘膜质,有细缘毛;花瓣5,瓣片倒卵状扇形,先端齿裂,淡红色、白色或粉红色,下部有长爪,长1.6～1.8cm,喉部有斑纹并疏生须毛;雌雄蕊柄长约1mm;雄蕊10;花柱2,丝状。蒴果圆筒形,长约2.5cm,包于宿存的萼内,比萼长或近等长,顶端4齿裂。种子圆形,微扁,黑色,扁圆形,边缘带狭翅。花期5～8月;果期8～10月。2n=30。(图162:1)

【生长环境】生于山坡或路边草丛中。

【产地分布】山东境内产于各山地丘陵。在我国除山东外,还分布于东北、华北、西北和长江流域各省区。

【药用部位】全草:瞿麦。为常用中药,嫩叶药食两用,为竹叶茶原料。

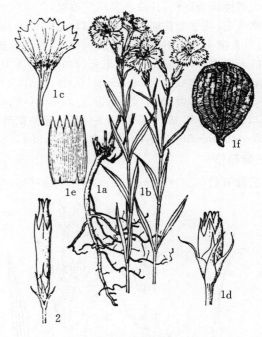

图162 石竹与辽东石竹
1.石竹(a.b.植株 c.花瓣 d.带萼下苞片及萼筒的果实
e.花萼展开 f.种子) 2.辽东石竹带萼下苞片及萼筒的果实

【化学成分】带花全草含具抗癌活性的花色苷和其他黄酮类化合物;尚含石竹皂苷(dianchinenoside)A、B,瞿麦吡喃酮苷(dianthoside),松醇,维生素及糖类。花含丁香油酚,苯乙醇,苯甲酸苄酯(benzyl benzoate),水杨酸甲酯(methyl salicylate),水杨酸苄酯(benzyl salicylate),蔗立醇(pinitol)等。根含皂苷。

【功效主治】苦,寒。利尿通淋,活血通经。用于热淋,血淋,石淋,小便不通,淋沥涩痛,月经瘀阻。

【历史】石竹始载于《神农本草经》,列为中品,名瞿麦。《本草经集注》谓:"子颇似麦,故名瞿麦。此类乃有两种,一种微大,花边有叉桠……今世人皆用小者。"《本草图经》附"绛州瞿麦"图。《救荒本草》曰:"石竹子,本草名瞿麦。"并附石竹图。《本草纲目》云:"石竹叶似地肤叶而尖小,又似初生小竹叶而细窄,其茎纤细有节,高尺余,梢间开花。田野生者,花大如钱,红紫色。人家栽者,花稍小而妩媚,有红白、粉红、紫赤、斑烂数色……结实如燕麦,内有小黑子。"所述形态与附图,说明古代瞿麦主要有两种:一种花边有叉桠而微大者,系指花瓣先端细裂呈丝状的瞿麦,但不为人们常用;而历代主流瞿麦商品药材为植株较小的石竹,与现今瞿麦商品药材的来源一致。

【附注】《中国药典》2010年版收载。

附:辽东石竹

辽东石竹 var. liaotungensis Y. C. Chu(图162:2),与原种的主要区别是:茎丛生。叶片线形或线状披针形,宽2～3mm。萼下苞片椭圆形,比花萼短很多,先端具长凸尖或伸长为钻状,具白色膜质宽边缘,并有蛛丝状白色细睫毛;花萼于花期长2.3～2.7cm,宽4mm,麦秆绿色,萼齿渐尖。产于鲁中南及胶东半岛,为本省瞿麦药材的来源之一。全草含瞿麦皂苷(dianoside)A、B、C、D、E、F、G、H、I、赤豆皂苷(azukisaponin)Ⅳ;还含3,4-二羟基-5-甲基-二氢吡喃(3,4-dihydroxy-5-methyldihydropyran),4-羟基-5-甲基-二氢吡喃-3-O-β-D-葡萄糖苷(4-hydroxy-5-methyldihydropyran-3-O-β-D-glucoside)。

三脉石竹

三脉石竹 var. trinervis D. Q. Lu(图163),与原种的主要区别是:茎斜生或直立,高20～35cm。叶片钻状披针形或钻形,长2～3cm,宽1～4mm,具明显的3条脉。苞片2对,卵形,具凸尖,为花萼1/3～1/2。产于泰山。药用同瞿麦。

兴安石竹

【别名】石竹、石竹子花、小茶花、茶棵子(长清)。

【学名】Dianthus chinensis L. var. versicolor (Fisch. ex Link) Y. C. Ma
(D. versicolor Fisch. ex Link)

【植物形态】与原种的主要区别是:茎数个或多数密丛生,基部上升,节部膨大,多少被短糙毛或近无毛而粗糙。叶对生,斜上;叶片线状披针形至狭线形,长2～5cm,宽2～4mm,先端渐尖,基部渐狭成短鞘围抱节上,边缘及两面常粗糙,叶脉3或5条,中脉明显;无柄;茎下部的叶通常早枯。(图164)

图164 兴安石竹
1.植株上部 2.茎节部放大,示短糙毛 3.花瓣

【生长环境】生于向阳干山坡草丛、林缘草地、山坡灌丛间或石砾子上。

【产地分布】山东境内产于济南长清、泰安、肥城、临沂等山地丘陵;分布于泰山以西地区,为山东分布新记录。在我国除山东外,还分布于东北地区及内蒙古、河北西北部、甘肃、新疆等地。

【药用部位】全草:瞿麦。为山东产瞿麦药材的主要来

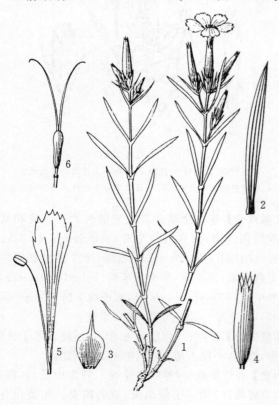

图163 三脉石竹
1.植株 2.叶 3.苞片 4.花萼 5.花瓣和雄蕊 6.雌蕊

源之一,嫩叶药食两用,为竹叶茶原料。

【采收加工】夏、秋二季花果期割取地上部分,除去杂质,晒干。

【药材性状】全草常扎成小捆。茎自基部分枝,长12~35cm,直径约1.5mm;表面黄绿色,多少被短糙毛或近无毛而粗糙,节膨大;质脆,易折断。叶片线状披针形至狭线形,长2~4.5cm,宽2~3mm;先端渐尖,基部渐狭成短鞘围抱节上,边缘及两面较粗糙;叶脉3~5条,中脉明显。花及果实单一或2~3朵顶生,残存花瓣紫棕色;花萼圆筒状,长1.4~1.7cm,宽4~5mm,萼齿披针形,具凸尖,边缘膜质,有微细睫毛。萼下苞片2~3对,卵形,先端具长凸尖或长渐尖,长达萼筒中部或达萼齿基部。蒴果长圆筒形,比萼长。种子广椭圆状倒卵形,长约2mm。气微,味淡。

以质嫩、叶多、色绿、带花果者为佳。

【化学成分】全草含松醇(pinitol),皂苷,黄酮类,挥发油及少量生物碱。

【功效主治】苦,寒。利尿通淋,活血通经。用于热淋,血淋,石淋,小便不通,淋沥涩痛,月经瘀阻。

【附注】本变种在"Flora of China"6:104,中被并入石竹 Dianthus chinensis L. 中,鉴于形态差异显著和本地区使用习惯,本志仍将其单列。

山东石竹

【别名】石竹花、石竹。

【学名】Dianthus shandongensis (J. X. Li et F. Q. Zhou) J. X. Li et F. Q. Zhou,Stat. nov.
(D. chinensis L. var. shandongensis J. X. Li et F. Q. Zhou,Bull. Bot. Res.)

【植物形态】多年生草本。主根稍粗壮,圆柱形。根状茎短粗,分枝多,由基部发出。茎丛生,直立或近直立,高30~80cm,无毛,节部膨大。叶对生;叶片线形或线状披针形,长4.5~8cm,宽2~4mm,先端渐尖,基部渐狭成柄状,半抱茎,两面无毛,边缘具微齿,中脉明显。聚伞花序顶生,通常3~5或更多朵花;苞叶线形;花梗长4~5mm;花直径3~4cm;萼下苞片广卵状披针形,3对,先端长渐尖,具较宽的膜质边缘,有睫毛,长为萼筒的1/3;花萼圆筒状,长约3.2cm,直径约4mm,淡绿色,顶端5裂,淡紫色,萼齿直立,渐尖,长约8mm,边缘具细睫毛;雌雄蕊柄长约2mm;花瓣桃红色或淡红色,广倒卵圆形,长约1.4cm,宽1.3~1.5cm,基部楔形,表面生有软毛,上缘深齿状,达花瓣的2/3,小裂片条形;爪长2.5~2.8cm;雄蕊10枚,整齐或不整齐,花丝丝状,长约2.7cm;花柱2枚,丝状,长约2.8cm,微外露。蒴果长筒状,包于宿存的萼筒内,短于萼。种子扁卵形,直径约2mm,盾状着生,褐色,边缘有狭翅。花期7~9月;果期8~10月。(图165,彩图7)

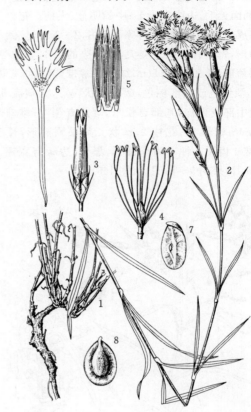

图165 山东石竹
1.植株下部 2.植株上部 3.苞片及萼筒
4.去萼筒及花瓣,示雄蕊及雌蕊 5.展开的萼筒
6.花瓣 7.种子腹面观 8.种子背面观(编者原图)

【生长环境】生于向阳山坡或林缘草丛。

【产地分布】山东境内产于蒙山;分布于沂蒙山区、泰山、胶南(灵山岛)等山区。

【药用部位】全草:瞿麦。民间药,嫩叶药食两用,为竹叶茶原料。

【采收加工】夏秋二季花果期采收,除去杂质,干燥。

【化学成分】全草含皂苷,黄酮类,挥发油及少量生物碱。

【功效主治】苦,寒。利尿通淋,活血通经。用于热淋,血淋,石淋,小便不通,淋沥涩痛,月经瘀阻。

【附注】①动物药理试验表明,全草有明显的利尿作用。②本种发表于《植物研究》,2001,21(4):512。为山东特有种和瞿麦药材的新资源。

瞿麦

【别名】石竹子花、竹节草。

【学名】Dianthus superbus L.

【植物形态】多年生草本,高30~60cm。茎直立,丛生,无毛,上部分枝。叶对生;叶片条状披针形或条形,长5~

10cm,宽4～5mm,先端渐尖,基部渐狭成短鞘围抱节上,全缘,两面无毛,边缘有缘毛;中脉明显;无柄。花单生或数朵集成疏聚伞圆锥花序。萼下苞片2～3对,呈倒卵形或阔卵形,先端有长或短突尖,长为萼的1/4,紧贴萼筒;花萼圆筒形,长2.5～3.5cm,绿色或常带紫红色,萼齿5;花瓣5,淡红色或淡红棕色,阔倒卵状楔形,先端流苏状,深裂达中部或更深,基部有长爪,喉部有须毛;雌雄蕊柄长约1mm;雄蕊10;花柱2,丝状。蒴果圆筒形,长于萼筒,顶端4齿裂。种子扁卵圆形,黑色,边缘有宽翅。花期8～9月;果期9～10月。(图166)

【化学成分】带花全草含皂苷:瞿麦皂苷A、B、C、D,后者的皂苷元之一为丝石竹皂苷元(gypsogenin);蒽醌类:大黄素甲醚,大黄素,大黄素-8-O-葡萄糖苷;另含松醇,蓠立醇,花色苷(anthocyanin),异红草素苷,3,4-二羟基苯甲酸甲酯,3-(3',4'-二羟基苯基)丙酸甲酯[methyl-3-(3',4'-dihydroxyphenyl)propionate]等。地上部分含挥发油:主成分为6,10,14-三甲基-2-十五酮,植物醇,乙酸牻牛儿酯(geranyl acetone),乙酸四氢牻牛儿酯,乙酸金合欢酯(farnesyl acetone),正己醇,山梨醇等。幼苗制成的竹叶茶含谷氨酸,天冬氨酸,亮氨酸,缬氨酸,苏氨酸,丙氨酸,丝氨酸等氨基酸;还含糖类及无机元素钾、钙、镁、磷、铁等。

【功效主治】苦,寒。利尿通淋,活血通经。用于热淋,血淋,石淋,小便不通,淋沥涩痛,月经瘀阻。

【历史】见石竹。

【附注】《中国药典》2010年版收载。

附:长萼瞿麦

长萼瞿麦 D. longicalyx Miq.(图167),与瞿麦的

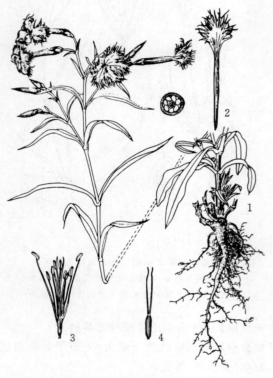

图166 瞿麦
1.植株 2.花瓣 3.雄蕊 4.雌蕊

【生长环境】生于潮湿的山坡、林下或林缘草丛中。

【产地分布】山东境内产于各大山区。在我国分布于东北、华北、西北、华东地区及四川等地。

【药用部位】全草:瞿麦。为常用中药,嫩叶药食两用,为竹叶茶原料。

【采收加工】夏秋二季花果期采收,除去杂质,干燥。

【药材性状】茎圆柱形,上部有分枝,长30～50cm;表面淡绿色或黄绿色,光滑无毛,节明显,略膨大;断面中空。叶对生,多皱缩;展平后叶片条形至条状披针形,长5～9cm,宽3～5mm。枝端有花或果实;花瓣棕紫色或棕黄色,卷曲,先端深裂成丝状;花萼筒状,长2.5～3.5cm;苞片4～6,宽卵形,长约为萼筒的1/4,紧贴萼筒。蒴果长筒形,与宿萼等长。种子细小,多数。无臭,味淡。

以质嫩、叶多、色绿、带花果者为佳。

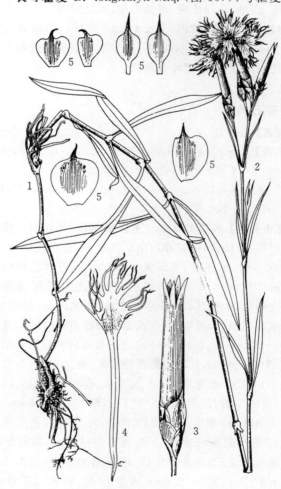

图167 长萼瞿麦
1.植株下部 2.植株上部 3.苞片及萼筒
4.花瓣 5.萼筒下的苞片(编者原图)

主要区别是：植株粗壮，高达 80cm 或更高。茎生叶叶片线状披针形或披针形，宽约 1cm。萼下苞 3~4(8) 对，卵形，边缘宽膜质，具短糙毛，上缘微缺或近全缘，先端钝圆具短凸尖，长约为萼筒的 1/5；萼筒长 3~4cm，绿色。蒴果短于宿存的萼筒。山东境内产于蒙山、昆嵛山、崂山等山区。全草含瞿麦皂苷（dianoside）A、B、C、D，其中瞿麦皂苷 C 含量最高；混合皂苷水解可生成丝石竹酸（gypsogenic acid）等皂苷元。产区混作瞿麦。

长蕊石头花

【别名】霞草、丝石竹、银柴胡。

【学名】Gypsophila oldhamiana Miq.

【植物形态】多年生草本，高 0.6~1cm，全体粉绿色，无毛。主根粗壮，木质化。茎数个基生，二或三歧分枝，开展，老茎常带红棕色。叶对生；叶片长圆状披针形至狭披针形，长 4~8cm，宽 0.5~1.2cm，先端尖，基部稍狭，微抱茎；无柄。伞房状聚伞花序较密集，顶生或腋生；花较小，密集；苞片卵形，膜质，先端锐尖；花梗长 2~5mm；花萼钟状，长 2~2.5mm，萼齿 5，卵状三角形，边缘膜质，有缘毛；花瓣 5，粉红色或白色，倒卵状长圆形，顶端平截或微凹，长 4~5.5mm；雄蕊 10，比花瓣长；子房椭圆形，花柱 2，超出花瓣。蒴果卵状球形，比萼长，顶端 4 裂。种子近肾形，长 1.2~1.5mm，灰褐色，两侧压扁，具条状凸起，脊部有具短尖的小疣状突起。花期 6~9 月；果期 8~10 月。（图 168）

【生长环境】生于向阳石质山坡干燥处、河边乱石间或路边草丛。

【产地分布】山东境内产于各山地丘陵。在我国除山东外，还分布于华北、东北、西北地区及河南、江苏、湖北、陕西、甘肃等地。

【药用部位】根：山银柴胡（丝石竹根）。为民间药，幼嫩茎叶药食两用，胶东山区称作山野菜。

【采收加工】春季植株刚萌芽或秋季茎叶枯萎时采挖，除去残茎、须根及泥沙，晒干。

【药材性状】根圆柱形或圆锥形，长 6~22cm，直径 1~4.5cm。表面棕黄色或棕褐色，有扭曲的纵沟纹、不规则疣状突起及支根痕。根头部常残留数个茎基。体轻，质脆，断面不平坦，有 3~4 层黄白色相间的环状花纹（异型维管束）。气微，味苦、辛辣，口尝有刺激感。

【化学成分】根含三萜类：丝石竹皂苷元（gypsogenin），丝石竹皂苷元-3-O-葡萄糖醛酸糖苷（gypsogenin-3-O-glucuronide），霞草苷（oldhamianoside），quillaic acid, quillaic acid-3-O-β-D-葡萄糖苷，collinsogenin, 齐墩果酸；甾醇类：α-菠菜甾醇，菠菜甾醇-3-O-β-D-葡萄糖苷，α-菠菜甾醇-3-O-β-D-吡喃葡萄糖苷，谷甾醇；挥发性成

图 168　长蕊石头花
1. 植株下部　2. 茎生叶　3. 花序　4. 花
5. 花纵切　6. 展开的花萼　7. 种子

分：主含邻苯二甲酸二异辛酯，角鲨烯，对苯二甲酸酯，正十五烷及十二甲基环己硅氧烷等；有机酸及其酯：咖啡酸二十四碳脂肪醇酯（tetracosyl caffeate），octadecyl caffeate，阿魏酸，octadecyl E-p-coumarate，正三十烷酸（n-triacontaroic acid），正二十四烷酸月桂醇酯（lauryl tetracosanoate）；还含 D-肌醇-3-甲醚（D-3-methyl-chiroinsitol），大豆脑苷（soya-cerebroside）I、II，胡萝卜苷，葡萄糖及蔗糖等。**嫩茎叶**含维生素 C，类胡萝卜素，叶绿素，可溶性糖，可溶性蛋白，氨基酸等。

【功效主治】甘、苦，凉。活血散瘀，消肿止痛，化腐生肌。用于跌打损伤，骨折，外伤，小儿疳积。

鹅肠菜

【别名】牛繁缕、鹅儿肠、鸡卵菜。

【学名】Myosoton aquaticum（L.）Moench
（Cerastium aquaticum L.）
[Malachium aquaticum（L.）Fries]

【植物形态】多年生草本，高 20~50cm。茎下部伏卧，无毛，上部直立，有白色柔毛或混有腺毛。叶对生；叶片卵形或长圆状卵形，长 2.5~5.5cm，宽 1~3cm，先端锐尖，基部近心形，全缘，有时有缘毛，两面无毛；茎下部叶有柄，柄长 0.5~1(2)cm，叶柄有狭翅，其两侧疏

生缘毛,茎中上部叶无柄。二歧聚伞花序顶生;苞片较小,叶状,边缘有腺毛;花梗长 1~2cm,密被腺毛,或一侧腺毛较密,花后下垂;萼片 5,狭卵形,长 4~5mm,果期长达 7mm,外面有柔毛及腺毛;花瓣 5,白色,长于或等于萼片,2 深裂达基部;雄蕊 10,稍短于花瓣;子房长圆形,花柱 5,极短。蒴果卵圆形,比萼片稍长,5 瓣裂,瓣裂先端 2 齿裂。种子多数,近圆形,褐色,有刺状突起。花期 5~6 月;果期 7~9 月。2n=20。(图 169)

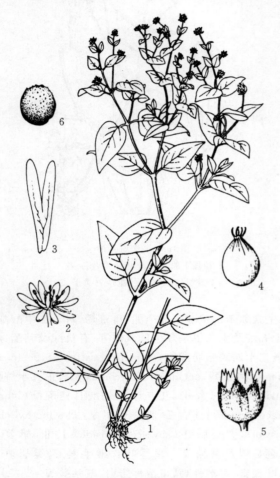

图 169 鹅肠菜
1.植株 2.花 3.花瓣 4.雌蕊
5.花萼和开裂的蒴果 6.种子

【生长环境】生于山沟、溪边湿草地、灌丛林荫或田埂。
【产地分布】山东境内产于各山地丘陵。在我国分布于东北、华北、华东地区及陕西、广东、广西、四川、贵州等地。
【药用部位】全草:鹅肠草。为民间药,嫩茎叶可食。
【采收与加工】夏季茎叶茂盛时采收,晒干或鲜用。
【药材性状】全草长 20~40cm。茎多分枝;表面灰绿色,略带紫红色,节及嫩枝更明显,被白色柔毛。叶对生,常皱缩或破碎;完整叶片展平后呈卵形或卵状椭圆形,长 2~5cm,宽 1~2.5cm;先端锐尖,基部心形,全缘或浅波状;表面灰绿色或绿色,无毛或疏生缘毛;下部叶有柄。二歧聚伞花序,花类白色或淡棕色。蒴果卵圆形,5 齿裂。种子近圆形;表面褐色,密布刺状突起。气微,味淡。

以质嫩、叶多、色绿、带花者为佳。
【化学成分】全草含黄酮类:芹菜素,异牡荆素(isovitexin),芹菜素-6-C-β-D-葡萄糖-8-C-β-D-半乳糖苷(apigenin-6-C-β-D-glu-8-C-β-D-galactopyranosiode),牡荆苷(vitexin)即牡荆素;还含胡萝卜苷、β-谷甾醇等。
【功效主治】酸,平。清热凉血,消肿止痛,消积通乳。用于小儿疳积,牙痛,痢疾,痔疮肿痛,乳痈,乳汁不通。

孩儿参

【别名】太子参、童参、异叶假繁缕。
【学名】Pseudostellaria heterophylla (Miq.) Pax
(Krascheninnikowia heterophylla Miq.)
【植物形态】多年生草本。块根肉质,长纺锤形,四周疏生须根。茎单一,直立,高 15~20cm;下部带紫色,近四方形,上部绿色,圆柱形,有明显膨大的节,有 2 列短毛。单叶对生;茎下部叶片最小,通常为匙形或倒披针形;茎上部叶片较大,为卵状披针形、长卵形或菱状卵形;茎顶端的 2 对叶最大,十字形排列,密集似轮生,长 2.5~6cm,宽 1~3cm,先端渐尖,基部阔楔形,边缘有缘毛或无毛,两面无毛。花二型;普通花较大,1~3 朵顶生,白色,花梗细长,1~2(4)cm,被短柔毛,花时直立,花后下垂,萼片 5,狭披针形,绿色,长约 7mm,长渐尖,边缘膜质,背面及边缘有长毛,花瓣 5,长倒卵形、长圆状椭圆形或长圆形,与萼片近等长,先端有 2~3 细齿或微凹至近全缘,雄蕊 10,短于花瓣,花药紫色,子房卵形,花柱 3;闭锁花生于茎下部叶腋,小形,花梗细,萼片 4,无花瓣。普通花形成的蒴果近球形,长约为萼片的 1/2;闭锁花形成的蒴果卵形,比萼片长约 1 倍。种子长圆状肾形,褐色,有瘤状突起。花期 4~5 月;果期 5~6 月。(图 170,彩图 14)
【生长环境】生于阴湿林下或土壤疏松腐殖质深厚处。栽培于排水良好、肥沃的沙质壤土或壤土。
【产地分布】山东境内主产于临沭,习称"临沭太子参",以临沂、日照、烟台等地栽培较多。山东省内分布于蒙山(望海楼子)、泰山、崂山、昆嵛山等各大山区及胶南(灵山岛)。在我国分布于东北、华北、西北、华东、华中等地。
【药用部位】块根:太子参。为常用中药,可用于保健食品。山东著名道地药材。
【采收加工】栽种后翌年夏至前后,茎叶大部分枯萎时,选晴天采挖块根,除去茎叶,洗净后直接晒干;或置沸水中烫至中央无白心时捞出,晒至七、八成干,搓去须毛,再晒至全干。

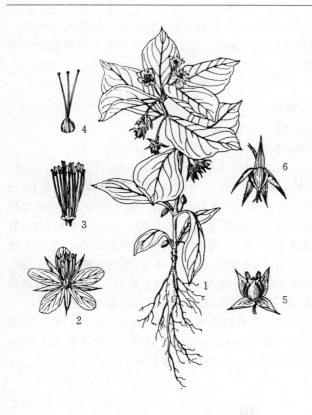

图 170 孩儿参
1.植株 2.普通花 3.雄蕊及雌蕊
4.雌蕊 5.闭锁花 6.蒴果及宿存的花萼

【药材性状】块根细长纺锤形或细长条形，稍弯曲，长3～10cm，直径2～6mm。表面黄白色至土黄色，较光滑，略有不规则细纵皱，凹陷处有须根痕。顶端残留极短的茎痕或芽痕，下部渐细呈尾状。质硬脆，易折断，断面平坦，类白色或黄白色，角质样；或类白色，具粉性。气微，味微甘。

以条粗、色黄白、光滑无须根、质坚实者为佳。

【化学成分】块根含太子参环肽（heterophyllin）A、B；活性多糖 PHP-A、PHP-B；黄酮类：金合欢素（acacetin），木犀草素，刺槐苷 [acacetin-7-O-β-D-glucopyranosyl (6→1)-α-L-rhamnopyranoside]；挥发性成分：4-丁基-3-甲氧基-2，4-环己二烯-1-酮（4-butyl-3-methoxyl-2，4-cyclohexadiene-1-ketone），糠醇（furfuryl alcohol），2-戊基呋喃，吡咯（pyrrole）等；氨基酸：赖氨酸，苏氨酸，缬氨酸，亮氨酸，异亮氨酸，蛋氨酸等；有机酸：山萮酸（behenic acid），2-吡咯甲酸（2-minaline），棕榈酸，亚油酸，乌苏酸；还含吡咯-2-羧酸-3-呋喃-甲醇酯（3-furfuryl pyrrole-2-carboxylate），肌-肌醇-3-甲醚（myoinositol-3-methoxyl），α-菠菜甾醇-β-D-吡喃葡萄糖苷，β-谷甾醇，β-胡萝卜苷及无机元素锰、铜、锌、铁、钙、镁、硼、磷等。

【功效主治】甘、微苦，平。益气健脾，生津润肺。用于脾虚体倦，食欲缺乏，病后虚弱，气阴不足，自汗口渴，肺燥干咳。

【历史】太子参之名始见于《本草从新》。《本草纲目拾遗》也有记载，但所指均为五加科人参 Panax ginseng C. A. Mey. 之小者，并非本品。石竹科太子参入药始于何时尚不清楚，但其人工栽培时间已久，据记载山东临沭已有300余年的栽培历史。

【附注】《中国药典》2010年版收载。

漆姑草

【别名】蛇牙草、虎牙草、鼻药。
【学名】Sagina japonica (Sw.) Ohwi
（Spergula japonica Sw.）
【植物形态】一年生或二年生小草本，高5～15cm。茎丛生，直立或基部稍平卧，无毛或上部疏被细短毛。叶对生；叶片条形或线形，长0.7～2cm，宽约1mm，基部抱茎，合生成膜质的短鞘，先端渐尖，无毛。花小，单生于枝端叶腋；花梗细长，长1～2cm，疏生腺毛；萼片5，长圆形至椭圆形，长1.5～2mm，先端圆钝，疏生腺毛或无毛，有3裂，边缘及顶端为白色膜质；花瓣5，白色，卵形，长约为萼片的2/3；雄蕊5，短于花瓣；子房卵形，上位，花柱5。蒴果卵圆形，稍超出花萼，熟时通常5瓣裂。种子多数，细小，肾形，褐色，密生瘤状突起。花、果期4～6月。（图171）

【生长环境】生于山坡草丛、草地、溪边或庭园、路边石缝中。
【产地分布】山东境内产于济南、泰安、青岛、烟台等地。在我国分布于东北、华北、华东、华中、西南等地。
【药用部位】全草：漆姑草。为民间药。
【采收加工】4～5月采收，除去杂质，晒干或鲜用。
【药材性状】全草常集结成团，黄绿色。茎长5～12cm，直径约2mm，上部疏生细短毛。叶对生；完整叶片条形或线形，长0.5～2cm；先端尖，基部连成膜质短鞘。花白色，单生于叶腋或茎顶；花梗长；花萼及花瓣均5。蒴果卵圆形，5瓣裂，具宿萼。种子圆肾形；表面褐色，密生瘤状突起。气微，味微苦。

以叶花多、色黄绿、无杂质者为佳。

【化学成分】全草含黄酮类：芹菜素-6，8-二-C-葡萄糖苷（apigenin-6，8-di-C-glucoside），芹菜素-6-C-阿拉伯糖基-8-C-葡萄糖苷（apigenin-6-C-arabinosyl-8-C-glucoside），芹菜素-8-C-葡萄糖苷，芹菜素-X″-O-鼠李糖基-6-C-葡萄糖苷（apigenin-X″-O-rtamnosyl-6-C-glucoside），芹菜素-6-C-β-D-吡喃木糖-7-O-β-D-吡喃葡萄糖苷，5，7，2′-三羟基-8-甲氧基黄酮（5，7，2′-trihydroxy-8-methoxy flavone），5，7-二羟基-8，2′-二甲氧基黄酮（5，7-dihydroxy-8，2′-dimethoxy flavone），5，7，3′，4′-四羟基-6-甲氧基黄酮（5，7，3′，4′-tetrahydroxy-6-methoxy flavone）；

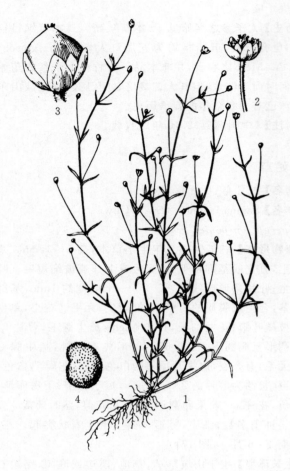

图 171 漆姑草
1.植株 2.花 3.花萼和果实 4.种子

瓜槌、牛毛，皆以形名。"其形态及附图与漆姑草相符。

【附注】现代药理研究表明，漆姑草全草煎剂具抗肿瘤作用。

女娄菜

【别名】大米罐、米瓦罐。

【学名】Silene aprica Turcz. ex Fisch et Mey.
[Melandrium apricum (Turcz.) Rohrb.]

【植物形态】一、二年生或多年生草本，高20～70cm；全株密被短柔毛。茎直立，基部分枝。叶对生；叶片线状披针形至披针形，长4～7cm，宽4～8mm，先端急尖，基部渐窄，全缘；上部叶无柄，下面叶具短柄。聚伞花序2～4分歧，小聚伞有花2～3朵；萼筒长卵形，具10脉，先端5齿裂；花瓣5，白色，倒披针形，先端2裂，基部有爪，喉部有2鳞片；雄蕊10，略短于花瓣；子房上位，花柱3条。蒴果椭圆形，长约9mm，先端6裂，与宿萼近等长。种子多数，细小，黑褐色，有瘤状突起。花期5～6月；果期7～8月。（图172）

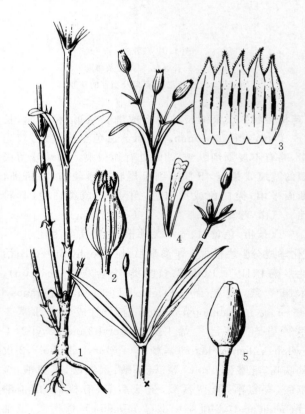

图 172 女娄菜
1.植株 2.萼筒 3.展开的花萼
4.1枚花瓣和2枚雄蕊 5.果实

甾体皂苷类：麦冬皂苷 D(ophiopogonin D)，25R-鲁斯可皂苷元-1-O-[2-O-乙酰基-α-L-鼠李吡喃糖基(1→2)-β-D-木糖吡喃基(1→3)-β-D-岩藻吡喃糖苷]{25R-ruscogenin-1-O-[2-O-acetyl-α-L-rhamnopyranosyl(1→2)-O-β-D-xyloptranosyllopyranosyl(1→3)-β-D-fucopyranoside]}，25R-鲁斯可皂苷元-1-O-[3-O-乙酰基-α-L-鼠李吡喃糖(1→2)-β-D-木糖吡喃糖(1→3)-β-D-岩藻吡喃糖苷]；香豆素类：伞形花内酯，7-甲氧基香豆素，5,7-二羟基香豆素，5,7-二甲氧基香豆素；挥发油：主成分为二苯胺，正十六烷酸，植醇，十九烷，6,10,14-三甲基-2-十五烷酮等。尚含蜕皮甾酮，E-对甲氧基肉桂酸甲酯(p-E-methoxy cinnamic acid methyl ester)及无机元素钾、钙、镁、铁、锰、钠、锌、铜等。

【功效主治】苦，凉。解毒，消肿。用于漆疮，痈疽，瘰疬，鼻渊，龋齿。

【历史】漆姑草始载于《本草拾遗》，云："如鼠迹大，生阶墄间阴处，气辛烈。"《证类本草》云："叶细细，多生石间"。《植物名实图考》收载瓜槌草，曰："一名牛毛粘，生阴湿地及花盆中。高三四寸，细如乱丝，微似天门冬而小矮，纠结成簇，梢端叶际，结小实如珠，上擎累累。

【生长环境】生于山坡草地或旷野路旁草丛中。

【产地分布】山东境内产于各地。分布于全国各地。

【药用部位】全草：女娄菜；根：女娄菜根。为民间药，嫩苗可食。

【采收加工】夏、秋二季采收带根全草或根,洗净,鲜用或晒干。

【药材性状】全草长20~50cm,密被短柔毛。根细长纺锤形,木化。茎直立,多分枝。叶对生;完整叶片线状披针形或披针形,长4~6cm,宽约5mm;先端尖锐,基部渐狭,全缘,表面灰绿色或黄绿色,密被短柔毛。聚伞花序,花粉红色或淡棕色,常2~3朵生于分枝上。蒴果椭圆形,与宿萼筒近等长。种子肾形,细小,黑褐色,具瘤状小突起。气微,味淡。

【功效主治】全草辛、苦,平。活血调经,下乳,健脾,利湿,解毒。用于月经不调,乳少,小儿疳积,脾虚浮肿,疔疮肿毒。根苦、甘,平。利尿,催乳。用于小便短赤,乳少。

【历史】女娄菜始载于《救荒本草》,云:"苗高一二尺,茎叉相对分生,叶似旋覆花叶,颇短,色微深绿,茎对生,梢间出青蓇葖,开花微吐白蕊,结实青子,如枸杞微小。"所述形态及附图与植物女娄菜相符。

麦瓶草

【别名】米瓦罐、灯笼草、香炉草。

【学名】Silene conoidea L.

【植物形态】一年生草本,全体被腺毛。主根细长,有支根。茎直立,多单生或叉状分枝。叶对生;基生叶匙形,茎生叶长圆形或披针形,长5~8cm,宽0.5~1cm,先端渐尖,基部渐狭,两面有腺毛;无柄。聚伞花序顶生,有少数花;花梗长短不等;萼筒圆锥状,长2~3cm,果期基部膨大呈圆形,先端5齿裂,有30条脉,外面有腺毛;花瓣5,倒卵形,粉红色,全缘或先端微凹,基部渐狭成爪,爪上部有耳,喉部有2鳞片状附属物;雄蕊10;子房长卵形,花柱3。蒴果卵圆形,上部尖缩,有光泽,6齿裂。种子肾形,有瘤状突起。花、果期5~7月。(图173)

【生长环境】生于麦田或路边荒草丛。

【产地分布】山东境内产于各地。在我国除山东外,还分布于西北、华北地区及江苏、湖北、云南等地。

【药用部位】全草:麦瓶草。为民间药,嫩苗可食。

【采收加工】夏季茎叶茂盛时采收,晒干。

【药材性状】全草长20~40cm,密被腺毛。主根细长,微木化。茎中部以上有分枝。叶对生;基生叶略呈匙形,茎生叶披针形或矩圆形,基部阔,稍抱茎,被毛茸。聚伞花序;花紫色或粉红色。蒴果卵形,齿裂,宿萼卵状圆筒状。种子肾形,表面有疣状突起。气微,味淡。

【化学成分】全草含氨基酸:谷氨酸、天冬氨酸、甘氨酸、亮氨酸、异亮氨酸、缬氨酸、苯丙氨酸等;维生素C、B_1、B_2、E、胡萝卜素及无机元素钾、钙、镁、磷、钠、铁、锌、锰、铜等。

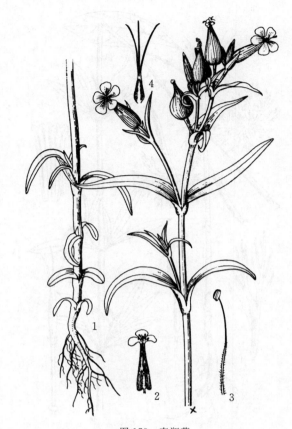

图173 麦瓶草
1.植株 2.花纵剖面 3.雄蕊 4.雌蕊

【功效主治】苦,凉。清热凉血,止血调经。用于鼻衄,吐血,尿血,肺痈,月经不调。

【历史】麦瓶草始载于《植物名实图考》,名净瓶,曰:"细茎长叶如石竹;开五瓣粉紫花,如洋长春;而花跗如小瓶甚长,故名。"所述形态及附图与植物麦瓶草基本一致。

蝇子草

【别名】苍蝇花、鹤草。

【学名】Silene fortunei Vis.

【植物形态】多年生草本,高0.5~1m。根粗壮,圆柱形。茎簇生,直立,基部半灌木状,有柔毛或近无毛。叶对生;基生叶叶片匙状披针形,茎生叶叶片披针形,长2~5cm,宽2~8mm,先端尖或锐尖,基部渐狭成柄,两面均无毛。聚伞状圆锥花序,小聚伞花序对生,具1~3花,总花梗上部常分泌黏液;苞片条形,叶质;花梗细,长3~8mm,稀更长;花萼长筒形,质薄,长2.5~3.5cm,无毛,有10脉,先端有5齿;花瓣5,粉红色或白色,先端2深裂,裂片再细裂,基部渐狭成爪,喉部有2鳞片状附属物;雄蕊10;花柱3。蒴果长圆形,上部略膨大,呈棒槌状,长约1.5cm,6齿裂。种子圆肾形,表面有瘤状突起。花期6~8月;果期7~9月。2n=30。(图174)

有齿如剪。"其形态和附图与植物蝇子草基本一致。

【附注】本种在"Flora of China"6：72. 2001的中文名为鹤草。

山蚂蚱草

【别名】旱麦瓶草、山银柴胡。

【学名】Silene jenisseensis Willd.

【植物形态】多年生草本，高30～60cm。根粗壮，圆柱形或圆锥形。茎丛生状，直立，无毛或下部有短毛，基部常具不育枝。基生叶多数；叶片倒披针形或倒披针状条形，先端急尖或渐尖，基部渐狭成柄，长7～13cm，宽2～7mm，两面无毛或稍粗糙；茎生叶比基生叶狭小，无毛或稍粗糙。假轮伞状圆锥花序或总状花序；花梗长0.4～1.8cm，无毛；苞片下部卵形，上部披针状长渐尖；萼筒状，长约1cm，无毛，有10脉，先端有5齿，齿卵形，果期萼筒为筒状钟形；花瓣5，白色或淡绿白色，长于萼筒，先端2裂，基部有爪，喉部有2鳞片状附属物；雄蕊10；子房长圆形，花柱3，超出花冠。蒴果卵形，长6～7mm，6齿裂。种子肾形，长1～1.2mm，背面有槽，表面有条形的微突起。花期7～9月；果期9～10月。（图175）

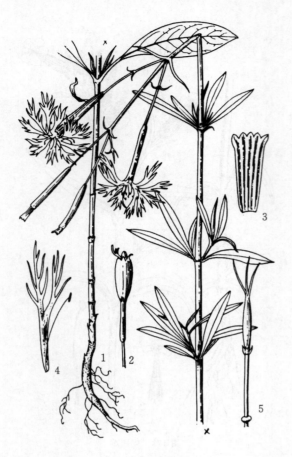

图174 蝇子草
1.植株 2.花萼 3.展开的花萼 4.花瓣和雄蕊 5.雌蕊

【生长环境】生于山坡草地、山谷、石缝或路边草丛。

【产地分布】山东境内产于各山地丘陵。在我国除山东外，还分布于山西、陕西、甘肃、河南等地以及长江流域及其以南地区。

【药用部位】全草：蝇子草。为民间药。

【采收加工】夏、秋二季采割全草，除去杂质，晒干。

【药材性状】全草长50～80cm。茎圆柱形，中部以上有分枝；表面淡绿色，被柔毛或近无毛，基部微木质，被粗糙短毛。叶对生；完整叶片披针形或倒披针形，长2～4.5cm，宽2～7mm；先端尖，基部渐狭成短柄。聚伞花序，总花梗有黏液；花粉红色、白色或淡棕色，深裂。蒴果长圆柱形。种子圆肾形，表面有瘤状突起。气微，味淡。

【化学成分】全草含氨基酸：丝氨酸，天冬氨酸，羟脯氨酸，苏氨酸，谷氨酸，脯氨酸等；还含有生物碱，挥发油，三萜类，甾体，酚类等。

【功效主治】辛，凉。清热利湿，补虚活血。用于小便淋痛，带下，痢疾泄泻；外用于蛇咬伤，扭伤，骨节痹痛。

【历史】蝇子草始载于《植物名实图考》，名鹤草，曰："江西平野多有之。一名洒线花，或即呼为沙参。长根细白，叶似枸杞而小，秋开五瓣长白花，下作细筒，瓣梢

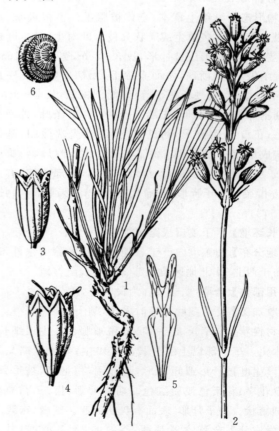

图175 山蚂蚱草
1.根及基生叶 2.花序 3.花期的花萼
4.果期的萼筒及开裂的果实 5.花瓣 6.种子

【生长环境】生于石质山坡、石缝、林缘草地或路边草丛。

【产地分布】山东境内产于各山地丘陵。在我国除山东外,还分布于东北、华北、西北等地。

【药用部位】根:山银柴胡。为民间药。

【采收加工】春季植株刚萌芽或秋季茎叶枯萎时采挖根部,洗净,晒干。

【药材性状】根圆锥形,长短不一,长6~18cm,直径1~2.5cm。表面棕色或棕褐色,有略扭曲的粗纵沟纹,中部以上有多数不规则疣状突起和支根痕。根头部有少数细小的疣状突起。体轻质脆,易折断,断面黄白色,粗糙。气微,味苦而辣。

【化学成分】根含皂皮酸(quillaic acid)即3β,16α-二羟基-23-氧化齐墩果-12-烯-28-羧酸,丝石竹皂苷元(gypsogenin)即3-羟基-23-氧化-12-齐墩果烯-28-酸,维瑟宁-2(vicenin-2)即芹菜素-6,8-二-C-葡萄苷,α-菠菜甾醇。**地上部分**含蜕皮甾体(ecdysteroid)。

【功效主治】甘、苦,凉。清热凉血。用于虚痨骨蒸,阴虚久疟,小儿疳积,羸瘦。

雀舌草

【别名】天蓬草、指甲草、瓜子草。

【学名】Stellaria alsine Grimm.
(S. uliginosa Murr.)

【植物形态】一年生或二年生草本,高10~25cm。茎细弱,有分枝,基部匍匐或渐斜升,光滑无毛。叶对生;叶片披针形或长圆状披针形,长0.5~2cm,宽2~3mm,先端尖,基部渐狭,全缘或边缘呈微波状,无毛或边缘基部有缘毛;无柄。顶生聚伞花序,常有少数花朵,有时单生叶腋;花梗长0.5~1.5cm;萼片5,披针形,长约3mm,边缘膜质;花瓣5,白色,与萼片近等长或较萼片短,2深裂;雄蕊5,比花瓣稍短;子房卵形,花柱3。蒴果卵形,与萼片等长或稍长,6裂。种子圆肾形,表面有皱纹状突起。花期5~6月;果期7~8月。2n=24。(图176)

【生长环境】生于山沟或溪边湿地。

【产地分布】山东境内产于泰山、徂徕山、潍坊、临沂等地。全国分布于东北、华北、华中、华东、西南地区及陕西、甘肃、青海等地。

【药用部位】全草:天蓬草。为民间药。

【采收加工】夏、秋二季采收,晒干。

【药材性状】全草长约20cm,污绿色。叶对生;完整叶片披针形或卵状披针形,长0.5~1.5cm,宽约2mm;先端渐尖,全缘或浅波状。聚伞花序顶生或腋生;萼片5,披针形,无毛;花瓣5,白色或淡棕色,2深裂。蒴果,较宿萼长,6瓣裂。种子肾形,褐色,表面具皱纹。气

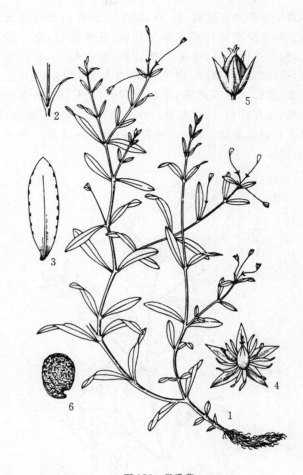

图176 雀舌草
1.植株 2.节部 3.叶片 4.花 5.花萼和果实 6.种子

微,味淡。

【功效主治】辛,平。祛风散寒,续筋接骨,活血止痛,解毒。用于外感,风湿骨痛,疮痈肿毒,跌打损伤,骨折,蛇咬伤。

【历史】雀舌草始载于《救荒野谱》。《本草纲目拾遗》在"雪里花"条下有记载,所述形态、生境与本种相似,但花期不符合。《植物名实图考》名天蓬草,云:"茎赤而韧。附茎,对叶,梢开小白花如菊,根细短。"其附图(二)与植物雀舌草基本一致。

【附注】本种采用"Flora of China"6:21,2001的拉丁学名Stellaria alsine Grimm。

繁缕

【别名】鸡肠草、鹅肠菜。

【学名】Stellaria media (L.) Cyr.
(Alsine media L.)

【植物形态】一年生或二年生草本,高10~30cm。茎细弱,直立或平卧,上部有1行短柔毛。叶对生;叶片卵圆形或卵形,长0.5~2.5cm,宽0.5~1.5cm,先端尖或锐尖,基部圆形、钝圆或渐狭,全缘,两面无毛;茎基

部及中下部叶有长柄,长1~2cm,上部叶柄渐短或无柄。顶生聚伞花序或花单生叶腋;花梗细弱,花后延长,侧生1行短毛。萼片5,披针形,长约4mm,有短腺毛,边缘膜质;花瓣5,白色,比萼片稍短,2深裂,几达基部;雄蕊5,比花瓣短;子房卵圆形,花柱3。蒴果卵圆形,比萼片稍长,6瓣裂。种子卵圆形,稍扁,褐色,表面有瘤状突起。花期6~7月;果期7~8月。2n=40,42,44。(图177)

图177 繁缕
1.植株 2.花 3.雄蕊 4.雌蕊

【生长环境】生于山坡、平原的沟边或路旁湿地。
【产地分布】山东境内产于各地。分布于全国各地。
【药用部位】全草:繁缕。为民间药。
【采收加工】夏、秋二季采收,晒干。
【药材性状】全草常扭缠成团。茎呈细圆柱形,长约20cm,直径约2mm,多分枝;表面黄绿色,有纵棱,一侧有一列灰白色短柔毛,节处有灰黄色细须根;质软韧。叶小,对生;完整叶片展平后呈卵形或卵圆形;先端锐尖,全缘;表面灰绿色。聚伞花序或花单生叶腋;花白色或淡棕色,花梗纤细;萼片和花瓣5。蒴果卵圆形。种子圆形,黑褐色,表面有瘤状突起。气微,味淡。
【化学成分】全草含以棉根皂苷元(gypsogenin)为主的皂苷;黄酮类:荭草素,异荭草素,牡荆素,异牡荆素,异牡荆素-7,2″-二-O-β-吡喃葡萄糖苷(isovitexin-7,2″-di-O-β-glucopyranoside),木犀草素,芹菜素,5,7,4′-三羟基异黄酮即染料木素(genistein),芹菜素-6,8-二-C-葡萄糖苷,芹菜素-6-C-β-D-半乳糖-8-C-α-L-阿拉伯糖苷(apigenin-6-C-β-D-galactopyranosyl-8-C-α-L-arabinopyranoside),芹菜素-6-C-α-L-阿拉伯糖-8-C-β-D-半乳糖苷,芹菜素-6-C-β-D-葡萄糖-8-C-β-D-半乳糖苷,芹菜素-6-C-β-D-半乳糖-8-C-β-L-阿拉伯糖苷,芹菜素-6,8-二-C-α-L-阿拉伯糖苷(apigenin-6,8-di-C-α-L-arabinopyranoside),山奈酚-3,7-二-O-α-L-鼠李糖苷等;酚酸类:香草酸,对-羟基苯甲酸,阿魏酸,咖啡酸,绿原酸;蒽醌类:大黄素,大黄素甲醚,大黄素-8-甲醚(questin);还含抗坏血酸(ascorbic acid),去氢抗坏血酸(dehydroascorbic acid),二十六烷醇,谷甾醇,胡萝卜苷,酵母氨酸(saccharopine),氨基己二酸(aminoadipic acid)等。新鲜全草汁液含环(亮-异亮)二肽,环(缬-酪)二肽,α-乙基-D-吡喃半乳糖苷(α-ethyl-D-pyranogalactoside),尿嘧啶(uracil),胸腺嘧啶(thymine),胸苷(thymidine),鸟苷(guanosine),2-氯-腺苷(2-chloroadenosine);还含天冬氨酸,谷氨酸,丙氨酸,丝氨酸,缬氨酸,赖氨酸,γ-氨基丁酸,α-氨基-γ-羟基戊二酸等多种氨基酸。
【功效主治】甘、酸,凉。清热解毒,祛瘀止痛,催乳。用于痢疾泄泻,肝阳上亢,肠痈,产后淤血,腹痛,牙痛,乳痛,跌打损伤。
【历史】繁缕始载于《名医别录》,列为下品,名繁蒌。《本草图经》曰:"生于田野间,近泽下湮地,亦或有之。叶似荇菜而小,夏秋间生小白黄花,其茎梗作蔓,断之有丝缕,又细而中空似鸡肠"。《本草纲目》云:"繁缕即鹅肠……正月生苗,叶大如指头,细茎引蔓,断之中空,有一缕如丝……开细瓣白花,结细小实,大如稗粒,中有细子如葶苈子。"所述形态与本种相似。

麦蓝菜

【别名】王不留行、王不留、王母牛、留行子。
【学名】Vaccaria segetalis (Neck.) Garcke
(Saponaria segetalia Neck.)
(Vaccaria hispanica (Mill.) Rausch.)
【植物形态】一年生或二年生草本,全株灰绿色,平滑无毛,稍被白粉。根细长圆锥形。茎单生,直立,高30~60cm,圆筒形,中空,上部2叉状分枝。叶对生;叶片卵状披针形或披针形,长5~6cm,宽1~2.5cm,基部圆形或近心形,稍抱茎,先端急尖或渐尖,全缘,背面主脉隆起,侧脉不明显。伞房花序疏生于枝端;花梗细长,中部有2鳞片状小苞,顶出1花的花梗上无小苞;萼片合生,呈卵状圆筒形,长1~1.5cm,宽5~9mm,花后期基部微膨大呈球形,有5条翅状突起的绿色脉棱棱间绿白色,近膜质,先端有5个三角形短齿,边缘膜质;花瓣5,粉红色,倒卵形,先端有不整齐的小牙齿,下部渐狭成长爪;雄蕊10,短于花冠;子房椭圆形,花柱2,细长。蒴果宽卵形或近圆球形,包于萼筒内,顶端4齿裂,基部4室,含种子10余枚。种子近圆球形,直径约2mm,黑色,红褐色至黑色,表面密被瘤状突起。花期5~7月;果期6~8月。2n=30。(图178)

图178 麦蓝菜
1.植株 2.花纵剖面,示雄蕊和雌蕊 3.花瓣 4.种子

【生长环境】生于低山坡、丘陵、平原的麦田、路边或田埂。

【产地分布】山东境内产于各地。在我国分布于除华南地区以外的各地。

【药用部位】种子:王不留行;全草:禁宫花(剪金花)。为常用中药,幼苗及嫩茎叶药食两用。

【采收加工】夏季当果实成熟,果皮尚未开裂时,割取地上部分,置于阴凉通风处,后熟7天左右,待种子变黑时,晒干,打下种子,除去杂质,再晒干。春、夏间茎叶茂盛有花果时采收,晒干或鲜用。

【药材性状】种子圆球形或近球形,直径1.5~2mm。表面黑色,少数红棕色,略有光泽,密布细小瘤状突起。种脐圆点状,下陷,色较浅,种脐一侧有1凹形纵沟,沟内颗粒状突起呈纵行排列。质硬,难破碎,除去种皮后可见白色的胚乳,胚弯曲成环,子叶2。无臭,味微涩、苦。

以颗粒均匀、饱满、色黑者为佳。

【化学成分】种子含黄酮类:王不留行黄酮苷(vaccarin),异肥皂草苷(isosaponarin),meloside A,segetoside J,芹菜素-6-C-阿拉伯糖-葡萄糖苷等;三萜皂苷:王不留行皂苷(vacsegoside 或 segetoside)B、C、D、E、F、G、H、I、K,dianoside G,王不留次皂苷(vaccaroside)A、B、C、G;挥发性成分:油酸酰胺,正二十八烷,肉豆蔻酰胺,棕榈酰胺,2,4-二叔丁基苯酚等;还含氢化阿魏酸(hydroferulic acid),尿核苷(uridine),王不留行环肽(segetalin)A、B、D、E、F、G、H,6-N-methyl adenosine,N,N-dimethyl-L-tryptophan,植酸钙镁(phytin),磷脂(phospholipid),豆甾醇,刺桐碱(hypaphorine)等。全草含王不留行咕吨酮(vaccaxanthone),麦蓝菜咕吨酮(sapxanthone),1,8-二羟基-3,5-二甲氧基-9-咕吨酮(1,8-dihydroxy-3,5-dimethoxy-9H-xanthen-9-one)。

【功效主治】王不留行苦,平。活血通经,下乳消痈。用于经行腹痛,经闭,乳汁不通,乳痈,痈肿。禁宫花(剪金花)苦,平。活血通乳。用于发背游风,风疹,血经不匀,难产。

【历史】麦蓝菜始载于《神农本草经》,列为上品,名王不留行。《救荒本草》始名麦蓝菜。《本草纲目》云:"多生麦地中,苗高一二尺,三、四月开小花,如铎铃状,红白色。结实如灯笼草子,壳有五棱,壳内包一实,大如豆,实内细子大如菘子。生白红黑,正圆如细珠可爱"。本草所述形态及附图与现今麦蓝菜一致。

【附注】①《中国药典》2010年版收载。②"Flora of China"6:102,2001收载的麦蓝菜拉丁学名为 *Vaccaria hispanica*(Mill.)Rausch.,本志将其列为异名。

睡莲科

芡

【别名】芡实、鸡头米、鸡头莲。

【学名】Euryale ferox Salisb. ex Sims.

【植物形态】一年生水生草本,全株具尖刺。根状茎粗壮而短;具白色须根及不明显的茎。初生叶沉水,叶片箭形或椭圆肾形,长4~10cm,两面及叶柄无刺;后生叶浮水,叶片椭圆肾形至圆形,直径0.1~1.3m,盾状,革质,边缘有或无弯缺,全缘,上面深绿色,有皱褶,暗紫色,有短毛,两面在叶脉分枝处有锐刺;叶柄及花梗均粗壮,长达25cm,有硬刺。花单生,直径约5cm;萼片4,生于花托边缘,肉质,长1~1.5cm,披针形,内面紫色,成数轮排列,向内逐渐变成雄蕊;雄蕊多数;心皮8,子房下位,柱头红色,呈凹入的柱头盘。浆果球状,鸡头形,海绵质,直径3~5cm,污紫红色,外面密生硬刺。种子球形,黑色。花期7~8月;果期8~9月。(图179)

【生长环境】生于湖泊、池沼中。

【产地分布】山东境内产于南四湖(南阳湖、微山湖、昭阳湖、独山湖)、东平湖及全省,蕴藏量在2 200 000kg

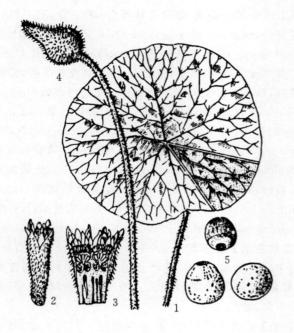

图179 芡
1.叶 2.花 3.花纵剖面 4.果实 5.种子

以上,其中东平湖产量约占总产量的80%左右。在我国除山东外,还分布于南北各地。

【药用部位】种仁:芡实;根及根茎:芡实根;叶:芡实叶;花茎:芡实茎(鸡头菜)。为常用中药和民间药,芡实药食两用。山东道地药材。

【采收加工】秋末冬初采收成熟果实,击碎果皮,取出种子,再除去硬壳,晒干。夏季采收叶或花茎,晒干。秋季采收根及根茎,洗净,晒干。

【药材性状】种仁类球形,直径6~9mm,有的破碎。表面有棕红色内种皮,有不规则网状纹理,一端黄白色,约占全体1/3,有凹点状的种脐痕,除去内种皮显白色。质较硬,断面白色,粉性。无臭,味淡。

以颗粒饱满、粉性足、色白、无碎者为佳。

叶片箭形、椭圆状肾形或近圆盾形,直径0.3~1.2m;上表面深绿色,多隆起并皱缩,叶脉分歧处多刺;下表面深绿色或带紫色,掌状网脉明显突起,脉上有刺,并密布绒毛。气微,味淡。

【化学成分】种仁含环肽类:环(脯-丝)[cyclo(ile-ala)],环(异亮-丙)[cyclo(leu-ala)];黄酮类:5,7,3′,4′,5′-五羟基二氢黄酮(5,7,3′,4′,5′-pentahydroxy flavanone),5,7,4′-三羟基二氢黄酮(5,7,4′- trihydroxy flavanone);挥发油:主成分为9-十八碳烯酸,十六酸,Z-9,12-十八碳二烯酸,2,6,10,15,19,23-六甲基-2,6,10,14,18,22-二十四碳六烯酸等;还含异落叶松树脂醇-9-O-β-D-吡喃葡萄糖苷(isolariciresinol-9-O-β-D-glucopyranoside),氨基酸,维生素B_1、B_2、C、E、α-、β-、δ-生育酚(α-、β-、δ-tocopherol),蛋白质,脂肪及无机元素钠、镁、磷、锌、铁、锰等。根茎含24-甲基胆甾醇-3-O-β-D-葡萄糖苷,胡萝卜苷,豆甾醇-3-β-O-葡萄糖苷。

【功效主治】芡实甘、涩,平。益肾固精,补脾止泻,祛湿止带。用于梦遗滑精,遗尿尿频,脾虚久泻,白浊,带下。芡实根咸、甘,平。散结止痛,止带。用于疝气疼痛,无名肿毒,白带。芡实茎甘、碱,平。清虚热,生津液。用于虚热烦渴,口干咽燥。芡实叶苦、辛,平。行气,和血,止血。用于吐血,便血,胞衣不下。

【历史】芡始载于《神农本草经》,列为上品,原名鸡头实,一名雁喙实。《名医别录》云:"生雷泽(山东菏泽)池泽,八月采。"《本草纲目》曰:"芡茎三月生叶贴水,大于荷叶,皱文如縠,蹙衄如沸,面青背紫,茎、叶皆有刺。其茎长至丈余……五、六月生紫花,花开向日结苞,外有青刺,如猬刺及栗球之形。花在苞顶,亦如鸡喙及猬喙。剥开内有斑驳软肉裹子,累累如珠玑。壳内白米,状如鱼目。"其生境、形态均与睡莲科植物芡一致。

【附注】《中国药典》2010年版收载芡实。

莲

【别名】荷花、藕、莲花。

【学名】Nelumbo nucifera Gaertn.

【植物形态】多年生水生草本。根茎肥厚横走,节间膨大,节部缢缩有黑色鳞叶,生须状不定根。节上生叶,漂浮或伸出水面;叶片圆形,盾状着生,直径25~90cm,全缘,稍呈波状,上面光滑,有白粉,下面由中心射出数叶脉,有1~2次叉状分枝;叶柄粗壮,着生于叶背中央,圆柱形,中空,长1~2m,表面散生刺毛。花梗与叶柄等长或稍长,有散生刺毛;花大,单一,顶生,直径10~20cm;花瓣红色、粉红色或白色,长圆状椭圆形至倒卵形,长5~10cm,宽3~5cm,由外向内渐小,有时逐渐变成雄蕊,先端圆钝或微尖;雄蕊多数,花药线形,黄色,花丝细长,着生于花托之下;心皮多数,埋藏于花托内,花托倒圆锥形,顶部平,有小孔20~30个,每个小孔内有1椭圆形子房,花柱极短;果期时花托逐渐增大,内呈海绵状,俗称莲蓬。坚果椭圆形或卵形,长1.5~2.5cm,果皮坚硬,革质,熟时黑褐色。种子卵形或椭圆形,长1.2~1.7cm,种皮红色或白色。花期6~8月;果期9~10月。2n=18。(图180,彩图15)

【生长环境】栽培于池塘内,国家Ⅱ级保护植物。

【产地分布】山东境内产于各地湖泊、池塘及水湾中。全国各地均有栽培。

【药用部位】种子:莲子;经霜老熟果实:石莲子;花托:莲房;花蕾:莲花;雄蕊:莲须;幼叶及胚根:莲子心;根茎:藕;根茎节部:藕节;叶:荷叶;叶柄:荷梗。为较常用中药和民间药,莲子、藕、藕粉、荷花和荷叶药食两用,莲子心可做茶饮。

图180 莲
1.根茎 2.叶 3.花蕾 4.花 5.雄蕊 6.聚合果 7.种子

【采收加工】秋、冬二季采挖根茎（藕），洗净；切取节部，除去须根，晒干。夏、秋二季采叶，晒至七、八成干时，除去叶柄，折成半圆形或折扇形，叶柄刮去小刺，剪成小段，分别晒干。夏季采摘含苞未放的花蕾或花瓣，花盛开时，选晴天采收雄蕊，阴干。秋季果实成熟时采收，收集花托；剥取果实，除去外壳，将花托与种子分别收集晒干。将种子剥开，取出绿色的胚及胚根，晒干。10月间当莲子成熟时，割下莲蓬，取出果实晒干；或于修整池塘时拾取落于淤泥中的果实，洗净晒干。根茎水磨后所得淀粉为藕粉。

【药材性状】种子椭圆形或类球形，长 1.2～1.7cm，直径 0.8～1.4cm。表面浅黄色至红棕色，有细纵纹和较宽的脉纹，一端中心呈乳头状突起，深棕色，多有裂口，其周边略下陷。质硬。种皮薄，不易剥离。子叶2，黄白色，肥厚；质硬，断面粉性，中间有空隙，中央有绿色的胚（莲子心）。无臭，味甜、微涩。

以个大饱满、色深棕、无破碎者为佳。

胚呈细棒状，长 1～1.4cm，直径约 2mm。幼叶绿色，一长一短，卷成箭形，先端向下反折，两幼叶间可见细小的胚芽。胚根圆柱形，长约 3mm，黄白色。质脆，易折断，断面有数个小孔。气微，味苦。

以完整、色绿、味苦者为佳。

成熟果实呈卵圆状椭圆形，两端略尖，长 1.5～2.5cm，直径 0.8～1.3cm；表面灰棕色至黑棕色，平滑，有白色霜粉，先端有圆孔状柱迹痕或残留柱基，基部有果柄痕；质坚硬，不易破开，破开后内有种子1粒。种子卵形，种皮黄棕色或红棕色，不易剥离；子叶2，淡黄白色，粉性，中心有绿色的胚。气微，味微甜，胚芽苦。

根茎节短圆柱形，中部稍细，长 2～4cm，直径约 2cm。表面灰黄色至灰棕色，有残存须根及须根痕，偶见暗红棕色鳞叶残基。两端残留节间部分，表面皱缩有纵皱纹。质硬，断面有多数类圆形的孔，大小不等。气微，味微甜、涩。

以色灰黄、体重、无须根泥土者为佳。

藕粉呈细粉状，洁白，滑腻。气微，味甜。

叶常折呈半圆形或扇状，展开后呈类圆形，直径 20～80cm。全缘或呈波状。上表面深绿色或黄绿色，较粗糙；下表面淡灰棕色，较光滑，有粗脉 20 余条，自中心向四周射出。中心叶柄残基盾状着生，稍突起。质脆，易破碎。稍有清香气，味微苦。

以叶大、色绿、无斑点、有清香气者为佳。

叶柄近圆柱形，长 20～60cm，直径 0.8～1.5cm。表面淡棕黄色或黄褐色，具深浅不等的纵沟、多数短小的刺状突起或刀削痕。质轻，易折断，折断时有粉尘飞出，断面淡粉白色，可见数个大小不等的孔道（气隙）。气微，味淡。

以条长而粗、色黄褐、除净刺者为佳。

花蕾呈圆锥形，长 2.5～5cm，直径 2～3cm。花瓣多数，螺旋状排列；散落的花瓣卵圆形或椭圆形，略皱缩或折叠，表面淡红色或淡棕色，有多数细脉纹，基部略厚，光滑柔软。除去花瓣，中央为幼小的花托（莲蓬），顶端圆而平坦，有小圆孔 10 余个，基部渐窄，周围着生多数雄蕊。花柄细圆柱形，表面紫黑色，有纵沟或顺纹，并具刺状突起；断面有大型孔隙。微有香气，味苦、涩。

以花蕾未开放、花瓣整齐、色淡红、有清香气者为佳。

雄蕊呈丝状。花药线形扭转，纵裂，长 1.2～1.5cm，直径约 1mm；表面淡黄色或棕黄色。花丝纤细，稍弯曲，长 1.5～1.8cm；淡紫色。气微香，味涩。

以完整、色黄、花粉多、有香气者为佳。

花托倒圆锥形或漏斗形，多撕裂，直径 5～8cm，高 4.5～6cm。表面棕色至紫棕色，具细纵纹及皱纹，顶面有多数圆形孔穴或已撕裂，基部有花梗残基。质疏松，破碎面海绵样，棕色或棕紫色。气微，味微涩。

以个大、质松、色紫棕者为佳。

【化学成分】种子含蛋白质，淀粉；有机酸：肉豆蔻酸，棕榈酸，油酸，亚油酸，亚麻酸；维生素 B_1、B_2、B_6、C、E；氨基酸：精氨酸，丝氨酸，赖氨酸及无机元素钙、磷、铁、锌、硒等。**种皮**含多糖；鞣质；氨基酸：天冬氨酸，谷氨酸，精氨酸，甘氨酸，苏氨酸，丙氨酸，脯氨酸等；有机酸：14-甲基-十五碳酸，8,11-十八碳二烯酸，反-9-十八碳烯酸，十八碳酸，二十二碳酸等；还含抗氧化活性的类黄酮及无机元素钾、钠、钙、镁、铁、锌等。**胚**含生物碱：莲心碱（liensinine），异莲心碱，甲基莲心碱（neferine);黄酮类:木犀草素,金丝桃苷,芦丁等;挥发油:主成分为 2-氯亚油酸乙酯,n-十六烷酸,Z-9,17-十八碳二烯醛等;有机酸及其衍生物:9,12-十八碳二烯酸,14-甲基十五烷酸,9-十八碳烯酸,16-甲基十七碳烷酸,棕榈酸甲酯,棕榈酸乙酯,三棕榈酸甘油酯,棕榈酸酰胺;还含有顺式-9-十六烯醛,5-羟甲基-2-呋喃甲醛等。**根茎**含淀粉;根茎节含 3-表白桦脂酸(3-epibutulinic acid),鞣质,儿茶酚,没食子酸及多糖。**叶**含生物碱:荷叶碱(nuciferine),鹅掌楸碱(liriodenine),原荷叶碱(pronuciferine),去氢莲碱(dehydroroemerine),去氢荷叶碱(dehydronuciferine),莲碱(roemerine),N-去甲荷叶碱,O-去甲荷叶碱,前荷叶碱,牛心果碱(anonaine),绕袂碱(roemerine),杏黄罂粟碱即亚美帕碱(armepavine),N-甲基衡州乌药碱,2-羟基-1-甲氧基阿朴啡(2-hydroxy-1-methoxyaporphine)等;黄酮类:荷叶苷(nelumboside),槲皮素,异槲皮苷,nympholide A、B,金丝桃苷(hyperin),紫云英苷(astragalin),山柰酚,异鼠李素,槲皮素-3-丙酯,槲皮素-3-O-β-D-吡喃木糖(1→2)-β-D-吡喃葡萄糖苷,柯伊利素-7-O-β-D-葡萄糖苷;挥发油:主成分为顺-3-己烯醇,二苯胺,长叶烯等;有机酸:酒石酸,柠檬酸,苹果酸,没食子酸,苯甲酸,邻羟基苯甲酸,正十八烷酸;还含维生素 C,(2R,4S,4aS,8aS)-4,4a-环氧-4,4a-二氢食用西番莲素,1-二十烷醇,1-十一烷醇,邻二羟基苯酚,胡萝卜苷,鞣质等。**叶柄**含生物碱:telazoline,N-甲基阿西米洛宾(N-methyl asimilobine),杏黄罂粟碱,荷叶碱,原荷叶碱;三萜类:β-香树脂醇,α-香树脂醇;还含有 β-谷甾醇棕榈酸酯和 vanillil。**花**含挥发油:主成分为 4-甲基-1-异丙基双环[3.1.0]己烷,十五烷,D-柠檬烯,α-萜品醇等;氨基酸:天冬氨酸,苏氨酸,谷氨酸,缬氨酸,亮氨酸等;还含有黄酮苷,鞣质,粗蛋白,维生素 C 及无机元素钾、钙、铁、锌、镁等。**雄蕊**含黄酮类:槲皮素,木犀草素,山柰酚,山柰酚-3-O-β-D-吡喃半乳糖苷,异槲皮苷,异鼠李素;三萜类:环阿尔廷醇(cycbartenol),环阿尔屯烷-23-烯-3β,25-二醇;还含有 1-癸醇,二十四烷酸,棕榈酸,金色酰胺醇酯(aurantiamide acetate),棕榈酸-α,α'-甘油二酯,二十六烷酸-α-甘油酯,对苯二酚,对羟基苯甲酸,丁二酸,胡萝卜苷。**花托**含金丝桃苷,腊梅苷(meratin),槲皮素,槲皮素-3-二葡萄糖苷及莲房原花青素(proeyanidinor lotusseedpod),莲子碱(nelumbine),烟酸(nicotinic acid)及维生素 B_1、B_2、C 等。

【**功效主治**】**莲子**甘、涩,平。补脾止泻,止带,益肾涩精,养心安神。用于脾虚泄泻,带下,遗精,心悸失眠。**莲房**苦、涩,温。化瘀止血。用于崩漏,尿血,痔疮出血,产后瘀阻,恶露不尽。**石莲子**甘、涩、微苦,寒。清湿热,开胃健脾,清心宁神,涩精止泄。用于噤口痢,呕吐,食欲缺乏,心烦失眠,尿浊,带下。**莲子心**苦、寒。清心安神,交通心肾,涩精止血。用于热入心包,神昏谵语,心肾不交,失眠遗精,血热吐血。**藕**甘,寒。清热生津,凉血,散瘀,止血。用于热病烦渴,吐衄,下血。**藕节**甘、涩,平。收敛止血,化瘀。用于吐血,咯血,衄血,尿血,崩漏。**藕粉**甘、碱,平。益血,止血,调中开胃。用于虚损失血,泻痢食少。**荷叶**苦,平。清暑化湿,升发清阳,凉血止血。用于暑热烦渴,暑湿泄泻,血热吐衄,便血崩漏。**荷梗**微苦,平。解暑清热,宽中理气。用于中暑头昏,胸闷,气滞。**莲花**苦、辛,平。散瘀止血,祛湿消风。用于跌伤呕血,血淋,崩漏下血,天疱湿疮,疥疮瘙痒。**莲须**甘、涩,平。固肾涩精。用于遗精滑精,带下,尿频。

【**历史**】莲始载于《神农本草经》,列为上品,原名藕实,一名水芝丹。《本草纲目》云:"诸处湖泽陂池皆有之……节生二茎:一为藕荷,其叶贴水,其下旁行生藕也;一为芰荷,其叶出水,其旁茎生花也。其叶清明后生。六、七月开花,花有红、白、粉红三色,花心有黄须,蕊长寸余,须内即莲也。"所述生境、形态及《本草图经》等本草附图,与植物莲完全一致。

【**附注**】《中国药典》2010 年版收载莲子、莲子心、莲房、莲须、荷叶、藕节;《山东中药材标准》2002 年版收载石莲子、荷花。

睡莲

【**别名**】子午莲、水莲花、玉荷花。

【**学名**】Nymphaea tetragona Georgi

【**植物形态**】多年生水生草本。根状茎粗短,具线状黑毛。叶丛生浮于水面;叶片心状卵形或卵状椭圆形,直径 3.5～9cm,基部有深弯缺,全缘,上面绿色,有光泽,下面常带红色或紫色,两面无毛;叶柄细长。花单生于细长的花梗顶端;萼片 4,宽披针形或窄卵形,先端钝,长 1.5～2.5cm,宿存;花瓣白色,长圆形、长卵形或卵形,先端钝,稍短于萼片,内轮花瓣不变成雄蕊;雄蕊多数,短于花瓣,花药内向,药隔不突出;子房半下位,5～8 室,柱头盘状,放射状排列。浆果球形,直径 2～2.5cm,包被于宿存萼片内。种子多数,椭圆形,黑褐色,有肉质囊状假种皮。花期 7～8 月;果期 8～10 月。(图 181)

【**生长环境**】生于湖泊、池塘中。

【**产地分布**】山东境内产于南四湖、东平湖。分布于全国各地。

【**药用部位**】花:睡莲花;根茎:睡莲根。为民间药。

【**采收加工**】夏季采收花蕾或花瓣,四季采收根茎,晒干或鲜用。

【**药材性状**】花为花蕾或花瓣,花蕾呈圆锥形,直径约 3cm。花萼基部四方形,萼片 4,宽披针形或窄卵形,长

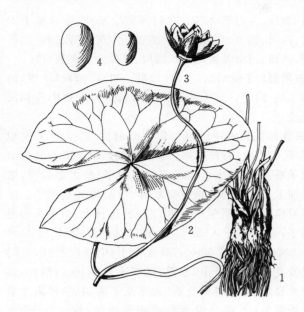

图181 睡莲
1.根及根茎 2.叶 3.花 4.大小不同的种子

约2cm,宿存;花瓣多数,长圆形、长卵形或卵形,先端钝,稍短于萼片,表面白色或淡黄白色;雄蕊多数,花药黄色;雌蕊子房半下位,5～8室,柱头盘状,放射状排列。质脆,易碎。气微香,味微甜。

以完整、色白、香气浓者为佳。

【化学成分】根、叶含生物碱及氨基酸。

【功效主治】睡莲花甘、苦,平。平肝息风,清解暑热,解酒。用于惊风,中暑,醉酒烦渴。睡莲根消暑,强壮,收敛。用于下腹疼痛。

【历史】睡莲始载于《本草纲目拾遗》,又名子午莲,曰:"叶较荷而小,缺口不圆,入夏开白花,午开子敛,子开午敛,故名。"《植物名实图考》又名茈碧花,曰:"生泽陂中。叶似莼而有歧,背殷红。秋开花作绿苞,四坼为跗,如大绿瓣,内舒千层白花,如西番菊,黄心。"其形态和附图与睡莲基本一致。

金鱼藻科

金鱼藻

【别名】细草、扎菜(临沂)、鱼草。

【学名】Ceratophyllum demersum L.

【植物形态】多年生沉水草本。茎纤细,多分枝,长20～60cm。叶4～12轮生;一至二回二歧分叉,裂片条形,有刺状齿。花小,单性,雌、雄同株;单花腋生,或数花轮生,无柄;无花被;总苞片6～13,条形,浅绿色;雄花有雄蕊10～16;雌花有1雌蕊。小坚果卵圆形,平滑,有3长刺,顶生刺由宿存花柱变成,侧生刺生于果实基部,向下斜伸。花期6～7月;果期8～10月。(图182)

【生长环境】生于湖泊、池塘或河沟浅水中。

【产地分布】山东境内产于各地。全国各地均有分布。

【药用部位】全草:金鱼藻。为民间药。

【采收加工】全年可采,除去杂质,晒干或鲜用。

【药材性状】全草纠缠成不规则团状,绿褐色。茎细柔,长20～50cm,具分枝。叶4～12枚轮生;叶片常破碎,一至二回二歧分叉;裂片条形,边缘一侧具刺状小齿。花腋生,暗红色,总苞片钻状。小坚果宽卵形,平滑,边缘无翅,有3长刺。气微腥,味淡。

【化学成分】全草含黄酮类:苜蓿素-7-O-β-D-葡萄糖苷(tricin-7-O-β-D-glucoside),柚皮素-7-O-β-D-葡萄糖苷(naringenin-7-O-β-D-glucoside);甾醇类:β-谷甾醇,7α-羟基-β-谷甾醇,7α-甲氧基-β-谷甾醇,豆甾醇;有机酸:二十二碳酸,棕榈酸,硬脂酸;还含有七叶内酯,乌发醇(uvaol),质体蓝素(plastocyanine)及铁氧化还原蛋白(ferredoxin)。其中,质体蓝素为含铜蛋白质。

【功效主治】甘、淡,凉。凉血止血,清热利水。用于内伤吐血,咳血,热淋涩痛。

【历史】《植物名实图考》收载藻,曰:"藻,尔雅:莙,牛藻。注:似藻而大。陆玑诗疏:有二种,一似蓬蒿,一如鸡苏,皆可为茹……牛尾蕰亦藻类,俗名丝草"。并附图,其藻之上图与金鱼藻相似。

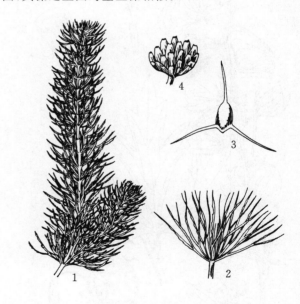

图182 金鱼藻
1.植株一部分 2.轮生叶 3.果实 4.雄花

毛茛科

乌头

【别名】草乌头、川乌、小草乌。

【学名】Aconitum carmichaeli Debx.

【植物形态】多年生草本。块根倒圆锥形,长2～4cm,直径1～1.6cm。茎高0.6～1.5m,中部以上疏生反曲的短柔毛,有分枝。茎下部叶花期枯,中部叶有长柄;叶片五角形,长 6~11cm,宽 9~15cm,基部浅心形,3 裂,几达基部,中央全裂片宽菱形、倒卵状菱形或菱形,先端急尖,有时短渐尖,近羽状分裂,二回裂片约 2 对,斜三角形,有 1~3 牙齿,或全缘,侧全裂片在近基部有不等 2 深裂,表面疏生短伏毛,背面通常仅沿脉有疏短柔毛,叶薄革质或纸质;叶柄长 1~2.5cm,疏被短柔毛。顶生总状花序长 6~25cm;花序轴及花梗密被反曲而紧贴的短柔毛;下部苞片 3 裂,其他苞片狭卵形至披针形;花梗长 1.5~5.5cm;小苞片生花梗中部或下部,长 0.3~1cm,宽 0.5~2mm;花两性,两侧对称;萼片 5,蓝紫色,外面被短柔毛,上萼片高盔形,高 2~2.6cm,自基部至喙长 1.7~2.2cm,下喙稍凹,喙不明显,侧萼片长 1.5~2cm;花瓣 2 枚,偶见 3 枚,无毛,长约 1.1cm,唇长约 6mm,微凹,距长 1~2.5mm,通常拳卷;雄蕊无毛或疏生短毛,花丝有 2 小齿或全缘;心皮 3~5,子房有疏或密短柔毛,稀无毛。蓇葖果长 1.5~1.8cm。种子长约 3mm,三棱形,只在两面密生横膜翅。花期 9~10 月;果期 10 月。2n=48。(图 183)

图 183 乌头
1.块根 2.花序 3.茎中部叶 4.花瓣 5.雄蕊

【生长环境】生于山坡草地或灌木丛中。
【产地分布】山东境内产于烟台、泰山、临沂等地;菏泽单县有少量栽培;分布于昆嵛山、艾山、牙山、蒙山、沂山、沂南、泰山等山区。在我国除山东外,还分布于云南、四川、湖北、贵州、湖南、广西、广东、江西、浙江、江苏、陕西、河南等地,其中,四川、陕西为主要栽培区。
【药用部位】栽培品:主根(母根):川乌;侧根(子根)的加工品:附子。野生品:块根:草乌。为常用中药和民间药。
【采收加工】栽种后第二年秋分前后,选晴天采挖根部,除去茎叶,将母根除去须根、泥沙,晒干为川乌。摘取子根,除去泥土、须根,习称泥附子;按大小分类,进行加工。常见的规格有黑顺片、白附片和盐附子。山东习惯加工成黑顺片。加工方法:选择大、中个头的泥附子,洗净,浸入 30℃ 卤水(50kg 鲜附子用卤水 20 000ml,清水 6 000ml,浸没为止)中浸泡数日,连同浸液煮至透心,捞出,水漂,纵切成约 5mm 的厚片,再用水浸漂,取出用调色液(黄糖及菜油制成)将附片染成浓茶色,再蒸至切面具油润光泽时,烘至半干,再晒干。

野生乌头于秋季茎叶枯萎时采挖,除去茎叶、须根及泥土,晒干。
【药材性状】川乌呈不规则圆锥形,稍弯曲,顶端常有残茎,中部多向一侧膨大,长 2~7.5cm,直径 1.2~2.5cm。表面棕褐色或灰棕色,皱缩,有小瘤状侧根及子根痕。质坚实,断面类白色或浅灰黄色,形成层环呈多角形。气微,味辛辣、麻舌。

以块根饱满、质坚实、断面色白者为佳。

黑顺片为不规则纵切片,上宽下窄,长 1.7~5cm,宽 0.9~3cm,厚 2~5mm。外皮黑褐色,切面暗黄色,油润光泽,半透明状,并有纵向导管束脉纹。质硬脆,断面角质样。气微,味淡。

以片大、厚薄均匀、表面油润、半透明者为佳。

草乌母根纺锤形或倒卵形,长 2~5cm,直径 1~2.5cm。表面灰褐色至深褐色,具纵皱纹及点状须根痕;顶端残留茎基。子根纺锤形,表面较光滑,具数个瘤状突起的侧根;顶端有枯萎的芽或芽痕,上部一侧有与母根脱离后的疤痕。质坚硬,不易折断,断面灰白色,通常粉性,形成层环多角形或类圆形。气微,味辛辣、麻舌。

以个大、质坚实、断面灰白、有粉性者为佳。
【化学成分】母根含乌头碱(aconitine),次乌头碱(hypaconitine),新乌头碱(mesaconitine,中乌头碱),塔拉胺(talatisamine),消旋去甲基乌药碱(demethylcoclaurine),异塔拉定(isotalatizidine),新乌宁碱(neoline),准噶尔乌头碱(songorine),附子宁碱(fuziline),去甲猪毛菜碱(salsolinol),异飞燕草碱(isodelphinine),苯甲酰中乌头原碱(benzoylmesaconine),多根乌头碱(karakoline),脂乌头碱(lipoaconitine),脂次乌头碱(lipohypaconitine),脂去氧乌头碱(lipodeoxyaconitine),脂中乌

头碱(lipomesaconitine),北草乌碱(beiwutine),川附宁(chuanfunine),3-去氧乌头碱(3-deoxyaconitine),乌头多糖(aconitan) A、B、C、D 等。**子根**含中乌头碱,次乌头碱,乌胺(higenamine),棍掌碱氯化物(coryneinechloride),异飞燕草碱,乌头碱,苯甲酰中乌头原碱,新乌宁碱,附子宁碱,去甲猪毛菜碱,多根乌头碱,北草乌碱等。**须根**含准格尔乌头胺(songoramine),准格尔乌头碱(songorine),尼奥灵(neoline),乌头碱,次乌头碱,β-谷甾醇和胡萝卜苷。**块根**在加工过程中,原生品中毒性很强的双酯类生物碱可水解生成毒性较小的单酯类碱:苯甲酰乌头原碱(benzoylaconine,苯甲酰乌头胺),苯甲酰新乌头原碱(benzoylmesaconine,苯甲酰新乌头胺,苯甲酰中乌头原碱)和苯甲酰次乌头原碱(benzoylhypaconitine)及毒性更小的不带酯键的胺醇类碱:乌头胺(aconine),中乌头胺(mesaconine)和次乌头胺(hypaconine)。

【功效主治】川乌辛、苦,热;有大毒。祛风除湿,温经止痛。用于风寒湿痹,骨节疼痛,心腹冷痛,寒疝作痛,麻醉止痛。**附子**辛、甘,大热;有毒。回阳救逆,补火助阳,散寒止痛。用于亡阳虚脱,肢冷脉微,胸痹心痛,虚寒吐泻,脘腹疼痛,肾阳,阳痿宫冷,阴寒水肿,阳虚外感,寒湿痹痛。**草乌**辛、苦,热;大毒。祛风除湿,温经止痛。用于风寒湿痹,骨节疼痛,心腹冷痛,寒疝作痛,麻醉止痛。

【历史】乌头始载于《神农本草经》,列为下品,同时收载附子、天雄。《名医别录》又收侧子。《本草图经》曰:"四品都是一种所产……苗高三、四尺已来,茎作四棱,叶如艾,花紫碧色作穗,实小紫黑色如桑椹……绵州彰明县多种之,惟赤水一乡者最佳。"说明乌头的人工栽培已有悠久的历史。古本草所载乌头的植物形态、产地、栽培等均与现代基本一致,目前商品川乌、附子均为栽培品。《本草纲目》曰:"乌头野生于他处者,俗谓之草乌头。"与现今商品药材草乌一致。

【附注】①《中国药典》2010 年版收载川乌、附子。②生品内服宜慎,孕妇禁用。③据《山东经济植物》记载,乌头在山东仅有栽培,无野生。但据记载,本种的模式标本采自烟台(芝罘)。④陕西等地将栽培乌头的小侧根作川乌,而将其母根作草乌,与《中国药典》川乌的来源不符,应注意鉴别。

附:展毛乌头

展毛乌头 var. truppelianum (Ulbr.) W. T. Wang et Hsiao (*A. chinense* Paxt.; *A. japonicum* var. *truppelianum* Ulbr.)(图 184),与原种的主要区别是:花序轴和花梗有开展的柔毛;叶中央裂片菱形,先端急尖。

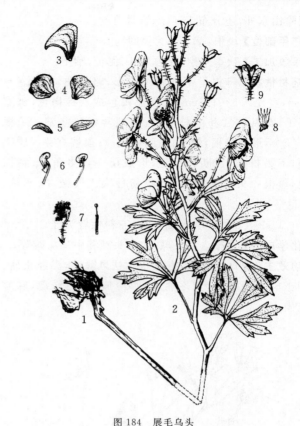

图 184　展毛乌头
1.块根 2.植株上部 3.上萼片 4.侧萼片
5.下萼片 6.花瓣 7.雄蕊 8.雌蕊 9.蓇葖果(编者原图)

山东境内产于崂山、昆嵛山、泰山、徂徕山、沂山、蒙山等山区。模式标本采自青岛。产地作草乌收购。

圆锥乌头

【别名】草乌、草乌头、乌头。

【学名】Aconitum paniculigerum Nakai

【植物形态】多年生草本。块根倒圆锥形。茎高 0.7～1m,上部分枝。基生叶在花期枯萎,茎生叶互生;叶片心状五角形,长 10～15cm,宽 13～16cm,3 全裂,中央裂片菱形,先端渐尖,近羽状深裂,裂片有时具三角形至披针形小裂片,侧裂片在近基部处有不等 2 裂;叶柄长约 6cm。圆锥花序;花梗长 3～5.5cm,连同花序轴均有开展的短柔毛;小苞片长约 5mm,狭条形;花两性,两侧对称;萼片紫蓝色,外面疏被短柔毛,上萼片高盔形,高 1.6～1.8cm,下缘直或凹,喙向下伸出,侧萼片宽倒卵形;花瓣无毛,唇长约 4mm,末端二浅裂,距长约 2.5mm,向后弯曲;雄蕊无毛;心皮 3～5,无毛。蓇葖果长约 1.1cm。种子长约 2mm,有横膜翅。花期 8～9 月;果期 9～10 月。(图 185)

【生长环境】生于山地林缘或草丛中。

【产地分布】山东境内产于济南南部山地丘陵。在我国除山东外,还分布于辽宁、吉林等地。

【药用部位】块根:草乌。为民间药。

【采收加工】秋季采挖,除去茎叶、泥土,晒干。

【药材性状】母根呈不规则圆锥形,略弯曲,长2.5~4cm,直径0.5~1.5cm;表面黑褐色或灰棕褐色,皱缩不平,有纵皱纹和细长侧根;顶端常残留茎基。子根1~5个,形似母根,较小;表面略光滑;顶端有芽。质坚硬,不易折断,折断面平坦,形成层环纹多角形,黄棕色,母根中央常有裂隙,子根粉性大。气微,味辛辣、麻舌。

以个大、质坚实、断面灰白、有粉性者为佳。

【化学成分】块根含乌头碱、次乌头碱和中乌头碱等。

【功效主治】辛、苦,热,有大毒。祛风除湿,温经止痛。用于风寒湿痹,骨节疼痛,心腹冷痛,寒疝作痛,麻醉止痛。

高帽乌头

高帽乌头 Aconitum longecassidatum Nakai《中国植物志》27:116记载分布于山东东部(青岛),编者未曾见到标本。

图186 拟两色乌头
1.植株下部 2.植株上部 3.茎基部叶 4.花 5.上萼片高帽状
6.花去上萼片,示花瓣、侧萼片、下萼片、雄蕊和雌蕊(编者原图)

图185 圆锥乌头
1.植株上部 2.上萼片 3.侧萼片 4.下萼片 5.花瓣

附:拟两色乌头

拟两色乌头 Aconitum loczyanum Rapes(图186)多年生草本,直根圆锥形;基生叶具长柄,叶片五角状肾形,边缘具粗齿,总状花序,花黄白色,上萼片圆筒状高帽形,花序轴和花柄密生反曲而紧贴黄色短毛。山东境内产于崂山、牙山。日本也有分布。

类叶升麻

【别名】马尾升麻、绿豆升麻。

【学名】Actaea asiatica Hara

【植物形态】多年生草本。根状茎横走,外皮黑褐色。根多数,细长,生于根茎上。茎圆柱形,高30~80cm,直径4~6mm,不分枝。叶2~3枚,基生叶鳞片状;下部茎生叶为三回三出羽状复叶;小叶片卵形至宽卵状菱形,长3.5~8.5cm,3裂,边缘有浅裂或锐锯齿;叶柄长3~17cm。总状花序长2.5~4.5cm,密生短柔毛;苞片线状披针形,长约2mm;花梗长5~8mm;花小,辐射对称;萼片4,白色,倒卵形,长约2.5mm;花瓣黄色,匙形,长2~2.5mm,下部渐狭成爪;雄蕊多数,花丝丝状;心皮1,柱头膨大成扁球形。果实浆果状,紫黑色。花期5~6月;果期7~9月。(图187)

【生长环境】生于山地林下、沟边阴湿处或河边草地。

【产地分布】山东境内产于牙山。全国除山东外,还分布于东北、华北、西北、华中、西南等地区。

【药用部位】根茎:绿豆升麻。为民间药。

【采收加工】夏、秋二季采挖,除去茎叶,杂质,晒干。

【化学成分】根茎含三萜类:asiaticoside A、B,25-乙氧基升麻醇-3-O-β-D-木糖苷(25-O-ethylcimigenol-3-O-β-D-xylopyranoside),cimiacemoside Ⅰ,25-O-乙酰升麻醇木糖苷,25-脱氢升麻醇木糖苷,升麻醇,3-羰基升麻醇,cimiacernol B,25-O-乙酰升麻醇(25-O-acetylcinigenol),12β-羟基升麻醇(12β-hydroxycinigenol),23-epi-26-deoxyactein,27-deoxyacetylacteol,26-deoxycimicifugenin,neocimicigenoside,acetyl shengmanol xyloside,12β-乙酰升麻-3-O-β-D-吡喃木糖苷,升麻醇-3-O-β-D-吡喃木糖苷,小升麻苷 B;色原酮类:visnagin,norkhellol,cimifugin,norcimifugin;生物碱:[E]-3-(3′-甲基-2′-亚丁烯基)-2-吲哚酮[(E)-3-(3′-methyl-2′-butenylidene)-2-indolinone],[Z]-3-(3′-甲基-2′-亚丁烯基)-2-吲哚酮;有机酸:阿魏酸,异阿魏酸,3,4-二甲基咖啡酸;还含 tirdecanoic acid-2,3-dihydroxypropyl ester和β-谷甾醇等。

【功效主治】辛、微苦,平。散风热,祛风湿,透疹,解毒。用于风热头痛,咽痛,麻疹不透,百日咳。

【历史】见兴安升麻。

图187 类叶升麻
1-2.植株上部 3.花 4.花瓣 5.雄蕊 6.浆果

侧金盏花

【别名】冰凉花、金盏花。

【学名】Adonis amurensis Regel et Radde

【植物形态】多年生草本。根状茎短而粗,有多数须根。茎在开花时高5～15cm,以后高达30cm,无毛或顶部有稀疏短柔毛,不分枝或有时分枝,基部有膜质鳞片。叶在花后长大,茎生叶互生;叶片正三角形,长达7.5cm,宽达9cm,3全裂,全裂片有长柄,二至三回细裂,末回裂片狭卵形至披针形,有短尖头;叶柄长达6.5cm。花顶生,两性,辐射对称,直径2.8～3.5cm;萼片约9,淡灰紫色,长圆形或倒卵状长圆形,与花瓣等长或稍长,长1.4～1.8cm,无毛或近边缘有稀疏短柔毛;花瓣约10,黄色,倒卵状长圆形或狭倒卵形,长1.4～2cm,宽5～7mm,无毛;雄蕊多数,长约3mm,无毛;心皮多数,子房有短柔毛,花柱长约1mm,向外弯曲,柱头小,球形。瘦果倒卵球形,长约4mm,有短柔毛。花期3～4月;果期4～6月。(图188)

图188 侧金盏花
1.植株 2.雄蕊 3.雌蕊

【生长环境】生于山坡草地或林下。

【产地分布】山东境内产于乳山等地。在我国除山东外,还分布于辽宁、吉林和黑龙江等地。

【药用部位】全草:福寿草(冰凉花)。为民间药,提取强心苷的原料。

【采收加工】4月间花初开时采挖带根全草,洗净,晒干。

【药材性状】根茎粗短,长1～3cm,直径3～7mm;表面暗红棕色,下方密集多数细根,呈疏松团块状。根长3～8cm,直径约1mm;表面黄棕色或暗褐色,稍有皱纹;质脆,易折断。茎细弱,长20～30cm;表面黄白色或浅棕色,基部具黄白色膜质鳞叶数片。叶互生,常皱缩,多未展开;展开者为三角形,长宽约7cm,三全裂,裂片有柄;全裂片再2～3回细裂,小裂片狭卵形或披针形;表面灰绿色。花顶生;萼片约9,淡灰紫色或暗绿色;花瓣约10,黄色或黄棕色;雄蕊和心皮多数。质脆,易碎。气微,味苦。

以根多、色黄棕、带有花或花蕾、味苦者为佳。
【化学成分】根含强心苷:索马林(somalin),加拿大麻苷(cymarin),加拿大麻醇苷(cymarol),黄麻苷(corchoroside)A,铃兰毒苷(convallatoxin),K-毒毛旋花子次苷-β(K-strophanthin-β),侧金盏花毒苷(adonitoxin),K-毒毛旋花子苷(K-strophanthoside)等;强心苷苷元:毒毛旋花子苷元(strophanthidin),洋地黄毒苷元(digitoxigenin);香豆素类:伞形花内酯,东莨菪素;黄酮类:茈草素,异茈草素;尚含侧金盏花内酯(adonilide),福寿草酮(fukujusone),侧金盏花醇(adonitol),降福寿草二酮(fukujusonorone),厚果酮(lineolone),12-O-苯甲酰异厚果酮(12-O-beenzoylisolineolone),异厚果酮(isolineolone),12-O-烟酰异厚果酮(12-O-nicotinoylisolineolone)。地上部分含毒毛旋花子苷元,洋地黄毒苷元,厚果酮,异热马酮(isoramanone),烟酰异热马酮(nicotinoylisoramanone),夜来香素(pergularin),伞形花内酯,东莨菪素,D-加拿大麻糖(D-cymarome),D-沙门糖(D-sarmentose),L-夹竹桃糖(L-oleandrose)。全株含无机元素钠、铁、铝、磷、镁、钾、钙、铜、锌等。
【功效主治】苦,平;有毒。补心,利尿,定惊。用于心悸,心慌,水肿,痫病。
【附注】《中国药典》1977年版曾收载。

山东银莲花
【别名】银莲花。
【学名】Anemone chosenicola Ohwi var. schantungensis (Hand.-Mazz.) Tamura
(*A. schantungensis* Hand.-Mazz.)
【植物形态】多年生草本,高10～15cm。根状茎短,垂直,密生须根。基生叶5～8;叶片圆肾形,长3.5～9.5cm,宽5～14cm,3全裂,中全裂片无柄或有短柄,宽菱形或菱状倒卵形,3裂超过中部,末回裂片卵形或狭卵形,侧全裂片斜扇状倒卵形,不等3裂,两面只沿脉散生柔毛或近无毛;叶柄长5.5～30cm,有稀疏的长柔毛。花葶通常1条;苞片2～3,叶状,无柄,扇形或菱状倒卵形,长2～4cm,3裂,边缘有睫毛或近无毛;复伞形花序长3～12cm;小伞形花序约有4花,长3～4cm;萼片4～5,白色,狭倒卵形或倒卵形,长0.6～1cm,宽3～6mm,先端圆形,无毛;雄蕊长约4mm,花药狭椭圆形;心皮2～5,无毛。瘦果扁平,宽椭圆形,长7～8mm,宽约6mm,无毛。花期6～7月;果期8～10月。(图189,彩图16)

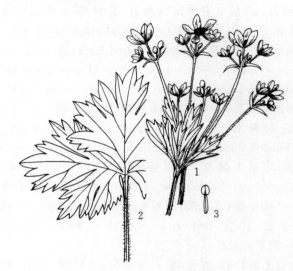

图189 山东银莲花
1. 花序 2. 基生叶 3. 雄蕊

【生长环境】生于海拔600～1000m的山地草丛。
【产地分布】山东境内产于崂山、昆嵛山等地。为山东特有药用植物。模式标本采自烟台。
【药用部位】根及根茎:山东银莲花。为民间药。
【采收加工】夏、秋二季采挖,除去茎叶及杂质,晒干。
【功效主治】清热解毒,止血除湿。

多被银莲花
【别名】两头尖、竹节香附、老鼠屎(烟台、昆嵛山)。
【学名】Anemone raddeana Regel
【植物形态】多年生草本,植株高10～30cm。根状茎横走。基生叶1;叶片3全裂,裂片有细柄,3或2深裂;叶柄长2～8cm,有疏柔毛。花葶近无毛;苞片3,叶状,近扇形,长1～2cm,3全裂,中全裂片倒卵形或倒卵状长圆形,先端圆形,上部边缘有少数小锯齿,侧全裂片稍斜;有柄,长2～5mm;花梗长1～1.3cm,渐变无毛;萼片9～15,白色,长圆形或线状长圆形,长1～2cm,宽2～6mm,先端圆或钝,无毛;雄蕊长4～8mm,花药椭圆形,顶端圆形,花丝丝状;心皮约30,子房密被短柔毛,花柱短。花、果期4～5月。(图190)
【生长环境】生于山地林中或草地阴湿处。
【产地分布】山东境内产于青岛、烟台等山地丘陵。在我国除山东外,还分布于东北地区。
【药用部位】根茎:两头尖(竹节香附)。为少常用中药和传统成药的原料药。

【采收加工】夏季采挖根茎,除去茎叶及须根,洗净,晒干。

【药材性状】根茎类长纺锤形,两端尖细,微弯曲,其中一端较膨大,另一端较狭细,长1~3cm,直径2~7mm。表面棕褐色或棕黑色,具微细纵皱纹,膨大部位常有1~3个支根痕呈鱼鳍状突起,偶有不明显的3~5个环节。质硬脆,易折断,断面略平坦,类白色或灰褐色,类角质样。无臭,味淡,后微苦而麻辣。

以肥大质硬、色棕褐、断面类白者为佳。

【化学成分】根茎含三萜类:竹节香附素(raddeanin)A、B、C、D、E、F、R_2、R_3、R_{13},齐墩果酸,竹节香附皂苷(raddeanoside,多被银莲花皂苷)H、R_0、R_1、R_2、R_3、R_4、R_5、R_6、R_7、R_8、12、14、15、16、17、18、五加苷(eleutheroside)K,常春藤皂苷(hederasaponin)B,白桦脂醇(betulin),白桦脂酸(betulic acid),乙酰齐墩果酸,ratsiaside A_1,Saponin P_E,leonloside D,hederacholichiside F等;多糖类:两头尖多糖AP-Ⅰa、AP-Ⅱa~AP-Ⅱd;挥发油:主成分为α-萜品醇,正十六酸,(Z,Z)-9,12-十八碳酸二烯酸,4-环戊烯-1,3-二酮,2-呋喃甲醛等;油脂主含亚油酸,棕榈乙酸,软脂酸甲酯等;还含毛茛苷(ranuncularin),白头翁素(anemonin),薯蓣皂苷元,卫矛醇(evonymitol)。**地上部分**含竹节香附素A。

【功效主治】辛,热;有毒。祛风湿,散寒止痛,消痈肿。用于风寒湿痹,四肢拘挛,骨节疼痛,痈肿溃烂。

【历史】多被银莲花始载于《本草品汇精要》,名两头尖,曰:"两头尖有毒……疗风及腰腿湿痹痛……此种乃附子之类,苗叶亦相似,其根似草乌,皮黑肉白细,而两端皆锐,故以为名也"。《本草原始》曰:"两头尖自辽东来货者甚多。"所述形态、功效及产地与现今植物多被银莲花相吻合。

【附注】①《中国药典》2010年版收载。②据现代药理研究,两头尖根茎总皂苷具有抗肿瘤、抗炎、镇痛、镇静、抗惊厥、抑菌和溶血的作用。

耧斗菜

【别名】血见愁、绿花耧斗菜。

【学名】Aquilegia viridiflora Pall.

【植物形态】多年生草本。根肥大,圆柱形,直径1.5cm,单生或有少数分枝。茎直立,高15~50cm,常上部分枝,生柔毛并密生腺毛。基生叶少数,二回三出复叶;叶片宽4~10cm,中央小叶有1~6mm的短柄,楔状倒卵形,长1.5~3cm,宽与长几相等或更宽,上部3裂,裂片常有2~3圆齿,表面绿色,无毛,背面淡绿色至粉绿色,有短柔毛或近无毛;叶柄长达18cm,有疏柔毛或无毛,基部有鞘;茎生叶为一至二回三出复叶,向上渐变小。花3~7朵,倾斜或微下垂;苞片3全裂;花梗长2~7cm,有腺毛;花两性,辐射对称;萼片黄绿色,长椭圆状卵形,长1.2~1.5cm,宽6~8mm,先端微钝,有疏柔毛;花瓣与萼片同色,直立,倒卵形,比萼片稍长或稍短,先端近截形,下部延长成距,距直或微弯,长1.2~1.8cm;雄蕊长达2cm,伸出花外,花药长椭圆形,黄色,长7~8mm,退化雄蕊白膜质;心皮密生伸展的腺状柔毛,花柱短于或等于子房。蓇葖果长1.5cm。种子黑色,狭倒卵形,长约2mm,有微凸起的纵棱。花期5~7月;果期7~8月。(图191)

【生长环境】生于山坡、路旁、石缝和草地。

【产地分布】山东境内产于烟台、青岛、泰安、临沂等地。在我国除山东外,还分布于青海、甘肃、宁夏、陕西、山西、河北、内蒙古、辽宁、吉林、黑龙江等地。

【药用部位】全草:耧斗菜;种子:耧斗菜子;花:耧斗菜花。为民间药。

【采收加工】夏季采收带根全草,除去杂质,晒干;或采花鲜用。夏、秋季种子成熟时采收果实,晒干,打下种

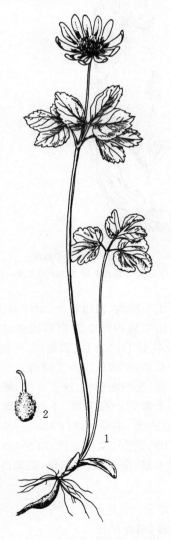

图190 多被银莲花
1.植株 2.雌蕊

图191 耧斗菜

子,除去杂质。

【化学成分】全草含紫堇块茎碱(corytuberine),木兰花碱(magnoflorine),黄连碱(coptisine),黄酮及无机元素钙、镁、铁、铜、锌、锰等。根含木兰花碱及小檗碱(berberine)。

【功效主治】耧斗菜微苦、辛,温。清热解毒,调经止血。用于月经不调,痛经,痢疾,腹痛。**耧斗菜子**、**耧斗菜花**用于烧伤。

【历史】耧斗菜始载于《救荒本草》。《植物名实图考》引曰:"耧斗菜生辉县太行山山野中。小科苗就地丛生,苗高一尺许,茎梗细弱,叶似牡丹叶而小,其头颇团,味甜。"所述形态与附图均与耧斗菜相符。

附:紫花耧斗菜

紫花耧斗菜 f. atropurpurea (Willd.) Kitag. 又名紫花菜,与耧斗菜的区别是:萼片暗紫色或紫色。山东境内产于胶东半岛。药用同原种。

三角叶驴蹄草

【别名】驴蹄草。

【学名】Caltha palustris L. var. sibirica Regel

【植物形态】多年生草本,全株无毛。须根肉质,多数。茎高 10～50cm,有细纵沟,中部或中部以上有分枝,稀不分枝。基生叶 3～7;叶片宽三角状肾形,先端圆形,基部宽心形,边缘仅下部有牙齿,其他部位微波状或近全缘;有长柄。茎或分枝顶端有 2 花组成的单歧聚伞花序;苞片三角状心形,边缘有牙齿;花梗长 2～10cm;花两性,辐射对称;萼片 5,花瓣状,黄色,倒卵形或狭倒卵形,长 1～1.8cm,宽 0.6～1.2cm,先端圆形;雄蕊长 4.5～7mm,花药长 1～1.6mm;心皮 7～12,无柄,有短花柱。蓇葖果长约 1cm,喙长约 1mm。种子黑色,长 1.5～2mm,有少数纵皱。花、果期 5～9 月。(图192)

图192 三角叶驴蹄草
1.植株下部 2.植株上部 3.聚合蓇葖果 4.种子

【生长环境】生于湿地、河边草地、山谷沟边或浅水中。

【产地分布】山东境内产于胶东沿海地区。在我国除山东外,还分布于辽宁、吉林、黑龙江、内蒙古等地。

【药用部位】全草:驴蹄草。为民间药。

【采收加工】夏、秋二季采收,除去杂质,晒干。

【化学成分】全草含白头翁素,小檗碱,胆碱。**带花全草**尚含伞形花内酯,东莨菪碱(scopolin)等。

【功效主治】辛、微苦,凉。驱风,解暑,解毒。用于伤风外感,中暑发痧,瘰疬,跌打损伤,烧烫伤,疮疡糜烂。

兴安升麻

【别名】北升麻、窟窿牙根。

【学名】Cimicifuga dahurica (Turcz.) Maxim.
(*Actinospora dahurica* Turcz. ex Fisch. et. Mey.)

【植物形态】多年生草本。根状茎粗壮，表面有许多下陷的圆洞状老茎残基。茎高约1m，无毛或微有毛。茎下部叶为二回或三回三出复叶；叶片三角形，宽达22cm，顶生小叶宽菱形，长5～10cm，宽3～9cm，3深裂，基部常微心形或圆形，边缘有锯齿，侧生小叶长椭圆状倒卵形，稍斜，表面无毛，背面沿脉有疏毛；叶柄长达17cm；茎上部叶与下部叶相近似，但较小而有短柄。花小，密生，两性，辐射对称，雌雄异株；复总状花序；雄株花序长达30cm以上，有7～20余分枝；雌株花序稍小，分枝也少；花序轴和花梗有腺毛和短毛；苞片钻形，渐尖；萼片长3～4mm；无花瓣；退化雄蕊叉状2深裂，先端有2乳白色空花药；雄蕊花药长约1mm，花丝长约4mm；心皮4～7，有疏柔毛或近无毛。蓇葖果生于长1～2mm的心皮柄上，长7～8mm，宽4mm，种子3～4，长约3mm，褐色，四周生膜质鳞翅。花期7～8月；果期8～9月。（图193）

【生长环境】生于山沟、林缘、灌丛、山坡、疏林或草地中。

【产地分布】山东境内产于烟台、荣成等山地丘陵。在我国除山东外，还分布于山西、河北、内蒙古、辽宁、吉林、黑龙江等地。

【药用部位】根茎：升麻（北升麻）。为常用中药。

【采收加工】秋季地上部分枯萎后，挖出根茎，去净泥土，晒至八成干时，用火燎去须根，再晒至全干，撞去栓皮及残存须根。

【药材性状】根茎呈不规则长条状，或多分枝成结节状，长3～13cm，直径1.5～2.5cm。表面灰黑色，粗糙，茎基痕圆洞形，直径约2cm，深1～2cm，洞内壁具纵向或网状沟纹，下面有坚硬的须根基。体轻质坚，不易折断，断面略带绿色，极不平坦，木部黄绿色，具放射状纹理，纤维性，有裂隙，髓部黑色，中空。气微，味较苦。

以个大质坚、外皮黑褐色、断面黄绿色、味苦者为佳。

【化学成分】根茎含升麻苷（cimicifugoside）A、B、C、D，兴安升麻醇-3-O-β-D-木糖苷（dahurinol-3-O-β-D-xyloside），25-O-乙酰升麻醇-3-O-β-D-木糖苷，24-表-7,8-去氢升麻醇-3-O-β-D-吡喃木糖苷（24-epi-7,8-didehydrocimigenol-3-O-β-D-xylopyranoside），7,8-去氢升麻醇-3-O-β-D-吡喃木糖苷（7,8-didehydrocimigenol-3-O-β-D-xylopyranoside），25-O-乙酰-7,8-去氢升麻醇-3-O-β-D-木糖苷（25-O-acetyl-7,8-didehydrocimigenol-3-O-β-D-xylopyranoside），升麻环氧醇木糖苷（cimigenol xyloside），12-羟升麻环氧醇阿拉伯苷（12-hydroxy cimigenol arabinoside），升麻酰胺（cimicifugamide），异升麻酰胺（isocimicifugamide），北升麻瑞（cimidahurine），北升麻宁（cimidahurinine），北升麻萜（cimicilen），升麻环氧醇（cimig-

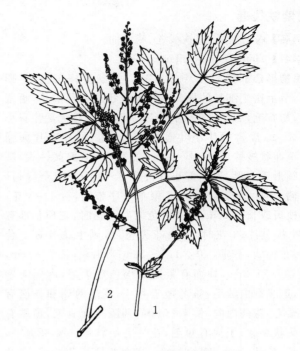

图193 兴安升麻
1. 花序 2. 叶

enol，升麻醇），[E]-3-(3′-甲基-2′-亚丁烯基)-2-吲哚酮，[Z]-3-(3′-甲基-2′-亚丁烯基)-2-吲哚酮，阿魏酸，异阿魏酸，咖啡酸，齿阿米素（visnagin），齿阿米醇（visamminol），豆甾醇葡萄糖苷，蔗糖，谷甾醇等。地上部分含三萜类：兴安升麻苷（cimidahuside）C、D，升麻内酯（cimilactone）A、B，兴安升麻苷（cimidahuside）C、D、E、F、G、H、I、J，23-O-乙酰升麻醇木糖苷，25-O-乙酰-7,8-二脱氢升麻醇木糖苷，25-O-乙酰升麻醇木糖苷，升麻苷H-2，25-脱水升麻醇木糖苷，24-epi-7,8-二脱氢升麻醇木糖苷，升麻醇木糖苷，7,8-二脱氢升麻醇木糖苷，25-O-甲基升麻醇木糖苷，15α-羟基升麻苷H-2，7β-羟基升麻醇木糖苷，12β-羟基升麻醇木糖苷，24-O-乙酰-7,8-二脱氢升麻醇木糖苷，24-O-乙酰升麻醇木糖苷，25-O-甲基-24-O-乙酰升麻醇木糖苷，12β-O-乙酰小升麻苷A、B，小升麻苷A、B，升麻醇；还含阿魏酸，异阿魏酸，β-谷甾醇，胡萝卜苷及正三十一烷。

【功效主治】辛、微甘，微寒。发表透疹，清热解毒，升举阳气。用于风热头痛，齿痛，口疮，咽痛，麻疹不透，阳毒发斑，中气下陷。

【历史】升麻始载于《神农本草经》，列为上品，一名周升麻。《本草经集注》收载鸡骨升麻，曰："好者细削，皮青绿色……北部间亦有，形又虚大，黄色"。《本草图经》附升麻图四幅，其中"茂州升麻"与现今毛茛科升麻属植物升麻形态相似。其"北部间亦有，形又虚大"者，可能是指大三叶升麻和兴安升麻。《本草纲目》所附升麻图则系毛茛科植物类叶升麻 Actaea asiatica Hara。

【附注】《中国药典》2010年版收载。

褐紫铁线莲

【别名】 褐毛铁线莲、铁线莲、威灵仙。
【学名】 Clematis fusca Turcz.
【植物形态】 藤本,长0.6~2m。根状茎棕黄色,节膨大,节上密生细长的根。茎有纵棱状凸起及沟纹,暗紫色,初有毛,后变无毛,常缠绕。叶对生;羽状复叶有小叶3~9,常7,顶生小叶通常退化成卷须;小叶片卵圆形至卵状披针形,长4~9cm,宽2~5cm,先端钝尖,基部圆形或心形,近基部小叶片常2~3浅裂或全缘;具长柄,小叶柄长1~2cm。聚伞花序腋生,有1~3花;花梗短或长达3cm,有黄色柔毛;1花时,花梗基部有2叶状苞片;3花时,中央花无苞片,侧生花各有2苞片;花钟状,下垂,直径1.5~2cm;萼片4,长2~3cm,宽0.7~1.2cm,外面有紧贴的褐色短柔毛,内面淡紫色,边缘有白绒毛;雄蕊短于萼片,花丝两侧和外面有长柔毛,花药内向,长4~5mm,药隔外面有毛,顶端有尖头状突起;子房有短毛,花柱有绢状毛。瘦果扁平,棕色,长达7mm,宽约5mm;宿存花柱长达3cm,有开展的黄毛。花期6~7月;果期8~9月。(图194)
【生长环境】 生于山坡、林缘、杂木林或灌丛中。
【产地分布】 山东境内产于烟台、青岛、荣成等山地丘陵。在我国除山东外,还分布于辽宁、吉林、黑龙江等地。
【药用部位】 根及根茎:褐毛铁线莲。为民间药。
【采收加工】 夏、秋二季采挖,除去茎叶及泥土,晒干。
【功效主治】 祛瘀,利尿,解毒。用于风湿痹痛。

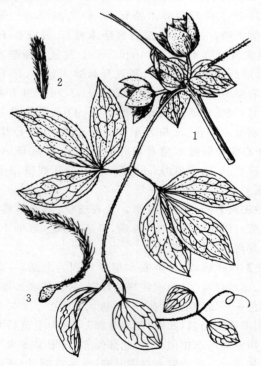

图194 褐紫铁线莲
1.花枝 2.雄蕊 3.瘦果

毛果扬子铁线莲

【别名】 丝柄短尾铁线莲、铁线莲。
【学名】 Clematis ganpiniana (Lévl. et Vant.) Tamura var. tenuisepala (Maxim.) C. T. Ting
(C. brevicaudata DC. var. *tenuisepala* Maxim.)
【植物形态】 藤本。枝有棱,小枝近无毛或稍有短柔毛。叶对生;一至二回羽状复叶或二回三出复叶,小叶5~21,基部2对常为3小叶或2~3裂,茎上部有时为三出叶;小叶片长卵形、卵形或宽卵形,长1.5~10cm,宽0.8~5cm,先端锐尖、短渐尖至长渐尖,基部圆形、心形或宽楔形,边缘有粗锯齿、牙齿或为全缘,两面近无毛或疏生短柔毛;有长柄。圆锥状聚伞花序或单聚伞花序,多花或3花,腋生或顶生;花梗长1.5~6cm;花直径2~3.5cm,萼片4,开展,白色,干时变褐色至黑色,狭长卵形或长椭圆形,长0.5~1.8cm,外面边缘密生短绒毛,内面无毛;雄蕊无毛,花药长1~2mm;子房有毛。瘦果常为扁卵圆形,长约5mm,宽约3mm,有毛。花期7~9月;果期9~10月。(图195)

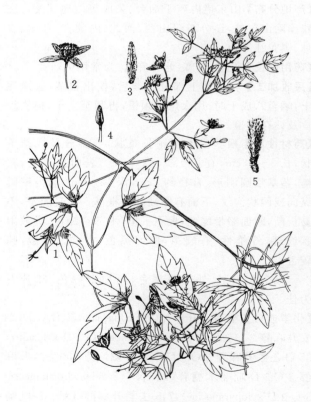

图195 毛果扬子铁线莲
1.植株一部分 2.花 3.萼片 4.雄蕊 5.瘦果

【生长环境】 生于山坡、林下、沟边、路旁草丛或灌丛中。
【产地分布】 山东境内产于胶南、泰安、济南、淄博等地。在我国除山东外,还分布于甘肃、陕西、湖北、河南、山西、江苏、浙江等地。

【药用部位】根及根茎:铁线莲。为民间药。
【采收加工】夏、秋二季采挖,除去茎叶,洗净,晒干。
【功效主治】利尿,除湿镇痛,活血通络。用于小便不利,风湿骨痛。
【附注】"Flora of China"6:333 - 386. 2001,收载的毛果扬子铁线莲拉丁学名为 Clematis puberula var. tenuisepala (Maxim.) W. T. Wang,本志将其列为异名。

长冬草

【别名】烟台山蓼、软灵仙、黑老婆秧(烟台)、铁扫帚(蒙山)。
【学名】Clematis hexapetala Pall. var. tchefouensis (Debeaux) S. Y. Hu.
【植物形态】直立草本,高 0.3～1m。茎圆柱形,有纵沟,疏生柔毛,后脱落无毛。叶对生;叶片一至二回羽状深裂,裂片线状披针形、长椭圆状披针形、椭圆形或线形,长 1.5～10cm,宽 0.1～2cm,先端锐尖或凸尖,有时钝,全缘,叶片两面无毛或仅下面疏生长柔毛;网脉突起,近革质,绿色,干后常变黑色;叶柄长 0.5～3.5cm。聚伞花序顶生或腋生,通常 3 花,有时为单花,花梗有柔毛;苞片线形;花两性,直径 2.5～5cm;萼片 4～8,通常 6,长椭圆形或狭倒卵形,长 1～2.5cm,宽 0.3～1cm,白色,开展,除外面边缘有绒毛外,其余无毛;花瓣无;雄蕊多数,花丝细长,长约 9mm,无毛,花药线形;心皮多数,被白色柔毛。瘦果倒卵形,扁平,长约 4mm,密生柔毛,宿存花柱羽毛状,长 1.5～3cm。花期 6～8 月;果期 8～9 月。(图 196)
【生长环境】生于山坡草地或林下。
【产地分布】山东境内产于各山地丘陵。在我国除山东外,还分布于江苏徐州。模式标本采自山东烟台。
【药用部位】根及根茎:威灵仙。山东产威灵仙的来源。
【采收加工】秋季采挖,除去茎叶,洗净,晒干。
【药材性状】根茎短柱状,长 1～4cm,直径 0.5～1cm,两侧及下方有多数细根;表面淡棕黄色至棕褐色,节隆起,顶端常残留木质茎基;质较坚韧,断面纤维性。根细长圆柱形,稍扭曲,长 4～20cm,直径 1～2mm;表面棕褐色或棕黑色,有细纵纹,有时皮部脱落露出淡黄色木部;质硬脆,易折断,断面皮部较宽,木心细小,圆形,约占切面的 1/2 以下。气微,味咸。

以条长、色黑、无地上残茎者为佳。

【功效主治】辛、咸,温。祛风湿,通经络,止痛。用于风湿痹痛,关节不利,四肢麻木,跌打损伤,诸骨硬喉。
【历史】威灵仙入药始见于梁代《集验方》。唐代周君朝著有《威灵仙传》。《开宝本草》云:"出商州上洛山及华山,并平泽,不闻水声者良。生先于众草,茎方,数叶

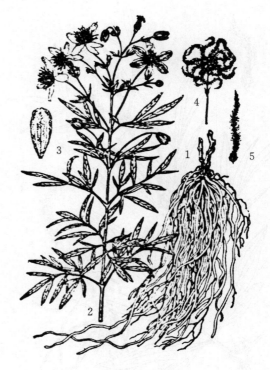

图 196 长冬草
1. 根及根茎 2. 植株上部 3. 花萼背面观
4. 聚合瘦果 5. 瘦果

相对,花浅紫,根生稠密,岁久益繁。"似指铁线莲属植物。《本草折衷》名铁脚威灵仙。《汤液本草》及《本草纲目》均以铁脚威灵仙为佳,并提出了"根干后呈深黑色"的主要鉴别特征,《植物名实图考》附图可精确鉴定为毛茛科铁线莲属(Clematis)植物。此为历代本草威灵仙商品药材的主流。但《本草图经》和《证类本草》的描述及附图,均指玄参科植物草本威灵仙 Veronicastrum sibiricum,此种威灵仙目前已不作商品药材应用。

附:棉团铁线莲

棉团铁线莲 Clematis hexapetala Pall.(图 197)。与变种长冬草的主要区别是:叶片两面或沿叶脉疏生长柔毛或近无毛;萼片外面密生白色绵毛,中央较稀疏,花蕾时像棉花球,内面无毛。2n＝16。

据《新编中药志》记载:"主产于东北三省及山东省。"但据调查,在山东省分布最广的是其变种长冬草,编者未见到本种标本。《中国植物志》记载棉团铁线莲分布于甘肃东部、陕西、山西、河北、内蒙古、辽宁、吉林、黑龙江。生固定沙丘、干山坡或山坡草地,尤以东北三省及内蒙古草原地区较为普遍,未记载山东。根及根茎为威灵仙,《中国药典》2010 年版收载。根及根茎含三萜类:齐墩果酸,常春藤皂苷元,木栓酮,铁线莲皂苷(clematoside)B、C;黄酮类:3,5,6,7,8,3′,4′-七甲氧基黄酮,nobiletin,liquiritigenin,橙皮素(hesperetin),柚皮素,7,4′-二羟基二氢黄酮-7-O-β-D-葡萄糖苷,

起，近革质或厚纸质；叶柄粗壮，长达15cm，有毛；顶生小叶柄长，侧生者短。聚伞花序顶生或腋生；花梗粗壮，有淡黄色的糙绒毛；每花下有一条状披针形苞片；花杂性，雄花与两性花异株；花直径2～3cm；萼片4，蓝紫色，长椭圆形至宽条形，花萼下半部呈管状，先端常反卷，在反卷部分增宽，长1.5～2cm，宽约5mm，内面无毛，外面有白色厚绢状短柔毛，边缘密生白色绒毛；雄蕊长约1cm，花丝无毛，花药与花丝等长，药隔疏生长柔毛；心皮有白色绢状毛。瘦果卵圆形，两面凸起，长约4mm，红棕色，有短柔毛，宿存花柱丝状，长达3cm，有白色长柔毛。花期8～9月；果期10月。（图198）

图197 棉团铁线莲
1.植株上部 2.根及根茎 3.花蕾 4.雄蕊 5.果实

5,7,4'-三羟基-3'-甲氧基黄酮醇-7-O-α-L-鼠李糖(1→6)-β-D-葡萄糖苷，6-hydroxybiochain A，芒柄花素，大豆素(daidzein)，染料木素(genistein)，鸢尾苷等；还含clemahexapetoside A、B，2,6-二甲氧基-4-(3-羟基-1-丙烯基)苯基-4-O-α-L-鼠李糖(1→6)-β-D-葡萄糖苷，3-O-β-D-葡萄糖苷-2-羟甲基-D-ribono-g-内酯，原白头翁素，棕榈酸，香草酸，异落叶松脂素，5-羟甲基-2-呋喃酮(5-hydroxumethyl-5H-furan-2-one)，5,8-二氢-6-甲基萘-1,4-二-O-β-D-葡萄糖苷(5,8-dihydro-6-methyl-1,4-二-O-β-D-diglucopyranosyl naphthalene)，β-谷甾醇，胡萝卜苷等。

大叶铁线莲

【别名】草本女萎、气死大夫(烟台、济南)、老母猪挂打子(青岛)、臭牡丹。

【学名】Clematis heracleifolia DC.

【植物形态】直立草本或半灌木，高约0.3～1m。主根粗大，木质化，表面棕黄色。茎粗壮，有明显的纵条纹，密生白色糙绒毛。叶对生；三出复叶；小叶片卵圆形、宽卵圆形至近圆形，长6～10cm，宽3～9cm，先端短尖，基部圆形或楔形，有时偏斜，边缘有不整齐的粗锯齿，齿尖有短尖头，上面近无毛，下面有曲柔毛，尤以叶脉上为多，主脉及侧脉在上面平坦，在下面有显著隆

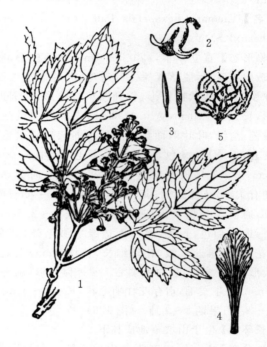

图198 大叶铁线莲
1.花枝 2.花 3.萼片 4.雄蕊 5.聚合瘦果

【生长环境】生于山坡沟谷、林缘及路旁、灌丛中。
【产地分布】山东境内产于各山地丘陵。在我国除山东外，还分布于湖南、湖北、陕西、河南、安徽、浙江、江苏、河北、山西、辽宁、吉林等地。
【药用部位】全株：气死大夫。为民间药。
【采收加工】夏季采割地上部分，除去杂质，切段晒干。
【药材性状】茎圆柱形，长短不一，直径5～8cm；表面草绿色或绿褐色，有纵棱沟，密被白色短毛，老茎灰褐色，无毛。叶对生，三出复叶，皱缩或破碎；完整者展平后，中央小叶片卵圆形或宽卵形，侧生小叶片较小；先端短尖，基部楔形，边缘有粗锯齿；上表面灰绿色或灰棕色，下表面色浅，被白色短毛；叶柄粗壮，长约15cm；叶片近革质或草质。气微，味微苦、涩。

以质嫩、叶多、色绿者为佳。

【功效主治】辛、甘、苦，微温。祛风除湿，解毒消肿，止

痢。用于风湿痹痛，瘰疬疙瘩，痢疾泄泻；外用于疮疖肿痛，痔疮。

太行铁线莲

【别名】威灵仙、铁线莲、软灵仙。

【学名】Clematis kirilowii Maxim.

【植物形态】木质藤本，干后常变黑褐色。茎、小枝有短柔毛，老枝近无毛。叶对生；一至二回羽状复叶，小叶5～11或更多，基部一对或顶生小叶常2～3浅裂、全裂至3小叶，中间一对常2～3浅裂至深裂，茎基部一对为三出叶；小叶片或裂片卵形、卵圆形或长圆形，长1.5～7cm，宽0.5～4cm，先端钝、锐尖、凸尖或微凹，基部圆形、截形或楔形，全缘，有时裂片或二回小叶片再分裂，两面网脉突出，沿叶脉疏生短柔毛或近无毛，革质；有柄。聚伞花序或为总状、圆锥状聚伞花序，有花3至多数或花单生、腋生或顶生；花序梗和花梗有较密的短柔毛；花直径1.5～2.5cm；萼片4或5～6，开展，白色，倒卵状长圆形，长0.8～1.5cm，宽3～7mm，先端常呈截形而微凹，外面有短柔毛，边缘密生绒毛，内面无毛；雄蕊无毛。瘦果扁卵形至扁椭圆形，长约5mm，有柔毛，边缘凸出，宿存花柱长约2.5cm。花期6～8月；果期8～9月。2n=16。（图199）

图199 太行铁线莲
1.部分茎叶 2.花序 3.萼片，示外面和内面 4.雌蕊

【生长环境】生于低山坡草地、灌丛或路旁。

【产地分布】山东境内产于各山地丘陵。在我国除山东外，还分布于山西、河北、北京、河南、安徽、江苏等地。

【药用部位】根及根茎：威灵仙。民间药。产地与长冬草等同收购入药。

【采收加工】夏、秋二季采挖，除去茎叶泥土，晒干。

【药材性状】根茎呈不规则块状或圆柱形，大小不一；表面棕褐色，有纵皱纹及细纵棱，顶端常残留茎基，下方及两侧有多数细根。根细长圆柱形，弯曲或略扭曲，长约30cm，直径1～4mm；表面灰黄色至棕褐色，有细纵皱纹，并有细小须根；质坚脆，易折断，断面略平坦，皮部与木部易脱落，皮部白色，木部淡黄色，粉性。气微，味微苦。

以根长、色棕褐、无杂质者为佳。

【功效主治】辛、咸、温。祛风湿，通经络，止痛。用于风湿痹痛，骨节不利，四肢麻木，跌打损伤，诸骨硬喉。

【附注】《山东经济植物》将太行铁线莲鉴定为威灵仙C. chinensis Osbeck.，但太行铁线莲叶革质，干后黑褐色，花萼先端平截或微凹。威灵仙叶纸质，干后黑色，花萼先端凸尖，山东不产。

附：狭裂太行铁线莲

狭裂太行铁线莲 var. chanetii (Lévl.) Hand.-Mazz.，与原种的主要区别是：小叶片或裂片较狭长，线形、披针形至长椭圆形，基部常楔形。产地、分布及药用同原种。

转子莲

【别名】大花铁线莲。

【学名】Clematis patens Morr. et Decne.

【植物形态】多年生草质藤本。须根密集，红褐色。茎攀援，长达4m，表面棕黑色或暗红色，有明显的6条纵纹，幼时被稀疏柔毛，以后毛渐脱落，仅节处宿存。叶对生；羽状复叶，小叶常为3，稀5；小叶片卵圆形或卵状披针形，长4～7.5cm，宽3～5cm，先端渐尖或锐尖，基部常圆形，稀宽楔形或亚心形，全缘，有淡黄色开展的睫毛，基出主脉3～5，下面微凸起，沿叶脉有疏柔毛，余无毛，纸质；小叶柄常扭曲，长1.5～3cm，顶生的小叶柄常较长，侧生者稍短；叶柄长4～6cm。单花顶生；花梗直而粗壮，长4～9cm，有淡黄色柔毛，无苞片；花直径8～14cm；萼片8，白色或淡黄色，倒卵形或匙形，长4～6cm，宽2～4cm，先端圆形，有长约2mm的尖头，基部渐狭，内面无毛，3主脉及侧脉明显，外面沿3主脉形成披针形的带，有长柔毛，外侧疏被短柔毛和绒毛，边缘无毛；雄蕊长达1.7cm，花丝短于花药，无毛，花药黄色，长约1cm；子房狭卵形，长约1.3cm，有绢状淡黄色长柔毛，花柱上部有短柔毛。瘦果卵形，宿存花柱长3～3.5cm，有金黄色长柔毛。花期5～6月；果期6～7月。2n=16。（图200）

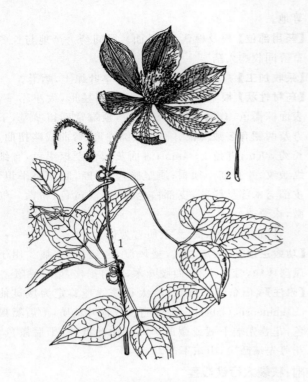

图200 转子莲
1.花枝 2.雄蕊 3.瘦果

【生长环境】生于山坡杂草丛及灌丛中。
【产地分布】山东境内产于青岛、烟台等山地丘陵。在我国除山东外，还分布于辽宁等地。
【药用部位】根及根茎：转子莲。为民间药。
【采收加工】夏、秋二季采挖，去净茎叶泥土，晒干。
【功效主治】祛瘀，利尿，解毒。
【历史】转子莲始载于《植物名实图考》，曰："饶州水滨有之。蔓生拖引，长可盈丈。柔茎对节，附节生叶。或发小枝，一枝三叶，似金樱子叶而光，无齿，面绿，背淡，仅有直纹。枝头开五瓣白花，似海栀而大，背淡紫色。瓣外内皆有直缕一道，两边线隆起。"所述形态及附图与转子莲基本一致。

烟台翠雀花

【别名】山鸦雀儿（栖霞）、山鸦雀花（牙山）、苦莲（威海）。
【学名】Delphinium tchefoense Franch.
【植物形态】多年生草本。茎高50～80cm，密生开展的短柔毛和腺毛，不分枝。叶互生；基生叶有长柄，茎生叶稀疏，下部叶有长柄；叶片近圆形或五角形，长3.2～9.5cm，宽4～17cm，3全裂，全裂片细裂，末回裂片狭披针形或披针状线形，宽2.5～7mm，表面有极短的曲柔毛，下面沿叶脉有较长的短柔毛；叶柄长5～20cm，基部有窄鞘。顶生总状花序，有5～7花，下部常有2分枝，分枝有2～4花；花序轴和花梗以及苞片密生开展的短柔毛和腺毛；苞片钻形，长4～6mm；花梗长1～4cm；小苞片生花梗中上部，钻形，长2～3mm；花两性，两侧对称；萼片蓝色，倒卵形，长1.5～1.8cm，外面疏生短柔毛，距筒状钻形，长1.5～1.8cm，末端稍向下弯曲；花瓣黄色，无毛，先端圆形；退化雄蕊蓝色；瓣片圆倒卵形，先端微凹或不明显2浅裂，腹面有黄色长髯毛；雄蕊无毛；心皮3，子房密被短柔毛。蓇葖果上部稍反曲，长约1.8cm。种子倒卵状四面体形，长约3mm，沿棱有翅。花期5～6月；果期7～9月。（图201）

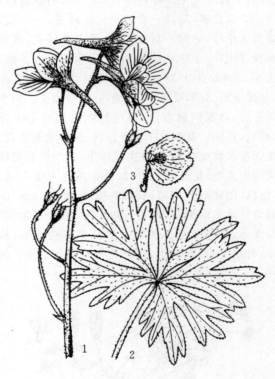

图201 烟台翠雀花
1.花序 2.基生叶 3.退化雄蕊

【生长环境】生于山坡、草丛、疏林下。
【产地分布】山东境内产于胶东半岛及蒙阴等山区。为山东特有植物。模式标本采自烟台。
【药用部位】全草：烟台翠雀花；根：烟台翠雀花根。为民间药。
【采收加工】夏季采收带根全草，鲜用或晒干。
【功效主治】烟台翠雀花根苦，寒；有毒。清热解毒。用于肺气不宣；痰热咳嗽，咽痛，口臭。烟台翠雀花杀虫。
【附注】根在威海等部分地区充作黄连。

白头翁

【别名】老公花、毛姑朵花、老婆子花、老布袋花（烟台）。
【学名】Pulsatilla chinensis (Bge.) Regel
（Anemone chinensis Bge.）
【植物形态】多年生草本，株高15～35cm。主根粗大，圆锥形。基生叶4～5,通常在开花时刚刚生出;叶片宽卵形,长4.5～14cm,宽6.5～16cm,3全裂,中全裂片有柄或近无柄,宽卵形,3深裂,中深裂片楔状倒卵形,少有狭楔形,全缘或有齿,侧深裂片不等2浅裂,侧全裂片无柄或近无柄,不等3深裂,上面近无毛,下面有长柔毛;叶柄长7～15cm,有密长柔毛。花葶1,有柔毛;苞片3,基部合生成0.3～1cm的筒,3深裂,深裂片条形,不分裂或上部3浅裂,下面密被长柔毛;花梗长2.5～5.5cm,结果时长达23cm;花直立;萼片蓝紫色,花瓣状,长圆状卵形,长2～5cm,宽1～2cm,背面有密柔毛;雄蕊长约为萼片的一半。聚合果直径9～12cm;瘦果扁纺锤形,长3.5～4mm,有长柔毛,宿存花柱长3.5～6.5cm,有向上斜展的长柔毛。花期4～5月;果期6～7月。(图202)

图202 白头翁
1.花期植株 2.叶 3.瘦果

【生长环境】生于山坡草丛、林缘或干旱多石的坡地、路旁。

【产地分布】山东境内产于各山地丘陵。在我国除山东外,还分布于四川、湖北、安徽、江苏、甘肃、陕西、山西、河北、内蒙古、辽宁、吉林、黑龙江等地。

【药用部位】根:白头翁;花:白头翁花;茎叶:白头翁茎叶。为常用中药或民间药。

【采收加工】春、秋二季挖根,除去泥沙,晒干。春季采花,鲜用或夏季采收茎叶,晒干。

【药材性状】根长圆柱形或圆锥形,稍扭曲,长6～20cm,直径0.5～2cm。表面黄棕色或棕褐色,具不规则纵皱纹或纵沟,皮部易脱落,露出黄色木部,或枯朽成凹洞,或有网状裂纹或裂隙。根头部稍膨大,残留鞘状叶柄基和密集的白色绒毛。质硬脆,断面皮部黄白色或淡黄棕色,木部淡黄色。气微,味微苦、涩。

以根粗长、色灰黄、质坚实、根头部有白毛者为佳。

【化学成分】根含三萜类:白头翁皂苷(pulchinenoside)A、B、C、D、A_3、B_4,常春藤皂苷元(hederagenin),3-O-β-D-吡喃葡萄糖基-(1→3)-α-L-吡喃鼠李糖基-(1→2)-α-L-吡喃阿拉伯糖基-羽扇豆烷-20(29)-烯-28-酸,3-O-α-L-吡喃鼠李糖基-(1→2)-α-L-吡喃阿拉伯糖基-羽扇豆烷-20(29)-烯-28-酸,3-O-β-D-吡喃葡萄糖基-(1→4)-α-L-吡喃阿拉伯糖基-3β,23-二羟基-羽扇豆烷-20(29)-烯-28-酸,3-O-α-L-吡喃阿拉伯糖基-3β,23-二羟基-羽扇豆烷-20(29)-烯-28-酸,齐墩果酸-3-O-β-D-吡喃葡萄糖基-(1→3)-α-L-吡喃鼠李糖基-(1→2)-α-L-吡喃阿拉伯糖苷,齐墩果酸-3-O-α-L-吡喃鼠李糖基-(1→2)-α-吡喃阿拉伯糖苷,齐墩果酸-3-O-α-L-吡喃阿拉伯糖苷,常春藤皂苷元-3-O-α-L-吡喃鼠李糖基-(1→2)-α-L-吡喃阿拉伯糖苷,常春藤皂苷元-3-O-β-D-吡喃葡萄糖基-(1→4)-α-L-吡喃阿拉伯糖,常春藤皂苷元-3-O-α-L-吡喃阿拉伯糖苷,28-O-β-D-吡喃葡萄糖基-(1→6)-β-D-吡喃葡萄糖酯苷,白桦脂酸-3-O-α-L-阿拉伯吡喃糖苷(betulinic acid-3-O-α-L-arabinopyranoside),白桦脂酸,3-氧白桦脂酸(3-oxobetulinic acid),白桦酸(betulonic acid),白桦酮酸(betulinic acid),23-羟基白桦酸,乌苏酸(ursolic acid),齐墩果酸,常春藤酮酸(hederagonic acid)等;挥发油:主成分为雄甾-3,11,17-三醇,二十八烷,四十三烷等;有机酸:二十四烷酸,二十三烷酸,咖啡酸,阿魏酸;还含原白头翁素(protoanemonin),白头翁素,4,7-二甲氧基-5-甲基香豆素(4,7-dimethoxy-5-methylcoumarin),胡萝卜苷。地上部分含三萜皂苷:3-O-α-L-吡喃鼠李糖(1→2)-α-L-吡喃阿拉伯糖-3β,23-二羟基-$\Delta^{20(29)}$-羽扇豆烯-28-酸及2β-羟基常春藤皂苷元-28-O-α-L-吡喃鼠李糖(1→4)-β-D-吡喃葡糖(1→6)-β-D-吡喃葡糖酯苷[bayogenin 28-O-α-L-rhamnopyranosyl(1→4)-β-D-glucopyranosyl (1→6)-β-D-glucopyranosyl ester]等;黄酮类:银椴苷(tiliroside),芹菜素-7-O-β-D-(3″-反式对羟基肉桂酰氧基)葡萄糖苷[apigenin-7-O-β-D-(3″-p-coumaryl)-glucoside];香豆素类:4,6,7-三甲氧基-5-甲基香豆素,4,7-二甲氧基-5-甲基香豆素;还含L-菊苣酸(L-chicoric acid),莽草酸,1,4-丁二酸,5-羟基-4-氧代戊酸(5-hydroxy-4-oxo-pentanoic acid)及myo-肌醇(myo-inositol)。

【功效主治】白头翁苦,寒。清热解毒,凉血止痢。用于热毒血痢,阴痒带下。白头翁花苦,微寒。燥湿泻火。用于疟疾，头疮，白秃疮。**白头翁茎叶**苦，寒。泻火解毒，止痛，利尿消肿。用于风火牙痛，四肢关节疼痛，舌疮，浮肿。

【历史】白头翁始载于《神农本草经》，列为下品，一名野丈人。《新修本草》云："叶似芍药而大，抽一茎，茎头一花，紫色，似木槿花。实大者如鸡子，白毛寸余，皆披下，似纛头，正似白头老翁，故名焉。"所述形态及"商州白头翁"和"徐州白头翁"附图，均与植物白头翁相符。

【附注】《中国药典》2010 年版收载。

附：白花白头翁

白花白头翁 f. alba D. K. Zang，与原种的主要区别是：萼片与花柱均为白色。山东境内产于安丘温泉。

多萼白头翁

多萼白头翁 f. plurisepala D. K. Zang，与原种的主要区别是：花为重瓣，萼片 9～12，狭披针形或线状披针形，长 4～5cm，宽 0.5～1.2cm，山东境内产于安丘温泉。

茴茴蒜

【别名】辣辣草、山辣子（淄博）、山辣椒。

【学名】Ranunculus chinensis Bge.

【植物形态】一年生草本。须根多数簇生。茎直立粗壮，高 20～70cm，中空，有纵条纹，多分枝，与叶柄均有开展的淡黄色密糙毛。基生叶与下部叶有长达 12cm 的叶柄，三出复叶；叶片宽卵形至三角形，长 3～12cm，小叶 2～3 深裂，裂片倒披针状楔形，宽 0.5～1cm，上部有不等粗齿、缺刻或 2～3 裂，先端尖，两面伏生糙毛；小叶柄长 1～2cm，或侧生小叶柄较短，被开展的糙毛；上部叶较小，叶片 3 全裂，裂片有粗牙齿或再分裂。花序有较多疏生的花；花梗有贴生糙毛；花直径 0.6～1.2cm；萼片狭卵形，长 3～5mm，外面生柔毛；花瓣 5，宽卵圆形，与萼片近等长或稍长，黄色或上部白色，基部有短爪，蜜槽有卵形小鳞片；花药长约 1mm；花托在果期显著伸长，圆柱形，长达 1cm，密生白短毛。聚合果长圆形，直径 0.6～1cm；瘦果扁平，长 3～3.5mm，宽约 2mm，约为厚度的 5 倍以上，无毛，边缘有棱，喙呈点状，极短。花、果期 5～9 月。（图 203）

【生长环境】生于平原、丘陵、溪岸或水田边湿地。

【产地分布】山东境内产于各地。分布于全国各地。

【药用部位】全草：茴茴蒜。为民间药。

【采收加工】夏季采收，除去杂质，鲜用或晒干。

【药材性状】茎圆柱形，长 20～60cm，表面有纵棱，与叶柄均被伸展的淡黄色糙毛。三出复叶；叶片宽卵形，长 3～11cm，小叶 2～3 深裂，上部具少数锯齿；表面黄绿色，被糙毛；具长柄；茎生叶较小。花疏生，花梗贴生糙毛；萼片 5，狭卵形；花瓣 5，宽卵圆形，淡黄白色或淡黄

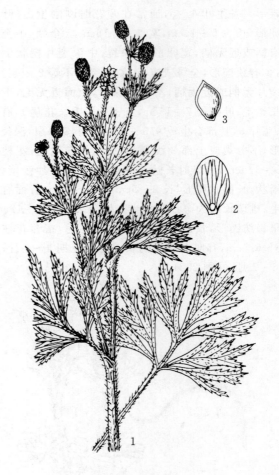

图 203 茴茴蒜
1.植株上部 2.花瓣 3.瘦果

棕色。聚合果长圆形，直径 0.6～1cm；瘦果扁平，无毛。气微，味微辛辣。有毒。

【化学成分】全草含乌头碱，飞燕草碱（delphinine），原白头翁素等；还含无机元素铁、铜、锰、镍等。种子含黄酮类：槲皮素，山柰酚，木犀草素，槲皮苷，山柰酚-3-O-β-芸香糖苷；有机酸：原儿茶酸，没食子酸，柔花酸（ellagic acid），对羟基苯甲酸，咖啡酸，熊果酸；蒽醌类：蒽醌，大黄素，1,7-二羟基-6-甲氧基-2-甲基蒽醌；还含 tachioside，蛇床子素（osthole），7-酮香木鳖苷（ketologanin），豆甾醇等。

【功效主治】辛、苦，温；有毒。解毒退黄，截疟，定喘，镇痛。用于肝阳上亢，黄疸，腹水，哮喘，疟疾，牙痛，胃痛。

【历史】茴茴蒜始载于《救荒本草》，又名水胡椒、蝎虎草，曰："生水边下湿地。苗高一尺许，叶如野艾蒿而硬，又甚花叉，又似前胡叶颇大，亦多花叉。苗茎梢头开五瓣黄花，结穗如初生桑椹子而小，又似初生苍耳实亦小，色青，味极辛辣，其叶味甜。"所述形态及附图，与茴茴蒜相符。

毛茛

【别名】辣子草、山辣椒（烟台）、辣辣椒（青岛、崂山）。

【学名】Ranunculus japonicus Thunb.

【植物形态】多年生草本。须根多数，簇生。茎直立，高 30～70cm，中空，有槽，具分枝，有开展或贴伏的柔毛。基生叶多数；叶片圆心形或五角形，长宽为 3～10cm，基部心形或截形，通常 3 深裂不达基部，中裂片倒卵状楔形、宽卵圆形或菱形，3 浅裂，边缘有粗齿或缺刻，侧裂片不等 2 裂，两面贴生柔毛，下面或幼时毛较密；叶柄长达 15cm，有开展柔毛；下部叶与基生叶相似，渐向上叶柄变短，叶片较小，3 深裂，裂片披针形，有尖牙齿或再分裂；最上部叶条形，全缘，无柄。聚伞花序有多花；花黄色，两性，辐射对称，直径 1.5～2.2cm；花梗长达 8cm，贴生柔毛；萼片椭圆形，长 4～6mm，有白柔毛；花瓣 5，倒卵状圆形，长 0.6～1.1cm，宽 4～8mm，基部有短爪，蜜槽鳞片长 1～2mm；花药长约 1.5mm；花托短小，无毛。聚合果近球形，直径 6～8mm；瘦果扁平，长 2～2.5mm，约为厚的 5 倍以上，边缘有棱，无毛，喙短直或外弯。花、果期 4～9 月。2n＝14。（图 204，彩图 17）

【生长环境】生于河沟边、平原湿地或林缘路边。

【产地分布】山东境内产于各地。在我国分布于除西藏以外的各地。

【药用部位】全草：毛茛。为民间药。

【采收加工】夏季采挖带根全草，洗净，晒干或鲜用。

【药材性状】全草长 30～60cm，茎与叶柄均被白色伸展的细长毛。须根细长线形，簇生于短根茎上，黄白色，质脆，易折断。叶片常皱缩，展平后呈近五角形，长宽为 5～9cm；基部心形，常 3 深裂；中央裂片 3 浅裂，两侧裂片 2 裂，先端齿裂，具尖头；茎生叶 3 深裂，边缘具疏齿；表面灰绿色或黄绿色，两面贴生柔毛；具长柄。聚伞花序；花萼 5，外被柔毛；花瓣 5，倒卵形，黄色或黄棕色；雄蕊和心皮多数。聚合果近球形。气特异，味辛辣、微苦。

以根多、色黄白、叶多、色灰绿、气味浓者为佳。

【化学成分】全草含黄酮类：小麦黄素（tricin），牡荆素，荭草素，异荭草素，芹菜素-6-C-β-D-葡萄糖苷-8-C-α-L-阿拉伯糖苷，小麦黄素-7-O-β-D-葡萄糖苷，芦丁，木犀草素，5-羟基-6,7-二甲氧基黄酮，5-羟基-7,8-二甲氧基黄酮；还含滨蒿内酯（scoparone），东莨菪内酯（scopoletin），小毛茛内酯（ternatolide），原儿茶酸（protocatechuic acid），原白头翁素，白头翁素，毛茛苷元（ranunculinin），异毛茛苷元和二氢毛茛苷元等。

【功效主治】辛，温；有毒。退黄、定喘、截疟、镇痛、散瘀化结。外用于黄疸，哮喘，风湿痹痛，疟疾，牙痛，痈肿。

【历史】毛茛始载于《本草拾遗》，名毛建草、水茛、毛

图 204 毛茛
1.植株 2.花瓣 3.聚合瘦果 4.瘦果

堇、天灸、自灸等。《本草纲目》曰："下湿地即多。春生苗，高者尺余，一枝三叶，叶有三尖及细缺。与石龙芮茎叶一样，但有细毛为别。四五月开小黄花，五出，甚光艳，结实状如欲绽青桑椹"。所述形态与现今植物毛茛一致。

【附注】①《山东省中药材标准》2002 年版收载。②全草含有强烈挥发性刺激成分，有毒，内服可引起剧烈胃肠炎和中毒症状。通常外用。

石龙芮

【别名】野芹菜、辣子草、水虎掌草。

【学名】Ranunculus sceleratus L.

【植物形态】一年生草本。须根簇生。茎直立，高 10～50cm，直径 2～5mm，有时直径达 1cm，上部多分枝，有多数节，下部节上有时生根，无毛或疏生柔毛。基生叶多数；叶片肾状圆形，长 1～4cm，宽 1.5～5cm，基部心形，3 深裂不达基部，裂片倒卵状楔形，不等 2～3 裂，先端钝圆，有粗圆齿，无毛；叶柄长 3～15cm，近无毛；茎生叶多数，下部叶与基生叶相似；上部叶较小，3 全裂，裂片披针形至条形，全缘，无毛，先端钝圆，基部扩大

成膜质宽鞘抱茎。聚伞花序有多花；花直径4～8mm；花梗长1～2cm,无毛；萼片椭圆形,长2～3.5mm,外面有短柔毛；花瓣5,黄色,倒卵形,与萼等长或稍长,基部有短爪,蜜槽呈菱状穴；雄蕊10或更多,花药卵形；花托在果期伸长增大呈圆柱形,长0.3～1cm,直径1～3mm,有短柔毛。聚合果长圆形,长0.8～1.2cm,为宽的2～3倍；瘦果近百枚,倒卵球形,稍扁,长约1mm,无毛。花、果期5～8月。(图205)

图205 石龙芮
1.植株 2.花瓣 3.聚合瘦果及花托 4.瘦果

【生长环境】生于河沟边、平原湿地或水稻田。
【产地分布】山东境内产于各地。全国各地均有分布。
【药用部位】全草：石龙芮。为民间药。
【采收加工】春夏间采收全草,洗净,鲜用或晒干。
【药材性状】全草长10～40cm,疏被短柔毛或无毛。叶片肾状圆形,长1～3.5cm,宽2～4.5cm,3深裂,中央裂片3浅裂,先端钝圆,有圆齿；茎上部叶小；表面棕绿色,无毛；具长柄。聚伞花序有多数小花,花托被毛；萼片5,船形,外被短柔毛；花瓣5,倒卵形,淡黄色或淡棕色。聚合果矩圆形；瘦果小而极多,倒卵形,稍扁。气微,味苦、辛。有毒。

【化学成分】全草含毛茛苷,白头翁素,原白头翁素,豆甾-4-烯-3,6-二酮(stigmasta-4-ene-3,6-dione),豆甾醇,β-谷甾醇,(3β,24S)-豆甾-5-烯-3-醇[(3β,24S)-stigmast-5-en-3-ol],胆碱,5-羟色胺,6-羟基-7-甲氧基香豆素,七叶内酯二甲醚(scoparone),原儿茶醛,原儿茶酸,正十六烷酸,1-二十二烯,大黄素,鞣质及黄酮类。
【功效主治】苦、辛,寒；有毒。清热解毒,消瘰疬,截疟,祛风湿。用于痈疖肿毒,痰核瘰疬,疟疾,牙疼,风湿痹痛,毒蛇咬伤。
【历史】石龙芮始载于《神农本草经》,列为中品,又名鲁果能、地椹。《本草纲目》谓："处处有之,多生于近水下湿地,高者尺许,其根如荠。二月生苗,丛生。圆茎分枝,一枝三叶。叶青而光滑,有三尖,多细缺……四五月开细黄花,结小实,大如豆,状如初生桑椹,青绿色,搓散则子甚细,如葶苈子。"所述形态及附图与植物石龙芮相符。
【附注】全草有毒,植株汁液对皮肤、黏膜有强烈刺激性。

扬子毛茛

【别名】起泡草、水辣菜。
【学名】Ranunculus sieboldii Miq.
【植物形态】多年生草本。须根长,簇生。茎铺散斜生,高20～50cm,下部节铺地生根,多分枝,有开展的白毛或淡黄色密柔毛。叶为三出复叶；叶片圆肾形至宽卵形,长2～5cm,宽3～6cm,基部心形,中央小叶片宽卵形,3浅裂或近深裂,边缘有锯齿,侧生小叶片不等2裂,背面或两面有疏柔毛；叶柄长2～5cm,有密柔毛,基部扩大成膜质宽鞘抱茎。花与叶对生,直径1～2cm；花梗长3～8cm,有密柔毛；萼片长4～6mm,约为宽的2倍,外面有柔毛,花期外折；花瓣5,狭椭圆形,长0.6～1cm,宽3～5mm,黄色或上面变白,下面有长爪,蜜槽小鳞片位于爪基部；雄蕊多数,花药长约2mm；花托粗短,密生白色柔毛。聚合果圆球形；瘦果扁平,长3～5mm,宽3～3.5mm,边缘有棱,喙长约1mm,成锥状外弯。花、果期5～10月。(图206)
【生长环境】生于林缘及平原湿地。
【产地分布】山东境内产于东营等地。在我国除山东外,还分布于长江以南各地。
【药用部位】全草：扬子毛茛。为民间药。
【采收加工】春、夏二季采收带根全草,洗净,晒干或鲜用。
【药材性状】全草长20～40cm。茎表面密被白色或淡黄色伸展的柔毛,下部节上常有须根。叶片圆肾形或

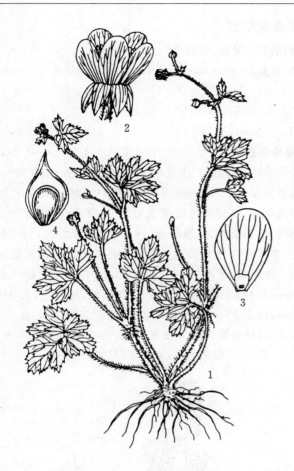

图206 扬子毛茛
1.植株全形 2.花 3.花瓣 4.果实纵剖面

宽卵形,长 2～4cm,宽 3～5cm,3 裂;基部心形,边缘有锯齿;表面黄绿色,下面密被柔毛;叶柄长 2～4cm。花单生,具长柄;花萼 5,外折;花瓣 5,狭椭圆形,淡黄色或淡黄棕色。质脆,易碎。气微,味辛、微苦。

【化学成分】全草含香豆素类:七叶内酯(eseuletin),东莨菪内酯,滨蒿内酯,东莨菪苷;黄酮类:木犀草素,小麦黄素,小麦黄素-7-O-β-D-葡萄糖苷,芹菜素-8-C-β-D-半乳糖苷,芹菜素-8-C-α-L-阿拉伯糖苷,芹菜素-4′-O-α-L-鼠李糖苷,芹菜素-7-O-β-D-葡萄糖-4′-O-α-L-鼠李糖苷;挥发油:主成分为 α-雪松醇(α-cedrol),6,10,14-三甲基-2-十五烷酮,3-甲基-2-(3,7,11-三甲基-月桂烯基)呋喃,植醇等;有机酸:阿魏酸,原儿茶酸,棕榈酸,硬脂酸,草酸等;还含小毛茛内酯,尿囊素,α-、β-D-葡萄糖,豆甾烯醇,β-谷甾醇,β-胡萝卜苷,正三十一烷及硝酸钾。

【功效主治】辛、苦,热;有毒。截疟,拔毒,消肿。外敷用于疟疾,肿毒,疮毒,腹水,浮肿,跌打损伤。

唐松草

【别名】草黄连(即墨)、马尾连(烟台、青岛)、土黄连。

【学名】Thalictrum aquilegiifolium L. var. sibiricum Regel et Tiling

【植物形态】多年生草本,全株无毛。茎粗壮,高 0.6～1.5m,直径 1cm,有分枝。基生叶在开花时枯萎;茎生叶为三至四回三出复叶;叶片长 10～30cm;顶生小叶倒卵形或扁圆形,长 1.5～2.5cm,宽 1.2～3cm,先端圆或微钝,基部圆楔形或不明显心形,3 浅裂,裂片全缘或有 1～2 牙齿,两面叶脉平或在背面稍隆起;叶柄长 4.5～8cm,有鞘;托叶膜质,不裂。伞房状圆锥花序;花梗长 0.4～1.7cm;萼片花瓣状,白色或外面带紫色,宽椭圆形,长 3～3.5mm,早落;雄蕊多数,长 6～9mm,花药长圆形,长约 1.2mm,顶端钝,上部倒披针形,较花药宽或稍窄,下部丝状;心皮 6～8,有长心皮柄和短花柱,柱头侧生。瘦果倒卵形,长 4～7mm,有 3 宽纵翅,基部突狭,心皮柄长 3～5mm,有宿存花柱。花期 6～8 月;果期 9～10 月。(图 207)

图207 唐松草
1.根及根茎 2.部分茎生叶 3.花序 4.雄蕊
5.雌花 6.聚合瘦果 7.瘦果

【生长环境】生于山地、林缘、草坡、山谷或河岸灌丛中。

【产地分布】山东境内产于青岛、烟台、潍坊、临沂等地山区。在我国除山东外,还分布于浙江、河北、山西、内蒙古、辽宁、吉林、黑龙江等地。

【药用部位】根及根茎:马尾连。为少常用中药。

【采收加工】春、秋二季采挖,除去茎叶、泥土,晒干。

【药材性状】根茎呈短棒状或不规则块形,下面及两侧簇生数10条须状根。根四棱状圆柱形,长8~14cm,直径1~1.5cm;表面棕黄色或灰土黄色;质硬脆,折断面淡土黄色,略显粉性。气微,味微苦。

以须根多、色黄、无杂质者为佳。

【化学成分】全草含小檗碱(berberine),甲基唐松草北碱(methylthalicberrine),异紫堇定(isocorydine),掌叶防己碱(palmatine),唐松草苷(thalictoside)等。

【功效主治】苦,寒。清热解毒,燥湿。用于痈肿疮疖,黄疸,黄水疮,痢疾,外感,麻疹,目赤,咽痛。

【附注】《中国药典》2010年版附录、《山东省中药材标准》2002年版收载。

附:朝鲜唐松草

朝鲜唐松草 T. ichangense Lecoy. ex Oliv. var. coreanum (Lévl.) Lévl. ex Tamura (*T. coreanum* Lévl.)(图208),与唐松草的主要区别是:须根末端有纺锤形小块根。小叶卵圆形或近圆形,长2~4cm,宽1.5~4cm,边缘有粗圆齿或钝圆齿;小叶柄盾状着生。山东境内产于烟台、青岛、海阳、乳山等山地丘陵。药用同唐松草。

东亚唐松草

【别名】马尾连、烟窝草。

【学名】Thalictrum minus L. var. hypoleucum (Sieb. et Zucc.) Miq.

(*T. hypoleucum* Sieb. et Zucc.)

(*T. thunbergii* DC.)

【植物形态】多年生草本,全株无毛。茎高0.6~1.3m。叶互生;三至四回三出复叶;叶片长达35cm;小叶较大,长宽为1.5~5cm;顶生小叶片倒卵形、宽倒卵形、近圆形或卵形,基部圆形或圆楔形,3浅裂,中裂片有3大圆齿,稀为全缘,叶脉隆起,网脉明显,背面有白粉,绿色;茎下部叶有稍长或短柄,茎中部叶有短柄或近无柄。圆锥花序开展,长10~35cm;花多数,直径约7mm;花梗长3~8mm;萼片4,花瓣状,绿白色,长3~4mm;雄蕊10~17,花丝丝状,花药比花丝宽;心皮2~4,无柄,柱头箭头状。瘦果无柄,卵状椭圆形或卵形,长2~3mm。花期6月;果期9月。(图209)

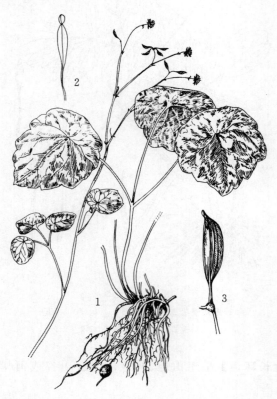

图208 朝鲜唐松草
1.植株 2.雄蕊 3.瘦果

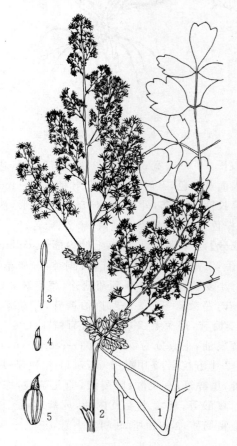

图209 东亚唐松草
1.茎生叶 2.花序 3.雄蕊 4.雌蕊 5.瘦果

【生长环境】生于山地林缘或山谷沟边。

【产地分布】山东境内产于各山地丘陵。在我国除山东外,还分布于东北、华北、西北、西南等地。

【药用部位】根及根茎:马尾连(烟窝草)。为民间药。
【采收加工】夏、秋二季采挖,除去茎叶泥土,晒干。
【药材性状】根茎呈不规则结节状,数个或10数个连接,上端有茎基,下面密生极多的须根;断面常中空。根细长扭曲或缠绕成团,长10~28cm,直径1~1.5mm;表面浅棕色,外皮较松泡易脱落,脱落处露出棕黄色木心。质较软,断面纤维性。气微,味微苦。
【化学成分】根及根茎含O-甲基唐松草檗碱(O-methylthalicberine),秋唐松草替定碱(thalmelatidine),东亚唐松草碱(thalicthuberine),木兰花碱等。全草含掌叶防己碱。茎叶还含唐松草檗碱(thalicberine),高唐碱(takatonine),唐松草亭碱(thalictine),小檗碱,阿罗莫灵碱(aromoline),O-甲基阿罗莫灵碱等。叶尚含唐松草黄酮苷(thalictiin)等。
【功效主治】苦,寒;有小毒。清热解毒,燥湿。用于牙痛,湿疹,百日咳。

瓣蕊唐松草

【别名】马尾黄连、土黄连。
【学名】Thalictrum petaloideum L.
【植物形态】多年生草本,全株无毛。茎高20~80cm,上部分枝。基生叶三至四回三出或羽状复叶;叶片长5~15cm;小叶形态变异大,顶生小叶倒卵形、宽倒卵形、菱形或近圆形,长0.3~1.2cm,宽0.2~1.5cm,先端钝,基部楔形或圆楔形,3浅裂至3深裂,叶脉平或稍隆起;小叶柄长5~7mm;叶柄长达10cm,基部有鞘。花序伞房状;花梗长0.5~2.5cm;萼片4,花瓣状,白色,卵形,早落,长3~5mm;雄蕊多数,长0.5~1.2cm,花药狭长圆形,长约1mm,顶端钝,花丝上部倒披针形,比花药宽;心皮4~13,无柄,花柱短,柱头生于腹面。瘦果卵形,长4~6mm,有8条纵肋,宿存花柱长约1mm。花期6~7月;果期7~9月。(图210)
【生长环境】生于山坡草地、山沟阴湿处、灌丛或林缘草丛中。
【产地分布】山东境内产于青岛、烟台。在我国除山东外,还分布于四川、青海、甘肃、宁夏、陕西、安徽、河南、山西、内蒙古、河北、辽宁、吉林、黑龙江等地。
【药用部位】根及根茎:马尾连。为民间药。
【采收加工】秋季采挖,除去茎叶泥土,晒干。
【药材性状】根茎极短,生有数条须根。根细长圆柱形,弯曲,长3~5cm,直径约1mm;表面棕褐色,有细纵棱纹;质脆,易折断,断面略平坦。气微,味微甜、微苦,嚼之粘牙。
【化学成分】根及根茎含小檗碱,木兰花碱,隐品碱(crytopine),药根碱(jatrorrihizine)等。
【功效主治】苦,寒。健胃消食,清热解毒。用于黄疸,

图210 瓣蕊唐松草
1.植株 2.雄蕊 3.雌蕊群 4.瘦果

痢疾泄泻,脓疱疮。

短梗箭头唐松草

【别名】硬水黄连、黄脚鸡、马尾连。
【学名】Thalictrum simplex L. var. brevipes Hara
【植物形态】多年生草本,全株无毛。茎高0.6~1m,上部分枝近向上直展。茎生叶向上近直展,有短柄或无柄;二至三回羽状复叶;小叶片多为楔形,3裂,稀有牙齿状缺刻或全缘,小裂片狭三角形,先端锐尖;叶柄基部两侧加宽呈膜质鞘。圆锥花序,分枝斜向上展;花梗长1~5mm;萼片4,卵形,淡绿色;雄蕊多数,长约5mm,花丝丝状;心皮6~12,柱头有翅,箭头状。瘦果长约3mm,狭卵形,有短梗。花期7~8月;果期8~9月。(图211)
【生长环境】生于山坡草地、湿草地或沟边。
【产地分布】山东境内产于胶东山地丘陵。在我国除山东外,还分布于吉林、黑龙江、内蒙古、河北、山西、湖北、陕西、甘肃、青海、四川等地。
【药用部位】根及根茎:马尾连;全草:硬水黄连。为民间药。
【采收加工】夏、秋二季采收,除去杂质,晒干。
【药材性状】根茎呈不规则块状或结节状,下面或侧面密生数10条根。根呈近方柱形或圆柱形,细长稍弯曲,

图211 短梗箭头唐松草
1.植株 2.雄蕊 3.雌蕊

糖松草的主要区别是：叶三至四回3出复叶，小叶丝形或线形，长0.6~3cm。花较大，粉红色，直径约2cm。山东境内产于济南章丘（胡山）、淄博（鲁山），为山东分布新记录。根含 thalifoenoside A, thalifendlerine, N-methylcorydaldine, β-谷甾醇。

芍药科

芍药

【别名】白芍、白芍根、芍药花。

【学名】Paeonia lactiflora Pall.

【植物形态】多年生草本，高50~80cm。根粗壮，纺锤形或圆柱形。茎直立，上部略分枝，无毛。叶互生，茎下部叶为二回三出复叶，上部叶为三出复叶；小叶片狭卵形、椭圆形或披针形，先端渐尖，基部楔形或偏斜，边缘有白色骨质细齿，两面无毛，背面沿叶脉疏生短柔毛。花数朵，生于茎顶和叶腋，有时仅顶端1花开放；苞片4~5，披针形，大小不等；萼片4，宽卵形或近圆形，长1~1.5cm，宽1~1.7cm；花瓣9~13，倒卵形，长3.5~6cm，宽1.5~4.5cm，白色，有时基部有深紫色斑块；花丝长0.7~1.2cm，黄色；花盘浅杯状，包被雌蕊基部，顶端裂片钝圆；心皮4~5，无毛。蓇葖果长2.5~3cm，直径1.2~1.5cm，顶端有喙。花期5~6月；果期6~7月。（图212，彩图18）

长5~10cm，直径1~2mm；表面黄白色或土黄色，有结节，外皮易脱落，脱落处内心浅黄色。质软韧，断面呈类方形，纤维性。气微，味微苦。

【化学成分】根及根茎含箭头唐松草米定碱（thalicsimidine），小檗碱，小唐松草宁碱（thalicminine），箭头唐松草碱（thalcimine），香唐松草碱（thalfoetidine），木兰花碱，鹤氏唐松草碱（hernandezine），唐松草洒明碱（thalisamine），隐品碱，小檗胺（berbamine），药根碱，唐松草星碱（thalictrisine），芬氏唐松草碱（thalidezine），异芬氏唐松草碱（isothalidezine）及唐松草酸（thalictric acid）等。全草含尖刺碱（oxyacanthine），箭头唐松草碱（thalicimine），abietin，高车前苷（homoplantaginin）。

【功效主治】根及根茎苦，寒。清热解毒，利湿退黄，止痢。用于黄疸，痢疾，肺热咳嗽，目赤，咽痛，痈肿疮疖。全草用于肝阳上亢，肝脾肿大。

附：丝叶唐松草

丝叶唐松草 T. foeniculaceum Bge.，与短梗箭头

图212 芍药
1.根 2.植株上部

【生长环境】栽培于排水良好、土层深厚、腐殖质丰富的砂质壤土。

【产地分布】山东境内各地均有栽培，以菏泽市最多，习称"菏泽白芍"，为国内白芍四大产区之一，主产菏泽、鄄

城、曹县等地。历史上山东菏泽与安徽亳州为观赏芍药的主产区,目前菏泽既有观赏芍药,又有药用芍药。在我国除山东外,还分布于东北、华北、西北、西南地区及贵州、湖南、河南、陕西等地。栽培品集中于安徽亳州、涡阳,浙江东阳、磐安,山东菏泽,四川中江等地。

【药用部位】根:白芍;花:芍药花。为常用中药和民间药,白芍可用于保健食品,花瓣可食。白芍为山东著名道地药材。

【采收加工】秋季采挖3~4年生植株的根,剪下大根和中根,洗净,除去头尾及细根,按粗细分别放入沸水中煮至断面透心,捞出,浸于冷水中片刻,取出,用玻璃片或锋利竹片刮去外皮,或先刮去外皮后再煮,晒干。

【药材性状】根圆柱形,平直或稍弯曲,两端平截,长5~18cm,直径1~2.5cm。表面类白色或淡红棕色,光洁或有纵皱纹及细根痕,偶有残存的棕褐色外皮。质坚实而重,不易折断,断面较平坦,类白色或微带棕红色,角质样,形成层环明显,木部有放射状纹理。气微,味微苦、酸。

以根粗长匀直、皮色光洁、质坚实、断面粉白、无白心或断裂痕者为佳。

【化学成分】根含芍药苷(paeoniflorin),氧化芍药苷(oxypaeoniflorin),苯甲酰芍药苷(benzoylpaeoniflorin),乙酰芍药苷(acetylpaeoniflorin),白芍苷(albiflorin),没食子酰芍药苷(galloylpaeoniflorin),(Z)-(1S,5R)-β-蒎烷-10-基-β-巢菜糖苷(z-1s,5R-β-pinen-10-yl-β-vicianoside),芍药新苷(lactoflorin),白芍新苷(neoalbiflorin),albiforin R1, paeonivayin,芍药苷元酮(paeoniflorigenone),芍药内酯(paeonilactone)A、B、C,右旋儿茶精,β-谷甾醇,胡萝卜苷,1,2,3,6-四-O-没食子酰基葡萄糖,1,2,3,4,6-五-O-没食子酰基葡萄糖及其相应的六-O-没食子酰基葡萄糖和七-O-没食子酰基葡萄糖,苯甲酸,没食子酸,硬脂酸,没食子酸乙酯(ethyl gallate)等;挥发油含苯甲酸,丹皮酚(paeonol,牡丹酚)等。

【功效主治】白芍苦、酸,微寒。养血调经,敛阴止汗,柔肝止痛。用于头痛眩晕,胁痛腹痛,四肢挛痛,血虚萎黄,月经不调,自汗,盗汗。**芍药花**苦、酸,凉。补血敛阴,柔肝止痛,养阴平肝。用于泻痢腹痛,自汗,盗汗,湿疮发热,月经不调。

【历史】芍药始载于《神农本草经》,列为中品。陶弘景始分赤、白两种。《本草图经》曰:"芍药二种……救病用金芍药,色白多脂肉,木芍药色紫瘦多脉,今处处有之,淮南者胜……春生红芽作丛,茎上三枝五叶,似牡丹而狭长,高一二尺。夏开花,有红白紫数种,子似牡丹子而小。秋时采根。"《本草别说》载:"今世所用者多是人家种植。"可见,宋代已采用栽培的芍药入药,且已分色白多脂肉者和色紫瘦多脉者两种,这与现代以家种经加工而成的白芍和以野生细瘦多筋未加工者为赤芍有相似之处。但明代以前有以花色分辨赤芍、白芍的记载。

【附注】《中国药典》2010年版收载。

牡丹

【别名】花王、东丹、富贵花、牡丹皮。

【学名】Paeonia suffruticosa Andr.

【植物形态】落叶小灌木。茎高达2m,分枝短而粗。叶互生;叶常为二回三出复叶,近枝顶的叶为3小叶;顶生小叶片宽卵形,长7~8cm,宽5.5~7cm,3裂至中部,裂片不裂或2~3浅裂,表面绿色,无毛,背面淡绿色,有时具白粉,沿叶脉疏生短柔毛或近无毛,小叶柄长1.2~3cm;侧生小叶片狭卵形或长圆状卵形,长4.5~6.5cm,宽2.5~4cm,不等2裂至3浅裂或不裂,近无柄;叶柄长5~11cm,叶柄及叶轴均无毛。花单生枝顶,直径10~20cm,花梗长4~6cm;苞片5,长椭圆形,大小不等;萼片5,绿色,宽卵形,大小不等;花瓣5,或为重瓣,玫瑰色、红紫色、粉红色至白色,通常变异较大,倒卵形,长5~8cm,宽4~6cm,先端呈不规则波状;雄蕊长1~2cm,花丝紫红色或粉红色,上部白色,长约1.3cm,花药长圆形,长约4mm;花盘革质,杯状,紫红色,顶端有数个钝齿或裂片,完全包围雌蕊,心皮成熟时开裂;心皮5,稀更多,密生柔毛。蓇葖果长圆形,腹缝线开裂,密生黄褐色硬毛。花期5月;果期6月。(图213,彩图19)

【生长环境】栽培于土层深厚、排水良好、肥沃疏松的砂质壤土或粉砂壤土,国家Ⅱ级保护植物。

图213 牡丹
1.根 2.植株上部

【产地分布】山东境内各地均有栽培,以菏泽最为著名,有"牡丹乡"之称,济宁也产。全国除山东外,还栽培于安徽、四川、湖南、湖北、陕西、甘肃、贵州等地。现时以安徽、湖北、山东和四川为主产地,菏泽牡丹名天下。各地多有栽培观赏。

【药用部位】根皮:牡丹皮;花:牡丹花;雄蕊:牡丹花蕊;种子油:牡丹籽油;叶:牡丹叶。为常用中药和民间药,牡丹皮可用于保健食品,牡丹花可食,牡丹花蕊可做茶。牡丹皮为山东著名道地药材。牡丹籽油为国家新资源食品。

【采收加工】秋季采挖栽培3～4年生植株的根,剪取大根及中根,除去须根及泥土,剥取根皮,晒干;刮去栓皮,除去木心者,称刮丹皮。春季采摘开放的花,鲜用或阴干;雄蕊阴干做茶。秋季果熟时采集种子,榨油。

【药材性状】根皮筒状或半筒状,有纵剖的裂缝,略向内卷曲或张开,长5～20cm,直径0.5～1.2cm,厚1～4mm。外表面灰褐色或紫褐色,有多数横长皮孔及细根痕,栓皮脱落处显粉红色;内表面淡灰黄色或浅棕色,有明显的细纵纹,常见发亮的小结晶。质硬脆,易折断,断面较平坦,淡粉红色,粉性。气芳香,味微苦、涩。

以粗长、皮厚、无木心、断面粉白色、粉性足、亮银星多、香气浓者为佳。

叶常扎成小把,长20～40cm。二回三出复叶,具长叶柄;小叶片多皱缩卷曲或破碎,完整者展平后呈宽卵形、长圆状卵形或狭卵形,长4.5～8cm,宽2.5～7cm;表面绿色至灰绿色,无毛,背面淡灰绿色,有时具白粉,沿叶脉疏生短柔毛或近无毛;边缘裂、浅裂或不裂;小叶柄长1～3cm或近无柄。厚纸质。气微清香,味微苦、涩。

以完整、色绿、气味浓者为佳。

【化学成分】根皮含牡丹酚,牡丹酚苷(paeonoside),牡丹酚原苷(paeonolide),牡丹酚新苷(apiopaeonoside),芍药苷,氧化芍药苷,芍药苷-4-甲基醚(4-O-methyl-paeoniflorin),苯甲酰芍药苷,苯甲酰基氧化芍药苷(benzoyloxypaeoniflorin),4-O-甲基-6′-苯甲酰基-4‴-羟基-芍药苷(4-O-methyl-6′-benzoyl-4‴-hydroxyl-paeoniflorin),4-O-甲基-6′-苯甲酰基-4″-羟基-芍药苷,4″-羟基-4‴-O-甲基-苯甲酰芍药素,4-侧柏酮-7-羟基-8-O-β-D-葡萄糖苷,芍药素(paeonidanin),芍药苷元酮等;挥发油主成分为芍药醇(peonol)和油酸;还含2,3-二羟基-4-甲氧基苯乙酮,3-羟基-4-甲氧基苯乙酮,1,2,3,4,6-五没食子酰葡萄糖,(+)-儿茶素,没食子酸。花含紫云英苷,牡丹花苷(paeonin),蹄纹天竺苷(pelargonin);挥发油主成分为4-甲基-8-羟基喹啉,3-甲基十七烷,二十烷等。雄蕊含蛋白质,氨基酸,维生素E、C、B_1、B_2及无机元素钾、钙、镁、磷、铯等。叶含没食子酸,黄酮类,酚类和鞣质。种子含芍药苷,氧化芍药苷,6′-O-β-D-葡萄糖芍药内酯苷,8-去苯甲酰芍药苷;还含8-debenzoylpaeonidanin,1-O-β-D-乙基甘露糖苷,蔗糖,木犀草素,芹菜素,苯甲酸,1-O-β-D-对羟基苯甲酰葡萄糖苷,齐墩果酸,常春藤皂苷元等。种子油含亚麻酸,油酸,亚油酸等,其中不饱合脂肪酸总量达83.42%。

【功效主治】牡丹皮苦、辛,微寒。清热凉血,活血化瘀。用于热入营血,温毒发斑,吐血衄血,夜热早凉,无汗骨蒸,经闭痛经,痈肿疮毒,跌打伤痛。牡丹叶酸、涩,寒。解毒,止痢。用于痢疾。牡丹花苦、淡,平。活血通经。用于月经不调,经行腹痛。

【历史】牡丹始载于《神农本草经》,列为中品。《新修本草》云:"生汉中。剑南所出者,苗似羊桃,夏生白花,秋实圆绿,冬实赤色,凌冬不凋,根似芍药,肉白皮丹。"《本草图经》载:"花有黄紫红白数色……山牡丹,其茎梗枯燥,黑白色。二月于梗上生苗叶,三月开花,其花叶与人家所种者相似,但花止五六叶耳。五月结子黑色,如鸡头子大。根黄白色,可五七寸长,如笔管大。""今丹、延、青、越、滁、和州山中有之。"《本草纲目》载:"牡丹以色丹者为上,虽结子而根上生苗,故谓之牡丹。唐人谓之木芍药,以其花似芍药,而宿干似木也。"其文图说明古今所用牡丹皮原植物基本一致。

【附注】《中国药典》2010年版收载牡丹皮;《山东省中药材标准》2002年版收载牡丹叶。

木通科

五叶木通

【别名】八月扎、裂瓜蔓子(烟台)、山地瓜(昆嵛山)、五叶茶(荣城)。

【学名】Akebia quinata (Thunb.) Decne.

【植物形态】落叶木质藤本,长达15m,全株无毛。幼茎灰绿色至棕色,有纵条纹。掌状复叶有5小叶,常簇生于短枝顶端;小叶片椭圆形或长圆状倒卵形,长3～6cm,宽1～3.5cm,先端圆或微凹,上有细短尖,基部圆形或阔楔形,全缘或略向下卷曲,下面有白粉;总叶柄长7～10cm。总状花序短,腋生;花单性,雌雄同株;雄花直径6～7mm,花萼暗紫色;雄蕊6,花药紫色,肾形,有香气;雌花直径约1.5cm,梗稍粗长;萼片绿紫色;心皮深紫色,圆柱状,3～12聚生在一起,中部略向外弓曲。果实肉质,浆果状,圆柱形或略呈肾形,长6～8cm,直径2～3cm,顶端圆,基部略狭缩,表面平滑,成熟时紫色。种子长卵形,稍扁,长5～6mm,黑褐色,光滑。花期5月;果期9月。(图214)

【生长环境】生于土层肥厚的山沟山坡、林缘或灌丛中。

【产地分布】山东境内产于胶东丘陵及鲁中南等山区。

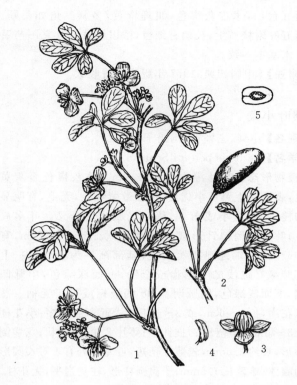

图214 五叶木通
1.花枝 2.果枝 3.雄花 4.雌花 5.果实横切

在我国分布于华东、华中、华南、西南地区及陕西、河南等地。

【药用部位】果实：预知子（八月扎）；茎藤：木通；根：木通根。为少常用中药和民间药。

【采收加工】夏、秋二季果实绿黄色时采摘，晒干，或置沸水中略烫后晒干。秋季采收茎藤，采挖根，除去杂质，晒干。

【药材性状】果实呈肾形或长椭圆形，稍弯曲，长5～8cm，直径1.5～2.5cm；表面黄棕色或黑褐色，有不规则深皱纹，顶端钝圆，基部具果柄痕；质硬，破开后，果皮厚，革质或微角质，果瓤淡黄色或黄棕色。种子多数，略呈三角形，扁平，包被于絮状果瓤内；表面黄棕色或紫褐色，具光泽，有条状纹理。气微香，味苦。

以大小均匀、皮皱、色土黄、质重、味苦者为佳。

茎藤圆柱形而扭曲，长30～60cm，直径0.5～1cm。表面灰棕色，粗糙，有浅纵沟纹及裂纹，皮孔圆形或横向长圆形，突起，并有枝痕。质坚脆，较易折断，断面不整齐，皮部薄，黄棕色，易剥离，木部黄白色，有放射状纹理，中央髓圆形。气微，味苦、涩。

【化学成分】果皮含 α-常春藤皂苷，齐墩果酸-3-鼠李糖基阿拉伯糖苷，常春藤皂苷元-3-木糖基阿拉伯糖苷（hederagenin-3-xylarabopyranoside）及阿江揽仁酸（arjunclic acid）等。种子含皂苷（saponin）AQ-A、AQ-B、AQ-C、AQ-D、AQ-E、AQ-F、AQ-G；脂肪油主成分为甘油酸甘油酯、亚麻酸甘油酯及软脂酸甘油酯等。茎藤含木通苯乙醇苷B（calceolarioside B），木通皂苷（akeboside）St_a、St_b、St_c、St_d、St_e、St_f、St_{g1}、St_{g2}、St_h、St_j、St_k、La、Lb，白桦脂醇，齐墩果酸，常春藤皂苷元，木通酸（quinastem acid），木通茎酸（quinatic stem acid），$3α,24$-二羟基-30-去甲齐墩果烷-12,20(29)-双烯-28-酸，$2α,3β,23$-三羟基-齐墩果烷-12-烯-28-酸；还含豆甾醇，β-谷甾醇，豆甾醇-3-O-β-D-吡喃葡萄糖苷，胡萝卜苷，肌醇，蔗糖及钾盐。花含矢车菊素-3-木糖基葡萄糖苷（cyanidin-3-xylglucoside），矢车菊素-3-对香豆酰基葡萄糖苷（cyanidin-3-p-coumaroyglucoside）等。

【功效主治】预知子（八月扎）苦，寒。疏肝理气，活血止痛，散结，利尿。用于脘胁胀痛，经闭痛经，痰核痞块，小便不利。木通苦，寒。利尿通淋，清心除烦，通经下乳。用于淋证，水肿，心烦尿赤，口舌生疮，经闭乳少，湿热痹痛。木通根苦，寒。祛风通络，利水消肿，行气，活血。用于风湿痹痛，小便不利，胃肠气胀，疝气，闭经，跌打损伤。

【历史】木通始载于《神农本草经》，列为中品，原名通草。《药性论》始称木通。《新修本草》云："此物大者径三寸，每节有二三枝，枝头有五叶，其子长三四寸，核黑穰白，食之甘美。"其形态似木通科五叶木通。《开宝本草》收载果实，名预知子。《本草图经》载有"三叶相对"的通草，并附"兴元府通草"图，为三出复叶，可能为三叶木通。历代记载的通草、木通有混淆，后世本草以木通为名，所述均为木通科植物。但目前木通的主流商品为毛茛科铁线莲属或马兜铃科马兜铃属多种植物的藤茎，并非本种。

【附注】《中国药典》2010年版收载预知子、木通。

附：三叶木通

三叶木通 A. trifoliata (Thunb.) Koidz (*Clematis trifoliata* Thunb.) 与五叶木通的主要区别是：掌状复叶有3小叶；小叶片卵圆形、宽卵圆形至长卵形，长4～6cm，宽2～4.5cm，先端钝圆、微凹或有小尖头，基部圆形或宽楔形，稀呈心脏形，边缘有波状锯齿或浅裂，侧脉5～6对。据文献记载，沂蒙山区有极少量分布，但编者未见标本。药用同五叶木通。

小檗科

黄芦木

【别名】小檗、三颗针、狗奶子。

【学名】Berberis amurensis Rupr.

【植物形态】落叶灌木，高1～3m。枝灰色，有纵沟槽，新枝灰黄色。在叶簇下有明显的三叉状刺，长1～2cm，黄褐色或灰白色。单叶簇生；叶片卵形、椭圆形或长圆形，长3～8cm，宽2.5～5cm，先端钝圆或尖，基部渐狭为柄状，叶缘细锯齿为刺尖状，纸质，两面网脉明显，上面绿色，下面淡绿色，有时被白粉；叶柄长0.5～1cm。总状花序，长4～10cm，由10花以上组成，垂生；每花有2枚三角形小苞片；萼片两轮，花瓣状，长4～6mm；花瓣长卵形，略短于萼片，先端微凹，近基部处有1对腺体，淡黄色；子房宽卵形，有2胚珠，柱头扁平。浆果椭圆形，长0.6～1cm，熟时红色，有光泽或稍被白粉。花期4～5月；果期8～9月。（图215）

西五台山，木皮灰褐色，肌理皆黄，多刺三角如蒺藜。四五叶附枝攒生，长柄有细齿，俗以染黄。"其文图与黄芦木基本一致。

【附注】《中国药典》1977年版附录曾收载。

细叶小檗

【别名】小檗、三颗针、狗奶子。

【学名】Berberis poiretii Schneid.

【植物形态】落叶灌木，高1～2m。枝灰褐色至灰黄色，表面密生黑色小疣点；嫩枝微紫红色，无毛，有明显沟棱，刺多短小或单一，稀三叉状或多分叉。叶多簇生；叶片狭倒披针形或狭椭圆形，长1.5～4.5cm，宽0.5～1cm，端钝圆或短刺尖，基部渐狭为柄状，中、上部叶缘有疏浅的尖锯齿或全缘，上面深绿色，中脉凹陷，下面浅绿色，网脉明显；叶柄极短或近于无柄。总状花序，长3～6cm，或3～4花组成近伞形花序；小花梗长3～6mm；小苞片2，披针形；萼片2轮，花瓣状；花瓣倒卵形，长约2.5mm，较萼片稍短，近基部处有1对长圆形的腺体；雄蕊长1.5mm；子房圆柱形，柱头扁平，无花柱。浆果长圆形，长约9mm，直径4.5mm，熟时鲜红色。种子1枚。花期5～6月；果期8～9月。（图216）

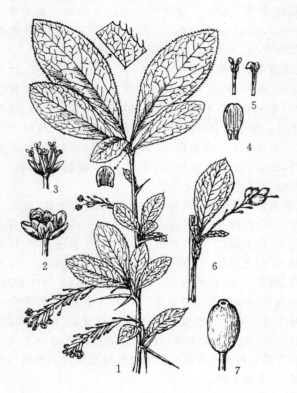

图215　黄芦木
1.花枝　2.花　3.去花被的花
4.花瓣腹面带退化雄蕊　5.雄蕊　6.果枝　7.果实

【生长环境】生于海拔800米以上的山沟、山坡灌丛或林缘。

【产地分布】山东境内产于胶东丘陵及鲁中南山区。在我国除山东外，还分布于东北地区及内蒙古、山西、河北、陕西等地。

【药用部位】根及茎枝：小檗（黄芦木）。为民间药。

【采收加工】春、秋二季挖根，采收茎枝，除去杂质，晒干。

【化学成分】全株含生物碱。根含小檗碱，大叶小檗碱（berbamunine），氧化小檗碱（oxyberberine），掌叶防己碱，药根碱（jatrorrhizine），非洲防己碱（columbamine），木兰花碱，小檗胺（berbamine），尖刺碱（oxyacanthine）等。茎含小檗碱和掌叶防己碱。

【功效主治】苦，寒。清热燥湿，泻火解毒。用于痢疾泄泻，黄疸，热痹，瘰疬，咳嗽，目丁，痈肿疮疖，血崩。

【历史】黄芦木始载于《植物名实图考》木类，曰："生山

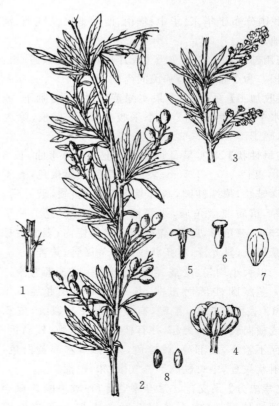

图216　细叶小檗
1.一段枝，示刺　2.果枝　3.花枝　4.花　5.雄蕊
6.雌花　7.花瓣腹面带退化雄蕊　8.种子

【生长环境】生于向阳的砂质丘陵、山坡、路旁或溪边。

【产地分布】山东境内产于鲁中山区。在我国除山东外,还分布于东北地区及山西、陕西、河北、内蒙古、河南等地。

【药用部位】根及根皮:三颗针;果实:三颗针果。为少常用中药。

【采收加工】春、秋季采挖,除去茎叶及须根,洗净,切片,晒干。秋季采收成熟果实,晒干或鲜用。

【药材性状】根呈类圆柱形,稍弯曲,有少数分枝,长短不一,直径1~2.5cm;根头粗大,向下渐细。表面黄棕色至灰棕色,有纵皱纹,栓皮易剥落。质坚硬,不易折断,折断面纤维性,鲜黄色;切断面近圆形或长圆形,有略放射纹理,髓小,黄白色。气微,味苦。

以色黄、苦味浓者为佳。

【化学成分】根含小檗碱,氧化小檗碱,药根碱,木兰花碱,小檗胺,掌叶防己碱,非洲防己碱等。果实含小檗碱,色素成分和挥发油。

【功效主治】三颗针苦,寒,有毒。清热燥湿,泻火解毒。用于湿热泻痢,黄疸,湿疹,咽痛目赤,聤耳流脓,痈肿疮毒。三颗针果用驱虫。

【历史】三颗针药名始见于《分类草药性》。《新修本草》名小檗。陶弘景曾称为子檗,在"檗木"条下曰:"子檗树小,状如石榴,其皮黄而苦,又一种多刺,皮亦黄"。《本草拾遗》谓:"小檗如石榴,皮黄子赤,如枸杞子两头尖小,锉枝以染黄"。《植物名实图考》载有一种大黄连:"枝多长刺,刺必三为簇。小叶如指甲,亦攒生,结青白实,木心黄如黄柏,味苦"。所述形态与小檗科小檗属植物相符。可见古代是以小檗属多种植物作为三颗针或小檗,与现今药用情况相似。

【附注】《中国药典》2010年版、《山东省中药材标准》2002年版收载三颗针,前者为新增品种。

十大功劳

【别名】细叶十大功劳、狭叶十大功劳、功劳木、功劳叶。

【学名】Mahonia fortunei (Lindl.) Fedde
(*Berberis fortunei* Lindl.)

【植物形态】常绿灌木,高1~2m,全株无毛。叶互生,奇数羽状复叶,长8~23cm,小叶2~5对;小叶片宽披针形至椭圆状披针形,长8~12cm,宽1.2~1.8cm,先端急尖或渐尖,基部楔形,边缘每侧有6~13刺状尖锐锯齿,上面暗绿色,下面灰黄绿色,革质,顶生小叶最大,两侧小叶依次渐小。总状花序,直立,长3~6cm,多4~8条簇生;小花梗长1~4mm,有1苞片;萼片9,3轮,花瓣状;花瓣6,黄色,较内轮萼片短;雄蕊6;柱头无柄。浆果圆形或长圆形,蓝黑色,被白粉。花期7~8月;果期8~10月。(图217)

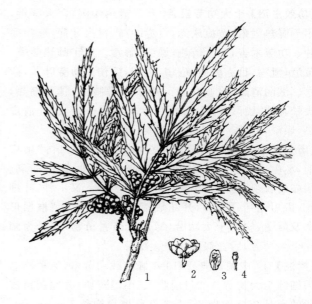

图217 十大功劳
1.果枝 2.花 3.花瓣及雄蕊 4.雌花 5.雌蕊

【生长环境】栽培于公园或庭院。

【产地分布】山东境内的青岛、济南、泰安等地公园温室有盆栽。在我国除山东外,还分布于四川、湖北、浙江等地。

【药用部位】叶:功劳叶;根:十大功劳根;茎:功劳木;果实:功劳子。为少常用中药和民间药。

【采收加工】冬、春二季采叶,晒干。全年采茎,截段或劈成不规则块片,晒干。秋季采根,切段晒干。秋季采摘成熟果实,晒干。

【药材性状】完整叶片呈狭披针形至披针形,长6~12cm,宽1~1.8cm。先端尖锐有刺,基部楔形,边缘两侧各具6~13个刺状齿。上表面紫绿色,有光泽;下表面黄绿色。质硬脆。气微弱,味淡。

以叶大、色绿者为佳。

茎呈不规则块片,大小不等。表面灰黄色至棕褐色,有明显的纵沟纹及横向细裂纹,有的外皮较光滑,具光泽,或具叶柄残基。质硬,难折断;切面皮部薄,棕褐色,木部黄色,有数个同心性环纹及排列紧密的放射状纹理,髓部色较深。无臭,味苦。

以外皮黄、木黄、味苦者为佳。

果实圆形或椭圆形,直径6~8mm;表面暗蓝色或蓝黑色,被蜡状白粉,皱缩,基部有圆形果柄痕。剥去果皮可见内有褐色种子2枚。气微,味苦。

【化学成分】茎含小檗碱,尖刺碱,药根碱,小檗胺,掌叶防己碱,木兰花碱等。叶含药根碱,小檗碱,掌叶防己碱,木兰花碱,5'-甲氧基大风子品D(5'-methoxy-hydnocarpin-D),木犀草素和β-谷甾醇等。

【功效主治】**十大功劳根**苦,寒。清热燥湿,泻火解毒。用于湿热泻痢,黄疸尿赤,目赤肿痛,胃火牙痛,疮疖痈肿。**功劳木**苦,寒。清热,燥湿,解毒。用于肺热咳嗽,黄疸,泄泻,目赤肿痛,疮疡,湿疹,烫伤。**功劳叶**苦,微寒。滋阴清热,止咳化痰。用于肺痨咳血,骨蒸潮热,头晕耳鸣,腰酸腿软,心烦目赤。**功劳子**苦,凉。清虚热,燥湿,补肾。用于潮热骨蒸,泄泻,崩带淋浊。

【历史】十大功劳始载于《植物名实图考》,曰:"生广信,丛生,硬茎直黑,对叶排比,光泽而劲,锯齿如刺。梢端生长须数茎,结小实似鱼子兰……。又一种,叶细长,齿短无刺(同刺),开花成簇,亦如鱼子兰。"根据形态及附图,均为十大功劳(Mahonia)属植物,前者为阔叶十大功劳,后者似细叶十大功劳。

【附注】①《中国药典》2010年版收载功劳木,原植物名为细叶十大功劳。②目前收入《中国药典》并在药市流通的商品药材枸骨叶,为冬青科植物**枸骨** Ilex cornuta Lindl. ex Paxt. 的干燥叶。主要特点是:叶片厚革质、二型,四角状长圆形或卵形,长3~9cm,宽2~4cm,先端具3枚尖硬刺齿,中央刺齿常反曲、基部圆形或近截形,两侧各有1~2刺齿;有时全缘。花簇生于二年生枝叶腋,花基数4。山东境内各地有少数栽培。

附:阔叶十大功劳

阔叶十大功劳 Mahonia bealei (Fort.) Carr. 与十大功劳的不同点是:叶狭倒卵形至长圆形,长27~51cm,宽10~20cm,具4~10对小叶。全省各地有栽培,叶做十大功劳叶药用。

防己科

木防己

【别名】小葛子(青岛)、青檀香。

【学名】Cocculus orbiculatus(L.)DC.
[Cocculus trilobus(Thunb.)DC.]
(Menispermum orbiculatus L.)

【植物形态】缠绕性落叶藤本,长2~3m,全株有淡褐色短柔毛。根圆柱形,稍弯曲,直径1.5~2.5cm,表面棕褐色或黑褐色,有弯曲纵沟及少数横皱纹。茎木质化,小枝纤细,表面密生柔毛,老枝近无毛,有条纹。单叶互生;叶片阔卵形或卵状椭圆形,有时三浅裂,长3~6cm,宽1.5~4cm,先端锐尖至钝圆,顶部常有小突尖,基部略为心形,或近截形,幼时两面密生灰白色柔毛,老叶上面毛渐疏,下面较密;叶柄长1~3cm,密生灰白色柔毛。雌雄异株;聚伞状圆锥花序腋生;花黄色,有短梗,总轴和总花梗均被柔毛;小苞片2个,卵形;雄花萼片6,排列成2轮,内轮3片较大,外轮3片较小,长约 mm;花瓣6,卵状披针形,长1.5~3.5mm,先端2裂,基部两侧有耳并内折;雄蕊6,分离,与花瓣对生,花药球形;雌花序较短,花少数,萼片和花瓣与雄花相似,有退化雄蕊6枚;心皮6,离生,子房半球形,无毛,花柱短,向外弯曲。核果近球形,直径6~8mm,蓝黑色,表面有白粉,内果皮坚硬,两侧压扁,马蹄形,背脊和两侧有横小肋。种子1枚。花期5~7月;果期7~9月。(图218)

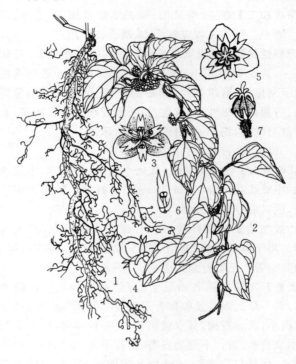

图218 木防己
1.根 2.植株一部分 3.雄花 4.雄花背面观 5.雌花
6.花瓣及雄蕊 7.雌蕊及退化雌蕊

【生长环境】生于山坡、路旁、沟岸或灌木丛中。

【产地分布】山东境内产于泰山、徂徕山、蒙山、沂山、崂山、昆嵛山等山地丘陵。在我国分布于除西北地区以外的各地。

【药用部位】根:木防己;茎:小青藤;花:木防己花。为民间药。

【药材性状】根圆柱形,稍扁而弯曲,长约15cm,直径1~2cm。表面黑棕色或灰棕色,略凹凸不平,有明显纵沟及少数横皱纹。质坚硬,断面黄白色,皮部窄,木部导管放射状排列,木射线宽。气微,味苦。

以根条匀、质坚实、苦味浓者为佳。

【化学成分】**根**含木防己碱(trilobine),异木防己碱(isotrilobine),N-氧化异木防己碱(isotrilobin-N-2-oxide),N-去甲基木防己碱(nortrilobine),木兰花碱,木防己胺(trilobamine),去甲毛木防己碱(normenisarine),毛木防己碱(menisarine),表千金藤碱(epistephanine),木防己宾碱(coclobine)等。**叶**含衡州乌药里定碱(cocculolidine)。

【功效主治】**木防己**苦、辛,寒。利尿消肿,祛风止痛。

用于水肿，脚气，小便不利，风湿痹痛，湿疹疮毒，肝阳上亢。**小青藤**苦，平。祛风除湿，调气止痛，利水消肿。用于风湿痹痛，跌打损伤，胃脘疼痛，水肿，淋症。**木防己花**清热解毒，消痈。用于流注。

【历史】木防己之名始载于《伤寒论》。《本草图经》载："汉中出者，破之文作车辐解，黄实而香……它处者青白虚软，又有腥气，皮皱，上有丁足子，名木防己。"但所载木防己其品种难以考证。《本草纲目》木防己附图类似本种。《本草纲目启蒙》载木防己与本种相似。

蝙蝠葛

【别名】北豆根、小葛子（昆嵛山、莒南、章丘）、烟袋锅（潍坊）、光光叶（沂水、淄博、莱芜）、光光茶（昆嵛山、牙山）。

【学名】Menispermum dauricum DC.

【植物形态】多年生落叶缠绕藤本。根状茎细长，圆柱形，黄棕色或暗棕色，直径达 8mm，周围有少数须根。茎木质化，长 10m 以上，小枝带绿色，圆形，有细纵条纹，光滑，幼枝先端稍有毛。单叶互生；叶片盾状着生，阔卵圆形，长 5～16cm，宽 5～14cm，先端渐尖，基部近心形或截形，边缘 3～7 浅裂或全缘，上面绿色，下面灰绿色，掌状脉 5～7 条，两面均稍隆起，无毛或沿叶脉有毛；无托叶。花单性，雌雄异株；圆锥花序单生或有时双生于叶腋，有较长的总花梗；花梗基部有小苞片；花黄绿色，淡黄绿色或白色；萼片 6，狭倒卵形，2 轮；花瓣 6～8，较萼片小，卵圆形，边缘内曲；雄蕊 12 或更多，花丝肉质，柱状，花药球形，黄色，4 室；雌花有退化雄蕊 6～12 枚，通常心皮 3，离生，花柱短，柱头弯曲。核果扁球形，直径 0.8～1cm，成熟时黑紫色，有光泽，外果皮肉质多汁，内果皮坚硬，弯曲成马蹄形，背部有 3 条凸起的环状条棱。种子 1 枚。花期 5～6 月；果期 7～9 月。（图 219）

【生长环境】生于山坡、路旁或沟边灌草丛。

【产地分布】山东境内产于崂山、昆嵛山、泰山、徂徕山、沂山、蒙山等山区。在我国除山东外，还分布于东北、华北地区及陕西、甘肃、江苏、安徽、浙江、福建等地。

【药用部位】根茎：北豆根；茎藤：蝙蝠藤；叶：蝙蝠葛叶。为较常用中药和民间药。

【采收加工】春、秋二季挖根茎，除去残茎、须根及泥土，晒干。夏、秋二季采收茎藤或叶，晒干或鲜用。

【药材性状】根茎细长圆柱形，弯曲，有分枝，长约 50cm，直径 3～8mm。表面黄棕色至暗棕色，具纵皱纹、细根或根痕，外皮易呈片状脱落。质韧，不易折断，折断面纤维性，木部淡黄色，中心有类白色髓。气微，味苦。

以条粗、外皮黄棕色、断面浅黄色、苦味浓者为佳。

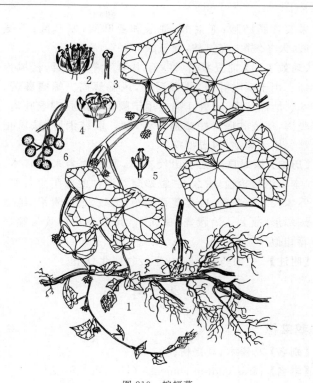

图 219 蝙蝠葛
1.植株 2.雄花 3.雄蕊 4.雌花 5.雌蕊及退化雌蕊 6.果枝

茎圆柱形，直径 0.2～0.8cm。表面黄棕色至黑棕色，有明显纵沟及细纵条纹，节上有叶、不定根痕及芽痕。质坚硬，断面纤维性，皮部易脱落，木部导管呈孔洞状，中央有白色髓。单叶互生；叶片阔卵圆形，长宽 5～15cm，先端渐尖，基部近心形或截形，边缘 3～7 浅裂或全缘，上面黄绿色，下面灰绿色，掌状脉 5～7 条；叶柄盾状着生。气无，味淡。

【化学成分】根茎含生物碱：山豆根碱（dauricine），6-去甲山豆根碱（daurinoline），6'-去甲山豆根碱（dauricinoline），木兰花碱，青藤碱（sinomenine），蝙蝠葛任碱（menisperine），6,6'-二去甲山豆根碱（dauricoline），尖防己碱（acutumine），N-去甲尖防己碱（acutumidine），蝙蝠葛辛（bianfugecine），蝙蝠葛定（bianfugedine），蝙蝠葛宁（bianfugenine），碎叶紫堇碱（cheilanthifoline），光千金藤碱（stepharine），光千金藤定碱（stepholidine），蝙蝠葛波芬碱（menisporphine），7'-去甲山豆根碱（daurisoline），7,7'-二去甲山豆根碱（dauriciline），山豆根波芬诺灵碱（dauriporphinoline），蝙蝠葛新苛林碱（dauricicoline），meniscoside，dauricoside，dauriporphine，2,3-dihydromeniporphine，syringaresinol，syringaresinol-4,4'-bis-glucoside，northalifoline，thalifoline，corydaldine，N-methylcorydaldine，doryphornine 等。茎叶含生物碱：尖防己碱，青藤碱（sinomenine）；黄酮类：槲皮素-3-O-β-D-葡萄糖苷，山奈酚-3-O-β-D-葡萄糖苷。还含胡萝卜苷等。叶含去羟尖防己碱（acutuminine）。

果实含脂肪酸：亚油酸，油酸和亚麻酸；氨基酸：谷氨酸，天冬氨酸，亮氨酸，缬氨酸等。

【功效主治】北豆根苦，寒；有小毒。清热解毒，祛风止痛。用于咽喉肿痛，热毒泻痢，风湿痹痛。蝙蝠藤苦，寒。清热解毒，消肿止痛。用于腰痛，瘰疬，咽喉肿痛，腹泻，痔疮肿痛。蝙蝠葛叶苦，寒。散结消肿，祛风止痛。用于瘰疬，风湿痹痛。

【历史】蝙蝠葛未见于历代本草，原植物名来自日本。《本草纲目拾遗》中载有"蝙蝠藤"，谓："此藤附生岩壁、乔木及人墙荄侧，叶类蒲萄而小，多歧，劲厚青滑，绝似蝙蝠形，故名。治腰痛、瘰疬"。其形态及功效与蝙蝠葛相似。

【附注】《中国药典》2010年版收载北豆根。

木兰科

鹅掌楸

【别名】马褂木、马褂树。

【学名】Liriodendron chinense（Hemsl.）Sarg.
（L. tulipifera var. chinense Hemsl.）

【植物形态】大乔木，高达40m。树皮灰色；小枝灰色或灰褐色，略有白粉。叶互生；叶片马褂形，长4～18cm，稀25cm，宽略大于长，先端截形或微凹，基部圆形或微凹呈心形，两侧各有一宽凹裂，上面光绿色，下面淡绿色，密生乳头状的白粉点；叶柄长4～8cm，稀16cm。花杯形，直径5～6cm；花被片9，3轮排列，外轮3片，淡绿色，向外开展，内2轮共6片，椭圆状倒卵形，花瓣状，绿白色，内有黄色纵条纹；雄蕊长1.5～2.2cm，花丝短，长5～6mm；雌蕊黄绿色，开花时雌蕊群常伸出杯形花冠外。聚合果穗状，长7～9cm，带翅的小坚果覆瓦状排列于果穗轴上；小坚果长约6mm，翅长1.5～3mm，先端钝尖或钝。每小坚果内有种子1～2枚。花期5～6月；果期10月。（图220）

【生长环境】栽培于公园或庭院，国家Ⅱ级保护植物。

【产地分布】山东境内的青岛、烟台、泰安、济南等公园以及崂山、昆嵛山林场有引种栽培。在我国除山东外，还分布于长江中下游各省区。

【药用部位】树皮：鹅掌楸（凹朴皮）；根：鹅掌楸根。为民间药。

【采收加工】夏秋采剥树皮，晒干。秋季采根，洗净，晒干或鲜用。

【化学成分】树皮含鹅掌楸苷（liriodendrin），epitulipinolide，atherospermidine，liriodendritol，syringin，胡萝卜苷，β-谷甾醇，蔗糖等。木部含生物碱：鹅掌楸碱（liriodenine），海罂粟碱（glaucine），去氢海罂粟碱（dehydroglaucine），巴婆碱（asimilobine），N-乙酰基原荷叶碱（N-acetylnornuciferine），去甲黄心树宁碱（norushinsunine）；木脂素类：右旋丁香树脂酚（syringaresinol），右旋丁香树脂酚二甲醚（syringaresinol dimethylether）等。叶含美鹅掌楸内酯（tulipinolide），表美鹅掌楸内酯（epitulipinolide）等。

【功效主治】鹅掌楸（凹朴皮）辛，温。祛风除湿，散寒止咳。用于风湿骨节痛，风寒咳嗽。鹅掌楸根辛，温。祛风湿，强筋骨。用于风湿关节痛，肌肉痿软。

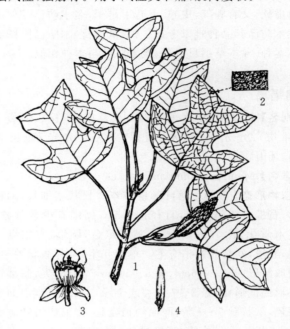

图220 鹅掌楸
1.果枝 2.叶背面一部分放大，示乳状突起
3.花 4.带翅的坚果

玉兰

【别名】白玉兰、木兰。

【学名】Magnolia denudata Desr.
[Yulania denudata（Desr.）D. L. Fu]

【植物形态】落叶乔木，高达25m，胸径达50cm。树皮深灰色，粗糙开裂；小枝灰褐色，无毛或有稀疏绒毛；花芽大，长卵形，密被灰绿色或灰黄色的长绒毛。叶互生；叶片倒卵形至倒卵状矩圆形，长8～18cm，宽5～11cm，先端宽圆，突尖，基部楔形或略呈圆形，全缘，上面光绿色，下面灰绿色，有细柔毛，多生于脉上，纸质；叶柄长2～2.5cm。花先叶开放，花冠直径12～15cm，花被片无花萼与花瓣之分，共9，长圆状倒卵形，白色，肥厚，有香气。聚合果圆柱形，长8～12cm，常多数心皮不发育或发育不全。蓇葖果顶端钝圆，成熟时沿背缝线裂开，外皮红色或淡红褐色。种子心形，侧扁，外种皮红色，内种皮黑色。花期3～4月；果期9月。（图221，彩图20）

【生长环境】常栽培于庭园、风景点以及旧庙宇祠堂遗址。

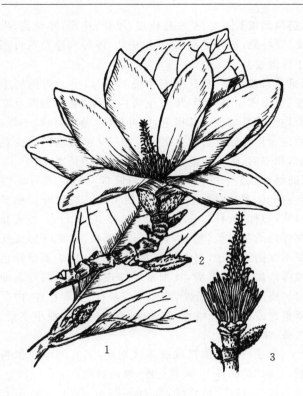

图 221 玉兰
1.叶枝带顶芽 2.花枝 3.花去花被,示雄蕊群及雌蕊群

【产地分布】山东境内的大部分地区有栽培,如五莲县叩官村内一株大玉兰树,胸围 1.15m,树冠覆盖面积达 $100m^2$,树龄约 200 年以上。全国分布于华北地区以南各地。供观赏,为花木中珍品。

【药用部位】花蕾:辛夷;开放的花:玉兰花。为常用中药,花瓣可食或做茶。

【采收加工】冬末春初花蕾未开放时采摘,除去花梗,阴干。盛花期采摘开放的花,鲜用或阴干。

【药材性状】花蕾呈倒圆锥形,形似毛笔头,长 1.5～3cm,直径 1～1.5cm。苞片 2～3 层,每层 2 片;外表面密被灰白色至灰绿色茸毛,内表面紫棕色。花被片 9,棕色,3 轮,内外轮无显著差异。雄蕊和雌蕊多数,螺旋状排列。基部枝梗较粗壮,皮孔浅棕色。体轻,质脆易碎;气芳香,味辛、凉而稍苦。

以花蕾大、未开放、色黄绿、无枝梗、香气浓者为佳。

【化学成分】花蕾含挥发油:主成分为 1,8-桉叶素(1,8-cineole),少量香桧烯(sabinene),顺及反芳樟醇氧化物(linalool oxide),β-波旁烯(β-bourbonene),α-及 γ-衣兰油烯(muurolene),大牻牛儿烯(germacrene)D,β-桉叶醇(β-eudesmol)等。还含木兰脂素(magnolin),芦丁,槲皮素-7-O-葡萄糖苷等。叶挥发油主成分为 β-丁香烯(β-caryophyllene)和橙花叔醇(nerolidol);还含玉兰脂素(denudatin)A,B,玉兰脂酮(denudatone)等。果壳挥发油主成分为 β-石竹烯,β-水芹烯,β-蒎烯,香桧烯等。种子挥发油主成分为 β-石竹烯,γ-萜品烯,柠檬烯,p-甲基-异丙基苯,(＋)-2-蒈烯等。

【功效主治】辛夷辛,温。散风寒,通鼻窍。用于风寒头痛,鼻塞流涕,鼻衄,鼻渊。玉兰花辛,温。祛风散寒,理气宣肺。用于头痛,鼻渊,痛经。

【历史】辛夷始载于《神农本草经》,列为上品,一名林兰。《蜀本草》云:"树高数仞,叶似柿叶而狭长;正月、二月花似著毛小桃,色白而带紫,花落而无子,夏杪复著花,如小笔。又有一种三月花开,四月花落。"《本草衍义》云:"辛夷有红紫二本,一本如桃花色者,一本紫者,今入药当用紫色者。"本草所述说明古代辛夷植物来源不止一种,但均为木兰科木兰属植物,主要有望春玉兰、武当玉兰以及马王堆一号汉墓出土的辛夷原植物玉兰。与现代所用辛夷原植物基本一致。

【附注】①《中国药典》2010 年版收载。②本种在"Flora of China"7:74,2008 中的拉丁学名为 *Yulania denudata* (Desr.) D. L. Fu,本志将其列为异名。

附:木兰

木兰 M. liliflora Desr.(图 222),又名紫玉兰、辛夷,与玉兰的主要区别是:落叶灌木。小枝紫褐色,叶片椭圆形或椭圆状倒卵形,先端急尖或渐尖,基部楔形。花被片 9 枚,外轮 3 枚萼片状,披针形,绿色,长约为内轮花瓣的 1/3,早落;内 2 轮肉质,外面紫色或紫红色,内面带白色,花瓣状,椭圆状披针形。山东省各地公园或庭园有栽培。花蕾挥发油主成分为枸橼醛,丁

图 222 木兰
1.花枝 2.果枝 3.雄蕊

香酚,黄樟油脑(safrole),茴香脑(anethole),桉油精,胡椒酚(chavicol)等。药用同玉兰。《中国药典》1977年版曾收载。

厚朴

【别名】厚朴树。

【学名】Magnolia officinalis Rehd. et Wils.
[*Houpoëa officinalis* (Rehd. & Wils.) N. H. Xia & C. Y. Wu]

【植物形态】落叶乔木,高达20m。树皮厚,褐色,不开裂,有油润感;小枝粗壮,淡黄色或灰黄色,幼时有绢毛;芽狭卵状圆锥形,有黄褐色柔毛。叶7～9集生于枝顶,叶片倒卵形或倒卵状椭圆形,长20～40cm,宽10～24cm,先端圆形、钝尖或短渐尖,基部楔形或圆形,全缘或微波状,上面绿色,无毛,下面灰绿色,有白粉及细柔毛,革质;叶柄较粗,长2.5～4cm,托叶痕常延长至叶柄中部以上。花单生新枝顶端,与叶同时开放,花冠直径10～15cm,杯状;花萼、花瓣形相似,共9～12,外轮3,淡绿色,内两轮的花被片倒卵状匙形,白色,有浓香气;花梗粗短,长2～3.5cm,密生长白毛。聚合果长圆状卵形,长10～12cm,直径约5cm;蓇葖果木质,顶部有弯尖头,紧密纵列。种子三角状倒卵形;假种皮红色。花期5～6月;果期9～10月。(图223)

图223 厚朴
1. 花枝 2. 花去花被,示雄蕊群及雌蕊群 3. 聚合蓇葖果

【生长环境】栽培于排水良好的酸性土壤,国家Ⅱ级保护植物。

【产地分布】山东境内的青岛、烟台、泰安等地有栽培。在我国除山东外,还分布于长江流域中部各省区。

【药用部位】树皮、根皮及枝皮:厚朴;花蕾:厚朴花;果实:厚朴果(厚朴子)。为常用中药,厚朴和厚朴花可用于保健食品。

【采收加工】4～6月采剥生长20年以上大树的树干皮,置沸水中微煮后,堆置土坑内发汗,至内表面及断面均变成紫褐色或棕褐色时,再蒸软,卷成筒状,干燥;枝皮和根皮剥下后直接阴干。春季采摘含苞待放的花蕾,稍蒸后,晒干或低温干燥。秋季采摘果实,晒干。

【药材性状】干皮卷筒状或双卷筒状,长30～35cm,厚2～7mm,习称"筒朴",近根部的干皮一端展开如喇叭口状,习称"靴朴",长13～25cm,厚3～8mm。外表面灰棕色或灰褐色,粗糙,有时呈鳞片状,有椭圆形皮孔及不规则纵皱纹,刮去粗皮的呈黄棕色;内表面紫棕色或深紫褐色,较平滑,具细密纵纹理,用指甲刻划显油痕。质坚硬,不易折断,断面外层灰棕色,颗粒性,内层紫褐色或棕色,纤维性,富油性,有时可见多数小亮星。气香,味辛辣、微苦。

根皮(根朴)单筒状或不规则块片,有的弯曲似鸡肠,习称"鸡肠朴"。较易折断,断面纤维性。

枝皮(枝朴)单筒状,长10～20cm,厚1～2mm,有孔洞状枝痕。质脆,易折断,断面纤维性。

以皮厚肉细、油性大、断面紫棕色、有小亮星、气味浓厚者为佳。

花蕾呈长圆锥形,长4～7cm,基部直径1.5～2.5cm。表面红棕色至棕褐色。花被片9～12,外轮长方倒卵形,内轮匙形。雄蕊多数,花药条形,淡黄棕色,花丝宽而短。心皮多数,分离,螺旋状排列于圆锥形的花托上。花梗长0.5～2cm,密被灰黄色绒毛。质脆,易破碎。气香,味淡而微辣。

以含苞未开、完整、柄短、色棕红、香气浓者为佳。

叶常扎成小把。完整叶片呈倒卵形或倒卵状椭圆形,长18～38cm,宽9～22cm。先端圆形、钝尖或短渐尖,基部楔形或圆形,全缘或微波状。叶上表面棕绿色,无毛;下表面灰绿色或灰棕绿色,有白粉及细柔毛;叶柄较粗,长2～3cm。革质,较硬脆。气微香,味微苦、辛。

以完整、色绿、气味浓者为佳。

【化学成分】树皮含木脂素类:厚朴酚(magnolol),和厚朴酚(honokiol),和厚朴新酚(obovatol),6'-O-甲基和厚朴酚(6'-O-methyl honokiol),厚朴醛(magnaldehyde)B、C、D、E,厚朴木脂素(magnolignan)A、B、C、D、E、F、G、H、I,辣薄荷基厚朴酚(piperitylmagnolol),双辣薄荷基厚朴酚(dipiperitylmagnolol),辣薄荷基和厚朴酚(piperitylhonokiol),龙脑基厚朴酚(bornylmagnolol),台湾檫木酚(randiol),厚朴三酚(magnatriol)B,丁香树脂酚(syringaresinol),丁香树脂酚-4'-O-β-D-吡喃葡萄糖苷等;生物碱:木兰箭毒碱(magnocurarine),柳叶木兰碱(salicifoline)等;挥发油:主成分为β-桉叶醇,荜澄茄醇(cadinol),

愈创葜醇(guaiol),对-聚伞花素,1,4-桉叶素,丁香烯等30余种;还含芥子醛(sinapicaldehyde),邻-甲基丁香油酚及无机元素铜、铁、锌、锰、钙、镁等。**根皮**含厚朴酚,和厚朴酚,松脂酚二甲醚(pinoresinol dimethylether),鹅掌楸树脂酚B二甲醚(lirioresinol B dimethylether),望春花素(magnolin)等。**叶与花蕾**含厚朴酚,和厚朴酚;花蕾尚含樟脑。

【功效主治】厚朴苦、辛,温。燥湿消痰,下气除满。用于湿滞伤中,脘痞吐泻,食积气滞,腹胀便秘,痰饮喘咳。厚朴花辛,微温。芳香化湿,理气宽中。用于胸脘痞闷胀满,纳谷不香。厚朴果甘,温。理气,温中,消食。用于食积不化,胸脘胀闷,鼠瘘。

【历史】厚朴始载于《神农本草经》,列为中品。陶弘景云:"出建平、宜都,极厚,肉紫色为好。"与现在四川、湖北产厚朴紫色而油润一致,为厚朴的正品。《本草图经》所载"叶如槲叶"、"红花而青实"的特征似为武当玉兰。《本草衍义》又载:"今西京伊阳县及商州亦有,但薄而色淡,不如梓州者厚而紫色有油。"据上述可知古代厚朴原植物除厚朴外,尚有同科其他植物的树皮作厚朴药用。

【附注】①《中国药典》2010年版收载收载厚朴、厚朴花。②本种在"Flora of China"7:65,2008的拉丁学名为 *Houpoëa officinalis* (Rehd. & Wils.) N. H. Xia & C. Y. Wu,本志将其列为异名。

附:凹叶厚朴

凹叶厚朴 subsp. biloba (Relnd. et Wils.) Law (*M. officinalis* Rehb. et wils var. *biloba* Relnd. et Wils.),与原种的主要区别是:叶先端凹缺成两钝圆状的浅裂片;幼苗之叶先端钝圆并不凹缺。聚合果基部较狭。在20世纪70年代引种至山东。青岛、烟台、邹城等地有栽培。树皮和根皮含厚朴酚,和厚朴酚,N-降荷叶碱(asimilobine),lirinidine,罗默碱(roemerine),番荔枝碱(anonaine),lysicamine,鹅掌楸碱,瑞枯灵(reticuline),isosalsoline,N-methylisosalsoline等。根挥发油主成分为4(14),11-桉叶二烯,(1S-顺)-1,4-二甲基-7-(1-甲基亚乙基)-薁,石竹烯,β-桉叶醇。茎挥发油主成分为β-桉叶醇,愈创醇,4(14),11-桉叶二烯,α-荜澄茄油烯。枝主成分β-桉叶醇,石竹烯氧化物,2,3-环氧蒎烷,4(14),11-桉叶二烯,石竹烯。叶挥发油主成分为石竹烯,冰片,(1S-顺)-1,6-二甲基-4-(1-甲基乙基)-萘烯,(2R-顺)-1,2,3,4,4α,5,6,7-八氢化-α,α,4,8a-四甲基-2-萘甲醇,对-烯丙基苯酚,α-石竹烯等。《中国药典》2010年版收载,药用同厚朴。

五味子科

五味子

【别名】辽五味子、北五味子。

【学名】Schisandra chinensis (Turcz.) Baill. (*Kadsura chinensis* Turcz.)

【植物形态】落叶木质藤本。老枝灰褐色,常有皱纹,幼枝红褐色,略有棱,全株无毛。叶互生;叶片宽椭圆形、卵形或倒卵形,长5~10cm,宽3~6cm,先端急尖或渐尖,基部楔形,边缘疏生具腺细尖齿,上面光绿色,下面淡绿色,幼叶在下面脉上有短毛,侧脉3~7对;叶柄长1~4cm,两侧略扁平。雌、雄异株,稀同株;花有细长梗;花被片6~9,白色或粉红色,有香气;雄花有雄蕊5,花药长1.5~2.5mm,雄蕊群下有1~2mm长的柄;雌花的雌蕊群椭圆形,心皮17~40,覆瓦状排列于花托上,花后逐渐伸长。聚合果成穗状;浆果球形,直径约5mm,熟时红色。种子1~2粒,肾形,淡褐色。花期5~6月;果期8~9月。(图224,彩图21)

图224 五味子
1.花枝 2.花 3.雄蕊 4.雌蕊 5.果枝 6.浆果 7.种子

【生长环境】生于湿润土层肥厚山坡灌丛中,国家Ⅱ级保护植物。

【产地分布】山东境内产于胶东、鲁中南各大山区。在我国除山东外,还分布于东北及华北北部各地。

【药用部位】果实:五味子;叶:五味子叶。为常用中药,可用于保健食品,叶可食用。

【采收加工】秋季采摘成熟果实,晒干或蒸后晒干,除去果柄及杂质。夏季采叶,鲜用或晒干。

【药材性状】果实呈皱缩或压扁的不规则球形,直径5~8mm。表面红色、紫红色或暗红色,油润,有网状皱纹,贮藏日久,表面黑红色或现白霜。果肉柔软。种子1~2粒,肾形,长4~5mm,宽3~4mm;表面棕黄色,有光泽,种皮薄脆,种仁淡黄色,富油性。果肉气微,味酸;种子破碎后有香气,味辛、微苦。

以粒大、色红、肉厚、种子有油性、气味浓者为佳。

【化学成分】果实含木脂素类:五味子醇甲、乙(schisandrol A、B),五味子脂素(gomisin) A、B、C、D、E、F、G、H、J、K_3、N、O、P、R、S、T,五味子素(schisandrin)及五味子素A、B、C,当归酰五味子脂素(angeloylgomisin)H、P、Q、O,去当归酰五味子脂素(deangeloylgomisin)B、F,当归酰异五味子脂素(angeloylisogomisin)O,巴豆酰五味子脂素(tigloylgomisin)H、P,苯甲酰五味子脂素(benzoylgomisin)H,苯甲酰异五味子脂素(benzoylisogomisin)O,前五味子脂素(pregomisin),表五味子脂素(epigomisin)O,二甲基五味子脂素(dimethylgomisin)J,左旋五味子脂素K_1、L_1、L_4,右旋五味子脂素K_2、K_3、M_2,异五味子素(isoschisandrin),华中五味子酯(schisantherin) D,去甲二氢愈创木脂酸(nordihydroguaiaretic acid);环肽:环(亮-脯),环(苯丙-亮),环(苯丙-脯),环(苯丙-缬),环(苯丙-异亮),环(苯丙-苯丙);挥发油:α-侧柏烯,α-及β-蒎烯,樟烯,α-水芹烯,β-松油烯等32种;尚含原儿茶酸,奎宁酸(quinic acid),柠檬酸单甲酯,5-羟甲基-2-糠醛,4-(3'-甲氧基-4'-羟苯基)-2-丁酮-4'-O-β-D-吡喃葡萄糖苷(zingerone glucoside),2-异丙基-5-甲基-1,4-苯二酚-1-O-β-D-吡喃葡萄糖苷(thymoquinol-2-glucoside),2-甲基-5-异丙基-1,4-苯二酚-1-O-β-D-吡喃葡萄糖苷(thymoquinol-5-glucoside),胡萝卜苷。**种仁**含五味子素A、B、C,五味子醇甲、乙等。**鲜叶**含4-羟基苯甲酸甲酯,schindilactone A,五味子醇甲、乙(schisandrol A、B),wuweizilactone acid,五味子甲、乙素(schisandrin A、B),β-谷甾醇,胡萝卜素,维生素C、B_1、B_2、PP及无机元素钙、磷、铁等。

【功效主治】**五味子**酸、甘,温。收敛固涩,益气生津,补肾宁心。用于久咳虚喘,梦遗滑精,遗尿尿频,久泻不止,自汗盗汗,津伤口渴,内热消渴,心悸失眠。**五味子叶**苦、涩,温。滋阴强壮,补中益气,润肺利咽。用于体虚乏力,阴虚干咳,口渴便秘,咽候肿痛,目赤。

【历史】五味子始载于《神农本草经》,列为上品。《本草经集注》谓:"今第一出高丽,多肉而酸甜,次出青州、冀州,味过酸,其核并似猪肾。"《新修本草》载:"叶似杏而大,蔓生木上,子作房如落葵,大如蘡子。"《本草图经》曰:"春初生苗,引赤蔓于高木,其长六七尺。叶尖圆似杏叶,三、四月开黄白花,类小莲花。七月成实,如豌豆许大,生青熟红紫。"《本草纲目》云:"五味今有南北之分,南产者色红,北产音色黑,入滋补药必用北产者乃良。"据所述形态及附图,可确认为五味子科植物,主要包括五味子和华中五味子。古今用药情况相同。

【附注】《中国药典》2010年版收载。

蜡梅科

蜡梅

【别名】梅花、蜡梅花

【学名】Chimonanthus praecox (L.) Link. (Calycanthus pracox L.)

【植物形态】落叶灌木,高达4m。幼枝四方形,老枝近圆柱形,灰褐色,有疣状皮孔及纵条纹;芽长椭圆形。叶对生;叶片椭圆状卵形至卵状披针形,长7~15cm,宽2~8cm,先端渐尖,基部圆形或宽楔形,叶上面光绿色,有突起的点状毛,手触之有粗糙感,下面淡绿色,脉上有短硬毛,网脉明显,厚纸质;叶柄长约3mm。花于初春先叶开放,生于二年生短枝的叶腋,蜡黄色,直径1~3cm;花被片2~3轮,覆瓦状排列,圆形、倒卵形、长圆形或匙形,内轮基部常带紫色;能育雄蕊5~6;雌蕊多数,离生,着生于壶状的花托内;花托在果熟时半木质化,坛状或倒卵状椭圆形,长2.5~3.5cm,常有1弯曲的梗,顶端开口处边缘有刺状附属物,有花被片脱落的痕迹,被黄褐色绢毛。瘦果圆柱形,微弯,长1~1.5cm,直径5~6mm,熟时栗褐色。花期1~2月;果期7~8月。(图225)

【生长环境】栽培于公园或庭院。

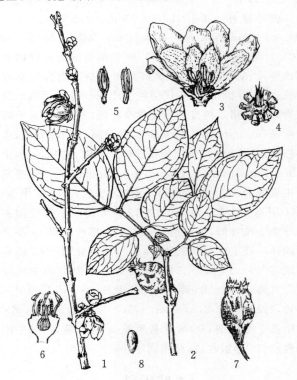

图 225 蜡梅

1.花枝 2.果枝 3.去部分花被的花 4.花去花被及雄蕊,示雌蕊 5.雄蕊 6.花托纵切 7.带托的聚合瘦果 8.种子

【产地分布】山东境内各地均有栽培，多见于古庙名胜风景区，泰山王母池院内生长的一丛，全株高7m，遮荫面积达80m²，相传为公元1660年种植。在我国除山东外，还分布于陕西及南方各省区。

【药用部位】花蕾：蜡梅花；根：蜡梅根（铁筷子）。为少常用中药和民间药，蜡梅花可食。

【采收加工】1～2月间采摘花蕾或刚开放的花，鲜用、晒干或烘干。四季挖根，洗净，鲜用或晒干。

【药材性状】花蕾圆球形、矩圆形或倒卵形，长0.5～1.5cm，直径4～8mm。花被叠合作花瓣状，黄色或黄棕色，中部以下由多数膜质鳞片所包被，鳞片黄褐色，略呈三角形，覆瓦状排列，外被微毛。气清香，味微甜而后苦，稍有油腻感。

以花蕾未开放、完整、花心色黄、香气浓者为佳。

根圆柱形或长圆锥形，长短不一，直径0.2～1cm。表面黑褐色，具纵皱纹，有细须根及须根痕。质坚韧，不易折断，断面皮部棕褐色，木部浅黄白色，有放射状花纹。气芳香，味辛辣、苦。

【化学成分】花含挥发油：主成分为罗勒烯（α-ocimene），1,1-二乙氧基乙烷（1,l-diethoxy ethane），1,3-二氧戊环（1,3-dioxolane），叶醇（3-hexen-1-ol），侧柏烯（2-thujene），月桂烯，对-聚伞花素（p-cymene），柠檬烯，6-甲基-1-辛醇（6-methyl-1-octanol），芳樟醇，氧化芳樟醇（linalool oxide），松樟酮（pinocamphone），乙酸苄酯（benzyl acetate），水杨酸甲酯（methyl salicylate）等31种；还含有红豆杉氰苷（taxiphyllin），蜡梅苷（meratin），蜡梅碱（calycanthine），α-胡萝卜素等。叶含蜡梅碱，山蜡梅碱（chimonanthine），洋腊梅碱（calycanthine），异洋腊梅碱（isocalycanthine）及紫杉非林（taxiphyllin）等；鲜叶含氨基酸。种子脂肪油主成分：油酸，1′-甲基-蜡梅碱，亚油酸，软脂酸，蜡梅碱，石竹烯，亚麻酸，邻苯二甲酸二异丁酯等。根含d-洋腊梅碱，dl-腊梅碱，东莨菪素，东莨菪苷，谷甾醇，胡萝卜苷。

【功效主治】蜡梅花辛，温。解暑生津，顺气止咳。用于暑热头晕，呕吐，气郁胸闷，百日咳，外用于烫火伤，中耳炎。花浸入生油中制成"蜡梅油"，用于烫伤。蜡梅根辛，温；有毒。祛风止痛，理气活血，止咳平喘。用于风湿痹痛，外感风寒，跌打损伤，脘腹疼痛，哮喘，劳伤咳嗽，疔疮肿毒。

【历史】蜡梅始载于《救荒本草》，云："蜡梅花多生南方，今北土亦有之。其树枝条颇似李，其叶似桃叶而宽大，纹微粗，开淡黄花。"又为《本草纲目》新增药物，曰："蜡梅小树，丛枝尖叶。种凡三种：以子种出不经接者，腊月开小花而香淡，名狗蝇梅；经接而花疏，开时含口者，名磬口梅；花密而香浓，色深黄如紫檀者，名檀香梅，最佳。结实如垂铃，尖长寸余，子在其中，其树皮浸水磨墨，有光彩。"所述形态与现今蜡梅科植物蜡梅一致。

【附注】《中华人民共和国卫生部药品标准》第一册中药材1992年版曾收载。

樟科

樟

【别名】香樟、樟木、樟树。

【学名】Cinnamomum camphora (L.) Presl.
(*Laurus camphora* L.)

【植物形态】常绿乔木，高达30m。树皮灰褐色，纵裂；小枝黄绿色，无毛。叶互生；叶片卵形或卵状椭圆形，长5～12cm，宽2.5～5.5cm，先端急尖，基部宽楔形或近圆形，全缘或微波状，上面光绿色，下面灰绿色，被白粉，无毛或幼时微有柔毛，离基三出脉，主脉显著，脉腋有腺点，薄革质；叶柄长2～3cm，无毛。圆锥花序生于新枝叶腋；花被片绿白色或黄绿色；花梗长1～2mm。果实球形或卵形，直径6～8mm，成熟时紫黑色，果托杯形，顶部平截，紧包果实基部。花期4～5月；果期8～11月。（图226）

图226 樟
1.果枝 2.去部分花被，示雄蕊及雌蕊 3.果实

【生长环境】栽培于山坡、沟谷或公园。

【产地分布】山东境内的青岛市崂山林场、日照、临沂等地有引种，其他多见于温室。在我国除山东外，主要分布于长江流域以南各地。

【药用部位】木材：樟木；叶：樟树叶；果实：樟树子（香

樟子);用木材、枝、叶提取的结晶:樟脑;经蒸馏所得挥发油:桉油;根及根茎:香樟根;树皮:樟树皮。为少常用中药和民间药。

【采收加工】全年采根、树皮和叶,鲜用或晒干。冬季砍取树干,锯段,劈成小块后晒干。秋、冬二季采集成熟果实,晒干。全年采收树干、枝、叶,切碎后蒸馏,所得的挥发油为桉油;冷却后凝结的固体为樟脑;粗品樟脑经升华得精制樟脑。

【药材性状】木材为不规则块段,大小长短不一。表面红棕色至暗棕色,纹理顺直。质重而硬,横断面可见年轮。有强烈的樟脑香气,味辛,有清凉感。

以块大、色红棕、香气浓郁者为佳。

果实圆球形,直径5～8mm。表面棕黑色至紫黑色,皱缩不平或有光泽,基部有宿存花被。果皮肉质而薄。种子1枚,黑色。气极香,味辛辣。

以完整、色紫黑、香辣味浓者为佳。

樟脑为白色结晶性粉末或无色透明的硬块。粗制品略带黄色,有光亮。常温下易挥发,点燃能发生多烟而有光亮的红色火焰。气芳香浓烈而刺鼻,味初辛辣,后稍清凉。

以洁白、透明、纯净、香气浓烈者为佳。

桉油为无色或淡黄色澄清液体,有特异的芳香气,微似樟脑,味辛、凉。久贮色稍变深。

【化学成分】木材含挥发油:主成分为樟脑(camphor),尚含1,8-桉叶素(cineole,桉油精)即桉叶油醇(eucalyptol),α-蒎烯,樟烯,柠檬烯,黄樟醚(safrole),α-松油醇,香荆芥酚(canracrol),丁香油酚,荜澄茄烯(cadinene)等;心材还含5-十二烷基-4-羟基-4-甲基-2-环戊烯酮(5-dodecanyl-4-hydroxy-4-methyl-2-cyclopentenone)。根挥发油主成分为黄樟醚及松油醇等;还含新木姜子碱(laurolitsine),网状番荔枝碱(reticuline)等。树皮含左旋-表儿茶精,原矢车菊素B_1、B_2、B_7、C_1,桂皮鞣质(cinnamtannin)Ⅰ,丙酸(propionic acid),辛酸(caprylic acid),癸酸(capric acid),月桂酸(lauric acid),肉豆蔻酸,油酸,肉豆蔻烯酸(myristoleic acid)等。叶挥发油主成分为桉叶油醇,芳樟醇,樟脑,黄樟油素,还含少量α-松油醇,α-及β-蒎烯,牻牛儿醛(geranial)等。果实种子油含樟脑,桉叶油醇,α-松油醇,β-蒎烯等。种子脂肪油主含饱和脂肪酸。

【功效主治】樟木辛、温。祛风湿,行气血,利骨节。用于心腹胀痛,脚气,痛风,疥癣,跌打损伤。樟树叶、樟树皮辛、苦,温。行气止痛,祛风湿。用于吐泻,胃痛,风湿痹痛,脚气,疥癣,跌打损伤。香樟根辛、温。理气活血,祛风湿。用于风湿骨痛,跌打损伤,外感头痛。樟树子辛,温。散寒祛湿,行气止痛。用于吐泻,胃寒腹痛,脚气,肿毒。樟脑辛,热,有小毒。通窍,杀虫,止痛。用于心腹胀痛,脚气,疮疡疥癣,牙痛,跌打损伤。

【历史】樟树载于《本草拾遗》,又名樟材。《本草纲目》谓:"西南处处山谷有之,木高丈余,小叶似楠而光长,皆有黄赤茸毛,四时不凋,夏开细花,结小子。木大者数抱,肌理细而错纵有文,宜于雕刻,气甚芬烈。"《本草品汇精要》始载樟脑。《本草纲目》谓:"樟脑出韶州、漳州。状似龙脑,白色如雪,樟脑脂膏也"。"此物辛烈香窜,能去湿气,辟邪恶"。所述形态、功效及《植物名实图考》附图樟(一)等与现今樟树基本一致。

【附注】《中国药典》2010年版收载桉油;附录收香樟、樟树根及樟脑。《山东省中药材标准》2002年版收载樟木。

山胡椒

【别名】崂山棍(崂山)、山姜(昆嵛山)、牛筋树。

【学名】Lindera glauca (Sieb. et Zucc.) Bl.
(Benzoin glaucum Sieb. et Zucc.)

【植物形态】落叶灌木或小乔木,高达8m。树皮灰色;小枝灰白或黄白色,初有褐色毛;冬芽圆锥形,芽鳞裸露部分红色,无纵脊。叶互生;叶片卵形、椭圆形、倒卵形或倒披针形,长4～9cm,宽2～4cm,稀6cm,上面深绿色,下面淡绿色,被灰白色柔毛,羽状脉,每边侧脉5～6,全缘或微波状,近革质;小叶柄长3～6mm。伞形花序腋生,总梗短或不明显,长一般不超过3mm;每花序有3～8花生于总苞内;花单性,雌、雄异株;花梗长约1.2cm,密被白柔毛;花被片6,黄色;雄花有发育雄蕊9;雌花子房椭圆形,长1.5mm,花柱短,柱头盘状,退化雄蕊长约1mm。果实球形,直径5～7mm,熟时黑色,果梗长1～1.5cm。花期4月;果期9～10月。(图227)

【生长环境】生于杂木林中或呈小片丛林。

【产地分布】山东境内产于昆嵛山、崂山、五莲山、沂山、泰山、蒙山。在我国除山东外,还分布于华北南部及长江流域以南各地。

【药用部位】果实:山胡椒;根:山胡椒根;叶:山胡椒叶。为民间药,山胡椒可做调味品。

【采收加工】秋季采收成熟果实或挖根,夏季采叶,除去杂质,晒干或鲜用。

【化学成分】果实挥发油主成分为罗勒烯(ocimene),还含α-及β-蒎烯,樟烯,壬醛(nonaylaldehyde),癸醛(capric aldehyde),1,8-桉叶素,柠檬醛,对-聚伞花素,黄樟醚,龙脑,乙酸龙脑酯(bornyl acetate),γ-广藿香烯(γ-patchoullene)等。种子脂肪酸主成分为癸酸和月桂酸,还含硬脂酸,棕榈酸,肉豆蔻酸和辛酸。根含山胡椒酸(glaucic acid)等。叶挥发油主成分为1,8-桉叶素,丁香烯(caryophyllene),乙酸龙脑酯,樟烯,β-蒎烯,柠檬烯等;尚含网叶番荔枝碱(reticuline),去甲肉桂碱(norcinamolaurine)和六驳碱(laurotetanine)。

图 227 山胡椒
1.果枝 2.雄蕊 3.带腺体的雄蕊

【功效主治】山胡椒辛,温。温中散寒,行气止痛,平喘。用于脘腹冷痛,胸满痞闷,哮喘。**山胡椒根**辛,温。祛风湿,散瘀血,通脉络。用于风湿麻木,筋骨疼痛,脘腹冷痛,跌打损伤。**山胡椒叶**苦、辛,微寒。祛风,解毒,散瘀止血。用于外感,筋骨疼痛,痈疮肿毒,跌打创伤。

【历史】山胡椒始载于《新修本草》,列为上品,云:"主心腹痛中冷破滞,所在有之,似胡椒,颗粒大如黑豆,其色黑"。《本草纲目》移入味果类,附于荜澄茄后。《植物名实图考》名野胡椒,曰:"树高丈余,褐干密集,干上发小短茎,大小叶排生如簇,叶微似橘叶,面绿背青灰色,皆有细毛,扪之滑软。附茎春开白花,结长柄小圆实如椒,攒簇叶间,青时气已香馥。"所述形态和附图与山胡椒相似。

附:**狭叶山胡椒**

狭叶山胡椒 L. angustifolia Cheng 与山胡椒的主要区别是:小枝多黄绿色,无毛;冬芽卵形,被紫褐色毛,外面的芽鳞有脊棱。叶片椭圆状披针形,先端渐尖,基部楔形。产于昆嵛山、崂山。根含樟苍碱(laurotetanine),N-甲基樟苍碱,波尔定碱(boldine),异波尔定碱(isoboldine),降波尔定碱(norboldine),magnocurarine,N-乙氧甲酰基樟苍碱(N-ethoxycarbonyllaurotetanine)。叶挥发油主成分为罗勒烯,月桂烯,β-榄香烯。药用同山胡椒。

红果山胡椒

红果山胡椒 L. eythrocarpa Makino 与山胡椒的主要区别是:叶片倒披针形或倒卵状披针形,先端渐尖,基部狭楔形。花、果序有总梗,长约为花果梗长的1/2,下部有总苞片4枚;每花序有花15~17朵。果实球形,熟时红色。山东境内产于昆嵛山、伟德山、崂山等地。根含生物碱:无根藤次碱(launobine),木姜子碱(laurolitsine),波尔定碱,N-甲基六驳碱(N-methyllaurotetanine)及六驳碱;黄酮类:北美乔松黄烷酮(pinostrobin),红果山胡椒查耳酮(kanakugiol),红果山胡椒黄烷酮(kanakugin);还含乌药环戊烯二酮甲醚(methyllinderone),5,6-去氢卡瓦胡椒素(5,6-dehydrokawain)等。叶挥发油主成分为芳樟醇,牻牛儿醇,1,8-桉叶素等;还含乌药环戊烯二酮(linderone),亮叶山胡椒环戊烯二酮(lucidone),亮叶山胡椒环戊烯二酮甲醚(methyllucidone),乌药萜烯黄烷酮(linderatone),异乌药萜烯黄烷酮(isolinderatone),乌药萜烯二氢查耳酮(linderatin),桂皮酸甲酯(methylcinnamate)等。药用同山胡椒。

三桠乌药

【别名】崂山棍(青岛)、假崂山棍(崂山、牙山)、山棉花(五莲)。

【学名】Lindera obtusiloba Bl.

【植物形态】落叶灌木或小乔木,高达10m。树皮深棕色,嫩枝黄绿色,平滑。叶互生;叶片卵形或近圆形,长5.5~12cm,宽5~10cm,先端渐尖,基部宽楔形、圆形、截形或近心形,全缘或先端3裂,上面深绿色,下面绿苍白色,有时被棕黄色绢毛,3出脉,稀5出脉,网脉明显;叶柄1~3cm,常有黄白色毛。花序无总梗,5~6花簇生,常生于叶腋的总苞内;花单性,雌雄异株;花黄白色,雄花能发育雄蕊9,第3轮及第2轮的部分花丝基部有腺体;雌花子房椭圆形,有短花柱,退化雄蕊条片形。果实椭圆状球形,直径7~8mm,成熟时红色,后变紫黑色及黑褐色。花期3~4月;果期8~9月。(图228)

【生长环境】生于山坡杂木林中。

【产地分布】山东境内产于昆嵛山、崂山、五莲山、蒙山、沂山等地。在我国除山东外,还分布于辽东半岛以南各地,为我国樟科植物分布最北的种类。

【药用部位】叶:三桠乌药叶;树皮:三钻风。为民间药。

【采收加工】全年采剥,晒干或鲜用。

【药材性状】树皮细长卷筒状,长15~25cm,宽约2cm,厚约2mm。外表面灰褐色,粗糙,有不规则细纵纹、斑纹和突起的类圆形皮孔,栓皮脱落或刮去后较平滑,棕黄色至红棕色;内表面红棕色,平坦,有细纵纹,划之略

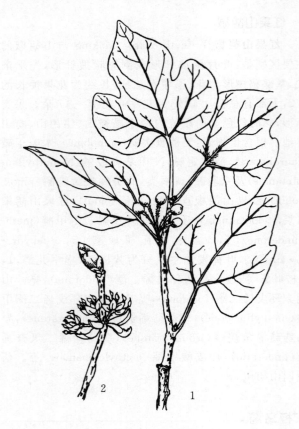

图228 三桠乌药
1.果枝 2.花枝

显油痕。质硬脆，折断面较平坦，外层棕黄色，内层红棕色而略带油性。气微香，味淡、微辛。

【化学成分】枝叶含挥发油，主成分为乌药醇（linderol）即左旋龙脑（borneol）。茎含β-谷甾醇，豆甾醇，菜油甾醇。树皮和茎枝挥发油主成分为α-荜澄茄醇，α-桉叶醇，四甲基环癸二烯甲醇等。叶含挥发油：主成分为α-杜松醇，四甲基环癸二烯甲醇，α-桉叶醇，石竹烯，γ-杜松醇等；内酯类：三桠乌药内酯（obtusilactone），三桠乌药内酯（obtusilactone）A、B，异三桠乌药内酯（isoobtusilactone），异三桠乌药内酯（isoobtusilactone）A、C，C_{17}-三桠乌药内酯二聚体（C_{17}-obtusilactone dimer），C_{19}-三桠乌药内酯二聚体等。种子油中含顺式癸-4-烯酸（cis-4-decenoic acid）等多种烯酸。

【功效主治】三桠乌药叶辛，温。活血舒筋，散瘀消肿，理气止痛。用于跌打损伤，瘀血肿痛，风湿痹痛，胃脘疼痛。三钻风辛，温。温中行气，活血散瘀。用于心腹疼痛，跌打损伤，瘀血肿痛，疮毒。

红楠

【别名】小楠木、冬青。
【学名】Machilus thunbergii Sieb. et Zucc.
【植物形态】常绿乔木，高达15m。树皮黄褐色至灰色；小枝紫褐色，幼枝红色；芽卵形至长卵形，芽鳞无毛或仅边缘有毛。叶互生；叶片倒卵形或倒卵状披针形，长4.5～13cm，宽1.7～4.2cm，先端突尖或短钝尖，基部楔形或狭楔形，上面光绿色，下面粉绿色，厚革质，侧脉7～12对；叶柄长1～3.5cm。花序顶生或在新枝上腋生，长5～12cm，无毛；花梗长0.8～1.5cm；花被裂片狭长，外面无毛，内面上端有短柔毛；退化雄蕊，基部有硬毛。果实扁球形，直径0.8～1cm，熟时紫黑色，基部宿存花被片反卷。花期4月；果期8～9月。（图229）

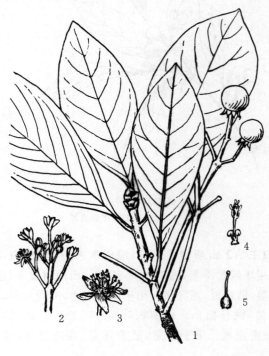

图229 红楠
1.果枝 2.花序 3.雄花 4.雄蕊 5.雌蕊

【生长环境】生于低海拔沿海向阳山坡。
【产地分布】山东境内产于崂山及长门岩岛。在我国分布于华东地区及广东、广西、湖南、台湾等各地。
【药用部位】树皮或根皮：红楠皮；新鲜叶子蒸馏的挥发油：楠叶油。红楠皮为民间药；楠叶油用于调配香皂和化妆品香精。
【采收加工】全年采剥树皮或根皮，刮去栓皮，晒干或鲜用。秋季采集新鲜叶，采用水蒸气蒸馏法制得挥发油。
【化学成分】树皮含木脂素：内消旋二氢愈创木脂酸（meso-dihydroguaiaretic acid），利卡灵（licarin）A、B，红楠树脂素（machilin）A～I，甘密树脂素（nectandrin）A、B等；还含鞣质，橡胶及黏液质。根含消旋N-去甲亚美罂粟碱（N-norarmepavine），L-左旋-N-去甲亚美罂粟碱等。叶含黄酮类：阿福豆苷，番石榴苷（guaijavenin），芦丁等；挥发油：主成分为丁香烯，还含大牻牛儿烯（germacrene）D，δ-荜澄茄烯（δ-cadinene，α-及β-蒎烯，顺式及反式罗勒烯,樟烯等。**果实挥发油**主含 α-水芹烯,反式-β-罗勒烯等。

【**功效主治**】**红楠皮**辛、苦,温。温中顺气,舒筋活血,消肿止痛。用于吐泻不止,扭挫伤筋,转筋足肿。

檫木

【**别名**】檫树、山檫。

【**学名**】Sassafras tzumu (Hemsl.) Hemsl. (*Lindera tzumu* Hemsl.)

【**植物形态**】落叶大乔木,高达35m。树皮灰褐色,不规则纵裂,幼树黄绿色,平滑;小枝绿色,有角棱,初微带红色。叶互生;叶片卵形或倒卵形,长9～18cm,先端渐尖,基部楔形,全缘或2～3浅裂,裂片先端钝,上面绿色,下面灰绿色,两面无毛或下面沿叶脉疏生毛,离基三出脉,主脉及支脉向叶缘呈弧形网结;叶柄长2～7cm,无毛或微被毛。花两性或单性异株;花梗长4.5～6mm,被棕褐色柔毛;花被裂片披针形,长约4mm;花药卵状长圆形,4室,上方2室较小;退化雌蕊明显。果实球形,直径达8mm,熟时蓝黑色,被白粉,果梗长3.5cm,果托浅碟状。花期3～4月;果期8月。(图230)

图230 檫木
1.果枝 2.花 3.雄蕊,示背面及腹面

【**生长环境**】生于疏林或密林中。

【**产地分布**】山东境内的昆嵛山、崂山、蒙山、泰山等地有引种栽培。在我国除山东外,还分布于长江流域以南各地。

【**药用部位**】根、茎、叶:檫木。为民间药。

【**采收加工**】秋、冬二季挖取根部,洗净泥沙,切段,晒干。秋季采收茎、叶,切段,晒干。

【**化学成分**】**根**含右旋D-芝麻素(D-sesamin),β-谷甾醇,3,4-亚甲二氧基苄基丙烯醛(piperonylacrolein),右旋2,3-二羟基-1-(3,4-亚甲二氧基苯基)丙烷[2,3-dihydroxy-1-(3,4-methylenedioxyphenyl) propane],去甲氧基刚果荜澄茄脂素(demethoxyaschantine)等;挥发油主成分为黄樟醚。**树皮**挥发油含黄樟醚,丁香油酚等。

【**功效主治**】甘、淡,微温。祛风除湿,活血散瘀,止血。用于风湿,腰肌劳损,扭挫伤筋,胃脘疼痛,半身不遂,外伤出血。

罂粟科

白屈菜

【**别名**】土黄连、小黄连。

【**学名**】Chelidonium majus L.

【**植物形态**】多年生草本;植株含黄色液体。主根粗壮,黄褐色。茎直立,多分枝,有白色长柔毛。叶互生;叶片一至二回羽状分裂,裂片边缘具不整齐缺刻,上面绿色,近无毛,下面有白粉,疏生柔毛。花黄色,数花排成伞形聚伞花序;萼片2,椭圆形,疏生柔毛,早落;花瓣4,黄色,倒卵形,长约9mm;雄蕊多数,离生;子房细圆柱形,花柱短,柱头头状。蒴果细圆柱形,长2～4cm,成熟时自下而上2瓣裂。种子多数,卵形,长约1mm,黑褐色,有网纹和鸡冠状突起。花期4～7月;果期8月。(图231)

【**生长环境**】生于沟边阴湿肥沃处。

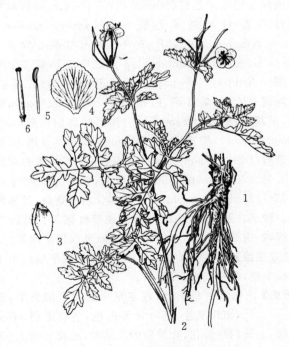

图231 白屈菜
1.根 2.植株上部 3.萼片 4.花瓣 5.雄蕊 6.雌蕊

【产地分布】山东境内产于各山地丘陵。分布于全国各地。

【药用部位】全草：白屈菜。为少常用中药。

【采收加工】夏、秋二季采收带根全草，除去泥土，阴干或晒干。

【药材性状】根圆锥形，密生须根；表面黄褐色。茎圆柱形，中空；表面黄绿色，被白粉及白色细长柔毛；质轻，易折断。叶互生，多皱缩破碎；完整叶片一至二回羽状分裂；裂片先端钝，边缘具不整齐缺刻；上表面黄绿色，下表面灰绿色，被白色柔毛，叶脉处较多。花瓣4，黄色，卵圆形，常脱落。蒴果细圆柱形。种子多数，细小，黑色，具光泽。气微，味微苦。

以叶多、色绿、味苦者为佳。

【化学成分】全草含生物碱：白屈菜红碱（chelerythrine），白屈菜碱（chelidonine），原阿片碱（protopine），α-及β-高白屈菜碱（homochelidonine），5,6-二氢白屈菜红碱（5,6-dihydryl chelerythrine），甲氧基白屈菜红碱（chelilutine），血根碱（sanguinarine），5,6-二氢血根碱（5,6-dihydryl sanguinarine），白屈菜如宾碱（chelirubine），小檗碱，黄连碱（coptisine），1-四氢黄连碱（1-tetrahydrocoptisine），dl-四氢黄连碱，甲氧基白屈菜碱（methoxychelidonine），氧化白屈菜碱（oxychelidonine），白屈菜胺碱（chelidamine），氧化血根碱（oxysanguinarine），白屈菜定碱（chelamidine），白屈菜明碱（chelamine），6-甲氧基二氢血根碱（6-methoxydihydrosanguinarine），6-甲氧基二氢白屈菜红碱，8-氧黄连碱（8-oxocoptisine），去甲白屈菜碱（norchelidonine）；尚含阿魏酸酰对羟基苯乙胺（N-trans-feruloyltyramine），对羟基桂皮酸对羟基苯乙胺（N-p-hydroxy-trans-coumaroyltyramine），(6S,9R)-6,9-二羟基-3-酮-α-紫罗兰酮[(6S,9R)-6,9-vomifoliol]，3-羟基-5,6-环氧-β-紫罗兰酮（3-hydroxy-5,6-epoxy-β-ionone），12β,20β-二羟基达玛烷-23(24)-烯-3-酮，白屈菜酸（chelidonic acid），胆碱，甲基胺，酪胺（tyramine），白屈菜醇即白果醇（celidoniol，ginnol），黑麦草素（DL-epiloliolide），3-羰基-黑麦草素（DL-3-carbonyl-epiloliolide），7,8-二氢黑麦草素（DL-7,8-dihydro-epiloliolide），草酸，7,8-二氢阿牙泽兰品（7,8-dihydroayapin）等。果实含白屈菜碱，黄连碱等。种子含黄连碱，小檗碱和白屈菜红碱等。乳汁含血根碱，白屈菜红碱，小檗碱，黄连碱及白屈菜酸等。

【功效主治】苦，凉；有毒。解痉止痛，止咳平喘。用于胃脘挛痛，咳嗽气喘，百日咳。

【历史】白屈菜始载于《救荒本草》，谓：“生田野中，苗高一、二尺，初作丛生，茎叶皆青白色，茎有毛刺，梢头分枝，上开四瓣黄花，叶颇似山芥菜叶，而花叉极大，又似漏芦叶而色淡。”《植物名实图考》转载文字并附图，其形态及附图与植物白屈菜相符。

【附注】《中国药典》2010年版、《山东省中药材标准》收载，前者为新增品种。

东北延胡索

【别名】山延胡索、延胡索。

【学名】Corydalis ambigua Cham et Schlecht. var. amurensis Maxim.

【植物形态】多年生草本。块茎球形，直径约1.5cm，常单生或有时分裂成2个，极少4个，簇生；老皮土黄色，断面淡黄白色。茎纤细柔软，高15～20cm，茎下部或近基部有1鳞片，从鳞片腋及其上面1～2片叶腋内生出小枝数条。叶互生，有长柄；叶片二回三出全裂或深裂，或二回三出式羽状深裂，末回裂片椭圆形或狭倒卵形，先端尖，或有大小不等的缺刻，上面深绿色，下面粉白色，常无小叶柄。总状花序顶生，长2.5～4.5cm；苞片卵形或狭卵形，在花序下部者常掌状深裂至浅裂，上部者全缘；花两侧对称，淡紫色，上瓣长1.7～2.5cm，先端微凹，距长0.9～1.2cm；花柱稍弯曲，柱头头状或扁四方形。蒴果椭圆形，两端渐尖。种子多数，黑色。花、果期4～5月。（图232）

【生长环境】生于林缘、沟谷或石缝阴湿处。

【产地分布】山东境内产于昆嵛山、牙山、艾山等山区。

图232　东北延胡索
1.植株　2.花　3.花除去花冠下瓣，剖开距，示腺体，展开内轮2花瓣，示二体雄蕊及柱头　4.花冠下瓣　5.花冠上瓣，示距及上面3枚雄蕊　6.内轮2片花瓣两面观　7.二体雄蕊之一　8.雌蕊　9.蒴果　10.种子

在我国除山东外，还分布于辽宁、吉林、黑龙江等地。

【药用部位】块茎：延胡索（土元胡）。民间药。

【采收加工】夏初茎叶枯萎时采挖，除去茎叶及须根，搓掉外皮，洗净，入沸水中煮至恰无白心时，捞出，晒干。

【药材性状】块茎球形、扁球形或长球形，直径0.5～1.5cm。表面黄色或黄棕色，无明显皱纹。顶端微凹处有茎痕，底部有不定根痕。质较硬，断面白色或黄白色。气微，味较苦。

【化学成分】块茎含生物碱：延胡索甲素（d-corydaline），原阿片碱，d-延胡索球素（d-corybulbine），延胡索乙素（dl-tetrahydropalmatine），去氢延胡索球素（dehydrocorybulbine），去氢延胡索碱（dehydrocorydaline），去氢白蓬草叶紫堇碱（dehydrothalictrifoline），别隐品碱（callocryptopine），掌叶防己碱，药根碱，黄连碱及白蓬草叶紫堇碱（thalictrifoline）的异构体，氧化小檗碱，左旋紫堇碱（corydaline），紫堇达明碱（corydalmine），左旋四氢非洲防己碱（tetrahydrocolumbanime），消旋四氢黄连碱（tetrahydrocoptisine），左旋四氢黄连碱，去氢紫堇达明碱，卡文定碱（cavidine），α-别隐品碱，消旋甲基紫堇杷灵（methylcorypalline），去氢岩黄连碱（dehydrothalictrifoline），白元胡碱（ambinine）等。

【功效主治】苦、微辛，温。活血散瘀，理气止痛。用于全身各部位气滞血瘀之痛，痛经，经闭，癥瘕，产后瘀滞，跌打损伤，疝气作痛，肿痛。

【历史】见延胡索。

【附注】本种拉丁学名在"Flora of China"7：315，2008中被作为堇叶延胡索的异名。

地丁草

【别名】布氏紫堇、苦地丁、苦丁（烟台）。

【学名】Corydalis bungeana Turcz.

【植物形态】多年生草本，全株无毛。主根细长。茎柔弱，高15～35cm，由基部分枝。基生叶及茎下部叶有长柄；叶片三至四回羽状全裂，裂片狭卵形或披针状条形，宽约1mm，先端钝。总状花序顶生及腋生，苞片叶状羽裂，花萼2片，早落；花两侧对称，花冠紫色，花瓣4，2轮，外轮2片较大，上面1片有距，内轮2片较小，先端稍合生；雄蕊6，2体；子房1室，柱头2裂。蒴果扁椭圆形，长1.3～2cm，宽2～5mm，2瓣裂。种子黑色，扁圆形，有光泽。花期4月；果期5～6月。（图233）

【生长环境】生于林缘、沟谷或石缝阴湿处。

【产地分布】山东境内产于昆嵛山、牙山、艾山等山区。在我国除山东外，还分布于辽宁、吉林、黑龙江、内蒙古、河北、山西、陕西等地。

【药用部位】全草。苦地丁。为少常用中药。

【采收加工】夏季花果期采收带根全草，除去杂质，晒干。

图233 地丁草
1.植株 2.花 3.花萼 4.花冠下瓣 5.花冠上瓣，示距及上面3枚雄蕊 6.内轮2花瓣 7.二体雄蕊之一 8.雌蕊 9.蒴果 10.种子

【药材性状】全草多皱缩成团。根圆柱形，长3～5cm，直径1～3mm，常扭曲。茎长约20cm，常于基部分枝；表面灰绿色或黄绿色，具5棱及纵纹，断面中空。叶多皱缩破碎，完整者展平后二至三回羽状全裂，裂片纤细；表面暗绿色或黄绿色，有长柄。花有距，淡棕黄色，花瓣带紫色。蒴果扁长椭圆形，灰绿色或黄绿色；果皮常破碎或裂成两片，留有两条棕黄色胎座。种子扁心形；表面黑色，有网状纹理，具光泽，种阜黄白色。气微，味苦。

以叶完整、色绿、带花果、质绵软、味苦者为佳。

【化学成分】全草含生物碱：消旋和右旋紫堇醇灵碱（corynoline），乙酰紫堇醇灵碱（acetylcorynoline），四氢黄连碱，原阿片碱，右旋异紫堇醇灵碱（isocorynoline），四氢刻叶紫堇明碱（tetrahydrocorysamine），二氢血根碱，乙酰异紫堇醇灵碱（acetylisocorynoline），11-表紫堇醇灵碱（11-epicorynoline），紫堇文碱（corycavine），比枯枯灵碱（bicuculline），12-羟基紫堇醇灵碱（12-hydroxycorynoline），斯氏紫堇碱（scoulerine），碎叶紫堇碱（cheilanthifoline），大枣碱（yuziphine），去甲大枣碱（noryuziphine），异波尔定碱（isoboldine），右旋地丁紫堇碱（bungeanine），右旋13-表紫堇醇灵碱，普托品（protopine），6-丙酮基二氢血根碱（6-acetonyldihydrosanguinarine），氧化血根碱，去甲血根碱（norsanguinarine），

N-反式-阿魏酰基酪胺(N-tran-feruloyltyramine),spallidamine,coryincine,去氢碎叶紫堇碱等;氨基酸:天冬氨酸,谷氨酸,精氨酸,脯氨酸,亮氨酸,缬氨酸及无机元素锌、锰、钾、铜、钙等。

【功效主治】苦、辛,寒。清热解毒,凉血消肿。用于外感,痈疽发背,丹毒,痄腮,黄疸,痢疾泄泻,下腹疼痛,疔疮肿毒,暴发火眼,毒蛇咬伤。

【历史】苦地丁始载于日本《正仓院药物》,名小草。日本渡边武、松冈敏郎认为正仓院所藏从我国唐代(公元754年)传入的小草即为本种。而历代本草中"小草"均指远志的地上部分。但可认为苦地丁在唐代就已作药材使用。

【附注】《中国药典》2010年版附录收载。

黄堇

【别名】千人耳子(崂山)、断肠草(青岛)、土黄连。

【学名】Corydalis pallida (Thunb.) Persl.

【植物形态】多年生草本,全株无毛。有直根。茎高20~60cm,多分枝,淡绿色。基生叶有长柄;叶片二至三回羽状全裂,最终裂片卵形或狭卵形,宽0.4~1.5cm,有深浅不等的裂齿,上面绿色,下面灰绿色,有白粉;茎生叶柄较短,叶较小。总状花序,长约12cm;苞片狭卵形至披针形,萼片小;花两侧对称,花瓣黄色,上瓣长1.1~1.5cm,距圆筒形,末端膨大,长6~8mm,约占花瓣全长的1/3;雄蕊6,花丝合生成2体;花柱纤细,柱头2裂。蒴果串珠状,长3~3.5cm,宽约2.5mm,2瓣裂;通常有种子12~16枚,有时较少。种子扁球形,直径约2mm,黑色,表面密生排列整齐的圆锥状小突起。花期5~6月;果期9月。(图234)

【生长环境】生于山沟边、石缝内潮湿处。

【产地分布】山东境内产于胶东丘陵地区。在我国除山东外,还分布于河北、河南、江苏、浙江、台湾、江西、湖南、四川、广西等地。

【药用部位】根:黄堇根;全草:黄堇。为民间药。

【采收加工】春季挖根,除去地上部分,洗净,晒干。春、夏二季采收全草,鲜用或晒干。

【药材性状】根细圆锥形或细圆柱形,稍弯曲,少分枝,长6~10cm,直径0.5~1cm。表面黄棕色至暗棕色,有纵沟纹、致密的横环纹及点状突起的须根痕,顶端有叶痕。质脆,易折断,断面鲜黄色。气微,味极苦。

全草黄绿色,常皱缩破碎。茎无毛。叶二至三回羽状全裂。总状花序较长,花大,距圆筒形,长约5~6mm。蒴果串珠状。种子黑色,表面密生圆锥形小突起。气微,味淡。

【化学成分】全草含原阿片碱,咖坡任碱(capaurine),咖坡明碱(capaurimine),咖坡定碱(capauridine),右旋

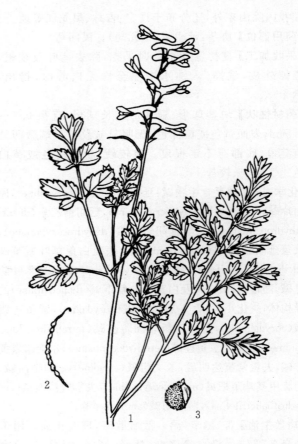

图234 黄堇
1.花枝 2.蒴果 3.种子

四氢掌叶防己碱,消旋四氢掌叶防己碱,紫堇碱,隐品碱(cryptopine),消旋金罂粟碱(stylopine),深山黄堇碱(pallidine),奇科马宁碱(kikemanine),清风藤碱(sinoacutine),异波尔定碱等。

【功效主治】黄堇根苦、涩,寒;有毒。清热解毒,杀虫。用于热毒痈疮,无名肿毒,皮肤顽癣,红痢,痔疮,腹痛,目赤,白斑,聍耳流脓。黄堇苦,寒;有毒。清热利湿,解毒杀虫。用于湿热泄泻,痢疾,黄疸,目赤肿痛,聍耳流脓,疮毒疥癣,毒蛇咬伤。

附:台湾黄堇

台湾黄堇 C. balansae Prain. 与黄堇的主要区别是:叶片裂片2型,一类裂片狭细,条形或狭卵形,宽1~2mm;另一类裂片较宽大,倒卵形、矩圆形或长卵形,宽0.4~1cm或更宽。蒴果条形,长2~2.6cm,宽2~3mm,幼果平直或成熟后出现串珠状。种子6~10枚,扁圆形,黑色,表面有细凹点。2n=16。山东境内产于昆嵛山、崂山、牙山、艾山等山地。药用同黄堇。

小黄紫堇

小黄紫堇 C. ochotensis Turcz. var. raddeana Regel. 与黄堇的主要区别是:叶片小裂片倒卵形,菱状倒卵形或卵形,全缘。距较长,占花瓣全长的1/2或稍

长。蒴果楔形或倒卵形，长 0.8～1.4cm，顶端平截或圆钝。种子 2～6 枚。2n=16。山东境内产于昆嵛山、崂山、泰山、莲花山等地。药用同黄堇。

齿瓣延胡索

【别名】土元胡、延胡索、元胡。

【学名】Corydalis remota Fisch. ex Maxim. (Corydalis turtschaninovii Bess.)

【植物形态】多年生草本。块茎球形，常单一，有时裂为 2 瓣状，老皮黄棕色或土黄色，断面黄色。茎高 15～30cm，下部或近基部有 1 鳞片。鳞片腋有时生珠芽，常脱落。叶互生，有长柄；叶片二回三出全裂，或二回三出式羽状深裂，末回小叶片狭卵形、狭倒卵形或披针形，先端尖，全缘或上部有大小不等的缺刻。总状花序长 2～6cm；苞片楔形或倒宽卵形，先端掌状细裂；花蓝紫色，上瓣长 1.8～2cm，先端 2 浅裂，有短尖或无，边缘有圆齿，距圆筒形，长 1～1.5cm。蒴果椭圆形，先端尖，宿存柱头球状。种子近圆形，细小，黑色，有光泽。花期 4～5 月；果期 6～7 月。(图 235)

【生长环境】生于山坡、林缘、石缝或沟边潮湿处。

【产地分布】山东境内产于昆嵛山、牙山、艾山、烟台、威海、日照等地。在我国除山东外，还分布于辽宁、吉林、黑龙江、江西、湖北、山西、河北等地。

【药用部位】块茎：延胡索。为东北地区常用中药。

【采收加工】夏初茎叶枯萎时采挖，除去茎叶及须根，搓掉外皮，洗净，入沸水中煮至恰无白心时，捞出，晒干。

【药材性状】块茎扁球形、宽锥形或细锥形，单一或少数成分瓣状，直径 1.5～2.5cm。表面鲜黄色或黄色，外皮全脱落。顶端有少数疙瘩状侧生块茎，主、侧块茎上部凹陷处均有茎痕及芽，底部有不定根痕。质坚硬，断面鲜黄色，角质，有蜡样光泽。气微，味苦。

以个大、饱满、质坚实、断面色黄、味苦者为佳。

【化学成分】块茎含生物碱：小檗碱，左旋四氢小檗碱，左旋紫堇定(corydine)，异紫堇定，左旋紫堇碱(corydaline)，原阿片碱，α-别隐品碱(α-allocryptopine)，左旋海罂粟碱(glaucine)，黄连碱，四氢黄连碱，掌叶防己碱，消旋四氢掌叶防己碱等；还含脂肪酸，豆甾醇等。

【功效主治】辛、苦，温。活血，行气，止痛。用于胸胁疼痛，脘腹疼痛，胸痹心痛，经闭痛经，产后瘀阻，跌扑肿痛。

【历史】见延胡索。

【附注】"Flora of China" 7：318. 收载的齿瓣延胡索拉丁学名为 Corydalis turtschaninovii Bess.，本志将其列为异名。

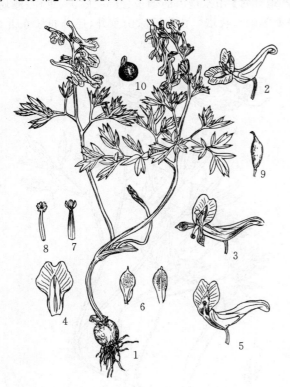

图 235 齿瓣延胡索
1.植株 2.花 3.花除去花冠下瓣，剖开距，示腺体，展开内轮 2 花瓣，示二体雄蕊及柱头 4.花冠下瓣 5.花冠上瓣，示距及上面 3 枚雄蕊 6.内轮 2 片花瓣两面观 7.二体雄蕊之一 8.雌蕊 9.蒴果 10.种子

小药八旦子

【别名】土元胡、全叶延胡索、元胡、北京元胡。

【学名】Corydalis caudata (Lam.) Pers. Syn. (Fumaria caudata Lam.) (Corydalis repens Mandl. et Muhl.)

【植物形态】多年生草本，全株无毛。块茎卵圆形或近球形，直径 1～1.5cm，单生或 2 至数个蒜瓣状簇生，老皮土黄色，常成层脱落，断面淡黄白色。茎纤细，高 8～25cm，单生或有时丛生，茎下部有 1 鳞片，鳞腋及其上面 1～2 叶腋内生出 2 至多数分枝。叶互生，有长柄；一至二回三出羽状复叶，小叶片卵圆形、卵形或倒卵形，先端圆钝或 2～3 裂，常有小叶柄。总状花序顶生，长 3～5cm，具(3～)6～14 花。苞片卵圆形或狭卵形，通常全缘，稀近下部者有 1～2 浅圆齿；花梗细，毛发状；花两侧对称，花冠浅蓝色、蓝紫色或紫红色，上瓣长 1.5～1.9cm，瓣片先端内凹，有或无小尖头，距圆筒形，略弯，约占上瓣全长的 2/3；雄蕊 6，花丝连合成 2 体，扁平；雌蕊 1，微弯，柱头膨大成头状或压扁成四方形。蒴果扁椭圆形，长约 1cm，有长柄。种子扁圆形，黑色，有光泽。花期 4～5 月；果期 5 月。2n=28。(图 236，彩图 22)

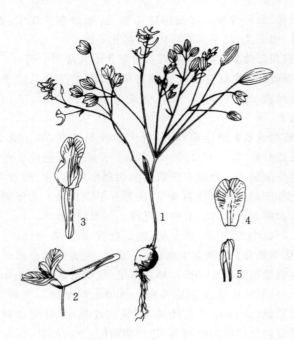

图236 小药八旦子
1.植株 2.花 3.上花瓣 4.下花瓣 5.内花瓣

【生长环境】生于山坡林下、林缘或山谷间。

【产地分布】山东境内产于济南、泰安、蒙阴、临沂等山地丘陵。在我国除山东外，还分布于辽宁、河北、山西、安徽、江苏、浙江、湖北等地。

【药用部位】块茎：土元胡。为民间药。

【采收加工】夏初茎叶枯萎时采挖，除去茎叶及须根，搓掉外皮，洗净，入沸水中煮至恰无白心时，捞出，晒干。

【药材性状】块茎圆球形、长圆形或圆锥形，直径1～1.5cm。表面灰棕色，皱缩，外皮脱落处棕黄色。上端中央有数个凹陷的茎痕，底部具根痕。质坚硬，破断面棕黄色或浅黄白色。气微，味较苦。

以个大、饱满、质坚实、断面色黄、味苦者为佳。

【化学成分】块茎含原阿片碱，比枯枯灵碱，左旋金罂粟碱(stylopine)，左旋斯氏紫堇碱(scoulerine)，华紫堇碱(cheilanthifolin)，紫堇碱，黄连碱，海罂粟碱，掌叶防己碱等。

【功效主治】苦、微辛，温。活血散瘀，理气止痛。用于气滞血瘀疼痛，痛经，经闭，癥瘕，产后瘀滞，跌打损伤，疝气作痛，肿痛。

【附注】《山东省中药材标准》2002年版收载土元胡，原植物为**土元胡** Corydalis humosa Migo，但土元胡标准起草说明中描述的原植物形态则为小药八旦子，即Coyrdalis caudata (Lam.) Pers. Syn. 也称全叶延胡索。土元胡与本种的主要区别是：块茎直径6～8mm。总状花序具花1～3朵，疏离；花冠白色；上花瓣长1～1.2cm。产于浙江西北部的天目山，为一狭域分布种，江苏作为药材栽培。编者在山东未见标本。建议新版山东中药材标准起草时，进一步进行土元胡来源的考证和审定，将山东广泛分布的小药八旦子收入省标。

延胡索

【别名】延胡、元胡、竹叶延胡索。

【学名】Corydalis yanhusuo W. T. Wang

【植物形态】多年生草本，高10～20cm。块茎球形，老皮土黄色，断面黄色，块茎顶端有叶芽、叶基、鳞片和小枝，腋间常有珠芽，可在地下发育成球形块茎，形成疏散簇生状。基生叶2～4，有长柄；叶片轮廓三角形，二回三出复叶或二回三出式羽状全裂至深裂，末回裂片长卵形或卵状披针形，先端钝或尖，全缘；茎生叶常2，互生，较基生叶片小而同形。总状花序顶生，长3～6cm；苞片卵形或狭卵形，全缘或有少数浅齿裂；花两侧对称；花瓣红紫色或青紫色，上瓣长1.5～2.5cm，先端微凹，距圆筒形，长1～1.2cm，下瓣有浅囊状突起。蒴果条形，长约2cm。种子近圆形，黑色，有光泽。花期3～4月；果期5～6月。2n=30,32。（图237）

【生长环境】生于低海拔旷野草地或丘陵林缘；栽培于土层较厚、腐殖质丰富的壤土中。

【产地分布】山东境内的烟台、泰安、临沂、枣庄、潍坊、济南等地有栽培。在我国除山东外，还分布于东北地

图237 延胡索
1.植株 2.花 3.蒴果

区及浙江、江苏、湖北、湖南等地。

【药用部位】块茎：延胡索。为常用中药。

【采收加工】夏初茎叶枯萎时采挖，除去茎叶及须根，搓掉外皮，洗净，入沸水中煮至恰无白心时，捞出，晒干。

【药材性状】块茎呈不规则扁球形，直径0.6～1.5cm。表面黄色或黄棕色，有不规则网状细皱纹，外皮未脱落者显灰棕色。顶端微凹陷处为茎痕，底部中央略凹呈脐状，有数个稍凸起的根痕。质坚硬，破碎面黄色或黄棕色，角质，有蜡样光泽。气微，味苦。

以个大、饱满、质坚实、断面色黄、味苦者为佳。

【化学成分】块茎含生物碱：延胡索乙素（tetrahydropalmatine，四氢巴马汀、四氢掌叶防己碱），右旋紫堇碱，左旋四氢黄连碱，掌叶防己碱，去氢海罂粟碱，原阿片碱，右旋海罂粟碱，α-别隐品碱，左旋四氢非洲防己胺（l-tetrahydrocolumbamine），右旋紫堇球碱，去氢紫堇碱，左旋四氢小檗碱，四氢紫堇萨明（tetrahydrocorysamine），非洲防己碱，右旋 N-甲基六驳碱（d-N-methyllaurotetanine），元胡宁（yuanhunine），狮足草碱（leonticine），二氢血根碱，去氢南天宁碱（dehydronantenine），比枯枯灵碱，隐品碱，黄连碱，（+）-甲基球紫堇碱[（+）-methylbulbocapnine]，8-氧黄连碱，pontevedrine，小檗碱等；还含山嵛酸（behenic acid），香草酸，对羟基苯甲酸，谷甾醇，胡萝卜苷。**地上部分**含右旋海罂粟碱，右旋去甲海罂粟碱，右旋南天宁碱，四氢黄连碱，去氢海罂粟碱，原阿片碱，α-别隐品碱，左旋四氢非洲防己胺，右旋唐松草坡芬碱（d-thaliporphine），右旋鹅掌楸啡碱（d-lirioferine），右旋 N-甲基六驳碱，右旋异波尔定，元胡菲碱（coryphenanthrine）及 10-二十九碳醇，β-谷甾醇等。

【功效主治】辛、苦，温。活血，行气，止痛。用于胸胁疼痛，脘腹疼痛，胸痹心痛，经闭痛经，产后瘀阻，跌扑肿痛。

【历史】延胡索始载于《本草拾遗》。《海药本草》云："生奚国，从安东道来。"《开宝本草》云："根如半夏，色黄。"奚及安东大体应以今辽宁省为主，并包括河北东北部至内蒙古东南一带，说明当时延胡索主要来自东北地区，其原植物可能包括东北延胡索和齿瓣延胡索。弘治《句容县志》收载延胡索。《本草蒙筌》两种延胡索药材图注为茅山玄胡索和西玄胡索。《本草纲目》谓："今二茅山西上龙洞种之，每年寒露后栽，立春后生苗，叶如竹叶样，三月长三寸高，根丛生如芋卵样，立夏掘起。"《本草原始》云："以茅山者为胜。"表明自明代以来，内地所用多为江浙一带栽培的延胡索，其形态与《本草纲目》和《植物名实图考》附图相符，与现今延胡索原植物基本一致。

【附注】《中国药典》2010年版收载。

角茴香

【别名】咽喉草、黄花草。

【学名】Hypecoum erectum L.

【植物形态】一年生小草本。茎多数，自基部抽出，无毛。叶基生；叶片长卵形至椭圆形，长3～9cm，宽0.5～1.5cm，二至三回羽状全裂，末回裂片条形或丝状，宽约0.5mm，有白粉。1～3花组成聚伞状；苞片叶状细裂；萼片2，披针形，长2～3mm，边缘膜质；花瓣4，黄色，外轮2片较大，阔倒卵形，长约1cm，先端微3裂，内轮2片较小，倒卵状楔形，先端3裂，中裂片兜状；雄蕊4，与花瓣近等长，花丝下半部有狭翅；子房长圆柱形，柱头2深裂。蒴果条形，长3～5cm；种子间有横隔，2瓣裂。种子长圆形，长约1mm，两面有明显的十字形突起，黑褐色。花、果期4～7月。（图238）

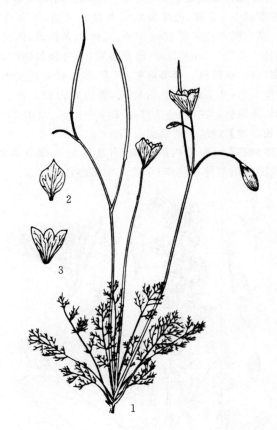

图238　角茴香
1.植株　2.萼片　3.花瓣

【生长环境】生于干旱山坡草丛、路边、荒地或石缝。

【产地分布】山东境内产于鲁中南山地丘陵。在我国除山东外，还分布于东北、华北、西北地区及内蒙古等地。

【药用部位】全草：角茴香。为民间药。

【采收加工】春季开花前采挖带根全草，晒干。

【化学成分】全草含角茴香碱（hypecorine），角茴香酮碱（hypecorinine），原阿片碱，黄连碱，别隐品碱，刻叶紫堇胺（corydamine），左旋 N-甲基四氢小檗碱，直立角茴香碱（hyperectine）等。

【功效主治】苦、辛，凉；有小毒。清热解毒，镇咳止痛。用于外感发热，咽痛，咳嗽痰喘，目赤肿痛，黄疸，肝郁胁痛，痢疾，骨节疼痛。

【历史】角茴香始载于《月王药诊》，为藏族习用药材。

博落迴

【别名】落回。
【学名】Macleaya cordata（Wmd.）R. Br.
【植物形态】多年生草本；植株含黄色液体。根状茎粗大，肥厚，黄色。茎直立，中空，高达 2m，有白粉。叶互生；叶片宽卵形或近圆形，长 10~20cm，宽 10~22cm，通常掌状 5~7 裂，边缘波状或有波状牙齿，下面有白粉。顶生圆锥花序长 15~40cm；萼片 2，黄白色，倒披针状船形，长约 1cm；无花瓣；雄蕊多数；子房狭长椭圆形，顶端圆形，基部狭。蒴果扁平，下垂，倒披针形或狭倒卵形，长 1.7~2.3cm，成熟后红色，表面有白粉。种子长圆形，黑褐色。花期 6~7 月；果期 8~10 月。（图 239）

【生长环境】栽培于药圃或公园。
【产地分布】山东境内的济南、青岛等地药圃有栽培。在我国除山东外，还分布于长江中下游各地区。

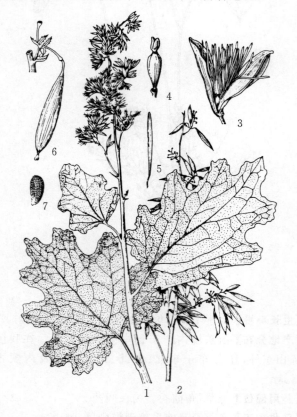

图 239　博落回
1.植株上部 2.果枝 3.花 4.雌蕊 5.雄蕊 6.果枝 7.种子

【药用部位】全草：博落迴；成熟未开裂的果实：博落迴果。为江西、浙江地区民间药。
【采收加工】夏、秋二季采收带根全草，晒干。秋季采收成熟果实，晒干。
【药材性状】根及根茎粗大；表面橙红色，粗糙。茎圆柱形；表面绿白色或带红紫色，被白粉；质脆，易折断，断面中空。单叶互生；叶片广卵形或近圆形，长 10~20cm，宽 12~22cm，5~7 掌状浅裂，裂片边缘波状或具波状牙齿；有柄，基部略抱茎。圆锥花序，多花。蒴果狭倒卵形或倒披针形而扁平。种子 4~6 粒。气微，味淡。

果实倒披针形或狭倒卵形，扁平，长 1.8~2cm，宽 5~6mm；表面红棕色，被白粉，顶端圆尖，有残留花柱，基部狭尖，有时具纤细果柄，长约 3mm；体轻，干后易沿两边腹缝线开裂。种子椭圆形，4~6 粒，长约 1.5mm，直径约 1mm；表面黑褐色至棕色，用放大镜观察，有细小凹点和条网状纹理；种脐明显，条状。气微，味苦。

【化学成分】全草含生物碱：原阿片碱，隐品碱（cryptopine），α-别隐品碱，白屈菜红碱，二氢白屈菜红碱，血根碱，去甲基血根碱，6-丙酮基二氢血根碱，6-甲氧基二氢血根碱，6-甲氧基二氢白屈菜红碱，黄连碱，小檗碱，小檗红碱（berberrabine），紫堇沙明碱（corysamine），甲氧基白屈菜红碱（chelilutine），氧化血根碱，博落回碱（bocconine），博落回洛宁碱（bocconolline），N-甲基-4,5-亚甲二氧基琥珀酰亚胺（N-methyl-4,5-methylene-diol-succinimide）等；挥发油：主成分为 2-甲氧基-4-乙烯基苯酚，4-亚硝基苯甲酸乙酯，(E)-2-己烯醛，雪松醇，6,10-二甲基-2-十一酮，邻苯二甲酸异丁基辛酯等；还含 3-羟基-12(13)-烯-齐墩果烷-30-酸，3,4',6'-三羟基-5-甲氧基-2'-甲基联苯-2-羧酸（3,4',6'-trihydroxyl-5-methoxy-2'-methyl diphenyl-2-carboxylic acid），4-羟基-3-甲氧基桂皮醛（4-hydroxyl-3-methoxy cinnamaldehyde），4-羟基-3-甲氧基苯甲醛（4-hydroxyl-3-methoxy benzaldehyde），3,4,5-三甲氧基苯酚（3,4,5-trimethoxy phenol）。果实含原阿片碱，α-别隐品碱，博落回碱Ⅰ、Ⅱ，血根碱，白屈菜红碱。

【功效主治】博落回 辛、苦，温；有大毒。祛风解毒，散瘀消肿，杀虫。用于跌打损伤，风湿骨节痛，痈疖肿毒，臁疮，湿疹，烧烫伤，滴虫病，杀蛆虫。博落回果 辛、苦，温；有毒。解毒消肿，杀虫止痒。用于指疔脓肿，咽喉肿痛，顽癣。

【历史】博落回始载于《本草拾遗》，谓："生江南山谷，茎叶如蓖麻，茎中空，吹之作声，如博落回，折之有黄汁，药人立死，不可轻用入口。"《本草纲目》列于毒草类。《植物名实图考长编》云："四、五月有花生梢间，长四五分,色白,不开放,微似天南烛"。所述形态与博落回基本一致。

罂粟

【别名】鸦片花、大烟。

【学名】Papaver somniferum L.

【植物形态】一年生草本,植株无毛或微有毛;全株含乳汁。茎直立,高 0.8～1.2m,有白粉。叶互生;叶片长圆形或长卵形,长 10～25cm,宽 8～15cm,先端渐尖,基部心形,边缘有不整齐缺刻、锯齿或微羽状浅裂;基生叶有短柄,茎生叶无柄,基部抱茎。花单生茎顶,大而鲜艳,直径 8～10cm;萼片 2,卵状长圆形,长 1.5～2cm;花瓣 4,有时重瓣,白色、粉红色、红色、紫红色;雄蕊多数;子房球形,无花柱,柱头盘状,7～15 裂辐射状。蒴果球形,无毛,直径 4～6cm,顶孔开裂。花期 5～7 月;果期 8～10 月。(图 240)

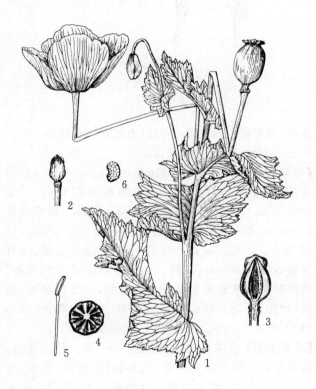

图 240 罂粟
1.植株上部 2.雌蕊 3.雌蕊纵切 4.子房纵切 5.雄蕊 6.种子

【产地分布】原产南欧。由政府指定的农场生产。

【药用部位】成熟果壳:罂粟壳(米壳);乳汁干燥品:鸦片;种子:罂粟子。为较常用中药和民间药。

【采收加工】夏季果实近成熟,果皮由绿转黄时,用利刀或特制锯齿切伤器,于晴天傍晚,浅割果皮,即有白色乳汁自割缝渗出成滴状,暴露于空气中,由白色转为微红色和棕色,逐渐凝固成粘稠状物,翌晨用涂油的竹蔑或竹刀刮取,每枚果实可采取 3～4 次。刮得的鸦片,以罂粟叶包裹,置暗处阴干。秋季将已割取浆三十天后的成熟果实摘下,将种子和果壳分别晒干。

【药材性状】果壳椭圆形或瓶状卵形,多已破碎成片状,长 3～7cm,直径 4～5cm。外表面黄白色、浅棕色至淡紫色,平滑,略有光泽,有纵横割痕。顶端有 7～15 条放射状排列呈圆盘状的残留柱头;基部有短柄。内表面淡黄色,微有光泽。有纵向排列的假隔膜,棕黄色,上面密布略突起的棕褐色小点。体轻,质脆,易碎。气微清香,味微苦。

鸦片呈圆球形、饼形、砖块状或不规则形,大小不一。表面棕色或黑色,带有蜡质,外面往往覆有罂粟叶或纸片。新鲜时质软,具可塑性,贮藏日久,渐变硬而脆,断面颗粒状或平滑,红褐色,常缀有色较淡的部分,稍有光泽。臭特异,带麻醉性,味极苦而特异。

【化学成分】果实含生物碱:吗啡(morphine),那可汀(narcotine),那碎因(narceine),罂粟碱(papaverine),可待因(codeine),原阿片碱,异紫堇杷明碱(isocorypamine),杷拉乌定碱(palaudine),多花罂粟碱(salutaridine),罂粟壳碱(narcotoline),半日花酚碱(laudanidine),右旋网叶番荔枝碱(reticuline);还含景天庚糖(sedoheptulose),D-甘露庚酮糖(D-mannoheptulose),内消旋肌醇(mesoinositol),赤藓醇(erythritol)等。果壳含少量吗啡,可待因,蒂巴因(thebaine),那可汀,罂粟壳碱,罂粟碱及多糖。鸦片含生物碱:吗啡,可待因,罂粟碱,d-及 dl-牛心果碱(reticuline),达明碱(codamine),那碎因,那可汀,罂粟壳碱,原阿片碱,隐品碱,d-四氢非洲防己胺,l-紫堇块茎碱(l-scoulerine),罂粟红碱(papaverrubine)B、C、D、E,粉绿罂粟定碱(glaudine)等,大多与罂粟酸(meconic acid)结合成盐;还含阿片甾醇(cyclolaudenol),胡萝卜苷,环木波罗烯醇(cycloartenol),卵磷脂(lecithin),脑磷脂(cephalin)等。花粉含(1→3,1→6)-α-D-葡萄四糖。种子含挥发油:主成分 9,12-十八二烯酸,正十六烷,正十七烷,十六酸,菲等;脂肪油:亚油酸,油酸和棕榈酸等。

【功效主治】罂粟壳(米壳)酸、涩,平;有毒。敛肺,涩肠,止痛。用于久咳,久泻,中气下陷,脘腹疼痛。罂粟子甘,寒。止痢,润燥。用于反胃,腹痛,泻痢,中气下陷。鸦片苦,温;有毒。止痛,涩肠,镇咳。用于心腹痛,久泻,久痢,咳嗽无痰。

【历史】罂粟始载于《本草拾遗》,名罂子粟,云:"其花四叶,有浅红晕子也。"《本草图经》载:"罂子粟,今处处用之,人家园庭多莳以为饰。花有红白二种,微腥气;其实作瓶子,似髇箭头,中有米,极细。种之甚难,圃人隔年粪地,九月布子,涉冬至春始生苗,极繁茂矣。"《本草纲目》云:"叶如白苣,三四月抽茎结青苞,花开则苞脱。花凡四瓣,大如仰盏,罂在花中,须蕊裹之。花开三日即谢。而罂在茎头,长一二寸,大如马兜铃,上有盖,下有蒂,宛然如酒罂。中有白米极细……其壳入药甚多,而本草不载,乃知古人不用之也。"所述形态与罂粟基本一致。

【附注】①《中国药典》2010年版收载罂粟壳。②鸦片由国家统一管理;罂粟壳属于麻醉药类的管理品种。药用罂粟壳的供应业务由国家食品药品监督管理局及各省、自治区、直辖市的食品药品监督管理部门指定的经营单位办理,其他单位一律不准经营和零售。罂粟壳可凭盖有医疗单位公章的医疗处方供医疗单位配方使用。用罂粟壳止痛,容易成瘾并形成依赖性,应予以注意。

白花菜科

白花菜

【别名】羊角菜、香菜、猪屎草、白花草(微山)、臭狗粪(郯城)。

【学名】Cleome gynandra L.
(Gynandropsis gynandra (L.) Briquet)

【植物形态】一年生草本。茎高约1m,分枝,嫩枝上密生黏性腺毛,老枝无毛,有强烈臭味。掌状复叶,互生,有长柄;小叶5;小叶片倒卵形,长1.5cm,宽1～2.5cm,先端短尖,全缘或稍有小齿,稀有柔毛。顶生总状花序;苞片叶状,3裂;花白色或淡紫色;萼片披针形,外面有腺毛;花瓣有长约5mm的爪;雄蕊6,花丝不等长,生于雌雄蕊柄上部;雌雄蕊柄长约2cm;子房柄长1～2mm;子房圆柱形,1室,含多数胚珠,无花柱,柱头宽。蒴果圆柱形,长4～10cm,有纵条纹。种子肾形,黑褐色,有突起的皱折。花期7～8月;果期8～10月。(图241)

【生长环境】生于田野或荒地。栽培于庭园或房舍旁。

【产地分布】山东境内产于济宁、宁阳等地;全省各地有栽培。广域分布种。在我国分布于华北、华东、华南等地。

【药用部位】种子:白花菜子;根:白花菜根;全草:白花菜。为少常用中药和民间药。嫩茎梢及含苞待放花序可鲜食或腌制后食用。

【采收加工】夏季采收全草;秋季果实成熟时,割取全草,晒干后打下种子,除去杂质;夏、秋二季挖根,洗净,晒干。夏季采收嫩茎梢及未开放花序,鲜用或腌制。

【药材性状】全草皱缩,绿色或淡绿色。茎多分枝,密被黏性腺毛。掌状复叶互生,小叶5;小叶片呈倒卵形或菱状倒卵形;全缘或有细齿;具长叶柄。总状花序顶生;萼片4;花瓣4,倒卵形,有长爪;雄蕊6,具雌雄蕊柄。蒴果长角状。有恶臭气。

种子极细小,扁圆球形,直径1～1.5mm,厚约1mm。表面黑褐色或黑色,粗糙不平,有细密的蜂窝状

图241 白花菜
1.植株上部 2.花

麻纹,规则地排列成同心环状,边缘有一小缺口。种仁黄色,稍有油性。气微,味苦。

【化学成分】种子含葡萄糖屈曲花素(glucolberine),白花菜苷(glucocapparine),新葡萄糖芸苔素(neoglucobrassicin),葡萄糖芸苔素(glucobrassicin),醉蝶花素(cleomin)等;挥发油主成分为香芹酚(carvacrol),反式-植醇,芳樟醇,反式-2-甲基-环戊醇,β-丁香烯,m-百里香素(m-cymene),壬醛,1-α-萜品醇,β-环化枸橼醛,香橙醇等。种子油主成分为亚麻酸,还含棕榈酸,油酸,硬脂酸,花生酸(arachidic acid)等。全草含(20S,24S)-环氧-19,25-二氢达玛烷-3-酮(ileogynol)。

【功效主治】白花菜、白花菜根辛、甘,平。祛风除湿,清热解毒。用于风湿痹痛,跌打损伤,淋浊,白带,痔疮,疟疾,痢疾,蛇虫咬伤。白花菜子苦、辛,温;有小毒。祛风散寒,活血止痛。用于风湿痹痛,疟疾,痔疮,跌打损伤,驱虫;外用于创伤脓肿。

【历史】白花菜始载于《食物本草》。《本草纲目》曰:"三月种之,一枝五叶,柔茎延蔓,叶大如拇指,秋间开小白花,长蕊结小角,长二、三寸,其子黑色而细,状如初眠蚕沙,不光泽,菜气膻臭,唯以盐菹食之"。所述形态及附图与植物白花菜基本一致。

【附注】①《中国药典》1977年版曾收载,《山东省中药材标准》2002年版收载白花菜子。②本种在"Flora of China"7:432,2008中,中文名为羊角菜,拉丁学名为

Gynandropsis gynandra (L.) Briquet, 本志将其拉丁学名列为异名。

十字花科

芸苔

【别名】油菜、芸苔子、油菜子。

【学名】Brassica campestris L. (Brassica rapa var. oleifera DC.)

【植物形态】二年生草本。茎直立,分枝或不分枝,高30~90cm,稍有粉霜。基生叶大头羽裂,顶裂片圆形或卵形,边缘有不整齐弯缺牙齿,侧裂片1至数对,卵形;叶柄宽,长2~6cm,基部抱茎;下部茎生叶羽状半裂,长6~10cm,基部扩展且抱茎,两面有硬毛及缘毛;上部茎生叶长圆状倒卵形、长圆形或长圆状披针形,长2~8cm,宽1~5cm,基部心形,抱茎,两侧有垂耳,全缘或有波状细齿。总状花序在花期成伞房状,花后伸长;萼片长圆形,长3~5mm,直立,开展,先端圆形,边缘透明,稍有毛;花瓣4,倒卵形,鲜黄色,长0.7~1cm,先端近微缺,基部有爪,排成十字形;雄蕊6,4强;雌蕊1。长角果条形,长3~8cm,宽2~4mm,果瓣有中脉及网纹,喙直立,长0.9~2.4cm;果梗长0.5~1.5cm。种子球形,直径约1.5mm,红褐色或黑褐色,表面具细网纹。花、果期3~5月。(图242)

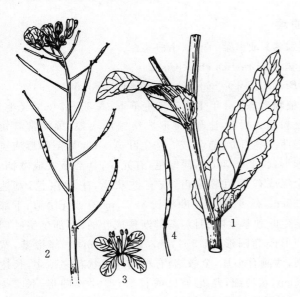

图242　芸苔
1.植株上部茎叶　2.花序　3.花　4.果实

【生长环境】栽培于园地或大田。

【产地分布】山东境内的鲁西南地区常见栽培。陕西、江苏、安徽、浙江、湖北、四川、甘肃等地广泛栽培。

【药用部位】种子:芸苔子;茎叶:芸苔。为民间药,药食两用。

【采收加工】5~6月间种子成熟时,割取地上部分,晒干,打下种子,除去杂质,晒干。2~3月采收茎叶,鲜用。

【药材性状】种子近球形,直径1~2mm。表面红褐色或棕黑色,在放大镜下观察,有微细网状纹理。一端有黑色近圆形的种脐。除去种皮,有2片黄白色肥厚的子叶,沿主脉相重对折,胚根位于两对折的子叶之间。气无,味淡,微有油样感。

以颗粒饱满、色红褐、色泽光亮者为佳。

【化学成分】种子含葡萄糖芜菁芥素(gluconapin),葡萄糖异硫氰酸戊-4-烯-酯(glucobrassicanapin),葡萄糖芜菁素(glucorapiferen),菜子甾醇(brassicasterol),22-去氢菜油甾醇(22-dehydrocampesterol),磷脂酰肌醇(phosphatidyl inositol),磷脂酰胆碱(phosphatidyl choline),磷脂酰乙醇胺(phosphatidyl ethanolamine),芥酸(erucic acid),阿糖配半乳聚糖(arabinogaactan)及多种氨基酸。全草含葡萄糖芜菁芥素,葡萄糖异硫氰酸戊-4-烯酯,葡萄糖屈曲花素(glucoiberin),葡萄糖莱菔素(glucoraphanin),葡萄糖庭荠素(glucoalyssin),葡萄糖豆瓣莱素(gluconasturtiin),葡萄糖芜菁素,葡萄糖芸苔素(glucobrassicin)等;还含槲皮苷,维生素K及淀粉样蛋白(amyloid)。根含葡萄糖庭荠素,葡萄糖豆瓣菜素,葡萄糖芜菁素,葡萄糖芸苔素,新葡萄糖芸苔素(neoglucobrassicin)等。叶含硫苷。花粉含生物碱:pollenopyrroside A、B,烟酸,烟酰胺;黄酮类:山柰酚,山柰酚-3-O-β-D-葡萄糖-(2→1)-β-D-葡萄糖苷,山柰酚-3,4′-双-O-β-D-葡萄糖苷,槲皮素-3-O-β-D-葡萄糖-(2→1)-β-D-葡萄糖苷;还含 rel-(2R*,5S*)-5-(6,7-dihydroxyethyl)-4-(5′-hydroxymethyl-furan-2′-ylmethylene)-2-ethoxy-dihydrofuran-3-one, rel-(2S*,5S*)-5-(6,7-dihydroxyethyl)-4-(5′-hydroxymethyl-furan-2′-ylmethylene)-2-ethoxy-dihydrofuran-3-one,香豆酸-4-O-β-D-葡萄糖苷(trans-p-coumaricacid-4-O-β-D-glucopyranoside),5-羟甲基糠醛,谷甾醇等。

【功效主治】芸苔子辛,温。行血祛瘀,消肿散结。用于产后瘀血,腹痛,恶露不净,血痢,疮肿,便秘,肠痈腹痛,大便不通;外用于丹毒热肿。芸苔辛,凉。散血消肿。用于劳伤出血,痈肿疮毒。

【历史】芸苔始载于《名医别录》,曾列为新增药。《本草纲目》名油菜,曰:"此菜易起苔,须采其苔食,则分枝必多,故名芸苔……即今油菜,为其子可榨油也。"又曰:"九月、十月下种,生叶,形色微似白菜,冬春采苔心为茹,三月则老不可食。开小黄花,四瓣,如芥花。结荚收子,亦如芥子,灰赤色,炒过,榨油黄色"。所述形态和《植物名实图考》附图与现今白菜型油菜芸苔基本一致。

【附注】本种在"Flora of China" 8:19,2001. 中拉丁学

名为 Brassica rapa var. oleifera DC.，本志将其列为异名。

擘蓝

【别名】球茎甘蓝。

【学名】Brassica caulorapa Pasq.
（Brassica oleracea var. gongylodes L.）

【植物形态】二年生草本，高30～60cm，全株无毛，有粉霜。茎短，在离地面2～4cm处膨大成实心的长圆球体或扁球体，绿色，其上生叶。叶片宽卵形至长圆形，长14～20cm，基部在两侧各有1裂片，或仅一侧有裂片；叶柄长6～20cm；茎生叶长圆形至线状长圆形，边缘有浅波状齿。总状花序顶生；花直径1～3cm，黄色。长角果圆柱形，具短喙，基部膨大。种子直径1～2mm，有棱角。花期4月；果期6月。（图243）

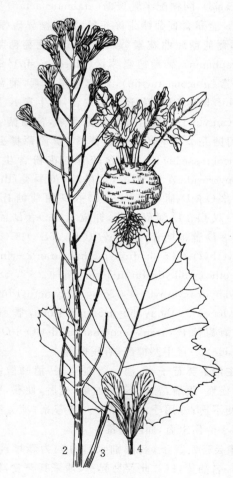

图243 擘蓝
1.块茎 2.花、果枝 3.叶 4.花

【生长环境】栽培于排水良好、土壤肥沃的园地。

【产地分布】山东境内多数地区有栽培。全国普遍栽培。

【药用部位】球茎：擘蓝；叶：擘蓝叶；种子：擘蓝子。为民间药，擘蓝和擘蓝叶药食两用。

【采收加工】4～7月播种者，夏、秋二季采收；9月播种者，冬、春二季采收，鲜用。

【化学成分】球茎含蛋白质，脂肪，硫胺素，尼克酸，维生素C、B_2及无机元素钙、磷、铁等。

【功效主治】擘蓝子、擘蓝叶甘、辛、微苦，温。利水消肿。用于热毒风肿，脾虚火盛，小便淋浊，大便下血；生食止渴化痰；烧灰治脑漏、鼻衄，吹鼻治中风不语。擘蓝苦、辛、凉。健脾利湿，解毒。用于脾虚水肿，水便淋浊，食积，痰积，湿热疮毒，大肠下血。

【历史】擘蓝始载于《滇南本草》，原名茎蓝。《农政全书》"芥蓝"条载："但食根之菜，如芥、芦服、蔓青之属，魁皆在土中；此则魁在土上，为异耳。"《本草纲目拾遗》"茄连"条引《延绥镇志》载："叶如兰草而肥厚，种之畦塍，根圆大类葵，露出土外，开黄花，京师谓之撇兰。"《植物名实图考》在"甘蓝"条中云："《农政全书》：北人谓擘蓝。按此即今北地撇蓝，根大有十数斤者，生食、酱食，不宜烹任也。"并附图。所述特征及附图与现今擘蓝一致。因其具有膨大的球状地上茎，故植物又名球茎甘蓝。

【附注】本种在"Flora of China"8：18，2001. 中的拉丁学名为 Brassica oleracea var. gongylodes L.，本志将其列为异名。

油菜

【别名】油白菜、青菜、小白菜。

【学名】Brassica chinensis L.
［Brassica rapa var. chinensis（L.）Kitam.］

【植物形态】一年生或二年生草本，高25～70cm，无毛，有粉霜。根粗，坚硬，常形成纺锤形块根，顶端常有短根茎。茎直立，有分枝。基生叶丛生；叶片倒卵形或宽卵形，长20～30cm，深绿色，有光泽，基部渐狭成宽柄，全缘或有不明显圆齿，或有波状齿，中脉白色，宽达1.5cm，有多条纵脉；叶柄长3～5cm，有或无窄边；下部茎生叶和基生叶相似，基部渐狭成叶柄；上部茎生叶倒卵形或椭圆形，长3～7cm，宽1～4cm，基部抱茎，宽展，两侧有垂耳，全缘，微有粉霜。总状花序顶生，长达15cm；花梗细，与花等长或较短；萼片长圆形，长2～4mm，直立，开展，白色或黄色；花瓣4，长圆形，长约5mm，先端圆钝，有脉纹和宽爪，黄色，排成十字形；雄蕊6，4长2短；雌蕊1。长角果条形，长2～6cm，宽3～4mm，坚硬，无毛，果瓣有明显中脉及网结侧脉，喙顶端细，基部宽，长0.8～1.2cm；果梗长0.8～3cm。种子球形，直径1～2mm，紫褐色，有蜂窝纹。花期4月；果期5月。（图244）

【生长环境】栽培于排水良好、土壤肥沃的园地。

而白,其叶皆淡青白色。燕、赵、辽阳、扬州所种者最肥大而厚,一本有重十余斤者。南方之菘畦内过冬,北方者多入窖内。燕京圃人又以马粪入窖壅培,不见风日,长出苗叶皆嫩黄色,脆美无滓,谓之黄芽菜……菘子如芸苔子而色灰黑,八月以后种之。二月开黄花,如芥花,四瓣。三月结角,亦如芥。"描述十分确切。所云两种,前者即青菜;后者为白菜,即黄芽菜,又名黄芽白菜或结球白菜。因栽培历史悠久,已形成众多的品种。

【附注】本种在"Flora of China"8:20,2001.中的拉丁学名为 Brassica rapa var. chinensis (L.) Kitam.,本志将其列为异名。

芥菜

【别名】芥、芥子、黄芥。

【学名】Brassica juncea (L.) Czern. et Coss. (Sinapis juncea L.)

【植物形态】一年生草本,高 0.3~1.5m,常无毛,有时幼茎及叶有刺毛,带粉霜,具辣味。茎直立,有分枝。基生叶大;叶片宽卵形至倒卵形,长 15~30cm,先端圆钝,基部楔形,大头羽裂,有 2~3 裂片,或不裂,边缘有缺刻或牙齿;叶柄长 3~9cm,有小裂片;茎下部叶较小,边缘有缺刻或牙齿,有时有圆钝锯齿,不抱茎;茎上部叶狭披针形,长 2~5cm,宽 4~9mm,边缘有不明显疏齿或全缘。总状花序顶生,花后延长;花黄色,直径 0.7~1cm;花梗长 4~9mm;萼片淡黄色,长椭圆形,长 4~5mm,直立,开展;花瓣 4,倒卵形,长 0.8~1cm,爪长 4~5mm;雄蕊 6,4 强;雌蕊 1,子房圆柱形。长角果长 3~6cm,宽 2~4mm,果瓣有一突出中脉,喙长 0.6~1.2cm。种子球形,直径 1~2mm,黄色至黄棕色,少数紫褐色,表面具网纹。花期 3~5 月;果期 5~6 月。(图 245)

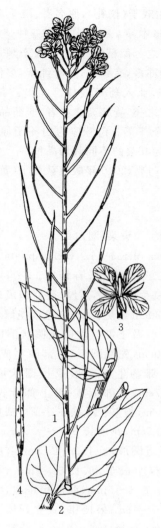

图 244 油菜
1.花序 2.上部茎、叶 3.花 4.果实

【产地分布】山东境内各地有栽培。我国南北各地均有栽培,尤以长江流域普遍。

【药用部位】嫩植株:油菜;种子:油菜籽;种子油:油菜籽油;花粉:油菜花粉。为民间药,药食两用。

【采收加工】春至秋季采收嫩植株,鲜用。夏季果实成熟时采收种子,晒干。种子采用压榨法制得种子油。

【化学成分】嫩茎、叶含胡萝卜素,烟酸,维生素 C、B_2、蛋白质,脂肪,糖类及无机元素钙、磷、铁等。**种子油**含芥酸(erucic acid),亚油酸,亚麻酸等。

【功效主治】**油菜**甘,平。解热除烦,通利肠胃。用于肺热咳嗽,便秘,丹毒,漆疮等。**油菜籽**用于痰热咳嗽,食积,醒酒。**油菜花粉**甘,凉。活血化瘀,解毒消肿,顺肠通便,益肾固本强腰。用于游风丹毒,手足疮痈,乳痈,大便秘结,精浊劳淋。

【历史】青菜始载于《名医别录》,列为上品,名菘。《齐民要术》记载了菘的栽培法。《本草纲目》云:"菘即今人呼为白菜者,有二种:一种茎圆厚微青,一种茎扁薄

【生长环境】栽培于排水良好、疏松肥沃的砂质壤土。

【产地分布】山东境内各地栽培。我国各地常见栽培。

【药用部位】种子:芥子(黄芥子);嫩茎和叶:芥菜。为较常用中药和民间药,黄芥子和芥菜药食两用。

【采收加工】夏末秋初果实成熟时,采收种子,晒干。秋季采收嫩茎和叶,鲜用或晒干。

【药材性状】种子近球形,直径 1~2mm。表面黄色至黄棕色,少数暗红棕色,具细网纹,种脐点状。种皮薄脆,子叶折叠,有油性。气微,研碎后加水湿润,则产生辛烈的特异臭气,味极辛、辣。

以颗粒饱满、色黄、气味浓者为佳。

【化学成分】种子含芥子油,其主成分为黑芥子苷(sinigrin),尚含芥子碱(sinapine),葡萄糖芜菁芥素,4-羟基-3-吲哚甲基芥子油苷(4-hydroxy-3-indolylmethyl glucosinolate),葡萄糖芸苔素,新葡萄糖芸苔素,前告伊春

【历史】芥菜始载于《仪礼》，原名芥。《千金·食治》始称芥菜。《新修本草》云："此芥有三种。"《图经本草》曰："今处处有之。似菘而有毛，味极辛辣，此所谓青芥也。芥之种类亦多，有紫芥，茎叶纯紫，多作齑者，食之最美。有白芥，此入药者最佳。"又曰："其余南芥、旋芥、花芥、石芥之类，皆菜茹之美者，非药品所需。"所述青芥，应为现今芥菜。白芥应为白芥子原植物。而紫芥、花芥等应为芥菜的不同栽培品种。

【附注】《中国药典》2010年版收载芥子（黄芥子）。

甘蓝

【别名】卷心菜、大头菜、圆白菜。

【学名】Brassica oleracea L. var. capitata L.

【植物形态】二年生草本，有粉霜。一年生茎矮而粗壮，不分枝。基生叶多数，质厚，层层包成球状体，扁球形，直径10～30cm或更大，乳白色或淡绿色；二年生茎有分枝。基生叶及下部茎生叶长圆状倒卵形至圆形，长和宽约达30cm，先端圆形，基部骤窄成极短而有宽翅的叶柄；上部茎生叶卵形或长圆状卵形，长8～14cm，宽3～7cm，基部抱茎；最上部叶长圆形，长约4.5cm，宽约1cm，抱茎。总状花序顶生或腋生；花淡黄色，直径2～2.5cm；花梗长0.7～1.5cm；花瓣4，宽椭圆状倒卵形或近圆形，长1.3～1.5cm，有明显脉纹，先端微缺，基部骤窄成爪，爪长5～7mm。长角果圆柱形，长6～9cm，宽4～5mm，两侧稍压扁，中脉突出，喙圆锥形，长0.6～1cm；果梗粗，直立开展，长2～4cm。种子球形，棕色，直径1.5～2mm。花期4月；果期5月。（图246）

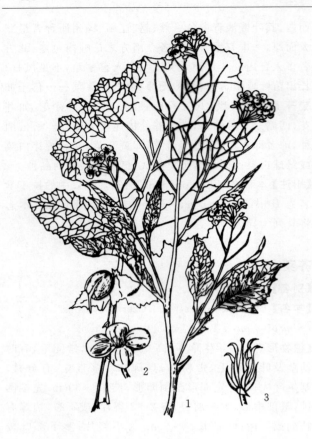

图245 芥菜
1.植株上部 2.花 3.花去花瓣，示雌、雄蕊

（progoitrin），芥子酶（myrosin），芥子酸（sinapic acid）等；脂肪油主成分为芥酸及花生酸的甘油酯，少量亚麻酸甘油酯；挥发油主成分为4-异硫氰基-1-丁烯（4- isothiocyanato-1-butene），异硫氰酸丙烯酯（allyl isothiocyanate）。**根茎**含异硫氰酸甲酯（methyl isothiocyanate），异硫氰酸异丙酯（isopropyl isothiocyanate），异硫氰酸烯丙酯（allyl isothiocyanate），异硫氰酸仲丁酯（sec-butyl isothiocyanate），异硫氰酸正丁酯（n-butyl isothiocyanate），异硫氰酸戊-4-烯酯（4-pentenyl isothiocyanate），异硫氰酸苯酯（phenyl isothiocyanate）；还含芥菜多糖由葡萄糖、果糖、半乳糖、阿拉伯糖和木糖组成。**叶**含芸苔抗毒素（brassilexin），环芸苔宁（cyclobrassinin），环芸苔宁亚砜（cyclobrassinin sulfoxide），马兜铃酸（aristolochic acid），维生素C，氨基酸及无机元素钙、磷、铁等。**花粉**含丙-2-烯基芥子油苷（prop-2-enyl glucosinolate），2-苯乙基芥子油苷（2-phenylethyl glucosinolate）等。

【功效主治】芥子（黄芥子）辛，温。温肺豁痰利气，散结通络止痛。用于寒痰喘咳，胸胁胀痛，痰滞经络，骨节麻木、疼痛，痰湿流注，阴疽肿毒。**芥菜**辛，温。利肺豁痰，消肿散结。用于寒痰咳嗽，痰滞气逆，胸膈满闷，石淋，牙龈肿烂，痔肿，疮痈。

【生长环境】栽培于排水良好、土壤肥沃的园地。

【产地分布】山东境内各地广为栽培。我国各地均有栽培。

【药用部位】鲜叶：卷心菜。为民间药，药食两用。

【采收加工】夏、秋二季基生叶包成扁形状体时采收，鲜用。

【化学成分】**根**含葡萄糖豆瓣菜素（giuconasturtiin）。**全株**含硫代葡萄糖苷又称硫苷（glucosinolates，GS）：2-羟基-3-丁烯基（2-hydroxyy-3-butenyl）GS，2-丙烯基（2-butenyl）GS，3-吲哚基甲基（3-methyl indol）GS，3-甲基硫氧丙基（3-methyl sulfinglpropyl）GS；还含葡萄糖芸苔素，吲哚-3-乙醛（indole-3-ethanal），绿原酸，L-5-乙烯基-2-硫代噁唑烷酮（L-5-vinyl-2-thiooxazolidone），维生素K，菜子甾醇，22-去氢菜油甾醇等。**种子**含葡萄糖异琉氰酸酯；种子油中含芥酸、亚油酸、亚麻酸等。

【功效主治】甘，平。益肾，利五脏，止痛。用于脘腹冷痛，呕吐酸水。

【历史】甘蓝始载于《本草拾遗》，曰："此是西土蓝也，长4～6mm；萼片4，长圆形或卵状披针形，长4～5mm，直立，淡绿色至黄色；花瓣4，倒卵形，鲜黄色，长7～8mm，基部渐窄成爪；雄蕊6,4强；雌蕊1。长角果线形，长3～6cm，宽约3mm，两侧压扁，直立，喙长0.4～1cm，宽约1mm，顶端圆；果梗开展或上升，长2～3cm，较粗。种子球形，直径1～2mm，棕色。花期5月；果期6月。

【生长环境】栽培于园地或大田。

【产地分布】山东境内全省各地广泛栽培。我国各地均有栽培，其为东北和华北地区冬、春的主要蔬菜。

【药用部位】鲜叶和根：黄芽白菜。为民间药，药食两用。

【采收加工】秋、二季冬季采收，鲜用。

【化学成分】**嫩茎、叶**含异硫氰酸丁-3-烯酯（3-butenylisothiocyanate），蛋白质，糖类，胡萝卜素，烟酸，维生素C、B_2及无机元素钙、磷、铁等。**种子油**含大量的芥酸，亚油酸，亚麻酸等。

【功效主治】甘，平。养胃，利小便。用于通利肠胃，消食下气，两腮肿痛，漆疮。

【历史】见青菜。

【附注】本种在"Flora of China"8：20，2001. 的拉丁学名为 Brassica rapa var. glabra Regel.，本志将其列为异名。

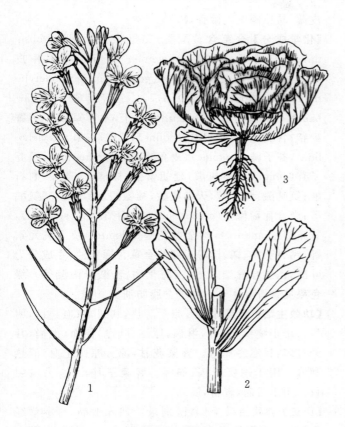

图246 甘蓝
1.花序 2.茎和叶 3.植株

叶阔可食。"《本草纲目》载："此即大叶冬蓝之类也……河东坡西羌胡多种食之。汉地少有。其叶长而厚，煮食甘美。经冬不死，春亦有苗，其花黄，生角结子"。《群芳谱》和《植物名实图考》却将擘蓝称为甘蓝，而真正的甘蓝在《植物名实图考》中则称为葵花白菜，曰："叶大青蓝如擘蓝，四面披离，中心叶白，如黄芽白菜，层层紧抱如覆木宛，肥脆可爱"。其文图与植物甘蓝基本一致。

白菜

【别名】大白菜、黄芽菜、黄芽白菜。

【学名】Brassica pekinensis（Lour.）Rupr.
（Brassica rapa var. glabra Regel.）

【植物形态】二年生草本，高40～60cm，植株常无毛。基生叶多数，大形，莲座状；叶片倒卵状长圆形至宽倒卵形，长30～60cm，宽不及长的一半，先端圆钝，边缘皱缩，波状，有时具不明显牙齿，中脉白色，很宽，有多数粗壮侧脉，叶柄白色，扁平，长5～9cm，宽2～8cm，边缘有带缺刻的宽薄翅；茎生叶长圆状卵形、长圆披针形至长披针形，长2～7cm，先端圆钝至短急尖，全缘或有裂齿，有柄或抱茎，有粉霜。总状花序，常由茎上部叶腋抽出而组成圆锥状；花鲜黄色，直径1～2cm；花梗

荠

【别名】荠菜。

【学名】Capsella bursa-pastoris（L.）Medic.
（Thlaspi bursapastoris L.）

【植物形态】一年生或二年生草本，高10～30cm，稀达50cm，无毛、有单毛或分叉毛。茎直立，单生或从下部分枝。基生叶莲座状；叶片大头羽状分裂，长达12cm，宽达2.5cm，顶裂片卵形至长圆形，长0.5～3cm，宽0.2～2cm，侧裂片3～8对，长圆形至卵形，长0.5～1.5cm，先端渐尖，浅裂或有不规则粗锯齿或近全缘，叶柄长0.5～4cm；茎生叶互生；叶片狭披针形或披针形，长1～2cm，宽0.2～1.5cm，基部箭形，抱茎，边缘有缺刻或锯齿。总状花序顶生及腋生，果期延长达20cm；花梗长3～8mm；萼片长圆形，长约2mm；花瓣4，白色，卵形，长2～3mm，有短爪，排成十字形。短角果倒三角形或倒心状三角形，长5～8mm，宽4～7mm，扁平，无毛，顶端微凹，裂瓣有网脉；果梗长0.5～1.5cm。种子2行，长椭圆形，长约1mm，浅褐色。花期2～4月；果期5～6月。（图247）

【生长环境】生于山坡、田埂、路边、草地、庭院或村庄附近。

【产地分布】山东境内产于各地。我国各地均有分布。

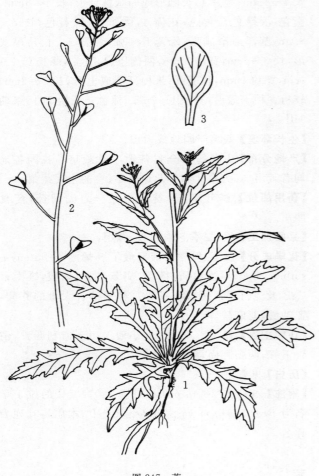

图 247　荠
1.植株下部　2.果序　3.花瓣

【药用部位】全草：荠菜；花：荠菜花；种子：荠菜子。为少常用中药和民间药，荠菜和荠菜花药食两用。

【采收加工】2～4月采收全草或花，洗净，晒干。5～6月果实成熟时采收全草，晒干后搓出种子。

【药材性状】全草卷缩成团。主根圆柱形或圆锥形，有的具分枝，长4～10cm；表面类白色或淡褐色，有须状侧根。茎纤细，长10～30cm；表面黄绿色，易折断。基生叶多卷缩；完整者展平后呈大头羽状分裂，顶端裂片较大，边缘有粗齿；表面灰绿色或枯黄色；纸质易碎；茎生叶狭披针形，基部箭形抱茎。果实倒三角形，扁平，有细柄，顶端微凹，具残存花柱。种子细小，椭圆形，生于假隔膜上。搓之有清香气，味淡、微涩。

总状花序黄绿色。小花梗纤细，易折断。花小，直径约2.5mm；花瓣4，白色或淡黄棕色。花序轴下部常有倒三角形小角果，绿色或黄绿色，长5～7mm，宽4～6mm。气微清香，味淡。

种子细小，长椭圆形，长约1mm。表面黄棕色或棕褐色，放大镜下观察，两面有长环形的沟，形成中央的长形隆起。一端钝圆，另一端略狭，有白色种脐。种皮薄，易压碎。气微香，味淡。

【化学成分】全草含黄酮类：二氢非瑟素（dihydrofisetin），山奈酚-4′-甲醚（kaempferol-4′-methylether），槲皮素-3-甲醚，棉花皮素六甲醚（gossypetin hexa metylether），香叶木苷（diosmin），3,7,4′-三羟基黄烷酮（garbanzol），刺槐乙素（robinetin），芦丁，木犀草素-7-芸香糖苷；含氮化合物：胆碱（choline），乙酰胆碱（acetylcholine），芥子碱（sinapine），麦角克碱（ergocristine），黑芥子苷（sinigrin）；有机酸：延胡索酸，棕榈酸，草酸，酒石酸；氨基酸：精氨酸，天冬氨酸，脯氨酸，蛋氨酸，亮氨酸等；尚含葡萄糖胺（glucossamine），山梨糖醇（sorbitol），甘露醇（mannitol），侧金盏花醇（adomtol）及无机元素钾、钙、钠、铁、磷、锰等。新鲜全草含挥发油：主成分为叶醇，乙酸叶醇酯，二甲三硫化物，乙酸异丙酯等。绿色果皮含香叶木苷。种子含脂肪油。

【功效主治】荠菜甘、淡，凉。清热，利尿，凉血止血，明目。用于痢疾，水肿，淋病，尿浊，吐血，便血，血崩，月经过多，目赤疼痛等。荠菜花甘，凉。凉血止血，清热利湿。用于痢疾泄泻，崩漏。荠菜子甘，平。去风明目。用于目痛，青盲，翳障。

【历史】荠菜始载于《名医别录》，列入上品。《本草经集注》云："荠类又多，此是今人可食者，叶作菹羹亦佳"。以后诸家本草虽有记载，但均未涉及形态特征。《本草纲目》云："荠有大小数种。小荠叶花茎扁，味美……冬至后生苗，二三月起茎五六寸，开细白花，整整如一，结荚如小萍而有三角，荚内细子如葶苈子"。其形态特征与荠一致。

碎米荠

【别名】雀儿菜、白带草。

【学名】Cardamine hirsuta L.

【植物形态】一年生草本，高15～35cm。茎直立或斜升，分枝或不分枝，下部有时淡紫色，密被绒毛，上部毛渐少。基生叶有小叶2～5对，顶生小叶片肾形或肾圆形，长0.4～1.4cm，宽0.5～1.5cm，边缘有3～5圆齿，小叶柄明显，侧生小叶较顶生的小，基部楔形，两侧稍歪斜，边缘2～3圆齿；茎生叶有小叶2～6对，生于茎下部的与基生叶相似，生于茎上部的顶生小叶菱状长卵形，先端3齿裂，侧生小叶片长卵形至条形，多全缘；全部小叶两面稍有毛。总状花序顶生；花梗长2～4mm；萼片长椭圆形，长约2mm，边缘膜质，外面有疏毛；花瓣4，白色，倒卵形，长3～5mm，先端钝，基部渐狭，呈十字形；雄蕊6,4长2短，花丝稍扩大，雌蕊柱状，花柱极短，柱头扁球形。长角果条形，稍扁，长达3cm；果梗长0.4～1.5cm。种子椭圆形，长1.2～1.5mm，宽约1mm，表面有疣点，顶端有时具明显的

翅。花期2～4月；果期4～6月。（图248）

弹裂碎米荠

【别名】水菜花、野菜子。

【学名】Cardamine impatiens L.

【植物形态】一年生或二年生草本，高20～60cm。茎直立，不分枝或有时上部分枝，表面有沟棱，少毛或无毛。有多数羽状复叶，基生叶叶柄长1～3cm，通常有短绒毛，基部稍扩大，有1对托叶状叶耳；小叶2～8对，顶生小叶片长0.6～1.3cm，宽4～8mm，边缘有不整齐钝齿状浅裂，基部楔形，有小叶柄，侧生小叶片与顶生小叶相似，自上而下渐小，最下的1～2对小叶片常近披针形，全缘，有小叶柄；茎生叶有柄，基部也有条形弯曲抱茎的耳，长约3mm，先端渐尖，缘毛明显，小叶5～8对，顶生小叶片卵形或卵状披针形，侧生小叶较小；最上部的茎生叶小叶片较狭，全部小叶有短毛或无毛，边缘均有缘毛。总状花序顶生和腋生，花多数，直径约2mm；果期花序极延长；花梗长2～6mm；萼片长椭圆形，长约2mm；花瓣4，白色，长2～3mm，基部稍狭，呈十字形；雄蕊6，4长2短；雌蕊柱状，花柱极短，柱头较花柱稍宽。长角果狭条形而扁，长2～2.8cm；果瓣无毛，成熟时自下而上弹性开裂；果梗长1～1.5cm，无毛。种子椭圆形，长约1mm，边缘有较窄的翅。花期4～6月；果期6～7月。（图249）

【生长环境】生于路边、山坡、沟谷、河岸或水边湿地。

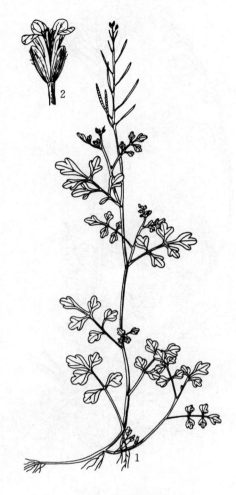

图248 碎米荠
1.植株全形 2.花

【生长环境】生于山坡、荒地或草丛中。

【产地分布】山东境内产于各地。分布于我国各地。

【药用部位】全草：白带草（碎米荠）。为民间药。嫩植株和种子可食。

【采收加工】春、秋二季采收，洗净，晒干。

【功效主治】甘、淡、凉。清热利湿，安神，止血。用于湿热泻痢，热淋，白带，心悸，失眠，虚火牙痛，小儿疳积，吐血，便血，疔疮。

【历史】碎米荠始载于《野菜谱》，云："碎米荠如布谷，想为民饥天雨粟，官仓一日一开放，造物生生无尽藏。救饥，三月采，止可作齑"。视其附图，颇似本种。《植物名实图考》蔊菜图也与本种极相似。

附：弯曲碎米荠

弯曲碎米荠 C. flexuosa With.，与碎米荠的主要区别是：茎自基部多分枝，呈铺散状，较曲折。基生叶有小叶3～7对，顶生小叶片先端3齿裂。山东境内产于胶东半岛及鲁中南山区。药用同碎米荠。

图249 弹裂碎米荠
1.植株上部 2.茎节一段，示叶柄基部的耳
3.花瓣 4.雄蕊 5.果实 6.种子

【产地分布】山东境内产于胶东丘陵。分布于我国南北各地。

【药用部位】全草：大碎米荠。为民间药。嫩植株和种子可食。

【采收加工】春、夏二季采收，洗净，晒干。

【化学成分】全草含黄酮类化合物。

【功效主治】淡，平。活血调经，清热利湿，解毒利尿。用于白带淋病，痢疾，腹痛，疔毒。

附：毛果碎米荠

毛果碎米荠 var. dasycarpa（M. Bieb.）T. Y. Cheo et R. C. Fang（C. dasycarpa M. Bieb.），与原种的主要区别是：茎、叶、萼片及长角果均明显被毛。产地及药用同原种。

水田碎米荠

【别名】水田荠、碎米荠。

【学名】Cardamine lyrata Bge.

【植物形态】多年生草本，高30～70cm，无毛。茎直立，不分枝，表面有沟棱，通常从近根状茎处的叶腋或茎下部叶腋生出匍匐茎。匍匐茎上的叶为单叶，互生；叶片心形或圆肾形，长1～3cm，宽0.7～2.3cm，先端圆或微凹，基部心形，边缘有波状圆齿或近于全缘，叶柄长0.3～1.2cm；茎生叶为奇数羽状复叶，小叶2～7对，顶生小叶较大，叶片圆形或卵形，长1.2～2.5cm，宽0.7～2.3cm，先端圆，基部心形，侧生小叶片小，卵形、近圆形或菱状卵形，长0.5～1.3cm，宽0.4～1cm，边缘有少数粗钝齿或近全缘，基部偏斜楔形，无柄或有极短柄，着生于复叶基部的1对小叶全缘，向下弯曲成耳状抱茎。总状花序顶生，花梗长0.5～2cm；萼片长卵形，长约5mm，边缘膜质，内轮萼片基部呈囊状；花瓣4，白色，倒卵形，长约8mm，先端截形或微凹，基部楔形渐狭；雄蕊6，4长2短；雌蕊1，圆柱形，花柱长约为子房的一半，柱头球形。长角果条形，长2～3cm，宽约2mm；果瓣平，自基部有一条不明显中脉；果梗水平开展，长1.2～2.2cm。种子椭圆形，长约1.6mm，宽约1mm，边缘有显著的膜质宽翅。花期4～6月；果期5～7月。（图250）

图250 水田碎米荠

【生长环境】生于河岸、溪边或浅水处。

【产地分布】山东境内产于莱阳等地。在我国除山东外，还分布于河北、河南、安徽、江苏、湖南、江西、广西等地。

【药用部位】全草：水田碎米荠。为民间药。

【采收加工】夏季采收，洗净，晒干。

【化学成分】全草含黄酮苷及糖类。

【功效主治】甘、辛，平。清热利湿，凉血调经，明目。用于小腹疼痛，水肿，痢疾，吐血，目生云翳，月经不调。

播娘蒿

【别名】麦蒿、米米蒿、婆婆蒿。

【学名】Descurainia sophia（L.）Webb. ex Prantl（Sisymbrium sophia L.）

【植物形态】一年生草本。茎直立，高70～80cm，有叉状毛或无毛，毛多生于下部茎生叶，向上渐少，下部常呈淡黄色。叶为三回羽状深裂，长2～15cm，末回裂片条形，长3～5mm，宽1～2mm；下部叶有柄，上部叶无柄。总状花序伞房状，果期伸长；萼片直立，早落，背面有分叉细柔毛；花瓣4，黄色，长圆状倒卵形，长2～3mm，或稍短于萼片，有爪；雄蕊6，较花瓣长1/3。长角果圆筒状，长2～3cm，宽约1mm，无毛，果瓣中脉明显；果梗长1～2cm。每室种子1列，长圆形，长约1mm，稍扁，淡红褐色，表面有细网纹。花期4～5月；果期6～7月。（图251）

【生长环境】生于山坡、麦田或路旁。

【产地分布】山东境内产于各地。在我国分布于除华南地区以外的各地。

【药用部位】种子:葶苈子(南葶苈子);幼苗:播娘蒿。葶苈子为常用中药,幼苗与种子药食两用。

【采收加工】夏季种子成熟时,采收植株,晒干,打下种子除去杂质,晒干。

【药材性状】种子椭圆形或矩圆形,略扁,长约1mm,宽约0.5mm。表面棕红色或紫棕色,放大镜下观察具细密网纹,并可见二条纵纹。一端钝圆,另一端微凹或较平截,两面常不对称,种脐位于微凹或平截的一端。气无,味微辛、苦,嚼之略带黏性。

【化学成分】种子含硫苷:5-氧化辛基硫苷(5-oxooctyl),3-羟基-5(甲基亚硫酰基)戊基硫苷[3-hydroxy-5-(methylsulfinyl) pentyl],3-羟基-5-(甲基黄酰基)戊基硫苷[3-hydroxy-5-(methylsulfonyl) pentyl],3-丁烯硫苷(3-butenyl),3-甲硫丙基硫苷[3-methyl (thio) propyl],苯甲基硫苷(benzyl);强心苷:毒毛旋花子苷元,黄白糖芥苷(helveticoside)即糖芥苷(eryslmin)或糖芥毒苷(erysimotoxin),卫矛单糖苷(evomonoside),卫矛双糖苷(evobiodide),葡萄糖芥苷(erysimoside);黄酮类:槲皮素-3-O-β-D-葡萄糖基-7-O-β-D-龙胆双糖苷(quercetin-3-O-β-D-glucopyranosyl-7-O-β-D-gentiobioside),山柰酚-3-O-β-D-吡喃葡糖基-7-O-β-D-龙胆双糖苷,异鼠李素-3-O-β-D-吡喃葡糖基-7-O-β-D-龙胆双糖苷,槲皮素-7-O-β-D-龙胆双糖苷,山柰酚-7-O-β-D-龙胆双糖苷,异鼠李素-7-O-β-D-龙胆双糖苷,槲皮素-3,7-二-O-β-D-吡喃葡糖苷,山柰酚-3,7-二-O-β-D-吡喃葡糖苷,异鼠李素-3,7-二-O-β-D-吡喃葡糖苷,山柰酚-3-β-D-吡喃葡糖基-7-O-β-D-[2-芥子酰基-β-D-吡喃葡糖基(1→6)]吡喃葡糖苷;挥发油:主成分为芥子油苷,芥酸,异硫氰酸苄酯(benzyl isothiocyanate),异硫氰酸烯丙酯,二烯丙基二硫化物(allyl disulfide)等;脂肪油:含亚油酸,亚麻酸,油酸,棕榈酸,芥酸等;有机酸:芥子酸,4-甲氧基芥子酸,异香草酸,丁香酸,对羟基苯甲酸,烟酸;还含芥子酸乙酯,芥子碱,对羟基苯甲醛,2,5-二甲基-7-羟基色原酮及β-谷甾醇。**全草**含顺式及反式芥子酸葡萄糖苷。

【功效主治】葶苈子(南葶苈子)辛、苦,大寒。泻肺平喘,行水消肿。用于痰涎壅肺,喘咳痰多,胸胁胀满,胸腹水肿,小便不利。**播娘蒿**温中散寒,消热解毒,滋阴润燥。

【历史】播娘蒿始载于《救荒本草》,曰:"生田野中。苗高二尺许。茎似黄蒿茎,其叶碎小茸细如针,色颇黄绿"。所述形态与本种相似。《本草图经》云:"葶苈……又有一种苟芥草,叶近根下,作奇生,角细长","生藁城平泽及田野,及京东、陕西、河北州郡皆有之,曹州者尤胜"。说明自宋代起已有长角果类型作为葶苈子,且山东历来即为葶苈子的道地药材。

【附注】《中国药典》2010年版收载,为南葶苈子。

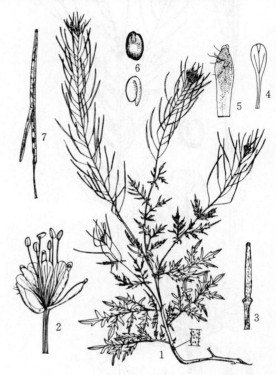

图 251 播娘蒿
1.植株上部 2.花 3.雌蕊 4.花瓣 5.萼片 6.种子 7.果实

花旗杆

【别名】米蒿(牙山)、苦葶苈(栖霞)。

【学名】Dontostemon dentatus (Bge.) Ledeb. (Andreskia dentatus Bge.)

【植物形态】二年生草本。茎单生或分枝,高15~50cm,植株散生白色弯曲柔毛。叶互生;叶片椭圆状披针形,长3~6cm,宽0.3~1.2cm,两面稍有毛。总状花序顶生,果期长10~20cm;萼片椭圆形,长2~5mm,宽1~2mm,有白色膜质边缘,背面稍有毛;花瓣4,淡紫色,倒卵形,长0.6~1cm,宽约3mm,先端钝,基部有爪,排成十字形;雄蕊6,4长2短,每2枚长雄蕊的花丝互相联合几达花药处。长角果长圆柱形,无毛,长2~6cm,宿存花柱短,先端微凹。种子棕色,长椭圆形,长约1mm,宽不及1mm,有膜质边缘。花期5~7月;果期7~8月。(图252)

【生长环境】生于山坡、林缘、路边或草地上。

【产地分布】山东境内产于各山地丘陵。在我国除山东外,还分布于东北及河北、山西、河南、安徽、江苏、陕西等地。

【药用部位】种子:苦葶苈(花旗杆)。为民间药。

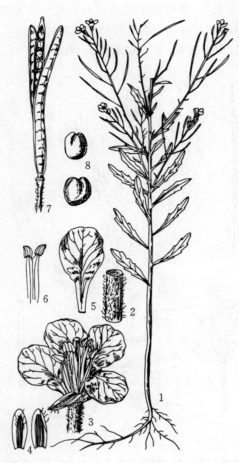

图252 花旗杆
1.植株 2.茎的一段 3.花 4.萼片,示背、腹面
5.花瓣 6.雄蕊 7.果实 8.种子

【采收加工】夏、秋二季种子成熟时割取植株,晒干,打下种子,除去杂质。

【功效主治】利小便。

【附注】栖霞(牙山)等地将种子作"苦葶苈"入药。

葶苈

【别名】剪子股(费县)、雀儿不食(牙山)、筛子底。

【学名】Draba nemorosa L.

【植物形态】一年生或二年生草本。茎直立,高5～40cm,单生或分枝,在分枝茎上有叶片,茎下部有密毛,上部渐稀至无毛。基生叶莲座状;叶片长倒卵形,先端稍钝,边缘有疏细齿或近全缘;茎生叶互生;叶片长卵形或卵形,先端尖,基部楔形或渐圆,边缘有细齿,上面有单毛和叉状毛,下面多为星状毛;无柄。总状花序有多花,密集成伞房状,花后显著伸长,疏松;小花梗长0.5～1cm;萼片椭圆形,背面略有毛;花瓣4,黄色,后变白色,长约2mm,先端凹,排成十字形;雄蕊长1～2mm,花药短心形;雌蕊椭圆形,密生短茸毛,花柱几乎不发育,柱头小。短角果长圆形或长椭圆形,长0.4～1cm,宽1～3mm,有短单毛;果梗长0.8～2cm。种子椭圆形,表面褐色,有小疣。花期3～4月;果期5～6月。(图253)

【生长环境】生于山坡、田边、路旁、草地或河岸湿地。

【产地分布】山东境内产于各地。在我国除山东外,还分布于东北、华北、西北、地区及江苏、浙江、西藏等地。

【药用部位】种子:和葶苈子。为民间药。

【采收加工】夏季果实成熟时采收,晒干,打下种子。

【化学成分】种子含芥子碱(sinapine)。

【功效主治】辛、苦,寒。泻肺行水,祛痰平喘。用于痰饮,咳喘,脘腹胀满,肺痈。

【历史】葶苈始载于《神农本草经》,云:"味辛寒。主癥瘕积聚结气,饮食寒热,破坚逐邪,通利水道。"后历代本草均有收载,但是古代所收载的葶苈并非本种。据考证,古时作为葶苈入药的种类,包括独行菜属(Lepidium)、播娘蒿属(Descurainia)和蔊菜属(Rorippa)植物。日本文献记载的葶苈确为本种。因此,有学者认为此种的名称易与我国正品葶苈子混淆,提出建议称作"和葶苈"。

图253 葶苈
1.植株 2.花

小花糖芥

【别名】浅波缘糖芥、苦葶苈子。

【学名】Erysimum cheiranthoides L.

【植物形态】一年生草本。茎直立,高15～50cm,分枝或不分枝,有棱角,有2叉毛。基生叶莲座状;叶片线形,近全缘,长1～4cm,宽1～4mm,有2～3叉毛;茎生叶互生;叶片披针形或条形,长2～6cm,宽3～9mm,先端急尖,基部楔形,边缘有深波状疏齿或近全缘,两面有3叉毛;叶柄长0.7～2cm。总状花序顶生,果期伸长达17cm;萼片4,长圆形或条形,长2～3mm,外面有3叉毛;花瓣4,浅黄色,长圆形,长4～5mm,先端圆形或截形,下部有爪,排成十字形;侧蜜腺环状,外侧开口,中蜜腺小球状。长角果圆柱形,长2～4cm,宽约1mm,侧扁,稍有棱,有3叉毛;果瓣有1不明显中脉,果梗粗,长4～6mm。种子卵形,每室1行,长约1mm,淡褐色。花期5月;果期6月。(图254)

【生长环境】生于山坡、山谷、路边、田野、庭园或村边草地。

【产地分布】山东境内产于各地。在我国除山东外,还分布于南北各地区。

【药用部位】种子:苦葶苈子。为民间药。

【采收加工】5～6月采收带花的地上部分,置阴凉处风干。夏季种子成熟时,采收植株,打下种子,晒干。

【药材性状】种子卵形或矩圆形,长0.8～1mm,宽约0.5mm。表面黄绿色或黄褐色,放大镜下观察呈3或4面体,具细小密集的疣点,一面有微凹入的浅槽。一端钝圆,另一端色深,微凹入,种脐位于凹入处。气微,味苦。

全草皱缩。茎圆柱形,长20～45cm;表面黄绿色,有纵棱,被贴生的毛茸。基生叶莲座状,条形羽状分裂,无叶柄;茎生叶披针形或条形,全缘或具波状齿,两面有毛茸。长角果近圆柱形,微扁,长2～4cm。种子卵形,表面黄褐色。气微,味苦。

【化学成分】种子含葡萄糖糖芥苷,糖芥苷,葡萄糖糖芥醇苷(erysimosol),木糖糖芥醇苷(erychrozol),灰毛糖芥苷(canesein),桂竹香糖芥草苷,糖芥毒醇苷(helveticosol),黄麻苷(corchoroside)A,糖芥卡诺醇苷(erycordin),糖芥卡诺醇次苷(desglucerycordin),K-毒毛旋花子次苷-β(strophanthin),洋地黄毒苷元-葡萄糖岩藻糖苷(glucodigifucoside),糖芥毒苷(erysimotoxin,erysimine)等强心苷及毒毛旋花子苷元(strophanthidin);种子油含肉豆蔻酸,棕榈油酸,棕榈酸等;去油部分含以槲皮素,鼠李素和异鼠李素为苷元的单糖苷和双糖苷以及异硫氰酸烯丙酯。全草含桂竹香糖芥草苷(erychroside),桂竹香糖芥醇苷(erychrosol),葡萄糖糖芥苷,黄麻苷A,木糖糖芥醇苷等。

【功效主治】辛、微苦,寒;有小毒。补心利尿,健脾和胃,消食。用于心悸,心恍,征冲浮肿,食积不化。

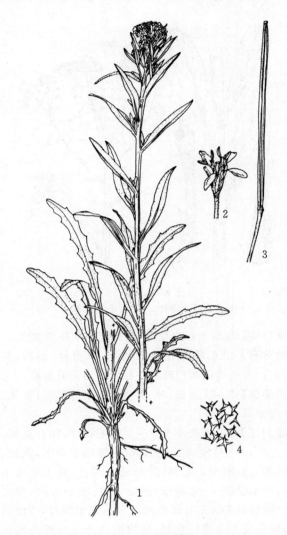

图254 小花糖芥
1.植株 2.花 3.果实 4.毛放大

菘蓝

【别名】大青叶、板蓝根、大青。

【学名】Isatis indigotica Fort.
(*Isatis tinctoria* L.)

【植物形态】二年生草本,高0.4～1cm。主根长圆柱形,肉质肥厚,灰黄色。茎直立,绿色,顶端多分枝,植株有白粉霜。基生叶莲座状;叶片长圆形至宽倒披针形,长5～20cm,宽2～6cm,先端钝而尖,基部渐狭,全缘或稍有波状齿;有柄;茎生叶长椭圆形或长圆状披针形,长7～15cm,宽1.4cm,基部叶耳不明显或为圆形。总状花序成圆锥花序状,果期延长;萼片宽卵形或宽披针形,长2～2.5mm;花瓣4片,黄色,成十字形排列;雄蕊6,4强;子房1室。短角果近长圆形,扁平,无毛,边缘有翅,果梗细长,微下垂。种子长圆形,1枚,长3～3.5mm,淡褐色。花期4～5月;果期5～6月。(图255,彩图23)

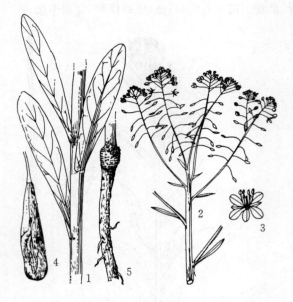

图 255 菘蓝
1. 茎中部 2. 花序 3. 花 4. 果实 5. 根

【生长环境】栽培于排水良好、疏松肥沃的砂质壤土。

【产地分布】山东境内各地有栽培，以菏泽、淄博、潍坊、烟台、青岛等地面积较大。我国各地均有栽培。

【药用部位】根：板蓝根；叶：大青叶；叶加工品：青黛。为常用中药。

【采收加工】夏、秋二季分2～3次采收叶，除去杂质，晒干。10～11月经霜后挖根，带泥曝晒至半干，扎把，去泥，理直后晒干。夏、秋二季采收茎叶，置大缸或木桶内，加水浸泡2～3昼夜，至叶腐烂，茎脱皮时，捞去茎枝叶渣，每5kg茎叶加石灰0.5kg，充分搅拌，待浸液由乌绿色变为深紫红色时，捞取液面产生的蓝色泡沫状物，晒干。

【药材性状】根圆柱形，稍扭曲，长10～30cm，直径0.5～1cm。表面淡灰黄色或淡棕黄色，有纵皱纹、明显的横长皮孔及支根痕。根头部稍膨大，顶端有暗绿色或暗棕色轮状排列的叶柄残基和密集的疣状突起。质坚实，断面平坦，皮部黄白色，形成层环深棕色，木部黄色。气微，味微甜而后苦涩。

以根长大、断面木部黄、质坚实而润泽者为佳。

叶多皱缩卷曲，有时破碎仅剩叶柄。完整叶片展平后呈长椭圆形或宽披针形，长5～20cm，宽2～6cm。先端钝，全缘或微波状，基部狭窄下延至叶柄呈翼状。上表面暗灰绿色，有的可见色较深稍突起的小点。叶柄长4～10cm，淡黄棕色。质脆易碎。气微，味微酸、苦、涩。

以叶片完整、色绿者为佳。

加工品为深蓝色的粉末，体轻，易飞扬；或呈不规则多孔性的团块、颗粒，用手搓捻即成细末。微有草腥气，味淡。

以蓝色均匀、体轻能浮于水面、火烧时产生紫红色烟雾时间长者为佳。

【化学成分】根含含氮化合物：(R,S)-告伊春(epi-goitrin，表告伊春)，靛蓝(indigotin，indigo)，靛玉红(indirubin)，靛苷(indoxyl-β-glucoside)，腺苷，黑芥子苷，色氨酮(tryptanthrine)，1-硫氰酸-2-羟基丁-3-烯(1-thiocyano-2-hydroxy-3-butene)，1-甲氧基-3-乙酸基吲哚(1-methoxy-3-acetic acid indole)，4-羟基-3-吲哚醛(4-hydroxyindole-3-carboxaldehyde)，吲哚-3-乙腈-6-O-β-D-葡萄糖苷等；木脂素类：(十)异落叶松脂醇，落叶松脂醇-4-O-β-D-吡喃葡萄糖苷，落叶松脂醇-4,4'-二-O-β-D-吡喃葡萄糖苷；氨基酸：精氨酸，谷氨酸，酪氨酸，脯氨酸，缬氨酸，γ-氨基丁酸等；挥发油：主成分为十六酸，3-丁烯基异硫氰酸酯，6,9-十五碳二烯-1-醇；还含β-及γ-谷甾醇，胡萝卜苷，棕榈酸，蔗糖，多糖A。**叶**含靛玉红，靛蓝，菘蓝苷(isatan B)，丁香酸，烟酸，5-羟基-2-吲哚酮，异牡荆素，琥珀酸，水杨酸，色胺酮，焦谷氨酸(L-pyroglutamic acid)；还含谷氨酸，脯氨酸，缬氨酸，组氨酸，维生素C、PP、B_1、B_2及无机元素铁、钛、锰、锌、铜、钴、镍、硒等。**叶加工品**含靛玉红，靛蓝等。**种子**中脂肪酸主成分为亚麻酸，芥酸，油酸，亚油酸。

【功效主治】**板蓝根**苦，寒。清热解毒，凉血利咽。用于温疫时毒，发热咽痛，温毒发斑，痄腮，烂喉丹痧，大头瘟疫，丹毒，痈肿。**大青叶**苦，寒。清热解毒，凉血除斑。用于温病高热，神昏，发斑发疹，痄腮，喉痹，丹毒，痈肿。**青黛**咸，寒。清热解毒，凉血除斑，泻火定惊。用于温毒发斑，血热吐衄，胸痛咳血，口疮，痄腮，喉痹，小儿惊痫。

【历史】《神农本草经》载有蓝实。《新修本草》指出蓝有三种，曰："陶所引乃是菘蓝，其叶抨为淀者"。"菘蓝为淀。惟堪染青"。《本草纲目》载蓝凡五种，其中"菘蓝，叶如白菘"的形态应是十字花科植物。菘蓝还是大青叶的原植物。古本草中所载"蓝"的原植物除菘蓝外还有数种，如爵床科马蓝，马鞭草科路边青，蓼科植物蓼蓝和豆科的木蓝等。可见古代板蓝根和大青叶的原植物均存在异物同名现象。

【附注】①《中国药典》2010年版收载。②本种在"Flora of China" 8：36. 2001. 的拉丁学名为 *Isatis tinctoria* L.，本志将其列为异名。

独行菜

【别名】葶苈子、辣蒿、辣辣草。

【学名】*Lepidium apetalum* Willd.

【植物形态】一年生或二年生草本。茎直立，有分枝，高5～30cm，无毛或有微小头状毛。基生叶窄匙形，一回羽状浅裂或深裂，长3～5cm，宽1～1.5cm，叶柄长1～2cm；茎上部叶条形，有疏齿或全缘。总状花序在果期延长至5cm；萼片早落，卵形，长约1mm，外面有柔毛；花瓣无或退化成丝状，比萼片短；雄蕊2或4。短角果近圆形或宽椭圆形，扁平，长2～3mm，宽约2mm，顶端微缺，上部有短翅，隔膜宽不及1mm；果梗弧形，长约3mm。种子扁卵形，平滑，棕红色，长约1～1.5mm。花、果期5～7月。（图256）

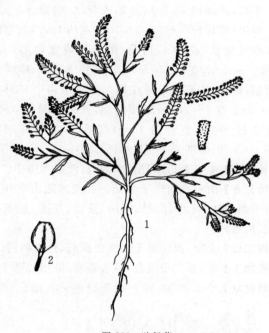

图256 独行菜
1.植株 2.果实

【生长环境】生于山坡、田野、路旁或村庄附近。
【产地分布】山东境内产于各地。在我国除山东外，还分布于东北、华北、西北、西南地区及长江中、下游各省区。
【药用部位】种子：葶苈子（北葶苈子）；全草：独行菜。为常用中药和民间药。幼苗可食。
【采收加工】夏季果实成熟时，采收全株，晒干，打下种子。春季采全草，晒干或鲜用。
【药材性状】种子扁卵形，长1～1.5mm，宽0.5～1mm。表面棕色或棕红色，微有光泽，具多数细微颗粒状突起，并有2条纵列的浅沟槽，其中1条较明显。一端钝圆，另端尖而微凹，种脐位于凹下处。无臭，味微辛辣，黏性较强。
【化学成分】种子含黑芥子苷，脂肪油，蛋白质和糖类。全草含橙黄胡椒酰胺乙酸酯（aurantiamide acetate），尿嘧啶核苷（uridine），胸腺嘧啶脱氧核苷（thymidine），委陵菜酸（tormentic acid），5-羟甲基糠醛，β-谷甾醇，胡萝卜苷，甘油。
【功效主治】葶苈子（北葶苈子）辛、苦，大寒。泻肺平喘，行水消肿。用于痰涎壅肺，喘咳痰多，胸胁胀满，胸腹水肿，小便不利。独行菜清热利尿。用于水肿，小便不利。
【历史】独行菜始载于《神农本草经》，列为下品，原名葶苈。陶弘景云："出彭城者最胜，今近道亦有"。《本草图经》曰："葶苈生藁城平泽及田野，今京东、陕西、河北州郡皆有之，曹州者尤胜。初春生苗叶，高六七寸，有似荠，根白，枝茎俱青，三月开花微黄，结角，子扁小如黍粒微长，黄色，立夏后采实，暴干。"结合"曹州葶苈"附图及所述产地考证，葶苈子正品应为十字花科植物独行菜。
【附注】《中国药典》2010年版收载葶苈子（北葶苈子）。

北美独行菜

【别名】独行菜、葶苈子、辣菜。
【学名】Lepidium virginicum L.
【植物形态】一年生或二年生草本，高20～50cm。茎单一，直立，上部分枝，有柱状腺毛。叶互生；基生叶叶片倒披针形，长1～5cm，羽状分裂或大头羽裂，裂片大小不等，卵形或长圆形，边缘有锯齿，两面有短伏毛；叶柄长1～1.5cm；茎生叶叶片倒披针形或条形，长1.5～5cm，宽0.2～1cm，先端急尖，基部渐狭，边缘有尖锯齿或全缘，有短柄。总状花序顶生；萼片椭圆形，长约1mm；花瓣白色，倒卵形，与萼片等长或稍长；雄蕊2或4。短角果近圆形，长2～3mm，宽1～2mm，扁平有窄翅，顶端微缺，宿存花柱极短；果梗长2～3mm。种子卵形，长约1mm，红棕色，光滑，边缘有窄翅；子叶缘倚胚根。花期4～5月；果期6～7月。（图257）

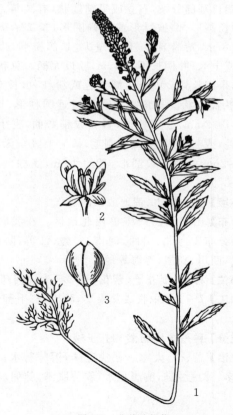

图257 北美独行菜
1.植株 2.花 3.果实

【生长环境】生于山坡、路边或荒地。

【产地分布】山东境内产于各地,以鲁中南及胶东半岛量较大。在我国除山东外,还分布于河南、安徽、江苏、浙江、福建、广西、湖北等地。

【药用部位】种子:北美独行菜子;全草:辣菜。为民间药,辣菜药食两用。

【采收加工】夏季果实成熟时,采收全株,晒干,打下种子。春季采收全草,晒干或鲜用。

【化学成分】全草含黄酮类化合物和多糖。

【功效主治】北美独行菜子辛、苦,寒。清肺定喘,行水消肿,祛痰利水。用于胸腹积水,肺壅喘急。**辣菜**清热利尿。用于水肿、小便不利。

附:家独行菜

家独行菜 L. sativum L. 与北美独行菜的主要区别是:基生叶倒卵状椭圆形,一回或二回羽状全裂或浅裂。雄蕊6枚。短角果圆卵形,边缘有翅。山东境内产于胶东半岛。全草及种子祛痰止咳,温中利尿。

涩芥

【别名】离蕊芥、马康草。

【学名】Malcolmia africana (L.) R. Br. (*Hesperis africana* L.)

【植物形态】一年生草本,高10～40cm,密生单毛或叉状毛。茎自基部分枝,直立或呈铺散状,有棱角。叶互生;叶片长圆形、倒披针形或近椭圆形,长2～9cm,宽0.5～1.8cm,先端圆形,有小短尖,基部楔形,边缘有波状齿或全缘;叶柄长不及1cm,或近无柄。总状花序有多花,果期长达20cm;花瓣紫色或粉红色,长0.8～1cm,柱头圆锥状。长角果圆柱形或近圆柱形,长3～7cm,宽1～2mm,近四棱形,直立或稍弯曲,密生短或长分叉毛,或二者间生,或有刚毛,稀无毛或全无毛;果柄长1～2mm。种子长圆形,长约1mm,浅棕色。花、果期6～8月。

【生长环境】生于路边、荒地或田间。

【产地分布】山东境内产于鲁西北地区。在我国除山东外,还分布于河北、山西、河南、安徽、陕西、甘肃、宁夏、四川、新疆、青海等地。

【药用部位】种子:涩芥子(紫花芥子)。为民间药。

【采收加工】7～9月采收成熟果实,晒干,打下种子,除去杂质。

【化学成分】种子含脂肪酸和芥子碱。

【功效主治】苦、辛,大寒。祛痰定喘,泻肺行水。用于咳逆痰多,脾虚肿满,胸腹积水,胸胁胀满,肺痈。

豆瓣菜

【别名】西洋菜干、水田芥、水蔊菜。

【学名】Nasturtium officinale R. Br.

【植物形态】多年生水生草本,高20～40cm,全株无毛。茎匍匐或浮水生,多分枝,节上有不定根。奇数羽状复叶,小叶3～9;小叶片宽卵形,长圆形或近圆形,顶生小叶片较大,长2～3cm,宽1～3cm,钝头或微凹,基部截形,近全缘或浅波形,小叶柄细扁;侧生小叶与顶生小叶相似,基部偏斜;叶柄基部成耳状,略抱茎。总状花序顶生;萼片长卵形,长2～3cm,宽约1mm,先端圆,基部略呈囊状;花瓣4,白色,倒卵形或宽匙形,有脉纹,长3～4mm,宽1～2mm,基部渐狭成细爪;雄蕊6,2枚稍短;雌蕊1,子房近圆柱形。长角果扁圆柱形,长1.5～2cm,宽1～2mm;果梗纤细,开展或微弯。种子每室2行,卵形,直径约1mm,红褐色,表面有网纹。花期4～5月;果期6～7月。(图258)

【生长环境】生于河边、湖泊、水沟、沼泽或水田中。

【产地分布】山东境内产于各地。在我国除山东外,还分布于黑龙江、河北、山西、河南、安徽、江苏、广东、贵州、云南等地。

【药用部位】全草:西洋菜干。为民间药,药食两用。

【采收加工】冬、春二季采收,除去杂质,鲜用或晒干。

【药材性状】全草皱缩,绿色或灰绿色。茎细长,缠绕

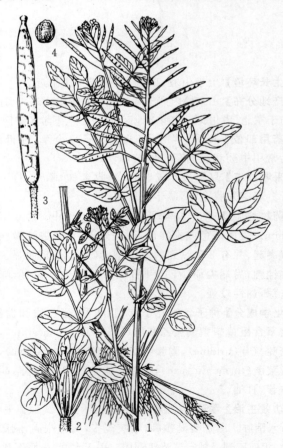

图258 豆瓣菜
1.植株 2.花 3.果实 4.种子

成团,节上有多数纤细的不定根。叶多皱缩,奇数羽状复叶,小叶3～9对;小叶片宽卵形或长椭圆形,先端1枚较大,长2～3cm;基部宽楔形,侧生小叶基部不对称,全缘或波状;叶柄基部下延成耳状,略抱茎。长角果圆柱形而扁,长1～2cm,宽1～2mm,先端有宿存的短花柱。种子卵形或近椭圆形,红褐色,有网状纹理。气微,味苦、辛。

【化学成分】全草含豆瓣菜苷(gluconasturtiin),水解产物为 α-苯乙基异琉氰酸酯(α-phenylethylisothiocyanate)等;挥发性成分含苯丙腈(phenylpropionitrile),8-甲硫基辛腈(8-methylthiooctane nitrile),9-甲硫基壬腈(9-methylthionoonane nitrile),3-丁烯腈(3-butenenitrile),7-甲硫基庚腈(7-methylthioheptanenitrile),苯乙腈(phenylacetonitrile)等;还含苦味质及维生素A、B、C。种子含芥酸,芥子油苷等。

【功效主治】甘、淡,凉。清热解毒,凉血止痛,消食。用于咳喘,肺热咳燥,衄血,小便短赤,疔毒痈肿,皮肤瘙痒。

【历史】豆瓣菜始载于《植物名实图考》,名无心菜,云:"无心菜,江西、湖广平野多有之。春初就地铺生,细茎似三叶酸浆,叶大如小指而顶有缺,密排茎上。湖北人多摘以为茹,亦呼为豆瓣菜"。所述形态及附图与豆瓣菜基本一致。

诸葛菜

【别名】二月蓝。

【学名】Orychophragmus violaceus (L.) O. E. Sch. (Raphanus violaceus L.)

【植物形态】一年生或二年生草本。茎单一,直立,高10～50cm,基部或上部稍有分枝。基生叶及下部茎生叶大头羽状全裂,顶裂片近圆形或短卵形,长3～7cm,宽2～4cm,先端钝,基部心形,有钝齿,侧裂片2～6对,卵形或三角状卵形,长0.3～1cm,向下渐小,稀在叶轴上杂有极小裂片,全缘或有牙齿,叶柄长2～4cm;上部叶长圆形或窄卵形,长4～9cm,先端急尖,基部耳状,抱茎,边缘有不整齐牙齿。总状花序,疏松;花紫色、浅红色或褪成白色,直径2～4cm;花梗长0.5～1cm;花萼筒状,紫色,萼片长约3mm;花瓣4,宽倒卵形,长1～1.5cm,宽1～1.5cm,密生细脉纹,爪长2～6mm,排成十字形;雄蕊全部离生,或长雄蕊花丝成对地合生达顶端;雌蕊花柱短,柱头2裂。长角果线形,长7～10cm,有4棱,裂瓣有一凸出中脊,喙长1～3cm;果梗长0.8～1.5cm。种子卵形至长圆形,长约2mm,稍扁平,黑棕色,有纵条纹。花期4～5月;果期5～6月。(图259)

【生长环境】生于山坡、路旁或地边。

图 259 诸葛菜
1.植株上部 2.花 3.果实

【产地分布】山东境内产于各地。在我国除山东外,还分布于辽宁、河北、山西、河南、安徽、江苏、浙江、湖北、江西、陕西、甘肃、四川等地。

【药用部位】全草:诸葛菜。为民间药,幼苗和嫩茎可食,种子可榨油。

【采收加工】春季花开时采收,晒干或鲜用。

【化学成分】茎叶含黄酮类化合物;氨基酸:天冬氨酸,谷氨酸,脯氨酸,甲硫氨酸,赖氨酸等;还含硫苷维生素B_2、C,及无机元素钙、磷、镁、钾、钠、铁、铜、锌、锰等。种子油含亚油酸,棕榈酸,油酸,亚麻酸,芥酸,二十碳烯酸等。

【功效主治】甘、辛,平。利水消肿,泻肺平喘,下气消食。

萝卜

【别名】莱菔、萝卜子、水萝卜、仙人头。

【学名】Raphanus sativus L.

【植物形态】二年生或一年生草本。直根肉质,长圆形、球形或圆锥形,外皮绿色、白色或红色。茎有分枝,无毛,稍有粉霜。基生叶和下部茎生叶大头羽状浅裂,长8～30cm,宽3～5cm,顶裂片卵形,侧裂片4～6对,长圆形,有钝齿,疏生粗毛;上部叶长圆形,有锯齿或近全缘。总状花序顶生及腋生;花梗长 5~15cm;萼片长圆形,长 5~7mm;花瓣 4,白色或粉红色,倒卵形,长 1~2cm,有紫纹,下部有长 5mm 的爪。长角果圆柱形,长 3~6cm,宽约 1cm,在相当于种子间处缢缩,并形成海绵质横隔,顶端喙长 1~2cm;果梗长 1~2cm。种子 1~6,卵形,微扁,长约 3mm,红棕色,有细网纹。花期 4~5 月;果期 5~6 月。(图 260)

图 260 萝卜
1.植株下部 2.果序 3.花 4.果实

【生长环境】栽培于砂质壤土。
【产地分布】山东境内各地均有栽培。"潍县萝卜"获国家地理标志保护产品。在我国栽培于各地。
【药用部位】种子:莱菔子;鲜根:莱菔或萝卜;干枯老根:地骷髅(枯萝卜);基生叶:萝卜叶。为较常用中药和民间药,萝卜、莱菔子和萝卜叶药食两用。
【采收加工】秋、冬二季采挖鲜根,除去茎叶,洗净鲜用;果实成熟后挖根晒干。夏秋季叶生长茂盛时采收,鲜用或晒干。夏季果实成熟时采收全株,晒干,搓出种子,除去杂质。
【药材性状】种子类卵圆形或椭圆形,稍扁,长约 3mm。表面黄棕色、红棕色或灰棕色,放大镜下可见细密网纹。一端有深棕色圆形种脐,一侧有数条纵沟。种皮薄脆,子叶 2,黄白色,肥厚,纵摺,有油性。无臭,味淡,微苦、辛。

干枯老根圆柱状,微扁,略扭曲,长 20~25cm,直径 3~4cm。表面紫红色或灰褐色,不平整,具波状纵皱纹、网纹及横向排列的黄褐色条纹,并有支根或支根痕。根头部有中空的茎基,长 1~4cm。体轻,折断面淡黄白色,疏松,有筋脉网纹。气微,味淡。

干燥叶多皱缩破碎或卷曲成团。完整叶片展平后呈大头羽状分裂,长达 30cm,裂片卷曲皱缩;表面黄绿色,不平滑,多皱纹,叶柄长。质干脆,易破碎。微有香气,味微苦、微辛。

【化学成分】鲜根含芥子油苷,葡萄糖莱菔素(glucoraphanin),莱菔苷(raphanusin),1-(2'-吡咯烷亚硫-3'-基)-1,2,3,4-四氢-β-咔巴啉-3-羧酸[1-(2'-pyrrolidinethion-3'-yl)-1,2,3,4-tetrahydro-β-caiboline-3-carboxylic acid],芥酸,对-香豆酸,咖啡酸,阿魏酸,苯丙酮酸(phenylpyruvic acid),龙胆酸(gentisic acid),对-羟基苯甲酸,草酸,甲硫醇(methylmercaptan),亚油酸,亚麻酸,胡芦巴碱(trigonelline),胆碱,腺嘌呤,维生素 C 及精氨酸,胱氨酸,半胱氨酸,天冬氨酸,谷氨酸等氨基酸。叶挥发油中有 α- 及 β-已烯醛(hexenal),β- 及 γ-已烯醇(hexenol)等。种子含芥子碱。种子油含芥酸,油酸,亚油酸,亚麻酸,γ-亚麻酸,棕榈酸。

【功效主治】莱菔子辛、甘,平。消食除胀,降气化痰。用于饮食停滞,脘腹胀满,大便秘结,积滞泻痢,痰壅喘咳。地骷髅(枯萝卜)甘、微辛,平。宣肺化痰,消食,利水。用于咳嗽多痰,食积气滞,脘腹痞闷胀痛,水肿喘满,噤口痢疾。萝卜(莱菔)辛、甘,凉;熟者甘,平。消积滞,化痰热,下气宽中,解毒。用于食积胀满,痰嗽失音,吐血,衄血,消渴,痢疾,偏头痛。萝卜叶辛、苦,平。消食理气。用于胸膈痞满,食滞不消,泻痢,喉痛,乳肿,乳汁不通。

【历史】萝卜始载于《日华子》,名萝卜子。《名医别录》始载莱菔,与芜菁合为一条。《本草纲目》云:"莱菔,今天下通有之。昔人以芜菁、莱菔二物混注,已见蔓菁条下。圃人种莱菔,六月下种,秋采苗,冬掘根。春末抽高薹,开小花,紫碧色,夏初结角。其子如大麻子,圆长不等,黄赤色,五月亦可再种。其叶有大者如芜菁,细者如花芥,皆有细柔毛。其根有红、白二色,其状有长、圆二类。大抵生沙壤者脆而甘,生瘠地者坚而辣。根、叶皆可生可熟,可菹可酱,可豉可醋,可糖可腊,可饭,乃蔬中之最有利益者"本草所述形态、用途等与当前萝卜栽培品种相似。

【附注】《中国药典》2010 年版收载莱菔子。《山东省中药材标准》2002年版收载地骷髅。

蔊菜

【别名】 印度蔊菜、辣米菜。

【学名】 Rorippa indica (L.) Hiern.

【植物形态】 一年生或二年生草本，高20～30cm，植株较粗壮，无毛或有疏毛。茎单生或分枝，表面有纵沟。叶互生；基生叶及茎下部叶有长柄，常为大头羽状分裂，长4～10cm，宽1～3cm，顶生裂片大，卵状披针形，边缘有不整齐牙齿，侧裂片1～5对；茎上部叶片宽披针形或匙形，边缘有疏齿，有短柄或基部成耳状抱茎。总状花序顶生或侧生；花多数，有细梗；萼片4，长3～4mm；花瓣4，黄色，宽匙形至长倒卵形，基部渐狭成短爪，与萼片近等长；雄蕊6，2枚稍短。长角果条形或圆柱形，长1～2cm，宽1～2mm，成熟时果瓣隆起；果梗长3～5mm，斜升或近于水平开展。每室种子2列，多数，淡褐色，卵圆形而扁，一端微凹，有大网纹。花期4～6月；果期6～8月（图261）

【生长环境】 生于河岸、山坡或路边较潮湿处。

【产地分布】 山东境内产于各地。在我国除山东外，还分布于黄河以南各地。

【药用部位】 全草：蔊菜；种子：蔊菜子。为民间药，幼苗药食两用。

【采收加工】 4～6月花期采收全草，除去泥沙，晒干或鲜用。夏季果实成熟时，采收种子，除去杂质，晒干。

【药材性状】 全草长15～30cm，淡绿色。根长而弯曲，直径2～5mm；表面淡黄色，有不规则纵皱纹及须根痕。茎近基部有分枝，淡绿色，有时紫红色。叶多卷曲、皱缩或已破碎脱落；完整叶片展平后呈长椭圆形或宽披针形，先端渐尖，呈大头羽状分裂。总状花序顶生或侧生，花小，黄色。长角果线形，稍弯曲，长1～2cm。种子多数，每室2列。无臭，味淡。

以色绿、带花果者为佳。

【化学成分】 全草含蔊菜素（rorifone），蔊菜酰胺（rorifamide），有机酸，黄酮类化合物及微量生物碱。

【功效主治】 蔊菜辛，凉。镇咳化痰，清热解毒，活血通经。用于咳嗽气喘，干血痨，经闭，腹胀，风寒牙痛，咽喉肿痛，疔疮痈肿，烫火伤。**蔊菜子**解表止咳，健胃利水。

【历史】 蔊菜始载于《本草纲目》，曰："蔊菜生南地，田园间小草也，冬月布地丛生，长二三寸，柔梗细叶。二月开细花，黄色。结细角长一二分，角内有细子。"所述形态与蔊菜相似，但其附图却似葶苈属（Lepidium）植物。《植物名实图考》蔊菜图似碎米荠属植物，而葶苈一条附图与蔊菜相符。说明古代蔊菜存在同名异物现象。

【附注】 《中国药典》1977年版曾收载。

附：广州蔊菜

广州蔊菜 R. cantoniensis (Lour.) Ohwi (*Riotia cantoniensis* Lour.)，与蔊菜的主要区别是：叶片倒卵状长圆形或匙形，长4～7cm，宽1～2cm，羽状深裂或浅裂，裂片4～6，边缘有2～3缺刻状齿。总状花序顶生，花近无柄，每花下有一叶状苞片。短角果圆柱形，长6～8mm，宽1～2mm，无柄。药用同蔊菜。

无瓣蔊菜

无瓣蔊菜 R. dubia (Pers.) Hara (*Sisymbrium dubium* Pers.)与蔊菜的主要区别是：一年生草本。花无花瓣，稀有退化花瓣。每室种子1列。全草含蔊菜素，蔊菜酰胺（rorifamide）。产地及药用同蔊菜。

沼生蔊菜

沼生蔊菜 Rorippa palustris (L.) Bess. (*Sisymbrium islandicum* Oed.)，与蔊菜的主要区别是：叶片羽状深裂或大头羽状裂，裂片3～7对，边缘不规则浅裂或深裂，顶端裂片较大。总状花序顶生或腋生，花多数，花梗长。短角果椭圆形，有时稍弯曲，长3～8mm，

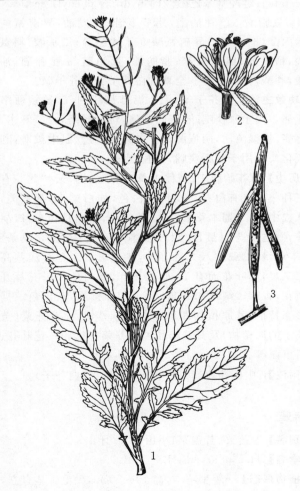

图261 蔊菜
1.植株上部 2.花，示花瓣 3.果实，示种子2列

宽1~3mm。山东境内产于胶东半岛及鲁中南地区。种子含芥子碱(sinapine)。药用同蔊菜。

白芥

【别名】胡芥、辣菜子。

【学名】Sinapis alba L.

【植物形态】一年生草本。茎直立,有分枝,高0.8~1m,有稍外折的硬单毛。茎下部叶大头羽裂,长5~15cm,宽2~6cm,有2~3对裂片,顶裂片宽卵形,长3~6cm,宽3~5cm,常3裂,侧裂片长1~3cm,宽0.5~1.5cm,二者先端皆圆钝或急尖,基部和叶轴联合,边缘有不规则粗锯齿,两面粗糙,有柔毛或近无毛,叶柄长1~1.5cm;上部叶卵形或长卵圆形,长2~5cm,边缘有缺刻状裂齿,叶柄长0.3~1cm。总状花序有多数花,果期长达30cm,无苞片;花梗开展或稍外折,长0.5~1.4cm;萼片长圆形或长圆状卵形,长4~5mm,有白色膜质边缘;花瓣4,淡黄色,倒卵形,长0.8~1cm,有短爪;雄蕊6,4长2短;雌蕊1,子房圆柱形。长角果近圆柱形,长2~4cm,宽3~4mm,有糙硬毛;果瓣有3~7平行脉,喙稍扁压,长0.6~1.5cm,常弯曲,向顶端渐细,具1行种子。种子球形,直径约2mm,黄棕色,有细窝穴。花、果期6~8月。(图262)

【生长环境】栽培于排水良好、肥沃湿润的砂质壤土。

【产地分布】原产欧洲。山东境内各地有栽培。我国的辽宁、安徽等地有引种。

【药用部位】种子:白芥子;茎叶:白芥。为较常用中药和民间药,幼苗和白芥子可食。

【采收加工】夏末秋初果实成熟呈黄色时割取全株,晒干后打下种子,除去杂质。夏季采收茎叶,鲜用或晒干。

【药材性状】种子呈球形,直径1.5~2.5mm。表面灰白色至淡黄白色,具细微网纹,有明显的点状种脐。种皮薄脆,破开后内有淡黄白色折叠的子叶,有油性。无臭,味辛辣。

以颗粒饱满、色淡黄白、辛辣味强者为佳。

【化学成分】种子含芥子油苷,白芥子苷(sinalbin),芥子碱,4-羟基苯甲酰胆碱(4-hydroxy benzoylcholine),4-羟基苯甲胺(4-hydroxy benzylamine),对羟苯基乙腈(4-hydroxy benzylacetonitrile),对羟苯甲醛(4-hydroxy benzaldehyde),4-羟基苯乙酸-2′-醛基-5′-呋喃甲酯[(5′-formylfuran-2′-yl) methyl 2-(4-hydroxyphenyl) acetate],对羟基苯乙酸[2(4-hydroxy phenyl) aceticacid],软脂酸-l-单甘油酯,胡萝卜苷;挥发油:异硫氰酸烯丙酯(89.4%),异硫氰酸-3-丁烯酯等;氨基酸:赖氨酸,精氨酸,组氨酸等;脂肪油:亚油酸,α-亚麻酸,油酸,芥酸,棕榈酸等。全草含白芥子苷和芥子碱。

【功效主治】白芥子辛,温。温肺豁痰利气,散结通络止痛。用于寒痰喘咳,胸胁胀痛,痰滞经络,骨节麻木、疼痛,痰湿流注,阴疽肿毒。白芥辛,温。温中散寒,利气化痰。用于咳嗽痰喘,胃脘冷痛。

【历史】白芥始载于《新修本草》"芥"条内,云:"此芥有三种……又有白芥,子粗大,白色,如白粱米,甚辛美,从戎中来。"《蜀本草》云:"一种叶大,子白且粗,名曰胡芥,嚼之及药用最佳。"《开宝本草》将白芥独立成条。《本草纲目》载:"八九月下种,冬生可食。至春深茎高二三尺,其叶花而有丫,如花芥叶,青白色……三月开黄花,香郁。结角如芥角,其子大如粱米,黄白色。"据形态特征,其原植物即现今白芥。另外,尚有芥菜(黄芥子的原植物)及其栽培品种青芥菜、南风芥、花叶芥、雪里蕻等。

【附注】《中国药典》2010年版收载芥子(白芥子)。

葶苈

【别名】遏蓝菜、苦盖菜、小山菠菜(牙山)。

【学名】Thlaspi arvense L.

【植物形态】一年生草本,高10~50cm,无毛。茎直立,不分枝或分枝,有棱。基生叶莲座状;叶片倒卵状长圆形,有柄;茎生叶矩圆状披针形或倒披针形,长3~

图262 白芥
1.植株上部 2.花 3.果实 4.种子

5cm,宽1~1.5cm,先端圆钝或急尖,基部抱茎,两侧箭形,边缘有疏齿。总状花序顶生；花梗细,长0.5~1cm；萼片直立,卵形,长约2mm,先端圆钝；花瓣4,白色,长圆状倒卵形,长约2mm,先端圆钝或微凹,排成十字形；雄蕊6；子房2室。短角果倒卵形或近圆形,长1.2~1.6cm,宽0.9~1.3cm,扁平,顶端凹入,边缘有翅,宽约3mm。每室种子4~12枚,倒卵形,长约1.5mm,稍扁平,黄褐色,有同心环状条纹。花期3~4月；果期5~6月。(图263)

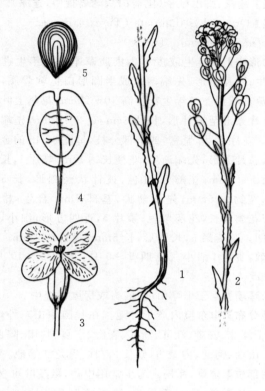

图263 菥蓂
1.植株下部 2.植株上部 3.花 4.果实 5.种子

【生长环境】生于山坡、路旁、沟边或村庄附近。
【产地分布】山东境内产于各地。分布几乎遍及全国。
【药用部位】全草：苏败酱（败酱草）；种子：苦葶苈（菥蓂子）。为少常用中药和民间药。嫩苗可食。
【采收加工】5~6月间果实近成熟时采收全草,晒干。夏季果实成熟时采收全草,晒干,打下种子。
【药材性状】全草长10~45cm。根细长圆锥形；表面灰黄色；质硬脆,断面不平坦。茎圆柱形,直径2~5mm；表面灰黄色或黄绿色,有细纵棱；质脆,断面有髓。叶互生,多脱落。总状果序生于茎枝顶端及叶腋；短角果倒卵形或类圆形,扁平,直径0.5~1.3cm；表面灰黄色或灰绿色,中央略隆起,边缘有宽约2mm的翅,两面中央各有1纵棱线,先端凹陷,基部有细果梗；2室,中间有纵隔膜,每室种子4~12。种子扁圆形,棕黑色。气微,味淡。

以色黄绿、果实完整者为佳。

种子细小,椭圆形而扁,长约1.5mm,宽1~1.5mm,表面黑褐色,具明显的"U"形纹,两面各有5~7条突起的偏心性环纹,基部尖,微凹。种皮薄,无胚乳,子叶2。气微,味淡。

【化学成分】全草和种子含黑芥子苷,吲哚等。种子油含油酸,亚油酸,二十碳-11-烯酸甲酯,芥子酸等；挥发油：主成分为烯丙基异硫氰酸酯(allyl isothiocyanate),4-异硫氰酸基-1-丁烯,3-丁烯腈(3-butenenitrile)；还含蔗糖、卵磷脂,多种氨基酸及无机元素钾、钙、磷、镁、铁、钠、锌、锰、铜。叶含维生素C和胡萝卜素。

【功效主治】苏败酱（败酱草）甘,平。清肝明目,和中利湿,解毒消肿。用于目赤肿痛,脘腹胀痛,胁痛,肠痈,水肿,带下,疮疖痈肿。苦葶苈辛,微温。明目,祛风湿。用于目赤肿痛,迎风流泪,障翳胬肉,风湿痹痛。

【历史】菥蓂始载于《神农本草经》,列为上品。《名医别录》名大荠。《本草纲目》曰："荠与菥蓂一物也,但分大小二种耳。小者为荠,大者为菥蓂,菥蓂有毛,而陈士良之本草,亦谓荠实一名菥蓂也,葶苈与菥蓂同类,但菥蓂味甘花白,葶苈味苦花黄。"《救荒本草》名遏蓝菜,曰："生田野中下湿地,苗初塌地生,叶似初生菠菜叶而小,其头颇圆,叶间撺葶分叉,上结荚儿,似榆钱状而小。"所述形态与植物菥蓂基本一致。

【附注】《中国药典》2010年版收载菥蓂,为新增品种。

景天科

八宝

【别名】八宝景天、景天。
【学名】Hylotelephium erythrostictum (Miq.) H. Ohba (Sedum erythrostictum Miq.)
【植物形态】多年生草本。块根胡萝卜状。茎直立,高30~70cm,不分枝。叶对生,稀为互生或3叶轮生；叶片长圆形至卵状长圆形,长4.5~7cm,宽2~3.5cm,先端急尖或钝,基部渐狭,边缘有疏锯齿；无柄。伞房状聚伞花序顶生；花密生,直径约1cm；花梗长约1cm；萼片5,卵形,长1.5mm；花瓣5,白色或粉红色,宽披针形,长5~6mm,渐尖；雄蕊10,与花瓣等长或稍短,花药紫色；鳞片5,长圆状楔形,长约1mm,先端有微缺；心皮5,直立,基部几分离。花、果期8~10月。(图264)
【生长环境】生于山坡草地或山谷。
【产地分布】山东境内产于各大山区。在我国分布于南北各地。
【药用部位】全草：景天。为民间药,嫩茎叶可食。
【采收加工】夏季采收全草,除去杂质,洗净,晒干。
【药材性状】根圆锥形,表面灰棕色,较粗糙,密生多数细根。茎圆柱形,长30~60cm,直径0.2~1cm；表面

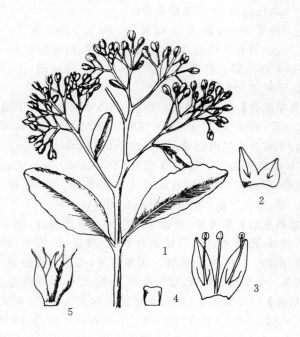

图 264 八宝
1.花枝 2.花萼 3.花瓣及雄蕊 4.鳞片 5.蓇葖果

淡黄绿色、淡紫色或黑棕色,有细纵纹及叶痕。叶多对生,常已碎落;完整叶片展平后呈长卵形,无柄。有时可见顶生伞房花序或黄白色果实。气微,味微甜、淡。

【化学成分】叶含景天庚酮糖(sedoheptulose)。

【功效主治】苦、酸,寒。清热解毒,止血散瘀,消肿。用于丹毒,游风,烦热惊狂,咯血,吐血,疔疮,肿毒,风疹,漆疮,目赤涩痛,外伤出血,喉炎,热疖,跌打损伤。

【历史】八宝始载于《神农本草经》,列为上品,原名景天,又名戒火、慎火。《本草经集注》云:"今人皆盛养之于屋上,云以辟火。叶可疗金疮止血,以洗浴小儿,去烦热、惊风。"《本草图经》曰:"景天,生泰山山谷。春生苗,叶似马齿苋而大,作层而上,茎极脆弱。夏中开红紫碎花,秋后枯死。亦有宿根者。苗、叶、花并可用。"《本草纲目》载:"多栽于石山上,二月生苗,脆茎,微带赤黄色,高一二尺,折之有汁。叶淡绿色,光泽柔厚,状似长匙头及胡豆叶而不光。夏开小白花,结实如连翘而小,有黑子似粟粒。"其形态与现今八宝及其同属植物相似。

附:长药八宝

长药八宝 H. spectabile (Bor.) H. Ohba (Sedum spectabile Bor.) 与八宝的主要区别是:大型伞房花序顶生,直径 7～11cm;花淡紫色至紫红色;雄蕊远长于花冠以上。山东境内产于昆嵛山、牙山、艾山、徂徕山、泰山、济南等山区。药用同八宝。

轮叶八宝

轮叶八宝 H. verticillatum (L.) H. Ohba (Sedum verticillatum L.),又名轮叶景天,与八宝的主要区别是:4 叶,稀 5 叶轮生,下部常 3 叶轮生或对生;叶片长圆状披针形至卵状披针形;叶腋常有肉质白色珠芽。花淡绿色至黄白色;雄蕊 10,2 轮,与萼相对的稍长于花瓣,与花瓣对生的稍短。山东境内产于昆嵛山、牙山、崂山、蒙山等山区。药用同八宝。

瓦松

【别名】莲花、脚巴桠子(昆嵛山)、老婆指甲(蓬莱)。

【学名】Orostachys fimbriata (Turcz.) Berger (Cotyledon fimbriata Turcz.)

【植物形态】二年生或多年生肉质草本。一年生莲座叶丛生;叶片条形,先端增大成半圆形白色软骨质,边缘有流苏状齿。二年生花茎高 10～20cm,花茎上叶互生;叶片条形至披针形,长达 3cm,宽 2～5mm,先端有刺尖。花序总状,紧密,或下部分枝,呈宽 20cm 的金字塔形;苞片条形,先端渐尖;花梗长达 1cm;萼片 5,长圆形,长 1～3mm;花瓣 5,红色,披针状椭圆形,长 5～6mm,宽约 1.5mm,先端渐尖,基部 1mm 合生;雄蕊 10,与花瓣等长,花药紫色;鳞片 5,近四方形,细小,先端稍凹。蓇葖果 5,长圆形,长 5mm,喙长约 1mm。种子多数,卵形,细小。花期 8～9 月;果期 9～10 月。(图 265)

【生长环境】生于干燥山坡、墙头或房屋瓦缝中。

【产地分布】山东境内产于各地。在我国除山东外,还分布于湖北、安徽、江苏、浙江、青海、宁夏、甘肃、陕西、河南、山西、河北、内蒙古、辽宁、吉林、黑龙江等地。

【药用部位】全草:瓦松。为少常用中药,嫩茎叶可食。

【采收加工】夏、秋二季采收,除去须根及杂质,洗净,晒干或鲜用。

【药材性状】茎细长圆柱形,长 12～20cm,直径 3～6mm;表面黄褐色或暗棕褐色,有明显纵皱纹及多数叶脱落后的疤痕,交互连接成菱形花纹;质脆,易折断。叶皱缩卷曲,多已脱落;叶片长 1～3cm,宽约 3mm,表面灰绿色或黄褐色。总状花序宝塔形;小花红褐色,小花柄长短不一。质轻脆,易碎;气微,味酸。

以茎叶花穗完整、带红色者为佳。

【化学成分】全草含黄酮类:槲皮素,山柰酚,山柰酚-3-O-β-D-葡萄糖基-7-O-α-L-鼠李糖苷,山柰酚-7-O-α-L-鼠李糖苷,山柰酚-7-O-β-D-葡萄糖苷,山柰酚-3-O-β-D-葡萄糖苷,山柰酚-3-O-α-L-鼠李糖苷,槲皮素-3-O-β-D-葡萄糖苷,槲皮素-3-O-α-L-鼠李糖苷,异槲皮苷,草质素-8-O-α-D-来苏糖苷(herbacetin-8-O-α-D-lyxopyranoside);有机酸:2,2-二甲基色满环-6-羧酸(2,2-dimethylchroman-6-carboxylic acid),对羟基苯甲酸,3-羟基-4-甲氧基苯甲酸,没食子酸,4-羟基-3,5-二甲氧基苯甲

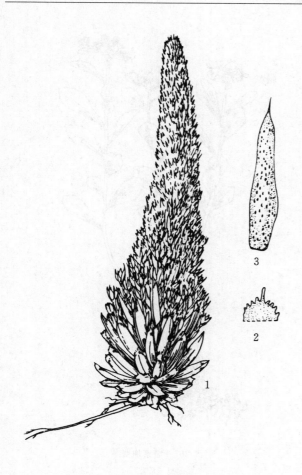

图265 瓦松
1.植株 2.莲座叶先端 3.茎生叶

枝。叶互生；叶片狭披针形、椭圆状披针形至卵状倒披针形，长3.5~8cm，宽1.2~2cm，先端渐尖，基部楔形，边缘有不整齐的锯齿；几无柄。聚伞花序有多花；花序无苞片；无小花梗；萼片5，线形，肉质，不等长，长3~5mm，先端钝；花瓣5，黄色，长圆形至椭圆状披针形，长0.6~1cm，有短尖；雄蕊10，较花瓣短；鳞片5，极小；心皮5，基部合生，腹面凸出，花柱长钻形。蓇葖果星芒状排列，长7mm。种子椭圆形，长约1mm。花6~7月；果期8~9月。（图266）

图266 费菜
1.植株 2.花 3.雌蕊

酸，3,4-二羟基苯甲酸，草酸；三萜类：齐墩果酸，木栓酮；还含胡萝卜苷，景天庚酮糖酐（sedoheptulosan），异丙叉景天庚酮糖酐（isopropylidene sedoheptulosan），2,7-脱水-β-D-阿卓庚酮吡喃糖（2,7-anhydro-β-D-altroheptulpyranoses），尿嘧啶等。

【功效主治】酸，苦，凉。凉血止血，解毒，敛疮。用于血痢，便血，痔血，疮口久溃不敛。

【历史】瓦松始载于《新修本草》，名昨叶何草，曰："生上党屋上，如蓬，初生。一名瓦松。……叶似蓬，高尺余，远望如松栽，生年久瓦屋上。"《本草图经》谓："瓦松如松子作层，故名。"《本草纲目》又称瓦花、向天草。所述形态与植物瓦松一致。

【附注】《中国药典》2010年版收载。

费菜

【别名】土三七、景天三七、还阳草、蝎子草（临沂）。

【学名】Sedum aizoon L.

［*Phedimus aizoon*（Linn.）Hart］

【植物形态】多年生草本。块根胡萝卜状。根状茎短粗。植株肉质肥厚，茎直立，高20~50cm，无毛，不分

【生长环境】生于温暖向阳的山坡、路边或山谷岩石缝中。

【产地分布】山东境内产于各山地丘陵。在我国除山东外，还分布于四川、河北、江西、安徽、浙江、江苏、青海、宁夏、甘肃、内蒙古、河南、山西、陕西、河北、辽宁、吉林、黑龙江等地。

【药用部位】全草：景天三七。为少常用中药，嫩茎叶可食。

【采收加工】夏、秋二季采收，鲜用或晒干。

【药材性状】根茎短小，略呈块状；表面灰棕色。根数条，粗细不等；质硬，断面暗棕色或类灰白色。茎圆柱形，长15~40cm，直径2~5mm；表面暗棕色或紫棕色，有纵棱；断面常中空。叶互生或近对生，几无柄；叶片皱缩，展平后呈长披针形至倒披针形，长3~7cm，宽约

1.5cm；先端渐尖，基部楔形，边缘上部有锯齿，下部全缘；表面灰绿色或棕褐色。聚伞花序顶生，花黄色。气微，味微涩。

以完整、叶多、色棕绿者为佳。

【化学成分】全草含苷类：景天花苷（sedoflorin），景天茎苷（sedocaulin），景天枸橼苷（sedocitrin），异鼠李素-3,7-双葡萄糖苷等；生物碱：景天达明碱（sedamine），景天定碱（sedridine），景天定依碱（sedinone），1-景天定宁碱（1-sedinine）；还含景天庚糖（sedoheptulose），蔗糖，果糖等。茎叶含黄酮类：山柰酚，槲皮素，杨梅素，木犀草素，山柰酚-3-O-α-L-鼠李糖苷，草质素-8-O-α-D-来苏糖苷，草质素-8-O-β-D-木糖苷；还含对羟基苯酚，没食子酸，没食子酸甲酯，α-香树脂醇，β-胡萝卜苷，β-谷甾醇。根含齐墩果酸，熊果酸，熊果酚苷（arbutin），氢醌，消旋甲基异石榴皮碱（methylisopelletierine），左旋景天宁（sedinine），消旋景天胺（sedamine），β-谷甾醇等。

【功效主治】甘、微酸，平。止血散瘀，安神。用于吐血，衄血，便血，尿血，崩漏，跌打损伤，心悸失眠，烫火伤，毒虫咬伤。

【历史】《植物名实图考》山草类，载有三种土三七，其三曰："广信、衡州山中有之。嫩茎亦如景天，叶似千年艾叶，无歧有齿，深绿柔脆，惟有淡白纹一缕，秋时梢头开尖细小黄花，俚医以治吐血。"所述形态及附图三，与费菜类极相似。

【附注】①《中国药典》1977 年版、《山东省中药材标准》2002 年版收载，原植物名景天三七。② 本种在"Flora of China" 8：219, 2001. 的拉丁学名为 *Phedimus aizoon* (Linn.) Hart，本志将其列为异名。

堪察加费菜

【别名】景天、石板菜、费菜。

【学名】Sedum kamtschaticum Fisch.

［*Phedimus kamtschaticus* (Fisch.)'t Hart］

【植物形态】多年生草本。根状茎木质，分枝，横走，较细长。茎簇生，高 15～40cm，有时具微乳头状突起，常不分枝。叶互生或对生，稀为 3 叶轮生；叶片倒披针形、匙形至倒卵形，长 2.5～7cm，宽 0.5～3cm，先端圆钝，基部渐狭成狭楔形，上部边缘有疏锯齿至疏圆齿。聚伞花序顶生；萼片 5，披针形，长 3～4mm，基部宽；花瓣 5，黄色，披针形，长 6～8mm，先端渐尖，有短尖头，背面有龙骨状突起；雄蕊 10，较花瓣稍短，花药橙黄色；鳞片 5，细小，近正方形；心皮 5，与花瓣近等长或稍短，直立，基部 2mm 处合生。蓇葖果上部呈星芒状水平横展，腹面作浅囊状突起。种子细小，倒卵形，褐色。花期 6～7 月；果期 8～9 月。（图 267）

【生长环境】生于干旱多石山坡。

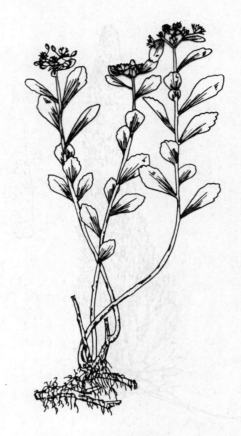

图 267　堪察加费菜

【产地分布】山东境内产于胶东、长岛等地。在我国除山东外，还分布于山西、河北、内蒙古、吉林等地。

【药用部位】根或全草：土三七。为民间药，嫩茎叶可食。

【采收加工】夏、秋二季采收，鲜用或晒干。

【化学成分】全草含杨梅素-3-O-β-D-葡萄糖苷，杨梅素-3-O-β-D-半乳糖苷，杨梅素-3-O-β-D-(6″-O-没食子酰基)-葡萄糖苷［myricetin-3-O-β-D-(6″-O-galloyl)-glucoside］，杨梅素-3-O-β-D-(6″-O-没食子酰基)-半乳糖苷，熊果酚苷（arbutin），氢醌（hydroquinone）等。

【功效主治】甘、微酸，平。止血散瘀，安神。用于吐血，衄血，便血，尿血，崩漏，跌打损伤，心悸失眠，烫火伤，毒虫咬伤。

【历史】见费菜。

【附注】本种在"Flora of China" 8：221, 2001. 的拉丁学名为 *Phedimus kamtschaticus* (Fisch.)'t Hart，本志将其列为异名。

垂盆草

【别名】石指甲、狗牙半支。

【学名】Sedum sarmentosum Bge.

【植物形态】多年生草本。茎细弱，常匍匐生长，节上生有不定根,直至花序之下,长10～25cm。3叶轮生;叶片倒披针形至长圆形,长1.5～2.8cm,宽3～7mm,先端近急尖,基部渐狭,全缘。聚伞花序,有3～5分枝,花小,无梗;萼片5,披针形至长圆形,长3.5～5mm,先端钝,基部无距;花瓣5,黄色,披针形至长圆形,长5～8mm,先端有稍长的短尖;雄蕊10,2轮,短于花瓣;鳞片10,楔状四方形,先端稍有微缺;心皮5,长圆形,长5～6mm,略叉开,有长花柱。蓇葖果5,近直立。种子卵形,细小,表面有细微乳头状突起。花期5～7月;果期8月。(图268)

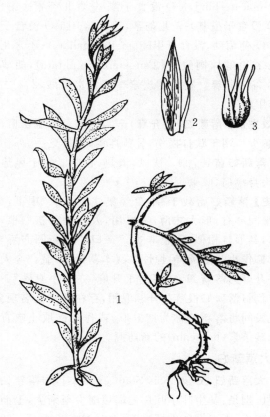

图268　垂盆草
1.植株　2.花瓣及雄蕊　3.雌蕊

【生长环境】生于沟边、路旁、湿润山坡或岩石上。
【产地分布】山东境内产于昆嵛山、崂山、沂山、青州(云门山)、蒙山、泰山等各大山区。在我国除山东外,还分布于福建、贵州、四川、湖北、湖南、江西、安徽、浙江、江苏、甘肃、陕西、河南、山西、河北、辽宁、吉林、黑龙江、北京(模式产地)等地。
【药用部位】全草:垂盆草。为少常用中药。
【采收加工】夏、秋二季采收,除去杂质,鲜用或用开水略烫后晒干。
【药材性状】全草屈曲卷缩成团。根细短。茎纤细,长达20cm,直径1～2mm;表面棕绿色,有褐色环节,节上残留不定根,先端有时带花;质较韧或脆,断面中心淡黄色。3叶轮生,叶片皱缩,易破碎或脱落;完整叶片展平后呈倒披针形至长圆形,长1.5～2.5cm,宽3～6mm;先端近急尖,基部急狭,有距;表面棕绿色,肉质。聚伞花序,花黄白色或淡黄白色。气微,味微苦。

【化学成分】全草含黄酮类:槲皮素,山柰酚,异鼠李素,苜蓿素(tricin),苜蓿苷即小麦黄素-7-O-β-D-葡萄糖苷(tricin-7-O-β-D-glucoside),木犀草素,木犀草素-7-O-β-D-葡萄糖苷,甘草素(liquiritigenin),甘草苷(liquiritin),异甘草素,异甘草苷,异鼠李素-7-O-β-D-葡萄糖苷,异鼠素-3,7-二-O-β-D-葡萄糖苷,柠檬素(limocitrin),柠檬素-3-O-β-D-葡萄糖苷,柠檬素-3,7-二-O-β-D-葡萄糖苷,金丝桃苷;生物碱:消旋甲基异石榴皮碱(methylisopelletierine),二氢异石榴皮碱(dihydroisopelletierine);甾体类:3β,6β-豆甾-4-烯-3,6-二醇,3β,4α,14α,20R,24R-4,14-二甲基麦角甾-9(11)-烯-3-醇(3β,4α,14α,20R,24R-4,14-dimethylergost-9(11)-en-3-ol),β-谷甾醇,胡萝卜苷;挥发油:主成分为六氢金合欢丙酮,十六酸,2-己酰基呋喃;还含3-甲酰-1,4-二羟基二氢吡喃(3-formyl-1,4-dihydroxy dihydropyran),N-甲基-2β-羟丙基哌啶(N-methyl-2β-hydroxypropyl piperidine),双十八烷基硫醚(dioctadecyl sulfide),棕榈酸,垂盆草苷(sarmentoside),甘露醇,氨基酸,葡萄糖,果糖,景天庚糖等。
【功效主治】甘、淡,凉。利热退黄,清热解毒。用于湿热黄疸,小便不利,痈肿疮疡。
【历史】垂盆草与《履巉岩本草》收载的山护花及其附图较为相近。《本草纲目拾遗》在"鼠牙半支"条引《百草镜》云:"二月发苗,茎白,其叶三瓣一聚,层积蔓生,花后即枯,四月开花黄色,如瓦松。"所述形态特征似垂盆草。
【附注】《中国药典》2010年版收载。

虎耳草科

落新妇

【别名】红升麻、小升麻、鸟足升麻。
【学名】Astilbe chinensis (Maxim.) Franch. et Sav. (Hoteia chinensis Maxim.)
【植物形态】多年生草本,高0.4～1m。根状茎肥厚,暗褐色。茎与叶柄散生棕褐色长毛。基生叶二至三回三出羽状复叶,有时顶生复叶为具5小叶的羽状复叶,顶生小叶片菱状椭圆形,侧生小叶片卵形至椭圆形,长2～8cm,宽1～5cm,先端短渐尖至急尖,基部楔形、圆形或微心形,边缘有重锯齿,两面无毛或沿脉疏生硬毛,叶轴仅于腋部有褐色柔毛;茎生叶2～3,较小;托叶膜质,棕褐色,卵状披针形,长约1cm。圆锥花序狭长直立,宽通常不超过12cm,下部第一回分枝与花序轴成15°～30°角,斜上;花序轴密被褐色卷曲长柔毛;苞片卵形;花萼5深裂,边缘生微腺毛;花瓣5,淡紫色或紫红色,条形,长约5mm;雄蕊10,花药紫色;心皮2,仅基部合生,子房上位。蒴果2裂,长约3mm。花期6～7月;果期9月。2n=14。(图269)

图269 落新妇
1.植株 2.花序 3.花 4.果实 5.叶脉

【生长环境】生于山谷湿地或溪边。
【产地分布】山东境内产于崂山、昆嵛山、蒙山、沂山、莱芜市(房干大峡谷)、泰山等山区。在我国除山东外,还分布于云南、四川、湖北、湖南、江西、浙江、河南、山西、陕西、甘肃东部和南部、青海东部、河北、辽宁、吉林、黑龙江等地。
【药用部位】根茎:落新妇(红升麻);全草:落新妇苗。为较常用草药和提取矮茶素的原料。
【采收加工】秋、冬二季采挖根茎,除去杂质,晒干或鲜用。秋季采收全草,除去根茎,晒干或鲜用。
【药材性状】根茎呈不规则块状或长条形,较粗大。表面棕色或黑棕色,凹凸不平。上端有数个圆形茎痕,被棕黄色绒毛,有时具棕黑色鳞片状苞片,下方有多数须根痕。质硬,不易折断,断面白色,微带红色或棕红色。气微辛,味涩、苦。

以个大、质坚、断面白色或微带红色者为佳。

全草皱缩。茎圆柱形;表面棕黄色,基部具褐色膜质鳞片状毛或长柔毛。基生叶二至三回三出羽状复叶,多破碎;完整小叶呈披针形、卵形或椭圆形,长2～7cm,宽1～4cm;先端渐尖,基部多楔形,边缘有牙齿,两面沿脉疏生硬毛;茎生叶较小,棕红色。圆锥花序密被褐色卷曲长柔毛;花密集,几无梗;花萼5深裂;花瓣5,窄条形。有时可见枯黄色果实。气微,味辛、苦。

【化学成分】根茎含香豆素类:矮茶素(bergenin)即岩白菜素,11-没食子酰岩白菜素(11-O-galloyl bergenin),4-没食子酰岩白菜素;有机酸:2-羟基苯甲酸,4-羟基苯甲酸,香草酸;挥发油:主成分为邻苯二甲酸二异丁酯,十八甲基环壬硅氧烷,十六甲基八环硅氧烷;鞣质:3-O-没食子酰基-(-)-表儿茶素[3-O-galloyl-(-)-epicatechin],3-O-没食子酰基-表儿茶素-(4β-8)-(3-O-没食子酰基)-表儿茶素,1,2,4,6-四-O-没食子酰基-β-O-葡萄糖,没食子甲酯(methyl gallate);还含儿茶素,β-谷甾醇棕榈酸酯(β-sitosterol palmitate),胡萝卜苷,β-谷甾醇等。花含槲皮素。叶含水杨酸,2,3-二羟基苯甲酸等。

【功效主治】落新妇(红升麻)辛、苦,凉。活血祛瘀,止痛,解毒。用于跌打损伤,骨节疼痛,劳倦乏力,外伤疼痛。落新妇苗苦,凉。祛风,清热,止咳。用于风热外感,头身疼痛,咳嗽。

【历史】落新妇始载于《本草经集注》"升麻"项下,曰:"建平间亦有,形大味薄,不堪用,人言是落新妇根,不必尔,其形自相似,气色非也。"又曰:"落新妇亦解毒,取叶挼作小儿浴汤,治惊忤"。《本草拾遗》载:"今人多呼小升麻为落新妇,功用同于升麻,亦大小有殊"。说明古代将落新妇根茎与升麻混用,存在异物同名现象。现代民间将落新妇称为红升麻,或作为提取止咳有效成分矮茶素(bergenin)的新药源。

附:大落新妇

大落新妇 A. grandis Stapf ex Wils.,与落新妇的主要区别是:基生叶小叶片先端短渐尖至渐尖,上面被糙伏腺毛,下面沿脉生短腺毛,有时杂有长柔毛。圆锥花序宽达17cm;下部第一回分枝与花序轴成35～50度角斜上;花序轴与花梗均被腺毛和短柔毛。2n=28。山东境内产于昆嵛山。根及根茎含矮茶素。药用同落新妇。

扯根菜

【别名】水泽兰、赶黄草。
【学名】Penthorum chinense Pursh
【植物形态】多年生草本,高30～90cm,无毛。茎紫红色,分枝或不分枝。叶互生;叶片披针形至狭披针形,长4～10cm,宽0.6～1.2cm,先端渐尖,基部楔形,边缘有细锯齿,两面无毛;无柄或近无柄;无托叶。聚伞花序顶生,3～10分枝,花生分枝上侧,疏生短腺毛;苞片小,卵形或钻形;花梗短,长0.5～2mm;花小,直径约4mm;萼片5,革质,黄绿色,三角状卵形,长约2mm,基部合生;无花瓣;雄蕊10,稍伸出萼外,花药淡黄色,椭圆形;心皮5,基部合生,子房5室,胚珠多数,花柱短,柱头扁球形。蒴果,五角形,压扁,紫红色,直径约6mm,5短喙呈星状斜展。种子小,红色,表面有小丘状突起。花、果期7～10月。2n=16。(图270)

图270 扯根菜
1.植株 2.蒴果(6裂) 3.蒴果(5裂)示从离生部位断落

【生长环境】生于水边湿地。
【产地分布】山东境内产于崂山、昆嵛山、徂徕山、蒙山及荣成、胶南等地。在我国除山东外,还分布于云南、贵州、四川、广东、广西、湖南、湖北、河南、江西、浙江、安徽、江苏、甘肃、陕西、河北、辽宁、吉林、黑龙江等地。
【药用部位】全草:扯根菜(赶黄草)。为民间药。
【采收加工】夏季采收,洗净,晒干。
【药材性状】根茎圆柱状,弯曲,具分枝,长约15cm,直径3～8cm;表面红褐色,密生不定根。茎圆柱形,直径1～6mm;表面红紫色,不分枝或基部分枝。叶片易碎;完整者呈披针形或狭披针形,长3～10cm,宽0.6～1.2cm;先端长渐尖或渐尖,基部楔形,边缘具细锯齿;表面绿褐色;无柄或近无柄;叶片膜质。有时枝端可见聚伞花序,花黄绿色,无花瓣。偶见果实,紫红色,直径约6mm。气微,味甜。
【化学成分】全草含槲皮素,乔松素-7-O-β-D-葡萄糖苷,2,6-二羟基苯乙酮-4-O-β-D-吡喃葡萄糖苷,2,4,6-三羟基苯甲酸,没食子酸及微量生物碱;挥发油:主成分为棕榈酸乙酯,反式-6,10-二甲基-5,9-十一烷双烯-2-酮,(反,反)-6,10,14-三甲基-5,9,13-十五烷三烯-2-酮;还含无机元素铜、铁、锰、锌、镁、镍等。根茎含黄酮类化合物。
【功效主治】甘,温。利水除湿,祛瘀止痛,活血散瘀,止血,解毒。用于经闭,小便不利,黄疸,水肿,血崩,带下,跌打损伤。
【历史】扯根菜始载于《救荒本草》。《植物名实图考》引曰:"生田野中,苗高一尺许,茎赤红色。叶似小桃红叶微窄小,色颇绿,又似小柳叶,亦短而厚窄,其叶周围攒茎而生。开碎瓣小青白花,结小花蒴似蒺藜样,叶苗味甘。"其文图与植物扯根菜基本一致。

山麻子

【别名】东北茶藨子、灯笼果。
【学名】Ribes mandschuricum (Maxim.) Kom.
(R. multiflorum Kitag. ex Roem. et Schult. var. mandschuricum Maxim.)
【植物形态】落叶灌木,高1～2m。枝灰褐色,光亮,片状剥裂。叶互生;叶片掌状2裂或5裂,长宽5～10cm,中裂片较侧裂片长,先端尖,基部心形,边缘有尖锐牙齿,上面绿色,散生细毛,下面淡绿色,密生白绒毛;叶柄长2～8cm,有短柔毛。总状花序,长2.5～10(20)cm,初直立,后下垂,花多至40朵,花序轴与花梗有密毛;花两性,花梗长1～2mm;萼筒短钟状,萼裂片5,反卷,淡绿色或淡黄色,倒卵形,长2～2.5cm;花瓣5,较小,楔形,绿色;雄蕊5,花丝长而外露,与花瓣互生;花盘有5枚乳头状肉质腺体;花柱长,先端2裂,基部圆锥状,比萼片长。浆果球形,直径7～9mm,红色。花期5～6月;果期7～8月。(图271)
【生长环境】生于山坡、山谷杂木林或针阔叶混交林下。
【产地分布】山东境内产于胶东及鲁中南山地丘陵。在我国除山东外,还分布于东北地区及河北、河南、山西、陕西、甘肃等地。
【药用部位】果实:灯笼果。为民间药。
【采收加工】夏、秋二季采收成熟果实,晒干。
【药材性状】果实扁球形,直径6～8mm;表面红褐色至黑红色,皱缩不平,显油性,顶端有宿存花萼,基部具果柄,被绒毛;果皮薄,易碎。种子椭圆球形或肾形,细小;表面棕红色。气微,味甜、辛。
【化学成分】果实含酒石酸(tartaric acid),柠檬酸(citric acid),苹果酸(malic acid)等。
【功效主治】辛,温。解表。用于外感。
【附注】本种在"Flora of China"5:285,2003的中文名为东北茶藨子。

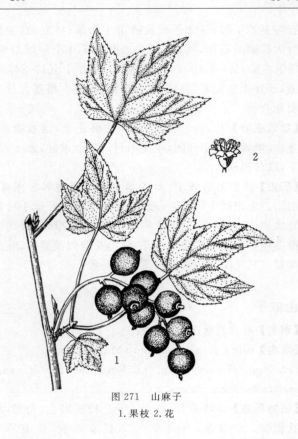

图271 山麻子
1.果枝 2.花

虎耳草

【别名】耳朵草、耳聋草、石荷叶。

【学名】Saxifraga stolonifera Curt.
（S. stolonifera L.）

【植物形态】多年生常绿草本，全体有毛。根纤细。匍匐枝丝状，紫红色，蔓延地上甚长，其上生新株。叶基生；叶片圆形或肾形，长2～7.5cm，宽2.5～10cm，基部心形或截形，边缘有浅裂或不规则的钝锯齿，肉质，掌状脉序，被柔毛，上面绿色，常有白斑，下面紫红色；叶柄长2～20cm，密被褐色柔毛。圆锥状聚伞花序，疏松，密被红色腺毛；苞片披针形，长3～5mm，有柔毛；萼片5，卵形，稍不等大，长2～3.5mm，背面及边缘密生柔毛；花瓣5，不等大，下2瓣特大，披针形，长1～1.5cm，白色，下垂，上3瓣较小，卵形，长3～4mm，基部成爪，白色带淡红色，有4枚浓红色和2枚浓黄色斑点；雄蕊10，花丝棒状，花药紫红色；心皮2，下部合生，子房上位，球形，上侧有半环状浓黄色花盘，花柱2，纤细。蒴果，卵圆形，长4～5mm，顶端2深裂，呈喙状。种子卵形，有瘤状突起。花、果期5～8月。2n＝36，54。（图272）

【生长环境】生于山坡阴湿处。

【产地分布】山东境内产于崂山、蒙山、泰山等各大山区；全省各地公园多有栽培。在我国分布于华南、华东、华中、西南地区及陕西、甘肃和台湾等地。

【药用部位】全草：虎耳草。为民间药。

【采收加工】全年采收全株，洗净，晾干或鲜用。

【药材性状】全草多卷缩成团，被毛。根茎短，丛生灰褐色细短须根。匍匐枝线状。基生叶数片，皱缩；完整叶片展平后呈圆形至肾形，长2～7cm，宽3～9cm；基部心形或平截，边缘有浅裂片和不规则锯齿；上表面绿色，有白斑，下表面紫褐色，密被小球形腺点，均被白毛；叶柄长3～20cm，密被长柔毛。圆锥状聚伞花序；花白色或浅褐色，具柄；花瓣5，上面3瓣较小，卵形，有黄色斑点，下面2瓣较大，形似虎耳。蒴果卵圆形。气微，味微苦。

以叶片完整、绿褐、带花者为佳。

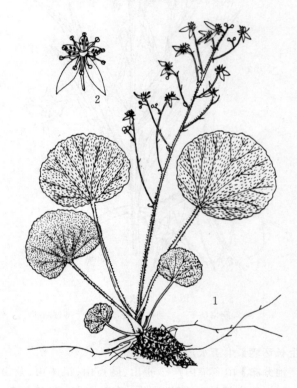

图272 虎耳草
1.植株 2.花

【化学成分】全草含苯丙素类：虎耳草素（bergenin）又称岩白菜素或岩白菜内酯，5-甲氧基异虎耳草素（5-O-methylnorbergenin），去甲虎耳草素（norbergenin），3,4-二羟基烯丙基苯-4-O-β-D-葡糖苷（3,4-dihydroxyallyl-benzene-4-O-β-D-glucopyranoside），(7R,8S)-4,9,9′-三羟基-3-甲氧基-7,8-二氢苯并呋喃-1′-丙基新木脂素-3′-O-β-D-葡糖苷[(7R,8S)-4,9,9′-trihydroxyl-3-methoxyl-7,8-dihydrobenzofuran-1′-propylneolignan-3′-O-β-D-glucopyranoside]等；黄酮类：槲皮素，槲皮素-5-O-β-D-葡萄糖苷，槲皮素-3-O-α-L-鼠李糖苷，槲皮素-3-O-β-D-葡萄糖苷，槲皮素-3-O-β-D-木糖-(1→2)-β-D-半乳糖苷，山柰酚-3-O-α-L-鼠李糖苷等；挥发油主成分为丹

皮酚,二叔丁对甲酚等;还含熊果酚苷,(3S,5R,6R,7E,9R)-3,5,6,9-四羟基-7-megastigmane,苄基-O-α-L-鼠李糖-(1→6)-β-D-葡糖苷[benzyl-O-α-L-rhamnopyranosyl-(1→6)-β-D-glucopyranoside],对羟基苯乙酮,联苯三酚(pyrogallic acid),对羟基苯酚,绿原酸,原儿茶酸,18-三十五酮,三十一烷,二十九烷,硝酸钾,氯化钾及三乙胺盐酸盐(triethylamine hydrochloride)等。叶含槲皮苷,槲皮素,岩白菜素,没食子酸,原儿茶酸,琥珀酸,甲基延胡索酸等。茎含儿茶酚。根含挥发油。

【功效主治】苦、辛,寒;有小毒。疏风凉血,清热解毒。用于风热咳嗽,肺痈,吐血,风火牙痛,风疹瘙痒,痈肿丹毒,痔疮肿痛,烫伤,外伤出血。

【历史】虎耳草始载于《履巉岩本草》。《本草纲目》曰:"虎耳,生阴湿处,人亦栽于石山上。茎高五六寸,有细毛。一茎一叶,如荷盖状,人呼为石荷叶。叶大如钱,状似初生小葵叶及虎之耳形。夏开小花,淡红色。"《植物名实图考》云:"栽种者多白纹,自生山石间者淡绿色,有白毛,却少细纹。"所述形态与附图与植物虎耳草一致。

【附注】《中国药典》1977年版曾收载。

金缕梅科

枫香树

【别名】路路通、枫树、香枫。

【学名】Liquidambar formosana Hence

【植物形态】乔木,高达30m。树皮灰褐色,浅裂;小枝灰色,略被柔毛。叶宽卵形,掌状3裂,中间裂片前伸,侧裂片平展,长6~12cm,裂片先端尾尖,基部近心形,3~5主脉,边缘有腺状锯齿,上面绿色,下面灰绿色,脉腋间有短柔毛;叶柄长4~10cm;托叶条形,长1~1.4cm,与叶柄合生,早落。花单性,雌、雄同株;雄花序短穗状,常多数排成总状;雄花有雄蕊多数,花丝不等长,花药比花丝略短;雌花序头状,由22~40花组成,有长梗;雌花的萼齿4~7,针形,长4~8mm,花柱长0.6~1cm,先端常卷曲,子房下半部藏在头状花序轴内。果序圆球形,直径2.5~4.5cm,萼齿及花柱宿存。种子多角形,熟时深褐色,有膜质翅。花期4~5月;果期9~10月。(图273)

【生长环境】栽培于山地或林场。

【产地分布】山东境内的昆嵛山、崂山、泰山及徂徕山均有栽培。在我国除山东外,还分布于秦岭及淮河以南各地。

【药用部位】果序:路路通;树脂:枫香脂(白胶香);叶:枫香叶;树皮:枫香树皮;根:枫香树根。为少常用中药和民间药。

图273 枫香树
1.花枝 2.果枝 3.雌花 4.雄花 5.种子

【采收加工】冬季果实成熟时采摘,除去杂质,晒干。春季采剥树皮;夏季采叶;秋、冬二季采根,晒干。

【药材性状】果序圆球形,由多数小蒴果集合而成,直径2~4cm;表面灰棕色或棕褐色,有多数尖刺及喙状小钝刺,长0.5~1mm,常折断,小蒴果顶部开裂,呈蜂窝状小孔洞,基部有总果梗。种子多数,多角形,直径约1mm;表面黄棕色至棕褐色;少数发育完全者呈扁平长圆形,具翅,褐色。体轻,质硬,不易破开。气微,味淡。

以个大、色灰棕、无果柄者为佳。

树脂呈不规则块状或类圆形颗粒状,大小不等,直径0.5~1cm,少数达3cm。表面淡黄色至黄棕色,半透明或不透明。质脆易碎,破碎面具玻璃样光泽。气清香,燃烧时香气更浓,味淡。

叶多破碎。完整叶片展开呈阔卵形,掌状3裂,长宽为5~12cm。中央裂片较长,先端尾状渐尖,基部心形,边缘有细锯齿。上表面灰绿色,下表面浅棕绿色,掌状脉3~5条,于下表面明显突起。叶柄长7~10cm,基部鞘状。质脆,易破碎。揉之有清香气,味辛、微苦、涩。

干皮板片状,长20~40cm,厚0.3~1cm。外表面灰黑色,栓皮易呈方块状剥落,有纵槽及横裂纹;内表面浅黄棕色,较平滑。质硬脆,易折断,断面纤维性。气清香,味辛、微苦、涩。

【化学成分】果序含路路通酸(liquidambaric acid)即白桦脂酮酸(betulonic acid),28-去甲齐墩果酮酸(28-noroleanonic acid），苏合香素（styracin）即桂皮酸桂皮醇酯（cinnamyl cinnamate），左旋肉桂酸龙脑酯（bornyl cinnamate），环氧苏合香素（slyracin epoxide），异环氧苏合香素（isostuyracin epoxide），氧化丁香烯（caryophyllene oxide）；挥发油主成分为 β-蒎烯，α-蒎烯，柠檬烯，(E)-2-己烯醛，β-石竹烯等。**果实**含熊果酸，齐墩果酸，白桦脂酮酸，3-oxo-11α,12α-epoxy oleanan-28,13β-olide，3-oxo-12α-hydroxy oleanan-28,13β-olide，3α-acetoxyl-25- hydroxy oleanan-12-en-28-oic acid，路路通内酯（liquidambaric lactone），β-谷甾醇，胡萝卜苷，没食子酸，正二十九烷，正三十烷酸。**树脂**含阿姆布酮酸（ambronic acid），阿姆布醇酸（ambrolic acid），阿姆布二醇酸（ambradiolic acid），路路通酮酸（liquidambronic acid），路路通二醇酸（liquidambrodiolic acid），枫香脂熊果酸（forucosolic acid），肉桂酸肉桂酯（cinnamyl cinnamate），齐墩果酮醇（28-hydroxy-olean-12-ene-3-one），齐墩果酮酸（3-oxo-olean-12-ene-28-oic acid）等；挥发油主成分为 α- 及 β-蒎烯，莰烯，异松油烯，石竹烯，乙酸龙脑酯等。**树皮**含 β-谷甾醇，水晶兰苷（monotropein）等。**叶**含紫云英苷，三叶豆苷（trifolin），异槲皮苷，金丝桃苷，杨梅素-3-O-β-D-葡萄糖苷，芦丁，新唢呐草素（tellimagrandin）Ⅰ、Ⅱ，长梗马兜铃素（peduncula-gin），并没食子酸，木麻黄鞣质（casuariin），1,2,6-三没食子酰葡萄糖，枫香鞣质（liquidambin），异皱褶菌素（isorugosin）A、B、D等。**嫩枝**富含无机元素锌、锰。

【功效主治】**路路通**苦，平。祛风活络，利水，通经。用于骨节痹痛，麻木拘挛，水肿胀满，乳少经闭。**枫香脂（白胶香）树脂**苦、辛，平。活血止痛，止血生肌，解毒祛痰。用于跌打损伤，痈疽肿痛，吐血衄血，外伤出血。**枫香叶**辛、苦，平。行气止痛，解毒，止血。用于泄泻，痢疾，产后风，小儿脐风，痈肿。**枫香树皮**辛，平。除湿止泻，祛风止痒。用于泄泻，痢疾，大风癞疮。**枫香树根**辛、苦，平。清热解毒，祛风除湿。用于痈疽，疔疮，风湿关节痛。

【历史】枫香树始载于《尔雅》，郭璞注："枫，树似白杨，叶圆而歧，有脂而香，今枫香是。"《新修本草》始载枫香脂，谓："树高大，叶三角，商洛之间多有。五月斫树为坎，十一月采脂。"《本草纲目》收于木部香木类，云："枫木枝干修耸，大者连数围。其木甚坚，有赤有白，白者细腻。其实成球，有柔刺。"《本草纲目拾遗》收载果实，名路路通，云："即枫实，一名榼子，乃枫树所结子也。外有刺球如栗壳，内有核，多孔穴。"本草所述形态与植物枫香树一致。

【附注】《中国药典》2010年版收载路路通；1977年版曾收载枫香脂。

檵木

【别名】檵花、白花树。

【学名】Loropetalum chinense (R. Br.) Oliver (*Homamelis chinense* R. Br.)

【植物形态】半常绿小灌木，高达3m。树皮灰色或灰褐色，分枝较多；嫩枝被褐锈色星状毛。单叶互生；叶片卵形或椭圆形，长2~5cm，宽1.5~2.5cm，先端锐尖，基部钝，不对称，上面被粗毛，下面密被褐色的星状毛，侧脉5对；叶柄长2~5mm，密被星状毛。3~8朵花簇生于枝顶，有短梗；花序梗长约1cm，有毛；苞片线形，长约3mm；花萼筒杯状，被褐色星状毛，4裂；花瓣4，白色，带状，长1~2cm，先叶或与叶同时开放；能育雄蕊4，退化雄蕊4，鳞片状，与能育雄蕊互生。蒴果卵圆形，长7~8mm，直径6~7mm，萼筒长为蒴果的2/3，被星状毛，熟时上部2瓣裂开，每瓣又2浅裂。种子卵圆形，长4~5mm，黑色，有光泽。花期3~4月；果期8月。（图274）

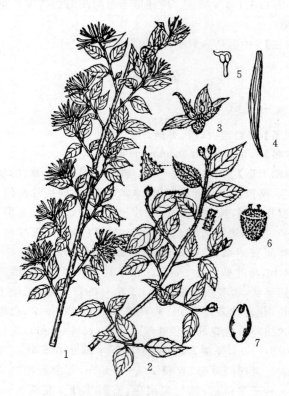

图274 檵木
1.花枝 2.果枝 3.去掉花冠的花
4.花瓣 5.雄蕊 6.果实 7.种子

【生长环境】生于向阳山坡灌丛中。

【产地分布】山东境内产于胶东丘陵（荣成）及蒙山。在我国除山东外，还分布于长江中下游各省区及西南各地区。

【药用部位】根：檵木根；叶：檵木叶；花：檵花。为民间药。

【采收加工】春季采摘初开的花;夏、秋二季采叶,晒干或鲜用。秋、冬二季挖根,洗净,晒干。

【药材性状】根圆柱形,常切成块状,大小不一。表面灰褐色或黑褐色,有圆形茎痕、浅纵纹及支根痕,栓皮易呈片状剥落而露出棕红色的皮部。体重,质坚硬,不易折断,断面灰黄色或棕红色,纤维性。气微,味淡,微苦、涩。

叶卵形或椭圆形,两侧常内卷,略成单卷状,长2～5cm,宽1～2cm。先端锐尖,基部偏斜,多全缘,间有小齿。上表面灰绿色,有稀疏毛茸;下表面色较浅,密被星状毛茸。叶柄短,密被棕色毛茸,有时带有小枝梢。叶片革质,较粗糙,不易破碎,撕裂面纤维性。气微,味涩、微苦。

以叶片完整、色绿者为佳。

花3～8朵簇生,基部具短花梗。单朵花皱缩呈条状,长1～2cm;表面淡黄色或浅棕色。萼筒杯状,长约5mm,4裂,萼裂片卵形,长约2mm;表面被灰白色星状毛。花瓣4,带形或倒卵状匙形,淡黄白色或淡棕色,棕色羽状脉纹明显。雄蕊4,花丝极短,与鳞片状退化雄蕊互生。子房下位,花柱极短,柱头2裂。质柔韧,易碎。气微清香,味淡、微苦。

【化学成分】叶含黄酮类:槲皮素,山柰酚,杨梅素-3-O-β-D-葡萄糖苷,杨梅素-3-O-β-D-半乳糖苷,杨梅素-3-O-α-L-鼠李糖苷,槲皮素-3-O-β-D-葡萄糖苷,槲皮素-3-O-β-D-半乳糖苷,山柰酚-3-O-β-D-半乳糖苷,山柰酚-3-O-β-D-葡萄糖苷;脂肪酸:亚油酸,油酸,棕榈酸,硬脂酸,山嵛酸等;还含没食子酸及还原糖。花含槲皮素,异槲皮苷等。木材含挥发油:主成分为乙酸乙酯、烷烃等。枝叶含 3β-hydroxyglutin-5-ene,3α-hydroxyglutin-5-ene,β-谷甾醇,β-胡萝卜苷。

【功效主治】檵木根苦、涩,温。行血祛瘀,收敛固涩。用于血瘀经闭,白带,产后恶露不畅,咳血,吐血,腹痛泄泻,中气下陷,骨节酸痛,跌打损伤,齿痛。檵木叶甘、苦,凉。清热解毒,收敛止泻,止血。用于暑热泻痢,扭伤闪筋,创伤出血,目痛,喉痛。檵木花甘、涩,平。清暑解热,止咳,止血。用于咳嗽,咯血,遗精,烦渴,鼻衄,血痢,泄泻,妇女血崩。

【历史】檵木始载于《植物名实图考》,名檵木花,一名纸末花,谓:"江西、湖南山冈多有之,丛生细茎,叶似榆而小,厚涩无齿。春开细白花,长寸余,如翦素纸,一朵数十条,纷披下垂。凡有映山红处即有之,红白齐炫,如火如荼;其叶嚼烂,敷刀刺伤,能止血。"其形态及附图与现今植物檵木基本一致。

【附注】《中国药典》1977年版曾收载。

杜仲科

杜仲

【别名】杜仲皮、丝棉树、扯丝皮、丝连皮。
【学名】Eucommia ulmoides Oliv.
【植物形态】落叶乔木,高达20m。树皮暗灰色;枝灰褐色至黄褐色,光滑或幼时有毛;二年生以下的小枝常有片隔状髓,白色或灰色。单叶互生;叶片长椭圆状卵形或椭圆形,长6～18cm,宽3～7.5cm,先端渐尖,基部圆形或宽楔形,边缘有内弯斜上的锯齿,上面暗绿色,老叶微皱,下面淡绿色,初有褐色毛,后仅于脉上有毛,侧脉6～9对,网脉明显;叶柄长1～2cm,上面有沟槽。花单性,雌、雄异株,生于当年枝的基部;雄花梗长约9mm,苞片倒卵形或匙形,先端圆或平截,长6～8mm,雄蕊黄绿色,条形,长约1cm;雌花梗长约8mm,子房狭长扁平,顶端3裂,柱头位于裂口内侧,顶端突出向两侧伸展反曲,下有倒卵形苞片。翅果长椭圆形,长3～4cm,宽1～1.3cm,翅狭长,位于两侧。种子狭长椭圆形,长1.2～1.5cm,宽3～4mm,两端钝圆,中部较宽厚。花期4月;果期10月。(图275,彩图24)

图275 杜仲
1.果枝 2.花枝 3.雄花 4.雌花

【生长环境】生于低山、谷地或疏林中。多栽培。
【产地分布】山东境内各山区及部分庭园有栽培,崂山、蒙山等地栽培历史较长。在我国除山东外,还分布于陕西、甘肃、四川、云南、贵州、湖南、湖北、河南、浙江等地。
【药用部位】树皮:杜仲;叶:杜仲叶;果实:杜仲果。为常用中药，可用于保健食品，杜仲叶可做茶。

【采收加工】4～6月剥取栽培10年以上植株的树皮，刮去粗皮，将内表面相对，层层叠放堆积发汗，待内皮呈紫褐色时取出，晒干。夏季采叶，晒干。秋季采收成熟果实，晒干。

【药材性状】树皮板片状或两边稍向内卷，大小不一，厚3～7mm。外表面淡棕色或灰褐色，有明显的皱纹或纵裂槽纹，较薄的树皮可见明显的斜方形皮孔；内表面暗紫色，平滑。质脆，易折断，断面有细密银白色富弹性的橡胶丝相连，拉至1cm以上方可断开。气微，味稍苦。

以皮厚块大、刮净粗皮、内表面色暗紫、断面银白色橡胶丝多者为佳。

叶多皱缩破碎。完整叶片展平后呈椭圆形或卵圆形，长6～17cm，宽3～7cm。先端渐尖，基部圆形或广楔形，边缘有锯齿。表面暗黄绿色，下表面脉上有柔毛。叶柄长1～2cm。叶片质脆，折断后有弹性银白色橡胶丝相连。气微，味微苦。

以完整、色黄绿、无杂质者为佳。

【化学成分】树皮含杜仲胶（guttapercha）；木脂素类：松脂醇二葡萄糖苷（pinoresinol diglucoside），右旋丁香树脂酚，右旋丁香树脂酚葡萄糖苷，松脂醇（pinoresinol），1-羟基松脂醇，左旋橄榄树脂素（olivil），左旋橄榄树脂素-4'-葡萄糖苷，右旋环橄榄树脂素（cycloolivil），右旋杜仲树脂酚（medioresinol），杜仲素A（eucommin A）等；环烯醚萜类：桃叶珊瑚苷（aucubin），杜仲苷（ulmoside），都桷子素（genipin），去羟栀子苷（geniposide），去羟栀子苷酸，筋骨草苷（ajugoside），杜仲醇（eucommiol），杜仲醇苷（eucommioside）Ⅰ等；三萜类：熊果酸，白桦脂酸，白桦脂醇；黄酮类：儿茶素，表儿茶素，芦丁，还含绿原酸，绿原酸甲酯，咖啡酸，β-谷甾醇，胡萝卜苷，杜仲丙烯醇（ulmoprenol），正二十八烷酸，二十四烷酸甘油酯，苯丙氨酸，赖氨酸及无机元素锗、硒等。内皮含紫云英苷，异槲皮苷，槲皮素-3-O-β-D-木糖葡萄糖苷，异绿原酸A，C等。叶含杜仲胶，丁香树脂酚二葡萄糖苷，桃叶珊瑚苷，鹅掌楸苷，松脂醇二葡萄糖苷，都桷子苷酸（geniposidic acid），松柏苷（syringin），延胡索酸，绿原酸，熊果酸，对香豆酸，咖啡酸乙酯（caffeic acid ethyl ester），杜仲醇，儿茶酚，β-谷甾醇等；还含2-乙基呋喃基丙烯醛（2-ethylfurylacrolein）为主的挥发性成分，多种氨基酸及亚油酸等。种仁含粗蛋白、粗脂肪和粗纤维；种子油含亚麻酸、油酸、亚油酸、棕榈酸及少量山嵛酸和木焦酸等；氨基酸：谷氨酸、天冬氨酸、精氨酸、亮氨酸、丝氨酸、甘氨酸等。

【功效主治】杜仲甘，温。补肝肾，强筋骨，安胎，平肝。用于肝肾不足，腰膝酸痛，筋骨无力，妊娠漏血，胎动不安。杜仲叶微辛，温。补肝肾，强筋骨，平肝。用于肝肾不足，头晕目眩，腰膝酸痛，筋骨痿软。杜仲果甘、微辛，温。补肝肾，强筋骨，安胎。用于腰脊酸痛，肢体痿弱，遗精滑精，五更泄泻，虚劳，小便淋沥，阴下湿痒，胎动不安，胎漏欲堕，滑胎，肝阳上亢。

【历史】杜仲始载于《神农本草经》，列为上品，一名思仙。《名医别录》云："杜仲生上虞山谷及上党、汉中。二月、五月、六月、九月采皮"。《本草经集注》云："今用出建平、宜都者。状如厚朴，折之多白丝为佳"。《蜀本草》云："生深山大谷，树高数丈，叶似辛夷，折其皮多白绵者好"。所述形态表明古今中药杜仲原植物一致。

【附注】①《中国药典》2010年版收载。②自二十世纪80年代起，为了保护资源，增加药材产量，山东省进行了杜仲环剥技术研究并获得成功，为发展生产提供了技术保障。

悬铃木科

悬铃木

【别名】梧桐、悬铃木、三球悬铃木。

【学名】Platanus orientalis L.

【植物形态】落叶乔木，高达30m。树皮灰褐色至灰绿色，薄片状剥落；嫩枝有黄褐色毛，老枝无毛。叶互生；叶片阔卵形，长8～16cm，宽9～18cm，掌状5～7深裂，稀3裂，中间裂片长7～9cm，宽4～6cm，基部宽楔形、心形或截形，边缘有少数大粗齿，上下两面初被灰黄色绒毛，后脱落或仅残留在叶下面的主脉上，基出3～5脉；叶柄长3～8cm，圆柱形，基部膨大；托叶小，长不及1cm，鞘状。花多4数；雄性头状花序球形，多无柄；雌性球形头状花序常有柄，多3球以上成串生长在1长轴上。果序球多3～5，稀2，直径2～2.5cm，刺状宿存花柱突出于果序球之外，长3～4mm；小坚果之间有黄色绒毛。花期4月下旬；果期9～10月。（图276）

【生长环境】栽培于道路两旁。

【产地分布】原产欧洲东部及亚洲西部。山东境内的青岛、济南、泰安等地有栽培。我国栽培于黄河、长江流域各地。其为优良的行道树及公园绿化树。

【药用部位】小坚果：梧桐果（祛汗树）；树皮：梧桐皮。为民间药。

【采收加工】春季采剥树皮，除支外方粗皮，晒干。秋、冬二季采摘成熟果实，晒干。

【化学成分】树皮含儿茶素，表儿茶素，没食子儿茶素，表没食子儿茶素，山奈酚，槲皮素，阿福豆苷，异槲皮苷，紫云英苷-6″-没食子酸酯，异槲皮苷-6″-没食子酸酯，酪醇（tyrosol）等。

【功效主治】梧桐皮用于痢疾泄泻，疝气，齿痛。梧桐果（祛汗树）用于发汗。

【附注】①本种在"Flora of China" 9:44,2003的中文名

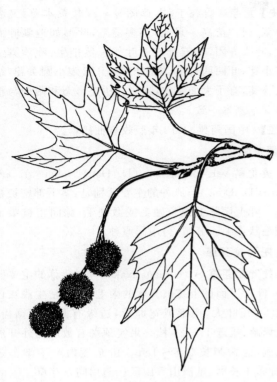

图276 悬铃木

为净土树。②本种果序球多为3个以上,稀2个。

附:法国梧桐

法国梧桐 Platanus acerifolia (Aiton) Willd.,果序球多为2个。

一球悬铃木

一球悬铃木 Platanus occidentalis L.,又名美国梧桐,果序球多为1个,稀2个。

蔷薇科

龙芽草

【别名】仙鹤草、粘牛尾巴草(烟台)、念骨朵子(蓬莱、牙山)、括头篦子(蒙山)。

【学名】Agrimonia pilosa Ldb.

【植物形态】多年生草本。根多呈块茎状,周围生若干侧根。根状茎短,常有1至数个地下芽。茎高0.3~1.2m,有长柔毛及短柔毛,稀下部有稀疏长硬毛。叶为间断奇数羽状复叶,互生,通常有小叶3~4对,稀2对,向上减少至3小叶;小叶片倒卵形、倒卵状椭圆形或倒卵状披针形,长1~5cm,宽1~3cm,边缘有急尖或圆钝锯齿,上面有疏柔毛,稀无毛,有显著腺点;托叶镰形,稀卵形,边缘有尖锐锯齿或裂片,稀全缘,茎下部托叶有时卵状披针形,常全缘。穗状总状花序顶生,花序轴有柔毛;花梗长1~5mm,有柔毛;苞片常3深裂,裂片条形;小苞片对生,全缘或边缘分裂;花直径6~9mm;萼片5;花瓣黄色;雄蕊5~15;花柱2,丝状,柱头头状。瘦果包藏于具钩刺的萼筒内,倒卵状圆锥形,外面有10肋,顶端有数层钩刺,连钩刺长7~8mm。花、果期5~11月。(图277)

图277 龙牙草
1.植株上部 2.花 3.果实

【生长环境】生于路边、草地、溪岸及疏林、灌丛或林边。

【产地分布】山东境内产于济南、泰安、枣庄、临沂、淄博、青岛、烟台等地。在我国分布于各地。

【药用部位】全草:仙鹤草;芽:鹤草芽;根:龙芽草根。为常用中药或民间药,嫩茎叶药食两用。

【采收加工】夏、秋二季采割地上部分,除去杂质,晒干。秋末茎叶枯萎至春初植株萌发前采挖地下部分,掰取带短小根茎的冬芽,除去须根、泥沙,晒干或低温干燥。秋后采挖,除去地上部分,洗净,晒干。

【药材性状】全草长0.5~1m,被白色柔毛。茎下部圆柱形,直径4~6mm,红棕色,常木质化;上部方柱形,四面略凹陷,绿褐色,有纵沟及棱线;节明显,节间长0.2~2.5cm,向上节间渐长;体轻,质硬脆,断面中空。奇数羽状复叶,互生,常皱缩卷曲;小叶片有大小2种,相间生于叶轴上,顶端小叶片较大;完整小叶片展平后呈倒卵形或倒卵状椭圆形;先端尖,基部楔形,边缘有锯齿;表面暗绿色或黄绿色,下表面毛较多;托叶2,斜卵形,抱茎;质脆,易碎。总状花序细长;花萼下部筒状,上部有钩刺;花瓣5,黄色或黄棕色。气微,味微苦。

以质嫩、叶多、色绿者为佳。

根芽圆锥形或圆锥状柱形,中上部常弯曲,长2～6cm,直径0.5～1cm;表面棕褐色,密布环节和棕黑色鳞叶。顶端有数枚浅棕色或黄白色膜质鳞叶,基部有根茎残基,长1～3cm。质脆易碎,折断面平坦,黄白色。气微,略有豆腥气,味微甜而后苦、涩。

以芽大完整、根茎短、色棕褐、微有豆腥气者为佳。

【化学成分】全草含黄酮类:山柰酚,山柰酚-3-O-(6-p-香豆酰基)-β-D-吡喃葡萄糖苷(tiliroside),山柰酚-3-O-α-L-吡喃鼠李糖苷,山柰酚-3-O-β-D-吡喃葡萄糖苷,槲皮素,槲皮素-3-O-α-L-吡喃鼠李糖苷,槲皮素-3-O-β-D-吡喃葡萄糖苷,芹菜素,芹菜素-7-O-葡萄糖醛酸甲酯(apigenin-7-O-methyl glucuronate),芹菜素-7-O-葡萄糖醛酸丁酯(apigenin-7-O-buthyl glucuronate),木犀草素,pilosanol C,去氢双儿茶素A(dehydro dicatech in A),(+)-儿茶素,(2S,3S)-(−)-花旗松素[(2S,3S)-(−)-taxifolin];三萜类:1β,2α,19α-三羟基熊果酸,1β,2β,19α-三羟基熊果酸;有机酸:异香草酸,反式对香豆酸,原儿茶酸;还含仙鹤草酚(agrimol)A、B、C、D、E、F、G,仙鹤草内酯(agrimonolide),仙鹤草素(agrimonin)A、B、C,原儿茶醛及无机元素铁、钙、磷、钾、锌、镁、锶等。地上部分含黄酮类:木犀草素,芹菜素,山柰酚,槲皮素,金丝桃苷,山柰酚-7-O-α-L-吡喃鼠李糖苷,木犀草素-7-O-β-D-葡萄糖苷,芹菜素-7-O-β-D-葡萄糖苷,2S,3S-花旗松素-3-O-β-D-葡萄糖苷(2S,3S-taxifolin-3-β-D-glucoside),2R,3R-花旗松素-3-O-β-D-葡萄糖苷(2R,3R-taxifolin-3-β-D-glucoside);三萜类:齐墩果酸,乌苏酸,19α-羧基乌苏酸,委陵菜酸(tormentic acid);还含仙鹤草酚B,并没食子酸,没食子酸,咖啡酸,3,3′-二甲基鞣花酸(3,3′-di-O-methyl ellagic acid)等。鲜根茎冬芽含鹤草酚(agrimophol),仙鹤草内酯,香草酸,1-花旗松素(1-二氢槲皮素,1-taxifolin),花旗松素,仙鹤草内酯-6-O-β-D-葡萄糖苷,反式对-羟基肉桂酸酯,(2S,3S)-(−)-花旗松素-3-O-β-D-葡萄糖苷,鞣花酸-4-O-β-D-木糖苷,委陵菜酸等。根含仙鹤草酚,仙鹤草内酯,并没食子酸,三萜类,植物甾醇和鞣质等。根芽含R-左旋-仙鹤草酚B,鹤草酚,正二十九烷,β-谷甾醇,伪绵马素。

【功效主治】仙鹤草苦、涩,平。收敛止血,截疟,止痢,解毒。用于咳血、吐血,崩漏下血,疟疾,血痢,痈肿疮毒,阴痒带下。鹤草芽苦、涩,凉。驱虫,解毒消肿。用于绦虫病,阴道滴虫,疮疖疥癣,赤白痢。龙芽草根辛、涩,温。解毒,驱虫。用于赤白痢,疮疡肿毒,疟疾,绦虫病,闭经。

【历史】龙芽草始载于《本草图经》。《救荒本草》又名瓜香草,曰:"苗高一尺余,茎多涩毛,叶形如地棠叶而宽大,叶头齐团,每五叶或七叶作一茎排生,叶茎脚上又有小芽,叶两两对生,梢间出穗,开五瓣小圆黄花,结青毛蓇葖,有子大如黍粒,味甜。"所述形态和附图与植物龙芽草基本一致。

【附注】《中国药典》2010年版收载仙鹤草。

附:黄龙尾

黄龙尾 var. nepalensis (D. Don) Nakai (A. nepalensis D. Don.)与原种的主要区别是:茎下部密被粗硬毛。叶上面脉上被长硬毛或微硬毛,脉间密被柔毛或绒毛状柔毛。分布、药用同原种。

托叶龙芽草

托叶龙芽草 A. coreana Nakai与龙芽草的主要区别是:叶片下面脉上疏被开展的柔毛,脉间密生浅灰色短柔毛;托叶大,扇形或宽卵形,边缘有圆钝粗锯齿。花极稀疏;雄蕊17～24枚。果实顶端有数层向外开展的钩刺,连钩刺长0.8～1cm。山东境内产于烟台等地;分布于长岛、昆嵛山等山区。药用同龙芽草。

扁桃

【别名】苦扁桃、苦八旦杏、巴旦杏仁。

【学名】Amygdalus communis L.
(Prunus amygdalus Batsch.)

【植物形态】落叶中型乔木或灌木,高4～8m。树皮深褐色至灰黑色,粗糙,有裂纹;枝条多直立或平展,有较多短枝;小枝浅褐色至灰褐色,无毛,冬芽并生,卵形,鳞片棕褐色,无毛,芽内幼叶对折。单叶互生;叶片披针形或椭圆状披针形,长4～9cm,宽1.5～2.5cm,先端急尖或渐尖,基部圆形或宽楔形,叶缘有浅钝锯齿,侧脉7～8对,两面无毛或仅在幼嫩时有稀疏毛;叶柄长1.5～3cm,在靠近叶基处常有2～4腺体。花两性,辐射对称,单生,花梗长3～4mm,先叶开放;花萼圆筒形,无毛,萼片5,宽披针形,边缘有毛状齿;花瓣宽楔形,先端截形或微凹,基部有短爪,白色或粉红色;雄蕊15～20;子房被疏毛。核果斜卵形至长圆卵形,长3～4cm,顶端长尖,两侧略偏斜,沿腹缝线有不明显的浅沟槽,密被短柔毛,果肉薄,熟时沿腹沟开裂;核壳坚硬薄脆,表面多少光滑,略有蜂窝状孔纹和沟纹。花期3～4月;果期7～8月。2n=16。(图278)

【生长环境】生于干旱山坡地。栽培于果园、山坡。

【产地分布】山东境内产于烟台、青岛、泰安等地;全省各地均有栽培。我国的西北各地栽培历史较长。

【药用部位】种子:巴旦杏仁;树胶:扁桃胶。为地区习惯用药,巴旦杏仁药食两用。

【采收加工】夏、秋间采摘成熟果实,取出果核,除净果

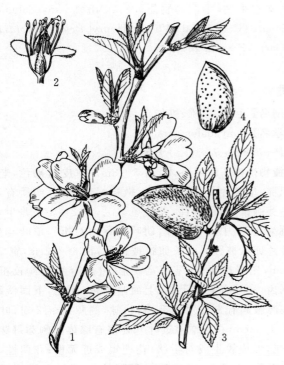

图 278 扁桃
1.花枝 2.花纵切 3.果枝 4.果核

肉及核壳,取出种子,晒干。依据味道分为苦巴旦杏仁和甜巴旦杏仁。夏、秋季采收树干上渗出的胶状物。

【药材性状】苦巴旦杏仁扁长卵形,长 1.5～2.8cm,宽约 1.3cm,厚 7～8mm。种皮薄,棕色,顶端稍尖,下部较圆,侧面一边较薄,另一边厚圆,在圆边处的顶端处有线形种脐,合点和种脊均明显。除去皮后有白色子叶 2 枚。气微,味苦。

甜巴旦杏仁稍大,长 2.2～3.5cm,宽约 1.5cm,厚约 8mm。种皮红棕色,顶端有线形脐点,底部有合点,由合点处分出多数维管束脉纹,向尖端分布,形成暗色纹理。气微,味微甜。

【化学成分】种子含苦杏仁苷(amygdalin),水苏糖(stachyose),棉子糖(raffinose),蔗糖,杏仁球蛋白(amandin);氨基酸:谷氨酸,天冬氨酸,精氨酸,脯氨酸等;脂肪油主成分为油酸,亚油酸,肉豆蔻酸,棕榈酸,硬脂酸等;维生素 B_1、B_2、E 及无机元素钾、钙、镁、铜、锌、锰、铁等。叶含苦杏仁苷。扁桃胶含氨基酸:苏氨酸,组氨酸,甘氨酸,丙氨酸,精氨酸,苯丙氨酸等;多糖:由葡萄糖醛酸、木糖、半乳糖和阿拉伯糖及少量鼠李糖和海藻糖组成。

【功效主治】巴旦杏仁甘,平。润肺,止咳,化痰,下气。用于虚痨咳嗽,心腹逆闷。苦者偏于化痰下气,甜者偏于润肺化痰。扁桃胶止痛,止痢。用于疼痛,石淋,血淋,痢疾。

【历史】扁桃始载于《本草纲目》,名巴旦杏,云:"巴旦杏,出回回旧地,今吴西(函谷关或潼关以西)诸土亦有。树如杏而叶美小,实亦尖小而肉薄,其核如梅核,壳薄而仁甘美。"根据所载产地、分布、叶果形态及其附图,与现今植物扁桃相同。

山桃

【别名】毛桃、山毛桃、野桃。

【学名】Amygdalus davidiana (Carr.) C. de Vos ex Henry

(*Persica davidiana* Carr.)

[*Prunus davidiana* (Carr.) Franch.]

【植物形态】落叶小乔木,高达 10m。树皮暗紫红色,平滑,常有横向环纹,老时纸质剥落;小枝褐色,无毛,有顶芽,侧芽 2～3 并生。单叶互生;叶片卵状披针形,长 6～12cm,宽 2～4cm,先端长渐尖,基部宽楔形,叶缘有细锐锯齿,侧脉 6～8 对,上下两面无毛;叶柄长 1～2cm,通常无毛,近叶基处有腺体或缺。花单生,两性,辐射对称,近无花梗,直径 2～3cm;萼筒钟形,萼裂片卵圆形,先端尖,紫红色,边缘有时绿色,无毛;花瓣宽倒卵形或卵形,先端钝圆或微凹,基部有爪,粉红色或白色;雄蕊约 30,长短不等;子房被短柔毛。核果近球形,直径约 3cm,顶不尖,腹缝线沟略明显,被短毛;果肉较薄,熟后淡黄色,干燥;核球形或近球形,两侧不压扁,两端圆钝,基部截形,表面有纵横沟纹和孔穴,与果肉分离。种子 1 粒,种皮红棕色。花期 3 月;果期 7～8 月。(图 279)

图 279 山桃
1.花枝 2.花纵切 3.果枝 4.果核

【生长环境】生于山坡、山谷沟底、滩地或荒地。栽培于城镇、乡村庭园或公园内。

【产地分布】山东境内产于各山地丘陵。在我国分布于黄河流域各地。

【药用部位】种子：桃仁；干燥幼果：桃奴（碧桃干、瘪桃干）；果实：山桃；花：山桃花；叶：山桃叶；幼枝：山桃枝；茎皮：山桃茎白皮；根：山桃根；茎干渗出物：桃胶。为常用中药、少常用中药或和民间药，山桃、桃仁药食两用。桃仁为山东道地药材。

【采收加工】夏、秋间采摘成熟果实，鲜用，取出果核，或食用时收集果核，除去果肉及核壳，取出种子，晒干。4～6月结果后，收集发育不良自行落地未成熟而僵硬的幼果，或11月间摘取树上残留的干枯果实，晒干。3～4月采摘将开放的花，阴干。夏季采叶及幼枝，晒干或鲜用。夏、秋二季采剥树皮，除去栓皮，晒干或鲜用。全年挖根，洗净，切段晒干。夏季收集茎干渗出物，除去杂质，晒干。

【药材性状】种子卵圆形，基部偏斜，较小而肥，长0.9～1.5cm，宽约7mm，厚约5mm。种皮红棕色或黄棕色，表面颗粒状突起较粗而密。种皮薄脆，子叶2，类白色，富油性。气微，味微苦。

以完整、颗粒均匀、色红棕、种仁白者为佳。

【化学成分】种仁含苦杏仁苷及谷氨酸、天冬氨酸、亮氨酸、精氨酸等氨基酸；还含(Z)-(9-十八碳烯酸)，9,12-十八碳二烯，十六碳酸及蔗糖等。茎含黄酮类：柚皮素-7-O-葡萄糖苷，二氢山柰酚，山柰酚葡萄糖苷，橙皮素-5-O-葡萄糖苷，槲皮素葡萄糖苷，洋李苷(prunin)等；还含右旋儿茶精，胡萝卜苷；挥发油主成分为苯甲醛。

【功效主治】桃仁苦、甘，平。活血祛瘀，润肠通便，止咳平喘。用于经闭痛经，癥瘕痞块，肺痈肠痈，跌扑损伤，燥肠便秘，咳嗽气喘。桃奴（碧桃干、瘪桃干）酸、苦，平。敛汗止血。用于盗汗，吐血，妊娠下血。山桃用于津少口渴，肠燥便秘。山桃叶苦、辛，平。祛风清热，燥湿解毒，杀虫。用于外感风邪，头痛，风痹，湿疹，痈肿疮疖，癣疮，滴虫病。山桃花苦，平。泻下通便，利水消肿，活血化瘀。用于小便不利，痰饮，便秘，经闭。山桃枝、山桃茎白皮苦，平。活血通络，解毒杀虫。用于心腹刺痛，风湿痹痛，跌打损伤，疮癣。山桃根苦，平。清热除湿，利胆，行血，止痛，除胃中热。用于黄疸，痧气腹痛，风湿痹痛，经闭，吐血，痈肿，痔疮。桃胶甘、苦，平。活血化瘀，解毒止痛。用于石淋，血瘕，痢疾，腹痛，消渴，膏淋。

【历史】见桃。

【附注】①《中国药典》2010年版收载桃仁、桃枝，后者为新增品种，《山东省中药材标准》2002年版收载桃奴，均用其异名 Prunus davidiana (Carr.) Franch.。

②本志采纳《中国植物志》38:20 山桃 Amygdalus davidiana (Carr.) C. de Vos ex Henry [Prunus davidiana (Carr.) Franch.]的分类。

桃

【别名】毛桃、白桃、桃仁。

【学名】Amygdalus persica L.
[Prunus persica (L.) Batsch.]

【植物形态】落叶乔木，高3～8m。树皮暗褐色，老时粗糙，呈鳞片状；枝红褐色，嫩枝绿色，无毛或微有毛；冬芽圆锥形，顶端钝，外被短柔毛，常2～3个并生，两侧为花芽，中间为叶芽，幼叶在芽内对折。单叶互生；叶片卵状披针形或长卵状披针形，长8～12cm，宽2～3cm，先端长渐尖，基部宽楔形，叶缘有细钝或较粗的锯齿，齿端有腺或无腺，上面暗绿色，无毛，下面淡绿，在脉腋间有少量短柔毛，羽状脉，侧脉7～12对；叶柄长1～2cm，在顶端靠近叶基处多有腺体。侧芽每芽生1花，形成簇生或对生状；花梗短或近无梗；花两性，辐射对称，直径2.5～3.5cm；萼筒钟状，萼片卵圆形或长圆三角形，外被短柔毛或带有紫红色斑点；花瓣倒卵形或长椭圆形，粉红色，稀白色；雄蕊10～20；雌蕊1，花柱与雄蕊略等长。核果卵形、椭圆形或扁球形，顶端通常有钩状尖，腹缝线纵沟较明显，直径通常3～7cm，稀至12cm，外密被短绒毛，果肉多汁；核大，椭圆形或扁球形，两侧有棱或扁圆，有较多的深沟纹及蜂窝状的孔穴，顶端渐尖。种子1粒，扁长卵状心形；种皮红棕色。花期4～5月；果期6～11月。花果期因品种而异。$2n=16$。（图280）

【生长环境】生于山坡、沟谷或杂木林。栽培于果园和庭园。

【产地分布】山东境内产于全省各地；栽培以肥城、青州、诸城、泰安、沂水、沂源、蒙阴、齐河、临朐、章丘等地较多。在我国除山东外，还分布于华北、华中、西北地区。

【药用部位】种子：桃仁；干燥幼果：桃奴（碧桃干、瘪桃干）；果实：桃；花：桃花；叶：桃叶；幼枝：桃枝；茎皮：桃茎白皮；根：桃根；茎干渗出物：桃胶。为常用中药、少常用中药或和民间药，桃、桃仁药食两用，桃花美容。桃仁为山东道地药材。

【采收加工】夏、秋间采摘成熟果实，鲜用，取出果核，或食用时收集果核，除去果肉及核壳，取出种子，晒干。4～6月结果后，收集发育不良自行落地未成熟而僵硬的幼果，或11月间摘取树上残留的干枯果实，晒干。3～4月采摘将开放的花，阴干。夏季采叶及幼枝，晒干或鲜用。夏、秋二季采剥树皮，除去栓皮，晒干或鲜用。全年挖根，洗净，切段晒干。夏季收集茎干渗出

图 280 桃
1. 花枝 2. 花纵切 3. 果枝 4. 果核

物,除去杂质,晒干。

【药材性状】种子扁长卵形,长 1.2~1.8cm,宽 0.8~1.2cm,厚 2~4mm。表面红棕色或黄棕色,密布细小颗粒状突起,顶端尖,中部膨大,基部钝圆,稍偏斜,边缘较薄。尖端一侧有短线状种脐,基部有颜色略深不甚明显的合点,自合点处散出多数棕色维管束脉纹,形成布满种皮的纵向凹纹。种皮薄,子叶 2,类白色,富油性。气微,味微苦。

以完整、颗粒饱满、色红棕、种仁白者为佳。

干燥幼果矩圆形或卵圆形,长 1.8~3cm,直径 1.5~2cm。表面黄绿色,有网状皱缩的纹理,密被短柔毛。先端渐尖,鸟喙状,基部不对称,有的残留棕红色果柄。内果皮腹缝线凸出,背缝线不明显。质坚实,不易折断。气微弱,味微酸、涩。

以个大、质坚硬、色黄绿者为佳。

【化学成分】种仁含氰苷:苦杏仁苷,野樱苷(prunasin);三萜类:24-亚甲基环木菠萝烷醇,24-亚甲基环木菠萝烷乙酸酯,羽扇豆醇乙酸酯;甾醇类:菜油甾醇乙酸酯,Δ^7-豆甾烯醇,豆甾醇乙酸酯,Δ^5-燕麦甾醇乙酸酯,β-谷甾醇乙酸酯,柠檬甾二烯醇(citrostadienol),7-去氢燕麦甾醇(7-dehydroavenasterol),菜油甾醇及其葡萄糖苷;有机酸:绿原酸,3-咖啡酰奎宁酸,3-对香豆酰奎宁酸;氨基酸:谷氨酸,天冬氨酸,亮氨酸,精氨酸等;脂肪油:主含油酸和亚油酸;还含胡萝卜苷,蛋白质 PR-A, PR-B。果实含黄酮类:紫云英苷,蜡梅苷(meratin),山柰酚-3-O-β-D-双葡萄糖苷,桃皮素(persicogenin),柚皮素,香橙素(aromadendrine),矢车菊苷等;还含苹果酸,柠檬酸,蔗糖,葡萄糖,果糖,山梨糖醇等。花含山柰酚-3-O-α-L-鼠李糖苷,槲皮苷,蔷薇苷 A、B,野蔷薇苷(multinoside)A,绿原酸,紫云英苷,蜡梅苷等。叶含黄酮类:槲皮素,紫云英苷,蜡梅苷,山柰酚-3-O-β-D-双葡萄糖苷,桃皮素,柚皮素,香橙素,橙皮素,桃皮素-5-β-D-吡喃葡萄糖苷等;还含三十一烷,消旋扁桃酸(mandelic acid)等。鲜叶含氰苷类。茎皮含紫云英苷,蜡梅苷,山柰酚-3-O-β-D-双葡萄糖苷,桃皮素,柚皮素,香橙素,橙皮素,桃皮素-5-β-D-吡喃葡萄糖苷,矢车菊苷,桃苷(persicoside),右旋儿茶酚,左旋表儿茶酚没食子酸酯等。茎挥发油主成分为苯甲醛。桃胶主含半乳糖,鼠李糖,α-葡萄糖醛酸等。

【功效主治】桃仁苦、甘,平。活血祛瘀,润肠通便,止咳平喘。用于经闭痛经,癥瘕痞块,肺痈肠痈,跌扑损伤,燥肠便秘,咳嗽气喘。桃奴(碧桃干、瘪桃干)酸、苦,平。敛汗止血。用于盗汗,吐血,妊娠下血。桃甘、酸,热。补心益气,生津止渴,消积润肠,解劳热,用于津少口渴,肺虚咳嗽,肠燥便秘。桃叶苦、辛,平。祛风清热,燥湿解毒,杀虫。用于外感风邪,头痛,风痹,湿疹,痈肿疮疖,癣疮,滴虫病。桃花苦,平。泻下通便,利水消肿,活血化瘀。用于小便不利,痰饮,便秘,经闭。桃枝、桃茎白皮苦,平。活血通络,解毒杀虫。用于心腹刺痛,风湿痹痛,跌打损伤,疮癣。桃根苦,平。清热利胆除湿,行血,止痛。用于黄疸,痧气腹痛,风湿痹痛,经闭,吐血,痈肿,痔疮。桃胶甘、苦,平。活血化瘀,解毒,止痛。用于石淋,血瘕,痢疾,腹痛,消渴,膏淋。

【历史】桃名见于《诗经》。桃仁始载于《神农本草经》,列为下品,原名桃核仁;又收载桃㚖,即桃奴。《名医别录》载:"生太山(泰山)山谷。"《本草衍义》云:"桃品亦多……入药唯以山中自生者为正。"《本草纲目》载:"桃……易于栽种……唯山中毛桃……小而多毛,核黏味恶,其仁充满多脂,可入药用。"据所述形态,古代桃仁来源于桃属多种植物的种子,但以非嫁接桃和山桃的种子为好;桃奴为桃和山桃的未成熟果实。与现今商品药材来源一致。《中国道地药材》载:"现主产北京郊区,河北,山东,山西等省。"

【附注】①《中国药典》2010 年版收载桃仁、桃枝,后者为新增品种,《山东省中药材标准》2002 年版收载桃奴,两者均用其异名 Prunus persica (L.) Batsch.。②本志采纳《中国植物志》38:17 桃 Amygdalus persica L. [Prunus persica (L.) Batsch.]的分类。

榆叶梅

【别名】榆梅、兰枝、鸾枝梅。

【学名】Amygdalus triloba (Lindl.) Ricker
(Prunus triloba Lindl.)

【植物形态】落叶灌木或小乔木，高2～5m。树皮紫褐色，浅裂或皱状剥落；小枝深褐色或绿色，向阳面紫红色，无毛或仅幼时有毛；有顶芽，侧芽并生。短枝上的叶簇生，一年生枝上的叶互生；叶片宽椭圆形至倒卵形，长3～6cm，宽1.5～3cm，先端渐尖或突尖，常3裂，基部宽楔形，叶缘有粗重锯齿，侧脉4～6对，上面绿色，无毛或被疏毛，下面淡绿色，密被短柔毛；叶柄长5～8mm，微被短毛。花两性，辐射对称；单生或2～3朵集生于上年的枝侧，直径2～3cm；花梗短或近于无梗；萼筒宽钟形，萼片卵圆形或卵状三角形，5～10裂，无毛或微被柔毛；花瓣卵圆形或近卵形，粉红色；雄蕊25～30；子房被短柔毛。核果近球形，略有腹缝线沟槽，直径1～1.5cm，果肉薄，熟时红色，开裂；核球形，两端圆钝，有厚壳，表面有网状浅沟。花期3～4月；果期5～6月。2n=64。(图281)

图281 榆叶梅
1.果枝 2.花枝 3.花纵切

【生长环境】生于沟坡或疏林中。栽培于各地公园、庭园或公用绿地。

【产地分布】山东境内产于临沂、枣庄等地山区。在我国除山东外，还分布于东北地区及河北、内蒙古、山西、陕西、甘肃、江西、江苏、浙江等地。

【药用部位】种子：郁李仁(大李仁)；果实：榆叶梅。为地区习惯用药，花可提取食用色素。

【采收加工】8月中旬至9月初当果实呈鲜红色后采收；将果实堆放在阴湿处，待果肉腐烂后，取其果核，清除杂质，稍晒干，将果核压碎去壳，收集种子。

【药材性状】种子圆锥形，长7～8mm，直径约6mm。种皮红棕色，具皱纹。合点深棕色，直径约2mm。气微，味微苦。

【化学成分】种仁蛋白质由谷氨酸，天冬氨酸，亮氨酸，精氨酸，脯氨酸，缬氨酸等组成。花含挥发油，其主成分为米-薄荷-6,8-二烯，月桂烯，十氢-2,3-二甲基-萘，正三十四烷等。

【功效主治】郁李仁(大李仁)辛、苦、甘，平。润肠通便，下气利水。用于津枯肠燥，食积气滞，腹胀便秘，水肿，脚气，小便不利。榆叶梅酸、甘，温。生津止渴。用于津伤口渴。

【历史】见郁李仁。

东北杏

【别名】辽杏、杏仁。

【学名】Armeniaca mandshurica (Maxim.) Skv.
(Prunus armenica L. var. mandshurica Maxim.)
[Prunus mandshurica (Maxim.) Koehne]

【植物形态】落叶乔木，高达15m，胸径达30cm。树皮暗灰色，深裂；枝浅红褐色，嫩枝绿色，无毛；冬芽2～3个簇生于枝侧，幼叶在芽内席卷。单叶互生；叶片宽椭圆形或卵圆形，长5～15cm，宽3～8cm，先端渐尖，基部宽楔形至圆形，稀心形，叶缘有长短不齐的尖锐重锯齿，侧脉5～8对，两面无毛或仅在下面脉腋间有疏毛；叶柄长2～3cm。花单生，稀2花并生；花梗长0.7～1cm，无毛；花两性，辐射对称，直径2.5～3cm，先叶开放；萼圆筒形，萼片卵形或长椭圆状三角形，边缘有浅锯齿，开花时常反折；花瓣倒卵形或近圆形，红色或浅粉色。核果近球形，直径1.5～2.6cm，熟时黄色，向阳处有红晕及红点；核扁圆形或近球形，长1.3～1.8cm，宽1～1.8cm，两侧扁，顶端圆钝或微尖，基部近对称，表面微具皱纹，腹棱钝，侧棱不发育，具浅纵沟，背棱近圆形；种子圆锥形，不扁；种皮黄棕色；种仁味苦，稀甜。花期3～4月；果期7月。(图282)

【生长环境】生于向阳山坡、林缘或灌丛中。少数栽培于果园场圃内。

【产地分布】山东境内产于鲁北地区。在我国除山东外，还分布于辽宁、吉林。

【药用部位】种子：苦杏仁；果实：杏。为常用中药，杏、苦杏仁药食两用。苦杏仁为山东道地药材。

【采收加工】夏季采收成熟果实，除去果肉和核壳，取出种子，晒干。

【药材性状】种子形似苦杏仁，圆锥形，不扁，长8～9mm，厚约6mm。气微，味苦。

【化学成分】种子含苦杏仁苷。

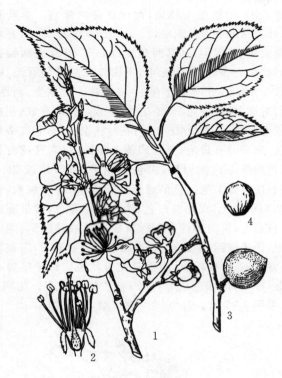

图282 东北杏
1.花枝 2.花纵切 3.果枝 4.果核

【功效主治】苦杏仁苦,微温;有小毒。降气止咳平喘,润肠通便。用于咳嗽气喘,胸满痰多,肠燥便秘。杏酸、甘,温。生津止渴,润肺化痰,止咳定喘。多食者伤筋骨,生痈疖。用于肺燥咳嗽,津伤口渴。

【历史】见杏仁。

【附注】①《中国药典》2010年版收载,用其异名 Prunus mandshurica (Maxim.) Koehne。②本志采纳《中国植物志》38:30 东北杏 Armeniaca mandshurica (Maxim.) Skv.[Prunus mandshurica (Maxim.) Koehne]的分类。

梅

【别名】梅花、梅树、红梅。

【学名】Armeniaca mume Sieb.
(Prunus mume Sieb. et Zucc.)

【植物形态】落叶小乔木或灌木,高4~10m,胸径达25cm。树皮暗灰色或绿灰色,平滑或粗裂;小枝细长,绿色,无毛;冬芽2~3簇生于侧枝,顶芽缺,幼叶在芽内席卷。单叶互生;叶片卵圆形至宽卵圆形,长4~8cm,宽2~4cm,先端长渐尖及尾尖,基部多楔形,叶缘有尖锐的细锯齿,侧脉8~12对,上面绿色,幼时被短柔毛,后脱落,下面淡绿色,沿叶脉始终有毛;叶柄长1~1.5cm。花两性,辐射对称,单生或2花并生,直径约2cm,有短花梗;萼筒宽钟形,萼片近卵圆形;花瓣白色、淡红色或微带绿色,多有浓香味,先叶开放;雄蕊多数,生于萼筒的上缘;子房密被柔毛。核果近球形,直径2~3cm,外有1纵沟,熟时绿色、黄白色或紫红色,被短毛;果肉皮薄,味酸少汁,不易与核分离;核椭圆形,顶端圆形而具小突尖,基部渐狭呈楔形,两侧微扁,腹棱稍钝,腹面和背棱上均有明显纵沟,表面有蜂窝状孔穴。花期2~4月;果期7~8月。$2n=16,24$。(图283)

图283 梅
1.花枝 2.花纵切 3.果枝 4.果纵切,示果核

【生长环境】栽培于公园、庭园或绿地。

【产地分布】山东境内各地公园、庭园均有栽培。我国以长江流域以南各省区栽培最多;西南、华南各山区有野生。

【药用部位】花蕾:白梅花;近成熟果实:乌梅;未成熟果实:青梅;种仁:梅核仁;叶:梅叶;枝叶:梅梗;根:梅根。为常用中药和民间药,梅、乌梅药食两用。

【采收加工】初春采摘花蕾,低温干燥。5~6月间,果实未成熟时采收,鲜用。夏季采摘近成熟的果实,按大小分开,低温(40℃左右)烘干后,再闷2~3日,至变成黑色。将成熟果实除去果肉和果核,取出种子,晒干。夏、秋二季采收叶或带叶茎枝,晒干或鲜用。全年挖根,洗净,晒干或鲜用。

【药材性状】花蕾类球形,直径3~6mm,有短梗。苞片数层,鳞片状,长约3.5mm,宽约2mm;表面暗棕褐色,被短毛。花萼5,广卵形,灰绿色或棕红色,有毛。花瓣5或多数,黄白色或淡粉红色;雄蕊多数,丝状;雌蕊1,子房密被细柔毛。体轻,质脆。气清香,味微苦、涩。

以花蕾完整、色绿白、气清香者为佳。

核果类球形或扁球形,直径1.5~3cm。表面乌黑色至棕黑色,皱缩不平,于放大镜下可见毛茸,基部有圆形果梗痕。果肉柔软或略硬。果核坚硬,椭圆形,腹棱和背棱上均有明显的纵沟;表面棕黄色,有蜂窝状孔穴。种子1粒,扁卵形,淡黄色。气微,味极酸而涩。

以个大、色乌黑、肉厚、柔润、味极酸者为佳。

【化学成分】果实含有机酸:柠檬酸,苹果酸,草酸,琥珀酸,延胡索酸等;还含 5-羟甲基-2-糠醛,苦味酸(picric acid)和超氧化物歧化酶(SOD),2,2,6,6-四甲基哌啶酮(2,2,6,6-tetramethyl-1,4-piperidone),叔丁基脲(tert-butylurea);挥发性主成分为苯甲醛,4-松油烯醇,苯甲醇,十六烷酸等。种仁含苦杏仁苷,脂肪油主成分为油酸,亚油酸,软脂酸,10,13-十八碳二烯酸,13-十八碳烯酸等。花挥发油主成分为苯甲醛,苯甲醇,4-松油烯醇,棕榈酸,苯甲酸,异丁香油酚等;还含芦丁,槲皮素,绿原酸等。

【功效主治】白梅花微酸、涩,平。开郁,和中,生津,解毒。用于郁闷心烦,口干,咽部不适,痈疖疮毒。乌梅酸、涩,平。敛肺,涩肠,生津,安蛔。用于肺虚久咳,久痢滑肠,虚热消渴,蛔厥呕吐,腹痛。青梅甘、酸,平。敛肺,涩肠,除烦,生津止渴,用于咽喉肿痛,津伤口渴,泻痢,筋骨疼痛。梅核仁酸,平。清暑热,除烦,明目。用于暑热霍乱,烦热,视物不清。梅梗酸、微苦、涩,平。祛风除湿,平胆止痛,理气安胎。用于风痹,喉痹,肝郁胁痛,瘰疬小产。梅叶酸,平。清热解毒,涩肠止痢。用于痢疾,崩漏,

【历史】梅始载于《神农本草经》,列为中品,名梅实。《本草经集注》曰:"此亦是今乌梅也。"《本草衍义》曰:"熏之为乌梅"。《本草纲目》云:"梅,花开于冬,而实熟于夏……叶有长尖,先众木而花……绿萼梅,枝跗皆绿……红梅,花色如杏。"《本草纲目拾遗》曰:"梅花味酸性平"。《百草镜》云:"唯单叶绿萼,入药尤良……含苞者力强。"所述形态及附图表明,古今乌梅和梅花的来源均为蔷薇科植物梅。

【附注】①《中国药典》2010年版收载乌梅、梅花,《山东省中药材标准》2002年版收载白梅花,均用其异名 Prunus mume (Sieb.) Sieb. et Zucc.。②本志采纳《中国植物志》38:31 梅 Armeniaca mume Sieb.(Prunus mume Sieb. et Zucc.)的分类。

杏

【别名】杏树、杏子、苦杏仁。

【学名】Armeniaca vulgaris Lam.（Prunus armeniaca L.）

【植物形态】落叶乔木,高5~8m,胸径达30cm。树皮暗灰褐色,浅纵裂;小枝浅红褐色,光滑或有稀疏皮孔;冬芽2~3个簇生于枝侧,幼叶在芽内席卷。单叶互生;叶片圆形或卵圆状形,长5~9cm,宽4~8cm,先端有短尖头,稀尾尖,基部圆形或近心形,叶缘有圆钝锯齿,侧脉4~6对,上面无毛,下面仅在脉腋间有毛;叶柄长2~3cm,近叶基处有1~6腺体。花单生,两性,辐射对称,常在枝侧2~3花集合一起,先叶开放;花梗短或近无梗;花直径2~3cm;花萼狭圆筒形,紫红微带绿色,基部微有短毛,萼片卵圆形至椭圆形,开花时反折;花瓣圆形或倒卵形,白色或稍带粉红;雄蕊25~45;心皮被短柔毛。核果球形或倒卵形,有浅纵沟,直径2.5cm以上,成熟时白色、浅黄或棕黄色,常带有红晕,被短毛;果肉多汁,不开裂;核卵形或椭圆形,两侧扁平,顶端钝圆,基部对称,表面稍粗糙或平滑,腹棱较圆,常稍钝,背棱较直,腹面具龙骨状棱。种子呈扁心脏形;种皮薄,棕色或暗棕色;种仁味苦或甜。花期3月;果期6~7月。2n=16。(图284,彩图25)

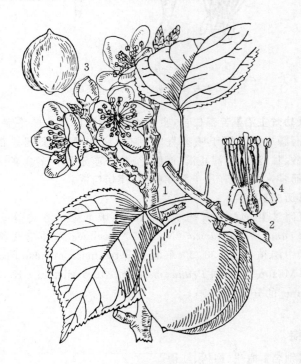

图284 杏
1.花枝 2.果枝 3.果核 4.花纵切

【生长环境】生于山坡或沟谷杂木林。栽培于梯田堰边或庭园,国家Ⅱ级保护植物。

【产地分布】山东境内产于各地。在我国除山东外,还分布于西北、东北、华北、西南及长江流域各地。

【药用部位】苦味种子:苦杏仁;甜味种子:甜杏仁;果实:杏;叶:杏叶;花:杏花;树皮:杏树皮;枝条:杏树枝。为常用中药和民间药,杏、苦杏仁、甜杏仁药食两用,杏花美容。苦杏仁为山东道地药材。

【采收加工】6月果实成熟时采摘,鲜用,或除去果肉,洗净,晒干,敲碎果核,取出种仁,晾干。3~4月采花,

阴干。夏、秋二季采叶、枝条，晒干或鲜用。秋季剥取树皮，晒干。

【药材性状】种子扁心形，长1～1.9cm，宽0.8～1.5cm，厚5～8mm。表面黄棕色或深棕色，有细小颗粒状突起，顶端尖，稍偏斜，基部平截或钝圆，左右不对称，边缘圆钝；顶端一侧有短线形种脐，基部有圆点状合点，自合点处向上发出多数纵向深棕色维管束脉纹，分枝明显。种皮薄，子叶2，乳白色，富油性。气微，味苦。

以完整、颗粒饱满、色黄棕、仁色白、味苦者为佳。

【化学成分】种仁含苦杏仁苷约4%；还含绿原酸，肌醇，雌酮（estrone），17-β-雌二醇（17-β-estradiol），3′-对-香豆酰奎宁酸（3′-p-coumaroylquinic acid），三油酸甘油酯及2种蛋白 KR-A 和 KR-B；脂肪油主成分为油酸（oleic acid），亚油酸，棕榈酸等；挥发性成分为苯甲醛，芳樟醇，4-松油烯醇，α-松油醇等；还含维生素 A、B_2、B_5、C、D、E 及无机元素钾、钙、铁、镁、锌等。**果核**含豆甾醇，β-谷甾醇和 Δ^5-燕麦甾醇。**果实**含有机酸：柠檬酸，苹果酸，香草酸等；黄酮类：槲皮素，槲皮苷，芦丁等；挥发性成分：月桂烯，柠檬烯，对-聚伞花素，异松油烯，牻牛儿醛，异戊醛（isovaleraldehyde），紫罗兰酮（ionone）等；氨基酸：精氨酸，丝氨酸等；还含维生素 B_1、C，烟酸，去氢抗坏血酸，β-及 γ-胡萝卜素，番茄烃（lycopene）及无机元素磷、锌等。**叶**含芦丁，槲皮素-3-鼠李葡萄糖苷，绿原酸（chlorogenicacid），新绿原酸等。**花芽**含葡萄糖，果糖，蔗糖，棉子糖（raffinose），蜜二糖（melibiose）等。

【功效主治】**苦杏仁**苦，微温；有小毒。降气止咳平喘，润肠通便。用于咳嗽气喘，胸满痰多，肠燥便秘。**甜杏仁**甘，平。润肺平喘。用于虚劳咳喘，肠燥便秘。**杏**酸，甘，温。生津止渴，润肺化痰，止咳。用于肺燥咳嗽，津伤口渴。**杏叶**辛、苦，微凉。祛风除湿，明目。用于水肿，皮肤瘙痒，目疾多泪，疮痈瘰疬。**杏花**苦，温。活血补虚。用于不孕不育，肢体痹痛，手足逆凉。**杏树枝**用于跌打损伤。**杏树皮**甘，寒。解毒。用于食苦杏仁中毒。

【历史】杏始载于《神农本草经》，列为下品，药用种仁，名杏核仁。《本草图经》谓："今处处有之。其实亦数种，黄而圆者名金杏，相传云种出济南郡之分流山……熟最早。其扁而青黄者名木杏，味酢，不及金杏。杏子入药以东来者为胜，仍用家园种者，山杏不堪入药。"据所述形态及附图，古代药用杏仁来源于杏属多种植物的种仁，以家种杏为主，与现今用药情况基本一致。

【附注】①《中国药典》2010年版收载苦杏仁，《山东省中药材标准》2002年版收载甜杏仁，均用其异名 *Prunus armeniaca* L.。②本志采纳《中国植物志》38：25—26 杏 *A. vulgaris* Lam.（*P. armeniaca* L.）和野杏 var. *ansu*（Maxim.）Yü et Lu（*P. armeniaca* L. var. *ansu* Maxim.）的分类。

附：山杏

山杏 var. *ansu*（Maxim.）Yü et Lu（*P. armeniaca* L. var. *ansu* Maxim.）（图285），又名野杏，与原种的主要区别是：叶片基部楔形或宽楔形；花常2朵，淡红色。果实近球形，红色；核卵球形，与果肉分离，表面粗糙，有网纹，腹棱锐利。种子形似杏仁。山东境内产于全省各山地丘陵。种子挥发油主成分为正己醛（n-hexanal），反-2-己烯醛（trans-2-hexenal），正己醇（n-hexanol），芳樟醇，α-松油醇，牻牛儿醇等。茎叶含槲皮苷，鼠李素-3-O-鼠李糖苷。树皮含具蛋白酶抑制和原矢车菊素型鞣质。《中国药典》2010年版收载苦杏仁，《山东省中药材标准》2002年版收载甜杏仁，均用其异名 *P. armeniaca* L. var. *ansu* Maxim.。

图285 山杏
1.花枝 2.果枝 3.果核

麦李

【别名】山樱桃、郁李。

【学名】*Cerasus glandulosa*（Thunb.）Lois.（*Prunus glandulosa* Thunb.）

【植物形态】落叶灌木，高0.5～1.5m，稀达2m。小枝绿色，微带紫红色，无毛或在幼时略有毛；冬芽3，簇生于枝侧，幼叶在芽内对折。单叶互生；叶片卵状长圆形或长圆状披针形，长2.5～6cm，宽1～2cm，先端急尖，稀渐尖，基部宽楔形或圆形，叶缘有圆钝细腺齿，侧脉6～8对，两面无毛或仅在下面脉腋有簇毛；叶柄长1.5～3mm，无毛或上面有疏柔毛；托叶条形，有细齿，早落。1～2花生于叶腋，花、叶同开或近同开；花梗长约1cm,有短柔毛;花直径约2cm;萼筒钟状,萼裂片卵形,缘有细腺齿,外被短柔毛或无毛;花瓣倒卵形或矩圆形,粉红色或白色;雄蕊多数,比花瓣略短;花柱伸出雄蕊群之外,子房无毛或在上部有疏柔毛。核果近球形,顶端有短尖,直径1～1.2cm,熟时红色,有光泽,核宽椭圆形,一边有沟,略光滑。花期4月;果期7月。2n=16。(图286)

图286 麦李
1.花枝 2.果枝 3.花纵切 4.果核

【生长环境】生于山坡或沟谷灌丛,常与郁李、欧李等混生。庭园有栽培。
【产地分布】山东境内产于烟台、青岛、临沂、泰安、潍坊、淄博等山地丘陵。在我国分布于华东、华中、华南、西南地区及陕西、河南等地。
【药用部位】种子:麦李仁;果实:麦李。为民间药,药食两用。
【采收加工】8月中旬至9月初当果实呈鲜红色后采收;将果实堆放在阴湿处,待果肉腐烂后,取其果核,清除杂质,稍晒干,将果核压碎去壳,收集种子。
【化学成分】种子含苦杏仁苷。
【功效主治】麦李仁辛、苦、甘,平。润肠通便,下气利水。用于津枯肠燥,食积气滞,腹胀便秘,水肿,脚气,小便不利。麦李酸、甘,平。生津止渴。用于津伤口渴。

欧李

【别名】赤李子(乳山、泰山、沂水)、侧李、欧李果。
【学名】Cerasus humilis (Bge.) Sok.
(Prunus humilis Bge.)
【植物形态】直立落叶小灌木,高不过1m。分枝多,小枝红褐色,无毛或幼时被短绒毛;无顶芽,3侧芽并生,幼叶在芽内对折。单叶互生;叶片倒卵状长圆形或倒卵状披针形,中部以上最宽,长2.5～5cm,宽1～2cm,先端急尖或短渐尖,基部楔形,叶缘有细浅锯齿,侧脉6～8对,两面无毛或仅在嫩时被柔毛;叶柄长2～4mm;托叶条形,有腺齿,早落。花单生或1～3朵簇生,花叶同开;花梗长0.5～1cm;花直径1～2cm;萼筒陀螺状,萼裂片三角状卵圆形,较萼筒略长,花后反折;花瓣长圆形或倒卵形,白色或粉红色;雄蕊多数,比花瓣长;子房及花柱均无毛。核果近球形,两端略凹陷,直径约1.5cm,熟时鲜红色,果肉黄色,味酸涩;核卵状球形,表面除背部两侧外无棱纹。花期4～5月;果期6～10月。(图287)

图287 欧李
1.花枝 2.花纵切 3.果枝 4.果核

【生长环境】生于向阳山坡、石隙或路旁灌木丛。
【产地分布】山东境内产于烟台、威海、青岛、临沂、泰安、潍坊、淄博等山地丘陵。在我国除山东外,还分布于东北地区及内蒙古、河北、河南等地。
【药用部位】种子:郁李仁(小李仁);果实:欧李。为常用中药,药食两用。郁李仁(小李仁)为山东道地药材。
【采收加工】8月中旬至9月初当果实呈鲜红色后采收;将果实堆放在阴湿处,待果肉腐烂后,取其果核,清除杂质,稍晒干,将果核压碎去壳,收集种子。

【药材性状】种子形似郁李仁,呈卵形至长卵形,少数圆球形,长6～7mm,直径3～4mm。种皮黄棕色。合点深棕色,直径约0.7mm。气微,味微苦。

【化学成分】种子含苦杏仁苷2.25%,郁李仁苷(prunuside)A、B。果实香气成分由2,2'-丙基联二(2-甲基-5-甲氧基-4-氢-4-吡喃酮),环丁基二羧酸二乙酯,2,2-二甲基-丙酸-庚酯,己烯二酸二乙酯,2[1-硝基-2(四氢吡喃基-2-氧)-环己醇,3,7,7-三甲基-1,3,5-环庚三烯,2,4-二甲氧基-苯酚等组成。果汁含天门冬酰胺,瓜氨酸,胱硫醚-半胱氨酸,组氨酸,酪氨酸等19种氨基酸。

【功效主治】郁李仁(小李仁)辛、苦、甘,平。润肠通便,下气利水。用于津枯肠燥,食积气滞,腹胀便秘,水肿,脚气,小便不利。欧李甘、酸,平,无毒。生津止渴,开胃消食。用于津伤口渴,食积不化。

【历史】见郁李仁。

【附注】①《中国药典》2010年版收载,用其异名 *Prunus humilis* Bge.。②本志采纳《中国植物志》38:83 欧李 Cerasus humilis (Bge.) Sok. (*Prunus humilis* Bge.)的分类。

附:毛叶欧李

毛叶欧李 C. dictyoneura (Diels) Yü (*Prunus dictyoneura* Diels)与欧李的主要区别是:叶片先端大多圆钝或急尖,下面密被短柔毛,网脉十分明显,小枝、叶柄、花梗和萼筒密被短柔毛。山东境内产于泰山,为本省分布新记录。宁夏部分地区将种仁作郁李仁药用。

郁李

【别名】赤李子(费县、沂源、海阳)、赤李(昆嵛山、泰山、平邑、青州、荣城)、侧李。

【学名】Cerasus japonica (Thunb.) Lois. (*Prunus japonica* Thunb.)

【植物形态】落叶灌木,高达1.5m。小枝纤细,红褐色,光滑;3芽簇生于枝侧,中间为叶芽,两侧为花芽;幼叶在芽内对折。单叶互生;叶片卵形,稀卵状披针形,长3～7cm,宽1.5～2.5cm,中部以下最宽,先端渐尖或急尖,基部圆形或近心形,叶缘有不规则的尖锐重锯齿,侧脉6～8对,上面无毛,下面仅中脉上有短柔毛;叶柄长2～3mm,无毛,近叶片基部常有1～2腺体;托叶条形,缘有腺齿,早落。花2～3朵簇生,花叶同开或先叶开放;花梗长0.5～1(2)cm,无毛或有短柔毛;花两性,辐射对称,直径约1.5cm;萼筒杯状陀螺形,萼片长卵状椭圆形,开花时反折;花瓣倒卵形,基部有爪,粉红色或白色;雄蕊多数;子房及花柱光滑无毛。核果近球形,先端有短尖,腹缝沟浅不明显,直径约1cm,熟时深红色;核椭圆形,两端尖,表面光滑。花期4～5月;果期7～9月。2n=16。(图288)

图288 郁李
1.果枝 2.花枝 3.花纵切 4.果核

【生长环境】生于向阳山坡、沟谷、灌丛或河滩地。庭园或公园有栽培。

【产地分布】山东境内产于烟台、威海、青岛、临沂、泰安、潍坊、淄博等山地丘陵。在我国除山东外,还分布于东北地区及河北、浙江等地。

【药用部位】种子:郁李仁(小李仁);果实:郁李;根:郁李根。为常用中药,郁李、郁李仁药食两用。郁李仁(小李仁)为山东道地药材。

【采收加工】8月中旬至9月初当果实呈鲜红色后采收;将果实堆放在阴湿处,待果肉腐烂后,取其果核,清除杂质,稍晒干,将果核压碎去壳,收集种子。

【药材性状】种子卵形或圆球形,长约7mm,直径约5mm。种皮淡黄白色至浅棕色,顶端尖,基部钝圆。尖端处有一线形种脐,合点深棕色,直径约1mm,自合点处散出多条棕色维管束脉纹,种脊明显。种皮薄,温水浸泡脱去种皮,内有白色半透明的残余胚乳,子叶2,乳白色,富油性。气微,味微苦。

以颗粒饱满、完整、色黄白者为佳。

【化学成分】种子含苦杏仁苷,郁李仁苷A、B,脂肪油和两种蛋白质IR-A,IR-B。

【功效主治】郁李仁辛、苦、甘,平。滑肠通便,下气利水。用于津枯肠燥,食积气滞,腹胀便秘,水肿,脚气,小便不利。郁李根小儿身热不退。郁李甘、酸,平,无毒。生津止渴，开胃消食。用于津伤口渴，食积不化。

【历史】郁李始载于《神农本草经》，列为下品，名郁李仁，一名爵李。《名医别录》曰："生高山川谷及丘陵上……山野处处有，子熟赤色，亦可啖之"。《蜀本草》云："树高五六尺，叶花及树并似大李，唯子小若樱桃，甘酸"。据其形态和附图，表明古代所用郁李仁来源于蔷薇科樱属（Cerasus）多种植物，与目前商品郁李仁的主要来源基本一致。据《中国道地药材》记载，现时主产于山东、辽宁、河北。

【附注】①中国药典 2010 年版收载，用其异名 *Prunus japonica* Thunb.。②本志采纳《中国植物志》38：85 郁李 Cerasus japonica (Thunb.) Lois. (*Prunus japonica* Thunb.)的分类。

樱桃

【别名】中国樱桃、樱桃骨（烟台）、家樱桃。

【学名】Cerasus pseudocerasus (Lindl.) G. Don.
(*Prunus pseudocerasus* Lindl.)

【植物形态】落叶乔木，高 6～8m，胸径达 30cm。树皮灰褐色或紫褐色；多短枝，小枝褐色或红褐色，光滑或仅在幼嫩时有柔毛；芽单生或簇生，幼叶在芽中呈对折状。单叶互生；叶片卵形或椭圆状卵形，长 6～15cm，宽 3～8cm，先端渐尖或尾状渐尖，基部圆形或宽楔形，叶缘有大小不等的重锯齿，齿尖多有腺体，侧脉 7～10对，上面光绿色，无毛或微被柔毛，下面色稍淡，常在脉上被疏毛；叶柄长 0.8～1.5cm，近叶片基部有 1～2 腺体；托叶多 3～4 裂，边缘有腺齿，早落。花序伞房状或近伞形状，由 3～6 花组成；花两性，辐射对称，先叶开放；总苞倒卵状椭圆形，褐色，长约 5mm，宽约 3mm，边缘有腺齿；花梗长 1.5cm，有毛，花序梗基部的芽鳞脱落性；花直径 1.5～2.5cm；萼筒倒圆锥形，外面被绒毛，萼片卵圆形或长圆状三角形，花开时多反折；花瓣倒卵形或近圆形，先端微有凹缺，基部有爪，白色或粉红色；雄蕊多数；子房与花柱无毛。核果卵形或近球形，直径约 1cm，有腹缝线沟或无，熟时鲜红色或橘红色，有光泽，果肉多汁；核近球形，直径 1～1.3cm，黄白色，光滑或有皱状及疣点状突起。花期 3～4 月；果期 5～6 月。（图 289）

【生长环境】栽培于丘陵地、山坡、城镇周围或农家庭园。

【产地分布】山东境内各地均有栽培，以胶东和鲁中山地丘陵较多。"烟台大樱桃"、枣庄"山亭火樱桃"获国家地理标志保护产品。在我国除山东外，还分布于东北南部、华北地区和长江流域各省区。

【药用部位】果核：樱桃核；果实：樱桃；果实去核压榨的液汁：樱桃水；枝条：樱桃枝；叶：樱桃叶；花：樱桃花。

图 289　樱桃
1. 花枝　2. 果枝

为少常用中药或民间药，樱桃药食两用。

【采收加工】5 月采收成熟果实，鲜用；或去核后压榨的液汁，置于坛中封固保存；搓去果肉或利用果品厂加工取出的果核，洗净，晒干为樱桃核。春季采收盛开的花，夏季采叶，鲜用或晒干。全年采收枝条，晒干。

【药材性状】果核卵圆形或长圆形，长 0.6～1.1cm，宽 5～8.5mm，厚约 5mm；表面黄白色或灰黄色，具微突起的网状纹理；顶端略尖，呈鸟喙状，稍偏斜，基部钝圆，有圆形凹陷；背缝线微突出，腹缝线明显突出，其两侧各有一条纵向突起的肋纹，并斜向分出数条脊线。种子 1 粒，扁椭圆形，长约 6mm，宽约 4mm；表面淡黄棕色，皱缩；子叶淡黄色，富油性。气微，味微苦。

以完整、色黄白、种子饱满、富油性者为佳。

【化学成分】种子含苦杏仁苷；脂肪油：主含亚油酸，油酸，棕榈酸，硬脂酸，亚麻酸以及二十碳二烯酸。**果实**含槲皮素，异槲皮素，花青素，花色苷，褪黑素（melatonin），维生素 A、B、C 及无机元素钾、钙、铁等。**叶**含 (3S,5R,6R,7E,9R)-megastigmane-7-烯-3,5,6,9-四醇-9-O-β-D-吡喃葡萄糖苷，山柰酚-3-O-α-L-吡喃鼠李糖苷，槲皮素-3-O-α-L-吡喃鼠李糖苷，芦丁，胡萝卜苷及 β-谷甾醇。

【功效主治】**樱桃核**辛，热。发表，透疹。用于麻疹初期透发不快。**樱桃**甘，酸，温。补脾益肾。用于脾虚泄泻，肾虚遗精，腰腿疼痛，四肢麻木，瘫痪。**樱桃水**甘，平。透疹，敛疮。用于疹发不出，冻疮，烧烫伤。**樱桃叶**甘、苦，温。温中健脾，止咳止血，解毒杀虫。用于胃寒食积，腹泻，咳嗽痰喘，吐血，疮疡肿痛，阴痒带下，蛇虫咬伤。**樱桃枝**辛、甘，温。温中行气，止咳，祛斑。用于胃寒腹痛，咳嗽，雀斑。**樱桃根**甘，平。杀虫，调经，益气阴。用于绦虫、蛔虫、蛲虫病，闭经，劳倦内伤。**樱桃花**驻颜消斑。用于面疣。

【历史】樱桃始载于《吴普本草》。《本草图经》曰："樱桃，旧不著所出州土，今处处有之，而洛中、南都者最盛，其实熟时深红色者谓之朱樱，正黄明者谓之蜡樱……其木多阴，最先百果而熟，故古多贵之。"《本草纲目》载："其颗如璎珠，故谓之樱……樱树不甚高，春初开白花，繁英如霜。叶团有尖及细齿。结子一枝数十颗，三月熟"。《植物名实图考》樱桃附图更为精细。历代本草所述形态及附图，表明古今药用樱桃品种一致。

【附注】①《中华人民共和国卫生部药品标准》中药材第一册1992年版收载。②本志采纳《中国植物志》38：83 樱桃 Cerasus pseudocerasus (Lindl.) G. Don.（*Prunus pseudocerasus* Lindl.）的分类。

山樱花

【别名】山樱桃、野樱花、樱花。
【学名】Cerasus serrulata (Lindl.) G. Don ex London (*Prunus serrulata* Lindl.)
【植物形态】落叶乔木，高10～25m，胸径达30cm，树皮栗褐色；小枝淡褐色，无毛，芽单生或簇生，幼叶在芽内对折。单叶互生；叶片卵形、椭圆状卵形或椭圆状披针形，稀倒卵形，长5～9cm，宽3～5cm，先端长渐尖或尾尖，基部楔形至宽楔形或圆形，叶缘有尖锐的单锯齿或重锯齿，齿尖芒状带腺，上面苍绿色，无毛，下面略有白粉，并沿中脉有短毛，侧脉10对左右；叶柄长1.5～3cm，靠近叶片基部常有1～3腺体；托叶条形，早落。伞房花序具梗，有2～3花，基部有芽鳞和叶状苞片；花梗长2～2.5cm；花两性，辐射对称，直径2～5cm，花叶同时开放；萼筒近钟形，无毛；萼片卵状椭圆形，萼端急尖；花瓣倒卵形，先端凹，单瓣或重瓣，多白色或粉红色，栽培品种有深红、紫红、黄色或淡绿色等；雄蕊多数；花柱无毛。核果卵状球形，无明显的腹缝沟，直径6～8mm，熟时黑色。花期4～5；果期6～7。（图290）
【生长环境】生于山坡或沟谷杂木林。栽培于公园或庭园。
【产地分布】山东境内产于烟台、青岛、临沂等地山区。在我国除山东外，还分布于黑龙江、河北、江苏、浙江、安徽、江西、湖南、贵州等地。
【药用部位】种子：山樱仁。为民间药。

图290　山樱花
1. 花枝　2. 花纵切　3. 果枝　4. 果纵切，示果核

【采收加工】6～7月果熟时采摘，除去果肉及果核，取出种子，晒干。
【功效主治】辛，平。清肺透疹。用于麻疹透发不畅。
【附注】本志采纳《中国植物志》38：74 山樱花 Cerasus serrulata (Lindl.) G. Don ex London (*Prunus serrulata* Lindl.)的分类。

木瓜

【别名】榠楂、木梨瓜（崂山）、木梨（临沂）、光皮木瓜。
【学名】Chaenomeles sinensis (Thouin.) Koehne (*Cydonia sinensis* Thouin.)
【植物形态】落叶小乔木，高达10m，胸径25cm。树皮灰色，常片状剥落，呈现黄绿色斑块；枝紫褐色，无短刺，幼枝微被柔毛。单叶互生；叶片椭圆状卵形或长椭圆形，长5～8cm，宽3.5～5.5cm，先端急尖，基部宽楔形或圆形，有刺芒状细腺齿，革质，上面深绿色，有光泽，下面淡绿色，嫩时密被黄白色厚绒毛；叶柄长0.5～1cm，微被毛；托叶卵状披针形，膜质。花单生于叶腋；花梗粗短，长0.5～1cm；花两性，辐射对称，直径2.5～3cm；萼筒钟状，萼片三角状披针形，外面无毛，内面密生淡褐色绒毛；花瓣卵圆形，淡粉红色；雄蕊多数；花柱3～5；基部合生，常被绒毛。梨果长圆状卵形，熟时暗黄色，果皮光滑，木质，有浓香气；果梗短。花期4～5

月;果期9～10月。(图291,彩图26)

图291 木瓜
1.花枝 2.花瓣 3.萼片先端,示内外毛 4.花纵切(去花冠) 5.果实

【生长环境】栽培于庭园、果园或花圃中。
【产地分布】山东境内主产济宁(邹城)、泰安、菏泽,为全国主产区之一;全省各地有栽培。在我国除山东外,还分布于陕西、湖北、江西、安徽、江苏、浙江、广东、广西等地。
【药用部位】果实:木瓜(光皮木瓜)。为较常用中药,药食两用。
【采收加工】夏、秋二季果实绿黄色时采收,放沸水中烫5～10分钟,用铜刀纵向切开,晒干;或先切成两半,烫后晒干。
【药材性状】果实多为纵剖成两半的长圆形,长5～10cm,宽3.5～5cm,果肉厚1～1.5cm。果皮紫红色或红棕色,平滑无皱纹或稍粗糙,切面边缘平坦,不内卷,果肉淡红棕色,颗粒性,中央有凹陷的子房室。种子多数,扁三角形;表面红棕色,密集或已脱落。质坚实,体重。气微,味涩、微酸,嚼之有沙粒感。

以外皮平滑、色紫红、质坚实、果肉淡红棕者为佳。
【化学成分】果实含有机酸:棕榈酸,亚油酸,苹果酸,α-亚麻酸,柠檬酸;三萜类:乌苏酸-3-O-山嵛酸酯(ursolic acid-3-O-behenate),乌苏酸(熊果酸),3-乙酰乌苏酸,3-乙酰坡模醇酸,桦木酸即白桦脂酸;主要香气成分有2-己烯醛,反式-2-甲基-环戊醇,(E,E)-2,4-己二烯醛,茶香螺烷(theaspirane)等。还含胡萝卜苷,鞣质,氨基酸和黄酮类化合物。**枝条**含三萜类:羽扇-20(29)烯-3β,24,28-三醇,古柯二醇(erythodiol),马斯里酸(masilinic acid),白桦脂酸,2α-羟基白桦脂酸,白桦脂醇(betulin),3-(E)-p-香豆酰基白桦脂醇[3-(E)-p-coumaroyl-betulin],3-(Z)-p-香豆酰基白桦脂醇,2α-羟基乌苏酸,2α,3α,19α-三羟基乌苏-12-烯-28-酸,2α,3β,19α-三羟基乌苏-12-烯-28-酸;黄酮类:染料木素-5-O-β-D-吡喃半乳糖苷,染料木素-7-O-β-D-吡喃半乳糖苷,广寄生苷(avicularin),(一)表儿茶素;木脂素类:lyoniresinol-9′-O-β-D-吡喃葡萄糖苷,lyoniresinol-9′-O-α-L-鼠李糖苷,(一)异落叶松脂素-9′-O-α-L-鼠李糖苷,(＋)异落叶松脂素-9′-O-α-L-鼠李糖;还含木瓜酮(chaenomone),β-谷甾醇等。
【功效主治】酸,温。舒筋,化湿,和胃。用于胃脘痉挛,吐泻腹痛,风湿痹痛,腰膝酸重疼痛。
【历史】木瓜始载于《本草经集注》名楙櫨,曰:"楙櫨,大而黄,可进酒去痰。"《本草图经》云:"又有一种楙櫨,木叶花实酷类木瓜……欲辨之,看蒂间别有重蒂如乳者为木瓜,无此者为楙櫨也。"《本草纲目》及《植物名实图考》并附图,其形态均与现今药材光皮木瓜原植物一致。
【附注】《中国药典》1977年版、《山东省中药材标准》2002收载木瓜(光皮木瓜)。

皱皮木瓜

【别名】贴梗海棠、贴梗木瓜、酸木瓜。
【学名】Chaenomeles speciosa (Sweet.) Nakai
(Cydonia speciosa Sweet.)
【植物形态】落叶灌木,高达2m。枝条较疏展;小枝圆柱形,常有刺状短枝,紫褐色或褐色,无毛;皮孔淡褐色,疏生。单叶互生;叶片卵形至椭圆形,稀长椭圆形,长3～9cm,宽1.5～5cm,先端急尖,稀圆钝,基部楔形至阔楔形,叶缘有锐锯齿,齿尖开张,上面绿色,无毛,下面淡绿色,无毛或仅沿脉上有短毛;叶柄长约1cm;托叶大,肾形或半圆形,边缘有尖细锯齿。花两性,辐射对称,3～5丛生,先叶开放;萼筒钟状,萼片直立,半圆形及卵圆形,全缘或有波状齿;花瓣倒卵形或近圆形,基部常有爪,先端钝圆,鲜红色、粉红色或白色;雄蕊多数;花柱5,基部合生。梨果球形或卵球形,常有3～5棱,熟时黄色或黄绿色,上有稀疏斑点,果梗短或近无梗。花期4月;果期9～10月。(图292,彩图27～34)
【生长环境】生于山坡平缓处或栽培于房前屋后。
【产地分布】山东境内主产济宁(邹城)、临沂、泰安、潍坊、烟台等地,有"邹城木瓜"之美称。我国第一个木瓜种质资源库位于山东临沂市莒南县涝坡镇,建有1000亩的药用植物生态园,已收集国内外的木瓜种质386

图292 皱皮木瓜
1.枝叶,示托叶 2.花枝 3.花纵切

个,种质材料9 686份,进行了系统的种质比较和品种分类。在我国除山东外,还分布于陕西、甘肃、四川、贵州、云南、广东等地。

【药用部位】果实:木瓜(皱皮木瓜);种子:木瓜核;根:木瓜根;枝条:木瓜枝;树皮:木瓜皮。为常用中药和民间药,木瓜药食两用。木瓜为山东道地药材。

【采收加工】7~8月上旬,木瓜外皮呈青黄色时采收,用铜刀对半切开,不去籽;或取出种子鲜用或晒干。薄摊放在竹帘上晒,先仰晒几天至颜色变红时,再翻晒至全干。阴雨天可用文火烘干。全年采枝条或挖根,晒干。春、夏季剥去树皮,鲜用或晒干。

【药材性状】果实长圆形,多纵剖成两半,长4~9cm,宽2~5cm,厚1~2.5cm。外表面紫红色或红棕色,有不规则深皱纹,切面边缘内卷,果肉红棕色,中心部分凹陷,棕黄色。种子扁长三角形,多脱落。质坚硬,难折断。气微清香,味酸。

以外皮皱缩、色紫红、质坚实、味酸者为佳。

【化学成分】果实含有机酸及其酯类:苹果酸,酒石酸,柠檬酸,原儿茶酸,没食子酸,莽草酸(shikimic acid),奎宁酸,肉桂酸,咖啡酸,柠苹酸二甲酯(dimethyl citrarnalate),棕榈酸甲酯,曲酸(kojic acid),绿原酸,绿原酸乙酯,苯甲酸甲酯,2-羟基-丁二酸-4-甲酯,3-羟基丁二酸甲酯,3,4-二羟基苯甲酸,对羟基苯甲酸,2'-羟基-丁二酸-4-甲酯等;三萜类:齐墩果酸,熊果酸,乙酰熊果酸(3-O-acetyl ursolic acid),3-O-乙酰坡模醇酸(3-O-acetyl pomolic acid),桦木酸;还含10-二十九烷醇、β-谷甾醇,胡萝卜苷,槲皮素,七叶内酯,对苯二酚等。

【功效主治】木瓜(皱皮木瓜)酸,温。舒筋活络,和胃化湿。用于湿痹拘挛,腰膝骨节酸重疼痛,暑湿吐泻,转筋挛痛,脚气水肿。木瓜核酸、苦,温。祛湿疏筋。用于霍乱。木瓜根酸、涩,温。祛湿疏筋。用于霍乱,脚气,风湿痹痛,肢体麻木。木瓜枝酸、涩,温。祛湿疏筋。用于霍乱吐下,腹痛转筋。木瓜皮酸、涩,温。祛湿疏筋。用于霍乱转筋,脚气。

【历史】皱皮木瓜始载于《名医别录》,原名木瓜实。《本草图经》谓:"宣城者为佳。其木状若奈,花生于春末而深红色,其实大者如瓜,小者如拳。"据此描述和《植物名实图考》的贴梗海棠附图,与现今商品药材皱皮木瓜原植物一致。

【附注】①《中国药典》2010年版收载。②木瓜良种资源:目前已通过审定的国家木瓜良种4个,山东省木瓜良种8个:皱皮木瓜-"金宝亚特"红香玉 Chaenomeles speciosa 'Hongxiangyu'(国 S-SV-CS-029-2011,鲁 S-SV-CS-028-2007,彩图 27);皱皮木瓜-"金宝亚特"绿香玉 C. speciosa 'Lvxiangyu'(国 S-SV-CS-030-2011,鲁 S-SV-CS-031-2007,彩图 28);皱皮木瓜-"金宝"萝青101 Chaenomeles speciosa 'Luoqing 101'(国 S-SV-CS-031-2011;鲁 S-SV-CS-024-2007,彩图 29);皱皮木瓜-"金宝"萝青106 C. speciosa 'Luoqing 106'(国 S-SV-CS-032-2011,鲁 S-SV-CS-026-2007,彩图 30);皱皮木瓜-"金宝"萝青102 C. speciosa 'Luoqing 102'(鲁 S-SV-CS-025-2007,彩图 31);皱皮木瓜-"金宝"萝青108 C. speciosa 'Luoqing108'(鲁 S-SV-CS-027-2007,彩图 32);皱皮木瓜-"金宝亚特"金香玉 C. speciosa 'Jinxiangyu'(鲁 S-SV-CS-030-2007,彩图 34);皱皮木瓜-"金宝亚特"黄香玉 C. speciosa 'Huangxiangyu'(鲁 S-SV-CS-029-2007,彩图 33)。

野山楂

【别名】山楂、小叶山楂、山果子。

【学名】Crataegus cuneata Sieb. et Zucc.

【植物形态】落叶灌木,高达1.5m。树皮淡褐黄色;有枝刺,小枝细弱,紫褐色,略有毛,后变灰褐色,无毛。单叶互生;叶片宽倒卵形至倒卵状矩圆形,长2~6cm,宽1~4.5cm,先端急尖或钝,基部窄楔形,叶缘有不规则重锯齿,先端常3裂,稀5~7浅裂,上面光绿色,无毛,下面淡绿色,有稀疏柔毛或仅沿叶脉有毛;叶柄长0.4~1.5cm,两侧有狭翅;托叶半月形,革质,边缘有齿。伞房花序,常由5~7花组成;总花梗及花梗有柔毛;有披针形条裂状的苞片;花两性,辐射对称,直径约1.5cm;萼筒钟状,萼片三角状卵形,先端尾状渐尖,边缘全缘或微有齿,内外两面有柔毛;花瓣圆形或倒卵形,基部有短爪,白色;雄蕊20,约与花瓣等长;花柱4~5。梨果近球形及扁球形,直径1~1.2cm,熟时黄色或橙红色,常有短而反折宿存萼片及一合生的苞片痕。核4~5,内面两侧平滑。花期5~6月;果期9~

11月。(图293)

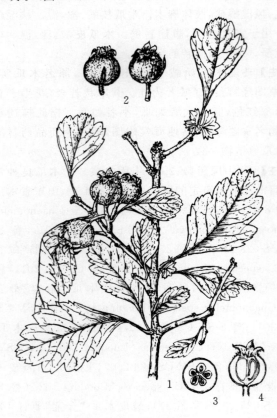

图293 野山楂
1.果枝 2.果实 3.果实横切 4.果实纵切

【生长环境】生于山坡、山谷灌丛或杂木林。
【产地分布】山东境内产于临沂、泰安、济南等地山区。在我国除山东外，还分布于长江流域以南各地。
【药用部位】果实：南山楂。为常用中药，药食两用。
【采收加工】秋季果实成熟时采收，晒干或压成饼状后晒干。
【药材性状】果实类球形或切成半球形，直径0.8～1.2cm，有时挤压成饼状。表面棕色至棕红色，顶端有宿存花萼，基部有短果柄或果柄痕。果肉薄，果皮常皱缩。种子5枚，土黄色。质坚硬。气微弱，味微酸、涩、微甜。

以个匀、色棕红、肉厚者为佳。

【化学成分】果实含黄酮类：槲皮素，金丝桃苷，左旋表儿茶精；有机酸类：绿原酸，柠檬酸及其单甲酯、二甲酯和三甲酯；三萜类：熊果酸，齐墩果酸，野山楂醇(cuneataol)；还含维生素C、PP、B_1、B_2、β-胡萝卜素，黄烷聚合物(flavanpolymers)及无机元素钾、钙、镁、磷、钠、锰等。叶含黄酮类：牡荆素-2″-O-鼠李糖苷(vitexin-2″-O-rhamnoside)，牡荆素-4″-O-葡萄糖苷(vitexin-4″-O-glucoside)；还含原儿茶醛，没食子酸，对羟基苯甲酸等。

【功效主治】酸、甘，微温。行气散瘀，收敛止泻。用于泻痢腹痛，瘀血经闭，产后瘀阻，心腹刺痛，疝气疼痛，肝阳上亢。
【附注】《中国药典》2010年版附录收载。

山楂

【别名】棠毯(临沂)、酸楂(崂山)、山楂石榴(长清)、山里果子。
【学名】Crataegus pinnatifida Bge.
【植物形态】落叶乔木，高达6m。树皮灰褐色至暗灰色，浅纵裂；小枝圆柱形，紫褐色，无毛或近无毛。单叶互生；叶片宽卵形至三角状卵形，稀菱状卵形，长5～10cm，宽4～7.5cm，先端短渐尖，基部截形至宽楔形，叶缘两侧各有3～5羽状裂片，裂缘有不规则重锯齿，羽状侧脉6～10对，分别伸长达裂隙和齿端，叶上面光滑，下面有时沿叶脉疏生短柔毛；叶柄长2～6cm，无毛；托叶半圆形或镰形，边缘有腺质锯齿。伞房花序，多由10数花组成；总花梗及小花梗初有柔毛，后脱落；在花梗上常有膜质苞片，条状披针形，边缘有尖齿；花两性，辐射对称，直径约1.5cm；萼筒钟状，萼片三角状卵形至披针形，外有灰白毛或无毛；花瓣倒卵形或圆形，白色；雄蕊20，比花瓣略短；花柱3～5。梨果近球形，直径1～1.5cm，熟时红色或橙红色，有白色或褐绿色皮孔点。核不规则卵形，内侧面较光滑。花期5～6月；果期9～10月。2n=34。(图294)

【生长环境】生于山坡灌丛或林缘。栽培于山坡、地堰或农田内。
【产地分布】山东境内主产潍坊、临沂、济南、泰安、济宁等地；以青州产质量最好，驰名全国，有"青州府山楂"之称；省内各山地丘陵及平原均有栽培。在我国除山东外，还分布于东北、华北地区及江苏等地。
【药用部位】果实：山楂；种子：山楂核；根：山楂根；叶：山楂叶；花：山楂花。为常用中药或民间药，山楂药食两用，山楂叶可做茶。山楂为山东著名道地药材。
【采收加工】秋季果实成熟时采收，趁鲜横切或纵切成厚片，晒干。加工山楂片或山楂糕时，收集种子，晒干。5～6月采花；夏、秋二季采叶，晒干。秋、冬二季挖根，洗净，晒干或切片晒干。
【药材性状】果实类球形，多为圆形片，直径1～1.5cm，厚2～4mm。外皮深红色，皱缩不平，具皱纹和灰白色小斑点。切面果肉深黄色至浅棕色，中部横切片有5粒浅黄色果核，但核多脱落而中空，顶端有宿存花萼，基部有细长果柄或果柄痕。质较硬。气微清香，味酸、微甜。

以片大、皮红、肉厚、味酸甜者为佳。

种子橘瓣状椭圆形或卵形，长3～5mm，宽2～3mm。表面黄棕色，背面稍隆起，左右两面平坦或有凹

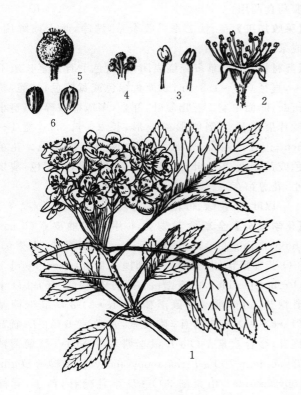

图294 山楂
1.花枝 2.花 3.雄蕊 4.柱头 5.果实 6.果核

痕。质坚硬，不易碎。气微。

【化学成分】果实含左旋表儿茶精，槲皮素，金丝桃苷，牡荆素，牡荆素鼠李糖苷；有机酸：柠檬酸，山楂酸(crataegolic acid)，酒石酸，草酸，苹果酸，绿原酸，琥珀酸；还含熊果酸及其单甲酯、二甲酯和三甲酯，黄烷聚合物，维生素C，可溶性糖等。果肉含脂肪酸：亚油酸，棕榈酸，硬脂酸，油酸，亚麻酸等。核含10-二十九烷醇，熊果酸，齐墩果酸，胡萝卜苷，豆甾醇，香草醛，琥珀酸，延胡索酸，金丝桃苷，槲皮素等。叶含黄酮类：金丝桃苷，槲皮素，芦丁，牡荆素，山楂叶苷A(shanyenoside A)，山柰酚，槲皮素-3-O-β-D-葡萄糖苷，槲皮素-3-O-β-D-半乳糖苷，槲皮素-3-O-[α-L-鼠李糖(1→4)-α-L-鼠李糖(1→6)-β-葡萄糖苷]，6″-O-乙酰基牡荆素，牡荆素-2″-O-鼠李糖苷，牡荆素-4″-O-葡萄糖苷，牡荆素-4″-O-乙酰-2″-O-鼠李糖苷等；有机酸：熊果酸，山楂酸，绿原酸，苯甲酸，对羟基苯丙酸，反式对羟基桂皮酸；还含2,3-二氢-2(4′-O-β-D-吡喃葡萄糖基-3′-甲氧基-苯基)-3-羟甲基-5-(3-羟丙基)-7-甲氧基苯并呋喃[2,3-dihydro-2-(4′-O-β-D-glucopyranosyl-3′-methoxy-phenyl)-3-hydroxymethyl-5-(3-hydroxypropyl)-7-methoxybenzofunan]，3′-O-亚麻酰基甘油酯-1′-[6-O-(α-D-半乳糖)-β-D-半乳糖苷]{3′-O-linolenoylglyceryl-1′-[6-O-(α-D-galactopyranosyl)-β-D-galactopyranoside]}，3′-O-亚麻酰基甘油酯-2′-[6-O-(α-D-半乳糖)-β-D-半乳糖苷]等。花含槲皮素-3-O-β-D-葡萄糖基[(4→1)或(3→1)]-α-L-鼠李糖苷，氨基酸及无机元素铁、锌、钙、铜、钾、镁、锰等。根含芹菜素，2,3,4,6-四甲氧基-7-羟基二苯并呋喃，β-胡萝卜苷，β-谷甾醇等。

【功效主治】山楂酸、甘，微温。消食健胃，行气散瘀，化浊。用于肉食积滞，胃脘胀满，泻痢腹痛，瘀血经闭，产后瘀阻，心腹刺痛，胸痹心痛，疝气疼痛，头昏目眩。焦山楂消食导滞作用增强，用于肉食积滞，泻痢不爽。山楂核辛、甘，平。消食，散结，催生。用于食积不化，疝气，睾丸偏坠，难产。山楂花平肝。用于肝阳上亢。山楂叶酸，平。活血化瘀，理气通脉，化浊降脂。用于气滞血瘀，胸痹心痛，胸闷憋气，心悸健忘，眩晕耳鸣，周身乏力。山楂根甘，平。消积和胃，祛风，止血，消肿。用于食积反胃，痢疾，风湿痹痛，咯血，痔漏，水肿。

【历史】山楂始载于《新修本草》名赤爪木、赤爪子。《本草衍义补遗》名山楂。《本草图经》名棠梂子。《本草纲目》云："赤爪、棠梂、山楂，一物也……有二种，皆生山中。一种小者，山人呼为棠梂子、茅楂、猴楂，可入药用，树高数尺，叶有五尖，桠间有刺，三月开五出小白花，实有赤、黄二色，肥者如小林檎，小者如指头，九月乃熟；一种大者，山人呼为羊梂子，树高丈余，花叶皆似，但实稍大而色黄绿，皮涩肉虚为异耳。"其形态与现今作山楂药用的山楂属多种植物一致。

【附注】《中国药典》2010年版收载山楂，山楂叶；《山东省中药材标准》2002年版收载山楂叶、山楂核。

附：山里红

山里红 var. major N.E.Br.，又名大果山楂，与原种的主要区别是：叶片形大质厚，羽裂较浅。果实直径约2.5cm，熟时深红色，有光泽。各地栽培品多为此变种。为山东著名的道地药材。药材常加工成纵横切片，直径约2.5cm，厚2～8mm；果肉厚。果实含左旋表儿茶精，槲皮素，金丝桃苷，牡荆素，牡荆素-2″-O-鼠李糖苷；绿原酸，柠檬酸及其单甲酯、二甲酯和三甲酯，蔗糖，黄烷聚合物，熊果酸等。叶含牡荆素，6″-O-乙酰基牡荆素，牡荆素-2″-O-鼠李糖苷，牡荆素-4″-O-葡萄糖苷，槲皮素，槲皮素-3-O-β-D-葡萄糖苷，槲皮素-3-O-[α-L-鼠李糖(1→4)-α-L-鼠李糖(1→6)-β-葡萄糖苷]，芦丁，金丝桃苷；熊果酸，绿原酸，β-谷甾醇，胡萝卜苷等。核含原儿茶酸，没食子酸，儿茶酚，对羟基苯甲酸。药用同山楂。《中国药典》2010年版收载山楂、山楂叶，附录收载山楂核干馏精制物"山楂核精"；《山东省中药材标准》2002年版收载山楂叶、山楂核。

无毛山楂

无毛山楂 var. psilosa Schneid. 与原种的主要区别是：叶片下面、总花梗及花梗光滑无毛。山东境内产于泰山、徂徕山、蒙山等地。药用同山楂。

蛇莓

【别名】地莓、蛤蟆眼（蒙山）、鸡蛋黄草（历城）、三爪龙。

【学名】Duchesnea indica (Andr.) Focke (Fragaria indica Andr.)

【植物形态】多年生草本。根状茎短粗。有多数匍匐茎，长0.3～1m，有柔毛。基生叶数枚，茎生叶互生，均为三出复叶；小叶片倒卵形至菱状长圆形，长2～5cm，宽1～3cm，先端圆钝，边缘有钝锯齿，两面有柔毛或上面无毛，有小叶柄；叶柄长1～5cm，有柔毛；托叶狭卵形至宽披针形，长5～8mm。花单生于叶腋，直径1.5～2.5cm；花梗长3～6cm，有柔毛；萼片长4～6mm，先端锐尖，外面有散生柔毛；副萼片长5～8mm，长于萼片，先端常有3～5锯齿；花瓣倒卵形，长0.5～1cm，黄色；雄蕊20～30；心皮多数，离生；结果时花托海绵质膨大，鲜红色，直径1～2cm，外面有长柔毛。瘦果卵形，长约1.5mm，光滑或有不明显突起，鲜时有光泽。花期6～8月；果期8～10月。（图295）

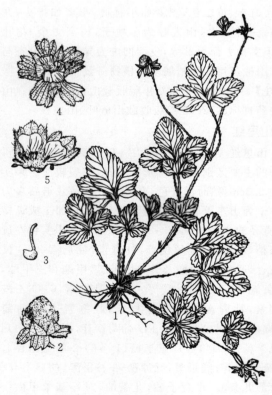

图295 蛇莓
1.植株 2.聚合瘦果 3.瘦果 4.花 5.花部分展开

【生长环境】生于山坡、河岸、草地、村边、路旁草丛或阴湿处。

【产地分布】山东境内产于青岛、烟台、临沂、淄博等山地丘陵。在我国除山东外，还分布于辽宁以南各省区。

【药用部位】全草：蛇莓；果实：蛇莓果。为民间药，果实药食两用。

【采收加工】春、秋二季采收全草，洗净，晒干或鲜用；或采摘果实，鲜用。

【药材性状】全草多缠绕成团，被白色毛茸。茎长短不一，直径0.5～1.5mm；表面黄绿色或黄棕色；质脆，易折断，断面中空。三出复叶，互生，多皱缩破碎；完整小叶片展平后呈倒卵形或菱形，长2～4.5cm，宽1～3cm；边缘具钝齿；表面黄绿色，两面疏被柔毛。花黄色或黄棕色，单生叶腋，具长柄。聚合果，棕红色，瘦果小，花萼宿存。气微，味淡。

以叶多、色绿、带花果者为佳。

【化学成分】全草含黄酮类：6-甲氧基柚皮素（6-methoxy naringenin），杜鹃素（farrerol），山柰酚，山柰酚-3-O-芸香糖苷，山柰酚-3-O-刺槐二糖苷（kaempferol-3-O-robinobioside），山柰酚-α-L-鼠李糖基(1→6)-β-D-半乳糖苷，山柰酚-α-L-鼠李糖基(1→3)-α-L-鼠李糖基(1→6)-β-D-半乳糖苷，芹菜素，芹菜素-6-C-β-D-葡萄糖苷，金合欢素-7-O-α-L-鼠李糖基(1→6)-β-D-葡萄糖苷[acacetin-7-O-α-L-rhamnopyranosyl(1→6)-β-D-glucopyranoside]，山柰酚-3-O-β-D-半乳糖苷，芦丁，异槲皮苷，金丝桃苷，翻白叶苷A（potengriffioside A），紫云英苷，异槲皮苷；异香豆素类：蛇莓苷（ducheside）A、B，短叶苏木酚（brevifolin），短叶苏木酚酸（brevifolin carboxylic acid），短叶苏木酚酸甲酯（methyl brevifolin carboxylate）；三萜类：熊果酸，乌苏酸，2α-羟基乌苏酸，19-羟基乌苏酸，2α,3β-二羟基-12-烯-18α,19α-环氧-28-乌苏酸，齐墩果酸，2α-羟基齐墩果酸，委陵菜酸（tormentic acid），2α,3β,19α-三羟基-乌苏烷-12-烯-28-羧酸-28-O-β-D-葡萄糖苷即野蔷薇苷又称野蔷薇葡萄糖酯（rosamultin），2α,3α,19α-三羟基-乌苏烷-12-烯-28-羧酸-28-O-β-D-葡萄糖苷即刺梨苷（kajiichigoside F_1），2α,3α,19α-三羟基-乌苏酸即蓝花楹酸（euscaphic acid），18,19-seco-2α,3α-dihydroxy-19-oxo-urs-11,13(18)dien-28-oic acid，蔷薇酸（euscaphic acid），arjunic acid，swinhoeic acid；有机酸：对羟基桂皮酸，富马酸（fumaric acid），富马酸单甲酯（fumaric acid monomethyl ester），硬脂酸等；鞣质类：蛇莓并没食子苷（duchesellagiside）A、B，低聚缩合鞣质（lower condensedtannin），并没食子鞣质，没食子酸；糖类：己糖，戊糖（pentose）；还含甲氧基去氢胆甾醇（methoxydehy drochlesterol），24R-6-羟-4-乙基胆甾-4-烯-3-酮（24R-6-hydroxy-24-ethyl-cholest-4-en-3-one）及β-谷甾醇等。

【功效主治】蛇莓甘、苦，寒。清热解毒，收敛止血，散结。用于热病，痢疾泄泻，白喉，黄疸，目赤，口疮，瘰疬，蛇咬伤，疔疮肿毒；民间配龙葵、蜀羊泉等用于癥瘕痞块；水浸液用于杀虫。蛇莓果甘、微酸，凉。生津止渴,祛湿。用于口渴,湿疹。

【历史】蛇莓始载于《名医别录》,列为下品。《本草纲目》曰:"蛇莓就地引细蔓,节节生根,每枝三叶,叶有齿刻,四、五月开小黄花,五出,结实鲜红,状似覆盆,而面与蒂则不同也,其根甚细。本草用汁,当是取其茎叶并根也。"所述形态与植物蛇莓相符。

【附注】《中国药典》2010年版附录、《山东省中药材标准》2002年版收载。

草莓

【别名】凤梨草莓。

【学名】Fragaria ananassa Duch.

【植物形态】多年生草本,高10~40cm。茎密生开展黄色柔毛。掌状三出复叶;小叶片倒卵形或菱形,长3~7cm,宽2~6cm,先端圆钝,基部阔楔形,侧生小叶基部偏斜,边缘有缺刻状锯齿,上面几无毛,下面疏生毛,沿脉较密;叶柄长2~10cm,密生开展黄色柔毛。聚伞花序,有5~15花,花序下有1短柄的小叶;花两性,直径1.5~2cm;萼片稍长于副萼片,副萼片椭圆披针形,全缘,稀2深裂,果时增大;花瓣白色,近圆形或倒卵状椭圆形,基部有不明显的爪;雄蕊20,不等长;雌蕊多数。聚合果直径达3cm,鲜红色,有直立宿存萼片;瘦果尖卵形,光滑。花期4~5月;果期6~7月。

栽培于排水良好、肥沃的壤土中。

【产地分布】全省各地有栽培。本种为园艺杂交种,原产南美。国内各省区有栽培。

【药用部位】果实:草莓。为民间药和初夏鲜果,药食两用。

【采收加工】初夏果熟时采摘,鲜用。

【化学成分】果实含并没食子酸,环阿廷醇(cycloartenol),14-甲基-豆甾-7,24(28)二烯-3β-醇[14-methyl-stigmasta-7,24(28)-dien-3β-ol],β-谷甾醇,维生素 B_1、B_2、B_6、C、PP,叶酸。叶含右旋儿茶精,左旋表儿茶精等;还含2-己烯-1-醛(2-hexen-1-al),顺-3-己烯-1-醇(cis-3-hexen-1-ol),呋喃甲醛(furfuraldehyde),正辛醇,正壬醛(n-nonaldehyde),芳樟醇,正壬醇,α-松油醇(α-terpineol),水杨酸甲酯,壬酸,2-甲基萘,右旋止权酸(abscisic acid)等。全草含维生素C。

【功效主治】甘、微酸,凉。清凉止渴,健胃消食,滋养。用于口渴,食欲缺乏,食积不化。

路边青

【别名】水杨梅、兰布政、草本水杨梅。

【学名】Geum aleppicum Jacq.

【植物形态】多年生草本。须根簇生。茎直立,高0.3~1m,有开展粗硬毛,稀几无毛。基生叶丛生,为大头羽状复叶,通常有2~6对小叶,连叶柄长10~25cm;小叶大小极不一致,顶生小叶菱状广卵形或宽扁圆形,长4~8cm,宽5~10cm,先端急尖或圆钝,基部宽心形至宽楔形,边缘常浅裂,有不规则粗大锯齿,两面疏生粗硬毛;茎生叶为羽状复叶,有时重复分裂,向上小叶逐渐减少;托叶大,卵形,边缘有不规则粗大锯齿。伞房状花序顶生,排列疏松;花梗有短柔毛或微硬毛;花直径1~1.7cm;花瓣黄色,比萼片长;副萼片狭披针形,比萼片短1倍多,外面有短柔毛及长柔毛;花柱顶生,在上部1/4处扭曲,成熟后自扭曲处脱落。聚合果倒卵形;瘦果有长柔毛,花柱宿存部分顶端有小钩;果托有长约1mm的硬毛。花、果期7~10月。(图296)

图296 路边青
1.植株 2.茎的一段 3.叶的一部分 4.花
5.雄蕊 6.雌蕊 7.一个瘦果 8.聚合瘦果

【生长环境】生于山坡草地、沟边、路旁、河滩、林间隙地或林缘。

【产地分布】山东境内产于青岛、烟台、泰安、临沂等山地丘陵。在我国除山东外,还分布于东北、华北及四川、云南等地。

【药用部位】全草:蓝布正。为少常用中药。

【采收加工】夏、秋二季茎叶茂盛时采收,洗净,晒干。

【药材性状】全草长 30～100cm。根茎粗短，有多数细须根，褐棕色。茎圆柱形，被毛或近无毛。基生叶为大头羽状复叶；顶生小叶片较大，菱状广卵形或宽卵形，长 4～8cm，宽 5～9cm，先端急尖，边缘浅裂并有大锯齿；侧生小叶片小，边缘有粗齿；茎生叶互生，羽状复叶，卵形；表面黄绿色，两面被毛；托叶卵形。花黄色或淡黄棕色，常脱落。聚合果近球形；小瘦果被长硬毛。气微，味辛、微苦。

以质嫩、叶多、色绿、味辛者为佳。

【化学成分】全草含没食子酸。

【功效主治】甘，微苦，凉。益气健脾，补血养阴，润肺化痰。用于气血不足，虚劳咳嗽，脾虚带下。

【历史】路边青始载于《本草纲目》，名水杨梅，又名地椒。曰："生水边，条叶甚多，生子如杨梅状……丛生，苗叶似菊，茎端开黄花"。所述形态似路边青。

【附注】《中国药典》2010 年版收载，为新增品种。

附：柔毛路边青

柔毛路边青 G. japonicum Thunb. var. chinense F. Bolle，与原种的主要区别是：茎高约 60cm，有黄色短柔毛及粗硬毛。基生叶通常有 1～2 对小叶，其余侧生小叶呈附片状。上部茎生叶通常为单叶，不裂或 3 浅裂，小叶或顶生裂片卵形，顶端圆钝，稀急尖。果托有长约 2～3mm 的黄色柔毛。产地及药用同路边青。全草含三萜类：乌苏酸，2α-羟基乌苏酸，$2\alpha,3\beta,19\alpha,23$-四羟基-乌苏烷-12-烯-28-羧酸，$2\alpha$-羟基齐墩果酸，$2\alpha,3\beta,19\alpha$-三羟基-乌苏烷-12-烯-28-羧酸，$1\beta,3\alpha,19\alpha$-trihydroxy-3-oxo-12-ursen-28-oic acid，$2\alpha,3\beta,19\alpha$-三羟基齐墩果-12-烯-28-羧酸，3β-O-trans-ferulyl-$2\alpha,19\alpha$-dihydroxy-urs-12-en-28-oic acid，坡模酸（pomolic acid），蔷薇酸，goreishic acid，swinhoeic acid，$18,19$-seco-$2\alpha,3\beta$-dihydroxy-19-oxo-urs-11,13(18)dien-28-oic acid；挥发性成分有丁子香酚（eugenol），α-蒎烯，松金娘烷醇（myrtanal），松金娘烯醛，松金娘烯醇，二环[3,1,1]-6,6-二甲基-3-亚甲基庚烷等；还含没食子酸，casuarinin，pedunculagin，β-谷甾醇，胡萝卜苷等。《中国药典》2010 年版收载，为新增品种。

苹果

【别名】果子。

【学名】Malus pumila Mill.

【植物形态】落叶乔木，高 3～8m，胸径达 30cm。树皮灰色或灰褐色；小枝灰褐、红褐或紫褐色，幼枝被绒毛；冬芽卵形或圆锥形，顶端急尖或钝，被密短毛。单叶互生；叶片椭圆形至卵圆形，长 4.5～10cm，宽 3～5.5cm，先端尖或钝，基部宽楔形或圆形，叶缘有圆钝锯齿，薄革质，上下两面幼时密被柔毛，后上面无毛；叶柄粗壮，长 1.5～3cm；托叶披针形，全缘。伞房花序由 3～7 花组成；花梗长 1～2.5cm，密被绒毛；花两性，辐射对称，直径 3～4cm；萼筒钟状，短于裂片，萼片三角状披针形或三角状卵形，先端渐尖，内外均被绒毛；花瓣倒卵形，白色，含苞待放时粉红色或玫瑰红色；雄蕊 20，花丝长短不等；子房 5 室，花柱 5，在近基部合生，被灰白色长绒毛。梨果以扁球形为主，依品种而异，由倒卵状圆筒形至斜方卵形，直径通常 5cm 以上，萼片宿存，成熟时颜色和香味因品种而不同，梗洼下陷；果梗粗短。花期 4～5 月；果期 7～10 月；各品种间差异很大。

【生长环境】栽培于山地或平原。原产欧洲和小亚细亚一带。

【产地分布】山东境内全省各地均有栽培，为我国重要的苹果产区，以烟台最为著名。"烟台苹果"、"九山苹果"、"平阴玫瑰红苹果"、"荣成苹果""栖霞苹果"、"旧店苹果"、"蒙阴苹果"、"文登苹果"、"五莲苹果"等已注册国家地理标志产品。在我国以辽宁南部、黄河流域各省区栽培最多，华中、华南、西北等地也有栽培。

【药用部位】果实：苹果；果皮：苹果皮；叶：苹果树叶。为民间药，苹果药食两用。

【采收加工】夏、秋二季分期采收成熟果实，鲜用。夏季采叶，晒干或鲜用。

【化学成分】果实含有机酸：L-苹果酸，延胡索酸，琥珀酸，丙酮酸，酒石酸，柠檬酸，2-酮戊二酸（2-ketoglutaric acid）等；糖类：葡萄糖，果糖，蔗糖，阿拉伯聚糖（arabinan），半乳聚糖（galactan）等；氨基酸：谷氨酸，缬氨酸，鸟氨酸，赖氨酸等；黄酮类：金丝桃苷，越桔花青苷（idaein），矢车菊素-7-阿拉伯糖苷，矢车菊素-3-阿拉伯糖苷，矢车菊素-3-半乳糖苷；还含维生素 C，多酚氧化酶（polyhenoloxidase）等。果皮含槲皮素，槲皮苷，矢车菊素-3-半乳糖苷，芦丁，金丝桃苷，槲皮素葡萄糖苷，花色苷及胡萝卜素，叶黄质（xanthophylls），20-β-羧基熊果酸等。果心含绿原酸和根皮苷（phlorizin）。果汁含山梨醇，甘露醇，甘油，2,3-丁二醇。种子含脂肪酸，蛋白质；脂肪酸主成分为亚油酸，油酸及棕榈酸。花粉含环木波萝烯醇（cycloartenol），矢车菊素-3-半乳糖苷等。

【功效主治】苹果甘，凉。生津润肺，除烦，解暑，开胃，醒酒。用于津少口干，脾虚泄泻，脘腹胀满，酗酒。苹果皮甘，凉。降逆止呕，消痰。用于反胃吐痰。苹果树叶苦，寒。凉血解毒。用于产后血迷，经水不调，蒸热发烧。

【历史】苹果始载于《名医别录》，名柰。《本草纲目》曰："柰与林檎，一类二种也。树、实皆似林檎而大，西土最多，可栽可压。有白、赤、青三色，白者为素柰，赤者为丹柰，亦曰朱柰，青者为绿柰，皆夏熟。凉州有冬奈,冬熟,子带碧色。"《植物名实图考》载:"奈,《别录》下品,即频果。"并附图。历代本草所述形态、附图及古代本草的奈均指现今植物苹果。

稠李

【别名】郁李、臭李子。

【学名】Padus racemosa (Lam.) Gilib.
(Prunus racemosa Lam.)
(P. padus L.)

【植物形态】落叶乔木,高达 15m,胸径达 25cm。树皮灰褐色,浅裂;小枝紫褐色,幼时灰绿色,无毛或微生短柔毛;芽卵圆形,鳞片边缘有疏柔毛。单叶互生;叶片椭圆形、倒卵形及长圆状倒卵形,长 6～12cm,宽 3～5cm,先端突渐尖,基部宽楔形、圆形或心形,叶缘有不规则锐锯齿,侧脉 8～11 对,上面无毛,下面灰绿色,无毛或仅在脉腋处有簇毛;叶柄长 1～1.5cm,无毛,靠近叶片基部常有 2 腺体;托叶条形,早落。总状花序顶生,长 7～15cm,由 10～20 花组成,通常在基部有叶片;花序轴及花梗无毛,花梗长 1～1.5cm;花两性,辐射对称,直径 1～1.5cm;萼筒杯状,无毛,萼片卵形,开花时反折;花瓣倒卵形,白色,略有臭气;雄蕊多数,花丝略短于花瓣;花柱比雄蕊短,无毛。核果球形或卵状球形,直径 6～8mm,熟时紫黑色,有光泽;核扁球形,白色,有明显皱纹。花期 4～5 月;果期 8～9 月。(图 297)

图 297 稠李
1.花枝 2.去掉花冠的花 3.花纵切 4.花瓣
5.雌蕊 6.雄蕊背腹面

【生长环境】生于山沟、山坡、谷地、河滩或林中。栽培于庭园或果园。

【产地分布】山东境内产于烟台、青岛、威海、泰安等地。在我国除山东外,还分布于东北、华北地区及内蒙古等地。

【药用部位】叶:稠李叶;果实:稠李果。为民间药,成熟果实可食。

【采收加工】夏季采叶,秋季采收成熟果实,鲜用或晒干。

【化学成分】鲜花含挥发油:主成分为苯甲醛,α-酮基苯乙腈,α-羟基苯乙腈。果实、茎、叶、皮及树干的挥发油均含苯甲酸和苯甲醛。

【功效主治】稠李叶止咳祛痰。稠李果用于腹泻。

石楠

【别名】石楠藤。

【学名】Photinia serrulata Lindl.
[Photinia serratifolia (Desf.) Kalk.]

【植物形态】常绿大灌木,高 4～6m。老枝褐灰色,幼枝绿色或红褐色,无毛。单叶互生;叶片长椭圆形、长倒卵形或倒卵状椭圆形,长 9～22cm,宽 3～6.5cm,先端尾尖或短尖,基部圆形或宽楔形,叶缘疏生具腺细锯齿,近基部全缘,羽状脉,侧脉 25～30 对,上面光绿色,下面淡绿色,光滑或幼时中脉处有毛,厚革质;叶柄长 2～4cm,粗壮。复伞房花序由 30～40 花组成;总花梗及花梗均无毛;花辐射对称,直径 6～8mm;萼筒杯状,萼片阔三角形,淡绿色,无毛;花瓣近圆形,白色,无毛;雄蕊 20,2 轮,外轮较花瓣长,内轮较花瓣短;花柱 2,稀 3,基部合生。梨果球形,直径 5～6mm,熟时紫红色,有光泽。种子卵形,长约 2mm,棕色。花期 4～5 月;果期 10 月。2n＝34。(图 298)

【生长环境】生于山坡杂木林或溪边林缘。栽培于公园、庭园。

【产地分布】山东境内的各地市公园及庭院有栽培。在我国除山东外,还分布于长江流域以南各地。

【药用部位】带叶茎枝:石楠藤;叶:石楠叶;果实:石楠实;根:石楠根。为少常用中药或民间药。

【采收加工】夏、秋二季采叶,晒干。秋季采收成熟果实,晒干。全年挖根,洗净,晒干或鲜用。

【药材性状】叶长椭圆形或长倒卵形,长 8～21cm,宽 3～6cm。先端急尖或短尖,基部圆形或宽楔形,略不对称,叶缘有细密尖锐锯齿或微锯齿,齿端棕色。上表面棕绿色至紫棕色,光滑无毛,羽状网脉,中脉凹入;下表面色较浅,主脉明显突出。叶柄圆柱形,长 2～3.5cm,上面有一纵槽。叶片革质而脆。气微,味苦、涩。

以叶片完整、色棕绿、味苦者为佳。

【化学成分】叶含类胡萝卜素,樱花苷(sakuranin),山梨醇,熊果酸,齐墩果酸,正烷烃,鞣质等;挥发油主成分为

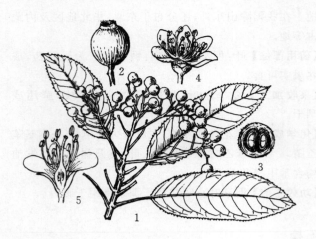

图 298 石楠
1.果枝 2.果实 3.果实横切 4.雄花 5.两性花纵切

芳樟醇，冰片，氯碳酸戊酯等。枝叶含野樱皮苷，扁桃腈葡萄糖苷[6D(−)-momdelonitrile-D-glucoside]等。

【功效主治】石楠叶 辛、苦，平；有小毒。祛风通络，益肾。用于风湿痹病，腰背酸痛，足膝无力，偏头痛，宫冷不孕，月经不调。石楠实 苦、辛，平。祛风除湿。用于风痹积聚。石楠根 辛、苦，平。祛风除湿，活血解毒。用于风痹，外感咳嗽，疮疡肿痛，跌打损伤。石楠藤 苦、辛，平。补肾助阳，除风冷，强腰脚。用于诸风冷气，血痹筋骨不利，腰膝酸软，金疮疼痛。

【历史】石楠始载于《神农本草经》，列为下品，名石南。《本草图经》云："石南，今南北皆有之。生于石上，株极有高大者。江、湖间出者，叶如枇杷叶，有小刺，凌冬不凋。春生白花成簇，秋结细红实"。所述形态与蔷薇科植物石楠一致。

【附注】《中国药典》1977年版、《山东省中药材标准》2002年版收载石楠藤。

毛叶石楠

【别名】石楠、鸡零子。

【学名】Photinia villosa (Thunb.) DC.
(Crataegus villosa Thunb.)

【植物形态】落叶灌木或小乔木。枝灰褐色，幼时被白色长柔毛，后脱落；冬芽小，有褐色鳞片，无毛。单叶互生；叶片倒卵形或长圆状倒卵形，长3～8cm，宽2～4cm，先端尾尖或渐尖，基部楔形，叶缘上半部有尖锐的细锯齿，羽状网脉，侧脉5～7对，上面绿色，初有白毛，后脱落，下面淡绿色，被柔毛或仅在脉上有毛，薄纸质；叶柄长1～5mm，有长柔毛。顶生伞房花序，由10～20花组成，直径3～5cm；总花梗及小花梗上有柔毛，在果期常有疣点；苞片钻形，早落；花辐射对称，直径0.7～1.2cm；花萼裂片三角状卵形，萼筒杯状；花瓣近圆形，白色，外面无毛，内面基部有毛；雄蕊20，较花瓣短；花柱3，离生。梨果椭圆形或卵形，长0.8～1cm，直径6～8mm，熟时红色或橙红色，顶端宿萼直立。花期5月；果期8～9月。（图299）

图 299 毛叶石楠
1.花枝 2.果实

【生长环境】生于海拔600～800m的山沟或灌丛中。

【产地分布】山东境内产于烟台、青岛等山地丘陵。在我国除山东外，还分布于华东、华中、华南地区及甘肃、河南等地。

【药用部位】根和果实：毛叶石楠。为民间药。

【采收加工】秋季采收成熟果实，晒干。全年挖根，洗净，晒干。

【化学成分】种子脂肪油含亚油酸，油酸，棕榈酸，硬脂酸，花生酸等。

【功效主治】苦，平。除湿，止痢，消肿止痛。用于呕吐，泄泻，痢疾。

委陵菜

【别名】翻白草、老鸦鳞（五莲）、老鸹翎（烟台）、翻白蒿（海阳）、鸡爪蒿（昆嵛山、文登、海阳）。

【学名】Potentilla chinensis Ser.

【植物形态】多年生草本。根粗壮，圆柱形，稍木质化。花茎直立或上升，高20～70cm，有稀疏短柔毛及白色绢状长柔毛。基生叶为奇数羽状复叶，有小叶11～31

片,连叶柄长 4～25cm,叶柄有短柔毛和绢状长柔毛;小叶对生或互生,上部小叶片较长,向下逐渐变短,长圆形、倒卵形或长圆状披针形,长 1～5cm,宽 0.5～1.5cm,边缘羽状中裂,裂片三角形、三角状披针形或长圆形,边缘向下反卷,上面绿色,有短柔毛或几无毛,下面有白色绒毛,沿中脉有白色绢状长柔毛;茎生叶与基生叶相似,唯小叶数较少;基生叶有褐色近膜质托叶,外被白色绢状长柔毛,茎生叶有绿色草质托叶,边缘锐裂。伞房状聚伞花序,花梗长 0.5～1.5cm,基部有披针形苞片;苞片外面密生短柔毛;花两性,直径 0.8～1cm,稀达 1.3cm;萼片三角状卵形,先端急尖,副萼片比萼片短 1/2 且狭窄,外面有短柔毛或少数绢状柔毛;花瓣黄色,稍长于萼片;花柱近顶生,基部微扩大,稍有乳头或不明显,柱头扩大。瘦果卵球形,有明显皱纹。花期 5～9 月;果期 6～10 月。2n＝14。(图 300)

图 300　委陵菜
1.植株上部　2.去掉花冠的花

【生长环境】生于山坡草地、沟谷、林缘、灌丛或疏林中。
【产地分布】山东境内产于各地。分布几遍全国。
【药用部位】全草:委陵菜。为常用中药,嫩苗可食。
【采收加工】春季未抽茎时采挖带根全草,去杂质,晒干。
【药材性状】根圆柱形或类圆锥形,略扭曲,偶具分枝,长 5～17cm,直径 0.5～1cm;表面暗棕色或暗紫红色,有纵纹,外皮易成片状剥落;根头部稍膨大,质硬,易折断,断面皮部薄,暗棕色,常与木部分离,有放射状纹理。叶基生,单数羽状复叶,小叶 11～31 片,有柄;小叶片狭长椭圆形,边缘羽状深裂;表面灰绿色,下表面及叶柄密被灰白色柔毛。气微,味涩、微苦。

以根肥大、叶灰白色者为佳。

【化学成分】全草含黄酮类:槲皮素,芹菜素,山柰酚,5,7,4′-三羟基黄酮,刺蒺藜苷(tribuloside),紫云英苷(astragalin)等;三萜类:α-香树脂醇,β-香树脂醇,乌苏酸,2α-羟基乌苏酸,蔷薇酸,坡模酸,委陵菜酸,24-羟基委陵菜酸,积雪草酸(asiatic acid),2α,3α-二羟基-12-烯-28-乌苏酸,2β,3β,19α-三羟基-12-烯-28-乌苏酸(euscaphic acid),2α,3α,19α,23-四羟基-12-烯-28-乌苏酸,齐墩果酸,2-羟基齐墩果酸,2α,3α-二羟基-12-烯-28-齐墩果酸,白桦脂酸,3-氧代-12-烯-28-乌苏酸,3-O-乙酰坡模醇酸,3-羟基-11-烯-11,12-脱氢 28,23-乌苏酸内酯,丝石竹皂苷元;还含没食子酸,3,3′,4′-三-O-甲基并没食子酸,壬二酸,苯甲酸,鞣花酸-3,3′-二甲醚(ellagic acid-3,3′-dimethyl ether),β-谷甾醇,胡萝卜苷等。根含丝石竹皂苷元,熊果酸,d-儿茶素,鞣质等。嫩苗含维生素 C 等。
【功效主治】苦,寒。清热解毒,凉血止痢。用于赤痢腹痛,久痢不止,痔疮出血,痈肿疮毒。
【历史】委陵菜始载于《救荒本草》,又名翻白菜,曰:"生田野中。苗初塌地生,后分茎杈,茎节稠密,上有白毛,叶仿佛类柏叶而极阔大,边如锯齿形,面青背白,又似鸡腿儿叶而却窄,又类鹿蕨叶亦窄,茎叶梢间开五瓣黄花,其叶味苦,微辣。"所述形态及附图与植物委陵菜一致。
【附注】《中国药典》2010 年版收载。

翻白草

【别名】鸡腿儿、鸡根(平邑、莒县)、老鸦爪(昆嵛山、文登、荣城)、山萝卜。
【学名】Potentilla discolor Bge.
【植物形态】多年生草本。块根肥厚纺锤形。花茎直立,上升或稍斜伸,高 10～45cm,密生白色绵毛。基生叶为奇数羽状复叶,小叶 5～9 片,连叶柄长 4～20cm,叶柄有白色绵毛,小叶对生成互生,无小叶柄;小叶片长圆形或长圆状披针形,长 1～5cm,宽 5～8mm,先端圆钝,基部楔形、宽楔形或偏斜圆形,边缘有圆钝锯齿,上面有稀疏白绵毛或几无毛,下面密生白色绵毛;托叶膜质,褐色,外被白色长柔毛;茎生叶有掌状 3～5 小叶;托叶绿色,草质,边缘有缺刻状牙齿,下面密生白色绵毛。聚伞花序疏散;花梗有绵毛,长 1～2.5cm;花两性,辐射对称;萼片三角状卵形;副萼片披针形,外面有白色绵毛;花瓣黄色,长于萼片;花柱近顶生,基部有乳

头状膨大。瘦果近肾形,宽约1mm。花、果期5~9月。(图301)

图301 翻白草
1.植株 2.花 3.去掉花冠的花 4.雄蕊 5.雌蕊

【生长环境】生于荒地路旁、山谷沟边、山坡草地及疏林下。

【产地分布】山东境内产于各地。分布几遍全国。

【药用部位】全草:翻白草。为较常用中药,嫩苗可食。

【采收加工】夏、秋二季采挖带根全草,除去泥土,洗净,晒干。

【药材性状】块根纺锤形或圆柱形,少数瘦长,长3~8cm;表面黄棕色或暗红棕色,栓皮较平坦,有不规则扭曲的纵槽纹;质硬脆,断面黄白色。基生叶丛生,单数羽状复叶,皱缩而卷曲;小叶5~9片,完整者展平后呈矩圆形或狭长椭圆形,顶生小叶片较大,边缘有粗锯齿;上表面暗绿色,下表面密生白色绒毛;质脆,易碎。气微,味甘、微涩。

以根肥大、叶灰绿完整、味甘者为佳。

【化学成分】根含可水解鞣质,缩合鞣质及黄酮类。全草含黄酮类:槲皮素,柚皮素,山柰酚,芹菜素,木犀草素,槲皮苷,异槲皮苷,刺蒺藜苷,山柰酚-3-O-β-D-葡萄糖苷,山柰酚-3-O-β-D-葡萄糖醛酸苷,山柰酚-7-O-α-L-鼠李糖苷,槲皮素-7-O-α-L-鼠李糖苷;鞣花酸及衍生物:鞣花酸,鞣花酸-3-甲醚,鞣花酸-3-甲醚-4′-O-α-L-吡喃鼠李糖苷,鞣花酸-3,3′-二甲醚-4-O-β-D-葡萄糖苷,鞣花酸-3-甲醚-4′-O-α-吡喃鼠李糖苷;三萜类:熊果酸,齐墩果酸,2α,3α-二羟基-12-烯-28-齐墩果酸,2α-羟基白桦脂酸,坡模酸,3-O-乙酰坡模醇;还含短叶苏木酚(brevifolin),tlumenol,延胡索酸,没食子酸,原儿茶酸,间苯二酸及无机元素钙、钾、镁、锰、铁、锌等。

【功效主治】甘、微苦,平。清热解毒,止痢,止血。用于湿热泻痢,痈肿疮毒,血热吐衄,便血,崩漏。

【历史】翻白草始载于《救荒本草》,又名鸡腿儿,曰:"出钧州山野中,苗高七、八寸。细长锯齿叶硬厚,背白,其叶似地榆叶而细长,开黄花,根如指大,长三寸许,皮赤内白"。《本草纲目》载:"鸡腿儿生近泽田地,高不盈尺。春生弱茎,一茎三叶,尖长而厚,有皱纹锯齿,面青背白,四月开小黄花。结子如胡荽子,中有细子。其根状如小白术头,剥去赤皮,其内白色如鸡肉,食之有粉。"所述形态及《植物名实图考》附图与植物翻白草相符。

【附注】《中国药典》2010年版、《山东省中药材标准》2002年版收载,前者为新增品种。

莓叶委陵菜

【别名】委陵菜、雉子筵。

【学名】Potentilla fragarioides L.

【植物形态】多年生草本。根簇生,极多。花茎多数,丛生,上升或铺散,长8~25cm,有开展长柔毛。基生叶为奇数羽状复叶,有小叶5~7片,稀为9片,连叶柄长5~22cm,叶柄有开展疏柔毛,小叶有短柄或几无柄;小叶片倒卵形、椭圆形或长椭圆形,长0.5~7cm,宽0.4~3cm,先端圆钝或急尖,基部楔形或宽楔形,边缘有多数急尖或圆钝的锯齿,近基部为全缘,两面有平铺疏柔毛,下面沿叶脉毛较密,锯齿边缘有时密被缘毛;茎生叶常有3小叶,小叶与基生叶相似或为长圆形,边缘上部有锯齿而下部全缘,有短叶柄或几无柄;基生叶有膜质托叶,褐色托叶外面有稀疏开展长柔毛,茎生叶有草质托叶,卵形,全缘,外面有平铺疏柔毛。顶生伞房状聚伞花序,多花;花梗细,长1.5~2cm,外面有疏柔毛;花直径1~1.7cm;花萼有长柔毛,副萼片与萼片近等长或稍短,但萼片稍宽;花瓣黄色;花柱顶生,上部大,基部小;花托内部密生细柔毛。瘦果近肾形,直径约1mm,表面有脉纹。花期4~6月;果期6~8月。(图302)

【生长环境】生于地边、沟边草地或灌丛疏林下。

【产地分布】山东境内产于泰安、临沂等山地丘陵。在我国除山东外,还分布于东北、华北、西北、华东、西南地区。

【药用部位】全草:雉子筵;根及根茎:雉子筵根。为民间药。

【采收加工】春、夏二季采挖带根全草,洗净,晒干。

【药材性状】全草长约25cm,密被柔毛。茎纤细。羽状

图302 莓叶委陵菜
1.植株 2.花 3.瘦果

复叶；基生叶有小叶5～7(9)片；顶端三小叶较大，小叶片宽倒卵形、卵圆形或椭圆形，长0.8～4cm，宽0.5～2cm；先端尖或稍钝，基部楔形或圆形，边缘具粗锯齿；茎生叶有3小叶；表面灰绿色，两面被柔毛，下面沿脉较密。花多，黄色或淡棕色。瘦果小，微有皱纹。气微，味涩，微苦。

根茎短圆柱形或块状，略弯曲，长0.5～2cm，直径0.3～1.5cm；表面棕褐色，粗糙，周围有多数须根或根痕；顶端有棕色叶基及芽，叶基边缘膜质，与芽均被淡黄色毛茸；质坚硬，断面皮部较薄，黄棕色至棕色，木部导管群黄色，中心有髓。根细长，弯曲，长5～10cm，直径1～4mm；表面暗棕色，有纵沟纹；质脆，易折断，折断面略平坦，黄棕色至棕色。臭无，味涩。

以质坚实、色暗棕者为佳。

【化学成分】全草含芦丁和儿茶素及无机元素钙、镁、钠、磷、钾、硒、铜、锌、锰、锶等。根及根茎含d-儿茶精（d-catechin）。

【功效主治】雉子筵甘，微辛，温。活血化瘀，养阴清热。用于干血痨，疝气。雉子筵根甘、苦，平。凉血止血。用于产后出血，月经过多，咳血。

【附注】《中国药典》1977年版曾收载。

三叶委陵菜

【别名】委陵菜、三叶蛇子草。

【学名】Potentilla freyniana Bornm.

【植物形态】多年生草本，有纤匍枝或不明显。根丛生。花茎细，直立或上升，高8～25cm，有平铺或开展的柔毛。基生叶为掌状三出复叶，连叶柄长4～30cm，宽1～4cm；小叶片长圆形、卵形或椭圆形，边缘有多数急尖锯齿，两面疏生平铺柔毛；茎生叶1～2，小叶片与基生叶小叶片相似，唯叶柄很短，叶缘锯齿减少；基生叶有膜质褐色外被稀疏长柔毛的托叶，茎生叶有草质绿色边缘有缺刻状锐裂的托叶，上面有稀疏长柔毛。伞房状聚伞花序顶生，多花而松散；花梗纤细，长1～1.5cm，外面有疏柔毛；花直径0.8～1cm；萼片三角状卵形，先端渐尖，副萼片与萼片近等长，外面有平铺柔毛；花瓣淡黄色；花柱近顶生，上部粗，基部细。瘦果卵球形，直径0.5～1cm，表面有明显皱纹。花期4～5月；果期6～7月。（图303）

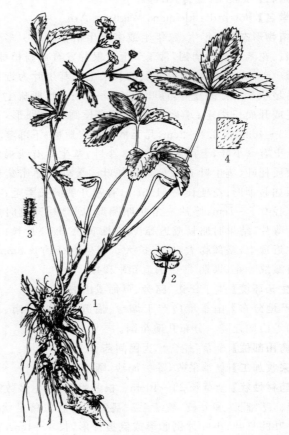

图303 三叶委陵菜
1.植株 2.花 3.茎的一段 4.部分叶下表面

【生长环境】生于海拔较高的山坡草地、溪边或疏林下阴湿处。

【产地分布】山东境内产于烟台、临沂、潍坊、泰安、烟台等山地丘陵。在我国除山东外，还分布于云南、贵州、四川、福建、浙江、江西、湖北、湖南、甘肃、陕西、山西、河北、辽宁、吉林、黑龙江等地。

【药用部位】全草、根及根茎：地蜂子。为民间药。

【采收加工】春、夏二季采挖带根全草，洗净，晒干。

【药材性状】根茎纺锤形、圆柱形、哑铃形或蜂腹形,微弯曲,长1.5~4cm,直径0.5~1.2cm。表面灰褐色或黄褐色,粗糙,有皱纹。顶端有叶柄残基,被柔毛,下部着生多数须根,或为突起的根痕。质坚硬,折断面颗粒状,深棕色或黑褐色,中央有髓,扩大镜下可见白色细小结晶。气微,味微苦而涩,微有清凉感。

【化学成分】根茎含儿茶素和鞣质。根含β-谷甾醇,胡萝卜苷,齐墩果酸,肌醇。

【功效主治】苦,寒。清热解毒,止痛,敛疮止血。用于痢疾泄泻,牙痛,胃痛,腰痛,骨漏,骨痨,口疮疡,跌打损伤,毒蛇咬伤。

蛇含委陵菜

【别名】委陵菜、蛇含、山莓。

【学名】Potentilla kleiniana Wight et Arn.

【植物形态】一年生、二年生或多年生宿根草本。多须根。花茎上升或匍匐,常于节上生根并发育成新植株,长10~50cm,有疏毛或开展的长柔毛。基生叶为近似鸟足状5小叶的复叶,连叶柄长3~20cm,叶柄疏生柔毛或开展长柔毛;小叶片倒卵形或长圆状倒卵形,长0.5~4cm,宽0.4~2cm,几无柄或稀有短柄;下部茎生叶上有5小叶,上部茎生叶有3小叶;基生叶有淡褐色膜质托叶,茎生叶有绿色草质托叶。聚伞花序密集枝顶如假伞形;花梗长1~1.5cm,有密开展的长柔毛;花直径0.8~1cm,萼片三角状卵圆形,副萼片开花时短于萼片,结果时略长或近等长;花瓣黄色,较萼片长;花柱近顶生,基部膨大,柱头扩大。瘦果直径约0.5mm,有皱纹。花、果期4~9月。(图304)

【生长环境】生于田边、路旁、草甸或山坡草地。

【产地分布】山东境内产于烟台、临沂、潍坊、济南、青岛等山地丘陵。分布几遍全国。

【药用部位】全草:蛇含。为民间药。

【采收加工】夏季采收,除去泥沙,晒干或鲜用。

【药材性状】全草长20~40cm。根茎粗短,着生多数须根。茎细长,多分枝,被疏毛。基生叶为近似鸟足状5小叶的复叶;小叶片倒卵形或倒披针形,长1~4cm,宽0.5~1.5cm,边缘有粗锯齿;茎生叶3~5小叶;表面灰绿色,两面均被毛。花黄色。果实近圆形,表面微有皱纹。气微,味苦、微涩。

【化学成分】全草含三萜类:齐墩果酸,熊果醇,熊果酸,3α,19,24-三羟基-12-烯-28-乌苏酸,委陵菜酸,2α-羟基乌苏酸,2α,3α,19α-三羟基-12-烯-28-乌苏酸,2α,3β,19α,23-四羟基-12-烯-28-齐墩果酸,2α,3β,19α,23-四羟基-12-烯-28-乌苏酸;黄酮类:槲皮苷,异槲皮苷,山柰酚-3-O-β-D-葡萄糖苷;还含仙鹤草素(agrimoniin),蛇含鞣质(potentillin),长梗马兜铃素(peduncula-

图304 蛇含委陵菜
1.基生叶 2.花序枝 3.花

gin),β-谷甾醇,胡萝卜苷等。

【功效主治】苦,微寒。清热解毒,化痰止咳,消肿止痛,截疟。用于伤风外感,高热惊风,疟疾,目赤红肿,流泪,咽痛,口疮,乳蛾,乳痈,痢疾泄泻,缠腰火丹,疔疮,毒蛇咬伤。

朝天委陵菜

【别名】委陵菜、铺地委陵菜、仰卧委陵菜。

【学名】Potentilla supina L.

【植物形态】一年生或二年生草本。主根细长并有稀疏侧根。茎平展,上升或直立,叉状分枝,长20~50cm,有疏柔毛或脱落几无毛。基生叶为奇数羽状复叶,有小叶5~11片,间隔0.8~1.2cm,连叶柄长4~15cm,叶柄有疏柔毛或几无毛;小叶无柄,互生或对生,最上面1~2对小叶基部下延与叶轴合生;小叶片长圆形或倒卵状长圆形,通常长1~2.5cm,宽0.5~1.5cm,先端圆钝或急尖,基部楔形或宽楔形,边缘有圆钝或缺刻状锯齿,两面被稀疏柔毛或几无毛;茎生叶与基生叶相似,向上小叶数逐渐减少;基生叶有褐色膜质托叶,外面有疏柔毛或几无毛,茎生叶托叶全缘、有齿或分裂。花茎上生多叶,下部花单生于叶腋,顶端为伞房状聚伞花序;花梗长0.8~1.5cm,常密生短柔毛;花直径6~8mm;萼片三角状卵形,先端急尖,副萼片比萼片稍长或近等长;花瓣黄色,倒卵形,与萼片近等长或稍短;花柱近顶生,基部乳头状膨大。瘦果长圆形,顶端尖,表面有脉纹。花期5~9月;果期6~10月。(图305)

【植物形态】多年生草本。主根粗壮,圆柱形。花茎直立或上升,高15~65cm,有长柔毛、短柔毛或卷曲柔毛及稀疏腺毛,有时脱落。基生叶为奇数羽状复叶,小叶11~17片,连叶柄长5~20cm,叶柄有长柔毛、短柔毛或卷曲柔毛及稀疏腺毛;小叶互生或对生,最上部1~3对小叶基部下延与叶轴愈合;小叶片长圆形,长1~5cm,宽0.5~1.5cm,先端圆钝,基部楔形,边缘有缺刻状锯齿,上面伏生疏柔毛或密被长柔毛,或脱落几无毛,下面有短柔毛,叶脉伏生柔毛,或被稀疏腺毛;茎生叶与基生叶相似,唯小叶数较少;基生叶有褐色膜质托叶,外面有疏柔毛,茎生叶有绿色草质托叶,边缘深撕裂状,下面有短柔毛或长柔毛。伞房状聚伞花序,多花;花直径1~1.5cm;花梗与萼片近等长,外面有短柔毛和腺毛;副萼片狭披针形,通常比萼片短;花瓣黄色,比萼片长约1倍;花柱圆锥形,近顶生,柱头稍扩大;花托被柔毛。瘦果卵球形,长2.5mm,褐色,有脉纹。花、果期5~10月。(图306)

图305 朝天委陵菜
1.植株 2.花 3.聚合瘦果及宿存花萼、副花萼

【生长环境】生于田间、河岸沙地、草甸或山坡湿地。
【产地分布】山东境内产于各地。在我国除山东外,还分布于河北、山西、陕西、甘肃、宁夏、新疆、安徽、江苏、河南、湖北、湖南、四川、西藏等地。
【药用部位】全草:朝天委陵菜。为民间药,嫩苗可食。
【采收加工】夏季采收,除去泥沙,晒干。
【化学成分】全草含粗蛋白,维生素C及无机元素钙,镁,锌,铜等。
【功效主治】甘、酸,寒。止血,固精,收敛,滋补。用于泄泻,吐血,尿血,便血,血痢,须发早白,牙齿不固。

菊叶委陵菜

【别名】委陵菜、蒿叶委陵菜。
【学名】Potentilla tanacetifolia Willd. ex Schlecht.

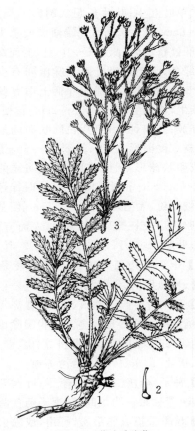

图306 菊叶委陵菜
1.植株下部 2.雌蕊 3.花枝

【生长环境】生于山坡草地、低洼地或林缘。
【产地分布】山东境内产于烟台、青岛等地。在我国除山东外,还分布于黑龙江、吉林、辽宁、内蒙古、河北、山西、陕西、甘肃等地。
【药用部位】全草:菊叶委陵菜。为民间药。

【采收加工】夏、秋二季采收,除去泥土,晒干。
【化学成分】根含鞣质约27%。
【功效主治】清热解毒,消炎止血。

附:腺毛委陵菜

腺毛委陵菜 P. longifolia Willd. ex Schlecht.,与菊叶委陵菜的主要区别是:基生叶为奇数羽状复叶,小叶9~11片。伞房花序集生于花茎顶端,花少,排列紧凑,有短花梗;萼片三角状披针形;副萼片长圆状披针形,与萼片近等长或稍长;花瓣与萼片近等长,结果时增大直立。山东境内产于徂徕山。药用同菊叶委陵菜。

李

【别名】李子、李子树。
【学名】Prunus salicina Lindl.
【植物形态】落叶乔木,高7~12m。树皮灰褐色,粗糙;小枝灰绿色,平滑无毛;顶芽缺,腋芽单生,幼叶在芽内席卷。单叶互生;叶片长圆状倒卵形至长圆状卵圆形,长6~8cm,宽3~5cm,先端渐尖或急尖,基部楔形,叶缘有圆钝重锯齿,侧脉6~10对,上面绿色,有光泽,下面淡绿色,无毛或沿叶脉及脉腋间有少数簇毛;叶柄长1~2cm,靠近叶基部的叶柄上面有腺体或无。通常3花簇生,稀单生,直径1.5~2cm,花梗1~2cm,花叶同时开放;萼筒钟状,萼片长圆状卵圆形,边缘少有锯齿;花瓣宽倒卵形,白色;雄蕊20~30;子房无毛。核果球形或卵状球形,稀圆锥形,有较明显的缝沟线,直径通常2~3.5cm,个别品种更大,熟时绿色、黄色或紫红色,外被蜡粉,无毛;梗长1~1.5cm,梗基深陷,顶端微尖;核卵圆形或长圆形,先端尖,表面有皱纹。花期4~5月;果期7~8月。(图307)

图307 李
1. 果枝 2. 花枝

【生长环境】生于溪边疏林内或山坡丘陵杂木林中。栽培于山村、城镇周围、果园或庭园。
【产地分布】山东境内产于临沂、烟台、青岛等地,以蒙阴水营乡、栖霞曲家夼等地较多。在我国除山东外,还分布于陕西、甘肃、四川、贵州、湖南、湖北、江苏、浙江、江西、福建、广东、广西及台湾等地。
【药用部位】种子:李核仁;果实:李子;叶:李叶;花:李花;根及根皮:李树根。为民间药,李子药食两用。
【采收加工】秋季采摘成熟果实,鲜用,或除去果肉,晒干,敲碎果核,取出种子,晾干。春季采花;夏季采叶,晒干或鲜用。春、秋二季挖根,洗净,晒干或剥取根皮晒干。
【化学成分】种子含苦杏仁苷。果实含β-胡萝卜素,隐黄质(cryptoxanthin),叶黄素,堇黄质(violaxanthin),新黄质(neoxanthin)及维生素A,赤霉素(gibberellin) A_{32} 等;挥发油主成分为6-烯壬醇,顺4-烯癸酸乙酯,十二烷酸,己酸丁酯等。叶含木犀草素-7-O-β-D-葡萄糖苷,洋槐苷,槲皮素,芦丁,槲皮素-3,7-二-O-葡萄糖苷及绿原酸等。
【功效主治】李核仁苦,平。活血祛瘀,滑肠利水。用于跌打损伤,血瘀疼痛,大便燥结,浮肿。李子苦、酸,平。清热生津,消积。用于虚痨骨蒸,消渴,食积不消。李树根用于呃逆,湿气痢疾,赤白带下,脚气,丹毒疮疡。李叶用于壮热惊痫,肿毒溃烂。李花用于雀斑。
【历史】李始载于《名医别录》,名李实。《本草纲目》云:"绿叶白花,树能耐久,其种近百,李子大者如卵,小者如弹如樱,其味有甘、酸、苦、涩数种,其色有青、绿、紫、朱、黄,赤色缥绮、胭脂、青皮、紫灰之殊,其形有牛心、马肝、柰李、杏李、水李、离核、合核、无核、扁缝之异。"所述形态与现今蔷薇科植物李基本一致。

杜梨

【别名】杜梨子(莒县)、面梨(费县、平邑)、大杜梨(平邑)、豆梨。
【学名】Pyrus betulifolia Bge.
【植物形态】落叶乔木或大灌木,高达10m。树皮灰黑色,呈小方块状开裂;小枝黄褐色至深褐色,幼时密被灰白色绒毛,后渐变紫褐色;通常有刺。单叶互生;叶片菱状卵形至长卵形,长5~8cm,宽3~5cm,先端渐尖,基部宽楔形,稀近圆形,叶缘有粗锐的尖锯齿,几无芒尖,两面无毛或仅幼叶及叶柄处密被灰白色绒毛;叶柄长3～4.5cm,有毛;托叶膜质,条状披针形,两面有绒毛。伞形总状花序由6～15花组成;总花梗及花梗均被密绒毛;花两性,辐射对称,直径1.5～2cm;萼片三角状卵圆形,内外两面被绒毛;花瓣宽卵形,先端圆钝,基部有短爪,白色,花初开时微现粉红色;雄蕊20;花柱2～3,基部微有毛。梨果近球形,直径0.5～1.2cm,萼脱落,先端不凹陷,熟时褐色,表面有浅色斑点;果梗长2～4cm,基部微有绒毛。花期4月;果期8～9月。(图308)

【生长环境】生于山坡、沟谷地、沙滩及路旁。
【产地分布】山东境内产于各地。在我国除山东外,还分布于辽宁、内蒙古、河北、河南、山西、陕西、甘肃、湖北、江苏、安徽、江西等地。
【药用部位】果实:杜梨;树皮:杜梨树皮;枝叶:杜梨枝叶。为民间药,杜梨药食两用。

图308 杜梨
1.花枝 2.果枝 3.花纵切 4.花瓣 5.雄蕊 6.果实横切

【采收加工】春季采剥树皮,晒干。秋季果熟时采摘,鲜用。夏季采叶晒干或鲜用。四季采收枝条晒干或鲜用。
【化学成分】叶及幼苗含表儿茶精,熊果酚苷(arbutin)等。果实含多糖;挥发油主成分为二十三烷,二十五烷,6,10,14-三甲基-2-十五酮,二十四烷,1,2-二苯羧酸二辛酯,二十八烷等。花挥发油主成分为二十一烷等。叶含氨基酸和无机元素铜、锰、铁等。
【功效主治】杜梨酸、甘、涩,寒。消食止痢。用于食积不消,泄泻,痢疾。杜梨树皮用于皮肤溃疡。杜梨枝叶用于霍乱,吐泻,转筋腹痛,反胃吐食。

【历史】杜梨始载于《救荒本草》,名棠梨树,曰:"今处处有之。生荒野中。叶似苍术叶,亦有团叶者,有三叉叶者,叶边皆有锯齿。又似女儿茶叶,其叶色颇白。开白花,结棠梨如小楝子大。"《本草纲目》载:"其树接梨甚嘉。有甘、酢、赤、白二种。"并附图。所述形态及附图与现今蔷薇科植物杜梨基本一致。

白梨

【别名】梨、梨树。
【学名】Pyrus bretschneideri Rehd.
【植物形态】落叶乔木,高5～8m,胸径达30cm。树皮灰黑色,呈粗块状裂;枝圆柱形,微屈曲,黄褐色至紫褐色,幼时有密毛,芽鳞棕黑色,边缘或先端微有毛。单叶互生;叶片卵形至椭圆状卵形,长5～11cm,宽3.5～6cm,先端渐尖或短尾状尖,基部宽楔形,叶缘有尖锯齿,齿尖刺芒状微向前贴附,上下两面有绒毛,后脱落;叶柄长3～7cm;托叶条形至条状披针形,边缘有腺齿。伞形总状花序由6～10花组成;花梗嫩时有绒毛;苞片膜质,条形;花两性,辐射对称,直径2～3.5cm;萼片三角状披针形,缘有腺齿,外面无毛,内面有褐色绒毛;花瓣圆卵形至椭圆形,先端常啮齿状,基部有爪;雄蕊20;花柱5,稀4。梨果卵形、倒卵形或球形,直径通常大于2cm,萼脱落,果梗长3～4cm,熟时颜色常因品种而不同,通常黄色或绿黄色,稀褐色。花期4月;果期8～9月。2n=34。

【生长环境】生于向阳山坡;栽培于平原或山坡。
【产地分布】山东境内各地普遍栽培,以胶东、鲁中南各山区、河滩的果园内最多,形成了以山东沿海及鲁中为核心的华北梨区,著名的有莱阳梨、茌梨、阳信梨等栽培品种。"莱阳梨","阳信鸭梨","冠县鸭梨","天空山黄梨"、"淄博池梨"、"荣城砂梨"、"济阳水晶梨"、"李桂芬梨"等已注册国家地理标志产品。在我国除山东外,还分布于河北、山西、陕西、甘肃、青海等地。
【药用部位】果实:白梨;果皮:梨皮;果实膏:雪梨膏;花:梨花;叶:梨叶;树枝:梨树枝;树皮:梨皮;根:梨树根。为民间药,梨和雪梨膏药食两用。
【采收加工】秋季果实成熟时采收,鲜用。春季采花,夏、秋二季采叶晾干或鲜用。全年采收树枝、树皮和根,晒干。
【药材性状】根呈圆柱形,长短不一,直径0.5～3cm。表面黑褐色,有不规则皱纹及横向皮孔。质硬脆,难折断,断面黄白色或淡黄棕色。气微,味涩。
【化学成分】果实含熊果苷,绿原酸,咖啡酸,香豆酸,槲皮素,儿茶素,表儿茶素;主要香气成分有乙酸己酯,α-法尼烯,丁酸己酯,丁酸甲酯,乙酸丁酯,1-己醇,乙醇,丁酸乙酯,己酸乙酯和(E)-丁酸-2-己烯酯等。**果汁含糖**:主要为果糖、葡萄糖和蔗糖;**有机酸**:苹果酸,柠檬酸,琥珀酸,莽草酸,酒石酸,奎宁酸,乳酸和富马酸。叶含熊果苷,鞣质及钙、镁等。

【**功效主治**】**白梨**甘、微酸,凉。生津润燥,清热化痰。用于热病津伤烦渴,消渴,热咳,痰热,便秘。**雪梨膏**甘,平。养阴清肺,除烦止咳。用于肺燥咳嗽,吐血,咳血,口渴。**梨花**甘、微酸,凉。驻颜。用于雀斑。**梨叶**苦、涩,凉。舒肝和胃,利水解毒,用于吐泻腹痛,水肿,小儿疝气,毒蕈中毒。**梨树枝**辛、涩,凉。行气和中,止痛。用于霍乱吐泻,腹痛。**梨树皮**苦、涩,凉。清热解毒。用于热病发热,疮癣。**梨树根**甘、淡,平。润肺止咳,理气止痛。用于肺虚咳嗽,疝气腹痛。

【**历史**】白梨始载于《名医别录》。《本草纲目》载:"梨树高二三丈,尖叶光腻有细齿,二月开白花如雪六出……有青、黄、红、紫四色。乳梨即雪梨,鹅梨即绵梨,消梨即香水梨也。俱为上品,可以治病……皆以常山真定、山阳钜野、梁国睢阳、齐国临淄、钜鹿、弘农、京兆、邺都、洛阳为称。盖好梨多产于北土,南方惟宣城者为胜。"所述形态、产地及各本草附图,与现代梨的栽培品种相似,可能包括现今的白梨、沙梨、秋子梨等。

【**附注**】《山东省中药材标准》2002年版附录收载莱阳梨。

鸡麻

【**别名**】水葫芦、水葫芦杆。

【**学名**】Rhodotypos scandens (Thunb.) Makino (*Corchorus scandens* Thunb.)

【**植物形态**】落叶灌木,高0.5~2m,稀达3m。叶对生;叶片卵形,长4~11cm,宽3~6cm,先端渐尖,基部圆形至微心形,边缘有尖锐重锯齿,上面幼时有疏毛,后渐无毛,下面有柔毛,老时仅沿脉有稀疏柔毛;叶柄长2~5mm,有疏毛;托叶膜质,狭条形。花两性,单生于新枝顶端;花直径3~5cm;萼片卵状椭圆形,先端急尖,边缘有锐锯齿;外面有疏柔毛,副萼片狭条形,短于萼片4~5倍;花瓣白色,倒卵形,比萼片长1/4~1/3倍;雌蕊4。核果1~4,黑色或褐色,斜椭圆形,长约8mm,光滑。花期4~5月;果期6~9月。(图309)

【**生长环境**】生于山坡疏林中或山谷阴处。

【**产地分布**】山东境内产于烟台、青岛、济南等山地丘陵。在我国除山东外,还分布于辽宁、河南、江苏、陕西、甘肃、湖北、安徽、浙江等地。

【**药用部位**】根、果实:鸡麻。为民间药。

【**采收加工**】夏、秋二季果实成熟时采收,晒干或鲜用。秋、冬二季挖根,洗净,晒干。

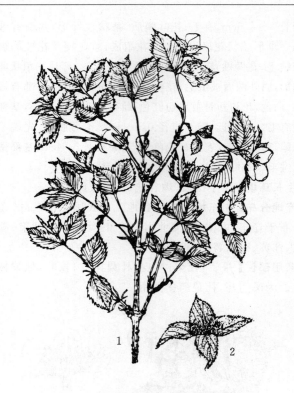

图309 鸡麻
1.花枝 2.去掉花冠的花

【**功效主治**】甘,平。补血益肾。用于肾亏血虚。

月季花

【**别名**】月季、四季花、月月红。

【**学名**】Rosa chinensis Jacq.

【**植物形态**】落叶小灌木,高1~2m。小枝粗壮,有短粗的钩状皮刺或无刺,无毛。羽状复叶,互生,小叶3~5,稀为7,连叶柄长5~11cm;小叶片宽卵形至卵状长圆形,长2~6cm,宽1~3cm,边缘有锐锯齿,两面近无毛;顶生小叶有柄,侧生小叶近无柄;总叶柄较长,有散生皮刺和腺毛;托叶大部贴生叶柄,先端分离部分成耳状,全缘,边缘常有腺毛。花少数集生,稀单生,直径4~5cm;花梗长2~6cm,近无毛或有腺毛;萼片卵形,先端尾状渐尖,边缘常有羽状裂片,稀全缘,外面无毛,内面密生长柔毛;花瓣重瓣至半重瓣,红色、粉红色至白色,先端凹陷,基部楔形;花柱离生,与雄蕊近等长。蔷薇果卵形或梨形,长1~2cm,红色。花期4~10月;果期7~11月。2n=28。(图310,彩图36)

【**生长环境**】生于山坡或路旁。栽培于庭院、公园或肥沃土壤,盐碱性土壤生长亦良好。

【**产地分布**】山东境内各地均有栽培。"莱州月季"已注册国家地理标志产品。在我国各地普遍栽培。

【**药用部位**】花蕾:月季花;叶:月季花叶;根:月季花根。为常用中药和民间药,月季花美容,或做茶饮。

【采收加工】夏、秋二季选晴天采摘花蕾或半开放的花,阴干或用微火烘干。春至秋季采叶,鲜用或晒干。全年采根,洗净,晒干。

【药材性状】花蕾类球形或卵圆形,花朵圆球形,直径1.5~2.5cm。花托长圆形(壶形)、倒圆锥形或倒卵形,长5~7mm,直径3~5mm;表面暗绿色或棕紫色,基部渐尖,常带有花梗,近无毛。萼片5,卵形,先端尾尖,大多反折,短于或等于花冠;外表面暗绿色或橙黄色,有疏毛,内面被白色绵毛。花瓣5或重瓣,覆瓦状排列,少数杂有散瓣,长2~2.5cm,宽1~2.5cm;表面紫红或淡红色,脉纹明显。雄蕊多数,黄棕色,卷曲,着生于花萼筒上。雌蕊多数,有毛,花柱伸出花托口,与雄蕊近等长。体轻,质脆,易碎。气清香,味淡、微苦。

以花蕾完整、不散瓣、色紫红、气清香者为佳。

图310 月季花
1.花枝 2.果实(蔷薇果) 3.果实纵切,示瘦果 4.种子

【化学成分】花含黄酮类:金丝桃苷,槲皮素,槲皮苷,山奈酚,萹蓄苷,山奈酚-3-O-鼠李糖苷,山奈酚-3-O-2″-没食子酰基-β-D-葡萄糖苷,槲皮素-3-O-6″-反式-香豆酰基-β-D-葡萄糖苷,槲皮素-3-O-2″-没食子酰基-β-D-葡萄糖苷,3,5,7,4′-四羟基-8-甲氧基-黄酮,异槲皮素,山奈酚-3-O-β-D-葡萄糖苷,银锻苷(tiliroside),山奈酚-3-O-(6″-没食子酰基)β-D-葡萄糖苷,山奈酚-3-O-(2″,6″-二没食子酰基)-β-D-葡萄糖苷,槲皮素-3-O-(2″,6″-二没食子酰基)-β-D-葡萄糖苷等;挥发油:主成分为二十三碳烷,牻牛儿醇,橙花醇,香茅醇等;有机酸:没食子酸,琥珀酸,琥珀酸甲酯,没食子酸乙酯,原儿茶酸,香草酸,2,3-二羟基苯甲酸,2,3,4-三羟基苯甲酸;还含3,4,8,9,10-五羟基二苯并[b,d]吡喃-6-酮,邻苯二酚,鞣质、色素及无机元素钙、镁、钴、钾等。

【功效主治】月季花甘,温。活血调经,疏肝解郁。用于气滞血瘀,月经不调,痛经,闭经,胸胁胀痛。月季花叶微苦,平。活血消肿,解毒止痛,止血。用于疮疡肿毒,瘰疬,跌打损伤,腰膝肿痛,外伤出血。月季花根甘,微涩,温。活血调经,涩精止带,消肿散结。用于月经不调,血崩,跌打损伤,瘰疬,遗精带下。

【历史】月季花始载于《本草纲目》,云:"处处人家多栽插之,亦蔷薇类也。青茎长蔓硬刺,叶小于蔷薇,而花深红,千叶厚瓣,逐月开放,不结子也。"所述形态和附图与植物月季花一致。

【附注】《中国药典》2010年版收载月季花。

野蔷薇

【别名】蔷薇、刺玫花(平邑)、山棘子(昆嵛山)。

【学名】Rosa multiflora Thunb.

【植物形态】攀援灌木。小枝圆柱形,有短粗而稍弯的皮刺。羽状复叶,互生,小叶5~9,靠近花序的小叶有时为3,连叶柄长5~10cm;小叶片倒卵形、长圆形或卵形,长1.5~5cm,宽0.8~2.8cm,先端急尖或圆钝,基部近圆形或楔形,边缘有尖锐单锯齿,稀有重锯齿,上面无毛,下面有柔毛;小叶柄和叶轴有柔毛或无毛,散生腺毛,托叶多贴生于叶柄,蓖齿状。花多数组成圆锥状花序;花梗长1.5~2.5cm,有时基部有蓖齿状小苞片;花直径1.5~2cm;萼片披针形,有时中部有2条形裂片;花瓣白色,宽倒卵形,先端微凹,基部楔形,芳香;花柱靠合成束,稍长于雄蕊。蔷薇果近球形,直径6~8mm,红褐色或紫褐色。花期4~6月;果期7~9月。(图311)

【生长环境】生于山沟、林缘或灌丛中。栽培于庭院、公园或栽植为花篱。

【产地分布】山东境内产于青岛、烟台、泰安、临沂等地各大山区。在我国除山东外,还分布于华北地区至黄河流域以南各地。

【药用部位】花:白残花(蔷薇花);花瓣蒸馏液:蔷薇露;果实:营实;根:蔷薇根;茎枝:蔷薇枝;叶:蔷薇叶。为少常用中药或民间药。

【采收加工】春、夏二季花盛开时,择晴天采花,阴干。夏、秋二季采叶,鲜用或晒干;或将花瓣采用蒸馏法蒸馏,收集蒸馏液。秋季果实青半红近成熟时采摘,晒干。秋季挖根,洗净,晒干。全年采茎。

【药材性状】干燥花不规则椭圆形,常破碎不全,黄白色至棕色。花托小,壶形;表面棕红色,基部有长短不等的花梗。萼片披针形,外面疏被刺状毛,内面密生白色绒毛。花瓣多数,常皱缩卷曲,展平后呈三角状卵形;表面黄白色,脉纹明显,覆瓦状排列,有的散落。雄蕊多数,黄色,卷曲成团。花柱无毛。质脆,易碎。气

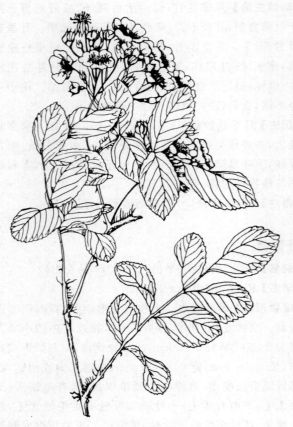

图 311 野蔷薇

微香,味微苦、涩。

以花朵完整、色黄白、气香者为佳。

果实卵圆形,直径6~8mm。表面红褐色,内为肥厚肉质果皮;顶端有宿存花萼及裂片,基部有果柄或果柄痕。种子黄褐色,果肉与种子间有白毛。质硬。气微。果肉味甜、酸。

以个大、色红、肉厚者为佳。

【化学成分】花含挥发油:主成分为 2,5,5-三甲基庚二烯(2,5,5-trimethylheptadiene),牻牛儿酸甲酯(methyl geranate)等。叶含绿原酸,木麻黄鞣亭(casuarictin)。果实含 β-谷甾醇,5α-豆甾烷-3,6-二酮(5α-stigmastan-3,6-dione),蒿属香豆素(scoparone),水杨酸,没食子酸,没食子酸甲酯,槲皮素-3-β-D-吡喃葡萄糖基-(1→4)-α-L-吡喃鼠李糖苷,槲皮苷,山柰酚-3-α-L-吡喃鼠李糖苷,维生素C及无机元素钙、镁、钾、钠、锰、铁等。种子含蔷薇苷(multiflorin)A、B,野蔷薇苷 A、B,野蔷薇苷 A 乙酸酯(multinoside A acetate),赤霉素(gibberellin)A_{32} 等。种子油含亚油酸,亚麻酸,油酸,棕榈酸。根含 β-谷甾醇,委陵菜酸,野蔷薇葡萄糖酯,野鸦春酸(euscaphic acid),sericic acid,kaji-ichigoside F_1,niga-ichigoside F_2,fupanzic acid,2-oxo-pomolic acid 等。

【功效主治】白残花(蔷薇花)甘,凉。清暑,和胃,止血。用于暑热吐血,口渴,痢疾泄泻,刀伤出血。蔷薇露甘,温。温中行气。用于胃脘不舒,胸膈郁气,口疮,消渴。营实苦,涩。祛风湿,利骨节。用于风湿痹痛,肾虚水肿。蔷薇根苦、涩,凉清热利湿,解毒止痛,活血,涩精,止带。用于风湿痹痛,跌打损伤,月经不调,白带,遗尿;外用于烧烫伤,外伤出血。蔷薇叶甘,凉。解毒消肿。用于疮痈肿毒。蔷薇枝甘,凉。清热消肿,生发。用于疮疖,秃发。

【历史】野蔷薇始载于《神农本草经》,列为上品,原名营实蔷蘼。《名医别录》名蔷薇。《本草纲目》收载果实、根、叶等入药,曰:"此草蔓柔靡,依墙援而生,故名墙蘼。"又曰:"春抽嫩蔃,……既长则成丛似蔓,而茎硬多刺。小叶尖薄者有细齿。四、五月开花,四出,黄心,有白色、粉红二者。结子成簇,生青熟红。其核有白毛,如金樱子核,八月采之。"《本草纲目拾遗》收野蔷薇,谓:"采花蒸粉,可辟汗……蒸露治疟"。本草所述形态与植物野蔷薇基本一致。

【附注】《山东省中药材标准》2002年版附录收载白残花,原植物名多花蔷薇。

附:粉团蔷薇

粉团蔷薇 var. cathayensis Rehd. et Wils. 与原种的主要区别是:花瓣粉色,单瓣。产地及药用同野蔷薇。

玫瑰

【别名】玫瑰花、红玫瑰、刺玫花。

【学名】Rosa rugosa Thunb.

【植物形态】直立灌木,高达 2m。茎干粗壮,有皮刺和刺毛;小枝密生绒毛。羽状复叶,互生,小叶 5~9,连叶柄长 5~13cm;小叶片椭圆形或椭圆状倒卵形,长 1.5~5cm,宽 1~2.5cm,先端急尖或圆钝,基部圆形或宽楔形,边缘有尖锐锯齿,上面无毛,叶脉下陷,有褶皱,下面灰绿色,中脉突起,网脉明显,密生绒毛和腺毛,或腺毛不明显;叶柄和叶轴密生腺毛或绒毛;托叶大部贴生于叶柄,离生部分卵形,边缘有带腺锯齿,下面有绒毛。花单生叶腋或数花簇生,苞片边缘有腺毛,外面有绒毛;花梗长 0.5~2.5cm,有密绒毛和腺毛;花直径 4~6cm;萼片先端尾状渐尖,常有羽状裂片而扩展成叶状,上面有稀疏柔毛,下面有密绒毛和腺毛;花瓣有单瓣、重瓣至半重瓣,紫红色至白色,芳香;花柱离生,有毛,比雄蕊短很多。蔷薇果扁球形,直径 2~3cm,砖红色;萼片宿存。花期 5~6月;果期 8~9月。(图312,彩图35)

【生长环境】生于低山丛林、沟谷、沿海陆地或海岛,国家Ⅱ级保护植物。栽培于排水良好、肥沃的沙质壤土、田边、地堰、公园或庭园。

【产地分布】山东境内主产于济南平阴;郯城、临清、文

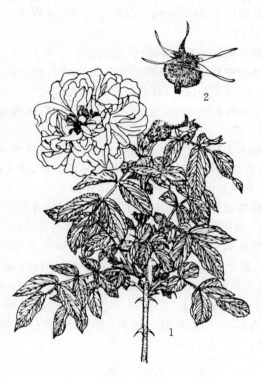

图312 玫瑰
1. 花枝 2. 果实

登、泰安等地也有栽培；平阴玫瑰甲天下，《中国名胜词典》称平阴为"玫瑰之乡"；2003年"平阴玫瑰"已注册国家地理标志产品；2010年被卫生部批准玫瑰花（重瓣红玫瑰）作为新资源食品生产经营。烟台、威海等地有少量野生。在我国除山东外，还分布于华北各地。

【药用部位】花蕾：玫瑰花；根：玫瑰花根；花挥发油：玫瑰精油；花蒸馏液：玫瑰露。为常用中药或民间药，玫瑰花可做茶、酿酒、制酱、制蜜，提练玫瑰精油、玫瑰花精提粉，玫瑰精油被称作"液体黄金"。玫瑰花为山东著名道地药材。

【采收加工】5～6月盛花期前，择晴天采摘已充分膨大但尚未开放的花蕾，用文火迅速烘干或阴干，烘时将花摊成薄层，花冠向下，使其最先干燥，然后翻转再烘至干；或采后装入纸袋，贮入石灰缸内，封存。全年采挖根部，洗净，切片晒干。收集花蕾提取的挥发油和水液，分别密封保存。

【药材性状】花蕾略呈球形、卵形或不规则团块状，直径1～2.5cm。花托近球形或半球形，基部钝圆，与花萼基部合生，无梗或具短梗，被绒毛。萼片5，卵状披针形，黄绿色至棕绿色，伸展或向外反卷，被有细柔毛，中脉凸起。花瓣5或有重瓣，常皱缩，展平后宽卵圆形，覆瓦状排列，紫红色，少数黄棕色。雄蕊多数，黄褐色，着生于花托周围，长于花柱。雌蕊多数，比雄蕊短，有毛。体轻，质脆。气芳香浓郁，味微苦、涩。

以花蕾大、完整、瓣厚、色紫红、不露蕊、芳香气浓郁者为佳。

【化学成分】花及花蕾含挥发油：主成分为香茅醇，主要香气成分为β-突厥酮（β-damascone），玫瑰醚（roseoxide），α-白苏烯（α-naginatene）等；黄酮类：槲皮素，矢车菊双苷，木犀草素；还含有机酸，没食子酸，β-胡萝卜素等。花粉挥发性成分为6-甲基-5-庚烯-2-酮（6-methyl-5-hepten-2-one），牻牛儿醇乙酸酯，橙花醛（neral），牻牛儿醛（geranial），牻牛儿醇等。花托含玫瑰鞣质（rugosin）A、B、C、D、E、F、G，小木麻黄素（strictinin），异小木麻黄素（isostrictinin），长梗马兜铃素（pedunculagin），木麻黄鞣亭（casuarictin），新喷呐素（tellimagrandin）Ⅰ，Ⅱ，1，2，3-三-O-没食子酰葡萄糖等。根含槲皮素，委陵菜酸-28-O-葡萄糖酯苷（tormentic acid 28-O-glucoside），野雅椿酸-28-O-葡萄糖酯苷（euscaphic acid 28-O-glucoside），儿茶精，胡萝卜苷，菜油甾醇葡萄糖苷等。

【功效主治】玫瑰花甘、微苦，温。行气解郁，和血，止痛。用于肝胃气痛，食少呕恶，月经不调，跌扑伤痛。玫瑰花根甘、微苦，温。活血，调经，止带。用于月经不调，带下，跌打损伤，风湿痹痛。玫瑰花露淡，平。和中，驻颜泽发。用于肝气犯胃，脘腹胀满疼痛，肤发枯槁。玫瑰精油用于调整气血，滋养胞宫，缓急止痛，阳痿。

【历史】玫瑰花始载于《食物本草》，云："茎高二三尺……宿根自生，春时抽条，枝干多刺。叶小似蔷薇叶，边多锯齿。四月开花，大者如盏，小者如杯，色若胭脂，香同兰麝"。《群芳谱》载："玫瑰一名徘徊草，灌生，细叶，多刺，类蔷薇，茎短。花也类蔷薇"。《续修平阴县志》载《竹枝词》曰："隙地生来千万枝，恰如红豆寄相思。玫瑰花放香如海，正是家家酒熟时。"所述形态与玫瑰相符，说明山东平阴为中国玫瑰主产区之一。

【附注】《中国药典》2010年版收载玫瑰花。

黄刺玫

【别名】黄刺莓、山刺枚。
【学名】Rosa xanthina Lindl.
【植物形态】直立灌木，高2～3cm。小枝无毛，有散生皮刺，无针毛。羽状复叶，互生，小叶7～13，连叶柄长3～5cm；小叶片宽卵形或近圆形，稀椭圆形，边缘有圆钝锯齿，上面无毛，幼嫩时下面有稀疏柔毛，逐渐脱落；叶轴、叶柄有稀疏柔毛和小皮刺；托叶条状披针形，大部分贴生于叶柄，离生部分呈耳状，边缘有锯齿和腺毛。花单生于叶腋，单瓣或重瓣；无苞片；花梗无毛，长1～1.5cm；萼筒和萼片外面无毛，萼片披针形，全缘，内面有稀疏柔毛；花瓣黄色，宽倒卵形；花柱离生，有长柔毛，比雄蕊短很多。蔷薇果近球形或倒卵形，紫褐色

或黑褐色，直径0.8～1cm，无毛，萼片于花后反折。花期4～6月；果期7～8月。2n=14。（图313）

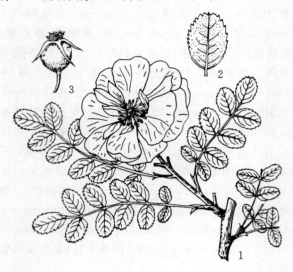

图313 黄刺玫
1.花枝 2.小叶片 3.果实（蔷薇果）

【生长环境】栽培于庭院或山坡。

【产地分布】山东境内各地有栽培。在我国除山东外，还分布于吉林、辽宁、内蒙古、河北、山西、陕西、甘肃、青海等地均有栽培。

【药用部位】花：黄刺玫花；果实：黄刺玫果。为民间药。

【采收加工】5月前后采花，阴干或鲜用。秋季采果，晒干。

【化学成分】果肉含维生素C、B_1、B_2、PP、β-胡萝卜素；还含芦丁，果胶和无机元素铁、锌、铜、锰等。种子含粗蛋白，种子油含亚油酸和亚麻酸。叶含黄酮类。

【功效主治】理气，活血，调经，健脾，消肿，祛湿利尿。

山莓

【别名】悬钩子、木莓根。

【学名】Rubus corchorifolius L. f.

【植物形态】直立落叶灌木，高1～3m。幼枝有柔毛，杂有腺毛和皮刺。单叶互生；叶片卵形至卵状披针形，长5～12cm，宽2.5～5cm，先端渐尖，基部微心形，有时近截形或近圆形，边缘不裂或3裂，不育枝上叶常3裂，有不规则锐锯齿或重锯齿，基部有3脉；叶柄长1～2cm，疏生小皮刺；托叶条状披针形，有柔毛。花单生或少数生于短枝上，花梗长0.6～2cm，有细柔毛；花直径达3cm；花萼密生细柔毛，无刺，萼片卵形或三角状卵形，长5～8mm，先端急尖至短渐尖；花瓣长圆形或椭圆形，白色，先端圆钝，长0.9～1.2cm，宽6～8mm；雄蕊多数，花丝宽扁；雌蕊多数，子房有毛。果实由很多小坚果组成，近球形或卵球形，直径1～1.2cm，红色，有细柔毛；核具皱纹。花期2～3月；果期4～6月。（图314）

【生长环境】生于山坡、山谷或灌丛中。

【产地分布】山东境内产于青岛等山地丘陵。在我国除东北、西北地区外，其余各地均有分布。

【药用部位】根：山莓根；果实：山莓；茎叶：山莓茎叶。为民间药。

【采收加工】夏季果实饱满近成熟，尚呈绿色时采收，开水烫后晒干或鲜用。春至秋季采收茎叶，晒干或鲜用。冬季至次春采挖根，洗净，切片晒干。

【药材性状】聚合果长圆锥形或半球形，直径0.5～1cm。表面黄绿色或淡棕色，密被灰白色茸毛；顶端钝圆，基部扁平或中心微凹入；宿萼黄绿色或棕褐色，5裂，裂片先端反折；基部残留极多棕色花丝；果柄细长或有果柄痕。小坚果易剥落，半月形，长约2mm，宽约1mm；背面隆起，密被灰白色柔毛，两侧有明显网纹，腹部有突起棱线。体轻，质稍硬。气微，味酸、微涩。

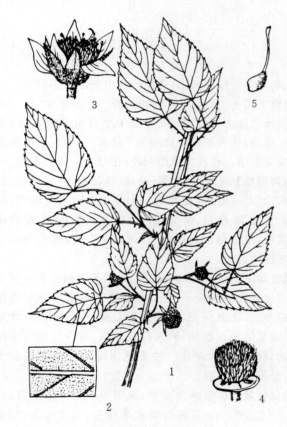

图314 山莓
1.果枝 2.叶的一部分放大 3.花 4.雌蕊群 5.雌蕊

【化学成分】果实含黄酮类：芹菜素，木犀草素等；氨基酸：天冬氨酸，苏氨酸（threonine），谷氨酸，甘氨酸，丙氨酸，胱氨酸（cystine），缬氨酸，异亮氨酸（isoleucine）等；内酯类：山莓素（3,5,9-trihydroxy-7,8-dihydrocyclopenta-gchromene-2,6-dione),蜂斗菜内酯(bakkenolide)B、D,合模蜂斗菜螺内酯(homofukinolide);还含 4-羟基-3-甲氧基苯甲酸,豆甾醇,谷甾醇,胡萝卜苷等。**鲜果**含苹果酸,柠檬酸,维生素 A、B_1、B_2、C、E 及烟酸。**茎叶**含挥发油主成分为 1,2,4-三甲氧基丁烷及乙酸乙酯,乙酸,1,6-环二氧十二烷等;还含东莨菪内酯,茶多酚,生物碱,黄酮及维生素 C。**全株**尚含对映-贝壳杉烷-3α,16α,17,19-四醇(ent-kauran-3α,16α,17,19-tetrol),对映-2-羰基-16α-羟基-贝壳杉烷-17-β-D-葡糖苷(ent-2-carbonyl-16α-hydroxy-kauran-17-β-D-glucoside)。

【**功效主治**】山莓根苦、涩,平。凉血止血,活血调经,收敛解毒。用于吐血,痔血,血崩,带下,泄泻,遗精,腰痛,疟疾。山莓酸,甘,温。醒酒止渴,祛痰解毒;用于醉酒,痛风,缠腰丹毒,烫火伤,遗精,遗尿。山莓茎叶用于咽喉肿痛,疮痈疖肿,乳痈,湿疹,黄水疮。

【**历史**】山莓始载于《尔雅》,又名木莓。《本草拾遗》名悬钩子,曰:"茎上有刺,如悬钩,故名。……子如梅,酸美,人多食之。"《本草纲目》曰:"悬钩树生,高四五尺,其茎白色,有倒刺。其叶有细齿,青色无毛,背后淡青,颇似樱桃叶而狭长,又似地棠花叶。四月开小白花,结实色红,今人也呼为藨子。"所述形态和附图与山莓相似。

牛叠肚

【**别名**】托盘、红眼儿(崂山)、菠萝盘(五莲)。

【**学名**】Rubus crataegifolius Bge.

【**植物形态**】直立落叶灌木,高 1~3m。枝有沟棱,有微弯皮刺。单叶互生,叶片卵形至长卵形,长 5~12cm,宽约 8cm,花枝上叶稍小,先端渐尖稀急尖,基部心形或近截形,上面无毛,下面脉上有柔毛和小皮刺,边缘 3~5 掌状分裂,裂片有不规则缺刻状锯齿,基部有掌状 5 脉;叶柄长 2~5cm,疏生柔毛和小皮刺;托叶条形,几无毛。数花簇生或成短总状花序;花梗长 0.5~1cm,有柔毛;苞片与托叶相似;花直径 1~1.5cm;花萼外有柔毛,至果期近无毛,萼片卵状三角形或卵形,先端渐尖;花瓣椭圆形或长圆形,白色,与萼片近等长;雄蕊直立,花丝宽扁;雌蕊多数,子房无毛。聚合果近球形,直径约 1cm,暗红色,无毛,核有皱纹。花期 5~6 月;果期 7~9 月。(图 315)

【**生长环境**】生于山坡灌木丛中、林缘、山沟或路边。

【**产地分布**】山东境内产于青岛、烟台、临沂、淄博、泰安等山地丘陵。在我国除山东外,还分布于东北地区及内蒙古、河北、山西、河南等地。

【**药用部位**】果实:托盘;根:托盘根。为民间药。

【**采收加工**】夏、秋二季采收近成熟果实,晒干或鲜用。冬季至次春挖根,洗净,晒干。

【**化学成分**】根含 β-谷甾醇,胡萝卜苷,齐墩果酸等。

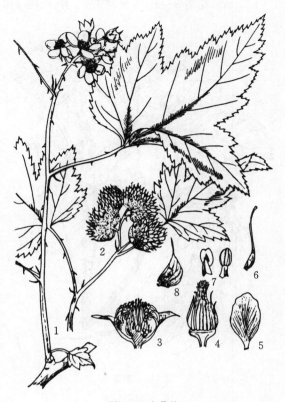

图 315 牛叠肚
1.花枝 2.果枝 3.花纵切 4.雌蕊群 5.花瓣
6.雌蕊 7.雄蕊 8.1 个雌蕊纵切

【**功效主治**】托盘酸、甘,温。补肾固涩,止渴。用于阳痿,遗精,尿频,遗尿,须发早白,不孕不育,口渴。托盘根苦、涩,平。清热解毒,祛风利湿。用于风湿痹痛,痛风,肝阳上亢。

茅莓

【**别名**】托盘(莒南、昌乐)、山托盘(崂山)、山爬蔓头根(烟台)、小叶山泼盘(青岛)。

【**学名**】Rubus parvifolius L.

【**植物形态**】落叶灌木,高 1~2m。叶互生,羽状复叶,小叶 3,新枝上偶有 5 小叶;小叶片菱状圆形或倒卵形,长 2.5~6cm,宽 2~6cm,先端圆钝或急尖,基部圆或宽楔形,上面伏生疏柔毛,下面密被灰白色绒毛,边缘有不整齐粗锯齿或缺刻状粗重锯齿,常有浅裂片;叶柄长 2.5~5cm,顶生小叶柄长 1~2cm,均有柔毛和稀疏小皮刺;托叶条形,长约 5~7mm,有柔毛。伞房花序顶生或腋生,稀顶生花序成短总状;有数花至多花;花梗长 0.5~1.5cm,有柔毛和稀疏小皮刺;苞片条形,有柔毛;花直径约 1cm;花萼外面密生柔毛和疏密不等的针刺,萼片卵状披针形或披针形,先端渐尖,有时条裂;花瓣卵圆形或长圆形,粉红色至紫红色,基部有爪;雄蕊稍短于花瓣;子房有柔毛。聚合果橙红色,球形,直

径1～1.5cm。花期5～6月；果期7～8月。（图316）

图316 茅莓

【生长环境】生于山坡杂木林下、向阳山谷、路边或荒野地。

【产地分布】山东境内产于烟台、泰安、临沂、青岛、济南、潍坊等山地丘陵。在我国除山东外，还分布于东北、华北、西北、华东、华南等地区。

【药用部位】根：茅莓根（托盘根）；地上部分：茅莓（薅田藨）。为少常用中药和民间药，成熟果实可食。

【采收加工】秋、冬二季挖根，洗净鲜用或切片晒干。夏季采割地上部分，捆成小把，晒干。

【药材性状】根圆柱形，常扭曲，长10～30cm，直径0.3～1.2cm。表面灰棕色至棕褐色，具纵皱纹，外层栓皮有时呈片状剥落，露出红棕色内皮。根头部呈不规则块状，常有茎残基和被白色绒毛的干枯幼茎叶。质坚硬，断面略平坦，淡黄棕色，有放射状纹理。气微，味微涩。

【化学成分】根含山茶皂苷元（camelliagenin）A、C，甜叶苷 R_1（suavissimoside R_1），niga-ichigoside F_1，$2\alpha,3\alpha,19\alpha,23$-tetrahydroxy urs-12en-28-oic acid，蔷薇酸，悬钩子皂苷（suavissimoside R_1）；挥发油：主成分为棕榈酸甲酯，棕榈酸乙酯；甾醇类：β-谷甾醇，豆甾醇，菜油甾醇，β-胡萝卜苷；还含月桂酸，邻硝基苯酚，（－）-表儿茶精，（＋）-儿茶素，鞣质及β-胡萝卜素。全株含果糖，葡萄糖，蔗糖，维生素C、E，β-胡萝卜素和鞣质。果实含赤霉素 A_{32} 等。叶含挥发油主成分为棕榈酸，反油酸，癸醛，壬醛，顺式-9-烯-十六酸等。

【功效主治】茅莓根（托盘根）苦、涩、凉。清热解毒，散瘀止血，杀虫疗疮。用于外感发热，咳嗽，咽喉肿痛，泄泻，肝阳上亢，风湿痹痛，跌打肿痛，产后瘀血，崩漏，吐血，外伤出血，痈肿，小便短赤，涩痛，肾虚水肿。茅蕾（薅田藨）甘、酸，平。解毒，散瘀，止痛，杀虫。用于吐血，跌打刀伤，产后瘀滞腹痛，痢疾泄泻，痔疮，疥疮，瘰疬。

【历史】茅莓始载于《本草纲目》，名薅田藨，谓："一种蔓小于蓬藟，一枝三叶，叶面青，背淡白而微有毛，开小白花，四月实熟，其色红如樱桃者，俗名薅田藨，即《尔雅》所谓藨者也。"《植物名实图考》名红梅消，谓："江西、湖南河淀多有之，细茎多刺，初生似丛，渐引长蔓可五、六尺，一枝三叶，叶亦似薅田藨，初发面青，背白，渐长背即淡，三月间开小粉花，花色似红梅，不甚开放，下有绿蒂，就蒂结实如覆盆子，色鲜红，累累满枝，味酢甜可食。"并附图。所述形态和附图与植物茅莓相似。

【附注】《中国药典》1977年版、2010年版附录，《山东省中药材标准》2002年版收载茅莓根。

多腺悬钩子

【别名】白里叶莓、大红眼儿（崂山）、悬钩子。

【学名】Rubus phoenicolasius Maxim.

【植物形态】落叶灌木，高1～3m。枝幼时直立，后为蔓生，有密集红褐色腺毛、刺毛和稀疏皮刺。叶互生，羽状复叶，多为3小叶，稀5小叶；小叶片卵形、宽卵形菱形，稀为椭圆形，长4～10cm，宽2～7cm，先端急尖至渐尖，基部圆形或近心形，上面沿叶脉有伏毛，下面密生灰白色绒毛，沿叶脉有刺毛、腺毛及稀疏小针刺，边缘有不整齐粗锯齿，顶生小叶常浅裂；叶柄长3～6cm，小叶柄长2～3cm，侧生小叶近无柄，均被柔毛、红褐色刺毛、腺毛和稀疏皮刺；托叶条形，有柔毛和腺毛。花较小，组成短总状花序，顶生或部分腋生；总花梗和花梗密生柔毛、刺毛和腺毛；花梗长0.5～1.5cm；苞片披针形，有柔毛和腺毛；花直径0.6～1cm；花萼外面有密柔毛、刺毛和腺毛，萼片披针形，先端尾尖，长1～1.5cm；花瓣倒卵状匙形或近圆形，基部有爪并有柔毛，紫红色；雄蕊稍短于花柱；子房无毛或有微毛。聚合果半球形，红色，直径约1cm；核有明显皱纹和洼穴。花期5～6月；果期7～8月。（图317）

【生长环境】生于林下、路边或山沟谷底。

【产地分布】山东境内产于烟台、青岛等山地丘陵。在我国除山东外，还分布于山西、河南、陕西、甘肃、青海、湖北、湖南、江苏、四川、贵州等地。

【药用部位】根：悬钩子（空筒泡）；地上部分：悬钩茎叶。为民间药。

【采收加工】冬季至次春挖根，洗净，晒干。秋季采割地上部分，晒干或鲜用。

图 317 多腺悬钩子
1. 花枝 2. 聚合小核果

【化学成分】地上部分含槲皮素。
【功效主治】悬钩子(空筒泡)甘、辛,温。祛风活血,补肾壮阳。用于风湿痹痛,跌打损伤,月经不调,肾虚阳痿。悬钩茎叶辛、苦,平。解表散寒,祛风除湿,活血止痛。用于风寒外感,头痛发热,咳嗽,风湿骨痛,跌打损伤,月经不调。

宽蕊地榆

【别名】地榆(烟台)。
【学名】Sanguisorba applanata Yü et Li
【植物形态】多年生草本。根粗壮,圆柱形。茎高 0.7~1.2m,近无毛。茎下部叶为奇数羽状复叶,小叶 7~11;小叶片卵形、椭圆形或长圆形,长 1.5~5cm,宽 1~4cm,先端圆钝,稀为截形,基部心形,边缘有粗大圆钝锯齿,两面无毛;茎上部叶小叶片较狭窄,基部截形至宽楔形,边缘有粗大圆钝锯齿。穗状花序自顶端向下依次开放,开花时花序长 4~7.5cm,直径 0.6~1cm;苞片椭圆形,外面有短柔毛;萼片淡粉色或白色,椭圆形;雄蕊 4,花丝扁平,向上逐渐扩大,与花药等宽,比萼片长 2 倍以上;子房 1,花柱丝状,柱头盘状,表面有乳头状突起。花、果期 7~10 月。(图 318)
【生长环境】生于生坡、溪边、疏林下或山沟阴湿处。
【产地分布】山东境内产于烟台、威海、青岛等山地丘陵。在我国除山东外,还分布于河北、江苏等地。
【药用部位】根及根茎:地榆;叶:地榆叶。产区与地榆等同收购药用。
【采收加工】春季发芽前或秋季地上部分枯萎前后采挖,除去茎叶,洗净,晒干或趁鲜切片晒干。夏季采叶,鲜用或晒干。
【药材性状】根茎类圆柱形,下方及两侧生有多数细长纺锤形或长圆柱形根。根长 3~25cm,直径 0.2~1.5cm;表面紫褐色或棕褐色,有纵长稍扭曲的细皱纹;质坚韧,难折断,折断面淡黄白色,皮部有众多白色细长的纤维状物露出,木部略平坦,淡黄色,有极稀疏的放射纹理。气微,味涩、微苦;嚼之纤维性。

以根粗、色紫褐、质韧、味涩者为佳。
【功效主治】地榆苦、酸、涩,微寒。凉血止血,解毒敛疮。用于便血,痔血,血痢,崩漏,水火烫伤,痈肿疮毒。**地榆叶**苦,寒。清热解毒。用于热病发热,疱疡肿痛,解热。

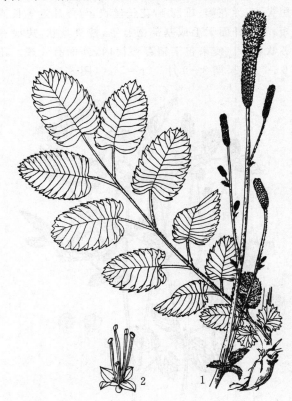

图 318 宽蕊地榆
1. 植株 2. 花

附:柔毛宽蕊地榆

柔毛宽蕊地榆 var. villosa Yü et Li 与原种的主要区别是:小叶及托叶下面密生长柔毛;萼片淡粉色。产地、药用同原种。

地榆

【别名】小棵子(文登、荣城、昆嵛山)、马虎枣(五莲、胶南、胶县、即墨)、地榆子(章丘)、西瓜香(昆嵛山)、枣香(烟台)。
【学名】Sanguisorba officinalis L.

【植物形态】多年生草本。根粗壮,多呈纺锤形,稀为圆柱形。茎直立,高0.3～1.2m,有棱,无毛或基部有稀疏腺毛。基生叶为奇数羽状复叶,小叶9～11;小叶片卵形或长圆状卵形,长1～7cm,宽0.5～3cm,先端圆钝,稀急尖,基部心形至浅心形,边缘有多数粗大圆钝稀急尖的锯齿,两面无毛,有短柄;茎生叶较少,小叶片长圆形至长圆状披针形,先端急尖,基部微心形至圆形,有短柄或几无柄;基生叶托叶膜质,褐色,茎生叶托叶草质,半卵形,外侧边缘有尖锐锯齿。穗状花序椭圆形或圆柱形,长1～4cm,直径0.5～1cm,开花顺序由花序顶端向下开放;花序梗无毛或偶有稀疏腺毛;苞片披针形,膜质,短于或等长于萼片,背面及边缘有柔毛;萼片4,花瓣状,紫红色,背面中央微有纵脊棱,先端常有短尖头;无花瓣;雄蕊4,花丝丝状,与萼片近等长或稍短;子房外面无毛或基部微有毛,柱头盘状,边缘有流苏状乳头。瘦果包于宿存萼筒内,外面有4棱。花期6～7月;果期8～9月。2n＝54。(图319)

图319　地榆
1.植株上部　2.花　3.雄蕊

【生长环境】生于山坡草地、草甸、灌丛或疏林下。
【产地分布】山东境内产于烟台、青岛、淄博、临沂、泰安、潍坊、枣庄、菏泽、济宁等地,以蒙阴、牟平、淄博、长清、邹平、龙口、泰安、历城、章丘等地产量较多。在我国分布于各地。
【药用部位】根:地榆;叶:地榆叶。为常用中药和民间药,叶可代茶饮。地榆为山东道地药材。
【采收加工】春季发芽前或秋季地上部分枯萎前后采挖,除去茎叶,洗净,晒干或趁鲜切片晒干。夏季采叶,鲜用或晒干。
【药材性状】根呈不规则纺锤形或圆柱形,略弯曲或扭曲,长5～25cm,直径0.5～2cm,有时可见侧生支根或支根痕。表面棕褐色、暗紫色或灰褐色,粗糙,有明显纵皱纹或横裂纹。顶端有时带有圆柱形根茎或茎残基。质硬,稍脆,折断面较平整,略显粉性,形成层环明显,皮部淡黄色,木部棕黄色或带粉红色,具放射状纹理。气微,味微苦、涩。

以根条粗、表面棕褐、质坚硬、断面粉红色者为佳。
【化学成分】根含鞣质:没食子酸,1,2,3,6-四没食子酰-β-D-葡萄糖,2,3,4,6-四没食子酰-β-D-葡萄糖,6-O-双没食子酰-β-D-吡喃葡萄糖甲苷(methyl-6-O-digal-loyl-β-D-glucopyranoside),2′,5-二-O-没食子酰金缕梅糖(2′,5-di-O-galloylhamamelose),3,3′,4-三-O-甲基并没食子酸[3-3′-4-tri-(O-methyl)ellagic acid],3-O-甲基没食子酸甲酯(3-O-methylmethyl gallate),3,4′-二-O-甲基逆没食子酸(3,4′-di-O-methyl ellagic acid),3,3′,4′-三-O-甲基并没食子酸-4-β-D-葡萄糖苷,3,3′,4′-三-O-甲基并没食子酸-4-α-D-葡萄糖苷等;黄酮类:槲皮素,山奈酚-3,7-二鼠李糖苷,槲皮素-3-半乳糖-7-O-葡萄糖苷等;三萜类:地榆糖苷(ziyu-glucoside)Ⅰ、Ⅱ,地榆皂苷(sanguisorbin)A、B、C、D、E,甜茶皂苷(sauvissi-moside)R₁,地榆皂苷元(sanguisorbigenin),3-氧-19α-羟基熊果酸(3-oxo-19α-hydroxyurs-12-en-28-oic acid),2α-羟基坡模醇酸(2α-hydroxypomolic acid),suavissi-moside F₁,arjunic acid,rosamultic acid,haptadienic acid,1β-羟基蔷薇酸,蔷薇酸,tormentic acid,坡模酸和乌苏酸等;还含右旋儿茶精,7-O-没食子酰-右旋儿茶精[7-O-galloyl-(＋)-catechin],4,5-二甲氧基苯甲酸甲酯-3-O-α-D-葡萄糖苷,棕儿茶素A-1,B-3(gambiriin A-1,B-3),胡萝卜苷,β-谷甾醇等。
【功效主治】地榆苦、酸、涩,微寒。凉血止血,解毒敛疮。用于便血,痔血,血痢,崩漏,水火烫伤,痈肿疮毒。地榆叶苦,寒。清热解毒。用于热病发热,疮疡肿痛。
【历史】地榆始载于《神农本草经》,列为中品。《名医别录》云:"生桐柏山及冤句(山东菏泽)山谷,二月八月采根,暴干。"《本草图经》曰:"宿根三月内生苗,初生布地,茎直,高三四尺,对分出叶,叶似榆,少狭细长,作锯齿状,青色。七月开花如椹子,紫黑色,根外黑里红,似柳根。"并附图,其中江宁府地榆与植物地榆相符,衡州地榆似长叶地榆。与现今地榆商品药材的来源基本一致。
【附注】《中国药典》2010年版收载。

附:长叶地榆

长叶地榆　var. longifolia(Bertol.)Yü et Li,与原种的主要区别是:基生叶小叶片带状长圆形至带状披针形,基部微心形、圆形至宽楔形;茎生叶较多,与基生叶相似,但更长而狭窄。花穗长圆柱形,长 2~6cm;雄蕊与萼片近等长。药材质地较坚韧,不易折断,折断面细毛状,有众多纤维,横切面形成层环不明显,皮部黄色,木部淡黄色,不呈放射状排列。药材称作"绵地榆"。产地、药用同地榆。根含大黄酚,大黄素甲醚,没食子酸,儿茶素,阿魏酸,熊果酸,槲皮素,山奈酚,β-谷甾醇等。《中国药典》2010年版收载。

细叶地榆

细叶地榆 S. tenuifolia Fisch. ex Link,与地榆的主要区别是:基生叶小叶片条形或条状披针形,基部圆形、微心形至宽楔形,边缘有缺刻状急尖锯齿;雄蕊花丝显著扁平扩大,比萼片长 0.5~2 倍。山东境内产于青岛崂山等地。药用同地榆。

花楸树

【别名】山槐子。

【学名】Sorbus pohuashanensis (Hance) Hedl.
（*Pyrus pohuashanensis* Hance）

【植物形态】落叶乔木,高达8m,胸径达30cm。树皮紫灰褐色;小枝灰褐色,光滑无毛或仅幼嫩时有毛;芽红褐色,鳞片外被灰白色绒毛。奇数羽状复叶,互生,有小叶 11~15;小叶片卵状披针形或椭圆状披针形,长 3~5cm,宽 1.4~1.8cm,先端急尖或短渐尖,基部略圆形偏斜,边缘有细锐锯齿,基部或中部以下近全缘,上面绿色,有稀疏毛或近无毛,下面苍白色,有稀疏或密集的绒毛;总柄长 3.5~5cm;托叶宽卵形,边缘有粗锯齿。复伞房花序较密集;总花梗和花梗初有绒毛,后脱落;花辐射对称,直径 6~8mm;萼筒钟状,萼片三角形,内外两面均有绒毛;花瓣宽卵形或近圆形,先端钝,白色,两面微有柔毛;雄蕊 20;花柱 3,离生,基部有短柔毛。梨果近球形,直径 6~8mm,熟时橘红色,闭合的宿存萼片不凹陷。花期 6 月;果期 9~10 月。(图 320)

【生长环境】生于海拔 600m 以上的阴坡、山顶或沟底。

【产地分布】山东境内产于烟台、青岛、潍坊、泰安、临沂等地山区。在我国除山东外,还分布于河北、河南、山西、甘肃、内蒙古等地。

【药用部位】果实:花楸果;茎或茎皮:花楸茎皮。为民间药。

【采收加工】秋季采收成熟果实,晒干。春季剥取茎皮,全年采收茎枝,切段晒干。

【药材性状】果实近圆球形,直径 5~8mm。表面橘黄色或橘红色,皱缩起棱,有光泽;顶端具小凹窝,被 5 枚三角形萼裂片掩盖,留有五角状裂缝,基部为果柄痕;果皮薄膜质;果肉柔软。种子 3,长卵形,棕色,长约 4mm。气微,果肉味酸、微甜,种子味微苦。

图 320 花楸树
1.花枝 2.花纵切 3.果枝 4.花瓣 5.雄蕊 6.雌蕊

【化学成分】果实挥发油主成分为苯甲醛及少量安息香酸等。

【功效主治】花楸果甘、苦,寒。镇咳祛痰,健脾利水。用于肺痨,水肿,哮喘咳嗽,吐泻,胃痛,维生素 A、C 缺乏症。花楸茎皮苦,寒。清肺止咳,解毒止痢。用于慢性支气管炎,肺痨,痢疾。

【历史】花楸树始载于《救荒本草》,谓"生于密县山野中,其树高大,叶似回回醋叶,微薄;又似兜栌树叶,边有锯齿叉。"据其形态和附图,与蔷薇科植物花楸树基本一致。

附：北京花楸

北京花楸 S. discolor (Maxim.) Maxim. (*Pyrus discolor* Maxim.) 与花楸树的主要区别是:托叶小。复伞房状花序由多花组成,排列较疏松;总花梗及花梗无毛。梨果卵形,熟时白色或黄色。山东境内产于烟台、青岛、泰安、临沂、潍坊等地。药用同花楸树。

湖北花楸

湖北花楸 S. hupehensis Schneid.,与花楸树的主要区别是:托叶膜质,条状披针形,早落。总花梗和花梗无毛或被稀疏白柔毛。花柱 4~5。梨果球形,熟时白色,有时带粉红晕。山东境内产于烟台、青岛、淄博等地。药用同花楸树。

豆科

合萌

【别名】田皂角、光棟子(平邑)、野棟子(费县)、赖棟子(莒南)。

【学名】Aeschynomene indica L.

【植物形态】一年生草本或亚灌木。茎直立,圆柱形,中空,高0.3~1m,有分枝,无毛或微有毛。偶数羽状复叶,小叶20~30对;小叶片条状长圆形,长3~9mm,宽1~3mm,先端钝圆,有小尖头,基部圆形,偏斜,全缘,叶脉1;托叶卵形或披针形,基部耳状,膜质,早落。总状花序腋生,花少数,稀疏;总花梗有疏刺毛,有粘质;苞片小,披针形,长2~3mm,膜质,萼深裂成二唇形,上唇2齿,下唇3齿;花冠蝶形,淡黄色略带紫纹,长7~9mm,易脱落,旗瓣长圆形,先端圆形或微凹,基部有短爪,翼瓣、龙骨瓣与旗瓣近等长,龙骨瓣弯镰形;雄蕊二体;子房有柄,花柱丝状,向内弯曲。荚果线状长圆形,长3~4cm,有4~10个荚节,表面有乳头状突起,成熟时荚节横断分离,每节含1粒种子。种子黑褐色,肾形,长3~3.5mm,宽2.5~3mm。花期7~8月;果期8~9月。(图321)

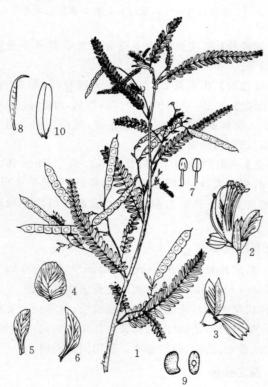

图321 合萌
1.植株上部 2.花去花冠 3.花萼 4.旗瓣 5.翼瓣
6.龙骨瓣 7.雄蕊背腹面 8.雌蕊 9.种子 10.小叶

【生长环境】生于河岸沙地、湿润草地或田边路旁。

【产地分布】山东境内除鲁西北以外,各地均产。在我国除山东外,还分布于东北、华北、华东、华中、华南、西南等地。

【药用部位】全草:合萌;茎木质部:梗通草;根:合萌根;叶:合萌叶。为民间药。

【采收加工】夏、秋二季采收地上部分,晒干或鲜用;或将主茎剥去外皮,晒干。夏季采叶,秋季挖根,洗净,鲜用或晒干。

【药材性状】茎木质部圆柱形,上端较细,长约40cm,直径1~3cm。表面乳白色,平滑,具细密纵纹,并有皮孔样凹点及枝痕。质轻脆,易折断,断面类白色,不平坦,隐约可见同心性环纹,中央有小孔。气微,味淡。

以条粗、色白者为佳。

根圆柱形,上端渐细,直径1~2cm。表面乳白色,平滑,具细密纵纹及残留的支根痕,基部有时连有多数须根。质轻而松软,易折断,断面白色,不平坦,中央有小孔洞。气微,味淡。

以根粗、质轻软、色白者为佳。

【化学成分】叶含芹菜素-6,8-二-C-葡萄糖苷,瑞诺苷(reynoutrin),芦丁,杨梅素苷(myricitrin)及洋槐苷(robinin)。全株含棕榈酸,亚油酸,9,12,15-十八碳三烯酸,9-十八烯酸,硬脂酸,花生酸,山嵛酸,二十四烷酸,(角)鲨烯(squalene),月桂酸,豆蔻酸及皂苷等。果实含生物碱,皂苷及鞣质。种子油主含棕榈酸,硬脂酸,油酸,亚油酸,亚麻酸和二十烯酸;还含油醇(oleyl alcohol),$\Delta^{5,7}$-甾醇($\Delta^{5,7}$-sterol),二氢-β-谷甾醇(dihydro-β-sitosterol)等。

【功效主治】合萌甘、苦,微寒。清热利湿,祛风明目,通乳。用于小便不利,血淋,水肿,痢疾,疖痈,目赤肿痛,夜盲,骨节疼痛,乳少。梗通草淡、微苦,凉。清热利尿,通乳。用于小便不利,热病烦渴,乳汁不通。合萌叶甘,微寒。解毒,消肿,止血。用于痈肿疮疡,创伤出血,毒蛇咬伤。合萌根甘、苦,寒。清热利湿,消积解毒。用于血淋,痢疾泄泻,疳积,目昏,牙痛,疮疖。

【历史】田皂角始载于《本草拾遗》,名合明草,云:"生下湿地,叶如四出花,向夜即叶合。"《植物名实图考》名田皂角,云:"江西、湖南坡阜多有之。丛生绿茎,叶如夜合树叶,极小而密,亦能开合。夏开黄花如豆花,秋结角如绿豆,圆满下垂。土人以其形如皂荚树,故名。"所述形态及附图与植物田皂角相符。

合欢

【别名】夜合树、绒花树(莱芜、历城、平邑)、芙蓉花(长清)、芙蓉树(济南、莱阳、青岛、荣城、临沂)、绒棒头(沂水)。

【学名】Albizia julibrissin Durazz.

【植物形态】落叶乔木,高达16m。树皮褐灰色;小枝有棱角，褐绿色，皮孔黄灰色；嫩枝、花序和叶轴有绒毛或短柔毛。二回羽状复叶；羽片4～12对；小叶10～30对，小叶片镰刀形或长圆形，向上偏斜，长0.6～1.2cm，宽1～4mm，先端尖，基部平截，中脉近上缘；总叶柄长3～5cm，近基部及最顶端一对羽片着生处有1枚腺体。头状花序，于枝顶排成圆锥花序；花粉红色；花萼管状，萼长2.5～4mm；花冠漏斗状，先端5裂，裂片三角形，长1.5mm，淡黄色；雄蕊多数，花丝粉红色。荚果扁平带状，长9～15cm，宽1.2～2.5cm，基部短柄状，幼时有毛，褐色，老时无毛。花期6～7月；果期9～10月。（图322，彩图37）

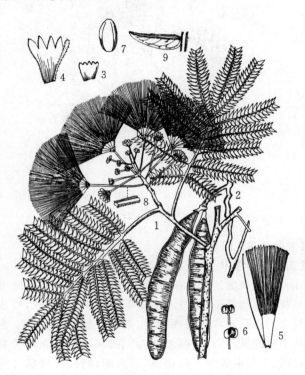

图 322 合欢
1.花枝 2.果枝 3.花萼 4.花冠 5.雄蕊和雌蕊
6.雄蕊背腹面 7.种子 8.花序总梗 9.小叶

【生长环境】生于向阳山坡、山脚或河滩。栽培于公园、庭园或街道两旁。

【产地分布】山东境内产于全省各地。在我国分布于华东、华南、西南地区及陕西、甘肃、四川、河北等地。

【药用部位】树皮：合欢皮；花：合欢花；花蕾：合欢米。为常用中药或较常用中药。合欢花可做茶。

【采收加工】夏季花初开时采收花蕾或头状花序，除去枝叶，晒干。夏、秋二季剥取树皮，切段，晒干。

【药材性状】头状花序，皱缩成团。总花梗长3～4cm，有时与花序脱离，黄绿色，有纵纹，被稀疏毛茸。花全体密被毛茸，细长而弯曲，长0.7～1cm，淡黄色或黄褐色，无花梗或几无花梗。花萼筒状，先端有5小齿；花冠筒长约为萼筒的2倍，先端5裂，裂片披针形；雄蕊多数，花丝细长，黄棕色至黄褐色，下部合生，上部分离，伸出花冠筒外。气微香，味淡。

以完整、色黄、梗短、气香者为佳。

花蕾呈呈棒槌状，长2～6mm，膨大部分直径约2mm。表面淡黄绿色至黄褐色，全体被毛茸，花梗极短或无。花萼筒状，先端有5小齿；花冠未开放；雄蕊多数，细长并弯曲，基部连合，包于花冠内。气微香，味淡。

以干燥、色黄绿、完整者为佳。

树皮卷曲筒状、半筒状或浅槽状，长40～80cm，厚1～3mm。外表面灰棕色至灰褐色，稍有纵皱纹或浅裂纹，密生棕色或棕红色椭圆形横向皮孔，习称"珍珠疙瘩"，偶有突起的横棱或较大的圆形枝痕，常附有地衣斑；内表面淡黄棕色或黄白色，平滑，有细密纵纹。质硬脆，易折断，折断面呈纤维性片状，淡黄棕色或黄白色。气微香，味淡、微涩、稍刺舌，而后喉头有不适感。

以皮细嫩、色灰棕、珍珠疙瘩（皮孔）明显者为佳。

【化学成分】树皮含木脂素类：(—)-丁香树脂酚-4-O-β-D-呋喃芹糖基-(1→2)-β-D-吡喃葡萄糖苷［(—)-syringaresinol-4-O-β-D-apiofuranosyl-(1→2)-β-D-glucopyranoside］，5,5′-dimethoxy-7-oxolariciresinol，左旋-丁香树脂酚；单萜苷类：(6R)-2-反式-2,6-二甲基-6-O-β-D-吡喃鸡纳糖基-2,7-辛二烯酸［(6R)-trans-2,6-dimethyl-6-O-β-D-quinovosyl-2,7-menthiafolic acid］，(6S)-2-反式-2,6-二甲基-6-O-β-D-吡喃鸡纳糖基-2,7-辛二烯酸；三萜类：α-香树脂醇，秃毛冬青甲素-4-O-β-D-吡喃葡萄糖苷（glaberide I-4-O-β-D-glucopyranoside），合欢皂苷（prosapogenin-10），金合欢皂苷元（acacigenin）B，齐墩果酸-28-O-β-D-吡喃葡萄糖苷，3-O-β-D-吡喃葡萄糖醛酸-齐墩果酸-28-O-α-L-阿拉伯糖苷，21-(4-亚乙基-2-四氢呋喃异丁烯酰)剑叶莎酸［21-(4-ethylidene-2-tetrahydrofuranmethacryloyl) machaerinic acid］，剑叶莎酸甲酯（machaerinic acid methyl ester），金合欢酸内酯（acacic acid lactone），剑叶莎酸内酯（machaerinic acid lactone），合欢三萜内酯（julibrotriterpenoidal lactone）A，金合欢酸-3-O-β-D-吡喃葡萄糖基(1→3)-β-D-夫糖基(1→6)［β-D-木糖基(1→2)］-β-D-吡喃葡萄糖苷，金合欢酸内酯-3-O-β-D-木糖基(1→2)-β-D-夫糖基(1→6)-β-D-2-去氧-乙酰氨基吡喃葡萄糖苷，金合欢酸内酯-3-O-β-D-木糖基(1→2)-α-L-阿拉伯糖基(1→6)-β-D-2-去氧-乙酰氨基吡喃葡萄糖苷等；黄酮类：槲皮素3-O-半乳糖苷，槲皮素 3-O-鼠李糖苷，槲皮素,3′,4′,7-三羟基黄酮，(+)-儿茶素，(—)-表儿茶素，花色素-3-O-葡萄糖苷等；还含合欢素A（julibrine A），吡啶衍生物，鞣质及多糖等。叶含槲皮素。花含黄酮类：槲皮素，槲皮苷，异槲皮苷，芦丁，异鼠李素，山奈酚，山奈酚-3-α-L-鼠李糖苷，木犀草素，矢车菊素-3-葡萄糖苷，

芳香成分:反-芳樟醇氧化物(linalool oxide),异戊醇(isopentanol),α-罗勒烯(α-ocimene)和2,2,4-三甲基恶丁烷(2,2,4-trimethyloxetane)等25种;酰胺类:N-十六酰-(2S,3S,4R)-二十四碳鞘氨醇-8(E)-烯[N-(2'-hydroxyl-hexadecanoyl)-1,3,4-trihydroxy-2-amino-tetracos-8E-ene],1-O-β-D-葡萄糖基-(2S,3R,4E,8E)-2-N-(2'-羟基-二十一碳酰基)-十八碳鞘氨醇-4,8-二烯,1-O-β-D-葡萄糖基-(2S,3S,4R,8E)-2-N-(2'-羟基十六碳酰基)-二十四碳鞘氨醇-8-烯;还含二十四烷酸,α-菠甾醇,α-菠甾醇-3-O-β-D-吡喃葡萄糖苷等。**荚果**挥发油主成分为1,1-二乙氧乙烷,乙酸乙酯,乙醛,乙醇,甲酸乙酯,2-甲基丁醛等。**种子**含正十六酸,乙酸乙酯等。

【**功效主治**】**合欢花、合欢米**甘,平。解郁安神。用于心神不安,忧郁失眠。**合欢皮**甘,平。解郁安神,活血消肿。用于心神不安,忧郁失眠,肺痈,疮肿,跌扑伤痛。

【**历史**】合欢始载于《神农本草经》,列为中品。《新修本草》云:"此树生叶似皂荚、槐等,极细,五月花发,红白色……名曰合欢,或曰合昏。秋实作荚,子极薄细尔。"《本草衍义》曰:"合欢花,其色如今之蘸晕线,上半白,下半肉红,散垂如丝,为花之异。其绿叶至夜则合。"所述形态及附图均与植物合欢一致。

【**附注**】《中国药典》2010年版收载合欢皮、合欢花。

山合欢

【**别名**】绒木树(章丘)、芙蓉树(海阳)、白樱(崂山)、山槐。

【**学名**】Albizia kalkora (Roxb.) Prain (*Mimosa kalkora* Roxb.)

【**植物形态**】落叶乔木或灌木,通常高3~8m,树冠开展。小枝棕褐色,有皮孔,微凸。二回羽状复叶;羽片2~4对;小叶5~14对,小叶片长圆形,长1.5~4.5cm,宽1~1.8cm,先端圆形有细尖,基部近圆形,偏斜,中脉显著偏向叶片上侧,两面密生灰白色平伏毛;总叶柄基部之上有1腺体,叶轴顶端有1圆形腺体。头状花序,2~7个生于上部叶腋或多个排成顶生圆锥花序;花黄白色;花萼钟形,长2~3mm;花冠长6~7mm,中部以下连合呈管状,裂片披针形,花萼及花冠外面密被柔毛;雄蕊多数,基部连合成管状。荚果带状,长7~17cm,宽1.5~3cm,深棕色,基部长柄状。种子4~12。花期5~7月;果期9~10月。(图323)

【**生长环境**】生于低山、丘陵向阳山坡的杂木林中。

【**产地分布**】山东境内产于各山地丘陵。在我国除山东外,还分布于华北、华东、华南、西南地区及陕西、甘肃等地。

【**药用部位**】树皮:山合欢皮;花:山合欢花。为民间药。

图323 山合欢
1.花枝 2.花 3.荚果

【**采收加工**】同合欢。

【**药材性状**】树皮筒状或半筒状,长短不一,厚1~7mm。外表面淡灰褐色、棕褐色或灰黑色相间,有时可见灰白色地衣斑,有细密皱纹及不规则纵向棱纹,较薄枝皮的皮孔通常密集而明显,老树皮粗糙,栓皮厚,常具不规则纵向裂口,易剥落,剥落处棕色;内表面淡黄白色,有细纵皱纹。质坚脆,易折断,断面纤维状。气微,味淡。

以干燥、外皮细腻、皮孔多者为佳。

花形似合欢花,较小。花长5~8mm,表面淡黄色至淡黄棕色。花梗极明显,长2~3mm。萼筒及花冠筒先端5~6裂,裂片三角形或长三角形,裂片边缘及外表面密生短柔毛。气微香,味淡。

以干燥、色淡黄、气香者为佳。

【**化学成分**】树皮含木脂素类:(-)-丁香树脂酚-4-O-β-D-葡萄糖苷,(-)-丁香树脂酚-4,4'-二-O-β-D-葡萄糖苷,(-)-丁香树脂酚-4-O-β-D-呋喃芹糖基-l-(1→2)-β-D-吡喃葡萄糖苷,(-)-丁香树脂酚-4-O-β-D-呋喃芹糖基-l-(1→2)-β-D-吡喃葡萄糖苷-4'-O-β-D-葡萄糖苷等;还含淫羊藿次苷E_5(icarside E_5),6,6'-(乙基-1,2-环己烷氧基)双(5-甲氧基-1,2,3,4-四醇羟基),L-2-哌啶酸(L-2-piperidinecarboxylic acid),1-甲氧基十八烷,二十三烷,果糖,儿茶素,表儿茶素等。

【功效主治】山合欢皮涩,凉。解郁安神,补气活血,消肿止痛。用于心神不安,忧郁失眠,肺痈疮肿,跌打伤痛。山合欢花甘,平。安神解郁,理气活络。用于郁结胸闷,失眠健忘,风火眼疾,视物不清,咽喉肿痛,跌打损伤。

【附注】本种在"Flora of China"10:64,2010中的中文名为山槐。

紫穗槐

【别名】棉槐、洋腊条(临沂)、棉槐棵、棉槐条子。

【学名】Amorpha fruticosa L.

【植物形态】落叶灌木,丛生,高1~4m。幼枝密被毛,后脱落。奇数羽状复叶,互生;小叶9~25;小叶片椭圆形或披针状椭圆形,长1.5~4cm,宽0.6~1.5cm,先端圆或微凹,有短尖,基部圆形或阔楔形,两面有白色短柔毛,后渐脱落,有透明腺点。穗状花序1至数个集生于枝条上部,长达15cm,直立;花萼钟状,密被短毛并有腺点;蝶形花冠退化,旗瓣倒心形,蓝紫色,无翼瓣和龙骨瓣;雄蕊10,包于旗瓣之中,伸出瓣外。荚果下垂,弯曲,长7~9mm,宽约3mm,棕褐色,有瘤状腺点。花期6~7月;果期8~10月。(图324)

【生长环境】生于山坡、路旁、林缘。栽培于路边、沟渠或河岸。

【产地分布】山东境内普遍栽培。我国各地广泛种植。

【药用部位】叶:紫穗槐叶;荚果和种子:紫穗槐子;花:紫穗槐花。为民间药。

【采收加工】夏季采摘近开放的花、花序和叶,晒干或鲜用。秋季果实成熟时采下果序,晒干,打下荚果或种子,收集,晾干。

【化学成分】叶含黄酮类:芦丁,槲皮素,灰叶素(tephrosin),6α,12α-脱氢鱼藤素(6α,12α-dehgdro deguelin),6α,12α-脱氢-α-灰叶酚(6α,12α-dehydro-α-toxicarol),(-)6-羟基-6α,12α-脱氢-灰叶酚,12α-羟基紫穗槐醇苷元,12α-羟基圆锥黄檀醇(12α-hydroxydalpanol),鱼藤酮(rotenone)等;还含紫穗槐芪酚(amorphastibol)等。果实含黄酮类:灰叶素,11-羟基灰叶素,紫穗槐醇苷(amorphin),水化紫穗槐醇苷(amorphol),水化紫穗槐醇(amorphigenol),12α-羟基紫穗槐醇苷,5,7-二羟基-8-牻牛儿基双氢黄酮(5,7-dihydroxy-8-geranylflavanone),6a,12a-去氢-α-灰叶酚,7,4′-二甲氧基异黄酮,3-氧-去甲基紫穗槐素(3-O-demethylamorphigenin),6α,12a-去氢鱼藤素,去氢色蒙酮等;还含大牻牛儿烯,β-蒎烯,古巴烯(copaene),石竹烯等。种子含三酰甘油(triglycerid),甾醇酯(esterified sterols),亚油酸,棕榈酸,硬脂酸,磷脂,磷脂酰胆碱,维生素A、D_3、E、K_3,紫穗槐醇苷,紫穗槐醇苷元,紫穗槐醇苷元-β-D-葡萄糖苷等。根含异紫穗槐亭。根皮含鱼藤酮,紫穗槐素,5,4′-二羟基-7,3′-二甲氧基-6,8,5′-三异戊烯基黄酮,紫穗槐苷等。树皮含3′-羟基-4′-甲氧基异黄酮-7-O-β-D-吡喃葡萄糖苷,3,5,7-三羟基黄酮。

【功效主治】紫穗槐叶苦,凉。清热解毒,祛湿消肿。用于痈疮,烫伤,湿疹。紫穗槐花清热,凉血,止血。紫穗槐子杀虫。

土圞儿

【别名】地栗子、野绿豆。

【学名】Apios fortunei Maxim.

【植物形态】多年生缠绕草本。有球状或卵形块根。茎细长,疏被白色短硬毛。奇数羽状复叶,小叶3~7;小叶片卵形或卵状披针形,长3~7cm,宽1.5~4cm,先端渐尖或急尖,有短尖头,基部圆形、斜形或阔楔形,上面疏被短硬毛,托叶与小托叶早落。总状花序腋生,长6~26cm;苞片和小苞片条形,被白色短硬毛;花萼稍成二唇形,无毛;花冠蝶形,淡黄绿色,有紫斑,长约1.1cm,旗瓣近圆形,翼瓣长圆形,最短,龙骨瓣最长,卷成半圆圈;雄蕊为(9)+1二体;子房无柄,与花柱均无毛,花柱卷成半圆圈。荚果条形,长约8cm。花期6~8月;果期9~10月。(图325)

【生长环境】生于潮湿的山坡、灌丛或田埂上。

【产地分布】山东境内产于昆嵛山及荣成等地,单县有大量栽培。在我国除山东外,还分布于江苏、浙江、福

图324 紫穗槐
1.枝叶 2.果枝 3.花 4.雌蕊 5.荚果 6.种子

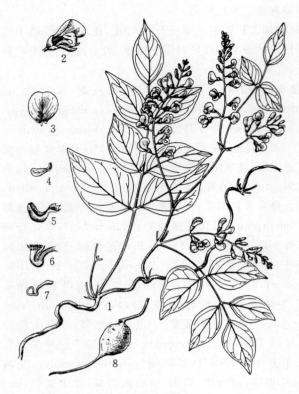

图 325 土圞儿
1.植株上部 2.花 3.旗瓣 4.翼瓣 5.龙骨瓣
6.雄蕊 7.雌蕊 8.块根

建、江西、湖北、湖南、广东、广西、贵州、四川、台湾等地。

【药用部位】块根：土圞儿。为民间药。

【采收加工】秋季茎叶枯萎时挖根，除去泥土、茎叶，晒干。

【药材性状】块根呈扁长卵形，长2.2～7cm，直径约1.2～6cm，根头部有茎基或茎痕，基部稍偏斜。表面棕色，呈不规则皱缩。质重而较韧，断面较粗糙。有豆腥气，味甜，微苦，涩。

【化学成分】根含生物碱。

【功效主治】甘、微苦，平。清热解毒，理气散结。用于外感咳嗽，百日咳，咽喉肿痛，疝气，痈肿，瘰疬，湿疹，疔疮，乳痈，咽痛，痛经，毒蛇咬伤。

【历史】土圞儿始载于《救荒本草》，又名地栗子，云："细茎延蔓而生，叶似绿豆叶，微尖艄，每三叶攒生一处，根似土瓜儿根，微团，味甜，采根煮食之"。所述形态及《植物名实图考》附图与植物土圞儿相似。

落花生

【别名】花生、果子（临沂）、长生果子。

【学名】Arachis hypogaea L.

【植物形态】一年生草本。根部有丰富的根瘤。茎直立或匍匐，自茎基部分枝，地上部分有长柔毛。偶数羽状复叶，小叶2对；小叶片倒卵形、倒卵状椭圆形或倒卵状长圆形，长2～6cm，宽1.5～3cm，先端圆形，有小尖头，基部近圆形或阔楔形，全缘，有缘毛；叶柄长5～8cm；托叶大，条状披针形，长2～3cm，基部与叶柄合生。花单生或数花簇生于叶腋，初生期无花梗，有细长的花梗状的萼管，顶端有萼齿5，有短柔毛，上面4齿短，下面1齿细长；花冠与雄蕊着生于萼管的喉部，花冠蝶形，黄色，旗瓣宽大，近圆形或扁圆形，长约1.6cm，先端微凹，翼瓣倒卵形，有短爪和耳，龙骨瓣向内弯曲，先端渐尖成喙；雄蕊10，连合成(9)+1二体，或因上面1个退化而成单体雄蕊，花药有2种类型，其中4个为球形，5个为长圆形；花柱细长，延伸于萼管喉部之外，子房柄短，在花受精后迅速延长入地结实，花冠及雄蕊亦均自萼管喉部脱落。荚果长圆柱形，膨胀，荚厚，含种子1～4粒，种子之间缢缩，表面有明显的网状纹脉。花期7～8月；果期9～10月。

【生长环境】栽培于地势较高、排水良好的沙质壤土或山地。

【产地分布】山东境内各地广泛栽培。山东地理条件优越，产量高，质量优，其中"文登大花生"、"荣成大花生"、"莒南花生"、"莱西大花生"、"泗水花生"、"临沭花生"、"乳山大花生"、"平度大花生"、"柘山花生"等已注册国家地理标志产品。全国各地均有栽培。

【药用部位】种子：花生米；种子油：花生油；种皮：花生红衣；果壳：花生壳；根：花生根；枝叶：花生秧。为少常用中药和民间药，花生米和花生油药食两用，叶可做茶。

【采收加工】秋末采收地上部分和根，分别晒干。挖出果实，晒干，剥取种子，分别收集种子及果壳晒干。种子加工时收集种皮，晒干。

【药材性状】种子呈短圆柱形或一端较平截，另一端微尖，长0.5～1.5cm，直径0.5～0.8cm。种皮呈红色或淡棕红色，不易剥离，子叶两枚，类白色。质油润，中间有胚芽。气微香，味微甜，微有豆腥气。

种皮为碎片状，大小不一。外表面红色，有纵脉纹，内表面黄白色或白色，脉纹明显。质轻易碎。气微，味涩，微苦。

种子油为淡黄色澄明液体。具有花生米的香气，味淡。本品在乙醇中极微溶解，与乙醚、氯仿、石油醚可以任意混溶。

【化学成分】种子富含蛋白质；氨基酸：γ-亚甲基谷氨酸（γ-methylene glutamic acid），γ-氨基-α-亚甲基丁酸（γ-amino-α-methylene butyric acid）等；生物碱：花生碱（arachine），甜菜碱，胆碱；甾醇：β-谷甾醇，菜油甾醇，豆甾醇，胆甾醇等；还含卵磷脂（lectthine），嘌呤（purine），葡萄甘露聚糖（glucomannan），维生素B_1、C，泛酸及无机元素铬、铁、钴、锌等。**种子油**主含亚油酸，油酸,棕榈酸,硬脂酸,花生酸(arachidic acid)等;还含 γ-丁内酯(γ-butyrolactone),2,6-二甲基吡嗪(2,6-dimethylpyrazine),2-己基呋喃(2-hexylfuran)及维生素 E。**种皮**含黄酮类:木犀草素,5,7-二羟基色酮(5,7-dihydroxychromone),红车轴草素(pratensein),金圣草素(chrysoeriol),圣草酚(eriodictyol),芹菜素,无色矢车菊素,无色飞燕草素(leucodelphinidin);还含大豆皂苷(soyasaponin)Ⅰ,香草酸,山萮酸(behenic acid),棕榈酸,儿茶素二聚体,(+)-儿茶素和胡萝卜苷。果壳含木犀草素,β-谷甾醇等。**茎叶**含挥发油:主成分为 1-戊烯-3-醇(1-pentene-3-ol),己醇,芳樟醇,牻牛儿醇等;萜类:大豆皂醇 B(soyasapogenol B),落花生苷 A(arachiside A),狗筋蔓内酯(cucubalactone),长春花苷(roseoside),柑橘苷 A(citroside A);有机酸:原儿茶酸,对羟基苯甲酸,对甲氧基苯甲酸,对羟基桂皮酸,对甲氧基桂皮酸,异香草酸,异阿魏酸,阿魏酸,咖啡酸;甾类:豆甾烷-3β,6α-二醇,胡萝卜苷,β-谷甾醇;还含白藜芦醇(resveratrol),马栗树皮素(esculetin),异槲皮苷,isomedicarpin,,蒎立醇(pinitol),正三十一烷,二十六烷-α-甘油酯,硬脂酸-α-甘油酯等。

【**功效主治**】**花生红衣**甘、微苦、涩,平。凉血止血,散瘀。用于血虚出血,紫癜,咳血,便血,衄血,崩漏。**花生米**甘,平。润肺,和胃。用于燥咳,反胃,脚气,乳少。**种子油**甘,平。润肠通便,去积。用于肠虫梗阻,胎衣不下,烫伤。**花生壳**淡、涩,平。化痰止咳,平阳。用于久咳气喘,咳痰带血,肝阳上亢。**花生根**淡,平。祛风除湿,通络。用于风湿痹痛。**花生秧**甘、淡,平。清热解毒,宁神平肝。用于跌打损伤,疮毒,失眠,肝阳上亢。

【**历史**】落花生始载于《滇南本草图说》。据《福清县志》载:"出外国,昔年无之,蔓生园中,花谢时,其中心有丝垂入地结实,故名。一房可二三粒,炒食味甚香美。"《汇书》曰:"近时有一种名落花生者,茎叶俱类豆,其花亦似豆花而色黄,枝上不结实,其花落地即结实于泥土中,亦奇物也。实亦似豆而稍坚硬,炒熟食之,作松子之味。"《调疾饮食辨》载:"二月下种,自四月至九月,叶间接续开细黄花。跗长寸许,柔弱如丝。花落后,节间另出一小茎,如棘刺,钻入土中,生子,有一节、二节者,有三四节者。或离土远或遇天旱,土干其刺不能入土即不能结子。"所述形态与植物落花生完全一致。

【**附注**】①《山东省中药材标准》2002 年版收载花生红衣。②霉烂的花生极易生长黄曲霉菌(aspergillus flavus),其有毒菌株所产生的黄曲霉毒素可致肝癌,应注意鉴别。

斜茎黄芪

【**别名**】直立黄芪、苦草。
【**学名**】Astragalus adsurgens Pall.
(*Astragalus laxmannii* Jacq.)
【**植物形态**】多年生草本,高 20~60cm。根较粗壮,暗褐色,有时有长主根。茎数个至多数丛生,直立或斜升,被白色丁字毛和黑毛。奇数羽状复叶,小叶 7~23;小叶片椭圆形或长圆形,细尖头,两面被丁字毛,背面较密,全缘;叶轴及小叶柄被丁字毛;托叶三角形,基部彼此稍连合或有时分离。总状花序在茎上部腋生,圆筒状,长 7~10cm,比叶长或近等长;总花梗稀疏被丁字毛,花密生于花梗顶端,有时稍稀疏;花梗极短;苞片狭披针形;花萼钟状,外被黑色或白色丁字毛,或两者混生,萼齿 5,较萼筒短,条形,萼筒长 2~4mm;花冠蝶形,蓝紫色或红紫色,旗瓣倒卵状匙形,长约 1.5cm,先端深凹无爪,翼瓣长 1.2cm,龙骨瓣长 1cm;子房有白色丁字毛。荚果长圆形,长 1.5cm,有 3 棱,稍侧扁,背部凹入成沟,先端有下弯的短喙,被黑色或白色丁字毛。种子圆肾形,长约 2mm,宽约 1.5mm,厚不足 1mm,灰棕色,两面微凹,一侧有明显的种脐。花期 6~8 月;果期 8~10 月。(图 326)

图 326　斜茎黄芪
1.花、果枝　2.种子

【**生长环境**】生于田边草地、沟边或路旁。
【**产地分布**】山东境内产于济南、滨州及蒙山等地。在我国除山东外,还分布于东北、华北、西北、西南地区及内蒙古等地。
【**药用部位**】种子:斜茎黄芪子。为民间药。
【**采收加工**】秋季果实成熟时采割全草,晒干,打下种子。

【化学成分】全草含 7,3′-二羟基-2′,4′-二甲氧基异黄烷,札坡替宁(zapotinin),黄芪苷,异槲皮苷,芦丁等;还含生物碱,强心苷,醌类,酚类,有机酸、氨基酸及钙、磷等。

【功效主治】强壮剂,用于正气虚弱,心慌失眠。

【附注】①本种在"Flora of China"10:409,2010.的拉丁学名为 Astragalus laxmannii Jacq.,本志将其列为异名。②江苏、宁夏等部分地区以其种子混作沙苑子用,种子有毒,应注意区别。

华黄芪

【别名】中国黄芪、木黄芪、地黄芪。

【学名】Astragalus chinensis L. f.

【植物形态】多年生草本,高 0.2~1m。茎直立,通常单一,有纵棱,近无毛。奇数羽状复叶,小叶 17~25;小叶片椭圆形至卵状长圆形,长 1.5~2.5cm,宽 4~6mm,先端圆或稍截形,有小尖头,基部圆形或阔楔形,上面无毛,下面疏生柔毛;托叶披针形,长 0.7~1cm,基部与叶柄稍贴生,无毛或稍有毛。总状花序于茎上部腋生,比叶短,花多数;苞片披针形;花萼钟状,长约 5mm,近无毛;花冠蝶形,黄色,翼瓣椭圆形或近圆形,开展,长 1.2~1.7cm,先端微凹,基部有短爪,翼瓣长 0.9~1.2cm,龙骨瓣与旗瓣近等长;子房有长柄。荚果椭圆形,革质,坚果状,有密横纹,长 1.5cm,宽 0.8~1cm,成熟后开裂。种子肾形,长 2.5~3mm,褐色。花期 6~7 月;果期 7~8 月。(图 327)

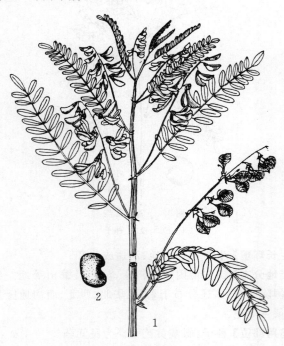

图 327 华黄芪
1.植株上部 2.种子

【生长环境】生于山坡、路旁、盐碱地、沙质地或河边。

【产地分布】山东境内产于滨州、东营等地。在我国除山东外,还分布于东北、华北地区及内蒙古、河南等地。

【药用部位】种子:天津沙苑子。为地区习惯用药。

【采收加工】秋季果实成熟未开裂时割下全株,晒干,打下种子。

【药材性状】种子呈较规则的肾形,饱满,长 2~2.8mm,宽 0.8~2mm,厚 1mm。表面暗绿色或棕绿色,平滑。气微,味淡。嚼之有豆腥味。

以饱满、颗粒均匀、色暗绿、无杂质者为佳。

【化学成分】种子含脂肪酸:亚油酸,棕榈酸等;还含磷酯酰胆碱,胡萝卜苷,山柰酚,二十八烷烯等。

【功效主治】甘,温。补益肝肾,清肝明目。用于肝肾亏虚,头目昏花。

【附注】①本种在"Flora of China"10:355,2010 中的中文名为中国黄芪,鉴于使用习惯,本志将其作为别名。②《新编中药志》(2002)曾将本种作为沙苑子的来源之一,应注意鉴别。

背扁黄芪

【别名】扁茎黄芪、沙苑子、沙苑蒺藜、潼蒺藜。

【学名】Astragalus complanatus Bge.

【植物形态】多年生草本,高 25~80cm。主根圆柱形,粗长。茎丛生,有棱略扁,通常平卧,有白色柔疏毛。奇数羽状复叶,小叶 9~21;小叶片椭圆形或卵状椭圆形,长 0.7~2cm,宽 3~8mm,先端钝圆或微凹,有小尖头,全缘,上面通常无毛,下面有白色短伏毛;小叶柄极短;托叶狭披针形,离生,长约 3mm,宽约 0.5mm,有毛。总状花序腋生,比叶长,有 3~9 花,总花梗被毛;苞片锥形;花萼钟状,基部有 2 小苞片,表面有黑色短硬毛,萼齿和萼筒近等长;花冠蝶形,白色、淡黄色或带紫色,旗瓣近圆形,先端凹,基部有短爪,长约 1cm,宽约 9mm,翼瓣稍短,龙骨瓣与旗瓣等长;子房密生白色柔毛,有短柄,花柱弯曲,柱头有簇状毛。荚果纺锤形或长圆形,背腹扁,稍肿胀,长 2~3.5cm,顶端有喙,有黑色短硬毛。种子淡棕色,肾形,平滑。花期 8~9 月;果期 9~10 月。(图 328)

【生长环境】栽培于排水良好的壤土、黏土或山坡地。

【产地分布】山东境内各地药圃或林场有引种。在我国除山东外,还分布于东北、华北、西北地区及内蒙古等地。

【药用部位】种子:沙苑子。为常用中药,可用于保健食品。

【采收加工】秋末冬初,当荚果成熟,多数呈黑色时采割全株,晒干,打出种子,除去杂质,晾干。

【药材性状】种子圆肾形,略扁,长 2~2.5mm,宽 1.5~2mm,厚约 1mm。表面褐绿色或灰褐色,光滑,边缘一

图 328 背扁黄芪
1. 植株上部 2. 旗瓣 3. 翼瓣 4. 龙骨瓣 6. 荚果

侧微凹陷处有浅色圆形种脐。质坚硬，不易破碎。子叶 2，淡黄色，胚根弯曲，长约 1mm。气微，味淡，嚼之有豆腥味。

以粒大饱满、色绿褐者为佳。

【化学成分】种子含黄酮类：沙苑子苷（complanoside），沙苑子新苷（neocomplanoside），沙苑子杨梅苷（myricomplanoside），鼠李柠檬素-3-O-β-D-葡萄糖苷（rhomnocitrin-3-O-β-D-glucoside），紫云英苷，山奈酚，山奈酚-3-O-α-L-阿拉伯糖苷，杨梅素（myricetin），毛蕊异黄酮-7-O-葡萄糖苷（calycosin-7-O-glucoside），芒柄花苷（ononin）等；三萜皂苷：黄芪苷Ⅷ甲酯（astragaloside Ⅷ methyl ester），大豆皂苷Ⅰ甲酯（soyasaponin Ⅰ methyl ester）等；杂多糖：沙苑子多糖 ACRBⅠ-b 和 ACRBⅡ-a 主要由葡萄糖组成，ACRBⅡ-b 主要由鼠李糖、阿拉伯糖、核糖和半乳糖组成，ACRBⅢ 主要由甘露糖组成；氨基酸：谷氨酸，天门冬氨酸，赖氨酸等 14 种；种子油含 3-庚烯酸（3-heptenoic acid），肉豆蔻酸，棕榈酸，油酸，亚油酸，沙苑子胍酸（complanatin）；还含 β-谷甾醇及无机元素铁、硒等。

【功效主治】甘，温。补肾助阳，固精缩尿，养肝明目。用于肾虚腰痛，遗精早泄，遗尿尿频，白浊带下，眩晕，目暗昏花。

【历史】沙苑子始载于《本草图经》"蒺藜子"项下，名同州白蒺藜，云："又一种白蒺藜，今生同州，沙苑牧马草地最多，而近道亦有之。绿叶细蔓，绵布沙上。七月开花，黄紫色如豌豆花而小。九月结实作荚子，便可采。其实味甘而微腥，褐绿色，与蚕种子相类而差大"。《本草纲目》曰："结荚长寸许，内子大如脂麻，状如羊肾而带绿色。"名沙苑蒺藜。所述形态及附图与现今沙苑子原植物背扁黄芪相似。

【附注】《中国药典》2010 年版收载。

草木犀状黄芪

【别名】苦豆根、扫帚苗、山胡麻、秦头。

【学名】Astragalus melilotoides Pall.

【植物形态】多年生草本，高 1～1.5m。根深长，较粗壮。茎多数由基部丛生，直立，有分枝，具条棱，疏生短柔毛或近无毛。奇数羽状复叶，小叶 5～7；小叶片长圆形或条状长圆形，长 0.8～2.5cm，宽 1～4mm，先端钝，截形或微凹，基部楔形，全缘，两面被白色短柔毛；有短柄；托叶三角形至披针形，基部彼此连合。总状花序腋生，比叶显著长，花小，长约 5mm，粉红色或白色，疏生；花萼钟状，外面生黑色及白色短毛，萼齿三角形，短于萼筒；花冠蝶形，白色或粉红色，旗瓣近圆形或阔椭圆形，基部有短爪，先端微凹，翼瓣比旗瓣稍短，先端成不均等的 2 裂，基部有耳和爪，龙骨瓣比翼瓣短；子房无毛，无柄。荚果近圆形或椭圆形，顶端微凹，有短喙，长 2.5～3.5mm，表面有横纹，无毛，背部有稍深的沟，2 室。种子 4～5 粒，肾形，暗褐色，长约 1mm。花期 6～8 月；果期 8～9 月。（图 329）

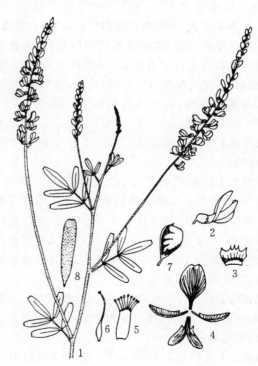

图 329 草木犀状黄芪
1. 植株上部 2. 花 3. 花萼展开 4. 花冠平展
5. 雄蕊 6. 雌蕊 7. 荚果 8. 小叶

【生长环境】生于向阳山坡草地、沟边、路旁或河床沙地。

【产地分布】山东境内产于各山区。在我国除山东外，还分布于东北、华北、西北地区及内蒙古、河南等地。

【药用部位】全草：苦豆根。为民间药。

【采收加工】夏季采收，晒干或鲜用。

【化学成分】根含槲皮素，槲皮素-3-O-α-L-鼠李糖苷，芦丁，山柰酚，山柰酚-3-O-β-D-葡萄糖-β-D-葡萄糖苷，木犀草素-7-芸香糖苷及无机元素硒、锌、铜、铁、钼等。

【功效主治】苦，平。祛风除湿，活血通络，止咳。用于风湿痹痛，四肢麻木，咳嗽。

黄芪

【别名】膜荚黄芪、山爆仗(烟台)、黄耆、硬杆黄芪。

【学名】Astragalus membranaceus (Fisch.) Bge.
(*Phaca membranaceus* Fisch.)

【植物形态】多年生草本，高 0.6～1.5m。主根粗而长，直径 1.5～3cm，圆柱形，有分枝，稍木质，外皮棕色。茎直立，上部多分枝，有细纵棱，被柔毛。奇数羽状复叶，小叶 21～31；小叶片卵状披针形或椭圆形，长 0.7～3cm，宽 0.3～1.2cm，先端钝，有小尖，基部阔楔形，两面有白色长柔毛；叶柄长 0.5～1cm；托叶卵形、披针形至狭披针形，长 6mm，有白色长柔毛。总状花序于枝上部腋生；总花梗比叶稍长或近等长，至果期显著伸长；花梗有黑色毛；苞片条形；花萼筒状，长约 5mm，萼齿不等长，常被黑色或白色长柔毛；花冠蝶形，黄色、淡黄色或白色，旗瓣长圆状倒卵形，较翼瓣和龙骨瓣长，翼瓣和龙骨瓣有长爪；子房被毛，有柄。荚果半椭圆形，一侧边缘呈弓形弯曲，膜质，稍肿胀，顶端有短喙，基部有长柄，密生黑色短柔毛。种子 3～8 粒。花期 6～8 月；果期 8～9 月。(图 330)

【生长环境】生于山顶、山坡、草甸或灌丛中，国家Ⅱ级保护植物。

【产地分布】山东境内产于各大山区；菏泽、文登、荣成、曲阜、桓台及胶东各地栽培面积较大。山东文登已有 40 余年的栽培历史，自上个世纪开始进行提纯复壮，并育出了"文黄 11 号"和"文黄 16 号"等优良黄芪品种。在我国除山东外，还分布于东北、华北地区及内蒙古、甘肃、四川、西藏等地。

【药用部位】根：黄芪；叶：黄芪叶；花：黄芪花。为常用中药和民间药，黄芪可用于保健食品，叶、花做茶。黄芪为山东道地药材。

【采收加工】播种后 1～2 年采收。秋季 9～11 月或春季冬芽萌动前挖根，除去须根及根头，晒干。茎叶茂盛时采叶，花期采收花或花序，鲜用或晒干，或做茶。

【药材性状】根圆柱形，上粗下细，有分枝，长 30～

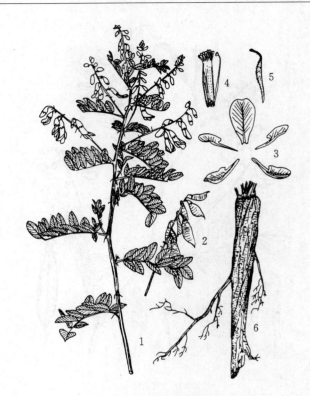

图 330 黄芪
1.植株上部 2.荚果 3.花冠平展 4.雄蕊 5.雌蕊 6.根

90cm，直径 1～3cm。表面淡棕黄色至淡棕褐色，有不整齐的纵皱纹及横长皮孔。根头部茎基较粗。质硬而韧，折断面纤维状，略带粉性；横切面皮部乳白色至淡黄色，约占半径的 1/3～2/5，木部淡黄色，有放射状纹理及裂隙，老根中心偶有黑褐色，枯朽或呈空洞。气微，味微甜，嚼之微有豆腥气。

以根粗长、分枝少、色黄白、皱纹少、质坚实而绵、断面色淡黄、粉性足、味甜者为佳。

【化学成分】根含皂苷：黄芪苷Ⅰ、Ⅱ、Ⅲ、Ⅳ、Ⅴ、Ⅵ、Ⅶ、Ⅷ，乙酰黄芪苷(acetylastragaloside)Ⅰ，异黄芪苷(isoastragaloside)Ⅰ、Ⅱ，大豆皂苷Ⅰ，膜荚黄芪苷(astramembrannin)Ⅰ、Ⅱ；黄酮类：毛蕊异黄酮(calycosin)，毛蕊异黄酮-7-O-β-D-葡萄糖苷，7-羟基-4′-甲氧基异黄酮即芒柄花素(formononetin)又称刺芒柄花素，芒柄花素-7-O-β-D-葡萄糖苷(formononentin-7-O-β-D-glucoside)，9,10-二甲氧基紫檀烷-3-O-β-D-葡萄糖苷(9,10-dimethoxypterocarpan-3-O-β-D-glucoside)，(3R)-2′-羟基-7,3′,4′-三甲氧基异黄烷，2′-羟基-3′,4′-二甲氧基异黄烷-7-O-β-D-葡萄糖苷，(3R)-8,2′-二羟基-7,4′-二甲氧基异黄烷，(3R)-7,2′,4′-三羟基-4′-甲氧基异黄烷，(6aR,11aR)-10-羟基-3,9-二甲氧基紫檀烷，(6αR,11αR)-3,9,10-三甲氧基紫檀烷；氨基酸：天冬酰氨，刀豆氨酸(canavanine)，脯氨酸(proline)，精氨酸，γ-氨基丁酸等 20 余种；木脂素类：苯并呋喃型木脂素和四氢呋喃型木脂素；

还含熊竹素(kumatakenin)，胡萝卜苷，羽扇豆醇，β-谷甾醇，香豆素，蛋白多糖F_1，白细胞介素-2(interleukin-2)，甜菜碱，胆碱及无机元素钙、磷、镁、铁、锌、铜等。**地上部分**含黄酮类：芹菜素，5,7-二羟基黄酮；皂苷类：黄芪甲苷，膜荚黄芪皂苷(astragalussaponin)甲、乙、丙，膜荚黄芪茎叶皂苷C(huangqiyiesaponin C)等。

【**功效主治**】**黄芪**甘，微温。补气升阳，固表止汗，利水消肿，生津养血，行滞通痹，托毒排脓，敛疮生肌。用于气虚乏力，食少便溏，久泻脱肛，便血崩漏，表虚自汗，气虚水肿，内热消渴，血虚萎黄，半身不遂，痹痛麻木，痈疽难溃，久溃不敛。**黄芪花**益气固表，解毒消肿，通络脉，补气血。用于疲倦盗汗。**黄芪叶**甘，温。补中益气。用于气虚乏力，表虚。

【**历史**】黄芪始载于《神农本草经》，列为上品。《名医别录》载："生蜀郡山谷、白水、汉中"。《本草图经》曰："今河东、陕西州郡多有之。根长二三尺已来；独茎，或作丛生，枝秆去地二三寸；其叶扶疏作羊齿状，又如蒺藜苗。七月中开黄紫花；其实作荚子，长寸许。八月中采根用。"《本草蒙筌》载："绵芪出山西沁州绵上，此品极佳。"《植物名实图考》云："黄芪西产也……有数种，山西、蒙古产者佳。"所述产地、形态及附图，表明古代药用黄芪可能包括黄芪和蒙古黄芪，与现今黄芪药用情况基本吻合。

【**附注**】①《中国药典》2010年版收载。②"Flora of China"10:343,2010中将本种并入蒙古黄芪中，拉丁学名为 Astragalus mongholicus Bunge。但两者具有明显的区别：黄芪茎直立，高60～150cm；羽状复叶有小叶21～31片，小叶片卵状披针形或椭圆形，长0.7～3cm，宽0.3～1.2cm；荚果密生黑色短柔毛。而蒙古黄芪植株矮小，茎直立或半直立，高40～80cm；羽状复叶有小叶25～37片，小叶片长0.5～1cm，宽3～5mm；子房和荚果光滑无毛。鉴于两者的形态差异和使用习惯，本志采纳《中国植物志》第42(1)卷的分类，将两者分别收载。

蒙古黄芪

【**别名**】绵芪、绵黄芪、软杆黄芪、黄耆。

【**学名**】Astragalus membranaceus (Fisch.) Bge. var. mongholicus (Bge.) P. K. Hsiao
(A. mongholicus Bunge)

【**植物形态**】与原种的主要区别是：植株较矮小，茎直立或半直立，高40～80cm。主根直而长。奇数羽状复叶，小叶25～37片；小叶片较小，长0.5～1cm，宽3～5mm。子房和荚果光滑无毛。(图331，彩图38)

【**生长环境**】生于向阳山坡、沟旁或疏林下。栽培于土层深厚、富含腐殖质、排水良好和渗水力强的中性或弱

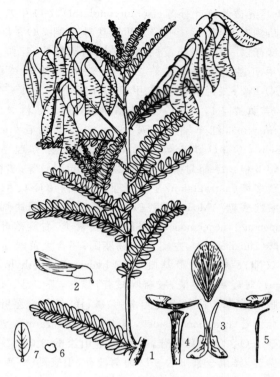

图331 蒙古黄芪
1.植株上部 2.花 3.花冠平展 4.雄蕊
5.雌蕊 6.种子 7.小叶

碱性沙质壤土。

【**产地分布**】山东境内各地有栽培。在我国除山东外，还分布于黑龙江、吉林、辽宁、内蒙古、河北、山西、新疆和西藏等地。东北地区及内蒙古、河北、山西等地有栽培。

【**药用部位**】根：黄芪；叶：黄芪叶；花：黄芪花。为常用中药，可用于保健食品，叶、花可做茶。

【**采收加工**】播种后1～2年采收。秋季9～11月或春季冬芽萌动前挖根，除去须根及根头，晒干。茎叶茂盛时采叶，花期采收花及花序，鲜用或晒干，或做茶。

【**药材性状**】根与膜荚黄芪相似，主要不同点为：根条直，少分枝，顶端残留茎基较多，略细。表面色较淡。质软韧；断面皮部占半径的2/5～3/5。

【**化学成分**】根含皂苷：黄芪甲苷即黄芪皂苷Ⅳ，黄芪皂苷Ⅰ、Ⅱ、Ⅶ，异黄芪皂苷(isoastragaloside)Ⅰ、Ⅱ，膜荚黄芪皂苷Ⅱ，乙酰黄芪皂苷Ⅰ(acetylastragaloside I)，环黄芪醇-3-O-β-D-木糖基-25-O-β-D-葡萄糖苷(cycloastragenol-3-O-β-D-xylosyl-25-O-β-D-glucoside)，大豆皂苷Ⅰ等；黄酮类：毛蕊异黄酮，毛蕊异黄酮-7-O-β-D-葡萄糖苷，芒柄花素，芒柄花素-7-O-β-D-葡萄糖苷，7,2′-二羟基-3′,4′-二甲氧基异黄烷，2′-羟基-3′,4′-二甲氧基异黄烷-7-O-β-D-葡萄糖苷，(6αR,11αR)-9,10-二甲氧基紫檀烷-3-O-β-D-葡萄糖苷，异微凸剑叶莎醇-7,2′-二-O-葡萄糖苷(isomucronulato1-7,2′-di-O-glucoside)，异微凸剑叶莎醇（isomucronulatol），7-O-甲基-异微凸剑叶莎醇，3′-羟基-5′-甲氧基异黄酮-7-O-β-D-葡萄糖苷，4′-甲氧基异黄烷-7-O-β-D-葡萄糖苷，7′-羟基-4′-甲氧基异黄酮，7,3′-二羟基-5′-甲氧基异黄酮，(3R)-8,2′-二羟基-7,4′-二甲氧基异黄烷，5,7,4′-三羟基异黄酮，4,2′,4′-三羟基查尔酮，染料木苷（genistein），红车轴草异黄酮-7-O-β-D-萄糖苷（pratensein-7-O-β-D-glucoside），2′,4′-二甲氧基-3′-羟基异黄烷-6-O-β-D-葡萄糖苷，龙胆黄素（gentisin）等；多糖：黄芪多糖（astraglalan）Ⅰ、Ⅱ、Ⅲ、杂多糖 AH-1、AH-2 和酸性多糖 AMon-S 等；三萜类：羽扇豆醇，羽扇烯酮（lupenone），nepehinone，熊果酸；木脂素类：右旋落叶松脂醇（1ariciresinol），左旋-丁香树脂酚；还含大黄素，α-联苯双酯，3-羟基-2-甲基吡啶（3-hydroxy-2-methylpyridine），对羟基苯甲酸，尿嘧啶核苷，腺苷，壬二酸，天冬酰胺，γ-氨基丁酸及无机元素钙、磷、镁、铁等。茎叶含沙苑子苷（complanaruside），奥刀拉亭（odoratin），奥刀拉亭-7-O-β-D-葡萄糖苷，4′-甲氧基山柰酚-3-O-β-D-葡萄糖苷，异鼠李素-3-O-β-D-葡萄糖苷，山柰酚-4′-甲醚-3-β-D-葡萄糖苷及 alexandroside Ⅰ。

【功效主治】黄芪甘，微温。补气升阳，固表止汗，利水消肿，生津养血，行滞通痹，托毒排脓，敛疮生肌。用于气虚乏力，食少便溏，久泻脱肛，便血崩漏，表虚自汗，气虚水肿，内热消渴，血虚萎黄，半身不遂，痹痛麻木，痈疽难溃，久溃不敛。黄芪花益气固表，解毒消肿，通络脉，补气血。用于疲倦盗汗。黄芪叶甘，温。补中益气。用于气虚乏力，表虚。

【历史】见黄芪。

【附注】①《中国药典》2010 年版收载。②本种在"Flora of China"10：343,2010. 的拉丁学名为 Astragalus mongholicus Bunge，并将黄芪 Astragalus membranaceus（Fisch.）Bge. 并入本种。鉴于两者的形态差异和使用习惯，本志采纳《中国植物志》第 42(1) 卷的分类，将其拉丁学名作为异名处理。

糙叶黄芪

【别名】粗糙紫云英、掐不齐。

【学名】Astragalus scaberrimus Bge.

【植物形态】多年生草本。根茎短缩，多分枝，木质化。植株矮小，匍匐生，全株密生白色丁字毛。奇数羽状复叶，小叶 7～15 片；小叶片椭圆形，长 0.5～1.5cm，宽 3～8mm，先端圆，有短尖，基部阔楔形，全缘，两面密被白色平伏的丁字毛；托叶与叶柄连合达 1/3～1/2，长 4～7mm，离生部分为狭三角形至披针形，渐尖。总状花序由基部腋生，总花梗长 1～3.5cm，有 3～5 花；苞片披针形，比花梗长；花萼筒状，长 6～9mm，外面密被丁字毛，萼齿条状披针形，长为萼筒的 1/3～1/2；花冠蝶形，淡黄色或白色，旗瓣椭圆形，长 1.6～2.4cm，先端微凹，中部以下渐狭，有短爪，翼瓣和龙骨瓣比旗瓣短；子房有短毛。荚果披针状长圆形，稍弯，长 0.8～1.5cm，宽 2～4mm，顶端有短而直的喙，背缝线凹入成浅沟，果皮革质，密被白色丁字毛，内有假隔膜，2 室。花期 4～5 月；果期 5～6 月。（图 332）

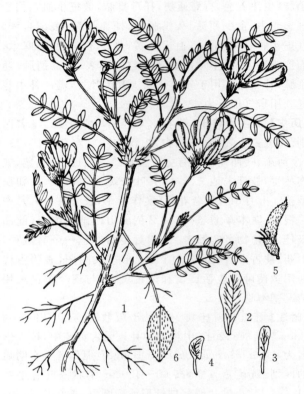

图 332　糙叶黄芪
1.植株 2.旗瓣 3.翼瓣 4.龙骨瓣 5.荚果 6.小叶

【生长环境】生于山坡、路旁、河滩沙地或荒地。

【产地分布】山东境内产于全省各地。在我国除山东外，还分布于东北地区及内蒙古、河北、山西、河南、陕西、甘肃、四川等地。

【药用部位】根、叶：糙叶黄芪。为民间药。

【采收加工】夏季采叶，晒干或鲜用。秋季挖根，洗净，晒干。

【功效主治】微苦，平。健脾利水。用于水肿胀满。

紫云英

【别名】苕子、红花菜、沙苑蒺藜

【学名】Astragalus sinicus L.

【植物形态】二年生草本，高 10～40cm。茎自基部分枝，横卧生根，无毛。奇数羽状复叶，小叶 7～13 片；小叶片阔椭圆形或倒卵形，长 1～2cm，宽 0.5～1.2cm，先端凹或圆形，基部楔形，两面有白色长毛；托叶卵形。

总状花序近伞形,有5~9花,总花梗长5~15cm;苞片三角状卵形;花萼钟状,萼齿三角形,有长硬毛;花冠蝶形,紫色或黄白色,旗瓣卵形,先端圆形,微凹,基部楔形,长约1cm,龙骨瓣与旗瓣近等长,翼瓣稍短;子房无毛,有短柄。荚果条状长圆形,微弯,长1~2cm,黑色,有隆起的脉纹,无毛,顶端有喙。种子栗褐色,肾形,长约3mm。花期4~5月;果期6~7月。(图333)

【生长环境】栽培于较贫瘠的农田或地边。

【产地分布】山东境内的济南、临沂等地有栽培或逸生。在我国除山东外,还分布于云南、贵州、四川、湖南、湖北、江西、广东、福建、台湾、浙江、江苏、陕西等地。

【药用部位】全草:红花菜(紫云英);种子:紫云英子(草沙苑)。为民间药,嫩苗可食。

【采收加工】初夏采收全草,晒干或鲜用。夏季种子成熟时割下全株,晒干,打下种子。

【药材性状】种子长方肾形,两侧明显压扁,一侧凹入较深似钩状,长2.5~3.5mm,宽2~2.5mm。表面黄绿色或棕绿色,光滑。气微,味淡。气微,嚼之有豆腥味。

【化学成分】全草含黄酮类:槲皮苷,芹菜素,异鼠李素,木犀草素,刺槐素,山奈酚;还含胡芦巴碱(trigonelline),胆碱,腺嘌呤,组氨酸,精氨酸,丙二酸,刀豆氨酸(canavanine),ATP酶(ATPase)及多种维生素。叶含紫云英叶蛋白。花含紫云英苷。花粉含乳酸脱氢酶(lactate dehydrogenase),天冬氨酸转氨酶(aspartic transaminase),丙氨酸转氨酶(alanine transaminase),精氨酸酶(arginase),腺苷脱氨酶(adenosine deaminase)和碱性磷酸酯酶(alkphosphatase)及蛋白质。种子含刀豆胺(canavalmine),热精胺(thermospermine),精胺(spermine),亚精胺(spermidine),N^4-甲基热精胺(N^4-methylthermospermine),壳质酶(chintinase),β-谷甾醇及无机元素硒、锌、铜、铁、钼、钴、铅、镉等。

【功效主治】红花菜(紫云英)甘、辛,平。清热解毒,祛风明目,凉血止血。用于风痰咳嗽,咽喉肿痛,目赤,疔疮,缠腰丹毒,外伤出血,痔疮,月经不调,带下。紫云英子辛,凉。祛风明目。用于目赤肿痛。

【历史】紫云英始载于《救荒本草》,名布口袋,曰:"生田野中,苗踏地生。叶似泽漆叶而窄,其叶顺茎排生。稍头攒结三四角,中有子如黍粒大,微扁,味甜。"《植物名实图考》又名红花菜,云:"吴中谓之野蚕豆,江西种以肥田"。所述形态、用途及附图与紫云英相符。

【附注】江苏等部分地区将种子误作沙苑子用。

刀豆

【别名】刀豆荚、刀豆子。

【学名】Canavalia gladiata (Jacq.) DC. (*Dolichos gladiatus* Jacq.)

【植物形态】缠绕性草质藤本。茎枝光滑。羽状三出复叶;顶生小叶片阔卵形,长8~20cm,宽5~16cm,先端渐尖,基部宽楔形,两面无毛,侧生小叶偏斜;叶柄常较小叶片为短;小叶柄长7mm,被毛。总状花序腋生,花疏生于花序轴隆起的节上;花萼钟状二唇形,上唇大,2裂,下唇3裂,裂齿卵形,均无毛;花冠蝶形,白色或淡红色,长3~4cm,旗瓣宽椭圆形,翼瓣和龙骨瓣均弯曲;子房线形,有疏长硬毛。荚果带状,长达30cm。种子椭圆形或长椭圆形,长约3.5cm,宽约2cm,种皮红色或褐色,种脐约为种子全长的3/4。花、果期7~11月。(图334)

【生长环境】栽培于肥沃的土壤、墙边、篱笆或地堰上。

【产地分布】山东境内各地均有栽培。我国长江以南各地有野生或栽培。

【药用部位】种子:刀豆;老荚果壳:刀豆壳;嫩荚果:刀豆角;花:刀豆花;叶:刀豆叶;根:刀豆根。为少常用中药和民间药,刀豆及刀豆角药食两用,花可食用。

【采收加工】秋季采收成熟果实,晒干,剥取种子,分别

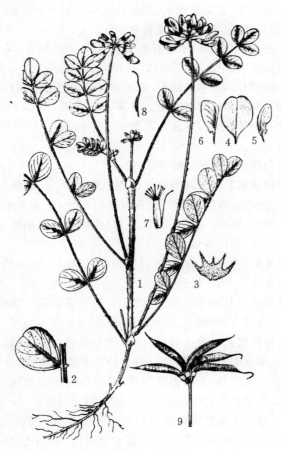

图333 紫云英
1.植株 2.小叶 3.花萼展开 4.旗瓣 5.翼瓣
6.龙骨瓣 7.雄蕊 8.雌蕊 9.荚果

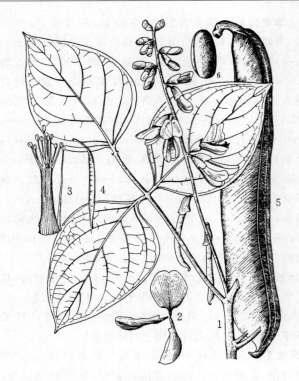

图334 刀豆
1.植株一部分 2.旗瓣、翼瓣、龙骨瓣
3.雄蕊 4.雌蕊 5.荚果 6.种子

晒干,收存。夏、秋季荚果幼嫩时采摘,鲜用;夏季茎叶茂盛时采叶或花,鲜用或晒干。

【药材性状】种子扁卵形或扁肾形,长2～3.5cm,宽1～2cm,厚0.5～1.5cm。表面淡红色至红紫色,少数黄褐色、类白色或紫黑色,略有光泽,微皱缩。边缘有眉状黑色种脐,长约2cm,宽约2mm,其上有类白色细纹3条;近种脐的一端有凹点状珠孔,另一端有深色的合点,合点与种脐间有隆起的种脊。质硬,难破碎。种皮革质,内表面棕绿色,平滑光亮;子叶黄白色,油润,胚根位于珠孔一端,歪向一侧。气微,味淡,嚼之有豆腥味。

以粒大、饱满、色淡红或红紫者为佳。

【化学成分】种子含刀豆氨酸(canavanine),刀豆四胺(canavalmine),γ-胍氧基丙胺(γ-guanidinooxypropyl-amine),氨丙基刀豆四胺(aminopropylcanavalmine),氨丁基刀豆四胺(aminobutylcanavalmine),没食子酸,没食子酸甲酯,1,6-二-O-没食子酰基-β-D-吡喃葡萄糖苷(1,6-di-O-galloyl-β-D-glucopyranoside),β-谷甾醇,羽扇豆醇,δ-生育酚(δ-tocopherol),刀豆球蛋白(concanavaline)A,凝集素,可溶性糖,类脂等。

【功效主治】刀豆甘,温。温中,下气,止呃。用于虚寒呃逆,呕吐。豆荚(刀豆壳)淡,平。益肾,温中,除湿。用于腰痛,呃逆,久痢,痹痛。刀豆角甘,温。温中下气,利肠胃,止吐。用于久痢,胃寒呃逆,瘰疬。刀豆根苦,温。祛风除湿,活血,行气,止痛。用于头风痛,疝气。刀豆叶用于痘疹。

【历史】刀豆始载于《酉阳杂俎》,名挟剑豆。《滇南本草》称刀豆。《本草纲目》云:"刀豆人多种之,三月下种,蔓生引一二丈,叶如豇豆叶而稍长大,五六七月开紫花如蛾形,结荚,长者近尺,微似皂荚,扁而剑背,三棱宛然。嫩时煮食……老则收子,子大如拇指头,淡红色。"所述形态与植物刀豆相似。

【附注】《中国药典》2010年版收载刀豆。

锦鸡儿

【别名】金雀花、铁扫帚、针扎(德州)。

【学名】Caragana sinica (Buchoz) Rehd.
(Robinia sinica Buchoz)

【植物形态】丛生灌木,高1～2m。小枝细长,有棱,深褐色,无毛。小叶2对,羽状排列,顶上1对较大,叶轴脱落或宿存,并硬化成针刺,长2～2.5cm;小叶片倒卵形或楔状倒卵形,长1～4cm,宽0.5～1.5cm,先端圆形或微凹,有时有小硬尖头,基部楔形,全缘,上面深绿色,有光泽,下面淡绿色,两面无毛,下面网脉明显;托叶硬化成刺,褐色,直或稍弯,长0.7～1.5cm。花单生,花梗长约1cm,中部有关节及苞片;花萼钟形,基部偏斜;花冠蝶形,黄色带红,凋谢时褐红色,长约3cm,旗瓣倒卵形,先端钝圆形,基部带红色,有短爪,翼瓣长圆形,龙骨瓣比翼瓣稍短。荚果长圆筒形,3～3.5cm,宽约5mm,光滑,褐色。花期4～5月;果期6～7月。(图335)

【生长环境】生于山坡灌丛中。

【产地分布】山东境内产于青岛、潍坊、济南、临沂、泰山、徂徕山、齐河等地。在我国除山东外,还分布于河南、河北、陕西、江苏、浙江、福建、江西、湖北、湖南、云南、贵州、四川等地。

【药用部位】根及根皮:锦鸡儿根(金雀根);花:锦鸡儿(金雀花)。为民间药。

【采收加工】春季采收开放的花,晒干或鲜用。春、秋二季挖根,洗净晒干,或剥取根皮,晒干。

【药材性状】根圆柱形,未去栓皮者褐色,有纵皱纹及稀疏不规则突起的横纹。除去栓皮者淡黄色,间有横裂痕。质坚韧,折断面纤维性,平整断面皮部淡黄色,木部淡黄棕色。气微,味微苦,嚼之有豆腥味。

根皮多呈卷筒状或块片状,长5～20cm,直径1～2cm,厚3～6mm。外表面栓皮多已除净,黄棕色,残存棕色横长皮孔痕,稀疏而明显。内表面浅棕色,有细纹。质较硬,折断面淡黄白色,纤维性,并有粉性。气微,味微苦。

花皱缩,为蝶形花。花萼钟状,基部有囊状凸起,

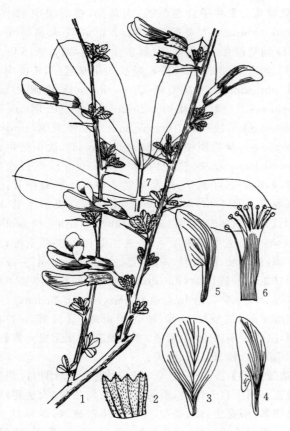

图335 锦鸡儿
1.花枝 2.花萼展开 3.旗瓣 4.翼瓣
5.龙骨瓣 6.雄蕊 7.小叶

萼齿5裂。花冠黄色或赭黄色，旗瓣狭倒卵形，基部粉红色，翼瓣先端圆钝，基部伸长呈短耳状，具长爪，龙骨瓣宽而钝，直立。二体雄蕊。气微，味淡。

以色新鲜、色黄红、无杂质者为佳。

【化学成分】根含二苯乙烯类：白藜芦醇，白藜芦醇葡萄糖苷[5-O-methyl-(E)-resveratrol-3-O-β-D-glucopyranoside]，carasiphenol A、B、C、D，stenophyllol B，carasinol A、B、C、D，leachianol C，caraganphenol A，银松素(pinosylvin)，caragagenin，caraganoide 等；黄酮类：三叶豆紫檀苷(trifolirhizin)，$5,7,2',4'$-四羟基二氢异黄酮，$4,2',4'$-三羟基查耳酮，$5,7,4'$-三羟基-$3,3'$-二甲氧基黄酮，$3,5,7,8,4'$-五羟基-$3'$-甲氧基黄酮，$7,3'$-二羟基-$6,4'$-二甲氧基异黄酮，$5,6$-二羟基-$7'$-甲氧基-$3',4'$-亚甲二氧基黄酮，异甘草素，$5'$-羟基-$3'$-甲氧基黄酮-7-O-β-D-吡喃葡萄糖苷，$7,5'$-二羟基-$3'$-甲氧基异黄酮-7-O-β-D-葡萄糖苷，刺槐素(acacetin)，高丽槐素[(-)-maackiain]，odoratin，dalbergioidin，$3,3'$-二甲氧基槲皮素，甘草素，1-propanone 等；皂苷类：刺楸根皂苷(kalopanaxsaponin) $F、F_1$，竹节人参皂苷(chikusetsu saponin) IV，锦鸡儿苷(caraganoside) A，雪胆苷(hemsloside) Ma_3，楤木皂苷(araloside) A，sigmoside D 等；甾体类：β-谷甾醇，胆甾醇，菜油甾醇，胡萝卜苷，β-谷甾醇-3-O-(6'-O-油酰)-β-D-吡喃葡萄糖苷[β-sitosteryl-3-O-(6'-O-oleoyl)-β-D-glucopyranoside]，6'-O-棕榈酰基-β-D-葡萄糖基谷甾醇(6'-O-palmitoyl-β-D-glucosyl sitosterol)，6'-O-硬脂酰-β-D-葡萄糖基谷甾醇(6'-O-stearoyl-β-D-glucosyl sitosterol)，7α-羟基-β-谷甾醇，7β-羟基-β-谷甾醇；还含7-甲基-1,4-萘醌-5-O-β-D-吡喃葡萄糖苷，齐墩果酸，furo(2,3-f)-1,3-benzodioxole 等。

地上部分含二苯乙烯类：carasiphenol A、B、C、D，caraphenol A、B，carasinol A、B，carasinaurone，(-)-ε-viniferin，(+)-α-viniferin，kobophenol A，miyabenol C，reveratrol，pallidol，白藜芦醇等；还含槲皮素，刺槐素，3,5-二羟基苯甲酸等。

【功效主治】锦鸡儿根(金雀根)甘、辛、微苦，平。补肾健脾，活血祛风，平肝。用于虚损，劳热咳嗽，肝阳上亢，白带血崩，月经不调，乳汁不足，遗精，骨节疼痛，坐骨神经痛，跌打损伤，水肿。锦鸡儿(金雀花)甘，微温。滋阴和血，健脾益肾，祛风止咳。用于头晕头痛，耳鸣眼花，肺虚久咳，小儿疳积。

【历史】锦鸡儿始载于《救荒本草》，又名坝齿花、酱瓣子，曰："生山野间……叶似枸杞子叶而小，每四叶攒生一处。枝梗亦似枸杞，有小刺，开黄花，状类鸟形，结小角儿，味甜。"《植物名实图考》名白心皮，曰："丛生，细茎，高尺余。附茎四叶攒生一处，叶小如鸡眼草叶，叶间密刺，长三四分。自根至梢，叶刺四叶抱生，无着手处。"所述形态与植物锦鸡儿一致。

附：小叶锦鸡儿

小叶锦鸡儿 C. microphylla Lam.，与锦鸡儿的主要区别是：羽状复叶，小叶5~10对，大小相等。产地及药用同锦鸡儿。根含花椒毒素，欧前胡素(imperatorin)，珊瑚菜内酯(phellopterin)，黄葵内酯(ambrettolide)，高丽槐树-3-O-α-D-吡喃葡萄糖苷，7-羟基-$3',4'$-二甲氧基异黄酮即赝靛黄素(pseudobaptigenin)，芒柄花素-7-O-β-D-吡喃葡萄糖苷，阿魏酸二十五烷酯，阿魏酸十七烷酯，阿魏酸，β-谷甾醇，β-谷甾醇-3-O-β-D-木糖苷，β-谷甾醇-3-O-β-D-吡喃葡萄糖苷等。

决明

【别名】草决明、决明子、羊角豆、假绿豆。

【学名】Cassia tora L.
[Senna tora (L.) Roxb.]

【植物形态】一年生亚灌木状草本，直立粗壮，高1~2m。叶长4~8cm；叶柄上无腺体；叶轴上每对小叶间有棒状腺体1枚；小叶3对，膜质，倒卵形或倒卵状矩圆形，长2~6cm，宽1.5~2.5cm，顶端圆钝而有小尖头，基部渐狭，偏斜，上面被稀疏柔毛，下面被柔毛；小叶柄长1.5～2mm；托叶线状，被柔毛，早落。花腋生，通常2朵聚生；总花梗长6～10mm；花梗长1～1.5cm，丝状；萼片稍不等大，卵形或卵状长圆形，膜质，外面被柔毛，长约8mm；花瓣黄色，下面二片略长，长12～15mm，宽5～7mm；能育雄蕊7枚，花药四方形，顶孔开裂，长约4mm，花丝短于花药；子房无柄，被白色柔毛。荚果纤细，近四棱形，两端渐尖，长达15cm，宽3～4mm，膜质；种子约25颗，菱形，光亮。花期6～9月，果期8～10月。（图336）

图336 决明
1.植株上部 2.花

【生长环境】生于山坡、河边、山脚荒地或路旁草丛。栽培于排水良好的土地。

【产地分布】山东境内各地有栽培，菏泽市东明县有逸生。在我国除山东外，还分布于长江流域以南各地。

【药用部位】种子：决明子；全草或叶：决明草（野花生）。为常用中药和民间药，决明子药食两用，嫩苗可食。

【采收加工】秋末荚果成熟变黄褐色时采收，将全株割下晒干，打下种子，去净杂质。夏、秋间采收全草或叶，晒干或鲜用。

【药材性状】种子略呈菱方形或短圆柱形，一端较钝圆，另一端斜尖，长3～7mm，宽2～4mm。表面绿棕色或暗棕色，平滑，有光泽，背腹面各有1条凸起的棱线，棱线两侧各有1条从脐点向合点斜向对称的浅棕色线形凹纹，宽0.3～0.5mm。质坚硬，不易破碎，横断面种皮薄，胚乳灰白色，半透明，子叶2，重迭，呈S形折曲。完整种子气微，破碎后有微弱豆腥气；味微苦，稍带黏性。

以颗粒饱满、色绿棕者为佳。

【化学成分】种子含蒽醌类：大黄酚，橙黄决明素（aurantioobtusin），大黄酚-8-甲醚，2-甲氧基-大黄酚-8-O-β-D-葡萄糖苷，大黄素，大黄素-1-甲醚，大黄素-6-O-龙胆二糖苷，1,2-二甲氧基-8-羟基-3-甲基蒽醌，美决明子素（obtusifolin），黄决明素（chrysoobtusin），决明素（obtusin），红镰玫素（rubrofusarin），决明子苷（cassiaside），决明酮（torachrysone），决明蒽酮（torosachrysone），异决明种内酯（isotoralactone），决明子内酯（cassialactone），决明种内酯（toralactone），芦荟大黄素，4,6,7-三羟基-芦荟大黄素-8-O-β-D-葡萄糖苷，大黄酚-9-蒽酮（chrysophanol-9-anthrone），决明子苷B、C，红镰玫素-6-O-龙胆二糖苷（rubrofusarin-6-O-gentiobioside），1-去甲基决明素，1-去甲基橙黄决明素等；脂肪油：棕榈酸，硬脂酸，油酸，亚油酸等；挥发油：主成分为二氢猕猴桃内酯（dihydroactinodiolide），2-羟基-4-甲氧基苯乙酮（2-hydroxy-4-methoxy-acetophenone），棕榈酸甲酯，油酸甲酯等；还含胆甾醇，豆甾醇，β-谷甾醇，决明子多糖，维生素A，多种氨基酸及无机元素锌、铜、钼、铁、镁、钙、钠、钾等。

【功效主治】决明子甘、苦、咸，微寒。清热明目，润肠通便。用于目赤涩痛，羞明多泪，头痛眩晕，大便秘结。
决明草（野花生）咸、微苦，平。祛风清热，解毒利湿，明目。用于外感风热，目赤红肿，黄疸，肾虚，带下，瘰疬，疮痈疖肿。

【历史】决明始载于《神农本草经》，列为上品。《本草经集注》曰："叶如茳芒，子形似马蹄，呼为马蹄决明"。《本草图经》曰："夏初生苗，高三四尺许。根带紫色，叶似苜蓿而大，七月有花黄白色，其子作穗如青绿豆而锐。"《本草纲目》曰："决明……入眼目药最良"。本草所载决明和马蹄决明的特征，与现今决明子原植物形态一致。

附：小决明

《中国药典》2010年版收载决明子，其来源包括了决明 Cassia obtusifolia L. 和小决明 Cassia tora L. 两个种。但《中国植物志》39卷、《中国高等植物图鉴》第二册等相关植物学专著仅记载了决明 Cassia tora L. 一个种，并将其作为中药决明子的来源，未见 Cassia obtusifolia L.。"Flora of China"10：32，2010 在收载 Cassia tora L. 时提到，朱相云等曾在"中国豆科植物，32，2007"中将 Senna obtusifolia 作为 Senna tora 的变种处理，即 Senna tora L. var. obtusifolia（Linnaeus）X. Y. Zhu。本志采纳《中国植物志》的分类，仅收载 Cassia tora L.。

本种在"Flora of China"10：32，2010. 的拉丁学名为 Senna tora（L.）Roxb.，本志将其列为异名。

槐叶决明

槐叶决明 Cassia sophera L.，又名茳芒决明。与本种的主要区别是：小叶 5~10 对，顶端急尖或短渐尖；荚果近圆筒形，长 5~10cm。全省各地有栽培。《山东省中药材标准》2002 年版收载其种子，称"望江南"，原植物中文名用茳芒决明，但与植物望江南 Cassia occidentalis L. 不同。种子含大黄素及其衍生物。

望江南

【别名】羊角豆、野扁豆、望江南子。

【学名】Cassia occidentalis L.
［Senna occidentalis（L.）Link］

【植物形态】灌木或亚灌木，直立或少分枝，高 1~2m。小枝有棱。叶互生，偶数羽状复叶；小叶 4~5 对，对生；小叶片卵形或卵状披针形，长 3~10cm，宽 1~3.5cm，先端渐尖，基部稍圆，稍偏斜，边缘有细毛；叶柄基部上方有 1 腺体；托叶膜质，脱落。伞房状总状花序腋生或顶生；萼筒短，裂片 5，不等大；花冠假蝶形，花瓣 5，黄色，长 1~1.2cm；雄蕊 10，上面 3 枚不育，无药，能育雄蕊 7，最下面的 2 枚花药较大。荚果呈带状镰形，扁平，长 10~13cm，宽约 1cm，沿缝线边缘增厚，中间棕色，边缘淡黄棕色，有横隔膜。种子 30~40 粒，卵形，稍扁，褐色。花期 4~8 月；果期 6~10 月。

【生长环境】生于山坡道旁、林缘或灌丛中。多为栽培。

【产地分布】山东境内全省各地有栽培。在我国分布于华东地区及广东、海南、广西、四川、贵州、云南等地。

【药用部位】种子：望江南子；茎叶：望江南；根：望江南根。为少常用中药和民间药。

【采收加工】秋季采收成熟果实，打下种子，晒干；少数地区用成熟果实。夏季采收茎叶，晒干或鲜用。秋季挖根，洗净，晒干。

【药材性状】种子扁卵形或扁桃形，直径 3~5mm，厚 1~2mm。表面深棕色或紫棕色，稍具光泽，一端渐尖，向一侧偏斜，具种脐，另一端微凹，中央凹陷，凹陷部位长圆形或圆形，边缘有白色网状或放射状条纹。质坚硬，难破碎。气微，味微苦。

以颗粒饱满、色深棕、味苦者为佳。

果实以荚果长大、完整、种子不脱落者为佳。

【化学成分】种子含大黄素甲醚，大黄素甲醚-1-O-β-D-葡萄糖苷，1,4,5-三羟基-3-甲基-7-甲氧基蒽醌（1,4,5-trihydroxy-3-methyl-7-methoxyanthraquinone），1,8-二羟基-2-甲基蒽醌，N-甲基吗啉（N-methylmorpholine），半乳甘露聚糖（galactomannan），β-谷甾醇及脂肪酸。果皮含芹菜素的碳-苷。根含大黄素，大黄酚，金钟柏醇（occidentalol）Ⅰ、Ⅱ，青霉抗菌素（pinselin），大黄素-8-甲醚（questin），计米大黄蒽酮（germichrysone），甲基计米决明蒽酮（methylgermitorosone），东非山扁豆醇（singueanol-Ⅰ）。叶含大黄酚，双蒽酮杂苷（dianthronic heteroside）等。花含大黄素甲醚，大黄素甲醚-1-O-β-D-葡萄糖苷，大黄素及 β-谷甾醇。

【功效主治】望江南子苦，平；有小毒。清热明目，健脾，润肠。用于肝阳上亢，肝热目赤，大便秘结，伤食胃痛，痢疾，哮喘，疟疾。望江南苦，寒；有小毒。清肺，利尿，通便，解毒消肿。用于咳嗽气喘，头痛目赤，小便血淋，大便秘结，痈肿疮毒，毒蛇咬伤。望江南根苦，寒。祛风除湿，止痛。用于风湿痛。

【历史】望江南始载于《救荒本草》，谓："其花名茶花儿，人家园圃中多种，苗高二尺许，茎微淡赤色，叶似槐叶而肥大微尖，又似胡苍耳叶颇大，及似皂角叶亦大，开五瓣金黄花，结角长三寸许，叶味微苦……今人多将其子作草决明代用。"其形态与植物望江南一致。

【附注】①本种在"Flora of China"10：30.2010. 的拉丁学名为 Senna occidentalis（L.）Link，本志将其列为异名。②《山东省中药材标准》2002 年版收载槐叶决明 Cassia sophera L. 的种子，称"望江南"，非本种，注意鉴别。

紫荆

【别名】满条红、紫花树、清明花、

【学名】Cercis chinensis Bge.

【植物形态】落叶灌木，单生或丛生，高 2~5m。小枝灰褐色，有皮孔。叶互生；叶片近圆形，长宽各 6~14cm，先端急尖，基部心形，两面无毛，叶脉于两面明显。花常先叶开放，嫩枝及幼株上的花与叶同时开放；4~10 余花簇生于老枝上；小花梗细柔，长 0.6~1.5cm；小苞片 2，长卵形；花萼红色；花冠假蝶形，紫红色，长 1.5~1.8cm。荚果狭披针形，扁平，长 5~14cm，宽 1.3~1.5cm，沿腹缝线有狭翅，不开裂，网脉明显。种子 2~8 粒，扁圆形，近黑色。花期 4~5 月；果期 5~7 月。（图 337）

【生长环境】生于低海拔的山坡溪畔、疏林或灌丛中。常栽培于公园、庭园及街道旁。

【产地分布】山东境内各地常见栽培。在我国除山东外，还分布于辽宁、河北、河南、陕西、甘肃、江苏、安徽、浙江、江西、福建、湖北、湖南、广东、广西、四川、贵州、云南等地。

【药用部位】花：紫荆花；树皮：紫荆皮；木：紫荆木；果实：紫荆果；根：紫荆根。为少常用中药和民间药。

【采收加工】春季采收初开的花，晒干。春、夏二季采剥树皮，晒干。夏季采摘成熟果实，晒干。全年采收木材，切片晒干。

【药材性状】花皱缩或破碎，长 1.5~1.8cm。花萼钟形，上缘有 5 钝齿，紫棕色，基部少见细花梗。花冠紫

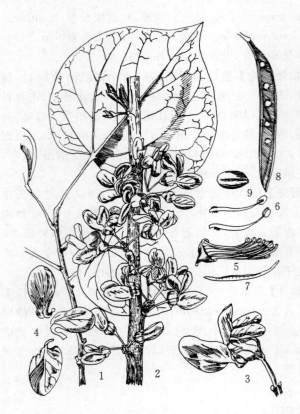

图337 紫荆
1.叶枝 2.花枝 3.花 4.旗瓣、翼瓣、龙骨瓣
5.花去花萼、花冠 6.雄蕊 7.雌蕊 8.荚果 9.种子

色或紫棕色,蝶形,5瓣,大小不一。雄蕊10枚,分离,基部附着于萼内,花丝细长。雌蕊1枚,子房光滑无毛,花柱上部弯曲,柱头短小,压扁状。气微,味微苦。

以干燥、无杂质、色紫红者为佳。

树皮长筒状或槽状块片,向内卷曲,长6~25cm,宽约3cm,厚3~6mm。外表面灰棕色至红棕色,有时附有白色斑纹,有突起的纵皱纹;内表面紫棕色,有细纵纹。质坚实,不易折断,断面灰红色,不平坦,有刺状物,对光照视可见细小亮星。无臭,味涩。

以条长、皮厚、质坚实、味涩者为佳。

【化学成分】花含黄酮类:阿福豆苷(afzelin),山柰酚,槲皮素-3-O-α-L-鼠李糖苷,杨梅素-3-O-α-L-鼠李糖苷;松醇(pinitol)等。树皮含挥发油:α-衣兰烯(α-ylangene),α-古云烯(α-gurjunene),衣兰油醇(muurol),库贝醇(cubenol),异龙脑,β-杜松烯等。地上部分含黄酮类:槲皮素,3-甲氧基槲皮素,槲皮苷,芦丁,儿茶素,teatannin,二氢洋槐黄素(dihydrorobinetin),二氢杨梅素,陆地棉苷(hirsutine),(+)-紫杉叶素[(+)taxifolin],柚皮素,5,7,4′,5′-四羟基二氢黄酮,(2R,3R)-3,5,7,3′,5′-五羟基黄烷,5,7,3′,5′-四羟基二氢黄酮,5,7,4′-三羟基黄酮-6-O-β-D-葡萄糖苷,芹菜素-6-C-葡萄糖苷等;氰苷类:lithospermoside,dasycarponin,menisdaurin等;二苯乙烯类:3-甲氧基-2-羟基-二苯乙烯,3-甲氧基-5-羟基二苯乙烯,3,5,3′,4′-四羟基二苯乙烯(piceatannol),trans-3,5,3′,4′-tetrahydroxy-4-methyl-stilbene等;二苯并[b,f]氧杂䓬类:6-methoxy-7-methyl-8-hydroxydibenz[b,f]oxepin,1,8-dimethoxy-6-hydroxy-7-methyldibenz[b,f]oxepin,pacharin,bauhiniastatin 4,1-hydroxy-6,8-dimethoxy-7-methyldibenz[b,f]oxepin等;还含都桷子苷(genifposide),无羁萜,胡萝卜苷,β-谷甾醇,蔗糖,葡萄糖等。

【功效主治】紫荆花苦,平。清热凉血,祛风解毒。用于风湿骨痛,鼻中疳疮。**紫荆皮**苦,平。活血通经,消肿解毒。用于风寒湿痹,经闭,血气疼痛,咽痛,淋疾,痈肿,疥癣,跌打损伤,蛇虫咬伤。**紫荆木**苦,平。活血,通淋。用于痛经,瘀血腹痛,淋证。**紫荆果**甘、微苦,平。止咳平喘,行气止痛。用于咳嗽多痰,久喘,心痛。**紫荆根**苦,平。破瘀活血,消痈解毒。用于月经不调,瘀滞腹痛,痈肿疮毒,痄腮。

【历史】紫荆始载于《开宝本草》,药用紫荆皮。《本草衍义》曰:"紫荆木,春开紫花甚细碎,共作朵生,出无常处,或生于木身之上,或附根土之下,直出,花罢叶出,光紧,微圆,园圃间多植之。"所述形态和《植物名实图考》附图与植物紫荆完全一致。但据考证,古代紫荆曾与马鞭草科紫珠属植物和千屈菜科植物紫薇有过混淆现象。

野百合

【别名】农吉利、羊屎蛋、倒挂野芝麻。

【学名】Crotalaria sessiliflora L.

【植物形态】一年生草本,高20~60cm。茎直立,茎、枝密生白色伏柔毛。叶互生;叶片条形或条状披针形,长3~8cm,宽0.3~1cm,先端锐尖或渐尖,基部楔形或近圆形,全缘,背面有平伏柔毛;叶柄极短,长约1mm;托叶小,刚毛状。总状花序顶生或腋生,有2~20花,排列紧密,花梗极短,结果时下垂;小苞片生于萼的基部,细小,密生柔毛;花萼二唇形,长约1~1.4cm,有棕黄色长粗毛;花冠蝶形,紫色或淡蓝色,与萼等长;雄蕊10,中部以下连合成一体,花药有长短二型。荚果短圆柱形,长1~1.2cm,外包宿存的花萼,下垂紧贴于枝。种子10~15粒,肾形,有光泽。花期8~9月;果期9~10月。(图338)

【生长环境】生于山坡草丛、农田旁及沟边。

【产地分布】山东境内产于青岛、烟台、威海、潍坊、济南、泰安、临沂及蒙山等地。在我国除山东外,还分布于东北、华北、华东、中南、西南等地区。

【药用部位】全草:农吉利。为少常用中药。

【采收加工】秋季果实成熟时采割地上部分,晒干或鲜用。

图338 野百合
1.植株上部 2.花 3.旗瓣 4.翼瓣 5.龙骨瓣
6.花萼展开 7.雄蕊 8.雌蕊 9.荚果 10.种子

【药材性状】全草皱缩。茎圆柱形,稍有分枝,长20～50cm;表面灰绿色,密被灰白色茸毛。叶互生,叶片皱缩;完整者展平后呈宽披针形或条形,暗绿色,全缘,下表面有丝状长毛。花萼5裂,外面密生棕黄色长毛。荚果短圆柱形,包于宿存花萼内,果壳灰褐色。种子肾状圆形,深棕色,有光泽。无臭,味淡。

以色绿、叶果多者为佳。

【化学成分】种子含农吉利甲素即野百合碱(monocrotaline),全缘千里光碱(integerrimine),毛束草碱(trichodesmine)等。全草含黄酮类:7,2′,4′-三羟基黄酮,7,4′-二羟基黄酮,牡荆素,异牡荆素,荭草素,异荭草素;氨基酸:天冬氨酸,谷氨酸,丙氨酸,苏氨酸,丝氨酸等;还含鞣质、黏液质等。

【功效主治】淡,平。散积消肿,滋阴益肾。用于癥瘕,耳鸣耳聋,头目眩晕。

【历史】野百合始载于《植物名实图考》,谓:"高不盈尺,圆茎直韧。叶如百合而细,面青,背微白。枝梢开花,先发长苞有黄毛,蒙茸下垂,苞坼花见,似豆花而深紫。俚医以治肺风"。所述形态与豆科植物野百合相似。

【附注】《山东省中药材标准》2002年版附录收载。

黄檀

【别名】山檀子(平邑)、檀树、檀根。

【学名】Dalbergia hupeana Hance

【植物形态】落叶乔木,高10～17m。树皮灰黑色,呈薄片状剥落,小枝无毛或稀被毛,皮孔长圆形,白色;冬芽近球形。奇数羽状复叶,小叶9～11;小叶片长圆形或阔椭圆形,长3～5.5cm,宽1.5～3cm,先端钝,微缺,基部圆形,下面被平伏柔毛;叶轴与小叶柄有白色平伏柔毛;托叶早落。圆锥花序顶生或生于上部叶腋间,花梗有锈色疏毛;花萼钟状,萼齿5,不等长,最下面1个披针形,较长,上面2个宽卵形,较短,有锈色柔毛;花冠蝶形,淡黄白色,均具爪,旗瓣圆形,先端微缺;雄蕊连合成(5)+(5)二体。荚果长圆形,扁平,长3～7cm。种子1～3粒。花期5～6月;果期9～10月。(图339)

图339 黄檀
1.果枝 2.花 3.花冠平展 4.雄蕊和雌蕊
5.种子 6.小叶先端

【生长环境】生于山谷杂木林或山沟溪边。

【产地分布】山东境内产于胶东丘陵、沂蒙山区及枣庄等地。在我国除山东外,还分布于江苏、浙江、江西、福建、河南、安徽、湖北、湖南、广东、广西、贵州、四川等地。

【药用部位】根及根皮：黄檀根；叶：黄檀叶。为民间药。

【采收加工】夏季采叶，晒干或鲜用。秋、冬二季采根或根皮，除去泥土，晒干。

【化学成分】树皮含黄酮类：右旋来欧卡品（leiocarpin），左旋来欧辛（leiocin），芹菜素，异鼠李素；三萜皂苷：槐花皂苷（kaikasaponin）Ⅲ，3β,22β-二羟基-12-齐墩果烯-29-酸-3-O-α-L-鼠李糖基-(1→2)-β-D-半乳糖基-(1→2)-β-D-葡萄糖醛酸苷[3β,22β-dihydroxyolean-12-en-29-oic acid-3-O-α-L-rhamnosyl-(1→2)-β-D-galactosyl-(1→2)-β-D-glucuronosiduronic acid]及鞣质等。根皮含蒲公英赛醇，蒲公英赛酮，蒲公英赛醇乙酸酯（taraxeryl acetate），无羁萜酮（friedelin）等。种子含脂肪油。

【功效主治】黄檀根苦、辛，平；有小毒。清热解毒，止血消肿，杀虫。用于痢疾泄泻，疔疮肿毒，咳血，跌打肿痛，毒蛇咬伤。黄檀叶辛、苦，平；有小毒。清热解毒，活血消肿。外用于跌打损伤，痈疽疮毒。

【历史】黄檀始载于《本草拾遗》，又名檀、水檀，曰："檀似秦皮，其叶堪为饮。又有一种叶如檀，高五六尺。生高原，四月开花正紫，亦名檀树，其根如菖。"《本草图经》云："江淮、河朔山中皆有之。亦檀香类，但不香尔。"《本草纲目》载："檀有黄、白二种，叶皆如槐，皮青而泽，肌细而腻，体重而坚，状与梓榆、荚蒾相似。"所述形态及附图与植物黄檀相似。

山皂荚

【别名】野皂荚、皂角板、皂角刺。

【学名】Gleditsia japonica Miq.

【植物形态】落叶乔木，高达14m。小枝紫褐色，脱皮后灰绿色；刺基部扁圆，中上部扁平，常分枝，黑棕色或深紫色，长2～16cm，基部直径达1cm，且多密集。叶为一回或二回羽状复叶，长11～25cm，一回羽状复叶常簇生；小叶3～11对，互生或近对生；小叶片卵状长圆形至长圆形，长2～6cm，宽1～4cm，先端圆钝或微凹，基部阔楔形至圆形，稍偏斜，边缘有细锯齿，稀全缘，两面疏生柔毛，以中脉处较多；二回羽状复叶具2～6对羽片；小叶3～10对，小叶片卵形或卵状长圆形，长约1cm。雌、雄异株；雄花成细长的总状花序，花萼和花瓣均为4，花冠假蝶形，黄绿色，雄蕊8；雌花成穗状花序，花萼和花瓣同雄花，有退化雄蕊，子房有柄。荚果带状，长20～36cm，宽约3cm，棕黑色，常不规则扭转或弯曲成镰刀状，先端有0.5～1.5cm长的喙，果颈长1.5～3.5cm，果瓣革质，棕色或棕黑色，常见泡状隆起，有光泽。种子多数，椭圆形，长约1cm，宽5～7mm，深棕色，光滑。花期5～6月；果期6～10月。（图340）

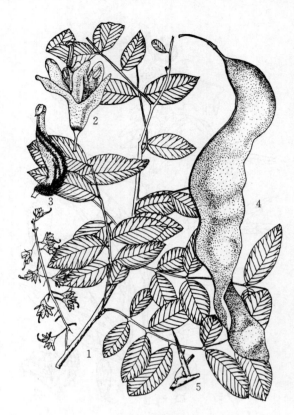

图340　山皂荚
1.花枝　2.花　3.雌蕊　4.荚果　5.枝刺

【生长环境】生于山坡、路旁、溪边。

【产地分布】山东境内产于青岛、烟台、临沂、泰安等山地丘陵。在我国除山东外，还分布于吉林、辽宁、河北、山西、河南、江苏、浙江、安徽等地。

【药用部位】荚果：山皂角；枝刺：山皂角刺。为民间药。

【采收加工】秋季采摘成熟荚果，晒干。全年采刺，晒干或切片晒干。

【化学成分】荚果含皂荚皂苷（gleditschia saponin）。种子脂肪油含亚油酸，油酸，棕榈酸及花生烯酸等；组成蛋白质的主要氨基酸为谷氨酸，精氨酸，赖氨酸，异亮氨酸和丙氨酸等。全株含三刺皂角碱（triacanthin）等。

【功效主治】山皂角刺辛，温。活血祛瘀，消肿溃脓，下乳。用于瘰疬，乳痈，恶疮，痈肿。山皂角辛、温，有小毒。祛痰开窍。用于中风，痫症，痰涎涌盛，痰多咳喘。

皂荚

【别名】皂角、小皂角（邹县）、猪牙皂、皂角板刺（烟台）、大皂角。

【学名】Gleditsia sinensis Lam.
（G. officinalis Hemsl.）

【植物形态】落叶乔木或小乔木，高达30m。树皮暗灰或灰黑色，粗糙；刺粗壮，圆柱形，常分枝，多呈圆锥状，长达16cm。叶为一回羽状复叶,幼树及萌芽枝有二回羽状复叶;小叶3～9对,互生;小叶片卵状披针形至长圆形,长2～8cm,宽1～4cm,先端钝圆,有小尖头,基部稍偏斜,圆形或楔形,边缘有锯齿,上面有短柔毛,下面中脉上稍有柔毛;叶轴及小叶柄密生柔毛。花杂性,总状花序,腋生或顶生;花序轴、花梗有密毛;雄花直径约1cm,深棕色;花萼钟状,4裂,三角状披针形,外面有毛;花冠假蝶形,花瓣4,白色;雄蕊6～8;退化雌蕊长2.5mm;两性花直径1～1.2cm,花萼花瓣与雄性花相似,子房长条形,柱头浅2裂;胚珠多数。荚果带状,长5～35cm,宽2～4cm,劲直或弯曲,果肉稍厚,两面臌起,果瓣革质,棕褐色或红棕色,常被白色粉霜。种子多枚,长圆形或椭圆形,长1.1～1.3cm,宽8～9mm,棕色,光亮;或有的荚果短小,多少呈柱形,长5～13cm,宽1～1.5cm,弯曲似新月形,通常称猪牙皂,内无种子。花期4～5月;果期10月。(图341,彩图39)

【生长环境】生于路旁、沟旁、宅旁或山坡向阳处。或栽培。

【产地分布】猪牙皂主产邹城、济宁;大皂荚和皂荚刺产于全省各地。山东"邹城柳下邑猪牙皂"已注册国家地理标志产品。在我国除山东外,还分布于辽宁、河北、山西、陕西、甘肃、江苏、浙江、安徽、河南、福建、广东、广西、贵州、云南、四川等地。猪牙皂还产于四川、贵州、陕西、河南等地。

【药用部位】不育荚果:猪牙皂;荚果:大皂角;枝刺:皂角刺;种子:皂角子;叶:皂角叶;树皮:皂角木皮。为较常用中药和民间药。猪牙皂、皂角刺为山东著名道地药材。

【采收加工】秋季采摘不育荚果和成熟荚果,晒干。将荚果晒干,剥出种子。全年采收枝刺,晒干或趁鲜切片后晒干。春季采叶,晒干。秋、冬二季采剥树皮或根皮,切片晒干。

【药材性状】不育荚果圆柱形,略扁而弯曲,长5～11cm,宽0.7～1.5cm。表面紫褐色或紫棕色,被灰白色蜡质粉霜,擦去后有光泽,并具细小疣状突起或线状及网状裂纹。顶端有鸟喙状花柱残基,基部有果梗痕。质硬脆,断面棕黄色,外果皮革质,中果皮纤维性,内果皮粉性;中间疏松,有淡绿色或淡棕黄色丝状物;纵向剖开可见整齐的凹窝,偶有发育不全的种子。气微,有刺激性,粉末能催嚏;味先甜而后辣。

以个小饱满、色紫褐、有光泽、肉多而粘、断面色淡绿、刺激性强者为佳。

荚果扁长剑鞘状,略弯曲,长15～35cm,宽约4cm,厚1～1.5cm;表面红褐色或紫褐色,被灰色粉霜,擦后有光泽,种子所在处隆起;两端略尖,基部渐狭而略弯,有短果柄或果柄痕,两侧有明显的纵棱线;质硬,摇之有响声,剖开后,断面黄色,纤维性。种子多数,扁椭圆形;黄棕色,光滑。气特异,有强烈刺激性,粉末嗅之有催嚏性,味辛辣。

以肥厚、色紫褐、质硬、味辛辣、刺激性强者为佳。

枝刺分主刺和1～2次分枝的棘刺两部分。主刺长3～15cm,直径0.3～1cm;分枝刺长1～6cm,刺端锐尖。表面紫棕色或棕褐色。体轻,质坚硬,不易折断。切片厚1～3mm,常带有尖细的刺端;木部黄白色,髓部疏松,淡红棕色;质脆,易折断。无臭,味淡。

以干燥、无枝条、色紫棕者为佳。

种子略呈卵圆形或不规则椭圆形而稍扁,长1～1.3cm,宽6～8mm,厚4～7mm。表面棕黄色,平滑而有光泽,具不甚显著的横裂纹;较狭的一端有微凹的点状种脐。种皮革质,用水浸软,剥开后可见半透明带黏性的胚乳包围着胚,子叶2,鲜黄色,基部有歪向一侧的胚根。质坚硬,难剖开。气无,味淡。

【化学成分】荚果含皂荚苷(gledinin),皂荚皂苷(gleditsia saponin),蜡醇,二十九烷,正二十七烷,豆甾醇,谷甾醇及无机元素铁、锌、铜、锰等。由荚果皮水解物中得到两种皂苷元:3-羟基-12-齐墩果烯-28-酸,3,16-二羟基-12-齐墩果烯-28-酸。**种子**含蛋白质,半乳糖甘露聚糖和皂荚胶。**刺**含三萜类:白桦脂酸,alphitolic acid, 3β-O-trans-p-coumaroyl alphitolic acid, 3β-O-trans-p-caffeoyl alphitolic acid, zizyberanalic acid, 刺囊酸(echinocystic acid),皂荚皂苷C等;黄酮类:牡荆素,(+)-儿茶素,表儿茶素,2S,3R-5,7,3′,4′-四羟基二氢黄酮醇即二氢槲皮素,二氢山柰酚,北美圣草素,槲皮

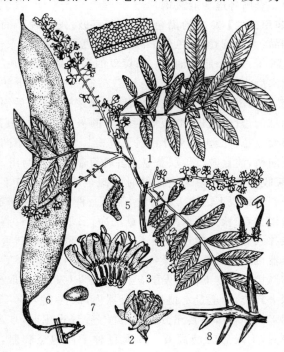

图341 皂荚
1. 花枝 2. 花 3. 花展开 4. 雄蕊
5. 雌蕊 6. 荚果 7. 种子 8. 枝刺

素,3,5,7,3′,5′-五羟基二氢黄酮醇等;还含没食子酸乙酯,咖啡酸,3-O-甲基鞣花酸-4′-(5″-乙酰基)-α-L-阿拉伯糖苷等。**叶**含木犀草素-7-O-β-D-葡萄糖苷,异槲皮苷,牡荆素,异牡荆素,荭草素和异荭草素。种子内胚乳含由半乳糖与甘露糖按摩尔比1∶3.9~4.0组成的多糖。

【功效主治】**猪牙皂**辛、咸,温;有小毒。祛痰开窍,散结消肿。用于中风口噤,昏迷不醒,癫痫痰盛,关窍不通,喉痹痰阻,顽痰咳喘,咯痰不爽,大便秘结,痈肿。**大皂角**辛、咸,温;有小毒。祛痰开窍,散结消肿。用于中风口噤,昏迷不醒,癫痫痰盛,关窍不通,喉痹痰阻,顽痰喘咳,咳痰不爽,大便燥结;外治痈肿;孕妇及咯血、吐血患者禁用。**皂角子**辛,温;有毒。润燥通便,祛风消肿。用于大便秘结,肠风下血,下痢,疝气,瘰疬,肿毒,疮癣。**皂角叶**用于风热疮癣,毛发不生。**皂角木皮**用于瘰疬,无名肿毒,风湿骨痛,疥癣,恶疮。**皂角刺**辛,温。消肿托毒,排脓,杀虫。用于痈疽初起或脓成不溃;外治疥癣麻风。

【历史】皂荚始载于《神农本草经》,列为下品。《名医别录》云:"生雍州川谷及鲁邹县(山东邹城),如猪牙者良。"《本草图经》曰:"今医家作疏风气丸,煎,多用长皂荚;治齿及取积药,多用猪牙皂荚"。《本草纲目》谓:"皂树高大。叶如槐叶,瘦长而尖。枝间多刺……结实有三种,一种小如猪牙;一种长而肥厚,多脂而黏;一种长而瘦薄,枯燥不黏,以多脂者为佳。"所述形态与现今皂荚一致,其猪牙皂荚即猪牙皂,古今山东邹城为道地产地。

【附注】《中国药典》2010年版收载猪牙皂、皂刺和大皂角,后者为新增品种;《山东省中药材标准》2002年版收载大皂角和皂角子。

大豆

【别名】黄豆、淡豆豉、大豆豉、黑豆。

【学名】Glycine max (L.) Merr.
(Phaseolus max L.)

【植物形态】一年生草本,高30~90cm。茎粗壮,通常直立,或上部近缠绕状,全株密生褐色长硬毛。羽状三出复叶;顶生小叶片卵形或菱状卵形,两面有白色长柔毛;侧生小叶较小,斜卵形;叶柄长达12cm;托叶、小托叶、叶轴及小叶柄均被黄色长柔毛。总状花序腋生;花萼钟状,被黄色长硬毛,萼齿披针形,下面1萼齿最长;花冠蝶形,白色至淡紫色,旗瓣倒卵状近圆形,翼瓣篦状,龙骨瓣倒卵形,雄蕊二体;子房有毛。荚果肥大,长圆形,略弯,下垂,黄绿色,密生黄色长硬毛,在种子间缢缩,种子2~5粒。种子椭圆形、近圆形、卵圆形至长圆形,长约1cm,种皮光滑,淡绿色、黄色、褐色或黑色等,种脐明显,椭圆形。花期6~8月;果期8~9月。(图342)

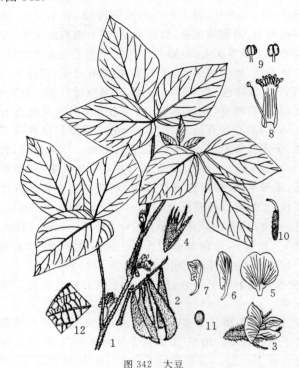

图342 大豆
1.植株上部 2.荚果 3.花 4.花萼 5.旗瓣 6.翼瓣 7.龙骨瓣 8.雄蕊 9.雄蕊背腹面 10.雌蕊 11.种子 12.小叶(部分)

【生长环境】栽培于排水良好、肥沃的土壤中。

【产地分布】山东境内各地广泛栽培,已有数千年历史。全国各地普遍栽培。

【药用部位】发酵的黑色种子:淡豆豉;发芽种子的炮制品:大豆黄卷;黑色种子:黑豆;黑色种皮:黑豆衣;黄色种子:黄豆;脂肪油:豆油;黄豆的加工品:豆腐;豆浆煮沸后,表面结成的薄膜:豆腐皮;制豆腐时压下的水液:豆腐泔水;豆子制成的浆汁:豆腐浆;煮豆浆后锅上黏结的焦巴:腐巴;制豆腐时剩下的渣滓:豆腐渣;花:黑大豆花;叶:黑大豆叶;根:大豆根。为较常用中药和民间药,淡豆豉、黑豆、黄豆及各种豆制品药食两用。

【采收加工】秋季果实成熟时采割全株,晒干,打下种子。收集脱下的黑大豆种皮,晒干。种子榨取脂肪油,备用。春、秋二季取黑色大豆洗净,另取桑叶、青蒿煎液拌入豆中,待吸尽后置蒸笼内蒸透,取出稍晾,再置容器内,用煎煮过的桑叶、青蒿覆盖,在25~28℃和80%相对湿度下使其发酵,至长满黄花(发酵)时取出,除去药渣,加适量水搅拌,置容器内,保持50~60℃再闷15~20日,待其充分发酵,并有香气逸出时,取出,略蒸,干燥后为淡豆豉。取大豆种子浸泡至膨胀,捞出,置于干净容器中,用湿麻包覆盖,每日水冲淋,待芽长至0.5~1cm时,蒸熟,晒干,为大豆黄卷。黄大豆经水泡膨胀,带水磨碎,滤除渣滓,浆汁煮沸,即成豆腐浆；表面凝结成薄膜为豆腐皮；趁热点以盐卤水或石膏，即凝成豆腐花，用布包裹，压去部分水分（豆腐泔水），即成豆腐；收集煮豆浆后锅上黏结的焦巴。夏季采收叶、花晒干或鲜用。秋季挖根，洗净，晒干。

【药材性状】发酵种子椭圆形，略扁，长0.6～1cm，直径5～7mm。表面黑色，皱缩不平，无光泽，常附有类白色膜状物，一侧有棕色条状种脐，珠孔不明显。子叶2，肥厚。质柔软，断面棕黑色。气香，味微甜。

以粒大饱满、色黑质柔、附有膜状物、气香者为佳。

发芽种子椭圆形，稍扁，长0.6～1.4cm，直径5～8mm。表面灰黄色、黑褐色或紫褐色，光亮，有横向皱纹。一侧有黄色长圆形种脐，长2～3mm。种皮常开裂、破碎或脱落。子叶2，肥厚，淡黄色或棕黄色，胚根细长，弯曲，长约1cm，伸出种皮外；质脆易断。少数未发芽的种子，种皮完整。气微，味淡，有油腻感。

以颗粒饱满、色灰黄、显皱纹、具短芽者为佳。

黑色种子椭圆形或肾形，稍扁，长0.6～1cm，宽约6mm，厚约4mm。表面黑色，平滑，有细皱纹，微具光泽。两端钝圆，一侧微凹处有凸起的长圆形种脐。种皮破开后有黄绿色子叶2枚，肥厚。质坚硬，气微，嚼之有豆腥味。

以颗粒饱满、色黑者为佳。

黑色种皮呈不规则卷曲薄碎片。外表面黑色光滑，较大的碎片上可见长圆形种脐；内表面浅灰黄色至灰棕色，平滑。体轻，质脆。气微，味淡。

以完整、无杂质、外表面色黑者为佳。

【化学成分】种子富含蛋白质，脂肪；黄酮类：大豆苷（daidzin），染料木苷（genistin），染料木素（genistein），大豆素（daidzein，大豆苷元），黄豆黄素（glycitein）；三萜类：大豆皂苷（soyasaponins），大豆皂醇（soyasapogenol）A、B、C、D、E；大豆低聚糖：由蔗糖、棉子糖和水苏糖组成；还含胡萝卜素，维生素B_1、B_2、B_{12}，烟酸，叶酸，胆碱等。胚芽含异黄酮，皂苷，油含亚麻酸，磷脂，生育酚，β-谷甾醇等。种子油主含硬脂酸，棕榈酸，亚油酸，油酸和亚麻酸；还含磷脂，β-谷甾醇，豆甾醇，菜油甾醇，β-胡萝卜素，维生素E，环木菠萝烯醇（cycloartenol）和角鲨烯。黑色种皮含矢车菊素，飞燕草素-3-O-葡萄糖苷（delphinidin-3-glucoside），乙酰丙酸（levulinic acid）等。茎含三萜类：蒲公英萜醇，大豆皂醇B（soyasapogenol B），大豆皂苷 I；黄酮类：芒柄花素，芹菜素，大豆素，7,4'-二羟基黄酮，大豆苷，染料木苷；还含尿囊素，大豆鞘脂（soyasphingosine）A、B 及正三十四烷酸。叶含黄酮类：阿夫罗摩辛（afrormosin），大豆素，多花紫藤苷（wistin），染料木苷，芹菜素；三萜皂苷：大豆皂苷 I、III，3-O-[α-L-吡喃鼠李糖(1→2)-β-D-吡喃葡萄糖(1→4)-β-D-吡喃葡萄糖醛酸]大豆皂醇B 等。

【功效主治】大豆黄卷甘，平。解表祛暑，清热利湿。用于暑湿感冒，湿温初起，发热汗少，胸闷脘痞，肢体酸重，小便不利。淡豆豉苦，寒。解表，除烦。用于外感头痛，恶寒发热，胸闷欲吐，心烦郁闷，失眠。黑豆甘，平。益精明目，养血祛风，利水，解毒。用于阴虚烦渴，头晕目昏，体虚多汗，肾虚腰痛，水肿尿少，痹痛拘挛，手足麻木，食药中毒。黑豆衣甘，凉。养血疏风，解毒利尿。用于阴虚烦热，盗汗，眩晕，头痛，肾虚水肿。黄豆甘，平。健脾消食，利水，补虚。用于食积泻痢，腹胀食呆，疮痈肿毒，脾虚水肿，外伤出血。豆油辛、甘，温。润肠通便，驱虫解毒。用于肠虫梗阻，大便秘结，疥癣。豆腐甘，凉。泻火解毒，生津润燥，和中益气。用于目赤肿痛，肺热咳嗽，消渴，脾虚腹胀。豆腐皮甘、淡，平。清热化痰，解毒止痒。用于肺寒久嗽，自汗，脓疱疮。豆腐泔水甘、微苦，凉。通利二便，敛疮解毒，消肿止痛。用于大便秘结，小便淋涩，臁疮，鹅掌风，恶疮，跌打肿痛。豆腐浆甘，平。清肺化痰，润燥通便，利尿解毒。用于虚劳咳嗽，痰火哮喘，肺痈，湿热黄疸，血崩，大便秘结，小便淋浊，食物中毒。腐巴苦、甘，凉。健胃消滞，清热通淋。用于反胃，痢疾，肠风下血，带下，淋浊。豆腐渣甘、微苦，平。凉血，解毒。用于肠风便血，无名肿毒，疮疡湿烂，臁疮不愈。黑大豆花苦、微甘，凉。明目去翳。用于翳膜遮睛。黑大豆叶甘，平。利尿通淋，凉血解毒。用于热淋，血淋，蛇咬伤。大豆根甘，平。利水消肿。用于水肿。

【历史】大豆始载于《神农本草经》。《名医别录》云："生泰山平泽。"《本草图经》载黑大豆，云："大豆有黑白二种，黑者入药，白者不用。"《本草纲目》云："大豆有黑、白、黄、褐、青、斑数色。黑者名乌豆，可入药，及充食，作豉。黄者可作腐、榨油、造酱，余但可作腐及炒食而已。皆以夏至前后下种，苗高三四尺，叶团有尖，秋开小白花成丛，结荚长寸余，经霜乃枯。"所述形态与现今大豆相符。《伤寒论》载有香豉，《本草经集注》云："豉，食中之常用，春夏天气不和，蒸炒以酒渍服之，至佳。"《本草纲目》云："豉，诸大豆皆可为之，以黑豆者入药。"此外，发芽种子、黑豆皮、脂肪油、豆腐、叶、花等均有入药记载。

【附注】《中国药典》2010年版、《山东省中药材标准》2002年版收载大豆黄卷和黑豆。

野大豆

【别名】野料豆、野豆子。

【学名】Glycine soja Sieb. et Zucc.

【植物形态】一年生缠绕草本，长1～4m。茎细瘦，全株疏生黄色硬毛。羽状三出复叶；顶生小叶片卵状披针形，长1.5～5cm，宽1～2.5cm，先端急尖或钝，基部圆形，全缘，两面有长硬毛，侧生小叶斜卵状披针形，叶薄纸质；托叶卵状披针形，小托叶狭披针形，有毛。总状花序腋生；花梗密生黄色长硬毛；花萼钟状，萼齿5，上唇2齿合生，有黄色硬毛；花冠蝶形，紫红色或白色，长约4mm，旗瓣近圆形，先端微凹，基部有短爪，翼瓣斜倒卵形，有明显的耳和爪，龙骨瓣短小。荚果长圆形或镰刀形，稍扁，长1.7～2.3cm，宽4～5mm，含种子2～4粒。种子椭圆形，黑色，长2.5～4mm，宽1.8～2.5mm。花期6～7月；果期8～9月。（图343，彩图40）

图343 野大豆
1.植株上部 2.花 3.花萼展开 4.旗瓣、翼瓣、龙骨瓣
5.雄蕊 6.雌蕊 7.荚果 8.荚果开裂 9.种子

【生长环境】生于潮湿的河岸、草地、灌丛或沼泽地，国家Ⅱ级保护植物。
【产地分布】山东境内产于各地。在我国除山东外，还分布于东北、华北、华东、中南地区及内蒙古等地。
【药用部位】种子：野料豆（稆豆）；茎藤：野大豆藤。为民间药，野料豆可食。
【采收加工】夏季茎藤茂盛时采收，晒干或鲜用。秋季果实成熟时采割全株，晒干，打下种子。
【化学成分】种子富含蛋白质；黄酮类：大豆素，大豆苷，染料木苷等；种子油主含亚油酸、油酸和亚麻酸；还含酪氨酸、天门冬氨酸、谷氨酸、色氨酸、苏氨酸、胱氨酸等17种氨基酸及无机元素锌、铜等。
【功效主治】野料豆（稆豆）甘，凉。补益肝肾，祛风解毒。用于阴亏目昏，肾虚腰痛，盗汗，筋骨痛，产后风痉，小儿疳积，痈肿。野大豆藤甘，凉。清热敛汗，舒筋止痛。用于自汗，盗汗，劳伤筋痛，胃脘疼痛，无名肿毒，小儿疳积，蜂蟹害。
【历史】野大豆始载于《本草拾遗》，名穞豆或稆豆，云："生田野，小而黑，堪作酱。"《日用本草》云："稆豆即黑豆中最细者。"《本草纲目》云："此即黑小豆也。小科细粒，霜后乃熟。"《救荒本草》云："生平野中，北土处处有之。茎蔓延附草木上，叶似黑豆叶而窄小微尖，开淡粉紫花，结小角，其豆似黑豆形，极小。"所述形态与豆科植物野大豆相符。

刺果甘草

【别名】臭稞棵子（淄博）、野大棵（孤岛、沾化）、奶椎、狗甘草。
【学名】Glycyrrhiza pallidiflora Maxim.
【植物形态】多年生草本，高达1m。茎直立，基部木质化，有鳞片状腺体。奇数羽状复叶，长8～20cm，小叶9～15；小叶片椭圆形、菱状椭圆形或椭圆状披针形，长2～5cm，宽1～2cm，先端渐尖，基部楔形，全缘，两面有腺点；托叶披针形或长三角形，渐尖，长0.6～1.3cm。总状花序腋生，密集成长圆形；花萼钟状，萼齿5，其中2萼齿较短；花冠蝶形，淡蓝紫色，长7～9mm，旗瓣长圆状卵形或近椭圆形，翼瓣半月形弯曲，龙骨瓣近椭圆形；子房有毛。荚果卵形或椭圆形，长1.1～1.5cm，宽6～7mm，密生长刺，刺长3～5mm，通常含种子2粒，多个荚果密集成椭圆形或长圆状果序。花期6～7月；果期7～8月。（图344）
【生长环境】生于较潮湿的河谷、草地、田边或路旁。
【产地分布】山东境内产于孤岛、菏泽、淄博等地。在我国除山东外，还分布于东北、西北地区及河南、江苏、内蒙古等地。
【药用部位】果实：奶椎（狗甘草）；根：刺果甘草根（狗甘草根）。为民间药。
【采收加工】春、秋二季挖根，除去须根，晒干。秋季采摘成熟果实，晒干。
【药材性状】根圆柱形，头部有分枝，长0.2～1m，直径0.3～1.5cm。表面灰黄色至灰褐色，有不规则扭曲的纵皱纹及横长皮孔。质坚硬，难折断，断面纤维性，显粉性，皮部灰白色，占断面的1/5～1/4，木部淡黄色，有放射纹理。根茎有芽或芽痕，断面中心有髓。气微，味苦涩，嚼之微有豆腥味。
【化学成分】根及根茎含皂苷及皂苷元：刺果甘草酸（glypallidifloric acid），刺果甘草素（pallidiflorin），刺果酸甲酯（pallidifloric acid methylester），马其顿甘草酸（macedonic acid），三萜皂苷（triterpenoid saponins）A、B，大豆皂醇B，白桦脂酸；黄酮类：刺果甘草查尔酮

图 344 刺果甘草

(glypallichalcone),刺芒柄花素,高紫檀酚(homopterocarpin),美迪紫檀素(medicarpin),后莫紫檀素,7,4′-二羟基-6,8-二异戊烯基二氢黄酮(7,4′-dihydroxy-6,8-diisopentenyl dihydroflavone),毛蕊异黄酮,异甘草素(isoliquiritigenin),7,4′-二羟基黄酮,4′,7-二甲氧基异黄酮等;还含 N-乙酰谷氨酸(N-acetylglutamic acid),豆甾-3,6-二酮,胡萝卜苷,亚油酸乙酯,十六酸乙酯等。叶含 5-(2-丙烯基)-1,3-苯并间二氧杂环戊烯[5-(2-propenyl)-1,3-benzodioxole],3,7-二甲基-1,6-辛二烯-3-醇(3,7-dimethyl-1,6-octadien-3-ol)等。

【功效主治】刺果甘草根(狗甘草根)甘、辛,微温。杀虫,镇咳。用于百日咳,滴虫病。奶椎(狗甘草)甘、辛,微温。催乳,清热。用于乳汁缺少。

甘草

【别名】甜草、蜜草。
【学名】Glycyrrhiza uralensis Fisch.
【植物形态】多年生草本。根茎横走,圆柱形。主根圆柱形,粗而长,长 1~2m,或更长,根皮红褐色或暗褐色,横断面黄色,味甜。茎直立,基部木质化,高 0.3~1m,多分枝,全株有白色短毛和鳞片状、点状或刺毛状腺体。奇数羽状复叶,长 8~20cm,小叶 7~17;小叶片卵形或阔卵形,长 2~5cm,宽 1~3cm,先端钝或急尖,基部圆形或阔楔形,两面有短毛和腺体;托叶小,长三角形,早落。密集的总状花序腋生;花萼钟状,密被短毛和腺状鳞片,长约 6mm,萼齿披针状,长约 2.5mm;花冠蝶形,蓝紫色或紫红色,长 1.4~1.6cm,有时达 2.5cm,旗瓣椭圆形,先端钝,有爪,龙骨瓣直,较翼瓣短,均有长爪;雄蕊长短不一;子房有腺状突起。荚果条状长圆形,弯曲或镰刀状环形,长 2~4cm,宽 4~7mm,密生短毛和腺体,含种子 2~8 枚。种子肾形或扁圆形。花期 7~8 月;果期 8~9 月。(图 345,彩图 41)

图 345 甘草
1.植株上部 2.花 3.旗瓣 4.翼瓣 5.龙骨瓣
6.雄蕊和雌蕊 7.荚果 8.根

【生长环境】生于碱化沙地、向阳干燥的沙质地、田边或路旁,国家Ⅱ级保护植物。
【产地分布】山东境内产于沾化、孤岛、青岛等地;东营、滨州等地有栽培。在我国除山东外,还分布于东北、华北、西北地区及内蒙古等地。
【药用部位】根及根茎:甘草。为常用中药,药食两用。
【采收加工】春、秋二季采挖根及根茎,除去茎基和须根,晒干,再按粗细大小分等级捆好。
【药材性状】根长圆柱形,长 0.2~1m,直径 0.6~3.5cm。表面红棕色、暗棕色或灰褐色,有明显纵皱纹、沟纹及横长皮孔,并有稀疏的细根痕,外皮松紧不一,两端切面中央稍下陷。质坚实,体重,断面略呈纤维性,黄白色,粉性,横切面形成层环纹和放射状纹理明显,有裂隙。根茎表面有芽痕,横切面中心有髓。气微,味甜而特殊。

以根条粗、皮细紧、色红棕、质坚实、断面色黄白、粉性足、味甜者为佳。

【化学成分】根和根茎含三萜皂苷:甘草酸(glycyrrhizic acid)盐,乌拉尔甘草苷(uralsaponin)A、B,甘草皂苷(licoricesaponin)A_3、B_2、C_2、D_3、E_2、F_3、G_2、H_2、J_2、K_2,22-β-乙酰基甘草醛,22-β-乙酰基甘草酸,3-O-[β-D-葡萄糖醛酸甲酯(1→2)-β-D-吡喃葡萄糖醛酸]-24-羟基甘草内酯{3-O-[β-D-(6-methyl) glucuronopyranosyl (1→2)-β-D-glucuronopyranosyl]-24-hydroxy glabrolide}等;黄酮类:甘草素(liquiritigenin),甘草苷(liquiritin),异甘草素,异甘草苷,新甘草苷(neoliquiritin),新异甘草苷(neoisoliquiritin),甘草西定(licoricidin),甘草利酮(licoricone),芒柄花素,甘草素-7,4′-二葡萄糖苷,甘草素-4′-芹菜糖苷,芒柄花苷(ononin),异甘草黄酮醇(isoflavonol),美迪紫檀素-3-O-葡萄糖苷,光甘草酮,华良姜素(kumatakenia),刺甘草查耳酮(echinatin),甘草查耳酮B(licochalcone B)等;香豆素类:甘草香豆素(glycycoumarin),甘草酚(glycyol),异甘草酚,甘草香豆素-7-甲醚(glycyrin),新甘草酚,甘草吡喃香豆素(licopyranocoumarin),甘草香豆酮(licocoumarone),6,7-二羟基香豆素等;挥发性成分:2-甲基庚烷,庚烷,3-甲基己烷,辛烷,2,3-二甲基戊烷等;还含5,6,7,8-四氢-4-甲基喹啉(5,6,7,8-tetrahydro-4-methylquinoline),5,6,7,8-四氢-2,4-二甲基喹啉,甘草新木脂素(liconeolignan),对羟基苯甲酸,甘草葡聚糖(glucan)GBW,中性甘草多糖(glycyrrigan)UA、UB、UC及具免疫兴奋作用的多糖GR-2Ⅱa、b、c等。地上部分含十一烷酸-2-对羟基苯基乙酯,1-二十二烷酸甘油酯等脂肪族成分。

【功效主治】甘,平。补脾益气,清热解毒,祛痰止咳,缓急止痛,调和诸药。用于脾胃虚弱,倦怠乏力,心悸气短,咳嗽痰多,脘腹、四肢挛急疼痛,痈肿疮毒,药毒。

【历史】甘草始载于《神农本草经》,列为上品。《名医别录》曰:"甘草生河西川谷积沙山及上郡"。陶弘景曰:"此草最为众药之主,经方少有不用者……赤皮断理,看之坚实者,是抱罕草,最佳"。《本草图经》曰:"今陕西河东州郡皆有之,春生青苗,高1~2尺,叶如槐叶,七月开紫花似柰冬,结实作角,子如荜豆。根长者三四尺,粗细不定,皮赤色,上有横梁,梁下皆细根也。采得去芦头及赤皮,阴干用。今甘草有数种,以坚实断理者为佳,其轻虚纵理及细韧者不堪"。所述产地、形态、采收、质量、种类以及附图等均与现今所用甘草基本一致。

【附注】《中国药典》2010年版收载。

附:光果甘草

光果甘草 G. glabra L. 又名欧甘草、洋甘草,与甘草的主要区别是:小叶片披针形或长圆状披针形。荚果扁而直或微弯,光滑或具刺毛状腺体。根及根茎表面灰棕色,皮孔细而不明显。质较坚实。断面纤维性,裂隙较少。含甘草酸,去氧甘草次酸,异甘草次酸(liquiritic acid),羟基甘草次酸,光果甘草内酯;甘草苷,光果甘草苷(liquiritoside),光果甘草苷元,异光果甘草苷(isoliquiritoside),异光果甘草苷元及香豆素,水溶性多糖等。在黄河三角洲有少量栽培。

胀果甘草

胀果甘草 G. inflata Batal. 与甘草的主要区别是:植物体局部常被密集成片的淡黄褐色鳞片状腺体。小叶片3~7,卵形至矩圆形,上面暗绿色,具黄褐色腺点,下面有似涂胶状光泽。总状花序与叶近等长。荚果短小而直,膨胀,略有不明显腺瘤。根及根茎粗壮,灰棕色至灰褐色,根茎不定芽多而粗大。断面粉性小。味甜或带苦。根含甘草酸,甘草次酸,甘草苷及甘草查耳酮A等,主成分与甘草相似。在滨州一带曾有少量栽培。药用同甘草,《中国药典》2010年版收载。

米口袋

【别名】少花米口袋、紫花地丁、地丁。
【学名】Gueldenstaedtia verna (Georgi) Boriss. subsp. multiflora (Bge.) Tsui
(G. multiflora Bge.)
(Astragalus verna Georgl)
【植物形态】多年生草本,高10~20cm。主根圆锥状。茎极缩短,叶与总花梗丛生,全株有白色长柔毛。奇数羽状复叶,小叶9~21;小叶片椭圆形、长圆形或卵形,长0.4~2.2cm,宽3~8mm,先端圆形或稍尖,基部圆形或阔楔形,全缘,两面密生白色柔毛,老时近无毛;托叶卵状三角形至披针形,基部与叶柄合生,外面被长柔毛。伞形花序总花梗由叶丛中抽出,顶端有6~8花;花梗极短,基部有1苞片,萼下有2小苞片,苞片及小苞片披针形;花萼钟状,长5~8mm,被长柔毛,萼齿5,上面2齿较大;花冠蝶形,紫红色或蓝紫色,旗瓣阔卵形,长1.2~1.3cm,先端微凹,基部渐狭成爪。荚果圆柱形,1室,长1.5~2mm,直径约3.5mm,有长柔毛,含种子多数。种子肾形,有蜂窝状凹点,有光泽。花期4~5月;果期5~6月。(图346)
【生长环境】生于田边、路旁或山坡草地。
【产地分布】山东境内产于各地。在我国除山东外,还分布于东北、华北地区及内蒙古、江苏、河南、陕西、甘肃、湖北、四川、广西、云南等地。

鹃素Ⅰ(liexiangdujuanine Ⅰ),豆甾烷-4-烯-3-酮,β-谷甾醇等。

【功效主治】苦、辛,寒。清热解毒,消肿。用于急性痈肿,疔疮,黄疸,高热烦躁,痢疾泄泻。

【历史】米口袋始载于《救荒本草》,原名米布袋,曰:"生田野中,苗塌地生,叶似泽漆叶而窄,其叶顺茎排生,梢头攒结三四角,中有子如黍粒大微扁,味甘。采角取子,水淘洗净。"所述形态及附图与米口袋相似。

【附注】①《中国药典》2010年版附录、《山东省中药材标准》2002年版收载。②本种在"Flora of China"10:506,2010.的中文名为少花米口袋,拉丁学名为Gueldenstaedtia verna (Georgi) Boriss.。本志采用其拉丁学名,中文名依然采用米口袋。

附:白花米口袋

白花米口袋 G. multiflora Bge. f. alba F. Z. Li,与米口袋的主要区别是:花白色。山东境内产于泰山及济南千佛山等地。

光滑米口袋、狭叶米口袋

光滑米口袋 G. maritima Maxim. 和狭叶米口袋 G. stenophylla Bge.。两者在"Flora of China"10:506,2010.中被并入米口袋 Gueldenstaedtia verna (Georgi) Boriss,但两者与米口袋具有明显区别。其中光滑米口袋:全株各部光滑无毛;狭叶米口袋:小叶果期线形,长0.2~3.5cm,宽1~6mm,花冠粉红色。产地及药用同米口袋。鉴于三者形态差异和使用习惯,将三者分别收载。狭叶米口袋根及根茎含4,7,2′-三羟基-4′-甲氧基异黄烷,芫花素,槲皮素,芦丁,3β,22β,24-三羟基齐墩果-12-烯,白桦酸,3,4-二羟基苯甲酸等。

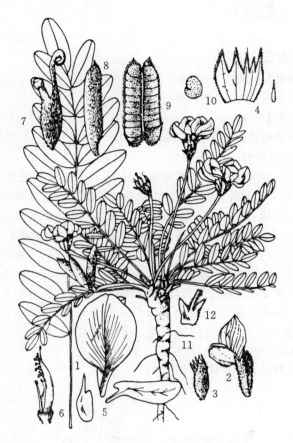

图346 米口袋
1.植株 2.花 3.花萼 4.花萼展开
5.旗瓣、翼瓣、龙骨瓣 6.雄蕊和雌蕊 7.雌蕊
8.荚果 9.荚果纵剖 10.种子 11.复叶 12.托叶

【药用部位】全草:甜地丁。为较常用中药。

【采收加工】春、夏二季挖取带根全草,洗净,晒干。

【药材性状】全草皱缩卷曲。主根发达,长圆锥形或圆柱形,略扭曲,长10~20cm,直径0.3~1.3cm;表面红棕色或淡黄棕色,有纵皱纹、横向突起的皮孔及细长侧根;质坚硬,不易折断,断面有放射状纹理,边缘乳白色,绵毛状,中央浅黄色,颗粒状。奇数羽状复叶簇生于灰绿色短茎上;小叶9~21个,叶柄细长,叶多皱缩破碎;完整小叶片展开呈椭圆形或长圆形,灰绿色,被白色柔毛。有时可见伞形花序,花冠蝶形,紫色或黄棕色。荚果圆筒状,被白色柔毛。种子细小,黑棕色。气微,味淡而后微甜。

以根粗长、叶灰绿者为佳。

【化学成分】根含黄酮类:芹菜素,7,4′-二羟基黄酮,芹菜素-7-O-β-D-葡萄糖苷,槲皮素-3-β-D-葡萄糖苷;三萜类:大豆皂醇B、E,木栓醇(friedelinol),木栓酮(friedelin),A′-neogammacer-22(29)-en-3β-ol acetate;挥发油:主成分为9,12-(Z,Z)-十八二烯酸乙酯,十六酸乙酯,3,7,11,15-四甲基-2-十六烯-1-醇等;还含叶虱硬脂醇(psyllostearyl alicohol),黑麦草内酯(loliolide),烈香杜

本氏木蓝

【别名】河北木兰、山扫帚(昆嵛山、威海)、山花子(莒县、平邑、沂源)、山槐(平邑)、山胡枝子(莒县)。

【学名】Indigofera bungeana Walp.

【植物形态】落叶灌木,高0.4~1m。茎直立,多分枝,嫩枝灰褐色,密被白色平伏丁字毛。奇数羽状复叶,长3~5cm,小叶7~9枚;小叶片长圆形或倒卵状长圆形,长0.5~1.5cm,宽0.3~1cm,先端圆或尖,基部圆形,两面有平伏丁字毛;叶柄和小叶柄上均密被白色丁字毛;托叶钻形。总状花序,腋生,比叶长,有10~15花,较疏生;花萼钟状,萼齿5,萼齿近相等;花冠蝶形,紫色或紫红色,长约5mm,外面被毛。荚果圆柱形,长约2.5cm,直径约3mm,有白色丁字毛。花期5~7月;果期8~10月。(图347)

【生长环境】生于山坡、岩缝、灌丛或疏林中。

【产地分布】山东境内产于青岛、济南、泰安等地。在我国除山东外,还分布于内蒙古、河北、山西、陕西、甘

名为河北木兰。

花木蓝

【别名】山胡枝子（莒县）、山扫帚（昆嵛山、荣成）、山花子（五莲、平邑）、苦扫根（平度）。

【学名】Indigofera kirilowii Maxim. ex Palibin

【植物形态】落叶灌木，高 0.3～1m。茎圆柱形，无毛，嫩枝有纵棱，被丁字毛或柔毛。奇数羽状复叶，长 8～16cm，小叶 7～11；小叶片阔卵形、菱状卵形或椭圆形，长 1.5～3cm，宽 1～2cm，先端急尖，有长尖，基部阔楔形，全缘，两面疏生白色丁字毛和柔毛；叶柄长 1～2.5cm；小托叶条形，与小叶柄等长。总状花序腋生，与叶近等长；萼深钟状，萼齿 5，披针形，不等长，疏生柔毛；花冠蝶形，淡紫红色，长 1.5～1.8cm，旗瓣、翼瓣、龙骨瓣三者近等长，旗瓣椭圆形，无爪，周边有短柔毛，翼瓣长圆形，基部渐狭成爪，1 侧有距状突起，龙骨瓣基部有爪和耳，周边有毛。荚果圆柱形，长 3.5～7cm，直径约 4mm，褐色至赤褐色，无毛。花期 6～7 月；果期 8～10 月。（图 348）

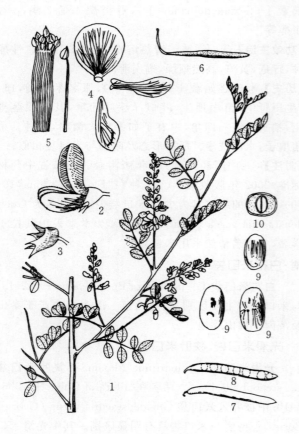

图 347 本氏木蓝
1.花枝 2.花 3.花萼 4.旗瓣、翼瓣、龙骨瓣 5.雄蕊
6.雌蕊 7.荚果 8.荚果纵剖 9.种子 10.种子横切

肃、安徽、浙江、湖北、四川、贵州、云南等地。

【药用部位】全株及根：铁扫帚。为民间药。

【采收加工】夏季采收地上部分，晒干或鲜用。秋、冬二季采挖根部，洗净，晒干。

【药材性状】全株长 40～80cm，茎枝被白色丁字毛。羽状复叶互生，小叶 5～9 个；小叶片长圆形或倒卵状长圆形，长 0.5～1.4cm，宽 3～9mm，先端骤尖，基部圆形；叶两面及叶柄、小叶柄均被白色丁字毛。总状花序腋生，花紫色。荚果圆柱形，被白色丁字毛。种子椭圆形。气微，味淡。

【化学成分】全株含十六酸十八酯（hexadecanoic acid, octadecyl ester），9-十六烯酸-9-十八烯酯（9-hexadecenoic acid, 9-octadeceny ester），丁基-8-甲基-1,2-苯二甲酸（butyl-8-methyl-1,2-benzenedicarboxylic acid），1,4-苯二甲酸二乙酯（1,4-benzenedicarboxylic acid, diethyl ester），2-甲氧基-3-(2-丙烯基)-苯酚［phenol, 2-methoxy-3-(2-propenyl)-phenol］等挥发性成分。

【功效主治】苦、涩，凉。止血消肿，生肌收口，清热利湿。用于吐血，创伤，痔疮，小儿口疮，无名肿毒，泄泻腹痛。

【附注】本种在"Flora of China"10:158，2010 中的中文

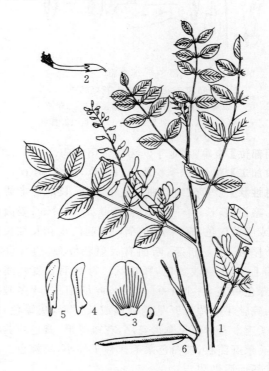

图 348 花木蓝
1.花枝 2.花去花冠 3.旗瓣 4.翼瓣
5.龙骨瓣 6.荚果 7.种子

【生长环境】生于阳坡灌丛、疏林或岩缝处。

【产地分布】山东境内产于各山地丘陵。在我国除山东外，还分布于东北、华北地区及河南、浙江、内蒙古等地。

【药用部位】根：苦扫根。为民间药。

【采收加工】秋、冬二季挖根,除去泥土、茎枝,晒干。
【药材性状】根圆柱形,略扭曲,扭曲处稍肥大呈结节状,少有分枝和须根,长15~45cm,直径3~8mm。表面灰黄色至灰褐色,有纵皱纹和凸起的横长皮孔,栓皮有时呈鳞片状剥落,剥落处类白色至淡黄色。根头部略膨大或呈不规则结节状,顶端残留茎基。质坚硬,不易折断,断面纤维性,皮部类白色至浅棕色,木部淡黄色,有放射状纹理。气微,味微苦。
【化学成分】根含硝基丙酰基类化合物:1,6-二氧-(3-硝基丙酰基)-β-D-葡萄吡喃糖即黄芪素(cibarian),6-氧-丙烯酰基-2,3-二氧-(3-硝基丙酰基)-α-D-葡萄吡喃糖[6-O-acryloyl-2,3-di-O-(3-nitropropanoyl)-α-D-glucopyranose],2,3,6-三氧-(3-硝基丙酰基)-α-D-葡萄吡喃糖(corollin);2,3,4,6-四氧-(3-硝基丙酰基)-α-D-葡萄吡喃糖,2-氧-丙烯酰基-3,4,6-三氧-(3-硝基丙酰基)-α-D-葡萄吡喃糖,3,4-二氧-(3-硝基丙酰基)-α-D-葡萄吡喃糖,3,4-二氧-(3-硝基丙酰基)-β-D-葡萄吡喃糖,6-氧-(3-硝基丙酰基)-α-D-葡萄吡喃糖,6-氧-(3-硝基丙酰基)-β-D-葡萄吡喃糖,3-硝基丙酸乙酯等;黄酮类:(2S)-7-甲氧基-3′,4′-二羟基二氢黄酮(hetranthin A),4′-甲氧基异黄酮-7-氧-β-D-葡萄糖苷,橙皮苷等;甾体类:豆甾醇-3-O-葡萄糖苷,胡萝卜苷,β-谷甾醇;三萜类:羽扇豆醇,3-乙酰齐墩果酸,白桦脂酸;还含亚油酸乙酯,咖啡酸长链脂肪醇酯,1-棕榈酸单甘油酯等。**地上部分**含黄酮类:山柰酚-3-O-芸香糖苷,异鼠李素-3-O-芸香糖苷,槲皮素-3-O-葡萄糖苷,芦丁。还含羽扇豆醇,β-谷甾醇,alangioside A。**茎**含丁香酸葡萄糖苷(glucosyringic acid)。**叶、花及未成熟果实**含芦丁。
【功效主治】苦,寒。清热解毒,消肿止痛,通便利咽。用于咽喉肿痛,肺热咳嗽,热结便秘,痔疮,黄疸。

长萼鸡眼草

【别名】鸡眼草、掐不齐、斑珠科。
【学名】Kummerowia stipulacea (Maxim.) Makino (Lespedeza stipulacea Maxim.)
【植物形态】一年生草本。茎匍匐、上升或直立,分枝多而密,被向上的硬毛,幼枝和节上较多,老枝上较少或无毛。掌状三出复叶;小叶片倒卵形或椭圆形,长0.5~1.9cm,宽0.4~1cm,先端微凹或截形,基部楔形,全缘,上面无毛,下面中脉及边缘有白色硬毛,侧脉平行;托叶卵形或卵状披针形,与叶柄近等长或稍长,嫩时淡绿色,后变为褐色,膜质。1~3花簇生于叶腋,花梗有毛,基部有2苞片,萼下有3小苞片,在关节处有1小苞片;萼钟状,淡绿色,长约1mm,萼齿5,近卵形;花冠蝶形,紫红色,长6~7mm,旗瓣椭圆形,基部有2个紫色斑点,翼瓣披针形,与旗瓣近等长,较龙骨瓣短,龙骨瓣上部有暗紫斑点;雄蕊二体(9+1)。荚果椭圆形或卵形,比萼长1.5~3倍,顶端圆形,有小刺尖。成熟种子黑色。花期7~8月;果期8~9月。(图349)

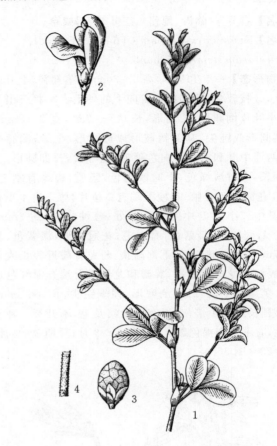

图349 长萼鸡眼草
1.植株上部 2.花 3.荚果 4.一段枝

【生长环境】生于山坡、路旁或荒野。
【产地分布】山东境内产于各地。在我国分布于东北、华北、华东、西北、中南等地区。
【药用部位】全草。鸡眼草。为民间药。
【采收加工】夏、秋二季采收,洗净,晒干或鲜用。
【药材性状】茎多分枝,较粗壮,长10~25cm,疏被向上生长的硬毛。三小叶,完整小叶片倒卵形或椭圆形,长0.7~1.8cm,宽0.3~1.2cm;先端圆或微凹,具短尖,基部楔形,全缘;上面无毛,下面中脉及叶缘有白色长硬毛。花簇生于叶腋,花梗有白色硬毛,花萼钟状,花暗紫色。荚果卵形,长约3mm。种子黑色,平滑。气微,味淡。
【功效主治】苦、辛,微苦,平。清热利湿,健脾利尿,消积通淋,活血止血。用于外感风热,暑湿吐泻,食积不化,痢疾泄泻,黄疸,肾虚水肿,疔疮疖肿,血淋,咳血,跌打损伤,毒蛇咬伤。
【历史】长萼鸡眼草始载于《植物名实图考》,名斑珠科,曰:"生长沙平原,一丛数十茎,高尺余,枝叉繁密,三叶攒生,极似鸡眼草,俚医以除火毒"。

鸡眼草

【别名】掐不齐(临沂、德州)、三叶草、蚂蚁草。
【学名】Kummerowia striata (Thunb.) Schindl.
(Hedysarum striatum Thunb.)
【植物形态】一年生草本,高5～30cm。茎匍匐,上升或直立,分枝较多,茎和枝上有向下的硬毛。掌状三出复叶;小叶片倒卵形、长圆形,长0.5～2cm,宽3～8mm,先端圆形或钝尖,基部阔楔形或近圆形,全缘,侧脉平行,两面中脉和边缘有白色硬毛;托叶大,长卵圆形,比叶柄长,嫩时淡绿色,干时淡褐色,膜质,边缘有刚毛。1～3花簇生于叶腋;花梗下端有2苞片,萼下有4小苞片,其中较小的1片生于关节处;萼钟状,长约3mm,萼齿5,阔卵形,带紫色,有白毛;花冠蝶形,淡紫色,长5～7mm,旗瓣椭圆形,下部渐狭,与龙骨瓣近等长或稍短,翼瓣较龙骨瓣稍短,翼瓣和龙骨瓣上端有深红色斑点。荚果扁平,圆形或倒卵形,顶端锐尖,长3～5mm,比萼稍长或长1倍,表面有网状纹及毛,不开裂。种子黑色,有不规则褐色斑点。花期7～8月;果期8～9月。2n＝22。(图350)

【生长环境】生于山坡、荒野、田边、路旁或林缘。
【产地分布】山东境内产于各地。在我国除山东外,还分布于东北、华北、华东、中南、西南地区及台湾等地。
【药用部位】全草:鸡眼草。为民间药。
【采收加工】夏、秋二季采收全草,洗净,晒干或鲜用。
【药材性状】全草皱缩成团,灰绿色。茎圆柱形,多分枝,长5～30cm,被白色向下的细毛。三出复叶,多皱缩;小叶长倒卵形或长圆形,长0.5～1.5cm;先端钝圆,有小突刺,基部楔形,全缘;沿中脉及叶缘疏生白色长毛;托叶2。花腋生,花萼钟状,深紫褐色,蝶形花冠浅紫色,较萼长2～3倍。荚果卵状矩圆形,顶端稍急尖,有小喙,长达4mm。种子1粒,黑色,具不规则褐色斑点。气微,味淡。
【化学成分】茎叶含染料木素,异荭草素,异槲皮苷,异牡荆素,山柰酚,木犀草素-7-O-葡萄糖苷,槲皮素,芦丁,β-谷甾醇及其葡萄糖苷。种子含黎豆胺(stizolamine)。
【功效主治】苦、辛,微苦,平。清热利湿,健脾利尿,消积通淋,活血止血。用于外感风热,暑湿吐泻,食积不化,痢疾泄泻,黄疸,肾虚水肿,疔疮疖肿,血淋,咳血,跌打损伤,毒蛇咬伤。
【历史】鸡眼草始载于《救荒本草》,又名掐不齐,曰:"叶用指甲掐之,作劆不齐,故名……生荒野中,塌地生叶如鸡眼大,似三叶酸浆叶而圆,结子小如粟粒,黑茶褐色。味微苦,气与槐相类,性温。"所述形态与植物鸡眼草相符。

扁豆

【别名】眉豆、白扁豆、小刀豆。
【学名】Lablab purpureus (L.) Sweet
(Dolichos lablab L.)
(D. purpureus L.)
【植物形态】一年生缠绕草本。茎长达6m,常呈淡紫色,全株几无毛。羽状三出复叶;顶生小叶片三角形,长宽5～10cm,先端短尖或渐尖,基部宽楔形或近圆形,侧生小叶两边不等大,偏斜,全缘;托叶基生,披针形,小托叶线形。总状花序腋生,有2～4花丛生于花序轴节的瘤状突起上;花萼二唇形,上部2齿几完全合生,其余3齿近相等;花冠蝶形,白色或紫红色,旗瓣近圆形,基部两侧有2附属体,并下延为2耳,龙骨瓣宽条形,由中部向内弯成直角;子房有绢毛,基部有腺体,花柱近顶端有白色须毛。荚果扁,镰刀形或半椭圆形,长5～7cm,边缘弯曲或直,先端有喙。种子3～5粒,扁平,长椭圆形,在白花品种中为白色,在紫花品种中为紫黑色,种脐线形。花期7～9月;果期9～10月。(图351)

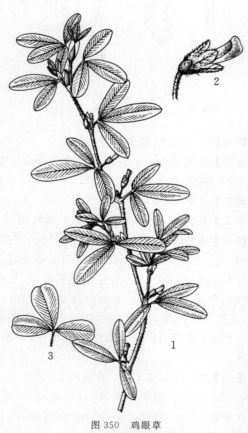

图350　鸡眼草
1.植株上部　2.花　3.复叶

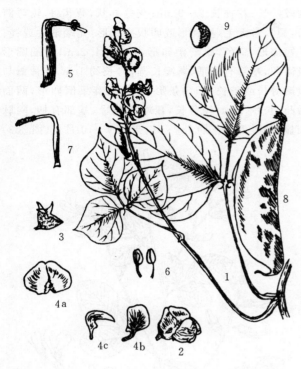

图 351 扁豆
1.植株一部分 2.花 3.花萼 4.花瓣(a.旗瓣 b.翼瓣 c.龙骨瓣)
5.雄蕊和雌蕊 6.花药背腹面 7.雌蕊 8.荚果 9.种子

【生长环境】栽培于园地、篱笆、地堰、路旁。

【产地分布】山东境内各地普遍栽培。全国各地亦广泛栽培。

【药用部位】种子：白扁豆；种皮：扁豆衣；花：白扁豆花；叶：扁豆叶；茎藤：扁豆藤；根：扁豆根。为较常用中药和民间药，白扁豆和白扁豆花药食两用。

【采收加工】秋季采摘成熟荚果，剥取种子，晒干；剥取种皮或收集白扁豆炮制时搓下的种皮晒干。夏、秋二季采收末完全开放的白花，晒干或阴干。夏季采叶，鲜用。秋季采收茎藤和根，晒干。

【药材性状】种子扁椭圆形或扁卵圆形，长0.8～1.3cm，宽6～9mm，厚约7mm。表面淡黄白色或淡黄色，平滑，稍有光泽，有的具棕褐色斑点。一侧边缘有隆起的白色眉状种阜，长0.7～1cm，剥去后可见凹陷的种脐，紧接种阜的一端有珠孔，另一端有种脊。质坚硬，种皮薄脆，子叶2，肥厚，黄白色。气微，味淡，嚼之有豆腥味。

以粒大、饱满、色白者为佳。

种皮呈不规则卷缩的块片状，常破碎，大小不一。表面光滑，乳白色或淡黄白色，光滑。珠柄多数完整；种阜半月形，类白色。体轻，质脆，易碎。气微，味弱。

以干燥、较完整、色白者为佳。

花呈不规则扁三角形，长宽约1cm。花萼宽钟状，绿褐色或深棕色，萼齿5，上部2齿合生，其余3齿近相等，外被白色短毛，尤以萼边缘为多。花冠蝶形，长约2cm，花瓣5，黄白色至深黄色，旗瓣广椭圆形，翼瓣斜椭圆形，近基部处一侧有耳，龙骨瓣舟状，几弯成直角。雄蕊10枚，二体；雌蕊1枚，黄绿色，弯曲，先端有白色绒毛。体轻，质脆，易碎。气微香，味淡。

以朵大、色白、微有香气者为佳。

【化学成分】种子含蛋白质；脂肪油：棕榈酸，亚油酸，反油酸(elaidic acid)，油酸，花生酸，山萮酸等；糖类：蔗糖，葡萄糖，水苏糖(stachyose)，麦芽糖，棉子糖(raffinose)及淀粉；氨基酸：蛋氨酸，亮氨酸，苏氨酸等；还含葫芦巴碱(trigonelline)，维生素B_1、C，胡萝卜素，L-2-哌啶酸(L-2-pipecolic acid)，植物凝集素(phytoagglutinin)，磷脂及锌。花含木犀草素，木犀草素-4′-O-葡萄糖苷，木犀草素-7-O-葡萄糖苷，野漆树苷，大波斯菊苷，甘露醇等。叶含胡萝卜素，叶黄素(xanthophyll)，磷酸酯酶等。根含天冬酰胺酶(asparaginase)。

【功效主治】白扁豆甘，微温。健脾化湿，和中消暑。用于脾胃虚弱，食欲缺乏，大便溏泻，白带过多，暑湿吐泻，胸闷腹胀。扁豆衣甘，平。清暑化湿，健脾止泻。用于脾虚便溏，暑湿吐泻，痢疾，脚气，浮肿。扁豆花甘，平。理气宽胸，和胃止泻，消暑化湿。用于暑湿吐泻，胸闷气滞，痢疾泄泻。扁豆叶辛、甘，平。和中消暑，清热解毒。用于暑湿吐泻，疮疖肿毒，蛇虫咬伤。扁豆藤用于暑湿吐泻不止。

【历史】扁豆始载于《名医别录》，列为中品，原名藊豆。《本草图经》云："人家多种于篱援(垣)间，蔓延而上，大叶细花，花有紫、白二色，荚生花下。其实亦有黑、白二种，白者温而黑者小冷，入药当用白者。"《本草思辨录》云："扁豆花白实白……其形如眉，格外洁白"。考证历代本草所述植物生境、形态以及"种子色白者入药"之观点，表明古今白扁豆原植物基本一致。

【附注】①《中国药典》2010年版收载白扁豆，用其异名 Dolichos lablab L.；《山东省中药材标准》2002年版收载扁豆衣。②本志采纳《中国植物志》41:271 扁豆 Lablab purpureus (L.) Sweet (Dolichos lablab L.)的分类。

茳芒香豌豆

【别名】山豇豆、山豌豆、野豌豆(崂山)、大山黧豆。

【学名】Lathyrus davidii Hance

【植物形态】多年生草本，高0.8～1.5m。有块根。茎粗壮，圆柱形，近直立或斜升，稍攀援，有细纵沟棱，多分枝。偶数羽状复叶，小叶2～5对，上部叶轴末端的卷须分枝，下部叶轴顶端的卷须不分枝或长刺状；小叶片卵形或宽卵形，长3～10cm，宽2～6cm，先端急尖，基部圆形或阔楔形，全缘，两面无毛，下面苍白色；托叶大，半箭头形。总状花序腋生，通常有10余花；花萼斜钟状，萼齿三角形,下面3齿较长;花冠蝶形,黄色,旗瓣长圆形或倒卵状长圆形,与翼瓣近等长,龙骨瓣比翼瓣稍短;子房条形,有短柄,无毛,花柱扁,上部里面有毛。荚果条状长圆形,两面凸起,长约9cm,宽约7mm。种子宽长圆形,紫褐色。花期5～7月;果期7～9月。(图352)

梗较叶长;花梗长2～3mm;花萼杯状,萼齿4,较萼筒短,裂片常无毛,披针形或卵状披针形,先端渐尖或钝;花冠蝶形,紫色,旗瓣倒卵形,长1～1.2cm,顶端圆形或微凹,基部有短爪,翼瓣长圆形,长约1cm,龙骨瓣与旗瓣等长或稍长;子房条形,有毛。荚果倒卵形,两面微凸,长约1cm,较萼长,顶端有短喙,基部有柄,网脉明显,被柔毛。花期7～8月;果期9～10月。(图353)

图352 茳芒香豌豆
1.植株上部 2.旗瓣 3.翼瓣 4.龙骨瓣 5.雄蕊 6.雌蕊 7.荚果

【生长环境】生于山坡、林缘、山谷或灌丛中。
【产地分布】山东境内产于各大山区。在我国除山东外,还分布于东北、华北地区及内蒙古、河南、陕西、甘肃等地。
【药用部位】种子:香豌豆子。为民间药,嫩叶可食。
【采收加工】秋季果实成熟时割下全株,晒干,打下种子,晾干。
【功效主治】辛,温。疏肝理气,调经镇痛。用于少腹疼痛,月经不调,痛经。

胡枝子

【别名】野扫帚(崂山)、扫帚苗(牙山)、胡枝子苗(蒙山)、杭子梢。
【学名】Lespedeza bicolor Turcz.
【植物形态】直立灌木,高1～3m。幼枝黄褐色或绿褐色,被柔毛,后脱落,老枝灰褐色。羽状三出复叶;顶生小叶片较大,阔椭圆形、倒卵状椭圆形或卵形,长1.5～5cm,宽1～2cm,先端圆钝或凹,稀锐尖,有短刺尖,基部阔楔形或圆形,上面绿色,下面淡绿色,两面疏被平伏毛;叶短柄,长2～3mm,密被柔毛。总状花序腋生,总花

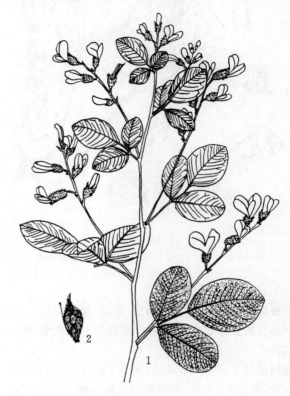

图353 胡枝子
1.植株上部 2.荚果

【生长环境】生于海拔较高的山顶、山坡或灌丛。
【产地分布】山东境内产于各山地丘陵。在我国除山东外,还分布于东北、华北地区及内蒙古、浙江、安徽、河南、湖北、陕西、甘肃、宁夏等地。
【药用部位】茎叶:胡枝子;根:胡枝子根;花:胡枝子花。为民间药。
【采收加工】夏季采花,阴干或鲜用。夏、秋二季采收茎叶,晒干或鲜用。秋、冬二季挖根,洗净,晒干。
【化学成分】茎叶含槲皮素,山柰酚,三叶豆苷(trifolin),异槲皮素,荭草素,异荭草素,氨基酸和鞣质。种子含儿茶素,表儿茶素,中性脂(neutrallipids),糖脂类(glycolipids)和磷脂类(phospolipids)。根含1,3,5-三甲氧基苯(1,3,5-trimethoxybenzene),染料木苷,tachioside,芦丁等。树皮含咖啡酸,儿茶酸,桦木酸,桦木素,β-谷甾醇,异槲皮苷等。
【功效主治】胡枝子甘,平。清热润肺,利水通淋。用于肺热咳嗽,外感发热,百日咳,淋病,风湿骨痛,跌打

损伤,骨折。**胡枝子根**用于外感发热,风湿痹痛,跌打损伤,鼻衄,赤白带下。**胡枝子花**用于便血,肺热咳嗽。

【历史】胡枝子始载于《救荒本草》,又名随军茶,曰:"生平泽中,有二种,叶形有大小,大叶者类黑豆叶,小叶者茎类蓍草,叶似苜蓿叶而长大,花色有紫、白,结子如粟粒大。"《植物名实图考》名和血丹,云:"生长沙山坡,独茎小科,一枝三叶,面青黄,背粉白,有微毛,似豆叶而长,茎方有棱,赭黑色,直根四出,有细须。"所述形态与植物胡枝子相似。

截叶铁扫帚

【别名】夜合草、铁扫把。

【学名】Lespedeza cuneata (Dum.-Cours) G. Don
(*Anthyllis cuneata* Dum.-Cours)

【植物形态】直立或上升小灌木,高达1m。小枝有白色平伏短毛。羽状三出复叶;小叶片条状倒披针形,长1~2.5cm,上部最宽处通常2~4mm,有的宽达7mm,先端截形,微凹,有小尖头,基部楔形,两缘几为平行,上面深绿色,无毛或近无毛,下面密生白色平伏毛;顶端1片小叶较下方2片略大;柄短,长约1mm,有白色柔毛。总状花序腋生,有2~4花,近伞形,几无总花梗;无瓣花多生于叶腋;小苞片狭卵形,先端渐尖;萼长4~6mm,5深裂,裂片披针形,有白色短柔毛;花冠蝶形,黄色,基部有紫斑,旗瓣长约7mm,翼瓣与旗瓣等长,龙骨瓣稍长于旗瓣。荚果宽卵形或近球形,稍长于萼。花期5~9月;果期10月。(图354)

【生长环境】生于山坡草丛中。

【产地分布】山东境内产于泰安、潍坊、青岛、烟台等山地丘陵。在我国除山东外,还分布于河南、陕西,南至广东、云南等地。

【药用部位】根及全草:截叶铁扫帚。为民间药。

【采收加工】夏、秋二季采收全草,晒干。秋、冬二季挖根,洗净,晒干。

【化学成分】全株含蒎立醇(pinitol),β-谷甾醇,黄酮类、鞣质等。叶含挥发油主成分为4-甲氧基-6-(2-丙烯基)-1,3-苯并间二氧杂环戊烯[4-methoxy-6-(2-propyl)-1,3-benzo dioxole],丁香烯,6,10,14-三甲基-2-十五烷酮(6,10,14-trimethyl-2-pentadecanone),雪松醇,叶绿醇,n-十六酸,丙酮香叶酯,2-甲氧基-4-乙烯基苯酚等;其他部位挥发油主成分为n-十六酸,亚油酸,亚油酸甲酯,3-甲基-4-异丙基苯酚,麝香草酚等。

【功效主治】苦、辛,凉。补肝肾,益肺阴,祛瘀消肿。用于肝阳上亢,肾虚,腹水,胃病痞块,腹泻痢疾,遗精,遗尿,石淋,疝气,白带,哮喘,劳伤,跌打损伤,小儿疳积,目赤眼花,毒蛇咬伤。

【历史】截叶铁扫帚始载于《救荒本草》,名铁扫帚,曰:

图354 截叶铁扫帚
1.植株上部 2.复叶 3.花 4.荚果

"生荒野中,就地丛生,一本二三十茎,苗高三四尺,叶似苜蓿叶而细长,又似细叶胡枝子叶而短小,开小白花,其叶味苦"。所述形态与本种相似。

兴安胡枝子

【别名】达呼里胡枝子、青龙草、小茶叶。

【学名】Lespedeza daurica (Laxm.) Schindl.
(*Trifolium dauricum* Laxm.)

【植物形态】小灌木,高30~60cm。茎单一或几条簇生,通常稍斜生,老枝黄褐色,嫩枝绿褐色,有细棱和柔毛。羽状三出复叶;小叶片披针状长圆形,长1.5~3cm,宽0.5~1cm,先端圆钝,有短刺尖,基部圆形,全缘;叶柄被柔毛;托叶刺芒状。总状花序腋生,较叶短或与叶等长;总花梗有毛;小苞片披针状条形;无瓣花簇生叶腋;萼筒杯状,萼齿5,披针状钻形,先端刺芒状,几与花冠等长;花冠蝶形,黄白色至黄色,有时基部紫色,长约1cm,旗瓣椭圆形,翼瓣长圆形,龙骨瓣长于翼瓣,均有长爪;子房条形,有毛。荚果小,包于宿存萼内,倒卵形或长倒卵形,长3~4mm,宽2~3mm,先端有宿存花柱,两面凸出,有毛。花期6~8月;果期9~10月。(图355)

【生长环境】生于海拔较低的干旱山坡、路旁或杂草丛中。

【产地分布】山东境内产于各山地丘陵。在我国除山

图355 兴安胡枝子
1.植株上部 2.花 3.花瓣（a.旗瓣 b.翼瓣 c.龙骨瓣）
4.雄蕊和雌蕊 5.雌蕊

东外，还分布于东北、华北、西北地区及内蒙古、安徽、云南、四川等地。

【药用部位】全株：枝儿条。为民间药。

【采收加工】夏季采挖，切段晒干。

【化学成分】地上部分含异夏弗塔雪轮苷（isoschaftoside）。叶含黄酮类：荭草素，异荭草素，异荭草素-2″-木糖苷，香叶木素，香叶木素-7-O-葡萄糖苷（diosmetin-7-O-glucoside），牡荆素，异牡荆素，异牡荆素-2″-木糖苷，异鼠李素-3-O-芸香糖苷，芹菜素-6-C-葡萄糖基-8-C-阿拉伯糖苷，木犀草素，槲皮素，表儿茶素，三叶豆苷；还含胡萝卜素，三十烷醇等。

【功效主治】辛，温。解表散寒。用于外感发热，咳嗽。

绒毛胡枝子

【别名】大胡枝子（莒县）、毛胡枝子、山豆花。

【学名】Lespedeza tomentosa (Thunb.) Sieb. ex Maxim. (*Hedysarum tomentosum* Thunb.)

【植物形态】灌木，高约1m。茎直立，单一或上部少分枝，枝有细棱，全株有黄色柔毛。羽状三出复叶；小叶片卵圆形或卵状椭圆形，长1.5～6cm，宽1.5～3cm，先端圆形，有短尖，基部钝；叶柄长1.5～4cm；托叶条形。无瓣花成头状花序腋生；有瓣花成总状花序顶生或腋生，花密集，花梗无关节；小苞片条状披针形；花萼杯状，深裂，萼齿5，披针形，密被绒毛；花冠蝶形，白色或淡黄色，长7～9mm，旗瓣椭圆形，比翼瓣短或等长，翼瓣长圆形，龙骨瓣与翼瓣等长；子房条形，有绢毛。荚果小，倒卵形，长3～4mm，宽2～3mm，被褐色绒毛，先端有短喙，包于宿存萼内。花期7～9月；果期9～10月。（图356）

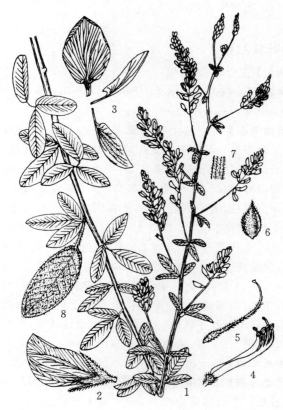

图356 绒毛胡枝子
1.植株上部 2.花 3.旗瓣、翼瓣、龙骨瓣 4.雄蕊
5.雌蕊 6.荚果 7.一段枝 8.小叶

【生长环境】生于低山坡、荒地或路旁草丛中。

【产地分布】山东境内产于各山地丘陵。在我国分布于东北、华北、华东、华中、西南地区及内蒙古等地。

【药用部位】全株：山豆花；根：小血人参。为民间药。

【采收加工】夏、秋二季采收全株，切段晒干。秋、冬二季挖根，洗净，晒干。

【化学成分】全株含槲皮素，三叶豆苷。地上部分含槲皮素-3-O-葡萄糖苷，异鼠李素-3-O-新橙皮糖苷（isorhamnetin-3-O-neohesperidoside），山奈酚-3-O-刺槐二糖苷（kaempferol-3-O-robinodioside），山奈酚-3-O-鼠李糖基-(1→2)-半乳糖苷[kaempferol-3-O-rhamnosyl-(1→2)-galactoside]，山奈酚-3-O-鼠李糖基-(1→6)-半乳糖苷，异鼠李素-3-O-芸香糖苷，胡枝子素（lespedezaflavanone）E，

三叶豆苷等。

【功效主治】山豆花甘、微淡，平。健脾补虚，清热利湿，活血调经，滋补镇咳。用于血虚头晕，虚痨，虚肿，水肿，痢疾，经闭，痛经。小血人参健脾补虚，滋补强壮。

【历史】绒毛胡枝子始载于《植物名实图考》，名山豆花，曰："生云南，蔓生，大叶长穗，花似紫藤花"。所述形态似为本种。

朝鲜槐

【别名】怀槐、山槐、高丽槐。

【学名】Maackia amurensis Rupr. et Maxim.

【植物形态】落叶乔木，高达25m，胸径达60cm。树皮淡绿褐色，浅纵裂；小枝绿褐色，平滑无毛，皮孔黄褐色，近圆形。奇数羽状复叶，互生；小叶7～11，对生；小叶片卵形、倒卵状长圆形或椭圆形，长3.5～8cm，宽2～5cm，先端急尖或渐尖，基部圆形或楔形，不对称，全缘，上面深绿色，有光泽，初有疏毛，后无毛，下面色暗，无毛或沿脉有疏或密的白色纤毛，叶薄革质；小叶柄长4～5mm，密生黄色柔毛。总状或圆锥花序顶生；花密生，花梗长4～5mm；花萼淡绿色，萼筒杯形，长约3mm，裂片5，长约1mm，密生绒毛；花冠蝶形，白色，长约8mm，旗瓣倒卵形，先端微凹，龙骨瓣比旗瓣稍短。荚果扁平，暗褐色，长条形，长3～7cm，宽约1cm，沿腹缝线有宽约1mm的狭翅。种子1～6粒，褐黄色，长椭圆形。花期6～7月；果期9～10月。（图357）

【生长环境】生于山谷、溪边或林缘湿润土厚处。

【产地分布】山东境内产于胶东丘陵；济南、泰安有栽培。在我国除山东外，还分布于东北地区及内蒙古、河北等地。

【药用部位】茎枝：山槐枝；树皮：山槐皮；花：山槐花。为民间药。

【采收加工】夏季花蕾形成时采收，晒干。四季采茎枝和树皮，晒干。

【化学成分】树皮含鸢尾种苷元（tectorigenin），鸢尾种苷（tectoridin），β-谷甾醇等。心材含黄酮类：染料木素（genistein），山槐素（maackiain），苜蓿酚（medicagol），芒柄花素，巴拿马黄檀异黄酮（retusin）即7,8-二羟基-4'-甲氧基异黄酮，鸢尾黄素即（tectorigenin）即5,7,4'-三羟基-6-甲氧基异黄酮，黄豆黄素（glycitein）即7,4'-二羟基-6-甲氧基异黄酮，阿夫罗摩辛（afrormosin）即7-羟基-6,4'-二甲氧基异黄酮，6-羟基-7,4'-二甲氧基异黄酮（alfalone），大豆素即7,4'-二羟基异黄酮，7,4'-二甲氧基异黄酮，8,4'-二羟基-7-甲氧基异黄酮，tecto-ride，maackiain，maackiain-3-O-(6'-O-acetyl-β-D-glucopyranoside)，maackiain-3-O-(6'-O-mabnyl-β-D-glucopyranoside)，afromosin-7-O-β-D-glucopyranoside，等；还含白藜芦醇等。种子含植物凝集素。根含马鞍树碱（maackiain）。叶含鞣质。

图357 朝鲜槐
1.果枝 2.花 3.花去花冠

【功效主治】山槐花苦，凉。凉血止血，清热解毒。用于各种出血症，痈疽疮疖。山槐枝祛风除湿。用于风湿痹痛。山槐皮用于瘰疬，痈肿。

白花草木犀

【别名】辟汗草、白草木犀。

【学名】Melilotus albus Medic. ex Desr.

【植物形态】一年生或二年生草本，高1m以上，有香气。茎直立，圆柱形，中空，多分枝，几无毛。羽状三出复叶；小叶片长圆形或披针状椭圆形，长2～3.5cm，宽0.5～1.2cm，基部楔形，先端钝截形或微凹陷，边缘有细齿；叶柄比小叶短，纤细；托叶尖刺状锥形。总状花序腋生，花小，多数；萼钟状，有微柔毛，萼齿三角形与萼筒等长；花冠蝶形，白色，长约4mm，旗瓣椭圆形，先端微凹，比翼瓣稍长；子房无柄。荚果小，椭圆形或倒卵状椭圆形，有凸起的网状脉纹，无毛，老熟后变黑褐色，有1～2粒种子。种子黄褐色，卵形，表面有细小瘤点。花期6～8月；果期7～9月。（图358）

【生长环境】生于田边、路旁或山坡草丛中。

图358 白花草木犀
1.植株上部 2.花 3.旗瓣、翼瓣、龙骨瓣
4.雄蕊 5.雌蕊 6.荚果 7.种子

【产地分布】山东境内各地有栽培或逸生。在我国除山东外，东北、华北、西北地区及四川、江苏、福建等地有引种栽培。

【药用部位】全草：白香草木犀（辟汗草）。为民间药。

【采收加工】夏、秋二季采收，除去杂质，晒干或鲜用。

【化学成分】全草含邻-羟基桂皮酸，反式邻-羟基桂皮酸，4-羟基桂皮酸，伞形花内酯，东茛菪素，草木犀苷（melilotoside），苦马酸葡萄糖苷（coumarinic acid-β-D-glucoside），草木犀酸葡萄糖苷（melilotic acid glucoside）及甘氨酸，丝氨酸，丙氨酸，缬氨酸，亮氨酸等氨基酸。**根及茎**含绿原酸，咖啡酸等。**叶和嫩芽**含草木犀酸，草木犀酸葡萄糖苷，草木犀苷及马粟树皮素（aesculetin）。**鲜花**含刺槐糖苷（robinoside）等。**种子**含草木犀苷及萜烯苷（terpenoid glucoside）。

【功效主治】辛、苦，凉。清热解毒，敛阴止汗，化湿杀虫，截疟，止痢。用于暑热胸闷，疟疾，痢疾，淋病，疮疡。

细齿草木犀

【别名】草木犀、臭苜蓿。

【学名】Melilotus dentata (Waldst. et Kit.) Pers.
(*Trifolium dentatum* Waldst. et Kit.)

【植物形态】二年生草本，高20～50cm。茎直立，圆柱形，有纵棱和分枝，无毛。羽状三出复叶；小叶片长圆形或长椭圆形，长1.5～3cm，宽0.4～1cm，先端钝圆，基部圆形或楔形，边缘有细密锯齿，上面无毛，下面沿叶脉稍有柔毛；托叶披针形至狭三角形，先端长锥形，具2～3尖齿或缺裂。总状花序细长，腋生，花多而密；花萼钟状，萼齿与萼筒等长或稍短；花冠蝶形，黄色，旗瓣比翼瓣稍长。荚果近圆形至卵形，长3～6mm，先端圆，表面具网状细脉纹，腹缝呈明显的龙骨状增厚，褐色，无毛，含种子1～2枚。种子扁球形，深褐色。花期6～8月；果期7～9月。（图359）

【生长环境】生于山坡、沟边、田梗或路旁。

【产地分布】山东境内产于济南、济宁、威海、东营等地。在我国除山东外，还分布于东北、华北、华东、西北地区及内蒙古等地。

【药用部位】全草：细齿草木犀。为民间药。

【采收加工】夏季采收，除去杂质，晒干或鲜用。

【化学成分】全草含挥发油。

【功效主治】辛，凉。和中健胃，清热解毒，化湿利尿，杀虫。用于暑湿胸闷，口腻口臭，赤白痢，疖疮。

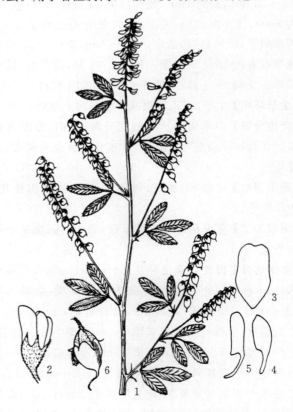

图359 细齿草木犀
1.植株上部 2.花 3.旗瓣 4.翼瓣 5.龙骨瓣 6.荚果

印度草木犀

【别名】辟汗草、小花草木犀、野苜蓿。

【学名】Melilotus indicus (L.) All.
(Trifolium indica L.)

【植物形态】一年生草本，高10～50cm，无毛。根系细而松散。茎直立，作之字形曲折，自基部分枝，圆柱形，初被细柔毛，后脱落。羽状三出复叶；小叶片倒披针状长圆形或阔倒卵形，长1～3cm，宽约1cm，先端截形或微凹，中脉突出成短尖，基部楔形，中部以上边缘有细锯齿；托叶三角状披针形。总状花序腋生，长5～10cm；花小，长2～3mm；花萼钟状，萼齿披针形，与萼筒等长或稍长，均有白色柔毛；花冠蝶形，黄色。荚果球形，长2～3mm，表面网脉突出，有种子1～2粒。种子圆形，褐绿色。花、果期7～9月。（图360）

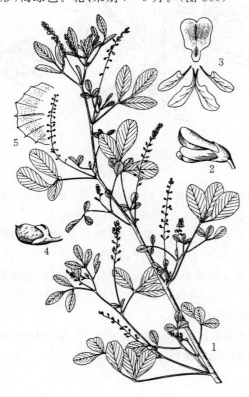

图360 印度草木犀
1.植株上部 2.花 3.花冠展开 4.荚果 5.花萼展开

【生长环境】生于山坡、田边、路旁或草丛中。

【产地分布】山东境内产于各山地丘陵。在我国除山东外，还分布于云南、贵州、湖北、台湾、福建、江苏、陕西、河北等地。

【药用部位】全草：印度草木犀（辟汗草）。为民间药。陕西、贵州作辟汗草入药。

【化学成分】全草含香豆素，β-谷甾醇，葡萄糖，果糖，山梨糖（sorbose），棉子糖（raffinose），纤维二糖（cellobiose）等。

【功效主治】辛、苦，凉。清热解毒，化湿杀虫。用于暑热胸闷，疟疾，痢疾，淋病，皮肤瘙痒，口臭，疮疡，疥癣，瘭疽。

草木犀

【别名】黄香草木犀、扫帚苗（沂源）、木犀草（沂山）、蓼香棵（沾化）。

【学名】Melilotus officinalis (L.) Pall.
(Trifolium officinalis L.)
(Melilotus suaveolens Ledeb.)

【植物形态】一年生或二年生草本，高达1m；全草干后有香气。茎直立，粗壮，多分枝，具纵棱，微被柔毛。羽状三出复叶；小叶片椭圆形或倒披针形，长1.5～2.5cm，宽3～6mm，先端圆，有短尖头，基部楔形，边缘有锯齿；托叶镰状线形，中央有1条脉纹，全缘或基部有1小齿。总状花序腋生；花萼钟状，萼齿三角形；花冠蝶形，黄色，旗瓣和翼瓣近等长。荚果卵形，稍有柔毛，网脉明显，种子1粒。种子长圆形，褐色或淡绿黄色。花期6～8月；果期7～10月。（图361）

【生长环境】生于较潮湿的海滨、低山坡、郊野路边或旷地。有栽培。

【产地分布】山东境内产于各地。在我国除山东外，全国各地均有分布，栽培或逸为野生。

【药用部位】全草：黄香草木犀（黄零陵香）。为少常用中药及民间药。

【采收加工】夏季采收地上部分，除去杂质，晒干。

【化学成分】全草含香豆素类：香豆素，二氢香豆素（di-

图361 草木犀
1.植株上部，示不同叶形 2.花 3.荚果

hydrocoumarin),东莨菪内酯(scopoletin),二甲基七叶内酯(dimethylaesculetin),伞形花内酯,草木犀苷,草木犀酸,邻香豆素酸(o-coumaric acid)等;黄酮类:木犀草素,橙皮苷,5,7,4′-三羟基-6,3′-二甲氧基黄酮;还含1,2-苯并吡喃酮,棕榈酸,尿囊酸,尿囊素,败坏翘摇素(dicoumarol),邻-香豆酰葡萄糖苷(o-coumaroyl glucoside),苯丙氨酸,阿魏酸,对羟基苯甲酸,β-谷甾醇及挥发油。

【功效主治】微甘、辛,平。清热解毒,化湿止痛。用于暑湿胸闷,头痛头昏,恶心泛呕,舌腻口臭,咳嗽气喘,腹痛;外用于创伤,瘰疬。

【历史】草木犀始载于《植物名实图考》,原名辟汗草,曰:"辟汗草处处有之,丛生,高尺余,一枝三叶,如小豆叶,夏开小黄花,如水桂花,人多摘置发中辟汗气"。所述形态与现今豆科植物草木犀相似。

【附注】①《山东省中药材标准》2002年版收载,原植物名黄香草木樨。②以往把产于东亚的草木犀鉴定为M. suaveolens Ledeb.,欧洲产的鉴定为M. officinalis (L.) Pall.,常以花的长度、果实表面网纹和胚珠(种子)的数目来区分,但这些特征往往相互交叉而差别甚微,难以区别成两个种。故本志采纳《中国植物志》42(2):30将两者予以归并,使用草木犀M. officinalis (L.) Pall.学名的分类。

野苜蓿

【别名】黄花苜蓿、豆豆苗、苜蓿。

【学名】Medicago falcata L.

【植物形态】多年生草本,高30~70cm。主根粗壮,木质,须根发达。茎圆柱形,多分枝,平卧或斜生,有短柔毛。羽状三出复叶;小叶片倒卵形、长圆状倒卵形或条状倒披针形,长0.8~2.5cm,宽3~7mm,先端钝圆或稍凹,基部楔形,上部边缘有锯齿,下面被伏毛;托叶大,长而尖。密集总状花序腋生;总花梗长超出叶;萼钟形,萼齿披针形,比萼筒长;花冠蝶形,黄色,长6~9mm,较萼长;子房条形,有毛。荚果镰刀形,稍扁,长1~1.5cm,有柔毛。种子2~4粒。花期6~8月;果期8~9月。(图362)

【生长环境】生于山坡、干旱草地、河岸或路旁。

【产地分布】山东境内产于济南、泰安等地。在我国除山东外,还分布于东北、华北、西北地区及内蒙古等地。

【药用部位】全草:野苜蓿。为民间药。

【采收加工】夏季采收,除去杂质,晒干或鲜用。

【化学成分】全草含皂苷,叶黄素,叶黄素酯(xanthophyll esters),叶黄素-5,6-环氧化物(xanthophyll-epoxide),菊黄质(chrysanthemaxanthin),毛茛黄质(flavoxanthin),小麦黄素-5-O-葡萄糖苷(tricin-5-O-glucoside),小麦黄素-5-二葡萄糖苷,小麦黄素-5,7-二葡萄糖苷,维生素B_1、B_2及精氨酸,天冬氨酸,谷氨酸等氨基酸和无机元素锰、铁、锌、铜等。花含β-及δ-胡萝卜素,羟基-α-胡萝卜素(hydpoxy-α-carotene),新黄质,异堇黄质(auroxanthin)和毛茛黄质。种子含半乳甘露聚糖(galactomannan)。

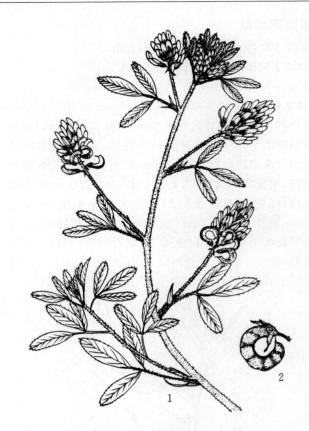

图362 野苜蓿
1.植株上部 2.荚果

【功效主治】甘、微苦,平。宽中下气,健脾补虚,利尿。用于胸腹胀满,食积不化,浮肿。

南苜蓿

【别名】野苜蓿、金花菜。

【学名】Medicago polymorpha L.
(M. hispida Gaertn.)

【植物形态】一年生或二年生草本,高30~90cm。茎匍匐或稍直立,基部多分枝,无毛或稍有毛。羽状三出复叶;小叶片阔倒卵形或倒心形,长1~1.5cm,宽0.7~1cm,先端钝圆或微凹,基部楔形,上部边缘有锯齿,上面无毛,下面有疏柔毛,两侧小叶略小;托叶卵形,边缘有细锯齿。总状花序腋生,有2~6花;花萼钟状,深裂,萼齿尖锐,有疏柔毛;花冠蝶形,黄色,略伸出萼外。荚果螺旋形,无深沟,直径约6mm,边缘有疏刺,刺端钩

状,含种子3~7粒。种子肾形,黄褐色。花、果期4~5月。(图363)

【生长环境】生于山野或路边。

【产地分布】山东境内有逸生。全国各地普遍栽培或野生。

【药用部位】全草:苜蓿;根:苜蓿根。为民间药。

【采收加工】夏季采收全草,晒干或鲜用。秋季挖根,洗净,晒干。

【药材性状】全草缠绕成团。茎多分枝。三出复叶,多皱缩;完整小叶阔倒卵形或倒心形,长1~1.4cm,宽7~9mm,两侧小叶较小;先端钝圆或凹入,基部楔形,上部边缘有锯齿;上表面无毛,下表面疏被柔毛;小叶柄长约5mm,有柔毛;托叶边缘有细锯齿。总状花序腋生;花2~6朵;花萼钟形;花冠皱缩,棕黄色,略伸出萼外。荚果螺旋形,边缘具疏刺。种子3~7,肾形,黄褐色。气微,味淡。

【化学成分】全草含南苜蓿三萜皂苷(hispidacin),大豆皂苷Ⅰ,植物甾醇,植物甾醇酯(phytosterolesters)和游离脂肪酸。种子含胡萝卜素。

【功效主治】苜蓿苦、涩、微酸,平。清热凉血,利湿退黄,通淋排石。用于热病烦渴,黄疸,痢疾泄泻,石淋,肠风下血,浮肿。苜蓿根苦,寒。清热,生津,通淋排石。用于热病烦渴,黄疸,石淋。

【历史】见紫苜蓿。

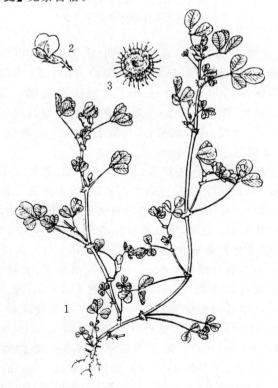

图363 南苜蓿
1.植株全形 2.花 3.荚果

天蓝苜蓿

【别名】黑荚苜蓿、三叶草。

【学名】Medicago lupulina L.

【植物形态】一年生、二年生或多年生草本,高30~60cm。茎自基部多分枝,平卧或斜生,常细弱,有疏毛。羽状三出复叶;小叶片阔倒卵形至菱状倒卵形,长宽为0.5~2cm,先端钝圆,微缺,基部宽楔形,上部有锯齿,两面被柔毛;小叶柄长3~7mm;托叶斜卵形,长0.5~1.2cm,宽2~7mm,先端渐尖,边缘近基部有疏齿。头状总状花序腋生,有花10~25;总花梗长于叶,有腺毛;花萼钟状,萼筒短,萼齿长;花冠蝶形,黄色,稍长于花萼;花柱弯曲,稍成钩状。荚果弯,略呈肾形,有纵纹,无刺,黑色。种子1粒,黄褐色。花期5~7月;果期7~9月。(图364)

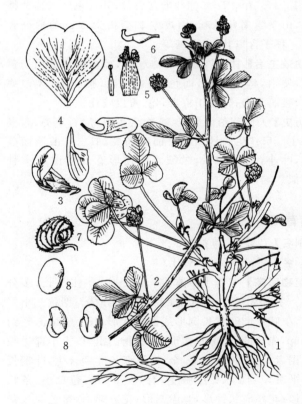

图364 天蓝苜蓿
1.植株下部 2.花枝 3.花 4.旗瓣、翼瓣、龙骨瓣
5.雄蕊 6.雌蕊 7.荚果 8.种子,示种脐

【生长环境】生于河岸、田边或路旁较潮湿的草地。

【产地分布】山东境内产于各地。在我国除山东外,还分布于东北、华北、西北、华中地区及内蒙古、湖北、四川、云南、福建等地。

【药用部位】全草:三叶草。为民间药。

【采收加工】夏季采收,除去杂质,晒干或鲜用。

【药材性状】全草长30~50cm,疏被毛。三出复叶互生,有长柄;完整小叶片宽倒卵形或菱状倒卵形,长宽为1~2cm；先端钝圆，微凹，基部宽楔形，上部边缘有锯齿；两面被白色柔毛，小叶柄短；托叶斜卵形，有柔毛。花密集成头状花序；花萼钟状，花冠黄棕色。荚果先端内曲稍呈肾形，表面黑色，有网纹并疏被柔毛。种子1，黄褐色。气微，味淡。

【化学成分】全草含雌激素样成分。地上部分含胡萝卜素，维生素C、B₁、B₂，吡哆醇（pyridoxine），泛酸（pantothenic acid）和烟酸。根及花含苜蓿酸葡萄糖苷（medicagenic acid glucosides），常春藤皂苷元（hederagenin）和大豆皂醇B、C、D、E、F等；根还含大豆皂苷（soyasaponin），常春藤皂苷元-3-O-β-D-吡喃葡萄糖苷（hederagenin-3-O-β-D-glucopyranoside），苜蓿酸-3-O-β-D-吡喃葡萄糖苷和苜蓿酸-3,28-双吡喃葡萄糖苷；花含西伯利亚落叶松黄酮（laricitrin）及其5′-O-β-D-葡萄糖苷、3,5′-O-β-D-二葡萄糖苷、3,7,5′-O-β-D-三葡萄糖苷，山柰酚葡萄糖苷，槲皮素和杨梅素-3-O-葡萄糖苷等。种子含皂苷，半乳糖等。

【功效主治】甘、涩，凉。清热利湿，凉血解毒。用于黄疸，便血，痔疮出血，面色㿠白，咳嗽，腰腿痛，风湿痹病，腰肌劳损；外用于疮毒、蛇、毒虫咬伤。

【历史】天蓝苜蓿始载于《植物名实图考》石草类，名老蜗生。曰："生长沙田塍，铺底细蔓，似三叶酸浆而蔓赤，叶小，根大如指，微硬。"所述形态及附图与本种相似。

紫苜蓿

【别名】苜蓿草、苜蓿根。
【学名】Medicago sativa L.
【植物形态】多年生草本，高0.3~1m。主根长，多分枝。茎通常直立，近无毛，多从基部分枝。羽状三出复叶；小叶片倒卵状长圆形或倒披针形，长1~2cm，宽约5mm，先端圆，基部狭楔形，中肋稍凸出，仅上半部边缘有锯齿；托叶狭披针形，全缘；下部与叶柄合生，叶柄长而平滑。短总状花序腋生，有8~25花；苞片小，条状锥形；花萼筒状钟形，萼齿锥形；花冠蝶形，紫色或蓝紫色，旗瓣倒卵形，先端微凹，翼瓣比旗瓣短，基部有耳和爪，龙骨瓣比翼瓣稍短。荚果螺旋形旋卷，2~4绕不等，中央无孔或近无孔，无刺，顶端有喙，不开裂。种子10~20粒，卵形。花期5~7月；果期7~8月。（图365）

【生长环境】生于田边、路旁或空闲荒地。有栽培。
【产地分布】山东境内各地均有栽培或逸生。全国各地广泛引种；主要分布于黄河中下游及西北地区。
【药用部位】全草：苜蓿；根：苜蓿根。为民间药。
【采收加工】夏季采收全草，晒干或鲜用。秋季挖根，洗净，晒干。
【药材性状】全草常缠绕成团。茎长30~80cm，多分

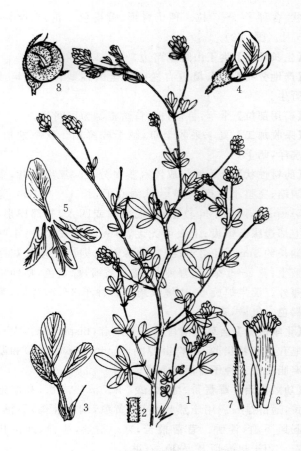

图365 紫苜蓿
1.植株上部 2.一段茎 3.复叶 4.花
5.花冠展开 6.雄蕊 7.雌蕊 8.荚果

枝，光滑。三出复叶，多皱缩卷曲；完整小叶片倒卵状长圆形或倒披针形，长1~2cm，宽约5mm，仅上半部叶缘有锯齿；小叶柄长约1mm；托叶披针形，全缘。总状花序腋生；花萼有柔毛；花冠暗紫色，长于萼。荚果螺旋形，2~4绕；表面黑褐色，稍被毛。种子10数粒，肾形，黄褐色。气微，味淡。

根圆柱形，分枝较多，长10~50cm，直径0.5~2cm。表面灰棕色至红棕色，皮孔较少，不明显。根头部较粗大，有时具残留茎基。质坚脆，断面纤维性，有毛刺状突起。气微，略有刺激性，味微苦。

【化学成分】全草含皂苷，苜蓿醇（lucernol），苜蓿酚（sativol），香豆雌酚（coumestrol），芒柄花素，大豆素，小麦黄素，瓜氨酸（citrulline），刀豆酸（canaline）等。叶含4-O-甲基内消旋肌醇（ononitol），1-半乳庚酮糖（1-galactoheptulose）等。茎叶含果胶酸（pectic acid）及苜蓿苷（medicoside）。花含飞燕草素-3,5-二葡萄糖苷（delphinidin-3,5-diglucoside），矮牵牛素（petunidin）和锦葵花素（malvidin）；挥发油主成分为芳樟醇，月桂烯，柠檬烯等。种子含高水苏碱（homostachydrine），水苏碱，唾液酸（sialic acid）等。

【功效主治】苜蓿苦、涩、微酸,平。清热凉血,利湿退黄,通淋排石。用于热病烦渴,黄疸,痢疾泄泻,石淋,痔疮出血,浮肿。苜蓿根用于热病烦渴,黄疸,石淋。

【历史】苜蓿始载于《名医别录》。《本草纲目》载:"二月生苗,一科数十茎,茎颇似灰藿。一枝三叶,叶似决明叶,而小如指顶,绿色碧艳。入夏及秋,开细黄花。结小荚圆扁,旋转有刺,数荚累累,老则黑色。内有米。"《植物名实图考》载:"西北种之畦中,宿根肥,绿叶早春,与麦齐浪"。《群芳谱》还载一种紫花苜蓿:"苗高尺余,细茎,分叉而生,叶似豌豆,每三叶生一处,梢间开紫花,结弯角,有子黍米大,状如腰子。"按其所述黄花者原植物似为南苜蓿,紫花者应为紫苜蓿。

菜豆

【别名】四季豆、芸豆、角豆。

【学名】Phaseolus vulgaris L.

【植物形态】一年生草本。茎缠绕或近直立,有短柔毛。羽状三出复叶;顶生小叶片阔卵形或菱状卵形,长5～15cm,宽4～10cm,先端急尖或渐尖,基部圆形或阔楔形,全缘,两面脉上有毛,侧生小叶斜卵形;托叶卵状披针形,基部着生;小托叶披针形。总状花序腋生,通常数花生于总花梗顶端或靠近顶端;苞片卵形,小苞片有几条隆起的脉;花萼钟状,萼齿5,二唇形;花冠蝶形,白色、淡紫色或黄色,旗瓣扁椭圆形或肾形,有短爪,翼瓣匙形,基部有爪;龙骨瓣先端卷曲1～2圈;子房条形。荚果带状,肿胀或稍扁,长10～15cm,宽0.8～2cm,顶端有喙。种子长圆形或肾形,长约1.5cm,白色、褐色或蓝黑色,光亮。花期6～7月;果期8～9月。(图366)

【生长环境】栽培于园地、篱笆或地堰边。

【产地分布】山东境内各地广泛栽培。全国各地广泛种植。

【药用部位】荚果:菜豆;种子:白饭豆。为民间药,嫩荚果及种子可食。

【采收加工】夏季采摘荚果,鲜用。夏、秋二季荚果成熟时采摘,晒干,打下种子,除去杂质,收集晒干。

【化学成分】种子含皂苷:大豆皂苷B,菜豆皂苷(phaseoloside)D、E等;有机酸:苹果酸,丙二酸,柠檬酸,琥珀酸,延胡索酸(fumaric acid)等;糖类:蔗糖,棉子糖,水苏糖,葡萄糖,麦芽糖,毛蕊花糖(verbascose)及多糖;还含糖蛋白(glycoprotein)Ⅰ、Ⅱ,白细胞凝集素等。种皮含无色蹄纹天竺素(leucopelargonidin),无色矢车菊素(leucocyanidin),无色飞燕草素(leucodelphinidin),山奈酚-3-O-木糖葡萄糖苷,槲皮素-3-葡萄糖苷,杨梅树皮素-3-葡萄糖苷,蹄纹天竺素-3-葡萄糖苷,矢车菊素-3-葡萄糖苷,飞燕草素-3,5-二葡萄糖苷,矮牵

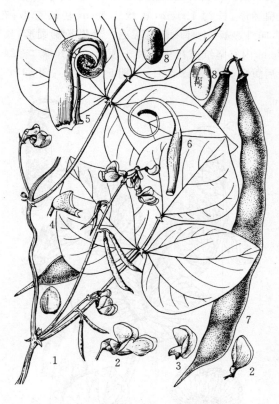

图366 菜豆
1.植株一部分 2.花 3.旗瓣 4.花萼
5.雄蕊 6.雌蕊 7.荚果 8.种子

牛素-3-O-葡萄糖苷(petunidin-3-O-glucoside),锦葵花素-3-葡萄糖苷(malvidin-3-O-glucoside)等。

【功效主治】菜豆甘、淡,平。滋养解热,利尿消肿。用于暑热烦渴,水肿,脚气病。白饭豆甘、淡,平。滋养,解热,利尿,消肿。用于水肿,脚气病。

【历史】菜豆始载于《植物名实图考》,名云藊豆,曰:"云藊豆白色,荚亦双生,似藊豆而细长,似豇豆而短扁,嫩时并荚为蔬,脆美,老则煮豆食之,色紫,小儿所嗜,河南呼四季豆或亦呼龙爪豆"。所述形态及附图与菜豆相似。

【附注】国外用豆荚煎剂和浸膏治疗糖尿病,全株、种子或豆荚有抗肿瘤作用。

豌豆

【别名】大豌豆(临沂)、白豌豆。

【学名】Pisum sativum L.

【植物形态】一年生攀援草本,高30～50cm,全体无毛,有霜粉。偶数羽状复叶,小叶2～6,叶轴顶端有分枝卷须;小叶片卵圆形,长2～5cm,宽1～3cm,全缘;托叶比小叶大,叶状心形,基部耳状包围叶柄,下部有细锯齿。花单生或2～3朵排列成总状花序,腋生;花萼

钟状,萼齿5,披针形;花冠蝶形,白色或紫红色,旗瓣近扁圆形,长约1.4cm,宽约1.8cm,基部有爪;花柱扁,向外纵折,上部内侧有柔毛。荚果长椭圆形,长5～10cm,内有坚纸质衬皮。种子圆形,2～10粒,青绿色,干后黄色。花期4～5月;果期5～6月。(图367)

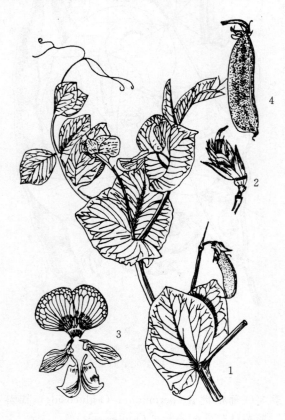

图367 豌豆
1.植株上部 2.花去花冠 3.花冠平展 4.荚果

【生长环境】栽培于排水良好的肥沃土壤。

【产地分布】山东境内的鲁南及鲁西南有栽培。全国各地普遍种植。

【药用部位】种子:豌豆;嫩茎叶:豌豆苗;花:豌豆花;荚果:豌豆荚。为民间药,药食两用。

【采收加工】春季采收嫩茎叶和花,晒干或鲜用。夏季采收荚果鲜用,或于果实成熟时采割全株,晒干,打下种子,收集,晾干。

【药材性状】种子圆球形,直径约5mm。表面青绿色至黄绿色、淡黄白色,有皱纹。种脐点状。种皮薄而韧,子叶2,黄白色,肥厚。气微,味淡。

【化学成分】种子含豆球蛋白(legumin),豌豆球蛋白(vicilin),豆清蛋白(legumelin),铁蛋白(ferritin)及植物凝集素;氨基酸:胱氨酸(cystine),赖氨酸,天冬氨酸,谷氨酸,S-甲基-L-半胱氨酸(S-methyl-L-cysteine)等;脂肪酸:亚油酸,油酸,棕榈酸,亚麻酸和硬脂酸;糖类:水苏糖,蔗糖,果糖,棉子糖,麦芽糖,毛蕊花糖和羽扇豆糖(lupeose);还含刀豆四胺(canavalmine),均精胺(homospermine),氨丙基刀豆四胺(aminopropylcanavalmine),热精胺(thermospermine),氨丙基高精脒(aminopropylhomospermidine)以及维生素B_1、B_2、C、E,胡萝卜素,卵磷脂等。豆荚含赤霉素(gibberellin)A_5、A_{20},幼嫩豆荚含豌豆酮苷(pisuminoside),豌豆黄酮苷(pisumflavonoside)Ⅰ、Ⅱ,槲皮素-3-O-(6-O-trans-p-香豆酰)-β-D-吡喃葡糖基(1→2)-β-D-吡喃葡糖基(1→2)-β-D-吡喃葡糖苷,槲皮素-3-槐三糖苷,山柰酚-3-槐三糖苷,豌豆豆荚糖苷(sayaendoside)等。嫩茎叶含维生素A、B_1、B_2、B_6、C、E及无机元素磷、钾、铁、铜、锌等。

【功效主治】豌豆甘,平。和中下气,利水解毒,下乳。用于消渴,吐泻,脘腹胀满,霍乱转筋,脚气水肿,痈肿,乳少。豌豆苗甘,平。凉血朔干,清热解毒。用于暑热,消渴,肝阳上亢,疔毒,疥疮。豌豆花甘、涩,凉。止血,止泻,止痛。用于咳血,鼻衄,月经过多,便血,肠刺痛,腹痛大泻。豌豆荚用于黄水疮。

【历史】豌豆始载于《绍兴本草》,谓:"其豆如梧桐子,小而圆。其花青红色,引蔓而生。"《本草纲目》云:"八、九月下种,苗生柔弱如蔓,有须,叶似蒺藜叶,两两对生,嫩时可食。三四月开小花,如蛾形,淡紫色。结荚长寸许,子圆如药丸,亦似甘草子。"《植物名实图考》载:"豌豆叶、豆皆为佳蔬,南方多以豆饲马,与麦齐种齐收。"据其形态及附图与现今豆科植物豌豆一致。

【附注】《中国药典》2010年版附录收载,作为制作"酒曲"的原料。

补骨脂

【别名】胡韭子、破故纸、黑故子。

【学名】Psoralea corylifolia L.
[Cullen corylifolium (Linn.) Med.]

【植物形态】一年生草本,高0.6～1.5m。茎直立,全株有白色柔毛和黑褐色腺点。叶互生;叶片宽卵形,长3～9cm,宽3～6cm,先端钝或锐尖,基部圆或心形,边缘有不规则的锯齿;叶柄长2～4cm;托叶镰形;上部叶往往有侧生小叶1片。花密集成近头状总状花序,腋生;总花梗长2～4cm;花小,长3～4mm,钟状;萼齿5;花冠蝶形,淡紫色、白色或黄色;雄蕊10,花丝连合成单体;子房倒卵形或条形。荚果卵球形,长约5mm,不开裂,具小尖头,内含种子1粒,果皮黑色,表面具不规则网纹,与种子粘贴。种子扁肾形,有香气。花期7～9月;果期9～10月。(图368)

【生长环境】栽培于排水良好、肥沃的沙质壤土。

【产地分布】山东境内各地有栽培。在我国除山东外,还分布于山西、陕西、安徽、浙江、江西、河南、湖北、广东、四川、贵州、云南等地。

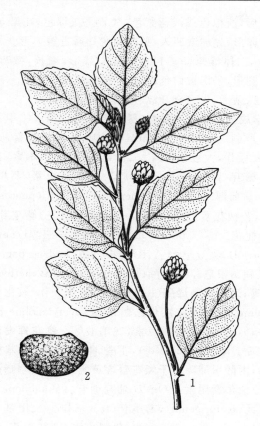

图 368 补骨脂
1. 植株上部 2. 果实

【药用部位】果实：补骨脂。为常用中药，可用于保健食品。

【采收加工】秋季果实成熟时，随熟随收，割取果穗，晒干，打出果实，除净杂质即可。

【药材性状】果实扁圆状肾形，一端略尖，少有宿萼，长3～5mm，宽2～4mm，厚约1.5mm；表面黑色、黑褐色或棕褐色，具微细网纹，在放大镜下可见点状凹凸纹理；顶端钝圆，有1小突起，凹侧有果梗痕；质较硬脆，剖开后可见果皮与外种皮紧密贴生。种子1，外种皮较硬，内种皮膜质，灰白色；子叶2，肥厚，淡黄色至淡黄棕色，胚很小。宿萼基部连合，上端5裂，灰黄色，具毛茸，并密布褐色腺点。气芳香特异，味苦、微辛。

以颗粒饱满、色黑、芳香气浓、味苦者为佳。

【化学成分】果实及种子含香豆素类：补骨脂素（psoralen），异补骨脂素即白芷素（angelicin），花椒毒素（xanthotoxin），补骨脂定（psoralidin），异补骨脂定，补骨脂呋喃香豆素（bakuchicin），补骨脂定-2′,3′-环氧化物（psoralidin 2′,3′-oxide），双羟异补骨脂定（corylidin），补骨脂香豆雌烷（bavacoumestan）A、B，槐属香豆雌烷（sophocoumestan）A，4″,5″-去氢异补骨脂定（4″,5″-dehydroisopsoralidin）等；黄酮类：紫云英苷，补骨脂甲素（corylifolin），补骨脂乙素（corylifolinin），异补骨脂二氢黄酮，补骨脂二氢黄酮甲醚（bavachinin），补骨脂查耳酮，补骨脂色烯查耳酮（bavachromene），异补骨脂查耳酮（isobavachalcone），新补骨脂查耳酮（neobavachalcone），异新补骨脂查耳酮（isoneobavachalcone），补骨脂呋喃查耳酮（bakuchalcone），补骨脂色酚酮（bavachromanol），补骨脂异黄酮（corylin），新补骨脂异黄酮（neobavaisoflavone），补骨脂异黄酮醛（corylinal），补骨脂异黄酮醇（psoralenol），补骨脂色烯黄酮（coryfolia D），补骨脂新异黄酮（bavarigenin），补骨脂异黄酮苷（bavadin），呋喃(2″,3″,7,6)-4′-羟基二氢黄酮，5,7,4′-三羟基异黄酮等；单萜酚类化合物：补骨脂酚（bakuchiol），2,3-环氧补骨脂酚（2,3-hydroxyxybakuchiol），$\Delta^{1,3}$-羟基补骨脂酚（$\Delta^{1,3}$-hydmxyhakuehid），补骨脂苯并呋喃酚（corylifonol），$\Delta^{1,2}$-羟基补骨脂酚等；挥发油：主成分为柠檬烯，萜品醇-4（terpineol-4），芳樟醇，β-石竹烯（β-caryophyllene），松醇（pinitol）等；脂肪酸：亚油酸，油酸，软脂酸和硬脂酸等；还含大豆苷，尿嘧啶，松醇（pinitol），对羟基苯甲酸甲酯，补骨脂多糖及无机元素钾、锰、钙、铁、铜、锌、锶、硒等。

【功效主治】辛、苦，温。温肾助阳，纳气平喘，温脾止泻；外用消风祛斑。用于肾阳不足，阳痿遗精，遗尿尿频，腰膝冷痛，肾虚作喘，五更泄泻；外用治白癜风，斑秃。

【历史】补骨脂始载于《雷公炮炙论》。《开宝本草》云："生广南诸州及波斯国，树高三四尺，叶小似薄荷，其舶上来者最佳。"《本草图经》谓："今岭外山坂间多有之，不及番舶者佳。茎高三四尺，叶似薄荷，花微紫色，实如麻子，圆扁而黑，九月采。"所述形态与现今广为栽培的豆科植物补骨脂相符。

【附注】①《中国药典》2010年版收载。②本种在"Flora of China"10:312,2010.的拉丁学名为 Cullen corylifolium (Linn.) Med.，本志将其列为异名。

葛

【别名】葛子、葛子根、葛条、葛条根、山东葛根。

【学名】Pueraria lobata (Willd.) Ohwi
[Pueraria montana var. lobata (Willd.) Maes. & S. M. Alm. ex Sanj. & Pred.]
(Dolichos lobatus Willd.)

【植物形态】多年生粗壮藤本。块根粗大肥厚。茎基部木质，长达8m，全株有黄色长硬毛。羽状三出复叶；顶生小叶片菱状卵形，长6～19cm，宽5～17cm，先端渐尖，基部圆形，全缘或有时3浅裂，下面有粉霜；侧生小叶偏斜，边缘深裂；托叶盾形，小托叶条状披针形。总状花序腋生，有2～3花聚生于花序轴的节上；花萼钟形，萼齿5，上面2齿合生，下面1齿较长，内外两面均有黄色柔毛；花冠蝶形，紫红色，长约1.5cm，旗瓣倒卵形,基部有2耳及黄色硬痂状附属体,具短瓣柄,翼瓣镰状,较龙骨瓣为狭,基部有线形向下的耳,龙骨瓣镰状长圆形,基部有急尖极小的耳;对旗瓣的1枚雄蕊仅上部离生。荚果长椭圆形,长5～10cm,宽0.8～1.1cm,扁平,密生黄色长硬毛。花期6～8月;果期8～9月。(图369,彩图42)

图369 葛
1.花枝 2.花去花冠 3.花冠平展 4.荚果 5.块根

【生长环境】生于山坡、沟边、林缘或灌丛中。
【产地分布】山东境内产于临沂、泰安、潍坊、烟台、青岛、济南等山地丘陵。在我国分布于除新疆、西藏以外的各地。
【药用部位】根:葛根;淀粉:葛粉;花:葛花;叶:葛叶;藤茎:葛藤。为常用中药和民间药,葛根、葛粉药食两用,葛花可食。
【采收加工】春、秋二季挖根,洗净,除去外皮,切斜厚片或小块后晒干;或制作淀粉。夏季采摘未完全开放的花,阴干。夏季采叶,晒干或鲜用。全年采收茎藤,晒干。
【药材性状】完整根圆柱形。商品药材常为斜切、纵切、横切的片块,长5～35cm,厚0.5～1cm。外皮淡棕色或褐色,具纵皱纹,有横向皮孔和不规则须根痕。质坚韧,切面粗糙,黄白色,隐约可见1～3层同心环层,纤维性强,略具粉性。气微,味微甜。

以块大、质坚实、色白、粉性足、纤维少者为佳。

花蕾扁长圆形或扁肾形,长0.5～1.5cm,宽2～6mm。花萼钟状,5齿裂,其中2齿合生,裂片披针形,与萼筒等长或稍长;表面灰绿色,密被黄白色茸毛。花冠蝶形,淡棕色或淡蓝紫色,久置呈灰棕色;花瓣5,旗瓣倒卵形,先端微凹入,翼瓣和龙骨瓣近镰刀形。雄蕊10枚,二体雄蕊(9+1)。雌蕊扁线形,细长,微弯曲,柱头圆形,子房被白色粗毛。气微,味淡。

以朵大、未完全开放、色淡紫者为佳。

【化学成分】根含黄酮类:葛根素(puerarin),4′-甲氧基葛根素(4′-methoxypuerarin),3′-甲氧基葛根素,大豆素,大豆苷,大豆素-7,4′-二葡萄糖苷,染料木素,葛根素木糖苷(puerarinxyloside),3′-羟基葛根素,葛根素-4′-O-葡萄糖苷,葛根酚(puerarol),葛根苷(pueroside)A,B,芒柄花素,芒柄花素-7-O-葡萄糖苷;三萜皂苷:苷元为槐花二醇(sophoradiol),广东相思子三醇(cantoniensistriol),大豆皂醇A,B,葛根皂醇(kudzusapogenol)A、C和葛根皂醇B甲酯(kudzusapogenol B methyl ester)等;还含羽扇烯酮(lupenone),胡萝卜苷,氯化胆碱(choline chloride),氯化乙酰胆碱(acetylcholine chloride),6,7-二甲氧基香豆素,琥珀酸等。鲜花挥发油含1-辛烯-3-醇(1-octen-3-ol),丁香油酚,芳樟醇,苯甲酸甲酯,丙酸甲酯等。干燥花蕾含黄酮类:尼泊尔鸢尾黄酮,尼泊尔鸢尾素-7-O-β-D-葡萄糖苷(kakkalidone),鸢尾苷元(tectorigenin),鸢尾苷(tectoridin),二甲基鸢尾苷元(dimethyltectorigenin),染料木素,染料木苷,大豆素,槲皮素,葛花苷(kakkalide),鹰嘴豆芽素甲(biochaninA),芒柄花素,芒柄花苷(ononin),印度黄檀苷即降紫香苷(sissotrin);甾醇类:胆甾-5-烯-3β-醇,5(α或β)-麦角甾-7-烯-3β-醇,豆甾醇,豆甾醇苷,胡萝卜苷,β-谷甾醇;还含槐花皂苷(kaikssaponin)Ⅲ,7-甲氧基香豆素,正己基棕榈酸酯,正二十三醇,尿囊素,葡萄糖等。茎藤含倍半萜类:去氢催吐萝芙醇(dehydrovomifoliol),布卢竹柏醇(blumenol),3β-羟基-5α,6α-环氧-7-大柱香波龙烯-9-酮(3β-hydroxy-5α,6α-epoxy-7-megastigmen-9-one);黄酮类:7-羟基-2′,5′-二甲氧基异黄酮,7,2′,4′-三羟基二氢异黄酮,甘草素,鹰嘴豆醇(garbanzol),补骨脂异黄酮,butesuperin A,liquiritigenin-7-methylether;香豆素类:9-hydroxy-2′,2′-dimethylpyrano[5′,6′:2,3]-coumestan,香豆雌酚(coumestrol);还含阿魏酸,2,4-二羟基苯甲醛,(−)-块茎葛素[(−)-tuberosin],葛根苷D(but-2-en-4-olide),(-) puerol,Bhydroxytuberosone等。

【功效主治】葛根甘、辛,凉。解肌退热,生津止渴,透疹,升阳止泻,通经活络,解酒毒。用于外感发热,项背强痛,口渴,消渴,麻疹不透,热痢泄泻,眩晕头痛,中风偏瘫,胸痹心痛,酒毒伤中。葛粉甘,寒。解表退热,生津止渴,去烦热,利便,驻颜,醒酒。用于小儿热痞,口渴,酒毒。葛花甘,平。解酒毒,清湿热。用于酒毒烦渴,湿热便血。葛叶甘、微涩,凉。止血。金创止血,用于外伤出血。葛藤甘、辛,凉。解肌退热,透疹,生津,壮阳止泻。用于外感发热,项背强痛,口渴消渴,麻疹不透,热痢泄泻,喉痹,疮痈疖肿。

【历史】葛根始载于《神农本草经》,列为中品。《本草纲目》名野葛,曰:"葛有野生,有家种。其蔓延长……其根外紫内白,长者七八尺。其叶有三尖,如枫叶而长,面青背淡。其花成穗,累累相缀,红紫色。其荚如小黄豆荚,亦有毛。其子绿色,扁扁如盐梅子核,生嚼腥气,八、九月采之。"所述形态与现今所用葛根原植物相符。

【附注】①《中国药典》2010 年版收载葛根。②本种在"Flora of China"10:246.2010.的中文名为葛麻姆,拉丁学名为 *Pueraria montana* var. *lobata*(Willd.)Maes. & S. M. Alm. ex Sanj. & Pred.,本志将其列为异名。

鹿藿

【别名】红荚豆、山黑豆、野毛豆。

【学名】Rhynchosia volubilis Lour.

【植物形态】缠绕性草质藤本。茎略具棱,全体有褐色绒毛。羽状三出复叶;顶生小叶片卵状菱形或菱形,有3大脉,长 2.5~6cm,宽 2~5.5cm,先端短急尖,两面密生白色绒毛,背面有红褐色腺点,侧生小叶偏斜而较小;托叶条状披针形,不脱落,小托叶锥形。总状花序腋生,常有 1~3 花序同生 1 叶腋内;花萼钟状,最下面的萼裂片比萼筒长,外面有毛及腺点;花冠蝶形,黄色,旗瓣近圆形,翼瓣倒卵状披针形,龙骨瓣具喙;雄蕊二体;子房有毛和腺点。荚果长圆形,红褐色,长约 1.5cm,宽约 8mm,先端有小喙,种子间略收缩,开裂。种子 2 粒,椭圆形或近肾形,黑色,光亮。花、果期 7~11 月。(图 370)

【生长环境】生于土坡或路边草丛中。

【产地分布】山东境内产于荣成市青鱼滩。在我国除山东外,还分布于江苏、安徽、江西、福建、台湾、广东、广西、湖南、湖北、四川等地。

【药用部位】种子:鹿藿子;根及全草:鹿藿。为民间药。

【采收加工】夏、秋二季采收全草及根,除去杂质,晒干或鲜用。秋季果实成熟时割下全株,晒干,打下种子,收集,晾干。

【化学成分】根含 quercetin-3-methyl ether-7-O-α-L-arabinofuranosyl(1→6)-β-D-glucopyranoside,染料木苷等。

【功效主治】鹿藿苦,平。消积散结,消肿止痛,舒筋活络。用于小儿疳积,牙痛,头痛,瘰疬核,风湿痹痛,腰肌劳损;外用于痈疖肿毒,蛇咬伤。鹿藿子用于蛊毒,肠痈瘰疬,头痛,痰满,哮喘,腰痛。

【历史】鹿藿始载于《神农本草经》,列入下品,又名鹿

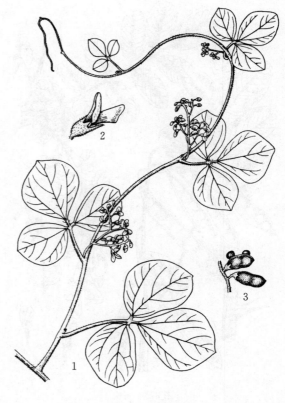

图 370 鹿藿
1.植株上部 2.花 3.荚果

豆。《尔雅》郭璞注曰:"叶似大豆,根黄而香,蔓延生。"《新修本草》云:"此草所在有之,苗似豌豆有蔓而长大,人取以为菜,亦微有豆气。"《本草纲目》收载于菜部,曰:"鹿豆即野绿豆……多生麦地田野中,苗叶似绿豆而小,引蔓生,生熟皆可食,三月开淡粉紫花,结小荚,其子大如椒子,黑色,可煮食。"所述形态除花色不同外,其他皆与植物鹿藿相似。

刺槐

【别名】洋槐树(临沂)、槐树、槐花。

【学名】Robinia pseudoacacia L.

【植物形态】落叶乔木,高达 25m。树皮褐色,有深沟,小枝光滑。奇数羽状复叶,小叶 7~25;小叶片椭圆形或卵形,长 2~5cm,宽 1~2cm,先端圆形或微凹,有小尖头,基部圆形或阔楔形,全缘,无毛或幼时疏生短毛;具托叶刺,长达 2cm。总状花序腋生,长 10~20cm,下垂;花萼杯状,浅裂;花冠蝶形,白色,芳香,长 1.5~2cm,旗瓣有爪,基部常有黄色斑点;雄蕊 10 枚,二体,对旗瓣的 1 枚分离。荚果扁平,条状长圆形,腹缝线有窄翅,长 4~10cm,红褐色,无毛。种子 3~13 粒,黑色,肾形。花期 4~5 月;果期 9~10 月。(图 371)

【生长环境】栽培于山坡、空野、村边、道旁或河岸。

图 371 刺槐
1. 花枝 2. 果枝 3. 旗瓣 4. 翼瓣 5. 龙骨瓣 6. 花去花冠 7. 托叶刺

【产地分布】山东境内各地广泛栽培。种植于全国各地。
【药用部位】花：刺槐花；茎皮及根皮：刺槐皮；根：刺槐根。为民间药，花可食。
【采收加工】春季采摘开放的花，阴干或鲜用。春、秋二季剥取树皮及根皮，秋季挖根，除去杂质，晒干。
【药材性状】干燥花略呈飞鸟状，未开放者钩镰状，长1.3~1.8cm。花萼钟状，棕色，被短柔毛，先端5齿裂，基部有花柄，近上端具关节。花冠类白色至淡黄色；花瓣5，皱缩，有时破碎或脱落；旗瓣1，常反折；翼瓣2，较狭窄；龙骨瓣2，上部合生，钩镰状。雄蕊10，二体。子房线形，棕色，花柱弯生，先端有短柔毛。体轻质软，易碎。气微香，味微甜。
【化学成分】花含黄酮类：山奈酚，山奈酚-3-O-β-D-半乳糖苷，山奈酚-3-O-β-D-半乳糖-7-O-α-L-鼠李糖苷，山奈酚-7-O-α-L-鼠李糖苷，刺槐素（acacetin），刺槐苷（acaciin），蒙花苷（buddleoside）即 5,7-4'-甲氧基-二羟基黄酮-7-O-β-D-葡萄糖基-(6→1)-鼠李糖苷，木犀草素，芦丁，槲皮素，洋槐苷（robinin）；有机酸及其酯：咖啡酸，绿原酸，没食子酸，二十五烷酸，刀豆酸（canaline），2-氨基苯甲酸甲酯；皂苷：大豆皂醇 B，大豆皂苷Ⅲ；酰胺类：N-2-(1,3,4-三羟基-十八烷基)-α-羟基-3'-乙烯-二十四烷酰胺；精油：主成分为 1,2-二甲基十氢化萘，2,6-二甲基十氢化萘，十六酸，1,1-二甲丁基苯，2,3-二甲基十氢化萘，1,4-二甲-1,2,3,4-四氢化萘等；还含 D-3-O-甲基肌醇，D-甘露醇，β-谷甾醇，胡萝卜苷，蓖麻毒蛋白（ricin），鞣质，苯酚，苯乙醇，6,10,14-三甲基-2-十五烷酮，3,7-二甲基-1,6-辛二烯-3-醇等。叶含刺槐苷，刺槐素三糖苷（acacetintrioside），芹菜素二糖苷（apigeninbioside），芹菜素三糖苷（apigenintrioside），正二十六醇（n-hexacosanol），刀豆酸等。种子含植物凝集素；未成熟种子含刀豆酸。树皮含毒蛋白和毒苷。心材含刺槐乙素即洋槐素（robinetin），二氢刺槐乙素，β-二羟基苯甲酸（β-resorcylic acid），β-二羟基苯甲酸甲酯（methyl-β-resorcylate），4,2',4'-三羟基查耳酮，3,4,6,2',4'-五羟基查耳酮，甘草苷元。根含山奈酚-3-O-β-D-葡萄糖-7-α-L-鼠李糖苷，β-谷甾醇。
【功效主治】刺槐花甘，平。止血。用于大肠下血，咯血，吐血，血崩。刺槐皮苦，微寒；有小毒。清热解毒，祛风止痛。用于咽喉肿痛，风火牙痛，恶疮，阴痒，疝气肿痛，痔疮肿痛。刺槐根用于风湿骨痛，跌打损伤，劳伤乏力，面黄肌瘦。

田菁

【别名】向天蜈蚣、叶顶珠。
【学名】Sesbania cannabina (Retz.) Poir. (*Aeschynomene cannabina* Retz.)
【植物形态】一年生草本呈亚灌木状，高约 1m。茎有不明显的淡绿色线纹，幼嫩时有柔毛。偶数羽状复叶，长 15~25cm，小叶 20 对以上；小叶片条状长圆形，长1.2~1.6cm，宽约 3mm，全缘，先端钝，有短尖，基部圆形，稍偏斜，两面有腺点，幼时有短柔毛，后仅下面有毛；小叶柄长约 1mm。总状花序腋生，有 2~6 花，花梗细弱；花萼钟状，萼齿 5，三角形，无毛；花冠蝶形，黄色，长约 1cm，旗瓣扁圆形，有紫色斑点，长 6~7mm，宽约 1cm，翼瓣倒卵状椭圆形，龙骨瓣镰状弯曲；雄蕊二体，对旗瓣的 1 枚分离；子房有柄。荚果条状圆柱形，绿褐色，下垂，长 15~20cm，直径 2~3mm。种子多数，长圆形，直径约 1.5mm，黑褐色。花期 8~9 月；果期9~10 月。（图 372）
【生长环境】生于田间、路旁或潮湿地。
【产地分布】山东境内各地有栽培或逸生。在我国除山东外，还分布于江苏、浙江、福建、台湾、广东、广西、云南等地。
【药用部位】根：田菁根；叶：田菁叶；种子：田菁子；种子胶：田菁胶；种子提胶后的副产物：田肉粉。为民间药，田菁胶为食用增稠剂，田肉粉可做酱油等的原料。
【采收加工】夏季采叶，晒干或鲜用。秋季果熟时割下全株，晒干，打下种子，收集。秋季挖根，洗净，晒干。
【化学成分】根含树胶，蛋白质及糖。种子含田菁胶（sesbania gum, SG），系一种非离子型天然半乳甘露聚

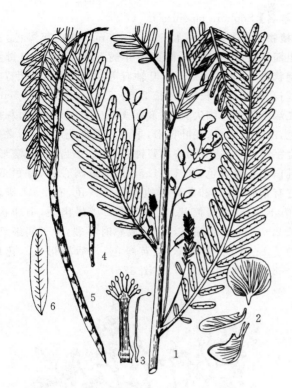

图 372 田菁
1.植株一部分 2.旗瓣、翼瓣、龙骨瓣
3.雄蕊 4.雌蕊 5.荚果 6.小叶

糖；提胶后的残渣含 2-羟基-3-甲基-γ-吡喃酮,6-氨基-9-β-呋喃核糖嘌呤。

【功效主治】田菁叶、田菁子甘、微苦,平。清热凉血,解毒利尿。用于目赤肿痛,高热,小便淋痛,尿血,毒蛇咬伤。田菁根用于遗精,中气下陷,赤白带下。

苦参

【别名】地槐、山槐、野槐。

【学名】Sophora flavescens Ait.

【植物形态】多年生草本或半灌木,高 1.5～2.5m。主根圆柱形,外皮黄色。小枝被柔毛,后脱落。奇数羽状复叶,长 20～25cm,小叶 15～29；小叶片椭圆状披针形至条状披针形,稀为椭圆形,长 3～4cm,宽 1.2～2cm,先端渐尖,基部圆形,背面有平贴柔毛；叶轴被柔毛；托叶条形。总状花序顶生,长 15～30cm,有疏生短柔毛或近无毛；萼钟状,偏斜,齿不明显；花冠蝶形,淡黄白色或粉红色,旗瓣倒卵状匙形,翼瓣单侧生,雄蕊 10,分离或近基部稍连合。荚果长 5～11cm,圆筒形,种子间微缢缩,呈不明显的串珠状,稍四棱形,先端有长喙,疏生短柔毛,有种子 1～5 粒。种子长卵形,深红色或紫褐色。花期 6～8 月；果期 8～10 月。(图 373)

【生长环境】生于山坡草丛、林缘或路旁。

【产地分布】山东境内产于各山地丘陵。在我国除山东外,还分布于南北各省区。

【药用部位】根:苦参；种子:苦参实。为常用中药和民间药。

【采收加工】秋季挖根,除去地上部分,洗净,晒干。秋季采收成熟果实,晒干,打下种子,收集晒干。

【药材性状】根长圆柱形,下部常有分枝,长 10～30cm,直径 1～2cm。表面棕黄色至灰棕色,具纵皱纹及横生皮孔,栓皮薄,常破裂反卷,易剥落,剥落处露出黄色内皮。质硬,不易折断,折断面纤维性。切片厚 3～6mm,切面黄白色,外侧具放射状纹理及裂隙,有时可见同心性环纹,中央部位纹理排列不规则。气微,味极苦。

以条匀、色黄棕、断面黄白、味极苦者为佳。

图 373 苦参
1.植株上部 2.一段枝 3.小叶 4.果枝 5.花冠平展
6.花纵切,示雄蕊和雌蕊 7.种子

【化学成分】根含生物碱:苦参碱(matrine),氧化苦参碱(oxymatrine),异苦参碱(isomatrine),槐根碱(sophocarpine),N-氧化槐根碱(N-oxysophocarpine),槐定碱(sophoridine),别苦参碱(allomatrine),槐花醇(sophoranol),N-氧化槐花醇(sophoranol N-oxide),槐胺碱(sophoramine),N-甲基金雀花碱(N-methylcytisine),苦参烯碱(sophocarpine,槐果碱),金雀花碱,苦参胺碱(kuraramine),臭豆碱(anagyrine),白金雀花碱(lupanine),苦豆碱(aloperine),鹰爪豆碱(sparteine)等；黄酮类:苦参新醇(kushenol)A、B、C、D、E、F、G、H、I、J、K、L、M、N、O,苦参查耳酮(kuraridin),苦参查耳

酮醇（kuraridinol），苦参醇（kurarinol），新苦参醇（neokurarinol），降苦参醇（norkurarinol），芒柄花素，苦参酮（kurarinone），降苦参酮（norkurarinone），异苦参酮（isokurarinone），甲基苦参新醇（methylkushenol）C，1-山槐素，苦参素（kushenin），异去氢淫羊藿素（isoanhydroicaritin），降脱水淫羊藿素（noranhydroicaritin）即 3,5,7,4′-四羟基-8-异戊烯基黄酮，苦参啶醇（kuraridinol），三叶豆紫檀苷（trifolirhizin），三叶豆紫檀苷-6′-单乙酸酯（trifolirhizin-6′-monoacetate），异黄腐醇（isoanthohumol）即 5-甲氧基-7,4′-二羟基-8-异戊烯基二氢黄酮，2′-羟基异黄腐醇，槲皮素，芦丁，高丽槐素（maackiain），大豆黄素，7,3′-二羟基-4′-甲氧基异黄酮（calycosin），7,4′-二羟基-3′-甲氧基异黄酮，sophoflavone A、B 等；三萜皂苷：苦参皂苷（sophoraflavoside）Ⅰ、Ⅱ、Ⅲ、Ⅳ，大豆皂苷Ⅰ及苦参醌（kushequinone）A 等；脂肪酸：主成分为亚麻酸，亚油酸和棕榈酸；挥发油：有乙酸甲酯，壬酸甲酯，月桂酸甲酯，香叶基丙酮（geranylacetone），对聚伞花素等；还含 7-羟基香豆素，苦参醌（rushequinone），2,4-二羟基苯甲酸，β-谷甾醇。**种子**含左旋 5α-羟基槐根碱（5α-hydroxysophocarpine），左旋槐根碱，左旋 N-甲基金雀花碱，右旋 9α-羟基苦参碱，左旋 5α,9α-二羟基苦参碱，右旋苦参碱-N-氧化物（matrine-N-oxide），右旋槐根碱-N-氧化物和右旋槐花醇-N-氧化物。

【功效主治】苦参苦、寒。清热燥湿，杀虫，利尿。用于热痢，便血，黄疸尿闭，赤白带下，阴肿阴痒，湿疹，湿疮，皮肤瘙痒，疥癣麻风；外用于滴虫病。苦参实苦，寒。消热解毒，通便，杀虫。用于痢疾泄泻，大便秘结，蛔虫病。

【历史】苦参始载于《神农本草经》，列为中品。《本草经集注》曰："叶极似槐树，故有槐名。花黄，子作荚，根味至苦恶。"《本草图经》曰："其根黄色，长五七寸许，两指粗细。三五茎并生，苗高三四尺以来。叶碎青色，极似槐叶，故有水槐名。春生冬凋。其花黄白，七月结实如小豆子。"《本草纲目》载："七八月结角如萝卜子，角内有子二三粒，如小豆而坚。"所述形态与苦参相符。

【附注】《中国药典》2010 年版收载苦参。

附：毛苦参

毛苦参 var. kronei (Hance) C. Y. Ma (var. galegoides Hemsl.)，与原种的主要区别是：小枝、叶、小叶柄密被灰褐色或锈色柔毛，荚果成熟时，毛被仍十分明显。产于山东境内的泰山、蒙山等山地。药用同原种。

槐

【别名】槐树、家槐、笨槐、槐连豆。

【学名】Sophora japonica L.

【植物形态】落叶乔木，高 15～25m。树皮灰黑色，具粗糙纵裂纹；无顶芽，侧芽为叶柄下芽，青紫色。奇数羽状复叶，长 15～25cm，叶轴有毛，基部膨大，小叶 7～17；小叶片卵状长圆形，长 2.5～7.5cm，宽 1.5～5cm，先端渐尖而有细尖头，基部阔楔形或近圆形，下面灰白色，疏生短柔毛；托叶钻形，早落。圆锥花序顶生，常呈金字塔形，长达 30cm；花萼钟状，有 5 小齿；花冠蝶形，乳白色或淡黄色，长 1～1.5cm，旗瓣阔心形，有短爪，并有紫脉，翼瓣和龙骨瓣边缘稍带紫色，有 2 耳；雄蕊 10，不等长；子房筒状，花柱弯曲。荚果肉质，串珠状，长 2.5～8cm，黄绿色，无毛，成熟时不裂，种子间细缩。种子 1～6 粒，卵球形，淡黄绿色，干后黑褐色。花期 6～8 月；果期 9～10 月。（图 374）

图 374 槐
1. 花枝 2. 果枝 3. 花 4. 旗瓣 5. 翼瓣 6. 龙骨瓣
7. 雄蕊和雌蕊 8. 种子 9. 小叶放大 10. 托叶

【生长环境】栽培于路边或院旁。

【产地分布】山东境内各地普遍栽培。在我国分布广泛，以黄河流域最为常见，为华北平原、黄土高原的农村、城市习见树种。主产于河北、山东、河南、辽宁、江苏等地。

【药用部位】花蕾：槐米；花：槐花；果实：槐角；嫩枝：槐枝（槐嫩蘖）；叶：槐叶；根：槐根；树皮：槐白皮。为较常用中药和民间药。槐米、槐花为山东道地药材，药食两用，槐角可用于保健食品，槐米可做茶。

【采收加工】夏季采收花蕾或开放的花，干燥，除去枝、梗和杂质，分别为槐米或槐花。11～12 月采收成熟果实,鲜用或晒干,或沸水稍烫后再晒干。春季采收嫩枝,春、夏二季采叶,晒干或鲜用。全年采收根,洗净晒干;或剥取树皮及根皮,除去外层栓皮,晒干。

【药材性状】花常皱缩卷曲,花瓣常散落。完整者花萼钟状,黄绿色,先端5浅裂。花瓣5,黄色或黄白色,1瓣较大,近圆形,先端微凹,其余4瓣长圆形。雄蕊10,9+1二体,花丝细长。雌蕊圆柱形,弯曲。体轻,易碎。气微,味微苦、涩。

以完整、色黄白或黄绿、无枝叶者为佳。

花蕾卵形或椭圆形,长2～6mm,直径2～3mm。花萼黄绿色,下部有数条纵纹。花瓣黄白色,未开放。花梗细小。体轻,质脆。气微,味微苦、涩。

以未开放、色黄绿、无枝叶杂质者为佳。

荚果圆柱形,有时弯曲,种子间缢缩呈念珠状,长1～7cm,直径0.6～1cm;表面黄绿色或黄褐色,皱缩而粗糙,稍有光泽,背缝线一侧有黄色带,顶端有突起的残留柱基,基部有果柄或果柄痕。质柔润,易在缢缩处折断,断面果肉黄绿色,有黏性,呈半透明角质状。种子1～6,肾形或长圆形,长0.8～1cm,宽5～8mm;表面棕黑色,平滑,有光泽,一侧有下凹的灰白色圆形种脐;质坚硬,破开种皮,内有子叶2,黄绿色。气微,味微苦。嚼之有豆腥味。

以果长、饱满、色黄绿、质柔润者为佳。

【化学成分】花及花蕾含黄酮类:芦丁,槲皮素,异鼠李素,异鼠李素-3-O-芸香糖苷,山奈酚-3-O-芸香糖苷等;三萜皂苷:赤豆皂苷(azukisaponin)Ⅰ、Ⅱ、Ⅴ,大豆皂苷Ⅰ、Ⅲ,槐花皂苷(kaikasaponin)Ⅰ、Ⅱ、Ⅲ等;又含白桦脂醇,槐花二醇(sophoradiol),β-谷甾醇,月桂酸,十二碳烯酸(dodecenoic acid),肉豆蔻酸,花生酸等;挥发成分有8-十七碳烯,石竹烯,2-甲氧基-3-(2-丙烯基)苯酚等。果实含黄酮类:槐角苷(sophoricoside,槐属苷),槐属双苷(sophorabioside),染料木素,染料木素-7-O-D-纤维素二糖苷(genistein-7-β-D-cellobioside),染料木素-7,4'-二葡萄糖苷,山奈酚,山奈酚-3-鼠李糖二葡萄糖苷,槲皮素,芦丁,芒柄花素,刺芒柄花苷等;还含赖氨酸,天门冬酰胺,精氨酸等氨基酸及二醇(sophoradiol),麦芽酚(maltol),α-乙酰基吡咯,二十六酸,二十六醇,β-谷甾醇,甘油-α-单二十六酸酯等。果皮含黄酮类:赝靛黄素(pseudobaptigenin),7-甲氧基赝靛黄素,5,4'-二羟基-7,3'-二甲氧基异黄酮,染料木素,染料木苷,染料木素-7,4'-二葡萄糖苷,樱黄素(prunetin),樱黄素4'-O-β-D-葡萄糖苷,大豆黄素,二甲氧基大豆黄素,芒柄花素(formononetin),槐属双苷(sophorabioside),槐属苷(sophororricoside)等。种子含生物碱:金雀花碱,N-甲基金雀花碱,槐根碱,苦参碱,黎豆胺(stizolamine);还含半乳甘露聚糖(galactomannan),磷脂,植酸钙镁,植物血凝素等。种子油主含油酸,亚油酸,亚麻酸和棕榈酸等。叶含黄酮类:槲皮素,山奈酚,异鼠李素,染料木素,樱黄素,大豆黄素,毛蕊异黄酮;甾体类:β-谷甾醇,豆甾醇和胡萝卜苷;还含儿茶酚,原儿茶酸,二十二烷酸,二十烷酯。根含右旋-山槐素葡萄糖苷(d-maackiain-β-D-glucoside),消旋-山槐素(dl-maackiain),槐根苷(sophoraside)A,野葛醇(puerol)A、B等。

【功效主治】槐米、槐花苦,微寒。凉血止血,清肝泻火。用于便血,痔血,血痢,崩漏,吐血,衄血,肿热目赤,头痛眩晕。槐角苦,寒。清热泻火,凉血止血。用于肠热便血,痔肿出血,肝热头痛,眩晕目赤。槐枝(槐嫩蘖)苦,平。清肝明目,清热利湿,用于崩漏带下,心痛,目赤,痔疮,疥疮。槐叶苦,平。清热解毒,镇静,消肿。用于小儿惊痫,壮热,肠风,尿血,湿疹,疥癣。槐根苦,平。散瘀消肿。用于痔疮,喉痹,蛔虫病。槐白皮苦,平。祛风除湿,消肿止痛。用于风邪外中,热病口疮,肠风下血,痔疮,痈疽疮疖,水火烫伤。

【历史】槐始载于《尔雅》。《神农本草经》收槐实,列为上品。《嘉祐本草》收槐花。《本草图经》云:"槐有数种……四月、五月开花,六月、七月结实。七月七日采嫩实,捣取汁煎,十月采老实入药,皮、根采无时……取花之陈久者,筛末饮服以治下血。"并附"高邮军槐实"图。《本草纲目》曰:"其花未开时,状如米粒……其实作荚连珠,中有黑子,以子连多者为好。"根据本草记述及附图,古今所用槐花、槐米和槐角原植物一致。

【附注】《中国药典》2010年版收载槐花、槐角;附录收载槐枝。

白刺花

【别名】狼牙刺、苦刺。

【学名】Sophora davidii (Franch.) Skeels

[S. moorcroftiana (Benth.) Baker var. davidii Franch.]

(S. viciifolia Hance)

【植物形态】灌木,高1～2.5m。枝条棕色,近于无毛,不育枝末端明显变成刺,有的分叉。羽状复叶,长4～6cm,小叶11～21;小叶片椭圆形或长倒卵形,先端圆,微凹而有小尖,表面无毛,背面有白色毛;托叶细小针刺状,宿存。总状花序生于小枝顶端,有花6～12;花萼钟形,蓝紫色,被绢毛,萼齿三角形;花冠蝶形,白色或蓝白色,长约1.5cm,旗瓣倒卵状长圆形,反曲;花丝下部1/3合生。荚果长2.5～6cm,宽约5mm,非典型的串珠状,有长喙,密生白色平伏长柔毛,果皮近革质,开裂。种子1～7粒。花期5月;果期8～10月。(图375)

【生长环境】生于石灰质土壤的山坡。

【产地分布】山东境内产于鲁中南山地丘陵和德州等

图375 白刺花
1.花枝 2.花 3.荚果

地。在我国除山东外,还分布于河北、河南、山西、陕西、甘肃、湖南、湖北、贵州、云南、四川等地。

【药用部位】花:白刺花;叶:白刺花叶;果实:白刺花果;根:白刺花根。为民间药,白刺花可食,或做酒原料,叶、花可做茶。

【采收加工】春季采收未完全开放的花,夏季采叶,秋季采收成熟果实,晒干或鲜用。秋、冬二季挖根,洗净晒干。

【化学成分】叶含生物碱:槐根碱,槐根碱-N-氧化物,槐胺碱,苦参碱,氧化苦参碱,苦丁碱(即13α-羟基苦参碱);黄酮类:香叶木苷(diosmin),5,7,3'-三羟基-4'-甲氧基黄酮(5,7,3'-trihydroxy-4'-methoxyflavone),7,3'-二羟基-4'-甲氧基黄酮,7,4'-二羟基黄酮,7,3',4'-三羟基黄酮等。花含生物碱:苦参碱,氧化苦参碱,槐果碱,氧化槐果碱,槐胺碱,槐定碱;黄酮类:木犀草素,槲皮素,异野樱黄苷,染料木素,染料木素-4'-葡萄糖苷,8-甲氧基草棉黄素-3-O-槐糖苷,小麦黄素-7-O-β-D-吡喃葡萄糖苷,5-羟基-7,3',4'-三甲氧基-二氢黄酮,5,4'-二羟基-7,3'-二甲氧基-二氢黄酮,三叶豆紫檀苷等;还含大豆脑苷Ⅰ,齐墩果酸-28-O-β-吡喃糖葡萄糖苷,β-谷甾醇,胡萝卜苷。种子含槐定碱及羽扇豆类生物碱;黄酮类:高丽槐素,7-羟基-3',4'-亚甲基二氧异黄酮,7,3',4'-三羟基黄酮,7,3'-二羟基-4'-甲氧基黄酮,香叶木素,毛蕊异黄酮等;还含β-谷甾醇,胡萝卜苷,氨基酸和不饱和脂肪酸等。

【功效主治】白刺花根苦,寒。清热解毒,杀虫,利尿消肿,凉血止血。用于胃痛,腹痛,痢疾,咽痛,咳嗽痰喘,肝阳上亢,肋痛,蛔虫病。**白刺花叶**苦,平。清热解毒。用于衄血,疔疮肿毒,滴虫病,烫伤。**白刺花**用于暑热烦渴。**白刺花果**苦,平。和中益气,消食止痛。用于食积不化,胃腹疼痛。

【历史】白刺花始载于《植物名实图考》,云:"长条横刺,刺上生刺,就刺发茎,如初生槐叶,春开花似金雀而小,色白,袅袅下垂,瓣皆上翘,园田以为樊。"所述形态及附图与植物白刺花基本一致。

胡芦巴

【别名】芦巴子、香草。

【学名】Trigonella foenum-graecum L.

【植物形态】一年生草本,高30~80cm。茎、枝疏被毛,全株有香气。羽状三出复叶,互生;顶生小叶片倒卵形或倒披针形,长1~4cm,宽0.5~1.5cm,先端钝圆,基部楔形,上部边缘有锯齿,两面均疏被柔毛,顶生小叶具较长的柄,侧生小叶片略小;叶柄长1~4cm;托叶与叶柄连合,宽三角形,全缘,有毛。花1~3朵腋生;萼筒状,萼齿披针形,与萼筒近等长;花冠蝶形,黄白色或淡黄色,基部稍带紫堇色,旗瓣长圆形,顶端深波状凹陷,翼瓣狭长圆形,龙骨瓣长方状倒卵形;雄蕊10,二体(9+1)。荚果线状圆筒形,直或稍呈镰状弯曲,先端具长喙,表面有纵长网纹。种子10~20粒,略呈斜方形或矩形,长3~5mm,宽2~3mm,黄褐色,表面凹凸不平。花期4~7月;果期7~9月。(图376)

图376 胡芦巴
1.花、果枝 2.花萼展开 3.旗瓣、翼瓣、龙骨瓣
4.二体雄蕊 5.雌蕊

【生长环境】生于气候温和、排水良好的肥沃土壤。多为栽培。

【产地分布】山东境内的菏泽有较大面积的栽培。在我国除山东外，还分布于黑龙江、吉林、辽宁、河北、河南、安徽、浙江、湖北、广东、广西、陕西、甘肃、新疆、四川、贵州、云南等地。

【药用部位】种子：胡芦巴。为少常用中药，可用于保健食品。

【采收加工】果实成熟时，采割植株，晒干，打下种子。

【药材性状】种子略呈斜方形或矩形，一端略尖，长3～4mm，宽2～3mm，厚约2mm。表面淡黄棕色或黄褐色，两侧各有1条深斜沟，种脐点状，位于两斜沟相交处。质坚硬，不易破碎。纵切后可见种皮薄，胚乳半透明状，遇水有黏性，子叶2，淡黄色，胚根弯曲，肥大而长。气微，味微苦。

以粒大、饱满、坚实、味苦者为佳。

【化学成分】种子含生物碱：胡芦巴碱（trigonelline），胆碱和番木瓜碱（carpaine）；黄酮类：6-C-木糖基-8-C-葡萄糖基芹菜素，6,8-二-C-葡萄糖基芹菜素，肥皂草素（saponaretin），合模荭草苷（homoorientin），牡荆素，牡荆素-7-葡萄糖苷，槲皮素，木犀草素，小麦黄素，柚皮素，槲皮素，小麦黄素-7-O-葡萄糖苷等；甾体皂苷类：薯蓣皂苷元（diosgenin），薯蓣皂苷元-3-O-α-L-鼠李糖(1→4)-O-β-D-葡萄糖-(1→4)-O-β-D-葡萄糖苷（皂苷A），薯蓣皂苷元-3-O-α-L-鼠李糖（1→3）-α-L-鼠李糖(1→4)-O-β-D-葡萄糖基-(1→4)- O-β-D-葡萄糖苷（皂苷B），薯蓣皂苷元-3-O-β-D-葡萄糖(1→4)-α-L-鼠李糖(1→4)-O-β-D-葡萄糖-(1→4)-O-β-D-葡萄糖苷（皂苷C），芰脱皂苷元（gitogenin），替告皂苷元（tigogenin），新替告皂苷元（neotigogenin），雅姆皂苷元（yamagenin），丝兰皂苷元（yuccagenin），胡芦巴皂苷（graecunin）H，I，J，K，L，M，N，胡芦巴皂苷（trigoneoside）Ⅷ；还含双咔唑（N,N'-dicarbazyl），单棕榈酸甘油酯，胡萝卜苷，D-3-甲氧基肌醇，D-葡萄糖乙醇苷，蔗糖，胡芦巴素（fenugrin）B，胡芦巴肽酯（fenugreekine），(2S,3R,4R)-4-羟基异亮氨酸等。叶含胡芦巴皂苷A、B、C、E、G。

【功效主治】苦，温。温肾助阳，祛寒止痛。用于肾阳不足，下元虚冷，小腹冷痛，寒疝腹痛，寒湿脚气。

【历史】胡芦巴始载于侯宁极《药谱》。《嘉祐本草》曰："胡芦巴出广州并黔州，春生苗，夏结子，子作细荚，至秋采，今人多用岭南者。"但《本草图经》所附"广州胡芦巴"图，叶为羽状复叶，与现今胡芦巴的三出复叶不同。因此古代胡芦巴的种类尚待进一步考证。

【附注】《中国药典》2010年版收载。

山野豌豆

【别名】山豆苗、山豌豆、野豌豆。

【学名】Vicia amoena Fisch. ex DC.

【植物形态】多年生草本，高0.3～1m。主根粗壮，须根发达。茎攀援，有4棱，多分枝，有疏长柔毛或近无毛。偶数羽状复叶，顶端有卷须，2～3叉，小叶4～7对；小叶片椭圆形至卵状披针形，长1.5～3.5cm，宽0.8～1.5cm，先端圆钝或微凹，有短尖，基部通常圆，下面有粉霜，侧脉扇形展开，直达叶缘，不连成网状，叶片革质；托叶半箭头形。总状花序腋生，有10～30花，和叶片近等长或稍长；花萼斜钟形，萼齿5，下面3齿较长，狭披针形，萼齿和筒部等长；花冠蝶形，蓝紫色、紫红色或淡紫色，长1.2～1.5cm，旗瓣倒卵形，先端微凹；子房无毛，有长柄，花柱急弯，上部周围有毛。荚果长圆形，长约2cm，两端渐尖，略肿胀，棕褐色。种子1～6粒，圆形，直径3.5～4mm；种皮革质，深褐色，具花斑；种脐内凹，黄褐色，长相当于种子圆周的1/3。花期6～7月；果期7～8月。2n=12。（图377）

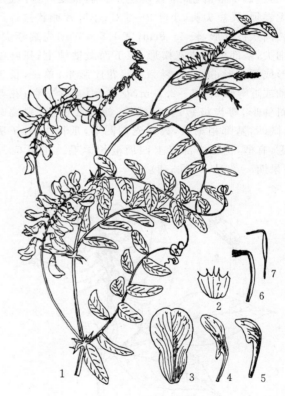

图377 山野豌豆
1.植株上部 2.花萼展开 3.旗瓣 4.翼瓣
5.龙骨瓣 6.雄蕊 7.雌蕊

【生长环境】生于山坡、林缘、草地或灌丛。

【产地分布】山东境内产于各大山区。在我国除山东外，还分布于东北地区及内蒙古、河北、山西、河南、陕西、甘肃、青海、四川等地。

【药用部位】全草：透骨草（山野豌豆）。为东北地区少用中药，嫩叶可食。

【采收加工】夏季采收嫩茎叶，鲜用或晒干。

【化学成分】种子含油，抗 α-植物凝集素，胰蛋白酶抑制素等。全草含黄酮类：山野豌豆苷（amoenin），槲皮素，山奈酚，槲皮素-3-O-α-L-鼠李糖苷，槲皮素-3-O-β-D-葡萄糖苷，山奈酚-3,7-二-O-α-L-鼠李糖苷等；还含蛋白质，多肽，氨基酸，皂苷，鞣质，蒽醌类及内酯等。

【功效主治】甘，平。舒筋活血，除湿止痛。用于风湿疼痛，筋骨拘挛，无名肿毒，阴囊湿疹，跌打损伤，鼻衄，崩漏。

【附注】《中国药典》2010 年版附录收载，称"透骨草"。

牯岭野豌豆

【别名】野豌豆。

【学名】Vicia kulingiana Bailey
（V. edentata Wang et Tang）

【植物形态】多年生草本，高 60～70cm。根近木质。茎直立，基部带紫褐色，常数茎丛生。羽状复叶，叶轴顶端无卷须，具短尖头，小叶 2～3 对；小叶片卵状披针形或长圆状披针形，长 4～8cm，宽 1.5～3cm，先端渐尖，有细尖，基部楔形或宽楔形，叶下面微被绒毛；托叶披针形或箭头形，边缘齿裂。总状花序腋生，单一，长于叶轴或近等长，长 2～2.5cm，花多数，苞片宿存；花萼近斜钟形，萼齿极短；花冠蝶形，旗瓣长圆形，先端圆形，微凹，基部稍渐狭，翼瓣先端圆形，爪长 1cm；子房无毛，有柄，花柱中部以上四周被长柔毛。花期 6～7月；果期 7～9 月。（图 378）

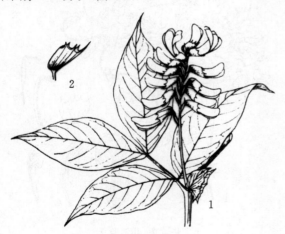

图 378 牯岭野豌豆
1.部分植株 2.花萼

【生长环境】生于山谷疏林、林缘或沟边草丛。

【产地分布】山东境内产于崂山、昆嵛山等地。在我国除山东外，还分布于江苏、浙江、安徽、湖南等地。

【药用部位】全草及荚果：野豌豆苗（桑钩草）。为民间药，嫩叶可食。

【采收加工】夏季采收全草，秋季采收成熟荚果，晒干或鲜用。

【功效主治】苦、涩，平。清热解毒，驱虫消积。用于咽喉肿痛，疟疾，食积不化，痔疮，疔疮，蛔虫病，毒蛇咬伤。

救荒野豌豆

【别名】野豌豆、苕子、肥田草。

【学名】Vicia sativa L.

【植物形态】一年生或二年生草本，高 25～50cm。茎斜生或攀援，单一或多分枝，具纵棱，疏被柔毛。偶数羽状复叶，叶轴顶端有卷须，2～3 叉，小叶 4～8 对；小叶片长椭圆形或近心形，长 0.8～2cm，宽 3～7mm，先端截形，微凹，有小尖头，基部楔形，两面疏生黄色柔毛；托叶戟形，边缘有 2～4 齿。花 1～2 朵生于叶腋，近无梗；花萼筒状，萼齿 5，披针形，渐尖，有白色疏短毛；花冠蝶形，紫色或红色，旗瓣倒卵形，先端凹，有细尖，翼瓣短于旗瓣，显著长于龙骨瓣；子房被柔毛，无柄，花柱顶端背部有淡黄色须毛。荚果条形，扁平，长 2.5～4.5cm，近无毛。种子 4～8 粒，圆球形，棕色。花期 5～8 月；果期 7～9 月。2n＝10,12,14。（图 379）

图 379 救荒野豌豆
1.植株上部 2.小叶 3.花 4.雄蕊 5.雌蕊 6.荚果

【生长环境】生于山坡草地、路旁或麦田。

【产地分布】山东境内产于各地。在我国除山东外，还分布于全国南北各地。

【药用部位】全草或种子：大巢菜。为民间药，嫩叶可食。

【采收加工】夏季采收全草,晒干或鲜用。秋季采收成熟荚果,晒干,打下种子。

【药材性状】种子呈略扁的圆球形,直径3～4mm。表面棕色、黑棕色或黑色,平滑,种脐白色,长约为圆周的1/5。质坚硬,破开后子叶2,黄色。气微,味淡,具豆腥气。

【化学成分】全草含黄酮类:异槲皮素,芦丁,生物槲皮素(bioquercetin),大波斯菊苷(cosmosiin),安妥苷(antoside),木犀草素-7-O-β-D-吡喃葡萄糖苷(cinaroside);甾醇类:胆甾醇,Δ^7-豆甾烯醇,β-谷甾醇;香豆素类:花椒毒素(xanthotoxin),香柑内酯(bergapten),伞形花内酯,马栗树皮素(esculetin)和东莨若素;氨基酸:赖氨酸,色氨酸,谷氨酸等;还含胡萝卜素,叶黄素,维生素B_1、B_2、C,氢氰酸及无机元素钴、镍、铜、钡、锶等。种子含均戊胺(homopentamine),均己胺(homohexamine),N^5-氨丁基均精胺(N^5-aminobutylhomospermine),去甲精脒(norspermidine),高精脒(homospermidine),精胺(spermine),热精胺(thermospermine),高精胺(homospermine),氨丙基高精脒(aminopropylhomospermidine)等;蛋白质:豆(球)蛋白(legumin),豌豆球蛋白(vicilin),清蛋白(albumin)等;还含精氨酸,β-氰基-L-丙氨酸,卵磷脂,磷脂酰乙醇胺(phosphatidylethanolamine),磷脂酰肌醇(phosphatidyl inositol),巢菜碱苷(vicine),巢菜苷(vicianin),4-氯吲哚乙酸甲酯(4-chloroindoleacetic acid methylester),半乳糖基甘油二酯(galactosyl diglycerides),胍(guanidine)。

【功效主治】甘、辛,寒。清热利湿,和血祛痰。用于黄疸,浮肿,疟疾,衄血,心悸,梦遗,月经不调,咳嗽痰多,疔疮,痔疮。

【历史】救荒野豌豆始载于《本草纲目》,名薇,曰:"薇生麦田中,原泽亦有,故诗云'山有蕨、薇',非水草也。即今所谓野豌豆,蜀人谓之巢菜。蔓生,茎叶气味皆似豌豆,其藿作蔬,入羹皆宜。"又引项氏云:"巢菜有大、小二种:大者即薇,乃野豌豆之不实者;小者即苏东坡所谓元修菜也。此说得之。"所述巢菜之大者形态特征及《植物名实图考》附图,与本植物相符。

附:四籽野豌豆

四籽野豌豆 V. tetrasperma (L.) Schreber,与救荒野豌豆的主要区别是:卷须不分枝。小叶片长椭圆形或线形,长0.7～1.7cm,宽2～4mm,先端钝或锐尖。总状花序腋生,有1～2花,总花梗细弱,与叶近等长。荚果长圆形,扁平,长约1cm。种子通常4粒。2n=14,28。产地及药用同救荒野豌豆。

歪头菜

【别名】山绿豆(昆嵛山)、山豆苗(泰山)、绿豆芽(崂山)、野绿豆(费县)。

【学名】Vicia unijuga A. Br.

【植物形态】多年生草本,高达1m。根茎粗壮,近木质。主根长8～9cm,须根发达,表面黑褐色。茎通常直立,数枝丛生,具纵棱。复叶有2小叶,卷须不发达而成针状;小叶片形状和大小变化极大,卵状披针形至菱形,长3～10cm,宽2～5cm,先端急尖,基部斜楔形;托叶大,对生,戟形或近披针形,边缘有尖齿。总状花序腋生,长3～5cm;花萼斜钟形,裂齿浅波状,先端急尖;花冠蝶形,蓝色、紫色或蓝紫色;子房有柄,无毛,花柱上半部有白色短柔毛。荚果长椭圆形,扁平,长3～4cm,褐黄色。种子扁球形,棕褐色。花期7～8月;果期9～10月。(图380)

图380 歪头菜
1.花枝 2.窄形叶 3.稀具卷须的叶 4.花萼
5.旗瓣 6.翼瓣 7.龙骨瓣 8.子房

【生长环境】生于山谷、山沟、林缘、草地或岸边。

【产地分布】山东境内产于各大山区海拔较高处。在我国除山东外,还分布于东北、华北、西北、华东、华中、西南地区及内蒙古等地。

【药用部位】全草-歪头菜(三铃子)。为民间药。

【采收加工】夏、秋二季采收,晒干或鲜用。

【化学成分】鲜叶含大波斯菊苷,木犀草素-7-O-β-D-葡萄糖苷,植物凝集素等。茎叶含木质素(lignin)。种子含赤式-γ-羟基精氨酸(erythro-γ-hydroxyarginine)。全草含氨基酸:天冬氨酸,缬氨酸,亮氨酸,赖氨酸,精氨酸,苏氨酸等及无机元素磷、钙、镁、钡、锌、铁等。

【功效主治】甘,平。清热利尿,补虚调肝,理气止痛。用于头晕,体虚浮肿,胃痛,劳伤,疔疖。

【历史】歪头菜始载于《救荒本草》,曰:"生新郑县山野中，细茎，就地丛生，叶似豇豆叶而狭长，背微白，两叶并生一处，开红紫花，结角比豌豆角短小而扁瘦，叶味甜。"《植物名实图考》名山苦瓜，云："生云南，蔓长柁地，茎叶俱涩，或二叶、三叶、四叶为一枝，长叶多须。"所述形态与植物歪头菜相似。

赤豆

【别名】红小豆、红饭豆。

【学名】Vigna angularis（Willd.）Ohwi et Ohashi
（*Dolichos angularis* Willd.）
（*Phaseolus angularis* W. F. Wight.）

【植物形态】一年生草本。茎直立或缠绕，高30～80cm，全株被倒生硬毛。羽状三出复叶；顶生小叶片菱状卵形，长4～10cm，宽4～8cm，先端渐尖，基部圆形或阔楔形，全缘或3浅裂；侧生小叶偏斜，两面疏生短硬毛；托叶箭头形，长1～1.7cm，盾状着生。总状花序腋生，有5～6花，花梗短；小苞片条状披针形；花萼齿三角形，钝，有缘毛；花冠蝶形，黄色，长约1cm，旗瓣近圆形，有短爪，翼瓣比龙骨瓣宽，龙骨瓣上端卷曲近半圈，其中1片在中部以下有1角状突起；雄蕊二体；子房无毛，花柱卷曲，近先端有须毛。荚果圆柱形，长5～8cm，无毛，成熟时种子间缢缩。种子6～10粒，长圆形，暗红色，种脐白色，不凹陷。花期6～7月；果期8～9月。（图381）

【生长环境】栽培于农田。

【产地分布】山东境内各地普遍栽培。国内各省区广泛种植。

【药用部位】种子：赤小豆；花：赤豆花；叶：赤豆叶；芽：赤豆芽。为较常用中药或民间药，药食两用，嫩苗可食。

【采收加工】同赤小豆。

【药材性状】种子长圆形或短圆柱形，两端较平截或钝圆，长5～8mm，直径4～6mm。表面暗棕红色，有光泽。种脐白色，平坦而不突起，中央不凹陷。种皮硬，不易破碎。除去种皮，子叶2，肥厚，黄白色。气微，味微甜，嚼之有豆腥气。

以颗粒饱满、色暗棕红者为佳。

【化学成分】种子含D-儿茶精，D-表儿茶精和表没食子儿茶精（epigallocatechin），3-呋喃甲醇-β-D-吡喃葡萄糖苷（3-furanmethanol-β-D-glucopyranoside），右旋儿茶精-7-O-β-D-吡喃葡萄糖苷，赤豆皂苷（azukisaponin）Ⅰ、Ⅱ、Ⅲ、Ⅳ、Ⅴ、Ⅵ等。新鲜种子含原矢车菊素 B_1、B_3。

【功效主治】赤小豆甘、酸，平。利水消肿，解毒排脓。用于水肿胀满，脚气浮肿，黄疸尿赤，风湿热痹，痈肿疮毒，肠痈腹痛。赤豆叶涩，平。涩小便。用于小便频数。赤豆花甘，平。清热解毒，消肿止痛，解酒。用于痢疾，伤酒头痛，疔疮，丹毒。赤豆芽淡，平。止血，安胎，用于便血，胎漏。

【历史】见赤小豆。

【附注】①《中国药典》2010年版收载赤豆。

绿豆

【别名】小绿豆、绿饭豆、毛绿豆。

【学名】Vigna radiata（L.）Wilczek
（*Phaseolus radiatus* L.）

【植物形态】一年生草本，高20～60cm。茎直立或上部略为缠绕，有淡褐色长硬毛。羽状三出复叶；顶生小叶片卵形，长6～10cm，宽3～7.5cm，先端渐尖，基部圆形或阔楔形；侧生小叶偏斜，两面有长硬毛；托叶大，阔卵形，盾状着生，长约1cm；小托叶条形。总状花序腋生，总花梗短于叶柄或与其近等长；花萼斜钟状，萼齿4，下面1裂片最长，近无毛；花冠蝶形，黄色，旗瓣近方形，先端微缺，翼瓣卵形，龙骨瓣镰刀状，右侧有显著的囊；雄蕊10，二体。荚果线状圆柱形，长6～8cm，宽约6mm，散生淡褐色的长硬毛。种子8～14粒，绿色、淡绿色或黄褐色，短圆柱形，种脐白色，不凹陷。花期6～7月；果期8～9月。

【生长环境】栽培于排水良好的肥沃土地。

【产地分布】山东境内各地广泛栽培。"泗水绿豆"已注册国家地理标志产品。全国各地均有栽培。

【药用部位】种子：绿豆；种皮：绿豆衣；叶：绿豆叶；花：绿豆花。为民间药，绿豆药食两用，嫩苗及芽可食。

【采收加工】夏、秋二季种子成熟时采割全株，晒干，打

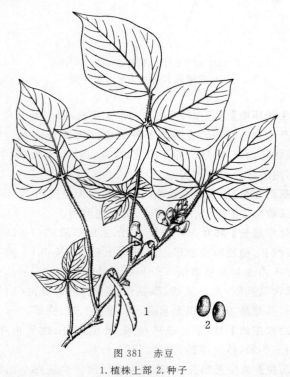

图381 赤豆
1.植株上部 2.种子

下种子,除去杂质。将绿豆用水泡胀,揉搓取种皮,或收集绿豆发芽时脱落的种皮,晒干。夏季采花,夏、秋季采叶,鲜用或晒干。

【药材性状】种子短圆柱形,长4～6mm。表面绿色、暗绿色或黄褐色,有光泽或光泽不明显。种脐位于一侧上端,约为全长的1/3,白色,纵线形,不内陷。种皮薄韧,种仁黄绿色或黄白色,子叶2,肥厚。气微,嚼之有豆腥味。

以干燥、粒大饱满、色绿者为佳。

种皮形状不规则,均自裂口处向内翻卷,大小不一。表面绿色、黄绿色或暗绿色,具致密纹理;种脐长圆形槽状。内表面光滑,色较淡。体轻,质较脆,易碎。气微,味淡。

以干燥、完整、表面色绿者为佳。

【化学成分】种子蛋白质主为球蛋白(blobulin),主要组成为蛋氨酸,色氨酸和酪氨酸等;磷脂类:磷脂酰胆碱,磷脂酰乙醇胺,磷脂酰肌胺(phosphatidylinositol),磷脂酰甘油(phosphatidylglycerol),磷脂酰丝氨酸(phosphatidylserine),磷脂酸(phosphatidic acid)等;还含超氧物歧化酶,硬脂酸,1-硬脂酸甘油脂,胡萝卜素,胡萝卜苷,β-谷甾醇,核黄素,果糖,葡萄糖,麦芽糖,7-甲氧基牡荆素,尿嘧啶核苷(uridine)等。

【功效主治】绿豆甘,凉。清热解毒,消暑,利水。用于暑热烦渴,水肿,泻痢,丹毒,痈肿。**绿豆衣**甘,寒。清暑止渴,利尿,解毒。用于暑热烦渴,水肿,食物中毒。**绿豆叶**苦,寒。清热解毒,祛风化湿。用于霍乱吐泻,斑疹,疔疮,疥癣,药毒,火毒。**绿豆花**甘,微寒。解毒醒酒。用于酒毒伤中。

【历史】绿豆始载于《开宝本草》,原名菉豆。《本草纲目》增收绿豆皮,曰:"绿豆处处种之,三四月下种。苗高尺许,叶小而有毛,至秋开小花,荚如赤豆荚。"并曰:"皮解热毒、退目翳。"经考证,古今绿豆原植物一致。

【附注】①《中国药典》2010年版附录收载种子,《山东省中药材标准》2002年版收载绿豆衣,用其异名 *Phaseolus radiatus* L.。②本志采纳《中国植物志》41:284绿豆 Vigna radiata (L.) Wilczek (*Phaseolus radiatus* L.)的分类。

赤小豆

【别名】小豆、小红绿豆、红小豆。

【学名】Vigna umbellata (Thunb.) Ohwi et Ohashi
(*Dolichos umbellatus* Thunb.)
(*Phaseolus calcaratus* Roxb.)

【植物形态】一年生草本。茎纤细,直立或上部缠绕,高20～90cm。羽状三出复叶;顶生小叶片披针形或长圆状披针形,长4～10cm,宽2～6cm,先端渐尖,基部圆形或近截形;侧生小叶略小;托叶披针形或卵状披针形,长1～1.5cm,盾状着生。总状花序腋生或顶生,小花多枚,花柄短;花萼钟状,萼齿披针形;花冠蝶形,黄色,长约1cm。荚果线状圆柱形,长6～10cm,直径约5mm,无毛。种子6～10粒,长椭圆形,暗红色,种脐凹陷。花期6～7月;果期8～9月。(图382)

图382 赤小豆
1.植株上部 2.旗瓣、翼瓣、龙骨瓣 3.雄蕊 4.雌蕊

【生长环境】栽培于农田。

【产地分布】山东境内各地有栽培。在我国南部地区有栽培。

【药用部位】种子:赤小豆;花:赤小豆花;叶:赤小豆叶。为较常用中药和民间药,赤小豆药食两用,嫩苗及芽可食。

【采收加工】秋季荚果成熟而未开裂时采割全株或摘取荚果,晒干,打下种子,除去杂质。夏季采收叶、花,阴干或鲜用。

【药材性状】种子长圆形而稍扁,两端较平截或圆钝,长5～6mm,直径3～4mm。表面紫红色,平滑,稍具光泽或无光泽。一侧有线形突起的种脐,偏向一端,白色,约为全长的2/3,中央凹陷成纵沟;另侧有1条不明显的棱脊。质坚硬,不易破碎;剖开后种皮薄脆,子叶2,乳白色,肥厚,胚根细长,弯向一端。气微,味微甘,嚼之有豆腥味。

以颗粒饱满、色紫红略发暗者为佳。

【化学成分】种子含儿茶精-7-O-β-D-吡喃葡萄糖苷;氨基酸:天冬氨酸,苏氨酸,谷氨酸,缬氨酸,异亮氨酸,亮氨酸,苯丙氨酸,赖氨酸等;还含三萜皂苷,硫胺素,核黄素,烟酸,蛋白质,脂肪,糖类和无机元素钙、磷、铁、锌、锰等。

【功效主治】赤小豆甘、酸,平。利水消肿,解毒排脓。用于水肿胀满,脚气浮肿,黄疸尿赤,风湿热痹,痈肿疮毒,肠痈腹痛。赤小豆花甘,平。清热,止渴,醒酒,解毒。用于疟疾,痢疾消渴,伤酒头痛,痔瘘下血,丹毒,疔疮。赤小豆叶甘、酸、涩,平。固肾缩尿,明目,止渴。用于小便频数,肝热目糊,心烦口渴。

【历史】赤小豆始载于《神农本草经》,列为中品。《本草纲目》名红豆,曰:"此豆以紧小而赤黯色者入药,其稍大而鲜红、淡红色者,并不治病。俱于夏至后下种,苗科高尺许,枝叶似豇豆,叶微圆峭而小。至秋开花,似豇豆花而小淡,银褐色,有腐气。结荚长二三寸,比绿豆荚稍大,皮色微白带红,三青二黄时即收之。"按其形态及《本草图经》和《植物名实图考》附图,赤小豆应为豆科 Vigna 属植物,包括赤小豆和赤豆两种,现习惯认为赤小豆质优,与本草记载颇相吻合。

【附注】《中国药典》2010 年版收载赤小豆。

豇豆

【别名】豆角、饭豆。

【学名】Vigna unguiculata (L.) Walp.
[V. sinensis (L.) Hassk.]
(Dolichos unguiculatus L.)
(D. sinensis L.)

【植物形态】一年生缠绕草质藤本,或为近直立草本,有时顶端缠绕。茎近无毛。羽状三出复叶;小叶片卵状菱形,长 5～14cm,宽 4～7cm,先端急尖,基部近圆形,全缘或近全缘,两面有时淡紫色,无毛;托叶披针形,长约 1cm,着生处下延成一短距,有线纹。总状花序腋生,具长梗;花 2～6 朵聚生于花序的顶端,花梗间常有肉质密腺;花萼浅绿色,钟状,长 0.6～1cm,萼齿 5,披针形;花冠黄白色而略带青紫,长约 2cm,各瓣均具瓣柄,旗瓣扁圆形,宽约 2cm,顶端微凹,基部稍有耳,翼瓣略呈三角形,龙骨瓣稍弯;子房线形,被毛。荚果下垂,线形,长 20～30cm,稍肉质膨胀或坚实,有种子多粒。种子长椭圆形或圆柱形或稍肾形,长 0.6～1.2cm,黄白色、暗红色或其他颜色。花期 6～7 月;果期 8 月。(图383)

【生长环境】栽培于排水良好的田地。

【产地分布】山东境内各地常见栽培。全国各地广泛栽培。

【药用部位】种子:豇豆;果壳:豇豆壳;叶:豇豆叶;根:豇豆根。为民间药,豇豆药食两用,嫩苗及芽可食。

图 383 豇豆
1.植株上部 2.花萼 3.旗瓣 4.翼瓣 5.龙骨瓣
6.雄蕊 7.雄蕊背腹面 8.荚果 9.种子

【采收加工】秋季采收成熟果实,晒干,打下种子,收集种子和果壳分别晒干。夏季采叶,秋季挖根,洗净,晒干或鲜用。

【化学成分】种子含氨基酸:胱氨酸(cystine),天冬氨酸,苏氨酸,丝氨酸,谷氨酸,缬氨酸等;还含能抑制胰蛋白酶和糜蛋白酶的蛋白质。嫩豇豆和发芽种子含维生素 C。

【功效主治】豇豆甘、咸,平。健脾利湿,补肾涩精。用于脾胃虚弱,泄泻痢疾,吐逆,肾虚腰痛,遗精,消渴,白带,小便频数。豇豆壳甘,平。镇痛,消肿。用于腰痛,胁痛,缠腰丹,乳痈。豇豆叶甘,平。利水通淋。用于淋症,小便不利,蛇咬伤。豇豆根甘,平。健脾益气,消积,解毒。用于脾胃虚弱,食积不化,白带,淋浊,痔血,疔疮。

【历史】豇豆始载于《救荒本草》,云:"今处处有之,人家田园多种。就地拖秧而生,亦延篱落。叶似赤小豆叶而极长,梢开淡紫粉花,结荚长五六寸。"《本草纲目》载:"三四月种之,一种蔓长丈余,一种蔓短,其叶俱本大末尖,嫩时可茹,其花有红、白二色,荚有白、红紫、赤、斑驳数色,长者至二尺,嫩时充菜,老则收子。此豆可菜、可果、可谷,备用最多。"所述形态与现今豇豆相同。

附：长豇豆

长豇豆 subsp. sesquipedalis（Linn.）Verdc.，俗称豆角。为一年生攀援植物，长2~4米。荚果长30~70(~90)cm，直径4~8mm，下垂，嫩时多少膨胀，表面类白色、青绿色、红色或有斑纹；种子肾形，长0.8~1.2cm。花、果期夏季。全省各地有栽培。邹城"谢庄豆角"已注册国家地理标志产品。我国各地常见栽培。嫩荚药食两用。甘，平；健脾和胃，补肾止带；用于脾胃虚弱，食积不化，腹胀，肾虚遗精，白带增多。

紫藤

【**别名**】萝花（济南）、藤萝花（昆嵛山、泰山）、藤萝。

【**学名**】Wisteria sinensis（Sims）Sweet
（*Glycine sinensis* Sims）

【**植物形态**】落叶藤本。茎左旋，枝较粗壮，小枝被柔毛。奇数羽状复叶，小叶7~13，通常为11；小叶片卵状长椭圆形至卵状披针形，长4~10cm，宽约2.5，先端渐尖，基部圆形或阔楔形，幼时两面密生平伏白色柔毛，老时近无毛。总状花序生自去年短枝的腋芽或顶芽，长15~30cm，花序轴、花梗及萼均被白色柔毛；花冠蝶形，紫色或深紫色，长2.5~3.5cm；花梗长1.5~2.5cm。荚果长10~25cm，表面密生黄色绒毛，有喙，木质，开裂。种子1~5粒，扁圆形，褐色，具光泽，宽1.5cm。花期4~5月；果期8~10月。（图384）

【**生长环境**】栽培于公园、庭院。

【**产地分布**】山东境内各地均有栽培。在我国除山东外，还分布于辽宁、内蒙古、河北、河南、江苏、浙江、安徽、山西、陕西、甘肃、湖北、湖南、广东、四川、贵州、云南等地。长江以南少有野生，多数为栽培。

【**药用部位**】根：紫藤根；茎皮及茎皮：紫藤皮；花：紫藤花；种子：紫藤子。为民间药。

【**药材性状**】种子扁圆形，一面平坦，另一面稍隆起，直径1.2~2.3cm，厚2~3mm。表面淡棕色至褐色，平滑，具光泽，散有黑色斑纹。一端有细小合点，自合点分出数条略凹下的弧形脉纹，另一端侧边凹陷处有黄白色椭圆形种脐，并有种柄残迹。质坚硬，种皮薄，子叶2，黄白色，坚硬。气微，嚼之有豆腥味，微有麻舌感。

以粒大饱满、色褐者为佳。

【**化学成分**】茎皮含 α-L-吡喃鼠李糖基(1→5)-β-呋喃木糖基(1→3)-α-香树脂醇[α-L-rhamnopyranosyl(1→5)-β-D-xylofuranosyl(1→3)-α-amyrin]，β-谷甾醇，三十烷醇，12-羟基三十烷-4,7-二酮(12-hydroxytriacontan-4,7-dione)，原甾醇(protosterol)B，山柰酚等。叶含木犀草素-7-O-葡萄糖鼠李糖苷，忍冬苦苷(toniceroside)，芹菜素-

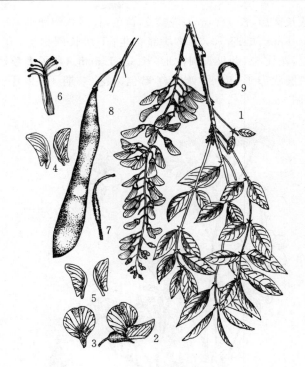

图384 紫藤
1.花枝 2.花 3.旗瓣 4.翼瓣 5.龙骨瓣
6.雄蕊 7.雌蕊 8.荚果 9.种子

7-O-鼠李糖葡萄糖苷，尿囊素及尿囊酸。花含22,23-二氢豆甾醇，夏至草素(marrubiin)等；鲜花挥发油主成分有乙酸乙酯，1-辛烯-3-醇，苯甲醛，芳樟醇，棕榈酸乙酯等。种子含金雀花碱。

【**功效主治**】紫藤皮甘，苦，温；有小毒。利水，除痹，杀虫。用于水癃浮肿，骨节疼痛，寄生虫病。**紫藤花及紫藤子**甘，微温；有小毒。杀虫，止痛，和胃解毒，止吐泻。用于筋骨痛，食物中毒，腹痛，吐泻，蛲虫病，腹水。**紫藤根**甘，温。祛风除湿，止痛。用于风湿痹痛，痛风，骨节痛。

【**历史**】紫藤始载于《本草拾遗》，名紫藤子，曰："藤皮着树，从心重重有皮，四月生紫花可爱，长安人亦种之以饰庭池，江东呼为招豆藤，其子作角，角中仁熬香着酒中，另酒不败。"《植物名实图考》名黄环、小黄藤。所述形态及附图与现今植物紫藤极为相似。

酢浆草科

酢浆草

【**别名**】醋溜溜（威海）、酸溜草（烟台）、三叶草。

【**学名**】*Oxalis corniculata* L.

【**植物形态**】多年生草本，全株有疏柔毛。根状茎细长。茎匍匐或斜升，多分枝。叶互生；掌状三出复叶；小叶片倒心形；叶柄长2~4cm；托叶小，与叶柄贴生。伞形花序腋生；总花梗与叶柄近等长；萼片5，披针形或长圆形，长3~4mm；花瓣5，黄色，长圆状倒卵形，长6~8mm；雄蕊10，花丝基部合生；子房长圆柱形，有毛，花柱5。蒴果长圆柱形，长1~1.5cm。种子多数，长圆状卵形，扁平，熟时红褐色。花、果期4~9月。（图385）

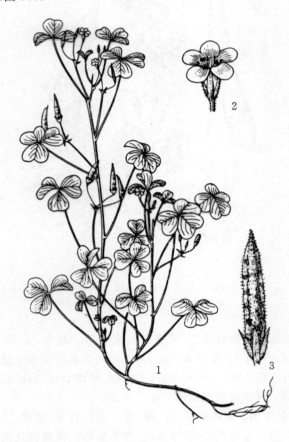

图385 酢浆草
1.植株 2.花 3.果实

【生长环境】生于山坡、路边、村旁或墙根。

【产地分布】山东境内产于各地。广布于我国。

【药用部位】全草：酢浆草。为民间药，嫩苗可食。

【采收加工】夏季采收，晒干或鲜用。

【药材性状】全草卷曲成团。茎扁圆柱形；表面黄绿色至浅棕色，有纵棱及柔毛；质轻脆，断面白色。三出复叶，小叶片倒心形，两面被柔毛，黄绿色或浅棕色，多皱缩；叶柄细长。伞形花序腋生；萼片及花瓣5。果实倒圆锥形，长约1cm，具5棱。气微，味微酸。

以叶多、色绿、带花果、味酸者为佳。

【化学成分】全草含黄酮类：牡荆素，异牡荆素，牡荆素-$2''$-O-β-D-吡喃葡萄糖苷；还含2-庚烯醛（2-heptenal），2-戊基呋喃（2-pentylfuran），维生素C、E_1、E_2，丙酮酸（pyruvic acid），乙醛酸（glyoxalic acid），脱氧核糖核酸（deoxyribonucleic acid），反式植醇（trans-phytol），糖脂，磷脂以及C_{10}~C_{14}的脂肪酸等。

【功效主治】酸，寒。清热利湿，凉血散瘀，消肿解毒。用于痢疾泄泻，黄疸，淋病，赤白带下，麻疹，吐血，衄血，咽喉肿痛，疔疮，痈肿，疥癣，痔疾，中气下陷，跌打损伤，烫火伤。

【历史】酢浆草始载于《新修本草》。《本草图经》曰："叶如水萍，丛生，茎端有三叶，叶面生细黄花，实黑，夏月采叶用。"《本草纲目》谓："此小草三叶酸也，其味如醋……苗高一二寸，丛生布地，极易繁衍，一枝三叶，一叶两片，至晚自合帖，整整如一，四月开小黄花，结小角，长一二分，内有细子。冬亦不凋。"其形态与植物酢浆草一致。

【附注】《中国药典》2010年版附录收载。

牻牛儿苗科

牻牛儿苗

【别名】老鸦爪（长清）、老鹳子嘴（莱阳、沂水、昌乐）、老鸹嘴（德州）。

【学名】Erodium stephanianum Willd.

【植物形态】一年生或二年生草本，高10~50cm。根圆柱形。茎多分枝，平铺或稍斜升，被柔毛或近无毛。叶对生；叶片卵形或椭圆状三角形，长6~7cm，二回羽状深裂至全裂，羽片4~7对，基部下延至叶轴，小羽片狭条形，全缘或有1~3粗齿，两面疏被柔毛；叶柄长4~8mm，被柔毛或近无毛；托叶披针形，渐尖，边缘膜质，被柔毛。伞形花序腋生；总花梗长5~15cm，通常有2~5花；花梗长2~3cm，有开展柔毛或近无毛；萼片椭圆形，先端钝，有长芒，背面被毛；花瓣淡紫色或紫蓝色，倒卵形，基部有白毛，长约7mm；雄蕊10，2轮，外轮5，无花药；子房被银白色长毛。蒴果长4~5cm，顶端具长喙，成熟时5果瓣与中轴分离，喙部呈螺旋状卷曲。花期4~5月；果期6~8月。$2n=14$。（图386）

【生长环境】生于山坡或路边草丛。

【产地分布】山东境内产于各地；主产于临沂、昌乐、长清、莱阳等地。在我国除山东外，还分布于东北、华北、西北、华中地区及云南、西藏等地。

【药用部位】全草：老鹳草（长嘴老鹳草）。为少常用中药。山东道地药材。

【采收加工】夏、秋二季果实近成熟时采割地上部分，除去杂质，晒干。

【药材性状】茎圆柱形，长30~50cm，直径3~7mm，多分枝，节膨大。表面灰绿色或带紫色，有纵沟纹及稀疏茸毛；质脆，断面纤维性，黄白色。叶对生，叶片卷曲皱缩或破碎；完整者展平后呈卵形或椭圆状三角形，二回羽状深裂，裂片狭条形，全缘或具1~3粗齿；表面灰绿色；叶柄细长。果实长圆形，长4~5cm，宿存花柱形似鹳喙，有的裂成5瓣，呈螺旋形卷曲。气微，味淡。

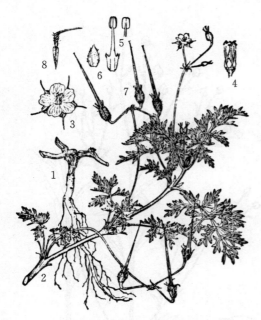

图386 牻牛儿苗
1.根 2.植株上部 3.花 4.花去花萼、花瓣
5.雄蕊 6.退化雄蕊 7.果实 8.果瓣

以叶多、色灰绿、花果多者为佳。

【化学成分】全草含挥发油：主成分为牻牛儿苗醇（geraniol）；黄酮类：槲皮素，山柰酚；还含鞣花酸，3-O-没食子酰莽草酸（3-O-galloyl-shikimic acid），3,4-二-O-没食子酰莽草酸，3,5-二-O-没食子酰莽草酸，β-谷甾醇等。

【功效主治】辛、苦，平。祛风湿，通经络，止泻痢。用于风湿痹痛，麻木拘挛，筋骨酸痛，痢疾泄泻。

【历史】牻牛儿苗始载于《救荒本草》，曰："又名斗牛儿苗。生田野中，就地拖秧而生，茎蔓细弱，其茎红紫色。叶似芫荽叶，瘦细而稀疏。开五瓣小紫花，结青蓇葖果儿，上有一嘴甚尖锐，如细锥子状，其角极似鸟嘴。"《本草纲目拾遗》载有老鹳草，谓："入药用茎嘴。"又转引龙柏《药性考补遗》谓："出山东。"《植物名实图考》曰："按汜水俗呼牵巴巴，牵巴巴者，俗呼啄木鸟也。其角极似鸟嘴，因以名焉。"所述形态和附图与植物牻牛儿苗基本一致。

【附注】《中国药典》2010年版收载，称长嘴老鹳草。

老鹳草

【别名】老鸹嘴、鸭脚老鹳草、鹳子嘴。

【学名】Geranium wilfordii Maxim.

【植物形态】多年生草本。根状茎短，直立。有略增粗的长根。茎高30～70cm，直立或有时匍匐，有倒生柔毛。叶对生；叶片肾状三角形，基部心形，长3～5cm，宽4～6cm，3深裂，中央裂片较大，卵状菱形，先端急尖，边缘有缺刻或粗牙齿，侧裂片较小；下部叶近5深裂，上面疏生伏毛，下面或两面仅沿脉被伏毛；基生叶和下部叶有长柄，向上渐短，被稍密的倒生短毛；托叶窄披针形，长0.7～1cm，先端渐尖，有毛。聚伞花序腋生；花序梗细，长2～4cm，有2花；花柄几与花序梗等长，果期下弯，均被倒生短毛，有时花梗上混生开展的腺毛；萼片卵形，渐尖，有芒，长5～6mm，背部疏生伏毛；花瓣淡紫红色或近白色，稍长于萼片，倒卵形，先端微凹；雄蕊10，花丝基部突然扩大，扩大部分有缘毛；花柱极短或不明显。蒴果喙较短，果熟时与中轴分离，果瓣由下向上卷曲，长约2cm，被短毛。种子黑褐色，有细网状隆起。花期7～8月；果期8～9月。（图387）

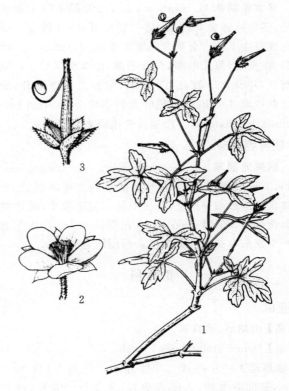

图387 老鹳草
1.部分植株 2.花 3.果实

【生长环境】生于山坡草丛、林缘或路边。

【产地分布】山东境内产于各山地丘陵。在我国分布于东北、华北、华东地区及湖北等地。

【药用部位】全草：老鹳草（短嘴老鹳草）。为少常用中药。山东道地药材。

【采收加工】夏、秋二季果实近成熟时采割地上部分，除去杂质，晒干。

【药材性状】茎较细，直径1～3mm；表面微紫色或灰褐色，具纵沟，有倒伏毛。叶肾状三角形，3深裂，裂片近菱形，边缘有锯齿，两面绿色或黄绿色，被伏毛。蒴果长约2cm，宿存花柱长1～2cm，成熟时5裂，向上卷曲呈伞形。气微，味淡。

以叶多、色绿、花果多者为佳。

【化学成分】全草含黄酮类：槲皮素，山柰酚，山柰酚-7-

O-β-D-葡萄糖苷,金丝桃苷;还含没食子酸,老鹳草鞣质(geraniin),β-谷甾醇等。

【功效主治】辛、苦,平。祛风湿,通经络,止泻痢。用于风湿痹痛,麻木拘挛,筋骨酸痛,痢疾泄泻。

【历史】老鹳草始载于《滇南本草》,原名五叶草、老官草,曰:"祛诸风皮肤发痒,通行十二经络,治筋骨疼痛,风痰痿软,手足麻木。"所述功效与现今老鹳草基本一致。

【附注】《中国药典》2010年版收载,称短嘴老鹳草。

附:鼠掌老鹳草

鼠掌老鹳草 G. sibiricum L.,与老鹳草的主要区别是:茎生叶通常5深裂,每一裂片再2～3浅裂。每一花梗着生1花。全草含青蟹肌醇(scyllo-inositol),山柰酚,槲皮素,原儿茶酸,没食子酸,山柰酚-7-O-α-L-鼠李糖苷,并没食子酸,山柰酚-3,7-α-L-二鼠李糖苷,短叶老鹳草素(brevifolin),短叶老鹳草酸乙酯(ethyl brevifolincarboxylate)等。产地及药用同老鹳草。

朝鲜老鹳草

朝鲜老鹳草 G. koreanum Kom.(G. tsingtauense Yabe.),又名青岛老鹳草,与老鹳草的主要区别是:叶片肾状五角形,3～5深裂,达中部。花序顶生,花序梗长为花梗的2倍以上;花较大,花瓣长1.5cm。山东境内产于胶东半岛及沂蒙山区。药用同老鹳草。

亚麻科

野亚麻

【别名】山胡麻、珍珠蒿。

【学名】Linum stelleroides Planch.

【植物形态】一年生或二年生草本。茎直立,高40～70cm,基部略木质,上部多分枝,无毛。叶互生;叶片条形或条状披针形,长1～4cm,宽1.5～2.5mm,先端锐尖,基部渐狭,两面无毛,有1～3条脉,全缘;无柄。聚伞花序;花直径约1cm;萼片5,卵形或卵状披针形,长约3mm,有3脉,先端急尖,边缘稍膜质,有黑色腺体;花瓣5,淡紫色或紫蓝色,倒卵形,长约7mm;雄蕊5,与花柱等长,花丝基部结合,退化雄蕊5;子房5室,柱头倒卵形。蒴果,球形或扁球形,直径3～4mm,顶端突尖。种子长圆形,长约2mm,褐色,扁平。花期6～8月;果期7～9月。(图388)

【生长环境】生于干燥山坡、草地或路旁。

【产地分布】山东境内产于胶东及鲁中南山地丘陵。在我国除山东外,还分布于东北、华北、西北地区及江苏等地。

【药用部位】全草:野亚麻;种子:野亚麻子。为民间药。

【采收加工】秋季果实成熟时割取植株,晒干,打下种

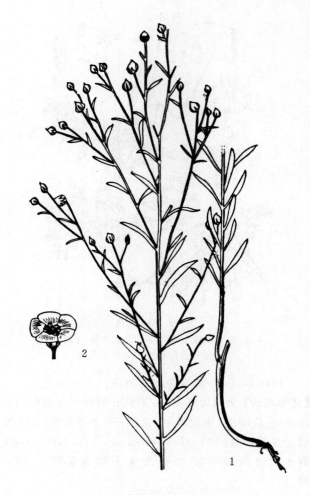

图388 野亚麻
1.植株 2.花

子,除去杂质。

【功效主治】野亚麻甘,平。解毒消肿。用于疔疮肿毒。野亚麻子甘,平。养血,润燥,祛风。用于肠燥便秘,皮肤瘙痒,风疹瘙痒。

亚麻

【别名】胡麻、大胡麻。

【学名】Linum usitatissimum L.

【植物形态】一年生草本。茎直立,高0.4～1m,仅上部分枝,基部稍木质,无毛。叶互生;叶片条形或条状披针形,长2～4cm,宽2～5mm,先端锐尖,全缘,通常有3脉;无柄。聚伞花序;花单生于枝端及茎上部叶腋;花梗长2～3cm,花直径1.5～2cm;萼片5,卵形,长5～7mm,先端尖,有3脉,边缘膜质,无黑色腺体;花瓣5,倒卵形,长1～1.5cm,蓝色或蓝紫色,稀白色或红紫色,易脱落;雄蕊5,花丝基部合生,退化雄蕊5,三角形,有时不明显;子房5室,花柱5,离生,柱头条形。蒴果球形,长6～8mm,直径6～7mm,顶端尖,5瓣开裂。种子长圆形,扁平,长4～6mm,褐色。花期5～7月;果

期8～9月。（图389）

【生长环境】生于山坡林缘或草丛中。

【产地分布】山东境内的昆嵛山、蒙山、牙山有逸生。全国各地均有栽培。原产欧洲及亚洲西部。

【药用部位】种子：亚麻子；种子油：亚麻籽油；根：亚麻根；全草：亚麻。为少常用中药和民间药，亚麻籽油食用。

【采收加工】秋季果实成熟时割取全草，捆成小把，晒干，打下种子，除去杂质。夏季采集地上部分及根，洗净，晒干。

【药材性状】种子长卵圆形，长4～6mm，宽2～3mm。表面红棕色或灰褐色，平滑有光泽，一端钝圆，另一端尖而略偏斜。种脐位于尖端的凹入处，种脊浅棕色，位于一侧边缘。种皮薄脆，胚乳棕色，薄膜状，子叶2，黄白色，富油性。无臭，嚼之有豆腥味。水浸后，表面有透明黏液膜包围。

以颗粒饱满、红棕色、有光泽、无杂质者为佳。

【化学成分】种子含脂肪油：主成分为亚油酸，α-亚麻酸，油酸，肉豆蔻酸，棕榈酸；甾醇类：胆甾醇，菜油甾醇，豆甾醇，谷甾醇，Δ^6-燕麦甾醇（Δ^6-avenasterol）；萜类：环木菠萝烯醇（cycloartenol），24-亚甲基环木菠萝烷醇（24-methylene cycloartanol）；木脂素类：开环异落叶松脂酚（secoisolariciresinol），落叶松脂酚，异落叶松脂酚，松脂酚（pinoresinol），开环异落叶松树脂酚二葡萄糖苷（secoisolariciresinol diglucoside，SDG）等；黄酮类：草棉黄素（herbacetin），3,7-二甲基草棉黄素（3,7-dimethylene herbacetin），草棉黄素-3,8-O-二葡萄糖苷，山奈酚-3,7-O-二葡萄糖苷，牡荆苷；还含牻牛儿基牻牛儿醇（geranylgerninol），二十烷醇的阿魏酸酯，亚麻苦苷（linamarin）及黏液质等。子叶及幼芽含光牡荆素-7-鼠李糖苷（lurcenin-7-rhamnoside），荭草素-7-鼠李糖苷，异荭草素-7-葡萄糖苷，对-香豆酸，咖啡酸，阿魏酸，芥子酸（sinapic acid）的酯等。茎叶含荭草素，异荭草素，牡荆素，异牡荆素，光牡荆素Ⅰ、Ⅱ，6-C-木糖基-8-C-葡萄糖基芹菜素，6,8-二-C-葡萄糖基芹菜素等。根含黄酮类：牡荆苷，genkwanin-4'-O-β-D-glucopyranoside；含氮化合物：盐酸小檗碱（berberine chloride），黄嘌呤，次黄嘌呤，马来酰亚胺-5-肟（maleimide-5-oxime），2,5-pyrrolidinone-5-oxime，3-methyl-2,5-pyrrolidinone-5-oxime；有机酸类：香草酸，丁香酸，壬二酸，花生酸，苯甲酸，2'-羟基二十四碳酸甲酯，2'-羟基十六碳酸甲酯；还含秃毛冬青黄素Ⅰ（glaberide Ⅰ），对映-贝壳杉烷-3-酮-16α,17-二醇，异香草醛，β-谷甾醇，胡萝卜苷等。

【功效主治】亚麻子甘，平。润燥通便，养血祛风。用于肠燥便秘，皮肤燥痒，瘙痒，脱发。亚麻籽油甘，平。驻颜，瘦身，增智，平肝，强壮，益力。亚麻根甘，辛，平。平肝，补虚，活血。用于胁痛，疝气，跌打扭伤。亚麻辛，甘，平。平肝，活血。用于肝风头痛，刀伤出血，痈肿疔疮。

【历史】亚麻始见于《本草图经》，云："亚麻子，出兖州、威胜军。味甘，微温，无毒。苗叶俱青，花白色，八月上旬采其实用。"并附图。《本草纲目》曰："今陕西人亦种之，即壁虱胡麻也。其实亦可榨油点灯。气恶不堪食。"但据考证认为此非现今亚麻。《植物名实图考》名山西胡麻，云："山西、云南种之。根圆如指，色黄褐，无纹，丛生，细茎。叶如初生独帚，发杈。开花五瓣，不甚圆，有直纹，黑紫蕊一簇。结实如豆蔻子，似脂麻。……如石竹。花小翠蓝色，子榨油"。从附图看，则与现今亚麻科植物亚麻形态相似。

【附注】《中国药典》2010年版收载亚麻子。

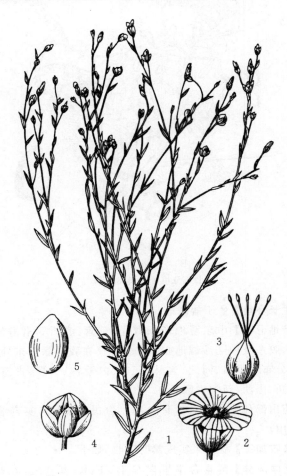

图389 亚麻
1.植株上部 2.花 3.雌蕊 4.果实 5.种子

蒺藜科

小果白刺

【别名】白刺、西伯利亚白刺。

【学名】Nitraria sibirica Pall.

【植物形态】落叶低矮有刺灌木,有时横卧。枝上生不定根;茎皮灰白色,小枝有贴生丝状毛。叶簇生;叶片肉质,倒卵状匙形,长2~3cm,宽3~6mm,顶端钝圆,有小突尖,全缘,被丝状毛;托叶早落。花小,直径约8mm,黄绿色,排成顶生蝎尾状花序;萼片5三角形;花瓣5,长圆形;雄蕊10~15;子房3室。核果锥状卵形,长0.8~1cm,成熟时深紫红色。种子1粒。花期5~6月;果期8~9月。(图390,彩图43)

胺(isonitramine)等。**叶**挥发性成分为乙酸,苯甲醛,6-甲基-3,5-庚二烯-2-酮,苯乙醇,(E)-6,10-二甲基-5,9-十一二烯-2-酮,二氢猕猴桃内酯,棕榈酸等。

【功效主治】甘、酸、微咸,温。健脾胃,滋补强壮,调经活血。用于身体瘦弱,气血两亏,脾胃不和,食积不化,月经不调,腰腹疼痛。

蒺藜

【别名】刺蒺藜、蒺藜狗子、蒺藜古堆(青岛)。
【学名】Tribulus terrestris L.
【植物形态】一年生草本,全株密生丝状柔毛。茎由基部分枝,平卧地面或斜升,长约1m。偶数羽状复叶,互生或对生,较大的1复叶与较小的1复叶交互对生,小叶6~14对,亦对生;小叶片长椭圆形或斜长圆形,长0.7~1.5cm,宽2~5mm,先端锐尖或钝,基部稍偏斜,近圆形,全缘,上面脉上有细毛,下面密生白色伏毛;有短柄或近无柄;复叶有柄;托叶小,边缘半透明状膜质。花小,黄色,单生叶腋;萼片5,离生,宿存;花瓣5,比萼片稍长,倒卵形,长约7mm;雄蕊10,生于花盘基部,5枚花丝较短的基部有鳞片状腺体;子房5棱,花柱短,柱头5裂。果实由5个分果瓣组成,扁球形,直径约1cm;每果瓣有长短棘刺各1对,背面有短硬毛和瘤状突起,有种子2~3枚。花期5~8月;果期6~9月。(图391)

图390 小果白刺
1.部分植株 2.花 3.果实

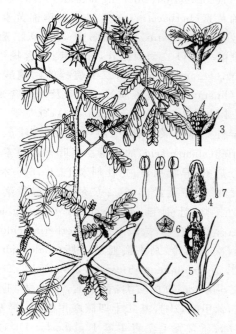

图391 蒺藜
1.植株一部分 2.花 4.去花瓣,示花萼及雄蕊 4.雌蕊
5.子房纵剖,示胚珠 6.子房横切 7.硬毛

【生长环境】生于盐碱地。
【产地分布】山东境内产于寿光、东营、滨州等沿海地带,胶东及内陆沙碱地亦偶有生长。在我国除山东外,还分布于甘肃、河北、吉林、辽宁、内蒙古、宁夏、青海、陕西、山西、新疆省区。
【药用部位】果实:小果白刺。为民间药,果实药食两用。
【采收加工】秋季果实成熟时采收,晒干。
【化学成分】鲜果含维生素 C、B_6、E、K;氨基酸:谷氨酸,天冬氨酸,脯氨酸,异亮氨酸,丙氨酸等;脂肪酸:主要为9-十八碳烯酸,十五烷酸等。**种子**含黄酮类:槲皮素,异鼠李素,异鼠李素-7-O-α-L-鼠李糖苷,山柰酚-7-O-α-L-鼠李糖苷,异鼠李素-7-O-β-D-葡萄糖苷,槲皮素-7-O-α-L-鼠李糖苷等;还含无机元素钾、钠、铁、钙、镁。**全草**含生物碱:白刺喹嗪胺(nitraramine),L-鸭嘴花酮碱(L-vasicinone),白刺喹啉胺(nitramine),白刺咪唑碱(nitrabirine),小果白刺碱(sibirine),异白刺喹啉

【生长环境】生于荒野、田间、堤堰或路旁。
【产地分布】山东境内产于各地。在我国除山东外,全

国广泛分布,长江以北较多。

【药用部位】果实:蒺藜(刺蒺藜);茎叶:蒺藜苗;花:蒺藜花;根:蒺藜根。为少常用中药和民间药,可用于保健食品。

【采收加工】秋季果实成熟时,将全株割下,晒干,打下果实,碾去硬刺,簸净杂质。夏季采收茎叶、花或根,晒干或鲜用。

【药材性状】果实由5个分果瓣聚合而成,呈放射状五棱形,直径0.6~1cm,有的呈分果瓣状。分果瓣呈斧状,黄绿色,背部隆起,有纵棱和多数小刺,并有对称的长刺和短刺各一对,两侧面粗糙有网纹;经碾除硬刺者,可见残存的断痕及网纹。质坚硬,刺手,切断面可见白色或黄白色具油性的种仁。无臭,味苦、辛。

以颗粒均匀、饱满坚实、色灰白、味苦者为佳。

【化学成分】果实含 C_{21} 甾体:3-O-β-lycotetraosyl-3β-hydroxy-5α-pregn-16-en-20-one, 3β-hydroxy-5α-pregn-16(17)-en-20-one-3-O-β-D-xylopyranosyl(1→2)-[β-D-xylofuranosyl(1→3)]-β-D-glucopyranosyl-(1→4)-[α-L-rhamnopyranosyl-(1→2)]-β-D-galactopyranoside 等;甾体皂苷类:海柯皂苷元(hecogenin),海柯皂苷元-3-O-β-D-吡喃葡萄糖基-(1→4)-β-D-吡喃半乳糖苷[hecogenin-3-O-β-D-glucopyranosyl-(1→4)-β-D-galactopyranoside],海柯皂苷元-3-O-β-D-吡喃半乳糖基-(1→2)-)-[β-D-木糖基-(1→3)]-β-D-吡喃葡萄糖基-(1→4)-β-D-吡喃半乳糖苷,替告皂苷元-3-O-β-D-吡喃半乳糖基-(1→2)-[β-D-木糖基-(1→3)]-β-D-吡喃葡萄糖基-(1→4)-[α-L-鼠李糖基-(1→2)]-β-D-吡喃半乳糖苷,蒺藜果呋苷A即26-O-β-D-吡喃葡萄糖基-(25R)-5α-呋甾-3β,22α,26-三醇-3-O-[-β-D-吡喃木糖基(1→3)]-[β-D-吡喃木糖基(1→2)]-β-D-吡喃葡萄糖基(1→4)-[α-L-吡喃鼠李糖(1→2)]-β-D-吡喃半乳糖苷,蒺藜皂苷(terreside)A、B,呋甾皂苷(furostanol saponins)Ⅰ、Ⅱ、Ⅲ,支脱皂苷元(gitogenin),25(R)-螺甾-4-烯-3,12-二酮[25(R)-spirostan-4-ene-3,12-dione]等;黄酮类:山柰酚,山柰酚-3-O-葡萄糖苷,山柰酚-3-O-芸香糖苷,槲皮素,3′-甲氧基-槲皮素-3-O-β-D-吡喃葡萄糖苷,3′-甲氧基槲皮素-3-O-龙胆二糖苷,异鼠李素;含氮化合物:N-反式-对羟基苯乙基阿魏酰胺,N-反式-对羟基苯乙基咖啡酰胺,蒺藜酰胺(terrestriamide)即 N-对羟基苯乙酮基阿魏酰胺,N-对羟基苯乙酮-3-甲氧基-四羟基桂皮酰胺,尿嘧啶核苷,哈尔满(harman),蒽醌类:大黄素,大黄素甲醚;甾醇类:7α-羟基谷甾醇-3-O-β-D-葡萄糖苷,胡萝卜苷,酵母甾醇(cerevisterol),β-谷甾醇等;种子油主成分为棕榈酸、硬脂酸、油酸、亚油酸及亚麻酸;还含蒺藜酸(terrestric acid)即 6-氨基-4-羰基-1,2,3,4-四氢-1,3,5-三唑-2-甲酸,苯甲酸,棕榈酸单甘油酯,4-ketopinoresinol,维生素C等。叶含黄酮类:槲皮素-3-龙胆二糖苷(quercetin-3-gentiobioside),芦丁,槲皮素-3-O-龙胆三糖苷,槲皮素-3-O-鼠李龙胆二糖苷(quercetin-3-rhamnogentiobioside),槲皮素-3-O-龙胆二糖-7-O-葡萄糖苷,山柰酚-3-O-葡萄糖苷,山柰酚-3-O-芸香糖苷,异鼠李素-3-O-葡萄糖苷(isorhamnetin-3-glucoside),异鼠李素-3-O-龙胆二糖苷,异鼠李素-3-O-芸香糖苷,异鼠李素-3-O-对香豆酰葡萄糖苷等。茎含槲皮素和山柰酚。茎叶还含水溶性多糖 H。根含皂苷:皂苷元有薯蓣皂苷元,芝脱皂苷元(gitogenin),绿莲皂苷元(chlorogenin)和罗斯考皂苷元(ruscogenin)及多种氨基酸。全草含海柯皂苷元,海柯皂苷元-3-乙酸酯(hecogenin-3-acetate),支脱皂苷元,25(R)-螺甾-4-烯-3,12-二酮,25(R)-螺甾-3,12-二酮,25(R)-螺甾-3,6,12-三酮,tigogenin 及孕甾酮(pregna-4,16-diene-3,12,20-dione)。

【功效主治】蒺藜苦、辛,微温;有小毒。平肝解郁,活血祛风,明目止痒。用于眩晕,胸胁胀痛,乳闭乳痛,目赤翳障,风疹瘙痒。蒺藜苗辛,平。祛风除湿,止痒,消肿。用于暑湿伤中,呕吐泄泻,痈肿,皮肤瘙痒,疥癣,风痒,鼻塞。花蒺藜用于白癜风。根蒺藜苦,平。行气破血。用于牙痛,齿松。

【历史】蒺藜始载于《神农本草经》,列为上品,名蒺藜子。《本草经集注》云:"多生道上而叶布地,子有刺,状如菱而小。"《本草图经》云:"布地蔓生,细叶,子有三角刺人是也。"《本草纲目》载:"蒺藜,叶如初生皂荚叶,整齐可爱。刺蒺藜状如赤根菜子及细菱,三角四刺,实有仁。"其形态、生境及附图,均与蒺藜科植物蒺藜相吻合。本草中在蒺藜条下还出现过一种白蒺藜,或称沙苑蒺藜,经考证,实为豆科植物沙苑子,不作刺蒺藜用。

【附注】《中国药典》2010年版收载蒺藜。

芸香科

佛手

【别名】佛手柑、手柑。

【学名】Citrus medica L. var. sarcodactylis (Noot.) Swingle (C. sarcodactylis Noot.)

【植物形态】常绿小乔木或灌木。枝较稀疏,有短而硬的棘刺,幼枝紫红色或绿褐色,无毛。叶互生;叶片长椭圆形或矩圆形,长8~15cm,宽3.5~6.5cm,先端圆钝或有凹缺,基部宽楔形,缘有浅钝锯齿;叶柄短,两侧无翼翅,顶端无关节。花单生,簇生或总状花序腋生;花直径3~4cm,花蕾淡紫色,内面白色,有香气;花萼5浅裂,裂片三角形;雄蕊多数,子房椭圆形。柑果长圆形或近球形,长10~25cm;顶端分裂如拳状或张开,有5~10个手指状的裂瓣,成熟后柠檬黄色。种子数粒,卵形,先端尖,有时不完全发育,有清香气。花期5~6

月；果熟期10～11月。（图392）

图392 佛手
1.花枝 2.果实 3.去花冠的两性花 4.雄花

【生长环境】栽培于公园或庭院。
【产地分布】山东境内各城市花圃温室、公园及家庭常见栽培。在我国以长江流域以南各地栽培较多。
【药用部位】果实：佛手；花：佛手花。为较常用中药，佛手药食两用，花可食用。
【采收加工】秋季果实尚未变黄或变黄时采收，纵切成0.5～1cm厚的薄片，晒干或低温干燥。4～5月清晨日出前疏花时采花，或拾取落花，晒干或烘干。
【药材性状】为类椭圆形或卵圆形薄片，常皱缩或卷曲，长6～10(15)cm，宽3～7cm，厚2～4mm。外皮黄绿色或橙黄色，有皱纹及油点，顶端稍宽，常有5～10个手指状裂瓣，基部略窄，有时可见果梗痕。果肉浅黄白色，散有凹凸不平的线状或点状维管束。质硬而脆，受潮后柔韧。气香，味微甜后苦。

以完整、肥大、绿边白瓤、质坚、香气浓者为佳。

干燥花长约1～2cm，淡棕黄色，基部带有短花梗。花萼杯状，常有小凹点。花瓣4，线状矩圆形，外表面有众多凹窝，质厚，两边向内卷曲。雄蕊多数，着生于花盘的周围。子房上部较尖。气香，味微苦。
【化学成分】成熟果实含黄酮类：橙皮苷，3,5,8-三羟基-7,4′-二甲氧基黄酮(3,5,8-trihydroxy-7,4′-dimethoxyflavone)，3,5,6-三羟基-7,3′4′-三甲氧基黄酮，香叶木苷(diosmin)等；香豆素类：柠檬油素(citropten, limettin)，顺式-头-尾-3,4,3′,4′-柠檬油素二聚体(cis-head-to-tail-limettin dimer)，6,7-二甲氧基香豆素，莨菪亭即7-羟基-6-甲氧基香豆素，柠檬苦素(limonin)等；挥发油：白当归素(byak-angelicin)，枸橼烯(d-limonene)，γ-异松油烯(γ-terpinene)等；甾醇类：豆甾醇，β-谷甾醇，胡萝卜苷，$\Delta^{5,22}$-豆甾烯醇；有机酸：3-甲氧基-4-羟基苯丙烯酸，3-甲氧基-4-羟基苯甲酸，3,4-二羟基苯甲酸，对-羟基苯丙烯酸(p-hydroxy phenylpropenoic acid)，棕榈酸，琥珀酸，香豆酸，原儿茶酸等；还含5-羟基-2-羟甲基-4H-吡喃-4-酮，黄柏酮-7-酮(obacunone-7-one)，β-D-葡萄糖，5-甲氧基糠醛(5-methoxyfurfural)，10-二十碳烯，正十烷等。花含橙皮苷和挥发油。根含4-羟基苯甲醛，4-羟基-3-甲氧基苯甲酸，β-谷甾醇，胡萝卜苷。
【功效主治】佛手辛、苦、酸，温。疏肝理气，和胃止痛，燥湿化痰。用于肝胃气滞，胸胁胀痛，胃脘痞满，食少呕吐，咳嗽痰多。佛手花微苦，微温。疏肝理气，和胃快膈。用于肝胃气痛，纳呆。
【历史】《本草图经》载有枸橼。《本草纲目》释名为香橼、佛手柑，云："枸橼产闽广间，木似朱栾而叶尖长，枝间有刺，植之近水乃生，其实状如人手，有指，俗呼为佛手柑。皮如橙柚而厚，皱而光泽，其色如瓜，生绿熟黄，其核细，其味不甚佳，而清香袭人。"又曰："佛手，取象也。"本草所述产地及形态，尤其是果实形状等，表明古代枸橼即现今植物佛手。
【附注】《中国药典》2010年版收载佛手。

白鲜

【别名】白鲜皮、北鲜皮、臭根皮。
【学名】Dictamnus dasycarpus Turcz.
【植物形态】多年生草本，基部木质，高达1m。根数条丛生，长圆柱形，外皮灰白色或近灰黄色，内面白色，肉质。茎粗壮，幼嫩部分密生水泡状的腺点和白色长柔毛。奇数羽状复叶，互生，有小叶9～13；小叶片在叶轴上对生，卵形或卵状披针形，纸质，长3～9cm，宽2～3cm，先端渐尖或突尖，基部宽楔形，边缘有细锯齿，上面绿色，下面灰绿色，两面有毛并密生油点，上部的小叶大，近基部的一对小叶最小；总叶柄及叶轴上有狭翅。总状花序顶生；小花梗长1～3cm，有腺毛及苞片；萼片披针形，长6～8mm，全缘，外被细毛，宿存；花瓣倒披针形，长2～2.5cm，先端钝或圆形，白色、粉红色或淡紫色；雄蕊10，伸出花冠外；子房有短柄，被密毛，花柱比雄蕊略短。蒴果五棱形，蓇葖状，裂瓣先端有喙状尖，表面被腺毛或柔毛。花期5～6月；果期7～8月。（图393）
【生长环境】生于山坡、沟谷岩缝间或湿润的杂木林下。
【产地分布】山东境内产于胶东山地丘陵。在我国除山东外，还分布于东北、华北地区及陕西、甘肃等地。
【药用部位】根皮：白鲜皮；花：白鲜花。为常用中药，花也可食。山东道地药材。
【采收加工】春、秋二季采挖根部，除去泥土，须根及粗

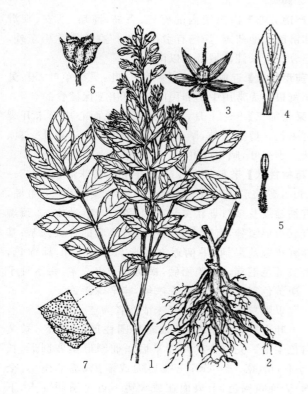

图393 白鲜
1.花枝 2.根 3.花去花瓣、雄蕊,示花萼及雌蕊
4.花瓣 5.雄蕊 6.果实 7.小叶部分放大

皮,剥取根皮,晒干。夏季采花,鲜用或晒干。

【药材性状】根皮卷筒状,长5～15cm,直径1～2cm,厚2～5mm。外表面灰白色至淡灰黄色,具纵皱纹和侧根痕,常有突起的颗粒状小点;内表面类白色,有细纵纹及侧根痕。质脆,易折断,折断时有粉尘飞扬,断面乳白色,不平坦,略呈层片状,剥去外层,迎光可见闪烁的白色细小结晶物。气膻,味微苦。

以筒长肉厚、色灰白、断面分层、有小结晶、气味浓者为佳。

【化学成分】根及根皮含苦味素:梣酮(fraxinellone),黄柏酮(obacunone),柠檬苦素(limonin),吴茱萸苦素(rutaevin),柠檬苦素地噢酚(limonin disophenol),fraxinellonone,7α-acetyldihydronomolin 等;生物碱:白鲜碱(dictamnine),γ-崖椒碱(γ-fagarine),前茵芋碱(preskimmianine),茵芋碱(skimmianine),白鲜明碱(dasycarpamin),胡芦巴碱(trigonelline),胆碱,O-乙基-降-白鲜碱(O-ethyl-nor-dictamnine),O-乙基-降-γ-崖椒碱(O-ethyl-nor-γ-fagarine),异斑点沸林草碱(isomaculosidine);甾体类:β-谷甾醇,菜油甾醇,娠烯醇酮(pregnenolone),孕酮(progesterone)等;黄酮类:木犀草素,汉黄芩素(wogonin),3'-O-甲基花旗松素,5,7,4'-三羟基-3'-甲氧基异黄酮等;还含有白鲜醇(dictamnol),kihadinin B,dasycarine,如忒文(rutevin),β-榄香醇(β-elemol),皂苷,多糖等。地上部分含香豆素类:补骨脂素,花椒毒素(xanthotoxin),东莨菪素;黄酮类:槲皮素,异槲皮素等。

【功效主治】白鲜皮苦,寒。清热燥湿,祛风解毒。用于湿热疮毒,黄水淋漓,湿疹,风疹,疥癣疮癞,皮肤痒疹,风湿热痹,黄疸尿赤。白鲜花通关节,利九窍,通血脉。用于风痹,筋骨弱乏,小肠水气,天行时疾,头痛眼疼。

【历史】白鲜始载于《神农本草经》,列为中品。陶弘景云:"近道处处有,以蜀中者为良,俗呼为白羊鲜,气息正似羊膻或名白膻。"《本草图经》载:"苗高尺余,茎青,叶稍白,如槐,亦似茱萸,四月开花,淡紫色似小蜀葵,根似蔓菁,皮黄白而心实,四月五月采根阴干用。""生上谷川谷及冤句"。《本草纲目》云:"鲜者,羊之气也。此草根白色,作羊膻气,其子累累如椒。"本草所述形态及气味均与植物白鲜一致。

【附注】《中国药典》2010年版收载。

臭檀

【别名】秋辣子、臭椿芽、黑辣子。

【学名】Evodia daniellii (Benn.) Hemsl.
[Tetradium daniellii (Benn.) T. G. Hartl.]
(Zanthoxylum daniellii Benn.)

【植物形态】落叶乔木,高达15m,树冠伞形或扁球形;树皮暗灰色,平滑,老时常出现横裂纹;小枝近红褐色,皮孔显著,初被短柔毛,后脱落。奇数羽状复叶,对生,小叶5～11;小叶片卵形至椭圆状卵形,长5～13cm,宽3～6cm,先端渐尖,基部圆形或宽楔形,全缘或有不明显钝锯齿,上面绿色,无毛,下面淡绿色,沿叶脉或在中脉基部有白色长柔毛,小叶无柄;总叶柄长13～16cm。聚伞状圆锥花序顶生,直径10～16cm;花序轴及花梗上被细毛;花小,花瓣卵状长椭圆形,白色。蓇葖果,裂瓣长6～8mm,顶端弯曲呈明显的喙尖状,成熟时外皮由灰绿色变为紫红色至红褐色,每蓇葖果内有种子2粒,上下叠生,上粒大,下粒小。种子卵状半球形,长3.5mm,黑色。花期6～7月;果期9～10月。(图394)

【生长环境】生于山沟、溪旁、林缘或杂木林中。

【产地分布】山东境内产于胶东及鲁中、鲁南等山地丘陵。在我国除山东外,还分布于辽宁以南、黄河流域至长江流域中部各地。

【药用部位】果实:臭檀子(黑辣子)。为民间药。

【采收加工】秋季采收成熟果实,晒干。

【化学成分】皮含6,7-二甲氧基白毛莨碱(6,7-dimethoxyhydrastine),干德哈瑞胺(gandharamine),异紫堇定(isocorydine),巴马亭对-羟苯甲酸盐(palmatine p-hydroxybenzoate),柠檬苦素等。

【功效主治】辛、甘、温。温中散寒,行气止痛。用于胃

【产地分布】山东境内的枣庄、青岛、潍坊、泰安、临沂和济南等地药圃、药场有引种栽培。在我国除山东外，还分布于长江流域及其以南各地。

【药用部位】近成熟果实：吴茱萸；叶：吴茱萸叶；根：吴茱萸根。为常用中药和民间药，可用于保健食品。

【采收加工】8～11 月，果实呈茶绿色而心皮尚未开裂时采收。剪下果枝，晒干或低温干燥，除去杂质。夏、秋二季采叶，晒干或鲜用。冬季采根，洗净，晒干。

【药材性状】果实球形或略呈五角状扁球形，直径 2～5mm，高 1.5～3mm。表面暗黄绿色或绿褐色，粗糙，有细皱纹及多数点状突起或凹下的油点（油室）。顶端有五角形裂缝，有时在裂缝中央有突起的柱头残基；基部有花萼及果柄，果柄近方柱形，长约 3mm，棕绿色，密被黄色毛茸。质脆而硬，横切面子房 5 室，每室种子 1，淡黄色富油性。气芳香浓郁，味辛辣而苦。

以颗粒饱满、色绿、气味浓烈者为佳。

叶多脱落为小叶；叶轴略呈圆柱形，黄褐色，被黄白色柔毛。完整小叶片展平后呈椭圆形至卵圆形，长 5～14cm，宽 3～6cm；先端短尖或渐尖，基部楔形，全缘；表面黄褐色，上表面在放大镜下可见透明油点，下表面密被黄白色柔毛，主脉突起，侧脉羽状。质脆，易碎。气微香，味辛、苦、辣。

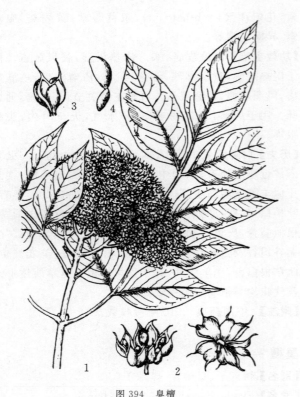

图 394 臭檀
1.果枝 2.聚合蓇葖果 3.1 个蓇葖果 4.种子

脘疼痛，头痛，心腹气痛，呕吐，泄泻，少食，脘腹胀满，嗳气。

【附注】本种在"Flora of China"11：67. 2008. 的拉丁学名为 Tetradium daniellii (Benn.) T. G. Hartl.，本志将其列为异名。

吴茱萸

【别名】伏辣子、吴萸子、吴萸。

【学名】Evodia rutaecarpa (Juss.) Benth.
[Tetradium ruticarpum (A. Juss.) T. G. Hartl.]

【植物形态】灌木或小乔木，高 3～5m。树皮褐色；当年生枝紫褐色，幼枝及芽密被锈褐色长柔毛。奇数羽状复叶，对生，有小叶 5～9；小叶片椭圆形至卵形，长 6～15cm，宽 3～7cm，先端突尖或渐尖，基部阔楔形至圆形，全缘或有明显钝锯齿，上面深绿色，光滑或微有毛，下面淡绿色，有较密的褐色毛及明显的大油点；小叶柄长 2～5mm，小叶柄及总柄有锈褐色长柔毛。聚伞状圆锥花序；花序轴粗壮，基部常有叶状小苞片对生，被褐色毛；花单性，雌、雄异株；花瓣内面有长柔毛，白色；雄花有雄蕊 5；雌花子房上位，长球形，心皮 5。蓇葖果扁球形，成熟时裂开 5 个果瓣，裂瓣先端无喙状尖，外皮紫红色，上面常有明显的粗大油点。每分果有 1 粒种子，卵球形，长 5～6mm，黑色，有光泽。花期 6～8 月；果期 9～10 月。（图 395）

【生长环境】栽培于园圃或药场。

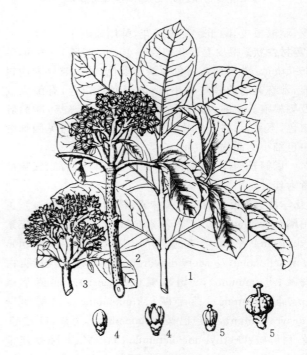

图 395 吴茱萸
1.复叶一部分 2.雌花枝 3.雄花枝 4.雄花 5.雌花

【化学成分】果实含生物碱：吴茱萸碱（evodiamine），吴茱萸次碱（rutaecarpine），吴茱萸卡品碱（evocarpine），羟基吴茱萸碱（hydroxyevodiamine），吴茱萸因碱（wuchuyine），吴茱萸啶酮（evodinone），吴茱萸精（evogin），

7-羧基吴茱萸碱(7-carboxyevodiamine),二氢吴茱萸次碱(dihydrorutaecarpine),14-甲酰吴茱萸次碱(14-formyl rutaecarpine),N,N-二甲基-5-甲氧基色胺(N,N-dimethyl-5-methoxytryptamine),N-甲基邻氨基苯甲酰胺(N-methylan thranoylamide),辛弗林(synephrine),去氢吴茱萸碱(dehydroevodiamine),吴茱萸酰胺(evodiamide),去甲基吴茱萸酰胺[N-(2-methylaminobenzoyl) tryptamine],吴茱萸果酰胺(goshuyuamide)Ⅰ、Ⅱ,小檗碱,咖啡因,吴茱萸新碱(evodiaxinine),吴茱萸宁碱(evodianinine),尿嘧啶等;挥发油:主成分为吴茱萸烃,吴茱萸内酯,吴茱萸烯(evodene),罗勒烯(ocimene)等;苦味素:柠檬苦素,吴茱萸苦素乙酸酯(rutaevine acetate),吴茱萸苦素,吴茱萸内酯醇(evodol),黄柏酮,12α-羟基吴茱萸内酯醇等;三萜类:乌苏-14-烯-3-醇-1-酮,蒲公英萜酮,齐墩果酸;黄酮类:金丝桃苷,槲皮素;还含绿原酸,对羟基苯甲酸乙酯,异香草醛(isovanillin),对香豆素甲酯,正二十八烷醇,β-谷甾醇等及天冬氨酸,色胺酸等18种氨基酸。**种子**含顺式-5,8-十四碳二烯酸(cis-5,8-tetradecadienic acid)。**叶**含橙皮素,柚皮素,羟基吴茱萸碱等。

【**功效主治**】吴茱萸辛、苦,热;有小毒。散寒止痛,降逆止呕,助阳止泻。用于厥阴头痛,寒疝腹痛,寒湿脚气,经行腹痛,脘腹胀痛,呕吐吞酸,五更泄泻;外用于口疮,肝阳上亢。**吴茱萸叶**辛、苦,热。散寒,止痛敛疮。用于霍乱,转筋,心腹冷痛,头痛,疮痒肿毒。**吴茱萸根**辛、苦,热。行气止痛,温中,杀虫。用于脘腹冷痛,疾疾泄泻,风寒头痛,腰痛,疝气,经闭腹痛,蛲虫病。

【**历史**】吴茱萸始载于《神农本草经》,列入中品。《本草图经》曰:"今处处有之,江、浙、蜀、汉尤多。木高丈余,皮青绿色,叶似椿而阔厚,紫色,三月开花,红紫色。七月八月结实,似椒子,嫩时微黄,至成熟时则深紫。"其描述与现今吴茱萸的产地及形态基本符合,仅花色与文献记载不同。所附越州吴茱萸与同科植物石虎相似。《本草纲目》云:"茱萸枝柔而肥,叶长而皱,其实结于梢头,累累成簇而无核,与椒不同。一种粒大,一种粒小,小者入药为胜。"经考证,粒大的可能指吴茱萸,粒小的可能为石虎,与现今商品药材的两种等级相吻合。又《新修本草》收载食茱萸,《本草图经》云:"功用与吴茱萸同,或云即茱萸中颗粒大,经久色黄黑,堪啖者是。"其形态与吴茱萸也相符。

【**附注**】①《中国药典》2010年版收载吴茱萸。②本种在"Flora of China"11:68.2008.的拉丁学名为 Tetradium ruticarpum (A. Juss.) T. G. Hartl.,本志将其列为异名。

黄檗

【**别名**】黄柏、关黄柏、黄皮树。
【**学名**】Phellodendron amurense Rupr.
【**植物形态**】落叶乔木,高10～15m,胸径20～30cm,树皮淡灰褐色,深网状沟裂,木栓层发达,内层皮薄,鲜黄色;小枝橙黄色或黄褐色,无毛;叶柄下芽常密被黄褐色的短毛。奇数羽状复叶,对生,有小叶5～13;小叶片卵形或卵状披针形,长5～12cm,宽3.5～4.5cm,先端长渐尖,基部一边圆形,一边楔形,不对称,锯齿细钝不明显,边缘常有睫毛,幼叶两面无毛,或仅在下面脉基部有长柔毛。聚伞圆锥花序顶生,长6～8cm;花序轴及小花梗上均被细毛;花单性,雌、雄异株;萼片及花瓣5,黄绿色;雄蕊5,花丝基部有毛。浆果状核果,成熟时紫黑色,直径约1cm,破碎后有特殊的酸臭味。种子扁卵形,长约5～6mm,灰黑色,外皮骨质。花期5～6月;果期9～10月。(图396)

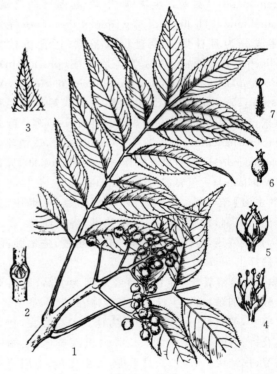

图396 黄檗
1.果枝 2.一段枝,示柄下芽 3.小叶尖端,示边缘睫毛
4.雄花 5.雌花 6.雌蕊 7.雄蕊

【**生长环境**】栽培于药圃或山地,国家Ⅱ级保护植物。
【**产地分布**】山东境内的泰山后石坞已成林,各地药圃、苗圃有栽培。在我国除山东外,还分布于东北、华北地区。
【**药用部位**】树皮:关黄柏。为常用中药。
【**采收加工**】3～6月间剥取10年以上植株的树皮,刮净粗皮(栓皮),相叠成堆,压平,再晒干。

【药材性状】树皮呈稍弯曲的板片状,边缘不整齐,长宽不一,厚2~4mm。外表面黄绿色或淡棕黄色,较平坦,有不规则纵裂纹,皮孔痕小而少见,偶有灰白色粗皮残留;内表面黄色或黄棕色。体轻,质较硬,断面纤维性,鲜黄色或黄绿色。气微,味甚苦。嚼之有黏性。

以皮厚、无栓皮、色鲜黄、味苦者为佳。

【化学成分】树皮含生物碱:小檗碱,巴马汀(palmatine),黄柏碱(phellodendrine),木兰花碱,药根碱,掌叶防己碱,白栝楼碱(candicine),蝙蝠葛任碱(menisperine),小檗红碱(berberrubine);苦味素:柠檬苦素,黄柏酮,黄柏内酯(obaculactone),诺米林(nomilin),kihadanin A,B;甾醇类:菜油甾醇,豆甾醇,β-谷甾醇,胡萝卜苷等;有机酸:黄柏酮酸(obacunonic acid),青荧光酸(lumicaeruleic acid),三棱酸(sangleng acid);酚类:丁香苷(syringin),香草苷(vanilloloside),松柏苷(coniferin),3-氧-阿魏酰奎尼酸甲酯等;还含白鲜交酯(dictamnolide)。果实含生物碱:小檗碱,掌叶防己碱,isoquinoliniun,8H-dibenzo[a,g]quinolizin-8-one;挥发油:主成分为月桂烯及少量甲基壬酮;还含黄柏呈(phellochin)B,C,24-羟基大戟-7-烯-3-酮(phellochin),3-ketooleanane,niloticin,pihydroniloticin,piscidinol A,lanosta-7,25-dien-3-ol,伞形花内酯,6-异戊烯基-7羟基香豆素,5,7,3′,4′-四羟基黄烷(luteoliflavan)等。叶含黄柏苷(phellamurin),去氢黄柏苷(amurensin),黄柏环合苷(phellodendroside),黄柏双糖苷(dihydrophelloside),异黄柏苷(phellavin),去氢异黄柏苷(phellatin)等。

【功效主治】苦,寒。清热燥湿,泻火除蒸,解毒疗疮。用于湿热泻痢,黄疸,痿躄,遗精热淋,痔疮便血,赤白带下,骨蒸劳热,盗汗,目赤肿痛,口舌生疮,疮疡肿毒,湿疹瘙痒。

【历史】黄檗始载于《神农本草经》,列为上品,原名檗木。《名医别录》云:"生汉中山谷及永昌。"《本草图经》云:"檗木,黄檗也……以蜀中者为佳。木高数丈,叶类茱萸及椿、楸叶,经冬不凋。皮外白里深黄色,根如松下茯苓,作结块。五月、六月采皮,去粗皮,暴干用。"从古本草黄檗产地及《证类本草》所附"黄檗"与"商州黄檗"图,均与现今川黄柏相符,其原植物主为黄皮树。关黄柏为后起之药材。

【附注】《中国药典》2010年版收载。

附:黄皮树

黄皮树 Ph. chinense Schneid.,与黄檗的主要区别是:树皮外层灰褐色,无加厚的木栓层;小枝通常暗红褐色或紫棕色。奇数羽状复叶,小叶7~15。花紫色。浆果状核果球形,直径1~1.2cm,密集成团,熟后紫黑色,通常具5核。山东大学西校区有引种。药材名川黄柏。呈板片状或浅槽状,长宽不一,厚3~6mm。外表面黄褐色或黄棕色,平坦;内表面暗黄色或淡棕色。断面纤维性,呈裂片状分层,深黄色。树皮含小檗碱,木兰花碱,黄柏碱,掌叶防己碱,甾醇及香豆素类化合物。药用同黄檗。《中国药典》2010年版收载。

枳

【别名】枸橘、臭橘子、臭棘、臭枳子。

【学名】Citrus trifoliata L.
[Poncirus trifoliata(L.)Raf.]

【植物形态】落叶灌木或小乔木,高达5m。树干低矮,树皮浅灰绿色,浅纵裂;分枝密,刺扁长而粗壮。三出复叶;顶生小叶片椭圆形或倒卵形,长1.5~5cm,宽1~3cm,先端钝圆或微凹,基部楔形,两侧小叶比顶生小叶略小,以椭圆状卵形为主,基部略偏斜,全缘或有波状钝锯齿,革质或纸质,上面光滑,下面中脉嫩时有毛;总叶柄长1~3cm,两侧有明显的翼翅。花白色,有香气,具短梗;萼片卵形,长5~6mm,淡绿色;花瓣匙形,长1.8~3cm,先端钝圆,基部有爪。柑果球形,熟时黄绿色,直径3~5cm,果梗粗短,外被灰白色密柔毛,有时在树上经冬不落。花期4~5月;果期9~10月。(图397)

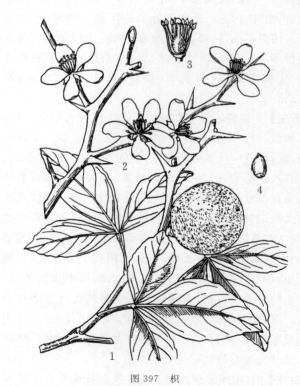

图397 枳
1.果枝 2.花枝 3.花去花被,示雄蕊群及雌蕊 4.种子

【生长环境】栽培于路旁或庭院周围。

【产地分布】山东境内产于胶东沿海、五莲山区、鲁中

南及尼山丘陵。在我国除山东外，还分布于黄河流域以南各地。

【药用部位】未成熟果实：枳壳（绿衣枳壳）；幼果：枳实（绿衣枳实）；种子：枸橘核；根皮：枸橘根皮；叶：枸橘叶；棘刺：枸橘刺。为福建等地习用药和民间药。

【采收加工】8～9月果实未成熟时采收，切半，晒干。夏季拾取落地的幼果，晒干。夏季采收成熟果实，剖开，取出种子，洗净，晒干。夏、秋二季采叶和棘刺，晒干或鲜用。秋、冬二季挖根，洗净，剥皮，晒干。

【药材性状】果实圆球形或剖成两瓣，直径3～5cm。表面绿黄色或绿褐色，散有多数小油点及网状隆起的皱纹，被细柔毛，顶端有明显的柱基痕，基部有短果柄或果柄痕。质硬脆，横剖面果皮厚2～3mm，黄白色，沿外缘散有黄色油点，中间有6～8个果瓣，每瓣内有黄白色长椭圆形的种子数枚。有香气，味微苦。

幼果直径0.8～1.2cm。外表面绿褐色，密被棕绿色毛茸。横剖面类白色，边缘绿褐色，内部黄白色。气香，味苦、涩。

以个均匀、外皮色黄绿、香气浓郁者为佳。

叶为三出复叶。小叶片卷曲，完整者呈椭圆形至倒卵形，长1～5cm，宽1～3cm；先端钝圆或微凹，基部楔形，稍不对称，边缘有波状锯齿；上表面暗黄绿色，主脉疏被短柔毛；下表面灰黄绿色，对光透视有多数透明腺点。总叶柄长1～3cm，具翼，宽3～5mm。叶片微革质而脆。有特异香气，味辛辣、微苦。

以叶片完整、色绿、气味浓者为佳。

根皮呈细卷筒状或不规则片状，长短宽窄不一。外表面灰褐色或棕褐色，较粗糙，具稀疏斜向纵皱纹；内表面淡黄棕色，具细小纵沟纹。质硬脆，易折断，断面淡棕黄色，内层易成片状剥离。气微香，味微苦。

刺单一，常带有小枝，长1～7cm，基部常扁平，刺端锐尖。表面黄绿色至暗绿色，顶部略带黄棕色，有细纵纹及点状突起。质坚，不易折断，断面淡黄绿色。气微香，味淡。

【化学成分】果实含大量柠檬酸；黄酮类：柚皮苷（naringin），新橙皮苷（neohesperidin），异野樱素（citrifoliol），枳属苷（poncirin），橙皮苷，川陈皮素（nobiletin），5-O-去甲基川陈皮素（5-O-demethyl nobiletin）等；还含野漆树苷（rhoifolin），忍冬苷（lonicerin），辛弗林（synephrine），N-甲基酪胺（N-methyltyramine）等。外层果皮挥发油中含α-及β-蒎烯，香叶烯，莰烯（camphene），γ-萜品烯（γ-terpinene）等。种子脂肪油主成分为棕榈酸，硬脂酸，亚油酸，油酸，亚麻酸等；还含柠檬烯，欧芹属素乙（imperatorin），香柑内酯（bergapten），独活内酯（heraclenin），去乙酰诺米林（deacetylnomilin），橙皮油内酯（aurapten），6-甲氧基橙皮油内酯（6-methoxyaurapten）等。叶含枳属苷，新枳属苷（neoponcirin），柚皮苷和野漆树苷等。根含香豆素枸橼内酯（poncitrin），印度榅桲素（marmesin），去甲齿叶黄皮素（nordentatin），5-羟基去甲降真香碱（5-hydroxynoracronycine），花椒内酯（xanthyletin），黄皮香豆素（clausarin），枸橘福林（ponfolin），邪蒿素（seseline），黄柏内酯（obaculactone），枸橘双香豆素（khelmarin）A，B，β-及γ-谷甾醇等。

【功效主治】绿衣枳壳苦、辛、酸、温。理气宽中，行气消胀，止痛。用于胸腹胀满，胃痛，食积不化，痰饮内停，中气下陷，疝气肿痛，乳房瘰疬，子宫脱垂。绿衣枳实苦、辛、酸、温。破气消积，化痰散痞。用于积滞内停，痞满胀痛，泻痢后重，大便不通，痰滞气阻，胸痹，中气下陷。臭橘核辛，平。止血。用于肠风下血。臭橘根皮苦，平。平胃止痛，疗痔止痛。用于齿痛，痔疮，便血。叶辛，温。理气止呕，消肿散结。用于反胃，呕吐，疝气。刺辛，平。止痛。用于风虫牙痛。

【历史】枸橘始载于《本草纲目》，名臭橘，入药部位还有叶、皮、核及刺，谓："枸橘处处有之。树、叶并与橘同，但干多刺，三月开白花，青蕊不香，结实大如弹丸，形如枳实而壳薄，不香……亦或收小实，伪充枳实及青橘皮售之，不可不辨。"赵学敏引《橘灵》云："枸橘色青气裂，小者似枳实，大者似枳壳，近时难得枳实，人多植枸橘于篱落间，收其实，剖干之以和药，与商州之枳，几逼真矣"，又谓其实能破气散热。所述形态与现今植物枸橘一致。

【附注】本种在"Flora of China"11：91，2008. 的中文名为枳，拉丁学名为 Citrus trifoliata L.，本志采用其学名。

竹叶椒

【别名】山椒、花椒、山花椒。

【学名】Zanthoxylum armatum DC.

【植物形态】半常绿灌木，高1～1.5m。枝直立伸展，皮暗灰褐色；皮刺通常呈弯钩状斜升，基部扁宽，在老干上木栓化。奇数羽状复叶，小叶3～7，稀9；小叶片披针形至椭圆状披针形，长5～9cm，宽1～3cm，先端渐尖或急尖，基部楔形，全缘或有细圆钝齿，上面光绿色，下面淡绿色，无毛或仅在幼嫩时沿叶脉有小皮刺，革质；总叶柄及叶轴有宽翅和刺。聚伞状圆锥花序腋生，长2～6cm，较扩展；花单性，花被片6～8，三角形或细钻头状，黄绿色；雄花有雄蕊6～8；雌花有2～4心皮。蓇葖果1～2，球形，熟时红棕色至暗棕色，有油点。种子卵球形，直径3.5～4mm，黑色，有光泽。花期5～6月；果期8～9月。（图398）

【生长环境】生于山坡、沟谷灌丛或疏林内。

【产地分布】山东境内产于胶东及鲁中南山地丘陵。在我国分布于华东、华中、西南地区及山西、河南等地。

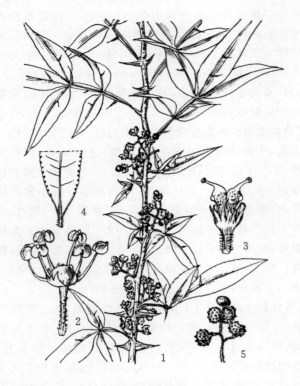

图 398 竹叶椒
1.果枝 2.雄花 3.雌花 4.小叶片基部 5.一段果穗

【药用部位】果皮：土花椒；果实：竹叶椒；根或根皮：竹叶椒根；叶：竹叶椒叶。为民间药，土花椒、竹叶椒可做调料，叶可做茶。

【采收加工】夏季采叶，晒干或鲜用。夏、秋二季采收果实，晒干。秋、冬二季挖根，洗净，晒干。

【药材性状】蓇葖果球形，直径4～5mm；外表面红棕色至褐红色，瘤状油点稀疏散布，顶端有细小喙尖，基部无未发育的离生心皮；内果皮光滑，淡黄色，薄革质；小果柄顶部具节，稍膨大；果柄疏被短毛。种子圆球形，直径约3～4mm；表面黑色，光亮，密布小疣点；种脐圆形，种脊明显。果皮质较脆。气香，味麻而凉。

以色红棕、气香、味麻凉者为佳。

【化学成分】果实含香柑内酯，伞形花内酯，茵芋碱(skimmianine)，山柰酚，3,5-diacetyltambulin，花椒腈(zanthonitrile)等；挥发油：主成分为苧烯，β-石竹烯，α-荜澄茄烯，L-芳樟醇等；果皮尚含4-甲基-1-异丙基-3-环己烯醇，4-亚甲基二环[3.1.0]己-3-醇等。种子含5-烯丙基-1,3-苯并二噁茂，3,7-二甲基-1,6-辛二烯-3-醇等。叶含β-香檀酮，L-芝麻素，香草酸，β-谷甾醇，邻苯二甲酸二丁酯，反-9-十八碳烯酸等。根含γ-崖椒碱(γ-fagarlne)，木兰花碱，竹叶椒碱(xanthoplanine)，左旋细辛素(asarinin)，左旋竹叶椒脂素(planinin)，β-香树脂醇和β-谷甾醇等。根皮含白鲜碱，茵芋碱，木兰花碱，花椒根碱(zanthobungeanine)等。茎含木兰花碱，竹叶椒碱，花椒明碱等。

【功效主治】土花椒、竹叶椒辛、苦，温；有小毒。温中燥湿，散寒止痛，杀虫。用于胃寒，蛔虫病，胃痛，牙痛，湿疮。竹叶椒根辛，温。祛风散寒，活血止痛。有小毒。用于头痛感冒，咳嗽，吐泻，风湿痹痛，跌打损伤，刀伤出血。竹叶椒叶苦、辛，微温。行气，利水，散瘀止痛。用于脘腹胀痛，肿毒，乳痈，皮肤瘙痒。

【历史】竹叶椒始载于《本草图经》秦椒项下，云："椒似茱萸，有针刺茎，叶坚而滑，蜀人作茶，吴人作茗，皆合煮其叶以为香，今成皋诸山谓之竹叶椒，其木亦如蜀椒，少毒热，不中合药，可著饮食中。"并附归州秦椒图，花序明显腋生，茎上皮刺明显，小叶多为5，也有3，可能为竹叶椒。而《履巉岩本草》的山椒图即为竹叶椒。《本草纲目》载："今成都诸山有竹叶椒，其木亦如蜀椒。"《植物名实图考》所载的秦椒、蜀椒图，也为竹叶椒。

花椒

【别名】川椒、红椒、大红袍。

【学名】Zanthoxylum bungeanum Maxim.

【植物形态】落叶小乔木或灌木，高达7m，通常2～3m。树皮深灰色，有扁刺及木栓质的瘤状突起；小枝灰褐色，被疏毛或无毛，有白色点状皮孔。奇数羽状复叶，小叶5～11；小叶片卵圆形或卵状长圆形，长1.5～7cm，宽1～3cm，先端尖或微凹，基部圆形，边缘有细钝锯齿，齿缝间有半透明的油点，上面平滑，下面脉上常疏生细刺及褐色簇毛，纸质或厚纸质；总叶柄及叶轴上有不明显的狭翅；托叶刺基部常扁宽，对生。聚伞状圆锥花序顶生；花单性，单被，花被片4～8，黄绿色；雄花通常有5～7雄蕊，花丝条形，药隔中间近顶处常有1色泽较深的油点；雌花有3～4心皮，稀至7，脊部各有1隆起膨大的油点，子房无柄，花柱侧生，外弯。蓇葖果圆球形，2～3聚生，基部无柄，熟时外果皮红色或紫红色，密生疣状油点。种子卵圆形，直径3～5mm，有光泽。花期4～5月；果期8～10月。（图399）

【生长环境】生于低海拔向阳山坡或灌木林中。

【产地分布】山东境内各地有栽培；胶东、潍坊、淄博、鲁中南山区、莱芜、泰安等地产量较大。章丘"文祖花椒"和"莱芜花椒"已注册国家地理标志产品。在我国除山东外，还分布于华北及黄河流域以南各省区。

【药用部位】果皮：花椒；种子：椒目；叶：花椒叶；根：花椒根。为常用中药和民间药，花椒药食两用，花椒叶可食。

【采收加工】8～10月果实成熟后采收，晒干，除净枝叶杂质，分离果皮和种子。春、秋二季采叶，鲜用。秋、冬二季采根，洗净，晒干。

【药材性状】蓇葖果圆球形，直径4～5mm；每一蓇葖果自顶端沿腹缝线或背缝线开裂，常呈基部相连的两瓣

图 399 花椒
1.果枝 2.花枝 3.雄花 4.雄蕊（a.雄蕊 b.退化雄蕊）5.两性花
6.雌花 7.子房纵切 8.蓇葖果 9.种子横切

状,基部有时具小果柄或1~2个未发育的颗粒状心皮；外表面紫红色或棕红色,散有多数疣状突起的油点,对光观察半透明状；内表面光滑,淡黄色,薄革质,或与中果皮分离呈卷曲状。种子黑色,有光泽。果皮革质,稍韧。香气浓,味麻辣而持久。

以粒大、色紫红、气味浓烈者为佳。

种子卵圆形或类球形,直径3~4mm。表面黑色,有光泽,密布细小疣点,有时表皮脱落,露出黑色网状纹理。种脐椭圆形,种脊明显。种皮坚硬,剥离后可见乳白色胚乳及子叶。气芳香浓烈,味辛、辣。

以颗粒饱满、色黑、具光泽、气味浓烈者为佳。

【化学成分】果实含挥发油：主成分为4-松油烯醇(terpinen-4-ol),辣薄荷酮(piperitone),芳樟醇,香桧烯(sabinene),柠檬烯,邻-聚伞花素等。**果皮**含挥发油：主成分为柠檬烯,1,8-桉叶素,月桂烯,香桧烯,α-及β-蒎烯,β-水芹烯,β-罗勒烯-X,对-聚伞花素等；还含香草木宁碱(kokusaginine),茵芋碱,合帕洛平碱(haplopine),青椒碱(schinifoline)等。**种子**含粗脂肪和蛋白质；种子油主含α-亚麻酸,亚油酸,油酸,棕榈油酸等；挥发油主成分为芳樟醇,月桂烯,叔丁基苯(tert-butylbenzene)等。

【功效主治】花椒辛,温。温中止痛,杀虫止痒。用于脘腹冷痛,呕吐泄泻,虫积腹痛；外治湿疹,阴痒。**椒目**苦、辛,寒。行水消肿。用于水肿胀满,小便淋痛。**花椒叶**辛,热。温中散寒,燥湿健脾,杀虫解毒。用于寒积,霍乱转筋,脚气,漆疮,疥疮。**花椒根**辛,热。温中散寒,化湿,止痛。有小毒。用于肾虚冷痛,血淋血瘀,胃痛,牙痛,痔疮,湿疮,脚气。

【历史】花椒始载于《尔雅》,名大椒。《神农本草经》收秦椒,列为中品；蜀椒,列为下品。《名医别录》云："秦椒生太山川谷及秦岭上或琅琊,八月、九月采实",蜀椒"生武都川谷及巴郡。八月采实,阴干。"《本草经集注》云："秦椒……形似椒而大,色黄黑,味亦颇有椒气,或呼为大椒",蜀椒"人家种之。皮肉厚,腹里白,气味浓。"《新修本草》云："秦椒树、叶及茎、子都似蜀椒,但味短实细。"《本草纲目》曰："秦椒,花椒也。始产于秦,今处处可种,最易蕃衍。其叶对生,尖而有刺。四月生细花。五月结实,生青熟红,大于蜀椒,其目亦不及蜀椒目光黑也","蜀椒肉厚皮皱,其子光黑,如人之瞳人,故谓之椒目。"据诸家本草所述秦椒和蜀椒的产地及形态特征考证认为,其原植物均为现今花椒。

【附注】《中国药典》2010年版收载花椒；《山东省中药材标准》2002年版收载椒目。

青椒

【别名】香椒子、野花椒、花椒茴香、山花椒。

【学名】Zanthoxylum schinifolium Sieb. et Zucc.

【植物形态】落叶灌木,高1~3m。树皮暗灰色,常有平直而锐尖的皮刺；小枝褐色或暗紫色,光滑无毛。奇数羽状复叶,小叶11~17；小叶片披针形或椭圆状披针形,长1.5~4.5cm,宽0.7~1.5cm,先端渐尖、急尖或钝,基部楔形,边缘有细锯齿,齿缝间常有油点,上面绿色,下面苍绿色,叶肉内有稀疏油点；在总叶柄的下面常疏生毛状小刺,小叶柄短,总叶柄两侧通常无窄翅。伞房状圆锥花序,长3~8cm；总花序梗无毛；萼片5,宽卵形,先端钝尖；花瓣5,长圆形或卵形,淡黄绿色；雄花有雄蕊5；雌花通常3心皮,近无花柱。蓇葖果3,顶端常有1短喙状尖,熟时灰绿色至棕绿色,果皮油点不隆起。种子卵状圆球形,直径约3mm,蓝黑色,有光泽。花期6~7月；果期9~10月。（图400）

【生长环境】生于山沟、山坡灌丛、林缘或岩石缝隙间。

【产地分布】山东境内产于胶东及鲁中南山地丘陵。在我国除山东外,还分布于南北各省区。

【药用部位】果皮：花椒（青椒）；种子：椒目；叶：青椒叶；根：青椒根。为较常用中药和民间药,花椒药食两用,花椒叶可食用。

【采收加工】8~10月果实成熟后采收,晒干,除净枝叶杂质,分离果皮和种子。春、秋二季采叶,鲜用。秋、冬二季采根,洗净,晒干。

【药材性状】蓇葖果球形,上部离生2~3个集生于小果梗上,沿腹缝线开裂,直径3~4mm。外表面灰绿色

图 400 青椒
1.果枝 2.叶尖放大,示锯齿 3.两性花 4.雌花去花瓣,示雌蕊

或暗绿色,散有多数油点及细密网状隆起的皱纹;内表面类白色,光滑,内果皮常自基部与外果皮分离。种子卵状圆球形,直径约 3mm;表面黑色,有光泽。气香,味微甜而辛。

以颗粒大、色绿、香气浓者为佳。

【化学成分】果皮含挥发油,主成分为芳樟醇(linalool),爱草脑(estragole),月桂烯,柠檬烯,α-及 β-水芹烯,α-及 β-蒎烯,香桧烯等;还含香柑内酯、伞形花内酯,茵芋碱,青椒碱等。果实含香叶木苷(diosmin),苯甲酸等。

【功效主治】花椒:辛,温;温中止痛,杀虫止痒;用于脘腹冷痛,呕吐泄泻,虫积腹痛,蛔虫病;外治湿疹,阴痒。椒目:苦、辛,寒;行水消肿;用于水肿胀满,小便淋痛。青椒叶:辛,热;温中散寒,燥湿健脾,杀虫解毒;用于寒积,霍乱转筋,脚气,漆疮,疥疮。青椒根:有小毒;用于肾及膀胱虚冷,血淋血瘀,胃痛,牙痛,痔疮,湿疮,脚气。

【附注】《中国药典》2010 年版收载花椒(青椒);《山东省中药材标准》2002 年版收载椒目。

野花椒

【别名】刺椒、小花椒(文登)、狗椒(崂山)。

【学名】Zanthoxylum simulans Hance

【植物形态】落叶灌木,高 1~2m。树皮近灰色,有扁宽而锐尖的皮刺;小枝褐灰色,幼时被疏毛,后脱落。奇数羽状复叶,小叶 5~9;小叶片卵圆形、卵状长椭圆形,披针形或菱状宽卵形,长 2.5~6cm,宽 1.8~3.5cm,先端尖或微凹,基部略偏斜,边缘有细钝锯齿,齿缝间有明显的油点,上面中脉凹陷,侧脉不明显,有粗大油点和疏密不等的刚毛状小针刺,下面被疏柔毛,沿中脉有较多的刚毛状小针刺;总叶柄及叶轴有狭翅,上面及小叶柄的基部常有长短不等的小弯刺。聚伞状圆锥花序顶生;花单性,单被,花被片 5~8;雄花有雄蕊 5~7,稀 4~8;雌花有心皮 1~2,稀至 3,子房的基部有长柄,外面有粗大半透明腺点。蓇葖果倒卵状球形,基部伸长,熟时黄棕色至紫红色,外果皮有较粗大的半透明油点,突起或干燥后略平伏。种子近球形,直径约 4mm。花期 5~6 月;果期 7~9 月。(图 401)

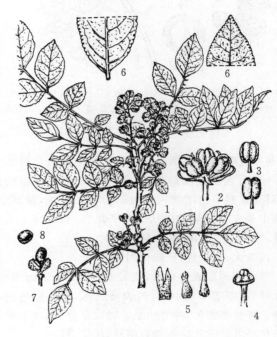

图 401 野花椒
1.果枝 2.雄花 3.雄蕊 4.退化雌蕊 5.各种花被片
6.叶表面 7.蓇葖果裂开,示种子 8.种子

【生长环境】生于山坡灌丛或石隙间。

【产地分布】山东境内产于东部沿海丘陵及鲁南山区;崂山太清宫海滨及附近大管岛上有小片灌丛。在我国除山东外,还分布于华北、华东、华中等地。

【药用部位】果实:野花椒;叶:野花椒叶;根:野花椒根;根皮或茎皮:野花椒皮。为民间药,野花椒药食两用,野花椒叶可食用。

【采收加工】夏、秋二季采收果实,晒干。夏季采叶,晒干或鲜用。秋、冬二季采根,洗净,晒干。春至秋季剥根皮或树皮,晒干。

【药材性状】蓇葖果球形,1~2 集生,常沿腹背缝线开裂达基部,直径 6~7mm。表面褐红色,有密集凸起的小腺点,基部有短柄,长约2.5mm,表面具纵皱纹。种子近球形,直径约4mm,黑色,光亮。果皮质韧。气淡,味苦、凉、微麻辣。

以颗粒饱满、色褐红、腺点密集、气味浓者为佳。

叶为奇数羽状复叶,小叶片破碎或卷缩;完整者展平后呈卵圆形或卵状椭圆形,常向下反折;先端尖或钝,基部楔形略偏斜,边缘有细钝锯齿,齿缝处有腺点;上面棕绿色,下面灰绿色,沿主脉疏生小刺,对光有多数透明腺点;质脆易碎。商品中常杂有小枝,表面灰棕色,有细小白色皮孔并疏生皮刺;断面黄白色,中央具白色髓。气微,味微苦。

【化学成分】果皮含挥发油:主成分为1,8-桉油素,柠檬烯,β-榄香烯等。种子挥发油主成分为9-十六碳烯酸,十六烷酸,油酸,亚油酸等。根含茵芋碱,加锡弥罗果碱(edulinine),左旋-7-去羟基日巴里尼定(ribalinine),阿瑞罗甫碱(araliopsine),巨盘木碱(flinderside),N-甲基-巨盘木碱,去-N-甲基-白屈菜红碱等;还含野花椒苷A(zansiumloside A),淫羊藿苷E_5(icariside E_5),紫花前胡内酯,三亚麻油酸甘油酯,β-香树脂醇,β-桉醇,胡萝卜苷,β-谷甾醇,正二十七烷等。根皮含二氢白屈菜红碱(dihydrochelerythrine),氧化白屈菜红碱(oxychelerythrine),N-乙酰基番荔枝碱(N-acetylanonaine),茵芋碱,γ-崖椒碱,白屈菜红碱(chelerythrine),木兰花碱,8-甲氧基-N-甲基二甲吡喃并喹啉酮(8-methoxy-N-methylflindersine),芝麻素(sesamin),β-谷甾醇等。

【功效主治】野花椒辛,温;有小毒。温中止痛,杀虫止痒。用于脾胃虚寒,脘腹冷痛,呕吐,泄泻,蛔虫病,皮肤,龋齿疼痛。叶辛,温。除风祛湿,活血通经。用于风寒湿痹,闭经,跌打损伤,阴疽,皮肤瘙痒。野花椒根、野花椒皮辛,微温。化瘀疗伤。用于风湿痹痛,筋骨麻木,脘腹疼痛,吐泻,牙痛,毒蛇咬伤。

苦木科

臭椿

【别名】椿树、椿根皮、凤眼草。

【学名】Ailanthus altissima (Mill.) Swsingle (*Toxicodendron altissima* Mill.)

【植物形态】落叶乔木,高达20m。树皮灰色至灰黑色,微纵裂;小枝褐黄色至红褐色,初被细毛,后脱落。奇数羽状复叶,互生,连总柄长近1m,小叶13~25,互生或近对生;小叶片披针形或卵状披针形,长7~14cm,宽2~4.5cm,先端渐尖,基部圆形,截形或宽楔形,略偏斜,全缘,近基部叶缘的1/4处常有1~2对腺齿,上面深绿色,下面淡绿色,常被白粉及短柔毛。大型圆锥花序顶生,直立;花杂性或雌、雄异株;花萼三角状卵形,绿色或淡绿色;花瓣近长圆形,淡黄色或黄白色,有恶臭味,雄株的恶臭味特浓。翅果扁平,纺锤形,长3~5cm,宽0.8~1.2cm,两端钝圆,初黄绿色,有时顶部或边缘微现红色,熟时淡褐色或灰黄褐色。种子扁平,圆形或倒卵形。花期5~6月;果期8~9月。(图402)

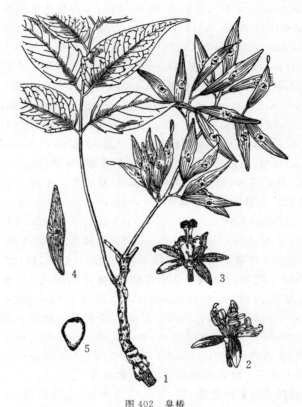

图402 臭椿
1.果枝 2.雄花 3.两性花 4.果实 5.种子

【生长环境】生于向阳山坡杂木林、林缘或村边院落附近。

【产地分布】山东境内产于各地。全国各地均有分布。

【药用部位】根皮及树皮:椿皮;果实:凤眼草;叶:樗叶(臭椿叶)。为少常用中药和民间药。

【采收加工】春季剥取根皮或干皮,刮去外部粗皮,晒干。秋季采收成熟果实,除去果柄,晒干。春、夏二季采叶,鲜用或晒干。

【药材性状】根皮呈不整齐片状或卷片状,长宽不一,厚0.3~1cm。外表面灰黄色或黄褐色,粗糙,有多数突起的纵向皮孔及不规则纵横裂纹,除去粗皮者黄白色;内表面淡黄色,较平坦,密布棱形小孔或小点。质硬脆,断面外层颗粒性,内层纤维性。气微,味苦。

干皮呈不规则板片状或块状,大小不一,厚3~5mm或更厚。外表面暗灰色至灰黑色,极粗糙不平,有裂纹,刮去栓皮后呈淡黄棕色;折断面呈颗粒性。

以皮厚、色黄白、无粗皮、味苦者为佳。

翅果矩圆状披针形,扁平,形如凤眼,长3~5cm,宽约1cm。表面淡黄棕色至黄褐色,具细密纵脉纹,膜质,微具光泽;中央微隆起,内含种子1枚。种子扁圆形,棕色,子叶2,肥厚。气微,味苦,种子尤苦。

以饱满、色黄褐、味苦者为佳。

【化学成分】根皮含苦味素:臭椿苦内酯(amarolide),11-乙酰臭椿苦内酯(11-acetyl amarolide),臭椿双内酯(shinjudilactone),苦味素A(ailanthin A),臭椿辛内酯A(shinjulactone A),$1\alpha,11\alpha$-epoxy-$2\beta,11\beta,12\beta,20$-tetrahydroxypicrasa-3,13(21)-dien-16-one,臭椿苦酮(ailanthone),苦木内酯(shinjulactone)A~N,臭椿醇(ailantinol)A~G,苦楝素(mersosin);甾体类:20-(R)-hydroxydammara-24-en-3-one,piscidionl A,ocotillone,hispidol B,$12\beta,20(S)$-dihydroxydammar-24-en-3-one,β-谷甾醇,胡萝卜苷;还含铁屎米酮糖酯(β-carboline alkaloid),山奈酚,东莨菪内酯,丁香酸,香草酸,壬二酸,D-甘露醇,赭红(phlobaphene),鞣质等。干皮含萜类:20-羟基达玛-24-烯酮(hydroxydammarenone-Ⅰ),ocotillone,lanost-7,22,25-trien-3-oxo,3-oxo-24,25,26,27-tetranor-lanost-7-en acid等;甾体类:豆甾-4-烯-3-酮,20-羟基豆甾-4,6-二烯-3-酮,豆甾-4,6,8(14),22-四烯-3-酮等;苦味素:臭椿苦酮,臭椿苦内酯,11-乙酰臭椿苦内酯,苦木素(quassin),新苦木素(neoquassine);还含有5,6,7,8-四甲氧基香豆素等。种子含脂肪油,2,6-二甲氧基醌(2,6-dimethoxyquinone),臭椿苦酮,臭椿内酯(ailantholide),楂把壬酮(chaparrinone),苦木素等。叶含异槲皮苷,维生素C等。

【功效主治】椿皮苦、涩,寒。清热燥湿,收涩止带,止泻,止血。用于赤白带下,湿热泻痢,久痢久泻,便血,崩漏。凤眼草苦、涩,凉。清热利湿,止痢,止血。用于痢疾,肠风便血,尿血,崩漏,白带。樗叶苦,温;有小毒。用于湿热带下,泄泻,痢疾,疮疖。

【历史】臭椿始载于《药性论》,名樗白皮。《新修本草》附于"椿木叶"项下,有椿、樗混淆现象,谓:"二树形相似,樗木疏,椿木实为别也。"《本草图经》曰:"椿木实而叶香可啖,樗木疏而气臭……北人呼樗为山椿,江东人呼为鬼目,叶脱处有痕如樗蒲子,又如眼目"。《本草衍义》曰:"椿樗皆臭……有花而荚,木身小,干多迂矮者为樗,樗用根叶荚,故曰,未见椿上有荚者,惟樗木上有。"《植物名实图考》单立"樗"、"椿"条,曰:"椿,即香椿。叶甘可茹,木理红实,俗名红椿。"并附图。根据本草所述椿、樗形态及附图,樗与现今臭椿相符,而椿即指楝科植物香椿。

【附注】《中国药典》2010年版收载椿皮;《山东省中药材标准》2002年版收载凤眼草。

附:刺椿

刺椿 Ailanthus vilmoriniana Dode,与臭椿的主要区别是:枝干常有稀疏的短棘刺。奇数羽状复叶,互生,连总柄长40~50cm,小叶11~17;叶脉及总柄轴上偶有稀疏短刺。心皮2~4,多发育不完全,少见结果。产地及药用同臭椿。

苦木

【别名】苦树、苦皮树。

【学名】Picrasma quassioides (D. Don.) Benn. (Simaba quassioides D. Don.)

【植物形态】落叶小乔木或灌木,高达10m。树皮绿褐色至灰黑色,浅裂;嫩枝灰绿色,无毛,皮孔黄色;冬芽外被褐黄色短绒毛。奇数羽状复叶,长达30cm,小叶5~15;小叶片卵形至长椭圆状卵形,长4~10cm,宽2~4cm,先端渐尖,基部阔楔形或近圆形,边缘有不整齐的细锯齿,上面光绿色,下面淡绿色,无毛或仅在主脉上有毛;小叶柄短或近无柄。伞房花序腋生,直立,多由6~8花组成,较疏散;花序梗长达12cm,密生柔毛;花小形,黄绿色,直径约8mm;萼片4~5,卵形,有毛;花瓣4~5,倒卵形,比萼片长1倍以上。核果倒卵形,3~4分果聚生于1宿萼上,长6~7mm,熟时蓝紫色。花期4~5月;果期8~9月。(图403)

图403 苦木
1.果枝 2.两性花 3.雄花

【生长环境】生于湿润肥厚的山沟、山坡或林下及背阴处,在沉积岩山区尤多。

【产地分布】山东境内产于胶东及鲁中南山地丘陵。在我国除山东外,还遍布于黄河流域以南各省区。

【药用部位】枝、叶:苦木;木材:苦树木;树皮:苦木皮。为少常用中药和民间药。

【采收加工】夏、秋二季采收枝叶,晒干。全年采收木材或剥取树皮,晒干。

【药材性状】枝圆柱形,长短不一,直径0.5~2cm;表面灰绿色或棕绿色,有细密纵纹及多数点状皮孔;质脆,易折断,断面不平整,淡黄色,嫩枝色较浅,髓部较大。单数羽状复叶,易脱落;完整小叶片展平后呈卵形或卵状长椭圆形,长4~10cm,宽2~4cm;先端渐尖,基部稍圆,边缘具细齿;两面绿色,有时下表面淡紫红色,沿中脉被柔毛;质脆,易碎。气微,味极苦。

以叶多、色绿、苦味浓者为佳。

茎干呈类圆柱形,直径大小不一;或为切片,厚约1cm。表面灰绿色或淡棕色,有不规则灰白色斑纹。心材部位深黄色。质坚硬,折断面纤维状,横切面年轮明显,有放射状纹理。气微,味苦。

以色深黄、味苦、无外皮者为佳。

【化学成分】茎含生物碱:苦木碱(kumujian)A、B、C、D、E、F、G[A即1-乙氧甲酰基-β-咔啉(1-carboethoxy-β-carboline),B即1-甲氧甲酰基-β-咔啉(1-carbomethoxy-β-carboline),C即1-甲酰基-β-咔啉(1-formyl-β-carboline),D即4,5-二甲氧基铁屎米酮(4,5-dimethoxy-canthin-6-one),E即铁屎米酮,F即4-甲氧基铁屎米酮,G即1-乙烯基-4,8-二甲氧基-β-咔啉(1-vinyl-4,8-dimethoxy-β-carboline)],苦木西碱(picrasidine)G、D、E,4,5-二甲氧基-10-羟基铁屎米酮,8-羟基-铁屎米酮(8-hydroxylcanthin-6-one),11-羟基-铁屎米酮,1-甲酸-7-羟基-β-咔巴啉,1-甲基-4-甲氧基-β-咔巴啉等;苦味素:苦木素,异苦木素(isoquassin),苦树素(picrasin)A、B、C、D、E、F、G,苦木半缩醛(nigakihemiacetal)A、B、C,苦木内酯(nigakilactone)A、B、C、D、E、F、G、H、I、J、K、L、M等。嫩枝含5-甲氧基铁屎米酮,苦木酮碱(nigakinone),甲基苦木酮碱(methylnigakinone),苦木碱H、I及苦树素苷(picrasinoside)A、B。树皮含苦木西碱I、J、K、T。根含1-乙酰-β-咔啉,4,8-二甲氧基-1-乙基-β-咔啉,3-甲基铁屎米-2,6-二酮,苦木西碱A、B。木材含苦木西碱M、P、N、O、Q、V等。叶柄、叶片和小枝含挥发油主成分为枯茗醇(cuminol),β-甜没药烯,反式-丁香烯(trans-caryophyllene),α-佛手柑油烯(α-bergamotene),反式-β-金合欢烯(trans-β-farnesene)等。

【功效主治】苦木苦,寒;有小毒。清热,解毒。用于风热感冒,咽喉肿痛,腹泻下痢,湿疹,疮疖,毒蛇咬伤。苦树木苦,寒。清热解毒,燥湿杀虫。用于风热外感,咳嗽,吐泻,痢疾,疮疖,湿疹。苦木皮苦,寒。清热燥湿,解毒杀虫。用于湿疹,疮毒,疥癣,蛔虫病,吐泻。

【附注】《中国药典》2010年版收载苦木。

楝科

楝

【别名】楝树、苦楝子(德州)、楝子树(济宁、菏泽)。

【学名】Melia azedarach L.

【植物形态】落叶乔木,高达10m。树皮暗褐色,纵裂;幼枝被星状毛,老时紫褐色,皮孔多而明显。二至三回奇数羽状复叶,长20~45cm;小叶片卵形、椭圆形或披针形,长3~5cm,宽2~3cm,先端短渐尖或渐尖,基部阔楔形或近圆形,稍偏斜,边缘有钝锯齿,下面幼时被星状毛,后两面无毛;叶柄长达12cm,基部膨大。圆锥花序腋生;花芳香,长约1cm,有花梗;苞片条形,早落;花萼5深裂,裂片长卵形,长约3mm,外面被短柔毛;花瓣5,淡紫色,倒卵状匙形,长约1cm,两面均被短柔毛;雄蕊10~12,长0.7~1cm,紫色,花丝连合成管状,花药黄色,着生于雄蕊管上端内侧;子房球形,3~6室,无毛,每室有2胚珠,柱头顶端有5齿,隐藏于管内。核果椭圆形或近球形,长1~2cm,直径1.5cm,4~5室,每室有1种子。花期5月;果期9~10月。(图404)

【生长环境】生于旷野或路旁,常栽培于房前屋后。

【产地分布】山东境内产于各地。在我国除山东外,还分布于黄河以南各省区。

【药用部位】根皮及树皮:苦楝皮;果实:苦楝子;叶:苦楝叶;花:苦楝花。为少常用中药和民间药。

【采收加工】春、秋二季剥取根皮或干皮,晒干。春季采花,夏季采叶,晒干或鲜用。秋季采收成熟果实,晒干。

【药材性状】根皮呈不规则条状、片状或槽状,长短宽窄不一,厚3~6mm。外表面灰棕色或棕紫色,粗糙,有不规则纵裂深沟纹,栓皮常呈鳞片状剥落,露出砖红色内皮;内表面淡黄色,有细纵纹。质坚韧,不易折断,断面纤维性,可层层剥离,剥下的薄片,有极细的网纹。气微弱,味极苦。

以皮厚、除去栓皮、味苦者为佳。

干皮呈槽形片状或长卷筒状,长0.3~1m,宽3~10cm,厚3~7mm。表面灰褐色或灰棕色,较平坦,有多数纵向裂纹及横向延长的皮孔;内表面类白色或淡黄色。质坚脆,易折断,断面纤维性,易呈层片状剥离。

以质嫩、皮细、皮孔多、味苦者为佳。

果实椭圆形或近球形,长1~2cm,直径1~1.5cm。表面棕黄色至灰棕色,微有光泽,干皱,顶端偶见花柱残痕,基部有果柄痕。果肉较松软,淡黄色,遇水浸润有黏性。果核卵圆形,坚硬,具4~5棱,内分4~5室,每室含种子1粒。气特异,味酸、苦。

【化学成分】树皮和根皮含苦味素:川楝素(toosendanin),异川楝素(isotoosendanin),苦楝酮(kulinone),苦

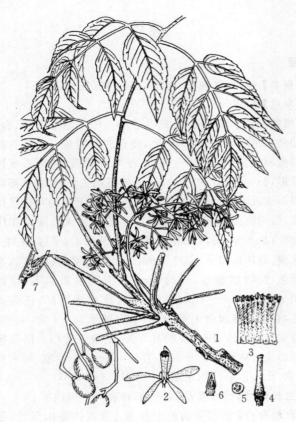

图404 楝
1.花枝 2.花 3.雄蕊管展开 4.雌蕊 5.子房横切
6.子房纵切 7.果序

楝萜酮内酯（kulactone），苦楝萜醇内酯（kulolactone），苦楝萜酸甲酯（methylkulonate），苦楝子三醇（melianotriol），南岭楝酮B（dubione B），梣酮（fraxinellone）等；甾醇类：苦楝甾醇（azedarachol），5α-豆甾-3,6-二酮，麦角甾-5-烯-3-醇，α-菠甾酮，β-谷甾醇，胡萝卜苷等；有机酸：苦楝酸（kulonic acid），丁二酸，阿魏酸，邻苯二甲酸，他普酸（thapsic acid），三十烷酸等；还含有24-甲叉基环阿尔廷-3-酮（24-methylene cycloarten-3-one），4,8-二羟基-1-四氢萘醌（isosclerone），对苯醌，丁香树脂酚双葡萄糖苷，异巴西红厚壳素（isojacareubin），5-羟甲基-2-呋喃甲醛（5-hydroxymethyl-2-furaldehyde），羽扇豆醇等。**果实**含苦味素：苦楝子酮（melianone），苦楝子醇（melianol），苦楝子内酯（melialactone），印楝子素（azadirachtin），1-桂皮酰苦楝子醇酮（1-cinnamoylmelianolone），苦楝子二醇（meliandiol），苦楝新醇（melianoninol），川楝素，21α,25-二甲氧基苦楝酮二醇（21α,25-dimethylmelianodiol）等；还含芦丁，桂皮酸，香草醛，松柏醛，5-羟甲基糠醛，原儿茶醛，2,3-二羟基-1-(4-羟基-3-甲氧基)-苯基-1-酮，(E)-3,3'-二甲氧基-4,4'-二羟基二苯乙烯，羽扇豆醇，7-二十三醇，β-谷甾醇等。**种子**含6-乙酰氧基-11α-羟基-7-酮基-14β,15β-环氧苦楝子新素-1,5-二烯-3-O-α-L-吡喃鼠李糖苷（6-acttoxy-11α-hydroxy-7-oxo-14β,15β-epoxymeliacin-1,5-diene-3-O-α-L-rhamnopyranoside），印楝沙兰林（salannin），印楝德林（meldenin）。**种子油**主成分为亚油酸和油酸。**叶**含芦丁，山奈酚-3-O-芸香糖苷及正十六烷酸，挥发油主成分为石竹烯氧化物（caryophyllene oxide）和二环大根香叶烯（bicyclogermacrene）等。

【功效主治】**苦楝皮**苦，寒；有毒。杀虫，疗癣。用于蛔虫病，蛲虫病，虫积腹胀；外治疥癣瘙痒。**苦楝子**苦，寒；有小毒。行气止痛，杀虫。用于脘腹胁痛，疝痛，虫积腹痛，头癣，冻疮。**苦楝叶**苦，寒；有毒。清热燥湿，杀虫止痒，行气止痛。用于疝气，蛔虫病，跌打肿痛，疗疮，皮肤湿疹。**苦楝花**苦，寒。清热祛湿，杀虫，止痒。用于热痱，头癣。

【历史】见川楝。

【附注】《中国药典》2010年版收载苦楝皮。

川楝

【别名】楝实、川楝子、川楝树。

【学名】Melia toosendan Sieb. et Zucc.

【植物形态】乔木，高达25m。幼枝被褐色星状鳞片，后脱落，暗红色至黑褐色；叶痕和皮孔明显。二回羽状复叶，每1羽片有小叶4~5对；小叶片椭圆状披针形，长4~8cm，宽2~4cm，先端长渐尖，基部楔形，通常全缘，两面无毛。圆锥花序顶生，长6~15cm，约为叶长的一半，密生褐色星状鳞片；花淡紫色；萼椭圆形至披针形，两面有柔毛；花瓣匙形，长1~1.3cm，外面有疏柔毛；雄蕊管紫色，顶端有10~12裂齿，花药略突出于管外；花盘杯状；子房球形，6~8室，花柱圆柱状，柱头呈不明显6裂，藏于雄蕊管内。核果成熟时淡黄色，椭圆状球形，长2.5~4cm，直径2~3cm；果皮薄，核6~8室。花期5月；果期10~11月。（图405）

【生长环境】栽培于园林或苗圃。

【产地分布】山东境内的青岛、泰安、定陶等地有引种。在我国除山东外，还分布于四川、贵州、江西、湖北、湖南、河南及甘肃等地。

【药用部位】果实：川楝子；根皮、树皮：苦楝皮；叶：楝叶；花：楝花。为较常用中药和民间药。

【采收加工】春、秋二季剥取根皮或干皮，晒干。春季采花，夏季采叶，晒干或鲜用。秋季采收成熟果实，晒干。

【药材性状】根皮与干皮同楝。

果实呈椭圆状球形，直径2~3.5cm。表面金黄色或黄棕色，微具光泽，有少数微凹陷或皱缩的深棕色小点。顶端较平，有点状花柱残基，基部凹陷，有果柄痕。外果皮革质，与果肉间常成空隙；果肉厚，浅黄色，质松软，水湿润显黏性。果核球形或卵圆形，两端平截；表面土黄色，有6~8条纵棱；质坚硬，内分6~8室，每室

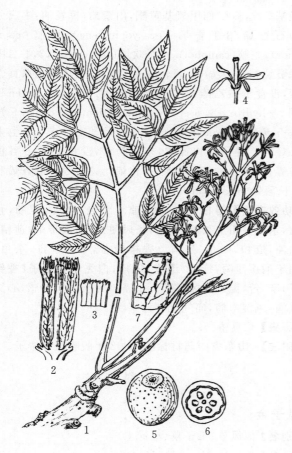

图405 川楝
1.花枝 2.花纵剖，示雄蕊管及雌蕊 3.部分雄蕊管背面
4.花 5.果实 6.果实横切 7.树皮

含黑紫色长圆形种子1枚。种仁乳白色，有油性。气特异，味酸、苦。

以个大饱满、表面金黄、果肉黄白、苦酸味浓者为佳。

【化学成分】树皮及根皮含三萜类：川楝素，异川楝素，$3\alpha,16\beta$-dihydroxytirucalla-7, 24-dien-21-oic acid, 3β, 16β-dihydroxytirucalla-7, 24-dien-21-oic acid, $5\alpha, 8\alpha$-epidioxyergosta-6,9(11),22-trien-3β-ol, pentacyclictirucallol A, 12-hydroxyamoorastatone, 16-hydroxybutyrospermol, 等；黄酮类：$4,2',4'$-三羟基查耳酮，(＋)-儿茶素，catechin 等；还含 1-triacontylamine 等。果实含黄酮类：芦丁，桑色素(morin)，clematine，槲皮素，异槲皮苷，山柰酚，大豆苷元；有机酸：咖啡酸，阿魏酸，丁香酸，香草酸，异香草酸，原儿茶酸，对羟基苯甲酸；三萜类：川楝素，$\Delta^{5,6}$-异川楝素($\Delta^{5,6}$-isotoosendanin)，苦楝子酮(melianone)，脂苦楝子醇(lipnmelianol)，21-O-乙酰川楝子三醇(21-O-acetyltoosendantriol)，21-O-甲基川楝子五醇(21-O-methyltoosendanpentaol)，24, 25, 26, 27-tetranorapotirucalla-(apoeupha)-1α-tigloyloxy-3α, 7α-dihydroxyl-12α-acetoxyl-14, 20, 22-trien-21, 23-epoxy-6, 28-epoxy, nimbolinin B, trichilinin D 等；还含有表松脂醇(epipinoresinol)，clemaphenol A, medioresinol, balanophonin, evofolin-B, 松柏醛(coniferylaldehyde)，豆甾醇等。叶含川楝子甾醇(toosendansterol) A, B, 黑麦草内酯(loliolide)，川楝子苷(toosendanoside)，苦楝子紫罗醇苷(meliaionoside) A、B等。

【功效主治】川楝子苦，寒；有小毒。舒肝泄热，行气止痛，杀虫。用于肝郁化火，胸胁、脘腹胀痛，疝气疼痛，虫积腹痛。苦楝皮苦，寒；有毒。杀虫，疗癣。用于蛔虫病，蛲虫病，虫积腹胀；外治疥癣瘙痒。楝叶苦，寒；有小毒。止痛，杀虫。用于疝气，跌打肿痛，疔疮及肤湿疹，蛔虫病。楝花用于热痱，头癣。

【历史】川楝子始载于《神农本草经》，列为下品，原名楝实。《本草图经》曰："楝实，即金铃子也，生荆山山谷，今处处有之，以蜀川者为佳。木高丈余，叶密如槐而长。三四月开花，红紫色，芳香满庭间。实如弹丸，生青熟黄。"《植物名实图考》载："楝，处处有之。四月开花，红紫可爱，故花信有楝花风。"据其形态及各本草附图，古代楝应包括川楝和苦楝两种，且果实及树皮均用。

【附注】①《中国药典》2010年版收载川楝子、苦楝皮。②"Flora of China"11：130, 2008中将本种并入楝 Melia azedarach L.。但两者具有明显区别。川楝子房6~8室；果大，长约3cm；小叶近全缘或具不明显的钝齿；花序长约为叶的一半。产甘肃、湖北、四川、贵州和云南等地，各省区广泛栽培。而楝子房5~6室；果较小，通常长不过2cm；小叶具钝齿；花序常与叶等长。鉴于两种形态的显著差异和使用习惯，本志采纳《中国植物志》第43(3)卷的分类，将两者分别收载。

香椿

【别名】椿芽树、香椿芽树、香椿树。

【学名】Toona sinensis (A. Juss.) Roem.
(Cedrela sinensis A. Juss.)

【植物形态】落叶乔木，高达25m。树皮灰褐色，纵裂而呈片状剥落；冬芽密生暗褐色毛；幼枝粗壮，暗褐色，被柔毛。偶数羽状复叶，长30~50cm，有特殊香气，小叶10~22对；小叶片长椭圆状披针形或狭卵状披针形，长6~15cm，宽3~4cm，先端渐尖或尾尖，基部圆形，不对称，全缘或有疏浅锯齿，嫩时下面有柔毛，后渐脱落；小叶柄短；总叶柄有浅沟，基部膨大。顶生圆锥花序，下垂，长达35cm，被细柔毛；花白色，有香气，具短梗；花萼筒小，5浅裂；花瓣5，长椭圆形；雄蕊10，其中5枚退化；花盘近念珠状，无毛；子房圆锥形，有5条细沟纹，无毛，每室有胚珠8。蒴果狭椭圆形，深褐色，长2~3cm，熟时5瓣裂。种子上端有膜质长翅。花期

5～6月；果期9～10月。（图406）

图406 香椿
1.花枝 2.果穗 3.花 4.去花瓣，示雄蕊及雌蕊 5.种子

【生长环境】栽培于山坡、田边、村旁或院落。
【产地分布】山东境内各地普遍栽培。在我国除山东外，还分布于华北、东南至西南各省区。
【药用部位】树皮或根皮：椿白皮；叶：香椿叶；果实：香椿子（香铃子）。为民间药，香椿叶药食两用。
【采收加工】春、秋二季挖根，除去外层粗皮，剥下根皮或树皮，晒干。秋季采收成熟果实，晒干。春、夏二季采叶，早春采收嫩芽，鲜用。
【药材性状】根皮呈块状或长片状，大小不一；外表面红棕色，较粗糙；质硬，断面棕红色，纤维性，可成条片状层层剥离。干皮长片状；外表面红棕色，有纵纹及裂隙；内表面黄棕色，有细纵纹；质坚硬，断面纤维性。稍有香气，味淡，嚼之有香味。

以皮块大、外皮红棕、断面成层、气味香者为佳。

果实狭椭圆形或卵圆形，长2～3cm。表面黑褐色，有细纹理，内表面黄棕色，光滑，果皮厚约2.5mm；质脆，常开裂为5瓣，裂至全长的2/3左右，裂瓣披针形，先端尖。种子椭圆形，有极薄的种翅，黄白色，半透明。气微，味苦。
【化学成分】树皮含川楝素；黄酮类：槲皮素，槲皮素-3-O-β-D-葡萄糖苷，杨梅素，杨梅苷，5,7-二羟基-8-甲氧基黄酮；还含有二十碳酸乙酯，正二十六烷醇，β-谷甾醇等。叶含黄酮类：5,7-二羟基-8-甲氧基黄酮，5,6′-二羟基-5,7,8,2′-四甲氧基黄酮，山柰酚；挥发油：主成分为石竹烯，β-丁香烯（β-caryophyllene），樟脑（comphor），龙脑（camphol），金合欢烯（farnesene），3,4-二甲基癸烷，α-蛇床烯（α-humulene），雪松醇；还含有东莨菪素，没食子酸乙酯，3-羟基-5,6-环氧-7-megastigmen-9-酮（3-hydroxy-5,6-epoxy-7-megastigmen-9-one），5-羟基-5,6-环氧-7-megastigmen-9-酮及胡萝卜素，维生素B、C等。种子含川楝素，东莨菪素，没食子酸，β-谷甾醇等；挥发油主成分为反-石竹烯，γ-榄香烯，榄香烯和α-长蒎烯（α-longipinene）。
【功效主治】椿白皮苦、涩，凉。除热，燥湿，涩肠，止血，杀虫。用于久泻，久痢，肠风便血，崩漏带下，遗精，白浊，疳积，蛔虫，疥癣。香椿叶苦，平。解毒，杀虫。用于痢疾泄泻，疔疽，漆疮，疥疮，白秃。香椿子（香铃子）辛、苦，温。祛风，散寒，止痛。用于风寒外感，心胃气痛，风湿痹痛，疝气，泄泻。
【历史】见臭椿。
【附注】《山东省中药材标准》2002年版收载香椿子。

远志科

瓜子金

【别名】惊风草、瓜子草、小远志。
【学名】Polygala japonica Houtt.
【植物形态】多年生草本。根细长，木质。茎自基部丛生，向上或倾斜，高10～30cm，被细毛。叶互生；叶片卵形或长椭圆形，先端尖，花时长约1cm，花后长达2.5cm；有短柄，被细毛。总状花序短，腋生；花紫白色；萼片5，内轮2片大形，花瓣状；花瓣3，中央1片顶端有流苏状附属物；雄蕊8，花丝几全部合生呈鞘状；子房扁长倒卵形，花柱弯曲，条形，柱头2裂，不等长。蒴果广卵形，光滑，边缘有宽翅。种子黑色，被白毛。花期5～7月；果期7～9月。（图407）
【生长环境】生于山坡草地或路旁。
【产地分布】山东境内产于各山地丘陵。在我国除山东外，还分布于东北、华北、华东、华中、华南、西南地区及陕西等地。
【药用部位】全草：瓜子金。为民间药，可用于保健食品。
【采收加工】夏季开花时采收带根全草，晒干。
【药材性状】根圆柱形，直径3～4mm；表面黄褐色，有细纵纹；质硬，断面黄白色。茎丛生，长12～30cm；表面灰绿色或灰棕色，有时下部紫褐色，被细柔毛。叶互生；完整叶片卵形、椭圆形或卵状披针形，长1～2.5cm，宽0.3～1cm；先端短尖或急尖，基部圆形或楔形，全缘；上表面灰绿色至黄绿色，侧脉明显；略革质。总状花序，花紫色或淡紫棕色。蒴果宽卵形而扁，直径

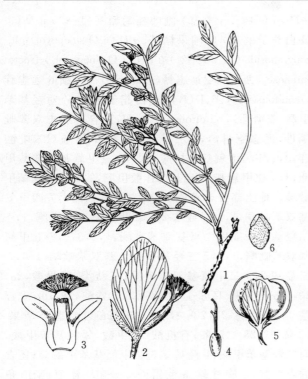

图 407 瓜子金
1. 植株 2. 花 3. 花冠展开，示雄蕊 4. 雌蕊
5. 蒴果及宿萼 6. 种子

约 3mm，边缘具膜质宽翅，黄绿色，无毛，萼片宿存。种子扁卵形，表面棕褐色，密被柔毛。气微，根味辛，叶味微苦。

以叶花多、色绿、根粗者为佳。

【化学成分】根含三萜类：瓜子金皂苷（polygalasaponin）Ⅰ、Ⅱ、Ⅲ、Ⅶ、V、C、XXI、XXVIII、XXXI、XXIV、XXIX、XLVII、XLVIII、XLLX、L、戊、己、庚、辛等，长春藤皂苷元，原远志皂苷元等；黄酮类：鼠李素（rhamnetin），槲皮素，山柰酚，山柰酚-7,4′-二甲醚-3-O-β-D-半乳糖苷，山柰酚-7,4′-二甲醚-3-O-β-D-芹菜糖基（1→2）-β-D-半乳糖苷，5-羟基-7,4′-二甲氧基黄酮-3-O-β-D-芹菜糖基（1→2）-β-D-半乳糖苷[5-hydroxy-7,4′-demethoxyflavone-3-O-β-D-apiofuranosyl（1→2）-β-D-galactopyranoside]，5,3′-二羟基-7,4′-二甲氧基黄酮-3-O-β-D-芹菜糖基（1→2）-β-D-半乳糖苷，3,8-二羟基-1,2,6-三甲氧基双苯吡酮（1,3-dihydroxy-1,2,6-trimethoxy xanthone），1,3-二羟基-2,5,6,7-四甲氧基双苯吡酮，3-羟基-1,2,5,6,7-五甲氧基双苯吡酮，1,7-二羟基-2,3,4-三甲氧基双苯吡酮，1,7-二羟基-3,4-二甲氧基双苯吡酮，6-羟基-1,2,3,7-四甲氧基双苯吡酮，1,6-二羟基-3,7,8-三甲氧基双苯吡酮，瓜子金双苯吡酮（1,6,8-trihydroxy-2,3methylerediox y-5-geranylxanthone），2-β-D-吡喃葡萄糖基-1,3,7-三羟基-双苯吡酮，远志双苯吡酮Ⅲ（poligalaxanthone Ⅲ），西伯利亚远志双苯吡酮 A

（sibiricaxanthone A）等；甾体类：3-O-(6′-O-palmitoyl-β-D-glucopyranosyl)-spinasta-7,22(23)-dien，(24R)-stigmast-7,22(E)-dien-3α-ol-β-D-glucopyranoside；还含远志醇（polygalitol），远志醇四乙酸酯（tetracetyl polygalitol），瓜子金脑苷酯（polygalacerebroside），β-D-(3-O-芥子酰)-呋喃果糖基-α-D-(6-O-芥子酰)-吡喃葡萄糖苷[β-D-(3-O-sinapoyl)-fructofuranosyl-α-D-(6-O-sinapoyl)-glucopyranoside]，荷花山桂花糖 A（arillatose A），西伯利亚远志糖（sibiricose）A_5、A_6 等。**地上部分**含三萜类：熊果酸，2α,3β,19α-三羟基乌索-12-烯-23,28-二羧酸，3β,19α-二羟基乌索-12-烯-23,28-二羧酸，3β,19α-二羟基齐墩果-12-烯-23,28-二羧酸等；瓜子金皂苷甲～丁与瓜子金皂苷 I～XIX；黄酮类：鼠李素-3-O-β-D-半乳糖苷，鼠李柠檬素，鼠李柠檬素-3-O-β-D-半乳糖苷，3,5-二羟基-7,4′-二甲氧基黄酮-3-O-β-D-半乳糖苷，3,5,3′-三羟基-7,4′-二甲氧基黄酮-3-O-β-D-半乳糖苷；还含有 26-烷酸，间二羟基苯甲酸，α-二十二烷酸甘油酯等。**叶**含紫云英苷，山柰酚-3-O-6″-O-(3-羟基-3-甲基-戊二酰基)葡萄糖苷[kaempferol-3-O-6″-O-(3-hydroxy-3-methyl-glutaryl) glucoside]，山柰酚 3-(6″-乙酰基)葡萄糖苷[kaempferol-3-(6″-acetyl) glucoside]，山柰酚-3,7-二葡萄糖苷等。

【功效主治】辛、苦，平。祛痰止咳，活血消肿，解毒止痛。用于咳嗽痰多，咽喉肿痛；外治跌打损伤，疔疮疖肿，蛇虫咬伤。

【历史】瓜子金始载于《植物名实图考》，又名金锁匙、神砂草或地藤草，谓："江西、湖南多有之……高四五寸，长根短茎，数茎为丛，叶如瓜子而长，唯有直纹一线。叶间开小圆紫花，中有紫蕊。气味甘，俚医以为破血、起伤、通关、止痛之药，多蓄之。云南名紫花地丁。"其形态和附图与瓜子金一致。

【附注】《中国药典》1977 年版曾收载；《中国药典》2010 年版重新收载。

西伯利亚远志

【别名】卵叶远志、小叶远志（崂山）、远志、粉子草（五莲）。

【学名】Polygala sibirica L.

【植物形态】多年生草本。茎自基部丛生，高 10～40cm，被细毛，多呈弯伏状。叶互生；叶片披针形、广披针形或长椭圆形，长 1～3cm，宽 2～6mm，先端尖，基部宽楔形；有短柄，被细毛。总状花序多腋外生，最上 1 个假顶生，常高出茎端；花蓝紫色；萼片 5，内轮 2 片大，花瓣状；花瓣 3，中央 1 片顶端有流苏状附属物，两侧花瓣内面下部有柔毛；雄蕊 8，花丝下部合生成鞘状，上部 1/3 分离；子房近长倒卵形而扁，被毛或无明显的毛。蒴果近倒心形，表面平滑无毛或被细毛，边缘有狭翅。种子黑色，具假种皮，被白毛。花期5～7月；果期8～9月。（图408）

图408 西伯利亚远志
1.植株 2.花 3.内萼片 4.花冠展开，示雄蕊
5.雌蕊 6.蒴果及宿萼 7.种子

【生长环境】生于山坡草地或路旁。

【产地分布】山东境内产于各山地丘陵。在我国除山东外，还分布于东北、华北、华东、华中、华南、西南地区及陕西、甘肃、青海等地。

【药用部位】根或根皮：远志；全草：小草。为常用中药和民间药，可用于保健食品。

【采收加工】春、秋二季挖取根部，除去残茎及泥土，阴干或晒干。趁鲜时选择较粗的根，用木棒捶松或用手搓揉，抽去木心，为"远志筒"；较细的根用木棒捶裂，除去木心，称"远志肉"；细小的根不去木心，名"远志棍"。4～5月开花时采收地上部分，晒干；远志筒呈筒状，无木心。

【药材性状】根长4～18cm，直径2～8mm。表面灰棕色、灰黑色或灰黄色，粗糙，有多数纵沟纹及少数横沟纹，支根多。根头部茎基2～5个。质较硬，不易折断，断面皮部薄，木心较大；远志筒呈筒状，无木心。气微，味微苦，有刺喉感。

以根粗壮、皮部厚、刺喉感强者为佳。

【化学成分】根含皂苷类：细叶远志皂苷（tenuifolin，细叶远志素），黄花倒水莲皂苷A（fal-laxsaponin A）；糖酯类：3,6′-二芥子酰基蔗糖（3,6′-disinapoyl sucrose），α-D-(6-O-白芥子酰基)-吡喃葡萄糖基(1→2)-β-D-(3-O-白芥子酰基)-呋喃果糖基[α-D-(6-O-sinopoyol)-glucopyranoside-(1→2)-β-D-(3-O-sinopoyol)-fructofuranose]，西伯利亚远志糖（sibiricose）A_{1-6}，细叶远志苷（tenuifoliside）A、B、D（B即3-白芥子酰基-6′-对羟基苯甲酸-蔗糖酯），tenuifolioses A、H；还含有远志双苯吡酮Ⅲ，远志酮Ⅲ，1,6-二羟基-3,7-二甲氧基双苯吡酮苷，3,4,5-三甲氧基肉桂酸，3,4,5-三甲氧基肉桂酸甲酯，3,5-二甲氧基-对羟基肉桂酸甲酯，3,5-二羟基苯甲酸等。地上部分含黄酮类：6-二羟基-1,2,3,7-四甲氧基双苯吡酮，1,7-二羟基-2,3-二甲氧基双苯吡酮，1,7-二羟基-2,3-亚甲二氧基双苯吡酮，1,2,3,6,7-五甲氧基双苯吡酮，1,3,7-三羟基-2-甲氧基双苯吡酮，1,6,7-三羟基-2,3-二甲氧基双苯吡酮；三萜类：熊果酸，2α,3β,19α-三羟基-乌苏-12-烯-23,28-二羧酸，3β,19α-二羟基-乌苏-12-烯-23,28-二羧酸，3β,19α-二羟基-齐墩果-12-烯-23,28-二羧酸；有机酸：苯甲酸，邻羟基苯甲酸，间二羟基苯甲酸，4-羟基-3,5-二甲氧基苯甲酸等；还含远志糖醇，α-菠甾醇，α-菠甾醇-3-O-β-D-葡萄糖苷，角鲨烯，正三十一烷，正三十烷醇，正十八烷酸，α-十九烷酸甘油酯，α-二十二烷酸甘油酯等。

【功效主治】远志苦、辛，温。安神益智，交通心肾，祛痰，消肿。用于心肾不交引起的失眠多梦，健忘惊悸，神志恍惚，咳嗽不爽，疮疡肿毒，乳房肿痛。小草辛、苦，平。安神，化痰，消肿，益精，补阴。用于惊悸，健忘，咳嗽痰多，痈疮肿痛，虚损梦遗。

【历史】见远志。

【附注】《中国药典》2010年版收载远志，原植物名为卵叶远志。

远志

【别名】小草、小鸡腿、绒儿茶（莱阳）、线茶（烟台）、小叶茶。

【学名】Polygala tenuifolia Willd.

【植物形态】多年生草本，高达45cm，多分枝。叶互生；叶片条形，长1～4cm，宽1～3mm，全缘，无毛；无叶柄。总状花序多腋生，花梗细，稍下垂；花两性，两侧对称，淡蓝色至紫蓝色；萼片5，外轮3片小，内轮2片，花瓣状；花瓣3，中央1片顶端有流苏状附属物，两侧花瓣内面下部有柔毛；雄蕊8，花丝合生成鞘状，上部分离；子房近卵圆形而扁，花柱弯曲，细条形，柱头2浅裂，不等长。蒴果近倒卵形，扁平，边缘有狭翅，光滑。种子黑色，被白毛。花期5～7月；果期6～9月。（图409）

【生长环境】生于山坡草地或路旁。

【产地分布】山东境内产于各山地丘陵；以沂源、章丘、历城、招远、梁山、平邑、费县、沂水、新泰、蒙阴、滕州、

图 409 远志
1.植株 2.花 3.花萼 4.花冠展开,示雄蕊 5.雄蕊
6.雄蕊和雌蕊 7.雌蕊 8.蒴果及宿萼 9.种子

龙口、即墨、长清、博山、莱阳等地产量最大。近年来资源骤减,应注意资源保护。在我国除山东外,还分布于东北、华北地区及陕西、甘肃等地。

【药用部位】根或根皮:远志;全草:小草。为常用中药和民间药,可用于保健食品。

【采收加工】春、秋二季挖取根部,除去残茎及泥土,阴干或晒干。趁鲜时选择较粗的根,用木棒捶松或用手搓揉,抽去木心,为"远志筒";较细的根用木棒捶裂,除去木心,称"远志肉";细小的根不去木心,名"远志棍"。4~5月开花时采收地上部分,晒干。

【药材性状】根圆柱形,拘挛不直,长3~12cm,直径3~8mm;除去木心者呈筒状,中空。表面灰黄色或灰棕色,有较密而深陷的横皱纹及裂纹,老根的横皱纹更明显,略呈结节状。质脆易断,断面皮部棕黄色,木部黄白色,皮部易与木部剥离。气微,味苦、微辛,嚼之有刺喉感。

以根(筒)粗、皮厚、色灰黄、苦味及刺激性强者为佳。

茎圆柱形,多分枝,长25~40cm;表面黄绿色,有细纵纹。叶互生;叶片线形;先端尖,基部微狭,全缘;上表面暗绿色,下表面色较浅,中脉较显著;近无柄。总状花序,花柄纤细;花淡蓝色或淡棕黄色。有时具扁平的蒴果。气微,味微苦。

以叶花多、色绿、味苦、带根者为佳。

【化学成分】根含皂苷:细叶远志皂苷,远志皂苷(onjisaponin)A、B、C、D、E、F、Fg、Ng、G、L、R、O、V、Vg、W、Wg、X、Y、Z[水解后得远志皂苷元(tenuigenin)A、B],远志皂苷元;黄酮类:远志双苯吡酮Ⅲ,1,3-二羟基-5,6,7-三甲氧基双苯吡酮,1,2,3,6,7-五甲氧基双苯吡酮,1,2,7-三羟基-3,6-二甲氧基双苯吡酮,1,7-二甲氧基双苯吡酮,1,6-二甲氧基-2,3-二亚甲基双苯吡酮,6-羟基-1,2,3,7-四甲基双苯吡酮,1,2,3,7-四甲基双苯吡酮,1,7-二羟基-2,3-亚甲二氧基双苯吡酮,7-羟基-1-甲氧基-2,3-亚甲二氧基双苯吡酮,1,7-二甲氧基-2,3-亚甲二氧基双苯吡酮,4-C-β-D-吡喃葡萄糖基-1,3,6-三羟基-7-甲氧基双苯吡酮苷(4-C-β-D-glucopyranosyl-1,3,6-trihydroxy-7-methoxyxanthone),4-C-[β-D-呋喃芹糖基(1→6)-β-D-吡喃葡萄糖]-1,3,6-三羟基-7-甲氧基双苯吡酮苷等;还含3,6′-二芥子酰基蔗糖,球腺糖A(glomeratose A),β-D-(3-O-芥子酰)-呋喃果糖基-α-D-(6-O-芥子酰)-吡喃葡萄糖苷,远志糖苷(tenuifolioside)A、B、C、D,远志寡糖(tenuifoliose)A、B、C、D、E、F、I、K、G,远志醇,3,4,5-三甲氧基桂皮酸,N-乙酰基葡萄糖胺,细叶远志定碱(tenuidine),β-胡萝卜苷等。

【功效主治】远志苦、辛,温。安神益智,交通心肾,祛痰,消肿。用于心肾不交引起的失眠多梦,健忘惊悸,神志恍惚,咳嗽不爽,疮疡肿毒,乳房肿痛。小草辛、苦,平。安神,化痰,消肿,益精,补阴。用于惊悸,健忘,咳嗽痰多,痈疮肿痛,虚损梦遗。

【历史】远志始载于《神农本草经》,列为上品。《名医别录》云:"生太山及冤句川谷"。《本草图经》云:"根黄色,形如蒿根,苗名小草。似麻黄而青,又如荜豆。叶亦有似大青而小者。三月开花,白色,根长及一尺。四月采根、叶……泗州出者花红,根、叶俱大于他处;商州者根又黑色"。《本草纲目》云:"远志有大叶、小叶二种。陶弘景所说者小叶也,马志所说者大叶也,大叶者花红。"据历代本草所述产地、形态和附图可知,古代远志药材的来源有数种植物,其主流有小叶者即远志,大叶者应为西伯利亚远志。

【附注】《中国药典》2010年版收载远志;《山东省中药材标准》2002年版收载小草。

大戟科

铁苋菜

【别名】血见愁、老牛苋(黄县)、鸡蛋壳菜(曹县)、血山头(临沂)。

【学名】Acalypha australis L.

【植物形态】一年生草本,高 25～50cm,全株有短毛。茎直立,多分枝,有纵棱。叶互生;叶片椭圆状披针形或长卵形,长 2～7cm,宽 1.5～4.5cm,先端尖,基部楔形,边缘有锯齿,两面疏被短柔毛;叶柄长 1～3cm,被毛。穗状花序腋生,雌、雄同序;雄花多数,细小,生于花序上部,带紫红色,花萼 4 裂,裂片卵圆形,镊合状,背面稍有毛,雄蕊 5～7 枚,簇生;雌花位于花序基部,通常 3 花着生于一大形叶状苞片内,苞片开展时肾形,合时如蚌,绿色,稀带紫红色,边缘有锯齿,背面脉上伏生毛,花萼 3 裂,卵形,有缘毛,子房球形,有稀疏柔毛,花柱 3,枝状分裂,紫红色,通常在一苞片内仅有 1 果成熟。蒴果小,三棱状球形,具 3 个分果爿,表面疏生粗毛,和毛基变厚的小瘤体。种子近球形,表面光滑,假种阜细长。花期 7～10 月;果期 8～10 月。2n=32。(图 410)

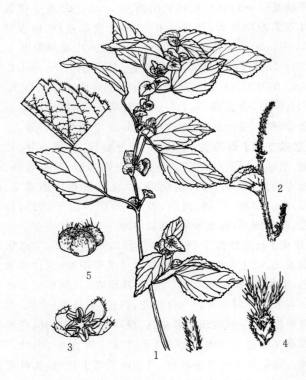

图 410　铁苋菜
1.果枝 2.花序 3.雄花 4.雌花 5.蒴果

【生长环境】生于田间、地边、路旁、沟边、宅旁、院内或山村附近。
【产地分布】山东境内产于各地。全国除西部高原或干燥地区外,大部分省区均有分布。
【药用部位】全草:血见愁。为民间药,嫩苗药食两用。
【采收加工】夏季采收,除去泥土,晒干或鲜用。
【药材性状】全草长 20～40cm。茎细长圆柱形,单一或有分枝;表面棕绿色,有纵条纹,被灰白色细长柔毛,老茎近无毛;质硬,易折断,断面黄白色,有髓。叶互生;叶片皱缩破碎;完整者展平后呈椭圆状披针形,长 2～6.5cm,宽 1～4cm;先端尖,边缘有钝齿;上表面黄绿色,下表面灰绿色,两面均被疏毛;叶柄长 1～3cm。花序腋生;苞片三角状肾形,合时如蚌。蒴果小,三棱状球形;表面淡褐色,被粗毛。气微,味淡。

以叶多、色绿、带花果者为佳。
【化学成分】全草含有机酸:没食子酸,原儿茶酸,琥珀酸,对羟基苯甲酸,水杨酸,烟酸,4-羟基-3-甲氧基苯甲酸等;三萜类:白桦脂酸,齐墩果酸,β-香树脂醇,表木栓酮,木栓酮;还含有铁苋菜碱(acalyphine),大黄素,毛地黄内酯(loliolide),2,6-二氧甲基-1,4-苯醌(2,6-dimethoxy-1,4-benzoquinone),芦丁,短叶苏木酚(brevifolin),十八烷酸甘油酯,β-谷甾醇,胡萝卜苷等。
【功效主治】苦、涩,凉。清热解毒,消积,止痢,止血。用于痢疾,腹泻,咳嗽,吐血,便血,崩漏,疳积,腹胀,湿疹,外伤出血。
【历史】铁苋菜始载于《本草纲目拾遗》,名黄麻花、牛泥茨、三珠草和天紫苏。《植物名实图考》名人苋,曰:"人苋,盖苋之统称。北地以色青黑而茎硬者当之,一名铁苋。叶极粗涩,不中食,为刀伤要药。其花有两片,承一、二圆蒂,渐出小茎,结子甚细。江西呼海蚌含珠,又曰撮斗撮金珠,皆肖其形。"所述形态及附图与植物铁苋菜一致。
【附注】《中国药典》1977 年版曾收载。

山麻杆

【别名】野火麻、狗尾巴树。
【学名】Alchornea davidii Franch.
【植物形态】落叶灌木,高 1～2m。幼枝密生灰白色短柔毛,老枝光滑。叶互生;叶片阔卵形或扁圆形,长 7～12cm,宽 8～15cm,先端短渐尖,基部心形或近心形,边缘有锯齿,上面绿色,疏生短毛,下面有时带紫色,密生柔毛,基出 3 脉;叶柄长 3～8cm,被短柔毛,有腺点;托叶 2,条形。花小,单性,雌、雄异株或同株,无花瓣;雄花密生,排列成穗状花序,长 1～3cm;花萼 4 裂,镊合状;雄蕊 6～8,花丝离生或基部合生;雌花疏生成总状花序,顶生,长 4～5cm;花萼 4 裂,外面密生短柔毛;子房 3 室,有柔毛,花柱 3,条形,不分裂。蒴果近球形,直径约 1cm,密生短柔毛。种子卵状三角形,种皮淡褐色,具小瘤体。花期 4～5 月;果期 6～7 月。(图 411)
【生长环境】生于山坡或栽培于公园、庭院内。
【产地分布】山东境内产于枣庄、青岛和泰安等地。在我国除山东外,还分布于江苏、浙江、安徽、湖北、湖南、贵州、四川、陕西等地。
【药用部位】茎皮及叶:山麻杆。为民间药。

图411 山麻杆
1.雄花枝 2.果枝 3.雄花 4.雌花

【采收加工】春、夏二季采收,晒干。

【化学成分】叶和嫩枝含异鼠李素-3-O-β-D-木糖苷（isorhamnetin-3-O-β-D-xyloside）,没食子酸,没食子酸甲酯,3,3′-二氧-甲基鞣花酸-4-O-α-L-呋喃阿拉伯糖苷（3,3′-di-O-methyl ellagic acid-4-O-α-L-arabinofuranoside）,松脂素（pinoresinol）,甲氧基松脂素,苎麻素（boehmenan）等。

【功效主治】淡,平。解毒,杀虫,止痛。用于狂犬咬伤,蛇咬伤,蛔虫症,腰痛。

重阳木

【别名】赤木。

【学名】Bischofia polycarpa (Lévl.) Airy-Shaw
（Celtis polycarpa Lévl.）

【植物形态】乔木,高10～20m。树皮褐色,纵裂。三出复叶;小叶片卵圆形或椭圆状卵形,长4.5～8cm,宽3.5～6cm,先端渐尖,基部圆形或近心形,边缘有锯齿,两面无毛;总叶柄长4～11cm。花小,淡绿色,雌、雄异株,排列成腋生的总状花序;雄花簇生,花梗短细,分枝多,雄蕊5,退化子房盾状;雌花序较疏,分枝较少,花梗粗壮;子房3或4室,每室2胚珠,花柱3,不分裂。果实肉质,球形或扁球形,直径5～7mm,红褐色,不开裂。种子形如芝麻,黑褐色,有光泽。花期4～5月;果期8～10月。（图412）

【生长环境】栽培于河边或堤岸湿润肥沃的沙质壤土。

【产地分布】山东境内的青岛及泰安有引种栽培。在我国除山东外,还分布于长江以南各地。

【药用部位】根及树皮:重阳木;叶:重阳木叶。为民间药。

【采收加工】夏、秋二季采收,根或剥取树皮,除去杂质晒干。夏季采叶,鲜用或晒干。

【化学成分】根含香树脂醇,熊果酸,β-谷甾醇等。树皮含无羁萜,β-谷甾醇,白桦酯酸甲酯（methyl betulinata）等。叶含酒石酸钾,酒石酸钙,无羁萜-3α-乙酸酯（friedelan-3α-acetate）,无羁萜,无羁萜-3β-醇,无羁萜-3α-醇,鞣花酸及挥发油等。种子含脂肪酸:花生酸,油酸,亚油酸,棕榈酸,硬脂酸等。

【功效主治】重阳木微辛、涩,凉。行气活血,消肿解毒。用于风湿骨痛,痢疾,胁痛,小儿疳积,咳喘,咽痛。重阳木叶用于噎嗝,反胃,黄疸,小儿疳积,肺热咳嗽,咽痛,疮疡。

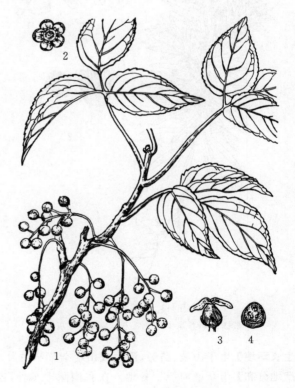

图412 重阳木
1.果枝 2.雄花 3.雌花 4.子房横切

乳浆大戟

【别名】猫眼草、肿手棵（长清）、马虎眼。

【学名】Euphorbia esula L.
（E. lunulata Bge.）

【植物形态】多年生草本;有白色乳汁。茎直立,单生或丛生,高20~40cm,有细纵纹;不育枝常发自基部,较矮,有时发自叶腋。叶互生;叶片线形至卵形,变化极不稳定,长2~7cm,宽4~7mm,先端圆钝或尖,基部楔形或平截,全缘;无柄。杯状聚伞花序顶生,通常有伞梗5至多数,每伞梗常有2~4级分枝,呈伞状;叶状总苞片5至多数,轮生状;各级分枝基部有对生总苞片2,三角状宽卵形,菱形或肾形,先端尖或钝圆,全缘;总苞钟状,先端5裂,裂片半圆形至三角形;腺体4,新月形,两端呈短角状;雄花多数,雄蕊1;雌花1,子房宽卵形,花柱3,顶端2裂。蒴果三棱状球形,直径2.5~3.5mm,光滑。种子卵球形,长约3mm,黄褐色;种阜盾状,无柄。花期5~6月;果期7月。(图413)

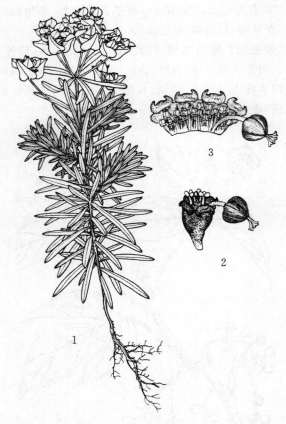

图413 乳浆大戟
1.植株 2.杯状聚伞花序 3.杯状聚伞花序展开

【生长环境】生于山坡、路旁、沟边或田埂杂草丛中。
【产地分布】山东境内产于各地。在我国除山东外,还分布于辽宁、河北、江苏、浙江、安徽、湖南、湖北、四川、云南、贵州等地。
【药用部位】全草;乳浆草(猫眼草)。为民间药。
【采收加工】夏季割取地上部分,除去杂质,晒干。
【药材性状】茎圆柱形,长20~40cm;表面黄绿色,基部多呈紫红色,有纵纹;体轻,质脆,易折断。叶互生,无柄;叶片皱缩破碎,易脱落;完整者展平后呈狭条形,长2~7cm,宽4~7mm,茎上部分枝处有数叶轮生。杯状聚伞花序,花序顶生或生于上部叶腋,基部的叶状苞片扇状半月形至三角状肾形。蒴果三棱状卵圆形,光滑。气特异,味淡。

以叶花多、色黄绿、特异气味强者为佳。
【化学成分】茎、叶含24-亚甲基环木菠萝烯醇乙酸酯(24-methylene cycloartenol acetate),环木菠萝烯醇乙酸酯,环木菠萝烯醇,羽扇豆醇等。地上部分还含24-亚甲基环木菠萝烯醇,山奈酚-3-O-β-葡萄糖醛酸,β-谷甾醇,1-二十六烷醇,3-O-(2E,4Z)-癸二烯酰巨大戟萜醇[3-O-(2E,4Z)-decadienoylingenol],3-O-(2,4,6)-癸三烯酰巨大戟萜醇,3-O-(2,4,6,8)-十二碳四酰烯巨大戟萜醇,3,20-dibenzoyloxyingenol,3,16-dibenzoyloxy-20-deoxyingenol,3,13,16-tribenzoyloxy-20-deoxyingenol。根含巨大戟萜醇-3,20-二苯甲酸酯(ingenol-3,20-dibenzoate),麻风树烷二萜(jatrophane diterpene),乳浆大戟酮(esulone)A、B。乳汁含巨大戟萜醇-6-十四碳-2,4,6,8,10-五烯酸酯(ingenol-6-tetradeca-2,4,6,8,10-pentenoate),巨大戟萜醇-6-十二烷酸酯(ingenol-6-dodecanoate)等。
【功效主治】苦,凉;有毒。利尿消肿,拔毒止痒。用于四肢浮肿,小便淋痛,疟疾;外用于瘰疬,疮癣瘙痒。
【附注】①《中国药典》1977年版、《山东省中药材标准》2002年版收载,原植物中文名用猫眼草,拉丁学名用其异名 Euphorbia. lunulata Bge.。②本志采纳《中国植物志》44(3):125 将猫眼草 E. lunulata Bge. 归并于乳浆大戟 E. esula L. 的分类。

狼毒

【别名】狼毒大戟、肿手棵。
【学名】Euphorbia fischeriana Steud.
(E. pallasii Turcz.)
【植物形态】多年生草本;植株有乳汁。根圆柱状,肉质,常分枝,长20~30cm,直径4~6cm。茎单一,不分枝,高15~40cm,直径5~7mm。叶互生;茎下部叶鳞片状,呈卵状长圆形,长1~2cm,宽4~6mm,向上渐大,逐渐过渡到正常茎生叶;茎生叶叶片长圆形,长4~6.5cm,宽1~2cm,先端圆或长,基部近平截,全缘,侧脉羽状不明显;无叶柄;总苞叶同茎生叶,常5枚,伞幅5,长4~6cm;次级总苞叶常3枚,卵形,苞叶2枚,三角状卵形。杯状聚伞花序单生二歧分枝的顶端,无梗;总苞钟形,边缘4裂,裂片圆形,具白色柔毛;腺体4,半圆形,淡褐色。雄花多数,伸出总苞之外;雌花1,子房柄长3~5mm,子房密被白色长柔毛,花柱3,中部以下合生,柱头不裂。蒴果卵球形,被白色长柔毛,成熟分

裂为3个分果爿。种子扁球形,灰褐色,光滑,腹面条纹不清。花、果期5～7月。(图414)

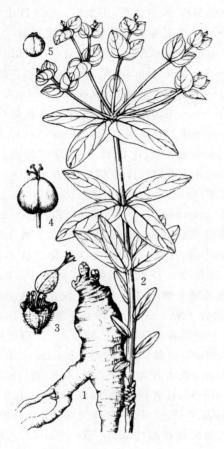

图414 狼毒
1.根 2.植株 3.花序 4.果实 5.种子

【生长环境】生于平原、干燥丘陵、坡地或阳坡疏林下。
【产地分布】山东境内产于烟台、青岛(崂山)等胶东半岛。在我国除山东外,还分布于东北地区及内蒙古、河北等地。
【药用部位】根:狼毒(红狼毒)。为少常用中药。
【采收加工】春、秋二季采挖,除去茎叶、泥沙,切成厚片晒干。
【药材性状】为横切或斜切的块片,呈类圆形或长圆形,直径4～6cm,厚0.5～3(7)cm。栓皮灰棕色或淡棕色,易剥落而显黄棕色或棕红色。切面不平整,有异型维管束形成的棕黑色与黄白色相间的同心环纹。质轻易碎,断面粉性,以刀切之,刀刃上常粘附胶状物。气微,味甜。
【化学成分】根含O-乙酰基-N-(N-苯甲酰-L-苯丙氨基)-苯基阿兰醇[O-acetyl-N-(N-benzoyl-L-phenylalanyl)-phenylalantol],3,3'-二乙酰基-4,4'-二甲氧基-2,2',6,6'-四羟基-二苯基甲烷,羽扇豆醇,羽扇豆醇-3-乙酸酯(lupeol-3-acetate),岩大戟内酯(jolkinolide)A、B,17-羟基岩大戟内酯(17-hydroxyjolkinolide),狼毒大戟素(fischeriana)A、B,3-甲基-2,4-二羟基-6-甲氧基苯乙酮即狼毒乙素,jolkinolide A、B,β-香树脂醇乙酸酯,菜油甾醇,7-氧代菜油甾醇(7-oxocampesterol),7α-、7β-羟基菜油甾醇(7α-、7β-hydroxycampesterol),豆甾醇,7-氧代豆甾醇,7α-、7β-羟基豆甾醇,β-谷甾醇,7-氧代谷甾醇,7α-、7β-羟基谷甾醇,富马酸,没食子酸等。鲜根含岩大戟内酯B,17-羟基岩大戟内酯A、B,狼毒乙素,2,4-二羟基-6-甲氧基乙酰苯,langduin C,12-deoxyphorbol-13-hexadecanoate,12-deoxyphorbol-13,20-dihexadecanoate,七叶内酯,没食子酸甲酯,没食子酸乙酯等。
【功效主治】辛,平;有毒。散结,杀虫。外用于瘰疬,皮癣;灭蛆虫。
【历史】狼毒始载于《神农本草经》,列为下品,原名间茹。《本草经集注》云:"今第一出高丽。色黄,初断时汁出凝黑如漆,故云漆头。"《本草图经》云:"生代郡川谷。今河阳、淄、齐州亦有之"。《本草纲目》"狼毒"下云:"草间茹出建康,白色。今亦处处有之,生山原中。春初生苗,高二、三尺,根长大如萝卜,蔓菁状,或有歧出者。皮黄赤,肉白色,破之有黄浆汁。茎叶如大戟,而叶长微阔,不甚尖,折之有白汁。抱茎有短叶相对,团而出尖。叶中出茎,茎中分二、三小枝。二、三月开细紫花,结实如豆大,一颗三粒相合,生青熟黑,中有白仁如续随子之状。今人往往皆呼其根为狼毒,误矣。"可见明代确有以大戟科植物作狼毒入药,但李时珍认为是误用。日本正仓院藏有我国唐代狼毒标本,《正仓院药物》记载为月腺大戟(甘肃大戟),证明此种早于唐代就作狼毒药用。而《本草经集注》所载与狼毒相似。目前狼毒与月腺大戟(甘肃大戟)均称作白狼毒或黄皮狼毒,为目前药用狼毒的主流品种。
【附注】①《中国药典》1977年版曾收载;《中国药典》2010年版重新收载,原植物名为狼毒大戟。②本品有毒,外用;不得内服。

泽漆

【别名】五朵云、猫儿眼草、肿手棵(长清)、瞎眼花(烟台)。
【学名】Euphorbia helioscopia L.
【植物形态】一年生草本;有白色乳汁。根纤细,长7～10cm,直径3～5mm,下部分枝。茎圆柱形,单一或基部多分枝,高10～30cm,常带淡紫红色。叶互生;叶片倒卵形或匙形,长1～3.5cm,宽0.5～1.5cm,先端具牙齿,基部楔形,中上部边缘有细锯齿;无柄或有极短的柄。杯状聚伞花序顶生,总花序基部有苞片5,轮生,与叶同形但较大,其上有5伞梗,每伞梗再分出2～

3小伞梗，各小伞梗顶端着生杯状聚伞花序或再分为2~3叉；杯状总苞钟形，黄绿色，先端5浅裂，裂片半圆形；腺体4，盘状，中部内凹，基部具短柄；子房3室，花柱3，2裂。蒴果三棱状宽圆形，表面光滑。种子卵形，褐色，表面有凸起的网纹；种阜扁平状，无柄。花、果期4~10月。（图415）

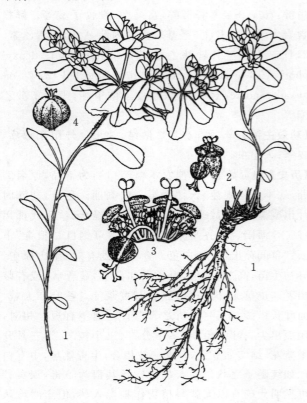

图415 泽漆
1.植株 2.杯状聚伞花序 3.杯状聚伞花序展开 4.蒴果

【生长环境】生于山坡、路旁、沟边或荒地草丛中。
【产地分布】山东境内产于各山区。在我国除山东外，还分布于辽宁、河北、江苏、浙江、安徽、湖南、湖北、四川、云南、贵州等地。
【药用部位】全草：泽漆。为民间药。
【采收加工】4~5月开花时采收，除去根及泥沙，晒干。
【药材性状】全草长约30cm。茎多分枝；表面黄绿色，基部紫红色，光滑无毛，具细纵纹；质脆。叶互生；叶片倒卵形或匙形，长1~3cm，宽0.5~1.5cm；先端钝圆或微凹，基部楔形，边缘中部以上有锯齿；茎顶端有5片轮生叶状苞，与下部叶相似。杯状聚伞花序顶生，有伞梗；总苞钟形，黄绿色。蒴果无毛。种子卵形，表面有凸起的网纹。气酸而特异，味淡。

以茎粗壮、叶花多、色黄绿者为佳。
【化学成分】全草含黄酮类：槲皮素，槲皮素-3-双半乳糖苷(heliosin)，槲皮素-3,5-二-D-半乳糖苷(quercetin-3,5-di-D-galactoside)，槲皮素-3-O-β-D-吡喃葡萄糖基-2″-没食子酸酯，杨梅素，杨梅素-3-O-(2″-没食子酰基)-β-D-吡喃葡萄糖苷，山柰酚，山柰酚-3-O-β-D-吡喃葡萄糖基(1→2)-β-D-吡喃葡萄糖苷，金丝桃苷，芦丁，甘草查耳酮(licochalcone)A、B，刺甘草素(echinatin)，樱花苷(sakuranin)，persicogenin-3′-glucoside等；三萜类：大戟苷(euphornin)A~K，泽漆萜(euphoscopin)A~L，泽漆内酯(helioscopinolide)A、B、C，泽漆环氧萜(euphohelionone)，泽漆双环氧萜(euphohelin)A~E，表泽漆萜(epieuphoscopin)A、B、C、D、F，泽漆三环萜(euphohelioscopin)A、B；鞣质：泽漆鞣质(helioscopinin)A、B，泽漆新鞣质(helioscopin)A、B，鞣云实精(corilagin)，鹅耳枥鞣质(carpinusin)，泽漆平新鞣质(euphorscopin)，泽漆灵新鞣质(euphorhelin)，1-O-没食子酰-β-D-葡萄糖(1-O-galloyl-β-D-glucose)，1-O-没食子酰-2,3-六羟基联苯二甲酰基-α-D-吡喃葡萄糖，1,3,6-三-O-没食子酰-β-D-吡喃葡萄糖，1,2,3,6-四-O-没食子酰-β-D-吡喃葡萄糖，没食子酸-4-O-(6′-O-没食子酰基)-β-D-吡喃葡萄糖，(—)-莽草酸-4-O-没食子酸酯，(—)-莽草酸-5-O-没食子酸酯；生物碱：异秦皮啶，thymidine，deoxyuridine；有机酸：没食子酸，琥珀酸，咖啡酸，泽漆酸A(urushi acid A)；还含泽漆醇(helioscopiol)，helioscopin D，4-(3-羟基苯基)-2-丁酮，连苯三酚，间二苯酚，异秦皮啶，β-二氢岩藻甾醇(β-dihydrofucosterol)，乙酸羽扇豆醇酯(lupeol acetate)。乳汁含间-羟苯基甘氨酸(m-hydroxyphenyl glycine)，3,5-二羟基苯甲酸。种子油含软脂酸，花生酸，油酸，亚油酸，山嵛酸等。
【功效主治】辛、苦，凉；有毒。行水，消痰，杀虫，解毒。用于水气肿满，痰饮喘咳，疟疾，痢疾泄泻，癣疮，瘰疬流注。
【历史】泽漆始载于《神农本草经》，列为下品。明代以前泽漆与大戟有混淆现象。《本草经集注》曰："此是大戟苗，生时摘叶有白汁，故名泽漆"。其形态及附图特征与现今大戟相同。《本草纲目》曰："泽漆是猫儿眼睛草，一名绿叶绿花草，一名五凤草。江湖原泽平陆多有之。春生苗，一科分枝成丛，柔茎如马齿苋，绿叶如苜蓿叶，叶圆而黄绿，颇似猫睛，故名猫儿眼。茎头凡五叶中分，中抽小茎五枝，每枝开细花青绿色，复有小叶承之，齐整如一，故又名五凤草，绿叶绿花草。掐一茎有汁粘人。"并附图。《植物名实图考》亦附泽漆图。所述形态及附图与现今植物泽漆一致。
【附注】①《山东省中药材标准》2002年版收载。②鲁南地区采集幼苗晒干，加白糖或冰糖水湿润后，微炒，当茶饮，用于小便不利，尤其干旱及炎热季节，效果更为明显。但本品有毒，注意慎用。

地锦

【别名】雀儿卧单(德州)、麻雀蓑衣(广饶、淄博、昌乐)、花卡子(临沂)。

【学名】Euphorbia humifusa Willd. ex Schlecht.

【植物形态】一年生匍匐小草本;有白色乳汁。根纤细,常不分枝。茎纤细,基部以上多分枝,绿紫色,被柔毛或疏柔毛。叶对生;叶片矩圆形或椭圆形,长0.5～1cm,宽3～6mm,先端圆钝,基部偏斜,边缘有细齿,绿色或带紫色,两面被疏柔毛;有短柄。杯状聚伞花序单生于叶腋及枝顶;总苞陀螺状,先端4裂,裂片三角形;腺体4,矩圆形,有白色花瓣状附属物;总苞内有多数雄花及1雌花;子房有长柄,3室,花柱3,离生,顶端2裂。蒴果三棱状卵球形,无毛。种子三棱状卵球形,灰色,外被灰白色蜡粉。花期5～10月;果期6～10月。(图416)

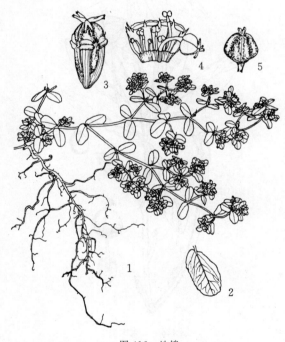

图416 地锦
1.植株 2.叶放大 3.杯状聚伞花序
4.杯状聚伞花序展开 5.蒴果

【生长环境】生于田边、路旁、农舍附近或海滨沙地。

【产地分布】山东境内产于各地。除海南省外,全国广布。

【药用部位】全草:地锦草。为少常用中药。

【采收加工】夏、秋二季采收,除去杂质,晒干。

【药材性状】全草常皱缩卷曲。根细小。茎细,叉状分枝;表面紫红色,光滑无毛或疏生白色细柔毛;质脆,易折断,断面黄白色,中空。单叶对生,叶片多皱缩或已脱落;完整叶片展平后呈长椭圆形,长0.5～1cm,宽4～6mm;先端钝圆,基部偏斜,边缘具小锯齿或微波状;表面绿色或带紫红色,通常无毛或疏生细柔毛,具淡红色短柄或几无柄。杯状聚伞花序腋生,细小。蒴果三棱状球形,表面光滑。种子细小,三角状卵形,褐色。无臭,味微涩。

以叶多、色绿、茎紫红、带花果者为佳。

【化学成分】全草含黄酮类:槲皮素,山柰酚,芹菜素,芹菜素-7-O-β-D-吡喃葡萄糖苷,芹菜素-7-O-(6″-O-没食子酰)-β-D-葡萄糖苷,芹菜素-7-O-β-D-芹糖(1→2)-β-D-葡萄糖苷等;香豆素类:东莨菪素,伞形花内酯,阿牙潘泽兰内酯(ayapin);三萜类:羽扇豆醇,羽扇豆醇-20(29)-烯-3β,30-二醇,3,4-开环-羽扇豆-4(23),20(29)-二烯-24-羟基-3-羧酸,23(E)-烯-25-乙氧基-3β-环阿尔廷醇,24-亚甲基环阿尔廷醇,24(S)cycloart-23(Z)-en-3β,25-diol,cycloart-23(E)-en-3β,25-diol,cycloart-25-ene-3β,24-diol;甾体类:4α,14α-二甲基-8,24(28)-二烯-3β-羟基-5α-麦角甾-7-酮,4α,14α-二甲基-8,24(28)-二烯-3β-羟基-5α-麦角甾-7,11-二酮,4α,14α-二甲基-7,9(11),24(28)-三烯-5α-麦角甾-3β-醇,豆甾-5-烯-3-O-(6-亚麻酰基)-β-D吡喃葡萄糖苷,7-β-羟基谷甾醇,β-谷甾醇等;酚酸类:鞣花酸,3,3′-二甲氧基鞣花酸,没食子酸,没食子酸甲酯,短叶苏木酚(brevifolin),短叶苏木酚酸(brevifolin carboxylic acid),短叶苏木酚酸乙酯,短叶苏木酚酸甲酯,地榆酸双内酯(sanguisorbic acid dilactone);还含莽草酸,正-十六碳酸-α-甘油酯,棕榈酸,亚麻酸,内消旋肌醇(mesoinositol),(3R,6R,7E)-4,7-二烯-3-羟基-9-紫罗兰酮等。

【功效主治】辛,平。清热解毒,凉血止血,利湿退黄。用于痢疾泄泻,咯血,尿血,便血,崩漏,疮疖痈肿,湿热黄疸。

【历史】地锦始载于《嘉祐本草》,曰:"生近道田野,出滁州者尤良;茎叶细弱,蔓延于地,茎赤,叶青紫色,夏中茂盛,六月开红花,结细实。"《救荒本草》名小虫儿卧单,又名铁线草,曰:"苗塌地生,叶似苜蓿叶而极小,又似鸡眼草叶,亦小。其茎色红。开小红花。"《本草纲目》在"地锦"条下云:"赤茎布地,故曰地锦……田野寺院及阶砌间皆有之小草也……断茎有汁。"《植物名实图考》名奶花草。其文图与现今植物地锦基本一致。

【附注】《中国药典》2010年版收载。

通奶草

【别名】大地锦。

【学名】Euphorbia hypericifolia L.
(E. indica Lam.)

【植物形态】一年生草本;植株有白色乳汁。根纤细,不分枝或末端少分枝。茎直立,自基部分枝或不分枝,高15～30cm,无毛或被微柔毛。叶对生;叶片长圆形或倒卵形,长1～2.5cm,宽4～8mm,先端钝或圆,基部圆形,偏斜,不对称,边缘有细锯齿,表面绿色,背面淡绿色;有短柄。杯状聚伞花序数个簇生于叶腋或枝端;总苞陀螺形,长1～1.5mm,淡绿色,先端5裂;腺体4,头状,有白色花瓣状附属物。蒴果近球形,长约1.5mm,略被贴伏柔毛。种子三棱状卵形,长约1mm。花、果期8～10月。（图417）

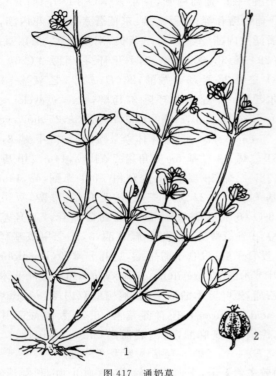

图417 通奶草
1.植株 2.蒴果

【生长环境】生于山坡、路旁或灌丛中。
【产地分布】山东境内产于青岛、曲阜及鲁山等地。在我国除山东外,还分布于广东、海南、广西、湖北、江西、贵州、云南等地。
【药用部位】全草:通奶草（大地锦）。为民间药。
【采收加工】夏、秋二季采收,除去杂质,晒干。
【功效主治】辛、微苦,平。清热解毒,散血止血,利水,通乳。用于水肿,乳汁不通,痢疾泄泻,湿疹,脓疱疮,烧烫伤。

甘肃大戟

【别名】月腺大戟、狼毒、胖子棵（淄博）、阴山大戟。
【学名】Eupborbia kansuensis Prokh.
（E. ebracteolata auct. non Hayata）
【植物形态】多年生草本,全株无毛;有乳汁。根肥大肉质,纺锤形或圆锥形,分枝或不分枝,外皮姜黄色。茎直立,圆柱形,高30～50cm,绿色或基部带紫色。叶互生;近基部的叶鳞片状,淡褐色,中上部叶片线状披针形,长6～9cm,宽1～2cm,先端圆或渐尖,基部楔形,全缘;无柄。杯状聚伞花序顶生及腋生,通常有伞梗5,或再2～3级分枝,呈伞状;叶状总苞片3～8,近轮生;各级分枝基部有对生总苞片2,卵状三角形;杯状总苞钟形,先端4裂,裂片三角状卵形,边缘有睫毛;腺体4,半圆形,两端钝圆;雄花多数,雄蕊1;雌花1,子房光滑无毛,花柱3,中部以下合生,柱头2裂。蒴果三角状球形,成熟时褐色,表面光滑。种子三棱状卵形,褐色,长和宽均4mm,光滑,腹面具一条纹;种阜具柄。花期4～5月;果期4～6月。（图418）

图418 甘肃大戟
1.植株 2.花序 3.蒴果

【生长环境】生于丘陵、向阳山坡、岩石缝、荒野、灌丛、林缘或田埂。
【产地分布】山东境内产于青州、平邑、淄博、沂水、历城等地。在我国除山东外,还分布于江苏、安徽、浙江等地。
【药用部位】根:狼毒（白狼毒）。为少常用中药。
【采收加工】春、秋二季采挖,除去茎叶,泥沙,切成厚片晒干。
【药材性状】根为横、斜或纵向切片,呈类圆形或长圆形,直径1.5～8cm,厚0.5～4cm。栓皮灰褐色,呈重叠的薄片状,易剥落而露出棕黄色皮部。切面黄白色,异型维管束形成黄白相间的大理石样纹理或环纹,黄色部分常有凝聚的分泌物。体轻,质脆,易折断,断面有粉性。气微,味微甜、辛。

以块片大、粉性足、断面色黄白、具花纹者为佳。

【化学成分】 根含萜类:月腺大戟甲素、乙素(ebracteolatanolide A、B),jolkinolide B,β-香树脂醇,β-香树脂醇乙酸酯,3-乙酰基-α-香树脂醇,3-乙酰基-β-香树脂醇,巨大戟二萜-3-肉豆蔻酸酯(ingenol-3-myristinate),巨大戟二萜-3-肉豆蔻酸酯(ingenol-3-paimitate),24-亚甲基环阿尔廷醇,29,19-环阿尔廷-23E-烯-3β,25-二醇(cyclolanost-23E-ene-3β,25-diol),24-亚甲基环阿尔廷烷-3,28-二醇(24-methyl-enecycloartane-3,28-diol)等;还含双[(5-甲酰基糠基)-醚]{bi[(5-formyl furfuryl)-ether]},2,4-二羟基-6-甲氧基-3-甲基苯乙酮(2,4-dihydroxy-6-methoxy-3-methyl acetophenone)即狼毒乙素,2,4-二羟基-6-甲氧基-3-醛基苯乙酮(2,4-dihydroxy-6-methoxy-3-formyl acetophenone),2-羟基-6-甲氧基-3-甲基苯乙酮-4-O-β-葡萄糖苷,3,3′-二乙酰基-4,4′-二甲氧基-2,6,2′,6′-四羟基二苯甲烷,二十八烷酸,二十八烷醇,阿魏酸二十八酯,胡萝卜苷,β-谷甾醇,蔗糖等。

【功效主治】 辛,平;有毒。散结,杀虫。外用于瘰疬,皮癣;灭蛆虫。

【历史】 同狼毒。

【附注】 ①《中国药典》1977年版曾收载,2010年版重新收载,原植物用异名月腺大戟 E. ebracteolata Hayata。②本志采纳《中国植物志》44(3):89 甘肃大戟 E. kansuensis Prokh.(E. ebracteolata auct. non Hayata)的分类。③本品有毒,外用;不得内服。

续随子

【别名】 千金子。

【学名】 Euphorbia lathyris L.

【植物形态】 二年生草本;全株有白色乳汁。根圆柱状,长20cm,直径3～7mm,侧根多而细。茎直立,基部单一,粗壮,分枝多,高40～90cm,全株无毛,微被白粉。叶交互对生,茎下部的叶较密,上部叶稀疏;叶片条状披针形,先端渐尖,基部半抱茎,全缘,上面绿色,下面灰绿色;无柄。杯状聚伞花序顶生,有伞梗2～4,常再2～3级分枝,呈伞状;叶状总苞片2～4,轮生或对生,卵状披针形,先端渐尖;2级分枝基部有对生苞片2,三角状卵圆形,先端渐尖;杯状总苞顶端5裂;腺体4,黄绿色,新月形,两端有短角;雄花多数,每花有雄蕊1枚;雌花1,子房三角形,3室,花柱3,顶端2裂。蒴果三棱状球形,无毛。种子椭圆柱状至卵球形,长约5mm,表面有黑褐相间的斑纹。花期4～7月;果期7～8月。(图419)

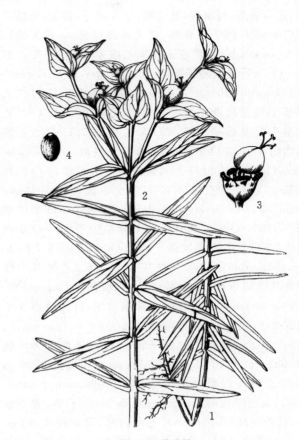

图419 续随子
1.植株下部 2.植株上部 3.花序 4.种子

【生长环境】 栽培于药圃或药场。

【产地分布】 山东境内的烟台、济南、泰安等地有栽培。在我国除山东外,河北、陕西、江苏、浙江、江西、湖北、湖南、四川、贵州、云南等地有引种栽培或野生。

【药用部位】 种子:千金子;种仁炮制品:千金子霜;叶:续随子叶。为少常用中药和民间药。

【采收加工】 夏、秋二季果实成熟时,割取全草,晒干,打下种子,去净杂质。种子去皮取种仁,照制霜法制霜。夏季采叶,鲜用。

【药材性状】 种子椭圆形或卵圆形,长约5mm,直径约4mm。表面灰棕色或灰褐色,有不规则网状皱纹,网孔凹陷处灰黑色,形成黑褐相间的细斑点。一侧具纵沟状种脊,顶端有小圆形微突起的合点,下端为线形种脐,基部有类白色突起的种阜或脱落后的疤痕。种皮薄脆,种仁白色或黄白色,富油质,包围着细小直生的胚,子叶2。气微,味辛。

以颗粒饱满、种仁白色、油性足者为佳。

千金子霜为均匀、疏松的淡黄色粉末,微显油性。味辛辣。

【化学成分】 种子含脂肪油,油中的毒性成分为千金子甾醇(euphobiasteroid)即环氧续随子醇苯乙酸二乙酸酯,还含油酸,棕榈酸,亚油酸,亚麻酸等;萜类:续随子醇(lathyrol)即千金藤醇,巨大戟醇(ingenol),大戟因子 L_1(euphobia L_1)即 3-O-苯乙酰基-5,15-O-二乙酰基-6(17)-环氧续随子醇[3-O-benzoyl-5,15-O-diacetyl-6(17)-epoxylathyrol],3,7-O-二苯甲酰基-5,15-O-二乙酰基-7-羟基续随子醇,3,7-二苯乙酰基-5,15-O-二乙酰基-7-羟基续随子醇,3-O-苯乙酰基-5,15-O-二乙酰基续随子醇,3-O-十六碳酰基巨大戟醇(3-O-hexadecanoyl ingenol),20-O-十六碳酰基巨大戟醇,3-O-肉桂酰基-5,17-O-二乙酰基-17-羟基交京大戟醇(3-O-cinnamoyl-5,7-O-diacetyl-7-hydroxyjolkinol),3-O-苯甲酰基-5,15,17-O-三乙酰基-7-羟基异续随子醇,3-O-烟酰基-5,15-O-二乙酰基续随子醇(3-O-nicotinol-5,7-O-diacetyllathyrol),3-O-苯甲酰基-5,15-O-二乙酰基-7-O-烟酰基续随子醇,巨大戟醇-20-棕榈酸酯(ingenol-20-hexadecanoate),巨大戟醇-3-棕榈酸酯,巨大戟醇-3-十四碳-2,4,6,8,10-五烯酸酯(ingenol-3-tetradeca-2,4,6,8,l0-pentaenoate),续随子醇-3,15-二乙酸-5-苯甲酸酯(lathyrol-3,15-diacetate-5-benzoate),续随子醇-3,15-二乙酸-5-烟酸酯(lathyrol-3,15-diacetate-5-nicotinate),金色酰胺醇脂(aurantianide acetate)等;香豆素类:瑞香内酯(daphnetin),七叶内酯,马粟树皮素(esculetin)等;甾醇类:菜油甾醇,豆甾醇,β-谷甾醇,Δ^7-豆甾醇;还含千金子素(euphorbetin),异千金子素(isoeuphorbetin),苯甲酸,对羟基苯甲酸,2,3-二羟丙基十九碳酸酯,2,3-二羟丙基-9-烯-十八碳酸酯,2,3,4-三羟丁基-十五碳-3-烯-碳酸酯等。白色浆汁含二羟基苯丙氨酸(DOPA)。叶含山奈酚,槲皮素-3-葡萄糖醛酸苷和β-谷甾醇。

【功效主治】千金子辛,温;有毒。逐水消肿,破血消癥,解毒杀虫。用于水肿胀满,痰饮,积滞,二便不通,血瘀经闭;外用于疥癣疮毒,蛇咬,疣赘。千金子霜辛,温;有毒。泻下逐水,破血消癥;外用疗癣蚀疣。用于二便不通,水肿,痰饮,积滞胀满,血瘀经闭;外治顽癣,赘疣。续随子叶苦,微温。祛斑,解毒。用于白癜,面皯,蝎螫。

【历史】续随子始载于《蜀本草》。《开宝本草》云:"生蜀郡及处处有之。苗如大戟。"《本草图经》云:"今南中多有,北土差少,苗如大戟,初生一茎,茎端生叶,叶中复出数茎相续。花亦类大戟,自叶中抽干而生,实青有壳。人家园亭中多种以为饰。秋种冬长,春秀夏实。"《本草纲目》将其列入毒草类。《本草乘雅半偈》云:"叶在茎端,叶复生茎,茎复生叶,转辗叠加,宛如十字"。所述形态与现今植物续随子一致。

【附注】①《中国药典》2010 年版收载千金子、千金子霜。②本品有毒,孕妇禁用。

斑地锦

【别名】血筋草。

【学名】Euphorbia maculata L. (*E. supina* Raf.)

【植物形态】一年生匍匐小草本;有白色乳汁。根纤细,分枝较密。茎匍匐,长 10~17cm,直径约 1mm,带淡紫色,表面有白色细柔毛。叶对生,成 2 列;叶片长椭圆形,长 5~8mm,宽 2~3mm,先端具短尖头,基部偏斜,不对称,边缘中部以上疏生细齿,上面暗绿色,中央有长椭圆形暗紫色斑纹,两面无毛或仅下面被白色短柔毛;叶柄长 1mm 或几无柄;托叶钻形,通常 3 深裂。杯状聚伞花序单生于枝腋和叶腋,呈暗红色;总苞狭杯状,5 裂;腺体 4,椭圆形,并有花瓣状附属物;雄花 4~5;雌花 1,具小苞片,花柱 3,子房有柄,悬垂于总苞外。蒴果三角状卵球形,直径约 2mm,表面被白色短柔毛,顶端残存花柱。种子卵状四棱形,具角棱,每个棱面具 5 个横沟;无种阜。花期 5~6 月;果期 8~9 月。(图 420)

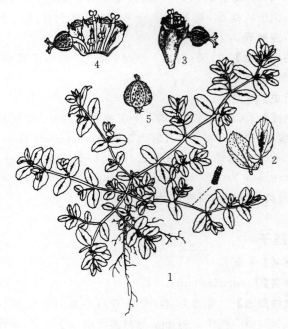

图 420 斑地锦
1.植株 2.叶放大 3.杯状聚伞花序
4.杯状聚伞花序展开 5.蒴果

【生长环境】生于山野、路边或园圃内。

【产地分布】山东境内产于各地。在我国除山东外,还分布于浙江、江苏等地。

【药用部位】全草:地锦草。为少常用中药。

【采收加工】夏、秋二季采收,除去杂质,晒干。

【药材性状】茎表面被白色细柔毛。叶片上表面绿色,中央有椭圆形紫色斑纹,下表面被白色柔毛。蒴果密被白色细柔毛。种子卵状四棱形,有棱角。其余特征同地锦。

【化学成分】全草含黄酮类：槲皮素，芦丁，芹菜素，木犀草素，紫云英苷，异槲皮苷，山柰酚-3-O-(2″-O-没食子酰)-β-D-葡萄糖苷[kaempferol-3-O-(2″-O-galloyl)-β-D-glucoside]，槲皮素-3-O-(2″-没食子酰)-β-D-葡萄糖苷，芹菜素-7-O-β-D-葡萄糖苷，木犀草素-7-O-β-D-葡萄糖苷，槲皮素-3-O-阿拉伯糖苷等；三萜类：β-香树脂醇乙酸酯，蒲公英赛醇乙酸酯，羽扇烯醇乙酸酯(lupenyl acetate)，3β-乙酰氧基-30-去甲羽扇豆烷-20-酮(3β-acetoxy-30-norlupan-20-one)，α-香树脂酮醇(α-amyrenonol)，乙酸黏霉烯醇酯(glut-5-en-3β-yl acetate)，乌苏-9(11)，12-二烯-3β-醇[ursa-9(11),12-dien-3β-ol]等；鞣质：老鹳草鞣质(geraniin)，没食子酸乙酯，鞣花酸，斑叶地锦素(eumaculin) A、E、B、D；还含β-谷甾醇，伞形花内酯，东莨菪素等。

【功效主治】辛，平。清热解毒，凉血止血。用于痢疾泄泻，咯血，吐血，尿血，便血，崩漏，乳汁不下，跌打肿痛，热毒疮疡。

【历史】见地锦。

【附注】《中国药典》2010年版收载。

大戟

【别名】京大戟、肿手棵(德州)、猫儿眼、猫子眼(临沂)、猫眼棵子(烟台)。

【学名】Euphorbia pekinensis Rupr.

【植物形态】多年生草本；有白色乳汁。主根圆柱形，长20~30cm，直径0.6~1.4cm，分枝或不分枝。茎直立，高30~60cm，上部分枝，被白色柔毛或渐脱落。叶互生；叶片披针形至长椭圆形，长2~6cm，宽0.4~1.5cm，先端钝圆或凸尖，基部狭，全缘，下面灰绿色，稍被白粉；近无柄。杯状聚伞花序顶生，排成伞房状，通常有5~8伞梗，每伞梗常有2级分枝3~4；总花序基部有卵形或卵状披针形的叶状苞片5~8，近轮生；总苞杯状，黄绿色，外面无毛，顶端4裂，裂片半圆形；腺体4，半圆形，无花瓣状附属物；雄花多数，雄蕊1；雌花1，子房球形，3室，花柱3，柱头2裂。蒴果三棱状扁球形，有疣状突起。种子卵形，灰褐色，光滑。花期4~5月；果期6~7月。(图421)

【生长环境】生于山坡、田边、荒野杂草丛或水沟边。

【产地分布】山东境内产于各山地丘陵。在我国分布于除新疆、西藏以外的各地。

【药用部位】根：京大戟。为少常用中药。

【采收加工】秋、冬二季采挖，除去残茎及须根，洗净晒干。

【药材性状】根圆柱形或长圆锥形，略弯曲，常有分枝，长20~30cm，直径0.6~1.4cm。表面灰棕色至深棕色，粗糙，有纵皱纹、横生皮孔及支根痕。顶端略膨大，

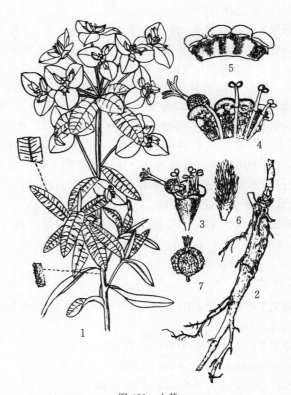

图421 大戟
1. 植株上部 2. 根 3. 杯状聚伞花序 4. 杯状聚伞花序展开
5. 杯状总苞展开 6. 杯状总苞内的附属鳞片 7. 蒴果

有多数茎基或芽痕。质坚硬，不易折断，断面纤维性，类白色至淡黄色。气微，味微苦、涩。

以根条粗、表面灰棕、断面色白、苦涩味浓者为佳。

【化学成分】根含萜类：euphorpekone A、B，euphorang C，helioscopinolide B、C，大戟酮(euphorbone)，大戟醇(euphol)，京大戟素(euphpekinensin)，tirucallol，25-methoxy-eupha-8,23-diene-3β-ol，3β,25-dihydroxylanosta-8,23-diene，27-hydroxy-3oxolup-12-ene，28-hydrozylup-20(29)-en-3-one，(24R)-9,19-cycloart-25-ene-3β,24-diol，(24S)-9,19-cycloart-25-ene-3β,24-diol等；酚酸类：3-甲氧基-4-羟基-反式苯丙烯酸正十八醇酯(octadecanyl-3-methoxy-4-hydroxybenzeneacrylate)，2,2′-二甲氧基-3,3′-二羟基-5,5′-氧-6,6′-联苯二甲酸酐(2,2-dimethoxy-3,3′-dihydroxy-5,5′-oxo-6,6′-biphenylformicanhydride)，3,3′-二甲氧基鞣花酸(3,3′-dimethoxy ellagic acid)，3,3′-二甲氧基鞣花酸-4′-O-β-D-吡喃木糖苷，3,3′-二甲氧基鞣花酸-4′-O-β-D-吡喃葡萄糖苷，3,3′-二甲氧基鞣花酸，对羟基苯甲酸，阿魏酸二十八酯等；甾醇类：豆甾-4-烯-6β-醇-3-酮，β-谷甾醇，胡萝卜苷；还含正三十烷酸，正十八烷醇等。**新鲜叶**含维生素C。

【功效主治】苦，寒；有毒。泻水逐饮，消肿散结。用于水肿胀满，胸腹积水，痰饮积聚，气逆咳喘，二便不利，

痈肿疮毒，瘰疬痰核。

【历史】大戟始载于《神农本草经》，列为下品。《蜀本草》载："苗似甘遂，高大，叶有白汁，花黄"。《本草图经》曰："春生红芽，渐长作丛，高一尺已来；叶似初生杨柳，小团；三月、四月开黄紫花，团圆似杏花，又似芫荑；根似细苦参。皮黄黑，肉黄白色，秋冬采根阴干。"《本草纲目》云："大戟生平泽甚多。直茎高二三尺，中空，折之有白浆。叶长狭如柳叶而不团，其梢叶密攒而上。"以上所述均与大戟相符。历代本草的大戟的附图及记载还说明，古代所用大戟原植物不止一种，但均为大戟属，而主流应为大戟。

【附注】①《中国药典》2010年版收载。②本品有毒，注意慎用。

一叶萩

【别名】叶底珠、山花(滕州)、马扫帚芽(崂山)、脆条子棵、毒羊(长清)。

【学名】Flueggea suffruticosa (Pall.) Baill.
(*Pharnaceum suffruticosa* Pall.)
[*Securinega suffruticosa* (Pall.) Rehd.]

【植物形态】落叶小灌木，高1～2m。茎多分枝，无毛，小枝有棱。叶互生；叶片椭圆形或倒卵形，长1.5～5.5cm，宽1～3cm，先端尖或钝，基部楔形，全缘或有不整齐的波状齿或细钝齿，两面无毛；叶柄长3～6mm。花小，雌、雄异株；无花瓣；雄花3～12朵簇生于叶腋，花梗短；花萼5，黄绿色；花盘腺体5，2裂，与萼片互生；雄蕊5，花丝超出萼片，有退化子房；雌花单生或数朵聚生于叶腋，花梗稍长，长0.5～1cm；花萼5；花盘全缘；子房球形，3室，无毛。蒴果三棱状扁球形，直径约5mm，黄褐色，无毛，果梗长1～1.5cm，纤细。种子6，卵形，一侧扁，褐色，光滑。花期6～7月；果期8～9月。(图422)

【生长环境】生于山坡灌丛、山沟或路旁。

【产地分布】山东境内产于昆嵛山、崂山及长清、莒县、五莲、滕州等地。在我国分布于西南、华中、华东、华北及东北。

【药用部位】嫩枝叶及根：叶底珠(一叶萩)。为民间药。

【采收加工】春末至秋季采收带叶的绿色嫩枝，扎成小把，阴干。全年采根，洗净，晒干。

【药材性状】嫩枝条圆柱形，略具棱，长30～40cm，粗端直径约2mm；表面暗绿黄色，有时略带红色，具纵向细微纹理；质脆，断面四周纤维性，中央白色。叶多皱缩破碎；完整叶片椭圆形或倒卵形，全缘或具细钝齿。有时带有黄色花朵或灰黑色果实，花梗或果柄长约1cm。气微，味微辛而苦。

【化学成分】植株含一叶萩碱(securinine)，叶底珠碱

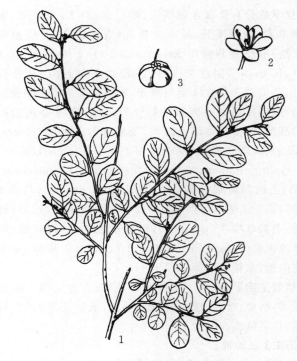

图422 一叶萩
1.花枝 2.花 3.蒴果

(suffruticosine)等。叶含二氢一叶萩碱(dihydrosecurinine)，别一叶萩碱(allosecurinine)，一叶萩醇(securinol) A、B，一叶萩醇C苦味酸盐(securinol C picrate)。叶及嫩茎含一叶萩碱。根含右旋一叶萩碱(virosecurinine)，芦丁，二十八烷，邻苯二甲酸二丁酯，胡萝卜苷，β-谷甾醇等。根皮尚含一叶萩新碱(securitinine)。

【功效主治】辛、苦，温；有毒。活血舒筋，健脾益肾。用于风湿腰痛，四肢麻木，偏瘫，阳痿，眼歪斜，婴儿瘫。

附：多花一叶萩

多花一叶萩 Flueggea virosa (Roxb. ex Willd.) Voigt. (*Phyllanthus virosus* Roxb. ex Willd.; *Securinega mulitiflora* S. B. Liang)，又名白饭菜，与叶底珠的主要区别是：叶片全缘，下面白绿色。雄花约60朵，簇生于叶腋；雌花5～10朵簇生于叶腋；子房密生白色柔毛。蒴果浆果状，近圆球形，淡白色，果皮不开裂。产于泰山。药用同叶底珠。

算盘子

【别名】算盘珠、葫芦头(莒南)。

【学名】Glochidion puberum (L.) Hutch.
(*Agyneia pubera* L.)

【植物形态】落叶灌木，高0.5～2m。小枝灰褐色，密被黄褐色短柔毛。叶互生；叶片椭圆形或椭圆状披针形，长3～5.5cm，宽1.5～3cm，先端钝或尖，全缘，基部阔楔形，上面灰绿色，脉上疏被短柔毛，下面粉绿色，

密生短柔毛；叶柄长1～3mm,有柔毛；托叶三角形,长1～2mm。花小,单性,雌、雄同株,无花瓣,3～5朵簇生于叶腋；雄花花梗长0.4～1cm,萼片6,被短柔毛,雄蕊3；雌花花梗长约1mm,萼片6,较雄花的稍短而厚,密被短柔毛,子房5～8室,密生柔毛,花柱合生成环状或短筒状。蒴果扁球形,直径1～1.5cm,被短柔毛,顶端凹陷,常具8～10条纵沟。种子扁圆形,红褐色。花期5～6月；果期9～10月。(图423)

【生长环境】生于向阳山坡、路边或石缝中。

【产地分布】山东境内产于崂山、日照、莒南及郯城等地。在我国除山东外,还分布于华东、华中、华南、西南地区及陕西、甘肃等地。

【药用部位】果实：算盘子；叶：算盘子叶；根：算盘子根。为民间药。

【采收加工】夏季采叶,晒干或鲜用。秋季采根,洗净,晒干。秋季采收成熟果实,晒干。

【药材性状】蒴果扁球形,直径1～1.5cm,形如算盘珠；表面红色或红棕色,被短绒毛,常有8～10条纵沟；先端有环状稍伸长的宿存花柱；质脆,破开后,内有数粒种子。种子扁圆形；表面红褐色,具纵棱。气微,味苦、涩。

叶常皱缩；完整叶片长圆形、长圆状卵形或披针形,长3～5cm,宽1.5～3cm。先端尖或钝,基部宽楔形,全缘。上表面灰绿色,仅脉上疏被短柔毛或几无毛；下表面粉绿色,密被短柔毛；具短柄。叶片较厚,纸质或革质。气微,味苦、涩。

【化学成分】果实含挥发油：主成分为棕榈酸,少量桉油精,丁香酚等。种子油主成分有棕榈酸,硬脂酸,油酸,亚油酸和亚麻酸。叶含无羁萜,无羁萜烷-3β-醇(friedelan-3β-ol),羽扇豆醇,羽扇豆-20(29)-烯-1,3-二酮[lup-20(29)-ene-1,3-dione],β-谷甾醇。茎含无羁萜,无羁萜烷-3β-醇,羽扇豆-20(29)-烯-1,3-二酮,羽扇豆烯酮(lupenone),算盘子酮(glochidone),羽扇豆-20(29)-烯-3α,1β-二醇-1-乙酸酯[lup-20(29)-en-3α,1β-diol-1-acetate],算盘子酮醇(glochidonol),算盘子二醇(glochidiol)。地上部分含牡荆素,3β,19α,23α-三羟基-12-烯-28-齐墩果酸(3β,19α,23α-trihydroxy-12-oleanen-28-oic acid),2β,3β,23α-三羟基-12-烯-28-齐墩果酸,β-D-呋喃半乳糖(3→3)-O-β-D-吡喃半乳糖,(Z)-3-己烯-β-D-吡喃葡萄糖,(E)-2-己烯-β-D-吡喃葡萄糖,没食子酸,4-O-乙酰没食子酸,丁香脂素,胡萝卜苷,7-氧基-胡萝卜苷等。

【功效主治】算盘子苦,凉；有小毒。清热除湿,解毒利咽,行气活血。用于疟疾,疝气,淋浊,腰痛,带下,痢疾,黄疸,咽喉肿痛,牙痛,产后腹痛。算盘子叶用于湿热泻痢,黄疸,淋浊,带下,咽喉肿痛,痈疮肿毒,蛇虫咬伤。算盘子根用于外感发热,咽喉肿痛,痢疾,疟疾,黄疸,白浊,劳伤咳嗽,风湿痹痛,崩漏,带下,痈肿,跌打损伤。

【历史】算盘子始载于《植物名实图考》,名野南瓜,曰："一名算盘子,一名柿子椒。抚、建、赣南、长沙山坡皆有之。高尺余,叶附茎,对生如槐、檀。叶微厚硬,茎下开四出小黄花,结实如南瓜,形小于凫茈。秋后迸裂,子缀壳上如丹珠。土人取茎及根治痢疾"。所述形态、产地、功效及附图与植物算盘子相符。

【附注】《山东省中药材标准》2002年版附录收载算盘子根。

图423 算盘子
1.花枝 2.雄花 3.雌花 4.蒴果

白背叶

【别名】酒药子树。

【学名】Mallotus apelta (Lour.) Muell.-Arg. (*Ricinum apelta* Lour.)

【植物形态】落叶灌木或小乔木。小枝密被星状毛。叶互生；叶片卵形或阔卵形,长5～15cm,宽4～12cm,先端渐尖,基部阔楔形或近圆形,有2腺体,边缘有稀疏锯齿,不裂或顶部3浅裂,裂片三角形,中裂片大,有钝齿,上面绿色,下面灰白色,两面被灰白色星状毛及棕色腺体,叶下面毛更密；叶柄长5～15cm,密被星状毛。花单性,雌、雄异株；雄花序为开展的圆锥花序或穗状花序；雄花多数,簇生于苞腋,雄花萼片4裂,雄蕊

50～75枚；雌花序穗状，花无柄，花萼3～5裂，外面被灰白色绒毛；子房球形，3～4室，被软刺及星状毛，花柱短，3～4枚，羽毛状，基部合生。蒴果近球形，密生软刺及星状毛。种子近球形，黑色，光亮，直径约3mm。花期6月；果期9～10月。（图424）

图424　白背叶
1.花枝　2.果枝　3.叶（a.上面　b.下面）　4.雄花
5.雄蕊　6.雌花，左图示刺　7.蒴果　8.种子

【生长环境】栽培于公园、林场或山坡。
【产地分布】山东境内的青岛、济南及泰安等地有引种。在我国除山东外，还分布于江苏、河南、安徽、浙江、江西、湖南、广东、广西等地。
【药用部位】根：白背叶根；叶：白背叶。为民间药。
【采收加工】全年采叶，鲜用或晒干。夏、秋二季采根，洗净鲜用或切段晒干。
【药材性状】单叶互生。叶片卵形，长5～14cm，宽4～12cm。先端渐尖，基部近楔形，具2腺点，全缘或不规则3浅裂。上表面绿色或灰绿色，近无毛；下表面灰白色，密被星状毛，有细密棕色腺点；具长柄。质脆，易碎。气微，味苦、涩。
【化学成分】根含三萜类：熊果酸乙酸酯（ursolic acid acetate），古柯二醇-3-乙酸酯（erythrodiol-3-acetate），乙酰基油酮酸（acetyl aleuritolic acid），$2\beta,29$-二羟基羽扇豆烷等；挥发性成分主为棕榈酸，少量十五烷酸、肉豆蔻酸，广藿香醇等；还含白背叶氰碱（malloapeltine），白背叶脑苷（mallocerebroside），白背叶酰胺（mallocera-mide），东莨菪内酯，$4,5,4'$-三甲基并没食子酸（$4,5,4'$-trimethyl-ellagic acid），白背叶素（mallotusin），β-谷甾醇-3-O-β-D-吡喃葡萄糖苷，β-谷甾醇，胡萝卜苷等。茎含三萜类：12-乌苏烯-3-酮（12-ursen-3-one），3-羟基-12-乌苏烯，熊果酸；还含mussaenoside，6-甲氧基-2H-1-苯并吡喃-4-酮（6-methoxy-2H-1-benzopyron-4-one），乙酰基油酮酸，β-谷甾醇，胡萝卜苷等。叶含黄酮类：芹菜素，芹菜素-7-O-β-D-吡喃葡萄糖苷，5,7-二羟基-6-异戊烯基-$4'$-甲氧基二氢黄酮即白背叶素；三萜类：木栓酮，木栓烷醇，表木栓烷醇，蒲公英赛醇；还含大黄酚，烟酸，对羟基苯甲酸，异东莨菪内酯，胡芦巴苷ò（vicenin ò），β-谷甾醇等。果实脂肪油主含α-粗糠柴酸。
【功效主治】白背叶根苦，平；有毒。清热利湿，固脱，消瘀。用于泄泻，中气下陷，淋浊，疝气，肝脾肿大，产后风瘫，白带，赤眼，喉蛾，聤耳。白背叶苦，平。清热解毒，祛湿，止痛。用于淋浊，胃痛，口疮，痔疮，疮疡，跌打损伤，蛇咬伤。
【历史】白背叶始载于《植物名实图考》，名酒药子树，曰："生湖南冈阜，高丈余。皮紫微似桃树，叶如初生油桐叶而有长尖，面青背白，皆有柔毛；叶心亦白茸茸如灯心草。五月间稍开小黄白花，如粟粒成穗，长五六寸。叶微香，土人以制酒麹，故名"。所述形态与植物白背叶相符。
【附注】《中国药典》2010年版附录收载白背叶根。

叶下珠

【别名】珍珠草、日开夜合草。
【学名】Phyllanthus urinaria L.
【植物形态】一年生草本，高20～40cm。茎直立，分枝倾卧而后上升。叶互生，2列，形似羽状复叶；叶片卵状椭圆形至长椭圆形，长0.7～1.3cm，宽3～6mm，先端圆或有小凸尖，基部偏斜，近圆形或阔楔形，全缘；叶柄短；托叶小，披针形。花小，雌、雄同株；无花瓣，几乎无花梗；雄花2～3朵簇生于叶腋；萼片6，绿色；花盘腺体6，分离，与萼片互生；雄蕊3，花丝基部合生，药室直立，纵裂；雌花单生于叶腋；萼片6；子房卵形。蒴果扁球形，直径2～2.5mm，在叶下成2列着生，无梗，表面有小鳞片状凸起物。种子表面有横沟槽。花期6～8月；果期9～10月。（图425）
【生长环境】生于山坡、路旁、田埂或村边。
【产地分布】山东境内的烟台、威海等地有零星分布。在我国除山东外，还分布于安徽、福建、广东、广西、贵州、海南、河北、河南、湖北、湖南、江苏、江西、陕西、山西、四川、台湾、西藏、云南、浙江等地。
【药用部位】全草：叶下珠。为民间药。
【采收加工】夏、秋二季采收带根全草，晒干。

瘴气"。所述形态与植物叶下珠基本相符。

蜜柑草

【别名】珍珠菜、夜关门。

【学名】Phyllanthus ussuriensis Rupr. et Maxim. (P. matsumurae Hayata)

【植物形态】一年生草本，高20～60cm。茎直立，无毛，分枝细长。叶互生，2列；叶片披针形至狭长圆形，长0.8～2cm，宽3～6mm，先端尖，基部阔楔形或近圆形，全缘；有短柄；托叶小。花小，雌、雄同株，腋生；无花瓣；雄花萼片4；花盘腺体4，分离，与萼片互生；雄蕊2，花丝合生；雌花萼片6；花盘腺体6；子房6室，无毛，柱头6。蒴果近球形，褐色，直径2～3mm，表面平滑，有细梗，下垂。种子黄褐色，散生细瘤点。花期7～8月；果期9～10月。2n=88。（图426）

图425 叶下珠
1.果枝 2.根及茎基 3.叶及果实 4.果实背面 5.种子

【药材性状】全草长短不一。根茎浅棕色。主根不发达，有多数须根；表面浅灰棕色。茎圆柱形，长约30cm，直径2～3mm；表面灰棕色、灰褐色或棕红色，老茎基部灰褐色，有纵皱纹；分枝有纵皱纹及不甚明显的膜翅状脊线；质脆易断，断面中空。叶片卵状椭圆形；表面灰绿色，皱缩，易脱落。花细小，腋生于叶背之下，多已干缩。有时带扁圆形赤褐色果实。气微香，味微苦。

【化学成分】全草含多酚类：老鹳草素（geraniin），叶下珠素（phyllanthusiin）A、B、C、F、G、U，鞣云实精（corilagin），isostrictiniin，鞣花酸（ellagic acid），短叶苏木酚酸甲脂（methyl brevifolincarboxylate），短叶苏木酚酸乙酯，3,4,3′-三-O-甲基并没食子酸，短叶苏木酚酸（brevifolin carboxylic acid），短叶苏木酚（brevifolin），没食子酸，柯里拉京（corilagin）；有机酸：琥珀酸，阿魏酸，原儿茶酸，三十烷酸，三十二烷酸，十八碳烯酸乙酯等；甾醇类：β-谷甾醇，胡萝卜苷，豆甾醇，豆甾醇-3-O-β-D-葡萄糖苷；还含有羽扇豆醇，芦丁，珠子草素（mranthin），三十烷醇等。

【功效主治】微苦、甘、酸，凉。清热利尿，明目，消积。用于石淋，小儿疳积，胁痛，黄疸，痢疾。

【历史】叶下珠始载于《本草纲目拾遗》，名真珠草，曰："此草叶背有小珠，昼开夜闭，高三四寸，生人家墙脚下，处处有之。"《植物名实图考》曰："江西、湖南砌下墙阴多有之。高四五寸，宛如初出夜合树芽，叶亦昼开夜合。叶下顺茎结子如粟，生黄熟紫。俚医云性凉，能除

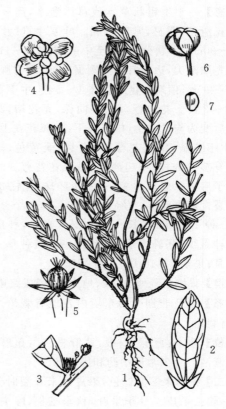

图426 蜜柑草
1.植株 2.叶及托叶 3.花序 4.雄花
5.雌花 6.蒴果 7.种子

【生长环境】生于山坡、路旁、荒地或田间。

【产地分布】山东境内产于荣成、海阳及牙山、昆嵛山、崂山、蒙山、泰山等山区。在我国除山东外，还分布于江苏、安徽、浙江、福建、湖南、湖北等地。

【药用部位】全草：蜜柑草。为民间药。

【采收加工】夏、秋二季采收，洗净，晒干。

【药材性状】全草长20～50cm。茎无毛，分枝细长。叶

2列,互生,条形或披针形,长0.8~2cm,宽2~5mm;顶端尖,基部近圆形,具短柄,托叶小。花单性,雌、雄同株;无花瓣,腋生。蒴果圆形,直径约2mm,表面平滑,具下垂细柄。气微,味苦、涩。

【化学成分】全草含黄酮类:槲皮素,槲皮素-3-O-β-D-吡喃木糖(1→2)-O-β-D-吡喃葡萄糖苷,芦丁,异槲皮苷;多酚类:老鹳草素,柯里拉京,短叶苏木酚酸,鞣花酸,没食子酸和原儿茶酸。

【功效主治】微苦,寒。清热利湿,清肝明目,健胃,止痢,渗湿利尿。用于外感,目赤红肿,夜盲症,暑热腹泻,痢疾,小便短赤,砂石淋,肾虚水肿,蛇咬伤,小儿疳积。

蓖麻

【别名】麻子棵(德州)、草麻子、大麻子、山东黄豆。
【学名】Ricinus communis L.
【植物形态】一年生粗壮草本或草质灌木,高2~3m。茎直立,光滑,节明显,常有白霜。叶互生;叶片盾形,直径15~30cm,掌状分裂,裂至中部,裂片5~11,卵状披针形,先端渐尖,边缘有不规则锯齿,齿端有腺体;叶柄长10~20cm,顶端有盘状腺体1~2枚,中下部有棒状腺体1~2枚。花单性,雌、雄同株,无花瓣;圆锥花序顶生,后变为与叶对生,雄花在下部,雌花在上部,均多朵簇生于苞腋;雄花花萼3~5裂,淡黄色,雄蕊多数,花丝有多数分枝,花药淡黄色;雌花花萼3~5裂,淡红色,子房卵状球形,3室,每室1胚珠,花柱3,深红色,各2裂。蒴果球形,直径约1.5cm,具3个分果爿,有软刺。种子长圆形,长1~1.5cm,光滑,种皮硬壳质,有各种斑纹;胚乳肉质,子叶阔,扁平;种阜大。花期7~9月;果期8~10月。(图427)

【生长环境】栽培于荒地、山坡、地头、宅旁或路边。
【产地分布】原产非洲。山东境内各地有栽培。全国各地均有栽培。
【药用部位】种子:蓖麻子;根:蓖麻根;叶:蓖麻叶;种子油:蓖麻油。为少常用中药和民间药。
【采收加工】秋季果实变棕色,果皮尚未开裂时分批采摘,晒干,除去果皮。夏季采叶,秋季挖根,除去杂质,晒干或鲜用。
【药材性状】种子椭圆形或卵形,稍扁,长1~1.5cm,直径0.6~1cm。表面平滑,具光泽,有灰白色与黑褐色或黄棕色与红棕色相间的花斑纹。腹面平坦,背面稍隆起,较小的一端,有海绵状突起的种阜,并有脐点,另一端有合点,种脐与合点间的种脊明显。种皮硬脆,内种皮白色薄膜状,包裹白色油质的内胚乳;子叶菲薄。气微弱,味微苦、辛,并有油腻性。

以个大饱满、花斑纹明显、断面色白、油性强者为佳。

叶多皱缩破碎。完整者展平后呈掌状深裂,直径

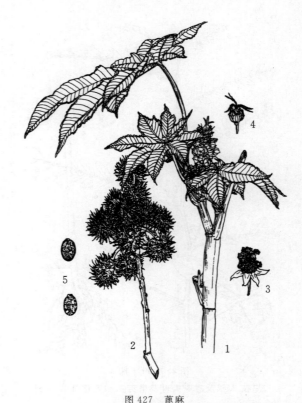

图427 蓖麻
1.花枝 2.果枝 3.雄花 4.雌花 5.种子

15~30cm,裂片卵状披针形至矩圆形;边缘有不规则锯齿;上表面绿褐色或红褐色,下表面淡绿色;主脉掌状,侧脉羽状,两面凸起;叶柄盾状着生,暗红色;质脆,易碎。气微,味苦、微辛。

以叶完整、色绿、苦辛味浓者为佳。

【化学成分】种子含蓖麻毒蛋白(ricin)B_1、Tb、C1、D、E、T型(其中以D型毒性最强,蓖麻毒蛋白由全毒素、类毒素、凝集毒素三种物质组成),酸性蓖麻毒蛋白(acidic ricin),碱性蓖麻毒蛋白(bacic ricin),变应原(allergen),血球凝集素(hemagglutinins)等;还含有蓖麻碱(ricinine)即3-氰基-4-甲氧基-1-甲基-2-吡啶酮,蓖麻油酸(ricinoleic acid,蓖麻酸),多种氨基酸和脂肪酶(lipase)等。**种皮**含30-去甲羽扇豆-3β-醇-20-酮(30-norlupan-3β-ol-20-one)。**种子油**主含蓖麻油酸,少量甘油三酯(triglycerides),油酸,亚油酸,硬脂酸,棕榈酸,磷脂(phospholipids),磷脂酰乙醇胺(phosphatidylethanolamine),磷脂酰胆碱等;尚含蓖麻毒蛋白D,蓖麻碱等。**果壳**主含蓖麻碱。**叶**含黄酮类:芦丁,槲皮素,异槲皮苷,金丝桃苷,山柰酚,山柰酚-3-O-芸香糖苷,紫云英苷;还含有N-去甲基蓖麻毒蛋白(N-demethylricine),蓖麻毒蛋白,绿原酸,新绿原酸(neochlorogenic acid),蓖麻碱及丙氨酸,蛋氨酸,脯氨酸,缬氨酸等。

【功效主治】**蓖麻子**甘、辛,平;有毒。泻下通滞,消肿拔毒。用于大便燥结,痈疽肿毒,喉痹,瘰疬。**蓖麻油**

甘、辛、平;有毒。滑肠,润肤。用于肠燥便秘,腹胀,疥癣疮疡,烫伤。**蓖麻根**苦、辛,平。镇静解痉,祛风散瘀。用于破伤风,癫痫,风湿疼痛,跌打瘀痛,瘰疬。**蓖麻叶**苦、辛,平;有小毒。祛风除湿,拔毒清肿,用于脚气,风湿痹痛,阴囊肿痛,咳嗽痰喘,鹅掌风,疮疖。

【历史】蓖麻始载于《雷公炮炙论》,名草麻子。《新修本草》始称蓖麻子,云:"此人间所种者,叶似大麻叶而甚大,其子如蜱,又名草麻。今胡中来者,茎赤,树高丈余,子大如皂荚核。"《本草图经》云:"夏生苗,叶似葎草而厚大,茎赤有节如甘蔗,高丈许。秋生细花,随便结实,壳上有刺,实类巴豆,青黄斑褐,形如牛蜱。"所述形态及附图均与蓖麻一致。

【附注】《中国药典》2010年版收载蓖麻子、蓖麻油。

白木乌桕

【别名】白乳木、银粟子。

【学名】Sapium japonicum (Sieb. et Zucc.) Pax et Hoffm. (*Stillingia japonica* Sieb. et Zucc.)

【植物形态】灌木或小乔木,高1~7m;有白色乳汁。树皮淡褐色,光滑。叶互生;叶片长椭圆形至倒卵形,长6~14cm,宽3~7cm,先端尖,基部近圆形,全缘;叶柄长1.5~2.5cm,顶端有2腺体;托叶披针形,早落。花单性,雌、雄同株常同序,无花瓣及花盘;总状花序顶生;雄花多数,生于花序上部,有时整个花序全为雄花,花萼杯状,先端3浅裂,雄蕊3,稀2,花丝极短;雌花少数,生于花序轴基部,有花梗,花萼3裂,子房卵圆形,光滑,3室,花柱2~3,基部合生。蒴果三棱状球形,长1~1.4cm,直径约1.4cm,中轴开裂,脱落。种子扁球形,直径0.5~1cm,表面有黑棕色斑纹及棕褐色斑点,无蜡质的假种皮。花期5~6月;果期9~10月。(图428)

【生长环境】生于山沟、水溪边或砂质山坡。

【产地分布】山东境内产于崂山等地。在我国除山东外,还分布于四川、贵州、广东、广西、湖北、湖南、江西、福建、浙江、江苏、安徽等地。

【药用部位】根皮与叶:白乳木。为民间药。

【采收加工】全年采根,洗净,除去木心,切段,晒干。春、夏二季采叶,晒干或鲜用。

【化学成分】**种子油**主含亚油酸、亚麻酸、油酸及少量棕榈酸。**根**含大戟二萜醇酯。

【功效主治】苦、辛,温。散瘀血,强腰膝。用于腰酸疼痛,漆疮。

乌桕

【别名】桕子树、乌桕木、乌桕子。

【学名】Sapium sebiferum (L.) Roxb.

图428 白木乌桕
1.花枝 2.雄花 3.雌花 4.果实 5.种子

[*Triadica sebifera* (Linn.) Small]

【植物形态】落叶乔木,高达15m;有乳汁。树皮暗灰色,浅纵裂。叶互生;叶片菱形至阔菱状卵形,长宽略相等,3~8cm,先端长渐尖或短尾状,基部阔楔形或近圆形,全缘,两面绿色,秋季变为橙黄或红色;叶柄长2~6cm,顶端有2腺体。花单性,雌、雄同株,绿黄色,无花瓣及花盘;总状花序顶生,最初全是雄花,随后有1至数朵雌花生于花序基部;雄花小,3~15朵生于1苞片内,苞片菱状卵形,近基部两侧各有1腺体,花萼杯状,3浅裂,雄蕊2,稀3,花丝离生,花药黄色,近球形;雌花梗长2~4mm,基部两侧有2腺体,花萼3裂,子房光滑,3室,花柱基部合生,柱头3裂,外卷。蒴果梨状球形,直径1~1.3cm,熟时黑褐色,室背3裂,每室有1种子。种子扁球形,黑色,外被白色蜡质的假种皮;果皮脱落后,种子仍附着于中轴上。花期6~8月;果期9~11月。(图429)

【生长环境】生于路旁、海滩、院内或山坡。

【产地分布】山东境内的威海、烟台、济南、泰安等地有引种栽培。在我国主要除山东外,还分布于黄河以南各省区。

【药用部位】根皮及树皮:乌桕皮;叶:乌桕叶;种子:乌桕子。为民间药。

【采收加工】全年采剥根皮或茎皮,除去外层粗皮,晒干。夏季采叶,晒干。秋、冬二季采收成熟果实,晒干。

【药材性状】根皮长槽状或筒状,树皮卷筒状或略卷曲的长片状,长10~40cm,厚约1mm。外表面灰白色、淡

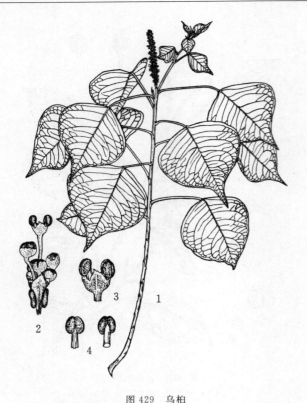

图 429　乌桕
1.花枝,示雄花序　2.苞片及簇生的雄花　3.雄花　4.雌蕊

褐色或浅黄棕色,粗糙,有细纵皱纹,有的具圆形或横长皮孔,栓皮薄,易呈片状脱落;内表面黄白色至浅黄棕色,具细密纵直纹理。质硬而韧,不易折断,断面纤维性。气微,味苦、微涩。

以条大、皮厚、味苦者为佳。

叶多破碎或皱缩。完整叶片为卵状菱形,长宽3～8cm。先端长渐尖,基部阔楔形,全缘。表面茶绿色或茶褐色。叶柄长,顶端有干缩的小腺体2枚。叶片纸质,易碎。气微,味微苦。

【化学成分】根含白蒿香豆素(artelin),东莨菪素(scopoletin);根皮含花椒油素(xanthoxylin)。树皮含鞣质类:鞣花酸,3,3'-二-O-甲基鞣花酸,3,3',4'-三-O-甲基鞣花酸,3,3'-二-O-甲基鞣花酸-4'-O-α-D-阿拉伯糖苷,3,3'-二-O-甲基鞣花酸-4'-O-β-D-木糖苷,3,3'-二-O-甲基鞣花酸-4'-O-β-D-葡萄糖苷,3-O-甲基鞣花酸-4'-O-β-D-木糖苷,3,3',4'-三-O-甲基鞣花酸-4'-O-β-D-葡萄糖苷;还含莫雷亭酮(moretenone),莫雷亭醇(moretenol),3-表莫雷亭醇(3-epimoretenol),3,3'-甲基并没食子酸(3,3'-methylellagic acid),6,7,8-三甲氧基香豆素(6,7,8-trimethoxycoumarin),花椒素(xanthoxylin),δ-齐墩果酸,阿魏酸,正二十八烷醇酯等。植株含反式-2-顺式-4-癸二烯酸乙酯(ethyl trans-2-cis-4-decadienoate)。叶含黄酮类:山奈酚,槲皮素,异槲皮苷,芦丁,金丝桃苷,2''-没食子酰基-异槲皮苷[quercetin-3-O-(2''-galloyl)-β-D-glucopyranoside],山奈酚-3-O-β-D-葡萄糖苷,山奈酚-3-O-β-D-半乳糖苷;多酚类:没食子酸,没食子酸甲酯,没食子酸乙酯,鞣花酸,莽草酸,短叶苏木酚酸乙酯;还含β-谷甾醇,正三十二烷醇,无羁醇,N-苯基苯胺(N-phenyl aniline)及无机元素锰、铁、铜、钙、镁,山奈酚-3-O-β-D-葡萄糖苷等。种子油含棕榈酸,豆蔻酸,油酸,亚油酸,亚麻酸,8-羟基-5,6-辛二烯酸,2,4-癸二烯酸等。

【功效主治】乌桕皮苦,微温;有小毒。破积逐水,消肿散结,杀虫解毒。用于大腹水肿,肝脾肿大,水肿。乌桕叶苦,微温;有毒。泻下逐水,消肿中散瘀,解毒杀虫。用于痈肿疔疮,大小便不利,水肿,疥癣,脚癣,湿疹,蛇咬伤,外阴瘙痒。乌桕子甘,凉;有毒。拔毒消肿,杀虫,利水,通便。用于疥癣,湿疹,皮肤皲裂,水肿,便秘。

【历史】乌桕始载于《新修本草》,名乌桕木,云:"树高数仞,叶似梨杏,花黄白,子黑色"。《本草衍义》载:"乌桕叶如小杏叶,但微薄,而绿色差淡,子八九月熟,初青后黑,分为三瓣,取子出油,燃灯及染发"。《植物名实图考》载:"俗呼木子树,子榨油,根解水莽毒"。所述形态与现今植物乌桕基本一致。

【附注】①《中国药典》1977年版曾收载。②本种在"Flora of China"11:284.2008.的拉丁学名为 *Triadica sebifera* (Linn.) Small,本志将其列为异名。

地构叶

【别名】珍珠透骨草、透骨草。

【学名】Speranskia tuberculata (Bge.) Baill. (*Croton tuberculatus* Bge.)

【植物形态】多年生草本,全株密被柔毛。茎直立,多分枝,高10～50cm。叶互生;叶片披针形或卵状披针形,长1.5～5cm,宽0.5～1.5cm,先端渐尖,基部阔楔形或近圆形,边缘有不规则的钝锯齿,上面疏被短柔毛,下面密生白色柔毛;有短柄或近无柄。总状花序顶生;花单性,雌、雄同株;上部有雄花20～30朵,下部有雌花6～10朵,位于花序中部的雌花两侧有时具雄花1～2朵,苞片小,卵状披针形,有的分裂;雄花萼片5,卵形,被柔毛;花瓣5,与萼片互生;花盘腺体5,与萼片对生;雄蕊10;雌花萼片5,卵状披针形,被柔毛;花瓣5,极小,花盘壶形;子房3室,花柱3,均2裂,柱头条裂成流苏状。蒴果扁球形,有柔毛及瘤状突起。种子卵形,黑色。花、果期5～9月。2n=14。(图430)

【生长环境】生于向阳山坡、路旁、田间、沟旁或疏林边草丛中。

【产地分布】山东境内产于各地。在我国除山东外,还分布于东北、西北、华北及华东各地区。

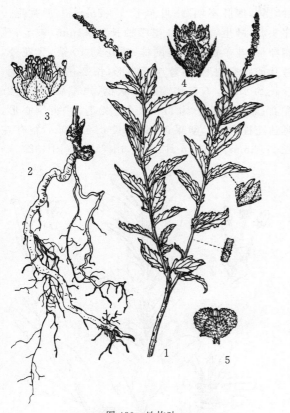

图 430　地构叶
1.花枝　2.根　3.雄花　4.雌花　5.蒴果

【药用部位】全草：透骨草（珍珠透骨草）。为少常用中药。

【采收加工】春、夏二季开花结果时采收，晒干。

【药材性状】全草长 10～45cm。根茎长短不一；表面土棕色或黄棕色，略粗糙。茎多分枝，圆柱形或微有棱，直径 1～4mm；表面浅绿色或灰绿色，近基部淡紫色，被灰白色柔毛，具互生叶或叶痕；质脆，易折断。叶多卷曲皱缩或破碎；完整叶片展平后呈披针形或卵状披针形；边缘有不规则锯齿；表面灰绿色，两面均被白色细柔毛，下表面近叶脉处较显著。总状花序或果序，顶生；花小；蒴果三角状扁圆形。气微，味淡而后微苦。

以质嫩、叶多、色绿、带花果者为佳。

【化学成分】地上部分含有机酸类：香草酸，阿魏酸，对香豆酸，三十烷酸，软脂酸；挥发油主成分为十六烷酸乙酯，6-甲基-5-庚烯-2-酮，少量十二烷，6-甲基-庚二烯-2-酮，9,12,15-十八烷三烯酸乙酯和 1,1-二乙氧基己烷等。还含尿嘧啶，胸腺嘧啶，loliolide，18-羟基-迈诺醇[18-hydroxy(－)-manool]及 β-谷甾醇等。

【功效主治】辛，温。祛风除湿，舒筋活血，散瘀消肿，解毒止痛。用于风湿痹痛，筋骨挛缩，寒湿脚气，腰痛，瘫痪，闭经，阴囊湿疹，疮癣肿毒。

【历史】地构叶始载于《本草原始》，名透骨草，谓："苗春生田野间，高尺余，茎圆，叶尖有齿，至夏抽三四穗，花黄色，结实三棱，类蓖麻子，五月采。"其形态及附图与地构叶相符。

【附注】《中国药典》2010 年版附录、《山东省中药材标准》2002 年版收载。

油桐

【别名】罂子桐、虎子桐。

【学名】Vernicia fordii (Hemsl.) Airy-Shaw.
(*Aleurites fordii* Hemsl.)

【植物形态】落叶乔木。树皮灰白色或灰褐色，皮孔疣状；枝条无毛，叶痕明显。叶互生；叶片卵圆形、卵形或心形，长 6～18cm，宽 3～16cm，先端急尖，基部截形或心形，全缘或 1～3 浅裂，幼叶被锈色短柔毛，后近于无毛；叶柄长 3～13cm，顶端有 2 红色腺体。花单性，雌雄同株，先叶开放，排列于枝端成圆锥状聚伞花序；雄花花萼长约 1cm，2 裂，裂片卵形，外面密生短柔毛；花瓣倒卵形，白色，基部橙红色，略带红条纹，长 2～3cm，宽 1～1.5cm，先端圆形，基部狭，爪状，花盘有腺体 5，肉质，钻形；雄蕊 8～10，稀 12，排成 2 轮，外轮花丝分离，内轮花丝较长而基部合生；雌花较大，其花被与雄花相同；子房通常 3～5 室，有短柔毛，花柱 4 或与心皮同数，2 裂。核果近球形，直径 3～6.5cm，平滑，有短尖。种子 3～5，稀至 8，宽卵形，长 2～2.5cm，种皮粗糙，木质，厚壳状。花期 5 月；果期 9～10 月。（图 431）

图 431　油桐
1.花枝　2.叶　3.核果　4.种子

【生长环境】生于低海拔山地丘陵。栽培于向阳山坡、土质疏松、排水良好的酸性或中性土壤。

【产地分布】山东境内的崂山及胶南、日照等地有引种栽培。在我国分布于长江流域各省区。

【药用部位】花:桐子花;叶:油桐叶;种子:油桐子;未成熟的果实:气桐子;根:油桐根。为民间药。

【采收加工】春、夏间花期收集凋落的花,晒干或鲜用。夏季收集未成熟早落的果实,晒干。夏季采叶,晒干或鲜用。秋季采集成熟果实,堆积于潮湿处,泼水,覆以干草,经10天左右,外壳腐烂,除去外壳,收集种子晒干。9~10月采根,鲜用或晒干。

【化学成分】种子含脂肪油(桐油):主成分为桐酸(eleostearic acid),异桐酸(isoeleostearic acid)及油酸的甘油酯;尚含13-O-乙酰基-16-羟基佛波醇(13-O-acetyl-16-hydroxyphorbol),16-羟基大戟二萜醇酯,16-羟基大戟二萜醇-12-硬脂酸-13-当归酸酯,16-羟基大戟二萜醇-13-当归酸酯等。根和叶含黄酮类:槲皮素-3-O-α-L-吡喃鼠李糖苷,杨梅素-3-O-α-L-吡喃鼠李糖苷;萜类:羽扇豆醇,白桦脂酸,齐墩果酸,乙酰基油酮酸,12-O-棕榈酰基-13-O-乙酰基-16-羟基佛波醇(12-O-palmitoyl-13-O-acetyl-16-hydroxyphorbol);还含(一)紫丁香苷元[(一)syringaresinol],aleuritin,4-羟基-3,5-二甲氧基苯甲酸,β-谷甾醇,胡萝卜苷等。

【功效主治】桐子花用于烧烫伤,幼儿湿疹,秃疮,热毒疮,天疱疮。油桐叶苦、微辛,寒;有毒。清热消肿,止泻,解毒,杀虫。外用于痈肿,臁疮,漆疮,痢疾泄泻。气桐子苦,平。行气消食,消热解毒。有毒。用于疝气,食积,月经不调,疔疮疖肿;外用于疥癣,烫伤,脓疮。油桐子甘、辛;有大毒。吐风痰,消肿毒,利二便。用于风痰喉痹,食积腹胀,二便不通,疥癣,瘰疬,疮毒。油桐根辛,寒;有小毒。消食利水,化痰,杀虫。用于食积,水肿,哮喘,蛔虫症。

【历史】油桐始载于《本草拾遗》,名罂子桐,曰:"子有大毒,压为油,毒鼠死……似梧桐,生山中"。《本草衍义》名荏桐,云:"早春开淡红花,状如鼓子花,成筒子,子可作桐油"。《本草纲目》载:"油桐枝、干、花、叶,并类岗桐而小,树亦易长,花亦微红。但其实大而圆,每实中有二子或四子,大如大风子,其肉白色,味甘而吐人。亦或谓之紫花桐。"历代本草所述形态与现今油桐相符。

黄杨科

黄杨

【别名】山黄杨、小叶黄杨、瓜子黄杨。
【学名】Buxus sinica (Rehd. et Wils.) M. Cheng
【植物形态】常绿灌木或小乔木,高达6m。枝圆柱形;小枝四棱形,全面有毛或外方相对两侧面无毛,节间长0.5~2cm。叶对生;叶片阔椭圆形、阔倒卵形、卵状椭圆形或长圆形,长2~3.5cm,宽1~2cm,先端圆或钝,常有小凹口,基部圆形或楔形,革质,叶面有光泽,中脉凸起,叶背面中脉平坦或稍凸起,中脉常密集白色线状钟乳体,侧脉不明显;叶柄长1~2mm,上面被毛。花序头状,腋生,花密集;花序轴长3~4mm,被毛;苞片阔卵形;花单性,雌、雄同株;雄花约10朵,无花梗,外萼片卵状椭圆形,内萼片近圆形,长2~3mm,无毛,雄蕊长约4mm,不育雌蕊有棒状柄,末端膨大,高2mm左右;雌花萼片长约3mm;子房无毛,柱头倒心形,下延达花柱中部。蒴果近球形,长0.6~1cm,宿存花柱长2~3mm。花期4月;果期6~7月。(图432)

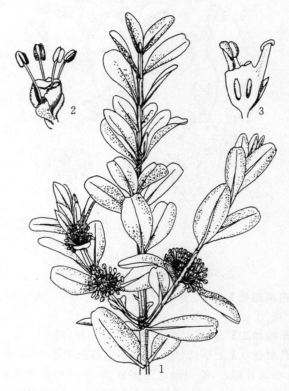

图432 黄杨
1.花枝 2.雄花 3.雌花纵切

【生长环境】栽培于公园、庭园。
【产地分布】山东境内产于各地。在我国除山东外,还分布于陕西、甘肃、湖北、四川、贵州、广东、广西、江西、浙江、安徽、江苏等地。
【药用部位】茎枝及叶:黄杨木;果实:黄杨子;叶:黄杨叶;根:黄杨根。为民间药。
【采收加工】全年采叶、茎枝或根,夏季采收成熟果实,晒干或鲜用。
【药材性状】茎圆柱形,有纵棱,小枝四棱形;表面黄绿色,被短柔毛或相对两侧面无毛。叶片阔椭圆形、阔倒卵形或长圆形,长2~3.5cm,宽1~2cm;先端圆或钝,常有小凹口,基部圆、急尖或楔形,全缘;上表面黄绿色,光亮,中脉凸出,侧脉明显,下表面中脉平坦或稍凸出,中脉常密集短线状钟乳体;叶柄长1~2mm,上面被毛;叶片革质。气微,味苦。
【化学成分】木材含生物碱:环常绿黄杨碱(cycloviro-

buxine)D、C,环原黄杨碱(cycloprotobuxamine)A、C,环黄杨酰胺(cycloprotobuxinamine),黄杨木定 A(buxmicrophylline A);还含黄杨它因 M(buxtauine M),异东莨菪内酯(isoscopoletin),表羽扇豆醇等。**叶**含黄杨胺醇碱(buxaminol)E,环朝鲜黄杨碱(cyclokoreanine)B,黄杨酮碱(buxtauine),环常绿黄杨碱 D,黄杨胺碱(buxamine)E 和环小叶黄杨碱(buxpiine)。**茎叶**含生物碱:小叶黄杨碱(buxmicrophylline)A,黄杨酮碱 M,环黄杨酰胺;三萜类:$3\beta,30$-dihydroxy-lup-20(29)ene,甲酸羽扇豆酯,白桦脂醇,表羽扇豆醇(epilupeol)等;黄酮类:3,5-二羟基-6,7,4′-三甲氧基黄酮-3′-O-β-D-葡萄糖苷,5,3′,4′-三羟基-3,6,7-三甲氧基黄酮,5,4′-二羟基-3,6,7-三甲氧基黄酮;还含异东莨菪素,cleomiscosin A, cleomiscosin A-4′-O-β-D-glucopyranoside, 3,5-二甲氧基苯甲酸-4-O-β-D-葡萄糖苷,(+)pinoresinol-O-β-D-glucopyranoside,邻苯二甲酸二异丁酯,豆甾醇,β-谷甾醇,胡萝卜苷等。

【**功效主治**】**黄杨子**苦,凉。清暑热,疗疮毒。用于中暑,疮疖。**黄杨木**苦,平。祛风除湿,理气止痛。用于风湿痹痛,胸腹气胀,牙痛,疝痛,跌打损伤。**黄杨叶**苦,平。清热解毒,消肿散结。用于疮疖肿毒,风火牙痛,跌打损伤。**黄杨根**苦、微辛,平。祛风止痛,清热除湿。用于风湿痹痛,伤风咳嗽,湿热黄疸。

【**历史**】黄杨始载于《履巉岩本草》,名山黄杨。《本草纲目》称黄杨木,云:"黄杨生诸山野中,人家多栽种之。枝叶攒簇上耸,叶似初生槐芽而青厚,不花不实,四时不凋。"其"不花不实"之说,可能是当时未见到黄杨开花结果。但其所述原植物形态与黄杨一致。

漆树科

黄栌

【**别名**】红叶、红叶黄栌。

【**学名**】Cotinus coggygria Scop. var. cinerea Engl.

【**植物形态**】落叶灌木或小乔木。叶互生;叶片倒卵形或卵圆形,长 3~8cm,宽 2.5~6cm,先端圆形或微凹,基部圆形或阔楔形,全缘,两面有毛,背面毛更密,侧脉 6~11 对,先端常叉开;叶柄短。圆锥花序,顶生,被柔毛;花杂性,直径约 3mm,黄色;花梗长 0.7~1cm;萼片卵状三角形,无毛,长约 1.2mm;花瓣卵形或卵状披针形,长 2~2.5mm,无毛;雄蕊 5,长 1.5mm;花盘 5 裂,紫色;子房扁球形,偏斜,花柱 3,离生。果序上有许多不育性紫红色毛状花梗;核果肾形,压扁,长约 4mm,宽约 2.5mm,无毛。花期 4~5 月;果期 9~10 月。(图 433)

【**生长环境**】生于山坡杂木林、沟边或岩石缝隙中。

【**产地分布**】山东境内产于各山地丘陵。在我国除山东外,还分布于河北、河南、湖北、四川等地。

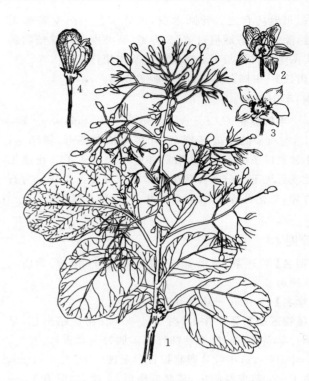

图 433 黄栌
1.果枝 2.雄花 3.雌花 4.核果

【**药用部位**】嫩枝、叶:黄栌;根:黄栌根。为民间药。

【**采收加工**】夏、秋二季采收枝叶,扎成把,晒干。全年采根,去净泥土,切段,晒干。

【**药材性状**】嫩枝圆柱形,直径 1.5~4mm;表面紫红色或灰绿色,有灰色短柔毛及淡褐色皮孔;质硬脆,易折断,断面边缘黄绿色,中央淡紫红色。叶片多皱缩,破碎;完整者展平后呈卵圆形至倒卵圆形,长 3~8cm,宽 2.5~6mm;先端圆形或微凹,基部圆形或阔楔形,全缘;表面灰绿色或绿棕色,两面均被白色短柔毛,下表面沿叶脉处较密;叶柄长 1~4(7.5)cm;叶片纸质。气微香,味涩、微苦。

以叶多、色绿、枝嫩、味苦者为佳。

【**化学成分**】**木材**含木质素和戊聚糖(pentosan)。**叶**含鞣质:没食子酸四糖(gallic acid tetrasaccharide),三没食子酰葡萄糖(trigalloylglucose),三甲基没食子酰葡萄糖;黄酮类:飞燕草素-3-O-半乳糖苷(delphinidin 3-O-galactoside),越橘花青苷(idaein, cyanidin-3-O-galactoside),矮牵牛素-3-O-葡萄糖苷(petunidin-3-O-glucoside),矢车菊素单葡萄糖苷(cyanidin monoglucoside),飞燕草素单葡萄糖苷,芍药花素单葡萄糖苷(peonidin monoglucoside),漆黄素(fisetin);还含挥发油及无机元素钾、钙、镁、磷等。

【**功效主治**】苦、辛,寒。清热解毒,散瘀止痛。用于黄疸,水火烫伤,漆疮,丹毒,目赤红肿,跌打瘀痛。

【**历史**】黄栌始载于《本草拾遗》,曰:"黄栌生商洛山谷,川界甚有之。叶圆木黄,可染黄色……木苦寒无毒,除烦热,解酒疸目黄"。参考《证类本草》和《植物名实图考》附图,与现今植物黄栌基本相符。

【附注】《中国药典》1977年版曾收载。

附:毛叶黄栌

毛叶黄栌 C. coggygria Scop. var. pubescens Engl.,与黄栌的主要区别是:叶多为阔椭圆形,稀圆形;小枝及叶下表面,尤其沿脉和叶柄密被柔毛。花序无毛或近无毛。分布及药用同黄栌。挥发油主成分为石竹烯,氧化石竹烯,大根香叶烯D,马鞭草烯醇等。

黄连木

【别名】黄连茶、茶棵子(五莲)、黄连丝(淄博、牙山)、黄楝树。

【学名】Pistacia chinensis Bge.

【植物形态】落叶乔木,高10~20m。树皮暗褐色,呈鳞片状剥落;枝、叶有特殊气味。偶数羽状复叶,互生,小叶10~12;小叶片卵状披针形至披针形,长5~8cm,宽1~2cm,先端渐尖,基部斜楔形,全缘,幼时有毛,后光滑;小叶柄长1~2mm。雌、雄异株;雄花排列成密圆锥花序,长5~8cm;雌花序疏松,长15~20cm;花梗长约1mm;花先叶开放;雄花花被片2~4,披针形,大小不等,长1~1.5mm,雄蕊3~5,花丝极短;无不发育雌蕊或有;雌花花被片7~9,大小不等,无不育雄蕊,子房球形,花柱极短,柱头3,红色。核果倒卵状球形,略扁,直径约5mm,熟时变紫红色或紫蓝色,有白粉,内果皮骨质。花期4~5月;果期9~10月。(图434)

【生长环境】生于山坡、沟谷杂木林或为栽培。

【产地分布】山东境内产于各山地丘陵。在我国除山东外,还分布于华北、西北及长江以南各地。

【药用部位】叶芽:黄楝芽;树皮、根皮:黄连木皮;叶:黄连木叶。为民间药,嫩芽可食。

【采收加工】春季采收叶芽,夏季采叶,晒干或鲜用。春、秋二季采剥树皮或根皮,晒干。

【化学成分】**心材**含非瑟素(fisetin),黄颜木素(fustin),槲皮素,花旗松素(taxifolin),没食子酸,β-谷甾醇等。**根**含齐墩果酸,水杨酸,没食子酸,β-谷甾醇等。**嫩芽叶及花序**含黄酮类:槲皮素,槲皮素-3-O-β-D-木糖苷,槲皮素-3-O-β-D-葡萄糖苷,芦丁,山柰酚-3,7-二-O-α-L-鼠李糖苷,柚皮素,穗花杉双黄酮;有机酸类:对羟基苯甲酸,对羟基苯乙酸,4-羟基肉桂酸(4-hydroxy cinnamic acid);还含赤杨二醇(alnusdiol),胡萝卜苷等。**叶挥发油**主含长链脂肪烃,棕榈酸,芳樟醇等。

【功效主治】**黄楝芽、黄连木叶**苦、涩,寒。清热解毒,止渴,利湿。用于暑热口渴,痧症,痢疾,咽喉肿痛,口舌糜烂,风湿,漆疮,皮肤瘙痒。**黄连木皮**苦,寒;有小

图434 黄连木
1.雄花枝 2.雌花枝 3.果枝 4.雄花 5.雌花 6.核果

毒。清热解毒。用于痢疾,皮肤瘙痒,疮痒。

【历史】黄连木始载于《救荒本草》,名黄楝树。《植物名实图考》始名黄连木,曰:"黄连木,江西、湖广多有之。大合抱,高数丈,叶似椿而小。春时新芽微红黄色,人竞采取腌食,曝以为饮,味苦回甜如橄榄,暑月可清热生津。"所述形态和附图与黄连木一致。

盐肤木

【别名】臭椿子(海阳)、山樗(烟台、崂山)、土椿树(昆嵛山)。

【学名】Rhus chinensis Mill.

【植物形态】落叶小乔木或灌木,高2~8m。小枝棕褐色,被锈色柔毛,有圆形小皮孔。奇数羽状复叶,互生,有小叶7~13,叶轴有宽叶状翅,叶轴及叶柄密被锈色柔毛;小叶片卵形、椭圆形或长圆形,长5~12cm,宽3~7cm,先端急尖,基部圆形,顶生小叶基部楔形,边缘有粗齿或圆钝齿,背面粉绿色,有白粉,有锈色柔毛,侧脉突起;小叶无柄。圆锥花序顶生,宽大,多分枝;雄花序长30~40cm;雌花序较短,密生柔毛;苞片披针形,长约1mm,有微柔毛;小苞片极小;花小,杂性,白色,花梗长约1mm,有微柔毛;雄花花萼裂片长卵形,长约1mm,外生柔毛,花瓣倒卵状长圆形,长约2mm,雄蕊长约2mm;雌花花萼极短,长不及1mm,外生微柔毛,花瓣椭圆状卵形,长约1.6mm,内面下部有柔毛,雌蕊极

短,花盘无毛,子房卵形,密生柔毛,花柱3,柱头头状。核果球形,压扁,直径4～5mm,被有节柔毛和腺毛,熟时红色。花期7～9月;果期10月。(图435)

【生长环境】生于山坡及沟谷灌丛。

【产地分布】山东境内产于各山地丘陵。在我国分布于除东北地区及内蒙古和新疆以外的其他省区。

【药用部位】虫瘿:五倍子;根:盐肤木根;根皮、树皮:盐肤根(树)白皮;叶:盐肤木叶;花:盐肤木花;果实:盐肤木子。为少常用中药和民间药。

【采收加工】立秋至白露前虫瘿由青转成黄褐色时采摘,置沸水中略煮或蒸至表面灰色,将内部蚜虫杀死,晒干或阴干。按外形不同,分为肚倍和角倍。夏、秋二季采叶,秋季采收成熟果实,晒干或鲜用。全年采收根、根皮或茎皮,除去外部栓皮,晒干。

【药材性状】肚倍长圆形或纺锤形囊状,长2.5～9cm,直径1.5～4cm。表面灰褐色或灰棕色,微有柔毛。质硬脆,易破碎,断面角质样,有光泽,壁厚2～3mm,内壁平滑,有黑褐色死蚜虫及灰色粉状排泄物。气特异,味涩。

角倍呈菱形,具不规则角状分枝,柔毛较明显,壁较薄。

以个大、完整、壁厚、色灰褐者为佳。

【化学成分】虫瘿主含五倍子鞣质(gallotannic)即五倍子鞣酸(gallotannic acid);1,2,3,4,6-五-O-没食子酰基-β-D-葡萄糖(1,2,3,4,6-penta-O-galloyl-β-D-glucose),3-O-二没食子酰基-1,2,4,6-四-O-没食子酰基-β-D-葡萄糖,2-O-二没食子酰基-1,3,4,6-四-O-没食子酰基-β-D-葡萄糖等。果实含5-间双没食子酰-β-葡萄糖(penta-m-digalloyl-β-glucose),没食子酸,苹果酸,酒石酸,柠檬酸等。叶含槲皮苷,没食子酸甲酯,逆没食子酸,3,25-环氧模绕醇酸(semimoronic acid),盐肤木酸(semialatic acid)等。根、茎含3,7,4'-三羟基黄酮,3,7,3',4'-四羟基黄酮,四甲氧基非瑟素(tetramethoxyfisetin),槲皮素,7-羟基-6-甲氧基香豆素,没食子酸,没食子酸乙酯,水黄皮黄素(pongapin),去甲氧基小黄皮精(demethoxykanugin),二苯甲酰甲烷(dibenzoylmethane),椭圆叶崖豆藤酮(ovalitenone)等。心材含7,3',4'-三羟黄酮,3,7,3',4'-四羟基二氢黄酮,没食子酸,没食子酸甲酯,没食子酸乙酯,原儿茶酸。

【功效主治】五倍子酸、涩,寒。敛肺降火,涩肠止泻,敛汗,止血,收湿敛疮。用于肺虚久咳,肺热痰嗽,久泻久痢,自汗盗汗,消渴,便血痔血,外伤出血,痈肿疮毒,皮肤湿烂。盐肤木根酸、咸,凉。去风化湿,消肿,软坚。用于外感发热,咳嗽,腹泻,水肿,风湿痹痛,跌打损伤,乳痈,癣疮,醒酒。盐肤根白皮酸、咸,凉。清热利湿,解毒散瘀。用于黄疸,水肿,风湿痹痛,小儿疳积,跌打损伤,血痢,肿毒,疮疖。盐肤木叶酸、咸,凉。化痰止咳,收敛,解毒。用于痰嗽,便血,血痢,盗汗,疮疡。盐肤木花咸,凉。清热解毒。用于鼻疳,痈毒溃烂。盐肤木子酸、咸,凉。生津润肺,降火化痰,敛汗止痢。用于痰嗽,喉痹,黄疸,盗汗,痢疾,顽癣,痈毒,头风白屑。

【历史】盐肤木始载于《本草拾遗》。《本草纲目》曰:"肤木……木状如椿,其叶两两对生,长而有齿,面青背白,有细毛,味酸。正叶之下,节节两边有直叶贴茎,如箭羽状。五、六月开花,青黄色成穗,一枝累累。七月结子,大如细豆而扁,生青,熟微紫色。其核淡绿,状如肾形。核外薄皮上有薄盐,小儿食之,滇、蜀人采为木盐。叶上有虫,结成五倍子,八月取之。"又曰:"五、六月有小虫如蚁,食其汁,老则遗种,结小球于叶间,正如蛄蛳之作雀瓮,蜡虫之作蜡子也。初起甚小,渐渐长坚,其大如拳,或小如菱,形状圆长不等。初时青绿,久则细黄,缀于枝叶,宛如结成。其壳坚脆,其中空虚,有细虫如蠛蠓。山人霜降前采取,蒸杀货之,否则虫必穿坏,而壳薄且腐矣"。本草所述及附图均与盐肤木和五倍子形态特征相符。

【附注】《中国药典》2010年版收载五倍子。

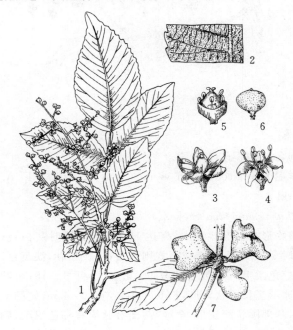

图435　盐肤木
1.果枝　2.叶背面　3.两性花　4.雄花
5.两性花去花冠,示雄蕊和雌蕊　6.核果　7.寄生五倍子的叶

附:光枝盐肤木

光枝盐肤木　R. chinensis Mill. var. glabrus S. B. Liang,与原种的主要区别是:小枝红褐色,无毛或近无毛。山东境内产胶东山地丘陵。药用同原种。

泰山盐肤木

泰山盐肤木　R. taishanensis S. B. Liang(图436),与盐肤木的主要区别是:花序每个分枝基部都生有苞片，最下部的苞片最大，向上依次变小，苞片长椭圆状披针形，长1~3cm，果期宿存。山东境内产于泰山。根茎含没食子酸及盐肤木酮（rhusone）。药用同盐肤木。

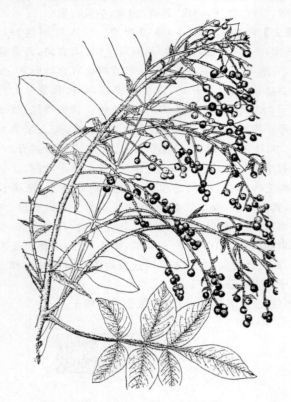

图436 泰山盐肤木

漆树

【别名】瞎妮子、大木漆。

【学名】Toxicodendron verniclfluum (Stokes.) F. A. Barkl.
（Rhus verniciflua Stokes.）

【植物形态】落叶乔木，高达15m。树皮幼时灰白色，老时变深灰色，粗糙或不规则纵裂；小枝粗壮，淡黄色，有棕色柔毛。奇数羽状复叶，互生，小叶9~15；小叶片卵形至长圆状卵形，长6~14cm，宽2~4cm，先端渐尖，基部圆状阔楔形，全缘，两面沿脉均有棕色短毛，侧脉8~15对；小叶柄4~7mm，腹面有槽，被柔毛；叶柄长7~14cm，近基部膨大，半圆形，上面平。圆锥花序腋生，长15~25cm，有短柔毛；花杂性或雌、雄异株；花小，黄绿色；萼片5，长圆形；花瓣5，长圆形，有紫色条纹；雄蕊5，着生于杯状花盘边缘，花丝短，花药2室；子房卵圆形，花柱3。果序下垂；核果扁圆形，直径6~8mm，外果皮黄色，光滑，中果皮蜡质，果核坚硬。花期5~6月；果期9~10月。（图437）

【生长环境】生于山坡林中或山沟肥沃湿润处。

【产地分布】山东境内产于各大山区，数量很少。在我国分布于除东北地区及内蒙古和新疆以外的其余省区。

【药用部位】树脂干燥品：干漆；根：漆树根；心材：漆树木心；树皮或根皮：漆树皮；叶：漆树叶；种子：漆树子。为少常用中药和民间药。

【采收加工】割伤漆树树皮，收集自行流出的树脂为生漆，干固后凝成的团块为干漆；商品多取自漆桶内剩余的干渣，煅制后药用。夏季采叶，晒干或鲜用。秋季采收成熟种子，晒干。全年采收心材、根或根皮、树皮，晒干或鲜用。

【药材性状】干燥树脂呈不规则块状，大小不一。表面黑褐色或棕褐色，粗糙，有蜂窝状细小孔洞或呈颗粒状，有光泽。质坚硬，不易折断，断面不平坦。具特殊臭气。遇火燃烧，发黑烟，漆臭更强烈。

以块整、色黑、坚硬、漆臭浓者为佳。

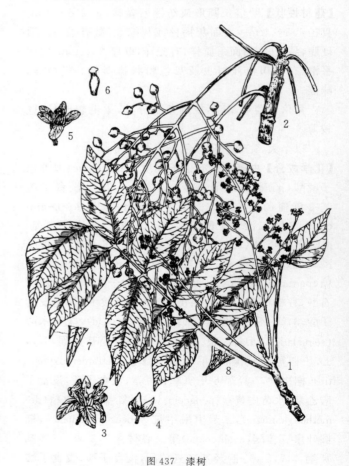

图437 漆树
1.花枝 2.果枝 3.雄花 4.花萼 5.两性花 6.雌蕊
7.叶先端，示叶脉 8.叶先端，示叶下面中脉被毛

【化学成分】干树脂含漆酚（urushiol）、漆酶、树胶等，其中漆酚主成分为邻苯二酚的混合物，由单烯漆酚、双烯漆酚、三烯漆酚和少量氢化漆酚（hydrourushiol）等组成；还含有生漆多糖：由 D-半乳糖、D-葡萄糖、L-阿拉伯糖和 L-鼠李糖组成，末端为葡萄糖醛酸；尚含漆树蓝蛋白（stellacyanin），虫漆酶（laccase），鞣质，树胶等。

干漆是漆酚在虫漆酶的作用下在空气中氧化生成的黑色树脂状物。**果实**富含棕榈酸。**种子**含蜡,漆蜡中脂肪酸主要是棕榈酸和油酸。

【**功效主治**】**干漆**辛,温;有毒。破瘀通经,消积杀虫。用于瘀血经闭,癥瘕积聚,虫积腹痛。**漆树根**辛,温;有毒。活血散瘀,通经止痛。用于跌打疼痛,痈肿,经闭腹痛。**漆树木心**辛,温;有小毒。行气止痛。用于心胃气痛。**漆树皮**辛,温;有小毒。接骨。用于跌打骨折。**漆树叶**用于紫癜,面部肿痛,外伤出血,疮疡溃烂。**漆树子**辛,温;有毒。活血化瘀,通经止痛。用于便血,尿血,崩漏,瘀滞腹痛,闭经。

【**历史**】干漆始载于《神农本草经》,列为上品。《名医别录》云:"生汉中川谷,夏至后采,干之。"《本草经集注》载:"今梁州漆最胜,益州亦有,广州漆性急易燥。其诸处漆桶上盖里自然有干者,状如蜂房,孔孔隔者为佳。"《蜀本草》云:"树高二丈余,皮白,叶似椿樗,花似槐花,子若牛李,木心黄。六月、七月刻取滋汁,出金州者最善也。"《本草图经》云:"今蜀、汉、金、峡、襄、歙州皆有之。"《本草纲目》载:"漆树人多种之,春分前移栽易成,有利。其身如柿,其叶如椿。以金州者为佳,故世称金漆。"综上所述,历代本草所载的干漆,其原植物均为漆树科植物漆树。

【**附注**】《中国药典》2010年版收载干漆。

冬青科

枸骨

【**别名**】功劳叶、枸骨叶。
【**学名**】Ilex cornuta Lindl. ex Paxt.
【**植物形态**】常绿灌木,高2~4m。树皮灰白色,平滑。叶互生;叶片长方状圆形,长4~8cm,宽2~4cm,先端扩大,常有3硬刺齿,两侧常有硬尖刺齿1~2,基部平截,上面深绿,下面黄绿色,均有光泽,无毛,硬革质。花黄绿色,4数;雌、雄异株,或偶有杂性花,成簇生于二年生枝的叶腋。核果浆果状,球形,红色,直径7~8mm,分核4枚。花期4~5月,果期8~10月。(图438)
【**生长环境**】生于山坡、谷地、溪边杂木林或灌丛中。
【**产地分布**】山东境内的青岛、烟台、济南及泰安等地公园常见栽培。在我国除山东外,还分布于长江中下游各省区。
【**药用部位**】叶:枸骨叶;嫩叶:苦丁茶;根:枸骨根;果实:枸骨子;树皮:枸骨皮。为少常用中药和民间药,嫩叶做茶。
【**采收加工**】清明前后采收嫩叶,置竹席上通风凉干或晒干。秋季采叶,冬季采收成熟果实,除去杂质,晒干。全年采根或采剥树皮,晒干。

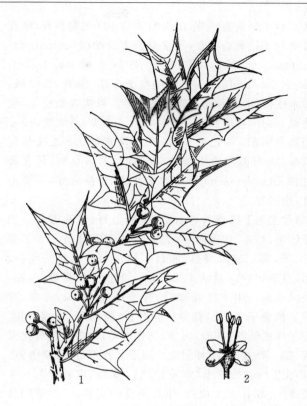

图438 枸骨
1. 果枝 2. 花

【**药材性状**】干燥叶呈类方形或长椭圆状长方形,偶有长卵形,长3~8cm,宽1.5~4cm;先端具3枚较大的硬刺齿,顶端1枚常反曲,基部平截或宽楔形,有两个硬刺,两侧有时各具1~3枚刺,边缘稍反卷。上表面黄绿色或绿褐色,有光泽;下表面灰黄色或灰绿色,沿边缘具有延续的脊线状突起,叶脉羽状。叶柄短,常不明显。叶片革质,硬而厚。气无,味微苦。

以叶大、色绿者为佳。

果实圆球形或类球形,直径7~8mm。表面浅棕色至暗红色,微有光泽,多皱缩,形成深浅不等的凹陷,顶端宿存花柱残基,基部有果柄痕及残存花萼。外果皮质脆易碎,内面有分果核4枚。分果核呈1/4球体状;表面黄棕色,极坚硬,有隆起的脊纹,内有种子1枚。气微,味微涩。

以果大、饱满、色红者为佳。

【**化学成分**】叶含皂苷及皂苷元:地榆糖苷(ziguglucoside)Ⅰ和Ⅱ,枸骨叶皂苷Ⅰ甲酯(ilexside Ⅰ methyl ester),枸骨叶皂苷Ⅱ,29-羟基齐墩果酸-3β-O-α-L-阿拉伯糖基-28-O-β-D-葡萄糖苷,坡模醇酸-3β-O-α-L-2-乙酰氧基吡喃阿拉伯糖基-28-O-β-D-吡喃葡萄糖苷(pomolic acid-3β-O-α-L-2-acetoxyarabinopyranosyl-28-O-β-D-glucopyranoside),冬青苷Ⅱ(ilexoside Ⅱ),羽扇豆醇,3,28-乌索酸二醇,熊果酸,乌索酸,苦丁茶苷(cornutaside)A、B、C、D等;黄酮类:异鼠李素,异鼠李

素-3-O-β-D-葡萄糖苷,山柰酚-3-O-β-D-葡萄糖苷,槲皮素-3-O-β-D-葡萄糖苷;还含有苦丁茶糖脂(cornutaglycolipide)A,B,3,4-二咖啡酰奎宁酸(3,4-dicaffeoylquinic acid),3,5-二咖啡酰奎宁酸,腺苷,咖啡碱,新木脂体(neolignan),胡萝卜苷等。**果实**含脂肪油,生物碱,皂苷,鞣质和苦味素。**根**含三萜类:乌索酸,19-α-羟基乌索酸,3β-乙酰基-28-羟基乌索醇,3β-乙酰基乌索酸,23-羟基乌索甲酯,白桦脂酸,羽扇豆醇,长春藤皂苷元(hederagenin);还含槲皮素,β-谷甾醇,胡萝卜苷,庚酸等。

【**功效主治**】枸骨叶苦,凉。平肝益肾,清热养阴。用于肺痨,咯血,骨蒸潮热,头晕目眩,肝阳上亢。**苦丁茶**甘、苦,寒。疏风清热,明目生津。用于风热头痛,齿痛,目赤,口疮,热病烦渴,泄泻,痢疾。**枸骨根**苦,凉。祛风止痛。用于腰膝痿弱,骨节疼痛,头风,赤眼,牙痛。**枸骨子**苦、涩,微温。补肝肾,强筋骨,固涩下焦。用于体虚低热,淋浊,崩带,筋骨疼痛,泄泻。**枸骨皮**微苦,凉。补益肝肾,补阴虚。用于肝肾不足,腰膝痿弱。

【**历史**】枸骨始载于《本草拾遗》,原名"枸骨叶"。《本经逢原》载有十大功劳,作为枸骨的俗名。《本草纲目拾遗》在论述角刺茶时曰:"角刺茶,出徽州。土人二、三月采茶时,兼采十大功劳叶,俗名老鼠刺,叶曰苦丁。"此外虽未记载老鼠刺的植物形态,但却说明十大功劳与苦丁茶均来自同一植物。目前广泛使用的苦丁茶多为枸骨嫩叶的加工品,而枸骨古今确有老鼠刺的别名。因此,《本经逢原》和《本草纲目拾遗》所称的十大功劳叶可能均指冬青科植物枸骨之叶。

【**附注**】《中国药典》2010年版收载枸骨叶。

卫矛科

苦皮藤

【**别名**】苦树皮、吊干麻、马断肠。

【**学名**】Celastrus angulatus Maxim.

【**植物形态**】落叶藤本状灌木。小枝红褐色,有4～6条纵棱,皮孔显著。叶互生;叶片阔椭圆形、宽卵形或近圆形,长10～18cm,宽6～12cm,先端突尖,基部圆形或近截形,边缘有钝锯齿;叶柄粗壮,长达3cm。顶生聚伞状圆锥花序,长10～20cm;花绿白色,5数,雌雄异株;萼片三角状卵形,长约1.5mm;花瓣长圆形,长约5mm,边缘呈不整齐锯齿状;雄蕊着生于花盘边缘,较花瓣长,有退化雌蕊;雌花有退化雄蕊;子房近球形,柱头3裂。蒴果球形,黄色,直径约1cm,3瓣裂。种子每室2粒,棕色,有桔红色假种皮。花期6月;果期8～9月。(图439)

【**生长环境**】生于山坡或岩石缝隙间。

【**产地分布**】山东境内产于枣庄抱犊崮、郯城清泉寺、

图439 苦皮藤
1.花枝 2.果枝 3.花 4.蒴果

龙口等地。在我国除山东外,还分布于河南、陕西、甘肃及长江以南各地。

【**药用部位**】根及根皮:苦树皮(吊干麻)。为民间药。

【**采收加工**】全年采收,洗净,剥取根皮,晒干。

【**化学成分**】**根及根皮**含倍半萜类:苦皮藤素(celangulin)Ⅰ、Ⅱ、Ⅲ、Ⅵ、Ⅶ、Ⅷ、Ⅸ、Ⅹ、Ⅳ、Ⅻ、ⅩⅢ、ⅩⅣ、ⅩⅤ、ⅩⅥ、ⅩⅦ、ⅩⅧ、ⅩⅨ,苦皮素(angulatin)A、B、C、D、E、G、H、J、P,1α-烟酰氧基-2α,6β-二乙酰氧基-9β-糠酰氧基-11-(2-甲基)丁酰氧基-4β-羟基二氢-β-沉香呋喃[1α-nicotinoyloxy-2α,6β-diacetoxy-9β-furoyloxy-11-(2-methyl)butyrytoxy-4β-hydroxydihydro-β-agarofuran],1α-烟酰氧基-2α,6β-二乙酰氧基-9β-糠酰氧基-11-异丁酰氧基-4β-羟基二氢-β-沉香呋喃,1β,2β,12-三乙酰氧基-8β-呋喃甲酰氧基-9β-苯甲酰氧基-4α,6α-二羟基-β-二氢沉香呋喃,1β,2β,8β,12-四乙酰氧基-9β-呋喃甲酰氧基-4α-羟基-二氢沉香呋喃,1β,2β,6α,8β,12-五乙酰氧基-9β-苯甲酰氧基-β-二氢沉香呋喃,1β,2β-二乙酰氧基-8α-(α-甲基)丁酰基-9β-苯甲酰氧基-12-异丁酰基-4α,6α-二羟基-β-二氢沉香呋喃,1β,2β,6α-乙酰氧基-9β-苯甲酰氧基-12-异丁酰氧基-4α,6α-二羟基-二氢沉香呋喃,1β,2β,6α-三乙酰氧基-9α-苯甲酰氧基-12-异丁酰氧基-4α-羟基-二氢沉香呋喃,1β-乙酰氧基-2β-(α-甲基)丁酰基-8α-12-异丁酰基-9β-苯甲酰氧基-4α,6α-二羟基-β-二氢沉香呋喃,celahin B、D, celastrine A, celangulatin C 等;三萜类:6β-羟基-3-酮基-羽扇豆-20(29)-烯,齐墩果烷-9(11),12-二烯,3β-羟基-齐墩果烷-9(11),12-二烯;还含

有（+）儿茶素，β-谷甾醇，卫矛醇等。**叶**含槲皮素，异槲皮苷，金丝桃苷，番石榴苷（guaijaverin），槲皮素-3-O-鼠李糖-半乳糖苷等。**假种皮**含多羟基二氢沉香呋喃，麝香草酚，间苯二酚。

【**功效主治**】辛、苦，凉；有小毒。祛风除湿，活血通经，清热解毒，杀虫。用于风湿痹痛，闭经，疮疡溃烂，秃疮，黄水疮，骨折肿痛，阴痒。

南蛇藤

【**别名**】哈哈笑（昆嵛山、崂山）、胭脂叶（莱芜、潍坊）、狗葛子（莒县）、猴子鞭（蒙山）。

【**学名**】Celastrus orbiculatus Thunb.

【**植物形态**】落叶攀援状灌木，长 10～20m。枝红褐色，皮孔明显。叶对生；叶片倒卵形或长圆状倒卵形，长 4～10cm，宽 3～8cm，先端短尖，基部阔楔形至近圆形，边缘粗钝锯齿，上面绿色，下面淡绿色，两面无毛；叶柄长 1～2.5cm。聚伞花序，有 3～7 花；雌雄异株；在雌株上仅腋生，在雄株上腋生兼顶生，顶生者复集成短总状花序；花梗的节在中部以下或近基部；花黄绿色；萼片三角状卵形，长约 1mm；花瓣狭长圆形，长约 3mm；雄花中有退化雌蕊；雌花有退化雄蕊；花柱柱状，柱头 3 裂。蒴果近球形，黄色，直径约 1cm。种子红褐色，有红色假种皮。花期 5～6 月；果期 9～10 月。（图 440）

【**生长环境**】生于山坡、沟谷及疏林中。

【**产地分布**】山东境内产于各山地丘陵。在我国除山东外，还分布于东北、华北、华东、西北、西南地区及湖北、湖南等地。

【**药用部位**】果实：藤合欢；根：南蛇藤根；茎藤：南蛇藤；叶：南蛇藤叶。为少常用中药及民间药。

【**采收加工**】春季采叶；春、秋二季采割茎藤，切段晒干或鲜用。秋季采收成熟果实，晒干。秋季采根，洗净，晒干。

【**药材性状**】根圆柱形，细长而弯曲。表面棕褐色，有不规则纵皱纹及须根。质坚韧，不易折断，断面黄白色，纤维性。有香气，味微辛。

蒴果近球形，直径约 1cm。表面黄色，3 裂，干后黄棕色。种子每室 2 粒，有红色至橙红色肉质假种皮。略有异臭，味甜、酸带腥。

【**化学成分**】果实含黄酮类：山奈酚，山奈酚-7-O-α-L-鼠李糖苷，山奈酚-3,7-O-二-α-L-鼠李糖苷，山奈酚-7-O-α-L-鼠李糖基-O-β-D-葡萄糖基-(1→4)-α-L-鼠李糖苷，槲皮素，槲皮素-7-O-α-L-鼠李糖苷等；倍半萜类：6α-乙酰氧基-1β,8β-二苯甲酰氧基-9β-羟基-β-二氢沉香呋喃，1β,2β,6α,13-四乙酰氧基-9α-肉桂酰氧基-β-二氢沉香呋喃，1β,2β,6α-三乙酰氧基-9α-肉桂酰氧基-β-二

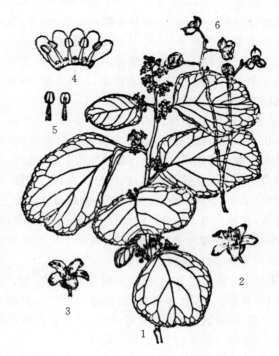

图 440 南蛇藤
1.花枝 2.两性花 3.雌花 4.花被展开,示雄蕊
5.雄蕊 6.果序

氢沉香呋喃，6α-乙酰氧基-9β-苯甲酰氧基-1β-肉桂酰氧基-8β-12(2-甲基丁酰氧基)-β-二氢沉香呋喃，6α,13-二乙酰氧基-1β,8β,9β-三苯甲酰氧基-β-二氢沉香呋喃等；有机酸：香草酸，苯甲酸，3,4-二羟基苯甲酸，2-羟基苯甲酸；还含有 (6S,7aR)-6-羟基-4,4,7a-四氢并呋喃-2(4H)-酮[(6S,7aR)-6-hydroxy-4,4,7a-trimethyl-5,6,7,7a-tetradihydrobenzo furan-2(4H)-one]，3,4-二氢-3-氧代-4-苄基-1H-吡咯-[2,1-c][1,4]并噁嗪-6-醛{3,4-dihydro-3-oxo-4-benzyl-1H-pyeeolo[2,1-c][1,4]oxazine-6-cardoxaldehyde}，3,4-二羟基苯甲醛。**叶**含山奈酚-7-α-L-鼠李糖苷，山奈酚-3,7-二-α-L-鼠李糖苷，山奈酚-3-O-β-D-葡萄糖-7-O-α-L-鼠李糖苷，槲皮素-3-O-β-D-葡萄糖-7-O-α-L-鼠李糖苷，槲皮素-3,7-O-二-α-L-鼠李糖苷等。**茎**含黄酮类：异槲皮素，槲皮素-7-O-β-D-葡萄糖苷，(+)儿茶素；萜类：24-formyl-3-oxoolen-12-en-28-oic acid，(5β,8α,9β,10α,16β)-18-hydroxy kaurane-18-oic acid，山海棠二萜内酯 A；还含 2,4,6 三甲氧基-1-O-β-D-葡萄糖苷，香草酸，水杨酸，β-谷甾醇，胡萝卜苷。**根及根茎**含糖苷类：(1S,2S,4R)-1,8-反式桉叶素-(6-O-α-L-鼠李糖基)-β-D-葡萄糖苷，3-羟甲基呋喃葡萄糖苷(3-furanmethanol-β-D-glucopyranoside)，大黄素-6-O-β-D-葡萄糖苷，丁香酸葡萄糖苷，3,4-二甲氧基苯酚-(6-O-α-L-鼠李糖基)-β-D-葡萄糖苷，3,4,5-三甲氧基苯酚-(6-O-α-L-鼠李糖基)-β-D-葡萄糖苷等；萜

类:12-羟基-8,11,13-松香烷三烯-7-酮(sugiol),大子五层龙酸(salapermic acid),扁蒴藤素(pristimerin),南蛇藤素即南蛇藤醇(celastrol)又称雷公藤红素(tripterine),β-香树脂醇,β-香树脂醇棕榈酸酯;还含卫矛醇(dulcitol),苯甲酸,正三十醇乙酸酯,β-谷甾醇,胡萝卜苷,鞣质等。

【功效主治】**藤合欢**甘、微苦,平。养心安神,和血止痛。用于心血亏虚,心悸,健忘多梦,牙痛,筋骨痛,腰腿麻木。**南蛇藤根**辛、苦,平。祛风除湿,活血通经,消肿解毒。用于风湿筋骨疼痛,跌打损伤,闭经,痧症,呕吐腹痛,痢疾,肠风下血,痈疽肿毒。**南蛇藤**辛,温。活血通络,安神。用于筋骨疼痛,四肢麻木,小儿惊风,痧症,痢疾。**南蛇藤叶**苦,平。解毒,散瘀。用于跌打损伤,疮疖痈肿,毒虫咬伤。

【历史】南蛇藤始载于《植物名实图考》蔓草类,云:"黑茎长韧,参差生叶,叶如南藤,面浓绿,背青白,光润有齿。根茎一色,根圆长,微似蛇,故名。"俚医以治无名肿毒,气血气。据所述形态,似南蛇藤。

【附注】①《山东省中药材标准》1995年版曾收载。②《中国药典》2010年版附录收载,称藤合欢。

卫矛

【别名】鬼箭羽、刮头篦子(莒县、临沂、海阳)、斩鬼箭(昆嵛山)。

【学名】Euonymus alatus (Thunb.) Sieb.

【植物形态】落叶灌木,高达2m,全体无毛。枝绿色,有2~4条纵向的木栓质宽翅,翅宽达1.2cm,老树分枝有时无翅。叶对生;叶片椭圆形或菱状倒卵形,长2~7cm,宽1~3cm,先端尖或短尖,基部宽楔形,边缘有细锯齿;叶柄极短或近无柄。聚伞花序腋生,常有3花;总花梗长1~2cm;花梗长3~5mm;花两性,淡黄绿色,4数,直径约6mm;萼片半圆形,长约1mm;花瓣卵圆形,长约3mm;雄蕊有短花丝,着生于肥厚方形花盘的边缘;子房埋入花盘,4室,每室有2胚珠,花柱短。蒴果带紫红色,常1~2心皮发育,基部连合。种子有红色假种皮。花期5~6月;果期9~10月。(图441)

【生长环境】生于山坡、山谷灌丛中。

【产地分布】山东境内产于各山地丘陵。在我国分布于除新疆、青海、西藏以外的各地。

【药用部位】带翅状物的嫩枝或翅状物:鬼箭羽。为少常用中药。

【采收加工】夏、秋二季采割带翅状物的嫩枝,除去细枝及叶,或收集其翅状物,晒干。

【药材性状】枝条细长圆柱形,顶端多分枝,长40~50cm,直径0.4~1cm;表面暗灰绿色至灰黄绿色,有纵

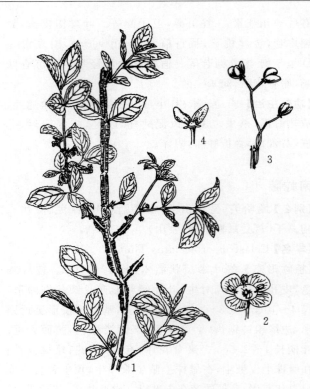

图441 卫矛
1.花枝 2.花 3.果序 4.蒴果

皱纹和纵生皮孔,皮孔灰白色,略突起而向外反卷,四面生有灰褐色翅状物,形似箭羽。翅状物扁平,近基部稍厚,向外渐薄,宽0.4~1.2cm,厚约2mm;表面深灰棕色至暗棕红色,具细长纵直纹理或微波状弯曲,极易剥落,在枝条上常见断痕。枝条坚硬而韧,断面黄白色,纤维性。气微,味微苦、涩。

以枝嫩、条均匀、翅状物突出而齐全者为佳。

木栓翅为扁平破碎的薄片,长短大小不一,宽0.4~1.2cm,两边不等厚,靠枝条生长的一边厚至2mm,向外渐薄。表面深灰棕色或暗棕红色,微有光泽,两面均有微细致密的纵条纹或微呈波状弯曲,有时可见横向凹陷槽纹。质轻脆,易折断,断面平坦,暗红色。气微,味微涩。

以纯净、色红棕、质轻脆者为佳。

【化学成分】带翅枝条含生物碱:鬼箭羽碱(alatamine),雷公藤碱(wilfordine),卫矛羰碱(evonine),新卫矛羰碱(neoevonine),卫矛碱(euonymine),腺苷;有机酸:苯甲酸,对-羟基苯甲酸,3,4-二羟基苯甲酸,3-甲氧基-4-羟基苯甲酸,3,5-二甲氧基-4-羟基苯甲酸;黄酮类:槲皮素,山奈酚,5,7,4′-三羟基二氢黄酮,金丝桃苷,橙皮苷,香橙素(aromadendrin),去氢双儿茶精(dehydrodicatechin)A,d-儿茶精;三萜类:表木栓醇,羽扇豆醇,3β-羟基-30-降羽扇豆烷-20-酮;甾体类:4-豆甾烯-3-酮(stigmast-4-en-3-one),4-豆甾烯-3,6-二酮,β-谷甾醇,

6β-羟基-4-豆甾烯-3-酮,Δ^4 β-谷甾烯酮(Δ^4 β-sitosterone);还含鬼箭羽苷(guijianyuside)即 1-[3-(α-D-吡喃葡萄糖氧基)-4,5-二羟基苯基]-乙酮,8-O-β-D-吡喃葡萄糖基-(1→2)-β-D-吡喃葡萄糖基苯乙醇,丁香酚苷(eugenyl-O-β-D-glucopyranoside),4-甲基-7-甲氧基-异苯并呋喃酮,草酰乙酸钠(sodium oxalacetate),丙脯氨酸六元肽等。**叶**含表无羁萜醇,无羁萜,槲皮素,卫矛醇等。**种子油**含油酸,亚油酸,己酸,苯甲酸和乙酸。

【**功效主治**】苦,寒。活血,破瘀,通经,杀虫。用于经闭,白带过多,癥瘕,产后瘀滞腹痛,虫积腹痛,跌打,风湿,漆疮。

【**历史**】卫矛始载于《神农本草经》,列为中品,一名鬼箭。陶弘景云:"其茎有三羽,状如箭羽"。《本草纲目》收载于木部,曰:"小株成丛,春长嫩条,条上四面有羽如箭羽,视之若三羽尔。青叶,状似野茶,对生,味酸涩。三、四月开碎花,黄绿色。结实大如冬青子。"《植物名实图考》曰:"卫矛,即鬼箭羽"。本草所述形态及附图,与现今植物卫矛基本一致。

【**附注**】《中国药典》2010年版附录、《山东省中药材标准》2002年版收载鬼箭羽。

扶芳藤

【**别名**】爬墙虎、过冬青(五莲)。

【**学名**】Euonymus fortunei (Turcz.) Hand.-Mazz.

【**植物形态**】常绿匍匐或攀援灌木。茎枝常生有许多细根;小枝绿色,有细密疣状皮孔。叶对生;叶片常为椭圆形,稀长圆状倒卵形,长2~8cm,宽1~4cm,先端短尖或渐尖,基部阔楔形,边缘有钝锯齿,薄革质;叶柄长4~8mm。聚伞花序腋生,总花梗长约4cm,第2次分枝不超过6mm;花梗长约3mm;花绿白色,4数,直径约6mm;萼片半圆形,长约1.5mm;花瓣卵形,长2~3mm;雄蕊着生于花盘边缘,花丝长约2mm;花柱长约1mm。蒴果近球形,淡红色,直径约7mm,稍有4条浅沟。种子有红色假种皮。花期6~7月;果期9~10月。(图442)

【**生长环境**】生于林缘,匍匐于岩壁或攀援于树上。

【**产地分布**】山东境内产于泰安、济南、枣庄等地。在我国除山东外,还分布于长江流域以南及陕西、山西、河南等地。

【**药用部位**】带叶茎枝:扶芳藤。为民间药。

【**采收加工**】全年采收,晒干或鲜用。

【**药材性状**】枝圆柱形;表面灰绿色,常有多数细根和细密疣状突起的皮孔;质脆,易折断,断面黄白色,中空。叶对生;完整者呈椭圆形,长2~8cm,宽1~4cm;先端尖或短锐尖,基部宽楔形,边缘有细锯齿;表面灰绿色,上面叶脉稍突起;质较厚或稍带革质。气微弱,味辛。

以茎叶完整、色灰绿者为佳。

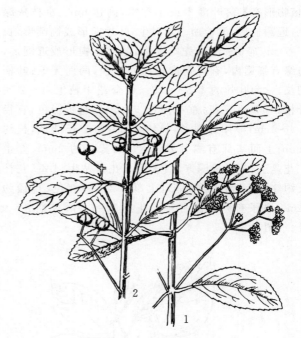

图442 扶芳藤
1.花枝 2.果枝

【**化学成分**】**茎叶**含三萜类:3-O-咖啡酰基白桦酯醇(3-O-caffeoyl betulin),3-O-咖啡酰基-羽扇豆醇(3-O-caffeoyl lupoel),rotundic acid,kadsuric acid;黄酮类:5,7,3′,4′-四羟基二氢黄酮,表儿茶素,儿茶素,山柰酚-7-O-α-L-吡喃鼠李糖苷;木脂素类:刺苞木脂素 A(flagelignanins),丁香脂素(syringaresinol);酚酸类:3-吡啶甲酸,丁香酸,没食子酸,没食子酰儿茶素[(-)-gallocatechin],原儿茶酸;还含卫矛醇(dulcitol),1,4-二羟基-2-甲氧基苯,胡萝卜苷。**种子**含前番茄红素(prolycopene),前-γ-胡萝卜素(pro-γ-carotene),二沉香呋喃酯等。

【**功效主治**】苦、甘,温。益肾壮腰,舒筋活络,止血消瘀。用于腰肌劳损,风湿痹痛,咯血,久泻,血崩,月经不调,跌打骨折,外伤出血。

【**历史**】扶芳藤始载于《本草拾遗》,又名滂藤。《证类本草》"络石"条下载:"扶芳藤……山人取枫树上者为附枫藤……藤苗小时如络石、薜荔衾缘树木,三、五十年渐大,枝叶繁茂,叶圆长二、三寸,厚若石韦,生子似莲房,中有细子,一年一熟。子亦入用,房破血。"《本草纲目》载入草部蔓草类,曰:"生吴郡。藤苗小时如络石,蔓延树木。"并谓其茎叶功用"大主风血腰脚"。从本草所述名称、茎叶形态及功效等,似为本种。

【**附注**】《中国药典》2010年版附录收载扶芳藤。

白杜

【**别名**】丝棉木。

【**学名**】Euonymus maackii Rupr.
(E. bungeanus Maxim.)

【植物形态】落叶灌木或小乔木，高达 6m。小枝灰绿色，近圆柱形，无栓翅。叶对生；叶片卵形或椭圆形，长 5～7cm，宽 3～5cm，先端渐尖，基部宽楔形或近圆形，边缘有细锯齿，有时锯齿较深而尖锐，两面无毛；叶柄细长，常为叶片的 1/3～1/2。聚伞花序腋生，1～2 回分枝，有 3～15 花；总花梗长 1～2cm；花黄绿色，直径 0.8～1cm；萼片近圆形，长约 2mm；花瓣长圆形，长约 4mm；上面基部有鳞片状柔毛；雄蕊长约 2mm，着生在花盘上；花盘近四方形；子房与花盘贴生，4 室，花柱长约 1mm。蒴果倒卵形，上部 4 裂，淡红色，直径约 1cm。种子有红色假种皮。花期 5～6 月；果期 8～9 月。（图 443）

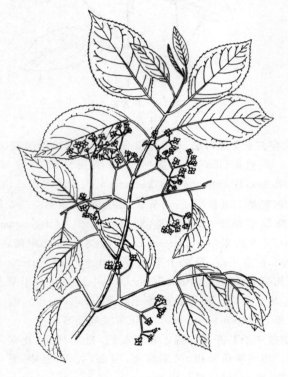

图 443 白杜

【生长环境】生于山坡或路边灌丛中。
【产地分布】山东境内产于昆嵛山、长岛、泰山、蒙山、鲁山等地。在我国除山东外，还分布于辽宁、河北、河南、山西、陕西、甘肃、安徽、江苏、浙江、福建、江西、湖北、四川等地。
【药用部位】根及树皮：丝棉木；叶：丝棉木叶；果实：白杜果。为民间药。
【采收加工】春季采叶，晒干。秋季采收果实。全年采收根或剥取树皮，晒干或鲜用。
【化学成分】根及树皮含橡胶。木部含萜类：雷公藤内酯（wilforlide）A、B，齐墩果酸，模绕酮酸（moronic acid），$3\beta,22\alpha$-二羟基-Δ^{12}-齐墩果烯-29-羧酸（$3\beta,22\alpha$-dihydroxyolean-Δ^{12}-en-29-oic acid），丝棉木酸（bungeanic acid）即 $3\beta,25$-环氧-3α-羟基-Δ^{18}-齐墩果烯-28-羧酸，$3\beta,25$-环氧-3α-羟基-$\Delta^{20(29)}$-羽扇豆烯-28-羧酸（benulin, lantabetulic acid）；还含没食子酸等。种子含 $6\alpha,12$-二乙酰氧基-$1\beta,2\beta,9\alpha$-三（β-呋喃羰氧基）-4α-羟基-β-二氢沉香呋喃[$6\alpha,12$-diacetoxy-$1\beta,2\beta,9\alpha$-tri（β-furancarbonyloxy）-4α-hydroxy-β-dihydroagarofuran]，$6\alpha,12$-二乙酰氧基-$1\beta,9\alpha$-二（β-呋喃羰氧基）-4α-羟基-2β-2-甲基-丁酰氧基-β-二氢沉香呋喃，$6\alpha,12$-二乙酰氧基-$2\beta,9\alpha$-二（β-呋喃羰氧基）-4α-羟基-1β-2-甲基-丁酰氧基-β-二氢沉香呋喃等。叶含槲皮苷，异槲皮苷，槲皮黄苷，槲皮素-3-α-L-鼠李糖基-7-β-D-葡萄糖苷，槲皮素-3-α-D-木糖基-7-β-D-葡萄糖苷及槲皮素-3,7-二葡萄糖苷等。

【功效主治】丝棉木苦、涩，寒。祛风除湿，活血通络，解毒止血。用于风湿痹痛，腰痛，脱疽，肺痈，衄血，漆疮，痔疮。丝棉木叶苦、涩，寒。祛湿活血。用于风湿痹痛，漆疮，痈肿。白杜果用于失眠，肾虚。

无患子科

倒地铃

【别名】假苦瓜、包袱草、三角泡。
【学名】Cardiospermum halicacabum L.
【植物形态】一年生草质攀援藤本，长 1～5m。茎枝有 5～6 棱，棱上被曲柔毛。二回三出复叶；顶生小叶片斜披针形或近菱形，长 3～8cm，宽 1.5～2.5cm，侧生小叶片卵形或长椭圆形，边缘有疏锯齿或羽状分裂，上面无毛或疏被柔毛，下面沿脉疏被柔毛。圆锥花序少花，与叶近等长或稍长；总花梗长 4～8cm，第一对分枝呈卷须，螺旋状；萼片 4，外面 2 片卵圆形，长 0.8～1cm，内面 2 片长椭圆形，比外面的约长 1 倍；花瓣白色，倒卵形；雄蕊花丝疏被长柔毛；子房倒卵形或球形，被短柔毛。蒴果梨形、陀螺状倒三角形或有时近长球形，长 1.5～3cm，宽 2～4cm，果皮膜质，褐色，被短柔毛。种子黑色，近球形，直径约 5mm；种脐心形，鲜时绿色，干时白色。花期 7～8 月；果期 8～9 月。（图 444）

【生长环境】生于山坡或路边灌丛中。
【产地分布】山东境内产于青岛、新泰、济南等地。在我国除山东外，还分布于长江以南各省区。
【药用部位】全草：倒地铃；果实：倒地铃果。为民间药。
【采收加工】夏、秋二季采收全草；秋、冬二季采收成熟果实，晒干。
【药材性状】全草常缠绕成团。茎细长，直径 2～4mm；表面黄绿色，有深纵沟槽及棱，分枝纤细，多少被毛；质脆，易折断，断面粗糙。叶多脱落、破碎或仅存叶柄；完整者二回三出复叶，小叶片卵形或卵状披针形，暗绿

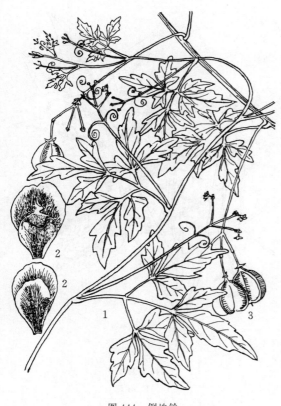

图444 倒地铃
1.花枝 2.花瓣 3.果枝

色。花淡黄色,常与未成熟的三角形蒴果附于花序柄顶端,下方有卷须。蒴果具三翅,膜质。气微,味微苦。

以叶多、色绿、味苦者为佳。

蒴果梨形、陀螺状倒三角形或近长球形,长1.5～3cm,直径2～4cm;表面褐色,膜质膨胀,有三棱,先端截形,常被短柔毛。质脆,破碎后有三室。种子球形,直径约5mm;表面黑色或灰黑色,基部淡灰黄色,近光滑,无光泽;种脐近心形;胚根弯曲,扁三角尖状,子叶2,卷曲。气微,味微苦、辛。

以个大、饱满、种子色黑者为佳。

【化学成分】全草含3β-赤杨醇(3β-hydroxyglutin-5-ene),β-香树脂醇,β-香树脂醇棕榈酸酯,蒲公英赛醇,金圣草黄素(chrysoeriol),豆甾醇,豆甾醇-3-O-β-D-葡萄糖苷,β-胡萝卜苷,棕榈酸,正二十七烷。**种子**含脂肪酸:花生酸,亚油酸和硬脂酸;还含β-谷甾醇,木犀草素-7-O-葡萄糖醛酸苷等。

【功效主治】苦,辛,寒。清热利水,凉血解毒。用于黄疸,淋病,疔疮,水泡疮,疥癣,蛇咬伤。

栾树

【别名】权楝子(历城、沂水、五莲)、栾棒(泰山、长清)、栾伞子(平邑)、黄楝(苍山)。

【学名】Koelreuteria paniculata Laxm.

【植物形态】落叶乔木,高达10m。树皮灰褐色,纵裂;小枝有柔毛。奇数羽状复叶或不完全的二回羽状复叶,连叶柄长20～40cm,小叶7～15;小叶片卵形或卵状披针形,长3～8cm,宽2～6cm,先端急尖或渐尖,基部斜楔形或截形,边缘有不规则锯齿或羽状分裂,基部常为缺刻状深裂,背面沿脉有短柔毛;无柄或有短柄。顶生圆锥花序,长30～40cm,有柔毛;花黄色,中心紫色,有短梗;萼片5,长约2.5mm,有缘毛;花瓣4,条状长圆形,长5～9mm,宽2.5mm,瓣柄以上疏生长柔毛;鳞片2裂,有瘤状皱纹,橙红色;雄蕊8,雄花中长8～9mm,雌花中长4～5mm,花丝下部密生白色长柔毛,花药有疏毛。蒴果椭圆形,长4～6cm,直径约3cm,顶端尖,果皮膜质,膨胀,3裂,有网状脉。种子近球形,黑色,有光泽。花期6～8月;果期8～9月。2n=28。(图445)

图445 栾树
1.花枝 2.花 3.果实

【生长环境】生于山坡、路边或村旁荒地。石灰岩山地较多。

【产地分布】山东境内产于胶东、鲁中、鲁南山地及平原。在我国除山东外,还分布于东北、华北、西南地区及陕西、甘肃等地。

【药用部位】花:栾树花;果实:栾树果;根皮:栾树皮。为民间药。

【采收加工】夏季采花,阴干或晒干。秋季果实成熟时采摘,晒干。春、秋二季挖根,洗净,剥取根皮,晒干。

【化学成分】花含槲皮苷-2″-没食子酸酯。果实含栾树皂苷（koelreuteria saponin）A、B。种子含栾树酮（paniculatonoid）A、B，栾树皂苷C（paniculata saponin C），3-O-十四烷酰基-1-腈基-2-甲基-1,2-丙烯，3-O-二十碳-14,15-烯酰基-1-腈基-2-甲基-1,2-丙烯，3-O-二十碳-14,15-烯酰基-4-O-十八烷酰基-1-腈基-2-氧代亚甲基-1,2-丙烯，3-O-(6′-亚油酰基-葡萄糖)-β-谷甾醇，1-O-十六烷酸甘油酯，14,15-二十碳烯酸等。种仁含甾醇和棕榈酸。叶含黄酮类：槲皮苷，金丝桃苷，2″-没食子酰金丝桃苷，2″-没食子酰基槲皮素苷；还含栾树皂苷C，没食子酸，没食子酸甲酯，没食子酸乙酯。枝含对-二没食子酸，间-二没食子酸，没食子酸，没食子酸乙酯，鞣花酸等。树皮含栾树酸酐（paniculatic anhydride）。

【功效主治】栾树花苦，寒。清肝明目。用于目赤肿痛，多泪，伤眦，目肿。栾树皮苦，寒。清肝明目。用于目痛泪出，目肿赤烂。

【历史】栾树始载于《神农本草经》，列为下品，名栾华。《名医别录》载："生汉中山谷，五月采。"《新修本草》云："此树叶似木槿而薄细。花黄似槐而稍长大。子壳似酸浆，其中有实如熟豌豆，圆黑坚硬堪为数珠者是也。五月、六月花可收，南人取合黄连作煎，疗目赤烂大效，花以染黄色甚鲜好。"所述形态及《植物名实图考》栾华附图，其原植物与现今之植物栾树一致。

无患子

【别名】洗手果、木患子。

【学名】Sapindus mukorossi Gaertn.
（Sapindus saponaria L.）

【植物形态】落叶乔木，高10～15m。幼枝微有毛，后渐无毛。偶数羽状复叶，长20～25cm，小叶4～8对，通常5对；小叶片卵状披针形至长圆状披针形，长7～15cm，宽2～4cm，先端急尖或渐尖，基部偏楔形，全缘，两面无毛，侧脉和网脉两面隆起；小叶柄长3～5mm；叶柄长6～9cm。顶生圆锥花序，长15～30cm，被灰黄色微柔毛；花小，绿白色，辐射对称；萼片5，卵圆形，外面基部被微柔毛，有缘毛，外面2片较小；花瓣5，披针形，长约2mm，有缘毛，瓣爪内侧有2片被白色长柔毛的鳞片；花盘环状，无毛；雄蕊8，花丝下部有长毛；子房倒卵状三角形，无毛，花柱短。核果肉质，球形，直径约2cm，老时无毛，黄色，干时果皮薄革质。种子球形，光亮，黑色，质坚硬。花期5～6月；果期9～10月。（图446）

【生长环境】生于山坡林中。

【产地分布】山东境内的青岛中山公园、荣成、石岛等地有引种栽培。在我国除山东外，还分布于长江以南各省区。

图446 无患子
1.果枝 2.花

【药用部位】种子：无患子；果肉：无患子果；树皮：无患子皮；叶：无患子叶。为民间药。

【采收加工】夏季采叶，晒干或鲜用。秋季采收成熟果实，剥取果皮和种子，分别晒干。全年剥取树皮，晒干。

【药材性状】种子球形或椭圆形，直径约1.5cm。表面黑色，光滑。种脐线形，周围附有白色绒毛。种皮骨质，坚硬。剖开后，内有子叶2，黄色，肥厚，叠生，背面1枚较大，胚粗短稍弯曲。气微，味苦。

以色黑、味苦者为佳。

果皮呈不规则团块状，展开后有不发育果爿脱落的疤痕；疤痕近圆形，淡棕色，中央有一纵棱，边缘稍突起，纵棱与边缘连接的一端有一极短的果柄残基。外果皮黄棕色或淡褐色，具蜡样光泽，皱缩；中果皮肉质柔韧，粘似胶质；内果皮膜质，半透明，内面种子着生处留有白色绒毛。质软韧。气微，味苦。

以外皮色黄棕、质软韧、味苦者为佳。

【化学成分】果皮含萜类：无患子倍半萜苷（mukurozioside）Ⅰa、Ⅰb、Ⅱa、Ⅱb，无患子皂苷（mukurozisaponin）X、Y_1、Y_2、E、G，无患子属皂苷（sapindoside）A、B，常春藤皂苷元，常春藤皂苷元-α-L-吡喃阿拉伯糖基(1→3)-α-L-吡喃鼠李糖基(1→2)-α-L-吡喃阿拉伯糖苷，常春藤皂苷元-α-L-呋喃阿拉伯糖基(1→3)-α-L-吡喃鼠李糖基(1→2)-α-L-吡喃阿拉伯糖苷；还含有维生素C，糖类，鞣质等。种子含脂肪油，糖脂，皂苷，氨基酸，蛋白质等。种仁含脂肪酸，山嵛酸。

【功效主治】无患子苦、辛，寒；有小毒。清热祛痰，消积杀虫。用于喉痹肿痛，肺热咳喘，声哑，食滞，白带，疳积，疮癣，肿痛。**无患子果**苦，平；有小毒。清热化痰，止痛消积。用于喉痹肿痛，胃痛，疝痛，风湿痛，虫积，食滞，无名肿毒。**无患子皮**苦，平。清热，祛痰，消积。用于白喉，喉痹肿痛，咳喘，疥癞，疳疮。**无患子叶**苦，平。解毒，镇咳。用于蛇伤，百日咳。

【历史】无患子始载于《本草拾遗》，云："子黑如漆珠子，深山大树。并引《博物志》'桓叶似柳，子核坚正黑，可作香缨用。'《篆文》'实好去垢，今僧家贯之为念珠'。"《本草纲目》云："生高山中。树甚高大，枝叶皆如椿，特其叶对生。五六月开白花。结实大如弹丸，状如银杏及苦楝子，生青熟黄，老则文皱。黄时肥如油炸之形……。其蒂下有二小子，相粘承之。实中一核，坚黑似肥皂荚之核，而正圆如珠。壳中有仁如榛子仁"。所述形态与现今无患子原植物一致。

【附注】①《山东省中药材标准》2002年版收载无患子。②本种在"Flora of China"12:11.2007.的拉丁学名为 *Sapindus saponaria* L.，本志将其列为异名。

凤仙花科

凤仙花

【别名】指甲桃花、指甲桃、指甲桃子（临沂）。
【学名】*Impatiens balsamina* L.
【植物形态】一年生草本。茎直立，肉质，粗壮，高达80cm。节部常带红色。叶互生；叶片狭披针形或阔披针形，长4～12cm，宽1.5～3cm，先端渐尖，基部楔形，边缘有尖锐锯齿；叶柄两侧有数枚腺体。花梗短，单生或数花簇生叶腋；花大，通常粉红色或杂色，单瓣或重瓣；花萼距向下弯曲，2侧片阔卵形，疏生柔毛，旗瓣圆，先端凹，有小尖头，背面中肋有龙骨状突起，翼瓣宽大，长约2.5cm，各为2片圆裂片，基部相连。蒴果纺锤形，密生茸毛，熟时弹裂。种子多数，球形，黑色或深褐色，有毛。花期7～9月；果期8～10月。2n=14。（图447）

【生长环境】栽培于公园或庭院。
【产地分布】原产于亚洲热带。山东境内各地常见栽培。国内各地庭院广泛栽培。
【药用部位】种子：急性子；茎：凤仙透骨草；根：凤仙根；花：凤仙花。为少常用中药和民间药，嫩苗、嫩茎、花可食用。
【采收加工】夏、秋二季果实即将成熟时采割地上部分，晒干，收集种子，将茎除尽叶、果，分别晒干。夏季采收叶或花，鲜用或晒干。秋季挖根，洗净，晒干。
【药材性状】茎长柱形，有少数分枝，长30～60cm，直径3～8mm，下端直径达2cm。表面黄棕色至红棕色，干

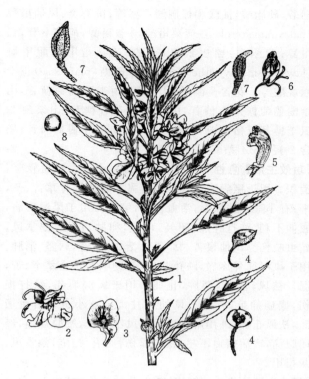

图447 凤仙花
1.植株上部 2.花 3.旗瓣 4.中央萼片 5.雄蕊
6.带3距的花 7.果实 8.种子

瘪皱缩，具明显的纵沟纹，节部膨大，叶痕深棕色。体轻质脆，易折断，断面中空，或有白色膜质髓。气微，味微酸。

以干燥、色红棕、不带叶者为佳。

种子扁球形、椭圆形或卵圆形，长2.5～3mm，宽1.5～2.5mm。表面棕褐色或灰褐色，粗糙，有稀疏的白色或浅黄棕色小点。种脐位于狭端，稍突出。质坚硬，种皮薄，剖开后，内有子叶2，灰白色，半透明，油质。无臭，味淡、微苦。

以颗粒饱满、棕褐色者为佳。

【化学成分】茎含黄酮类：槲皮素，槲皮素-3-O-β-D-吡喃葡萄糖苷，芦丁，山奈酚，山奈酚-3-α-O-D-吡喃葡萄糖苷，山奈酚-3-O-α-D-鼠李糖苷，蹄纹天竺素-3-O-β-D-吡喃葡萄糖苷（pelargonidim-3-O-glucoside），矢车菊素-3-O-β-D-吡喃葡萄糖苷，飞燕草素-3-O-β-D-吡喃葡萄糖苷；还含有七叶内酯，二甲氧基-1,4-萘醌，1,2,4-三羟基萘-1,4-双-β-D-吡喃葡萄糖苷，大豆脑苷（soyacerebroside），脱水穿心莲内酯（14-deoxy-11,12didehydroandrographolide），香草酸，原儿茶酸，α-乙基-D-葡萄糖苷等。全株含芹菜素-4'-O-β-D-呋喃木糖基(1→4)-O-β-D-吡喃葡萄糖苷。种子含三萜类：α-香树脂醇咖啡酸酯，β-香树脂醇，凤仙萜四醇A(hosenkol A)，凤仙萜四醇苷（hosenkoside）A、B、C、K、L、M；脂肪油：十八碳四烯酸，9-十八碳烯酸-1-甘油酯[(R、Z)-glycerol-1-(9-octadecenoate)]，棕

桐酸,硬脂酸,油酸和棕榈酸乙酯等;甾醇类:凤仙甾醇(balsaminasterol),α-菠菜甾醇,β-谷甾醇,胡萝卜苷,豆甾醇;黄酮类:槲皮素,山奈酚;还含指甲花醌甲醚(lawsone methyl ether),蔗糖,车前糖(planteose)正十六烷酸等。花含黄酮类:山奈酚,山奈酚葡萄糖苷,山奈酚葡萄糖鼠李糖苷,山奈酚-3-芸香糖苷,山奈酚-3-鼠李糖基双葡萄糖苷,槲皮素,槲皮素-3-葡萄糖苷;还含 2-羟基-14-萘醌,豆甾醇等。

【功效主治】**急性子**微苦、辛,温;有小毒。破血软坚,消积。用于癥瘕痞块,经闭,噎膈。**凤仙透骨草**苦、辛,平;有小毒。祛风湿,活血止痛,解毒。用于风湿痹痛,屈伸不利,跌打肿痛,闭经,痛经,痈肿,丹毒,鹅掌风,蛇虫咬伤。**凤仙根**苦、甘,平。活血,通经,软坚,消肿。用于风湿筋骨疼痛,跌扑肿痛,骨鲠咽喉。**全草**辛、苦,温。祛风,活血,消肿,止痛。用于风湿痹痛,跌打损伤,瘰疬痈疽,疔疮。**凤仙花**甘,温;有小毒。活血通经,祛风止痛,外用解毒。用于风湿偏废,腰胁疼痛,经闭腹痛,产后瘀血不尽,跌打损伤,痈疽,疔疮,鹅掌风,灰指甲。

【历史】凤仙花始见于《救荒本草》"小桃红"项下,名急性子。曰:"苗高二尺许,叶似桃叶而旁边有细锯齿。开红花,结实形似桃样,极小,有子似萝卜子,取之易迸散,俗称急性子。"《本草正》云:"善透骨通窍,故又名透骨草。"《本草纲目》云:"凤仙人家多种之,极易生。二月下子,五月可采种。苗高二三尺,茎有红白二色,其大如指,中空而脆。叶长而尖,似桃柳叶而有锯齿。桠间开花,或黄、或白、或红、或紫、或碧、或杂色,亦自变异,状如飞禽,自夏初至秋冬,开谢相继。结实累然,大如樱桃,其形微长,色如毛桃,生青熟黄,犯之即自裂,皮卷如拳。苞中有子,似萝卜子而小,褐色。"所述形态与植物凤仙花一致。

【附注】《中国药典》2010 年版收载急性子;附录收载鲜凤仙透骨草;《山东省中药材标准》2002 年版收载凤仙花。

附:水金凤

水金凤 I. noli-tangere L.,与凤仙花的主要区别是:叶片广椭圆形至卵形,长 3～10cm,宽 1.5～5cm,先端钝或短渐尖,基部楔形,边缘有粗锯齿。总花梗腋生,有 2～3 花,花梗纤细,下垂,中部有披针形苞片;花黄色。蒴果棒状,两端有尖,无毛。产于山东各山区。花含新黄质,叶黄素环氧化合物(lutein epoxide),蝴蝶梅黄质(violaxanthin),毛茛黄质(flavoxanthin),菊黄质(chrysanthemaxanthin),黄体呋喃素(luteoxanthin)等。全草名水金凤,辛,寒;有毒。祛瘀消肿,止痛渗湿。用于风湿筋骨疼痛,跌打瘀肿,毒蛇咬伤,阴囊湿疹,疥癞疮癣。

鼠李科

北枳椇

【别名】拐枣、枳椇子。
【学名】Hovenia dulcis Thunb.
【植物形态】乔木,高约 10m。小枝褐色,无毛。叶互生;叶片卵圆形或椭圆状卵形,长 6～16cm,宽 5～12cm,先端渐尖,基部截形或圆形,稀近心形,边缘有不整齐粗锯齿,无毛或下面沿脉有疏短柔毛,基出 3 主脉;叶柄长 2～5cm,无毛。花小,黄绿色,直径 6～8mm,排成不对称的顶生或腋生聚伞花序;花序轴和花梗无毛;萼片卵状三角形,有纵条纹或网脉,无毛,长 2.2～2.5mm;花瓣倒卵状匙形,长 2.4～2.6mm,下部狭成爪;花盘边缘有柔毛;子房球形,花柱 3 浅裂,无毛。浆果状核果近球形,直径 6.5～7.5mm,无毛,熟时黑色;花序轴结果时膨大,扭曲,肉质。种子深栗色,有光泽。花期 5～7 月;果期 8～10 月。(图 448)

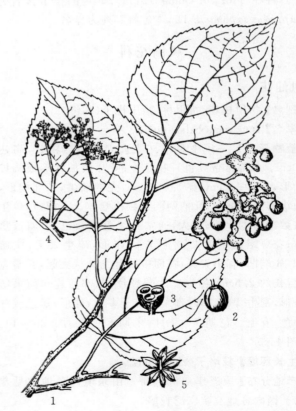

图 448 北枳椇
1.果枝 2.核果 3.核果横切 4.花枝 5.花

【生长环境】生于海拔 100～700m 的山地次生林中。
【产地分布】山东境内分布于胶东丘陵山地。各地庭院有栽培。在我国除山东外,还分布于河北、山西、河南、陕西、甘肃、四川、湖北、安徽、江苏、江西等地。
【药用部位】种子:枳椇子;带肉质花序轴的果实:枳椇

果；根：枳椇根；树皮、根皮：枳椇皮；叶：枳椇叶。为少常用中药和民间药，枳椇子和枳椇果药食两用。

【采收加工】夏季采叶，晒干或鲜用。春季采剥树皮，秋、冬二季采根或剥取根皮，晒干。10～11月果实成熟时采收，将果实连肉质花序轴一并摘下，晒干；或取出种子，晒干，并收集果实及肉质花序轴。

【药材性状】带花序轴的果实形状不规则，花序轴膨大，肉质肥厚，多分枝，弯曲不直，形似鸡爪，在分枝及弯曲处常更膨大如关节状，分枝丁字形或相互垂直状，长3～5cm或更长，直径4～6mm；表面棕褐色，略具光泽，有纵皱纹，偶见灰白色点状皮孔；分枝先端有果实1枚；质稍松脆，易折断，折断面略平坦，角质样，淡红色至红棕色。果实呈钝三棱状圆球形，果皮纸质，甚薄，3室，每室含种子1。气微弱，味淡或稍甜。

种子扁圆形，长3～6mm，直径3～5mm，厚3～4mm。表面红棕色、棕黑色或绿棕色，平滑，光泽显著，一面隆起，有不明显纵棱一条，另一面较平坦，基部有椭圆形点状种脐，顶端有微凸的合点，腹面有一条纵行隆起的种脊。种皮厚约1mm，坚硬，不易破碎，胚乳类白色，油质，子叶2，肥厚，淡黄色至草绿色，油质。气微，味微涩。

以颗粒饱满、色红棕、有光泽者为佳。

【化学成分】种子含黄酮类：二氢杨梅素，二氢槲皮素，槲皮素，二氢山柰酚，山柰酚；生物碱：黑麦草碱（perlolyrine），β-咔啉（β-carboline）；皂苷：枳椇苷（hovenoside）C、D、G、I、H，其中枳椇苷D和G的苷元为酸枣苷元（jujubogenin），北拐枣苷（hoduloside）I、IV，hovenidulcioside A_1、A_2、B_1和B_2；还含豆甾醇-3-O-β-D-(6-棕榈酰基)吡喃葡萄糖苷，β-胡萝卜苷，亚麻酸，亚油酸，油酸等。**果实**含多量葡萄糖，硝酸钾和苹果酸钾（potassium malate）。**果柄和花序轴**含葡萄糖，果糖和蔗糖。**根皮**含异欧鼠李碱（frangulanine）和枳椇碱（hovenine）A、B，枳椇碱A即去-N-甲基异欧鼠李碱（des-N-methylfrangulanine）。**木质部**含枳椇酸（hovenic acid）。

【功效主治】**枳椇子**甘，平。止渴除烦，清湿热，解酒毒。用于烦渴呕逆，二便不利，解酒毒。**枳椇根**甘、涩，温。祛风活络，止血，解酒毒。用于虚劳吐血，风湿痹痛，咯血，醉酒。**枳椇皮**甘，温。舒筋活血。用于筋脉拘挛，食积，呕吐，解酒。**枳椇叶**甘，凉。清热解毒，除烦止咳。用于风热外感，醉酒烦渴，呕吐，大便秘结。**枳椇果**甘、酸，平。用于酒醉，烦热，口渴，呕吐，二便不利。

【历史】枳椇始载于陆玑《诗疏》，名木蜜。入药始载于《新修本草》，云："其树径尺，木名白石，叶如桑柘，其子作房似珊瑚，核在其端。"《本草纲目》收载于果部，谓："枳椇木高三四丈，叶圆大如桑柘，夏月开花，枝头结实，如鸡爪形，长寸许，纽曲，开作二三歧，俨若鸡之足距，嫩时青色，经霜乃黄，嚼之味甘如蜜。每开歧尽处结一二小子，状如蔓荆子，内有扁核赤色，如酸枣仁形。"所述形态及《本草纲目》附图均与枳椇原植物一致。

【附注】《中国药典》1963和1977年版曾收载。

鼠李

【别名】大绿、牛李、皂李、冻绿。

【学名】Rhamnus utilis Decne.
（R. davurica Pall.）

【植物形态】灌木或小乔木，高达8m。枝对生或近对生，褐色，无毛，枝端常有顶芽而不形成刺，或有时仅分叉处具针刺；顶芽及腋芽较大，卵圆形，长5～8mm，鳞片褐色，有白色缘毛。叶对生或近对生，或在短枝上簇生；叶片阔椭圆形或长椭圆形，长4～13cm，宽2～6cm，先端渐尖或突尖，基部楔形或近圆形，边缘有圆齿状锯齿，齿端有红色腺体，上面无毛，下面沿脉有疏柔毛，侧脉4～5，稀6对，两面凸起，网脉明显；叶柄长1.5～4cm，无毛或上面有疏柔毛。花单性，雌、雄异株；4基数，有花瓣；雌花1～3朵生于叶腋或数朵至20余朵簇生于短枝；有退化雄蕊；花柱2～3浅裂或半裂；花梗长7～8mm。核果球形，黑色，直径5～6mm，有2分核，萼筒宿存；果梗长1～1.2cm。种子卵圆形，黄褐色，背侧有与种子等长的纵沟。花期5～6月；果期7～10月。（图449）

【生长环境】生于湿润山坡、沟边的灌木丛或疏林中。

【产地分布】山东境内产于崂山、鲁山、徂徕山等地。在我国除山东外，还分布于东北地区及河北和山西等地。

【药用部位】根：鼠李根；树皮：鼠李皮；果实：鼠李；叶：鼠李叶。为民间药。

【采收加工】夏末采叶，晒干或鲜用。8～9月采收成熟果实，除去果柄，微火烘干或晒干。春季剥取树皮，冬季采根，晒干。

【药材性状】树皮扁平或略呈槽状，长短不一，厚2～3mm。外表面灰黑色，粗糙，有纵横裂纹及横长皮孔，枝皮较光滑，除去栓皮者红棕色；内表面深红棕色，有类白色纵纹理。质硬脆，易折断，断面纤维性。气微弱而特殊，味苦。

果实近球形，直径6～8mm；表面黑色或黑紫色，有皱纹，具光泽，果肉疏松，内层坚硬，通常有果核2；果核卵圆形，背面有狭沟。种子近球形或卵圆形；表面黄褐色或褐色，背面有与种子等长的纵沟。气微，味苦。

【化学成分】**果实**含大黄素，大黄酚，蒽酚，山柰酚等。**树皮**含大黄素，芦荟大黄素及大黄酚等。

【功效主治】**鼠李皮**苦，寒；有小毒。清热解毒，凉血，杀虫。用于风痹，热毒肿痛，湿疹，跌打损伤。**鼠李**苦、甘，凉。清热利湿，消积杀虫，止咳祛痰。用于水肿腹

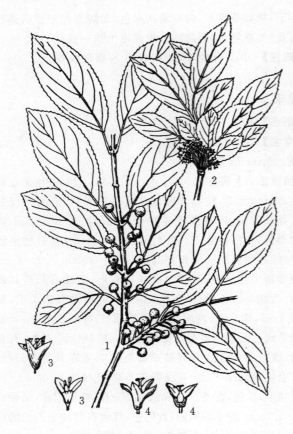

图 449 鼠李
1.果枝 2.花枝 3.雄花 4.雌花

胀,咳喘,瘰疬,疥癣,齿痛。**鼠李根**有毒。用于龋齿,口疳,发背肿毒。

【历史】鼠李始载于《神农本草经》,列为下品。《名医别录》云:"生田野,采无时。"《本草图经》曰:"今蜀川多有之。枝叶如李子,实若五味子……其汁紫色,味甘苦。实熟时采,日干。"《本草衍义》载:"木高七、八尺,叶如李,但狭而不泽,子于条上四边生,熟则紫黑色,生则青,叶至秋则落,子尚在枝……今关、陕及湖南、江南北甚多,木皮与子两用。"所述形态与植物鼠李相似。

【附注】本种在"Flora of China"12:155. 2007. 的拉丁学名为 R. davurica Pall.,本志将其列为异名。

附:**圆叶鼠李**

圆叶鼠李 R. globosa Bge. 又名偶栗子,与鼠李的主要区别是:小枝顶端有尖刺。叶近圆形、倒卵圆形;叶柄长 0.5~1cm。种子背面有长约为种子 3/5 的纵沟。山东境内产于全省各山区,尤以胶东地区较多。根皮和茎叶药用同鼠李。

薄叶鼠李

薄叶鼠李 R. leptophylla Schneid. 与鼠李的主要区别是:小枝对生或近对生,枝端有针刺。叶对生、近对生或簇生于短枝;叶片倒卵形、椭圆形或圆形。种子宽倒卵形,背面有长为种子 2/3~3/4 的纵沟。山东境内产于鲁山、昆嵛山等地。药用同鼠李。

猫乳

【别名】长叶绿柴、绿柴。
【学名】Rhamnella franguloides (Maxim.) Weberb. (*Microrhamnus franguloides* Maxim.)
【植物形态】落叶灌木。幼枝绿色,密生短柔毛。叶互生;叶片倒卵状长椭圆形至长椭圆形,长 4~12cm,宽 2~4cm,先端尾状渐尖或突尖,基部圆形,稍偏斜,边缘有细锯齿,上面无毛,下面有柔毛或仅沿脉有柔毛,侧脉 5~11 对;叶柄 2~6mm,密生柔毛;托叶披针形,长 3~4mm,宿存。花黄绿色,两性,6~18 朵排成腋生聚伞花序;总花梗长 2~4mm,有疏毛或无毛;萼片三角状卵形,有缘毛;花瓣阔倒卵形,先端微凹;花梗长1.5~4mm,有疏毛或无毛。核果圆柱形,长 7~9mm,直径 3~5mm,熟时桔红色,后变黑色;果梗长 3~5mm,有疏毛或无毛。花期 5~7 月;果期 7~10 月。(图 450)

图 450 猫乳
1.果枝 2.花 3.花纵切,示花盘、雄蕊及雌蕊

【生长环境】生于山坡、路旁或林中。
【产地分布】山东境内产于昆嵛山、崂山、蒙山、日照、莒南、平邑天宝山、枣庄抱犊崮等地。在我国除山东外,还分布于华北及华中地区。
【药用部位】果实及根:猫乳。为民间药。
【采收加工】秋、冬二季采根,洗净,晒干。秋季采收成熟果实,晒干。
【功效主治】苦,平。补脾益肾,疗疮。用于体质虚弱,劳伤乏力,疥疮。

枣

【别名】大枣、红枣。

【学名】Ziziphus jujuba Mill.

【植物形态】落叶小乔木，高达10m。树皮灰褐色，纵裂；有长枝、短枝及无芽小枝；小枝红褐色，光滑；有托叶刺，长刺达3cm，粗直，短刺下弯，长4～6mm；短枝短粗，距状，自老枝发出；当年生枝绿色，单生或2～7簇生于短枝上。叶互生；叶片卵形、卵状椭圆形，长3～7cm，宽1.5～4cm，先端钝尖，有小尖头，基部近圆形，稍不对称，边缘有圆齿状锯齿，上面无毛，下面无毛或仅沿脉有疏微毛，基出3主脉；叶柄长1～6mm。花黄绿色，两性，5基数，单生或2～8花排成腋生聚伞花序；花梗长2～3mm；萼片卵状三角形；花瓣倒卵圆形，基部有爪与雄蕊等长；花盘厚，肉质，圆形，5裂；子房下部埋于花盘内，与花盘合生，2室，每室1胚珠，花柱2半裂。核果长圆形，长2～4cm，直径1.5～2cm，熟时红色，中果皮肉质，味甜，核顶端尖锐，2室，种子1或2粒；果梗长3～6mm。种子扁椭圆形，长约1cm，宽8mm。花期5～7月；果期8～9月。（图451）

【生长环境】生于沟边、宅旁或栽培。鲁西北常枣粮间作。

【产地分布】山东境内产于聊城、德州及滨州等地，栽培品种很多，以乐陵小枣最负盛名，乐陵市是国家命名的"金丝小枣之乡"。"乐陵金丝小枣"、"无棣金丝小枣"、"茌平圆铃大枣"、"沾化冬枣"、"邹城香城大红枣"、"枣庄店子长红枣"等"魁王金丝小枣"、"宁阳大枣"、"峄县大枣"、"灰埠大枣"已注册了国家地理标志产品。分布于全国各地。

【药用部位】果实：大枣；果核：枣核；树皮：枣树皮；根：枣树根；叶：枣树叶。为常用中药和民间药，大枣药食两用，枣树叶可做茶。大枣为山东道地药材。

【采收加工】秋季果实成熟时采收，晒干。加工枣食品时，收集果核。春、夏二季采叶，晒干或鲜用。春季采剥树皮，晒干。秋末挖根，切片晒干或鲜用。

【药材性状】果实椭圆形或球形，长2～3.5cm，直径1.5～2.5cm。表面暗红色，略带光泽，有不规则皱纹，顶端有一小突点，基部凹陷，果梗短。外果皮薄，中果皮黄棕色，肉质松软如海绵状，富糖性而油润。果核纺锤形，坚硬，两端尖锐，表面暗红色。气微香，味甜。

以果实饱满、色红、肉厚、核小、味甜者为佳。

【化学成分】果实含糖类：D-果糖，D-葡萄糖，蔗糖，阿聚糖，果糖和葡萄糖的低聚糖，阿拉伯聚糖及半乳糖醛酸聚糖，红枣多糖由D-(+)-木糖和D-(+)-半乳糖组成；生物碱：光千金藤碱（stepharine），N-去甲基荷叶碱（N-nornuciferine），巴婆碱（asmilobine）等；三萜类：齐墩果酸，白桦脂酸，白桦脂酮酸（betulonic acid），熊果

图451 枣
1. 花枝 2. 果枝 3. 有刺枝 4. 花 5. 核果 6. 果核

酸，山楂酸（crategolic acid），3-O-反式-对香豆酰马斯里酸（3-O-trans-p-coumaroylmaslinic acid），3-O-顺式-对香豆酰马斯里酸，麦珠子酸（alphitolic acid），3-O-反式-对香豆酰麦珠子酸（3-O-trans-p-coumaroylalphitolic acid），3-O-顺式-对香豆酰麦珠子酸；皂苷类：大枣皂苷（zizyphus saponin）Ⅰ、Ⅱ、Ⅲ，酸枣仁皂苷（jujuboside）；还含环磷酸腺苷（cyclic adenosine 3′,5′-monophosphate，cAMP），环磷酸鸟苷酸（cyclic guanosine 3′,5′-monophosphate，cGMP），油酸，谷甾醇，豆甾醇，链甾醇（desmosterol）及赖氨酸，天门冬氨酸，天门冬酰胺，甘氨酸，谷氨酸等氨基酸和硒等。**果肉**含芦丁，维生素C、D，硫胺素（thiamine），胡萝卜素，烟酸，酒石酸，苹果酸等。**种仁**含酸枣仁皂苷A、B、B_1及吲哚乙酸（indole-acetic acid）。

【功效主治】**大枣**甘，温。补中益气，养血安神。用于脾虚食少，乏力便溏，气血津液不足，营卫不和，心悸怔忡，妇人脏躁。**枣核**苦，平。解毒，敛疮。用于臁疮，牙疳。**枣树皮**苦、涩，温。涩肠止泻，镇咳止血。用于泄泻，痢疾，咳嗽，崩漏，外伤出血，烧烫伤。**枣树根**甘，温。调经止血，祛风止痛，补脾止泻。用于月经不调，不孕不育，崩漏，吐血，胃痛，脾虚泄泻，风疹，丹毒。**枣树叶**甘，温。清热解毒。用于小儿发热，疮疖，热痱，烂脚，烫火伤。

【历史】大枣始载于《神农本草经》，列为上品。《名医别录》谓："生河东平泽。"《本草经集注》曰："今青州出者形大核细，多膏甚甜。"《本草图经》云："大枣，干枣也，生枣并生河东。今近北州郡皆有，而青、晋、绛州者特佳。"《本草纲目》曰："枣木赤心有刺，四月生小叶，尖

毹光泽,五月开小花,白色微青。南北皆有,惟青、晋所出者肥大甘美,入药为良。"根据本草所述产地、形态及附图,说明古代山东、山西为大枣的主要产地,山东产者质量甚佳,且大枣的原植物古今一致。

【附注】《中国药典》2010年版收载大枣。

附:无刺枣

无刺枣 var. inermis(Bge.)Rehd.,与原种的主要区别是:枝无刺。花期5～6月;果期8～9月。分布、用途与枣略同。果实含无刺枣苷(zizybeoside)Ⅰ、Ⅱ,无刺枣催吐醇苷(zizyvoside)Ⅰ、Ⅱ,长春花苷(roseoside),酸枣碱(zizyphusine),无刺枣碱(daechu-alkaloid)A,荷叶碱,衡州乌药碱(coclaurine),原荷叶碱(nornuciferine),观音莲明碱(lysicamine),无刺枣环肽-1(daechucyclopeptide-1),无刺枣因(daechuine)S_3,催吐萝芙木醇(vomifoliol),6,8-二-C-葡萄糖-2(S)-柚皮素,棕榈油酸,11-十八碳烯酸,油酸,环磷酸腺苷,无刺枣阿聚糖(zizyphusarabinan),磷脂等。

酸枣

【别名】棘子树、山枣、野枣。

【学名】Ziziphus jujuba Mill. var. spinosa(Bge.)Hu et H. F. Chow

(Z. vulgaris Lam. var. spinosa Bge.)

【植物形态】与原种枣的主要区别是:灌木。叶较小。核果小,近球形或短矩圆形,直径0.8～1.2cm,中果皮薄,味酸,核两端钝。(图452,彩图44)

【生长环境】生于向阳、干燥的山坡。

【产地分布】山东境内产于各山地丘陵。以蒙阴、沂水、青州、临朐产量大。在我国大部分地区均有分布。

【药用部位】种仁:酸枣仁;果实:酸枣;花:棘刺花;叶:酸枣叶;根:酸枣根;树皮:酸枣树皮;根皮:酸枣根皮;托叶刺:酸枣刺。为常用中药和民间药,酸枣仁、酸枣药食两用,酸枣叶可做茶。酸枣仁为山东重要道地药材。

【采收加工】秋末冬初果实成熟时采收,搓去果肉,用石碾碾碎果核,取出种子,晒干。夏初花开时采花,阴干或晒干。春、夏二季采叶,晒干或鲜用。全年采收根、根皮或树皮,晒干。

【药材性状】种子扁圆形或扁椭圆形,长5～9mm,宽5～7mm,厚约3mm。表面紫红色或紫褐色,平滑有光泽,一面较平坦,中央有一条隆起的纵线纹,另一面微凸起,边缘略薄。一端凹陷,可见线形种脐,另一端有细小微突起的合点,种脊位于一侧,不明显。种皮较脆,剥去种皮,胚乳白色。子叶2,菲薄,类圆形或椭圆形,浅黄色,富油性。气微,味淡。

以粒大饱满、完整、外皮紫红色、无核壳者为佳。

图452 酸枣
1.果枝 2.花 3.核果 4.果核

【化学成分】种子含三萜类:酸枣仁皂苷(jujuboside)A、A_1、B、B_1、C、D、E、G、H(其中H系酮基达玛烷型四环三萜皂苷),原酸枣仁皂苷(protojujuboside)A、B、B_1,白桦脂酸(betulinic acid),白桦脂酸甲酯(methyl betulinate),白桦脂醇,美洲茶酸(ceanothic acid),麦珠子酸(alphitolic acid),羽扇豆醇;生物碱:酸枣仁碱(sanjoinine)A、B、D、E、F、G、G_1、G_2、I_a、I_b、K,N-甲基巴婆碱,酸枣碱,5-羟基-6-甲氧基去甲阿朴啡(5-hydroxy-6-methoxynoraporphine),安木非宾碱(amphibine)D,酸枣仁环酞(sanjoinenine),木兰花碱;黄酮类:斯皮诺素(spinosin,酸枣素),酸枣黄素(zivulgarin),6‴-芥子酰斯皮诺素(6‴-sinapoyl-spinosin),6‴-阿魏酰斯皮诺素(6‴-feruloylspinosin),6‴-对香豆酰斯皮诺素(6‴-p-coumaroylspinosin),当药黄素(swertisin),异当药黄素,异牡荆素,槲皮素,芹菜素-6,8-二-C-葡萄糖苷,芹菜素-6-C-[(6-O-对羟基苯甲酰)-β-D-吡喃葡萄糖基(1→2)]-β-D-吡喃葡萄糖苷,芹菜素-O-β-D-吡喃葡萄糖基(1→6)-β-D-吡喃葡萄糖苷,5,4′-二羟基-7-甲氧基黄酮-6-C-6‴-对香豆酰基-O-β-D-吡喃葡萄糖基(1→2)-β-D-吡喃葡萄糖苷等;甾醇类:胡萝卜苷,豆甾-4-烯-3-酮,菜油甾醇,过氧麦角甾醇[$5α,8α$-epidioxy-(22E,4R)-ergosta-6,22-dien-3β-ol];还含pseudolaroside,苯丙氨酸,阿魏酸,正十六酸,维生素C,酸枣多糖,环磷酸腺苷(cyclic adenosine-3′,5′-monophosphate)及酪氨

酸,缬氨酸,蛋氨酸,苏氨酸等17种氨基酸和无机元素铁、锰、锌、钾、钠、钙等。**叶**含酸枣仁皂苷Ⅰ、Ⅱ、Ⅲ,ziziphin等。

【功效主治】**酸枣仁**甘、酸,平。养心补肝,宁心安神,敛汗,生津。用于虚烦不眠,惊悸多梦,体虚多汗,津伤口渴。**酸枣肉**酸、甘,平。止血止泻。用于出血,腹泻。**酸枣根皮**涩,温。涩精止血,消肿止痛。用于便血,烧烫伤,肝阳上亢,遗精,白带。**酸枣根**涩,温。安神。用于失眠多梦。**酸枣树皮**涩,平。敛疮生肌,解毒止血,明目。用于金刃创伤,流注,目昏不明。**酸枣刺**用于痈肿,喉痹,尿血,腹痛,腰痛。

【历史】酸枣始载于《神农本草经》,列为上品。《名医别录》云:"生河东川泽,八月采实,阴干。"《开宝本草》曰:"此乃棘实,更非他物。若谓是大枣味酸者,全非也。酸枣小而圆,其核中仁微扁;大枣仁大而长,不类也。"《本草图经》谓:"今近京及西北州郡皆有之,野生多在坡坂及城垒间。似枣木而皮细,其木心赤色,茎叶俱青,花似枣花,八月结实,紫红色,似枣而圆小味酸。"诸本草所述形态及《本草图经》附图与现今酸枣原植物一致。

【附注】《中国药典》2010年版收载酸枣仁。

葡萄科

乌头叶蛇葡萄

【别名】山葡萄。
【学名】Ampelopsis aconitifolia Bge.
【植物形态】落叶木质藤本。小枝圆柱形,有皮孔;髓白色。卷须2～3叉状分枝,先端不具吸盘。掌状复叶,小叶3～5;小叶片披针形或菱状披针形,长5～9cm,羽状裂或不裂,中央小叶羽裂几达中脉,裂片边缘有少数粗锯齿或全缘,无毛或下面脉上有疏毛,淡绿色;叶柄较叶短。聚伞花序与叶对生;总花梗较叶柄长;花小,黄绿色;花萼杯状,不分裂;花瓣5,离生;雄蕊5;花盘边缘平截。浆果球形,直径约6mm,熟时橙黄色。花期5～6月;果期8～9月。(图453)

【生长环境】生于山坡或沟边灌丛中。
【产地分布】山东境内产于长岛、荣成、石岛等地。在我国除山东外,还分布于长江以南各地。
【药用部位】根皮:蛇葡萄(过山龙)。为民间药,嫩叶做茶。
【采收加工】秋、冬二季采挖,洗净,刮去栓皮,剥取根皮,鲜用或晒干。
【功效主治】辛,热。活血散瘀,消炎解毒,生肌长骨,除风祛湿。用于跌打损伤,骨折,疮疖肿痛,风湿痹痛。
【历史】乌头叶蛇葡萄始载于《救荒本草》,原名蛇葡萄,云:"生荒野中,拖蔓而生。叶似菊叶而小,花叉繁

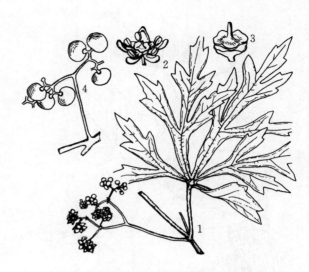

图453　乌头叶蛇葡萄
1.植株一段　2.花　3.雌蕊及花盘　4.果实

碎,又似前胡叶亦细。茎叶间开五瓣小银褐色花。结子如豌豆大,生青,熟则红色。"所述形态与植物乌头叶蛇葡萄相似。

三裂蛇葡萄

【别名】玉葡萄根、山葡萄、野葡萄。
【学名】Ampelopsis delavayana Planch.
【植物形态】落叶木质藤本。茎有皮孔;髓白色;小枝无毛或有柔毛;卷须2～3叉分枝而不具吸盘,与叶对生。掌状复叶有3小叶;中央小叶片椭圆形或狭长椭圆形,稀菱形,长达10cm,先端渐尖,有短柄或无,侧生小叶斜卵形;单叶为宽卵形,长6～12cm,先端渐尖,基部心形,边缘有带凸尖的浅齿,上面无毛或沿主侧脉有毛,下面有疏毛;叶柄与叶片近等长,被柔毛。聚伞花序与叶对生;花淡绿色;花萼边缘稍分裂;花瓣5,离生;雄蕊5。浆果球形,黄白色或蓝紫色。花期6～8月;果期8～11月。(图454)

【生长环境】生于山坡林缘、路边或岩石缝间。
【产地分布】山东境内产于昆嵛山、荣成槎山等地。在我国除山东外,还分布于长江以南及陕西、甘肃等地。
【药用部位】根或茎藤:玉葡萄根(金刚散)。为云南地区较常用草药,嫩叶做茶。
【采收加工】夏、秋二季采收茎藤,秋、冬二季挖根,洗净,晒干或鲜用。
【药材性状】根圆柱形,略弯曲,密生于短小的根茎上,长12～30cm,直径0.5～1.5cm。表面暗褐色,有纵皱纹。质硬脆,易折断,折断时有粉尘飞出,断面皮部厚,颗粒性,皮部与木部易分离,木部纤维性。气微,味涩。
【化学成分】根含羽扇豆醇,儿茶素,胡萝卜苷,β-谷甾醇,鞣质及树脂。

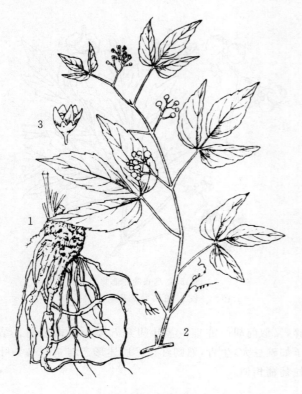

图454 三裂叶蛇葡萄
1. 根 2. 花枝 3. 花

【功效主治】涩、微苦，温。散瘀止痛，解毒止血。用于痢疾泄泻，跌打损伤；外用于烧烫伤，外伤出血，骨折。

【附注】《中国药典》1977年版曾收载。

附：掌裂蛇葡萄

　　掌裂蛇葡萄 var. glabra (Diels & Gilg) C. L. Li (*A. aconitifolia* Bge. var. *glabra* Diels & Gilg) 又名掌裂草葡萄，与三裂蛇葡萄的主要区别是：全株光滑无毛。掌状复叶有3~5小叶；小叶菱状狭卵形至菱形，边缘锯齿状或浅裂。山东境内产于泰山、崂山、新泰等地。药用同原种。

东北蛇葡萄

【别名】蛇葡萄、酸藤、蛇白蔹。

【学名】Ampelopsis heterophylla (Thunb.) Sieb. & Zucc. var. brevipedunculata (Regel) C. L. Li
[*A. glandulosa* var. *brevipedunculata* (Maxim.) Mom.]
[*A. brevipedunculata* (Maxim.) Trautv.]
[*Cissus humulifolia* (Bge.) Regel var. *brevipedunculata* Regel]

【植物形态】落叶木质藤本。根粗长，外皮黄白色。枝有皮孔；髓白色；幼枝有毛，卷须分叉。叶互生；叶片阔卵形，长6~16cm，宽5~12cm，3浅裂，稀不裂，基部心形，边缘有粗钝或急尖的锯齿，上面深绿色，下面淡绿色，疏生柔毛或变无毛；叶柄有毛或变无毛。聚伞花序与叶对生；花黄绿色；萼片5，稍裂开；花瓣5；雄蕊5，与花瓣对生；花盘杯状，子房2室。浆果球形，直径6~8mm，熟时蓝黑色。花期6月；果期8~9月。（图455）

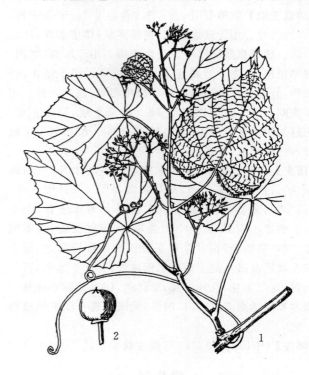

图455 东北蛇葡萄
1. 花枝 2. 浆果

【生长环境】生于山坡灌丛、疏林或岩石间。

【产地分布】山东境内产于昆嵛山、荣成槎山、石岛等地。在我国除山东外，还分布于辽宁、吉林等地。

【药用部位】根或根皮：蛇葡萄根（蛇白蔹）；茎叶：蛇葡萄。为民间药，嫩叶做茶。

【采收加工】秋季采挖根部，除去地上部分及泥土，剥去根皮，晒干；或趁鲜切片，晒干。夏季采收茎叶，晒干或鲜用。

【化学成分】根含寡1,2-二苯乙烯类(oligosdibenes)。茎含蛇葡萄紫罗兰酮糖苷(ampelopsisionoside)，蛇葡萄鼠李糖苷(ampelopsisrhamnoside)，南烛木糖苷(lyonioside)，2-苯乙基-D-芦丁(2-phenylethyl-D-rutinoside)等。叶含胡桃苷，阿福豆苷，山奈酚-3-O-吡喃阿拉伯糖苷，紫云英苷，萹蓄苷，槲皮苷，烟花苷(nicotiflorin)，金丝桃苷，山奈酚-3-O-新橙皮苷(kaempferol-3-O-neohesperidoside)等；还含1-O-对香豆酰-β-D-吡喃葡萄糖，1-O-咖啡酰-β-D-吡喃葡萄糖，5'-对香豆酰奎宁酸(5'-p-coumaroylquinic acid)，5'-咖啡酰奎宁酸(5'-caffeoylquinic acid)，原儿茶酸等。浆果含锦葵花素-3-O-鼠李糖苷-5-O-葡萄糖苷，矮牵牛素-3-O-鼠李糖苷-5-O-葡萄糖苷，飞燕草素-3-O-鼠李糖苷-5-O-葡萄糖苷，槲皮苷，杨梅树皮苷等。

【功效主治】蛇葡萄根(蛇白蔹)辛、苦、涩、凉。清热解毒,祛风除湿,散瘀破结,敛疮。用于肺痈,肠痈,瘰疬,疮疡,丹毒,风湿痛,痈疮肿毒,跌打,烫伤。**蛇葡萄**甘、平。利尿,解毒,止血。用于肾虚,胁痛,小便涩痛,胃热呕吐,风疹,疮毒,外伤出血。
【附注】本种在"Flora of China"12:180,2007. 的拉丁学名为 Ampelopsis glandulosa var. brevipedunculata (Maxim.) Mom.,本志将其列为异名。

葎叶蛇葡萄

【别名】活血丹、小接骨丹。
【学名】Ampelopsis humulifolia Bge.
【植物形态】落叶木质藤本。枝有皮孔;髓白色;小枝无毛或偶有微毛;卷须分枝而不具吸盘,与叶对生。叶互生;叶片近圆形至阔卵形,长10~15cm,3~5掌状中裂或近深裂,先端渐尖,基部心形或近截形,边缘有粗齿,上面鲜绿色,有光泽,下面苍白色,无毛或脉上微有毛,硬纸质;叶柄与叶片等长或稍短,无毛。聚伞花序与叶对生,疏散,有细长总花梗;花梗长2~3mm;花小,淡黄色;萼杯状;花瓣5,离生;雄蕊5,与花瓣对生;花盘明显,浅杯状,子房2室。浆果球形,直径6~8mm,淡黄色或蓝色。花期5~6月;果期7~8月。(图456)

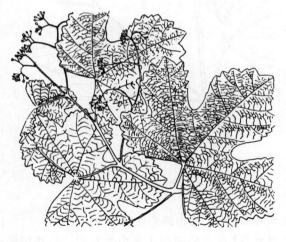

图456 葎叶蛇葡萄

【生长环境】生于山坡灌丛或岩石缝间。
【产地分布】山东境内产于各山地丘陵。在我国除山东外,还分布于陕西、河南、山西、河北、辽宁、内蒙古等地。
【药用部位】根皮:小接骨丹(七角白蔹)。为民间药,嫩叶做茶。
【采收加工】秋、冬二季挖根,剥取根皮,洗净,晒干或鲜用。
【功效主治】辛,温。活血散瘀,解毒,生肌长骨。用于跌打损伤,骨折,疮疖肿痛,风湿痹痛。

白蔹

【别名】山芋头(临沂)、白穗子秧梨(五莲)、山萝卜、浆水罐。
【学名】Ampelopsis japonica (Thunb.) Makino (Paullinia japonica Thunb.)
【植物形态】落叶攀援木质藤本。块根粗壮,肉质,卵形、长圆形或长纺锤形,深棕褐色,数个聚生。小枝圆柱形,有纵棱纹,无毛。卷须与叶对生,常单一。叶为掌状复叶,小叶3~5;小叶片羽状深裂,或边缘有深锯齿而不分裂;羽状分裂者裂片宽0.5~3.5cm,顶端渐尖或急尖;掌状5小叶者中央小叶深裂至基部,并有1~3个关节,关节间有翅,侧生小叶无关节或有1个关节;3小叶者中央小叶有1个或无关节;叶柄较叶片短,无毛。伞房状多歧聚伞花序,花序梗长4~8cm,常缠绕;花小,黄绿色;花萼5浅裂;花瓣分离,与雄蕊各5;花盘边缘稍分裂。浆果球形,直径约6mm,熟时白色或蓝色,有针孔状凹点。花期5~6月;果期7~9月。(图457)

图457 白蔹
1.块根 2.花枝 3.果枝 4.花

【生长环境】生于山坡、路边及林下。
【产地分布】山东境内产于各山地丘陵。在我国除山东外,还分布于东北、华北、华东、华中和华南地区。
【药用部位】根:白蔹。果实:白蔹子。为少常用中药和民间药。
【采收加工】春、秋二季挖根,除去茎及须根,洗净,纵切成两瓣、四瓣或斜片,晒干。秋季采摘成熟果实。
【药材性状】块根长椭圆形或纺锤形,两头较尖,略弯曲,长3~12cm,直径1~3cm。外皮红棕色或红褐色,有纵皱纹、细横纹及横长皮孔,易层层脱落,脱落处淡红棕色。纵切瓣切面周边常向内卷曲,中部有一凸起的棱线。斜切片卵圆形,长2.5~5cm,宽2~3cm,厚1.5~3mm;切面类白色或浅红棕色,有放射纹理,中央略薄,周边较厚,微翘起或微弯曲。体轻,质硬脆,易折断,折断时有粉尘飞出。气微,味甜。

以肥大、断面粉红色、粉性足者为佳。

【化学成分】块根含蒽醌类:大黄酚,大黄素甲醚,大黄素,大黄素-8-O-β-D-吡喃葡萄糖苷;甾体类:β-谷甾醇,胡萝卜苷,poriferast-5-en-3β,7α-diol;三萜类:齐墩果酸,羽扇豆醇;有机酸:酒石酸,延胡索酸,龙胆酸,棕榈酸,富马酸,没食子酸,原儿茶酸;糖及糖苷:甲基-α-D-呋喃果糖苷,甲基-β-D-吡喃果糖苷,β-D-呋喃果糖甲苷,β-D-呋喃果糖,白蔹多糖(PALM-I)由鼠李糖、木糖、甘露糖和半乳糖组成,且含有α-D-葡萄吡喃糖;还含尿苷,腺苷,五味子苷(schizandriside),卫矛醇,白藜芦醇等。叶含鞣质:没食子酸,二聚没食子酸,1,2,6-三-O-没食子酰基-β-D-吡喃葡萄糖苷,1,2,3,6-四-O-没食子酰基-β-D-吡喃葡萄糖苷,1,2,4,6-四-O-没食子酰基-β-D-吡喃葡萄糖苷,1,2,3,4,6-五-O-没食子酰基-β-D-吡喃葡萄糖苷,6-O-二没食子酰基-1,2,3-三-O-没食子酰基-β-D-吡喃葡萄糖苷等;黄酮类:槲皮素-3-O-α-L-鼠李糖苷,槲皮素-3-O-(2-O-没食子酰基)-α-L-鼠李糖苷[quercetin-3-O-(2-O-galloyl)-α-L-rhamnoside]等。

【功效主治】白蔹苦、甘、辛,凉。清热解毒,散结消痈,止痛。用于痈疽发背,疔疮,瘰疬,烫伤,温疟,血痢,肠风,痔漏。白蔹子苦、甘,凉。截疟,止血消肿。用于温疟,热毒痈肿。

【历史】白蔹始载于《神农本草经》,列为下品,原名白敛。《名医别录》曰:"白蔹,生衡山山谷。"《新修本草》曰:"根似天门冬,一株下有十许根,皮赤黑,肉白,如芍药"。《蜀本草》谓:"蔓生,枝端有五叶,今所在有之。"《本草图经》曰:"今江淮州郡及荆、襄、怀、孟、商、齐诸州皆有之。二月生苗,多在林中作蔓,赤茎,叶小如桑,五月开花,七月结实。根如鸡鸭卵,三五枚同窠,皮赤黑,肉白,二月八月采根。"《植物名实图考》名鹅抱蛋,云:"蔓生,细茎有节,本紫梢绿。叶如菊叶,深齿如岐,叶下有附茎,叶宽三四分。根如麦冬而大,赭长有横黑纹,五六枚一窝。"所述形态及各本草附图与现今白蔹原植物一致。

【附注】《中国药典》2010年版收载白蔹。

乌蔹莓

【别名】五叶莓、五叶藤。

【学名】Cayratia japonica (Thunb.) Gagnep. (Vitis japonica Thunb.)

【植物形态】草质藤本。茎有纵棱;卷须2~3叉分枝,相隔2节间断与叶对生;幼枝有毛后变无毛。鸟足状复叶,小叶5,每侧生小叶柄有2片小叶;小叶片椭圆形至椭圆状披针形,长4~8cm,宽2.5~3.5cm,中央小叶比侧生小叶大,先端急尖或短渐尖,基部钝圆或阔楔形,边缘每侧有8~12齿,稀15齿,两面沿脉有毛或近无毛,侧脉6~8对;叶柄长1.5~10cm。复二歧聚伞花序腋生;花小,黄绿色,有短花梗,有毛或近无毛,花两性,4基数;萼不明显;花瓣三角状卵形,长约2mm;雄蕊和花瓣对生;花药长方形;花盘浅杯状,红色;子房2室,陷于花盘内;花柱锥形,长约1mm,柱头不分裂。浆果倒卵形,直径6~8mm,黑色。花期6~7月;果期7~8月。(图458,彩图45)

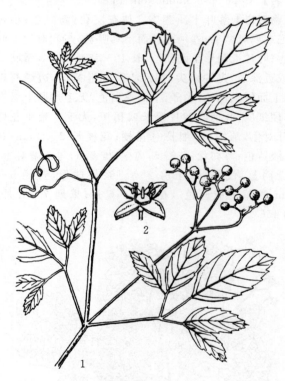

图458 乌蔹莓
1.果枝 2.花

【生长环境】生于低山路旁较湿润处。

【产地分布】山东境内产于各山地丘陵。在我国除山东外,还分布于长江以南各省区。

【药用部位】全草或根:乌蔹莓。为民间药。

【采收加工】夏、秋二季割取藤茎或挖出根部,除去杂质,洗净,切段,晒干或鲜用。

【药材性状】茎圆柱形,扭曲,多分枝;表面带紫红色,有纵棱;卷须二歧分叉,与叶对生。叶皱缩;完整者展平后为鸟足状复叶,小叶5,椭圆形、椭圆状披针形至狭卵形,边缘具疏锯齿;两面中脉有毛或近无毛,中间小叶片较大,有长柄,侧生小叶片较小;叶柄长4cm以上。浆果卵圆形,直径约7mm,黑色。气微,味苦、涩。

以叶多、色绿、茎紫者为佳。

【化学成分】全草含挥发油：樟脑，香桧烯，β-波旁烯（β-bourbonene），别香橙烯（alloaromadendrene），β-榄香烯，γ-及δ-荜澄茄烯，δ-荜澄茄醇等；黄酮类：芹菜素，木犀草素，木犀草素-7-O-β-D-葡萄糖苷；萜类：羽扇豆醇，无羁萜，无羁萜-3-β-醇等；还含β-谷甾醇，胡萝卜苷，棕榈酸，硬脂酸，三十一烷，阿拉伯聚糖，硝酸钾，氨基酸等。根含生物碱，鞣质，多糖等。果皮含乌蔹色苷（cayratinin）等。

【功效主治】苦、酸，寒。清热利湿，解毒消肿。用于痈肿，疔疮，痄腮，丹毒，风湿痛，黄疸，痢疾，尿血，白浊。

【历史】乌蔹莓始载于《新修本草》，谓："乌蔹莓，蔓生，叶似白蔹，生平泽。"《蜀本草》谓："或生人家篱墙间。"《本草图经》云："蔓生，茎端五叶，花青白色，俗呼为五叶莓，叶有五桠，子黑。"《本草纲目》谓："塍堑间甚多，其藤柔而有棱，一枝一须，凡五叶。叶长而光，有疏齿，面青背淡。七八月结苞成簇，青白色。花大如粟，黄色四出。结实大如龙葵子，生青熟紫，内有细子。其根白色，大者如指，长一二尺，捣之多涎滑。"所述形态和《植物名实图考》附图与现今乌蔹莓原植物相似。

【附注】乌蔹莓 Cayratia japonica (Thunb.) Gagnep.，草质藤本，茎表面紫红色，有纵棱，卷须2～3叉，与叶对生；鸟足状复叶；花两性，浆果倒卵形，黑紫色。野生。在临沂（苍山、费县）、泰安（磁窑）等地曾被误定为绞股蓝 Gynostemma pentaphyllum (Thunb.) Makino，后者与前者的主要区别：茎灰绿色，具纵棱及槽；茎卷须生叶柄基部，纤细，2歧，稀单一，无毛或基部被短柔毛。叶膜质，具5～7小叶，小叶片卵状长圆形或披针形，侧生小叶较小；花单性，雌、雄异株；山东仅有少数地区引种栽培，没有野生品。

爬山虎

【别名】石蓬串子（昆嵛山）、爬石虎（烟台）、常春藤、地锦。

【学名】Parthenocissus tricuspidata (Sieb. & Zucc.) Planch.

(Ampelopsis tricuspidata Sieb. & Zucc.)

【植物形态】落叶木质藤本。小枝圆柱形。卷须短，5～9分枝，顶端有吸盘，相隔2节间断与叶对生。叶互生；叶片倒卵形，长5～17cm，宽4～16cm，通常3浅裂，先端急尖，基部心形，边缘有粗锯齿，上面无毛，下面有少数毛或近无毛，幼枝的叶有时3全裂；叶柄长8～20cm。聚伞花序通常生于短枝顶端两叶之间；花5基数；花萼全缘；花瓣狭长圆形，长约2mm；雄蕊较花瓣短，花药黄色；花柱短圆柱状。浆果球形，直径6～8mm，蓝黑色。花期6～7月；果期7～8月。（图459）

图459 爬山虎
1.花枝 2.果枝 3.花 4.花药背腹面 5.雌蕊

【生长环境】攀援于疏林中、墙壁或岩石上。公园、街道或庭院常见栽培。

【产地分布】山东境内产于各山地丘陵。广布于全国各地。

【药用部位】根及藤茎：地锦（爬山虎）。为民间药。

【采收加工】秋季采收藤茎，除去叶，晒干。冬季挖根，洗净，切片，晒干或鲜用。

【药材性状】藤茎圆柱形，弯曲不直。表面灰绿色，较光滑，有细纵条纹，皮孔棕褐色，呈细圆点状突起，节略膨大，节上常有叉状分枝的卷须和互生的叶痕。质脆，折断面髓类白色，皮部呈纤维片状剥离，木部黄白色。气微，味淡。

【化学成分】叶含矢车菊素，莽草酸等。种子含烷烃，脂肪酸，甾醇。茎含白藜芦醇。果实含1,2-二氢-2-氧代喹啉-4-羧酸乙酯，1,2-二氢-2-氧代喹啉-4-羧酸甲酯，β-谷甾醇及无机元素钾、钠、铁、镁、锰等。

【功效主治】甘，温。活血解毒，祛风通络，止痛。用于产后血瘀，腹中血块，赤白带下，风湿筋骨疼痛，偏头痛。

【历史】爬山虎始载于《本草拾遗》，名地锦，曰："地锦，生淮南林下，叶如鸭掌，藤蔓着地，节处有根，亦缘树石，冬月不死，山人产后用之。"《植物名实图考》名常春藤，收入蔓草类，曰："结子圆碧如珠……然枝蔓下有细足，黏瓯瓿极牢，疾风甚雨，不能震撼。"所述形态及附图与植物爬山虎一致。

蘡薁

【别名】扑弄蔓（昆嵛山）。

【学名】Vitis bryoniifolia Bge.

（V. adstricta Hance）

【植物形态】落叶木质藤本。幼枝有锈色或灰色绒毛；卷须有1分枝或不分枝。叶互生；叶片阔卵形，长5～10cm，宽4～7cm，3～5深裂，中央裂片菱形，3裂或不裂，有圆形凹缺，基部心形，边缘有不整齐的粗锯齿，上面疏生短毛，下面被锈色绒毛；叶柄长3～8cm，有绒毛。圆锥花序长5～8cm；花序轴和分枝被锈色绒毛；花直径约2mm，无毛；花萼盘状，全缘；花瓣5，早落；雄蕊5。浆果球形，紫黑色，被蜡粉，直径0.8～1cm。花期5～6月；果期8～9月。（图460）

【生长环境】生于山坡灌丛中。

【产地分布】山东境内产于各山地丘陵。在我国除山东外，还分布于江苏、安徽、浙江、江西及湖北等地。

【药用部位】茎叶：蘡薁藤；根：蘡薁根；果实：蘡薁。为民间药。

【采收加工】夏、秋二季采收茎叶，采摘成熟果实，晒干或鲜用。秋、冬二季挖根，洗净，晒干。

【化学成分】茎叶含3,5-dimethoxyl-4-hydroxyl-phenylpropanol-9-O-β-D-glycopyranoside，紫丁香苷（syringin），dihydrosyringin，儿茶素（catechin），O-hydroxybenzylglycoside，多酚C（miyabenol C），cis-miyabenol C，α-viniferin，(＋)-ε-viniferin，resveratrol-3-O-β-D-glucopyranoside，ampelopsin C。

【功效主治】蘡薁藤甘、淡，平。清热解毒，祛风除湿，止血，消肿。用于胁痛，肠痈，乳痈，肺痈，疮疡痈肿，风湿痹痛，湿疹，崩漏，外用于疮痈肿毒，聤耳，蛇虫咬伤。蘡薁甘、酸，平。生津止渴。用于暑月伤津口干。蘡薁根甘，平。清湿热，消肿毒。用于湿热，黄疸，热淋，痢疾泄泻，痈疮肿毒，瘰疬，跌打损伤。

【历史】蘡薁始载于《本草经集注》。《新修本草》谓："蘡薁、山葡萄，并堪为酒。"《本草拾遗》曰："蘡薁是山蒲桃，斫断藤吹，气出一头如通草。"《本草图经》在葡萄条下谓："江东出一种实细而味酸，谓之蘡薁子。"《本草纲目》谓："蘡薁野生林墅间，亦可插植。蔓、叶、花、实与葡萄无异。其实小而圆，色不甚紫也。"《植物名实图考》谓："蘡薁即野葡萄。"所述形态及附图与现今葡萄科植物蘡薁基本相符。

葡萄

【别名】草龙珠。

【学名】Vitis vinifera L.

【植物形态】落叶木质藤本，长10～20m。茎皮片状剥落；枝髓褐色；小枝圆柱形，有纵棱纹，有毛或无毛；茎卷须2叉分枝，每隔2节间断，与叶对生。叶片卵圆形，长7～15cm，3～5浅裂，中裂片卵形，短渐尖，基部深心形，裂片有时重叠，边缘有不整齐的粗锯齿，锯齿有短尖，下面绿色，无毛或沿脉有短柔毛；叶柄长3～8cm。圆锥花序与叶对生，长10～15cm；花两性或杂性异株；花小，黄绿色；花萼盘状全缘；花瓣5，长约2mm，顶部粘合成帽状，早落；雄蕊5；花盘由5腺体组成，基部与子房贴生；子房2室，每室有2胚珠。浆果，形状因品种而异，直径1.5～2cm，熟时紫红色或带绿色，有白粉。种子3～4，褐色。花期4～5月；果期8～9月。2n=26。（图461）

【生长环境】栽培于排水良好的肥沃园地。

【产地分布】山东境内各地均有栽培。"大泽山葡萄"和"长沟葡萄"已注册了国家地理标志产品。我国各地均有栽培。

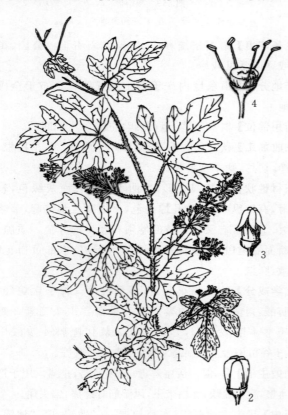

图460 蘡薁

1.花枝 2.花蕾 3.花，示花被脱落 4.雄花去花瓣，示雄蕊

图 461 葡萄

1.果枝 2.花 3.花去花瓣,示雄蕊、雌蕊及花盘 4.种子

【药用部位】根:葡萄根;藤:葡萄藤;叶:葡萄叶;果实:葡萄;干燥果实:葡萄干。为少常用中药及民间药,葡萄和葡萄干药食两用。

【采收加工】夏季采叶,晒干或鲜用。夏末秋初采收成熟果实,鲜用或阴干。秋、冬二季采根、藤,晒干或鲜用。

【化学成分】果实含葡萄糖,果糖,少量蔗糖,木糖,酒石酸,苹果酸及花色素的葡萄糖苷;果皮含矢车菊素,芍药花素(peonidin),飞燕草素,矮牵牛素(petunidin),锦葵花素,锦葵花素-3-β-葡萄糖苷(oenin),原矢车菊酚低聚物(procyanidololigomers)等。种子含黄酮类:大豆苷,染料木苷,芦丁,槲皮素,异槲皮素,(+)-儿茶素,(-)-表儿茶素;多酚类:(-)-表儿茶素没食子酸酯及其聚体,原花青素(GSPE)包括低聚原花青素(oligomeric proathocyanidins OPCs)和高聚原花青素(polymeric proathocyanidins PPCs)等;种子油主含亚油酸,还含白藜芦醇、维生素 E 等。茎含还原糖,蔗糖和鞣质。叶含黄酮类:异槲皮苷,槲皮苷,芦丁;有机酸:酒石酸,苹果酸,草酸,延胡索酸,琥珀酸,柠檬酸,奎宁酸,莽草酸,甘油酸等;还含 2(Z)-4-羟基-2-甲基-2-丁烯-1-β-D-吡喃葡萄糖苷[2(Z)-4-hydroxy-2-methyl-2-buten-1-yl-β-D-glucopyranoside],2(Z)-1-羟基-2-甲基-2-丁烯-4-β-D-吡喃葡萄糖苷。根含 γ-2-葡萄素(γ-2-viniferin)。植物体还含抗诱变剂(antimutagen)。

【功效主治】葡萄根、葡萄藤甘,平。祛风湿,利尿消肿。用于风湿痹痛,肿胀,小便不利。葡萄叶甘,平。行水利湿,清肝泻火。用于水肿,小便不利,目赤,痈肿疔毒。葡萄甘、酸,平。补气血,强筋骨,利尿。用于气血虚弱,肺虚咳嗽,心悸盗汗,风湿痹痛,淋病,浮肿,痘疹不透。

【历史】葡萄始载于《神农本草经》,列为上品,原名蒲萄。《名医别录》曰:"生陇西五原敦煌山谷。"《本草图经》云:"苗作藤蔓而极长……花极细而黄白色。其实有紫、白二色,而形之圆锐亦二种。又有无核者,皆七月、八月熟。取其汁可酿酒"。《本草纲目》曰:"《汉书》言张骞使西域还,始得此种,而《神农本草经》已有葡萄,则汉前陇西旧有,但未入关耳。"又云:"葡萄折藤压之最易生。春月萌苞生叶,颇似栝楼叶,而有五尖,生须延蔓,引数十丈。三月开小花,成穗,黄白色。仍连着实,星编珠聚,七八月熟"。所述形态和附图与现今植物葡萄相符。

【附注】《中国药典》2010 年版附录收载白葡萄干。

附:山葡萄

山葡萄 V. amurensis Rupr.(图 462),与葡萄的主要区别是:叶片宽卵形,长 8～25cm,基部心形或凹缺圆形,常 3～5 浅裂或不裂。浆果球形,直径约 1cm,熟

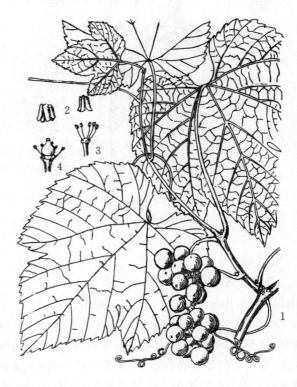

图 462 山葡萄

1 果枝 2.花瓣脱落 3.雄花去花瓣,示雄蕊
4.雌花去花瓣,示雌蕊及退化雄蕊

时黑色。产于山东各山地丘陵。根、藤为山葡萄根、山葡萄藤，甘，平。行气止痛，解痉。用于胃脘疼痛，头风，跌打损伤。果实为山葡萄，甘，平。清热利湿，生津。用于燥热口渴，小便不利。果实含原花青素类，白藜芦醇；根含低聚芪类：resveratrol，(＋)-ε-viniferin，ε-viniferin diol，ampelopsin A、F、D、E，amurensins B 等。

葛藟葡萄

葛藟葡萄 V. flexuosa Thunb.（图 463），与葡萄的主要区别是：幼枝被灰白色绒毛，后脱落。叶片宽卵形或三角状卵形，基部宽心形或近截形，边缘有不整齐波状浅齿。浆果球形，黑色，直径 6～8mm。山东境内产于昆嵛山、崂山、牙山等地。茎藤汁：补五脏，续筋骨，益气，止渴。果实：用于肺燥咳嗽，吐血，食积，泻痢。

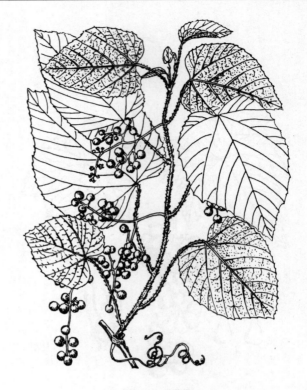

图 464　毛葡萄

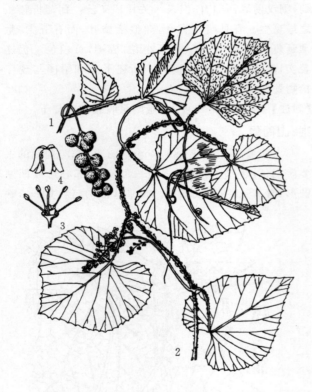

图 463　葛藟葡萄
1. 果枝 2. 花枝 3. 雄花去花瓣，示雄蕊和花盘 4. 帽状花盘

毛葡萄

毛葡萄 V. heyneana Roem. & Schult（V. quinquangularis Rehd.）（图 464），与葡萄的主要区别是：小枝带红色，幼时密被灰白色绒毛。叶片卵形或五角状卵形，长 8～12cm，宽 7～10cm，不分裂或微分裂，先端短尖，基部近截形或浅心形，边缘有波状小齿，下面密被灰白色或灰棕色毡毛。浆果紫红色，直径 7～8mm。山东境内产于崂山、昆嵛山、泰山、徂徕山等山地丘陵。根皮用于月经不调，白带。

椴树科

甜麻

【别名】假黄麻、针筒草。

【学名】Corchorus aestuans L.

【植物形态】一年生草本。茎红褐色，分枝有短柔毛。叶互生；叶片卵形、宽卵形或狭卵形，长 2～5cm，宽 1～3cm，边缘有锯齿，近基部一对锯齿往往延伸成尾状的小裂片，两面有疏长毛，基出脉 3 条；叶柄长 0.5～2cm；托叶钻形，长约 5～7mm。聚伞花序腋生，有短梗，1～4 花；花小黄色；萼片 5，长倒卵形；花瓣 5，与萼片近等长，狭倒卵形；雄蕊多数；子房有毛，花柱棒状，柱头喙状。蒴果长筒形，长 1.5～3cm，有 3～10 棱，其中 3～4 棱有狭翅，顶端有 3～4 喙状突起，成熟时 3～4 裂，种子之间有隔膜。种子多数。花期 7 月；果期 10 月。（图 465）

【生长环境】生于路旁、田边或荒坡。

【产地分布】山东境内产于蒙阴、临沂、郯城等地。在我国除山东外，还分布于长江流域以南各省区。

【药用部位】全草：野黄麻。为民间药。

【采收加工】夏、秋间采收，晒干。

【药材性状】全草绿黄色，皱缩。茎圆柱形，直径 3～6mm；表面棕褐色，微被淡黄色柔毛；质韧，难折断，皮薄而强纤维性。叶皱缩；完整叶片近卵形，长 2～5cm，宽 1~3cm；边缘有锯齿，基部一对锯齿往往延伸成尾状的小裂片；表面绿黄色，有疏长毛，基出脉 3 条；易脱落。蒴果长筒形，长约 2.5cm，有 3~10 棱，其中 3~4 棱有狭翅；表面棕褐色，易开裂。种子多数。气微，味淡。

以完整、叶果多、色绿者为佳。

【化学成分】全株含槲皮素。地上部分含黄麻星苷（corehorusin）A、B、C、D。种子含黄白糖芥苷（helveticoside），黄麻苷（corchoroside），蔗糖，棉子糖，水苏糖，毛蕊花糖（verbascose）等。

【功效主治】淡、寒。清热解毒，解暑，消肿。用于中暑发热，咽喉肿痛，痢疾，小儿疳积，跌打损伤，麻疹，温病发热，疥癞疮肿。

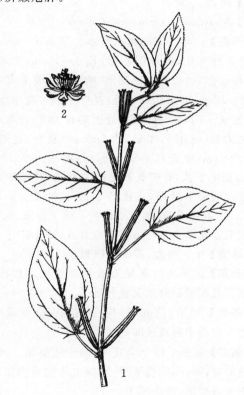

图 465 甜麻
1.果枝 2.花

扁担木

【别名】扁担杆子、孩儿拳头、娃娃拳。

【学名】Grewia biloba G. Don var. parviflora (Bge.) Hand.-Mazz.
(G. parviflora Bge.)

【植物形态】落叶灌木。树皮灰褐色，平滑。小枝灰褐色；当年生枝、叶及花序表面均密生灰黄色星状毛。叶互生；叶片菱状卵形，长 3~13cm，宽 1~7cm，先端渐尖，有时不明显 3 裂，基部阔楔形至圆形，边缘有不整齐细锯齿，基出 3 脉，上面粗糙，疏生星状毛，下面密生黄褐色软茸毛；叶柄长 0.3~1cm，密生星状毛；托叶细条形，长 5~7mm，宿存。聚伞花序近伞状，与叶对生，常有 10 余朵或 3~4 朵短小的花；花梗长 4~7mm，密生星状毛；萼片 5，绿色，条状披针形，先端尖，长 5~6mm，宽 1.5~2mm，外面密生星状毛，还有单毛；花瓣 5，与萼片互生，细小，淡黄绿色，长约 1.2mm；雄蕊多数，花丝无毛，花药黄色；雌蕊长度不超过雄蕊，子房有毛，花柱合一，顶端分裂。核果橙红色，有光泽，2~4 裂，每裂有 2 种子。种子淡黄色，直径约 7mm。花期 6~7 月；果期 9~10 月。（图 466）

【生长环境】生于山坡、沟谷、灌丛或林下。

【产地分布】山东境内产于各山地丘陵。在我国除山东外，还分布于江西、湖南、浙江、广东、台湾、安徽、四川等地。

【药用部位】根及全株：扁担杆（娃娃拳）。为民间药。

【采收加工】春、夏二季采收，晒干。

【功效主治】甘、苦，温。健脾益气，固精止带，祛风除湿。用于小儿疳积，脾虚久泻，遗精，血崩，中气下陷，风湿痹痛。

【历史】扁担木始载于《救荒本草》，名吉利子树、急㰾子科，云："荒野处有之。科条高五六尺。叶似野桑叶而小；又似樱桃叶亦小，枝叶间开五瓣小尖花，碧玉色，其心黄色。结子如椒粒大，两两并生，熟则红，味甜"。《植物名实图考》谓："此树湖南山阜有之，俗呼铜箍散。"所述形态及附图均与椴树科植物扁担木一致。

图 466 扁担木
1.花枝 2.叶上的星状毛 3.花纵剖 4.子房横切 5.果实

糠椴

【别名】椴树。

【学名】Tilia mandshurica Rupr. et Maxim.

【植物形态】落叶乔木。树皮灰色，老时浅纵裂；一年生枝褐绿色，密生灰白色星状毛；芽卵形，密生黄褐色星状毛。叶互生；叶片卵形或近圆形，长4~19cm，宽4~20cm，先端短尖，基部宽心形或近截形，边缘有三角状粗锯齿，齿尖芒状，长1.5~5mm，下面密生灰白色星状毛，侧脉5~7对；叶柄长2~8cm，密被星状毛。聚伞花序长6~9cm，有6~12花；花序轴及花梗密被淡黄褐色星状毛；苞片长圆形或倒披针状圆形，先端圆，基部略窄，长5~15cm，两面均有星状毛，或上面近无毛；柄长约5mm；萼片卵状披针形，长约6mm，外面被黄褐色星状毛，里面有白色长毛；花瓣黄色，条形，长7~8mm，宽2~2.5mm，无毛，先端钝尖；退化雄蕊花瓣状，条形，较花瓣略小；雄蕊多数；子房近球形，密生灰白色星状毛，花柱无毛，柱头5裂。果实球形，长7~9mm，密生黄褐色星状毛，有5棱或不明显，并有多少不等的疣状突起，不开裂。花期6~7月；果熟期9月。（图467）

【生长环境】生于山坡杂木林中。

【产地分布】山东境内产于崂山、昆嵛山、艾山、泰山、蒙山等地。在我国除山东外，还分布于东北及河北、内蒙古、江苏等地。

【药用部位】树皮及根皮：糠椴皮；花：糠椴花。为民间药。

【采收加工】春、秋二季采收树皮或根皮，晒干。夏季采花，晒干或鲜用。

【化学成分】树皮含脂肪，蜡，果胶。**枝干及叶**含多糖，可溶性糖，黄酮，酚类。**花**含挥发油：主成分为金合欢醇（farnesol）。

【功效主治】糠椴皮用于正气亏虚，久咳。糠椴花用于发汗，惊风，发热。

【附注】野生种被列为国家重点保护植物。

锦葵科

苘麻

【别名】苘麻子、苘。

【学名】Abutilon theophrasti Medicus

【植物形态】一年生亚灌木状草本。茎高1~2m，茎枝有柔毛。叶互生；叶片圆心形，长5~10cm，先端长渐尖，基部心形，边缘有细圆锯齿，两面密生星状柔毛；叶柄长3~12cm，有星状细柔毛；托叶早落。花单生于叶腋；花梗长1~3cm，有柔毛，近顶端有关节；花萼杯状，密生短柔毛，裂片5，卵形，约6mm；花黄色，花瓣倒卵形，长约1cm；雄蕊柱平滑无毛；心皮15~20，长1~1.5cm，顶端平截，有扩展被毛的2长芒，排成轮状，密生软毛。蒴果半球形，直径约2cm，长约1.2cm，分果爿15~20，有粗毛，顶端有2长芒。种子肾形，褐色，被星状柔毛。花期7~8月；果期9月。（图468）

【生长环境】生于路边、荒地或田野。

【产地分布】山东境内各地有栽培及野生。在我国分布于除青藏高原以外的其他各地。

【药用部位】种子：苘麻子；根：苘麻根；全草或叶：苘麻。为少常用中药或民间药。

【采收加工】夏季采收全草或叶，晒干或鲜用。秋季采收成熟果实，晒干后，打下种子，筛去果皮及杂质。秋、冬二季采收根部，洗净晒干。

【药材性状】种子三角形或肾形，一端较长，长3.5~6mm，宽2.5~4.5mm，厚1~2mm。表面灰黑色或暗褐色，有不明显的白色疏绒毛。凹陷处有类椭圆形种脐，淡棕色，四周有放射状细纹。种皮坚硬，剥落后可见圆柱形胚根，下端渐尖，子叶2，心形，两片重叠折曲，富油性。气微，味淡。

以颗粒饱满、色灰黑、无杂质者为佳。

【化学成分】种子含蛋白质，多糖QMZP-1和QMZP-2；**种子油**主成分为亚油酸；还含锦葵酸（malvalic acid），胆甾醇及无机元素钾、磷、镁、钙、铁等。**叶**含芦丁。**根**中黏液质由戊糖（pentose），戊聚糖（pentosan），甲基戊聚糖（methylpentosan），糖醛酸及痕量己糖（hexose）组成。

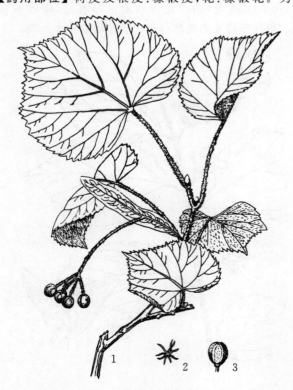

图467 糠椴
1.果枝 2.星状毛 3.果实

图468 苘麻
1.植株上部 2.花纵切

【功效主治】苘麻子苦，平。清热解毒，利湿，退翳。用于赤白痢疾，淋证涩痛，痈肿疮毒，目生翳膜。苘麻根苦，平。利湿解毒。用于小便淋痛，痢疾泄泻，聤耳，疝气。苘麻苦，平。清热利湿，解毒开窍，祛风。用于痈疽疮毒，痢疾泄泻，聤耳，耳鸣，耳聋，骨节酸痛。

【历史】苘麻始载于《新修本草》。《本草纲目》曰："苘麻今之白麻也。多生卑湿处，人亦种之。叶大似桐叶，团而有尖。六、七月开黄花。结实如半磨形，有齿，嫩青老黑。中子扁黑，状如黄葵子。"所述形态及附图与苘麻原植物一致。

【附注】《中国药典》2010年版收载苘麻子。

蜀葵

【别名】大蜀季花、饽饽花、光光花（烟台、潍坊）。

【学名】Althaea rosea (L.) Cavan.
(Alcea rosea L.)

【植物形态】多年生直立草本。茎高达2m，有密刚毛。叶互生；叶片近圆心形，直径6～16cm，掌状5～7浅裂或具波状棱角，裂片三角形或圆形，中裂片长约3cm，宽4～6cm，上面疏生星状柔毛，粗糙，下面有星状长硬毛或绒毛；叶柄长5～15cm，有星状长硬毛；托叶卵形，长约8mm，先端有3尖。花腋生、单生或近簇生，排列成总状花序式；有叶状苞片；花梗长约5mm，果时延长至1～2.5cm，有星状长硬毛；小苞片（副萼）杯状，常6～7裂，裂片卵状披针形，长0.8～1cm，有密星状粗硬毛，基部合生；萼钟状，直径2～3cm，5齿裂，裂片卵状三角形，长1.2～1.5cm，有密星状粗硬毛；花大，直径6～10cm，有红、紫、白、粉红、黄及黑紫等色，单瓣或重瓣，花瓣倒卵状三角形，长约4cm，先端凹缺，基部狭，爪上有髯毛；雄蕊柱无毛，长约2cm，花丝纤细，长约2mm，花药黄色；花柱分枝多数，微有细毛。果实盘状，直径约2cm，有短柔毛，分果爿近圆形，多数，背部厚达1mm，有纵槽。花、果期6～9月。（图469）

图469 蜀葵
1.花枝 2.分果爿

【生长环境】栽培于公园、庭院或路边。

【产地分布】山东境内各地有栽培或野生。在我国除山东外，还分布于西南各地。

【药用部位】花：蜀葵花；茎叶：蜀葵苗；种子：蜀葵子；根：蜀葵根。为民间药，嫩苗和鲜花可食。

【采收加工】夏季采收花及茎叶，晒干或鲜用。秋季采收成熟种子，晒干。秋、冬二季挖根，洗净，晒干。

【药材性状】干燥花卷曲，不规则圆柱状，长2～4.5cm。花萼杯状，5裂，裂片三角形，长1.5～2.5cm，副萼6～7裂，长0.5～1cm；表面黄褐色，密被星状粗硬毛。花瓣皱缩卷折或破碎；完整者展平后呈倒卵状三角形，长约4cm；先端凹下，基部狭，爪被长毛状物；表面褐紫色、淡棕色或淡红色。雄蕊多数，花丝连合成筒状。花柱上部分裂呈丝状。质柔韧稍脆。气微香，味淡。

【化学成分】花含黄酮类：蜀葵苷（herbacin），银椴苷

(tiliroside)，柚皮素（naringenin），紫云英苷（astragalin），芦丁，藏报春苷（sinensin），木犀草素-4′-O-β-D-6″-乙酰基吡喃葡萄糖苷（luteolin-4′-O-β-D-6″-acetylglucopyranoside），山柰酚，芹菜素，香橙素（aromadendrin），异甘草苷（isoliquiritin），南酸枣苷（choerospondin），虎耳草苷（saxifragin），5,7,8,4′-四羟基-3-甲氧基黄酮，二氢槲皮素-4′-O-β-D-葡萄糖苷；有机酸：茴香酸（anisic acid），肉桂酸，香豆酸，阿魏酸，水杨酸；还含 1-对-羟基苯基-2-羟基-3-(2,4,6)-三羟基苯基-1,3-丙二酮[1-p-hydroxyphenyl-2-hydroxy-3-(2,4,6)-trihydroxyphenyl-1,3-propandione]，正二十九烷，β-谷甾醇，胡萝卜苷。**花瓣**含紫红色素。**果实**含脂肪油，主成分为油酸。**根**中黏液质由戊糖，戊聚糖，甲基戊聚糖，糖醛酸等组成。

【功效主治】**蜀葵花** 甘，寒。和血润燥，通利二便。用于痢疾，吐血，血崩，带下，二便不通，疟疾，小儿风疹。**蜀葵苗** 甘，微寒。理恶疮，散瘀。用于热毒下痢，淋病，金疮。**蜀葵子** 甘，寒。利水通淋，滑肠。用于水肿，淋病，便秘，疥疮。**蜀葵根** 甘，寒。清热凉血，利尿排脓。用于淋病，白带，尿血，吐血，血崩，肠痈，疮肿。

【历史】蜀葵始载于《千金·食治》。《本草图经》云："蜀葵似葵，花如木槿花，有五色。"《本草纲目》曰："蜀葵处处人家植之。春初种子，冬月宿根亦自生苗，嫩时亦可茹食。叶似葵菜而大，亦似丝瓜叶，有歧叉。过小满后长茎，高五六尺。花似木槿而大，有深红、浅红、紫黑、白色，单叶、千叶之异。"所述形态及附图与植物蜀葵基本一致。

【附注】①《山东省中药材标准》2002 年版收载蜀葵花。②本种在"Flora of China"12:268.2007.的拉丁学名为 Alcea rosea L.，本志将其列为异名。

附：黄蜀葵

黄蜀葵 Abelmoschus manihot（Linn.）Medicus，与本种的区别是：一年生或多年生草本，疏被长硬毛。叶掌状 5～9 深裂，裂片长圆状披针形，长 8～18cm，宽 1～6cm，两面疏被长硬毛；托叶披针形。花单生于枝端叶腋；花大，淡黄色，内面基部紫色，直径约 12cm；雄蕊柱长 1.5～2cm；柱头紫黑色。蒴果卵状椭圆形，长 4～5cm，直径 2.5～3cm，被硬毛；种子肾形，有柔毛组成的多条条纹。山东省各地均有栽培；在我国除山东外，还分布于河北、河南、陕西、湖北、湖南、四川、贵州、云南、广西、广东和福建等地。花含金丝桃苷，异槲皮苷，杨梅素，槲皮素，槲皮素-3-洋槐糖苷，槲皮素-3-葡萄糖苷，槲皮素-3-O-刺槐糖苷，槲皮素-3-O-芸香糖苷等。花叶根药用，花清利湿热，消肿解毒；叶清热解毒；接骨生肌。根甘、苦，寒；利水消肿，散瘀解毒，清肺止咳；用于淋病，水肿，产难，乳汁不通。《山东省中药材标准》2002 年版收载黄蜀葵花。

咖啡黄葵

咖啡黄葵 Abelmoschus esculentus（Linn.）Moench，又名黄秋葵、补肾菜、羊角豆、秋葵等。与黄蜀葵的区别是：茎疏生散刺。叶掌状 3～7 裂，直径 10～30cm，裂片阔至狭，边缘具粗齿及凹缺，两面被疏硬毛；叶柄长 7～15cm；托叶线形。花单生于叶腋，花梗长 1～2cm，小苞片 8～10，线形；花萼钟形，密被星状短绒毛；花黄色，内面基部紫色，直径 5～7cm。蒴果筒状尖塔形，长 10～25cm，直径 1.5～2cm，顶部具长喙，表面绿色或红色，疏被糙硬毛；种子球形，直径 4～5mm。原产于非洲。山东各地有引种，嘉祥、莱阳种植面积较大；在我国除山东外，河北、江苏、浙江、湖南、湖北、云南和广东等省也有引种栽培。嫩果实含蛋白质 22.98%，脂肪 9.40%，总糖 9.48%，多糖 2.00%，总黄酮 2.8%，黏性多糖和还原糖，挥发性成分，维生素 A、B_1、B_2、C、PP 及无机元素钙、铁、锰、锌、硒等；还分离出 3-脱氧腺苷，尿嘧啶，尿嘧啶核苷，尿嘧啶脱氧核苷，腺嘌呤，腺嘌呤核苷，鸟嘌呤，鸟嘌呤脱氧核苷，黄嘌呤，次黄嘌呤，次黄嘌呤核苷，胸腺嘧啶脱氧核苷，3-脱氧次黄苷，金色酰胺醇酯，3,4-二羟基苯甲酸甲酯，19,21-环氧-3-乙酰基羽扇豆醇，9,18-二羟基-3-乙酰基齐墩果烷，丁香脂素，黑立脂素苷（liriodendrin），麦角甾-7,22-二烯-3β,5α,6β-三醇，9,19,23(Z)-环阿尔廷烯-3β,25-二醇，豆甾-5-烯-3β,7α-二醇，豆甾-4-烯-3,6-二酮等。种子含咖啡碱，18 种氨基酸，种子油脂肪酸有亚油酸、棕榈酸、油酸等；脂肪。全株、成熟果实、种子、叶、花为民间药；嫩果实、嫩叶、嫩芽、花均可食。花甘，寒；消肿止痛，清热利湿，强肾补虚；用于气虚体倦，痈毒瘰疬。果实淡，凉；健脾和胃，消食，补虚强肾，驻颜；用于胃脘不适，食积不化，美容养颜，瘦身。种子甘，寒；补脾健胃，活血化瘀，生肌消痈；用于胃脘不适，食积不消，疮疖痈肿，跌打挫伤。叶甘，寒；接骨生肌，清热解毒；用于外伤出血，烫火伤，热毒疮痈。全株淡，寒；凉血，利咽，通淋，调经下乳，清热解毒；用于咽喉肿痛，小便淋涩，乳汁稀少，月经不调。

陆地棉

【别名】棉花、棉。

【学名】Gossypium hirsutum L.

【植物形态】一年生草本。茎高 0.6～1.5m，小枝有疏长毛。叶互生；叶片阔卵形，直径 5～12cm，长与宽近相等或较宽，基部心形，常 3 浅裂，稀为 5 裂，中裂片常深裂达叶片的一半，裂片宽三角状卵形，先端突渐尖，基部宽，上面近无毛，沿脉有粗毛，下面有疏长柔毛；叶柄长 3～14cm,有疏柔毛;托叶卵状镰形,长 5～8mm,早落。花单生于叶腋;花梗通常略短于叶柄;小苞片(副萼)3,离生,基部心形,有1腺体,边缘有7～9齿,连齿长达4cm,宽约2.5cm,有长硬毛和纤毛;花萼杯状,裂片5,三角形,有缘毛;花白色或淡黄色,后变淡红色或紫色,长2.5～3cm;雄蕊柱长1～2cm。蒴果卵圆形,长3.5～5cm,有喙,3～4室。种子分离,卵圆形,有白色长绵毛和灰白色不易剥离的短纤毛。花期7～9月;果期8～10月。(图470)

图470 陆地棉
1.植株一部分 2.蒴果

【产地分布】原产美洲墨西哥,19世纪末传入我国。山东境内棉区广泛栽培,以德州市面积最大。现广泛栽培于全国各产棉区。

【药用部位】根或根皮:棉花根;种子:棉籽;种子毛:棉花;种子油:棉籽油;果壳:棉桃壳。为民间药,棉籽油可食。

【采收加工】秋季果实成熟时采摘棉花,晒干,压取种子及种子毛。秋、冬二季挖根,洗净,晒干。采摘棉花时收集果壳。

【药材性状】种子卵形,长约1cm,直径约0.5cm。外被2层白色绵毛,一层长棉毛及一层短茸毛,少数仅具1层长棉毛。质柔韧,破开种皮,种仁黄褐色,富油性。有油香气,味微辛。

根圆柱形,稍弯曲,长10～20cm,直径0.4～2cm。表面黄棕色或红棕色,有不规则纵皱纹及横裂皮孔,皮部薄,易剥离。质硬,折断面黄白色,纤维性。无臭,味淡。

根皮呈管状碎片或卷束,长约30cm,厚约1mm。外表面淡棕色,具纵条纹及细小皮孔,栓皮粗糙,易脱落;内表面淡棕色,有纵长纹理。质坚韧,难以折断,折断面强韧纤维性,内层为纤维层,易与外层分离。气微弱,味微辛、辣。

【化学成分】种子含棉酚(gossypol),棉紫色素(gossypurpurin),6-甲氧基棉酚(6-methoxygossypol),6,6'-二甲氧基棉酚(6,6'-dimethoxygossypol),山柰酚-3-O-β-D-芹菜糖-(1→2)-[α-L-鼠李糖(1→6)]-β-D-葡糖苷,槲皮素-3-O-β-D-芹菜糖-(1→2)-[α-L-鼠李糖(1→6)]-β-D-葡糖苷,槲皮素-3-O-β-D-芹菜糖-(1→2)-β-D-葡糖苷,芦丁,陆地棉苷(hirsutrin)等。种子油含亚油酸,棕榈酸,油酸和硬脂酸;挥发油主成分为石竹烯,丁基化羟基甲苯,1,4,8-四甲基-4,7,10-环十一碳三烯等。**根皮**含棉酚,棉紫色素,天冬酰胺,甜菜碱,草酸,水杨酸,精氨酸,油酸,棕榈酸;挥发油中含糠醛,香草乙酮(acetovanillone)等。

【功效主治】**棉花根**甘,温。补虚,平喘,调经。用于体虚咳喘,咳嗽,肢体浮肿,疝气,崩漏,中气下陷,月经不调。**棉花**甘,温。止血。用于吐血,下血,血崩,金疮出血。**棉籽**辛,热;有毒。温肝肾,强腰膝,暖胃止痛,止血,催乳,避孕。用于腰膝无力,阳痿,疝气偏坠,遗尿,痔血,脱肛,崩漏,带下,胃脘作痛,子多。**棉桃壳**用于噎膈,胃寒呃逆,咳嗽气喘。**棉籽油**用于恶疮,疥癣,子多。

【历史】棉始见于《本草纲目》"木棉"条下,云:"木棉有草、木两种,似木者名古贝,似草者名古终……江南、淮北所种木棉,四月下种,茎高四、五尺,叶有三尖如枫叶,入秋开花黄色,如葵花而小,亦有红紫者,结实大如桃,中有白绵,绵中有子,大如梧子,亦有紫棉者,八月采棵,谓之棉花。"据上所述,应属于植物草棉和陆地棉等。

木芙蓉

【别名】芙蓉花、芙蓉。
【学名】Hibiscus mutabilis L.
【植物形态】落叶灌木或小乔木,高2～5m。小枝、叶柄、花梗和花萼均密生星状毛与直毛相混的细绵毛。叶互生;叶片宽卵形至圆卵形或心形,直径10～15cm,常5～7裂,裂片三角形,先端渐尖,有钝圆锯齿,上面有稀疏星状细毛和点,下面密生星状细绒毛,主脉7～11;叶柄长5～20cm;托叶披针形,长5～8mm,常早落。花单生于枝端叶腋间;花梗长约5～8cm,近端处有关节;小苞片(副萼)8,条形,长1～1.6cm,宽约2mm,有密星状绵毛,基部合生;萼钟形,长2.5~3cm,裂片5,卵形,渐尖;花初开时白色或淡红色,后变深红色,直径约8cm,花瓣近圆形,直径4~5cm,外面有毛,基部有髯毛;雄蕊柱长2.5~3cm,无毛;花柱分枝5,有疏毛。蒴果扁球形,直径约2.5cm,有淡黄色刚毛和绵毛,果爿5。种子肾形,背面有长柔毛。花期8~10月。2n=22。(图471)

图471 木芙蓉

【生长环境】栽培于庭院或公园。

【产地分布】山东境内的济南、青岛、烟台等城市常见栽培。在我国除山东外,还分布于湖南。

【药用部位】叶:芙蓉叶;花:芙蓉花;根:芙蓉根。为少常用中药或民间药,花可美容和食用。

【采收加工】夏、秋二季采收叶,秋季采摘初开放的花,晒干或鲜用。秋、冬二季挖根,洗净,晒干。

【药材性状】干燥花皱缩,不规则圆柱形。萼钟状,长2~3cm,裂片5,卵形,先端渐尖;苞片8,条形,基部合生。花冠直径约9cm,花瓣5或为重瓣,常破碎;完整者展平呈近圆形或倒卵圆形,直径4~5cm;表面淡棕色至棕红色,边缘微弯曲,基部与雄蕊柱合生。雄蕊多数,雄蕊柱长2~3cm,花药生于柱顶。雌蕊1,柱头5裂。气微香,味微辛。

以花冠完整、色淡棕、萼绿、有香气者为佳。

叶多皱缩破碎,全体被灰白色星状毛。完整叶片展平后呈卵圆状心形,直径10~15cm,掌状5~7裂,裂片三角形;先端渐尖,基部心形,边缘有钝齿;上表面深绿色,疏被星状细毛;下表面灰绿色,密被星状细绒毛,叶脉7~11条,两面突起。叶柄圆柱形,长5~20cm,黄褐色。质脆易碎。气微,味微辛。

以完整、片大、色绿者为佳。

【化学成分】花含黄酮类:异槲皮苷,金丝桃苷,芦丁,绣线菊苷(spiraeoside),槲皮黄苷(quercimeritrin),矢车菊素-3,5-二葡萄糖苷,矢车菊素-3-芸香糖苷-5-葡萄糖苷,矢车菊素-3-接骨木二糖苷(cyanidin-3-sambubioside),槲皮素,山奈酚;还含白桦脂酸,硬脂酸己酯(hexylstearate),豆甾-3,7-二酮(stigmasta-3,7-dione),豆甾-4-烯-3-酮(stigmasta-4-ene-3-one),β-谷甾醇及三十四烷醇。叶含黄酮类:芦丁,山奈酚-3-O-芸香糖苷,山奈酚-3-O-刺槐双糖苷,山奈酚-3-O-β-D-(6-E-对羟基桂皮酰基)-葡萄糖苷;有机酸:延胡索酸,水杨酸,棕榈酸,二十四烷酸;尚含谷甾醇,胡萝卜苷,大黄素,六氢法呢烷丙酮,叶绿醇;挥发性成分为大根香叶酮(germacrone)等。

【功效主治】芙蓉叶辛,平。凉血,解毒,消肿,止痛。用于痈疽肿毒,缠身蛇丹,烫伤,目赤肿痛,跌打损伤。芙蓉花辛,平。清热凉血,消肿解毒。用于痈肿,疔疮,烫伤,肺热咳嗽,吐血,崩漏,白带。芙蓉根辛、苦,凉。清热解毒,凉血消肿。用于痈肿,秃疮,臁疮,咳嗽气喘,白带。

【历史】木芙蓉始载于《本草图经》,原名"地芙蓉"。《本草纲目》曰:"木芙蓉处处有之,插条即生,小木也。其干丛生如荆,高者丈许。其叶大如桐,有五尖及七尖者,冬凋夏茂。秋半始着花,花类牡丹、芍药,有红者、白者、黄者、千叶者,最耐寒而不落,不结实。"《植物名实图考》载:"木芙蓉即拒霜花。"所述形态及附图与锦葵科植物木芙蓉一致。

木槿

【别名】槿皮、木槿花、笆壁花(烟台)。

【学名】Hibiscus syriacus L.

【植物形态】落叶灌木,高3~4m。小枝密生黄色星状绒毛。叶互生;叶片菱形至三角状卵形,长3~10cm,宽2~4cm,有深浅不等的3裂或不裂,先端钝,基部楔形,边缘有不整齐齿缺,下面沿叶脉微有毛或近无毛;叶柄长0.5~2.5cm,上面被星状柔毛;托叶条形,长约6mm,疏被柔毛。花单生于枝端叶腋间;花梗长0.4~1.4cm,有星状短柔毛;小苞片(副萼)6~8,条形,长0.6~1.5cm,宽1~2mm,密被星状柔毛;花萼钟形,长1.4~2cm,密被星状柔毛,裂片5,三角形;花钟形,淡紫色,直径5~6cm,花瓣倒卵形,长3.5~4.5cm,外面有稀疏纤毛和星状长柔毛；雄蕊柱长约3cm；花柱无毛。蒴果卵圆形，直径约1.2cm，密被黄色星状绒毛。种子肾形，背部有黄白色长柔毛。花期7～10月；果期9～10月。2n=40。（图472）

图472　木槿
1.花枝 2.花纵切 3.花萼和叶柄上的星状毛

【生长环境】栽培于公园、庭院或道旁。

【产地分布】山东境内各地常见栽培。在我国除山东外，还栽培于安徽、广东、广西、江苏、四川、台湾、云南和浙江、福建、贵州、海南、河北、河南、湖北、湖南、江西、陕西等地。

【药用部位】花：木槿花；茎皮及根皮：木槿皮；种子：木槿子（朝天子）。为少常用中药或民间药，木槿花可食。

【采收加工】4～5月剥取茎皮或根皮，洗净，晒干。夏季采摘初开的花，晒干。秋季果实显黄绿色时采摘，晒干。

【药材性状】花皱缩成团或呈不规则形，长2～4cm，宽1～2cm，全体被毛。花萼钟形，黄绿色或黄色，先端5裂，裂片三角形；萼筒外有苞片6～7，条形；萼筒下常带花梗，长3～7mm；花萼、苞片及花梗表面均密被细毛及星状毛。花瓣5或重瓣，完整者展平后呈倒卵形，长3.5～4.5cm；表面黄白色至黄棕色，外表面密生白色纤毛及星状长柔毛。雄蕊多数，花丝下部连合成筒状，包围花柱。柱头5分叉，伸出花丝筒外。质轻脆，易碎。气微香，味淡。

以完整、萼绿、花黄白、气香者为佳。

茎皮多内卷成长槽状或单筒状，大小不一，厚1～2mm。外表面青灰色或灰褐色，有细而略弯曲的纵皱纹，皮孔点状散在；内表面类白色至淡黄白色，平滑，具细致的纵纹理。质坚韧，折断面强纤维性，类白色。气微，味淡。

以条长、宽厚、无霉变者为佳。

叶多皱缩或破碎。完整叶片展平后呈菱状卵圆形，长3～9cm，宽2～4cm，常具深浅不等的3裂；先端钝，基部楔形，边缘有不整齐的齿裂；表面灰绿色，两面均疏被星状毛；叶柄长0.5～2.5cm；托叶条形。质脆，易碎。气微，味淡。

以叶片完整、色绿者为佳。

果实卵圆形或长椭圆形，长1.5～3cm，直径1～1.6cm。表面黄绿色或棕黄色，密被黄色短绒毛，有5条纵向浅沟及5条纵缝线；顶端短尖，有的沿缝线开裂为5瓣；基部有宿存的钟状花萼，5裂；萼下有狭条形的苞片6～7枚，排成1轮，或部分脱落。残留果柄较短；果皮质脆。种子多数，扁肾形，长约3mm，宽约4mm；表面棕色至深棕色，无光泽，四周密布乳白色至黄色长绒毛。气微，味微苦；种子味淡。

以色黄、蒂绿、不开裂者为佳。

【化学成分】花含叶黄素-5,6-环氧化物（lutein-5,6-epoxide），菊黄素（chrysanthemaxanthin），花药黄质（antheraxanthin），隐黄质（cryptoxanthin）。花瓣含花旗松素-3-O-β-D-吡喃葡萄糖苷，蜀葵苷元-7-β-D-吡喃葡萄糖苷（herbacetin-7-β-D-glucopyranoside），山奈酚-3-α-L-阿拉伯糖苷-7-α-L-鼠李糖苷，飞燕草素-3-O-葡萄糖苷，矢车菊素-3-O-葡萄糖苷，矮牵牛素-3-O-葡萄糖苷（petunidin-3-O-glucoside），蹄纹天竺素-3-O-葡萄糖苷（pelargonidin-3-O-glucoside），芍药花素-3-O-葡萄糖苷（peonidin-3-O-glucoside），锦葵花素-3-O-葡萄糖苷（malvidin-3-O-glucoside），飞燕草素-3-O-(6′-丙二酰基)-β-D-吡喃葡萄糖苷[delphinidin-3-O-(6′-malonyl)-β-D-glucopyranoside]，矢车菊素-3-O-(6′-丙二酰基)-β-D-吡喃葡萄糖苷，矮牵牛素-3-O-(6′-丙二酰基)-β-D-吡喃葡萄糖苷，蹄纹天竺素-3-O-(6′-丙二酰基)-β-D-吡喃葡萄糖苷，芍药花素-3-O-(6′-丙二酰基)-β-D-吡喃葡萄糖苷及锦葵花素-3-O-(6′-丙二酰基)-β-D-吡喃葡萄糖苷。花蕾尚含β-胡萝卜素，叶黄素，隐黄质，花药黄质，木槿黏液质（hibiscus mucilage）SF。叶含肥皂草素（saponaretin），肥皂草苷（saponarin），β-胡萝卜素，隐黄质，菊黄质，花药黄质。种子油含锦葵酸（malvic acid），胖大海酸（sterculinic acid），十四碳三烯酸（tetradecatrienoic acid），α-、β-及δ-生育酚（tocopherol），β-谷甾醇，菜油甾醇，α-及β-胡萝卜素等。茎皮含辛二酸，白桦脂醇，古柯三醇（erythrotriol），肉豆蔻酸，棕榈酸，月桂酸及铁屎米酮（canthin-6-one）。根皮含木槿苷（hibisuside），丁香脂素（syringaresinol），6″-O-乙酰大豆苷，6″-O-乙酰染料木素，3″-羟基大豆素，E-N-阿魏酰酪胺，Z-N-阿魏酰酪胺及鞣质。

【功效主治】木槿皮甘、苦，凉。清热利湿，解毒止痒。

用于肠风泻血,痢疾,脱肛,白带,疥癣,痔疮。**木槿叶**苦,寒。清热。用于肠风,痢后热渴。**木槿花**甘、苦,凉。清热,利湿,凉血。用于肠风泻血,痢疾,腹泻,痔疮出血,白带,疖肿。**木槿子(朝天子)**甘,平。清肺化痰,解毒止痛。用于肺热咳嗽,痰喘,偏正头痛,黄水脓疮。

【历史】木槿始载于《本草拾遗》。《本草衍义》谓:"木槿如小葵,花淡红色,五叶成一花,朝开暮敛……湖南人家多种植为篱障。"《本草纲目》谓:"木槿皮及花,并滑如葵花……色如紫荆……川中来者,气厚力优,故尤有效。"所述特征与木槿相符。

【附注】《中国药典》1977年版曾收载。

野西瓜苗

【别名】灯笼棵、山西瓜秧、莠西瓜(济南)。

【学名】Hibiscus trionum L.

【植物形态】一年生直立或平卧草本。茎高25~70cm,柔软,有白色星状粗毛。叶互生;茎下部的叶片圆形,不分裂;上部的叶片掌状3~5深裂,直径3~6cm,中裂片较长,两侧裂片较短,裂片倒卵形至长圆形,通常羽状全裂,上面有稀疏粗硬毛或无毛,下面有稀疏星状粗刺毛;叶柄长2~4cm,有星状粗硬毛和星状柔毛;托叶条形,长约7mm,有星状粗硬毛。花两性,单生于叶腋;花梗长约2.5cm,果时延长达4cm,有星状粗硬毛;小苞片(副萼)12,条形,长约8mm,有粗长硬毛,基部合生;花萼钟形,淡绿色,长1.5~2cm,有粗长硬毛或星状粗长硬毛,裂片5,膜质,三角形,有纵向紫色条纹,合生达中部以上;花淡黄色,内面基部紫色,直径2~3cm;花瓣5,倒卵形,长约2cm,外面有稀疏极细柔毛;雄蕊柱长约5mm,花丝纤细,长约3mm,花药黄色;花柱分枝5,无毛。蒴果长圆状球形,直径约1cm,有粗硬毛,果爿5,果皮薄,黑色。种子肾形黑色,有腺状突起。花、果期7~10月。(图473)

【生长环境】生于山野、平原田埂或丘陵。

【产地分布】山东境内产于各地。广布于全国各地。

【药用部位】根或全草:野西瓜苗;种子:野西瓜苗子。为民间药。

【采收加工】夏、秋二季采收,去净泥土,晒干。

【药材性状】茎柔软,长30~60cm;表面灰绿色,被白色星状粗毛。叶常皱缩或破碎;完整叶片展平后为掌状3~5全裂,直径3~6cm;裂片倒卵形至长圆形,边缘通常羽状分裂;表面灰绿色,两面疏被星状粗刺毛;叶柄长2~4cm。质脆易碎。气微,味甜、淡。

　　以叶多、色绿者为佳。

【化学成分】叶含黏液质,其组成为半乳糖,半乳糖醛酸(galacturonic acid)),阿拉伯糖,鼠李糖和木糖。

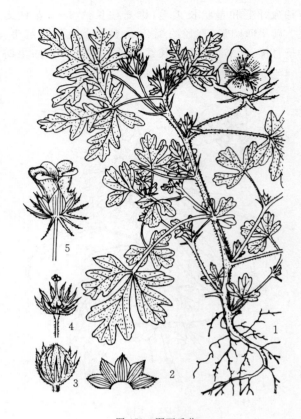

图473　野西瓜苗
1.植株 2.花萼 3.果实 4.去花萼、花冠、雄蕊,示雌蕊 5.花

根及种子含钙、铁、锌、铜、锰、铬等。**种子油**主要含亚油酸、油酸、棕榈酸等。

【功效主治】**野西瓜苗**甘,寒。清热解毒,利咽止咳,利尿。用于外感,咳嗽,痢疾泄泻,风湿痹痛;外用于烧烫伤,疮毒。**野西瓜苗子**辛,平。补肾,润肺。用于肾虚头晕,肺痨咳嗽,耳鸣,耳聋。

【历史】野西瓜苗始载于《救荒本草》,云:"生田野中。苗高一尺许,叶似家西瓜叶而小,颇硬。叶间生蒂,开五瓣银褐花,紫心黄蕊,花罢作蒴,蒴内结实如楝子大。苗叶味微苦。"所述形态及附图与野西瓜苗相符。

锦葵

【别名】大花葵、淑气子花、小光光花。

【学名】Malva sinensis Cavan.
(Malva cathayensis M. G. Gilb.)

【植物形态】二年生或多年生直立草本。茎高50~90cm,分枝多,疏被粗毛。叶互生;叶片圆心形或肾形,有5~7圆齿状钝裂片,长5~12cm,长宽几相等,基部近心形至圆形,边缘有圆锯齿,两面均无毛或仅脉上疏被短糙伏毛;叶柄长4~8cm,近无毛,但上面槽内被长硬毛;托叶偏斜,卵形,有锯齿,先端渐尖。花两性,辐射对称;3~11花簇生于叶腋;花梗长1~2cm,无毛或疏被粗毛；小苞片长圆形，先端圆形；副萼3，长圆形，长3～4mm，宽1～2mm，先端圆形，疏生柔毛；萼杯状，长6～7mm，裂片5，两面均有星状疏柔毛；花冠紫红色或白色，直径3.5～5cm，花瓣5，长2cm，先端微缺，爪有髯毛；雄蕊柱长0.8～1cm；花柱分枝9～11，被微细毛。果实扁圆形，直径约5～7mm，分果爿9～11，背面有网状纹理，肾形，有柔毛。种子黑褐色，肾形，长2mm。花、果期5～10月。（图474）

名为 *Malva cathayensis* M. G. Gilb.，本志将其列为异名。

附：圆叶锦葵

圆叶锦葵 M. rotundifolia L.，与锦葵的主要区别是：植株常匍生。花冠长为花萼的2倍，白色至淡粉红色，直径0.5～1.5cm。分果爿背面无网纹，边缘有条纹。山东境内产于昆嵛山、长岛、泰山等地。根用于肺虚咳嗽，自汗盗汗，乳汁不足。

野葵

【别名】冬葵、冬葵果。

【学名】*Malva verticillata* L.

【植物形态】二年生草本。茎直立，高0.5～1m，有星状长柔毛。叶互生；叶片肾形或圆形，直径5～11cm，通常成掌状5～7裂，裂片三角形，有钝尖头，边缘有钝齿，两面有稀疏糙伏毛或近无毛；叶柄长2～8cm，上面槽内有柔毛；托叶卵状披针形，有星状毛。花3至多数簇生于叶腋，有极短花梗至无花梗；副萼3，长5～6mm，有纤毛；萼杯状，直径5～8mm，5裂；花冠稍长于萼片，淡白色至粉红色，花瓣5，长6～8mm，先端凹入；雄蕊柱长约4mm，有毛；花柱分枝10～11。果实扁球形，直径约5～7mm，分果爿10～11，厚1mm，背面平滑，两面有网纹。种子肾形，无毛，紫褐色。花、果期3～11月。（图475）

图474 锦葵
1.花枝 2.果爿

【生长环境】多栽培于庭院。

【产地分布】山东境内各地常见栽培。我国南自广东、广西，北至内蒙古、辽宁，东起台湾，西至新疆和西南各省区均有分布。

【药用部位】花：锦葵花；茎、叶：锦葵。为民间药，花可食。

【采收加工】春、夏二季采花，夏季采茎叶，晒干或鲜用。

【化学成分】花含黏液质，紫色花含锦葵花苷（malvin）。

【功效主治】咸，寒。清热利湿，利气通便。用于二便不畅，瘰疬，带下，腹痛。

【历史】锦葵始载于《诗经·陈风》，原名荍。陆玑《诗疏》云："荍，一名荆葵。"《尔雅翼》曰："荍，荆葵也……一名锦葵。"《植物名实图考》收载于卷三蔬类，云："锦葵……今荆葵也，似葵紫色……小草多华少叶，叶又翘起……似蕪菁华紫绿色，可食，微苦。按花亦有白色者，逐节舒苞，人或谓之旌节花。"所述形态及附图与植物锦葵基本一致。

【附注】本种在"Flora of China"12:266.2007.的拉丁学

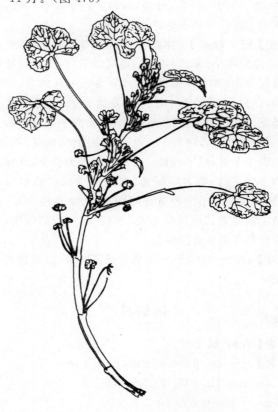

图475 野葵

【生长环境】生于山坡、草地或路边。

【产地分布】山东境内产于昆嵛山。广布于全国各地。

【药用部位】果实：冬葵果；种子：冬葵子；根：冬葵根；叶：冬葵叶。为少常用中药或民间药。

【采收加工】夏、秋二季采收成熟果实，晒干或打下种子。夏季采叶，晒干或鲜用。秋季采根，洗净，晒干。

【药材性状】果实扁球状盘形，直径4～7mm，外被膜质宿萼。宿萼钟状，黄绿色或黄棕色，有的微带紫，先端5齿裂，裂片内卷，外方有条状披针形小苞片3枚。果实分果爿10～11，于圆锥形中轴周围排成1轮；分果爿类扁圆形，直径1.4～2.5mm；表面黄白色或黄棕色，具隆起的环向细脉；果梗细短。种子肾形；表面黑色或黑褐色；破碎后子叶2，心形，重迭折曲。气微，味涩。

【化学成分】果实含芦丁，咖啡酸，阿魏酸，β-胡萝卜苷，β-谷甾醇及无机元素钾、钙、镁、铁、硒等。种子含中性多糖（neutral polysaccharide）MVS-Ⅰ、MVS-ⅡA、MVS-ⅡG，酸性多糖（acidic polysaccharide）MVS-ⅢA、MVS-ⅣA、MVS-Ⅵ，肽聚糖（peptidoglycan）MVS-Ⅴ；还含脂肪油和蛋白质。叶含黏液质，锦葵酸等。

【功效主治】冬葵果甘、涩，凉。清热利尿，消肿。用于尿闭，水肿，口渴，小便短赤。冬葵子甘，寒。行水，滑肠，下乳。用于二便不通，淋病，水肿，乳汁不行，乳房肿痛。冬葵根甘、辛，寒。清热，解毒，利窍，通淋。用于消渴，淋病，二便不通，乳汁少，白带，虫蜇伤。冬葵叶甘，寒。清热，行水，滑肠，解毒。用于肺热咳嗽，热毒下痢，黄疸，二便不通，丹毒，金疮。

【历史】野葵始载于《神农本草经》，列为上品，名冬葵子。《救荒本草》云："冬葵菜，苗高二三尺，茎及花叶似蜀葵而差小。"《本草纲目》云："葵菜……有紫茎、白茎二种，以白茎为胜。大叶小花，花紫黄色，其最小者名鸭脚葵。其实大如指顶，皮薄而扁，实内子轻虚如榆荚仁。四、五月种者可留子。六、七月种者为秋葵，八、九月种者为冬葵，经年收采。正月复种者为春葵，然宿根至春亦生。"《植物名实图考》在苋葵中云："颇似葵而小，叶状如藜有毛……苋葵即野葵，比家葵瘦小耳，武昌谓之棋盘菜。"所述形态及"冬葵"和"苋葵"附图，与现今植物冬葵和野葵相似。

【附注】《中国药典》2010年版收载冬葵果，原植物名为冬葵。

梧桐科

梧桐

【别名】青桐、瓢儿树。

【学名】Firmiana plantanifolia（L. f.）Marsili
［F. simplex（L.）W. F. Wight］
（Sterculia plantanifolia L. f.）

【植物形态】落叶乔木，高达15m。树皮青绿色，光滑；老树灰色，纵裂；枝绿色，无毛或微有白粉；芽近球形，芽鳞外被赤褐色毛。叶互生；叶片心形，掌状3～5裂，直径15～30cm，裂片近三角形，先端渐尖，裂凹V字形或U字形，基部多心形，两面平滑或略有毛，基出掌状脉7条；叶柄与叶片近等长。圆锥花序顶生，长20～30cm，宽约20cm，疏大；花萼深裂至基部，裂片条形或钝矩圆形，长约1cm，内面基部少有紫红色彩斑，外面黄白色，有柔毛，开花时常反卷；雄花的雌雄蕊柄与花萼片等长，上粗下细，白色，花药黄色，约15枚集成头状；雌花的子房圆球形，5室，花柱合生，基部有退化雄蕊附生，外被毛。蓇葖果果皮膜质，成熟前开裂成叶状匙形，有柄，长6～11cm，宽3～4cm，全缘，上有细脉纹，每蓇葖果有种子2～4粒。种子圆球形，直径0.6～1cm，棕褐色，表面有皱纹。花期6～7月；果熟期9～10月。$2n=38$。（图476）

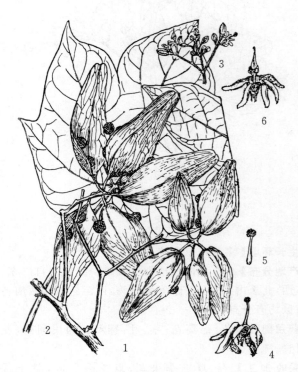

图476 梧桐
1.蓇葖果穗 2.叶 3.花序 4.雄蕊 5.雌蕊 6.雌花

【生长环境】栽培于庭园周围或道旁。

【产地分布】山东境内产于各地。在我国除山东外，还分布于黄河流域以南各地。

【药用部位】种子：梧桐子；根：梧桐根；去栓皮的树皮：梧桐白皮；叶：梧桐叶；花：梧桐花。为少常用中药或民间药。

【采收加工】春季剥取树皮，除去外层栓皮，晒干。夏季采花、叶，晒干或鲜用。秋季种子成熟时将果枝采下，晒干，打下种子。秋、冬二季挖根，洗净，晒干。

【药材性状】种子圆球形，直径约8mm。表面淡黄色、黄棕色至棕色,微具光泽,有明显隆起的网状皱纹。质轻而硬,外层种皮较脆易破裂,内层种皮坚韧。剥除种皮,可见淡红色外胚乳,内为肥厚的淡黄色内胚乳,油质,子叶2,薄而大,紧贴在内胚乳上,胚根在较小的一端。气微,味甘、淡。

以饱满、完整、淡绿色者为佳。

干燥花皱缩,呈淡黄绿色,基部有花梗。花萼筒状,长1~2mm,裂片5,长条形,长约8mm,向外卷曲;外表面被淡黄色短柔毛。无花瓣。雄蕊10~15枚,集合成圆柱形,约与萼等长。雌花子房圆球形,5室。质脆易碎。气微,味淡。

以花完整、色淡黄绿者为佳。

叶多皱缩破碎。完整叶片展平后呈心形,3~5掌裂,直径15~30cm,裂片三角形。先端渐尖,基部心形。表面棕绿色或棕色,两面无毛或略被短柔毛,基生脉7条。叶柄与叶片近等长。气微,味淡。

以叶大、完整、色棕绿者为佳。

【化学成分】种子含有机酸:咖啡碱,苹婆酸(oterculic acid),锦葵酸等;种子油主含油酸,正十六烷酸,亚油酸,夹竹桃麻素(apocynin)等。花含黄酮类:芹菜素,二氢芹菜素,7-羟基-4′-甲氧基黄酮,7,4′-二羟基黄酮,5,4′-二羟基-7-甲氧基黄酮,槲皮素-3-α-L-半乳糖苷;三萜类:齐墩果酸,乌苏酸,α-香树脂醇,木栓烷(cork alkane);还含β-谷甾醇,胡萝卜苷,对羟基苯甲醛,3β,7β,12β-三羟基胆甾烷-24-烯,4-十八碳烯酸乙酯,6-甲基三十二烷及水溶性多糖。叶含芦丁,甜菜碱,胆碱,β-香树脂醇,β-香树脂醇乙酸酯,β-谷甾醇,三十一烷及水溶性多糖。树皮含黄酮类:槲皮素,槲皮苷,槲皮素-3-O-β-D-新橙皮苷(quercetin-3-O-β-D-neohesperidoside),金丝桃苷,山柰酚,山柰酚-3-O-β-D-芸香糖苷;尚含二十八醇,羽扇烯酮,戊聚糖,戊糖,黏液质等。

【功效主治】梧桐子甘,平。顺气,和胃,消食。用于伤食,胃痛,疝气,小儿口疮。梧桐叶苦,寒。祛风除湿,清热解毒,平肝。用于风湿疼痛、麻木,痈疮肿毒,痔疮,臁疮,创伤出血,肝阳上亢。梧桐花甘,平。解毒消肿,利水渗湿。用于水肿,秃疮,烫火伤。梧桐根及梧桐白皮甘,平。祛风除湿,调经止血,解毒疗疮。用于风湿痹痛,肠风下血,月经不调,跌打损伤,痔疾,丹毒。

【历史】梧桐始载于《诗经》。《本草经集注》收载梧桐子,在"桐叶"条下云:"桐树有四种……梧桐色白,叶似青桐而有子,子肥亦可食。"《本草图经》载有梧桐白皮,云:"梧桐皮白,叶青而有子",并附图。《本草纲目》收梧桐叶,谓:"梧桐处处有之。树似桐而皮青不皴,其木无节直生,理细而性紧。叶似桐而稍小,光滑有尖。其花细蕊,坠下如醭。其荚长三寸许,五片合成,老则裂开如箕,谓之橐鄂。其子缀于橐鄂上,多者五六,少或二三。子大如胡椒,其皮皱。"《本草纲目拾遗》收载梧桐花。本草所述形态及附图均与植物梧桐一致。

【附注】①《中国药典》1977年版曾收载叶的浸膏片,称梧桐片。②本种在"Flora of China"12:311,2007. 的拉丁学名为 *F. irmiana simplex* (L.) W. F. Wight,本志将其列为异名。

猕猴桃科

软枣猕猴桃

【别名】软枣子、猕猴桃、猕猴梨。

【学名】Actinidia arguta (Sieb. & Zucc.) Planch. ex Miq. (*Trochostigma arguta* Sieb. & Zucc.)

【植物形态】落叶藤本。小枝无毛;髓白至淡褐色,片层状。单叶互生;叶片阔椭圆形或阔倒卵形,长8~12cm,宽5~10cm,先端急短尖,基部圆形,边缘有锐锯齿,不内弯,上面深绿色,无毛,下面绿色,脉腋有髯毛,横脉和网状小细脉,不显著,侧脉稀疏,6~7对,分叉或不分叉,膜质或纸质;叶柄长3~6cm,无毛。聚伞花序腋生,1~2回分枝,1~7花,多少被短绒毛;花序梗长0.7~1cm,花梗长0.8~1.4cm;花绿白色,芳香,直径1~2cm;萼片4~6,卵圆形至长圆形,长3.5~5mm,两面被疏柔毛或近无毛,花瓣4~6,倒卵形,长7~9mm;花药暗紫色;子房瓶状,无毛。果实圆球形至柱状长圆形,长2~3cm,有喙,无毛,熟时绿黄色。花期5~6月;果期9~10月。$2n=116$。(图477)

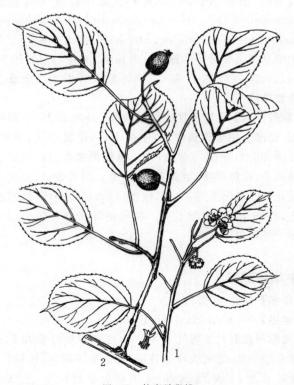

图477 软枣猕猴桃
1.花枝 2.果枝

【生长环境】生于山坡杂木林中,国家Ⅱ级保护植物。

【产地分布】山东境内产于昆嵛山、崂山、泰山、徂徕山等地。在我国除山东外,还分布于东北至广西南北各省区。

【药用部位】果实:软枣子;根:猕猴桃根(藤梨根);叶:猕猴桃叶。为民间药,成熟果实药食两用。

【采收加工】夏季采叶,秋季采收成熟果实,晒干或鲜用。秋、冬二季挖根,洗净切片,晒干。

【药材性状】果实圆球形、椭圆形或柱状长圆形,长2~3cm,直径1.5~2.5cm;表面皱缩,暗褐色或紫红色,光滑或有浅棱,先端有喙,基部果柄长1~1.5cm;质软,果肉淡黄色。种子细小,椭圆形,长2.5mm。气微,味酸、甜、微涩。根圆柱形,稍弯曲,直径3~5cm;有的为纵、横、斜切片。表面棕色或棕褐色,粗糙,有纵向沟纹。切面皮部暗红棕色,木部黄白色,密布小孔;折断面皮部内侧有白色胶丝样物(黏液质),髓心呈膜质层片状。

【化学成分】果实含猕猴桃碱(actinidine),草苁蓉醛碱(boschniakine),维生素A、C,烟酸,(+)-儿茶素和(-)-表儿茶素及天冬氨酸等18种氨基酸;挥发性成分有1-甲基-4-(1-甲基亚乙基)环乙烯,丁酸乙酯,乙醇,己酸乙酯,苯甲酸乙酯,β-月桂烯,D-柠檬烯,β-蒎烯等。种子油主要含棕榈酸、亚油酸和油酸。茎含10-十一碳烯酸辛酯,正二十二烷。叶含熊果酸,齐墩果酸,琥珀酸,胡萝卜苷,槲皮素-3-二鼠李糖基半乳糖苷{quercetin-3-O-[α-rhamnopyranosyl-(1→4)-rhamnopyranosyl-(1→6)-β-galactopyranoside]}及山柰酚-3-二鼠李糖基半乳糖苷等。根含β-谷甾醇,毛花猕猴桃酸B,2α,3α,24-三羟基-12-烯-28-乌苏酸及挥发油。全草含猕猴桃碱。

【功效主治】软枣子甘、微酸,微寒。滋阴清热,止渴解烦,通淋。用于热病津伤,阴血不足,烦渴引饮,砂淋,石淋,衄血,牙龈出血,胁痛。猕猴桃根酸、涩,凉。清热利湿,祛风除痹,活血消肿,止血。用于黄疸,消化不良,呕吐,风湿痹痛,瘰疬,癥瘕积块,痈疡疮疖,跌打损伤,外伤出血,乳汁不下。猕猴桃叶微涩,平。止血。用于外伤出血。

中华猕猴桃

【别名】羊桃、猕猴桃。

【学名】Actinidia chinensis Planch.

【植物形态】大型落叶藤本。幼枝密被灰白色茸毛或锈色硬刺毛,老时秃净或残留;髓白至淡褐色,片层状。单叶互生;叶片阔倒卵形、倒卵形至近圆形,长6~17cm;宽7~15cm,先端平截并中间凹入或有突尖,基部钝圆至浅心形,边缘有小齿,上面深绿色,无毛或沿脉有毛,下面苍绿色,密被灰白色或淡褐色星状绒毛,侧脉5~8对,横脉发达,纸质;叶柄长3~6cm,有灰白色或黄褐色刺毛。花单性,雌、雄异株;聚伞花序有1~3花,花序梗长0.7~1.5cm;花梗长0.9~1.5cm;苞片小,卵形或钻形,长约1mm,均被柔毛;花白色,有香气,直径2~3.5cm;萼片3~7,通常5,阔卵形,长0.6~1cm,两面被绒毛;花瓣5,有时3~4或6~7,阔倒卵形,有短爪,长1~2cm,宽0.6~1.7cm;雄蕊多数,花药黄色;子房球形,被金黄色绒毛,花柱丝状,多数。浆果黄褐色,近球形,长4~6cm,被茸毛或刺毛,熟时近无毛,有多数淡褐色斑点;宿存萼片反折。花期6月;果期9~10月。2n=58。(图478)

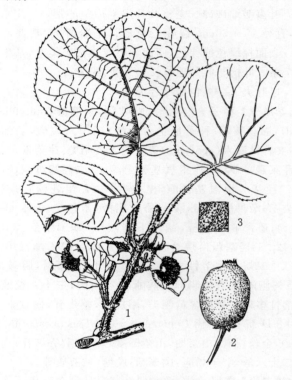

图478 中华猕猴桃
1.花枝 2.浆果 3.部分叶背面,示星状毛

【生长环境】栽培于排水良好、肥沃的微酸性砂质壤土。

【产地分布】山东境内的烟台、泰安、济南、青岛及潍坊有引种栽培。在我国除山东外,还分布于陕西、河南、安徽、湖南、湖北、江苏、浙江、福建、广东、广西等地。

【药用部位】果实:猕猴桃;根:猕猴桃根(藤梨根);嫩枝叶:猕猴桃枝叶。民间药,成熟果实药食两用。

【采收加工】全年可采根,洗净,切成块片,晒干或鲜用。秋季采摘果实,鲜用。

【药材性状】浆果近球形、圆柱形、倒卵形或椭圆形,长4~6cm;表面黄褐色或绿褐色,被茸毛、长硬毛或刺毛状长硬毛,有的较光滑,具多数小淡褐色斑点,先端喙不明显,微尖,基部有果柄,宿萼反折;质柔软或较硬,果肉外部绿色,内部黄色。种子细小,长 2.5mm。气微,味酸、甜、微涩。

根粗长,有少数分枝,商品药材常切成段块,长 1~3cm,直径 3~5cm。表面棕褐色或灰褐色,粗糙,具不规则纵沟纹。切面皮部暗红棕色,略呈颗粒性,易折碎成小块状,有白色胶丝样物,以内侧为多;木部淡棕色,质坚硬,强木化,密布导管;髓较大,直径约 4mm,纵剖面中央呈膜质层片状,淡棕白色。气微,味淡、微涩。

幼枝直径 4~8mm;与叶柄表面密被灰白色茸毛、褐色长硬毛或铁锈色刺毛,老枝表面较光滑或残留毛茸,皮孔长圆形;折断面髓部白色或淡褐色,层片状。叶皱缩或破碎;完整叶片阔卵形、近圆形或倒卵形,长 5~16cm,宽 6~14cm;先端平截、微凹或有突尖,基部钝圆或浅心形,边缘有睫状小齿;表面枯绿色,上面仅叶脉有少数毛或疏被短糙毛,下面密被星状绒毛;侧脉 5~8 对,横脉较发达;叶柄长 3~6cm。质脆易碎。气微,味微苦、涩。

以枝嫩、叶多、色绿者为佳。

【化学成分】果实含生物碱:猕猴桃碱,玉蜀黍嘌呤(zeatin),9-核糖基玉蜀黍嘌呤(9-ribosylzeatin);蒽醌类:大黄素,大黄素甲醚,大黄素-8-甲醚,ω-羟基大黄素(ω-hydroxyemodin),大黄酸,大黄素-8-β-D-葡萄糖苷(emodin-8-β-D-glucoside);香气成分主为乙酸乙酯,乙醇,丁酸甲酯,丁酸乙酯,己酸乙酯,乙酸己酯等;还含β-谷甾醇,中华猕猴桃蛋白酶(actinidin),游离氨基酸,糖,有机酸,维生素 C、B,鞣质,烯醇及无机元素铁、锌、铜、钙、镁、锰等。根含三萜类:2α-羟基齐墩果酸,2α-羟基乌苏酸,蔷薇酸(rosolic acid),23-羟基乌苏酸,3β-O-乙酰乌苏果酸,表科罗索酸(3-epi-corosolic acid);黄酮类:芒柄花素,鹰嘴豆芽素 A(biochanin A),表儿茶素;还含奎尼酸内酯(γ-quinide),二十四烷酸,硬脂酸,麦角甾-4,6,8(14),22-四烯-3-酮,硬脂酸葡萄糖苷,正丁基-O-β-D-吡喃果糖苷,β-谷甾醇,蔗糖,葡萄糖,猕猴桃多糖复合物(actinidia chinensis polysaccharide,ACPS),维生素 C 等。

【功效主治】猕猴桃根苦、涩,凉。清热解毒,利尿,活血散结,祛风利湿,消肿。用于胁痛,水肿,跌打损伤,风湿痹痛,瘰疬,淋浊,带下,疮疖。猕猴桃甘、酸,寒。解热,止渴,通淋。用于食积不化,食欲缺乏,呕吐,烧烫伤。猕猴桃枝叶酸、微苦、微甘,凉。解毒疗疮。用于痈肿疮疡,烫伤。

【历史】猕猴桃始载于《开宝本草》,谓:"生山谷,藤生著树,叶圆有毛,其形似鸡卵大,其皮褐色,经霜始甘美可食。"《本草衍义》曰:"猕猴桃,今永兴军南山甚多,食之解实热,过多则令人脏寒泄,十月烂熟,色淡绿,生则极酸,子繁细,其色如芥子,枝条柔弱,高二三丈,多附木而生,浅山傍道则有存者,深山则多为猴所食。"《本草纲目》有附图。《植物名实图考》载:"李时珍解羊桃云,叶大如掌,上绿下白,有毛,似苎麻而团……枝条有液,亦极粘。"所述形态及附图与现今植物猕猴桃相符。

【附注】《中国药典》1977 年版曾收载根。

葛枣猕猴桃

【别名】木天蓼、葛枣子、软枣(昆嵛山)、羊枣(青岛)。

【学名】Actinidia polygama (Sieb. & Zucc.) Maxim.

【植物形态】落叶藤本。枝无毛,皮孔不显著;髓白色,实心。单叶互生;叶片卵形或椭圆卵形,长 7~14cm,宽 4~8cm,先端急渐尖至渐尖,基部圆形至阔楔形,边缘有细锯齿,上面绿色,散生少数小刺毛,有时前半部白色或淡黄色,下半部浅绿色,沿中脉和侧脉有卷曲柔毛,中脉有时有小刺毛,叶脉比较发达,侧脉 7 对,其上段常分叉,横脉颇明显,网状小脉不明显,薄纸质;叶柄长 1.5~3.5cm,近无毛。花单性,雌、雄异株;聚伞花序,有 1~3 花;花序梗长 0.5~1.5cm,近中部处有 2 花脱落的痕迹,均被短绒毛;苞片小,长约 1mm;花白色,芳香,直径 2~3.5cm;萼片 5,卵形,长 5~7mm,两面被疏毛或近无毛;花瓣 5,倒卵形,长 0.8~1.3cm,最外 2~3 片背面有时略被柔毛;花药黄色;子房瓶状,无毛,花柱多数,长 3~4mm。浆果卵球形,长 2.5~3cm,无毛,无斑点,顶端有喙,基部有宿存萼片。花期 6 月;果熟期 9~10 月。(图 479)

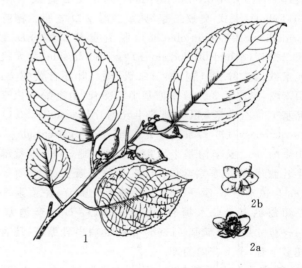

图 479 葛枣猕猴桃
1.果枝 2.雌花(a.腹面 b.背面)

【生长环境】生于山沟或山坡较阴湿处,国家 II 级保护植物。

【产地分布】山东境内产于昆嵛山、崂山、泰山、徂徕山等地。在我国除山东外,还分布于东北地区及甘肃、陕西、河北、河南、湖北、湖南、四川、云南、贵州等地。

【药用部位】根:木天蓼根;枝叶:木天蓼;带虫瘿的果

实:木天蓼子。为民间药。

【采收加工】夏季采枝叶,晒干或鲜用。秋季采收带虫瘿的果实,晒干。秋、冬二季挖根,洗净,晒干。

【药材性状】枝细长,直径 2.5mm;表面淡棕色,近无毛,皮孔白色;质硬脆,断面髓大,白色。叶皱缩或破碎;完整叶片卵形或椭圆卵形,长 7～14cm,宽 4～8cm;先端急尖至渐尖,基部圆形或阔楔形,边缘有细锯齿;表面枯绿色,上面散生少数小刺毛,下面沿脉有卷曲的柔毛;叶柄近无毛,长 1.5～3.5cm;叶片薄纸质,易碎。气微,味淡、涩。

浆果卵圆形或长卵圆形,长 2.5～3cm。表面皱缩,黄色或淡橙色,先端有喙,基部有宿存萼片。种子细小,多数,黑褐色,长 1.5～2mm。气微,味辛、涩。

【化学成分】叶和果实含猕猴桃碱,猕猴桃内酯,二氢猕猴桃内酯(dihydroactinidiolide),异猕猴桃内酯,木天蓼内酯(matatabilactone),木天蓼醚(matabtabiether),5-羟基木天蓼醚(5-hydroxymatatabiether),木天蓼醇(matatabiol),别木天蓼醇(allomatatabiol),新木天蓼醇(neomatatabiol),异新木天蓼醇(isoneomatatabiol),猕猴桃醇(actinidol),假荆芥内酯(nepetalactone),新假荆芥内酯(neonepetalactone),异新假荆芥内酯,二氢假荆芥内酯(dihydronepetalactone),异二氢表假荆芥内酯(isodihydroepinepetalactone),二氢表假荆芥内酯,阿根廷蚁素(iridomymecin),去氢阿根廷蚁素(dehydroiridomyrmecin),α-及 β-臭蚁二醇(iridodiol),顺式-臭蚁二醇,臭蚁二醛-β-D-龙胆二糖苷(iridodialo-β-D-gentiobiolde),脱氢臭蚁二醛-β-D-龙胆二糖苷(dehydroiridodialo-β-D-gentiobiioside)及无机元素铁、锶、锌、锰、铜、镍、铬、钒、硒。叶还含黄酮类:山奈酚,槲皮素-3-二鼠李糖基半乳糖苷,山奈酚-3-鼠李糖基-(3‴-乙酰基)-鼠李糖基半乳糖苷{kaempferol-3-O-[α-rhamnosyl-(3‴-O-acetyl)-α-rhamnosyl-β-galactoside]},山奈酚-3-二鼠李糖基半乳糖苷,山奈酚-3-O-β-D-吡喃半乳糖苷,异鼠李素-3-O-β-D-吡喃葡萄糖苷,山奈酚-3-O-α-L-鼠李糖基-(1→6)-β-D-吡喃半乳糖苷,芹菜素-6-C-葡萄糖基-8-C-木糖苷,山奈酚-3-O-α-L-鼠李糖基-(1→3)-α-L-鼠李糖基-(1→6)-β-D-吡喃半乳糖苷;还含胡萝卜苷,伞形花内酯等。

【功效主治】木天蓼根 辛,温。祛风散寒,杀虫止痛。用于风虫牙痛,寒痹腰痛。木天蓼 苦、辛,温;有小毒。祛风除湿,止痛温经,消癥瘕。用于中风,半身不遂,腰痛,疝痛,癥瘕积聚,气痢,白癜风。木天蓼子 苦、辛,温。祛风通络,利气止痛。用于中风口鼻歪斜,疝气,腰痛,瘆癣。

【历史】葛枣猕猴桃始载于《新修本草》,名木天蓼,云:"生山谷中。作藤蔓,叶似柘,花白,子如枣许,无定形。中瓤似茄子。"《本草拾遗》谓:"木天蓼,今时所用,出凤州,树高如冬青,不凋,出深山。"《本草图经》谓:"木高二三丈,三月四月开花,似柘花,五月采子。"《植物名实图考》谓:"生信阳,花似柘花,子作球形,似蓖麻子,可藏作果食;又可为烛,酿酒,治风。"所述形态与植物葛枣猕猴桃相符。

山茶科

山茶

【别名】茶花、耐冬(青岛)、山茶花。

【学名】Camellia japonica L.

【植物形态】常绿灌木或小乔木。小枝淡绿色,无毛。单叶互生;叶片倒卵形至椭圆形,长 5～12cm,宽 3～4cm,先端短渐尖,基部楔形,边缘有尖或钝锯齿,上面暗绿色,有光泽,下面淡绿色,两面无毛,厚革质;叶柄长 0.8～1.5cm。花大,红色或白色,直径 6～8cm,近无梗;单生或双生于叶腋或枝顶;花瓣 5～7,近圆形;萼片密被绒毛;子房无毛,3 室,花柱 3,离生。蒴果球形,直径 2～3cm。种子近球形或有棱角。花期 12 月至翌年 5 月;果实秋季成熟。(图 480)

图 480 山茶花
1.花枝 2.蒴果

【生长环境】生于山地或岛屿。

【产地分布】山东境内产于崂山及青岛沿海岛屿,长门岩岛及大关岛有野生。在我国除山东外,还分布于秦岭、淮河以南各地。

【药用部位】花:山茶花;根:山茶根;叶:山茶叶;种子:

山茶子。为民间药，山茶花、山茶叶药食两用，山茶籽油食用保健，美容。

【采收加工】4～5月花期采收含苞待放的花，晒干或烘干。秋季采收成熟果实，取出种子，晒干。全年采叶，挖根，洗净，晒干。

【药材性状】花蕾卵圆形，开放的花呈不规则扁盘状，直径5～8cm。萼片5，棕红色，革质，背面密被灰白色绢丝样细绒毛。花瓣红色、黄棕色或棕褐色，5～7或更多，上部卵圆形，先端微凹，下部色较深，基部稍连合，纸质；雄蕊多数，2轮，外轮花丝基部连合，内轮离生。子房上位，花柱先端3裂。质脆易碎。气微，味甜。

以完整、花瓣红、未开放、味甜者为佳。

叶片倒卵形或椭圆形，长5～12cm，宽3～4cm。先端渐尖而钝，基部楔形，边缘有细锯齿。表面暗绿色或黄绿色，略有光泽，无毛或下面及边缘略有毛。叶柄圆柱形，长0.8～1.5cm。叶片革质。气微，味微苦、涩。

【化学成分】花含黄酮类：槲皮素，芦丁，山柰酚，山柰酚-3-O-芸香糖苷，杨梅素-3-O-葡萄糖苷，矢车菊素-3-半乳糖苷，矢车菊素-3-O-葡萄糖苷，矢车菊素-3-(6-对香豆酰基)葡萄糖苷 [cyanidin-3-O-β-D-(6-O-p-coumaroyl)glucoside]，3,5,7,4′-四羟基-8-甲氧基黄酮(sexangularetin)，(一)-表儿茶素；有机酸：对-羟基苯甲酸，原儿茶酸，没食子酸；三萜类：山茶皂苷(camellidin)Ⅰ、Ⅱ，camellioside A、B、C、D；3β-羟基-28-去甲齐墩果-17-烯-16-酮-12,13-环氧化物(3β-hydroxy-28-norolean-17-en-16-on-12,13-epoxide)，山茶二酮醇(camellendionol)，山茶酮二醇(camellenodiol)等；甾醇类：α-菠菜甾醇，β-谷甾醇-D-葡萄糖苷，豆甾醇-D-葡萄糖苷，豆甾-7-烯-3β-醇(stigmast-7-en-3β-ol)；还含路边青鞣质(gemin)D，山茶鞣质(camelliin)A、B，长梗马兜铃素(pedunculagin)，新喷呐草素(tellimagrandin)及可可豆碱(theobromine)。**叶**含可可豆碱，β-香树脂醇，左旋表儿茶精，右旋儿茶精，棕榈酸，油酸及维生素C。**种子**含山茶皂苷元(camelliagenin)A、B、C；种子油脂肪酸含油酸，亚油酸，花生酸，棕榈酸和硬脂酸。

【功效主治】山茶花甘、苦、辛，寒。凉血，止血，散瘀，消肿。用于吐血，衄血，血崩，肠风，血痢，血淋，跌打损伤，烫伤。山茶根苦、辛，平。散瘀消肿，消食。用于跌打损伤，食积腹胀。山茶叶苦、涩，凉。清热解毒，止血。用于痈疽肿毒，烫火伤，出血。山茶子甘，平。去油垢。用于发多油腻。

【历史】山茶花始载于《本草纲目》，谓："山茶产南方。树生，高者丈许，枝干交加，叶颇似茶叶而厚硬，有棱，中阔头尖，面绿背淡，深冬开花，红瓣黄蕊。"《本草纲目拾遗》卷七花部在宝珠山茶中引《百草镜》曰："山茶多种，唯宝珠入药，其花大红四瓣，大瓣之中又生碎瓣极多。"《植物名实图考》亦附图。按诸家本草所述形态及附图与植物山茶花极相符。

茶

【别名】茶叶树、茶芽、芽茶。

【学名】Camellia sinensis (L.) O. Kuntze (Thea sinensis L.)

【植物形态】常绿小乔木或灌木，高1～4m。幼枝、嫩叶有细柔毛。单叶互生；叶片卵状椭圆形或椭圆形，长5～10cm，宽2～4cm，先端短尖，基部楔形，边缘有细锯齿，上面无毛，有光泽，下面淡绿色，沿脉有微毛，侧脉在上面凹下，薄革质；叶柄长3～6mm，有细柔毛。花两性，白色，直径2～3cm，芳香；单生或2～4花成腋生聚伞花序；花梗长约0.6～1cm，下弯；萼片5～6，圆形，宿存；花瓣5，稀至8；雄蕊多数，外轮花丝连合成短管；子房3室，有长毛，柱头3裂。蒴果3棱球形，直径约2.5cm，每室有1粒种子。种子近球形，直径1～1.5cm，淡褐色。花期9～11月；果期翌年秋季。(图481)

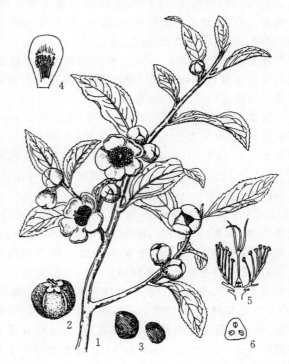

图481 茶
1.花枝 2.蒴果(未开裂) 3.种子 4.花瓣及雄蕊
5.花纵剖 6.子房横切

【生长环境】栽培于酸性土的山地丘陵或平原，国家Ⅱ级保护植物。

【产地分布】山东境内的鲁中南及东部沿海地区有引种栽培，日照、临沂面积较大。"日照绿茶"、"诸城绿茶"、"荣成绿茶"、"崂山绿茶"、"崂山茶"、"胶南绿茶"、"沂水绿茶"、"莒南绿茶"、"乳山绿茶"已注册了国家地理标志产品。在我国除山东外,还分布于秦岭、淮河流域以南各地。

【药用部位】嫩叶及嫩芽:茶叶;根:茶树根;果实:茶子;花:茶花。为少常用中药及民间药,茶叶、茶花药食两用,茶子可榨油。

【采收加工】培育3年即可采叶。4~6月采春茶及夏茶。各种茶类对鲜叶原料要求不同,一般红、绿茶采摘1芽1~2叶;粗老茶为1芽4~5叶。加工方法因茶叶种类的不同可分全发酵、半发酵、不发酵三大类。绿茶:鲜叶经杀青、揉捻、干燥而成。绿茶加工后用香花熏制成花茶。红茶:鲜叶经凋萎、揉捻、发酵、干燥而成。还可以加工成茶砖。

夏、秋二季采收开放的花,鲜用或晒干。秋季采收成熟果实,晒干。全年挖根,洗净,晒干或鲜用。

【药材性状】叶常卷缩成条形、薄片状或皱摺。完整叶片展平后呈披针形或长椭圆形,长1.5~4cm,宽0.5~1.5cm。先端短尖或钝尖,基部楔形下延,边缘有细锯齿,齿端呈棕红色爪状,有时脱落。上下表面均有柔毛,羽状网脉,侧脉4~10对,主脉在下表面较凸出。叶柄短,被白色柔毛。老叶革质,较大,近光滑;嫩叶纸质,较厚。气微弱而清香,味苦、涩。

花蕾类球形。萼片5,黄绿色或深绿色。花瓣5,类白色或淡黄白色,近圆形;雄蕊多数,外轮花丝合成短管。质脆易碎。气微香,味淡。

果实扁球形,具3钝棱,先端凹陷,直径约2.5cm。表面黑褐色,被灰棕色毛茸,果皮坚硬,不易压碎。宿存萼片5,广卵形;内表面灰棕色,被毛茸,外表面棕褐色,质厚,木质化。果柄圆柱形,上端稍粗,微弯曲,下方有一突起的环节,棕褐色。气微,味淡。

【化学成分】叶含生物碱:咖啡碱,可可豆碱,茶碱等;黄酮类:牡荆素(vitexin),肥皂草素(saponaretin),紫云英苷,槲皮素,芦丁,槲皮素-3-O-鼠李糖二葡萄糖苷,槲皮素-3-O-β-D-吡喃葡萄糖苷,山柰酚,山柰酚-3-O-芸香糖苷,山柰酚-3-O-β-D-吡喃葡萄糖苷,杨梅素-3-O-β-D-葡萄糖苷,芹菜素,山茶黄酮苷A、B等;三萜皂苷:水解后得山茶皂苷元A;鞣质:左旋表没食子儿茶精酯[(-)epigallocatechin gallate],左旋表没食子儿茶精,没食子酸表儿茶精酯(epicatechin gallate),左旋表儿茶精,没食子酸,茶黄素(theaflavin),异茶黄素(isotheaflavin)等;挥发油主成分为β-及γ-庚烯醇(heptenol),α-及β-庚烯醛(heptenal),4-乙基愈创木酚(4-ethyl guaiacol),橙花叔醇,α-及β-紫罗兰酮,茶螺酮(theaspirone)等;还含茶多糖,茶氨酸(theanine),茵芋苷(skimmin),东莨菪素,α-菠菜甾醇,维生素A、B_2、C,正丁基-β-D-吡喃果糖苷(n-butyl-β-D-fructopyranoside),绿原酸甲酯(methyl chlorogenate),尿嘧啶,胡萝卜素等。花粉含茶花粉黄酮(pollenitin)及茶花粉黄酮苷A、B。果实含茶皂苷(theasaponin),哌啶-2-酸(pipecolic acid),咖啡酸,香草醛等。种子油脂肪酸为棕榈酸,硬脂酸,油酸,亚油酸等;尚含菜油甾醇(campesterol),菜子甾醇(brassicasterol),豆甾醇,菠菜甾酮,燕麦甾醇(avenasterol)等。

【功效主治】茶叶苦、甘,凉。清头目,除烦渴,化痰,消食,利尿,解毒。用于头痛,目昏,多睡善寐,心烦口渴,食积痰滞,疟疾,痢疾。茶子苦,寒;有毒。降火平喘消痰。用于喘急咳嗽,去痰垢。茶树根苦,平。补心利水,解毒敛疮。用于心悸,水肿,口疮,牛皮癣。茶花微辛、甘,寒。凉血止血,散瘀消肿,清热养心。用于咯血,鼻衄,血痢,血崩,肠风下血,痔疮出血,血淋,烧伤,烫伤,跌打损伤,外伤出血。

【历史】茶始见于《宝庆本草折衷》。入药始载于《新修本草》,名"茗"。《尔雅·释木》云:"槚,苦荼。"注:"树小如栀子,冬生叶,可煮作羹饮,今呼早采者为荼,晚取者为茗,一名荈,蜀人谓之苦荼。生山南汉中山谷。"《茶经》曰:"茶者,南方佳木,自一尺、二尺至数十尺。其巴川峡山有两人合抱者,伐而掇之,木如瓜芦,叶如栀子,花如白蔷薇,实如栟榈,蒂如丁香,根如胡桃,其名一曰茶,二曰槚,三曰蔎,四曰茗,五曰荈。"《本草图经》曰:"今闽浙蜀荆江湖淮南山中皆有之……今通谓之茶,茶荼声近,故呼之。春中始生嫩叶,蒸焙去苦水,末之乃可饮"。所述形态及附图与植物茶基本相符。

【附注】《中国药典》2010年版附录收载茶叶。

藤黄科

黄海棠

【别名】红旱莲、湖南连翘、元宝草、大叶牛心菜(牙山、烟台)、大金鹊(莒县、沂水)。

【学名】Hypericum ascyron L.

【植物形态】多年生草本,高0.8~1m。茎单一或数茎丛生,4棱形,上部绿色,有分枝,下部淡棕色,木质。叶对生;叶片卵状长圆形至阔披针形,长4~10cm,宽1.5~3cm,先端渐尖,基部抱茎,全缘,上面绿色,下面淡绿色,散生腺点;无柄。顶生聚伞花序,花9~12朵;花金黄色,直径3~8cm;花梗长0.5~3cm;萼片5,卵形至卵状长圆形,全缘,结果时直立;花瓣5,镰刀状倒卵形,歪斜,呈"万"字形扭转,宿存;雄蕊5束,短于花瓣,宿存;花柱长,在中部以上5裂。蒴果圆锥形,长2~3cm,成熟后先端5裂。花期7~8月;果期8~9月。2n=42。(图482)

【生长环境】生于山坡、林缘或草丛中。

【产地分布】山东境内产于崂山、昆嵛山、蒙山、沂山、徂徕山等山区。在我国除新疆及青海外,各地均有分布。

【药用部位】全草:红旱莲(湖南连翘)。为民间药。

者。"所述形态及附图与植物黄海棠相符。

图482 黄海棠
1.植株 2.花 3.雌蕊 4.果实 5.种子

【采收加工】夏季果实成熟时,采割地上部分,晒干。

【药材性状】全草光滑无毛,叶通常脱落或破碎;完整者卵状长圆形,全缘,表面绿褐色,有腺点。茎圆柱形,四棱形;表面红棕色,节处有叶痕,节间长约3.5cm;质硬,断面中空。蒴果圆锥形,3~5个生于茎顶,长约1.6cm,直径约9mm;表面红棕色,先端5瓣裂,裂片先端尖,内面灰白色;质坚硬,有多数种子。种子细小,圆柱形,表面红棕色,有细密小点。气微香,味苦。

以色红棕、果实多、种子饱满者为佳。

【化学成分】全草含黄酮类:槲皮素,山奈酚,金丝桃苷,芦丁,异槲皮素,槲皮素-3-O-α-L-阿拉伯呋喃糖苷,3,5,8,3′,4′-五羟基黄酮;三萜类:白桦酸,19α-羟基乌苏酸,6β,19α-二羟基乌苏酸,3β,19α-二羟基乌苏烷-24,28-二酸;还含豆甾醇,胡萝卜素,尼克酸及维生素C、B_2等;挥发油含正壬烷(n-nonane)等。

【功效主治】微苦,寒。凉血止血,败毒消肿。用于吐血,咯血,衄血,崩漏,外伤出血,胁痛,头痛,黄疸,疮疖。

【历史】《新修本草》于"连翘"条下云:"连翘有两种:大翘、小翘。大翘叶狭长如水苏,花黄可爱,生下湿地,著子似椿实之未开者,作房翘出众草。其小翘生岗原之上,叶、花、实皆似大翘而小细,山南人并用之。"《植物名实图考》载有湖南连翘,云:"生山坡。独茎方棱,长叶对生,极似刘寄奴,梢端叶际开五瓣黄花,大如杯,长须进露,中有绿心,如壶卢形。一枝三花,亦有一花

地耳草

【别名】田基黄、雀舌草、对叶草。

【学名】Hypericum japonicum Thunb. ex Murray

【植物形态】一年生或多年生草本,高10~45cm。茎直立或披散,有4棱,散生淡色腺点;基部节处生根。单对生;叶片卵形、卵状三角形、长圆形或椭圆形,长0.3~1.8cm,宽2~8mm,先端近锐尖至圆形,基部心形抱茎,全缘,上面绿色,下面淡绿色,有时苍白色,有1~3条基生主脉和1~2对侧脉,散生透明腺点。聚伞花序顶生;花小,直径4~8mm;花梗长2~5mm;萼片狭长圆形或披针形,散生透明腺点或腺条纹,果时直伸;花瓣白色、淡黄色至橙黄色,椭圆形,长2~5mm,先端钝,宿存;雄蕊5~30,花丝不成束,花药黄色,有松脂样腺体;子房1室,花柱3,自基部离生。蒴果短圆柱形至圆球形,无腺条纹。种子淡黄色,圆柱形,两端锐尖。花期5~6月;果期8~10月。(图483)

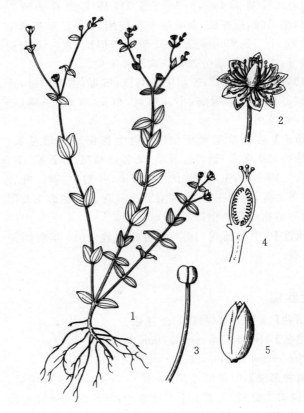

图483 地耳草
1.植株 2.花 3.雄蕊 4.雌蕊纵切 5.果实

【生长环境】生于山坡潮湿处。

【产地分布】山东境内产于蒙山、徂徕山等地。在我国除山东外,还分布于辽宁及长江流域以南各地。

【药用部位】全草:地耳草(田基黄)。为南方地区民间药。

【采收加工】春、夏二季开花时采收全草,晒干或鲜用。

【药材性状】全草长10～40cm。根黄褐色。茎单一或基部分枝;表面黄绿色或黄棕色,光滑,4棱形;质脆,易折断,断面中空。叶对生,无柄;完整叶片卵形或卵圆形,全缘,具细小透明腺点,基出脉3～5条。聚伞花序顶生,花小,橙黄色。气无,味微苦。

以叶多、色黄绿、带花、味苦者为佳。

【化学成分】全草含黄酮类:芦丁,槲皮苷,异槲皮苷,金丝桃苷,山柰酚,槲皮素,槲皮素-7-O-α-L-鼠李糖苷,槲皮素-3-O-β-D-葡萄糖醛酸苷,3,8″-双芹菜素(3,8″-biapigenin),5,7,3′,4′-四羟基-3-甲氧基黄酮,3,5,7,3′,5′-五羟基二氢黄酮醇,异巴西红厚壳素(isojacareubin),田基黄双苯吡酮,1,3,5,6-四羟基-双苯吡酮,1,3,5,6-四羟基-4-异戊基双苯吡酮,1,5-二羟基-双苯吡酮,田基黄灵素(sarothralin)B,田基黄棱素(sarothralen)A、B,湿生金丝桃素(uliginosin),双脱氢(bisdehydro)GB_{1a},田基黄绵马素(saroaspidin)A、B、C,田基黄灵素G,地耳草素(japonicine)A、B、C、D;还含水合5,6-二羟基-4,4,5,6,6a-五氢-2H-环戊烷-并呋喃-2-酮,绵马酸,白桦酸,咖啡酸十八烷酯,3,4-二羟基苯甲酸,正十三烷醇,4-羟基-3-甲氧基苯甲酸,正三十四烷酸等;挥发油主成分为十一碳烷和壬烷。

【功效主治】苦、甘,凉。清热利湿,解毒,散瘀消肿,止痛。用于胁痛,泻痢,小儿惊风,疳积,喉蛾,肠痈,疔肿,蛇咬伤。

【历史】地耳草始载于《生草药性备要》,名田基黄。《植物名实图考》始名地耳草,又名斑鸠窝、雀舌草,谓:"高三四寸,丛生,叶如小虫儿卧单,叶初生甚红,叶皆抱茎上耸,老则变绿,梢端春开小黄花。"所述形态及附图与植物地耳草相符。

【附注】《中国药典》1977年版曾收载,2010年版附录收载。

金丝桃

【别名】金丝海棠(崂山)、土连翘。

【学名】Hypericum monogynum L.
Hypericum chinense L.

【植物形态】半常绿小灌木;高0.7～1m。茎圆柱形,幼时有2纵棱,光滑无毛。叶对生;叶片椭圆形或狭长圆形,长3～10cm,宽1～3cm,先端锐尖至圆形,基部楔形至圆形,全缘,上面绿色,下面粉绿色,密生透明腺点;无柄。花两性;单一或3～7花成聚伞花序,生于枝顶;花梗长0.8～2.8cm,花直径3～6.5cm,星状;萼片5,卵形或椭圆状卵形,全缘;花瓣5,黄色,阔倒卵形,有光泽,长2～3.4cm,宽1～2cm,长约为萼片的2.5～4.5倍,全缘,无腺体;雄蕊多数,基部合生成5束;花柱细长,顶端5裂,外弯,长1.5～2cm。蒴果卵圆形。花期5～8月;果期8～9月。2n=42。(图484)

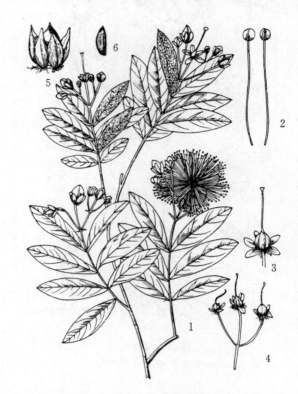

图484 金丝桃
1.植株上部 2.雄蕊 3.雌蕊 4.幼果
5.开裂的果实 6.种子

【生长环境】生于山坡灌丛中或栽培于庭院。

【产地分布】山东境内产于崂山等胶东山地丘陵,各地公园温室有栽培。在我国除山东外,还分布于河北、河南、陕西及长江流域以南各省区。

【药用部位】全株:金丝桃;果实:金丝桃果。为民间药。

【采收加工】夏季采收带根全株,除去泥土,晒干。夏、秋二季采收成熟果实,晒干。

【药材性状】全株长约80cm,光滑无毛。根圆柱形;表面棕褐色,栓皮易成片状剥落;质硬。老茎圆柱形;表面浅棕褐色,栓皮易片状脱落;幼茎直径1.5～3mm;表面浅棕绿色,较光滑,质脆,易折断,断面不整齐,中空。叶对生,略皱缩;完整叶片展平后呈长椭圆形,长3～9cm,宽1～2.5cm;先端锐尖或圆形,基部楔形,微抱茎,全缘;上表面绿色,下表面灰绿色,可见透明腺点,中脉明显突起;质脆易碎。气微香,味微苦。

以带根、枝嫩、叶多色绿、气味浓者为佳。

【化学成分】地上部分含黄酮类:槲皮素,槲皮苷,金丝桃苷,芦丁,二氢杨梅素,表儿茶素,3,5-二羟基-1-甲氧基双苯吡酮,3-羟基-2-甲氧基双苯吡酮,1,5-二羟基-3-甲氧基双苯吡酮,3,4-二羟基-2-甲氧基双苯吡酮,1,5,

6-三羟基-3-甲氧基双苯吡酮,4,6-二羟基-2,3-二甲氧基双苯吡酮,2,6-二羟基-3,4-二甲氧基双苯吡酮,6-羟基-2,3,4-三甲氧基双苯吡酮,3,6-二羟基-1,2-二甲氧基双苯吡酮,4,7-二羟基-2,3-二甲氧基双苯吡酮,3,7-二羟基-2,4-二甲氧基双苯吡酮等;还含金丝桃内酯丙,3,4-O-二氧异丙基莽草酸,莽草酸,胡萝卜苷,齐墩果酸及挥发油。

【功效主治】**金丝桃** 苦、涩,温。清热解毒,祛风消肿。用于风湿腰痛,咽痛,目赤,胁痛,疖肿,毒蛇咬伤。**金丝桃果** 甘,凉。润肺止咳。用于虚热咳嗽,百日咳。

【历史】金丝桃之名始见于《滇南本草》,但有认为是金丝梅 H. patulum Thunb.。《植物名实图考》二十七卷群芳类金丝桃项下引《花镜》曰:"金丝桃,一名桃金娘,出桂林郡。花似桃而大,其色更赪。中茎纯紫,心吐黄须,铺散花外,俨若金丝。八九月实熟,青绀若牛乳状,其味甘,可入药用。"但金丝桃花鲜黄色,蒴果卵圆形而味不甘,一般以根入药,而《花镜》所述金丝桃,经考证为桃金娘,两者并非一物,但《植物名实图考》附图与现今植物金丝桃相符。

贯叶连翘

【别名】贯叶金丝桃、小金丝桃、赶山鞭。
【学名】Hypericum perforatum L.
【植物形态】多年生草本。茎直立,高 20~60cm,多分枝,全株无毛;茎及分枝两侧各有 1 纵棱。叶对生;叶片椭圆形至条形,长 1~2cm,宽 3~7mm,先端钝,基部近心形而抱茎,全缘,向下反卷,上表面绿色,下表面浅绿色,散生淡色或黑色腺点。聚伞花序生于茎及分枝顶端,有 5~7 花,再组成顶生圆锥花序;萼片长圆形或披针形,先端渐尖至锐尖,边缘有黑色腺点,背面有 2 行腺条和腺斑,果时直立;花瓣黄色,长圆形或长圆状椭圆形,两侧不相等,边缘及上部常有黑色腺点;雄蕊多数,成 3 束,花药黄色,有黑色腺点;花柱 3。蒴果长圆状卵球形,长约 5mm,有背生腺条及侧生黄褐色囊状腺体。种子黑褐色,圆柱形。花期 6~7 月;果期 8~10 月。(图 485)

【生长环境】生于山坡草丛中。
【产地分布】山东境内产于莱芜、沂南及沂蒙山区。在我国除山东外,还分布于河北、河南、山西、陕西、甘肃、新疆、江苏、江西、湖北、湖南、四川、贵州等地。
【药用部位】全草:贯叶金丝桃(贯叶连翘)。为少常用中药。
【采收加工】秋季采收,洗净,晒干。
【药材性状】茎圆柱形,长 10~100cm,多分枝,茎和分枝两侧各具一条纵棱,小枝细瘦,对生于叶腋。单叶对生,无柄抱茎,叶片披针形或长椭圆形,长 1~2cm,宽

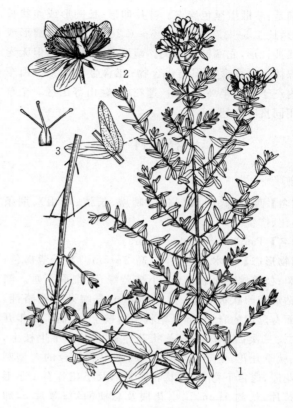

图 485 贯叶连翘
1.植株上部 2.花 3.雌蕊

0.3~0.7cm,散有透明或黑色的腺点,黑色腺点多分布于叶片边缘或顶端。聚伞花序顶生,花黄色,花萼、花瓣各 5,长圆形或披针形,边缘有黑色腺点;雄蕊多数,合生为 3 束,花柱 3。气微,味微苦涩。

【化学成分】全草含黄酮类:金丝桃苷(hyperoside, hyperin),芦丁,槲皮素,槲皮苷,异槲皮苷,金丝桃素,木犀草素,山柰酚,杨梅素,甲基橙皮苷,3,8″-双芹菜素,穗花杉双黄酮(amentoflavone),萹蓄苷(avicularin),槲皮素-3-O-(2-O-乙酰基)-β-D-半乳糖苷,1,7-二羟基双苯吡酮,6″-乙酰基槲皮素-3-O-β-D-阿洛糖苷(6″-acetyl quercetin-O-β-D-alloside),表儿茶精,花青素-3-O-α-L-鼠李糖苷;酚酸类:绿原酸,隐绿原酸,咖啡酸,原儿茶酸等;还含贯叶连翘素(hyperforin),贯叶金丝桃双酯,D-卫矛醇(D-mitolactol),叶黄素,香草素,大黄素,胡萝卜苷,葡萄糖及 2,5-二甲基-7-羟基色原酮等;挥发性成分有氧化石竹烯,斯巴醇,环十二烷,月桂酸等。

【功效主治】辛,寒。疏肝解郁,清热利湿,消肿通乳。用于肝气郁结,情志不畅,心胸郁闷,骨节肿痛,乳痈,乳少。

【附注】《中国药典》2010 年版收载。原植物名为贯叶金丝桃。

附:赶山鞭

赶山鞭 H. attenuatum Choisy,与贯叶连翘的主要

区别是：茎散生黑色腺点。叶片卵形、长圆形或卵状长圆形，长 1.5～3.5cm，宽 0.5～1.2cm。萼片长圆形或卵状披针形，先端钝至锐尖。蒴果有细纵腺条，但无囊状腺体。全草含黄酮类化合物；花含金丝桃素。山东境内产于胶东半岛及泰山、莲花山、蒙山等山区。全草药用同贯叶连翘。

柽柳科

柽柳

【别名】西河柳、阴柳（临沂、聊城、长清、崂山）、荆条（沾化、广饶）。

【学名】Tamarix chinensis Lour.

【植物形态】灌木或小乔木，高 2～5m。老干紫褐色，条裂；枝暗棕色至棕红色；小枝蓝绿色，细而下垂。鳞叶钻形或卵状披针形，长 1～3mm，先端渐尖或略钝，下面有隆起的脊，基部呈鞘状贴附枝上；无柄。每年开花二、三次；春季开花，总状花序侧生于去年生枝上，夏、秋季开花，生于当年生枝顶，常组成复合的大型圆锥花序，通常下弯；每总状花序基部及小花各有 1 条形小苞片，长约 1mm，比小花梗及总梗柄短；萼片 5，卵形，先端钝尖；花瓣 5，长圆形，长 1.2～1.5mm，离生，开花时张开，粉红色或近白色；雄蕊 5，长于花瓣，花药淡红色；花盘暗紫色，5 裂或每一裂片再 2 裂成 10 个片状；子房瓶状，浅紫红色，柱头 3，棒状。蒴果，长圆锥形，长 4～5mm，先端长尖，3 瓣裂。花期 5～8 月，每年常 3 次开花，故又名"三春柳"；果期 7～10 月。（图 486：1，彩图 46）

【生长环境】生于沙荒、盐碱地或沿海滩涂。

【产地分布】山东境内产于鲁西、鲁北及胶东等地。在我国除山东外，还分布于华北地区以及长江流域以南。

【药用部位】细嫩枝叶：西河柳；花：柽柳花；树脂：柽乳。为少常用中药。

【采收加工】花未开时，采收细嫩枝叶，阴干。花期采收花序，阴干或鲜用。四时采收树干上流出树脂，去除杂质，晾干。

【药材性状】茎枝细圆柱形，直径 0.5～1.5mm；表面灰绿色，有多数互生的鳞片状小叶；质脆，易折断。粗枝直径约 3mm；表面红褐色，叶片常脱落而残留突起的叶基。质脆，易折断，断面黄白色，木部宽，年轮明显，皮部与木部易分离，中央有髓。气微弱，味淡。

以枝叶细嫩、色绿者为佳。

总状花序常皱缩或破碎，完整者长 2～5.5cm，直径约 4mm。花小，常脱落，完整者直径约 2mm；萼片 5；花瓣 5，粉红色，矩圆形，开张，宿存；雄蕊 5，着生于花盘裂片间；花柱 3；花盘 5 裂，裂片顶端微凹。蒴果长圆锥形。气微香，味淡。

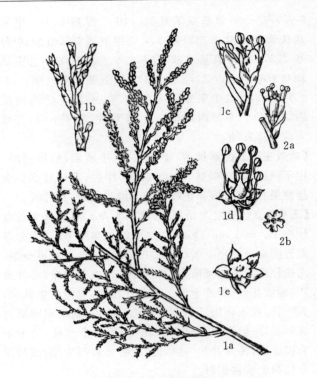

图 486　柽柳　多枝柽柳
1. 柽柳(a. 花枝　b. 小枝放大　c. 花　d. 花去花冠，示雄蕊和雌蕊　e. 花盘)　2. 多枝柽柳(a. 花　b. 花盘)

【化学成分】嫩枝叶含萜类：柽柳酮(tamarixone)，柽柳醇(tamarixol)，白桦脂醇(betulin)，白桦脂酸(betulinic acid)，羽扇豆醇，24-亚甲基环阿尔廷醇，杨梅二醇(myricadiol)，异杨梅二醇(isomyricadiol)，异油桐醇酸(isoaleuritolic acid)，3-对羟基肉桂酰基异油桐醇酸(isoaleuritolic acid 3-p-hydroxycinnamate)，2α-羟基齐墩果酸，植醇；黄酮类：5-羟基-7,4′-二甲氧基黄酮，山奈酚，7-甲氧基山奈酚，3′,4′-二甲氧基槲皮素，4′-甲基山奈酚，7,4′-二甲氧基山奈酚，槲皮素，异鼠李素；甾体类：豆甾-4-烯-3,6-二酮，麦角甾-4,24(28)-二烯-3-酮，豆甾烷-3,6-二酮，豆甾烷-4-烯-3-酮，胆甾醇，β-谷甾醇，胡萝卜苷；还含柽柳酚(tamarixinol)，没食子酸，3-甲氧基没食子酸甲酯，反式-2-羟基-4-甲氧基桂皮酸(2-hydroxy-4-methoxycinnamic acid)，硬脂酸，正三十一烷，12-正三十一烷醇(12-hentriacontanol)，三十二烷醇乙酸酯(dotriacontanyl acetate)，十六酸，十八碳二烯酸，β-维生素 E，挥发性成分及无机元素钾、钠、钙、镁、磷、铯、铁等。花挥发性成分：十五烷，6,10,14-三甲基-2-十五烷酮，5,6-二氢- 6-戊基-2H-吡喃-2-酮，十六烷和二氢猕猴桃内酯等。

【功效主治】西河柳甘、辛，平。发表透疹，祛风除湿。用于麻疹不透，风湿痹痛。柽柳花辛、微苦，凉。清热毒，透疹。用于麻疹，风疹。柽乳合质汗药。用于金疮。

【历史】柽柳始载于《日华子》，原名赤柽木。《本草图经》柳华条下始载柽柳,云:"赤柽木,生河西沙地,皮赤,叶细,即是今所谓柽柳者,又名春柳。"《本草纲目》曰:"柽柳,小干弱枝,插之易生。赤皮,细叶如丝,婀娜可爱。一年三次作花,花穗长三四寸,水红色如蓼花色。"所述形态及《植物名实图考》附图与柽柳属植物一致。

【附注】《中国药典》2010年版收载西河柳;附录收载作为制作铁屑的原材料。

附:多枝柽柳

多枝柽柳 T. ramosissima Ledeb.(图486:2),又名红柳、红荆条,与柽柳的主要区别是:多分枝。叶鳞片状,纤细,短卵形或三角状心形,长0.5~2mm,有锐尖头,常内弯,紧贴附于小枝,基部无柄,也不下延。春季不开花,仅夏季或秋季开花;总状花序出自当年生枝上,再复合构成顶生圆锥花序;花瓣直立,形成杯状花冠;花盘5缺裂。山东境内产于鲁北地区。药用同柽柳。

堇菜科

球果堇菜

【别名】毛果堇菜、地丁草、地核桃。

【学名】Viola collina Bess.

【植物形态】多年生草本。根状茎肥厚,有结节,白色或黄褐色。根多条,淡褐色。无地上茎。叶基生,莲座状;叶片近圆形或广卵形,长1~3.5cm,宽0.8~3cm,先端锐尖或钝,基部心形,边缘有钝齿,两面密生白色短柔毛,果期叶大,长达7.5cm,宽达6cm,基部深心形;叶柄有狭翼,被倒生短柔毛,花期长2~5cm,果期更长;托叶披针形,先端尖,基部与叶柄合生,边缘有稀疏锯齿;花单生,两性,两侧对称,淡紫色或近白色;苞片生于花梗中部或中上部;萼片5,长圆状披针形,有缘毛和腺体,基部附属物短而钝;花瓣5,侧瓣里面有毛或近无毛,下方花瓣连距长1.2~1.4cm,距长4~5mm;子房被毛,花柱基部膝曲,向上渐粗,顶部弯成钩状。蒴果球形,密被白色长柔毛,果梗通常下弯,常使果实接近地面。花、果期5~8月。(图487)

【生长环境】生于林下、山坡或溪谷等地的阴湿草丛。

【产地分布】山东境内产于各山地丘陵。在我国除山东外,还分布于东北、华北、华东地区及四川北部等地。

【药用部位】全草:地核桃。为民间药,幼苗药食两用。

【采收加工】夏季果期采收,洗净,晒干。

【药材性状】全草多皱缩成团,被毛茸。根茎黄褐色,具结节。根淡褐色。叶基生;完整者展平后呈心形或近圆形,长1~3(7)cm,宽1~3(6)cm;先端钝或圆,基部稍呈心形,边缘有浅钝锯齿;表面深绿色或枯绿色,两面密生白色短柔毛;托叶披针形,边缘具较稀疏的流

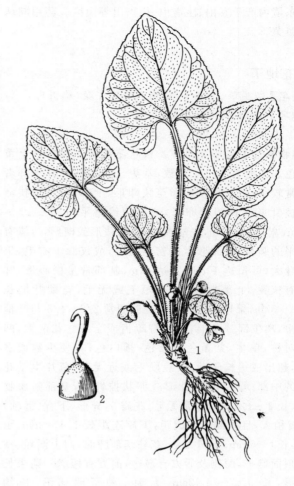

图487 球果堇菜
1.植株 2.雌蕊

苏状细齿;具长柄。花基生,具柄,淡棕紫色,两侧对称。蒴果球形,密被白色毛茸,果柄下弯。气微,味微苦,而稍黏。

以叶花多、色绿、带果者为佳。

【化学成分】全株含皂苷。

【功效主治】苦、涩,凉。清热解毒,消肿止血。用于痈疽疮毒,肺痈,跌打损伤,刀伤出血,外感咳嗽。

附:长萼堇菜

长萼堇菜 V. inconspicua Bl.,与球果堇菜的主要区别是:叶片三角状卵形或三角状戟形,先端渐尖或尖,基部心形,稍下延于叶柄,两侧垂片发达,两面通常无毛或少有短毛。子房无毛。蒴果椭圆形,长0.8~1cm,无毛。山东境内产于徂徕山。药用同球果堇菜。

茜堇菜

茜堇菜 V. phalacrocarpa Maxim.,又名白果堇菜,与球果堇菜的主要区别是:叶片卵形或卵状圆形,先端钝。花紫红色,有深紫色条纹,侧瓣里面有明显的白须毛,瓣的中下部白色,连距长1.6~2.2cm,距长6~9mm。蒴果椭圆形至长圆形,长6~8mm,稍有细毛。

山东境内产于泰山、昆嵛山、徂徕山等山区。药用同球果堇菜。

紫花地丁

【别名】犁头草、山茄子(威海)、金银子菜(临沂)。

【学名】Viola philippica Cav.
(V. yedoensis Makino)

【植物形态】多年生草本。根状茎粗短。根白色至黄褐色。无地上茎。叶多数，基生，莲座状；叶片下部者通常较小，呈三角状卵形至狭卵形，上部者较长，狭卵状披针形或长圆状卵形，两侧边缘略平行，长1.5~4cm，宽0.5~1cm，先端圆钝，基部截形或楔形，边缘有较平的圆齿，两面散生或密生短毛，或仅脉上有毛，果期叶大，可长达10cm，宽达4cm，基部常呈微心形；叶柄有狭翼，上部翼较宽，被短毛或无毛，花期叶柄长1.5~5cm，果期长达10cm；托叶通常2/3~4/5与叶柄合生，离生部分条形，边缘有疏齿或全缘。花两性，两侧对称，单生，紫堇色或紫色，稀白色；花梗少数或多数，超出或等长于叶，被短硬毛或近无毛；苞片生于花梗的中部；萼片5，披针形或卵状披针形，基部附属物短，长1~1.5mm，通常无毛；花瓣5，异形，下方(远轴)1瓣稍大，且基部延伸成距，下瓣连距长1.4~2cm，距细，长4~6mm；子房无毛，花柱基部膝曲，向上渐粗，柱头顶面略平，两侧及后方有薄边，前方有短喙。蒴果长圆形，长0.5~1.2cm，无毛。种子卵球形，长约1.8mm，淡黄色。花、果期4~9月。(图488)

【生长环境】生于山坡草丛、田边或路边。

【产地分布】山东境内产于各地。在我国除青海、西藏外，几乎遍布于各地。

【药用部位】全草：紫花地丁。为少常用中药，幼苗药食两用。

【采收加工】5~6月果实成熟时采收，除去杂质，晒干。

【药材性状】全草多皱缩成团。主根圆柱形，直径1~3mm；表面淡黄棕色，有细纵纹；质脆，易折断。叶皱缩或破碎；展平后呈披针形或卵状披针形，长4~10cm，宽1~4cm；先端钝，基部截形或微心形，边缘具钝锯齿；表面灰绿色，两面被毛；叶柄有狭翼。花茎纤细；花淡紫色，花瓣距细管状。蒴果椭圆形或裂为三果爿，种子多数。气微，味微苦而稍粘。

以根黄、叶多、色绿、带花果者为佳。

【化学成分】全草含黄酮类：槲皮素，槲皮素-3-O-β-D-葡萄糖苷，山奈酚-3-O-β-D-葡萄糖苷，山奈酚-3-O-α-L-鼠李糖苷，芹菜素，木犀草素，5,7-二羟基-3,6-二甲氧基黄酮，柚皮素，芦丁，金圣草素(chrysoeriol)，金合欢素-7-O-β-D-葡萄糖苷，金合欢素-7-O-β-D-芹菜糖-(1→2)-β-D-葡萄糖苷；香豆素类：秦皮乙素即七叶内酯，东莨菪素，

图488 紫花地丁
1.植株 2.花期叶 3.果期叶

异莨菪亭(isoscopoletin)，菊苣苷(cichoriin)，早开堇菜苷，秦皮甲素，双七叶内酯，7-羟基-8-甲氧基香豆素，6,7-二甲氧基香豆素，5-甲氧基-7-羟基香豆素，6,6′,7,7′-四羟基-5,8′-双香豆素(6,6′,7,7′-tetrahydroxy-5,8′-bicoumarin)，5,5′-双(6,7-二羟基香豆素)[5,5′-di(6,7-dihydroxy coumarin)]；甾体类：β-谷甾醇，胡萝卜苷；有机酸：棕榈酸，对羟基苯甲酸，反式对羟基桂皮酸，琥珀酸(succinic acid)，3,4-二羟基苯甲酸，奎宁酸，咖啡酸；还含地丁酰胺(violyedoenamide)，黑麦草内酯(loliolide)，异黑麦草内酯(isololiolide)，金色酰胺醇(aurantiamide)，金色酰胺醇酯，3-羟基-4-甲氧基苯甲酸甲酯，1-羟基-1-(4-羟基-3-甲氧基)苯基-1-丙酮，去氢黑麦草内酯(dehydrololiolide)，6-hydroxymethyl-3-pyridinol，磺化聚糖，植醇及挥发油等。

【功效主治】苦、辛，寒。清热解毒，凉血消肿。用于疗疮痈肿，痈疽发背，丹毒，毒蛇咬伤。

【历史】紫花地丁始载于《救荒本草》，名堇堇菜，云："一名箭头草。生田野中。苗初塌地生。叶似铍箭头样，而叶蒂甚长。其后叶间窜葶，开紫花。结三瓣蒴儿，中有子如芥子大，茶褐色。"《本草纲目》云："紫花地

丁,处处有之。其叶似柳而微细,夏开紫花结角。"《植物名实图考》十二卷"犁头草"项下载:"犁头草即董董菜。南北所产,叶长圆、尖缺各异;花亦有白、紫之别,又有宝剑草、半边莲诸名,而结实则同。"共附图三幅,均为堇菜科植物,其中宝剑草图似为本种。但历代本草对紫花地丁的记载有混乱现象。

【附注】《中国药典》2010年版收载,原植物拉丁学名用异名 V. yedoensis Makino。

附:戟叶堇菜

戟叶堇菜 V. betonicifolia J. E. Smith 与紫花地丁的主要区别是:叶片三角状戟形或狭披针形。花下方花瓣连距长 1.3~1.5cm,距长 2~6mm。山东境内产于鲁中地区。药用同紫花地丁。

东北堇菜

东北堇菜 V. mandshurica W. Beck.,与紫花地丁的主要区别是:根暗褐色。叶片长圆形至长三角形。侧方花瓣内面有明显的须毛。山东境内产于胶东半岛。药用同紫花地丁。

白花地丁

白花地丁 V. patrinii DC ex Ging.,与紫花地丁的主要区别是:叶片长圆状披针形。花白色。山东境内产于五莲、莲花山、徂徕山等地。药用同紫花地丁。

早开堇菜

【别名】尖瓣堇菜、紫花地丁。
【学名】Viola prionantha Bge.
【植物形态】多年生草本。根状茎稍粗。根黄白色。无地上茎。叶多数,均基生;叶片长圆状卵形、卵状披针形或卵形,长 1~4.5cm,宽 0.6~2cm,先端钝或稍尖,基部钝圆形、截形,稀为微心形,边缘有钝锯齿,两面被细毛或近无毛,或仅脉上有毛,果期叶大,长达10cm,卵状三角形或长三角形,基部钝圆形或微心形;叶柄长 1~5cm,果期达 10cm 以上,上部有狭翅,被细毛;托叶 1/2~1/3 与叶柄合生,离生部分披针形或条状披针形,边缘疏生细齿。花单生,两性,两侧对称,紫堇色或淡紫色;花梗较粗壮,有棱,花期长于叶,果期短于叶;苞片生于花梗中部;萼片 5,披针形或卵状披针形,基部附属物长 1~2mm;花瓣 5,侧瓣里面有须毛或近无毛,下方花瓣中下部为白色,有紫色脉纹,连距长 1.3~2cm,距长 4~9mm;子房无毛,花柱基部微膝曲,柱头前方有短喙,两侧有薄边。蒴果椭圆形至长圆形,长 0.6~1.1cm,无毛。种子多数,卵球形,长约 2mm,深褐色,常有棕色斑点。花、果期 4~9 月。2n=48。(图 489)

【生长环境】生于向阳山坡草丛、路边。
【产地分布】山东境内产于各山地丘陵。在我国除山东外,还分布于东北、华北、西北地区及江苏、河南、湖北、云南等地。

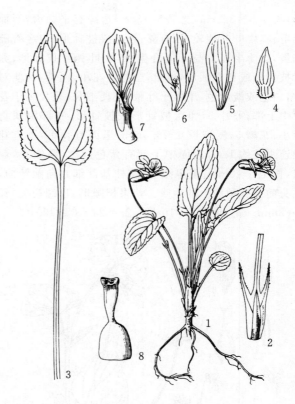

图 489 早开堇菜
1. 花期植株 2. 托叶 3. 果期叶 4. 萼片
5. 上瓣 6. 侧瓣 7. 下瓣 8. 雌蕊

【药用部位】全草:紫花地丁。为民间药,幼苗药食两用。
【采收加工】5~6月果实成熟时采收,除去杂质,晒干。
【化学成分】全草含七叶内酯,菊苣苷,早开堇菜苷(prionanthoside)等。
【功效主治】清热解毒,凉血,消肿。
【附注】据《常用中药材品种整理和质量研究》北方编第 2 册 1995:663"紫花地丁类研究"记载:早开堇菜的抗菌作用在堇菜类药材中最强,而紫花地丁 V. yedoensis Makino 的抗菌作用最弱。

堇菜

【别名】如意草、箭头草、小犁头草
【学名】Viola verecunda A. Gray
(V. arcuata Blume)
【植物形态】多年生草本。根状茎斜生或垂直,长 1.5~2cm,有较密的结节。须根密生。地上茎直立或斜上,通常数条丛生,光滑无毛。叶基生;叶片宽心形、卵状心形或肾形,先端钝,基部浅心形至深心形,长1.2~3.6cm,宽 1.5~3.8cm,两面无毛;茎生叶叶片卵状心形、三角状心形,先端钝或稍尖,基部深心形或宽浅心形,长 1.5～3.5cm,宽 1.5～3cm,边缘有平圆齿,两面无毛;基生叶叶柄较长,有翼;托叶狭披针形,边缘有疏细齿,约 1 半以上与叶柄合生;茎生叶托叶披针形、卵状披针形或长椭圆形,离生,全缘。花小,两性,两侧对称,白色或淡紫色,单生于叶腋;花梗细长;苞片生于花梗中上部;萼片 5,卵状披针形或披针形,基部附属物很小;花瓣 5,侧瓣长 6～8.5mm,里面有须毛,下方花瓣连距长约 1cm,内面中上部有紫色脉纹,距短小,囊状,长 1.5～2mm;子房无毛,花柱基部细并向前膝曲,柱头前端有稍斜生的小喙。蒴果长圆形,顶端锐尖,长 7～8mm。花、果期 5～10 月。2n=24。(图 490)

图 490　堇菜
1.花期植株 2.基生叶 3.果期一植株部分 4.萼片
5.上瓣 6.侧瓣 7.下瓣 8.雌蕊

【生长环境】生于山坡草地或河谷溪边。

【产地分布】山东境内产于济南千佛山、昆嵛山等地。在我国除山东外,还分布于东北、华北、华东、华中和西南地区。

【药用部位】全草:堇菜。为民间药,幼苗药食两用。

【采收加工】夏季采收,洗净,晒干或鲜用。

【药材性状】全草多皱缩成团。茎纤细,光滑无毛。基生叶叶片宽心形、卵状心形或肾形,长 1.5～3cm,宽 1.5～3.5cm;先端圆或微尖,基部宽心形,边缘略内卷呈浅波状圆齿;表面灰绿色或绿色,无毛,具长柄;茎生叶互生,基部有 2 枚披针形小托叶。花小,淡棕紫色或类白色。蒴果长圆形,顶端锐尖,常三裂。种子多数。气微,味微涩。

以叶多、色绿、带花果者为佳。

【功效主治】苦,凉。清热解毒,散瘀,止咳,止血。用于疔肿,肺热咳嗽,咽喉肿痛,目赤,毒蛇咬伤,无名肿毒,刀伤。

【历史】《植物名实图考》名如意草,十二卷犁头草项下引《山西通志》曰:"如意草一名箭头草,象叶形也。夏开紫花,似指甲草而小,有香……结实三棱似瓜形,如豆大,熟则壳分,三角中各含子十数粒,如粟大,色苍黄。根似远志,味苦辛。近医多采叶阴干,以末塗恶疮效"。所述形态、功效及附图与堇菜相似。

【附注】本种在"Flora of China"13:77.2007.的拉丁学名为 Viola arcuata Blume,本志将其列为异名。

附:鸡腿堇菜

鸡腿堇菜 V. acuminata Ledeb. 又名红铧头草,与堇菜的主要区别是:托叶大,通常羽状深裂,裂片细而长,有时为牙齿状中裂或浅裂,基部与叶柄合生;叶片先端短渐尖。产于山东境内全省各山地丘陵。药用同堇菜。

双花堇菜

双花堇菜 V. biflora L.,与鸡腿堇菜的主要区别是:叶片肾形或近圆形;托叶全缘或疏生细齿。花黄色,1～2 朵生于茎上部叶腋。山东境内产于崂山。2n=12。药用同堇菜。

秋海棠科

秋海棠

【别名】秋海棠花、海棠花。

【学名】Begonia evansiana Andr.

【植物形态】多年生草本。有球形块茎。茎高 60～80cm,粗壮,多分枝,光滑,叶腋间生珠芽。叶互生;叶片宽卵形,长 8～20cm,宽 6～18cm,渐尖头,基部心形,偏斜,边缘呈尖波状,有细尖牙齿,下部和叶柄带紫红色;叶柄长 5～12cm。花单性,雌、雄同株;聚伞花序腋生;花大,淡红色,直径 2.5～3.5cm;雄花被片 4,雌花被片 5。蒴果长 1.5～3cm,有 3 翅,其中 1 翅较大。花期 8～9 月;果期 10～11 月。(图 491)

【生长环境】生于阴湿山坡。

【产地分布】山东境内产于昆嵛山、崂山、蒙山等山区,有少量分布。济南、青岛等各城市公园温室普遍栽培。在我国除山东外,还分布于华东地区及河北、陕西、河南、湖北、四川、贵州、云南等地。

【药用部位】块茎:秋海棠根;茎叶:秋海棠叶;花:秋海棠花;果实:秋海棠果。为民间药。

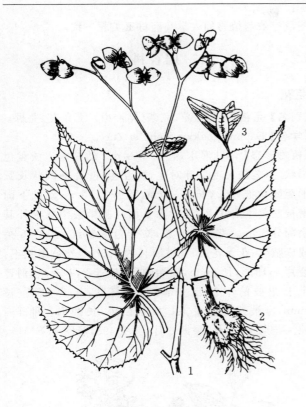

图491 秋海棠
1.植株上部 2.植株基部 3.果实

【采收加工】秋季采挖块茎,洗净,夏季采收茎叶或花,晒干或鲜用。秋季采果,鲜用。

【化学成分】叶含吲哚-3-乙酸氧化酶(indole-3-acetic acid oxidase),草酸。块茎含秋海棠皂苷(begonin)。全草含β-香树脂醇,β-谷甾醇,胡萝卜苷,豆甾醇,豆甾醇-3-β-D-吡喃葡萄糖苷,5,7,4′-三羟基黄酮-6-O-β-D-吡喃葡萄糖苷及多糖。

【功效主治】秋海棠根苦、酸、涩,寒。活血化瘀,止血清热。用于跌打损伤,吐血,咯血,痢疾,月经不调,崩漏,带下,淋浊,咽痛。秋海棠叶酸,寒。清热消肿。用于咽喉肿痛,痈疡,跌打损伤。秋海棠花苦、酸,寒。杀虫解毒。用于疥癣。秋海棠果酸、涩、微辛,凉。解毒消肿。用于毒蛇咬伤。

【历史】秋海棠始载于《群芳谱》,一名八月春。《本草纲目拾遗》云:"草本,花色粉红,甚娇艳,叶绿如翠羽。"《漳州府志》云:"秋海棠,岁每生苗,其茎甚脆,叶背作红乱纹……其花一朵谢,则旁生二朵,二生四,四生八"。《花镜》云:"秋色中第一,本矮而叶大,背多红丝如肥脂,作界纹,花四出,以渐而开,至末朵结铃子,生桠枝,花娇艳柔媚,其异种有黄白二色,一名断肠花。"《药性考》云:"海棠,喜背阴而生,故性寒,凡大热症可用。"所述形态与生境与现今植物秋海棠基本相似。

【附注】本种在"Flora of China"13:175.2007.中的拉丁学名为 *Begonia grandis* Dryander,本志将其列为异名。

附:中华秋海棠

中华秋海棠 B. sinensis A. DC.,与秋海棠的主要区别是:植株高20～40cm,几不分枝。叶片较小,长5～12cm,宽3.5～9cm,先端渐尖,常呈尾状,下面淡绿色,薄革质。花较小而稀疏,粉红色。山东境内产于泰山、昆嵛山、胶南、沂山、济南等地。根茎含甾醇。药用同秋海棠。

仙人掌科

仙人掌

【别名】仙人巴掌。

【学名】Opuntia dillenii (Ker.-Gaw.) Haw.

【植物形态】多年生肉质植物。茎直立,基部稍木质化,茎节扁平肉质肥厚,椭圆形或长圆形,长约30cm,蓝绿色,被蜡粉;刺窝分布均匀,有多数黄色钩状毛,很快即脱落,刺1～10,常多数,粗钻形至针形。叶小,圆形而尖,早落。花两性,辐射对称,单生或数朵聚生于顶节边缘;花被片离生,多数,外部的绿色,向内渐变成花瓣状,黄色,直径7.5～10cm;雄蕊多数,紫红色;花柱中部稍膨大,柱头放射状6裂。浆果紫红色,长5～8cm,味甜可食。花期夏季。(图492)

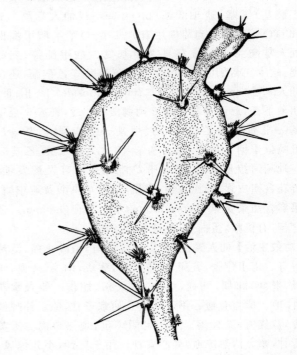

图492 仙人掌

【生长环境】栽培于公园或庭院。

【产地分布】山东境内全省各地常见栽培。我国南北各地普遍栽培,云南南部及四川南部有野生。

【药用部位】根、茎:仙人掌;花:仙人掌花;果实:仙掌子;茎汁凝结物:玉芙蓉。为民间药,仙人掌药食两用。

【采收加工】全年采收茎及根,鲜用。春、夏二季花开时采花,鲜用或置通风处凉干。果实成熟时采收,鲜用。4～8月,当仙人掌汁液充盈时,选择生长茂盛的茎,割破外皮,使其浆液外溢,待凝结后收集,捏成团块,风干或晒干。

【药材性状】凝结物圆形或呈不规则块状,似生松香或桃胶。表面黄白色或乳白色,偶带棕黄色。质坚硬而微润泽,碎断后微透明,常夹有杂质。气微,味淡。火烤变柔,但不易熔化。

【化学成分】茎含黄酮类:香橙素,山柰酚,3-甲氧基槲皮素,槲皮素,芦丁,异鼠李黄素,槲皮素-3-O-β-D-葡萄糖苷,3-甲氧基槲皮素-7-O-β-D-葡萄糖苷,山柰酚-7-O-β-D-葡萄糖苷,海芒果素(manghaslin),山柰酚-7-O-D-葡萄糖基(1→4)-β-D-葡萄糖苷等;有机酸及其酯类:酒石酸(tartaric acid),对羟基苯甲酸,L-苹果酸,阿魏酸,苯甲酸,3,4-二羟基苯甲酸乙酯,3,4-二羟基苯甲酸,对-二羟基苯甲酸甲酯,香豆酸甲酯,2-(4-羟基-苄基)-苹果酸(eucomic acid),2-(4-羟基-苄基)-苹果酸-4-正丁酯(n-butyl eucomate),L-(-)-苹果酸-1-丁酯,2-(4-羟基-苄基)-苹果酸-4-甲酯(methyl eucomate),α-D-吡喃葡萄糖甲苷-6-(苹果酸-4-甲酯)酯,琥珀酸乙酯-(苹果酸二甲酯)酯,二甲基(2R)-2-[(4-乙氧基-4-氧代丁酰基)氧基]琥珀酸酯(opuntiaester,仙人掌酯),1-[6′-(O-α-D-吡喃葡萄糖甲苷)]-L-(-)苹果酸甲酯即仙人掌酯 B,(S)-3-羟基-3-甲基戊二酸甲酯等;三萜类:软木三萜酮(friedelin),蒲公英萜醇-3-乙酸酯;还含仙人掌醇(opuntiol),仙人掌苷(opuntioside) Ⅰ、Ⅱ、Ⅲ,胡萝卜苷,愈创木基甘油-β-阿魏酸醚,4-乙氧基-6-羟甲基-α-吡喃酮,4-乙氧基-6-羟甲基-α-吡喃酮,乙基-α-L-吡喃鼠李糖二苷,1-(3-乙基苯基)-1,2-乙二醇,乙基-α-L-吡喃阿拉伯糖苷,乙基-β-D-吡喃果糖苷及挥发油。鲜花含槲皮素,异槲皮素,异鼠李素,苹果酸及琥珀酸。
果实含甜菜黄素(betaxanthins),甜菜苷(betanin);还含糖,有机酸,蛋白质,黏液质等。

【功效主治】仙人掌苦,寒。行气活血,消肿止痛,清热解毒。用于疟腮,乳痈,心胃气痛,痞块,痢疾,痔血,咳嗽,喉痛,肺痈,乳痈,疔疮,烫火伤,蛇伤。仙人掌花甘,凉。凉血止血。用于吐血。仙掌子甘,凉。补脾健胃,益气力,除久泻。用于胃阴不足,烦热口渴。玉芙蓉甘,寒。清热凉血,养心安神。用于怔忡,小儿惊风,便血,痔血,咽痛,疔肿。

【历史】仙人掌始载于《花镜》,《植物名实图考》引《岭南杂记》云:"仙人掌,人家种于田畔,以止牛践,种于墙头,以辟火灾,无叶,枝青而扁厚有刺,每层有数枝,杈枒而生,绝无可观……人呼为老鸦舌"。又云:"玉芙蓉生大理府。形似枫、松树脂,黄白色,如牙相粘,得火可燃。俚医云,味微甘,无毒,治肠痔泻血。"所述形态、附图及疗效与植物仙人掌及药材玉芙蓉一致。

瑞香科

芫花

【别名】芫花条、药鱼草、芫条(昆嵛山)、芫条花、芫棵。

【学名】Daphne genkwa Sieb. et Zucc.

【植物形态】落叶灌木,高0.3～1m。幼枝密生淡黄色绢状毛,老枝无毛。叶对生,稀互生;叶片椭圆状长圆形至卵状披针形,长3～4cm,宽1～1.5cm,幼叶下面密被淡黄色绢状毛,老叶除下面叶脉微被绢状毛外其余部分无毛。花先叶开放,淡紫色或紫红色,3～6朵成簇腋生;花无花瓣;花被筒长约1.5cm,外被绢状毛,裂片4,卵形,长5mm,顶端圆形;雄蕊8,2轮,分别着生于花被筒中部及上部;花盘杯状;子房卵形,长2mm,密被淡黄色柔毛。核果白色,长圆形。种子1粒。花期4～5月;果期6月。(图493,彩图47)

图493 芫花
1.枝叶 2.花枝 3.幼叶背面,示毛茸
4.花萼展开,示雄蕊 5.雌蕊及花盘

【生长环境】生于山坡、路旁、地堰、溪边或疏林灌丛。

【产地分布】山东境内产于各山地丘陵,以胶南、日照、莒南、历城、泰安及鲁中南地区为多。在我国除山东外,还分布于长江流域及河南、陕西、河北等地。

【药用部位】花蕾:芫花;叶:芫花叶;茎枝:芫花条;根:芫花根。为少常用中药或民间药。

【采收加工】春季花未开放时采摘,除去杂质,晒干或烘干。秋季采挖根,除去泥土,晒干。

【药材性状】花蕾常3～7朵成簇生于短花轴上,基部有苞片1～2,常脱落为单花。花蕾呈弯曲或稍压扁的棒锤状,长1～1.7cm,直径约1.5mm;花被筒表面淡紫色或淡紫绿色,密被短柔毛,先端稍膨大,4裂,裂片淡紫色或黄棕色;质软。气微,味甜、微辛。

以花蕾整齐、色淡紫或灰紫、味甜者为佳。

茎枝细长,稍扭曲,直径2～5mm,或更粗。表面灰褐色至淡紫褐色,幼枝密被黄色绢状毛,老枝无毛,密被黑褐色不规则颗粒状突起,外皮易脱落。质柔韧,不易折断,断面皮部有细密银白色纤维,木部淡黄色。气微,味微甜、苦。

根圆柱形,略弯曲。表面淡黄色至棕褐色,较平滑。质韧,不易折断,断面皮部黄白色,细密纤维性,木部淡黄色,较平坦。气微香,味微苦。

【化学成分】花及花蕾含黄酮类:芫花素(genkwanin),3'-羟基芫花素(3'-hydroxygenkwanin),芫根苷(yuankanin),芹菜素,木犀草素,7-甲氧基木犀草素-3'-O-β-D-葡萄糖苷,8-甲氧基山柰酚,山柰酚-3-O-β-D(6″-对香豆酰)吡喃葡萄糖苷,柚皮素,羟基芫花素-3'-O-β-D-葡萄糖苷,芫花素-5-O-β-D-葡萄糖苷,芫花素-5-O-β-D-茜黄樱草糖苷,4,5-二羟基-3,7-二甲氧基黄酮(velutin),茸毛椴苷(tilirosid);二萜类:芫花酯甲(yuanhuacin),芫花酯乙(yuanhuadin),芫花酯丙(yuanhuafin),芫花酯丁(yuanhuatin),芫花酯戊(yuanhuapin),芫花瑞香宁(genkwadaphnin),瑞祥烷型二萜酯;木脂素类:(—)-落叶松脂素,(—)-双氢芝麻脂素[(—)-dihydrosesamin];脂肪酸:棕榈酸,油酸,亚油酸等;还含正二十四烷,正十二醛(n-dodecanal),α-呋喃甲醛(α-furaldehyde),1-辛烯-3-醇,莙草烯,橙花醇戊酸酯(nerol pentanoate)等。叶含羟基芫花素(genkwanin),芫花叶苷(yuanhuanin),异槲皮苷,木犀草素,木犀草苷,槲皮素等。枝条含黄酮类:山柰酚,木犀草素,木犀草素-7-O-β-D-葡萄糖苷;香豆素类:伞形花内酯,双白瑞香素,瑞香素,西瑞香素(daphnoretin),西瑞香内酯(daphnodorin B),edgeworthin,结香素(edgeaorin),伞形花内酯-7-O-β-D-葡萄糖苷;还含十八碳酸单甘油酯,邻苯二甲酸二丁酯,咖啡酸十八烷酯,棕榈酸,落叶松脂醇(larisiresinol),松脂醇二葡萄糖苷,刺五加苷B,刺五加苷B_1,β-胡萝卜苷,β-谷甾醇等。根含芫花素,芫根苷,芫花酯甲、乙,芫花瑞香宁,瑞香黄烷素(daphnodorin)B,芫花醇(genkwanol)A、B、C,西瑞香素,伞形花内酯,毛瑞香素B、G,异西瑞香素(isodaphnoretin),瑞香苷(daphin),丁香苷(syringin),β-谷甾醇等。

【功效主治】芫花苦、辛,温;有毒。泻水逐饮,外用杀虫疗疮。用于水肿胀满,胸腹积水,痰饮积聚,气逆喘咳,二便不利;外治疥癣秃疮,痈肿,冻疮。**芫花根**辛、苦,平;有毒。逐水,解毒,散结。用于水肿,瘰疬,乳痈,痔瘘,疥疮,风湿痹痛,牙痛。**芫花条**辛、苦,温,有毒。逐水,祛痰,解毒杀虫,散风祛湿。用于水肿胀满,痰饮积聚,风湿疾病;外治疥癣。**芫花叶**辛、苦,温。止痛。用于牙痛。

【历史】芫花始载于《神农本草经》,列为下品。《吴普本草》谓:"二月生叶青,加厚则黑,花有紫、赤、白者,三月实落尽,叶乃生。"《蜀本草》曰:"近道处处有之,苗高二三尺,叶似白前及柳叶,根皮黄似桑根,正月二月花发,紫碧色,叶未生时收。"《本草图经》附"滁州芫花"和"绵州芫花"图。《本草纲目》列入毒草类。所述形态及附图与现今植物芫花基本一致。

【附注】《中国药典》2010年版收载芫花。《山东省中药材标准》2002年版收载芫花条。

河蒴荛花

【别名】荛花、北芫花、黄芫花。
【学名】Wikstroemia chamaedaphne Meissn.
【植物形态】落叶灌木,高50cm。茎直立;枝细长,有棱,光滑。叶对生或近对生;叶片长圆状披针形至披针形,长2～6cm,宽3～8mm,先端尖或稍尖,基部渐狭成短柄,全缘,叶缘稍反卷,两面光滑。穗状花序或圆锥花序,顶生或腋生,被短柔毛;花两性;萼筒长0.8～1cm,黄色,密被绢毛,裂片4,近圆形,先端钝;无花瓣;雄蕊8;花盘鳞片状,长方形;子房上部有淡黄色短柔毛。果实卵形。花期6～8月;果期9～10月。(图494)

图494 河蒴荛花

【生长环境】生于山沟、路旁或干燥阳坡。
【产地分布】山东境内产于平阴、肥城、梁山等地。在我国除山东外，还分布于河北、河南、山西、陕西、甘肃、湖北、四川、江苏等地。

【药用部位】叶及花蕾：黄芫花。为民间药。

【采收加工】夏季花未开放时采收，晒干。

【药材性状】叶多卷曲。完整叶片展平后呈披针形或狭长披针形，长 2～6cm，宽 0.4～1cm。先端尖或稍尖，基部渐狭成短柄，全缘，边缘略反卷。上表面绿色，下表面淡绿色，两面无毛，主脉突出。质脆，折断面叶脉处有白色棉状纤维。气微，味淡。

花呈棒状或细长筒状，散在或聚集成束，长 3～8mm。花被筒稍弯曲，先端 4 裂，裂片卵圆形，为全长的 1/6～1/4；外表面浅灰绿色或灰黄色，密被短柔毛，内表面亦被短柔毛。雄蕊 8，分上下 2 轮着生于花被筒内。气微弱，味甜、微辣。

以花大、色灰绿、味甜者为佳。

【化学成分】叶含 5,7,3′,4′-四羟基黄酮-3-O-β-D-葡萄糖苷，5,7-二羟基-3′-甲氧基黄酮-4′-O-β-D-葡萄糖苷，5,7,4′-三羟基黄酮-3′-O-β-D-葡萄糖苷，5,7,3′,4′-四羟基黄酮-8-C-β-D-葡萄糖苷，二十八烷醇，三十烷醇，正三十一烷，29-羟基-3-二十九烷酮（29-hydroxynonacosan-3-one）等。**花**含芫花酯甲。**种子**含河朔尧花素（simplexin）。

【功效主治】辛、苦，寒；有小毒。泻下逐水，涤痰。用于水肿，脘腹胀满，痰饮咳喘，胁痛，狂躁，痈症。

【历史】河朔尧花始载于《本草图经》，于"芫花"条下谓："今绛州出者花黄，谓之黄芫花。"并附图"绛州芫花"，其文图与现今植物河朔尧花相似。

【附注】《中国药典》1977 年版曾收载。

胡颓子科

沙枣

【别名】银柳、沙枣子、香柳。

【学名】Elaeagnus angustifolia L.

【植物形态】落叶乔木，高达 10m，有时栽培为低矮的小乔木或灌木状。树皮黑棕色，条状剥落；枝棕红色，嫩枝被银白色的腺鳞，枝刺棕红色。叶互生；叶片宽披针形至条状披针形，长 3～8cm，宽 1～2cm，先端渐尖或钝，基部宽楔形，全缘，上面绿色，略有银白色片状腺鳞，下面鳞片较密，呈灰白色，有光泽，侧脉 6～9，不明显；叶柄长 5～8mm。花两性，2～3 朵生于枝下部的叶腋，稀单生；花梗长 2～3mm；萼筒钟形，在子房上方骤收缩，长约 5mm，萼裂片 4，裂片宽卵形或卵状长圆形，长 3～4mm，外面银白色，内面微黄色，疏生星状柔毛；雄蕊 4，着生于萼筒喉部，花丝极短；子房为圆锥形花盘包围，花柱上部扭曲，无毛。果椭圆形，成熟时橙红色或粉红色，密被银白色鳞片；果肉粉质。花期 4～6 月；果期 8～9 月。（图 495）

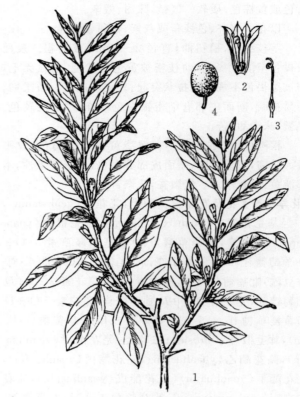

图 495 沙枣
1.花枝 2.花被展开 3.雌蕊 4.核果

【生长环境】生于沙漠或栽培。

【产地分布】山东境内栽培于济南、泰安、济宁等地庭园，禹城改碱试验区、东营等地有栽培。在我国除山东外，还分布于新疆、宁夏、内蒙古、青海、陕西、甘肃、山西、河南、河北、辽宁等地。

【药用部位】树皮：沙枣树皮；花：沙枣花；果实：沙枣；叶：沙枣叶。为民间药，沙枣药食两用。

【采收加工】春、夏二季采花，夏季采叶、果，晒干或鲜用。春至秋三季采收树皮，除去栓皮，晒干。

【药材性状】果实椭圆形，长 1～2cm，直径 0.7～1cm；表面黄色、黄棕色或红棕色，有光泽，被稀疏的银白色鳞片，果顶略凹陷，基部具果柄或果柄痕，两端各有放射状短沟纹 8 条，密被鳞片；果肉疏松，淡黄色，颗粒状；果核卵形，表面有灰色棱线和褐色条纹 8 条，纵向相间排列；质坚硬，内面有银白色鳞毛及长绢毛。种子 1。气微香，味甜、酸、涩。

以果实大、色黄红、味甜者为佳。

【化学成分】**果实**含异鼠李素，异鼠李素-3-O-β-D-吡喃半乳糖苷；脂肪油含棕榈酸，棕榈油酸，硬脂酸，油酸，亚油酸，亚麻酸；还含咖啡酸，胡萝卜素，维生素 E 及无机元素钾、钠、镁、钙、铁、铜、锌、锰等；**果肉**含天冬氨酸，酪氨酸，异亮氨酸，谷氨酸，精氨酸等氨基酸。**种子油**主含亚油酸。**花**含挥发油，主成分为反式桂皮酸乙酯及1,2-苯二甲酸二丁酯(dibutyl 1,2-phthalate),苯乙醇,桂皮酸异丁酯(isobutyl cinnamate)等;还含花白苷(leacoanthocyanin),山奈酚苷,5,7,4′-三羟基黄酮醇-3-O-(6″-O-E-p-香豆酰基)-β-D-葡萄糖苷,苯乙醇-β-D-葡萄糖苷和氨基酸。**树皮和枝**含胡颓子碱(eleagnine),哈尔满(harman),2-甲基-1,2,3,4-四氢-β-咔啉(2-methyl-1,2,3,4-tetrahydro-β-carboline),哈尔明碱(harmine),四氢哈尔醇(tetrahydroharmol),N-甲基四氢哈尔醇(N-methyltetrahydroharmol)和右旋儿茶精,左旋表儿茶精等。

【功效主治】**沙枣**甘、酸、涩,平。强壮,健胃,固精,止泻,调经,利尿。用于食积不化,胃痛,腹泻,体虚,肺热咳嗽,月经不调,小便淋痛。**沙枣树皮**涩、微苦,凉。收敛止痛,清热凉血。用于咳喘,泄泻,胃痛,带下;外用于烧烫伤,止血。**沙枣花**甘、涩,温。止咳平喘。用于咳喘。**沙枣叶**涩、微苦,凉。收敛,止痛,清热解毒。用于痢疾,泄泻。

【历史】沙枣始载于《本草纲目》,原名四味果,云:"出祁连山,木生如枣,剖以竹刀则甘,铁刀则苦,木刀则酸,芦刀则辛。行旅得之,能止饥渴。"《植物名实图考长编》果类十五卷"枣"项下引《柳贯打枣谱》云:"沙枣出赤斤(今甘肃玉门市东南)蒙古卫。"所述地理分布和果实特征与现今植物沙枣相符。

【附注】《中国药典》1977年版曾收载。

大叶胡颓子

【别名】冬枣、胡颓子。

【学名】Elaeagnus macrophylla Thunb.

【植物形态】常绿直立或攀援性灌木,高达4m。树皮及老枝灰黑色;嫩枝有圆滑棱脊,扭曲状延伸,无棘刺。叶互生;叶片卵形、宽椭圆形至近圆形,长4～9cm,宽4～6cm,先端突尖、钝尖或圆形,基部圆形,全缘,幼叶两面密生银灰色腺鳞,后渐脱落,上面深绿色,侧脉6～8对,厚纸质或薄革质;叶柄扁圆形,长1～2cm,银灰色。花两性,白色,通常1～8花生于叶腋短小枝上,花枝长2～3mm;花梗长3～4mm;萼筒钟形,长4～5mm,裂片下面开展,子房上方骤缩,裂片4,卵状三角形,先端钝尖,两面密生银灰色腺鳞;雄蕊与裂片互生,花药长圆形,长约3mm;花柱被鳞片及星状毛,顶端微弯曲,高于雄蕊。坚果核果状长椭圆形,密被银灰色腺鳞,长1.4～2cm,直径5～8mm,两端圆或钝尖,顶端有小尖头;果核两端钝尖,淡黄褐色,有8条纵肋。花期9～10月;翌年3～4月果实成熟。(图496)

【生长环境】生于向阳山坡的崖缝或峭壁的树丛间,在长门岩岛上,常与野生山茶共生组成群落。各地庭院也常见栽培。

图496 大叶胡颓子
1.果枝 2.叶背面 3.花被放大,示雄蕊着生
4.果核 5.果核横切

【产地分布】山东境内产于青岛、威海等地的近海岛屿及海滨附近。在我国除山东外,还分布于江苏、浙江的沿海岛屿及台湾等地。

【药用部位】根:大叶胡颓子根;叶:大叶胡颓子叶;果实:大叶胡颓子果。为民间药。

【采收加工】夏季采叶,秋季采收成熟果实,晒干或鲜用。秋、冬二季挖根,洗净,晒干。

【药材性状】根圆柱形,弯曲,长30～50cm,直径1～3.5cm。表面土黄色,根皮剥落后,露出黄白色的木质部。质坚硬,折断面纤维性强,中心色较深。气微,味淡。

【化学成分】花含挥发油。

【功效主治】**大叶胡颓子根叶**酸,平。止咳,止血,祛风,利湿,消积滞,利咽喉。用于咳喘,吐血,咯血,便血,月经过多,风湿痹痛,黄疸,泻痢,小儿疳积,咽喉肿痛。**大叶胡颓子叶**酸,平。止咳平喘,消痈肿,止血。用于咳嗽气喘,咳血,痈疽,外伤出血。**大叶胡颓子果**酸、涩,平。收敛止泻,生津止渴,止咳平喘。用于久泻久痢,消渴,肺虚喘咳。

木半夏

【别名】牛奶子、灰枣(昆嵛山)、灰糖梨(平邑、蒙山)、白棘子(五莲、泰山)。

【学名】Elaeagnus multiflora Thunb.

【植物形态】落叶灌木，高达3m。树皮暗灰色；小枝红褐色，密被褐锈色的鳞片；通常无刺，稀老枝上有刺。叶互生；叶片椭圆形、卵形或倒卵状宽椭圆形，长3～7cm，宽1.2～4cm，先端钝尖或骤渐尖，基部宽楔形或近圆形，全缘或微有细锯齿，上面绿色，幼时被银色鳞片或鳞毛，下面银灰色，密被银白色和散生少数褐色鳞片，侧脉5～7对，两面不明显，厚纸质或膜质；叶柄长4～6mm。1～2花生于新枝的叶腋；花梗纤细；萼筒圆筒形，长5～6.5mm，在子房上方处向下收缩，萼裂片4或5，宽卵形，与萼筒等长，外面银白色杂有少数褐色鳞片，内面黄白色，疏生白色星状柔毛；雄蕊4，花丝极短，花药小；花柱直立，微弯曲，无毛。核果椭圆形，长1.2～1.4cm，成熟时红色，外被密锈色鳞片；果梗长1.5～4cm，常下垂。花期5月；果期6～7月。（图497）

图497 木半夏
1.花枝 2.花 3.花纵切 4.花药 5.雌蕊 6.叶背面 7.核果

【生长环境】生于向阳山坡或灌木丛中。

【产地分布】山东境内产于胶东丘陵；青岛市中山公园内有栽培。在我国除山东外，还分布于华东地区及河北、陕西、江西、湖北、四川、贵州等地。

【药用部位】根：木半夏根；叶：木半夏叶；果实：木半夏果。为民间药，成熟果实药食两用或做饮料。

【采收加工】夏季采收果实及叶，鲜用或晒干。夏、秋二季挖根，洗净，切片晒干。

【化学成分】叶含黄酮苷：山奈酚-3-鼠李糖苷，山奈酚-3-O-槐糖苷（kaempferol-3-sophoroside），山奈酚-3,7-二葡萄糖苷，山奈酚-3-O-芸香糖-7-O-葡萄糖苷，山奈酚-3-O-葡萄糖-7-O-槐糖苷，异鼠李素-3-O-槐糖苷-7-O-葡萄糖苷，山奈酚-3-O-槐糖苷-7-O-葡萄糖苷。果实含番茄烃（lycopene），番茄黄素（lycoxanthin），叶黄素酯（xanthophyllate），类胡萝卜素及糖。种子含脂肪油，氨基酸等。花含挥发油。

【功效主治】木半夏根淡、涩，平。活血，行气，补虚损。用于跌打损伤，痔疮。木半夏叶涩、微甘，温。平喘，活血。用于跌打损伤，痢疾，哮喘。木半夏果淡、涩，温。收敛，活血行气，消肿毒，止泻，平喘。用于咳嗽气喘，跌打损伤，痔疮出血，肿毒。

【历史】木半夏始载于《本草拾遗》"胡颓子"条下，云："又有一种大相似，冬凋春实夏熟，人呼为木半夏。"《本草纲目》云："木半夏，树、叶、花、实及星斑气味，并与卢都（指胡颓子）同，但枝强硬，叶微团而有尖，其实圆如樱桃而不长为异耳，立夏后始熟"。所述形态除果实形状有差异外，其余与木半夏相似。

牛奶子

【别名】灰枣（昆嵛山）、灰糖梨（平邑、蒙山）、白棘子（五莲、泰山）、羊奶子。

【学名】Elaeagnus umbellata Thunb.

【植物形态】落叶灌木，高达4m。树皮暗灰色；老枝暗褐色至赤褐色，幼枝浅褐色至褐色，被银灰色并杂有褐色腺鳞；常有枝刺。叶互生；叶片椭圆形、卵状长圆形或倒卵状披针形，长4～8cm，宽2～3cm，先端渐尖，稀圆钝，基部楔形至近圆形，边缘常皱卷，上面绿色，幼时有银灰色腺鳞，下面银灰色，杂有褐色鳞片，侧脉5～9对；叶柄长5～8mm。花两性，2～7花腋生，稀单生；花梗长0.7～1.2cm；花萼筒状，黄白色，有芳香，长约1cm，裂片4，卵状三角形，长2～4mm，先端锐尖，外被褐色鳞片；雄蕊4，花丝极短，着生于萼筒基部；花柱直立，疏生星状毛，基部无筒状花盘。果实近球形或卵圆形，直径5～7mm，有短尖头，幼时绿色，熟时红色，被银白色鳞片，杂有褐色鳞片。种子椭圆形，褐色。花期5～6月；果期9～10月。（图498）

【生长环境】生于山坡或山沟的疏林灌丛中。

【产地分布】山东境内产于各山地丘陵。在我国除山东外，还分布于华北、华东、西南地区及陕西、甘肃、青海、宁夏、辽宁、湖南等地。

【药用部位】根、叶、果：牛奶子。为民间药，成熟果实药食两用。

【采收加工】夏季采叶，秋季采收成熟果实，晒干或鲜用。秋、冬二季挖根，洗净，晒干。

【化学成分】果实含葡萄糖，果糖，蔗糖，维生素C，多酚株；花淡黄色，先叶开放，雄花比雌花略早。果实卵圆形或近球形，长5～9mm，直径4～8mm，熟时橙黄色或桔红色，多浆液。种子卵形或稍扁平，长2.8～4mm，黑色或紫黑色，有光泽。花期3～4月；果期9～10月。(图499)

【生长环境】栽培于河谷、河滩、湖泊沿岸或盐碱地带。

【产地分布】山东境内的鲁北沿黄沙区、滨海及鲁中南各山区有引种栽培。在我国除山东外，还分布于河北、内蒙古、山西、陕西、甘肃、青海、四川等地。

【药用部位】果实：沙棘；叶：沙棘叶；种子油：沙棘籽油；果实油：沙棘果油。中药、蒙药和藏药，沙棘和沙棘叶药食两用，沙棘叶可做茶。

【采收加工】秋季采摘成熟果实，晒干；果实经榨汁，离心分离、过滤而成的油状液体；种子采用亚临界低温提取得种子油。

【药材性状】果实卵圆形或扁球形，直径5～8mm，单个或数个粘连；表面棕红色或黑褐色，皱缩；果肉油润，质柔软。种子卵形，长2～4mm，宽约2mm，表面黑色或紫褐色，种脐位于狭端，另一端有珠孔，两侧各有一条纵沟；种皮较硬，破碎后，子叶乳白色，显油性。气微，味酸、涩。

以粒大、色红、肉厚、油润者为佳。

【化学成分】果实含黄酮类：芦丁，异鼠李素，槲皮素，

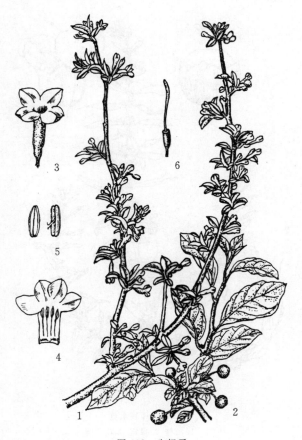

图498 牛奶子
1.花枝 2.果枝 3.花 4.花被展开，示雄蕊着生
5.花药 6.雌蕊

类，缩合鞣质及有机酸。**种子油**含脂肪酸和甾醇类。叶、茎皮含5-羟色胺(serotonin)等。**根**含芦丁，槲皮素，β-谷甾醇。

【功效主治】酸、苦，凉。清热利湿，收敛止血，止泻。用于咳嗽，泄泻，痢疾，淋病，崩漏，麻疹，乳痈。

【历史】牛奶子始载于《植物名实图考》，云："牛奶子与阳春子树叶皆相似，秋结实如棠梨，色红紫，味甘而涩，童竖食之。"并附图，所述形态及其附图(二)与植物牛奶子相似。

中国沙棘

【别名】沙棘、醋柳、酸刺。

【学名】Hippophae rhamnoides L. subsp. sinensis Rousi
(*H. rhamnoides* Linn.)

【植物形态】落叶小乔木或灌木，高1～5m。分枝密，棘刺较多而粗，小枝灰色至灰褐色，嫩枝褐绿色，密生银白色杂有褐色盾状鳞片，稀有白色星状毛。单叶通常近对生；叶片条形至条状披针形，长2～8cm，宽0.4～1cm，两端钝，基部圆形或近楔形，上面绿色，初有银白色盾状鳞片或星状毛，后脱落，老叶下面密生银白色或杂有少量锈色鳞片；近无柄。花单性，雌、雄异

图499 中国沙棘
1.花枝 2.果 3.雄花 4.雌花

山柰酚,芹菜素,异鼠李素-3-O-β-D-葡萄糖苷,异鼠李素-3-O-β-芸香糖苷,紫云英苷,异鼠李素-3-O-槐二糖-7-O-鼠李糖苷,异鼠李素-3-O-葡萄糖-7-O-鼠李糖苷,异鼠李素-7-O-鼠李糖-3-O-葡萄糖苷,异鼠李素-3-O-β-D-葡萄苷,丁香亭-3-O-芸香糖苷,山柰酚-3-O-槐二糖-7-O-鼠李糖苷,山柰酚-7-O-鼠李糖苷,槲皮素-3-O-葡萄糖苷;三萜类:齐墩果酸,齐墩果酸甲酯,2α-羟基乌苏酸;有机酸类:苯甲酸,奎尼酸,虫草酸,苹果酸单甲酯;挥发油:主成分为3-甲基丁醇-2,2,4-二甲基辛烷;维生素 A、B_1、B_2、C、E,去氢抗坏血酸(dehydroascorbic acid),叶酸,胡萝卜素,类胡萝卜素等;还含对羟基苯丙酮,β-谷甾醇,β-谷甾醇-3-O-β-D-葡萄糖苷等。**果皮**含齐墩果酸,熊果酸。**种子**含山柰酚-3-O-β-D-葡萄糖-7-O-[(6R,2E)2,6-二甲基-6-羟基-2,7-辛二烯酰(1→4)]-α-L-鼠李糖苷;种子油主含亚油酸和亚麻酸;尚含维生素 E、α-生育酚及 α-、γ-及 δ-胡萝卜素等。**叶**含黄酮类:山柰酚-3-O-β-D-(6″-对羟基桂皮酰基)葡萄糖苷,异鼠李素-7-O-鼠李糖-3-O-葡萄糖苷;还含 2α-羟基-熊果酸(2α-hydroxy-ursolic acid),L-2-O-甲基肌醇(L-2-O-methyl inositol),β-谷甾醇。

【功效主治】**沙棘**酸、涩,温。健脾消食,止咳祛痰,活血散瘀。用于脾虚食少,食积腹痛,咳嗽痰多,胸痹心痛,瘀血经闭,跌扑瘀肿。**沙棘叶**用于头晕目眩,肝阳上亢,驻颜,大便秘结。**沙棘果油**、**沙棘籽油**消食化滞,和胃降逆、活血化瘀。用于气滞血瘀,胃气上逆所致的脘腹胀痛,嗳气返酸,胸闷,纳呆。

【附注】《中国药典》2010 年版收载。原植物名用沙棘,拉丁学名用异名 *H. rhamnoides* Linn.。

千屈菜科

耳基水苋

【别名】耳水苋、水旱莲。
【学名】*Ammannia arenaria* H. B. K. (*A. auriculata* Willd.)
【植物形态】一年生草本,高 15~50cm。茎分枝少,上部有 4 棱或略有翅。叶对生;叶片狭披针形或长圆状披针形,长 1.5~6cm,宽 0.3~1cm,先端渐尖或稍急尖,基部扩大呈心状耳形,半抱茎,膜质,无柄。花小,4 基数,辐射对称;聚伞花序腋生,通常有 3~7 花,总花梗长 3~5mm;小苞片 2,条形;萼筒钟形,长 1.5~2mm,结实时近半球形,有略明显的 4~8 棱,4 裂,裂片阔三角形;花瓣 4,淡紫色或白色,近圆形,常早落;雄蕊 4~8;子房球形,长约 1mm,花柱比子房长或近等长。蒴果扁球形,直径 2~3.5mm,成熟时紫色,约 1/3 突出于萼外,不规则开裂。种子小,半椭圆形。花、果期 9~11 月。(图 500)

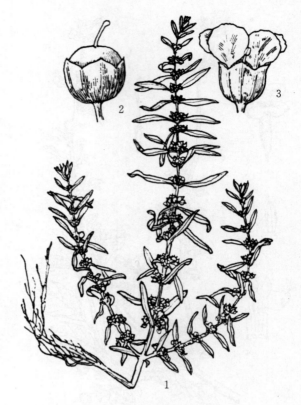

图 500　耳基水苋
1.植株 2.果实 3.花

【生长环境】生于水沟、河边或路旁湿地草丛。
【产地分布】山东境内产于泰山、徂徕山等地。在我国除山东外,还分布于广东、福建、浙江、江苏、河南、河北、陕西、甘肃等地。
【药用部位】全草:耳水苋。为民间药。
【采收加工】夏、秋二季采收,洗净,晒干。
【功效主治】苦、涩,微寒。健脾利湿,行气散瘀,止血。用于脾虚厌食,胸膈满闷,小便短赤涩痛,跌打损伤,带下。
【附注】本种在"Flora of China"13:276.2007.的拉丁学名为 *A. auriculata* Willd.,本志将其列为异名。

附:多花水苋

多花水苋 *A. multiflora* Roxb.,与耳基水苋的主要区别是:茎下部叶基部楔形。聚伞花序有花 15 朵以上;总花梗长约 2mm;花柱长为子房的 1/2。果实较小,直径 1.5mm。分布及药用同耳基水苋。

千屈菜

【别名】对叶莲、蜈蚣草(平度)、败毒草。
【学名】*Lythrum salicaria* L.
【植物形态】多年生草本,全株略被灰白色粗毛或密被绒毛,尤以花序上为多。根状茎粗壮,卧于地下。茎直立,高 0.3~1.2m,多分枝,枝通常 4 棱形。叶对生或 3

叶轮生；叶片披针形或阔披针形，长4～6cm，稀达10cm，宽0.8～1.5cm，先端钝或短尖，基部圆形或心形，有时略抱茎，全缘；无柄。花两性，辐射对称；2～3花组成小聚伞花序，簇生于叶状苞腋内，花梗极短，整个花枝形似1大型穗状花序；苞片披针形至三角状披针形，长0.5～1.2cm；萼筒长筒状，长5～8mm，有12条纵棱，裂片6，三角形，裂片间附属物直立，针状，长1.5～2mm；花瓣6，紫红色或淡紫色，倒披针状长椭圆形，基部楔形，着生于萼筒上部，长7～8mm；雄蕊12，6长6短，伸出于萼筒外；子房2室，花柱长短不一。蒴果扁圆形。种子多数，细小。花期7～9月；果期10月。(图501)

【生长环境】生于山沟或溪边湿地草丛。

【产地分布】山东境内产于鲁中南及胶东丘陵。分布于全国各地。

【药用部位】全草：千屈菜。为民间药。

【采收加工】夏、秋二季采收，洗净，晒干。

【药材性状】茎方柱状，有四棱，直径1～2mm，具分枝；表面灰绿色至黄绿色，有柔毛或无毛；质硬脆，易折断，断面边缘纤维状，中空。叶对生或3片轮生，多皱缩或破碎；完整叶片展平后呈披针形，长4～6(10)cm，宽0.8～1.5cm；先端钝或具短尖，基部圆形或心形，全缘；表面灰绿色或黄绿色。穗状花序顶生，花两性，每2～3朵小花生于叶状苞片内；花萼灰绿色，筒状；花瓣紫色。蒴果椭圆形，包于宿存的花萼内。微臭，味微苦。

以叶多、色绿、带花者为佳。

【化学成分】全草含黄酮类：千屈菜苷(salicarin)，牡荆素，异牡荆素，荭草素(orientin)，异荭草素(isoorientin)，锦葵花苷(malvin)，矢车菊素-3-O-半乳糖苷(cyanidin-3-monogalactoside)；三萜类：熊果酸，齐墩果酸，白桦脂酸；有机酸类：绿原酸，没食子酸，并没食子酸(ellagic acid)等；酯类：黑麦草内酯，邻苯二甲酸二丁酯，邻苯二甲酸二异丁酯，邻苯二甲酸丁基异丁基酯，邻苯二甲酸二庚酯，邻苯二甲基二壬酯；还含胆碱，没食子鞣质，β-谷甾醇等。

【功效主治】苦，寒。清热解毒，凉血止血。用于泄泻，便血，痢疾，血崩，疮疡，月经不调，外伤出血。

【历史】千屈菜始载于《救荒本草》，曰："生田野中。苗高二尺许，茎方四棱，叶似山梗菜叶而不尖，又似柳叶菜叶亦短小，叶头颇齐，叶皆相对生，稍间开红紫花，叶味甜。"所述形态及附图与植物千屈菜基本一致。

附：中型千屈菜

中型千屈菜 L. intermedium Ledeb. et Colla，与千屈菜的主要区别是：全株无毛或仅沿叶片和苞片边缘及萼筒棱上有稀疏小柔毛。山东境内产于昆嵛山、艾山等山区。药用同千屈菜。

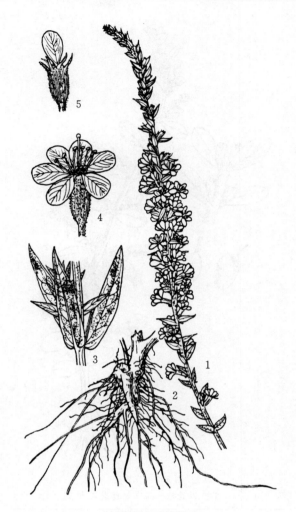

图501 千屈菜
1.花枝 2.根 3.茎基部，示轮生叶 4.花 5.花萼和花瓣

节节菜

【别名】节节草、水马兰。

【学名】Rotala indica (Willd.) Koehne
(Peplis indica Willd.)

【植物形态】一年生草本，高10～30cm。茎多分枝，基部常匍匐，节上生不定根；茎上部直立或稍披散，略呈四棱形。叶交互对生；叶片倒卵形、椭圆形或近匙状长圆形，长0.4～1.5cm，宽3～8mm，先端近圆形或钝形而有小尖头，基部楔形或渐狭，边缘软骨质，下面叶脉明显；近无柄或无柄。花小，两性，辐射对称，组成长0.8～2.5cm腋生的穗状花序，稀单生；苞片叶状，长圆状倒卵形；小苞片2，极小，条状披针形；花萼钟状，4裂，裂片三角状披针形；花瓣4，淡红色，极小，倒卵形，宿存；雄蕊4；子房椭圆形，花柱条形，长为子房的1/2或相等。蒴果椭圆形，稍有棱，常2瓣裂。花、果期8～10月。(图502)

【生长环境】生于河滩湿地。

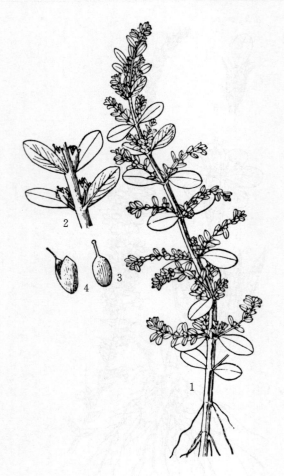

图 502 节节菜
1.花枝 2.花枝一部分 3.雌蕊 4.果实

【产地分布】山东境内产于徂徕山。在我国除山东外，还分布于长江以南各地。
【药用部位】全草：节节菜（水马齿苋）。为民间药。
【采收加工】夏、秋二季采收，洗净，晒干。
【化学成分】全草含酚类，黄酮类及氨基酸。
【功效主治】甘、淡，凉。清热利尿，消肿解毒。用于热痢，水臌，淋病，通经，痔疮，牙龈肿痛，痈肿疮毒。

附：轮叶节节菜

轮叶节节菜 R. mexicana Cham. et Schlecht.，与节节菜的主要区别是：叶 3～5 轮生；叶片条形或狭披针形。花小，单生于叶腋；无花瓣；花柱极短或近无花柱。产地及药用同节节菜。

石榴科

石榴

【别名】安石榴、酸石榴、甜石榴。
【学名】Punica granatum L.
【植物形态】落叶灌木或小乔木，高达 7m，基部直径 30cm 以上。树皮灰黑色，不规则剥落；枝四棱形，顶部常为刺状。叶对生或簇生；叶片倒卵形或长椭圆状披针形，长 2～8cm，宽 1～3cm，先端尖或钝，基部阔楔形，全缘，羽状脉，中脉在下面凸起，两面光滑；叶柄极短。花两性，辐射对称；1 至数花簇生或组成聚伞花序生于枝顶，有短梗；花萼钟形，亮红色或紫褐色，长 2～3cm，直径 1.5cm，裂片 5～8，三角形，先端尖，长约 1.5cm；花瓣与萼裂同数或更多，生于萼筒内，倒卵形，先端圆，基部有爪，常高出于花萼裂片之外，红色、橙红色、黄色或白色；雄蕊多数，花丝细弱弯曲，生于萼筒喉部的内壁上，花药黄色；雌蕊有 1 花柱，4～8 心皮合成多室子房，子房下位，上部多 6 室，下部 3 室。浆果近球形，果皮厚，直径 3～18cm，萼宿存。种子外皮浆汁，红色、粉红色或白色，晶莹透明。花期 5～6 月；果期 8～9 月。（图 503）

图 503 石榴
1.花枝 2.花纵剖面 3.雄蕊各面观 4.果实剖开

【生长环境】栽培于排水良好的庭院或果园。
【产地分布】山东境内各地普遍栽培。枣庄市峄城区大面积栽培，有"万亩石榴园"之称，"峄山石榴"已注册了国家地理标志产品。临沂平邑县培育的"蒙阳红"新品种也有大面积的栽培。江苏、安徽、河南、陕西、云南等省栽培数量较大。
【药用部位】果皮：石榴皮；果实：石榴；花：石榴花；叶：石榴叶；根或根皮：石榴根。为少常用中药或民间药，石榴药食两用。
【采收加工】秋季果实成熟，顶端开裂时采摘，鲜用；除去种子及隔膜，果皮切瓣晒干或微火烘干。夏季采叶、花，晒干或鲜用。秋、冬二季挖根，剥取根皮，晒干。
【药材性状】果皮呈不规则形或半圆形碎片，大小不一，厚 1.5～3mm。外表面暗红色或红棕色，略有光泽,粗糙,有多数疣状小点;顶端残存宿萼,基部有果柄。内表面鲜黄色或红棕色,有种子脱落时形成的网状隆起。质硬脆,易折断,断面黄色,略显颗粒性。气微弱,味苦、涩。

以皮厚、色红褐、断面黄者为佳。

根圆柱形,根皮呈不规则卷曲状或扁平块状,长短不一。表面土黄色,粗糙,残留栓皮深棕色,呈鳞片状脱落;根皮内表面暗棕色。质硬脆,折断面略平坦。气微,味涩。

以块大、色黄者为佳。

【化学成分】**果皮**含鞣质:没食子酸,石榴皮苦素(granatin)A、B,石榴皮鞣质(punicalin),2,3-O-连二没食子酰石榴皮鞣质(punicalagin),四聚没食子酸(tetrameric gallic acid);黄酮类:异槲皮苷,矢车菊素-3-O-葡萄糖苷,矢车菊素-3,5-二葡萄糖,蹄纹天竺素-3-O-葡萄糖苷(pelargonidin-3-glucoside),蹄纹天竺素-3,5-二葡萄糖苷;还含甘露醇,苹果酸等。**果皮、树皮**含石榴皮碱(pelletierine),异石榴皮碱(isopelletierine),伪石榴皮碱(pseudopelletierine),N-甲基异石榴皮碱(N-methyl isopelletierine)。**酸石榴果汁**含有机酸,维生素C,缬氨酸,蛋氨酸及无机元素钾、钙、镁、锰、铜、铁、钴、铬。**种子**含辛酸(caprylic acid),硬脂酸,石榴酸(punicic acid),棕榈酸,磷脂酰胆碱(phosphatidylcholine),磷脂酸(phosphalatidic acid),磷脂酰乙醇胺(phosphatidylethanolamine);挥发油主成分为(E,E)-2,4-癸二烯醛(E,E)-2,4-decadienal及α,β-不饱和烯醛类。**叶**含熊果酸,白桦脂酸,β-谷甾醇,甘露醇,没食子酸,没食子酸乙酯,短叶苏木酚酸乙酯,短叶苏木酚酸,木犀草素-4'-O-β-D-葡萄糖苷,鞣花酸。**花**含山柰酚,槲皮素,芦丁等。**根皮**含石榴皮碱,异石榴皮碱,甲基石榴皮碱(methylpelletierine),甲基异石榴皮碱,伪石榴皮碱,并没食子酸鞣质(ellagitannic acid),没食子酸等。

【功效主治】**石榴皮**酸、涩,温。涩肠止泻,止血,驱虫。用于久泻,久痢,便血,脱肛,崩漏,带下,虫积腹痛。**石榴根**苦、涩,温。杀虫,涩肠止泻,止血。用于蛔虫和绦虫病,久泻,久痢,赤白带下。**石榴叶**酸、涩,温。活血,祛风,收敛涩肠。用于泄泻,跌打损伤,痘风疮,风癞。**石榴花**酸、涩,平。调经止血。用于鼻衄,聤耳,外伤出血,月经不调,崩漏,带下。**石榴**甘、酸、涩,温。生津止渴,收敛固涩。甜者用于咽燥口渴,虫积,久痢;酸者用于津伤燥渴,滑泻,久痢,崩漏,带下。

【历史】石榴始载于《雷公炮炙论》,又名安石榴,原产西域,汉代传入我国。《本草图经》云:"木不甚高大,枝柯附干,自地便生作丛。种极易息,折其条盘土中便生。花有黄、赤二色。实亦有甘、酢二种,甘者可食,酢者入药。"《本草纲目》云:"榴五月开花,有红、黄、白三色。"并引《事类合璧》云:"榴大如杯,赤色有黑斑点,皮中如蜂窠,有黄膜隔之,子形如人齿,淡红色,亦有洁白如雪者。"所述形态及附图与植物石榴一致。

【附注】《中国药典》2010年版收载石榴皮,附录收载石榴子。

蓝果树科

喜树

【别名】旱莲、旱莲木、水桐树。

【学名】Camptotheca acuminata Decne.

【植物形态】落叶乔木,高达20m。树皮灰色,纵裂;小枝紫绿色,无毛。叶互生;叶片长圆状卵形或长圆状椭圆形,长12～28cm,宽6～12cm,先端短锐尖,基部近圆形或阔楔形,全缘,上面无毛,下面疏生短柔毛,脉上较密,中脉上面凹下,下面凸起,侧脉10～15对,下面稍凸起,纸质;叶柄长2～3cm,无毛。头状花序球形,直径1.5～2cm,通常上部为雌花序,下部为雄花序,总花梗长4～6cm;常由2～9个头状花序组成圆锥花序,顶生或腋生;花杂性,同株;苞片3,三角状卵形,长2～3mm,两面有毛;花萼5浅裂,边缘睫毛状;花瓣5,淡绿色,长圆形,先端锐尖,长约2mm,外面密被柔毛,早落;花盘显著;雄蕊10,外轮5枚较长,长于花瓣,花药4室;子房下位,花柱顶端2裂。翅果矩圆形,长2～2.5cm,顶端宿存花柱,两侧有窄翅,干时黄褐色。花期5～7月;果期9月。(图504)

图504 喜树
1.花枝 2.果枝 3.雄花 4.雌蕊 5.翅果

【生长环境】生于山地疏林,国家Ⅱ级保护植物。多栽培。

【产地分布】山东境内的青岛中山公园及崂山太清宫附近有引种,生长良好;蒙山万寿宫林场及泰安引种者有冻害。在我国除山东外,还分布于长江流域以南各省区。

【药用部位】果实:喜树果;叶:喜树叶;根及根皮:喜树根;树皮:喜树皮。为民间药及提取喜树碱的原材料。

【采收加工】春季采剥树皮,晒干。夏季采叶,晒干或鲜用。秋季采收成熟果实,晒干。全年采根或根皮,秋季采收为好,除去粗皮,晒干。

【药材性状】果实呈矩圆形,长2～2.5cm,宽5～7mm。表面棕色至棕黑色,微有光泽,有纵皱纹,有数条棱角和黑斑,先端尖,有柱头残基,基部渐狭,有椭圆形凹痕,两边有窄翅。质韧,不易折断,断面纤维性,种子1,干缩成细条形。气微,味苦。

以饱满、色棕、味苦者为佳。

【化学成分】果实含生物碱:喜树碱(camptothecine),10-羟基喜树碱(10-hydroxy camptothecine),11-羟基喜树碱,10-甲氧基喜树碱(10-methoxy camptothecine),11-甲氧基喜树碱,去氧喜树碱(deoxycamptothecine),10-羟基脱氧喜树碱(10-hydroxydeoxycamptothecine),喜树次碱(venoterpine),喜树曼宁碱(camptacumanine),喜树矛因碱(camptacumothine),22-羟基旱莲木碱(22-hydroxyacuminatine),18-羟基喜树碱等;鞣质:3,4-O,O-亚甲基并没食子酸(3,4-O,O-methyleneellagic acid),3,4-O-亚甲基-3′,4′-O-二甲基-5′-甲氧基并没食子酸(3,4-O-methlene-3′,4′-O-dimethyl-5′-methoxyellagic acid)等;还含白桦脂酸,长春花苷内酰胺(vincoside-lactam),丁香酸,丁香树脂酚,吕宋果内酯(strychnolactone),水杨酸。根含喜树碱,喜树次碱,并没食子酸-3,4,3′-三甲醚(3,4,3′-tri-O-methylellagic acid)及胡萝卜苷;根皮含20-去氧喜树碱,20-己酰喜树碱(20-hexanoylcamptothecine),20-己酰基-10-甲氧基喜树碱。木材含喜树碱,10-甲氧基喜树碱,11-羟基-(20S)-喜树碱。叶含喜树碱,槲皮素,山柰酚,三叶豆苷(trifolin),没食子酸,喜树鞣质(camptothin)A、B,木鞣质(cornusiin)A,路边青鞣质(gemin)D,新喷呐草素(tellimagrandin)Ⅰ、Ⅱ,1,2,6-三-O-没食子酰-β-D-葡萄糖(1,2,6-tri-O-galloyl-β-D-glucose)等。种子挥发油主成分为芳樟醇氧化物,苯乙醇,大牻牛儿烯D,β-甜没药烯等。

【功效主治】喜树根、喜树果苦、涩,凉;有毒。清热解毒,散结消癥,杀虫。用于噎食,癥瘕痞块,肝脾肿大,血虚面色㿠白,牛皮癣。喜树叶苦,寒。清热解毒,消肿止痛。用于疔肿,疮痈初起。喜树皮苦,寒;有小毒。活血解毒,祛风止痒。用于牛皮癣。

【历史】喜树始载于《植物名实图考》木类,原名旱莲,曰:"旱莲生南昌西山。赭干绿枝,叶如楮叶之无花杈者,秋结实作齐头筩子,百十攒聚如毬;大如莲实。"并附果枝图。所述形态及附图与现今植物喜树一致。

八角枫科

八角枫

【别名】水桃(威海)、白龙须、白筋条。

【学名】Alangium chinense (Lour.) Harms.
(Stylidium chinense Lour.)

【植物形态】落叶灌木或小乔木。小枝略呈"之"字形,幼时无毛或有疏毛。叶互生;叶片近圆形、椭圆形或卵形,先端短锐尖或钝尖,基部截形或近心形,两侧偏斜,长12～20cm,宽8～16cm,不分裂或3～7裂,裂片短锐尖或钝尖,基出3～5主脉,下面脉腋有丛状毛,纸质;叶柄长2～3.5cm,幼时有毛,后无毛。聚伞花序腋生,长3～4cm,被疏柔毛,有7～30(50)花;花梗长0.5～1.5cm;小苞片条形,长约3mm,早落;总花梗长1～1.5cm,常分节;花两性,辐射对称;花萼长2～3mm,边缘6～8齿裂;花瓣6～8,条形,长1～1.5cm,宽约1mm,基部粘合,上部反卷,外面有微柔毛,初白色,后变黄色;雄蕊和花瓣同数且等长,有短柔毛,花药长6～8mm,药隔无毛;花盘近球形;子房2室,花柱无毛,柱头头状,2～4裂。核果卵圆形,长5～7mm,熟时黑色,顶端有宿萼及花盘。种子1。花期6～8月;果期8～10月。(图505)

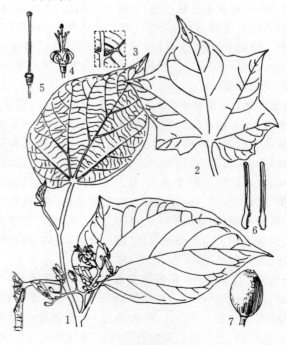

图505 八角枫
1.花枝 2.嫩枝的叶 3.叶背面 4.花 5.雌蕊 7.果实

【生长环境】生于沟谷或湿润坡地。

【产地分布】山东境内产于崂山、昆嵛山、蒙山等地。在我国除山东外，还分布于河南、陕西、甘肃及长江以南各地。

【药用部位】细根及须根：八角枫（白龙须）；叶：八角枫叶（白龙叶）；花：八角枫花（白龙花）。为民间药。

【采收加工】全年采挖细根、须根或剥取根皮，洗净，晒干。夏季采收花、叶，晒干或鲜用。

【药材性状】细根圆柱形，略弯曲，长短不一，长者达1m以上，直径2～8mm，有分枝及多数纤细须根或残基。表面灰黄色至棕黄色，栓皮纵裂，有时剥离。质坚脆，折断面不平坦，黄白色，粉性。气微，味淡。

以干燥、色黄、须根多者为佳。

【化学成分】根、茎含喜树次碱，消旋毒黎碱（dl-anabasine）等。叶含β-香树脂醇乙酸酯（β-amyrin acetate），去甲基八角枫苷，水杨苷，6'-O-β-D-吡喃木糖基水杨苷，4',6'-O-(S)-六羟基二酚基水杨苷，鄂西香茶菜苷（henryoside），6'-O-β-D-吡喃葡糖基鄂西香茶菜苷，苯甲基乙醇-β-D-吡喃木糖基(1→6)-β-D-吡喃葡糖苷，苯甲基乙醇-β-D-吡喃葡糖基-(1→2)-[β-D-吡喃木糖基-(1→6)]-β-D-吡喃葡苷，2'-O-β-D-吡喃葡糖基水杨苷，2'-O-β-D-吡喃葡糖基-6'-O-β-D-吡喃木糖基水杨苷，三十烷醇，β-谷甾醇；挥发油主成分为1,8-桉油醇，桧烯，α-蒎烯，α-萜品醇，丁香酚甲醚等。根含正十四烷，正三十一烷，stigmast-9(11)-en-3-ol，3,4-二甲氧基鞣花酸，β-谷甾醇，胡萝卜苷。

【功效主治】八角枫（白龙须）辛、苦，微温；有毒。祛风除湿，舒筋通络，散瘀镇痛。用于风湿疼痛，麻木瘫痪，心力衰竭，劳损腰痛，跌打损伤。八角枫叶苦、辛，平；有小毒。止血化瘀，接骨，解毒杀虫。用于跌打损伤，外伤出血，骨折，乳结疼痛。八角枫花辛，平；有小毒。散风，理气，止痛。用于头风头痛，胸腹胀满。

【历史】八角枫始载于《本草从新》，名八角金盘，谓："树高二三尺，叶如臭梧桐而八角，秋开白花细簇。"《本草纲目拾遗》名木八角，云："木高二三尺，叶如木芙蓉，八角有芒，其叶近蒂处红色者佳，秋开白花细簇。"《植物名实图考》载："江西、湖南极多，不经樵采，高至丈余。其叶角甚多，八角言其大者耳。"本草所述形态及《植物名实图考》附图与现今植物八角枫相似。

【附注】《中国药典》2010年版附录收载八角枫。

附：瓜木

瓜木 A. platanifolium (Sieb et Zucc.) Harms (Marlea platanifolia Sieb. et Zucc.)，与八角枫的主要区别是：聚伞花序通常有3～5花；花瓣长2.5～3.5cm，雄蕊6～7，较花瓣短；子房1室，柱头扁平。核果长卵圆形，长0.8～1.2cm。根、茎、枝条含喜树次碱和消旋毒黎碱。山东境内产于崂山、昆嵛山等地。药用同八角枫。

菱科

菱

【别名】菱角、二角菱。

【学名】Trapa bispinosa Roxb.

【植物形态】一年生水生草本。茎细长，随水深浅而长短有异。叶二型：沉水叶细裂，裂片丝状；浮水叶聚生于茎顶，莲座状；叶片三角状宽菱形或卵状菱形，长2～4.5cm，宽2～6cm，先端钝尖或稍尖，基部宽楔形或截形，全缘，中上部边缘有齿，上面绿色，无毛，下面脉隆起，有长软毛；叶柄长5～15cm，有长软毛，后脱落变疏或无毛，中部膨胀成为宽约1cm的海绵状气囊，有柔毛。花白色，两性，单生叶腋，直径约1cm，有短梗，结果时下弯，长2～4cm；花萼有柔毛，4深裂；花瓣4，基部密生毛；雄蕊4；子房半下位，2室，柱头头状；花盘鸡冠状。果实稍扁，三角形，紫黑色，有2刺角，长约1cm，两角间距4～5cm，平伸或稍伸上，顶端有倒刺。花期6～8月；果期8～10月。（图506）

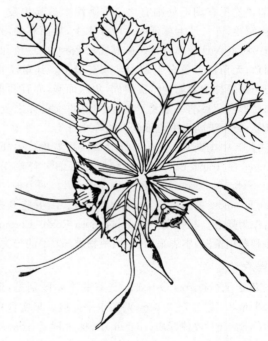

图506 菱

【生长环境】生于池沼湖泊或浅湖中。

【产地分布】山东境内产于南四湖、东平湖及各地池塘、河湾、浅水中。在我国分布于西北、华东、华中各地。

【药用部位】茎：菱茎；叶：菱叶；果壳：菱壳；果实：菱角；果柄：菱蒂；淀粉：菱角粉。为少常用中药及民间药，菱角和菱角粉药食两用。

【采收加工】夏季开花时采收茎、叶，晒干或鲜用。秋季采收成熟果实、果柄，晒干；除去果壳，晒干，粉碎，采用水沉淀法制得淀粉。

【化学成分】果肉含甾类:4,6,8(14),22-麦角甾四烯-3-酮[4,6,8(14),22-ergostatetraen-3-one],22-二氢-4-豆甾烯-3,6-二酮,β-谷甾醇;挥发油主成分为罗布麻宁,十六酸;还含邻苯二甲酸二丁酯,三羟基苯甲酸及多糖。果壳含1,2,6-三没食子酰-β-D-葡萄糖,1,2,3,6-四没食子酰-β-D-葡萄糖及挥发油。

【功效主治】菱角甘,凉。生者清暑解热,除烦止渴,强壮;熟者益气健脾。用于脾虚泄泻,暑热烦渴,消渴,醒酒,痢疾。菱角粉甘,平。清热解毒,益胃安中,生津止渴。用于脾虚乏力,暑热烦渴,消渴。菱壳微苦、涩,凉。解毒疗疮,涩肠止泻,清化湿热。用于泄泻,便血,脱肛,痔疮,疔肿,黄水疮,天疱疮。菱蒂微苦,涩,凉。解毒疗疮,理气和胃。用于胃脘疼,疣赘。菱叶甘,凉。清热解毒。用于小儿马牙疳,小儿头疮。菱茎甘、涩,平。理气和胃,疗疣。用于胃脘疼,疣赘。

【历史】菱始载于《名医别录》。《本草图经》谓:"芰,菱实也……今处处有之,叶浮水上,花黄白色,花落而实生,渐向水中乃熟。实有二种,一种四角,一种两角。"《本草纲目》谓:"芰菱有湖泺处则有之。菱落泥中最易生发。有野菱、家菱,皆三月生蔓延引。叶浮水上,扁而有尖,光面如镜……五六月开小白花……其实有数种:或三角、四角或两角、无角。野菱自生湖中,叶、实俱小。其角硬直刺人……家菱种于陂塘,叶、实俱大,角软而脆,亦有两角弯卷如弓形者。"目前一般将李时珍所说的家菱称之菱,包括乌菱;野生于湖水中角硬刺人的称之野菱。

【附注】①《中国药典》2010年版附录收载菱角。②"Flora of China"在 Trapa L.(菱属)中仅收载了细果野菱 Trapa incisa Sieb. & Zucc. 和欧菱 Trapa natans L. 两个种,将菱 Trapa bispinosa 并入欧菱 Trapa natans L. 中,并将其拉丁学名作为异名。根据菱 Trapa bispinosa Roxb. Corom. 的分布和药用情况,本志采用《中国植物志》53(2)的分类。

附:乌菱

乌菱 T. bicornis Osbeck.,与菱的主要区别是:果实呈弯牛角状,高2.5～3.6cm,两角水平开展。果实含乌菱鞣质(bicornin),玫瑰鞣质(rugosin)D,梾木鞣质(comusiin)A,喜树鞣质(camptothin)B,新喷呐草素(tellimagrandin)Ⅰ、Ⅱ,长梗马兜铃素(pedunculagin)及1,6-二-O没食子酰-β-D-葡萄糖,2,3-二-O没食子酰-β-D-葡萄糖,1,2,3-三-O-没食子酰-β-D-葡萄糖等。山东境内的南四湖有栽培。药用同菱。

丘角菱

丘角菱 T. japonica Fler.,与菱的主要区别是:果实菱形,高1.5～2cm。山东境内产于南四湖、东平湖。药用同菱。

细果野菱

细果野菱 T. maximowiczii Korsh.,(T. incisa Sieb. & Zucc.),与菱的主要区别是:果实戟状三角形,有4角。本种在"Flora of China"6:102,2001.的拉丁学名为 T. incisa Sieb. & Zucc.,本志将其列为异名。《中国药典》2010年版附录收载。药用同菱。

四角菱

四角菱 T. quadrispinosa Roxb.,与菱的主要区别是:果实锚状三角形,有4角。山东境内产于微山湖。药用同菱。

柳叶菜科

柳兰

【别名】山麻条、红筷子、铁筷子。

【学名】Chamaenerion angustifolium (L.) Scop.
[Chamerion angustifolium (L.) Hol.]
(Epilobium angustifolium L.)

【植物形态】多年生草本。茎高约1m,直立,无毛。叶互生;叶片披针形,长8～14cm,宽1～2.5cm,先端渐尖,基部楔形,有稀疏小齿或近全缘,上面无毛或微被毛,下面近中脉处有短毛,柄极短。总状花序顶生;苞片条形;花序轴疏被短毛;花两性,两侧对称,直径1.5～2cm,紫红色或淡红色;萼裂片4,条状倒披针形,被短柔毛,长1～1.3cm;花瓣倒卵形,基部有爪,长约1.5cm;雄蕊8;子房下位,密被短柔毛,花柱弓状弯曲,基部有短柔毛,柱头4裂。蒴果圆柱状,略四棱形,有长柄,密被短柔毛。种子多数,顶端有簇毛。花、果期7～9月。(图507)

【生长环境】生于山坡草丛。

【产地分布】山东境内产于泰山。在我国除山东外,还分布于东北、华北、西北、西南等地。

【药用部位】根茎:糯芋(柳兰根);全草:柳兰(红筷子);种缨:红筷子冠毛。为民间药。

【采收加工】夏、秋二季采收全草,秋季采收根茎,洗净,晒干或鲜用。秋季采收种缨,鲜用。

【化学成分】全草含黄酮类:金丝桃苷,扁蓄苷,槲皮素-3-O-(6′-O-没食子酰基)-β-D-半乳糖苷,槲皮素;鞣质及多酚类:3-氧-没食子酰基-D-葡萄糖,1,6-二-氧-没食子酰基-β-D-葡萄糖,1-氧-没食子酰基-4,6-六羟基联苯甲酰基-β-D-葡萄糖,水杨梅丁素(gemin D),英国栎鞣花酸(pedunculagin),特里马素(tellimagrandinⅠ),虾子花素(woodfo rdinⅠ),绿原酸,没食子酸;甾醇类:β-谷甾醇,谷甾醇-6-酰基-β-D-葡萄糖苷,谷甾醇棕榈酸酯(sitosteryl palmitate),谷甾醇癸酸酯(sitosteryl caprate),谷甾醇辛酸酯(sitosteryl caprylate);还含熊果酸,胡萝卜苷,正二十九烷和硫等。叶含熊果酸,齐墩果酸,山楂酸(maslinic acid),2α-羟基熊果酸和杨梅素-3-O-β-D-葡萄糖醛酸(myricetin-3-O-β-D-glucuronide)。花含柳兰聚酚(chanerol),柳兰酸(chamaeneric acid)。花粉含亚油酸,棕榈酸及游离胱氨酸。花和幼果

图507 柳兰
1.茎生叶 2.花序 3.柱头

含3,5,7,4'-四羟基-8-甲氧基黄酮(sexangularetin),山柰酚,槲皮素,杨梅素。

【功效主治】柳兰（红筷子）苦，平。利水渗湿，理气消胀，调经活血，消肿止痛。用于水肿，泄泻，食积胀满，乳汁不下，肠燥便秘，月经不调，骨折，筋脉扭伤。糯芋（柳兰根）辛、苦，热，有小毒。活血调经，消肿止痛，接骨。用于月经不调，骨折，筋脉扭伤。红筷子冠毛微苦，温，生肌，止痛，止血。外用于刀伤，出血。

【附注】本种在"Flora of China"13：411,2007.的拉丁学名为 *Chamerion angustifolium* (L.) Hol.，本志将其列为异名。

水珠草

【别名】露珠草、虱子草。

【学名】*Circaea lutetiana* L. subsp. *quadrisulcata* (Maxim.) Asch. et Maq.

[*C. canadensis* (Linn.) Hill subsp. *quadrisulcata* (Maxim.) Bouff.]

(*C. lutetiana* L. forma *quadrisulcata* Maxim.)

[*C. quadrisulcata* (Maxim.) Fr. et Sav.]

【植物形态】多年生草本。有根状茎。茎高40～70cm，通常无毛。叶对生；叶片狭卵形或长圆状卵形，先端渐尖，基部圆形，边缘有疏锯齿，并具缘毛，质薄；叶柄长1.5～4cm。总状花序顶生及腋生，花后伸长，花序梗和花梗疏生开展的腺毛；萼裂片2，卵形，紫红色，疏生腺毛；花瓣2，白色，倒卵状心形，2裂，短于萼裂片；雄蕊2；子房2室，花柱细长，伸出，柱头头状。果实倒卵形，有沟，密被淡黄褐色钩状毛，短于果柄。花、果期6～9月。（图508）

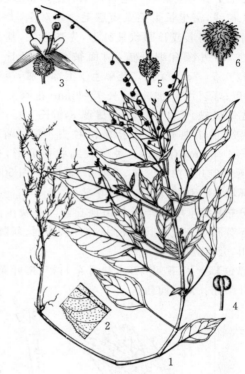

图508 水珠草
1.植株 2.叶片放大 3.花 4.雄蕊 5.雌蕊 6.果实

【生长环境】生于阴湿山坡草丛或溪边湿地。

【产地分布】山东境内产于昆嵛山、徂徕山、蒙山等地。在我国除山东外，还分布于东北地区及河北、安徽、江苏、浙江、四川等地。

【药用部位】全草：水珠草。为民间药。

【采收加工】夏、秋二季花期采收全草，晒干或鲜用。

【功效主治】辛、苦，平。宣肺止咳，理气活血，利尿解毒。用于外感咳嗽，无名肿毒，刀伤出血，疥疮，脘腹疼痛，小便淋痛，月经不调。

【附注】本种在"Flora of China"13：405.2007.的拉丁学名为 *Circaea canadensis* (Linn.) Hill subsp. *quadrisulcata* (Maxim.) Bouff.。

附：露珠草

露珠草 *C. cordata* Royle，与水珠草的主要区别是：茎密被开展的毛及短腺毛。叶卵状心形或广卵形，基部心形。果实倒卵状球形，与果梗近等长。山东境内产于崂山、昆嵛山、泰山、蒙山等地。全草药用,苦、辛,凉。清热解毒,止血生肌。用于疮痈肿毒,疥疮,外伤出血。

柳叶菜

【别名】水接骨草、水朝阳花。

【学名】Epilobium hirsutum L.

【植物形态】多年生草本。茎高达1m,上部常分枝,圆柱形,无棱线,密生长柔毛及短腺毛。叶对生,上部叶互生;叶片长圆形或长圆状披针形,先端渐尖,基部渐狭,微抱茎,边缘有细锯齿,两面被长柔毛,长3～10cm,宽0.5～2cm;无柄。花单生于上部叶腋,淡红色或紫红色;萼裂片4,披针形,长7～9mm;花瓣4,宽倒卵形,先端微缺,长1～1.2cm;雄蕊8,4长4短;子房下位,被腺毛,花柱直立,长于雄蕊,柱头4裂。蒴果圆柱形,长4～8cm,有短柄。种子长圆状倒卵形,长约1mm,顶端有1簇白毛。花、果期6～9月。(图509)

【生长环境】生于溪边或水边湿草丛。

【产地分布】山东境内产于各山地丘陵。在我国除山东外,还分布于东北地区及河北、山西、陕西、新疆、贵州、四川、云南等地。

【药用部位】全草:柳叶菜(水接骨草);根:柳叶菜根;花:柳叶菜花。为民间药。

图509 柳叶菜
1.植株上部 2.花 3.果实 4.种子

【采收加工】夏季采收带根全草,鲜用或晒干。夏、秋二季采花,阴干。秋季采根,洗净,切段,晒干。

【化学成分】地上部分含黄酮类:金丝桃苷,山柰酚,槲皮素,杨梅素,槲皮素-3-O-β-D-吡喃葡萄糖苷,杨梅素芸香糖苷;有机酸:没食子酸,3-甲氧基没食子酸,原儿茶酸和异槲斗酸(isovalonic acid)。叶、花含棕榈酸,硬脂酸,亚油酸,齐墩果酸,山楂酸,委陵菜酸(toementic acid),阿江榄仁酸(arjunolic acid),23-羟基委陵菜酸等。

【功效主治】柳叶菜(水接骨草)苦、淡,寒。清热解毒,利湿止泻,消食理气,活血接骨。用于湿热泻痢,脘腹胀痛,牙痛,月经不调,跌打损伤,烫火伤。柳叶菜花苦、微甘,凉。清热消炎,调经止痛。用于牙痛,目赤红肿,咽痛,月经不调,白带过多。柳叶菜根苦,凉。理气活血,止痛,解毒消肿。用于闭经,胃痛,食滞饱满。

【历史】柳叶菜始载于《植物名实图考》卷十七水草类,名水朝阳花,云:"水朝阳花生云南海中。独茎,高四五尺,附茎对叶,柔绿有毛。梢、叶间开四瓣长筩紫花,圆小娇艳,映日有光……花罢结角,细长寸许,老则迸裂,白絮茸茸。"所述形态和附图与植物柳叶菜基本相似。

附:光华柳叶菜

光华柳叶菜 E. amurense Hausskn. subsp. cephalostigma (Hausskn.) C. J. Chen (E. cephalostigma Hausskn.),与柳叶菜的主要区别是:茎圆柱形,有棱线,下部沿棱线有弯曲短毛,上部及分枝疏被弯曲短毛。子房密被毛,柱头头状。种子长圆形。山东境内产于泰山、徂徕山等山区。全草用于喉头肿痛,伤风声哑,月经过多,水肿。

丁香蓼

【别名】丁子蓼。

【学名】Ludwigia prostrata Roxb.

【植物形态】一年生草本。茎直立或下部斜上,高20～50cm,有棱角,多分枝,枝四棱形,略带紫色,无毛或有短毛。叶互生;叶片披针形,长2～5cm,宽0.5～1.5cm,近无毛,先端渐尖,基部渐狭,全缘;有短柄。1～2花生于叶腋,无柄,基部有2小苞片;萼筒与子房合生,萼裂片4～5,长约2mm,宿存;花瓣与萼裂片同数,黄色,稍短于萼裂片,早落;雄蕊4～5;子房下位,密被毛,花柱短,柱头头状。蒴果圆柱状四棱形,长1.5～2cm,直立或微弯,不规则开裂。种子多数,细小,棕黄色。花期7～8月;果期8～10月。$2n=16$。(图510)

【生长环境】生于水边湿地。

【产地分布】山东境内产于鲁中南和胶东半岛。在我国除山东外,还分布于长江以南各地。

【药用部位】全草:丁香蓼。为民间药。

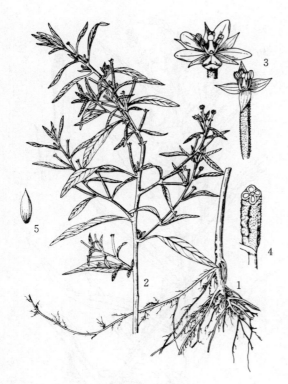

图510 丁香蓼
1.植株下部及根 2.植株上部 3.花
4.果实横切 5.种子

【采收加工】夏、秋二季结果时采收，洗净，晒干或鲜用。

【药材性状】全草皱缩，近光滑。主根长圆锥形，多分枝。茎近圆柱形，直径2～8mm，下部节上有多数须根，上部多分枝；表面暗紫色或棕绿色，有棱角约5条；质脆，易折断，断面灰白色，中空。叶互生，多皱缩或破碎；完整者披针形，长4～5cm，宽1～1.5cm；先端渐尖，基部渐狭，全缘；表面褐绿色，有紫红色斑点。花1～2朵，花萼、花瓣均4裂。蒴果条状四棱形，直立或弯曲，紫红色，有宿萼。种子细小，光滑，棕黄色。气微，味咸、微苦。

以完整、叶花果多、色褐红、味苦者为佳。

【化学成分】全草含没食子酸，诃子次酸三乙酯（triethylchebulate）等。

【功效主治】苦，寒。清热解毒，利尿通淋，止血化瘀。用于肺热咳嗽，咽喉肿痛，目赤肿痛，黄疸，吐血，尿血，痢疾泄泻，胁痛，肾虚水肿，小便短赤，白带，痔疮；外用于痈疖疔疮，蛇虫咬伤，狂犬咬伤。

月见草

【别名】山芝麻、待宵草。

【学名】Oenothera biennis L.

【植物形态】二年生草本。茎高达1m，单一或少分叉，被白色柔毛。基生叶莲座状，茎生叶互生；叶片披针形，先端渐尖，基部楔形，边缘有不明显锯齿，两面被毛，近平滑不皱。花两性，辐射对称，黄色，直径2.5～5cm，单生于上部叶腋，排成近穗状；无梗；萼筒长约3.5cm；裂片4，披针形，花后反折，外面被毛及腺毛；花瓣4，倒卵状三角形，先端微凹；雄蕊8；子房下位，4室，花柱细长，柱头4裂。蒴果长圆形，长2～4cm，上部渐细，疏生细长毛，成熟时4瓣裂。种子有不整齐的棱角，紫褐色或深褐色，在果实内水平状排列。花、果期6～9月。（图511）

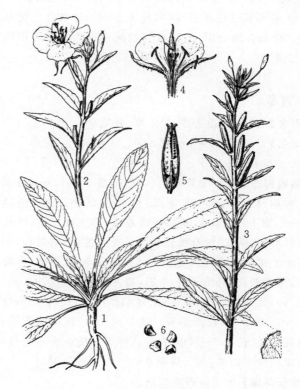

图511 月见草
1.一年生苗 2.植株上部 3.果枝
4.花冠纵剖，示花萼、花瓣、雄蕊和柱头 5.果实纵剖 6.种子

【生长环境】生于山坡、路旁、荒野草丛或栽培于公园庭院。

【产地分布】山东境内各地有栽培，有逸生；日照等地面积栽培较大。在我国除山东外，还分布于东北、华北及贵州等地。

【药用部位】种子：月见草子；脂肪油：月见草油；根：月见草根。为民间药，月见草油药食两用。

【采收加工】秋季果实成熟未开裂前割取地上部分，打捆晒干，压碎，收集种子，除去杂质。用CO_2超临界萃取等方法制取脂肪油。秋季挖根，洗净，晒干。

【化学成分】种子油含亚油酸，γ-亚麻酸，油酸，棕榈酸，硬脂酸，顺-6,9,12-二十八碳-三烯酸（cis-6,9,12-octadecatrienoic acid），顺-9,12,15-二十八碳-三烯酸；还含维生素 E、PP、A、B_1、B_2、A_3。**全草**含钙、钾、镁、钠、铁、锰、锌、锶、铜、硒。

【功效主治】**月见草油**苦、微辛、微甘，平。活血通络，息风平肝，消肿敛疮。用于胸痹心痛，中风偏瘫，虚风内动，小儿多动，风湿麻痛，腹痛泄泻，通经，疮疡，湿疹。**月见草根**甘、苦，温。强筋骨，祛风湿。用于风湿寒痹，筋骨酸软。**月见草子**驻颜除斑。

附：红萼月见草

红萼月见草 O. erythrosepala Borb.，与月见草的主要区别是：茎上有红色疣基长毛；花较大，直径 6～8cm，花萼有红色条纹；蒴果长 1.5～2cm，被红色疣基毛。全省各地公园、庭院常见栽培或逸生。根药用同月见草。

待宵草

【别名】山芝麻、夜来香、月下草、月见草。

【学名】Oenothera stricta Ledeb. et Link. (O. odorata Jacq.)

【植物形态】二年生草本。茎直立，高 50～90cm，被柔毛和腺体。基生叶莲座状；叶片条状披针形，长约 10cm，宽 1～1.5cm，基部渐狭成柄；茎生叶互生；叶片披针形，无柄，边缘有稀疏牙齿。花两性，辐射对称，单生于上部叶腋，黄色，直径 2.5～5cm，夜间开放，有香气；萼筒细长，高出子房，4 裂，裂片披针形，长约 2cm，花开时常 2 片相连，反卷；花瓣 4，倒心形，长约 3cm；雄蕊 8；子房下位，柱头 4 裂。蒴果圆柱形，顶端渐增粗，有钝 4 棱，长 2.5～3cm，有毛。种子无棱或棱不明显，在果内向上斜伸。花、果期 6～9 月。（图 512）

图 512　待宵草
1.植株上部　2.蒴果

【生长环境】生于田野或栽培。

【产地分布】原产南美，智利与阿根廷。山东境内的济南、青岛等地有栽培；崂山有逸生。我国除山东外，陕西、江苏、江西、福建、台湾、广东、广西、贵州、云南等地也有栽培，并逸为野生。

【药用部位】根：待宵草根；种子：待宵草子；种子油：待宵草籽油。为民间药，待宵草籽油药食两用。

【采收加工】秋季果实成熟未开裂前割取地上部分，打捆晒干，压碎，收集种子，除去杂质。用 CO_2 超临界萃取等方法制取脂肪油。秋季挖根，洗净，晒干。

【化学成分】花含挥发油。**种子油**含亚油酸，棕榈酸，硬脂酸，油酸，γ-亚麻酸。

【功效主治】**待宵草根**辛，凉。解表散寒，祛风止痛。用于咽痛，外感发热。**待宵草籽油**苦、微辛、微甘，平。活血通络，息风平肝，消肿敛疮。用于胸痹心痛，中风偏瘫，虚风内动，小儿多动，风湿痹痛，腹痛泄泻，经闭，疮疡，湿疹。

小二仙草科

穗状狐尾藻

【别名】狐尾藻、聚藻、狗尾巴草、水草。

【学名】Myriophyllum spicatum L.

【植物形态】多年生水生草本。根状茎生于泥中。茎光滑，圆柱形，长达 2m，常分枝，节间长 3～4cm。叶 4～6 片，轮生；叶片长椭圆形至披针形，长 2～2.5cm，羽状分裂，裂片线形，细密，长 1～1.5cm；无柄。穗状花序，伸出水上，长 5～10cm，顶生；苞片长圆形或卵形，全缘；花两性或单性，无柄，生于苞腋内，雌、雄同株，常 4 朵轮生于花序轴上；一般雄花生于花序上部，雌花生于下部；雌花萼筒管状，顶端全缘；花瓣 4，甚小，早落；子房下位，4 室，柱头 4 裂；雄花萼筒广钟状，顶端深裂；花瓣 4，早落；雄蕊 8。果实球形，直径 1.5～3mm，有 4 条纵裂隙，分成 4 个分果爿。花、果期 4～9 月。（图 513）

【生长环境】生于湖泊、池塘或沟渠等淡水水域。

【产地分布】山东境内产于南四湖、东平湖、济南等地。分布于全国各地。

【药用部位】全草：聚藻。为民间药。

【采收加工】4~10月间,隔2个月采收1次,每次采收池塘中的1/2,鲜用,晒干或烘干。

【化学成分】全草含脱植基叶绿素(chlorophyllide)。

【功效主治】甘、淡,寒。清热,凉血,解毒。用于热病烦渴,痢疾泄泻,热毒疖肿,丹毒,烧烫伤。

【历史】穗状狐尾藻始载于《本草图经》,名聚藻,于"海藻"条下引陆玑《诗疏》云:"藻,水草,生水底。有二种……一种茎如钗股,叶如蓬蒿,谓之聚藻"。《本草品汇精要》云:"二藻但能茹而已,非海中所生者。"说明聚藻是一种淡水生植物。《本草纲目》载:"藻有二种,水中甚多……聚藻,叶细如丝及鱼鳃状,节节连生"。本草所述形态及《本草纲目》附图表明,聚藻与小二仙草科植物狐尾藻相符。

图513 穗状狐尾藻
1.植株 2.雄花去花瓣,示雄蕊 3.雌花去花瓣,示雌蕊
4.花 5.萼片 6.花瓣 7.果实

五加科

五加

【别名】细柱五加、南五加皮。

【学名】Acanthopanax gracilistylus W. W. Smith
[Eleutherococcus nodiflorus (Dunn) S. Y. Hu]

【植物形态】灌木,高2~3m。枝拱形下垂,呈蔓生状,无毛,节上常疏生反曲扁刺。掌状复叶,小叶通常5,在长枝上互生,在短枝上簇生;小叶片倒卵形或倒披针形,长3~8cm,宽1.5~3cm,先端短渐尖,基部楔形,两面无毛或沿脉有疏刚毛,边缘有细钝齿,侧脉4~5对,两面明显,下面脉上有淡棕色簇毛;小叶几无柄;总叶柄长3~8cm,无毛,常有细刺。伞形花序单个,稀2个腋生,或顶生于短枝上,有多数花,直径约2cm;总梗长1~2cm,结实后延长,无毛;花梗长0.6~1cm,无毛;花两性,辐射对称,花黄绿色;萼近全缘或5齿裂;花瓣5,长圆状卵形,先端尖,长约2mm;雄蕊5,花丝长2mm;子房2室,花柱2,离生或基部合生。浆果扁球形,长约6mm,黑色,宿存花柱长2mm,反曲。花期5~8月;果期7~10月。(图514)

【生长环境】生于林内、灌丛中、林缘或路旁。有栽培。

【产地分布】山东境内的青岛、胶南、蒙山大洼林场、日照虎山有栽培。全国分布地区甚广,西自四川,东至海滨;北起山西,南至云南南部等地。

【药用部位】根皮:五加皮;叶:五加叶;果实:五加果。为常用中药或民间药,可用于保健食品。

【采收加工】夏、秋二季挖根,栽培者采收3~4年生根,洗净,剥取根皮,晒干或烘干。夏季采叶,晒干或鲜用。秋季采收成熟果实,晒干。

【药材性状】根皮呈不规则双卷或单卷筒状,有的呈块片状,长4~15cm,直径0.5~1.5cm,厚1~4mm。外

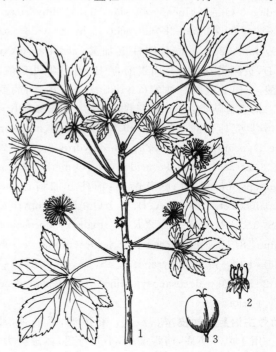

图514 五加
1.果枝 2.花 3.果实

表面灰棕色或灰褐色，有不规则裂纹、纵皱纹及横长皮孔；内表面黄白色或灰黄色，有细纵纹。体轻，质脆，断面不整齐，灰白色或灰黄色。气微香，味微辣而苦。

【化学成分】**根皮**含木脂素类：刺五加苷（eleutheroside）B_1，丁香苷（syringin），右旋芝麻素（sesamin），d-芝麻素；萜类：16α-羟基-（－）-贝壳松-19-酸[16α-hydroxy-（－）kauran-19-oic acid]，左旋对映贝壳松烯酸（ent-kaur-16-en-19-oic acid），（－）-pimara-9(11)15-二烯-19-酸，（－）-栲利-16-烯-19-酸，ent-16α,17-dihydroxy-kauran-19-oic acid；挥发油：主成分为 5-羟甲基-糠醛，少含 3-甲基-2,5-呋喃二酮，左旋葡萄糖酮等；脂肪酸：硬脂酸，棕榈酸，亚麻酸；还含豆甾醇，β-谷甾醇，胡萝卜苷及维生素 A、B_1 等。**茎**含刺五加苷 D，松柏苷，紫丁香苷，（2S,3S,4R,8E）-2-[(2′R)-2′-羟基十五碳酰胺基]-二十七碳-1,3,4-三羟基-8-烯，（2S,3S,4R,8E）-2-[(2′R)-2′-羟基十八碳酰胺基]-二十四碳-1,3,4-三羟基-8-烯，贝壳杉烷酸苷 A{16α,17-dihydroxy-ent-kauran-19-oic 19-[β-D-glucopyranosyl-(1→2)-β-D-glucopyranosyl]ester}，16-α-羟基-19-贝壳杉烷酸，16αH,17-isovaleryloxy-ent-kauran-19-oic acid，豆甾醇，β-谷甾醇，β-胡萝卜苷，正二十五烷酸等。**叶**含萜类：异贝壳杉烷酸[（－）-kaur-16-en-19-oic acid]，3-epi-betulinic acid 28-O-α-L-rhamnopyranosyl-(1→4)-β-D-glucopyranosyl(1→6)-β-D-glucopyranosylester，acankoreoside A、C，acankoreagenin，acantrifoside A，3α,11α-dihydroxy-20(29)-lupene-23,28-dioic acid，stigmast-5,22-dien-3-O-α-D-glucopyranoside，3,11-dihydroxy-23-oxo-20(29)-lupen-28-oic acid，3-hydroxy-23-oxo-20(29)-lupen-28-oic acid，细柱五加酸（acanthopanaxgric acid）；黄酮类：槲皮素，山奈酚，芦丁；还含原儿茶酸，棕榈酸，三肉豆蔻酸甘油酯（myristin），β-谷甾醇，胡萝卜苷。**果实**含萜类：竹节参苷 IVa 甲酯，竹节参苷 IVa 丁酯，异贝壳杉稀酸，16-α-羟-19-贝壳杉烷酸，acankoreoside D，acantrifoside A，3α,11α-dihydroxylup-20(29)-en-28-oic acid，oleanolic acid-3-O-6′-O-methyl-β-D-glucuronopyranoside 等；脑苷酯类：细柱五加脑苷（acanthopanax cerebroside）A、B、C，1-O-β-D-glucopyranose-(2S,3S,4R,8E)-2-[(2′R)-2′-hydroxy docosanosylamino]-8(E)-coctadecene-1,3,4-triol（momor cerebroside），1-O-β-D-glucopyranose-(2S,3S,4R,8E)-2-[(2′R)-2′-hydroxy docosanosylamino]-8(E)-heptadecene-1,3,4-triol。

【功效主治】**五加皮**辛、苦，温。祛风湿，强筋骨，补肝肾。用于风湿痹痛，筋骨痿软，小儿行迟，体虚乏力，水肿，脚气。**五加叶**辛，平。散风除湿，活血止痛，清热解毒。用于风湿，跌打肿痛，疝痛，丹毒。**五加果**甘，微苦，温。补肝肾，强筋骨。用于肝肾亏虚，小儿行迟，筋骨痿软。

【历史】五加皮始载于《神农本草经》，列为上品。《名医别录》载："五叶者良，生汉中及冤句，五月七月采茎，十月采根，阴干。"《本草图经》云："今江淮、湖南州郡皆有之。春生苗，茎叶俱青，作丛。赤茎又似藤蔓，高三五尺，上有黑刺，叶生五叉作簇者良。四叶、三叶者最多，为次。每一叶下生一刺。三四月开白花，结细青子，至六月渐黑色。根若荆根，皮黑黄，肉白，骨坚硬。蕲州人呼为木骨。"各本草所述产地及植物形态，与五加科细柱五加（五叶者）和同属多种植物相似。

【附注】①《中国药典》2010 年版收载五加皮，原植物名为细柱五加。②本种在"Flora of China"13：467，2007. 的拉丁学名为 *Eleutherococcus nodiflorus*（Dunn）S. Y. Hu，本志将其列为异名。

无梗五加

【别名】短梗五加、五加、五加皮。

【学名】*Acanthopanax sessiliflorus*（Rupr. et Maxim.）Seem.

[*Eleutherococcus sessiliflorus*（Rupr. & Maxim.）S. Y. Hu.]

【植物形态】灌木或小乔木，高 2～5m。树皮暗灰色，有纵裂纹；枝无刺或疏生刺。掌状复叶，小叶 3～5；小叶片倒卵形、长圆状倒卵形至长圆状披针形，长 8～18cm，宽 3～7cm，先端渐尖，基部楔形，边缘有不整齐锯齿，侧脉 5～7 对，两面无毛；小叶柄长 2～10cm；总叶柄长 3～12cm。头状花序紧密，球形，直径 2～3.5cm，花多数；5～6 个，稀 10 个头状花序组成顶生圆锥花序或复伞形花序；总花梗长 0.5～3cm，密生短柔毛；无梗；花两性，辐射对称；萼密生白绒毛，边缘有 5 小齿；花瓣 5，卵形，浓紫色，长 1.5～2mm，外面有短柔毛，后脱落；子房 2 室，花柱合生成柱状，柱头离生。浆果倒卵形，黑色，稍有棱，宿存花柱长达 3mm。花期 8～9 月；果期 9～10 月。（图 515）

【生长环境】生于山谷杂木林。

【产地分布】山东境内产于徂徕山。在我国除山东外，还分布于东北、华北地区及陕西等地。

【药用部位】根皮：五加皮。为东北地区民间药，可用于保健食品。

【采收加工】夏、秋二季挖根，栽培者采收 3～4 年生根，洗净，剥取根皮，晒干或烘干。

【药材性状】根皮圆筒形或切成不规则块片，厚约 1mm。外表面灰褐色或棕褐色，有纵向皱纹，皮孔色略浅，横向明显隆起。内表面黄白色，有细纵纹。质脆，折断面不整齐，淡黄白色。气微香，味淡。

【化学成分】**根及根皮**含无梗五加苷（acanthoside）A、

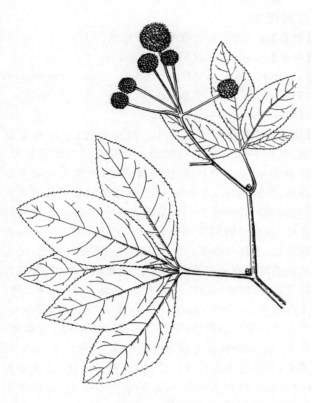

图 515 无梗五加

B、C、D、K$_2$、K$_3$(其中苷 B、D 分别是丁香树脂酚(syringaresinol)的单葡萄糖苷和双葡萄糖苷,苷 K$_2$、K$_3$ 属于三萜类);还含左旋芝麻素,左旋洒维宁(savinin),β-谷甾醇,胡萝卜苷,豆甾醇,菜油甾醇等。**果实**含三萜类:3-O-(α-L-吡喃阿拉伯糖-β-D-吡喃葡萄糖醛酸甲酯)-齐墩果酸,(1R,11α,22α)1,4-内酯-11,22-羟基-3,4-开环羽扇豆-20(30)-烯-3,28-二酸,(1R,11α)1,4-内酯-11-羟基-3,4-开环羽扇豆-20(30)-烯-3,28-二酸,齐墩果酸,oleanolic acid-3-O-6′-O-methyl-β-D-glucuronopyranoside, chiisanogenin, chiisanoside, 22α-hydroxychiisanoside, 22-α-hydroxychiisanogenin, 齐墩果酸-3-O-β-D-葡萄糖醛酸苷(momordin),齐墩果酸-3-O-β-D-葡萄糖苷,niduloic acid;黄酮类:槲皮素,金丝桃苷;木脂素类:(一)-芝麻脂素,无梗五加苷 B、D;还含东莨菪苷,东莨菪内酯,原儿茶酸甲酯,胡萝卜苷,β-谷甾醇。**茎、叶**含 3-羟基-5-甲氧基糠醛,丁香树脂酚,3,4-二羟基苯甲醛,咖啡酸,β-谷甾醇。

【功效主治】辛、苦,温。祛风湿,强筋骨,补肝肾。用于风湿痹痛,筋骨痿软,小儿行迟,体虚乏力,水肿,脚气。

【历史】见五加。

【附注】本种在"Flora of China"13:467,2007. 的拉丁学名为 Eleutherococcus sessiliflorus (Rupr. & Maxim. S. Y. Hu,本志将其列为异名。

楤木

【别名】刺椿头、百鸟不站、鸟不宿。

【学名】Aralia chinensis L.
[Aralia elata (Miq.) Seem.]

【植物形态】灌木或小乔木,高 2~5m。树皮灰色,疏生粗壮直刺;小枝有黄棕色绒毛,疏生细刺。二回或三回羽状复叶,长 0.5~1m,叶轴无刺或有细刺;羽片有小叶 5~11,稀 13,基部 1 对较小;小叶片卵形、阔卵形或长卵形,长 5~12cm,宽 3~8cm,先端渐尖或短渐尖,基部圆形,边缘有锯齿,上面疏生糙毛,下面有短柔毛,脉上更密,侧脉 7~10 对,两面均明显,网脉在上面不明显,下面明显;小叶无柄或有长 3mm 的柄;托叶与叶柄基部合生,耳廓形,长约 1.5cm。伞形花序组成顶生大型圆锥花序,长 30~60cm,分枝长 20~35cm,密生淡黄棕色短柔毛;伞形花序直径 1~1.5cm,有多数花;总花梗长 1~4cm,密生短柔毛;苞片锥形,膜质,长 3~4mm,外面有毛;花梗长 4~6mm,密生短柔毛;花杂性,白色;萼无毛,有 5 小齿;花瓣 5,卵状三角形,长 1.5~2mm;雄蕊 5,花丝长约 3mm;子房 5 室,花柱 5,离生或基部合生。果实球形,黑色,直径约 3mm,有 5 棱,花柱宿存。花期 7~8 月;果期 9~10 月。(图 516)

【生长环境】生于阴坡、半阴坡灌丛或林缘。

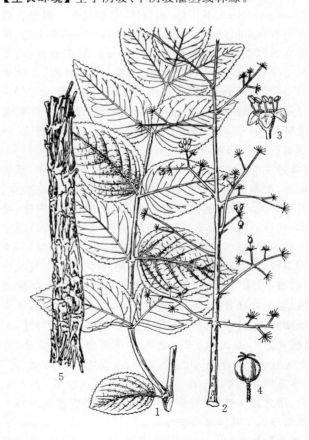

图 516 楤木
1.羽状复叶 2.果枝 3.花 4.果实 5.枝一段

辽东楤木

【别名】刺老鸦、东北楤木、龙牙楤木。

【学名】Aralia elata (Miq.) Seem.
[Aralia elata (Miq.) Seem. var. glabrescens (Franch. & Savat.) Pojark.]
(Dimorphanthus elatus Miq.)

【植物形态】灌木或小乔木。树皮灰色；小枝疏生细刺，刺长1~3mm，基部膨大。二回或三回羽状复叶，长40~80cm；托叶与叶柄基部合生，先端离生部分呈条形，长约3mm，边缘有纤毛；叶轴和羽轴基部通常有短刺；羽片有小叶7~11，基部另有小叶1对；小叶片阔卵形、卵形至椭圆状卵形，长5~15cm，宽2~8cm，先端渐尖，基部圆形至心形，上面绿色，下面淡绿色，无毛或两面脉上有短柔毛和细刺毛，边缘疏生锯齿，有时为粗牙齿，侧脉6~8对，两面明显，网脉不明显，薄纸质；小叶柄长3~5mm，稀至1.2cm，顶生小叶柄长达3cm。伞形花序聚生为顶生圆锥花序，长30~45cm，主轴短，长2~5cm，分枝在主轴顶端指状排列，伞房状，密生短柔毛；伞形花序直径1~1.5mm，有多数花。总花梗长0.8~4cm，花梗长6~7mm，均密生短柔毛；苞片和小苞片披针形，膜质，边缘有5小齿；花瓣5，长1.5mm，卵状三角形，开时反曲，黄白色；子房5室，花柱5，离生或基部合生。浆果核果状，球形，黑色，直径4mm，有5棱。花期6~7月；果期8~10月。（图517）

【产地分布】山东境内产于崂山、昆嵛山、荣成、泰山等地。我国除山东外，还分布于甘肃、陕西、山西的南部，河北中部，云南西北部、中部，广西西北部、东北部，广东北部和福建西部等地。

【药用部位】根及根皮：楤木根；除去栓皮的茎皮：楤木白皮；茎枝：楤木；叶：楤木叶。为民间药，幼芽可食。

【采收加工】夏季采收茎枝及叶，晒干。秋季挖根，或剥取根皮，晒干。全年采剥树皮，除去栓皮，晒干。

【药材性状】树皮呈卷筒状、槽状或片状，长短不一。外表面灰褐色、灰白色或黄棕色，粗糙不平，有纵皱纹及横纹，常剥落状，有的散有刺痕或断刺；内表面淡黄色、黄白色或深褐色，有细纵纹。质坚脆，易折断，断面纤维性。气微香，味微苦，嚼之有黏性。

根圆柱形，弯曲，粗细长短不一，切段者，长1~1.5cm。表面淡棕黄色或灰褐黄色，具不规则纵皱纹，外皮常翘起，并有横向棱状、一字形或点状皮孔，有时具支根痕。体轻，质坚硬，不易折断，断面略呈纤维性，切断面皮部较薄，暗棕黄色，木部淡黄色或类白色，有细密放射状纹理及数轮环状纹理；老根木部中央常枯朽，呈空洞状。气微，味微苦。

【化学成分】茎皮含齐墩果酸，刺囊酸（echinocystic acid），常春藤皂苷元，马栗树皮素二甲酯（esculetin dimethyl ether），谷甾醇，豆甾醇，菜油甾醇。根皮含楤木皂苷（araloside）A、B，银莲花苷（narcissiflorine）。树芽含黄酮类：山柰酚，山柰酚-7-O-α-L-鼠李糖苷，山柰酚-3,7-O-α-L-二鼠李糖苷；三萜类：齐墩果酸，齐墩果酸-3-O-β-D-葡萄糖醛酸甲酯苷，常春藤皂苷元-3-O-β-D-葡萄糖醛酸甲酯苷，常春藤皂苷元-3-O-β-D-吡喃葡萄糖基(6→1)-O-β-D-吡喃葡萄糖苷；还含尿嘧啶，尿嘧啶苷，β-谷甾醇，胡萝卜苷。

【功效主治】楤木根辛，平。祛风除湿，利水和中，活血通经，解毒散结。用于风湿痹痛，肾虚水肿，腰腿酸痛，肝脾肿大，腹水，胁痛，胃痛，淋浊，血崩，跌打损伤，瘰疬，痈肿。楤木叶辛，平。利水消肿，解毒止痢。用于肾虚水肿，痢疾泄泻。楤木甘、微苦，平。祛风除湿，利尿消肿，活血止痛。用于肝阳上亢，瘰疬，消渴，脘腹疼痛，带下，风湿痹痛，腰腿腿，跌打损伤。楤木白皮微咸，温。补腰肾，壮筋骨，舒筋活络，散瘀止痛。用于风湿痹痛，跌打损伤，胃痛，肾虚及风湿痛；外用于刀伤。

【历史】《本草拾遗》云："楤木生江南山谷，高丈余，直上无枝，茎上有刺，山人折取头茹食之。一名吻头。"《本草纲目》载："今山中亦有之，树顶丛生叶，山人采食，谓之鹊不踏，以其多刺而无枝故也。"所述形态与五加科楤木及其同属植物相似。

【附注】本种在"Flora of China"13：484.2007.的拉丁学名为 Aralia elata (Miq.) Seem.，本志将其列为异名。

图517 辽东楤木
1.羽状复叶一部分 2.花枝 3.花 4.去花瓣，示雄蕊
5.枝一段 6.叶枝一部分

【生长环境】生于阔叶林中或林缘。

【产地分布】山东境内产于崂山、昆嵛山、泰山等地。在我国除山东外,还分布于东北地区。

【药用部位】根皮或树皮:龙牙楤木;嫩叶及芽:楤木芽;果实:楤木果。为民间药,楤木芽药食两用。

【采收加工】夏季采收芽及嫩叶,鲜用、晒干或制茶。秋季挖根,或剥取根皮,晒干;采收果实,晒干或鲜用。全年采剥树皮,除去栓皮,晒干。

【采收加工】根皮呈单卷或双卷筒状,微弯曲或不规则扭曲,长15~35cm,厚1.5~3mm。外表面浅棕色或暗灰棕色,栓皮常呈鳞片状剥落,剥落处有纵皱纹;内表面暗棕黄色或黄白色。质脆,易折断,断面不平坦,浅黄白色或类白色。气微,味微涩而后苦。

干皮较平直,少弯曲,长10~15cm,厚1.5~2mm。外表面粗糙,有皱裂及突起或横生的类圆形皮孔;折断面纤维性。

【化学成分】根皮及根茎含皂苷:楤木皂苷A、C、G,楤木皂苷A甲酯(araloside A methylester),齐墩果酸-28-O-β-D-葡萄糖苷,竹节人参皂苷(chikusetsusaponin)Ib,屏边三七皂苷(stipuleanoside)R_1、R_2,辽东楤木皂苷(congmunoside)Ⅹ、Ⅺ、Ⅶ、Ⅷ、Ⅺ Ⅴ,齐墩果酸-3-O-β-葡萄糖醛酸苷,龙牙楤木皂苷(tarasaponin)Ⅰ、Ⅱ、Ⅲ、Ⅳ、Ⅴ、Ⅵ、Ⅶ,龙牙楤木皂苷Ⅲ甲酯(tarasaponin Ⅲ methyl ester),竹节人参皂苷Ⅳ甲酯,假人参皂苷(pseudoginsenoside)RT_1;还含无梗五加苷D,罗盘草苷(silphioside)A,胡萝卜苷-6'-棕榈酸酯,胡萝卜苷等。叶含皂苷:齐果墩果酸-3-O-β-D-葡萄糖(1→3)-α-L-鼠李糖(1→2)-α-L-阿拉伯糖-28-O-β-D-葡萄糖(1→6)-β-D-葡萄糖苷,常春藤皂苷元-3-O-α-L-鼠李糖(1→2)-α-L-阿拉伯糖-28-O-β-D-鼠李糖(1→4)-β-D-葡萄糖(1→6)-β-D-葡萄糖苷,durupcoside C,collinsonidin,齐墩果酸-3-O-β-D-吡喃葡糖基(1→3)-α-L-吡喃鼠李糖基(1→2)-α-L-吡喃阿拉伯糖苷,常春藤皂苷元-3-O-β-D-吡喃葡糖基(1→3)-α-L-吡喃鼠李糖基(1→2)-α-L-吡喃阿拉伯糖基常春藤皂苷元-28-O-β-D-吡喃木糖基(1→6)-β-D-吡喃葡糖基酯,常春藤皂苷元-3-O-β-D-吡喃葡糖基(1→3)-β-D-吡喃葡糖基(1→3)-α-L-吡喃阿拉伯糖苷,3-O-[β-D-吡喃葡糖基(1→2)]-β-D-吡喃葡萄糖基齐墩果酸-28-O-2-[6'-乙基-7'-(5''-甲基呋喃-2-氧基)]庚氧基-β-D-吡喃葡萄糖基酯[3-O-{[β-D-glucopyranoayl(1→2)]-β-D-glucopyranoayl}-oleanolic acid-28-O-2-(6'-ethyl-7'-(5''-methylfuran-2-yloxy)hepyloxy-β-D-glucopyranoayl ester],echinocystic acid-3-O-β-D-glucopyranoayl(1→3)]-β-D-glucuronopyranoside-6-O-butyl ester,辽东楤木皂苷B、Ⅶ、Ⅹ;黄酮类:7-O-α-L-rhamnopyranosyl-(S)-quercetin-3-O-β-D-glucopyranoayl(1→2)-α-L-rhamnopyranoside,7-O-α-L-rhamnopyranosyl-(S)-quercetin-3-O-β-D-6-caffeoyl-glucopyranoayl(1→2)-α-L-rhamnopyranoside,5-去羟基槲皮素-3-O-α-L-鼠李糖苷,5-去羟基山柰酚-3-O-α-L-鼠李糖苷,矢车菊素-3-O-β-D-木糖(1→2)-β-D-半乳糖苷。还含荨麻神经酰胺和天南星属甘油酯,对(2-乙基己氧基)甲苯[O-(2-ethylhexyloxy)methylbenzene]等。嫩芽含皂苷:araloside A、C、G,楤木皂苷Ⅺ Ⅰ,刺龙芽糖苷Ⅰ(congmuyaglycoside)Ⅰ、Ⅱ,楤木芽皂苷(congmuyanoside)A、B,elatoside F,辽东楤木皂苷Ⅴ、Ⅹ Ⅴ,3-O-[β-D-glucopyranosyl-(1→2)-β-D-glucopyranosyl-(1→3)]α-L-arabinopyranosyl hederagenin,3-O-[β-D-glucopyranosyl(1→3)-β-D-glucopyranosyl]oleanolic acid-28-O-β-D-glucopyranoside,3-O-[β-D-glucopyranosyl-(1→2)-β-D-glucopyranosyl] hederagenin,3-O-[β-D-glucopyranosyl-(1→2)-α-L-arabinopyranosyl echinocystic asid;还含腺苷。

【功效主治】龙牙楤木辛、微苦、甘、平。补气安神,强精滋肾,祛风活血。用于心血亏虚,风湿痹痛,消渴,阳虚气弱,肾阳不足。楤木芽微苦、甘、凉。清热利湿。用于湿热泄泻,痢疾,水肿。楤木果辛、平。下乳。用于乳汁不足。

【附注】本种在"Flora of China"13:484,2007.的拉丁学名为 *Aralia elata* (Miq.) Seem. var. *glabrescens* (Franch. & Savat.) Pojark.,本志将其列为异名。

刺楸

【别名】刺楸皮、老虎棒子(昆嵛山、崂山)、后娘棍(费县、蒙山)。

【学名】*Kalopanax septemlobus* (Thunb.) Koidz. (*Acer septemlobum* Thunb.)

【植物形态】落叶乔木,高达30m,胸径约70cm。树皮暗灰色,纵裂;小枝散生粗刺,刺基部宽扁。叶在长枝上互生,在短枝上簇生;叶片近圆形,直径8~25cm,掌状5~7浅裂,裂片三角状卵形,壮枝上分裂较深,裂片长超过全叶片的1/2,先端渐尖,基部心形,两面几无毛,边缘有细锯齿,基出5~7脉;叶柄细,长8~50cm,无毛。伞形花序聚生成圆锥花序,长15~25cm,直径20~30cm;伞形花序直径1~2.5cm,有多数花;总花梗长2~3.5cm,无毛;花梗无关节;花两性,辐射对称,白色或淡绿色;萼有5小齿,无毛;花瓣5,三角状卵形,长约1.5mm;雄蕊5,花丝长3~4mm;花盘隆起;子房2室,花柱合生,柱头离生。核果浆果状,球形,直径约5mm,蓝黑色,宿存花柱长约2mm。花期7~8月;果熟期11月。(图518)

【生长环境】生于阳坡、山沟、灌丛或林缘。

图 518 刺楸
1.果枝 2.花 3.去花瓣及花药,示雄蕊着生
4.果实 5.果实横切

【产地分布】山东境内产于全省各山地丘陵,以胶东半岛为多。我国分布于南北各地。

【药用部位】树皮:刺楸树皮;根及根皮:刺楸根;茎枝:刺楸茎;叶:刺楸叶。为民间药,嫩芽和嫩叶可食。

【采收加工】全年采剥树皮,或采收茎枝,晒干。夏末秋初采挖根部,洗净,或剥取根皮,晒干。夏、秋二季采叶,鲜用或晒干。早春采嫩芽,鲜用。

【药材性状】树皮呈卷筒状或弯曲的条块状,长宽不一,厚 1.5～3mm。外表面灰棕色至灰黄褐色,粗糙,有较深的纵裂纹和横向小裂纹,并散生点状皮孔和鼓钉状钉刺;刺长 1～3cm,基部长圆形,宽约 1cm,先端扁平尖锐或已磨成钝头,若钉刺脱落,则露出黄色内皮;内表面棕黄色或紫褐色,光滑,有细纵纹。质坚韧,不易折断,折断面外层灰棕色,内层灰黄色,强纤维性,呈明显层片状。气微香,味苦。

以干燥、皮厚坚实、钉刺多、味苦者为佳。

茎枝圆柱形,长 10～20cm,直径 1cm。表面灰色至灰棕色,有黄棕色圆点状皮孔和淡棕色钉刺。刺尖锐,基部扁呈长椭圆形。质坚硬,折断面皮部强纤维性或裂片状,髓白色。气微,味淡。

【化学成分】树皮含三萜类:刺楸根皂苷(kalopanaxsaponin)A、B、H,刺楸皂苷(septemloside)I,常春藤皂苷元;还含 3-O-α-L-arabinopyranosyl hederagenin,紫丁香苷(syringin),生物碱,鞣质和挥发油。茎含刺楸根皂苷 I、II。根含三萜类:常春藤皂苷元,3-羰基常春藤皂苷元,刺楸根皂苷 A、B、G、H,β-常春藤皂苷(β-hederin),常春藤皂苷元-28-O-β-D-葡萄糖酯苷(hederagenin-28-O-β-D-glucopyranosyl ester),3-O-α-D-吡喃阿拉伯糖-阿江榄仁酸-28-O-α-L-鼠李糖-(1→4)-O-β-D-吡喃葡萄糖-(1→6)-O-β-D-吡喃葡萄糖酯苷[3-O-α-D-arabinopyranosyl-arjunolicacid-28-O-α-L-rhamnopyranosyl-(1→4)-O-β-D-glucopyranosyl-(1→6)-O-β-D-glucopyranosyl ester];木脂素类:(一)-丁香脂素,丁香脂苷;还含 3-甲氧基苯甲醛,2-羟基-4-甲氧基-3,6-二甲基苯甲酸,香草醛,原儿茶酸,原儿茶醛,松柏醛,咖啡酸,β-谷甾醇,β-胡萝卜苷,5-羰基-二十八内酯(5-oxo-octacosanolide)。

【功效主治】刺楸树皮苦、辛,凉。祛风除湿,活血止痛,解毒杀虫。用于风湿痹痛,腰膝痛,肢体麻木,风火牙痛,跌打损伤,骨折,痈疽,疮癣,吐泻,痢疾。刺楸根苦、微辛、平。凉血散瘀,祛风除湿,解毒。用于骨折,肠风痔血,跌打损伤,风湿骨痛,肾虚水肿。刺楸叶辛、微甘,平。解毒消肿,祛风止痒。用于疮疡肿痛或溃破,风疹瘙痒,风湿痛,跌打损伤。

【历史】刺楸始载于《救荒本草》,云:"刺楸树,生密县山谷中。其树高大,皮色苍白,上有黄白斑纹,枝梗间多有大刺,叶似楸叶而薄。"《本草纲目拾遗》名鸟不宿,曰:"鸟不宿,俗名老虎草,又名昏树晚娘棒。梗赤,长三四尺,本有刺,开黄花成穗。"所述形态与现今五加科植物刺楸基本一致。

人参

【别名】生晒参、红参、神草。

【学名】Panax ginseng C. A. Mey.
(*P. schin-seng* Nees)

【植物形态】多年生草本,高 30～70cm。根肥大,肉质,圆柱形或纺锤形,末端多分歧,外皮淡黄色。根状茎短,直立或斜上。地上茎单生,高 30～60cm。掌状复叶,轮生叶的数目依生长年限而不同,一年生者生 1 片三出复叶,二年生者生 1 片五出复叶,三年生者生 2 片 5 出复叶,以后每年递增 1 片复叶,最多可达 6 片复叶;具长柄;小叶 5,偶有 7 片;小叶片披针形或卵形,边缘 2 片侧生小叶较小,长 2～4cm,宽 1～1.5cm,中央 3 小叶长 4.5～15cm,宽 2.2～4cm,先端渐尖,基部楔形,边缘有细锯齿,上面绿色,沿叶脉有稀疏细刚毛,下面无毛;小叶柄长 1～3cm。伞形花序单一顶生,总花梗长 15～25cm,每花序有 10～80 余朵花,集成圆球形;花小,两性,辐射对称,直径 2～3mm;花萼绿色,5 齿裂;花瓣 5,淡黄绿色,卵形;雄蕊 5,花丝甚短;子房下位,花柱 2,基部合生,上部分离。核果状浆果扁球形,直径 5～9mm,多数,集成头状,成熟时鲜红色,内有种子 2 粒。种子呈扁平圆卵形,一侧平截,直径 4～5mm,

表面乳白色。花期5~6月；果期6~9月。2n=44。（图519）

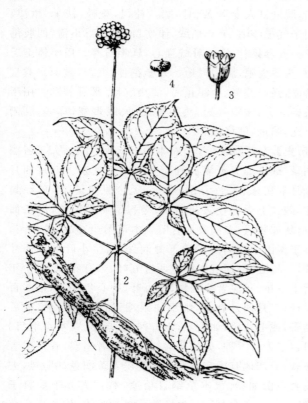

图519 人参
1.根及根茎 2.花茎 3.花 4.果实（仿《中华本草》图）

【生长环境】生于海拔数百米的落叶阔叶林或针叶阔叶混交林下，国家Ⅰ级保护植物。栽培于富含有机质、通透性良好的砂质壤土或腐殖质壤土。

【产地分布】山东境内的烟台、威海、潍坊有少量引种栽培。在我国除山东外，还分布于黑龙江、吉林、辽宁及河北北部山区。商品药材均为栽培品，主产于吉林、辽宁、黑龙江等地，河北、山西、湖北等地有引种。

【药用部位】根：人参（生晒参）；蒸后干燥的根：红参；须根：参须；蒸后干燥的须根：红参须；根茎：参芦；叶：人参叶；花序：人参花；果实：人参果。为常用贵重中药，人参、红参、人参叶和人参果药食两用。

【采收加工】9~10月采挖5~7年生园参根，洗净，除去茎叶后加工。全根或剪去支根及须根，入沸水内微烫后晒干，或直接晒干为全须生晒参或生晒参；须根晒干为白参须。根洗净，蒸2~3小时后，烘干或晒干为红参；须根蒸后干燥为红参须。采挖参根时，收集根茎及叶，分别晒干，或将根茎蒸后加工成红参芦。5~6月花期采摘四年生人参的花序，烘干。秋初采收成熟果实，晒干。

【药材性状】生晒参主根呈纺锤形或圆柱形，长3~15cm，直径1~2cm。表面灰黄色，上部或全体有疏浅断续的粗横纹及明显的纵皱纹，下部有支根2~3条，并有多数细长的须根，须根上常有不明显的细小疣状突起。根茎（芦头）长1~4cm，直径0.3~1.5cm，多拘挛弯曲，具不定根（芋）和稀疏的凹窝状茎痕（芦碗）。质较硬，断面淡黄白色，显粉性，形成层环纹棕黄色，皮部有多数黄棕色树脂道小点及放射状裂隙。香气特异，味微苦、甜。

以完整、条粗、色灰黄、质硬者为佳。

红参主根纺锤形或圆柱形，长3~10cm，直径1~2cm。表面半透明，红棕色，偶有不透明的暗黄褐色斑块，具纵沟、纵皱纹及细根痕；上部有断续的不明显横环纹；下部有2~3条扭曲交叉的支根，并带有弯曲的须根或仅具须根残迹。根茎（芦头）长1~2cm，上有数个凹窝状茎痕（芦碗），有的带有1~2条完整或折断的不定根（芋）。质硬脆，断面平坦，角质样。气微香而特异，味甜、微苦。

以完整、条粗长、色红棕、半透明、无暗褐色斑者为佳。

红参须长条形或长圆柱形，长6~14cm，直径0.5~8mm，上端较粗，下端渐细。表面红棕色，半透明，可见纵皱纹。质硬而脆，断面角质样。气微香而特异，味甜，微苦。

叶常扎成小把，呈束状或扇状，长12~35cm。掌状复叶3~6枚轮生。小叶通常5枚，偶为7；小叶片卵形或倒卵形，基部小叶片长2~8cm，宽1~4cm；中央小叶片大小相近，长4~16cm，宽2~7cm；先端渐尖，基部楔形，边缘有细锯齿及刚毛；上表面暗绿色，叶脉有刚毛，下表面叶脉隆起。叶柄长。纸质，易碎。气清香，味微苦而甜。

以完整、色绿、有清香气者为佳。

伞形花序有花10~80朵。花小，直径1~3mm；花瓣多脱落，花柱2。未开放的花呈半球形，黄绿色，5裂；花萼5齿裂，绿色；花梗残留。气清香，味苦、微甜。

以花蕾未开放、花序完整、色绿、气味浓者为佳。

根茎圆柱形，长2~5.5cm，直径0.5~1cm。表面黄棕色，有不规则纵皱纹及横纹，碗状茎痕（芦碗）4~6个，交互排列，顶端茎痕常可见冬芽。质脆，易折断，断面不平坦，皮部疏松。气香，味微甜而后苦。

【化学成分】根含三萜皂苷：人参皂苷（ginsenoside）Ra_1、Ra_2、Ra_3、Rb_1、Rb_2、Rb_3、Rc、Rd、Re、Rf、Rg_1、Rg_2、Rg_3、Ro、Rh_1，西洋参皂苷（quinguenoside）R_1、R_2，丙二酰基人参皂苷（malonyl-ginsenoside）Rb_1、Rb_2、Rc、Rd，20-葡萄糖人参皂苷（20-glucoginsenoside）Rf，三七皂苷（notoginsenoside）Rt、R_2、R_4；多炔类：人参炔醇（panaxynol），人参环氧炔醇（panaxydol），镰叶芹醇（falcarinol），人参炔氯二醇（panaxydol chlorohydrine），人参炔三醇（panaxytriol），乙酰基人参环氧炔醇（acetyl panaxydol），1-十七碳烯-4,6-二炔-3,9-二醇（heptadec-1-ene-4,6-

diyn-3,9-diol)及人参炔(ginsenoyne)A、B、C、D、E、F、G、H、I、J、K 等;挥发油:主成分为 α-及 β-古芸烯(gurjunene),α-及 β-人参烯(panasinsene),丁香烯,人参萜醇(panasinsanol)A、B 及人参新萜醇(ginsenol)等;糖类:人参三糖(panose)A、B、C、D,人参多糖(panaxan)A、B、C、D、E、F、G、H、I、J、K、L、M、N、O、P、Q、R、S、T、U 等;磷脂类:溶血磷脂酰胆碱(lysophosphatidyl choline),磷脂酰肌醇(phosphatidyl inositol),磷脂酰丝氨酸(phosphatidyl serine),磷脂酸(phosphatidic acid)等。鲜根还含鲜人参多肽 FGP Ⅰ、Ⅱ、Ⅲ、Ⅳ、Ⅴ,酸性 14 肽,N_9-甲酰哈尔满(N_9-formyl harman),β-咔啉-1-羧酸乙酯(ethyl-β-carboline-1-carboxylate),黑麦草碱,精氨酸、γ-氨基丁酸、谷氨酸、赖氨酸等 17 种氨基酸,维生素 B_1、B_2、C,烟酸及无机元素铁、锌等。**红参**含人参皂苷 Ro、Ra_1、Ra_2、Ra_3、Rb_1、Rb_2、Rb_3、Rc、Rd、Re、Rf、Rg_1、Rg_2、Rg_3、Rh_1、Rh_2、Rs_1、Rs_2,20(R)人参皂苷 Rg_2、Rh_2,20(S)人参皂苷 Rg_3,20-葡萄糖人参皂苷 Rf,西洋参皂苷 R_1,三七皂苷 R_1、R_4,20(R)原人参三醇[20(R)-protopanaxatriol];炔类:人参炔醇,人参环氧炔醇,人参炔三醇,1-十七碳烯-4,6-二炔-3,9-二醇;还含挥发油,氨基酸,磷脂类,糖类等。**根茎**含人参皂苷 Ro、Rb_1、Rb_2、Rc、Rd、Re、Rg_1、Rg_2、Rg_3 及 20(R)人参皂苷 Rh_1;挥发油:主成分为 α-及 β-香橙烯(aromadendrene),α-及 β-榄香烯(elemene),β-古芸烯等;还含酸性肽 Ⅰ、Ⅱ,天冬氨酸等。**茎叶**含人参皂苷 Rb_1、Rb_2、Rc、Rd、Re、Rf、Rg_1、Rg_2、Rg_3、Rg_4、Rh_1、Rh_2、Rh_3、F_1、F_2、F_3、F_4、La,20(R)人参皂苷 Tg_2、Rh_2,20(S)人参皂苷 Rh_2,20-葡萄糖人参皂苷 Rf,20(R)原人参二醇,20(R)原人参三醇,20(R)-达玛烷-3β,6α,12β,20,25-五醇[20(R)-dammar 3β,6α,12β,20,25-pentol]等;还含山柰酚,三叶豆苷(trifolin),人参黄酮苷(panasenoside),胡萝卜苷,十六烷酸等;茎挥发油主成分为棕榈酸,2-甲基-6-丙基十二烷等,叶挥发油主成分为棕榈酸,十三烷酸,β-金合欢烯等;另含多糖,天冬氨酸及无机元素钾、镁、镉、锌。**果实**含人参皂苷 Rb_1、Rb_2、Rc、Rd、Re、Rg_1、Rg_2、Rh_1、Rh_2、Rh_4、F_1,20(R)原人参三醇及 20(R)-人参皂苷 Rg_2 及天冬氨酸、苏氨酸、谷氨酸、丝氨酸等氨基酸。还含挥发油、蛋白质、烟酸、维生素 C 及无机元素钾、钠、铁、锌、锰、镁、铜、硒等。

【**功效主治**】**人参**甘、微苦、微温。大补元气,复脉固脱,补脾益肺,生津养血,安神益智。用于体虚欲脱,肢冷脉微,脾虚食少,肺虚喘咳,津伤口渴,内热消渴,气血亏虚,久病虚羸,惊悸失眠,阳痿宫冷。**人参须**甘、苦、平。益气,生津,止渴。用于咳嗽吐血,口渴,呕逆。**红参**甘、微苦、温。大补元气,复脉固脱,益气摄血。用于体虚欲脱,肢冷脉微,气不摄血,崩漏下血。**红参须**甘、微苦、温。大补元气,复脉固脱,益气摄血。用于体虚欲脱,肢冷脉微,气不摄血,崩漏下血。**参芦**甘、微苦、温。升阳举陷。用于脾虚气陷,泄泻日久,阳气下陷,脱肛。**人参叶**苦、甘、寒。补气,益肺,祛暑,生津。用于气虚咳嗽,暑热烦躁,津伤口渴,头目不清,四肢倦乏。**人参果**甘、温。补气强心,延年益寿。用于体虚乏力,头昏失眠,胸闷气短。**人参花**甘、微苦、微凉。益气活血,强心补肾,生津止渴,清热解毒,平肝利咽。用于头昏乏力,胸闷气短,头昏目眩,失眠多梦,耳鸣,肝阳上亢,暗疮,咽痛红肿。

【**历史**】人参始载于《神农本草经》,列为上品。《名医别录》载:"如人形者有神。生上党及辽东。二月四月八月上旬采根,竹刀刮,曝干,无令见风。"《本草经集注》载:"上党郡在冀州西南,今魏国所献即是,形长而黄,状如防风,多润实而甘"。《本草图经》载:"春生苗,多于深山中背阴近椴漆下湿润处,初生小叶者三四寸许,一桠五叶;四五年后生两桠五叶,未有花茎;至十年后生三桠;年深者生四桠,各五叶,中心生一茎,俗名百尺杆;三月四月有花,细小如粟,蕊如丝,紫白色,秋后结子,或七八枚,如大豆,生青熟红,自落。"《本草纲目》曰:"于十月下种,如种菜法。秋冬采者坚实,春夏采者虚软,非产地有虚实也。辽参连皮者黄润色如防风,去皮者坚白如粉。"《本草纲目拾遗》载:"人参子如腰子式"。所述产地、形态、生境和药材性状等,均与现今植物人参相符。

【**附注**】《中国药典》2010 年版收载人参、人参叶、红参。《山东省中药材标准》2002 年版收载红参须。

西洋参

【**别名**】西洋人参、种洋参、花旗参。

【**学名**】Panax quinquefolium L.

【**植物形态**】多年生草本,高 25~30cm。根肉质,纺锤形,时有分枝。茎圆柱形,具纵条纹。掌状复叶,通常 3~4 枚轮生茎顶;叶柄压扁状,长 6~7cm;小叶通常 5,稀 7 片,边缘 2 片侧生小叶较小;小叶片倒卵形、宽卵形或阔椭圆形,长 4~9cm,宽 2~5cm,先端急尾尖,基部下延,楔形,边缘有粗锯齿,上面叶脉有稀疏细刚毛,中央 3 片小叶大;小叶柄长 1~2cm。伞形花序单一顶生,有 20~80 余朵小花集成圆球形,总花梗由茎顶叶柄中央抽出,长 10~20cm;苞片卵形;萼钟状,绿色,5 齿裂;花绿白色,5 瓣,长圆形;雄蕊 5,花丝基部稍扁;雌蕊 1,子房下位,2 室,花柱 2,上部分离,环状花盘,肉质。核果状浆果,扁球形,多数,集成头状,成熟时鲜红色。花期 5~6 月;果期 6~9 月。2n=48。(图 520)

【**生长环境**】栽培于透水性好、肥沃,并夹有大粒粗砂的砂质壤土。

【**产地分布**】原产加拿大和美国。山东威海(文登)、荣

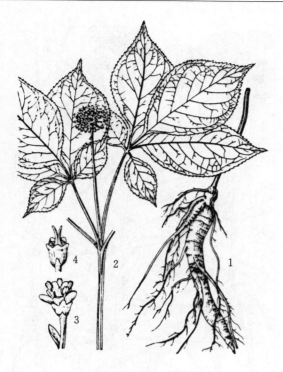

图 520　西洋参
1. 根及根茎　2. 花茎　3. 花
4. 花去花冠及雄蕊（仿《中华本草》图）

成、烟台（莱阳）、潍坊等地有引种栽培。文登市于上个世纪八十年代引种获得成功，目前种植面积达万亩以上；文登市的纬度、地理、气候与西洋参原产地相近，受海洋性气候调节的温湿度以及土壤等自然条件，形成了文登西洋参得天独厚的先决条件。"文登西洋参"于2012年已注册了国家地理标志产品。目前，我国已经形成东北吉林、山东文登、北京怀柔三大西洋参种植基地。

【药用部位】根：西洋参；支根、须根：西洋参须；叶：西洋参叶；花蕾：西洋参花。为较常用中药，西洋参、须可用于保健食品和食品，叶、花蕾可做茶。

【采收加工】秋季采挖，除去地上部分及泥土，剪去芦头、侧根及须根，低温分别干燥。采收参根时，收集根茎及叶，分别晒干。花期采收花序，果期采收成熟果实，晒干。

【药材性状】根呈纺锤形、圆柱形或圆锥形，长 3～12cm，直径 0.8～2cm。表面淡黄褐色或黄白色，有密集的横环纹及短线状皮孔，并有紧密的浅纵皱纹及须根痕。主根中下部有 1 至数条侧根，多已折断。有的根上端留有根茎，环节明显，茎痕圆形或半圆形，具不定根或已折断。体重，质坚实而致密，不易折断，断面平坦，淡黄白色，类角质状，形成层环纹棕色，皮部散有多数红棕色树脂道小点，木部略显放射状纹理。气微香而特异，味微苦、甘。

以条粗短、皮细、横纹紧密、质硬而重、气味浓者为佳。

支根呈圆柱形或圆锥形，长 3～6cm，直径 3～5mm，表面浅黄褐色或黄白色，有细密的纵皱纹和线状皮孔痕、须根或须根痕。质硬而脆，易折断，断面平坦，皮部可见红棕色树脂道小点，棕色形成层环纹及放射状纹。须根易断碎，表面可见不明显的疣状突起。气微香而特异，味苦微甜。

以色浅黄褐、质脆、气味浓者为佳。

干燥叶常扎成小把，长 20～45cm。掌状复叶；叶片暗绿色或绿褐色，3～4 枚轮生，小叶通常 5 枚，完整者展平后呈卵形或倒卵形，基部两小叶最小，小叶柄短或近无柄，长 3～8cm，宽 1～4cm；中间三小叶大小相近，长 4～15cm，宽 2～7cm；基部楔形，先端渐尖，边缘具细锯齿及刚毛；叶柄长约 2.5cm。质脆，以破碎。气清香，味微苦而甜。

以干燥、色绿、气味浓者为佳。

【化学成分】根及根茎含三萜皂苷：人参皂苷 R_{b1}、R_{b2}、R_{b3}、Rc、Rd、Re、Rf、Rg_1、Rg_2、Rg_3、Rg_6、Rg_8、Rh_1、$20R$-Rh_1、RAo、Ro、F_1、F_2、F_3、丙二酰基人参皂苷（malonyl-ginsenoside）Rb_1、Rb_2、Rd，西洋参皂苷（quinquenoside）R_1，绞股蓝苷（gypenoside）Ⅺ、Ⅹ、Ⅶ，假人参皂苷（pseudoginsenoside）F_{11}、RT_5，三七皂苷 K；挥发油：主成分为 β-金合欢烯，还含辛醇，己酸，松香芹醇（pinocarveol），辛酸，胡薄荷酮等；多炔类：镰叶芹醇，人参炔三醇，人参环氧炔醇，1,8-十七碳二烯-4,6-二炔-3,10-二醇和多炔（polyacetylene）PQ-1、PQ-2、PQ-3、PQ-4、PQ-5、PQ-6；磷脂类：双磷脂酰甘油（dipkosphatidyl glycerol），磷脂酰胆碱（phosphatidylcholine）和溶血磷脂酰胆碱等；糖类：人参三糖（panose），山梨糖（sorbose），果糖，麦芽糖（maltose），多糖等；氨基酸：天冬氨酸，苏氨酸，丝氨酸等；还含胡萝卜苷，齐墩果酸，豆甾烯醇，维生素 A、B_1、B_2、B_6 以及无机元素铁、铝、钙、钡、铜、锰、磷等。果肉含总皂苷，9 种微量元素和 16 种氨基酸。茎叶含人参皂苷 Rb_1、Rb_2、Rb_3、Rc、Rd、Re、Rg_1、Rg_2、Rg_3、Rh_1、Rh_2，假人参皂苷 F_{11}、RT_5。花蕾含皂苷：人参皂苷 Rb_1、Rb_2、Rb_3、Rc、Rd、Re、Rg_1，拟人参皂苷 F_{11}；还含脱氧尿苷（2′-deoxyuridine），脱氧胸苷（2′-deoxythymidine），阿糖胸苷（vidarabine），松脂素（pinoresinol）等。

【功效主治】西洋参甘、微苦，凉。补气养阴，清热生津。用于气虚阴亏，内热，咳喘痰血，虚热烦倦，消渴，口燥咽干，失血。西洋参须甘、微苦，凉。补气养阴，清热生津。用于气虚阴亏，内热，咳喘痰血，虚热烦倦，消渴，口燥咽干，失血。西洋参叶微苦、甘，凉。益肺，降火，生津，止渴。用于肺虚久嗽，咽干口渴，虚热烦倦，头晕目眩。

【历史】西洋参始载于《本草从新》，原名西洋人参，云：

"出大西洋佛兰西,形似辽东糙人参,煎之不香,其气甚薄。"《药性考》云:"西洋参似辽参之白皮泡丁,味类人参。"所述形态及产地与现今植物西洋参相符。

【附注】《中国药典》2010年版收载西洋参。《山东省中药材标准》2002年版收载西洋参叶和西洋参须。

伞形科

骨缘当归

【别名】野芹菜、对芹。

【学名】Angelica cartilaginomarginata (Makino) Nakai var. foliosa Yuan et Shan

【植物形态】二年生或多年生草本,植株粗壮。根纺锤形。茎上部叉状分枝,高1~1.5m,直径约1.5cm。叶互生,较茂密;基生叶及茎下部叶叶片卵形至矩圆状卵形,长7~20cm,二回三出式羽状分裂(有时下部叶非三出式);二回羽片有裂片5~7,末回裂片长圆形,长5~6.5cm,宽2~3cm,边缘多2~3深裂,叶纸质,边缘软骨质;叶柄长5~20cm,叶鞘细管状;茎上部叶渐变小。复伞形花序,有毛;无总苞片;伞幅10~12;小总苞片2~5,条形;花白色。双悬果宽卵形至近圆形,长2~5mm,宽1.5~3mm,侧棱有狭翅。花期8~9月;果期9~10月。(图521:1)

【生长环境】生于溪边、山坡林下或林缘草丛。

【产地分布】山东境内产于昆嵛山。在我国除山东外,还分布于东北地区及内蒙古、河北、安徽、江苏等地。

【药用部位】根及全草:山藁本。为民间药。

【采收加工】夏、秋二季采挖,洗净,晒干。

【化学成分】根含香豆素类:(−)-anomalin,(+)-3′R,4′R-顺式凯琳内酯[(+)-3′R,4′R-cis-khellactone],hyugarin D,蝉翼素(pteryxin),补骨脂素(psoralen),伞形花内酯,东莨菪素即东莨菪内酯(scopoletin),marmesin,紫花前胡苷(nodakenin),伞形花内酯-7-O-芹菜糖葡萄糖苷(umbelliferone-7-apiosylgluoside),骨缘当归素(cartilaginomarginadin),白花前胡素F(praeruptorin F),佛手柑内酯(bergapten)等;有机酸:正葵酸(n-capric acid),月桂酸;还含3′R-(+)-亥茅酚[3′R-(+)-hamoudol],异普特里克生(isopteryxin),β-谷甾醇,胡萝卜苷。

【功效主治】辛,温。祛风散寒,除湿。用于头痛,腹痛。

附:东北长鞘当归

东北长鞘当归 var. matsumurae (de Boiss) Kitagawa(图521:2),本变种与骨缘当归的主要区别是:叶片一回羽状全裂,裂片3~9,阔卵形或卵状披针形,长4~9cm,宽0.8~2.5cm,仅顶部裂片3深裂。山东境内产于胶东山地丘陵。药用同原种。

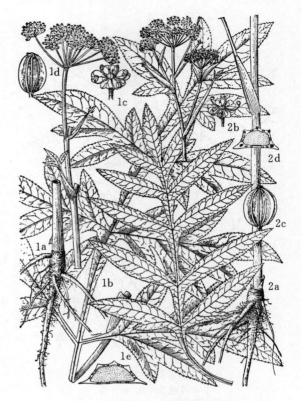

图521 骨缘当归 东北长鞘当归
1.骨缘当归(a.根及茎基 b.叶片 c.花 d.果实 e.分果横切面)
2.东北长鞘当归(a.植株 b.花 c.果实 d.分果横切面)
(仿史渭清图)

白芷

【别名】兴安白芷、大活、香大活。

【学名】Angelica dahurica (Fisch. ex Hoffm.) Benth. et Hook. f. ex Franch. et Sav.
[A. dahurica (Fisch.) Benth. et Hook.]

【植物形态】多年生草本。主根圆锥形,粗大,有分枝,黄褐色至褐色,有香气。茎直立,高1~2.5m,上部分枝,除花序下部有短毛外,其余无毛。叶互生;叶片三角形或卵状三角形,长20~50cm,宽10~25cm,二至三回羽状全裂;一回羽片3~4对,有柄,卵状三角形;二回羽片2~3对,有短柄或近无柄;末回裂片椭圆状披针形或长圆状披针形,长4~10cm,宽2~4cm,先端渐尖,基部稍下延成翅,边缘有不整齐锯齿和白色软骨质,上面脉上有短硬毛或无毛,下面无毛;叶柄圆柱形,基部叶鞘长圆形或卵状长圆形,抱茎;中上部叶简化,叶鞘膨大,花序下的叶简化成膨大的鞘。复伞形花序,直径10~30cm;无总苞片或有1椭圆形鞘状总苞;小总苞片5~10(16),披针形;萼齿退化;花瓣白色,倒卵形。双悬果椭圆形,背腹压扁,长5~7mm,宽4~6mm,背棱和中棱隆起,钝圆,侧棱有1.5~1.8mm宽的翅;每棱槽有油管1,合生面2。花期7~8月;果期8~9月。(图522)

【生长环境】栽培于排水良好、肥沃的沙质壤土或粉沙质壤土。

【产地分布】山东境内各地有栽培；菏泽等地栽培面积较大。在我国除山东外，还分布于东北、华北地区及内蒙古等地。

【药用部位】根：白芷；叶：白芷叶。为常用中药及民间药，白芷药食两用。

【采收加工】夏、秋间茎叶发黄时采挖，除去须根及泥沙，晒干或低温干燥。夏季采叶，晒干或鲜用。

【药材性状】根长圆锥形或长纺锤形，长10～25cm，直径1.5～2.5cm。表面灰棕色或黄棕色，具纵皱纹及支根痕，皮孔样的横向突起散生。根头部近圆形，表面密生横纹，顶端有凹陷的茎痕或茎基。质坚实，断面白色或灰白色，粉性，形成层环淡棕色，近圆形，皮部散有多数淡黄棕色油点。气芳香，味辛、微苦。

以根粗壮、体重、质硬、粉性足、香气浓者为佳。

【化学成分】根含香豆素类：欧前胡素（imperatorin，欧前胡内酯），异欧前胡素（isoimperatorin），森白当归脑（senbyakangelicol），7-去甲基软木花椒素（7-demethylsuberosin），白当归脑（byakangelicol），白当归素（byakangelicin），氧化前胡素（oxypeucedanin），珊瑚莱素（phellopterin），脱水白当归素（anhydrobyakangelicin），新白当归脑（neobyakangelicol），伞形花内酯，香柑内酯（bergapten）即佛手柑内酯，蒿属香豆精（scoparone），二氢山芹醇当归酸酯（columbianadin），紫花前胡苷元（nodakenetin），紫花前胡苷（nodakenin），比克白芷素（byakangelicin），花椒素（suberosin），8-羟基呋喃并香豆素即花椒毒酚（xanthotoxol），紫花前胡醇（decuninol），别欧前胡内酯（alloimperatorin），异氧化前胡素（isooxypeucedanin），水合白当归素（byakangelicin hydrate），8-甲氧基补骨脂素，5-甲基-8-羟基补骨脂素（5-methyl-8-hydroxy psoralen），水合氧化前胡素（oxypeucedanin hydrate），茵芋苷（skimmin），异紫花前胡苷（marmeinen），栓翅芹烯醇（pabulenol），东莨菪内酯，东莨菪素-7-O-β-D-葡萄糖苷即东莨菪苷（scopolin），neobyakangelicol，茴芹内酯（pimpinellin），蛇床子素（osthol），5-羟基-8-甲氧基补骨脂素（cnidilin），7-O-β-D-apiofuranosyl-(1→6)-β-D-glucopyranosyl-scopoletin，aesculetin-6-O-β-D-apiofuranosyl-(1→6)-O-β-D-glucopyranoside，isoscopolin；还含丁二酸，葡萄糖，蔗糖，腺嘌呤，腺苷，白芷多糖（由葡萄糖、鼠李糖、木糖、阿拉伯糖、半乳糖等组成），osmanthuside H，tomenin，ethanethioamick，1'-O-β-D-glucopyranosy（2R，3S）-3-hydroxynodakenetin，β-谷甾醇及胡萝卜苷。**根及果实挥**发油主成分为α-蒎烯，月桂烯，对-聚伞花素等。**茎**含挥发油：主成分为脂肪酸酯及倍半萜类。

【功效主治】**白芷**辛，温。解表散寒，祛风止痛，宣通鼻窍，燥湿止带，消肿排脓。用于外感头痛，眉棱骨痛，鼻塞流涕，鼻衄，鼻渊，牙痛，带下，疮疡肿痛。**白芷叶**辛，平。祛风解毒。用于隐疹，丹毒。

图522　白芷
1.花序　2.叶　3.果实　4.分果横切　5.叶片边缘

【历史】白芷始载于《神农本草经》，列为中品。《本草图经》载："今所在有之，吴地尤多。根长尺余，白色，粗细不等。枝杆去地五寸已上。春生叶，相对婆娑，紫色，阔三指许。花白微黄，入伏后结子，立秋后苗枯，二八月采根，爆干，以黄泽者为佳。"并附泽州（山西晋城）白芷图，吴地即今浙江和江苏南部。本草所述形态、产地及附图与现今植物白芷相似。

【附注】《中国药典》2010年版收载白芷。

杭白芷

【别名】白芷、川白芷、香白芷。

【学名】Angelica dahurica (Fisch. ex Hoffm.) Benth. et Hook. f. ex Franch. et Sav. cv. Hangbaizhi Yuan et Shan ［A. dahurica (Fisch. ex Hoffm.) Benth. et Hook. f. ex Franch. et Sav. var. *pai-chi* Kimura］

［A. dahuruca var. *formosana* (Boiss.) Shan et Yuan］

（A. *formosana* Boiss.）

［A. dahurica (Fisch. ex Hoffm.) Benth. et Hook. f. var. *formosana* (Boiss.) Shan et Yuan］

【植物形态】植物形态与白芷基本一致。主要区别点为：植株高1～1.5m，茎和叶鞘为黄绿色。根长圆锥形，上部近方形，表面灰棕色，有多数较大的皮孔样横向突起，略成四纵行排列，质硬，较重，断面白色，粉性大。茎及叶鞘多为黄绿色。

【生长环境】栽培于阳光充足、土层深厚、疏松肥沃、排水良好的沙质壤土。

【产地分布】山东境内各地有引种栽培。菏泽1958年自四川、浙江引种川白芷和杭白芷，现有较大面积的种植。在我国除山东外，还栽培于江苏、安徽、浙江、江西、湖北、湖南、四川等地。

【药用部位】根：白芷。叶：白芷叶。为常用中药，药食两用。

【采收加工】春播在当年10月中、下旬采收；秋播于翌年8月下旬叶枯萎时采收，挖出根部，除净泥土，晒干或烘干。夏季采叶，晒干或鲜用。

【药材性状】根圆锥形，长10～20cm，直径2～2.5cm。表面灰棕色，有多数皮孔样横向突起，长0.5～1.0cm，略排成四纵行。顶端近方形或类方形，有凹陷的茎痕。质坚实而重，断面白色，粉性，皮部密布淡黄棕色油点，形成层环棕色，类圆形或近方形。气芳香，味辛、微苦。

以独支、条粗壮、质硬、体重、粉性足、香气浓者为佳。

【化学成分】根含香豆精类：欧前胡素，异欧前胡素，别欧前胡素，别异欧前胡素（alloisoimperatorin），氧化前胡素，异氧化前胡素，水合氧化前胡素，白当归素，白当归脑，新白当归脑，珊瑚菜素，花椒毒酚，香柑内酯，5-甲氧基-8-羟基补骨脂素，异脱水比克白芷内酯（anhydrobyakangelicin），5-羟基-8-甲氧基补骨脂素，栓翅芹烯醇，哥伦比亚苷即哥伦比亚狭缝芹素（columbianin），8-O-β-D-葡萄糖基花椒毒酚，mamesin-4′-β-D-apiofuranosyl-(1→6)-β-D-glucopyranoside，marmesinin，suberosin，3R, 8S-falcarindiol，β-D-glucosyl-6′-(β-D-apiosyl) columbianetin，tert-O-β-D-glucopyranosyl-(R)-heraclenol，tert-O-β-D-glucopyranosyl-(R)-byakangelicin，sec-O-β-D-glucopyranosyl-(R)-byakangelicin，(3R)′-hydroxymamesin-4′-β-D-glucopyranoside等；挥发油：主成分为十二(烷)醇，邻苯二甲酸二异辛酯，十六碳酸等；还含广金钱草碱（desmodimine），棕榈酸，琥珀酸，豆甾醇，β-谷甾醇，胡萝卜苷，蔗糖及无机元素钙、铜、铁、锌、锰、钠、磷、镍、镁等。

【功效主治】白芷辛，温。解表散寒，祛风止痛，宣通鼻窍，燥湿止带，消肿排脓。用于外感头痛，眉棱骨痛，鼻塞流涕，鼻衄，鼻渊，牙痛，带下，疮疡肿痛。白芷叶辛，平。祛风解毒。用于隐疹，丹毒。

【附注】①《中国药典》2010年版收载，原植物拉丁学名用异名 A. dahurica (Fisch. ex Hoffm.) Benth. et Hook. f. var. formosana (Boiss.) Shan et Yuan。②本志采纳《中国植物志》55(3):36 杭白芷 A. dahurica (Fisch. ex Hoffm.) Benth. et Hook. f. ex Franch. et Sav. cv. Hangbaizhi Yuan et Shan [A. dahurica (Fisch. ex Hoffm.) Benth. et Hook. f. var. formosana (Boiss.) Shan et Yuan]的分类。

紫花前胡

【别名】土当归、野当归、鸭脚前胡。

【学名】Angelica decursiva (Miq.) Franch. et Sav.
(Porphyroscias decursiva Miq.)
[Peucedanum decursivum (Miq.) Maxim.]

【植物形态】多年生草本。根圆锥形，常有数条支根，表面黄褐色至棕褐色。茎直立，圆柱形，高1～2m，具浅纵沟纹，光滑，紫色，上部分枝，被柔毛。叶互生；叶片三角形至卵圆形，坚纸质，长10～23cm，一回三全裂或一至二回羽状分裂；第一回裂片的小叶柄翅状延长，两侧和顶端裂片的基部连合，沿叶轴呈翅状延长，翅边缘有锯齿；末回裂片卵形或长圆状披针形，长5～15cm，宽2～5cm，顶端锐尖，边缘有白色软骨质锯齿，齿端有尖头，上面深绿色，脉上有短糙毛，下面绿白色，主脉常带紫色，无毛；基生叶和茎生叶有长柄，柄长13～36cm，基部膨大成圆形的紫色叶鞘，抱茎，外面无毛；茎上部叶简化成囊状膨大的紫色叶鞘。复伞形花序顶生和侧生，花序梗长3～8cm，有柔毛；伞辐10～22，长2～4cm；总苞片1～3，卵圆形，阔鞘状，宿存，反折，紫色；小总苞片3～8，线形至披针形，无毛；伞辐及花柄有毛；花深紫色；萼齿明显，线状锥形或三角状锥形；花瓣倒卵形或椭圆状披针形，顶端通常不内折成凹头状；花药暗紫色。双悬果长圆形至卵状圆形，长4～7mm，宽3～5mm，无毛，成熟时两个分果相互分开；分果背棱线形隆起，尖锐，侧棱有较厚的狭翅，与果体近等宽；棱槽内有油管1～3，合生面4～6，胚乳腹面凹入。花期8～9月；果期9～11月。(图523)

【生长环境】生于山坡林缘、溪沟边或杂木林灌丛中。

【产地分布】山东境内产于青岛、烟台、威海、临沂、昆嵛山等地。在我国除山东外，还分布于辽宁、河北、河南、陕西、江苏、安徽、浙江、江西、台湾、湖北、广东、广西、四川等地。

【药用部位】根：前胡。为常用中药。

【采收加工】冬季至次春茎叶枯萎或未抽花茎时采挖，除去须根，洗净，晒干或低温干燥。

【药材性状】根圆柱形或圆锥形，有少数支根，长3～15cm，直径0.8～1.7cm。表面棕色至黑棕色，有浅细纵皱纹，并有灰白色横向皮孔及点状须根痕。根头部较粗短，有的残留茎基，茎基周围常残留膜质叶鞘基。质较硬，断面类白色，皮部较狭，散有少数黄色油室小点，木部黄白色，放射状纹理不明显。气芳香，味微甘后苦。

【植物形态】多年生草本。根圆锥形，表面灰棕色。茎直立，单一，高0.5~1.5m，中空，光滑无毛。叶互生；叶片卵形至三角状卵形，二至三回三出式羽状分裂；第一回和第二回裂片有长柄，小叶柄通常膝曲或弧形弯曲；末回裂片卵形，有短柄或无柄，先端渐尖，基部楔形、截形或心形，边缘有缺刻状多裂的重牙齿或粗大不整齐的牙齿，牙齿先端有芒尖，上面脉及叶缘有短毛，细脉明显；叶柄下部膨大成筒状半抱茎的鞘；上部叶渐简化。复伞形花序；伞幅11~20；通常无总苞片或仅有1片；小总苞片7~10，狭条形，有缘毛；萼齿退化；花瓣白色，匙形至倒卵形，先端有内折小舌片。双悬果长圆形，长4~7mm，背腹扁，背棱和中棱稍隆起，侧棱有宽翅，翅宽约1.5mm，与果体近等宽；每棱槽内有油管1，合生面2。花期8月；果期9月。（图524）

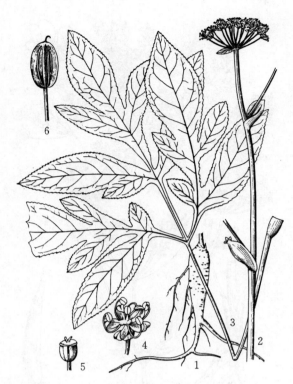

图523 紫花前胡
1.根 2.茎上部 3.叶 4.花 5.雌蕊 6.果实

以根条粗壮、色棕、香气浓者为佳。

【化学成分】根含紫花前胡苷，紫花前胡素（decursidin），紫花前胡素Ⅰ、C-Ⅰ、C-Ⅱ、C-Ⅲ、C-Ⅳ、C-V、D、F，紫花前胡苷元，香柑内酯，紫花前胡种苷（decuroside）Ⅰ、Ⅱ、Ⅲ、Ⅳ、V，（＋）-3′S-decursinol，（＋）-trans-decursidinol，3′(S)acetoxy-4′(R)-angeloyloxy-3′，4′-dihydroxanthyletin，紫花前胡皂苷（Pd-saponin）Ⅰ、Ⅱ、Ⅲ、Ⅳ、V等；挥发油：主成分为α-、β-蒎烯，3-蒈烯，石竹烯，冰片基氯（terpene polychlorinates）等。茎叶含欧前胡素，石防风素（deltoin），哥伦比亚内酯，东莨菪内酯，（＋）-trans-decursidinol，β-谷甾醇，胡萝卜苷及挥发油。

【功效主治】苦、辛，微寒。降气化痰，散风清热。用于痰热喘满，咯痰黄稠，风热咳嗽痰多。

【历史】前胡始载于《名医别录》，列为中品。《本草图经》曰："春生苗，绿叶有三瓣，七八月开花似莳萝，浅紫色，根黑黄色，二月、八月采根，阴干。"并附"滁州当归"，其文图与植物紫花前胡相似。《植物名实图考》称紫花前胡为"土当归"。

【附注】《中国药典》2010年版收载，原植物拉丁学名用异名 Peucedanum decursivum (Miq.) Maxim.。

拐芹

【别名】拐芹当归、山芹菜、拐子芹、倒钩芹。

【学名】Angelica polymorpha Maxim.

图524 拐芹
1.叶 2.果序 3.花 4.果实 5.分果横切

【生长环境】生于山沟溪边或林下。

【产地分布】山东境内产于各山地丘陵。在我国除山东外，还分布于东北地区及河北、江苏、浙江、四川、湖北、陕西等地。

【药用部位】根：拐芹。为民间药。嫩茎叶可食。

【采收加工】秋季挖根，洗净，晒干。

【化学成分】根含香豆素类：氧化前胡素，欧芹酚甲醚，欧前胡素，补骨脂素，香柑内酯，水合氧化前胡素，白当归素，乙酰石当归素（saxalin acetate），栓翅芹烯醇，异欧前胡素，异氧化前胡内酯，石当归素（saxalin），珊瑚菜素；色原酮：紫金砂色原酮A（polymorchromone A），去甲基丁香色原酮,拐芹色原酮(angelicitin A),亥茅酚-3′-乙酸酯(hamaudol-3′-acetate);挥发油:主成分为2,6,6-三甲基-二环[3,1,1]-2-庚烷,异石竹烯,乙酸龙脑酯等;还含5,4′-二羟基-3′-甲氧基二氢黄酮-7-O-芸香糖苷(clematine)二十八烷酸,豆甾醇,β-谷甾醇,胡萝卜苷,蔗糖等。种子挥发油主成分为苎烯,6,6-二甲基-2-亚甲基二环[3,1,1]庚烷等。

【功效主治】辛,温。祛风散寒,散温,通窍止痛,消肿排脓。用于外感头痛,眉棱骨痛,鼻塞,鼻渊,牙痛,白带,疮疡肿痛。

峨参

【别名】土白芷、山芹菜。

【学名】Anthriscus sylvestris (L.) Hoffm. (Chaerophyllum sylvestre L.)

【植物形态】二年生或多年生草本。茎粗壮,直立,高达1.5m,多分枝,近无毛或下部有柔毛。叶互生;叶片轮廓呈卵形,长10～30cm,二至三回羽状分裂;一回羽片卵形至宽卵形,长4～12cm,有长柄;二回羽片3～4对,卵状披针形,长2～6cm,有短柄;末回裂片卵形或椭圆状卵形,有粗锯齿,背面疏生柔毛;基生叶有长柄,长5～20cm,基部有长约4cm的鞘;茎生叶有短柄或无柄,基部鞘状。复伞形花序疏松,直径2.5～8cm;伞幅4～15,不等长;无总苞片;小伞形花序有10余花;小总苞片5～8,卵形至披针形,反折;无萼齿;花白色;花瓣先端凹,无小舌片,有辐射瓣。双悬果长圆形,长0.5～1cm;顶端渐狭成喙状,基部有1圈白色刺毛,光滑或疏生瘤点,合生面明显收缩;分果横切面近圆形,油管不明显。花、果期5～8月。(图525)

【生长环境】生于山坡或灌丛。

【产地分布】山东境内产于泰山。全国分布于东北、华北、华东、西北地区及湖北、四川、云南等地。

【药用部位】根:峨参;叶:峨参叶。为民间药。根药食两用。

【采收加工】秋、冬二季采挖,除去泥土,晒干,或于沸水中略烫后晒干。

【药材性状】根圆锥形或圆柱形,略弯曲,有分枝,下部渐细,长3～12cm,中部直径1～1.5cm。表面黄棕色或灰褐色,有不规则纵皱纹和突起的横长皮孔,上部有细密环纹,有的侧面具疔疤。质坚实,体重,断面黄色或黄棕色,角质样。气微,味微辛,微麻。

【化学成分】根含峨参内酯(anthricin),异峨参内酯(isoanthricin),(Z)-2-当归酰氧基甲基-2-丁烯酸,紫花前胡苷,东莨菪苷,深黄水芹酮(crocatone),芹菜素,槲皮素,芦丁,尿嘧啶,邻苯二甲酸二(2-乙基)-己酯,β-谷

图525 峨参
1.茎下部及根 2.花序 3.花 4.分果

甾醇,豆甾醇,亚油酸,Z-2-当归酰氧甲基-2-丁烯酸,正二十七烷,挥发油等。**根茎**含欧前胡素,欧前胡醇,林白芷醇酮(bisabolangelone),园当归内酯(archangelin),异欧前胡素,氧化前胡素。

【功效主治】峨参甘、辛,微温。补中益气,祛瘀生新。用于跌打损伤,腰痛,肺虚咳嗽,咳嗽咳血,脾虚腹胀,四肢无力,尿频水肿。峨参叶外用于创伤。

旱芹

【别名】芹菜、药芹。

【学名】Apium graveolens L.

【植物形态】一年生或二年生草本。茎直立,高40～80cm,有棱,光滑。叶基生;叶片长圆形至倒卵形,长7～18cm,宽3.5～8cm,3浅裂至3全裂,裂片近菱形,边缘有圆锯齿或锯齿,两面光滑;叶柄长2～26cm,基部扩大成鞘;茎上部叶互生;叶片阔三角形,通常3全裂;有短柄。复伞形花序顶生或与叶对生;通常无总苞片和小总苞片;伞幅3～16;小伞形花序有花7～29;花梗长1～1.5mm;萼齿小或不明显;花瓣白色或黄绿色,卵圆形,先端有内折小舌片;花柱基压扁,花柱短,向外反曲。双悬果圆形或长椭圆形,果棱尖锐;合生面略收缩;每棱槽内有油管1,合生面有油管2。花期5～6月;果期7月。(图526)

【生长环境】栽培于排水良好的菜田。

【产地分布】山东境内各地均有栽培。青岛"马家沟芹菜"、临朐"朱墟城芹菜"获国家地理标志保护产品。全国各地广泛栽培。

【药用部位】全草;芹菜果实:芹菜子;根:芹菜根。为民间药,茎叶、果实药食两用。

【采收加工】夏季采收带根全草,洗净,鲜用或晒干。

【化学成分】全草含黄酮类:芹菜素(apigenin),芹菜苷,木犀草素,异芩皮素(isofraxidin);香豆素类:补骨脂素,8-甲氧基呋喃并香豆素即花椒毒素(xanthotoxin),香柑内酯,异茴芹香豆精(isopimpinellin),5,8-二甲氧基补骨脂素等;挥发油:主成分为d-柠檬烯,月桂烯,异丁酸(isobutyric acid),缬草酸(valeric acid),3-异亚丁基苯酞(3-isobutylidene phthalide)等;有机酸:反式阿魏酸,反式桂皮酸,绿原酸,5-反式香豆酰基奎宁酸,半月苔酸(lunularic acid),苯甲酸,丁二酸。还含发卡二醇(falcariondiol),(9Z)-1,9-heptadecadiene-4,6-diyne-3,8,11-triol,oplopandiol,丁香酚,阿魏酸对羟基苯乙醇酯,瑟丹内酯(sedanolide),半月苔素(lunularin),2-(3-甲氧基-4-羟苯基)-丙烷-1,3-二醇,D-阿洛糖,β-谷甾醇等。**叶**含香豆素类:补骨脂素,花椒毒素,香柑内酯;挥发油:主成分为辛烯-4,5-二酮,2-异丙基氧化乙烷,香桧酰基乙酸酯(sabinyl acetate)。还含抗坏血酸,胆碱等。**果实**含香豆素类:邪蒿素(seselin),香柑内酯,芹菜香豆精苷,芹菜香豆精,紫花前胡苷,紫花前胡苷元,伞形花内酯;还含异槲皮苷,洋芹素(celereoin),洋芹苷(celeroside),芹菜甲素(3-丁基苯酞,3-n-butylphthalide),芹菜乙素(3-n-butyl-4,5-dihydrophthalide),肉豆蔻醚酸(myristoicic acid)等。**种子油**含柠檬烯,β-月桂烯,3-蛇床烯等。**根**含丁基苯酞,新川芎内酯(neocnidilide),洋川芎内酯(senkyunolide),川芎内酯(cnidilide),(Z)-藁本内酯[(Z)ligustilide],芹菜素,香叶木素-7-O-β-D-葡萄糖苷,洋芹素-7-O-β-D-葡萄糖苷,柯伊利素-7-O-β-D-葡萄糖苷及挥发油。

【功效主治】芹菜甘,平。利尿,止血,平肝清热,止咳,健胃。用于肝阳上亢,头晕目眩,血尿,膏淋,筋骨疼痛。**芹菜子**清热利湿消肝,平肝息风。用于肝阳上亢,风湿痹痛,头晕目眩。**芹菜根**清热利水,平肝息风。用于肝阳上亢,头晕头痛,不眠。

【历史】旱芹始载于《履巉岩本草》。《滇南本草》名"芹菜"。《本草纲目》名旱芹,"水蕲"条下云:"旱芹生平地,有赤、白两种。二月生苗,其叶对节而生,似芎藭,其茎有节棱而中空,其气芬芳,五月开细白花,如蛇床花。"所述形态及《植物名实图考》旱芹图与本种基本一致。

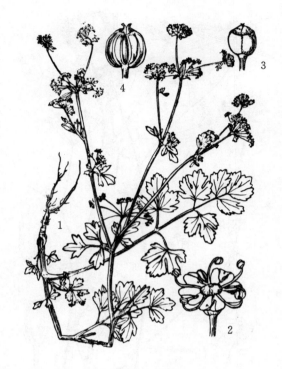

图526 旱芹
1.植株 2.花 3.雌蕊 4.果实

北柴胡

【别名】柴胡、山柴胡、硬苗柴胡、山根菜。

【学名】Bupleurum chinense DC.

【植物形态】多年生草本。主根较粗大,坚硬。茎单一或数茎丛生,高40~85cm,上部多回分枝,微呈之字形曲折。叶基生;叶片倒披针形或狭椭圆形,长4~7cm,宽6~8mm,先端渐尖,基部收缩成柄;茎生叶互生;叶片长圆状披针形,长4~12cm,宽0.6~1.8cm,有时达3cm,先端渐尖或急尖,有短芒尖头,基部收缩成叶鞘,抱茎,叶脉7~9,上面鲜绿色,下面淡绿色,常有白霜。复伞形花序多分枝,顶生或侧生,梗细,常水平伸出,成疏松的圆锥状;总苞片2~3或无,狭披针形,长1~5mm,宽0.5~1.2mm,很少1~5脉;伞辐3~8,纤细,不等长,长1~3cm;小总苞片5~7,披针形,长3~3.5mm,宽约1mm,顶端尖锐,3脉,背面凸出;小伞形花序有花5~10,花柄长约1.2mm,直径1.2~1.8mm;花瓣鲜黄色,上部内折,中肋隆起,小舌片半圆形,先端2浅裂;花柱基深黄色,宽于子房。双悬果广椭圆形,棕色,两侧略扁,长2.5~3mm,棱狭翼状,淡棕色;每棱槽中有油管3,很少4,合生面4。花期7~9月;果期9~10月。(图527)

【生长环境】生于向阳旱荒山坡、路边、林缘灌丛或草丛中。

图 527 北柴胡
1.植株下部 2.植株中部 3.植株上部
4.小伞形花序 5.小总苞片 6.花 7.果实

【产地分布】山东境内产于各山地丘陵，以烟台、泰安产量最多。在我国分布于东北、华北、西北、华东和华中各地。

【药用部位】根：北柴胡。为常用中药。

【采收加工】春、秋二季采挖，除去茎叶及泥沙，晒干。

【药材性状】根长圆锥形或圆柱形，常有分枝，有时略弯曲，长6～15cm，直径0.3～1.2cm。表面灰褐色或棕褐色，具纵皱纹、支根痕及皮孔。根头部膨大，顶端残留数个茎基或短纤维状叶基。质硬而韧，不易折断，断面呈片状纤维性，皮部淡棕色，木部黄白色。气微香，味微苦、辛。

以根粗长、无茎苗、须根少、气味浓者为佳。

【化学成分】根含三萜皂苷：柴胡皂苷（saikosaponin）a、b_1、b_2、c、d、g、s_1 等；挥发油：主成分为苯酚，2-甲基环戊酮（2-methylcyclopentanone），右旋香荆芥酮（carvacrone），反式香芹醇（carveol），胡薄荷酮（pulegone），桃金娘醇（myrtenol）等；甾醇类：α-菠菜甾醇，豆甾醇，Δ^7-豆甾烯醇等；柴胡多糖-Ⅲ：由半乳糖、葡萄糖、阿拉伯糖、木糖、核糖和鼠李糖等组成。地上部分含黄酮类：山柰酚，山柰苷，异鼠李素，异鼠李素-7-O-α-L-鼠李糖苷，山柰酚-3-O-α-L-阿拉伯糖苷，山柰酚-3-O-芸香糖苷，山柰酚-7-O-α-L-鼠李糖苷，山柰酚-3,7-二-O-α-L-鼠李糖苷，芦丁；三萜皂苷类：柴胡新苷（chaihuxinoside）A、B、C；甾醇类：β-谷甾醇，α-菠菜甾醇等；香豆素类：七叶内酯，东莨菪内酯；有机酸：香草酸，水杨酸，原儿茶酸；还含1-O-咖啡酰甘油酯，咖啡酸乙酯，2,5-二甲基-7-羟基色原酮，柴胡色原酮酸。花含黄酮类：槲皮素，芦丁，异鼠李素；还含8-(3′,6′-二甲氧基)-4,5-环己二烯-($\Delta^{11,12}$-二氧亚甲基)-稠二氢异香豆素，麦角甾醇等。果实含黄酮类：3-(3-环己基丙基)木犀草素，槲皮素，山柰酚，3,5,7-三羟基-3′,4′-二甲氧基黄酮，异鼠李素，异甘草素，芦丁；甾醇类：β-D-吡喃葡萄糖（1→4）-β-D-吡喃葡萄糖豆甾醇，α-菠甾醇，豆甾醇，乙酰豆甾醇，β-谷甾醇；三萜类：乌苏酸，齐墩果酸，12-烯-齐墩果-3,28-二醇；还含蓍诺菲林，油酸，己酸甲酯，亚油酸三甘油酯，油酸单甘油酯，1-十九烷醇，十五碳-6-醇，二十七碳酸，n-十五烷，胡萝卜苷，蔗糖，葡萄糖等。

【功效主治】辛、苦，微寒。疏散退热，舒肝解郁，升举阳气。用于外感发热，寒热往来，胸胁胀痛，月经不调，中气下陷。

【历史】柴胡始载于《神农本草经》，列为上品，原名茈胡。"生弘农山谷及冤句"。《本草图经》名柴胡，曰："二月生苗，甚香，茎青紫，坚硬，微有细线，叶似竹叶而紧小……七月开黄花……根赤色，似前胡而强。芦头有赤毛如鼠尾，独窠长者好。二月、八月采根。"考证诸本草所述形态及附图认为，古代柴胡主流应为柴胡和狭叶柴胡，与现今柴胡商品药材原植物基本一致。

【附注】《中国药典》2010年版收载柴胡（北柴胡），原植物名为柴胡。

附：烟台柴胡

烟台柴胡 f. vanheurchii（Muell.-Arg.）Shan et Y. Li（B. *vanheurchii* Muell.-Arg.），与原种的主要区别是：小总苞片4～5，绿色，卵状披针形，有白色边缘，长略超过小伞形花序或仅及果伞的1/2。产于烟台。根药用，称作烟台柴胡。《山东省中药材标准》2002年版收载。

大叶柴胡

【别名】大柴胡、猫眼子。

【学名】Bupleurum longiradiatum Turcz.

【植物形态】多年生草本。根状茎长圆柱形，弯曲，黄棕色，环节密，其上生多数须根。茎单生或2～3条丛生，高0.8～1.5m，多分枝。叶基生；叶片宽卵形、椭圆形或披针形，长8～17cm，宽2.5～5cm，有9～11脉，先端急尖或渐尖，基部楔形或宽楔形，并收缩成宽扁具翼的叶柄，上面鲜绿色，下面带粉蓝绿色；柄长8～12cm，至基部又扩大成叶鞘抱茎；茎中部叶互生；叶片卵形或狭卵形；无柄；茎上部叶渐小，叶片卵形或宽披针形，先端渐尖，基部心形，抱茎。复伞形花序，多数，伞辐3～

9，不等长；总苞片1~5，披针形，不等长，长0.2~1cm；小总苞片5~6，宽披针形或倒卵形，长2~5mm；小伞形花序有花5~16；花深黄色；花梗长2~5mm，果时长0.6~1cm；花瓣先端有小舌片，长达花瓣之半，先端2裂；花柱基黄色，特肥厚，直径超过子房，花柱长。双悬果长圆状椭圆形，黑褐色，被白粉，长4~7mm，宽2~2.5mm；分果横切面近圆形；每棱槽内油管3~4，合生面4~6。花期8~9月；果期9~10月。（图528）

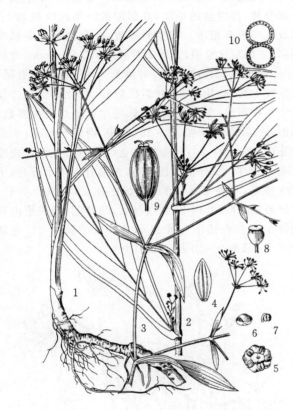

图528 大叶柴胡
1.植株下部 2.植株中部 3.植株上部 4.小总苞片 5.花
6.花瓣 7.雄蕊 8.雌蕊 9.果实 10.果实横切面

【生长环境】生于山坡林下或沟谷草丛。
【产地分布】山东境内产于招远、济南（龙洞）、蒙阴等地。在我国除山东外，还分布于黑龙江、吉林、辽宁、内蒙古、甘肃等地。
【药用部位】根：大叶柴胡。为东北部分地区用药。
【采收加工】春、秋二季采挖，除去茎叶及泥沙，晒干。
【药材性状】根茎圆柱形；表面黄棕色，有明显密集的节和节间；顶端残留1~3个粗壮的茎基。主根不明显；表面棕褐色，密生环纹，并具纵皱纹，支根3~5条。质坚硬，不易折断，折断面呈片状纤维性。香气浓厚特异，味微苦。
【化学成分】根及根茎含含柴胡皂苷a、b、c、d，柴胡毒素（bupleurotoxin），柴胡酮醇（bupleuonol），乙酰柴胡毒素（acetyl-bupleurotoxin），柴胡炔醇（bupleurynol），水芹毒素（oenanthotoxin）和挥发油。
【功效主治】有毒。散热解毒，催吐。
【附注】本品服用后，具有恶心呕吐等副作用，不可作柴胡使用。

红柴胡

【别名】苗柴胡、狭叶柴胡、细叶柴胡、软柴胡、小柴胡。
【学名】Bupleurum scorzonerifolium Willd.
【植物形态】多年生草本。主根发达，圆锥形，外皮红褐色，质疏松而稍脆。茎单一或数分枝，高30~60cm，基部有多数棕红色或黑棕色叶柄残留纤维。叶互生；叶片细线形，长6~16cm，宽2~7mm，先端长渐尖，基部稍变窄，抱茎，质厚，稍硬挺，常对折或内卷，3~7脉，叶缘白色，骨质；上部叶小，同形。复伞形花序自叶腋生出，花序多，组成较疏松的圆锥花序；伞幅4~6，长22cm；总苞片1~4，针形，极细小，1~3脉，常早落；小总苞片5，线状披针形，细而尖锐；小伞形花序有花(6)9~11(15)。双悬果深褐色，棱浅褐色，粗钝，略凸；每棱槽中有油管5~6，合生面4~6。花期7~9月；果期9~11月。（图529）

图529 红柴胡
1.植株下部 2.植株上部 3.小伞形花序
4.花 5.果实 6.果实横切面

【生长环境】生于干燥草原、向阳山坡或灌木林缘。
【产地分布】山东境内产于各山地丘陵，以长清、历城、章丘、泰安、沂源、青州、沂水、莱芜、新泰、淄博、日照、邹城等地产量高。在我国除山东外，还分布于东北、华北地区及陕西、甘肃、江苏、安徽、广西等地。

【药用部位】根：柴胡（南柴胡）；未抽硬茎前的干燥全草：春柴胡。为常用中药和山东省习惯用药。

【采收加工】春季地上苗尚未抽茎时采挖，除去泥沙，晒干。秋季采挖根，除去茎叶及泥沙，晒干。

【药材性状】根长圆锥形，少分枝，长5～14cm，直径3～8mm。表面红棕色或深褐色，有纵纹，近根头处具多数横向疣状突起，紧密成环，顶端密被纤维状叶基。质稍软，易折断，断面较平坦，不显纤维性，皮部淡棕色，形成层环色略深。具败油气，味微苦。

以根粗长、无茎苗、须根少者为佳。

春柴胡常捆成小把。根细长圆锥形，表面红棕色，近根头处有多数横向疣状突起，紧密成环。基生叶簇生，叶片细线形，长6～15cm，宽2～6mm，先端长渐尖，基部稍变狭，常对折或内卷，具3～7脉，叶缘类白色，骨质。质脆。气微，味微苦。

以根红棕色、叶多、未抽茎、气味浓者为佳。

【化学成分】根含三萜类：柴胡皂苷a、d、c、r，柴胡皂苷元F（saikogenin F），柴胡次皂苷F（prosaikogenin F），3″-O-乙酰柴胡皂苷d（3″-O-acepylsaikosaponin d），4″-O-乙酰柴胡皂苷d，6″-O-乙酰柴胡皂苷d；木脂素类：2,3-E-2,3-二氢-2-(3′-甲氧基-4′-O-β-D-葡糖基-苯基)-3-羟甲基-5-(3″-羟基-丙烯基)-7-甲氧基-1-苯并-[b]-呋喃，2,3-E-2,3-二氢-2-(3′-甲氧基-4′-羟基-苯基)-3-羟甲基-5-(3″-羟基-丙烯基)-7-O-β-D-吡喃葡糖基-1-苯并-[b]-呋喃；挥发油：主成分为β-松油烯，柠檬烯，樟烯，β-小茴香烯（β-fenchene）等；还含柴胡多糖，α-菠甾醇，二十碳酸。**地上部分**含山柰苷，山柰酚-7-O-α-L-鼠李糖苷，槲皮素，异槲皮素，异鼠李素，芦丁，水仙苷（narcissin）等。

【功效主治】**柴胡**辛、苦，微寒。疏散退热，舒肝解郁，升举阳气。用于外感发热，寒热往来，胸胁胀痛，月经不调，中气下陷。**春柴胡**苦、辛，微寒。和解表里，疏肝升阳。用于寒热往来，胸满胁痛，口苦耳聋，头痛目眩，疟疾，月经不调，中气下陷。

【历史】见北柴胡。

【附注】①《中国药典》2010年版收载柴胡（南柴胡），原植物名为狭叶柴胡。②《山东省中药材标准》2002年版附录收载春柴胡。

附：线叶柴胡

线叶柴胡 B. angustissimum (Franch.) Kitagawa，与红柴胡的主要区别是：根头部残留叶鞘呈毛刷状；茎中部叶叶片狭条形，长6～18cm，宽0.8～1mm。山东境内产于莱州。根含柴胡皂苷a、d及挥发油，油中主成分为β-蒎烯，柠檬烯，β-侧柏烯（β-thujene），右旋葛缕酮（carvone），桃金娘醇，橙花醛（neral），龙脑烯（bornylene），α-雪松烯（α-himachalene）等。药用同红柴胡。

山茴香

【别名】岩茴香、山萌（青岛）。
【学名】Carlesia sinensis Dunn
【植物形态】多年生草本。根粗壮。茎直立，单生或由基部分枝，有明显的棱纹，基部密被纤维状叶残基，节部及花序下有粗毛。基生叶多数；叶片轮廓呈卵状椭圆形，三回羽状全裂；末回裂片条形，长5～8mm，宽约1mm，两面无毛，边缘内折；叶柄长2～8cm，基部有鞘；茎生叶少数，叶片较小，分裂次数较少；叶柄较短。复伞形花序顶生；总花梗粗壮；总苞片及小总苞片多数，条形，边缘有毛；伞幅12～26，有棱，内侧有短毛；小伞形花序有花10～20；萼齿极发达，披针形，外面及边缘有毛；花瓣白色，外面中部有毛，先端有内折小舌片；子房密被毛，花柱基短圆锥状，花柱直立，与果近等长。双悬果长圆形，有粗毛，果棱丝状，稍凸起；每棱槽内有油管3，通常在棱下有油管1，合生面有油管4。花期8～9月；果期9～10月。（图530）

图530 山茴香
1.植株 2.花 3.果实 4.分果横切面

【生长环境】生于山顶岩石缝中。
【产地分布】山东境内产于青岛、烟台、临沂等各大山区。在我国除山东外，还分布于辽宁等地。

【药用部位】根:山茴香。为民间药。
【采收加工】秋季挖根,除去泥土、茎叶,晒干。
【功效主治】甘,温。温中散寒,驱风下气,活血止痛,健胃止痢。用于脘腹胀满,痢疾泄泻;并作辛香料。

葛缕子

【别名】藏茴香、土沙参、野胡萝卜。
【学名】Carum carvi L.
【植物形态】多年生草本,全株无毛。主根圆柱形,长4～25cm,直径0.5～1cm。茎通常单生,直立,高30～40cm。叶互生;叶片长圆状披针形,长5～10cm,宽2～3cm,二至三回羽状分裂;末回裂片条形或条状披针形,长3～5mm,宽约1mm;茎上部叶渐小;基生叶叶柄与叶片近等长,中、上部叶有短柄或近无柄。复伞形花序顶生或侧生;无总苞片,稀有1～3;伞幅5～10,极不等长,长1～4cm;无小总苞片,偶有1～3;小伞形花序有花5～15;无萼齿;花瓣白色或带紫红色,先端有内折小舌片;花柱长约为花柱基的2倍。双悬果长卵形,长4～5mm,黄褐色,无毛,果棱明显;每棱槽内有油管1,合生面2。花期5～6月;果期8月。(图531)
【生长环境】生于山坡、路边、荒地或河滩草丛。
【产地分布】山东境内产于各山地丘陵。在我国除山东外,还分布于东北、华北、西北地区及四川、西藏等地。
【药用部位】果实:葛缕子(藏茴香);根:青海防风。为民间药,果实可做调料。
【采收加工】夏季果实成熟时采割全草,晒干,打下果实,收集。秋季挖根,洗净,置沸水中略烫,除去外皮后晒干或烘干。
【药材性状】根圆柱形或纵剖成两瓣,略弯曲或扭曲,长10～40cm,直径0.4～1.5cm。表面淡黄棕色或土黄色,稍粗糙,有纵皱纹或沟纹,未除外皮者黄棕色或棕褐色。根头部较粗大,有明显凹陷的茎痕。质坚脆,易折断,断面皮部土黄色,木部鲜黄色。气弱,味微甜而略苦。

双悬果细圆柱形,两端略尖,微弯,长2～5mm,直径1.5～2mm。表面黄绿色或灰棕色,顶端残留柱基,基部有细果柄。分果长椭圆形,背面有纵脊线5条,结合面平坦。质硬,断面略成五边形,具油气。香气特异,有麻辣味。
【化学成分】果实含挥发油:主成分为香芹酮,柠檬烯,葛缕酮(carvone),二氢葛缕酮(dihydrocarvone),D-二氢香苇醇(D-dihydrocarveol),L-异二氢香苇二醇(L-isodihydrocarvediol),D-紫苏醛(D-perillaldehyde),D-二氢蒎脑(D-dihydropinol)等;单萜及其苷类:(4S,8S)-8,9-二羟基-二氢藏茴香酮,4βH-顺-P-薄荷烷-2α,6α,8,9-四醇,(4S)-P-薄荷-1-烯-7,8-二醇-8-O-β-D-葡糖苷,(1S,2S,4R,8S)-P-薄荷烷-1,2,8,9-四醇-2-O-β-D-葡糖苷,(1R,2R,4R,8S)-P-薄荷烷-1,2,8,9-四醇-9-O-β-D-葡糖苷,(1R,2R,4R,8S)-P-薄荷烷-1,2,8,9-四醇,(2R,4R)-七羟基-蒿萜醇-7-O-β-D-葡糖苷等;脂肪油:棕榈酸,油酸,亚油酸。根含镰叶芹醇酮,镰叶芹二酮(falcarindione)。花挥发油主成分为α-蒎烯,柠檬烯,3-蒈烯(3-carene)等。
【功效主治】青海防风辛、甘,微温。解表止痛,祛风除湿。用于风湿痹病,外感疼痛,寒热无汗。葛缕子(藏茴香)微辛,温。芳香健胃,驱风理气。用于胃痛,腹痛,小肠疝气。

图531 葛缕子
1.根及茎生叶 2.花序

附:田葛缕子

田葛缕子 C. buriaticum Turcz.,与葛缕子的主要区别是:复伞形花序有总苞片2～4,条形或条状披针形;小总苞片5～8,披针形。山东境内产于济南、五莲、鲁山等地。药用同葛缕子。

毒芹

【别名】走马芹、河毒、野芹。
【学名】Cicuta virosa L.
【植物形态】多年生草本。主根短缩,有多数侧根。根状茎节间短,内有横隔膜。茎粗壮,直立,中空,有条纹,光滑,上部有分枝。叶互生;叶片卵状三角形,长12～20cm,二至三回羽状全裂;最下部1对羽片有长柄;羽片3裂至羽裂,裂片条状披针形,边缘疏生锯齿,两面无毛或脉上有糙毛;基生叶与茎下部叶有长柄;茎上部叶有短柄。复伞形花序顶生或腋生;花序梗长2.5～10cm,无毛;总苞片通常无或有1片,条形;伞幅6～25,近等长;小总苞片多数,条状披针形,长3～5mm;小伞形花序有花15～35,花梗长4～7mm;萼齿明显,卵状三角形;花瓣白色,倒卵形或近圆形,先端有内折小舌片;花柱基幼时扁平,花柱短,向外反曲。双悬果近卵圆形,合生面收缩,主棱阔,木栓质;每棱槽内有油管1,合生面2。花、果期7～8月。(图532)

图532 毒芹
1.根及茎基部 2.花序 3.部分果序
4.小总苞片 5.花 6.花瓣 7.幼果 8.果实

【生长环境】生于杂木林下、湿地或水沟边。
【产地分布】山东境内产于泰安。在我国除山东外,还分布于东北地区及河北、内蒙古、陕西、甘肃、四川、新疆等地。
【药用部位】根及根茎:毒芹;果实:毒芹子。为民间药。
【采收加工】秋末茎叶枯萎时采挖,除去茎叶、须根及泥土,晒干。
【药材性状】根茎短柱状或块状,长2～4.5cm,直径2～3.5cm;表面棕黄色,有粗糙纹理;顶端有粗大茎基,茎中空,节处有横隔;质脆,纵剖面髓部中空并具横隔。根条状,多数,簇生于根茎上或轮生于茎的节部,长8～15cm,直径2～4mm;表面黄棕色,具纵皱纹、支根或支根痕;质坚实,易折断,断面黄白色,皮部有裂隙及多数棕色油室小点,木部有径向裂隙。气特异,味微辛。

双悬果多完整,呈略扁的卵圆形,基部有3～6mm的细果柄,顶端有椭圆形柱头残基。长2～3mm,直径1.5～3mm。表面黄绿色至黄棕色,具有明显的5条隆起的纵肋线,结合面平坦。分果广卵形。果皮硬韧,破开后种子1枚,黑色。气香,味微凉而辛辣。
【化学成分】鲜根、根茎及地上部分含毒芹素(cicutoxin)和毒芹醇(cicutol)等;挥发油:主成分为对-聚伞花素,毒芹素,L-柠檬烯,γ-松油烯,L-α-蒎烯。果实含挥发油:主成分为对-聚伞花素,α-及γ-松油烯,α-及β-蒎烯,月桂烯,枯醛(cumaldehyde),柠檬烯,樟烯,β-水芹烯等。
【功效主治】毒芹辛、微甘,温;有大毒。外用拔毒,祛痰。用于流注。毒芹子有毒。外用于痛风,疼痛。

蛇床

【别名】蛇米、野茴香、野芫荽、野蒿子种。
【学名】Cnidium monnieri (L.)Cuss.
(*Selinum monnieri* L.)
【植物形态】一年生草本,高20～80cm。根细长,圆锥形。茎直立或斜上,圆柱形,多分枝,中空,表面具深纵条纹,棱上常具短毛。叶互生;叶片卵形至三角状卵形,长3～8cm,宽2～5cm,二至三回三出式羽状全裂;末回裂片线形至线状披针形,长0.3～1cm,宽1～1.5mm,具小尖头,边缘及脉上粗糙;基生叶具短柄,叶鞘短宽,边缘膜质;上部叶几全部简化成鞘状。复伞形花序顶生或侧生,直径2～3cm;总苞片6～10,线形至线状披针形,长约5mm,边缘膜质,有短柔毛;伞幅8～25,长0.5～2cm;小总苞片多数,线形,长3～5mm,边缘膜质,具细睫毛;小伞形花序具花15～20;萼齿不明显;花瓣白色,先端具内折小舌片;花柱基略隆起,花柱长1～1.5mm,向下反曲。双悬果椭圆形,长2～4mm,宽约2mm,分果横切面近五角形,主棱5,均扩展成翅状;每棱槽中有油管1,合生面2,胚乳腹面平直。花期4～6月;果期5～7月。(图533)
【生长环境】生于低山坡、田野、路旁、沟边或河边湿地。
【产地分布】山东境内产于各地;主产于滨州、德州、青岛、临沂、济南等地,以沾化产者全国有名。分布于全国各地。
【药用部位】果实:蛇床子。为较常用中药。
【采收加工】夏、秋二季果实成熟时采收,晒干;或割取地上部分晒干,打落果实,筛净或簸去杂质。

图533 蛇床
1.植株上部 2.小伞形花序 3.花 4.果实 5.果实横切面

【药材性状】双悬果椭圆形,长2~4mm,直径约2mm。表面灰黄色或灰褐色,顶端有2枚向外弯曲的花柱基,基部偶有小果柄;分果背面有薄翅状突起的纵棱5条,接合面平坦,略内凹,有两条棕色略突出的纵棱线,中间附有纤细的心皮柄。果皮松脆,揉搓易脱落。种子细小,灰棕色,显油性。气香,特异,味辛凉,嚼之有麻舌感。

以颗粒饱满、色灰黄、搓之辛凉、香气浓者为佳。

【化学成分】果实含香豆素类:蛇床子素(osthole),蛇床醇(cnidimol)A、B,消旋喷嚏木素(umtatin),欧芹酚甲醚(osthol),酸橙内酯烯醇(auraptenol),去甲基酸橙内酯烯醇(demethyl auraptenol),欧前胡素,香柑内酯(bergapten),花椒毒素,花椒毒酚,异茴芹香豆素(isopimpinellin),异栓翅芹醇,哥伦比亚内酸酯(columbianadin),食用当归素(edxzltin),台湾蛇床子素(cniforin)A,别异欧前胡素等;挥发油:主成分为环莶烯(cyclofenchene);还含香叶木素(diosmetin)即洋芫荽黄素,对香豆酸(p-coumaric acid),棕榈酸,β-谷甾醇及无机元素钾、钙、磷、镁、铝、铁、钠等。

【功效主治】辛、苦,温;有小毒。燥湿祛风,杀虫止痒,温肾壮阳。用于阴痒带下,湿痹腰痛,肾虚阳痿,宫冷不孕。

【历史】蛇床子始载于《神农本草经》,列为上品,一名蛇米。"生临淄(山东淄博)川谷及田野"。《本草图经》曰:"三月生苗,高三二尺,叶青碎,作丛,似蒿枝,每枝上有花头百余,结同一窠,似马芹类。四五月开白花。"

《本草纲目》载:"蛇虺喜卧于下食其子,故有蛇床、蛇粟诸名……其花如碎米攒簇,其子两面合成,似莳萝子而细,亦有细棱。"所述形态及附图表明古今所用蛇床子原植物一致。

【附注】《中国药典》2010年版收载。

芫荽

【别名】香菜、芫荽菜。

【学名】Coriandrum sativum L.

【植物形态】一年生草本。根细长纺锤形,须根多。茎直立,高0.3~1m,中空,表面具条纹,全株无毛,有强烈香气。叶基生;叶片一至二回羽状全裂,裂片广卵形或楔形,有长柄;茎生叶互生,叶片二至三回羽状分裂,末回裂片狭线形,全缘。复伞形花序顶生;无总苞;伞幅2~8;小总苞片线形,小伞形花序有花3~9朵;花瓣白色或淡红色,在小伞形花序外缘的花具辐射瓣。双悬果近球形,熟时不易分开。花期4~7月;果期7~9月。(图534)

图534 芫荽
1.植株上部 2.茎中部 3.伞形花序中的边花
4.伞形花序中的中心花 5.果实 6.果实横切面

【生长环境】栽培于排水良好、较肥沃的菜园地。

【产地分布】山东境内各地均有栽培。在我国除山东外,江苏、安徽、湖北、甘肃、四川等地也有栽培。

【药用部位】果实:芫荽子;全草:芫荽;茎:芫荽茎。为少常用中药和民间药,芫荽子、芫荽和芫荽茎药食两用。

【采收加工】秋季果实成熟时采收果枝,晒干,打下果实,收集晾干。全年采收带根全草,鲜用或晒干。春季采茎,洗净,鲜用。

【药材性状】双悬果近圆球形,直径3～5mm。表面淡黄棕色或黄棕色,较粗糙,有明显纵直的次生棱脊和不甚明显且波状弯曲的初生纵棱脊各10条,两者相间排列;顶端残存短小的花柱基及萼齿残基5片,基部有时可见小果柄或果柄痕。质较坚硬。分果半球形,接合面略凹陷。气香,味微苦、辛。

以颗粒饱满、色淡黄棕、气香者为佳。

干燥全草多卷缩成团。根长圆锥形,表面类白色,有须根。茎长短不一,直径2～3mm;表面黄绿色,有明显纵棱纹。叶多脱落或破碎;完整叶片一至二回或二至三回羽状分裂,末回裂片狭线形,两面枯绿色。具浓烈的特殊香气,味微辛、微苦。

以完整、色绿、香气浓者为佳。

【化学成分】全草含癸醛(decanal)及壬醛(nonanal);还含芳樟醇(linalool),维生素C等。**地上部分**含芫荽异香豆素(coriandrin),二氢芫荽异香豆素(dihydrocoriandrin),芫荽异香豆酮(coriandrone)A、B。**叶**含香豆素类:香柑内酯,欧前胡素,伞形花内酯,花椒毒酚和东莨菪素;黄酮类:槲皮素-3-O-β-D-葡萄糖醛酸苷,异槲皮苷,芦丁以及无机元素铝、钡、铜、铁、锂、锰、硅、钛。**果实**含水溶性成分:(3S,6E)-8-羟基芳樟醇-3-O-β-D-(3-O-钾代磺基)吡喃葡糖苷,(3S)-8-羟基-6,7-二氢芳樟醇-3-O-β-D-吡喃葡糖苷,(3S,6R)-6,7-二羟基-6,7-二氢芳樟醇-3-O-β-D-(3-O-钾代磺基)吡喃葡糖苷,(1R,4S,6S)-6-羟基樟脑-β-D-呋喃芹菜糖基-(1→6)-β-D-吡喃葡糖苷,(1′S)-1′-(4-羟苯基)乙烷-1′,2′-二醇-2′-O-β-D-呋喃芹菜糖基-(1→6)-β-D-吡喃葡糖苷,(1′R)-1′-(4-羟苯-3,5-二甲氧基苯基)丙-1′-醇 4-O-β-D-吡喃葡糖苷等;挥发油:主成分为α-及β-蒎烯,樟烯,柠檬烯,水芹烯,芳樟醇等;脂肪油:棕榈酸,棕榈油酸,硬脂酸,亚油酸等;还含芫荽甾醇苷(coriandrinol)。**未成熟果实及全草**尚含十二烯-2-醛(2-dodecenal)。**种子**含挥发油:主成分为D-芳樟醇,α-及β-蒎烯,柠檬烯,α-、β-、γ-松油烯,对-聚伞花素等;有机酸:棕榈酸,油酸,岩芹酸(petroselinic acid),亚油酸;磷脂类:磷脂酰胆碱,磷脂酰乙醇胺,磷脂酰肌醇;还含芫荽萜酮二醇(coriandrinonediol),β-谷甾醇,D-甘露醇等。**根**挥发油主成分为糠醛,2-亚甲基环戊醇和十二-2-烯醛等。

【功效主治】芫荽子辛、酸,平。健胃消食,理气止痛,透疹解毒。用于食积,食欲缺乏,胸膈满闷,呕恶反胃,泄痢,中气下陷,痘疹不透,头痛,牙痛。芫荽辛,温。发表,透疹,开胃。用于外感鼻塞,瘟疹透发不畅,食欲缺乏,脘腹胀痛,齿痛,疮肿初起。芫荽茎辛,温。宽中健胃,透疹。用于胸脘闷胀,食积不化,麻疹不透。

【历史】芫荽始载于《食疗本草》,名胡荽。《本草纲目》曰:"胡荽,处处种之。八月下种,晦日尤良。初生柔茎,圆叶,叶有花歧,根软而白,冬春采之,香美可食,可以作菹,道家五荤之一。立夏后开细花成簇,如芹菜花,淡紫色。五月收子,子如大麻子,亦辛香。"所述形态与伞形科植物芫荽一致。

【附注】《中华人民共和国卫生部药品标准》中药材第一册1992年版曾收载。

野胡萝卜

【别名】野胡萝卜子、鹤虱子、虱子草。

【学名】Daucus carota L.

【植物形态】二年生草本,高0.2～1.2m,全株有粗硬毛。根肉质,圆锥形,近白色。茎直立,单生。叶基生;叶片轮廓为长圆形,二至三回羽状全裂,末回裂片线形至披针形,长0.2～1.4cm,宽0.5～4mm,顶端尖锐,有小尖头,光滑或有糙粗毛;叶柄长3～12cm;茎生叶近无柄,有叶鞘;末回裂片小或细长。复伞形花序顶生,总花梗长10～60cm;总苞片多数,叶状,羽状分裂;伞幅多数;小总苞片5～7,线形;花梗15～25;花白色,小伞形花序中心的花紫色,不孕;靠外缘的花瓣为辐射瓣,且2深裂。双悬果椭圆形,棱有狭翅,翅上密生短钩刺;每棱槽内有油管1,合生面2。花期5～8月;果期7～9月。(图535)

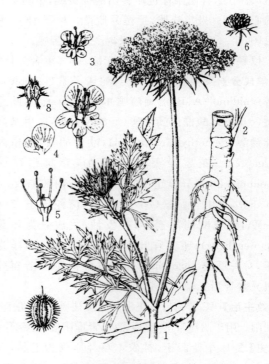

图535 野胡萝卜

1.花枝 2.根 3.花(大小二型) 4.花瓣 5.雄蕊和雌蕊 6.小伞形花序 7.分果正面观 8.果实横切面

【生长环境】生于山野草丛中。

【产地分布】山东境内产于胶东半岛及长岛。在我国除山东外，还分布于江苏、浙江、安徽、江西、湖南、湖北、四川、山西、河南、贵州等地。

【药用部位】果实：南鹤虱；全草：鹤虱苗；根：野胡萝卜根。为少常用中药和民间药。

【采收加工】秋季果实成熟时割取果枝，晒干，打下果实。春季开花前挖根，夏季采收地上部分，洗净，晒干或鲜用。

【药材性状】双悬果椭圆形，多裂为分果；分果长3～4mm，宽1.5～2.5mm。表面淡棕绿色或棕黄色，顶端残留短线形花柱基，基部钝圆，背面隆起，有4条窄翅状次棱，翅上密生1列黄白色横向钩刺，刺长约1.5mm，次棱间凹下处有不明显主棱，其上散生短柔毛；接合面平坦，有2条暗色纵纹（油管）及3条弧形维管束脉纹，其上具柔毛。种仁类白色，有油性。体轻。揉搓时有特异香气，味微辛、苦。

以颗粒饱满、色淡棕绿、种仁类白色、有油性、香气浓者为佳。

根圆柱形或圆锥形，长7～11cm，直径0.6～0.9cm，表面淡黄棕色，栓皮剥落，有皮孔痕和支根痕。根头部常残留茎基和叶鞘。质硬，断面黄白色，有放射状纹理。气微香，味微甜、辛。

【化学成分】果实含挥发油：主成分为细辛醚、细辛醛（asaryladehyde），没药烯（β-bisabolene），牻牛儿醇，巴豆酸（tiglic acid），芳樟醇，佛手油烯（bergamotene），胡萝卜烯（daucene），胡萝卜醇（daucol）和胡萝卜次醇（carotol）等；尚含胡萝卜苦苷（daucusine），黄酮类，生物碱，甾醇及糖类。种子挥发油主含樟烯，胡萝卜醇等；脂肪油主成分为岩芹酸、油酸、亚油酸、亚麻酸、肉豆蔻酸（myristic acid）和棕榈酸。叶含胡萝卜素，胡萝卜碱（daucine），吡咯烷等。花含山奈酚-3-O-葡萄糖苷，山奈酚-3-O-二葡萄糖苷，芹菜素葡萄糖苷等。根富含胡萝卜素及胡萝卜酸（daucic acid）；挥发油主成分为α-蒎烯，柠檬烯，胡萝卜醇，细辛醇（asarylaldehyde）等。叶、根中还含无机元素铁、铜、锰、锌等。

【功效主治】南鹤虱辛、苦，平；有小毒。杀虫消积。用于蛔虫病、蛲虫病、绦虫病，虫积腹痛，肛门瘙痒，小儿疳积。鹤虱苗有小毒。杀虫健脾，利湿解毒。用于虫积，疳积，脘腹胀满，水肿，黄疸，疮疹湿痒，斑秃。野胡萝卜根甘、微辛，凉。健脾化滞，凉肝止血，清热解毒。用于脾虚食少，腹泻，惊风，血淋，咽痛。

【历史】野胡萝卜始载于《救荒本草》，曰："生荒野中。苗叶似家胡萝卜，俱细小，叶间攒生茎叉，梢头开小白花，众花攒如伞盖状，比蛇床子花头又大，结子比蛇床亦大。其根比家胡萝卜尤细小。"以野胡萝卜子作鹤虱用，始于清代，《本草求真》载："鹤虱……药肆每以胡萝卜子代充，不可不辩"。《植物名实图考》曰："野胡萝卜……湖南俚医呼为鹤虱，与天明精同名。"又曰："湘中土医有用鹤虱者，余取视之，乃野胡萝卜子"。所述形态与现今野胡萝卜和野胡萝卜子一致。

【附注】《中国药典》2010年版收载南鹤虱。

附：胡萝卜

胡萝卜 var. sativa Hoffm.，与原种的主要区别是：根长圆锥形，肥厚肉质，直径可达8cm，淡黄色、黄色、红色、紫红色或橙红色。山东境内各地均有栽培。根含α-、β-、γ-及ε-胡萝卜素，番茄烃（lycopene），六氢番茄烃（phytofluene），维生素B_1、B_2和花色素，伞形花内酯等；挥发油主成分为α-蒎烯，莰烯，月桂烯，α-水芹烯，甜没药烯等。根健胃化滞；果实用于久痢。

茴香

【别名】小茴香、谷茴、茴香苗。

【学名】Foeniculum vulgare Mill.

【植物形态】多年生草本；具强烈香气。茎直立，高0.4～2m，光滑无毛，灰绿色或苍白色，上部分枝开展，表面有细纵沟纹。茎生叶互生；叶片轮廓为阔三角形，长约30cm，宽约40cm，四至五回羽状全裂，末回裂片丝状，长0.5～5cm，宽0.5～1mm；茎生叶叶柄长5～15cm，中部或上部叶的叶柄部分或全部成鞘状，鞘边缘膜质。复伞形花序顶生或侧生，直径3～15cm，花序梗长达25cm；无总苞和小总苞；伞辐6～30，长1.5～10cm；小伞花序有花14～30朵，花柄纤细，不等长，长0.3～1.2cm；花小，无萼齿；花瓣黄色，倒卵形或近倒卵形，淡黄色，长约1.5mm，宽约1mm，中部以上向内卷曲，顶端微凹；雄蕊5，花丝略长于花瓣，花药卵圆形，淡黄色，纵裂；子房下位，2室，花柱基圆锥形，花柱极短，向外叉开或贴伏在花柱基上。双悬果长圆形，长4～8mm，宽1.5～2.5mm，主棱5条，尖锐；每棱槽内有油管1，合生面有油管2，胚乳腹面近平直或微凹。花期5～6月；果期7～9月。（图536）

【生长环境】栽培于排水良好、较肥沃的壤土或沙质壤土。

【产地分布】山东境内各地均有栽培。全国广泛栽培。

【药用部位】果实：小茴香；茎叶：茴香苗；根：茴香根。为常用中药和民间药，小茴香和茴香苗药食两用。

【采收加工】秋季果实呈黄绿色，并有淡黑色纵纹时，选晴天割取地上部分，脱粒，除去杂质；亦可采摘成熟果序，打下果实，晒干。春、夏二季采割地上部分，夏季挖根，除去茎叶，洗净，鲜用或晒干。

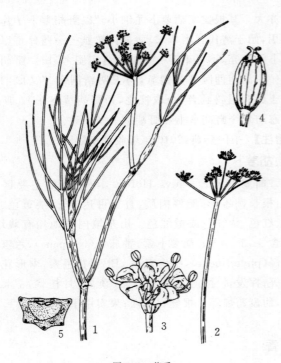

图536 茴香
1.植株上部 2.花序 3.花 4.果实 5.分果横切面

【药材性状】双悬果长圆柱形，两端略尖，有的略弯曲，长4～8mm，直径1.5～2.5mm。表面黄绿色至淡黄色，光滑无毛，顶端残留黄棕色突起的花柱基，基部有时具细小的果柄。分果长椭圆形，背面隆起，有5条纵棱线，接合面平坦而较宽；横切面略呈五角形，背面的4边约等长。气特异而芳香，味微甜、辛。

以颗粒均匀、色黄绿、芳香气浓、味甜者为佳。

【化学成分】果实含挥发油：主成分为反式茴香脑（trans-anethole），爱草脑，小茴香酮（fenchone1），柠檬烯，δ-3-蒈烯，γ-松油烯，α-及 β-蒎烯，月桂烯，茴香醛（anisaldehyde）等；脂肪油：月桂酸，肉豆蔻酸，棕榈酸，花生酸，山嵛酸（bobenic acid）等；香豆素类：花椒毒素，伞形花内酯，欧前胡素，香柑内酯，印度榅桲素（marmesin）；含氮化合物：腺苷，2-去氧腺苷，胸腺嘧啶苷，尿嘧啶核苷；还含 D-葡萄糖，D-果糖，蔗糖，(3R)-二羟甲基丁烷-1,2,3,4-四醇，1-去氧苏糖醇，(2R)-丁烷-1,2,4-三醇，1-去氧-D-核糖醇，1-去氧-D-木糖醇，2-去氧-D-核糖醇，3-去氧阿拉伯糖醇，l-去氧-D-葡萄糖醇，α-香树脂醇，豆甾醇和β-谷甾醇等。根挥发油主成分为莳萝油脑（dillapiol），α-及 γ-松油烯，异松油烯等；还含 5-甲氧基呋喃香豆素（5-methoxyfuranocoumarin），伞形花内酯，棕榈酸豆甾醇酯（stigmasteryl palmitate），豆甾醇等。全株含挥发油：主成分为柠檬烯和反式茴香脑等。

【功效主治】小茴香辛，温。散寒止痛，理气和胃。用于寒疝腹痛，疝气坠痛，痛经，少腹冷痛，脘腹胀痛，食少吐泻。茴香苗辛，温。温肝肾，暖胃气，散寒止痛，理气和胃。用于寒疝腹痛，脘腹胀痛，恶心呕吐，疝气，腰痛，痈肿。茴香根用于寒疝，耳鸣，胃寒呕逆，腹痛，风寒湿痹，鼻衄，蛔虫病。

【历史】小茴香始载于《药性论》，原名蘹香。《新修本草》名蘹香子。《本草图经》云："七月生花，头如伞盖，黄色，结实如麦而小，青色。"并附图。《本草蒙筌》云："小茴香，家园栽种，类蛇床子，色褐轻虚。"《本草纲目》谓："茴香宿根，深冬生苗作丛，肥茎丝叶"。本草记载及附图说明古今所用小茴香原植物一致，且早有栽培。

【附注】《中国药典》2010年版收载小茴香。

珊瑚菜

【别名】北沙参、沙参（崂山、蓬莱、荣城）、莱阳沙参（莱阳）、野沙参（威海）。

【学名】Glehnia littoralis Fr. Schmidt ex Miq.

【植物形态】多年生草本，高5～20cm，全株被白色柔毛。主根细长，圆柱形，长20～70cm，直径0.5～1.5cm，很少分枝，表面黄白色。茎露于地上部分较短，地下部分伸长。叶基生；叶片圆卵形至三角状卵形，三出式分裂或三出式二回羽状分裂，末回裂片倒卵形至卵圆形，长1～6cm，宽1～4cm，先端圆至渐尖，基部楔形至截形，边缘有缺刻状锯齿，齿缘白色软骨质，叶质厚；叶柄长5～15cm，基部宽鞘状，边缘膜质；叶柄和叶脉有细微硬毛；茎生叶形状与基生叶相似，叶柄基部渐膨大或鞘状。复伞形花序顶生，密生灰褐色长柔毛，直径3～6cm，花序梗长2～6cm；伞幅8～16，不等长，长1～3cm；无总苞片；小总苞片数片，线状披针形，边缘及背部密被柔毛；小伞形花序有花15～20；萼齿5，窄三角状披针形，疏生粗毛；花瓣白色；花柱基短圆锥状。双悬果圆球形或倒广卵形，长0.6～1.3cm，宽0.6～1cm，密被棕色长柔毛及绒毛，果棱有木栓质翅；分果横切面扁椭圆形，有5个棱角，合生面平坦，油管较多，连成一圈，胚乳腹面略凹陷。花期5～7月；果期6～8月。2n=22。（图537；彩图48，49）

【生长环境】生于海岸沙滩或沙地，国家Ⅱ级保护植物。栽培于肥沃疏松的砂质壤土。

【产地分布】山东境内主产于莱阳、莱西、牟平、文登、即墨、威海、海阳、烟台及青岛市郊，其他地区也有少量栽培。以莱阳胡城村产者最为著名，特称"莱阳沙参"。野生者省内分布于日照至胶东沿海地区。在我国除山东外，还分布于辽宁、河北、江苏、浙江、福建、台湾、广东等地。

【药用部位】根：北沙参。为常用中药，可用于保健食

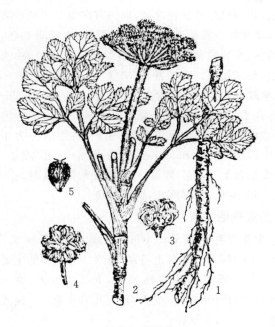

图 537　珊瑚菜
1.根　2.植株地上部分　3.花　4.果序　5.双悬果

品。山东著名道地药材。

【采收加工】一年参于第二年秋季白露至秋分间参叶微黄时采收，称为秋参；二年参到第三年入伏前后采收，称为春参。目前商品多为秋参。采挖根部，除去地上部分及须根，洗去泥沙，稍晾，按粗细长短分级，置沸水中烫至根皮能捋下来为止，捞出，除去外皮，晒干或烘干；或洗净后晒干。

【药材性状】根细长圆柱形或长条形，上端稍细，中部略粗，下部渐细，偶有分枝，长15～45cm，直径0.4～1.2cm。表面淡黄白色，略粗糙，全体有细纵皱纹或纵沟，并有棕黄色或白色点状皮孔和须根痕，偶有残存外皮；不去外皮者表面黄棕色。根头部常残留黄棕色根茎残基。质脆，易折断，断面不平整，形成层环深褐色，皮部浅黄白色，木部黄色。气特异，味微甜。

以根细长均匀、色白、平滑、质密坚实、味甜者为佳。

【化学成分】根及根茎含含香豆素类：欧前胡素，异欧前胡素，补骨脂素，香柑内酯，花椒毒素，花椒毒酚，香柑素（bergaptin）即佛手素，9-牻牛儿醇基补骨脂素（9-geranyloxypsoralen），9-甲氧基异欧前胡素，别异欧前胡素，9-(1,1-二甲基烯丙基)-4-羟基补骨脂素[9-(1-1-dimethylallyl)-4-hydroxypsoralen]，印度楝梓素，东莨菪素，bergaptol-5-O-β-D-gentiobioside，欧芹酚-7-O-β-龙胆二糖苷（osthenol-7-O-β-gentiobioside），蛇床子素，七叶内酯，东莨菪苷，蛇床克尼狄林（cnidilin）；有机酸：水杨酸，香草酸，香草酸-4-O-β-D-葡萄糖苷（vanillic acid-4-O-β-D-glucopyranoside），阿魏酸，咖啡酸，绿原酸，色氨酸，正十九烷酸，正二十四烷酸；黄酮类：槲皮素，异槲皮素，芦丁，淫羊藿苷；聚炔类：法卡林二醇（falcalindiol），人参炔醇（panaxynol），(8E)-十七碳-1,8-二烯-4,6-二炔-3,10-二醇[(8E)-1,8-heptadecadiene-4,6-diyne-3,10-diol]，木脂素类：可来灵素（glehlinoside）A、B、C、J，(7R,8S)-dehydrodiconiferylalcohol-4,9-di-O-β-D-apiofuranoside，3-羟基-(3'-甲氧基-4'-羟基苯基)-2-{4-[3-羟基-1-(E)-丙烯基]-2-甲氧基苯氧基}-丙基-D-吡喃葡萄糖苷，2,3-E-2,3-二氢-2-(3'-甲氧基-4'-羟基苯基)-3-羟甲基-5-(3″-羟基丙烯基)-7-O-β-D吡喃葡萄糖基-1-苯并[b]呋喃{2,3-E-2,3-dihydro-2-(3'-methoxy-4'-hydroxy-phenyl)-3-hydroxymethyl-5-(3″-hydroxypropeyl)-7-O-β-D-glucopyranosyl-1-bezo[b]furan}，橙皮素A(cirtrusin A)，(一)-开环异落叶松脂素-4-O-β-D-吡喃葡萄糖苷[(一)-secoisolariciresinol-4-O-β-D-glucopyranoside]，(一)-开环异落叶松脂素；氮苷：尿苷，腺苷，5'-硫甲基腺苷；氧苷：正丁基-α-D-果糖苷，丁香苷（syringin），苄基-呋喃芹菜糖基-(1→6)-β-D-吡喃葡糖苷，白花前胡苷（baihuaqianhuoside）；三萜类：羽扇豆醇，桦木醇；甾醇类：豆甾醇，豆甾醇葡萄糖苷，β-谷甾醇，胡萝卜苷；还含卵磷脂，脑磷脂，5-甲氧基糠醛，北沙参多糖GLP，4-[β-D-apiofuranosyl-(1→6)-β-D-gi-ueopyranosyloxy]-3-methoxypropiophenone等。根、叶、果实还含挥发油。嫩茎叶含氨基酸：谷氨酸，缬氨酸，天冬氨酸等，维生素C、B_1、B_2、β-胡萝卜素及无机元素钠、钙、钾、镁、锰、铁等。

【功效主治】甘，微苦，微寒。养阴清肺，益胃生津。用于肺热燥咳，劳嗽痰血，热病津伤口渴。

【历史】沙参古代无南、北之分，明以前所用均为桔梗科沙参属（Adenophra）植物的根，即现今南沙参。《本草汇言》首见"真北沙参"。蒋仪《药镜》始列"北沙参"，但无形态描述。《药品化义》沙参条后注曰："北地沙土所产，故名沙参，皮淡黄，肉白，中条者佳；南产色苍体匏纯苦。"此可能为区分南、北沙参的最早记述，但北产者是否为伞形科北沙参，难以确定。《本经逢原》谓："北者质坚性寒，南者体虚力微"。对两种沙参药材质地的简要概述与现今南、北沙参相近。《增订伪药条辨》对北沙参产地有详尽的描述。《药物出产辩》曰："产山东莱阳。"明确了北沙参的道地产地。

【附注】《中国药典》2010年版收载。

短毛独活

【别名】老山芹、大叶芹、山独活。

【学名】Heracleum moellendorffii Hance

【植物形态】多年生草本。根圆锥形，灰棕色，粗大，多分枝。茎直立,粗壮,高1~2m,有棱槽,中空,上部分枝,全株有短硬毛。叶互生;叶片阔卵形,三出式羽状全裂;羽片3~5,有长柄,阔卵形,长6~15cm,宽7~12cm,先端尖或钝,基部心形或阔楔形,有时3~5浅裂至深裂,边缘有粗大锯齿,上面疏生短硬毛,下面较密,有长柄;基生叶和茎下部叶有长柄,上部叶无柄有宽鞘,并逐渐简化。复伞形花序顶生和侧生;总苞片1~2,早落或无;伞幅15~25;小总苞片5~10,条状披针形;小伞形花序有花10~20;萼齿细小;花瓣白色,二型;子房有短毛,花柱基短圆锥形,花柱短,近直立。双悬果长圆状倒卵形,长6~8mm,有疏短毛,背棱和中棱丝状,侧棱宽薄翅状;每棱槽内有棕色油管1,合生面2,棒形,长度为果体1/2。花期7月;果期8~9月。(图538:1)

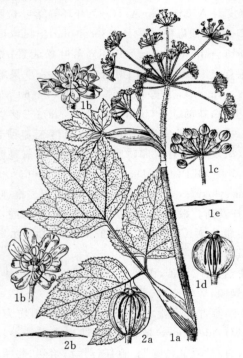

图538 短毛独活 少管短毛独活
1.短毛独活(a.部分植株 b.花 c.果序 d.果实 e.分果横切面)
2.少管短毛独活(a.果实 b.分果横切面)

【生长环境】生于山谷溪边或林下草丛。
【产地分布】山东境内产于胶东半岛及蒙山、鲁山、五莲山等地。在我国除山东外,还分布于东北、华北地区及内蒙古、甘肃、江苏、河南、四川等地。
【药用部位】根:山独活。为民间药。
【采收加工】初春苗刚发芽或秋末茎叶枯萎时采挖,除去茎叶、须根及泥土,晒干。
【药材性状】根长圆锥形,稍弯曲,长30~60cm,直径约2cm,有分枝;表面灰黄色、浅灰棕色或灰棕色,有时上端有密集的细环纹,中下部具不规则皱缩沟纹。根茎粗短,近圆柱形,稍膨大,直径1~3cm;表面灰黄色至棕色,顶端残留棕黄色叶鞘,周围有密集而粗糙的环状叶痕及环纹。质坚韧,折断面不平整,皮部黄白色,略显粉性,有裂隙和深黄色油点,形成层环棕色,中央淡黄色,显菊花纹。香气特异,味微苦、麻。
【化学成分】根含香豆素类:茴芹香豆素(pimpinellin),异茴芹香豆素(isopimpinellin),香柑内酯,氧化前胡素,欧前胡素,异欧前胡素等;挥发油:主成分为十五烷,十四烷,苊(acenaphthene),10-甲基-十九烷等。
【功效主治】辛、苦,微温。发表散寒,祛风湿,止痛。用于伤风头痛,风湿痹病,腰腿酸痛。

附:少管短毛独活

少管短毛独活 var. paucivittatum Shan et T. S. Wang(图538:2),又名走马芹(蓬莱),与原种的主要区别是:果实近圆形或长椭圆形,长6~8mm,宽4~7mm,每棱槽中油管1或无,还是用合生面2。模式产地蓬莱。药用同原种。

天胡荽

【别名】鹅不食草、满天星。
【学名】Hydrocotyle sibthorpioides Lam.
【植物形态】多年生草本。茎细长,匍匐,节上生根。叶互生;叶片圆形或圆肾形,长0.5~1.5cm,宽0.8~2.5cm,基部心形,不裂或5~7浅裂,裂片阔倒卵形,边缘有钝齿,上面无毛或两面有柔毛;叶柄长0.7~9cm,无毛或顶端有毛;托叶略呈半圆形,薄膜质,全缘或稍浅裂。伞形花序与叶对生;花序梗纤细,长0.5~3.5cm,短于叶柄1~3.5倍;总苞片4~10,倒披针形,长约2mm;小总苞片卵形至卵状披针形,长1~1.5cm,膜质,有黄色腺点;小伞形花序有花5~18,无梗或近无梗;花瓣绿白色,有腺点。双悬果心形,长1~1.4mm,两侧压扁,中棱在果熟时极为隆起。花、果期4~9月。(图539)

【生长环境】生于潮湿的路边、草地、山坡、墙角、河畔或花坛。
【产地分布】山东境内产于济南、泰安、曲阜、烟台、威海等地。在我国除山东外,还分布于陕西及长江流域以南各地。
【药用部位】全草:天胡荽。为民间药。
【采收加工】夏、秋间花叶茂盛时采收全草,洗净,晒干或鲜用。
【药材性状】全草常皱缩成团。根细小,灰黄色。茎细长,弯曲;表面黄绿色,节处残留细根或细根痕。叶多皱缩破碎;完整叶片展平后呈圆形或圆肾形,长约1cm,宽0.5~2cm;基部心形,边缘有钝齿,不裂或5~7浅裂;表面黄绿色;叶柄长约5cm;托叶半圆形,膜质。

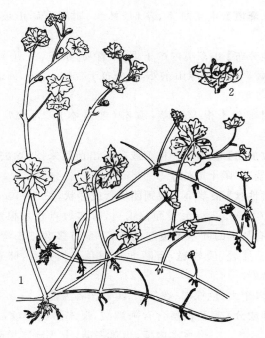

图539 天胡荽
1.植株 2.花

伞形花序小。双悬果心形,两侧压扁。气香,味辛。

以叶花多、色黄绿、气香味辛者为佳。

【化学成分】全草含黄酮类:槲皮素,槲皮素-3-O-半乳糖苷,异鼠李素,槲皮素-3-O-β-D-(6″-咖啡酰半乳糖苷)[quercetin-3-O-β-D-(6″-caffeoyl galactoside)],3′-O-甲基槲皮素,芹菜素,山柰酚,染料木素,大豆素;三萜类:hydrocotyloside Ⅰ-Ⅷ,udosaponin B,齐墩果酸;挥发油:主成分为(一)-匙叶桉油烯醇,α-甜没药萜醇和人参醇等;糖苷:正丁基-O-β-D-吡喃果糖苷,当归棱子芹醇葡萄糖苷[(一)-angelicoidenol-2-O-β-D-glucopyranoside];还含左旋芝麻素(sesamin),豆甾醇(stigmasterol),5-羟基麦芽酚,绿原酸甲酯,β-谷甾醇,胡萝卜苷,香豆素,氨基酸等。

【功效主治】辛、微苦,凉。清热利湿,化痰止咳,解毒消肿。用于黄疸,胁痛,肾虚,百日咳,痢疾,水肿,淋病,目翳,喉肿,痈肿疮毒,跌打损伤。

【历史】天胡荽始载于《千金·食治》蘩蒌条下,又名鸡肠菜,谓:"别有一种近水渠中温湿处,冬生,其状类胡荽。亦名鸡肠菜,可以疗痔病,一名天胡荽。"《植物名实图考》"积雪草"条云:"又有一种相似而有锯齿,名破铜钱,辛烈如胡荽,不可服。"所述形态及附图与伞形科植物天胡荽相似。

【附注】《山东省中药材标准》2002年版附录收载。

香芹

【别名】邪蒿、野胡萝卜。

【学名】Libanotis seseloides (Fisch. et Mey.) Turcz. (*Ligusticum seseloides* Fisch. et Mey.)

【植物形态】多年生草本。根圆柱形,灰色或灰褐色,木质化。茎粗壮,直立,下部有显著条棱,呈棱角状突起,上部分枝较多,无毛,基部粗短,有纤维状叶鞘残基,节部有短柔毛。叶基生;叶片椭圆形或阔椭圆形,长5~18cm,宽4~10cm,三回羽状全裂;一回羽片无柄;最下面一对二回羽片紧靠叶轴着生;末回裂片条形或条状披针形,顶端有小尖头,边缘反卷,长0.3~1.5cm,宽1~4mm,无毛或沿叶脉及边缘有短硬毛;茎生叶与基生叶相似,二回羽状全裂,逐渐变小;基生叶叶柄长4~18cm,基部有叶鞘,茎生叶叶柄短,或无柄仅有叶鞘。复伞形花序;通常无总苞片,稀有1~5,条形或锥形;伞幅8~20,内侧和基部有粗硬毛;小总苞片8~14,条形或条状披针形,边缘有毛;小伞形花序有花15~30;萼齿明显;花瓣白色,宽椭圆形,先端有内折小舌片;花柱基扁圆锥形,子房密生短毛。双悬果卵形,长2.5~3.5mm,主棱显著,侧棱比背棱稍宽,有短毛;每棱槽内有油管3~4,合生面有油管6。花期7~8月;果期9~10月。(图540)

图540 香芹
1.茎下部叶 2.花序 3.果实 4.分果横切面

【生长环境】生于开阔的山坡草地、草甸或林缘灌丛中。

【产地分布】山东境内产于各山地丘陵。在我国除山东外,还分布于东北地区及内蒙古、江苏、河南、湖北等地。

【药用部位】根及全草:邪蒿。为民间药。嫩茎叶可食。

【采收加工】夏季采收全草,秋季挖根,晒干或鲜用。

【化学成分】根和果实含白芷素(edultin)。

【功效主治】辛,温。利肠胃,通血脉。用于湿阻痞满,胃呆食少,痢疾,恶疮。

辽藁本

【别名】藁本、香藁本、北藁本。

【学名】Ligusticum jeholense（Nakai et Kitag.）Nakai et kitag.

（Cnidium jeholense Nakai et Kitag.）

【植物形态】多年生草本。根茎较短。根圆锥形,分叉,表面深褐色。茎直立,圆柱形,高30~80cm,中空,表面有纵条纹,常带紫色。叶互生;叶片宽卵形,长10~20cm,宽8~16cm,二至三回三出式羽状全裂,第一回裂片4~6对,最下面一对有较长的柄,柄长2~5cm;第二回裂片常无柄,末回裂片卵形至菱状卵形,长2~3cm,宽1~2cm,基部心形至楔形,边缘常3~5浅裂,裂片具齿,齿端有小尖头,表面沿主脉有糙毛,下面光滑;叶具柄,基生叶叶柄长达19cm,向上渐短;茎上部叶较小,叶柄鞘状。复伞形花序顶生或侧生,直径3~7cm;总苞片2,线形,长约1cm,被糙毛,边缘狭膜质,早落,伞辐8~16,长2~3cm;小总苞片8~10,钻形,长3~5mm,被糙毛;小伞形花序有花15~20;萼齿不明显;花瓣白色,长圆状倒卵形,具内折小舌片;花柱基隆起,半球形,花柱长,果期向下反曲。双悬果椭圆形,长3~4mm,宽2~2.5mm;分果背棱突起,侧棱狭翅状,棱槽内有油管1,稀为2,合生面2~4,胚乳腹面平直。花期7~9月;果期9~10月。（图541）

图541 辽藁本
1.根及基生叶 2.花序 3.下部茎生叶 4.茎生叶一回裂片
5.上部茎生叶 6.花 7.果实 8.分果横切面

【生长环境】生于林下、草甸、林缘、阴湿石砾山坡或沟边。

【产地分布】山东境内产于烟台、青岛、泰安、济南等山地丘陵。在我国除山东外,还分布于吉林、辽宁、河北、山西等地。

【药用部位】根及根茎:藁本（辽藁本）。为较常用中药。

【采收加工】秋季茎叶枯萎或次春出苗时采挖,除去泥土及残茎,晒干或炕干。

【药材性状】根茎呈不规则团块状或柱状,长3~10cm,直径0.5~1.5cm。表面棕褐色,有多数点状须根痕,上端有丛生的叶基及突起的节,下部有多数细长弯曲的根。体轻,质较脆,折断面黄白色。气芳香,味苦、辛,微麻。

以个大、色棕褐、香气浓、味苦辛者为佳。

【化学成分】根及根茎含含阿魏酸,反式阿魏酸,Z, Z'-$6, 6', 7, 3'$-α-二聚藁本内酯,川芎三萜,十八碳二烯酸,亚麻脑苷酯A,胡萝卜苷,β-谷甾醇,蔗糖等;挥发油:主成分为β-水芹烯,藁本内酯（ligustilide）,肉豆蔻醚（myristicin）,乙酸-4-松油醇酯（4-terpinyl acetate）,正丁烯基酞内酯（butylidene phthalide）,异松油烯（terpinolene）,川芎内酯（cnidilide）,β-及δ-愈创木烯（guaiene）等。地上部分含山奈酚-3-O-β-D-吡喃半乳糖苷,槲皮素-3-O-β-D-吡喃半乳糖苷,山奈酚-3-O-($2''$, $4''$-二-反式-对-羟基桂皮酰基)-α-L-鼠李糖苷及补骨脂素等。

【功效主治】辛,温。祛风,散寒,除湿,止痛。用于风寒外感,巅顶疼痛,风湿痹痛。

【历史】藁本始载于《神农本草经》,列入中品,一名鬼卿。《本草图经》云:"生崇山山谷,今西川、河东州郡及兖州、杭州有之。叶似白芷,香又似芎藭,但芎藭似水芹而大,藁本叶细耳。根上苗下似禾藁,故以名之。五月有白花,七、八月结子,根紫色,正月、二月采根,暴干。"附图为伞形科植物。《本草纲目》附图近似现今所用的藁本。

【附注】《中国药典》2010年版收载。

水芹

【别名】野芹菜、野芹、水芹菜。

【学名】Oenanthe javanica（Bl.）DC.

（Sium javanicum Bl.）

【植物形态】多年生草本,光滑无毛。茎匍匐性上升,下部节上生根。叶互生;叶片三角形或三角状卵形,长3~15cm,1~2回羽状裂,末回裂片卵形至卵状披针形,边缘有不整齐圆锯齿;叶柄长2~15cm。复伞形花序顶生;总花梗长2~12cm;总苞片缺;伞辐6~16,长0.5~3cm;小总苞片2~8,线形;小伞形花序有花10~

25；萼齿条状披针形，与花柱等长；花瓣白色，倒卵形，先端有内折小舌片；花柱基圆锥形。双悬果椭圆形，长2.5～3mm，果棱肥厚，钝圆，侧棱较背棱和中棱隆起，木栓质；横切面近五角状半圆形；每棱糟内有油管1，合生面2。花期6～7月；果期9～10月。（图542）

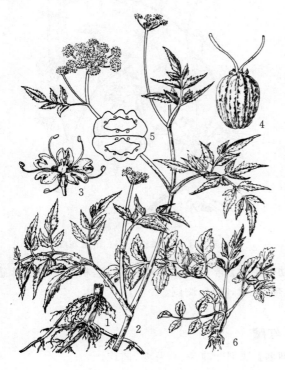

图542　水芹
1.根茎　2.植株上部　3.花　4.果实　5.分果横切面　6.幼苗

【生长环境】生于水边或浅水中。

【产地分布】山东境内产于除鲁西北以外的全省各地。分布于全国各地。

【药用部位】全草：水芹。为民间药，药食两用。嫩茎叶可食。

【采收加工】夏季采收，洗净，晒干或鲜用。

【化学成分】全草含呋酸二乙酯（diethyl phthalate），正丁基-2-乙丁基呋酸酯（n-butyl-2-ethyl butyl phthalate），呋酸二-2-乙丁酯（di-2-ethyl butyl phthalate），蓼黄素（persicarin）及其甲醚，异鼠李素；挥发油：主成分为苯氧乙酸烯丙酯，桉叶-4(14)，11-二烯，樟烯，香芹烯和丁香油酚（eugenol）等。叶含缬氨酸，丙氨酸，异亮氨酸等氨基酸及多糖。根含伞形花内酯；十八、二十、二十二、二十四、二十六、二十九、三十、三十二烷酸，油酸，亚油酸；挥发油：主成分为β-水芹烯，石竹烯（caryophyllene），α-及β-蒎烯，莳萝油脑（dillapiol）等。

【功效主治】甘，平。清热凉血，利尿消肿，平肝。用于外感发热，呕吐腹泻，小便短赤，崩漏，白带，肝阳上亢。

【历史】水芹始载于《神农本草经》，列为下品，原名水蕲，又名水英。《蜀本草》曰："芹生水中，叶似芎䓖，其花白而无实，根亦白色。"《本草纲目》云："水芹生江湖坡泽之涯"。《植物名实图考》附水蕲图。所载文图与现今植物水芹基本一致。

附：中华水芹

中华水芹 Oenanthe sinensis Dunn，与水芹的主要区别是：叶片末回裂片楔状披针形或线状披针形，边缘羽状半裂或全缘。复伞形花序顶生或腋生。果实长圆筒状，背棱非木栓质，棱槽显著。山东境内产于青岛。药用同水芹。

滨海前胡

【别名】防风、前胡。

【学名】Peucedanum japonicum Thunb.

【植物形态】多年生草本。茎粗壮，近直立，常呈蜿蜒状，光滑无毛，有浅槽和纵条纹。叶互生；叶片宽大，一至二回三出式分裂；一回羽片卵圆形或三角状圆形，长7～9cm，3浅裂或深裂，基部心形，有长柄；二回羽片的侧裂片卵形，中裂片倒卵形，均无脉，有3～5粗锯齿，网状脉非常细致而清晰，质厚，两面无毛，粉绿色；基生叶叶柄长4～5cm，基部叶鞘宽阔抱茎，边缘膜质。复伞形花序分枝，顶端花序直径约10cm；花序梗粗壮；总苞片2～3，有时缺；伞幅15～30；小伞形花序有花20余；小总苞片8～10；萼齿钻形明显，花瓣通常紫色，稀白色，卵形至倒卵形，外面有毛。双悬果卵圆形至椭圆形，长4～6mm，有小硬毛，背棱条形稍突起，侧棱厚翅状；每棱槽内有油管3～4，合生面8。花期6～7月；果期8～9月。（图543）

图543　滨海前胡
1.植株上部　2.果实　3.分果横切面

【生长环境】生于海滩沙地或近海山地。

【产地分布】山东境内产于青岛（长门岩岛）。在我国除山东外，还分布于江苏、浙江、福建、台湾等地。

【药用部位】根：滨海前胡。为民间药。

【采收加工】秋季茎叶枯萎或次春出苗前挖根，除去茎叶及泥土，晒干。

【化学成分】根含白花前胡醇，伞形花内酯，$3'(S),4'(S)$-双异戊酰-$3',4'$-二氢邪蒿素[$3'(S),4'(S)$-diisovaleryloxy-$3',4'$-dihydroseselin]，右旋川白芷内酯（anomalin），防葵素（peujaponisin），左旋齿阿米定（visnadin）；挥发油：主成分为侧柏醇，β-蒎烯，间伞花烯，菠烯，α-蒎烯，石竹烯等。**地上部分**含右旋反式-凯诺内酯（trans-khellactone），右旋反式-4'-乙酰-3'-巴豆酰凯诺内酯（trans-4'-acetyl-3'-tigloylkhellactone），左旋顺式-凯诺内酯（cis-khellactone），香叶木苷（diosmine），香柑内酯，亥茅酚，甘露醇等。

【功效主治】辛，寒；有毒。消热利湿，坚骨益髓，消肿散结。用于小便淋痛，高热抽搐，红肿热痛，无名肿毒。

泰山前胡

【别名】山东邪蒿、小防风、狗头前胡。

【学名】Peucedanum wawrae (Wolff) Su
（Seseli wawrae Wolff）

【植物形态】多年生草本。根圆锥形，浅灰棕色，常分叉；根头部粗壮，直径 0.5～1.2cm，棕色，残留干枯的叶鞘纤维。茎圆柱形，直立，高 0.3～1m，上部分枝，有纵条纹和浅槽。叶互生；基生叶和茎下部叶叶片三角状扁圆形，二至三回三出式分裂；一回羽片长 3～5cm，有长柄；二回羽片下部者有短柄或近无梗；末回裂片阔卵形或卵形，基部楔形，上部 3 浅裂或深裂，两面光滑无毛；有较长的叶柄；上部叶近于无柄，有叶鞘；最上部叶简化，通常 3 裂。复伞形花序顶生或侧生，花序梗及伞幅均有柔毛；总苞片 1～3，或缺；伞幅 6～8；小伞形花序有花 10 余；小总苞片 4～6，条形；萼齿三角形；花瓣白色。双悬果卵圆形至长圆形，有柔毛；每棱槽内有油管 2～4，合生面 4，有时达 8 条。花期 8 月；果期 9～10 月。（图 544）

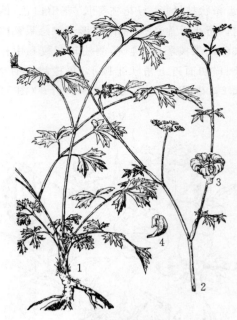

图 544　泰山前胡
1. 植株下部 2. 植株上部 3. 花 4. 花瓣

【生长环境】生于向阳山坡灌草丛、林缘或路边。

【产地分布】山东境内产于各山地丘陵。在我国除山东外，还分布于江苏、安徽、辽宁等地。模式产地芝罘（烟台）。

【药用部位】根：泰山前胡。为民间药。部分地区误作前胡。

【采收加工】秋季茎叶枯萎时采挖，去泥土及残茎，晒干。

【化学成分】根含白花前胡素 E、F 和挥发油。

【功效主治】苦、辛，凉。解热，镇咳，祛痰。用于外感，发热，咳嗽，喘息，胸闷。

羊红膻

【别名】缺刻叶茴芹、六月寒、茴芹。

【学名】Pimpinella thellungiana Wolff.

【植物形态】多年生草本。根圆锥形，长 5～15cm，直径 0.3～1cm。茎直立，高 20～80cm，有细条纹，密被短柔毛，基部残留叶鞘纤维。叶互生；叶片卵状长圆形，长 4～17cm，宽 2～6cm；一回羽状分裂；小羽片 3～5 对，卵形或卵状披针形，长 1～4cm，宽 0.5～2cm，边缘有缺刻状齿或近于羽状裂，两面有毛；茎中部叶较小；基生叶和茎下部叶叶柄长 5～20cm，中部以上叶柄渐短。复伞形花序顶生；无总苞片及小总苞片；伞幅 10～20，长 2～3cm；小伞形花序有花 10～25；无萼齿；花瓣卵形或倒卵形，白色，先端有内折的小舌片；花柱基圆锥形，花柱长约为花柱基的 2 倍。双悬果长卵形，长约 3mm，基部心形，果棱条形，无毛；每棱槽内有油管 3，合生面 4～6。花、果期 6～9 月。（图 545）

【生长环境】生于山坡草丛、林下、河边或灌丛中。

【产地分布】山东境内产于蒙山、日照等地。在我国除山东外，还分布于东北地区及河北、山西、陕西、内蒙古等地。

【药用部位】根及全草：羊红膻。为民间药。嫩苗可食或做茶。

【采收加工】夏、秋二季采收带根全草，除去杂质，晒干或鲜用。

【化学成分】根含苯酚及其衍生物：羊红膻素（thellungianin）A 即［2-(1′-乙氧基-2′-羟基)丙基-4-甲氧基苯酚］,羊红膻素 B 即［2-(1′乙氧基-2′-羟基)丙基-4-甲氧基苯酚(2″-甲基)丁酸酯],羊红膻素 E 即［2-(1′-甲氧基-2′-羟基)丙基-4-甲氧基苯酚],羊红膻素 F 即［4-羟基-丙烯基苯(2″-甲基)丁酸酯],羊红膻素 G 即［2-(1′,2′-环氧基)丙基-4-甲氧基苯酚(2″-甲基)丁酸酯],4-丙烯基苯酚(4-propenylphenol),2-(1′,2′-二羟基)丙基-4-甲氧基苯酚,松酯酚,2-(1′,2′-二羟基)-4-甲氧基苯酚[2-(1′,2′-dihydroxy)-propy-4-methoxy phenol]，羊红膻根素即 3-甲氧基-5-(1′-乙氧基-2′-羟基丙基)苯酚[3-methoxy-5-(1′-ethoxy-2′-hydroxypropyl) phenol]；挥发油：主成分为 β-甜没药烯,2-甲基丁酸等；香豆素类：佛手柑内酯,异紫花前胡内酯,七叶内酯二甲醇即滨蒿内酯(scoparone),东莨菪内酯,异梣皮定(isofraxidin)；还含羊红膻素 C 即正戊基-4-羟基-四氢呋喃-2-

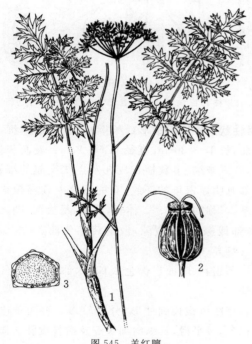

图 545　羊红膻
1.植株 2.果实 3.分果横切面

酮,羊红膻素 D 即正戊基-4α-羟基-四氢呋喃-2-酮,羊红膻素 H 即 2-甲基-5-甲氧基苯并呋喃,2-羟基-5-甲氧基-丙烯基-(2′-甲基)丁酸酯,2′-甲基-2′-羟基-5-甲氧基苯并[d]氢化呋喃-3-酮｛2′-methyl-2′-hydroxy-5-methoxyberzo[d]hydrofuran-3-one｝,甘油二乙酸酯,异香草醛,β-谷甾醇,γ-谷甾醇,油酸和棕榈酸。**全草及地上部分**含羊红膻醇(thellungianol),芹黄素-7-O-葡萄糖醛酸甲酯苷,木犀草素-7-O-葡萄糖醛酸甲酯苷,木犀草素-7-O-葡萄糖醛酸苷,芹菜素-7-O-葡萄糖醛酸苷及莽草酸等。

【功效主治】辛,温。温中散寒,温肾助阳,活血化瘀,健脾益气,养心安神,止咳祛痰。用于克山病,胸痹心痛,心悸失眠,胸闷气短,气滞血瘀,阳痿不举,精少精冷,外感风寒,寒饮咳嗽,气短咳嗽。

【附注】《中国药典》2010 年版附录收载,原植物名为缺刻叶茴芹。

变豆菜

【别名】山芹（青岛)、鹤虱（崂山)、山芹菜。
【学名】Sanicula chinensis Bge.
【植物形态】多年生草本。根茎粗短,有多数细长的支根。茎直立,高达 1m,无毛,有纵沟纹,单一或上部多次二歧分枝。叶基生；叶片近圆形、圆肾形或圆心形,通常 3 裂,中裂片倒卵形,基部近楔形,长 3～10cm,宽 4～13cm,无柄或有极短的柄,两侧裂片通常各有 1 深裂,裂口深达基部 1/3～1/4,边缘有不规则的重锯齿；叶柄长 7～30cm,基部有透明的膜质鞘；茎生叶逐渐变小,通常深 3 裂,边缘有不规则重锯齿；有柄或无柄。伞形花序二至三回二歧式分枝；总苞片叶状,通常 3 裂；伞幅 2～3；小总苞片 8～10；小伞形花序有花 6～10,雄花 3～7；花梗长 1～1.5mm；萼齿窄条形,长约 1.2mm；花瓣白色或绿白色,倒卵形至长倒卵形,先端内折；两性花无梗。双悬果球状卵圆形,长 4～5mm,先端萼齿成喙状突出,皮刺直立,顶端钩状,基部膨大；果实横切面近圆形,油管 5,合生面通常 2,大而显著。花、果期 4～10 月。（图 546）

图 546　变豆菜
1.植株上部 2.基生叶 3.雄花 4.两性花
5.果实 6.分果横切面

【生长环境】生于阴湿山坡草丛、杂木林下或溪边湿地。

【产地分布】山东境内产于各山地丘陵。在我国分布于东北、华东、中南、西北、西南等地。

【药用部位】全草：变豆菜。为民间药，嫩苗药食两用。

【采收加工】夏季采收全草，洗净，晒干。

【功效主治】甘、辛，凉。清热解毒，杀虫。用于痈肿疮毒，蛔虫病。

【历史】变豆菜始载于《救荒本草》。《植物名实图考》引云："生辉县太行山山野中。其苗叶初作地摊科生，叶似地牡丹叶极大，五花叉，锯齿尖，其后叶中分生茎叉，稍叶颇小，上开白花，其叶味甘"。所述形态及附图与植物变豆菜相似。

防风

【别名】旁风、山防风、旁旁（烟台）、山芹菜根。

【学名】Saposhnikovia divaricata (Turcz.) Schischk. (Stenocoelium divaricatum Turcz.)

【植物形态】多年生草本，高30～80cm。根粗壮，细长圆柱形，有分枝，淡黄棕色。茎单生，自基部分枝较多，斜上升，与主茎近等长，有细棱；茎基部密生纤维状叶柄残基及明显环纹。基生叶丛生；叶片卵形或长圆形，长14～35cm，宽6～8(18)cm，二至三回羽状分裂，第一回裂片卵形或长圆形，有柄，长5～8cm，第二回裂片下部具短柄，末回裂片狭楔形，长2.5～5cm，宽1～2.5cm；有扁长的叶柄，基部有宽叶鞘，稍抱茎；茎生叶互生，与基生叶相似，但较小；顶生叶简化，有宽叶鞘。复伞形花序多数，生于茎和分枝顶端，顶生花序梗长2～5cm；伞辐5～7，长3～5cm，无毛；无总苞片；小伞形花序有花4～10，小总苞片4～6，线形或披针形，长约3mm；萼齿三角状卵形；花瓣倒卵形，白色，长约1.5mm，无毛，先端微凹，具内折小舌片。双悬果狭圆形或椭圆形，长4～5mm，宽2～3mm，幼时有疣状突起，成熟时渐平滑；每棱槽内有油管1，合生面2。花期8～9月；果期9～10月。（图547）

【生长环境】生于向阳山坡草丛、田边或路旁。

【产地分布】山东境内产于泰山、崂山、五莲山、长岛等地。野生资源破坏严重，应注意就地保护；菏泽等地有栽培。在我国除山东外，还分布于东北、华北、西北地区及内蒙古等地。

【药用部位】根：防风；叶：防风叶。为常用中药和民间药。

【采收加工】春、秋二季采挖未抽花茎植株的根，除去残茎、须根及泥土，晒至九成干时，按粗细长短分级，分别扎成小捆，再晒干或炕干。夏季采叶，晒干或鲜用。

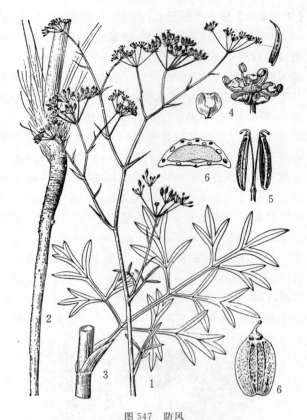

图547 防风
1.果枝 2.根 3.叶 4.花及花瓣 5.果实 6.分果横切面

【药材性状】根长圆锥形或长圆柱形，下部渐细，有的略弯曲，长15～30cm，直径0.5～2cm。表面灰棕色，粗糙，有纵皱纹、多数横长皮孔及点状突起的细根痕。根头部有明显密集的环纹，有的环纹上残存棕褐色毛状叶基，习称"蚯蚓头"。体轻，质松，易折断，断面不平坦，皮部浅棕色，有裂隙，散生黄棕色油点，木部浅黄色。气特异，味微甜。

以条粗壮、断面皮部色浅棕、木部色浅黄、气味浓者为佳。

栽培防风根长圆柱形，分枝较多。表面黄白色至淡黄棕色，较平滑，具纵向细皱纹及横长皮孔。质较坚实，断面裂隙小而少。气特异，味甜。

【化学成分】根含色原酮类：升麻素（cimifugin），升麻素苷（prim-O-glucosylcimifugin），5-O-甲基维斯阿米醇苷（4'-O-beta-glucopyranosyl-5-O-methylvisamminol），防风色酮醇（ledebouriellol），亥茅酚，3'-O-当归酰基亥茅酚（3'-O-angeloylhamaudol），3'-O-乙酰基亥茅酚（3'-O-acetylhamaudol），亥茅酚苷（sec-O-glucosylhamaudol），5-O-甲基齿阿米醇，undulatoside，5-羟基-8-甲氧基黄酮即杨芽黄素（tectochrysin）；香豆素类：香柑内酯，异香柑内酯，补骨脂素，欧前胡素，紫花前胡素，紫花前胡醇当归酰胺酯，珊瑚菜素，花椒毒素，花椒毒酚，川白芷内酯（anomalin），东莨菪素，印度榅桲素，克利米可辛A (clemiscosin A)，5-羟基-8-甲氧基补骨脂素，5-甲氧基-7-(3,3-二甲基烯丙氧基)香豆素；挥发油：主成分为辛醛，β-甜没药烯(β-bisabolene)，壬醛，7-辛烯-4-醇(7-octen-4-ol)，花侧柏烯(cuparene)，β-桉叶醇等；多糖：防风酸性多糖(saposhnikovan) A，C，SPSa，SPSb；还含镰叶芹醇，镰叶芹二醇(falcarindiol)，(8E)-十七碳-1,8-二烯-4,6-二炔-3,10-二醇，D-甘露醇，β-谷甾醇，胡萝卜苷，香草酸，防风嘧啶(fangfengalpyrinidine)，腺苷，丁烯二酸，4-羟基-3-甲氧基苯甲酸等。

【功效主治】**防风** 辛、甘，微温。解表祛风，胜湿止痛。用于外感头痛，风湿痹痛，风疹瘙痒，破伤风。**防风叶** 辛，微温。解表祛风。用于风热汗出，头风头痛。

【历史】防风始载于《神农本草经》，列为上品，一名铜芸。《本草经集注》云："惟实而脂润，头节坚如蚯蚓头者为好"。《新修本草》云："今出齐州、龙山最善，淄州、兖州、青州者亦佳，叶似牡蒿、附子苗等。"《本草图经》云："根土黄色，与蜀葵根相类。茎叶俱青绿色，茎深而叶淡，似青蒿而短小，初时嫩紫……。五月开细白花，中心攒聚，作大房，似莳萝花。实似胡荽而大。二月、十月采根，暴干。关中生者，三月、六月采，然轻虚不及齐州者良。"其形态及附图与现今野生防风相似。但据考证，古代所用防风原植物并非一种。

【附注】《中国药典》2010年版收载。

泽芹
【别名】野芹菜、土藁本。
【学名】Sium suave Walt.
【植物形态】多年生草本，全株无毛。有成束的纺锤形根和须根。茎直立，有明显纵棱，中空。叶片轮廓长圆形至卵形，一回羽状分裂，羽片3~9对，疏离；羽片披针形至条形，长1~4cm，宽0.3~1.5cm，先端尖，基部楔形或近圆形，边缘有细锯齿或粗锯齿。复伞形花序顶生和侧生；总苞片5~8，条形或条状披针形，边缘膜质，外折；小总苞片6~9；伞辐10~20；小伞形花序有花10~20；萼齿短；花瓣白色，倒卵形，先端有反折的小舌片；花柱基短圆锥形。双悬果卵形，长2~3mm，果棱肥厚，近翅状；每棱槽内有油管1~3，合生面2~6。花期8~9月；果期9~10月。（图548）

【生长环境】生于溪边、沼泽或水边湿地。
【产地分布】山东境内产于徂徕山、昆嵛山等山区。在我国分布于东北、华北、华东地区及陕西等地。
【药用部位】全草：泽芹（山藁本）。为民间药。
【采收加工】夏季采收带根全草，洗净，晒干。
【药材性状】茎圆柱形，长60~80cm，直径0.3~1.5cm；表面绿色或棕绿色，有多数纵直纹理和纵脊，节明显；质脆，易折断，断面较平坦，白色或黄白色，皮部薄，木部狭窄，髓部大。完整叶片展开呈一回羽状分裂，羽片3~9对，残留小羽片披针形至条形，边缘有锯齿；两面绿色，无毛；叶柄基部成鞘状抱茎。手搓叶片有清香气，味淡。

以叶多、色绿、清香气浓者为佳。

【化学成分】全草含呋喃香豆精类。
【功效主治】甘，平。散风寒，止痛，平肝。用于外感头痛，肝阳上亢。

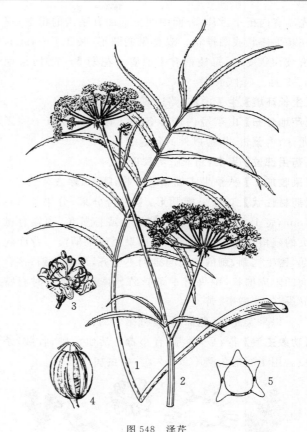

图548 泽芹
1.叶 2.花序 3.花 4.果实 5.分果横切面

小窃衣
【别名】破子草、华南鹤虱。
【学名】Torilis japonica (Houtt.) DC.
(Caucalis japonica Houtt.)
【植物形态】一年生草本。茎直立，高0.2~1.2m，密被贴伏短硬毛。单叶互生；叶片轮廓卵形，二至三回羽状全裂，末回小裂片条状披针形，两面疏生贴伏硬毛；茎下部叶有长柄，向上渐短，下部有窄膜质的叶鞘。复伞形花序顶生或腋生；花序梗长3~25cm，有倒生刺毛；总苞片3~6，长0.5~2cm，通常条形；伞辐4~12，长1~3cm，有向上的刺毛；小总苞片5~8，条形或钻形，长1.5~7mm；小伞形花序有花4~12；花梗短于小苞片；萼齿细小；花瓣白色、红色或蓝紫色，倒卵圆形，先端有内折小舌片，外面中间至基部有贴伏的粗毛；花柱基平压状或圆锥状。双悬果椭圆形，长 1.5～4mm，密被钩状皮刺；每棱槽有 1 油管。花期 5～7 月；果期 8～9 月。（图 549）

【生长环境】生于山坡、路边或荒地草丛。

【产地分布】山东境内产于各地。在我国分布于除黑龙江、内蒙古、新疆以外的各地。

【药用部位】果实：窃衣。为民间药。

【采收加工】秋季果实成熟时采收，晒干，除去杂质。

【药材性状】双悬果椭圆形，多裂为分果，分果长 3～4mm，宽 1.5～2mm。表面棕绿色或棕黄色，顶端有微突的残留花柱，基部圆形，有小果柄或果柄痕。背面隆起，密生钩刺，刺的长短与排列不整齐，形似刺猬；接合面凹陷成槽状，中央有 1 条脉纹。体轻。搓碎时有特异香气，味微辛、苦。

以果实完整、色棕绿、香气浓者为佳。

【功效主治】苦、辛，微温；有小毒。活血消肿，收敛，杀虫。用于痈疮久溃不敛，久泻，蛔虫病。

图 549 小窃衣
1.幼苗 2.茎上部叶 3.果序 4.花 5.果实 6.分果横切面

附：窃衣

窃衣 Torilis scabra (Thunb.) DC. (*Chaerophyllum scabrum* Thunb.)（图 550），与小窃衣的主要区别是：总苞片通常缺，稀有 1 钻形或条形苞片；伞幅少，2～4，长 1～5cm，较粗壮；果实长圆形，长 4～7mm，宽 2～3mm。山东境内产于牙山及五莲等地。全草含乙酸牻牛儿酯（geranyl acetate）及乙酸龙脑酯；还含β-丁香烯，α-及β-水芹烯，α-侧柏烯，α-及β-蒎烯，樟烯。果实含葎草烯，左旋大牻牛儿烯 D，窃衣内酯（torilolide），氧化窃衣内酯（oxytorilolide），窃衣醇酮（torilolone）等。种子含窃衣素（torilin）。产地及药用同小窃衣。

图 550 窃衣
1.植株 2.果实

山茱萸科

山茱萸

【别名】萸肉、枣皮、山枣。

【学名】Cornus officinalis Sieb. et Zucc.

【植物形态】落叶小乔木，高达 10m。树皮灰褐色，剥落；枝条暗褐色，无毛。叶对生；叶片卵形至卵状椭圆形，稀卵状披针形，长 5～12cm，宽 3～5cm，先端渐尖，基部阔楔形或近圆形，全缘，上面绿色，无毛，下面淡绿色，疏被白色贴生短柔毛，脉腋有黄褐色髯毛，侧脉 6～8 对，叶脉在上面凹下，下面隆起；叶柄长 0.6～1cm。伞形花序腋生，先叶开花；总梗长 1.5～2cm；总苞片 4，卵圆形，淡褐色，长 6～8mm，先端锐尖；花梗长约 1cm，有白色柔毛；花黄色，直径 4～5mm；萼裂片 4，阔三角形；花瓣 4，舌状披针形；雄蕊 4，短于花瓣；花盘垫状；花柱长 1～1.5mm，柱头膨大。核果椭圆形，长约 1.5cm，直径约 6mm，成熟时红色，有光泽，新鲜时外果皮革质，中果皮肉质，内果皮坚硬为核，内有种子 1～2 枚。花期 4～5 月；果期 8～9 月。（图 551，彩图 50）

【生长环境】栽培于排水良好、土壤较肥沃的山区或平原。

【产地分布】山东境内各地有引种栽培,枣庄、泰安栽培较多。在我国除山东外,还分布于山西、河南、陕西、甘肃、浙江、安徽、江苏、江西、湖南等地。

【药用部位】成熟果肉:山茱萸。为常用中药,可用于保健食品,成熟鲜果可食用。

【采收加工】秋末冬初果皮变红时采收果实,用文火烘或置沸水中略烫后,及时除去果核,干燥。

【药材性状】果肉呈不规则片状或囊状,长 1~1.5cm,宽 0.5~1cm。表面鲜红色、紫红色至紫黑色,皱缩,有光泽。顶端具圆形宿萼痕,基部有果梗痕。质柔软而韧,偶见长枕形果核。气微,味酸、涩、微苦。

以果肉厚、柔软、无果核、色红或紫红者为佳。

【化学成分】果肉含苷类:马钱苷(loganin),7-脱氢马钱苷,山茱萸新苷又称山茱萸裂苷(cornuside),莫罗忍冬苷(morroniside),当药苷,没食子酰-2,7-6′-脱水-β-呋喃景天庚酮糖苷,7-O-没食子酰景天庚酮糖苷等;鞣质:山茱萸鞣质(cornustannin)1、2、3,梾木鞣质(cornusiin)A、B、C、G,丁子香鞣质(eugeniin),路边青鞣质(gemin)D,2,3-二-O-没食子酰葡萄糖,1,2,3-三-O-没食子酰葡萄糖-7-O-没食子酰-D-景天庚酮糖(1,2,3-tri-O-galloyl-β-D-glucose-7-O-galloyl-D-sedoheptulose)等;黄酮类:山柰酚,槲皮素,山柰酚-3-O-β-D-葡萄糖苷,柚皮素;三萜类:α-香树脂醇,齐墩果 13(18)-烯,齐墩果 11,13(18)-二烯,8,24-二烯-3-乙酸酯-羊毛甾,乌苏-12-烯-28-醛,熊果酸,阿江榄仁树葡萄糖苷Ⅱ(arjunglucosideⅡ),山楂酸(maslinic acid),科罗索酸(corosolic acid);有机酸:没食子酸,苹果酸,酒石酸,对羟基桂皮酸;挥发油:主成分为邻苯二甲酸二异丁酯,邻苯二甲酸二丁酯,乙酸,糠醛;糖类:葡萄糖,果糖,蔗糖,山茱萸多糖 A′;氨基酸:苏氨酸,缬氨酸,亮氨酸,异亮氨酸等;还含 6-乙基-2,5-二羟基-1,4-萘醌,5,5′-二甲基糠醛醚(5,5′-di-α-furaldehyde dimethyl ether),5-羟甲基糠醛,γ-脱氢马钱素(γ-dehydrologanin),脱水莫诺苷元(dehydromorroniaglycone),谷甾醇,豆甾醇,苹果酸甲酯,维生素 A、E 及无机元素铁、铝、铜、锌、硼、磷等。

【功效主治】酸、涩,微温。补益肝肾,收涩固脱。用于眩晕耳鸣,腰膝酸痛,阳痿遗精,遗尿尿频,崩漏带下,大汗虚脱,内热消渴。

【历史】山茱萸始载于《神农本草经》,列为中品,一名蜀枣。《吴普本草》曰:"生冤句琅琊,或东海承县,叶如梅,有刺毛,二月花如杏,四月实如酸枣赤"。《名医别录》曰:"九月十月采实,阴干。"《本草经集注》称:"出近道诸山中,大树,子初熟未干赤色,如胡颓子,亦可啖。既干,皮甚薄"。本草所述形态及附图与现今山茱萸原植物一致。

【附注】《中国药典》2010 年版收载。

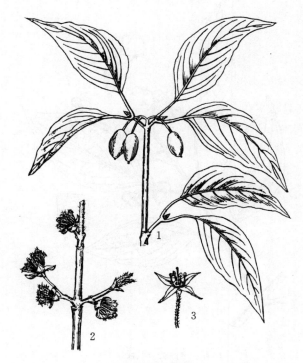

图 551　山茱萸
1.果枝　2.花枝　3.花

毛梾

【别名】梾木、癞树叶。

【学名】Swida walteri (Wangen) Sojak
(Cornus walteri Wanger.)

【植物形态】落叶乔木,高 6~14m。树皮黑灰色,纵裂成长条或横裂成块状;幼枝对生,略有棱角,密被贴生灰白色短柔毛,后则无毛。叶对生;叶片椭圆形至长椭圆形,长 4~10cm,宽 2.7~4.4cm,先端渐尖,基部楔形,上面被贴伏的柔毛,下面密生贴伏的短柔毛,淡绿色;侧脉 4~5 对;叶柄长约 3cm。伞房状聚伞花序顶生,长约 5cm,宽 7~9cm;花黄色,直径约 1.2cm;花萼裂片 4,萼齿三角形;花瓣 4,长圆状披针形;雄蕊 4,稍长于花瓣,花丝线形,花药淡黄色,丁字形着生;子房下位,密被灰色短柔毛,花柱棍棒形,柱头头状。核果球形或近球形,成熟时黑色,直径约 6mm。花期 5 月;果期 9 月。(图 552)

【生长环境】生于山道旁、杂木林或密林中。

【产地分布】山东境内产于各山地丘陵。在我国分布于华东、中南、西南地区及辽宁、河北、山西等地。

【药用部位】枝叶:毛梾。为民间药。

【采收加工】春、夏二季采收枝叶,鲜用或晒干。

【功效主治】祛风止痛,通经活络,解毒敛疮。用于漆疮。

图552 毛梾
1.果枝 2.花 3.叶局部,示毛

【附注】本种在"Flora of China"14：214.2005.的拉丁学名为 Cornus walteri Wanger.，本志将其列为异名。

鹿蹄草科

鹿蹄草

【别名】鹿衔草、鹿含草、破血丹。

【学名】Pyrola calliantha H. Andr.
（P. rotundifolia L. ssp. chinensis H. Andr.）

【植物形态】常绿亚灌木状小草本,高15～30cm。根状茎细长,横生,斜升。地上茎短。叶4～7,基生；叶片椭圆形或圆卵形,稀近圆形,长3～5cm,宽2～4cm,先端钝圆,基部阔楔形或近圆形,边缘近全缘或有疏齿,常反卷,叶脉明显,上面绿色,下面常有白霜,有时带紫色,叶革质；叶柄长2～5.5cm,有时带紫色。花葶有1～2苞片,卵状披针形或披针形,先端渐尖,基部稍抱花葶；总状花序,有9～13花,密生,花倾斜,稍下垂；花冠广开,直径1.5～2cm,白色,有时略带淡红色；花梗长5～8mm；苞片舌形,长6～7.5mm,宽1.6～2mm,先端急尖或钝尖；花瓣倒卵状椭圆形或倒卵形；雄蕊10,花丝无毛,花药长圆柱形,有小角,黄色；花柱长6～8mm,常带淡红色,弯曲,伸出花冠之外,顶端增粗,有不明显的环状突起,柱头5圆裂。蒴果扁球形。花期6～8月；果期8～10月。（图553）

【生长环境】生于林下或灌丛中。

【产地分布】山东境内产于烟台、荣成等地。在我国除山东外,还分布于河北、河南、山西、陕西、甘肃、青海、湖北、湖南、江西、安徽、江苏、浙江、福建、贵州、云南、四川、西藏等地。

【药用部位】全草：鹿衔草。为少常用中药。

【采收加工】夏季采挖全株,除去杂质,晒至叶片半干时堆置,使叶片变成紫红色或紫褐色,再晒干。也有直接晒干者,但质硬易碎。

【药材性状】全草长10～30cm,无毛。根茎细长圆柱形；表面红棕色或紫棕色,微有光泽,有细纵皱纹及微棱线。茎圆柱形,具纵棱纹。叶基生；完整叶片呈椭圆形或卵圆形,长3～5cm,宽2～4cm；先端钝圆或钝尖,基部宽楔形或近圆形,全缘或有疏细锯齿；上面紫红色,少有棕绿色,叶缘略反卷,主脉突出；叶柄长,扁平,两侧薄呈膜状；叶片薄革质,常破碎。花葶长12～25cm；表面紫棕色,有三棱；总状花序,花棕色卷缩。蒴果扁球形,直径约1cm；表面棕褐色,5纵裂,裂瓣边缘有蛛丝状毛。气微,味淡、微苦。

以全体色红棕、叶多、色紫红者为佳。

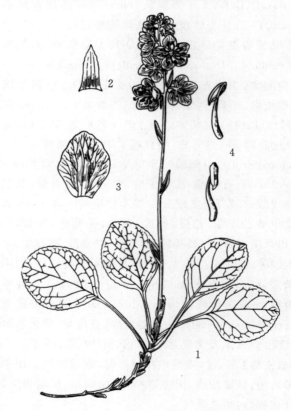

图553 鹿蹄草
1.植株 2.萼片 3.花瓣 4.雄蕊

【化学成分】全草含黄酮类：山柰酚-3-O-β-D-吡喃半乳糖苷,芒柄花素,槲皮素 3-O-α-L-呋喃阿拉伯糖苷,槲皮素 3-O-α-L-吡喃阿拉伯糖苷,金丝桃苷,2″-O-没食子酰基金丝桃苷,2″-(4-羟基苯甲酰基)金丝桃苷；三萜类：熊果酸,熊果醇即乌发醇（uvaol）,2β,3β,23-三羟基-12-烯-28-乌苏酸,2α,3β,23,24-四羟基-12-烯-28-乌苏酸;酚苷类:高熊果酚苷(homoarbutin),4-羟基苯乙酮-4-O-(6′-O-β-D-芹糖)-β-D-葡萄糖苷,草夹竹桃苷(androsin),pisumionoside,4-hydroxy-2-[(E)-4-hydroxy-3-methyl-2-buteny]-5-methylpheny-1-O-β-D-glucopyranoside;萘化合物:2-(1,4-二氢-2,6-二甲基-1,4-二氧代-3-萘基)-3,4,5-三羟基苯甲酸,4α-羟基-7-羟甲基-2α-甲基-3,4-二氢-1(H)萘酮(pyrolaside A),4α-羟基-6-羟甲基-2α-甲基-3,4-二氢-1(H)萘酮(pyrolaside B);还含水晶兰苷(monotopein),梅笠草素(chimaphillin),大黄素,腺苷,棕榈酰基葡萄糖苷,没食子酸,棕榈酸,反式-9,10-十八碳烯酰胺,胡萝卜苷,β-谷甾醇等。**叶**含熊果苷(arbutin),高熊果酚苷,异高熊果酚苷(isohomoarbutin),6-O-没食子酰高熊果酚苷(6-O-galloylhomoarbutin),梅笠草素,鹿蹄草素即 2,5-二羟基甲苯(2,5-dihydroxytoluene),肾叶鹿蹄草苷(renifolin),N-苯基-2-萘胺(N-phenyl-2-naphthylamine),原儿茶酸,没食子酸,没食子鞣质等。

【功效主治】甘、苦,温。祛风湿,强筋骨,止血,止咳。用于风湿痹痛,肾虚腰痛,腰膝无力,月经过多,久咳劳嗽。

【历史】鹿蹄草始载于《滇南本草》,名鹿衔草。曰:"紫背者好。叶团,高尺余。"《本草纲目》云:"生江广平陆及寺院荒处,淮北绝少,川陕亦有。苗似堇菜,而叶颇大,背紫色。春生紫花,结青实,如天茄子。"《植物名实图考》云:"铺地生绿叶,紫背,面有白缕,略似蕺菜而微长,根亦紫。"据文图记载,古今所用鹿蹄草均为鹿蹄草属植物。

【附注】《中国药典》2010 年版收载。

杜鹃花科

照山白

【别名】小花杜鹃、万经棵、万斤。

【学名】Rhododendron micranthum Turcz.

【植物形态】半常绿灌木,高达 2.5m。树皮黑灰色;枝条细,灰褐色,有散生腺鳞和疏柔毛;芽鳞先端尖锐或钝,边缘有长纤毛。叶多集生于枝端;叶片长椭圆形,稀倒披针形,长 2～4cm,宽 0.8～1.5cm,先端钝尖或急尖,基部狭楔形,叶缘疏生浅齿或近全缘,稍反卷,上面绿色,光滑无毛,散生少数腺鳞,下面色淡,密生棕色腺鳞,厚革质;叶柄长 3～5mm。总状花序,生去年生枝顶,有多数小花;花梗细,长约 1.5cm,密生腺鳞及锈色短柔毛;萼片三角形,外被腺鳞和长柔毛;花冠钟形,白色,长约 1cm,裂片 5,长圆形,外被腺鳞;雄蕊 10,伸出花冠之外;花柱较雄蕊短,柱头平截,微 5 裂。蒴果长圆形,长 5～8mm,熟时褐色,密被腺鳞,花柱宿存。种子长约 2mm,锈色,两端呈撕裂状。花期 6～7 月;果期 8～10 月。(图 554)

图 554 照山白
1.花枝 2.花 3.雄蕊 4.雌蕊 5.蒴果 6.叶背面

【生长环境】生于海拔 800m 以上山坡灌丛或林下。

【产地分布】山东境内产于各大山区。在我国除山东外,还分布于东北、华北地区及河南、陕西、甘肃、四川、湖北等地。

【药用部位】叶或带叶枝梢:照山白。为少常用中药和中药制剂原料。

【采收加工】秋、冬二季采收,除去杂质,晒干。

【药材性状】叶多反卷,有的破碎;完整叶片展平后呈长椭圆形,长 2～4cm,宽 0.6～1.5cm;先端钝尖或急尖,基部狭楔形,叶缘有疏齿或近全缘;上表面灰绿色或棕褐色,有白色盾状腺鳞;下表面淡黄绿色,密被淡棕色腺鳞;叶片革质;叶柄长 3～5mm。枝圆柱形,顶端有时具短总状花序,外被多数淡棕色卵状苞片。气香,味微苦、微辛。

以叶片完整、色绿、香气浓者为佳。

【化学成分】**叶**含黄酮类:槲皮素,棉花皮素(gossypetin),山柰酚,紫云英苷,金丝桃苷,杨梅苷,槲皮苷,异槲皮苷;有机酸:对-羟基苯甲酸,原儿茶酸,香草酸,丁香酸;还含东莨菪素及樱木毒素-1(grayanotoxin-1)等。鲜叶含挥发油。**枝叶**含三萜类:羽扇豆酮,羽扇豆醇,3-羟基-30-降羽扇豆烷-20-酮,3-羟基-11-烯-11,12-脱氢-28,13-乌苏酸内酯,羽扇豆醇乙酯(lupeol acetate),

吉马酮(germacrone),13-脱氢乌苏烷,熊果醇,白桦酸,齐墩果酸;甾类:3,11-二羟基-12-烯-12,6β-羟基-4-烯-3-豆甾酮,3β-羟基-5-烯-7-豆甾酮,β-谷甾醇;还含伞形花内酯,5-羟基-7-甲氧基-2-(4-甲氧苯基)-6-甲基-4H-色烯-4-酮,6,10,14-三甲基十五烷-2-酮,对羟基苯甲醛,2-羟甲基苯酚等。

【功效主治】酸,辛,温;有大毒。止咳祛痰,祛风通络,止血,镇痛。用于咳嗽痰多,外感,产后身痛;外用于骨折。

【附注】①《中国药典》1977年版、《山东省中药材标准》2002年版收载。②有大毒,制剂后方可内服。

迎红杜鹃

【别名】尖叶杜鹃、映山红、蓝荆子。

【学名】Rhododendron mucronulatum Turcz.

【植物形态】落叶灌木,高1~2m。树皮暗灰色,易剥裂;小枝细长,有散生腺鳞;芽鳞具缘毛及腺鳞。叶互生;叶片长圆形或卵状披针形,长3~7cm,宽1.5~3.5cm,先端锐尖,基部楔形,近全缘,上面无毛,散生白色腺鳞,下面稍淡,疏被腺鳞,质较薄;叶柄长3~5mm。单花或1~3朵生于去年生枝的顶端;早春花先叶开放,深红色或淡紫红色;花梗短,有白色腺鳞;萼片三角形;花冠宽漏斗状,5深裂,达花冠中部以下;雄蕊10,5长5短,花药紫色;花柱长于雄蕊,长达花瓣的1.5倍,柱头头状。蒴果长柱状,长1~1.5cm,暗褐色,有密腺鳞,室间开裂。花期4月;果期9~10月。(图555)

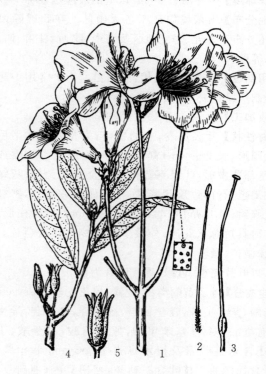

图555 迎红杜鹃
1.花枝 2.雄蕊 3.雌蕊 4.果枝 5.蒴果

【生长环境】生于山坡、林下或灌木丛中。

【产地分布】山东境内产于崂山、昆嵛山、泰山、蒙山、鲁山、徂徕山等山区。在我国除山东外,还分布于华北、东北各地。

【药用部位】叶:迎山红。为少常用中药。

【采收加工】夏、秋二季采叶,晒干。

【药材性状】叶片常反卷或皱缩破碎。完整叶片展平后呈长圆形或卵状披针形,长3~6cm,宽1~3cm。先端锐尖或具短尖头,基部宽楔形或钝圆,边缘有细密圆齿或全缘。上表面灰绿色或棕褐色,散生白色腺鳞,下表面淡绿色,腺鳞较密。叶柄长3~5mm,散有白色鳞斑。质较薄脆。气芳香,味涩、微苦、辛。

以叶片完整、色绿、质厚、香气浓者为佳。

【化学成分】叶含黄酮类:槲皮素,棉花皮素,杜鹃黄素,5-甲基山奈酚,5-甲基杨梅素,二氢槲皮素;酚酸类:对-羟基苯甲酸,原儿茶酸,香草酸,丁香酸;挥发油:主成分为丁酸,戊酸,己酸,庚酸,辛酸,壬酸等。还含香豆素类,鞣质等。

【功效主治】苦,平;有毒。解表,化痰,清肺,止咳。用于外感,头痛,咳嗽痰喘。

【附注】《山东省中药材标准》2002年版附录收载。

杜鹃花

【别名】映山红、满山红、红花杜鹃。

【学名】Rhododendron simsii Planch.

【植物形态】落叶灌木,高达1m。枝条细而直,常有亮棕色或褐色的糙毛。叶互生;叶片卵形、椭圆状卵形或倒卵形,长3~5cm,宽2~3cm,先端锐尖,基部楔形,上面绿色,疏生糙毛,下面毛较密,边缘有密睫毛,质地稍厚;叶柄长3~5mm,密生糙伏毛。花2~6朵簇生于枝顶;花萼长4mm,5深裂,上有糙伏毛和睫毛;花冠宽漏斗形,长4~5cm,5裂,蔷薇红色或鲜红色,上方1~3裂的内面常有深红色密斑点;雄蕊10,与花冠近等长,花丝中部以下有细毛,花药紫色;子房密被糙伏毛,花柱细长,无毛,常10室。蒴果卵圆形,长达8mm,有密糙毛;果柄长5~8mm。花期4~6月;果期10月。(图556)

【生长环境】生于山坡灌丛。

【产地分布】山东境内产于五莲山等地;各地公园有栽培或盆栽。在我国除山东外,还分布于长江流域各省区。

【药用部位】叶:杜鹃花叶;花:杜鹃花;根:杜鹃花根;果实:杜鹃花果。为民间药。

【采收加工】春季采花,夏、秋二季采叶,秋季采收成熟果实,晒干或鲜用。全年采根,洗净,晒干。

【药材性状】根细长圆柱形,弯曲,有分枝,长短不等,

"山踯躅处处山谷有之,高者四五尺,低者一二尺,春生苗叶,浅绿色,枝少而花繁,一枝数萼,二月始开花如羊踯躅,而蒂如石榴花,有红者紫者,五出者,千叶者,小儿食其花,味酸无毒,一名红踯躅,一名山石榴,一名映山红,一名杜鹃花"。其形态与现今植物杜鹃花基本一致。

报春花科

点地梅

【别名】铜钱草、喉咙草、清明草、报春花。

【学名】Androsace umbellata（Lour.）Merr.
（Drosera umbellata Lour.）

【植物形态】一年生或二年生草本,全株被节状长柔毛。叶通常10～30片基生;叶片圆形至心状圆形,直径0.5～1.5cm,边缘有三角状裂齿;叶柄长1～2cm。花葶直立,通常数条由基部抽出,高5～15cm;伞形花序,有7～15花;苞片卵形;花梗纤细,长1～3cm,花后伸长达6cm,混生腺毛;花萼杯状,深裂,裂片卵形,长2～3mm,果时增大,有明显纵脉4～6条,边缘有睫毛;花冠通常白色,漏斗状,筒部短于萼,裂片近圆形,约与冠筒等长,喉部黄色;雄蕊生于花冠筒中部,花丝短;花柱极短。蒴果近球形,直径约4mm,顶端5瓣裂,裂瓣白色,膜质。种子小,棕褐色,长圆状多面体形。花期3～4月;果期5～6月。（图557）

【生长环境】生于山坡、荒地或路旁。

【产地分布】山东境内产于各低山丘陵。在我国除山东外,还分布于东北、华北地区和秦岭以南各省区。

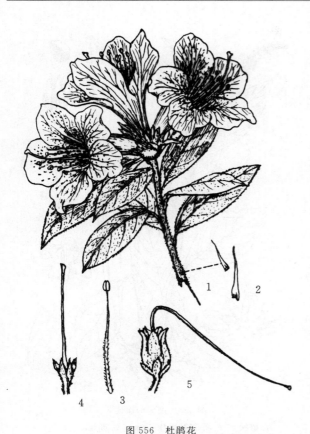

图556 杜鹃花
1.花枝 2.枝上糙毛放大 3.雄蕊 4.雌蕊,带花萼 5.果实

直径约1.5cm。表面灰棕色或红棕色,较光滑,有网状细皱纹。根头部膨大,有多数木质茎基。木质坚硬,难折断,断面淡棕色。无臭,味淡。

【化学成分】叶和嫩枝含黄酮类:红花杜鹃素甲、乙,荚果蕨醇（matteucinol）和荚果蕨苷（matteucinin）;还含熊果酸,椋木毒素,鞣质,甾醇,强心苷及挥发油等。花含花色素类:矢车菊素-3-O-葡萄糖苷,矢车菊素-3-O-半乳糖苷,矢车菊素-3-O-阿拉伯糖苷,矢车菊素-3,5-二葡萄糖苷,矢车菊素-3-半乳糖-5-葡萄糖苷,芍药花素-3,5-二葡萄糖苷（peonidin-3,5-diglucoside）和锦葵花素-3,5-二葡萄糖苷（malvidin-3,5-diglucoside）;黄酮类:芦丁,杜鹃黄苷（azalein）,槲皮素,杜鹃黄素（azaleatin）,山柰酚-5-甲醚-3-O-半乳糖苷,杜鹃黄素-3-O-半乳糖苷,杜鹃黄素-3-O-鼠李糖苷,杨梅素-5-甲醚-3-O-鼠李糖苷,棉花皮素-3-O-半乳糖苷,槲皮素-3-O-半乳糖苷等。

【功效主治】杜鹃花叶酸,平。清热解毒,止血。用于痈肿疔疮,外伤出血,风疹。杜鹃花甘、酸,平。活血调经,祛风湿。用于月经不调,经闭,崩漏,跌打损伤,风湿痹病,吐血衄血。杜鹃花根酸、甘,温。和血止血,祛风止痛。用于吐血,衄血,月经不调,崩漏,肠风下血,痢疾,风湿疼痛,跌打损伤。杜鹃花果用于跌打损伤。

【历史】杜鹃花始见于《本草纲目》羊踯躅条附录,载:

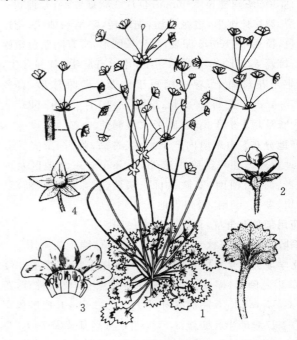

图557 点地梅
1.植株 2.花 3.花冠展开 4.果实及花萼

【药用部位】全草：喉咙草。为民间药。
【采收加工】春季花期采收全草，洗净，阴干或晒干。
【药材性状】全草常皱缩成团，带花全草长5~10cm；淡绿色，被白色节状细柔毛。叶基生，常皱缩破碎；完整叶片展平后近圆形至卵圆形，直径0.5~1.5cm；边缘有三角状钝牙齿；两面绿色，均被贴伏的短柔毛；叶柄长1~2cm，被白毛。花葶数条；伞形花序顶生，有小花7~15朵；花萼5深裂，星状展开；残留花冠淡黄白色。蒴果球形，5瓣裂。种子细小，多数。质脆，易碎。气微，味辛而微苦。

以叶多、色淡绿、味辛者为佳。

【化学成分】全草含黄酮类：山柰酚，芦丁，槲皮素；三萜类：primulanin，saxifragifolin B，D；挥发油：主成分为正-十六酸，弥罗松酚，1-萘丙醇，(Z)-6-辛癸烯酸等。还含胡萝卜苷，糖类和生物碱。

【功效主治】苦，辛，寒。清热解毒，消肿止痛。用于咽痛，口疮，风火赤眼，跌打损伤，偏正头痛，牙痛。

虎尾珍珠菜

【别名】狼尾花、狼尾巴草、虎尾草。
【学名】Lysimachia barystachys Bge.
【植物形态】多年生草本，全株密被卷曲柔毛。根状茎细长。茎直立，有纵棱，高0.3~1m，不分枝。叶互生；叶片披针形或倒披针形，全缘，长4~10cm，宽0.6~2.2cm，先端钝或锐尖，基部渐狭；近无柄。总状花序顶生，花密集，常转向一侧，长4~6cm，后渐伸长，结果时达30cm；花梗长4~6mm；苞片线状披针形；萼钟状，5深裂，裂片长圆形，边缘膜质，先端钝，略呈啮蚀状；花冠白色，长0.7~1cm，5深裂，裂片长圆形，常有暗紫色短腺条；雄蕊5，长约为花冠的一半，花丝有腺毛，基部合生，贴生于花冠筒上；花柱稍短于雄蕊。蒴果球形，直径2.5~4mm。花期5~8月；果期8~10月。(图558)

【生长环境】生于山坡、路旁或湿润处。
【产地分布】山东境内产于烟台、青岛、临沂、泰安等各山地丘陵。在我国除山东外，还分布于东北地区及内蒙古、河北、河南、安徽、山西、陕西、甘肃、江苏、浙江、四川、湖北、云南、贵州等地。
【药用部位】全草：狼尾草。为民间药。
【采收加工】夏、秋二季采收带根全草，晒干或鲜用。
【化学成分】全草含黄酮类：山柰酚，槲皮素，山柰酚-3-O-β-D-半乳糖苷，槲皮素-3-O-β-D-葡萄糖苷，金丝桃苷，芦丁，3,5,7,3',4'-五羟基黄酮-3-O-(2,6-二-O-α-L-吡喃鼠李糖)-β-D-吡喃半乳糖苷，3,5,7,3',4'-五羟基黄酮-7-O-α-L-吡喃鼠李糖-3-O-α-L-吡喃鼠李糖(1→2)-β-D-吡喃葡萄糖苷，3,5,7,4'-四羟基黄酮-3-O-(2,6-二-O-α-L-吡喃鼠李

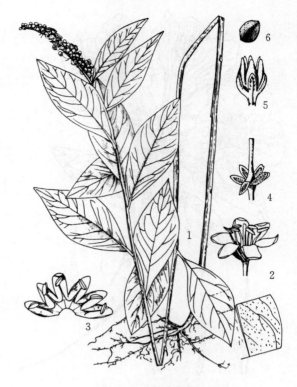

图558　虎尾珍珠菜
1.植株　2.花　3.花冠展开　4.雌蕊　5.蒴果　6.种子

糖)-β-D-吡喃半乳糖苷，3,5,7,4'-四羟基黄酮-7-O-α-L-吡喃鼠李糖-3-O-α-L-吡喃鼠李糖(1→2)-β-D-吡喃葡萄糖苷；还含β-谷甾醇，胡萝卜苷及生物碱。

【功效主治】酸、苦，平。调经散瘀，清热消肿，利尿。用于月经不调，痛经血崩，外感风热，咽喉肿痛，乳痈，风湿痹痛，跌打损伤。
【历史】以虎尾草之名始载于《救荒本草》，云："生密县山谷中。科苗高二三尺，茎圆，叶颇似柳叶而瘦短，又似兔耳尾叶亦瘦窄，又似黄精叶颇软，抪茎攒生。"所述形态及附图与植物虎尾珍珠菜相似。

泽珍珠菜

【别名】星宿菜、单条草、止痛草。
【学名】Lysimachia candida Lindl.
【植物形态】一年生或二年生草本。茎直立，单一或丛生，高15~30cm，全株无毛。基生叶叶片匙形或倒披针形，长2.5~6cm，宽0.5~2cm，有带狭翅的长柄；茎生叶互生，少对生；叶片倒卵形或倒披针形，长1~5cm，宽0.3~1.2cm，基部渐狭，下延至叶柄成狭翅，全缘或微皱呈波状，两面均有红褐色腺点。总状花序顶生，初时圆锥状，后渐伸长，结果时长5~10cm；苞片条形；萼5裂，深达近基部，裂片长3~4mm，狭披针形，边缘膜质，背面沿中肋两侧有黑色短腺条；花冠白色，

长 0.6～1.2cm,裂片椭圆状倒卵形,先端圆钝,筒部长 3～6mm;雄蕊与花冠等长或稍短,着生花冠中部或稍下,花丝离生;柱头短于雄蕊,开花时不伸出花冠之外。蒴果球形,直径约 3mm。花期 3～6 月;果期 4～7 月。(图 559)

【功效主治】辛,凉。清热解毒,活血止痛,利湿消肿。用于咽喉肿痛,痈疮肿毒,跌打伤痛,风湿痹痛,脚气,湿疹。

【历史】泽珍珠菜始载于《救荒本草》,名星宿菜,曰:"生田野中作小科苗,生叶似石竹子叶而细小,又似米布袋,叶微长,梢上开五瓣小尖白花。"所述形态及《植物名实图考》附图与泽珍珠菜相似。

珍珠菜

【别名】红丝毛、狗尾巴、散血草、矮桃。
【学名】Lysimachia clethroides Duby
【植物形态】多年生草本。根状茎横走,淡红色。茎单生,直立,高 0.4～1m,多少被褐色卷毛。叶互生;叶片卵状椭圆形或阔披针形,长 6～16cm,宽 2～5cm,先端渐尖,基部渐狭至叶柄,两面疏生黄色卷毛及黑色腺点。总状花序,顶生,初时密集,常转向一侧,后渐伸长,结果时长 20～40cm;花梗长 4～6mm;苞片条形钻状;花萼裂片阔披针形,边缘膜质,有腺状缘毛,中部有黑色腺纹;花冠白色,长 5～6mm,筒短,裂片狭长圆形,先端钝或稍凹;雄蕊 5,内藏,丁字形着药,长约为花冠的一半,花丝上部离生,下部连合并与花冠筒贴生,有腺毛;花柱粗壮,与雄蕊等长或稍短。蒴果近球形,直径约 2.5mm。花期 5～7 月;果期 7～10 月。(图 560)

【生长环境】生于山坡、路旁、林下或灌草丛中。

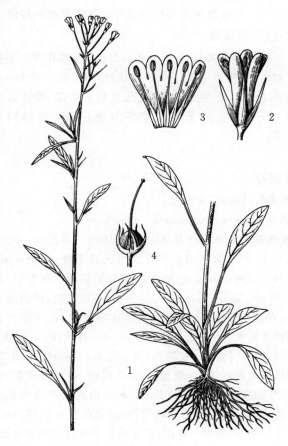

图 559 泽珍珠菜
1.植株 2.花 3.花冠展开 4.果实

【生长环境】生于山坡潮湿处或水田边。
【产地分布】山东境内产于昆嵛山。在我国除山东外,还分布于陕西、河南以及长江以南各地。
【药用部位】全草:单条草。为民间药。
【采收加工】春、夏二季采收全草,鲜用或晒干。
【药材性状】全草长 15～30cm,无毛。须根丛生,黄白色。茎扁方柱形,少分枝;表面黄绿色或黄棕色,基部略带紫红色;质韧,不易折断,中空。叶互生,常皱缩;完整叶片展平后呈倒披针形、倒卵形或线形,长 2～4cm,宽 0.3～1cm;先端尖,基部渐狭,全缘或微波状;表面绿褐色,两面均有红褐色小腺点;质脆,易破碎。总状花序顶生。蒴果球形,橙黄色或灰绿色。种子多数,细小,红紫色。气微,味微苦、辛。
【化学成分】全草含单条草苷(candidoside),单条草苷甲(candidoside A),假排草苷(lysikoianoside),α-菠甾醇葡萄糖苷。

图 560 珍珠菜
1.植株上部 2.花

【产地分布】山东境内产于青岛、烟台、临沂等地。在我国分布于东北、华东、华中、华南、西南地区及河北、陕西等地。

【药用部位】全草：珍珠菜。为民间药。

【采收加工】夏、秋二季采收，洗净，鲜用或晒干。

【药材性状】全草多少被黄褐色卷毛。茎圆柱形，长50～80cm；表面微带红色；质脆，易折断。叶互生，常皱缩或破碎；完整叶片展平后呈卵状椭圆形或阔披针形，长6～13cm，宽2～4cm；先端渐尖，基部渐狭至叶柄，边缘稍向下卷；两面黄绿色或淡黄棕色，疏生黄色卷毛，水浸后透光可见黑色腺点。总状花序顶生，花常脱落。果穗长约30cm，蒴果球形。气微，味淡。

以叶花多、色绿者为佳。

【化学成分】全草含黄酮类：紫云英苷，异槲皮苷，山奈酚-3-O-芸香糖苷，山奈酚-7-O-β-D-葡萄糖苷，山奈酚-3-O-(2,6-二-O-吡喃鼠李糖基)吡喃葡萄糖苷，山奈酚-3-O-β-D-半乳糖苷，山奈酚-3-O-β-D-(6″-P-香豆酰基)吡喃葡萄糖苷，槲皮素-3-O-β-D-吡喃葡萄糖苷，槲皮素-3′-甲氧基-3-O-β-D-半乳糖苷，槲皮素-3-O-β-D-(6″-P-香豆酰基)半乳糖苷，4′-羟基二氢黄酮-7-O-β-D-吡喃葡萄糖苷，4′-甲氧基-5,6-二羟基异黄酮-7-O-β-D-吡喃葡萄糖苷，柚皮素，江户樱花苷（pruning），银椴苷，二氢山奈酚，圣草素，木犀草素，蒙花苷，异鼠李素，异鼠李素-3-O-芸香糖苷，槲皮素-3-O-(2,6-二鼠李糖基葡萄糖苷)，柚皮素-4′-O-葡萄糖苷；三萜类：α-及β-香树酯醇，乌苏酸-3-O-β-D-葡萄糖苷，Δ^{12}-乌苏烷-3-O-β-D-葡萄糖苷，乌苏酸，23-羟基乌苏酸，齐墩果酸，羽扇豆醇，3β,16α-二羟基-13,28-环氧-齐墩果烷-23-{α-L-鼠李糖基(1→2)-β-D-葡萄糖基(1→4)[-β-D-葡萄糖基(1→2)]α-L-阿拉伯糖苷}，红毛紫钟苷E（ardisimailoside E）；甾醇类：β-谷甾醇，豆甾-5,22(E)-二烯-3β-醇，豆甾醇，β-胡萝卜苷；有机酸：对羟基苯甲酸，3-甲氧基-4-羟基苯甲酸，原儿茶酸，3,5-二羟基苯甲酸；尚含东莨菪亭，isotachioside，甲基-α-D-呋喃果糖苷，尿苷等。种子含脂肪油。根含皂苷，水解得报春花皂苷元（primulagenin）A 和山茶子皂苷元（dihydropriverogenin）A；黄酮类：山奈酚-3-O-β-D-吡喃葡萄糖苷，山奈酚-3-O-β-D-(2-O-β-D-吡喃葡萄糖)吡喃葡萄糖苷，(＋)-儿茶素，(－)-表儿茶素，(＋)-没食子儿茶素，(－)-表没食子儿茶素等；二苯乙烯类：(E)-2,3,5,4′-tetrahydroxystilbene-2-O-β-D-glucopyranoside，2,3,5,4′-tetrahydroxystilbene-3-O-β-D-glucopyranoside。

【功效主治】辛、微涩，平。活血调经，消肿散瘀，利水。用于月经不调，白带，小儿疳积，痈疖，水肿，痢疾，跌打损伤，咽痛，乳痈，石淋，蛇咬伤。

【历史】《植物名实图考》引《救荒本草》所载扯根菜，曰："生田野中，苗高一尺许，茎赤红色。叶似小桃红叶微窄小，色颇绿，又似小柳叶，亦短而厚窄，其叶周围攒茎而生。开碎瓣小青白花，结小花蒴似蒺藜样，叶苗味甘。"并曰："按此草，湖南坡陇上多有之。俗名矮桃，以其叶似桃叶，高不过二三尺，故名。俚医以为散血之药。"前者据考证认为是虎耳草科植物，而后者所述形态、生境、功效及附图与报春花科珍珠菜属植物相似。

附：狭叶珍珠菜

狭叶珍珠菜 L. pentapetala Bge.，与珍珠菜的主要区别是：一年生草本。叶片条状披针形，宽不及8mm。花萼陀螺状，合生至中部；花冠深裂至基部，裂片近离生。2n = 24。产于山东省各山地丘陵。药用同珍珠菜。

黄连花

【别名】杨柳花、牛心菜。

【学名】Lysimachia davurica Ledeb.

【植物形态】多年生草本。有根状茎。茎直立，单生，高0.4～1m，除茎端花序有锈褐色腺毛外，其余光滑。叶对生或近3叶轮生；叶片披针形至椭圆状披针形，长4～12cm，宽0.5～4cm，先端渐尖，基部渐狭，两面近光滑，有黑色腺点；几无柄。圆锥花序顶生，花序轴及花梗密生短腺毛，花梗长0.7～1.2cm，苞片条形；花萼5深裂，裂片三角形，有腺毛，长约3mm，边缘膜质，有黑色腺条及腺状缘毛；花冠黄色，5深裂，裂片长圆形，右旋，先端有紫褐色腺条，长约7mm，内面密布淡黄色小腺体；雄蕊不等长，短于花冠，花丝基部合生成筒，贴生于花冠基部，密被小腺体；花柱稍长于雄蕊。蒴果球形，直径约4mm。花期6～8月；果期8～10月。（图561）

【生长环境】生于山坡草丛、水沟或溪边。

【产地分布】山东境内产于昆嵛山、伟德山、艾山等胶东山地丘陵。在我国除山东外，还分布于东北、华北地区及内蒙古、江苏、浙江、湖北、四川、云南等地。

【药用部位】全草：黄连花。为民间药。

【化学成分】全草含三萜类：β-香树脂醇，齐墩果酸，黄连花皂苷（davuricoside）D、J，cycaminorin，deglucoyclamin，primulanin；黄酮类：槲皮素，槲皮素-3-O-β-D-葡萄糖苷，槲皮素-3-O-β-D-葡萄糖醛酸乙酯，槲皮素-3-O-β-D-半乳糖苷，异鼠李素-3-O-芸香糖苷，芦丁；甾醇类：胡萝卜苷，豆甾醇，豆甾醇-3-O-β-D-吡喃葡萄糖苷；糖类：β-D-吡喃葡萄糖，β-D-吡喃葡萄糖基-(1→6)-β-D-吡喃葡萄糖基(1→4)-β-D-吡喃葡萄糖，甲基-O-β-D-葡萄糖苷；有机酸及其酯类：山芝麻宁酸（helicterilic acid），香豆酸，间二羟基苯甲酸，正三十烷酸，棕榈酸，正十八烷酸二十六酯（hexacosyl stearate），氯原酸乙酯（chlorogeic acid ethyl ester），氯原酸正丁酯（chlorogeic acid butyl ester），大豆脑苷脂（soyacerebroside）。

图 561 黄连花
1.植株上部 2.根

半,花丝基部合生成筒状,有腺毛;子房卵球形,花柱长约 5mm。蒴果近球形,直径约 4mm。花期 5~7 月;果期 7~8 月。(图 562)

【生长环境】生于山涧或路旁草丛中。
【产地分布】山东境内产于胶东及鲁南山区。在我国除山东外,还分布于河南、江苏、浙江、安徽、江西、湖北等地。
【药用部位】全草:黄开口。为民间药。
【采收加工】春、夏二季花叶茂盛时采收全草,鲜用或晒干。
【药材性状】全草皱缩,被锈色柔毛。茎细弱,长 10~40cm;质脆,易折断。叶常 3~4 枚轮生于茎顶;完整者展平后呈椭圆形至披针形,长 2~5cm,宽 0.5~1cm;两端渐尖,全缘;表面褐绿色,被锈色柔毛和黑腺点;几无柄。花密集于茎顶;花萼 5 深裂,被长柔毛和不显著的黑腺条;花冠黄色至黄棕色,5 深裂,常脱落。蒴果近球形。气微,味淡。
【功效主治】微酸、涩、凉。凉血止血,平肝,解蛇毒。用于咯血、吐血、衄血、便血,肝阳上亢,失眠,毒蛇咬伤。

【采收加工】夏季采挖带根全草,洗净,晒干或鲜用。
【功效主治】酸、涩,微寒。安神,平肝。用于肝阳上亢,失眠头痛。
【历史】黄连花始载于《植物名实图考》,曰:"黄连花,独茎亭亭,对叶尖长,四月中梢开五瓣黄花如迎春花,繁密微馨。昆明乡人,握售于市,因其色黄,强为之名。"所述形态及附图与植物黄连花相似。

轮叶过路黄

【别名】老虎脚迹草、见血住、黄开口。
【学名】Lysimachia klattiana Hance
【植物形态】多年生草本,高 15~45cm,全株被铁锈色柔毛。茎直立,通常 2 至数条簇生,少有分枝。叶 3 片轮生,在茎端 6 至多片密集成轮生状;叶片椭圆形至披针形,长 2~5.5cm,宽 0.5~1.2cm,先端圆钝或渐尖,基部楔形;几无柄。花密集,于茎端呈伞形状,极少单生于花序下方的叶腋;花梗长 0.7~1.2cm,被稀疏柔毛,果时下弯;花萼 5 深裂,几达基部,裂片条状钻形,长约 1cm,有不明显的黑色腺条和稀疏长柔毛;花冠黄色,5 深裂,右旋,裂片椭圆状舌形,长 1.1~1.2cm,较萼片稍长,有棕色或黑色长腺条;雄蕊长约为花冠的一

图 562 轮叶过路黄

白花丹科

二色补血草

【别名】二色匙叶草、补血草、盐云草。

【学名】Limonium bicolor (Bge.) O. Kuntze
(*Statice bicolor* Bge.)

【植物形态】多年生草本,高30～60cm,除萼外全株无毛。根肥大。叶基生,呈莲座状,稀在花序轴下部1～3节上有叶;叶片匙形至长圆状匙形,长3～15cm,宽1～3cm,先端钝而有短尖头,基部渐狭成叶柄,疏生腺体。花序轴1～5,有棱角或沟槽,稀圆柱形,末级小枝2棱形;有不育小枝;聚伞状圆锥花序;花密集于小枝顶端,每2花着生于一起,每花有2苞片;苞片紫红色、栗褐色或绿色;花萼漏斗状,长6～8mm,萼筒倒圆锥形,沿脉密被细硬毛,萼檐宽阔,开张幅径与萼等长,在花蕾中或展开前呈紫红色或粉红色,后变白色,宿存;花冠黄色,花瓣5,基部合生;雄蕊5,下部1/4与花瓣基部合生;花柱5,离生。蒴果长圆形,有5棱,包于宿存的萼内。花、果期5～10月。(图563)

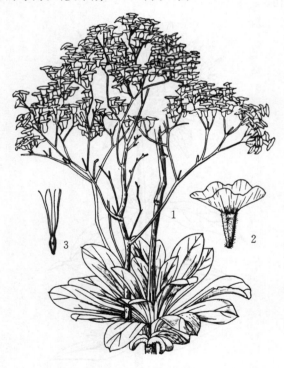

图563 二色补血草
1.植株 2.花萼 3.雌蕊

【生长环境】生于平原、丘陵、海滨的盐碱地或沙土地。

【产地分布】山东境内产于鲁北、胶东沿海地区。在我国除山东外,还分布于东北地区及河北、河南、山西、内蒙古、陕西、甘肃等地。

【药用部位】带根全草:补血草。为民间药,幼苗及叶药食两用。

【采收加工】夏季采收带根全草,除去杂质,晒干。

【药材性状】根圆柱形,表面棕褐色。茎细圆柱形,略呈之字形弯曲,长20～50cm;表面淡绿色,光滑无毛,断面中空。叶皱缩或脱落;基生叶匙形或长圆状匙形,长5～15cm,宽1～3cm;先端钝或具短尖,基部渐狭成柄,近全缘;表面灰绿色,疏生腺体。聚伞状圆锥花序,花密集于小枝端;苞片长圆状宽卵形,边缘膜质,紫红色或绿色;花萼漏斗状,沿脉密生细硬毛,萼缘紫色、粉红色或白色;花冠淡黄棕色。质脆,易碎。气微,味微苦。

【化学成分】地上部分含黄酮类:槲皮素,木犀草素,北美圣草素,杨梅素-3-O-β-D-(6″-没食子酰基)-半乳糖苷;甾类:豆甾烷-3,6-二酮,豆甾-4-烯-3,6-二酮,6β-羟基-豆甾-4-烯-3-酮,5α,8α-环二氧-24-甲基-胆甾-6,22E-二烯-3β-醇,5α,8α-环二氧-24-甲基-胆甾-6,9,22E-三烯-3β-醇,麦角甾-4,6,8(14),22E-四烯-3-酮;还含没食子酸,植醇,正十六烷酸,亚油酸,亚油酸单甘油酯等。全草含挥发油:主成分为十六(烷)酸,十八酸,1-乙酰氧基-3,7-二甲基-6,11-十二烯,9-十六碳烯酸等;还含谷氨酸,半胱氨酸,天冬氨酸,亮氨酸等16种氨基酸及无机元素钙、镁、钾、钠、铁等。

【功效主治】甘、微苦,平。补血止血,散瘀调经,益脾健胃。用于崩漏,尿血,肾盂,月经不调,病后体弱,胃脘疼痛,食积不化。

【历史】二色补血草始载于《救荒本草》,原名蝎子花草。《植物名实图考》名蛇蚕草、野菠菜。曰:"生田野中。苗初塌地生,叶似初生菠菜叶而瘦细,叶间攛生茎叉,高一尺余。茎有线楞,梢间开小白花。其叶味苦,采嫩叶煠熟水淘净,油盐调食。"所述形态及附图与植物二色补血草基本一致。

补血草

【别名】华矶松、盐云草、匙叶草。

【学名】Limonium sinense (Girard) O. Kuntze
(*Statice sinense* Girard)

【植物形态】多年生草本,高15～60cm,除萼外全株无毛。叶基生,呈莲座状;叶片长圆状披针形至倒卵状披针形,长4～12cm,宽1～2cm,先端钝而有短尖头,基部楔形,下延为宽叶柄;叶柄、叶脉均呈红色。花常2～3朵组成小穗,穗状花序有柄至无柄,排列于花序分枝的上部至顶端,形成圆锥状花序;花序枝有显著棱槽,常无不育小枝;苞片短于花萼,紫褐色,边缘膜质;苞片漏斗状,长5～7mm,萼筒倒圆锥形,5棱,棱上疏生柔毛,裂片5,萼檐较窄,白色,开张幅径3.5～4.5mm,短于萼筒,于花蕾中或展开前呈紫红色,花开后呈淡紫色或白色,宿存;花冠黄色;雄蕊5,与花瓣对生;子房长

圆形,花柱5,丝状。蒴果圆柱形,包于宿萼内。花、果期7～10月。(图564,彩图51)

图564 补血草
1.植株 2.花萼 3.雌蕊

【生长环境】生于海滨盐碱地或沙土地,为盐碱土指示植物。
【产地分布】山东境内产于鲁北、胶东沿海地区。在我国除山东外,还分布于辽宁、河北、江苏、福建、广东、广西、海南等地。
【药用部位】全草:补血草。为民间药,幼苗及叶药食两用。
【采收加工】夏季采收带根全草,洗净,晒干。
【化学成分】全草含黄酮类:槲皮素,槲皮素-3-O-α-鼠李糖苷,杨梅素-3-O-β-D-葡萄糖苷,杨梅素-3-O-α-L-鼠李糖苷,异鼠李素,槲皮素3-O-β-D-葡萄糖苷,山奈酚,山奈酚-3-O-α-L-吡喃鼠李糖苷,异鼠李素-3-O-芸香糖苷,(+)-儿茶素;还含甘露醇,β-谷甾醇,齐墩果酸,没食子酸乙酯等。叶含白花丹素(plumbagin)。
【功效主治】苦,微寒。清热,祛湿,补血,解毒。用于湿热便血,血淋,痔疮出血,月经不调,白带,痈肿疮毒。

柿树科

柿

【别名】柿树、柿子、柿子树。
【学名】Diospyros kaki Thunb.
【植物形态】落叶大乔木,高达14m。树皮深灰色至灰黑色,长方块状开裂;枝开展,有深棕色皮孔,嫩枝有柔毛。叶互生;叶片卵状椭圆形、倒卵形或近圆形,长5～18cm,宽3～9cm,先端渐尖或钝,基部阔楔形,全缘,上面深绿色,主脉生柔毛,下面淡绿色,有短柔毛,沿脉密被褐色绒毛;叶柄长0.8～2cm。花单性,雌、雄异株或杂性同株;雄花成聚伞花序,雌花单生叶腋;总花梗长约5mm,有微小苞片;花萼下部短筒状,4裂,内面有毛;花冠黄白色,钟形,4裂;雄蕊在雄花中16枚,在两性花中8～16枚,雌花有8枚退化雄蕊;子房上位,8室,花柱自基部分离。浆果形状种种,多为卵圆球形,直径3.5～8cm,橙黄色或鲜黄色,基部有宿存萼片。种子褐色,椭圆形。花期5月;果期9～10月。(图565)

图565 柿
1.花枝 2.雄花 3.雄蕊 4.花冠展开
5.雌花 6.去花冠.示雌蕊 7.果实

【生长环境】栽培于山地丘陵。
【产地分布】山东境内产于临沂、烟台、潍坊、泰安、济南、菏泽等地。在我国分布于南北各省区。
【药用部位】宿萼:柿蒂;加工柿饼时析出的白色粉霜:柿霜;果实:柿子;果实加工品:柿饼;叶:柿叶;花:柿花;树皮:柿木皮;根:柿树根;未成熟果实压榨的汁液干燥品:柿漆。为少常用中药和民间药,柿子、柿饼药食两用,柿叶可做茶。
【采收加工】秋季采摘成熟果实,收集果蒂,去柄,晒干。成熟果实削去外皮,日晒夜露,一月后放置席圈内,再经一个月左右,即成柿饼;刷下表面析出的一层白霜,即为柿霜;将柿霜放入锅内加热溶化,至成饴状时,倒入特制的模型中,晾至七成干,用刀铲下,再晾至足干的柿霜饼。夏季采叶、花,阴干或晒干。春、秋二季采集树皮或挖根,除去杂质,晒干。未成熟果实捣烂,加水压榨的胶状液,为柿漆。

【药材性状】宿萼呈扁圆形盘状,先端4裂,裂片宽三角形,平展,向外反卷或破碎不完整,萼筒增厚,近方形,直径1.5～2.5cm。外表面红棕色或黄褐色,具纵脉纹,被稀疏短毛,中央有短果柄或圆形凹陷的果柄痕;内表面黄棕色,萼筒部密被锈色短绒毛,放射状排列,具光泽,中心有果实脱落后圆形隆起的暗棕色疤痕。体轻,萼片质脆易碎,萼筒坚硬木质。气微,味涩。

以个大、质坚硬、色红棕者为佳。

柿霜为白色粉状;质轻,易潮解。柿霜饼扁圆形,底平,上面微隆起,直径约6cm,厚约6mm;灰白色或棕黄色,平滑;质硬,易破碎和潮解。气微,味甜,有清凉感。

以色白或灰白、味甜而具清凉感者为佳。

干燥叶呈椭圆形或近圆形,长4～17cm,宽3～8cm;全缘,边缘略卷曲。上表面灰绿色或黄绿色,微有光泽,下表面淡绿色,具短柔毛;中脉及侧脉明显,侧脉每边5～7条,与细脉结成网络状,脉上密生褐色绒毛;叶柄长8～20mm。质脆。气微,味微苦。

以色绿光亮、无杂质、微苦者为佳。

【化学成分】宿萼含三萜类:齐墩果酸,白桦脂酸,熊果酸,19α-羟基熊果酸,24-羟基齐墩果酸;黄酮类:三叶豆苷(trifolin),金丝桃苷,山柰酚,槲皮素;有机酸类:硬脂酸,棕榈酸,琥珀酸,丁香酸,香草酸,没食子酸;还含无羁萜,β-谷甾醇,没食子酸乙酯等。果实含糖:蔗糖,葡萄糖,果糖,转化糖;色素:玉米黄质,β-隐黄质,β-胡萝卜素,叶黄素和番茄红素;还含甘露醇,瓜氨酸(L-citrulline),苹果酸,鞣酸和碘等。未成熟果实尚含花白苷(leucoanthocyanin)及鞣质;汁液干燥物含柿漆酚(shibuol),胆碱和乙酰胆碱。果皮含乌苏酸,齐墩果酸,24-丙基-3-羟基-胆甾-5-烯,β-谷甾醇,东莨菪内酯,棕榈酸,肉豆蔻酸及类胡萝卜素。柿霜含熊果酸,齐墩果酸,白桦脂酸,柿萘醇酮(shinanolone),甘露醇,葡萄糖,果糖和蔗糖。叶含黄酮类:紫云英苷,异槲皮苷,金丝桃苷,芦丁,异鼠李素-3-O-β-D-吡喃葡萄糖苷,牡荆素,2″-O-鼠李糖牡荆素,槲皮素,山柰酚,山柰酚-3-O-β-D-吡喃葡萄糖苷,山柰酚-3-O-β-D-吡喃半乳糖苷,annulatin,柿叶酮(kakispyrone)等;香豆素类:东莨菪素,6-羟基-7-甲氧基香豆素;三萜类:白桦脂酸,齐墩果酸,熊果酸,19α-羟基熊果酸,19α,24-二羟基熊果酸,乌苏酸,马尾柴酸(barbinervic acid),α-,β-香树脂醇,羽扇豆醇,野蔷薇苷(rosamutin);有机酸:琥珀酸,苯甲酸,丁香酸,4,4′-二羟基古柯间二酸;生物碱:胆碱,菖蒲生物碱丙(tatarin C);还含日柳穿鱼苷(linarionoside)A、B,柿叶酚(kakispyrol),维生素C,胡萝卜素等。根含3-甲氧基-7-甲基胡桃叶醌,新柿醌(neodiospyrin)等。

【功效主治】**柿蒂** 苦、涩,平。降逆止呃。用于呃逆。**柿霜** 甘,凉。清热生津,润肺止咳。用于咽喉肿痛,口舌生疮,胃溃疡,干咳痰少,久嗽痰喘,吐血。**柿叶** 苦,寒。平肝,止血。用于肝阳上亢,久咳久喘,痰多,出血。**柿子** 甘、涩,寒。清热润肺,生津止渴,健脾化痰,用于热渴,咳嗽,吐血,口疮,瘿瘤。**柿饼**用于吐血,血淋,肠风,痔漏,痢疾。**柿树根**用于血崩,血痢,下血。**柿皮**用于下血,烫伤。**柿花**外用于痘疮破烂。**柿漆**用于肝阳上亢。

【历史】柿始载于《礼记》。入药始见于《本草拾遗》。《本草纲目》谓:"柿,高树,大叶圆而光泽,四月开小花,黄白色,结实青绿色,八、九月乃熟。"据所述形态及附图考证,古今所用柿原植物完全一致,并有悠久的栽培历史。

【附注】①《中国药典》2010年版收载柿蒂,附录收载柿叶;《山东省中药材标准》2002年版收载柿叶、柿霜。

君迁子

【别名】软枣、黑枣、黑软枣(莒县)。

【学名】Diospyros lotus L.

【植物形态】落叶乔木,高达15m。树冠卵形或卵圆形;树皮暗灰色,有长方形小块状裂纹;幼枝灰色至灰褐色,初被灰色细毛;芽先端尖,芽鳞黑褐色,边缘有毛。叶互生;叶片椭圆状卵形或长圆形,长5～12cm,先端渐尖或微突尖,基部圆形或宽楔形,羽状脉,上面凹陷,下面微凸,被灰色毛;叶柄长约1cm。花单性或两性,雌、雄异株或杂性同株;雌花单生;雄花2～3朵簇生;萼4裂,萼裂片三角形或半圆形,长约6mm,外被疏毛,里面下部被密毛;花冠壶形,4裂,裂片倒卵形,长约3mm,淡绿色或粉红色;雄蕊在雄花中16,在两性花中8或6,在雌花中退化雄蕊8;花盘圆形,周围有密毛;子房长4～5mm,花柱短,柱头4裂。浆果球形或长椭圆形,直径1.2～2cm,熟前黄褐色,后变紫黑色,外被蜡粉。花期4～5月;果期9～10月。(图566)

【生长环境】生于山坡、沟谷、村旁或栽培。

【产地分布】山东境内产于各山地丘陵。在我国除山东外,还分布于东北南部以及黄河流域以南各地。

【药用部位】果实:君迁子。为民间药,果实药食两用。

【采收加工】秋季果实近成熟时采摘,晒干或鲜用。

【化学成分】果实含无色飞燕草素,无色花青素,山柰酚,杨梅素,儿茶酚,鞣质等。

【功效主治】甘、涩,凉。止咳,除痰,清热解毒,健胃。用于烦热,消渴。

【历史】君迁子始载于《本草拾遗》。《本草纲目》云:"形似枣而软也"。司马光《名苑》云:"君迁子似马奶,即今牛奶柿也,以形得名"。崔豹《古今注》云:"牛奶柿

图566 君迁子
1.果枝 2.雄花 3.花冠展开 4.雄蕊

即㮕枣,叶如柿,子亦如柿而小。"又云:"君迁即㮕枣,其木类柿而叶长,但结实小而长,状如牛奶,干熟则紫黑色"。并引《广志》云:"㮕枣,小柿也,肌细而厚,少核"。所述形态及《救荒本草》和《本草纲目》附图,与现今柿树科植物君迁子基本一致。

山矾科

华山矾

【别名】织锦木、黑狗弹、土常山。

【学名】Symplocos chinensis（Lour.）Druce
（Myrtus chinensis Lour.）

【植物形态】落叶灌木或小乔木,高达1.5m。树皮灰紫色,有明显的皮孔；小枝紫褐色,嫩时被灰黄色皱曲柔毛。叶互生；叶片椭圆形或倒卵形,长4～7cm,宽2～5cm,先端急尖或短尖,有时钝,基部楔形或圆形,边缘有细尖锯齿,上面有短柔毛,下面及脉上有较多的皱曲柔毛,侧脉每边4～7；叶柄短,有毛。圆锥花序顶生或腋生,多狭长密集,上部的花近无花梗,在花序轴、苞片及萼外面均密被灰黄色的皱曲柔毛；花萼长2～3mm,裂片长圆形；花冠白色,有香气,长约4mm,5深裂,几达基部；雄蕊50～60,花丝基部合生成不明显的5体；子房2室,顶端有腺点,无毛。核果卵状圆球形,长5～7mm,先端歪斜,熟时蓝黑色,被紧贴的柔毛,宿存萼片内伏。花期5月；果期10月。（图567）

【生长环境】生于土层肥厚的山坡或林缘处。

【产地分布】山东境内产于青岛崂山等地。在我国除山东外,还分布于浙江、福建、台湾、安徽、江西、湖南、广东、广西、贵州、四川等地。

【药用部位】根皮:华山矾根；枝叶:华山矾；果实:华山矾果。为民间药。

【采收加工】夏季采收枝叶,春、秋二季挖根,剥下根皮,晒干。秋季采收成熟果实,晒干。

【药材性状】叶多皱缩破碎；完整者展平后呈椭圆形或倒卵形,长4～7cm,宽2～5cm；先端急尖或短尖,基部楔形或圆形,边缘有细尖锯齿；表面绿色或黄绿色,上面有短柔毛,中脉凹下,侧脉每边4～7条,下面及脉上有较多的皱曲柔毛。嫩枝紫褐色,与叶柄均被黄色皱曲柔毛。叶片纸质,易碎。气微,味苦。

根圆柱形,长短粗细不一。表面棕黄色,有瘤状隆起、不规则纵裂纹及支根痕,栓皮有时呈片状剥离。质坚硬,难折断,切断面皮部外侧棕黄色,内侧淡黄色,形成层环纹明显,木部灰白色至淡黄色,有年轮和放射状纹理。气微,味微苦。

【功效主治】华山矾根微苦,温。祛痰,止血,理气止痛。用于疟疾,水肿。华山矾苦,凉；有小毒。清热利湿,止血生肌。用于痢疾,创伤出血,水火烫伤,溃疡。华山矾果用于烂疮。

【历史】华山矾始载于《植物名实图考》,又名钉地黄。曰:"黑茎小树,叶似女贞叶而不光泽,春开五瓣小白

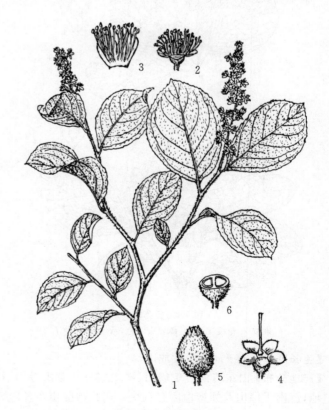

图567 华山矾
1.花枝 2.花 3.花瓣展开,示雄蕊着生
4.去花冠雄蕊,示花萼、花盘、雌蕊 5.核果 6.果实横切

花,白须茸茸,繁密如雪,根长二尺余,赭黄坚劲。"其文图与现今植物华山矾相似。

木犀科

流苏树

【别名】牛筋子、茶叶树。

【学名】Chionanthus retusus Lindl. et Paxt.

【植物形态】落叶乔木,高达20m。树皮灰褐色,纵裂;小枝灰褐色,嫩时有短柔毛,枝皮常卷裂。叶对生;叶片椭圆形、长椭圆形或椭圆状倒卵形,长4~12cm,宽2~6.5cm,先端钝圆、急尖或微凹,基部宽楔形或圆形,全缘或幼树及萌枝的叶有细锐锯齿,上面无毛,下面沿脉及叶柄密生黄褐色短柔毛,或后近无毛,近革质;叶柄长1~2cm,有短柔毛。圆锥花序顶生,长6~12cm;有花梗;花白色,雌、雄异株;花萼4深裂,裂片披针形,长约1mm;花冠4深裂至近基部,裂片条状倒披针形,长1~2cm,宽1.5~2.5mm,冠筒长2~3mm;雄蕊2,花丝极短;雌花花柱短,柱头2裂,子房2室,每室有胚珠2。核果椭圆形,长1~1.5cm,熟时蓝黑色。花期4~5月;果期9~10月。(图568)

图568 流苏树
1.果枝 2.花枝 3.花 4.雌花去花冠,示雌蕊 5.种子

【生长环境】生于向阳山坡或山沟。

【产地分布】山东境内产于崂山、泰山、鲁山、蒙山等山地;济南千佛山及淄博山区有栽培。在我国除山东外,还分布于河北、陕西、甘肃、山西、河南、云南、四川、广东、福建、台湾等地。

【药用部位】果实:牛筋子;根:牛筋子根;芽及叶:牛筋子叶。为民间药。

【采收加工】夏季采叶,晒干。秋季采收果实或挖根,晒干。

【功效主治】**牛筋子**强壮,兴奋,益脑,健胃,活血。用于手足麻木。**牛筋子根**用于疮疡。**牛筋子叶**苦,平。消暑止渴,用于中暑。清热,止泻。

连翘

【别名】刮拉鞭(蒙山)、黄花鞭(五莲)、黄条花。

【学名】Forsythia suspensa (Thunb.) Vahl. (Syringa suspensa Thunb.)

【植物形态】落叶灌木。小枝土黄色或灰褐色,略呈四棱形,疏生皮孔,节间中空,节部具实心髓,枝条通常下垂。叶常为单叶,或3裂至三出复叶;叶片卵形、宽卵形或椭圆状卵形至椭圆形,长2~10cm,宽1.5~5cm,先端锐尖,基部圆形至楔形,叶缘除基部外具锐锯齿或粗锯齿;叶柄长0.8~1.5cm,无毛。花通常单生或2至数朵着生于叶腋,先叶开放;花梗长5~6mm;花萼绿色,裂片4,长圆形或长圆状椭圆形,边缘具睫毛;花冠黄色,裂片4,倒卵状椭圆形,长1.2~2cm,宽0.6~1cm;雄蕊2,着生于花冠管基部;花柱细长,柱头2裂。蒴果卵形,2室,长1.2~2.5cm,宽0.6~1.2cm,先端喙状渐尖,表面疏生瘤点;果梗长0.7~1.5cm。种子多数,狭长圆形,一侧有翅,黄褐色,长约7mm。花期3~4月;果期7~9月。(图569,彩图52)

【生长环境】生于山坡灌丛、疏林或草丛中。栽培于向

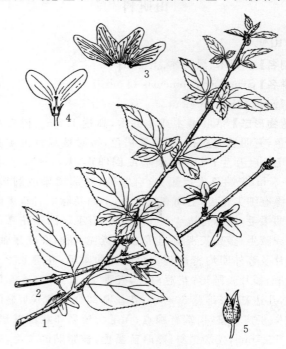

图569 连翘
1.叶枝 2.花枝 3.花冠展开 4.花纵切 5.蒴果

阳、避风、土层深厚、排水良好的山坡或丘陵地。

【产地分布】山东境内产于临沂、泰安、潍坊等地，以博山、费县、泰安、蒙阴、沂源、平邑、青州、五莲等县市产量较大。在我国除山东外，还分布于河北、河南、山西、陕西、甘肃、江苏、安徽、湖北、四川等地。

【药用部位】果实：连翘（分青翘和老翘）；茎叶：连翘茎叶；根：连翘根。为常用中药和民间药。嫩芽可做茶，花可提取食用色素。连翘为山东道地药材。

【采收加工】秋季果实初熟尚带绿色时采收，除去杂质，蒸后晒干，习称青翘。果实熟透变黄，果壳裂开时采收，晒干，筛去种子及杂质，习称老翘。夏季采收茎叶，鲜用或晒干。秋、冬二季挖根，洗净，晒干。

【药材性状】果实长卵形至卵形，稍扁，长1.5~2.5cm，直径0.5~1.2cm。表面有不规则纵皱纹及多数凸起的小斑点，两侧各有1条明显的纵沟，顶端锐尖，基部有小果梗或已脱落。青翘多不开裂，表面绿褐色，凸起的灰白色小斑点较少；基部多具果柄；种子多数；种子细长披针形，微弯曲，长约7mm，宽约2mm，一侧有窄翅，表面黄绿色。老翘多自顶端开裂，略反曲或成两瓣；外表面黄棕色或红棕色，有不规则纵皱纹及多数淡黄色斑点，中央有一条纵凹沟；内表面淡黄棕色，平滑，略带光泽，中央有一条纵隔；质脆；种子棕色，多已脱落。气微香，味苦。

青翘以色绿褐、不开裂者为佳。老翘以色黄、瓣大、壳厚者为佳。

【化学成分】果实含木脂素类：连翘苷（forsythin或phillyrin），连翘苷元（phillygenin）即连翘脂素，右旋松脂酚（pinoresinol），右旋松脂醇葡萄糖苷（pinoresinol-β-D-glucoside），异落叶松脂素（isolarlciresinol），forsythialan A，B，异落叶松脂素-4-O-β-D-葡萄糖苷，异落叶松脂素-9′-O-β-D-葡萄糖苷，异橄榄脂素（isoolivil），calceolarioside B；苯乙烷类：连翘酯苷（forsythoside）A、B、C、D、E，毛柳苷（salidroside），3,4-二羟基苯乙基-8-O-D-葡萄糖苷；乙基环己醇类：梾木苷（cornoside），连翘环己醇（rengyol），异连翘环己醇（isorengyol），连翘环己醇氧化物（rengyoxide），连翘环己醇酮（rengyolone）和连翘环己醇苷（rengyoside）A、B、C；三萜类：白桦脂酸，齐墩果酸，熊果酸，β-香树脂醇乙酸酯，异降香萜烯醇乙酸酯（isobauerenyl acetate），2α,23-羟基熊果酸，3β-acetoxyl-$20S$,$24R$-dammarane-25-ene-24-hydroperoxy-20-ol，3β-乙酰氧基-$20S$-达玛烷-23-烯-20,25-二醇，达玛-24-烯-3β-乙酰氧基-$20S$-醇，3β-乙酰基-齐墩果酸等；黄酮类：槲皮素，芦丁，汉黄芩苷（wogonoside）；有机酸：丁二酸，硬脂酸，对羟基苯乙酸，3-(4-乙氧基-3-羟苯基)丙烯酸；挥发油：主要成分为α-及β-蒎烯；还含正三十二烷，连翘酸-1′-O-β-D-葡萄糖苷（rengynic acid-1′-O-β-D-glucoside），2,3-二羟甲基-4-(3′,4′-二甲氧基苯基)-γ-丁内酯[2,3-dihydroxymethyl-4-(3′,4′-dimethoxyphenyl)-γ-butyrolactone]，丁四醇，β-谷甾醇等。未成熟果实含连翘新苷A（lianqiaoxinside A），连翘酯苷，连翘苷，异落叶松脂素，连翘苷元。种子含β-香树脂醇乙酸酯，20(S)-达玛烷-24-烯-3β,20-二醇-3-乙酸酯，$20S$,$24S$-环氧达玛烷-25-醇-3α-羟基乙酸酯，白桦脂酸；18-去甲基-5α,20ε-去氧胆酸，3β-20-二羟基-4,4,8,14-四甲基-γ-内酯乙酸酯，原儿茶酸，八氢-1H,5H-二吡咯[1,2.a:1′,2′d]吡嗪。花蕾挥发油以烃类为主；花含挥发油：主成分为醇、醛和酮类化合物。叶含连翘脂苷A，连翘苷，连翘苷元，连翘种苷，洋丁香酚苷（acteoside），右旋松脂酚，右旋松脂酚葡萄糖苷及芦丁等。

【功效主治】连翘苦，微寒。清热解毒，消肿散结，疏散风寒。用于痈疽，瘰疬，乳痈，丹毒，风热外感，温病初起，温热入营，高热烦渴，神昏发斑，热淋涩痛。**连翘茎叶**用于心肺积热。**连翘根**用于黄疸，发热。**连翘茶**生津止渴、清热泻火，清凉提神。

【历史】连翘始载于《神农本草经》，列为下品。据考证，早期本草连翘的原植物似湖南连翘 Hypericum ascyron L.。《本草图经》云："连翘盖有两种，一种似椿实之未开者，壳小坚而外完，无附萼，剖之则中解，气甚芬馥，其实才干，振之皆落，不著茎也。"苏颂曰："今近汴京及河中、江宁、润、淄（临淄）、泽、兖（兖州）、鼎岳利诸州，南康军皆有之"《本草衍义》曰："连翘……太山山谷间甚多。今止用其子，折之，其间片片相比如翘，应以此得名尔。"所述形态及《植物名实图考》附图，与现今连翘相吻合。

【附注】《中国药典》2010年版收载连翘。

附：秦连翘

秦连翘 F. giraldiana Lingelsh.，与连翘的主要区别是：小枝节间的髓呈薄片状。叶片长椭圆形、倒卵状椭圆形或卵状长圆形，全缘或有少数小齿，两面均被柔毛，下面较密，革质或近革质。蒴果卵形，长0.8~1.8cm，宽0.4~1cm，顶端有长喙，熟时外曲。山东境内产于淄川及鲁山等地。果实药用与连翘相似。

白蜡树

【别名】蜡条、白蜡条、山白蜡（蒙山、泰山、费县）。

【学名】Fraxinus chinensis Roxb.

【植物形态】乔木，高达12m。冬芽卵球形，黑褐色，被棕色柔毛或腺毛；小枝黄褐色，无毛。奇数羽状复叶，对生，长13~20cm，小叶5~9，通常7，叶轴中间有沟槽；小叶片卵形、倒卵状长圆形至披针形，长3~10cm，宽1.7~5cm，先端渐尖或钝，基部钝圆或楔形，边缘有整齐锯齿，上面绿色，无毛，下面无毛或沿脉有短柔毛，中脉于上面平坦,下面凸起,侧脉8～10对,硬纸质。圆锥花序顶生或侧生于当年生枝上,长8～10cm,疏松;总花梗长2～4cm,无毛或被细柔毛;花梗纤细,长约5mm;雌、雄异株;雄花花萼钟状,不整齐4裂,无花瓣;雄蕊2,花药卵形或长椭圆形,与花丝近等长;雌花花萼筒状,4裂;花柱细长,柱头2裂。翅果倒披针形,长3～4.5cm,宽4～6mm,先端锐尖、钝或微凹,基部渐狭。种子1粒。花期4～5月;果期7～9月。(图570)

图570 白蜡树
1.果枝 2.花

【生长环境】栽培于河滩、平原或沙地。
【产地分布】山东境内各地普遍栽培。在我国除山东外,还分布于华北地区及长江以南各地。
【药用部位】枝皮和干皮:秦皮;叶:白蜡树叶。为常用中药和民间药。
【采收加工】春、秋二季剥取树皮,切成30～60cm长片段,晒干。夏季采叶,晒干或鲜用。
【药材性状】树皮形似大叶白蜡树。不同点为外皮无白色地衣斑,常有绿色和黑色斑块,皮孔中心紫红色。小枝皮可见半月形叶痕。
【化学成分】树皮含秦皮甲素(aesculin,七叶苷),秦皮乙素(aesculetin,七叶内酯),秦皮素(fraxetin)等;木脂素类:松脂酚,(＋)-acetoxypinoresinol,松脂醇-β-D-葡萄糖苷,松脂醇-4,4'-O-二-β-D-葡萄糖苷,环橄榄树酯素[(＋)-cycloolivil]。
【功效主治】秦皮苦、涩,寒。清热燥湿,收涩止痢,止带,明目。用于湿热泻痢,赤白带下,目赤肿痛,目生翳膜。白蜡树叶辛,温。调经,止血生肌。用于经闭,刀伤。
【历史】秦皮始载于《神农本草经》,列为中品。《新修本草》曰:"此树似檀,叶细,皮有白点而不粗错,取皮水渍便碧色,书纸看皆青色者是。"《本草图经》曰:"今陕西州郡及河阳亦有之。其木大都似檀,枝干皆青绿色,叶如匙头许大而不光,并无花实,根似槐根……俗呼白桪木。"据本草文图记述,古代秦皮均为木犀科Fraxinus属植物,似以小叶梣和白蜡树为主,与现代药用种类基本一致。
【附注】《中国药典》2010年版收载。

大叶白蜡树

【别名】苦枥白蜡树、花曲柳、大叶梣、见水蓝。
【学名】Fraxinus rhynchophylla Hance
[*Fraxinus chinensis* subsp. *rhynchophylla* (Hance) E. Murray]
【植物形态】落叶大乔木,高12～15m。树皮灰褐色,光滑,老时浅裂。冬芽阔卵形,顶端尖,黑褐色,具光泽,内侧密被棕色曲柔毛。当年生枝淡黄色,无毛;去年生枝暗褐色,皮孔散生。奇数羽状复叶,对生,叶轴上面具浅沟,小叶着生处具关节,节上有时簇生棕色曲柔毛;小叶片阔卵形、倒卵形或卵状披针形,长3～11cm,宽2～6cm,营养枝的小叶较宽大,顶生小叶显著大于侧生小叶,下方1对最小,先端渐尖、骤尖或尾尖,基部钝圆,叶缘呈不规则粗锯齿,齿尖稍向内弯,有时也呈波状,通常下部近全缘,沿脉腋被白色柔毛,渐秃净,革质。圆锥花序顶生或腋生于当年生枝上,长约10cm;苞片长披针形,长约5mm,早落;花梗长约5mm;雄花与两性花异株;花萼浅杯状,长约1mm,萼片三角形无毛;无花冠;两性花具雄蕊2枚,长约4mm;雌蕊具短花柱,柱头2叉深裂;雄花花萼小,花丝细,长达3mm。翅果倒披针形,长3～4cm,宽3～5mm,先端钝,微凹或有小尖头,具宿萼。花期4～5月;果期9～10月。(图571)
【生长环境】生于山坡、河岸或路旁。
【产地分布】山东境内产于各大山区。在我国内分布于东北、华北、黄河流域、长江流域以及浙江、福建、广东、广西、贵州、云南等地。
【药用部位】枝皮和干皮:秦皮;叶:白蜡树叶。为常用中药。
【采收加工】春、秋二季剥取树皮,切成30～60cm长片段,晒干。夏季采叶,晒干或鲜用。
【药材性状】枝皮卷筒状或槽状,长10～60cm,厚1.5～3mm。外表面灰白色、灰棕色至黑棕色,或相间呈斑块状,白色地衣斑较多见,斑块较大,平坦或稍粗糙,并有

图571 大叶白蜡树
1.果枝 2.雄花 3.两性花 4.雌蕊

灰白色圆点状皮孔及细斜皱纹,有的具分枝痕;内表面黄白色或棕色,平滑。质硬而脆,断面纤维性,黄白色。气微,味苦。

干皮为长条状块片,厚3～6mm。外表面灰棕色,有红棕色圆形或横长皮孔及龟裂状沟纹。质坚硬,断面纤维性较强。

以条长、色灰白、枝皮薄而光滑、干皮无粗皮、苦味浓者为佳。

【化学成分】树皮含秦皮甲素,秦皮乙素,秦皮苷(fraxoside),秦皮素,8-羟基-6,7-二甲氧基香豆素,6-羟基-7,8-二甲氧基香豆素。

【功效主治】秦皮苦、涩,寒。清热燥湿,收涩止痢,止带,明目。用于湿热泻痢,赤白带下,目赤肿痛,目生翳膜。白蜡树叶辛,温。调经,止血生肌。用于经闭,刀伤。

【历史】见白蜡树。

【附注】①《中国药典》2010年版收载,原植物名为苦枥白蜡树。②本种在"Flora of China"15:278.1996.的拉丁学名为 Fraxinus chinensis subsp. rhynchophylla (Hance) E. Murray,本志将其列为异名。

迎春花

【别名】迎春藤、迎春。

【学名】Jasminum nudiflorum Lindl.

【植物形态】落叶灌木,高1～5m。小枝细长,弯垂,绿色,有4棱,无毛。叶对生,复叶,小叶3;小叶片卵形至长椭圆状卵形,顶生小叶片长1～3cm,宽0.3～1.1cm,侧生小叶片长0.6～2.3cm,宽0.2～1.1cm,先端锐尖或钝,基部楔形,有缘毛,下面无毛;顶生小叶有短柄,侧生小叶近无柄;叶柄长0.3～1cm。花单生于去年生小枝的叶腋,黄色,先叶开放;苞片小,叶状;花萼5～6裂;花冠5～6裂,裂片倒卵形或椭圆形,长约为冠筒之半,筒长0.8～2cm;雄蕊2,内藏,子房2室,花柱丝状。浆果椭圆形。花期3～5月。(图572)

【生长环境】栽培于公园庭院。

【产地分布】山东境内各地多有栽培。在我国除山东外,还分布于甘肃、陕西、四川、云南、西藏等地。

【药用部位】花:迎春花;叶:迎春花叶;根:迎春花根。为民间药。

【采收加工】早春采收开放的花,阴干或鲜用。夏季采叶,晒干或鲜用。秋季挖根,洗净,晒干。

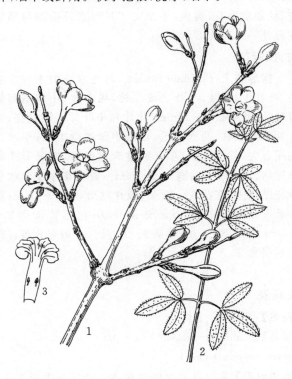

图572 迎春花
1.花枝 2.叶枝 3.花冠展开

【药材性状】花皱缩成团。完整花有狭窄的黄绿色叶状苞片。花萼黄绿色,5～6裂;裂片条形或长圆状披针形,与萼筒等长或较长。花黄色或棕黄色,花冠筒长1～1.5cm,先端通常5～6裂;裂片倒卵形或椭圆形,长约为冠筒长的1/2。气清香,味微涩。

叶多卷曲皱缩。完整叶为3小叶的复叶;小叶片展平后呈卵形或矩圆状卵形,长1～3cm;先端凸尖,基部楔形,边缘有短睫毛;表面灰绿色,下面色淡,无毛。气微香,味微苦、涩。

【化学成分】花含芦丁,类胡萝卜素,棕榈酸,十四(烷)

酸,硬脂酸,月桂酸,十八碳烯酸,亚油酸和二十碳三烯酸等脂肪酸。**叶**含 jasnudifloside A、B、C、D、E、F、G、H、I、J、K、L,毛蕊花苷(verbascoside),金石蚕苷(poliumoside),连翘脂苷 B,油酰苷 11-甲酯,nudifloside B、C、D,紫丁香苷(syringin),acteoside,poliumoside,isooleoacteoside 等;挥发油主成分为 9,12,15-十八碳三烯甘油酯,3,7,11,15-四甲基-2-十六碳烯醇,橙花椒醇及沉香醇等。

【功效主治】迎春花苦,平。解热发汗,利尿。用于发热头疼,小便涩痛。**迎春花叶**苦、涩,平。活血解毒,消肿止痛。用于肿毒恶疮,跌打损伤,外伤出血。**迎春花根**用于肺热咳嗽,小儿惊风,月经不调。

【历史】迎春花始载于《本草纲目》,曰:"处处人家栽插之。丛生,高者二三尺。方茎厚叶,叶如初生小椒叶而无齿,面青背淡,对节生小枝,一枝三叶。正月初开小花,状如瑞香花,黄色,不结实。"其形态及附图与植物迎春花一致。

附:探春花

探春花 J. floridum Bunge,与迎春花的主要区别是:叶互生,复叶,小叶 3 或 5 枚,稀 7 枚,小枝基部常有单叶;叶柄长 2~10mm;叶片和小叶片上面光亮,干时常具横皱纹,两面无毛,稀沿中脉被微柔毛;小叶片先端急尖,具小尖头;单叶通常为宽卵形、椭圆形或近圆形,长 1~2.5cm,宽 0.5~2cm。聚伞花序或伞状聚伞花序顶生,有花 3~25 朵;苞片锥形,长 3~7mm;花萼具 5 条突起的肋;花冠近漏斗状,花冠管长 0.9~1.5cm。花期 5~9 月,果期 9~10 月。山东有分布。药用同迎春花。

茉莉花

【别名】茉莉。

【学名】Jasminum sambac (L.) Ait.
(Nyctanthes sambac L.)

【植物形态】常绿直立或攀援灌木。幼枝有毛或无毛。叶对生;叶片宽卵形、圆形、椭圆形、倒卵形,有时近倒卵形,长 4~12cm,宽 2~7cm,先端急尖或钝,基部圆形或微心形,上面无毛,下面仅脉腋有簇毛,全缘,纸质;叶柄长 2~6mm,被疏毛或无毛,有关节。聚伞花序顶生,通常 3 花;花序梗长 1~4.5cm,有柔毛;苞片微小,锥形;花梗长 3~20mm;花萼 8~9 裂,裂片条形,长约 5mm;花冠白色,芳香,冠筒长 0.7~1.5cm,裂片长圆形,先端钝;雄蕊 2,内藏;子房 2 室,每室胚珠 2。浆果球形,直径约 1cm,紫黑色。花期 6~8 月,果期 7~9 月。

【生长环境】栽培于公园、庭院。

【产地分布】山东境内各地普遍盆栽。在我国除山东外,还分布于福建、湖南、广东、广西、贵州、云南等地。

【药用部位】花:茉莉花;根:茉莉花根;叶:茉莉花叶;花的蒸馏液:茉莉花露。为民间药,茉莉花药食两用或做茶,茉莉花露美容。

【采收加工】夏季依花朵开放顺序分批采收,及时晒干或烘干。夏季采叶,晒干。秋季采根,洗净,晒干。

【药材性状】花常皱缩成团,长 1~2cm。花萼管状,淡绿色,先端 8~9 裂;裂片条形,长于萼筒,长约 5mm。花冠白色或淡黄白色,冠筒长约 1cm;裂片长圆形,先端钝,约与冠筒等长,光滑无毛。有时下方带有短小花梗。剖开花冠,内有雄蕊 2 枚。气芳香,味淡,微辛。

以朵大、色白、香气浓者为佳。

叶多卷曲皱缩;完整叶片展平后呈阔卵形或椭圆形,长 4~12cm,宽 2~7cm。先端急尖或钝,基部圆形或微心形,全缘。表面黄绿色,下面脉腋有黄色簇生毛。叶柄长 2~6mm,微被柔毛。气微香,味微涩。

【化学成分】鲜花含挥发油:主成分为乙酸苄酯(benzyl acetate),d-芳樟醇,乙酸芳樟酯(linalyl acetate),苯甲醇,茉莉酮(jasmone),丁香烯,乙酸苯甲酯(benzyl acetate),素馨内酯(jasminelactone)及茉莉酮酸甲酯(methyl jasmonate)等;还含 9'-去氧迎春花苷元(9'-deoxyjasminigenin),迎春花苷(jasminin),8,9-二氢迎春花苷(8,9-dihydrojasminin)等。花蕾含苄基-O-β-D-葡萄吡喃糖苷,苄基-O-β-D-木吡喃糖基(1→6)-β-D-葡萄吡喃糖苷,茉莉花苷(molihuaoside),sambacoside A、E,芦丁,山柰酚-3-O-α-鼠李吡喃糖基(1→2)[α-L-鼠李吡喃糖基(1→6)]-β-D-半乳吡喃糖苷,槲皮素-3-O-α-L-鼠李吡喃糖基(1→2)[α-L-鼠李吡喃糖基(1→6)]-β-D-半乳吡喃糖苷及 tetraol。叶含无羁萜,羽扇豆醇,白桦脂醇,白桦脂酸,熊果酸,齐墩果酸,α-香树脂醇,茉莉苷(sambawside)A、E、F,茉莉木脂体苷(sambacolignoside),β-谷甾醇等。根含(+)-cycbolivil,(+)-cycbolivil-4-O-β-D-glucoside,iridane triol,iridane tetraol,齐墩果酸,橙皮苷,正三十二碳酸,正三十二烷醇,β-胡萝卜苷;挥发油主成分为 2,3-二甲基戊烷,3-羟基丁酸,壬醛,(Z)-2-癸烯醛,N-甲基-N-(1-氧代十二烷基)甘氨酸等。

【功效主治】茉莉花辛、甘,温。理气止痛,辟秽开郁。用于下痢腹痛,目赤红肿,头痛头晕,疮毒。**茉莉花叶**辛、苦,温。疏风解表。用于外感风寒,腹胀泻泄。**茉莉花根**有毒。用于跌损筋骨,头痛,牙痛,失眠。

【历史】茉莉始载于《南方草木状》,原名末利,云:"末利花似蔷薇之白者,香愈于耶悉。"《本草纲目》又名奈花,曰:"原出波斯,移植南海,今滇、广人栽莳之。其性畏寒,不宜中土。弱茎繁枝,绿叶团尖,初夏开小白花,重瓣无蕊,秋尽乃止,不结实。有千叶者,红色者,蔓生者,其花皆夜开,芬香可爱。女人穿为首饰,或合面脂,亦可熏茶,或蒸取液以代蔷薇水。"所述形态及附图与现今植物茉莉一致。

女贞

【别名】女贞子、冬青、小叶冻青。
【学名】Ligustrum lucidum Ait.
【植物形态】常绿灌木或乔木,高达25m。树皮灰褐色;枝黄褐色、灰色或紫红色,圆柱形,疏生圆形或长圆形皮孔。单叶对生;叶片卵形、长卵形或椭圆形至宽椭圆形,长6~17cm,宽3~8cm,先端锐尖至渐尖或钝,基部圆形,有时宽楔形或渐狭,革质;叶柄长1~3cm,上面具沟。圆锥花序顶生,长8~20cm,宽8~25cm;花序梗长达3cm;花序基部苞片常与叶同型,小苞片披针形或线形,凋落;花无梗或近无梗;花萼无毛,长1.5~2mm,齿不明显或近截形;花冠长4~5mm,裂片长2~2.5mm,反折;花丝长1.5~3mm,花药长圆形,长1~1.5mm;花柱长约2mm,柱头棒状。果实肾形或卵形,长0.7~1cm,直径4~6mm,深蓝黑色,成熟时红黑色,被白粉。花期5~7月;果期7月至翌年5月。(图573)

图573 女贞
1.果枝 2.花 3.果实

【生长环境】生于疏林或密林中;或栽培于庭院、路旁。
【产地分布】山东境内各地公园、庭院均有栽培。在我国除山东外,还分布于陕西、甘肃以及长江以南各地。
【药用部位】果实:女贞子;叶:女贞叶;树皮:女贞皮;根:女贞根。为常用中药和民间药,女贞子可用于保健食品。

【采收加工】冬季采收成熟果实,除去枝叶,稍蒸或置沸水中略烫后晒干,或直接晒干。全年采收叶、树皮,晒干或鲜用。全年或秋季挖根,洗净,晒干。
【药材性状】果实卵形、肾形,长4~9mm,直径3.5~5.5mm。表面黑紫色或灰黑色,皱缩不平,基部有果梗痕或具宿萼及短梗。体轻,外果皮薄脆,中果皮较松软,易剥离,内果皮木质,黄棕色,具纵棱。种子通常1粒,肾形,紫黑色,油性。无臭,味甜、微苦涩。

以粒大、饱满、色黑紫、味甜者为佳。

【化学成分】果实含环烯醚萜苷类:女贞苷(ligustroside),10-羟基女贞苷,女贞子苷(nuezhenide),橄榄苦苷(oleuropein),10-羟基橄榄苦苷,新女贞子苷(neonuezhenide),女贞苷酸(ligustrosidic acid),橄榄苦苷酸(oleuropeinic acid),oleoside-11-methyl ester, oleoside dimethyl ester, oleonuezhenide, 8-表金银花苷(8-epikingiside)等;三萜类:齐墩果酸,乙酰齐墩果酸,熊果酸,乙酰熊果酸,2α-羟基齐墩果酸,19α-羟基-乌苏酸,委陵菜酸,3β-O-顺式香豆酰-2α-羟基齐墩果酸,3β-O-反式香豆酰-2α-羟基齐墩果酸,3-O-顺式香豆酰委陵菜酸,3-O-反式香豆酰委陵菜酸,白桦脂醇,白桦脂酸,羽扇豆醇,达玛烯二醇,达玛烯二醇-3-O-棕榈酸酯,3β-乙酰基-20,25-环氧-24α-二羟基-达玛烷,20,25-环氧-3β,24α-二羟基达玛烷,3β-乙酰氧基-达玛烯二醇,3β,20S-二羟基-24R-过氧羟基-25-烯-达玛烷,3β,20S-二羟基-25-过氧羟基-23E-烯-达玛烷,拟人参皂苷元Ⅱ-3-O-棕榈酸酯,fouquierol,oliganthas A 等;黄酮类:槲皮素,木犀草素,木犀草素-7-O-β-D-葡萄糖苷,槲皮苷,芹菜素,大波斯菊苷,芹菜素-7-O-β-D-芸香糖苷,芹菜素-7-O-β-D-乙酰葡萄糖苷,外消旋圣草素,右旋花旗松素;苯乙醇类:对羟基苯乙醇-β-D-葡萄糖苷,对羟基苯乙醇,3,4-二羟基苯乙醇,osmanthuside H,毛蕊花苷(verbascoside),北升麻宁(cimidahurinine),2(3,4-二羟基苯基)乙基-O-β-D-葡萄糖苷,3,4-二羟基苯乙基(6'-咖啡酰基)-O-β-D-葡萄糖苷等;还含(13^2-S)-羟基叶绿素 a[(13^2-S)-hydroxyphaeophytina],(13^2-R)-羟基叶绿素a,洋丁香酚苷,己六醇,β-谷甾醇,甘露醇,磷脂酰胆碱,胡萝卜苷,多糖及无机元素钾、钙、镁、钠、锌、铁、锰、铜、镍等。种子含女贞子酸(ligustrin)。花含黄酮类:柚皮素,木犀草素,芹菜素,槲皮素,芹菜素-7-O-β-D-吡喃葡萄糖苷,木犀草素-7-O-β-D-吡喃葡萄糖苷,山柰酚-3-O-β-D-吡喃葡萄糖苷,槲皮素-3-O-β-D-吡喃葡萄糖苷和芦丁;挥发油:主成分为乙二醇二乙醚,4-羟基-1,3-二噁戊烷,麝子油醇,倍半萜乙酯,11-二十三碳烯等;还含 β-谷甾醇,胡萝卜苷,麦角甾-7,22-二烯-3β,5α,6β-三醇。叶含齐墩果酸熊果酸,大波斯菊苷,木犀草素-7-O-β-D-葡萄糖苷,丁香苷等。树皮含丁香苷。

【功效主治】女贞子甘、苦,凉。滋补肝肾,明目乌发。用于肝肾阴虚,眩晕耳鸣,腰膝酸软,须发早白,目暗不明,内热消渴,骨蒸潮热。女贞叶用于头目昏痛,风热赤眼,口舌生疮,牙龈肿痛,肺热咳嗽。女贞皮用于腰膝酸痛,两脚无力,水火烫伤。女贞根用于哮喘、咳嗽,经闭、带下。

【历史】女贞子始载于《神农本草经》,列为上品,原名女贞实。《本草经集注》云:"叶茂盛,凌冬不凋;皮青肉白。"《本草纲目》曰:"叶厚而柔长,绿色,面青背淡。女贞叶长者四五寸,子黑色……其花皆繁,子并累累满树,冬月馏鹛喜食之,木肌皆白腻。"所述形态及附图与女贞子原植物一致。

【附注】《中国药典》2010年版收载女贞子。

小叶女贞

【别名】小白蜡树、茶叶树(临沂)、白水蜡。

【学名】Ligustrum quihoui Carr.

【植物形态】落叶灌木,高2～4m。小枝开展,疏生短柔毛,后脱落。叶对生;叶片椭圆形、长椭圆形或倒卵状长圆形,形状变化较大,长1～5.5cm,先端锐尖、钝或略呈凹头,基部狭楔形至楔形,全缘,边缘略向外反卷,两面无毛,薄革质;叶柄长2～4mm,有短柔毛或无毛。顶生圆锥花序,长4～20cm,有短柔毛;苞片叶状,向上渐小;花白色,芳香;有短花梗或无梗;花萼钟形,长约1.5mm,4裂;花冠长4～5mm,4裂,裂片与花冠筒近等长;雄蕊2,外露。核果近球形、倒卵形或宽椭圆形,长5～9mm,直径4～7mm,成熟时紫黑色。花期5～7月;果期8～11月。

【生长环境】生于山坡、灌丛、石崖或路边向阳处。栽培于庭院或公园。

【产地分布】山东境内青岛、济南、泰安等地有栽培。在我国除山东外,还分布于河南、陕西、江苏、安徽、浙江、湖北、四川、贵州、云南、西藏等地。

【药用部位】叶:水白蜡叶;树皮:水白蜡皮。为民间药,叶可做茶。

【采收加工】夏季采叶,晒干或鲜用做茶。春、秋二季采剥树皮,晒干。

【化学成分】叶含挥发油:主成分为十六烷酸,(Z,Z)-9,12,15-十八烷三烯酸乙酯,叶绿醇等。花含挥发油:主成分为苯乙醇,苯甲醇,芳樟醇L,橙花叔醇,正十一烷,正十二醛,β-荜澄茄烯,十一醛和苯乙烯等。花蕾含挥发油:主成分为苯乙烯,芳樟醇L,苯乙醇,肉桂酸甲酯,正壬烷等。

【功效主治】水白蜡叶苦,凉。清热祛暑,解毒消肿。用于伤暑发热,风火牙痛,小儿口疮,黄水疮,咽痛,烧、烫伤,外伤。水白蜡皮用于烫伤。

木犀

【别名】桂花、桂花树、木犀花。

【学名】Osmanthus fragrans (Thunb.) Lour. (Olea fragrans Thunb.)

【植物形态】常绿灌木或乔木,高1.5～8m。叶对生;叶片椭圆形或长椭圆状披针形,长4～12cm,宽2.5～5cm,先端渐尖,基部楔形,全缘或上半部有锯齿,革质;叶柄长约2cm。花芳香,丛生于叶腋;萼4齿裂;花冠白色或橙黄色,极芳香,长3～4.5mm,4裂,筒长1～1.5mm;雄蕊2,花丝极短;子房上位,2室,花柱短,柱头头状。核果椭圆形。花期10月;果期次年4～5月。(图574)

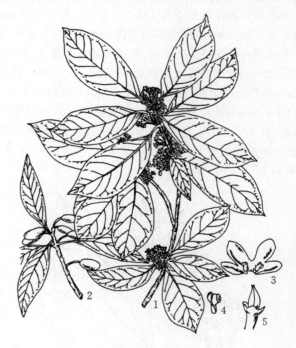

图574 木犀
1.花枝 2.果枝 3.花冠展开 4.雄蕊 5.雌蕊

【生长环境】栽培于公园庭院。

【产地分布】山东境内各地有栽培。在我国除山东外,还分布于西南地区。

【药用部位】花:桂花;果实:桂花子;根及根皮:桂树根。为民间药,桂花药食两用。

【采收加工】秋季花盛开时采摘,晒干或阴干。春、夏二季采收成熟果实,晒干。春、秋二季挖根或剥取根皮,除去泥土,晒干。

【药材性状】花皱缩,淡黄白色或橘黄色。花萼杯状,不整齐4裂,长约1mm。花冠4深裂,裂片长圆形,长约4mm,花冠筒长约1.3mm。雄蕊2,花丝极短,着生于冠筒的近顶部;子房卵圆形,花柱短,柱头头状。气极芳香。

以色淡黄或橘黄、芳香气浓者为佳。

果实长卵形或椭圆形,长1.5～2cm,直径7～

9mm。表面棕色或棕紫色，有隆起的不规则网状皱纹；基部有细果柄及皿状宿萼。外果皮菲薄，易脱落，露出淡黄棕色果核；内果皮略韧，易剥开。种子通常1，黄色，种仁白色。有香气，种子味苦。

以颗粒饱满、色紫棕、气香味苦者为佳。

【化学成分】花含挥发油：主成分为β-水芹烯，橙花醇（nerol），二氢-β-鸢尾酮（dihydro-β-ionone），α-及β-紫罗兰酮（ionone），二氢-β-紫罗兰酮（dihydro-β-ionone），香叶醇（geraniol）及γ-癸内酯（γ-decalactone）；三萜类：坡模酸，α-香树脂醇，β-香树脂醇，齐墩果酸，乌苏酸，乌苏-12-烯-2α,3β,28-三醇等；甾醇类：类叶升麻苷即麦角甾醇苷，α-菠甾醇，β-谷甾醇，胡萝卜苷，豆甾醇，胆甾醇；还含女贞苷，(2S)-1-O-(9Z,12Z-octadecadienoyl)-3-O-β-galactopyranosyl-glycerol，(2S)-1-O-linoleoyl-2-O-lino-leno-yl-3-O-β-galactopyranosyl-glycerol，linocinnamarin，D-glucopyranose-6-[(2E)-3-(4-hydroxylphenyl) prop-2-enoate] 等。蜡质含月桂酸甲酯，肉豆蔻酸甲酯，棕榈酸甲酯和硬脂酸甲酯等。叶挥发油主成分为叶醇，乙酸叶醇酯，长叶烯；脂肪酸：(Z,Z,Z)-9,12,15-亚麻酸，14-甲基-十五烷酸和9,12-亚油酸。果实含环烯醚萜类，果皮黑色素。种子含齐墩果酸，β-谷甾醇，胡萝卜苷，(8E)-nüzhenide，secoiridoid glucoside 和脂肪油等。

【功效主治】桂花辛，温。散寒破结，化痰生津。风火牙痛，痰饮，经闭腹痛。桂花子甘、辛，温。暖胃、平肝，益肾，散寒，止哕。用于肝胃气痛。桂树根辛、甘，温。用于脘腹疼痛，牙痛，风湿麻木，筋骨疼痛。

【历史】木犀始载于《本草纲目》菌桂条，谓："丛生岩岭间，谓之岩桂，俗呼为木犀，其花有白者名银桂，黄者名金桂，红者名丹桂……其皮薄而不辣，不堪入药，唯花可收茗"，并谓木犀花"同百药煎、孩儿茶作膏饼噙，能生津辟臭，化痰，治风虫牙痛。"所述形态与现今植物木犀基本一致。

紫丁香

【别名】华北紫丁香、丁香花、跑马子、丁香。

【学名】Syringa oblata Lindl.

【植物形态】灌木或小乔木。树皮灰褐色，平滑；小枝、花序轴、花梗、苞片、花萼、幼叶两面以及叶柄密被腺毛。叶对生；叶片卵圆形或肾形，通常宽大于长，先端急尖，基部心形至截形，全缘，革质或厚纸质；叶柄长1～3cm。圆锥花序顶生，长4～16cm；花萼小，钟形，长约3mm，4裂，裂片三角形；花冠漏斗状，紫色，冠筒长0.8～1.7cm，檐部4裂，裂片卵形；雄蕊2，内藏，着生于冠筒中部或中部以上，花药黄色，花丝极短；花柱棍棒状，柱头2裂；子房2室。蒴果倒卵状椭圆形、卵形至长圆形，长1～2cm，直径4～8mm，顶端尖，光滑。种子扁平，长圆形，周围有翅。花期4～5月；果期6～10月。（图575）

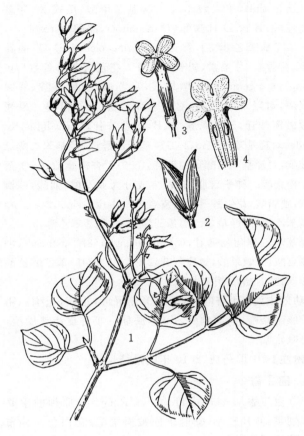

图575 紫丁香
1.果枝 2.蒴果 3.花 4.花冠展开，示雄蕊着生

【生长环境】生于山地、沟谷或栽培于庭园。

【产地分布】山东境内产于各地山区。公园、庭园常见栽培。在我国除山东外，还分布于东北、华北、西北、西南地区。

【药用部位】叶：丁香叶；树皮：丁香皮。为少常用中药和民间药。

【采收加工】春季剥取树皮，晒干。夏季采叶，晒干或阴干。

【药材性状】叶片多折叠或破碎。完整者卵圆形或肾形，长4～9cm，宽4～10cm，宽度大于长度。先端急尖，基部心形至截形，全缘。叶柄长约2cm，被腺毛。有时可见小枝。气微，味苦。

【化学成分】叶含三萜类：山楂酸，山楂酸-3-O-反式-对-香豆酰酯，2α-羟基熊果酸，白桦脂酸，乌苏酸，19α-羟基乌苏酸，黄柏内酯（obaculactone），3β-O-cis-p-coumaroyl maslinic acid，3β-O-trans-p-coumaroyloxy-2α-hydroxyurs-12-en-28-oic acid，lup-20(29)-en-3-one，3β-O-cis-p-coumaroyloxy-2α-hydroxyurs-12-en-28-oic acid，3β-O-trans-p-coumaroyl tormentic acid，3β-O-cis-p-coumaroyl tormentic acid;木脂素类：紫丁香木质素苷 A、B，丁香脂素（syringaresinol）；有机酸：3-甲氧基-4-羟基苯甲酸，呋喃甲酸（furoic acid），丁二酸，3,4-二羟基苯甲酸，反式-对-羟基肉桂酸；还含 D-甘露醇（D-mannitol），酪醇（tyrosol），3,4-二羟基苯乙醇，丁香苦苷（syringopicroside），芒柄花素，莨菪亭，芹菜素，胡萝卜苷等。**花蕾**含丁香苦素（syringopicrogenin）B，齐墩果酸，乌苏酸，羽扇豆酸，羽扇豆醇，对羟基苯丙醇，对羟基苯乙醇，β-谷甾醇。**果壳**含橄榄苦苷，丁香苦素 A、B，丁香苦苷，(8E)-ligustroside，对羟基苯乙醇，3,4-二羟基苯乙醇，对羟基苯乙醇乙酸酯，对羟基苯乙醇葡萄糖苷，(+)-丁香树脂酚，(+)-落叶松脂醇。**种子**含脂肪酸，主成分为亚油酸，油酸，棕榈酸，硬脂酸，花生酸等。**树皮**含(+)-lariciresinol，3,4-二羟基苯乙醇，对羟基苯乙醇葡萄糖苷，对羟基苯乙醇，3,4-二羟基苯乙醇葡萄糖苷，(8E)-nüzhenide，(8E)-gstroside，羽扇豆酸，齐墩果酸，橄榄苦苷，2-(3,4-二羟基)苯乙醇乙酸酯，七叶内酯，β-胡萝卜苷。

【**功效主治**】丁香叶苦，寒。清热解毒，止咳，止痢。用于咳嗽痰喘，泄泻痢疾，疝腮，胁痛。**丁香皮**清热燥湿，止咳定喘。

【**附注**】《中国药典》2010 年版附录收载。

附：白丁香

白丁香 var. alba Hort. ex Rehd. 与原种的主要区别是：叶片较小，幼叶下面被微柔毛；花白色。分布及药用同原种。

暴马丁香

【**别名**】棒棒木、荷花丁香、暴马子。

【**学名**】Syringa reticulata (Bl.) Hara subsp. amurensis (Rupr.) P. S. Green & M. C. Chang (S. amurensis Rupr.)

[S. reticulata (Bl.) Hara var. mandshurica (Maxim.) Hara]

【**植物形态**】落叶小乔木，高 4～6m。树皮紫灰褐色，具细裂纹。当年生枝绿色或略带紫晕，疏生皮孔。叶对生；叶片宽卵形、卵形至椭圆状卵形，或长圆状披针形，长 2.5～13cm，宽 1～6cm，先端短尾尖至尾状渐尖或锐尖，基部常圆形，厚纸质；叶柄长 1～2.5cm，无毛。圆锥花序由 1 至多对着生于同一枝条上的侧芽抽出；花序轴有皮孔；花萼长 1.5～2mm，萼齿钝、凸尖或平截；花冠白色，呈辐状，直径 4～5mm，花冠管长约 1.5mm，裂片卵形，长 2～3mm，先端锐尖；花丝细长，雄蕊几乎为花冠裂片 2 倍长，花药黄色。蒴果长椭圆形，长 1.5～2cm，先端常钝，或锐尖、凸尖，光滑或具细小皮孔。花期 6～7 月；果期 8～10 月。（图 576）

【**生长环境**】生于山坡灌丛、林缘或针阔叶混交林中。

图 576　暴马丁香
1.花枝　2.花　3.果序

栽培于庭园或道路旁。

【**产地分布**】山东境内各地公园、庭院有栽培。在我国除山东外，还分布于东北地区及内蒙古、河北、陕西、宁夏、甘肃等地。

【**药用部位**】干皮、枝皮：暴马子皮。为民间药，花、叶可制茶。

【**采收加工**】春、秋二季采收，晒干。

【**药材性状**】树皮呈槽状或卷筒状，长短不一，厚 2～4mm。外表面暗灰褐色，枝皮平滑，有光泽，老皮粗糙，有横纹，皮孔横向椭圆形，暗黄色，栓皮薄而韧，可横向撕离，剥落处暗黄绿色；内表面淡黄褐色，较平滑。质脆，易折断，断面不整齐。气微香，味苦。

以皮嫩、有香气、味苦者为佳。

【**化学成分**】树皮含滨蒿内酯（scoparon），暴马醛酸甲酯（methyl syramuraldehydate），3,4-二羟基-β-羟乙基苯（β-hydroxyethyl-3,4-dihydroxybenzene）。枝条含丁香苷，鹅掌楸苷，橄榄苦苷，异橄榄苦苷，(8E)-女贞子苷和齐墩果酸。叶含紫丁香苷，黄酮及无机元素铁、锰、锌、铜等。花挥发油主成分为邻苯二甲酸丁基异丁基酯，十六酸乙酯，氧化芳樟醇，芳樟醇，橙花叔醇等。

【**功效主治**】暴马子皮苦，微寒。清肺祛痰，止咳平喘。用于久咳久嗽。**暴马丁香花茶**清热解毒，镇咳祛痰。

龙胆科

百金花

【**别名**】东北埃雷。

【学名】Centaurium pulchellum (Swartz) Druce var. altaicum (Griseb.) Kitagawa
(*Erythraea ramosissima* var. *altaice* Griseb.)

【植物形态】一年生直立小草本,高约25cm。茎近四棱形,多分枝。叶对生;基生叶叶片椭圆形,钝尖;茎生叶叶片椭圆状披针形,先端急尖,似苞叶状,三出脉;无叶柄。顶生疏散二歧聚伞花序;花白色或淡桃红色,长约1.5cm,有细梗;花萼5深裂,裂片钻形,中脉在背面凸起呈脊状;花冠漏斗形,筒部狭长,伸出萼外,先端5裂,裂片短,长椭圆形;雄蕊5,生于花冠筒喉部,花丝短,花药长圆形,成熟后螺旋状扭曲;子房上位,半2室,柱头2裂,片状。蒴果椭圆形,花柱宿存。种子小,黑褐色,球形,表面有皱纹。花、果期5～7月。(图577)

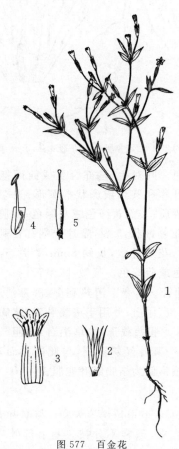

图577 百金花
1.植株 2.花萼 3.花冠展开 4.雄蕊 5.雌蕊

【生长环境】生于湖边、沟旁湿地。
【产地分布】山东境内产于东平等地。在我国分布于东北、西北、华北、华东、华南等地。
【药用部位】全草:百金花。为民间药。
【采收加工】夏季花盛开时采挖全草,晒干或鲜用。
【化学成分】全草含当药苷(sweroside),当药苦苷(swertiamarin),龙胆苦苷(gentiopicroside),咖啡因等。
【功效主治】苦,寒。清热解毒,消肿散瘀,接骨。用于胁痛,泄泻,乳蛾,跌打损伤,骨折,骨节肿痛,牙痛,头痛发热。

条叶龙胆

【别名】东北龙胆、关龙胆。
【学名】Gentiana mandshurica Kitag.
【植物形态】多年生草本,高20～30cm,须根多数,绳索状。茎直立,不分枝,黄绿色或紫红色,近圆形,有条棱,光滑。茎下部叶鳞片状,膜质;茎中、上部叶近对生;叶片条状披针形至条形,长3～10cm,宽3～9mm,先端急尖或近急尖,基部钝,边缘微外卷,平滑,叶脉1～3条,仅中脉明显,近革质;无柄。花1～2朵,顶生或腋生;花无梗或近无梗;苞片条状披针形与花萼近相等;花萼钟状,长约1.5cm,裂片条状披针形,短于萼筒;花冠钟状,蓝紫色或紫色,裂片卵状三角形,先端渐尖,褶偏斜,卵形,先端钝,边缘有不整齐的锯齿;雄蕊5,花丝钻形;子房狭椭圆形,两端渐狭,柄长7～9mm,花柱短,柱头2裂。蒴果内藏,阔椭圆形,柄长达2cm,种子褐色,条形或纺锤形,表面有增粗的网纹,两端有翅。花、果期8～11月。(图578)

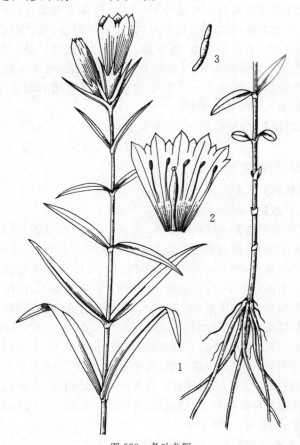

图578 条叶龙胆
1.植株 2.花冠展开,示褶、雄蕊及雌蕊 3.种子

【生长环境】生于山坡草丛、沟边或林缘。
【产地分布】山东境内产于荣成、牙山、青州等地。在我国除山东外,还分布于东北地区及内蒙古、河南、江苏、浙江、安徽、江西、湖北、湖南、广东、广西等地。
【药用部位】根及根茎:龙胆。为常用中药。

【采收加工】春、秋二季采挖根及根茎，以秋采者质量好，除去泥土杂质，晒干或切段后晒干。

【药材性状】根茎呈不规则块状或长块状，长0.5～1.5cm，直径4～7mm；表面暗灰棕色或深棕色，上端有茎痕或残留茎基，周围和下端生有2至10数条细长的根。根圆柱形，略扭曲，长10～20cm，直径2～4mm；表面淡黄色或黄棕色，上端有显著横皱纹，下部较细，有纵皱纹及少数支根痕；质脆，易吸潮变软，断面略平坦，皮部黄白色或淡黄棕色，木部色较浅，呈点状环列。气微，味极苦。

以根多、粗长、色黄、味极苦者为佳。

【化学成分】根含龙胆苦苷（gentiopicrin），当药苦苷（swertiamarin），当药苷（sweroside），苦龙胆酯苷（amarogentin），苦当药酯苷（amaroswerin）等。

【功效主治】苦，寒。清热燥湿，泻肝胆火。用于湿热黄疸，阴肿阴痒，带下，湿疹瘙痒，肝火目赤，耳鸣耳聋，胁痛口苦，强中，惊风抽搐。

【历史】龙胆始载于《神农本草经》。《名医别录》曰："龙胆生齐朐山谷及宛句（今山东）。"《本草经集注》云："状似牛膝，味甚苦，故以胆名。"《本草图经》载："宿根黄白色，下抽十余本，类牛膝。直上生苗，高尺余。四月生叶似柳叶而细，茎如小竹枝，七月开花，如牵牛花，作铃铎形，青碧色……俗呼为龙胆草。"所述形态与植物条叶龙胆基本相符。

【附注】《中国药典》2010年版收载。

鳞叶龙胆

【别名】石龙胆、小龙胆。

【学名】*Gentiana squarrosa* Ledeb.

【植物形态】一年生小草本，高2～8cm。茎细弱，自基部多分枝，密被黄绿色或杂有紫色乳突。叶对生；茎下部叶较大，叶片卵圆形或卵状椭圆形，排列成辐射状；茎上部叶较小，叶片匙形至倒卵形，有软骨质边，粗糙，先端有芒刺，反卷，基部连合。花单生枝顶；花萼钟状，萼筒常有白、绿相间的宽条纹，裂片卵圆形，外弯，先端有芒刺，背面有棱；花冠钟状，蓝色，长约0.8～1cm，裂片卵圆形，褶全缘或2裂，短于裂片；雄蕊5；子房上位，花柱短，柱头2裂，外反。蒴果倒卵状矩圆形，有长柄，外露。种子黑褐色，椭圆形，有网纹。花期4～7月；果期7～9月。（图579）

【生长环境】生于山坡草丛中。

【产地分布】山东境内产于泰山。在我国除山东外，还分布于东北、华北、西北、西南（除西藏外）等地。

【药用部位】全草：石龙胆。为民间药。

【采收加工】夏季采收全草，除去杂质，晒干。

【药材性状】全草卷曲，长约6cm。根细小，棕色。茎纤细，近四棱形，多分枝；表面灰黄色或黄绿色，密被短腺

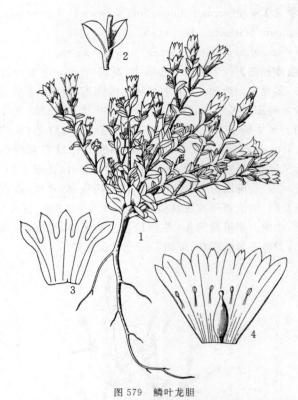

图579 鳞叶龙胆
1.植株 2.对生叶 3.花萼展开 4.花冠展开，示褶、雄蕊及雌蕊

毛；断面黄色。叶对生，基部合生成筒而抱茎，脱落或破碎；完整叶片卵圆形或卵状椭圆形；先端反卷，具芒刺，边缘软骨质；表面黄绿色或灰绿色；质脆，易碎。花单生茎顶；花萼钟状，5裂，裂片先端有芒刺，萼筒表面有白绿斑纹；花冠钟状，长约8mm，裂片5，卵形，先端锐尖，淡蓝色或蓝棕色。气微，味微苦。

【功效主治】苦、辛，寒。清热利湿，解毒消肿。用于咽痛，肠痈，白带，尿血；外用于疮疡肿毒，瘰疬。

【历史】鳞叶龙胆始载于《本草汇言》龙胆条下，云："一种石龙胆……其叶经霜不凋，与此同类而别种也。"经考证，其原植物似为植物鳞叶龙胆。

附：笔龙胆

笔龙胆 *G. zollingeri* Fawcett，与鳞叶龙胆的主要区别是：茎直立，通常不分枝。茎上部叶有软骨质边缘，先端有芒刺，反卷，基部变狭成短柄。花萼裂片披针形，边缘具白色膜质边，先端不反卷。山东境内产于青岛、荣成等山地丘陵。药用同鳞叶龙胆。

荇菜

【别名】水铜钱、莲叶荇菜、荇菜。

【学名】*Nymphoides peltata* (Gmel.) O. Kuntze (*Limnanthemum peltatum* Gmel.)

【植物形态】多年生水生草本。茎圆柱形，多分枝，密生褐色斑点，在水中有不定根，又于水底泥中生地下

茎,匍匐状。茎上部叶对生,其他叶互生;漂浮;叶片圆形,长1.5～8cm,基部心形,下面紫褐色,密生腺体,粗糙,近革质;叶柄长5～10cm,基部变宽,抱茎。伞形花序束生于叶腋;花梗圆柱形,不等长,稍短于叶柄;花萼5深裂,裂片椭圆状披针形;花金黄色,花冠直径2.5～3cm,分裂至近基部,喉部有5束长柔毛,裂片阔倒卵形,先端圆形,边缘宽膜质,近透明,有不整齐细条裂齿;雄蕊花丝基部疏被长柔毛;在短花柱的花中,雌蕊长5～7mm,花柱长1～2mm,柱头小,花丝长3～4mm,花药常弯曲,长4～6mm;在长花柱的花中,雌蕊长0.7～1.7cm,花柱长达1cm,柱头大,2裂,花丝长1～2mm,花药长2～3.5mm;腺体5,黄色,环绕子房基部。蒴果无柄,椭圆形,成熟后不开裂,花柱宿存。种子大,褐色,椭圆形,边缘密生睫毛。花、果期7～10月。(图580)

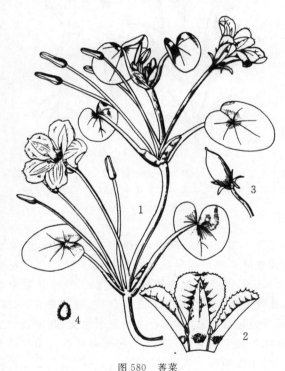

图580 荇菜
1.部分植株 2.花冠纵剖 3.果实 4.种子

【生长环境】生于湖泊、池塘或不甚流动的溪流中。
【产地分布】山东境内产于各地。分布于全国各地。
【药用部位】全草:莕菜(荇菜)。为民间药,叶、花药食两用。
【采收加工】夏、秋二季采收,洗净,晒干或鲜用。
【药材性状】全草多缠绕成团。茎细长,多分枝,节处有不定根。叶多皱缩;完整叶片近圆形或卵状圆形,长1.5～7cm;基部深心形,全缘;上面绿褐色,下面紫褐色,密生腺体;近革质;叶柄长5～10cm,基部渐宽抱茎。气微,味微辛。
【化学成分】叶含芦丁,槲皮素,槲皮素-3β-巢菜糖苷(quercetin-3β-vicinoside),熊果酸,β-香树脂醇,白桦脂酸,齐墩果酸及β-谷甾醇等。
【功效主治】甘,寒。清热,利尿,清肿,解毒。用于寒热,热淋,痈肿,火丹,痈肿疮毒,小便涩痛。
【历史】莕菜始载于《新修本草》,也名荇菜。《本草图经》云:"生水中,今处处池泽皆有之,叶似莼茎涩,茎甚长,花黄色。"《本草纲目》曰:"荇与莼,一类二种也,并根连水底,叶浮水上。其叶似马蹄而圆者,莼也,叶似莼而微尖长者,荇也。"所述形态及《植物名实图考》附图,与现今龙胆科植物莕菜基本一致。

北方獐牙菜

【别名】当药、獐牙菜、淡花当药。
【学名】Swertia diluta (Turcz.) Benth. et Hook. f. (*Gentiana diluta* Turcz.)
【植物形态】一年生草本,高20～70cm。根黄色。茎直立,光滑,四棱形,棱上有窄翅,多分枝,枝细瘦。叶对生;叶片披针形至条状披针形,长2～4cm,宽0.3～1cm,先端尖;叶脉1条;无柄。复总状聚伞花序;花浅蓝色,直径约1cm;花梗细弱;花萼5深裂,裂片狭披针形,先端锐尖,与花冠近等长;花冠5深裂至近基部,裂片椭圆状披针形,有5脉,先短急尖,基部有2长圆形腺窝,沟状,边缘有流苏状毛,毛表面光滑;雄蕊5,花药蓝色;子房光滑,无花柱,柱头2瓣裂。蒴果卵圆形。种子长圆形,表面有小瘤状凸起。花期8～9月;果期9～10月。(图581)

图581 北方獐牙菜
1.植株 2.花冠纵剖

【生长环境】生于海拔较高的山坡草丛中。
【产地分布】山东境内产于各山地丘陵。在我国除山东外,还分布于东北、华北、西北地区及内蒙古、四川等地。
【药用部位】全草:獐牙菜。为民间药。
【采收加工】夏、秋二季采收全草,除去杂质,晒干。
【药材性状】全草长20~60cm。茎纤细,多分枝,具4棱;表面浅黄绿色。叶对生,多皱缩;完整叶片披针形或条状披针形,长2~4cm,宽0.3~1cm;先端尖,全缘;表面黄绿色;无柄。聚伞花序;花冠淡蓝色或淡棕色,5深裂,基部内侧有2个长圆形腺窝,边缘有流苏状毛。质脆,易碎。气微,味微苦。

以叶花多、色绿、味苦者为佳。

【化学成分】全草含黄酮类:1,8-二羟基-3,7-二甲氧基双苯吡酮,1,5,8-三羟基-3-甲氧基双苯吡酮,1,7,8-三羟基-3-甲氧基双苯吡酮,1,3,5,8-四羟基双苯吡酮,1-羟基-3,5-二甲氧基双苯吡酮,1,8-二羟基-3,5-二甲氧基双苯吡酮,1,5,8-三羟基-3-甲氧基双苯吡酮-8-O-β-D-吡喃葡萄糖苷,1,3,5,8-四羟基双苯吡酮-8-O-β-D-吡喃葡萄糖苷,1,7,8-三羟基-3-甲氧基双苯吡酮-7-O-α-L-鼠李糖基-(1→2)-β-D-吡喃葡萄糖苷;环烯醚萜苷:苦当药酯苷,羟基苦当药酯苷,龙胆苦苷,獐牙菜苷(sweroside),当药苦苷等。尚含β-谷甾醇,齐墩果酸,维太菊苷(vittadinoside)。

【功效主治】苦,寒。清热解毒,燥湿泻火,健胃。用于食积不化,胃脘胀痛,流注,咽痛,目赤,疥癣。

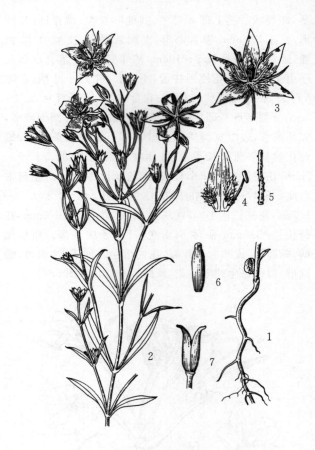

图582 瘤毛獐牙菜
1.根及茎基 2.植株上部 3.花 4.花冠裂片及雄蕊腺窝
5.腺窝流苏毛放大 6.雌蕊 7.蒴果

瘤毛獐牙菜

【别名】当药、水黄连、獐牙菜、紫花獐牙菜。
【学名】Swertia pseudochinensis Hara
【植物形态】一年生或二年生草本,高10~40cm。根黄色或黄褐色,味苦。茎直立,具四棱,基部分枝,带紫色。叶对生;叶片披针形至狭披针形,长2~4cm,宽3~9mm,全缘;无柄。圆锥状聚伞花序,花梗细弱;花较大,直径达2cm;花萼裂片狭披针形;花冠裂片披针形,有紫色脉纹,裂片基部有2腺窝,腺窝边缘的流苏状毛有瘤状突起;雄蕊5,花药蓝紫色;子房上位,2室,花柱极短,柱头2裂。蒴果椭圆形。种子近圆形。花期8~9月;果期9~10月。(图582)

【生长环境】生于山野阴坡草丛或河滩。
【产地分布】山东境内产于各山地丘陵。在我国除山东外,还分布于东北、华北地区及河南等地。
【药用部位】全草:当药。为少常用中药。
【采收加工】夏、秋二季花盛开时采挖带根全草,洗净,晒干或鲜用。
【药材性状】全草皱缩,长10~35cm。根黄色至黄褐色;味苦。茎具四棱,灰绿色,微带紫色。叶对生,常破碎;完整叶片展平后呈披针形至狭披针形,长2~4cm,宽3~8mm;全缘;表面黄绿色;无柄。圆锥状聚伞花序,花常脱落;花萼裂片狭披针形;花冠蓝紫色,5裂,有深紫色斑纹,裂片基部有2长圆形腺窝,腺窝边缘的流苏状毛具瘤状突起;雄蕊5,花药蓝紫色。蒴果椭圆形。种子近圆形。气微,味苦。

以叶花多、色绿、味苦者为佳。

【化学成分】全草含獐牙菜苦苷(当药苦苷),当药苷,龙胆苦苷,苦龙胆酯苷,苦当药酯苷,当药黄酮(swertisin,当药黄素),异牡荆素,异荭草素,当药醇苷(swertianolin),芒果苷(mangiferin),当药呫吨酮(swertianin),对叶当药呫吨酮(decussatin),甲基当药呫吨酮(methylswertianin),去甲基当药呫吨酮(norswertianin),甲基雏菊叶龙胆酮(methylbellidifolin),去甲基雏菊叶龙胆酮(demethylbellidifolin),雏菊叶龙胆酮(bellidifolin)及齐墩果酸等。

【功效主治】苦,寒。清湿热,健胃。用于湿热黄疸,胁痛,痢疾腹痛,食欲缺乏。

【附注】《中国药典》2010年版收载当药,为新增品种。

夹竹桃科

罗布麻

【别名】茶棵子（广饶、无棣、沾化、海阳、孤岛）、泽漆棵（烟台）、水条子棵（潍坊）、盐柳（青岛）、蛤蟆秧（德州）。

【学名】Apocynum venetum L.

【植物形态】半灌木，高1~2m；全株具乳汁。枝条对生或互生，圆柱形，光滑无毛，紫红色或淡红色。叶互生，或仅在分枝处为近对生；叶片椭圆状披针形至卵圆状长圆形，长1~5cm，宽0.5~1.5cm，先端急尖至钝，有短尖头，基部尖至钝，叶缘有细齿，两面无毛，叶脉纤细，侧脉每边10~15条，在叶缘前网结；叶柄长0.3~1.6cm，叶柄内有腺体，老时脱落。圆锥状聚伞花序，通常顶生，有时腋生；花梗长约4mm，被短毛；苞片小，膜质，披针形；花萼5深裂，裂片披针形，先端尖，被短毛；花冠圆筒状钟形，两面密被颗粒状突起，花冠裂片5，卵状长圆形，先端钝，与花冠筒等长，每裂片外均有3条明显紫红色脉纹；雄蕊5，着生于花冠筒基部，与副花冠裂片互生，内藏，花丝短，密被白茸毛；雌蕊子房由2离生心皮组成，花柱短，上部膨大，下部缩小，柱头基部盘状，顶端钝，2裂；花盘环状肉质，5裂。蓇葖果长角形，叉生，下垂，熟时黄褐色，无毛。种子顶端簇生伞状白色绒毛。花期6~7月；果期8月。（图583，彩图53）

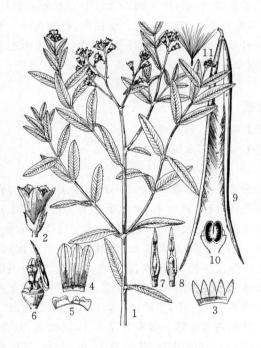

图583 罗布麻
1.花枝 2.花 3.花萼展开 4.花冠部分展开，示副花冠
5.花盘展开 6.雌蕊及雄蕊 7.雄蕊背面 8.雄蕊腹面
9.蓇葖果 10.子房纵剖 11.种子

【生长环境】生于海滨荒地、河滩或盐碱地。

【产地分布】山东境内产于鲁西北平原、潍坊、烟台、青岛沿海地区以及济宁、泰安、济南等地。我国分布于西北、华北、东北、华东等地。

【药用部位】叶：罗布麻叶。为较常用中药，中成药和罗布麻茶原料，可用于保健食品。

【采收加工】夏季采收，除去杂质，晒干。

【药材性状】叶多皱缩卷曲，有的破碎。完整叶片展平后呈椭圆状披针形或卵圆状披针形，长2~5cm，宽0.5~1.5cm。先端钝，有1小芒尖，基部尖或楔形，边缘具细齿，常反卷；表面深绿色或灰绿色，两面无毛，叶脉于下表面突出。叶柄细，长约4mm。质脆，易碎。气微，味淡。

以叶片完整、色绿者为佳。

【化学成分】叶含黄酮类：金丝桃苷，槲皮素，芦丁，异槲皮苷，乙酰异槲皮苷，新异芦丁（neoisorutin），山奈酚，山奈酚-3-O-(6″-O-乙酰基)-β-D-吡喃葡萄糖苷，山奈酚-7-O-α-L-吡喃鼠李糖苷，槲皮素-3-O-(6″-O-乙酰基)-β-D-吡喃葡萄糖苷，槲皮素-3-O-(6″-O-乙酰基)-β-D-吡喃半乳糖苷，三叶豆苷（trifolin）等；有机酸：延胡索酸，绿原酸，琥珀酸等；香豆素类：莨菪亭，异秦皮定（isofraxdin）；三萜类：羽扇豆醇，羽扇豆醇棕榈酸酯，β-香树脂醇；还含β-谷甾醇，正三十烷醇，中肌醇（meso-inositol），棕榈酸蜂花醇酯（myricyl palmitate），棕榈酸十六醇酯及谷氨酸、丙氨酸、缬氨酸等多种氨基酸；尚含挥发油主成分为2,3-二氢香豆酮，二氢猕猴桃内酯，苯甲酸酯等。花含黄酮类：飞燕草素（delphinidin），槲皮素，山奈酚，芦丁，槲皮素-3-O-β-D-葡萄糖苷，山奈酚-3-O-β-D-葡萄糖苷；香豆素类：东莨菪素，异白蜡树定，秦皮甲素，还含β-胡萝卜苷及精油。茎含α-香树脂醇乙酸酯，齐墩果乙酸酯，羽扇豆醇-3-羟基花生酸酯，β-谷甾醇及胡萝卜苷。根含强心成分：加拿大麻苷（cymarin），k-毒毛旋花子苷-β（k-strophanthin-β）和毒毛旋花子苷元（strophanthidin）及其苷类等；三萜类：α-香树脂醇，羽扇豆醇，羽扇豆醇乙酸酯；还含异槲皮苷，槲皮素，对-羟基苯乙酮，罗布麻宁（apocynine）等。

【功效主治】甘、苦，凉。平肝安神，清热利水。用于肝阳上亢，头晕目眩，心悸失眠，浮肿尿少。

【历史】《救荒本草》收载泽漆，一名漆茎，谓："苗高二三尺，科叉生。茎紫赤色，叶似柳叶，微细短。开黄紫花，状似杏花而瓣颇长。生时摘叶有白汁出……采嫩叶蒸过，晒干，做茶吃。"其文图与现今夹竹桃科植物罗布麻颇相似。

【附注】《中国药典》2010年版收载。

长春花

【别名】雁来红、日日新、四时春。

【学名】Catharanthus roseus (L.) G. Don
(Vinca roseus L.)

【植物形态】多年生直立草本或半灌木，高30～70cm，全株无毛；有水液。茎方形，有条纹。叶对生；叶片倒卵状长圆形，长3～4cm，宽1.5～2.5cm，先端圆形，有短尖头，基部渐狭成叶柄，叶脉在叶上面扁平，在下面略突起。聚伞花序顶生或腋生，有花2～3朵；花萼5深裂，裂片披针形；花冠高脚碟状，红色或白色，花冠筒圆筒形，内面有疏柔毛，喉部紧缩，有刚毛，花冠裂片5，倒卵形，先端具短尖，向左覆盖；雄蕊5，着生于花冠筒的上半部，花药内藏；花盘为2舌状腺体组成，与心皮互生而较长。蓇葖果2，直立，平行或略叉开，长约2.5cm，有纵纹和短粗毛。种子表面具颗粒状小瘤，无毛。花、果期7～9月。（图584）

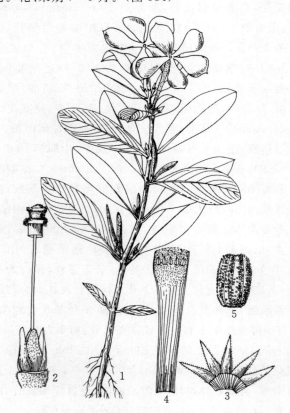

图584 长春花
1.植株 2.雌蕊和花盘 3.花萼展开 4.花冠筒展开 5.种子

【生长环境】栽培于公园或庭院。

【产地分布】山东境内各地公园、庭院常见栽培。我国西南、中南、华东、华北等地区有栽培。

【药用部位】全草：长春花。为民间药，又是提取抗癌药长春碱、长春新碱的原料。

【采收加工】夏、秋二季采割地上部分，晒干或鲜用。

【药材性状】全草长30～60cm，光滑无毛。根圆锥形。茎细长圆柱形；表面绿色或红褐色，有棱；折断面纤维性，髓部中空。叶对生，皱缩或破碎；完整叶片展平后呈倒卵状长圆形，长3～4cm，宽1～2cm；先端钝圆，具短尖，基部楔形，全缘或微波状；表面深绿色或绿褐色，羽状脉明显；叶柄短。枝端或叶腋有花，花冠高脚碟形，长约3cm，裂片5，淡红色或紫红色。偶见细长圆柱形蓇葖果2，种子多数。气微，味微苦。

以叶花多、色绿、味苦者为佳。

【化学成分】全草含生物碱：长春碱(vinblastine 或 vincaleukoblastine, VLB)，长春新碱(leurocristine, LCR；或 vincristine, VCR)，异长春碱(leurosidine 或 vinrosidine, VRD)，环氧长春碱(leurosine)，长春文碱(leurosivine)，派利文碱(perivine)，派利维定碱(perividine)，长春刀林宁碱(vindolinine)，派利卡林碱(pericalline)，长春质碱(catharanthine)，长春刀林碱(vindoline)，长春里定碱(vincolidine)，四氢鸡骨常山碱(tetrahydroalstonine)，roseine A、B、C、D、E、tetrahydroalstonine，阿马里新(ajmalieine)，vindorosine，4-deacetylvindoline，(-)-loehnericine，pseudotabersonine，(-)-coronaridin，vinamidine 等；还含正三十烷、二十五酸二十四烷酯，1-甲基二十四烷醇，二十八烷醇，熊果酸等。

【功效主治】微苦，凉。凉血降压，清心安神。用于肝阳上亢，火烫伤，消癥。

【历史】长春花始载于《植物名实图考》群芳类，云："长春花，柔茎，叶如指，颇光润。六月中开五瓣小紫花，背白。逐叶发小茎，开花极繁。结长角，有细黑子。自秋至冬，开放不辍，不经霜雪不菱，故名。"所述形态及附图与现今夹竹桃科植物长春花一致。

夹竹桃

【别名】柳叶树、柳叶桃。

【学名】Nerium indicum Mill.
(Nerium oleander L.)

【植物形态】常绿灌木，高达5m。枝条灰绿色，含水液，嫩枝条有棱，被微毛，老时毛脱落。叶通常3片轮生，茎下部叶对生；叶片窄披针形，长11～15cm，宽2～2.5cm，先端急尖，基部楔形，叶缘反卷，上面深绿色，无毛，下面浅绿色，有凹点，幼时有疏微毛，老时毛渐脱落，中脉在叶上面凹入，下面突出，侧脉纤细，密生而平行，每边多达120条，革质；叶柄扁平，基部稍宽，长5～8mm，叶柄内有腺体。聚伞花序顶生，花数朵，芳香；总花梗长约3cm，被微毛；花梗长0.7～1cm；苞片披针形，长7mm，宽1.5mm；花萼5深裂，红色，披针形，长3～4mm，宽1.5～2mm，外面无毛，内面基部有腺体；花冠漏斗状，直径约3cm，深红色或粉红色，也有白色或黄色，单瓣或重瓣；冠筒内面被长柔毛，喉部有宽鳞片状副花冠,先端撕裂,伸出喉部之外,花冠裂片倒卵形,长1.5cm,宽1cm;雄蕊着生于花冠筒中部以上,花丝短,有长柔毛;无花盘;心皮2,离生,被柔毛,花柱丝状,长7~8mm,柱头近圆球形,顶端凸尖,每心皮有胚珠多数。蓇葖果2,离生,平行或并连,长圆形,两端较窄,长10~23cm,直径0.6~1cm,绿色,无毛。种子长圆形,褐色,被锈色短柔毛,顶端具黄褐色绢质种毛,种毛长约1cm。花期几全年,夏、秋为最盛;果期一般在冬、春季,栽培者很少结果。(图585)

图585 夹竹桃
1.花枝 2.花冠展开,示雄蕊及副花冠 3.蓇葖果

【生长环境】栽培于公园、庭院。
【产地分布】山东境内各地有栽培。全国各省区均有栽培。
【药用部位】叶:夹竹桃叶;全株:夹竹桃。为民间药。
【采收加工】全年采收,晒干或鲜用。
【药材性状】叶呈狭披针形,长11~15cm,宽约2cm。先端急尖,基部楔形,全缘稍反卷。上面深绿色,下面淡绿色,主脉于下面凸起,侧脉细密而平行。叶柄长约5mm。厚革质而硬。气特异,味苦,有毒。
【化学成分】叶含强心苷及强心苷元:夹竹桃苷(oleandrin),16-去乙酰基去水夹竹桃苷(16-deacetyl anhydro oleandrin),欧夹竹桃苷乙(adynerin),Δ^{16}-去氢欧夹竹桃苷乙(Δ^{16}-dehydroadynerin), neriosid, nerigoside,欧夹竹桃苷元乙,奥多诺苷(odoroside)A、H,去乙酰欧夹竹桃苷丙,3β-hydroxy-5β-carda-8,14,20(22)-trienolid,3β-hydroxy-8,14-epoxy card-20(22)-enolid等;还含14α,16-dihydroxy-3-oxo-lactone-pregn-4-en-21-oic acid(16β,17α)。枝条含甾体类:16β,17β-环氧-12β-羟基-孕甾-4,6-二烯-3,20-二酮,12β-羟基-孕甾-4,6,16-三烯-3,20-二酮,20(S)21-二羟基-孕甾-3,12-二酮,3β,14β-二羟基-5β-强心甾-20(22)-烯;还含东莨菪内酯,对羟基苯乙酮,白桦脂酸,齐墩果酸。树皮含夹竹桃苷A、B、D、F、G、H、K,欧夹竹桃苷乙等;还含齐墩果酸,熊果酸,芦丁等。根含鸡蛋花素(plumericin)。
【功效主治】夹竹桃叶辛、苦、涩,温;有毒。补心利尿,祛痰,杀虫。用于虚脱,痫症;外用于指疔,斑秃,杀蝇。夹竹桃有毒。补心,利尿,发汗,祛痰,散瘀,止痛,解毒,透疹。用于哮喘,痫症,虚脱;杀蝇,灭孑孓。
【历史】夹竹桃始载于《花镜》,原名拘那夷。《植物名实图考》曰:"《李衍竹谱》夹竹桃自南方来,名拘那夷,又名拘挐儿,花红类桃,其根叶似竹而不劲。"所述形态及附图与植物夹竹桃基本一致。
【附注】本种在"Flora of China"6:102.2001.的拉丁学名为 Nerium oleander L.,国内极少用,本志将其列为异名。

络石

【别名】耐冬、白花藤、对叶藤。
【学名】Trachelospermum jasminoides (Lindl.) Lem. (Rhynchospermum jasminoides Lindl.)
【植物形态】常绿木质藤本,长达10m;全株具乳汁。茎圆柱形,有皮孔;嫩枝被黄色柔毛,老时渐无毛。叶对生;叶片椭圆形或卵状披针形,长2~10cm,宽1~4.5cm,上面无毛,下面被疏短柔毛,侧脉每边6~12条,革质或近革质;叶柄短。聚伞花序顶生或腋生,二歧;花白色,芳香;花萼5深裂,裂片线状披针形,顶部反卷,基部具10枚鳞片状腺体;花蕾顶端钝,花冠筒圆筒形,中部膨大,花冠裂片5枚,向右覆盖;雄蕊5枚,着生于花冠筒中部,腹部粘生在柱头上,花药箭头状,基部具耳,隐藏在花喉内;花盘环状5裂,与子房等长;子房由2个离生心皮组成,无毛,花柱圆柱状,柱头卵圆形。蓇葖果叉生,无毛,线状披针形。种子多数,褐色,线形,顶端具白色绢质种毛。花期3~7月;果期7~12月。(图586)
【生长环境】生于山野、山坡岩缝、溪边路旁、林缘或杂木林中,常缠绕于树上或攀援于墙壁、岩石上。
【产地分布】山东境内产于胶东山区;各公园及庭院有栽培。在我国除山东外,还分布于华东、中南、西南地区及河北、陕西、台湾等地。
【药用部位】带叶藤茎:络石藤。为常用中药。
【采收加工】冬季至次春采割茎叶,除去杂质,晒干。
【药材性状】茎圆柱形,弯曲,多分枝,长短不一,直径1~5mm;表面红褐色,有细小点状突起的皮孔及不定根,嫩枝被黄色柔毛;质硬,折断面纤维性,淡黄白色,

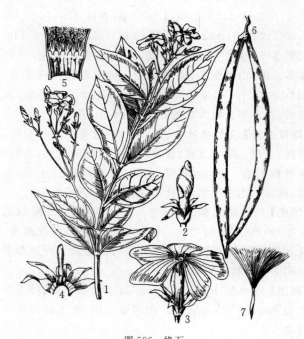

图586 络石
1.花枝 2.花蕾 3.花 4.花萼展开和雌蕊
5.花冠筒展开和雄蕊 6.蓇葖果 7.种子

常中空。叶对生,具短柄;完整叶片展平后呈椭圆形或卵状披针形,长2~9cm,宽1~4cm;先端渐尖或钝,有时微凹,全缘,略反卷;上表面暗绿色或棕绿色,下表面色较淡,叶脉羽状,下表面较清晰,稍凸起;革质,折断时可见白色绵毛状丝。气微,味微苦。

以枝红嫩、叶绿、无老枝者为佳。

【化学成分】茎藤含木脂素类:牛蒡苷(arctiin),络石藤苷(tracheloside),去甲络石藤苷(nortracheloside),穗罗汉松树脂酚苷(matairesinoside),穗罗汉松树脂酚(matairesinol),牛蒡苷元(arctigenin),络石藤苷元(trachelogenin),去甲络石藤苷元(nortrachelogenin),去甲络石藤苷元-8-O-β-D-葡萄糖苷,去甲络石藤苷元5′-C-β-葡萄糖苷,去甲络石藤苷元-8′-O-β-葡萄糖苷,tanegoside A、B;黄酮类:芹菜素,芹菜素-7-O-新橙皮糖苷,芹菜素-7-O-β-D-葡萄糖苷,芹菜素-6,8-二-C-β-D-葡萄糖苷,5,7,4′-三羟基-3′-甲氧基黄酮,槲皮苷,木犀草苷,柚皮苷,大豆苷等;三萜类:络石苷(trachelosperoside)F、B-1、D-1、E-1,络石苷元(trachelosperogenin)B,3β-O-β-D-glucopyranoside quinovic acid,3β-O-β-D-glucopyranoside quinovic acid-27-O-β-D-glucopyranosyl ester,3β-O-β-D-glucopyranoside cincholic acid-27-O-β-D-glucopyranosyl ester;还含猕猴桃紫罗兰酮苷(actinidioionoside),络石藤紫罗兰酮苷(tracheloionoside),东莨菪素,橡胶肌醇(dambonitol),苯甲醇葡萄糖苷,阿魏酸钠,4-二甲基庚二酸,水杨酸,香草酸等。茎叶含生物碱:冠狗牙花定碱(coronaridine),狗牙花任碱(conoflorine),伏康京碱(voacangine),伏康(vo-basine),19-表伏康任碱(19-epivoacangarine),白坚木辛碱(apparicine),山辣椒碱(tabernaemontanine)等;还含络石藤紫罗兰酮苷,玫瑰苷(roseoside),淫羊藿苷B_5(icariside B_5),猕猴桃紫罗兰酮苷等。叶含芹菜素,木犀草素,芹菜素-7-O-葡萄糖苷,芹菜素-7-O-龙胆二糖苷(apigenin-7-O-gentiodioside),芹菜素-7-O-新橙皮糖苷(apigenin-7-O-neohesperidoside),异槲皮苷,柚皮苷,木犀草素-7-O-葡萄糖苷,木犀草素-7-O-龙胆二糖苷等。全株尚含三萜类:β-香树脂醇,β-香树脂醇乙酸酯,羽扇豆醇,羽扇豆醇乙酸酯;甾醇类:豆甾醇,β-谷甾醇,菜油甾醇等。

【功效主治】苦,微寒。祛风通络,凉血消肿。用于风湿热痹,筋脉拘挛,腰膝酸痛,喉痹,痈肿,跌打损伤。

【历史】络石始载于《神农本草经》,列为上品,一名石鲮。《名医别录》载:"生太山川谷,或石山之阴,或高山岩石上,或生人间,正月采。"《新修本草》云:"此物生阴湿处,冬夏长青,实黑而圆,其茎蔓延,绕树石侧。"《本草纲目》曰:"络石贴石而生,其蔓折之有白汁,其叶小于指头,厚实木强,面青背淡,涩而不光,有尖叶、圆叶二种,功用相同。盖一物也。"《植物名实图考》名白花藤,曰:"江西广饶极多,蔓延墙垣……叶光滑如橘,凌冬不凋。开五瓣白花,形如万字。"并附图。本草所述生境、形态及附图与植物络石基本一致。

【附注】《中国药典》2010年版收载。

石血

【别名】络石藤、白花藤、爬山虎。

【学名】Trachelospermum jasminoides(Lindl.)Lem. var. heterophyllum Tsiang

【植物形态】常绿木质藤本;全株具乳汁。茎皮褐色或红褐色;茎枝以气生根攀援于树木、岩石或墙壁上。异型叶,对生;叶片通常披针形,营养枝常见对生狭披针形叶,稀为椭圆形或卵形,长4~8cm,宽0.5~3cm。聚伞花序;花萼5深裂,裂片长圆形;花冠白色,高脚碟状,冠筒中部膨大,5裂;花药箭头形,基部具耳;花盘环状5裂,显著短于子房;花柱细长线形,柱头倒圆锥形,顶端膨大成盘状,边缘不整齐。蓇葖果双生,线状披针形,长约17cm,宽约8mm。种子线状披针形,顶端具白色种毛,长约4cm。花期7~9月;果期8~10月。(图587)

【生长环境】生于山野岩石上或攀援于墙壁或树上。

【产地分布】山东境内产于崂山、牙山、泰山、沂山、蒙山、济南、枣庄等各山地丘陵。我国除山东外,还分布于河北、陕西、甘肃、宁夏、安徽、江苏、浙江、四川、贵州等地。

【药用部位】带叶茎藤:络石藤。为络石藤北方地区的

图 587 石血

习用品。产区与络石等同收购,在商品药材中占较大比例。

【采收加工】秋季采收,扎把,晒干。

【药材性状】茎藤细长圆柱形,弯曲,多分枝,缠绕或切成段,直径 2~5mm;表面红褐色或棕褐色,有点状皮孔及微细纵皱纹;枝条和节上均生有密集的气生根,气生根呈点状或细丝状,老枝气生根呈胡须状,嫩枝被毛;节稍膨大,具对生的叶痕;质硬,折断面浅黄白色,不整齐,栓皮薄,棕褐色,皮部有白色细长纤维露出,髓部常中空。叶对生,具短柄;完整叶片展平后呈披针形或狭披针形,稀为椭圆形或卵形,长 4~8cm,宽 0.5~2.5cm;全缘;上表面暗绿色,下表面色较淡,微具光泽;革质,韧性,折断面有白色纤维状物。有时可见双生的蓇葖果。气微,味淡、微苦。

以枝嫩、叶多、色绿者为佳。

【化学成分】全株含牛蒡酚-4′-O-β-龙胆二糖苷(arctigenin-4′-O-β-gentiobioside),β-络石苷 II_A、II_B,后两者互为异构体。

【功效主治】苦,微寒。祛风通络,凉血消肿。用于风湿热痹,筋脉拘挛,腰膝酸痛,喉痹,痈肿,跌打损伤。

【历史】石血始载于《新修本草》络石条下,云:"若在石间者,叶细厚而圆短……俗名耐冬,南山人谓之石血。"《本草拾遗》谓:"若呼石血为络石,殊误尔。石血叶尖,一头赤。"《蜀本草》亦云:"生木石间,凌冬不凋,叶似细橘,蔓延木石之阴,茎节著处即生根须,包络石傍,花白子黑"。《本草纲目》曰:"有尖叶、圆叶二种,功用相同。"所述形态与夹竹桃科植物石血基本一致。

【附注】本变种在"Flora of China"16:167,1995 中被并入络石。但石血茎、枝条及节上均密生气根,攀援树木、岩石和墙壁,异型叶;络石则无气生根,叶非异型。本志采用《中国植物志》的分类,仍将二者分别收载。

萝藦科

合掌消

【别名】黄绿合掌消。

【学名】Cynanchum amplexicaule (Sieb. et Zucc.) Hemsl.
(Vincetoxicum amplexicaule Sieb. et Zucc.)

【植物形态】多年生直立草本,高 30~60cm,光滑无毛;具乳汁。根须状,丛生,表面土黄色。叶对生;叶片椭圆形、宽椭圆形或近长圆形,长 2~6cm,宽 1.2~4cm,先端急尖,基部下延成短耳状,近抱茎,全缘,两面淡绿色。多歧聚伞花序顶生及腋生,花小,黄绿色;花萼 5 裂,裂片披针形,有缘毛;花冠裂片 5,披针形,里面被柔毛;副花冠 5 裂,具有肉质小片;花粉块每室 1 个,下垂,花药顶端具膜片;子房上位,心皮 2,离生。蓇葖果常单生,角状披针形,长 5~6cm,直径 6~8mm,先端长渐尖,基部稍狭。种子褐色,扁卵形,长 6~7mm,宽约 3mm,种毛白色绢质。花期 6~7 月;果期 7~9 月。(图 588)

图 588 合掌消
1.花枝 2.根 3.蓇葖果 4.种子

【生长环境】生于海滨沙滩、山坡草地或田边。

【产地分布】山东境内产于蓬莱、莱州、招远等地。我国除山东外,还分布于黑龙江、辽宁等地。

【药用部位】根及全草：合掌消。为民间药。

【采收加工】夏季采收全草，除去杂质，晒干或鲜用。秋季挖根，洗净，晒干。

【药材性状】根茎粗短，圆柱形结节状；表面灰棕色，上面有圆形凹陷的茎痕或残存茎基，下面簇生多数细长的根。根长约20cm，直径不及1mm，弯曲；表面黄棕色，具细纵纹；质较脆，易折断，断面平坦。气特异，味微苦。

【化学成分】根含白前苷元(glaucogenin)B，白前苷元-C-单-D-黄花夹竹桃糖苷(glaucogenin-C-mono-D-thevetoside)等。根茎含4-甲基苯甲酸，香草酸，丁香酸，芥子酸(sinapic acid)，琥珀酸，丁香脂素，(—)-lyoniresinol, descurainin, saropeptate, 3α-O-β-D-glucopyranoside，正丁基-β-D-吡喃果糖苷，香草醛，丁香醛，5-羟甲基糠醛，β-谷甾醇，华北白前醇(hancockinol)，5-羟甲基糠醛，胡萝卜苷等。

【功效主治】微苦，平。清热，祛风湿，消肿解毒。用于脘腹疼痛，泄泻，黄疸，风湿痹痛，偏头痛，便血，痈肿湿疹。

【历史】《植物名实图考》收载合掌消，云："江西山坡有之。独茎脆嫩如景天。叶本方末尖，有疏纹；面绿，背青白；附茎攒生，四面对抱，有如合掌，故名。秋时梢头发细枝，开小紫花，五瓣，绿心，子繁如罂粟粒。根有白汁，气臭。"据所述形态（花紫色）及附图，原植物应为合掌消的变种紫花合掌消，而合掌消的花为黄绿色。

附：紫花合掌消

紫花合掌消 var. castaneum Makino，与合掌消的主要区别是：花紫色，干燥根甜而不苦，故称甜胆草。药用同原种。

白薇

【别名】瓢儿瓜（昆嵛山）、大瓜蒌（莱阳）、山瓜拉瓢。

【学名】Cynanchum atratum Bge.

【植物形态】多年生草本，高40～80cm；具乳汁。根须状，丛生，表面棕黄色，有香气。茎直立，通常不分枝，中空，表面密被灰白色柔毛。叶对生；叶片卵形或卵状长圆形，长4～10cm，宽3～6cm，先端渐尖或急尖，基部楔形或近圆形，全缘，上面绿色，下面淡绿色，两面均被白色绒毛，叶下面尤甚；叶柄长3～8mm。伞房状聚伞花序，无总梗；有花8～10朵，簇生于茎节四周；花深紫色，直径约1cm；花萼5裂，裂片披针形，外面被柔毛，内面基部有5小腺体；花冠辐状，直径约1cm，5裂至中部，裂片卵状长圆形，外被短柔毛；副花冠5裂，与合蕊柱近等长；花粉块每室1个，下垂；子房上位，心皮2枚，略连合，柱头扁平。蓇葖果常单生，长角状，长5～9cm，直径0.8～1.2cm。种子多数，扁卵形，有白色绢质种毛。花期5～7月；果期8～10月。（图589）

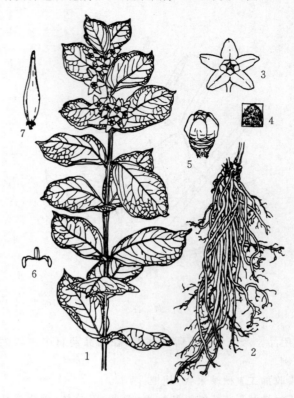

图589 白薇
1.花枝 2.根 3.花 4.部分花冠裂片放大，示外被柔毛
5.合蕊柱和副花冠 6.花粉器 7.蓇葖果

【生长环境】生于山坡或林边草地。

【产地分布】山东境内产于各山区，以崂山、昆嵛山、蒙山、泰山等地较多。在我国除山东外，还分布于东北地区及河北、河南、山西、江苏、四川、江西、湖南、湖北、云南、广东、广西、福建等地。

【药用部位】根及根茎：白薇。为常用中药。

【采收加工】早春或晚秋挖取根部，洗净晒干。

【药材性状】根茎多弯曲，粗短，有结节，直径0.5～1.2cm；顶端有数个圆形凹陷的茎痕或短茎基，下方及两侧簇生多数须根。根圆柱形，略弯，形似马尾，长5～35cm，直径1～2mm；表面黄棕色至棕色，具细纵皱纹或平滑；质脆，易折断，断面平坦，皮部发达，黄白色至淡黄棕色，木部小，黄色。气微，味微苦。

以根粗长、条匀、色黄棕、味苦者为佳。

【化学成分】根及根茎含含直立白薇苷(cynatratoside)A、B、C、D、E、F，直立白薇新苷(atratoside)A、B、C、D，白前苷(glaucoside)C、H，白前苷元(glaucogenin)A，白前苷元C-3-O-α-D-吡喃夹竹桃糖基-(1→4)-β-D-吡喃洋地黄毒糖基-(1→4)-α-D-吡喃夹竹桃糖苷，2,4-二羟基苯乙酮，2,6-二羟基苯乙酮，4-羟基苯甲醇，苯甲酸，棕榈酸，β-香树酯醇乙酸酯，β-谷甾醇，β-胡萝卜苷及挥发油等。

【功效主治】苦、咸,寒。清热凉血,利尿通淋,解毒疗疮。用于温邪伤营发热,阴虚发热,骨蒸劳热,产后血虚发热,热淋,血淋,痈疽肿毒。

【历史】白薇始载于《神农本草经》,列为中品。《本草经集注》云:"根状似牛膝而短小尔。"《本草图经》曰:"茎叶俱青,颇类柳叶,六七月开红花,八月结实,根黄白色类牛膝而短小。"并附滁州白薇图。其中"颇类柳叶"的白薇,可能系指柳叶白前 C. stauntonii,但其附图却似白薇 C. atratum。《救荒本草》指出白薇"颇类柳叶而阔短",其附图和《植物名实图考》附图与现今植物白薇基本一致。

【附注】《中国药典》2010 年版收载。

牛皮消

【别名】耳叶牛皮消、飞来鹤、老牛冻,隔山消。

【学名】Cynanchum auriculatum Royle ex Wight

【植物形态】蔓生半灌木;全株具乳汁。根肥厚,类圆柱形,表面黑褐色,断面白色。茎基部木质化,表面具微细纵条纹,中下部被微柔毛。叶对生;叶片心形至卵状心形,长 4~12cm,宽 3~10cm,先端短渐尖,基部深心形,两侧呈耳状内弯,全缘,上面深绿色,下面灰绿色,被微毛;叶柄长 3~9cm。聚伞花序伞房状,腋生;总花梗圆柱形,长 10~15cm,有花约 30 朵;花萼近 5 全裂,裂片卵状长圆形,反折;花冠辐状,5 深裂,裂片反折,白色,内具疏柔毛;副花冠浅杯状,裂片椭圆形,长于合蕊柱,在每裂片内面的中部有 1 个三角形的舌状鳞片;雄蕊 5,着生于花冠基部,花丝连成筒状,花药 2 室,附着于柱头周围,每室有黄色花粉块 1 个,长圆形,下垂;雌蕊由 2 个分离心皮组成,柱头圆锥状,顶端 2 裂。蓇葖果双生,基部较狭,中部圆柱形,上部渐尖,长约 8cm,直径 1cm。种子卵状椭圆形至倒楔形,边缘具狭翅,顶端有 1 簇白色绢毛。花期 6~9 月;果期 7~10 月。(图 590)

【生长环境】生于山坡岩石缝、灌丛、路旁、墙边、河流或水沟边潮湿地。有栽培。

【产地分布】山东境内产于新泰、泰安、临沂等地。在我国分布于华东、中南地区及河北、陕西、甘肃、台湾、四川、贵州、云南等地。江苏滨海县已有 100 余年的栽培历史。

【药用部位】块根:白首乌。为较常用中药。

【采收加工】春初或秋季采挖块根,洗净泥土,除去残茎和须根,晒干,或趁鲜切片晒干。鲜品随采随用。

【药材性状】块根长圆柱形、长纺锤形或结节状圆柱形,稍弯曲,长 7~15cm,直径 1~4cm。表面淡黄棕色或浅棕色,有明显的纵皱纹及横长皮孔,栓皮可成片脱落,脱落处土黄色或浅黄棕色,具网状纹理。质坚硬,

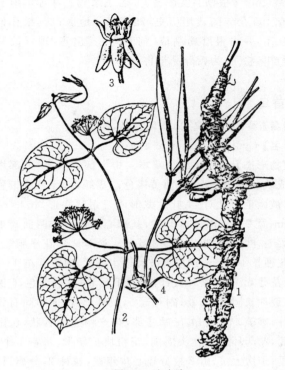

图 590 牛皮消
1. 根 2. 花枝 3. 花 4. 果枝

断面类白色,粉性,有鲜黄色放射状纹理。气微,味微甜而后苦。

以块大、色黄棕、粉性足者为佳。

【化学成分】块根含 C_{21} 甾体:隔山消苷(wilfoside) C_3N、C_1N、C_1G、K_1N,牛皮消苷即白首乌苷(cynauricuoside) A、B、C,牛皮消新苷即白首乌新苷(cynanauriculoside) A、B,萝藦苷元(metaplexigenin),12-O-桂皮酰基去酰萝藦苷元(kidjoranin),开德苷元(kidjolanin),青阳参苷元(qingyangshengenin),去酰基萝藦苷元(deacetylmetaplexigenin),告达亭(caudatin),告达亭-3-O-β-D-吡喃洋地黄毒糖苷,告达亭-3-O-β-D-加拿大麻糖基-(1→4)-β-D-加拿大麻糖苷;苯乙酮类:2,4-二羟基苯乙酮(2,4-dihydroxyacetophenone),对-羟基苯乙酮,4-羟基-3-甲氧基苯乙酮,白首乌二苯酮(baishouwubenzophenone);三萜类:蒲公英醇乙酸酯、β-香树脂醇乙酸酯,齐墩果酸;还含奎乙酰苯(acetylquinol),3-羟基-4-甲氧基苯甲酸,东莨菪内酯,β-谷甾醇,胡萝卜苷,氨基酸及无机元素磷、钾、铜、锆、硒等。

【功效主治】甘、苦,微温。补肝肾,强筋骨,益精血,止心痛。用于阴虚所致的头昏眼花,腰膝酸软,失眠健忘,须发早白,筋骨不健,胸闷心痛。

【历史】牛皮消始载于《救荒本草》。日本松村任三《植物名汇》等曾考证其为 Cynanchum caudatum Maxim.,但此植物仅产于日本及库页岛,我国尚未见分布。《中国植物志》第 63 卷将其考证为 C. auriculatum Royle ex Wight。《植物名实图考》又名飞来鹤。江苏滨海县已有100余年的栽培历史,江苏部分地区以其根作何首乌用,并将根磨粉制成"何首乌粉"出售,现已改称"白首乌粉"作为营养品销售。

白首乌

【别名】泰山何首乌、山东何首乌、何首乌。

【学名】Cynanchum bungei Decne.

【植物形态】多年生缠绕草本。根上部细长,中下部增大成块状或纺锤形,表面黄褐色。茎纤细,绿色或带紫色,被微毛。叶对生;叶片戟形或三角状心形,长3.5~10cm,宽2~5cm,先端渐尖,基部心形,全缘,两面疏被短柔毛;叶柄纤细,长1~3.5cm。伞形聚伞花序腋生,总花梗长1~2cm,顶端有披针形小苞片,通常有花6~8朵;花萼5深裂,裂片披针形,向下反卷;花冠白色,5深裂,裂片长圆形,反卷;副花冠5,披针形,内面中间有舌状片;雄蕊5,着生在花冠基部,花丝相连成管状,包围雌蕊,花药环生在柱头周围,花粉块长卵形,每室1个,下垂;子房上位,由2枚分离心皮组成,花柱2,分离,柱头连合,基部五角状,顶端全缘。蓇葖果单生或双生,长角状圆柱形,基部狭,中部粗,先端长渐尖,长7~9cm,直径0.8~1cm,有细纵纹。种子扁卵形,褐色,有白色绢质种毛。花期6~7月;果期8~9月。(图591)

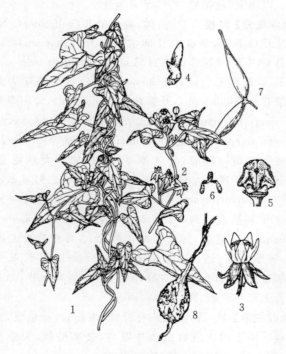

图591 白首乌
1.植株一部分 2.花枝 3.花 4.副花冠裂片侧面观
5.合蕊柱 6.花粉器 7.蓇葖果 8.块根

【生长环境】生于山坡石缝、土壤较肥沃的林边或林下。

【产地分布】山东境内产于泰山、济南、历城、章丘、长清等地。在我国除山东外,还分布于辽宁、内蒙古、河北、河南、山西、陕西、甘肃等地。

【药用部位】块根:白首乌。为较常用中药。泰山四大名药之一。

【采收加工】春初或秋末采挖,除去外皮,晒干,或趁鲜切片,晒干。

【药材性状】块根纺锤形或不规则团块,长3~10cm,直径1.5~4cm。表面类白色,多沟纹,凹凸不平,并有横向皮孔样疤痕及须根痕。质坚硬而脆,易折断,断面类白色,略平坦。切片大小不一,切面类白色,粉性,有黄色稀疏放射状纹理及裂隙。气微,味微甜、苦。

以块大、色白、粉性足者为佳。

【化学成分】根含苯乙酮类:戟叶牛皮消苷(bungeiside)A,B,C,D,4-羟基苯乙酮,2,4-二羟基苯乙酮,白首乌二苯酮;C_{21}甾体:牛皮消新苷Ⅰ、Ⅱ,萝藦苷元,开德苷元,taiwannoside D, auriculoside Ⅰ、Ⅱ、Ⅲ、Ⅳ,白首乌苷A、B、C,隔山消苷CN、C_1G、C_1N、KN,告达亭,告达亭-3-O-β-D-吡喃洋地黄毒糖苷,告达亭-3-O-β-D-吡喃夹竹桃糖基-(1→4)-β-D-吡喃加拿大麻糖苷,告达亭-3-O-α-L-吡喃加拿大麻糖基-(1→4)-β-D-吡喃夹竹桃糖基-(1→4)-β-D-吡喃加拿大麻糖苷;三萜类:蒲公英醇乙酸酯,β-香树脂醇乙酸酯,白桦脂酸;还含布卢门醇(blumenol)A,左旋春日菊醇(leucanthemitol),甘草苷元-7-O-葡萄糖苷,丁二酸,琥珀酸,壬二酸,奎乙酰苯,十六烷酸甘油酯,胡萝卜苷及磷脂类。

【功效主治】甘、苦,微温。补肝肾,强筋骨,益精血。用于肝肾不足,腰膝酸软,失眠,健忘。

【历史】何首乌见于唐·李翱著《何首乌录》。《开宝本草》载:"有赤、白二种",赤者指蓼科何首乌,白者可能指白首乌。《本草图经》曰:"春生苗……叶叶相对如薯蓣而不光泽。夏秋开黄白花……雌者苗黄白,雄者黄赤。"李中梓谓:"白者入气,赤者入血,赤白合用,气血交培"。《本草纲目》收载的以何首乌为主的补益方,均按赤白各半的原则配伍,可见自古何首乌就有赤白之分和赤白合用的传统。经考证,古代白首乌原植物似主为萝藦科牛皮消属的耳叶牛皮消,而戟叶牛皮消在山东民间已有较长的药用历史,并特称泰山白首乌。

【附注】《中国药典》1977年版、《山东省中药材标准》2002年版收载。

鹅绒藤

【别名】羊角秧、瓢瓢藤。

【学名】Cynanchum chinense R. Br.

【植物形态】多年生缠绕草本,全株被柔毛;具乳汁。主根细圆柱形,长约20cm,直径约5cm,干后灰黄色。

叶对生；叶片心形或长卵状心形，长3～8cm，宽2～6cm，先端锐尖，基部心形，全缘，上面深绿色，下面苍绿色，两面均被短柔毛，脉上较密；叶柄长1.5～4.5cm。伞形二歧聚伞花序腋生，有花多数；花柄和花萼外面被毛；花萼5裂，裂片卵状三角形；花冠白色，5裂，裂片长圆状披针形，先端钝；副花冠杯状，上端裂成10个丝状体，分两轮，外轮与花冠裂片近等长，内轮稍短；花粉块长卵形，每室1个，下垂；子房上位，柱头略突起，顶端2裂。蓇葖果双生或仅有1个发育，细圆柱形，先端渐尖，长8～10cm，直径4～6mm，表面有细纵纹。种子扁矩圆形，长约5mm，白色绢质种毛长约3cm。花期6～8月；果期8～10月。（图592）

图592　鹅绒藤
1.花枝 2.花 3.花冠展开 4.花萼展开 5.副花冠
6.雌蕊 7.花粉器 8.蓇葖果 9.种子

【生长环境】生于荒野、山坡、沙滩、田埂或路边。
【产地分布】山东境内产于各地。在我国除山东外，还分布于辽宁、河北、河南、山西、陕西、宁夏、甘肃、江苏、浙江等地。
【药用部位】全草：鹅绒藤。为民间药和蒙药。
【采收加工】夏季采收带根全草，洗净，晒干或鲜用。
【药材性状】全草卷曲，灰绿色或绿色。根圆柱形，长约20cm，直径5～8mm。表面灰黄色，平滑或有细皱纹，栓皮易剥落，剥落处显灰白色。质脆，易折断，断面不平坦，黄色，中空。茎长圆柱形，缠绕，断面中空。单叶对生，宽三角状心形，两面疏被短毛；纸质。聚伞花序，花冠白色。蓇葖果2或1个，内有具白色种毛的种子。气微，味淡。

【化学成分】地上部分含黄酮类：7-O-α-L-鼠李吡喃糖基-山柰酚-3-O-α-L-鼠李糖苷，7-O-α-L-鼠李吡喃糖基-山柰酚-3-O-β-D-葡萄糖苷，7-O-α-L-鼠李吡喃糖基-山柰酚-3-O-β-D-葡萄吡喃糖基（1→2）-β-D-葡萄糖苷，山柰苷；三萜类：20R-n-butylpregn-5-en-3β-ol，羽扇豆醇，羽扇醇正己酸酯（lupeol caproate），羽扇醇乙酸酯（1upeol acetate）；还含β-谷甾醇，胡萝卜苷，正甘四烷酸，正三十三烷醇，正三十八烷，十四烷酸甘油酯，二十八烷醇等。

【功效主治】苦，寒。祛风解毒，健胃止痛。用于小儿疳积。乳汁用于赘疣。

竹灵消

【别名】大羊角瓢（临沂）、瓢儿瓜（昆嵛山）、白前。
【学名】Cynanchum inamoenum (Maxim.) Loes.
(Vincetoxicum inamoenum Maxim.)
【植物形态】多年生草本；具乳汁。根须状，土黄色。茎圆柱形，高30～50cm，基部多分枝，干后中空。叶对生；叶片卵形或卵状披针形，长3～8cm，宽1.8～4.5cm，先端尖，基部圆形或近心形，全缘，叶脉及叶缘疏被短柔毛；有柄。伞形状聚伞花序，顶生或腋生，有花数朵；花萼5裂，裂片披针形；花冠黄色或黄绿色，5裂，裂片卵状披针形；副花冠厚肉质，5裂，裂片三角形；花药环生于雌蕊周围，顶端有1白色圆形膜片，花粉块每室1个，下垂；雌蕊由2枚分离心皮组成，柱头扁平，基部五角状。蓇葖果双生，稀单生，角状狭披针形，先端渐尖，长4.5cm，直径4～5mm，成熟时沿一侧开裂。种子广卵形，褐色，顶端有白绢质种毛。花期5～6月；果期7月。（图593）

【生长环境】生于山坡阔叶林下、林缘或较阴湿的沟边。
【产地分布】山东境内产于各山区，以泰山、崂山、昆嵛山、蒙山较多。在我国除山东外，还分布于辽宁、河北、山西、安徽、浙江、湖北、湖南、陕西、甘肃、四川、贵州、西藏等地。
【药用部位】根及根茎：老君须。为民间药。
【采收加工】秋季采挖，除去茎叶，洗净，晒干。
【药材性状】根茎粗短，略呈块状，多分枝，长1.5～3cm，直径0.5～1cm；上端有密集的茎痕或残留茎基，下端丛生须根。根细长圆柱形，多弯曲，长10～15cm，直径1～1.5mm；表面黄棕色，稍有皱纹；质脆，易折断，断面略平坦，黄白色，中央有细小黄色木心。气微，味淡。

【化学成分】根含直立白薇苷A、C、E，白前苷元C，2,4-二羟基苯乙酮，对-羟基苯乙酮，β-谷甾醇，胡萝卜苷，罗

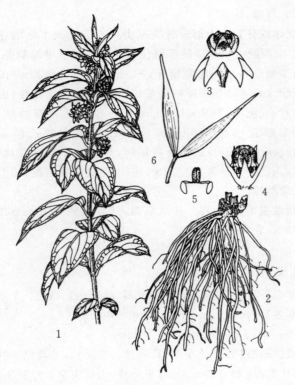

图593 竹灵消
1.花枝 2.根 3.花 4.除去花冠,示花萼及合蕊柱
5.花粉器 6.蓇葖果

布麻宁(apocynin)等。

【功效主治】辛,平。补肾,健脾,解毒,镇咳祛痰。用于虚劳久咳,浮肿,白带,月经不调,瘰疬,疮疥。

附：华北白前

华北白前 Cynanchum hancockianum (Maxim.) Al. Iljin.，与竹灵消的主要区别是：茎通常单一,疏被柔毛。叶片卵状披针形,先端渐尖,叶脉、叶缘疏被短毛；花冠紫红色。全省各山区有少量分布。根含白前苷元A、C,华北白前苷元(hancogenin)B,华北白前苷(hancoside)A,华北白前新苷(neohancoside)A、B,华北白前醇(hancockinol),新白前醇(hancoluperol),新白前酮(hancolupenone),新白前醇二十八烷酸酯(hancolupenol octacosanate),咖啡酸,琥珀酸,槲皮素-7-O-α-L-鼠李糖苷,直立白薇苷A及7-去甲氧基异娃儿藤碱(7-demethoxytylophorine)等。药用同竹灵消。

徐长卿

【别名】透骨草、铜锣草、细辛(蒙阴)。

【学名】Cynanchum paniculatum (Bge.) kitag. (Asclepias paniculata Bge.)

【植物形态】多年生直立草本,高40~70cm；具乳汁。根须状,较细,丛生于短根茎上,表面土黄色或棕黄色,有特殊香气。茎通常不分枝,无毛。叶对生；叶片线状披针形或线形,长4~13cm,宽0.3~1.2cm,先端渐尖,基部渐狭,边缘有时稍反卷,表面深绿色,背面淡绿色,两面无毛,质较厚；近无柄或有短柄。圆锥状聚伞花序顶生于叶腋；苞片小,披针形；花萼5深裂,裂片披针形；花冠黄绿色,5深裂,裂片三角状卵形,向外反卷；副花冠黄色,裂片基部增厚；雄蕊5,连合成管状；子房上位,花柱短,柱头五角形,顶端略突起。蓇葖果常单生,披针状圆柱形,长5.5~6.5cm,直径5~6mm,先端渐尖,基部稍狭。种子多数,扁长圆形,黑褐色,顶端丛生白绢质种毛。花期6~7月；果期8~9月。(图594,彩图54)

图594 徐长卿
1.植株全形 2.去花冠,示花萼、副花冠及合蕊柱
3.合蕊柱 4.花粉器 5.蓇葖果

【生长环境】生于山坡林边草丛中。

【产地分布】山东境内产于各山地丘陵,并有栽培。在我国除山东外,还分布于东北、华北、华东、华中、华南等地区。

【药用部位】根及根茎：徐长卿,有时商品药材为全草。为常用中药。山东道地药材。

【采收加工】夏、秋二季采收,根及根茎洗净,晒干；全草晒至半干,扎把后阴干。

【药材性状】根茎呈不规则柱状,有盘节,长0.5~3.5cm,直径2~4mm；有的顶端带有圆柱形残茎,长1~2cm,直径1~2mm,断面中空。根簇生于根茎节处,细长圆柱状,弯曲,长10~16cm,直径1~1.5mm；

表面淡黄白色、淡黄棕色或棕色，具微细纵皱纹，并有纤细须根；质脆，易折断，断面粉性，皮部类白色或黄白色，形成层环纹淡棕色，木部细小。气香，味微辛、凉。

以须根多、淡黄白、香气浓、味辛者为佳。

全草带有根及根茎。茎单一或少有分枝，长20～60cm，直径1～2mm；表面淡黄绿色，基部略带淡紫色，具细纵纹；质稍脆，折断面纤维性，中空。叶对生，常扭曲；完整叶片展开后呈线状披针形或线形，长4～12cm，宽0.3～1cm；先端渐尖，边缘有时反卷；表面深绿色，下面淡绿色；具短柄或几无柄。质脆，易碎。气香，味微辛、凉。

以根多、色淡黄白、茎叶少、气味浓者为佳。

【化学成分】根及根茎含挥发性成分：主为丹皮酚和对羟基苯乙酮；C_{21}甾体：新徐长卿苷（neocynapanoside），$3\beta,14$-dihydroxy-14β-pregn-5-en-20-one，白前苷元A、C、D、F，白前苷元C-3-O-β-D-吡喃黄花夹竹桃糖苷，白前苷元C-3-O-β-D-吡喃夹竹桃糖苷，白前苷元C-3-O-β-D-加拿大麻糖基-(1→4)-β-D-吡喃夹竹桃糖苷，新白薇苷元（neocynapanogenin）F，新白薇苷元F-3-O-β-D-吡喃夹竹桃糖苷，新白薇苷元D-3-O-β-D-吡喃加拿大麻糖基-(1→4)-β-D-吡喃夹竹桃糖苷，新白薇苷元C-3-O-β-D-吡喃夹竹桃糖糖苷，新白薇苷元D-3-O-β-D-吡喃夹竹桃糖苷，新白薇苷元E-3-O-β-D-吡喃夹竹桃糖苷，20-羟基-4,6-孕甾-3-酮，$3\beta,14\beta$-二羟基-14β-孕甾-5-烯-20-酮A等；苯乙酮类：白首乌二苯酮，4-羟基苯乙酮，2,4-二羟基苯乙酮；多糖：葡聚糖CPB-1、2，阿拉伯半乳聚糖CPB-64，杂多糖CPB-4、54、SⅡ、$CPWD_3$。全草含丹皮酚，异牡丹酚，直立白薇苷B，徐长卿苷（cynapanoside）A、B、C，三十烷，十六烯，硬脂酸癸酯（decyl stearate），β-谷甾醇，$3\beta,14\beta$-二羟基孕甾-5-烯-20酮，赤藓醇（erythritol）等。

【功效主治】辛，温。祛风，化湿，止痛，止痒。用于风湿痹痛，胃痛胀满，牙痛，腰痛，跌扑损伤，风疹，湿疹。

【历史】徐长卿始载于《神农本草经》，列为上品，名鬼督邮。《新修本草》曰："此药叶似柳，两叶相当，有光润，所在川泽有之。根如细辛，微粗长而有臊气。"《蜀本草》云："苗似小麦，两叶相对，三月苗青，七月、八月着子似萝摩子而小，九月苗黄，十月凋，生下湿川泽之间，今所在有之，八月采，日干。"《本草图经》谓："生太山山谷及陇西。今淄、齐、淮、泗间亦有之。"所述形态说明古今所用徐长卿原植物基本一致。

【附注】《中国药典》2010年版收载。

地梢瓜

【别名】老瓜瓢、羊奶草、地瓜瓢、羊不奶棵。

【学名】Cynanchum thesioides (Freyn) K. Schum.

(Vincetoxicum thesioides Freyn)

【植物形态】多年生直立草本，高20～40cm，全株密被灰黄色短柔毛；具乳汁。地下茎横生。茎圆柱形，自基部多分枝。叶对生；叶片线形或线状披针形，长3～7.5cm，宽2～5mm，先端尖，基部楔形，全缘，叶缘稍反卷，上面绿色，下面淡绿色，中脉于下面隆起，两面密被灰黄色短柔毛；有短柄。伞状聚伞花序腋生，总花梗长2～5mm；花萼5深裂，裂片披针形，外面被柔毛；花冠钟形，黄白色或绿白色，5深裂，裂片长圆状披针形；副花冠杯状，5裂，裂片三角状披针形，长于合蕊柱；花粉块每室1个，下垂。蓇葖果纺锤形，先端渐尖，长3～6.5cm，直径1～1.5cm，表面有细纵纹，被灰黄色柔毛。种子褐色或红褐色，扁卵圆形，长6～7mm，宽4～5mm，白绢质种毛长约2cm。花期5～8月；果期8～10月。(图595)

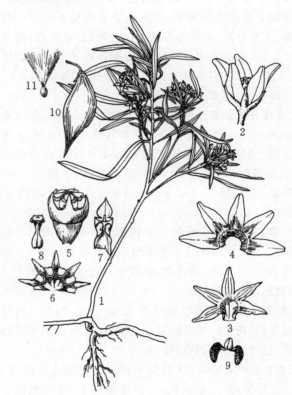

图595 地梢瓜
1.植株 2.花 3.花萼展开 4.花冠展开 5.合蕊柱及副花冠
6.副花冠展开 7.雄蕊腹面 8.雌蕊 9.花粉器
10.蓇葖果 11.种子

【生长环境】生于荒地、田边、山坡或海滨沙滩。

【产地分布】山东境内产于各地。在我国除山东外，还分布于东北地区及河北、内蒙、河南、山西、陕西、新疆、江苏等地。

【药用部位】带果实全草：地梢瓜。种子：细叶白前子（蒙药）。为民间药和蒙药，嫩果实药食两用。

【采收加工】夏季花果茂盛时采收,除去杂质,晒干或鲜用。果实成熟时采收种子,晒干。

【药材性状】全草皱缩或破碎,密被灰黄色短柔毛。根细长,褐色。茎圆柱形,长20~30cm,自基部分枝;表面黄绿色。叶对生;完整者展平后呈线形或线状披针形,长3~7cm,宽2~4mm;先端尖,全缘,边缘稍反卷;表面绿色至灰绿色,下表面色较淡,两面密被毛。花黄白色。蓇葖果纺锤形,长3~6cm,直径约1cm;表面灰黄色,有纵皱纹及短毛。种子多数,扁卵圆形,长约6mm,宽约4mm;表面褐色或红褐色,顶端具白绢质种毛。气微,味涩。

以完整、叶花果多、色绿者为佳。

种子呈扁平卵圆形,一端钝圆,另一端尖而略平,两侧边缘翅状,微反卷或呈波状弯曲,长6~7mm,宽4~5mm,厚约1mm。表面褐色、红褐色至暗棕色,一面有微突起的线形种脊,种脐位于尖端稍平部分。种皮薄,不易分离,剥去后可见类白色种仁,显油性,内有子叶2片,淡黄色或黄绿色,胚根朝向种子的尖端。体轻,质脆。白色绢质种毛长约2cm。气微,味微甜。

以个大、饱满、味甜者为佳。

【化学成分】全草含地梢瓜苷(thesioideoside),柽柳素(tamarixetin),柽柳素-3-O-β-D-半乳糖苷,槲皮素,β-香树脂醇乙酸酯,羽扇豆醇乙酸酯,α-香树脂醇正辛烷酸酯,β-谷甾醇,胡萝卜苷,阿魏酸,琥珀酸,蔗糖,1,3-O-二甲基-肌-肌醇(1,3-O-dimethyl-myo-inositol),1,3-二棕榈酰-2-山梨酰-甘油(glyceride-1,3-dipalmito-2-sorbate)等。果实含三萜类:β-香树脂醇乙酸酯,羽扇豆醇乙酸酯,α-香树脂醇正辛烷酸酯,α-、β-香树脂醇,齐墩果酸;还含琥珀酸,阿魏酸,胡萝卜苷,β-谷甾醇。

【功效主治】地梢瓜甘,平。补肺气,清热降火,生津止渴,解毒止痛。用于气血亏虚,心血亏虚,咽痛。**细叶白前子(蒙药)**凉,钝,燥,糙。清协日,止泻。用于身目发黄,脏腑协日病,肠刺痛,热泻。

【历史】地梢瓜始载于《救荒本草》。《植物名实图考》引云:"生田野中,苗高尺许,作地摊斜生,叶似独帚叶而细窄光硬,又似沙蓬叶亦硬,周围攒茎而生基叶,开小白花,结角长大如莲子,两头尖削,状又似鸦嘴形,名地梢瓜"。又曰:"此草花香而茎叶有白汁,气近臭。"所述形态及附图与现今地梢瓜基本一致。《新修本草》曾收载女青,云:"此草即雀瓢也,生平泽,叶似萝藦两相对,子似瓢形,大如枣许,故名雀瓢。根似白薇,茎叶并臭。"《中国植物志》考证此为地梢瓜的变种雀瓢。

【附注】《中国药典》2010年版附录收载细叶白前子。

附:雀瓢

雀瓢 var. australe (Maxim.) Tsiang et P. T. Li,与原种的主要区别是:茎柔弱,分枝较少,茎端通常伸长而缠绕。叶线形或线状长圆形。花较小而多。全草含柽柳素和槲皮素。产地及药用同原种。

变色白前

【别名】蔓生白薇、瓜拉瓢(威海)、瓜蒌鞭子(昆嵛山)、结巴子瓜(荣成)。

【学名】Cynanchum versicolor Bge.

【植物形态】多年生草本,全株被绒毛;具乳汁。根茎短,簇生须根,表面土黄或红黄色。茎圆柱形,下部直立,上部缠绕。叶对生;叶片卵形、宽卵形或长椭圆形,长4~9cm,宽2~6cm,先端尖,基部圆形或近心形,全缘,两面被灰黄色绒毛,叶下面及叶缘较密;有短柄。伞形状聚伞花序腋生,总花梗极短,被绒毛;花萼裂片5,披针形,外被柔毛,内面基部有5个极小腺体;花冠近钟形,5深裂,初开时黄绿色,渐变为紫褐色;副花冠5裂,裂片三角形,先端圆,暗紫色;雄蕊5枚,花药棱状方形,顶端有膜片;子房上位,柱头略凸起,顶端不明显2裂。蓇葖果常单生,角状宽披针形,长4.5~6cm,直径1~1.2cm。种子多数,扁卵形,暗褐色或红褐色,顶生白色种毛,长约2cm。花期5~7月;果期7~9月。(图596)

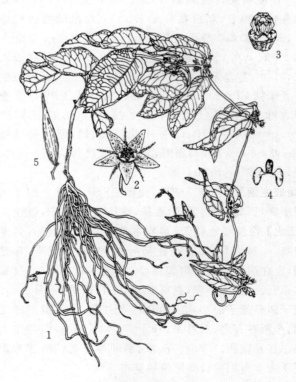

图596 变色白前
1.植株全形 2.花 3.合蕊柱 4.花粉器 5.蓇葖果

【生长环境】生于山坡林边、路旁草丛中。

【产地分布】山东境内产于各山地丘陵。在我国除山东外,还分布于东北地区及河北、河南、四川、江苏、浙江等地。

【药用部位】根：白薇。为常用中药。
【采收加工】早春或晚秋挖取根部，洗净晒干。
【药材性状】形似白薇，但根茎及残留茎基较细，根多弯曲。
【化学成分】根及根茎含蔓生白薇苷（cynanversicoside）A、B、C、D、E、G，白薇新苷（neocynanversicoside），白前苷 C、D、H，芫花叶白前苷元 C-3-O-β-D-黄花夹竹桃吡喃糖苷，对羟基苯乙酮，4-羟基-3-甲氧基苯乙酮，2,4-二羟基苯乙酮，丁香酸，正十八烷酸，胡萝卜苷等。
【功效主治】苦、咸，寒。清热凉血，利尿通淋，解毒疗疮。用于温邪伤营发热，阴虚发热，骨蒸劳热，产后血虚发热，热淋，血淋，痈疽肿毒。
【附注】《中国药典》2010 年版收载，原植物名为蔓生白薇。

隔山消

【别名】过山飘、小瓜拉瓢（青州）、山葫芦（淄博）、羊角瓜（海阳）、羊角棵子（广饶）。
【学名】Cynanchum wilfordii (Maxim.) Hemsl.（Cynoctonum wilfordii Maxim.）
【植物形态】多年生草本藤本；具乳汁。根肥厚肉质，圆柱形、纺锤形或不规则长块状，表面褐色或棕褐色。茎圆柱形，被单列柔毛。叶对生；叶片卵形或宽卵形，长 4.5~8cm，宽 1.5~5cm，先端短渐尖，基部耳状深心形，全缘，两面被灰白色短柔毛，叶上面毛较密；叶柄长 1.5~3cm。伞房状聚伞花序腋生，有花 15~20 朵；总花梗长约 1cm，被毛；花萼 5 裂，裂片披针形，外面被柔毛；花冠黄绿色，5 裂，裂片椭圆形，里面被柔毛；副花冠薄肉质，5 裂，裂片近方形，先端截形，基部狭；雄蕊 5，合蕊柱在近基部合生，花药环生在雌蕊周围；花柱细长，柱头略凸起。蓇葖果常单生，角状披针形，成熟时沿一侧开裂，长 6~10cm，直径 0.8~1cm。种子棕色，卵形，顶端具白色种毛，长约 2cm。花期 6~7 月；果期 9~10 月。（图 597）
【生长环境】生于山坡、灌木丛中或山谷石缝。
【产地分布】山东境内产于昆嵛山、崂山、牙山等山地丘陵。在我国除山东外，还分布于东北地区及河南、山西、陕西、甘肃、新疆、江苏、安徽、湖南、湖北、四川等地。
【药用部位】块根：白首乌（隔山消）。为民间药。
【采收加工】秋季采挖，除去茎叶，洗净，直接晒干或切片后晒干。
【药材性状】块根圆形、圆柱形或纺锤形，微弯曲，大小不一。表面白色或黄白色，皮孔横向突起，栓皮破裂处显黄白色木质部。质坚硬，断面淡黄白色，粉性，有鲜黄色放射状纹理。气微，味先苦而后甜。

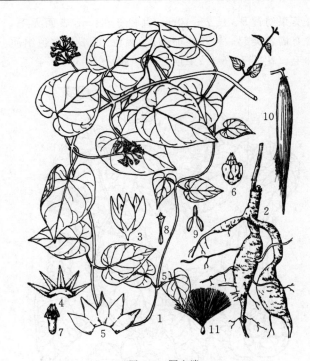

图 597 隔山消
1.花枝 2.块根 3.花 4.花萼展开，示腺体 5.花冠展开
6.合蕊柱及副花冠 7.合蕊柱 8.雌蕊 9.花粉器
10.蓇葖果 11.种子

【化学成分】根含磷脂酰胆碱，磷脂酰乙醇胺（phosphatidylethanolamine），磷脂酰肌醇（phosphatidylinositos），隔山消苷 C_3N、C_1N、C_2N、C_1G、C_2G、C_3G、D_1N、K_1N、M_1N、F_1N、W_1N、W_3N、G_1G，肉桂酸，β-谷甾醇及多种氨基酸。
【功效主治】甘、苦，微温。补肝肾，强筋骨，益精血。用于肝肾不足，腰膝酸软，失眠，健忘。
【附注】吉林等省部分产区作白首乌。

萝藦

【别名】老鸹瓢、姥娘瓢（临沂）、麻雀棺材。
【学名】Metaplexis japonica (Thunb.) Makino（Pergularis japonica Thunb.）
【植物形态】多年生草质藤本；具乳汁。茎圆柱形，长达 8m，下部木质化，上部较柔弱，表面淡黄绿色，有纵条纹，幼时密被短柔毛，老时毛渐脱落。叶对生；叶片卵状心形，长 4~10cm，宽 3~6cm，先端尖，基部心形，全缘，上表面绿色，下面粉绿色，无毛或幼时被微毛；有长柄，叶柄顶端有丛生腺体。总状聚伞花序腋生或腋外生，有长花序梗；花萼 5 深裂，裂片披针形，外面及边缘被柔毛；花冠钟形或近辐状，白色带淡紫红色斑纹，5 深裂，裂片披针形，先端反卷，里面被柔毛；副花冠环状，5 浅裂；雄蕊 5，合生成圆锥状，包围雌蕊，花粉块卵圆形，下垂；子房上位，柱头延伸成 1 长喙，顶端 2 裂。

蓇葖果纺锤形，长 7～10cm，直径 3～4cm，表面无毛，常有瘤状突起。种子扁卵圆形，褐色，顶端具白色绢质种毛。花期 7～8 月；果期 9～10 月。（图 598）

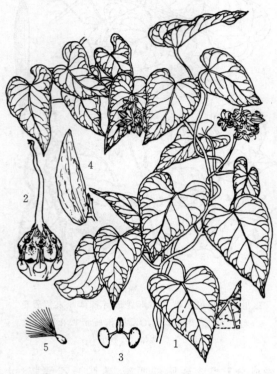

图 598 萝藦
1.花枝 2.合蕊柱 3.花粉器，示花粉块以花粉块柄连于着粉腺上 4.蓇葖果 5.种子

【生长环境】生于山坡、林边、荒野或路边。
【产地分布】山东境内产于各地。在我国除山东外，还分布于东北、华北、华东地区及甘肃、陕西、贵州、河南、湖北等地。
【药用部位】果壳：天浆壳；果实：萝藦果；全草、根：萝藦；乳汁：萝藦汁。为民间药，嫩果可食。
【采收加工】夏季花果茂盛时采收全草，晒干或鲜用。秋季采摘成熟果实，直接晒干；或剥取果壳晒干。晚秋茎叶枯萎时挖根，洗净，晒干。夏季随时取乳汁，鲜用。
【药材性状】果壳纵向对半剖开，形似小船，长 7～9cm，宽 3～4cm，果皮厚约 1.5mm。先端狭尖并反卷，基部钝圆微凹，有果柄或果柄痕；外表面黄绿色或灰绿色，有多数瘤状突起及纤维状粗皱纹；内表面黄白色，光滑而润泽。质韧，纵向纤维性强，不易折断。气微，味微酸。

以完整、色黄绿者为佳。

全草卷曲成团。根细长，直径 2～3mm，浅黄棕色。茎圆柱形，扭曲，直径 2～3mm；表面黄白色至黄棕色，具纵纹，节膨大；折断面木部发达，髓部常中空。叶皱缩；完整叶片展平后呈卵状心形，长 4～9cm，宽 3～5cm；先端尖，基部心形，全缘；表面绿色或黄绿色，背面叶脉明显，侧脉 5～7 对；质脆，易碎。气微，味甜、平。

【化学成分】果实含苷类：其中糖为 D-加拿大麻糖（D-cymarose）、D-沙门糖（D-sarmentose）、L-夹竹桃糖（L-oleandrose）、D-洋地黄毒糖（D-digitoxose），苷元为热马酮（ramanone）、去酰牛皮消苷元（deacylcynanchogenin）、萝藦苷元、肉珊瑚苷元（sarcostin）等。果壳含延胡索酸，琥珀酸，L-苹果酸等。根含苯甲酰热马酮（benzoylramanone），异热马酮（isoramanone），萝藦苷元，肉珊瑚苷元，萝藦米宁（gagaminin），二苯甲酰萝藦醇（dibenzoylgagaimol），去酰萝藦苷元，去酰牛皮消苷元，夜来香素（pregularin），去羟基肉珊瑚苷元（utendin）及孕烷糖苷等。
【功效主治】萝藦果、天浆壳 甘、辛，温。补虚助阳，止咳化痰。用于体虚阳痿，遗精，痰喘咳嗽，百日咳，麻疹透发不畅；外用于创伤出血。种毛用于止血。萝藦用于虚损劳伤，阳痿，带下，乳汁不通，丹毒疮肿。萝藦根用于体虚阳痿，带下，乳汁不足，小儿疳积；外用于疔疮、蛇咬伤。萝藦汁用于赘疣，刺疣，扁平疣。
【历史】萝藦始载于《本草经集注》，又名苦丸。《救荒本草》曰："生田野下湿地中。拖藤蔓而生……叶似马兜铃叶而长大，又似山药叶……皆两叶相对。茎叶折之具有白汁出……结角似羊角状"。《本草纲目》又名婆婆针线包，曰："其实嫩时有浆，裂时如瓢，故有雀瓢、羊奶婆之称，其中一子有一条白绒，长二寸许，故俗呼婆婆针线包。"又曰："三月生苗，蔓延篱垣，极易繁衍，其根白软，其叶长而厚大前尖。根与茎叶，断之皆有白乳如构汁。六、七月开小长花，如铃状，紫白色，结实长二三寸，大如马兜铃，一头尖，其壳青软，中有白绒及浆。霜后枯裂则子飞，其子轻薄。"所述形态与现今植物萝藦一致。

杠柳

【别名】北五加皮、山五加皮、木羊角科、羊角桃。
【学名】Periploca sepium Bge.
【植物形态】落叶蔓性灌木，长达 1.5m；具乳汁。主根圆柱形，灰棕色。茎皮灰褐色。小枝通常对生，有细条纹和皮孔，除花外全株无毛。叶对生；叶片卵状长圆形，长 5～9cm，宽 1.5～2.5cm，先端渐尖，基部楔形，侧脉多数；叶柄长约 3mm。聚伞花序腋生，有花数朵；花萼 5 深裂，裂片顶端钝，花萼内面基部有 10 个小腺体；花冠紫红色，直径 1.5～2cm，花冠裂片 5 枚，中间加厚呈纺锤形，反折，内面被长柔毛；副花冠环状，10 裂，其中 5 裂片丝状伸长，被柔毛；雄花着生于副花冠内面，与其合生，花药彼此粘连并包围柱头；心皮离生；四合花粉藏于直立匙形的载粉器内。蓇葖果双生，圆柱状，长7～12cm，直径约5mm，具纵条纹。种子长圆形，顶端具白色绢质种毛，长约3cm。花期5～6月；果期7～9月。（图599）

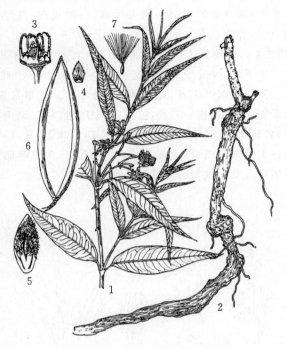

图599 杠柳
1.花枝 2.根 3.去花冠，示副花冠就花药 4.花萼裂片
5.花冠裂片内面 6.蓇葖果 7.种子

【生长环境】生于平原及低山丘陵的林缘、沟坡、河边沙质地或地埂等处。

【产地分布】山东境内产于各山地丘陵。在我国除山东外，还分布于吉林、辽宁、内蒙古、河北、河南、山西、陕西、甘肃、江苏、江西、四川、贵州等地。

【药用部位】根皮：香加皮。为较常用中药，嫩叶药食两用（蒙古族）。

【采收加工】春、秋二季挖出根部，趁鲜敲打后，剥下根皮，除去木心，取皮晒干。

【药材性状】根皮卷筒状或槽状，少数为不规则碎片，长3～10cm，直径1～2cm，厚2～4mm。外表面灰棕色至黄棕色，栓皮松软，常呈鳞片状，易剥落，露出灰白色皮部；内表面淡黄色至灰黄色，较平滑，有细纵纹。体轻，质脆，易折断，断面黄白色，不整齐。有特异香气，味苦。

以条粗大、皮厚、香气浓、味苦者为佳。

【化学成分】根皮含甾体类：杠柳毒苷（periplocin）即北五加皮苷（periplocoside）G，北五加皮苷 K、H_1、H_2、A、B、C、D、E、L、M、N、J、K、F、O，杠柳苷（periploside）A、B、C，杠柳加拿大麻糖苷（periplocymarin），5-孕烯-3β，20(R)-二醇-3-单乙酸酯[5-pregnene-3β,20(R)-diol-3-monoacetate]，21-O-甲基-5-孕烯-3β，14β，17β，20，21-五醇，昔斯马洛苷元（xysmalogenin），夹竹桃烯酮（neridienone）A等；寡糖类：北五加皮寡糖（periplocaeoligosaccharide）C_1、D_1、F_1、F_2，perisesaccharides A、B、C、D、E；醛酸类：4-甲氧基水杨醛（4-methoxy-salicylaldehyde），异香草醛，香草醛，4-甲氧基水杨酸；三萜类：(24R)-9,19-cycloart-25-ene-3β,24-diol, (24S)-9,19-cycloart-25-ene-3β,24-diol, cycloeucalenol，β-香树脂醇乙酸酯，α-香树脂醇；还含β-谷甾醇及胡萝卜苷等。茎含北五加皮苷 E，杠柳苷元，蔗糖。叶含三萜类：羽扇-11(12)-20(29)-二烯-3β-醇[lup-11(12)-20(29)-two ene-3β-ol]，齐墩果酸；黄酮类：槲皮素，槲皮素-3-O-β-D-葡萄糖醛酸甲酯，异槲皮苷等。

【功效主治】辛、苦，温；有毒。祛风湿，强筋骨。用于下肢浮肿，心悸气短，风寒湿痹，腰膝酸软。

【历史】杠柳始载于《救荒本草》，名木羊角科，又名羊桃、小桃花。曰："生荒野中。茎紫，叶似初生桃叶，光俊色微带黄。枝间开红白花。结角似豇豆角，甚细而尖削，每两两角并生一处。"所述形态与现今植物杠柳基本相似。

【附注】《中国药典》2010年版收载。

旋花科

毛打碗花

【别名】喇叭花、狗狗秧、打碗花。

【学名】Calystegia dahurica (Herb.) Choisy
(Calystegia pubescens Lindl.)
(Convolvulus dahuricus Herb.)

【植物形态】多年生草本。茎缠绕，伸长，有细棱，除花萼、花冠外，植物体各部分均被短柔毛。叶互生；叶片通常为卵状长圆形，长4～6cm，基部戟形，基部裂片不明显伸长，圆钝或2裂，有时裂片3裂，中裂片长圆形，侧裂片平展，三角形，下侧有1小裂片；叶柄较短，1～4cm。花单生叶腋；花梗长于叶片；苞片宽卵形，长5～15cm；萼片5，无毛；花冠淡红色，漏斗状；雄蕊5，花丝基部扩大。蒴果球形，稍长于萼片。花期7～9月；果期8～10月。（图600）

【生长环境】生于路边、荒地或水沟堤坝上。

【产地分布】山东境内产于泰安、青岛及鲁西北等地。在我国除山东外，还分布于东北、华北及江苏、河南、陕西、甘肃、四川等地。

【药用部位】全草：毛打碗花。为民间药，幼苗药食两用。

【采收加工】夏、秋二季采收带根全草，洗净，晒干或鲜用。

【化学成分】茎、叶含山奈酚-3-O-芸香糖苷和皂苷等。

【功效主治】甘，寒。利尿，平肝，清肝热，接骨生肌。用于小便不利，肝阳上亢，头晕目眩；外用于骨折，外

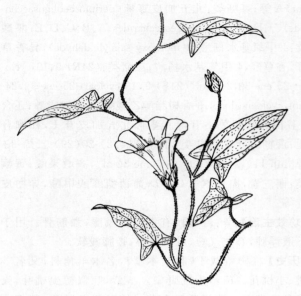

图600 毛打碗花

伤,丹毒。

【附注】本种在"Flora of China"16：288．1995．的拉丁学名为 *Calystegia pubescens* Lindl．，本志将其列为异名。

打碗花

【别名】扶子苗(德州)、莒莒苗(临沂)、小旋花。

【学名】*Calystegia hederacea* Wall.

【植物形态】一年生草本，植株通常矮小铺地，光滑无毛。茎细，平卧，有细棱。叶互生；基部叶片长圆形，长2～3cm，宽1～1.5cm，先端圆，基部戟形；上部叶片三角状戟形，3裂，中裂片卵状三角形或长圆状披针形，侧裂片近三角形，通常2～3裂，基部心形或戟形；叶柄长1～5cm。花单生叶腋；花梗长于叶柄；苞片2，宽卵形，长0.8～1.6cm，宿存；萼片5，长圆形，稍短于苞片，宿存；花冠漏斗形，粉红色，长2～3.5cm；雄蕊5，花丝基部扩大，被细鳞毛；子房2室，柱头2裂，裂片长圆形，扁平。蒴果卵圆形，长约1cm，与宿存萼片近等长或稍长。种子卵圆形，黑褐色，长4～5mm，表面有小瘤。花期7～9月；果期8～10月。(图601)

【生长环境】生于路边、荒地、田间或草丛中。

【产地分布】山东境内产于各地。分布于全国各地。

【药用部位】全草：打碗花。为民间药，幼苗药食两用。

【采收加工】夏季采收带根茎全草，洗净晒干或鲜用。

【药材性状】根茎细长，直径约1mm；表面灰黄色，有细纵皱纹。茎细长，常盘曲扭卷；表面灰棕色，有纵棱纹；质脆，易折断。叶互生，常破碎；完整叶片展平后呈长圆形或戟形；表面淡绿色，两面光滑无毛；具长柄；质脆易碎。气微，味淡。

【化学成分】叶含山柰酚-3-O-半乳糖苷，三叶豆苷(tri-folin)等。根茎含防己内酯(columbin)，掌叶防己碱，β-谷甾醇，异莨菪亭，蔗糖，L-天冬氨酸等。

【功效主治】甘、淡，平。滋养强壮，调经活血。用于小儿疳积，脾胃虚弱，龋齿，风火牙痛，白带过多，月经不调，产后外感。

【历史】打碗花见于《救荒本草》，又名莒子根、秧子根，云："生平泽，今处处有之。延蔓而生，叶似山药叶而狭小。开花状似牵牛花，微短而圆，粉红色。其根甚多，大者如小筋粗，长一二尺，色白。味甘，性温。"《滇南本草》名蒲地参，又名打破碗、盘肠参，曰："味苦、平，性微寒。主治妇人白带，上盛下虚，水火不清，久不孕胎。"所述形态及功效与植物打碗花相似。

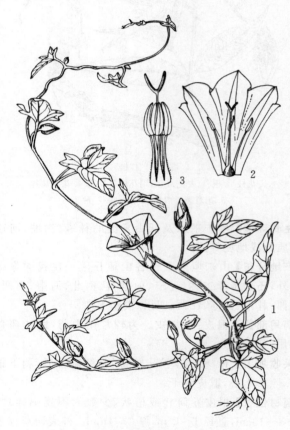

图601 打碗花
1.植株 2.去部分花冠的花 3.雄蕊和雌蕊

旋花

【别名】小喇叭花、小旋花、扶子苗。

【学名】*Calystegia sepium* (L.) R. Br.
(*Convolvulus sepium* L.)

【植物形态】多年生草本，光滑无毛。茎缠绕，伸长，有细纵棱。叶互生；叶片三角状卵形或宽卵形，先端急尖或渐尖，基部心形、箭形或戟形，两侧浅裂或全缘。花单生于叶腋；花梗通常长于叶柄；苞片2，宽卵形，长1.5～2.3cm；萼片5，卵形，长1.2～1.6cm；花冠通常为白色,有时为淡红色或紫色,漏斗状,长5～7cm；雄蕊5,花丝基部扩大,有细鳞毛；子房无毛,柱头2裂。蒴果卵形,长约1cm,由宿存的苞片和萼片所包被。种子黑色,有瘤状突起。花期6～9月；果期8～10月。(图602)

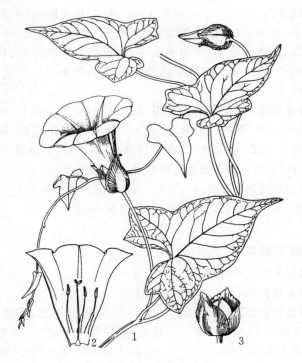

图602 旋花
1.部分植株 2.去部分花冠的花 3.果实及苞片

【生长环境】生于山坡或路边草丛。
【产地分布】山东境内产于济南、青岛、临沂及鲁西北等地。在我国除山东外,还分布于南北各地。
【药用部位】花:旋花；茎叶:旋花苗；根:旋花根。为民间药,幼苗药食两用。
【采收加工】夏季采收花及茎叶,晾干或鲜用。夏、秋二季挖根,洗净,晒干或鲜用。
【功效主治】**旋花**甘、微苦,温。益气,养颜,涩精。用于面皯,遗精,遗尿。**旋花苗**用于丹毒,小儿热毒,腹痛,胃病,遗尿,消渴。**旋花根**益精气,续筋骨。用于丹毒,外伤,劳损。
【历史】旋花始载于《神农本草经》,列为上品,一名金沸,曰:"味甘、温,主益气；去面皯黑色,媚好。"《本草图经》云:"旋花,生豫州平泽,今处处皆有之。苏恭云:此即平泽所生旋葍是也,其根似筋,故一名筋根。《别录》云:根主续筋,故南人皆呼为续筋根。苗作丛蔓,叶似山芋而狭长。花白,夏秋生遍田野。根无毛节,蒸煮堪啖,甚甘美。五月采花,阴干。二月、八月采根,日干。花今不见用者。"所述形态及《植物名实图考》附图与植物旋花相似。

肾叶打碗花

【别名】扶子苗(临沂、威海)、海地瓜(崂山)、滨旋花。
【学名】*Calystegia soldanella* (L.) R. Br.
(*Convolvulus soldanella* L.)
【植物形态】多年生草本。茎平卧,不缠绕,有细棱或有时具翅,光滑无毛。叶互生；叶片肾形,长1～4cm,宽1～5.5cm,先端圆或凹,有小尖头,基部凹缺,边缘全缘或波状,叶质厚；叶柄长于叶片。花单生于叶腋；花梗长2.5～5cm,有细棱,无毛,苞片宽卵形,比萼片短,长0.8～1.5cm,宿存；萼片5,外萼片长圆形,内萼片卵形,长1.2～1.6cm；花冠钟状漏斗形,粉红色,长4～5.5cm,5浅裂；雄蕊5,花丝基部扩大,无毛；子房2室,柱头2裂。蒴果卵形,长约1.6cm。种子黑褐色,光滑。花期5～6月；果期6～8月。(图603)

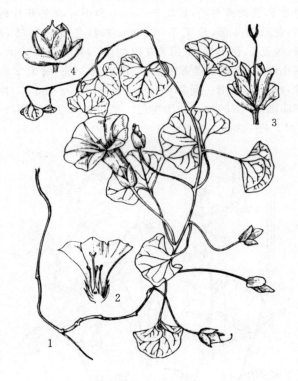

图603 肾叶打碗花
1.植株 2.花纵切 3.去花冠,示苞片、花萼、雌蕊
4.果实及宿存萼片、苞片

【生长环境】生于海滨沙滩或海岸岩石缝中。
【产地分布】山东境内产于胶东沿海地区。在我国除山东外,还分布于辽宁、河北、江苏、浙江、台湾等地。
【药用部位】根茎:孝扇草根；全草:滨旋花。为民间药,幼苗药食两用。
【采收加工】夏、秋二季采收根茎或全草,洗净,晒干或鲜用。
【药材性状】根茎圆柱形,直径约7mm,节处有须根或须根痕。表面褐色,较粗糙。质脆,易折断,断面粉性。

气微,味微苦。

【化学成分】根含红古豆碱(cuscohygrine)等。

【功效主治】滨旋花微苦,温。祛风除湿,化痰止咳。用于咳嗽,肾炎水肿,风湿痹痛。**孝扇草根**苦,温。祛风湿,利水。用于风湿痹痛,水肿,咳嗽痰多。

田旋花

【别名】燕子草、车子蔓、野牵牛、白花藤。

【学名】Convolvulus arvensis L.

【植物形态】多年生草本。根状茎横走。茎平卧或缠绕,有纵条纹或棱角,无毛。叶互生;叶片戟形,长1.5～5cm,宽1～3.5cm,全缘或3裂,侧裂片展开,两面无毛;叶柄长1～2cm。花序腋生,总花梗长3～8cm,有1～3花;苞片2,条形,长约3mm,与花萼远离;萼片5,光滑或有毛,长3.5～5mm,稍不等,2外萼片稍短;花冠漏斗形,长1.5～2.6cm,粉红色或白色,5浅裂;雄蕊5,稍不等,长约为花冠的1/2,花丝基部扩大,有小鳞片;雌蕊较雄蕊稍长,子房有毛,2室,每室2胚珠,柱头2,条形。蒴果卵球形,无毛,长5～8mm。种子卵圆形,长3～4mm,黑褐色。花期6～8月;果期7～9月。(图604)

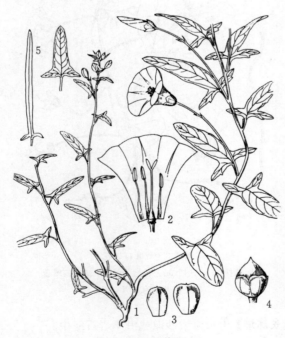

图604 田旋花
1.植株 2.去部分花冠的花 3.萼片
4.果实及萼片 5.不同叶形

【生长环境】生于路边、田间、荒野或山坡草丛。

【产地分布】山东境内产于各地。在我国除山东外,还分布于东北、西北地区及河北、河南、江苏、四川等地。

【药用部位】全草及花:田旋花。为民间药,幼苗药食两用。

【采收加工】夏、秋二季采收带花全草,洗净,晒干或鲜用。夏季开花时摘取,鲜用或晾干。

【药材性状】全草多皱缩卷曲,绿黄色或绿色。根茎细长,留有须根。茎细长圆柱形,具纵棱线纹,上部疏被毛。叶互生,多卷曲或破碎;完整者展平后呈戟形或狭披针形,长2～4.5cm,宽1～3cm;先端钝圆,具小尖头,基部戟形、心形或箭形,全缘或3裂;叶柄长1～2cm。花序腋生;花冠宽漏斗状,粉红色或淡棕色,花梗长3～8cm。蒴果类球形。种子4,黑褐色。气微,味咸。

【化学成分】全草含β-甲基马栗树皮素(β-methyl aesculetin)。茎叶含黄酮苷,苷元为槲皮素及山柰酚;还含正-烷烃,正-烷醇,α-香树脂醇,菜油甾醇,豆甾醇,β-谷甾醇等。根及根茎含咖啡酸,红古豆碱等。

【功效主治】微咸,温;有毒。祛风,止痒,止痛,调经活血,滋阴补虚。用于皮肤瘙痒,牙痛,风湿痹痛。

南方菟丝子

【别名】盘死豆、菟丝子。

【学名】Cuscuta australis R. Br.

【植物形态】一年生寄生草本。茎缠绕,金黄色,纤细,直径约1mm。无叶。花簇生;苞片及小苞片小,均为鳞片状;花萼杯状,3～5裂,裂片长圆形或近圆形;花冠乳白色或淡黄色,杯状,长约2mm,裂片卵形或长圆形,约与花冠筒近等长,直立,宿存;雄蕊着生于花冠裂片弯缺处,花丝较长,比花冠裂片稍短;鳞片小,边缘流苏状,先端2裂;子房扁球形,花柱2,柱头头状。蒴果扁球形,直径3～4mm,下半部为宿存花冠包围,成熟时不规则开裂。种子通常4粒,淡褐色,卵形,长0.7～2mm,表面粗糙。花期7～8月;果期8～9月。(图605)

【生长环境】寄生于山坡、路边或田间的豆科、菊科等植物上。

【产地分布】山东境内产于各地。几遍布全国各地。

【药用部位】种子:菟丝子(小粒菟丝子);全草:菟丝。为常用中药和民间药,可用于保健食品。

【采收加工】秋季果实成熟时采割植株,晒干,打下种子,除去杂质。夏季采收全草,鲜用或晒干。

【药材性状】种子卵圆形,大小不一,长径0.7～2mm,短径0.5～1.2mm。表面淡褐色或棕色,腹棱线不明显,一端有喙状突起,偏向一侧,于放大镜下可见微凹陷的种脐,位于顶端靠下侧。质坚硬,不易破碎,水湿后手捻有黏滑感。"吐丝"时间约15分钟。除去种皮后可见黄白色卷旋的胚。气微,味淡。

以颗粒饱满、色淡褐、无泥沙者为佳。

茎柔细,多缠绕成团,直径不足1mm。表面棕黄色。叶退化成鳞片状,多脱落。花簇生成球形。果实

【学名】Cuscuta chinensis Lam.

【植物形态】一年生寄生草本。茎缠绕,黄色,纤细,直径约1mm,多分枝,随处可生出吸器,吸附于寄主体。无叶。花两性,多数簇生成小伞形或小团伞花序;苞片小,鳞片状;花梗稍粗壮,长约1mm;花萼杯状,长约2mm,中部以下连合,裂片5,三角状,顶端钝;花冠白色,壶形,长约3mm,5浅裂,裂片三角状卵形,顶端锐尖或钝,向外反折,花冠筒基部具鳞片5,长圆形,顶端及边缘流苏状;雄蕊5,着生于花冠裂片弯缺微下处,花丝短,花药露于花冠裂片之外;子房近球形,2室,花柱2,柱头头状。蒴果近球形,稍扁,直径约3mm,几被宿存的花冠所包围,成熟时整齐的周裂。种子2~4粒,黄色或黄褐色,卵形,长约1.4~1.6mm,表面粗糙。花期7~9月;果期8~10月。(图606)

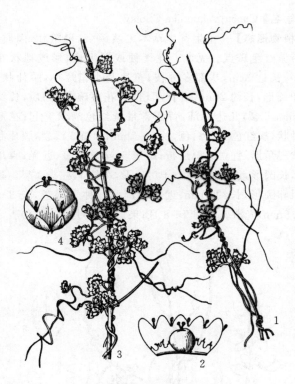

图605 南方菟丝子
1.植株一部分,示花序 2.花展开 3.部分植株,示果序
4.果实及宿存花冠

圆形或扁球形,大小不一,棕黄色,成熟果实下半部分被宿存花冠包围,呈不规则开裂。种子4粒。气微,味苦。

以干燥、色黄棕、无杂质者为佳。

【化学成分】种子含金丝桃苷,山柰酚,槲皮素,紫云英苷,槲皮素-3-β-D-半乳糖(2→1)-β-D-芹糖苷,南方菟丝子苷(australiside)A,菟丝子酸(cuscutic acid)A_1~A_3,胸腺嘧啶脱氧核苷(thymidine),咖啡酸,咖啡酸-β-D-葡萄糖酯苷,对-羟基桂皮酸及铁、锌、钼、铜等。茎含β-及γ-胡萝卜素(carotene),5,6-环氧-α-胡萝卜素(α-carotene-5,6-epoxide),叶黄素,蒲公英黄质(taraxanthin),β-谷甾醇,芝麻素等。果实含生物碱。

【功效主治】菟丝子辛、甘,平。补益肝肾,固精缩尿,安胎,明目,止泻。外用消风祛斑;用于肝肾不足,腰膝酸软,阳痿遗精,遗尿尿频;肾虚胎漏,胎动不安,目昏耳鸣,脾肾虚泻;外治白癜风。菟丝苦、甘,平。清热解毒,凉血止血,健脾利湿。用于痢疾,黄疸,衄血,便血,血崩,带下,目赤肿痛,咽痛,疮疖。

【历史】见菟丝子。

【附注】《中国药典》2010年版收载菟丝子。

菟丝子

【别名】豆须子(烟台)、黄连丝(费县)、黄网子(淄博、章丘、昌乐、青州)。

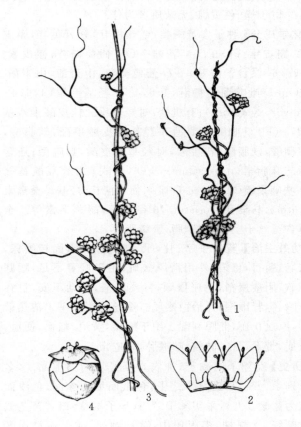

图606 菟丝子
1.植株一部分,示花序 2.花展开 3.部分植株,示果序
4.果实及宿存花冠

【生长环境】生于田间、路边、荒地、灌木丛中或山坡向阳处。多寄生于豆科、菊科、藜科等草本植物上。

【产地分布】山东境内产于各地。在我国除山东外,还分布于大部分地区,以北方各地区为主。

【药用部位】种子:菟丝子(小粒菟丝子);全草:菟丝。为常用中药和民间药,可用于保健食品。

【采收加工】秋季果实成熟时,连同寄主一起割下,晒干,打下种子,除去杂质。夏季采收全草,晒干或鲜用。

【药材性状】种子类圆形或卵圆形,长径1.4~1.6mm,短径0.9~1.1mm。表面灰棕色或黄棕色,微粗糙,于扩大镜下可见有细密突起的小点。腹棱线明显,两侧常凹陷,一端略呈喙状突出,偏向一侧,微凹处有浅色圆点,中央为条形种脐。种皮坚硬,不易破碎,用沸水浸泡,有黏性,煮沸至种皮破裂,可露出黄白色细长卷旋的胚,称"吐丝",时间长约10分钟。除去种皮后可见中央为卷旋3周的胚,胚乳膜质套状,位于胚周围。气微,味微苦、涩。

以颗粒饱满、色灰棕、无泥沙者为佳。

茎柔细,多缠绕成团,直径约1mm,表面棕黄色。叶退化成鳞片状,多脱落。花簇生于茎节,成球形。果实圆形或扁球形,大小不一,棕黄色,成熟时几完全被宿存花冠包围,整齐周裂。种子2~4粒。气微,味苦。

以干燥、色黄棕、无杂质者为佳。

【化学成分】种子含黄酮类:金丝桃苷,紫云英苷,槲皮素,槲皮素-3-O-β-D-半乳糖-7-O-β-葡萄糖苷,槲皮素-3-O-(6″-没食子酰基)-β-D-葡萄糖苷,山奈酚,山奈酚-3-O-β-D-吡喃葡萄糖苷,4,6,4′-三羟基橙酮(4,6,4′-trihydroxy aurone);有机酸:对羟基反式桂皮酸十八基酯,3-O-β-D-吡喃葡萄糖-5-羟基桂皮酸甲酯,软脂酸,棕榈酸,硬脂酸,花生酸,对羟基桂皮酸,咖啡酸;还含新芝麻脂素(neosesamin),6-O-(反式)-对香豆酰基-β-D-呋喃果糖-(2→1)-α-D-吡喃葡萄糖苷,羟基马桑毒素(tutin),马桑亭(coriatin),β-谷甾醇,胡萝卜素等。全草含菟丝子多糖,卵磷脂,脑磷脂等。

【功效主治】菟丝子辛、甘、平。补益肝肾,固精缩尿,安胎,明目,止泻,外用消风祛斑;用于肝肾不足,腰膝酸软,阳痿遗精,遗尿尿频;肾虚胎漏,胎动不安,目昏耳鸣,脾肾虚泻;外治白癜风。菟丝苦、甘、平。清热解毒,凉血止血,健脾利湿。用于痢疾,黄疸,衄血,便血,血崩,带下,目赤肿痛,咽喉肿痛,疮疖。

【历史】菟丝子始载于《神农本草经》,列为上品。《名医别录》云:"蔓延草木之上,色黄而细为赤网,色浅而大为菟蘽。九月采实暴干。"《日华子本草》曰:"苗茎似黄麻线,无根株,多附田中,草被缠死,或生一丛如席阔,开花结子不分明,如碎黍米粒。"《本草品汇精要》谓:"用坚实细者为好。"所述形态与现今菟丝子药材原植物基本一致。其中"色黄而细者"与小粒菟丝子相似,"色浅而大者"与大粒菟丝子金灯藤相似,传统以小粒菟丝子为佳。《本草图经》云:"生朝鲜川泽野地,今近京亦有之,以冤句者为胜"。

【附注】《中国药典》2010年版收载。

金灯藤

【别名】大粒菟丝子、无根藤子、红菟丝子。

【学名】Cuscuta japonica Choisy

【植物形态】一年生寄生草本。茎缠绕,稍粗壮,肉质,有紫红色斑点。无叶。花无梗或近无梗,形成穗状花序,长达3cm,基部多分枝;苞片及小苞片小,鳞片状,卵圆形,长约2mm,沿背部增厚;花萼碗状,肉质,长约2mm,5裂,几达基部,背面常带紫红色瘤状突起;花冠钟状,淡红色或绿白色,长3~5mm,顶端5浅裂,裂片卵状三角形,直立或稍反折;雄蕊5,花丝极短,近无;鳞片5,长圆形,边缘流苏状;子房球形,花柱1,柱头2裂。蒴果卵圆形,长约5mm,近基部周裂。种子褐色,长3~3.5mm,光滑。花期7~8月;果期8~9月。(图607)

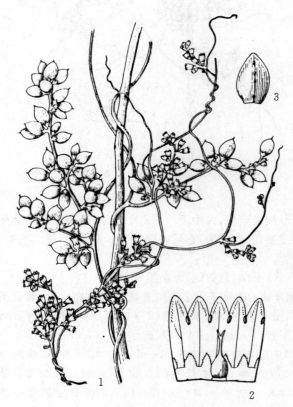

图607 金灯藤
1.植株一部分 2.花展开 3.花萼裂片

【生长环境】寄生于灌木或一些草本植物上。

【产地分布】山东境内产于青岛、烟台、泰安、济南等地。在我国除山东外,还分布于南北各省。

【药用部位】种子:菟丝子(大粒菟丝子);全草:金灯藤。为民间药,可用于保健食品。

【采收加工】秋季果实成熟时采割植株,晒干,打下种子,除去杂质。夏季采收全草,晒干或鲜用。

【药材性状】种子较大,长径3~3.5mm,短径2~3mm。表面淡褐色或黄棕色,在扩大镜下观察,可见不整齐的短线状斑纹。沸水煮之种皮不易破裂。

以颗粒饱满、无泥沙者为佳。

茎较粗壮,直径1~2.5mm,表面黄红色,有紫红色瘤状斑点。花序穗状，花柱1，柱头2裂。果实较大。其他同菟丝子。

【化学成分】种子含羟基马桑毒素，马桑亭，对羟基桂皮酸，咖啡酸，棕榈酸，花生酸，硬脂酸，胡萝卜苷，β-谷甾醇，二十五烷，大菟丝子糖苷，维生素A等。

【功效主治】**菟丝子（大粒菟丝子）**辛、甘，平。补益肝肾，固精缩尿，安胎，明目，止泻。用于肝肾不足，腰膝酸软，阳痿遗精，遗尿尿频，肾虚胎漏，胎动不安，目昏耳鸣，脾肾虚泻。**金灯藤**苦、甘，平。清热解毒，凉血止血，健脾利湿。用于痢疾，黄疸，衄血，便血，血崩，带下，目赤肿痛，咽喉肿痛，疮疖。

【历史】金灯藤始载于《植物名实图考》，曰："一名毛芽藤，南赣均有之，寄生树上，无枝叶，横抽一短茎，结实密攒如落葵而色青紫，土人采洗疮毒，兼治痢证，用生姜煎服。"其形态及附图与金灯藤相似。

附：啤酒花菟丝子

啤酒花菟丝子 C. lupuliformis Krocker，与金灯藤的主要区别是：柱头头状，微2裂。蒴果卵形或卵状圆锥形，长7～9mm。种子卵形，长2～3mm，浅棕色或暗棕色。山东境内产于崂山、昆嵛山。药用同金灯藤。

番薯

【别名】红薯、地瓜（烟台、济南、临沂）、白薯（临沂）、芋头（济宁）、山芋。

【学名】Ipomoea batatas（L.）Lam.
（Convolvulus batatas L.）

【植物形态】一年生草本；植株有乳汁。有地下块根，块根的形状、皮色、肉色因品种而异。茎平卧，多分枝，被疏柔毛或无毛；茎节处易生不定根。叶互生；叶片通常为宽卵形，先端渐尖，基部心形或近平截，两面被疏柔毛或近无毛，全缘或有裂；叶柄长2.5～20cm。聚伞花序腋生；花冠漏斗状或钟状，紫红色、淡紫色、粉红色或白色，长3～5cm，顶端有不开展的5裂片；雄蕊5，不等长，基部膨大；子房2室，柱头头状，2裂。蒴果。种子4粒，卵圆形，无毛。因长期营养繁殖，很少开花。（图608）

【生长环境】栽培于排水良好的山地、丘陵或平原。

【产地分布】山东境内全省各地均有栽培。我国广泛栽培。

【药用部位】块根：番薯（红薯）；茎叶：红薯藤。为少常用中药和民间药，药食两用。

【采收加工】夏季采收茎叶，鲜用或晒干。秋季采挖块根，洗净，鲜用或切片晒干。

【化学成分】块根含去氢番薯酮（dehydroipomeamarone），番薯酮（ipomeamarone），Batatinoside Ⅰ，枸橼苦素，咖啡酸十八烷酯，乙酰-β-香树醇，咖啡酸，东莨菪

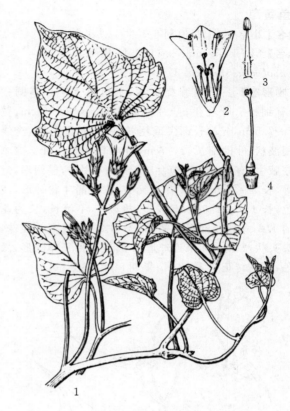

图608 番薯
1.植株一部分 2.花纵切 3.雄蕊 4.雌蕊

素，并没食子酸，3,5-二咖啡酰奎宁酸，维生素B_1、B_2、C、E、胡萝卜素及无机元素钾、钙、铁、磷、硒等；还含脱氢表雄酮（dehydroepiandrosterone，DHEA），准雌性激素，膳食纤维，黏液蛋白，甘薯糖蛋白等。**茎、叶柄、叶**均含黄酮类。**叶**含槲皮素，胡萝卜苷，β-胡萝卜素，β-谷甾醇，正二十四烷，十四烷酸，棕榈酸，亚麻油酸及胰岛素样成分。

【功效主治】**番薯（红薯）**甘，平。补中和血，益气生津，宽肠胃，通便秘。用于痢疾，酒积热泻，湿热黄疸，遗精淋浊，血虚经乱，小儿疳积，乳痈，乳岩。**红薯藤**甘、涩，微凉。用于吐泻，水肿，筋脉痉挛，便血，血崩，乳汁不通，痈疮。

【历史】番薯始载于《闽书》，云："万历中闽人得之外国。瘠土砂砾之地，皆可以种。其茎叶蔓生，如瓜蒌、黄精、山药、山蓣之属，而润泽可食。中国人截取其蔓咫许，剪插种之。"《农政全书》云："薯有二种，其一名山薯，闽、广故有之，其一名番薯，则土人传云，近年有人在海外得此种，因此分种移植，略通闽、广之境也。两种茎叶多相类……番薯蔓地生；形圆而长；其叶则番薯甚甘……今番薯扑地传生，枝叶极盛，若于高仰沙土，深耕厚壅，大旱则汲水灌之，无患不熟。"所述形态与旋花科植物红薯一致。

【附注】《山东省中药材标准》2002年版收载番薯。

北鱼黄草

【别名】小牵牛花、西伯利亚牵牛。

【学名】Merremia sibirica (L.) Hall. f.
(*Convolvulus sibiricus* L.)

【植物形态】一年生缠绕草本，全植近无毛。茎圆柱形，有细棱。叶互生；叶片卵状心形，长3～13cm，宽1.7～7.5cm，先端长渐尖或尾状渐尖，基部心形，全缘或稍波状；叶柄细长，2～7cm，有小耳状假托叶。聚伞花序腋生，有1～7花，苞片2，条形；萼片5，椭圆形，近相等，长5～7mm，先端有小尖头；花冠漏斗状钟形，淡红色，长1.2～1.9cm，5浅裂；雄蕊5，不等长，长为花冠的1/2，花丝基部有小鳞片；子房2室，每室2胚珠，柱头头状，2裂。蒴果近球形，4瓣裂。种子卵圆形，微黑色，无毛。花期7～8月；果期9月。（图609）

图609 北鱼黄草

【生长环境】生于山坡或路边灌木草丛。

【产地分布】山东境内产于泰山等地。在我国除山东外，还分布于吉林、河北、江苏、浙江、安徽、山西、陕西、广西、四川、贵州、云南等地。

【药用部位】种子：铃当子；全草：北鱼黄草。为民间药。

【采收加工】夏季采收茎叶，鲜用或晒干。秋季种子成熟时采收全株，晒干，打下种子，除去杂质。

【药材性状】种子卵形，呈1/4圆球体状，长4～6mm，宽3～5mm。表面灰褐色，被金黄色鳞片状的非腺毛，脱落处呈小凹点状，较粗糙，背面弓形隆起，中央有浅纵沟，腹面有1棱线，种脐明显，在棱线及背面交接处呈缺刻状。质硬，切断面淡黄色，可见皱缩折叠的子叶2片。无臭，味微辛、辣。

以颗粒饱满、色灰褐、味辛辣者为佳。

【化学成分】种子含多糖，由葡萄糖和甘露糖（1∶1）与3%半乳糖组成。油中含二烯酸和三烯酸。

【功效主治】铃当子逐水消肿，泻下去积。用于大便秘结，食积腹胀。北鱼黄草辛、微苦，微寒。活血解毒。用于劳伤疼痛，下肢肿痛，疔疮。

裂叶牵牛

【别名】喇叭花、牵牛花、江良（烟台）、江良子。

【学名】Pharbitis nil (L.) Choisy
(*Convolvulus nil* L.)

【植物形态】一年生缠绕性草本，全株有粗硬毛。茎细长，长达数m，左旋缠绕。叶互生；叶片阔卵形或近圆形，通常具深或浅的3裂，偶5裂，长4～15cm，宽4.5～14cm，基部圆心形，中裂片长圆形或卵圆形，先端渐尖或骤尖，侧裂片较短，三角形，裂口锐或圆，两面有毛；叶柄长2～15cm，有粗硬毛。花腋生，通常1～3花着生于总花梗顶端；花梗长短不一，有粗硬毛；萼片5，披针形，不外卷，其中3片较宽，外面有白色长毛，基部更密；花冠漏斗形，蓝紫色渐变为淡紫色或粉红色，长5～8cm，直径4.5～5cm；雄蕊5，不等长，花丝基部有毛；子房无毛，柱头头状。蒴果近球形，3瓣裂。种子卵状三棱形，黑色或米黄色，有褐色短毛。花期6～9月；果期9～10月。（图610）

【生长环境】生于山坡灌丛、干燥河谷、园边宅旁或山

图610 裂叶牵牛
1.植株一部分 2.果实

地路边草丛中。

【产地分布】山东境内产于各地。我国除西北和东北地区外，大部分地区均有分布。

【药用部位】种子：牵牛子。为常用中药。

【采收加工】秋季果实成熟尚未开裂时采收地上部分，晒干，种子自然脱落，除去果壳杂质，依种子颜色分开后晒干。黑色种子习称黑丑，淡黄白色者称白丑。

【药材性状】种子似橘瓣状，略具三棱，长5～7mm，宽3～5mm。表面灰黑色（黑丑）或淡黄白色（白丑），背面弓状隆起，两侧面稍平坦，略具皱纹。背面正中有一条浅纵沟，腹面棱线的下端为类圆形浅色种脐。质坚硬，横切面可见淡黄色或黄绿色皱缩折叠的子叶2片。水浸后种皮呈龟裂状，手捻有明显的黏滑感。气微，味辛、苦，有麻感。

以颗粒饱满、色灰黑或淡黄白、味辛苦者为佳。

【化学成分】种子含牵牛子苷（pharbitin）：碱水解后得牵牛子酸（pharbitic acid）、巴豆酸（tiglic acid）、裂叶牵牛子酸（nilic acid）、α-甲基丁酸、戊酸等，其中牵牛子酸为混合物，由牵牛子酸A、B、C、D组成；生物碱：裸麦角碱（chanoclavine），野麦碱（elymoclavine），狼尾草麦角碱（penniclavine），田麦角碱（agroclavine），麦角醇（lysergol）；蒽醌类：大黄素（emodin），大黄素甲醚（physcion），大黄酚（chrysophanol），大黄酸（rhein）；有机酸及其酯：肉桂酸，阿魏酸，绿原酸，绿原酸甲酯，绿原酸丙酯，咖啡酸，咖啡酸乙酯，12-羟基松香酸甲酯，12-羟基氢化松香酸甲酯；脂肪酸：亚油酸，油酸，棕榈酸；挥发油：主成分为2-甲基己烷，3-甲基己烷，亚油酸，1-己醇，己烷等；还含α-乙基-D-吡喃半乳糖苷，β-胡萝卜苷，β-谷甾醇，糖类等。未成熟种子含赤霉素A_3、A_5、A_{20}、A_{26}、A_{27}，赤霉素葡萄糖苷Ⅰ、Ⅱ、Ⅲ、Ⅳ、Ⅴ、Ⅵ、Ⅶ、F-Ⅻ等。

【功效主治】苦，寒；有毒。泻水通便，消痰涤饮，杀虫攻积。用于水肿胀满，二便不通，痰饮积聚，气逆喘咳，虫积腹痛。

【历史】牵牛子始载于《雷公炮炙论》，曰："草金铃，牵牛子是也。"《名医别录》列为下品。《本草图经》曰："二月种子，三月生苗，作藤蔓绕篱墙，高者或三二丈，其叶青，有三尖角，七月生花，微红带碧色，似鼓子花而大，八月结实，外有白皮裹作毬，每毬内有子四、五枚，如荞麦大，有三棱，有黑白二种，九月后收之。"其形态与裂叶牵牛一致。《本草纲目》云："白者人多种之，其蔓微红，无毛有柔刺，断之有浓汁。叶团有斜尖，并如山药茎叶。其花小于黑牵牛花，浅碧带红色……其核白色，稍粗。"并附"白牵牛"图，其形态似圆叶牵牛。

【附注】①《中国药典》2010年版收载。② Pharbitis Choisy（牵牛属）在"Flora of China"16：305. 1995 中被并入 Ipomoea Linn.（番薯属），并将本种并入牵牛 Ipomoea nil (Linn.) Roth 。本志采纳《山东植物志》的分类，将其单列为种处理，并将 Ipomoea nil (Linn.) Roth，作为本种的异名。

附：牵牛

牵牛 Pharbitis nil (Linn.) Choisy [Pharbitis hederacea (L.) Chisy]（图611），与裂叶牵牛的主要区别是：叶片中裂片基部向内凹陷；萼片果期卵圆形，先端长渐尖，基部密被金黄色毛；蒴果扁球形。药用同裂叶牵牛。

图611　牵牛

圆叶牵牛

【别名】喇叭花、牵牛花、圆叶牵牛花。

【学名】Pharbitis purpurea (L.) Voigt
[Ipomoea purpurea (Linn.) Roth]
(Convolvulus purpurus L.)

【植物形态】一年生缠绕草本，全株有粗硬毛。茎多分枝。叶互生；叶片圆心形或宽卵状心形，长5～12cm，宽4～14cm，顶端锐尖，基部圆心形，通常全缘；掌状脉；叶柄长4～9cm。花腋生，单一或2～5朵，在花序梗顶端排成伞形聚伞花序；花序梗与叶柄近等长；花梗结果时上部膨大；苞片2，条形；萼片5，外面3片长椭圆形，渐尖，内面2片条状披针形，长1.2～1.5cm，外面被有粗硬毛；花冠漏斗状，紫色、淡红色、白色等，长4～5cm，顶端5浅裂；雄蕊5，不等长，不伸出花冠外，花丝基部有毛；子房3室，每室2胚珠，柱头头状，3裂。蒴果球形。种子卵圆形，黑色或米黄色，被极短的糠秕状毛。花期6～9月；果期9～10月。（图612）

【生长环境】生于山坡、路边、村边荒地、草丛或栽培于庭园。

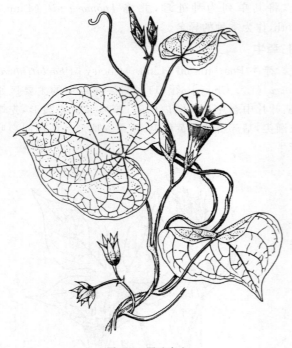

图612 圆叶牵牛

【产地分布】山东境内产于各地。在我国除山东外，还广布于全国各地。

【药用部位】种子：牵牛子。为常用中药。

【采收加工】秋季果实成熟尚未开裂时采收地上部分，晒干，打下种子，除去杂质。

【药材性状】种子似橘瓣状，略具三棱，长5～7mm，宽3～5mm。表面灰黑色（黑丑）或淡黄白色（白丑），背面弓状隆起，两侧面稍平坦，略具皱纹。背面正中有一条浅纵沟，腹面棱线的下端为类圆形浅色种脐。质坚硬，横切面可见淡黄色或黄绿色皱缩折叠的子叶2片。水浸后种皮呈龟裂状，手捻有明显的黏滑感。气微，味辛、苦，微有麻感。

以颗粒饱满、色灰黑或淡黄白、味辛苦者为佳。

【化学成分】种子含牵牛子苷（pharbitin），麦角类生物碱（ergot alkaloid），圣草素-7-O-β-D-木糖基-O-β-D-阿拉伯糖苷（eriodictyol-7-O-β-D-xylosyl-O-β-D-arabinoside），异牡荆苷，伞花形内酯，乌苏酸，顺式对羟基桂皮酸酰对羟基苯乙胺，反式对羟基桂皮酸酰对羟基苯乙胺，顺式阿魏酸酰对羟基苯乙胺，反式阿魏酸酰对羟基苯乙胺，(3R,5R,6S,7E,9S)-四甲基环己烯型单萜-5,6-环氧-7-烯-3,9-二醇，(6S,9R)-吐叶醇[(6S,9R)-vomifoliol]，(＋)-丁香树脂酚，丁香苦苷（syringopicroside），尿嘧啶，(6S,9R)-roseoside，2-羟基-1-苯基-1,4-戊二酮（2-hydroxy-1-phenyl-1,4-pentadione），2,3,22,23-四羟基胆甾-6-酮（brassinone），栗木甾酮（castasterone），赤霉素（gibberellin）A_3、A_5、A_8、A_{17}、A_{19}、A_{20}、A_{26}、A_{27}、A_{29}、A_{33}、A_{44}、A_{55}等；种子油含亚油酸，油酸，棕榈酸，硬脂酸，亚麻酸，18种氨基酸及无机元素铁、锰、铜、锌、钙等。**地上部分**含1,2-二羟基-2-甲基-3,4-二氧丁基-(2′,2′-二氧丙基)醚，黑麦草素（DL-epiloliolide），香叶木素-7-β-D-葡萄糖苷，芹菜素-7-β-D-葡萄糖苷。

【功效主治】苦，寒；有毒。泻水通便，消痰涤饮，杀虫攻积。用于水肿胀满，二便不通，痰饮积聚，气逆喘咳，虫积腹痛。

【历史】见裂叶牵牛。

【附注】①《中国药典》2010年版收载。②本种在"Flora of China"16：305.1995.中被并入 Ipomoea Linn.（番薯属），拉丁学名为 Ipomoea purpurea (Linn.) Roth，本志将其列为异名。

紫草科

厚壳树

【别名】柿叶树、白莲茶。

【学名】Ehretia thyrsiflora (Sieb. et Zucc.) Nakai
(Ehretia acuminata R. Brown)
(Cordia thyrsiflora Sieb. et Zucc.)

【植物形态】落叶乔木，高3～15m。树皮灰白色或灰褐色；枝黄褐色或赤褐色，有明显的长圆形或圆形皮孔，小枝无毛。叶互生；叶片椭圆形、倒卵形或长椭圆形，长5～13cm，宽4～8cm，先端渐尖或急尖，基部楔形至圆形，边缘有向上内弯的锯齿，上面无毛或沿脉散生白色短伏毛，下面近无毛或疏生黄褐色毛，叶纸质；叶柄长1.5～2.5cm，有纵沟。聚伞花序圆锥状，顶生或腋生，长8～15cm，最长达20cm，疏生短毛；花无柄，在花序分枝上密集，有香气；花萼钟状，绿色，长1.5～2mm，5浅裂，裂片卵形，边缘有白色毛；花冠钟状，白色，裂片5，长圆形，开展，长2～3mm，宽约1mm，先端圆，花冠筒长1～1.5mm；雄蕊5，伸出花冠外，着生于花冠筒上，花丝长2～3mm；雌蕊较雄蕊短，花柱1，柱头2。核果近球形，熟时黄色或桔黄色，直径3～4mm，核有皱折，成熟时分裂为2个各有2粒种子的分核。花、果期4～9月。（图613）

【生长环境】生于丘陵、山地林中或村边。

【产地分布】山东境内产于济宁、曲阜、日照、费县等地，淄博南部有少量栽培。在我国除山东外，还分布于华东、中南地区及四川、贵州等地。

【药用部位】树枝：厚壳树；心材：大岗茶；树皮：大岗茶树皮；叶：大岗茶叶。为民间药。

【采收加工】春、秋二季采剥树皮，晒干。夏季采叶；全年采收树枝或心材，晒干。

【化学成分】叶含槲皮素，山奈酚，山奈酚-3-O-α-D-阿拉伯糖苷，槲皮素-3-O-α-D-阿拉伯糖苷，咖啡酸乙酯，

图 613 厚壳树
1.果枝 2.花 3.花冠展开

2-甲氧基苯甲酸辛酯（2-methoxyl benzoic acid octyl ester），十四烯酸甘油酯，迷迭香酸甲酯（methyl rosmarinate），尿囊素，咖啡酸，对羟基苯甲酸，胡萝卜苷，β-谷甾醇等。

【功效主治】大岗茶甘、咸，平。破瘀生新，止痛生肌。用于跌打损伤，肿痛，骨折，痈疮红肿。大岗茶叶用于外感，偏头痛。厚壳树用于泄泻。大岗茶树皮用于泄泻。

【附注】本种在"Flora of China"16：333-334,1995 中拉丁学名为 Ehretia acuminata R. Brown，本志将其列为异名。

鹤虱

【别名】赖毛子、粘珠子、东北鹤虱。

【学名】Lappula myosotis V. Wolf（Lappula echinata Gilib.）

【植物形态】一年生草本，全株有细糙毛。茎高 30～60cm，常多分枝。基生叶匙形，有长柄；茎生叶倒披针状条形或条形，两面密被具白色基盘的长糙毛；无柄。聚伞花序在花期短，果期伸长，长达 17cm；苞片披针状条形；花淡蓝色，有短梗；花萼 5 深裂，裂片狭披针形，果期增大，星状开展或反折；花冠比萼稍长，檐部直径约 3mm，喉部附属物 5，梯形；雄蕊 5，内藏；子房 4 深裂，花柱短，内藏，柱头扁球形。小坚果 4，卵形，长约 3mm，密生灰白色的小瘤状凸起，两侧棱上有 2 行近等长的锚状刺，内行刺长 1.5～2mm，外行刺较内行刺稍短或近等长，通常直立。花期 4～6 月；果期 6～9 月。（图 614）

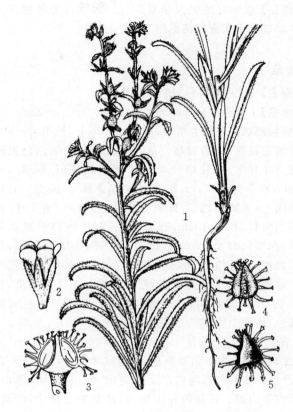

图 614 鹤虱
1.植株 2.花 3.果实剖面，示雌蕊基 4.小坚果

【生长环境】生于山坡、路旁或田边。

【产地分布】山东境内产于崂山、济南、泰山等地。在我国除山东外，还分布于华北、西北等地区。

【药用部位】果实：赖毛子。为民间药。

【采收加工】夏、秋二季采收成熟果实，晒干。

【药材性状】药材由 4 枚小坚果组成，全体呈卵形或卵状圆锥形。小坚果卵状三棱形，长 2～3mm，宽 1.5～2mm；表面灰褐色或灰绿色，密生灰白色小瘤状凸起；先端尖，基部钝圆；腹面有线形突起的着生痕迹，两侧棱上有 2 列近等长的锚状钩刺，形似虱，内行刺长 1.5～2mm，外行刺较内行刺稍短或近等长，通常直立。质韧，果皮较坚硬，破开后，种仁类白色，显油性。气微，味淡。

以颗粒饱满、色灰褐、无杂质者为佳。

【化学成分】果实含萘醌类：紫草素（shikonin），乙酰紫草素（acetyl shikonin），5-去羟基紫草素（5-dehydroxy shikonin）；有机酸：棕榈酸，琥珀酸，绿花倒提壶酸（viridifloric acid），8-甲氧基-4-奎酮-2-羧酸，迷迭香酸（rosmarinic acid），琥珀酸；氨基酸：亮氨酸，L-缬氨酸，L-酪氨酸等；还含尿囊素，1-对-香豆酰-α-L-吡喃鼠李糖,腺嘌呤,腺苷等。

【功效主治】苦、辛,平;有小毒。消积杀虫。用于蛔虫病,绦虫病,虫积腹痛。

【附注】在东北地区及宁夏、新疆、内蒙古等地的部分产地以其果实充作鹤虱用,应注意鉴别。

紫草

【别名】紫根、紫草根、硬紫草。

【学名】Lithospermum erythrorhizon Sieb. et Zucc.

【植物形态】多年生草本,高 40～90cm。根粗,外皮富含紫色物质,干后明显。茎有贴伏和开展的白色粗硬毛。叶互生;叶片披针形或狭卵状披针形,长 3.5～8cm,宽 0.8～1.7cm,先端渐尖,基部狭窄,两面均有短糙伏毛;无柄。花小,排成总状花序,较短,生于枝端,果期伸长,长达 15cm,有糙伏毛;苞片狭卵形或披针形;花萼长约 4mm,5 裂,深裂近基部,果期达 9mm;花冠白色,筒长约 4mm,檐部直径约 4.5mm,喉部附属物半球形;雄蕊 5;子房 4 裂,柱头 2 裂。小坚果卵形,长约 3.5mm,宽约 3mm,表面平滑,有光泽,乳白色或带褐色,腹面中线凹陷呈纵沟。花期 6～7 月;果期 7～9 月。(图 615)

【生长环境】生于山坡草丛、沟边或林缘。

【产地分布】山东境内产于昆嵛山、崂山、蒙山、泰山、沂山等山地。在我国除山东外,还分布于辽宁、河北、山西、河南、陕西、甘肃、江西、湖北、湖南、广西、贵州、四川等地。

【药用部位】根:紫草(硬紫草)。为常用中药。

【采收加工】春、秋二季采挖,除去泥沙,晒干。

【药材性状】根圆锥形,稍扭曲,有分枝,长 7～14cm,直径 1～2cm。表面紫红色或紫黑色,粗糙,有纵纹,皮部薄,易剥落。根头部有茎残基,并被稀疏短毛。质硬而脆,易折断,断面皮部深紫色,木部较大,灰黄色,根中心与射线内含红色色素,老根木部有时枯朽。气特异,味微苦、涩。

以根条粗大、皮厚、色紫者为佳。

【化学成分】根含萘醌类:紫草素,乙酰紫草素,β-羟基异戊酰紫草素(β-hydroxyisovaleryl shikonin),去氧紫草素(deoxy shikonin),异戊酰紫草素,α-甲基丁酰紫草素(α-methyl-n-butyryl shikonin),异丁酰紫草素(isobutyryl shikonin),β,β-二甲丙烯酰紫草素(β,β-dimethylacryl shikonin),2,3-二甲丙烯酰紫草素,紫草定(lithospermidin)A、B,2-甲基-n-丁酰基紫草素,甲基紫草素等,8,11-十八碳二烯酸甲酯,7-十八碳烯酸甲酯,棕榈酸甲酯,十八碳三烯酸甲酯,9-十八碳烯酸甲酯;还含咖啡酸与硬脂醇、二十烷醇、二十二烷醇、二十四烷醇等所形成的酯类混合物,十五烷烃等。

【功效主治】甘、咸,寒。凉血,活血,解毒透疹。用于血热毒盛,斑疹紫黑,麻疹不透,疮疡,湿疹,水火烫伤。

【历史】紫草始载于《神农本草经》,列为中品。《名医别录》曰:"紫草生砀山山谷及楚地,三月采根阴干。"《尔雅》云:"一名藐,苗似兰香,茎赤节青,花紫白色,而实白"。《本草纲目》曰:"此草花紫根紫,可以染紫"。历代本草所述形态均与紫草(硬紫草)相符。

【附注】《中国药典》2000 年版收载。

砂引草

【学名】Messerschmidia sibirica L.

【植物形态】多年生草本,高 10～30cm。根状茎细长。地上茎单一或丛生,通常分枝,密生糙伏毛或白色长柔毛。叶互生;叶片披针形、倒披针形或长圆形,长 1～5cm,宽 0.6～1cm,先端通常圆钝,稍微尖,基部楔形或圆形,两面密生糙伏毛或长柔毛,中脉明显;无柄或近无柄。聚伞花序伞房状,顶生,近二叉状分枝;花密集,白色;花萼密生向上的糙伏毛,5 裂近基部,裂片披针形;花冠钟状,花冠筒较裂片长,裂片 5,外弯,外面密生向上的糙伏毛;雄蕊 5,内藏;子房 4 室,每室有 1 胚珠,柱头 2 浅裂,下部环状膨大。果实有 4 钝棱,椭圆形,长约 8mm,直径约 5mm,先端凹入,密生伏毛,核有纵肋,成熟时分裂为 2 个分核。花期 5 月;果期 6～7 月。(图 616)

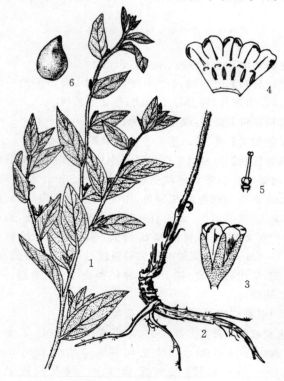

图 615 紫草
1.植株上部 2.根及茎基部 3.花 4.花冠展开
5.雌蕊 6.小坚果

硬毛；5裂，深裂近基部，裂片条形，果期直立；花冠筒细，紫色、蓝紫色或白色，长1~1.4cm，着生雄蕊处稍膨大，外面有短柔毛，喉部无附属物，基部有毛环，基部直径约6.5mm，5裂，裂片近卵形；雄蕊5，在花冠筒中部以上螺旋状着生，内藏；子房4深裂，花柱先端2裂，每分枝有1球形柱头。小坚果三角状卵形，长约2mm，有瘤状凸起，腹面基部有短柄。花期5~6月；果期6~9月。（图617）

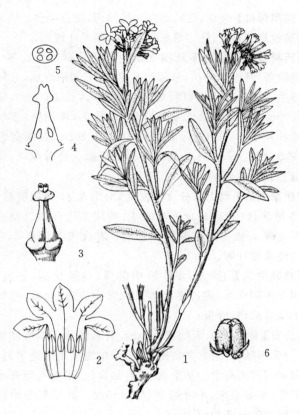

图616 砂引草
1.植株 2.花冠展开 3.雌蕊 4.雌蕊纵切
5.子房横切 6.果实

【生长环境】生于海滨或盐碱地。
【产地分布】山东境内产于胶东沿海、鲁西北及黄河三角洲各地。在我国除山东外，还分布于东北地区及河北、河南、陕西、甘肃、宁夏等地。
【药用部位】全草：砂引草。为民间药。
【采收加工】春、夏二季采收，洗净，晒干或鲜用。
【功效主治】排脓敛疮。外用于痈肿、骨节痛。

附：细叶砂引草

细叶砂引草 var. angustior (DC.) W. T. Wang，与原种的主要区别是：叶狭细呈条形或条状披针形。产地和药用同原种。

紫筒草

【别名】白毛草、蛤蟆草。
【学名】Stenosolenium saxatiles (Pall.) Turcz. (Anchusa saxatilis Pall.)
【植物形态】多年生草本，全株有硬毛。根细长，直生，根皮紫红色。茎通常数条，直立或斜升，高10~25cm，密生开展的长硬毛和短伏毛。基生叶和下部叶匙状条形或倒披针状条形，长1.5~4.5cm，宽3~8mm，两面密生硬毛，先端钝；无柄。聚伞花序顶生，逐渐延长，密生硬毛；苞片叶状；花有短梗；花萼长约7mm，密生长

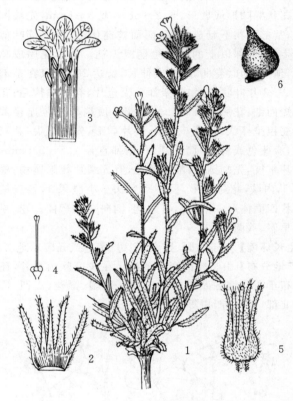

图617 紫筒草
1.植株 2.花萼展开 3.花冠展开 4.雌蕊
5.果期花萼 6.小坚果

【生长环境】生于低山坡、路旁或荒野。
【产地分布】山东境内产于临沂、济南等地。在我国除山东外，还分布于东北地区及内蒙古、河北、山西、陕西北部、宁夏、甘肃西部、青海等地。
【药用部位】全草：紫筒草。为民间药。
【采收加工】夏、秋二季采收，洗净，晒干或鲜用。
【药材性状】全草长10~20cm，密被粗硬毛和短柔毛。根细圆柱形，长短不一，直径1~2mm；表面紫黑色或黑棕色，断面皮部黑紫色，木部淡黄白色。茎细圆柱形，直径1~2mm；表面灰绿色或暗褐色，断面类白色，中空。叶互生，多破碎卷曲；完整者展平后呈倒披针状条形或披针状条形；表面灰绿色。花棕黄色。小坚果4，三角状卵形；表面具瘤状突起。气微，味微苦。
【功效主治】苦，辛，凉。清热凉血，止血，止咳，祛风除湿。用于吐血，外感，肺热咳嗽，骨节疼痛。

附地菜

【别名】豆瓣子棵(济宁)、豆瓣子菜(临沂)、搓不死(昆嵛山)。

【学名】Trigonotis peduncularis (Trev.) Benth. ex Baker et S. Moore
(*Myosotis peduncularis* Trev.)

【植物形态】一年生草本。茎通常从基部分枝,密集,铺散,高5~30cm,被短糙伏毛。基生叶呈莲座状;叶片卵状椭圆形或匙形,长2~5cm,宽3~8mm,先端圆钝,基部渐狭下延成长柄,两面被糙伏毛;茎下部叶似基生叶,中部以上的叶有短柄或无柄。聚伞花序成总状,顶生,幼时卷曲,后渐次伸长,长达20cm,只在基部有2~3片叶状苞片,其余部分无苞片,有短糙伏毛;花梗短而细,花后伸长,长3~5mm,顶端与花萼连接部分变粗呈棒状;花萼5深裂,裂片卵形,先端急尖;花冠小,淡蓝色或粉色,筒状甚短,檐部直径1.5~2.5mm,裂片平展,先端圆钝,喉部黄色,有5鳞片状附属物;雄蕊5,内藏,花药卵形,顶端有尖头。小坚果4,斜三棱锥状四面体形,有锐棱,有短柄,柄向一侧弯曲。花、果期早春。(图618)

【生长环境】生于田野、路旁、宅边、荒地或丘陵草地。

【产地分布】山东境内产于各地。在我国除山东外,还分布于东北地区及内蒙古、甘肃、新疆、福建、江西、广西北部、云南、四川等地。

【药用部位】全草:附地菜。为民间药,幼苗可食。

【采收加工】春、夏二季采收,洗净,晒干或鲜用。

【药材性状】全草多皱缩成团。根细长圆锥形。茎1至数条,纤细多分枝;基部淡紫棕色,上部枯绿色,有短糙毛。基生叶叶片卵状椭圆形或匙形,长2~4cm,宽约5mm,表面黄绿色或灰绿色,被糙毛,具长柄;茎生叶叶片稍小,几无柄。总状花序长达20cm;花淡蓝色或类白色。小坚果4,四面体形。质脆。具青草气,味微苦、涩。

【化学成分】地上部分含挥发油,油中含21种脂肪酸,20种醇,14种碳氢化合物和12种羰基化合物以及牻牛儿醇,α-松油醇等萜类化合物。花含飞燕草素-3,5-二葡萄糖苷等。

【功效主治】甘、辛,温。温中健胃,消肿止痛,止血。用于手脚麻木,胸胁疼痛,遗尿,胃痛作酸,吐血;外用于跌打损伤,骨折。

【历史】附地菜见于《名医别录》,名鸡肠草,《本草经集注》名鸡肠。《植物名实图考》曰:"附地菜生广饶田野,湖南园圃亦有之。丛生软茎,叶如枸杞,梢头夏间开小碧花,瓣如粟米,小叶绿苞,相间开放。"其形态及附图与植物附地菜相似。

马鞭草科

白棠子树

【别名】山指甲、小紫珠、小米干饭、紫球。

【学名】Callicarpa dichotoma (Lour.) K. Koch
(*Porphyra dichotoma* Lour.)

【植物形态】小灌木,植株高1~3m。多分枝,小枝纤细,带紫红色,幼时略被星状毛。叶对生;叶片倒卵形或披针形,先端长尖或尾尖,两面无毛,背面密生细小黄色腺点,侧脉5~6对;叶柄长2~5mm。聚伞花序腋生,细弱,宽1~2.5cm,2~3次分歧;花序梗长约1cm,略被星状毛,结果时无毛;苞片线形;花萼杯状,顶端具不明显的4齿或近截头状;花冠紫色,长1.5~2cm,顶端4裂,钝圆;雄蕊4,花丝长约为花冠的2倍,花药卵形,细小;子房无毛,有黄色腺点。浆果状核果球形,紫色,直径约2mm。花期5~6月;果期7~11月。(图619)

【生长环境】生于低山丘陵灌丛中。

【产地分布】山东境内产于各大山区。在我国除山东外,还分布于华东、华南地区及河北、河南、台湾、湖北、贵州等地。

【药用部位】叶:紫珠叶(紫珠)。为民间药。

【采收加工】夏季采收带嫩枝的叶,晒干。

【药材性状】叶多皱缩、卷曲或破碎。完整叶片展平后

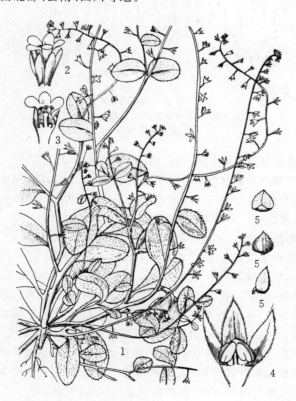

图618 附地菜
1.植株 2.花 3.花纵切 4.去花冠后纵剖 5.小坚果

呈倒卵形或披针形,长2~6cm,宽1~3cm;先端长尖或尾尖,基部楔形,边缘中部以下具数个粗锯齿;上表面粗糙,灰绿色;下表面色淡,密被细小黄色腺点,侧脉5~6对;叶柄长约5mm。嫩枝略带紫红色,稍被星状毛。气微,味微苦、涩。

以叶片完整、色灰绿、枝少且嫩者为佳。

【功效主治】苦、涩,凉。收敛止血,清热解毒。用于咯血,呕血,衄血,牙龈出血,尿血,便血,崩漏,紫癜,外伤出血,痈疽肿毒,毒蛇咬伤,烧伤。

【历史】白棠子树载于《植物名实图考》,名细亚锡饭,谓:"生大庚岭。硬茎丛生,叶如柳叶,附茎攒结,长柄小实,娇紫下垂。"据其图文与植物白棠子树相似。

具黄色腺点;雄蕊4,药隔具黄色腺点;子房被毛。浆果状核果球形,紫色,外被星状毛,熟时无毛,直径2.5~4mm。花期5~6月;果期7~11月。(图620)

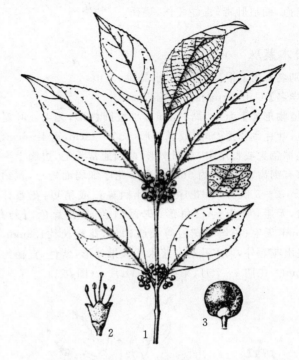

图620 老鸦糊
1.果枝 2.花 3.果实

【生长环境】生于疏林或灌丛中。

【产地分布】山东境内产于蒙山、崂山等山区。在我国除山东外,还分布于河南、陕西、甘肃、江苏、安徽、浙江、江西、福建、湖北、湖南、四川、广东、广西、贵州、云南等地。

【药用部位】叶:紫珠叶(老鸦糊)。为民间药。

【采收加工】夏季采收带嫩枝的叶,晒干。

【药材性状】叶卷曲或破碎;完整叶片展平后呈宽椭圆形至披针状长圆形,长5~14cm,宽2~6cm;先端渐尖,基部楔形或狭楔形,边缘有锯齿;上表面黄绿色,稍有微毛;下表面淡绿色,疏被星状毛和细小黄色腺毛,侧脉8~10对,叶脉在背面均隆起;柄长1~2cm。嫩枝灰黄色,圆柱形,被星状毛。气微,味微苦、涩。

以叶片完整、色黄绿、枝少且嫩者为佳。

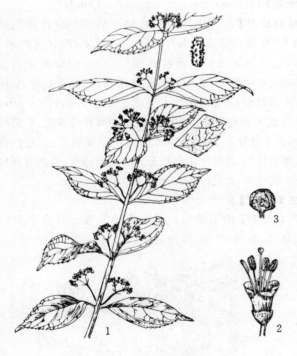

图619 白棠子树
1.花枝 2.花 3.果实

老鸦糊

【别名】紫珠草、小米团花、鸡米树、珍珠子。

【学名】Callicarpa giraldii Hesse ex Rehd.
(*Callicarpa bodinieri* Moldenke)

【植物形态】灌木,植株高1~3m。小枝灰黄色,圆柱形,被星状毛。叶对生;叶片宽椭圆形,长5~15cm,宽2~7cm,先端渐尖,基部楔形或下延成狭楔形,边缘有锯齿,表面黄绿色,稍有毛,背面淡绿色,疏被星状毛和细小黄色腺点,侧脉8~10对,叶纸质;叶柄长1~2cm。聚伞花序腋生,宽2~3cm,4~5次分歧,被星状毛;花萼钟状,长约1.5cm,疏被星状毛,后脱落,有黄色腺点,萼齿钝三角形;花冠紫色,长约3mm,稍有毛,

【化学成分】叶含黄酮类:5,3′,4′-三羟基黄酮-7-O-β-D-葡萄糖苷,5,7,3′-三羟基黄酮-4′-O-β-D-葡萄糖苷,5-羟基-3,6,7,4′-四甲氧基黄酮,5,7-二羟基-3′-甲氧基黄酮-4′-O-葡萄糖苷;三萜类:熊果酸,白桦脂酸,2α,3α,24-三羟基-齐墩-12-烯-28-酸,2α,3α,19,24-四羟基-熊果酸-12-烯-28-O-β-D-葡萄糖苷,2α,3α,19-三羟基-12-烯-28-熊果酸,2α,3α-二羟基-12-烯-28-熊果酸,2α,3β-二羟基-12-烯-28-熊果酸,α-香树脂醇;还含24-乙基-7,22-胆甾二烯-3α-醇,三十五烷,四十五碳酸,豆

甾醇,β-谷甾醇等。

【功效主治】苦、涩,凉。收敛止血,清热解毒。用于咯血,呕血,衄血,牙龈出血,尿血,便血,崩漏,紫癜,外伤出血,痈疽肿毒,毒蛇咬伤,烧伤。

日本紫珠

【别名】鸡丁棍(昆嵛山)、水晶桃(蒙山)。

【学名】Callicarpa japonica Thunb.

【植物形态】灌木,高约2m。小枝圆柱形,无毛。叶对生;叶片倒卵形、卵形或椭圆形,长7~12cm,宽4~6cm,先端急尖或长尾尖,基部楔形,两面通常无毛,边缘上半部有锯齿;叶柄长约6mm。聚伞花序细弱而短小,宽约2cm,2~3次分歧;花序梗与叶柄等长或稍短;花萼杯状,无毛,萼齿钝三角形;花冠白色或淡紫色,长约3mm,无毛;花丝与花冠等长或稍长,花药长约1.8mm,突出花冠外,药室孔裂。浆果状核果球形,紫色,直径约4mm。花期6~7月;果期10~11月。(图621)

图621 日本紫珠
1.植株上部 2.花 3.花冠展开,示雄蕊 4.雌蕊

【生长环境】生于山坡或谷地溪旁的丛林中。

【产地分布】山东境内产于昆嵛山、崂山、威海等地。在我国除山东外,还分布于辽宁、河北、江苏、安徽、浙江、台湾、江西、湖南、湖北西部、四川东部及贵州等地。

【药用部位】叶:紫珠叶。为少常用中药。

【采收加工】夏季采收带嫩枝的叶,晒干。

【药材性状】叶卷曲或破碎;完整叶片展平后呈倒卵形、卵形或椭圆形,长7~11cm,宽4~5cm;先端急尖或长尾尖,基部楔形,边缘上半部有锯齿;表面灰绿色,两面通常无毛;叶柄长约6mm。小枝圆柱形,无毛。气清香,味微苦、涩。

以叶片完整、色灰绿、枝嫩且少者为佳。

【化学成分】叶含5,6,7-三甲氧基黄酮,5,6,7,4′-四甲氧基黄酮等。种子含脂肪油。

【功效主治】苦、涩,凉。收敛止血,清热解毒。用于咯血,呕血,衄血,牙龈出血,尿血,便血,崩漏,紫癜,外伤出血,痈疽肿毒,毒蛇咬伤,烧伤。

海州常山

【别名】臭梧桐、太粘苍(费县)、臭枝子(荣成)、河楸叶(临朐)。

【学名】Clerodendrum trichotomum Thunb.

【植物形态】落叶灌木。嫩枝和叶柄多少被黄褐色短柔毛,枝髓有淡黄色薄片横隔。叶对生;叶片宽卵形、卵形、三角状卵形或卵状椭圆形,长5~16cm,宽3~13cm,先端渐尖,基部截形或宽楔形,很少近心形,全缘或有波状齿,两面疏生短柔毛或近无毛;叶柄长2~8cm。伞房状聚伞花序顶生或腋生;花蕾期萼片绿白色,后紫红色,有5棱脊,5裂几达基部,裂片卵状椭圆形;花冠白色或带粉红色;花柱不超出雄蕊。核果近球形,成熟时蓝紫色。花期6~9月;果期9~11月。(图622)

【生长环境】生于山坡、路旁或村边。

【产地分布】山东境内产于各山地丘陵。分布于我国的华北、华东、中南、西南地区。

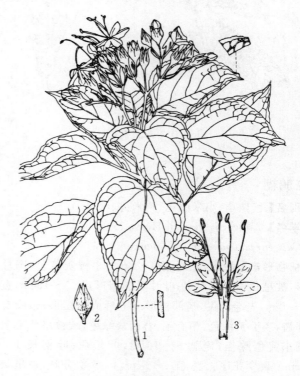

图622 海州常山
1.花枝 2.花萼 3.花冠展开

【药用部位】嫩枝及叶:臭梧桐;根:臭梧桐根;花:臭梧桐花;果实:臭梧桐子。为少常用中药和民间药。

【采收加工】6～7月开花前采收带嫩枝的叶,夏季采花,夏、秋二季采收果实,晒干或鲜用。冬季挖根,洗净,晒干。

【药材性状】叶多皱缩卷曲;完整叶片展平后呈宽卵形、卵形或椭圆状卵形,长5～15cm,宽3～12cm;先端急尖,基部宽楔形或截形,全缘或有波状齿;表面灰绿色或黄棕色,两面均被茸毛,尤以下表面叶脉处为多;叶柄长2～8cm,具纵沟,密被黄褐色茸毛。嫩枝类圆柱形或类方柱形,直径约3mm;黄绿色,有纵向细皱纹,并散布黄色细点状皮孔,密被锈色短柔毛,老茎上的毛则脱落;质硬脆,折断面木部淡黄色,髓部类白色。气清香,味苦、涩。

以完整、色绿、气清香、味苦者为佳。

【化学成分】叶含黄酮类:海州常山苷(clerodendrin),刺槐素-7-O-双葡萄糖醛酸苷[acacetin-7-O-glucurono-(1→2)-glucuronoide],臭梧桐苷(clerodendroside)即5,6,7-三羟基-4′-甲氧基黄酮-7-O-β-D-葡萄糖醛酸苷,芹菜素,臭梧桐素(clerodendronin)A、B,库沙苷(kusaginin);挥发性成分:2,6-二叔丁基-4-甲基苯酚,十八碳三烯醇,十八碳三烯酸酯,棕榈酸,芳樟醇,β-紫萝兰酮等;还含植物血凝素(lectin),内消旋肌醇及生物碱等。根含臭梧桐甾醇(clerosterol),臭梧桐甾酮(clerodolone),芹菜素,十八烷酸,十六烷酸等。果实含臭梧桐碱(trichotomine),臭梧桐碱G_1、N,N′-双葡萄糖吡喃臭梧桐碱等。

【功效主治】臭梧桐苦、微辛,平。祛风除湿,平肝降压,解毒杀虫。用于风湿痹痛,半身不遂,肝阳上亢,疟疾,痈疽疮疖。臭梧桐根苦,平。消食,开胃,利湿。用于头风痛,风湿痹痛,食积气滞,脘腹胀痛,小儿疳积,跌打损伤,乳痈肿毒。臭梧桐花苦,微辛,平。祛风,平肝,止痢。用于风气头痛,肝阳上亢,痢疾,疝气。臭梧桐子用于风湿痹痛,牙痛,气喘。

【历史】《本草图经》在蜀漆(常山苗)项下提及"海州出者,叶似楸叶,八月有花,红白色,子碧色,似山楝子而小"。其形态似海州常山。《本草纲目拾遗》载有臭梧桐,又名臭牡丹,据《百草镜》云:"其叶圆尖,不甚大,搓之气臭,叶上有红筋,夏开花,外有红苞成簇,色白五瓣,结实青圆如豆,十一月熟,蓝色,花叶皮俱入药。"其形态与海州常山基本一致。

【附注】《中国药典》1977年版、《山东省中药材标准》2002年版收载臭梧桐。

附:臭牡丹

臭牡丹 C. bungei Steud.,与海州常山的主要区别是:枝髓白色坚实;叶片宽卵形或卵形,基部心形成近截形,边缘有锯齿,下面有小腺点。聚伞花序顶生,密集成头状或伞房状;花序及叶下面疏生柔毛和腺点;花萼较小,裂片三角形;花冠淡红色、红色或紫色。山东境内各地公园及庭院有栽培。根含臭牡丹甾醇(bungesterol),木栓酮,二十二烷烯。全草含江户樱花苷(pruning),柚皮素-7-O-芸香糖苷(nairutin),香蜂草苷(dyaimin),芹菜素。茎叶含琥珀酸,茴香酸,香草酸,麦芽醇,乳酸镁(magnesium lactate),硝酸钾等。药用同海州常山。

马鞭草

【别名】铁扫帚、狗鞭子、马鞭梢。

【学名】Verbena officinalis L.

【植物形态】多年生直立草本,高0.3～1.2m。茎方柱形,节及枝上有硬毛。叶对生;叶片卵圆形、倒卵形至长圆状披针形,长2～8cm,宽1～5cm,基生叶边缘通常有粗锯齿及缺刻,茎生叶多为3深裂,裂片边缘有不整齐锯齿,两面均被硬毛。穗状花序顶生及腋生,细弱,长达25cm;花小,初密集,结果时疏离;每花具1苞片,有粗毛;花萼管状,膜质,有5棱,具5齿;花冠淡紫色至蓝色,花冠管直或弯,顶端5裂,裂片长圆形;雄蕊4,着生于花冠管的中部,花丝短。蒴果长圆形,长约2mm,包于宿萼内,外果皮薄,成熟后裂为4个小坚果。花期6～8月;果期7～9月。(图623)

【生长环境】生于山坡、路边、溪旁或林边。

【产地分布】山东境内产于临沂、菏泽等地。在我国除

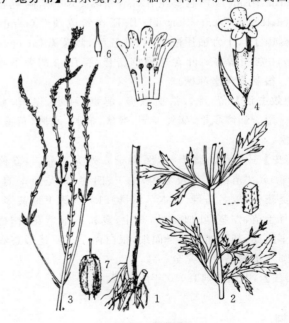

图623 马鞭草
1.植株基部 2.中部茎叶 3.花序 4.花
5.花冠展开,示雄蕊 6.雌蕊 7.果实

山东外，还分布于中南、西南地区及山西、陕西、甘肃、新疆、江苏、安徽、浙江、江西、福建、湖北、湖南等地。

【药用部位】全草：马鞭草。为较常用中药。

【采收加工】夏季花开放时采收，除去杂质，晒干。

【药材性状】全草长0.5~1m。有时带有圆柱形根茎。茎方柱形，直径2~4mm，多分枝，四面有纵沟；表面灰绿色或绿褐色，粗糙；质硬脆，易折断，断面边缘纤维性，中央有白色的髓或中空。叶对生，多皱缩破碎；完整叶片展平后呈卵圆形至长圆状披针形，羽状分裂或3深裂，长2~7cm，宽1~4cm；边缘有锯齿；表面灰绿色或棕黄色，两面被毛；质脆。穗状花序顶生，细长，小花多数，排列紧密，花瓣淡紫棕色。果实排列稀疏，包于灰绿色宿萼内；小坚果4，灰黄色，长约2mm，放大镜下可见背面有纵脊纹。气微，味苦。

以叶多、色青绿、带花穗、味苦者为佳。

【化学成分】全草含三萜类：齐墩果酸，熊果酸，乌索酸内酯（ursolic acid lactone），羽扇豆醇，2α,3β,23-trihydroxyurs-12-en-28-oic acid，委陵菜酸（tormentic acid）等；环烯醚萜苷类：马鞭草苷（verbenalin），3,4-二氢马鞭草苷（3,4-dihydroverbenatin），戟叶马鞭草苷（hastatoside），5-羟基马鞭草苷，三叶草苷（trifloroside），macrophylloside，3'-acetylsweroside，9-hydroxysemperoside，当药苦苷（swertiamarin），龙胆苦苷（gentiopicroside），桃叶珊瑚苷（aucubin）；黄酮类：木犀草素，山柰酚，槲皮素，槲皮苷，芹菜素，4'-羟基汉黄芩素（4'-hydroxywogonin），杨梅素，杨梅苷；苯乙醇苷类：马鞭草新苷即毛蕊花糖苷（verbascoside），异毛蕊花苷（isoverbascoside），阿克替苷（acteoside），parvifloroside B；还含紫葳新苷（campneoside I），十六酸甲酯，十六酸乙酯，蒿黄素（artemetin），β-谷甾醇等。叶含马鞭草新苷，腺苷，β-胡萝卜素等。根及茎含水苏糖。

【功效主治】苦，凉。活血散瘀，解毒，利水，退黄，截疟。用于癥瘕积聚，痛经经闭，喉痹，痈肿，水肿，黄疸，疟疾。

【历史】马鞭草始载于《名医别录》，列为下品。《新修本草》载："苗似狼牙及荛蔚，抽三、四穗，紫花似车前。穗类鞭稍，故名马鞭。"《本草纲目》曰："马鞭下地甚多。春月生苗，方茎，叶似益母，对生，夏秋开细紫花，作穗如车前穗，其子如蓬蒿子而细，根白而小。"所述形态和附图与植物马鞭草完全一致。

【附注】《中国药典》2010年版收载。

黄荆

【别名】荆子（淄博、潍坊）、荆条（青岛、烟台、济南）、荆棵（临沂）。

【学名】Vitex negundo L.

【植物形态】灌木或小乔木，高2~5m。根黄白色。枝近方柱形，密生灰白色绒毛；枝叶揉之有香气。叶对生；掌状复叶，小叶5片，间有3片，中间小叶片最大，卵状披针形，长3~10cm，全缘或每侧有2~5浅锯齿，下面密生灰白色绒毛。圆锥花序顶生；萼钟形，5齿裂；花冠淡紫色或淡蓝色，顶端5裂，二唇形，外面有绒毛；雄蕊4；子房4室，柱头2裂。坚果状小核果，球形，黑色。花期7~9月；果期9~10月。（图624）

图624 黄荆
1. 植株上部 2. 花 3. 果实，示宿存花萼 4. 雄蕊

【生长环境】生于山坡、路旁或村边。

【产地分布】山东境内产于各山地丘陵。在我国分布于南北各地。

【药用部位】果实：黄荆子；叶：黄荆叶。为民间药。

【采收加工】秋季采收成熟果实，晒干。夏季采叶，阴干。

【药材性状】果实卵形或圆球形，长3~4mm，直径2~3mm。表面灰褐色或灰黄褐色，顶端有花柱脱落的凹痕，基部稍狭尖，有宿萼和果梗。宿萼灰褐色，密被灰白色或棕黄色细绒毛，包被整个果实的2/3或更多，萼筒顶端5齿裂，外面有5~10条明显的脉纹。果壳坚硬，不易破碎，断面黄棕色，4室，每室有黄白色种子1粒或不发育。气香，味微苦、涩。

以颗粒饱满、色灰褐、气香味苦者为佳。

叶常皱缩，并有叶柄或嫩枝。完整叶片展平后为掌状复叶，小叶片5，间有3；中间小叶片最大，卵状披针形，长3~9cm，宽1~3cm；先端渐尖，基部楔形，全缘或每侧有2~5稀疏浅锯齿；上表面绿棕黑色，近无毛；下表面灰绿色，密生灰色短绒毛。揉碎后气清香，味淡、微苦。

以叶片完整、色绿褐、香气浓者为佳。

【化学成分】果实含蔓荆子黄素（vitexicarpin），异荭草素，荭草素，vitedoamine A，牡荆苷，牡荆内酯（vitexilactone），5,7,3′-三羟基-6,8,4′-三甲氧基黄酮，蒿黄素（artemetin），3β-乙酰氧基-12-齐墩果烯-27-羧酸（3β-acetoxyolean-12-en-27-oic acid），对-羟基苯甲酸，阿魏酸；还含挥发油：主成分为桉叶素，左旋香桧烯，α-蒎烯，樟烯，β-丁香烯等。种子油含棕榈酸，油酸，亚油酸，硬脂酸等。叶含黄酮类：牡荆素（vitexin），蔓荆子黄素，东方蓼黄素（orientin），异东方蓼黄素（isoorientin），木犀草素-7-O-葡萄糖苷，艾黄素（artemisetin）即5-羟基-3,6,7,3′,4′-五甲氧基黄酮，紫花牡荆素（casticin），桃叶珊瑚苷，淡紫花牡荆苷（agnuside）等；挥发油：主成分为樟脑，左旋香桧烯，莰烯，β-石竹烯等。

【功效主治】黄荆子苦、辛，温。散风祛痰，止咳平喘，理气止痛。用于外感咳嗽，哮喘，咳嗽痰喘，胃痛，吞酸，便秘，疝气，骨节疼痛。黄荆叶苦，凉。解表，除湿，止痢，止痛。用于外感发热，中暑，腹痛吐泻，痢疾，痈肿，癣疮，咳嗽痰喘。

【历史】黄荆始载于《本草纲目拾遗》，引《玉环志》云："叶似枫而有权，结黑子如胡椒而尖。"所述形态与本种相似。

【附注】《山东省中药材标准》2002年版收载。

附：荆条

荆条 var. heterophylla (Franch.) Rehd.，与原种的主要区别是：小叶片边缘有缺刻状锯齿或深裂至中脉而呈羽状，下面密被灰白色绒毛。产地及药用同原种。叶、枝挥发性成分为β-丁香烯，香桧烯和β-金合欢烯等。果实挥发性成分为β-榄香烯，芳樟醇，贝壳杉烯，δ-榄香烯，乙酯异冰片脂等。

单叶蔓荆

【别名】荆条子（莱阳、威海）、沙荆（蓬莱）、灰枣（烟台）。
【学名】Vitex trifolia L. var. simplicifolia Cham.
【植物形态】落叶小灌木，高约2m。主茎匍匐地面，基部节上常生不定根，老枝近圆形，幼枝四棱形，全株被灰白色柔毛。叶对生；叶片倒卵形至椭圆形，长2.5~5cm，宽1.5~3cm，先端钝圆，基部楔形，全缘，表面绿色，背面粉白色，侧脉约8对，柄短。圆锥花序顶生；花萼钟状，先端5齿裂；花冠二唇形，淡紫色，先端5裂，下面1裂片最大，宽卵形，内面中下部有毛；雄蕊4，伸于花冠管外；子房球形，密生腺点，柱头2裂。核果球形，直径5~7mm，熟时黑褐色，具宿萼。花期7~8月，果期8~10月。（图625，彩图55）

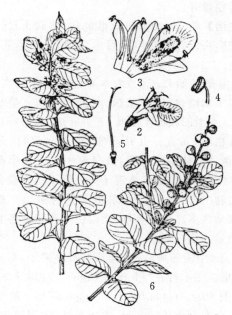

图625 单叶蔓荆
1.花枝 2.花 3.花冠展开，示雄蕊
4.雄蕊 5.雌蕊 6.果枝

【生长环境】生于海边、沙滩、内陆河流两岸沙地、湖畔或盐碱地。有栽培。
【产地分布】山东境内主产于烟台、威海、聊城、滨州、东营、济宁、泰安等地；以威海、荣成、文登、牟平、蓬莱、无棣、沾化、利津、汶上等地产量较大；分布于沿海各县市、黄河三角洲、内陆盐碱地及汶河两岸。在我国除山东外，还分布于辽宁、河北、江苏、安徽、浙江、江西、福建、台湾、广东等地。
【药用部位】果实：蔓荆子。为常用中药及民间药。山东著名道地药材。
【采收加工】夏、秋二季采收成熟果实，除去杂质，晒干。
【药材性状】果实球形，直径4~6mm。表面灰黑色或黑褐色，被灰白色粉霜状茸毛，有纵向浅沟4条，放大镜下可见密布淡黄色小点。顶端微凹，有脱落的花柱痕，基部有灰白色宿萼及短果柄。宿萼长为果实的1/3~2/3，顶端5齿裂，其中两裂较深，密被细茸毛。体轻，质坚韧，不易破碎，横断面果皮灰黄色，有棕褐色油点排列成环，4室，每室有种子1粒或不育。种仁黄白色，有油性。气特异而芳香，味淡、微辛、微苦。

以粒大饱满、色灰黑、芳香气浓者为佳。

【化学成分】果实含黄酮类：蔓荆子黄素，紫花牡荆素；挥发油：主成分为莰烯和蒎烯；氨基酸：天冬氨酸，谷氨酸，甘氨酸，丙氨酸，亮氨酸及γ-氨基丁酸；脂肪酸：亚油酸，油酸，棕榈酸，硬脂酸及少量亚麻酸；还含微量生物碱，维生素A等。种子含艾黄素，蔓荆子黄素及脂肪油。叶挥发油主成分为β-丁香烯,α-蒎烯,丁香烯氧化物,香桧烯等。

【功效主治】辛、苦,微寒。疏散风热,清利头目。用于风热外感,头痛,齿龈肿痛,目赤多泪,目暗不明,头晕目眩。

【历史】蔓荆子始载于《神农本草经》,名蔓荆实,列为上品。《本草纲目》云:"恭曰:蔓荆生水滨。苗茎蔓延长丈余。春因旧枝而生小叶,五月叶成,似杏叶。六月有花,红白色,黄蕊。九月有实,黑斑,大如梧子而虚轻。"并谓:"其枝小弱如蔓,故曰蔓生。"所述形态即指植物单叶蔓荆。但古代蔓荆子与牡荆子的记载曾有混淆。《药物出产辨》:"产山东牟平县为多出。现时沿海、沿湖地区多产单叶蔓荆,尤以山东胶州湾各县产量最大,质量亦优"。

【附注】①《中国药典》2010年版收载蔓荆子,附录收载蔓荆子根。②本种在"Flora of China"17:30.1994中被并入蔓荆 Vitex rotundifolia Linnaeus f.。鉴于两者在形态、分布和生境的差异,本志采纳《中国植物志》的分类,将单叶蔓荆单列,将 Vitex rotundifolia Linnaeus f. 作为单叶蔓荆的异名。

附:蔓荆

蔓荆 Citex rotundifolia Linnaeus f.,与单叶蔓荆的主要区别是:单叶蔓荆茎匍匐,节处常生不定根,单叶对生,分布于广东至辽宁海边、沙滩及湖畔;蔓荆通常三出复叶,有时在侧枝上可有单叶,分布于福建以南地区的平原、河滩、疏林及村寨附近,山东无分布。

唇形科

藿香

【别名】山藿香(蒙山)、野藿香、排香草(青岛)。

【学名】Agastache rugosa (Fisch. et Mey.) O. Ktze. (Lophonthus rugosus Fisch. et Mey.)

【植物形态】多年生草本,高0.4~1.5m,有香气。茎直立,四棱形,略带红色,上部被极短的柔毛和腺体,下部无毛。叶交互对生;叶片椭圆状卵形或卵形,长4.5~11cm,宽3~6.5cm,先端尾状长渐尖,基部圆形或略带心形,边缘有不整齐钝锯齿,齿圆形,上面无毛或近无毛,散生透明腺点,下面被短柔毛;叶柄长1~4cm。轮伞花序多花,组成顶生密集的圆筒状穗状花序;苞片大,条形或披针形,长2~3mm,被微柔毛;花萼管倒圆锥形,长约6mm,被微柔毛和黄色小腺体,常呈淡紫色或紫红色,具纵脉10数条,萼齿5裂,裂片三角形;花冠二唇形,淡蓝紫色,长约8mm,上唇四方形或卵形,先端微凹,下唇3裂,两侧裂片短,中间裂片扇形,边缘有波状细齿,花冠外被细柔毛;雄蕊4,二强,伸出花冠管外;子房4深裂,花柱着生于子房底部中央,伸出花冠外,柱头2裂。小坚果倒卵状三棱形。花期6~7月;果期10~11月。2n=18。(图626)

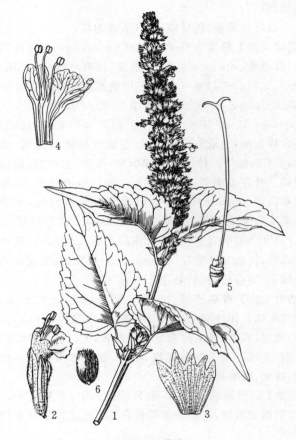

图626 藿香
1.植株上部 2.花 3.花萼展开 4.花冠展开 5.雌蕊 6.小坚果

【生长环境】生于阴湿山坡或溪边湿地。有栽培。

【产地分布】山东境内产于各大山区。在我国除山东外,还分布于华东、东北地区及河北、贵州、四川、云南等地。

【药用部位】全草:藿香;叶:藿香叶。为少常用中药,藿香叶药食两用。

【采收加工】5~8月间花初开时,择晴天割取地上部分,阴干或趁鲜切段阴干;或摘叶鲜用。

【药材性状】全草长30~90cm,常捆扎成把。茎方柱形,对生分枝,直径0.2~1cm;表面绿色或黄绿色,有纵皱纹,稀有毛茸,四角具棱脊,四面平坦或凹入成宽沟状;节明显,有叶柄脱落后的疤痕,节间长3~10cm;老茎坚硬,质脆,易折断,断面白色,髓部中空。叶对生,多皱缩或破碎;完整者展平后呈椭圆状卵形或卵形,长4~10cm,宽2~6cm;先端尖或长渐尖,基部圆形或心形,边缘有钝锯齿;上表面深绿色,下表面浅绿色,两面微被毛茸;叶柄长1~3cm;质薄脆,易碎。穗状轮伞花序顶生,土棕色。气芳香而特异,味淡、微凉。

以叶多、色绿、香气浓者为佳。

【化学成分】全草含挥发油:主成分为甲基胡椒酚

(methyl chavicol),少量茴香脑(anethole),茴香醛(anisaldehyde),柠檬烯,对-甲氧基桂皮醛,α-及 β-蒎烯等。还含刺槐素,椴树素(tilianin),蒙花苷(linarin),藿香苷(agastachoside),异藿香苷(isoagastachoside),藿香精(agastachin),longikaurin D 及无机元素钾、钙、锌、铁、锰等。**花萼**含挥发油:主成分为 3,7,11,15-四甲基-1,6,10,14-十六碳四烯-3-醇,棕榈酸,2,4,6-三甲基-1,3,6-庚三烯,油酸等。**种子**含脂肪酸:十二烷酸,丁酸,十四酸,亚麻酸,二十二碳六烯酸等。**根**含山楂酸(crategolic acid),齐墩果酸,3-O-乙酰基齐墩果醛,刺槐素,椴树素,藿香苷,去氢藿香酚(dehydro agastol),β-谷甾醇,胡萝卜苷,正三十烷酸等。

【**功效主治**】**藿香**辛,微温。祛暑解表,化湿和胃。用于夏季外感,寒热头痛,胸脘痞闷,呕吐泄泻,妊娠呕吐,鼻渊,手足癣。**藿香叶**辛,微温。祛暑解表,化湿和胃。用于夏令外感,寒热头痛。

【**历史**】藿香始载于《嘉祐本草》,但以后历代本草的记载多指广藿香。《滇南本草》收载的土藿香,经考证认为是本种。《本草乘雅半偈》曰:"叶似荏苏,边有锯齿。七月擢穗,作花似蓼,房似假苏,子似茺蔚"。《植物名实图考》曰:"今江西、湖南人家多种之,为辟暑良药"。所述土藿香形态及附图与现今植物藿香相符。

【**附注**】《中国药典》1977 年版曾收载;《山东省中药材标准》2002 年版收载藿香。

筋骨草

【**别名**】透筋草。

【**学名**】Ajuga ciliata Bge.

【**植物形态**】多年生草本。根膨大。茎高 20~40cm,四棱形,紫红色或绿紫色,通常无毛或疏被柔毛。单叶,交互对生;叶片卵状椭圆形至狭椭圆形,长 4~7.5cm,宽 2.5~4cm,先端钝或急尖,基部楔形,边缘有不整齐双重牙齿,两面略被糙伏毛,有缘毛;叶柄长约 1cm 或几无柄。轮伞花序密集排成顶生的穗状花序;苞片叶状,有时紫红色;花萼漏斗状钟形,长 7~8mm,10 脉,萼齿 5,仅在上部脉上及齿上被疏毛,其余无毛;花冠紫色,有蓝色条纹,冠筒较花萼长约 1 倍,外面被疏柔毛,内面被微柔毛,近基部有毛环,冠檐二唇形,上唇短,直立,先端圆形,微缺,下唇伸长,3 裂,中裂片倒心形,侧裂片条状长圆形;雄蕊 4,二强,稍超出花冠,着生于花冠喉部;花柱超出雄蕊,顶端 2 浅裂;花盘环状,裂片不明显,前面呈指状膨大;子房无毛。小坚果长圆形或卵状三棱形,背部有网状皱纹,腹部中间隆起,果脐大,几占整个腹面。花期 4~8 月;果期 7~9 月。(图 627)

【**生长环境**】生于山谷溪旁或林下阴湿处。

图 627　筋骨草
1. 植株上部　2. 花　3. 花萼纵剖　4. 花冠纵剖　5. 雌蕊

【**产地分布**】山东境内产于鲁山、五莲山、泰山、徂徕山等山区。在我国除山东外,还分布于河北、河南、山西、陕西、甘肃、浙江、四川等地。

【**药用部位**】全草:筋骨草。为民间药。

【**采收加工**】夏季花初开时采收,晒干或鲜用。

【**功效主治**】苦、寒。清热,凉血,消肿。用于肺热咯血,咽痛,乳蛾,跌打损伤。

风轮菜

【**别名**】断血流、华风轮。

【**学名**】Clinopodium chinense (Benth.) O. Ktze. (Calamintha chinensis Benth.)

【**植物形态**】多年生草本。茎基部匍匐生根,上部上升,多分枝,四棱形,高达 1m,密被短柔毛及微腺柔毛。叶交互对生;叶片卵形,长 2~4cm,宽 1.3~2.6cm,先端急尖或钝,基部阔楔形或圆形,边缘有圆形锯齿,上面密被平伏短硬毛,下面有疏柔毛;叶柄长 3~8mm。轮伞花序有多花,半球形,彼此远离;苞叶叶状,向上渐小至苞片状;苞片针状,长 3~6mm,无明显中肋,有毛;总花梗长 1~2mm,分枝多数;花梗长 2.5mm,与总花梗及花序轴有柔毛;花萼狭管状,常为紫红色,长约 6mm,有 13 脉,外面沿脉有柔毛及腺柔毛,果时基部 1 边臌胀,二唇形,上唇 3 齿,近外翻,下唇 2 齿,较长,直伸,有刺尖;花冠紫红色,长约9mm,冠筒伸出,冠檐二唇形,上唇直伸,先端微凹,下唇3裂,中裂片稍大;雄蕊4,前对稍长;花柱先端2裂,裂片不相等。小坚果倒卵形,长约1.2mm,黄褐色。花期5~8月;果期8~10月。(图628)

图628 风轮菜
1.植株下部 2.植株上部 3.花及小苞片
4.花萼展开 5.花冠展开 6.雌蕊

【生长环境】生于山坡、沟谷、草丛或林下湿地。
【产地分布】山东境内产于各山地丘陵。在我国除山东外,还分布于浙江、江苏、安徽、江西、福建、台湾、湖南、湖北、广东、广西、云南等地。
【药用部位】全草:断血流。为少常用中药和中成药原料药。
【采收加工】夏季花前采收地上部分,除去泥沙,晒干。
【药材性状】全草长30~90cm。茎方柱形,四面凹下呈槽状,对生分枝,嫩枝略压扁,直径2~6mm,节间长2~8cm;表面灰绿色或绿褐色,具细纵条纹,密被灰白色短柔毛,四棱处尤多,下部较稀疏或近无毛;质脆,断面不整齐,淡黄白色,中央有髓或中空。叶对生;叶片多卷缩破碎;完整者展平后呈卵形,长2~4cm,宽1.5~2.5cm;先端急尖或钝,基部阔楔形或圆形,边缘有圆锯齿;上表面褐绿色,密被白色平伏短硬毛,下表面灰绿色,疏生白色柔毛;质脆,易碎。轮伞花序花萼残存,外被毛茸。气微香,味涩、微苦。
以叶多、色绿、气香者为佳。

【化学成分】全草含黄酮类:橙皮苷,香蜂草苷(didymin),异樱花素(isosakuranetin),江户樱花苷,芹菜素,柚皮素-7-O-芸香糖苷(nairutin)等;皂苷类:风轮菜皂苷(clinodiside)A,断血流皂苷(clinopodiside)A、C、D、E、F、G、H,醉鱼草皂苷(buddlejasaponin)Ⅳ、Ⅳa、Ⅳb,clinoposaponin Ga, clinosaponin Ⅴ、Ⅵ、Ⅷ、Ⅹ、Ⅺ;还含熊果酸,β-谷甾醇等。
【功效主治】微苦、涩,凉。收敛止血。用于崩漏,尿血,鼻衄,牙龈出血,外伤出血。
【历史】风轮菜始载于《救荒本草》,云:"生密县山野中。苗高二尺余。方茎四棱,色淡绿微白。叶似荏子叶而小,又似威灵仙叶微宽,边有锯齿叉,两叶对生,而叶节间又生子,叶极小,四叶相攒对生。开淡粉红花。其叶味苦。"其形态及附图与唇形科植物风轮菜相符。
【附注】《中国药典》2010年版收载。

香薷

【别名】偏头草(泰山)、香草、土香薷。
【学名】Elsholtzia ciliata (Thunb.) Hyland.
(Sideritis ciliata Thunb.)
【植物形态】一年生草本。茎直立,高30~50cm,钝4棱,无毛或有疏柔毛。叶交互对生;叶片卵形或椭圆状披针形,长3~9cm,宽1~4cm,先端渐尖,基部楔状下延成狭翅,边缘有锯齿,上面疏生小硬毛,下面沿脉有小硬毛,散布松脂状腺点;叶柄长0.5~3.5cm。穗状花序长2~7cm,偏向一侧,由多数轮伞花序组成;苞片对生,在花序内排成纵列2行,阔卵形,长宽约4mm,先端有芒状突尖,外面无毛,有松脂状腺点,并有缘毛;花梗长约1.2mm,近无毛;花序轴密被白色短柔毛;花萼钟形,长约1.5mm,外面有疏柔毛及腺点,萼齿5,三角形,前2齿较长,先端有针状尖头,有缘毛;花冠淡紫色,外面有柔毛及腺点,冠筒自基部向上渐宽,冠檐二唇形,上唇直立,先端微缺,下唇3裂,中裂片较大;雄蕊4,前对较长,外伸,花药紫黑色;花柱不伸出花冠外,顶端2浅裂。小坚果长圆形,长约1mm,棕黄色,光滑。花期7~10月;果期10月。(图629)
【生长环境】生于山坡、沟谷、路旁或溪边。
【产地分布】山东境内产于各山地丘陵。在我国除山东外,还分布于除新疆、青海以外的各地。
【药用部位】全草:土香薷。为民间及地区习惯用药,幼苗药食两用。
【采收加工】夏、秋二季果实成熟时割取地上部分,晒干,捆成小把。
【药材性状】全草长20~40cm,无毛或疏被柔毛。茎直立,直径1~5mm;表面黄绿色,具钝4棱;质脆,易折断。叶对生,常皱缩破碎;完整叶片展平后呈卵形或椭

图 629 香薷
1.植株上部 2.花 3.花萼展开 4.花冠展开
5.雌蕊 6.小坚果腹面

圆状披针形，长 3～8cm，宽 1～3.5cm；先端渐尖，基部楔形并下延成狭翅，边缘有锯齿；表面黄绿色，沿脉疏生小硬毛，并有腺点；叶柄长 1～3cm。穗状花序顶生，长 2～6.5cm，偏向一侧；苞片阔卵形，长宽约 4mm，先端有芒状突尖，外面有松脂样腺点；花序轴密被白色短柔毛；花萼钟形，先端 5 裂，外面被疏柔毛及腺点；花冠淡紫色。小坚果 4，长圆形，棕黄色，光滑。气清香，味凉而微辛。

以质嫩、色绿、叶果多、香气浓者为佳。

【化学成分】全草含挥发油：主成分为香薷酮（elsholtzione），苯乙酮等；黄酮类：5-羟基-6,7-二甲氧基黄酮，5-羟基-7,4′-二甲氧基黄烷醇，5-羟基-6-甲氧基黄烷醇-7-O-α-D 吡喃半乳糖苷，刺槐素-7-O-β-D 葡萄糖苷，5-羟基-7,8-二甲氧基黄酮；甾醇类：β-谷甾醇，胡萝卜苷；三萜类：熊果酸，2-α-羟基熊果酸，委陵菜酸。还含 6-甲基三十三烷，13-环己基二十六烷（13-cyclohexylhexacosane），棕榈酸等。果实脂肪油含油酸，亚油酸，亚麻酸等。

【功效主治】辛，微温。发汗解表，和中利湿。用于暑湿外感，恶寒发热无汗，腹痛吐泻。

【历史】香薷始载于《名医别录》，列为中品。《本草图经》云："似白苏而叶更细。"附图与现今植物香薷相似。《本草纲目》曰："朱震亨唯取大叶者良，而细叶者香烈更甚，今人多用之。"说明古代药用香薷原植物不止一种。

海州香薷

【别名】铜草、香薷、窄叶香薷。

【学名】Elsholtzia splendens Nakai ex F. Maekawa

【植物形态】一年生草本，高 30～60cm。茎直立，污黄紫色，被疏柔毛，基部以上多分枝。叶交互对生；叶片卵状三角形、卵状长圆形、长圆状披针形或披针形，长 3～6cm，宽 0.8～2.5cm，先端渐尖，基部阔或狭楔形，边缘疏生整齐锯齿，上面绿色，疏被小纤毛，下面较淡，沿脉上被小纤毛，密布凹陷腺点；茎中部叶叶柄较长，向上渐短，腹凹背凸。穗状花序顶生，偏向一侧，长 3.5～4.5cm；苞片近圆形或宽卵圆形，先端尾状骤尖，近边缘被小缘毛，疏生腺点，花萼钟形，长 2～2.5mm，外面被白色短硬毛，具腺点，萼齿 5，三角形，近相等，先端刺芒尖头，具缘毛；花冠玫瑰红紫色，微内弯，近漏斗形，外面密被柔毛，冠檐二唇形，上唇直立，先端微缺，下唇开展，3 裂；雄蕊 4，前对较长，均伸出；花柱超出雄蕊，先端近相等 2 浅裂。小坚果长圆形，黑棕色，具小疣。花、果期 9～11 月。（图 630）

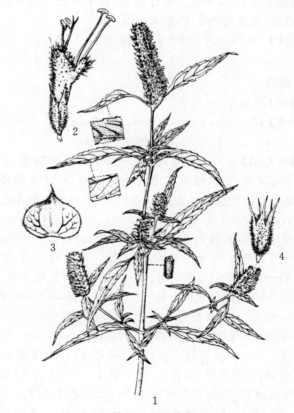

图 630 海州香薷
1.植株上部 2.花 3.苞片 4.花萼

【生长环境】生于山坡路旁或草丛中。

【产地分布】山东境内产于各山地丘陵。在我国除山东外，还分布于辽宁、河北、河南、江苏、江西、浙江、广东等地。

【药用部位】全草：香薷。为较常用中药，幼苗药食两用。

【采收加工】夏、秋二季果实成熟时采割地上部分,除去杂质,晒干。

【药材性状】全草长30~50cm,疏被柔毛。茎方柱形,直径1~4mm;基部紫红色,上部黄绿色或淡黄色,节间长4~7cm。叶对生,多皱缩或脱落;完整者呈卵状三角形或披针形,长3~5.5cm,宽1~2cm;先端渐尖,基部阔或楔形,边缘疏具整齐锯齿;上表面暗绿色或黄绿色,疏被小纤毛;下表面较淡,沿脉被小纤毛,密布凹陷腺鳞。穗状花序顶生或腋生。苞片近圆形或宽卵圆形,先端尾状骤尖,脱落或残存;花萼宿存,钟状,先端5裂,淡紫红色或灰绿色,密被茸毛及腺点;花冠红紫色或紫褐色,密被柔毛,冠檐二唇形。小坚果4,长圆形,黑棕色。气清香,味凉而微辛。

以枝嫩、色绿、叶穗多、清香气浓者为佳。

【化学成分】全草含挥发油:主成分为香荆芥酚,麝香草酚,对-聚伞花素,γ-松油烯,α-石竹烯,α-水芹烯。还含芹菜素,木犀草素,琥珀酸,β-谷甾醇,胡萝卜苷等。

【功效主治】辛,微温。发汗解表,和中利湿。用于暑湿外感,恶寒发热无汗,腹痛吐泻。

【附注】《中国药典》1990年版曾收载。

活血丹

【别名】连钱草、金钱草。

【学名】Glechoma longituba (Nakai) Kupr. (G. hederacea L. var. longituba Nakai)

【植物形态】多年生草本,高10~20cm。具匍匐茎,节处生不定根;茎四棱形,基部通常淡紫红色,幼嫩部分被疏长毛。叶交互对生;茎下部叶较小,叶片心形或近肾形,上部叶较大,心形,长1.8~2.6cm,宽2~3cm,上面绿色,疏被粗伏毛,下面常带紫色,疏被柔毛;叶柄长为叶片的1~2倍。轮伞花序腋生,通常有2花,稀有4~6花;苞片条形,长约4mm,有缘毛;花萼筒状,长约1cm,外被白色长柔毛,齿5,上唇3齿,较长,下唇2齿,略短;花冠淡蓝色至紫色,下唇有深色斑点,冠筒上部膨大成钟形,有长短两型,长者长1.7~2.2cm,短者长1~1.4cm,冠檐二唇形,上唇直立,2裂,下唇伸长,3裂,中裂片最大,肾形,较上唇片大1~2倍,两侧裂片长圆形;雄蕊4,内藏,前对较长,后对较短,花药2室,略叉开;子房4裂,无毛,花柱细长,略伸出,顶端近相等2裂。小坚果深褐色,长圆状卵形,长约1.5mm。花期4~5月;果期5~6月。(图631)

【生长环境】生于林缘、疏林下、路旁或溪边草丛。

【产地分布】山东境内产于临沂、青岛、烟台等地。在我国除青海、甘肃、新疆及西藏外,几分布于全国。

【药用部位】全草:连钱草(江苏金钱草)。为常用中药。

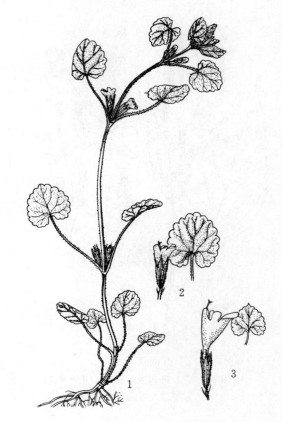

图631 活血丹
1.植株 2.短冠筒的花及叶 3.长冠筒的花及叶

【采收加工】春至秋季采收地上部分,除去杂质,晒干。

【药材性状】全草常缠绕成团,长10~20cm,疏被短柔毛。茎方柱形,直径1~2mm;表面黄绿色或紫红色,节上具不定根;质脆,易折断,断面常中空。叶对生,叶片多皱缩或破碎;完整者展平后呈肾形或近心形,长1~2.5cm,宽2~3cm;边缘有圆齿;表面灰绿色或绿褐色,上面疏被粗伏毛,下面略带紫色,疏被柔毛;叶柄纤细,长约4cm。轮伞花序腋生,花冠二唇形,长1~2cm。搓之气芳香,味微苦。

以质嫩、叶花多、色黄绿、香气浓者为佳。

【化学成分】全草含萜类:欧亚活血丹呋喃(glechomafuran),欧亚活血丹内酯(glechomanolide),1,10;4,5-二环氧活血丹内酯(1,10;4,5-epoxy-germacren-12,8-olide),1,8-环氧-7(11)-吉马烯-5-酮-12,8-内酯[1,8-epoxy-7(11)-germacren-5-one-12,8-olide],白桦脂醇,熊果醇,熊果酸,齐墩果酸,白桦脂酸,$2α,3α$-二羟基乌苏-12-烯-28-酸,$2α,3β$-二羟基乌苏-12-烯-28-酸,$2α,3α,24$-三羟基乌苏-12-烯-28-酸,$3β$-羟-20,24-二烯达玛烷等;黄酮类:芹菜素,木犀草素,芦丁,芹菜素-7-O-β-D-葡萄糖苷,木犀草素-7-O-葡萄糖苷,芹菜素-7-O-葡萄糖醛酸酯,木犀草素-7-O-葡萄糖醛酸酯,山奈酚-3-O-芸香糖苷,大波斯菊苷,芹菜素-6-C-阿拉伯糖-8-C-

葡萄糖苷,芹菜素-6-C-葡萄糖-8-C-葡萄糖苷,芫花素,6,4'-二甲氧基-[6″,6″-二甲基吡喃(2^H;3^H;7,8并)]黄酮等;有机酸:月桂酸,棕榈酸,琥珀酸,咖啡酸,阿魏酸,正三十烷酸,迷迭酸;挥发油:主成分为左旋松樟酮(pinocamphone),左旋薄荷酮(menthone),胡薄荷酮(pulegone),α-及β-蒎烯,柠檬烯,1,8-桉叶素(1,8-cineole),对-聚伞花素,异薄荷酮(isomenthone),薄荷醇(menthol)等;还含豆甾烯-4-烯-3,6-二酮,胡萝卜苷,β-谷甾醇,胆碱,水苏糖,维生素C等。

【功效主治】辛、微苦,微寒。利湿通淋,清热解毒,散瘀消肿。用于热淋,石淋,湿热黄疸,疮痈肿痛,跌扑损伤。

【历史】《本草纲目拾遗》收载金钱草,曰:"其叶对生,圆如钱……叶四围有小缺痕,皱面"。活血丹之名始见于《植物名实图考》,曰:"春时极繁,高六七寸,绿茎柔弱,对节生叶。叶似葵菜初生小叶,细齿深纹,柄长而柔。开淡红花,微似丹参花,如蛾下垂"。所述形态及附图与植物活血丹基本一致。

【附注】《中国药典》2010年版收载。

夏至草

【别名】野益母草、白花益母、白花夏枯。

【学名】Lagopsis supina (Steph.) IK.-Gal. ex Knorr. (Leonurus supinus Steph.)

【植物形态】多年生草本。茎高15~35cm。茎四棱形,密被微柔毛,常在基部多分枝。叶交互对生;叶片近圆形,长宽1.5~2cm,掌状3深裂,裂片有少数钝齿或浅裂,基部心形,上面疏生微柔毛,下面沿脉被长柔毛,其余部分有腺点;茎上部叶的叶柄长约1cm;茎基部的越冬叶较宽大,叶柄长2~3cm。轮伞花序在下部者较疏松,上部者较密;小苞片刺状弯曲;花萼筒状,外面密被微柔毛,内面无毛,有5脉,5齿,齿三角形,先端有刺状尖头,边缘有纤毛,果时2齿稍大;花冠白色,稀粉红色,长约7mm,稍伸出萼筒,冠筒长约5mm,冠檐二唇形,上唇直伸,全缘,下唇3裂,中裂片宽椭圆形;雄蕊4,内藏。小坚果长卵形,长约1.5mm,褐色,有鳞秕。花期3~4月;果期5~6月。(图632)

【生长环境】生于村边、路旁或荒地。

【产地分布】山东境内产于各地。在我国除山东外,还几遍布于南北各地。

【药用部位】全草:夏至草。为民间药。

【采收加工】春季花开时采收地上部分,除去杂质,晒干。

【药材性状】茎方柱形,有分枝,长15~30cm;表面灰绿色或黄绿色,被倒向细毛。叶对生,多皱缩或破碎;完整叶片展平后呈掌状3深裂,裂片具钝齿或浅裂;表面

图632 夏至草
1.植株 2.花 3.叶

黄绿色至暗绿色,两面密被细毛。轮伞花序腋生;花萼钟形,萼齿5,齿端有尖刺;花冠钟状,类白色或淡褐色。小坚果褐色,长卵形。质脆。气微,味微苦。

以质嫩、叶多、色绿、花密者为佳。

【化学成分】全草含芹菜素-7-O-(6″-反式-对-香豆酰基)-β-D-半乳糖苷,芹菜素-7-O-(3″,6″-二-反式-对-香豆酰基)-β-D-半乳糖苷,二十酸十八醇酯,二十酸-16-甲基-15,16-烯十七醇酯,棕榈酸,齐墩果酸,β-谷甾醇,胡萝卜苷。

【功效主治】微苦,平;有小毒。养血调经。用于血虚头晕,半身不遂,月经不调,水肿。

【历史】《滇南本草》云:"夏枯草有白花夏枯,有益母夏枯。"现云南以本种为白花夏枯,有可能即为夏至草。《植物名实图考》于"茺蔚"条下云:"然白花益母高仅尺余,茎叶俱瘦,至夏果枯,其紫花者高大叶肥,湘中夏花,滇南则冬亦不枯,二物形状虽近,然枯荣肥瘠迥不相同。"按此处所称之"白花益母"至夏果枯者,可能也指夏至草。

宝盖草

【别名】灯笼草、接骨草。

【学名】Lamium amplexicaule L.

【植物形态】一年生或二年生草本。茎下部膝曲,上升,

高10～30cm,四棱形,几无毛,中空。叶交互对生;叶片圆形或肾形,长1～2cm,宽0.7～1.5cm,先端圆形,基部截形或截状阔楔形,半抱茎,边缘有极深的圆齿,两面均疏生伏毛。轮伞花序有6～10花,有闭花授精的花;苞片披针状钻形,长约4mm,有缘毛;花萼管状钟形,长4～5mm,外面密被白色长柔毛,萼齿5,披针形,有缘毛;花冠紫红色或粉红色,长约1.7cm,冠筒细长,长约1.3cm,内面基部无毛环,冠檐二唇形,上唇直伸,长约4mm,下唇稍长,3裂,中裂片倒心形,先端深凹,基部收缩;雄蕊4,花丝无毛,花药有长硬毛;花柱顶端2浅裂,裂片不相等。小坚果倒卵状三棱形,长约2mm,浅灰黄色,有白色疣状突起。花期3～5月;果期7～8月。(图633)

图633 宝盖草
1.植株 2.花序 3.花 4.花萼展开
5.花冠展开 6.雌蕊 7.雄蕊

【生长环境】生于山坡、路边、林缘或田间水渠边。
【产地分布】山东境内产于胶东半岛及鲁中南。在我国除山东外,还分布于西北、西南、华中、华东等地区。
【药用部位】全草:宝盖草。为民间药。
【采收加工】春、夏二季花果期采收全草,除去杂质,晒干。
【化学成分】叶含野芝麻苷(lamioside),7-去乙酰野芝麻苷(lamiol),野芝麻酯苷(lamiide),野芝麻新苷(ipolamiide),去羟野芝麻次苷(ipolamiidoside),5-去氧野芝麻苷(5-deoxylamioside),6-去氧野芝麻苷,溲疏苷(deutzioside),糙苷(scabroside),车叶苷(asperuloside),7-去甲-6-羟基山栀苷甲酯(lamalbid),山栀苷甲酯(shanzhiside mathyl ester),假杜鹃素(bararlerin)等。
【功效主治】辛、苦,平。清热利湿,活血祛风,消毒解肿。用于黄疸,瘰疬,肝阳上亢,筋骨疼痛,口眼㖞斜,四肢麻木,半身不遂,跌打损伤,骨折,黄水疮。
【历史】宝盖草始载于《植物名实图考》,曰:"宝盖草生江西南昌阴湿地,一名珍珠莲,春初即生。方茎色紫,叶如婆婆纳叶微大,对生抱茎,圆齿深纹,逐层生长,就叶中团团开小粉紫花"。其形态及附图与现今植物宝盖草相似。

野芝麻

【别名】山芝麻、山苏子、野藿香。
【学名】Lamium barbatum Sieb. et Zucc.
【植物形态】多年生草本。有地下匍匐茎;茎直立,高0.3～1m,四棱形,几无毛,中空。叶交互对生;叶片卵形、卵状心形至卵状披针形,长4.5～8.5cm,宽3.5～5cm,先端尾状渐尖,基部心形,边缘有锯齿,两面有短硬毛;叶柄长约1.7cm。轮伞花序有4～14花;苞片狭条形或丝状,长2～3mm,有缘毛;花萼钟形,长约1.5cm,外面有疏伏毛,萼齿5,披针状钻形,长0.7～1cm,有缘毛;花冠白色或淡黄色,长约2cm,冠筒近基部稍呈囊状膨大,内面近基部有毛环,冠檐二唇形,上唇直立,长约1.2cm,先端圆形或微缺,有缘毛,下唇长约6mm,3裂,中裂片肾形,先端深凹,基部急收缩;雄蕊4,花丝彼此粘连,花药深紫色,有柔毛,花柱顶端2浅裂,裂片近相等。小坚果倒卵圆形,长约3mm,淡褐色。花期4～6月;果期7～8月。(图634)
【生长环境】生于山坡或溪边路旁。
【产地分布】山东境内产于潍坊、淄博、临沂、日照等地。在我国除山东外,还分布于东北、华北、华东地区及陕西、甘肃、湖北、湖南、四川、贵州等地。
【药用部位】全草、花:野芝麻。为民间药。
【采收加工】春、夏二季采收,晒干或鲜用。
【化学成分】全草含水苏碱(stachydrine),20-羟基脱皮甾酮(20-hydroxyecdysone),鹿根甾酮B(rapisterone B),lamalbid,山栀苷甲酯(shanzhiside methyl ester),乙基-D-呋喃果糖苷,乙基-D-吡喃葡萄糖苷等。叶尚含维生素C,胡萝卜素,皂苷,黏液质,鞣质,挥发油等。花含异槲皮苷,山柰酚-3-O-葡萄糖苷,槲皮黄苷,山柰酚-3-O-双糖苷,野芝麻苷,胆碱,组胺,酪胺(tyramine),焦性儿茶酚鞣质,绿原酸,咖啡酸等。根含水苏糖。
【功效主治】甘、辛,平。散瘀消积,调经止痛,祛风利

图 634　野芝麻
1.植株上部　2.花　3.雄蕊　4.小坚果

湿。用于肺热咳血，血淋，白带，痛经，月经不调，小儿疳积，跌打损伤，肾虚，下腹疼痛。

【历史】野芝麻始载于《植物名实图考》，又名白花益母草，曰："春时丛生，方茎四棱，棱青，茎微紫。对节生叶，深齿细纹，略似麻叶，本平末尖，面青，背淡，微有涩毛。绕节开花，白色，皆上蠹，长几半寸，上瓣下覆如勺，下瓣圆小双歧，两旁短缺，如禽张口。中森扁须，随上瓣弯垂，如舌抵上腭，星星黑点。花萼尖丝，如针攒簇。叶茎味淡，微辛，作芝麻气而更腻。"其形态描述及附图与植物野芝麻相似。

益母草

【别名】坤草、茺蔚、益母蒿（胶南、青岛、烟台）、茺蔚子、小胡麻、山麻（青岛）。

【学名】Leonurus japonicus Houtt.

（L. hetrophyllus Sweet）

[L. artemisia (Lour.)S. Y. Hu]

【植物形态】一年生或二年生草本，高 0.3～1.2m。茎直立，四棱形，被倒向糙伏毛。叶交互对生，叶形多种；一年生基生叶叶片略呈卵形，直径 4～8cm，5～9 浅裂，裂片具 2～3 钝齿，基部心形，具长柄；茎中部叶片菱形，掌状 3 裂，裂片近披针形，中裂片常再 3 裂，侧裂片再 1～2 裂，最终小裂片宽度通常在 3mm 以上，先端渐尖，边缘疏生锯齿或近全缘，有短柄；茎上部叶片不分裂，线形，近无柄；上面绿色，被糙伏毛，下面淡绿色，被疏柔毛及腺点。轮伞花序腋生，有花 8～15 朵，呈圆球形，多数远离而组成长穗状花序；小苞片针刺状，无花

梗；花萼钟形，长 6～8mm，外面贴生微柔毛，先端 5 齿裂，具刺尖，下方 2 齿靠合，比上方 3 齿长，宿存；花冠粉红色或淡紫红色，长 0.9～1.2cm，冠筒长约 6mm，外面被柔毛，内面近基部有不明显的毛环，冠檐二唇形，上唇与下唇几等长，上唇长圆形，直伸，全缘，边缘具纤毛，下唇 3 裂，中央裂片较大，倒心形；雄蕊 4 枚，二强，前对较长，着生于花冠内面近中部，花丝疏被鳞状毛，花药 2 室；雌蕊 1，子房 4 裂，花柱丝状，略长于雄蕊，顶端 2 裂。小坚果褐色，长圆状三棱形，表面有稀疏深色斑点，上端较宽而平截，基部楔形，长 2～3mm，直径约 1.5mm。花期 6～9 月；果期 7～10 月。2n＝20。（图 635，彩图 56）

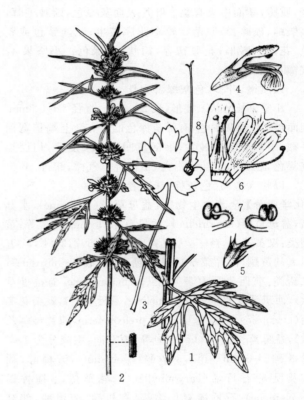

图 635　益母草
1.茎中部叶　2.植株上部　3.基部叶　4.花
5.花萼　6.花冠展开　7.雄蕊　8.雌蕊

【生长环境】生于田埂、路旁、溪边或山坡草地，尤以向阳地带为多。

【产地分布】山东境内主产潍坊、临沂、枣庄、青岛、滨州等地；以安丘、惠民、广饶、东营、历城、长清、济阳、禹城、齐河、海阳等地产量较大。在我国除山东外，还分布于全国各地。

【药用部位】全草：益母草；果实：茺蔚子；花：益母草花。为常用中药和民间药，可用于保健食品。

【采收加工】春季幼苗期至初夏花前期采割，除去杂质，鲜用。夏季茎叶茂盛、花未开或初开时，选晴天割取地上部分，晒干或切段后晒干。夏、秋二季果实成熟

时采割，晒干，打下果实，晒干。夏季采收初开的花，晒干或鲜用。

【药材性状】鲜益母草幼苗期无茎，基生叶圆心形或卵形，边缘5～9浅裂，每裂片有2～3钝齿，基部心形。花前期茎呈方柱形，上部多分枝，四面凹下成纵沟，长30～60cm，直径2～5mm；表面青绿色；质鲜嫩，断面中部有髓。叶交互对生，有柄；茎中部叶片菱形，掌状3裂，茎上部叶片不分裂或浅裂成3片，线形，近无柄；上面青绿色，被糙伏毛，下面淡绿色，被疏柔毛及腺点；质鲜嫩，揉之有汁。气微，味微苦。

干燥全草长30～80cm。茎方柱形，上部多分枝，直径约5mm；表面灰绿色或黄绿色，密被糙伏毛；体轻，质脆，断面中央有髓。叶片表面灰绿色，疏被毛茸，多皱缩、破碎，易脱落。轮伞花序腋生；花淡紫色或紫色，花冠二唇形；花萼宿存，筒状，黄绿色。小坚果4。气微，味淡。

以质嫩、叶多、色灰绿者为佳。

小坚果长圆状三棱形，长2～3mm，直径1～1.5mm。表面灰棕色或灰褐色，有稀疏深色的斑点。上端稍宽而平截，下端渐窄而钝尖，果柄痕凹下。果皮薄，切面果皮褐色，胚乳和子叶类白色，富油性。气微，味苦。

以粒大饱满、色灰棕、味苦者为佳。

【化学成分】全草含生物碱：益母草碱（leonurine），水苏碱，益母草啶（leonuridine），益母草宁（leonurinine）等；黄酮类：汉黄芩素，芦丁，大豆素，槲皮素，5,7,3′,4′,5′-五甲氧基黄酮，洋芹菜-7-O-葡萄糖苷，银锻苷（tiliroside）；二萜类：前西班牙夏罗草酮（prehispanolone，前益母草素），西班牙夏罗草酮（hispanolone，益母草素），鼬瓣花二萜（galeopsin），前益母草二萜（preleoheterin，前益母草乙素），益母草二萜（leoheterin）等；挥发油：主成分为1-辛烯-3-醇（1-octen-3-ol），3-辛醇（3-octanol），芳樟醇，顺式及反式-石竹烯（caryophyllene），荜草烯，γ-榄香烯（γ-elemene），石竹烯氧化物等；有机酸：苯甲酸，邻羟基苯甲酸，丁香酸；还含薰衣草叶苷（lavandulifolioside），megastigmane，腺苷，豆甾醇及无机元素锌、铜、锰、铁等。果实含水苏碱，益母草宁，芦丁，山奈酚-3-O-β-D-[6′-(对-羟基桂皮酰氧基)]吡喃葡萄糖苷（tirlioside），油酸和亚麻酸；还含维生素A样物质。

【功效主治】益母草苦、辛，微寒。活血调经，利尿消肿。用于月经不调，痛经，经闭，恶露不尽，水肿尿少，肾虚水肿。茺蔚子辛、苦，微寒。活血调经，清肝明目。用于月经不调，经闭，痛经，目赤翳障，头晕胀痛。益母草花甘、微苦，凉。养血，活血，利水。用于血虚，疮疡肿毒，痛经，产后瘀阻腹痛，血滞经闭，恶露不下。

【历史】益母草始载于《神农本草经》茺蔚子项下，列为上品。《名医别录》曰："叶如荏（指白苏），方茎，子形细长，具三棱。"各本草所述形态及《本草纲目》和《植物名实图考》附图，说明古今益母草原植物基本一致。

【附注】《中国药典》2010年版收载益母草和茺蔚子。

錾菜

【学名】白花益母草、白花茺蔚。
【学名】Leonurus pseudomacranthus Kitag.
【植物形态】多年生直立草本，高0.6～1m。茎钝四棱形，密被倒向柔毛。叶交互对生，叶片多形；茎下部叶卵圆形，3裂至中部，裂片几相等，边缘有疏锯齿，上面密被糙伏毛，叶脉下陷，下面沿脉贴生小硬伏毛，其间散有黄色腺点，近革质；柄长1～2cm，向上逐渐变短；茎中部以上叶不裂，有齿或全缘，柄长1cm至无柄。轮伞花序腋生，多花，远离且向顶端密集，组成穗状花序；小苞片刺状；花萼管状，长7～8mm，外被硬毛及淡黄色腺点，有5脉，萼齿5，前2齿靠合，较长，后3齿较短；花冠白色，带紫条纹，长约1.8cm，冠筒长约8mm，中部有毛环，冠檐二唇形，上唇长圆状卵形，长达1cm，直伸，全缘，外面疏生柔毛，下唇卵形，长约8mm，3裂，中裂片较大，倒心形，先端微凹；雄蕊4，前对较长；花柱顶端2浅裂，裂片相等。小坚果长圆状三棱形，黑褐色。花期8～9月；果期9～10月。（图636）

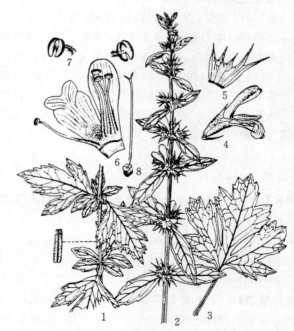

图636 錾菜
1. 植株中部 2. 植株上部 3. 下部叶 4. 花
5. 花萼展开 6. 花冠展开 7. 雄蕊 8. 雌蕊

【生长环境】生于山坡、草丛或路旁。
【产地分布】山东境内产于各地。在我国除山东外，还分布于吉林、辽宁、河北、河南、山西、陕西南部、甘肃南部、江苏、安徽等地。
【药用部位】全草：白花益母草。产区习惯收购此种作白花益母草入药。

【采收加工】夏季茎叶茂盛、花未开或初开时,选晴天割取地上部分,晒干或切段后晒干。

【药材性状】全草长 60~80cm。茎粗壮,钝四棱形,四面明显具槽,直径 5~6mm;表面灰绿色,密被贴生倒向的微柔毛;质脆,折断面有髓。叶对生,常皱缩或破碎;下部叶片卵圆形,3 裂至中部,边缘有疏锯齿,柄长 1~2cm,向上逐渐变短;中部以上叶不分裂,披针形,全缘或有锯齿,柄长 1cm 或无柄;表面黄绿色,上表面密被糙伏毛,叶脉下陷,下表面沿脉贴生小硬伏毛,散有黄色腺点。轮伞花序腋生,花萼管状,长 7~8mm,花冠黄白色或浅红色,常带紫纹,长 1.8cm。气微,味辛、微苦。

以叶多、色绿、质嫩者为佳。

【功效主治】辛,微苦,微寒。破瘀调经,利尿。用于产后腹痛,痛经,月经不调,肾炎水肿。

【历史】鏨菜始载于《本草拾遗》,曰:"生江南阴地,似益母,方茎对节,白花,主产后血病"。《证类本草》附图似为本种。《本草纲目》称"白花益母草",说明鏨菜使用历史悠久。

毛叶地瓜儿苗

【别名】毛地笋、地瘤子根(郯城、费县、蒙山)、山地苗(栖霞)、甘露(泰山)、野甘露秧(烟台)。

【学名】Lycopus lucidus Turcz. var. hirtus Regel

【植物形态】多年生草本,高 0.3~1.2m。地下茎横走,先端常膨大成纺锤形肉质块茎。茎方柱形,绿色、绿紫色或紫色,沿棱及节上有密集白色小硬毛。叶交互对生;叶片披针形,长 3~12cm,宽 0.4~3.5cm,先端渐尖,基部楔形,边缘有锐锯齿及缘毛,上面密被硬毛,下面有腺点,脉上有刚毛状硬毛。轮伞花序腋生,每轮有花 6~10 朵;苞片披针形,边缘有毛;花萼钟状,5 齿;花冠白色,近于整齐,先端 4 裂;雄蕊 4,前对能育,后对退化为棒状;子房上位,4 裂。小坚果倒卵圆状三棱形。花期 8~9 月;果期 9~10 月。(图 637)

【生长环境】生于沼泽地或水边。有栽培。

【产地分布】山东境内产于泰安、肥城、东平等地。在我国除山东外,还分布于东北、华东地区及河北、山西、陕西、湖北、四川、广东、云南等地。

【药用部位】全草:泽兰;根茎:地笋。为常用中药,根茎药食两用,全草可用于保健食品。

【采收加工】夏、秋二季茎叶茂盛时采割地上部分,晒干或阴干。

【药材性状】全草长 50~90cm。茎方柱形,少有分枝,直径 2~6mm;表面黄绿色或带紫色,四面均有浅纵沟,节处紫色,密生白色硬毛;质脆,断面黄白色或绿白

图 637 毛叶地瓜儿苗
1.根茎及根 2.植株上部 3.叶局部,示硬毛 4.花 5.果实

色,髓部中空。叶对生,多皱缩破碎;完整叶片展平后呈披针形或长圆形,长 5~11cm,宽 0.4~3cm;先端尖,边缘有锯齿;上表面黑绿色,下表面灰绿色,密被腺点,两面均有短硬毛。轮伞花序腋生,花冠多脱落,苞片及花萼宿存,黄褐色。气微,味淡。

以质嫩、叶花多、色绿者为佳。

根茎似蚕,长 4~8cm,直径约 1cm。表面黄棕色,有 7~12 个环节。质脆,断面白色。气微香,味甜。

【化学成分】全草含棕榈酸,石竹烯氧化物,8,11-十八烷二烯酸,亚麻酸,3,4-二甲基-3-环己烯-1-甲醛,硬脂酸,(-)-α-人参烯[(-)-α-panasinsen],挥发油及鞣质等。

【功效主治】泽兰苦、辛,微温。活血调经,祛瘀消痈,利水消肿。用于月经不调,经闭,痛经,产后瘀血腹痛,疮痈肿毒,水肿腹水。**地笋**甘、辛,平。化瘀止血,益气利水。用于衄血,吐血,产后腹痛,黄疸,痛肿,带下,气虚乏力。

【历史】泽兰始载于《神农本草经》,列为中品,又名虎兰。《本草经集注》谓:"生泽傍,故名泽兰"。《新修本草》曰:"泽兰,茎方,节紫色,叶似兰草而不香。"《本草图经》曰:"二月生苗,高二、三尺,茎干青紫色,作四棱。叶生相对如薄荷,微香,七月开花……亦似薄荷花。"李时珍谓其根可食,故名地笋。《救荒本草》名地瓜儿苗。与现今地笋类相符。

【附注】《中国药典》2010 年版收载。

附:地笋

地笋 L. lucidus Turcz.(图 638),与变种的主要区别是:茎光滑,仅节处有毛;叶表面略有光泽,无毛或脉

上疏生白毛。产地及药用同变种。全草含葡萄糖、泽兰糖(lycopose)，蔗糖，棉子糖，水苏糖，半乳糖；挥发油主成分为邻苯二甲酸二丁酯、亚油酸乙酯；维生素 E、C、A、B_6、B_2、B_1；天冬氨酸，谷氨酸，缬氨酸，赖氨酸，苏氨酸，丝氨酸及无机元素钾、铁、锌、硒、硫、钙等；还含β-谷甾醇，漆蜡酸，桦木酸，熊果酸，黄酮苷，皂苷，鞣质等。根茎含果糖。

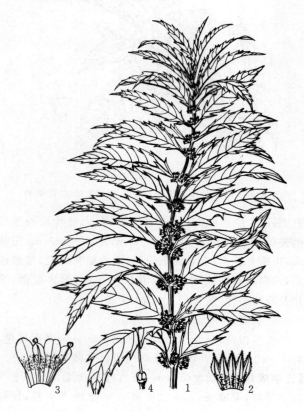

图 638 地笋
1. 植株上部 2. 花萼展开 3. 花冠展开 4. 雌蕊

薄荷

【别名】紫薄荷（牙山）、山薄荷、眼药草（烟台）、野薄荷。

【学名】Mentha haplocalyx Briq.
(M. arvensis L. var. haplocalyx Briq.)
(M. canadaensis Linnaeus)

【植物形态】多年生芳香草本，高 30～80cm。根状茎匍匐，可深入土壤 13cm，质脆，易折断；茎锐四棱形，多分枝。叶交互对生；叶形变化较大，披针形、卵状披针形、长圆状披针形至椭圆形，长 2～7cm，宽 1～3cm，先端锐尖或渐尖，基部楔形至近圆形，边缘在基部以上疏生粗大牙齿状锯齿，侧脉 5～6 对，上面深绿色，下面淡绿色，两面具柔毛及黄色腺鳞，以下面分布较密；叶柄长 0.2～1.5cm。轮伞花序腋生，球形，花时直径约 1.8cm，愈向茎顶则节间、叶及花序递渐变小；总梗有小苞片数枚，线状披针形，长不足 2mm，具缘毛；花柄纤细，长约 2.5mm；花萼管状钟形，长 2～3mm，外被柔毛及腺鳞，具 10 脉，萼齿 5，狭三角状钻形，长约 0.7mm，缘有纤毛；花冠淡紫色至白色，冠檐 4 裂，上裂片较大，先端 2 裂，其余 3 片近等大；雄蕊 4，前对较长，常伸出花冠外或包于花冠筒内，花丝丝状，花药卵圆形，2 室，药室平行；花柱略超出雄蕊，先端近相等 2 浅裂，裂片钻形。小坚果长卵球形，长约 0.9mm，宽约 0.6mm，黄褐色或淡褐色，具小腺窝。花期 7～9 月；果期 10～11 月。(图 639，彩图 57)

【生长环境】生于溪沟旁、路边、山野湿地或栽培。

【产地分布】山东境内产于各地。菏泽等地有栽培。我国分布于华北、华东、华中、华南、西南等地。

【药用部位】全草：薄荷；挥发油：薄荷素油；结晶：薄荷脑。为常用中药，全草和嫩茎叶药食两用。

【采收加工】夏、秋二季茎叶茂盛或花开至三轮时，选晴天，分次采割地上部分，摊晒 2 日，稍干后扎成小把，再晒干或阴干。新鲜茎叶经水蒸气蒸馏得挥发油，经冷冻脱脑后，加工而成薄荷素油；固体部分经重结晶为薄荷脑。

【药材性状】全草长 20～40cm。茎方柱形，有对生分枝，直径 2～4mm；表面紫棕色或淡绿色，棱角处有茸毛，节间长 2～5cm；质脆，断面白色，髓部中空。叶对生；叶片皱缩卷曲，完整者展平后呈宽披针形、长椭圆

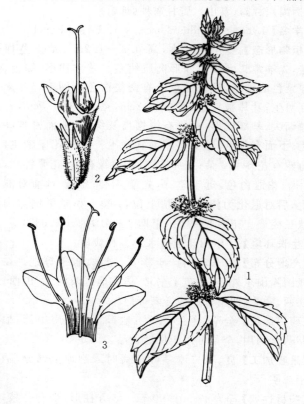

图 639 薄荷
1. 植株上部 2. 花 3. 花冠展开

形或卵形,长2～6cm,宽1～3cm;先端锐尖或渐尖,基部楔形至近圆形,边缘在基部以上疏生锯齿;上表面深绿色,下表面灰绿色,稀被茸毛,有凹点状腺鳞;具有短柄。轮伞花序腋生,花萼钟状,先端5齿裂,花冠淡紫色。揉搓后有特殊的清凉香气,味辛凉。

以叶多、色绿、清凉香气浓、味辛凉者为佳。

挥发油为无色或淡黄色的澄清液体。气香清凉而特殊,味初辛、后凉。存放日久,色渐变深。能溶于石油醚、乙醚、乙醇或甲醇等有机溶剂。

薄荷脑为无色针状或棱柱状结晶或白色结晶性粉末。有薄荷的特殊香气,味初灼热后清凉。乙醇溶液显中性反应。在乙醇、氯仿、乙醚、液状石蜡或挥发油中极易溶解;在水中极微溶解。

【化学成分】鲜叶含挥发油:主成分为左旋薄荷醇(menthol),左旋薄荷酮(menthone),还含异薄荷酮(isomenthone),胡薄荷酮(pulegone),乙酸癸酯(decyl acetate),乙酸薄荷酯(menthyl acetate),苯甲酸甲酯,α-及β-蒎烯,β-侧柏烯等;黄酮类:橙皮苷,异瑞福灵(isoraifolin),木犀草素-7-O-葡萄糖苷,刺槐素,椴树素,蒙花苷,刺槐素-7-O-新橙皮苷,香叶木素,香叶木素-7-O-葡萄糖苷,5,6,4′-三羟基-7,8-二甲氧基黄酮等;蒽醌类:大黄素,大黄酚,大黄素甲醚,芦荟大黄素等;氨基酸:天门冬氨酸,谷氨酸,丝氨酸,甘氨酸,苏氨酸,丙氨酸,天冬酰胺等;有机酸:迷迭香酸,咖啡酸,苯甲酸,反式桂皮酸;三萜类:熊果酸,齐墩果酸;还含以二羟基-1,2-二氢萘二羧酸为母核的多种抗炎成分,正丁基-β-D-吡喃果糖苷,β-谷甾醇,胡萝卜苷及无机元素铝、铁、钠、锌等。

【功效主治】薄荷辛,凉。宣散风热,清利头目,利咽,透疹,疏肝行气。用于风热感冒,风温初起,头痛,目赤,喉痹,口疮,风疹,麻疹,胸胁胀闷。**薄荷素油**辛,凉。散风热,清头目。用于风热客表,头痛,目赤,发热,咽痛,牙痛。**薄荷脑**辛,凉。疏风,清热。用于风热外感,头痛,目赤,咽喉肿痛,齿痛,皮肤瘙痒。

【历史】薄荷始载于《雷公炮炙论》。《千金·食治》名蕃荷菜。《新修本草》曰:"薄荷茎叶似荏而尖长,根经冬不死,又有蔓生者"。《本草纲目》认为即西汉扬雄《甘泉赋》中的茇葀,曰:"薄荷,人多栽莳。二月宿根生苗,清明前后分之。方茎赤色,其叶对生,初时形长而头圆,及长则尖。吴、越、川、湖人多以代茶。苏州所莳者,茎小而气芳,江西者稍粗,川蜀者更粗,入药以苏产为胜"。所述形态及附图说明古今药用薄荷品种一致。

【附注】①《中国药典》2010年版收载。②"Flora of China"收载的薄荷拉丁学名为 *Mentha canadensis* Linnaeus,本志将其列为异名。

石香薷

【别名】香薷、细叶香薷。

【学名】*Mosla chinensis* Maxim.

【植物形态】一年生草本。茎直立,高10～50cm,纤细,有白色疏柔毛,自基部多分枝。叶交互对生;叶片条状长圆形至条状披针形,长1.3～3.3cm,宽2～7mm,先端渐尖或急尖,基部渐狭或楔形,边缘有疏浅锯齿,两面有疏短柔毛及棕色凹陷腺点;叶柄长3～5mm,有疏短毛。总状花序头状,长1～3cm;苞片覆瓦状排列,倒卵圆形,长4～7mm,宽3～5mm,多为5条脉,先端短尾尖,全缘,两面有疏柔毛,下面有凹陷腺点,有缘毛;花梗短,有短柔毛;花萼钟形,长约3mm,外面有白色绵毛及腺体,内面喉部以上有白色绵毛,萼齿5,钻形,近相等;花冠紫红、淡红至白色,长约5mm,冠筒内基部有2～3行乳突状或短棒状毛茸,冠檐二唇形,上唇微缺,下唇3裂,中裂片较大;雄蕊4,不伸出花冠外,后对能育,前对退化,药室不明显;花柱顶端2浅裂,裂片不相等,不伸出花冠外。小坚果球形,直径约1.2mm,灰褐色,无毛,有深穴状或针眼状雕纹,穴窝内具腺点。花期6～9月;果期7～11月。(图640)

【生长环境】生于山坡或林下草丛。

图640 石香薷

1.植株下部 2.植株上部 3.花 4.叶上表面
5.花萼展开 6.花冠展开 7.雌蕊 8.小坚果

【产地分布】山东境内产于烟台（昆嵛山）、青岛（崂山）等地。在我国除山东外，还分布于华东、华中地区及台湾、四川、贵州等地。

【药用部位】全草：香薷（青香薷）。为较常用中药，全草药食两用。

【采收加工】夏、秋二季茎叶茂盛、果实成熟时采割地上部分，除去杂质，晒干。

【药材性状】全草长 30～50cm，密被白色茸毛。茎方柱形，直径 1～2mm，节明显，长 4～7mm；表面黄绿色或淡黄色，基部紫红色；质脆，易折断。叶对生，皱缩或脱落；完整叶片展平后呈条状长卵形或披针形，长 1～3cm，宽 2～6mm；先端渐尖或急尖，基部渐狭或楔形，边缘有疏锯齿；表面暗绿色或黄绿色，两面被疏柔毛及腺点；具短柄。穗状花序顶生或腋生；苞片宽卵形，先端短尾尖，脱落或残留；花萼宿存，钟状，淡紫红色或灰绿色，先端5裂，外被白色茸毛及腺体。小坚果4，近圆球形，直径约 1.2mm；表面灰褐色，具网状雕纹，网眼呈凹窝状；质脆易碎。气清香而浓，味凉而微辛。

以质嫩、色绿、叶花多、清香气浓者为佳。

【化学成分】全草含挥发油：主成分为麝香草酚（thymol，百里香酚），香荆芥酚（carvacrol），1-甲基-4-异丙烯苯，乙酸百里酯（acetylthymol）等；黄酮类：5,7-二甲氧基-4′-羟基黄酮，芹菜素-7-O-α-L-鼠李糖（1→4）-6″-O-乙酰基-β-D-葡萄糖苷，5,7-二甲氧基黄酮-4′-O-α-L-鼠李糖（1→2）-β-D-葡萄糖苷，金合欢素-7-O-芸香糖苷；还含对-异丙基苯甲醇（p-isopropylbenzyl alcohol），β-蒈烯，4-蒈烯，α-松油烯，葎草烯（humulene），β-金合欢烯，柠檬烯等。

【功效主治】辛，微温。发汗解表，化湿和中。用于暑湿外感，恶寒发热，头痛无汗，腹痛吐泻，水肿，小便不利。

【历史】香薷始载于《名医别录》。《本草图经》云："似白苏而叶更细……又有一种石香薷，生石上，茎叶更细，色黄而辛香弥甚，用之尤佳"，前一种可能为植物香薷，后者可能为石香薷。《嘉祐本草》引唐代《四声本草》曰："石上者彼人名石香葇，细而辛更绝佳。"《本草品汇精要》曰："道地……江西新定、新安者佳。"说明古代香薷主产地为江西；但其别名有香茸、香戎、石香葇等，也表明古代香薷为多种植物来源，至少包括了香薷和石香薷等。

【附注】《中国药典》2010年版收载香薷（青香薷）。

小鱼仙草

【别名】小鱼荠苧、痱子草、山荆芥。

【学名】Mosla dianthera (Buch.-Ham.) Maxim. (*Lycopus dianthera* Buch.-Ham.)

【植物形态】一年生草本。茎直立，四棱形，近无毛，高达 1m。叶交互对生；叶片卵状披针形或菱状披针形，长 1.2～3.5cm，宽 5～18mm，先端渐尖或急尖，基部渐狭，边缘基部以上有锐尖锯齿，两面无毛或近无毛，下面灰白色，散布凹陷腺点；叶柄长 1.3～1.8cm。总状花序顶生，长 0.3～1.5cm；苞片针状或条状披针形，近无毛；花梗长约 1mm，与花序轴近无毛；花萼钟形，长约 2mm，宽 2～2.8mm，外面脉上有短硬毛，二唇形，上唇3齿，卵状三角形，齿钝，中齿较小，下唇2齿，披针形，果时花萼增大，上唇反向上，下唇直伸；花冠淡紫色，长4～5mm，冠筒内面基部有不明显的毛环或无毛环，冠檐二唇形，上唇微缺，下唇3裂，中裂片较大；雄蕊4，后对能育，花药2室，前对退化；花药极不明显；花柱顶端2浅裂，裂片近相等。小坚果球形，直径1～1.6mm，有疏网纹。花、果期5～11月。（图641）

图 641 小鱼仙草
1.侧生花枝 2.植株上部 3.花 4.花萼展开
5.花冠展开 6.雌蕊 7.小坚果

【生长环境】生于沟谷、溪边或路旁湿地草丛。

【产地分布】山东境内产于鲁中南山区及胶东半岛。在我国除山东外，还分布于陕西、江苏、浙江、江西、湖北、湖南、广东、广西、四川、福建、贵州、云南、台湾等地。

【药用部位】全草：小鱼仙草（热痱草）。为民间药。

【采收加工】夏、秋二季采收，阴干或鲜用。

【药材性状】茎方柱形，多分枝，长20～70cm，近无毛。叶皱缩或破碎；完整叶片展平后呈卵状披针形，长1～

3cm，宽0.5～1.5cm；先端渐尖，边缘基部以上有锐尖锯齿；表面黄绿色或灰绿色，近无毛，有棕黄色凹陷腺点；叶柄长1～1.6cm。轮伞花序组成顶生总状花序；花冠淡棕黄色。小坚果类球形，直径1～1.5mm；表面灰褐色，具稀疏的网状雕纹。揉搓后有特异清香，味辛、凉。

以叶花多、色绿、辛凉及清香气浓者为佳。

【化学成分】 全草含挥发油：主成分有侧柏酮，香荆芥酚，榄香脂素，细辛脑（asarone），欧芹脑（apiole），莳萝油脑（dinapiole），α-香柑油烯（α-bergamotene），α-丁香烯，桉叶素，γ-荜澄茄烯（γ-cadinene）等。种子含脂肪油：主成分为亚油酸，亚麻酸，油酸，棕榈酸，硬脂酸等；氨基酸：谷氨酸、精氨酸、天冬氨酸、亮氨酸、丝氨酸、赖氨酸等；还含无机元素钙、钾、镁、钠、磷、铁、锌等。

【功效主治】 辛，温。祛风发表，利湿止痒。用于外感头痛，咽痛，中暑，疱疡痈肿，痢疾；外用于湿疹，痱子，皮肤瘙痒，疮疖，毒虫咬伤。

石荠苧

【别名】 痱子草、野荆芥、石荠苎。

【学名】 Mosla scabra (Thunb.) C. Y. Wu et H. W. Li
（Ocinum scabrum Thunb.）

【植物形态】 一年生草本，高20～60cm。茎直立，方柱形，多分枝，密被短柔毛。叶交互对生；叶片卵形，长1～4cm，宽0.8～2cm，先端尖，基部楔形，边缘有尖锯齿，两面有黄色腺点。轮伞花序集成间断的总状花序，花序轴密，被短柔毛，苞片针状或条状披针形，有长柔毛；花萼钟状，外被长柔毛及黄色腺点，上唇有锐齿；花冠淡紫色，外被柔毛，上唇先端微缺，下唇中裂片较大，具圆齿；雄蕊4，后对能育。小坚果近球形，黄褐色，具疏雕纹。花期9～10月；果期10～11月。（图642）

【生长环境】 生于山坡、路旁或沟边草丛。

【产地分布】 山东境内产于临沂、青岛、烟台等地。在我国除山东外，还分布于华东地区及山西、陕西、湖北、江西、广东、广西、四川等地。

【药用部位】 全草：石荠苧。为民间药。

【采收加工】 夏、秋二季采收，晒干或鲜用。

【药材性状】 全草常捆扎成把。茎方柱形，多分枝，长30～50cm；表面淡黄绿色，密被短柔毛；质脆，易折断。叶对生，常破碎或卷曲；完整叶片展平后呈卵形，长1～3.5cm，宽0.8～1.8cm；先端尖，基部楔形，边缘有尖锯齿；表面黄绿色，两面有黄色腺点。轮伞花序集成间断的总状花序，苞片针状或条状披针形，有长柔毛；花萼外被长柔毛及黄色腺点；花冠淡紫色或淡棕色，外被柔毛；雄蕊4。小坚果近球形，黄褐色，具疏雕纹。气香，味微辛、苦。

图642 石荠苧
1.根及茎基 2.花枝 3.花 4.花冠展开 5.花萼展开 6.小坚果

以质嫩、叶多、色绿、有香气者为佳。

【化学成分】 全草含挥发油：主成分为荠宁烯（orthodene），α-及β-蒎烯，桉叶素，α-侧柏醇，芳樟醇，牻牛儿醇，柠檬醛，乙酸牻牛儿酯，榄香脂素等50余种；还含生物碱，皂苷，黄酮，鞣质及无机元素铜、铁、锰、锌、钴等。地上部分含挥发油，主成分为α-及β-蒎烯，樟烯，香桧烯，柠檬烯，1-辛烯-3-醇等。

【功效主治】 苦，辛，微温。疏风清暑，行气理血，利湿止痒。用于外感头痛，咽喉肿痛，中暑，吐泻，痢疾，小便不利，水肿，带下；炒炭用于便血，崩漏；外用于跌打损伤，外伤出血，痱子，疥癣，湿疹，疖肿，毒蛇咬伤。

【历史】 石荠苧见于《本草拾遗》，谓："生山石上，细叶紫花，高一二尺"。《植物名实图考》谓："方茎对节，正似水苏，高仅尺余，叶大如指甲，有小毛"。其文图与植物石荠苧相似。

荆芥

【别名】 心叶荆芥、假荆芥、假苏、小荆芥。

【学名】 Nepeta cataria L.

【植物形态】 多年生草本，高0.4～1.5m。茎直立，基部木质化，钝四棱形，被白色短柔毛。叶交互对生；叶片卵形至三角状心形，长2.5～7cm，宽2～4.5cm，先端钝至锐尖，基部心形至截形，边缘有粗圆齿或牙齿，两面被短柔毛；叶柄长0.7～3cm。聚伞花序二歧分枝，组成顶生圆锥花序；苞片叶状，或上部变小呈披针形；小苞片钻形，细小；花萼花时管状，长约6mm，外被白色短柔毛，具5齿，后齿较长，花后花萼增大成瓮状；花冠白色，下唇有紫点，冠筒极细，自萼筒内骤然扩展成宽喉，冠檐二唇形，上唇短，长约2mm，先端有浅凹，下唇3裂，中裂片近圆形，长约3mm，宽约4mm，边缘有粗牙齿，侧裂片半圆形；雄蕊4，二强，内藏；花柱条形，顶端2裂，裂片相等。小坚果卵形，三棱状，长约1.7mm，灰褐色。花期7~9月；果期9~10月。（图643）

图643 荆芥
1.植株中部及上部 2.花 3.花萼展开 4.花冠展开
5.雌蕊 6.小坚果

【生长环境】生于山坡或路边草丛。
【产地分布】山东境内产于昆嵛山、鲁山、泰山等山区。在我国除山东外，还分布于新疆、甘肃、陕西、河南、山西、湖北、贵州、四川、云南等地。
【药用部位】全草：土荆芥。为民间药，幼苗及叶药食两用。
【采收加工】7~9月花开时割取地上部分，除去杂质，阴干或鲜用。
【化学成分】全草含挥发油：主成分为假荆芥内酯（nepetalactone），异假荆芥内酯（isonepetalactone），9-表假荆芥内酯（9-epinepetalactone），二氢假荆芥内酯（dihydronepetalactone），异二氢假荆芥内酯（isodihydronepetalactone），5,9-去氢假荆芥内酯（5,9-dehydronepetalactone），假荆芥酸（nepetalic acid），假荆芥酐（nepetalic anhyclride），β-石竹烯等；还含假荆芥酸苷（nepetariaside），胡萝卜素等。叶含咖啡酰丙醇二酸（caffeoyltartronic acid），假荆芥内酯苷（nepetaside），猕猴桃碱（actinidine），1,5,9-表去氧马钱子苷酸（1,5,9-epideoxyloganic acid）等。
【功效主治】淡，凉。祛风发汗，解热透疹，散瘀消肿，止血止痛。用于伤风外感，头痛发热，咽痛，目赤肿痛，麻疹不透，跌打损伤，吐血，鼻衄，外伤出血，毒蛇咬伤，疔疮疖肿。

罗勒

【别名】山东佩兰、香佩兰、省头草、光明子秸。
【学名】Ocimum basilicum L.
【植物形态】一年生芳香草本，高20~80cm。茎直立，方柱形，多分枝，常带紫色，被疏柔毛。叶交互对生；叶片卵形或披针状卵形，长1~6cm，全缘或有疏锯齿，两面脉上被疏柔毛，下面有腺点；叶柄具疏柔毛。轮伞花序集成总状，每轮有6花；苞片卵形至披针形，边缘有长缘毛，早落；花萼钟状，外被疏柔毛，5齿，上中齿最大，广卵形，边缘下延，下2齿披针形；花冠白色或淡粉红色，上唇4浅裂，下唇矩圆形，下倾；雄蕊4，后对花丝基部有齿状附属物；子房上位，4裂。小坚果矩圆形至卵形，黑褐色。花期7~9月；果期9~12月。（图644）
【生长环境】栽培于庭院或园林。

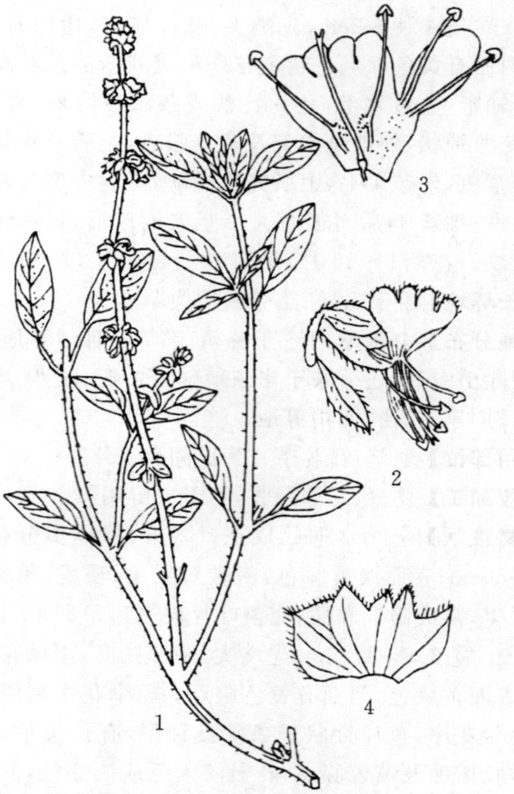

图644 罗勒
1.植株上部 2.花和苞片 3.花冠展开 4.花萼展开

【产地分布】山东境内的济南、青岛、泰安、临沂有栽培,并有逸生。在我国除山东外,还分布于河北、山西、江苏、安徽、浙江、江西、湖北、广东、云南、台湾等地,均为栽培。我国南部各省区也有逸生。

【药用部位】全草:香佩兰(佩兰、省头草);果实:光明子(罗勒子);根:罗勒根。为民间药及山东地区习惯用药,幼苗药食两用。

【采收加工】夏、秋二季花期采割地上部分,除去杂质,阴干。9月挖根,洗净,晒干。秋季果实成熟时采收全株,晒干,打下果实,晾干。

【药材性状】全草长40~70cm。茎方柱形;表面黄绿色或带紫色,疏被柔毛;质脆,断面髓部白色。叶对生,多皱缩或脱落;完整者展平后呈卵形或卵状披针形,长1~6cm;全缘或有疏锯齿;表面黄绿色,两面脉上疏被柔毛,下面有腺点。总状轮伞花序顶生,每轮有花6朵;苞片卵形,边缘有长毛,早落;花冠淡棕色或类白色;花萼钟状,黄棕色,膜质,5齿裂,边缘具柔毛。小坚果黑褐色,矩圆形至卵形。气芳香,味辛凉。

以质嫩、叶花多、色绿、芳香气浓者为佳。

果实矩圆形或卵形,长约2mm,直径约1mm。表面黑褐色、棕黑色至黑色,微带光泽,放大镜下有细密疣状小突起,显颗粒性。一端具果柄痕。湿润后有黏滑感,浸水膨胀后,表面有一层白色黏液质膜。果皮坚硬,种仁肥厚,乳白色,富油性。气微,味甜、淡。

以颗粒饱满、色黑褐、无泥沙者为佳。

【化学成分】全草含黄酮类:槲皮素,槲皮苷,异槲皮苷,山柰酚,芦丁,金丝桃苷,槲皮素-3-O-β-D-葡萄糖苷-2″-没食子酸酯,异杨梅素苷,山柰酚-3-O-β-D-葡萄糖苷,槲皮素-3-O-(2″-没食子酰基)-芸香糖苷等;有机酸:咖啡酸,绿原酸,迷迭香酸;挥发油:主成分为丁香油酚,罗勒烯,芳樟醇,甲基胡椒酚,1,8-桉叶素等;还含(17R)-3β-羟基-22,23,24,25,26,27-六去甲达玛烷-20-酮,(6S,9S)-长寿花糖苷[(6S,9S)-roseoside],丁香苷(syringin),7-羟基-6-甲氧基香豆素,胡萝卜苷,软脂酸-12-甘油单酯,车前糖(planteose)及多酚类。叶含黄酮类:槲皮素,异槲皮素,槲皮素-3-O-二葡萄糖苷,芦丁,山柰酚,山柰酚-3-O-芸香糖苷,圣草素,圣草素-7-O-葡萄糖苷和芹菜素-6,8-二-C-葡萄糖苷等;还含马栗树皮苷,马栗树皮素,熊果酸,咖啡酸,对-香豆酸,β-谷甾醇等。果实脂肪油含棕榈酸,硬脂酸,油酸,亚油酸,亚麻酸等;并含蛋白质、蔗糖及多聚糖等。

【功效主治】香佩兰辛,温。发汗解表,健胃化湿,祛风活血,散瘀止痛。用于胃肠胀气,食积不化,呕吐腹泻,外感风寒,头痛胸闷,月经不调,跌打损伤,风湿痹痛,湿疹。光明子(罗勒子)甘、辛,凉。解毒,明目,退翳。用于目赤肿痛,眼生翳膜;因风寒头目痛者忌用。罗勒根苦,平。收湿敛疮。用于黄烂疮。

【历史】陶弘景时已有关于罗勒的叙述,《本草拾遗》名零陵香。《嘉祐本草》名罗勒,又名兰香、香菜,云:"北人避石勒讳,呼罗勒为兰香……调中消食,祛恶气,消水气……子主目翳及物入目。"又曰:"此有三种:一种堪作生菜;一种叶大,二十步内闻香;一种似紫苏叶。"可见当时所用罗勒植物来源不止一种。《本草纲目》又名翳子草,云:"常以鱼腥水、米泔水、泥沟水浇之,则香而茂,不宜粪水。"本草所述零陵香形态、功效及《本草图经》"濠州零陵香"附图,与唇形科罗勒属植物相符。《植物名实图考》零陵香及附图即罗勒。

【附注】①《中华人民共和国卫生部药品标准》1992年版中药材第一册曾收载。②全草用于治疗女性无排卵性不孕症;果实用于避孕。

紫苏

【别名】苏、苏叶、红紫苏、苏子。

【学名】Perilla frutescens (L.) Britt.
(Ocimum frutescens L.)

【植物形态】一年生草本,高0.3~2m,全株具有特殊芳香气。茎直立,多分枝,紫色、绿紫色或绿色,钝四棱形,密被长柔毛。叶交互对生;叶片阔卵形、卵状圆形或卵状三角形,长4~13cm,宽2.5~10cm,先端渐尖或突尖,有时呈短尾状,基部圆形或阔楔形,边缘具粗锯齿,有时锯齿较深或浅裂,两面紫色或绿色,或仅下面紫色,上下两面均疏生柔毛,沿叶脉处较密,下面有细小油腺点,侧脉7~8对,位于下部者稍靠近,斜上升;叶柄长3~5cm,紫红色或绿色,被长节毛。轮伞花序,由2花组成偏向一侧成假总状花序,顶生和腋生,花序密被长柔毛;苞片卵形、卵状三角形或披针形,全缘,具缘毛,外面有腺点,边缘膜质;花梗长1~1.5mm,密被柔毛;花萼钟状,长约3mm,10脉,外面下部密被长柔毛并有黄色腺点,顶端5齿,2唇,上唇宽大,有3齿,下唇有2齿,结果时增大,基部呈囊状;花冠唇形,长3~4mm,白色或紫红色,花冠筒内有毛环,外面被柔毛,上唇微凹,下唇3裂,裂片近圆形,中裂片较大;雄蕊4枚,二强,着生于花冠筒内中部,几不伸出花冠外,花药2室;花盘在前边膨大;雌蕊1,子房4裂,花柱基底着生,柱头2裂。小坚果近球形,灰棕色或褐色,直径1~1.5mm,有网纹,果萼长约1cm。花期6~8月;果期7~9月。(图645)

【生长环境】生于山坡、路边、沟旁或栽培于农田。

【产地分布】山东境内产于各山地丘陵;全省各地有栽培。分布于全国各地;各地广泛栽培。

【药用部位】全草:紫苏;茎:紫苏梗;叶(或带有嫩枝):紫苏叶;果实:紫苏子。为常用中药,紫苏、紫苏子、幼苗及叶药食两用。

图 645 紫苏
1. 植株上部 2. 花 3. 果萼 4. 花萼展开
5. 花冠展开 6. 雌蕊 7. 小坚果

【采收加工】夏季枝叶茂盛时采叶或带有嫩枝的叶；花将开时采割地上部分，除去杂质，晒干或置通风处阴干，分别称作紫苏叶和紫苏。秋季果实成熟时采割植株，晒干，打下果实，除去杂质；茎晒干或趁鲜切片晒干，为紫苏梗。

【药材性状】茎方柱形，具四棱，长短不一，直径 2～5mm；表面棕紫色或紫绿色，被稀疏白毛；节明显，有对生小枝或叶。叶多皱缩破碎；完整者展平后呈阔卵形、卵圆形或卵状三角形；先端尖，边缘有粗锯齿；两面紫色或绿色，或仅下面紫色，有凹点状腺鳞；叶柄长 3～4cm，紫色或绿色。轮伞花序顶生或腋生，花序密被长柔毛；苞片卵形，具缘毛，外面有腺点，边缘膜质；花萼钟状，顶端 5 齿，2 唇，基部呈囊状；花冠唇形，紫红色或白色；雄蕊 4，二强；雌蕊 1，子房 4 裂。气芳香，味微辛。

以茎嫩、叶多、色紫绿、香气浓者为佳。

老茎方柱形，四棱钝圆，长短不一，直径 0.5～1.5cm；表面紫棕色或暗紫色，四面有纵沟及细纵纹，节部稍膨大，有对生枝痕和叶痕；体轻，质硬，断面裂片状。切片呈斜长方形，厚 2～5mm，木部黄白色，射线细密放射状，髓部白色，疏松或脱落。气微香，味淡。

以外皮色紫棕、有香气者为佳。

叶皱缩卷曲或破碎；完整者展平后呈阔卵形、卵圆形或卵状三角形，长 4～12cm，宽 2～9cm。先端长尖或急尖，基部圆形或宽楔形，边缘具圆锯齿。两面紫色或绿色，或仅下面紫色，疏生灰白色毛，下面有多数凹点状腺鳞。叶柄长 2～5cm，紫色或紫绿色。质脆，易碎。嫩枝直径 2～5mm，紫绿色，断面中央有髓。气清香，味微辛。

以叶完整、色紫绿、清香气浓者为佳。

小坚果卵圆形或类球形，直径约 1.5mm。表面灰棕色或灰褐色，有微隆起的暗紫色网纹，基部稍尖，有灰白色点状果梗痕。果皮薄脆，易压碎。种子黄白色，种皮膜质，子叶 2，类白色，有油性。压碎有香气，味微辛。

以粒大饱满、色灰棕、油性足、有香气者为佳。

【化学成分】叶含挥发油：主成分为紫苏醛（perillaldehyde），迷迭香酸，柠檬烯，β-丁香烯，α-香柑油烯（α-bergamotene），芳樟醇等；还含紫苏醇-β-D-吡喃葡萄糖苷（perillyl-β-D-glucopyranoside），紫苏苷（perilloside）B、C 等。地上部分含酚酸类：迷迭香酸，3,3'-乙氧基迷迭香酸（3,3'-diethoxy rosmarinic acid），咖啡酸，亚麻酸，亚麻酸乙酯（ethyllinolenate）等；氨基酸：天冬氨酸，缬氨酸，脯氨酸，亮氨酸等；还含维生素 C、E、B_1、B_2、PP，紫苏酮（perillaketone），白苏烯酮（egomaketone），异白苏烯酮（isoegomaketone），紫苏烯（perillene），木犀草素，β-谷甾醇，β-胡萝卜素及无机元素磷、钾、镁、铁、钙等。果实含迷迭香酸；脂肪油：主含 α-亚麻酸，亚油酸和软脂酸；氨基酸：缬氨酸，谷氨酸，天冬氨酸，丝氨酸，甘氨酸，精氨酸，赖氨酸，亮氨酸等。

【功效主治】紫苏梗辛，温。理气宽中，止痛，安胎。用于胸膈痞闷，胃脘疼痛，嗳气呕吐，胎动不安。紫苏叶辛，温。解表散寒，行气和胃。用于风寒外感，咳嗽呕恶，妊娠呕吐，鱼蟹中毒。紫苏子辛，温。降气化痰，止咳平喘，润肠通便。用于痰壅气逆，咳嗽气喘，肠燥便秘。

【历史】紫苏始载于《名医别录》，列为中品，原名苏。《本草经集注》云："叶下紫色，而气甚香，其无紫色，不香似荏者，多野苏，不堪用。"《本草图经》载："苏，紫苏也……叶下紫色，而气甚香，夏采茎、叶，秋采实。"《植物名实图考》谓："今处处有之，有面背俱紫、面紫背青二种"。据形态描述及历代附图，古今紫苏植物来源基本一致。

【附注】①《中国药典》2010 年版收载紫苏梗、紫苏叶和紫苏子。②紫苏子油中含有丰富的亚麻酸和亚油酸等不饱和脂肪酸，为配制降血脂保健食用油的优良原料。③我国古本草及《中华本草》等把叶片两面绿色的称为白苏，叶两面紫色或上面绿色下面紫色的称为紫苏，中医临床上也常分为白苏和紫苏。据近代分类学者

E. D. Merrill 的意见，认为两者属于同一种植物，其变异是因栽培而起，彼此差异微细，故将两者合并。

糙苏

【别名】山芝麻、山苏子。

【学名】Phlomis umbrosa Turcz.

【植物形态】多年生草本。根粗壮，须根肉质。茎直立，高 0.5～1.5m，四棱形，多分枝，疏被向下的短硬毛，有时上部被星状毛。叶交互对生；叶片近圆形、卵圆形至卵状长圆形，长 5～12cm，宽 2.5～12cm，先端急尖，基部圆形或浅心形，边缘有胼胝质牙齿，两面疏被柔毛和星状毛；叶柄长 1～12cm，密被短硬毛；苞叶通常卵形，长 1～3.5cm，宽 0.6～2cm，柄长 2～3mm。轮伞花序通常有 4～8 花；苞片条状钻形，长 0.8～1.4cm，宽 1～2mm；有星状微柔毛，花萼管状，长约 1cm，外面有星状毛，有时脉上疏被有节刚毛，有 5 齿，齿间有两不明显的小齿，边缘有丛毛；花冠通常粉红色，长约 1.7cm，冠筒长约 1cm，内面近基部有毛环，冠檐二唇形，上唇外面有绢状柔毛，边缘有不整齐的小齿，内面有髯毛，下唇外面除边缘无毛外，密被绢状柔毛，内面无毛，3 圆裂，中裂片较大；雄蕊 4，二强，内藏，花丝无毛，无附器。小坚果无毛。花期 6～9 月；果期 9～10 月。（图 646）

【生长环境】生于山坡、山谷、灌丛或疏林下。

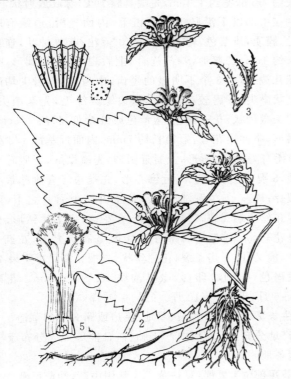

图 646　糙苏
1.根 2.植株上部 3.苞片 4.花萼展开 5.花冠展开

【产地分布】山东境内产于各山地丘陵。在我国除山东外，还分布于辽宁、内蒙古、河北、山西、陕西、甘肃、四川、湖北、贵州及广东等地。

【药用部位】根及全草；糙苏。为少常用中药。

【采收加工】夏季花开时采割地上部分，除去杂质，晒干。

【药材性状】茎方柱形，长约 1m；表面绿褐色，疏被短硬毛；质硬脆，断面中央有髓。叶对生，叶片多皱缩或破碎；完整叶片展平后近圆形或卵状长圆形，长 6～11cm，宽 2～11cm；先端急尖，基部浅心形，边缘有锯齿；表面绿色或褐绿色，两面疏被星状短毛和柔毛；叶柄长 2～10cm。轮伞花序密被白毛，宿存花萼呈蜂窝状。气微香，味涩。

以叶多、色绿、带香气者为佳。

【化学成分】全草含萜类：黄花香茶菜甲素（sculponeatin）A，黄花香茶菜丙素，ent-7α,16β,17-三羟基贝壳杉烷（ent-7α,16β,17-trihydroxy-kaurane），齐墩果酸，熊果酸，2α-羟基熊果酸，委陵菜酸（tormentic acid），马斯里酸（maslinic acid）等；糖类：D-果糖，2,6-二聚果糖（2,6-difructose），D-葡萄糖；甾醇类：豆甾醇，β-胡萝卜苷，β-谷甾醇；还含 1-O-β-葡萄糖-2-O-顺-二十碳烯-9-酸-甘油酯，甘油酸甘油三酯，甘油酸甘油酯，油酸，亚油酸，琥珀酸，月桂酸，5,7-二甲氧基-$4'$-羟基黄酮，连翘酯苷 B（forsythoside B）等。花含挥发油主成分为甲苯，邻苯二甲酸二异丁酯和 α-里哪醇等。种子含挥发油：主成分为 α-里哪醇和石竹烯氧化物，少量 1-辛烯-3-醇，邻苯二甲酸二异丁酯等。根含三萜类：(17S)-2α,3α,18β,23,24-pentahydroxy-19(18→17)-abeo-28-norolean-12-en-21-one，齐墩果酸，2α-羟基乌苏酸，(17S)-19(18→17)-abeo-12-en-28-norolean-2α,3α,18β,23-tetraol，(17S)-19(18→17)-abeo-12-en-28-norolean-2α,3β,18β,23-tetraol，(17S)-19(18→17)-abeo-12-en-28-norolean-2α,3α,18β,23,24-pentaol，3β,23-二羟基-12-烯-28-齐墩果酸，2α,3β,23-三羟基-12-烯-28-齐墩果酸，2α,3β,23,24-四羟基-12-烯-28-齐墩果酸，3β-hydroxy-29-al-12-en-28-oleanoic acid，butyrospermol 等；有机酸：咖啡酸，3-甲氧基-4-羟基-苯甲酸，对羟基苯甲酸，3,4-二羟基-苯甲酸；苯乙醇苷类：$3'''$,$4'''$-di-acetyl-betonyoside D，$2'''$,$3'''$-di-acetyl-betonyoside D，$3'''$-acetyl-betonyoside D，咖啡酰基类叶升麻苷（decaffeoylverbascoside，cistanoside E），类叶升麻苷，异类叶升麻苷（isoverbascoside），calceolarioside B，forsythoside B，alyssonoside；环烯醚萜苷：7-epiphlomiol，山栀苷甲酯（shanzhiside methyl ester），8-乙酰基山栀苷甲酯，胡麻属苷（sesamoside），$6''$-syringyl-sesamoside；还含 β-胡萝卜苷，β-谷甾醇等。

【功效主治】辛、涩，平。散风，解毒，止咳，祛痰。用于外感,咳嗽痰喘,疖肿。

【附注】《中国药典》1977年版曾收载。

山菠菜

【别名】长冠夏枯草、夏枯头、野菠菜(烟台、昆嵛山、栖霞、牙山)。

【学名】Prunella asiatica Nakai

【植物形态】多年生草本。有匍匐茎;茎下部伏地,上升,高20~60cm,钝四棱形,有疏柔毛。叶交互对生;叶片卵圆形至卵状长圆形,长3~4.5cm,宽1~1.5cm,先端钝或急尖,基部楔形,边缘疏生波状齿或圆齿状锯齿;叶柄长1~2cm;花序下方的1~2对叶较狭长,近于宽披针形。轮伞花序密集组成顶生的穗状花序,每1轮伞花序下方承以苞片;苞片向上渐小,扁圆形,长5~8mm,宽0.6~1.5cm,先端紫红色,有长2~3mm的尾尖,边缘有纤毛;花萼连齿长约1cm,二唇形,上唇扁平,宽大,先端有3个截形的短齿,中齿宽大,下唇2深裂,先端有小刺尖,边缘有缘毛;花冠淡紫或深紫色,长1.8~2cm,明显伸出花萼很多,冠筒长约1cm,内面近基部有毛环,冠檐二唇形,上唇长圆形,内凹,先端微缺,下唇宽大,3裂,中裂片较大,边缘有流苏状小裂片,侧裂片长圆形,细小,下垂;雄蕊4,前对长,均上升至上唇之下,花丝顶端2裂,1裂片有花药,1裂片超出花药之上,花药2室,极叉开;花柱顶端2浅裂。小坚果卵状,长1.5mm,棕色。花期5~7月;果期8~9月。(图647)

图647 山菠菜
1.植株 2.花 3.花冠展开

【生长环境】生于山坡草地、路旁、灌丛或潮湿地上。

【产地分布】山东境内产于烟台南山、昆嵛山。在我国除山东外,还分布于黑龙江、吉林、辽宁、山西、浙江、安徽、江西等地。

【药用部位】花、果穗或全草:长冠夏枯草。为民间药,幼苗可食。

【采收加工】夏季花果茂盛时采收,除去杂质,晒干。

【功效主治】苦、辛,寒。清肝明目,清热,散郁结,补心利尿,平肝。用于肺痨、瘰疬、瘿瘤,黄疸,筋骨疼痛,目涩肿痛,眩晕,口眼㖞斜,肝阳上亢,头痛耳鸣,乳痈,痄腮,淋症,带下。

夏枯草

【别名】棒槌草、锄头草、大头花、麦穗夏枯草。

【学名】Prunella vulgaris L.

【植物形态】多年生草本,高20~30cm。根状茎匍匐,节上生不定根。茎下部常伏地,自基部有分枝,钝四棱形,具浅槽,紫红色,疏被白毛或无毛。叶交互对生;叶片卵状长圆形或卵圆形,大小不等,长1.5~6cm,宽0.7~2.5cm,先端钝,基部圆形、截形至宽楔形,下延至叶柄成狭翅,边缘具不明显波状齿或几近全缘,两面无毛;叶柄长0.7~2.5cm,自下而上渐变短。轮伞花序密集顶生,集成穗状花序,长2~4cm;苞片宽心形,长约7mm,宽约1.1cm,先端具骤尖头,脉纹放射状,外侧在中部以下沿脉上疏生粗毛,内面光滑,边缘有睫毛,膜质,浅紫色,每苞片内含3朵花;花萼钟状,连齿长约1cm,二唇形,基部连合,上唇扁平,近扁圆形,先端几截平,具3个不明显的短齿,中齿宽大,齿尖均呈刺状微尖,下唇较狭,2深裂,边缘具缘毛,先端渐尖,尖头微刺状;花冠紫色、蓝紫色或红紫色,长约1.3cm,唇形,略伸出花萼,冠筒长约7mm,内面近基部1/3处有毛环,冠檐二唇形,上唇近圆形,先端微缺,下唇较平展,3裂,中裂片较大,近倒心形,先端边缘有流苏状小裂片;雄蕊4,二强,前对长,均上升至上唇片之下,前对花丝顶端2裂,1裂片能育,有花药,另1片钻形,长过花药,后对花丝的不育裂片微呈瘤状突出,花药2室,极叉开;子房4裂,花柱丝状,先端2裂。小坚果4,黄褐色,长圆状卵形,微具沟纹,长约1.8mm。花期4~6月;果期7~10月。(图648)

【生长环境】生于荒坡、草地、溪边或路旁湿润草地。

【产地分布】山东境内产于临沂、日照等地。分布于全国各地。

【药用部位】果穗:夏枯草。为常用中药,幼苗可食。

【采收加工】夏季果穗呈棕红色时采摘,晒干。

【药材性状】果穗呈棒状,略扁,长2~4cm,直径0.8~1.5cm;表面棕色至淡紫褐色;少数带有长短不一的花

图 648 夏枯草
1. 植株 2. 花及苞片 3. 花萼展开 4. 花冠展开
5. 雄蕊上部 6. 雌蕊 7. 小坚果

茎。果穗由数轮至 10 数轮宿萼与苞片组成,排成覆瓦状。每轮有 2 枚对生的扇形苞片,长约 7mm,宽约 1cm;表面淡黄褐色,膜质,有明显深褐色脉纹;先端尖尾状,基部狭小呈楔状,外表面被白色粗毛。每一苞片内有花 3 朵;花冠多已脱落;花萼二唇形。小坚果 4,卵圆形,长约 1.8mm,直径约 1mm;淡褐色,有光泽,顶端有白色小突起。体轻,质脆。气微,味淡。

以穗大、色棕紫、摇之作响者为佳。

【化学成分】**果穗**含苯丙素类:迷迭香酸,甲基迷迭香宁,乙基迷迭香宁,丁基迷迭香宁;萜类:夏枯草皂苷 B(vulgarsaponin B),熊果酸,齐墩果酸,β-香树脂醇,2α,3α-二羟基-乌苏-12-烯-28-酸,3α,19α,24-三羟基-乌苏-12-烯-28-酸,3β,16α,24-三羟基-齐墩果-12-烯-28-酸等;黄酮类:汉黄芩素,槲皮素,槲皮素-3-O-β-D-半乳糖苷;醌类:大黄酚,2-羟基-3-甲氧基蒽酮;甾体类:α-菠甾醇,α-菠甾酮,β-谷甾醇,β-胡萝卜苷;还含龙胆酸-5-O-β-D-(6′-水杨酰基)-吡喃葡萄糖苷[gentisic acid-5-O-β-D-(6′-salicylyl)-glucopyranoside],咖啡酸乙酯等。**花序**含飞燕草素(delphinidin)和矢车菊素(cynidin)的糖苷,报春花素-3,5-二葡萄糖苷(hirsutidin-3,5-diglucoside),锦葵花素-3,5-二葡萄糖苷(malvidin-3,5-diglucoside),芍药素-3,5-二葡萄糖苷(peonidin-3,5-diglucoside),槲皮素,山奈酚及挥发油。**全草**含夏枯草多糖,芦丁,金丝桃苷,齐墩果酸及其苷类,熊果酸,咖啡酸,维生素 A、C、K、B_1,胡萝卜素,鞣质,生物碱及挥发油。**地上部分**含香豆精类:伞形花内酯,东莨菪素,马栗树皮素;黄酮类:木犀草素,异荭草素,木犀草素-7-O-葡萄糖苷,异槲皮苷;三萜类:熊果酸,齐墩果酸,白桦酯酸,2α,3α-二羟基-乌苏-12-烯-28-酸,2α,3β-二羟基-乌苏-12-烯-28-酸,2α,3α,19α,24-四羟基-乌苏-12-烯-28-酸-β-D-吡喃葡萄糖苷,2α,3β,19α,24-四羟基-乌苏-12-烯-28-酸-β-D-吡喃葡萄糖苷,2α,3β,24-三羟基-齐墩果-12-烯-28-酸,2α,3α,24-三羟基-齐墩果-12-烯-28-酸,2α,3α,19α-三羟基-乌苏-12-烯-28-酸,2α,3α,23-三羟基-乌苏-12-烯-28-酸,2α,3α,24-三羟基-乌苏-12-烯-28-酸,夏枯草皂苷 B 等。**叶**含油酸,亚麻酸,月桂酸等。

【功效主治】苦、辛,寒。清肝泻火,明目,散结消肿。用于目赤肿痛,目珠夜痛,头痛眩晕,瘰疬,瘿瘤,乳痈,乳癖,乳房胀痛。

【历史】夏枯草始载于《神农本草经》,列入下品。《新修本草》云:"生平泽,叶似旋覆,首春即发,四月穗出,其花紫白,似丹参花,五月便枯,处处有之。"后历代本草均有文字记载或附图。其原植物与现今全国多数地区使用的夏枯草一致。

【附注】《中国药典》2010 年版收载。

内折香茶菜

【别名】山薄荷、香茶菜。

【学名】Rabdosia inflexa (Thunb.) Hara
[*Isodon inflexus* (Thunb.) Kudo]
(*Ocimum inflexus* Thunb.)

【植物形态】多年生草本,高 0.4～1.5m。根状茎木质化,疙瘩状。茎直立,钝四棱形,沿棱密被下曲的白色柔毛。叶交互对生;叶片三角状阔卵形或阔卵形,长 3～5.5cm,宽 2.5～5cm,先端锐尖或钝,基部阔楔形,骤然渐狭下延,边缘在基部以上有粗大圆齿;叶柄长 0.5～3.5cm,上部有宽翅,密被有节白色柔毛。圆锥花序长 6～10cm,着生于分枝顶端及茎上部叶腋,由 3～5 花的聚伞花序组成;聚伞花序总梗长达 5mm,与花序轴密被短柔毛;苞叶卵圆形,向上渐小;小苞片条形或条状披针形,长 1～1.5mm;花萼钟形,长约 2mm,外有斜上细毛,萼齿 5,近相等或 3/2 式,果时增大,长达 5mm;花冠淡红至蓝紫色,长约 8mm,外有短柔毛及腺点,冠筒长约 3.5mm,基部上方浅囊状,冠檐二唇形,上唇外反,长约 3mm,宽达 4mm,先端有 4 圆齿,下唇长4.5mm,内凹,舟形;雄蕊4,不伸出花冠外,花丝中部以下有毛;花柱不伸出花冠外,顶端2浅裂,裂片相等。花、果期8~10月。(图649)

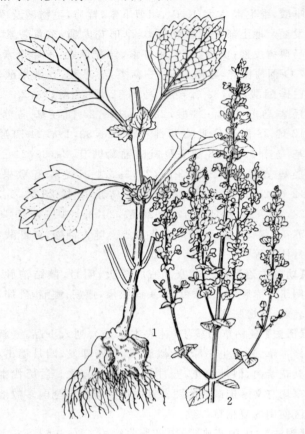

图649 内折香茶菜
1.根及部分茎 2.植株上部

【生长环境】生于山坡、林下或沟谷边草丛。
【产地分布】山东境内产于各山地丘陵。在我国除山东外,还分布于辽宁、吉林、河北、浙江、江苏、江西、湖南等地。
【药用部位】全草:香茶菜。为民间药。
【采收加工】夏、秋二季采割地上部分,除去杂质,晒干。
【化学成分】茎叶含内折香茶菜素(inflexusin),内折香茶菜素D,内折香茶菜乙素,熊果酸,kamebacetal A,胡麻素(pedalitin)。叶含挥发油:主成分为香芹酚,石竹烯,1-甲基-4-(1-异丙基)-1,4-环己二烯,2,6-二甲基-6-(4-甲基-3-戊烯基)-双环[3.1.1]-2-庚烷等。地下部分含3β-O-乙酰熊果酸,阿魏酸二十四醇酯,2,3′-软脂酸甘油单酯,香草酸,β-胡萝卜苷,β-谷甾醇。
【功效主治】清热解毒,祛湿,止痛。用于肝郁胁痛。
【附注】本种在"Flora of China"17:274.1994.中拉丁学名为 Isodon inflexus (Thunb.) Kudo,本志将其列为异名。

蓝萼香茶菜

【别名】冬凌草、野苏子、山苏子、香茶菜。
【学名】Rabdosia japonica (Burm. f.) Hara var. glaucocalyx (Maxim.) Hara
[Isodon japonicus var. glaucocalyx (Maxim.) H. W. Li]
[Isodon glaucocalyx (Maxim.) Kudo]
(Plectranthus glaucocalyx Maxim.)
【植物形态】多年生草本,高0.4~1.5m。根状茎木质,粗大。茎直立,钝四棱形,下部有短柔毛,上部近无毛。叶交互对生;叶片卵形或宽卵形,长6.5~13cm,宽3~7cm,先端渐尖,基部阔楔形,下延于叶柄,边缘有粗大锯齿,两面有疏柔毛及腺点;叶柄长1~2.5cm,上部有宽翅。圆锥花序多花顶生,疏松而开展,由5~7花的聚伞花序组成,聚伞花序总梗长0.6~1.5cm;花梗长约3mm,与总花梗及花序轴有微柔毛及腺点;下部1对苞叶卵形,叶状,向上渐小,呈苞片状;小苞片条形,长约1mm;花萼钟形,长1.5~2mm,常带蓝色,外密被灰白色短柔毛及腺点,萼齿5,三角形,多少呈二唇形,上唇3齿,中齿略小,下唇2齿,较长,果时增大,长达4mm;花冠白色、淡紫色,长约5.5mm,冠筒基部上面浅囊状,冠檐二唇形,上唇反折,先端有4圆裂,下唇阔卵圆形,内凹,舟状;雄蕊4,伸出花冠外,花丝下部有毛;花柱伸出花冠外,顶端2浅裂,裂片相等。小坚果卵状三棱形,长1.5mm,黄褐色。花期7~8月;果期9~10月。(图650)
【生长环境】生于山坡、林下或路边灌草丛。

图650 蓝萼香茶菜
1.植株中部 2.植株上部,示花序 3.花

【产地分布】山东境内产于各山地丘陵。在我国除山东外,还分布于东北地区及河北、山西等地。
【药用部位】全草:蓝萼香茶菜。为民间药。
【采收加工】夏、秋二季采割地上部分,除去杂质,晒干。
【化学成分】叶含二萜类:蓝萼甲、乙、丙素(glaucocalyxin A、B、C),$1α,6,11β,15β$-四乙酰基-6,7-断裂-7,20-内酯-对映-贝壳杉-16-烯($1α,6,11β,15β$-tetraacetoy-6,7-seco-7,20-olide-ent-kaur-16-en),$6β,11α,15α$-三羟基-6,7-断裂-6,20-环氧-$1α$,7-内酯-对映-贝壳杉-16-烯,$6β,11α$-二羟基-6,7-断裂-6,20-环氧-$1α$,7-内酯-对映-贝壳杉-16-烯-15-酮,$6β,7β,14β$-三羟基-$1α$-乙酰氧基-$7α$,20-环氧-对映-贝壳杉-16-烯-15-酮,$1α,6β,7β,14β$-四羟基-$7α$,20-环氧-对映-贝壳杉-16-烯-15-酮;黄酮类:藿香苷(agastachoside)等。全草含黄酮类:金合欢素,金合欢素-7-O-β-D-葡萄糖苷,芹菜素-7-O-β-D-葡萄糖苷,槲皮素-7-O-α-L-鼠李糖苷,槲皮素-3-O-α-L-鼠李糖苷,芦丁,柯伊利素-7-O-β-D-葡萄糖苷(chrysoeriol-7-O-β-D-glucoside);萜类:蓝萼甲素、乙素,齐墩果酸,$2α$-羟基乌苏酸;还含豆甾醇,豆甾醇-3-O-葡萄糖苷。地上部分含萜类:蓝萼甲素、乙、丙,海棠果醛(canophyllal),乌苏酸,齐墩果酸,木栓酮(friedelin)等;黄酮类:木犀草素,木犀草素-7-甲醚,木犀草素-7-O-β-D-葡萄糖苷,芹菜素,芹菜素-7-O-β-D-葡萄糖苷,槲皮素,槲皮素-3-甲醚,异槲皮苷,芦丁;还含β-谷甾醇,胡萝卜苷等。根含萜类:蓝萼甲素,乌苏酸,齐墩果酸,$2α$-羟基乌苏酸,$3β$-乙酰氧基-12-烯-28-齐墩果酸,$3β$-乙酰氧基-12-烯-28-乌苏酸,$2α,3α,24$-三羟基-12,20(30)-二烯-乌苏酸,$2α,3α,23$-三羟基-12-烯-28-乌苏酸;还含豆甾醇,谷甾醇,胡萝卜苷及二十六烷酸。
【功效主治】苦、甘,凉。清热解毒,活血化瘀,健脾。用于外感发热,咽喉肿痛,乳蛾,乳痈,癥瘕积块,经闭,跌打损伤,骨节痛,蛇虫咬伤。
【附注】本种在"Flora of China"17:275.1994.的拉丁学名为 Isodon japonicus var. glaucocalyx (Maxim.) H. W. Li,本志将其列为异名。

华鼠尾草

【别名】石见穿、石打穿、紫参。
【学名】Salvia chinensis Benth.
【植物形态】一年生草本,高20～70cm。茎方柱形,单一或分枝,表面紫棕色或绿色,被倒向柔毛。叶交互对生,单叶或茎下部叶为三出复叶;单叶叶片卵形或卵状椭圆形,长1.3～7cm,宽0.8～4.5cm,先端钝或急尖,基部心形或楔形,边缘有圆齿,两面沿脉有短柔毛;叶柄长4～30cm,基部叶柄更长;复叶由3小叶组成,小叶片与单叶叶形相同。轮伞花序有6花,集成假总状或圆锥花序;萼钟状,紫色,外面脉上及内面喉部被长柔毛,上唇有3个聚合的短尖头,侧脉有狭翅,下唇具2齿;花冠蓝紫色或紫色,外被长柔毛,筒内有毛环,下唇中裂片倒心形;雄蕊2,花丝短,药隔长,关节处有毛,上臂伸长,下臂小;子房4裂。小坚果椭圆状卵形,褐色。花期7～8月;果期9～10月。(图651)

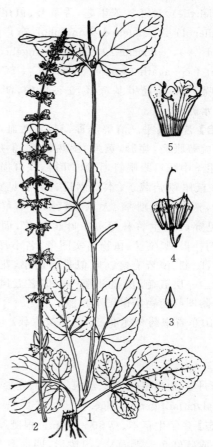

图651 华鼠尾草
1.植株中部 2.植株上部,示花序 3.苞片 4.花萼纵剖,示雌蕊及苞片 5.花冠纵剖,示毛环及二分离的下臂

【生长环境】生于山坡、路旁、林缘或草丛中。
【产地分布】山东境内产于济南千佛山、沂蒙山区等山地丘陵。在我国除山东外,还分布于长江流域各省区。
【药用部位】全草:石见穿。为少常用中药。
【采收加工】夏季花期采割地上部分,晒干或鲜用。
【药材性状】全草长20～60cm。茎方柱形,有分枝,直径1～4mm;表面灰绿色至暗紫棕色,被白色柔毛;质脆,易折断,断面黄白色。叶对生,有柄,单叶或三出复叶;叶片多皱缩破碎,完整者展平后呈卵形或卵状椭圆形,长1～6cm,宽0.8～4cm;边缘有钝圆齿;两面绿色,沿脉有白色柔毛。轮伞花序,每轮有花6朵;萼筒钟状,紫色,外面脉上及内面喉部有长柔毛;花冠二唇形,蓝紫色或紫褐色。质脆,易碎。气微,味微苦、涩。

以叶多、色绿、带花者为佳。

【化学成分】全草含异丹参酚酸(isosalvianolic acid)C，丹参酚酸(salvianolic acid) B、D，丹参素，紫草酚酸(lithospermic acid)，迷迭香酸，咖啡酸，原儿茶醛，R-(＋)-β-(3,4-二羟基苯基)乳酸[R-(＋)-β-(3,4-dihydroxyphenyl) lactic acid]，齐墩果酸，熊果酸，芥子醛(sinapaldehyde)，松柏醛(coniferyl aldehyde)，丁香醛(syringaldehyde)，对羟基苯甲醛，香草醛，鼠尾草二烯醇(salviadienol) A、B，dehydrovomifoliol，布卢门酸 A (blumenol A)，colovane-2β, 9α-diol, angelicoidenol, methyl-ent-4-epi-agath-18-oate，多糖 SC_1、SC_2、SC_3、SC_4，3-吲哚甲醛，5-羟甲基糠醛，β-谷甾醇，胡萝卜苷等。根含水苏糖。

【功效主治】苦、辛，平。清解热毒，利湿，活血，利气止痛。用于脘胁胀痛，痈肿，黄疸，湿热带下，痢疾泄泻，痛经；外用于中风口眼㖞斜，乳痈，疖肿，跌打损伤。

【历史】华鼠尾草始载于《本草纲目》，名石见穿，但无形态描述，谓："主治骨痛、大风、痈肿。"《本草纲目拾遗》名石见穿，曰"生竹林等处。叶少如艾，而花高尺许，治打伤扑损，膈气。"《植物名实图考》名小丹参，曰："小丹参，江、湘、滇皆有之。叶似丹参而小，花亦如丹参，色淡红，一层五葩，攒茎并翘……俗名五凤花。"所述形态及附图与植物华鼠尾草相似。

【附注】《山东省中药材标准》2002 年版收载。

丹参

【别名】紫丹参、血参根(临沂)、红根(蒙山)、红参(潍坊)。

【学名】Salvia miltiorrhiza Bge.

【植物形态】多年生草本，高 30～80cm。根肥厚，肉质，栓皮红色或砖红色。茎直立，四棱形，四面具槽，上部分枝，密被长柔毛和腺毛。叶交互对生；常为奇数羽状复叶，小叶通常 5，稀 3 或 7，顶端小叶最大，侧生小叶较小；小叶片卵圆形、椭圆状卵圆形或宽披针形，长 2～7cm，宽 0.8～5cm，先端急尖或渐尖，基部斜圆形或宽楔形，边缘具圆锯齿，两面被白色疏柔毛，下面较密，小叶柄 0.3～1.4cm；叶柄长 1～7.5cm，密被倒向长柔毛。轮伞花序组成顶生或腋生的总状花序，每轮有花 6 至多朵，下部者疏离，上部者密集；苞片披针形，上面无毛，下面略被毛；花梗长 3～4mm；花萼近钟状，紫色，长约 1.1cm，外面被腺毛和长柔毛，有 11 脉，二唇形，上唇全缘，三角形，先端有 3 枚小尖头，下唇 2 深裂成 2 齿；花冠蓝紫色，长 2～2.7cm，外面有短腺毛，花冠筒外伸，内面近基部有毛环，冠檐二唇形，上唇直立，呈镰刀状，先端微裂，下唇较上唇短，先端 3 裂，中裂片较两侧裂片长且大；能育雄蕊 2，着生于下唇的中部，伸至上唇片，略外露，花丝长 3.5～4mm，药隔长 1.7～2cm，中部具关节，上臂十分伸长，长 1.4～1.7cm，下臂短而粗，花药败育，顶端联合，退化雄蕊 2，线形，长约 4mm，着生于上唇喉部的两侧，花药退化成花瓣状；花盘前方稍膨大；子房上位，4 深裂，花柱细长外伸，柱头 2 裂，裂片不等。小坚果长圆形，熟时棕色或黑色，长约 3.2cm，直径 1.5mm，包于宿萼中。花期 5～9 月；果期 8～10 月。(图 652；彩图 58；图版Ⅳ 2,5,8,11,14,17)

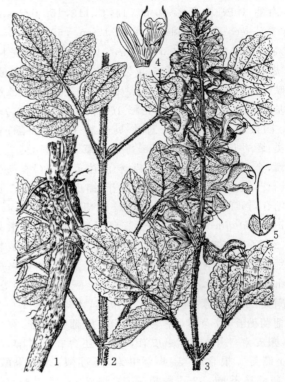

图 652 丹参
1. 根 2. 植株中部 3. 植株上部
4. 花冠展开 5. 花萼展开,示雌蕊

【生长环境】生于山坡、林下草地、灌丛或沟边。栽培于排水良好、肥沃疏松的沙质壤土或沙质土。

【产地分布】山东境内产于临沂(蒙山、沂水、蒙阴)、莱芜、威海(文登)、烟台(招远、栖霞)、青岛(平度、崂山)、日照(莒县)淄博、济南、泰安、济宁(巨野)、菏泽等地。全省各山地丘陵均有分布。野生者以沂蒙山区为最多，蒙山、莱芜产质量最好，《中国道地药材》记载："山东莱芜、蒙山、沂水等地产量大"，为丹参的道地产地。自 20 世纪 70 年代开始变野生为家种，90 年代后期形成规模。目前山东省内各地均有栽培，以临朐、沂水、莒县、蒙阴、平邑、沂南、济南和淄博等地较为集中，为山东产丹参商品药材的主流，"莒县丹参"已注册国家地理标志产品。在我国还分布于华东地区及辽宁、河北、河南、山西、陕西、宁夏、甘肃、湖北、湖南、四川、贵州等地。

【药用部位】根及根茎：丹参；叶：丹参叶；花及花序：丹

参花。为常用中药、民间药和制茶原料。丹参为山东著名道地药材,丹参叶可做茶。

【采收加工】野生丹参春、秋二季采挖根部,除去泥沙,晒干。栽培丹参用种子育苗或扦插的,2年收获,用根及根茎分株栽培的,一般1年即可收获;收获季节在霜降至立冬间,或于翌年春季发芽前。夏季茎叶茂盛时采叶,晒干或制茶。花期采集花序,晒干。

【药材性状】根茎短粗,顶端有时残留茎基。根数条,长圆柱形,略弯曲,有的具分枝及须状细根,长10～20cm,直径0.3～1cm。表面棕红色或暗棕红色,粗糙,具纵皱纹;老根外皮疏松,多呈紫棕色,常鳞片状剥落。质硬脆,断面疏松,有裂隙或略平整而致密,皮部棕红色,木部灰黄色或紫褐色,导管束黄白色,呈放射状排列。气微,味微苦、涩。

栽培丹参主根粗壮,须根少,直径0.5～1.5cm。表面红棕色或棕褐色,具稀疏细纵皱纹,外皮紧贴不易剥落。质坚实,断面类白色,较平整,略呈角质样。

均以根多、条壮、无芦头、外皮色红者为佳。

叶常卷曲破碎。完整者展平后为奇数羽状复叶;小叶通常5,顶端小叶最大,侧生小叶较小;小叶片卵圆形、椭圆状卵圆形或宽披针形,长1～6cm,宽0.5～4cm,先端急尖或渐尖,基部斜圆形或宽楔形,边缘具圆锯齿;上表面绿色、黄绿色或绿褐色,下表面灰绿色,两面密被白色柔毛;小叶柄长约0.8cm;叶柄长1～6cm,密被倒向长柔毛。质脆,易碎。气微,味微苦而回甜。

以完整、色绿、干燥者为佳。

【化学成分】根及根茎含二萜醌类:丹参酮(tanshinone)Ⅰ、ⅡA、ⅡB、Ⅴ、Ⅵ,隐丹参酮(cryptotanshinone),异丹参酮(isotanshinone)Ⅰ、Ⅱ、ⅡB,异隐丹参酮(isocryptotanshinone),羟基丹参酮(hydroxytanshinone)ⅡA,丹参酸甲酯(methyl tanshinonate),丹参新酮(miltirone),二氢丹参酮(dihydrotanshinone)Ⅰ,丹参新醌(danshexinkum)A、B、C、D,亚甲丹参醌(methylene tanshiquinone),1,2-二氢丹参醌(1,2-dihydrotanshiquinone),二氢异丹参酮(dihydroisotanshinone)Ⅰ等50余种;酚酸类:丹参素(danshensu),丹参酸(salvianic acid)A、B、C,丹酚酸(salvianolic acid)A、B、C、D、E、G,迷迭香酸(lithospermic acid),紫草酸单甲酯,紫草酸二甲酯,紫草酸乙酯等;还含黄芩苷(baicalin),原儿茶醛,异欧前胡内酯(isoimperatorin),替告皂苷元等。地上部分含酚酸类:丹酚酸A、B,原儿茶酸,原儿茶醛、咖啡酸、阿魏酸、异阿魏酸、迷迭香酸等;二萜醌类:二氢丹参酮Ⅰ,丹参酮Ⅰ,丹参酮ⅡA,隐丹参酮,降鼠尾草氧化物等。

【功效主治】丹参苦,微寒。活血祛瘀,通经止痛,清心除烦,凉血消痈。用于胸痹心痛,脘腹胁痛,癥瘕积聚,热痹疼痛,心烦不眠,月经不调,痛经经闭,疮疡肿痛。

丹参叶微苦、甘,微寒。活血祛瘀,清心除烦。用于胸痹心痛,心烦不眠;制茶饮用于胸闷心痛,肝阳上亢,头晕目眩。丹参花清心除烦,活血祛瘀。

【历史】丹参始载于《神农本草经》,列为上品。《名医别录》载:"生桐柏山谷及泰山。"《本草图经》曰:"二月生苗,高一尺许,茎干方棱,青色。叶生相对,如薄荷而有毛,三月开花,红紫色,似苏花。根赤,大如指,长亦尺余,一苗数根。"所述形态及《植物名实图考》附图与唇形科植物丹参完全相同。

【附注】《中国药典》2010年版收载丹参。

附:单叶丹参

单叶丹参 var. charbonnelii (Levl.) C. Y. Wu(图653),与原种的主要区别是:根较细。单叶,间有3小叶的复叶,叶片或小叶片近圆形,叶基部心形。轮伞花序花稀少,唇形花小。根直径2～5mm;外皮均为红棕色。薄层色谱结果表明,根及根茎含有与丹参相似的脂溶性和水溶性成分。山东境内产于济南历城、烟台牙山、临沂蒙山、海阳等地。药用同丹参。

图653 单叶丹参
1.中部茎叶及花枝 2.花萼展开 3.花冠展开 4.雌蕊

白花丹参

【别名】白花参、红根草。

【学名】Salvia miltiorrhiza Bge. f. alba C. Y. Wu et H. W. Li

【植物形态】植株形似丹参,茎和叶呈黄绿色,花冠白色或淡黄色。(彩图59;图版Ⅳ 3,6,9,12,15,18)

【生长环境】生于山坡、林下灌丛。栽培于排水良好、肥沃疏松的沙质壤土或沙质土。

【产地分布】山东境内产于济南章丘（模式产地）、历城、长清、莱芜、泰安等地；省内各地有少量栽培，产量较小，尚未形成流通商品药材。为山东特有植物。以莱芜市苗山镇种植面积最大，"莱芜白花丹参"已注册国家地理标志产品。在我国除山东外，上海、北京等地有少量栽培。

【药用部位】根及根茎：白花丹参；叶：白花丹参叶；花：白花丹参花。为常用中药，叶药食两用。各产区与丹参混同收购作丹参药用。

【采收加工】春、秋二季采挖，除净泥土，干燥。夏季茎叶茂盛时采叶，晒干或制茶。花期采集花序，晒干。

【药材性状】根茎短粗，顶端有时残留茎基。根数条，长圆柱形，略弯曲，有的具分枝及细根，长10～33cm，直径0.3～1cm。表面砖红色或红棕色，具纵皱纹。质硬脆，断面栓皮砖红色，皮部灰白色，木部黄白色，略平整而致密。气微，味微苦、涩。

以根长、色红、无芦头者为佳。

【化学成分】根及根茎含二萜醌类：丹参酮Ⅰ、ⅡA、ⅡB，二氢丹参酮Ⅰ，二氢异丹参酮Ⅰ，隐丹参酮，羟基丹参酮ⅡA，亚甲丹参醌，丹参酸甲酯，丹参新醌B，丹参新酮，去甲丹参酮（nortanshinone），2-异丙基-8-甲基菲-3,4-二酮（2-isopropy-8-methylphenanthrene-3,4-dione），1,2,15,16-四氢丹参醌（1,2,15,16-tetrahydro-tanshiquinone），丹参醛（tanshinaldehyde），1,2-二氢丹参醌，次甲二氢丹参醌，3-羟基-2-异丙基-8,8-二甲基-5,6,7,8-四氢菲-1,4-二酮，羟基次甲丹参醌（hydroxymethylenetanshinquinone），鼠尾草酚酮（salviolone），白花丹参酮（salmilalbanone）等；酚酸类：丹酚酸B，迷迭香酸，丹参素，2,3-bis[(E)-3-(3-hydroxy-4-methoxyphenyl)acryloyloxy] succinic acid，柳杉酚（sugiol）；还含丹参醇A（danshenol A），丹参二醇C（tanshindiol C），胡萝卜苷，β-谷甾醇。地上部分含原儿茶醛，迷迭香酸，丹参素，丹酚酸B和原儿茶酸。

【功效主治】白花丹参苦，微寒。活血祛瘀，通经止痛，清心除烦，凉血消痈。用于胸痹心痛，脘腹胁痛，癥瘕积聚，热痹疼痛，心烦不眠，月经不调，痛经经闭，疮疡肿痛。**白花丹参叶**微苦、甘，微寒。活血祛瘀，清心除烦。用于胸痹心痛，心烦不眠；制茶饮用于胸闷心痛，头晕目眩。**白花丹参花**清心除烦，活血祛瘀。

【附注】①《山东省中药材标准》2002年版收载白花丹参。②白花丹参根及根茎在山东章丘和莱芜民间用于治疗血栓闭塞性脉管炎，效果优于丹参。已有近百年的使用历史。

荔枝草

【别名】癞蛤蟆草（临沂）、蛤蟆草（德州）、蛤蟆皮（烟台）、疥巴子草。

【学名】Salvia plebeia R. Br.

【植物形态】一年生或二年生草本。主根肥厚，向下直伸，有多数须根。茎直立，高15～90cm，有向下的灰白色柔毛。叶交互对生；叶片椭圆状卵圆形或椭圆状披针形，长2～6cm，宽0.8～2.5cm，先端钝或急尖，基部圆形或楔形，边缘有圆齿、牙齿或尖锯齿，上面深绿色，有显著皱缩，下面有黄褐色腺点，两面疏被毛；叶柄长0.4～1.5cm。轮伞花序有6花，在茎、枝顶端组成总状或总状圆锥花序，花序长10～25cm；苞片披针形；花梗长约1mm；花萼钟形，长约2.7mm，外面有疏柔毛及腺点，二唇形，上唇全缘，先端有3枚小尖头，下唇深裂成2齿；花冠淡红、淡紫、蓝紫至蓝色，长约4.5mm，花冠筒外面无毛，内面中部有毛环，冠檐二唇形，上唇长圆形，长约1.8mm，先端微凹，下唇长约1.7mm，3裂，中裂片最大，阔倒心形，侧裂片近半圆形，能育雄蕊2，着生于下唇基部，略伸出冠外，花丝长1.5mm，长臂和下臂近等长，上臂有药室，2下药室不育，膨大，互相连合；花柱与花冠等长，顶端不相等2裂，前裂片较长。小坚果倒卵圆形，直径约0.4mm，光滑。花期4～5月；果期6～7月。（图654）

【生长环境】生于山坡、路旁、沟边、田间或水边湿草地。

图654 荔枝草
1.植株下部 2.植株上部 3.苞片
4.花萼展开，示雄蕊 5.花冠展开，示雌蕊

【产地分布】山东境内产于各地。在我国除山东外，还分布于除新疆、甘肃、青海及西藏以外的其他各省区。

【药用部位】全草：荔枝草（蛤蟆草）；根：荔枝草根。为少常用中药和民间药，幼苗可食。

【采收加工】夏季割取地上部分，扎成小把，晒干。秋季采根，洗净，晒干。

【药材性状】全草长20～70cm，多分枝。茎方柱形，直径2～8mm；表面灰绿色至棕褐色，被短柔毛；质脆，断面类白色，中空。叶对生，皱缩卷曲或破碎；完整叶片展平后呈长椭圆形或披针形，长2～5cm，宽1～2cm；先端钝或急尖，基部圆形或楔形，边缘有圆齿或钝齿；表面灰绿色或绿色，凹凸不平，下表面有金黄色腺点，两面均被短毛；叶柄密被短柔毛。轮伞花序顶生或腋生，集成总状或总状圆锥花序，长10～24cm；花冠多脱落；宿存花萼钟状，灰绿色或灰棕色，外面有金黄色腺点及短柔毛。小坚果4，倒卵圆形，表面棕褐色。质脆。气芳香，味苦、辛。

以叶多、色绿、穗长、芳香气浓、味苦者为佳。

【化学成分】全草含5,7,4'-三羟基-6-甲氧基黄酮-7-O-β-D-吡喃葡萄糖苷即高车前苷（homoplantaginin），高车前素（hispidulin），粗毛豚草素（hispidulin），柳穿鱼黄素（pectolina rigenin），5,7,3,4-四羟基-6-甲氧基黄酮-7-O-β-D-葡萄糖苷即假荆芥苷（nepitrin），泽兰黄酮（nepetin），5-羟基-7,4'-二甲氧基异黄酮，(2S)-5,7,4'-三羟基-6-甲氧基二氢黄酮-7-O-β-D-吡喃葡萄糖苷，鼠尾草酚（carnosol），迷迭香双醛（rosmadial），表迷迭香酚（epirosmanol），4-羟基苯基乳酸（4-hydroxyphenyl lactic acid），咖啡酸，熊果酸，咖啡酸甲酯，东莨菪素，β-谷甾醇等。

【功效主治】荔枝草苦、辛，凉。清热解毒，凉血散瘀，利水消肿。用于外感发热，咽喉肿痛，肺热咳嗽，咳血，吐血，尿血，崩漏，痔疮出血，肾虚水肿，白浊，痢疾，痈肿疮毒，湿疹瘙痒，跌打损伤，蛇虫咬伤。荔枝草根苦、辛，凉散瘀止血，消肿止痛。用于吐血，衄血，崩漏，跌打伤痛，腰痛，肿毒。

【历史】荔枝草始载于《本草纲目》草部有名未用类。《本草纲目拾遗》云："荔枝草，冬尽发苗，经霜雪不枯，三月抽茎，高近尺许，开花细紫成穗，五月枯，茎方中空，叶尖长，面有麻累，边有锯齿，三月采。"又曰："叶深青，映日有光，边有锯齿，叶背淡白色，丝筋纹辍，绽露麻累，凹凸最分明，凌冬不枯，皆独瓣，一丛数十叶。"所述形态与植物荔枝草基本相符。

【附注】《中国药典》1977年版、《山东省中药材标准》2002年版收载。

山东丹参

【别名】红根，丹参。

【学名】Salvia shandongensis J. X. Li et F. Q. Zhou

【植物形态】多年生草本，高20～50cm。根圆柱形，外面砖红色。茎直立，四棱柱形，具槽，多分枝，密被多细胞长柔毛，毛长3～4mm。叶交互对生，奇数羽状复叶，小叶3～5片，常为5片；小叶片卵状披针形，长3.5～7.5cm，宽1.5～2.5cm，先端渐尖，基部偏斜或楔形，边缘有整齐或不整齐锯齿，两面被贴伏短柔毛，下面较密；侧脉4～6对，与中脉上面平坦，下面明显，上面绿色，下面淡绿色，叶脉及小叶柄密被开展的长柔毛；顶生小叶片倒卵形，较大，长8～10cm，宽3～4cm，先端渐尖，草质；叶柄长达9cm，腹凹背凸，密被开展的长柔毛，长约4mm。轮伞花序4～6朵花，疏离，组成长7～30cm的顶生总状或总状圆锥花序；苞片线状披针形，长5mm，宽约1.5mm，先端渐尖，基部楔形，全缘，绿色；花梗长4～5mm，与花序轴和苞片均密被具腺柔毛和长柔毛；花萼钟形，长约1cm，外面下部被具腺柔毛及短柔毛，内面喉部密被白色长刚毛，二唇形，分裂约为萼长的1/3，上唇宽三角形，长约2.5mm，宽约4mm，先端具靠合的3小齿，下唇较长，长约3.5mm，宽4mm，三角形，先端深裂成2齿，齿长三角形，先端锐尖，绿色；花冠紫色，较小，长1.5～1.8cm，外被具腺柔毛和短柔毛，内面冠筒基部生有毛环，冠筒外伸，长约9mm，基部宽约2mm，向上渐宽，至喉部宽达8mm；冠檐二唇形，上唇镰刀状，两侧折合，长约9mm，宽约2mm，向上竖立，先端2裂，几与下唇成直角，下唇平伸，长约7mm，宽约5mm，3裂，中裂片最大，倒心形，长约3mm，宽约4mm，先端2裂，小裂片边缘具不整齐的尖齿，侧裂片卵形，边缘微波状，宽约2mm；能育雄蕊2枚，延伸至上唇片中，内藏，药室倒挂，长约2.5mm，花丝长约2mm，扁平，无毛，药隔极短，长约4mm，中部具关节，被微柔毛，上臂与下臂近等长，长约2mm，2雄蕊下臂药室败育，顶端连合，退化雄蕊2，线形，长约1.5mm，先端膨大；花柱外伸，长约3cm，先端不等长2裂，后裂片较短。小坚果椭圆形，长约3mm，褐色，表面具疣状突起。花期5～8月；果期6～9月。（图655；彩图60,61；图版Ⅳ1,4,7,10,13,16）

【生长环境】生于山坡或林缘草丛中。栽培于丹参大田中。

【产地分布】山东境内产于山东沂南（模式产地）、济南（历城枣林）、莒县、平邑（郑城镇山区）、蒙阴（坦埠）、蒙山等山地丘陵。在山东沂南、莒县、蒙阴和济南等丹参栽培产区，与丹参混种；野生者与丹参混同收购作丹参入药，历史悠久。为山东特有的丹参药材新资源。

【药用部位】根及根茎：丹参。为常用中药。

【采收加工】春秋二季采挖，除去泥沙，干燥。

【药材性状】根茎短粗，下有根数条，长圆柱形，略弯

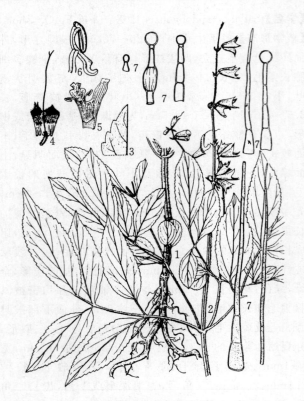

图 655　山东丹参
1.植株下部　2.植株上部　3.叶　4.花去花冠，萼筒展开，示雌蕊
5.花冠展开，示雄蕊　6.能育雄蕊2枚，示药隔上臂与下臂、
花丝、花药近等长　7.茎叶花被腺毛和长柔毛（编者原图）

曲，有的具分枝，长10～20cm，直径0.3～1cm。表面棕红色，具纵皱纹。质硬脆，断面有裂隙或略平整而致密，皮部棕红色，木部灰黄色或紫褐色，具放射状纹理。气微，味微苦、涩。

【化学成分】根及根茎含含丹参酮II_A，隐丹参酮，丹参素，丹酚酸B，原儿茶醛等。

【功效主治】苦，微寒。活血祛瘀，通经止痛，清心除烦，凉血消痈。用于胸痹心痛，脘腹胁痛，癥瘕积聚，热痹疼痛，心烦不眠，月经不调，痛经经闭，疮疡肿痛。

【附注】山东丹参发表于王伏雄主编．《北京植物学研究》，天津：南开大学出版社，1:244，1993。

裂叶荆芥

【别名】假苏、香荆芥、四棱杆蒿。

【学名】Schizonepeta tenuifolia (Benth.) Briq.
（*Nepeta tenuifolia* Benth.）

【植物形态】一年生草本，高0.3～1m，具强烈香气。茎直立，四棱形，上部多分枝，基部棕紫色，全株被灰白色短柔毛。叶交互对生；叶片指状3裂，偶有多裂，长1～3.5cm，宽1.5～2.5cm，先端锐尖，基部楔形渐狭并下延至叶柄，裂片披针形，宽1.5～4mm，中间的较大，两侧的较小，全缘，上面暗绿色，下面灰绿色，有腺点，两面疏被短柔毛，脉上及边缘较密；无柄或具短柄，柄长0.2～1cm。轮伞花序，多轮密集于枝端，组成顶生的穗状花序，长2～13cm；苞片叶状，长0.4～1.7cm，小苞片线形，较小；花小，花萼漏斗状倒圆锥形，长约3mm，直径1.2mm，被灰色柔毛及黄绿色腺点，先端5齿裂，裂片卵状三角形；花冠二唇形，浅红紫色，长约4mm，上唇先端2浅裂，下唇3裂，中裂片最大；雄蕊4，二强；子房4纵裂，花柱基生，柱头2裂。小坚果4，长圆状三棱形，长约1.5mm，直径不及1mm，棕褐色，表面有小点。花期7～9月；果期9～11月。$2n=24$。（图656）

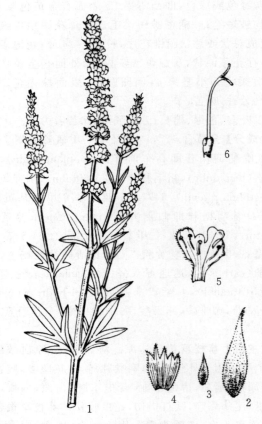

图 656　裂叶荆芥
1.植株上部　2.苞片　3.小苞片　4.花萼展开
5.花冠展开　6.雌蕊

【生长环境】生于山坡林缘或路边草丛。栽培于排水良好、光照充足的沙质壤土。

【产地分布】山东境内产于泰安、济宁、菏泽、临沂、济南、潍坊、日照等地。在我国除山东外，还分布于黑龙江、吉林、辽宁、河北、河南、山西、陕西、甘肃、江苏、浙江、福建、云南、四川、贵州等地。

【药用部位】全草：荆芥或全荆芥；花序：荆芥穗。均为常用中药，嫩叶药食两用。

【采收加工】秋分以后，当荆芥进入盛花期，即花穗下部已有种子，顶端花尚未落时（俗称丰花丰种），于晴天露水干后，割取地上部分，除去杂质，晒干，为荆芥或全荆芥。趁鲜剪下花穗，除去杂质，晒干，为荆芥穗。

【药材性状】 带花穗茎枝长50～80cm。茎方柱形，上部有分枝，直径2～4mm；表面黄绿色或淡紫红色，被白色短柔毛；体轻，质脆，折断面纤维状，黄白色，中心有白色疏松的髓。叶对生，多已脱落或破碎；完整叶片呈指状3裂，偶有多裂，裂片披针形；表面暗绿色或灰绿色，两面有腺点及短毛；质脆易碎。穗状轮伞花序顶生，长3～9cm，直径约7mm。花冠多脱落，宿萼钟状，先端5齿裂，淡棕色或黄绿色，被短柔毛。小坚果棕黑色。气芳香，味微涩而辛、凉。

以叶多、色黄绿、穗长而密、香气浓、味辛凉者为佳。

完整花序长3～10cm，直径约6mm，栽培者长9～15cm。轮伞花序，层层相叠成穗状花序；花小，多已脱落；花萼黄绿色，内有4枚棕黑色小坚果。质脆易碎。具强烈香气，味辛香，有清凉感。

以穗长、无枝叶、香气浓者为佳。

【化学成分】 全草及花序含挥发油：主成分为薄荷酮，异薄荷酮，胡薄荷酮（pulegone）及异胡薄荷酮，还含柠檬烯，薄荷醇，葎草烯，丁香烯等。花序还含荆芥苷（schizonepetoside）A、B、C、D、E，荆芥醇（schizonol），荆芥二醇（schizonodiol），橙皮苷，橙皮素-7-O-葡萄糖苷，木犀草素，木犀草素-7-O-葡萄糖苷，香叶木素（diosmetin），芹菜素，芹菜素-7-O-葡萄糖苷，金合欢素-7-O-葡萄糖苷，熊果酸，反式桂皮酸，咖啡酸，迷迭香酸，荆芥素（schizotenuin）A，3-羟基-4(8)-烯-p-薄荷烷-3(9)-内酯，β-谷甾醇等。

【功效主治】 荆芥辛，微温。解表散风，透疹，消疮。用于外感，头痛，麻疹，风疹，疮疡初起；炒炭收敛止血；用于便血，崩漏，产后血晕。荆芥穗辛，微温。解表散风，透疹，消疮。用于外感，头痛，麻疹，风疹，疮疡初起。

【历史】 荆芥始载于《神农本草经》，列入下品，原名假苏。《吴普本草》始名荆芥。《本草纲目》曰："荆芥原为野生，今为世用，遂多栽莳。二月布子生苗，炒食辛香，方茎细叶，似独帚叶而狭小，淡黄绿色。八月开小花，作穗成房，房如紫苏房，内有细子如葶苈子状，黄赤色，连穗收采用之。"所述形态并参考《本草图经》成州假苏和岳州荆芥图，均与现今植物裂叶荆芥一致。

【附注】 ①《中国药典》2010年版收载荆芥、荆芥炭、荆芥穗和荆芥穗炭。②本种在"Flora of China"17：117. 1994中的拉丁学名为 *Nepeta tenuifolia* Benth.，本志将其列为异名。

黄芩

【别名】 黄金茶、黄金条（泰山）、黄金条根、文芩（文登）。

【学名】 Scutellaria baicalensis Georgi

【植物形态】 多年生草本，高30～80cm。主根肥厚肉质，断面黄色。茎钝四棱形，具细纵条纹，无毛或被上曲至开展的微柔毛，绿色或常带紫色，自基部分枝，多而细。叶交互对生；叶片披针形至线状披针形，长1.5～4.5cm，宽0.3～1.2cm，先端钝，基部近圆形，全缘，上面深绿色，无毛或微有毛，下面淡绿色，沿中脉被柔毛，密被黑色下陷的腺点；无柄或几无柄。总状花序顶生或腋生，长7～15cm，单花对生，偏向一侧；苞片叶状，卵圆状披针形至披针形，长0.4～1.1cm，近无毛；花萼长约4mm，二唇形，紫绿色，上唇背部有盾状附属物，高约1.5mm，果时增高至4mm，膜质；花冠二唇形，蓝紫色或紫红色，上唇盔状，先端微缺，下唇宽，3裂，中裂片三角状卵圆形，宽7.5mm，两侧裂片向上唇靠合，花冠管细，基部膝曲；雄蕊4，稍露出，前对较长，有半药，退化半药不明显，后对较短，有全药，药室裂口有白色髯毛，背部有泡状毛；子房4深裂，生于环状花盘上，花柱细长，先端微裂。小坚果4，卵球形，长约1.5mm，直径约1mm，黑褐色，有瘤状突起，腹面下部具带果柄的果脐。花期6～9月；果期8～10月。（图657，彩图62）

图657 黄芩
1.植株下部 2.花序 3.花冠展开 4.雌蕊 5.雄蕊
6.花萼果时闭合形状 7.果萼下唇 8.果萼上唇 9.小坚果

【生长环境】 生于向阳山坡草丛。栽培于排水良好、肥沃的壤土或砂质壤土。

【产地分布】 山东境内产于日照、烟台、青岛、潍坊、泰安、淄博、临沂等地；以莒县、泰安、即墨、崂山、海阳、牟平、文登、沂源、蒙阴、沂水、沂南和胶南等县市产量大；莒县、文登、胶南的质量最好。现全省各地均有栽培，莒县建起万亩黄芩生产基地。在我国除山东外，还分布于黑龙江、吉林、辽宁、内蒙古、河北、河南、甘肃、陕西、山西、四川、云南等地。

【药用部位】根：黄芩；果实：黄芩子。为常用中药和民间药。黄芩为山东著名道地药材。黄芩叶可做茶。

【采收加工】野生者春、秋二季，栽培者二至三年秋后挖根，除去茎叶和泥土，晒至半干后撞去粗皮，再晒干。夏、秋二季采收成熟果实，除去杂质，晒干。

【药材性状】根圆锥形，扭曲，长 8～25cm，直径 1～3cm。表面棕黄色或深黄色，有稀疏的疣状细根痕，上部较粗糙，具扭曲的纵皱纹及不规则网纹，下部有纵纹和细皱纹。质硬脆，易折断，断面黄色，中间红棕色；老根中央呈暗棕色或棕黑色，枯朽或已成空洞。气微，味苦。

栽培黄芩根细长圆柱形，表面棕黄色，栓皮紧贴，较细腻，有微扭曲的细纵皱纹。质坚实，断面黄色。无枯朽和空心。

均以条粗长、色黄棕、质坚实、断面色黄、味苦者为佳。

【化学成分】根含黄酮类：黄芩苷（baicalin），汉黄芩苷（wogonoside），黄芩素（baicalein），汉黄芩素（wogonin），7-甲氧基黄芩素，黄芩素-7-O-β-D-吡喃葡萄糖苷，黄芩新素（neobaicalein），黄芩黄酮（skullcapflavone）Ⅰ、Ⅱ，木蝴蝶素（oroxylin）A，木蝴蝶素 A-葡糖醛酸苷（oroxylin A-glucuronide），二氢木蝴蝶素 A（dihydrooroxylin A），白杨素（chrysin），白杨素-7-O-β-D-吡喃葡萄糖苷，白杨素-6-C-β-D-吡喃葡萄糖苷，白杨素-8-C-β-D-吡喃葡萄糖苷，5,8,2′-三羟基-7-甲氧基黄酮，3,5,7,2′,6′-五羟基二氢黄酮，5,7-二羟基-6-甲氧基二氢黄酮，5,7,4′-三羟基-8-甲氧基黄酮，去甲汉黄芩素（norwogonine），(2S)-5,7,2′,6′-四羟基二氢黄酮，6,7,8-三甲氧基-5,2′-二羟基黄酮，5-甲氧基-7-羟基二氢黄酮，5,7,2′,5′-四羟基-8,6′-二甲氧基黄酮，2′-羟基-5,6,7,8,6′-五甲氧基黄酮，5,6,7-三羟基-4′-甲氧基黄酮，5,7-二羟基-8,2′-二甲氧基黄酮，5,7-二羟基-6,8-二甲氧基黄酮，5,7,2′-三羟基-6,8-二甲氧基黄酮，8,8″-双黄芩素等四十余种；苯乙醇类：苯乙醇苷（martynoside），异苯乙醇苷（isomartynoside），米团花苷（leucosceptoside A），苄基-O-β-D-吡喃葡萄糖苷（benzyl-O-β-D-glucopyranoside），丁香酸甲酯-4-O-β-D-呋喃芹菜糖-(1→2)-β-D-吡喃葡萄糖苷［syring acid methyl ester-4-O-β-D-apiofuranosyl-(1→2)-β-D-glucopyranoside］，2-(3-羟基-4-甲氧基苯基)-乙基-1-O-α-L-鼠李糖-(1→3)-β-D-(4-阿魏酰)-葡萄糖苷［2-(3-hydroxy-4-methoxypheny1)-ethy-1-O-α-L-rhamnosyl-(1→3)-β-D-(4-feruoly1)glucoside］，salidroside，darendoside A 和 darendoside B；还含苯甲酸，β-谷甾醇，油菜甾醇，豆甾醇等。

【功效主治】黄芩苦，寒。清热燥湿，泻火解毒，止血，安胎。用于湿温，暑温，胸闷呕恶，湿热痞满，泻痢，黄疸，肺热咳嗽，高热烦渴，血热吐衄，痈肿疮毒，胎动不安。黄芩子用于痢下浓血。

【历史】黄芩始载于《神农本草经》，列为中品，又名腐肠。《名医别录》名空肠，曰："生秭归川谷及冤句(今山东菏泽)。"《新修本草》载："兖州者大实且好，名豚尾芩也。"经考证，历代本草所述黄芩的原植物、药材形态、商品药材的质量、规格等均与现今所用黄芩一致。

【附注】《中国药典》2010 年版收载黄芩。

附：粘毛黄芩

粘毛黄芩 S. viscidula Bge.，与黄芩的主要区别是：植株矮小，高 8～24cm。根较细。茎被倒向或有时平展的腺毛。叶两面有黄色腺点。花冠黄色或白色。干燥根细长圆锥形或圆柱形，长 7～15cm，直径 0.5～1.5cm。表面与黄芩相似，但很少中空或腐朽。山东境内产于烟台。根含黄芩苷，汉黄芩苷，黄芩素，汉黄芩素，木蝴蝶素 A，黄芩新素，5,2′-二羟基-7,8-二甲氧基黄酮（panicolin）即黄芩黄酮Ⅰ，粘毛黄芩素（viscidulin）Ⅰ、Ⅱ、Ⅲ。药用同黄芩。

半枝莲

【别名】半边莲（郯城）、并头草、牙刷草。

【学名】Scutellaria barbata D. Don.

【植物形态】多年生直立草本，高 15～50cm。茎四棱形，无毛。叶交互对生；叶片卵形、三角状卵形或披针形，长 1～3cm，宽 0.4～1.5cm，先端急尖或稍钝，基部宽楔形或近截形，边缘具疏浅钝齿，上面暗绿色，下面带紫色，两面无毛或沿背面脉上疏生贴伏短毛，侧脉 2～3 对，与中脉在下面隆起，草质；叶柄长 1～3mm。单花对生于茎或分枝顶端的叶腋，偏向一侧，似总状花序，长 4～10cm，花序轴上部疏被紧贴小毛；下部苞叶叶状，较小，上部的逐渐变得更小，全缘；花梗长 1～2mm，有微柔毛；花萼长 2～2.5mm，果时达 4mm，外面沿脉有微柔毛，裂片具短缘毛，盾片高约 1mm，果时高约 2mm；花冠蓝紫色，长 1～1.4cm，外被短柔毛，花冠筒基部囊状增大，宽约 1.5mm，向上渐宽，至喉部宽 3.5mm，冠檐二唇形，上唇盔状，长约 2mm，下唇较宽，中裂片梯形，长约 3mm，侧裂片三角状卵形；雄蕊 4，前对较长，具能育半药，退化半药不明显，后对较短，具全药，花丝下部疏生短柔毛；花盘盆状，前方隆起，后方延伸成短子房柄；子房 4 裂，花柱细长。小坚果褐色，扁球形，直径约 1mm，具小疣状突起。花期 5～10 月；果期 6～11 月。（图 658）

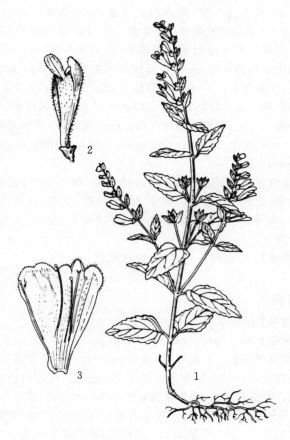

图 658 半枝莲
1.植株全形 2.花 3.花冠展开

【生长环境】生于溪沟旁、田边或湿润草地上。
【产地分布】山东境内产于临沂、日照、潍坊、烟台、青岛、淄博等地。在我国除山东外，还分布于华东、华南、西南地区及河北、河南、陕西南部、湖北、湖南等地。
【药用部位】全草：半枝莲。为较常用中药。
【采收加工】夏、秋二季采挖，除去杂质，晒干或鲜用。
【药材性状】全草长15～40cm。根纤细。茎四棱形，直径1～2mm；表面暗紫色或棕绿色，无毛或花序轴上疏被毛；质脆，易折断。叶对生，具短柄或近无柄；叶片皱缩或卷摺，常破碎，完整者展平后呈卵形、三角状卵形或披针形，长1～3cm，宽约1cm；先端钝，基部宽楔形，全缘或具少数不明显的钝齿；上面深绿色，下面灰绿色，疏被柔毛。花单生于茎枝上部叶腋成总状花序状，偏于一侧；残留宿萼裂片钝或较圆；花冠二唇形，棕黄色或浅蓝紫色，长约1.2cm，被毛。小坚果4，扁球形。气微，味微苦、涩。
以叶花多、色绿者为佳。
【化学成分】全草含黄酮类：黄芩素，野黄芩苷（scutellarin），异野黄芩素-8-O-葡萄糖醛酸苷（isoscutellerin-8-O-glucuronide），异野黄芩素（isoscutellerin），木犀草素，红花素（carthamidin），异红花素（isocarthamidin），高山黄芩素（scutellarein），高山黄芩苷（scutellarin），木犀草素，芹菜素，芹菜素-7-O-β-D-葡萄糖苷，芹菜素-7-O-新陈皮糖苷，芹菜素-7-O-葡萄糖醛酸乙酯，芹菜素-7-O-葡萄糖醛酸甲酯，芹菜素-7-O-葡萄糖醛酸苷，5,7,4'-三羟基-8-甲氧基黄酮，5,7,4'-三羟基-6-甲氧基黄酮，4'-羟基汉黄芩素，5,8,2'-三羟基黄酮-7-O-葡萄糖醛酸苷，山奈酚-3-O-β-D-芸香糖苷，5-羟基-7,3',4',5'-四甲氧基黄酮，3-羟基-5,6,7,4'-四甲氧基黄酮；挥发油：主成分为呋喃甲醛，麝香草酚和十六烷酸；还含scutebarbatine B，齐墩果酸，熊果酸，反式-4-甲基肉桂酸，对-羟基苯甲醛，对羟基苯乙酮，金色酰胺醇酯，β-谷甾醇，酸性多糖SBPs及无机元素铁、铜、锌、锰、镁、锶、钙、钼等。
地上部分含黄酮类：汉黄芩素，半枝莲素（scutevulin），半枝莲种素（rivularin），柚皮素，芹菜素，粗毛豚草素（hispidulin），圣草素，木犀草素，5,7,4'-三羟基-8-甲氧基二氢黄酮，5,7,4'-三羟基-6-甲氧基二氢黄酮，4'-羟基汉黄芩素，芹菜素-5-O-β-D-葡萄糖苷等；有机酸类：半枝莲酸（scutellaric acid），对-香豆酸，原儿茶酸；甾醇类：胡萝卜苷，β-谷甾醇，豆甾-5,22-二烯-3-O-β-D-吡喃葡萄糖苷；还含羟基氢醌（hydroxyhydroquinone），对-羟基苯甲醛，对-羟基苄基丙酮（p-hydroxybenzalacetone），barbatin C等。
【功效主治】辛、苦，寒。清热解毒，化瘀利尿。用于疔疮肿毒，咽喉疼痛，跌打损伤，水肿，黄疸，蛇虫咬伤。
【历史】半枝莲始载于《外科正宗》，用于治疗毒蛇伤人。蒋仪《药镜拾遗赋》亦云："半枝莲解蛇伤之仙草。"但均无形态描述，故难于确定为何种植物。《本草纲目拾遗》在"鼠牙半支"条内收载《百草镜》半枝莲饮，但所用半枝莲为鼠牙半支，其描述的形态似瓦松，据考证为景天科景天属（Sedum）植物。此外，江苏、浙江、云南等地的部分地区称唇形科植物韩信草（S. indica L.）为半枝莲，但非本品。
【附注】《中国药典》2010年版收载。

韩信草

【别名】耳挖草、疔疮草、半支莲。
【学名】Scutellaria indica L.
【植物形态】多年生直立草本，高10～37cm。茎四棱形，被微柔毛。叶交互对生；叶片卵圆形或圆肾形，长1.2～3cm，宽1～3cm，基部圆形、浅心形至心形，先端钝，边缘有圆锯齿，两面被微柔毛，背面有腺点；叶柄长0.5～1.5cm。花对生，在茎顶排成偏向一侧的总状花序；花梗长2.5～3mm，被硬毛及微柔毛；盾片高约1.5mm，果时增大约1倍；花冠蓝色，长1.4～2cm，外面有短柔毛及腺点，冠筒前方基部膝曲，其后伸直，向上渐宽，至喉部宽约4mm，冠檐二唇形，上唇盔状，先端微凹，下唇3裂，中裂片卵圆形，有紫色斑点；雄蕊4，二强,不伸出冠外;花柱细长,子房光滑,4裂。成熟小坚果卵形,长约1mm,栗色或暗褐色,有小瘤状突起,腹面近基部有1果脐。花、果期2~6月。(图659)

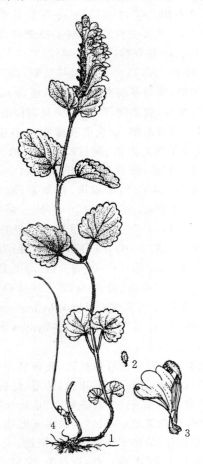

图659 韩信草
1.植株 2.苞片 3.花冠展开 4.雌蕊

【生长环境】生于山坡、林下、路边或溪边草丛。

【产地分布】山东境内产于烟台、青岛、徂徕山等山地丘陵。在我国除山东外,还分布于江苏、浙江、安徽、江西、福建、台湾、广东、广西、湖南、河南、陕西、四川、云南等地。

【药用部位】全草:韩信草(疗疮草)。为民间药。

【采收加工】春、夏二季采收,洗净,晒干或鲜用。

【药材性状】全草长10~30cm,全体被毛。茎方柱形;表面灰绿色,常带暗紫色,被微柔毛;质脆,易折断。叶对生,完整叶片展平后呈卵圆形或圆肾形,长1~3cm,宽1~2.5cm;先端圆钝,基部圆形、浅心形至心形,边缘有圆齿;表面灰绿色或暗紫色,两面被微毛,下面有腺点;叶柄长约1cm。总状花序顶生,花偏向一侧;最下一对苞片叶状,其余均细小;花萼二唇形,残留花冠蓝紫褐色。小坚果卵圆形,淡棕色,具瘤。气微,味微苦。

以叶花多、色绿者为佳。

【化学成分】地上部分含黄酮类:白杨素,芹菜素,木犀草素,高山黄芩素,异高山黄芩素,高山黄芩苷,白杨素-7-O-葡萄糖醛酸苷,芹菜素-7-O-葡萄糖醛酸苷,异高山黄芩素-8-O-葡萄糖醛酸苷,高山黄芩素-7-O-β-D-吡喃葡萄糖苷等;还含氨基酸及有机酸。根含汉黄芩素,汉黄芩素-7-O-葡萄糖醛酸苷,高山黄芩苷,5,7,2′-三羟基二氢黄酮,5,7,2′-三羟基-8-甲氧基二氢黄酮,5-羟基-8,2′-二甲氧基黄酮-7-O-β-D-葡萄糖苷,半枝莲种素,半枝莲素,山姜素(alpinetin),小豆蔻查耳酮(cardamonin)等。

【功效主治】辛、微苦,平。清热解毒,散瘀止痛,活血散瘀,疏肝。用于胸胁疼痛,肺痈,痢疾,泄泻,带下,便血,呕血。外用于毒蛇咬伤,跌打损伤,外伤出血,疔疮。

【附注】《中国药典》1977年版曾收载。

京黄芩

【别名】筋骨草。

【学名】Scutellaria pekinensis Maxim.

【植物形态】一年生草本,高20~40cm。根状茎细长。茎四棱形,绿色,基部通常带紫色,疏被上曲的白色柔毛。叶交互对生;叶片卵圆形或三角状卵圆形,长1.4~5.5cm,宽1.2~3.5cm,两面疏被毛,边缘有牙齿;叶柄长0.5~2.5cm,疏被柔毛。花对生,排成顶生的总状花序;花梗长约2mm,与花序轴密被柔毛;苞叶除基部1对较大呈叶状外,其余均细小,狭披针形,长3~7mm,被柔毛;花萼长约3mm,果时增大,密被柔毛,盾片高约1~5mm,果时高约4mm;花冠蓝紫色,长1.7~1.8cm,外被柔毛,内面无毛,冠筒前方基部略膝曲状,冠檐二唇形,先端微凹,下唇3裂,中裂片宽卵圆形;雄蕊4,二强;花柱细长,子房光滑。小坚果卵形,长约1mm,有瘤状突起,腹面中下部有1果脐。花期6~8月;果期7~10月。

【生长环境】生于潮湿山沟、谷地或林下。

【产地分布】山东境内产于泰山、徂徕山、鲁山、沂山、五莲、济南千佛山等地。在我国除山东外,还分布于吉林、河北、河南、陕西、浙江、江苏等地。

【药用部位】全草:京黄芩。为民间药。

【采收加工】夏季开花时采收,洗净,晒干或鲜用。

【功效主治】苦,寒。清热解毒。用于跌打损伤。

附:紫茎京黄芩

紫茎京黄芩 var. purpureicaulis (Migo) C. Y. Wu et H. W. Li,与原种的主要区别是:茎及叶柄密被短柔毛,常带紫色。叶两面疏被有节柔毛,下面沿脉上密被短柔毛。山东境内产于泰山。药用同原种。

水苏

【别名】鸡苏、宽叶水苏。

【学名】Stachys japonica Miq.

【植物形态】多年生草本。有横走根状茎。茎直立,高20～80cm,棱及节上有小刚毛,其余光滑。叶交互对生;叶片长圆状披针形,长5～10cm,宽1～2.3cm,先端微急尖,基部圆形至微心形,边缘为圆齿状锯齿,两面无毛;叶柄明显,长0.3～1.7cm,近基部者长,向上渐变短。轮伞花序有6～8花,下部者远离,上部者密集,排成长5～13cm的穗状花序;小苞片刺状,长约1mm;花梗短,长约1mm;花萼钟形,连齿长达7.5mm,外面有腺柔毛,内面在萼齿上有稀疏柔毛,10脉,萼齿5,等大,先端锐尖,边缘有缘毛;花冠粉红或淡红紫色,长约1.2cm,冠筒长约6mm,外面无毛,内面在近基部1/3处有毛环,毛环上方呈囊状膨大,冠檐二唇形,上唇直立,倒卵圆形,外面有微柔毛,内面近无毛,下唇开张,外面有疏柔毛,内面无毛,3裂,中裂片最大,近圆形,侧裂片卵圆形;雄蕊4,均伸至上唇之下,花药卵圆形,2室,极叉开;花柱稍超出雄蕊,顶端有相等的2浅裂。小坚果卵球形,棕褐色,光滑。花期5～6月;果期6～7月。(图660)

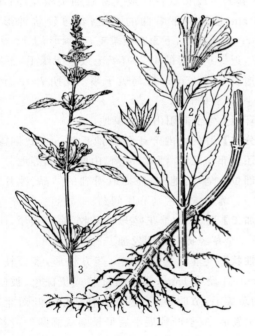

图660 水苏
1.根茎及茎基部 2.植株中部 3.植株上部
4.花萼展开 5.花冠展开

【生长环境】生于水沟、溪边或湖边湿地。

【产地分布】山东境内产于崂山、鲁山、五莲、微山、德州等地。在我国除山东外,还分布于辽宁、内蒙古、河北、江苏、浙江、安徽、江西、福建等地。

【药用部位】全草:水苏;根茎:水苏根。为民间药。

【采收加工】春、夏二季采收全草,秋季采挖根茎,洗净,晒干或鲜用。

【功效主治】水苏辛,平。疏风理气,止血解毒。用于外感瘀症、肺痿、头晕目眩、口臭、咽痛、久痢、吐血、血崩、血淋、疮疖肿毒。水苏根苦,凉。平肝息风,利咽开音,消肿止痛。用于肝经热盛,头昏头胀、目赤流泪、咽痛音哑、口干、跌打损伤、疮癣烂痛、缠腰火丹。

【历史】水苏始载于《神农本草经》,列为中品。《新修本草》载:"此苏生下泽水侧,苗似旋复,两叶相当,大香馥。"《本草衍义》称:"水苏气味与紫苏不同,辛而不和,然一如苏,但面不紫,及周围搓牙如雁齿,香少。"《本草纲目》曰:"水苏三月生苗,方茎,中虚;叶似苏叶而微长,密齿,面皱,色青,对节生,气甚辛烈。六七月开花成穗,如苏穗,水红色,穗中有细子,状如荆芥子"。其形态及附图与唇形科水苏属植物水苏或其近缘种相似。

附:毛水苏

毛水苏 S. baicalensis Fisch. ex Benth.,与水苏的主要区别是:茎棱和节上密被倒向至平展的刚毛。叶两面有毛;叶柄极短或近无柄。花萼密被白色长柔毛状刚毛。花期7～8月;果期8～9月。山东境内产于济南、沂山、沾化等地。药用同水苏。

甘露子

【别名】宝塔菜、地蚕、螺丝菜。

【学名】Stachys sieboldi Miq.

【植物形态】多年生草本,高0.3～1.2m。根状茎横走,顶端有念珠状或螺蛳状肥大块茎。茎直立,基部节上密生须根,棱及节上有倒生或稍开展的硬毛。茎生叶对生;叶片卵圆形或长圆状卵圆形,长3～12cm,宽1.5～6cm,先端微锐尖或渐尖,基部平截至浅心形,有时阔楔形或近圆形,边缘有规则圆形锯齿,两面被毛;叶柄长1～3cm,有硬毛。轮伞花序通常有6花,下部者远离,上部者较密集,排成长5～15cm的顶生穗状花序;小苞片条形,长约1mm;花梗长约1mm;花萼狭钟形,长5～6mm,外被具腺柔毛,内面无毛,有10脉,萼齿5,正三角形至长三角形,长约4mm;花冠粉红至紫红色,长约1.3cm,冠筒筒状,内面下部有毛环,冠檐二唇形,上唇长圆形,外面有柔毛,下唇3裂,中裂片较大,近圆形,侧裂片卵圆形;雄蕊4,前对较长,花药2室,极叉开;花柱丝状,略超出雄蕊,顶端有近相等的2浅裂。小坚果卵球形,黑褐色,有小瘤。花、果期7～9月。(图661)

【生长环境】生于山坡、溪边湿地或栽培。

【产地分布】山东境内产于烟台、泰安、济南、临沂等地。在我国除山东外,还分布于华北、西北等地区。全国各地均有栽培。

【药用部位】根茎或全草:甘露子(草石蚕)。为民间

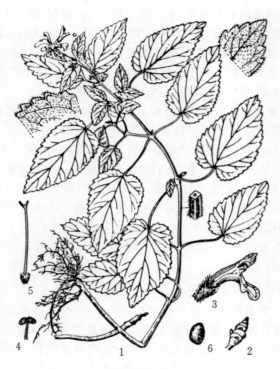

图661 甘露子
1.植株 2.块茎 3.花 4.雄蕊 5.雌蕊 6.小坚果

药,根茎药食两用。

【采收加工】夏季采收全草,秋季采挖根茎,除去杂质,晒干或鲜用。

【药材性状】根茎纺锤形,顶端有时呈螺旋状,两端略尖,长1.5～4cm,直径3～7mm。表面棕黄色,多皱缩,扭曲,具5～15个环节,节间可见点状芽痕及根痕。质坚脆,易折断,断面平坦,白色。水浸泡后易膨胀,节明显。气微,味微甜。

【化学成分】全草含水苏碱,胆碱,水苏糖等。**地上部分**含洋丁香酚苷(acteoside),异高山黄芩素-4′-甲醚-7-O-β-(6″-O-乙酰基-2″-阿洛糖基)葡萄糖苷[isoscutellarein-4′-methylether-7-O-β-(6″-O-acetyl-2″-allosyl)glucoside],异高山黄芩素-7-O-β-(6″-O-乙酰基-2″-阿洛糖基)葡萄糖苷等。**叶**含水苏苷(stachysoside)B、C、D。**根茎**含水苏苷A、B、C。

【功效主治】甘,平。祛风热,利湿,活血化瘀。用于黄疸,小便淋痛,肺痨,风热外感,虚劳咳嗽,小儿疳积,疮毒肿痛,蛇虫咬伤。

【历史】甘露子一名草石蚕,始载于《本草拾遗》,曰:"生高山石上。根如箸,上有毛,节如蚕,叶似卷柏。山人取食之。"但所说与甘露子形态不同。《本草纲目》草石蚕条下曰:"草石蚕即今甘露子也。荆湘、江淮以南野中有之,人亦栽莳。二月生苗,长者近尺,方茎对节,狭叶有齿,并如鸡苏,但叶皱有毛耳。四月开小花成穗,一如紫苏花穗。结子如荆芥子。其根连珠,状如老

蚕。五月掘根,蒸煮食之。味如百合。"《植物名实图考》曰:"茎花与水苏同,而根如连珠,北地多种之以为蔬。"其形态及附图与唇形科植物甘露子相符。

地椒

【别名】山胡椒、蚊子草(莱芜)、五香茶(莱阳、牙山)、山椒子(五莲)、穿地香(威海)、百里香(济南)。

【学名】Thymus quinquecostatus Celak.

【植物形态】矮小半灌木。茎匍匐或斜升,疏被向下弯曲的柔毛;不育枝从茎基部或直接从根状茎上发出,通常比花枝少;花枝多数,高3～15cm,从茎上或茎的基部发出,直立或上升,有多数节间,节间最多可达15个,长度通常短于叶,在花序以下密被向下弯曲的柔毛。叶交互对生;叶片长圆状椭圆形或长圆状披针形,稀有卵圆形或卵状披针形;长0.7～1.3cm,宽1.5～4.5mm,先端钝或锐尖,基部渐狭成短柄,全缘,边外卷,边缘下1/2处或仅基部有长缘毛,近革质,两面无毛,侧脉常2对,下面密被小腺点;苞叶与叶同形。轮伞花序紧密组成头状花序或长圆状的头状花序;花梗长达4mm,密被向下弯曲的柔毛;花萼管状钟形,长5～6mm,上面无毛,下面有疏柔毛,二唇形,上唇3齿,披针形,近等于全唇的1/2,有缘毛或近无缘毛,下唇2齿;花冠长6.5～7mm,冠筒短于萼。花期7～9月;果期9～10月。(图662)

【生长环境】生于向阳山坡或草地。

【产地分布】山东境内产于各山地丘陵。在我国除山东外,还分布于辽宁、河北、河南、山西、江苏等地。

【药用部位】全草:地椒;经提取得到的结晶:冰片(天然冰片)。为少常用中药和民间药。

【采收加工】夏、秋二季花盛开时采收,除去杂质,阴干或晒干。全草经提取得挥发油。

【药材性状】全草常卷曲成团。茎方柱形,多分枝,长5～30cm,直径约1mm;表面紫红色或灰棕色,被向下弯曲的疏柔毛;节明显,下部节上有细根。叶对生,近无柄,常卷曲;完整叶片展平后呈长圆状椭圆形或长圆状披针形,长0.7～1.3cm,宽1～4mm;先端钝或锐尖,基部渐狭成短柄,全缘,微反卷;上表面绿色,下表面灰绿色,两面密布油点,无毛,侧脉常2对。顶生头状花序,小花密集成头状或稍呈长圆形,花冠暗紫红色或淡紫棕色。气芳香,味辛。

以叶花多、色绿、芳香气浓、味辛者为佳。

冰片为无色透明或白色半透明的片状或颗粒状结晶。手捻易成粉末。有清香气,味辛、凉。具有挥发性,燃烧可发生黑烟和有光的火焰。

【化学成分】全草含挥发油:主成分为L-龙脑,百里香

茄科

辣椒

【别名】椒子(临沂)、辣椒子。

【学名】Capsicum annuum L.

【植物形态】一年生草本,高0.5~1m。叶互生,于枝端双生或簇生状;叶片卵状披针形,长3~10cm,宽1~4cm,全缘,先端渐尖或急尖,基部狭楔形。花单生于叶腋或枝腋,花梗下垂;花萼杯状,不显著5齿裂;花冠白色,5裂;花药灰紫色。浆果下垂,长指状,先端渐尖,稍弯曲,少汁液,果皮和胎座间有空腔,未成熟时绿色,成熟后红色,味辣。种子扁肾形,淡黄色,长3~5mm。花、果期5~10月。

【生长环境】栽培于排水良好、肥沃的壤土或沙质壤土。

【产地分布】山东境内各地广为栽培。"武城辣椒"已注册国家地理标志产品。全国各地均有栽培。

【药用部位】果实:辣椒;根:辣椒根(辣椒头);茎:辣椒茎(海椒梗)。为民间药、制剂原料、调味品及提取辣椒红素的原料,辣椒药食两用,叶可食。

【采收加工】夏、秋二季果实成熟时采收,晒干或鲜用。夏、秋二季采收茎叶,秋季挖根,除去杂质,晒干或鲜用。

【化学成分】果实含生物碱:辣椒碱(capsacin),二氢辣椒碱(dihydrocapsacin),去甲二氢辣椒碱(nordihydrocapsacin),高辣椒碱(homocapsacin),高二氢辣椒碱(homodihydrocapsacin),壬酰香草胺(nonoyl vanillylamide),辛酰香草酰胺(decoyl vanillylamide),茄碱(solanine),茄啶(solanidine)等;有机酸:异丁酸,异戊酸,巴豆油酸(crotonic acid),顺式-2-甲基丁烯酸(tiglic acid),月桂酸等;色素类:β-胡萝卜素,隐黄质(cryptoxanthin),玉米黄质(zeaxanthin),辣椒红素(capsanthin),辣椒玉红素(capsorubin),堇黄质(violaxanthin);还含辣椒酯,二氢辣椒酯,降二氢辣椒酯,维生素C等。风干果实挥发油主成分为10s,11s-himachala-3(12),4-diene,1-甲氧基-4-(1-丙烯基)-苯,2,4a,5,6,7,8,9,9a-八氢-3,5,5-三甲基-9-亚甲基1H-苯(并)环庚烯和乙酸等。果皮还含甜菜碱,叶黄素,克雷辣椒素(kryptocapsin)等。种子含龙葵碱(solanine),龙葵胺(solanidine),澳州茄边碱及环木菠萝烷醇,羽扇豆醇等。种子油主含亚油酸,棕榈酸,硬脂酸等。叶含蛋白质,脂肪,维生素C及无机元素钙,铁,锌,铜,磷等。根含辣椒苷(capsicoside)A_1、B_1、C_1、A_2、B_2、B_3、C_2、C_3、E_1,辣椒新苷(capsicosin)D_1、E_1,吉脱皂苷(gitonin)等。

图662 地椒
1.植株 2.叶 3.花 4.花萼展开
5.花冠展开 6.雌蕊 7.小坚果

酚(thymol),香芹酚(carvacrol),芳樟醇,对-聚伞花素,α-蒎烯等;还含黄酮类。叶含齐墩果酸,熊果酸,咖啡酸等。

【功效主治】地椒辛,温;有小毒。祛风解表,行气止痛,温中健脾。用于外感,头痛,牙痛,周身疼痛,腹胀冷痛。冰片(天然冰片)辛、苦,微寒。开窍醒神,清热止痛。用于热病神昏、惊厥,中风痰厥,气郁暴厥,中恶昏迷,胸痹心痛,目赤,口疮,咽喉肿痛,聤耳。

【历史】地椒始载于《嘉祐本草》,曰:"味辛,温,有小毒……主淋煤肿痛"。《本草图经》曰:"药出上党郡,其苗覆地蔓生,茎叶甚细,花作小朵,色紫白,因旧茎而生"。其形态与现今唇形科地椒类植物相似。

【附注】①《山东省中药材标准》2002年版收载冰片(天然冰片)。②《中国药材学》下册"地椒"项下收百里香Thymus mongolicus Ronn.并记载"主产于山东、河北、山西、内蒙古、陕西等地",但我们未见山东产的标本。

【功效主治】**辣椒**辛,热。温中散寒,开胃消食。用于寒滞腹痛,呕吐泻痢,冻疮。**辣椒茎**(海椒梗)辛、甘,热。散寒除湿,活血化瘀。用于风湿冷痛,冻疮。**辣椒叶**苦,温。消肿涤络,杀虫止痒。用于水肿,顽癣,疥疮,冻疮,斑秃。**辣椒根**(辣椒头)辛,温。清热凉血,止血,温中下气,散寒除湿。用于月经过多,手足无力,疝气肿痛,冻疮。

【历史】辣椒始见于《食物本草》,名番椒。《本草纲目拾遗》名辣茄,云:"苗叶似茄叶而小,茎高尺许;至夏乃花,白色五出,倒垂如茄花,结实青色。其实有如柿形,如秤锤形,有小如豆者,有大如橘者,有仰生如顶者,有倒垂叶下者,种类不一。入药惟取细长如象牙,又如人指者。"《植物名实图考》蔬类辣椒条引《遵义府志》云:"番椒通呼海椒,一名辣角,每味不离,长者曰半角,仰者曰篡椒,味尤辣,柿椒或红或黄,中盆玩,味之辣至此极矣。"所述形态均为植物辣椒及其栽培品种。

【附注】《中国药典》2010年版、《山东省中药材标准》2002年版收载辣椒,前者为新增品种。

毛曼陀罗

【别名】北洋金花、臭麻子、洋金花。
【学名】Datura innoxia Mill.
【植物形态】一年生草本,高1~2m,全株有恶臭,密生白色细腺毛及短柔毛。茎粗壮,直立,圆柱形,基部木质化,上部多呈叉状分枝,灰绿色,下部灰白色。叶互生或近对生;叶片阔卵形,长8~20cm,宽5~12cm,先端急尖,基部不对称圆形,全缘、微波状或有不规则疏齿,叶背面叶脉隆起;叶柄半圆形。花单生于叶腋或枝杈间,直立或斜升;花萼圆筒状,无棱角,先端5裂,花后自萼筒基部断裂,宿存部分随果实而增大并向外反折;花冠白色,开放后呈喇叭状,长15~20cm,直径7~8cm,先端5浅裂,裂片间有三角状突起;雄蕊5;不伸出花冠筒外;子房卵圆形,密生白色柔软细刺。蒴果生于下垂的果梗上,近圆形,直径3~4cm,表面密生柔韧针状细刺,熟时顶端不规则裂开。种子多数,肾形,熟时淡褐色。花期7~9月;果期9~10月。2n=24。(图663)

【生长环境】生于山坡、路旁或村边农舍附近土质肥沃处。

【产地分布】山东境内产于各地。在我国除山东外,还分布于辽宁、河北、河南、江苏、浙江等地。

【药用部位】花:北洋金花;种子:曼陀罗子。叶:曼陀罗叶;根:曼陀罗根。为民间药。

【采收加工】夏季盛花期,择晴天下午4~5时采花、叶,花晒干,叶鲜用或晒干。夏、秋二季果实成熟时,采收果实,晒干,打下种子。秋季挖根,洗净,晒干。

图663 毛曼陀罗
1.花枝 2.花冠展开,示雄蕊及雌蕊 3.蒴果

【药材性状】花皱缩呈长条状,长15~20cm。花萼筒长4~9cm;表面灰绿色,密生毛茸;先端5裂,裂片长约1.5cm,筒部具5棱。花冠呈喇叭状,长10~18cm;表面淡棕色,先端5裂,裂片三角形,裂片间有三角状突起的短尖;雄蕊5,花丝长7~9cm,约3/5贴生于花冠筒上,花药长条形,长约1cm;雌蕊长约7cm,柱头头状。质脆易碎。气微臭,味稍苦。

以花完整、色淡棕者为佳。

种子呈扁肾形,长3~4.5mm,宽约3mm。表面褐色或浅褐色,中央凹下,边缘隆起,有一条下凹的边线,形成双边状;种脐位于边缘稍突出。质硬,不易破碎;破开面可见白色的胚,子叶2。无臭,味淡。有毒。

以颗粒饱满、色褐、无杂质者为佳。

【化学成分】**花**含生物碱:东莨菪碱(scopolamine),莨菪碱(hyoscyamine),酪胺(tyramine),阿朴东莨菪碱(apnscopolamine);醉茄甾内酯类:withametelin C、E、G,withafastuosin E、F,1,3,5,27-四羟基-6,7-环氧-醉茄-24-烯内酯-3-O-β-D-吡喃葡萄糖苷(withanoside);木脂素类:(+)-pinoresinol-O-β-D-diglucopyranoside,(+)-pinoresinol-O-β-D-glucopyranoside,(+)-isolariciresinol。**果实**含生物碱。**种子**含莨菪碱,东莨菪碱,曼陀罗萜二醇(daturodiol),曼陀罗萜酮(daturaolone)等。**茎叶**含莨菪碱,东莨菪碱和曼陀罗碱(meteloidine)。全草还含东莨菪素(scopoletin)。**根**含红古豆碱,莨菪碱,东莨菪碱,(-)-3α,6β-二顺芷酰莨菪酯[(-)-3α,6β-ditigloyloxytropane],7-羟基-3,6-二顺芷酰莨菪酯

曼陀罗碱,顺芷酰莨菪碱(tigloidine),6β-丙酸-3α-顺芷酰莨菪酯(6β-propanoyloxy-3α-tigloyloxytropane)等。

【功效主治】**北洋金花**辛,温;有毒。平喘止咳,解痉定痛;用于哮喘咳嗽,脘腹冷痛,风湿痹痛,小儿慢惊,外科麻醉。**曼陀罗子**辛,苦,温;有毒。平喘,祛风,止痛。用于喘咳,惊痫,风寒湿痹,泻痢,中气下陷,跌打损伤。**曼陀罗叶**苦、辛,温;有毒。止咳平喘,止痛拔脓。用于喘咳,痹痛,脚气,脱肛,痈疽疮疖。**曼陀罗根**苦,辛;有毒。解毒定心惊,散结止痛,止咳平喘。用于喘咳,风湿痹痛,疥癣,恶疮,狂犬咬伤。

【历史】见洋金花。

【附注】①《山东省中药材标准》2002年版收载曼陀罗子。②孕妇、外感及痰热咳喘、青光眼、高血压及心动过速患者禁用。

洋金花

【别名】白花曼陀罗、洋大麻子花、痴花(烟台)、大麻子、臭大麻子(德州)。

【学名】Datura metel L.

【植物形态】一年生草本,全株近无毛。茎直立,高0.3～1m,圆柱形,基部木质化,上部呈叉状分枝,绿色,表面有不规则皱纹,幼枝四棱形,略带紫色。叶互生,上部叶近对生;叶片宽卵形、长卵形或心脏形,长5～20cm,宽4～15cm,先端渐尖或锐尖,基部不对称,边缘具不规则短齿或全缘而波状,两面无毛或被疏短毛,叶背面脉隆起;叶柄长2～5cm。花单生于枝叉间或叶腋;花梗长约1cm,直立或斜伸,被白色短柔毛;花萼筒状,长4～6cm,直径1～1.5cm,淡黄绿色,先端5裂,裂片三角形,整齐或不整齐,先端尖,花后萼管自近基部处周裂而脱落,遗留的萼筒基部宿存,果时增大呈盘状,直径2.5～3cm,边缘不反折;花冠管漏斗状,长14～20cm,檐部直径5～7cm,下部直径渐小,向上扩大呈喇叭状,白色,具5棱,裂片5,三角形,先端长尖;雄蕊5,生于花冠管内,花药线形,扁平,基部着生;雌蕊1,子房球形,2室,疏生短刺毛,胚珠多数,花柱丝状,长11～16cm,柱头盾形。蒴果圆球形或扁球状,直径约3cm,外被疏短刺,熟时淡褐色,不规则4瓣裂。种子多数,扁平,略呈三角形,成熟时浅褐色。花、果期7～11月。(图664)

【生长环境】生于山坡、草地、村边、路旁或垃圾堆。

【产地分布】山东境内产于各地。在我国除山东外,还分布于江苏、浙江、福建、湖北、广东、广西、四川、贵州、云南等地。

【药用部位】花:洋金花(南洋金花);种子:曼陀罗子;叶:曼陀罗叶;根:曼陀罗根。为少常用中药和民间药。

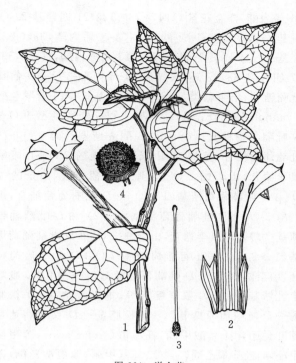

图664 洋金花
1.花枝 2.花萼、花冠展开 3.雌蕊 3.蒴果

【采收加工】夏季盛花期,择晴天下午4～5时采花,晒干或低温烘干。夏、秋二季果实成熟时,采收果实,晒干,打下种子。夏季采叶,鲜用,晒干或烘干。秋季挖根,洗净,晒干。

【药材性状】花多皱缩成条状,完整者长9～15cm。花萼筒状,长约为花冠的2/5;表面灰绿色或灰黄色,微被茸毛,先端5裂,基部具纵脉纹5条。药材常除去花萼。花冠淡黄色或黄棕色;完整花冠展平后呈喇叭状,先端5浅裂,裂片先端有短尖,短尖下有明显的纵脉纹3条,两裂片间微凹陷;雄蕊5,花丝下部贴生于花冠筒内,长约为花冠的3/4,花药扁平,长1～1.5cm;雌蕊1,柱头棒状。晒干者质脆易碎。气微,味微苦。烘干者质柔韧。气特异。

以花冠完整、色淡黄、无花萼者为佳。

种子略呈三角形而稍扁,长3～4.5mm,宽约3mm,厚约1mm。表面褐色或浅褐色,中央凹下,边缘隆起,并有一条下凹的边线,形成双边状。侧面一边稍凸出,具种脐。质硬,不易破碎。胚弯曲,黄白色,胚根明显,子叶2,白色。无臭,味淡,嚼之稍香。有毒。

以颗粒饱满、褐色、嚼之稍香者为佳。

【化学成分】花含生物碱:东莨菪碱,莨菪碱,N-对香豆酰酪胺,顺-N-对香豆酰酪胺,N对羟基苯乙基-对羟基苯甲酰胺;醉茄甾内酯类:withametelin E,daturlin,daturilinol,daturametelin A、B、C、D、E、F、G-Ac,洋金花素B即5α,6β,15β,21-四羟基(20R,22R)-1-酮-醉茄-

24-烯内酯,洋金花素 C 即 $5α,6β,12β,21$-四羟基-27-O-甲基-$(20R,22R)$-1-酮-醉茄-2,24-二烯内酯,$3α,6β$-二羟基-21,24-环氧-1-酮-醉茄-2,25-二烯内酯,$1α,3β,5β,27$-四羟基-$6α,7α$-环氧醉茄-24-烯内酯-3-O-β-D-葡萄吡喃糖苷;倍半萜类:(6S,9R)6-羟基-3-酮-α-紫罗兰醇(vomlfoliol),(6S,9R)6-羟基-3-酮-α-紫罗兰醇-9-O-β-D-吡喃葡萄糖苷,(6S,9R)-3-酮-α-紫罗兰醇-9-O-β-D-吡喃葡萄糖苷;黄酮类:山柰酚,山柰酚-7-O-β-L-吡喃鼠李糖苷,山柰酚-7-O-β-D-吡喃葡萄糖苷,山柰酚-3-O-[β-D-吡喃葡萄糖基(1→2)]-β-D-吡喃葡萄糖苷,山柰酚-3-O-[β-D-吡喃葡萄糖基(1→2)]-β-D-吡喃葡萄糖基-7-O-α-L-鼠李糖苷,山柰酚-3-O-[β-D-吡喃葡萄糖基(1→2)]-β-D-吡喃葡萄糖基-7-O-β-D-吡喃葡萄糖苷,山柰酚-3-O-[β-D-吡喃葡萄糖基(1→2)]-β-D-吡喃半乳糖基-7-O-α-L-鼠李糖苷等;木脂素类:(+)-松脂酚-β-D-吡喃葡萄糖苷,(+)-松脂酚-β-D-双吡喃葡萄糖苷。还含托品酸甲酯,托品酸(tropic acid),苯甲酸甲酯,4-羟基苯乙酮,3,4-二羟基甲苯,苯丙醇乙酯,苯乙醇-O-β-D-吡喃葡萄糖基(1→2)-β-D-吡喃葡萄糖苷,对羟基苯甲酸甲酯,酪醇,datumetine 等。**叶、根、种子**主含东莨菪碱,莨菪碱及去甲基莨菪碱(norhyoscyamine)等。**根**还含莨菪醇(tropine)和伪莨菪醇(pseudotropine)等。

【功效主治】洋金花(南洋金花)辛,温;有毒。平喘止咳,解痉定痛。用于哮喘咳嗽,脘腹冷痛,风湿痹痛,小儿慢惊,麻醉。**曼陀罗子**辛,苦,温;有毒。平喘,祛风,止痛。用于喘咳,惊痫,风寒湿痹,泻痢,中气下陷,跌打损伤。**曼陀罗叶**苦,辛,温,有毒。止咳平喘,止痛拔脓。用于喘咳,痹痛,脚气,中气下陷,痈疽疮疖。**曼陀罗根**苦,辛;有毒。止咳平喘,祛湿止痛,散结拔脓。用于喘咳,风湿痹痛,疥癣,恶疮,狂犬咬伤。

【历史】洋金花见于三国时期华陀的"麻沸散",用于麻醉,考证认为其主药为洋金花。宋代洋金花药用较多,周去非《岭外代答》云:"曼陀罗花,遍生原野,大叶白花,结实如茄子,而遍生小刺,乃药人草也。盗贼采,干而末之,以置人饮食,使之醉闷"。所述形态及麻醉作用,并参考《履巉岩本草》附图,与茄科曼陀罗属植物基本一致。

【附注】①《中国药典》2010 年版收载洋金花。《山东省中药材标准》2002 年版收载曼陀罗子,原植物名白曼陀罗。②孕妇、外感及痰热咳喘、青光眼、高血压及心动过速患者禁用。

曼陀罗

【别名】臭麻子、山膀子(栖霞)、娇气花、痴花。

【学名】Datura stramonium L.

【植物形态】一年生草本,高 1～2m,全株光滑,幼嫩部分有短柔毛。茎直立,粗壮,上部多分枝,淡绿色或带紫色,下部木质化。叶互生;叶片阔卵形,先端尖,基部楔形,不对称,边缘有不规则波状浅裂;叶柄半圆形。花单生于叶腋或枝叉间;花梗直立;花萼筒状,长 2.5～4.5cm,先端 5 浅裂,筒部有 5 棱,花后自基部环状断裂,宿存部分随果实生长而增大,并向外反折;花冠漏斗状,上半部白色或紫色,下半部淡绿色,长 6～10cm,直径 3～5cm,先端 5 浅裂;雄蕊 5,不伸出花冠;子房卵形,密生柔针毛,柱头头状。蒴果直立,卵形,表面生有不等长坚硬针刺,成熟后淡黄色,规则 4 瓣裂。种子多数,肾形,黑色,表面有细孔状网纹。花期 6～8 月;果期 8～10 月。2n=24。(图 665)

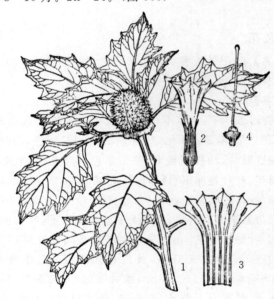

图 665 曼陀罗
1.果枝 2.花 3.花冠展开,示雄蕊 4.雌蕊

【生长环境】生于村边、路旁、垃圾堆、荒地或海边沙滩。

【产地分布】山东境内产于各地。分布于全国各地。

【药用部位】花:野洋金花。为民间药。

【采收加工】夏季盛花期,择晴天下午 4～5 时采摘带花萼的开放花,晒干。

【药材性状】干燥花皱缩成条状,长 8～12cm。花萼筒状,长 2.5～4.5cm;表面灰绿色,被稀疏毛茸,先端 5 浅裂,筒部具 5 棱线。花冠喇叭状,长 6～10cm;表面淡黄色,有紫色脉纹,具 5 条纵脉,先端裂片 5;雄蕊 5,不伸出花冠,花丝着生于距花冠筒基部约 5mm 处,花药长 4.5～5mm;柱头头状,花柱与花丝近等长。质脆易碎。气微,味微苦、辛。

以花完整、干燥、色淡黄者为佳。

【化学成分】花、叶及种子含东莨菪碱,莨菪碱。种子油含 1,20-二十碳二酸,8,11-十八碳二烯酸,8,11,14-二十碳三烯酸(Z,Z,Z)等。全株含七叶内酯,七叶苷,东莨菪素,阿魏酸,咖啡酸,绿原酸,新绿原酸,去甲莨菪碱(norhyoscyamine)等。根含莨菪碱,东莨菪碱,去水阿托品(atropamine),曼陀罗碱,红古豆碱,3,6-二顺芷酰莨菪醇(3,6-ditigloyloxytropan-7ol),($-$)-3α,6β-二顺芷酰莨菪酯。

【功效主治】辛,温;有毒。平喘止咳,解痉定痛。用于哮喘咳嗽,脘腹冷痛,风湿痹痛,小儿慢惊。

宁夏枸杞

【别名】枸杞、枸杞果、地骨皮。

【学名】Lycium barbarum L.

【植物形态】灌木或经栽培后而成大灌木,高 1~3m。主茎数条,粗壮;小枝有纵棱纹,有不生叶的短棘刺和生叶、花的长棘刺;果枝细长,通常先端下垂,外皮淡灰黄色,无毛。叶互生或数片簇生于短枝上;叶片披针形或长圆状披针形,长 2~8cm,宽 0.5~3cm,先端尖,基部楔形或狭楔形而下延成叶柄,全缘,上面深绿色,背面淡绿色,无毛;叶柄短。花腋生,常单 1 或 2~6 朵簇生在短枝上;花梗细;花萼钟状,长 4~5mm,先端通常 2 中裂,裂片有小尖头或顶端又 2~3 齿裂;花冠漏斗状,粉红色或淡紫红色,具暗紫色脉纹,筒部长约 8mm,先端 5 裂,裂片卵形,长约 5mm,边缘无缘毛,裂片长度远短于筒部,筒内雄蕊着生处上方有一圈柔毛;雄蕊 5,与花冠裂片近等长;雌蕊 1,子房长圆形,2 室,花柱线形,柱头头状。浆果卵圆形、椭圆形或阔卵形,长 0.8~2cm,直径 0.5~1cm,红色或橘红色,果皮肉质。种子多数,近圆肾形而扁平,棕黄色。花期 5~10 月;果期 6~11 月。(图 666,彩图 63)

【生长环境】生于沟岸、山坡、灌溉地埂或水渠边。

【产地分布】山东境内的德州、菏泽、滨州、聊城、东营、烟台等地引种栽培。我国除山东外,还分布于华北、西北等地区,其他地区也有栽培。

【药用部位】果实:枸杞子;根皮:地骨皮;叶:枸杞叶(天精草)。为常用中药及民间药,枸杞子和枸杞叶药食两用,地骨皮可用于保健食品。

【采收加工】夏、秋二季果实呈橙红色时采收,晾至皮皱后,再曝晒至外皮干硬,果肉柔软时除去果梗;或热风低温烘干,除去果梗。春初或秋后挖根,洗净,剥取根皮,晒干。夏季茎叶茂盛时采收嫩叶,鲜用、晒干或制茶。

【药材性状】果实类纺锤形,略扁,长 0.6~2cm,直径 0.3~1cm;表面鲜红色或暗红色,顶端花柱痕小而突

图 666 宁夏枸杞
1.果枝 2.花枝 3.花

出,基部有白色果梗痕;果皮柔韧,皱缩;果肉肉质,柔润而有黏性。种子多数,类肾形,扁而翘,长 1.5~1.9mm,宽 1~1.7mm;表面浅黄色或棕黄色。无臭,味甜、微酸。

以粒大、色红、肉厚、质柔软、籽少、味甜者为佳。

根皮筒状或槽状,长 3~10cm,直径 0.5~1.5cm,厚 1~3mm。外表面灰黄色至棕黄色,粗糙,有不规则纵裂纹,易鳞片状剥落;内表面黄白色至灰黄色,较平坦,有细纵纹。体轻,质脆,易折断,断面不平坦,外层黄棕色,内层灰白色。气微,味微甜而后苦。

以筒粗、皮厚、无木心及碎片者为佳。

叶常卷曲。完整叶片展平后呈披针形或长圆状披针形,长 1.5~7cm,宽 0.5~2.5cm。先端尖,基部楔形或狭楔形而下延成叶柄,全缘;上表面绿色,下表面灰绿色,无毛;具短柄。质脆,易碎。气微,味微苦、甜。

以叶嫩、色绿、完整者为佳。

【化学成分】果实含糖类:葡萄糖,果糖,蔗糖,枸杞多糖(lycium barbarum polysacharides,LBP)LBP-Ⅰ、LBP-Ⅱ、LBP-Ⅲ、LBP-Ⅳ,主要由鼠李糖、阿拉伯糖、木糖、甘露糖、葡萄糖和半乳糖等组成;生物碱:甜菜碱(betaine),莨菪碱,2,4-二亚氨基-5-羧基-1,3-N 杂环戊烷,N-甲基-吲哚,1,6,7-三甲基-4-羟基-喹啉;色素类:叶黄素,二氢叶黄素,玉蜀黍黄质(zeaxanthin),酸浆果红素(physalien),隐黄质(cryptoxanthin),胡萝卜素;氨基酸:谷氨酸,天冬氨酸,脯氨酸,丝氨酸,苏氨酸,缬氨

酸等；还含东莨菪素（莨菪亭），香豆酸，硫胺素，烟酸，维生素 A、C、E、B_1、B_2、B_6、PP 等。**种子**含牛磺酸（taurine，氨基乙磺酸），多糖；还含 γ-氨基丁酸，天冬氨酸，脯氨酸和丙氨酸等 10 余种氨基酸及无机元素钾、钙、钠、锌、铁、铜、锰、硒等。**叶**含天冬氨酸，谷氨酸，亮氨酸和赖氨酸等。**根皮**含莨菪碱，甜菜碱，桂皮酸，蜂花酸（melissic acid），亚油酸，亚麻酸，三十一酸，β-谷甾醇，柳杉酚（sugiol），枸杞酰胺（lyciumamide），维生素 B_1，苦柯胺（kukoamine）A，东莨菪内酯（scopoletin）等。

【功效主治】枸杞子甘，平。滋补肝肾，益精明目。用于虚劳精亏，腰膝酸痛，眩晕耳鸣，内热消渴，血虚萎黄，目昏不明。**地骨皮**甘，寒。凉血除蒸，清肺降火。用于阴虚潮热，骨蒸盗汗，肺热咳嗽，咯血，衄血，内热消渴。**枸杞叶（天精草）**苦、甘，凉。补虚益精，清热，止渴，祛风明目。用于虚劳发热，烦渴，目赤昏痛，障翳夜盲，崩漏带下，热毒疮肿。

【历史】枸杞始载于《神农本草经》，列为上品。《名医别录》及《本草图经》记述的产地、形态等与枸杞 L. chinense Mill. 形态一致。《梦溪笔谈》载："枸杞，陕西极边者，高丈余，大可柱。叶长数寸，无刺，根皮如厚朴，甘美异于他处者。"《千金翼方》亦载："甘州者为真，叶厚大者是。"《本草纲目》云："枸杞、地骨皮……后世惟取陕西者良，而又以甘州者为绝品。今陕西之兰州、灵州、九原以西，枸杞并是大树，其叶厚、根粗；河西及甘肃者，其子圆如樱桃，暴干紧小，少核，干亦红润甘美，味如葡萄，可作果食，异于他处者。"由上述记载可知，古代所用枸杞以甘肃、陕西产者质量最好，所述树形、叶及果实特征，与宁夏枸杞完全一致。

【附注】《中国药典》2010 年版收载枸杞子、地骨皮。

枸杞

【别名】枸杞菜、狗奶子根、枸茄子、红耳坠、狗奶子（德州）。

【学名】Lycium chinense Mill.

【植物形态】落叶灌木，高 1~2m，全体无毛。主根长，有支根。茎多分枝，枝细长，弧垂成葡匐状，表面有纵棱，浅灰黄色，小枝常具刺，长约 5mm。叶互生，枝下部常有 2~3 叶簇生；叶片卵状披针形或披针形，长 2~5cm，宽 0.6~2cm，先端钝尖或钝圆，基部楔形，全缘；叶柄短，长 2~5mm。花腋生，常 2~5 朵丛生，稀有 1 朵；花梗细，长 0.5~1.4cm；花萼钟状，长约 3mm，通常 3 中裂或 4~5 齿裂，裂片卵状三角形，基部有紫色条纹；花冠漏斗状，浅紫色，5 裂，裂片边缘具缘毛，裂片长卵形，长 6mm，辐射平展，裂片与筒部近等长，花冠筒内雄蕊着生处有一环毛茸；雄蕊 5，着生于花冠筒内中部，花药丁字形，雄蕊短于花冠，长约 7mm；花盘 5 裂；子房长卵形，长约 2mm，花柱伸出花冠筒外，长约 1mm。浆果红色，卵圆形或长圆形，长 0.8~1.5cm。种子多数，长圆状卵形，扁平，长约 6mm，黄色。花期 7~9 月；果期 7~10 月。（图 667，彩图 64）

图 667 枸杞
1.花枝 2.根 3.花冠展开，示雄蕊 4.雌蕊 5.浆果

【生长环境】生于田野、路边或山野阳坡；有栽培。

【产地分布】山东境内产于各地。分布于全国大部分省区。

【药用部位】果实：枸杞子（津枸杞）；根皮：地骨皮；叶：天精草。为常用中药和民间药，枸杞子和枸杞叶药食两用，地骨皮可用于保健食品。

【采收加工】春初或秋后挖根，洗净，剥取根皮，晒干。夏、秋二季果实呈橙红色时采收，晒干。夏季茎叶茂盛时采收嫩叶，鲜用、晒干或制茶。

【药材性状】果实呈椭圆形或圆柱形，两端略尖，长 0.7~1.5cm，直径 3~5mm。表面红色至暗红色，具不规则皱纹，无光泽。果肉柔软而略滋润。种子扁平肾形，10~30 粒；表面黄色，有微细凹点，凹陷一侧有种脐。气无，味甜，微酸。

以颗粒饱满、色红、味甜者为佳。

根皮筒状、槽状或不规则卷状，长 3~10cm，直径 0.5~1.5cm，厚 1~3mm。外表面灰黄色至棕黄色，粗糙，有不规则纵横皱纹或裂纹，易鳞片状剥落；内表面黄白色至灰黄色，较平坦，有细纵纹。体轻，质脆，易折断，断面不平坦，外层黄棕色，内层灰白色。气微，味微甜而后苦。

以块大、筒粗、肉厚、无木心者为佳。

【化学成分】果实含糖类:果糖,葡萄糖,木糖,蔗糖,低聚四糖[由葡萄糖:鼠李糖3:1组成],枸杞多糖;生物碱:甜菜碱,颠茄碱,天仙子胺等;色素类:玉蜀黍黄质,隐黄质,酸浆红素,胡萝卜素等;挥发性成分:藏红花醛(safranal),β-紫罗兰酮(β-ionone),3-羟基-β-紫罗兰酮,马铃薯螺二烯酮(solavetivone)等;脂肪酸:亚油酸,亚麻酸,蜂花酸;氨基酸:亮氨酸,缬氨酸等;还含超氧化物歧化酶(SOD),牛磺酸,维生素 C、B_1、B_2、D、E、PP 及无机元素磷、锌、铁、硒、锰、镁、钙等。种子含甾醇类:胆甾醇,7-胆甾烯醇,菜油甾醇,24-亚甲基胆甾醇,28-异岩藻甾醇(28-isofucosterol);脂肪酸:油酸,亚油酸,棕榈酸,硬脂酸,9-十六烯酸等;还含牛磺酸,γ-氨基丁酸及多糖。叶含黄酮类:芦丁,木犀草素,金合欢素,5,7,3′-三羟基-6,4′,5′-三甲氧基黄酮,金合欢素-7-O-α-L-鼠李糖基(1→6)-β-D-葡萄糖苷。根皮含甜菜碱,苦木中胺(kukoamine)A,枸杞环八肽(lyciumin)A,B,枸杞酰胺(lyciumamide),亚油酸,亚麻酸,蜂花酸,桂皮酸,柳杉酚,东莨菪素等。

【功效主治】地骨皮甘,寒。凉血除蒸,清肺降火。用于阴虚潮热,骨蒸盗汗,肺热咳嗽,咯血,衄血,内热消渴。津枸杞甘,平。滋补肝肾,益精明目。用于虚劳精亏,腰膝酸痛,眩晕耳鸣,内热消渴,血虚萎黄,目昏不明。枸杞叶(天精草)苦、甘,凉。补虚益精,清热,止渴,祛风明目。用于虚劳发热,烦渴,目赤昏痛,障翳夜盲,崩漏带下,热毒疮肿。

【历史】见宁夏枸杞。

【附注】《中国药典》2010 年版收载地骨皮。

西红柿

【别名】番茄、洋柿子、柿子。

【学名】Lycopersicon esculentum Mill.

【植物形态】一年生草本。茎高 0.5～1.5m,易倒伏,全株有黏质腺毛。叶为羽状复叶或羽状深裂,长 10～30cm,小叶大小不等,常 5～9;小叶片卵形或长圆形,边缘有不规则锯齿或裂片,先端渐尖或钝,基部两侧不对称;叶柄长 2～3cm。聚伞花序腋外生;花序梗长 2～5cm,有 3～7 花;花黄色;花萼裂片 5～6,裂片条状披针形;花冠辐状,5～7 深裂;雄蕊 5～7,花药合生成长圆锥状。浆果扁球形或近球形,成熟后红色或桔黄色。花、果期 5～10 月。

【生长环境】栽培于排水良好的园地。

【产地分布】山东境内各地普遍栽培。"胶北西红柿"、"高青西红柿"、"邹城城前越夏西红柿"、"年度大黄埠樱桃西红柿"、"青岛夏庄杠六九西红柿"、"泗水西红柿"、"济阳垛山西红柿"已注册国家地理标志产品。全国各地均有栽培。

【药用部位】果实:西红柿。为民间药,药食两用。

【采收加工】夏季采摘成熟果实,鲜用。

【化学成分】果实含有机酸:止权酸(abscisic acid),柠檬酸,琥珀酸,奎宁酸,绿原酸,阿魏酰奎宁酸,苹果酸等;生物碱:番茄碱(tomatine),茄碱(solamine),澳洲茄胺(solasodine),烟碱(nicotine),胡芦巴碱(trigonelline),胆碱(choline)等;香气成分:β-紫罗兰酮,己醛,(E)-2-庚烯醛[(E)-2-heptenal],β-突厥蔷薇酮(β-damascenone)等;甾醇类:胆甾醇,菜油甾醇,豆甾醇等;脂肪酸:亚油酸,棕榈酸,油酸,α-亚麻酸;尚含维生素 C,葡萄糖,原儿茶酸甲酯,番茄烃(lycopene)及柚皮苷。种子含番茄苷(tomatoside)A,环木菠萝烷醇,羊毛甾-8-烯-3β-醇(1a-nost-8-en-3β-ol),羽扇豆醇等;氨基酸:谷氨酸,精氨酸,天冬氨酸,丝氨酸,丙氨酸,赖氨酸,亮氨酸,异亮氨酸等;还含亚油酸,维生素 E 及无机元素钾、钙、镁、铁、锌等。

【功效主治】甘、酸,微寒。生津止渴,健胃消食。用于口渴,食欲缺乏。

【历史】番茄始载于《植物名实图考》,名小金瓜,云:"长沙圃中多植之。蔓生,叶似苦瓜而小,亦少花杈。秋结实如金瓜,累累成簇,如鸡心柿更小,亦不正圆。"所述形态及附图与西红柿相似。

烟草

【别名】烟、烟叶。

【学名】Nicotiana tabacum L.

【植物形态】一年生草本,高 1～2m,全株有黏毛。茎直立,多分枝,基部木质化。叶互生;叶片长圆状披针形,长 10～50cm,宽 8～20cm,先端渐尖,全缘或微波状;柄不明显或成翅状柄。花序顶生,圆锥形,多花;花萼钟状或筒状,长 2～2.5cm,5 裂,裂片三角状披针形,长短不等;花冠漏斗状,长 3～5cm,粉红色或白色,花冠筒细长,为花萼的 2～3 倍,近檐部略膨大,先端 5 裂,裂片先端尖锐;雄蕊 5,与花冠等长或稍短;子房 2 室,花柱线形,柱头圆形,2 裂。蒴果卵圆形,基部有宿存花萼。种子多数,细小。花期 5～10 月;果期 9～11 月。(图 668)

【生长环境】栽培于排水良好的山坡地或平原。

【产地分布】山东境内全各地普遍栽培,以青州产最为著名。"临朐烤烟"已注册国家地理标志产品。全国各地有栽培。

【药用部位】全草:烟草;油垢:烟油。为民间药和卷烟工业原料。

【采收加工】夏季采收全株或叶,晒干或鲜用。

【药材性状】完整叶片长圆状披针形,长约至 50cm,宽

图668 烟草
1.花枝 2.叶 3.花冠展开 4.花药 5.花萼及雌蕊

约至20cm。先端渐尖,基部稍下延成翅状柄,全缘或微波状。上表面黄棕色,下面色较淡,主脉宽而凸出,被腺毛。柄具翅或不明显。质韧,干后脆,湿润后有黏性。气特异,味苦、辣,作呕性。

以叶片完整、色金黄、香气浓者为佳。

【化学成分】叶含生物碱:烟碱,去甲烟碱(nornicotine),毒黎碱(anabasine),去氢毒藜碱(anatabine),烟碱烯(nicotyrine),N'-乙基去甲烟碱(N'-ethylnornicotine);有机酸:杜鹃花酸(azelaic acid),D-β-苯基乳酸(D-β-phenyllactic acid),β-甲基缬草酸(β-methylvaleric acid),α-羟基异己酸(α-hydroxyisocaproic acid),绿原酸等;香豆素类:东莨菪素,东莨菪苷,马栗树皮素;还含芦丁,烟草香素(nicotianine),烟胺(nicotianamine),茄尼醇(solanesol),香紫苏醇(sclareol)及烟草多糖等。全草含茄环丁萘酮(solanascone),茄萘醌(solanoquinone),3,7,11,15-烟草四烯-6-醇(3,7,11,15-cembratetraene-6-ol),1,3-二酰基甘油,真鞘碱(octopine),螺甾烷苷(spirostan glycoside),丙二烯醇,肉豆蔻酮[myriston(e)]等。

【功效主治】辛,温;有毒。行气止痛,麻醉,发汗,镇静,催吐,解毒,杀虫。用于食滞饱胀,气结疼痛,骨折疼痛,偏头痛,疟疾,痈疽,疔疮,肿毒,头癣,白癣,秃疮,蛇犬咬伤;烟油:外用于蛇伤,蜈蚣咬伤,杀虫。

【历史】烟草始载于《滇南本草》,又名野烟,为明代中后期传入我国的植物。《本草纲目拾遗》引方以智《物理小识》云:"烟草,明万历末年,有携至漳泉者……崇祯时,严禁之不止。其本似春不老而叶大于菜。"赵学敏引方氏所记名称有淡巴姑、担不归、淡肉果;又引《粤志》记:"其种得自大西洋,一名淡巴菰。"这些名称与烟草的种加词近同音,因此原植物应为本种。

挂金灯

【别名】锦灯笼、酸浆、红姑娘子(青州)、红娘(沂源)、红娘娘(章丘)、灯笼果。

【学名】Physalis alkekengi L. var. francheti (Mast.) Makino (Ph. franchetii Mast.)

【植物形态】多年生草本,高约1m。根状茎横走;地上茎直立,粗壮,下部常带紫色,上部不分枝,微带棱角,茎节略膨大。叶在茎下部者互生,在中、上部者常两叶同生一节呈假对生;叶片广卵形至卵形,长4~12cm,宽5~9cm,先端锐尖或渐尖,基部圆形或广楔形,叶缘不规则波状或具疏浅缺刻并有短毛;叶柄长1~3cm。花单生叶腋;花梗纤细,长0.8~1.6cm,花萼钟状,绿色,萼齿5,三角形;花冠钟状,白色略带紫晕,直径1.5~2cm,裂片5,阔而短,先端急尖,外有短毛;雄蕊5,花药椭圆形,黄色,纵裂;花柱细长,柱头2浅裂,子房上位,卵形,2室。浆果球形,熟时红色,味酸甜而微苦,包围于橘红色、膜质、膨胀、灯笼状的宿存花萼中。种子多数,扁平阔卵形,黄色。花期6~10月;果期7~11月。(图669)

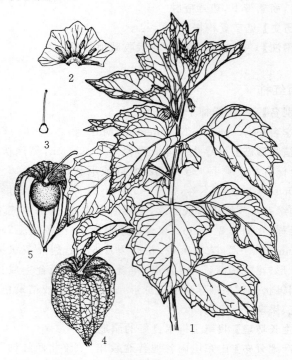

图669 挂金灯
1.花枝 2.花冠展开,示雄蕊 3.雌蕊
4.包于宿存花萼中的浆果 5.去部分宿存花萼,示浆果

【生长环境】生于村旁、路边、旷野、山坡或林缘等地。
【产地分布】山东境内产于各地。在我国除西藏外，各地均有分布。
【药用部位】带宿萼的果实：锦灯笼。为少常用中药，果实药食两用。
【采收加工】秋季果实成熟宿萼呈橘红色时，采收带宿萼的果实，晒干。
【药材性状】带宿萼的果实略呈灯笼状，宿萼膜质，薄而膨胀，常压扁或皱缩，长3～4.5cm，直径2.5～4cm；表面橙红色或橙黄色，有5条明显的纵棱，棱间具网状细脉纹，顶端渐尖，微5裂，基部略平截，中心凹陷有果梗；体轻，质柔韧，中空或内有浆果。浆果类球形，直径1～1.5cm；果皮棕红色或橙红色，皱缩，内含多数种子。种子细小，扁圆形，黄棕色。气微，宿萼味苦；果实味甜、微酸。

以个大完整、色鲜红、内有果实者为佳。

【化学成分】宿萼或带宿萼的果实含黄酮类：木犀草素，木犀草苷，木犀草素-7-O-β-D-葡萄糖苷，木犀草素-4'-O-β-D-葡萄糖苷，木犀草素7,4'-二-O-β-D-葡萄糖苷，木犀草素7,3'-二-O-β-D-葡萄糖苷，槲皮素-3-O-β-D-葡萄糖苷，槲皮素-3,7-二-O-β-D-葡萄糖苷，5,4',5'-三羟基-7,3'-二甲氧基黄酮醇即酸浆黄酮醇（physaflavonol），3,5,3'-三羟基-7,4'-二甲氧基黄酮即商陆素（ombuine）；苦味素：酸浆苦素（physalin）A、B、D、O、L、M、P，25,27-二脱氢酸浆苦素L（25,27-dehydrophysalin L），4,7-二脱氢新酸浆苦素B（4,7-dehydroneophysalin B），4,7-二去氢-7-脱氧新苦味素L；色素类：玉米黄质，叶黄素，β-隐黄质（β-cryptoxanthin）；还含7,8-二氢-β-紫罗兰酮-3-O-β-D-芹糖(1→6)-β-D-吡喃葡萄糖苷即大血藤苷E（cuneataside E），胡萝卜苷，柠檬酸，反式咖啡酸乙酯及挥发性成分辛酸和十六酸等。种子含环木菠萝烷醇，环木菠萝烯醇（cycloartenol），24-亚甲基环木菠萝烷醇等。茎叶含（6S,9R）-长寿花糖苷[（6S,9R)-roseoside]，(6S,9S)-长寿花糖苷，(6S,9R)-3-氧-α-紫罗兰醇-β-D-吡喃葡萄糖苷，citroside A，酸浆苦味素A、B、C及黏液质。地上部分含酸浆苦味素A、B、D、P、G，金圣草黄素（chrysoeriol），马尾藻甾醇（saringosterol），丁香酸（syringic acid）。

【功效主治】苦，寒。清热解毒，利咽化痰，利尿通淋。用于咽痛音哑，痰热咳嗽，小便不利，热淋涩痛；外用于天疱疮，湿疹。

【历史】挂金灯始载于《神农本草经》，列为中品，原名酸浆。《本草衍义》曰："酸浆苗如天茄子，开小白花，结青壳，熟则深红，壳中子大如樱，亦红色，樱中复有细子，如落苏之子，食之有青草气。"《救荒本草》云："姑娘菜俗名灯笼儿，又名挂金灯，本草名酸浆，一名醋浆。"所述形态和附图与茄科植物酸浆及其变种挂金灯相似。

【附注】《中国药典》2010年版收载。

苦蘵

【别名】天泡草、酸泡子（临沂）、小灯笼棵、灯笼泡。
【学名】Physalis angulata L.
【植物形态】一年生草本，高30～50cm。茎多分枝，分枝纤细，被短柔毛或后近无毛。叶互生或在枝上端呈大小不等的二叶双生；叶片卵形至卵状椭圆形，长3～6cm，宽2～4cm，先端渐尖或急尖，全缘或有不等大的牙齿，两面近无毛，基部阔楔形或楔形；叶柄长1～5cm。花单生叶腋或枝腋；花梗长约0.5～1.2cm，有短柔毛；花萼有短柔毛，脉上较密，5中裂，裂片披针形，有缘毛；花冠淡黄色，钟形，长4～6mm，直径6～8mm，喉部有紫色斑纹；花药淡黄色或带紫色，长约1.5mm。浆果球形，直径约1.2cm；果萼卵球形，直径1.5～2.5cm，薄纸质，完全包围浆果，桔红色或红黄色。花期7～9月；果期8～10月。（图670）

图670 苦蘵

【生长环境】生于山坡、田野、路边、溪边或村旁。
【产地分布】山东境内产于各山地丘陵或平原。在我国除山东外，还分布于华东、华中、华南、西南等地区。
【药用部位】带宿萼的果实：苦蘵；全草：灯笼草。为民间药，果实药食两用。
【采收加工】夏、秋二季采收带宿萼果实或全草，晒干或鲜用。
【药材性状】带宿萼的果实膨大似灯笼状，压扁或皱缩，长至2.5cm，直径约1.5cm；宿萼膜质，表面淡黄绿色，具棱，有纵脉及细网纹，被细毛，质柔韧，中空或内有浆果。浆果类球形，直径5～8mm；表面淡黄绿色，内含多数种子。气微,味微甜、酸。

以完整、色淡黄绿、内有果实者为佳。

茎圆柱形,长20～40cm,多分枝;表面绿褐色,有细纵皱纹,被短柔毛;质脆,易折断。叶互生,常破碎;完整者展平后呈卵形至卵状椭圆形形,长4～6cm,宽2～4cm;先端渐尖或急尖,基部偏斜,边缘有不整齐的锯齿;表面绿色或暗绿色。花单生叶腋;花萼钟状,5裂;花冠钟状,淡黄色,5浅裂,裂片基部有紫色斑纹;雄蕊5。浆果圆球形,表面皱缩不平,棕绿色,直径约1cm,外包膜质宿萼;种子多数。气微,味苦。

以叶多、色绿、带花果者为佳。

【化学成分】全草含魏察苦蘵素(withangulatin)A,14α-羟基黏果酸浆内酯(14α-hydroxyixocarpanolide),24,25-环氧维他内酯D(24,25-epoxyvitanolide D),酸浆双古豆碱(phygrine)。茎、叶还含酸浆苦味素B、D、E、F、G、H、I、J、K,5,6-二羟基二氢酸浆苦味素B(5,6-dihydroxydihydrophysalin B),苦蘵内酯(physagulin)A、B、C、D、E、F、G。叶还含14α-羟基-20-去羟基粘果酸浆内酯(vamonolide)及炮仔草内酯(physangulide)。果实含乙酰胆碱(acetylcholine)。种子脂肪油中主含亚油酸和油酸。根含酸浆双古豆碱。

【功效主治】苦蘵酸,平。清热解毒,利尿止血。用于咽喉肿痛,疝腮,淋证,小便不利,血尿,胁肋胀痛,痢疾泄泻,牙龈肿痛,天疱疮。灯笼草苦,淡,寒。清热消肿,行气止痛。治外感,疝腮,喉痛,咳嗽,腹胀,疝气,天疱疮。

【历史】苦蘵(原作苙)始载于《本草拾遗》"苦菜"条下,云:"叶极似龙葵,但龙葵子无壳,苦蘵子有壳。"所云"子有壳"是指果实外被宿萼,此特征与茄科植物苦蘵一致。

附:毛酸浆

毛酸浆 Physalis pubescens L.,与苦蘵的主要区别是:叶片阔卵形,两面被疏毛,脉上较密,基部偏斜心形;叶柄及花梗密生短柔毛;花冠长约0.8～1.5cm,直径1～2cm,密生短柔毛。鲁中南丘陵地带有极少量分布。药用同苦蘵。种子含亚油酸,油酸,十六(烷)酸,十八(烷)酸和亚油酸乙酯等。

小酸浆

【别名】天泡子、小灯笼草。

【学名】Physalis minima L.

【植物形态】一年生草本。根细瘦。茎多为二歧分枝,枝常匍匐于地,枝端斜举,被短柔毛。叶互生或在枝上端大小不等的二叶双生;叶片卵形或卵状披针形,长1.5～3cm,宽1～1.5cm,顶端渐尖,全缘而波状或有少数粗齿,两面脉上有柔毛,基部歪斜楔形;叶柄长1～2cm。花单生叶腋或枝腋;花梗纤细,长4～6mm,被短柔毛;花萼钟状,外面被短柔毛,裂片三角形,先端短渐尖,缘毛密;花冠黄色,长约5mm;花药黄白色,长约1mm。浆果球形,直径约6mm;果萼膀胱状,完全包围浆果,直径1～1.5cm,绿色,有棱,棱脊上有短柔毛,网纹明显。花期7～8月;果期8～10月。(图671)

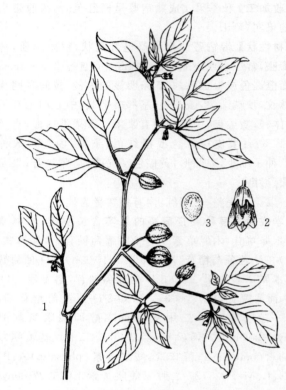

图671 小酸浆
1.部分植株 2.花 3.种子

【生长环境】生于山坡田边或路旁。

【产地分布】山东境内产于各山地丘陵。在我国除山东外,还分布于云南、广东、广西、四川等地。

【药用部位】全草或果实:天泡子(小酸浆)。为民间药。

【采收加工】夏、秋二季花果期采收全草,除去杂质,晒干或鲜用。

【药材性状】茎圆柱形,长20～50cm,多分枝;表面黄绿色或灰绿色。叶常皱缩或破碎;展平后呈卵形或卵状披针形,长1～3cm,宽1～1.5cm;先端渐尖,基部渐狭,叶缘浅波状或有不规则粗齿;表面灰绿色或灰黄色,两面脉上有柔毛。叶腋处有灯笼状宿萼,压扁状,薄膜质,黄白色,内有近球形浆果。气微,味苦。

以全草幼嫩、色灰绿、带果宿萼多者为佳。

【化学成分】全草含酸浆苦味素A、B、C、D、X,二氢酸浆苦味素B,5β,6β-环氧酸浆苦味素(5β,6β-epoxyphysalin)B,魏察小酸浆素(withaminimin),酸浆双古豆碱;果期全草还含5-甲氧基-6,7-亚甲二氧基黄酮,5,6,7-三甲氧基黄酮等。叶含5β,6β-环氧酸浆苦味素B,魏察酸浆苦素（withaphysalin）A、B、C，酸浆苦味素 A、B、C，二羟基酸浆苦味素 B。**种子油**主含亚油酸等。

【功效主治】苦，凉。清热利湿，祛痰止咳，软坚散结，杀虫。用于黄疸，胁痛，外感发热，咽痛，咳嗽痰喘，肺痈，痄腮，小便涩痛，尿血，瘰疬；外用于脓疱疮，湿疹，疖肿。

华北散血丹

【别名】散血丹、山茄子。
【学名】Physaliastrum sinicum Kuang et A. M. Lu
【植物形态】多年生草本，高 30～50cm。根多条簇生。茎直立，幼时有较密的细柔毛。叶互生或 2 叶聚生；叶片阔卵形，连柄长 7～13cm，宽 4～7cm，先端短渐尖，全缘或波状，两面有较密的柔毛，基部偏斜，变狭而成长约 1cm 的叶柄。花常双生于叶腋或枝腋，俯垂；花梗长 1～1.5cm，密生细柔毛；花萼短钟状，长宽约 7mm，外面密生细柔毛，5 中裂，裂片大小不等，果时增大成卵球形，长约 2.5cm，直径约 1.8cm，紧包浆果，浆果不外露；花冠钟状，白色，长宽约 1cm，外面密生细毛，檐部 5 浅裂，裂片阔三角形，有细缘毛；雄蕊 5，长达花冠檐部的弯缺处。浆果球状，直径约 1.6cm。种子圆盘形。花、果期 6～10 月。（图 672）

图 672　华北散血丹
1.花果枝　2.花萼　3.花冠展开，示雄蕊
4.雄蕊　5.果实

【生长环境】生于山坡草丛、田边或路旁。
【产地分布】山东境内产于昆嵛山、崂山等地。在我国除山东外，还分布于山西、河北等地。
【药用部位】根：活血丹。为民间药。
【采收加工】秋季茎叶枯萎时采收，洗净，晒干。
【功效主治】活血散瘀，祛风散寒，收敛止痛。

附：日本散血丹

日本散血丹 Ph. japonicum（Frasch. et Sav.）Honda，与华北散血丹的主要区别是：花冠钟状，筒内面中部有 5 对与雄蕊互生的蜜腺；花萼及果萼有 5 个短齿，齿大小相等，阔三角形。浆果球状，直径约 1cm，被增大的宿萼包围，浆果与果萼近等长，顶端几乎裸露。产地及药用与华北散血丹相似。

野海茄

【别名】毛风藤。
【学名】Solanum japonense Nakai
【植物形态】草质藤本，长 0.5～1.2m，近无毛或小枝疏生柔毛。叶互生；叶片宽三角形状、披针形或卵状披针形，长 3～8cm，宽 2～4cm，先端渐尖，基部圆形或楔形，边缘波状或 3～5 浅裂，两面近无毛或有疏柔毛；叶柄长 0.5～2.5cm。聚伞花序顶生或腋外生，总花梗长 2～2.5cm，小花梗长 6～8mm；花萼浅杯状，直径约 2.5mm，5 浅裂；花冠淡紫色或白色，直径约 1cm，基部有 5 个绿色斑点，5 深裂，裂片披针形，长约 4mm，有柔毛；花丝长约 0.5mm；花药长圆形，长约 2.5mm，子房卵形，较小，花柱纤细，柱头头状。浆果圆形，直径约 1cm，成熟后红色。花期 6～9月；果期 9～10 月。（图 673）

图 673　野海茄
1.果枝　2.花冠展开，示雄蕊

【生长环境】生于山坡、水旁或疏林中。
【产地分布】山东境内产于各山区。在我国除山东外，还分布于东北及青海、新疆、陕西、河南、河北、江苏、浙江、安徽、湖南、四川、云南、广西、广东等地。
【药用部位】全草：毛风藤。为民间药。叶可食。
【采收加工】夏季采收，除去杂质，晒干或鲜用。
【化学成分】叶含甾体化合物。浆果含澳洲茄边碱（solamargine）。
【功效主治】辛、苦，平。清热解毒，利尿消肿，祛风湿。用于风湿痹痛，经闭。

白英

【别名】白毛藤、鹰咬豆子。
【学名】Solanum lyratum Thunb.
【植物形态】多年生蔓生草本，长达5m。茎基部木化，上部草质，茎、叶和叶柄密被具节的长柔毛。叶互生；叶片多戟形或琴形，长3～8cm，宽1.5～4cm，先端渐尖，基部心形，上部全缘或波状，下部常有1～2对耳状或戟状裂片，少数为全缘，中脉明显；叶柄长1～3cm。聚伞花序顶生或腋外侧生；花萼5浅裂，宿存；花冠蓝紫色或白色，5深裂，裂片自基部向下反折；雄蕊5，花丝极短，花药顶孔开裂；雌蕊等，花柱细长，柱头小，头状，子房卵形，2室。浆果球形，直径约1cm，成熟时红色。种子近盘状，扁平。花期7～9月；果期10～11月。2n=24。（图674）
【生长环境】生于阴湿的山坡、路边、竹林下或灌木丛中。
【产地分布】山东境内产于各山地丘陵。在我国分布于华东、中南、西南地区及山西、陕西、甘肃、台湾等地。
【药用部位】全草：白英（蜀羊泉、白毛藤）；根：白毛藤根；果实：鬼目。为少常用中药和民间药。
【采收加工】夏、秋二季采割全草，洗净，晒干或鲜用。秋季采摘成熟果实，晒干或鲜用。秋、冬二季挖根，洗净，晒干。
【药材性状】全草常缠绕成团，长1～4m，被毛，幼枝及叶上的毛尤多。茎圆柱形，稍有棱，有分枝，直径2～7mm；表面黄绿色至棕绿色，密被灰白色柔毛，粗茎通常无毛或疏被毛；质硬脆，断面纤维性，髓部白色或中空。叶互生，叶片皱缩易碎；完整者展平后呈戟形或琴形，长3～8cm，宽1～3.5cm；先端渐尖，基部心形，全缘或下部2浅裂至中裂，裂片耳状或戟状；上表面棕绿色或暗绿色，下表面绿灰色；叶柄长2～4cm；质脆易碎。聚伞花序与叶对生，花序梗折曲状，残留花棕黄色，花冠5裂，长约5mm。浆果偶见，球形，黄绿色或暗红色，内有多数近圆形扁平的种子。气微，味淡。

以质嫩、茎绿、叶多、无果者为佳。

【化学成分】全草含甾体皂苷及其苷元：替告皂苷元（tigogenin）、新替告皂苷元（neotigogenin）、薯蓣皂苷元（diosgenin）和雅姆皂苷元（yamogenin）的3-O-β-D-葡萄糖基(1→2)-β-D-葡萄糖基(1→4)-β-D-半乳糖苷，剑麻皂苷元（tigogenin），薯蓣皂苷元-3-O-β-D-葡萄糖醛酸苷，薯蓣皂苷元-3-O-β-D-葡萄糖醛酸甲酯，薯蓣皂苷元-3-O-α-L-鼠李糖基(1→2)-β-D-葡萄糖醛酸甲酯等；甾体生物碱：蜀羊泉次碱（solalyratine）A、B，氢化勒帕茄次碱（5,6-dihydroleptinidine），蜀羊泉碱（soladulcidine），澳洲茄碱（solasonine），(25ξ)-茄甾-3β,23β-二醇[(25ξ)-solanidan-3β,23β-diol]-3-O-β-D-葡萄糖基(1→2)-β-D-葡萄糖基(1→4)-β-D-半乳糖苷（简称碱苷A，glycoakaloid A），(25ξ)-茄甾-3β,23β-二醇及(25ξ)-茄甾-5-烯-3β,23β-二醇的3-O-β-D-葡萄糖基(1→2)[β-D-木糖基(1→3)]-β-D-葡萄糖基(1→4)-β-D-半乳糖苷等；黄酮类：芒柄花苷（ononin），芒柄花素（formononetin），5-羟基芒柄花苷（5-hydroxyl ononin），染料木苷（genistin），染料木素，大豆素，大豆苷，芹菜素，蒙花苷（linarin），槲皮素，芦丁等；C_{21}甾体：Δ^{16}-孕甾烯醇酮，Δ^{16}-孕甾烯醇酮-3-O-α-L-鼠李糖基(1→2)-β-D-葡萄糖醛酸苷，5α-孕甾烯醇酮；挥发油：主成分为棕榈酸，亚油酸，异植醇等；有机酸：对羟基苯甲酸，丁香酸，原儿茶酸，咖啡酸，熊果酸，香草酸等；还含丁香醛，香豆酰基酪胺，N-反式阿魏酰基酪胺（N-trans-feruloyltyramine），N-顺式阿魏酰基酪胺，N-反式-阿魏酰基-3-甲基多巴胺，阿拉伯呋喃糖苷乙酯（ethyl α-D-arab inofuranoside），莨菪亭，赤藓糖醇（erythriol），甘露醇，β-谷甾醇，胡萝卜苷等。

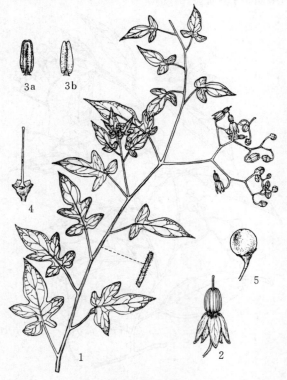

图674 白英
1. 花枝 2. 花 3. 雄蕊（a. 背面 b. 腹面） 4. 花萼及雌蕊 5. 浆果

【功效主治】**白英**（蜀羊泉、白毛藤）微苦，平；小毒。清热利湿，解毒消肿，抗癌。用于风热外感，发热咳嗽，湿热黄疸，胁痛口苦，肾虚水肿；外用于痈肿，风湿痹痛。**白毛藤根**苦、辛，平。清热解毒，消肿止痛。用于风火牙痛，头痛，瘰疬，痈肿，痔漏。**鬼目**酸，平。明目，止痛。用于目赤，牙痛。

【历史】白英始载于《神农本草经》，列为上品。《新修本草》名鬼目草，曰："蔓生，叶似王瓜，小长而五桠。实圆若龙葵子，生青熟紫黑。"《本草纲目》又名排风子，曰："正月生苗，白色，可食。秋开小白花，子如龙葵子，熟时紫赤色。"《百草镜》名白毛藤。《本草纲目拾遗》云："茎、叶皆有白毛"。所述形态及附图，与现今茄科植物白英特征相符。

【附注】《中国药典》1977 年版曾收载；2010 年版附录收载白英；《山东省中药材标准》2002 年版收载，药名蜀羊泉。

附：千年不烂心

千年不烂心 Solanum cathayanum C. Y. Wu et S. C. Huang，(图 675)本种与白英的主要区别是：植株较矮小，叶片大多全缘，心脏形或卵状披针形，基部心形，稀自基部戟形 3 裂；而白英叶片大多基部为戟形至琴形，3～5 裂。"Flora of China"17：319，1994 中将本种并入白英。鉴于形态差异和本省的使用习惯，本志采纳《中国植物志》67(1)卷的分类，仍将本种单列。

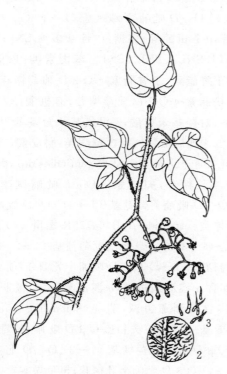

图 675　千年不烂心
1.花枝　2.叶下面放大，示毛茸　3.毛茸放大

茄

【别名】茄子、紫茄子。

【学名】Solanum melongena L.

【植物形态】直立分枝草本至亚灌木，高 0.6～1m。幼枝、花序梗及花萼都有星状绒毛；小枝多紫色，渐老则毛被逐渐脱落。叶互生；叶片卵形或卵状椭圆形，长 8～20cm，宽 5～12cm，先端钝或微尖，边缘波状或深波状圆裂，基部不对称，两面密被星状毛；叶柄长 2～5cm。能孕花通常单生；花梗下垂，长 1～2cm，密生星状绒毛；花萼钟状，直径约 2.5cm，先端 5 裂，裂片披针形，密被星状毛及小白刺；花冠钟状淡紫色，先端 5～6 裂，裂片三角形；雄蕊 5，花丝短，花药狭卵形，先端孔裂；子房圆形，先端密被星状毛，花柱柱形，下部被星状绒毛，柱头浅裂。浆果的形状、大小、颜色变异很大，球形、卵形或长圆形，紫色或青白色，基部有随果增大的宿萼。花期 6～8 月；果期 7～10 月。

【生长环境】栽培于排水良好、肥沃的园地。

【产地分布】山东境内各地广为栽培。全国各地普遍栽培。

【药用部位】根：茄根、白茄根；叶：茄叶；花：茄花；果实：茄子；宿萼：茄蒂。为少常用中药和民间药，茄子药食两用。

【采收加工】秋季挖根，除去泥土及杂质，晒干。夏季采收叶、花、果实、宿萼，鲜用或晒干。

【药材性状】药材常切成小段。主根略呈短圆柱形，有侧根及多数弯曲的须根，长 10～15cm，直径 1～2cm；表面浅灰黄色或灰白色。质坚实，不易折断，断面黄白色。根头部具茎基，近圆柱形，直径 1～2cm；表面黄白色至浅灰黄色，有细密纵皱纹和点状皮孔；断面黄白色，中央有淡灰绿色髓部或呈空洞状。气微，味淡。

【化学成分】**根**含香草醛，异东莨菪素，对-氨基苯甲醛，咖啡酸乙酯，N-反式-阿魏酰基酪胺，反式-阿魏酸(trans-ferulic acid)；**根皮**含薯蓣皂苷元。**茎**含芦丁。**果实**含胡芦巴碱(trigonelline)，水苏碱，茄碱，飞燕草苷(delphin)等。**种子油**含棕榈酸，8,11-十八碳二烯酸，硬脂酸等。

【功效主治】**茄根、白茄根**甘、辛，寒。散热消肿，止血。用于久痢便血，脚气，齿痛，冻疮。**茄叶**甘、辛，平。散血消肿。用于血淋，血痢，肠风下血，痈肿，冻伤。**茄花**甘，平。敛疮，止痛，利湿。用于外伤，牙痛，白带过多。**茄子**甘，凉。清热，活血，消肿。用于肠风下血，热毒疮痈，皮肤溃疡。**茄蒂**苦，寒。除湿，止痢，凉血，解毒。用于肠风下血，痈肿，对口疮，牙痛。

【历史】茄药用始载于《本草拾遗》。《齐民要术》中早已记载了详细的栽培技术。《本草图经》云："茄之类有数种，紫茄、黄茄南北通有之，青水茄、白茄惟北土多有。"所述形态与现今茄的栽培品种多,形态、颜色各异等相吻合,其附图特征亦与茄的形态基本一致。

【附注】《中国药典》2010年版附录收载茄根。《山东省中药材标准》2002年版收载白茄根,用变种名 S. melongena L. var. esculentum (Dunal) Nees。

龙葵

【别名】烟榴(崂山、沂水、昌乐)、烟梨(临沂)、甜茄子(莒南)、天茄棵(平邑)。

【学名】Solanum nigrum L.

【植物形态】一年生草本,高 0.3~1m。茎直立,上部多分枝,绿色或紫色,近无毛或疏被短柔毛。叶互生;叶片卵圆形,长 2.5~10cm,宽 1.5~5cm,先端渐尖,基部楔形,下延至柄,边缘波状,两面疏被短白毛;叶柄长 1~2cm。花序短蝎尾状或近伞状,腋外生,有 4~10花,花萼杯状,绿色,5 裂,裂片卵圆形;花冠钟状,白色,冠檐长均 2.5mm,5 深裂,裂片卵状三角形,长约 3mm;雄蕊 5,花丝短,花药椭圆形,黄色;雌蕊 1,子房球形,花柱下部密生柔毛,柱头圆形。浆果圆形,深绿色,成熟时紫黑色,直径约 8mm。种子卵圆形。花期 6~8 月;果期 7~10 月。(图 676)

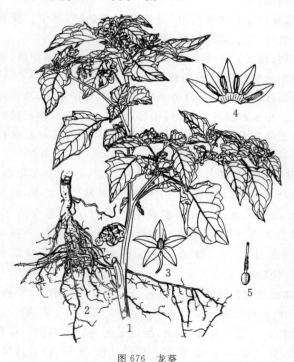

图 676 龙葵
1.花果枝 2.根 3.花 4.花冠展开,示雄蕊 5.雌蕊

【生长环境】生于田野、路边、沟旁或山坡草地。

【产地分布】山东境内产于各地。全国各地广泛分布。

【药用部位】全草:龙葵;果实:龙葵果;种子:龙葵子;根:龙葵根。为民间药,果实药食两用。

【采收加工】夏、秋二季采割地上部分,挖根,鲜用或晒干。秋季采摘成熟果实,晒干或鲜用;或取出种子,鲜用或晒干。

【药材性状】全草长 20~60cm,常皱缩。茎圆柱形,有分枝,直径 3~8mm;表面黄绿色或绿褐色,具纵皱纹,光滑或稀被毛;质脆,易折断,断面纤维性,中空。叶互生,皱缩或破碎;完整叶片展平后呈卵圆形,长 3~8cm,宽 2~5cm;先端渐尖,基部楔形,全缘或具不规则波状齿。表面暗绿色或黑绿色;叶柄长 1~2cm。花常脱落;残留者花萼杯状,棕褐色,花冠棕黄色。浆果类球形,表面皱缩,绿褐色或紫黑色。种子多数,细小,棕色。气微,味苦。

以叶多、色绿、带花果者为佳。

【化学成分】全草及地上部分含生物碱:澳洲茄碱,澳洲茄边碱(solamargine),β-澳洲茄边碱等;甾体类:uttroside A、B,dumoside,$22\alpha,25R$-26-O-β-D-吡喃葡萄糖基-22-羟基-呋甾-Δ^5-3β,26-二醇-3-O-β-D-吡喃葡萄糖基-$(1\to2)$-O-[β-D-吡喃木糖基-$(1\to3)$]-O-β-D-吡喃葡萄糖基-$(1\to4)$-O-β-D-吡喃半乳糖苷,$22\alpha,25R$-26-O-β-D-吡喃葡萄糖基-22-甲氧基-呋甾-Δ^5-3β,26-二醇-3-O-β-D-吡喃葡萄糖基-$(1\to2)$-O-[β-D-吡喃木糖基-$(1\to3)$]-O-β-D-吡喃葡萄糖基-$(1\to4)$-O-β-D-吡喃半乳糖苷,$5\alpha,20S$-3β,16β-二醇-孕甾-22-羧酸-(22,16)-内酯-3-O-β-D-吡喃葡萄糖基-$(1\to2)$-O-[β-D-吡喃木糖基-$(1\to3)$]-O-β-D-吡喃葡萄糖基-$(1\to4)$-O-β-D-吡喃半乳糖苷,β-谷甾醇等;多糖:中性杂多糖 SNLP,龙葵多糖 SNLI、SNLZ、SNL_3、SNL_4;苯丙素类:东莨菪内酯,(+)丁香脂素,丁香脂素-4-O-β-D-葡萄糖苷,(+)松脂素,松脂素-4-O-β-D-葡萄糖苷;有机酸:3,4-二羟基苯甲酸,对羟基苯甲酸,3-甲氧基-4-羟基苯甲酸;还含腺苷,二十四烷酸等。叶含黄酮类:槲皮素,槲皮素-3-O-龙胆二糖苷(quercetin-3-O-gentiodioside),槲皮素-3-O-β-D-半乳糖苷,槲皮素-3-O-α-L-吡喃鼠李糖基-$(1\to4)$-O-β-D-吡喃葡萄糖基-$(1\to6)$-O-β-D-吡喃葡萄糖苷;甾体类:uttroside A、B,$5\alpha,25R$-螺甾-3-O-β-D-吡喃木糖基-$(1\to3)$-O-β-D-吡喃葡萄糖基-$(1\to2)$-O-β-D-吡喃葡萄糖基-$(1\to4)$-O-β-D-吡喃半乳糖苷,胡萝卜苷等。果实含 α-澳洲茄边碱,α-澳洲茄碱,乙酰胆碱;未成熟果实含澳洲茄边碱,茄啶(solanidine),$5\alpha,22\alpha,25R$-12-羰基-22-羟基-呋甾-3-O-β-D-吡喃葡萄糖基-$(1\to4)$-O-β-D-吡喃葡萄糖基-$(1\to2)$-O-β-D-吡喃葡萄糖基-$(1\to4)$-O-β-D-吡喃半乳糖苷;橙色果实含 α-胡萝卜素,澳洲茄胺,N-甲基澳洲茄胺,12β-羟基澳洲茄胺,番茄烯胺(tomatidenol),毛叶冬珊瑚碱(solanocapsine),替告皂苷元,去半乳糖替告皂苷(desgalacto-tigonin),替告皂苷元四糖苷(tigenenin tetraoside)SN-4;还含无机元素钙、镁、铁、锌、锰、铜等。种子油含胆甾醇。**根**含龙葵皂苷(uttroside)A、B,龙葵螺苷(uttronin)A、B,植物凝集素等。

【功效主治】龙葵苦、微甘,寒;有小毒。清热解毒,利尿。用于疮痈肿毒,皮肤湿疹,小便不利,咳嗽痰喘,白带过多,小便淋漓涩痛,痢疾,天疱疮,丹毒;试用于癌瘕症。**龙葵果**苦,寒。清热解毒,化痰止咳。用于咽喉肿痛,疔疮,久咳久喘。**龙葵子**苦,寒。清热解毒,化痰止咳。用于咽喉肿痛,疔疮,咳嗽痰喘。**龙葵根**苦,寒。清热利湿,活血解毒。用于痢疾,淋浊,石淋,白带,风火牙痛,跌打损伤,痈疽肿毒。

【历史】龙葵始载于《药性论》。《新修本草》曰:"即关河间谓之苦菜者。叶圆,花白,子若牛李子,生青熟黑。"《本草纲目》云:"四月生苗,嫩时可食,柔滑,渐高二三尺,茎大如箸,似灯笼草而无毛。叶似茄叶而小。五月以后,开小白花,五出黄蕊,结子正圆,大如五味子,上有小蒂,数颗同缀,其味酸。中有细子,亦如茄子之子。但熟黑者为龙葵。"所述形态及附图与植物龙葵一致。

【附注】《中国药典》1977年版、《山东省中药材标准》2002年版收载龙葵。

青杞

【别名】野枸杞、野茄子。

【学名】Solanum septemlobum Bge.

【植物形态】半灌木状直立草本,高约50cm。茎有棱,有白色弯曲的短柔毛至近无毛。叶互生;叶片卵形,长3~6cm,宽2~5cm,先端钝或尖,基部楔形,5~9羽状深裂,裂片长圆形至披针形,两面疏生短毛,叶脉及边缘的毛较密;叶柄长约1~2cm,有短毛。二歧聚伞花序,顶生或腋外生;总花梗长1~3cm,有疏毛或近无毛;花梗纤细,长5~8mm;花萼小杯状,直径约2mm,外面疏生柔毛,5裂,裂片三角形;花冠蓝紫色,直径约1cm,先端5裂,裂片长圆形,开放时常向外反折;雄蕊5,花丝短,花药长圆柱形;子房卵形,花柱细长,柱头头状。浆果近球形,直径约8mm,熟时红色。花期6~8月;果期8~10月。(图677)

【生长环境】生于向阳山坡或村边路旁。

【产地分布】山东境内产于各丘陵及平原地区。在我国除山东外,还分布于东北、华北、西北地区及江苏、安徽、四川等地。

【药用部位】全草:蜀羊泉。为民间药。

【采收加工】夏季花果茂盛时采收,除去杂质,晒干或鲜用。

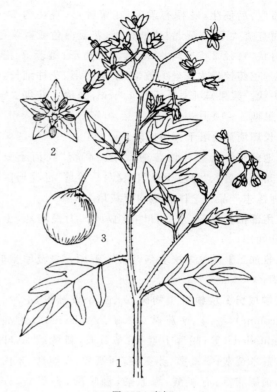

图677 青杞
1.花枝 2.花冠展开 3.果实

【化学成分】**全草**含生物碱。**地上部**分含9,11-环氧麦角甾醇,豆甾醇-3-O-β-D-(6-软酯酰)葡萄糖苷[stigmasterol-3-O-β-D-(6-palnityl)glucopyranoside],豆甾醇,东莨菪内酯,N-反式阿魏酰基酪胺,14-methoxy-10,13-dimethyl-17-(5-oxo-2,5-dihydrofuran-3-yl)hexadecahydro-1H-cyclopenta[a]phenanthren-3-yl acetate,二十二烷基-反式-阿魏酸酯,棕榈酸,正三十烷,β-谷甾醇,β-胡萝卜苷等。

【功效主治】苦,寒;有毒。清热解毒。用于咽喉肿痛,目昏眼赤,皮肤瘙痒。

【历史】青杞始载于《神农本草经》,名蜀羊泉。《名医别录》载:"一名羊泉,一名羊饴,生蜀郡川谷。"《新修本草》云:"叶似菊,花紫色,子类枸杞子,根如远志,无心有糁。"《救荒本草》曰:"苗高二尺余,叶似菊叶稍长,子生青熟红。"《植物名实图考》附蜀羊泉图。各本草所述形态及附图与植物青杞相似。

马铃薯

【别名】阳芋、土豆(济南)、地豆(临沂)。

【学名】Solanum tuberosum L.

【植物形态】直立草本,高0.5~1m,无毛或疏被柔毛。地下茎扁球状、椭圆状或块状,直径2~10cm。奇数羽状复叶;小叶片5~9对,大小不等,常大小相间,卵形或椭圆形,先端尖,基部对称,两面疏生柔毛。伞房花序顶生,后侧生,花梗有柔毛;花萼钟形,直径约 1cm,外面有疏柔毛,5 裂,裂片披针形;花冠白色或蓝紫色,辐射状,直径 2.5～3cm,裂片 5,三角形;雄蕊 5,花丝较短,花药较长为花丝的数倍;子房卵形,花柱细长,柱头头状。浆果球形,直径约 1.5cm,光滑。花期 7～8月;果期 8～10月。

【生长环境】栽培于大田或园地。

【产地分布】全省各地普遍栽培。高密"胶河土豆"、"滕州马铃薯"、"昌邑土豆"、"胶西马铃薯"已注册国家地理标志产品。全国各地均有栽培。

【药用部位】块茎:土豆;叶:土豆叶。为民间药,土豆药食两用。

【采收加工】夏季采挖块茎,洗净,鲜用。春夏季采叶,鲜用。

【化学成分】块根含生物碱:α-、β-、γ-查茄碱(α-、β-、γ-chaconine),α-、β-、γ-茄碱(α-、β-、γ-solanine),龙葵碱(nightshade)等;胡萝卜素类:堇黄质,新黄质 A,叶黄素,玉米黄素;氨基酸:苏氨酸,缬氨酸,亮氨酸,苯丙氨酸,赖氨酸等;有机酸:绿原酸,咖啡酸,香豆酸,柠檬酸,苹果酸,奎宁酸,琥珀酸,延胡索酸等;还含槲皮素,7-羟基-6-甲氧基香豆素,6-羟基-7-甲氧基香豆素,丙烯酰胺(acrylamide),植物凝集素,维生素 C、E、B_1、B_2,及无机元素钙、铁、锌、磷、硒、钾、钠、镁等。茎叶挥发性成分:n-醋酸丙酯,四十四烷,二十七烷,7-十六碳烯醛,6,10,14-三甲基-2-十五烷酮,2,4-二甲基-2,3-丁二醇等。

【功效主治】土豆甘,平。补气健脾,通利大便,解毒消肿。用于脾胃虚弱,食积不化,胃脘之不适、肠燥便秘,痄腮,烫伤。土豆叶外用于臁疮。

【历史】马铃薯始载于《植物名实图考》,名阳芋、山药蛋,云:"黔滇有之。绿茎青叶,叶大小、疏密、长圆形状不一,根多白须,下结圆实,压其茎刨根实繁如番薯,茎长则柔弱如蔓,……秋时根肥连缀,味似芋而甘,似薯而淡。叶味如豌豆苗,按酒侑食,清滑隽永。开花紫筒五角,间以青纹,中擎红的,绿蕊一缕,亦复楚楚。山西种之为田,俗称山药蛋,尤硕大,花白色。"所述形态及附图与植物马铃薯相符。

玄参科

柳穿鱼

【别名】中国柳穿鱼。

【学名】Linaria vulgaris Mill. subsp. sinensis (Debeaux) Hong

(L. vulgaris Mill. var. sinensis Bebeaux.)

【植物形态】多年生草本。茎直立,高 20～80cm,无毛,通常上部分枝。叶通常互生,稀下部轮生,上部互生;叶片条形,通常单脉,稀 3 脉,长 2～6cm,宽 2～4mm,稀达 1cm,无毛。总状花序,花期短而密集,果期伸长而疏离;花序轴及花梗无毛或有少数腺毛;苞片条形至狭披针形,超过花梗;花萼裂片披针形,长约 4mm,外面无毛,内面有腺毛;花冠黄色,除去距长 1～1.5cm,距长 1～1.5cm,上唇长于下唇,2 裂,裂片长 2mm,卵形,下唇在喉部向上隆起,几乎封住喉部,使花冠呈假面状,3 裂,中裂片舌状,侧裂片卵圆形;雄蕊 4,两两靠近。蒴果卵球形,长 0.8～1cm。种子盘状,边缘有宽翅,中央常有瘤状突起。花期 6～9月;果期 7～10月。(图 678)

图 678 柳穿鱼
1. 植株 2. 花

【生长环境】生于山坡、路边或荒地草丛。

【产地分布】山东境内产于济南、微山、鱼台、栖霞、高唐、孤岛、烟台等地。在我国除山东外,还分布于东北、华北及河南、江苏、陕西、甘肃等地。

【药用部位】全草:柳穿鱼。为民间药。

【采收加工】夏季花盛开时采割地上部分,阴干。

【化学成分】全草含黄酮类:柳穿鱼苷(pectolinarin),柳穿鱼苷元,乙酰柳穿鱼苷(acetyl pectolinarin),橙皮苷,白杨素,蒙花苷,乙酰蒙花苷,香叶木苷,木犀草苷,刺槐素；三萜类：环阿尔廷-25-烯-3,24-二醇(cycloart-25-ene-3β,24 ξ-diol)，环阿尔廷-23-烯-3,25-二醇，isomultiflorenol，isomultiflorenone，乌索酸，马斯里酸(maslinatic acid)；甾类：6β-羟基-豆体甾-4-烯-3-酮，3β-羟基豆甾-5-烯-7-酮，β-谷甾醇，胡萝卜苷，胡萝卜苷棕榈酸酯，5α,8α-表二氧化麦角甾-6,22-二烯-3β-醇，麦角甾-7,22-二烯-3β,5α,6β-三醇等；糖苷类：苯甲醇-O-β-D-吡喃葡萄糖苷，苯甲醇-O-(2′-β-O-β-D-吡喃木糖基)-β-D-吡喃葡萄糖苷，丁香苷，丁香酸-O-葡萄糖苷，苯甲醇樱草糖苷；有机酸：丁二酸，正二十六烷酸，α-单二十烷酸甘油酯，γ-羟基谷氨酸，对甲氧基苯甲酸等；还含(2S,3S,4R,8E)-8,9-二脱氢植物鞘氨醇，(2′R)-2′-羟基脂肪酰胺，鸭嘴花碱(peganine)，3,5-二甲氧基-4-羟基苯甲醛，2,4-二叔丁基苯酚，甘露醇，半乳糖醇，正二十七烷醇。叶还含龙头花苷(antirrinoside)。花含蒙花苷(linarin)，柳穿鱼苷(pectolinarin)，新蒙花苷(neolinarin)。

【功效主治】甘、微苦，寒。清热解毒，散瘀消肿，利尿。用于头痛，头晕，黄疸，小便不利，痔疮，便秘；外用于皮肤病，烧、烫伤。

山罗花

【别名】绣球草、石蜡花。

【学名】Melampyrum roseum Maxim.

【植物形态】一年生草本。茎直立，高15～80cm，略呈四棱形，通常多分枝，疏被鳞片状短毛，有时具2列多细胞柔毛。叶对生；叶片披针形至卵状披针形，长2～8cm，宽0.8～3cm，先端渐尖，基部圆钝或楔形，全缘，疏被鳞片状短毛；叶柄长约5mm。总状花序顶生；苞片与叶同形，向上渐小，仅基部有尖齿至全部边缘有多个刺毛状长齿，稀近全缘，先端急尖至长渐尖；花萼长约4mm，脉上有多细胞柔毛，萼齿4，长三角形至钻状三角形，有短睫毛；花冠紫色、紫红色或红色，长1.5～2cm，二唇形，上唇风帽状，2齿裂，边缘及内面密生须毛，下唇3裂；雄蕊4，药室长而尾尖。蒴果卵状，长渐尖，略侧扁，室背开裂，有鳞状毛。种子黑色，长3mm。花、果期7～10月。（图679）

【生长环境】生于山坡灌草丛。

【产地分布】山东境内产于胶东山地丘陵、泰山及蒙山。在我国除山东外，还分布于东北、华东地区及河北、山西、陕西、甘肃、河南、湖北、湖南等地。

【药用部位】全草：山罗花。为民间药。

【采收加工】夏季采收带根全草，除去杂质，晒干或鲜用。

【化学成分】全草含玉叶金花苷酸甲酯(mussaenoside)等。

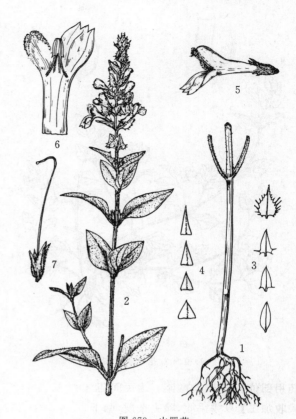

图679 山罗花
1.植株下部 2.植株上部 3.苞片 4.萼齿 5.花 6.花冠展开 7.花萼及雌蕊

【功效主治】苦，凉。清热解毒。用于外感，月经不调，肺热咳嗽，风湿痹痛，腰痛，跌打损伤，痈疮肿痛。根清凉可代茶。

沟酸浆

【别名】酸浆。

【学名】Mimulus tenellus Bge.

【植物形态】多年生柔弱草本，铺散状，全株无毛。茎多分枝，长达40cm，下部匍匐生根，四棱形，棱上有窄翅。叶对生；叶片卵形、卵状三角形至卵状矩圆形，长1～3cm，宽0.4～1.5cm，先端急尖，基部阔楔形至截形，边缘有明显疏锯齿；叶柄与叶片等长或稍短。花单生叶腋；花梗与叶柄近等长；花萼圆筒形，长约5mm，果期膨大成囊泡状，有5肋，萼口平截，萼齿5，细小而尖；花冠黄色，长为萼的1.5倍，略呈二唇形，喉部有毛；雄蕊4，二强，不伸出花冠外。蒴果椭圆形，稍短于萼。种子卵圆形，有微细的乳头状突起。花、果期6～9月。（图680）

【生长环境】生于山谷或溪边湿地。

【产地分布】山东境内产于鲁中南山区。在我国除山东外，还分布于秦岭、淮河以北，陕西以东各地。

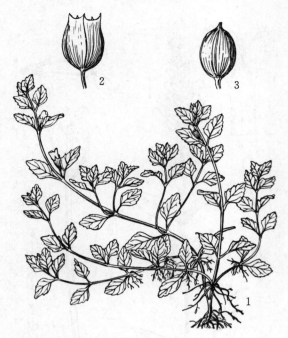

图680 沟酸浆
1.植株 2.花萼 3.果实

【药用部位】全草：沟酸浆。为民间药。

【采收加工】夏季采收，除去杂质，晒干。

【功效主治】涩，平。收敛止泄，止痛，解毒。用于湿热痢疾，脾虚泄泻，带下。

毛泡桐

【别名】绣毛泡桐、紫花泡桐、梧桐。

【学名】Paulownia tomentosa (Thunb.) Steud.
(*Bignonia tomentosa* Thunb.)

【植物形态】乔木，高15m，直径达1m。树皮灰褐色，幼时平滑，老时开裂。幼枝绿褐色，有黏质腺毛及分枝毛。叶对生；叶片阔卵形或卵形，长20～30cm，宽15～28cm，先端渐尖或锐尖，基部心形，全缘或3～5浅裂，上面有长柔毛、腺毛及分枝毛，无光泽，下面密生灰白色树枝状毛或腺毛；叶柄长10～25cm，密被腺毛及分枝毛。大型圆锥花序，长40～80cm，侧生分枝较细长，聚伞式小花序有长总梗，且与花梗近等长；花蕾近球形，密生黄色毛，在秋季形成，直径0.7～1cm；萼阔钟形，长1～1.5cm，5深裂达1/2以上，外面密被黄褐色毛；花冠钟形，5裂，二唇形，长约5～7cm，冠幅3～4cm，鲜紫色至蓝紫色，外面有腺毛，内面几无毛，有紫色斑点、条纹及黄色条带；子房卵圆形，花柱细长，短于雄蕊。果实卵球形，长3～4.5cm，顶端急尖，长3～4mm，基部圆形，表面有黏质腺毛，果皮薄脆，厚约1mm。种子连翅长约3.5mm。花期4～5月；果期8～9月。(图681)

【生长环境】生于山谷、村旁或路边。通常栽培于村边和田间。

【产地分布】山东境内各地普遍栽培。在我国除山东外，还分布于辽宁、河北、河南、安徽、江苏、湖北、江西等地。

【药用部位】果实：泡桐果；花：泡桐花；根：泡桐根；叶：桐叶；除去外皮的树皮：内桐皮。为民间药。

【采收加工】秋季采收近成熟果实，晒干。春季花开时采花，夏季采叶，四季采剥树皮，晒干或鲜用。全年挖根，洗净，晒干。

【药材性状】果实卵球形，长3～4cm，直径2～3cm；表面红褐色或黑褐色，顶端尖嘴状，基部圆形，两侧各有纵沟1条，另两侧各有棱线1条，常沿纵棱线裂成2瓣；内表面淡棕色，各有1纵隔；果皮革质，较硬脆；宿萼5，中裂，五角星状，裂片三角形。果梗扭曲，长2～3cm，近果实的一端较粗壮。种子多数，扁而有翅，连翅长约3.5mm。气微，味微甜、苦。

以个大完整、色红褐、带宿萼者为佳。

干燥花长4～7cm。花萼较小，阔钟形，长1～1.5cm，5深裂至1/2以上，外表面密被黄褐色毛。花冠钟形，5裂，二唇形；灰棕色至紫灰棕色，外表面被腺毛，内表面几无毛，有紫色斑纹。雌蕊1，子房卵圆形，花柱细长，短于雄蕊。质脆，易破碎。气特异，味淡。

以花大、完整、色紫、气味浓者为佳。

根圆柱形，长短不等，直径约2cm。表面灰褐色至棕褐色，粗糙，有明显皱纹和纵沟，具横裂纹及突起的侧根痕。质坚硬，不易折断，断面不整齐，皮部棕色或淡棕色，木部宽广，黄白色，纤维性，有多数孔洞(导管)及放射状纹理。气微，味微苦。

【化学成分】果实含泡桐素(paulownin)，d-芝麻素，芹菜素，木犀草素，高北美圣草素等。种子含脂肪油。花含5,4′-二羟基-7,3′-二甲氧基双氢黄酮,5-羟基-7,3′,4′-三甲氧基双氢黄酮，diplacone，mimulone，芹菜素，β-谷甾醇，豆甾醇，菜油甾醇，胡萝卜苷，棕榈酸乙酯，3,4-二甲氧基苯酚，苯甲醛等。叶含桃叶珊瑚苷，泡桐苷(paulownioside)，毛蕊花苷(acteoside)即类叶升麻苷又称麦角甾苷，异毛蕊花苷(isoverbascoside)，熊果酸，乙酰熊果酸，3α-羟基-乌苏酸，坡模酸，2α,3α-二羟基-12-烯-28-乌苏酸，山楂酸(maslinic acid)，洋芹素，木犀草素，高北美圣草素(homoeriodictyol)，胡萝卜苷，β-谷甾醇等。树皮含洋丁香酚苷，松柏苷(coniferin)，丁香苷，梓醇(catalpol)。内桐皮含毛蕊花苷，异毛蕊花苷，对香豆酸，咖啡酸和肉苁蓉苷F(cistanoside F)。木材及种子还含campneoside Ⅰ，isocampneoside Ⅰ，campneoside Ⅱ 和 isocampneoside Ⅱ 等。

【功效主治】泡桐果淡、微甘,温。止咳,祛痰,平喘。用于久咳久喘,痰多。**泡桐树皮及泡桐根**苦,寒。祛风除湿,消肿止痛。用于风湿热痹,淋病,丹毒,痔疮肿毒,肠风下血,外伤肿痛,骨折。**泡桐花**微苦,寒。清热解毒。用于肺热咳嗽,咽痛红肿,痢疾泄泻,痄腮,疔疮。**泡桐叶**苦,寒。清热解毒,消肿止血。用于痈疽,疔疮肿毒,外伤出血。

【历史】桐始载于《神农本草经》,列为下品。《本草纲目》载:"白桐,即泡桐也,叶大径尺,最易生长,皮色粗黑,其木轻虚,不易虫蛀……二月开花,如牵牛花而白色,结实大如巨枣,长寸余,壳内有子片,轻虚如榆荚、葵实之状,老则壳裂,随风飘扬"。又曰:"白花桐……叶圆大而尖长有角,光滑可喜,先花后叶,花白色,花心微红,其实大二三寸,内为两房,房内有肉,肉上有薄片,即其子也。紫花桐……叶三角而圆,大如白桐,色青多毛而不光……花色紫,其实亦同白桐而微尖,状如诃子肉黄色。"据所述形态,紫花者与植物毛泡桐相似,白花者与植物白花泡桐相似。

【附注】《山东省中药材标准》2002年版附录收载泡桐花。东北、华北、中南、西南等部分产区曾将泡桐花伪充凌霄花药用,应注意鉴别。

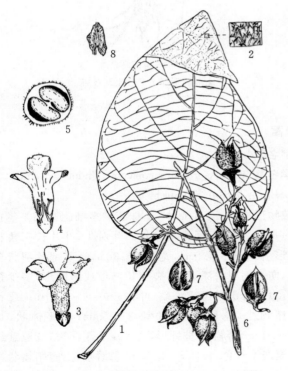

图 681 毛泡桐
1. 叶 2. 叶下面,示毛 3. 花 4. 花纵剖
5. 子房横切 6. 果序 7. 果瓣 8. 种子

附:泡桐

泡桐 P. fortunei (Seem) Hemsl.,又名白花泡桐。与毛泡桐的主要区别是:叶片长卵状心脏形,长达 20cm,长远大于宽;花冠白色或浅紫色,长 8～12cm,花萼长 2～2.5cm;果实长圆形或长圆状椭圆形,果皮木质化,厚 3～6mm。树皮含丁香苷。泰安、鄄城有少量栽培。药用同毛泡桐。

光泡桐

光泡桐 P. tomentosa (Thunb.) Steud. var. tsinligensis (Pai) Gong Tong,与原种的主要区别是:成熟叶片下面无毛或毛极稀疏,基部圆形至浅心形。鲁西南有栽培。药用同毛泡桐。

兰考泡桐

【别名】河南桐、泡桐。

【学名】Paulownia elongata S. Y. Hu

【植物形态】乔木,高达 15m,胸径 1m。树皮灰褐色,浅纵裂。叶对生;叶片卵形或阔卵形,长 15～25cm,宽 10～20cm,全缘或 3～5 浅裂,先端短尖或渐尖,基部心形,上面初有分枝毛,后脱落,下面有灰白色无柄或几无柄的树枝状毛;叶柄长 10～18cm。圆锥花序狭窄,长 40～60cm,聚伞式小花序总梗与花梗近等长;花蕾梨形,长约 1cm,密被黄褐色毛;花萼倒圆锥状钟形,长 1.5～2cm,基部尖,浅裂约至 1/3,裂片三角形,外面毛易脱落;花冠钟状漏斗形,淡紫色,未开前深紫色,萼上部骤然肥大,长 7～8cm,冠幅 4.5～5.5cm,外被腺毛及分枝毛,内面无毛而有黄斑及紫色斑点和条纹,腹部有 2 条明显纵沟;子房卵状圆锥形,柱头白色略膨大。果实卵形,稀椭圆状卵形,长 3～5cm,直径 2～3cm,果皮厚 1～2.5mm。种子连翅长 4～5mm。花期 4 月上旬至 5 月上旬;果熟期 10～11 月。(图 682:1)

【生长环境】栽培于田埂、沟边或沙质壤土。

【产地分布】山东境内各地普遍栽培,以鲁西南地区最多。我国除山东外,还栽培于河北、河南、陕西、山西、江苏、安徽及湖北等地;河南有野生。

【药用部位】果实:泡桐果。为民间药。

【采收加工】秋季果实近成熟时采摘,晒干。

【化学成分】花含豆甾醇,熊果酸,芹菜素;挥发性成分为 1-辛烯-3-醇,1,4-二甲氧基苯,(Z)-3,7-二甲基-1,3,7-辛三烯,苯甲酸甲酯,2-羟基苯甲酸甲酯,1-甲氧基-4-(1-丙烯基)苯等。

【功效主治】祛痰,止咳,平喘。

附:楸叶泡桐

楸叶泡桐 P. catalpifolia Gong Tong(图 682:2),又

图 682　兰考泡桐　楸叶泡桐
1. 兰考泡桐(a. 叶 b. 花序及花蕾 c. 果枝 d. 花正、侧面 e. 花纵剖 f. 花萼及子房 g. 子房横切 h. 果瓣 i. 种子)
2. 楸叶泡桐(a. 花 b. 果实 c. 果瓣 d. 种子)

名山东泡桐，与兰考泡桐的主要区别是：叶片长卵状心形，长约为宽的 2 倍。花冠淡紫色，较细，管部漏斗状，顶端直径不超过 3.5cm。果实椭圆形。药用同兰考泡桐。

返顾马先蒿

【别名】马先蒿。

【学名】Pedicularia resupinata L.

【植物形态】多年生草本。茎直立，高 30～70cm，上部多分枝。叶互生；叶片披针形、长圆状披针形，长 2.5～5.5cm，宽 1～2cm，边缘有缺刻状重锯齿，齿上有胼胝质或刺状尖头，常反卷，两面无毛或有疏毛；叶柄长 0.2～1.2cm。总状花序；苞片叶状；花梗短；花萼长 6～9mm，长卵形，近无毛，前方深裂，仅 2 齿；花冠浅紫红色，长 2～2.5cm，二唇形，上唇成盔状，下唇 3 裂，自基即向右扭旋，使下唇及盔部成回顾状，上唇先端有短喙；雄蕊 4，二强，前对花丝有毛；柱头伸出喙端。蒴果斜长圆状披针形，长 1.1～1.6cm。花期 6～8 月；果期 7～9 月。（图 683）

【生长环境】生于阴湿山坡、灌草丛或林缘。

【产地分布】山东境内产于各山地丘陵。我国除山东外，还分布于东北、华北地区及安徽、陕西、甘肃、四川、贵州等地。

【药用部位】全草：马先蒿。为民间药。

【采收加工】夏季采收带根全草，除去杂质，晒干。

【功效主治】苦，平。祛风，胜湿，利水。用于风湿痹痛，小便不利，砂淋，带下病，疥疮。

【历史】马先蒿始载于《神农本草经》，但无形态描述。《名医别录》云："生南洋川泽。"《新修本草》曰："叶大如芫蔚，花红白色，实八月九月熟，俗谓之虎麻是也。"所述形态与马先蒿属分布较广的返顾马先蒿相似。

图 683　返顾马先蒿
1. 植株下部 2. 植株上部 3. 花

松蒿

【别名】小盐灶。

【学名】Phtheirospermum japonicum (Thunb.) Kanitz. (Geradia japonica Thunb.)

【植物形态】一年生草本，全株密被多细胞腺毛。茎直立，高 0.2～1m，通常多分枝。叶对生；叶片长三角状卵形，长 1.5～5.5cm，宽 0.8～3cm，近基部叶羽状全裂，向上则羽状深裂，小裂片长卵形或卵圆形，多少歪斜，边缘有重锯齿或深裂；叶柄长 0.5～1.2cm。总状花序顶生，花稀疏；花梗长 2～7mm；花萼钟状，长 0.4～1cm，萼齿 5，披针形，羽状浅裂至深裂；花冠紫红色至淡紫红色，长 0.8～2.5cm，二唇形，上唇稍盔状，2 浅裂，下唇较长，3 裂，有 2 条皱纹；雄蕊 4，花丝基部有长柔毛。蒴果卵球形，长 0.6～1cm。种子卵圆形，扁平。花、果期 6～10 月。（图 684）

【生长环境】生于山坡草地或灌丛中。

图 684 松蒿
1. 植株 2. 花萼展开,示雌蕊 3. 花冠展开 4. 果实及宿萼

【产地分布】山东境内产于各山地丘陵。我国分布于除新疆、青海外的其他各地。

【药用部位】全草:松蒿。为民间药。

【采收加工】夏季采收,除去杂质,晒干。

【药材性状】茎长30~60cm,上部多分枝;表面灰绿色,被腺毛。叶对生,多皱缩破碎;完整叶片长三角状卵形,长2~5cm,宽1~3cm,羽状深裂,两侧裂片长圆形,顶端裂片较大,卵圆形;边缘具细锯齿;两面灰绿色,均被腺毛。穗状花序顶生,花萼钟状,长约6mm,5裂;花冠淡红紫色或淡棕色。气微香,味微辛。

【化学成分】地上部分含松蒿苷(phtheirospermoside),洋丁香酚苷,天人草苷(leucosceptoside)A,角胡麻苷(martynoside),桃叶珊瑚苷,都桷子苷酸,车前醚苷(plantarenaloside),连翘脂苷(forsythoside)B 等。

【功效主治】微辛,凉。清热,利湿,解毒。用于黄疸,水肿,风热外感,疮疡肿毒。

地黄

【别名】酒棵(德州、滨州)、甜酒棵、小媳妇喝酒。

【学名】Rehmannia glutinosa (Gaert.) Libosch. ex Fisch. et Mey.

(*Digitalis glutinosa* Gaert.)

【植物形态】多年生草本,高10~40cm,全株被灰白色长柔毛及腺毛。块根肥厚,肉质,鲜黄色,圆柱形或纺锤形。茎直立,单一或基部分生数枝。叶通常在基部排成莲座状,向上强烈缩小成苞片,或逐渐缩小而在茎上互生;叶片卵形至长椭圆形,长3~10cm,宽1.5~4cm,先端钝,基部渐窄,下延成长叶柄,叶面多皱,边缘有不整齐锯齿。总状花序顶生;苞片叶状,发达或退化;花梗长0.5~3cm;花萼钟状,先端5裂,裂片三角形,被多细胞长柔毛和白色长毛,具脉10条;花冠宽筒状,稍弯曲,长3~4cm,外面紫红色,里面杂以黄色,有明显紫纹,先端5浅裂,略呈二唇形;雄蕊4,二强,花药两两黏着,药室2,基部叉开;子房上位,卵形,2室,花后变1室,花柱1,柱头膨大。蒴果卵形或长卵形,先端尖,有宿存花柱,外包宿存花萼。种子多数。花期4~5月;果期5~7月。(图685,彩图65)

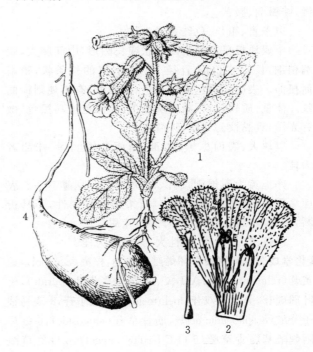

图 685 地黄
1. 植株 2. 花冠展开 3. 雌蕊 4. 块根

【生长环境】生于山坡、沟边或路旁荒地。栽培于阳光充足、土层深厚、疏松肥沃、中性或微碱性的砂质壤土,肥沃黏土也能栽种,忌连作。

【产地分布】山东境内产于菏泽、淄博、济宁、泰安、潍坊、聊城、临沂等地。以菏泽产量大,引种河南怀庆地黄大面积栽培,为全国地黄三大产地之一,已有60余年的历史,以菏泽定陶、曹州为最佳适宜种植区。在我国除山东外,还分布于辽宁、内蒙古、河北、河南、山西、陕西、江苏、安徽、浙江、湖北、湖南、四川等地。河南等省有大量栽培。

【药用部位】鲜块根：鲜地黄；干燥块根：生地黄；生地黄炮制加工品：熟地黄。为常用中药，生地黄、熟地黄可用于保健食品。山东道地药材。

【采收加工】栽培地黄于10月上、中旬或10月下旬至11月上旬采收；野生地黄亦可在春季采挖。除去茎叶、芦头及须根，洗净泥土为鲜地黄。鲜块根用无烟火烘炕，每日翻动1~2次，当块根变软，外皮变硬，内部变黑时即可取出，堆放1~2日，使其回潮后，再炕至干即为生地黄。取生地黄，酒（每100kg生地黄，用黄酒30~50kg）炖至酒吸尽，取出，晾晒至外皮黏液稍干时，切厚片或块，干燥；或取生地黄，蒸至黑润，取出，晒至约八成干时，切厚片或块，干燥。

【药材性状】鲜块根纺锤形或条形，长8~24cm，直径2~9cm。外皮薄，浅红黄色，具弯曲的纵皱纹、芽痕、横长皮孔及不规则疤痕。肉质，易折断，断面皮部淡黄白色，有橘红色油点，木部黄白色，具放射状纹理。气微，味微甜、微苦。

以条直、粗长、色红黄者为佳。

干燥块根呈不规则团块状或长圆形，中间膨大，两端稍细，长6~12cm，直径3~6cm，有的长条状，稍扁而扭曲。表面棕黑色或棕灰色，极皱缩，有不规则横曲纹。体重，质较软韧，断面灰黑色、棕黑色或乌黑色，微有光泽，具黏性。气微，味微甜。

以块大、表面棕黑、体重、断面乌黑润泽、味甜者为佳。

熟地黄为不规则块片、碎块，大小、厚薄不一。表面乌黑色，有光泽，黏性大。质柔软而带韧性，不易折断，断面乌黑色。气微，味甜。

以色黑、具光泽、黏性大、味甜者为佳。

【化学成分】鲜块根含环烯醚萜苷类：梓醇（catalpol），地黄苷（rehmannioside）A、B、C、D，益母草苷（leonuride），桃叶珊瑚苷，美利妥双苷（melittoside），都桷子苷，8-表马钱子苷酸（8-epiloganic acid），筋骨草苷（ajugoside），6-O-E-阿魏酰基筋骨草醇（6-O-E-feruloyl ajugol），6-O-香草酰基筋骨草醇（6-O-vanilloyl ajugol），焦地黄苷（jioglutoside）A、B等；糖类：水苏糖，D-葡萄糖，D-半乳糖，甘露三糖（manninotriose），毛蕊花糖（verbascose）等；还含毛蕊花糖苷（verbascoside），葡萄糖胺，D-甘露醇，磷酸，β-谷甾醇，胡萝卜苷，腺苷及赖氨酸，组氨酸等氨基酸。干燥块根含梓醇，毛蕊花糖苷，地黄苷 A、B、C、D、E，地黄素（rehmaglutin）A、B、C、D，洋丁香酚苷，异洋丁香酚苷，美利妥单苷（monometittoside），地黄氯化臭蚁醛苷（glutinoside），焦地黄素（jioglutin）D、E，焦地黄内酯（jioglutolide），梓醇苷元（cataepolgenin）A，地黄紫罗兰苷（rehmaionoside）A、B、C，地黄苦苷（rehmapicroside），洋地黄叶苷（purpureoside）C，焦地黄苯乙醇苷（jionoside）A_1、B_1等；还含苯甲酸，辛酸及无机元素锰、铁、铜、锶、锌等。熟地黄含毛蕊花糖苷，梓醇，地黄苷A、D，5-羟甲基糠醛，5-羟甲基糠酸等。叶含梓醇，桃叶珊瑚苷，益母草苷，京尼平苷（geniposidic acid），8-表番木鳖酸（8-epiloganic acid），苯甲酸，丁二酸，C_{17}~C_{30}系列脂肪酸，β-谷甾醇，胡萝卜苷，D-甘露醇，$3'$,$4'$-二甲氧基-槲皮素-3-O-β-D-半乳糖苷；挥发油主成分为叶绿醇，二十七烷和十八碳三烯酸甲酯等。

【功效主治】鲜地黄甘、苦，寒。清热生津，凉血，止血。用于热病伤阴，舌绛烦渴，温毒发斑，吐血，衄血，咽喉肿痛。生地黄甘，寒。清热凉血，养阴，生津。用于热入营血，温毒发斑，吐血衄血，热病伤阴，舌绛烦渴，津伤便秘，阴虚发热，骨蒸劳热，内热消渴。熟地黄甘，微温。补血滋阴，益精填髓。用于血虚萎黄，心悸怔忡，月经不调，崩漏下血，肝肾阴虚，腰膝酸软，骨蒸潮热，盗汗遗精，内热消渴，眩晕，耳鸣，须发早白。

【历史】地黄始载于《神农本草经》，名干地黄，列为上品。《名医别录》谓："地黄生咸阳川泽黄土地者为佳"，黄土地指黄河冲积平原。《本草图经》曰："二月生叶，布地便出似车前，叶上有皱纹而不光，高者及尺余，低者三四寸。其花似油麻花而红紫色，亦有黄花者。其实作房如连翘，子甚细而沙褐色。根如人手指，通黄色，粗细长短不常，二月、八月采根。"《本草纲目》载："今人惟以怀庆地黄为上……根长三四寸，细如手指，皮赤黄色，如羊蹄根及胡萝卜根。"本草所述形态及附图与现今地黄原植物基本一致。

【附注】《中国药典》2010年版收载。

玄参

【别名】元参、黑玄参。

【学名】Scrophularia ningpoensis Hemsl.

【植物形态】多年生高大草本，高0.6~1.2m。根肥大，近圆柱形，下部常分枝，外皮灰黄色或灰褐色。茎直立，四棱形，有纵沟纹，光滑或有腺状柔毛。茎下部叶对生，上部叶有时互生；叶片形态多变，常呈卵形或卵状椭圆形，长7~20cm，宽3.5~12cm，先端渐尖，基部圆形或近截形，边缘具细锯齿，无毛或背面脉上有毛；均具柄。聚伞花序疏散开展，呈圆锥形；花梗长1~3cm，花序轴和花梗均被腺毛；萼片5裂，裂片卵圆形，先端钝，边缘膜质；花冠暗紫色，管部斜壶状，长约8mm，顶端5裂，不等大；雄蕊4，二强，另有1退化雄蕊呈鳞片状，贴生于花冠管上；子房上位，2室，花柱细长，柱头短裂。蒴果卵圆形，先端短尖，长约8mm，深绿色或暗绿色，萼宿存。花期7~8月；果期8~9月。（图686，彩图66）

【生长环境】生于山坡林下。栽培于土层深厚、肥沃、排水良好的砂质壤土。

【产地分布】山东境内的莒南、日照、菏泽、济南、潍坊

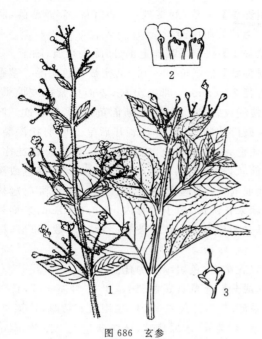

图 686 玄参
1.花果枝 2.花冠展开,示雄蕊 3.花萼及雌蕊

等地均有栽培。我国除山东外,还分布于河北、山西、陕西、河南、江苏、安徽、浙江、江西、福建、湖北、湖南、广东、四川、贵州等地。浙江、四川、贵州等地有栽培。

【药用部位】块根:玄参。为常用中药,可用于保健食品。

【采收加工】秋季当茎叶枯萎时采挖,摘下块根,除去泥土,晒或炕至半干时,堆积盖草压实,使其稍微发热,水分向外蒸发;经反复堆晒发汗,待块根内部变黑时,再晒(炕)至全干。

【药材性状】根类圆柱形,中部略粗,或上粗下细,有的微弯曲似羊角状,长6～20cm,直径1～3cm。表面灰黄色或棕褐色,有明显不规则纵沟、横向皮孔及稀疏的横裂纹,偶有短细根或细根痕。质坚实,难折断,断面略平坦,乌黑色,微有光泽。气特异似焦糖,味甜、微苦。水浸泡液呈墨黑色。

以粗壮、表面色灰黄、质坚实、断面色黑者为佳。

【化学成分】根含环烯醚萜类:哈帕苷(harpagide),哈帕俄苷(harpagoside),桃叶珊瑚苷,6-O-甲基梓醇,6'-O-乙酰哈巴苷,京尼平苷,爪钩草苷(harpagide),scrophulninoside A,ningpogenin,玄参环醚苷 7-羟基-9-羟甲基-3-氧-双环[4.3.0]-8-壬烯(7-hydroxy-9-hydroxymethyl-3-oxo-bicyclo[4.3.0]-8-nonene),玄参三酯苷即 4'-乙酰基-3'-桂皮酰基-2'-对甲氧基桂皮酰基-6-O-鼠李糖基梓醇(4'-acetyl-3'-cinnamoyl-2'-p-methoxycinnamoyl-6-O-rhamnoyl catalpol);环戊烯[b]骈呋喃类:玄参种苷元(ningpogenin),玄参种苷(ningpogoside)A、B;有机酸:肉桂酸,对羟基肉桂酸,丁二酸,4-羟基-3-甲氧基苯甲酸,对甲氧基肉桂酸,4-羟基-3-甲氧基肉桂酸;甾醇类:β-谷甾醇,β-谷甾醇-3-O-β-D-吡喃葡萄糖苷,β-谷甾醇葡萄糖苷;糖类:葡萄糖,果糖和蔗糖;萜类:14-去氧-12(R)-磺酸基穿心莲内酯[14-deoxy-12(R)-sulfo andrographolide],irilactone,熊果酸;苯丙素类:3-O-乙酰基-2-O-阿魏酰基-α-L-鼠李糖,3-O-乙酰基-2-O-对羟基肉桂酰基-α-L-鼠李糖,毛蕊花苷,安格洛苷C,3,4'-二甲基安哥拉苷(3,4'-dimethylangoroside)A;还含5-羟甲基糠醛,胡萝卜苷,天冬酰胺,挥发油和脂肪酸等。**地上部分**含哈巴苷,哈巴俄苷,桃叶珊瑚苷,eurostoside,scrokoelziside A、B,nepitrin,高车前苷等。

【功效主治】甘、苦、咸,微寒。清热凉血,滋阴降火,解毒散结。用于热入营血,温毒发斑,热病伤阴,舌绛烦渴,津伤便秘,骨蒸劳嗽,目赤,咽痛,瘰疬,痈肿疮毒。

【历史】玄参始载于《神农本草经》,列为中品。《开宝本草》云:"茎方大,高四五尺,紫赤色而有细毛,叶如掌大而尖长。根生青白,干即紫黑。"《本草图经》云:"二月生苗。叶似脂麻,又如槐柳,细茎青紫色。七月开花青碧色,八月结子黑色。亦有白花,茎方大,紫赤色而有细毛。有节若竹者,高五六尺……一根可生五七枚。"所述形态及《本草图经》衡州玄参和《本草纲目》附图,与现今玄参原植物一致。

【附注】《中国药典》2010年版收载。

附:北玄参

北玄参 S. buergeriana Miq.(图687),与玄参的主要区别是:叶对生;叶片卵形至长卵形,长5～12cm,宽

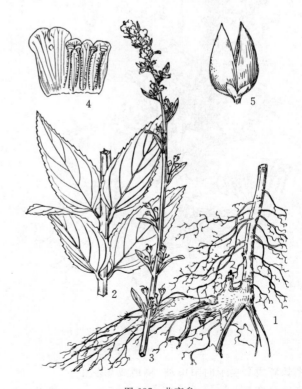

图 687 北玄参
1.根及茎基 2.部分茎 3.花序 4.花冠展开 5.果实

2~5cm。聚伞花序集成顶生紧缩的穗状花序,有时上部叶腋发出侧生花序,花梗长不超过 5mm;花黄绿色。山东境内产于胶东丘陵及徂徕山、鲁山等山区。根含玄参苷,甲氧基玄参苷[8-(O-methyl-p-coumaroyl) harpagide],对-甲氧基桂皮酸,芍药苷等。药用同玄参。

阴行草

【别名】刘寄奴、芝麻蒿、黑茵陈。
【学名】Siphonostegia chinensis Benth.
【植物形态】一年生草本。茎直立,高 30~50cm,密被锈色短毛,稍有棱。叶对生;叶片二回羽状全裂,裂片约 3 对,裂片狭条形,有小裂片 1~3;无柄或有短柄,密被短毛。花对生于茎枝上部,组成稀疏的总状花序;花梗极短;有 2 小苞片;花萼筒细长,长 1~1.5cm,有 10 条显著的主脉,5 裂;花冠二唇形,上唇盔状,密被毛,微带紫色,下唇黄色,长 2.2~2.5cm,3 裂,外面密被毛,皱褶高隆起成瓣状;雄蕊 4,二强,花丝有毛。蒴果长圆形,包于宿存的萼内。种子黑色,卵形。花期 6~8 月;果期 8~9 月。(图 688)

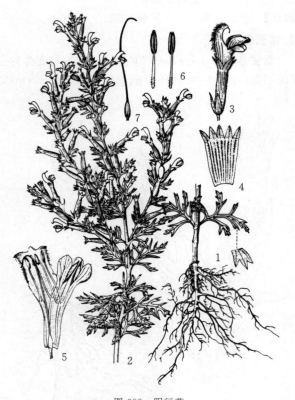

图 688 阴行草
1.植株基部 2.植株上部 3.花 4.花萼展开
5.花冠展开 6.雄蕊 7.雌蕊

【生长环境】生于向阳山坡、草地或灌丛中。
【产地分布】山东境内产于各山地丘陵。分布于全国各地。
【药用部位】全草:刘寄奴(北刘寄奴、金钟茵陈、阴行草)。为较常用中药。
【采收加工】秋季采割地上部分,除去杂质,晒干。
【药材性状】全草长 30~40cm,密被锈色短毛。茎圆柱形,直径 2~4mm,上部有分枝;表面棕紫色或棕黑色,有纵棱线纹;质脆,易折断,断面黄白色,纤维性。叶对生,常破碎或脱落;完整者展开后呈二回羽状深裂,裂片狭条形;表面黑绿色,密被短毛。顶生总状花序;花萼长筒状,长约至 1.5cm,直径约 3mm,黄棕色或黑棕色,表面有 10 条隆起纵棱,顶端 5 裂;残留花冠棕黄色。蒴果长圆形,包于宿萼内,长 0.5~1cm;表面棕黑色,具多数纵纹;质脆易破裂。种子多数,卵形,棕黑色。气微,味淡。

以花果多、色黑绿者为佳。

【化学成分】全草含黄酮类:5,3'-二羟基-6,7,4'-三甲氧基黄酮,5,7-二羟基-3',4'-二甲氧基黄酮,芹菜素,木犀草素,芹菜苷,木犀草苷;还含灰毡毛忍冬素 F (macranthoin F),3,4-二咖啡酸基奎尼酸,3,4,5-三咖啡酰基奎尼酸甲酯,3-羟基-16-甲基-十七羧酸,D-甘露醇,对-香豆酸,β-谷甾醇,三十四烷,三十五烷等。地上部分含阴行草醇(siphonostegiol),异荼荑碱(isocantleyine),黑麦草内酯(loliolide),7-甲氧基香豆素,7-羟基香豆素,异阿魏酸,1R,2R,4R-三羟基薄荷烷,反式对羟基桂皮酸,胡萝卜苷等;挥发油主成分为香树烯,α-柠檬烯,1,8-桉叶素,1-辛烯-3-醇,薄荷酮,左旋薄荷醇等。
【功效主治】苦,寒。清热利湿,活血祛瘀。用于黄疸,小便短赤,石淋,外伤出血,便血,尿血,痛经,产后血瘀腹痛。
【历史】阴行草始载于《滇南本草》,名金钟茵陈。《植物名实图考》谓:"丛生,茎硬有节,褐黑色,有微刺,细叶,花苞似小罂,上有歧,瓣如金樱子形而深绿,开小黄花,略似豆花,气味苦寒,湖南岳麓亦有之,土呼黄花茵陈,其叶颇似蒿……主利小便,疗胃中湿,痰热发黄,或周身黄肿,与茵陈主疗同"。所述形态及附图与植物阴行草基本一致。
【附注】《中国药典》1977 年版、《山东省中药材标准》2002 年版收载。

北水苦荬

【别名】水苦荬、水莴苣、水仙桃草。
【学名】Veronica anagallis-aquatica L.
【植物形态】多年生水生或沼生草本,通常全体无毛。根状茎斜走。茎直立或基部倾斜,分枝或不分枝,高 0.1~1m。叶对生;叶片呈椭圆形或长卵形,稀为披针形,长 2~10cm,宽 1~3.5cm,全缘或有疏锯齿;无柄,上部叶半抱茎。总状花序腋生,长于叶;花梗与苞片近等长,与花序轴成锐角,果期弯曲向上,使蒴果靠近花序轴,花序通常不宽于1cm;花萼裂片卵状披针形,急尖,长约3mm,果期直立或叉开,不紧贴蒴果;花冠浅蓝色、浅紫色或白色,4裂,直径4～5mm,辐状;雄蕊2,短于花冠。蒴果近圆形,几与萼等长,顶端钝而微凹,花柱长约2mm。花、果期4～9月。2n=36。(图689)

图689 北水苦荬
1.根茎及茎基 2.植株上部 3.果实

【生长环境】生于溪水、河沟、池塘或水库边。
【产地分布】山东境内产于鲁中南及胶东丘陵。在我国除山东外,还分布于长江以北及西南等地。
【药用部位】全草:水苦荬(仙桃草);根:水苦荬根;果实或带有虫瘿的果实:水苦荬果。为民间药。
【采收加工】夏、秋二季采割带虫瘿的地上部分或摘取果实,秋季挖根,晒干或鲜用。
【化学成分】全草含黄酮类:木犀草素-7-O-β-D-葡萄糖苷,4′-甲氧基高山黄芩素-7-O-β-D-葡萄糖苷(4′-methoxyscutellarein-7-O-β-D-glucoside),6-羟基木犀草素-7-O-β-D-葡萄糖苷,6-羟基木犀草素-7-O-二葡萄糖苷,大波斯菊苷(cosmosiin);环烯醚萜类:桃叶珊瑚苷,梓醇等;有机酸:苯甲酸,原儿茶酸,咖啡酸,对-羟基苯甲酸,香草酸,对-香豆酸,阿魏酸,异阿魏酸等。
【功效主治】水苦荬(仙桃草)苦,凉。清热利湿,止血化瘀。用于外感,咽痛,劳伤咳血,痢疾,血淋,月经不调,疝气,疔疮,跌打损伤。水苦荬果用于腰痛,肾虚,小便涩痛等。水苦荬根微苦,辛,寒。用于风热上壅,咽喉肿痛,项上风疬。
【历史】水苦荬始见于《本草图经》,作为半边山的异名,但非本品。《本草纲目拾遗》载接骨仙桃,云:"生田野间,似醴肠草。结子如桃,熟则微红,小如绿豆大,内有虫者佳。"又云:"仙桃草近水处田塍多有之,谷雨后生苗,叶光长类旱莲,高尺许,茎空,摘断不黑亦不香。立夏后开细白花,亦类旱莲,而成穗结实如豆,大如桃子,中空,内有小虫在内,生翅,穴孔而出。采时须候实将红,虫未出生翅时收用,药力方全。"所述形态及附图与水苦荬类相似。又据考证《救荒本草》水蕒苣为现今水苦荬;《滇南本草》无风自动草即今北水苦荬。

附:水苦荬

水苦荬 V. undulata Wall.,又名芒种草,与北水苦荬的主要区别是:叶片有时条状披针形,叶缘具尖锯齿。茎、花序轴、花梗、花萼和蒴果上多少有大头针状腺毛。花梗在果期挺直,横叉开,与花序轴几成直角,花序宽超过1cm;花柱较短,长1～1.5mm。2n=18。山东境内产于鲁中南及胶东半岛。药用同北水苦荬。

婆婆纳

【别名】双果草、双珠草。
【学名】Veronica didyma Tenore
【植物形态】一年生草本。茎铺散多分枝,高10～25cm,多少有柔毛。叶对生,仅2～4对;叶片心形至卵形,长0.5～1cm,宽6～7mm,每边有2～4齿,两面有白色长柔毛;叶柄长3～6mm。总状花序,稀疏,形似花单生叶腋;苞片叶状,下部的对生或全部互生;花梗比苞片短;花萼裂片4,卵形,3出脉,疏被短硬毛;花冠淡紫色、蓝色、粉红色或白色,筒部极短,裂片4,近于辐射状;雄蕊2,比花冠短。蒴果近于肾形,略短于萼,脉不明显,密被腺毛,顶端凹口近于直角,宿存花柱与凹口齐或略长。种子背面有横纹,长约1.5mm。花、果期3～10月。2n=14。(图690)
【生长环境】生于路边或花坛草丛。
【产地分布】山东境内产于济南、泰安等地。在我国除山东外,还分布于华东、华中、西南、西北地区及河北等地。
【药用部位】全草:婆婆纳。为民间药。
【采收加工】夏季采收,洗净,晒干或鲜用。
【化学成分】全草含4′-甲氧基高山黄芩素-7-O-β-D-葡萄糖苷,6-羟基木犀草素-7-O-β-D-葡萄糖苷,6-羟基木犀草素-7-O-二葡萄糖苷,木犀草素-7-O-β-D-吡喃葡萄糖苷,大波斯菊苷等。
【功效主治】淡,平。补肾壮阳,凉血,止血,理气止痛。用于吐血,疝气,子痈,带下,崩漏,小儿虚咳,阳痿,骨折。
【历史】婆婆纳始载于《救荒本草》,曰:"生田野中。苗

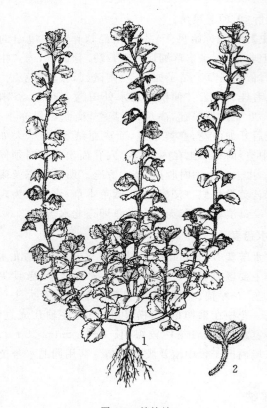

图690 婆婆纳
1.植株 2.果实

踏地生,叶最小,如小面花魇儿,状类初生菊花芽,叶又团,边微花,如云头样。"所述形态及附图与植物婆婆纳相似。

细叶婆婆纳

【别名】追风草、一支香、斩龙剑。
【学名】Veronica linariifolia Pall. ex Link.
【植物形态】多年生草本。根状茎短。茎直立,单生,高30～80cm,少2支丛生,常不分枝,通常有白色拳曲的毛。叶全部互生或下部叶对生;叶片条形至条状长圆形,长2～6cm,宽0.2～1cm,中部以上边缘有三角状锯齿,稀全缘,两面无毛或有白色毛。总状花序单一或有几枚,花密集呈长穗状;花梗长2～4mm,有柔毛;花萼4深裂,裂片披针形,长2～3mm;花冠蓝色或紫色,稀白色,长5～6mm,筒部长约2mm,喉部有柔毛,裂片4,宽度不等,后方1片卵圆形,其余3片卵形;雄蕊2,伸出花冠外。蒴果卵球形,稍扁。花、果期6～9月。(图691)
【生长环境】生于山坡灌草丛。
【产地分布】山东境内产于各山地丘陵。在我国除山东外,还分布于东北地区及内蒙古等地。
【药用部位】全草:一支香。为民间药。
【采收加工】夏、秋二季采收,晒干。

【药材性状】全草长30～60cm。根茎短,有须根。茎常单一,被白色拳曲的毛。叶互生或下部叶对生;完整叶片条形或条状长圆形,长2～5cm,宽2～8mm;先端短尖,基部狭窄,中部以上边缘有三角状锯齿;表面绿色或灰绿色,无毛或被白色毛。总状花序花密集呈长穗状;花冠蓝色或紫褐色。蒴果扁卵球形。气微,味微苦。

以叶花多、色绿者为佳。

【化学成分】全草含梓苷(catalposide),6-香草酰梓苷(picroside),6-(3′,4′-二羟基苯甲酚基)-梓醇(verproside),6-(3′,4′-二羟基肉桂酰基)-梓醇(verminoside)等。

【功效主治】镇咳祛痰,解毒平喘,祛风湿,止痛。用于咳嗽痰喘,气喘,伤风外感,腰腿酸痛。

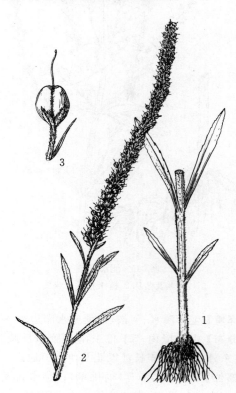

图691 细叶婆婆纳
1.植株下部 2.植株上部 3.果实

水蔓菁

【别名】蜈蚣草、斩龙剑(烟台)、气管炎草。
【学名】Veronica linariifolia Pall. ex Link. subsp. dilatata (Nakai et Kitag.) Hong
(V. linariifolia Pall. ex Link. var. dilatata Nakai et Kitag.)
【植物形态】多年生草本,高50～90cm。茎、叶及苞片被细短柔毛。茎下部叶对生,上部叶多互生;叶片狭卵形或宽披针形,长2.5～6cm,宽0.5～2cm,先端短尖,基部窄狭成柄,边缘有单锯齿。顶生总状花序,花密集成穗状;花梗与花萼等长;苞片狭线状披针形至线形;花萼4裂,稍有毛;花冠蓝紫色,4裂;雄蕊2;子房上位,2室。蒴果扁圆形,先端微凹,花柱宿存。花、果期9～10月。(图692)

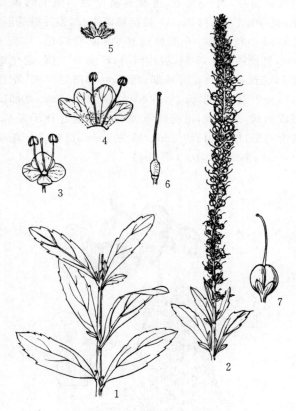

图692 水蔓菁
1.植株一部分 2.花序 3.花 4.花冠展开
5.花萼展开 6.雌蕊 7.果实

【生长环境】生于山坡、草地或灌丛中。

【产地分布】山东境内产于各山地丘陵。在我国除山东外,还分布于甘肃至云南以东,陕西、山西及河北以南各省区。

【药用部位】全草:水蔓菁。为少常用中药。

【采收加工】夏、秋二季花果期采割地上部分,除去杂质,晒干。

【药材性状】全草长20～70cm,被细短绒毛。根茎短,簇生浅灰褐色须根。茎圆柱形;质脆,易折断,断面中空。叶对生或互生,卷缩破碎;完整叶片展平后呈狭卵形或宽披针形,长2～5cm,宽0.6～2cm;先端短尖,基部渐狭,边缘有锯齿;表面黄绿色或暗绿色。顶生总状花序似穗状;花蓝紫色或蓝褐色。蒴果扁圆形,有宿存花柱。种子细小。气微,味苦。

以色绿、带花果、味苦者为佳。

【化学成分】全草含黄酮类:木犀草素,6-羟基木犀草素,水蔓菁苷(linarlifolioside)即木犀草素-7-O-6‴-O-乙酰基-β-D-葡萄糖基-(1→2)-β-D-葡萄糖苷,木犀草素-7-O-β-D-葡萄糖基-(1→2)-β-D-葡萄糖苷,芹菜素,芹菜素-7-O-α-L-鼠李糖苷,芹菜素-7-O-β-D-葡萄糖醛酸苷甲酯,芹菜素-7-O-β-D-葡萄糖醛酸苷乙酯,芹菜素-7-O-β-D-葡萄糖醛酸苷,5,6,7,3′,4′-五羟基黄酮-7-O-β-D-葡萄糖基-(1→2)-β-D-葡萄糖苷,5,7,4′-三羟基-6,3′-二甲氧基黄酮-7-O-β-D-葡萄糖苷;有机酸:香草酸,对羟基苯甲酸,原儿茶酸,原儿茶酸乙酯,异阿魏酸;还含儿茶酚,大黄素,梓苷,3′-羟基梓苷(verproside),药用水蔓菁苷(verminoside),胡黄连苦苷(picroside),地黄素D,焦地黄呋喃(jiofuran)和甘露醇等。挥发油主成分为4-亚甲基-1-(1-甲基乙基)-环己烯,β-蒎烯,1S-α-蒎烯,β-水芹烯,β-月桂烯,大根香叶烯D(germacrene D)等。

【功效主治】苦,寒。清热解毒,利尿,止咳化痰。用于咳嗽痰喘,肺痈,尿频尿多,疔肿;外用于痔疮,皮肤湿疹,风疹瘙痒。

【历史】水蔓菁始载于《救荒本草》,又名地肤子,曰:"苗高一、二尺,叶仿佛似地瓜儿叶,却甚短小,卷边窊面,又似鸡儿肠叶。颇尖削,梢头出穗,开淡藕丝褐花,叶味甜……今人亦将其子作地肤子用。"其形态及附图与植物水蔓菁相似。

【附注】《中国药典》1977年版、《山东省中药材标准》2002年版收载。

草本威灵仙

【别名】轮叶婆婆纳、草灵仙、狼尾巴花。

【学名】Veronicastrum sibiricum (L.) Pennell.
(Veronica sibirica L.)

【植物形态】多年生草本。根状茎横走,节间短。幼根密被茸毛。茎直立,高0.8～1.5m,圆柱形,不分枝,无毛或被多细胞长柔毛。叶4～6片轮生;叶片呈长圆形至宽条形,长8～15cm,宽1.5～4.5cm,无毛或两面有稀疏多细胞硬毛,先端渐尖,边缘有锯齿。穗状花序顶生;花梗长约1mm;花萼5深裂,裂片不等长,前面者最长,约为花冠的1/2;花冠红紫色,长5～7mm,4裂,裂片宽度稍不等,裂片长1.5～2mm,花冠筒内有毛;雄蕊2,伸出花冠外。蒴果卵形,长3.5mm。种子椭圆形。花、果期7～9月。(图693)

【生长环境】生于阴湿山坡或山谷湿地。

【产地分布】山东境内产于各山地丘陵。在我国除山东外,还分布于东北、华北地区及甘肃、陕西等地。

【药用部位】全草:草灵仙(斩龙剑)。为民间药。

【采收加工】夏季叶花茂盛期采收带根全草,除去杂质,晒干。

【化学成分】全草含1,2-去氢隐丹参酮(1,2-dehydro-cryptotanshinone),轮叶婆婆纳对醌(sibiriquinone)A、

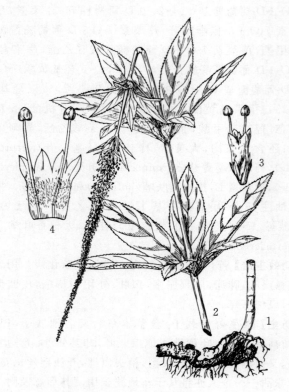

图693 草本威灵仙
1.根茎及根 2.植株上部 3.花 4.花冠展开

B,隐丹参酮,弥罗松酚(ferruginol),二氢丹参酮Ⅰ,丹参酮Ⅰ、ⅡA,异阿魏酸,3,4-二甲氧基桂皮酸,3-O-乙酰齐墩果酸,D-甘露醇,胡萝卜苷,β-谷甾醇等。**根**含米内苷(minecoside),梓醇,6-O-藜芦基梓醇酯(6-O-veratryl catalpol ester),桃叶珊瑚苷,6-去氧-8-异阿魏酰哈帕苷(6-deoxy-8-isoferuloyl harpagide),胡萝卜苷,菜油甾醇,菜油甾醇-3-O-D-葡萄糖苷,豆甾醇,甘露醇。**种子**含棕榈酸,硬脂酸,油酸和亚油酸等。

【功效主治】微苦,寒。清热解毒,祛风除湿,止血止痛。用于外感,风湿痹痛,小便涩痛;外用于外伤出血,毒蛇咬伤,毒虫蜇伤。

【历史】草本威灵仙是宋至清代药用威灵仙之一。《本草图经》曰:"今陕西州军等及河东、河北、京(汴)东、江湖州郡或有之。初生比众草最先,茎梗如钗股,四棱,叶似柳叶作层,每层六七叶如车轮,有六层至七层者,七月内生花,浅紫或碧白色,作穗似莆台子,亦有似菊花头者,实青,根稠密多须似谷,每年亦朽败。"所述形态及附图与植物草本威灵仙相符。

紫葳科

凌霄

【别名】洛阳花(泰安)、藤萝花、吊墙花、紫葳。
【学名】Campsis grandiflora (Thunb.) Schum

(Bignonia grandiflora Thunb.)

【植物形态】落叶木质藤本,借气生根攀援他物。叶对生,奇数羽状复叶,小叶7～9;小叶片卵形至卵状披针形,长3～7cm,宽1.5～3cm,先端尾状渐尖,基部阔楔形或近圆形,两面无毛,边缘有疏锯齿。顶生圆锥花序;花萼钟状,长约3cm,5裂至萼筒中部,裂片披针形;花冠漏斗状钟形,外面橙黄色,内面橙红色,长6～7cm,直径约7cm,5裂,裂片卵形;雄蕊4,二强,退化雄蕊1,花丝着生于冠筒基部;雌蕊生于花盘中央,花柱1,柱头2裂。蒴果长10～20cm,直径约1.5cm,基部狭缩成柄状,顶端钝,沿缝线有龙骨状突起。种子扁平,略为心形,棕色,长约6mm,宽约7mm,翅膜质。花期6～9月;果期10月。(图694)

图694 凌霄
1.花枝 2.花萼及雌蕊 3.花冠展开,示雄蕊

【生长环境】攀缘于崖壁、树干或墙壁上。栽培于公园、庭院。

【产地分布】山东境内产于泰山等地;全省各地有栽培。在我国除山东外,还内分布于长江流域各省区。

【药用部位】花:凌霄花;茎叶:紫葳苗;根:紫葳根。为较常用中药和民间药。

【采收加工】夏、秋二季采收刚开放的花和茎叶,晒干。全年采根,洗净,晒干。

【药材性状】花常皱缩卷曲,完整花长4～5cm。萼筒钟状,长2～2.5cm;表面褐色或棕色,先端5裂至中部,自基部至萼齿尖有5条纵棱。花冠先端5裂,裂片半圆形,下部联合呈漏斗状;表面橙黄色、黄褐色至棕褐色,可见细脉纹,内表面较明显。雄蕊4,着生于花冠上,二强,花药个字形。花柱1,柱头扁平。质脆,易碎。气清香,味微苦、酸。

以花大、完整、色黄褐、气清香者为佳。

【化学成分】花含芹菜素,齐墩果酸,α-、β-香树脂醇,15-巯基-2-十五烷酮(15-mercapto-2-pentadecanone),桂皮酸,三十一烷醇,胡萝卜苷,β-谷甾醇等。叶含紫葳苷(campenoside),5-羟基紫葳苷(5-hydroxycampenoside),黄钟花苷(tecomoside),8-羟基紫葳苷(campsiside),5,8-二羟基紫葳苷,凌霄苷(cachineside)Ⅰ、Ⅲ、Ⅳ、Ⅴ,柚皮素-7-O-α-L-双鼠李糖苷,二氢山柰酚-3-O-α-L-鼠李糖苷-5-O-β-D-葡萄糖苷,草苁蓉醛碱(boschniakine),紫葳新苷(campneoside)Ⅰ、Ⅱ,洋丁香酚苷等。根挥发油主成分为脂肪族化合物。

【功效主治】凌霄花甘、酸,寒。活血通经,凉血祛风。用于月经不调,经闭癥瘕,产后乳肿,风疹发红,皮肤瘙痒,痤疮。紫葳茎苦,平。凉血,散瘀。用于血热生风,皮肤瘙痒,瘾疹,手脚麻木,咽喉肿痛。紫葳根甘、酸,寒。凉血,祛风,行瘀。用于风湿痹痛,跌打损伤,骨折,脱臼,吐泻。

【历史】凌霄花始载于《神农本草经》,列为中品,原名紫葳。《本草图经》曰:"紫葳,凌霄花也……初作藤蔓生,依大木,岁久延引至巅而有花,其花黄赤,夏中乃盛。"《本草纲目》云:"凌霄野生,蔓才数尺,得木而上,即高数丈,年久者藤大如杯。春初生枝,一枝数叶,尖长有齿,深青色。自夏至秋开花,一枝十余朵,大如牵牛花,而头开五瓣,赭黄色,有细点,秋深更赤。八月结荚如豆荚,长三寸许,其子轻薄如榆仁、马兜铃仁。其根长亦如兜铃根状。"据其描述和附图,与现今植物凌霄花相吻合。

【附注】《中国药典》2010年版收载。

附:厚萼凌霄

厚萼凌霄 C. radicans(L.)Seem.(*Bignonia radicans* L.)(彩图70),又名美洲凌霄,与凌霄的主要区别是:小叶9~11;叶片下面沿脉密生白毛。萼筒硬革质,裂片卵状三角形,长为萼筒的1/3,萼筒外无明显纵棱;花冠暗红色,外面黄红色,内面具明显深棕色脉纹。山东境内各地公园、庭院有栽培。花含辣椒红素(capsanthin)及花青素-3-O-芸香糖苷(cyanidin-3-rutinoside)。叶的浸提物水解得咖啡酸,对香豆酸,阿魏酸,芥子酸及微量槲皮素。药用同凌霄。《中国药典》2010年版收载。

楸

【别名】楸白皮、乌楸(昆嵛山)、紫楸(蒙山)、

【学名】*Catalpa bungei* C. A. Mey.

【植物形态】落叶乔木,高达30m。树皮灰褐色,纵裂;小枝紫褐色,光滑。叶对生或3叶轮生;叶片三角状卵形或长卵形,长6~13cm,宽5~11cm,先端长渐尖,基部截形或宽楔形,全缘或下部边缘有1~2对尖齿或裂片,上面深绿色,下面淡绿色,基部脉腋有2紫色腺斑,两面无毛;叶柄长2~8cm。总状花序呈伞房状,顶生,有3~12花;萼2裂,裂片卵圆形,先端尖,紫绿色;花冠二唇形,白色,上唇2裂,下唇3裂,密生紫色斑点及条纹,呈淡红色,长约4cm,冠幅3~4cm;雄蕊5,与花冠裂片互生,发育雄蕊2,退化雄蕊3;子房圆柱形,花柱1,柱头2裂。蒴果细圆柱形,长20~50cm,直径5~6cm。种子多数,两端有白色长毛。花期5~6月;果期6~10月。(图695)

图695 楸
1.花枝 2.果枝 3.花冠展开,示雄蕊 4.种子

【生长环境】生于村落、沟谷、山脚坡地或栽培。

【产地分布】山东境内各地广为栽培。在我国除山东外,还分布于长江流域及河南、河北、山西、陕西、甘肃、江苏、浙江、湖南等地。

【药用部位】根皮、树皮:楸白(木)皮;叶:楸叶;花:楸花;果实:楸木果。为民间药。

【采收加工】全年采收根及树皮,除去外层栓皮,晒干。春、夏二季采收叶、花,晒干或鲜用。秋季采收果实,除去果柄,晒干。

【化学成分】果实含梓苷,梓醇,对-羟基苯甲酸。种子含梓醇。花含挥发油。

【功效主治】楸白(木)皮苦,凉。清热解毒,散瘀消肿。

用于跌打损伤,骨折,痈肿疮毒,痔漏,吐逆,咳嗽。**楸叶**苦,凉。消肿拔毒,排脓生肌。用于肿疡,瘰疬,白秃。**楸花**苦,凉,解毒,止痛,生肌。**楸木果**苦,凉。清热利尿;用于小便淋痛,石淋,热毒,疥疮。

【历史】楸树始载于《千金方》,名楸白皮。《本草拾遗》名楸木皮。《本草纲目》云:"楸,有行列,茎干直耸可爱,至上垂条如线,谓之楸线……其木湿时脆,燥则坚,故谓之良材,直作棋枰,即梓之赤者也"。所述形态与楸树相似。

梓

【别名】河楸、梓白皮、花楸。

【学名】Catalpa ovata G. Don.

【植物形态】落叶乔木,高达15m。叶对生或三叶轮生;叶片阔卵圆形,长宽近相等,长达20cm,先端常3裂,基部微心形,叶两面有疏毛或近无毛,全缘,基部掌状脉5～7,侧脉4～6对,基部脉腋有紫色腺斑;叶柄长6～18cm。顶生圆锥花序;花萼2裂;花冠钟状,5裂,二唇形,淡黄白色,有条纹及紫色斑点,长约2.5cm,直径约2cm;雄蕊5,能育雄蕊2。蒴果圆柱形,细长,下垂,长约30cm;种子长椭圆形,长6～8mm,两端有平展的长毛。花期5～6月;果期7～8月。(图696)

【生长环境】生于山沟或溪边杂木林。

【产地分布】山东境内产于各山地丘陵,并较广泛的栽培。在我国分布于长江流域及以北各地区。

【药用部位】根及茎皮:梓白皮;木材:梓木;叶:梓叶;果实:梓实。为民间药。

【采收加工】全年采收根皮及茎皮,刮去外层栓皮后晒干。春、夏二季采叶,秋季采收成熟果实,晒干或鲜用。

【药材性状】果实狭线形,新鲜时具强黏性,长20～30cm,直径5～7mm,微弯;表面暗棕色至黑棕色,有细纵皱纹及细疣点;果皮粗糙而脆,先端常破裂,基部具果柄。种子长椭圆形,长约7mm,直径2～3mm;表面淡褐色,上下两端有平展的白色具光泽的绒毛,脐点位于中央内面;剥去种皮,有子叶2枚。气微,味淡。

根皮呈块片状或卷筒状,大小不等,长20～30cm,直径2～3cm,厚3～5mm。外表面棕褐色,皱缩,栓皮易脱落,有支根痕;内表面黄白色,平滑细致,具细网状纹理。折断面不平整,纤维性。气微,味淡。

以皮块大、厚实、内面色黄者为佳。

【化学成分】**果实**含梓苷,梓醇,对-羟基苯甲酸,柠檬酸。花挥发油主成分为菲,四十烷,二十四烷等。**茎皮**含羽扇豆醇,三十烷酸(2-对羟苯基乙基)酯[2-(4-hydroxyphe-nyl) ethyl triacontanoate],9-甲氧基-α-拉杷醌(9-methoxy-α-lapachone),阿魏酸,6-阿魏酰梓醇,梓苷,6-阿魏酰基蔗糖,对香豆酸等。**木材**含梓酮(catalponone),梓内酯酮(catalpalactone),脱氧拉杷醇(deoxylapachol),梓木酮醇(catalponol),1-甲基萘醌,α-拉杷醌(α-lapachone),4-羟基-α-拉杷醌,8-羟基去氢-异-α-拉杷醌,β-谷甾醇,蜡酸,香草酸,阿魏酸,对羟基苯甲酸,对羟基桂皮酸,丁香酸,香草醛等。**根皮**含异阿魏酸,对羟基苯甲酸和谷甾醇。

【功效主治】**梓白皮**苦,寒。清热解毒,降逆止呕,杀虫止痒。用于时病发热,黄疸,反胃,皮肤瘙痒,疮疥。**梓叶**苦,寒。清热解毒,杀虫止痒。用于小儿壮热,疮疥,皮肤瘙痒。**梓木**苦,寒。催吐止痛。用于手足痛风,霍乱不吐不泄。**梓实**苦,平。利尿消肿。用于浮肿,小便不利。

【历史】梓树始载于《神农本草经》,列为下品,名梓白皮。《名医别录》载:"生河内山谷"。《本草经集注》云:"此即梓树之皮也"。《本草图经》载:"木似桐而叶小,花紫"。《本草纲目》载:"梓木处处有之,有三种,木理白者为梓"。《植物名实图考》曰:"有角长尺余,如箸而粘,余皆如楸。"所述形态及附图与植物梓树相符。

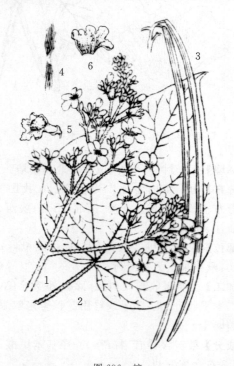

图696 梓
1.花序 2.叶 3.果实 4.种子 5.花 6.花冠展开

角蒿

【别名】羊角透骨草、羊角蒿、羊羝角棵

【学名】Incarvillea sinensis Lam.

【植物形态】一年生草本,高达80cm。茎直立,有细纵条纹,被微毛。基部叶常对生,上部叶互生;叶片二至三回羽状裂,羽片4～7对,末回裂片条状披针形,有细齿或全缘。总状花序顶生,疏散,长达20cm;花梗长

1~5mm；小苞片条形，长 3~5mm；花萼钟状，5 裂；花冠红色，钟状漏斗形，长约 4cm，5 裂，裂片圆形；雄蕊 4，二强，着生于花冠筒近基部；花柱淡黄色。蒴果细圆柱形，略弯曲，顶端尾状渐尖。种子扁圆形，四周有透明的膜质翅。花期 5~8 月；果期 8~10 月。（图 697）

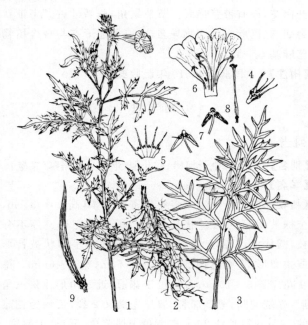

图 697　角蒿
1. 植株上部 2. 根 3. 叶 4. 花萼 5. 花萼展开
6. 花冠展开 7. 雄蕊背腹面 8. 雌蕊 9. 蒴果

【生长环境】生于向阳山坡、路边、草丛或田野。有栽培。
【产地分布】山东境内产于济宁、菏泽等地；全省各地有少量栽培。在我国除山东外，还分布于东北地区及河北、河南、山西、内蒙古、陕西、甘肃、四川、宁夏、青海等地。
【药用部位】全草：羊角透骨草。为少常用中药。
【采收加工】夏、秋二季采收全草，晒干。
【药材性状】茎扁圆柱形，具分枝，长 30~70cm，直径 2~7mm，下部直径达 1cm；表面淡绿色至黄绿色，具纵向细棱纹，较光滑；质轻脆，易折断，断面黄白色，纤维状，髓白色。叶互生，多破碎；完整者展平后呈二至三回羽裂，羽片 4~7 对，末回裂片条状披针形，有细齿或全缘；表面深绿色。果实总状排列于茎上端，呈羊角状，长 4~10cm，直径 4~6mm；表面黄棕色，具 6~7 条纵棱。种子多数，扁圆形，四周具白色透明的膜质翅。气无，味淡，后微苦。

以叶多、色绿、带果实者为佳。
【化学成分】地上部分含生物碱：角蒿酯碱（incarvine）A、B、C、D、E、F，角蒿原碱（incarvilline），角蒿特灵酯碱（incarvillateine）等；挥发油：主成分为衣兰烯（ylangene），1,2-二甲氧基-4-(2-丙烯基)-苯，长叶酸（longifolic acid）等。
【功效主治】辛，温。祛风除湿，活血止痛。用于风湿痹痛，四肢拘挛，疮痈肿毒，蛇咬伤，胃痛，食积不化，聤耳，月经不调，肝阳上亢，咳血。
【历史】角蒿始载于《雷公炮炙论》。《新修本草》曰："角蒿，叶似白蒿，花如瞿麦，红赤可爱。子似王不留行，黑色作角。七月、八月采。"《本草衍义》云："角蒿，茎叶如青蒿，开淡红紫花，花大约径三四分，花罢结角，长二寸许，微弯。"所述形态与植物角蒿基本一致。
【附注】《山东省中药材标准》2002 年版附录收载。

胡麻科

芝麻

【别名】黑芝麻、胡麻、脂麻、巨胜。
【学名】Sesamum indicum L.
【植物形态】一年生草本，高 0.8~1.8m。茎直立，四棱形，棱角突出，基部稍木质化，有短柔毛。叶对生，或上部互生；叶片卵形、长圆形或披针形，长 5~15cm，宽 1~8cm，先端急尖或渐尖，基部楔形，全缘，有锯齿或下部叶 3 浅裂，表面绿色，背面淡绿色，两面无毛或稍有白色柔毛；叶柄长 1~7cm。花单生，或 2~3 朵生于叶腋，直径 1~1.5cm；花萼稍合生，绿色，5 裂，裂片披针形，长 5~10mm，有柔毛；花冠筒状，二唇形，长 1.5~2.5cm，白色，有紫色或黄色彩晕，裂片圆形，外侧被柔毛；雄蕊 4，着生于花冠筒基部，花药黄色，呈矢形；雌蕊 1，心皮 2，子房圆锥形，初期呈假 4 室，成熟后为 2 室，花柱线形，柱头 2 裂。蒴果椭圆形，长 2~2.5cm，有 4 棱或 6、8 棱，纵裂，初期绿色，成熟后黑褐色，有短柔毛。种子多数，卵形，两侧扁平，黑色、白色或淡黄色。花期 5~9 月；果期 7~9 月。（图 698）
【生长环境】常栽培于排水良好的砂壤土或壤土中。
【产地分布】山东境内各地均有栽培。在我国除西藏高原外，各地均有栽培。
【药用部位】种子：芝麻；黑色种子：黑芝麻；脂肪油：芝麻油（香油）。为少常用中药，药食两用。
【采收加工】秋季果实呈黄黑色时采割全株，捆扎成小把，顶端向上，晒干，打下种子，除去杂质，再晒干。将成熟种子采用压榨法制取脂肪油。
【药材性状】种子扁卵形，长 2~4mm，宽 1~2mm，厚约 1mm。表面黑色，平滑或有网状皱纹，于扩大镜下可见细小疣状突起，边缘平滑或棱状；一端稍圆，另一端尖，尖端有棕色点状种脐。种皮薄纸质；胚乳白色，肉质，包围胚外成一薄层；胚较发达，直立；子叶 2，白色，富油性。气微弱，味淡，嚼之有清香味。

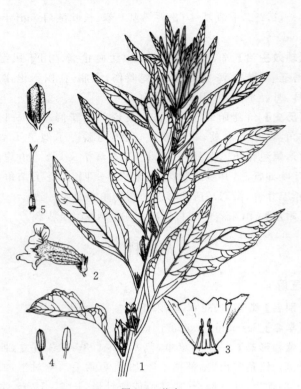

图 698 芝麻
1. 果枝 2. 花 3. 花冠展开,示雄蕊
4. 雄蕊背腹面 5. 雌蕊 6. 蒴果及宿萼

以籽粒饱满、色黑、嚼之香气浓者为佳。

脂肪油为淡黄色或棕黄色的澄清液体。有熟芝麻的香气,味淡。

【化学成分】种子含脂肪油:亚油酸,油酸,棕榈酸,硬脂酸,花生酸,二十四烷酸或二十二烷酸的甘油酯;还含芝麻素,芝麻林素(sesamolin),芝麻酚(sesamol),维生素 E,β-谷甾醇,卵磷脂,叶酸,芝麻苷(pedaliin),蛋白质,车前糖(planteose),芝麻糖(sesamose),细胞色素(cytochrome)C,黑芝麻色素,黑芝麻多糖,草酸钙及无机元素磷、钾等。香气主要成分为 2-乙基-5-甲基吡嗪,乙酰呋喃,2-乙酰噻唑,5-乙基-4-甲基噻唑等。花含芹菜素,鼬瓣花亭(ladanetin),鼬瓣花亭-6-O-β-D-葡萄糖苷(ladanetin-6-O-β-D-glucoside),芹菜素-7-O-葡糖醛酸苷,胡麻素(pedalitin),胡麻素-6-O-葡萄糖苷(pedalitin-6-O-glucoside)。

【功效主治】黑芝麻甘,平。补肝肾,益精血,润肠燥。用于精血亏损,头晕眼花,耳鸣耳聋,须发早白,病后脱发,肠燥便秘。芝麻甘,平。滋补肝肾,补血明目,祛风润肠,益肝养发。用于身体虚弱,头晕眼花,耳鸣耳聋,须发早白,病后脱发,肠燥便秘。芝麻油甘,凉。润燥通便,解毒生肌。用于肠燥便秘,蛔虫,食积腹痛,疮肿溃疡,疥癣,皮肤皲裂。

【历史】芝麻始载于《神农本草经》,列为上品,名胡麻,一名巨胜。原产印度,我国自汉代引入。《本草经集注》云:"淳黑者名巨胜……本生大宛,故名胡麻。"《新修本草》云:"此麻以角作八棱者为巨胜,四棱者名胡麻,都以乌者良,白者劣尔。"《本草纲目》云:"胡麻,即脂麻也。有迟、早二种,黑、白、赤三色,其茎皆方。秋开白花,亦有带紫艳者。节节结角,长者寸许。"考证认为胡麻、巨胜实为同物异名,本草所述形态与现今植物芝麻基本一致。

【附注】《中国药典》2010 年版收载。

列当科

列当

【别名】草苁蓉、兔子拐棒、猴儿腿(烟台)、裂马嘴(文登)。
【学名】Orobanche coerulescens Steph.
【植物形态】二年生或多年生寄生草本,高 10~35cm,全株被明显的蛛丝状长绵毛。根状茎肥厚。茎不分枝,圆柱形,基部肥大。鳞叶互生;叶片呈卵状披针形或狭卵形,先端近钝圆,长 1~1.5cm,宽 2~6mm。穗状花序长 3~10cm;苞片短于花冠,近三角形或狭三角形,先端钝圆;萼 2 深裂,裂片先端又 2 裂,长约为花冠的 1/2;花冠长约 2cm,蓝紫色至淡紫色,唇形,上唇宽,先端微凹,下唇 3 裂,边缘波状;雄蕊 4,着生于花冠中部,花药无毛,花丝有柔毛;雌蕊花柱长,常无毛,柱头 2 浅裂。蒴果狭椭圆形,长约 1cm。种子多数,黑色。花期 6~8 月;果期 8~9 月。(图 699)

【生长环境】生于沙丘、干燥草地、山坡、砾石沙地或戈壁上。常寄生于菊科蒿属(Artemisia)植物根部。
【产地分布】山东境内产于各山地丘陵及沿海岛屿。在我国除山东外,还分布于东北、西北地区及四川、河北等地。
【药用部位】全草:列当。为民间药。
【采收加工】5~6 月采收,除去杂质,晒干。
【药材性状】全草长 10~30cm,被绒毛。茎粗壮;表面暗黄褐色;质脆,易折断。鳞叶互生,皱缩;展平后呈披针形或狭卵形,长 1~1.5cm,宽 2~5mm;表面暗黄褐色。穗状花序顶生,苞片卵状披针形;花萼褐色,近膜质,萼齿披针形,先端 2 裂;花冠淡紫褐色或淡棕色,唇形;雄蕊 4;花柱与花冠近等长。蒴果狭椭圆形。质脆,易碎。气微,味淡。

以完整、色黄棕、带花序者为佳。

【化学成分】根茎含类叶升麻苷,异类叶升麻苷,黄药苷(crenatoside),黄药苷 F,sinapoyl-4-O-β-D-glucoside,腺苷,二十烷酸-1-甘油酯,琥珀酸,咖啡酸,原儿茶醛,甘露醇,D-松醇,豆甾醇,β-胡萝卜苷,β-谷甾醇及水溶性粗多糖。

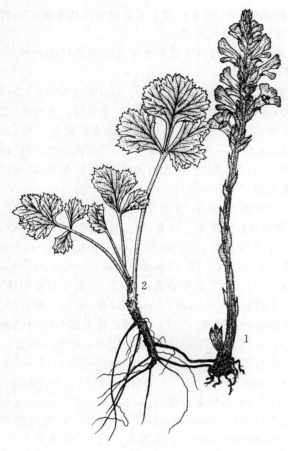

图 699 列当
1.植株 2.寄主南牡蒿

【功效主治】甘,温。补肝肾,强筋骨。用于阳痿,腰腿酸痛,失眠健忘,泄泻,滋补强壮。

【历史】列当始载于《新修本草》,名草苁蓉。《开宝本草》始名列当,曰:"列当生山南岩石上,如藕根,初生掘取,阴干。"《蜀本草》云:"草苁蓉暮春抽苗,四月中旬采,长五六寸至一尺以来,茎圆,紫色,采取令压扁,日干。"所述形态与列当属植物一致。但本草记述中列当与肉苁蓉曾有混淆。

附:中华列当

中华列当 O. mongolica G. Beck.,与列当的主要区别是:花下具 2 枚狭线形小苞片;沿花药缝线密被明显的白色绵毛状长柔毛。山东境内产于蓬莱艾山。药用同列当。

苦苣苔科

旋蒴苣苔

【别名】牛耳草、猫耳朵。

【学名】Boea hygrometrica (Bge.) R. Br.
(Dorcoceras hygrometrica Bge.)

【植物形态】多年生草本。叶全部基生,莲座状;叶片近圆形、卵圆形、卵形或倒卵形,长 1.8～7cm,宽 1.2～5.5cm,边缘有牙齿或波状浅齿,上面有贴伏的白色长柔毛,下面有白色或淡褐色长绒毛,脉不明显;无柄。花葶 2～5,高 10～18cm,有短柔毛和腺状柔毛;聚伞花序有 3～5 花,密生短腺毛;苞片 2,极小,或不明显;花萼钟状,长约 2mm,5 裂近基部,裂片披针形;花冠淡蓝紫色,长 0.8～1.3cm,筒长 5～7mm,上唇 2 裂,下唇 3 裂,下唇较大;能育雄蕊 2,花药顶端连着;子房密生短柔毛,花柱无毛。蒴果长圆形,长 3～4cm,被短柔毛,成熟时螺旋状卷曲。花期 7～8 月;果期 8～9 月。(图 700)

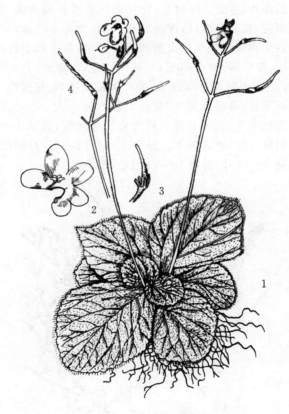

图 700 旋蒴苣苔
1.植株 2.花冠展开 3.花萼及雌蕊 4.蒴果

【生长环境】生于山坡、石崖或路旁潮湿的石缝间。

【产地分布】山东境内产于各山地丘陵。在我国除山东外,还分布于辽宁、河北、山西、陕西、河南、湖北、湖南、江西、浙江、福建、广东、广西、云南、四川等地。

【药用部位】全草:牛耳草。为民间药。

【采收加工】夏季花期采收全草,除去杂质,晒干。

【功效主治】苦、涩,平。散瘀,止血,解毒。用于创伤出血,跌打损伤,吐泻,泄泻,聤耳,小儿疳积,食积,咳嗽痰喘。

【历史】旋蒴苣苔始载于《植物名实图考》石草类,名牛耳草。曰:"生山石间。铺生,叶如葵而不圆,多深齿而有直纹隆起。细根成簇,夏抽葶开花。治跌打损伤……

按此花作箭子,内微白,外紫,下一瓣长,旁两瓣短,上一瓣又短,皆连而不坼,如劙缺然。茎高二三寸,花朵下垂。"其文图与本种基本一致。

爵床科

穿心莲

【别名】一见喜、橄榄莲、苦草。

【学名】Andrographis paniculata (Burm. f.) Nees (Justicia paniculata Burm. f.)

【植物形态】一年生草本。茎直立,具4棱,多分枝,节处稍膨长,易断。叶对生;叶片披针形或长椭圆形,先端渐尖,基部楔形,边缘浅波状,两面均无毛。总状花序顶生和腋生集生成大型的圆锥花序;苞片和小苞片微小,披针形;萼有腺毛;花冠淡紫色,2唇形,上唇外弯,2裂,下唇直立,3浅裂,裂片覆瓦状排列,花冠筒与唇瓣等长;雄蕊2,伸出,花药2室,药室一大一小,大的基部被髯毛,花丝有毛。蒴果扁长椭圆形,长约1cm,中间具一沟,微被腺毛。种子12粒,四方形,有皱纹。花期9~10月;果期10~11月。(图701)

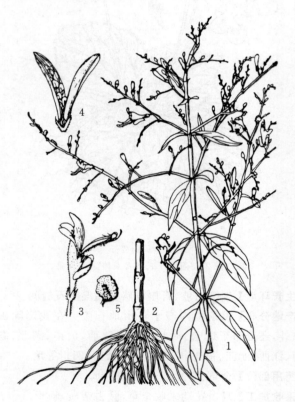

图701 穿心莲
1.植株上部 2.植株下部及根 3.花 4.蒴果 5.种子

【生长环境】栽培于肥沃、疏松、排水良好的酸性或中性砂壤土。

【产地分布】原产东南亚。山东境内有少量栽培。在我国除山东外,南方各地有栽培。

【药用部位】全草:穿心莲。为常用中药和中成药原料药,原为华南地区民间药。

【采收加工】种植当年秋季茎叶茂盛时采割地上部分,晒干。

【药材性状】茎方柱形,长50~70cm;表面深绿色,节稍膨大,常具多数对生的分枝;质脆,易折断。叶对生,皱缩易碎;完整叶片展平后呈披针形或卵状披针形,长3~12cm,宽2~5cm;先端渐尖,基部楔形下延,全缘或波状;上表面深绿色,下表面灰绿色,两面光滑;叶柄短或近无柄。气微,味极苦。

以叶多、色深绿、味极苦者为佳。

【化学成分】全草含二萜类:穿心莲内酯(andrographolide),脱水穿心莲内酯(dehydroandrographolide),14-去氧-11-氧-穿心莲内酯(14-deoxy-11-oxo-andrographolide),14-去氧-11,12-去氢穿心莲内酯,14-去氧穿心莲内酯,新穿心莲内酯(neoandrographolide)等;还含香荆芥酚,丁香油酚,肉豆蔻酸,三十一烷等。地上部分还含二萜类:3,14-二去氧穿心莲内酯(3,14-dideoxyandrographolide),穿心莲内酯苷(andrographoside),3-oxo-14-deoxy-andrographolide,19-hydroxy-8(17),13-labdadien-15,16-olide,异穿心莲内酯(isoandrographolide),双穿心莲内酯(bisandrographolide),去氧穿心莲内酯苷(deoxyandrographoside);黄酮类:5,4′-二羟基-7,8,2′,3′-四甲氧基黄酮,5,7,8-三甲氧基二氢黄酮,芹菜素,木犀草素,5-羟基-7,8-二甲氧基二氢黄酮,二氢黄芩新素(dihydroneobaicalein),2′-甲氧基黄芩新素,5-羟基-7,8,2′,3′-四甲氧基黄酮,5,4′-二羟基-7-甲氧基黄酮-6-O-β-D-葡萄糖苷;还含半胱氨酸,谷氨酸,亮氨酸等17种氨基酸,维生素C、PP、B_1、B_2、β-胡萝卜素及无机元素钾、磷、钙、镁、钠、铁、铜、锌等。叶还含14-去氧穿心莲内酯-19-β-D-葡萄糖苷,14-去氧-12-甲氧基穿心莲内酯,穿心莲潘林内酯(andrograpanin),8-甲基新穿心莲内酯苷元(8-methylandrograpanin),3-脱氢脱氧穿心莲内酯,新穿心莲内酯苷元(andrograpanin);木蝴蝶素A,汉黄芩素,咖啡酸,绿原酸,β-谷甾醇和胡萝卜苷等。根含黄酮类:5-羟基-7,8,2′,6′-四甲氧基黄酮,2′-羟基-5,7,8-三甲氧基黄酮,5,5′-二羟基-7,8,2′-三甲氧基黄酮,5-羟基-7,8-二甲氧基二氢黄酮,5-羟基-7,8-二甲氧基黄酮,5,2′-二羟基-7,8-二甲氧基黄酮,5-羟基-7,8,2′,5′-四甲氧基黄酮,5-羟基-7,8,2′,3′-四甲氧基黄酮,5-羟基-7,8,2′-三甲氧基黄酮,5,3′-二羟基-7,8,2′-三甲氧基黄酮(wightin),5,2′,6′-三羟基-7-甲氧基黄酮-2′-O-β-D-葡萄糖苷,二氢黄芩新素,andrographidine A、B、C等;还含新穿心莲内酯苷元,新穿心莲内酯,穿心莲内酯,反式肉桂酸,4-羟基-2-甲氧基肉桂醛,齐墩果酸,β-谷甾醇和β-胡萝卜苷。

【功效主治】苦,寒。清热解毒,凉血,消肿。用于外感发热,咽喉肿痛,口舌生疮,顿咳劳嗽,泄泻痢疾,热淋涩痛,痈肿疮疡,毒蛇咬伤。

【附注】《中国药典》2010年版收载。

爵床

【别名】疳积草、六角英。

【学名】Rostellularia procumbens (L.) Ness (Justicia procumbens L.)

【植物形态】一年生草本。茎细弱,高20~60cm,基部匍匐,分枝有棱,节稍膨大,通常有短硬毛。叶对生;叶片卵形、椭圆形至阔披针形,长1.5~3.5cm,先端尖或钝,常生短硬毛。穗状花序顶生或生上部叶腋,长1~3cm,宽6~12mm;苞片1,小苞片2,披针形,长4~5mm,有睫毛;花萼裂片4,条形,约与苞片等长,有膜质边缘和睫毛;花冠粉红色或紫色,长约7mm,二唇形,下唇3浅裂;雄蕊2,2药室不等高,较低,1室有尾状附属物。蒴果条形,长约6mm,上部有种子4枚,下部实心似柄状。种子表面有瘤状皱纹。花、果期8~11月。(图702)

图702 爵床
1.植株 2.花 3.下苞片 4.雌蕊 5.雄蕊 6.花冠展开,示雄蕊

【生长环境】生于旷野或林下。栽培于公园、庭院。

【产地分布】山东境内产于青岛、济南等地。国内分布于秦岭以南,东至江苏、台湾,南至广东,西南至云南等地。

【药用部位】全草:爵床。为民间药。

【采收加工】秋季开花时采地上部分,晒干。

【药材性状】全草长10~50cm。茎近方柱形,直径2~4mm;表面绿黄色,具6条纵棱,被毛,节膨大成膝状,基部节上常有不定根;质脆,易折断,断面髓白色。叶对生,皱缩;完整叶片展平后呈卵形、长椭圆形或卵阔披针形;表面绿色,两面及叶缘有毛。穗状花序顶生或腋生,苞片及宿萼均被粗毛,偶见淡红色或淡棕色花冠。蒴果条形,长约6mm。种子4,黑褐色,扁三角形。气微,味淡。

以叶多、色绿、带花者为佳。

【化学成分】全草含木脂素类:爵床脂定(justicidin)A、E,山荷叶素(diphyllin),新爵床脂素(neojusticin)A、B、C、D,chinensinahthol methyl ether, taiwanin C, 4'-demethyl-chinensinaphthol methyl ether,金不换萘酚(chinensinaphthol), taiwan E, 6'-羟基爵床脂定 A、B, procumbenoside C、D,爵床定苷(justicidinoside)B、C;黄酮类:芹菜素,木犀草素,槲皮素,槲皮素-7-O-α-L-吡喃鼠李糖苷,木犀草素-7-O-β-D-吡喃葡萄糖苷,芹菜素-7-O-β-D-吡喃葡萄糖苷,芹菜素-7-O-新橙皮苷;三萜类:羽扇豆醇乙酸酯,环桉烯醇(cycloeucalenol),木栓酮,表-木栓醇(epi-friedelinol),积雪草酸(asiatic acid);还含 phathalic acid bis(2-methylpropgl) ester,尿嘧啶,东莨菪素,β-谷甾醇。

【功效主治】微苦,凉。清热解毒,散瘀利尿,抗疟。用于外感发热,咽喉肿痛,痈肿疮疖,疟疾,小儿疳积,湿热黄疸,肾虚水肿,跌打损伤。

【历史】爵床始载于《神农本草经》,列为中品。《名医别录》曰:"生汉中川谷及田野。"《新修本草》曰:"似香菜(薷),叶长而大,或如荏且细"。《本草纲目》曰:"方茎对节,与大叶香薷一样,但香薷搓之气香,而爵床搓之不香微臭"。所述形态及《植物名实图考》附图,与现今植物爵床一致。

透骨草科

透骨草

【别名】接生草、老婆子针线、倒扣草、毒蛆草。

【学名】Phryma leptostachya L. subsp. asiatica (Hara) Kitamura

【植物形态】多年生草本。根须状。茎直立,单一,高30~60cm,稀达1m,四棱形,节膨大,被倒生短毛。叶对生;叶片卵形或三角状阔卵形,长3~10cm,宽2~6cm,两面均被短白毛,脉上的毛较密,边缘有钝圆锯齿,先端渐尖或短尖,基部楔形或截形;长2~4cm。总状花序穗状,顶生或腋生,长10～20cm,花疏生,有短梗;花序轴被短白毛;萼具5棱,5齿裂,花时长约3mm,果时长5～6mm,背面3齿成芒状钩,前面2齿较短,无芒;花冠二唇形,上唇2裂,下唇3裂,淡紫色或白色;雄蕊4,二强;花柱1,柱头2浅裂。瘦果包于萼内,下垂,棒状。花期6～8月;果期7～9月。(图703)

图703 透骨草
1.植株 2.花 3.花萼展开 4.花冠展开,示雄蕊 5.雌蕊

【生长环境】生于山坡、林缘或路旁。
【产地分布】山东境内产于各大山区。广布于全国各地。
【药用部位】全草:毒蛆草(透骨草)。为民间药。
【采收加工】夏季采收,除去杂质,晒干。
【功效主治】辛、微苦,凉;有小毒。清热解毒,生肌,杀虫。外用于金疮,毒疮,痈肿,疥疮,漆疮。灭蚊杀蝇。

车前科

车前

【别名】车辙子菜(临沂、烟台、广饶)、猪耳朵棵、老牛舌(无棣、沾化)、驴耳朵(海阳)。
【学名】Plantago asiatica L.
【植物形态】多年生草本,全株光滑或稍被短毛。根茎短,有多数须根。叶基生;叶片卵形或阔卵形,长4～12cm,宽2～7cm,先端尖或圆钝,基部下延成柄,近全缘或有波状浅齿,两面无毛或稍被毛,有5～7条稍平行的脉;叶柄与叶片近等长。花葶数个至10余个,自叶丛中抽出,有浅槽,穗状花序通常占全长的1/3至近1/2,上部花密生,下部疏生;苞片狭三角状卵形,背面龙骨状凸起;萼片近倒卵状椭圆形,圆头,边缘白色膜质,背面龙骨状凸起,长约2mm;花冠裂片披针形,膜质;雄蕊伸出花冠外,花药椭圆形,顶端尖,鲜时黄白色。蒴果卵状长椭圆形,长约近萼的2倍,盖裂。种子4～11粒,近椭圆形、卵圆形或长圆形,长约2mm,黑褐色。花期6～8月;果期7～10月。2n=36。(图704)

图704 车前

【生长环境】生于路边、田野、沟边或河边草地上。
【产地分布】山东境内产于各地。广布于全国各地。
【药用部位】全草:车前草;种子:车前子(大粒车前子)。为常用中药,可用于保健食品,嫩苗可食。
【采收加工】夏季采挖全草,洗净,晒干。夏、秋二季种子成熟时采收果穗,晒干,搓出种子,除去杂质。
【药材性状】全草皱缩成团。须根丛生。叶基生,常皱缩;叶片展平后为卵形或阔卵形,长4～11cm,宽2～5cm;先端钝或短尖,基部下延成柄,近全缘或有波状浅齿;表面灰绿色或污绿色,具明显基出的平行脉5～7条;具长柄;质脆,易碎。穗状花序数条,花茎长5～15cm。蒴果椭圆形,盖裂,萼宿存,内含种子多数。气微香,味微苦。

以叶片完整、色灰绿、微有香气者为佳。

种子略呈椭圆形、卵圆形或长圆形,稍扁,长约2mm,宽约1mm。表面黄棕色或黑棕色,略粗糙不平,放大镜下可见微细纵皱纹,稍平一面的中部有淡黄色凹点状种脐。质硬，切断面灰白色。水浸泡，表面有黏液。气微，味淡，嚼之带黏性。

以粒大均匀、饱满、色黄棕、黏性强者为佳。

【化学成分】全草含桃叶珊瑚苷，梓醇，京尼平苷酸（geniposidic acid），大车前苷（plantamajoside），车前草苷（plantainoside）A、B、C、D、E、F，洋丁香酚苷（acteoside），异洋丁香酚苷（isoacteoside），去鼠李糖洋丁香酚苷（desrhanlnosyl acteoside），天人草苷（leucosceptoside）A，角胡麻苷（martynoside），异角胡麻苷（isomartynoside），7-羟基大车前苷（hellicoside），车前苷（plantaginin），木犀草苷，槲皮素，山柰酚，木犀草素，芹菜素，原儿茶酸，绿原酸，阿魏酸，咖啡酸，8-表马钱酸（8-epiloganic acid），熊果酸，豆甾醇，β-谷甾醇，β-谷甾醇棕榈酸酯，氯化钾及挥发油。叶还含高车前苷（homoplantaginin）。种子含桃叶珊瑚苷，京尼平苷酸，desacetylhookerioside，hookerioside，alpinoside，大车前草苷（majoroside），anagalloside，10-羟基大车前草苷（10-hydroxymajoroside），毛蕊糖苷，消旋车前子苷（plantagoside），车前子酸（plantenolic acid），琥珀酸，腺嘌呤，胆碱，β-谷甾醇，车前黏多糖（plantagomulilage）A及脂肪油。

【功效主治】车前草甘，寒。清热利尿通淋，祛痰，凉血，解毒。用于热淋涩痛，水肿尿少，暑湿泻痢，痰热咳嗽，吐血衄血，痈肿疮毒。车前子（大粒车前子）甘，微寒。清热利尿通淋，渗湿止泻，明目，祛痰。用于热淋涩痛，水肿胀满，暑湿泄泻，目赤肿痛，痰热咳嗽。

【历史】车前始载于《神农本草经》，列为上品，药用种子，名车前子，一名当道。《名医别录》始用叶、根。《本草图经》云："今江湖淮甸近京北地，处处有之。春初生苗叶，布地如匙面，累年者长及尺余，如鼠尾花，甚细，青色微赤，结实如葶苈，赤黑色。"并附"滁州车前子"图。据所述形态及附图，与现今药用车前的原植物基本一致。

【附注】《中国药典》2010年版收载。

附：芒苞车前

芒苞车前 P. aristata Michx.，山东称为线叶车前。与车前的主要区别是：主根明显。植株被白色长毛。叶片条形，近上部渐狭，先端钝尖，全缘，有3条明显的纵脉，长5～15cm，宽1.5～6mm。穗状花序圆柱形，长2～8cm；苞片狭条形，芒状，被长白毛，下部约占全长1/3的两侧边缘有膜质翅。种子2，椭圆形，长约2.5mm。山东境内产于青岛海滨沙质地或低山坡草地。药用同车前。

长叶车前

长叶车前 P. lanceolata L.，与车前的主要区别是：主根明显；叶片披针形，条状披针形或长椭圆状披针形，长3～20cm，宽0.3～2cm，先端尖或渐尖，全缘，有3～5纵脉。穗状花序短圆柱形，长1.5～3.5cm。蒴果卵球形。种子2，椭圆形，长约2mm。山东境内产于青岛、烟台海滨沙质地或低山坡草地。药用同车前。

平车前

【别名】车辙子菜（临沂）、猪耳朵棵、道道车（烟台）。

【学名】Plantago depressa Willd.

【植物形态】一年生草本，全株被短毛或无毛。主根圆锥状。叶基生；叶片椭圆状披针形或长椭圆形，长3～14cm，宽1～5cm，有5～7纵脉，先端钝尖，基部下延成柄，近全缘或疏生不整齐锯齿；叶柄长1～5cm。花葶数个至10余个，自叶丛中抽出，长4～35cm，有浅槽；穗状花序长2～15cm，上部的花密生，下部的花疏生；苞片近三角状卵形，比萼短，或近等长，背面龙骨状凸起；萼片近椭圆形，白色膜质，背面龙骨状凸起，长约2mm；花冠裂片卵圆形，先端有小齿，膜质；雄蕊伸出花冠外，花药椭圆形，顶端圆凸。蒴果圆锥形，长约3mm，盖裂。种子4～5，长圆形，长约1.5mm，黑棕色。花期5～8月；果期7～9月。（图705）

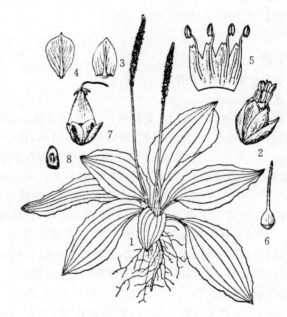

图705 平车前
1.植株 2.花 3.苞片 4.萼片
5.花冠展开，示雄蕊 6.雌蕊 7.蒴果及宿存苞片 8.种子

【生长环境】生于山坡、田埂或河边。

【产地分布】山东境内产于各地。广布于全国各地，以北方为多。

【药用部位】全草：车前草；种子：车前子（小粒车前子）。为常用中药，可用于保健食品，嫩苗可食。

【采收加工】夏季采挖全草，洗净，晒干。夏、秋二季种子成熟时采收果穗，晒干，搓出种子，除去杂质。

【药材性状】全草皱缩成团。主根圆锥形,直而长。叶基生,皱缩卷曲;完整叶片展平后呈长椭圆形或椭圆状披针形,长5~13cm,宽1~4cm;先端钝尖,基部狭窄渐成柄,近全缘,或疏生不整齐锯齿;表面灰绿色,基生脉5~7条。穗状花序顶端花密生,下部花较稀疏。余同车前。

种子长椭圆形,稍扁,长0.9~1.7mm,宽0.6~0.9mm。表面黑棕色或棕色,背面略隆起,腹面较平坦,种脐白色凹点状。

以粒大均匀、饱满、色棕黑者为佳。

【化学成分】全草含大车前苷,洋丁香酚苷,车前草苷D,大车前草苷,10-羟基大车前草苷,京尼平苷酸,熊果酸,胡萝卜苷,β-谷甾醇。种子含京尼平苷酸,毛蕊花糖苷及钾、钠、钙、镁等。

【功效主治】车前草甘,寒。清热利尿通淋,祛痰,凉血,解毒。用于热淋涩痛,水肿尿少,暑湿泻痢,痰热咳嗽,吐血衄血,痈肿疮毒。车前子(小粒车前子)甘,微寒。清热利尿,通淋,渗湿止泻,明目,祛痰;用于热淋涩痛,水肿胀满,暑湿泄泻,目赤肿痛,痰热咳嗽。

【历史】见车前。

【附注】《中国药典》2010年版收载。

大车前

【别名】车辙子菜、驴耳朵。

【学名】Plantago major L.

【植物形态】多年生草本,全株被毛。根状茎短,有多数须根。叶基生:叶片狭卵形、阔卵形或近圆形,长6~10cm,宽3~6cm,先端钝,基部下延成柄,边缘有不规则浅波或不整齐锯齿,平行脉5条;叶柄基部扩大或成鞘状。花葶2~4,长21~38cm,有槽;穗状花序狭长,约占全花葶的1/3至1/2以上,下部的花较稀疏;苞片近三角卵形,背面有龙骨状凸起;萼片长椭圆形,圆头,边缘白色膜质,背面龙骨状凸起,长约1.5mm;花冠裂片近阔被针形,膜质,雄蕊伸出花冠外,花药近圆心形,顶端尖,鲜时紫红色。果实近梭形。种子4~6粒,以4粒为多,近长圆形、类三角形、近椭圆形等,长0.8~1.6mm,棕褐色。花期6~9月;果期9~10月。(图706)

【生长环境】多生于田野、路旁或沟边潮湿处。

【产地分布】山东境内产于各地。广布于我国的南北各地。

【药用部位】全草:大车前草;种子:大车前子。为民间药,可用于保健食品,嫩苗可食。

【采收加工】夏季采挖全草,洗净,晒干。夏、秋季种子采收果穗,晒干,搓出种子,除去杂质。

【药材性状】全草具短而肥的根茎,并有多数须根。叶

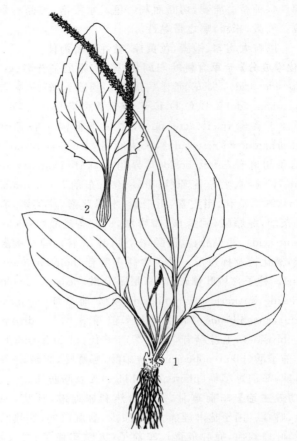

图706 大车前
1.花期植株 2.叶,示叶缘具锯齿

片卵形、宽卵形或狭卵形,长6~10cm,宽3~5cm;先端圆钝,基部圆或宽楔形,边缘浅波状或有锯齿;基生平行脉5条。穗状花序排列紧密。余同车前。

种子近长圆形、类三角形或椭圆形,长0.8~1.6mm,宽0.5~0.9mm。表面棕色或棕褐色,腹面隆起较高,脐点白色,多位于腹面隆起的中央或一端。

以粒大均匀、饱满、色棕者为佳。

【化学成分】全草含木犀草素,6-羟基木犀草素,洋丁香酚苷,木犀草素-7-O-葡萄糖苷,6-羟基木犀草素-7-O-葡萄糖苷,桃叶珊瑚苷,车前醚苷(plantarenaloside),龙船花苷(ixoroside),车叶草苷,山萝花苷(melampyroside),大车前草苷,齐墩果酸,β-谷甾醇,菜油甾醇,豆甾醇等。叶尚含延胡索酸,苯甲酸,桂皮酸,丁香酸,香草酸,对-羟基苯甲酸,阿魏酸,对香豆酸,龙胆酸,水杨酸,酪醇,3,4-二羟基桂皮酸甲酯,黑麦草内酯(loliolide, digiprolactone),黄芩苷元,黄芩苷,高山黄芩素(scutellarein),木犀草素,绿原酸,新绿原酸,大车前苷及车前果胶(plantaglucide)。种子含桃叶珊瑚苷,异槲皮苷,槲皮素,山奈酚,木犀草素,芹菜素,琥珀酸及维生素A、B_1。

【功效主治】大车前草甘,寒。清热利尿通淋,祛痰,凉

血,解毒。用于热淋涩痛,水肿尿少,暑湿泻痢,痰热咳嗽,吐血衄血,痈肿疮毒。**大车前子**甘,微寒。清热利尿,通淋,渗湿止泻,明目,祛痰。用于热淋涩痛,水肿胀满,暑湿泄泻,目赤肿痛,痰热咳嗽。

【历史】见车前。

茜草科

猪殃殃

【别名】锯子草、小茜草。

【学名】Galium aparine L. var. tenerum (Gren. et Godr.) Rchb.

【植物形态】一年生草本,蔓生或攀援状。茎四棱形,棱上有倒刺。叶6~8片轮生;叶片条状倒披针形,长1.5~3cm,宽2~4mm,先端有刺状尖头,基部渐狭,全缘,下面中脉及叶缘有倒生刺毛,中脉1条,纸质或近膜质;近无柄。聚伞花序顶生或腋生,单生或稀2~3个簇生,有3~10花;花梗纤细,长0.3~1cm;花萼有钩状毛,檐部近截平;花冠辐状,黄绿色,4裂,裂片长圆形,长不及1mm;雄蕊伸出。果实干燥,密被钩毛,果梗直,有1或2近球状的果爿,每1果爿有1粒种子。花期4月;果期5~7月。(图707)

【生长环境】生于山坡或路边草丛。

图707 猪殃殃
1.植株 2.叶 3.花 4.果实

【产地分布】山东境内产于鲁中南山区及胶东丘陵。在全国除山东外,还分布于南北各地。

【药用部位】全草:猪殃殃。为民间药。

【采收加工】夏季采收,晒干或鲜用。

【药材性状】全草缠绕成团,黄绿色或淡棕色,触之粗糙。茎纤细,四棱形,直径1~1.5mm。叶6~8片轮生,多卷缩破碎;叶片展平后呈条状倒披针形,长1~3cm,宽约3mm;表面黄绿色或淡棕绿色,放大镜下可见茎棱、叶下表面中脉及叶缘均被倒生刺毛,叶上表面有细刺毛。花序或果序残留于叶腋中。果实棕褐色,通常由2个近球形的果爿组成,表面密生钩刺。气微,味淡。

以叶多、色绿、带花果者为佳。

【化学成分】**地上部分**含生物碱:原阿片碱(protopine),哈尔明碱(harmine),消旋鸭嘴花酮碱(vasicinone),左旋1-羟基去氧骆驼蓬碱(1-hydroxydeoxypeganine)等;还含水晶兰苷(monotropein),桃叶珊瑚苷,车叶草苷,槲皮素半乳糖苷,绿原酸,琥珀酸,乳酸钠(sodium lactate),东莨菪素,鞣质及蒽醌类。**幼嫩全草**含猪殃殃苷(asperuloside)及猪殃殃苷元(asperulin)等。**果实**含大麦芽胺(hordenine),加利果酸(jaligonic acid),木犀草素,甘露醇,肌醇,蜡醇,谷甾醇等。

【功效主治】辛,微寒。清热解毒,利尿消肿,止血,肠痈疮疖,小便短赤涩痛,水肿,便血,尿血,跌打损伤,虫蛇咬伤;还用于乳岩,癥瘕积块。

【历史】《滇南本草》载有八仙草,据其功效主治,似为猪殃殃类。《野菜谱》始名猪殃殃,曰:"猪殃殃,胡不详,遗道旁,我拾之,充糇粮。"《植物名实图考》二十一卷蔓草类载有拉拉藤,曰:"拉拉藤,到处有之。蔓生,有毛刺人衣,其长至数尺,纠结如乱丝。五六叶攒生一处,叶间梢头,春结青实如粟。"据其形态和附图,与猪殃殃属植物相符。

四叶葎

【别名】四叶草、散血丹。

【学名】Galium bungei Steud.

【植物形态】多年生小草本。茎直立,四棱形,近无毛。叶4片轮生;叶片呈卵状长圆形至披针状长圆形,长2~2.5cm,先端钝,叶缘及下面中脉有刺毛。聚伞花序顶生和腋生,稠密或稍疏散;花小,有短梗;花萼有短毛,檐部平截;花冠淡黄绿色,直径约2mm,裂片4;雄蕊伸出。果爿双生,球形,黑色,有小鳞片。花期5~7月;果期8~9月。(图708)

【生长环境】生于林下或山沟边阴湿地。

【产地分布】山东境内产于各山地丘陵。在我国除山东外,还分布于南北各地区。

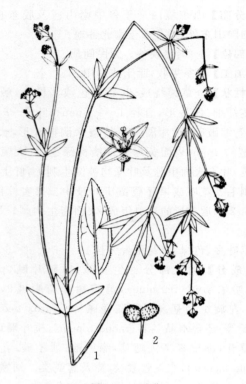

图 708 四叶葎
1.植株上部 2.果实

叶 6～10 片轮生；叶片常卷缩，破碎或脱落；完整者展平后呈条形，长 1～4cm，宽约 1.5mm；先端急尖，基部渐狭，边缘反卷；表面黑绿色或绿棕色，幼叶上表面疏被短毛，下表面沿中脉两侧有柔毛，老叶毛稀疏，叶脉 1 条。聚伞花序顶生和腋生，常于茎顶组成带叶的圆锥状花序，花黄色或黄棕色。果小，果片双生，近球形，直径约 2mm，光滑。气微，味淡。

以叶多、色黑绿、带花果者为佳。

根呈不规则圆柱形，略弯曲，有侧根。表面灰褐色或浅棕褐色，有皱纹及细小根痕。质稍硬，木质化，断面类白色或灰黄色，放大镜下可见许多导管小孔，并有数个同心排列的橙黄色环纹。无臭，味淡。

【药用部位】全草：四叶葎。为民间药。
【采收加工】夏季花期采收，除去杂质，晒干或鲜用。
【功效主治】甘、苦，平。清热解毒，利尿消肿，止血，消食。用于痢疾，吐血，风热咳嗽，小儿疳积，小便淋痛，带下；外用于蛇头疔，痈肿，皮肤溃疡，跌打损伤，骨折。

蓬子菜

【别名】土茜草、土黄连、白茜草。
【学名】Galium verum L.
【植物形态】多年生草本。根棕色。茎直立，四棱形，基部稍木质化，无倒钩刺，幼时有短毛。叶 6～10 片轮生；叶片条形，长 1～5cm，宽 1～2mm，先端急尖，基部渐狭，边缘反卷，幼叶上面有疏短毛，下面沿中脉两侧有柔毛，干后常变黑，有 1 脉。聚伞花序顶生和腋生，通常在茎顶组成带叶的圆锥状花序；花梗有白色柔毛；花萼小，无毛；花冠辐状，直径约 2mm，裂片 4，黄色；雄蕊伸出；花柱 2，柱头头状。果小，果片双生，近球形，直径约 2mm，无毛。花期 6～7 月；果期 8 月。（图 709）
【生长环境】生于山坡、路边杂草丛或梯田石缝间。
【产地分布】山东境内产于各山地丘陵。在我国除山东外，还分布于东北、西北、华北及长江流域各地。
【药用部位】全草：蓬子菜；根：蓬子菜根。为民间药。
【采收加工】夏、秋二季采收全草，晒干。秋季采根，洗净，晒干。
【药材性状】全草卷缩成团。茎四棱形，嫩者被短毛。

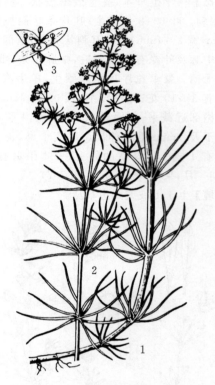

图 709 蓬子菜
1.植株下部 2.植株上部 3.花

【化学成分】地上部分含环烯醚萜类：车叶草苷（asperuloside），水晶兰苷（monotropein），桃叶珊瑚苷，6-乙酰基鸡屎藤次苷（6-acetylscandoside），鸡屎藤次苷甲醚（scandoside metllyl ether），鸡屎藤次苷，去乙酰基交让木苷（deacetyldaphylloside），交让木苷（daphylloside），都桷子苷，环烯醚萜内酯（morindolide），去乙酰车叶草苷酸（deacetylasperulosidic acid），6α-羟基-京尼平苷，京尼平苷酸（geniposidic acid），车叶草苷酸（asperulosidic acid），V_1 环烯醚萜（V_1 iridoid）及 V_3 环烯醚萜等；黄酮类：芦丁，喇叭茶苷（palustroside），槲皮素-3-O-β-D-葡萄糖苷，异槲皮苷，槲皮素-3,7-二葡萄糖苷，木犀草素-7-O-β-D-葡萄糖苷，黄华柳苷，香叶木苷，香叶木素，香叶木素-7-O-β-D-葡萄糖苷，异鼠李素-3-O-β-D-吡喃葡萄糖苷,异鼠李素,异鼠李素-3-O-α-L-吡喃鼠李糖基-(1→6)-β-D-吡喃葡萄糖苷,山奈酚-7-O-β-D-吡喃葡萄糖苷,山奈酚-3-O-β-D-吡喃葡萄糖基-7-O-β-D-吡喃葡萄糖苷,3,5,7,3′,4′,3″,5″,7″,3‴,4‴-十羟基[8-亚甲基-8″]-双黄酮等;蒽醌类:2,5-二羟基-1,3-二甲氧基-蒽醌,2-羟基-1,3-二甲氧基-蒽醌,大黄素甲醚,1,3-二羟基-2-甲基-蒽醌,2,5-二羟基-1-甲氧基-蒽醌,1-羟基-2-羟甲基-3-甲氧基-蒽醌等;挥发油:主成分为甲基香草醛(methylvanillin)和向日葵素(piperonal)等;有机酸:根皮酸(phloretic acid),2-哌啶酸(pipecolic acid),绿原酸,芥子酸,丁香酸,原儿茶酸,4-羟基苯甲酸,咖啡酸,茜草萜酸(rubifolic acid),阿魏酸,对羟基苯丙酸,香豆酸等;木脂素类:(+)-松脂素-4,4′-O-二-β-D-吡喃葡萄糖苷,(+)-表松脂素[(+)-epipinoresinol],右旋杜仲树脂酚,松脂素等;还含东莨菪素,咖啡酸丁酯,正三十二烷醇等。**根**含甲基异茜草素樱草糖苷(rubiadin primeveroside),蓬子菜根双糖苷(galiosin),蓬子菜根苷(galeide)等。

【**功效主治**】蓬子菜微辛、苦,寒。清热解毒,活血散瘀,利湿止痒,消肿祛瘀,止血。用于黄疸,咳嗽,肾虚,疮疖疔毒,湿疹疮疡,咽喉肿痛,跌扑损伤,吐血,便血,尿血,滴虫病。**蓬子菜根**甘,寒。清热止血,活血化瘀。用于吐血,衄血,便血,血崩,尿血,月经不调,腹痛,瘀血肿痛,跌打损伤,痢疾。

【**历史**】蓬子菜始载于《救荒本草》。云:"生田野中,所在处处有之,其苗嫩时茎有红紫线楞,叶细似碱蓬,苗老结子,叶则生出叉刺,其子如独帚子大,苗叶味甜"。所述形态及附图,与现今植物蓬子菜相符。

栀子

【**别名**】山栀子、黄栀子、红栀子。

【**学名**】Gardenia jasminoides Ellis

【**植物形态**】常绿灌木,高 1～2m。根淡黄色。茎多分枝,绿色,具垢毛。叶对生,稀 3 叶轮生;叶片呈披针形、椭圆形或广披针形,长 6～12cm,宽 1.5～4cm,先端尖或钝,基部阔楔形,革质;有短柄。花大,白色,芳香,单生枝顶;萼筒倒圆锥形,有纵棱,裂片 5～7;花冠高脚碟状,筒部长 2～3cm,檐部 5 至多裂,裂片条状披针形,先端钝;雄蕊 6,着生于花冠喉部,花丝极短,花药条形,长约 1.5cm,伸出;子房下位,1～2 室,花柱长约 3cm,柱头棒状。果实深黄色,卵圆形至长椭圆形,有 5～9 条翅状纵棱。种子多数。花期 7 月;果期 9～11 月。(图 710)

【**生长环境**】栽培于公园或庭院。

【**产地分布**】山东境内的各地公园温室及家庭普遍盆栽。在我国分布于华东、华中、华南、西南地区及陕西、

图 710 栀子
1.花枝 2.果枝 3.花纵剖

甘肃等地。

【**药用部位**】果实:栀子;花:栀子花;叶:栀子叶;根:栀子根。为常用中药和民间药,栀子药食两用。

【**采收加工**】10 月中、下旬,果实成熟呈红黄色时采收,除去果柄,于蒸笼内蒸至上气或置沸水中略烫,取出,晒干或烘干。春、夏二季采叶,夏季采花,鲜用或晾干。秋季挖根,洗净,鲜用或晒干。

【**药材性状**】果实卵圆形或长椭圆形,长 1.4～3.5cm,直径 1～1.5cm;表面红黄色或棕红色,微有光泽,有 6～9 条翅状纵棱,每两纵棱间有纵脉纹 1 条,并有分枝;顶端残留暗黄绿色宿萼,先端有 6～9 条长形裂片,裂片长 1～2.5cm,宽 2～3mm,多碎断;基部稍尖,有残留果梗。果皮薄脆,易碎;内表面鲜黄色或红黄色,有光泽,具 2～3 条隆起的假隔膜。种子扁卵圆形或扁长圆形,多数,集结成团;表面深红色或红黄色,有细密疣状突起。气微,味微酸、苦。

以果实饱满、皮薄色红黄、种子团色深红、味酸苦者为佳。

花呈不规则团块或类三角状锥形,表面淡黄白色、淡棕色或棕色。萼筒倒圆锥形,有纵棱,先端 5～7 裂,裂片线状披针形。花冠旋卷,下部筒状,裂片多数,呈条状披针形。雄蕊 6,花丝极短。质轻脆,易碎。气芳香,味淡。

【**化学成分**】果实含环烯醚萜类:栀子苷(gardenoside),都桷子苷(geniposide),都桷子素-1-龙胆双糖苷(genipin-1-

gentiobioside),山栀苷(shanzhioside),栀子酮苷(gardoside),鸡屎藤次苷甲酯(scandoside methyl ester),京尼平苷,去乙酰车叶草苷酸甲酯(deacetyl asperulosidic acid methyl ester),10-乙酰基都桷子苷(10-acetyl geniposide);三萜类:熊果酸,19α-羟基-3-乙酰乌苏酸,isotaraxerol,铁冬青酸(rotundic acid),barbinervic acid,clethric acid,myrianthic acid;黄酮类:芦丁,槲皮素,异槲皮苷,umuhengerin,nicotiflorin,5-羟基-7,3′,4′,5′-四甲氧基黄酮等;有机酸:绿原酸,3,4-二-O-咖啡酰基奎宁酸,藏红花酸(crocetin),绿原酸,3,4-二咖啡酰奎宁酸,3-咖啡酰-4-芥子酰奎宁酸,3-咖啡酰-4-芥子酰奎宁酸甲酯,3,4-二咖啡酰-5-(3-羟-3-甲基)戊二酰奎宁酸,原儿茶酸;还含藏红花素(crocin),藏红花糖苷-3(crocin-3),欧前胡素(inperatorin),异欧前胡素(isoinperatorin),2-甲基-3,5-二羟基色原酮,苏丹Ⅲ(sudan Ⅲ),D-甘露醇,β-谷甾醇,胆碱,二十九烷和叶黄素等。**花**含栀子花酸(gardenolic acid)A、B,栀子酸(gardenic acid)。**叶**含栀子苷,都桷子苷,栀子醛(cerbinal),二氢茉莉酮酸甲酯(methyl dihydrojasmonate),乙酸苄酯(benzyl acetate),桂皮酸-α-香树脂醇酸(α-amyrin cinnamate),柠檬酸,芳樟醇及天冬氨酸、谷氨酸、亮氨酸、甘氨酸、丝氨酸等氨基酸。**根**含桦木酸(betulinic acid),齐墩果酸,齐墩果酸-3-O-β-D-吡喃葡萄糖醛酸甲酯,常春藤皂苷元-3-O-β-D-吡喃葡萄糖醛酸甲酯,竹节参苷(chikusetsusaponin Ⅳa),香草酸,丁香酸,D-甘露醇,豆甾醇等,β-谷甾醇,胡萝卜苷。

【功效主治】栀子苦,寒。泻火除烦,清热利尿,凉血解毒,外用消肿止痛。用于热病心烦,湿热黄疸,淋证涩痛,血热吐衄,目赤肿痛,火毒疮疡;外治扭挫伤痛。**栀子花**甘、苦,寒。清肺止咳,凉血止血。用于肺热咳嗽,鼻衄。**栀子叶**苦、涩,寒。消肿,拔脓。用于跌打损伤,疔疮,痔疮。**栀子根**苦,寒。清利湿热,凉血止血。用于黄疸,痢疾,肝郁胁痛,外感发热,吐血,衄血,肾虚水肿,乳痈,风火牙痛,疮痈肿痛。

【历史】栀子始载于《神农本草经》,列为中品。《本草经集注》云:"以七棱者为良。经霜乃取之。今皆人染用。"《本草图经》云:"木高七八尺,叶似李而厚硬,又似樗蒲子,二、三月生白花,花皆六出,甚芬香……夏秋结实,如诃子状,生青熟黄,中人深红……此亦有两三种,入药者山栀子,方书所谓越桃也。皮薄而圆小,刻房七棱至九棱者为佳。"本草所述形态及附图,与现今药用栀子原植物相符。

【附注】《中国药典》2010年版收载。

鸡矢藤

【别名】臭藤、牛皮冻、鸡屎藤、土参。

【学名】Paederia scandens (Lour.) Merr. (*Paederia foetida* L. *Gentiana scandens* Lour.)

【植物形态】多年生缠绕性草质藤本,揉碎有臭味。茎基部木质化,嫩枝、叶下表面、叶柄和花序常稍有微毛。叶对生;叶片形状变化很大,通常为卵形、卵状长圆形至披针形,先端渐尖,基部楔形、圆形至心形,全缘,两面无毛或仅下面稍有短柔毛;托叶三角形,有缘毛,早落;叶柄长1.5～7cm。聚伞花序排成顶生的大型圆锥花序或腋生而疏散少花,末回分枝常延长,一侧生花;花萼钟状,萼齿三角形;花冠筒钟状,长约1cm,外面灰白色,内面紫红色,有茸毛,5裂;雄蕊5,花丝与花冠筒贴生;子房2室,花柱2,基部合生。核果球形,淡黄色,直径约6mm。花期7～8月;果期10月。(图711)

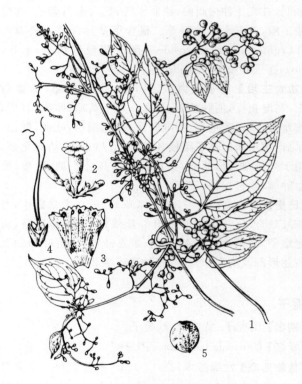

图711 鸡矢藤
1.植株一部分 2.花 3.花冠展开 4.雌蕊 5.果实

【生长环境】生于山坡、山谷或路边灌草丛。

【产地分布】山东境内产于各山区及平原。在我国除山东外,还分布于长江流域及以南各省区。

【药用部位】全草及根:鸡矢藤;果实:鸡矢藤果。为少常用中药;叶在海南食用。

【采收加工】夏、秋二季采割地上部分,阴干,或秋季挖根,洗净切片,晒干。

【药材性状】根多为厚切片,类圆形或中部稍内凹的椭圆形。周边棕色至黑棕色,粗糙;切面皮部棕色至淡棕色,本部黄色,被射线分为两群,无髓。茎扁圆柱形,直径2~5mm；老茎灰棕色，无毛，有纵皱纹或横裂纹，嫩茎黑褐色，被柔毛；质韧，不易折断，断面纤维性，灰白色或浅绿色。叶对生，多卷缩或破碎；完整叶片展平后呈卵形、卵状长圆形或披针形，长5~10cm，宽3~6cm；先端尖，基部圆形，全缘；两面灰绿色或褐绿色，被柔毛或仅下表面被毛，主脉明显；叶柄长1~6cm；质脆，易碎。气特异，味微苦、涩。

以质嫩、叶多、气浓者为佳。

【化学成分】全草含环烯醚萜苷类：车叶草苷，去乙酰车叶草苷，去乙酰车叶草苷酸甲酯，鸡矢藤苷（paederoside），鸡矢藤次苷（scandoside），鸡矢藤苷酸（paederosidic acid），鸡屎藤酸甲酯（paederosidic acid methyl ester），paederoscandoside，鸡矢藤苷酸二聚体，鸡矢藤苷酸和鸡矢藤苷二聚体，鸡矢藤苷酸和鸡屎藤酸甲酯二聚体，3,4-dihydro-3β-methoxy paederoside等；黄酮类：紫云英苷，异槲皮素，芦丁，矢车菊素糖苷，飞燕草素，锦葵花素（malvidin），芍药花素（peonidin），天竺葵色素（pelargonidin），diadzein；三萜类：3β,13β-二羟基-乌索-11-烯-28-油酸，2α,3β,13β-三羟基-乌索-11-烯-28-油酸，乌索酸，2α-羟基乌索酸，熊果酚苷（arbutin）；有机酸：α-亚麻酸，二十三碳酸，棕榈酸，咖啡酸，香豆酸，对羟基苯甲酸，醋酸，丙酸，丁酸；挥发油：主成分为乙氧基戊烷，乙酸异戊酯，苯甲醛等；还含茜根定-1-甲醚（rubiadin-1-methylether），异落叶松树脂醇（isolariciresinol），异东莨菪素（isoscopoletin），borassoside E，臭矢菜素（cleomiscosin）B、D，咖啡酸-4-O-β-D-吡喃葡萄糖苷，β-胡萝卜苷，β-及γ-谷甾醇等。果实含熊果酚苷，齐墩果酸，三十烷，氢醌等。

【功效主治】甘、涩，平。除湿，消食，止痛，解毒。用于食积不化，绞痛，脘腹疼痛；外用于湿疹，疮疡肿痛。

【历史】《本草纲目拾遗》藤部收载皆治藤，又载臭藤根，云："此草二月发苗，蔓延地上，不在树间，系草藤也。叶对生，与臭梧桐叶相似。六、七月开花，粉红色，绝类牵牛花，但口不甚放开。搓其叶嗅之，有臭气。"又云："对叶延蔓，极臭。"《植物名实图考》载鸡矢藤，云："产南安。蔓生，黄绿茎。叶长寸余，后宽前尖，细纹无齿。藤梢秋结青黄实，硬壳有光，圆如绿豆稍大，气臭。"所述产地、生境、形态及附图，与现今植物鸡矢藤基本一致。

【附注】《中国药典》1977年版收载。本种在"Flora of China"19：285. 2011. 的拉丁学名为 *Paederia foetida* L.，本志将其列为异名。

附：毛鸡矢藤

毛鸡矢藤 var. tomentosa (Bl.) Hand.-Mazz.，与原种的主要区别是：茎、叶两面均被毛。花白色。花期4~6月。产地及药用同原种。

茜草

【别名】红根草、红棵子根、拉狗蛋、拉拉秧子根。
【学名】*Rubia cordifolia* L.
【植物形态】多年生攀援草本。根赤黄色。茎有明显4棱，棱上生有倒刺。叶常4片轮生；叶片卵形至卵状披针形，长4~9cm，宽达4cm，先端渐尖，基部圆形至心形，上面粗糙，下面脉上和叶柄常有倒生小刺，基出3脉或5脉，纸质；叶柄长1~10cm。聚伞花序通常排成大而疏松的圆锥花序，腋生和顶生；花萼筒近球形，无毛；花冠黄白色或白色，辐状，5裂；雄蕊5，着生于花冠筒上，花丝极短；子房2室，无毛，花柱2，柱头头状。浆果近球形，直径约5mm，黑色或紫黑色。种子1粒。花期6~7月；果期9~10月。（图712）

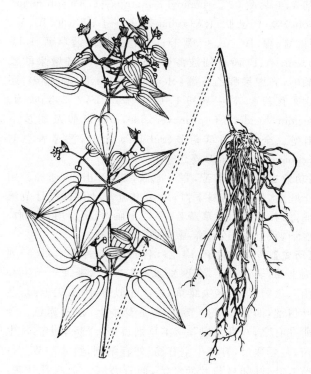

图712 茜草

【生长环境】生于山野荒坡、路边、灌草丛或林缘。
【产地分布】山东境内产于各地。在我国降山东外，还分布于东北、华北、西北、华东、中南、西南等地区。
【药用部位】根及根茎：茜草；茎叶：茜草藤。为常用中药和民间药，可用于保健食品。
【采收加工】春、秋二季挖取根及根茎，洗净，晒干。夏、秋二季采收茎叶，晒干或鲜用。
【药材性状】根茎结节状，丛生数条粗细不等的根。根圆柱形，略弯曲，长10~25cm，直径0.2~1cm；表面红棕色或暗棕色，有细纵皱纹及少数细根痕，皮、木部较易分离，皮部脱落处黄红色；质脆，易折断，断面平坦，皮部狭，红棕色，木部宽广，浅黄红色，散布多数导管细孔。气微,味微苦,久嚼刺舌。

以根条长、色红棕者为佳。

【化学成分】根及根茎含含蒽醌类:茜草素(alizarin),羟基茜草素(purpurin),异茜草素(purpuroxanthine),1-羟基-2-甲基蒽醌(l-hyrdroxy-2-methyl anthraquinone),1,3-二羟基-2-甲基蒽醌即甲基异茜草素(rubiadin),1-羟基-2-甲氧基蒽醌,去甲虎刺醛(nordamnacantal),大黄素甲醚,乌楠醌(tectoquinone),6-羟基甲基异茜草素,6-methyl quinizarin,没食子蒽醌(anthragallol)等;萘醌类:大叶茜草素(mollugin, rubimaillin),呋喃大叶茜草素(furomollugin),二氢大叶茜草素(dihydromollugin),茜草内酯(rubilactone),2′-甲氧基大叶茜草素(2′-methoxymollugin),2-氨基甲酰基-3-甲氧基-1,4-萘醌(2-carbamoyl-3-methoxy-1,4-naphthoquinone)等;环己肽:RA(rubia akane)-Ⅰ、Ⅱ、Ⅲ、Ⅳ、Ⅴ、Ⅵ、Ⅶ、Ⅷ、Ⅸ、Ⅺ、Ⅻ等;三萜类:黑果茜草萜(rubiprasin)A、B,茜草阿波醇(rubiarbonol)D,齐墩果酸乙酸酯,齐墩果醛乙酸酯(oleanolic aldehyde acetate);还含东莨菪素,3′-甲氧基-4′-羟基-苯并[1′,2′-2,3]呋喃,lucidin, lucidin-3-O-primeveroside, β-谷甾醇及胡萝卜苷等。全草含茜草萜酸(rubifolic acid),茜草香豆酸(rubicoumaric acid)等。

【功效主治】茜草苦,寒。凉血,祛瘀,止血,通经。用于吐血,衄血,崩漏下血,外伤出血,经闭瘀阻,骨节痹痛,跌扑肿痛。茜草藤苦,寒。止血,行瘀。用于吐血,血崩,跌打损伤,风痹,腰痛,疮毒,疔肿。

【历史】茜草始载于《诗经》,名茹藘。《神农本草经》列为上品,名茜根。《名医别录》曰:"可以染绛……生乔山"。《蜀本草》名染绯草,云:"叶似枣叶,头尖下阔,茎叶俱涩,四五叶对生节间,蔓延草本上,根紫赤色。今所在有之,八月采根"。《本草纲目》曰:"茜草十二月生苗,蔓延数尺,方茎中空有筋,外有细刺,数寸一节。每节五叶,叶如乌药叶而糙涩,面青背绿。七八月开花,结实如小椒大,中有细子"。所述形态与现今植物茜草相符。

【附注】《中国药典》2010年版收载茜草。

附:山东茜草

山东茜草 R. truppeliana Loes.,与茜草的主要区别是:叶片狭披针形,基部楔形。产地及药用同茜草。

忍冬科

苦糖果

【别名】狗蛋子(烟台)、大金银花、小金银花。

【学名】Lonicera fragrantissima Lindl. et Paxt subsp. standishii (Carr.) Hsu et H. J. Wang

(L. standishii Carr.)

【植物形态】落叶灌木,高达2m。幼枝有倒生刚毛;枝髓白色;芽鳞2,有疏腺毛。叶对生;叶片卵形、卵状长圆形或卵状披针形,长4~7cm,宽2~3.5cm,先端急尖或渐尖,基部近圆形,全缘,通常两面均被刚伏毛及短腺毛,下面尤密,侧脉明显。花与叶同放,芳香;总花梗长0.5~1cm,疏生刚毛;苞片条状披针形,长5~8mm,有柔毛,边缘有缘毛;相邻两萼筒连合至中部以上,萼檐浅5裂或平截;花冠白色,二唇形,裂片深达中部,长1~1.5cm,筒部长3~5mm,外面无毛或疏生刚毛,内面有长柔毛,基部有浅囊;雄蕊内藏或稍伸出;柱头稍伸出花冠外,花柱下部疏生刚毛。浆果椭圆形,长约1cm,红色,相邻两果部分连合。种子稍扁,褐色。花期3~4月;果期4~5月。(图713)

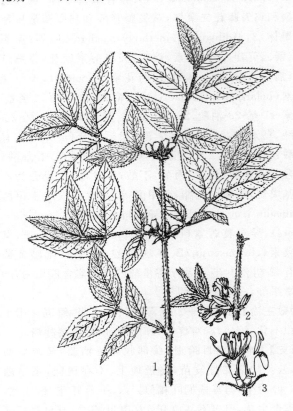

图713 苦糖果
1.果枝 2.花枝 3.并生的二花

【生长环境】生于山沟、林下、路旁。

【产地分布】山东境内产于长清、淄博、青州等地。在我国除山东外,还分布于河南、安徽、浙江、湖北、湖南、四川、贵州、陕西和甘肃等地。

【药用部位】根、嫩枝、叶:苦糖果(破骨风)。为民间药。

【采收加工】夏、秋二季采收嫩枝叶,晒干或鲜用。冬季挖根,洗净晒干或鲜用。

【功效主治】甘,凉。祛风除湿,清热止痛。用于风湿痹痛,疔疮,劳伤。

忍冬

【别名】金银花、金银藤、二花。

【学名】Lonicera japonica Thunb.

【植物形态】半常绿攀援藤本。幼枝密生黄褐色柔毛和腺毛。叶对生；叶片卵形、长圆状卵形或卵状披针形，长3～8cm，宽2～4cm，先端急尖或渐尖，基部圆形或近心形，全缘，有缘毛，上面深绿色，下面淡绿色，小枝上部的叶两面密生短糙毛，下部叶近无毛，侧脉6～7对；叶柄长4～8mm，密生短柔毛。两花并生于1总梗，生于小枝上部叶腋，与叶柄等长或稍短，下部梗较长，长2～4cm，密被短柔毛及腺毛；苞片大，叶状，卵形或椭圆形，长2～3cm，两面均被短柔毛或有时近无毛；小苞片先端圆形或平截，长约1mm，有短糙毛和腺毛；萼筒长约2mm，无毛，萼齿三角形，外面和边缘有密毛；花冠先白后黄，长2～5cm，二唇形，下唇裂片条状而反曲，筒部稍长于裂片或近等长，外面被疏毛和腺毛；雄蕊和花柱均伸出花冠外。浆果，离生，球形，直径5～7mm，熟时蓝黑色。种子褐色，长约3mm，中部有1凸起的脊，两面有浅横沟纹。花期5～6月；果期9～10月。（图714；彩图68,69）

【生长环境】生于山坡或沟边灌丛。

【产地分布】山东境内产于各大山地丘陵。主产平邑、费县，日照、苍山、沂南、蒙阴、滕州、邹城等地也产，以平邑产量最大，目前种植面积达30余万亩，为著名的"中国金银花之乡"和"中国名特优经济林金银花之乡"。"平邑金银花"、"郑城金银花"、"博山金银花"已注册国家地理标志产品，有10万亩金银花建成了全国第一个通过农业部认证的"绿色食品原料标准化生产基地"，2个金银花GAP种植基地通过国家审定。分布于全国各地。

【药用部位】花蕾：金银花；花蕾提取物：金银花提取物；茎藤：忍冬藤；叶：金银花叶；果实：金银花子；茎基部寄生的锈革孔菌科真菌茶藨子叶孔菌 phylloporia ribis（Schumach. Fr.）Ryvarden 的干燥子实体：金芝。为常用中药和民间药，花蕾、嫩叶药食两用，或做茶。金银花为山东著名道地药材。

【采收加工】夏初花开放前采收花蕾，晒干或烘干，秋季采叶和果实，晒干。四季采子实体，阴干。秋、冬二季采割茎枝，晒干。

【药材性状】花蕾呈棒状，上粗下细，略弯曲，长2～3cm，上部直径约3mm，下部直径约1.5mm。表面黄白色，久贮色渐深，密被短柔毛。偶见叶状苞片。花萼绿色，先端5裂，裂片长约2mm，被毛。开放者花冠筒状，先端二唇形；雄蕊5，附生于筒壁，黄色；雌蕊1，子房无毛。气清香，味淡、微苦。

以花蕾大、未开放、色黄白、香气浓者为佳。

茎枝常捆扎成束或缠绕成团。细长圆柱形，长短不一，直径1.5～6mm，多分枝。表面棕红色、暗棕色或灰绿色，具细纵纹，光滑或被淡黄色毛茸；外皮易剥落而露出灰白色内皮，剥落的外皮常纵裂成纤维状。节明显，节间长6～9cm，节上有枝痕、对生叶痕或残留绿色的叶。质脆，易折断，断面黄白色，纤维性，中空。气无，老枝味微苦，嫩枝味淡。

以质嫩、色棕红者为佳。

叶呈卵圆形或长卵形，稍卷曲，长2～8cm，宽1～4cm。先端尖，基部圆钝或近心形，全缘，有缘毛。上表面绿色或带紫褐色，下面灰绿色，密被灰褐色短绒毛，主脉与下表面突出，侧脉网状。叶柄短，密生短柔毛。质脆易碎。气微，味微苦。

以质干、色绿、无杂质者为佳。

子实体半圆形、扇形或不规则形，无菌柄，边缘较薄，常内卷。长3～7cm，宽1～4cm，宽0.5～2cm。上表面栗色或黑褐色，有同心环状棱纹，下表面深褐色。质坚韧，不易折断，断面有黄褐色纵向纹理。气微，味淡。

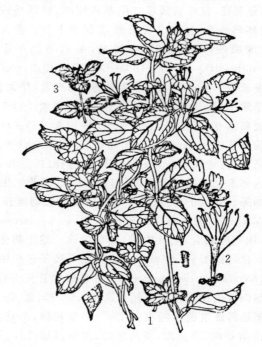

图714 忍冬
1.花枝 2.花冠展开，示雄蕊及雌蕊 3.一段果枝

【化学成分】花蕾含有机酸：绿原酸，异绿原酸（isochlorogenic acid），咖啡酸，3,5-二咖啡酰奎宁酸，4-羟基桂皮酸，3-(3,4-二羟苯基)丙酸，棕榈酸等；黄酮类：木犀草素，木犀草苷，槲皮素，芹菜素，金丝桃苷，槲皮素-7-O-β-D-吡喃葡萄糖苷，芦丁，3'-甲氧基木犀草素，5,3'-二甲氧基木犀草素，木犀草素-5-O-β-D-葡萄糖苷，木犀草素-7-O-β-D-半乳糖苷，异鼠李素-7-O-β-D-吡喃葡萄糖苷，香叶木素-7-O-β-D-吡喃葡萄糖苷等；环烯

醚萜类：裂环马钱素，马钱素，马钱素-7-酮，马钱酸，裂环马钱酸，马钱素二甲基缩醛，獐牙菜苷，二聚体环烯醚萜苷（centauroside），金银花苷（lonijaposide）A～L等；挥发油：主成分为芳樟醇，α-松油醇，丁香油酚，β-荜澄茄油烯，香荆芥酚等；核苷类：鸟嘌呤核苷，腺嘌呤核苷，5'-O-甲基腺嘌呤核苷；还含白果醇（ginnol），4-羟基桂皮酸甲酯，对羟基苯酚，1，2，4-苯三酚，β-谷甾醇，豆甾醇，胡萝卜苷等及无机元素钠、钙、铁、锰、锌、铜。**叶**含有机酸：绿原酸，异绿原酸，3，5-二咖啡酰基奎宁酸，4，5-二咖啡酰基奎宁酸，1，5-二咖啡酰基奎宁酸，3，4-O-二咖啡酰基奎宁酸甲酯，5-O-咖啡酰基奎宁酸甲酯，3，4-O-二咖啡酰基奎宁酸；黄酮类：木犀草素，木犀草苷，忍冬苷（lonicerin），忍冬黄素（loniceraflavone），似梨木双黄酮（ochnaflavone），似梨木双黄酮-7-O-β-D-吡喃葡萄糖苷，次大风子素（hydnocarpin），5，7，4'-三羟基-8-甲氧基黄酮，苜蓿素，山柰酚-7-O-β-D-吡喃葡萄糖苷，芹菜素-7-O-β-D-吡喃葡萄糖苷，香叶木素-7-O-β-D-吡喃葡萄糖苷；环烯醚萜类：马钱苷，裂环氧化马钱素，獐芽菜苷，裂环马钱素二甲基乙缩醛，裂环马钱子苷，裂环马钱素；还含β-谷甾醇，β-胡萝卜苷。**茎**含有机酸：绿原酸，原儿茶酸，咖啡酸，灰毡毛忍冬素 G（macranthoin G），咖啡酸-4-O-β-D-葡萄糖苷，3，4-O-双咖啡酰基奎宁酸；黄酮类：木犀草素，槲皮素，芹菜素，异鼠李素-7-O-β-D-吡喃葡萄糖苷，香叶木素-7-O-β-D-吡喃葡萄糖苷，忍冬苷，香叶木苷，槲皮素-7-O-β-D-吡喃葡萄糖苷，hydnocarpin D，野漆树苷（rhoifolin）等；环烯醚萜苷类：马钱子酸，马钱子苷，当药苷；挥发油：主成分为邻苯二甲酸二异丁酯，樟脑，冰片，邻苯二甲酸二丁酯等；还含（＋）松脂酚-4-O-β-D-吡喃葡萄糖苷，2-甲氧基对苯二酚-4-O-β-D-葡萄糖苷，grandifloroside，肌醇，尿嘧啶核苷，七叶内酯，葡萄糖等。**地上部分**还含断氧化马钱子苷（secoxyloganin），断马钱子苷二甲基缩醛（secologanin dimethylacetal），常春藤皂苷元-3-O-α-L-吡喃阿拉伯糖苷及无机元素铁、钡、锰、锌、钛、锶、铜等。**茎基部寄生菌**含糖类：α-D-(＋)-葡萄糖，多糖；甾体类：β-谷甾醇，豆甾醇，麦角甾醇，麦角甾醇-5，8-过氧化物；有机酸：二十八酸，壬二酸，烟酸，原儿茶酸等；挥发性成分：丙酸乙酯，甲苯，正十六酸，亚油酸等。

【功效主治】**金银花**甘，寒。清热解毒，疏散风热。用于痈肿疔疮，喉痹，丹毒，热毒血痢，风热外感，温病发热。**忍冬藤**甘，寒。清热解毒，疏风通络。用于温病发热，热毒血痢，痈肿疮疡，风湿热痹，骨节红肿热痛。**金银花叶**甘，寒。清热解毒，疏风通络。用于温病发热，热毒血痢，痈肿疮疡。**金银花子**苦、涩、微甘，凉。清肠化湿。用于肠风泄泻，赤痢。**金芝**甘，平。消肿利咽。用于咽喉肿痛，口舌生疮。

【历史】金银花始载于《名医别录》，列为上品，原名忍冬，曰："处处有之，藤生凌冬不凋，故名忍冬"。《本草经集注》茎名忍冬藤。《履巉岩本草》名金银花。《本草纲目》谓："附树延蔓，茎微紫色，对节生叶，叶似薜荔而青，有毛，三四月开花，长寸许，一蒂两花，二瓣，一大一小，如半边状，长蕊，花初开者，蕊瓣俱色白，经二三日，则色变黄，新旧相参，黄白相映，故呼金银花"，又谓"茎叶及花，功用皆同"。其形态和《植物名实图考》附图，均与现今主流商品金银花和忍冬藤一致。山东栽培金银花自清代开始，据《费城县志》载："早期采以代茶，至嘉庆初商旅贩往它处，辄获厚利，不数年山角水湄栽至几遍。"随着栽培面积的扩大，山东临沂平邑已成为全国金银花生产的主要基地。

【附注】①《中国药典》2010 年版收载金银花、忍冬藤；《山东省中药材标准》2002 年版收载金银花叶、金银花提取物、金芝。②金银花良种："亚特"金银花 L. japonica 'Yate LSB'（国 S-SV-LJ-022-2010，鲁 S-SV-LJ-001-2004，彩图 70）；"亚特立本"金银花 L. japonica 'Yateliben LSB'（国 S-SV-LJ-023-2010，鲁 S-SV-LJ-004-2004，彩图 71）。

附：红白忍冬

红白忍冬 Lonicera japonica var. chinensis (Wats.) Bak.（彩图 72），又名红金银花。与原种的主要区别是：幼枝紫黑色；叶带紫红色；小苞片比萼筒狭；花冠外面紫红色，内面白色，上唇裂片较长，裂隙深，超过唇瓣的 1/2。在山东各地均有栽培，观赏或花蕾药用，同金银花。花蕾和叶含绿原酸，木犀草苷。良种："亚特红"金银花 L. japonica 'Yatehong LSB'（国 S-SV-LJ-023-2010，鲁 S-SV-LJ-002-2004，彩图 72）

灰毡毛忍冬

灰毡毛忍冬 L. macranthoides Hand.-Mazz.（彩图 73），在平邑等地有引种，常被称为"懒汉金银花"。但在山东境内长势不佳，不能采用扦插繁殖，只能采用嫁接繁殖。与忍冬的主要区别是：藤本状灌木，主干明显。幼枝或其顶梢及总花梗有薄绒状短糙伏毛，有时兼具微腺毛，后变栗褐色有光泽而近无毛；枝条平伸，栗褐色，近无毛。叶淡绿色，革质；叶片呈卵形、矩圆形至宽披针形，下面被灰白色毡毛。花密集于小枝梢成圆锥状花序，花蕾细长近平直，顶端稍膨大，近无毛，萼筒常有蓝白色粉，在山东极少开放；苞片披针形。花期 6 月中旬至 7 月上旬。花蕾为中药山银花，药农购买种苗时应注意鉴别。花蕾含绿原酸，几不含木犀草苷。

接骨木

【别名】公道老、八角棵（莒南）、接骨树。

【学名】Sambucus williamsii Hance

【植物形态】落叶灌木或小乔木，高 4～6m。髓淡黄褐色。奇数羽状复叶,对生,小叶5~7,有短柄;小叶片椭圆形或长圆状披针形,长5~12cm,宽2~5cm,先端渐尖或尾尖,基部楔形,常不对称,边缘有细锯齿,揉碎有臭味,上面绿色,初被疏短毛,后渐无毛,下面浅绿色,无毛。聚伞圆锥花序,顶生,无毛;花小,白色;花萼裂齿三角状披针形,稍短于筒部;花冠辐状,5裂,直径约3mm,筒部短;雄蕊5,约与花冠等长而互生,开展;子房下位,3室,花柱短,3裂。浆果状核果,近球形,直径3~5mm,红色,稀蓝紫色,分核2~3,每核有种子1粒。花期4~5月;果期6~9月。(图715)

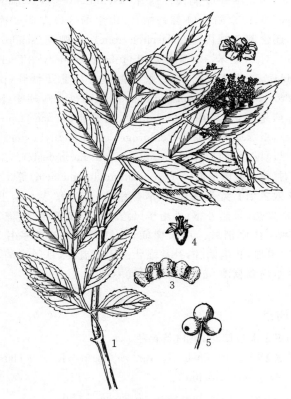

图715 接骨木
1.花枝 2.花 3.花冠展开 4.花萼及雌蕊 5.小果穗

【生长环境】生于林下、灌丛、山坡或平原路旁。庭院有栽培。
【产地分布】山东境内产于昆嵛山、崂山、蒙山、泰山等地。在我国除山东外,还分布于东北、华东地区及河北、山西、陕西、甘肃、湖北、湖南、广东、广西、四川、贵州、云南等地。
【药用部位】带叶茎枝:接骨木;根:接骨木根;叶:接骨木叶;花:接骨木花。为少常用中药或民间药。
【采收加工】全年采收茎枝,切片后晒干或鲜用。春、夏二季采收叶或花序,晒干或鲜用。秋、冬二季挖根,洗净,晒干。
【药材性状】茎枝常为斜切或横切的薄片,长椭圆形,长2~6cm,厚约3mm。表面绿褐色,皮部完整或剥落,有纵条纹及棕黑色点状突起的皮孔。体轻,质较硬;切面皮部薄,木部黄白色,年轮环状,极明显,射线白色细密,放射状,髓部淡黄褐色或褐色,完整或枯朽成空洞,海绵状,易开裂。气微,味淡。

【化学成分】茎枝含苯丙素类:(—)-丁香脂素[(—)-syringaresinol],(—)-松脂素,(—)-赤式-1,2-二(4-羟基-3-甲氧基苯基)-1,3-丙二醇,(—)-赤式-1-(4-羟基-3-甲氧苯基)-2-[4-(3-羟丙基)-2-甲氧苯氧基]-1,3-丙二醇,(—)-苏式-1-(4-羟基-3-甲氧苯基)-2-[4-(3-羟丙基)-2-甲氧苯氧基]-1,3-丙二醇,(—)-赤式-1-(4-羟基-3-甲氧苯基)-2-[4-(4-羟基-3-甲氧肉桂酰氧)丙基-2-羟基苯氧基]-1,3-丙二醇,2-{4-[2,3-二羟基-3-羟甲基-7-羟基-5-(4-羟基-3-甲氧肉桂酰氧丙基)-2-苯唑呋喃基]-2,6-二甲氧苯氧基}-1-(4-羟基-3-甲氧苯基)-1,3-丙二醇,6-(4-羟基-3-甲氧肉桂酰氧)丙基-3-(4-羟基-3-甲氧苯基)-2-羟甲基-1,4-苯并二氧六环,(—)-落叶松脂醇[(—)-lariciresinol],丁香脂素-4′-O-β-D-葡萄糖苷,boehmenan,hedyotisol,(2R,3S)-2-(4-羟基-3-甲氧苯基)-3-羟甲基-7-甲氧基-2,3-二氢-5-苯骈呋喃丙醇,(—)-橄榄脂素,异落叶松树脂醇,burselignan,lyoniresinol,5-甲氧基-异落叶松树脂醇,环橄榄树脂素等;酚酸类:香草醛,香草乙酮(acetovanillone),松柏醛,丁香醛(syringaldehyde),香草酸,阿魏酸,对羟基苯甲酸,对羟基桂皮酸,吲哚-3-梭酸,原儿茶酸等;萜类:白桦醇,白桦酸,齐墩果酸,熊果酸,α-香树脂醇,diospyrolide,rosenonolactone,红花菜豆酸(phaseic acid),1,4,13-三羟基-11(12)-桉烯;挥发油:主成分为1-甲氧基-4-(2-丙烯基)苯,1-甲基-4-(1-丙烯基)-苯,2-庚酮等;还含大黄素,天师酸,天师酸甲酯,N-甲基-β-丙氨酸酐(N-methyl-β-anhydride),葛根素,十六烷酸及豆甾醇等。根皮及根含环烯醚萜苷类:α-莫诺苷(α-morroniside),β-莫诺苷,7α-O-乙基莫诺苷(7α-O-ethylmorroniside),7β-O-乙基莫诺苷,caryoptoside,7-脱氢马钱子苷,7-甲酸裂环马钱子苷(7-formyloysecologanin),ligstroside,接骨木苷(williamsoside)A、B、C、D、E,caryoptoside;木脂素类:(+)松脂素-8-O-β-D-吡喃葡萄糖苷,(+)松脂素-4″-O-β-D-吡喃葡萄糖苷,(7S,8R)-4,9,9′-三羟基-3,3′-二甲氧基-7,8-二氢苯骈呋喃-1′-丙醇基新木脂素,(7S,8R)-4,9-二羟基-3,3′-二甲氧基-7,8-二氢苯骈呋喃-1′-丙基新木脂素-9′-O-β-D-吡喃葡萄糖苷,4,7,9,9′-四羟基-3-甲氧基-8-O-4′-异木脂素-3′-O-β-D-葡萄糖苷(苏式),牛蒡子苷(arctiin),接骨木苷(williamsoside)F、G、H、I;还含3,4-二甲氧基-β-N-D-葡萄糖基吡咯及3-甲氧基-(2-丙三醇氧基)-苯丙醇。叶含山奈酚,槲皮素,人参黄酮苷(panasenoside),氰苷等。果实含油酸,亚油酸,亚麻酸,多种氨基酸,维生素A、C、B_1、B_2、E及果胶等。

【功效主治】接骨木甘、苦,平。祛风湿,通经络,利尿消肿,止血。用于风湿痹痛,跌打损伤,肾虚水肿;外用于创伤出血。接骨木叶苦,寒。祛风止痛,活血化瘀。用于跌打损伤,筋骨疼痛,风湿痹痛,痛风,脚气,烫火伤。**接骨木根**苦,平。祛风除湿,清热利胆。用于风湿疼痛,痰饮,黄疸,跌打瘀痛,肾炎。**接骨木花**辛,温。发汗利尿,用于外感,小便不利。

【历史】接骨木始载于《新修本草》,接骨以功而名,谓:"叶如陆英,花亦相似,但作树高一、二丈许,木体轻虚无心,斫枝插之便生"。《本草图经》、《植物名实图考》卷三十五均有收载,与现今接骨木相符。

【附注】《中国药典》2010年版附录、《山东省中药材标准》2002年版附录收载接骨木。

荚蒾

【别名】酸梅子、荚蒾子。

【学名】Viburnum dilatatum Thunb.

【植物形态】落叶灌木,植株常被淡黄色星状毛;冬芽有鳞片,被疏毛。叶对生;叶片阔倒卵形、倒卵形或宽卵形,长3~10cm,宽2~8cm,先端急尖,基部圆形或有时近心形,边缘有锯齿,齿端具小尖头,上面疏生柔毛,下面有黄色柔毛和星状毛,脉上较密,基部两侧有少数腺体和多数细小腺点,侧脉6~8对,直达齿端,上面凹下,下面明显凸起;叶柄长1~1.5cm。复伞形花序生于有1对叶的短枝顶端,直径4~10cm;总梗长1~3cm,第1级辐射枝通常6~7条,花生于3~4级辐射枝上;萼筒筒状,萼齿卵形,与萼筒均被粗毛及腺点;花冠白色,辐状,长约2.5mm,裂片卵圆形,外被密或疏短毛;雄蕊伸出花冠。核果椭圆形,长6~7mm,红色,核扁,有3条浅腹沟和2条浅背沟。花期5~6月;果期8~10月。(图716)

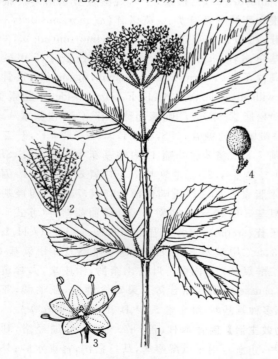

图716 荚蒾
1.花枝 2.叶下面,示星状毛 3.花 4.果实

【生长环境】生于山坡或灌丛中。

【产地分布】山东境内产于日照、胶南等地。在我国除山东外,还分布于陕西、河南、河北及长江以南各地,以华东地区常见。

【药用部位】枝叶:荚蒾;根:荚蒾根;果实:荚蒾子。为民间药,成熟果实药实两用。

【采收加工】春、夏二季采收枝叶,晒干或鲜用。秋、冬二季挖根,洗净,晒干。

【化学成分】叶含黄酮类:山柰酚,槲皮素,异槲皮苷,芦丁,山柰酚-3-O-刺槐二糖苷(kaempfeml-3-O-robinobioside),山柰酚-3-O-芸香糖苷,山柰酚-3-O-龙胆二糖苷;还含荚蒾螺内酯(dilaspirolactone),毛柳苷(salidroside),对-羟基苯-β-D-阿洛糖苷(p-hydroxyphenyl-β-D-alloside),对-羟基苯基-6-O-反-咖啡酰基-β-D-葡萄糖苷(p-hydroxyphenyl-6-O-trans-caffeoyl-β-D-glucoside),胡萝卜苷,熊果酸,熊果酚苷(arbutin),乙酰胆碱(acetylcholine),新绿原酸甲酯(neochlorogenicacid methyl ester),隐绿原酸甲酯(cryptchlorogenic acid methylester),3-O-对-香豆酰奎尼酸(3-O-p-coumaroylquinic acid)等。

【功效主治】**荚蒾**酸、凉。清热解毒,疏风解表。用于疔疮发热,暑热外感;外用于风疹瘙痒。**荚蒾根**辛、涩,微寒。祛瘀消肿。用于瘰疬,跌打损伤。**荚蒾子**甘,平。破血,止痢消肿,补益强壮。用于蛊症,月经不调,泄泻,虚弱羸瘦,心悸气短,中气不足。

鸡树条

【别名】天目琼花、鸡树条荚蒾。

【学名】Viburnum opulus L. var. calvescens (Rehd.) Hara (V. sargentii Kochne)

(V. sargentii Kochne var. calvescens Rehd.)

【植物形态】落叶灌木,高1~3m。树皮厚而多少呈木栓质;当年生枝有棱,有明显凸起的皮孔,无毛。叶对生;叶片卵圆形、卵形或倒卵形,长6~12cm,宽4~8cm,通常3裂,裂片先端渐尖,基部圆形、平截或浅心形,边缘有不整齐的粗齿,上面无毛,下面仅脉腋生簇状毛或有时脉上被黄褐色长柔毛,掌状3出脉;叶柄长2~3.5cm,近无毛,先端有2~4盘状腺体;有钻形托叶2片;分枝上部的叶狭长而不分裂。复伞形花序,直径8~10cm,第1级辐射枝6~8条,花生于2~3级辐射枝上,花序梗近无毛;花梗极短;萼筒倒圆锥形,长约1mm,萼齿三角形;花冠白色,辐状,裂片近圆形,长约1mm,不等大,内面有长柔毛;雄蕊伸出花冠外,花药紫红色;柱头不分裂;花序周围有大型不孕花10~12朵,直径2~3cm。浆果状核果,近球形,红色,直径约8mm,核扁,背腹沟不明显。花期5~6月;果期9~10月。(图717)

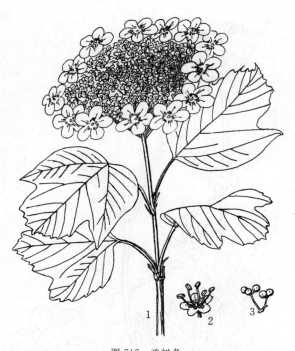

图717 鸡树条
1.花枝 2.花 3.果穗

【生长环境】生于较湿润的山沟、山坡或灌丛中,泰山可分布至海拔1 500米的山顶部。
【产地分布】山东境内产于各大山区。在我国除山东外,还分布于东北、华北地区及内蒙古、陕西、甘肃、四川、湖北、安徽、浙江等地。
【药用部位】嫩枝叶和果实:天木琼花。为民间药。
【采收加工】夏、秋二季采收嫩枝叶,秋季采收成熟果实,晒干或鲜用。
【化学成分】叶含3-甲基丁酸,2-甲基丁酸,邻苯二甲酸丁基异丁基酯,β-谷甾醇等。果实挥发油主成分为6,9-十五碳二烯,棕榈酸,二十八烷,十八烷酸等;还含绿原酸,黄酮类,酚类和香豆素类成分。种子含脂肪油主成分为油酸,亚油酸,棕榈酸及硬脂酸。
【功效主治】甘、苦,平。消肿止痛,止咳,活血,止痒。用于腰肢扭伤,骨节酸痛,疮疖,疥癣瘙痒。
【附注】本种在"Flora of China"19:611.2011.被提升为亚种,其拉丁学名为 *Viburnum opulus* L. subsp. *calvescens* (Rehd.) Sug.,本志将其列为异名。

败酱科

墓头回
【别名】异叶败酱、败酱。
【学名】*Patrinia heterophylla* Bge.
【植物形态】多年生草本,高30~80cm。根状茎横走。茎直立,有倒生粗毛。基部叶丛生;叶片卵形,长5~8cm,宽3~5cm,基部较宽,边缘有圆齿或糙齿状缺刻,或羽状裂至全裂;有长柄;茎生叶对生;叶片羽状全裂或深裂至不裂,长4~6cm,宽2~4cm,羽状深裂者中央裂片较大或与侧裂片近等大,卵形或阔卵形,先端渐尖或长渐尖,不裂者边缘有粗齿;上部叶较窄,近无柄。伞房状聚伞花序顶生,花序梗有短糙毛;最下分枝处总苞片常有1或2对小裂片,条形;小苞片不裂,条形;萼齿5,明显或不明显;花冠黄色,近钟形,裂片5,卵形,长0.8~1.8mm,宽约1.5mm,筒部长约2mm,基部一侧有浅囊距;雄蕊4,伸出,2枚稍长,花丝基部有白色柔毛,花药长圆形,长约1mm;子房下位,花柱顶端稍弯曲,柱头盾状或截头状。瘦果长圆形,顶端平截;有增大的翅状果苞,阔卵形,长5~6mm,宽4~5mm,膜质,顶端两侧有时1~2浅裂,网状脉有2主脉。花期7~9月;果期8~10月。(图718)

图718 墓头回
1.植株 2.花 3.花冠展开,示雄蕊 4.果实 5.不同叶形

【生长环境】生于山坡、林边、路旁或阴湿沟谷草丛中。
【产地分布】山东境内产于蒙山、泰山、徂徕山、大泽山及威海、荣成等山地丘陵。在我国除山东外,还分布于辽宁、内蒙古、河北、山西、河南、陕西、宁夏、甘肃、青海、安徽、浙江等地。
【药用部位】根及根茎:墓头回。为我省习用中药。
【采收加工】秋季采挖,除去茎叶杂质,洗净晒干。
【药材性状】根呈细长圆柱形,有分枝,大小不一。表面黄褐色,有细纵纹及点状支根痕,有的具瘤状突起。质硬,断面黄白色,呈破裂状。具特异臭气,味稍苦。

以根粗大、色黄褐、气味浓者为佳。

【化学成分】根及根茎含含挥发油:主成分为异戊酸(isovaleric acid),α-及 β-蒎烯,柠檬烯,γ-及 δ-榄香烯,龙脑,α-松油烯,β-橄榄烯(β-maaliene),β-愈创木烯(β-guaiene),δ-荜橙茄烯等。全草含三萜类:软木三萜酮(friedelin),齐墩果酸,常春藤皂苷元,齐墩果酸-3-O-α-L-吡喃阿拉伯糖苷,α-及 β-香树脂醇,熊果酸等;黄酮类:金丝桃苷,异槲皮苷;还含 β-谷甾醇,胡萝卜苷,7-羟基-6-甲氧基香豆素等。

【功效主治】苦、微酸、涩、凉。燥湿止带,收敛止血,清热解毒。用于赤白带下,崩漏,痢疾泄泻,黄疸,疟疾,肠痈,疮疡肿毒,跌打损伤,癥瘕积聚,噎嗝。

【附注】《山东省中药材标准》2002 年版收载,药用部位为根,原植物名异叶败酱。

附:窄叶败酱

窄叶败酱 subsp. angustifolia (Hemsl.) H. J. Wang [P. angustifolia Hemsl.] 与原种的主要区别是:茎生叶常不分裂,或仅有 1~2 对裂片。花序最下部分枝处总苞叶不分裂;花丝长 3.5mm 以上。产地及药用同原种。

岩败酱

【别名】败酱、败酱草。

【学名】Patrinia rupestris (Pall.) Juss.
(Valeriana rupestris Pall.)

【植物形态】多年生草本,高 20~40cm。根状茎长 10cm 以上,斜升。茎多数丛生,有短糙毛。叶对生;叶片卵圆形或长卵形,长 5~8cm,宽 2.5~4cm,羽状深裂至全裂,裂片 3~6 对,中央裂片稍大或与侧裂片近等大,先端渐尖,边缘有疏锯齿或全缘。伞房状聚伞花序顶生,有 3~7 对分枝;最下部分枝处总苞片羽状全裂,各级总苞片、苞片及小苞片渐小,分裂或不裂,成条状披针形;萼齿 5;花冠黄色,漏斗状或钟状,先端裂片 5,长约 1.4mm,宽约 1mm,花冠筒长约 1.5mm;雄蕊 4,2 枚稍长,长者花丝近基部有柔毛,花药长圆形;柱头盾状,花柱长 2~3mm,子房圆柱状。瘦果圆柱形;果苞长圆形、卵形、长卵形或倒卵状长圆形,长 4~5mm,宽 3~4mm,上部有时 1~3 浅裂,网状脉常有 3 条主脉。花期 7~8 月;果期 8~9 月。(图 719)

【生长环境】生于山坡、林缘、路旁或草丛中。

【产地分布】山东境内产于泰山、莲花山等山区。在我国除山东外,还分布于黑龙江、吉林、辽宁、内蒙古、河北、山西等地。

【药用部位】全草:败酱草、败酱;根及根茎:败酱根。为民间药。

【采收加工】夏季花开前采割地上部分,晒至半干,扎

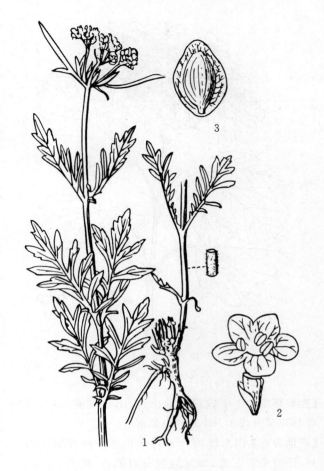

图 719 岩败酱
1.植株 2.花及小苞片 3.果实

把,再阴干。秋季挖根,洗净,晒干。

【化学成分】全草含黄酮类:山奈酚,槲皮素,芦丁等;有机酸:咖啡酸,绿原酸等;挥发油主成分为反式-石竹烯(β-caryophyllene),α-古芸烯(α-gurjunene),石竹烯氧化物等。

【功效主治】败酱草苦,凉。清热解毒,活血排脓。用于痢疾泄泻,肠痈,胁痛口苦。败酱根辛,温。散寒燥湿。用于风寒外感,泄泻。

糙叶败酱

【别名】败酱草、墓头回、鸡粪草。

【学名】Patrinia rupestris (Pall.) Juss. subsp. scabra (Bunge) H. J. Wang
Patrinia scabra Bunge

【植物形态】本亚种与原种岩败酱的主要区别是:叶较坚挺。花冠较大,长 6.5~7.5mm,直径 5~6.5mm。果苞较宽大,长达 8mm,宽 6~8mm,网状脉通常有 2 条主脉,极少为 3 主脉。(图 720)

【生长环境】生于阳坡石缝或路旁草丛中。

【产地分布】山东境内产于泰山、徂徕山、蒙山等山区。

在我国除山东外,还分布于黑龙江、吉林、辽宁、内蒙古、河北、山西、陕西、甘肃、宁夏、青海等地。

【药用部位】根及根茎:墓头回。为我省习用中药。

【采收加工】秋季采挖,除去茎叶和杂质,洗净,晒干。

【药材性状】根不规则圆柱形,长短不一,常弯曲,直径0.4~5cm。表面棕褐色,粗糙,皱缩,有瘤状突起,栓皮易剥落,脱落处棕黄色。根头部粗大,有时具分枝。体轻,质松,折断面纤维性,有放射状裂隙。具特异臭气,味稍苦。

以根粗大、色棕褐、气味浓者为佳。

【化学成分】根及根茎含木脂素类:落叶松脂醇,异落叶松树脂酚,(+)-nortrachelogenin,4-[1-乙氧基-1-(4'-羟基-3'-甲氧基)苯基]甲基-2-(4-羟基-3-甲氧基)苯基-3-羟甲基-四氢呋喃,丁香树脂醇,丁香树脂酚,松脂醇-4,4'-二-O-β-D-葡萄糖苷,罗汉松脂酚-4,4'-二-O-β-D-葡萄糖苷,落叶松脂酚-4'-O-β-D-葡萄糖苷,落叶松脂醇-4-O-β-D-葡萄糖苷,去甲络石糖苷,patriscabrol;蒽醌类:1,3,6,8-四羟基蒽醌,1,3,6-三羟基-2-甲基蒽醌,1,3,6-三羟基-6-甲氧基蒽醌(lunatin),1,3-二羟基蒽醌,1,3,6-三羟基-2-甲基蒽醌-3-O-(O-6'-乙酰基)-新橙皮糖苷,1,3,6-三羟基-2-甲基蒽醌-3-O-新橙皮糖苷;黄酮类:槲皮素,山奈酚,5,7-二羟基黄酮,山奈酚-7-O-α-L-吡喃鼠李糖苷;环烯醚萜类:viburtinal,11-ethoxy viburtinal,[1R,3S-(1α,3α)]-1,3,6,7-四氢-1,3-二甲氧基-4-甲氧甲基环戊二烯并[c]吡喃,[1S,3R-(1α,3α)]-1,3,6,7-四氢-1,3-二甲氧基-4-甲氧甲基环戊二烯并[c]吡喃,1,3,4,5,6,7-六氢-3-酮-7-羟基-8-甲基-环戊二烯并[c]吡喃,9α-1,7-二氢-1-β-O-(3-甲基-丁酰)-4-[(3-甲基-丁酰)-O-]甲基-6-酮-8-羟基-8α-羟甲基-环戊二烯并[c]吡喃,[1S,3R-(1α,3α)]-1,3,6,7-四氢-1,3-二甲氧基-4-[(3-甲基-丁酸)-O-]甲基-7-酮-8-羟甲基环戊二烯并[c]吡喃等;三萜类:乌苏酸,齐墩果酸;挥发油:主成分为十八碳烯酸,丁子香烯,9,12-十八碳二烯酸甲酯,α-丁子香烯等;还含4,5,6,7,8,9-六氢-11,13-二羟基-4-甲基-2H-3-苯并环十二碳烯-2,10(1H)-二酮(curvularin),2-(乙酰胺基)苯丙醇-2-(苯甲酰胺基)苯丙酸酯,东莨菪内酯,十六烷酸-α-单甘油酯,阿魏醛,阿魏酸,β-谷甾醇,胡萝卜苷等。

【功效主治】苦、微酸、涩,凉。燥湿止带,收敛止血,清热解毒。用于赤白带下,崩漏,痢疾泄泻,黄疸,疟疾,肠痈,疮疡肿痛,跌打损伤,癥瘕积聚,噎膈。

【历史】糙叶败酱始载于《本草纲目》,名墓头回。《救荒本草》"地花菜",有"墓头灰"之别名,谓:"生密县山野中,苗高尺余,叶似野菊花叶而窄细,又似鼠尾草,叶亦瘦细,梢叶间开五瓣小黄花,其叶味微苦。"并附图。《本草原始》载:"山谷处处有之,根如地榆,长条黑色,闻之极臭,俗呼鸡粪草……用此草干久益善。"亦有附图。所述形态、色泽、气味及附图,与现今植物糙叶败酱相似。

【附注】①《山东省中药材标准》2002年版收载,药用部位为根。②《中国植物志》73(1):15 中将糙叶败酱作为亚种处理,拉丁学名为 Patrinia rupestris (Pall.) Juss. subsp. scabra (Bunge) H. J. Wang(P. scabra Bunge)。"Flora of China"19:664.2011.将本种进行了重新修订,拉丁学名为 Patrinia scabra Bunge,本志采纳"Flora of China"的分类。

图 720 糙叶败酱
1.果枝 2.花 3.果实 4.子房横切 5.不同叶形

败酱

【别名】黄花败酱、黄花龙牙、山芝麻(蒙山)。

【学名】Patrinia scabiosaefolia Fisch. ex Trev.(Patrinia scabiosiolia Link)

【植物形态】多年生草本,高0.5~1m,稀1.5m。根状茎横走,有须根。茎直立,有倒生白色粗毛,中下部为多,至花果期茎上部渐脱落而近无毛或有疏毛。基部叶丛生;叶片长卵形,边缘有粗齿,两面有粗毛,花期枯萎;有长柄;茎生叶对生;叶片长卵形或卵形,长6~11cm,羽状全裂或深裂,裂片5~9,中央裂片常较大,卵形、椭圆形或椭圆状披针形,先端渐尖,边缘有粗齿或尖齿,侧裂片长卵形或条形,两面有白色粗毛;上部叶渐狭小，无柄。大型伞房状聚伞花序顶生，常有5～7级分枝，花序梗上方一侧有白色粗毛；总苞片条形，向上渐小；小苞片条状披针形或细条形；花小，长约3mm；萼齿不明显；花冠钟形，黄色，裂片5，卵圆形，花冠筒内有白色长柔毛；雄蕊4，2条较长，长者花丝下部有长柔毛，花药长圆形，长约1mm；花柱长约2.5mm，柱头盾状或截头状。瘦果长圆形，长3～3.5mm，宽约2mm，有3棱，能育子房室略扁平，向两侧延展成窄翅状；无果苞。种子1粒，扁椭圆形。花期7～9月；果期9～10月。（图721）

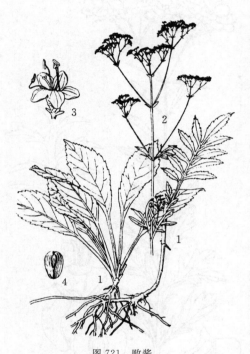

图721 败酱
1.植株下部 2.植株上部 3.花 4.果实

【生长环境】生于林边、山坡路旁或阴湿沟谷草丛中。
【产地分布】山东境内产于蒙山、泰山、徂徕山、昆嵛山、崂山等山区。在我国除宁夏、青海、新疆、西藏、海南等地外均有分布。
【药用部位】全草：败酱草、败酱；根及根茎：败酱根。为少常用中药。
【采收加工】夏季花开前采割地上部分，晒至半干，扎成束，再阴干。秋季挖根，洗净，晒干。
【药材性状】全草长50～80cm，常捆扎成束。根茎近圆柱形，紫棕色或暗棕色，有节。茎圆柱形，直径2～8mm；表面黄绿色至黄棕色，具纵棱及倒生白色粗毛；质脆，断面中央有髓。叶对生，多卷缩或破碎；完整叶片展平后呈卵形或长卵形，羽状深裂至全裂，裂片5～9个，中央裂片较大，呈卵形、长圆形或椭圆状披针形，两侧裂片狭椭圆形至条形，边缘有锯齿；上表面深绿色或绿棕色，下表面色较浅，两面疏生白毛；茎上部叶较小，常3裂。枝端有时具伞房状聚伞花序或果序。小花黄色或黄棕色。瘦果长圆形，具窄翅。气特异，味微苦。

以根茎长、叶多、色绿、气浓者为佳。

根茎圆柱形，弯曲，长3～15cm，直径0.2～1cm，上部较粗。表面紫棕色至暗棕色，节明显，上部较密，被暗棕色至紫棕色鳞叶及叶柄残基，顶端有时带短茎基，节上有数条圆柱形的根，或有突起的芽痕及根痕。质轻，折断面不整齐，黄白色。气特异，味微苦。

以完整、色紫棕、气味浓者为佳。

【化学成分】根及根茎含败酱皂苷（patrinoside），败酱皂苷 A_1、B_1、C_1、D_1、E、F、G、H、J、K、L，3-O-(2'-O-乙酰基)-α-L-阿拉伯吡喃糖基常春藤皂苷元-28-O-β-D-吡喃葡萄糖基(1→6)-β-D-吡喃葡萄糖酯苷，β-常春藤素（β-hederin），齐墩果酮酸（oleanolic acid），黄花败酱皂苷（scabioside）A、B、C、D、E、F、G，齐墩果酸，齐墩果酸-3-O-α-L-阿拉伯糖苷，常春藤皂苷元，常春藤皂苷元-3-O-α-L-阿拉伯糖苷；还含胡萝卜苷，菜油甾醇-β-D-葡萄糖苷，东莨菪素，马栗树皮素等；挥发油含α-古芸烯等。全草含三萜皂苷：齐墩果酸-3-O-β-D-吡喃葡萄糖基-(1→3)-α-L-吡喃鼠李糖基-(1→2)-α-L-吡喃阿拉伯糖苷，3-O-β-D-吡喃木糖基-(1→3)-α-L-吡喃鼠李糖基-(1→2)-α-L-吡喃阿拉伯糖基-常春藤皂苷元-28-O-β-D-吡喃葡萄糖基(6→1)-O-β-D-吡喃葡萄糖-(4→1)-α-L-吡喃鼠李糖酯苷（prosapogenin CP_3），sieboldianaside A，齐墩果酸-3-α-L-吡喃阿拉伯糖基-(2→1)-α-L-吡喃鼠李糖基-(3→1)-O-β-D-吡喃木糖苷（hederasaponin C），3-O-β-D-吡喃木糖基-(1→3)-α-L-吡喃鼠李糖基-(1→2)-α-L-吡喃阿拉伯糖基-齐墩果酸-28-O-β-D-吡喃葡萄糖酯苷，齐墩果酸-3-O-β-D-吡喃木糖基-(2→1)-α-L-吡喃鼠李糖苷（giganteaside D），常春藤皂苷元-α-L-吡喃阿拉伯糖基-(2→1)-α-L-吡喃鼠李糖苷（sapindoside A）；挥发油：主成分为5,6,7,7a-四氢-4,4,7-三甲基-2(4氢)-苯骈呋喃酮，3,4,5,7-四氢-3,6-二甲基-2(三氢)-苯骈呋喃酮，法呢醇（farnesol）等。种子含硫酸败酱皂苷（sulfapatrinoside）Ⅰ、Ⅱ，败酱糖苷（patriniaglycoside）A-Ⅰ、B-Ⅰ、B-Ⅱ，齐墩果酸-3-O-α-L-鼠李糖基(1→2)-α-L-阿拉伯糖苷等。

【功效主治】败酱草辛、苦，凉。清热解毒，祛瘀排脓。用于肠痈，痢疾泄泻，胁痛口苦，目赤肿痛，产后瘀血腹痛，痈肿疔疮。败酱根辛，温。散寒燥湿。用于风寒外感，泄泻。
【历史】败酱始载于《神农本草经》，列为中品，一名醋酱。《本草经集注》曰："叶似稀莶，根形似柴胡，气如败豆酱，故以为名。"《新修本草》载："多生岗岭间，叶似水茛及薇衔，丛生，花黄，根紫作陈酱色，其叶殊不似稀莶也。"《本草纲目》云："初时叶布地生，似菘菜叶而狭长，有锯齿,绿色,面深背浅……颠顶开白花成簇,如芹花蛇床子花状。结小实成簇。其根白紫,颇似柴胡。"所述形态与现今药用败酱的原植物相符,其中花黄根紫者与黄花败酱(败酱)P. scabiosaefolia 基本一致;花白色者与白花败酱(攀倒甑)P. villosa 相吻合。

【附注】①《中国药典》1977年版、《山东省中药材标准》2002年版收载败酱草,《中国药典》2010年版附录收载败酱,原植物名黄花败酱。②本种在"Flora of China" 19:664. 2011. 的拉丁学名为 Patrinia scabiosiolia Link,本志将其列为异名。③败酱科植物败酱为本草败酱草正品,但现代很少使用。目前使用较多的有:菊科植物苣荬菜 Sonchus arvensis L. 称作败酱草或北败酱,山东不产;十字花科植物菥蓂 Thlaspi arvense L. 称作败酱草或苏败酱。两者的使用历史也较长,但来源与败酱科植物败酱不同,应各自以其原药材名称入药,不应混淆。济南地区习惯以菊科中华小苦荬 Ixeridium chinense (Thunb.) Tzvel. [Prenanthes chinensis Thunb.; Ixeris chinensis (Thunb.) Nakai]作败酱草,又名山苦荬、苦菜、中华苦荬菜等,应注意鉴别。内容详见菊科中华小苦荬项下。

攀倒甑

【别名】白花败酱、败酱、败酱草。

【学名】Patrinia villosa (Thunb.) Juss.
(Valeriana villosa Thunb.)

【植物形态】多年生草本,高30～55cm。根状茎横走。茎直立,少数有分枝,有白色倒生粗糙毛。基部叶丛生;叶片卵形至阔卵形,不分裂或大头羽状分裂,边缘有粗齿,果期常枯萎;叶柄长;茎生叶对生;叶片卵形或宽卵形,长5～8cm,宽2～4mm,先端渐尖,边缘有粗齿,基部楔形下延,上面绿色,下面绿白色,两面有毛,脉上较多;叶柄长1～2.5cm;上部叶近无柄。圆锥状聚伞花序或伞房花序顶生,分枝5～7级,花序梗有白粗毛或仅2列粗毛;各级总苞片卵状披针形至条状披针形或条形;萼齿5,浅波状或钝齿状;花冠钟状,白色,5裂,稍不等形,裂片长1.2～2mm,宽1.1～1.6mm,花冠筒比裂片稍长,内面有白色长柔毛;雄蕊4,伸出,花药长圆形;子房下位,花柱较雄蕊稍短。瘦果倒卵形;果苞膜质,近圆形,直径约5mm,顶端不分裂或1～2浅裂,网状脉有2条主脉。花期7～9月;果期8～10月。(图722)

【生长环境】生于山坡林下、林缘或路旁草丛中。

【产地分布】山东境内产于昆嵛山、泰山等山区。在我国除山东外,还分布于台湾、江苏、浙江、江西、安徽、河南、湖北、湖南、广东、广西、贵州、四川等地。

【药用部位】全草:败酱草;根及根茎:败酱根。为少常用中药。

图722 攀倒甑
1.花枝 2.根茎和基生叶 3.花 4.花冠展开 5.不同的果形

【采收加工】夏季花开前采割地上部分,晒至半干,扎成束,再阴干。秋季挖根,洗净,晒干。

【药材性状】根茎呈不规则圆柱形,长约10cm,节间长3～6cm,有的具匍匐茎,有数条粗壮的根。茎少分枝,直径约1cm;表面灰绿色,有纵向纹理,被倒生白色长毛;质脆,断面中空。基生叶叶片卵形至阔卵形,不分裂或成大头羽状分裂,茎生叶多不分裂;边缘有粗锯齿;表面绿色或黄绿色,下面色淡,两面被毛;叶柄长1～4cm,有翼。花白色或淡棕色。瘦果宿存膜质苞片。气特异,味微苦。

以根长、叶多、色绿、气浓者为佳。

【化学成分】根及根茎含含马钱子苷(loganin),莫诺忍冬苷(morroniside),棕榈酸,白花败酱醇(villosol),白花败酱苷(villoside),山奈酚,槲皮素等。全草含黄酮类:山奈酚-3-O-β-D-吡喃半乳糖苷,山奈酚-3-O-β-D-吡喃半乳糖(6→1)-α-L-鼠李糖苷,槲皮素,芦丁等;三萜类:熊果酸,齐墩果酸;挥发性成分:2-甲基-5-乙基呋喃,己二硫醚(Hexyl disulfide),1-己硫醇(1-Hexane thiol),紫苏醛,葎草烷-1,6-二烯-3-醇等;还含 patrinalloside,阿魏酸,棕榈酸,白花败酱醇,肌醇,β-谷甾醇,β-胡萝卜苷,水溶性多糖等。种子含槲皮素-3-O-α-L-吡喃鼠李糖基-(1→3)-α-L-吡喃鼠李糖基-(1→6)-β-D-吡喃半乳糖苷,山奈酚-3-O-β-鼠李三糖苷,3β-羟基-12-烯-28-油酸-23-硫酸钠盐,3β-羟基-12-烯-28-油酸,硫化败酱苷Ⅰ、Ⅱ。

【功效主治】败酱草辛、苦,凉。清热解毒,祛痰排脓。用于肠痈,痢疾泄泻,胁痛口苦,目赤肿痛,产后瘀血腹痛,痈肿疔疮。**败酱根**辛,温。散寒燥湿。用于风寒外感,泄泻。

【历史】见败酱。

【附注】《中国药典》1977年版,2010年版附录、《山东省中药材标准》2002年版收载败酱草,原植物名白花败酱。

附:少蕊败酱

少蕊败酱 P. monandra C. B. Clarke 与败酱的主要区别是:雄蕊1或2～3,极少4,常1枚最长。果实有增大的膜质翅状苞。山东境内产于泰山、崂山及济南等地山区。药用同败酱。

黑水缬草

【别名】缬草。

【学名】Valeriana amurensis Smir. ex Kom.

【植物形态】多年生草本,高0.5～1.2m。根状茎短缩,不明显。茎直立,不分枝,有纵棱和粗毛,茎上部至花序腺毛渐多。叶对生;叶片长6～10cm,宽3.5～8cm,羽状全裂,裂片7～9对,宽卵形或卵形,中央裂片与侧裂片同型,近等大,先端常钝或渐尖,边缘有粗齿,两面与叶轴有白色粗毛;茎上部叶渐小,裂片狭卵形,先端锐尖,边缘有细尖齿。多歧聚伞花序顶生,排成圆锥状或伞房状;花梗有具柄腺毛和粗毛;小苞片披针形或条形,先端渐尖或锐尖.有腺毛;花冠淡红色,漏斗状,长约3～5mm。瘦果狭三角状卵形,长约3mm,顶端有毛状宿存萼。花期5～6月;果期7～9月。(图723)

【生长环境】生于山坡、林下或山沟路旁草丛中。

【产地分布】山东境内产于胶东山地丘陵。在我国除山东外,还分布于黑龙江、吉林等地。

【药用部位】根及根茎:缬草。为民间药。

【采收加工】秋季采挖,除去茎叶,洗净,晒干。

【药材性状】根茎呈不规则块状,长0.3～1.4cm,直径0.3～1cm。表面棕黄色,顶端残留棕黄色茎基和叶柄残基,四周密生多数细根。质坚实,不易折断,断面中央有空隙。具特殊臭气,味微苦。

以块大、色棕黄、特殊臭气浓者为佳。

【化学成分】根及根茎含含木脂素类:(+)松脂素-4,4'-O-β-D-双吡喃葡萄糖苷,(+)8-羟基-松脂素-4'-O-β-D-吡喃葡萄糖苷,(+)8-羟基-松脂素-4-O-β-D-吡喃葡萄糖苷,(+)松脂素-8-O-β-D-吡喃葡萄糖苷,(+)松脂素-4-O-β-D-吡喃葡萄糖苷,(+)8-羟基-松脂素,(+)8,9'-二羟基-松脂素-4'-O-β-D-吡喃葡萄糖苷,(+)8-羟基-松脂素-4,4'-O-β-D-吡喃葡萄糖苷,落叶松脂素-4,4'-O-β-D-双吡喃葡萄糖苷,落叶松脂醇-4-O-β-D-吡喃葡萄糖

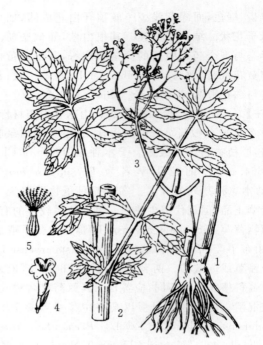

图723 黑水缬草
1.根及茎基部 2.中部茎叶 3.花序 4.花 5.果实

苷,橄榄树脂素-4'-O-β-D-吡喃葡萄糖苷,橄榄树脂素-4-O-β-D-吡喃葡萄糖苷等;萜类:黄花龙牙苷(patrinoside),kanokoside A,黑水缬草(heishuixiecao)A、B、C、D、E、F;挥发油:主成分为反式-石竹烯,1,2-二乙烯基-4-(1-甲基-乙烯基)环己烷,乙酸龙脑酯等;糖苷类:苯甲醇-O-α-L-阿拉伯吡喃糖基-(1→6)-β-D-吡喃葡萄糖苷,苯乙醇-O-α-L-阿拉伯吡喃糖基-(1→6)-β-D-吡喃葡萄糖苷,苯乙醇-O-β-D-吡喃葡萄糖基-(1→6)-β-D-吡喃葡萄糖苷;还含香草醛,5-羟甲基-2-糠醛,二十二烷酸,β-谷甾醇等。**地上部分**含黄酮类:山奈酚,槲皮素,芹菜素,芹菜素-7-O-β-D-葡萄糖苷,木犀草素,香叶木素,刺槐素(acacetin);有机酸:咖啡酸,绿原酸,对-羟基苯甲酸等。**全草**还含缬草三酯(valepotriate)。

【功效主治】辛、苦,微寒。宁心安神,祛风除湿,定痉止痛,生肌止血。用于肾虚失眠,百合病,痫症,胃腹胀痛,腰腿痛,跌打损伤。

缬草

【别名】满山香、拔地麻(泰安)、香草、姜十八(昆嵛山、烟台)。

【学名】Valeriana officinalis L.

【植物形态】多年生高大草本,高0.5～1.2m。根状茎粗短,簇生须根。茎中空,有纵棱和粗毛,老时渐脱落而较少。茎生叶对生;叶片长卵形,长7～17cm,宽4～9cm,羽状分裂,裂片7～9或11,中央裂片与侧裂片近等大,有时基部裂片较小,先端尖,边缘有疏锯齿,基部

下延,楔形,两面与叶轴有白色粗毛;有长柄,花期常凋萎;茎上部叶渐小,叶轴短。花序顶生,伞房状聚伞花序排成圆锥状;小苞片卵状披针形至条形;先端芒状突尖,边缘有粗毛;花冠淡紫红色,长约4~5mm,先端5裂;雌、雄蕊与花冠近等长。瘦果长卵形,长约3mm,顶端有冠毛状宿存萼。花期5~6月;果期6~9月。(图724)

【生长环境】生于山沟、林边或路旁草丛中。

【产地分布】山东境内产于昆嵛山、牙山、泰山、沂山、蒙山等山区。在我国除山东外,还分布于东北至西南各省区。

【药用部位】根及根茎:拔地麻(小救驾)。为民间药。

【采收加工】秋季采挖,除去茎叶,洗净,晒干。

【药材性状】根茎略呈短柱状,长1~3cm,直径0.4~1.5cm;表面暗棕色或黄棕色,粗糙,有纵皱纹;顶端具幼芽、残茎或叶柄残基,侧面有匍匐枝;质坚实,不易折断,断面淡黄白色或棕红色,中央絮状疏松,有空隙,中心有黄白色点(石细胞群);纵剖面可见多数横隔膜。根细长圆柱形,密生,多弯曲,长4~12cm,直径1~3mm;表面灰棕色或灰黄色,有多数深纵皱纹;质脆,易折断,断面黄白色。有特异臭气,干品更浓;味微辣,后微苦,且有清凉感。

以根头粗壮、根长、色黄棕、气味浓烈者为佳。

【化学成分】根及根茎含含挥发油:主成分为石竹烯,α-及β-蒎烯,乙酸龙脑酯,异戊酸龙脑酯(bornyl isovalerate),丁香烯,隐日缬草酮醇(cryptofauronol),橄榄醇(maali alcohol),1-桃金娘醇(1-myrtenol),缬草萜酮(valeranone),乙酸阔叶缬草醇酯(kessylacetate),阔叶缬草甘醇(kessoglycol),缬草萜烯醇(valerenol),缬草萜烯酸(valerenic acid)等;环烯醚萜类:缬草三酯(valepotriate),异缬草三酯(isovaltrate),高缬草三酯(homovaltrate)Ⅰ、Ⅱ,乙酰缬草三酯(acetvaltrate),高乙酰缬草三酯(homoacevaltrate),二氢异缬草三酯(dihydroisovaltrate),氯化缬草三酯(valechlorine),7-表去乙酰基异缬草三酯(7-epideacetyflisovaltrate),缬草苦苷(valerosidatum);生物碱:缬草碱(valerine),缬草根碱(valerianine),猕猴桃碱(actinidine),胆碱,鬃草宁碱(chatinine),异缬草酰胺碱(isovaleramide),缬草胺(valeriamine);还含绿原酸、咖啡酸、熊果酸,4,4′,8,8′-四羟基-3,3′-二甲氧基-二苯基双四氢呋喃等。

【功效主治】辛、苦,微寒。宁心安神,祛风除湿,定痉止痛,生肌止血。用于肾虚失眠,百合病,痫症,胃腹胀痛,腰腿痛,跌打损伤。

附:宽叶缬草

宽叶缬草 var. latifolia Miq.,与原种的主要区别

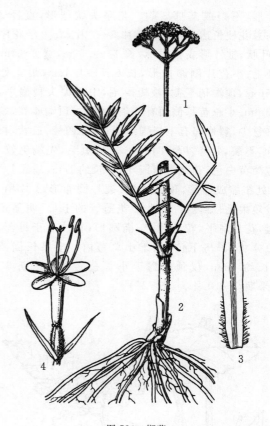

图724 缬草
1.花枝 2.根及茎基部 3.苞片 4.花及小苞片

是:根的特异气味更浓烈。叶裂片较宽且较少,常5~7,中裂片较大,宽卵形。根及根茎含挥发油8%,主成分为二戊烯(dipentene),阔叶缬草醇(kessyl alcohol),阔叶缬草甘醇(kessoglycol),阔叶缬草甘油(kessoglycerin),乙酸阔叶缬草酯(kessylacetate),二乙酸阔叶甘醇酯(kessoglycol diacetate)等。产地及药用同缬草。

川续断科

川续断

【别名】续断、山萝卜、和尚头。

【学名】Dipsacus asperoides C. Y. Cheng et T. M. Ai (Dipsacus asper Wall. ex C. B. Clarke)

【植物形态】多年生草本,高0.6~2m。根1至数条,圆柱状,黄褐色,稍肉质,侧根细长疏生。茎直立,具6~8棱,棱上有刺毛。基生叶稀疏;叶片琴状羽裂,长15~25cm,宽5~20cm,两侧裂片3~4对,靠近中央裂片1对较大,向下渐小,侧裂片倒卵形或匙形,长4~9cm,宽3~4.5cm,上面被短毛,下面脉上被刺毛;具长柄;茎中下部叶羽状深裂,中央裂片特长,披针形,长达11cm,宽达5cm,先端渐尖,有疏粗锯齿,两侧裂片3~4对,披针形或长圆形,较小;具长柄,向上叶柄渐短;上部叶叶片

披针形，不裂或基部3裂。花序头状球形，直径2～3cm；总花梗长达55cm；总苞片5～7片，着生于花序基部，叶状，披针形或长线形，长1～4.5cm，宽3～5mm，被硬毛；小苞片倒卵楔形，长0.7～1.1cm，最宽处为4～5mm，顶端稍平截，被短柔毛，中央尖头稍扁平，长2～3mm；小总苞每侧面有2条浅纵沟，顶端4裂，裂片先端急尖，裂片间有不规则细裂；花萼四棱，皿状，长约1mm，不裂，4浅裂至4深裂，外被短毛，先端毛较长；花冠淡黄白色，花冠管窄漏斗状，长约1cm，基部1/4～1/3处窄缩成细管，顶端4裂，裂片倒卵形，1片稍大，外被短柔毛；雄蕊4，着生于花冠管的上部，明显超出花冠，花丝扁平，花药紫色，椭圆形；花柱短于雄蕊，柱头短棒状，子房下位，包于小总苞内。瘦果长倒卵柱状，长约4mm，仅顶端露于小总苞之外。花期8～9月；果期9～10月。(图725)

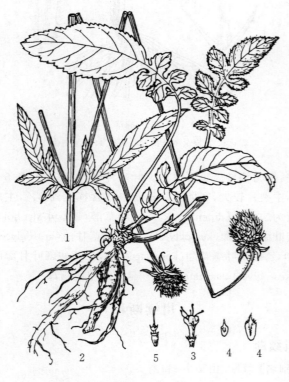

图725 川续断
1.植株上部 2.根及植株下部 3.花 4.小苞片
5.去花冠，示花萼及雌蕊

【生长环境】生于土壤肥沃、潮湿山坡或草地。
【产地分布】山东境内各地有少量栽培。在我国除山东外，还分布于西南地区及浙江、江西、湖北、湖南等地。
【药用部位】根：续断。为较常用中药。
【采收加工】秋季采挖，除去根头及须根，用微火烘至半干，堆置"发汗"，至内部变绿色时，再烘干。
【药材性状】根圆柱形，略扁，有的微弯曲，长5～15cm，直径0.5～2cm。表面灰褐色或黄褐色，有稍扭曲或明显扭曲的纵皱纹及沟纹，可见横裂皮孔及少数须根痕。质软，久置后变硬，易折断，断面不平坦，皮部墨绿色或棕色，外缘褐色或淡褐色，木部黄褐色，导管束呈放射状排列。气微香，味苦、微甜而后涩。

以根条粗、质软韧、皮部绿褐色、味苦、有香气者为佳。

【化学成分】根含环烯醚萜苷类：林生续断苷Ⅲ（sylvestrosideⅢ），triplostoside A，当药苷，马钱子苷，茶茱萸苷（cantleyoside）；三萜类：川续断皂苷（asperosaponin）Ⅳ、Ⅴ、Ⅵ、Ⅶ、Ⅷ、Ⅸ、Ⅹ、Ⅺ、F、H_1，其中Ⅵ即木通皂苷（akebiasaponin）D，3-O-α-L-吡喃阿拉伯糖-齐墩果酸-28-O-β-D-吡喃葡萄糖-(1→6)-β-D-吡喃葡萄糖苷，常春藤皂苷元，常春藤皂苷元-3-O-α-L-吡喃阿拉伯糖苷，3-O-α-L-吡喃阿拉伯糖-常春藤皂苷元-28-O-β-D-吡喃葡萄糖苷，3-O-[α-L-吡喃鼠李糖(1→3)][-β-D-吡喃葡萄糖(1→4)]-β-D-吡喃葡萄糖(1→3)-α-L-吡喃鼠李糖(1→2)-α-L-吡喃阿拉伯糖-常春藤皂苷元-28-O-β-D-吡喃葡萄糖(1→6)-β-D-吡喃葡萄糖酯苷等；生物碱：龙胆碱（gentianine），喜树次碱（venoterpine），cantleyine；挥发油：主成分为蒿萝艾菊酮（carvotanacetone），2,4,6-三叔丁基苯酚（2,4,6-tri-tert-butylphenol）及少量β-芳樟醇，4-甲基苯酚，3-乙基-5-甲基苯酚等；还含蔗糖，乙二醇，β-谷甾醇，胡萝卜苷及无机元素钛、锌、铜、钙、铁、镁等。

【功效主治】苦、辛，微温。补肝肾，强筋骨，续折伤，止崩漏。用于肝肾不足，腰膝酸软，风湿痹痛，跌扑损伤，筋伤骨折，崩漏，胎漏。

【历史】续断始载于《神农本草经》，列为上品，又名龙豆、属折。其后诸家本草均有记载，但来源较为复杂。《植物名实图考》载："今所用皆川中产。"又云："今滇中生一种续断，极似芥菜，亦多刺，与大蓟微类。梢端夏出一苞，黑刺如毬，大如千日红花。苞开花白，宛如葱花，茎劲，经冬不折。"其文图与现今川续断基本一致。

【附注】《中国药典》2010年版收载。

日本续断

【别名】北巨胜子、北续断、山萝卜。
【学名】Dipsacus japonicus Miq.
【植物形态】多年生草本，高70cm以上。主根黄褐色。茎中空，有4～6棱，棱上有白色钩刺。基生叶叶片长椭圆形，分裂或不裂；叶柄长约2cm；茎生叶对生；叶片常3～5裂，顶端裂片最大，两侧裂片较小，基部下延成翅状，边缘有白色缘毛，叶面有白色刺毛，叶下面沿叶脉及叶柄疏生白色钩刺和刺毛。头状花序顶生，球形，直径约2cm；总苞数片，披针形，边缘有白色刺毛；小苞片倒卵形，长达 7mm，顶端有尖喙，长约 4mm，喙缘有细长白色疣基刺毛；花紫红色，花冠漏斗形，基部细管明显，顶端 4 裂，裂片不等，外面有白色柔毛；雄蕊 4，着生于花冠筒上，稍伸出花冠外；子房下位，包于囊状小总苞内；小总苞有 4 棱，顶端有 8 齿。瘦果长圆楔形，包藏于 1 小包内。花、果期 8～10 月。（图 726）

图 726 日本续断
1.根 2.茎中部叶 3.花枝

【生长环境】生于山坡、林缘或路旁草地。
【产地分布】山东境内产于济南（西营梯子山）、滨洲、青州、沂山、蒙阴等地。分布于我国的南北各地。
【药用部位】根：北续断（小血转）；果实：北巨胜子。为民间药。
【采收加工】秋季果实成熟时采收，除去杂质，晒干。秋、冬二季挖根，洗净，晒干。
【化学成分】根含三萜皂苷：日本续断皂苷（japondipsaponin）E_1、E_2｛E_1 即 3-O-α-L-吡喃鼠李糖(1→3)-β-D-吡喃葡萄糖(1→3)-α-L-吡喃鼠李糖(1→2)-α-L-吡喃阿拉伯糖-常春藤苷元-28-O-β-吡喃葡萄糖酯苷，E_2 即 3-O-[β-D-吡喃葡萄糖(1→4)][α-L-吡喃鼠李糖(1→3)]-β-D-吡喃葡萄糖(1→3)-α-L-吡喃鼠李糖(1→2)-α-L-吡喃阿拉伯糖-齐墩果酸｝等。
【功效主治】北续断（小血转）苦，辛，微温。补肝肾，强筋骨，续折伤，止崩漏。用于肝肾不足，腰膝酸软，风湿痹痛，跌扑损伤，筋伤骨折，崩漏，胎漏。北巨胜子甘，温。补肝肾，强筋骨，利骨节，止崩漏。用于腰膝酸痛，风湿骨痛，骨折，跌打损伤，胎动不安，崩漏，白带，遗精，尿频。

葫芦科

盒子草

【别名】天球草、龟儿草。
【学名】Actinostemma tenerum Griff.
【植物形态】一年生攀援草本。茎细长。叶互生；叶形变化较大，叶片戟形、长三角形或卵状心形，不分裂或下部有 3～5 裂，中裂片长，侧裂片短，边缘有疏锯齿；叶柄细，长 2～6cm；卷须细，2 歧。雄花序总状或有时圆锥状；花序轴细弱；苞片条形，密被短柔毛；雄花花萼裂片条状披针形；花冠裂片卵状披针形，先端尾状钻形，黄绿色；雄蕊 5，离生，花药 1 室，药隔稍伸出于花药成乳头状；雌花单生，双生或雌雄同序；雌花梗有关节；子房卵形，有瘤状突起。果实绿色、卵形或长圆形，长 1.6～2.5cm，直径 1～2cm，上部平滑，下半部有突起，成熟时盖裂。种子通常 2，表面有不规则雕纹。花期 7～9 月；果期 9～11 月。（图 727）

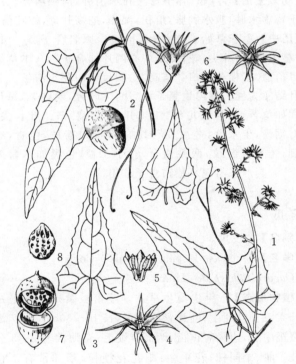

图 727 盒子草
1.花枝 2.果枝 3.叶 4.雄花 5.雌蕊
6.雌花 7.蒴果 8.种子

【生长环境】生于水边或河滩草丛。
【产地分布】山东境内产于除鲁西北地区以外的其他各地区，尤以南四湖最多。在我国除山东外，还分布于辽宁、河北、河南、江苏、浙江、安徽、湖南、四川、西藏南部、云南、广西、福建、台湾等地。
【药用部位】全草及种子：盒子草。为民间药。
【采收加工】夏、秋二季采收全草，洗净，晒干。秋季采摘成熟果实,晒干,打下种子,再晒干。

【药材性状】全草缠绕成团。茎细长,卷须细,二歧。叶互生,常破碎;完整叶片展平后呈三角状戟形或卵状心形,长5~10cm,宽2~5cm;先端具短尖或长尖,叶缘有疏浅锯齿,有时3~5浅裂;上表面绿色或绿褐色,下表面淡绿色。圆锥花序腋生,上部为雄花,基部为少数雌花;花小,黄绿色或淡棕色,花萼5裂,雄花雄蕊5,分离;雌花子房1室。蒴果绿色或绿褐色,卵圆形,表面有疣状突起,盖裂。种子2,呈龟体状,黑褐色,有不规则突起的雕纹;种皮硬脆,断面类白色,种仁瓜子状,子叶2枚,富油性,碎后有香气。气微,味微苦。

【化学成分】全草含盒子草苷(actinostemmoside)A、B、C、D、E、F、G、H;糖类:多糖,低聚糖,葡萄糖,半乳糖,盒子草多糖由半乳糖、葡萄糖、阿拉伯糖、鼠李糖、木糖等组成;氨基酸:天冬氨酸,苏氨酸,丝氨酸,谷氨酸,甘氨酸,丙氨酸,缬氨酸,蛋氨酸等及无机元素钾、钙、磷、镁、钠、铁、铝等。种子脂肪油主含十八碳烯酸。

【功效主治】苦,寒;有小毒。利水消肿,清热解毒。用于肾虚水肿,腹水肿胀,疥积,湿疹,疮疡肿毒,蛇咬伤。

【历史】盒子草始载于《本草拾遗》,原名合子藤。曰:"蔓生岸旁,叶尖,花白,子中有两片如合子"。《本草纲目拾遗》天毬草条曰:"苗高三、四尺……花小有绒。五月结实为毬。毬内生黑子,二片,生时青,老则黑,每片浑如龟背,又名龟儿草"。又引《百草镜》曰:"叶长尖,有锯齿,生水涯,蔓生;秋时结实,状如荔枝,色青,有刺,壳上有断纹,两截相合,藏子二粒,色黑如木鳖而小"。其形态与现今植物盒子草相符。

冬瓜

【别名】白皮瓜。

【学名】Benincasa hispida (Thunb.) Cogn. (Cucurbita hispida Thunb.)

【植物形态】一年生蔓生草本。茎密被黄褐色硬毛及长柔毛。叶互生;叶片肾状圆形,长10~30cm,5~7浅裂至中裂,边缘有锯齿,两面有硬毛;卷须常为2~3分枝。雌、雄同株;花单生;雄花花梗长,基部常有1苞片;花萼筒阔钟状,密生刚毛状长柔毛,裂片有锯齿,反折;花冠黄色,辐状,裂片阔倒卵形,长3~6cm,先端钝圆,有5脉;雄蕊3,离生,药室3回折曲;雌花花梗较短,长不及5cm;子房卵形或圆筒形,密生黄褐色茸毛状硬毛,柱头3,2裂。果实长圆柱形或扁球形,有硬毛和白霜,长25~60cm,直径10~25cm。种子卵形,扁压,白色或淡黄色,有边缘,长约1cm,宽5~7mm,厚约2mm。花、果期夏季。(图728)

【生长环境】栽培于排水良好的壤土。

【产地分布】山东境内各地广为栽培。全国各地均有

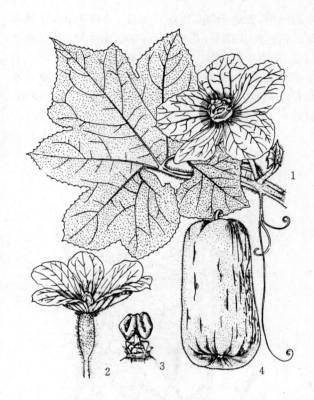

图728 冬瓜
1.雄花枝 2.雌花 3.花柱及柱头 4.果实

栽培。云南南部(西双版纳)有野生者,果实较小。

【药用部位】干燥果实:苦冬瓜;外层果皮:冬瓜皮;种子:冬瓜子;藤茎:冬瓜藤;叶:冬瓜叶;瓜瓤:冬瓜瓤。为较常用中药或民间药,冬瓜药食两用。

【采收加工】食用冬瓜时,收集削下的外层果皮及种子,分别晒干;瓜瓤鲜用。夏季采收茎、叶,鲜用或晒干。

【药材性状】外层果皮为不规则碎片,常向内卷曲,大小不一。外表面灰绿色或黄白色,被白霜,有的较光滑;内表面较粗糙,可见筋脉状维管束。体轻,质脆。无臭,味淡。

以片薄、条长、色灰绿、被粉霜者为佳。

种子长椭圆形或卵圆形,扁平,长1~1.5cm,宽0.5~1cm,厚约2mm。表面黄白色,略粗糙,边缘光滑(单边冬瓜子)或两面边缘各有一凹环纹(双边冬瓜子)。一端稍尖,有两个小突起,较大的突起上有珠孔,较小的为种脐,另一端圆钝。种皮稍硬而脆,剥去种皮,内有子叶2,白色,肥厚,胚根短小。体轻,富油性。气微,味微甜。

以颗粒饱满、色白、味甜者为佳。

【化学成分】外层果皮含挥发性成分:E-2-己烯醛(E-2-hexenal),正己醛(n-hexanal),甲酸正己醇酯(n-hexyl formate),2,5-二甲基吡嗪(2,5-dimethylpyrazine)等;三萜类:乙酸异多花独尾草烯醇酯(isomultiflorenyl acetate),黏霉烯醇(glutinol),西米杜鹃醇(simiarenol),5,24-葫芦二烯醇(cucurbita-5,24-dienol);还含24-乙基胆甾-7,25-二烯醇(24-ethylcholesta-7,25-dienol),维生素B_1、B_2、C,烟酸,胡萝卜素,糖类,有机酸及无机元素钠、钾、钙、铁、锰、锌等。**种子**脂肪油主成分为三酰甘油(triglyceride)、亚油酸、油酸、硬脂酸;三萜类:乙酸异多花独尾草烯醇酯,黏霉烯醇,西米杜鹃醇,5,24-葫芦二烯醇等;类脂:磷脂酰胆碱(phosphatidyl choline),磷脂酰乙醇胺(phosphatidyl ethanolamine),磷脂酰丝氨酸(phosphatidyl serine)等;尚含β-谷甾醇,菜油甾醇,豆甾醇,蛋白质,氨基酸及无机元素硒、铬等。**果实**含胡萝卜素,硫胺素,烟酸,维生素C、B_2,蛋白质,糖及无机元素钙、磷、铁等。

【功效主治】**冬瓜皮**甘,凉。利尿消肿。用于水肿胀满,小便不利,暑热口渴,小便短赤。**冬瓜子**甘,微寒。清肺化痰,消痈排脓,利湿。用于痰热咳嗽,肺痈,肠痈,白浊,带下,脚气,水肿,淋证。**苦冬瓜**甘,微寒,平。清热消暑,利水解毒。用于水肿胀满,脚气,咳喘,暑热烦闷,消渴,泻痢,痈肿,痔漏,解鱼毒及酒毒。**冬瓜瓤**甘,平。清热止渴,利水消肿,用于热病烦渴,消渴,淋证,水肿,痈肿。**冬瓜藤**甘,寒。清肺泻热。用于肺热痰火,脱肛。**冬瓜叶**甘,凉。解毒消肿,用于消渴,疟疾,泻痢,蜂蜇,肿毒。

【历史】冬瓜始载于《神农本草经》,列为上品,名瓜子。《名医别录》收冬瓜仁。《证类本草》名白冬瓜、白瓜子。《开宝本草》谓:"冬瓜经霜后皮上白如粉涂,其子亦白,故名白冬瓜。"《本草纲目》曰:"冬瓜三月生苗引蔓,大叶团而有尖,茎叶皆有刺毛。六七月开黄花。结实,大者径尺余,长三四尺,嫩时绿色有毛,老则苍色有粉,其皮坚厚,其肉肥白。其瓤谓之瓜练,白虚如絮,可以浣练衣服。其子谓之瓜犀,在瓤中成列,霜后取之。"所述形态及《本草图经》附图均与现今植物冬瓜一致。

【附注】①《中国药典》2010年版收载冬瓜皮,附录收载冬瓜子、苦冬瓜。②《山东省中药材标准》2002年版收载冬瓜子。

假贝母

【别名】土贝母、大贝母、草贝。

【学名】Bolbostemma paniculatum (Maxim.) Franq. (*Mitrosicyos paniculatus* Maxim.)

【植物形态】多年生攀援草本。鳞茎肥厚,肉质,乳白色,扁球形或不规则球形,直径达3cm。茎纤细,草质,攀援状,长达数米。叶互生;叶片卵状近圆形,长4~11cm,宽3~10cm,掌状5深裂,每裂片再3~5浅裂,基部小裂片先端有1腺体;叶柄纤细,长1.5~3.5cm;卷须丝状,单1或2分枝。花单性,雌、雄异株;圆锥状花序疏松,花序轴丝状,花梗纤细;花黄绿色;花萼花冠相似,裂片卵状披针形,先端有长丝状尾;雄蕊5,离生;子房近球形,散生不显著的瘤状凸起,3室,每室2胚珠,花柱3,柱头2裂。果实圆柱状,长1.5~3cm,直径1~1.2cm,成熟后由顶端盖裂。种子卵状菱形,4~6粒,种子顶端有膜质的翅,表面有雕纹状凸起,边缘有不规则的齿。花期6~8月;果期8~9月。(图729)

图729 假贝母
1.果枝 2.鳞茎 3.雄花 4.果实 5.种子

【生长环境】生于阴山坡草丛。

【产地分布】山东境内产于泰山灵岩寺、五莲等地。各地有栽培。在我国除山东外,还分布于河北、河南、山西、陕西、甘肃、四川、湖南等地。

【药用部位】鳞茎:土贝母。为少常用中药。

【采收加工】秋季采挖,洗净,掰下小瓣,蒸至无白心后晒干。

【药材性状】鳞茎呈不规则块状,大小不等。表面淡红棕色或暗棕色,凹凸不平。质坚硬,不易折断,断面角质样,光亮而平滑。气微,味微苦。

以质坚实、淡红棕色、断面角质样、味苦者为佳。

【化学成分】鳞茎含土贝母皂苷(tubeimoside)Ⅰ、Ⅱ、Ⅲ、Ⅳ、Ⅴ,葫芦素(cucurbitacin)B、E,3-O-α-L-吡喃阿拉伯糖(1→2)-β-D-吡喃葡萄糖-贝萼皂苷元-28-O-β-D-吡喃木糖(1→3)-吡喃鼠李糖(1→2)-α-L-吡喃阿拉伯糖酯苷,7β,18,20,26-四羟基-(20S)-达玛-24E-烯-3-O-α-L-(3-乙酰基)-吡喃阿拉伯糖基(1→2)-β-D-吡喃葡萄

糖苷;含氮化合物:4-(2-乙酰基-5-甲氧基-甲基吡咯)丁酸甲酯,2-(2-乙酰基-5-甲氧基-甲基吡咯)-3-苯基丙酸甲酯,α-甲基-吡咯酮,尿嘧啶核苷,胸腺嘧啶脱氧核苷,尿囊素和腺苷;甾醇类:豆甾三烯醇-3-O-葡萄糖苷,$\Delta^{7,22,25}$-豆甾三烯醇-3-O-十九烷酸酯,$\Delta^{7,22,25}$-豆甾三烯醇-3-O-β-D-吡喃葡萄糖苷,$\Delta^{7,22,25}$-豆甾三烯醇-3-O-β-D-(6′-棕榈酰基)吡喃葡萄糖苷,β-谷甾醇棕榈酸酯,豆甾三烯醇,β-谷甾醇,豆甾醇等;蒽醌类:大黄素,大黄素甲醚;糖及糖苷类:葡萄糖,D-果糖,麦芽糖,蔗糖,甲基-α-D-呋喃果糖苷,甲基-β-D-呋喃果糖苷,正丁基-β-D-吡喃果糖苷,异麦芽酚甘露糖苷(isomatolmannoside);还含5-羟甲基糠醛,D-山梨醇,甘露醇,对羟基苯甲酸,丙氨酸,棕榈酸,麦芽酚(maltol)等。**叶**含蔗糖及皂苷。

【**功效主治**】苦,微寒。解毒,散结,消肿。用于乳痈,瘰疬,痰核。

【**历史**】土贝母之名始见于《本草从新》贝母条下,但之前各本草已有收载。如《本草图经》引陆玑云:"叶如栝楼而细小,其子在根下如芋子,正白,四方连累相著有分解。"其蔓生"贝母"附图即为土贝母。张子诗:"贝母阶前蔓百寻。"所述形态与现今土贝母相符。

【**附注**】《中国药典》2010年版收载。

西瓜

【**别名**】西瓜皮、西瓜翠。

【**学名**】Citrullus lanatus (Thunb.) Matsum. et Nakai
(Citrullus vulgaris Schrad. ex Kckl. et Zeyh.)
(Momordica lanata Thunb.)

【**植物形态**】一年生蔓生草本,全株有长柔毛。叶互生;叶片三角状卵形,长8~20cm,宽5~15cm,3深裂,中裂片较长,各裂片又羽状或二回羽状浅裂或深裂,边缘波状或有锯齿;叶柄有长柔毛;卷须2分枝。花单性,雌雄同株,雌、雄花均单生于叶腋,雄花花萼筒阔钟形,密被长柔毛,花萼裂片狭披针形;花冠辐状,淡黄色,裂片卵状长圆形,外被长柔毛;雄蕊3,近离生,药室折曲。雌花花被同雄花,子房卵形,密被长柔毛,柱头3,肾形。果实大型,球形或椭圆形,肉质,多汁,果皮表面光滑;有各种颜色和条纹,果肉主要为胎座,红色、黄色或白色。种子卵形,两面平滑,基部钝圆,边缘稍隆起。花、果期夏季。(图730)

【**生长环境**】栽培于农田、菜园或塑料大棚。

【**产地分布**】山东境内各地普遍栽培,栽培品种很多。招远"官地洼西瓜"、胶州"和睦屯西瓜"、平度"大黄埠西瓜"、济阳"仁风西瓜"、德州西瓜"、"武城西瓜"、"昌乐西瓜"、"东明西瓜"、"高青西瓜"、"泗水西瓜"、沂南"双堠西瓜"、章丘"黄河乡西瓜"、商河"路家珍珠西瓜"、和"河沟西瓜"等已注册国家地理标志产品。全国各地广泛栽培。

图730 西瓜
1.花枝 2.叶 3.雄蕊 4.柱头 5.果实

【**药用部位**】外层青绿色果皮:西瓜皮(西瓜翠衣,西瓜青);中部果皮:西瓜翠;果肉:西瓜瓤;种子:西瓜子;全草:西瓜茎叶;新鲜果实与皮硝加工产生的霜:西瓜霜。为较常用中药和民间药,西瓜、西瓜子、西瓜翠药食两用。

【**采收加工**】夏、秋二季采摘成熟果实,果瓤鲜用;削取外面一薄层青色果皮,晒干,为西瓜皮;削取中部果皮,晒干或鲜用,为西瓜翠;收集种子,洗净,晒干,用时去壳。夏季采收带根全草,鲜用或晒干。

西瓜霜:将西瓜(重2.5~3kg)洗净,沿蒂周围开一洞,挖出瓜瓤,装入芒硝0.5~1kg,将瓜蒂盖上,竹签钉牢,把西瓜挂在阴凉透风处,约10天后,收集西瓜皮外渗出的白色粉霜,即西瓜霜。

【**药材性状**】外层果皮呈不规则条状或片状,大小不一,边缘常向内卷曲,有的皱缩,厚约1mm。外表面青绿色、灰绿色或黄棕色,有的具深绿色纵条纹,平滑;内表面黄白色至黄棕色,有网状筋脉(维管束)。质脆,易折断。无臭,味淡。

以皮薄、外面青绿色、内面黄白色者为佳。

西瓜霜为类白色至黄白色的结晶性粉末。气微,味咸。

【**化学成分**】鲜果皮和瓜瓤含氨基酸:谷氨酸,赖氨酸,天冬氨酸,苏氨酸,丝氨酸,甘氨酸等;还含糖,蛋白质,鞣质及无机元素钾、钠、钙、镁、铁、磷、锌等。**果汁含糖类**：果糖，葡萄糖，蔗糖；氨基酸：L-瓜氨酸(L-citrulline)，α-氨基-β-(1-咪唑基)丙酸[α-amino-β-(1-imidazolyl)propionic acid]，丙氨酸，α-氨基丁酸，γ-氨基丁酸(aminobutyric acid)，精氨酸等；维生素 A、B_2、C、β-胡萝卜素 γ-胡萝卜素；生物碱：甜菜碱，腺嘌呤(adenine)；还含乙醛(acetaldehyde)，丁醛(butylaldehyde)，异戊醛(isovaleraldehyde)，己醛(hexanal)，磷酸，苹果酸，乙二醇，番茄红素(lycopene)，六氢番茄烃(phytofluene)及以钾盐为主的盐类。**种子**含亚油酸，软脂酸，油酸和硬脂酸等。**果实与皮硝的制霜**含天冬氨酸，谷氨酸，丙氨酸，亮氨酸，缬氨酸等氨基酸；还含硫酸钠及无机元素钙、铝、铁、锶等。

【功效主治】**西瓜皮**（西瓜翠衣，西瓜青）甘、淡，凉。清解暑热，利尿。用于暑热烦渴，尿少色黄，汗多。**西瓜瓤**甘，寒。清热解暑，止渴，利小便，解酒毒。用于暑热烦渴，热盛津伤，小便不利，喉痹，口疮。**西瓜仁**甘，平。清肺润肠，和中止渴。用于吐血，久嗽，便秘。**西瓜茎叶**淡、微苦，凉。清热利湿。用于水泻，痢疾，烫伤，鼻渊。**西瓜霜**咸，寒。清热，消肿。用于咽喉肿痛，口疮，喉风，喉痹，牙痛。

【历史】西瓜始载于《日用本草》。《本草纲目》释名寒瓜，谓："西瓜自五代时始入中国，今则南北皆有……二月下种蔓生，花叶皆如甜瓜，七八月实熟，有围及径尺者，长至二尺者。其棱或有或无，其色或青或绿，其瓤或白或红，红者味尤胜，其子或黄或红、或黑或白"。历代本草以瓜瓤、皮及瓜子仁入药。所述形态与现今植物西瓜一致。

【附注】①《中国药典》2010年版收载西瓜霜；②《山东省中药材标准》2002年版收载西瓜皮，拉丁学名用异名 *Citrullus vulgaris* Schrad. ex Kckl. et Zeyh.。

甜瓜

【别名】香瓜、苦丁香。

【学名】*Cucumis melo* L.

【植物形态】一年生匍匐或攀援草本。茎有糙硬毛和瘤状凸起。叶互生；叶片近圆形或肾形，长宽为8～15cm，不分裂或3～7浅裂，边缘有锯齿，两面有糙硬毛；卷须单一。花单性，雌雄同株。雄花：数朵簇生于叶腋；花萼筒狭钟形，密被白色长柔毛，花萼裂片钻形，直立或开展；花冠黄色，长2cm，裂片卵状长圆形，先端急尖；雄蕊3，药室S形折曲，药隔突出。雌花：单生，子房长椭圆形，密被长柔毛和长糙硬毛，柱头3，靠合。果实颜色和形状因品种而异，通常卵圆形、椭圆形，稍有纵沟或各种斑纹，幼时有毛，后变光滑，无刺和瘤状凸起；果肉黄色、白色或黄绿色，有香气和甜味。种子

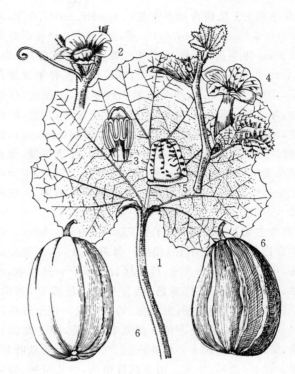

图 731 甜瓜
1.叶 2.雄花枝 3.雄蕊 4.雌花枝 5.柱头 6.果实

灰白色，扁压，两端尖。花、果期6～8月。（图731）

【生长环境】栽培于大田或菜园。

【产地分布】山东境内各地普遍栽培。招远"西罗家铁把瓜"、莱西"马连庄甜瓜"、"祝沟小甜瓜"已注册国家地理标志产品。全国各地广泛栽培。

【药用部位】干燥成熟种子：甜瓜子；果柄：甜瓜蒂（苦丁香）；果实：甜瓜；花：甜瓜花；叶：甜瓜叶；茎：甜瓜茎（甜瓜蔓）；根：甜瓜根。为少常用中药和民间药，甜瓜、甜瓜子药食两用。

【采收加工】夏、秋二季采摘成熟果实，鲜用；食用时，收集果柄和种子，洗净，阴干。夏季采收茎叶花根，除去杂质，鲜用或晒干。

【药材性状】果柄细长圆柱形，常扭曲或略弯曲，长3～6cm，直径2～4mm，顶端略膨大，直径约8mm；表面黄褐色或黄绿色，有稀疏短毛茸，有纵棱及沟纹；质轻而韧，不易折断，断面纤维性，中空。果皮部分近圆盘形，直径约2cm；外表面暗黄色至棕黄色，皱缩，边缘薄而反卷；内表面黄白色至棕色。气微，味苦。

以色黄褐、味苦、带果皮少者为佳。

种子长卵形，扁平，长5～7mm，宽2～4mm，厚约1mm。表面黄白色至浅棕红色，平滑，稍具光泽，放大镜下可见细密纵纹理。一端稍狭，顶端平截，有不明显的种脐，另一端圆钝。质较硬脆，除去种皮后，内有白色膜质胚乳，子叶2，白色，富油性。气微，味淡。

以颗粒饱满、色黄白者为佳。

【化学成分】果柄含葫芦苦素（cucurbitacin）B、D、E,异葫芦苦素（isocucurbitacin）B,葫芦苦素 B-2-O-β-D-葡萄糖苷,α-菠菜甾醇,氨基酸等。**果实**含球蛋白（globulin）,β-胡萝卜素,维生素 B、C,柠檬酸等。**种子**含蛋白质,脂肪,维生素 E,胡萝卜素和赖氨酸,蛋氨酸,胱氨酸,苏氨酸等多种氨基酸;脂肪油含亚油酸,油酸,棕榈酸,硬脂酸,肉豆蔻酸的甘油酯及卵磷脂（lecithin）,胆固醇等;尚含球蛋白,谷蛋白（glutelin）,半乳聚糖,葡萄糖及无机元素钾、镁、铁、钙、磷等;**种仁**含脂类,主为中性脂类以及糖脂和磷脂类。**茎**含 α-菠菜甾醇,7-豆甾烯-3β-醇。

【功效主治】**甜瓜蒂（苦丁香）**苦,寒;有毒。催吐。用于食物中毒,痰涎不化,痫症。**甜瓜子**甘,寒。清肺润肠,化瘀排脓,疗伤止痛,续筋接骨。用于肺热咳嗽,便秘,肺痈,肠痈,跌打损伤,筋骨折伤。**甜瓜**甘,寒滑。止渴,除烦热,利小便,通三焦,间壅塞气。用于暑热烦渴,小便不利,腹痛下痢。**甜瓜花**甘,苦,寒。宽胸止痛,解毒疗疮。用于心痛,咳逆上气,疮毒。**甜瓜叶**甘,寒。祛痰,消肿,生发。用于跌打损伤,小儿疳积,湿疮疥癣,秃发。**甜瓜藤**用于鼻塞不通,经闭。**甜瓜根**甘、苦,寒。祛风止痒。用于风热湿疮。**茎（甜瓜蔓）**苦,甘,寒。宜鼻窍,通经。

【历史】始载于《神农本草经》,列为上品,名瓜蒂。《名医别录》名甜瓜蒂。《本草图经》谓:"有青白二种,子色皆黄,入药当用早青瓜蒂为良。"《本草衍义》云:"去瓜皮用蒂,约半寸许,曝极干,临时研用。"《本草纲目》还收载瓜子仁和瓜瓤。本草所述形态及附图与植物甜瓜一致。

【附注】《中国药典》2010 年版、《山东省中药材标准》2002 年版收载甜瓜子,前者为新增品种;附录收载甜瓜蒂。

黄瓜

【别名】胡瓜、刺瓜、秋黄瓜。

【学名】Cucumis sativus L.

【植物形态】一年生蔓生或攀援草本。茎被粗硬毛。叶互生;叶片阔卵状心形,长宽均 7～20cm,两面粗糙,被糙硬毛,3～5 个角或浅裂;卷须单一。花单性,雌雄同株。雄花:数朵在叶腋簇生;花萼筒狭钟状,密被白色长柔毛,花萼裂片钻形,开展;花冠黄色,裂片长圆形,急尖;雄蕊 3,药室 S 形折曲。雌花:单生,稀簇生;子房纺锤状,有刺状凸起。果实长圆形或圆柱形,长 10～30(50)cm,熟时黄绿色,常有带刺尖的瘤状凸起,很少近于平滑。种子小,狭卵形,白色,两端近急尖。花、果期 5～9 月。

【生长环境】栽培于菜园或大田。

【产地分布】山东境内各地普遍栽培。山东济阳曲堤镇和山东沂南均为著名的"中国黄瓜之乡"。"海阳白黄瓜、沂南黄瓜"已注册国家地理标志产品。现各地用温室或塑料大棚常年生产。全国各地均有栽培。

【药用部位】果实:黄瓜;种子:黄瓜子;茎叶:黄瓜藤;根:黄瓜根;果皮:黄瓜皮;制霜:黄瓜霜。为少常用中药及民间药,黄瓜、黄瓜子药食两用。

【采收加工】春、夏二季采收茎叶和嫩果,鲜用。将果皮刨下,晒干或鲜用。秋季采根,洗净,鲜用或晒干。夏、秋二季采收成熟果实,剖开,取出种子,洗净晒干。将成熟果实去瓤,用朱砂、芒硝各 9g 混合装入果皮内,吊起阴干,收集渗出的白色结晶性粉末。

【药材性状】种子狭长卵表,长 6～12mm,宽 3～6mm。表面黄白色,平滑。一端具短尖芒,另一端较平截,中央微凹具种脐,边缘稍具棱。种皮革质稍厚,子叶 2,乳白色,富油性。气微,味淡微甜。

【化学成分】**果实**含芦丁,异槲皮苷,精氨酸葡萄糖苷,咖啡酸,绿原酸及天冬氨酸,组氨酸,缬氨酸,亮氨酸等;尚含(E,Z)-2,6-壬二烯醇(2,6-nonadienol),2,6-壬二烯醛(2,6-nonadienal),(Z)-2-壬烯醛[(Z)-2-nonenal]及维生素 B_2、C;果实头部的苦味成分为葫芦苦素 A、B、C、D。**种子**含甾醇类:松藻甾醇（codisterol）,赪桐甾醇（clerosterol）,异岩藻甾醇,豆甾醇,菜油甾醇,24-甲基-7-胆甾烯醇,菠菜甾醇,β-谷甾醇等;脂肪油主成分为油酸,亚油酸,棕榈酸等;苯丙素类:syringinoside, sinapyl alcohol-2-O-β-D-glucopyranosyl-α-L-arabinofuranoside,1-(4′-甲氧基苯基)-(1S,2R 和 1R,2S)-丙二醇,1-(4′-甲氧基苯基)-(1R,2R 和 1S,2S)-丙二醇;还含对羟基苯甲酸甲酯,对羟基苯甲酸,香草酸,胡萝卜苷,棉子糖,蔗糖及无机元素钙、铁、铜等。

【功效主治】**黄瓜**甘,凉。除热,利水,解毒。用于烦渴,咽喉肿痛,火眼,烫火伤。**黄瓜皮**甘、淡,凉。清热,利水,通淋。用于水肿尿少,热结膀胱,小便淋痛。**黄瓜子**甘,凉。续筋接骨,祛风消痰。用于骨折筋伤,骨质疏松,风湿痹痛,腰酸,背痛,手脚麻木,抽筋,老年痰喘。**黄瓜根**甘,苦,凉。清热止痢,利水通淋。用于腹泻,痢疾。**黄瓜藤**淡,平。利水解毒,止痢。用于痢疾,淋病,黄水疮,痫症。**黄瓜霜**甘、咸,凉。清热明目,消肿止痛。用于火眼赤痛,咽喉肿痛,口舌生疮,牙龈肿痛,跌打损伤。

【历史】黄瓜始载于《嘉祐本草》,名胡瓜。《本草纲目》曰:"张骞使西域得种,故名胡瓜……隋大业四年避讳,改胡瓜为黄瓜。胡瓜处处有之。正二月下种,三月生苗引蔓,叶如冬瓜叶,亦有毛。四五月开黄花,结瓜围二三寸,长者至尺许,青色……至老则黄赤色,其子与菜瓜子同。"《植物名实图考》:"瓜可食时色正绿,至老结实则色黄如金……有刺者曰刺瓜。"其形态与现今黄瓜基本一致。

【附注】《中国药典》2010年版附录收载黄瓜子,但为干燥成熟的果实,非黄瓜的种子。

南瓜

【别名】番瓜、饭瓜。

【学名】Cucurbita moschata（Duch. ex Lam.）Duch. ex Poiret

（C. pepo L. var. moschata Duch. ex Lam.）

【植物形态】一年生蔓生草本。茎长达数米,常于节处生根,粗壮,有棱沟,被短刚毛。叶互生;叶片阔卵形或卵圆形,有5角或5浅裂,两面密被刚毛和茸毛,上面常有白斑;卷须3~5分枝。花单性,雌雄同株。雄花:花萼裂片条形,上部扩大成叶状;花冠黄色,钟状,5中裂,裂片外展,有皱褶;雄蕊3,花丝腺体状,花药靠合,花室S形折曲。雌花:花萼裂片显著叶状;子房圆形或椭圆形,1室,花柱短,柱头3,膨大,顶端2裂。果梗粗壮,有棱和槽,瓜蒂扩大成喇叭状;瓠果形状多样,因品种而异,外面常有数条纵沟或无。种子多数,长卵形或椭圆形,灰白色,边缘薄,长1.2~1.8cm,宽0.7~1cm。花期5~7月;果期6~9月。

【生长环境】栽培于菜地、田埂或沟边宅旁。

【产地分布】山东境内各地普遍栽培。现全国各地有栽培。

【药用部位】种子:南瓜子;根:南瓜根;茎藤:南瓜藤;叶:南瓜叶;花:南瓜花;果实:南瓜;瓜蒂:南瓜蒂。为少常用中药和民间药,南瓜、南瓜子、南瓜花药食两用。

【采收加工】夏、秋二季采收果实,鲜用。食用果实时收集成熟种子及瓜蒂,除去瓜瓤,洗净,分别晒干。夏季采叶、花,鲜用。夏、秋二季采茎藤和根,洗净,晒干或鲜用。

【药材性状】种子呈扁椭圆形、长卵形或长圆形,长1.2~1.8cm,宽0.7~1cm。表面淡黄白色至淡黄色,两面平坦并微隆起,边缘稍有棱。一端略尖,顶端有珠孔,种脐稍突起或不明显。除去种皮,有黄绿色薄膜状胚乳,子叶2,黄色,肥厚,有油性。气微香,味微甜。

以颗粒饱满、色黄白、味甜者为佳。

瓜蒂呈5~6角形的盘状,直径2.5~5.5cm,残留果柄呈柱状。外表面淡黄色,微有光泽,具稀疏刺状短毛及突起的小圆点。果柄略弯曲,直径1~2cm,有隆起的棱脊5~6条,纵向延伸至蒂端。质坚硬,断面黄白色,常有空隙。气微,味微苦。

以蒂大、色黄、质坚实者为佳。

【化学成分】果实含氨基酸:赖氨酸、缬氨酸、亮氨酸、瓜氨酸、精氨酸、天冬酰胺（asparagine）等;糖类:葡萄糖、蔗糖、戊聚糖、多糖PXI,PXZ,PX$_3$,PX$_4$,PZS,南瓜多糖由D-葡萄糖、D-半乳糖、L-阿拉伯糖、木糖和D-葡萄糖醛酸组成;色素类:叶黄素,α-及β-胡萝卜素,β-胡萝卜素-5,6-环氧化物（β-carotene-5,6-epoxide）,β-隐黄质,蒲公英黄素（taraxanthin）,玉蜀黍黄质（zeaxanthin）,黄体呋喃素（luteoxanthin）,异堇黄质（auroxanthin）;生物碱:胡芦巴碱（trigonelline）,腺嘌呤,大豆脑苷Ⅰ（soya-cerebrosideⅠ）;三萜类:葫芦苦素B,野雅椿酸-28-O-葡萄糖酯苷（euscaphic acid）,momordicoside-cm;甾体类:豆甾烯醇,β-谷甾醇,胡萝卜苷;硬脂酸及其衍生物:moschglycolipid A~F,顺-15-十八烯酸,硬脂酸,顺-15-十八烯酸甲酯;还含1-O-β-D-glucoside-2-O-(1′-trdecanal)-5-docosene, chromolaevane dione, 甘露醇,维生素B、C、E及无机元素钙、钾、钠、磷、镁、铁、铜、锰、铬、硼等。种子脂肪油主含亚油酸,油酸,亚麻酸,棕榈酸,花生酸,硬脂酸,肉豆蔻酸;还含甘油三酯,甾醇,甾醇酯,磷脂酰胆碱（phosphatidyl choline）,磷脂酰乙醇胺（phosphatidyl ethanolamine）,磷脂酰丝氨酸（phosphatidyl serine）,脑苷脂（cerebroside）等;脱脂种子含驱虫有效成分南瓜子氨酸（cucurbitin）等。

【功效主治】南瓜子甘,平。杀虫。用于绦虫、蛔虫、血吸虫和钩虫病,产后缺乳及手足浮肿,百日咳,痔疮。南瓜根淡,平。利湿热,通乳汁。用于淋证,黄疸,痢疾,乳汁不通。南瓜藤甘、苦,微寒。清肺,和胃,通络,疗伤。用于肺痨低热,胃病,月经不调,水火烫伤。南瓜叶甘,微苦,凉。清热,解毒,止血。用于暑热口渴,热痢,疳积,外伤。南瓜花甘,凉。清湿热,消肿毒。用于黄疸,痢疾,咳嗽,疮痈肿毒。南瓜甘,温。补中益气,止痛,杀虫,解毒。用于脾胃虚弱,肺痈,便溏,消渴,蛔虫病。南瓜蒂甘,温。解毒,利水,安胎。用于疮痈肿毒,水肿腹水,胎动不安。

【历史】南瓜始载于《滇南本草》,原产墨西哥至中美一带,明代传入我国。《本草纲目》云:"南瓜种出南番,转入闽、浙,今燕京诸处亦有之矣。三月下种,宜沙沃地。四月生苗,引蔓甚繁,一蔓可延十余丈,节节有根,近地即着。其茎中空。其叶状如蜀葵而大如荷叶。八九月开黄花,如西瓜花。结瓜正圆,大如西瓜,皮上有棱如甜瓜。一本可结数十颗,其色或绿或黄或红。经霜收置暖处,可留至春。其子如冬瓜子。其肉厚色黄,不可生食,唯去皮瓤瀹食,味如山药。"所述形态与现今植物南瓜完全一致。

【附注】《山东省中药材标准》2002年版收载南瓜子。

西葫芦

【别名】倭瓜、小南瓜。

【学名】Cucurbita pepo L.

【植物形态】一年生蔓生或矮生草本。茎粗壮,棱沟深,有短刚毛和半透明粗糙毛。叶互生;叶片三角形或卵状三角形,长15～30cm,明显3～7裂,裂片先端锐尖,边缘有不规则锐齿,两面有粗糙毛;叶质硬;卷须多分枝。花单性,雌雄同株。雄花萼筒有明显5角,裂片条状披针形;花冠黄色,常向基部渐狭呈钟状,分裂至近中部,裂片直立或稍扩展,先端锐尖;雄蕊3,花药靠合。雌花中子房卵形,1室,花柱短,柱头3,2裂。瓠果形状因品种而异;果梗有明显的棱沟,果蒂处变粗或稍扩大,但不成喇叭状。种子白色,卵形,边缘拱起而钝。花、果期5～6月。(图732)

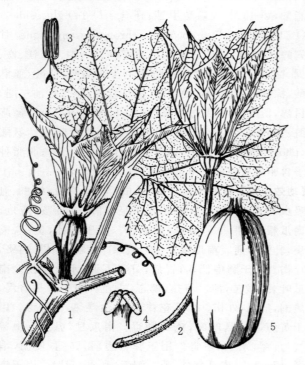

图732 西葫芦
1.雌花枝 2.雄花 3.雄蕊 4.花柱及柱头 5.果实

【生长环境】栽培于菜园、田埂或宅旁。
【产地分布】山东境内各地均有栽培。"陵县西葫"已注册国家地理标志产品。全国各地现均有栽培。
【药用部位】果实:西葫芦。为民间药,药食两用。
【采收加工】夏季采收果实,鲜用。
【化学成分】种子含南瓜子氨酸,玉蜀黍嘌呤(zeatin),甾醇等。
【功效主治】甘、微苦,平。平喘,宁嗽。用于久咳久喘。

绞股蓝

【别名】小苦药、七叶胆。
【学名】Gynostemma pentaphyllum (Thunb.) Makino (Vitis pentaphylla Thunb.)
【植物形态】多年生攀援草本。茎细弱,具分枝,有纵棱和槽,无毛或疏被短柔毛。叶互生;叶鸟趾状,有3～9小叶,通常5～7小叶;小叶片卵状长圆形或披针形,中央小叶大,长3～12cm,宽1.5～4cm,侧生小叶较小,边缘有齿;膜质或纸质;小叶柄略叉开;卷须2分枝,稀单1。花单性,雌雄异株。雄花序为圆锥花序,花序轴纤细,分枝广展,花梗丝状,基部有钻状小苞片;雄花花萼筒极短,5裂,裂片三角形,先端急尖;花冠淡绿色或白色,5深裂,裂片卵状披针形,先端长渐尖,边缘有缘毛状小齿;雄蕊5,花丝短,联合成柱,花药着生于柱的顶端;雌花序圆锥状远较雄者短小;雌花花被似雄花,子房球形,花柱3,叉开,柱头2裂,退化雄蕊5。蒴果球形,肉质,不裂,成熟后黑色,光滑无毛。种子2,卵状扁心形,直径约4mm,灰褐色或深褐色,顶端钝,基部心形,两面有乳突状凸起。花期3～11月;果期4～12月。(图733)

图733 绞股蓝
1.果枝 2.雄花 3.雄蕊 4.雌花 5.花柱及柱头

【生长环境】栽培于温暖荫蔽的山丘、阴湿坡地、田野或庭院。
【产地分布】山东境内青岛、临沂、淄博、菏泽等地有栽培。在我国除山东外,还分布于陕西南部和长江以南各地。
【药用部位】全草:绞股蓝;嫩叶制茶:绞股蓝茶。为少常用中药和民间药,叶药食两用。
【采收加工】每年采割两次,第一次于6月中、下旬至7月上旬,离地面10cm处割取地上部分;第二次于11月中、下旬,齐地面割取地上部分,晒干;或采摘嫩叶制茶。

【药材性状】全草皱缩缠绕。茎纤细；表面灰绿色或灰棕色，具纵棱及槽，被疏毛，卷须2歧，生于叶柄基部。叶皱缩，常破碎；完整者展平后呈鸟足状，具(3)5～7(9)小叶；小叶片卵状长圆形或长椭圆状披针形，中央1片较大，长3～11cm，宽1～3cm；先端渐尖，基部楔形，边缘有锯齿，侧生小叶较小；表面灰绿色或绿棕色，两面疏被毛；叶柄长1～7cm。花单性，雌雄异株；花冠淡绿色。浆果球形，熟时黑色。气微，味微甜。

以叶多、色绿、味甜者为佳。

【化学成分】茎叶含三萜皂苷：绞股蓝糖苷（gynisaponin）TN-1、TN-2，绞股蓝苷（gypenoside）Ⅰ～LXXIX等共70余种成分，其中Ⅲ、Ⅳ、Ⅷ、Ⅶ分别为人参皂苷（gensenoside）Rb_1、Rb_3、Rd、F_2；还含6″-丙二酰基人参皂苷（6″-malonylgensenoside）Rb_1 和 Rd，6″-丙二酰基绞股蓝苷（6″-malonylgypenoside）V等，上述成分的皂苷元有：人参二醇（panaxadiol），2α-羟基人参二醇（2α-hydroxypanaxadiol），$(20R,25S)$-12β,25-环氧-20,26-环达玛烷-3β-醇[$(20R,25S)$-12β,25-epoxy-20,26-cyclodammaran-3β-ol]等；甾醇类：5,24-葫芦二烯醇（cucurbita-5,24-dienol]，菠菜甾醇，α-菠菜甾醇，24,24-二甲基-5α-胆甾-7-烯-3β-醇（24,24-dimethyl-5α-cholest-7-en-3β-ol），异岩藻甾醇等；多糖：绞股蓝多糖GPM-1、GPM-2，均由鼠李糖、阿拉伯糖、木糖、甘露糖、葡萄糖、半乳糖组成；黄酮类：芦丁，槲皮素，商陆苷（ombuoside），商陆黄素（ombuin）；尚含丙二酸，维生素C，叶甜素（phyllodulcin）及天冬氨酸，苏氨酸，丝氨酸，谷氨酸等17种氨基酸和无机元素铁、锌、铜、锰、镍等。

【功效主治】绞股蓝苦，寒。清热解毒，补脾益气，止咳祛痰。用于久咳久喘，黄疸，肾虚，泄泻。绞股蓝茶苦，微甘；凉。补五脏，强身体。用于虚症。

【历史】绞股蓝始载于《救荒本草》，云："生田野中，延蔓而生，叶似小蓝叶，短小软薄，边有锯齿，又似痢见草，叶亦软，淡绿，五叶攒生一处，开小花，黄色，亦有开白花者。结子如豌豆大，生则青色，熟则紫黑色，叶味甜。"所述形态及《植物名实图考》附图与植物绞股蓝相符。

【附注】①《中国药典》2010年版附录、《山东省中药材标准》2002年版收载。②部分地区将乌蔹莓误做绞股蓝，应注意鉴别。

葫芦

【别名】葫芦瓢、葫芦瓜、牙牙葫芦、干瓢（临沂）。

【学名】Lagenaria siceraria (Molina) Standl.
(Cucurbita siceraria Molina)

【植物形态】一年生攀援草本。茎、枝具沟纹，生软黏毛。叶互生；叶片心状卵形或肾状卵形，不分裂或3～5浅裂，边缘有小尖齿，两面均被柔毛；叶柄顶端有2腺体；卷须2分枝。花单性，雌雄同株；花单生，白色。雄花花梗、花萼、花冠均被微柔毛；花萼筒漏斗状，裂片披针形；花冠5全裂，裂片皱波状；雄蕊3，药室不规则折曲。雌花花被似雄花；子房长椭圆形或中间缢缩，密生软黏毛，花柱粗短，柱头3，膨大，2裂。瓠果因品种或变种而异，有的中间缢缩，上部和下部膨大，下部大于上部，长数10cm，有的呈扁球形、棒形或杓状，成熟后果皮变木质，中空。种子多数，倒卵圆形或三角形，顶端截形或二齿裂，稀圆，边缘多少拱起，白色，长约2cm。花期6～7月；果期8～9月。（图734）

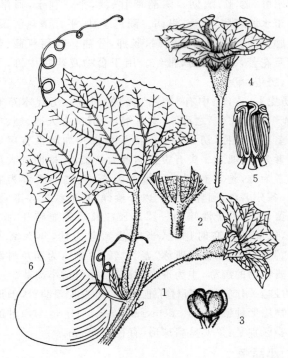

图734 葫芦
1.雌花枝 2.叶柄顶端，示腺体 3.花柱
4.雄花 5.雄蕊 6.果实

【生长环境】栽培于宅旁、篱笆边田埂或空闲地。

【产地分布】山东境内各地广泛种植。全国各地均有栽培。

【药用部位】成熟干燥果皮：葫芦（抽葫芦）；久置果皮：陈葫芦；种子：葫芦子；花：苦葫芦花；茎：苦葫芦藤。为民间药，嫩葫芦药食两用。

【采收加工】秋季采摘已成熟但外皮尚未木化的果实，除去外皮，鲜用。秋末冬初采取老熟果实，切开，除去瓤和种子，晒干，打成碎片或收集作盛器用的陈旧碎片；收集种子，晒干。夏、秋二季采收花、茎，晒干或鲜用。

【药材性状】完整果实呈扁球形、棒形、杓状或哑铃形，哑铃形者中部缢缩，上部和下部膨大；药材常为碎片，大小不等。外表面黄棕色,较光滑;内表面淡黄白色,较粗糙,柔软。体轻,质坚硬。气微,味淡。

以壳硬、外面色黄棕、内面色白者为佳。

【化学成分】果实含葫芦苦素D,瓜氨酸;杂交种果实含22-脱氧葫芦苦素(22-deoxocucurbitacin)D及少量22-脱氧异葫芦苦素(22-deoxoisocucurbitacin)D。种子含蛋白质;脂肪油:棕榈酸,棕榈油酸,硬脂酸,油酸及亚油酸;糖类:鼠李糖,果糖,半乳糖,蔗糖,棉子糖及水苏糖;还含胰蛋白酶抑制剂(trypsin inhibitor)LLTI-Ⅰ、Ⅱ、Ⅲ和皂苷等。

【功效主治】葫芦(抽葫芦)甘、苦,平。利水,消肿。用于水肿,臌胀,瘰疬。陈葫芦甘、淡,平。利水,通淋。用于水肿腹胀,黄疸,淋病。葫芦子甘,平。清热解毒,消肿止痛。用于咳嗽气喘,肠痈,牙痛。苦葫芦藤、苦葫芦花苦,平。解毒,散结。用于食物及药物中毒,牙痛,疥疮,鼠瘘。

【历史】《诗经》中有"匏"、"瓠"的记载。历代本草有"壶"、"瓠"、"匏"之称。《本草纲目》谓:"古人壶、瓠、匏三名皆可通称,初无分……而后世以长如越瓜首尾如一者为瓠,瓠之一头有腹长柄者为悬瓠,无柄而圆大形扁者为匏,匏之有短柄大腹者为壶,壶之细腰者为蒲芦,各分名色,迥异于古。以今参详,其形状虽各不同,而苗、叶、皮、子性味则一。"又云:"瓢乃匏壶破开为之者,近世方药亦时用之,当以苦瓠者为佳,年久者尤妙。"综上所述,古代所称"壶"、"瓠"、"匏",为葫芦科葫芦属植物的统称,主为现今的葫芦,并包括小葫芦。

【附注】《山东省中药材标准》2002年版收载葫芦,但原植物用变种瓠瓜 var. depressa (Ser.) Hara,与原种的主要区别是:果实呈扁球形,直径约30cm。

附:小葫芦

小葫芦 var. microcarpa (Naud.) Hara,与原种的主要区别是:植株较细弱,结实较多;果实形似葫芦,但较小,一般长8~10cm。药用同葫芦。

丝瓜

【别名】丝瓜络、丝瓜瓢。

【学名】Luffa cylindrica (L.) Roem.
(Luffa aegyptiaca Mill.)
(Momordica cylindrica L.)

【植物形态】一年生攀援草本。茎枝粗糙,有棱沟。叶互生。叶片轮廓三角形或近圆形,通常掌状5裂;叶柄粗状而粗糙;卷须稍粗壮,被短柔毛,通常2~4分枝。花单性,雌雄同株。雄花成总状花序,通常15~20朵,花生于花序梗的顶端;雄花花萼裂片卵状披针形,长约1cm,里面密被短绒毛;花冠黄色,辐状,直径5~9cm,里面基部密被黄白色长柔毛;雄蕊5,稀3,药室多回折曲。雌花单生;子房长圆柱状,柱头3,膨大。果实圆柱形,直或稍弯,长20~50cm,直径5~8cm,平滑,无棱,嫩时肉质,成熟后干燥,内部呈网状纤维,由顶端盖裂。种子黑色,扁卵形,平滑,边缘狭翼状。花、果期夏秋季。(图735)

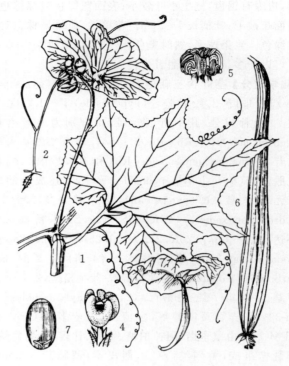

图735 丝瓜
1.雄花枝 2.卷须 3.雌花
4.花柱及柱头 5.雄蕊 6.果实 7.种子

【生长环境】栽培于田间、菜地、篱笆边或宅旁。

【产地分布】山东境内各地习见栽培。全国南北各地普遍栽培。云南南部有野生,但果实较短小。

【药用部位】果皮维管束:丝瓜络;茎:丝瓜藤;根:丝瓜根;叶:丝瓜叶;花:丝瓜花;果:丝瓜;果皮:丝瓜皮;种子:丝瓜子。为少常用中药和民间药,丝瓜药食两用。

【采收加工】夏、秋二季果实成熟,表面黄色,内部干枯时采摘,除去外皮及果肉,洗净,晒干,再除去种子后为丝瓜络,收集种子分别晒干。夏季采收叶、花、嫩果,鲜用或晒干。秋季挖根,洗净,晒干。

【药材性状】果实维管束长棱形或长圆筒形,略弯曲,两端较细,长30~45cm,直径5~7cm。表面淡黄白色,粗糙,由丝状维管束筋络纵横交织而成,有数条浅纵沟,有时可见残存的果皮和膜质果肉。体轻,质韧,有弹性,不能折断。横切面子房3室,空洞状,偶见残留的黑色种子。气微,味淡。

以个大、丝粗、色黄白、质韧、无种子者为佳。

种子长卵形,扁平,长0.8~2cm,直径0.5~1.1cm,厚约2mm。表面黑色,边缘有狭翅,翅的一端有种脊,上方有叉状突起。种皮硬,剥开后可见灰绿色膜质包于子叶外方;子叶2,黄白色。气微,味微苦。

以色黑、饱满者为佳。

【化学成分】果实含三萜皂苷:丝瓜苷(lycyoside)A、E、F、J、K、L、M、H,常春藤皂苷元-3-O-β-D-吡喃葡萄糖苷,齐墩果酸-3-O-β-D-吡喃葡萄糖苷;黄酮类:柯伊利素-7-O-β-D-葡萄糖醛酸苷甲酯,芹菜素-7-O-β-D-葡萄糖醛酸苷甲酯;还含阿魏酰-β-D-葡萄糖,1-O-p-香豆酰-β-D-葡萄糖,对羟基苯甲酰葡萄糖,咖啡酰-β-D-葡萄糖,丙二酸,柠檬酸,瓜氨酸,香豆酸,甲氨甲酸萘酯(carbaryl)等。果皮维管束含多糖:木聚糖(xylan),甘露聚糖(mannan),半乳聚糖(galactan)等;还含棕榈酸,十八烷酸,二乙二醇硬脂酸酯,顺式-9-十六烯酸及无机元素钙、镁、磷、钾、铁等。种子含丝瓜苷 N、P,泻根醇酸(bryonolic acid),丝瓜多肽(luffin)a、b、s、α-及 β-丝瓜多肽,丝瓜苦味质(luffein)等;还含赖氨酸,组氨酸,苏氨酸等氨基酸。种子油含亚油酸,棕榈酸,油酸,亚麻酸;还含无机元素钾、钙、镁、磷等。花含芹菜素,齐墩果酸,丙二酸等。叶含齐墩果酸,21β-羟基齐墩果酸,马斯里酸-3-O-β-D-吡喃葡萄糖苷(maslinic acid-3-O-β-D-glucoside),齐墩果酸-3- O-β-D-葡萄糖苷,常春藤皂苷元,丝瓜素(lycyin)A,芹菜素及以植醇为主的挥发油。茎藤含丝瓜苷 A~I,人参皂苷(ginsenoside)$Re、Rg_1$ 等。根含齐墩果酸,21β-羟基齐墩果酸,21β-羟基常春藤皂苷元-3-O-β-D-葡萄吡喃糖苷,2α-羟基常春藤皂苷元-3-O-β-D-葡萄吡喃糖苷,2-羟基齐墩果酸-3-O-β-D-葡萄糖苷,2α,21β-二羟基常春藤皂苷元-3-O-β-D-葡萄糖苷。

【功效主治】**丝瓜络** 甘,平。通络,活血,祛风。用于痹痛拘挛,胸胁疼痛,乳汁不通,乳痈肿痛。**丝瓜根** 苦,平。清热解毒,消肿止痛。用于偏头痛,腰痛,乳痈,喉风肿痛,肠风下血,痔漏。**丝瓜藤** 苦,微寒;有小毒。舒筋,活血,健脾。用于腰膝四肢麻木,月经不调,水肿,龋齿,鼻渊。**丝瓜叶** 甘,凉。清热解毒,疗伤。用于痈疽,疔肿,疮癣,蛇咬伤,烫火伤。**丝瓜花** 甘,微苦,寒。清热解毒。用于肺热咳嗽,咽痛,鼻渊,疔疮,痔疮。**嫩丝瓜** 甘,凉。清热,解毒,凉血,化痰。用于热病,身热烦渴,痰喘咳嗽,肠风痔漏,崩带,血淋,痔疮,乳汁不通,痈肿。**丝瓜皮** 甘,凉。利水渗湿。用于金疮,疔疮。**丝瓜子** 苦者寒,有毒;甜者无毒。利水,除热。用于肢面浮肿,石淋,肠风痔漏。

【历史】丝瓜始载于《滇南本草》。《本草纲目》云:"二月下种,生苗引蔓延树竹,或作棚架。其叶大如蜀葵而多丫尖,有细毛刺,取汁可染绿。其茎有棱。六七月开黄花,五出,微似胡瓜花,蕊瓣俱黄。其瓜大寸许,长一二尺,甚则三四尺,深绿色,有皱点,瓜头如鳖首。嫩时去皮,可烹可曝,点茶充蔬。老则大如杵,筋络缠纽如织成,经霜乃枯,惟可藉靴履,涤釜器,故村人呼为洗锅罗瓜。内有隔,子在隔中,状如栝楼子,黑色而扁。"所述形态与现今植物丝瓜完全一致。

【附注】①《中国药典》2010 年版收载丝瓜络。②本种在"Flora of China"19:35.2011. 的拉丁学名为 *Luffa aegyptiaca* Mill.,本志将其列为异名。

苦瓜

【别名】癞葡萄(临沂)、癞瓜、红姑娘。

【学名】*Momordica charantia* L.

【植物形态】一年生攀援草本。茎、枝有柔毛。叶互生;叶片轮廓肾形或近圆形,5~7 深裂,长宽为 4~12cm,叶脉掌状,脉上有明显的微柔毛;叶柄细;卷须纤细,长达 20cm,不分歧。花单性,雌雄同株,花单生,黄色。雄花花梗长 3~7cm,中部或下部生 1 肾形或圆形苞片;花萼裂片卵状披针形,有白色柔毛;花冠 5 深裂,裂片倒卵形;雄蕊 3,离生,药室 S 形折曲。雌花花梗长 10~12cm,基部常有 1 苞片;子房纺锤形,密生瘤状凸起,柱头 3,膨大,2 裂。果实纺锤形或圆柱形,有瘤状凸起,成熟后橙黄色,并由顶端 3 瓣裂。种子长圆形,两端各有 3 小齿,两面有雕纹,有肉质红色假种皮。花、果期 5~10 月。(图 736)

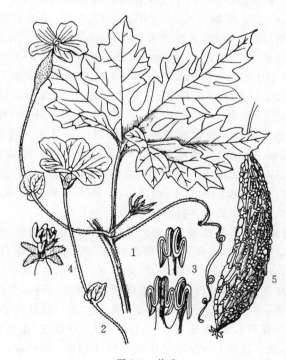

图 736 苦瓜
1.雌花枝 2.雄花 3.雄蕊 4.雌蕊 5.果实

【产地分布】山东境内各地有栽培。我国南北各地均普遍栽培。

【药用部位】果实:苦瓜;根:苦瓜根;茎藤:苦瓜藤;花:苦瓜花;叶:苦瓜叶。为民间药,苦瓜药食两用。

【采收加工】夏季采收果实及花,晒干或鲜用。夏、秋二季采收叶及茎藤,鲜用或晒干。秋季挖根,洗净,晒干或鲜用。

【化学成分】果实含三萜类:苦瓜皂苷(momordicoside) A、B、C、D、E、F$_2$、G、I、K、L,苦瓜皂苷元(aglycone of momordicoside)F$_1$、I、L,葫芦烷-5-烯-3β,22(S),23(R),24(R),25-五羟基-3-O-β-D-吡喃半乳糖(1→6)-β-D-吡喃半乳糖苷,日耳曼醇乙酸酯(germanicyl acetate),26,27-二羟基羊毛甾-7,9(11),羊毛甾-9(11)-烯-3α,24S,25-三醇,(24R)-环菠萝蜜烷甾-3α,24R,25-三醇等;甾醇类:β-谷甾醇-β-D-葡萄糖苷,5,25-豆甾二烯醇-3-β-D-葡萄糖苷,5,25-豆甾二烯醇,β-谷甾醇,24β-乙基-5α-胆甾-5(Z),24(E)-二烯-3-O-β-D-吡喃葡萄糖苷,胡萝卜苷;糖类:海藻糖,半乳糖醛酸,1-甲氧基-半乳糖醛酸,黏液质,果胶;氨基酸:谷氨酸,丙氨酸,脯氨酸,α-氨基丁酸,瓜氨酸等;含氮化合物:苦瓜脑苷(momor-cerebroside),大豆脑苷Ⅰ(soyacerebroside),核黄素,1,2,3,4-四氢-1-甲基-β-咔啉-3-羧酸,4(E),8(Z)-N-(2′-羟基-十六烷酰)-1-O-β-D-吡喃葡萄糖苷-4,8-二烯-十八鞘氨醇,腺苷,尿嘧啶,5-羟基色胺,蚕豆苷即巢菜碱苷(vincine);还含对羟基苯甲酸葡萄糖酯,二十烷酸单甘油酯,3,4,5-三羟基-6-甲氧基-四氢吡喃-2-酮。**种子脂肪油**:主含棕榈酸和α-桐酸;黄酮类:槲皮素,3′-甲氧基-槲皮素,6′-亚甲基-3-(5,7,3′,4′-四羟基-黄酮)醚;三萜类:苦瓜子苷(momorcharaside)A、B,苦瓜皂苷A～F,F$_1$、F$_2$、G、I、K、L,葫芦烷-5-烯-3β,22(S),23(R),24(R),25-五羟基-3-O-β-D-吡喃半乳糖(1→6)-β-D-吡喃半乳糖苷;还含巢菜碱苷,海藻糖,24β-乙基-5α-胆甾-7(E),22(E),25(27)-三烯-3-O-β-D-吡喃葡萄糖苷。**种仁**含核糖体失活蛋白α-及β-苦瓜素(momorcharin)。**茎叶**含苦瓜皂苷Ⅰ,26,27-二羟基羊毛甾-7,9(11),24-三烯-3,16-二酮,momordol,羊毛甾-9(11)-烯-3α,24S,25-三醇,(24R)-环菠萝蜜烷甾-3α,24S,25-三醇及β-谷甾醇;鲜叶尚含苦瓜素。

【功效主治】**苦瓜根**苦,寒。清热解毒。用于痢疾,便血,疔疮肿毒,风火牙痛。**苦瓜叶**苦,寒。清热解毒,止痢。用于胃脘痛,痢疾肿毒,鹅掌风。**苦瓜**苦,寒。清暑涤热,明目,解毒。用于热病烦渴,中暑,痢疾,赤眼疼痛,痛肿丹毒,恶疮。**苦瓜子**苦,甘,温。温补肾阳。用于肾阳不足,小便频数,遗精,阳痿。**苦瓜花、苦瓜藤**苦,寒。清热止痢,降气止痛。用于痢疾,胃气痛,牙痛,痛肿疮毒。

【历史】苦瓜始载于《救荒本草》。《本草纲目》曰:"苦瓜原出南番,今闽、广皆种之。五月下子,出苗引蔓,茎叶卷须,并如葡萄而小。七八月开小黄花,五瓣如碗形。结瓜长者四五寸,短者二三寸,青色,皮上痱瘰如癞及荔枝壳状,熟则黄色自裂;内有红瓤裹子"。《植物名实图考》曰:"苦瓜,救荒本草谓之锦荔枝,一名癞葡萄,南方有数尺者,瓤红如血"。其形态与现今植物苦瓜相符。

佛手瓜

【别名】手瓜、洋丝瓜。

【学名】Sechium edule (Jacq.) Swartz (Sicyos edulis Jacq.)

【植物形态】多年生宿根草质藤本。根块状。茎攀援,有棱槽。叶互生;叶片近圆形,浅裂,中间的裂片较大,先端渐尖,边缘有小细齿,膜质;叶柄纤细,长5～15cm;卷须3～5分枝。花单性,雌雄同株。雄花组成总状花序;花萼筒短,裂片展开;花冠辐状,分裂至基部,裂片卵状披针形;雄蕊3,花丝合生,花药分离,药室折曲。雌花单生,花被同雄花,子房倒卵形;有5棱,1室,1胚珠。果实淡绿色,倒长卵形,有稀疏短硬毛,上部有5条纵沟,种子1粒。种子大,长达10cm,宽约7cm,卵形,压扁,种皮木质,光滑,子叶大。花期7～9月;果期8～10月。(图737)

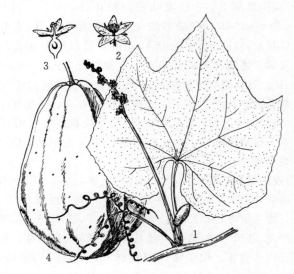

图737 佛手瓜
1.花枝 2.雄花 3.雌花 4.果实

【生长环境】栽培于田间、菜园或庭院。

【产地分布】原产南美洲,近年来山东境内的淄博、潍坊、泰安、济南、临沂等地有栽培,沂源县已形成万亩以上的栽培基地。在我国除山东外,云南、广西、广东等地有栽培或逸生。

【药用部位】果实:佛手瓜。叶:佛手瓜叶。为民间药,佛手瓜药食两用。

【采收加工】夏、秋二季采收果实,鲜用或切片晒干。夏、秋采叶,鲜用或晒干。

【化学成分】果实含糖类:葡萄糖,果糖,蔗糖,淀粉;维生素A、C、B$_1$、B$_2$,胡萝卜素;氨基酸:谷氨酸,异亮氨酸,组氨酸,精氨酸,赖氨酸,亮氨酸,甲硫氨酸,缬氨酸等及钾、钙、锌、铁、钠等。**种子**含赤霉素(gibberelline)A_{1-9}。**花粉**含山奈酚-3-O-芸香糖苷等。

【功效主治】佛手瓜甘,凉。健脾消食,行气止痛。用于胃脘疼痛,食积不化。佛手瓜叶甘,凉。清热解毒,止痛。用于疮疡肿毒。

赤瓟

【别名】土瓜、山屎瓜、气包。

【学名】Thladiantha dubia Bge.

【植物形态】攀援草质藤本,全株被长硬毛。根块状。茎稍粗壮,有棱沟。叶互生;叶片阔卵状心形,长5～8cm,宽4～9cm;先端急尖或短尖,基部心形,边缘浅波状或有不整齐齿,两面粗糙,脉上有长硬毛,最基部1对叶脉沿叶基弯缺边缘向外展开;卷须纤细,单一。雌雄异株。雄花单生或聚生于短枝上成假总状花序;花梗细长;花萼短钟状,裂片披针形,向外反折;花冠黄色,钟状,5深裂,裂片长圆形,上部向外反折,有5条明显的脉;雄蕊5,花丝有短柔毛;退化子房半球形。雌花单生;子房长圆形,密被淡黄色长柔毛,花柱上部3叉,柱头膨大,肾形,2裂;退化雄蕊5。果实卵状长圆形,长4～5cm,直径2.8cm,被柔毛,有10条纵纹,熟时橙黄色或红棕色。种子卵形,黑色。花期6～8月;果期8～10月。(图738)

【生长环境】生于村边、沟谷及山地草丛中。

【产地分布】山东境内产于泰山、蒙山、沂山及胶东丘陵。在我国除山东外,还分布于东北、华北地区及内蒙古、陕西、甘肃、宁夏等地。

【药用部位】果实:赤瓟;根:赤瓟根。为民间药。

【采收加工】秋季果实由绿变红时采摘,晒干。秋、冬二季挖根,洗净,晒干。

【化学成分】块根含赤瓟苷(dubioside)A、B、C、D、E、F。

【功效主治】赤瓟酸、苦,平。化瘀止血,理气止吐,祛痰,利湿。用于肺痨,咳嗽吐血,痢疾便血,筋骨疼痛,跌打损伤,反胃吐酸。赤瓟根苦,寒。活血通乳,祛痰,清热解毒。用于乳汁不下,乳房胀痛。

栝楼

【别名】瓜蒌、仁瓜蒌(肥城、长清、淄博)、臭瓜蛋(烟台)、悬铃(滕州)、天花粉蔓(荣城)。

【学名】Trichosanthes kirilowii Maxim.

【植物形态】多年生攀援草本。块根肥厚,圆柱状,灰黄色。茎多分枝,被白色柔毛。叶互生;叶片轮廓圆形,长宽5～20cm,常3～5浅裂至中裂,两面沿脉被长柔毛状硬毛,基出掌状脉5条;卷须有3～7分枝。花单性,雌雄异株。雄花序总状;小苞片倒卵形或阔圆形,长1.5～2.5cm,花萼筒状,顶端扩大,有短柔毛,花萼裂片披针形,全缘;花冠白色,5深裂,裂片倒卵形,先端中央有1绿色尖头,边缘分裂成流苏状;雄蕊3,花药靠合。雌花单生;花萼筒圆筒形,裂片和花冠同雄花,子房椭圆形,绿色,花柱长2cm,柱头3。果梗粗壮,果实椭圆形或近球形,长8～10cm,成熟时近球形,黄褐色或橙黄色,光滑。种子多数,压扁,卵状椭圆形,长1.1～1.5cm,宽0.7～1cm,淡黄褐色,近边缘处具棱线。花期5～8月;果期8～10月。(图739,彩图74)

【生长环境】生于山坡、路旁或灌丛。

【产地分布】山东境内产于各地,野生者分布于临沂、泰安、潍坊、烟台等地;长清、肥城、菏泽、济南、章丘、蒙阴、济宁、泰安等地有栽培。在我国除山东外,还分布于华北、华东、中南地区及辽宁、陕西、甘肃、四川、云南、贵州等地。

瓜蒌主产于山东长清(马山镇庄科村和焦庄村)、肥城、宁阳、平阴等地,以长清、肥城产量大,质量最好,"长清马山栝楼"已注册为国家地理标志产品。

天花粉主产于菏泽、德州、聊城、济宁、临沂、潍坊、淄博、滨州、日照等地,以菏泽、德州、聊城产量大,质量好。目前国内已形成以河北安国、山东临清、河南安阳三大产地。

【药用部位】果实:瓜蒌(全瓜蒌);种子:瓜蒌子;果皮:瓜蒌皮;根:天花粉;茎叶:栝楼茎叶。为常用中药或民间药,瓜蒌子可食,炒瓜蒌子已成为高档休闲小食品。瓜蒌、天花粉为山东著名道地药材。

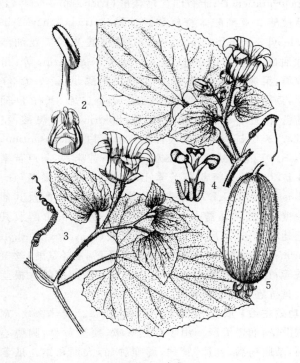

图738 赤瓟
1.雄株 2.雄蕊 3.雌株 4.花柱、柱头及退化雄蕊 5.果实

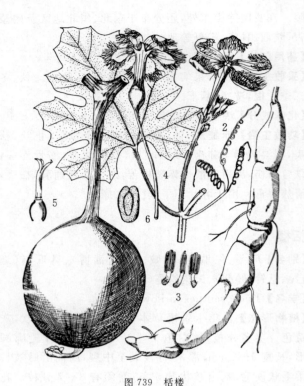

图 739 栝楼
1.块根 2.雄花枝 3.雄蕊 4.雌花 5.雌蕊 6.种子

【采收加工】秋季果实成熟时，连果梗剪下，辫起，吊于通风处阴干为全瓜蒌。将成熟果实剖开，除去种子及果瓤，阴干为瓜蒌皮。将种子洗净，晒干为瓜蒌子。秋、冬二季挖根，洗净，除去外皮，切段或纵剖成瓣，晒干为天花粉。夏季茎叶茂盛时采收茎叶，鲜用或晒干。

【药材性状】果实呈类球形或宽椭圆形，长7～15cm，直径6～10cm。表面橙红色或橙黄色，皱缩或较平滑，顶端有圆形花柱残基，基部略尖，具残存的果梗。轻重不一，质脆，易破开，内表面黄白色，有红黄色丝络，果瓤橙黄色，黏稠，与多数种子黏结成团。具焦糖气，味微酸、甜。

仁瓜蒌：果实较小。表面橙红色，有10数条果皮维管束突起形成明显纵皱，并具不规则皱纹。果皮厚而略韧，不易破碎，种子长约1.5cm。体重。糖分足。

糖瓜蒌：果实较大。表面橙黄色，光滑，果皮维管束突起不明显。果皮薄而不甚皱缩，易破碎。种子长约1.8cm。体轻。糖分足。

以个大完整、皮厚皱缩、色橙红、果肉柔韧、体重、糖性足、焦糖气强者为佳。

种子扁平椭圆形，长1.2～1.5cm，宽0.6～1cm，厚约3.5mm。表面浅棕色至棕褐色，平滑，沿边缘有1圈沟纹。顶端较尖，有种脐，基部钝圆或较狭。种皮坚硬，内种皮膜质，灰绿色，子叶2，黄白色，富油性。气微，味淡。

以大小均匀、颗粒饱满、油性足者为佳。

果皮常切成2至数瓣，边缘内卷，长6～12cm。外表面橙红色或橙黄色，皱缩，有的残存果梗；内表面黄白色。质较脆，易折断。具焦糖气，味淡、微酸。

以外皮橙黄色、内面黄白色、皮厚、整齐、无瓤者为佳。

根呈不规则圆柱形、纺锤形或瓣块状，长8～16cm，直径1.5～5.5cm。表面黄白色或淡棕黄色，有纵皱纹、细根痕及略凹陷的横长皮孔，有的残留黄棕色外皮。质坚实，断面白色或淡黄色，富粉性，横切面黄色木质束略呈放射状排列，纵切面黄色木质束呈条纹状。无臭，味微苦。

以根肥满、粉性足、黄筋少、色洁白者为佳。

【化学成分】果实含栝楼仁二醇（karounidiol），α-菠菜甾醇，α-菠菜甾醇-O-β-D-葡萄糖苷，正三十四烷酸，富马酸，琥珀酸，(－)-loliolide，2-甲基-3,5-二羟基四氢吡喃-4-酮，尿嘧啶，正三十四烷，葡萄糖；还含苏氨酸，丝氨酸，天冬氨酸等17种氨基酸及无机元素钾、钠、铜、锌、铁等。果肉尚含丝氨酸蛋白酶（serine protease）A、B。果皮含栝楼酯碱（trichosanatine），棕榈酸，亚油酸，亚麻酸，月桂酸，肉豆蔻酸，7-豆甾烯醇，7-豆甾烯醇-β-D-葡萄糖苷，β-菠菜甾醇。种子含三萜类：3,29-二苯甲酰基栝楼仁三醇（3,29-dibenzoylkarounitriol），栝楼仁二醇（karounidiol），异栝楼仁二醇（isokarounidiol），栝楼仁二醇-3-苯甲酸酯（karounidiol-3-benzoate），7-氧代二氢栝楼仁二醇（7-oxodihydrokarounidiol），去氢栝楼二醇（5-dehydrokarounidiol），6-羟基二氢栝楼仁二醇（6-hydroxydihydrokarounidiol），10α-葫芦二烯醇（10α-cucurbitatienol）；脂肪油含栝楼酸（trichosanic acid），1-栝楼酸-2-亚油酸-3-棕榈酸甘油酯（1-trichosanoyl-2-linoleoyl-3-palmitoyl-glycerin），1-栝楼酸-2,3-二亚油酸甘油酯（1-trichosanoyl-2,3-dilinoleoyl-glycerin）等；甾醇类：菜油甾醇，豆甾醇，7-菜油甾烯醇，豆甾-7-烯-3β-醇，豆甾-7,22-二烯-3β-醇，豆甾-7,22-二烯-3-O-β-D-葡萄糖苷；还含栝楼子糖蛋白（trichokirin）及谷氨酸，精氨酸，天冬氨酸等。鲜根含天花粉蛋白（trichosanthin，TCS），天花粉凝血素（TKA）及肽类；苦味素：葫芦苦素B、D，23,24-二氢葫芦苦素B；糖类：栝楼根多糖（trichosan）A、B、C、D、E，核糖；甾醇类：α-菠菜甾醇及其葡萄糖苷，Δ⁷-豆甾醇及其葡萄糖苷，7-豆甾烯-3β-醇及其葡萄糖苷；氨基酸：α-羟甲基丝氨酸（α-hydroxymethylserine），天冬氨酸，瓜氨酸，γ-氨基丁酸，α-羟氨酸，丝氨酸等；还含泻根醇酸（bryonolic acid），棕榈酸等。根茎含具抗癌作用的多糖。

【功效主治】瓜蒌（全瓜蒌）甘、微苦，寒。清热涤痰，宽胸散结，润燥滑肠。用于肺热咳嗽，痰浊黄稠，胸痹心痛，结胸痞满，乳痈，肺痈，肠痈肿痛，大便秘结。瓜蒌子甘，寒。润肺化痰，滑肠通便。用于燥咳痰黏，肠燥便秘。瓜蒌皮甘，寒。清化热痰，利气宽胸。用于痰热咳嗽,胸闷胁痛。**天花粉**甘、微苦,微寒。清热生津,消肿排脓。用于热病烦渴,肺热燥咳,内热消渴,疮疡肿毒。**栝楼茎叶**酸,寒。清热解毒。用于中热伤暑。

【历史】栝楼始载于《神农本草经》,列为中品,名栝楼根,一名地楼;"今齐人谓之天瓜"。《本草图经》云:"生洪农山谷及山阴地……三、四月内生苗,引藤蔓,叶如甜瓜叶作叉,有细毛;七月开花,似葫芦花,浅黄色。实在花下,大如拳,生青,至九月熟,赤黄色。"《本草纲目》云:"其根直下生,年久者长数尺,秋后掘者结实有粉……其实圆长,青时如瓜,黄时如熟柿……内有扁子,大如丝瓜子,壳色褐,仁色绿,多脂,作青气。"所述形态与现今植物栝楼相符。《植物名实图考》栝楼(一)图和《滇南本草》栝楼则为中华栝楼。

【附注】《中国药典》2010年版收载瓜蒌、瓜蒌子、瓜蒌皮、天花粉。

附:中华栝楼

中华栝楼 T. rosthornii Harms,与栝楼的主要区别是:植株较小。叶片常5~7深裂,几达基部,裂片披针形或倒披针形,极稀具小裂片。雄花的小苞片较小;花萼裂片线形。种子棱线距边缘较远。果皮挥发油组分与栝楼相似,但月桂酸和肉豆蔻酸含量远低于栝楼果皮,而硬脂酸高于栝楼果皮,棕榈酸含量最高,其次为亚麻酸和亚油酸等。种子含香草酸(vanillic acid)、小麦黄素(tricin)和11-甲氧基去甲央戈宁(11-methoxynoryangonin)等;还含谷氨酸、精氨酸、天门冬氨酸和亮氨酸等多种氨基酸。烟台等地有少量栽培。药用同栝楼。《中国药典》2010年版收载,原植物名为双边栝楼。

桔梗科

展枝沙参

【别名】沙参、南沙参。
【学名】Adenophora divaricata Franch. et Sav.
【植物形态】多年生草本;有白色乳汁。根圆柱形,灰棕色,有纵横裂纹。茎高30~80cm,无毛或有疏柔毛。基生叶叶片肾形或近圆形,先端边缘有锯齿,基部心形;有长柄;茎生叶3~4片轮生;叶片菱状卵形、菱状圆形、狭卵形或披针形,长1.5~10cm,宽1~5cm,先端急尖钝,极少数短渐尖,边缘有锯齿,齿不内弯;无柄。圆锥花序顶生,宽金字塔形,花序中部以下的分枝轮生,中部以上的互生;花萼无毛,筒部圆锥形,裂片5,椭圆状披针形,长0.5~1cm,宽1.8~2.5mm;花冠钟形,长0.8~1.6cm,蓝紫色,先端5齿裂,口部稍收缢;雄蕊5,花丝基部扩大,边缘密生柔毛;花盘短筒状,长1.8~2.5mm;子房下位,花柱常多少伸出花冠。蒴果卵圆形或圆锥形。花期7~8月;果期9~10月。(图740)

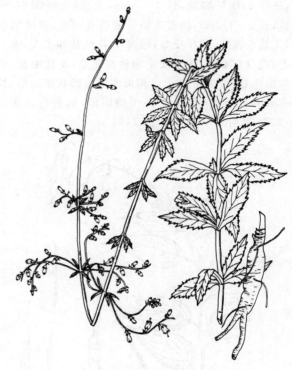

图740 展枝沙参

【生长环境】生于山坡灌丛、林下或草丛中。
【产地分布】山东境内产于昆嵛山、崂山、牙山、艾山等地。在我国除山东外,还分布于黑龙江、吉林、辽宁、山西、河北等地。
【药用部位】根:沙参(南沙参)。为民间药,根民间食用。
【采收加工】春、秋二季采挖,除去茎叶、须根,洗净,趁鲜刮去粗皮,晒干。
【功效主治】甘,微寒。养阴清肺,益胃生津,化痰,益气。用于肺热燥咳,阴虚劳嗽,干咳痰黏,胃阴不足,食少呕吐,气阴不足,烦热口干。

细叶沙参

【别名】沙参、圆锥沙参、蓝花沙参。
【学名】Adenophora paniculata Nannf.
[Adenophora capillaris subsp. paniculata (Nannf.) D. Y. Hong & S. Ge]
【植物形态】多年生草本;有白色乳汁。根圆锥形,表面浅土棕色,有细纵纹,较平滑。茎直立,高0.5~1.2m,绿色或紫色,不分枝,无毛或有长硬毛。基生叶叶片心形,边缘有不规则锯齿;茎生叶互生;叶片条形或卵状椭圆形,长5~17cm,宽0.2~7.5cm,先端渐尖,基部楔形,边缘有疏齿或全缘,通常无毛,有时上面疏生短硬毛,下面疏生长毛;无柄或有长至3cm的柄。圆锥花序顶生,多分枝,有时花序无分枝,仅数朵花集成假总状花序;花梗粗壮;花萼无毛,筒部球形,少为卵状矩圆

形,裂片5,细长如发,长3～7mm,全缘;花冠细小,近筒状,长1～1.2cm,淡蓝或淡蓝紫色或白色,口部稍收缩,先端5齿裂,裂片反卷;雄蕊5,花丝基部扩大,密生柔毛;花盘短筒状,无毛或上端稍有疏毛;花柱细长,明显伸出花冠,长2cm以上。蒴果卵形或卵状矩圆形,长7～9mm,直径3～5mm。种子椭圆形,棕黄色。花期6～9月;果期8～10月。(图741)

图741 细叶沙参
1.植株 2.不同形态的叶片
3.花萼筒部、花盘及花柱

【生长环境】生于阴坡或林边较肥沃的砂质土壤中。
【产地分布】山东境内产于昆嵛山、崂山、牙山、泰山、蒙山等地。在我国除山东外,还分布于内蒙古南部、山西、河北、河南、陕西等地。
【药用部位】根:蓝花参。为民间药,根民间食用。
【采收加工】春、秋二季采挖,除去茎叶、须根,洗净,趁鲜刮去粗皮,晒干。
【功效主治】甘,微寒。养阴清肺,益胃生津,化痰,益气。用于肺热燥咳,阴虚劳嗽,干咳痰黏,胃阴不足,食少呕吐,气阴不足,烦热口干。
【附注】本种在"Flora of China"6:102,2001被并入丝裂沙参 Adenophora capillaris Hemsl. 中做为亚种处理,其拉丁学名为 Adenophora capillaris subsp. paniculata (Nannf.) D. Y. Hong & S. Ge,本志将其列为异名。

石沙参

【别名】沙参、甜桔梗。
【学名】Adenophora polyantha Nakai

【植物形态】多年生草本;有白色乳汁。根圆锥形,表面淡棕色,粗糙,有纵横裂纹。茎直立,1至数支发自一个茎基上,常不分枝,高25～70cm,无毛或有疏密不等的短毛。基生叶叶片心状肾形,早枯;茎生叶互生;叶片卵形、狭卵形、卵状披针形、披针形或条形,长1.5～8.5cm,宽0.5～2.5cm,先端渐尖,基部卵形或楔形,边缘有疏离的三角形尖锯齿或刺状齿,两面无毛或疏生短毛;无柄。假总状或狭圆锥状花序顶生;花萼有毛或有乳头状突起或无毛,筒部倒圆锥状,裂片5,狭三角状披针形,长3.5～6mm,宽1.5～2mm;花冠紫色或深蓝色,钟形,长1.5～2.5cm,喉部常稍收缩,裂片短,长不超过全长的1/4,通常先直而后反折;雄蕊5,花丝基部扩大,边缘密生细柔毛;花盘筒状,长2.5～4mm,疏生细柔毛;子房下位,花柱稍伸出花冠。蒴果卵状椭圆形。种子卵状椭圆形,黄棕色,有一条带翅的棱。花期8～9月;果期9～10月。(图742)

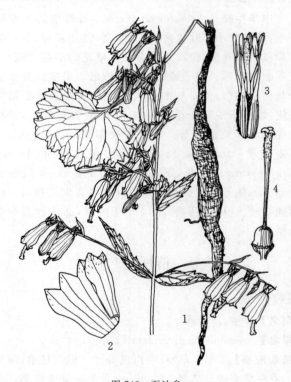

图742 石沙参
1.根及花枝 2.花冠展开 3.雌蕊及雄蕊 4.雌蕊及花盘

【生长环境】生于向阳山坡、草地或灌丛边。
【产地分布】山东境内产于各山地丘陵。在我国除山东外,还分布于辽宁、河北、江苏、安徽、河南、山西、陕西北部、甘肃、宁夏南部及内蒙古东南部。
【药用部位】根:石沙参。为民间药,根民间食用。
【采收加工】春、秋二季采挖,除去茎叶、须根,洗净,趁鲜刮去粗皮,晒干。
【药材性状】根细长圆柱形或扁圆柱形,略弯曲或因加工而呈扭曲状,长10～35cm,直径2～7mm,有分枝。

表面土黄色或黄白色,略粗糙,具细纵皱纹和须根痕。根头部有短小根茎。质脆,易折断,断面粗糙,黄色或黄白色。气微,味淡。

【化学成分】根含蒲公英萜酮(taraxefone)及其异构体,β-谷甾醇,胡萝卜苷及饱和脂肪酸等。

【功效主治】甘,微寒。养阴清肺,益胃生津,化痰,益气。用于肺热燥咳,阴虚劳嗽,干咳痰黏,胃阴不足,食少呕吐,气阴不足,烦热口干。

沙参

【别名】杏叶沙参、空沙参、南沙参。

【学名】Adenophora stricta Miq.

【植物形态】多年生草本;有白色乳汁。根圆锥形,表面粗糙。茎高40~80cm,不分枝,有短硬毛或长柔毛,稀无毛。基生叶心形,大而有长柄;茎生叶互生;叶片狭卵形、菱状狭卵形或椭圆形,长1.8~5.5cm,宽0.5~2.1cm,先端短渐尖,基部楔形,边缘有不整齐锯齿,两面疏生短毛或长硬毛,或近无毛;无柄或下部叶具极短的柄。假总状花序或狭圆锥状花序顶生;花梗极短,长约3mm;花萼常有短毛,筒部倒卵状或倒卵状圆锥形,裂片5,狭长,钻形,长6~8mm,宽1.5~2mm;花冠蓝色或紫色,阔钟形,长1.5~2.3cm,先端5浅裂,裂片长约为全长的1/2,三角状卵形;雄蕊5,花丝基部扩大,边缘密生柔毛;花盘短筒状,长1~1.8mm,无毛;子房下位,花柱常略长于花冠或近等长。蒴果椭圆状球形,长0.6~1cm。种子棕黄色,稍扁,有1条棱。花期8~10月;果期9~11月。2n=34。(图743)

【生长环境】生于山坡草丛或岩石缝内。

【产地分布】山东境内产于济宁、淄博等地。在我国除山东外,还分布于湖南、江西、浙江、江苏、安徽等地。

【药用部位】根:南沙参。为较常用中药,根民间食用。

【采收加工】春、秋二季采挖,除去茎叶、须根,洗净,趁鲜刮去粗皮,晒干。

【药材性状】根圆柱形或圆锥形,有的弯曲或扭曲,少数2~3分枝,长8~26cm,直径1~4cm。表面黄白色或淡棕黄色,较粗糙,有不规则扭曲的皱纹,上部有细密横纹,凹陷处常残留棕褐色栓皮。顶端根茎单一,稀多个,长3~7cm,四周具多数半月形茎痕,呈盘节状。质硬脆,易折断,折断面不平坦,类白色,多裂隙,较松泡。气微,味微甜、苦。

以粗细均匀、无外皮、色白、味甜者为佳。

【化学成分】根含三萜类:蒲公英赛酮(taraxerone),羽扇豆烯酮(lupenone),蒲公英萜酮;挥发性成分:主要有5-羟甲基糠醛、十五烷酸、反油酸甲酯、芥酸等;氨基酸:精氨酸、丙氨酸、天冬酰胺、γ-氨基丁酸等;还含花椒毒素,二十八碳酸,β-谷甾醇,胡萝卜苷及皂苷,多

图743 沙参
1.枝叶 2.花枝 3.去花冠,示萼片、雄蕊和雌蕊
4.花冠展开 5.根

糖等。

【功效主治】甘,微寒。养阴清肺,益胃生津,化痰,益气。用于肺热燥咳,阴虚劳嗽,干咳痰黏,胃阴不足,食少呕吐,气阴不足,烦热口干。

【附注】《中国药典》2010年版收载。

轮叶沙参

【别名】沙参、四叶沙参、南沙参。

【学名】Adenophora tetraphylla (Thunb.) Fisch. (Campanula tetraphylla Thunb.)

【植物形态】多年生草本;有白色乳汁。根圆锥形,黄褐色,较粗糙,有横纹。茎高达1.5m,不分枝,无毛或近无毛。茎生叶3~6片,轮生;叶片卵形、椭圆状卵形、狭卵形或披针形,长1.5~8.5cm,宽0.2~3.2cm,先端短尖,基部狭窄,边缘有锯齿,两面疏生短柔毛;无柄或具不明显的柄。花序狭圆锥状,分枝轮生;花萼无毛,裂片5,钻形,长约2mm;花冠钟形,长6~9mm,蓝色或蓝紫色,口部稍收缢,先端5浅裂,裂片短,三角形,长约2mm;雄蕊5,常稍伸出花冠,花丝基部扩大,边缘密生柔毛;花盘短筒状,长2~4mm;子房下位,柱头3裂,花柱明显伸出花冠,长为花冠的1.5倍以上。蒴果倒卵状球形或圆锥形,长约5~7mm,直径4~5mm。种子黄棕色,长圆状圆锥形,稍扁,有1条棱。花期7~9月;果期9~10月。(图744)

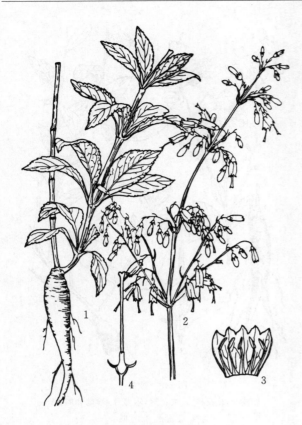

图744 轮叶沙参
1.植株下部 2.花枝 3.花冠展开,示雄蕊
4.去花冠纵剖,示萼片、花盘及花柱

【生长环境】生于山坡或林边。
【产地分布】山东境内产于昆嵛山、崂山、荣城、牟平、泰山、蒙山等地。在我国除山东外,还分布于东北、华东地区及内蒙古东部、河北、山西等地。
【药用部位】根：南沙参。为较常用中药,根民间食用。
【采收加工】春、秋二季采挖,除去茎叶、须根,洗净,趁鲜刮去粗皮,晒干。
【药材性状】根圆锥形或圆柱形,略弯曲,长7~27cm,直径0.8~3cm。表面黄白色或淡棕黄色,凹陷处残留粗栓皮,上端常有深陷断续的环状横纹,下部有纵沟纹。顶端具1或2个根茎。体轻,质松泡,易折断,断面不平坦,黄白色,多裂隙。无臭,味微甜。

以粗细均匀、无外皮、色白、味甜者为佳。

【化学成分】根含 shashenosides Ⅰ、Ⅱ、Ⅲ,蒲公英萜酮,羽扇豆烯酮,β-谷甾醇,胡萝卜苷,苯甲酸,香草酸,3-甲氧基-苯四酸-4-β-D-葡萄糖苷,多糖等;还含精氨酸,丙氨酸,天冬酰胺,脯氨酸,谷氨酸,γ-氨基丁酸等氨基酸及以镰叶芹醇为主的挥发油。

【功效主治】甘,微寒。养阴清肺,益胃生津,化痰,益气。用于肺热燥咳,阴虚劳嗽,干咳痰黏,胃阴不足,食少呕吐,气阴不足,烦热口干。

【历史】沙参始载于《神农本草经》,列为上品。《名医别录》名苦心、白参。《本草纲目》云："沙参处处山原有之。二月生苗,叶如初生小葵叶而团扁不光。八、九月抽茎,高一二尺。茎上之叶则尖长如枸杞叶而小,有细齿。秋月叶间开小紫花,长二三分,状如铃铎,五出白蕊,亦有白花者。并结实,大如冬青实,中有细子。霜后苗枯。其根生沙地者长尺余,大一虎口,黄土地者则短而小。根、茎皆有白汁。八、九月采者,白而实;春月采者,微黄而虚"。各本草所述形态及附图与桔梗科沙参属植物一致,也与南沙参原植物轮叶沙参和沙参基本相符。

【附注】《中国药典》2010年版收载。

荠苨

【别名】沙参、老鸦肉（平邑、荣城、昆嵛山）、灯笼棵（费县）、山铃铛（莒县）、老母鸡肉。
【学名】Adenophora trachelioides Maxim.
【植物形态】多年生草本;有白色乳汁。根粗大,长圆锥形或圆柱形,表面较平滑,灰褐色或浅黄褐色,有横纹。茎直立,单生,高0.6~1m,常多少之字形曲折,疏被白色柔毛,后渐脱落无毛。基生叶心状肾形;茎生叶互生;叶片心形或三角状卵形,长1.1~11cm,宽1.5~7cm,先端尖,边缘有单锯齿或重锯齿;茎中下部叶基部心形,上部叶基部渐至浅心形或截形,两面疏生短毛或近无毛;叶柄明显,长1.8~8cm。圆锥花序顶生;花萼筒部倒三角状圆锥形,裂片5,长椭圆形或披针形,长0.6~1.2cm,宽2.5~4mm;花冠钟形,蓝色或白色,长1.8~2.2cm,先端5浅裂,裂片宽三角形;雄蕊5,花丝基部扩大,密生白色柔毛;花盘短筒状,长2~3mm;子房下位,花柱与花冠近等长。蒴果卵状圆锥形。种子矩圆形,稍扁,黄棕色,两端黑色,有1条棱,棱外缘黄白色。花期7~9月;果期9~10月。（图745）

【生长环境】生于山坡、林边或砂石山坡。
【产地分布】山东境内产于各山区,以昆嵛山、牙山、泰山、蒙山、沂山等地较多。在我国除山东外,还分布于安徽、江苏、河北、内蒙古东南部、辽宁等地。
【药用部位】根：荠苨。为民间药,根和幼苗药食两用。
【采收加工】春、秋二季采挖,除去茎叶、须根,洗净,趁鲜刮去粗皮,晒干。
【功效主治】甘,寒。滋阴清肺,祛痰止咳。用于肺热咳嗽,痰浓黄,痈肿疮毒。
【历史】见桔梗。

附：薄叶荠苨

薄叶荠苨 A. remotiflora (Sieb. et Zucc.) Miq.,与荠苨的主要区别是：叶片狭卵形或披针形,基部圆形或宽楔形,叶片质薄膜质。山东境内产于胶东山区。药用同荠苨。

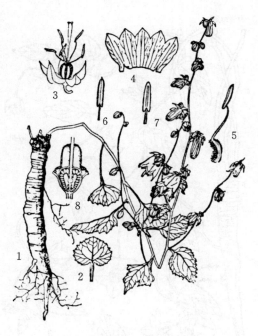

图 745 荠苨
1.植株 2.茎基部叶 3.去花冠，示花萼、雄蕊及雌蕊
4.花冠展开 5.雄蕊 6.雄蕊腹面 7.雄蕊背面 8.子房横剖

羊乳

【别名】四叶参、山海螺、羊乳参、泰山参（泰安）。

【学名】Codonopsis lanceolata（Sieb. et Zucc.）Trautv.（*Campanumoea lanceolata* Sieb. et Zucc.）

【植物形态】多年生草质藤本，长达 1m 以上；有白色乳汁。根肥大，肉质，纺锤形或圆锥形，长 9～20cm，有少数须根，表面灰黄色，粗糙。茎细长，缠绕，多分枝，光滑无毛。主茎叶互生，较小；叶片卵圆形、狭卵形或卵状披针形，长 0.8～2cm，宽 0.3～1.1cm；小枝顶端的叶通常 2～4 簇生，呈假轮生状；叶片长卵形或椭圆形，长 2.4～9cm，宽 1.2～4.8cm，先端尖，基部渐狭，常全缘或稍有疏生的微波状齿，上面绿色，下面灰绿色，两面无毛；叶柄短。花单生于枝端或叶腋；花萼贴生至子房中部，筒部半球形，先端 5 裂，裂片卵状披针形，长 1.1～1.5cm，宽 0.4～1cm；花冠阔钟状，长 2～3.6cm，直径 2～3.5cm，外面乳白色或黄绿色，内面有紫褐色斑，先端 5 浅裂，裂片正三角形，长约 0.8～1.1cm；雄蕊 5，离生，花丝钻形，基部稍扩大；花盘肉质，深绿色；子房半下位，3 室，柱头 3 裂。蒴果圆锥形，熟时顶端 3 瓣裂。种子多数，卵形，细小，棕色，有翼。花期 8 月；果期 9～10 月。（图 746）

【生长环境】生于山坡林下、岩石缝或阴湿山沟等土壤较肥沃处。

【产地分布】山东境内产于昆嵛山、崂山、牙山、泰山等地，目前泰山野生者已极少见。泰安有栽培。在我国除山东外，还分布于东北、华北、华东和中南各地区。

【药用部位】根：四叶参。为较常用中药。泰山四大名药之一，药食两用，嫩茎叶和花可食。

【采收与加工】秋季采挖，除去茎叶、须根，趁鲜纵切，晒干；或晒至半干时，每天揉搓一次，直至全干。

【药材性状】根纺锤形、倒卵状纺锤形或类圆柱形，长 6～15cm，直径 2～6cm。表面灰黄色至灰棕色，皱缩，上端具密集环状隆起的横纹，环纹间有细纵裂纹，向下渐疏浅。根头部有密集的茎基和芽痕。纵剖成两半的，边缘向内卷曲呈海螺状，切面黄白色。体轻，质较松，易折断，断面类白色，不平坦，多裂隙，皮部与木部无明显区分。气微香，味甜、微苦。

以个大、色灰黄、味甜者为佳。

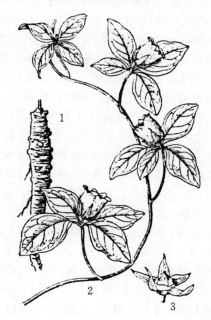

图 746 羊乳
1.根 2.部分植株 3.果实

【化学成分】根含三萜类：羊乳皂苷（codonoside）A、B、C，蒲公英萜酮，蒲公英萜醇；生物碱：N-9-甲酰基哈尔满（N-9-formylharman），1-甲酯基咔啉（1-carbomethoxycarboline），黑麦草碱（perlolyrine）和去甲基哈尔满（norharman）等；甾醇类：α-菠甾醇，α-菠甾醇-β-D-葡萄糖苷，Δ^7-豆甾烯醇-β-D-葡萄糖苷，豆甾醇-β-D-葡萄糖苷等；氨基酸：精氨酸，苏氨酸，谷氨酸，天冬氨酸等；挥发油：主成分为甲基硫杂丙环，1,2-二乙氧基-乙烷等；尚含莽草酸，丁香脂素，鸢尾苷（tectoridin），顺丁烯二酸，正二十九烷，二十六烷酸甲酯，二十四碳酸二十一烷醇酯，四十四烷酸甲酯等。

【功效主治】甘，温。补血通乳，清热解毒，消肿排脓。用于病后体虚，乳汁不足，痈肿疮毒，乳痈。

【历史】羊乳始载于《名医别录》，谓："根如荠苨而圆，大小如拳，上有角节，折之有白汁，人取根当荠苨，苗作蔓,折之有白汁"。《本草纲目》把羊乳并入沙参作为释名。《本草纲目拾遗》又名山海螺,云:"生山土,二月采,绝似狼毒,惟皮疙瘩,掐破有白浆为异,其叶四瓣,枝梗蔓延,秋后结子如算盘珠,旁有四叶承之"。所述形态及《植物名实图考》附图与现今羊乳一致。

【附注】《中国药典》1977年版曾收载。

党参

【别名】潞党。

【学名】Codonopsis pilosula (Franch.) Nannf. (*Campanumoea pilosula* Franch.)

【植物形态】多年生草质藤本,长约1～2m;有白色乳汁。根常肥大呈纺锤形或纺锤状圆柱形,较少分枝或中部以下略有分枝,长15～30cm,直径1～3cm,表面灰黄色,上端5～10cm部分有细密横环纹,下部疏生横长皮孔,肉质。茎细长,缠绕,多分枝,茎基有多数瘤状突起,疏被伏毛,后渐脱落无毛。主茎及侧枝上的叶互生,小枝上的叶近于对生;叶片卵形或狭卵形,长0.3～3.8cm,宽0.6～3cm,先端钝或微尖,基部心形,边缘有波状钝锯齿,两面有或疏或密的短伏毛;叶柄长0.2～2cm,常疏生开展的短毛。花常单生于枝端或叶腋;花萼贴生至子房中部,筒部半球形,裂片5,长圆状披针形或狭长圆形,长0.9～1.5cm,宽6～8mm;花冠钟形,长1.6～2.5cm,直径2.3～2.5cm,黄绿色,内面有紫斑,先端5浅裂,裂片正三角形;雄蕊5,离生;子房半下位,3室,柱头3裂,有白色刺毛。蒴果下部半球状,上部短圆锥形,熟时顶端3瓣裂。种子多数,卵形,棕黄色,无翼,细小,光滑。花、果期7～10月。(图747)

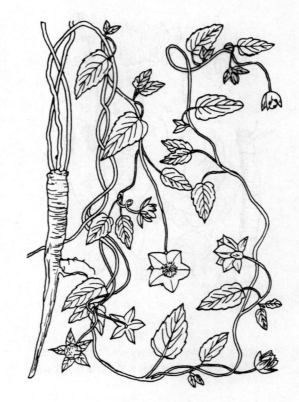

图747 党参

【生长环境】栽培于排水良好、土层深厚的沙质壤土。

【产地分布】山东境内济南、泰安、淄博、潍坊等地有少量栽培。在我国除山东外,还分布于东北地区及四川、云南、西藏、甘肃、陕西、宁夏、青海、河南、山西、河北、内蒙古等各地。

【药用部位】根:党参。为常用中药,可用于保健食品。

【采收加工】秋季采挖,洗净,晒干。

【药材性状】根长圆柱形,稍弯曲,长10～35cm,直径0.4～2cm。表面黄棕色至灰棕色,根头部下方有致密的环状横纹,向下渐稀疏,有的达全长的一半,栽培品环状横纹少或无,全体还有纵皱纹及散在的横长皮孔,支根断落处有黑褐色胶状物。根头部有多数疣状突起的茎痕及芽,每个茎痕的顶端呈凹下圆点状,习称"狮子盘头芦"。质稍硬或略带韧性,断面稍平坦,有裂隙或放射状纹理,皮部淡黄白色至淡棕色,木部淡黄色。有特殊香气,味微甜。

以根条肥壮、质柔润、香气浓、味甜、嚼之无渣者为佳。

【化学成分】根含糖类:果糖,菊糖,蔗糖,多糖和杂多糖CP_1、CP_2、CP_3、CP_4;苷类:党参炔苷(lobetyolin),党参苷(tangshenoside)Ⅰ、Ⅱ、Ⅲ、Ⅳ,丁香苷(syringin),乙基-α-D-呋喃果糖苷,β-D-葡萄糖正己醇苷,lobetyolinin,京尼平苷(geniposide),橙皮苷,β-D-果糖正丁醇苷,β-槐糖正己醇苷(n-hexyl β-sophoroside)等;含氮化合物:胆碱,黑麦草碱,脲基甲酸正丁酯(n-butyl allophanate),焦谷氨酸N-果糖苷(pyroglutamic acid N-fructoside),烟酸,5-羟基-2-吡啶甲醇(5-hydroxy-2-pyridine methanol),尿嘧啶等;氨基酸:赖氨酸,苏氨酸和缬氨酸等;三萜类:蒲公英赛醇,蒲公英萜醇,蒲公英萜醇乙酸酯(taraxeryl acetate),无羁萜即木栓酮;甾醇类:α-菠菜甾醇及其葡萄糖苷,7-豆甾烯醇及其葡萄糖苷,豆甾醇及其葡萄糖苷,7-豆甾烯-3-酮,α-菠菜甾酮;挥发油:α-蒎烯,2,4-壬二烯醛,龙脑等60余种;香豆素类:白芷内酯,补骨脂内酯;有机酸:香草酸,2-呋喃羧酸(2-furan carboxylic acid),色氨酸,琥珀酸;还含(6R,7R)-反,反十四烷-4,12-二烯-8,10-二炔-1,6,7-三醇,丁香醛,5-羟甲基糠醛,棕榈酸甲酯,大黄素,苍术内酯(atractylenolide)Ⅲ及无机元素铁、铜、铬、锰、锌、镍、锡、铝、钒等。**地上部分**含蒲公英萜醇乙酸酯,蒲公英萜醇,Δ^7-豆甾烯醇,胆碱,17种氨基酸及无机元素磷、钾、钠、钙、镁;还含多糖,皂甙,挥发油等。

【功效主治】甘,平。健脾益肺,养血生津。用于脾肺气虚,食少倦怠,咳嗽虚喘,气血不足,面色萎黄,心悸气短,津伤口渴,内热消渴。

【历史】党参始载于《本草从新》,谓:"党参,种类甚多,皆不堪用。唯防风党参,性味和平足贵,根有狮子盘头者真,硬纹者伪也。"《本草拾遗》曰:"党参一名黄参,黄润者良。出山西潞安太原等处,有白色者,总以净软壮实味甜者佳。"《植物名实图考》曰:"党参,山西多产。长根至二三尺,蔓生,叶不对,节大如手指,野生者根有白汁,秋开花如沙参,花色青白"。结合其附图,原植物与现今所用党参基本一致。

【附注】《中国药典》2010年版收载。

半边莲

【别名】半边花、半边菊。

【学名】Lobelia chinensis Lour.

【植物形态】多年生矮小草本;有白色乳汁。茎细弱,匍匐,节上生根,分枝直立,高5~15cm,无毛。叶互生;叶片狭披针形或条形,长0.8~2.5cm,宽2~5mm,先端急尖,基部圆形至阔楔形,全缘或有波状小齿,无毛;无柄或近无柄。花常单生于叶腋;花梗长1.2~2.5cm;花萼筒倒长锥状,基部渐细成柄状,无毛,裂片5,披针形,长3~6mm;花冠粉红色或白色,长1~1.5cm,无毛或喉部以下生白色柔毛,5裂,裂片全部平展于下方,呈1平面,2侧裂片披针形,较长,中间3枚裂片椭圆状披针形,较短;雄蕊5,花丝基部分离,中部以上联合,未联合部分的花丝侧面有柔毛,花药联合成管状,背部无毛或疏生柔毛;子房下位,2室,柱头2裂。蒴果倒锥形,2瓣裂。种子椭圆形,稍扁,近肉色。花期5~9月;果期8~10月。(图748)

【生长环境】生于沟边、田边或潮湿草地。

【产地分布】山东境内产于肥城、临沂、枣庄等地。在我国除山东外,还分布于长江中、下游及以南各地。

【药用部位】全草:半边莲。为较常用中药。

【采收加工】夏季采收,除去泥沙,洗净,晒干。

【药材性状】全草常缠结成团。根茎短小,直径1~2mm;表面淡棕黄色,平滑或有细纵纹。根细小,黄色,并有纤细须根。茎细长,有分枝,灰绿色,节明显,有不定根。叶互生,叶片多皱缩,完整者展平后呈狭披针形,长1~2cm,宽2~4mm;先端急尖,基部圆形至阔楔形,全缘或有波状小齿,边缘具疏浅锯齿;表面绿褐色,光滑无毛;无柄。花梗细长;花小,单生叶腋;花冠基部筒状,上部5裂,偏向一边,浅紫红色,花冠筒内有白色茸毛。气微特异,味微甜而辛。

以根黄、茎叶色绿、气味浓者为佳。

【化学成分】全草含生物碱:L-山梗菜碱(L-lobeline),山梗菜酮碱(lobelanine),山梗菜醇碱(lobelanidine),异山梗

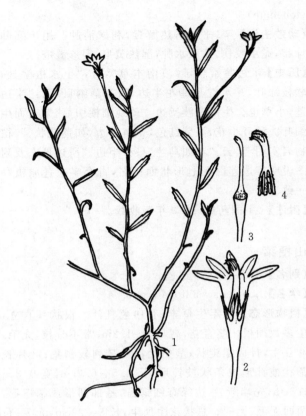

图748 半边莲
1.植株 2.花全形 3.雌蕊 4.雄蕊

菜酮碱(isolobelanine), cis-2-(2-butanone)-6-(2-hydroxybutyl)-piperidine, trans-8, 10-diethyl-lobelidiol, (2R, 4R, 6R, 2″S)-N-methyl-4-hydroxyl-2-(2-butanone)-6-(2-hydroxybutyl)-piperidine, trans-N-methyl-2, 6-bis(2-hydroxybutyl)-Δ^3-piperideine, trans-10-ethyl-8-methyl-lobelidiol等;木脂素类:(2R,3S)-2,3-dihydro-2-(4-hydroxy-3-methoxyphenyl)-3-hydroxy-methyl-7-methoxy-5- benzofuran propanoic acid ethyl ester, (+)-pinoresinol, (+)-epipinoresinol, (+)-medioresinol, (-)-syringaresinol 等;香豆素类:6,7-二甲氧基香豆素,6-羟基-5,7-二甲氧基香豆素,6-羟基-7-甲氧基香豆素,5-羟基-7-甲氧基香豆素,5-羟基-6,7-二甲氧基香豆素,5,7-二甲氧基香豆精;黄酮类:芹菜素,木犀草素,槲皮素,山柰酚,蒙花苷,香叶木素,香叶木苷,白杨黄酮(chrysoeriol),3′-羟基芫花素,木犀草素-7-O-β-D-葡萄糖苷,芹菜素-7-O-β-D-葡萄糖苷,5-羟基-4′-甲氧基黄酮-7-O-芸香糖苷,luteolin-3′,4′-dimethylether-7-O-β-D-glucoside 等;有机酸:对-羟基苯甲酸,延胡索酸,琥珀酸,异阿魏酸;苷类:腺苷,正丁基-α-D-呋喃果糖苷,正丁基-β-D-呋喃果糖苷,正丁基-β-D-吡喃果糖苷,正丁基-α-D-吡喃果糖苷,水杨苷;三萜类:环桉烯醇(cycloeucalenol),24-亚甲基环木波罗醇;还含植物醇,植物烯醛(phytenal),5-羟甲基糠醛,迷迭香酸乙酯,菊糖等。**根茎含半边莲果聚糖**

(lobelinin)。

【功效主治】辛,平。清热解毒,利尿消肿。用于痈肿疔疖,蛇虫咬伤,臌胀水肿,湿热黄疸,湿疹湿疮。

【历史】半边莲始载于《滇南本草》,云:"生水边湿处,软枝绿叶,开水红小莲花半边。"《本草纲目》云:"半边莲,小草也。生阴湿塍堘边。就地细梗引蔓,节节而生细叶。秋开小花,淡紫红色,止有半边,如莲花状。"《植物名实图考》云:"花如马兰,只有半边。"所述形态及附图说明半边莲因花冠形状而得名,古今半边莲原植物一致。

【附注】《中国药典》2010 年版收载。

山梗菜

【别名】半边莲、大半边莲。

【学名】Lobelia sessilifolia Lamb.

【植物形态】多年生草本;有白色乳汁。根状茎直立,生多数须根。茎直立,高 0.5~1.2m,常不分枝,无毛。叶互生,排成螺旋状,茎中上部叶排列较密集;叶片长圆状披针形或条状披针形,长 2.5~6.3cm,宽 0.3~1.3cm,先端渐尖,边缘有细锯齿,基部圆形或阔楔形,两面无毛;无柄。总状花序顶生,长 8~29cm,无毛;苞片狭披针形;花梗长 0.5~1.1cm;花萼筒杯状,无毛,裂片 5,三角状披针形,长 0.5~1.1cm,宽 1~2mm,全缘,无毛;花冠蓝紫色,长 2.3~3cm,二唇型,上唇 2 裂,裂片狭长圆形,下唇 3 裂,裂片狭卵形,边缘密生睫毛;雄蕊 5,花丝基部分离,基部以上连合成筒状,花药连合,围抱柱头,花药连合线上密生柔毛,下方 2 花药顶端有髯毛;子房下位,柱头 2 裂。蒴果倒卵状。种子近半圆形,棕红色,表面光滑。花期 7~8 月;果期 8~9 月。(图 749)

图 749 山梗菜

【生长环境】生于山坡阴湿草地。

【产地分布】山东境内产于昆嵛山、荣成等地。在我国除山东外,还分布于云南西北部、广西北部、浙江、台湾、河北、辽宁、吉林和黑龙江等地。

【药用部位】全草:山梗菜。为民间药。

【采收加工】夏季采收带根全草,洗净,晒干或鲜用。

【药材性状】根茎较粗壮,具多数白色细须根。茎直立,光滑无毛。叶互生;完整者展平后呈长圆状披针形或条状披针形,长 2~6cm,宽 0.3~1cm;先端尖,边缘有细锯齿。总状花序生茎端;花萼钟状 5 裂;花冠蓝色或蓝褐色,近二唇形,上唇 2 全裂,下唇 3 裂,裂片边缘密生白毛。有时可见小蒴果。气微,味微苦。

【化学成分】全草含生物碱:山梗菜碱,新山梗菜碱(newlobeline)A、B,去甲山梗菜酮碱(norlobelanine),去甲山梗菜醇碱(norlobelanidine),1-[2-(2-羟基-丙基)-2-哌啶基]-2-丁酮,8,10-二乙基山梗二酮,8-ethyl-10-phenyl-norlobelionol 等;三萜类:山梗素 A(olcanol 28-aldehyde 3-O-β-palmitate),齐墩果酸,熊果酸,β-香树脂醇,β-香树脂醇-3-O-β-棕榈酸酯,马尼拉二醇,马尼拉二醇-3-O-β-棕榈酸酯;香豆素类:柠檬内酯,滨蒿内酯;糖类:山梗菜聚糖(sessilifolan),葡萄糖,蔗糖;挥发性成分主含棕榈酸,油酸,十八烷酸等;尚含棕榈酸酯,蜂花酸(melissic acid),三十烷酸,二十一烷,二十九烷,豆甾醇,豆甾醇-3-O-β-D-葡萄糖苷,金合欢-7-O-β-D-芸香糖苷等。

【功效主治】甘,平。祛痰止咳,清热解毒。用于咳嗽痰喘,痈肿疔毒,蛇咬伤。

【历史】山梗菜之名始见于《救荒本草》,云:"生郑州贾峪山山野中,苗高二尺许,茎淡紫色,叶似桃叶而短小,又似柳叶菜,亦小。梢间开淡紫花,其叶味甜。救饥:采嫩叶煠熟,淘洗净,油盐调食。"所述形态及附图与桔梗科植物山梗菜相似。但《新华本草纲要》认为《救荒本草》记载的山梗菜可能不是本种,因其不可能当野菜吃,河南平原亦不产。

桔梗

【别名】铃铛花(临沂、费县、五莲)、母铃铛(莒南)、紫姐包袱(莱阳、牙山、昆嵛山)、包袱根(海阳)。

【学名】Platycodon grandiflorus (Jacq.) A. DC. (Campanula grandiflora Jacq.)

【植物形态】多年生草本;有白色乳汁。根圆柱形或纺锤形,表面灰黄色。茎直立,高 0.2~1.2m,无毛。叶 3 片轮生,部分对生或互生;叶片卵形至卵状披针形,长 1.5~6.3cm,宽 0.4~4.8cm,上面绿色无毛,下面有白粉,有时脉上有短毛,先端尖锐,基部宽楔形,叶缘有细锯齿。花单生,或数花生于枝端排成假总状花序;花萼无毛,有白粉,裂片 5,三角形或狭三角形;花冠大,阔钟形,长 2.2~3.2cm,直径 3~4.5cm,蓝色或紫色;雄蕊 5,离生,花丝基部扩大成片状,外面密生细毛;子房半下位,5 室,柱头 5 裂,裂片条形。蒴果倒卵形或近球形,熟时顶端 5 瓣裂。种子多数,卵形,黑色,有光泽。花期 7~9 月;果期 8~10 月。(图 750,彩图 75)

【生长环境】生于向阳山坡、林下或路旁。

【产地分布】山东境内产于青岛、烟台、潍坊、泰安、临沂等地,以昆嵛山、崂山、蒙山及栖霞、招远、日照、莱阳、临朐、淄博等地产量大;广布于全省各山地丘陵。家种桔梗以蒙阴、济宁、淄博、菏泽等地较为集中。淄博博山"池上桔梗"已注册国家地理标志产品。在我国除山东外,还分布于东北、华北、华东、华中地区及广东、广西(北部)、贵州、云南东南部、四川、陕西等各地。

【药用部位】根:桔梗;叶:桔梗叶;花:桔梗花。为常用中药和民间药,桔梗药食两用,根做小菜,幼苗可食。山东道地药材。

【采收加工】春、秋二季采挖,洗净,除去须根,趁鲜剥去外皮或不去外皮,晒干。夏季采叶、花,鲜用或制茶。

【药材性状】根圆柱形或略呈纺锤形,下部渐细,有的具分枝,略扭曲,长 7~20cm,直径 0.7~2cm。表面白色或淡黄白色,不去外皮者表面黄棕色至灰棕色,有略扭曲的纵皱沟、横长皮孔样斑痕及支根痕,上部有横纹。根头部有较短的根茎或不明显,其上具数个半月形茎痕。质脆,断面不平坦,皮部类白色,有裂隙,形成层环棕色,木部淡黄白色(金井玉栏)。无臭,味微甜而后苦。

以根肥大、色白、质坚实、味苦者为佳。

【化学成分】根含三萜类:桔梗皂苷(platycodin) A、C、D、D_2、D_3、E、F、G_1、H,去芹菜糖桔梗皂苷(deapio platycodin) D、D_2、D_3、E,2″-O-乙酰基桔梗皂苷(2″-O-acetylplatycodin) D_2,3″-O-乙酰基桔梗皂苷 D_2,远志皂苷(polygalacin) D、D_2,2″-O-乙酰基远志皂苷 D、D_2,3″-O-乙酰基远志皂苷 D、D_2,桔梗酸 A 甲酯(methyl platyconate-A),2-O-甲基桔梗苷酸 A 甲酯,桔梗苷酸 A 内酯(platyconic acid-A lactone),去芹菜糖桔梗苷酸 A 内酯(deapio platyconic acid A lactone),桔梗酸 A 内酯-3-O-β-D-葡萄糖苷,远志皂苷 D_2(polygalacin D_2)等 40 余种(水解后的苷元有:桔梗皂苷元(platycodigenin),远志酸(polygalacic acid)及桔梗酸(platycogenic acid) A、B、C),白桦脂醇,木栓醇,齐墩果酸;黄酮类:蜜桔素(tangeritin),黄芩素-7-甲醚;甾醇类:α-菠菜甾醇,α-菠菜甾醇-β-D-葡萄糖苷,α-菠菜甾醇-3-O-β-D-吡喃葡萄糖苷,Δ^7-豆甾烯醇,β-谷甾醇;糖类:桔梗聚果糖(platycodinin),菊糖,桔梗多糖 $PGPA_1$ 由半乳糖和果糖组成,$PGPA_3$ 由半乳糖和木糖组成;脂肪酸:正二十八烷酸,正二十六烷酸,正二十四烷酸;还含党参苷 II(tangshenoside II),单棕榈酸甘油酯(monopalmitin),胡萝卜苷及 14 种氨基酸。茎叶含桔梗皂苷 D、D_3,远志皂苷 D_2,去芹糖桔梗皂苷 D,β-谷甾醇等。

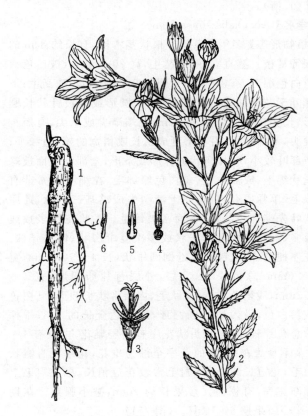

图 750 桔梗
1.根 2.花被 3.去花冠,示花萼、雄蕊及雌蕊
4.雄蕊腹面 5.雄蕊背面 6.雄蕊侧面

【功效主治】桔梗苦、辛,平。宣肺,利咽,祛痰,排脓。用于咳嗽痰多,胸闷不畅,咽痛音哑,肺痈吐脓。桔梗叶苦,辛,平。止咳化痰。用于热咳痰稠。桔梗花苦、辛,平。化痰止咳。用于痰多咳嗽。

【历史】桔梗始载于《神农本草经》,列为下品,又名荠苨,"生嵩高山谷及冤句"。《新修本草》曰:"荠苨、桔梗,叶有差互者,亦有三四对者,皆一茎直上,叶既相乱,惟以根有心无心为别尔"。《本草图经》曰:"根如小指大,黄白色,春生苗,茎高尺余,叶似杏叶而长椭,四叶相对而生……夏开花紫碧色,颇似牵牛子花,秋后结子,八月采根……其根有心,无心者乃荠苨也"。《本草纲目》将桔梗、荠苨分列两条,认为二者性味功效不同。《植物名实图考》载:"桔梗处处有之,三四叶攒生一处,花未开时如僧帽,开时有尖瓣不纯,似牵牛花"。《本草逢原》曰："桔梗边白中微黄，有心"。所述形态及附图与现今桔梗原植物一致。

【附注】《中国药典》2010年版收载。

菊科

香青

【别名】香人艾（蒙山、平邑）、避风草（平邑、滕州）、野艾（长清）。

【学名】Anaphalis sinica Hance

【植物形态】多年生草本。根状茎木质，有长约8cm的细匍匐枝。茎直立，疏散丛生，高20～50cm，被白色或灰白色绵毛，有密生叶，节间长0.5～1cm。叶互生；下部叶于花期枯萎；中部的叶片长圆形或倒披针状长圆形，长3～9cm，宽1～1.5cm，先端渐尖或急尖，有短小尖头，基部渐狭，沿茎下延成狭长或稍宽的翅，边缘平；上部叶较小，叶片条状披针形或条形；全部叶上面被蛛丝状绵毛，或被白色、黄白色厚绵毛，在绵毛下常杂有腺毛，单脉或有侧脉，向上渐消失成离基三出脉；莲座状叶先端钝或圆形，表面密被绵毛。头状花序多数或极多数，密集成复伞房状或多次复伞房状；雌雄异株。花序梗细；总苞钟状或近倒圆锥状，长4～5(6)mm，宽4～6mm；总苞片6～7层，外层苞片卵圆形，宽1～1.2mm，浅褐色，被蛛丝状毛，内层舌状长圆形，乳白色或污白色，最内层长椭圆形，爪长达全长的1/3；雄株的总苞片较钝；雌株头状花序有多层雌花，中央有1～4朵不育雄花；雄株的花序全部为雄花，花序托有缝状短毛；花冠长约3mm；冠毛常较花冠稍长，雄花冠毛上部渐宽扁，有锯齿。瘦果长约1mm，被小腺点。花期6～9月；果期8～10月。（图751）

【生长环境】生于低山灌丛、草地或溪岸。

【产地分布】山东境内产于胶东及鲁中南各山地丘陵。在我国分布于北部、中部、东部及南部各地。

【药用部位】全草：香青。为民间药。

【采收加工】夏、秋二季花期采收，除去杂质，晒干或鲜用。

【药材性状】全草卷缩，密被白色绵毛。根灰褐色。茎圆柱形，长20～40cm；表面灰白色，具纵沟纹及纵棱，基部毛茸脱落处淡棕色；质脆，易折断，断面中央有髓。叶互生，无柄；叶片皱缩，展平后呈长圆形或倒披针状长圆形，长2～7cm；茎上部的叶片较小，呈条状披针形；先端急尖，基部下延成翅；表面灰白色，上面被蛛丝状绵毛或类白色厚绵毛，并常杂有腺毛。头状花序排成伞房状；花淡黄白色。瘦果细小，矩圆形，冠毛白色。气香，味微苦。

以叶多、色灰白、香气浓者为佳。

【化学成分】全草含挥发油：主成分为石竹烯，少量樟

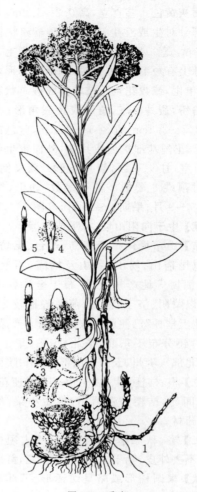

图751 香青
1.植株 2.头状花序 3.外层总苞片
4.中层总苞片 5.内层总苞片

脑，萜品-4-醇，石竹烯氧化物等80余种；三萜类：乌苏酸，坡模醇酸（pomolic acid）等；甾醇类：豆甾醇，豆甾醇-3-O-β-D-葡萄糖苷，胡萝卜苷，β-谷甾醇；还含3-O-β-D-吡喃葡萄糖-(6″-O-对羟基反式香豆酰基)山柰酚苷(tiliroside，椴树苷)，D-1-O-甲基-肌-肌醇（D-1-O-methylmyo-inostiol）及香豆素类。

【功效主治】辛、苦，温。解表祛风，消肿止痛，止咳平喘。用于外感头痛，咳嗽痰喘，痢疾泄泻。

附：香青密生变种

香青密生变种 var. densata Ling，与原种的主要区别是：茎密集丛生，高约20cm。叶密集；叶片披针状、条状长圆形或条形，长2.5～4cm，宽2～5mm，上面被疏绵毛，下面被白色或黄白色密绵毛。节间短。总苞片白色或淡红色。产地及药用同香青。

牛蒡

【别名】恶实、大力子、牛子、恶实根。

【学名】Arctium lappa L.

【植物形态】二年生草本。根粗大圆柱形,肉质,有支根。茎直立,高达 2m,粗壮,基部直径达 2cm,全部茎枝有稀疏的乳突状短毛及长蛛丝状毛,并混有棕黄色小腺点。有基生叶;叶片宽卵形,长达 30cm,宽约 20cm,边缘有稀疏的浅波状凹齿或尖齿,基部心形,上面绿色,下面灰白色,有稠密的蛛丝状绒毛;叶柄长 20~30cm,灰白色;茎生叶互生,与基生叶同形但较小。头状花序在茎枝顶端排成伞房或圆锥状伞房花序;总苞片多层,顶端有软骨质钩刺;小花紫红色,花冠裂片长约 2mm。瘦果倒长卵形或偏斜倒长卵形,两侧压扁;冠毛糙毛状,不等长,基部不连合。花、果期 6~9月。(图 752)

【生长环境】生于山地荒野、沟边路旁、河滩、村边或宅旁。

【产地分布】山东境内各地有栽培,以菏泽、泰安(宁阳)、烟台(龙口)栽培量较大,并生产牛蒡根供外贸出口;省内各地有少量野生或逸生。在我国除山东外,还分布于南北各地。

【药用部位】果实:牛蒡子;根:牛蒡根;叶:牛蒡叶(大夫叶);花果期全草:牛蒡草。为常用中药和民间药,牛蒡子、牛蒡根可用于保健食品和蔬菜,嫩叶可食。牛蒡子为山东道地药材。

【采收加工】秋季果实成熟时采收果序,晒干,打下果实,除去杂质,再晒干。夏季茎叶茂盛时采叶,花期采收全草,鲜用或晒干。秋季采挖 2 年以上的根,洗净晒干或鲜用。

【药材性状】果实长倒卵形,略扁,微弯曲,长 5~7mm,宽 2~3mm;表面灰褐色,有紫黑色斑点,并有数条明显的纵棱纹,通常中间 1~2 条较明显,顶端钝圆,稍宽,顶面有圆环,中央有点状花柱残迹,基部略窄,着生面色较淡;果皮较硬,难破碎。种子 1 粒,子叶 2,淡黄白色,富油性。气微,味苦,后微辛而稍麻舌。

以粒大、饱满、色灰褐者为佳。

花期带根全草长 0.8~1.5m,或更长。根呈长圆柱形,表面棕色至棕褐色,肉质。茎粗壮,基部直径 0.7~1.8cm;表面有纵纹,全体被稀疏乳突状短毛及长蛛丝状毛,并混有棕黄色小腺点。叶常皱缩或卷曲;完整者展平后呈宽卵形或卵形,叶片长 10~25cm,宽 5~18cm;叶缘有稀疏浅波状凹齿或尖齿,基部心形;上表面绿色或深绿色,下表面灰绿色或灰白色,被稠密的蛛丝状绒毛;叶柄长 15~25cm,灰白色;头状花序,在茎端排成伞房花序;总苞片多层,顶端有软骨质钩刺;小花紫红色或暗紫红色;未成熟瘦果呈长倒卵形,略扁,微弯曲;冠毛糙毛状,不等长。气微,味微苦。

以叶花多、带根者为佳。

根呈长圆锥形或长圆柱形,粗壮。表面黑褐色,有皱纹。质硬,断面较平坦,黄白色,外皮黑褐色。气微,

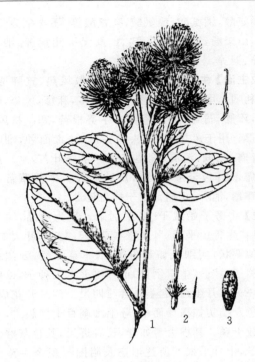

图 752 牛蒡
1. 花枝 2. 花 3. 果实

味微苦,略有黏性。

【化学成分】果实含木脂素类:牛蒡苷(arctiin),牛蒡苷元(arctigenin),牛蒡素(arctignan) A、B、C、D、E、F、G、H,新牛蒡素甲(neoarctin A),新牛蒡素乙(neoarctin B),牛蒡酚(lappaol,拉帕酚) A、B、C、D、E、F、H,异牛蒡酚(isolappaol) A、C,7,8-双脱氢牛蒡苷元[(+)-7,8-didehydroarctigenin],罗汉松酯素(matairesinol)等;挥发油:主成分为(R)-胡薄荷酮[(R)-pulegone],(S)-胡薄荷酮,3-甲基-6-丙基苯酚(3-methyl-6-propylphenol)等;脂肪油:主含亚油酸,油酸,亚麻酸和棕榈酸等。还含松脂醇,胡萝卜苷,β-谷甾醇。叶含牛蒡子苷,牛蒡子苷元,绿原酸,槲皮素及山柰酚的葡萄糖鼠李糖苷。根含炔类:牛蒡种噻吩(lappaphen) A、B,牛蒡酮(arctinone) A、B,牛蒡醇(arctinol) A、B,牛蒡醛(arctinal),牛蒡酸(arctic acid) B、C,牛蒡酸 B 甲酯(methyl arctate B),牛蒡酮 A 乙酸酯(arctinone A acetate),(11E)-1,11-十三碳二烯-3,5,7,9-四炔[(11E)-1,11-tridecadien-3,5,7,9-tetrayne],1-十三碳烯-3,5,7,9,11-五炔(1-tridecen-3,5,7,9,11-pentayne)等;挥发油:主成分为亚麻酸甲酯,去氢木香内酯(dehydrocostus lactone),去氢二氢木香内酯,3-辛烯酸,2-甲基丙酸等;甾醇类:牛蒡甾醇,胡萝卜苷,β-谷甾醇,豆甾醇;糖类:菊糖,果聚糖,半乳聚糖,木葡聚糖等;生物碱:羟基茄碱(solasonine),腺苷,5-核苷,spirosl-3-O-α-L-rhamnopyrannosyl-(1→4)-O-β-D-galactopyranosyl;三萜类:齐墩果酸,熊果酸,α-及 β-香树酯醇,羽扇豆醇,蒲公英醇,伪蒲公英醇(ψ-taraxasterol);氨基酸:天冬氨酸,精氨酸,谷氨

酸,脯氨酸,缬氨酸,赖氨酸,亮氨酸等；还含牛蒡苷,丁二酸,山柰酚,维生素 A、B_1、C 及无机元素钾、钠、钙、铁、锌、铜等。

【功效主治】**牛蒡子**辛、苦,寒。疏散风热,宣肺透疹,解毒利咽。用于风热外感,咳嗽痰多,麻疹,风疹,咽喉肿痛,痄腮,丹毒,痈肿疮毒。**牛蒡根**苦,寒。祛风热,消肿毒。用于风热感冒,头痛头晕,风毒面肿,咽喉热肿,齿痛,咳嗽,消渴,痈疽疮疥。**牛蒡叶**苦,平。用于头风痛,烦闷,金疮,乳肿,皮肤风痒。**牛蒡草**苦,寒。清热解毒,消肿,止痛。用于痈疽疮毒。

【历史】牛蒡子始载于《名医别录》,列为中品,原名恶实,曰:"生鲁山平泽。"《新修本草》云:"其草叶大如芋,子壳似栗状,实细长如茺蔚子。"《本草图经》云:"恶实即牛蒡子也"。《本草纲目》谓:"牛蒡古人种子,以肥壤栽之……三月生苗,起茎高者三四尺。四月开花成丛,淡紫色。结实如枫球而小,萼上细刺百十攒簇之,一求有子数十颗。其根大者如臂,长者近尺,其色灰黪。七月采子,十月采根。"所述形态及附图与现今牛蒡子原植物一致。

【附注】《中国药典》2010 年版收载牛蒡子;附录收载鲜牛蒡草。

莳萝蒿

【别名】茵陈、香蒿。

【学名】Artemisia anethoides Mattf.

【植物形态】一年生或二年生草本;植株有艾臭。根直立,单一,狭纺锤形,有支根。茎直立,高 1m 余,常自基部以上分枝,分枝多而开展,呈圆锥状,有纵棱,初被蛛丝状毛,后光滑,老时常带紫色。基生叶叶片卵圆形、阔卵形或近圆形,长 1～6cm,宽 0.5～1.5cm,三至四回羽状全裂,一回羽片有明显的柄,羽片近长圆形,最终裂片细条形,宽不及 1mm,被蛛丝状毛,下面较上面密,抽茎的植株,基生叶凋谢,有柄,长 2～5cm;茎和分枝下部叶互生;叶片近长圆形,长 1～4cm,宽 1～1.5cm,二至三回羽状全裂,一回羽片与基生叶相似,7～9 片,有明显的柄,最终裂片毛管状,疏被蛛丝状毛;上部的叶一至二回羽状全裂、3 裂或单一。头状花序较密,有短梗或长至 3mm,排列成圆锥状,花序分枝多,宽广;总苞陀螺形或半球形,直径 1.5～2.5mm,被蛛丝状毛及腺毛,苞片 3 层,边缘宽膜质;花序托呈细圆锥形,密被长托毛,托毛几与小花等长或稍长;雌花数朵至 10 余朵,花冠管瓶状;两性花数朵至 20 余朵,花冠管近柱状,中下部稍窄;花冠色黄,外被腺毛。瘦果近斜倒卵形,淡土棕色,长不及 1mm,有纵条纹。花期 9～10 月;果期 10 月。(图 753)

【生长环境】生于近河岸的盐碱地或路边。

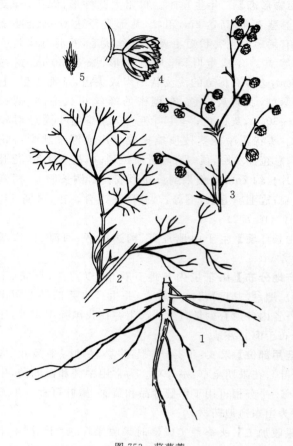

图 753　莳萝蒿
1.根　2.茎中部叶　3.部分花枝　4.头状花序　5.花序托

【产地分布】山东境内产于齐河、济阳、禹城、高唐及德州等地。在我国除山东外,还分布于东北、西北地区及河北等地。

【药用部位】幼苗:莳萝蒿。为民间药。

【采收加工】春季采收,除去杂质,晒干。

【药材性状】幼苗多卷曲成团,灰绿色,全体密被白色茸毛。茎细小,具明显的纵条纹;质脆,易折断。叶具柄,皱缩;完整叶片浸软展平后呈卵圆形或阔卵形,三至四回羽状全裂,一回羽片有明显的柄,羽片近长圆形,最终裂片细条形,宽不及 1mm,被蛛丝状毛。气清香,味微苦。

以质嫩、绵软、色灰绿、香气浓者为佳。

【功效主治】苦、辛,凉。清热利湿,利胆退黄。用于黄疸。

【附注】本种在济阳、夏津、禹城、广饶、莘县、高唐等地部分产区误作茵陈蒿。

附:海州蒿

海州蒿 A. fauriei Nakai,与本种的主要区别是:多年生草本。茎单一,稀少分枝。基生叶最终裂片上部常稍膨大,先端钝圆;茎中部的叶片卵圆形,长约 1～3cm,二回羽状全裂。头状花序总苞近陀螺状;花序托短圆锥形;托毛多短于小花。生于近海盐碱地、路边或沿海滩涂。山东境内产于德州、滨州、东营、潍坊、烟台、威海、青岛、日照等地。幼苗在胶南、昌邑、沾化、孤岛等地部分产区误作茵陈蒿,应注意鉴别。

黄花蒿

【别名】 黄蒿(临沂)、蒿子、黑蒿(莱芜)、臭蒿。

【学名】 Artemisia annua L.

【植物形态】 一年生草本;全株有浓烈香气。茎直立,高0.4~1.5m,直径6mm,有纵棱,多分枝。叶互生,基部叶片卵圆形,长4~5cm,宽3~4cm,多三至四回羽状深裂,花期枯萎,有长柄;中部的叶片近卵形,长4~7cm,宽1.5~3cm,二至三回羽状深裂;上部叶小,常一回羽裂,裂片及小裂片倒卵形,先端尖,叶裂片轴有狭翼,全缘,基部裂片常抱茎,叶上面绿色带黄,下面色较淡。头状花序小,多数,类球形,长与宽约1.5mm,有短梗,排列成广阔的圆锥状;花序托近球形;总苞片2~3层,外层狭长圆形,边缘膜质,中层及内层椭圆形,除中脉外边缘宽膜质;雌花花冠管状,长不及1mm;两性花花冠管近柱形,下部窄,长约1mm;花冠黄白色,外被腺点。瘦果近椭圆形。花期9~10月;果期10~11月。(图754)

【生长环境】 生于山坡、路旁、荒地、村落周围。

【产地分布】 山东境内产于各地。广布于全国各地。

【药用部位】 全草:青蒿;叶:青蒿叶;果实:青蒿子;根:青蒿根。常用中药、原料药和民间药,幼苗药食两用。

【采收加工】 秋季花盛开时采割地上部分,除去老茎,阴干;阴干后的全草,除去茎和杂质,为青蒿叶。秋季采收成熟果实,并采挖根,晒干。

【药材性状】 茎圆柱形,上部多分枝,长30~80cm,直径2~6mm;表面黄绿色或棕黄色,具明显纵棱线及纵纹,质略硬,易折断,断面中部有髓。叶互生,卷缩易碎;完整者展平后为三回羽状深裂,裂片及小裂片矩圆形或长椭圆形;表面暗绿色或棕绿色,两面均被短毛。气香特异,味微苦。

以质嫩、叶多、色青绿、香气浓郁者为佳。

【化学成分】 地上部分含萜类:青蒿素(qinghaosu, artemisinin, arteannuin),青蒿素Ⅰ(A)、Ⅱ(B)、Ⅲ、Ⅳ、Ⅴ、G,去氧异青蒿素(epideoxyarteannuin)B、C,3α-羟基-1-去氧青蒿素,青蒿烯(artemisitene),青蒿酸(qinghao acid),去氢青蒿酸(dehydroartemisinic acid),环氧青蒿酸(epoxyartemisinic acid),青蒿酸甲酯(methyl artemisinate),青蒿醇(artemisinol),去甲黄花蒿酸(norannuic acid),二氢去氧异青蒿素(dihydroepideoxyarteannuin)B,黄花蒿内酯(annulide)等;黄酮类:蒿黄素(artemetin),柽柳黄素(tamarixetin),槲皮万寿菊素-6,7,3′,4′-四甲醚(quercetagetin-6,7,3′,4′-tetramethyl ether),泽兰黄素(eupatorin),鼠李素,槲皮素,山柰酚,木犀草素及其糖苷,猫眼草黄素(chrysoplenetin),猫眼草酚(chrysosplenol D)即5,3′,4′-三羟基-3,6,7-三甲氧基黄酮,艾纳香素(blumeatin)即5,3′,5′-三羟基-7-甲氧基二氢黄酮;香豆素类:东莨菪素,6,8-二甲氧基-7-羟基香豆素及蒿属香豆素(scoparon)等;挥发油:主成分为左旋樟脑(camphor),β-丁香烯,异青蒿酮(isoartemisia ketone),蒿酮(artemisia ketone),1,8-桉叶素(1,8-cineole)等60余种;还含棕榈酸,水杨酸,石楠藤酰胺乙酸酯(aurantiamide acetate)等。

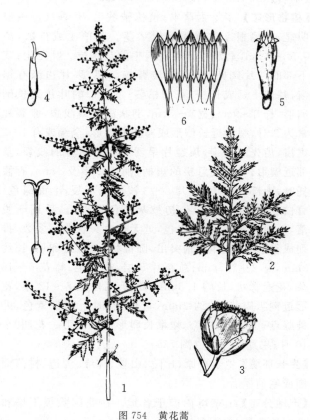

图754 黄花蒿
1.花期植株上部 2.叶 3.头状花序 4.雌花 5.两性花
6.两性花展开,示雄蕊 7.两性花的雌蕊

【功效主治】 青蒿、青蒿叶苦,辛,寒。清虚热,除骨蒸,解暑,截疟。用于温邪伤阴,夜热早凉,阴虚发热,骨蒸劳热,疟疾寒热,湿热黄疸。青蒿子甘,凉。清热,杀虫。用于劳热骨蒸,痢疾,恶疮,疥癣,风疹。青蒿根用于劳热骨蒸,骨节酸痛,大便下血。

【历史】 青蒿之名最早见于《五十二病方》。《神农本草经》列为下品,原名草蒿。《梦溪笔谈》云:"青蒿一类,自有两种,一种黄色,一种青色。"《本草纲目》列青蒿和黄花蒿二条,谓:"青蒿二月生苗,茎粗如指而肥软,茎叶色并深青,其叶微似茵陈,而面背俱青……七、八月开细黄花颇香,结实如麻子,中有细子。"黄花蒿"与青蒿相似,但此蒿色绿带淡黄,气辛臭。"《植物名实图考》注明青蒿即"本经下品",而黄花蒿为"《本草纲目》始收入药"。本草考证认为,古代色深青之蒿即现今植物青蒿 A. carvifolia,而色绿带淡黄者即现今植物黄花蒿 A. annua。

【附注】《中国药典》2010 年版收载,称青蒿。

艾

【别名】艾叶、艾蒿、野艾(临沂)、狼尾蒿子叶(烟台)、家艾。

【学名】Artemisia argyi Lévl. et Van.

【植物形态】多年生草本;植株被绒毛,有香气。主根明显,有侧根。常有横卧根状茎。茎单生或少数,高 0.5~1.2m,上部有开展及斜生的花序枝。叶互生;茎下部的叶片阔卵形,羽状浅裂或深裂,裂片边缘有锯齿,基部下延成长柄,花期枯萎;茎中部的叶片近长倒卵形,长 6~9cm,宽 4~8cm,羽状深裂或浅裂,侧裂片常为 2 对,裂片近长卵形或卵状披针形,全缘或有 1~2 锯齿,齿先端钝尖,顶裂片呈明显或不明显的浅裂,基部近楔形,下延成急狭的短柄,柄长多不及 5mm,有假托叶;上部叶渐小,叶片 2~3 浅裂或不裂,上面绿色,有白色腺点和小凹点,初被灰白色短柔毛,后逐渐脱落,下面被绒毛,呈灰白色,近无柄。头状花序多数,排列成复总状;花序托稍突出,圆锥状;总苞近卵形,长约 3mm,宽 2~2.5mm;总苞片 3 层,被绒毛;雌花 6~10 朵,花冠管状,长约 1.3mm,黄色;两性花 8~12 朵,花冠近喇叭筒状,长约 2mm,黄色,有时上部带紫色,外被腺点;子房近柱状。瘦果长卵形或长圆形。花期 9~10 月;果期 11 月。(图 755)

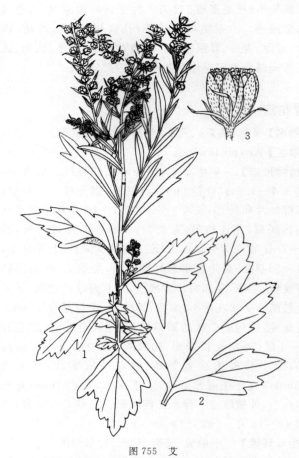

图 755 艾
1. 花期植株上部 2. 茎中部叶 3. 头状花序

【生长环境】生于平原、丘陵、山坡、林缘、沟边、村落周围或宅前屋后。

【产地分布】山东境内产于各地。在我国除极干旱和高寒地区外,广布各地。

【药用部位】叶:艾叶;地上部分:艾。为常用中药和民间药,幼苗药食两用。

【采收加工】夏季花未开时采摘叶或割取地上部分,除去杂质,晒干。

【药材性状】叶多皱缩或破碎,有短柄。完整叶片展平后呈卵状椭圆形,长 5~9cm,宽 4~7cm,羽状深裂,裂片椭圆状披针形;边缘有不规则粗锯齿;上表面灰绿色或深黄绿色,被稀疏的柔毛及腺点,下表面密被灰白色绒毛。质柔软。气清香,味苦。

以叶厚、背面色灰白、绒毛多、质柔软、香气浓、味苦者为佳。

全株常扎成小把。茎圆柱形,长 0.5~1m,上部少量分枝;表面有纵向皱纹,密被绒毛;断面中央有白色的髓,有香气。叶常卷曲皱缩;完整叶片展平后呈阔卵形或近长倒卵形,长 4~9cm,宽 2~7cm,呈羽状浅裂或深裂,裂片近长卵形或椭圆状披针形,边缘有锯齿或全缘;上表面绿色或深黄绿色,有稀疏的白色腺点和小凹点,下表面灰白色或灰绿色,密被绒毛;近无柄;质柔软;气清香,味苦。

以叶多质厚、气味浓者为佳。

【化学成分】叶含挥发油:主成分为桉油精(eucalyptol,1,8-桉叶素,桉树精,桉叶醇),少量蒿醇(artemisia alcohol),α-侧柏烯,蒎烯,莰烯,香桧烯,1-辛烯-3-醇,对-聚伞花素,松油烯,樟脑,龙脑等 60 余种,崂山产野生艾叶挥发油含柠檬烯(limonene),香桧烯,α-及 β-蒎烯等 34 种成分;黄酮类:5,7-二羟基-6,3′,4′-三甲氧基黄酮(eupatilin),5-羟基-6,7,3′,4′-四甲氧基黄酮,槲皮素,柚皮素(naringenin),芹菜素,山奈酚,木犀草素等;萜类:柳杉二醇,魁蒿内酯,1-氧-4β 乙酰氧基桉叶-2,11(13)-二烯-12,8β-内酯,1-氧-4α 乙酰氧基桉叶-2,11(13)-二烯-12,8β-内酯,α-及 β-香树脂醇,α-及 β-香树脂醇乙酸酯,羽扇烯酮(lupenone),黏霉烯酮,羊齿烯酮,24-亚甲基环木菠萝烷酮,西米杜鹃醇等;尚含尿囊素,鞣酸,β-谷甾醇,豆甾醇,棕榈酸乙酯,油酸乙酯,亚油酸乙酯和反式苯亚甲基丁二酸及无机元素镍、钴、铝、铬、硒、铜、锌、铁等。

【功效主治】艾叶辛、苦，温；有小毒。温经止血，散寒止痛；外用祛湿止痒。用于吐血，衄血，崩漏，月经过多，胎漏下血，少腹冷痛，经寒不调，宫冷不孕；外治皮肤瘙痒。艾辛、温，味苦。温经止血，散寒止痛，祛风止痒。用于虚寒腹痛，崩漏下血，月经不调，带下，外治皮肤瘙痒。

【历史】艾始载于《名医别录》。《本草图经》曰："灸百病尤胜。初春布地生苗，茎类蒿而叶背白，以苗短者为佳，三月三日，五月五日，采叶暴干，经陈久方可用。"《本草纲目》曰："以蕲州者为胜……。蕲艾……多生山原。二月宿根生苗成丛。其茎直生，白色，高四五尺。其叶四布，状如蒿，分为五尖；桠上复有小尖，面青背白，有茸而柔厚。七、八月叶间出穗如车前穗，细花，结实累累盈枝，中有细子，霜后始枯。皆以五月五日连茎刈取，暴干收叶。"所述形态、用途及附图与现今植物艾基本相符。

【附注】《中国药典》2010年版收载。

附：朝鲜艾

朝鲜艾 var. gracilis Pamp.，与艾的主要区别是：茎中部的叶片羽状深裂。莱阳、文登及长清等部分产区作艾叶用。

茵陈蒿

【别名】茵陈、白头蒿（平邑、莱州）、婆婆蒿（昆嵛山、海阳）。

【学名】Artemisia capillaris Thunb.

【植物形态】多年生草本；有浓烈香气。根直立，单一或有分枝，粗细差异较大，坚硬程度不等。茎直立，基部坚硬，近灌木状，高0.4～1m，有纵棱，绿色，老时带紫色；秋季常自基部或茎部发出不育枝，枝上的叶密集，莲座状，幼嫩时被绢毛，老时近无毛。早春末抽茎前及秋季近果期时自基部重发基生叶；叶片轮廓近卵圆形或长卵形，一至三回羽状全裂或掌裂，裂片条形、条状披针形或长卵形，春季基生叶密被顺展的白绢毛，秋季重发者疏被白绢毛，有柄，长或短；茎中部叶互生，叶片一至二回羽状全裂，无柄；上部叶逐渐变小，叶最终裂片毛管状，先端指尖，基部半抱茎，上面近光滑。头状花序密或较密，排列成复总状；总苞卵形或近球形，光滑，长1.5～2mm，宽1～1.5mm，暗绿色或黄绿色；总苞片3～4层，边缘膜质；花序托近球形，有腺毛；雌花花冠初时管状，近果期时类壶形，先端3裂，黄绿色；两性花不育，花冠管状，先端5裂，黄绿色，近上部有时带紫红色，花冠外有腺毛。瘦果长圆形，长约0.8mm，有纵条纹。花期8～9月；果期9～10月。（图756）

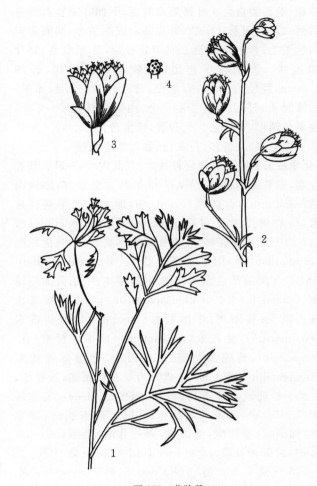

图756 茵陈蒿
1.无花枝的叶 2.花枝 3.头状花序 4.花序托

【生长环境】生于山坡、丘陵、平原杂草地、田边、路旁、旷野、河岩或海滨沙滩。

【产地分布】山东境内产于各地。在我国除山东外，还分布于辽宁、河北、陕西、江苏、安徽、浙江、江西、福建、台湾、河南、湖北、湖南、广东、广西、四川等地。

【药用部位】幼苗：绵茵陈；带花蕾全草；花茵陈。为常用中药，幼苗食用。绵茵陈为山东道地药材。

【采收加工】春季苗高6～10cm时采收带根幼苗，或秋季花蕾长成至花初开时采割地上部分，除去杂质和老茎，晒干。前者习称"绵茵陈"，后者习称"花茵陈"。

【药材性状】幼苗多卷曲成团状，灰白色或灰绿色，全体密被白色茸毛，绵软如绒。茎细小，长1.5～2.5cm，直径1～2mm，除去表面茸毛后可见明显的纵条纹；质脆，易折断。叶具柄，皱缩；完整叶展平后呈一至三回羽状分裂，叶片长1～3cm，宽约1cm；小裂片条形或倒披针形，先端锐尖。气清香，味微苦。

以质嫩、绵软、色灰白、香气浓者为佳。

全草长0.3～1m。茎圆柱形，多分枝，直径2～8mm；表面淡紫色或紫色，有纵条纹，被短柔毛；体轻，质脆,断面类白色。叶密集或脱落;下部叶完整者展平后呈二至三回羽状深裂,裂片条形或细条形,两面密被白色柔毛;茎生叶一至二回羽状全裂,基部抱茎,裂片细丝状。头状花序卵形,多数集成圆锥状,长约1.5mm,直径约1mm,有短梗,总苞片3~4层,卵形,边缘膜质;外层雌花5~15个,内层两性花3~9个。瘦果长圆形,黄棕色。气芳香,味微苦。

以叶多、花蕾多、色灰白、香气浓者为佳。

【化学成分】地上部分含香豆素:滨蒿内酯,7-甲氧基香豆素,东莨菪内酯,6-羟基-7-甲氧基香豆素,茵陈炔内酯(capillarin),茵陈素(capillarin)即6,7-二甲基香豆素,马栗树皮素二甲醚(aesculetin dimethylether)即6,7-二甲氧基香豆素等;苯氧基色原酮类:茵陈色原酮(capillarisin),4′-甲基茵陈色原酮(4′-methylcapillarisin),7-甲基茵陈色原酮,6-去甲氧基-4′-甲基茵陈色原酮(6-demethoxy-4′-methylcapillarisin),6-去甲氧基茵陈色原酮;黄酮类:中国蓟醇(cirsilineol),滨蓟黄素(cirsimaritin),芫花素(genkwanin),鼠李柠檬素(rhamnocitrin),茵陈蒿黄酮(arcapillin),异茵陈蒿黄酮(isoarcapillin);挥发油:主成分为α-及β-蒎烯,柠檬烯,α-及γ-松油烯,β-丁香烯,茵陈二炔(capillene),茵陈烯酮(capillone),茵陈二炔酮(capillin)等;有机酸:绿原酸,棕榈酸,硬脂酸,亚油酸,肉豆蔻酸,烟酸(nicotinic acid),茵陈香豆酸(capillartemisin)A、B;炔类:3(R)-癸4,6,8-三炔-1,3-二醇[3(R)-deca-4,6,8-triyne-1,3-diol],3(R)-癸-4,6,8-三炔-1,3-二醇-1-O-β-D-吡喃葡萄糖苷,3(R)-9-癸烯-4,6-二炔-1,3,8-三醇;还含3,5-二甲氧基烯丙基苯(3,5-dimethoxyallylbenzene),对羟苯乙酮,对羟基苯乙酮吡喃葡萄糖苷,苯甲醇-β-D-吡喃葡萄糖苷,胸腺嘧啶脱氧核苷(thymidin)等。**幼苗**含绿原酸,咖啡酸。**花序**含马栗树皮素二甲醚,东莨菪素,异东莨菪素,茵陈色原酮,7-甲基茵陈色原酮,茵陈蒿酸B,茵陈蒿灵(artepillin)A、C,茵陈素及滨蓟黄素。**花蕾**还含4′-甲基茵陈色原酮,茵陈蒿黄酮,泽兰苷元(eupatolitin),异鼠李素,槲皮素,鼠李柠檬素,异鼠李素-3-O-半乳糖苷(cacticin)及金丝桃苷等。

【功效主治】苦、辛,微寒。清利湿热,利胆退黄。用于黄疸尿少,湿温暑湿,湿疮瘙痒。

【历史】茵陈始载于《神农本草经》,列为上品。《名医别录》载:"生太山及丘陵坡岸上。"《本草经集注》谓:"今处处有,似蓬蒿而叶紧细,秋后茎枯,经冬不死,至春又生。"《本草拾遗》谓:"此虽蒿类,经年不死,更因旧苗而生,故名茵陈,后加蒿字耳。"苏颂曰:"近道皆有之,而不及太山者佳"。所述形态与本种基本相似。

【附注】《中国药典》2010年版收载茵陈。

附:滨蒿

滨蒿 A. scoparia Waldast. et Kit.,又名猪毛蒿。新版《新编中药志》3 和《中华本草》7:687 的本草考证均认为:"结合现时山东泰山所产茵陈的品种鉴定和生态分布,可知《别录》谓生太山之茵陈即今之滨蒿(猪毛蒿)。"但据《山东植物志》记载及山东中医药研究所吴履中研究员调查,山东未见滨蒿(猪毛蒿)分布。李法曾《山东植物精要》(2004)及《泰山植物志》(2012)均收载猪毛蒿,产于山东各山区。因此山东泰山茵陈的种类及滨蒿(猪毛蒿)的标本应进一步调查与考证。滨蒿(猪毛蒿)与茵陈蒿的主要区别是:一年生、二年生至多年生草本。根纺锤形或圆锥形。茎常单一,偶2~4,基部微木化。茎基部叶二至三回羽状全裂;中部叶长圆形或长卵形,一至二回羽状全裂,小裂片为狭线形、细线形或毛发状。头状花序小,直径1~1.5(2)mm,在分枝上排成复总状或复穗状花序,并组成大型开展的圆锥状花序;头状花序外层雌花5~15朵,以10~12朵为多见。瘦果长约0.7mm。生于中低海拔的山坡、沙砾地、旷野、路旁、沟边及盐碱地。国内分布遍及东部及南部各省区。全草含挥发油,主成分为丁醛(butyraldehyde),桉叶素(cineole),侧柏酮(thujone),侧柏醇(thujylalcohol),丁香油酚,乙酸牻牛儿醇酯(geranylacetate),茵陈二炔,茵陈二炔酮等;还含绿原酸,对-羟基苯乙酮等。幼苗含胆碱。花蕾含异东莨菪素,6,7-二甲氧基香豆素,6-去甲基茵陈色原酮,茵陈香豆素乙,华良姜素。花和果实含6,7-二甲氧基香豆素。花序含芦丁,槲皮素-3-O-葡萄糖半乳糖苷,7-甲基香橙素(7-methyl aromadendrin),7-甲基马栗树皮素(7-methylesculetin)等。地上部分含蒿黄素,紫花牡荆素(casticin),匙叶桉油烯醇(spathulenol),茵陈素等。产区药用同茵陈蒿。《中国药典》2010年版收载。

青蒿

【别名】香蒿、臭蒿子、大青蒿。

【学名】Artemisia carvifolia Buch.-Ham. ex Roxb.

【植物形态】一年生草本;全株无毛,有香气。主根单一,垂直,侧根少。茎直立,高达1.5m,有纵沟,上部多分枝。基生叶长达20cm,宽约6cm,叶片轮廓近长倒卵形,二至三回栉齿状羽状深裂,羽片近倒卵形或椭圆形,终裂片长圆状条形,叶轴,特别是叶轴下部有不甚规则的羽片,形小,分裂或不分裂而呈条形,基部抱茎;茎生叶互生;下部叶形与基生叶相似,均在花期枯萎;中部叶片轮廓近长圆形,二回羽状栉齿状裂,长5~15cm,宽2~6cm,羽片近椭圆形,终裂片条形,细尖;上部叶渐小。头状花序多数,半球形,直径3~4mm,有短梗及条形苞叶,多偏一侧生,排列成总状或复总状;花序托隆起,近球形;总苞片3层,外层苞片短,近披针形,边缘狭膜质,中层及内层近椭圆形或近长圆形,边缘宽膜质；雌花30~40余朵，花冠管管状，长1~1.3mm；两性花60~70余朵，花冠管喇叭筒状，长1.5~1.8mm；子房近长卵形或椭圆形；花冠黄色；花冠与子房均被腺点。瘦果近椭圆形或长圆形，长约1.2mm，棕色，有纵条纹。花期7~8月；果期9月。（图757）

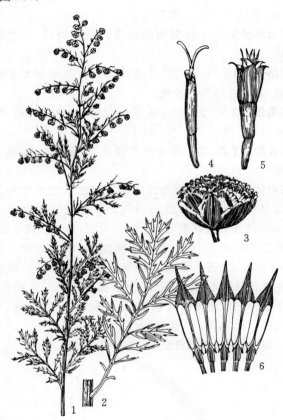

图757 青蒿
1.花期植株上部 2.茎中部叶 3.头状花序 4.雌花
5.两性花 6.两性花展开，示雄蕊

【生长环境】生于路旁、林缘或河岸肥沃湿润处。
【产地分布】山东境内产于各地。在我国除山东外，还分布于吉林、辽宁、河北、陕西、江苏、安徽、浙江、江西、福建、河南、湖北、湖南、广东、广西、四川、贵州、云南等地。
【药用部位】全草：香蒿。为民间药。
【采收加工】夏季花开前枝叶茂盛时采割地上部分，除去杂质，鲜用或阴干。
【药材性状】全草皱缩，长约1m，无毛。茎圆柱形，上部多分枝，直径约5mm；表面棕黄色，有纵沟及纵棱线；质脆，断面黄白色，中央有髓。叶互生，常卷缩破碎；完整叶片展开后呈二回羽状深裂，裂片矩圆状条形，二次裂片条形；两面暗绿色或绿色，无毛；质脆，易碎。气清香，味微苦。

以叶多、色绿者为佳。
【化学成分】带花序全株含挥发油：主成分为桉油精，β-波旁烯（β-bourbonene），α-及β-丁香烯，金合欢乙酯（farnesyl acetate），三环岩兰烯（tricyclovetivene），α-及β-蒎烯，蒿酮，α-侧柏酮等。叶尚含东莨菪苷，东莨菪素，异梣皮素（isofraxidin），芦丁，绿原酸，咖啡酸，白雀木醇（quebrachitol），腺苷，腺嘌呤，鸟嘌呤，胆碱及鞣质等。
【功效主治】苦、微辛，凉。清热，解暑，除蒸。用于瘟病，暑热，痨热骨蒸，泄泻，疟疾，黄疸，疥疮，瘙痒。
【历史】见黄花蒿。
【附注】①《中国药典》1977年版曾收载为中药青蒿的原植物，由于不含青蒿素，自1990年版之后就不再收载。②江苏、河北个别地区作青蒿入药。

南牡蒿

【别名】北牡蒿、田蒿、拔拉蒿（青岛）。
【学名】Artemisia eriopoda Bge.
【植物形态】多年生草本。根粗壮，有分枝。茎直立，高30~70cm，单生或2~3自基部丛生，有纵棱，嫩时被绢毛，后渐脱落。叶互生；基部叶叶形差异较大，叶片近阔卵形，宽2~6cm，常羽状深裂，裂片5~7，近阔倒卵形，中裂片往往较大，二至三裂，裂片深浅不一，边缘有规则或不规则的疏粗齿，基部楔形，嫩时上面被少量绢毛或近光滑，常现光泽，叶下面及叶柄均被较密的绢毛，后仅叶柄基部及叶腋处被密绢毛，叶柄长1.5~3cm；茎下部叶与基部叶同形，茎中部叶亦类似，但叶柄逐渐短，至近无柄而基部抱茎，有条形假托叶；上部叶近掌状3裂或不裂，基部抱茎，裂片条形。头状花序较密，有短梗，排列成复总状，花序枝于茎下部和中部均可出现，整个花序呈松散状；总苞卵形，光滑，长约2mm，宽约1.5mm；总苞片3~4层，外层卵形，边缘狭膜质，内层阔卵形，边缘宽膜质；花序稍凸起；雌花花冠瓶状，长约1mm；两性花花冠筒状，长约1.8mm，先端齿裂片中间有橘黄色纵条斑，雌花及两性花均多在10朵以下。瘦果长圆形，有纵纹，棕褐色。花期7~8月；果期9~10月。（图758）

【生长环境】生于山坡或林缘草丛中。
【产地分布】山东境内产于各山区。在我国除山东外，还分布于辽宁、吉林、内蒙古、陕西、山西、河北、江苏、安徽、河南、湖北、湖南、四川、云南等地。
【药用部位】全草：南牡蒿（牡蒿）。为民间药。嫩茎叶药食两用。
【采收加工】春至秋季采挖带根全草，除去杂质，晒干或鲜用。
【化学成分】全草含挥发油：主成分为芳樟醇，α-松油醇，δ-榄香烯，γ-荜澄茄烯，菖蒲烯（calamene），反式-丁香烯，γ-衣兰油烯（γ-muurolene）等；还含三十烷醇，β-

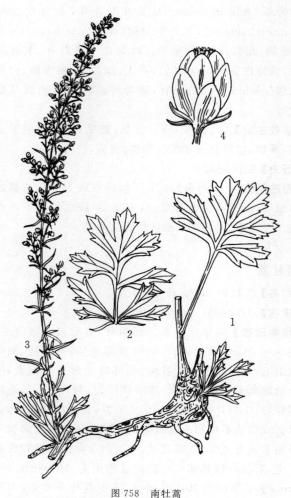

图758 南牡蒿
1.植株下部,示叶及根 2.茎中部叶 3.花枝 4.头状花序

谷甾醇,α-及β-香树酯醇等。

【功效主治】苦、微甘,温。祛风湿,解毒。用于风湿痛,头痛；外用于疥疮,湿疹,毒蛇咬伤。

五月艾

【别名】野艾、野艾蒿、小野艾。

【学名】Artemisia indica Willd.

【植物形态】半灌木状草本。主根明显,侧根多。根状茎稍粗短,直立或斜生；常有短匍匐茎。茎直立,单生或少数,高0.6～1.2m。叶互生；基部叶片卵形或阔卵形,羽状浅裂或深裂,裂片边缘有锯齿,齿端钝尖,有柄；下部叶片长卵形,长约13cm；宽约7cm,羽状深裂或近全裂,侧裂片2～3对,顶裂片复3裂,裂片近长圆形、宽披针形或长椭圆形,裂片边缘有齿或全缘,先端钝尖,叶柄长1～1.5cm,有假托叶；中部叶形与下部叶形相近似,叶片长8～12cm,宽5～9cm,侧裂片通常2对,顶裂片常3裂,裂片近宽披针形,全缘或有2～3小齿,齿先端钝尖,柄渐短,有假托叶；上部叶渐小,上面初被白色蛛丝状密绢毛,后脱落,下面除中脉外密被白色蛛丝状绢毛。头状花序排列成狭复总状；花托凸起,近半球形；总苞狭钟形,长约2.5mm,直径约1.5mm,疏被蛛丝状绢毛；总苞片3层；雌花数朵,花冠管状,长约1mm,黄绿色；两性花数朵至10余朵,花冠狭筒状,长约2mm,上部带紫色；花冠外被腺点；子房长卵形或近柱状。瘦果长椭圆形或近倒卵形,有纵纹。花期10月；果期11月。(图759)

【生长环境】生于较湿润的林缘、灌丛、路旁、山野或荒地。

【产地分布】山东境内产于各山区。在我国分布于除新疆、青海外的其他各地。

【药用部位】叶：野艾叶；全草：鸡脚蒿。为民间药,嫩茎叶可食。

【采收加工】春、夏二季采收叶或全草,除去杂质,晒干或阴干。

【药材性状】干燥叶常卷曲皱缩或破碎。完整叶片展平后呈卵形、长卵形或阔卵形,长5～12cm,宽3～8cm,羽状浅裂或深裂,侧裂片2～3对,顶裂片常3裂；裂片近长圆形、宽披针形或长椭圆形,裂片边缘有锯齿,齿端钝尖,或全缘；上表面灰绿色或灰黄绿色,略被白色蛛丝状绢毛,老叶脱落,下表面灰白色或灰绿色,除中脉外密被白色蛛丝状绢毛；叶柄长1～1.5cm,有假托叶。质绵软。气香,味苦。

以叶灰绿、毛绒密集、气香浓郁者为佳。

图759 五月艾
1.部分花枝 2.茎中部叶

【化学成分】地上部分含挥发油：石竹烯，龙脑，樟脑，桉油精，大根香叶烯（germacrene）D，[1R-(1R,4Z,9S)]-4,11,11-三甲基-8-亚甲基-二环[7,2,0]-十一碳烯，石竹烯氧化物，斯巴醇，松油醇等；还含黄酮类化合物。

【功效主治】**野艾叶**苦，温。理气，逐寒，止血，温经，安胎。用于痛经，崩漏，胎动不安。**鸡脚蒿**利膈，开胃，温经。用于咳嗽痰喘，风湿痹痛，止血，疮毒。

【附注】部分产区作艾叶用。

牡蒿

【别名】齐头蒿、米蒿（蒙山、莒县）、拨拉蒿（崂山）。

【学名】Artemisia japonica Thunb.

【植物形态】多年生草本。根有分枝。根状茎粗短。茎直立，单生或多茎丛生，多于茎上部分枝，高30～90cm，初密被柔毛，后疏被柔毛。叶互生；基部及茎中部以下的叶片均为长圆状倒楔形或匙状楔形，常自下而上变小，长3～8cm，宽0.8～2.5cm，上半部边缘齿裂或掌状浅裂、半裂至深裂，掌状裂片多3至数片；茎上部叶3裂至不裂，基部叶缘下延；假托叶小形或狭条形至条状披针形；幼嫩叶两面密被柔毛，后疏被柔毛；无花茎的叶莲座状，亦呈匙状楔形，上半部边缘多齿裂，两面疏被柔毛。头状花序密集，有短梗，排列成圆锥状；总苞卵球形或椭圆形，直径1～2mm，稍有光泽，黄绿色；苞片3～4层，外层小，近卵形，内层阔卵形或近椭圆形，圆头，边缘宽膜质；花序托稍突，近平凸状；雌花初时管状，基部稍膨大，近果期时呈壶形，长不及1mm；子房近斜倒卵形；两性花筒状，基部较窄，长1.5mm，先端裂片中间有橘黄色纵条斑；雌花及两性花均多为数朵，花冠黄绿色，有时带紫红色。瘦果近倒卵形，褐棕色，有纵纹，长约1mm。花期9～10月；果期10月。（图760）

【生长环境】生于山坡、丘陵、路旁、林缘或灌丛。

【产地分布】山东境内产于各山地丘陵。广布于我国南北各省区。

【药用部位】全草：牡蒿（齐头蒿）。为民间药。嫩苗可食。

【采收加工】春至秋季采收，晒干或鲜用。

【药材性状】全草皱缩。茎圆柱形，长50～80cm；表面黑棕色或棕色，疏被柔毛；质硬脆，折断面纤维状，黄白色，髓白色疏松。叶多破碎不全，皱缩卷曲；叶片长圆状倒楔形或匙状楔形，长3～7cm，宽0.5～2cm；表面黄绿色至棕黑色；质脆，易脱落。花序黄绿色。瘦果数枚，近倒卵形，长约1mm；表面棕褐色，有纹理。气香，味微苦。

以叶多、花序稠密、气味浓者为佳。

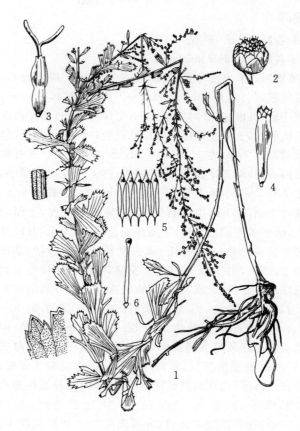

图760 牡蒿
1.植株 2.头状花序 3.雌花 4.两性花
5.两性花展开，示雄蕊 6.两性花的雌蕊

【化学成分】地上部分含挥发油：主成分为榄香脂素，芳樟醇，3,4,5-三甲基-2-环戊烯酮，月桂烯，对-聚伞花素，柠檬烯，紫苏烯（perillene），α-及β-蒎烯，α-松油醇，乙酸龙脑酯等；黄酮类：木犀草素-7-O-葡萄糖苷，8,4'-二羟基-3,7,2'-三甲氧基黄酮，芹菜素-7-O-葡萄糖苷等；香豆精类：7,8-二甲氧基香豆精，6,8-二甲氧基香豆精，蒿属香豆精（scoparone），东莨菪素等；尚含β-香树脂醇，三十烷酸，β-谷甾醇，豆甾醇，茵陈色原酮（capillarisin），茵陈二炔酮（capillin）等。

【功效主治】苦、微甘，寒。清热解毒，祛风，止血。暑热外感，发热无汗，阴虚骨蒸潮热，便血，衄血，风湿痛，疥疮，湿疹。

【历史】牡蒿始载于《名医别录》，列为下品。《新修本草》名齐头蒿。《救荒本草》谓："生水边下湿地中，苗高一尺余，茎圆叶似鸡儿肠，叶头微齐短，又似马兰叶，亦更齐短，其叶抪茎上，稍间出穗如黄蒿穗。"《本草纲目》载："齐头蒿三四月生苗，其叶扁而本狭，末乡有秃歧，嫩时可菇，鹿食九草，此其一也。秋开细黄花，结实大如车前实，而内子微细不可见，故人以为无子也。"又曰："诸蒿叶皆尖，此蒿叶独寥而秃，故有齐头之名。"所述形态与植物牡蒿基本一致。

菴䕡

【别名】菴䕡子、菴蒿。

【学名】Artemisia keiskeana Miq.

【植物形态】半灌木状草本,全株被柔毛。根多分枝。根状茎短。茎直立,单生或2～3丛生,高30～80cm,圆柱形,具纵棱,有时带紫红色,上部有分枝;营养枝下部伏卧状,上端生莲座状叶。叶互生;叶片近倒卵状匙形,长3～7cm,宽1.5～3.5cm,近中部以上边缘有粗浅齿,齿前端多呈圆形,先端钝尖;茎上部叶逐渐变小,边缘有2～3小齿至全缘;莲座状叶常较大,长约8cm,宽约4cm,叶下部边缘有齿,有时呈较深齿裂,上面绿色,疏被柔毛或近光滑,下面绿白色,被疏柔毛,有时叶脉被较多的毛,并被腺毛,腺头呈亮黄色的点状,基部楔形,渐狭,抱茎,无假托叶。头状花序有梗,梗与头状花序近等长、稍长或短,排列成狭或疏而稍开展的复总状;花序托平突;总苞近球形,长与宽几相等,3～3.5mm,近光滑;总苞片3～4层,外层广卵形,绿色,中层及内层卵圆形或椭圆形,边缘宽膜质,钝圆头;雌花5～8朵,花冠短筒状,长约1.2mm,花柱顶端2分枝,分枝近舌形,先端钝圆或钝圆截形,外面密被长柄腺毛及长柔毛;两性花13～18朵,花冠长筒状,长约1.8mm,花柱顶端2分枝,分枝先端为披针形突渐尖,外面密被长柄腺毛,而无明显的柔毛;子房近长圆形。瘦果近卵形或长圆形,有纵纹,棕褐色。花期9月;果期10月。(图761)

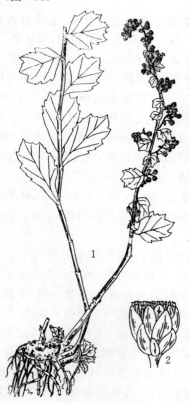

图761 菴䕡
1.植株一部分 2.头状花序

【生长环境】生于山坡草丛、林下或路旁。

【产地分布】山东境内产于崂山、昆嵛山、石岛等地。在我国除山东外,还分布于东北地区及河北等各地。

【药用部位】全草:菴䕡;果实:菴䕡子。为民间药。

【采收加工】夏季采割全草,秋季采收成熟果实,晒干或鲜用。

【药材性状】茎多分枝,表面被柔毛,有纵棱纹。叶互生,皱缩破碎或脱落;完整叶片展平后呈倒卵形或倒卵状匙形,近中部以上边缘具粗浅齿;上表面灰绿色,下表面色较淡,被绢毛及腺毛。头状花序多数,球形,直径约3mm;花黄色。气微香,味微苦。

以叶多、色灰绿、花序多者为佳。

【功效主治】菴䕡 甘、辛,温。行瘀通经,祛湿。用于血瘀经闭,产后停经腹痛,跌打损伤,身体诸痛,风湿痹痛。菴䕡子 辛、苦,温。活血化瘀,祛风除湿。用于血瘀经闭,产后瘀滞腹痛,跌打损伤,风湿痹痛。

【历史】菴䕡始载于《神农本草经》,列为上品。《本草经集注》曰:"状如蒿艾之类,近道处处有之,仙经亦时用之,人家种此辟蛇也。"《本草图经》谓:"今江淮亦有之。春生苗,叶如艾蒿,高三二尺。七月开花,八月结实,十月采实。"《本草纲目》谓:"菴䕡叶不似艾,似菊叶而薄,多细丫,面背皆青。高者四五尺,其茎白色,如艾茎而粗。八九月开细花,淡黄色。结细实如艾,中有细子,极易繁衍。"所述形态及附图与本种相似。

野艾蒿

【别名】黄蒿蒿(滕州)、野艾。

【学名】Artemisia lavandulaefolia DC.

【植物形态】多年生草本;全株被绒毛,有香气。主根稍明显,侧根多。根状茎稍粗,常匍匐;有细短营养枝。茎直立,成小丛,高0.6～1.2m。叶互生;叶形态差异较大,基部叶片轮廓近卵形,二回羽裂,裂片宽窄不一,边缘有少数齿裂或全缘,有长柄;下部叶片近倒卵形或卵形,二回羽状全裂,终裂片条状披针形或条形,先端钝尖,有柄,有假托叶;中部叶片近卵圆形或长圆形,长6～11cm,宽4～9cm,一至二回羽状全裂,或第一回为羽状全裂而第二回为羽状深裂,侧裂片2～3对,终裂片长椭圆形、近条状披针形或条形,边缘有1～2小齿或全缘,先端钝尖,叶基部渐狭成柄,柄长1～1.5cm,有假托叶;上部叶渐小;花序下的叶3裂,裂片近长披针形,基部楔形,几无柄;花序间的叶近条形,全缘;叶上面初微被绒毛,后近无毛,有白色腺点及小凹点,下面除主脉外密被绒毛,边缘反卷。头状花序多数,排列成复总状;有短梗及细长苞叶;花序托平突或稍突,呈圆顶状;总苞长圆形,长约3mm,宽2～2.5mm,被绒毛;总苞片3层;雌花4～9朵,花冠管状,长1.3～1.5mm,紫红色;两性花10～20朵,花冠喇叭筒状,长

2～2.4mm,黄色,檐部带紫红色,外被腺点;子房长椭圆形或近长卵形。瘦果近长卵形,长约1.3mm,有纵纹,棕色。花期9月;果期10月。(图762)

图762 野艾蒿
1.植株下部 2.花期植株中上部

【生长环境】生于山坡、林缘、田边、草丛或路旁。
【产地分布】山东境内产于各山地丘陵。我国各地均有分布。
【药用部位】叶:野艾(野艾叶);地上部分:野艾蒿。为少常用中药和民间药,幼苗药食两用。
【采收加工】夏季花未开时采收叶或地上部分,除去杂质,晒干或阴干。
【药材性状】干燥叶多皱缩卷曲。完整叶片展平后呈近卵形、倒卵形或长圆形,长5～11cm,宽4～9cm,二回羽状深裂或全裂,裂片宽窄不一,终裂片条状披针形或条形,边缘有1～2小齿或全缘,先端钝尖;上表面绿色或深绿色,被稀疏柔毛及腺点,下表面灰白色,绒毛较密;叶基部渐狭成柄,柄长约1cm。质柔软。气清香,味苦。

以叶完整、质厚、柔软、香气浓、味苦者为佳。
【化学成分】叶挥发油含桉叶素,胡椒烯,三环萜(tricyclene),α-及β-蒎烯,樟烯,香桧烯,1-辛-3-醇(1-octen-3-ol),月桂烯,3-辛烯醇(3-octenol),α-水芹烯,对-聚伞花素,柠檬烯,β-罗勒烯-Y(β-ocimene-Y),α-及γ-松油烯等56种;黄酮类:柚皮素,芹菜素,木犀草素,槲皮素,异泽兰黄素(eupatilin);氨基酸:天冬氨酸,谷氨酸,亮氨酸等18种;尚含β-香树脂醇,β-谷甾醇,熊果酸,维生素A、B_1、B_2、B_6、E,叶酸,胡萝卜素及无机元素铁、硒、锌、铜等。
【功效主治】野艾(野艾叶)辛、苦,温;有小毒。温经止血,散寒止痛;外用祛湿止痒。用于吐血,衄血,崩漏,月经过多,胎漏下血,少腹冷痛,经寒不调,宫冷不孕;外治皮肤瘙痒。野艾蒿辛、温,味苦。温经止血,散寒止痛,祛风止痒。用于虚寒腹痛,崩漏下血,月经不调,带下,外治皮肤瘙痒。
【历史】野艾蒿始载于《救荒本草》。《本草纲目》的艾图似本种。《植物名实图考》引《救荒本草》曰:"野艾蒿生田野中。苗叶类艾而细,又多花叉。叶有艾香,味苦"。又曰:"按此类与大蓬蒿相类,而茎叶白似艾。"并附野艾蒿图两幅。其形态与菊科蒿属植物相似。
【附注】《山东省中药材标准》2002年版附录收载野艾。

蒙古蒿

【别名】蒙古艾、野艾蒿。
【学名】Artemisia mongolica (Fisch. ex Bess.) Nakai (A. vulgaris L. var. mongolica Fisch. ex Bess.)
【植物形态】多年生草本,全株被蛛丝状柔毛。根常有多分枝。茎多单生,直立,高0.5～1.2m,有纵棱,上部有斜生分枝。叶互生;茎下部叶片轮廓为卵圆形或阔卵形,宽度大于长度,羽状深裂,侧裂片2对,中裂片深3裂,裂片近卵形或椭圆状卵形,边缘有齿;基部下延成柄,柄多为叶片长度的1/2或长于1/2,于花期逐渐枯萎;中部叶片轮廓近椭圆形,长6～10cm,宽4～6cm,一或二回羽状深裂,侧裂片2～3对,顶裂片又常3裂,裂片较下部叶窄,轮廓近阔披针形,边缘浅裂或2～3齿裂,齿端钝尖,最下部的1对裂片较小,呈长椭圆形,全缘,基部渐狭成短柄,有假托叶;上部叶渐小,形状与中部叶近似,裂片近狭披针形,全缘或2小齿裂;花序间的叶2～3裂或单一,近条形;上面近无毛,下面除中脉外被白色绒毛,叶缘反卷。头状花序多密集成短或狭长的复总状;无柄或有极短的柄;有条形小苞叶;花序托突出,呈圆顶状;总苞宽钟形,长约3mm,宽约2.5mm,外被较密的绒毛;总苞片3～4层;雌花5～10朵,花冠管状,长约1.3mm,紫色;两性花8～15朵,花冠喇叭筒状,长约2mm,上半部多呈紫色,外被黄色腺点。瘦果长倒卵形或长卵形,长约1.8mm,有纵纹,棕色。花期9月;果期10月。(图763)
【生长环境】生于山坡或路边灌草丛。

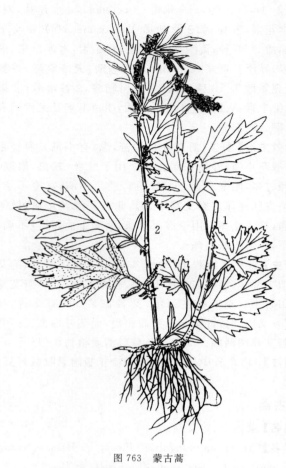

图763 蒙古蒿
1.植株下部 2.花期植株中上部

【产地分布】山东境内产于各山地丘陵。在我国除山东外，还分布于黑龙江、辽宁、吉林、内蒙古等地。

【药用部位】叶：野艾蒿。为民间药。

【采收加工】夏季未开花时采收，晒干或阴干。

【药材性状】叶常皱缩或卷曲。完整叶片展平后基生叶呈卵圆形、阔卵形，宽度大于长度，羽状深裂，侧裂片2对，中裂片深3裂，裂片近卵形或椭圆状卵形，边缘有齿；中部及上部叶片呈类椭圆形，长5～9cm，宽3～5cm，1～2回羽状深裂，侧裂片2～3对，顶裂片常3裂，裂片呈宽披针形或狭披针形，边缘浅裂、2～3齿裂或全缘，齿端钝尖；上表面绿色或灰绿色，有少量绵毛；下表面灰白色，密被毛。基部下延成柄，柄长约5cm，有假托叶。质软。气香，味苦。

以叶完整、色灰绿、气香味浓者为佳。

【化学成分】叶含挥发油：主成分为α-侧柏烯，α-及β-蒎烯，樟烯，香桧烯，1-辛烯-3-醇，月桂烯，对-聚伞花素，1,8-桉叶素，β罗勒烯-Y，苯乙醛，γ-松油烯，蒿醇（artemisia alcohol），乙酸己烯醇酯（hexenyl acetate），异辣薄荷烯酮（isopiperitenone）等48种。鲜枝叶含挥发油：2-甲基-2-丁烯（2-methyl-2-butene），亚甲基环戊烷（methylene cyclopentane），6,6-二甲基-3-亚甲基双环[3.1.1]庚烷（6,6-dimethyl-3-methylene bicyclo[3.1.1]-heptane），冰片烯（bornylene）等50余种。

【功效主治】辛、温，味苦。温经止血，散寒止痛，祛风止痒。用于虚寒腹痛，崩漏下血，月经不调，带下，外治皮肤瘙痒。

魁蒿

【别名】魁艾、艾蒿、野艾蒿。

【学名】Artemisia princeps Pamp.

【植物形态】多年生草本。主根稍粗，侧根多。根状茎直立或斜生；偶有营养枝。茎直立，高0.6～1.2m，上部有分枝。叶互生；茎下部叶片轮廓近卵形，长6～9cm，宽5～7cm，一至二回羽状深裂，花期枯萎；中部叶片轮廓卵形或阔卵形，长6～12cm，宽4～8cm，一回羽状深裂或半裂，侧裂片多2对，裂片近长圆形或长椭圆形，先端钝尖，多全缘或有少数小齿，顶裂片又常3半裂，有短柄或近无柄，常有假托叶；上部叶渐小，3裂或不裂，呈长椭圆状披针形、狭椭圆形或条状披针形，上面近无毛，下面除叶脉外密被灰白色蛛丝状绒毛；叶厚纸质或纸质。头状花序多数，在茎上部排列成较密的复总状；花序托稍突，圆顶状；苞叶长椭圆形或披针形至条形；总苞近钟状，长约3mm，宽2～2.5mm，被绒毛；总苞片近3层；雌花5～7朵，花冠管状，长约1.3mm，黄色；两性花4～9朵，花冠筒状，长约2.3mm，黄色，有时上部呈紫色，外被腺点；子房近长圆形或柱形。瘦果长椭圆形，长约1.5mm，有纵纹，淡棕色。花、果期7～11月。2n=34。（图764）

【生长环境】生于山坡杂草丛。

【产地分布】山东境内产于历城、荣成、泰安等地。在我国除山东外，还分布于华北、华东、中南地区及辽宁、陕西、四川、贵州、云南等地。

【药用部位】叶：野艾蒿。为民间药。

【采收加工】夏季花未开时采收，晒干或阴干。

【药材性状】叶皱缩卷曲。完整叶片展平后茎下部叶片近卵形，长5～8cm，宽4～6cm，一至二回羽状深裂；中部叶片呈卵形或长卵形，长5～10cm，宽3～7cm，一回羽状深裂或半裂，侧裂片多2对，裂片近长圆形或长椭圆形，先端钝尖，多全缘或有少数小齿，顶裂片常3半裂，有短柄或近无柄，有假托叶；上部叶渐小，长椭圆状披针形、狭椭圆形或条状披针形。上表面绿色或灰绿色，近无毛；下表面灰绿色或灰白色，除叶脉外密被灰白色蛛丝状绒毛；具短柄，有假托叶。叶厚纸质，柔软。气清香，味苦。

【化学成分】叶含挥发油：主成分为α-及β-蒎烯，樟烯，香桧烯，1-辛烯-3-醇，1,8-桉叶素，γ-松油烯，蒿醇，樟脑，龙脑，4-松油烯醇（terpinen-4-ol），α-松油醇，香橙烯

图 764 魁蒿
1. 茎中部枝叶 2. 部分花枝

等 56 种；香豆素类：6,7 二甲氧基香豆素，脱肠草素（herniarin）即 7-甲氧基香豆素，东莨菪素，异秦皮定（isofraxidin），魁蒿内酯（yomogin）；还含 4,5-二-O-咖啡酰奎宁酸及黄酮苷类。根含挥发油，主成分为 γ-葎草烯（γ-humulene），β-金合欢烯，丁香烯，α-雪松烯（α-himachalene），香附子烯（cyperene），乙酸金合欢醇酯（farnesyl acetate）等。

【功效主治】辛、苦，温；有小毒。温经止血，散寒止痛；外用祛湿止痒。用于吐血，衄血，崩漏，月经过多，胎漏下血，少腹冷痛，经寒不调，宫冷不孕；外治皮肤瘙痒。

红足蒿

【别名】红足艾、小香艾。
【学名】Artemisia rubripes Nakai
【植物形态】多年生草本。主根细长，侧根多。根状茎细，匍地或斜上；具营养枝。茎直立，高 0.6～1.5m，基部常带紫红色。叶互生；茎下部叶片宽卵形，羽状深裂，裂片边缘有锯齿，有长柄，花期枯萎；中部叶片轮廓为阔卵形或长卵形，一至二回羽状深裂或近全裂，长 7～12cm，宽 5～10cm，侧裂片 2～3 对，裂片近长条形或长披针形，侧裂片上有时具向心小裂片；上部叶渐小，3 裂或不裂，叶上面近无毛，下面除中脉外密被灰白色绒毛，叶缘反卷；有短柄，有假托叶。头状花序多数，有短梗及条形苞叶，排列成稍密集的复总状；花序托稍突，圆顶状；总苞长椭圆形，长约 3mm，宽 1.5～2mm；总苞片 3 层，初被绒毛，后近无毛；雌花 9～10 朵，花冠管状，长 1～1.3mm，黄色；两性花 12～14 朵，花冠喇叭筒状，长近 2mm，下半部黄色，上半部多呈紫色，外被腺点；子房近柱形。瘦果近弯梭形或微弯柱形，长 1.3～1.5mm，有纵纹，棕色。花期 9 月；果期 10 月。(图 765)

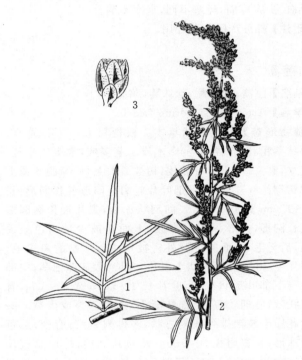

图 765 红足蒿
1. 茎中部叶 2. 部分花枝 3. 头状花序

【生长环境】生于山坡或路旁灌草丛。
【产地分布】山东境内产于各山地丘陵。在我国除山东外，还分布于东北地区及内蒙古、河北、山西、江苏、安徽、浙江、江西、福建等地。
【药用部位】叶：红足艾。为民间药。
【采收加工】夏季采收，阴干或晒干。
【药材性状】叶皱缩。完整者展平后，下部叶片宽卵形，羽状深裂，裂片边缘有锯齿，有长柄；中部叶片阔卵形或长卵形，一至二回羽状深裂或近全裂，长 6～11cm，宽 4～9cm，侧裂片 2～3 对，裂片近长条形或长披针形，有时具向心小裂片；上部叶渐小。叶上表面暗绿色或灰绿色，近无毛；下表面灰绿色或灰白色，除中脉外密被灰白色绒毛，叶缘反卷；有短柄，有假托叶。质软。气香，味苦。

以叶完整、色绿或灰绿、香气浓者为佳。

【化学成分】全草含挥发油:主成分为樟脑,桉树脑,石竹烯,大牻牛儿烯 D 等;黄酮类:异泽兰素(eupatilin),4′-去甲异泽兰素,中国蓟醇(cirsilineol);三萜类:乙酸达玛二烯醇酯(dammaradienyl acetate),乙酸降香萜烯醇酯(bauerenyl acetate),乙酸环木菠萝烯醇酯(cycloartenyl acetate),23-环木菠萝烯-3β,25-二醇(cycloart-23-en-3β,25-diol),25-环木菠萝烯-3β,24-二醇,乙酸三去甲环木菠萝醇酸酯(trisnorcycloartanoloic acid acetate);还含咖啡酸及多糖。

【功效主治】辛、苦,温;有小毒。温经止血,散寒止痛;外用祛湿止痒。用于吐血,衄血,崩漏,月经过多,胎漏下血,少腹冷痛,经寒不调,宫冷不孕。

【附注】部分产区作艾叶用。

白莲蒿

【别名】白蒿、万年蒿、珍珠蒿(莱芜、章丘)。

【学名】Artemisia sacrorum Ledeb.

【植物形态】半灌木状草本。根稍粗大,木质,垂直。根状茎粗壮,直径达 3cm,木质。茎多数,常组成小丛,直立,高 0.5~1m,有分枝,初被微柔毛,后渐脱落或上部宿存。叶互生;茎下部叶片轮廓近卵形或长卵形,长 8~12cm,宽 4~6cm,二回羽状深裂,裂片近长椭圆形或长圆形,边缘深裂或齿裂,上面初被少量白色短柔毛,后无毛,下面除主脉外密被灰白色平贴的短柔毛,后无毛,叶轴有栉齿状小裂片,有长柄,基部抱茎;中部叶与下部叶形状相似,叶片长 4~7cm,宽 3~5cm,有假托叶,叶柄较短;上部叶渐小,边缘深裂或齿裂。头状花序于枝端排列成复总状,多排列紧密;有梗;总苞近球形,长宽均 2.5~3mm;总苞片 3 层;外层总苞片初密被灰白色短柔毛,后脱落无毛,中、内层无毛;雌花 10~12,花冠管管状,长约 1mm;两性花 10~20 朵,花冠管柱形,长约 1.5mm,花冠黄色,外被腺毛;子房近长圆形或倒卵形;花序托近半球形。瘦果近倒卵形或长卵形,长约 1.5mm,有纵纹,棕色。花期 9~10 月;果期 10~11 月。(图 766)

【生长环境】生于山坡、林缘或路边。

【产地分布】山东境内产于各山地丘陵。在我国分布除高寒地区外,几遍布各地。

【药用部位】全草:万年蒿。为民间药。

【采收加工】夏、秋二季叶花茂盛时采割地上部分,除去老茎,晒干或阴干。

【药材性状】全草长 40~90cm,有分枝;表面有细纵纹,被稀疏柔毛或无毛。叶常脱落或皱缩;完整者展平后,叶片近卵形或长卵形,长 4~11cm,宽 3~5cm,二回羽状深裂,裂片近长椭圆形或长圆形,边缘深裂或齿裂;上表面暗绿色或灰绿色,无毛或微被白色短柔毛,下表

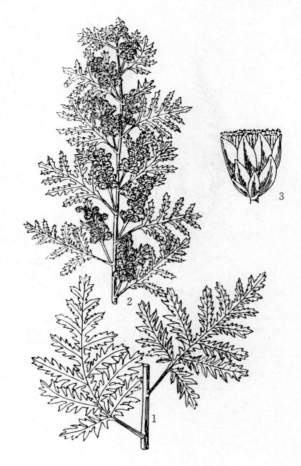

图 766 白莲蒿
1.植株中部茎叶 2.部分花枝 3.头状花序

面灰绿色或灰白色,密被灰白色平贴的短柔毛或毛稀疏;叶轴有栉齿状小裂片,有长柄,基部抱茎;叶柄较短,有假托叶。头状花序于茎端排成紧密的复总状,总苞近球形,总苞片 3 层;外层总苞片密被灰白色短柔毛或无毛;花冠黄色,外被腺毛,花序托近半球形。瘦果近倒卵形或长卵形,长约 1.5mm,有纵纹,棕色。气香,味苦。

以质嫩、叶多、色绿、气味浓者为佳。

【化学成分】全草含香豆素:东莨菪内酯,异东莨菪内酯,异秦皮定,七叶内酯,5-甲氧基-7,8-亚甲二氧基香豆素,6-甲氧基-香豆素-7-羟基樱草苷(6-methoxy-coumarin-7-hydro-xylprimeveraside);萜类:万年蒿氯内酯(chlorosacroratin),去乙酰氧母菊内酯(deacetoxymatricarin),ridentin,3α,16α-二羟基贝壳杉烷-20-O-β-D-葡萄糖苷(3α,16α-dihydroxykaurane-20-O-β-D-glucoside),3α,6α-二羟基贝壳杉烷-19-O-β-D-葡萄糖苷,3α,16α,17-三羟基贝壳杉烷,3α,16α-二羟基贝壳杉烷-17-O-β-D-葡萄糖苷,16α-羟基贝壳杉-3-酮-17-O-β-D-葡萄糖苷,万年蒿双糖苷,万年蒿苷 C(sacroside C),3α,16α-二羟基贝壳杉烷-18-O-β-D-葡萄糖苷,16α,17-二羟基贝壳杉-3-酮;有

机酸：邻羟基肉桂酸，咖啡酸，邻羟基肉桂酸酯苷(o-hydroxy-cinnamoyl-β-D-glucopyranoside)，1,4-二咖啡酰奎宁酸，2,5-二羟基肉桂酸，绿原酸，水杨酸，黎芦酸(veratric acid)，琥珀酸，3,4-二甲氧基苯甲酸，22、24、26碳脂肪酸，挥发油：主成分为樟脑，桉油精，少量樟烯，薁类(azulens)和倍半萜内酯等；还含橡醇(quebrachitol)，2-羟基-6-甲氧基苯乙酮-4-O-β-D-葡萄糖苷，维生素A、B_1、B_2、B_6、B_{12}、D、E、β-胡萝卜素及无机元素铁、锰、钾、钠等。

【功效主治】苦，辛，平。清热解毒，凉血止血。用于胁痛，肠痛，小儿惊风，阴虚潮热，外伤出血。

附：密毛白莲蒿

密毛白莲蒿 var. messerschmidtiana (Bess) Y. R. Ling，与原种的主要区别是：植物体的毛较多；茎多自基部分枝。叶片较小，中部叶片长2～4cm，宽1.5～2cm，两面密被灰白色或淡黄色短柔毛。总苞较小，长宽约2mm。全草含挥发油，东莨菪素(scopoletin)和脂肪酸等。产地和药用同白莲蒿。

蒌蒿

【别名】红陈艾、红艾、芦蒿。
【学名】Artemisia selengensis Turcz. ex Besser
【植物形态】多年生草本；全株被柔毛，有清香气。根有分枝，并有多数须根。有匍匐地下茎。茎直立，多单一，有时自茎基部有少数分枝，高0.5～1.5m，有纵棱，有时带紫色，初被白色柔毛，后逐渐脱落。叶互生；茎下部叶片为羽状深裂或全裂，花期枯萎；中部叶片5或3深裂至全裂，侧裂片1～2对，上部及花序间的叶多不分裂；叶片轮廓5裂叶呈近卵形、阔卵形或长卵形，3裂叶近阔倒卵形，2裂叶近不等长的2叉状；叶裂片于茎下部为条形或条状披针形，茎中部为长椭圆状披针形或近长椭圆形，不分裂的叶片于茎上部为长椭圆状披针形或近长椭圆形；花序间上部叶片为狭条状披针形；单一叶片及分裂叶裂片先端渐尖，叶缘下部全缘，中上部有锐锯齿，花序间叶片边缘的锯齿逐渐稀少至全缘；上面深绿色，初时被毛，后渐脱落，下面除叶脉外密被灰白色绒毛，叶缘反卷；基部渐狭成柄，无假托叶。头状花序排列成复总状；有短梗及条形苞叶；花序托呈稍平突的圆顶形；总苞钟形，长约3.5mm，宽约2.5mm，略被白柔毛；总苞片4层，外层卵形，中层广卵形，内层近椭圆形，边缘膜质，并有缘毛；雌花花冠管状，长约1.5mm；两性花花冠近漏斗形；子房长圆形。花期9～10月，果期10月。(图767)

【生长环境】多生于平原、丘陵的田野、路旁或水沟边。
【产地分布】山东境内产于各地。在我国除山东外，还分布于东北地区及内蒙古、河北、山西、陕西、甘肃、江

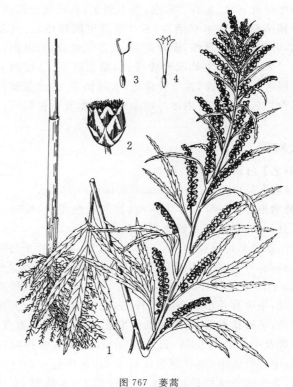

图767 蒌蒿
1.植株 2.头状花序 3.雌花的雌蕊 4.两性花

苏、安徽、江西、河南、湖北、湖南、广东、四川、云南、贵州等地。

【药用部位】全草：红陈艾。为民间药，嫩茎、叶、根茎药用两用。
【采收加工】夏季茎叶茂盛时采收，晒干或鲜用。
【化学成分】叶含黄酮类：雷杜辛黄酮醇(retusine)，阿亚黄素(ayanin)，5,7,3′,4′-四羟基二氢黄酮，山奈酚，槲皮素，芹菜素，芹菜素-7-O-β-D-葡萄糖苷，木犀草素，木犀草素-7-O-β-D-葡萄糖苷，木犀草素-7,4′-二甲醚，木犀草素-4′-O-β-D-葡萄糖苷，柯伊利素(chrysoerid)，柯伊利素-7-O-β-D-葡萄糖苷，槲皮素-3-O-β-D-木糖苷，芦丁；还含胡萝卜苷，亚麻酸乙酯(α-linolenic acid ethyl ester)，C_{19}-螺缩酮烯醚多烯(C_{19}-spiroketalenol ether-polyene)，脱肠草素，环内桥接过氧化物(endoperoxide)，11,13-dihydromatricarin，三苯基甲烷，叶绿醇，正十六碳酸及挥发油等。根含(+)-(3S,4R,5S)-(2E)-3,4-环氧-(2,4-亚己二炔基)-1,6-二氧螺[4.5]癸烷{(+)-(3S,4R,5S)-(2E)-3,4-epoxy-(2,4-hexadiynyliden)-1,6-dioxaspiro[4.5]decane}等。地上部分含挥发油：主成分为β-石竹烯，萜品-4-醇，2,4,6-环庚三烯酮，β-金合欢烯等。

【功效主治】苦，辛，温。破血行瘀，下气通络，解毒。用于黄疸，产后瘀血，小腹胀痛，跌打损伤，瘀血肿痛，解河豚毒。

【历史】蒌蒿始载于《食疗本草》。《救荒本草》云："田

野中处处有之，苗高二尺余，茎干似艾，其叶细长锯齿，叶拵茎而生。"《本草纲目》云："萎蒿生陂泽中，二月发苗，叶似嫩艾而歧细，面青背白，其茎或赤或白，其根白脆。采其根茎，生熟菹曝皆可食，盖嘉蔬也。"《植物名实图考》云："萎蒿，古今皆之，水陆俱生，俗传能解河豚毒。"所述形态及用途与现今菊科植物萎蒿相似。

大籽蒿

【别名】白蒿、大白蒿、臭蒿子。

【学名】Artemisia sieversiana Ehrhart ex Willd.

【植物形态】一至二年生草本；被灰白色柔毛，植株有艾臭。根粗壮，有多数支根。茎直立，高 0.3～1.5m，单生或自基部分枝，有纵沟棱。叶互生；基部叶于花期常枯萎，叶片阔卵形或阔三角形，长 2～15cm，宽 2～12cm，二至三回羽状深裂，侧裂片 2～3 对，基部延伸成狭翅，小裂片条形或条状披针形，先端钝或渐尖，上面绿色，疏被伏柔毛，下面密被伏柔毛，两面均密布腺点；下部及中部叶有长柄，长 7～10cm，基部有假托叶或无；上部叶渐小，羽状深裂或近全裂；花序枝上的叶不裂，条形或条状披针形。头状花序较大，半球形，直径 4～6mm，多数，排列成圆锥状；苞叶条形；总苞片 3～4 层，近等长，外层条形，绿色，被稀疏白色伏柔毛，内层阔倒卵形或近阔椭圆形，先端钝圆，边缘宽膜质，无毛或疏被伏柔毛；雌花花冠狭管状，长约 1.5mm；两性花花冠钟状，长约 1.5mm，花冠黄色；花序托短圆锥形，密被托毛。瘦果长圆状倒卵形，长 1～1.2mm，褐色，无冠毛。花期 7～8 月；果期 8～9 月。（图 768）

图 768 大籽蒿
1. 植株中部茎叶 2. 花期侧枝 3. 头状花序 4. 花序托

【生长环境】生于山坡、荒地、河滩或路边。

【产地分布】山东境内产于章丘、历城、泰安等地。在我国除山东外，还分布于东北、西北地区及河北、山西、西藏、四川、云南、贵州等地。

【药用部位】全草及花蕾：白蒿。为民间药，嫩茎叶药食两用。

【采收加工】夏季花期采收，除去杂质，阴干或晒干。

【药材性状】茎类圆柱形，长短不一，直径约 5mm；表面绿色，有纵棱纹及互生的枝叶，上部柔毛较密；质坚脆，断面纤维性，髓白色。叶皱缩或破碎；完整叶片展平后二至三回羽状深裂，裂片条形或条状披针形；表面绿色或灰绿色，两面均被柔毛。头状花序较多，半球形，直径 4～6mm；总花梗细瘦，苞叶线形，总苞片 3～4 层，有白色宽膜质边缘，背面被短柔毛；花序托卵形；边缘雌花狭管状，中心管状花两性。瘦果倒卵形。气浓香，味微苦。

以叶绿、花蕾多、气味浓者为佳。

【化学成分】地上部分含倍半萜类：白蒿素（sieversin），4-羟基-8-乙酰氧基-1（2），9（10）-愈创木二烯-6，12-内酯[4-hydroxy-8-acetoxyguaia-1（2），9（10）-dien-6，12-olide]，洋艾内酯（artabsin），洋艾素（absinthin），白蒿宁（sieversinin），11-表洋艾素，大籽蒿素（artesiversin），11α,13-二氢墨西哥蒿素（11α,13-dihydroestafiatin），大牻牛儿烯 D，右旋姜黄烯（curcumene），异戊酸橙花醇酯（nerylisovalerate），4-去羟亚菊素（4-dehydroxyjadin，ludartin），兰香油奥（chamazulene），兰香油精（chamazulenogen），蓍草苦素（achillin），蒿萜内酯（artemolin）等；黄酮类：5,7,4'-三羟基-3',5'-二甲氧基黄酮，3,5-二羟基-6,7,3',4'-四甲氧基黄酮，艾黄素（artemisetin），猫眼草黄素（chrysosplenetin），芦丁，异槲皮苷；木脂素类：芝麻素，e,e-蒿脂麻木质素（e,e-sesartemin），鹅掌楸树脂醇 B-二甲醚（yangambin，O,O-dimethylliriresinol B）等；挥发油主成分为 1,8-桉叶油素，反-丁香烯，顺-丁香烯和樟脑；还含马栗树皮素即七叶内酯又称秦皮乙素，咖啡酸等。

【功效主治】苦，凉。清热解毒，止痛。用于痈肿疔毒，黄水疮，皮肤湿疹，外阴瘙痒。

【历史】大籽蒿始载于《神农本草经》，列为上品，名白蒿。《新修本草》云："此蒿叶粗于青蒿，从初生至枯，白于众蒿，欲似细艾者。"《开宝本草》云："别本注云，白蒿叶似艾叶，上有白毛，粗涩，俗呼为蓬蒿。"所述形态与菊科植物大籽蒿相似。

三脉紫菀

【别名】山白菊、野白菊、三脉叶马兰、马兰。

【学名】Aster ageratoides Turcz.

【植物形态】多年生草本。茎直立，上部有时屈折，有分枝，高 0.3～1m，有柔毛或粗毛。叶互生；下部叶在花期枯萎,叶片阔卵圆形,基部急狭成柄;中部的叶片椭圆形或长圆状披针形,长5～15cm,宽1～5cm,中部以下急狭成楔形有宽翅的柄,边缘有3～7对浅或深锯齿;上部叶渐小,有浅齿或全缘;全部叶两面有毛,下面常有腺点,有离基3出脉。头状花序直径1.5～2cm,排列成伞房状或圆锥伞房状;总苞倒锥形或半球形;总苞片3层,条状长圆形,下部近革质或干膜质,上部绿色或紫褐色,外层长约2mm,内层长约4mm,有短缘毛;舌状花10余朵,舌片紫色、浅红色或白色,长达1.1cm;管状花长4.5～5.5mm,5裂;花柱附片长达1mm;冠毛浅红褐色或白色,长3～4mm。瘦果倒卵状长圆形,长2～2.5mm,灰褐色,有边肋,一面常有肋,有粗毛。花、果期8～9月。(图769)

冠毛,红色或污白色。气微,味微苦。

以叶多、色绿、带花者为佳。

【化学成分】全草含黄酮类:柚皮素,5,7,3′,4′-四羟基二氢黄酮,山奈酚,山奈酚-3-鼠李糖葡萄糖苷即红管素,槲皮素,槲皮苷,异槲皮苷等;三萜类:表木栓醇,木栓酮,2β,3β,16α-三羟基-23α-醛基降碳-12-齐墩果烯;甾醇类:24R-5α-豆甾-7,22E-二烯-3α-醇,菠甾醇,豆甾醇-β-D-葡萄糖苷,β-谷甾醇;尚含亚油酸甲酯,1,3-二亚油酸甘油酯等。

【功效主治】苦,辛,凉。止咳化痰,清热解毒。用于久咳久喘,咽痛,疖腮,乳痈,毒蛇咬伤,痈病肿毒,外伤出血。

【历史】《植物名实图考》载有野白菊花。谓:"处处平野有之,绿茎圆细,叶如凤仙、刘寄奴,不对生,梢端开花,宛如野菊,白瓣黄心,大如五铢钱。"其形态似本种。

紫菀

【别名】青牛舌头花、驴耳朵菜。

【学名】Aster tataricus L. f.

【植物形态】多年生草本,高0.4～1.5m。根茎短,密生多数须根。茎直立,通常不分枝,粗壮,有疏糙毛。基生叶花期枯萎脱落,叶片长圆状或椭圆状匙形,长20～50cm,宽3～13cm,基部下延;茎生叶互生;叶片长椭圆形或披针形,长18～35cm,宽5～10cm,中脉粗壮,有6～10对羽状侧脉;无柄。头状花序多数,直径2.5～4.5cm,排列成复伞房状;总苞半球形,宽1～2.5cm,总苞片3层,外层渐短,全部或上部草质,顶端尖或圆形,边缘宽膜质,紫红色;花序边缘约20多个舌状花,雌性,蓝紫色,舌片先端3齿裂,柱头2分叉;中央有多数筒状花,两性,黄色,先端5齿裂,雄蕊5,柱头3分叉。瘦果倒卵状长圆形,扁平,紫褐色,长2.5～3mm,两面各有1脉或少有3脉,上部具短伏毛;冠毛污白色或带红色。花期7～9月;果期9～10月。(图770)

图769 三脉紫菀
1.植株 2.总苞片 3.舌状花 4.管状花

【生长环境】生于山坡草丛或林下。

【产地分布】山东境内产于各山地丘陵。分布于全国各地。

【药用部位】全草:红管药(山白菊)。为民间药。

【采收加工】夏、秋二季花开放时采收,洗净,晒干或鲜用。

【药材性状】全草长50～80cm。根茎黄白色,有多数须根。茎圆柱形;表面暗绿色,下部略带暗紫红色,被短毛;质脆,断面不整齐。叶互生;叶片多皱缩或破碎,完整者展平后呈长椭圆状披针形,长6～14cm,宽1～4.5cm;边缘有3～7对粗锯齿;表面灰绿色,下表面有腺点,两面被短毛,有3条明显的叶脉。头状花序排成顶生的伞房状;总苞倒锥形,上部灰绿色或暗紫色;舌状花淡红色或白色带紫,筒状花黄色。瘦果椭圆形,具

【生长环境】生于低山阴坡湿地、山顶、低山草地或沼泽地。栽培于土层深厚、疏松肥沃、富含腐殖质、排水良好的砂质壤土。黏性土不宜栽培。忌连作。

【产地分布】山东境内产于泰山等山区。在我国除山东外,还分布于东北、华北地区及河南西部、陕西、甘肃南部及安徽北部。

【药用部位】根和根茎:紫菀;头状花序:紫菀花。为常用中药和蒙药。

【采收加工】10月下旬至翌年早春,待地上部分枯萎后采挖,除去有节的根茎(母根)、枯茎叶及泥沙,将细根编成小瓣状晒干,或直接晒干。头状花序初开时采摘,晒干。

【药材性状】根茎不规则块状,长2～5cm,直径1～

图 770 紫菀
1.植株上部 2.叶 3.植株下部及根 4.舌状花 5.管状花

3cm；表面紫红色或灰红色，顶端残留茎基及叶柄残痕，中下部丛生多数细长的根；质坚硬，断面较平坦，显油性。根长3～15cm，直径1～3mm，多编成辫状；表面紫红色或灰红色，有纵皱纹；质较柔韧，易折断，断面淡棕色，边缘紫红色，中央有细小木心。气微香，味甜，微苦。

以根多而长、色紫红、质柔韧者为佳。

【化学成分】根及根茎含含三萜类：紫菀酮(shionone)，紫菀苷(shionoside) A、B、C，紫菀皂苷(aster saponin) A、B、C、D、E、F、G，表紫菀酮(epishionol)，astertarone A、B，木栓酮(friedelin)即无羁萜，无羁萜-3-烯(friedel-3-ene)，表木栓醇(epifriedelnol)，β-香树脂醇，蒲公英赛醇(taraxerol)，φ-蒲公英醇(psi-taraxasterol)，astersaponins A、B、C、D、E、F、G、Ha、Hb、Hc、Hd；蒽醌类：大黄素，大黄酚，大黄素甲醚，芦荟大黄素；黄酮类：槲皮素，槲皮素-3-O-β-D-吡喃葡萄糖苷，山柰酚，3-甲氧基山柰酚，橙皮苷，芹菜素，芹菜素-7-O-β-D-吡喃葡萄糖苷；有机酸类：苯甲酸，对羟基苯甲酸，咖啡酸，阿魏酸二十六烷酯(E-ferulic acid hexacosyl ester)，3-O-阿魏酰基奎宁酸甲酯；苯丙素类：(+)-异落叶松脂素-9-β-D-吡喃葡萄糖苷，东莨菪素；肽类：紫菀五肽(asterin) A、B，紫菀氯环五肽(astin) A、B、C、D、E、F、G、H、I、J，asternin A、B、C、E、F；挥发油主成分为毛叶醇(lachnophyllol)，乙酸毛叶酯(lachnophyllol acetate)，茴香脑(anethole)，1-乙酰基-反式-2-烯-4,6-癸二炔[1-acetoxy-2-ene(E)-4,6-decandiyne]等；还含丁基-D-核酮糖苷(butyl-D-ribuloside)，胡萝卜苷，豆甾醇，β-谷甾醇等。花含槲皮素。

【功效主治】紫菀辛、苦，温。润肺下气，消痰止咳。用于痰多喘咳，新久咳嗽，劳嗽咳血。紫菀花(蒙药)微苦，平。杀黏，清热解毒，排脓，消肿。用于疫热，天花，麻疹，猩红热。

【历史】紫菀始载于《神农本草经》，列为中品。《本草经集注》曰："紫菀，近道处处有，生布地，花亦紫，本有白毛，根甚柔细。"其形态与现今紫菀一致。但历代本草收载的紫菀不止一种，《本草图经》载："紫菀三月内布地生苗叶，其叶三四相连，五月、六月内开黄紫白花，结黑子，本有白毛，根甚柔细，二月、三月内取根，阴干用。"所附"成州紫菀"、"解州紫菀"和"泗州紫菀"图植物形态皆不相同，其花有黄白紫色不等。其中成州即甘肃成县，所产紫菀开紫白花，有基生叶，与现今商品紫菀原植物相似；解州即山西运城境内，所产紫菀开黄色花，花序总状排列，与橐吾属(Ligularia)植物相近。

【附注】《中国药典》2010年版收载紫菀。

朝鲜苍术

【别名】苍术。

【学名】Atractylodes coreana (Nakai) Kitam. (Atractylis coreana Nakai)

【植物形态】多年生草本。根状茎粗长。茎直立，单生或少数茎簇生，高25～50cm，不分枝或上部分枝，全部茎枝光滑无毛。基部叶花期枯萎，脱落；茎中下部叶互生；叶片椭圆形或长椭圆形，长6～10cm，宽2～4cm，中部以下最宽，基部圆形；无柄，半抱茎或贴茎，有时具极短的柄；上部叶渐小；全部叶质薄，有时较厚，近革质，两面近同色，无毛，边缘有刺状缘毛或三角形刺齿，顶端渐尖或急尖。头状花序单生于茎端；总苞钟状，直径约1cm；总苞片6～7层，全部苞片边缘有稀疏的蛛丝状毛或无毛，最内层苞片顶端常红紫色；小花白色，长约8mm。瘦果倒卵圆形，长约4mm，有稠密的顺向贴伏的长直毛；冠毛羽毛状，基部结合成环。花、果期7～9月。(图771)

【生长环境】生于林下或山坡草丛中。

【产地分布】山东境内产于崂山、昆嵛山、艾山、牙山、蒙山、沂山等山区。在我国除山东外，还分布于辽宁等地。

【药用部位】根茎：朝鲜苍术。为民间药。

【采收加工】春、秋二季采挖，除去泥沙，晒干，撞去须根。

【化学成分】根茎含苍术酮。

【功效主治】辛、苦，温。燥湿健脾，祛风散寒，明目。用于湿阻中焦，脘腹胀满，泄泻，水肿，脚气痿躄，风湿痹痛，外感风寒，夜盲，眼目昏涩。

【药用部位】根茎：苍术。为常用中药，可用于保健食品。

【采收加工】春、秋二季采挖，除去泥沙，晒干，撞去须根。

【药材性状】根茎呈不规则连珠状或结节状圆柱形，略弯曲，通常不分枝，长3～10cm，直径1～2cm。表面灰棕色或黄棕色，有皱纹、横曲纹及残留须根，节处常有缢缩的浅横凹沟，节间有圆形茎痕，顶端具茎痕或残留茎基。质坚实，断面类白色或黄白色，散有多数橙黄色或棕红色油室（俗称朱砂点），暴露稍久，可析出白色细针状结晶。气香特异，味微甘、辛、苦。横断面于紫外光灯（254nm）下不显蓝色荧光。

以质坚实、断面类白色、朱砂点多、香气浓者为佳。

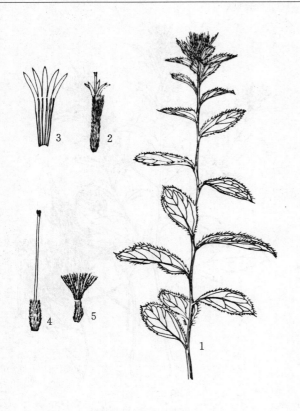

图771　朝鲜苍术
1.植株上部　2.雌蕊　3.雌蕊花冠展开，示退化雄蕊
4.雌蕊　5.瘦果

苍术

【别名】山刺儿菜、术、赤术。

【学名】Atractylodes lancea (Thunb.) DC.
（Atractylis lancea Thunb.）

【植物形态】多年生草本。根状茎平卧或斜生，呈结节状，生有多数直径和长度近相等的不定根。茎直立，高0.3～1m，单生或少数茎簇生。基部叶花期脱落；茎生叶互生；叶片卵状披针形至椭圆形，长3～8cm，宽1～3cm，顶端渐尖，基部渐狭，边缘有刺状锯齿或重锯齿，上面深绿色，有光泽，下面浅绿色，叶脉隆起，或下部叶片常3裂，中央裂片极大，卵形，两侧裂片较小，顶端尖头，基部楔形，叶革质；无柄或有柄。头状花序顶生；总苞钟状，直径1～1.5cm；苞叶针刺状羽状全裂或深裂；总苞片5～7层，覆瓦状排列，边缘有稀疏蛛丝状毛；中内层苞片上部有时变红紫色；小花白色，长约9mm。瘦果倒卵圆状，被稠密顺向贴伏白色长直毛；冠毛羽毛状，基部连合成环。花、果期6～10月。（图772）

【生长环境】生于山坡、草地、林下、灌丛或岩缝隙中。

【产地分布】山东境内产于各山地丘陵。在我国除山东外，还分布于黑龙江、辽宁、吉林、内蒙古、河北、山西、甘肃、陕西、河南、江苏、江西、安徽、四川、湖南、湖北等地。

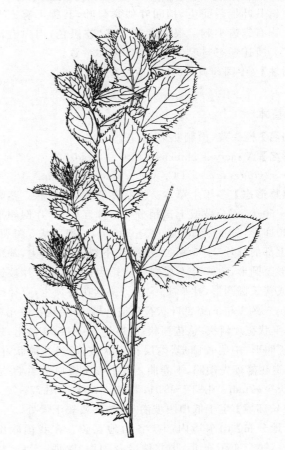

图772　苍术

【化学成分】根茎含挥发油：主成分为苍术素（atractylodin），茅术醇（hinesol），β-芹子烯，β-桉油醇（β-eudesmol），苍术酮（atractylone），苍术醇（atractylol），榄香烯（elemene）等；有机酸类：9,12-十八碳二烯酸，4-羟基-3-甲氧基苯甲酸，香草酸（vanillic acid），十六烷酸，9,12,15-十八碳三烯酸，9-十八碳烯酸；还含白术内酯（atractylenolide）Ⅰ、Ⅱ、Ⅲ，Ⅲ即苍术烯内酯丙，3β-乙酰氧基苍术酮（3β-acetoxyatractylone），3β-羟基苍术酮，3,5-二甲氧基-4-葡萄糖氧基苯基烯丙醇（3,5-dimethoxy-4-glucosyloxy phenylallyl aleohol),汉黄芩素(wogonin)及无机元素钴、铬、铜、锰、钼、镍、锡、锶、钒、锌、铁等。

【功效主治】辛,苦,温。燥湿健脾,祛风散寒,明目。用于湿阻中焦,脘腹胀满,泄泻,水肿,脚气痿躄,风湿痹痛,外感风寒,夜盲,眼目昏涩。

【历史】术始载于《神农本草经》,列为上品,不分苍术、白术。《名医别录》始分为赤、白两种。《本草图经》曰:"春生苗,青色无桠……茎作蒿杆状,青赤色,长三二尺以来,夏开花,紫碧色,亦似刺蓟花,或有黄白色者。入伏后结子,至秋而苗枯。根似姜而旁有细根,皮黑,心黄白色,中有膏液紫色"。《本草衍义》曰:"苍术其长如大小指,肥实,皮色褐,气味辛烈,须米泔浸洗去皮用"。《本草纲目》载:"苍术,山蓟也,处处山中有之。苗高二三尺,其叶抱茎而生,梢间叶似棠梨叶,其脚下有三五叉,皆有锯齿小刺。根如老姜之状,苍黑色,肉白有油膏"。所述形态与现今植物苍术基本一致。

【附注】《中国药典》2010年版收载。

北苍术

【别名】枪头菜、山刺儿菜、山苍术。

【学名】Atractylis chinensis (DC.) Koidz.
Atractylodes lancea DC. var. *chinensis* Kitam.

【植物形态】多年生草本。根状茎肥大,结节状。茎高30~50cm,不分枝或上部稍分枝。叶互生;叶片倒卵形或长卵形,长4~7cm,宽1.5~2.5cm,一般羽状5深裂;茎上部的叶片3~5羽裂、浅裂或不裂,顶端短尖,基部楔形至圆形,边缘有不规则刺状锯齿;上部的叶片披针形或狭长椭圆形,叶革质;无柄。头状花序顶生,直径约1cm,长约1.5cm;基部叶状苞片披针形,与头状花序几等长,羽状苞片刺状;总苞杯状;总苞片5~6层,有微毛,外层长卵形,中层长圆形,内层长圆状披针形;花筒状,白色;退化雄蕊先端圆,不卷曲。瘦果密生银白色柔毛;冠毛长6~7mm。花期7~8月;果期8~9月。(图773)

【生长环境】生于低山阴坡灌丛、林下或较干燥处。

【产地分布】山东境内产于各山地丘陵。在我国除山东外,还分布于东北、华北地区及河南、陕西、宁夏、甘肃等地。

【药用部位】根茎:北苍术。为常用中药,可用于保健食品。

【采收加工】春、秋二季采挖,除去泥沙,晒干,撞去须根。

【药材性状】根茎呈疙瘩状或结节状圆柱形,常弯曲并具短分枝,长4~10cm,直径0.7~4cm。表面黑棕色,除去外皮者呈黄棕色。质轻,较疏松,断面略呈纤维性,散有黄棕色油室,放置后不析出白毛状结晶。香气较弱,味苦、辛。横断面于紫外光灯(254nm)下显亮蓝

图773 北苍术
1.植株上部 2.根茎及根

色荧光。

以质坚实、断面油点多、香气浓者为佳。

【化学成分】根茎含挥发油:主成分为苍术素,苍术醇,苍术酮,β-桉油醇,β-芹子烯,左旋 α-甜没药萜醇(α-bisabolol),茅术醇,榄香醇(elemol),芹子二烯酮[selina-4(14),7(11)-diene-8-one],红没药醇(bisabolol),苍术呋喃烃醇(atractylodinol),乙酰基苍术呋喃烃醇(acetyl atractylodinol),北苍术炔(atractyloyne)即(3S,4E,6E,12E)-1-异戊酰氧-十四碳-4,6,12-三烯-8,10-二炔-3,14-二醇;黄酮类:汉黄芩素,汉黄芩苷,汉黄芩苷甲酯;有机酸:香草酸,原儿茶酸,3,5-二甲氧基-4-羟基苯甲酸,2-呋喃甲酸;还含苍术烯内酯丙,2-苯乙醇芸香糖苷,β-谷甾醇,胡萝卜苷等。

【功效主治】辛、苦,温。燥湿健脾,祛风散寒,明目。用于湿阻中焦,脘腹胀满,泄泻,水肿,脚气痿躄,风湿痹痛,风寒外感,夜盲,眼目昏涩。

【历史】见苍术。

【附注】《中国植物志》和《山东植物志》均将本种归并于苍术 A. lancea (Thunb.) DC.。《中药志》《中华本草》等将北苍术 var. chinensis Kitam. 作为苍术 A. lancea (Thunb.) DC. 的变种。本志采纳《中国药典》2010年版的学名。

白术

【别名】鸡冠术、冬白术。

【学名】Atractylodes macrocephala Koidz.

【植物形态】多年生草本，高20～60cm。根状茎块状。茎直立，通常自中下部分枝，全部光滑无毛。叶互生；叶片通常3～5羽状全裂，少有不裂，顶裂片比侧裂片大，倒长卵形或长椭圆形；有长3～6cm的叶柄；中部以上叶渐小；全部叶质地薄，纸质，两面绿色，无毛，边缘或裂片边缘有刺状或细齿状缘毛。头状花序单生枝端，通常有6～10个头状花序；苞叶绿色，长3～4cm，针刺状羽状全裂；总苞大，宽钟状，直径3～4cm；总苞片9～10层，覆瓦状排列；全部苞片顶端钝，边缘有白色蛛丝状毛；小花长1.7cm，紫红色，冠檐5深裂。瘦果倒圆锥状，长7.5mm，有顺向稠密的白色长直毛；冠毛羽毛状，污白色，长1.5cm，基部结合成环状。花、果期8～10月。（图774）

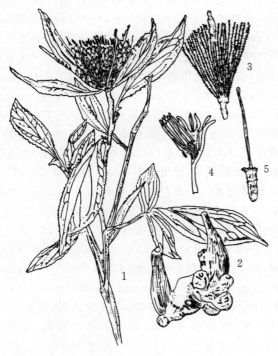

图774　白术
1. 植株上部　2. 根茎　3. 管状花　4. 花冠展开，示雄蕊　5. 雌蕊

【生长环境】栽培于排水良好的沙质壤土。
【产地分布】山东境内在菏泽、蒙阴、济南等地有栽培，全省各地药圃也有少量栽培。在我国除山东外，还分布于江西、湖南、浙江、四川等地。
【药用部位】根茎：白术。为常用中药，可用于保健食品。
【采收加工】冬季下部叶枯黄，上部叶变脆时采挖，除去泥沙，烘干或晒干，再除去须根。
【药材性状】根茎呈不规则肥厚团块，长3～13cm，直径1.5～7cm。表面灰黄色或灰棕色，有瘤状突起及断续的纵皱纹和沟纹，并有须根痕，顶端残留茎基和芽痕。质坚硬，不易折断，断面不平坦，黄白色至淡棕色，有棕黄色点状油室散在，烘干者断面角质样，色较深或有裂隙。气清香，味甘、微辛，嚼之略带黏性。

以个大、质坚实、断面色黄白、香气浓者为佳。

【化学成分】根茎含挥发油：主成分为苍术酮，苍术素（atractylodin），3β-乙酰氧基苍术酮，3β-羟基苍术酮，芹子二烯酮，茅术醇，α-及β-葎草烯，桉叶醇，β-芹子烯等；倍半萜内酯类：白术内酯Ⅰ、Ⅱ、Ⅲ、Ⅳ，双白术内酯（biatracylenolide），羟基白术内酯，8β-乙氧基苍术内酯（8β-ethoxyatractylenolide）Ⅱ；多炔醇类：14-乙酰基12-千里光酰基-8-顺式白术三醇（14-acetyl-12-senecioyl-2E,8Z,10E-atractylentriol），12-千里光酰基-8-反式白术三醇（12-senecioyl-2E,8E,10E-atractylentrlol），12α-甲基丁酰基-14-乙酰基-8-顺式白术三醇（12α-methyl butyryl-14-acetyl-2E,8Z,10E-atractylentriol），12α-甲基丁酰基-14-乙酰基-8-反式白术三醇等；苷类：莨菪亭-β-D-吡喃木糖基-(1→6)-β-D-吡喃葡糖苷，(2E)-癸烯-4,6-二炔-1,8-二醇-8-O-β-D-呋喃芹糖基-(1→6)-β-D-吡喃葡糖苷，淫羊藿次苷F_2，淫羊藿次苷D_1，丁香苷，二氢丁香苷，苍术苷A，10-表苍术苷A和苍术苷B；糖类：菊糖，果糖，甘露聚糖AM-3，白术多糖PSAM-1、PSAM-2；氨基酸：天冬氨酸，丝氨酸，谷氨酸，丙氨酸，甘氨酸；还含杜松脑（junipercamphor），东莨菪素，香草酸，白术内酰胺，蒲公英萜醇乙酸酯，β-香树脂醇乙酸酯，β-谷甾醇，γ-菠甾醇，尿苷及无机元素铜、铁、锌、镁、锰等。

【功效主治】苦、甘，温。健脾益气，燥湿利水，止汗，安胎。用于脾虚食少，腹胀泄泻，痰饮眩悸，水肿，自汗，胎动不安。
【历史】术始载于《神农本草经》，列为上品，又名山蓟，无白术、苍术之分。《本草经集注》曰："以蒋山、白山、茅山者为胜……。术乃有两种，白术叶大有毛而作桠，根甜而少膏，可作丸散用。赤术叶细无桠，根小苦而多膏，可作煎用"。又曰："俘蓟，即白术也。今白术生杭、越、舒、宣州高山岗上，叶叶相对，上有毛，方茎，茎端生花，淡紫碧红数色，根作桠生"。《本草纲目》曰："白术……人多取其根栽莳，一年生即稠。嫩苗可茹，叶稍大而有毛。根如指大，状如鼓槌，亦有大如拳者"。所述形态及附图与现今白术原植物一致。
【附注】《中国药典》2010年版收载。

婆婆针

【别名】鬼针草、锅叉（烟台）、鬼捆针（临沂）。
【学名】Bidens bipinnata L.
【植物形态】一年生草本。茎直立，高0.3～1m，下部略有四棱，无毛或上部被稀疏柔毛，基部直径2～7mm。叶对生；叶片长5～14cm，二回羽状分裂，第1次分裂深达中脉，裂片再次羽状分裂，小裂片三角形状或菱状披针形，有1～2对缺刻或深裂，顶生裂片狭，先端渐尖,边缘有稀疏不整齐的粗齿,两面均被疏柔毛;叶柄长2～6cm。头状花序直径0.6～1cm;花序梗长1～5cm;总苞杯形,基部有柔毛,外层苞片5～7,条形,内层苞片膜质,椭圆形,托片狭披针形,长约5mm;舌状花通常1～3,不育,舌片黄色,椭圆形或倒卵状披针形,长4～5mm,宽2.5～3.2mm;管状花两性,黄色,长约4.5mm,冠檐5齿裂。瘦果条形,略扁,有3～4棱,长1.2～1.8cm,宽约1mm,有瘤状突起及小刚毛;顶生芒刺3～4,稀2,长3～4mm,有倒刺毛。花期7～8月,果期8～10月。(图775)

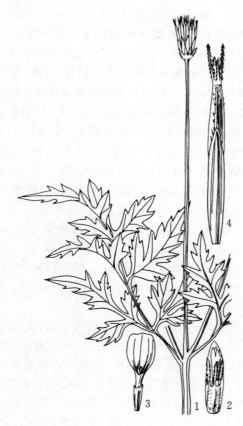

图775 婆婆针
1.花枝 2.管状花 3.舌状花 4.瘦果及托片

【生长环境】生于路边、荒地、山坡、田间及沟池边。
【产地分布】山东境内产于各地。在我国除山东外,还分布于东北、华北、华中、华东、华南、西南及西北等地。
【药用部位】全草:鬼针草。为少常用中药。
【采收加工】夏、秋二季花开盛期,采割地上部分,除去杂质,晒干或鲜用。
【药材性状】茎略呈圆柱形或方柱形,长30～80cm;表面绿褐色或略带紫色,幼茎及茎上部有短柔毛,下部略有四棱;质脆,折断面黄白色,中央有髓。完整叶片展开后呈二回羽状深裂,裂片再次羽裂,小裂片三角形或菱状披针形;边缘有不规则细尖齿或粗齿;表面绿色至深绿色,两面略被毛;纸质,易破碎。头状花序生于茎端,直径0.6～1cm,舌状花和管状花均黄色。瘦果长线形,表面具3～4条棱,具短毛,冠毛芒状,3～4条,长3～4mm。气微,味淡。

以叶多、色绿、带花者为佳。

【化学成分】全草含黄酮类:金丝桃苷,奥卡宁(okanin),异奥卡宁-7-O-葡萄糖苷,海生菊苷(maritimetin)即6,7,3′,4′-四羟基橙酮-6-O-β-D-吡喃葡萄糖苷;有机酸:水杨酸,原儿茶酸,没食子酸;还含氨基酸和挥发油。地上部分含炔类:鬼针聚炔苷(bipinnatapolyacetyloside)即2-β-D-吡喃葡萄糖基-1,13-二羟基-3(反),11(反)-十三二烯-5,7,9-三炔,鬼针聚炔苷B即2-β-D-吡喃葡萄糖基-1,13-二羟基-11(反)-十三烯-3,5,7,9-四炔,1-苯基-1,3,5-庚三炔,7-苯基-2,4,6-庚三炔-1-醇,1-苯基-4,6-庚二炔-2-醇,3β-D-葡萄糖-1-羟基-6(反)-十四烯-8,10,12-三炔[3β-D-glucosyl-1-hydroxy-6(E)-tetradecene-8,10,12-triyne],1-苯基-4,6-庚二炔-1,2-二醇,5-(2-苯基-乙炔基)-2-噻吩甲醇,5-(2-苯基-乙炔基)-2-β-D-葡萄糖基噻吩甲醇,5(E)-1,5-tridecadiene-7,9-diyn-3,4,12-triol,(6E,12E)-3-oxy-tetradeca-6,12dien-8,10-diyn-1-ol 等;黄酮类:芦丁,芹菜素,金丝桃苷,海生菊苷,木犀草素,木犀草素-7-O-β-D-葡萄糖苷,5,7,4′-三羟基-3,6,3′-三甲氧基黄酮,槲皮素-7-O-β-D-葡萄糖苷,异奥卡宁-7-O-β-D-葡萄糖苷,7,3′,4′-三羟基橙酮-6-O-β-D-吡喃葡萄糖苷,5,4′-二羟基-3,6,3′-三甲氧基黄酮-7-O-β-D-葡萄糖苷,3,2′-二羟基-4-甲氧基查尔酮-3′,4′-二-O-(4″,6″,4‴,6‴-四乙酰基)-β-D-葡萄糖苷,(顺)-6-O-(4″,6″-二乙酰基-β-D-葡萄糖)-6,7,3′,4′-四羟基橙酮[(Z)-6-O-(4″,6″-diacetyl-β-D-glucosyl)-6,7,3′,4′-fetrahydroxyaurone];三萜类:α-香树脂醇,羽扇豆醇,12-烯-3β-齐墩果酸;甾醇类:豆甾醇-7-酮,豆甾-4-烯-3β,6α-二醇,β-谷甾醇,胡萝卜等;有机酸:水杨酸,9,12,13-三羟基-10,15-十八二烯酸,9,12,13-三羟基-10-十八烯酸,4-O-(6″-O-对-香豆酰基-β-D-葡萄糖)-对-香豆酸[4-O-(6″-O-p-coumaroyl-β-glucosyl)-p-coumaric acid];还含鬼针草苷(bidenoside)A、B、C、D、E、F,鬼针草素(bidenin)A 即 5,6,9-三羟基-4-羟甲基-3,8-二氧代-二环[5,3,0]-10 癸烯-2-酮,七叶苷,3-甲基-2-(2-戊烯基)-4-O-β-D-吡喃葡萄糖基-Δ²-环戊烯-1-酮,苄基-O-β-D-吡喃葡萄糖,异戊基-O-β-D-吡喃葡萄糖苷,正丁基-O-α-L-呋喃果糖苷,D-甘露醇。果实含脂肪油。根含微量聚乙炔类化合物Ⅰ、Ⅱ、Ⅲ、Ⅳ。

【功效主治】苦,微寒。清热解毒,祛风除湿,活血消肿。用于咽喉肿痛,泄泻,痢疾,黄疸,肠痈,疔疮肿毒,蛇虫咬伤,风湿痹痛,跌打损伤。

【历史】婆婆针始载于《本草拾遗》,名鬼针草,谓:"生池畔,方茎,叶有桠,子作钗脚,着人衣如针。北人呼为鬼针。"所述形态与菊科鬼针草属植物相似。《植物名实图考》卷十四隰草类收载的鬼针草及其附图,近似同属植物鬼针草(B. pilosa L.)。

【附注】《山东省中药材标准》2002年版收载,原植物名为鬼针草。

金盏银盘

【别名】婆婆针、一包针、鬼针草。

【学名】Bidens biternata (Lour.) Merr. et Sherff (*Coreopsis biternata* Lour.)

【植物形态】一年生草本。茎直立,高0.3~1.5m,略有四棱,无毛或被稀疏卷曲的短柔毛。叶对生,为一回羽状复叶;顶生小叶片卵形或卵状披针形,长2~7cm,宽1~2.5cm,先端渐尖,基部楔形,边缘锯齿较密,有时一侧深裂为1小裂片,两面均有柔毛,侧生小叶1~2对,卵形或卵状长圆形,近顶端的1对稍小,通常不分裂,基部下延,下部1对与顶生小叶近相等,有明显的柄,三出复叶状分裂或仅一侧有裂片,裂片椭圆形,边缘有锯齿;总叶柄长1.5~5cm。头状花序直径0.7~1cm;花序梗长1.5~5.5cm;总苞基部有短柔毛;外层苞片8~10,草质,条形,长3~6.5mm,背部密被短柔毛,内层苞片长椭圆形或长圆状披针形,长5~6mm,被短柔毛;舌状花通常3~5,不育,淡黄色,舌片长椭圆形,长约4mm,宽约3mm,先端3齿裂,或有时无舌状花;管状花两性,长4~5.5mm,冠檐5齿裂。瘦果条形,黑色,有4棱,两端稍狭,顶端芒刺3~4,长3~4mm,有倒刺毛。花期6~8月;果期8~10月。(图776)

【生长环境】生于路边、村旁或荒地上。

【产地分布】山东境内产于崂山、昆嵛山及鲁中南山区。在我国除山东外,还分布于华南、华东、华中、西南地区及河北、山西、辽宁等地。

【药用部位】全草:金盏银盘。为民间药。

【采收加工】夏季花开时采割地上部分,除去杂质,晒干或鲜用。

【药材性状】茎略具四棱,长30~80cm,直径1~5mm;表面淡棕褐色。叶对生,常皱缩破碎或脱落;完整叶片展平后为一回羽状复叶,小叶片卵形或卵状披针形,长2~7cm,宽1~2cm;边缘有锯齿;侧生小叶1~2对;表面黄绿色或绿色,两面被柔毛。头状花序有舌状花和管状花,黄色或黄棕色,干枯;花序梗长2~5cm或更长。瘦果条形,黑色,芒刺3~4,有倒刺毛,残存花托近圆形。气微,味淡。

以叶多、色绿、带花者为佳。

【化学成分】全草含槲皮素,海生菊苷,6-O-(6″-丙酰基-β-D-吡喃葡萄糖基)-6,7,3′,4′-四羟基橙酮[6-O-(6″-prpionyl-β-D-glucopyranosyl)-6,7,3′,4′-tetrahydroxyau-

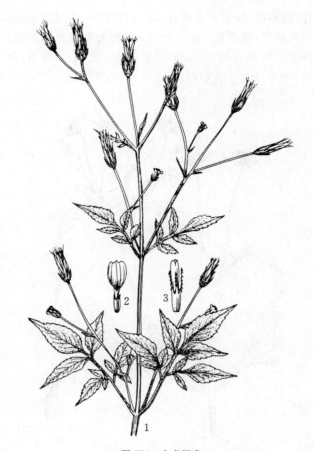

图776 金盏银盘
1.植株上部 2.舌状花 3.管状花

ron],4-O-(2″-O-乙酰基-6″-O-对香豆酰基-β-D-吡喃葡萄糖)对香豆酸,三十烷酸,绿原酸,豆甾醇等。

【功效主治】甘、淡,平。清热解毒,活血散瘀。用于咽喉痛,肠痈,黄疸,吐泻,风湿痹痛,疟疾,疮疖,毒蛇咬伤,跌打损伤。

【历史】金盏银盘始载于《百草镜》,原名铁笊帚。《本草纲目拾遗》云:"铁笊帚,山间多有之,绿茎而方,上有紫线纹,叶似紫顶龙芽(马鞭草),微有白毛,七月开小黄花,结实似笊帚形,能刺人手。故又名千条针。"所述形态与菊科植物金盏银盘相似。

大狼杷草

【别名】狼杷草、接力草、一包针。

【学名】Bidens frondosa L.

【植物形态】一年生草本。茎直立,分枝,高0.2~1.2m,被疏毛或无毛,常带紫色。叶对生,一回羽状复叶,有柄,小叶2~5片;小叶片披针形,长3~10cm,宽1~3cm,先端渐尖,边缘有粗锯齿,至少顶生者有明显的柄。头状花序单生茎端或枝端;总苞钟状或半球形;外层苞片5~10,通常8,披针形或匙状倒披针形,长5~9mm,膜质,有淡黄色边缘;无舌状花或舌状花不发育,极不明显;管状花两性,花冠长约 3mm,冠檐 5 裂。瘦果扁平,狭楔形,长 0.5~1cm,近无毛或有糙伏毛;顶端芒刺 2,长约 2.5mm,有倒刺毛。花期 7~9 月;果期 8~10 月。(图 777)

图 777　大狼杷草
1.植株上部　2.管状花　3.雌蕊

【生长环境】 生于田野湿润处、路旁、沟边、山坡草丛或山脚水池边。

【产地分布】 原产北美。山东境内在胶东半岛、临沂等地有逸生。在我国除山东外,上海近郊有逸生。

【药用部位】 全草:狼杷草。为民间药。

【采收加工】 夏季开花时采割地上部分,除去杂质,晒干。

【药材性状】 茎略呈方柱形,长 20~100cm,上部有分枝;表面绿褐色或绿紫色,被疏毛或无毛;质脆,断面黄白色。叶对生;展平后呈一回羽状复叶,小叶片 2~5;小叶片呈披针形,长 2~9cm,宽 1~2.5cm;先端渐尖,边缘有粗锯齿,基部有柄;上表面深绿色或黄绿色,无毛,下表面灰绿色;质脆,易破碎。头状花序单生茎端;总苞外层苞片常 8 片,管状花花冠长约 3mm。瘦果扁平狭楔形,长 0.5~1cm,顶端有长约 2.5mm 的芒刺 2 个,有倒刺毛。气微,味微苦。

以叶多、色绿、头状花序多者为佳。

【化学成分】 全草含十三碳-3,5,7,9-四炔-11-烯-1,2,13-三醇-1-葡萄糖苷(trideca-3,5,7,9-tetrayne-11-en-1,2,13-triol-l-glucoside)。花含绿原酸,木犀草素,紫铆花素(butin),波斯菊苷(coreposin),马里苷(marein),海生菊苷,硫磺菊素(sulfuretin)等。

【功效主治】 苦,平。强壮,清热解毒。用于体虚乏力,盗汗,咯血,痢疾,疳积,丹毒。

小花鬼针草

【别名】 鬼针草、细叶鬼针草、小鬼针。

【学名】 Bidens parviflora Willd.

【植物形态】 一年生草本。茎高 20~90cm,下部圆柱形,有纵条纹,无毛或被稀疏短柔毛。叶对生;叶片卵圆形,长 6~10cm,二至三回羽状分裂,第 1 次分裂深达中脉,裂片再次羽状分裂,小裂片有 1~2 粗齿或再作第 3 回羽裂,最后一次裂片条形或条状披针形,宽约 2mm,先端锐尖,边缘稍向上反卷,有柄,柄长 2~3cm,背面微凸或扁平,腹面有沟槽,槽内及边缘有疏柔毛;上部叶互生;叶片二回或一回羽状分裂。头状花序单生茎端及枝端,有长梗,开花时直径 1.5~2.5mm,高 0.7~1cm;总苞筒状,基部被柔毛;外层苞片 4~5,草质,条状披针形,内层苞片稀疏,常仅 1 枚,托片状;托片长椭圆状披针形,膜质,有狭而透明的边缘;无舌状花;管状花两性,6~12 朵,花冠筒状,长约 4mm,冠檐 4 齿裂。瘦果条形,略有 4 棱,长 1.3~1.6cm,宽约 1mm,两端渐狭,有小刚毛;顶端芒刺 2,长 2~3.5mm,有倒刺毛。花期 6~8 月;果期 8~10 月。(图 778)

【生长环境】 生于旷野山坡路边、荒野或河岸。

【产地分布】 山东境内产于各地。在国内除山东外,还分布于东北、华北、西南地区及河南、陕西、甘肃等地。

【药用部位】 全草:小花鬼针草(鹿角草)。为民间药。

【采收加工】 夏季花开时采割地上部分,除去杂质,晒干或鲜用。

【药材性状】 茎近钝方柱形,下部圆柱形,长 30~70cm;表面暗褐色,有纵条纹;质脆,断面中央有白色的髓。单叶对生或上部互生,皱缩或破碎;完整叶片展平后呈卵圆形,二至三回羽状分裂,小裂片条形或条状披针形,全缘或稍向上反卷;上表面黄绿色至绿褐色,被短柔毛,下表面无毛或沿中脉被稀疏柔毛。头状花序单生茎枝顶端,全为管状花,黄棕色。气微,味微苦。

以叶多、色绿、带花者为佳。

【化学成分】 全草含黄酮类:紫云英苷,异槲皮素,硫磺菊苷,海生菊苷,柚皮芸香苷(narirutin),芦丁,槲皮苷,金丝桃苷,5,7,2′,5′-四羟基黄酮等;酚酸类:3,5-二氧咖啡酰奎宁酸(3,5-di-O-caffeoylquinic acid),3,4-二氧咖啡酰奎宁酸,4,5-二氧咖啡酰奎宁酸,4-氧-咖啡酰奎宁酸,5-氧-咖啡酰奎宁酸,奎宁酸,咖啡酸,原儿茶酸,对羟基桂皮酸,3,5-二[1-O-(5-咖啡酰)喹宁酸基]-4-咖啡酰喹宁酸{3,5-di-[1-O-(5-caffeoyl) quinic acid]-4-caffeoylquinic acid};酚苷类:4-羟基-3-甲氧基苯丙三醇-

【植物形态】一年生草本，高0.3～1m。茎直立，具四棱，多少被毛。中部叶对生；叶片3深裂或羽状分裂，裂片卵形或卵状椭圆形，先端尖或渐尖，基部近圆形，边缘有锯齿或分裂；上部叶对生或互生；叶片3裂或不裂，裂片线状披针形。头状花序直径约8mm；总苞基部被细软毛，外层总苞片7～8枚，匙形，绿色，边缘有细软毛；舌状花白色或黄色，4～7朵，部分不发育；管状花两性，黄色，长约4.5mm，裂片5。瘦果条形，长0.7～1.2cm，具4棱，稍有硬毛，冠毛芒状，3～4枚，长1.5～2.5mm。花期7～8月；果期8～10月。（图779）

图778 小花鬼针草
1.植株上部 2.管状花 3.瘦果

8-O-β-D-葡萄糖苷，丁香酚苷，4-烯丙基-2-甲氧基苯酚-O-(6-O-β-D-芹糖基)-β-D-葡萄糖苷[4-allyl-2-methoxyphenol-O-(6-O-β-D-apiofuranosyl)-β-D-glucoside]即鬼针草酚葡萄糖苷（bidenphenol glucoside），5,7-二羟基色原酮-7-O-β-D-葡萄糖苷（5,7-dihydroxy chromone-7-O-β-D-glucoside），苄醇-O-β-D-葡萄糖苷（benzyl alcohol-O-β-D-glucoside）；香豆素类：6-羟基香豆素，7-羟基-6-甲氧基香豆素；尚含4-[3-(3,4-二羟基苯基)-丙烯酰氧基]-2,3-二羟基-2-甲基-丁酸{4-[3-(3,4-dihydroxy-phenyl)-acryloyloxy]-2,3-dihydroxy-2-methyl-butyric acid}，齐墩果酸，熊果酸，酸枣仁甾醇-3β-O-[β-D-吡喃葡萄糖基-1-(1→3)-α-L-去氧塔洛糖基(1→2)-α-L-阿拉伯糖基]{jujubosterol-3β-O-[β-D-glucopyranosyl-1-(1→3)-α-L-deoxytalosyl-(1→2)-α-L-arabinosyl]}等。

【功效主治】苦，平。清热解毒，活血散瘀。用于外感发热、咽痛、吐泻、肠痈、痔疮、跌打损伤、冻疮、毒蛇咬伤。

鬼针草
【别名】鬼捆针（临沂）、刺针草、婆婆针、一包针。
【学名】Bidens pilosa L.

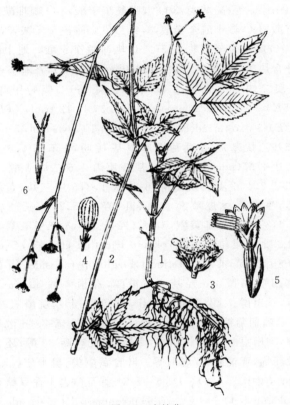

图779 鬼针草
1.植株下部 2.植株上部 3.头状花序
4.舌状花 5.管状花 6.果实

【生长环境】生于山坡、路旁或田间。
【产地分布】山东境内产于临沂等地。在我国除山东外，还分布于陕西、江苏、安徽、浙江、福建、台湾、广东、广西、贵州、云南等地。
【药用部位】全草：鬼针草。为民间药。
【采收加工】夏、秋二季盛花期采割地上部分，晒干或鲜用。
【药材性状】全草长30～80cm。茎具四棱，多少被毛。完整叶片展平后为3深裂或羽状深裂，裂片卵形、卵状椭圆形或线状披针形；先端尖或渐尖，基部近圆形，边缘有锯齿；表面绿色或褐绿色，无毛。头状花序生于茎端，直径约8mm；舌状花和管状花黄色或黄褐色。瘦果条形，表面具4棱，稍有硬毛；芒状冠毛3～4条。气微,味微苦。

以叶多、色绿、有花者为佳。

【化学成分】全草含黄酮类:芦丁,槲皮素,金丝桃苷,异槲皮苷,3,2′,4′-三羟基-4-甲氧基查尔酮,2′-羟基-4,4′-二甲氧基查尔酮,4′-O-β-D-葡萄糖基-3,2′-二羟基-4-甲氧基查尔酮,3,5,6,7,3′,4′,5′-七羟基黄酮,7-O-β-D-葡萄糖基-5,3′-二羟基-3,6,4′-三甲氧基黄酮,异甘草素(isoliquiritigenin),异泽兰黄素(eupatilin)等;多炔类:红花炔二醇,十七烷-2E,8E,10E,16-四烯-4,6-二炔,3-β-D-glucopyranosyloxy-1-hydroxy-6(E)-tetradecene-8,10,12-triyne 等;酚酸类:3-O-咖啡酰奎宁酸,5-O-咖啡酰奎宁酸,4-O-咖啡酰奎宁酸,3,4-二-O-咖啡酰奎宁酸,3,5-二-O-咖啡酰奎宁酸,4,5-二-O-咖啡酰奎宁酸。**地上部分**含炔类:苯基庚三炔(phenylheptatriyne),7-苯基-4,6-庚二炔-1,2-二醇,5-(2-苯基乙炔基)-2-噻吩甲醇,(5E)-1,5-tridecadiene-7,9-diyn-3,4,12-triol,(6E,12E)-3-oxo-tetradeca-6,12-dien-8,10-diyn-1-ol,5-(2-苯基乙炔基)-2-β-葡萄糖基甲基-噻吩,7-苯基-4,6-庚二炔-2-醇(pilosol A),7-苯基-2-庚烯-4,6-二炔-1-醇,7-苯基-2,4,6-庚三炔-1-醇,1-苯基-1,3,5-庚三炔;黄酮类:芹菜素,木犀草素,luteoside,芦丁,5,7,4′-三羟基-3,6,3′-三甲氧基黄酮,5,4-二羟基-3,6,3-三甲氧基-7-O-β-吡喃葡萄糖黄酮,okanin-4-methyl ether-3′,4′-di-O-β-(4″,6″,4‴,6‴-tetracetyl)-glucopyranoside;甾醇类:β-谷甾醇,7α-羟基-β-谷甾醇,豆甾-4-烯-3α,6α-二醇,豆甾醇-7-酮,β-胡萝卜苷,3β-O-(6-十六烷酰氧基-β-吡喃葡萄糖基)-豆甾-5-烯;三萜类:12-烯-3β-齐墩果醇,羽扇豆醇,α-香树脂醇,无羁萜,无羁萜-3β-醇;还含没药烯,亚油酸,亚麻酸等。**叶**含黄酮类:奥卡宁(okanin),奥卡宁-4′-O-β-D-[6″-反-对-香豆酰基]-香豆糖苷[okanin-4′-O-β-D-(6″-$trans$-p-coumaroyl]-glucoside),奥卡宁-4′-O-β-D-[2″,4″,6″-三乙酰基]-葡萄糖苷,6,7,3′,4′-四羟基橙酮,槲皮素-3-O-β-D-吡喃葡萄糖苷;挥发油主成分为柠檬烯,龙脑,β-丁香烯,大牻牛儿烯等;还含甲基-2-O-咖啡酰基-2-C-甲基-D-赤糖酸(methyl-2-O-caffeoyl-2-C-methyl-D-erythronic acid),胡萝卜苷,马栗树皮素,羽扇豆醇等。**花**含奥卡宁-4′-O-β-D-吡喃葡萄糖苷,奥卡宁-3′,4′-二-O-β-D-吡喃葡萄糖苷及无机元素钙、锂、钾等。

【功效主治】苦,平。清热解毒,活血祛风,止泻。用于外感,咽喉肿痛,痢疾泄泻,肠痈,风湿痹痛,毒蛇咬伤,跌打损伤。

【历史】见婆婆针。

狼杷草

【别名】鬼针草、引线包、针包草。

【学名】Bidens tripartita L.

【植物形态】一年生草本。茎高0.2~1m,圆柱形或有钝棱而稍呈四方形,无毛,绿色或带紫色。叶对生;下部叶片较小,不分裂,边缘有锯齿,通常于花期枯萎;中部的叶片长椭圆状披针形,长4~13cm,通常3~5深裂,裂深几达中脉,两侧裂片披针形至狭披针形,长3~7cm,宽0.8~1.2cm,顶生裂片较大,与侧生裂片边缘均有疏锯齿,叶柄长0.8~2.5cm,有狭翅;上部的叶较小,叶片披针形,3裂或不分裂。头状花序单生茎端及枝端,直径1~3cm,长1~1.5cm,有较长的花序梗;总苞盘状;外层苞片5~9,条形或匙状倒披针形,长1~3.5cm,先端钝,叶状,内层苞片长椭圆形或卵状披针形,膜质褐色,有纵条纹,有透明或淡黄色边缘;托片条状披针形,约与瘦果等长;无舌状花;全为管状两性花,花冠长4~5mm,冠檐4裂。瘦果扁,楔形或倒卵状楔形,长0.6~1.1cm,宽2~3mm,边缘有倒刺毛;顶端芒刺通常2,极少3~4,长2~4mm,两侧有倒刺毛。花期7~9月;果期8~10月。(图780)

【生长环境】生于路边、荒野或水边湿地。

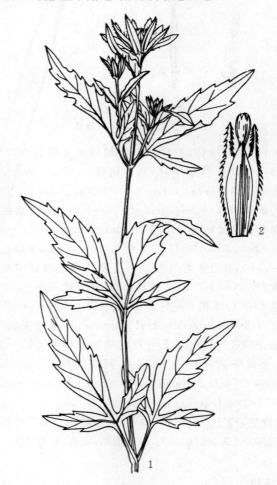

图780 狼杷草
1.植株上部 2.管状花

【产地分布】山东境内产于胶东半岛、鲁南及鲁中南地区。广布于全国各地。
【药用部位】全草：狼杷草。为民间药。
【采收加工】夏、秋二季花期采收，除去杂质，晒干或鲜用。
【药材性状】根圆柱形；表面灰黄色，有须根。茎圆柱形或略呈方柱形，长30～80cm；表面暗绿色或暗紫色，无毛，有纵棱；质脆，易折断。叶对生，多皱缩或破碎；完整叶片展平后呈椭圆形或长椭圆状披针形，长6～12cm；上部叶片常3裂，下部叶片常5裂，边缘有锯齿；表面绿色；叶柄具狭翅。头状花序总苞片多数，外层叶状，有毛；管状花黄色。瘦果扁平，两侧边缘各有一列倒钩刺，顶端芒刺多为2枚。气微，味苦。

以叶多、色绿、带花者为佳。

【化学成分】全草含黄酮类：槲皮素，黄芹素，木犀草素，木犀草素-7-O-β-D-葡萄糖苷，紫铆素-7-O-β-D-葡萄糖苷（butin-7-O-β-D-glucoside），紫铆酮-7-O-β-D-葡萄糖苷，3,4,2′,4′-四羟基查耳酮，2′-羟基-4,4′-二甲氧基查耳酮，6,3′,4′-三羟基橙酮等；香豆精类：6,7-二羟基香豆素，伞形花内酯，东莨菪素等；挥发油：主成分为丁香油酚，罗勒烯，β-紫罗兰酮等；还含亚油酸，胡萝卜素，维生素C，鞣质及镁。根含聚乙炔类化合物Ⅰ～Ⅴ等。

【功效主治】苦，平。清利湿热。用于咽喉疼痛，肠炎，痢疾，小便短赤；外用于疔肿，皮癣。

【历史】狼杷草始载于《本草拾遗》，因其瘦果扁平，边有倒刺，状似杷齿，又名郎耶草。谓："狼杷草生山道旁。""郎耶草生山泽间，三四尺，叶作雁齿，如鬼针苗，鬼针，即鬼钗也，其叶有柄，如钗脚状。"《本草图经》始名狼杷草。所述形态似植物狼杷草。

【附注】《中国药典》1977年版曾收载。

丝毛飞廉

【别名】飞廉、飞轻。
【学名】Carduus crispus L.
【植物形态】二年生或多年生草本。茎直立，高0.4～1.5m，有棱，有稀疏的多细胞长节毛，茎上部常有蛛丝状毛。叶互生；茎下部的叶片椭圆形、长椭圆形或倒披针形，长5～18cm，宽1～7cm，羽状深裂或半裂，侧裂片7～12对，边缘有大小不等的三角状刺齿，齿端有长0.2～1cm的针刺；茎中上部叶渐小，与茎下部的叶同形并具同样分裂，上面绿色，有稀疏的多细胞长节毛，下面灰绿色或浅灰白色，有蛛丝状绵毛，沿叶脉有较多的多细胞长节毛，基部渐狭，沿基部两侧下延成茎翼，茎翼边缘齿裂，齿端有2～3mm长的针刺。头状花序常3～5，集生于分枝顶端或单生枝顶；总苞卵圆形，直径1.5～2cm；总苞片多层，覆瓦状排列；小花红色或紫红色，长1.5cm，花冠5深裂。瘦果稍压扁，楔状椭圆形，长约4mm，有软骨质果缘；冠毛多层，白色，向内层渐长，长1～1.3cm，基部合成环状，整体脱落。花、果期4～10月。（图781）

图781 丝毛飞廉

【生长环境】生于山坡草地、田间、荒地或河边及林下。
【产地分布】山东境内产于各山地丘陵。分布于全国各地。
【药用部位】根：丝毛飞廉根；全草：丝毛飞廉。为民间药。
【采收加工】春、秋二季挖根，夏季采收全草，晒干或鲜用。
【药材性状】茎圆柱形，长约1m。直径0.5～2cm；表面绿褐色或灰褐色，具纵棱纹及叶状翅，翅上有针刺，茎上部被蛛丝状毛；质轻脆，断面髓部白色。叶互生，多皱缩破碎；完整叶片展平后呈椭圆形、长椭圆形或倒披针形，羽状深裂或半裂；裂片边缘呈不规则齿裂，并具长短不一的尖刺；表面绿褐色，下面被丝状毛。头状花序2～3个着生于枝顶，黄褐色，直径约1cm；总苞片多层，苞片线状披针形，先端成刺状长尖；管状花紫红色，冠毛刺状，灰白色。气微，味淡。

以质嫩、叶多、色绿者为佳。

【化学成分】 根含菊糖。新鲜茎含去氢飞廉碱(acanthoine)，去氢飞廉定(acanthodine)及挥发油。种子含脂肪油及黄酮类。

【功效主治】 微涩，平。清热解毒，祛风利湿，止血。用于吐血，鼻衄，尿血，风湿痹痛，小便涩痛，小儿疳积，乳汁不足，崩漏，白带，外伤出血，痈疖疔疮，皮肤湿疹。

【历史】 丝毛飞廉始载于《神农本草经》，列为上品，原名飞廉，又名飞轻。《名医别录》名漏卢、飞雉。谓："处处有之，极似苦芙，惟叶多刻缺，叶下附茎，轻有皮起似箭羽，其花紫色。"《本草纲目》谓："飞廉，神禽之名也……此草附茎有皮如箭羽，复疗风邪，故有飞廉、飞雉、飞轻诸名。"所述形态似植物丝毛飞廉。

烟管头草

【别名】 金挖耳、烟袋草、挖耳草、杓子菜。

【学名】 Carpesium cernuum L.

【植物形态】 多年生草本。茎高0.5~1m，有明显纵条纹，多分枝，下部密被白色长柔毛及卷曲的短柔毛，基部及叶腋尤密，常成绵毛状，上部被柔毛，后渐脱落稀疏。叶互生；基部叶于开花前凋萎，稀宿存；茎下部叶较大，叶片长椭圆形或匙状长椭圆形，长6~12cm，宽4~6cm，先端锐尖或钝，基部长渐狭下延，上面绿色，被稍密的倒伏柔毛，下面淡绿色，被白色长柔毛，沿叶脉较密，在中肋及叶柄上常密集成绒毛状，两面均有腺点，边缘有稍不规则的锯齿；具长柄，柄长约为叶片的2/3或近等长，下部有狭翅，向叶基渐宽；中部叶片椭圆形至长椭圆形，长8~11cm，宽3~4cm，先端渐尖或锐尖，基部楔形，有短柄；上部叶渐小，叶片椭圆形至椭圆状披针形，近全缘。头状花序单生茎端及枝端，开花时下垂，直径1~2cm；苞叶多数，大小不等，其中2~3枚较大，椭圆状披针形，长2~5cm，其余较小，条状披针形或条状匙形，稍长于总苞；总苞壳斗状，直径1~2cm，长7~8cm；苞片4层，外层苞片叶状，密被长柔毛，先端钝，通常反折，中层及内层苞片干膜质，狭长圆形至条形，先端钝，有不整齐微齿；雌花狭筒状，长约1.5mm，中部较宽，两端稍收缩；两性花筒状，向上增宽，冠檐5齿裂。瘦果长4~4.5mm。花期6~7月；果期8~10月。(图782)

【生长环境】 生于路旁荒地、山坡或沟边。

【产地分布】 山东境内产于各山地丘陵。在我国除山东外，还分布于东北、华北、华中、华东、华南、西南、西北等地。

【药用部位】 全草：挖耳草；根：挖耳草根。为民间药。

【采收加工】 夏季采收全草，秋季挖根，洗净，晒干或鲜用。

图782 烟管头草
1.茎基部叶 2.花枝

【化学成分】 全草含内酯类：2α-hydroxy-eudesman-4(15),11(13)-dien-12,8β-olide，2α-hydroxy-eudesman-4(15)-en-12,8β-olide，特勒内酯(telekin)，11(13)-二氢特勒内酯，天名精内酯酮(carabrone)，天名精内酯醇(carabrol)，1-epi-inuviscolide，6β-hydroxy-8α-ethoxyeremophila-7(11)-en-12,8β-olide，4β,10β-dihydroxy-1αH,5αH,11αH-guaian-12,8β-olide，confertin，4β,10β-dihydroxy-1αH,5αH-guaian-11(13)-en-12,8α-olide，4α,10α-dihydroxy-1αH,5αH-guaian-11(13)-en-12,8α-olide，xanthalongia，4H-xanthalongia，黑麦草内酯(loliolide)等；黄酮类：山柰酚，3,5,7,4′-四羟基双氢黄酮，异槲皮苷，柑属苷C(citrusin C)；甾类：豆甾-5-烯-3β-醇-7-酮，β-谷甾醇，β-胡萝卜苷；苯乙酮类：云杉醇(piceol)即4-羟基-苯乙酮，丹皮酚(paeonol)即2-羟基-4-甲氧基-苯乙酮，黄木灵(xanthoxylin)即2,6-二羟基-4-甲氧基-苯乙酮，2,4-二羟基-6-甲氧基-苯乙酮；有机酸：乌苏酸，对羟基肉桂酸，咖啡酸，3-吲哚酸，3,4-二羟基-苯甲酸，丁二酸，1-十八酸-甘油酸酯；苯丙素类：pinoresinol，tortoside A，7-羟基香豆素；还含3,8-二羟基-9,10-二异丁酰氧基-对伞花烃及谷氨酸等17种氨基酸。

【功效主治】 挖耳草苦、辛，凉；有小毒。清热解毒，消肿止痛。用于外感发热，咽痛，牙痛，泄泻，小便淋痛，瘰疬，疮疖肿痛，乳痈，痄腮，毒蛇咬伤。**挖耳草根**用于牙痛，阴挺，泄泻，喉蛾。

【历史】烟管头草始载于《救荒本草》，名构儿菜，云："构儿菜，生密县山野中。苗高一二尺。叶类狗掉尾叶而窄，颇长，黑绿色，微有毛涩，又似耐惊菜叶而小，软薄，梢叶更小。开碎瓣淡黄白花。"所述形态及附图与本种相似。

红花

【别名】草红花、红蓝花、刺红花、菊红花。

【学名】Carthamus tinctorius L.

【植物形态】一年生或越年生草本。茎直立，高约 1m，无毛，上部分枝。叶互生；叶片长椭圆形或卵状披针形，长 4～10cm，宽 1～3cm，先端尖，基部渐狭或圆形，无柄，抱茎，边缘羽状齿裂，齿端有针刺，两面无毛；茎上部叶渐变小，成苞叶状，围绕头状花序。头状花序多数，直径 3～4cm，有梗，在茎枝顶端排成伞房状；总苞卵形，直径约 2.5cm；总苞片 4 层，外层总苞片卵状披针形，基部以上稍收缩，绿色，边缘有针刺；内层总苞片卵状椭圆形，先端长尖；全部为管状花，两性，花冠长 2.8cm，细管部长 2cm，花冠裂片几达檐部的基部，桔红色。瘦果椭圆形或倒卵形，长约 7mm，基部稍斜歪，有 4 棱；无冠毛。花、果期 5～8 月。（图 783，彩图 76）

【生长环境】栽培于排水良好、肥沃的沙质壤土或轻度盐碱地。

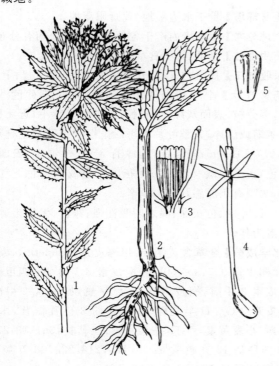

图 783 红花
1.植株上部 2.植株下部 3.花序部分放大
4.管状花 5.瘦果

【产地分布】山东境内各地有栽培。主产济宁、菏泽、泰安等地，金乡曾有较大种植面积，质量好。在我国除山东外，还广泛栽培于东北、华北、西北地区及河南、新疆、浙江、贵州、四川等地，现以新疆产量大。

【药用部位】花：红花；果实：红花籽（白平子）；种子脂肪油：红花籽油。为常用中药和少常用中药，红花可用于保健食品，红花籽油为高级保健食用油，幼苗可食。

【采收加工】夏季花由黄变红时，选晴天早晨 6～8 时采摘，阴干或晒干。秋季果实成熟时采收果序，晒干，打下果实，再晒干。种子经压榨得脂肪油。

【药材性状】为不带子房的管状花，长 1～2cm。表面红黄色或红色。花冠筒细长，先端 5 裂，裂片狭条形，长 5～8mm。雄蕊 5，花药聚合成筒状，黄白色。柱头长圆柱形，顶端微分叉。质柔软。气微香，味微苦。

以花冠长、色红、鲜艳、质柔软、无枝刺者为佳。

果实倒卵形，长约 7mm，宽 4～5mm。表面白色，光滑，具四条突起的棱线，顶端截形，四角突起，中央有一圆形疤痕，基部较钝而狭，侧面有一凹点。果皮坚脆，内表面黑褐色，有光泽。种子淡黄白色，种皮紧贴于果皮内，革质；子叶 2，灰白色，富油性。气微，味淡，嚼之有油样感。

以颗粒饱满、色白、种仁油性足者为佳。

【化学成分】花含黄酮类：羟基红花黄色素 A（hydroxysafflor yellow A），山柰酚，红花苷（carthamin），新红花苷（neocarthamin），前红花苷（precarthamin），红花素（carthamidin），红花黄色素（safflor yellow）A、B，红花明苷（safflomin）A，6-羟基山柰酚-3-O-葡萄糖苷，6-羟基山柰酚-7-O-葡萄糖苷，槲皮素，6-羟基山柰酚，黄芩苷，山柰酚-3-芸香糖苷，芦丁，槲皮素-3-O-葡萄糖苷，槲皮素-6-葡萄糖苷，杨梅素，芹菜素，木犀草素，木犀草素-7-O-β-D-葡萄糖苷，红花苷（carthamoside），saffloquinoside A、B、C、D、E 等；含氮化合物：红花酰胺甲、乙、丙（carthamide A、B、C），腺苷，腺嘌呤，尿苷，尿嘧啶，胸腺嘧啶，safflospermidine A、B，N^1、N^5、N^{10}-三对顺香豆酰亚精胺[N^1、N^5、N^{10}-tri-p-(E)-coumaroyl spermidine]，7,8-dimethylrazino[2,3-g]quinazolin-2,4-(1H,3H)-dione；木脂素类：丁香脂素，lirioresinoi A；挥发性成分：乙酸乙酯，1-戊烯-3-醇（pent-1-en-3-ol），(E)-2-己烯醛[(E)-2-hexenal]，3-甲基丁酸（3-methyl butyric acid），松油烯-4-醇，桂皮酸甲酯（methyl cinnamate）和二氢猕猴桃内酯（dihydroactinidiolide）等 80 余种；有机酸类：4'-O-二氢红花菜豆酸-β-D-葡萄糖苷甲酯，十六烷酸甘油酯，4-O-β-D-葡萄糖氧基苯甲酸，对羟基苯甲酸，对羟基桂皮酸，绿原酸，咖啡酸，异戊酸，香豆酸，棕榈酸，肉豆蔻酸，月桂酸，α-，γ-二棕榈酸甘油酯等；聚炔类：3(顺)，11(反)-和 3(反)-十三碳-1,3,11-三烯-5,7,9-三炔，反-3-十三烯-5,7,9,11-四炔-1,

2-双醇,反-反-3,11-十三烯-5,7,9-三炔-1,2-双醇,反-3-十三烯-5,7,9,11-四炔,反-反-3,11-十三烯-5,7,9-三炔-1,2-双醇,2Z-decaene-4,6-diyn-1-O-β-D-glucopyranoside 等;糖类:红花多糖,鼠李糖,阿拉伯糖,甘露糖;还含对羟基苯甲酰香豆酸酐,5-羟甲基糠醛及赖氨酸等 16 种氨基酸。**种子脂肪油**主含亚油酸;不皂化物中含甾醇类,4-甲基甾醇,三萜醇和烃类;还含维生素 E,穗罗汉松脂素苷(matairesinol-mono-glucoside),2-羟基牛蒡酚苷(2-hydroxyarctiin)和以 15α,20β-二羟基-A-娠烯-2-酮(15α,20β-dihydroxy-A-pregnen-3-one)为苷元的糖苷等。叶含木犀草素-7-O-葡萄糖苷等。**地上部分**含顺-8-癸烯-4,6-二炔-1-醇异戊酸酯(cis-8-decene-4,6-diyn-1-ol isovalerate)等。

【**功效主治**】**红花**辛,温。活血通经,散瘀止痛。用于经闭,痛经,恶露不行,癥瘕痞块,胸痹心痛,瘀滞腹痛,跌打损伤,疮疡肿痛。**红花子(白平子)**辛,温。活血,解毒。用于气血瘀滞腹痛,痘出不快,肝阳上亢,头胀头晕。**红花籽油**用于防治头胀头晕,全身乏力。

【**历史**】红花早在汉代就已引入我国,原名红蓝花。据《金匮要略》记载:"红蓝花酒,治妇人六十二种风"。《开宝本草》云:"红蓝花即红花也,生梁汉及西域。博物云张骞得种于西域,今魏地亦种之。"《本草图经》谓:"其花红色,叶颇似蓝,故有蓝名。今处处有之。人家场圃所种,冬月布子于熟地,至春生苗,夏乃有花。下作梂㸅多刺,花蕊出梂上,圃人乘露采之,采已复出,至尽而罢。梂中结实,白颗如小豆大。其花曝干以染真红及作胭脂。"《本草纲目》曰:"红花……初生嫩叶、苗亦可食。其叶如小蓟叶。至五月开花,如大蓟花而红色。"上述形态及本草附图,与现今菊科药用红花原植物基本一致。

【**附注**】①《中国药典》2010 年版收载红花;《山东省中药材标准》2002 年版收载红花子。②山东红花优良品种:巨野无刺红花籽含油 23.8%,其中亚油酸含量 78.41%;高青红花籽含油 24%,其中亚油酸含量 78.86%;菏泽红花籽含油 24.08%,其中亚油酸含量 84.04%;曹县红花籽含油 24.66%,其中亚油酸含量 74.07%;梁山红花籽含油 24.22%,其中亚油酸含量 75.07%;邹平红花籽含油 25.77%。

石胡荽

【**别名**】鹅不食草、球子草、地胡椒、通天窍。
【**学名**】Centipeda minima (L.) A. Br. et Aschers. (Artemisia minima L.)
【**植物形态**】一年生小草本。茎多分枝,高 5~20cm,匍匐状,微被蛛丝状毛或无毛。叶互生;叶片楔状倒披针形,长 0.7~1.8cm,先端钝,基部楔形,边缘有少数锯齿,无毛或下面微被蛛丝状毛。头状花序小,扁球形,直径约 3mm,单生于叶腋,无花序梗或极短;总苞半球形;总苞片 2 层,椭圆状披针形,绿色,边缘透明膜质,外层较大;边花雌性,多层,花冠细管状,淡绿色,先端 2~3 微裂;中央花两性,花冠管状,长约 0.5mm,先端 4 深裂,淡紫色,下部有明显的狭管。瘦果椭圆形,长约 1mm,具 4 棱,棱上有长毛,无冠毛。花、果期 6~10 月。(图 784)

图 784 石胡荽
1.植株 2.瘦果 3.管状花

【**生长环境**】生于水边湿地、荒野阴湿地。
【**产地分布**】山东境内产于各地。我国各地均有分布。
【**药用部位**】全草。鹅不食草。为较常用中药。
【**采收加工**】夏、秋二季花开时采收,洗去泥沙,晒干。
【**药材性状**】全草缠结成团。须根纤细,淡黄色。茎细,多分枝;表面灰绿色;质脆,易折断。叶小,近无柄,常皱缩或破碎;完整叶片展平后呈楔状披针形或匙形,长 0.7~1.5cm;先端钝,边缘有 3~5 个锯齿;表面灰绿色,无毛或微有毛。头状花序黄色或黄褐色。气微香,久嗅有刺激感,味苦、微辛。

以叶多、色灰绿、嗅之刺激性强、味苦、无泥土等杂质者为佳。

【**化学成分**】全草含黄酮类:川陈皮素(nobiletin),槲皮素,槲皮素-3,7,3'-三甲醚,槲皮素-3,7,3',4'-四甲醚,槲皮素-3-甲醚,槲皮素-3,3'-二甲醚,槲皮素-3-甲醚,槲皮素-3-O-β-D-半乳糖苷,山奈酚-3-芸香糖苷,木犀草素,小麦黄素,芦丁,芹菜素等;三萜类:3α,21β,22α,28-四羟基-12-齐墩果烯,3α,16α,21β,22α,28-五羟基-12-齐墩果烯-28-O-β-D-吡喃木糖苷,2α,3β,23,19α-四羟基-12-乌苏烯-28-酸-28-O-β-D-吡喃木糖苷,3α,21β,22α,28-四羟基-12-齐墩果烯吡喃糖苷,3β,16α,21β,

22α,28-五羟基-12-齐墩果烯-28-O-β-D-吡喃木糖苷，1α,3β,19α,23-四羟基-12-乌苏烯-28-酸-28-O-β-D-吡喃木糖苷，3α,21α,22α,28-四羟基-12-齐墩果烯-28-O-β-D-吡喃木糖苷，3α,16α,21α,22α,28-五羟基-12-齐墩果烯-28-O-β-D-吡喃木糖苷，1β,2α,3β,19α-四羟基-12-乌苏烯酯-28-酯-3-O-β-D-吡喃木糖苷，1β,2β,3β,19α-四羟基-12-乌苏烯-28-酯-3-O-β-D-吡喃木糖苷，2α,3β,19α,23-四羟基-12-乌苏烯-28-酸-28-O-β-D-木糖苷，羽扇豆醇，羽扇豆醇乙酸酯（lupeylacetate），蒲公英甾醇[taraxasterol, urs-20(30)-en-3-ol]，蒲公英甾醇乙酸酯（taraxasteryl acetate），蒲公英甾醇棕榈酸酯；单萜和倍半萜类：异丁酸堆心菊灵内酯（florilenalin isobutyrate），山金车内酯（arnicolide）C，堆心菊灵（helenalin），二氢堆心菊灵，四氢堆心菊灵，2-甲氧基四氢堆心菊灵，异丁酰二氢堆心菊灵（isobutyroylplenolin），千里光酰二氢堆心菊灵（senecoylplenolin），短叶老鹳草素（brevilin）A，arnicolide C、D，2β-羟基-2,3-二氢-6-O-当归酰多梗白菜菊素，thymol-3-O-β-D-glucoside，zataroside A、B，thymohydroquinone-3-O-β-6′-acetyl-glucoside，thymohydroquinone-6-O-β-6′-acetyl-glucoside，鹅不食草酚（centipedaphenol），9,10-二异丁酰氧基-8-羟基百里香酚，2-(1-羟基丙烷)-4-甲酚，10-异丁酰氧基-8,9-环氧百里香酚异丁酸酯，2-异丙基-5-甲基氢酚-4-O-β-D-吡喃木糖苷等；甾醇类：β-谷甾醇，豆甾醇，γ-菠菜甾醇，豆甾醇-3-O-β-D-葡萄糖苷等；还含秦皮乙素，2-异丙基-5-甲基氢醌-4-O-β-D-木糖苷（2-isopropyl-5-methylhydroquinone-4-O-β-D-xyloside），石南藤酰胺乙酸酯（aurantiamide acetate），二十六醇，α-莎草酮（α-cyperone）等。

【功效主治】辛，温。发散风寒，通鼻窍，止咳。用于风寒头痛，咳嗽痰多，鼻塞不通，鼻渊流涕。

【历史】石胡荽始载于《四声本草》。《食性本草》始名鹅不食草。《本草纲目》谓："石胡荽，生石缝及阴湿处，小草也，高二三寸，冬月生苗，细茎小叶，形状宛如嫩胡荽，其气辛薰不堪食，鹅亦不食之，夏开细花，黄色，结细子。"所述形态并参考《植物名实图考》附图与植物石胡荽基本一致。

【附注】《中国药典》2010年版收载，原植物中文名为鹅不食草。

菊苣

【别名】苦苣、欧洲菊苣。

【学名】Cichorium intybus L.

【植物形态】多年生草本；全株具乳汁。根肉质，味苦，花后常木质化。茎直立，高0.2～1.2m，有纵棱，分枝偏斜且顶端粗厚，有疏粗毛或绢毛。基生叶莲座状；叶片倒披针形，长5～15cm，宽3～6cm，先端急尖，基部渐狭楔形，倒向羽状不规则分裂或不裂，有齿，两面疏被粗毛；叶柄有窄翅；茎生叶互生，稀疏，叶片披针形或卵状披针形，有尖齿或全缘，向上渐小，无柄。头状花序单生枝端或2～3簇生于中上部叶腋；总苞圆筒形，长0.8～1.4cm；总苞片2层，外层短，卵状披针形，先端尖，有缘毛，内层披针形，革质，先端有睫毛；头状花序全部由舌状花组成，舌状花浅蓝色，长1～1.5cm。瘦果倒卵形、椭圆形或倒楔形，褐色，有黑斑，具四棱，顶端截形；冠毛极短，2～3层，膜片状，顶端细齿裂。花、果期7～9月。（图785）

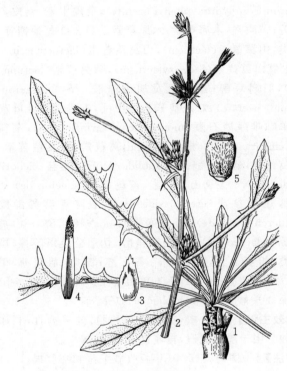

图785　菊苣
1.营养期植株　2.花期植株上部　3.外层总苞片
4.内层总苞片　5.瘦果

【生长环境】生于山坡、田间或荒地。

【产地分布】山东境内产于济南等地。在我国除山东外，还分布于西北、东北、华北各地。

【药用部位】地上部分或根：菊苣。为少常用中药、维族药和蒙族药，药食两用。

【采收加工】夏、秋二季采割地上部分或秋末挖根，除去泥沙和杂质，晒干。

【药材性状】全草长约80cm。茎圆柱形，稍弯曲；表面灰绿色，有纵棱纹，近光滑或疏被粗毛或绢毛；质脆，断面黄白色。茎生叶少或退化；完整叶片展平后呈倒披针形、披针形或卵状披针形，具不规则倒向羽状分裂或不裂，有尖齿或全缘，两面灰绿色，疏被粗毛。头状花序少数，簇生或单生枝端；总苞片2层，外短内长，有缘毛；全部为舌状花，浅蓝色或蓝色。瘦果倒卵形，具四棱；表面浅灰色至褐色，有黑斑；冠毛膜片状，极短。气微，味咸、微苦。

以质嫩、色灰绿、带花果者为佳。

主根呈圆锥形，有少数侧根和须根，根头部有时具2～3分叉。表面灰棕色至褐色，粗糙，具深纵纹，外皮常脱落，脱落后显棕色至棕褐色。质硬，不易折断，断面外侧黄白色，中部类白色。气微，味苦；嚼之有韧性。

【化学成分】全草含苯丙素类：七叶内酯（esculetin，七叶亭），七叶苷（esculin），菊苣苷（cichoriin），7-羟基香豆素，莨菪亭（scopoletin），6′-羟苯基菊苣苷乙酸酯（cichoriin-6′-p-hydroxyphenyl acetate），秦皮甲素，秦皮乙素等；黄酮类：木犀草素，木犀草素-7-O-β-D-葡萄糖苷；萜类：山莴苣素（lactucin），山莴苣苦素（lactucopicrin），8-去氧山莴苣素（8-deoxylactucin），菊莴苣素（lactupicrin），羽扇豆醇；还含橙黄胡椒酰胺（2S, 2′S-aurantiamide acetate），对羟基苯乙酸甲酯，咖啡酸等。叶尚含单咖啡酰酒石酸（monocaffeoyl tartaric acid），菊苣酸（chicoric acid）。根含萜类：山莴苣素，山莴苣苦素，野莴苣苷，菊苣内酯（cichoriolide）A，菊苣萜苷（cichorioside）B、C，8-去氧山莴苣素，苦莴菜苷（sonchuside）A、C，假还阳参苷（crepidiaside）B，乙酸降香萜烯醇酯（bauerenyl acetate），蒲公英萜酮，α-香树脂醇，α-山莴苣醇（α-lactucerol）即蒲公英甾醇，伪蒲公英甾醇等；甾醇类：胡萝卜苷，豆甾醇，β-谷甾醇；糖类：葡萄糖，果糖，蔗糖，菊糖；还含2,3,4,9-四氢-1H-吡啶并-(3,4-b)吲哚-3-羧酸，壬二酸（azelaic acid）等。

【功效主治】微苦、咸，凉。清肝利胆，健胃消食，利尿消肿。用于湿热黄疸，胃痛食少，水肿尿少。

【附注】《中国药典》2010年版收载菊苣和菊苣根。

绿蓟

【别名】崂山蓟、中国蓟、小蓟、蓟。

【学名】Cirsium chinense Gardn. et Champ.

【植物形态】多年生草本。根直伸，直径达5mm或更粗，有时中空。茎直立，高0.4～1m，全部茎枝有多细胞长节毛，花序梗上部常混杂以蛛丝状毛。叶互生；茎中部的叶片长椭圆形或长披针形，长5～7cm，宽1～4cm，羽状浅裂、半裂或深裂；中部以上叶片常不裂，边缘有针刺，针刺长达3.5mm；全部叶两面绿色，无毛或沿脉有多细胞长节毛。头状花序少数，在茎枝顶端排列成不规则的伞房状，少有单生者；总苞卵形，直径约2cm；总苞片常7层，覆瓦状排列，顶端急尖或短刺状，内层及最内层苞片顶端膜质扩大，红色；全部苞片无毛或几无毛，外面常沿中脉有黑色黏腺；小花全部管状，两性，花冠紫红色，不等5浅裂。瘦果楔状倒卵形，压扁，长约4mm，宽约1.8mm，顶端截形；冠毛污白色，基部连合成环状。花、果期6～10月。（图786）

图786 绿蓟
1. 植株 2. 管状花

【生长环境】生于山坡草丛、湿地或溪边。

【产地分布】山东境内产于各山地丘陵，尤以胶东地区崂山为多。在我国除山东外，还分布于辽宁、内蒙古、河北、江苏、浙江、江西、四川、广东等地。

【药用部位】全草：绿蓟（苦芙）。为民间药，幼苗药食两用。

【采收加工】夏、秋二季采收带根全草，洗净，晒干或鲜用。

【功效主治】清热凉血，活血祛瘀，解毒，止痛。用于暑热烦闷，崩漏，痛经，跌打吐血，痔疮，疔疮。

蓟

【别名】大七七菜（临沂）、驴齐口（烟台）、驴刺口（昆嵛山、荣城、海阳、威海）、老牛扁口（莒南、青州）、大青青菜。

【学名】Cirsium japonicum Fisch. ex DC.

【植物形态】多年生草本。块根纺锤状或萝卜状。茎直立，高0.3～1.5m，有稠密或稀疏的多细胞长节毛，花序梗上部灰白色。基生叶较大，叶片卵形、椭圆形或长椭圆形，长8～20cm，宽3～8cm，羽状深裂或几全裂；茎生叶互生；中上部叶渐小，与基生叶同形并同样分裂，基部扩大半抱茎；全部茎生叶两面均为绿色，两面沿叶脉有多细胞长或短节状毛。头状花序直立,少数生茎端而花序梗短,呈不明显的花序式排列;总苞钟状,直径 3cm 以上;总苞片约 6 层,覆瓦状排列,顶端长渐尖,内层披针形或条状披针形,顶端渐尖呈软针刺状;全部苞片有微糙毛并沿中肋有黏腺;花两性,全部为管状,花冠紫红色,雄蕊 5,花药顶端有附片,基部有尾。瘦果压扁,偏斜楔形,顶端斜截形;冠毛浅褐色,多层,基部连合成环状。花、果期 4～11 月。(图 787)

【生长环境】生于山坡、草丛、林下、草地、荒地、路边或溪旁。

【产地分布】山东境内产于各地。全国各地均有分布。

【药用部位】地上部分:大蓟;根:大蓟根。为常用中药和民间药,可用于保健食品,嫩苗可食。

【采收加工】夏、秋二季花开时采割地上部分,秋末挖根,除去杂质,晒干。

【药材性状】全草长 30～80cm。茎圆柱形,基部直径达 1.2cm;表面绿褐色或棕褐色,有数条纵棱纹,被丝状毛;断面灰白色,髓部疏松或中空。叶皱缩,多破碎;完整叶片展平后呈卵形、椭圆形或长椭圆形,羽状深裂,边缘具不等长的针刺;上表面灰绿色或黄棕色,下表面色较浅,两面沿叶脉被灰白色节状毛。头状花序顶生,球形或椭圆形,总苞黄褐色,冠毛羽状,灰褐色。气微,味淡。

以叶多、色绿、带花者为佳。

根呈长纺锤形,常簇生而扭曲,长 5～15cm,直径 2～6mm。表面暗褐色,有不规则纵皱纹。质硬脆,易折断,断面较粗糙,皮部薄,棕褐色,有细小裂隙,木部类白色。气微,味甜、微苦。

以根条粗大、无残留茎基者为佳。

【化学成分】地上部分含黄酮类:柳穿鱼叶苷(pectolinarin,大蓟苷),柳穿鱼素(pectolinarigenin),粗毛豚草素,芹菜素,蒙花苷(linarin)即刺槐苷;木脂素类:络石苷(tracheloside),(−)-2-(3′-甲氧基-4′-羟基-苯基)-3,4-二羟基-4-(3″-甲氧基-4″-苄基)-3-四氢呋喃甲醇;还含 ψ-蒲公英甾醇乙酸酯(ψ-taraxasteryl acetate),β-香树脂醇乙酸酯,三十二烷醇,豆甾醇,β-谷甾醇,咖啡酸,对香豆酸。根含黄酮类:柳穿鱼叶苷,蒙花苷,金合欢素,槲皮素,香叶木素,田蓟苷(tilianin,日本椴宁),5,7-二羟基-6,4′-二甲氧基黄酮等;炔烯醇类:顺式-8,9-氧桥-十七碳-1-烯-11,13-双炔-10-醇,ciryneol A、C、G、H,ciryneone F,8,9,10-triacetoxy-heptadeca-1-ene-11,13-diyne 等;挥发性成分:单紫杉烯(aplotaxene),二氢单紫杉烯,四氢单紫杉烯,六氢单紫杉烯,1-十五碳烯,香附子烯(cyperene),丁香烯,罗汉柏烯(thujopsene),α-雪松烯等;三萜类:蒲公英甾醇乙酸酯,ψ-蒲公英甾醇乙酸酯;甾醇类:豆甾醇-3-O-β-D-吡喃葡萄糖苷,胡萝卜苷;还含尿嘧啶,胸腺嘧啶,丁香苷,对香豆酸,菊糖等。大蓟碳含柳穿鱼素,柳穿鱼叶苷,刺槐素(acacetin),刺槐苷(acaciin),槲皮素,香叶木素,5,7,8-三羟基-6,4′-二甲氧基黄酮,邻苯二酚。

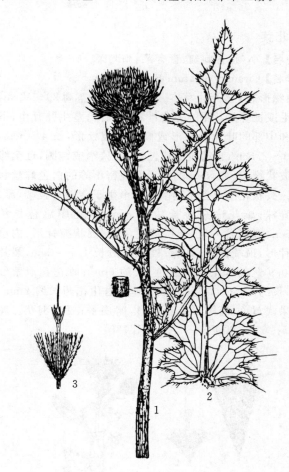

图 787 蓟
1.植株上部 2.叶片 3.花

【功效主治】大蓟甘、苦,凉。凉血止血,散瘀解毒消痈。用于衄血,吐血,尿血,便血,崩漏下血,外伤出血,痈肿疮毒。大蓟根甘、苦,凉。凉血止血,散瘀消肿,清热解毒。用于血热吐衄,尿血便血,崩漏下血,外伤出血,热毒痈肿。

【历史】大蓟始载于《名医别录》,列为中品,与小蓟合条。《本草经集注》:"大蓟是虎蓟,小蓟是猫蓟,叶并多刺相似,田野甚多。"《本草图经》曰:"小蓟……今处处有之,俗名青刺蓟。苗高尺余,叶多刺,心中出花,头如红蓝花而青紫色……大蓟根苗与此相似但肥大耳。"《本草衍义》载:"大小蓟皆相似,花如髻。但大蓟高三四尺,叶皱,小蓟高一尺许,叶不皱,以此为异。"所述大蓟形态及《本草纲目》、《植物名实图考》大蓟图与现今大蓟原植物蓟相符。

【附注】《中国药典》2010 年版收载大蓟。

附:野蓟

野蓟 C. maackii Maxim.,与蓟的主要区别是:全部叶两面异色,上面绿色,被多细胞长节毛,下面灰白色,被稠密绒毛。头状花序在茎枝顶端排列成明显的伞房花序状。产地、分布及药用同蓟。

刺儿菜

【别名】小蓟、青刺蓟、青青菜、刺刺菜。

【学名】Cirsium segetum Bge.

【植物形态】多年生草本。根状茎长。茎高20～50cm,无毛或被蛛丝状毛。基生叶花时凋落;茎生叶互生;下部和中部的叶片椭圆形或椭圆状披针形,长4～9cm,宽1～2.5cm,顶端短尖或钝,基部狭窄或钝圆,近全缘或波状缘,边缘有小刺,两面有疏密不等的白色蛛丝状毛。头状花序单生于茎端或数个生于茎端和枝端,雌、雄异株;雄花序总苞长约1.8cm,雌花序总苞长约2.5cm;总苞片6层,外层甚短,长椭圆状披针形,内层披针形,顶端长尖,具刺;雄花花冠长1.7～2cm,裂片长0.9～1cm,花药紫红色,长约6mm;雌花花冠紫红色,长约2.6cm,裂片长约5mm,退化花药长约2mm。瘦果浅黄色,椭圆形或长卵形,略扁平;冠毛羽状。花期5～6月;果期5～7月。(图788)

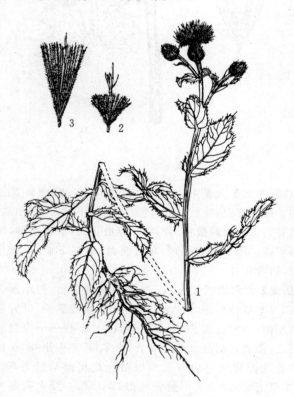

图788 刺儿菜
1.雄株 2.雄花 3.雌花

【生长环境】生于荒地、田间或路旁。

【产地分布】山东境内产于各地。我国各地均有分布。

【药用部位】地上部分:小蓟;根茎:小蓟根。为常用中药和民间药,幼苗和根茎药食两用。

【采收加工】夏、秋二季花开时,采割地上部分,除去杂质,晒干。全年采根茎,鲜用或晒干。

【药材性状】全草长约20～40cm,有的上部有分枝。茎圆柱形,直径2～4mm;表面灰绿色或微带紫棕色,有纵棱和白色柔毛;质脆,易折断,断面略呈纤维性,中空。叶互生,无柄或近无柄;叶片皱缩卷曲或破碎,完整者展平后呈长椭圆形或长椭圆状披针形,长4～9cm,宽1～2cm;顶端具短尖或钝,基部狭窄或钝圆,全缘或波状缘,边缘齿尖有小刺;上表面绿褐色,下表面灰绿色,两面均被白色蛛丝状毛。头状花序单个或数个顶生;总苞钟状,总苞片黄绿色,6层,披针形;花紫红色,多脱落,冠毛羽状污白色,花果期与花冠等长或稍长;瘦果浅黄色。气弱,味微苦。

以叶多、色绿、带花序者为佳。

【化学成分】全草含黄酮类:蒙花苷,芦丁,刺槐苷,5,7-二羟基黄酮,黄芩苷,5,6-二羟基黄酮-7-O-葡萄糖醛酸等;有机酸:原儿茶酸,咖啡酸,绿原酸等;多糖:CSK-A′由木糖、半乳糖、葡萄糖组成,CSK-B′由鼠李糖、山梨糖和葡萄糖组成,CSK-C′由木糖、果糖、山梨糖和葡萄糖组成,CSK-D′由果糖、半乳糖和葡萄糖组成;还含乌苏甲酯,齐墩果酸,胆甾醇等。

【功效主治】小蓟甘、苦,凉。凉血止血,散瘀解毒消痈。用于衄血,吐血,尿血,血淋,便血,崩漏,外伤出血,痈肿疮毒。小蓟根甘、苦,凉。凉血止血,散瘀消肿。用于心热吐血,崩中下血,小产流血,衄血,痈肿疮疖。

【历史】小蓟始载于《名医别录》,列为中品,与大蓟合条。《本草图经》云:"小蓟根……俗名青刺蓟。苗高尺余,叶多刺,心中出花头如红蓝花而青紫色。北人呼为千针草。当二月苗初生二三寸时,并根作茹食之甚美。"并附"冀州小蓟根"图,所绘花序形态与刺儿菜相似。《救荒本草》刺蓟菜图和《本草纲目》小蓟图均与植物刺儿菜相似。但《植物名实图考》小蓟图则似植物飞廉。

【附注】①《中国药典》2010年版收载,原植物中文名用刺儿菜,而拉丁学名采用Cirsium setosum(Willd.)MB.,后者是同属植物大刺儿菜的拉丁学名。②《中国植物志》78(1):127,1987将刺儿菜C. segetum Bge. 归并于大刺儿菜C. setosum(Willd.)MB. 中,其刺儿菜的拉丁学名作为大刺儿菜的异名,而将大刺儿菜称作"刺儿菜"。据孙稚颖、李法曾[植物研究,1999,19(2):143]的研究结果:刺儿菜与大刺儿菜在株高、直径、叶长、叶缘、叶背面各级叶脉隆起状况、头状花序着生状态、花冠裂片、花期冠毛、种子色泽及花果期等诸方面均具有显著差异,认为两者应该区分为两个独立种。根据著者的资源调查与研究,本志支持该研究结果,将刺儿菜与大刺儿菜分列。两者的主要区别是:刺儿菜C. segetum Bge. 株高60cm以下,茎细;叶片全缘，或具波状缘，或具疏锯齿；头状花序单生茎端或数个生于茎端或枝端；属于国家药品标准中小蓟药材原植物的标准形态，为目前市售小蓟商品药材的主流。而大刺儿菜 C. setosum（Willd.）MB. 株高 60cm 以上，可达 150cm，茎粗壮，基部直径达 1cm，上部多分枝；叶长 7～15cm，宽 1.5～10cm，叶片边缘具羽状缺刻状牙齿，或羽状浅裂，齿尖针刺长达 3.5mm；头状花序多数，在茎端排成大而疏松的伞房花序；非国家药品标准中小蓟药材的原植物形态。目前药材流通领域未见该类商品。

大刺儿菜

【别名】小蓟、刺儿菜、青青菜、七七芽。

【学名】Cirsium setosum（Willd.）MB.
（Serratula setosa Willd.）

【植物形态】多年生草本。茎直立，高 60～150cm，上部有分枝。有基生叶；茎生叶互生；基生叶和茎中部叶片椭圆形、长椭圆形或椭圆状倒披针形，长 7～15cm，宽 1.5～10cm，先端钝或圆形，基部楔形，羽状浅裂、半裂或边缘有粗大圆齿缺刻，裂片或锯齿斜三角形，顶端钝，齿顶及裂片顶端的针刺较长，齿缘及裂片边缘的针刺贴伏，叶缘具刚刺毛，长达 3.5mm；通常无柄；上部叶渐小，全缘或微有齿；全部茎生叶两面同色，绿色或下面色淡，两面无毛，极少两面异色，疏被薄绒毛。头状花序单生茎端或多数头状花序排成伞房花序状；雌、雄异株；总苞卵形，直径 1.5～2cm；总苞片约 6 层，覆瓦状排列，向内层渐长，中外层苞片顶端有长不足 0.5mm 的短针刺，内层及最内层渐尖，膜质，短针刺状；小花紫红色或白色；雌花花冠长约 2.4cm；雄花花冠长约 1.8cm。瘦果淡褐色，椭圆形或斜椭圆形，压扁，长约 3mm，宽 1.5mm；冠毛刚毛长羽毛状，长 3.5cm，花果期伸长，明显长于花冠。花、果期 5～9 月。（图 789）

【生长环境】生于平原田间、荒野、山地或丘陵草丛。

【产地分布】山东境内产于各地，黄河三角洲较多。在我国分布于除西藏、云南、广东、广西以外的各地。

【药用部位】全草：小蓟；根：小蓟根。为常用中药和民间药，幼苗药食两用。

【采收加工】夏、秋二季花开时采割地上部分，秋季挖根，除去杂质，晒干。

【药材性状】茎圆柱形，长 50～150cm，直径 3～10mm，上部有分枝。表面灰绿色，具纵棱，无毛或微被毛；质脆，断面纤维性。叶互生；叶片常皱缩，完整者展平后呈长椭圆形或椭圆状倒披针形，长 7～15cm，宽 2～10cm，边缘羽状浅裂或半裂或羽状深裂，裂片或锯齿斜三角形，顶端钝，齿尖及裂片顶端有较长的针刺，齿缘及裂片边缘针刺较短或贴伏；上表面绿褐色，下表面

图 789 大刺儿菜
1.植株 2.管状花的花冠 3.瘦果及冠毛

略淡，两面无毛，偶见下表面灰绿色，疏被毛者；几无柄。头状花序多，单个或数个顶生成伞房花序状；总苞钟状，直径 1.5～2cm，总苞片约 6 层，黄绿色；花紫红色或白色，冠毛刚毛长羽状，明显长于花冠；瘦果淡褐色。气微，味微苦。

以植株短小、叶多、色绿、带花者为佳。

【化学成分】带花全草含黄酮类：蒙花苷，芦丁，刺槐素，刺槐苷，柳穿鱼叶苷，芹菜素，芹菜素-7-O-β-D-葡萄糖醛酸丁酯（apigenin-7-O-β-D-butylglucuronide），异山奈酚-7-O-β-D-葡萄吡喃糖苷，槲皮素-3-O-β-D-葡萄吡喃糖苷，苜蓿素（tricin），苜蓿素-7-O-β-D-葡萄糖苷，5-羟基-6,7-二甲氧基黄酮-4'-O-β-D-葡萄糖苷，5,6-二羟基黄酮-7-O-葡萄糖酸，芹菜素-7-O-β-D-葡萄糖醛酸丁酯，5,8,4'-三羟基黄酮-7-O-β-D-葡萄糖苷，5-羟基-6,4'-二甲氧基黄酮-7-O-β-D-芸香糖苷；有机酸类：1-(3',4'-二羟基肉桂酰)-环戊-2,3-二酚[1-(3',4'-dihydroxycinnamoyl)-cyclopenta-2,3-diol]，5-O-咖啡酰基奎宁酸，香豆酸，丁二酸，原儿茶酸，绿原酸，咖啡酸；甾醇类：豆甾醇，豆甾醇-3-O-葡萄糖苷，β-谷甾醇，胡萝卜苷；三萜及倍半萜类：蒲公英甾醇，ψ-蒲公英甾醇乙酸酯，(3S,5R,8R)-3,5-dihydroxymegastigma-6,7-dien-9-one-5-O-β-D-glucopyranoside，(6R,7E,9R)-9-hydroxy-4,7-megastigmadien-3-one-9-O-[α-L-arabinopyranosyl-(1→6)-β-D-glucopyranoside]，(7E,8ξ)-9-hydroxy-5,7-megastigmadien-4-one-9-O-[α-L-arabinopyranosyl-(1→6)-β-

D-glucopyanoside]等;木脂素类:tortoside F,(7S,8R)-dihydrodehydrodiconiferyl alcohol-4-O-β-D-glucopyranoside,(7R,8S)-1-dihydrodehydrodiconiferyl alcohol-4-O-β-D-glucopyranoside,(7S,8S)-7,9,9′-trihydroxy-3,3′-dimethoxy-8-O-4′-neolignan-7-O-β-D-glucopyranoside 等;还含红景天苷(salidrosidin),即对羟基苯乙醇-1-O-β-D-葡萄吡喃糖甘,腺苷,乙酸橙酰胺(aurantiamide acetate),loliolide,黑麦草内酯,氯化钾,酪胺(tyramine),三十烷醇等。

【功效主治】**小蓟** 甘、苦,凉。凉血止血,散瘀消痈,解毒。用于衄血,吐血,尿血,血淋,便血,崩漏,外伤出血,痈肿疮毒。**小蓟根** 甘、苦,凉。凉血止血,散瘀消肿。用于心热吐血,崩中下血,小产流血,衄血,痈肿疮疖。

【历史】见刺儿菜。

【附注】《中国药典》2010年版收载小蓟。原植物中文名用刺儿菜,拉丁学名用 Cirsium setosum (Willd.) MB.,但药材性状特征为 C. segetum Bge.,而非本种;实际工作中应注意鉴别。

小蓬草

【别名】狼尾巴(泰山)、绒线草、小白酒草、小飞蓬。

【学名】Conyza canadensis (L.) Cronq.

(*Erigeron canadensis* L.)

【植物形态】一年生草本。根纺锤状,有纤维状侧根。茎直立,高 0.5～1m 或更高,圆柱形,多少有纵棱及条纹,被疏长硬毛。叶互生;茎下部的叶片倒披针形,长 6～10cm,宽 1～1.5cm,先端尖或渐尖,基部渐狭成柄,边缘有疏锯齿或全缘;中、上部叶较小,叶片条状披针形或条形,全缘或少有 1～2 浅齿,两面常有上弯的硬缘毛;无柄或近无柄。头状花序多数,直径 3～4mm,排列成顶生多分枝的大圆锥花序状;花序梗细,长 0.5～1cm;总苞近圆锥形,长 2.5～4mm;总苞片 2～3 层,淡绿色,条状披针形或条形,先端渐尖,外层短于内层约 1/2,背面有疏毛,内层长 3～3.5mm,宽约 0.3mm,边缘干膜质,无毛;花托平,直径约 2mm,有不明显的突起;雌花多数,舌状,白毛,长 2.5～3.5mm,舌片小,条形,先端有 2 小钝齿;两性花淡黄色,花冠管状,上端有 4 或 5 齿裂,管部上部被疏微毛。瘦果条状披针形,长约 1.5mm,稍扁压,被贴微毛;冠毛污白色,1层,糙毛状,长 2.5～3mm。花期 5～9 月;果期 7～10 月。(图790)

【生长环境】生于旷野、荒地、田边或路旁。

【产地分布】山东境内产于各地。原产北美洲,现逸生广布于我国南北各。

【药用部位】全草:小白酒草(祁州一枝蒿)。为民间药。

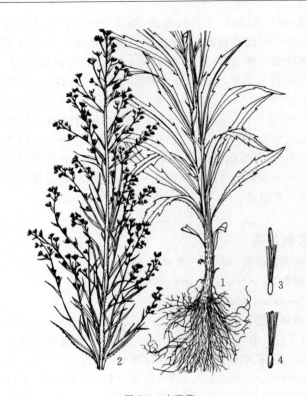

图 790 小蓬草
1. 植株下部 2. 花枝 3. 舌状花 4. 管状花

【采收加工】夏、秋二季采收全草,洗净,晒干或鲜用。

【药材性状】茎圆柱形,长 50～80cm;表面黄绿色或绿色,具细棱及粗糙毛;质脆,断面类白色,有髓。单叶互生;叶片展平后呈倒披针形或条状披针形;先端渐尖,基部狭,边缘有疏锯齿或全缘,具长缘毛。多数头状花序集成圆锥花序状;花黄棕色。气香特异,味微苦。

以质嫩、叶多、色绿、气香者为佳。

【化学成分】全草含黄酮类:木犀草素,芹菜素,槲皮素,芦丁;挥发油:主成分为柠檬烯,苧烯,芳樟醇,乙酸亚油醇酯(linoleyl acetate),少量石竹烯氧化物,(E)-金合欢烯环氧化物,左旋-β-蒎烯,反式-长松香芹醇等;还含 3-O-(hydroxyl-acetyl)-23,28-dihydroxyl-β-amyrin,母菊酯(matricaria ester),去氢母菊酯(dehydromatricaria ester),矢车菊属烃(centaur)X 等。**地上部分**挥发油含 β-檀香萜烯(β-santalene),花侧柏烯(cuparene),β-雪松烯,α-姜黄烯,γ-荜澄茄,松油醇,二戊烯,枯牧烯(cumulene);还含邻-苄基苯甲酸,香草酸,丁香酸,高山黄芩苷(scutellarin),树脂胆碱(choline),维生素C,苦味质,皂苷,γ-内酯类等。**鲜叶**含右旋-柠檬烯,(顺,顺,顺)-9,12,15-十八碳三烯-1-醇和罗勒烯等。**鲜花**含柠檬烯和罗勒烯等。

【功效主治】苦,凉。清热解毒,祛风止痒。用于口舌生疮,聤耳,目赤,风火牙痛,风湿骨痛。

附:野塘蒿

野塘蒿 C. bonariensis (L.) Cronq.,又名香丝草,

与小蓬草的主要区别是：全株有细软毛，灰绿色。茎基部叶片披针形，有柄；茎上部的叶片条形或条状披针形。头状花序直径1～1.5cm。分布及药用同小蓬草。地上部分含芹菜素，金圣草素（chrysoeriol），木犀草素，刺槐素，槲皮素-3-O-葡萄糖苷，洋蓟素（cynarin）咖啡酸，绿原酸，新绿原酸，3,5-二咖啡酰奎宁酸，东莨菪素，二氢芥子醇（dihydrosinapyl alcohol），黄决明素（chrysoobtusin），白术内酯（butenolide）I，大牻牛儿素（germacrane），顺，反-毛叶醇内酯（cis-, trans-lachnophyllum lactone）。全草用于外感，疟疾，风湿痹病，疮疡脓肿，外伤出血。

大丽花

【别名】大丽菊、地瓜花。

【学名】Dahlia pinnata Cav.

【植物形态】多年生草本。块根肥大。茎直立，粗壮，多分枝，高1.5～2m。叶对生；叶片一至三回羽状全裂，裂片卵形或长圆状卵形，上部叶有时不分裂，上面绿色，下面灰绿色，两面无毛。头状花序大，有长花序梗，常下垂，宽6～12cm；总苞片外层约5片，卵状椭圆形，叶质，内层膜质，椭圆状披针形；舌状花1轮，白色、红色、紫色或黄色，先端有不明显3齿或全缘；管状花黄色；栽培品种有时全部为舌状花。瘦果长圆形，长0.9～1.2cm，宽3～4mm，黑色，扁平，有不明显2齿。花期6～12月；果期9～10月。

【生长环境】栽培于庭院或公园。

【产地分布】山东境内各地广泛栽培。全国各地均有栽培。

【药用部位】根：大丽菊根。为民间药。

【采收加工】秋季茎叶枯萎时采挖，洗净，去外皮或不去外皮，晒干或切片晒干。

【药材性状】根纺锤形或类椭圆形，长6～11cm，直径1.5～2.5cm。表面黄棕色或棕褐色，有支根痕及皮孔，去外皮者类白色或灰白色，可见明显的纤维断痕。质硬脆，断面有木心或中空，粉性。无臭，味淡。

以块大、外皮色黄棕、质坚实、粉性大者为佳。

【化学成分】根含黄酮类：芹菜素，芹菜素-7-O-葡萄糖苷，芹菜素-7-O-鼠李糖葡萄糖苷，刺槐素-7-O-葡萄糖苷，刺槐素-7-O-鼠李糖葡萄糖苷，木犀草素，木犀草素-7-O-葡萄糖苷，槲皮素-3-O-半乳糖苷，槲皮苷，异鼠李素-3-O-半乳糖苷；还含菊糖。

【功效主治】甘、微苦，凉。清热解毒，散瘀止痛。用于头风，脾虚食滞，痄腮，牙痛，无名肿毒，跌打损伤。

野菊

【别名】野菊花、野黄菊、苦薏。

【学名】Dendranthema indicum (L.) Des Moul. (Chrysanthemum indicum L.)

【植物形态】多年生草本，高0.3～1m。有地下匍匐茎。茎直立，分枝或仅在顶端花序处分枝，茎枝有稀疏毛，或上部的毛较密。叶互生；叶片卵形或长卵形，长4～7cm，宽2.5～4cm，羽状深裂或浅裂，裂片边缘有大小不等的锯齿或缺刻状齿，上面绿色，疏被柔毛，下面浅绿色或灰绿色，柔毛较密；叶柄长约1cm或近无柄，基部无耳或有分裂的叶耳。头状花序，直径1～2cm，在枝端排成疏散的伞房圆锥花序状；总苞片约5层，外层卵形或长卵形，长2.5～4mm，中内层卵形至椭圆状披针形，长5～7mm，边缘及顶部有白色或浅褐色宽膜质，顶端圆钝；舌状花1轮，黄色，舌片长椭圆形，长0.9～1.2cm，先端全缘或具2～3浅齿；管状花两性，多数，基部无鳞片。瘦果无冠毛。花、果期10～11月。2n=36,54。（图791）

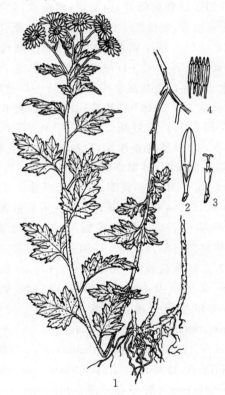

图791 野菊
1.植株 2.舌状花 3.管状花 4.雄蕊

【生长环境】生于山坡、草丛或海滨沙滩。

【产地分布】山东境内产于烟台、青岛等地。在我国除山东外，还广布于东北、华北、华中、华南、西南各地。

【药用部位】头状花序：野菊花；全草：野菊；幼苗：野菊花苗。为少常用中药和民间药。野菊花可用于保健食品，幼苗药食两用。

【采收加工】秋季花初开放时采摘花序，晒干或蒸后晒干。夏、秋间采挖带根全草，除去杂质，晒干或鲜用。

春季采收幼苗,鲜用或晒干。

【药材性状】头状花序类球形或圆锥形,直径0.3～1.2cm,棕黄色。总苞碟形,总苞片4～5层;外层苞片三角状卵形,长2～3.5mm,先端略尖,中央绿褐色,具狭窄的灰白色或淡褐色膜质边缘,外表面疏被柔毛;中层苞片三角状卵形或卵圆形,基部较宽,长4～7mm,膜质边缘较宽,内层苞片长椭圆形,先端钝圆或略尖,长6～9mm,中央灰绿色或褐绿色,狭条状,边缘具宽膜质。总苞基部有时留有花序柄。花托圆锥形,无托毛。舌状花1轮,黄色,舌片皱缩或卷曲;中央花心大而紧密,管状花黄色至深黄色,多数,雌蕊略长于雄蕊或近等长;花基部均无小苞片。瘦果不发育。气清香,味苦。

以花序完整、色棕黄、气香者为佳。

【化学成分】头状花序含黄酮类:蒙花苷,木犀草素,木犀草素-7-O-β-D-葡萄糖苷,槲皮素,刺槐素,刺槐素-7-O-β-D-葡萄糖苷,刺槐素-7-O-β-D-吡喃半乳糖苷,刺槐素-7-O-(6″-α-O-L-鼠李糖基)-β-D-槐糖苷,刺槐苷,芹菜素,芹菜素-6,8-二-C-β-D-吡喃葡萄糖苷,金合欢素,金合欢素 7-O-α-L-吡喃鼠李糖基(1→6)-β-D-吡喃葡萄糖苷,金合欢素-7-O-(6″-乙酰基)-β-D-葡萄糖苷,麦黄酮(tricin)即 5,7,4′-三羟基-3′,5′-二甲氧基黄酮,异泽兰黄素,2′,4′-二羟基查尔酮,5-羟基-7,4′-甲氧基黄酮,7-羟基二氢黄酮,异鼠李黄素,香叶木素,5,6,7-三羟基-3′,4′,5′-三甲氧基黄酮,5,5′-二羟基-7,3′,4′-三甲氧基黄酮,5,7,4′-三羟基-6,3′,5′-三甲氧基黄酮,5,3′,4′-三羟基-6,7-二甲氧基黄酮,5,3′-二羟基-6,7,4′,5′-四甲氧基黄酮,5,7,3′,4′-四羟基-6,5′-二甲氧基黄酮,5,7-二羟基色原酮,矢车菊苷(chrysanthemin),菊黄质等;萜类:α-及β-香树脂醇,羽扇豆醇,熊果酸,16β,22α-二羟基蒲公英甾醇棕榈酸酯(16β,22α-dihydroxypseudotaraxasterol-3β-O-palmitate),chrysanthguaianolide A、B,apressin,athanadregeolid,豚草素(cumambrin)A,野菊花内酯(yejuhualactone),野菊花醇(chrysanthemol),野菊花三醇(chrysanthetriol),野菊花酮(indicumenone),菊油环酮(chrysanthenone),顺-及反-螺烯醇醚(cis-,trans-spiroenol ether),当归酰豚草素(angeloylcumambrin)B,当归酰亚菊素(angeloyljadin),苏格兰蒿素(arteglasin)A;有机酸:阿魏酸,咖啡酸,绿原酸,香草酸,棕榈酸,亚油酸等;木脂素类:丁香脂素,辛夷脂素,L-芝麻素,丁香树脂素-4″-O-β-D-吡喃葡萄糖苷;挥发油:樟脑,龙脑,紫苏醇(perilla alcohol),1,8-桉叶素,β-石竹烯,香橙烯,1,4-二甲基-7-乙基薁(1,4-dimetyl-7-ethyl azulene)等;尚含胡萝卜苷,1-单山嵛酸甘油酯(glyceryl-1-monobehenate),鹅掌楸碱,尿嘧啶等。

【功效主治】野菊花苦、辛,微寒。清热解毒,泻火平肝。用于疔疮痈肿,目赤肿痛,头痛眩晕。**野菊**清热解毒。用于外感,咳喘,胁痛,肝阳上亢,痈肿,疔疮,目赤,瘰疬,天疱疮,湿疹。**野菊苗**清热解毒。用于疔疮痈肿,目赤肿痛,头痛眩晕。

【历史】野菊始载于《本草经集注》"菊花"条下,名苦薏,曰:"菊有两种……一种青茎而大,作蒿艾气,味苦不堪食者,名苦薏"。《本草拾遗》谓:"苦薏,花如菊,茎似马兰,生泽畔,似菊,菊甘而薏苦"。《日华子本草》载有野菊,谓:"菊有两种,花大气香茎紫者为甘菊,花小气烈茎青小者名野菊。"《本草纲目》谓:"苦薏,处处原野极多,与菊无异,但叶薄小而多尖,花小而蕊多,如蜂巢状,气味苦辛惨烈。"其形态及附图与现今植物野菊基本一致。

【附注】《中国药典》2010年版收载野菊花,拉丁学名用异名 *Chrysanthemum indicum* L.。

附:委陵菊

委陵菊 D. potentilloides (Hand.-Mazz.) Shih (*Chrysanthemum potentilloides* Hand.-Mazz.) 与野菊的主要区别是:叶耳较大;叶两面异色,上面深绿色,疏被毛,下面灰白色,密被柔毛。山东境内产于泰山等山地丘陵。药用同野菊。

甘菊

【别名】甘野菊、野菊、千头菊(泰山)、山菊花(蒙山、鲁山)、岩香菊。

【学名】Dendranthema lavandulifolium (Fisch. ex Trautv.) Ling et Shih

[*Chrysanthemum lavandulifolium* (Fisch. ex Trautv.) Makino]

(*Pyrethrum lavandulifolium* Fisch. ex Trautv.)

【植物形态】多年生草本,高0.4～1.5m。地下茎匍匐。茎直立或斜上,多分枝,疏生短柔毛,上部稍密。叶互生;茎下部叶较大,花期脱落;中部叶叶片卵形,长3～7cm,宽1.5～4cm,二回羽状分裂,一回深裂至全裂,二回深裂至浅裂,上面绿色,近无毛,下面疏被柔毛;叶柄长0.5～1cm,基部有时具分裂的叶耳。头状花序顶生,直径1～2cm,排成复伞房花序状;总苞杯状或碗状,直径3～5mm;总苞片4～5层,外层卵形或长卵形,中间主脉狭条形,绿色,边缘有黄色宽膜质,第2层卵形或椭圆状卵形,先端及边缘宽膜质,3～4层长卵形或椭圆形,边缘宽膜质;舌状花1轮,雌性,黄色,长椭圆形或近条形,舌片长4～7mm;管状花多数,两

性,黄色。瘦果倒卵形,无冠毛。花、果期10~11月。2n=18。(图792)

图792 甘菊

【生长环境】生于山坡、山沟、林缘、田边或滨海盐渍地。

【产地分布】山东境内产于各山地丘陵。在我国除山东外,还分布于东北地区及河北、陕西、甘肃、青海、新疆、江西、湖北、江苏、浙江、云南、四川等地。

【药用部位】头状花序:野菊花;全草:甘野菊;幼苗:甘野菊苗。为民间药,野菊花可用于保健食品,幼苗药食两用。

【采收加工】秋季花初开放时采摘花序,晒干或蒸后晒干。夏、秋间采挖带根全草,除去杂质,晒干或鲜用。春季采收幼苗,鲜用或晒干。

【药材性状】头状花序球形或圆锥形,直径0.6~1.5cm,较松散。总苞浅杯状或深碟形;总苞片4~5层;外层苞片长条形或狭三角状条形,长3~6cm,先端具膜质钝头,淡绿褐色,几无膜质边缘,外表面疏被柔毛;中层苞片三角形或三角状卵形,长4~6mm,内层苞片卵形或长椭圆形,长5~7mm,中央绿褐色,边缘有较宽的绿白色至浅褐色膜质。花托半圆形,无托毛。舌状花1轮,黄色,舌片伸展或弯曲,先端全缘或具2~3个不明显钝齿裂。花心大,黄色,管状花两性,多数,雌蕊不伸出花冠筒外,花冠顶端5齿裂。花基部均无小苞片。瘦果不发育,无冠毛。体轻,干时质松脆。气清香,味苦。

以花序完整、色黄棕、有清香气者为佳。

【化学成分】全草和花序含黄酮类:木犀草素,刺槐素,刺槐苷,芹菜素,金合欢素-7-O-α-L-鼠李糖基(1→6)-β-D-葡萄糖苷,金合欢素-7-O-α-L-吡喃鼠李糖基(1→6)-[2‴-O-乙酰基-β-D-葡萄糖基(1→2)]-β-D-吡喃葡萄糖苷等;挥发油:主成分为樟脑,1,8-桉叶素,香橙烯,1,4-二甲基-7-乙基奥,4-亚甲基-1-(1-甲乙基)环己烯[4-methylene-1-(1-methylethyl) cyclohexene],β-石竹烯,菊油环酮等;还含琥珀酸,N-苯基-β-萘胺(N-phenyl-β-naphthalene amine),甜菜碱,鹅掌楸树脂醇二甲醚(liriosinol dimethyl ether)等。

【功效主治】甘野菊花苦、辛,微寒。清热解毒,泻火平肝;用于疔疮痈肿,目赤肿痛,头痛眩晕。甘野菊清热解毒。用于外感,咳喘,胁痛,肝阳上亢,痈肿,疔疮,目赤,瘰疬,天疱疮,湿疹。甘野菊苗清热解毒。用于疔疮痈肿,目赤肿痛,头痛眩晕。

菊花

【别名】济菊、白菊花、黄菊花、药菊花。

【学名】Dendranthema morifolium (Ramat.) Tzvel. (*Chrysanthemum morifolium* Ramat.)

【植物形态】多年生草本,高0.6~1.5m。茎直立,基部常木质化,上部多分枝,有柔毛。叶互生;叶片卵形至宽卵形,长4~8cm,宽2.5~4cm,羽状浅裂或深裂,先端圆钝或尖圆,基部楔形,边缘有大小不等的圆齿或锯齿,上面深绿色,下面略淡,两面均有细柔毛;叶柄长约1.5cm。头状花序顶生,直径3~6cm;总苞半球形,总苞片3~4层,外层绿色,条形,外面有白色柔毛,边缘膜质,内层长圆形,较大,边缘宽膜质;舌状花雌性,多层,白色、黄色或浅红色;管状花两性,多数,黄色,基部带有膜质鳞片。瘦果无冠毛。花期9~12月。(图793)

【生长环境】栽培于田间、庭院或公园。以地势高燥,背风向阳,疏松肥沃,富含腐殖质,排水良好,pH值6~8的砂质壤土或壤土为宜。忌连作。黏重土、低洼积水地不宜栽种。

【产地分布】山东境内产于济宁、嘉祥、禹城、德州、菏泽、滨州、济南、潍坊等地。以嘉祥产菊花质量最优,有"中国白菊花之乡"之称,花大色白,气清香浓郁,称作"嘉祥菊花"。据记载,嘉祥菊花已有近千年的栽培历史,自唐代即开始药用,清乾隆年间已由上海药行畅销

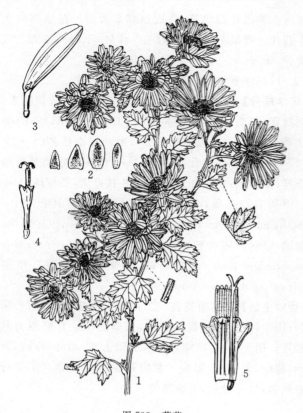

图 793 菊花
1.花枝 2.总苞片 3.舌状花 4.管状花 5.管状花展开

全国,以济宁为集散地,故商品药材称作"济菊"。在我国除山东外,药用菊花主要栽培于安徽、浙江、河南、河北等地,济菊与亳菊、贡菊、滁菊、杭菊、怀菊、祁菊齐名,均为我国著名的药菊和茶菊。观赏菊花在全国各地均有栽培。

【药用部位】头状花序:菊花(济菊);根:菊花根;叶:菊花叶;幼苗:菊花苗(玉英)。为常用中药和民间药,菊花、菊花叶和菊花苗药食两用。济菊为山东道地药材。

【采收加工】秋季当花盛开(花心开放60%~70%,舌状花色洁白)时,择晴天露水干后或下午采摘,阴干、晒干或烘干;或按制茶法制菊花茶。如花期较整齐,可将全株割下,倒置于阴凉通风处晾干,摘下花朵药用。春季采苗,阴干或鲜用。夏、秋二季采叶,鲜用或晒干。秋、冬二季挖根,洗净,鲜用或晒干。

【药材性状】头状花序圆球形或扁球形,直径1.5~3.5cm,较松散。总苞盘形,总苞片约4层;外层苞片条形或长三角状条形,长3~5mm,宽1~1.4mm,淡草绿色,无膜质缘或仅具狭膜质缘,先端具淡褐色膜质钝头,外表面微被柔毛;中层苞片长三角形,先端钝圆,长4.5~6mm;内层苞片三角状卵形至长椭圆形,基部渐狭,长6~9mm,中央草绿褐色,边缘具淡褐色宽膜质。花托半球形或圆锥形。舌状花数轮,白色,舌片伸展或微卷曲;中央花心不明显,淡黄色,典型的管状花少见;花基部均具褐色小苞片,呈上宽下窄的匙形或长椭圆形,长5~6mm,膜质。瘦果不发育,无冠毛。体轻,质柔软,干时松脆。气清香,味甜微苦。

以花序完整、不散瓣、色白(黄)、香气浓郁者为佳。

【化学成分】头状花序含挥发油:主成分为龙脑,樟脑,菊油环酮,桧樟脑(junipercamphor),香橙烯,β-石竹烯等;济菊挥发油含樟脑,小茴香酮(fenchone),1,3,3-三甲基-2-氧杂双环[2,2,2]辛烷{1,3,3-trimethyl-2-oxabicyclo[2,2,2] octane},5-乙基-5-甲基-3-庚炔(5-ethyl-5-methyl-3-heptyne),7-乙基-1,4-二甲基薁等;黄酮类:木犀草素,木犀草苷,木犀草素-7-O-α-L-鼠李葡萄糖苷,4′-甲氧基木犀草素-7-O-β-D-葡萄糖苷,木犀草素-7-O-β-D-(6″-乙酰基)葡萄糖苷,芹菜素,大波斯菊苷(cosmosiin),芹菜素-7-O-α-L-鼠李葡萄糖苷,芹菜素-7-O-β-D-葡萄糖苷,刺槐素,刺槐素-7-O-α-L-鼠李葡萄糖苷,刺槐素-7-O-β-D-葡萄糖苷,刺槐素-7-O-β-D-(3″-乙酰基)葡萄糖苷,槲皮素,槲皮苷,槲皮素-3-O-半乳糖苷,香叶木素,香叶木素-7-O-β-D-葡萄糖苷,5-羟基-6,7,3′,4′-四甲氧基黄酮,橙皮素,橙皮素-7-O-β-D-葡萄糖苷,金合欢素,金合欢素-7-O-(6″-O-乙酰基)-β-D-葡萄糖苷,异泽兰黄素,山奈酚,蒙花苷等;蒽醌类:大黄素,大黄酚,大黄素甲醚;有机酸:绿原酸,3,5-O-二咖啡酰基奎宁酸,4-O-咖啡酰基奎宁酸,3,4-O-二咖啡酰基奎宁酸,咖啡酸丁酯和乙酯;还含氨基酸及无机元素铜、铁、锌、钼、钴、锶、硒、锂等。茎叶含黄酮类:芹菜素,金合欢素-7-O-β-D-葡萄糖苷,芹菜素-7-O-β-D-葡萄糖苷,木犀草素-7-O-β-D-葡萄糖苷,绿原酸;还含二十五烷,挥发油及游离氨基酸。

【功效主治】菊花甘、苦,微寒。散风清热,平肝明目,清热解毒。用于风热外感,头痛眩晕,目赤肿痛,眼目昏花,疮疖痈毒。菊花根苦、甘,寒。清热解毒,利水。用于癃闭,痈肿疔疮,咽喉肿痛,清利小便。菊花叶辛、甘,平。清肝明目,解毒消肿。用于疔疮,痈肿,头风,目眩。菊花苗(玉英)甘、微苦,凉。清肝明目。用于头风眩晕,止生翳膜。菊花茶甘、苦,微寒。散风清热,清肝明目,解毒。用于目赤耳鸣,咽喉肿痛,风热外感,头痛眩晕,疮疖痈肿。长期饮用具有利血气、轻身、延年之功效;体虚胃寒者不宜多用。

【历史】菊花始载于《神农本草经》,列为上品。《本草经集注》云:"菊有两种,一种茎紫气香而味甘,叶可作羹食者为真。一种青茎而大,作蒿艾气,味苦不堪食者,名苦薏,非真。其华正相似,唯以甘苦别之尔……又有白菊,茎叶都相似,唯花白,五月取。"其味甘之菊花和白菊即今之药用菊花。《本草纲目》曰:"菊之品凡百种,宿根自生,茎叶花色品品不同……其茎有株蔓紫赤青绿之殊,其叶有大小厚薄尖秃之异,其花有千叶单叶、有心无心、有子无子、黄白红紫、间色深浅、大小之别,其味有甘苦辛之辨,又有夏菊秋菊冬菊之分。大抵惟以单叶味甘者入药,菊谱所载甘菊、邓州黄、邓州白者是矣。"阐述了形态各异的观赏和药用菊花品种。

【附注】《中国药典》2010年版收载菊花,拉丁学名用异名 Chrysanthemum morifolium Ramat.。

东风菜

【别名】紫菀、马耳足(青岛)。

【学名】Doellingeria scaber (Thunb.) Nees (Aster scaber Thunb.)

【植物形态】多年生草本。根状茎粗壮。茎直立,高1~1.5m,上部有分枝,有微毛。叶互生;基部叶在花期枯萎,叶片心形,长9~15cm,宽6~15cm,先端渐尖,基部急狭成柄,边缘有具小尖头的齿;柄长10~15cm,有微毛;中部叶较小,叶片卵状三角形,柄较短,有翅;上部叶小,长圆状披针形或条形;全部叶两面有微糙毛,3出或5出脉。头状花序直径1.8~2.4cm,排成圆锥伞房花序状;总苞半球形;总苞片约3层,边缘宽膜质,有缘毛,外面无毛;舌状花约10枚,舌片白色,长1~1.5cm;管状花长约5.5mm,裂片5,条状披针形;冠毛污白色,长3.5~4mm,有多数微糙毛。瘦果倒卵圆形或椭圆形,长3~4mm,除边肋外,一面有2肋,另一面有1~2肋,无毛。花期6~8月;果期8~10月。(图794)

图794 东风菜
1.部分茎 2.植株上部 3.管状花 4.花药 5.花柱分枝 6.瘦果

【生长环境】生于阴湿山谷、坡地、林下或草丛。

【产地分布】山东境内产于各大山区。在我国分布于东北地区及内蒙古、河北、山西、陕西、安徽、江苏、浙江、湖北、广东、云南等省区。

【药用部位】全草:东风菜;根及根茎:东风菜根。为民间药。

【采收加工】夏、秋二季采收全草,秋季采挖根及根茎,洗净,晒干或鲜用。

【化学成分】全草含萜类:角鲨烯(squalene),木栓酮,木栓醇,3-羧基-16α-羟基-齐墩果烷-12-烯-28-酸,4α-羟基-10α-甲氧基-1(S),5(R)-愈创木-6-烯,4β-羟基-10α-甲氧基-1(S),5(R)-香木兰烷;甾醇类:麦角甾-6,22-二烯-3β,5α,8α-三醇,α-菠甾醇-3-O-β-D-葡萄糖苷,α-菠菜甾醇,胡萝卜苷,β-谷甾醇,豆甾醇等。

【功效主治】东风菜甘,凉。清热解毒,祛风止痛,行气活血。用于风湿痹痛,外感头痛,目赤肿痛,咽喉痛,跌打损伤,毒蛇咬伤,疮疖。东风菜根辛,温。祛风,行气,活血,止痛。用于泄泻,风湿骨痛,跌打损伤。

【历史】东风菜始载于《开宝本草》,曰:"此菜先春而生,固有东风之号"。又谓:"生岭南平泽。茎高二三尺,叶似杏叶而长,极厚软,上有细毛。"所述形态与现今植物东风菜相似。

华东蓝刺头

【别名】漏芦、华东漏芦、老和尚头、禹州漏芦。

【学名】Echinops grijisii Hance

【植物形态】多年生草本。茎直立,单生,高30~70cm,基部通常有棕褐色残存的纤维状撕裂叶柄,茎枝全部被密厚的蛛丝状绵毛,下部在花期变稀疏。叶互生;基部及下部的叶片椭圆形、长椭圆形或长卵形,长10~15cm,宽4~7cm,一回羽状全裂或二回羽状深裂,侧裂片4~5对,稀为7对,裂片长披针形,全部裂片边缘有均匀而细密的刺状缘毛,薄纸质;有长柄;中部以上叶渐小;全部茎生叶两面异色,上面绿色,无毛及腺点,下面白色或灰白色,有密厚的蛛丝状绵毛。复头状花序单生枝顶,直径约4cm;头状花序长1.5~2cm;基毛多数,白色,不等长,扁毛状,长7~8mm,为总苞长度的1/2;总苞3层,全部苞片24~28个,外面无腺点;小花长1cm,花冠淡蓝色或白色,5深裂,花冠筒外面有腺点。瘦果倒圆锥形,长1cm,有密厚的顺向贴伏的棕黄色长直毛,不遮盖冠毛;冠毛量杯状,大部分结合。花、果期7~10月。(图795)

【生长环境】生于山坡草地、荒坡或丘陵沙地。

【产地分布】山东境内产于各山地丘陵。在我国除山

图795 华东蓝刺头
1.根 2.植株上部 3.外层苞片 4.中层苞片
5.内层苞片 6.小头状花序 7.管状花

东外,还分布于辽宁、河南、安徽、江苏、福建、台湾、广西等地。

【药用部位】根:禹州漏芦;头状花序:蓝刺头。为较常用中药。

【采收加工】春、秋二季采挖,除去须根及泥沙,晒干。夏季花期采收头状花序,鲜用或晒干。

【药材性状】根圆柱形,稍扭曲,长15～25cm,直径1～1.5cm。表面灰黄色或灰褐色,具扭曲的纵皱纹及少数皮孔。近根头处有较密的横纹,顶端残留4～5cm长的纤维状棕色硬毛。质硬,不易折断,断面皮部褐色,散有多数分泌腔小点,木部呈黄黑相间的放射状纹理。气微,味微涩。

以根粗大、完整、质坚实者为佳。

【化学成分】根含噻吩类:α-三联噻吩(α-terthiophene),5-(4-O-异戊酰基丁炔-1)-联噻吩[5-(4-O-isopentanoyl-butyn-1yl)-2,2'-bithiophene],5-(丁烯-3-炔-1)联噻吩[5-(3-buten-1-ynyl)-2,2'-bithiophene],2-三联噻吩(2,2',5',2''-terthienyl),5-(3,4-二羟基丁炔-1)-2,2'-联噻吩,2-(戊二炔-1,3)-5-(3,4-二羟基-丁炔-1)噻吩,2-(丙炔-1)-5-(5,6-二羟基-己二炔-1,3)噻吩,5-[5'''-(丙炔-1)-2'''-(3''-乙炔-6''-丁二炔环丁烷)]噻吩-2,2'-联噻吩,5-(4-异戊酰氧基丁酮-1)-2,2'-联噻吩等;甾醇类:胡萝卜苷,β-谷甾醇,谷甾醇-3-O-葡萄糖苷,筋骨草甾酮C(ajugasterone C);挥发油:主成分为柠檬烯、薄荷酮、异薄荷酮、δ-愈创木烯、α-及β-檀香萜烯等;还含地榆糖苷(ziyuglucoside),蒲公英萜醇乙酸酯,熊果酸,绿原酸,丁香苷,木犀草素,菜蓟素(cynarin)即1,3-二咖啡酰奎宁酸,(Z,Z,Z)-3,6,9-十七碳三烯等。地上部分含噻吩类:α-三联噻吩,5-(丁烯-3-炔-1)联噻吩;黄酮类:槲皮素,芦丁,橙皮苷,木犀草素-7-O-β-D-葡萄糖苷;还含齐墩果-3-酮,蒲公英萜醇乙酸酯,卡多帕亭,胡萝卜苷,β-谷甾醇及三十、三十二烷醇。

【功效主治】禹州漏芦苦,寒。清热解毒,消痈,舒筋通脉。用于乳痈肿痛,痈疽发背,瘰疬疮毒,乳汁不通,湿痹拘挛。蓝刺头苦,凉。接骨,清热止痛。用于骨折,刺痛,疮疡。

【历史】见漏芦。

【附注】《中国药典》2010年版收载禹州漏芦。

附:蓝刺头

蓝刺头 E. latifolius Tausch,又名禹州漏芦、驴欺口。与华东蓝刺头的主要区别是:茎中下部的叶片羽状浅裂或深裂,裂片多对,三角形或卵状三角形,边缘有短刺。瘦果被鳞片状毛。《新编中药志》第一卷714页记载,本种产山东,名火绒根子,但我们未见到山东产的标本,仅志于此。

紫锥菊

【别名】紫松果菊、紫花松果菊。

【学名】Echinacea purpurea (L.) Moench.

【植物形态】多年生草本。主根圆锥形,长14～30cm,生有多数侧根及须根;根茎部易于萌生侧芽及不定根。茎直立,高80～100cm,表面绿色,具褐紫色条斑及白色糙毛,中部以上具分枝。基生叶丛生,叶片卵状披针形或宽披针形,长3.5～18cm,宽1.8～6cm,边缘具疏齿,有长柄。头状花序,总苞4～5层,绿色,边缘略膜质;花序生于茎端,舌状花20余朵,生于花序托的外缘,粉紫红色或紫红色,长条形,花后期自基部向下折;管状花密集于半球形或阔圆锥形花序托上,小苞片狭长,包被于管状花的外侧,先端具锐刺。瘦果,2心皮。花、果期5～10月。(彩图77)

【生长环境】栽培于平原、低山丘陵或公园。

【产地分布】原产加拿大、美国。山东临沂、济南及全省各地公园有引种栽培。我国的北京怀柔、安徽桐城、湖南浏阳、浙江、陕西、四川、云南等地有引种,各地还作为观赏花卉植物种植。

【药用部位】全株:紫锥菊。根:紫锥菊根。为民间药和新中兽药材,叶和花序可做茶。

【采收加工】夏、秋季头状花序盛开时采收,除去杂质,分部位晒干。秋季采挖根,洗净,晒干。

【药材性状】药材为茎叶花序的混合。茎为圆柱形小段,直径0.5～1.2cm,表面灰绿色至灰褐色,并有紫褐色纵斑纹,疏生白色倒刺;体轻,质坚韧;断面较平坦,皮部呈淡绿色,木部呈类白色,髓部类白色;气微,味淡。叶多破碎；完整者展平后呈长卵形或宽披针形，长3.5～18cm，宽1.8～6cm；表面紫绿色，被白色硬毛，主脉3～5条，边缘具疏齿；叶柄黄棕色；质脆，易破碎；气微，味淡。头状花序类圆球形或圆锥形，直径2.2～3cm，褐色或红褐色；总苞盘状，总苞片4～5层，棕绿色，披针形至卵状披针形，近革质，外面被毛，中间数层先端外折；花托圆锥形，有托片；舌状花12～20余朵，暗红褐色或褐色，狭长条形，皱缩；管状花极多，托片龙骨状，长于管状花，先端尖成长刺状；体轻，质韧；气微香，味淡。未成熟瘦果倒圆锥形，长4～6mm，直径1.5～2mm。表面灰白色，具四棱；顶端四棱处呈刺状，中央凹陷；果皮薄，纤维性，内表面灰褐色，易与种子剥离，内有种子1粒；气微，破开后微具辛香气，味微辛辣。

以干燥、茎嫩色绿褐、叶多色紫绿、花序多色紫褐者为佳。

根细长锥形，长10～20cm，多数须根，集成胡须状。表面红棕色或灰褐色，有纵皱纹；顶端残留少许茎基。质坚实，不易折断；断面不整齐，皮部淡绿色，木部黄褐色，形成层环纹明显。气微，味麻、涩。

【化学成分】根及地上部分含糖类：4-甲氧基-葡萄糖醛-阿拉伯糖-木聚糖聚糖，阿拉伯糖-鼠李半乳糖聚糖，木糖葡萄糖聚糖，类果胶多糖；有机酸：菊苣酸(cichoric acid)即$1R,3R$-双咖啡酰基酒石酸，菊苣酸甲酯，绿原酸，2-氧咖啡酰基-3-氧阿魏酰基酒石酸，2,3-氧-双阿魏酰基酒石酸，2-氧-阿魏酰基酒石酸，2-氧-咖啡酰基-3-氧香豆酰基酒石酸，咖啡酸，咖啡酸甲酯，咖啡酸乙酯；酰胺类：紫锥菊酰胺，十二碳-2E,8F,10E/E-四烯酸异丁酰胺；香豆素类：7,8-呋喃并香豆素，6-甲氧基-7-羟基-香豆素。苷类：紫花松果菊苷A(echipuroside A)即2-(4-羟基苯基)-乙基-O-α-L-鼠李糖基(1→6)-β-D-葡糖苷，$(6S,9R)$6-羟基-3-酮-α-紫罗兰醇-9-O-β-D-葡糖苷(roseoside)，ampelopsisionoside，苯甲基-O-β-木糖基(1→6)-β-D-葡糖苷(β-primereroside)，苯甲基-O-β-D-葡糖苷；还含豆甾醇，β-谷甾醇等。

【功效主治】补益强壮，解毒。用于外感，咳嗽，咽喉肿痛，胃腔疼痛，衄血，口疮，毒蛇咬伤；还用于消除疲劳，各种虚劳外伤。

附：淡紫紫锥菊

淡紫紫锥菊 E. pallida (Nutt.) Nutt.，又名淡紫松果菊，与紫锥菊的主要区别：株高约至60cm。叶连叶柄长约至35cm，叶片狭披针形、披针形或宽披针形，长4～31cm，宽1～3.5cm，全缘。头状花序舌状花长4～6cm，浅紫红色，下垂。山东中医药大学药圃有少量引种。药用同紫锥菊。

狭叶紫锥菊

狭叶紫锥菊 E. angustifolia DC.，又名狭叶松果菊，与紫锥菊的主要区别：株高约至45cm。叶连叶柄长约至25cm，叶片狭披针形、披针形或宽披针形，长6～18cm，宽1～5cm，全缘。头状花序舌状花长2～2.5cm，淡紫色或粉白色，伸展或稍下垂。山东中医药大学药圃有少量引种。药用同紫锥菊。

鳢肠

【别名】旱莲草、野向日葵（莒南）、汉年草（五莲）、墨菜。

【学名】Eclipta prostrata (L.) L.
(Verbesina prostrata L.)

【植物形态】一年生草本。茎直立，斜升或平卧，高达60cm，通常自基部分枝，被贴生糙毛。单叶对生；叶片长圆状披针形或披针形，长3～10cm，宽0.5～2.5cm，先端尖或渐尖，边缘有细锯齿或波状，两面密被硬糙毛；无柄或有极短的柄。头状花序直径6～8mm，有长2～4cm的细花序梗；总苞球状钟形；总苞片绿色，草质，5～6个排成2层，长圆形或长圆状披针形，外层较内层稍短，背面及边缘被白色短伏毛；外围的雌花2层，白色，舌状，长2～3mm；中央的两性花多数，花冠管状，白色，长约1.5mm，先端4齿裂；花柱分枝钝，有乳头状突起；花托凸，有披针形或线形托片，托片中部以上有微毛。瘦果暗褐色，长约3mm；雌花的瘦果三棱形；两性花的瘦果扁四棱形，顶端截形，有1～3细齿，基部稍缩小，边缘有白色的肋，表面有小瘤状突起，无冠毛。花期6～9月；果期9～11月。(图796)

【生长环境】生于河边、坑塘边、田间或路旁湿地。

【产地分布】山东境内产于各地。全国各地均有分布。

【药用部位】全草：墨旱莲。鲜茎压榨的汁液：墨旱莲草汁。为较常用中药，可用于保健食品。

【采收加工】夏季花开时采割地上部分，晒干。夏季茎叶茂盛时采收鲜茎，加少许水，压榨取汁，鲜用。

【药材性状】全草卷缩，被白色粗毛。茎圆柱形，多分枝，直径2～5mm；表面绿褐色或墨绿色，有纵棱；质脆，易折断，断面中央为白色疏松的髓，有时中空。叶对生，近无柄；叶片多皱缩卷曲或破碎；完整者展平后呈长披针形，长3～9cm，宽1～2cm；全缘或具浅齿；表面墨绿色，近无柄。头状花序单生于枝端，直径约7mm，总花梗细长；总苞片5～6，黄绿色或棕褐色；花冠多脱落。瘦果椭圆形而扁，长约2.5mm；表面棕色或浅褐色，有小瘤状突起。气微，味微咸。

以叶花多、色墨绿者为佳。

【化学成分】全草含黄酮类：槲皮素，芹菜素，芹菜素-7-O-葡萄糖苷，木犀草素，木犀草素-7-O-葡萄糖苷，刺槐苷；香豆素类：蟛蜞菊内酯(wedelolactone)，去甲基蟛蜞菊内酯(demethylwedelolactone)，异去甲基蟛蜞菊内

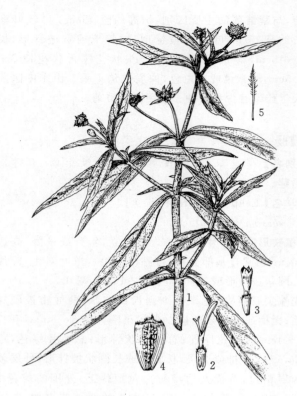

图 796 鳢肠
1.花枝 2.舌状花 3.管状花 4.瘦果 5.托片

酯,去甲基蟛蜞菊内酯-7-O-β-D-葡萄糖苷；噻吩类：2,2′,5′,2″-三联噻吩-5-羧酸,α-三联噻吩基甲醇(α-terthienylmethanol),乙酸-(α-三联噻吩基)甲醇酯(α-terthienyl methylacetate),鳢肠醛(ecliptal)即 α-三联噻吩基甲醛(α-terthienyl formaldehyde);三萜类：旱莲苷(eclipdasaponin)A、B、C、D,鳢肠皂苷(eclalbassaponin)Ⅰ、Ⅱ、Ⅲ、Ⅳ、Ⅴ、Ⅵ、Ⅶ、Ⅷ、Ⅸ、Ⅹ、Ⅺ、Ⅻ,鳢肠皂苷Ⅱ即刺囊酸-3-O-β-D-吡喃葡萄糖苷,鳢肠皂苷Ⅰ即 3-O-β-D-吡喃葡萄糖基-刺囊酸-28-O-β-D-吡喃葡萄糖苷,鳢肠皂苷Ⅴ即刺囊酸-3-O-(2′-O-硫酰基-β-D-吡喃葡萄糖苷),3-酮-16α-羟基-齐墩果-12-烯-28-酸,3,16,21-三羟基-齐墩果-12-烯-28-酸,刺囊酸(echinocystic acid)即 3β,16α-二羟基-齐墩果-12-烯-28-酸,β-香树脂醇等；甾醇类：β-谷甾醇,豆甾醇,植物甾醇 A 及其葡萄糖苷；有机酸类：原儿茶酸,4-羟基苯甲酸,干朽菌酸(merulinic acid),2,6-二羟基-4-甲氧基苯甲酸乙酯(ethyl 2,6-dihydroxy-4-methoxybenzoate);挥发油：主成分为1,5,5,8-四甲基-12-氧双环[9,1,0]十五碳-3,7-双烯,6,10,14-三甲基-2-十五酮,δ-愈创木烯,新二氢香芹醇等；还含烟碱,14-二十七烷醇,氨基酸等。

【功效主治】墨旱莲甘、酸,寒。滋补肝肾,凉血止血。用于肝肾阴虚,牙齿松动,须发早白,眩晕耳鸣,腰膝酸软,阴虚血热,吐血,衄血,尿血,血痢,崩漏下血,外伤出血。**墨旱莲草汁**凉血止血。用于阴虚血热,吐血,衄血,尿血,血痢,崩漏下血,外伤出血。

【历史】鳢肠始载于《千金·月令》,原名金陵草,又名旱莲草。《新修本草》名鳢肠,云："生下湿地。苗似旋覆,一名莲子草,所在坑渠间有之"。《本草纲目》曰："此草柔茎,断之有墨汁出,故名,俗呼墨菜是也。细实颇如莲房状,故得莲名。"其形态与菊科植物鳢肠一致。但《本草图经》所载另一种"苗梗枯瘦,花似莲花而黄色"者,似与金丝桃科植物湖南连翘一致。

【附注】《中国药典》2010 年版收载墨旱莲；附录收载墨旱莲草汁。

一年蓬

【别名】长毛草、治疟草、千层塔。

【学名】Erigeron annuus (L.) Pers.
(Aster annuus L.)

【植物形态】一年生或二年生草本。茎粗壮,高 0.3～1m,直立,上部有枝,绿色,下部被开展的长硬毛,上部被较密的短硬毛。基部叶簇生,花期枯萎；叶片长圆形或宽卵形,少有近圆形,长 4～17cm,宽 1.5～4cm,基部狭,形成有翅的长柄,边缘有粗齿；下部叶与基部叶同形,但叶柄较短；中、上部的叶互生,叶较小,叶片长圆状披针形或披针形,长 1～9cm,宽 0.5～2cm,先端尖,边缘有不规则锯齿或近全缘；有短柄或无柄；最上部叶片条形；全部叶边缘被短硬毛,或有时近无毛。头状花序排列成疏圆锥花序状；总苞半球形；总苞片 3 层,草质,披针形,长 3～5mm,宽约 1mm,近等长或外层稍短,淡绿色至多少褐色,背面密被腺毛和疏长节毛；外围的雌花舌状,2 层,长 6～8mm,管部长 1～1.5mm,上部有疏微毛,舌片平展,白色,有时淡天蓝色,条形,宽不及 1mm,先端有 2 小齿,花柱分枝条形；中央的两性花管状,黄色,檐部近倒锥形,裂片无毛。瘦果披针形,长约 1.2mm,扁压,被疏贴柔毛；冠毛异型,雌花的冠毛极短,膜片状连成小冠,两性花的冠毛 2 层,外层鳞片状,内层为 10～15 条刚毛,长约 2mm。花期 6～9 月；果期 7～10 月。(图 797)

【生长环境】生于路边、旷野、山坡或田野。

【产地分布】山东境内产于各地。原产于北美洲。在我国除山东外,还广布于吉林、河北、江苏、安徽、浙江、江西、福建、河南、湖北、湖南、四川、西藏等地。

【药用部位】全草：一年蓬。为民间药。

【采收加工】夏、秋二季采收,洗净,晒干或鲜用。

【药材性状】全草长 30～80cm,被短硬毛。茎圆柱形,上部分枝；表面灰绿色,有纵棱纹；质脆,折断面不平坦,髓部白色。叶多皱缩或破碎；完整叶片展平后呈长圆形或宽卵形,长 4～16cm,宽 1～3.5cm；先端尖,边缘有粗齿或齿裂；表面淡绿色,被毛。头状花序排成疏圆锥花序状,总苞半球形,苞片线形,被毛；舌状花白色

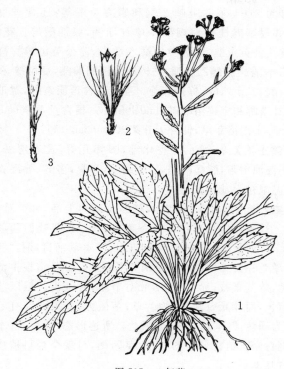

图797 一年蓬
1.植株 2.管状花 3.舌状花

或微带紫色,冠毛短;管状花黄色。瘦果披针形,扁平。气微,味淡。

以质嫩、叶多、色绿者为佳。

【化学成分】花含挥发油:主成分为大根香叶烯 D(germacrene D,大牦牛儿烯 D),少量 β-榄香烯,(+)-β-蛇床烯,α-金合欢烯,3-甲基-2-环戊烯-2-醇-1-酮等;黄酮类:槲皮素,芹菜素,芹菜素-7-O-葡萄糖醛酸苷;尚含焦袂康酸(pyromeconic acid,焦米壳酸)。地上部分含炔类:2(E),8(Z)-二烯-4,6-二炔-癸酸甲酯,2(Z)8(Z)-二烯-4,6-二炔-癸酸甲酯;黄酮类:5,7,4′-三羟基二氢黄酮,5,7,4′-三羟基黄酮,5,4′-二羟基-7-O-β-D-葡萄糖醛酸乙酯基黄酮,芹菜素-7-葡萄糖醛酸苷;木脂素类:(8S,8S′)-2,3,5,2′,3′,5′-六甲氧基双四氢呋喃木脂素,(8S,8S′)-3,5,3′,5′-四甲氧基-4′-O-β-D-葡萄糖基双四氢呋喃木脂素,3,3′-二甲氧基-4-O-(β-D-2″,3″,4″,6″-四乙酰氧基葡萄糖基)-9,9′-二乙酰氧基苯并呋喃木脂素;吡喃酮类:3-O-β-D-(6′-亚麻酰氧基葡萄糖基)吡喃-4-酮[3-O-β-D-(6′-linolenic glucopyranosyloxy)pyran-4-one],3-O-β-D-[6′-(4″-羟基-3″,5″-二甲氧基苯甲酰氧基)吡喃葡萄糖基]吡喃-4-酮,3-O-β-D-(6′-咖啡酰氧基葡萄糖基)吡喃-4-酮,3-O-β-D-吡喃半乳糖-吡喃-4-酮;萜类:齐墩果-12-烯-3β,23-丙叉基-28-醇(olean-12-ene-3β,23-dihydroxy acetonide-28-ol),齐墩果-12-烯-3β-醇,齐墩果-12-烯-3β,23,28-三醇,29-O-β-D-吡喃葡萄糖基-3β,23-二羟基齐墩果-12-烯-28-酸,1β,4β-二羟基桉烷-11-烯(1β,4β-dihydroxyeudesman-11-ene),1β,7α-二羟基桉烷-4(15)-烯,1β,6α-二羟基桉烷-4-酮,1β,4α-二羟基桉烷-11-烯,1β,5α-二羟基桉烷-4(15)-烯,1β,4β,6α,15-四羟基桉烷,1β,6α-二羟基-4β(15)-环氧基桉烷,1β-β-D-吡喃葡萄糖基-6α-羟基桉烷-4(15)-烯等;甾体类:豆甾-5-烯-3β,7α-二醇,豆甾-4-烯-3β,6α-二醇,豆甾-7,24-二烯-3β-醇,3β-O-D-吡喃葡糖基豆甾-7,24-二烯,β-谷甾醇,胡萝卜苷;有机酸类:4-羟基桂皮酸,3,4-二羟基肉桂酸,3,5-二咖啡酰氧基奎宁酸,3,5-二咖啡酰氧基奎宁酸甲酯等。茎叶含挥发油。

【功效主治】淡,平。清热解毒,止泻,截疟。用于呕吐,腹泻,牙龈肿痛,疟疾。

佩兰

【别名】香草、泽兰。

【学名】Eupatorium fortunei Turcz.

【植物形态】多年生草本,高 30～80cm。根状茎横走,淡红褐色。茎直立,被短柔毛,上部及花序枝上的毛较密。叶对生;叶片卵状披针形或长圆状卵形,长 5～10cm,宽 3～6.5cm,3 全裂,中裂片较大,卵状披针形或长圆状椭圆形,侧裂片较小,边缘有粗大锯齿,两面无毛,无腺点;有长柄,长 1.5～2cm。头状花序在茎顶或分枝顶端排成复伞房状;总苞钟状,长 6～7mm;总苞片 2～3 层;覆瓦状排列,外层短;全部苞片紫红色,外面无毛,无腺点,顶端钝;花白色或带微红色;冠毛长约 5mm。瘦果黑褐色,长椭圆形,5 棱,长 3～4mm,无毛,无腺点。花期 8～9 月;果期 8～10 月。(图798)

【生长环境】生于山坡草地、山谷、林边荒地或路旁。栽培于肥沃疏松、排水良好的沙质壤土。

【产地分布】山东境内产于各地。在我国除山东外,还分布于江苏、浙江、江西、湖北、湖南、云南、四川、贵州、广西、广东、陕西等地。

【药用部位】全草:佩兰。为常用中药,可用于保健食品。

【采收加工】夏、秋二季分两次采割地上部分,除去杂质,晒干。

【药材性状】茎圆柱形,长 30～70cm,直径 2～5mm;表面黄棕色或黄绿色,有时带紫色,具明显的节及纵棱线;质脆,断面髓部白色或中空。叶对生,有柄,多皱缩或破碎;完整叶片展平后呈卵状披针形或长圆状卵形,3 裂或不分裂,分裂者中间裂片较大,呈披针形或长圆状披针形;基部狭窄,边缘有粗大锯齿;表面绿褐色或暗绿色,两面无毛及腺点;质脆,易碎。气芳香,味微苦。

以质嫩、叶多、色绿、香气浓郁者为佳。

【化学成分】全草含三萜类:20(R)-3β-棕榈酰氧基-20-

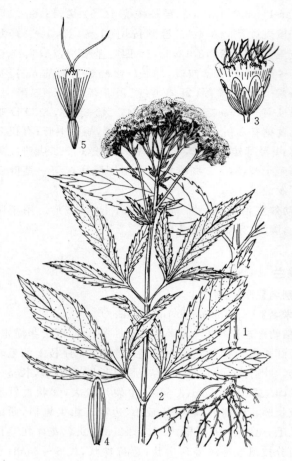

图798 佩兰
1-2.植株 3.头状花序 4.总苞片 5.管状花

成分为2H-1-苯并吡喃-2-酮和麝香草酚等；还含香豆素，邻羟基肉桂酸棕榈酸-1-单甘油酯，亚油酸等。**花、叶**含蒲公英甾醇，蒲公英甾醇乙酸酯，蒲公英甾醇棕榈酸酯，β-香树脂醇乙酸酯，香树脂醇棕榈酸酯，豆甾醇，β-谷甾醇，二十八醇，棕榈酸等。**茎叶**还含延胡索酸，琥珀酸，甘露醇和宁德洛菲碱(lindelofine)。**根**含兰草素(euparin)，宁德洛菲碱，仰卧天芥菜碱(supinine)等。

【**功效主治**】辛，平。芳香化湿，醒脾开胃，发表解暑。用于湿浊中阻，脘痞呕恶，口中甜腻，口臭，多涎，暑湿表症，湿温初起，胸闷不舒。

【**历史**】佩兰始载于《神农本草经》，列为上品，名兰草。《诗·郑风》名蕑，曰："即兰香草也……，其茎叶似药草泽兰，广而长节，节中赤，高四五尺。"《本草纲目》谓："兰草、泽兰一类二种也。俱生水旁下湿处。二月宿根生苗成丛，紫茎素枝，赤节绿叶，叶对节生，有细齿。但以茎圆节长，而叶光有歧者，为兰草；茎微方，节短而叶有毛者，为泽兰。"《本草从新》名佩兰。所述形态、生境及《本草纲目》和《植物名实图考》兰草附图，与现今菊科植物佩兰基本一致。

【**附注**】《中国药典》2010年版收载。

白头婆

【**别名**】龙须草（烟台）、单叶佩兰、抓麻子（牙山）、山佩兰。

【**学名**】Eupatorium japonicum Thunb.

【**植物形态**】多年生草本，高1～2m。根状茎短，有多数细长须根。茎直立，分枝或不分枝，上部被细柔毛。叶对生；叶片椭圆形或椭圆状披针形，长6～11cm，宽2.5～4.5cm，先端渐尖，基部楔形，边缘有锯齿，两面粗涩，被皱状长短柔毛及黄色腺点，下面毛较密；有短柄。头状花序多数，排成伞房状；总苞钟状；总苞苞片先端钝；头状花序含5朵白色管状两性花，先端5裂；冠毛与花冠等长。瘦果椭圆形，黑褐色，长3.5mm，具5棱，有多数黄色腺点，无毛。花期7～9月；果期8～10月。（图799）

【**生长环境**】生于林下、灌丛间或山坡草地。

【**产地分布**】山东境内产于崂山、昆嵛山、蒙山等山地。在我国分布于除新疆、青海、西藏以外的各地。

【**药用部位**】全草：单叶佩兰。为地区用药和民间药。

【**采收加工**】夏、秋二季采割地上部分，除去杂质，阴干、晒干或鲜用。

【**药材性状**】茎圆柱形，分枝或不分枝，长0.5～1m，直径约4cm；表面棕色或暗紫红色，被白色细柔毛；质硬，断面纤维性，髓白色。叶对生，多皱缩或破碎；完整叶片展平后呈椭圆形、卵形或椭圆状披针形，长6～10cm，宽2～4cm；先端渐尖，基部楔形，边缘有粗锯齿；

羟基-羊毛甾-25-烯，3β-羟基-30-降碳乌苏-22-烯-20-酮(3β-hydroxy-30-norurs-22-en-20-one)，(24R,S)-3β,24-二羟基-环阿屯-25-烯，3β-棕榈酰氧基-24-甲基-环阿屯-25-烯；单萜及倍半萜类：百里酚(thymol)，百里酚甲醚，8,9-二羟基百里酚，百里酚-3-O-β-D-吡喃糖苷，3-O-当归酰基-9-羟基-百里酚，3-O-当归酰基-8-甲氧基-百里酚，acetone thymol-8,9-ketal，百里酚-9-O-β-D-吡喃葡萄糖基，1β,7α-二羟基桉烷-4(15)-烯，1β,6α-二羟基-5αH-桉烷-4(15)-烯[eudesm-4(15)-ene-1β,6α-diol]，1β,7α-二羟基-5αH-桉烷-4(15)-烯，6α-羟基-7βH-桉烷-4(15),11-二烯，3-甲叉基-7,11,15-三甲基十六烷-1,2-二醇，(1R*,2S*,3R*,4R*,6S)-1,2,3,6-四羟基-β-薄荷烷[(1R*,2S*,3R*,4R*,6S*)-1,2,3,6-tetrehydroxy-β-menthane]，(1S,2S,4R,5S)-2,5-二羟基-β-薄荷烷，2,3-trans-2,3-二氢-2-乙酰氧基-3,6-二甲基苯并呋喃，2,3-cis-2,3-二氢-2-乙酰氧基-3,6-二甲基苯并呋喃，2,3-cis-2,3-二氢-3,6-二甲基苯并呋喃-2-O-β-D-吡喃葡萄糖苷，对聚伞花素，乙酸橙花醇酯，2β,9α-二羟基别丁香烷(clovane-2β,9α-diol)，caryolane-1β,9β-diol；甾醇类：豆甾醇，β-谷甾醇，β-胡萝卜苷，豆甾-5,22-二烯-3β-醇，豆甾醇-3-O-(6'-O-棕榈酰基)-β-D-吡喃葡萄糖苷；挥发油：主

坡间，细茎直上，高二三尺，长叶对生，疏纹细齿，上下叶相距甚疏。梢头发葶，开小长白花，攒簇稠密，一望如雪，故有白头之名。"所述形态及附图与菊科植物白头婆基本相符。

【附注】全草在山东等地民间作佩兰药用。

林泽兰

【别名】白鼓钉、轮叶泽兰、山佩兰。

【学名】Eupatorium lindleyanum DC.

【植物形态】多年生草本，高0.5～1m。根茎短，生有多数细根。茎直立，嫩茎及叶均密被细软毛。叶对生；叶片条状披针形、披针形至卵状披针形，长10～30cm，宽1～2cm，3裂或不裂，两面粗糙，下面沿脉有细柔毛及黄色腺点，边缘有疏锯齿，基出3脉；无柄或近无柄。头状花序多数，在茎顶排成伞房状，苞片淡绿色或带紫红色，顶端急尖；头状花序含5小花；总苞片覆瓦状排列，约3层；花冠淡紫色或白色，长约4mm。瘦果长约2mm，黑色或暗褐色，有腺点；冠毛1层，白色，长约4mm。花期7～9月；果期8～10月。（图800）

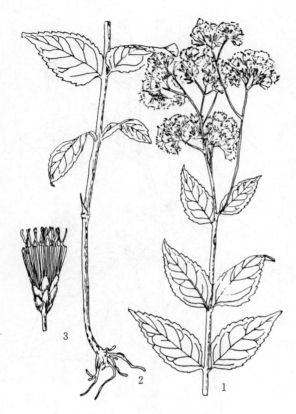

图799 白头婆
1.植株上部 2.植株下部 3.头状花序

上表面深绿色，下表面淡绿色或灰绿色，略粗涩，被毛及黄色腺点，下面较密；有短柄。头状花序排成伞房状，有淡棕黄色膜质总苞残留，总苞片顶端钝或圆形。偶见少数瘦果，椭圆形，表面黑褐色，有多数黄色腺点。气香，味微涩。

以质嫩、叶多、色绿、香气浓者为佳。

【化学成分】全草含挥发油：主成分为石竹烯，α-水芹烯，二甲基麝香草氢醌(dimethyl thymohydroquinone)，乙酸龙脑酯，己醛(hexanal)，2-己烯醛(2-hexenal)，顺式-3-己烯-1-醇(3-hexen-ol)，樟烯，苯甲醛，β-蒎烯，月桂烯，冰片烯(bornylene)，对-聚伞花素，柠檬烯，β-罗勒烯 X、Y，α-松油烯，紫苏烯等；还含 euponin，3,4-epoxy-8β-angeloyloxy-14-oxo-1(10),11(13)-guaia-di-en-12,6α-olide，4α-hydroxy-8β-angeloyloxy-14-oxo-1(10),2,11(13)-guaiatrien-12,6α-olide。叶含邻-香豆酸，麝香草氢醌，白头婆内酯(eupanin)，白头婆素(eupachifolin) A、B、C、D、E，华泽兰素(eupasimplicin) A、B 及去乙酰基华泽兰素(deacetyleupasimplicin) A、B。根含兰草素(euparin，泽兰素)。

【功效主治】辛、苦、平。祛暑发表，化湿和中，理气活血，解毒。用于夏伤暑湿，发热头痛，胸闷腹胀，食积不化，泄泻，咳嗽，咽痛，月经不调，跌打损伤，痈肿。

【历史】白头婆始载于《植物名实图考》，云："生长沙山

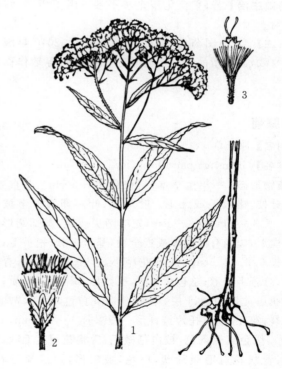

图800 林泽兰
1.植株 2.头状花序 3.管状花

【生长环境】生于林下、山沟、山坡草甸或水边湿地。

【产地分布】山东境内产于各山地丘陵。在我国分布于除新疆以外的各地。

【药用部位】全草：野马追。为少常用中药。

【采收加工】夏季盛花期采割地上部分，晒干。

【药材性状】全草长30～80cm。茎圆柱形，直径约

5mm；表面黄绿色或紫褐色，有纵棱纹，密被灰白色茸毛；质硬，易折断，断面纤维性，髓部白色。叶对生，无柄；叶片多皱缩，完整者展平后呈条状披针形、披针形至卵状披针形，长10～25cm，宽约1.5cm，3全裂或不裂，裂片条状披针形，中间裂片较长；先端钝圆，边缘具疏锯齿；上表面绿褐色，下表面黄绿色，两面被毛，有黄色腺点。头状花序顶生。气微，味苦、涩。

以叶多、色绿、花序多者为佳。

【化学成分】地上部分含黄酮类：金丝桃苷，棕矢车菊素（jaceosidin），山柰酚，槲皮素，芦丁，黄芪苷（astragalin），三叶豆苷（trifolin）；萜类：野马追内酯（eupalinolide）A、B，齐墩果酸乙酸酯，泽兰素，蒲公英甾醇棕榈酸酯，蒲公英甾醇乙酸酯，伪蒲公英甾醇等；甾醇类：β-谷甾醇，胡萝卜苷；生物碱：腺苷，兰草碱（eupalinin）A、B、C、D；挥发油：主成分为石竹烯内酯、β-蒎烯和棕榈酸等；氨基酸：半胱氨酸，谷氨酸，天冬氨酸等；还含咖啡酸，正十六烷酸，正三十二烷，正三十六烷及无机元素铁、铝、硅、锶等。叶含蒲公英甾醇，蒲公英甾醇棕榈酸酯，蒲公英甾醇乙酸酯。根含泽兰素。

【功效主治】苦，平。化痰止咳平喘。用于痰多，咳嗽气喘。

【附注】①《中国药典》1977年版曾收载，2010年版重新收载，为新增品种。②全草在江苏苏州等地作称尖佩兰。

牛膝菊

【别名】辣子草。
【学名】Galinsoga parviflora Cav.
【植物形态】一年生草本，植株高30～50cm。茎直立，有分枝，略被毛或无毛。叶对生；叶片卵圆形至披针形，长3～6cm，宽1～3cm，先端渐尖或钝，基部圆形或宽楔形，边缘有浅圆齿或近全缘，基出三脉，稍被毛；叶柄长0.3～1.5cm。头状花序小，直径3～4mm，有长梗；总苞半球形；总苞片2层，宽卵形，绿色，近膜质；舌状花通常5，白色，1层，雌性；管状花黄色，两性，先端5齿裂；花托凸起；托片披针形。瘦果长1～1.5mm，3～4棱，黑色或黑褐色，被白色微毛；舌状花冠毛毛状，脱落；管状花冠毛膜片状，白色，披针形，边缘流苏状。花、果期7～10月。（图801）

【生长环境】生于山坡路旁、林下、草丛、田边、路旁或庭园湿地。

【产地分布】原产北美，归化植物。山东境内逸生于青岛、潍坊、烟台、济南、泰安等地。在我国除山东外，还逸生于浙江、江西、四川、贵州、云南、西藏等地。

【药用部位】全草：辣子草；头状花序：向阳花。为民间药。

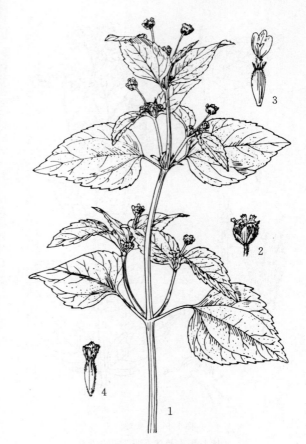

图801 牛膝菊
1.植株上部 2.头状花序 3.舌状花 4.管状花

【采收加工】夏、秋二季采收全草，洗净，鲜用或晒干。秋季采摘花序，晒干。

【化学成分】全草含黄酮类：木犀草素-7-O-β-D-吡喃葡萄糖苷，芹菜素-7-O-β-D-吡喃葡萄糖苷；二萜类：对映-贝壳杉-16-烯-19-酸（ent-kaur-16-en-19-oic acid），对映-15-当归酰氧基-16-贝壳杉烯-19-酸，对映-15-当归酰氧基-16,17-环氧-19-贝壳杉烷酸（ent-15-angeloyloxy-16,17-epoxy-19-kauranoic acid）；甾醇类：豆甾醇，α-菠甾醇，α-菠甾醇硬脂酸酯，β-谷甾醇；还含维生素C等。

【功效主治】辣子草淡，平。清热解毒，止咳平喘，止血。用于咽痛，黄疸胁痛，咳喘，肺痨，疔疮，外伤出血。向阳花微苦、涩，平。清肝明目。用于夜盲症，视力模糊。

大丁草

【别名】翻白叶、毛大丁草。
【学名】Gerbera anandria (L.) Sch.-Bip.
[Leibnitzia anandria (L.) Nakai]
(Tussilago anandria L.)

【植物形态】多年生草本，植株有春、秋二型。春型植株根状茎短，根簇生。茎高8～15cm，花葶直立，初有白色蛛丝状毛,后渐脱落,有条形苞片数枚。叶基生,莲座状;叶片椭圆状广卵形,长2~5.5cm,宽1.5~4cm,琴状羽裂,顶裂片宽卵形,先端钝,基部心形,边缘有规则圆齿,上面绿色,下面有白色绵毛。秋型植株高达30cm,叶片形状及裂片形状与春型者相似,但顶裂片先端短渐尖,下面无毛或有蛛丝状毛。头状花序单生,春型者直径0.6~1cm,秋型者直径1.5~2.5cm;总苞钟状,外层苞片较短,条形,内层苞片条状披针形,先端钝尖,边缘带紫红色,多少有蛛丝状毛;花冠紫红色;春型者舌状花为雌花,长1~1.2cm;管状花两性,二唇形,长约7mm;秋型者头状花序外层雌花管状,二唇形,无舌片。瘦果长5~6mm;冠毛淡棕色,长约1cm。花、果期春型者4~7月;秋型者7~9月。(图802)

央花管状,黄色;大植株仅有管状花。瘦果纺锤形,有淡棕色冠毛。气微,味辛、辣、苦。

以叶多、色绿、带花者为佳。

【化学成分】地上部分含野樱苷(prunasin),木犀草素-7-O-β-D-葡萄糖苷,大丁苷(gerberinoside),大丁苷元(4-hydroxy-5-methylcoumarin),大丁双香豆素[3,3'-methenebi-(4-hydroxy-5-methylcoumarin)],5-甲基香豆素-4-O-β-D-葡萄糖苷,3,8-二羟基-4-甲氧基香豆素,3,8-二羟基-4-甲氧基-5-羧基-香豆素,5,8-二羟基-7-(4-羟基-5-甲基-香豆素-3-)香豆素,大丁纤维二糖苷(5-methyl-coumarin-4-cellobioside),大丁龙胆二糖苷(5-methyl-coumsrin-4-gentiobioside),3,8-二羟基-4-甲氧基-2-氧代-2H-1-苯并吡喃-5-羧酸(3,8-dihydroxy-4-methoxy-2-oxo-2H-l-benzopyran-5-carboxylic acid),琥珀酸,蒲公英赛醇,β-谷甾醇等。

【功效主治】苦,温。清热利湿,解毒消肿,止咳止血。用于风湿痹痛,肢体麻木,咳嗽痰喘,疔疮,外伤出血,小儿疳积。

图802 大丁草
1.春型植株 2.秋型植株 3.管状花 4.舌状花 5.瘦果

【生长环境】生于山坡、林下、草丛或阴湿地。
【产地分布】山东境内产于各山地丘陵。分布于全国各地。
【药用部位】全草:大丁草。为民间药。
【采收加工】春、夏二季花开前采收带根全草,除去杂质,晒干或鲜用。
【药材性状】全草卷缩成团,枯绿色。根茎短,下方有多数细须根。植株有大小之分;基生叶丛生,莲座状;叶片椭圆状宽卵形,长2~5cm;先端钝圆,基部心形,边缘浅齿状;上表面绿色,下表面色白,被蛛丝状毛。花葶有的被白色蛛丝毛,被条形苞叶。头状花序单生,直径1~2cm;小植株花序边缘为舌状花,淡紫红色,中

鼠麹草

【别名】鼠曲草、清明菜、白蒿子(青州)、九头艾(泰安)、佛耳草。
【学名】Gnaphalium affine D. Don
【植物形态】二年生草本。茎直立,簇生,不分枝或少分枝,高10~50cm,密生白色绵毛。叶互生;基部叶花期时枯萎,下部和中部的叶片倒披针形或匙形,长2~7cm,宽0.4~1.2cm,先端具小尖,基部渐狭,下延,全缘,两面有灰白色绵毛;无柄。头状花序多数,通常在茎端密集成伞房状;总苞球状钟形,长约3mm,宽约3.5mm;总苞片3层,金黄色,干膜质,顶端钝,外层总苞片较短,宽卵形,内层长圆形;花黄色,外围的雌花花冠丝状;中央的两性花花冠筒状,长约2mm,顶端5裂。瘦果长圆形,有乳头状突起;冠毛黄白色。花期4~6月;果期8~9月。(图803)

【生长环境】生于山坡、草地、沟旁、田边或路边潮湿处。
【产地分布】山东境内产于昆嵛山、崂山、沂山、蒙山、泰山、徂徕山等各山地丘陵。在我国分布于华北、西北、华东、中南、西南等各地区。
【药用部位】全草:鼠曲草(佛耳草)。为民间药。
【采收加工】春、夏二季花开时采收,除去杂质,晒干或鲜用。
【药材性状】全草皱缩成团,灰白色,密被绵毛。根较细,灰棕色。茎圆柱形,常自基部分枝成丛,长15~40cm,直径1~2mm。叶皱缩卷曲,完整者展平后呈倒披针形或条状匙形,长2~6cm,宽0.3~1cm;先端具

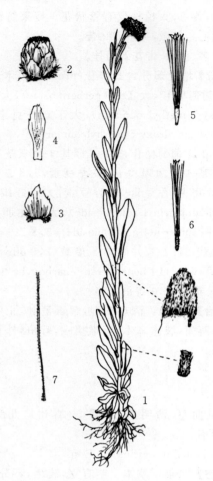

图803 鼠麴草
1.植株 2.头状花序 3.外层苞片
4.内层苞片 5.两性花 6.雌花 7.冠毛

小尖,全缘;表面灰白色,两面均密被灰白色绵毛;质柔软。头状花序顶生,多数,金黄色或棕黄色,舌状花及管状花多已脱落,花托扁平,有花脱落后的痕迹。气微,味微甜。

以叶花多、色灰白者为佳。

【化学成分】全草含黄酮类:木犀草素-4'-β-D-葡萄糖苷,紫铆花素(butein),豆蔻素-4'-β-D-葡萄糖苷(cardamunin-4'-β-D-glucoside),槲皮素,木奈酚,木犀草素;有机酸类:延胡索酸,绿原酸,苯甲酸,正二十六烷酸;三萜类:白桦脂酸,蒲公英甾醇乙酸酯,即 α-香树脂醇,β-香树脂醇;甾体类:4-胆甾烯-3-酮,3β-羟基豆甾-5,22-二烯-7-酮,β-谷甾醇;蒽醌类:大黄素甲醚,大黄素;挥发油:主成分为石竹烯和 α-石竹烯,少量 1-辛烯-3-醇,橙花叔醇,十一酸,氧化石竹烯,(9E,12E,15E)-9,12,15-十八三烯-1-醇等;尚含维生素 B,胡萝卜素及微量生物碱。花含鼠曲草素(gnaphaliin)等。

【功效主治】甘、微酸,平。化痰止咳,祛风除湿,解毒。用于咳喘痰多,风湿痹痛,泄泻,水肿,蚕豆病,赤白带下,痈肿疔疮,阴囊湿痒,风疹,肝阳上亢。

【历史】鼠麴草始载于《名医别录》,原名鼠耳。《本草拾遗》名鼠麴草,谓:"生平岗熟地,高尺余,叶有白毛,黄花。"《本草品汇精要》名佛耳草,曰:"春生苗,高尺余,茎叶颇类旋覆而遍有白毛,折之有绵如艾,且柔韧,茎端分歧,着小黄花,十数作朵,瓣极茸细。"《本草纲目》载:"鼠麴,即别录鼠耳也……原野间甚多。二月生苗,茎叶柔软。叶长寸许,白茸如鼠耳之毛。开小黄花成穗,结细子。楚人呼为米曲,北人呼为茸母。"以上所述形态、生长季节、用途及《植物名实图考》附图,与本种基本相符。

【附注】《中国药典》1977年版、《山东省中药材标准》2002年版收载。

菊三七

【别名】三七草、土三七、散血草、见肿消。

【学名】Gynura japonica (L. f.) Juel. (Senecio japonicus Thunb.)

【植物形态】多年生草本。根粗大呈块状,直径3~4cm。根茎纤维状,中空。茎直立,高1m左右,带肉质,上部多分枝,光滑无毛或稍有细毛,有纵棱。基生叶丛生;叶片匙形,全缘,有锯齿或羽状分裂,花时凋落;茎生叶互生;中部以下的叶片长椭圆形,长10~25cm,宽5~16cm,羽状分裂,裂片卵形或披针形,边缘浅裂或有疏锯齿,两面有疏软毛或近无毛,先端短尖或渐尖;具长或短柄,基部有2假托叶;上部叶渐小,叶片卵状披针形或条状披针形,边缘羽状齿裂。头状花序金黄色,直径1.5~2cm,有细梗,再排成疏松的伞房状;总苞2层,长约1.4cm,宽约2mm,边缘膜质。瘦果条形,无毛;冠毛柔软,白色,长约1cm。花、果期8~11月。(图804)

【生长环境】栽培于庭院或田边。

【产地分布】山东境内临沂、潍坊、济南等地有栽培。在我国分布于华东、中南、西南等地区。

【药用部位】根:菊三七;全草:三七草。为民间药。

【采收加工】秋季茎叶枯萎时挖根,春、夏二季采收茎叶,晒干或鲜用。

【药材性状】根呈拳形团块状,长3~6cm,直径约3cm。表面灰棕色或棕黄色,鲜品常带淡紫红色,全体有多数瘤状突起,突起顶端常有茎基或芽痕,下部有细根或细根断痕。质坚实,断面淡黄色,鲜品断面白色。气无,味甜淡而后微苦。

以块大、质坚实者为佳。

【化学成分】根含生物碱:千里光宁碱(senecionine),千里光菲灵碱(seneciphylline),菊三七碱甲(seneciphyllinine,千里光菲灵宁),菊三七碱乙[(E)-seneciphyllinine],菊三七碱甲-N-氧化物(sineciphyllinine-N-

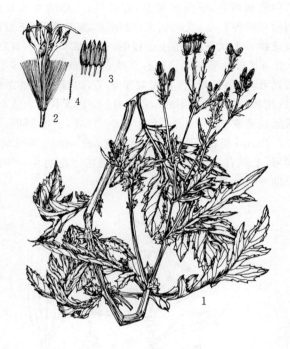

图 804 菊三七
1.植株上部 2.花 3.雄蕊展开 4.冠毛

oxide),千里光菲灵碱-N-氧化物,菊三七碱乙-N-氧化物,千里光宁-N-氧化物,tetrahydrosenecionine,腺苷,尿苷;皂苷及其苷元:3-表薯蓣皂苷元-3-O-β-D-葡萄糖苷,3-表塞普屈姆苷元-3-O-β-D-葡萄糖苷(3-episceptrumgenin-3-O-β-D-glucoside),3-表-罗斯考皂苷元(3-epiruscogenin),3-表-新罗斯考皂苷元(3-epineoruscogenin);黄酮类:金丝桃苷,槲皮素;甾体类:(22E,24S)-stigmasta-1,4,22-trien-3-one,24R-stigmasta-1,4-dien-3-one,β-谷甾醇,β-胡萝卜苷,豆甾醇;还含琥珀酸。**地上部分**含芦丁,D-甘露醇,琥珀酸,5-甲基脲嘧啶,腺嘌呤,氯化铵等。

【**功效主治**】菊三七甘、微苦,温。散瘀止血,解毒消肿。用于吐血、衄血、尿血、便血、崩漏、产后瘀血腹痛,外用于跌打损伤,痈疽疮疡,毒蛇咬伤,外伤出血。三七草甘、平。活血,止血,解毒。用于跌打损伤,衄血,咳血,吐血,乳痈,无名肿毒,毒虫蜇伤。

【**历史**】菊三七始载于《滇南本草》。《本草纲目》三七集解项下谓:"近传一种草,春生苗,夏高三、四尺,叶似菊艾而劲厚,有歧尖,茎有赤棱,夏秋开黄花,蕊如金丝,盘纽可爱,而气不香,花干则吐絮如苦荬絮,根叶味甘,治金疮折伤出血,及上下血病,甚效,云是三七,而根大如牛蒡根与南中来者不类"。其形态与菊科植物菊三七相似。

【**附注**】《中华人民共和国卫生部药品标准》1992年版.中药材第一册收载。

向日葵

【**别名**】葵花、朝阳花、葵花子。
【**学名**】Helianthus annuus L.
【**植物形态**】一年生高大草本。茎直立,高1~3m,粗壮,被白色粗硬毛,不分枝或有时上部分枝。叶互生;叶片心状卵圆形,先端急尖或渐尖,边缘有粗齿,两面被糙毛,基出三脉;有长叶柄。头状花序极大,单生茎顶;总苞盘状;总苞片多层,叶质,覆瓦状排列,苞片卵状披针形,先端尾状渐尖,被长硬毛或纤毛;花托平或稍凸,有半膜质托片;舌状花雌性,1轮,多数,黄色,舌片开展,长圆状卵形或长圆形,不结实;管状花两性,极多数,棕色或紫色,有披针形裂片,结实。瘦果倒卵形或卵状长圆形,稍扁压,长1~1.5cm,有细肋,有白色短毛,上端有2膜片状早落的冠毛。花期7~9月;果期8~11月。

【**生长环境**】栽培于园地、田野、宅旁。
【**产地分布**】山东境内各地均有栽培。在我国各省区普遍栽培。
【**药用部位**】瘦果:向日葵子;脂肪油:葵花籽油;花序:向日葵花;花序托:向日葵盘;果壳:向日葵壳;茎髓:向日葵茎心;叶:向日葵叶;根:向日葵根。为民间药,向日葵子药食两用。葵花籽油为高档保健油。

【**采收加工**】夏季花期采叶,花开时采收花序,鲜用。秋季果熟时采收根、茎髓、果实、花序托和果壳,除去杂质,分别晒干或鲜用。取种子榨油,收集。

【**药材性状**】干燥叶常皱缩、卷曲或破碎。完整叶片展平后呈宽卵圆形,长10~30cm,宽8~25cm;先端急尖或渐尖,两面被糙毛,有基出三脉;上表面绿褐色,下表面暗绿色,被粗糙毛,边缘具粗齿;基部心形或截形;叶柄长10~25cm,常折断。质脆,易碎。气微,味微苦、涩。

以完整、色绿者为佳。

【**化学成分**】**种子**脂肪油主含亚油酸及少量柠檬酸,酒石酸等;尚含磷脂,β-谷甾醇,胆甾醇,多肽及多酚氧化酶等。**花序**含槲皮苷,向日葵皂苷(helianthoside)A、B、C,对映-贝壳杉烯酸侧柏醇酯(thujanol ester of ent-kaur-16-en-19-oic acid),黑麦草内酯(loliolide),白色向日葵素(niveusin)B,4,5-二氢白色向日葵素(4,5-dihydroniveusin)A,1,2-脱水白色向日葵素(1,2-anhydridoniveusin)A,绢毛向日葵素(argophyllin)A、B,15-羟基-3-去氢去氧灌木肿柄菊素(15-hydroxy-3-dehydrodesoxytifruticin)等。**花粉**含β-谷甾醇。**花盘**含对映贝壳杉-2β,16β-二醇,对映贝壳杉-16β-醇,对映贝壳杉-15α,16α-环氧-17β-醛-19-酸,15-羟基对映贝壳杉-16-烯-19酸,对映贝壳-15-当归酰氧基-16-烯-19-酸,对映贝壳杉-16-烯-19酸,对映贝壳杉-17-羟基-15-烯-19酸,对映贝壳杉-16β,17-二羟基-19酸,向日葵酸(solanthic acid),(2S,3S,4R,2'R,9E)-1,3,4-三羟基-2-[(2'-羟基)-9'-十九烯酸酰胺基]-十五烷-1-O-葡萄糖吡喃糖苷,(2S,3S,4R,2'R,13E)-1,3,4-三羟基-2-[(2'-羟基)-十九酸酰胺]-13-二十三烯,(2S,3S,4R,2'R,7'E)-1,3,4-三羟基-2-[(2',3'-二羟基)-7'-十四烯酰胺基]-十二烷等。叶含有机酸:绿原酸,新绿原酸(neo-chlorogenic acid),异绿原酸(isochlorogenic acid),咖啡酸,延胡索酸,睫毛向日葵酸(ciliaric acid),angeloygrandifloric acid,(-)-kaur-16-en-19-oic acid;还含向日葵精(heliangine),向日葵内酯素,4,5-二氢白色向日葵素,绢毛向日葵素A、B,15-羟基-3-去氢去氧灌木肿柄菊素,1,2-脱水白色向日葵素A,白色向日葵素B,(6R,10R)-6,10,14-三甲基-十五烷-2-酮,(-)-α-tocospirone,3(20)-phytene-1,2-diol,石吊兰素(nevadensin),异甘草苷元,东莨菪苷,维生素E等。根含(2S,3S,4R)-1-O-β-D-葡萄糖苷-2N[(R)-2'-羟基-十六碳酰基]-1,3,4-三醇-2-氨基-十八烷,(2S,3S,4R)-1-O-β-D-葡萄糖苷-2N[(R)-2'-羟基-二十四碳酰基]-1,3,4-三醇-2-氨基-16-甲基-十八烷及β-谷甾醇。

【功效主治】向日葵根甘,平。止痛润肠。用于胸胁,脘腹疼痛,二便不通,跌打损伤。向日葵茎心健脾利湿,止带。用于血淋,砂淋,小便不通。向日葵叶清热解毒,截疟,平肝。用于肝阳上亢。向日葵花疏风清热,清肝明目。用于头昏,面肿。向日葵盘清热化痰,凉血止血。用于头痛,目昏,牙痛,脘腹疼痛,痛经,疮肿。葵花子甘,平。止痢驱虫。用于血痢,麻疹不透,痈肿。向日葵壳用于耳鸣。

【历史】向日葵始载于《花镜》。《植物名实图考》名丈菊,据引《群芳谱》谓:"丈菊一名迎阳花,茎长丈余,干坚粗如竹,叶类麻。多直生,虽有枝傍,只生一花,大如盘盂,单瓣色黄,心皆作案,如蜂房状,至秋渐紫黑而坚。取其子种之甚易生,花有毒,能堕胎云。"又曰:"按此花向阳,俗间遂通呼向日葵。"其形态与植物向日葵一致。

【附注】《山东省中药材标准》2002年版收载向日葵叶。

菊芋

【别名】洋姜、鬼子姜。

【学名】Helianthus tuberosus L.

【植物形态】多年生草本,高1~3m。有姜形块状茎及纤维状根。茎直立,有分枝,被白色短糙毛或刚毛。叶通常对生,上部叶互生;下部的叶片卵圆形或卵状椭圆形,长10~16cm,宽3~6cm,先端细渐尖,基部宽楔形或圆形,有时微心形,边缘有细锯齿,离基三出脉,上面有白色短粗毛,下面被柔毛;有长柄;上部的叶片长椭圆形或阔披针形,先端渐尖,短尾状,基部渐狭,下延成短翅状。头状花序,单生于枝端,排列成伞房状,有1~2个条状披针形苞叶,直立,直径2~5cm;总苞片多层,披针形,先端长渐尖,背面被短伏毛,边缘被开展的缘毛;托片长圆形,长8mm,背面有肋,上端不等3浅裂;舌状花通常12~20个,舌片黄色,开展,长椭圆形,长1.7~3cm;管状花两性,花冠黄色,长6mm。瘦果小,楔形,上端有2~4个有毛的锥状扁芒。花期8~9月;果期9~10月。(图805)

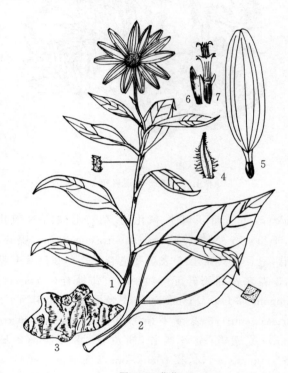

图805 菊芋
1.花枝 2.茎下部叶 3.块茎 4.苞片
5.舌状花 6.托片 7.管状花

【生长环境】生于田边、地堰或山沟。栽培于园地、宅旁。

【产地分布】山东境内各地广泛栽培。在我国各省区有栽培。

【药用部位】块茎:菊芋;茎叶:菊芋叶。为民间药,菊芋药食两用。

【采收加工】夏季采收茎叶,鲜用。秋季采挖块茎,洗净,晒干或鲜用。

【药材性状】根茎块状姜形,大小不一。茎圆柱形,上部有分枝;表面灰绿色,被短糙毛或刚毛。基部叶对生,上部叶互生;完整叶片长卵形至卵状椭圆形,长10~15cm,宽3~9cm;先端急尖或渐尖,基部宽楔形,叶缘有锯齿,上表面灰绿色,被短粗毛,下表面被柔毛,具3脉;叶柄上部具狭翅。质脆,易碎。气微,味微苦。

【化学成分】根茎含菊糖，核酮糖-1,5-二磷酸羧化酶（ribulose-1,5-bisphosphatecarboxylase），多酚氧化酶（polyphenoloxidase），旋覆花酶（inulase），果糖低聚糖（fructooligosaccharides）。地上部分的挥发油含向日葵醇（helianthol）A 和 β-甜没药烯（β-bisabolene）等。叶含 5,8-dihydroxy-6,7,4′-trimethoxypedunculin,4,15-iso-atripliciolide methylacrylate，向日葵精，肿柄菊内酯（tagitinin）E，密花绵毛叶菊素（erioflorin）等；腺毛中含巴德来因（budlein）A，巴德来因 A 巴豆酸酯（budlein A tiglate），8β,14-二羧基木香烯内酯（8β,14-dihydroxy costunolide），去乙酰锯齿泽兰内酯（desacetyleupaserrin），茉莉酮酸（jasmonic acid），甲基-β-D-吡喃葡萄糖块茎酮酸酯（me-β-D-glucopyranosyl tuberonate），甲基-β-D-吡喃葡萄糖向日葵酸酯（me-β-D-glucopyranosyl helianthenate）A、B、C、D、E、F，甲基块茎酮酸葡萄糖苷（me-tuberonic acid glucoside）等。

【功效主治】菊芋甘，凉。清热凉血，接骨。用于热病，肠热下血，跌打损伤，消渴。菊芋叶利水除湿，清热凉血，益胃和中。

泥胡菜

【别名】和尚头、秃苍个儿（昆嵛山）、野苦荬。
【学名】Hemistepta lyrata（Bge.）Bge.
（Cirsium lyratum Bge.）
【植物形态】一年生或二年生草本。根肉质，圆锥形。茎单生，直立，高 30～80cm，具纵棱，被白色蛛丝状毛。基生叶莲座状；叶片长椭圆形或倒披针形，花期通常枯萎；茎中下部叶互生；叶片与基生叶同形，长 4～15cm，宽 2～7cm，大头羽状分裂，上面绿色，下面灰白色，有白色蛛丝状毛；上部的叶片条状披针形至条形。头状花序，通常排列成疏松伞房状；总苞球形，长 1.2～1.4cm；总苞片 5～8 层，中外层苞片外面上方有鸡冠状突起，绿色或紫红色；花冠长 1.3～1.4cm，管部比裂片长约 5 倍。瘦果圆柱状或楔状，有 13～16 条纵棱，顶端有果喙；冠毛 2 层，异型，羽毛状，白色。花、果期 5～8 月。（图 806）

【生长环境】生于山坡、平原、田间或路旁。
【产地分布】山东境内产于各地。在我国分布于除新疆、西藏以外的大部分地区。
【药用部位】全草：泥胡菜。为民间药。
【采收加工】春、夏二季采收，除去杂质，晒干或鲜用。
【药材性状】茎圆柱形，长 30～60cm；表面灰绿色，有纵棱纹，被蛛丝状毛。叶互生，多卷曲皱缩；完整叶片长椭圆形或倒披针形，大头羽状深裂；表面绿色，下表面灰绿色，被蛛丝状毛。头状花序或总苞球形。瘦果圆柱形，长 2.5mm，具纵棱，顶端有白色羽状冠毛。气微，味微苦。

图 806 泥胡菜
1.植株 2.外层苞片 3.内层苞片 4.管状花
5.雄蕊 6.花柱 7.瘦果及冠毛

【化学成分】全草含黄酮类：金合欢素，金合欢素-7-O-β-D-葡萄糖苷，金合欢素-7-O-β-D-芸香糖苷，芹菜素，芹菜素-7-O-β-D-吡喃葡萄糖醛酸乙酯，芹菜素-7-O-β-D-吡喃葡萄糖醛酸甲酯，芹菜素-7-O-β-D-芸香糖苷，山柰酚，山柰酚-3-O-β-D-吡喃葡萄糖苷，山柰酚-7-O-β-D-吡喃葡萄糖苷，山柰酚-3-α-L-吡喃鼠李糖-(1→6)-β-D-吡喃葡萄糖苷，玄参黄酮（cirsimaritin），紫云英苷，粗毛豚草素（hispidulin）即 5,7,4′-三羟基-6-甲氧基黄酮，泥胡菜素（hemislian）A，B，泥胡菜素 A 甲酸酯（hemislian A formate），泥胡菜素 A 乙酸酯；有机酸类：咖啡酸，水杨酸，琥珀酸，8-羧甲基-对羟基肉桂酸，3-O-β-香豆酰奎宁酸，绿原酸，原儿茶酸，泥胡酸（hemisic acid）即 1-羧基-1′,3-二咖啡酰氧基-2′,5-环己二醇，水杨酸等；木脂素类：泥胡木脂素（hemislin）A，B，泥胡木脂素 A 苷（hemislin A glucoside），泥胡木脂素 B 苷，泥胡木脂素 A 甲酸酯（hemislin A formate），泥胡木脂素 A 乙酸酯（hemislin A acetate），泥胡木烯苷（hemislienoside），紫丁香苷（syringin），络石苷（tracheloside）；三萜类：泥胡三萜醚（hemistriterpene ether），蒲公英甾醇，蒲公英甾醇乙酸酯；甾醇类：豆甾醇，β-谷甾醇，胡萝卜苷；尚含泥胡鞘胺醇（hemisceramide），水杨苷，尿嘧啶，尿囊素，三十一烷烃等。地上部分含挥发油，主要成分为倍半萜及芳香类化合物。

【功效主治】苦,凉。清热解毒,消肿散结,祛痰,止血,活血。用于痔漏,痈肿疔疮,瘰疬,外伤出血,骨折。

【历史】泥胡菜始载于《救荒本草》。《植物名实图考》载入蔬类,曰:"生田野中,苗高一二尺,茎梗繁多,叶似水芥菜叶颇大,花叉甚深,又似风花菜叶,却比短小,叶中撺葶,分生茎叉,梢间开淡紫花,似刺蓟花,苗叶味辣。"按所述形态及附图与泥胡菜相似。

阿尔泰狗娃花

【别名】阿尔泰紫菀、野菊花。

【学名】Heteropappus altaicus (Willd.) Novopokr. (Aster altaicus Willd.)

【植物形态】多年生草本。茎直立或斜升,基部有分枝,高20～60cm,有上曲的贴毛或有时具开展的毛。叶互生;基部叶在花期枯萎;下部的叶片条形、长圆状披针形、倒披针形或匙形,长2.5～6cm,宽0.2～1.5cm,全缘或有疏齿;上部叶渐小,条形;全部叶两面或下面有粗毛或细毛,常有腺点。头状花序在枝顶排列伞房状;总苞半球形,直径0.5～1.8cm;总苞片2～3层,近等长或外层稍短,条形或长圆状披针形,长4～8mm,草质,边缘膜质,外面有毛,有腺点;舌状花约20朵,舌片浅蓝紫色,长圆状条形,长1～1.5cm;管状花长5～6mm,5裂,裂片不等大;冠毛污白色或红褐色,长4～6mm,有微糙毛。瘦果倒卵状扁长圆形,长2～2.8mm,有绢毛,上部有腺点。花、果期6～10月。(图807)

图807 阿尔泰狗娃花
1.植株 2.叶放大 3.雌花 4.花柱 5.两性花 6.花柱

【生长环境】生于山坡、路边或荒地。

【产地分布】山东境内产于各地。在我国除山东外,还分布于东北、华北、西北地区及内蒙古、四川等地。

【药用部位】全草及花序:阿尔泰紫菀;根:阿尔泰紫菀根。为民间药。

【采收加工】夏季花期采收全草及花序,除去杂质,晒干或鲜用。春、秋二季采挖根部,洗净,晒干。

【化学成分】花序含黄酮类:山柰酚,山柰酚-3-O-β-D-吡喃葡萄糖苷,槲皮素,槲皮素-7-O-β-D-吡喃葡萄糖苷,芦丁,芹菜素,芹菜素-7-O-β-D-吡喃葡萄糖苷,芹菜素-6″-乙酰化-7-O-β-D-吡喃葡萄糖苷[apigenin-7-O-β-D-(6″-acetate)-glucoside],异鼠李素-3-O-β-D-吡喃葡萄糖苷;有机酸类:2,5-二氧-4-咪唑烷基-氨基甲酸(2,5-dioxo-4-imidazolidinylcarbamic acid),狗娃花咖啡酸酯(heterocafferoyl ester)A、B,狗娃花酸(heteraltaic acid),三十二烷酸,硬脂酸,还含豆甾醇,β-谷甾醇,胡萝卜苷及挥发油等。地上部分含大牻牛儿烯(germacrene)D,丁香烯环氧化物(caryophyllen-1β,10α-epoide),金合欢醇(farnesol),5-O-去甲基川陈皮素(5-O-desmethylnobiletin),左旋哈氏豆属酸(hardwickiic acid),车桑子酸(hautriwaic acid),12α-羟基车桑子酸-19-内酯(12α-hydroxy-hautriwaic acid-19-lactone),12α-(2-甲基丁酰氧基)-劲直假莲酸甲酯[12α-(2-methylbutyryloxy)-strictic acid methyl ester],异鼠李素-3-O-芸香糖苷,芦丁,烟花苷(nicotiflorin),狗哇花皂苷(heteropappussaponin)等。

【功效主治】阿尔泰紫菀微苦,凉。清热降火,排脓。用于肝胆火旺,疱疹疮疖。阿尔泰紫菀根苦,温。散寒润肺,降气化痰,止咳,利尿。用于阴虚咳血,咳嗽痰喘。

山柳菊

【别名】伞花山柳菊、柳叶山柳菊。

【学名】Hieracium umbellatum L.

【植物形态】多年生草本;植株有乳汁。茎直立,单生或少数簇生,高0.4～1m,上部多分枝,被短粗毛。基生叶花期枯萎;茎生叶互生;叶片披针形或长圆状披针形,长3～10cm,宽0.5～2.5cm,先端渐尖至急尖,基部楔形,叶缘有稀疏锯齿,稀全缘,叶缘及背面叶脉有短毛;无柄。头状花序多数,排成伞房状;花梗密被短毛;总苞钟状,长约1cm;总苞片3～4层,外层短,披针形,内层较长,长圆状披针形,边缘膜质;全部由舌状花组成,花黄色,长1.5～2cm;花柱分枝圆柱形;花冠筒部外面有白色软毛。瘦果稍扁圆柱状,长约3mm,有10条纵肋,紫褐色;冠毛浅黄色,长约6mm。花、果期7～9月。(图808)

图808　山柳菊

1.植株(a.基部 b.中部 c.下部) 2.舌状花 3.花药
4.花柱及柱头 5.瘦果及冠毛 6.总苞片

【生长环境】生于山地、林缘或路旁。

【产地分布】山东境内产于艾山、昆嵛山及荣成等山地丘陵。在我国除山东外,还分布于东北、华北、西北、华中、西南等地区。

【药用部位】根及全草:山柳菊。为民间药。

【采收加工】夏、秋二季采收,洗净,晒干或鲜用。

【化学成分】全草含芹菜素,槲皮素,山柰酚,木犀草素,木犀草素-7-O-β-D-葡萄糖苷,木犀草素-7-O-β-D-葡萄糖醛酸苷,木犀草素-7-O-阿拉伯糖苷,木犀草素-7-O-阿拉伯糖葡萄糖苷,金丝桃苷,蒙花苷等。**花**含生物碱。

【功效主治】苦,凉。清热解毒,利湿消积。用于小便淋痛,腹痛积块,痢疾。

【历史】山柳菊始载于《植物名实图考》,曰:"山柳菊,南赣山中皆有之。丛生,细叶似石竹叶,绿茎有节,秋开黄花如菊,心亦黄。"所述形态及附图与山柳菊相符。

猫儿菊

【别名】黄金菊、高粱菊、猫儿黄金菊。

【学名】Hypochaeris ciliata (Thunb.) Makino [*Achyrophorus ciliatus* (Thunb.) Sch.-Bip.] (*Arnica ciliata* Thunb.)

【植物形态】多年生草本;植株有乳汁。根垂直直伸,直径约8mm。茎直立,高30～50cm,有纵棱,不分枝,基部被黑褐色残叶鞘,全株或仅下部被较密的硬毛。基生叶莲座状;叶片匙状长圆形或长椭圆形,长7～20cm,宽1～4cm,先端钝或短尖,基部渐狭成柄状,边缘有不规则小尖齿,两面疏生短硬毛或刚毛,下面中脉上毛较密;下部叶与基生叶相似;中部叶与上部叶互生;叶片长圆形、椭圆形至长卵形,边缘有尖齿,两面被硬毛;无柄,基部耳状抱茎。头状花序大,单生茎顶;总苞半球形,直径约3cm;总苞片3～4层,卵形或披针形,外层苞片边缘紫红色,有睫毛,先端钝,背部被硬毛,内层披针形,边缘膜质;花序托有披针形托片;全部由舌状花组成,花冠橘黄色,长达3cm,管部细长,长1.5～1.7cm。瘦果长5～8mm,圆柱状,顶端无缘;冠毛1层,羽毛状,黄褐色,长约1.5cm。花、果期7～8月。(图809)

图809　猫儿菊

1.植株下部 2.植株上部 3.舌状花 4.果实

【生长环境】生于山坡草地或林缘。

【产地分布】山东境内产于胶东沿海山地丘陵。在我国除山东外,还分布于东北、华北地区及河南等地。

【药用部位】根:猫儿黄金菊。为民间药。

【采收加工】秋季挖根,洗净,晒干。

【功效主治】淡,平。利水消肿。用于水肿,腹水。

欧亚旋覆花

【别名】旋覆花、大花旋覆花、金沸草。

【学名】Inula britanica L.

【植物形态】多年生草本。根状茎短,横走或斜升。茎直立,单生或2~3个簇生,高20~70cm,直径2~4mm,稀6mm,基部常有不定根,上部有伞房状分枝,被长柔毛,节间长1.5~5cm。叶互生;基部叶在花期常枯萎,叶片长椭圆形或披针形,长3~12cm,宽1~2.5cm,下部渐狭成长柄;中部的叶片长椭圆形,长5~13cm,宽0.6~2.5cm,基部宽大,无柄,心形或有耳,半抱茎,先端尖或稍尖,有浅或疏锯齿,稀近全缘,上面无毛或被疏伏毛,下面被密伏柔毛,有腺点,中脉和侧脉被较密的长柔毛;上部叶渐小。头状花序1~5,生于茎端或枝端,直径2.5~5cm,花序梗长1~4cm;总苞半球形,直径1.5~2.2cm,长达1cm;总苞片4~5层,外层条状披针形,基部稍宽,上部草质,被长柔毛,有腺点和缘毛,但最外层全部草质,常较长并反折,内层披针形,除中脉外均干膜质;舌状花1轮,为雌花,舌片条形,黄色,长1~2cm;管状花多数,为两性花,花冠上部稍宽大,有三角状披针形裂片;冠毛1层,白色,与管状花花冠约等长,有20~25条微糙毛。瘦果圆柱形,长1~1.2mm,有浅沟,被短毛。花期7~9月;果期8~10月。(图810)

【生长环境】生于河流沿岸、坑塘边湿地、田埂或路旁。

【产地分布】山东境内产于各地,但数量较少。在我国除山东外,还分布于新疆、黑龙江、内蒙古、江苏、河北等地。

【药用部位】头状花序:旋覆花;全草:金沸草。为较常用中药和民间药。

【采收加工】夏、秋二季分批采收开放的头状花序,阴干或晒干。夏季盛花时采割地上部分,晒干,或捆成小把晒干。

【药材性状】头状花序呈扁球形或类球形,直径2~4cm。总苞半球形,直径1~2cm,总苞片4~5层,外层呈条状披针形,基部稍宽,上部草质,被长柔毛,有腺点和缘毛,最外层草质,较长并反折,内层披针形,膜质;舌状花1轮,雌花,黄色,长1~1.5cm,多卷曲或脱落;管状花多数,花冠上部稍宽大,有三角状披针形裂片,长4~6mm;冠毛白色,与管状花花冠约等长,20~25条。瘦果圆柱形,长1~1.2mm,有浅沟,被短毛。气微,味微苦。

以完整、朵大、色黄、无枝梗者为佳。

茎圆柱形,长20~65cm,直径2~4mm,上部有分

图810 欧亚旋覆花
1.植株 2.舌状花 3.管状花

枝;表面绿褐色,被长柔毛,有纵皱纹;质脆,断面黄白色。叶互生;叶片长椭圆形或椭圆状披针形,长3~12cm,宽0.8~2.5cm;先端尖或稍尖,基部心形或有耳,半抱茎,有浅或疏锯齿,稀近全缘;上表面绿色或黄绿色,无毛或被疏伏毛,下表面灰绿色,密被伏柔毛,有腺点,中脉和侧脉密被长柔毛。头状花序顶生,直径2~4cm;总苞半球形,直径1~2cm;冠毛白色,与管状花约等长,20~25条。气微,味微苦。

以叶多、色绿、带花者为佳。

【化学成分】花序含黄酮类:槲皮素,槲皮苷,异槲皮苷,芦丁,山奈酚,菠叶素(spinacetin)即3,5,7,4'-四羟基-6,3'-二甲氧基黄酮,异鼠李素(isorhamnetin),木犀草素,6-甲氧基-木犀草素,万寿菊苷(patulitrin);内酯类:天人菊内酯(gaillardin),大花旋覆花内酯(britannilactone),1-O-乙酰基大花旋覆花内酯(1-O-acetylbritannilactone),单乙酰基大花旋覆花内酯(monacetylbritanldlactone),二乙酰基大花旋覆花内酯,环醚大花旋覆花内酯(britannilide),氧化大花旋覆花内酯(oxobritannilactone);还含咖啡酸,绿原酸,旋覆花酸(inulalic acid)及小檗碱。地上部分含黄酮类:槲皮素,槲皮苷,异槲皮苷,芦丁,山奈酚,槲皮万寿菊苷(quercetagitrin),万寿菊苷,木犀草素,6-羟基木犀草素-7-O-葡萄糖苷,槲皮素-3-磺酸酯,6-甲氧基-槲皮素-7-O-葡萄糖苷,6-甲氧

基-木犀草素；三萜类：蒲公英甾醇乙酸酯，羽扇豆醇，ψ-蒲公英甾醇，β-香树脂醇等；甾醇类：β-扶桑甾醇（β-rosasterol），豆甾醇；挥发油：主成分为2,3,4,5-四氢-1-苯并噁庚英-3-醇，丁香烯，4-甲基-2,6-二叔丁基苯酚，环氧丁香酚等；还含1-O-乙酰基大花旋复花内酯，欧亚旋覆花内酯（britanin），马栗树皮素，东莨菪素，绿原酸，异绿原酸，水杨酸，小檗碱等。

【功效主治】**旋覆花**苦、辛、咸，微温。降气，消痰，行水，止呕。用于风寒咳嗽，痰饮蓄结，胸膈痞满，喘咳痰多，呕吐噫气，心下痞硬。**金沸草**苦、辛、咸，温。降气，消痰，行水。用于外感风寒，痰饮蓄结，咳嗽痰多，胸膈痞满。

【历史】见旋覆花。

【附注】《中国药典》2010年版收载旋覆花。

土木香

【别名】青木香、祁木香。

【学名】Inula helenium L.

【植物形态】多年生草本。根状茎块状，有分枝。茎直立，高0.6～1.5(2.5)m，粗壮，直径达1cm，不分枝或上部有分枝，有开展的长毛，下部有较疏的叶，节间长4～15cm。叶互生；基部和下部的叶于花期常存，基部渐狭成有翅的柄，连同柄长30～60cm，宽10～25cm，叶片椭圆状披针形，先端尖，边缘有不规则的齿或重齿，上面有基部疣状的糙毛，下面被黄绿色密茸毛；柄长达20cm；中部的叶片卵圆状披针形或长圆形，长15～35cm，宽5～18cm，基部心形，半抱茎；上部的叶较小，披针形。头状花序少数，直径6～8cm，排列成伞房花序状；花序梗长6～12cm，为多数苞叶所围裹；总苞5～6层，外层草质，宽卵圆形，先端钝，常反折，被茸毛，宽6～9mm，内层长圆形，先端扩大成卵圆三角形，干膜质，背面有疏毛及缘毛，较外层长3倍，最内层条形；舌状花1轮，为雌花，黄色，舌片条形，长2～3cm，宽2～2.5cm，先端有3～4个浅裂片；管状花多数，为两性花，长0.9～1cm，有披针形裂片；冠毛污白色，长0.8～1cm，有极多数有细齿的毛。瘦果四或五面体形，有棱或细沟，无毛，长3～4mm。花、果期6～9月。（图811）

【生长环境】栽培于排水良好、土壤肥厚的沙质壤土。

【产地分布】山东境内在济南、莱阳等地有栽培。在我国除山东外，还分布于新疆、河北等地。

【药用部位】根：土木香（藏木香）。为少常用中药和藏药。

【采收加工】秋末挖根，除去残茎和泥沙，截段，粗根纵切成瓣，晒干。

【药材性状】根圆锥形，略弯曲，长5～20cm。表面黄棕色或暗棕色，有纵皱纹及须根痕。根头部粗大，顶端有

图811 土木香
1.植株下部及叶 2.茎生叶 3.花枝
4.管状花 5.舌状花

凹陷的茎痕及叶鞘残基，下方有圆柱形支根。质坚硬，不易折断，断面略平坦，黄白色至浅灰黄色，有凹点状油室。气微香，味苦、辛。

以根粗壮、色黄棕、质坚实、香气浓者为佳。

【化学成分】根含倍半萜内酯类：土木香内酯（alantolactone），异土木香内酯（isoalantolactone），二氢土木香内酯（dihydroalantolactone），二氢异土木香内酯（dihydroisoalantolactone），11β,13-二氢木香烯内酯，脱氢木香内酯（dehydrocostus lactone），3-羟基土木香内酯，木香烯内酯（costunolide），2-羟基-11,13-二氢异土木香内酯，1-羟基-11,13-二氢异土木香内酯，瑞诺木素（reynosin），11β,13-二氢瑞诺木烯内酯（11β,13-dihydroreynosin）即珊塔玛内酯，11β,13-二氢木兰内酯（11β,13-dihydrom agnolialide），11β,13-二氢-β-环广木香内酯（11β,13-dihydro-β-cyclo costunolide），11β,13-二氢-α-环广木香内酯，1β-hydroxycolartin，macrophyllilactone E；挥发油：主成分为倍半萜内酯类，β-榄香烯，土木香酸（alantolic acid），土木香醇（alantol）等；还含2-acetoxylmethyl-6-(7'-phenyl-2'-indoline)-indoline，urs-12-en-18α-H-3-O-β-D-glucopyranoside，菊糖，豆甾醇，无羁萜，β-谷甾醇葡萄糖苷及γ-谷甾醇葡萄糖苷，二十九烷，羽扇豆醇，咖啡酸酸酐等。叶含土木香苦素（alantopicrin）等。

【功效主治】辛、苦，温。健脾和胃，行气止痛，安胎。用于胸胁、脘腹胀痛，呕吐泻痢，胸胁挫伤，岔气作痛，胎动不安。

【历史】土木香始载于《蜀本草》，称木香。《本草图经》曰："苗高三四尺，叶长八九寸，皱软而有毛，开黄花，恐亦是土木香种也"。《本草衍义》又名青木香，曰："常自岷州出塞，得青木香，持归西洛，叶如牛蒡，但狭长，茎高二、三尺，花黄，一如金钱，其根即木香也。生嚼即辛香，尤行气"。所述形态与菊科土木香基本一致，但与马兜铃科青木香有名称上的混淆。

【附注】《中国药典》2010年版收载。

旋覆花

【别名】猫耳朵（莒县、费县、平邑、五莲）、猫耳花（郯城、莒南、临沂）、柳叶菊（淄博）、驴耳朵花。

【学名】Inula japonica Thunb.

【植物形态】多年生草本。根状茎短，横走或斜升，有须根。茎单生，有时2～3个簇生，直立，高30～70cm，有时基部有不定根，基部直径0.3～1cm，有细沟，被长伏毛，或下部有时脱毛，上部有上升或开展的分枝，全部有叶，节间长2～4cm。基部叶较小，花期枯萎；中部叶互生，叶片长圆形、长圆状披针形或披针形，长4～13cm，宽1.5～3.5cm，常有圆形半抱茎的小耳，无柄，先端稍尖或渐尖，边缘有小尖头状疏齿或全缘，上面有疏毛或近无毛，下面有疏伏毛和腺点，中脉和侧脉有较密长毛；上部叶渐狭小，条状披针形。头状花序直径3～4cm，多数或少数排列成疏散的伞房花序；花序梗细长；总苞半球形，直径1.3～1.7cm，长7～8mm；总苞片约5层，条状披针形，近等长，但最外层常叶质而较长，外层基部革质，上部叶质，有缘毛，内层除绿色中脉外干膜质，渐尖，有腺点和缘毛；舌状花黄色，1轮，为雌花，舌片条形，长1～1.3cm；管状花为两性花，多数，花冠长约5mm，有三角状披针形裂片；冠毛1层，白色，有20余条微糙毛，与管状花近等长。瘦果长1～1.2mm，圆柱形，有10沟，顶端截形，被疏短毛。花期6～10月；果期9～11月。（图812）

【生长环境】生于山坡、路旁、坑塘边、湿润草地、河岸或田埂上。

【产地分布】山东境内产于各地。在我国除山东外，还分布于北部、东北部、中部及东部各地区。在四川、贵州、福建、广东也可见到。

【药用部位】花：旋覆花；全草：金沸草。为较常用中药。

【采收加工】夏、秋二季分批采收开放的头状花序，阴干或晒干。夏季盛花时采割地上部分，晒干或捆成小把，放通风处阴干或晒干。

【药材性状】头状花序球形或扁球形，直径1～1.5cm。总苞球形，总苞片5层，覆瓦状排列，苞片狭披针形；表面灰黄色，外层苞片上部叶质，基部革质，内层苞片干

图812　旋覆花
1. 花枝　2. 内层总苞片　3. 外层总苞片　4. 舌状花　5. 管状花

膜质，较窄。舌状花1轮，黄色，长约1cm，顶端具3齿，多卷曲，常脱落；管状花多数，棕黄色，长约5mm，顶端具5裂片；子房圆柱形，具10条纵棱，棱部被毛；冠毛1轮，20余条，白色，长4～5mm。小瘦果椭圆形。总苞基部和花梗表面被白色绒毛。体轻，易散碎。气微，味微苦。

以花大、完整、色黄、无枝梗者为佳。

全草卷曲或为小捆。茎圆柱形，长30～60cm，直径2～5mm；表面绿褐色或暗棕色，具细密纵纹；质脆，断面黄白色，纤维性，髓部中空。叶互生，皱缩或破碎；完整叶片展平后呈长圆形、长圆状披针形或披针形，长4～12cm，宽1～3cm；先端稍尖或渐尖，基部渐狭，常有圆形半抱茎的小耳，全缘或具疏齿；表面绿黑色或绿灰色，叶脉于背面隆起，中脉1条，侧脉8～13对；无柄。头状花序位于茎端，扁球形，直径1～1.5cm；舌状花一轮，黄色，管状花棕黄色；冠毛长4～5mm。气微，味苦。

以叶多、色绿、带花者为佳。

【化学成分】花序含黄酮类：红车轴草素，山柰酚，槲皮素，柽柳素（tamarixetin），杜鹃黄素，金圣草黄素（chrysoeriol），万寿菊素即藤菊黄素（patuletin），木犀草素；内酯类：旋覆花内酯，旋覆花内酯C，大花旋覆花内酯，乙酰基大花旋覆花内酯（1-O-acetylbritannilactone），二乙酰基大花旋覆花内酯，旋覆花次内酯（inulicin），去乙

酰次内酯（deacetyl inulicin），环醚大花旋覆花内酯，氧化大花旋覆花内酯（oxobritannilactone），旋覆花佛术内酯（eremobritanilin）；挥发油：主成分为邻苯二甲酸二丁基酯，β-水芹烯，4-甲氧基-6-(2-丙烯基)-1,3-苯并二噁茂，β-蒎烯，3-丙烯基-6-甲氧基苯酚等；三萜类：蒲公英甾醇，蒲公英甾醇棕榈酸酯，蒲公英甾醇乙酸酯；有机酸：旋覆花酸，肉豆蔻酸，棕榈酸；还含甘油三硬脂酸酯，硬脂肪酸甘油酯，1,2-邻苯二甲酸双(2-乙基,己基)酯，β-谷甾醇，胡萝卜苷等。**地上部分**含黄酮类：槲皮素，5,7-二羟基-3,3′,4′-三甲氧基黄酮，菠叶素，甲氧基万寿菊素（axillarin），紫花牡荆素（casticine），菠叶素，5,7,3′,4′-四羟基-3,6-二甲氧基黄酮，泽兰黄醇素（eupatin），芹菜素，木犀草素，野黄芩素（6-hydroxyapigenin）；内酯类：旋覆花次内酯，旋覆花内酯（inuchinenolide）A、B、C，欧亚旋覆花内酯（britanin），4-表异黏性旋覆花内酯（4-epiisoinuviscolide），天人菊内酯，15-去氧-顺,顺-蒿叶内酯（15-deoxy-cis,cis-artemisifolin）等；还含豚草素，银胶菊素（tomentosin），蒲公英甾醇等。

【功效主治】**旋覆花**苦、辛、咸，微温。降气，消痰，行水，止呕。用于风寒咳嗽，痰饮蓄结，胸膈痞满，喘咳痰多，呕吐噫气，心下痞硬。**金沸草**苦、辛、咸，温。降气，消痰，行水。用于外感风寒，痰饮蓄结，咳嗽痰多，胸膈痞满。

【历史】旋覆花始载于《神农本草经》，列为下品，又名金沸草，花入药。《名医别录》曰："生平泽川谷，五月采花。"《日华子本草》始载"叶止金疮血"。《本草图经》曰："今所有之。二月以后生苗，多近水傍，大似红蓝而无刺，长一二尺已来，叶如柳，茎细，六月开花如菊花，小铜钱大，深黄色。"并附随州旋覆花图，叶长圆状披针形，基部变窄，其文图与旋覆花基本一致。《救荒本草》云："苗长二三尺已来，叶似柳叶，稍宽大。"附图叶多为长圆形，基部宽而抱茎，与欧亚旋覆花相符。

【附注】《中国药典》2010年版收载旋覆花、金沸草。

线叶旋覆花

【别名】猫耳朵花、柳叶菊（淄博）、猫耳朵（莒县、费县、平邑、五莲）。

【学名】Inula lineariifolia Turcz.

【植物形态】多年生草本。基部常生不定根。茎直立，单生或2~3个簇生，高30~80cm，多少粗壮，有细沟，被短柔毛，上部常被长毛，杂有腺体。叶互生；基部叶和下部叶在花期常生存，叶片条状披针形，有时椭圆状披针形，长5~15cm，宽0.7~1.5cm，先端渐尖，下部渐狭成长柄，边缘常反卷，有不明显小锯齿，质较厚，上面无毛，下面有腺点，被蛛丝状短柔毛或长伏毛，中脉在上面稍下陷，网脉有时明显；中部的叶渐无柄；上部的叶渐狭小，条状披针形至条形。头状花序直径1.5~2.5cm，在枝端单生或3~5个排列成伞房状；花序梗短或细长；总苞半球形，长5~6mm；总苞片约4层，多少等长或外层较短，条状披针形，上部叶质，被腺毛和短柔毛，下部革质，内层较狭，先端尖，除中脉外干膜质，有缘毛；舌状花1轮，为雌花，黄色，舌片长圆状条形，长约1cm；管状花多数，为两性花，长3.5~4mm，有尖三角形裂片；冠毛1层，白色，与管状花花冠等长，有多数微糙毛。子房和瘦果圆柱形，有细沟，被短粗毛。花期7~9月；果期8~10月。（图813）

图813　线叶旋覆花
1.植株　2.舌状花　3.管状花　4.雄蕊展开

【生长环境】生于山坡、荒地、路旁、河岸。

【产地分布】山东境内产于各地。在我国除山东外，还分布于东北部、北部、中部和东部地区。

【药用部位】全草：金沸草；花：线叶旋覆花；根：线叶旋覆花根。为少常用中药和民间药。

【采收加工】夏、秋二季花开时采割地上部分，晒干。花序开放时采摘，晒干或阴干。

【药材性状】茎圆柱形，上部有分枝，长30~60cm，直径2~5mm；表面绿褐色或棕褐色，疏被短柔毛，有多数细纵纹。叶互生，叶片常皱缩或破碎；完整者展平后呈条形或条状披针形，长5~14cm，宽0.5~1cm；先端渐尖，基部抱茎，全缘，边缘反卷；表面绿褐色或灰绿色，上表面近无毛，下表面被短柔毛。头状花序顶生，直径0.5~1cm，冠毛白色，长约2mm。气微，味微苦。

以叶多、色绿褐、带花者为佳。

头状花序呈类球形或扁圆形，直径1~2cm，花序梗短或细长。总苞半球形，长4～5mm；总苞片约4层，近等长或外层较短，条状披针形；表面灰黄色，上部叶质，被腺毛和短柔毛，下部革质，内层较狭，有缘毛。舌状花1轮，黄色，长约1cm；管状花多数，长3～4mm，顶端裂片呈尖三角形；子房圆柱形，冠毛1轮，白色，与管状花花冠近等长，并有多数微糙毛。瘦果圆柱形，表面有细沟，被短粗毛。体轻，易散碎。气微，味微苦。

以花序完整、色黄、气味浓者为佳。

【化学成分】全草含线叶旋覆花内酯等。地上部分含黄酮类：泽兰黄醇素，菠叶素，粗毛豚草素；倍半萜类：线叶旋覆花素（lineariifolianone），线叶旋覆花双素A（lineariifolianoids A），旋覆花内酯A，灰毛菊内酯（xerantholide），britanlin C，britanin 5α，6α-eposy-2α-acetoxy-4α-hydroxyl-1β,7α-guaia-11(13)-en-12,8α-olide，山稔甲素（tomentosin），6α-hydroxy-tomentosin，2α-acetoxy-4α-hydroxyl-1β-guaia-11(13),10(14)-dien-12,8α-olide，8β-propionyl-inusoniolide，lineariifolianoid，4-epi-isoinuviscolide；甾醇类：α-菠菜甾醇，β-谷甾醇，α-菠菜甾醇-3-O-β-D-葡萄糖苷；苯甲醛类：安息香醛（4-hydroy benzaldehyde），香荚兰醛，4-羟基-3,5-二甲氧基苯甲醛，4-羟基-2,6-二甲氧基苯甲醛；还含（+）-丁香脂素，去氢催叶萝芙叶醇（dehydrovomifoli），蒲公英甾醇乙酸酯，焦袂康酸（pyromeconic acid，焦米壳酸），1,5-二咖啡酰奎宁酸，胡萝卜素等。花尚含大花旋覆花内酯（britanin）。

【功效主治】金沸草苦、辛、咸，温。降气，消痰，行水。用于外感风寒，痰饮蓄结，咳嗽痰多，胸膈痞满。线叶旋覆花有小毒。降气消痰，行水，止呕。用于风寒咳嗽，痰饮蓄结，胸膈痞满。线叶旋覆花根：健脾和胃，调气解郁，安胎止痛。

【附注】①《中国药典》2010年版收载，称金沸草。②头状花序服用后有恶心呕吐等副作用。

中华小苦荬

【别名】苦菜、中华苦荬菜、败酱草（崂山）、舌头苗（临沂）、苦菜子（德州）、大苦菜（昆嵛山、威海、文登、荣城、莱芜）。

【学名】Ixeridium chinense (Thunb.) Tzvel.
[Ixeris chinensis (Thunb.) Nakai]
(Prenanthes chinensis Thunb.)

【植物形态】多年生草本；植株有乳汁。根垂直直伸，通常不分枝。根状茎极短缩。茎直立单生或斜生，或少数茎簇生，高10～30cm，基部直径1～3mm，上部伞房花序状分枝。基生叶莲座状；叶片条状披针形或倒披针形，长5～15cm，宽1～2cm，先端钝或急尖，基部下延成窄叶柄，全缘，有疏小齿或不规则羽裂；茎生叶1～2，与基生叶相似；无柄，基部微抱茎。头状花序多数，排列成伞房状，有细梗；总苞圆筒状或长卵形，长7～9mm；总苞片2层，覆瓦状排列，外层总苞片小，卵形，6～8枚，膜质，白色，内层总苞片条状披针形，7～8片，较长，长8～9mm，宽约2mm，草质，绿色，边缘膜质；全部由舌状花组成，舌状花21～25朵，长1～1.2cm，先端5齿裂，黄色、白色或淡紫色；花药黑色；柱头短，2裂，向外弯。瘦果红棕色，长约4mm，狭披针形，稍扁，有10条高起的钝肋，肋上有上指的小刺毛，顶端急尖成细喙，喙长约3mm；冠毛1层，白色，简单，长4～5mm，宿存。花、果期4～7月。（图814）

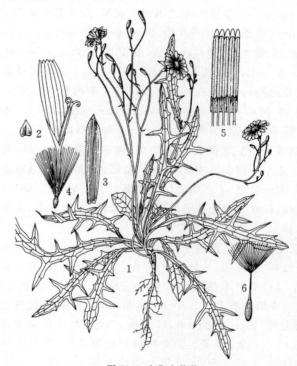

图814 中华小苦荬
1.植株全形 2.外层苞片 3.内层苞片 4.舌状花
5.雄蕊展开 6.瘦果及冠毛

【生长环境】生于山野、田间、荒地或路旁。

【产地分布】山东境内产于各地。在我国除山东外，还分布于北部、东部及南部各省。

【药用部位】全草：北败酱草（败酱草）。山东地区习惯用药，幼苗药食两用。

【采收加工】春、夏二季采挖，除去泥土，晒干或鲜用。

【药材性状】全草缠绕成团，无毛。茎纤细，圆柱形，长约20cm。基生叶多数，皱缩或破碎；完整叶片展开后呈线状披针形或倒披针形，长7～14cm，宽1～2cm；先端尖，基部下延成窄叶柄，全缘或有疏齿裂或羽裂；两面暗绿色，无毛；茎生叶较小，无叶柄，基部不抱茎。头状花序全部为舌状花，花冠黄棕色或类白色。瘦果狭披针形，表面红棕色，有细纵棱及小刺状突起，顶端具喙，冠毛白色，长4～5mm。气微，味苦。

以叶多、色绿、带花果、味苦者为佳。

【化学成分】全草含三萜类：β-香树脂醇，3β-羟基-20(30)-蒲公英甾烯，熊果-12-烯-3β-醇，羽扇豆醇，10-羟基艾里莫芬-7(11)-烯-12,8α-内酯，3β,8α-二羟基-6β-当归酰基艾里莫芬-7(11)-烯-12,8β-内酯[3β,8α-dihydroxy-6β-angloxyeremophil-7(11)-en-12,8β-olide]，乌苏-12,20(30)-二烯-3β,28-二醇，乌苏酸；黄酮类：芹菜素-7-O-β-D-葡萄糖苷，木犀草素，木犀草素-7-O-β-D-葡萄糖苷，木犀草素-7-O-β-D-葡萄糖苷乙酸酯；还含4-羟基-3-甲氧基苯甲醛，4-羟基-3,5-二甲氧基苯甲醛，4-羟基-3-甲氧基苯甲酸，4-羟基-3,5-二甲氧基苯甲酸，丁二酸，维生素C等。

【功效主治】苦，凉。清热解毒，活血排脓。用于肠痈，痢疾泄泻，痔疮肿痛，痈肿疔疮。

【历史】中华小苦荬以山苦荬之名见于《救荒本草》，但附图形态不似本种。《植物名实图考》"苦菜"条所附苦菜及光叶苦荬图，其基生叶呈莲座状，叶形及花序排列方式与本种相似。

【附注】①《中国药典》2010年版附录、《山东省中药材标准》2002年版收载，原植物中文名为苦菜，拉丁学名用异名 Ixeris chinansis (Thunb.) Nakai。②本志采纳《中国植物志》81(1)：251 中华小苦荬 Ixeridium chinense (Thunb.) Tzvel. 的分类。

抱茎小苦荬

【别名】抱茎苦荬菜、小苦荬、大苦菜(昆嵛山、威海、文登、莱芜)、苦菜子(德州)。

【学名】Ixeridium sonchifolium (Maxim.) Shih
(Youngia sonchifolia Maxim.)
(Prenanthes sonchifolia Bge.)
[Ixeris sonchifolia (Bge.) Hance]

【植物形态】多年生草本。根垂直直伸，不分枝或分枝。根状茎极短。茎直立，单生，高30~80cm，基部直径1~4mm，上部分枝成伞房花序状或伞房圆锥花序状，无毛。基生叶莲座状，铺散，花期生存；叶片倒匙形或倒卵状长圆形，长3~8cm，宽1~2cm，先端急尖或圆钝，基部下延成翼状柄，边缘有锯齿或尖牙齿，或为不整齐的羽状浅裂至深裂；茎生叶较小，叶片卵状椭圆形或卵状披针形，长2.5~6cm，先端锐尖或渐尖，基部扩大成耳状或戟形抱茎，全缘或有羽状分裂。头状花序小形，密集成伞房状，有细梗；总苞圆筒形，长5~6mm；总苞片2层，外层通常5片，短小，卵形，内层8片，披针形，长约5mm，背部各有中肋1条；全部由舌状花组成，花黄色，长7~8mm，先端截形，有5齿。瘦果黑褐色，纺锤形，长2~3mm，有10条高起的钝肋，上部沿肋有上指的小刺毛，向上渐成细喙，喙短，长约为果实的1/4；冠毛白色，脱落。花、果期4~7月。(图815)

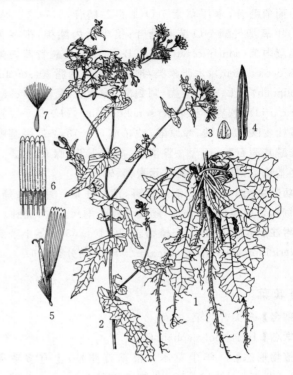

图815 抱茎小苦荬
1.根及基生叶 2.花枝 3.外层苞片 4.内层苞片
5.舌状花 6.雄蕊展开 7.瘦果及冠毛

【生长环境】生于田野、荒地、河边、路旁或山坡。

【产地分布】山东境内产于各地。在我国除山东外，还分布于东北、华北各地区。

【药用部位】幼苗：苦碟子；全草：败酱草。为民间药，幼苗药食两用。

【采收加工】春季花开前采收幼苗或全草，洗净，晒干或鲜用。

【药材性状】全草长约40cm。根倒圆锥形，分枝少；表面黄棕色或棕褐色。茎细长圆柱形，上部分枝，直径1~4mm；表面绿色，有纵棱纹，无毛；折断面略呈纤维性。叶多皱缩或破碎，完整叶片展平后呈卵状长圆形，长2~7cm，宽1~2cm；先端急尖，基部耳状抱茎。头状花序密集成伞房状，舌状花黄色。瘦果纺锤形，长2~3mm，有细条纹及小刺，冠毛白色。气微，味苦。

以质嫩、叶多、色绿、味苦者为佳。

【化学成分】全草含三萜及其苷类：齐墩果酸，齐墩果烷，羽扇豆醇，蒲公英烷-20-烯-3β,16α-二羟基-3-乙酯(taraxaster-20-en-3β,16α-diol-3-acetate)，蒲公英甾醇乙酯，乙酸降香萜烯醇酯(dauerenyl acetate)，3β-acetoxy-20-taraxasten-22-one，3β-acetoxy-11-oxours-22-one，苦荬菜皂苷(ixeris saponin) A、B、C、D；黄酮类：芹菜素，芹菜素-7-O-β-D-葡萄糖苷，芹菜素-7-O-β-D-葡萄糖醛酸苷，木犀草素，木犀草素-7-O-β-D-葡萄糖苷，木犀草素-7-

O-β-D-葡萄糖苷甲酯,木犀草素-7-O-β-D-葡萄糖(1→2)葡萄糖苷,木犀草素-7-O-龙胆二糖苷,5,7-二羟基-4′-甲氧基黄酮-7-O-芸香糖苷;倍半萜内酯类:抱茎苦荬菜内酯(sonchifolactone)A、B、C、D,8-去氧青蒿内酯(8-deoxyartein);木脂素类:抱茎苦荬菜木脂素(sonchifolignan)A、B;有机酸类:阿魏酸,香草酸,菊苣酸(chicoric acid),抱茎苦荬菜素(sonchifolinin),(E)-2,5-二羟基桂皮酸,棕榈酸,绿原酸,琥珀酸,(一)3,4-二羟基咖啡酰基酒石酸;还含β-谷甾醇,胡萝卜苷,腺苷,1,3-二羟基嘧啶,氨基酸及无机元素钙、磷等。

【功效主治】苦,凉。清热解毒,消肿止痛。用于头痛,牙痛,胃脘疼痛,外伤痛,肠痈,肺痈,痢疾,疮疖痈肿。

【附注】本志采纳《中国植物志》80(1):255 抱茎小苦荬 Ixeridium sonchifolia(Maxim.)Shih 的分类。

苦荬菜

【别名】多头苦荬菜、苦菜。

【学名】Ixeris polycephala Cass.

【植物形态】一年生草本。根垂直伸长,生有多数须根。茎直立,高10～80cm,基部直径2～4mm,上部呈伞房花序状分枝,或自基部多分枝或少分枝,分枝弯曲斜升,全部茎枝无毛。基生叶花期生存;叶片线形或线状披针形,连叶柄长7～12cm,宽5～8mm,先端急尖,基部渐狭成长或短柄;茎中下部叶片披针形或线形,长5～15cm,宽1.5～2cm,先端急尖,基部箭头状半抱茎;向上或最上部的叶渐小,与中下部叶同形,基部箭头状半抱茎或长椭圆形,基部收窄,但不成箭头状半抱茎;全部叶两面无毛,全缘,极少下部边缘有稀疏的小尖头。头状花序多数,在茎枝顶端排成伞房状,花序梗细;总苞圆柱形,长5～7mm,果期扩大成卵球形;总苞片3层,外层及最外层极小,卵形,先端急尖,内层卵状披针形,长7mm,宽2～3mm,先端急尖或钝,外面近顶端有或无鸡冠状突起;舌状花黄色,极少白色,10～25枚。瘦果压扁,褐色,长椭圆形,长约3.5mm,无毛,有10条高起的尖翅肋,顶端急尖成长1mm的喙,冠毛白色,不等长,长约4mm。花、果期3～6月。(图816)

【生长环境】生于山坡林缘、灌丛、草地或田野路旁。

【产地分布】山东境内产于各地。在我国除山东外,还分布于陕西、江苏、安徽、浙江、江西、福建、湖北、湖南、广东、广西、四川、贵州、云南、台湾等地。

【药用部位】全草:苦荬菜。为民间药,幼苗药食两用。

【采收加工】夏季采收,洗净,鲜用或晒干。

【药材性状】全草长15～30cm。完整基生叶叶片展平后呈线状披针形,长约10cm,宽约5cm,全缘或具短尖齿,稀羽状分裂;茎生叶叶片椭圆状披针形或披针形,

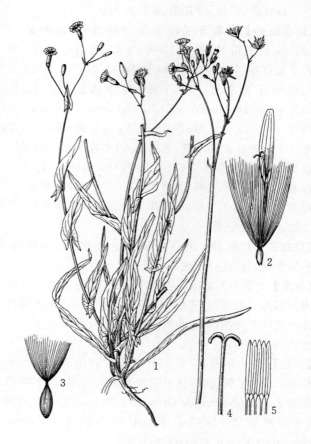

图816 苦荬菜
1.植株 2.舌状花 3.瘦果及冠毛
4.柱头及花柱 5.雄蕊展开

长5～15cm,宽1～1.5cm,基部抱茎。头状花序密集成伞房状。瘦果纺锤形,长约3.5mm,有翅肋,喙长约1mm。气微,味苦。

【化学成分】全草含黄酮类:芹菜素,木犀草素,5,7,4′-三羟基-3′-甲氧基黄酮(chrysoeriol),5,7,4′-三羟基黄酮-7-O-β-D-葡萄糖醛酸甲酯,5,7,4′-三羟基黄酮-7-O-β-D-葡萄糖醛酸正丁酯;萜类:苦荬醇(ixerol)A、B,annuionone D,loliolide,1β-羟基-桉烷-4-烯-12,6α-内酯,3β-羟基-乌苏-12-烯-11-酮,3β-羟基-齐墩果-12-烯-11-酮,3β-乙酰基-羽扇豆醇酯,3β-乙酰氧基-乌苏-12-烯;有机酸类:邻羟基苯甲酸,香草酸,咖啡酸,对甲氧基苯乙酸,正十六烷酸;甘油酯:1-棕榈油酸甘油酯,1-棕榈酸甘油酯,1-单亚油酸甘油酯,1-肉豆蔻酸甘油酯;还含东莨菪内酯,邻羟基苯甲醛,9β-羟基松脂醇(9β-hydroxypinoresinol),β-谷甾醇,胡萝卜苷,sitoindoside Ⅰ,正十六烷醇,琥珀酸酐,咖啡酸甲酯,顺丁二酸甲酯,尿嘧啶,1-O-β-D-吡喃葡萄糖基-2-甲氧基-4-烯丙基苯等。

【功效主治】苦,甘,凉。清热,解毒,利湿。用于咽痛,目赤肿痛,肠痈,疔疮肿毒。

马兰

【别名】马兰头、鸡儿肠、鱼锹串。

【学名】Kalimeris indica (L.) Sch.-Bip. (Aster indicus L.)

【植物形态】多年生草本。根状茎有匍匐枝，有时具直根。茎直立，高 30～70cm，上部有短毛。叶互生；基部叶在花期枯萎，叶片倒披针形或倒卵状长圆形，长 3～6cm，宽 0.8～2cm，先端钝或尖，基部渐狭成有翅的长柄，边缘有尖齿或羽状分裂；上部叶小，全缘，基部急狭无柄；全部叶两面或上面有疏微毛或近无毛，边缘及下面沿脉有短粗毛，中脉在下面凸起。头状花序单生于枝端并排列成疏伞房状；总苞半球形，直径 6～9mm，长 4～5mm；总苞片 2～3 层，覆瓦状排列，外层披针形，长 2mm，内层倒披针状长圆形，长达 4mm，先端钝或稍尖，上部草质，边缘膜质，有缘毛；舌状花 1 层，15～20 花，管部长 1.5～1.7mm，舌片浅紫色，长达 1cm，宽 1.5～2mm；管状花长约 3.5mm，管部长约 1.5mm，密被短毛。瘦果倒卵状长圆形，极扁，长 1～2mm，宽约 1mm，褐色，边缘浅色而有厚肋，上部被短毛及腺毛；冠毛长不及 1mm，不等长，易脱落。花期 5～9 月；果期 8～10 月。(图 817)

【生长环境】生于山坡路旁或田边。

【产地分布】山东境内产于各山地丘陵。在我国除山东外，还分布于西、中、南和东部各省。

【药用部位】全草：马兰草(鱼鳅串)；根茎：马兰根；嫩茎叶：马兰头。为民间药，嫩茎叶可食。

【采收加工】夏、秋二季采挖带根及根茎全草，洗净，晒干或鲜用。春季采摘 10cm 高的幼苗，鲜用。秋季采收根茎及根，鲜用。

【药材性状】全草长 20～60cm。根茎圆柱形，多弯曲，有多数浅棕黄色细根。茎类圆柱形，直径 1～3mm；表面灰绿色或紫褐色，略具纵纹；质脆，断面中部有髓。叶互生，近无柄；叶片皱缩卷曲，多破碎；完整者展平后呈倒卵状长圆形或倒披针形，长 2～5cm，宽 0.5～1.5cm；先端钝或尖，基部渐狭成具翅的长柄，边缘有疏粗齿或羽状浅裂；茎上部小叶常全缘，表面及叶缘疏被毛。头状花序顶生。气微，味淡。

以质嫩、叶多、色绿者为佳。

【化学成分】全草含萜类：3β-乙酰基-20(21),24-二烯达玛烷，木栓酮，gult-5-en-3β-ol，3β-乙酰基-20(21),23-二烯-25-达玛醇，$2\alpha,3\beta,19\alpha,23$-四羟基-齐墩果-12-烯-28-酸，达玛二烯醇乙酸酯，木栓醇，β-香树脂醇，α-香树脂醇，羽扇豆醇乙酸酯，蒽醌类：大黄酚，大黄素甲醚，大黄素；有机酸：亚油酸，正十六烷酸，正十九烷酸，正二十烷酸，正二十二烷酸，原儿茶酸，琥珀酸，丁香酸，苜蓿酸，月桂酸，脱镁叶绿甲酯酸(methylpheophorbide-a)；烷烃类：十六烷，正十八烷，正三十一烷，正三十三烷，正十九烷醇，2-三十三酮，正二十六烷醇，正四十烷醇，古柯二醇；甾体类：β-谷甾醇，豆甾醇，α-菠菜甾醇，α-菠菜甾酮，α-菠甾醇-3-O-β-D-吡喃葡萄糖苷，α-菠甾醇-3-O-β-D-葡萄糖苷-6′-O-棕榈酸酯，胡萝卜苷；挥发油：主成分为十六碳酸，簇草烯环氧化合物，石竹烯氧化物，乙酸冰片酯，亚油酸，α-簇草烯等；还含角鲨烯，1-O-十六烷酸甘油酯，七叶内酯，原儿茶酸甲酯，香草醛，尿嘧啶等。种子油脂肪酸主要为 8,11-十八碳二烯酸和 9-十八碳烯酸，少量十六酸和十八酸。

【功效主治】**马兰草(鱼鳅串)** 苦、辛，平。理气消食，清利湿热。用于胃脘胀痛，痢疾，水泻，小便短赤。**马兰根** 辛，平。清热解毒，凉血止血，利尿。用于咽喉肿痛，湿热黄疸，小便淋痛，鼻衄咯血，毒蛇咬伤。外用于疔疮，肿毒。**马兰头** 甘，平，微寒。清热止血，解毒。用于鼻衄吐血，肝阳上亢，咽喉肿痛，痈疖疔毒。

【历史】马兰始载于《本草拾遗》，谓："生泽旁，如泽兰，气臭。北人见其花呼为紫菊，以其花似菊而紫也。又山兰，生山侧，似刘寄奴，叶无桠，不对生，花心微黄赤"。《本草纲目》曰："马兰，湖泽卑湿处甚多，二月生苗，赤茎白根，长叶有刻齿，状似泽兰，但不香尔……入夏高二三尺，开紫花，花罢有细子。"《植物名实图考》马兰项下有较详细的描述，并附图。所述形态及附图与现今植物马兰相似。

【附注】《中国药典》1977 年版、2010 年版附录收载。

图 817　马兰
1.植株　2.舌状花　3.管状花

莴苣

【别名】莴笋、莴菜。
【学名】Lactuca sativa L.
【植物形态】一年生或二年生草本；植株含白色乳汁。根垂直直伸。茎直立，单生，粗壮，高 0.3～1m，多少有纵沟棱，无毛。基生叶丛生；叶片长圆状倒卵形或椭圆形，长 10～30cm，先端圆形，全缘或有浅刺状牙齿，平展或卷曲成皱波状，两面无毛；有柄；茎生叶向上渐小，叶片椭圆形或三角状卵形，先端尖或钝，基部心形，抱茎。头状花序多数，在茎顶排成伞房圆锥状；总苞长 0.8～1cm，宽 3～5mm；总苞片 3～4 层，先端钝，稍肉质，外层苞片卵形披针形，内层苞片长圆状条形；全部由舌状花组成，花黄色。瘦果椭圆状倒卵形，长约 4mm，灰色、肉红色或褐色，微压扁，两面各有纵肋 6～7 条，上部有开展的柔毛，喙细长，与果身等长或稍长；冠毛 2 层，白色，与瘦果近等长。花、果期 7～8 月。
【生长环境】栽培于菜园地或田野。
【产地分布】全省各地有栽培。国内各省区普遍栽培。
【药用部位】果实：莴苣子（白巨胜）；嫩茎：莴苣；叶：莴苣叶。为少用中药和民间药，嫩茎叶、果实药食两用。
【采收加工】夏、秋二季采收成熟果实，除去杂质，晒干。夏季采收嫩茎，除去外皮，并收集叶，鲜用。
【药材性状】果实呈椭圆状倒卵形或长椭圆形，略扁，长 3～5mm，宽 1～2mm。表面灰白色或黄白色，少有棕褐色，具光泽，一端渐尖，另一端钝圆，两面具 6～7 条弧形纵肋，上部有开展的柔毛。质坚实，断面类白色；外皮易搓去，呈纤维状。除去外皮后，内为棕色种仁，富油性。无臭，味微甜。

以颗粒饱满、色灰白、质坚实、味甜者为佳。
【化学成分】地上部分含山莴苣素（lactucin），山莴苣苦素（actupicrin），二氢山莴苣素（11β,13-dihydrolactucin），美洲麦朗菊内酯（melampolide），二羟基二氢木香烯内酯。叶还含甘露糖（manntite），苹果酸，天门冬素，草酸，维生素 A、B、C 及无机元素钙、磷、铁等。全株含挥发油，莨菪碱（痕量）及维生素 A。花含正十六酸，十四酸，6,10,14-三甲基-2-十五烷酮，壬醛，蒽，苯乙醛等 37 种挥发性成分。乳汁含 α- 及 β-山莴苣醇（lactucerol），肌醇，还原糖及苦味素。种子挥发油主成分为正己醇，正己醛，反式-2-辛烯-1-醇和 2-正戊基呋喃等。
【功效主治】莴苣子（白巨胜）微甘，温。通乳，利尿，活血，益肝肾。用于乳汁不通，小便不利，伤损作痛，肾亏遗精，筋骨痿软。莴苣苦，凉。清热解毒，利尿通乳。用于小便不利，乳汁不通，尿血。莴苣叶甘，平。利五脏，通经脉，清热利尿。用于小便不利，尿血，乳汁不通。
【历史】莴苣始载于《食疗本草》。《本草纲目》云："莴苣正二月下种，最宜肥地。叶似白苣而尖，色稍青，折之有白汁粘手。四月抽苔，高三四尺，剥皮生食，味如胡瓜。糟食亦良。江东人盐晒压实，以备方物，谓之莴笋也。"所述形态与植物莴苣相似。
【附注】《中华人民共和国卫生部药品标准》中药材第一册 1992 年版收载。

火绒草

【别名】九头艾（泰山）、香人艾（莒南、沂水、沂源）、老头草。
【学名】Leontopodium leontopodioides (Willd.) Beauv. (Filago leontopodioides Willd.)
【植物形态】多年生草本。根状茎粗壮，分枝短，被枯萎的短叶鞘所包裹。茎多数，簇生，花茎直立，高 5～45cm，较细，挺直或有时稍弯曲，被灰白色长柔毛或白色近绢状毛，不分枝，上部有时具伞房状或近总状花序枝，叶下部较密，上部较疏，节间长 0.5～2cm。叶互生；下部叶在花期枯萎或宿存，叶片条形或条状披针形，长 2～4.5cm，宽 2～5mm，先端尖或稍尖，有长尖头，基部稍宽，边缘平，有时反卷或波状，上面灰绿色，被柔毛，下面被白色或灰白色密绵毛，有时被绢毛；无鞘，无柄。苞叶少数，较上部叶稍短，长圆形或条形，先端稍尖，基部渐狭，两面或仅下面被白色或灰白色厚茸毛，在雄株多少开展成苞叶群；在雌株多少直立，不排列成明显的苞叶群。头状花序大，在雌株直径约 7～10cm，3～7 个密集，稀 1 个或较多，在雌株常有较长的花序梗而排列成伞房状；总苞半球形，长 4～6mm，被白色绵毛；总苞片约 4 层，无色或褐色，常狭尖，稍露出毛茸之上；花单性，雌、雄异株，稀同株。雄花花冠长 3.5mm，狭漏斗状，有小裂片，冠毛有锯齿或毛状齿；雌花花冠丝状，花后伸长，长约 4.5～5mm，冠毛细丝状，有微齿；不育子房无毛或有乳头状突起。瘦果有乳头状突起或密粗毛。花、果期 7～10 月。（图 818）
【生长环境】生于干旱山坡、路旁、草地。
【产地分布】山东境内产于昆嵛山、崂山、牙山、沂山、泰山、徂徕山、蒙山等山地丘陵。在我国除山东外，还分布于新疆、青海、甘肃、陕西、山西、内蒙古、河北、辽宁、吉林、黑龙江等地。
【药用部位】全草：火绒草（老头草）。为民间药。
【采收加工】夏、秋二季花果期采收，除去杂质，晒干。
【化学成分】全草含黄酮类：芹菜素-7-O-β-D-葡萄糖苷，木犀草素-7-O-β-D-葡萄糖苷，木犀草素-3′-O-β-D-葡萄糖苷，山柰酚-3-O-β-D-葡萄糖苷，金圣草素-4′-β-D-葡萄糖苷，甘草苷，木犀草素-4′-O-β-D-吡喃葡萄糖苷，6-羟基-木犀草素-7-O-β-D-吡喃葡萄糖苷，6-羟基-芹菜素-7-O-β-D-吡喃葡萄糖苷，槲皮素-3-O-β-D-吡喃葡萄糖苷；有机酸类：阿魏酸，咖啡酸，香草酸，对羟

图 818 火绒草
1.植株 2.两性花 3.雌性花

基桂皮酸,3,4-二羟基桂皮酸;尚含小檗碱,腺苷,原儿茶醛,豆甾醇,β-谷甾醇,胡萝卜苷等。

【功效主治】微苦,凉。清热凉血,益肾利水。用于水肿,小便不利,血尿,淋浊;外用于黄水疮。

黄瓜菜

【别名】苦荬菜、羽裂苦荬菜、苦菜、败酱草。

【学名】Paraixeris denticulata (Houtt.) Nakai
(Prenanthes denticulata Houtt.)
[Ixeris denticulata (Houtt.) Stebb.]

【植物形态】一年生或二年生草本;植株有白色乳汁。根垂直直伸,生有多数须根。茎直立,单生,高30～80cm,基部直径达8mm,多分枝,常带紫红色。基生叶花期枯萎;叶片卵形、长圆形或披针形,长5～10cm,宽2～4cm,先端急尖,基部渐狭成柄,边缘波状齿裂或羽状分裂,裂片有细锯齿;茎生的叶片倒长卵形、阔椭圆形或披针形,长4～10cm,宽2～4cm,先端锐尖或钝,基部渐狭成短柄或无柄而成耳状抱茎,边缘有疏波状浅齿,稀为全缘,最宽部在中部以上,上面绿色,下面灰绿色,有白粉;最上部叶变小,基部有圆耳而抱茎。头状花序多数,在枝端成伞房状,有细梗;总苞圆筒形,长6～8mm,总苞片2层,外层总苞片甚小,长约1mm,内层苞片条状披针形;由15枚舌状小花组成,花黄色,10～17,长约9mm,先端5齿裂。瘦果纺锤形,有10～11条高起的钝肋,长2.5～3mm,黑褐色;冠毛白色,长3～4mm,脱落。花、果期9～11月。(图819)

图 819 黄瓜菜
1.植株上部 2.果实

【生长环境】生于山坡、林缘、灌丛、田野、路边或宅旁。

【产地分布】山东境内产于各山区。在我国分布于南北各省。

【药用部位】全草:苦荬菜。为民间药,幼苗药食两用。

【采收加工】春至秋季均可采收,洗净,晒干或鲜用。

【药材性状】全草长约50cm,光滑无毛。茎圆柱形,直径1～4mm,多分枝;表面紫红色或青紫色,有纵棱纹。叶皱缩或破碎;完整者展开后呈卵形、长圆形或披针形,长4～9cm,宽2～3cm;先端急尖,基部渐狭或微抱茎,边缘有不规则锯齿;表面黄绿色,无毛。头状花序总苞圆筒形;舌状花黄色。瘦果纺锤形,稍扁;表面黑褐色,有钝肋,冠毛白色。气微,味苦、微酸涩。

以叶花多、色绿、味苦者为佳。

【化学成分】茎叶含亚麻酸,棕榈酸,油酸,维生素C,黄酮类,香豆素及甾醇等。

【功效主治】苦,凉。清热解毒,活血排脓。用于肠痈,痢疾泄泻,痔疮肿痛,痈肿疖疮。

【历史】黄瓜菜始载于《嘉祐本草》,原名苦荬。《救荒本草》云："所在有之，生田野中，人家园圃种者为苦荬。脚叶似白菜，小叶拚茎而生，梢叶似鸦嘴形。每叶间分叉撺莛，如穿叶状。梢间开黄花。"所述形态及附图与现今菊科植物黄瓜菜相似。

【附注】部分产区将全草作败酱草药用。

附：羽裂黄瓜菜

羽裂黄瓜菜 P. pinnatipartita (Makino) Tzvel. [*Ixeris denticulata* (Houtt.) Stebbins f. *pinnatipartita* (Makino) Kitaga]（图820），又名秋苦荬菜，全草含β-谷甾醇，7α-羟基谷甾醇，3α-羟基-11α-氢-愈创木-4(15),10(14)-二烯-12,6α-内酯。与黄瓜菜的主要区别是：茎中下部叶轮廓为椭圆形，羽状浅裂、半裂或深裂。头状花序约有12枚舌状小花。瘦果长约2.8mm，有10条钝纵肋。山东境内产于济南、烟台等山地丘陵。药用同黄瓜菜。

图820 羽裂黄瓜菜
1.植株下部 2.植株上部 3.瘦果

蜂斗菜

【别名】野南瓜、葫芦叶。

【学名】Petasites japonicus (Sieb. et Zucc.) Maxim. (*Nardosmia japonica* Sieb. et Zucc.)

【植物形态】多年生草本。根状茎平卧，有地下匍枝，具卵形膜质鳞片，下方有多数纤维状根。雌、雄异株。雄株花茎在花后高10～30cm，基部直径0.7～1cm，不分枝，被密或疏褐色短柔毛。基生叶具长柄，叶片圆形或肾状圆形，长宽15～30cm，基部深心形，不分裂，边缘有细齿，上面绿色，幼时被卷柔毛，下面被蛛丝状毛，后脱毛，纸质。苞叶长圆形或卵状长圆形，长3～8cm，钝而具平行脉，薄质，紧贴花莛。头状花序多数，在上端密集成密伞房状，有同形小花；总苞筒状，长约6mm，宽7～8(10)mm，基部有披针形苞片；总苞片2层，近等长，狭长圆形，顶端圆钝，无毛；全部小花管状，两性，不结实，花冠白色，长约7mm，管部长约4.5mm；花药基部钝，有宽长圆形的附片；花柱棒状增粗，近上端具小环，顶端锥状二浅裂。雌株花茎高15～20cm，有密苞片，在花后常伸长，高近70cm；密伞房花序状，花后排成总状，稀下部有分枝；头状花序具异形小花；雌花多数，花冠丝状，长6.5mm，顶端斜截形；花柱明显伸出花冠，顶端头状，二浅裂，被乳头状毛。瘦果圆柱形，长3.5mm，无毛；冠毛白色，长约1.2cm，细糙毛状。花期4～5月；果期6月。（图821）

【生长环境】生于山谷林下、湿地、溪流边、草地或灌丛中。有栽培。

【产地分布】山东境内产于徂徕山、崂山、胶南、荣成等地。在我国除山东外，还分布于江西、安徽、江苏、福建、湖北、四川、陕西等地。

【药用部位】根茎及全草：蜂斗菜。为民间药。

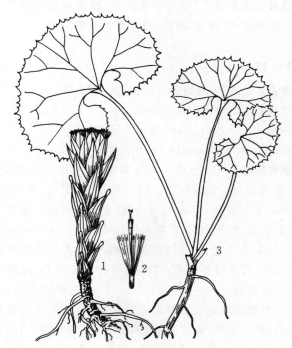

图821 蜂斗菜
1.花茎 2.雌花 3.基生叶

【采收加工】夏季采挖，洗净，晒干或鲜用。

【化学成分】根及根茎含蜂斗菜素（petasin，蜂斗精），蜂斗菜内酯（bakkenolide）B、D，3-蒈烯，佛术烯（eremophilene），α-檀香萜烯（α-santalene），百里香酚甲醚（thymol methylether），呋喃佛术烷（furanoeremophilane），白蜂斗菜素（petasalbin），白蜂斗菜素当归酸酯（albopetasin），白蜂斗菜素甲醚（petasalbin methyl ether），呋喃蜂斗菜醇（furanofukinol），6-乙酰基呋喃蜂斗菜醇，呋喃蜂斗菜单酯（furanojaponin），当归酸（angelic acid），十六烷酸，十六烷酸甘油酯，邻苯二甲酸二丁酯，十六烷酸 1-甘油酯，正三十二醇，6β-angeloyloxy-3β,8β-dihydroxyeremophil-7（11）-en-12，8α-olide，β-谷甾醇，麦角甾醇等。花茎含蜂斗菜螺内酯（fukinolide），二氢蜂斗菜螺内酯（dihydrofukinolide），硫-蜂斗菜螺内酯（S-fukinolide），蜂斗菜次螺内酯（fukinanolide），蜂斗菜醇酯（petasitin），异蜂斗菜酯（isopetasin），蜂斗菜酸（fukinolic acid），山柰酚，槲皮素，咖啡酸，延胡索酸，氨基酸和挥发油。叶含蜂斗菜烯碱（petasitenine），新蜂斗菜烯碱（neopetasitenine），蜂斗菜碱（petasinine），蜂斗菜碱苷（petasinoside），蜂斗菜酸，异蜂斗菜酯，蜂斗菜螺内酯，佛术蜂斗黄酮（eremofukinone），蜂斗菜毒素（fukinotoxin），异蜂斗菜苷（isopetasoside），蜂斗菜酚（petasiphenol），氨基酸和挥发油。

【功效主治】苦，辛，凉。解毒祛痰，消肿止痛。用于乳痈，疮疖肿毒，毒蛇咬伤，跌打损伤，骨折。

日本毛连菜

【别名】毛连菜、沽药草（青岛）、枪刀菜根、补丁菜。

【学名】Picris japonica Thunb.

【植物形态】多年生草本；植株有乳汁。根垂直直伸，有少数侧根。茎直立，高 0.3～1.2m，有纵沟纹，上部多分枝，基部略带紫色，茎枝均被黑色或黑绿色钩状硬毛。叶互生；基生叶和茎下部的叶片长圆状倒披针形或长圆状披针形，长 6～12cm，宽 1.5～3cm，先端钝尖，基部渐狭成带窄翅的叶柄，边缘有细尖齿、钝齿或呈浅波状，两面被带钩状分叉的硬毛；中部的叶片披针形，无柄，微抱茎；上部叶小，条状披针形。头状花序多数，在茎顶排成伞房状，花序梗密被钩状分叉硬毛，有线形苞叶；总苞筒状钟形，长 0.8～1.2cm，宽约 1cm；总苞片 3 层，黑绿色，先端渐尖，背面被硬毛和短柔毛；外层苞片短，线形；内层苞片较长，长圆状披针形；全部由舌状花组成，花黄色，长约 1.2cm，舌片基部疏生柔毛。瘦果椭圆形，长 3.5～4.5mm，微弯曲，红褐色，有纵棱及横皱纹，无喙；冠毛 2 层，污白色，长达 7mm。花、果期 7～10 月。（图 822）

【生长环境】生于山坡、山谷或路旁。

图 822　日本毛连菜
1.植株基部 2.植株上部 3.舌状花 4.瘦果及冠毛

【产地分布】山东境内产于各大山地丘陵。在我国分布于华北、华东、华中、西北、西南等地区。

【药用部位】全草：毛连菜（枪刀菜）；花序：毛连菜花；根：毛连菜根（枪刀菜根）。为民间药。

【采收加工】夏季花开时采收全草或花序，晒干。秋季采根，洗净，晒干或鲜用。

【功效主治】毛连菜（枪刀菜）。泻火，解毒，祛瘀止痛。用于无名肿毒，发烧。毛连菜花苦、咸，微温。宣肺止咳，化痰平喘。毛连菜根（枪刀菜根）利小便。用于腹部胀满；外用于跌打损伤。

多裂翅果菊

【别名】翅果菊、山莴苣、苦芥菜、苦马地丁。

【学名】Pterocypsela laciniata (Houtt.) Shih（Lactuca indica L.）

【植物形态】一年生或二年生草本；植株有乳汁。根垂直直伸，生有多数须根。茎直立，单生，高 1～1.5m，上部有分枝，无毛。叶互生；叶形变化大，全部叶有狭窄膜片状长毛；下部叶花期枯萎；中部的叶片披针形、长椭圆形或条状披针形，长 10～30cm，宽 1.5～8cm，一至二回羽状深裂，两面无毛或下面主脉上疏生长毛，带白粉；无柄，基部抱茎；最上部的叶变小，叶片披针形至条形。头状花序多数，在枝端排列成狭圆锥状；总苞近圆筒形,长1.3～1.5cm,宽约9mm;总苞片4层,先端钝或尖,常带红紫色,外层苞片宽卵形,内层苞片长圆状披针形,边缘膜质;头状花序由25枚舌状花组成,花淡黄色。瘦果宽椭圆形,黑色,压扁,边缘具宽翅,内弯,每面仅有1条纵肋;喙短而明显,长约1mm;冠毛2层,白色,长约8mm。花、果期7～9月。(图823)

图823 多裂翅果菊
1.植株 2.茎生叶 3.花枝一部分 4.花序下苞叶
5.舌状花 6.瘦果及冠毛

【生长环境】生于山坡、田间、荒地或路旁。
【产地分布】山东境内产于各山地丘陵。在我国分布于除西北之外的各地区。
【药用部位】根及全草:山莴苣。为民间药,幼苗药食两用。
【采收加工】夏季采收全草,秋季挖根,洗净,晒干或鲜用。
【药材性状】根圆锥形,长5～15cm,直径0.7～1.7cm。表面灰黄色或灰褐色,具细纵皱纹及横向点状须根痕。根头部有多数芽或芽痕,形成圆盘状。质坚实,折断面近平坦,隐约可见不规则环状纹理,有时具放射状裂隙。气微,味微甜而后苦。
【化学成分】全草含木犀草素,槲皮素,槲皮素-3-O-葡萄糖苷,芹菜素,芹菜素-7-O-葡萄糖苷,芹菜素-7-O-葡萄糖醛酸苷,α-及β-香树脂醇,齐墩果酸,羽扇豆醇,蒲公英甾醇,伪蒲公英甾醇(pseudotaraxasterol),计曼尼醇(germanicol),β-谷甾醇,胡萝卜苷,菜油甾醇,豆甾醇,对羟甲基苯甲酸,正二十六醇等。根含山莴苣素等。
【功效主治】苦,寒;有小毒。清热凉血,消肿解毒。用于肠痈,咽痛,外阴瘙痒,崩漏,产后瘀血作痛,乳痈,疖肿,痔疮。
【历史】翅果菊始载于《救荒本草》,名山莴苣,曰:"生辉县山野间,苗叶塌地生。叶似莴苣叶而小,又似苦苣叶而却宽大;叶脚花叉颇少,叶头微尖,边有细锯齿;叶间撺葶开淡黄花。苗叶味微苦。"所述形态及附图与翅果菊相似。

附:毛脉翅果菊

毛脉翅果菊 P. raddeana (Maxim.) Shih (Lactuca raddeana Maxim.),又名毛脉山莴苣,与多裂翅果菊的主要区别是:茎生叶不抱茎,大头羽状多裂深裂;全部叶两面沿叶脉有长柔毛。瘦果每面有3条高起的细脉纹。产于蒙山及胶东各山地丘陵。药用同翅果菊。

华北鸦葱

【别名】笔管草、板凳腿(烟台)、老鸦葱。
【学名】Scorzonera albicaulis Bge.
【植物形态】多年生草本;植株有乳汁。根肥厚。茎直立,高40～60cm,中空,有沟纹,密被蛛丝状毛,后脱落几无毛;基部有少数残存叶鞘。基生叶与茎生叶同形;叶片线形、宽线形或线状长椭圆形,长10～30cm,宽0.8～1.5cm,先端渐尖,基部渐狭成有翅的长柄,全缘,极少有浅波状微齿,3～5脉,无毛或疏被蛛丝状毛;茎生叶基部稍扩大,抱茎。头状花序在茎顶和侧生总花梗顶端,排成伞房状;总苞圆柱状,长2.5～4.5cm,直径1～1.2cm;总苞片多层,有蛛丝状毛或无毛;外层苞片三角状卵形,很小;中层苞片倒卵形;内层苞片条状披针形;全部由舌状花组成,花冠黄色,干后红紫色,长2～3.5cm,舌片先端有5齿。瘦果圆柱形,长2.5cm,上部渐狭,有多条纵肋;冠毛羽毛状,污黄色,长约2cm,其中3～5条超长,长达2.4cm,基部连合成环状。花期5～7月;果期6～8月。(图824)

【生长环境】生于道旁、荒地或低山坡。
【产地分布】产于济南、泰山、沂山、崂山、艾山、荣成等地。在我国除山东外,还分布于东北地区及内蒙古、河北、山西、陕西、浙江、甘肃、四川、江苏、安徽等地。
【药用部位】根:仙茅根。为民间药,幼苗药食两用。
【采收加工】秋季采收,除去茎叶,洗净,晒干或鲜用。
【化学成分】根含倍半萜内酯类:1β-羟基桉烷-4(15)-烯-5α,6β,7α,11β-氢-12,6α-内酯,leucodin, dihydroestafiatol, austricin, 1β-hydroxycolartin, scorzoside, ixerisoside D, 14-isovaleroxy scorzoaustricin;挥发油:主成分为正十五烷酸和亚油酸;还含表木栓醇(epifriedelanol),β-谷甾醇,对羟基苯甲酸等。茎叶挥发油

图 824 华北鸦葱
1.植株基部 2.植株上部 3.舌状花 4.瘦果及冠毛

主成分为正十六烷酸,亚麻酸乙酯和亚油酸。**花挥发油**主成分为邻苯二甲酸二甲酯和正十七烷酸。

【功效主治】甘,温。祛风除湿,理气活血,清热解毒。用于外感风寒,发热头痛,年久哮喘,风湿痹痛,倒经,乳痈,疔疮,缠腰火丹,骨节痛。

鸦葱

【别名】罗罗葱。

【学名】Scorzonera austriaca Willd.
（S. ruprechtiana Lipsch. et Krasch. ex Lipsch.）
（S. glabra Rupr.）

【植物形态】多年生草本;植株有乳汁。根粗壮,圆柱形,垂直直伸。茎多数,簇生,不分枝,直立,高 10～30cm,光滑无毛;基部残存叶鞘稠密而厚实,纤维状,黑褐色。叶基生;叶片较狭窄,线形、线状长椭圆形至长椭圆状卵形,先端常渐尖,基部渐狭成有翅的叶柄,长 20～30cm,宽 1.2～3.5cm,无毛,边缘平展或稍呈波状皱曲;茎生叶 2～3,下部叶片宽披针形,上部叶成鳞片状,表面灰绿色。头状花序,单生枝顶,长 3.5～4cm;总苞阔圆筒形,宽 1.2～1.5cm,长 2～3cm;总苞片 5 层,外层苞片阔卵形,无毛,内层苞片长椭圆形;全部由舌状花组成,花冠黄色,干后紫红色,长 2～3cm。瘦果圆柱形,长 1.2～1.5cm,稍弯曲,黄褐色,无毛或仅顶端被疏柔毛,有纵肋;冠毛污白色,羽毛状。花、果期 5～7 月。(图 825)

【生长环境】生于山坡、草地或路旁。

【产地分布】山东境内产于各山地丘陵及鲁西北地区。在我国除山东外,还分布于东北、华北地区。

【药用部位】根:鸦葱。为民间药,幼苗药食两用。

【采收加工】秋季采收,除去茎叶,洗净,晒干或鲜用。

【药材性状】根长圆柱形,长 20cm 以上,直径 0.6～1cm。表面棕黑色,上部有密集的横皱纹,全体具多数瘤状突起。根头部残留众多棕色毛须(叶基纤维束和维管束)。质较疏松,断面黄白色,有放射状裂隙。气微,味微苦、涩。

以根粗长、色棕、味浓者为佳。

图 825 鸦葱
(仿《中国植物志》图)

【化学成分】根含倍半萜类:3β-羟基-1α,4α,5α,7α,11βH-10(14)-烯-12,6α-愈创木内酯,3β-羟基-13α-(四氢呋喃-2-酮-5-亚甲氧基)-1α,5α,7α,11βH-4(15),10(14)-二烯-12,6α-愈创木内酯,1-[8β-羟基-3-羧基-1α,5α,7α,10α,11βH-12,6α-愈创木内酯-4(15)-烯基]-2-[3-羧基-1α,5α,7α,11βH-10(14)-烯-12,6α-愈创木内酯-15-基]-乙烷,7α-羟基-2-羧基-10α-乙酰氧基-14-异戊酰氧基-8α,11βH-1(5),3(4)-二烯-12,9α-伪愈创木内酯,愈创木内酯二聚体,降碳伪愈创木内酯,3β-氧代-β-D-葡萄糖基-13-(四氢呋喃-2-酮-5-亚甲胺基)-1α,5α,7α,11βH-4(15),10(14)-二烯-12,6α-愈创木内酯,3-O-β-D-葡萄糖基-1α,5α,7αH-4(15),10(14),11(13)-三烯-12,6α-愈创木内酯,(E,E)-3β-氧代-β-D-吡喃葡萄糖基-9α-羟基-7α,11βH-1(10),4(5)-二烯-12,6α-吉马内酯等;还含3β-乙酰基环尔廷烷,3-甲氧基-4-羟基-1-氧代-β-D-吡喃葡萄糖苯(tachioside),3-羟基-4,5-二甲氧基-1-氧代-β-D-吡喃葡萄糖苯(ficuglucoside),2,6-二羟基-3-甲基苯丁醚,半乳糖醇,甘油,蔗糖,菊糖,胆碱,β-谷甾醇,β-胡萝卜苷等。叶含镍、铬、钴、钙、镁、铁等。全草含3-O-β-D-吡喃葡萄糖基-3-羟基-1α,5α,7αH-4(15),10(14),11(13)-三烯-12,6α-愈创木内酯,5,7,3′,4′-四羟基黄酮-8-C-β-D-葡萄糖碳苷,5,7,3′,4′-四羟基黄酮-6-C-β-D-葡萄糖碳苷,5,7,4′-三羟基黄酮-6-C-[β-D-木糖-(1→2)]-β-D-葡萄糖碳苷。

【功效主治】微苦、涩,凉。清热解毒,通乳。用于五痨七伤,疔疮痈肿,毒蛇咬伤,蚊虫叮咬,乳痈。

【历史】鸦葱始载于《救荒本草》,云:"鸦葱,生田野中。枝叶尖长,塌地而生,叶似初生蜀秫叶而小,又似初生大蓝叶细窄而尖,其叶边皆曲皱,叶中撺葶,吐结小菁葖,后出白英。"所述形态及附图与菊科鸦葱属植物相似。

蒙古鸦葱

【别名】羊奶子、兔儿苗、面条菜。

【学名】Scorzonera mongolica Maxim.

【植物形态】多年生草本;植株有乳汁。根圆柱形,垂直直伸,黄褐色。茎多数,平卧或匍匐上升,高5~20cm,上部分枝,有纵条棱,灰绿色,无毛。叶基生;叶片长椭圆形、长椭圆状披针形或线状披针形,长2~10cm,宽0.2~1cm,先端锐尖或渐尖,肉质,有不明显3~5脉;叶柄基部扩大成鞘状;茎生叶互生,有时对生;叶片条状披针形;无柄。头状花序1至数个,单生茎端或分枝顶端,或成聚伞花序状排列;总苞狭圆筒形;总苞片无毛或稍有毛,外层三角状卵形,内层长椭圆形或条状长椭圆形;头状花序全部由舌状花组成,花冠黄色,干后带红色。瘦果长5~7mm,黄褐色,有纵肋,顶端被疏长柔毛,无喙;冠毛羽状,白色。花期5~6月;果期6~7月。(图826)

【生长环境】生于盐碱地、盐化低地、山坡河谷或河滩地。

【产地分布】山东境内产于胶东沿海(牟平,青岛)及黄河三角洲等地。在我国除山东外,还分布于辽宁、河北、河南、山西、青海、甘肃等地。

【药用部位】根:蒙古鸦葱。为民间药,幼苗药食两用。

【采收加工】秋季采挖,除去茎叶,洗净,晒干或鲜用。

【化学成分】全草含三萜类:羽扇豆醇,白桦脂醇,白桦脂酸,乙酰羽扇豆醇,23Z-3β-acetoxyeupha-7,23-diene-

图826 蒙古鸦葱
1. 植株 2. 瘦果及冠毛

25-ol, dammar-20-ene-3β-ol, 24-methylene-acetate, 3β-齐敦果烷乙酸酯,蒲公英甾醇,蒲公英甾醇乙酸酯,伪蒲公英甾醇,伪蒲公英甾醇乙酸酯,3α-乙酰香树脂醇,达玛-24-烯-3β-十四酰氧基-20S-醇,丁酰鲸鱼酸乙酸酯(3β-tetradecanoate, butyrospermol acetate), multiflorenyl acetate, 3β-十四酰桑二醇(3β-teradecanoyloxy-28-hydroxyl-olean-18-ene), 3β-十二酰桑二醇, 3β-十四酰高根二醇(3β-teradecanoyloxy-28-hydroxyl-olean-12-ene), 3β-十二酰高根二醇等;甾醇类:β-谷甾醇,胆甾醇, 5α,8α-环二氧-24-甲基胆甾-6,22-二烯-3β-醇;氨基酸:半胱氨酸,天冬氨酸,精氨酸,谷氨酸,亮氨酸等;挥发油:主成分为三十一烷和何帕-22(29)-烯-3β-醇;还含脱氢木香内酯,硬脂酸-1-甘油单酯,1-亚油酸甘油酯,硬脂酸,软脂酸,毛地黄黄酮-5,3′-二甲酯,邻苯二甲酸二异丁酯,邻苯二甲酸二正丁酯及无机元素钾、铝、铈、钙、锰、铁、锌、铜等。

【功效主治】微苦,凉。清热解毒,利尿,通乳。用于痈肿疔疮,乳痈,尿浊,淋证,带下。藏医用于骨折及牙齿肿痛。

桃叶鸦葱

【别名】鸦葱、兔儿奶(海阳、牙山、烟台)、张牙子(昆嵛山)、乌鸦嘴(苍山)、琉璃嘴(长清、淄博)。

【学名】Scorzonera sinensis Lipsch. et Krasch. ex Lipsch.

【植物形态】多年生草本;植株有乳汁。根粗壮,垂直直伸,直径达1.5cm。茎单生或3~4个簇生,无毛,有白粉；基部被纤维状稠密而厚实的叶鞘残基，呈撕裂状。基生叶叶片宽卵形、宽披针形或线状披针形，长5～15cm，无毛，有白粉，边缘深皱状弯曲，先端钝或渐尖，基部渐狭成有翅的叶柄，基部宽鞘状抱茎；茎生叶小，鳞片状，近无柄，半抱茎。头状花序，单生茎顶；长2～3.5cm；总苞筒形，长2～3cm，宽0.8～1.3cm；总苞片3～4层，先端钝，边缘膜质，外层苞片宽卵形或三角形，极短，最内层苞片披针形；全部由舌状花组成，花冠黄色，外面玫瑰色，长2～3cm。瘦果圆柱形，长1.2～1.4cm，暗黄色，微弯，无毛，无喙，有纵沟；冠毛白色，长约1.5cm，羽毛状。花、果期4～6月。（图827）

图827 桃叶鸦葱
1.植株 2.舌状花

【生长环境】生于山坡、草地、路旁或林下灌丛中。
【产地分布】山东境内产于济南、胶南、泰山、徂徕山、沂山等地。在我国除山东外，还分布于东北地区及河北、山西、内蒙古等地。
【药用部位】根：鸦葱。为民间药，幼苗药食两用。
【采收加工】秋季采收，除去茎叶，洗净，晒干或鲜用。
【药材性状】根长圆柱形，长10～20cm，直径约1cm。表面土黄色或黄棕色，粗糙或较平滑，有环纹及疙瘩状突起，栓皮易呈片状翘起或脱落。根头部有灰绿色叶柄或棕色纤维状叶鞘残基，有的根颈部略收缩变细。体轻，质脆，易折断，断面不平坦，皮部棕色，疏松，有环状裂隙或呈剥落状，木部浅黄色。气特异，味淡。
【功效主治】辛，凉。祛风除湿，理气活血，清热解毒，通乳。用于风热外感，咽喉肿痛，疔疮痈疽，毒蛇咬伤，蚊虫叮咬，乳痈。

林荫千里光

【别名】黄菀、千里光。
【学名】Senecio nemorensis L.
【植物形态】多年生草本。根状茎短，斜歪。茎单一或丛生，高0.4～1m，近无毛。基生叶及茎下部叶花期枯萎；茎中部叶互生；叶片卵状披针形或长圆披针形，长5～15cm，宽1～3cm，边缘有细锯齿，两面被疏毛或近无毛，近无柄而半抱茎；上部的叶片条状披针形至条形。头状花序多数，排成复伞房状；花序梗细长，被短柔毛，有条形苞片；总苞近柱状，长6～7mm，基部外层有数枚小苞片；总苞片1层，约10～12片，条状长圆形，先端三角形，背面有短柔毛，边缘膜质；舌状花5个，黄色，舌片条形；管状花多数。瘦果，圆柱形，有纵沟，无毛；冠毛白色，不等长。花、果期7～8月。（图828）

图828 林荫千里光
1.植株上部 2.管状花 3.舌状花

【生长环境】生于林下阴湿地、山谷、路旁或草甸上。
【产地分布】山东境内产于各山区丘陵。在我国除山东外，还分布于北部、中部和东部地区。
【药用部位】全草：黄菀。为民间药。
【采收加工】夏季采收，洗净，晒干或鲜用。
【化学成分】全草及地上部分含大叶千里光碱，瓶千里光碱（sarracine），洋蓟素（cynarin），绿原酸，环氧四氢高-21-去甲千里光二酮（nemorensine），金合欢烯，甜没药烯，呋喃橐吾烯酮（furanoligularenone），3-氧代-8α-

佛术-1,7-二烯-8,12-内酯(3-oxo-8α-eremophila-1,7-dien-8,12-olide),1β,6α-二羟基-4α(15)环氧基桉烷,1β,6α-二羟基-5αH-桉烷-4(15)-烯,1β,5α-二羟基桉烷-4(15)-烯,8α-羟基-6β-异丁酰氧基-艾里莫芬-7(11),1(10)-二烯-12,8β-内酯,11-羟基-1β-甲氧基-8-氧代艾里莫芬-6,9-二烯-12-羧酸甲基酯,丁香酸,3-乙酰基-4-羟基苯甲酸,4,4-二甲基-1,7-庚二酸,咖啡酸乙酯,对-甲氧基桂皮酸葡萄糖酯,(1S,6R)-abscisic acid,烟酰胺(niacinamide),香草醛,丁香醛,3-醛基吲哚,annuionone D,β-谷甾醇,类胡萝卜素(carotenoid),C_{22-32}石蜡等。叶含芦丁,槲皮素,延胡索酸,没食子酚,焦性儿茶酚,卫矛醇,马栗树皮素等。根含倍半萜:8α-羟基-6β-异丁酰氧基-1-氧代艾里莫芬-7(11),9-二烯-12,8β-内酯〔(8α-hydroxy-6β-isobutanoyloxy-1-oxoeremophila-7(11),9-dieno-12,8β-lactone〕,6β,8β-二甲氧基-1-氧代艾里莫芬-7(11),9-二烯-12,8α-内酯,10α-羟基-6β-异丁酰氧基-1-氧代艾里莫芬-7(11),8-二烯-12,8-内酯,10α-羟基-6β-丙酰氧基-1-氧代艾里莫芬-7(11)8-二烯-12,8-内酯及β-谷甾醇。

【功效主治】苦,辛,凉。清热解毒。用于热痢,胁痛,目赤红痛,痈疖肿痛。

豨莶

【别名】豨莶草、棉黍棵、黏胡菜。
【学名】Siegesbeckia orientalis L.
【植物形态】一年生草本。茎直立,高 0.3～1m,分枝斜升,上部的分枝常成复二歧分枝,全部分枝被灰白色短柔毛。基部叶花期枯萎;中部叶对生;叶片三角状卵圆形或卵状披针形,长 4～10cm,宽 2～7cm,先端渐尖,基部阔楔形,下延成有翼的柄,边缘具规则的浅裂或粗齿,纸质,上面绿色,下面淡绿,有腺点,两面有毛,基出三脉,侧脉及网脉明显;上部叶渐小,叶片卵状长圆形,边缘浅彼状或全缘;近无柄。头状花序直径 1.5～2cm,多数聚生于枝端,排列成有叶的圆锥花序状;花梗长 1.5～4cm,密生短柔毛;总苞阔钟状;总苞片 2 层,叶质,背面被紫色具柄的头状腺毛,外层苞片 5～6,条状匙形或匙形,开展,长 0.8～1.1cm,宽约 1.2mm,内层苞片卵状圆形;外层托片长圆形,内弯,内层托片倒卵状长圆形;花黄色;雌花花冠的管部长 0.7mm;两性管状花上部钟状,上端有 4～5 个卵圆形裂片。瘦果倒卵圆形,有 4 棱,顶端有灰褐色环状突起,长 3～3.5mm,宽 1～1.5mm。花期 4～9 月;果期 6～11 月。(图 829)

【生长环境】生于路边、村旁或林缘。
【产地分布】山东境内产于各山地丘陵。在我国除山东外,还分布于陕西、甘肃、江苏、浙江、安徽、江西、湖

图 829 豨莶

南、四川、贵州、福建、广西、云南、海南、台湾等地。
【药用部位】全草:豨莶草。为常用中药。
【采收加工】夏、秋二季花开前或花期割取地上部分,除去杂质,晒干。
【药材性状】茎圆柱形,长 30～80cm,直径 0.3～1cm;表面灰绿色、黄棕色或紫棕色,有纵沟和细纵纹,枝对生,节略膨大,密被白色短柔毛;质轻脆,易折断,断面黄白色或带绿色,髓部宽广,中空。叶对生,多皱缩或破碎;完整叶片展开后呈三角状卵圆形或卵状披针形,长 4～9cm,宽 2～6cm;先端钝尖,基部宽楔形,下延成翅柄,边缘有不规则浅裂或粗齿;表面深绿色或绿色,两面被毛,下表面有腺点。茎顶或叶腋可见黄色头状花序。气微,味微苦。

以质嫩、叶多、色深绿者为佳。
【化学成分】茎含 9β-羟基-8β-异丁酰氧基木香烯内酯(9β-hydroxy-8β-isobutyryloxy costunolide),9β-羟基-8β-异丁烯酰氧基木香烯内酯(9β-hydroxy-8β-methacryloyloxy costunolide),8β-异丁酰氧基-14-醛基-木香烯内酯(8β-isobutyryloxy-14-al-costunolide),8β-异丁酰氧基-1β,10α-环氧木香烯内酯(8β-isobutyryloxy-1β,10α-epoxycostunolide),15-羟基-9α-乙酰氧基-8β-异丁酰氧基-14-氧代-买兰坡草内酯(15-hydroxy-9α-acetoxy-8β-isobutyryloxy-14-oxo-melampolide),19-乙酰氧基-12-

氧代-10,11-二氢牻牛儿基橙花醇(19-acetoxy-12-oxo-10,11-dihydrogeranylnerol),2β,15,16-三羟基对映-8(14)-海松烯[2β,15,16-trihydroxyentpimar-8(14)-ene],奇任醇(kirenol),β-谷甾醇,氯化钾等。

【功效主治】辛、苦,寒。祛风湿,利骨节,解毒。用于风湿痹痛,筋骨无力,腰膝酸软,四肢麻痹,半身不遂,风疹湿疮。

【历史】豨莶草始载于《新修本草》,谓:"叶似酸浆而狭长,花黄白色。一名火莶,田野皆识之。"并又列"猪膏莓"条。《蜀本草》曰:"叶似苍耳,两枝相对,茎叶俱有毛,黄白色,五月、六月采苗,日干之。"《本草纲目》认为豨莶、猪膏莓为一物,猪膏莓又名猪膏草,将其并为一条,云:"猪膏草素茎有直棱,兼有斑点,叶似苍耳而微长,似地菘而稍薄,对节而生,茎叶皆有细毛。肥壤一株分枝数十。八九月开小花,深黄色,中有长子如同蒿子,外萼有细刺粘人。"所述形态及附图均与豨莶及其同属植物相似。

【附注】《中国药典》2010年版收载。

腺梗豨莶

【别名】黏苍狼、豨莶草、毛豨莶。

【学名】Siegesbeckia pubescens Makino

【植物形态】一年生草本。茎直立,粗壮,高30~90cm,上部多分枝,分枝非二歧状,被开展的灰白色长柔毛和糙毛。叶对生;基部的叶片卵状披针形,花期枯萎;中部的叶片卵圆形或卵形,开展,长3.5~12cm,宽1.8~6cm,基部宽楔形,下延成有翼而长1~3cm的柄,先端渐尖,边缘有尖头状规则或不规则的粗齿;上部叶渐小,叶片披针形或卵状披针形;全部叶上面深绿色,下面淡绿色,基出3脉,侧脉和网脉明显,两面被平伏短柔毛,沿脉有长柔毛。头状花序直径1.8~2.2cm,多数生于枝端,排列成松散的圆锥花序;花梗较长,密生紫褐色头状具柄腺毛和长柔毛;总苞宽钟状;总苞片2层,叶质,背面密生紫褐色头状具柄腺毛,外层条状匙形或宽条形,长0.7~1.4cm,内层卵状长圆形,长3.5mm;舌状花花冠管部长约1mm;舌片先端2~3齿裂,有时5齿裂;两性管状花长约2.5mm,冠檐钟状,先端4~5裂。瘦果倒卵圆形,4棱,顶端有灰褐色环状突起。花期5~8月;果期6~10月。(图830)

【生长环境】生于山坡、路旁或林缘。

【产地分布】山东境内产于各山地丘陵。广布全国各地。

【药用部位】全草:豨莶草。为常用中药。

【采收加工】夏、秋二季花开前或花期采割地上部分,除去杂质,晒干。

【药材性状】茎圆柱形,长30~80cm,直径0.3~1cm;

图830 腺梗豨莶
1.植株上部 2.头状花序

表面灰绿色或紫棕色,上部被紫褐色头状具柄腺毛及白色长柔毛。叶对生,皱缩或破碎;完整者展平后呈卵圆形至卵状披针形,长4~11cm,宽2~5cm;表面绿色或深绿色,两面均被柔毛,下面有腺点;3基出叶脉。头状花序,花序梗被白色长柔毛及紫褐色头状腺毛;总苞片2层,被紫褐色头状具柄腺毛;残存花黄色,舌状花1层,雌性;筒状花两性。瘦果倒卵形,长2~3mm,具四棱,稍弯曲,黑色;无冠毛。气微,味微苦。

以质嫩、叶多、色深绿者为佳。

【化学成分】全草含萜类:腺梗豨莶苷(siegesbeckioside),腺梗豨莶醇(siegesbeckiol),腺梗豨莶酸(siegesbeckic acid),对映-16β,17,18-贝壳松三醇(entkauran-16β,17,18-triol),对映-16β,17-二羟基-19-贝壳松酸(ent-16β,17-dihydroxykauran-19-oic acid),大花沼兰酸(grandifloric acid),奇任醇,12-羟基奇任醇,2-酮基-16-乙酰基奇任醇,15,16-异亚丙基-豨莶苷(15,16-isopropyllidene darutoside),豨莶苷,16αH-16,19-贝壳松二酸(16αH-16,19-kaurandioic acid),对映-16αH,17,18-二羟基-贝壳杉烷-19-羧酸,对映-17-羟基贝壳杉烷-19-羧酸,对映-16β,17,18-三羟基-贝壳杉-19-羧酸,对映-16β,17-二羟基-贝壳杉-19-羧酸,豨莶精醇(darutigenol),豨莶酸(siegesbeckic acid),莶酯酸(siegesesteric acid),豨莶醚酸(siegesetheric acid),豨莶酮,1β,6α-二

羟基-4(14)-桉烷烯,4β-羟基-伪愈创木烷-11(13)-烯-12,8β-内酯,[1(10)E,4Z]-8β-甲基丙烯酰基-6α,15-二羟基-9α-乙氧基-14-醛基-吉马烷-1(10),4,11(13)-三烯-12,6α-内酯,ent-3α,7β,15,16-四羟基海松烷-8(14)-二烯,ent-15,16-异丙叉氧基-3α-羟基海松烷-8(14)-烯,熊果酸,2β,19α-二羟基乌苏酸等;黄酮类:槲皮素,3,4′-二甲氧基槲皮素,3,3′,4′-三甲氧基槲皮素,3,3′-二甲氧基槲皮素,荭草素(orientin),7,3′,4′-三甲氧基木犀草素,3′,5′,β-三羟基-3,4,4′,α-四甲氧基查儿酮(3′,5′,β-trihydroxy-3,4,4′,α-tetramethoxy-chalcone)等;甾醇类:过氧化麦角固醇(ergosterol peroxide),豆甾-4烯-3酮,豆甾-3-O-β-D-葡萄糖苷,豆甾醇,豆甾醇-7-酮,β-谷甾醇,胡萝卜苷等;有机酸及酯类:阿魏酸,琥珀酸,6-羟基-2-萘甲酸,3,4,5-三甲氧基苯甲酸,β-香豆酸,甘四碳酸,2E,4E-脱落酸,3,6-二羟基十七烷酸-对羟基苯丙酯,邻苯二甲酸二辛酯,棕榈酸单甘油酯,甘四碳酸辛酯等;挥发油:主成分为1,2,3,4a,5,6,8a-八氢-7-甲基-4-亚甲基-1-(1-甲基乙基)-(1α,4aα,8aα)-萘等;含氮化合物:尿嘧啶,5-aminopyrazin-2(1H)-one-N-β-ribiside,N-(N-苯甲酰基-L-苯丙胺酰基)-O-乙酰基-L-苯丙氨醇,2-氨基-3(3-羟基-2-甲氧苯基)-1-丙醇,还含丁香醛,二香草基四氢呋喃,3,3′-双(3,4-二氢化-6-甲氧基2H-1-苯并呋喃)[3,3-bis(3,4-dihydro-6-methoxy-2H-1-benzopyran)],D-甘露醇等。

【功效主治】辛,苦,寒。祛风湿,利骨节,解毒。用于风湿痹痛,筋骨无力,腰膝酸软,四肢麻痹,半身不遂,风疹湿疮。

【历史】见豨莶草。

【附注】《中国药典》2010年版收载。

长裂苦苣菜

【别名】苣苣芽(德州)、苦菜、野苦菜、败酱草、苣荬菜。

【学名】Sonchus brachyotus DC.

【植物形态】多年生草本;植株有白色乳汁。根状茎细长,白色,有多数须根。茎直立,高0.5~1m,有纵棱,无毛,下部常带紫红色,通常不分枝。基生叶和茎下部的叶片卵形、长椭圆形或倒披针形,灰绿色,长10~20cm,宽2~11cm,先端钝或锐尖,基部渐狭成柄,羽状深裂、半裂或浅裂,侧裂片3~5对或奇数,呈披针形、长披针形或长三角状披针形;茎生叶互生,无柄,基部耳状抱茎,两面无毛。头状花序少数,在茎顶成伞房状,直径约2.5cm;总花梗密被蛛丝状毛或无毛;总苞钟状,长1.5~2cm,宽1~1.5cm;总苞片3~4层,外面光滑无毛,外层苞片椭圆形,较短,内层较长,披针形;全部由舌状花组成,花黄色,80余朵。瘦果长椭圆形,长约3mm,褐色,稍扁,两面各有5条高起的纵肋,肋间有横皱纹;冠毛白色,长约1.2cm。花、果期6~9月。(图831)

图831 长裂苦苣菜
1.植株上部 2.舌状花 3.瘦果及冠毛

【生长环境】生于田边或路旁湿地。

【产地分布】山东境内产于济南、鲁西北及沿海各地。在我国除山东外,还分布于南北各省。

【药用部位】全草:苣荬菜。为民间药,幼苗药食两用。

【采收加工】春、夏二季花开前采挖,洗净,晒干。

【药材性状】全草皱缩成团。根茎圆柱形,下部渐细,有须根;表面淡黄棕色,顶端有基生叶迹或茎。茎细长圆柱形,光滑或微被毛。叶皱缩或破碎;完整者展平后呈卵形、长圆状披针形或倒披针形,长10~18cm,宽2~4.5cm;先端钝或锐尖,基部渐狭,边缘有锯齿或缺刻;上表面深绿色,下表面灰绿色,两面无毛。偶见头状花序。质脆易碎。气微,味淡、微咸。

以叶多、色绿、无花者为佳。

【化学成分】全草含黄酮类:芹菜素,木犀草素,槲皮素;挥发油:主成分为6,10,14-三甲基-十五烷-2-酮和十六烷酸;还含胆碱,酒石酸(tartaric acid),β-谷甾醇及钙、磷等。花序挥发油主成分为苯并噻唑和苯丙醇,少量2,4-已二烯醛,2-苯乙醇,邻苯二甲酸-二(2-乙基)己酯等。

【功效主治】苦,寒。清热解毒,消肿排脓。用于痢疾泄泻,咽痛,痔疮,白带,产后瘀血,腹痛,肠痈,疮疖。

【附注】本种在"Flora of China"20-21:204.2011.的中文名为长裂苦苣菜,本志将其作为正名。

附:苣荬菜

苣荬菜 Sonchus arvensis L. 与本种的主要区别是:叶羽状分裂,侧裂片卵形、偏斜卵形、偏斜三角形、椭圆形或耳形,裂片边缘有小锯齿或无锯齿而有小尖头;总苞片外面沿中脉有1行头状具柄的腺毛;瘦果每个面有5条细纵肋,肋间有细横纹。分布于鲁西北及沿海各地区。《中国药典》2010年版附录收载,作为北败酱。全草含黄酮类:芹菜素,芹菜素-7-O-β-D-葡萄糖苷,木犀草素,木犀草素-7-O-β-D-葡萄糖苷,槲皮素,槲皮素-3-O-β-D-葡萄糖苷,芦丁;三萜及倍半萜类:无羁萜,蒲公英甾醇乙酸酯,β-香树脂酮,降香萜醇乙酸酯,齐墩果烷,chiratenol acetate,β-香树脂醇乙酸酯,α-香树脂醇乙酸酯,熊果酸,1β-羟基-15-O-对羟基苯乙酰氧基-5α,6βH-桉烷-3-烯-12,6α-内酯,1β-羟基-5α,6βH-桉烷-4-烯-12,6α-内酯,macrocliniside A,等;甾醇类:豆甾醇,豆甾醇-O-β-D-葡萄糖苷,豆甾-5-烯-3β,7α-二醇,豆甾-5,22-二烯-3β,7α-二醇,豆甾-5,22-二烯-3β,5α,6β-三醇,豆甾-6β-羟基-4,22-二烯-3-酮,麦角甾-6,22-二烯-3β,5α,8α-三醇,β-谷甾醇,胡萝卜苷;香豆素类:异东莨菪内酯,七叶内酯,秦皮乙素;有机酸类:咖啡酸,对羟基苯甲酸,棕榈酸,1,3,4,5-四对羟基苯乙酰氧基奎尼酸,3,4,5-三对羟基苯乙酰氧基奎尼酸甲酯;挥发油:主成分为6,10,14-三甲基-十五烷-2-酮和十六烷酸;还含大黄素,正二十七烷醇,腺嘌呤核苷,β-D-呋喃果糖等。

苦苣菜

【别名】滇苦菜、苦菜。

【学名】Sonchus oleraceus L.

【植物形态】一年生或二年生草本。根纺锤状,有多数纤维状须根。茎直立,单生,高40~80cm,有纵棱纹,不分枝或上部分枝,无毛或上部有头状具柄腺毛。叶基生;叶片长椭圆状倒披针形,长15~25cm,宽3~6cm,羽状分裂,或大头羽状全裂或半裂,顶裂片大,三角形,侧裂片长圆形或三角形,边缘有不规则刺状尖齿,叶质柔软,无毛;茎生叶互生;下部叶柄有翅,基部扩大抱茎;中上部叶无柄,基部宽大成戟状耳形抱茎。头状花序数个,在茎顶排成伞房状或总状花序状,或单生茎枝顶端,直径约1.5cm;梗或总苞下部疏生腺毛;总苞钟状,长1~1.2cm,宽1~1.5cm,暗绿色;总苞片2~3层,先端尖,背面疏生腺毛和微毛,外层苞片卵状披针形,内层苞片披针形;全部由舌状花组成,花黄色,长约1.3cm。瘦果长椭圆状倒卵形,压扁,长2.5~3mm,褐色或红褐色,边缘有微齿,两面各有3条高起的纵肋,肋间有横纹;冠毛白色,毛状,长6~7mm。花、果期5~8月。(图832)

图832 苦苣菜
1.植株上部 2.舌状花 3.瘦果及冠毛

【生长环境】生于田间、路旁、荒野或住宅附近。

【产地分布】山东境内产于各地。在我国各地均有分布。

【药用部位】全草:苦苣菜;根:苦苣菜根。为民间药,幼苗药食两用。

【采收加工】花果期采收带根全草,夏、秋二季挖根,洗净,晒干或鲜用。

【药材性状】根纺锤形,灰褐色,下方有多数须根。茎圆柱形,长40~70cm,直径4~8mm;表面黄绿色,具纵棱纹,上部被暗褐色腺毛,基部略带淡紫色;质脆,易折断,断面纤维性,中空。叶互生,皱缩破碎;完整叶展平后呈披针形、长椭圆形或条状披针形,羽状分裂,裂片边缘有不整齐短齿或缺刻;表面黄绿色。头状花序生于茎端,全部为舌状花,花淡黄色。瘦果褐色,扁长椭圆形,有纵勒及横纹,冠毛白色。气微,味微咸。

以叶花多、色绿、带根者为佳。

【化学成分】全草含黄酮类:木犀草素,木犀草素-7-O-β-D-葡萄糖苷,芹菜素,芹菜素-7-O-β-D-葡萄糖醛酸甲酯,芹菜素-7-O-β-D-葡萄糖醛酸乙酯,芹菜素-7-O-β-D-葡萄糖醛酸苷,槲皮素-3-O-β-D-葡萄糖苷,槲皮素-3-

O-葡萄糖苷,3-O-β-D-吡喃葡萄糖-5,7,3′,4′-四羟基黄酮,5,7,4′-三羟基黄酮；萜类：齐墩果酸,3β-acetoxyolean-18-ene,计曼尼醇乙酸酯(germanicolacetate, germanicyl acetate),3β-hydroxy-6β,7α,11β-H-eudesm-4-en-6,12-olide,3β-羟基-12-烯-乌苏酸,羽扇豆醇,α-香树脂醇,β-香树脂醇,乌苏酸,白桦脂酸,20-蒲公英甾烯-3β-醇,山莴苣素(lactucin)；有机酸类：对甲氧基苯乙酸,对羟基苯乙酸,对甲氧基苯乙酸；苯丙素类：9β-羟基-(3,3′-二甲氧基-4,4′-二羟基)-1,1′-双四氢呋喃木脂素,9β-羟基-(3,3′,4,4′-四甲氧基)-1,1′-双四氢呋喃木脂素,3-(4-O-β-D-吡喃葡萄糖-3-甲氧基苯基)-1-丙烯,3(3-甲基-4-甲氧基苯基)-2-丙烯酸；尚含正二十六烷醇,10-羟基脱镁叶绿甲酯酸,脱镁叶绿甲酯酸,1-亚油酸甘油酯,1-硬脂酸甘油酯,豆甾醇,胡萝卜苷。**地上部分**含苦苣菜苷 A、B、C、D,葡萄糖中美菊素(glucozaluzanin)C,9-羟基葡萄糖中美菊素(macroliniside)A,假还阳参苷 A,毛连菜苷(picriside)B、C,木犀草素-7-O-吡喃葡萄糖苷,金丝桃苷,蒙花苷,芹菜素,槲皮素,山柰酚。**花**含木犀草素,槲皮素,槲皮黄苷,木犀草素-7-O-吡喃葡萄糖苷,木犀草素-7-O-呋喃葡萄糖苷等。**种子油**含斑鸠菊酸(vernolic acid)。**叶**含维生素 C。

【**功效主治**】苦苣菜苦,寒。清热解毒,凉血止血,祛风湿。用于黄疸,痢疾,泄泻,口疮,咽痛,乳蛾,吐血,衄血,便血,崩漏。**苦苣菜根**用于血淋。

【**历史**】苦苣菜始载于《神农本草经》,原名苦菜。《桐君采药录》云："苦菜三月生,扶疏,六月花从叶出,茎直花黄,八月实黑,实落根复生,冬不枯。"《易通封验玄图》云："苦菜生于寒秋,经冬历春,得夏乃成,一名游冬,叶似苦苣而细,断之有白汁,花黄似菊。"《本草纲目》云："苦菜即苦荬也……。春初生苗,有赤茎、白茎二种,其茎中空而脆,折之有白汁出。胼叶似花萝卜菜叶,而色绿带碧,上叶抱茎,梢叶似鹤嘴,每叶分叉,撑挺如穿叶状。开黄花,如初绽野菊。一花结子一丛,如茼蒿子及鹤虱子,花罢则收敛,子上有白毛茸茸,随风飘扬,落处即生。"据历代本草所述形态,极似现今菊科苦苣菜属植物,但可能还包括苦荬菜,甚至莴苣属等多种植物。

【**附注**】《中国药典》1977 年版曾收载。

漏芦

【**别名**】祁州漏芦、和尚头花、大头翁、榔头花。

【**学名**】Stemmacantha uniflora (L.) Ditrich (Cnicus uniflorus L.)

【**植物形态**】多年生草本,高 0.3～1m。根状茎粗壮。根直伸。茎直立,不分枝,簇生或单生,灰白色,有绵毛,基部直径 0.5～1cm,有褐色残存的叶柄。茎生叶互生；基生叶及下部茎生叶片椭圆形、长椭圆形或倒披针形,长 10～24cm,宽 4～9cm,羽状深裂或几全裂,侧裂片 5～12 对,椭圆形或倒披针形,边缘有不规则牙齿；有长 6～20cm 的叶柄；中上部茎生叶渐小,与基生叶及下部茎生叶同形；无柄或有短柄；全部叶两面灰色,有稠密或稀疏的蛛丝状毛、多细胞糙毛和黄色小腺点；叶柄密被蛛丝状绵毛。头状花序单生茎顶,花序梗粗壮,裸露或有少数钻形小叶；总苞半球形,直径 3.5～6cm；总苞片约 9 层,覆瓦状排列,向内层渐长,外层总苞片长三角形,长约 4mm,宽约 2mm,中层椭圆形至披针形,内层及最内层披针形,长约 2.5cm,宽约 5mm；全部苞片先端有膜质附属物；附属物长达 1cm,宽达 1.5cm,浅褐色；全部小花两性,管状,花冠紫红色,长约 3.1cm,花冠裂片长约 8mm。瘦果有 3～4 棱,倒圆锥形,长 5～6mm,宽约 2.5mm；冠毛褐色,多层,向内层渐长,长达 1.8cm,基部连合成环,整体脱落。花、果期 4～9 月。(图 833)

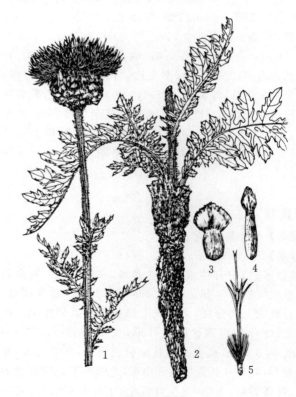

图 833 漏芦
1.植株上部 2.植株下部及根 3.外层苞片
4.内层苞片 5.管状花

【**生长环境**】生于山坡、丘陵、林缘或路旁。

【**产地分布**】山东境内产于各山地丘陵。在我国除山东外,还分布于东北地区及河北、内蒙古、陕西、甘肃、青海、山西、河南、四川等地。

【**药用部位**】根：漏芦(祁州漏芦)。为常用中药。

【采收加工】春、秋二季采挖,除去须根及泥沙,晒干。

【药材性状】根圆锥形或扁片块状,多扭曲,长短不一,直径1～2.5cm。表面暗棕色、灰褐色或黑褐色,粗糙,具纵沟及菱形网状裂隙,外层易剥落。根头部膨大,有残茎及鳞片状叶基,顶端有灰白色绒毛。体轻,质脆,易折断,断面不整齐,灰黄色,有裂纹,中心有时呈星状裂隙,灰黑色或棕黑色。气特异,味微苦。

以根粗、外皮灰黑色、质坚实不劈裂者为佳。

【化学成分】根含蜕皮甾酮类:漏芦甾酮(rhapontisterone),漏芦甾酮 R_1,蜕皮甾酮(ecdysterone),β-蜕皮甾酮(β-ecdysterone),蜕皮甾酮-3-O-β-D-吡喃葡萄糖苷,蜕皮甾酮-20,22-单异丙叉物(ecdysterone-20,22-monoacetonide),土克甾酮(turkesterone),筋骨草素 C2,3;20,22-双异丙叉物(ajugasterone C-2,3;20,22-diacetonide),筋骨草素 C-20,22-单丙叉物(ajugasterone C-20,22-monoacetonide),筋骨草素 C(ajugasterone C),25-deoxy-9(11)-dehydro-20-hydroxyecdysone-20,22-monoacetonide, unifloristenone, 11α-hydroxyecdysterone ecdysterone;三萜类:乌苏酸,3-氧-19α-乌苏-12-烯-28-酸,2α,3β,19α-三羟基乌苏-12-烯-28-酸,2α,3β,19α-三羟基齐墩果-12-烯-28-酸,坡模堤酸,噻吩类:牛蒡子酸(arctic acid),牛蒡子醛(arctinal),牛蒡子酮 B,牛蒡子醇 B;还含甘草苷(liquiritin),棕榈酸,正二十四烷酸,β-谷甾醇,胡萝卜苷,蔗糖及麦芽糖。**花序**含槲皮素,牛蒡子苷,原儿茶酸,5'-羟基-7',8'-(并 2"-甲基-4"-二甲基-2",6"-二四氢呋喃-5"-O-6")]-3-(1'-3'-戊二炔)-4-羟基-7-O-14',8-O-13'-9-羟基-黄酮木脂素,15-甲基-三十烷,β-谷甾醇等。**茎叶**含槲皮素,夏至矢车菊内酯(centaurepensin),漏芦甾酮,蜕皮甾酮,牛蒡子酸,没食子酸,β-谷甾醇,胡萝卜素,正二十四烷酸,正十六烷酸,蔗糖等。

【功效主治】苦,寒。清热解毒,消痈,下乳,舒筋通脉。用于乳痈肿痛,痈疽发背,瘰疬疮毒,乳汁不通,湿痹拘挛。

【历史】漏芦始载于《神农本草经》,列为上品,一名野兰。但其后的历代本草对漏芦品种的记载不一。《新修本草》名荚蒿,曰:"茎叶似白蒿,花黄,生荚长如细麻……蒿之类也。"《本草拾遗》谓:"树生,如茱萸树,高二、三尺"。《蜀本草·图经》云:"叶似角蒿。"《日华子》曰:"形并气味似牛蒡,头上有白花子。"《本草图经》收载四种漏芦,并附图,其中唯单州漏芦与现今禹州漏芦即蓝刺头相似。《救荒本草》曰:"苗叶就地丛生,叶似山芥菜而大,又多花……叶中撺葶,上开红白花。"其文图与植物漏芦(祁州漏芦)相符。

【附注】《中国药典》2010年版收载。

甜叶菊

【别名】甜菊、甜菊叶。

【学名】Stevia rebaudianum Bertoni
(*Eupatorium rebaudianum* Bertoni)

【植物形态】多年生草本,高1～1.5m。茎直立,基部半木质化,直径约1cm,多分枝。叶对生;叶片倒卵形至宽披针形,长5～10cm,宽1.5～3.5cm,先端钝,基部楔形,上半部叶缘有粗锯齿,两面被柔毛;无柄。头状花序直径3～5mm,在枝端排列成伞房状,每花序有管状花5;总苞圆筒状,长约6mm;总苞片5～6,近等长,外面被短柔毛;花冠管状,白色,先端5裂。瘦果,长纺锤形,长2.5～3mm,黑褐色;冠毛多数,长约4～5mm,污白色。花、果期8～10月。(图834)

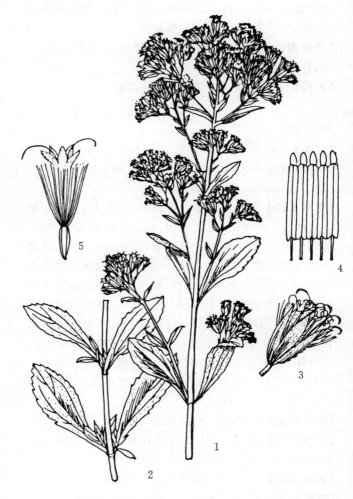

图834 甜叶菊
1.植株上部 2.植株中部 3.花序 4.聚药雄蕊展开 5.管状花

【生长环境】栽培于园地、大田。

【产地分布】山东境内栽培于泰安等地。原产南美巴拉圭和巴西交界的高山草地。在我国北京、河北、陕西、江苏、福建、湖南、云南等地有引种。

【药用部位】叶:甜菊叶。为民间药和提取甜叶菊苷的原料,叶可食或用来制茶。为天然甜味原料。

【采收加工】夏季采收,鲜用或晒干或制茶。

【药材性状】叶片常皱缩或破碎。完整叶片展平后呈倒卵形至宽披针形,长4～9cm,宽1～3cm;先端钝,基部楔形,中上部边缘有粗锯齿;表面草绿色,两面被柔毛;叶柄短。叶片薄,易碎。气微,味极甜。

以叶大完整、色绿、味极甜者为佳。

【化学成分】叶含二萜类:甜菊苷(stevioside),莱鲍迪苷(rebaudioside)A、B、C、D、E,杜尔可苷(dulcoside)A,甜菊醇(steviol),甜叶菊素(sterebin)A、B、C、D、I～N;黄酮类:木犀草素,槲皮素,木犀草素-7-O-β-D-葡萄糖苷,芹菜素-7-O-β-D-葡萄糖苷,槲皮苷,槲皮素-3-O-β-D-阿拉伯糖苷,槲皮素-3-O-[4-0-反式-咖啡酰基-α-L-鼠李糖-(1→6)-β-D-半乳糖苷];还含4,5-双咖啡酰奎宁酸,β-谷甾醇,$\Delta^{5,22}$豆甾二烯醇等。

【功效主治】甘,平。生津止渴,平肝。用于消渴,心痛,肝阳上亢,肥胖病,小儿蛀齿。

【附注】《中国药典》2010年版附录收载。

兔儿伞

【别名】一把伞、兔子伞。

【学名】Syneilesis aconitifolia (Bge.) Maxim. (Cacalia aconitifolia Bge.)

【植物形态】多年生草本。根细条状,多数,坚韧。根状茎横走。茎单一,高0.7～1.2m,无毛,略带棕褐色。基生叶1,花期枯萎;叶片圆盾形,直径20～30cm,通常7～9掌状深裂,裂片通常再2～3叉状分裂,边缘有粗尖齿,上面绿色,下面灰白色,柄长10～16cm;茎生叶2,互生;叶片直径12～24cm,通常4～5深裂;柄长2～6cm。头状花序长1～1.4cm,宽5～7mm,基部有条形苞片;总苞圆筒状;总苞片1层,5片,长椭圆形,质厚,边缘膜质;花冠淡红色,后变红色。瘦果长5～6mm,无毛;冠毛灰白色或带红色,棕色,微粗糙。花、果期6～10月。(图835)

【生长环境】生于林下、林缘或山坡草丛。

【产地分布】山东境内产于各大山区。在我国除山东外,还分布于华北、华东、华南各地区。

【药用部位】根或全草:兔儿伞。为民间药。

【采收加工】夏、秋二季采挖,洗净,晒干或鲜用。

【药材性状】根茎扁圆柱形,多弯曲,长1～4cm,直径3～8mm;表面棕褐色,粗糙,具不规则环节和纵皱纹,两侧有须根。根类圆柱形,弯曲下垂,长5～15cm,直径1～3mm;表面灰棕色或淡棕黄色,密被灰白色根毛,具细纵皱纹;质脆,易折断,断面略平坦,皮部白色,木部棕黄色。气微特异,味辛、凉。

【化学成分】根含D-α-松油醇-β-D-吡喃葡萄糖苷-3,4-

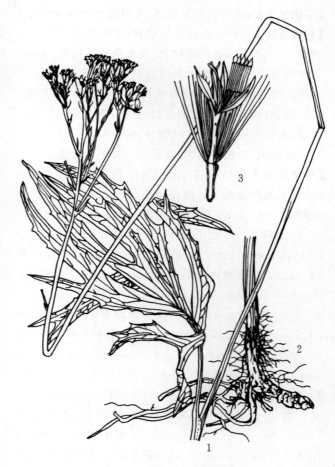

图835 兔儿伞
1.植株上部 2.植株下部及根 3.管状花

二当归酸酯(D-α-terpineol-β-D-glucopyranoside-3,4-diangelicate)。**地上部分**含芳樟醇-β-D-葡萄糖苷-3,4-二当归酸酯(linalool-β-D-glucoside-3,4-diangelicate)和大牻牛儿烯(germacrene)D。**全草**含挥发油主成分为7,11-二甲基-3-亚甲基-1,6,10-十二(碳)三烯,反-Z-α-环氧化防风根烯和α-防风根醇等;还含毛叶醇酯(lachnophyllolester),乙酸毛叶醇酯(lachnophynol acetute)。

【功效主治】苦,辛,温;有毒。祛风除湿,解毒活血,消肿止痛。用于风湿痹痛,肢体麻木,腰腿痛,骨折,月经不调,痛经。

【历史】兔儿伞始载于《救荒本草》,云:"兔儿伞生荥阳塔儿山荒野中。其苗高二三尺许,每科初生一茎。茎端生叶,一层有七八叶,每叶分作四叉排生,如伞盖状,故以为名。后于叶间撺生茎叉,上开淡红白花。根似牛膝而疏短。味苦,微辛。"所述形态及附图与菊科植物兔儿伞基本一致。

山牛蒡

【别名】大果草、臭山牛蒡。

【学名】Synurus deltoides (Ait.) Nakai

(*Onopordum deltoides* Ait.)

【植物形态】多年生草本。根状茎粗。茎直立，单生，高 0.5～1.5m，粗壮，基部直径 2cm，上部分枝或不分枝，全部茎枝有条棱，灰白色，有密绒毛或下部脱毛。基部叶与下部茎生叶叶片心形、卵形、宽卵形，不分裂，长 10～26cm，宽 12～20cm，基部心形、戟形或平截，边缘有三角形粗锯齿，通常半裂或深裂；叶柄长 30cm，有狭翼；向上的叶渐小，叶片卵形、椭圆形披针形或长椭圆状披针形，边缘有锯齿或针刺，有短叶柄至无叶柄；全部叶两面异色，上面绿色，粗糙，有多细胞节状毛，下面灰白色，有密绒毛。头状花序大，下垂，生枝顶，或植株仅有 1 个头状花序单生茎顶；总苞球形，直径 3～6cm，密被蛛丝状毛或脱毛；总苞片 13～15 层，向内层渐长，有时变紫红色，全部苞片上部长渐尖，中外层平展或下弯，内层上部外面有密短糙毛；全部小花两性，管状，花冠紫红色，长 2.5cm，花冠裂片不等大，三角形。瘦果长椭圆形，浅褐色，长约 7mm，宽约 2mm，顶端截形，有果喙，侧生着生面；冠毛褐色，多层，向内层渐长，长 1.5～2cm，基部连合成环，整体脱落。花、果期 6～10 月。(图 836)

【生长环境】生于山坡草地、林下、林缘或草丛。

【产地分布】山东境内产于昆嵛山、荣成等地。在我国除山东外，还分布于东北地区及河北、内蒙古、河南、浙江、安徽、江西、湖北、四川等地。

【药用部位】根：山牛蒡根；果实：山牛蒡子。为民间药。

【采收加工】秋季采收成熟果实，挖根，除去杂质，晒干或鲜用。

【化学成分】地上部分含羽扇豆醇，白桦脂醇，齐墩果-12-烯-3-酮，羽扇-20(29)-烯-3-酮，豆甾-5-烯-3-醇，维生素 C、E，β-胡萝卜素及无机元素锰、锌、铜等。

【功效主治】山牛蒡根辛、苦，凉；有小毒。清热解毒，消肿，利水散结。用于顿咳，带下。山牛蒡子用于瘰疬。

蒲公英

【别名】婆婆丁(临沂)、步步丁、婆婆英、黄花地丁。

【学名】Taraxacum mongolicum Hand.-Mazz.

【植物形态】多年生草本；植株有白色乳汁。根圆柱形，黑褐色，粗壮。茎花葶状，直立，中空，高 10～25cm。叶基生；叶片匙形、长圆状倒披针形或倒披针形，长 5～15cm，宽 1～4cm，倒向羽状分裂，侧裂片 4～5 对，长圆状倒披针形或三角形，有齿，顶裂片较大，戟状长圆形，羽状浅裂或仅有波状齿，基部渐狭成短柄，疏被蛛丝状毛或几无毛。花葶数个，与叶近等长，被蛛丝状毛；头状花序单生于花葶顶端；总苞钟状，淡绿色；外层总苞片卵状披针形或披针形，边缘膜质，被白色长柔毛，先端有或无小角状突起，内层苞片条状披针形，长于外层苞片 1.5～2 倍，先端有小角状突起；全部由舌状花组成，花黄色，长 1.5～1.7cm，外层舌片的外侧中央有红紫色宽带。瘦果褐色，长约 4mm，有多条纵沟，并有横纹相连，全部有刺状突起，喙长 6～8mm；冠毛白色，长 6～8mm。花、果期 3～6 月。(图 837)

【生长环境】生于田间、堤堰、路边、河岸或山坡林缘。

【产地分布】山东境内产于各地。在我国除山东外，还分布于东北、华北、华东、华中、西北、西南等各地区。

【药用部位】全草：蒲公英。为常用中药，药食两用；嫩苗及叶鲜食。

【采收加工】春至秋季花初开时采挖带根全草，除去杂质，洗净，晒干。

【药材性状】全草呈皱缩卷曲的团块。根圆锥形，多弯曲，长 3～7cm；表面棕褐色，皱缩不平；根头部有棕褐色或黄白色茸毛。叶基生，多皱缩破碎；完整叶片展平后呈匙形、长圆状披针形或倒披针形，长 5～14cm，宽 1～3cm；先端尖或钝，边缘呈倒向浅裂或羽状分裂，基部渐狭下延呈柄状；表面绿褐色或暗灰色，下表面主脉明显，被蛛丝状毛。花茎 1 至数条，每条顶生 1 头状花序，总苞片多层，外面总苞片数层，顶端有或无小角状

图 836 山牛蒡
1.植株上部 2.植株下部 3.果实 4.管状花

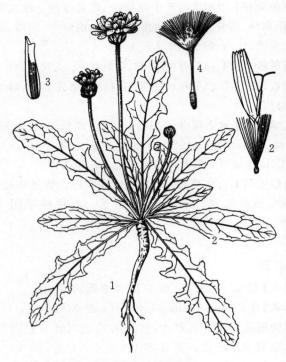

图 837 蒲公英
1.植株 2.舌状花 3.总苞片 4.瘦果及冠毛

突起,内面一层长为外层的 1.5～2 倍,先端有小角状突起;花冠黄褐色或淡黄白色。瘦果褐色,全部有刺状突起,冠毛白色。气微,味微苦。

以根长、叶多、色绿、带花者为佳。

【化学成分】全草含黄酮类:青蒿亭(artemetin)即 5-羟基-3,6,7,3',4'-五羟基黄酮,槲皮素,槲皮素-7,3',4'-三甲醚,槲皮素-3,7-O-β-D-二吡喃葡萄糖苷,槲皮素-7-O-[β-D-葡萄糖基(1→6)-β-D-吡喃葡萄糖苷],木犀草素,木犀草素-7-O-β-D-葡萄糖苷,木犀草素-7-O-β-D-半乳糖苷,芫花素(genkwanin)即芹菜素-7-甲醚,芫花素-4'-O-β-D-芸香糖苷,橙皮素,橙皮苷,isoetin,isoetin-7-O-D-glucopyranosyl-2'-O-α-L-aradinopyranoside, isoetin-7-O-β-D-glucopyranosyl-2'-O-α-D-glucopyranoside, isoetin-7-O-β-D-glucopyranosyl-2'-O-β-D-xyloypyranoside;有机酸类:咖啡酸,阿魏酸,绿原酸,丁香酸,香豆酸,棕榈酸,对羟基苯甲酸,3,4-二羟基苯甲酸,3,5-二羟基苯甲酸,3,4-O-双咖啡酸奎宁酸,3,5-O-双咖啡酸奎宁酸,4,5-O-双咖啡酸奎宁酸,咖啡酸乙酯,没食子酸,没食子酸甲酯等;木脂素类:rufescidride,蒙古蒲公英素 A(mongolicumin A);倍半萜类:蒙古蒲公英素 B,isodonsesquitin A,蒲公英苦素(taraxacin),sesquiterpene ketolactone;三萜类:羽扇豆醇乙酸酯,蒲公英甾醇,蒲公英甾醇乙酸酯,伪蒲公英甾醇乙酸酯,蒲公英素(taraxacerin)等;还含七叶内酯,β-谷甾醇,豆甾醇,肌醇,天冬酰胺,胆碱,菊糖,果胶等。花含蒲公英黄素(taraxanthin),隐黄素,叶黄素,花药黄素(antheraxanthin),蝴蝶梅黄素(violaxanthin),新黄素(neoxanthin);还含 β-谷甾醇,β-香树脂醇,维生素 B_2 等。叶含木犀草素-7-O-葡萄糖苷,氨基酸,胡萝卜素,维生素 B_1、B_2、C 及无机元素钙、磷等。根含蒲公英甾醇,蒲公英赛醇(taraxerol),蒲公英苦素(taraxacin),咖啡酸等。

【功效主治】苦、甘,寒。清热解毒,消肿散结,利尿通淋。用于疔疮肿毒,乳痈,瘰疬,目赤,咽痛,肺痈,肠痈,湿热黄疸,热淋涩痛。

【历史】蒲公英始载于《新修本草》,原名蒲公草,云:"叶似苦苣,花黄,断有白汁,人皆啖之。"《本草图经》云:"今处处平泽田园中皆有之,春初生苗叶如苣荬,有细刺,中心抽一茎,茎端出一花,色黄如金钱,断其茎有白汁出"。《本草衍义》曰:"蒲公草今地丁也,四时常有花,花罢飞絮,絮中有子,落处即生,所以庭院间亦有者,盖因风而来也。"《本草纲目》云:"小科布地,四散而生,茎、叶、花、絮并似苦苣,但小耳。嫩苗可食。"所述形态及附图与现今菊科蒲公英属植物一致。

【附注】《中国药典》2010 年版收载。

附:白缘蒲公英

白缘蒲公英 T. platypecidum Diels(图 838),与蒲公英的主要区别是:头状花序较大,外层总苞片宽卵形

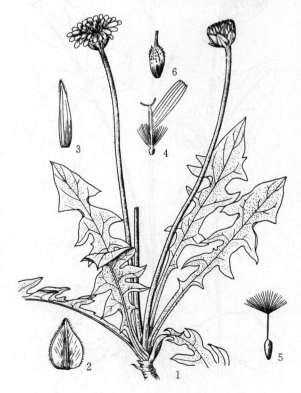

图 838 白缘蒲公英
1.植株 2.外层苞片 3.内层苞片 4.舌状花
5.瘦果及冠毛 6.瘦果放大

或卵状披针形,中央有暗绿色宽带,边缘有明显的白色宽膜质,先端粉红色,无角状突起;内层总苞片长圆状条形,无角状突起。瘦果淡褐色,上部有刺状突起,喙长1~1.2cm。山东境内产于鲁西北、鲁南及泰山等地。药用同蒲公英。

狗舌草

【别名】 铜盘一支香、缘毛狗舌草。

【学名】 Tephroseris kirilowii (Turcz. ex DC.) Holub (*Senecio kirilowii* Turcz. ex DC.)
[*S. integrifolius* auct. non (L.) Clairv.]

【植物形态】 多年生草本,全株多少有白色绵毛。根状茎短。茎单一,直立,高20~70cm。基部叶莲座状;叶片椭圆形或近匙形,长5~10cm,宽1.5~2.5cm,先端钝,基部常下延,边缘有不规则浅齿或近全缘,两面多少有白色绵毛,下面较密;有短柄;茎生叶叶片披针形或条状披针形,基部抱茎。头状花序3~11个排列成伞房状或假伞形;总苞片1层,披针形,长0.8~1cm;舌状花黄色,长1~1.7cm;管状花长6~8mm。瘦果圆柱形,棕褐色,长约2.5mm,有多数纤细的白色冠毛。花、果期4~6月。(图839)

【生长环境】 生于山沟、林下或河边阴湿处。

【产地分布】 山东境内产于各山地丘陵。在我国除山东外,还分布于东北、华北、西北、华东、西南等地区。

【药用部位】 全草;狗舌草。为民间药。

【采收加工】 夏、秋二季采收全草,洗净晒干或鲜用。

【化学成分】 全草含千里光宁碱(senecionine),倒千里光碱(retrorsine),全缘千里光碱(integerrimine),光萼猪屎豆碱(usaramine),千里光非灵(seneciphylline),当归酰天芥菜定(O^7-angeloyl heliotridine),天芥菜定(heliotridine),槲皮素-3-O-葡萄糖苷,水仙苷,挥发油等。**叶**含倒千里光碱,千里光宁碱,山柰酚苷,维生素C等。**根**含生物碱。

【功效主治】 苦,寒。解毒利尿,活血消肿。用于肺痈,肾虚水肿,小便短赤,涩痛,跌打损伤,疖肿。

【历史】 狗舌草始载于《新修本草》,谓:"狗舌草生渠堑湿地,丛生,叶似车前,无纹理,抽茎,开花黄白色,四月、五月采茎,暴干。"并谓有小毒,治蛊疥瘙疮,杀小虫,为末和涂之。所述形态与现今植物狗舌草相似。

【附注】 本志采纳《中国植物志》77(1):155 狗舌草 Tephroseris kirilowii (Turcz. ex DC.) Holub [*Senecio kirilowii* Turcz. ex DC.; *Senecio integrifolius* auct. non (L.) Clairv.]的分类。

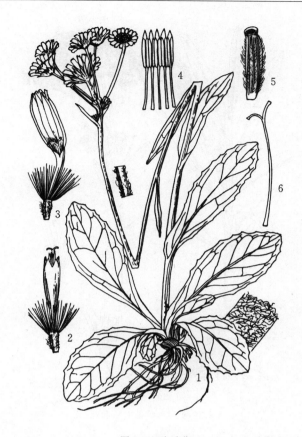

图839 狗舌草
1.植株 2.管状花 3.舌状花 4.雄蕊展开 5.果实 6.花柱柱头

女菀

【别名】 白菀、野马兰。

【学名】 Turczaninowia fastigiata (Fisch.) DC.
(*Aster fastigiatus* Fisch.)

【植物形态】 多年生草本。根状茎粗壮。茎直立,高0.3~1m,上部分枝,有短柔毛。叶互生;下部叶在花期枯萎,叶片条状披针形,长3~12cm,宽0.3~1.5cm,先端渐尖,基部渐狭成短柄,全缘;中部以上叶渐小;全部叶上面无毛,下面密被短毛及腺点,边缘有糙毛,稍反卷,3出脉。头状花序小,直径5~7mm,多数花序在枝端密集排成复伞形花序状;总苞筒状至钟状,长3~4mm;总苞片密被短毛,外层长圆形,内层倒披针状长圆形,上端及中脉绿色;花10余朵;舌状花白色,长2~3mm;管状花长3~4mm;冠毛约与管状花花冠等长。瘦果长圆形,基部尖,长约1mm,密被柔毛,或后稍脱毛。花、果期8~9月。(图840)

【生长环境】 生于山坡、路边或林缘。

【产地分布】 山东境内产于各山地丘陵。在我国除山东外,还分布于东北、华北地区及河北、山西、陕西、河南等地。

图 840 女菀
1-2.植株 3.舌状花 4.管状花

【药用部位】全草:女菀。为民间药。
【采收加工】夏季采挖带根全草,洗净,晒干或鲜用。
【化学成分】全草含槲皮素。根含挥发油。
【功效主治】辛,温。温肺化痰,和中,利尿。用于咳嗽气喘,泄泻,痢疾,小便淋痛。
【历史】女菀始载于《神农本草经》,列为中品,曰:"生川谷或山阳。"《名医别录》名白菀、织女菀、茆,云:"生汉中,正月、二月采,阴干。"《本草纲目》曰:"其根似女体柔婉,故名。"

款冬

【别名】款冬花、冬花。
【学名】Tussilago farfara L.
【植物形态】多年生草本。根状茎横走,褐色。早春先抽出淡紫色花茎,高 5～10cm,被白茸毛,有多枚互生鳞片状叶。头状花序单生花茎顶端,直径 2.5～3cm;总苞片 1～2 层,有茸毛;边缘有多层雌花,舌状,黄色,柱头 3 裂;中央管状花,顶端 5 裂;雄蕊 5,花药基部尾状;柱头头状,通常不结实。瘦果长椭圆形,有 5～10 棱;冠毛淡黄色。花后出基生叶;叶片阔心形,长 3～12cm,宽 4～14cm,顶端近圆形或钝尖,基部心形,边缘有波状疏齿,先端增厚,黑褐色,背面密生白色茸毛;叶柄长 5～15cm,有白色绵毛。花期 1～2 月。(图 841)
【生长环境】栽培于山区或阴坡富含腐殖质的微酸性土壤。

【产地分布】山东境内在烟台、临沂、潍坊等地有栽培。在我国除山东外,还分布于华北、西北地区及湖北、湖南、江西等地。
【药用部位】花蕾:款冬花。为常用中药。
【采收加工】12 月或地冻前当花尚未出土时采挖,除去花梗及泥沙,阴干。
【药材性状】花蕾长圆棒状,单生或 2～3 个基部连生(习称连三朵),长 1～2.5cm,直径 0.5～1cm。上端较粗,下端渐细或带有短梗,外面被有多数鱼鳞状苞片。苞片外表面紫红色或淡红色,内表面密被白色絮状茸毛。体轻,质脆,撕开后可见白色茸毛。气香,味微苦而辛。

以个大、肥壮、色紫红、花梗短者为佳。

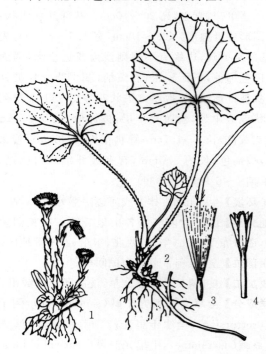

图 841 款冬
1.花茎 2.幼苗,示根及叶 3.舌状花 4.管状花花冠

【化学成分】花蕾含萜类:款冬酮(tussilagone)即款冬素[tussilagin,14-acetoxy-7β-(3-ethylcrotonoyloxy)notonipetranone],1α-(2-甲基丁酸)款冬花素酯[14-acetoxy-7β-(3-ethyl-cis-crotonoyloxy)-1α-(2-methylbutyryloxy)-notonipetranone],14-去乙酰基款冬花素[7β-(3-ethyl-cis-crotonoyloxy)-14-hydroxy notonipetranone],7β-去(3-乙基巴豆油酰氧基)-7β-当归酰氧基款冬花素(14-acetoxy-7β-angeloyloxy-notonipetranone),7β-去(3-乙基巴豆油酰氧基)-7β-千里光酰氧基款冬花素(14-acetoxy-7β-senecioyloxy-notonipetranone),款冬花内酯(tussilagolactone),甲基丁酰-3,14-Z-去氢款冬花素酯,甲基丁酰-3,14-E-去氢款冬花素酯,款冬二醇(faradiol),山金车二醇(arnidiol),3β,16α-二羟基鲍尔烯(bauer-7-ene-3β,16α-diol),异鲍尔烯醇

(isobauerenol),sitoindosideI等；生物碱：款冬花碱(tussilagine)，克氏千里光碱(senkirkine)，苯甲酰胺，腺嘌呤核苷，尿嘧啶核苷等；黄酮类：芦丁，木犀草素，金丝桃苷，槲皮素，异槲皮苷，橙皮苷，柯伊利素(chryserol)，山奈酚，山奈酚-3-O-葡萄糖苷，芹菜素-3-O-β-D-葡萄糖苷，芹菜素-7-甲醚等；有机酸及酯类：3,4-O-二咖啡酸酰基奎宁酸甲酯，3,5-O-二咖啡酸酰基奎宁酸甲酯，4,5-O-二咖啡酸酰基奎宁酸甲酯，3,5-O-二咖啡酸酰基奎宁酸，3-O-咖啡酸酰基奎宁酸，3-O-咖啡酸酰基奎宁酸甲酯，当归酸，2-甲基丁酸等，邻苯二甲酸，对羟基苯甲酸等；甾醇类：β-谷甾醇，7α-羟基谷甾醇，7β-羟基谷甾醇，β-豆甾醇；挥发油：主成分为α-十一烯，β-红没药烯和二表-α-香松烯环氧化物等；还含2,2-二甲基-6-乙酰基苯并二氢吡喃酮，6-羟基-2,6-二甲基庚-2-烯-4-酮，苯甲酰胺及γ-氨基丁酸，丙氨酸，丝氨酸，甘氨酸等氨基酸和无机元素锌、铜、铁、锰等。

【功效主治】辛、微苦，温。润肺下气，止咳化痰。用于新久咳嗽，喘咳痰多，劳嗽咳血。

【历史】款冬始见于《楚辞》。入药始载于《神农本草经》，列为中品。《本草经集注》云："款冬花，第一出河北，其形如宿莼，未舒者佳，其腹里有丝。次出高丽、百济，其花乃似大菊花。次亦出蜀北部宕昌，而并不如。其冬月在冰下生，十二月、正月旦取之"。《本草图经》云："款冬花，今关中亦有之。根紫色，茎青紫，叶似萆薢，十二月开黄花，青紫萼，去土一二寸，初出如菊花，萼通直而肥实，无子"。所述形态与现今所用款冬花原植物一致。

【附注】《中国药典》2010年版收载。

蒙古苍耳

【别名】东北苍耳、大苍耳。

【学名】Xanthium mongolicum Kitag.

【植物形态】一年生草本，高1m以上。根粗壮，纺锤状，有多数纤维状根。茎直立，坚硬，圆柱形，分枝，有纵沟，被短糙伏毛。叶互生；叶片宽卵状三角形或心形，长5~9cm，宽4~8cm，3~5浅裂，先端钝或尖，基部心形，与叶柄连接处成相等的楔形，边缘有不规则粗锯齿，三基出脉，叶脉两面微凸，密被糙伏毛，侧脉弧形而直达叶缘，上面绿色，下面苍白色，叶柄及叶脉常带紫红色；叶柄长4~9cm。头状花序单性，雌、雄同株；有瘦果的总苞成熟时变坚硬，椭圆形，绿色，或黄褐色，连喙长1.8~2cm，宽0.8~1cm，两端稍缩小成宽楔形，顶端有1或2个锥状的喙，喙直而粗壮，锐尖，外面有较疏的总苞刺，刺长2~5.5mm，直立，向上部渐狭，基部增粗，直径约1mm，顶端有细倒钩，中部以下被柔毛，上端无毛。瘦果2，倒卵形。花期7~8月；果期8~9月。

【生长环境】生于干旱山坡或砂质荒地。

【产地分布】山东境内产于东营、临沂、济南、泰安等地。在我国除山东外，还分布于东北地区及河北、内蒙古等地。

【药用部位】带总苞的果实：蒙古苍耳子；地上部分：蒙古苍耳草。为民间药。

【采收加工】夏、秋二季采收成熟果实，除去杂质，晒干。夏季花期茎叶茂盛时采收，鲜用或晒干。

【药材性状】带总苞的瘦果椭圆形，连同喙长1.8~2cm，直径0.8~1cm；表面黄棕色、棕色或棕黑色，有多数钩刺，坚硬；刺长2~5mm，通常达5mm，基部增粗，一端具2枚粗壮的喙，状如牛角，长3~6mm，基部增粗。总苞质坚硬，不易切割，中间有一隔膜分为2室，每室有一瘦果。瘦果长椭圆形，果皮灰褐色。种子外面具浅灰色膜质种皮，子叶2。气微，味微苦。

以色黄棕、颗粒饱满、无杂质者为佳。

【化学成分】果实含萜类：苍耳亭(xanthatin)，苍耳皂素(xanthinosin)，11α,13-二氢苍耳亭(11α,13-dihydroxanthatin)，苍术烯内酯丙(atractylenolide Ⅲ，白术内酯Ⅲ)，齐墩果酸，熊果酸；木脂素类：松脂素(lignocellulose)，苯并二氢呋喃木脂素(balanophonin)；有机酸类：对羟基苯甲酸，4-羟基-3-甲氧基-苯乙醇酸，咖啡酸，绿原酸；挥发油：主成分为3-甲基丁酸，3-甲基-戊酸和苯乙醛；还含β-谷甾醇及钾、钠、镁、磷等。种仁含苍术苷(atracyloside)，亚麻酸和亚油酸。地上部分含苍耳亭，β-谷甾醇葡萄糖苷。

【功效主治】蒙古苍耳子辛，温。散风止痛，祛湿杀虫，通鼻窍。用于鼻渊，头痛，外感风寒，风疹瘙痒，风湿痹痛。蒙古苍耳草有小毒。祛风除湿，散热，解毒。

【附注】部分地区将本种果实作苍耳子使用，应注意鉴别。

苍耳

【别名】苍耳子、黏苍子(临沂)、苍子棵。

【学名】Xanthium sibiricum Patrin. ex Widder

【植物形态】一年生草本。根纺锤状，分枝或不分枝。茎直立，不分枝或少分枝，高20~90cm，下部圆柱形，直径0.4~1cm，上部有纵沟，有灰白色糙伏毛。叶互生；叶片三角状卵形或心形，长4~9cm，宽5~10cm，近全缘，或有3~5不明显浅裂，先端尖或钝，基部稍心形或截形，与叶柄相连处成相等楔形，边缘有不规则粗锯齿，三基出脉，侧脉弧形，直达叶缘，脉上密被糙伏毛，上面绿色，下面苍白色，有糙伏毛；叶柄长3~11cm。头状花序单性，雌、雄同株；雄性头状花序球形，直径4~6mm，总苞片长圆状披针形，长1~1.5mm，有短柔毛，花托柱状，托片倒披针形，长约

2mm,先端尖,有微毛,雄花多数,花冠钟形,管部上端有5宽裂片,花药长圆状条形;雌性头状花序椭圆形,外层小苞片小,披针形,长约3mm,有短柔毛,内层总苞片结合成囊状,宽卵形或椭圆形,绿色、淡黄绿色或有时带红褐色。瘦果成熟时坚硬,连同喙部长1.2～1.5cm,宽4～7mm,外面疏生钩状刺,刺细而直,基部微增粗或几不增粗,长1～1.5mm,基部有柔毛,常有腺点,或全部无毛;喙坚硬,锥形,上端略呈镰刀状,长1.5～2.5mm,常不等长。瘦果2,倒卵形。花期7～8月;果期9～10月。(图842)

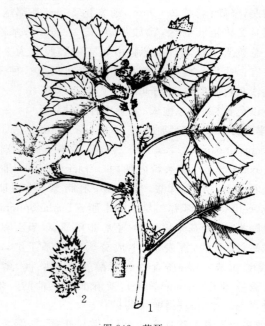

图842 苍耳
1. 植株上部 2. 果实,包藏于具钩刺的总苞内

【生长环境】生长于平原、丘陵、低山、荒野路旁或田边。
【产地分布】山东境内产于各地。在我国广布于各地区。
【药用部位】带总苞的果实:苍耳子;全草:苍耳草。为较常用中药和民间药。
【采收加工】秋季果实成熟时采收,除去杂质,晒干。夏季采割全草,晒干或鲜用。
【药材性状】带总苞的果实纺锤形或卵圆形,长1～1.5cm,直径4～7mm;表面黄棕色或黄绿色,全体有钩刺;顶端有2枚较粗的刺,分离或相连,基部有果梗痕;质硬而韧,横切面中央有纵隔膜,2室,各有1枚瘦果。瘦果略呈纺锤形,一面较平坦,顶端具1突起的花柱基;果皮薄,灰黑色,具纵纹。种皮膜质,浅灰色,子叶2,有油性。气微,味微苦。
以粒大、饱满、色黄棕者为佳。
【化学成分】果实含蒽醌类:大黄酚,大黄素,芦荟大黄素;萜类:苍耳苷(strumaroside),苍耳亭(xanthatin,苍耳素),11α,13-二氢苍耳亭(11α,13-dihydroxanthatin),苍术苷(atractyloside),4′-去磺酸基苍术苷(4′-desulphate-atractyloside),3′,4′-去二磺酸基苍术苷(4′-dedisulphate-atractyloside),苍术烯内酯丙,羧基苍术苷(carboxyatractyloside),白桦脂酸,熊果酸,齐墩果酸,羽扇豆醇等;有机酸类:咖啡酸,绿原酸甲酯,1-O-咖啡酰奎宁酸,4-O-咖啡酰奎宁酸,1,3-O-二咖啡酰奎宁酸,4,5-O-二咖啡酰奎宁酸,绿原酸(5-O-咖啡酰奎宁酸),1,3,5-三-O-咖啡酰基奎宁酸,酒石酸(tartaric acid),琥珀酸,延胡索酸,苹果酸,香草酸,肉桂酸,山嵛酸;噻嗪类:苍耳子噻嗪双酮(xanthiazone),苍耳子噻嗪双酮苷(xanthiside),咖啡酰苍耳子噻嗪双酮苷(caffeoylxanthiside),2-羟基-噻嗪双酮苷(2-hydroxyxanthiside)等;黄酮类:槲皮素,5,7,3′,4′-四羟基异黄酮,5,7,3′,4′-四羟基-3′,5′-二甲氧基黄酮,3′-甲基杨梅素,4′-甲氧基异黄酮-7-O-β-D-葡萄糖苷,芒柄花苷,水飞蓟素;糖类:葡萄糖,果糖,蔗糖;氨基酸:亮氨酸,苯丙氨酸,甘氨酸,天冬氨酸,天冬酰胺等;甾醇类:豆甾醇,β,γ-及δ-谷甾醇,胡萝卜苷,Δ^7-豆甾烯醇-3-O-β-D-吡喃葡萄糖苷;还含法卡林二醇(falcalindiol),十七碳-1,8-二烯-4,6-二炔-3,10-二醇,三十烷醇,卵磷脂,脑磷脂(cephalin),松脂素等。**种仁**含棕榈酸,硬脂酸,油酸,亚油酸,氢醌(hydroquinone),苍术苷。**种皮**含羧基苍术苷(carboxyatractyloside)等。**全草**含苍耳苷,隐苍耳内酯(xanthinin),苍耳内酯(xanthumin),咖啡酸,1,4-二咖啡酰奎宁酸,酒石酸,琥珀酸,延胡索酸,苹果酸;还含氨基酸及硝酸钾,硫酸钙等。**茎叶**含苍耳亭,苍耳皂素(xanthinosin),11α,13-二氢苍耳亭,β-谷甾醇,谷甾醇-3-O-β-D-葡萄糖苷,麦角甾醇过氧化物,东莨菪内酯苷,十七烷酸,胡萝卜苷,十八烷酸甘油单酯,羽扇豆醇棕榈酸酯,羽扇豆醇十六酸酯,苯并二氢呋喃类木脂素(balanophonin),3,5,6,7,3′-五羟基-4′-甲氧基黄酮,8-(Δ^3-异戊烯基)-5,7,3′,4′-四羟基黄酮。

【功效主治】苍耳子辛、苦,温。有毒。散风湿,通鼻窍。用于风寒头痛,鼻渊流涕,风疹瘙痒,湿痹拘挛。苍耳草有小毒。祛风除湿,散热,解毒。用于外感,头风,头晕,鼻渊,目赤,风湿痹痛,拘挛麻木,疔疮癣疥,皮肤瘙痒。
【历史】苍耳子始载于《神农本草经》,列为中品,名葈耳实。《本草图经》载:"此物本生蜀中,其实多刺,因羊过之,毛中粘缀遂至中国。"《救荒本草》云:"苍耳叶青白,类黏糊菜叶。秋间结实,比桑椹短小而多刺。"《本草纲目》云:"其叶形如葈麻,又如茄,故有葈耳及野茄诸名"。本草所述形态和《本草图经》"滁州葈耳"附图,与现今所用苍耳子原植物相符合。
【附注】《中国药典》2010年版收载苍耳子;附录收载苍耳草,为加工建曲的原料。

香蒲科

长苞香蒲

【别名】蒲黄、蒲棒、蒲子。

【学名】Typha angustata Bory et Chaub.

【植物形态】多年生水生或沼生植物。根状茎粗壮,乳白色,先端白色。地上茎直立,高0.7~2.5m,粗壮。叶片细长,条形,长约1m,宽0.6~1.5cm,基部鞘状抱茎;叶鞘边缘膜质,开裂而相叠。穗状花序圆锥状。雌、雄花序间相隔2~7cm;雄花序在上部,长20~30cm,直径1cm;雄花有雄蕊3枚,花粉粒单体、球形、卵形或钝三角形;雌花序在下部,长10~20cm,直径约1cm;雌花有小苞片,与柱头近等长,果期花各部增长;小苞片和白色柔毛同长,均长于柱头。小坚果纺锤形,长1.5~2mm,纵裂,果皮具褐色斑点。种子黄褐色。在同一花序轴上有时出现2节相连的果序。花、果期6~7月。(图843)

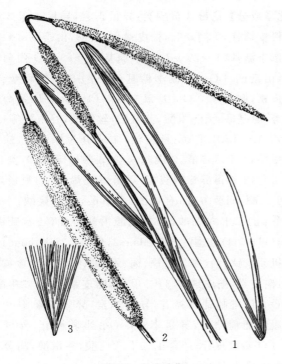

图843 长苞香蒲
1.茎上部 2.雌花序 3.雌花

【生长环境】生于湖泊、池沼或沟塘浅水处。

【产地分布】山东境内产于济宁、东平、临沂、微山、东营等地水泊。在我国分布于东北、华北、华东地区及湖南、陕西、广东、云南等地。

【药用部位】花粉:蒲黄;花粉、花药与花丝的混合物:草蒲黄;筛去花粉后的花药和花丝:蒲黄滓;干燥果序:蒲棒;幼苗及幼嫩根茎:蒲蒻;幼茎:蒲菜。为常用中药和民间药,蒲菜可食,蒲黄可用于保健食品。

【采收加工】夏季采收黄色雄花序,晒干后碾压,为草蒲黄;筛取花粉,干燥为蒲黄;筛去花粉后的残渣为蒲黄滓。夏季采收成熟花序的下段,即果序,晒干,收存。春季采收幼苗、幼茎及幼嫩根茎,鲜用或晒干。

【药材性状】纯花粉为黄色极细粉末。体轻,置水中漂浮于水面。手捻有滑腻感,易附着于手指上。气微,味淡。

以色鲜黄、润滑感强、纯净无杂质者为佳。

含有花药与花丝的蒲黄为较粗糙的黄色粉末。花粉为极细粉末状,可见短线状的花丝。手捻滑腻感不强。气微,味淡。

筛去花粉后的花药与花丝呈粗糙松散的黄色粉末。手捻无滑腻感。气微,味淡。

果序常散碎呈绒毛状;完整的果序呈圆柱形,长10~20cm,直径约1cm,有时2个果序相连。小坚果呈纺锤形,长1.5~2mm,纵裂,果皮具褐色斑点;果实基部有小苞片,与白色柔毛近等长,且长于柱头。种子黄褐色。气微,味淡。

以完整、色黄者为佳。

【化学成分】花粉含黄酮类:异鼠李素-3-O-新橙皮糖苷(isorhamnetin-3-O-neohesperidoside)即异鼠李素-3-O-α-L-鼠李糖基(1→2)-β-D-葡萄糖苷,香蒲新苷(typhaneoside)即异鼠李素-3-O-α-L-鼠李糖基(1→2)-[α-L-鼠李糖基(1→6)]-β-D-葡萄糖苷,异鼠李素,异鼠李素-3-O-芸香糖苷,槲皮素,槲皮素-3-O-α-L-鼠李糖基(1→2)-[α-L-鼠李糖基(1→6)]-β-D-葡萄糖苷,柚皮素,山奈酚-3-O-新橙皮糖苷等;甾醇类:β-谷甾醇,β-谷甾醇棕榈酸酯,5α-豆甾烷-3,6-二酮(5α-stigmastan-3,6-dione);氨基酸:缬氨酸,天冬氨酸,亮氨酸,丙氨酸等及胡萝卜苷。**雄花序**含异鼠李素,槲皮素,异鼠李素-3-O-芸香糖苷,香蒲苷等。**雌花序**含香草酸,反式对-羟基桂皮酸,原儿茶醛酸,琥珀酸,棕榈酸,硬脂酸,花生四烯酸(arachidonic acid),香蒲酸(typhic acid),十八烷酸,二十烷酸,反-3-(4-羟基苯基)-丙烯酸-2,3-二羟基丙酯[3-(4-hydroxyphenyl)-propenoic acid-2,3-dihydroxypropyl ester],对-羟基苯甲醛,甘露醇等。

【功效主治】蒲黄甘,平。止血,化瘀,通淋。用于吐血,衄血,咯血,崩漏,外伤出血,经闭痛经,胸腹刺痛,跌扑肿痛,血淋涩痛。**蒲黄滓**收敛止血。用于痢疾,腹泻。**蒲棒**甘、微辛,平。解毒止血。用于外伤出血。**蒲蒻**甘,凉。清热凉血,利水消肿。用于孕妇劳热,胎动下血,消渴,口疮,热痢,淋病,赤白带下,水肿,瘰疬。

【历史】见水烛。

水烛

【别名】水烛香蒲、狭叶香蒲、蒲子(无棣、聊城)、蒲黄、蒲棒(临沂、德州)、蒲棒头、蒲草。

【学名】Typha angustifolia L.

【植物形态】多年生水生或沼生草本。根状茎横长。地上茎直立,粗壮,高1.5~2.5m。叶片狭条形,宽5~8mm,稀达1cm,基部鞘状抱茎；叶鞘常有耳,边缘膜质。花单性；雌、雄同株；穗状花序；雌、雄花序间相隔1~10cm；雄花序在上部,长20~30cm；雄花有2~3雄蕊,基部的毛长于花药,花粉粒单体,近球形、卵形或三角形,具网状纹饰；雌花序在下部,长10~30cm,成熟时直径1~2.5cm；雌花基部叶状苞片早落；小苞片匙形与柔毛同长,但较柱头短；果期各花的毛增长到4~6mm。小坚果椭圆形,长约1mm,直径约0.5mm,无沟,具褐色斑点,纵裂。种子深褐色,长1~1.2mm。花、果期5~8月。（图844）

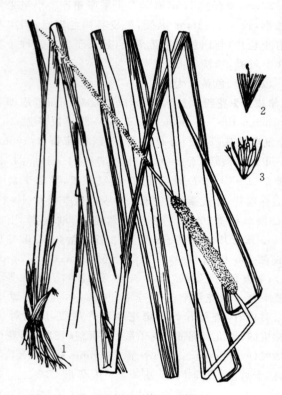

图844　水烛
1.植株全形　2.雌花　3.雄花

【生长环境】生于湖泊、池沼或沟塘浅水处。
【产地分布】山东境内产于东营、微山、济宁、东平、临沂等地水泊。在我国除山东外,还分布于东北、华北、华东地区及湖南、陕西、广东、云南等地。
【药用部位】花粉：蒲黄；花粉、花药与花丝的混合物：草蒲黄；筛去花粉后的花药和花丝：蒲黄滓；干燥果序：蒲棒；幼苗及幼嫩根茎：蒲荔；嫩茎：蒲菜。为常用中药和民间药,蒲菜可食,蒲黄可用于保健食品。
【采收加工】夏季采收上段黄色的雄花序,晒干后碾压,为草蒲黄；筛取花粉,为蒲黄；筛去花粉后的残渣为蒲黄滓。夏季采收下段的成熟雌花序（果序）,晒干,收存。春季采收幼苗及幼嫩根茎,鲜用或晒干。
【药材性状】花粉为黄色极细粉末。体轻,易飞扬,置于水面不下沉。手捻有滑腻感,易附着于手指上。气微,味淡。

以色鲜黄、润滑感强、纯净无杂质者为佳。

花粉、花药与花丝的混合物为较粗糙的黄色粉末。花粉为极细粉状,可见短线状的花丝。手捻滑腻感不强。气微,味淡。

筛去花粉后的花药与花丝呈粗糙松散的黄色粉末,略呈絮状。手捻无滑腻感。气微,味淡。

果序常散碎呈绒毛状；完整的果序呈圆柱形,长10~30cm,直径约2cm。小坚果呈椭圆形,长约1mm,直径约0.5mm,无沟,具褐色斑点,纵裂；果实基部的白色柔毛长约5mm,与匙形小苞片近等长,短于柱头。种子深褐色,长1~1.2mm。气微,味淡。

以完整、色黄者为佳。

【化学成分】花粉含黄酮类：异鼠李素,异鼠李素-3-O-新橙皮糖苷,香蒲新苷,柚皮素,山柰酚,山柰酚-3-O-α-L-鼠李糖基(1→2)-α-L-鼠李糖基(1→6)-β-D-葡萄糖苷,山柰酚-3-O-α-L-鼠李糖基(1→2)-β-D-葡萄糖苷,槲皮素,槲皮素-3-O-α-L-鼠李糖基(1→2)-β-D-葡萄糖苷等；氨基酸：天冬氨酸,苏氨酸,丝氨酸,谷氨酸等；多糖：TAA、TAB、TAC；挥发油：主成分为棕榈酸,棕榈酸甲酯,2-十八烯醇,2-戊基呋喃,β-蒎烯等；甾醇类：β-谷甾醇,β-谷甾醇棕榈酸酯,豆甾烷-4-烯-3-酮,豆甾烷-3,6-二酮,胡萝卜苷；有机酸：香草酸,二十烷酸,十八烷酸,正二十六烷酸,十八烷酸丙酸醇酯；还含嘧啶-2,4(1H,3H)-二酮[pyrimidine-2,4(1H,3H)-dione]及无机元素钛、铅、硼、铬、镉、铜、汞、硒、锌等。叶含黄酮类：槲皮素,槲皮素-3,3'-二甲醚,槲皮素-3,3'-二甲醚-4'-O-β-D-吡喃葡萄糖苷,异鼠李素,异鼠李素-4'-O-β-D-吡喃葡萄糖苷,异鼠李素-3-O-β-半乳糖苷,异鼠李素-3-O-新橙皮苷；还含正二十六烷酸,谷甾醇,胡萝卜苷和纤维蛋白溶解酶等。

【功效主治】蒲黄甘,平。止血,化瘀,通淋。用于吐血、衄血、咯血,崩漏,外伤出血,经闭痛经,胸腹刺痛,跌打肿痛,血淋涩痛。蒲黄滓收敛止血。用于痢疾,腹泻。蒲棒甘、微辛,平。解毒止血。用于外伤出血。蒲荔甘,凉。清热凉血,利水消肿。用于孕妇劳热,胎动下血,消渴,口疮,热痢,淋病,赤白带下,水肿,瘰疬。蒲菜甘,凉。清热利水,凉血。用于五脏心下邪气,口中烂臭,小便短少赤黄,乳痈,便秘,胃脘灼痛。
【历史】蒲黄始载于《神农本草经》,列为上品,曰："生池泽。"《本草图经》云："蒲黄生河东池泽,香蒲,蒲黄苗也……春初生嫩苗，未出水时，红白色茸茸然……至夏抽梗于丛叶中，花抱梗端，如武士棒杵……花黄即花中蕊屑也，细若金粉"。《本草衍义》云："蒲黄，处处有，即蒲槌中黄粉也。"《本草纲目》曰："蒲，生水际，似莞而褊，有脊而柔。"所述形态与现今香蒲属植物相符。

【附注】《中国药典》2010年版收载，原植物名为水烛香蒲。

附：小香蒲

小香蒲 T. minima Funk.，与水烛的主要区别是：茎叶细弱，基部叶细条形，宽不及2mm；茎生叶仅有叶鞘，无叶片或退化成刺状。穗状花序，雌、雄花序间相隔1～1.5cm；雄花序在上部，长5～9cm；雄蕊单一，基部无毛，花粉粒为四合体；雌花序在下部，长1.5～4cm；雌花基部有长约5mm的毛，比柱头稍短，毛的顶端常膨大；小苞片与柔毛近等长；花序中有许多不孕花，不孕花的子房倒圆锥形，顶端有一短柱头。产地、药用同水烛。

香蒲

【别名】 东方香蒲、蒲黄、蒲棒（德州、临沂）、水蜡烛。

【学名】 Typha orientalis Presl.

【植物形态】 多年生水生或沼生植物。根状茎乳白色。地上茎粗壮，向上渐细，高1.3～2m。叶片条形，扁平，长40～70cm，宽0.5～1cm，基部扩大成鞘，抱茎，开裂，叶鞘边缘白色膜质。穗状花序圆柱状，雌、雄花序紧密相连；花序上有膜质叶状苞片；雄花序在上部，长4～6cm；雄花由2～4枚雄蕊组成，基部有一柄，花药长2～2.5mm，花粉粒单体；雌花序在下部，长5～10cm，圆柱状，果期花各部增长；雌花长7～8mm；不孕花长约6mm；雌花基部的白色柔毛长6～7mm，比柱头稍长或等长；无小苞片。小坚果椭圆形或长椭圆形，长约1mm，表面具长形褐色的斑点。种子褐色，微弯。花、果期6～8月。（图845）

【生长环境】 生于水旁或沼泽中。

【产地分布】 山东境内产于微山、济宁、东平、临沂、东营等地水泊。在我国除山东外，还分布于东北、华北、华东地区及湖南、陕西、广东、云南等地。

【药用部位】 花粉：蒲黄；花粉、花药与花丝的混合物：草蒲黄；筛去花粉后的花药和花丝：蒲黄滓；干燥果序：蒲棒；幼苗及幼嫩根茎：蒲蒻；嫩茎：蒲菜。为常用中药和民间药，蒲菜可食，蒲黄可用于保健食品。

【采收加工】 夏季采收上段黄色的雄花序，晒干后碾压，为草蒲黄；筛取花粉，为蒲黄；筛去花粉后的残渣为蒲黄滓。夏季采收下段的成熟雌花序（果序），晒干，收存。春季采收幼苗及幼嫩根茎，鲜用或晒干。采收嫩茎，鲜用。

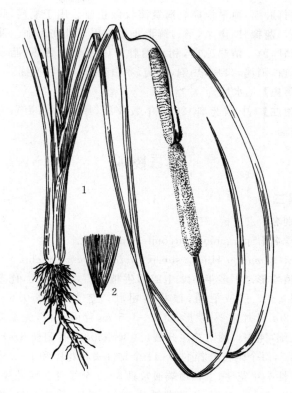

图845 香蒲
1. 植株 2. 雌花

【药材性状】 花粉为黄色极细粉末。体轻，易飞扬，置于水面不下沉。手捻有滑腻感，易附着于手指上。气微，味淡。

以色鲜黄、润滑感强、纯净无杂质者为佳。

花粉、花药与花丝的混合物为较粗糙的黄色粉末。花粉为极细粉状，可见短线状的花丝。手捻滑腻感不强。气微，味淡。

筛去花粉后的花药与花丝呈粗糙松散的黄色粉末。手捻无滑腻感。气微，味淡。

果序常散碎呈绒毛状；完整的果序呈圆柱形，长5～15cm。小坚果呈椭圆形或长椭圆形，长约1mm，表面具长形褐色的斑点；果实基部无小苞片，白色柔毛长约6mm，与柱头近等长或稍长。种子褐色，微弯。气微，味淡。

以完整、色黄者为佳。

【化学成分】 花粉含黄酮类：香蒲新苷，异鼠李素-3-O-新橙皮苷，槲皮素，柚皮素，异鼠李素，芦丁，异鼠李素-3-O-芸香糖苷，槲皮素-3-O-(2′-α-L-鼠李糖基)-芸香糖苷，山柰酚-3-O-新橙皮糖苷等；还含泡桐素（paulownin），胡萝卜苷，β-谷甾醇，棕榈酸，棕榈酸乙酯，棕榈酸甘油酯，三十一烷醇-6，赤藓醇（erythritol），1个以二十二烷酸和二十四烷酸为主的饱和脂肪酸的混合物，氨基酸及无机元素钾、锌、铜、锰、铁、钙等。

【功效主治】 蒲黄甘，平。止血，化瘀，通淋。用于吐血，衄血，咯血，崩漏，外伤出血，经闭痛经，胸腹刺痛，跌打肿痛,血淋涩痛。**蒲黄滓**收敛止血。用于痢疾,腹泻。**蒲棒**甘、微辛,平。解毒止血。用于外伤出血。**蒲蒻**甘,凉。清热凉血,利水消肿。用于孕妇劳热,胎动下血,消渴,口疮,热痢,淋病,赤白带下,水肿,瘰疬。

【历史】见水烛。

【附注】《中国药典》2010 年版收载,原植物名为东方香蒲。

黑三棱科

黑三棱

【别名】京三棱、三棱。

【学名】Sparganium stoloniferum Hamt.
(S. ramosum Huds. subsp. stoloniferum Graebn.)

【植物形态】多年生水生或沼生植物。块茎膨大,比茎粗 2~3 倍或更粗;根状茎粗壮。茎直立,高 0.6~1.2m。叶片扁平,条形,宽 1~1.5cm,背面有棱,先端略变细,钝头。圆锥花序开展,长 30~50cm,有侧枝 3~5,稀 7,每个侧枝上着生 7~11 个雄性头状花序和 1~2 个雌性头状花序,主轴顶端通常具 3~5 个雄性头状花序,无雌性头状花序;雄花花被片 3~4,膜质,有细长柄,雄蕊 3;雌花密集,花被片 3~4,膜质,长 2~3mm,边缘常啮蚀状。果实倒圆锥形,长 6~8mm,上部通常膨大呈冠状,具棱,褐色。花、果期 6~10 月。(图 846)

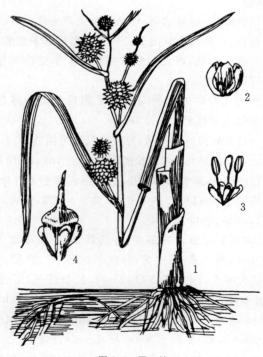

图 846 黑三棱
1.植株 2-3.雄花 4.果实和花被

【生长环境】生于湖泊、河边、水田或沼泽地。

【产地分布】山东境内产于各地;以文登、乳山、牟平、海阳、胶县、日照及微山湖附近产量最大。在我国除山东外,还分布于东北、华北、西北地区及江苏、江西等地。

【药用部位】块茎:三棱。为常用中药。山东道地药材。

【采收加工】冬季至次年春采挖块茎,洗净,削去外皮,晒干。

【药材性状】块茎呈圆锥形或倒卵形,略扁,上圆下尖,下端稍弯曲,长 2~6cm,直径 2~4cm。表面黄白色或灰黄色,有刀削痕,顶端有茎痕,须根痕小点状,密集,略呈横向环列,两侧须根痕较大。体重,质坚实,难碎断,入水下沉,破碎面灰黄色或浅棕色,稍平坦,有多数散在的维管束小点及条状横纹。气微,味淡,嚼之微有麻辣感。

以体重、质坚实、色黄白者为佳。

【化学成分】块茎含挥发油:主成分为苯乙醇,对苯二酚,去氢木香内酯(dehydrocostuslactone),β-榄香烯,2-呋喃甲醇(2-furanmethanol)等;有机酸:香草酸,琥珀酸,三棱酸(sanleng acid),9,11-十八碳二烯酸,9-十八烯酸,苯甲酸,3-苯-2-丙烯酸,正二十六烷酸,二十二烷酸,6,7,10-三羟基-8-十八烯酸,3,5-二羟基-4-甲氧基苯甲酸,丁二酸,壬二酸(azelaic acid),癸二酸以及 C_8~C_{12}、C_{14}、C_{20} 的脂肪酸,棕榈酸;黄酮类:刺芒柄花素,山柰酚,5,7,3′,5′-四羟基双氢黄酮醇-3-O-β-D-葡萄糖苷;苯丙素类:阿魏酸,对羟基桂皮酸,β-D-(1-O-乙酰基-3,6-O-二阿魏酰基)呋喃果糖基-α-D-2′,4′,6′-O-三乙酰基吡喃葡萄糖,β-D-(1-O-乙酰基-3,6-O-二阿魏酰基)呋喃果糖基-α-D-2′,6′-O-二乙酰基吡喃葡萄糖,1,3-O-二阿魏酰基甘油,1-O-阿魏酰基-3-O-p-香豆酰基甘油;三萜类:白桦脂酸,24-亚甲基环阿尔廷醇;甾体类:Δ^5-胆酸甲酯-3-β-D-葡萄糖醛酸-(1→4)-α-L-鼠李糖苷,$\Delta^{5,6}$-胆酸甲酯-3-α-L-鼠李糖-(1→4)-β-D-吡喃葡萄糖苷,Δ^5-胆酸甲酯-3-β-D-葡萄糖苷,豆甾醇,β-谷甾醇,β-谷甾醇棕榈酸酯,胡萝卜苷棕榈酸酯,β-胡萝卜苷;乙炔类:3,6-二羟基-2-[2-(2-羟基苯基)-乙炔基]苯甲酸甲酯,三棱二苯乙炔(sanleng dipheny lacetypene)即 3,6-二羟基-2-[2-(2-羟基苯基)乙炔基]苯甲酸甲酯{methyl-3,6-dihydroxy-2-[2-(2-hydroxyphenyl)ethynyl]benzoate};还含三棱双苯内酯(sanleng diphenyllactone)即 4-羟基-3H-吡喃酮[3,4,5-kl]并氧杂蒽{4-hydroxy-3H-pyrano[3,4,5-kl]xanthen-3-one},2,7-二羟基呫吨酮(2,7-dihydroxy xanthone),正丁基-O-β-D-吡喃果糖苷,对羟基苯甲醛,5-羟甲基糠醛,阿魏酸单甘油酯,α-棕榈酸单甘油酯,甘露醇。

【功效主治】辛、苦,平。破血行气,消积止痛。用于癥瘕痞块,痛经,瘀血经闭,胸痹心痛,食积胀痛。

【历史】三棱始载于《本草拾遗》,曰:"三棱总有三、四种,京三棱黄色体重,状若鲫鱼而小"。《本草图经》曰:"今河、陕、江、淮、荆襄间皆有之。春生苗,高三四尺,似荩蒲叶皆三棱,五、六月开花似莎草,黄紫色。霜降后采根,削去皮须,黄色,微苦,以如小鲫鱼状,体重者佳。"又谓:"黑三棱如乌梅而轻"。所述形态表明,古代所用三棱包括现代商品药材三棱(黑三棱科)和荆三棱(莎草科),而且名称上有混淆。

【附注】《中国药典》2010年版收载。

眼子菜科

眼子菜

【别名】鸭子草、案板菜。

【学名】Potamogeton distinctus A. Benn.

【植物形态】多年生水生草本。根状茎发达,白色,多分枝,常于顶端形成纺锤状休眠芽体,并在节处生有较密的须根。茎较细弱,近直立,圆柱形,长约50cm,直径1~2mm。叶二型;浮水叶互生,花序下面的叶对生;叶片阔披针形、卵状披针形或近长椭圆形,长4~13cm,宽2~4cm,先端渐尖或钝圆,基部近圆形,全缘,略带革质;叶柄长3.5~15cm;沉水叶披针形,长约10cm。穗状花序,生于浮水叶叶腋,长2~5cm,花密生,花序梗长3~8cm。小核果阔卵形,长3~4mm,宽2.5~3mm,背部有3脊。花、果期6~8月。2n=52。(图847)

【生长环境】生于湖沼、池塘或沟渠。

【产地分布】山东境内产于微山、济宁、东平等地水泊。在我国除山东外,还分布于西南、西北、华中、华东、华北等地。

【药用部位】全草:眼子草;嫩根茎:眼子草根。为民间药。

【采收加工】春季挖嫩根茎,去除茎叶,洗净,鲜用或晒干。春、夏二季采收全草,除去杂质,晒干。

【药材性状】干燥全草成团状,灰绿色。茎纤细,长短不一,直径约1mm,有纵纹,有的带细根茎。叶常皱缩或破碎;完整者二型;浮水叶互生,花序下面的叶对生,叶片呈阔披针形或近长椭圆形,长3~12cm,宽2~3.5cm,先端渐尖或钝圆,基部近圆形,全缘,略带革质;沉水叶披针形,长约9cm;叶柄长3~14cm。穗状花序,生于浮水叶叶腋,长2~4.5cm,花密生,花序梗长2~7cm。小核果阔卵形,长3.5mm,宽2.5~3mm,背部有3脊。气微,味微苦。

根状茎灰白色,具多分枝。顶端有纺锤形休眠芽,节处有较密的须根。气微腥,味微苦。

【功效主治】眼子草苦,寒。清热利水,止血消肿,驱蛔。用于目赤红痛,痢疾,黄疸,淋症,水肿,带下,血

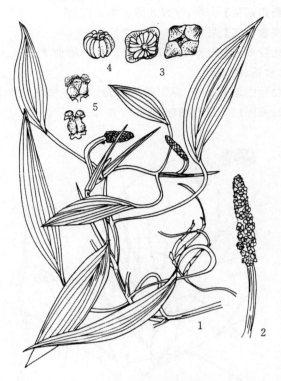

图847 眼子菜
1.植株 2.花序 3.花 4.雄蕊 5.雌蕊

崩,痔血,小儿疳积,蛔虫病,痈疖肿毒。**眼子草根**理气和中,止血。用于气痞腹痛,腰痛,痔疮出血。

【历史】眼子菜始载于《救荒本草》,曰:"生水泽中,青叶背紫色,茎柔滑而细,长可数尺。"并附图。《滇南本草》名牙齿草,并附图。《植物名实图考》谓:"牙齿草生云南水中,长根横生,紫茎,一枝一叶,叶如竹,光滑如荇,开花作小黄穗。"所述形态及附图与眼子菜科植物相符。

篦齿眼子菜

【别名】水草、眼子菜、线形眼子菜、红线儿萱。

【学名】Potamogeton pectinatus L.

【产地分布】多年生沉水草本。根状茎发达,白色,具分枝,常于春末夏初至秋季之间,在根状茎及其分枝的顶端,形成长0.7~1cm的卵形小块茎状休眠芽体。茎下部较粗,直径约3mm,上部密生叉状分枝。叶片条形,长2~10cm,宽0.5~1mm,先端急尖,全缘;托叶与叶柄离生,基部抱茎,长1~3cm。穗状花序腋生于茎顶,长1~4cm,由2~6轮间断的花簇组成;花序梗细弱,长3~12cm。小核果倒卵形,长3~3.5mm,背部有脊或近圆形。花、果期6~7月。(图848)

【生长环境】生于湖泊、池塘或河沟浅水处。

【产地分布】山东境内产于各地。在我国除山东外,还分布于全国各地。

【药用部位】全草：红线儿茈。为民间药。

【采收加工】夏季采收，除去杂质，晒干。

【化学成分】全草含粗脂肪，粗蛋白，胡萝卜素及无机元素钙、磷等。

【功效主治】微苦，凉。清热解毒。用于肺热咳嗽，疮疖；藏医用于风热咳喘，外用于疮疖。

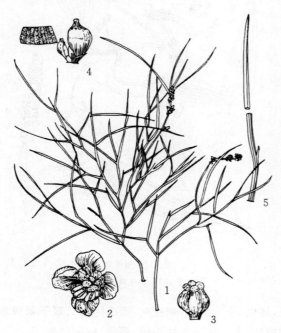

图 848　篦齿眼子菜
1.植株 2.花 3.雌蕊 4.果实 5.叶片

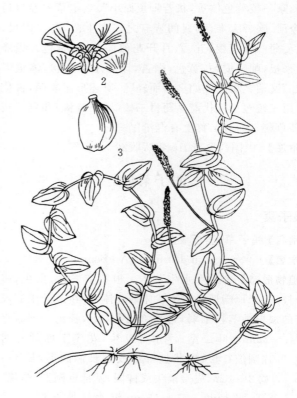

图 849　穿叶眼子菜
1.植株 2.花 3.果实

穿叶眼子菜

【别名】抱茎眼子菜、酸水菜。

【学名】Potamogeton perfoliatus L.

【植物形态】多年生沉水草本。根状茎发达。茎长约60cm，有分枝。叶互生，花序下两节的叶常对生；叶片阔卵形或卵状披针形，长 2～5cm，宽 1～2.5cm，先端钝或圆，基部心形，抱茎，全缘，呈明显的皱波状，有不明显的细锯齿，叶脉 11～15 条；托叶鞘状，薄膜质。穗状花序生于茎顶叶腋，穗长 1.5～3cm，花密集，梗长 2～4cm。小核果倒卵形，脊部有 3 棱，仅中间 1 条明显。花期 6～8 月；果期 7～9 月。2n=52。（图 849）

【生长环境】生于淡水湖泊或流动较少的河沟。

【产地分布】山东境内产于东营等地。在我国除山东外，还分布于东北地区及内蒙古、新疆、青海、甘肃、宁夏、陕西、山西、河北、河南、湖南、贵州、云南等地。

【药用部位】全草：酸水草。为民间药。

【采收加工】夏季采收全草，除去杂质，晒干。

【功效主治】淡、微辛，凉。祛风利湿。用于湿疹，皮肤瘙痒。

大叶藻

【别名】海带草（蓬莱）、海草。

【学名】Zostera marina L.

【植物形态】多年生沉水草本。根状茎匍匐，节上生须根。茎细，有疏分枝。叶互生；叶片长条形，长 30～50cm，宽 3～5mm，先端钝圆，全缘，有 5 脉，稀 7～11 脉；托叶膜质，与叶基分离。肉穗花序初时包于佛焰苞内，花序轴扁平，叶状，长 3～4cm，贴生于佛焰苞上；花小，雌、雄花交互排列于花序轴两侧，无花被；雄花仅 1 花药；雌花仅 1 雌蕊，柱头 2。瘦果椭圆形至卵形，长 2.5～4mm，有纵棱。种子椭圆形或卵形，亦有纵棱纹。花、果期 4～7 月。（图 850）

【生长环境】生于海滩中潮带，成大片的单种群落。

【产地分布】山东境内产于沿海各地。在我国除山东外，还分布于辽宁等省区沿海各地。

【药用部位】全草：大叶藻。为民间药。

【采收加工】春至秋三季采收，鲜用或晒干。

【药材性状】藻体常皱缩或卷曲，多碎断。完整者呈细长带状，长 30～40cm，宽 3～5mm。先端钝圆，全缘。表面棕绿色至棕色，微有白霜。质脆，薄如纸，折断面细毛样。气微臭，味咸。

【化学成分】全草含木犀草素-7-硫酸酯（luteolin-7-sul-

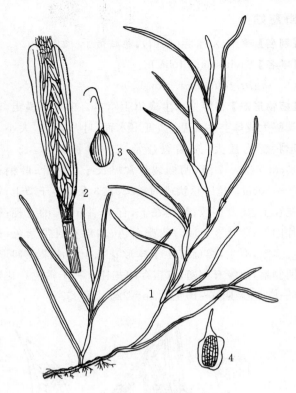

图 850 大叶藻
1.植株 2.佛焰苞及花序 3.果实 4.种子

phate)，香叶木素-7-硫酸酯，芹菜素-7-硫酸酯，金圣草素-7-硫酸酯（chrysoeriol-7-sulphate），木犀草脂素-7,3'-二硫酸酯，单半乳糖基二脂酰甘油（monogalactosyl-diacylglycerol），二半乳糖基二脂酰甘油，磺酸基异鼠李糖基二脂酰甘油（sulfoquinovosyldiacylglycerol），磷脂酰胆碱（phosphatidylcholine,卵磷脂），磷脂酰乙醇胺（phosphatidylethanolamine,脑磷脂），N-脂酰基磷脂酸乙醇胺，对-磺酸桂皮酸（p-sulphooxy cinnamic acid），对-香豆酸，阿魏酸及天冬氨酸，谷氨酸，甘氨酸，γ-氨基丁酸等氨基酸。**叶及根茎**含无机元素钠、钾、钙、镁、锰、铁、锌等。

【功效主治】咸,寒。清热化痰,软坚散结,利水。用于瘿瘤结核,疝瘕,水肿,脚气。

【历史】大叶藻始载于《本草拾遗》,云："大叶藻生深海中及新罗,叶如水藻而大。"按所述形态与眼子菜科大叶藻属植物大叶藻相似。

泽泻科

东方泽泻

【别名】泽泻、水白菜、如意草。

【学名】Alisma orientale (Sam.) Juzep.
（A. plantago-aquatica L. var. orientale G. Sam.）

【植物形态】多年生水生或沼生草本。块状茎直径 1～2cm 或更大。叶基生；叶片长椭圆形或阔卵形,长 3～18cm,宽 2～9cm,先端尖,基部圆形、心形或阔楔形,全缘,有 5～9 条弧形脉,各脉间有多数斜出羽状脉；叶柄长 10～40cm,基部鞘状。花茎高 40～80cm,通常有 3～5 轮生分枝,分枝下有狭长的苞片,轮生分枝常再分枝,组成圆锥状复伞形花序；花两性；萼片 3,卵形,绿色或稍带紫色,宿存；花瓣 3,倒卵形,白色；膜质,早落；雄蕊 6；雌蕊多数,排成一轮。瘦果侧扁,倒卵形,长约 2mm。花期 6～8 月；果期 7～10 月。（图 851）

图 851 东方泽泻
1.植株 2.花

【生长环境】生于湖泊、池塘、稻田或水沟。

【产地分布】山东境内产于微山、济宁、东平等地。在我国除山东外,还分布于各地。

【药用部位】块茎：泽泻；叶：泽泻叶；果实：泽泻实。为常用中药和民间药,可用于保健食品。

【采收加工】夏季采叶,鲜用或晒干。夏、秋二季采收果实成熟时,采收果序,扎成小把,挂于通风处,晾干,脱粒后晒干。秋、冬二季茎叶枯萎时采挖根茎,洗净,晒至半干,除去粗皮和须根后再晒干。

【药材性状】块茎类球形、椭圆形或卵圆形,长 2～7cm,直径 2～6cm。表面黄白色或淡黄棕色,有不规则横向环状浅沟纹及多数细小突起的须根痕,底部有时具瘤状芽痕。质坚实,断面黄白色,粉性,有多数细孔。气微,味微苦。

以个大、光滑、粉性足、色黄白者为佳。

叶皱缩卷曲；展平后完整者呈椭圆形、长椭圆形或宽卵形,长6～17cm,宽4～8cm。先端锐尖或钝尖,基部圆形或心形,全缘；两面绿色或黄绿色,有5～9条弧形脉,各脉间有多数斜出羽状脉；叶柄细长圆柱状,长20～30cm,基部稍膨大成鞘状。质薄脆,易破碎。气微,味微酸、涩。

以叶完整、色绿者为佳。

【化学成分】块茎含萜类：23-乙酰泽泻醇 B(23-acetate alisol B),24-乙酰泽泻醇 A(24-acetate alisol A),泽泻醇(alisol)A、B、C、F、G、H、I、O,泽泻 C 单乙酸酯,泽泻烯醇(alismol),16,23-氧化泽泻醇 B(16,23-oxidoalisol B),16,23-环氧泽泻醇 B,表泽泻醇(epi-alisol)A,泽泻薁醇(alismol),泽泻薁醇氧化物(alismoxide),11-去氧泽泻醇 A(11-deoxyalisol A),11-去氧泽泻醇 B-23-乙酸酯,11-去氧泽泻醇 C-23-乙酸酯,泽泻二萜醇(oriediterpenol),泽泻二萜苷(oriediterpenoside),泽泻醇 J、K、L、M、N-23-乙酸酯,16β-羟基泽泻醇 B-23-乙酸酯及其 16-O-甲醚等；糖类：泽泻多糖 PH、PⅢH,葡聚糖(alisman SI),酸性多糖(alisman)PB、PCF；黄酮类：穗花杉双黄酮(amentoflavone),2,4,2'-三羟基查耳酮；还含 1-亚油酸单甘油酯,甘油棕榈酸酯,4-pyrazin-2-yl-but-3-ene-1,2-diol,烟酰胺(nicotinamide),胆碱,β-谷甾醇及无机元素钾、钙、镁等。叶含维生素 C 及无机元素锰、钙等。

【功效主治】泽泻甘、淡,寒。利水渗湿,泄热,化浊。用于小便不利,水肿胀满,泄泻尿少,痰饮眩晕,热淋涩痛,头晕目眩。泽泻叶微咸,平。益肾止咳,通脉,下乳。用于虚劳,咳喘,乳汁不下,疮肿。泽泻实甘,平。祛风湿,益肾气。用于风痹,肾亏体虚,消渴。

【历史】泽泻始载于《神农本草经》,列为上品。《本草图经》曰："今山东、河、陕、江、淮亦有之,以汉中者为佳,春生苗,多在浅水中,叶似牛舌草,独茎而长,秋时开白花作丛,似谷精草……秋末采,暴干。"其文图与现今植物泽泻形态基本一致。

【附注】《中国药典》2010 年版收载泽泻,原植物名为泽泻。

附：窄叶泽泻

窄叶泽泻 A. canaliculatum A. Btaun et Bouche.,与东方泽泻的主要区别是：挺水叶全部披针形或宽披针形。果实背部具1明显的深槽沟。山东境内产于崂山。全草用于皮肤疮疹,小便不利,水肿,毒蛇咬伤。

野慈姑

【别名】慈姑、水莘荠(蒙山)、慈姑蛋子(微山)。

【学名】Sagittaria trifolia L.

（S. sagittifolia auct. non L.）

【植物形态】多年生水生或沼生草本。根状茎横走,末端膨大成球茎。叶基生,挺出水面；叶片箭形,大小及形状变化甚大,先端裂片常三角状披针形,长5～15cm,有3～7脉,两侧裂片常略长于顶裂片；叶柄长20～60cm。花序总状或圆锥状；花3朵轮生于节上；雄花在上,雄蕊多数；雌花在下,有1～2cm长的花梗；苞片卵形；萼片3,卵形；花瓣白色,基部有时带紫色；心皮多数,离生,螺旋着生于球形花托上。瘦果倒卵形,两侧扁,边缘有薄翅,有宿存的花柱。种子褐色。花期6～8月；果期9～10月。2n＝22。（图852）

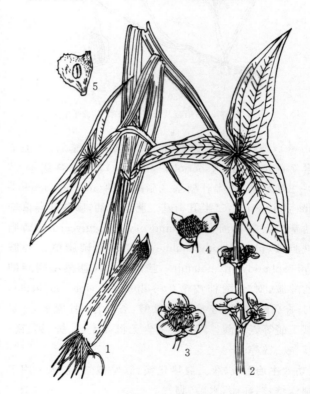

图 852 野慈姑
1.植株 2.花序 3.雄花 4.雌花 5.果实

【生长环境】生于湖泊、池沼或浅水中。

【产地分布】山东境内产于各地,主产于南四湖、东平湖。我国各地均有分布。

【药用部位】球茎：慈姑；叶：慈姑叶；花：慈姑花。为民间药,慈姑民间食用。

【采收加工】秋季采收球茎,洗净,除去须根,蒸后晒干。夏、秋季开花时采收叶、花,鲜用或切段晒干。

【药材性状】球茎长卵圆形或类球形。表面棕褐色或褐绿色，有纵向皱纹和2~3个环节，环节上残留膜质鳞叶，中部常凹下，顶端有粗大芽苞，下部具致密的皱褶，底部有浅灰色圆形疤痕。质坚硬，难折断，破碎面中空，微角质状。气微，味淡。

以个大、饱满、质硬者为佳。

【化学成分】球茎含三达右松脂酸，邻苯二甲酸二丁酚，β-谷甾醇-β-D-葡萄糖苷，蛋白质，脂肪，淀粉，黄酮类及无机元素钙、磷、铁等。全草含慈姑醇（sagittarol）。

【功效主治】慈姑苦、甘，凉。行血通淋。用于产后血瘀，胎衣不下，淋症，咳嗽痰血。慈姑叶苦、微辛，寒。清热解毒，凉血化瘀，利水消肿。用于咽喉肿痛，黄疸，水肿，恶疮肿毒，丹毒，瘰疬，湿疹，蛇虫咬伤。慈姑花微苦，寒。清热解毒，利湿。用于疔肿，痔漏，湿热黄疸。

【历史】野慈姑始载于《名医别录》"乌芋"条下，原名藉姑。《本草经集注》云："生水田中，叶有桠，状如泽泻……根黄，似芋子而小，煮之可啖。"《本草图经》名剪刀草，曰："生江湖及京东近水河沟沙碛中。叶如剪刀形；茎干似嫩蒲，又似三棱；苗甚软，其色深青绿，每丛十余茎，内抽出一两茎，上分枝，开小白花，四瓣，蕊深黄色。根大者如杏，小者如杏核，色白而莹滑。五月、六月采叶，正月、二月采根"。《本草纲目》曰："慈姑生浅水，人亦种之，三月生苗，青茎中空，其外有棱，叶如燕尾，前尖后歧。霜后叶枯，根乃冻结，冬及春秋掘以为果。"所述形态及附图与泽泻科植物慈姑及野慈姑相似。

水鳖科

水鳖

【别名】马尿花、天泡草、白萍。

【学名】Hydrocharis dubia (Bl.) Backer
(*Pontederia dubia* Bl.)

【植物形态】多年生浮水草本。须状根长达30cm。匍匐茎发达，节间长3~15cm，直径约4mm，顶端生芽，可生出越冬芽。叶簇生，多漂浮，有时伸出水面；叶片圆形或心形，先端圆，基部心形，全缘，长2.6~6cm，宽2.5~8cm，上面绿色，下面略带紫红色，近叶柄处有海绵状组织，内充气体；叶柄长5~25cm，盾状着生或生于叶片基部。花单性，雌、雄异株；雄花2~3朵生于佛焰苞内，花梗长，萼片3，绿色，花瓣3，白色，雄蕊6~9，有3~6枚退化雄蕊；雌花单生于佛焰苞内，有长梗，花被与雄花相同，有退化雄蕊6，子房下位，6室，柱头6，2深裂；开花时挺出水面，结实后下弯沉入水中。果实浆果状，倒卵圆形，直径约1cm。种子多数，椭圆形，顶端渐尖，种皮上有许多毛刺状突起。花期8~9月；果期9~10月。（图853）

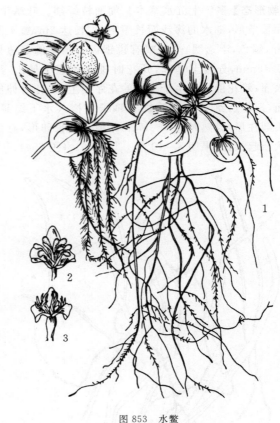

图853 水鳖
1.植株 2.雄花 3.雌花

【生长环境】生于湖泊、池塘、水沟或水田中。

【产地分布】山东境内产于微山、济宁、东平等地。在我国除山东外，还分布于华北、华东、西南等地区。

【药用部位】全草：马尿花。为民间药。

【采收加工】夏季采收，除去杂质，晒干。

【化学成分】全草含黄酮类，内酯，香豆素，甾醇，三萜，挥发油，皂苷，氨基酸及糖类。

【功效主治】苦、微咸，凉。解毒，收敛。用于湿热带下，天疱疮。

【历史】水鳖始载于《庚辛玉册》。《滇南本草》名马尿花。《野菜赞》云："油灼灼，苹类，圆大一缺，背点如水泡，一名苹菜，沸汤过，去苦涩，须姜醋，宜作干菜，根甚肥美，即此草也。"《植物名实图考》谓："马尿花生昆明海中，近华浦尤多。叶如荇而背凸起，厚脆无骨，数茎为族，或挺出水面。抽短葶开三瓣白花，相叠微皱，一名水旋覆。"所述生境、形态和附图与水鳖科植物水鳖基本一致。

苦草

【别名】 带子草、脚带草、韭菜草。

【学名】 Vallisneria natans (Lour.) Hara (*Physkium natans* Lour.)

【植物形态】 多年生沉水草本。匍匐枝纤细。叶基生；叶片长条形，随水的深浅而长短不一，长达2m，短不及15cm，绿色，半透明，全缘或有锐锯齿。雄花佛焰苞长约5～6mm，分裂至基部，开花时雄花从苞中伸出，浮于水面；雌花佛焰苞生于细长的花序梗上，开花时伸出水面，授粉后细长花序梗旋卷将子房拖入水下结果。果实圆柱形，成熟时长5～17cm。种子倒长卵形，有腺毛状凸起。花、果期8～10月。2n=20。（图854）

图854 苦草

【生长环境】 生于湖泊或溪流水中。

【产地分布】 山东境内产于微山、济宁、东平、济南。在我国除山东外，还分布于河北、四川、江西等地。

【药用部位】 全草：苦草。为民间药。

【采收加工】 夏季采收，除去杂质，晒干。

【药材性状】 全草成团状，绿褐色。全为基生叶，常断碎；完整者展平后呈长条形，长15～200cm不等，宽0.5～2cm；表面暗绿色或绿色，半透明，全缘或有锐锯齿。偶见雌雄花序；雄花佛焰苞长约5～6mm，分裂至基部；雌花佛焰苞着生于细长花序梗上，花序梗旋卷或否。果实圆柱形，长4～16cm。种子倒长卵形。气微，味苦。以色绿、叶质透明、味苦者为佳。

【化学成分】 全草含氨基酸：天冬氨酸，谷氨酸，亮氨酸，甘氨酸，缬氨酸，精氨酸，苯丙氨酸，脯氨酸，酪氨酸等；磷脂类：磷脂酰胆碱，磷脂酰肌醇（phosphatidylinositol），磷脂酰乙醇胺，磷脂酰甘油（phosphatidylglycerol）；甾体类：β-谷甾醇，豆甾-4,22-二烯-3-酮，5α-豆甾烷-3,6-二酮，粉苞苣甾醇（chondrillasteol）；还含脱植基叶绿素（chlorophyllide）a，二十（烷）醇，6,10,14-三甲基-2-十五酮，硬脂酸，棕榈酸，棕榈酸乙酯，蛋白质，脂肪，多糖及无机元素钾、氮、铁、钠、钙、磷等。

【功效主治】 苦，温。燥湿止带，行气活血。用于带下色白，产后恶露，夜尿。

【历史】 苦草始载于《本草纲目》，云："生湖泽中，长二三尺，状如茅、蒲之类。"据其生境及形态特征与植物苦草相似。

禾本科

荩草

【别名】 马耳草、炮竹草。

【学名】 Arthraxon hispidus (Thunb.) Makino (*Phalaris hispida* Thunb.)

【植物形态】 一年生草本。秆细弱无毛，多分枝，基部斜卧，高30～50cm。叶鞘生有短硬疣毛；叶舌膜质，边缘有纤毛；叶片卵状披针形，长2～4cm，宽0.8～1.5cm，基部心形抱茎，下部边缘常有纤毛。长穗状花序细弱，长1.5～3cm，常2～10枚呈指状排列或簇生秆顶端；穗轴节间无毛，长为小穗的2/3～3/4。无柄小穗卵状披针形，长3～5mm，灰绿色或带紫色；第一颖草质，边缘膜质，先端钝，具7～9脉；第二颖近膜质，与第一颖等长，具3脉，侧脉不明显，先端尖；第一外稃长圆形，膜质，长为第一颖的2/3；第二外稃与第一外稃等长，近基部伸出一膝曲的芒；芒长6～9mm，下部扭转；雄蕊2，花药黄色，长0.7～1mm；有柄小穗退化成针状刺，柄长约1mm。颖果矩圆形，与外稃几等长。花、果期8～11月。2n=10,18,36。（图855）

【生长环境】 生于山坡、草地或阴湿处。

【产地分布】 山东境内产于各地。我国各地均有分布。

【药用部位】 全草：荩草。为民间药。

【采收加工】 夏季采收，除去杂质，晒干。

【化学成分】 茎叶含乌头酸（aconitic acid），荩草素（arthraxin），木犀草素，木犀草素-7-O-葡萄糖苷等。

【功效主治】 苦，平。止咳定喘，杀虫，解毒。用于久咳，上气喘逆，惊悸，恶疮疥癣。

【历史】 荩草始载于《神农本草经》，列为下品，云："生川谷。"《名医别录》云："可以染作金色，生青衣川谷，九月、十月采。"《新修本草》云："此草，叶似竹而细薄，茎于总状花序下部，包藏于椭圆形总苞内，小穗和总苞等长，常2~3小穗生于一节，仅1枚发育成熟；雄小穗排列于总状花序上部，由椭圆形总苞中伸出；总苞甲壳质，质地较软而薄，长0.8~1cm，宽约4mm，先端成颈状之喙，并具一斜口，基部短收缩，孔小，表面灰白色、暗褐色或浅棕色，具纵长条纹，揉搓或手指按压可破，内含1枚颖果。颖果大而饱满，长圆形，长5~8mm，宽4~6mm，厚3~4mm，腹面具宽沟，基部有棕色种脐，质地坚实粉性，白色或黄白色。花、果期7~10月。$2n=20$。（图856，彩图78）

【生长环境】栽培于较湿润、肥沃的各类土壤。

【产地分布】山东境内各地有栽培；主产于烟台、滨州、潍坊、临沂、聊城等地；济南、泰安、济宁、菏泽等地亦产。销省内外并出口。我国各省区均有栽培。

【药用部位】种仁：薏苡仁；叶：薏苡叶；根：薏苡根。为常用中药和民间药，薏苡仁药食两用。山东道地药材。

【采收加工】秋季果实成熟时采割植株，晒干，打下果实，除去外壳、黄褐色果皮及杂质，收集种仁。夏、秋季采叶，鲜用或晒干。秋季挖根，洗净，晒干或鲜用。

【药材性状】种仁宽卵形或长椭圆形，长4~8mm，宽3~6mm，厚3~4mm。表面乳白色，光滑，偶有残存的黄褐色种皮。一端钝圆，另一端较宽而微凹，有1淡棕

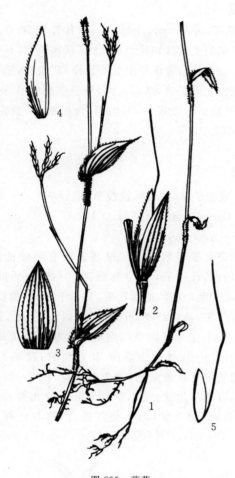

图855 荩草
1.植株 2.无柄小穗及退化有柄小穗残留部分
3.第一颖（平展）4.第二颖（侧面）5.第二外稃

亦圆小。生平泽溪涧之侧，荆襄人煮以染黄，色极鲜好。洗疮有效。俗名菉蓐草。"所述形态与植物荩草相似。

附：矛叶荩草

矛叶荩草 Arthraxon lanceolatus (Roxb.) Hochst. [*A. prionodes* (Steud.) Dandy]，与荩草的主要区别是：无柄小穗第一颖的边缘有锯齿状疣基钩毛；有柄小穗雄性；雄蕊3；叶片边缘常有疣基纤毛。产地及药用同荩草。

薏米

【别名】薏苡、铁玉米（费县）、铁玉蜀黍（烟台）、铁麻蜀黍（临沂）。

【学名】Coix chinensis Tod.
[*C. lacryma-jobi* L. var. *ma-yuen* (Roman.) Stapf]

【植物形态】一年生草本。秆直立，高1~1.5m，具6~10节，多分枝。叶片宽大开展，长10~30cm，宽1.5~3cm。总状花序腋生，长6~10cm；小穗单性；雌小穗生

图856 薏米
1.着花的枝 2.雄性小穗 3.雌花及雄花房
4.种仁 引自《新编中药志》

色点状种脐。背面圆凸,腹面有1条较宽而深的纵沟。质坚实,断面白色,粉性。气微,味微甜。

以粒大饱满、色白、粉性大、味甜者为佳。

根茎柱状或不规则形,表面灰黄色或灰棕色,具皱纹、须根和须根痕;断面灰黄色,有多数小孔排列成环,外皮与内部易于脱落。须根多数,长条形,着生于根茎上,表面灰黄色,有细皱纹。质坚韧。气微,味淡。

【化学成分】种仁含薏苡仁酯(coixrnolide),薏苡内酯(coixol,薏苡素);糖类:薏苡聚糖(coixan)A、B、C,酸性多糖CA-1、CA-2及中性葡聚糖;甾醇类:阿魏酰菜子甾醇(feruloy ampeaterol),芸苔甾醇(ampesterol),顺-、反-阿魏酰豆甾醇(cis-,trans-feruloylstigmastenol),顺-、反-阿魏酸菜油甾醇,α-、β-谷甾醇及豆甾醇等;三萜类:软木三萜酮(friedelin)和异乔木萜醇(isoarborinol);蛋白质:由精氨酸、赖氨酸、缬氨酸、亮氨酸、谷氨酸、胱氨酸、脯氨酸、精氨酸等氨基酸组成;还含维生素B及磷、铁、锌、铜、钙、镁等。种子油含甘油三酯:甘油三油酸酯(glyceryl trioleate),三亚油酸甘油酯,二亚油酸甘油酯,棕榈酸二亚油酸甘油酯,亚油酸二油酸甘油酯,棕榈酸亚油酸油酸甘油酯和棕榈酸二油酸甘油酯等,组成甘油三酯的脂肪酸主要有棕榈酸、亚油酸、油酸和硬脂酸;还含角鲨烯(squalene)。根含4-酮松脂酚(4-ketopinorsinol),丁香酚基丙三醇(syringylglycerol),薏苡聚糖A、B、C等。

【功效主治】薏苡仁甘、淡,凉。健脾渗湿,除痹止泻,清热排脓。用于水肿,脚气,小便不利,湿痹拘挛,脾虚泄泻,肺痈,肠痈,扁平疣。薏苡根苦、甘,微寒。清热通淋,利湿杀虫。用于热淋,石淋,血淋,水肿,黄疸,白带过多,脚气,风湿痹痛,蛔虫病。薏苡叶暑月煎饮,暖胃益气血。

【历史】薏米始载于《神农本草经》,列为上品,名薏苡。《本草图经》云:"春生苗,茎高三四尺,叶如黍,开红白花作穗子,五月、六月结实,青白色,形如珠子而稍长,故呼意珠子。"《本草纲目》曰:"薏苡,人多种之,二、三月宿根自生,叶如初生芭茅,五、六月抽茎开花结实。有二种:一种粘牙者,尖而壳薄,即薏苡也,其米白色如糯米,可做粥饭及磨面食,亦可同米酿酒。一种圆而壳厚,坚硬者,即菩提子也……可穿做念经数珠,故人亦呼为念珠。"后者应为薏苡(即菩提子)。据本草所述形态,古代薏苡仁应包括薏米及薏苡两种,其中薏米即系本种。《药物出产辨》以山东牛庄为上。

【附注】①《中国药典》2010年版收载薏苡仁,用异名薏苡 Coix lacryma-jobi L. var. ma-yuen (Roman.) Stapf。②本志采纳《中国植物志》10(2):290 薏米 Coix chinensis Tod. [C. lacryma-jobi L. var. ma-yuen (Roman.) Stapf]的分类。

附:薏苡

薏苡 Coix lacryma-jobi L., 又名菩提珠子、草珠珠,与薏米的主要区别是:总苞念珠状卵圆形,长0.7~1cm,宽6~8mm,表面平滑而有光泽,珐琅质,坚硬,手按压不破;先端无喙,基部孔大,易于穿线成串,做装饰品或念经数珠。颖果小,不饱满,含淀粉少,食用和药用价值不大。

狗牙根

【别名】地扒子草(临沂)、铁线草、扒根草。

【学名】Cynodon dactylon (L.) Persl.
(Panicum dactylon L.)

【植物形态】多年生草本。根茎表面有坚硬的鳞片。秆匍匐地面,长达1m,直立部分高10~30cm。叶鞘无色或具疏柔毛,有脊,边缘膜质,多长于节间,鞘口生有纤毛;叶舌短,具短纤毛;叶片条形,内卷,坚硬,长1~6cm,互生,秆上部叶因节间短似对生状。穗状花序长1.5~5cm,3~6枚生于茎顶,指状排列;穗轴近三棱形;小穗灰绿色或带紫色,常含1小花,长2~2.5mm;颖1脉,有膜质边缘,长1.5~2mm,2颖几等长,或第二颖稍长;外稃3脉,与小穗等长;内稃与外稃等长。花、果期5~9月。(图857)

图857 狗牙根
1.植株 2.小穗

【生长环境】生于墙边、路边或荒地上。
【产地分布】山东境内产于各地,鲁西南及鲁东南尤为多见。在我国除山东外,还分布于黄河以南各地。

【药用部位】全草:铁线草。为民间药。

【采收加工】夏季采收带根茎全草,洗净,晒干。

【药材性状】全草呈小把或松散状,灰绿色或绿色。根茎呈细长竹鞭状;长短不一,节明显,节上着生须根,细而韧;直立茎圆柱形,长10～30cm。叶线形,长1～10cm,宽1～3mm;叶鞘具脊,鞘口常具柔毛。穗状花序位于茎端,具3～5指状分枝,长1.5～5cm,小穗灰绿色或带紫色,两侧压扁。气微,味微苦、微甜。

以干燥纯净、色绿者为佳。

【化学成分】全草含还原糖,多糖,苷类,黄酮,甾体,有机酸等。

【功效主治】微甘,平。祛风活络,止血生肌。用于咽喉肿痛,胁痛,痢疾,小便淋涩,鼻衄,咯血,便血,呕血,脚气水肿,风湿骨痛,半身不遂,手脚麻木,跌打损伤;外用于外伤出血,骨折,疮痈,臁疮。

【历史】狗牙根始载于《滇南本草》,名铁线草,云:"生田边旷野,软枝串地延蔓而生,秆细而赤,恰似铁线,故名。"《植物名实图考》名绊根草,曰:"平野、水泽皆有,俚医谓之堑头草,扁者白根,有须者、味甜者可用;圆者生水边,味淡者不可用。寸节生根。"所述生境及形态与现今狗牙根基本相符。

牛筋草

【别名】蟋蟀草、千斤拔、蹲倒驴(临沂)。

【学名】Eleusine indica (L.) Gaertn. (*Cynosurus indicus* L.)

【植物形态】一年生草本。秆常斜生向四周开展,基部压扁,高15～90cm。叶鞘压扁,无毛或疏生疣毛,鞘口常有柔毛;叶舌长约1mm;叶片条形,扁平或卷摺,无毛或上面有疣基柔毛。穗状花序2～7枚,生于秆顶,呈指状簇生,有时其中1或2枚生于其花序下方,长3～10cm,穗轴顶端生有小穗;小穗密集于穗轴的一侧或两行排列;每小穗含3～6小花;颖披针形,脊上粗糙,第一颖长1.5～2mm,第二颖长2～3mm;第一外稃长3～3.5mm,有脊,脊上有翅;内稃短于外稃,沿脊上有纤毛。囊果。种子卵形,有明显波状皱纹。花、果期6～10月。(图858)

【生长环境】生于荒地或路边。

【产地分布】山东境内产于各地。我国各地均有分布。

【药用部位】全草:牛筋草。为民间药。

【采收加工】夏季采收全草,晒干或鲜用。

【药材性状】须根黄棕色,直径约1mm。茎扁圆柱形,表面淡灰绿色,有纵棱,节明显,节间长4～8mm,直径1～4mm。叶片条形,长10～15cm,宽约4mm。表面灰

图858 牛筋草
1.植株 2.小穗 3.小花 4.囊果 5.种子

绿色,上表面被具疣基的柔毛,平行脉。穗状花序数个,呈指状簇生。质韧。气微,味淡。

【化学成分】茎叶含黄酮类:异荭草素,小麦黄素,5,7-二羟基-3′,4′,5′-三甲氧基黄酮,牡荆素,异牡荆素,木犀草素-7-O-葡萄糖苷,木犀草素-7-O-芸香糖苷,三色堇黄酮苷(violanthin)等;甾醇类:胡萝卜苷,6′-O-棕榈酰基-3-O-β-葡萄糖基-β-谷甾醇(6′-O-palmitoyl-3-O-β-glucosyl-β-sitosterol)等。嫩草和花含微量氢氰酸。

【功效主治】甘、淡,凉。清热解毒,祛风利湿,散瘀止血。用于伤暑发热,小儿惊风,瘟疫,风湿痹痛,黄疸,泄泻,痢疾,小便不利,疮疡肿痛,跌打损伤,外伤出血,犬咬伤。

【历史】牛筋草始载于《百草镜》。《本草纲目拾遗》又名千金草,曰:"夏初发苗,多生阶砌道左。叶似韭而柔,六七月起茎,高尺许,开花三叉,其茎弱韧,拔之不易断,最难芟除,故有牛筋之名。"所述形态与禾本科植物牛筋草基本一致。

画眉草

【别名】星星草、榧子草、狗尾巴草(费县)、香草(临沂)。

【学名】Eragrostis pilosa (L.) Beauv.
(Poa pilosa L.)

【植物形态】一年生草本。秆直立或斜生,高20～60cm,圆柱形。叶鞘稍疏松,多少压扁,鞘口有长柔毛或光滑;叶舌成一圈纤毛,长0.5mm;叶片狭条形,长10～20cm,宽2～3mm。圆锥花序较开展,长15～20cm,基部分枝近轮生,分枝腋部有柔毛;小穗在熟后暗绿色或带紫黑色,含3～14小花,长2～7mm;颖先端钝或第二颖稍尖,第一颖常无脉,长约1mm,第二颖长1～1.5mm,1脉;外稃侧脉不明显,第一外稃长1.5～2mm;内稃弓形弯曲,长约1.5mm,迟落或宿存;雄蕊3,花药长不及1mm。颖果长圆形。花、果期6～9月。(图859)

【生长环境】生于田间、路边、山坡或荒地草丛。

【产地分布】山东境内产于各地。我国各地均有分布。

【药用部位】全草:画眉草;花序:画眉草花。为民间药。

【采收加工】夏、秋季开花期采收全草或花序,除去杂质,晒干或鲜用。

【功效主治】**画眉草**甘、淡,凉。清热凉血,利尿通淋。用于热淋,砂淋,石淋,目赤痒痛,跌打损伤。**画眉草花**用于黄水疮。

【历史】画眉草始载于《植物名实图考》,又名榧子草,云:"抚州山坡有之,如初生茅草,高三四寸,秋时抽葶,发小穗数十条,淡紫色,似蓼而小,殊有动摇之致,或云可治跌打损伤,亦名榧子草。"所述形态与禾本科植物画眉草相似。

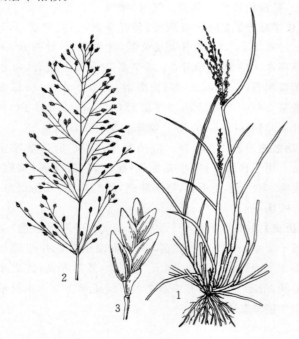

图859 画眉草
1.植株 2.花序 3.小穗

茅香

【别名】香草、香茅。

【学名】Hierochloe odorata (L.) Beauv.
(Holcus odoratus L.)

【植物形态】多年生草本,有香气。根茎细长。秆直立,高50～60cm。叶鞘无毛;叶舌膜质,长2～5mm;叶片披针形,长约5cm,宽约7mm,质较厚。圆锥花序长约10cm,分枝细长,上升或平展;小穗长5～6mm;颖膜质,2颖等长或第一颖稍短;雄花外稃稍短于颖,先端有小尖头,边缘有纤毛;两性花外稃锐尖,长约3.5mm。花期6月。(图860)

图860 茅香
1.植株 2.小穗 3.去颖的小穗 4.可孕花

【生长环境】生于湿山坡、沙地或湿润草地。

【产地分布】山东境内产于鲁西北及胶东半岛。在我国除山东外,还分布于华北、西北地区及云南等地。

【药用部位】根茎及根:茅香根;茎叶:茅香。为民间药。

【采收加工】春、秋季采挖根及根茎,洗净,切段,鲜用或晒干。夏季采收茎叶,鲜用或晒干。

【药材性状】根茎常缠绕,细长,有分枝,长短不一。表面黄色或黄棕色,节明显,节上有须根痕、须根或叶鞘纤维,一端有芽。质韧。气香,味微苦。

【化学成分】全草含香豆素类化合物。

【功效主治】茅香根甘,寒。清热利尿,凉血止血。用于热淋,吐血,尿血,肾炎浮肿。茅香清热利尿。

【历史】茅香始载于《开宝本草》,《本草图经》,名香麻,曰:"生福州。四季常有苗叶,二无花。不拘时月采之。彼土人以煎做浴汤,祛风甚佳。"其附图为禾本科植物。《本草纲目》将其并入茅香,又名香茅,"茅香根如茅,但明洁而长,可作浴汤,同藁本尤佳"。所述形态与药材气味与茅香相似。湖南长沙马王堆一号汉墓出土药物中,即发现有大量的茅香根茎,说明茅香早在二千年前的汉代就有使用。

大麦

【别名】麦子、麦、麦芽。

【学名】Hordeum vulgare L.

【植物形态】一年生或越年生植物。秆直立,粗壮,光滑无毛,高0.5~1m。叶鞘松弛抱茎,无毛,或基生叶的叶鞘疏生柔毛,上部两侧有较大的披针形叶耳;叶舌膜质,长1~2mm;叶片扁平,长9~20cm,宽0.6~2cm。穗状花序顶生,长3~8cm(芒除外),每节着生3枚发育完全的小穗;小穗无柄,长1~1.5cm(芒除外);颖片条形至条状披针形,外被短柔毛,先端有长0.5~1.5cm的芒;外稃背部无毛,5脉,有8~13cm的长芒,边棱有细刺;内稃与外稃等长。颖果成熟后与内、外稃愈合,不易分开,棱形,腹面有1条总沟或凹陷,顶端有短柔毛。花、果期4~5月。(图861)

【生长环境】栽培于农田。

【产地分布】山东境内各地有栽培。我国西部和北部各省区有栽培。

【药用部位】发芽颖果:麦芽;颖果:大麦;幼苗:大麦苗;茎秆:大麦秸。为较常用中药和民间药,大麦、麦芽和大麦苗药食两用。

【采收加工】4~5月果实成熟时采收,将颖果和茎秆分别晒干。净大麦用水浸泡后,保持适宜的温、湿度,待幼芽长至5mm时,干燥。冬、春季采收幼苗,洗净,鲜用或晒干。

【药材性状】发芽颖果梭形,长0.8~1.2cm,直径3~4mm。表面淡黄色,背面为外稃包围,具5脉,先端长芒已断落,腹面为内稃包围。除去内外稃后,腹面有1条纵沟,基部胚根处有幼芽及须根,幼芽长披针状条形,长约至5mm。须根数条,纤细而弯曲。质硬,断面白色,粉性。无臭,味微甜。出芽率不得少于85%。

以色淡黄、有胚芽、出芽率在85%以上者为佳。

【化学成分】发芽颖果含酶类:α-及β-淀粉酶,转化糖酶,过氧化异构酶(peroxidisomerase),催化酶(catalyticase),阿魏酸酯酶,磷酸二酯酶,核苷酸酶,酸性磷酸

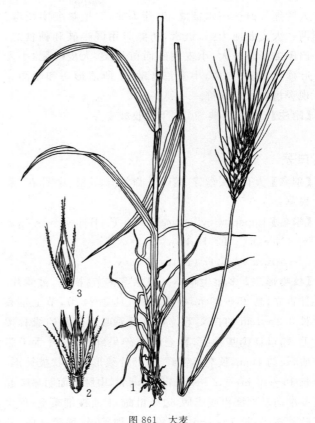

图861 大麦
1.植株 2.花序之一节 3.中间小穗(腹面)

酯酶等;生物碱:大麦芽碱(hordenine),大麦芽胍碱(hordatine)A、B,腺嘌呤,胆碱,麦芽毒素即白栝楼碱(candicine),甜菜碱,腺苷,N-benzoyl-phenylalanine-2-benzoylamino-3-phenyl propyl ester等;甾体类:β-谷甾醇,胡萝卜苷,豆甾-5-烯-3β-醇-7-酮;有机酸:单棕榈酸甘油脂,天师酸,(E,E)-9-oxo-octadeca-10,12-dienoic acid,壬二酸,亮氨酸,苯丙氨酸;还含维生素B、D、E、PP,α-生育三烯酚,细胞色素(cytochrome)C,5-羟甲基糠醛,小麦黄素(tricin),α-科酮,多酚,多糖,脂肪,蛋白质及无机元素钾、钙、铁、锌、镁等。颖果含淀粉,蛋白质,糖类,非淀粉多糖由阿拉伯木聚糖和葡聚糖组成;脂肪酸含亚油酸,棕榈酸,油酸和亚麻酸。幼苗含β-胡萝卜素。叶含黄酮类,氨基酸,维生素C等。

【功效主治】麦芽甘,平。行气消食,健脾开胃,退乳消胀。用于食积不消,脘腹胀痛,脾虚食少,乳汁郁积,乳房胀痛,断乳。大麦甘,凉。健脾和胃,宽肠,利水。用于腹胀,食滞泄泻,小便不利。大麦苗苦、辛,寒。利湿退黄,护肤敛疮。用于黄疸,小便不利,皮肤皲裂,冻疮。大麦秸甘、苦,温。利湿消肿,理气。用于小便不通,心胃气痛。

【历史】大麦始载于《名医别录》,列为中品。《新修本草》云:"大麦出关中,即青稞麦,是形似小麦而大,皮厚,故谓大麦。"《本草图经》在小麦项下云:"今南北之

人皆能种莳……水渍之,生芽为蘖。"《植物名实图考》谓:"大麦北地为粥,极滑,初熟时用碾半破和糖食之,曰碾黏子……大、小麦用殊而苗相类,大麦叶肥,小麦叶瘦,大麦芒上束,小麦芒旁散"。所述形态和附图与现今植物大麦相符。

【附注】《中国药典》2010年版收载麦芽。

白茅

【别名】大白茅、丝茅、茅草(临沂)、茅根、茅针花、甜根草。

【学名】Imperata cylindrical (L.) P. Beauv. var. major (Nees) C. E. Hubb.

[Imperata koenigii (Retz.) Beauv.]

【植物形态】多年生草本。根状茎多节,横走,被鳞片。秆直立,高25～90cm,秆节裸露,具2～4节,节上生有长0.2～1cm的白柔毛。叶鞘无毛或上部及边缘具柔毛,鞘口具疣基柔毛,鞘老时破碎呈纤维状;叶舌干膜质,长约1mm,顶端具细纤毛;叶片线形或线状披针形,长10～40cm,宽2～8mm,顶端渐尖,中脉下面明显隆起并渐向基部增粗或成柄,边缘粗糙,上面被细柔毛;顶生叶片短小,长1～3cm。圆锥花序穗状,较稀疏细弱,长6～15cm,宽1～2cm,分枝短缩而密集,有时基部较稀疏;小穗柄顶端膨大成棒状,无毛或疏生丝状柔毛,长柄长3～4mm,短柄长1～2mm;小穗披针形,长2.5～3.5(4)mm,基部密生长1.2～1.5cm的丝状柔毛;两颖几相等,膜质或下部质地较厚,顶端渐尖,具5脉,中脉延伸至上部,背部脉间疏生长于小穗本身3～4倍的丝状柔毛,边缘稍具纤毛;第一外稃卵状长圆形,长为颖之半或更短,顶端尖,具齿裂及少数纤毛;第二外稃长约1.5mm;内稃宽约1.5mm,大于长度,顶端截平,无芒,具微小的齿裂;雄蕊2枚,花药黄色,长2～3mm,先雌蕊成熟;柱头2枚,紫黑色,自小穗顶端伸出。颖果椭圆形,长约1mm。花、果期5～8月。2n=20。(图862)

【生长环境】生于谷地河床、干旱草地、空旷地、果园地、撂荒地、田坎、堤岸或路边。

【产地分布】山东境内产于各地。在我国分布于除东北地区及内蒙古以外的各地区。

【药用部位】根茎:白茅根;未开放花序:白茅针;花穗:白茅花;叶:茅草叶。为常用中药和民间药,鲜白茅根药食两用,鲜白茅针可食。

【采收加工】春、秋二季采挖根茎,洗净,晒干,除去须根及膜质叶鞘,捆成小把。4～5月采摘未开放的花序或盛开前采摘带茎的花穗,夏季采叶,鲜用或晒干。

【药材性状】根茎长圆柱形,长30～60cm,直径2～4mm。表面黄白色或淡黄色,微有光泽,具纵皱纹,节

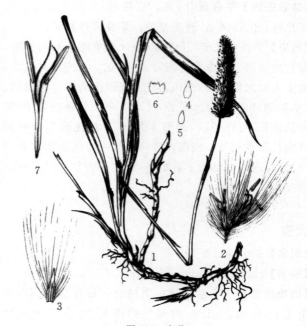

图862 白茅
1.植株 2.孪生小穗 3.第一颖 4.第一外稃
5.第二外稃 6.内稃 7.雄蕊2枚与雌蕊

明显,稍突起,节间长短不等,长1.5～3cm。体轻,质略脆,断面皮部白色,有裂隙,放射状排列,中柱淡黄色,易与皮部剥离。气微,味微甜。

以条粗长、无毛须、色白、味甜者为佳。

未开放的花序较紧密,长5～15cm,直径约1cm。花序上的分枝短而密集,小穗不易脱落。

开放的花序呈类圆柱形,长5～15cm,直径约1.5cm。花序上的分枝短缩而密集,小穗不易脱落,基部和颖片密被细长丝状灰白色柔毛;外颖矩圆状披针形,膜质。雄蕊2,花药黄色;雌蕊柱头2,紫黑色。体轻质柔似棉絮状。花序柄圆柱形,青绿色。气微,味淡。

以花序未开放、质轻柔、色白、密被白毛者为佳。

干燥叶片平展或卷曲。完整叶片展平后呈线形或线状披针形,长10～40cm,宽2～8mm,顶端渐尖,边缘粗糙,表面黄绿色,上表面被细柔毛,下表面中脉明显隆起,渐向基部增粗或成柄。叶鞘无毛或上部及边缘具柔毛,鞘口具柔毛,有时破碎呈纤维状;叶舌干膜质,顶端具细纤毛。体轻,质脆。气微,味淡。

以叶片完整、色绿者为佳。

【化学成分】根茎含三萜类:芦竹素(arundoin),白茅素(cylindrin),木栓酮(friedelin),羊齿烯醇(fernenol),西米杜鹃醇(simiarenol),乔木萜醇(arborinol),异乔木萜醇,乔木萜醇甲醚(arborinolmethyl ether),乔木萜酮(arho rinone),α-香树素等;黄酮及色原酮类:小麦黄素,5,7,4'-三羟基-3,6,3'-三甲氧基黄酮,7,4'-二羟基-

3,5,6,3′-四甲氧基黄酮,3,5-二甲氧基山柰酚,7,4′-二羟基-3,6-二甲氧基黄酮,5-甲氧基黄酮,木犀草啶(luteolinidin)即5,7,3′,4′-四羟基花色素,2-苯乙烯基色原酮,5-羟基-2-苯乙烯基色原酮(5-hydroxy-2-styrylchromone),5-羟基-2-[2-(2′-羟基苯基)乙基]色原酮{5-hydroxy-2-[2-(2′-hydroxyphenyl)ethyl]chromone};内酯类:4,7-二甲氧基-5-甲基香豆素,白头翁素,薏苡素等;糖类:蔗糖,果糖,木糖;有机酸:草酸,苹果酸,柠檬酸,酒石酸,香草酸,绿原酸,反式对羟基桂皮酸,棕榈酸;甾醇类:谷甾醇,油菜甾醇,豆甾醇,胡萝卜苷,β-谷甾醇-3-O-D-吡喃葡萄糖苷-6-十四烷酸盐(β-sitosterol-3-O-D-glucopyranosyl-6-tetradecanoate);木脂素类:graminones A,B;还含 cylindrene,lmperanene,3-羟基-4甲氧基苯甲醛,5-羟甲基苯甲醛,有机酸钾盐和钙盐等。

【功效主治】**白茅根**甘,寒。凉血止血,清热利尿。用于血热吐血,衄血,尿血,热病烦渴,湿热黄疸,水肿尿少,热淋涩痛。**白茅针**甘,平。止血,解毒。用于衄血,尿血,大便下血,外伤出血,疮痈肿毒。**白茅花**甘,温。止血,定痛。用于吐血,衄血,刀伤。**白茅叶**辛、微苦,平。祛风除湿。用于风湿痹痛,皮肤风疹。

【历史】白茅始载于《神农本草经》,列为中品,原名茅根。《本草图经》谓:"春生苗,布地如针,俗间谓之茅针,亦可啖,甚益小儿。夏生白花,茸茸然,至秋而枯,其根至洁白,亦甚甘美。"《本草纲目》曰:"茅有白茅、菅茅、黄茅、香茅、芭茅数种,叶皆相似。白茅短小,三、四月开白花成穗,结细实,其根甚长,白软如筋而有节,味甘,俗呼丝茅。"《植物名实图考》载:"根为血症要药。"所述形态及附图与现今植物白茅一致。

【附注】①《中国药典》2010年版收载白茅根。②名称考证:《中国植物志》10(2):32,1997.收载了白茅 Imperata cylindrica (L.) Beauv. 和丝茅 Imperata koenigii (Retz.) Beauv.,而白茅根在《中国药典》、《中华本草》等文献中,原植物中文名一直采用白茅,拉丁学名采用 Imperata cylindrical (L.) P. Beauv. var. major (Nees) C. E. Hubb.。《中国植物志》将此变种名作为丝茅 Imperata koenigii (Retz.) Beauv. 的异名处理。"Flora of China"22:583-584,2006.认为:白茅与丝茅的区别仅在于"花序"与"小穗"的长度略有差异,因而将丝茅并入白茅,以 Imperata cylindrica (L.) Beauv. 作为白茅的拉丁学名,把丝茅作为白茅的变种处理,变种拉丁学名为 Imperata cylindrical (L.) P. Beauv. var. major (Nees) C. E. Hubb.。白茅与其变种的主要区别是:白茅:叶片卷起,圆锥花序紧密,小穗长 4.5~6mm,花药长 3~4mm;大白茅:叶片平坦,圆锥花序排列疏松,小穗长 2.5~4(~4.5)mm;花药长 2~3 mm。本志根据药用和收载习惯,采纳"Flora of China"的分类,但中文植物名仍采用白茅。

臭草

【别名】猫毛草、金丝草。
【学名】Melica scabrosa Trin.
【植物形态】多年生草本。秆高30~70cm。叶鞘闭合,茎下部者长于节间或上部者短于节间;叶舌膜质透明,先端撕裂,长1~3mm;叶片条形,长6~15cm,宽2~7mm。圆锥花序紧缩,分枝直立或上升;小穗柄短,线状弯曲,上部有微毛;小穗有2~4孕性小花,长5~7mm,先端不孕外稃集成小球状;2颖等长,长4~7mm,3~5脉;外稃先端尖或钝,近膜质,背部有7脉隆起及点状粗糙;第一外稃长4.5~6mm。花、果期5~8月。(图863)

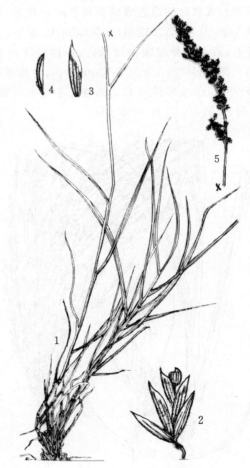

图863 臭草
1.植株 2.小穗 3.外稃 4.内稃 5.花序

【生长环境】生于山坡、林缘或路边荒草丛。
【产地分布】山东境内产于各山地丘陵。在我国除山东外,还分布于华北、西北地区及江苏、四川等地。

【药用部位】全草:金丝草。为民间药。
【采收加工】夏季采收,除去杂质,晒干。
【功效主治】甘,凉。清热利尿,通淋退黄。用于小便赤涩淋痛,水肿,外感发热,黄疸,消渴。

芒

【别名】茅草、芒草。
【学名】Miscanthus sinensis Anderss.
【植物形态】多年生苇状草本。秆高1~2m,无毛,有时花序下疏生柔毛。叶鞘常长于节间,无毛,仅鞘口有长柔毛;叶舌长1~2mm,圆钝,先端有小纤毛,膜质;叶片线形,扁平,长20~40cm,宽0.6~1cm,中脉粗壮,白色,下面显著隆起。圆锥花序扇形,主轴只延伸到中部以下,分枝较强而直立,长10~30cm;每节有1短柄和1长柄小穗;小穗柄无毛,长柄长4~6mm,短柄长1.5~2mm;小穗披针形,长4.5~5mm,基盘有与小穗近等长或稍短的白色或淡黄褐色的丝状毛;第一颖2脊3脉,无毛;第二颖船形,先端渐尖,无毛,边缘有小纤毛;第一外稃较颖稍短;第二外稃较颖短1/3,在先端2裂齿间伸出1长0.8~1cm的芒,芒稍扭转膝曲;内稃小,长仅及外稃的1/2,顶端呈不规则齿裂;雄蕊3。花、果期7~10月。(图864)

图864 芒
1.植株上部 2.孪生小穗

【生长环境】生于向阳山坡、河滩、堤岸或田埂。
【产地分布】山东境内产于各地。我国各地均有分布。

【药用部位】茎:芒茎;生寄生虫的幼茎:芒气笋子;根及根茎:芒根;花序:芒花。为民间药。
【采收加工】夏季花期采收花序、茎、生有寄生虫的幼茎,鲜用或晒干。秋、冬季采挖根及根茎,洗净,鲜用或晒干。
【化学成分】茎含三酰甘油(triglyceride),酚酸,甾醇酯,游离甾醇,游离脂肪酸,蜡,n-石蜡(n-paraffins),糖醇,单糖、双糖及多糖等。花穗含洋李苷(prunin),芒花苷(miscanthoside)等。
【功效主治】芒茎甘,平。清热解毒,利尿。用于咳嗽,带下,小便淋漓不利。芒气笋子甘,平。补肾,止呕。用于妊娠呕吐,肾虚阳痿。芒根甘,平。止咳,利尿,活血,止咳。用于咳嗽,小便不利,干血劳,带下,热病口渴。芒花甘,平。活血调经。用于月经不调,产后恶露,半身不遂。
【历史】芒始载于《本草拾遗》,云:"今东人作箔,多草为之。《尔雅》云,芒似茅,可以为索。"《本草纲目》曰:"芒有二种,皆丛生,叶皆如茅而大,长四五尺,甚快利,伤人如锋刃,七月抽长茎,开白花成穗,如芦苇花者芒也。"《植物名实图考》云:"多生池堰边,秋深开花,遥望如荻,有红白两种,生山者瘦短,为石芒,湖南通呼为芭茅。"所述形态与植物芒相符。

稻

【别名】稻子、稻芽、稻谷。
【学名】Oryza sativa L.
【植物形态】一年生湿生栽培植物。秆直立,丛生,高0.5~1m。幼时常有明显叶耳,老时脱落;叶舌膜质,披针形,长0.8~2.5cm;叶片披针形至条状披针形,长20~60cm,宽6~15cm,上面粗糙,下面无毛。圆锥花序疏松,成熟时下垂;小穗两侧压扁,长6~8mm,含3花,下方2小花退化仅存外稃;颖极退化,在小穗柄顶端成半月状的痕迹;2退化外稃锥刺状,无毛;两性花外稃硬纸质,5脉,2边脉极靠近边缘,有细毛或无毛,有长可达7cm的芒或无芒;内稃3脉,包被在外稃2边缘内,有细毛;雄蕊6。颖果长椭圆形,具线形种脐,与稃体合称谷粒。花、果期6~10月。(图865)
【生长环境】栽培于农田。
【产地分布】山东境内产于临沂、济宁及黄河两岸。济宁"鱼台大米"、章丘"明水香米"、"明水香稻"、临沂"塘崖大米"、日照"涛雒大米"、东营"黄河口大米"、东平"安山大米"等已注册获国家地理标志产品。我国各省区普遍栽培。
【药用部位】发芽颖果:稻芽(谷芽);种仁:粳米(籼米);加工贮存年久的粳米:陈仓米;颖果加工脱下的果

图 865 稻
1.植株 2.小穗 3.小穗顶端,示退化颖片

皮:米皮糠;颖果上的细芒刺:稻谷芒;茎叶:稻草。为少常用中药和民间药,粳米(籼米)药食两用。

【采收加工】秋季稻子成熟时采收,脱粒,收集颖果和稻秆,晒干。将颖果加工,收集颖果上的细芒刺;除去果皮,收集种仁和果皮。颖果用水浸泡后,保持适宜的温度和湿度,待须根长至 1cm 时,取出晒干。

【药材性状】发芽颖果扁长椭圆形,两端略尖,长 7～9mm,直径约 3mm。外稃坚硬,表面黄色,有白色细茸毛,具 5 脉。一端有 2 枚对称的白色条形桨片,长 2～3mm,于一个桨片内侧伸出弯曲的须根 1～3 条,长 0.5～1.2cm。质硬,断面白色,粉性。无臭,味淡。出芽率不得少于 85%。

以颗粒均匀、色黄、出芽率高于 85% 者为佳。

【化学成分】发芽颖果含淀粉酶,腺嘌呤,胆碱,维生素及天冬氨酸,γ-氨基丁酸等。颖果含淀粉,蛋白质,维生素 B_1、B_2、B_6,胆甾醇,菜油甾醇,豆甾醇,谷甾醇,磷脂,乙酸,延胡索酸,葡萄糖,果糖,麦芽糖等。种仁含淀粉,蛋白质,脂肪,维生素 B_1、B_2、B_6,柠檬酸,苹果酸,琥珀酸,葡萄糖,果糖,麦芽糖,谷甾醇,豆甾醇,菜油甾醇及一、二、三酰甘油及磷脂等。果皮含三萜烯醇阿魏酸酯(triterpene alcohol ferulate),磷脂酰乙醇胺,磷脂酰肌醇,磷脂酰胆碱,谷甾醇亚油酸酯,棕榈酸甲酯,维生素 B_6 衍生物,植酸钙镁(phytin),植酸,角鲨烯(squalene),糠苷(nukain),多糖,蛋白质及无机元素铁、锌、铜、锰、硒等。稻谷芒含黄酮类,有机酸,内酯,香豆素,强心苷和皂苷。

【功效主治】稻芽(谷芽)甘,温。消食和中,健脾开胃。用于食积不消,腹胀口臭,脾胃虚弱,不饥食少。粳米(籼米)甘,平。补气健脾,除烦渴,止泻痢。用于脾胃气虚,食少纳呆,心烦口渴,虚寒泄泻,心烦口渴,泻下痢疾。陈仓米甘、淡,平。调中和胃,渗湿止泻,除烦。用于脾胃虚弱,食少,泄泻反胃,噤口痢,烦渴。米皮糠甘、辛,温。开胃下气。用于噎膈,反胃,脚气。稻谷芒利胆退黄。用于黄疸。稻草辛,温。宽中,下气,消食,解毒。用于噎膈,反胃,食滞,腹痛,泄泻,消渴,黄疸,喉痹,痔疮,烫火伤。

【历史】稻始载于《名医别录》。但据浙江余姚河姆渡遗址考古出土的炭化稻谷分析,我国栽培水稻至少已有 7 000 年以上的历史。《新修本草》云:"稻者,穤谷通名,《尔雅》云:稌,稻也;粳者,不糯之称,一曰籼。汜胜之云:粳稻、秫稻,三月种粳稻,四月种秫稻,即并稻也。"据考证,古代稻米有糯、粳、籼之分,尽管名称不一,但所述品种与现今一致。稻芽始载于《名医别录》,列为中品,原名蘖米。《本草纲目》云:"有粟、黍、谷、麦、豆诸蘖,皆水浸胀,候生芽曝干去须,取其中米,炒研面用。其功皆主消导。"又在蘖米项下载:"稻蘖,一名谷芽"。本草所述表明古代谷芽为多种谷类的发芽颖果,现代稻芽单列为《中国药典》正品。

【附注】《中国药典》2010 年版收载稻芽;附录收载粳米。

糯稻

【别名】糯米、糯稻根须、稻根须、糯稻根。

【学名】Oryza sativa L. var. glutinosa Matsum.

【植物形态】一年生草本,高约 1m。秆直立,圆柱状。叶鞘与节间等长,下部者长过节间;叶舌膜质而较硬,狭长披针形,基部两侧下延与叶鞘边缘相结合;叶片扁平披针形,长 25～60cm,宽 0.5～1.5cm,幼时具明显叶耳。圆锥花序疏松,颖片常粗糙;小穗长圆形,通常带褐紫色;退化外稃锥刺状,能育外稃具 5 脉,被细毛,有芒或无芒;内稃 3 脉,被细毛;鳞被 2,卵圆形;雄蕊 6;花柱 2,柱头帚刷状,自小花两侧伸出。颖果平滑,粒饱满,稍圆,色较白,煮熟后黏性较大。花、果期 7～8 月。(图 866)

【生长环境】栽培于农田。

【产地分布】山东境内临沂、济宁、济南、德州等地有栽培。我国南部和中部各省区均有栽培。

【药用部位】根及根茎:糯稻根;种仁:糯米。为少常用中药和民间药,糯米药食两用。

图866 糯稻

【采收加工】夏、秋二季，采收成熟糯稻，脱粒，晒干，除去果壳，收集种仁。采割糯稻后挖取根茎及须根，除去残茎，洗净，晒干。

【药材性状】根及根茎集结成疏松团状。残茎圆柱形，中空，长2.5～6.5cm；外包数层灰白色或黄白色叶鞘，下方簇生多数须根。根细长弯曲，直径约1mm；表面黄白色至黄棕色，略具纵皱纹，外皮脱落后为白色。体轻，质软。气微，味淡。

以色黄白、体轻、无泥土者为佳。

种仁分长粒型和圆粒型。前者呈长椭圆形，略扁，长4～5mm，直径1.5～2mm；圆粒型籽粒较短圆，长3～4mm，直径1.5～2.5mm。一端钝圆，另端偏斜，有胚脱落的痕迹。表面类白色，不透明，平滑。质坚硬，断面粉性。蒸煮后韧性极强，有光泽。气微香，味甜。

以籽粒半透明、蒸煮后韧性强、有光泽、味甜者为佳。

【化学成分】根含氨基酸：门冬氨酸，苏氨酸，丝氨酸，谷氨酸，脯氨酸，甘氨酸，丙氨酸，缬氨酸，蛋氨酸，异亮氨酸，亮氨酸，酪氨酸，苯丙氨酸等；还含山柰酚，果糖，葡萄糖等。**种仁**含单软脂卵磷脂（lysolecithin）。**胚**含腺嘌呤，蛋白质，脂肪，糖类，维生素B_1、B_2、E及无机元素钙、磷、铁。**发芽果实**含淀粉，蛋白质，脂肪油及淀粉分解酶等。

【功效主治】**糯稻根**甘，平。养阴除热，止汗。用于阴虚发热，自汗，盗汗，口渴咽干，胁痛，丝虫病。**糯米**甘，温。补中益气，健脾止泻，缩尿，敛汗，解毒。用于脾胃虚寒，泄泻，霍乱吐逆，消渴尿多，自汗，痘疮，痔疮。

【历史】《嘉祐本草》谓："糯，黏稻也；粳，稻不黏者。然粳、糯甚相类，黏不黏为异耳。"《本草纲目》曰："稻稌者，粳、糯之通称……本草则专指糯以为稻也。"又云："糯稻，南方水田多种之。其性黏，可以酿酒，可以为粢，可以蒸糕，可以熬汤，可以炒食"。所述形态与植物糯稻基本一致。

【附注】《中国药典》1977年版、《山东省中药材标准》2002年版收载糯稻根。

稷

【别名】黍子（临沂）、黍、黏米、黄米、黍米。

【学名】Panicum miliaceum L.

【植物形态】一年生栽培草本作物。秆直立，高0.6～1.2m，常有分枝，节上密生髭毛，节下有疣毛。叶鞘常松弛，有疣毛；叶舌长约1mm，有2mm长的纤毛；叶片长10～25cm，宽约1.7cm，边缘常粗糙。圆锥花序常开展，成熟后下垂，长可达30cm；小穗卵状椭圆形，长4～5mm，含2小花；颖纸质，无毛，第一颖长为小穗的1/2～2/3，先端尖，5～7脉，第二颖与小穗等长，通常有11脉，在颖先端汇合成喙状；第一外稃通常有13脉；内稃薄膜质，长1.5～2mm；第二小花长约3mm，第二外稃革质，边缘包着内稃，成熟时乳白色或褐色。颖果长圆形，长约3mm，常呈乳白色或褐色。花、果期7～10月。（图867）

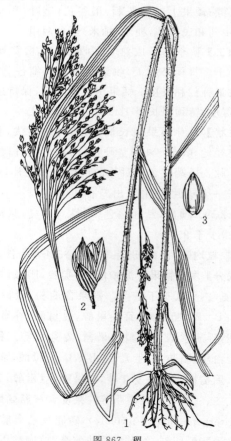

图867 稷
1.植株 2.小穗 3.颖果

【生长环境】栽培于农田。
【产地分布】山东各地有栽培。我国华北、西北各地区均有栽培。
【药用部位】种仁：黍米；茎：黍茎；根：黍根。为民间药，黍米药食两用。
【采收加工】秋季采收成熟果实，晒干，打下黍粒。同期采收茎和根，除去杂质，晒干。
【化学成分】种仁含蛋白质：白蛋白（albumin），球蛋白（globtulin），谷蛋白（glutelin），醇溶谷蛋白（prolamine）等；脂肪酸：棕榈酸，二十四烷酸，十七烷酸，油酸，亚油酸，异亚油酸等；又含黍素（miliacin），鞣质，肌醇六磷酸（phytate）等。
【功效主治】黍米甘，平。补中益气。用于泻痢，烦渴，吐逆，咳嗽，胃痛，烧烫伤。黍根辛，热，小毒。利尿消肿，止血。用于腹水胀满，小便不利，水肿，妊娠尿血，脚气。黍茎辛，热，小毒。利尿消肿，止血，解毒。用于水肿，小便不利，妊娠尿血，脚气，苦瓠中毒。
【历史】稷始载于《本草经集注》，名黍，云："黍，荆、郢州及江北皆种之，其苗如芦而异于粟，粒也大。北人作黍饭、方药酿黍米酒，皆用秫黍也。"《本草纲目》云："黍乃稷之黏者。亦有赤、白、黄、黑数种，其苗色亦然……白者亚于糯，赤者最黏，可煎食，俱可作汤。"《植物名实图考》云："黍，别录中品，有丹黍、黑黍及白、黄数种，其穗长而疏……黍稷虽相类，然黍穗聚，而稷穗散，亦以此别。"所述形态与植物黍相符。

狼尾草

【别名】拐头草（费县、莒南、临朐）、韧丝草（昆嵛山、莱州、荣成）。
【学名】Pennisetum alopecuroides (L.) Spreng.
（Panicum alopecuroides L.）
【植物形态】多年生草本。须根粗壮，坚硬。秆直立，丛生，高 0.3～1m，花序下常密生柔毛。叶鞘压扁有脊，基部彼此跨生，长于节间，鞘口有长纤毛；叶舌极短，长不足 0.5mm；叶片狭条形，长 15～50cm，宽 2～6mm，常内卷。圆锥花序穗状，长 5～20cm，主轴密生柔毛，直立；小穗簇的总梗长 2～3mm；刚毛长 1～2.5cm；小穗常单生，长 6～8mm，成熟时常变黑紫色；第一颖卵形，脉不明显；第二颖 2～3 脉，长为小穗的 1/2～2/3；第一外稃革质，7～11 脉，与小穗等长。颖果扁平，矩圆形，长约 3.5mm。花、果期 8～10 月。（图 868）
【生长环境】生于田边、路旁、山坡、溪边或林缘湿地。
【产地分布】山东境内产于各山地丘陵。我国各地均有分布。
【药用部位】全草：狼尾草；根：狼尾草根。为民间药。
【采收加工】夏、秋二季采收全草及根，除去杂质，

图 868 狼尾草
1.植株 2.小穗和刚毛

晒干。
【功效主治】狼尾草甘，平。清肺止咳，明目，凉血。用于肺热咳嗽，目赤肿痛。狼尾草根甘，平。清肺止渴，解毒。用于肺热咳嗽，咯血，疮毒。
【历史】狼尾草始载于《尔雅》，名孟、狼尾。《本草拾遗》始名狼尾草。《植物名实图考》收载狼尾草，然文图乃为细丝茅，另又收载小芒草，云："生冈阜，秋抽茎，开花如荞而色赤，芒针长柔似白茅而大，其叶织履，颇韧。"所述形态及附图与植物狼尾草相符。

芦苇

【别名】芦子（临沂）、芦棒子（平邑）、大芦苇（广饶）、苇根、苇子。
【学名】Phragmites australis (Cav.) Trin. ex Steud.
（Arundo australis Cav.）
（Phragmites communis Trin.）
【植物形态】多年生高大草本。根状茎匍匐，粗壮，节间中空，节上生芽。秆直立，中空，高 1～3m，直径 0.2～1cm，节下常有白粉。叶 2 列，互生；叶鞘圆筒形；叶舌极短，平截，或成一圈纤毛；叶片扁平，长 15～45cm，宽 1～3.5cm。圆锥花序顶生，疏散，长 10～40cm，稍下垂，下部分枝腋部有白柔毛；小穗通常含 4～7 小花，长 1.2～1.6cm；颖 3 脉，第一颖长 3～7mm，第二颖长 0.5～

1.1cm；第一小花常为雄性，其外稃长1~1.6cm；基盘细长，有长0.6~1.2cm的柔毛；内稃长约3.5mm。颖果椭圆形至长圆形。花、果期7~11月。（图869）

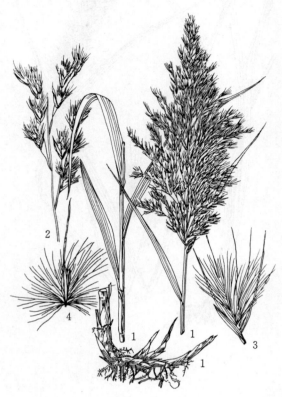

图869 芦苇
1.植株 2.花序分枝 3.小穗 4.小花

【生长环境】生于池塘、湖泊、河道、海滩和湿地。

【产地分布】山东境内产于各地。国内几乎遍布各地区。

【药用部位】根茎：芦根；茎：芦茎；箨叶：芦竹箨；嫩苗：芦笋；叶：芦叶；花：芦花。为常用中药和民间药，鲜芦根和鲜芦笋药食两用。

【采收加工】全年采挖根茎，除去芽、须根及膜质叶，洗净，鲜用或晒干。春、夏二季采挖嫩苗，洗净，鲜用或晒干。夏、秋季采收叶、箨叶和茎，秋季采收花序，鲜用或晒干。

【药材性状】鲜根茎长圆柱形，有的略扁，长短不一，直径1~2cm。表面黄白色，有光泽，外皮疏松可剥离；节明显，环状，节上残留须根及芽痕。体轻，质韧，不易折断；切断面黄白色，中空，有环列小孔。无臭，味甜。

干根茎呈压扁的长圆柱形。表面黄白色，有光泽。节处较硬，红黄色，节间表面有纵皱纹。质轻而柔韧。气微，味微甜。

均以条粗均匀、色黄白、有光泽、无须根、味甜者为佳。

芦茎呈长圆柱形，长约30cm，直径4~6mm。表面黄白色，光滑，具光泽。有的一侧显纵皱纹，节间长10~17cm，节部稍膨大，有的具残存叶鞘；叶鞘外表面有棕褐色环节纹，其下或具3~5mm宽的粉带，内表面淡白色，有时残留绒毛状髓质横膜。质硬，较难折断，断面粗糙，中空。气微，味淡。

以质嫩、色黄白、具光泽者为佳。

箨叶多破碎。完整者呈圆筒状或槽状，上部小叶已脱落，长8~14cm。外表面灰黄色或黄棕色，具明显的细密纵皱纹；内表面淡黄棕色，光滑，具光泽；中间厚，边缘带膜质。质韧，切断面可见1列大型孔洞。气微，味淡。

以完整、色黄棕、内表面具光泽者为佳。

叶皱缩、卷曲或纵裂。完整者展平后有叶鞘、叶舌和叶片。叶鞘圆筒形，长12~16cm；外表面灰黄色，具细密纵纹。叶舌极短，下部有棕黑色横线，上部呈白色毛须状。叶片线状披针形，长20~40cm，宽1~3cm；先端长尾尖，黄色，基部渐窄，两侧小耳状，内卷，全缘；两面灰绿色，背面下部中脉外突。质脆，易折断，断面较整齐，叶鞘可见1列孔洞。气微，味淡。

以完整、色绿、质嫩者为佳。

花序为穗状花序组成的圆锥状，完整者长10~30cm。表面灰棕色至紫色，下部梗腋间具白色柔毛。小穗长约1.5cm，有小花4~7朵，第一花常为雄花，其他为两性花；颖片展平后披针形，不等长，第一颖片长约为第二颖片的1/2；外稃有白色柔毛。体轻质柔，易碎。气微，味淡。

以完整、体轻柔、色紫、花茎短者为佳。

【化学成分】根茎含挥发性成分：糠醛，亚油酸甲酯，邻苯二甲酸二辛酯等；甾醇类：24-甲基胆甾醇，β-谷甾醇，豆甾醇，Δ^4-3-酮式甾醇，胡萝卜苷；有机酸：阿魏酸，棕榈酸，2,9-十八二烯酸，9,12,15-十八三烯酸等；多糖：芦根多糖由阿拉伯糖、木糖和葡萄糖组成；三萜类：β-香树脂醇，蒲公英赛醇（taraxerol），蒲公英赛酮（taraxerone），西米杜鹃醇（simiarenol）；还含3α-O-β-D-吡喃葡萄糖基南烛木树脂酚［3α-O-(β-D-glucopyranosyl)-lyoniresinol]，大黄素甲醚，香草醛，对羟基苯甲醛，5-羟甲基糠醛等。茎含有机酸：阿魏酸，对香豆酸，香草酸，丁香酸，对羟基苯甲酸，棕榈酸，十七烷酸；生物碱类：禾草碱（giamine），蟾毒色胺（bulotenine），N,N-二甲色胺（N,N-dimethytaptamine），5-甲氧基-N-甲基色胺，金色酰胺醇酯（aurantiamide acetate）等；还含松柏醛，对羟基苯甲醛，β-谷甾醇，豆甾醇，α-、β-D-葡萄糖，维生素B_1、B_2、C、E等。叶含黄酮类：芹菜素，芦丁，野黄芩苷（scutellarin），橙皮苷，木犀草素，槲皮素，山柰酚，异鼠李素（或橙皮素），异甘草素（isoliquiritigenin）和黄芩素；氨基酸：丙氨酸，缬氨酸，甘氨酸，亮氨酸等；芦苇叶多糖由D-木糖、L-阿拉伯搪、D-葡萄糖、D-半乳糖和两种糖醛酸组成；还含天冬酰胺，谷酰胺，亚精胺（spermidine)、精胺(spermine)等。**叶鞘和花**含戊聚糖。**嫩苗**含腐植酸(humic acid)。

【**功效主治**】**芦根**甘,寒。清热泻火,生津止渴,除烦,止呕,利尿。用于热病烦渴,胃热呕哕,肺热咳嗽,肺痈吐脓,热淋涩痛。**芦茎**甘,寒。清肺解毒,止咳排脓。用于肺痈吐脓,肺热咳嗽,痈疽。**芦笋**甘,寒。清热生津,利水通淋。用于热病口渴心烦,肺痈,肺痿,淋病,小便不利;并解食鱼、肉中毒。**芦叶**甘,寒。清热辟秽,止血,解毒。用于霍乱吐泻,吐血,衄血,肺痈。**芦竹箨**甘,寒。生肌敛疮,止血。用于金疮,吐血。**芦花**甘,寒。止泻,止血,解毒。用于吐泻,衄血,血崩,外伤出血,鱼蟹中毒。

【**历史**】芦根始载于《名医别录》,列为下品。《新修本草》曰:"生下湿地。茎叶似竹,花若荻花。二月、八月采根,日干用之。"《本草图经》谓:"芦根,旧不载所出州土,今在处有之。生下湿陂泽中。其状都似竹而叶抱茎生,无枝。花白作穗,若茅花。根亦若竹根而节疏。"所述形态及附图与植物芦苇一致。

【**附注**】《中国药典》2010年版收载芦根。

苦竹

【**别名**】乌云竹梢、苦竹叶、竹卷心。

【**学名**】Pleioblastus amarus (Keng) Keng f.
(Arundinaria amara Keng)

【**植物形态**】亚灌木状,丛生。秆高达4m,直径1.5~2cm,直立,竿壁厚约6mm,最长节达50cm。节间圆筒形,在分枝的一侧下部处稍平;秆节箨环隆起,秆环略平,箨环处常有箨鞘的残迹。笋黄绿色;秆箨质地较薄,背面有时有紫色斑,中下部常有棕色小刺毛;箨舌平截或微凹,边缘有细毛;箨叶条状披针形,常反折下垂;箨耳不明显;无毛或疏生少数深色肩毛。分枝多而斜展;每小枝有叶2~4片,披针形,长8~20cm,宽1.5~2.8cm,上面深绿,下面淡绿,近基部处微有毛;有短叶柄;无叶耳及肩毛。总状花序或圆锥花序,具3~6小穗,小穗多呈绿色,长4~5cm,生于主枝或小枝的下部各节,基部为1枚苞片所围围;每小穗有花8~13朵,颖3~5片;内稃与外稃近等长或略长,上有纤毛。笋期5~6月。(图870)

【**生长环境**】栽培于山地、林场、公园或庭院。

【**产地分布**】山东境内在平邑、蒙山林场、大洼林场竹园及青岛中山公园等地有栽植。在我国除山东外,还分布于安徽、浙江、江苏、江西、福建、湖南、湖北、云南、贵州等省区。

【**药用部位**】嫩叶:苦竹叶;嫩苗:苦竹笋。茎秆中间层:苦竹茹;鲜茎秆加热流出的汁液:苦竹沥;根茎:苦竹根。为少常用中药和民间药,苦竹笋药食两用,竹茹

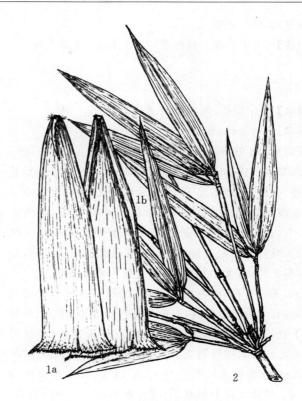

图870 苦竹
1.杆箨(a.背面 b.腹面) 2.分枝和叶

可用于保健食品,嫩叶可做茶。

【**采收加工**】夏、秋二季采摘嫩叶,鲜用或晒干。5~6月采挖嫩苗,鲜用或晒干。全年取新鲜茎秆,除去外皮,将稍带绿色的中间层刮成丝条,或削成薄片,捆扎成束,阴干。鲜茎秆加热自然沥出的液体,煮沸后,收集保存。

【**药材性状**】叶片呈细长卷筒状。完整叶片展平后呈披针形,长6~18cm,宽1~2cm。先端锐尖,基部圆形。上表面绿色,光滑,下表面灰绿色,近基部微有毛。质脆而富有弹性,易纵向撕裂。气微,味苦。

以完整、质嫩、色绿者为佳。

【**化学成分**】叶含挥发性成分:主为叶醇,2-己烯-1-醇,2-乙烯醛,己酸,3-乙烯酸,糠醇,4-乙烯基愈创木酚,2,3-二氢苯并呋喃等;氨基酸:天冬氨酸,谷氨酸,丙氨酸,赖氨酸,精氨酸等;还含黄酮类,多酚,苦竹叶多糖及无机元素铁、钾、镁、铜、钙、锰、锌、硒等。笋含腺苷,对羟基苯乙醇,对羟基苯甲醛,β-谷甾醇,胡萝卜苷。

【**功效主治**】**苦竹叶**苦,寒。清心,解毒,利尿,明目。用于热病烦躁,目赤口疮,失眠,小便短赤,失音,烫火伤。**苦竹笋**苦,寒。清热除烦,除湿利水。用于热病烦渴,消渴,湿热黄疸,小便不利,脚气。**苦竹茹**苦,凉。清热,化痰,凉血。用于烦热呕逆,痰热咳喘,小便涩痛,尿血。**苦竹沥**苦,寒。清火,解毒利窍。用于目赤牙痛,口疮。**苦竹根**苦,寒。清热,除烦,清痰。用于发

热,烦闷,咳嗽痰黄。

【附注】《山东省中药材标准》2002 年版收载苦竹叶。

淡竹

【别名】洛宁淡竹、麻壳淡竹、绿粉竹。

【学名】Phyllostachys glauca Mcclure

【植物形态】常绿乔木。秆高 5～12m。直径 2～5cm,中部节间长达 40cm,壁薄,厚约 3mm。新秆绿色至蓝绿色,密被白蜡粉,无毛;老秆绿色或灰绿色,在箨环下方常留有粉圈或黑污垢;秆节的两环均隆起,但不高凸,节内距离甚近,不超过 3mm。笋淡红褐色至淡绿褐色;秆箨背面初有紫色的脉纹及稀疏的褐斑点,后脱落,多无色斑,无白粉及毛;箨舌紫色或紫褐色,高 1～3mm,先端平截,微有波状缺齿及短纤毛;箨叶带状披针形,有少数紫色脉纹,有时具黄色窄边带,平直、外展或下垂;无箨耳和肩毛。每小枝有 3～5 片叶(萌枝可达 9 片),带状披针形或披针形,长 5～18cm,宽 0.7～2.5cm;叶鞘初有叶耳及肩毛,后脱落,叶舌紫色或紫褐色。笋期 4 月中旬至 5 月底;花期 6 月。(图 871)

【生长环境】生于有水源条件的山谷、山坡或河滩地,或栽培于庭院内。

【产地分布】山东境内产于各地。在我国分布于黄河流域至长江流域各省区,为常见栽培竹类之一。

【药用部位】去外皮后刮出的中间层:淡竹茹;鲜竿加热后流出的液汁:淡竹沥。为民间药,竹沥药食两用。

【采收加工】取当年生鲜竹竿,除去竹叶,刮去外皮,将中间层刮成丝状,摊放晒干。鲜竹竿经加热后自然沥出的液体,煮沸,收集保存。

【药材性状】淡竹沥为淡黄色至淡红棕色液体。具竹香气,味微甜。

【化学成分】叶含挥发油:主成分为叶醇,2-己烯醛,对二甲苯,苯乙醛,植酮,4,4-difluororetinol,异植物醇,植物醇等 65 种。

【功效主治】**淡竹茹**甘,寒。清热化痰,除烦止呕,安胎凉血。用于肺热咳嗽,烦热惊悸,胃热呕逆,胎动不安,吐血,衄血,崩漏。**淡竹沥**甘,寒。清热化痰。用于肺热咳嗽痰多,气喘胸闷,中风舌强,痰涎壅盛,小儿痰热惊风。

【附注】《中国药典》1977 年版曾收载。

毛金竹

【别名】淡竹、金竹、竹茹。

【学名】Phyllostachys nigra (Lodd.) Munro var. henonis (Mitf.) Stapf ex Rendle

【植物形态】乔木或灌木状,秆高 6～18m,直径 3～10cm。秆环、箨环均甚隆起,秆箨通常长于节间,箨鞘背面无毛或上部具微毛,黄绿色至稻草色,上有灰黑色斑点和条纹,箨叶及繸毛易脱落;箨叶长披针形;每节通常 2 分枝,小枝具 1～5 叶,叶鞘口无毛;叶片狭披针形,长 7.5～16cm,宽 1～2cm,无毛,边缘一侧具小锯齿,一侧平滑。穗状花序排成覆瓦状圆锥花序,基部托以 4～6 枚佛焰苞,每小穗有 2～3 花。笋期 4～5 月;花期 10 月至次年 5 月。(图 872)

【生长环境】生于丘陵、平地或栽培于庭院。

【产地分布】山东境内有栽培。在我国分布于河南、黄河及长江流域以南各省。

【药用部位】茎秆中间层:竹茹;鲜茎用火烘烤后流出的汁液:竹沥;茎:仙人杖;叶:竹叶;卷而未放的幼叶:竹卷心;嫩苗:淡竹笋;箨叶:淡竹壳;根茎:淡竹根。为少常用中药和民间药,竹沥、淡竹笋药食两用,嫩叶可做茶。

【采收加工】全年可采制,取新鲜茎秆晒干,或除去外皮,将稍带绿色的中间层刮成丝条,或削成薄片,捆扎成束,阴干;前者称散竹茹,后者称齐竹茹。全年采根

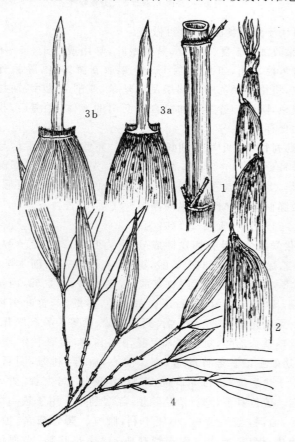

图 871 淡竹
1.秆 2.笋(上部) 3.秆箨先端(a.腹面 b.背面) 4.枝叶

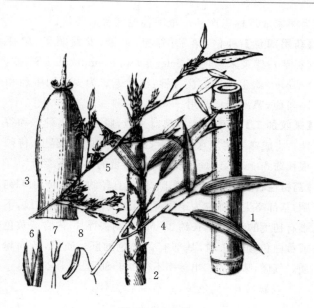

图 872　毛金竹
1.杆　2.笋　3.杆箨背面　4.叶枝
5.花枝　6.小穗　7.雌蕊　8.雄蕊

茎,鲜用或晒干。取鲜竹竿,截成30~50cm的段,两端去节,劈开,中间用火烤之,流出的汁液,收存。随时采鲜叶使用;清晨采摘幼叶,鲜用。夏、秋季采收茎,去箨叶,鲜用或分别晒干。

【药材性状】竹茹为卷曲成团的不规则丝条或长条形薄片,宽窄厚薄不等。表面淡黄白色、浅绿色、青黄色、灰黄绿色、金黄色或黄绿色,粗糙,具纵直纹理。体轻松,质柔韧,有弹性,折断面强纤维性。气微,味淡。

以薄细均匀、色黄绿、质柔软、具弹性者为佳。

鲜竹叶平整或略卷曲。叶片呈狭披针形,长7~15cm,宽1~2cm,无毛。上表面深绿色,下表面色略淡,边缘一侧较平滑,另一侧具小锯齿而粗糙;平行脉6~8对,横脉显著。质韧,易于纵向撕裂。气微,味淡。

竹沥为青黄色或黄棕色透明液体,具有竹香气,味微甜。

【化学成分】茎秆中间层含三萜类:木栓酮,木栓醇,羽扇豆烯酮(lupenone),羽扇豆醇;还含2,5-二甲氧基对-苯醌(2,5-dimethoxy-p-benzoquinone),对-羟基苯甲醛,丁香醛,松柏醛,对-苯二甲酸-2′-羟乙基甲基酯(1,4-benzenedicarboxylic acid-2′-hydroxylethyl methylester)等。叶含黄酮类:苜蓿素(tricin),苜蓿素-7-O-β-D-吡喃葡萄糖苷,苜蓿素-7-O-新橙皮糖苷(tricin-7-O-neohesperidoside),牡荆苷,荭草苷,异荭草苷;含氮化合物:胸腺嘧啶(5-methyluracil),尿嘧啶(uracil),胸腺嘧啶脱氧核苷(thymidine),黄嘌呤(xanthine);还含丁二酸,4-羟基-6,7-二甲氧基萘酸(4-hydroxy-6,7-dimethoxy-1-naphthoic acid),β-谷甾醇,胡萝卜苷。竹沥含愈创木酚(guaiacol),甲酚,苯酚,甲酸,苯甲酸,水杨酸及天冬氨酸,蛋氨酸,丝氨酸,脯氨酸等13种氨基酸。

【功效主治】**竹茹**甘,微寒。清热化痰,除烦,止呕。用于痰热咳嗽,胆火挟痰,惊悸不宁,心烦失眠,中风痰迷,舌强不语,胃热呕吐,妊娠恶阻,胎动不安。**鲜竹沥**甘,寒。清热化痰。用于肺热咳嗽痰多,气喘胸闷,中风舌强,痰涎壅盛,小儿痰热惊风。**仙人杖**咸,平。和胃利湿,截疟。用于呕逆反胃,小儿吐乳,水肿,脚气,疟疾,痔疮。**淡竹根**甘、淡,寒。清热除烦,涤痰定惊。用于发热心烦,惊悸,小儿惊痫。**竹叶**甘,淡。清热除烦,生津,利尿。用于热病烦渴,小儿惊痫,咳逆吐衄,小便短赤,口糜舌疮。**竹卷心**甘、微苦、淡,寒。清心除烦,利尿,解毒。用于热病烦渴,小便短赤,烧烫伤。**淡竹笋**甘,寒。清热消痰。用于热狂,头风,头痛,心胸烦闷,眩晕,惊痫,小儿惊风。

【历史】竹茹始见于《金匮要略》,又名竹皮。《本草经集注》名青竹茹。《本草纲目》"竹"项下,入药有"淡竹茹"、"苦竹茹"、"竹茹"之分,其中记载竹类20余种。《本草蒙筌》曰:"皮茹削去青色,唯取向里黄皮"。本草记述表明古代竹茹来源于多种竹类茎秆的中间层。

【附注】《中国药典》2010年版收载,原植物名淡竹。本志采用《中国植物志》中文名。

硬质早熟禾

【别名】龙须草。

【学名】Poa sphondylodes Trin.

【植物形态】多年生草本。秆密丛生,细硬,高30~60cm;有3~4节,顶部节间特长,细而坚实,顶节常位于秆中部以下,花序基部以下秆和节下处常稍糙涩。叶鞘无毛,秆基部叶鞘有时呈淡紫色;叶舌先端尖锐,膜质,长约4mm;叶片狭长,线形,稍粗糙,长3~7cm,宽约1mm。圆锥花序紧缩呈条形,长3~10cm,宽约1cm;小穗常绿色,成熟后草黄色,含4~6小花,长5~7mm;颖披针形,先端锐尖,长2.5~3mm,有3脉,第一颖常稍短于第二颖;外稃披针形,硬纸质,有5脉,脊和边脉下部有长柔毛;基盘有绵毛;第一外稃长约3mm;内稃与外稃近等长,有时小穗上部小花之内稃稍长于外稃。颖果纺锤形,腹面有凹沟。花、果期6~7月。(图873)

【生长环境】生于山坡、路边或空旷地上。

【产地分布】山东境内产于各山地丘陵。在我国除山东外,还分布于东北、华北和西北各省。

【药用部位】全草:龙须草(早熟禾)。为民间药。

【采收加工】夏季采收,除去杂质,晒干。

【化学成分】**全草**含芦竹素,无羁萜,黏霉酮(glutinone),β-香树脂醇,羊齿烯醇等。**茎基部**含葡萄糖,果糖,蔗糖,果聚糖等。

为国家地理标志产品。全国各地区普遍栽培。

【药用部位】种仁：粟米；谷糠：粟糠；发芽颖果：粟芽（谷芽）；感染禾指梗霉 Sclerospora graminicola (Sacc.) Schroet. 产生糠秕的病谷穗：糠谷老。为少常用中药和民间药，粟米药食两用。

【采收加工】秋季果实成熟时采收，脱粒，收集种仁和谷糠。将成熟果实用水浸泡后，保持适宜的温、湿度，待须根长约 6mm 时，干燥。夏季采收糠秕的病谷穗，晒干。

【药材性状】发芽颖果呈类圆球形，直径约 1.5mm，顶端钝圆，基部略尖。外方为革质稃片，淡黄色，具点状皱纹，下端有初生的细须根，长约 3～6mm，剥去稃片，内含淡黄色或黄白色颖果 1 粒，基部有黄褐色的胚。质坚，断面粉质。气微，味微甜。出芽率不得少于 85%。

以颗粒均匀、色黄白、有芽者为佳。

图 873　硬质早熟禾
1.植株 2.叶舌 3.小穗 4.小花

【功效主治】甘、淡，平。清热解毒，利尿，止痛。用于小便涩痛，黄水疮。

谷子

【别名】粟、粱、小米、小米子（临沂）、谷。

【学名】Setaria italica (L.) Beauv.
（Panicum italicum L.）

【植物形态】一年生栽培作物。秆直立，高 1～1.5m。叶鞘无毛，松弛；叶舌具纤毛；叶片条状披针形，扁平，长 15～40cm，宽 1.5～4cm，上面粗糙，下面无毛。圆锥花序粗穗状，成熟时常下垂，长 10～40cm，主轴密生柔毛，刚毛少数，长于小穗。小穗椭圆形，长 2～3mm；第一颖长约为小穗的 1/3～1/2，3 脉；第二颖 5～9 脉，略短于小穗；第一外稃 5～7 脉，与小穗等长；内稃短小。颖果与第一外稃等长，卵形或圆球形，有细点状皱纹；成熟后由第一外稃基部和颖分离脱落。花、果期 6～8 月。$2n=18$。（图 874）

【生长环境】栽培于农田。

【产地分布】山东各地均有栽培，品种繁多。章丘"龙山小米"、"高青小米"、胶州"柳沟小米"、安丘"辉渠望海山小米"、金乡"马庙金谷"、沂南"孙祖小米"已注册

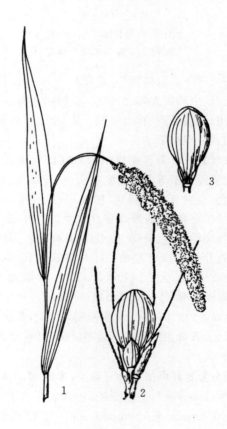

图 874　谷子
1.植株一部分 2.小穗簇和刚毛 3.小穗

【化学成分】种仁含碳水化合物：淀粉，还原糖，戊糖，纤维素，膳食纤维，甘露糖，半乳糖以及葡萄糖，非淀粉多糖（nonstarchy polysaccharides），其中水溶性多糖主要由阿拉伯糖和木糖组成；蛋白质：谷蛋白，醇溶蛋白，球蛋白等；脂肪酸：亚油酸，油酸，亚麻酸，棕榈酸，硬脂酸，花生四烯酸；小米色素：类胡萝卜素，玉米黄素（3,3'-二羟基-β-胡萝卜素），隐黄素（3-羟基-β-胡萝卜

素)和叶黄素(3,3'-二羟基-α-胡萝卜素);甘油酯类:甘油单葡萄糖酯(monoglucosylglyceride),甘油二葡萄糖酯,二亚油酸甘油酯,亚麻酸甘油酯,α,β-二半乳糖基-α'-亚麻酰基甘油酯;还含 α-及 β-粟素(setarin),α-淀粉酶抑制剂,多酚类,维生素 A、C、D、B_1、B_{12} 及无机元素钾、铁、磷、铯、镁、锌、硒等。**谷壳**含不溶性膳食纤维和可溶性膳食纤维。**发芽颖果**含还原糖 0.22～1.15%。

【**功效主治**】**粟米**甘、咸,凉。和中,益肾,除热,解毒。用于脾胃虚热,反胃呕吐,腹满食少,消渴,泄泻,烫火伤。**粟糠**苦,凉。用于痔漏脱肛。**粟芽(谷芽)**甘、温。消食和中,健脾开胃。用于食积不消,腹胀口臭,脾胃虚弱,不饥食少。**糠谷老**用于小便短赤,涩痛,浮肿,小便不利。

【**历史**】粟始载于《名医别录》,分两种,大粒称粱,小粒为粟。《本草纲目》收载的粟蘖即谷芽,云:"古者以粟为黍、稷、粱、秫之总称,而今之粟,在古但呼为粱。后人乃专以粱之细者名粟……北人谓之小米也。"又云:"粱者,良也……粱即粟也。考之《周礼》,九谷、六谷之名,有粱无粟可知矣。自汉以后,始以大而毛长者为粱,细而毛短者为粟。今则通呼为粟,而粱之名反隐矣。"本草所述形态与现今植物粟相符。

【**附注**】《山东省中药材标准》2002 年版收载。

狗尾草

【**别名**】莠子(临沂)、狗尾巴草、光明草。

【**学名**】Setaria viridis (L.) Beauv.
(*Panicum viride* L.)

【**植物形态**】一年生草本。秆直立或基部膝曲,高 0.3～1m。叶鞘较松弛,无毛或有柔毛;叶舌纤毛状,长 1～2mm;叶片条状披针形,扁平,长 5～30cm,宽 0.2～1.5cm。圆锥花序长圆柱形,长 2～15cm;小穗长 2～2.5mm,先端钝,2 至数枚簇生,刚毛小枝 1～6 枚;第一颖卵形,长约为小穗的 1/3,3 脉;第二颖与小穗等长,5 或 7 脉;第一外稃与小穗等长,5～7 脉,有 1 狭窄内稃。颖果外稃有细点状皱纹,成熟后很少膨胀,与稃体不易分离。花、果期 5～10 月。2n=18。(图 875)

【**生长环境**】生于荒野、路旁、田地或田埂。

【**产地分布**】山东境内产于各地。我国各地均有分布。

【**药用部位**】地上部分:狗尾草;颖果:狗尾草子。为民间药和蒙药。

【**采收加工**】夏、秋季采收全草或果穗,鲜用或晒干。

【**化学成分**】地上部分含挥发油:主成分为苯甲醛,苯甲醇,2,3-二氢苯并呋喃,4-乙烯基-2-甲氧基苯酚,反式-β-紫罗兰酮,十五酸等。**花期全草**含戊聚糖。**鲜叶**含草酸镁。**颖果**含黏液质、淀粉和糖。**未成熟颖果**含

图 875 狗尾草
1.植株 2.小穗(a.背面 b.腹面) 3.谷粒

休眠酸(abscisic acid)。

【**功效主治**】**狗尾草**甘、淡,凉。清热利湿,祛风明目,解毒,杀虫。用于风热外感,目赤肿痛,黄疸,小儿疳积,小便涩痛,牙痛,痈肿,寻常疣,疥癣。**狗尾草子**解毒,止泻,截疟。用于缠腰火丹,泄泻,疟疾。

【**历史**】狗尾草始载于《救荒本草》,名莠草子,曰:"生田野中。苗叶似谷,而叶微瘦,稍间开茸细毛穗,其子比谷细小。"《本草纲目》名莠、光明草,云:"苗叶似粟而小,其穗亦似粟;黄白色而无实。采茎筒盛,以治目病。恶莠之乱苗,即此也。"所述形态与植物狗尾草相符。

附:金色狗尾草

金色狗尾草 Setaria glauca (L.) Beauv. 分布于山东各地。与本种的主要区别是:圆锥花序主轴上每簇分枝内着生 1 小穗;稀可有另 1 不育小穗,第二颖长为颖果之半。药用同狗尾草。

高粱

【**别名**】蜀黍(临沂)、高粱米、红蜀黍、多脉高粱。

【**学名**】Sorghum bicolor (Linnaeus) Moench

(*Holcus bicolor* Linnaeus)
(*Sorghum vulgare* Pers.)

【植物形态】一年生高大草本。秆内充满髓，高3～4m，直径约2cm，直立，基部节上常生不定根。叶鞘常被白粉，光滑；叶舌长2.5～3.5mm，硬膜质，顶端撕裂呈啮齿状，有纤毛；叶片条状披针形，扁平，长达50cm，宽3～6cm。圆锥花序有轮生、互生或对生的分枝，分枝再分小枝；小穗成对，分枝顶端3小穗簇生；无柄小穗长5～6mm，两性；有柄小穗雄性。颖果倒卵形，淡紫色或白色，成熟后露出颖外。花、果期7～10月。$2n=20$。

【生长环境】栽培于农田。

【产地分布】山东各地有栽培。我国北方各省区广泛栽培。

【药用部位】种仁：高粱米；糠：高粱米糠；病穗：高粱乌麦；根：高粱根。均为民间药，高粱米药食两用，或酿酒。

【采收加工】秋季采收成熟果实，除去杂质，晒干，脱去外皮，收集种仁和细糠。夏、秋二季采摘黑灰色病穗，晒干。秋季采割高粱后挖根，洗净，晒干。

【药材性状】颖椭圆形，稍扁，长约5mm。表面棕红色或黄红色，基部色较浅，可见果柄痕。质硬，断面白色，粉性。气微，味淡，微涩。

以颗粒饱满、黄红者为佳。

【化学成分】颖果含蛋白质，脂肪，维生素B_1、B_2、P；脂肪酸：亚油酸，油酸，棕榈酸，肉豆蔻酸和亚麻酸；还含钙、磷、铁等。果壳含氨基酸：天冬氨酸，苏氨酸，丝氨酸，谷氨酸，甘氨酸，丙氨酸，缬氨酸，蛋氨酸等；黄酮类：芹菜素，异槲皮苷；还含菲汀（植酸钙或植酸钙镁），蛋白质，脂肪酸，鞣酸，鞣酸蛋白，膳食纤维及无机元素钠、锌、镁、钙、钾、锰、铁、铜等。幼芽、颖果含对-羟基扁桃腈-葡萄糖苷（p-hydroxymandelonitril-glucoside）。

【功效主治】高粱米甘、涩，温。健脾止泻，化痰安神。用于脾虚泄泻，霍乱，痢疾，小便淋痛不利，食积不化，痰湿咳嗽，失眠多梦。高粱糠和胃消食。用于小儿食积不化。高粱乌麦用于血虚诸症。高粱根甘，平。平喘利水，止血，通络。用于咳嗽痰满，胃气疼痛，产后出血，血崩，小便淋痛不利，足脚疼痛。

【历史】高粱始载于《食物本草》，名蜀黍。《本草纲目》云："蜀黍宜下地，春月播种，秋月收之。茎高丈许，状似芦荻而内实。叶亦似芦。穗大如帚。粒大如椒，红黑色。米性坚实，黄赤色。"《植物名实图考》云："北地通呼曰高粱……酿酒为贵。不畏潦，过顶则枯，水所浸处，即生白根，摘而酱之，肥美无伦。"所述形态及附图与植物高粱相符。

黄背草

【别名】黄草（长清、莱芜、苍山、泰山、即墨）、白草（蓬莱、牙山）、山杆子草（五莲）、菅草。

【学名】*Themeda japonica* (Willd.) Tanaka
(*Anthistiria japonica* Willd.)
[*Themeda triandra* Forsk. var. *japonica* (Willd.) Makino]

【植物形态】多年生草本。须根粗壮。秆粗直，基部压扁，下部具分枝，高0.8～1.1m。叶鞘紧裹秆，背部具脊，通常生有疣基硬毛；叶舌长1～2mm，顶端钝圆，有睫毛；叶片线形，扁平或边缘外卷，长12～40cm，宽4～5mm。大型伪圆锥花序，较狭窄，总状花序长1～2cm，佛焰苞船形，托在下部，长2.5～3cm；每总状花序有小穗7枚，基部2对小穗雄性或中性，生在同一平面上，很象轮生的总苞，上部3枚小穗中有1枚为两性，有1～2回膝曲的芒而无柄，2枚为雄性或中性，有柄而无芒。颖果长圆形，长约3mm，黄白色。花、果期6～10月。（图876）

图876 黄背草
1.植株 2.总状花序具佛焰苞 3.总状花序顶端3小穗 4.总苞状小穗 5.总苞状小穗的第一颖片背腹面 6.总苞状小穗的第二颖片腹面 7.无柄小穗（a.第一外稃背、腹面 b.第一内稃背、腹面 c.第二外稃及芒）8.鳞片及雌蕊 9.雄蕊（仿史渭清图）

【生长环境】生于山坡、草地或道旁。

【产地分布】山东境内产于各山地丘陵。在我国除新疆、西藏、青海、甘肃、内蒙古外，其他各省区均有分布。

【药用部位】全草：黄背草；幼苗：黄背草苗；根及根茎：黄背草根；颖果：黄背草果。为民间药。

【采收加工】春、夏季采收幼苗，鲜用或晒干。夏、秋二季采收全草，除去杂质，晒干。

【功效主治】**黄背草**甘，温。活血调经，祛风除湿。用于经闭，风湿疼痛。**黄背草苗**甘，平。平肝。用于肝阳上亢。**黄背草根**甘，平。祛风湿。用于风湿痹痛。**黄背草果**甘，平。固表敛汗。用于盗汗。

虱子草

【别名】草虱子。

【学名】Tragus berteronianus Schult.

【植物形态】一年生小草本。秆斜生，高10～30cm。叶鞘常短于节间；叶舌为一圈长约1mm的纤毛；叶片披针形，长3～7cm，宽2～4mm，边缘有刺毛或细齿牙。圆锥花序紧缩成穗状，长3～5cm；小穗常成对生于主轴上，并聚合成一刺球体，成熟时整个脱落；第一颖质薄而小，第二颖革质，背部有5条具钩刺的肋，先端有不伸出刺外的小尖头；外稃膜质，有3脉。花、果期7～9月。（图877：1）

【生长环境】生于荒地、田埂及村庄路边。

【产地分布】山东境内产于各地。在我国除山东外，还分布于东北、华北及四川、陕西、江苏等地。

【药用部位】全草：虱子草。为民间药。

【采收加工】夏季采收，除去杂质，晒干。

【功效主治】用于小儿腹泻。

附：**锋芒草**

锋芒草 racemosus (L.) All. （图877：2），与虱子草的主要区别是：圆锥花序小穗通常3个簇生，长约4mm，其中有1个以上为不育小穗；第二颖先端有伸出于刺外的小尖头。产地及药用同虱子草。

荻

【别名】狼尾巴花、巴茅、山苇子。

【学名】Triarrhena sacchariflora (Maxim.) Nakai
(*Imperata sacchariflora* Maxim.)
[*Miscanthus sacchariflorus* (Maxim.) Benth.]

【植物形态】多年生草本。根茎粗壮，节处生有粗根和幼芽。秆直立，高1.2～2m。叶舌圆钝，长0.5～1cm，先端有一圈纤毛；叶片条形，长10～60cm，宽0.4～1.2cm，中脉特别明显。圆锥花序扇形，长20～30cm，除分枝腋间有短毛外，主轴及分枝均无毛；小穗无芒；成对生于穗轴各节上，1柄长，1柄短，基盘有长于小穗约2倍的白色长丝状毛；第一颖的2脊缘有白色长丝状毛；第二颖稍短于第一颖，上部有1脊，脊缘亦有长丝状毛，边缘膜质，有纤毛；第一外稃披针形，较颖稍短；第二外稃披针形，较颖短1/4，先端尖，稀有1短芒；内稃卵形，长约为外稃1/2，先端具不规则齿裂。花、果期8～10月。2n=38,40。（图878）

【生长环境】生于山坡草丛、河滩、堤岸或平原岗地。

【产地分布】山东境内产于各地。在我国除山东外，还分布于东北、华北、西北、华东各地区。

【药用部位】根茎：荻根（巴茅根）。为民间药。

【采收加工】秋季采挖，洗净，晒干。

【药材性状】根茎扁圆柱形，常弯曲，直径2.5～5mm。表面黄白色，略具光泽及纵纹。节部常有极短的毛茸或鳞片，节间长0.5～1.5cm。质硬脆，断面皮部裂隙小，中心有二小孔，孔周围粉红色。气微，味淡。

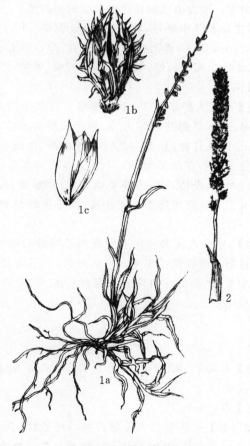

图877 虱子草与锋芒草

1.虱子草（a.虱子草植株 b.小穗簇 c.稃和颖果）2.锋芒草花序

图 878 荻
1. 植株 2. 孪生小穗 3. 第一颖 4. 第二颖
5. 第一外稃 6. 第二外稃 7. 第二内稃

【功效主治】甘，凉。清热，活血。用于干血痨，潮热，产妇失血口渴，牙痛。

小麦

【别名】麦子（德州）、麦（临沂）、余麦、秕麦子、麦余子（烟台）、普通小麦。

【学名】Triticum aestivum L.

【植物形态】一年生作物，栽培冬小麦为越年生。秆直立，通常6～9节，以顶节最长，因分蘖形成疏丛，高达1m。叶鞘光滑，常短于节间；叶舌膜质，短小；叶片长披针形，长15～40cm。穗状花序直立，长5～10cm（芒除外）；小穗含3～9小花，长1～1.5cm，先端的花常不孕，颖近革质，有锐利的脊，5～9脉，先端有小尖头；外稃厚纸质，5～9脉，因品种不同而有长短不一的芒；内稃与外稃等长。颖果长圆形或近卵形，长约7mm，黄白色至浅褐色。花期4～5月；果期5～6月。

【生长环境】栽培于农田。

【产地分布】山东省各地普遍栽培。"泗水小麦"已注册国家地理标志产品。我国北方各省区广泛栽培。

【药用部位】干瘪颖果：浮小麦；颖果：小麦。为少常用中药和民间药，小麦药食两用。

【采收加工】夏至前后，果实成熟时采收，脱粒晒干。漂取瘪瘦轻浮及未脱净外皮的麦粒，筛去灰屑，晒干。

【药材性状】干瘪颖果长圆形，两端略尖，长约7mm，直径约2.5mm。表面黄白色至浅褐色，皱缩。腹面有一深陷纵沟，顶端钝形，有浅黄棕色柔毛，另一端斜尖形，有脐。商品药材中常带有未脱净的颖片和稃；颖片具锐脊，先端突尖，革质；外稃先端有芒，内稃无芒。质硬脆，易断，断面白色，粉性差。无臭，味淡。

以颗粒均匀、轻浮、色黄白、无杂质者为佳。

【化学成分】颖果含淀粉，蛋白质，糖类，糊精（dextrin）及麦芽糖酶（maltase），蛋白酶（protease）等；脂肪油主成分为油酸，亚油酸，软脂酸和硬脂酸的甘油酯；氨基酸：组氨酸，甘氨酸及精氨酸等；还含卵磷脂，尿囊素，谷甾醇，禾木甾醇（gramisterol），玉米赤霉烯酮（zearalenone，ZEN）及维生素 B、E、α-生育三烯酚（α-tocotrienol）等。**胚**含蛋白质，油脂，维生素 E，植物凝集素。**麸皮**含膳食纤维，阿魏酰低聚糖（FOs），多酚氧化酶（PPO），豆甾醇，β-谷甾醇，5-十七烷基间苯二酚（5-hepta-decylresorcinol），5-十九烷基间苯二酚，5-二十一烷基间苯二酚，5-二十三烷基间苯二酚，5-二十五烷基间苯二酚，伞花耳草苷（corymboside），异伞花耳草苷（isocorymboside），芹菜素，反式-3,4-二甲氧基肉桂酸，阿魏酸等。**茎**含由戊糖和己糖组成的多糖类。

【功效主治】**浮小麦**甘，凉。止汗，退虚热。用于阴虚发热，自汗，盗汗，骨蒸劳热。**小麦**甘，凉。养心益肾，除热，止渴。用于脏燥，烦热，消渴，泻痢，痈肿，外伤出血，烫伤。

【历史】小麦入药早见于《金匮要略》。《名医别录》列为中品。《本草别说》云："小麦，即今人所磨为面，日常食者。八、九月种，夏至前熟。一种春种，作面不及经年者良。"浮小麦最早见于《卫生宝鉴》。《本草蒙筌》谓："浮小麦，先枯未实。"《本草纲目》曰："浮麦，即水淘浮起者。"本草所述形态表明小麦、浮小麦的植物来源古今一致。

【附注】《中华人民共和国卫生部药品标准》1992年版中药材第一册收载浮小麦；《中国药典》2010年版附录收载小麦、浮小麦；《山东省中药材标准》2002年版附录收载小麦。

玉米

【别名】玉蜀黍、麻蜀黍（临沂）、棒子（济南、德州、潍坊）、苞米。

【学名】Zea mays L.

【植物形态】一年生高大栽培作物。秆粗壮，直立，高1.5～4m，不分枝，节间较长，有髓，基部各节处常有气生支柱根。叶互生；叶鞘包秆，具横脉；叶舌紧贴茎，膜质；叶片宽大，扁平，剑形或长披针形，先端渐尖，边缘有波状皱折,中脉强壮。雄花聚成开展的圆锥花序,顶生,长达40cm,花序分枝三棱状,每节有雄小穗2,1穗有柄,另1穗有短柄,每1雄小穗含2小花,两颖几等长,膜质,顶端尖,具纤毛,外稃均为膜质,透明;雌花序圆柱状,生于叶腋,外面包有多数鞘状苞片,雌小穗密集成纵行,排列于粗壮的穗轴上,颖宽阔,顶端圆形或微凹,外稃膜质透明,子房具极长而细弱的花柱,顶端分叉,露出苞外。颖果球形或扁球形,成熟后超出颖片和稃片之外。花期6~8月;果期7~9月。$2n=20,40$。

【生长环境】栽培于向阳、土质肥沃的农田。

【产地分布】山东各地均有栽培。我国各省区普遍栽培。

【药用部位】花柱及柱头:玉米须;雄花序:玉米花;穗轴:玉米轴;颖果:玉蜀黍;种子胚芽油:玉米胚芽油;苞叶:玉米苞叶;叶:玉米叶;根:玉米根。为少常用中药和民间药,玉蜀黍和玉米胚芽油药食两用。

【采收加工】夏、秋二季,果实成熟时,收集花柱、柱头、雄花穗、颖果、穗轴和苞片,鲜用或分别晒干。夏季采叶,鲜用或晒干。秋季采根,洗净,晒干或鲜用。加工玉米淀粉时,分离胚芽,经压榨精制成玉米油。

【药材性状】花柱和柱头常集结成疏松的团。花柱线形或须状,完整者长达30cm,直径约0.5mm;淡绿色、淡黄色至棕红色,有光泽,略透明;柱头长约3mm,2裂,叉开。质柔软。气微,味微甜。

以柔软、光亮、味甜、无杂质者为佳。

【化学成分】花柱及柱头含黄酮类:柯伊利素,6-乙酰基木犀草素(6-acetylluteolin),刺芒柄花素,2″-O-α-L-鼠李糖基-6-C-(3-脱氧葡萄糖基)-3′-甲氧基木犀草素;有机酸类:对-羟基桂皮酸,香草酸,山萮酸,土槿戊酸(pseudolario acid),苹果酸,柠檬酸,亚油酸;多糖:CSPS1a-1A,CSPS1a-2A,CSPS1a-1B,CSPS1a-2B等;甾醇类:β-谷甾醇,豆甾醇,豆甾-5-烯-3-醇,豆甾-7-烯-3-醇等;还含鼠李糖尿素苷(rhamnosyl urea),1,3-二鼠李糖尿素苷(1,3-dirhamnosyl urea),二肽[N-(N′-benzoyl-S-phenylalanilyl)-S-phenylalaninol],大量硝酸钾及无机元素钠、钙、铁、铜、镁等。颖果含维生素B_1、B_2、B_6、K,泛酸(pantothenic acid),玉蜀黍黄质(zeaxanthin),槲皮素,异槲皮苷,果胶,玉蜀黍嘌呤(zeatin),亚油酸,油酸,棕榈酸,β-谷甾醇,豆甾醇,菜油甾醇,阿魏酸二氢-β-谷甾醇酯(dihydro-β-sitosterol ferulate)。玉米胚芽油主成分:亚油酸,油酸,亚麻酸等;尚含植物甾醇,卵磷脂,辅酶,隐黄质,α-生育醌,维生素A、E、C、K,β-胡萝卜素。穗轴含木聚糖,包括水溶性木聚糖(ws-X)和水不溶性木聚糖(wis-X)。叶含多肽MBP-1,果糖-2,6-二磷酸(fructose-2,6-biphosphate)及多糖。根含芳香苷Ⅱ和R-芳香苷Ⅲ。

【功效主治】玉米须甘,平。利尿消肿,平肝。用于肾虚水肿,小便不利,湿热黄疸,肝阳上亢。玉米花甘,凉。疏肝利胆。用于胁痛。玉米轴用于食积不化,泻痢,小便不利,水肿,脚气,小儿夏季热,口舌糜烂。玉米甘,平。调中开胃,益肺宁神,利肝胆,清湿热,利尿消肿。用于食欲缺乏,肝阳上亢,周身乏力,头晕目眩,肝郁胁痛,大便秘结,小便不利,水肿,石淋。玉米油平肝,化浊。用于肝阳上亢,周身乏力,胸闷心痛。玉米苞叶用于石淋,水肿,胃痛吐酸。玉米叶甘,平。利尿通淋。用于砂淋,小便涩痛。玉米根甘,平。利尿通淋,散瘀止血。用于小便不利,水肿,砂淋,胃痛,吐血。

【历史】玉米入药始载于《滇南本草图说》。原名玉蜀黍,原产美洲,明代始传入中国。《本草纲目》云:"种出西土,种者亦罕。其苗叶俱似蜀黍而肥矮,亦似薏苡。苗高三四尺。六、七月开花,成穗,如秕麦状。苗心别出一苞,如棕鱼形,苞上出白须垂垂。久则苞拆子出,颗颗攒簇。子亦大如棕子,黄白色。可炸炒食之。炒拆白花,如炒拆糯谷之状。"《植物名实图考》云:"凡山田皆种之,俗呼包谷。"所述形态及附图与植物玉米一致。

【附注】《中国药典》1977年版曾收载玉米须。

菰

【别名】苦姜草(微山湖)、茭白、菰根。

【学名】Zizania latifolia (Gris.) Turcz.
(Limnochloa caduciflora Turcz. ex Trin.)
Zizania caduciflora (Turcz. ex Trin.) Hand.-Mazz.

【植物形态】多年生挺水植物。根状茎横走;须根粗壮。秆直立,粗壮,高1~2m,基部节处生不定根。叶鞘肥厚,基部者常有横脉纹;叶舌膜质,略成三角形,长约1.5cm;叶片长0.3~1m,宽1~2.5cm。圆锥花序长30~60cm,分枝多簇生;雄小穗生于花序下部,长1~1.5cm,常带紫色;外稃先端渐尖或有短芒,花药长6~9mm;雌小穗生于花序上部,长1.5~3cm;外稃5脉,有长1.5~3cm的芒;颖退化。颖果圆柱形,长约1cm。花、果期秋季。(图879)

嫩茎秆常被菰黑粉菌[Ustilagoenia esculenta (P. Henn) Liou]寄生而呈纺锤形肥大,可作菜肴茭白食用。感菌植株常常难以开花结果。

【生长环境】生于湖泊或池沼。

【产地分布】山东境内产于微山、济宁、东平;其他各地常有栽培。我国各地均有分布。

【药用部位】颖果:菰米(茭白子);根茎及根:菰根;膨大的感菌嫩茎:茭白。为民间药,茭白和菰米(茭白子)

肪,糖类,维生素 C、B_1、B_2、E 及无机元素钾、磷、钙、铁等。**鞘叶**含粗蛋白,粗纤维,多糖,黄酮,氨基酸及无机元素钾、铁、硅等。**全草**含蛋白质,脂肪,钙和磷等。

【功效主治】**菰米**甘,寒。清热除烦,生津止渴,和胃理肠。用于热病烦渴,二便不利,小儿泄泻。**菰根**甘,寒。除烦止渴,清热解毒。用于消渴,心烦,小儿麻疹,高热不退,黄疸,小便涩痛不利,鼻衄,烧烫伤。**茭白**甘,寒。解热毒,除烦渴,通乳,通便。用于热病烦渴,消渴,酒毒,二便不利,黄疸,痢疾,热淋,目赤,乳汁不通。

【历史】菰始载于《名医别录》,名菰根。《本草拾遗》云:"菰菜,生江东池泽。菰首,生菰蒋草心,至秋如小儿臂,故云菰首。"《本草图经》云:"菰根……即江南人呼为茭草者。生水中,叶如蒲苇辈。刘以秣马,甚肥。春亦生笋,甜美堪啖,即菰菜也。又谓之茭白……似土菌,生菰草中,正谓此也。"《救荒本草》云:"茭笋,生江东池泽水中及岸际,今随处水泽边皆有之。苗高二三尺。叶似蔗荻,又似茅叶而长、阔、厚。叶间撺葶,开花如苇。结实青子。根肥,剥取嫩白笋可啖。"《本草纲目》记载了菰米的形态,"结实长寸许,霜后采之,大如茅针,皮灰褐色。其米甚白而滑腻,作饭香脆"。所述形态与植物菰基本一致。

【附注】本种在"Flora of China"22:186.2006.的拉丁学名为 Zizania latifolia（Gris.）Turcz.,本志采用其名。

莎草科

香附

【别名】香附子、张罗草（临沂、平邑）、张大罗（临沂）、棱草根（烟台）、香附草。

【学名】Cyperus rotundus L.

【植物形态】多年生草本。根茎细长而匍匐,生有多数纺锤形黑褐色块茎。秆直立,高 15～90cm,锐三棱形,平滑。叶基生于秆基部,叶鞘闭合包于秆上；叶片线形,长 20～60cm,宽 2～5mm,先端尖,全缘,平行脉,主脉于叶背面隆起。复穗状花序,3～6 个在秆顶端排列成伞状,基部有叶状苞 2～3 片,与花序等长或过之；每个花序有小穗 3～10；小穗条形,长 1～3cm；宽 1.5～2mm,有花 10～36；小穗轴有较宽且白色透明的翅；鳞片稍呈紧密覆瓦状排列,膜质,长圆状卵形,长 2～3mm,顶端钝,有 5～7 脉,两侧紫红色；雄蕊 3,花药条形；花柱长,柱头 3,伸出鳞片外。小坚果三棱状倒卵形,长约 1mm,有细点。花期 6～8 月；果期 8～9 月。(图 880)

【生长环境】生于河边、路边或田边湿地。

【产地分布】山东境内主产于泰安、菏泽、潍坊、临沂、青岛等地；以泰安、东明、菏泽、莱芜、新泰、梁山、东平、

图 879 菰
1.植株 2.雄小穗 3.雌小穗

药食两用。

【采收加工】夏、秋二季采收有菌瘿的花茎,鲜用或晒干。秋季采收成熟果实,搓去外皮,晒干。秋、冬二季采挖根茎,洗净,晒干。

【药材性状】颖果长纺锤形,两端渐尖,长约 1cm,直径 1～2mm。表面棕色至棕褐色,背面有 1 条纵沟纹,腹面从基部至中部有 1 条弧形的脊纹,脊纹两侧微凹,长约 6mm。质硬而坚脆,易折断,断面白色至灰白色,周边淡棕色,富油性。气微,味淡。

根茎扁圆柱形,或切成短段,直径 6～8mm。表面棕黄色或金黄色,有环状突起的节,节上有根痕及芽痕,节间具细纵纹。体轻,质软韧,断面中空,壁厚约 1mm,有环列小孔。无臭,味淡。

【化学成分】颖果含蛋白质,脂肪,碳水化合物；氨基酸:异亮氨酸,亮氨酸,赖氨酸,丙氨酸,精氨酸,天冬氨酸,谷氨酸,缬氨酸等；维生素 B_1、B_2、E 及无机元素磷、钾、镁、钙、铁、锰、钠等。**膨大的感菌嫩茎**含蛋白质,脂

图880 香附
1.植株 2.小穗 3.鳞片 4.小坚果
5.花柱及柱头(仿《新编中药志》图)

曹县、郯城、莒南、日照、临沂等地产量较多。泰安等地产品最为著名，素有"东香附"之称。著名的商品药材有：汶香附，产于泰安和大汶河两岸；潍香附，产于潍坊和潍河两岸；明香附，产于东明及菏泽等地。在我国除山东外，还分布于陕西、甘肃、河南、河北、浙江、江西、安徽、云南、贵州、四川、福建、广东、广西、台湾等地。

【药用部位】根茎：香附；带根茎全草：莎草。为常用中药和民间药，香附可用于保健食品。香附为山东著名道地药材。

【采收加工】秋季采挖根茎，燎去毛须，置沸水中略煮或蒸透后晒干，或燎后直接晒干。夏季采收带根茎全草，洗净，鲜用或晒干。

【药材性状】根茎呈纺锤形，有的略弯曲，长2～3.5cm，直径0.5～1cm。表面棕褐色或黑褐色，有纵皱纹，并有6～10个略隆起的环节，节上有棕色毛须，并残留根痕。去净毛须者较光滑，环节不明显，称"光香附"。质硬，经蒸煮者断面黄棕色或红棕色，角质样；生晒者断面色白而显粉性，内皮层环纹明显，中柱色较深，点状维管束散在。气香，味微苦。

以个大、质坚实、色棕褐、香气浓者为佳。

由于各产区生境不同，山东产香附的药材性状常有一定差异。

汶香附 纺锤形，长1.1～4.2cm，直径4～9mm。表面黄棕色，有4～15个环节，节上有残留毛须。郯城产香附相似，较瘦小。

潍香附 多呈长纺锤形或长棒状，微弯曲或平直，长2～8cm，少数达11.5cm，直径0.5～1.2cm。表面棕黄色，有4～20余个明显环节，稀疏排列或局部密集，节上毛须较少，纵向纹理细密，不甚明显。

明香附 多呈纺锤形，有的侧扁或不规则形，长1～3.5cm，直径3～9mm。表面黑褐色，不平坦，有光泽，纵向纹理粗而明显，具3～9个不明显的环节，节上毛须较少，也有的须根较多。

【化学成分】根茎含挥发油：主成分为α-及β-香附酮(cyperone)，β-蒎烯，香附烯(cyperene)，α-及β-莎草醇(rotunol)，香附醇(cyperol)，异香附醇(isocyperol)，环氧莎草奥(epoxyguaine)，香附醇酮(cyperolone)，莎草奥酮(rotundone)，樟烯，柠檬烯，芹子三烯(selinatriene)，β-芹子烯，广藿香烯酮(patchoulenone)，香附子烯-2,5,8-三醇(sugetrlol)等；黄酮类：山奈酚，木犀草素，槲皮素，西黄松黄酮(pinoquercetin)，穗花杉双黄酮(amentoflavone)，去甲基银杏双黄酮(bilobetin)，银杏双黄酮(ginkgetin)，异银杏双黄酮(isoginkgetin)，金松双黄酮(sciadopitysin)，鼠李素-3-O-α-L-鼠李糖基(1→4)-吡喃鼠李糖苷；蒽醌类：6-甲基-1,3,5,8-四羟基蒽醌(catenarin)，大黄素甲醚；甾醇类：豆甾醇，β-谷甾醇，胡萝卜苷；还含 sugetriol triacetate，eudesma-4(14)-11-dien-3β-ol，catenarin，十六烷酸，蔗糖等。

【功效主治】香附辛、微苦、微甘，平。行气解郁，调经止痛。用于肝郁气滞，胸胁、脘腹胀痛，食积不化，胸脘痞闷，寒疝腹痛，乳房胀痛，月经不调，经闭痛经。**莎草**苦、辛，凉。行气开郁，祛风止痒，宽胸利痰。用于胸闷不舒，风疹瘙痒，疮痈肿毒。

【历史】莎草始载于《名医别录》，列为中品，原名莎草根。《新修本草》云："根名香附子……茎叶都似三棱，根若附子，周匝多毛，交州者最胜，大者如枣"。《本草纲目》谓："莎草如老韭叶而硬，光泽，有剑脊棱，五、六月中抽一茎，三棱中空，茎端复出数叶，开青花成穗如黍，中有细子；其根有须，须下结子一二枚，转相延生，子上(指根茎)有细黑毛，大者如羊枣而两头尖。采得燎去毛，暴干货之。"本草所述形态及附图与现今所用香附原植物一致。

【附注】《中国药典》2010年版收载香附。

荸荠

【别名】荸荠梗、马蹄。

【学名】Heleocharis dulcis (Burn. f.) Trin. ex Henschel

【植物形态】多年生草本。根茎细长匍匐，顶端膨大成球茎。秆丛生，圆柱状，高0.2～1m，直径1.5～5mm，有多数横隔膜，干后表面有不明显的节。叶无叶片，秆基部仅有2～3个叶鞘，叶鞘薄膜质，上端斜截形，包于秆的基部。穗状花序顶生，圆柱状，长1.5～4cm，直径5～6mm，淡绿色，有多数花，基部的2鳞片无花，其余有花；鳞片阔长圆形或卵状长圆形，先端钝，长3～5mm，宽2.5～3.5mm，有1脉，具淡棕色细点，边缘为微黄色干膜质；下位刚毛7，较小坚果长1倍半，有倒刺；柱头3。小坚果阔倒卵形，双凸状，顶端不缢缩，长约2.4mm，棕色，光滑；花柱基三角形，基部有领状的环，宽约为小坚果的1/2。花、果期5～9月。（图881）

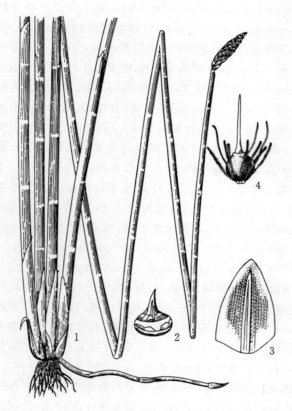

图881 荸荠
1.植株 2.球茎 3.鳞片 4.小坚果及下位刚毛

【生长环境】生于水边、浅水中，或栽培于水田和池塘。

【产地分布】山东境内产于各地。微山湖、东平湖等地有栽培。我国各省区均有栽培。

【药用部位】全草：通天草；球茎：荸荠。为民间药，荸荠药食两用。

【采收加工】秋季采割地上部分，晒干。秋、冬二季采挖球茎，洗净，鲜用。

【药材性状】茎扁圆柱形，长40～80cm，直径1～5mm；表面淡黄棕色或黄绿色，微具光泽，有细纵皱纹，节部稍隆起；质韧，不易折断，断面中空，纵剖面可见片状薄膜。叶鞘薄膜质，黄棕色或紫棕色。茎顶有时可见穗状花序，密被鳞片，鳞片内藏小坚果1枚。气微，味淡。

球茎呈扁圆球形，大小不等，直径约3cm。表面紫褐色或黄褐色，节明显，环状，附有残存的黄色膜质鳞叶，有时具小侧芽。上部顶端有数个聚生的嫩芽，外包枯黄的鳞片，下端中央凹陷。质嫩脆，断面白色，富含淀粉和水分。气微，味甜。

以个大、色紫褐、肥嫩、味甜者为佳。

【化学成分】球茎含荸荠素（puchiin，荸荠英），N^6(Δ^2-异戊烯基)腺苷[N^6-(Δ^2-isopentenyl) adenosine]，24-乙基-Δ^7-胆甾醇，细胞分裂素（cytokinin），维生素A、B_1、B_2、B_3、C、E，胡萝卜素，淀粉，蛋白质，脂肪，多糖，黄酮类及无机元素钾、磷、钠、硒、镁、钙等。

【功效主治】通天草苦，凉。清热解毒，通淋利尿，化湿热，降逆。用于小便不利，淋病，水肿，疔疮，呃逆。荸荠甘，寒。清热生津，化痰止渴，消积，利尿。用于温病烦渴，咽喉肿痛，口腔破溃，湿热黄疸，小便不利，麻疹，肺热咳嗽，目赤，消渴，痢疾，热淋，食积，赘疣，痔疮出血。

【历史】荸荠始载于《日用本草》。《本草纲目》又名凫茨，云："生浅水田中，其苗三月四月出土，一茎直上，无枝叶，状如龙须。肥田栽者，粗近葱蒲，高二三尺，其根曰葧，秋后结颗，大如山楂、栗子，而脐有聚毛，累累下生入泥底。野生者，黑而小，食之多渣。种出者，紫而大，食之多毛。吴人以沃田种之，三月下种，霜后苗枯，冬春掘收为果，生食煮食皆良。"所述形态与植物荸荠一致。

【附注】本种在"Flora of China"23:191.2010.的拉丁学名为 Eleocharis dulcis (N. L. Burman) Trin. ex Hensch.，本志将其列为异名。

两歧飘拂草

【别名】飘拂草。

【学名】Fimbristylis dichotoma (L.) Vahl (Scirpus dichotomus L.)

【植物形态】一年生草本。秆丛生，高15～50cm，无毛或有疏柔毛。叶基生；叶片条形，略短于秆，或与秆等长，宽1～2.5mm，有柔毛或无；鞘基部近革质，鞘口近截形。苞片3～4，叶状，通常有1～2片，长于花序；长侧枝聚伞花序复出，稀简单；小穗单生于辐射枝顶端，卵形、椭圆形或长圆形，长0.4～1.2cm，宽约2.5mm，有多数花；鳞片卵形或长圆形，长约2mm，褐色，有3～5脉，先端有短尖；雄蕊1～2；花柱扁，有缘毛，柱头2。小坚果阔倒卵形，双凸状，长约1mm，纵肋显著，7～9

条,表面有横长圆形网纹,有褐色短柄。花、果期 7～10月。(图 882)

图 882 两栖飘拂草
1.植株 2.鳞片 3.小坚果 4.小坚果顶面观
5.花柱及柱头 6.花丝

【生长环境】生于山坡、溪边或湖边湿草地。
【产地分布】山东境内产于崂山、威海、泰山、蒙山、徂徕山、临沭、微山等地。在我国除山东外,还分布于东北地区及云南、四川、广东、广西、福建、台湾、贵州、江苏、浙江、河北、山西等地。
【药用部位】全草:飘拂草。为民间药。
【采收加工】夏季采收,洗净,晒干。
【化学成分】全草含莎草醌(cyperaquinone),羟基莎草醌(hydroxycyperaquinone),双氢莎草醌(dihydrocyperaquinone),四氢莎草醌(tetrahydrocyperaquinone),去甲莎草醌(demethylcyperaquinone)等。
【功效主治】淡、寒。清热解毒,利尿消肿。用于小便不利,瘰疬。
【历史】漂浮草始载于《植物名实图考》卷十五隰草类,云:"飘拂草,南方墙阴砌下多有之,如初发小茅草,高四五寸。春时抽小茎,结实圆如粟米,生青老赭。"所述形态及附图与漂浮草相符。

萤蔺

【别名】三棱草(微山)、野马蹄草。

【学名】Scirpus juncoides Roxb.
【植物形态】多年生草本。根茎短,密生须根。秆丛生,高 20～60cm,圆柱状,有时具棱角,平滑。秆基部有 2～3 个叶鞘,鞘口斜截形,无叶片。苞叶 1,为秆的延长,长 3～15cm;花序顶生,有小穗 2～5 个聚成头状;小穗卵形或长圆状卵形,长 0.8～1.7cm,宽 3.5～4mm,棕色或淡棕色,有多数花;鳞片宽卵形或卵形,长约 4mm,先端钝,有短尖,有 1 脉,两侧有棕色条纹,近纸质;下位刚毛 5～6,有倒刺;雄蕊 3;花柱中等长,柱头 2,稀为 3。小坚果阔倒卵形或卵形,平凸状,长约 2mm,熟时黑褐色,稍有横皱纹。花、果期 7～9 月。(图 883)

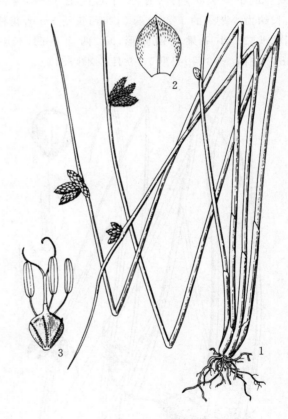

图 883 萤蔺
1.植株 2.鳞片 3.小坚果、雄蕊及下位刚毛

【生长环境】生于湿地或水边。
【产地分布】山东境内产于威海、泰山、徂徕山、蒙山、临沭、微山湖等地。在我国除内蒙古、甘肃、西藏外,几遍布南北各地区。
【药用部位】全草:野马蹄草。为民间药。
【采收加工】夏季采收,洗净,晒干。
【功效主治】甘、淡,凉。清热解毒,凉血利水,止咳明目。用于肺痨咳嗽,风火牙痛,目赤肿痛,小便短赤,涩痛。

扁秆藨草

【别名】野京三棱、水莎草、扁杆京三棱。

【学名】Scirpus planiculmis Fr. Schmidt

【植物形态】多年生草本。有匍匐根状茎和块茎。秆高0.6~1m，一般较细，三棱形，平滑，靠近花序部分粗糙。叶秆生；叶片扁平，宽2~5mm，有长叶鞘。叶状苞片1~3片，长于花序，边缘粗糙；长侧枝聚伞花序短缩成头状，或有时具少数辐射枝，通常有1~6个小穗；小穗卵形或长圆状卵形，锈褐色，长1~1.6cm，宽4~8mm，有多数花；鳞片膜质，长圆形或椭圆形，长6~8mm，外面有稀疏的柔毛，背面有1条稍宽的中脉，先端或多或少撕裂状缺刻，有芒；下位刚毛4~6，有倒刺，长约为小坚果的1/2；雄蕊3，花药长约3mm；花柱长，柱头2。小坚果宽倒卵形，扁，两面稍凹，长约3mm。花期5~6月；果期7~9月。（图884）

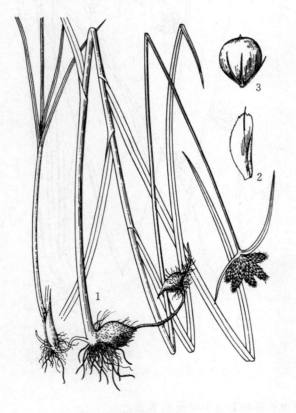

图884 扁秆藨草
1.植株 2.鳞片 3.小坚果、雄蕊及下位刚毛

【生长环境】生于沼泽或湿地。

【产地分布】山东境内产于青岛、济南、滨州、东营、微山、烟台等地；以文登、乳山、海阳及微山湖、东平湖产量最大。在我国除山东外，还分布于东北地区及内蒙古、河北、河南、山西、青海、甘肃、江苏、浙江、云南等地。

【药用部位】块茎或全草：扁杆荆三棱。为民间药。

【采收加工】春、秋二季采挖，除去须根，洗净，晒干。

【药材性状】块茎形似荆三棱。质脆，较易破碎，断面乳白色，有黄绿色分泌腔小点。

【功效主治】苦，平。止咳，破血通经，消积止痛，补气。用于咳嗽，癥瘕积聚，产后瘀阻腹痛，食积不化，通乳。

水葱

【别名】莞草、席子草。

【学名】Scirpus validus Vahl
（S. tabernaemontani Gmel.）
[Schoenoplectus tabernaemontani (C. C. Gmel.) Pall.]

【植物形态】多年生草本。根状茎粗壮，匍匐。秆高大，高1~2m，圆柱状。基部有3~4枚叶鞘，最上一枚叶鞘有叶片；叶片条形，长1.5~11cm，苞片1，为秆的延长，钻形，常短于花序；聚伞花序简单或复出，假侧生，有辐射枝4~13或更多；辐射枝长达5cm，一边凸，一边凹，边缘有锯齿；小穗单生或2~3个簇生于辐射枝顶端，卵形或长圆形，长0.5~1cm，宽2~4mm，有多数花；鳞片椭圆形或宽卵形，长约3mm，褐色，有1脉，边缘有缘毛，先端微凹；下位刚毛6，与小坚果近等长，有倒刺；雄蕊3，花药条形；花柱中等长，柱头2，稀3，长于花柱。小坚果倒卵形，双凸状，较少三棱形，长约3mm，平滑。花、果期6~9月。（图885）

【生长环境】生于湖边、水边湿地或浅水中。

【产地分布】山东境内产于荣成、东营、微山等地。在我国除山东外，还分布于东北地区及内蒙古、山西、陕西、甘肃、新疆、河北、江苏、贵州、四川、云南等地。

【药用部位】全草：水葱。为民间药。

【采收加工】夏、秋二季采收，洗净，晒干。

【药材性状】茎扁圆柱形或扁平长条形，长约1m，直径4~9mm。表面淡黄棕色或枯绿色，有光泽，具纵沟纹，节少，稍隆起，节上有膜质叶鞘。质轻而韧，不易折断，切断面类白色，有许多细孔，似海绵状。有的可见淡黄色花序。气微，味淡。

【功效主治】甘、淡，平。除湿利尿，消肿。用于水肿胀满，小便不利。

【历史】水葱始载于《救荒本草》，云："生水边及浅水中。科苗仿佛类家葱，而极细长。梢头结蓇葖，仿佛类葱蓇葖而小，开黪白花。其根类葱根，皮色紫黑。根苗俱味甘，微咸。"所述形态及附图与植物水葱相符。

【附注】本种在"Flora of China"23：184.2010.的拉丁学名为 Schoenoplectus tabernaemontani (C. C. Gmel.) Pall.，本志将其列为异名。

【药用部位】块茎:荆三棱(黑三棱)。为较常用中药。

【采收加工】春、秋二季采挖,除去须根,洗净,晒干。

【药材性状】根茎不规则倒圆锥形或近圆形,直径2~3cm。表面黑褐色或红棕色,具皱纹,除去外皮者灰白色。顶端有一圆形茎痕,近上部和周围有3至多个眼圈状根茎痕或根茎残基,下端有多数点状突起的须根痕。体轻泡,质坚硬,入水则漂浮于水面,极难折断,破碎面黄白色或淡棕黄色,有散在的维管束小点。气微,味淡,嚼之微辛、涩。

以个大、色黑褐、质地坚实者为佳。

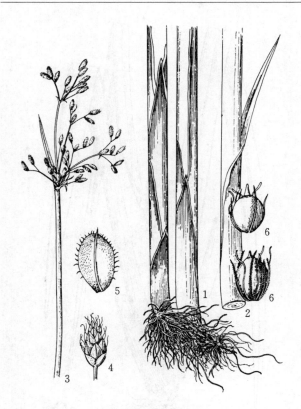

图885 水葱
1.植株下部 2.植株中部 3.花序 4.小穗
5.鳞片 6.小坚果及下位刚毛

荆三棱

【别名】草三棱(文登、乳山、牟平)、泡三棱、三棱草。

【学名】Scirpus yagara Ohwi
[*Bolboschoenus yagara* (Ohwi) Y. C. Yang & M. Zhan]

【植物形态】多年生草本。根状茎粗长,匍匐,顶端生球状块茎,常从块茎上再生出匍匐的根状茎。秆较高大粗壮,高0.7~1.2m,锐三棱形。叶秆生;叶片条形,长20~40cm,宽0.5~1cm。叶状苞片3~5,长于花序;长侧枝聚伞花序简单,有辐射枝3~8,辐射枝长达7cm,每辐射枝有1~3个小穗;小穗卵状长圆形,锈褐色,长1~1.8cm,宽5~8mm,密生多花;鳞片长圆形,长约8mm,有1脉,背面上部有短柔毛,先端略有撕裂状缺刻,芒长1~2mm;下位刚毛6,与小坚果近等长,有倒刺;雄蕊3,花药条形,长约4mm;花柱细长,柱头3。小坚果三棱状倒卵形,长约3mm,黄白色。花期5~7月;果期7~8月。(图886)

【生长环境】生于河、湖、池塘浅水中或水湿地。

【产地分布】山东境内产于文登、乳山、牟平、海阳、日照、微山等地。在我国除山东外,还分布于东北地区及江苏、浙江、贵州、台湾等地。

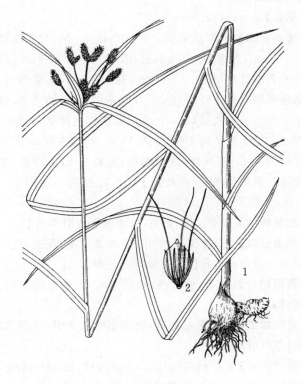

图886 荆三棱
1.植株 2.小坚果及下位刚毛

【化学成分】根茎含白桦脂醇,白藜芦醇(reveratrol),白皮杉醇(piceatannol),荆三棱素(scirpusin)A、B,木犀草素,槲皮素,对羟基桂皮酸,甘露醇(mannitol)及挥发油等。

【功效主治】辛、苦,平。破血行气,消积止痛。用于癥瘕痞块,瘀血经闭,食积胀痛。

【历史】三棱始载于《本草拾遗》。《开宝本草》中形如鲫鱼而体重的京三棱,即为黑三棱科植物;形如乌梅而体轻的黑三棱,则为莎草科植物。《本草纲目》云:"三棱多生荒废陂池湿地,春时丛生,夏秋抽高茎,茎端复生数叶,开花六七枝,花皆细碎成穗,黄紫色,中有细子。其叶茎花实俱有三棱。"所述形态及附图与植物荆三棱相符。

【附注】①《中国药典》1977年版和《山东省中药材标准》2002年版收载，药名荆三棱。②本种在"Flora of China"23：180.2010.的拉丁学名为 *Bolboschoenus yagara* (Ohwi) Y. C. Yang & M. Zhan，本志将其列为异名。

天南星科

菖蒲

【别名】臭蒲、臭蒲子（烟台）、臭姑子（昆嵛山）、臭蒲根、水菖蒲。

【学名】Acorus calamus L.

【植物形态】多年生草本。根状茎横生，有分枝，直径0.5～2cm，芳香，外皮黄白色，节明显。叶基生，2列；叶片剑状线形，长0.5～1.2m，宽1～2cm，先端渐尖，基部两侧有膜质叶鞘，全缘，有明显中肋，两面光滑，绿色。花序梗三棱形，长40～50cm；佛焰苞叶状，长20～40cm；肉穗花序斜上或直立，棒状，长4～8cm，直径0.6～1.2cm；花两性，淡黄绿色；花被片6，倒卵形，先端钝。浆果倒卵形或长圆形，熟时红色。花期5～7月；果期7～8月。（图887）

【生长环境】生于水沟、湖泊、河滩或溪边湿草丛中。

【产地分布】山东境内产于各地，以微山湖、东平湖、南阳湖一带较多。我国各省地均有分布。

【药用部位】根茎：水菖蒲（藏菖蒲）。为少常用中药、藏药和民间药。

【采收加工】秋季采挖根茎，除去茎叶及须根，洗净，晒干；茎叶鲜用或晒干。

【药材性状】根茎呈扁圆柱形，少有分枝，长10～24cm，直径1～2cm。表面灰棕色至棕褐色，有细纵皱纹；节明显，节间长0.2～1.5cm，上侧有较大的类三角形叶痕，左右交互排列，下侧有凹陷的圆点状根痕，节上残留棕色毛须。质硬，折断面海绵样，类白色或淡棕色；横切面内皮层环明显，有多数小空洞及维管束小点。气香浓烈而特异，味苦、辛。

以粗大、色黄白、无鳞叶须根、气味浓者为佳。

【化学成分】根茎含挥发油：主成分为 β-细辛醚（β-asarone），其次为 *L*-去氢白菖烯（*L*-calamenene），异菖蒲烯二醇（isocalamendiol），前-异菖蒲烯二醇（preisocalamendiol），α-细辛醚；还含顺式甲基异丁香油酚，菖蒲烯二醇（calamendiol），菖蒲螺烯二酮（acoronene），菖蒲酮（acoramone），表水菖蒲酮（epishyobunone），异水菖蒲酮（isoshyobunone），菖蒲螺酮（acorone），菖蒲螺烯酮（acorenone），白菖醇（calamol），白菖酮（calacone）等；

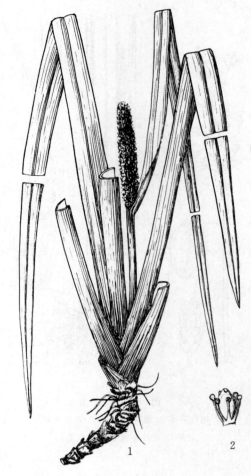

图887 菖蒲
1.植株 2.雄蕊和雌蕊

黄酮类：5-羟基-7,8,3′,4′-四甲氧基黄酮，5,4′-二羟基-7,8-二甲氧基黄酮，木犀草素-6,8-C-二葡萄糖苷；有机酸：肉豆蔻酸（myristic acid），棕榈酸，棕榈油酸（palmitoleic acid）等；糖类：麦芽糖，葡萄糖，果糖；还含 β-谷甾醇，β-胡萝卜苷及色氨酸等13种氨基酸。根含挥发油：主成分为白菖蒲烯（calamine），马兜铃烯（aristolene），菖蒲二烯（acoradiene），反式-异榄香素（*cis*-iso-elemicin）等。

【功效主治】辛、苦，温、燥、锐。温胃，解毒止痛。用于补胃阳，食积不化，脘腹胀满，白喉，炭疽。

【历史】菖蒲始载于《神农本草经》，列为上品，名昌蒲，一名昌阳，但未分水菖蒲和石菖蒲。《本草经集注》云："在下湿地，大根者名昌阳。真昌蒲，叶有脊，一如剑刃，四月、五月亦作小釐花也。"《本草拾遗》称："白菖，即今之溪荪也，一名昌阳，生水畔，人亦呼为昌蒲，与石上昌蒲有别，根大而臭，一名水昌蒲。"《本草图经》云："昌蒲，春生青叶，长一二尺许，其叶中心有脊，状如剑，无花实，今以五月五日收之。"《本草纲目》云："生于池泽,蒲叶肥根,高二三尺者,白昌也。"所述白昌形态与现今所用水菖蒲原植物菖蒲一致。

【附注】①《中国药典》2010年版收载,名藏菖蒲。②山东济南等地将药材石菖蒲误作水菖蒲药用,而正品药材水菖蒲不作药用,应注意鉴别与纠正。

石菖蒲

【别名】九节菖蒲、小菖蒲、节菖蒲。

【学名】Acorus tatarinowii Schott

【植物形态】多年生草本,高20~40cm。根状茎横生,直径0.5~1cm,节较密,节上生有须根,气芳香,外皮淡褐色;上部分枝甚密,植株丛生状。叶基生,2列;叶片条形,长20~30(50)cm,宽0.6~1.2cm,先端渐尖,基部对折,两侧有膜质叶鞘,全缘,无中肋,平行脉多数。花序梗三棱形,长4~15cm;佛焰苞叶状,长13~25cm;肉穗花序直立或稍弯,圆柱形,长2.5~6.5cm,直径4~7mm;花两性,白色。浆果熟时黄绿色或黄白色。花、果期4~9月。(图888)

图888 石菖蒲
1.植株 2.花

【生长环境】栽培于公园、庭院或作盆栽。

【产地分布】山东各地有少量栽培。我国分布于黄河以南各省区。

【药用部位】根茎:石菖蒲;叶:石菖蒲叶。为常用中药和民间药。

【采收加工】秋、冬二季采挖,除去须根及泥沙,晒干。

【药材性状】根茎扁圆柱形,多弯曲,常有分枝,长3~20cm,直径0.3~1cm。表面棕褐色或灰棕色,粗糙,有疏密不等的环节,节间长2~8mm,具细纵纹,一面残留须根或圆点状根痕;叶痕呈三角形,左右交互排列,有的具鳞毛状叶基残余。质硬,断面纤维性,类白色或微红色,内皮层环明显,可见多数维管束小点及棕色油细胞。气芳香,味苦、微辛。

以条粗、色棕褐、质坚硬、香气浓者为佳。

【化学成分】根茎含挥发油:主成分为 α-、β-及 γ-细辛醚,顺式甲基异丁香油酚,榄香脂素,细辛醛,δ-荜澄茄烯,百里香酚,二聚细辛醚(bisasanin)等;黄酮类:5-羟基-3,7,4′-三甲氧基黄酮,野漆树苷(rhoifolin),紫云英苷(astragalin),德钦红景天苷(rhodionin),异夏佛塔苷(isoschaftoside),pinocembrin-7-rutnside,松属素-3-O-芸香糖苷,山柰酚-3-O-芸香糖苷,8-异戊二烯基山柰酚(8-prenylkaempferol);木脂素类:(7S,8R)-4,9′-dihydroxyl-3,3′-dimethoxyl-7,8-dihydrobenzofuran-1′-propylneolignan,(7S,8R)-4,9′-dihydroxyl-3,3′-dimethoxyl-7,8-dihydrobenzofuran-1′-propylneoligan-9-O-β-D-glucopyranoside,7′-hydroxylariciresinol-9-acetate,galgravin,veraguensin,桉脂素(eudesmin);生物碱:菖蒲碱甲(tatarine A)、乙、丙、丁;三萜类:3,7-dihydroxy-11,15,23-trioxolanost-8,16-dien-26-oic acid),3,7-dihydroxy-11,15,23-trioxo-lanost-8,16-dien-26-oic acid methyl ester,(22E,24R)-ergosta-5,7,22-trien-3β-ol,环阿屯醇,羽扇豆醇等;有机酸:2,4,5-三甲氧基苯甲酸,反式桂皮酸,原儿茶酸,咖啡酸,肉豆蔻酸,反式肉桂酸,阿魏酸,香草酸,丁二酸;香豆素类:香柑内酯,异紫花前胡内酯(marmesine),异茴香内酯(isopimpinellin);氨基酸:精氨酸,天冬氨酸,谷氨酸,甘氨酸,丝氨酸,赖氨酸,γ-氨基丁酸等;尚含大黄素,5-羟甲基糠醛,2,5-二甲氧基苯醌,甘露醇,豆甾醇,β-谷甾醇,胡萝卜苷及胡萝卜素。

【功效主治】石菖蒲辛、苦,温。化湿开胃,开窍豁痰,醒神益智。用于脘痞不饥,噤口下痢,神昏癫痫,健忘耳聋。**石菖蒲叶**辛,温。解毒疗疮,杀虫。用于疮疖,麻风,黄水疮。

【历史】菖蒲始载于《神农本草经》,列为上品,名昌蒲,一名昌阳。《名医别录》曰:"菖蒲生上洛池泽及蜀郡严道,一寸九节者良。"又曰:"生石碛上,概节为好。"石菖蒲之名始见于《本草图经》,谓:"亦有一寸十二节,采之初虚软,曝干方坚实,折之中心色微赤,嚼之辛香少滓,人多植于干燥砂石土中,腊月移之尤易活。"并谓:"黔蜀人亦常将随行,以治卒患心痛,生蛮谷者尤佳,人家移种者亦堪用,此即医方所用之石菖蒲也。"《本草别说》云:"菖蒲今阳羡山中生水石间者,其叶逆水而生,根须络石,略无少泥土,根叶极紧细,一寸不啻九节,入药堪佳。今两浙人家以瓦石器种之,旦暮易水则茂,水浊及有泥滓则萎,近方多用石菖蒲,必此类也。"所述形态及功效与植物石菖蒲基本一致。

【附注】①《中国药典》2010年版收载。②石菖蒲:为《中国药典》石菖蒲 A. tatarinowii Schortt 的干燥根茎。但在山东济南等地区,常见以毛茛科植物阿尔泰银莲花 Anemone altaica Fisch ex C. A. Mey. 的根茎伪充石菖蒲药用,而把正品药材石菖蒲充作水菖蒲,水菖蒲则未见应用。应予以纠正,并注意鉴别。

附:金钱蒲

金钱蒲 A. gramineus Soland.,与石菖蒲的主要区别是:株高不超过20cm;根茎细,节间短,长1~5mm,上部分枝密。叶长8~20cm,宽2~5mm。叶状佛焰苞长3~9cm。山东省内有少量栽培。根茎含挥发油:主成分为 α-、β-和 γ-细辛醚,顺式-及反式-甲基异丁香油酚,甲基丁香油酚(methyleugenol),榄香脂素,细辛醛,二聚细辛醚,α-及 β-荜澄茄油烯(cubebene),丁香烯(caryophyllene),佛术烯(eremophilene),橙花叔醇(nerolidol),愈创薁醇(guaiol),金钱蒲烯酮(gramenone)等。药用同石菖蒲。

东北天南星

【别名】天南星、南星、天落星(招远、莱阳、蒙山)、大天落星(烟台)。

【学名】Arisaema amurense Maxim.

【植物形态】多年生草本,高30~60cm。块茎扁球形或球形,直径1~4cm。鳞叶2,膜质鞘状,包围叶柄基部,先端披针形;叶1;叶片鸟足状分裂,裂片5(幼叶3),倒卵形或卵状椭圆形,长8~15cm,宽2.5~6cm,先端尖,全缘或微波状,基部渐狭,楔形,有小叶柄,长0.2~2cm;叶柄圆柱形,绿色带紫晕,长15~30cm,下部1/3有鞘。花序梗短于叶柄,长8~15cm;佛焰苞长8~15cm,绿色或带紫色,有白色条纹;肉穗花序单性,雌、雄异株;雄花序花疏,雄花有短柄,花药2~3,药室近球形;雌花序短圆锥形,子房倒卵形;附属器棒状,有短柄。浆果成熟时红色,直径5~9mm。种子红色,卵形。花期5~6月;果期8~9月。(图889)

【生长环境】生于背阴山坡、林缘、林下、山沟石缝或栽培于田间。

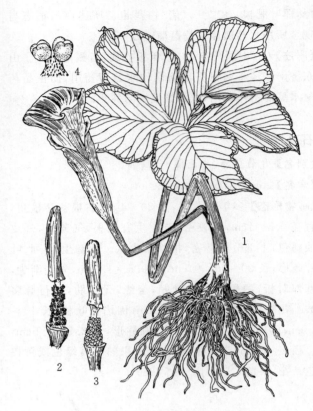

图889 东北天南星
1. 植株 2. 去佛焰苞,示雄花序
3. 去佛焰苞,示雌花序 4. 雄花

【产地分布】山东境内产于昆嵛山、崂山、蒙山、泰山等山区。在我国除山东外,还分布于河北、内蒙古、宁夏、陕西、山西、黑龙江、吉林、辽宁、河南等地。

【药用部位】块茎:天南星。为较常用中药。

【采收加工】秋、冬二季茎叶枯萎时采挖,除去须根及外皮,干燥。

【药材性状】块茎呈扁圆球形,直径2~3.5cm。表面类白色,中心茎痕大而稍平坦,呈浅皿状,环纹少,麻点状根痕较细,排列不整齐,周围有微突出的小侧芽。质坚硬,不易破碎,断面不平坦,白色,粉性。气微辛,味麻辣。

以个大、色白、粉性足者为佳。

【化学成分】块茎含黄酮类:芹菜素,夏佛托苷(schaftoside)即芹菜素-6-C-β-D-吡喃葡萄糖-8-C-α-L-阿拉伯糖苷,异夏佛托苷(isoschaftoside)即芹菜素-6-C-α-L-阿拉伯糖-8-C-β-D-吡喃葡萄糖苷;有机酸:二十四酸,棕榈酸,硬脂酸,亚麻油酸,亚麻酸;氨基酸:精氨酸,色氨酸,赖氨酸,瓜氨酸,缬氨酸,γ-氨基丁酸;还含胡芦巴碱(trigonelline),十八酸单甘油酯(glycerolmonostearicacid),D-甘露醇,蔗糖,松二糖(turanose),β-谷甾醇,胡萝卜苷,植物凝集素及无机元素锌、铁、钙等。

【功效主治】苦、辛,温;有毒。散结消肿。外用于痈肿,蛇虫咬伤。

【附注】①《中国药典》2010年版收载。

附：齿叶东北南星

齿叶东北南星 var. serratum Nakai,与原种的主要区别是:裂片边缘有不规则的粗锯齿。山东境内产于蒙山。药用同原种。

天南星

【别名】异叶天南星、老鸹芋头、大天落星(烟台)。

【学名】Arisaema heterophyllum Bl.

【植物形态】多年生草本,高40～70cm,稀达1.2m。块茎扁球形,直径2～5cm,上端扁平,常有侧生芽眼。鳞叶2～4,膜质,鞘状包围叶柄;叶通常1;叶片鸟足状分裂,裂片9～19,倒披针形或长圆形,长6～25cm,宽1.5～4.5cm,先端渐尖,全缘,基部楔形,中裂片的大小仅为侧裂片1/2,有短小叶柄;叶柄圆柱形,粉绿色,长30～50cm,稀达1m,下部1/4有鞘。花序梗通常比叶柄略短;佛焰苞管部圆柱形,长3～8cm,粉绿色,喉部截形,边缘稍外卷,檐部卵形或卵状披针形,长4～9cm,常下弯成盔状;肉穗花序两性或单性;两性花序下部为雌花,上部为雄花;单性雄花序长3～5cm;雄花有花药2～4,白色;附属器细长,鞭状,伸出佛焰苞外,呈之字形。浆果熟时红色,密集成圆锥状。种子黄色,有红色斑点。花期6～7月;果期7～8月。(图890)

【生长环境】生于背阴山坡、林下或林缘。

【产地分布】山东境内产于昆嵛山、牙山、崂山、蒙山等山区。在我国除山东外,还分布于除西北地区及西藏以外的大部分省区。

【药用部位】块茎:天南星。为较常用中药。

【采收加工】秋、冬二季茎叶枯萎时采挖,除去须根及外皮,干燥。

【药材性状】块茎扁球形,直径2～4.5cm,高1～2cm。表面类白色或淡棕色,较光滑,顶端有凹陷茎痕,周围有麻点状根痕,有的块茎周边偶有扁球状小侧芽,有时已磨平。质坚硬,不易破碎,断面不平坦,白色,粉性。气微辛,味麻辣。

以个大、色白、粉性足者为佳。

【化学成分】根茎含黄酮类:芹菜素,夏佛托苷,异夏佛托苷,芹菜素-6-C-阿拉伯糖-8-C-半乳糖苷,芹菜素-6-C-半乳糖-8-C-阿拉伯糖苷,芹菜素-6,8-二-C-吡喃葡萄糖苷,芹莱素-6,8-二-C-半乳糖苷;氨基酸:精氨酸,色氨酸,赖氨酸,瓜氨酸,缬氨酸等;还含十八酸单甘油酯,β-谷甾醇,胡萝卜苷,琥珀酸及生物碱等。全株含粗多糖,还原糖及无机元素钾、镁、钙、钠、锌、铁等。

【功效主治】苦、辛,温;有毒。散结消肿。外用于痈肿,蛇虫咬伤。

【历史】天南星始载于《本草拾遗》,云:"生安东(今辽宁丹东)山谷,叶如荷,独茎,用根最良。"《开宝本草》谓:"生平泽,处处有之。叶似蒟叶,根如芋。二月、八月采之。"《本草图经》曰:"二月生苗似荷梗,茎高一尺以来。叶如蒟蒻,两枝相抱。五月开花似蛇头,黄色。七月结子作穗似石榴子,红色。根似芋而圆。"所述形态和《本草图经》滁州南星图,与天南星科天南星属植物相符。

【附注】《中国药典》2010年版收载。

图890 天南星
1.块茎及根 2.植株上部

芋

【别名】毛芋头、芋头。

【学名】Colocasia esculenta (L.) Schott
(Arum esculenta L.)

【植物形态】多年生草本,高30～90cm。块茎卵形或长卵形,旁侧常生有小块茎,球形或卵圆形,表面有褐色纤毛状鳞片。叶基生,2～5片;叶片卵状盾形,长20～50cm,

宽10～30cm,先端尖,基部后裂片耳形或心形,合生长度达1/3～1/2,全缘或微波状;叶柄长20～90cm,基部呈鞘状。花序梗单生,短于叶柄;佛焰苞长约20cm;下部管状,长4cm,檐部披针形,淡黄色或绿白色;肉穗花序短于佛焰苞;花单性,雌、雄同序;雌花序长圆锥形,位于下部;雄花序圆柱形,位于上部;附属器钻形,长约1cm,直径不及1mm。花期7～8月,但在山东未见开花。(图891)

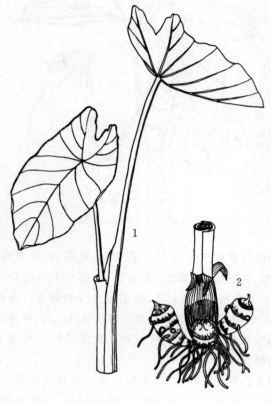

图891 芋
1.叶 2.块茎及根

【生长环境】栽培于菜园或田边。

【产地分布】山东境内大部分地区有栽培,以烟台、威海、济宁、济南等地产量较大。临沂"沙沟芋头"、"莱阳芋头"已注册国家地理标志产品。我国各地均有栽培。

【药用部位】块茎:芋头;叶:芋叶;叶梗:芋梗。为民间药,芋头药食两用。

【采收加工】夏季采收叶及叶梗,洗净,鲜用或晒干。秋季采挖根茎,除去茎叶、须根、毛须及泥沙,鲜用。

【药材性状】根茎呈椭圆形、卵圆形或圆锥形,大小不一。表面褐黄色至黄棕色,有不规则纵向纹理及横向环纹,环节上有许多毛须,外皮易纵向撕裂;顶端有顶芽,基部为与母根茎断落的痕迹。断面白色或青白色,有黏液,微有刺激性。蒸煮后黏性增强。气微,味淡、甜、微涩,嚼之有黏性。

【化学成分】根茎含芋头蛋白(colocasin),二羟基甾醇Ⅰ、Ⅱ,蹄纹天竺素-3-葡萄糖苷(pelargonidin-3-glucoside),矢车菊素-3-鼠李糖苷,矢车菊素-3-葡萄糖苷,花白苷(leucoanthocyanin),苯丙氨酸,亮氨酸,多糖,维生素B_1、B_2、A、C、K以及无机元素钙、磷、铁等。叶含α-胡萝卜素及β-胡萝卜素,单半乳糖基二甘油酯,磷脂酰胆碱,亚麻酸,棕榈酸等。叶柄含蹄纹天竺素-3-葡萄糖苷,矢车菊素-3-鼠李糖苷等。

【功效主治】芋头甘、辛,平。消肿散结。用于瘰疬,肿毒,腹中痞块,乳痈,口疮,牛皮癣,烧烫伤。芋梗辛,平。祛风利湿,解毒,化瘀。用于风疹瘙痒,紫癜,泻痢,肿毒,小儿盗汗,黄水疮,无名肿毒,蛇头疮,蜂蛰伤。芋叶辛、甘,平。止泻,敛汗,消肿止痛。用于泄泻,自汗,盗汗,痈疽肿毒,黄水疮,蛇虫咬伤。

【历史】芋始载于《名医别录》,云:"钱塘最多,生则有毒,不可食,性滑……芋,三年不采成楂。"《本草图经》云:"今处处有之,闽、蜀、淮、甸尤殖此,种类亦多,大抵性效相近,蜀州出者形圆而大,状若蹲鸱,谓之芋魁……江西、闽中出者形长而大,叶皆相类,其细者如卵,生于大魁傍,食之尤美。"《本草纲目》云:"芋属虽多,有水旱二种,旱芋山地可种,水芋水田莳之,叶皆相似,但水芋味胜。"经考证,旱芋及水芋系芋的不同栽培品种,其原植物均为天南星科植物芋。

虎掌

【别名】掌叶半夏、虎掌南星、天南星。

【学名】Pinellia pedatisecta Schott

【植物形态】多年生草本,高30～60cm。块茎扁球形,直径2～4.5cm,旁侧常生有小块茎。叶1～3或更多;叶片鸟足状或掌状分裂,裂片7～11,长披针形,中裂片较大,长10～15cm,宽2～3cm,先端尖,全缘或微波状,基部楔形,侧脉在离边缘约3mm处弧曲,连结成集合脉;叶柄长20～50cm,下部有鞘。花序梗长20～50cm;佛焰苞绿色,匙状披针形,长8～15cm;花单性,雌、雄同序;肉穗花序,雌花序轴部分与佛焰苞贴生,长1～3cm,外侧生花,位于下部;雄花序轴部分游离,长5～7mm;小花密集,黄色;顶端有长鞭状附属器,黄绿色。浆果卵圆形,绿色或黄白色。花期6～7月;果期8月。(图892,彩图79)

【生长环境】生于阴湿山谷、林下或栽培于田间。

【产地分布】山东境内产于各山地丘陵。济宁、菏泽等地有栽培。在我国除山东外,还分布于河北、山西、陕西、江苏、安徽、浙江、福建、河南、湖北、湖南、广西、四川、贵州、云南等地。

图 892 虎掌
1. 植株 2. 剖开佛焰苞,示肉穗花序

【药用部位】块茎:虎掌南星。为常用中药。

【采收加工】秋、冬二季采挖,除去泥土、茎叶、须根及外皮,干燥。

【药材性状】块茎呈扁平不规则类圆形,直径1.5～4cm。表面黄白色,主块茎周围附有多数类圆形小块茎,形如虎脚掌,每一块茎顶端的中心都有一茎痕,周围有点状须根痕。质坚实而重,断面不平坦,色白,粉性。气微,味辣,有麻舌感。

以个大、色白、粉性足者为佳。

【化学成分】根茎含生物碱:掌叶半夏碱(pedatisectine)A、B、C、D、E、F、G,胡芦巴碱,3-异丙基-6-叔丁基-2,5-二酮哌嗪(3-isopropyl-6-tert-butyl-2,5-piperazinedione),β-咔啉(β-carboline),1-乙酰基-β-咔啉(1-acetyl-β-carboline),2-甲基-3-羟基吡啶(2-methyl-3-hydroxypyridine),脲嘧啶,5-甲基脲嘧啶(5-methyl uracil),烟酰胺(nicotinamide),腺嘌呤,L-乙酰氨基-2-哌啶酮(L-acetamino-2-piperidone),L-脯氨酰-L-丙氨酸酐(L-prolyl-L-alanine anhydride),3-乙酰胺基-2-哌啶酮(3-acetamino-2-piperidone),L-苯丙氨酰-L-丝氨酸酐(L-phenylalanyl-L-seryl anhydride),L-酪氨酰-L-丙氨酸酐(L-tyrosyl-L-alanine anhydride),腺嘌呤,次黄嘌呤,黄嘌呤,胸腺嘧啶,尿苷,腺苷,鸟苷,6-氧嘌呤(hypoxanthine);氨基酸:丝氨酸,缬氨酸,赖氨酸,脯氨酸,精氨酸,色氨酸等;还含胡萝卜苷,β-谷甾醇,棕榈酸,赤藓醇(erythritol),掌叶半夏凝集素A(pinellia pedtaisecta lectin A,PPL-A)及无机元素镁、铝、锌、铜、硒、钒、铬等。

【功效主治】辛、甘、温;有毒。祛风燥湿,化痰散结,消肿毒。用于中风癫痫,小儿惊风,风湿痛,无名肿毒初起,毒蛇咬伤,癥瘕积块。

【历史】虎掌始载于《神农本草经》,列为下品。《名医别录》云:"生汉中(今陕西)山谷及冤句(今山东菏泽)"。《本草经集注》谓:"形似半夏但皆大,四边有子如虎掌。"《本草图经》云:"初生根如豆大,渐长大似半夏而扁,累年者其根圆及寸,大者如鸡卵,周围生圆芽二三枚或五六枚。三月、四月生苗,高尺余,独茎,上有叶如爪,五六出分布,尖而圆。一窠生七八茎,时出一茎作穗,直上如鼠尾,中生一叶如匙,裹茎作房,旁开一口,上下尖中有花,微青褐色,结实如麻子大,熟即白色。"据其描述和附图,古代虎掌即为天南星科半夏属植物掌叶半夏。

【附注】①虎掌和天南星在历史上是指两种不同的药物,本草考证已经证明,二者分列为半夏属和天南星属植物。但后世本草曾将二者混淆,并将虎掌作为天南星之佳品,特称"虎掌南星",说明虎掌为历代优质天南星的来源。然而,《中国药典》早已将虎掌从中药天南星来源中除去;按照国家药品标准,虎掌的块茎已经不能再作为天南星使用。目前,由于天南星野生资源的逐渐减少和天南星属植物繁殖系数的低下,虎掌在河南、河北、江苏、陕西、山东等省均有大面积种植,虎掌南星已成为目前天南星商品药材的主流并大量出口。鉴于虎掌南星悠久的药用历史,建议尊重历史和现代的用药习惯,加强虎掌南星的标准研究,将"虎掌南星"单列,收载于《中国药典》,予以正名。②河北、山西、江苏、河南、四川等省的部分地区,有将掌叶半夏的小块茎充作半夏,应注意鉴别。

半夏

【别名】麻芋头(菏泽)、老鸹芋头(淄博)、老鸹眼(临沂、五莲)、无心菜(历城、长清)、老鹳眼(菏泽)。

【学名】Pinellia ternata (Thunb.) Breit.
(*Arum ternatum* Thunb.)

【植物形态】多年生草本,高15～35cm。块茎近球形,直径1～2cm。叶单一或裂成3小叶;当年生幼株叶多为单叶,叶片卵状心形,先端尖,基部心形,全缘或波状;2～3年后的植株叶3全裂,裂片长椭圆形至披针形,长4～10cm,宽1.5～3cm,先端尖,基部楔形,全缘或浅波状,侧脉羽状,近边缘处弧曲,连结成集合脉2圈;叶柄长10～20cm,基部内侧生有一白色珠芽。花序梗长于叶柄,长15～30cm;佛焰苞绿色,卷合成弧曲形管状,长5～7cm,檐部微张开,内部常为紫红色;花单性,雌、雄同序。肉穗花序顶生,包于佛焰苞之内,雌花序轴与佛焰苞贴生,下部绿色,长6～7cm;雄花序在上部,长2～6cm;附属器长鞭状;花无花被。浆果卵圆形,黄绿色,顶端残留花柱基。花期5～6月;果期7～8月。(图893:1)

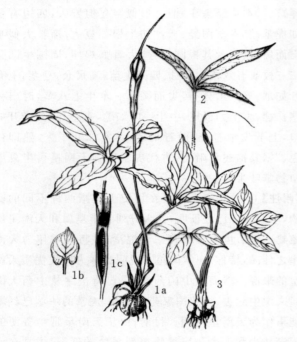

图893 半夏 狭叶半夏 鹞落坪半夏
1.半夏(a.植株 b.幼株叶 c.剖开佛焰苞,示肉穗花序)
2.狭叶半夏叶片 3.鹞落坪半夏植株(仿周荣汉《中药资源学》图)

【生长环境】生于低山坡林缘、林下、田边较阴湿的砂土地或农田。

【产地分布】山东境内产于各地。野生品以青州、昌邑、沂源、博山、即墨、菏泽、临沂、沂水、郯城、蒙阴、安丘、泰安等地较多;青州、沂水、蒙阴、郯城等地产质量好。菏泽、高密有大面积栽培。以"齐州半夏"为著名。在我国分布于除内蒙古、新疆、青海、西藏外的其他各省区。

【药用部位】块茎:半夏。为常用中药。山东著名道地药材。

【采收加工】夏、秋二季采挖,洗净,除去外皮及须根,晒干。

【药材性状】块茎类球形,有的稍偏斜,直径1～1.5cm。表面类白色或浅黄色,顶端有凹陷的茎痕,周围密布麻点状根痕;下端钝圆,较光滑。质坚实,断面洁白,富粉性。无臭,味辛辣,麻舌而刺喉。

以个大、质坚实、色白、粉性足者为佳。

【化学成分】块茎含含氮化合物:左旋麻黄碱(ephedrine),胆碱(choline),尿嘧啶脱氧核苷(2'-deoxyuridine),尿嘧啶,尿苷,腺苷,鸟苷,环-(苯丙氨酸-酪氨酸)[cyclo-(Phe-Tyr)],环-(亮氨酸-酪氨酸)[cyclo-(Leu-Tyr)],环-(缬氨酸-酪氨酸)[cyclo-(Val-Tyr)];有机酸:琥珀酸,咖啡酸,阿魏酸,香草酸,黑尿酸(homogentisic acid),12,13-环氧-9-羟基-7,10-十九碳二烯酸,十八碳-9,12-二烯酸没食子酸,丁二酸等;氨基酸:精氨酸,鸟氨酸,α及β-氨基丁酸,天冬氨酸,甘氨酸,丝氨酸,丙氨酸等;甾醇类:豆甾-4-烯-3-酮,5α,8α-桥二氧麦角甾-6,22-双烯-3-醇(5α,8α-epidioxyergosta-6,22-dien-3-ol),β-谷甾醇-3-O-β-D-葡萄糖苷-6'-O-二十烷酸酯,3-O-(6'-O-棕榈酰基-β-D-吡喃葡萄糖基)豆甾-5-烯,β-谷甾醇,芸苔甾醇(campesterol);木脂素类:(+)异落叶松脂醇-9-O-β-D-葡萄糖苷,(+)异落叶松脂醇;挥发油:主成分为3-乙酰氨基-5-甲基异噁唑(3-acetoamino-5-methylisooxazole),丁基乙烯基醚(butylethylene ether),茴香脑(anethole)等;还含环阿尔廷醇(cycloartenol),soyacerebroside I、II, octadeca-9, 12-dienoic acid ethylester, monogalactosyldiacy glycerol,1,2,3,4,6-五-O-没食子酰葡萄糖,α-棕榈精(α-monpalmitin),原儿茶醛(protocatechualdehyde),姜辣烯酮(shogaol),姜辣醇(gingerol),对二羟基苯酚,大黄酚,1,6,3,4-二脱水-β-D-阿洛糖(1,6,3,4-dianhydro-β-D-allose),1,6,2,3-二脱水-β-D-阿洛糖,正二十六碳酸-1-甘油酯;尚含多糖,半夏蛋白及无机元素钙、钾、钠、铁、铝、镁、锰、铊、磷等。

【功效主治】辛,温;有毒。燥湿化痰,降逆止呕,消痞散结。用于痰多咳喘,痰饮眩悸,风痰眩晕,痰厥头痛,呕吐反胃,胸脘痞闷,梅核气;生品外用于痈肿痰核。

【历史】半夏始载于《神农本草经》,列为下品。《本草经集注》云:"今第一出青州,吴中亦有,以肉白者为佳。"《新修本草》云:"生平泽中者,名羊眼半夏,圆白为胜。"《蜀本草》云:"苗一茎,茎端三叶,有二根相重,上小下大,五月采则虚小,八月采实大。"《本草图经》谓:"半夏,以齐州(济南历城)者为佳。二月生苗,一茎,茎端出三叶,浅绿色,颇似竹叶而光。"所述形态、产地及附图均与天南星科植物半夏一致。现时以湖北、河南、山东所产者为佳。

【附注】《中国药典》2010年版收载。

附:狭叶半夏

狭叶半夏 f. angustata (Schott.) Makino(894:2),与原种的主要区别是:叶狭长,披针形,宽1～1.5cm。山东境内各山地丘陵有少量分布,菏泽有栽培。药用同半夏。

鹞落坪半夏

【别名】半夏、老鸹眼。

【学名】Pinallis yaoluopingensis X. H. Guo et X. L. Liu

【植物形态】多年生草本,高达30cm。块茎近球形,直径1.5~3cm,上部密被棕色叶基纤维,有须根,块茎周围常生有若干小块茎。叶1~4(或更多);叶片3全裂,有时侧裂片基部再2浅裂,中裂片长圆状椭圆形或倒卵状椭圆形,长5~10cm,宽3~4.5cm,先端急尖或渐尖至长尾尖,基部楔形,几无柄,全缘,侧脉6~10对,离叶缘3~5mm处连结为1条明显的集合脉,上表面深绿色,背面淡绿色,侧裂片略小,长5.5~7cm,宽3~4cm,基部两侧常不对称,上侧楔形,下侧浅心形,具0.5~1cm的短柄,余同中裂片;叶柄长12~25cm,直径2~3mm,无珠芽,带紫色斑,基部具鞘。花序1~2枚,花序柄长于叶柄,长22~36cm,直径3~4mm;佛焰苞绿色,管部长2~3.5cm,宽6~8mm,有增厚的横隔;喉部几闭合;檐部长圆形,长3~4cm,顶端钝,略席卷;肉穗花序的雌花序轴与佛焰苞管部合生,外侧着花,长2~2.5cm,直径3~5mm,位于下部;雄花序长5~7mm,直径3~4mm,位于花序的上部,雌、雄花序间隔5~6mm,其间佛焰苞合围处有直径1mm的小孔;附属器绿色,长13~18cm,直立或略呈"S"形弯曲。浆果圆锥状卵形,先端钝。种子椭圆形,灰白色,长2~3mm,宽1.5~2.5mm。花期5~7月;果期7~9月。(图893:3)

【生长环境】生于阴湿山坡、阔叶林下或栽培于农田。

【产地分布】山东境内产于菏泽,为山东省药用植物新资源。在我国除山东外,还分布于安徽等省区。

【药用部位】块茎:半夏。产区与半夏等同收购入药。

【采收加工】夏、秋二季采挖,洗净,除去外皮及须根,晒干。

【药材性状】块茎类球形,直径1.5~3cm。表面白色或浅黄色,顶端有凹陷的茎痕,周围密生麻点状根痕,有的四周生有若干个小块茎。下端钝圆,较光滑。质坚实,断面洁白,富粉性。气微辛,味麻辣。

【功效主治】辛,温;有毒。燥湿化痰,降逆止呕,消痞散结。用于痰多咳喘,痰饮眩悸,风痰眩晕,痰厥头痛,呕吐反胃,胸脘痞闷,梅核气;生品外用于痈肿痰核。

大藻

【别名】水浮莲、水葫芦。

【学名】Pistia stratiotes L.

【植物形态】多年生浮水草本。根细长,悬垂,多数,羽状。匍匐茎由叶腋间生出,顶端形成新株。叶簇生成莲座状或盘形;叶片倒卵状楔形、倒三角形或扇形,长2~8cm,宽2~6cm,先端平截或钝圆,基部渐狭而厚,两面均有毛,基部更密,叶脉扇状伸展,下面凸起,褶皱状。佛焰苞生于叶簇中央,长0.5~1.2cm,白色,外有白色茸毛;肉穗花序短于佛焰苞;花单性,雌、雄同序;雄花序生于花序上部,有花2~8;雌花单一,斜生于花序下部。浆果卵圆形。种子多数或少数。花期6~10月。(图894)

图894 大藻

1.植株 2.肉穗花序及佛焰苞 3.肉穗花序纵剖 4.雄花序

【生长环境】生于湖泊、池塘或水田内。已被列入我国第二批外来入侵物种。

【产地分布】山东境内济宁、临沂、济南市郊区有引种栽培或逸生。在我国除山东外,还分布于福建、台湾、广东、广西、云南等地。

【药用部位】全草:大藻(大浮萍)。为民间药。

【采收加工】夏季采收,除去杂质,晒干或鲜用。

【药材性状】全草皱缩成团。基部有残存须根。叶簇生,完整叶片展开呈倒卵状楔形或扇形,长2~7cm,宽2~5cm;先端钝圆或微波状;表面淡黄色至淡绿色,两面均被细密白色短绒毛,基部被长而密的棕色绒毛。质松软,易碎。气微,味咸。

以完整、色绿、质柔软者为佳。

【化学成分】全草含黄酮类：矢车菊素-3-葡萄糖苷，木犀草素，木犀草素-7-O-β-D-葡萄糖苷，牡荆素，荭草素，柯伊利素-4′-O-β-D-吡喃葡萄糖吡喃苷等；甾体类：(24R)麦角甾-7,22-二烯-3β,5α,6-三醇，(24R)-麦角甾-7,22-二烯-3β,5α,6β-三醇，7β-羟基谷甾醇，24S-乙基-4,22-胆甾二烯-3,6-二酮(24S-ethyl-4,22-cholesta-diene-3,6-dione)，谷甾醇-3-O-(2′-O-硬脂酰)-β-D-木糖苷，豆甾-4,22-二烯-3-酮，豆甾醇，sitoindoside I，硬脂酸豆甾醇酯等；含氮化合物：肌苷(inosine)，大豆脑苷 I (soya-cerebroside I)等；还含亚油酸，γ-亚麻酸，棕榈酸，α-细辛醚，β-胡萝卜素，多酚类。

【功效主治】辛，凉。祛风发汗，利尿解毒。用于外感，水肿，小便淋痛不利，瘾疹，皮肤瘙痒；外用于无名肿毒，去汗斑，湿疹，跌打肿痛。

独角莲

【别名】白附子、禹白附、野半夏、野慈菇、麻芋子。

【学名】Typhonium giganteum Engl.

【植物形态】多年生草本，高30~60cm。块茎卵圆形，大小不等，有数条环带，表面有暗褐色小鳞片。叶基生；叶片戟形，长15~40cm，宽10~25cm，初发时向内卷曲如角状，后渐展开，先端渐尖，基部箭形，全缘或边缘略波状，两面绿色，背面中脉隆起；叶柄长25~50cm，近基部密生紫色纵向条斑，中下部有膜质叶鞘。花序梗长10~15cm；佛焰苞紫色，长10~15cm；花单性，雌、雄同序；肉穗花序位于佛焰苞内，长约14cm；雌花序长约3cm，位于下部；雄花序长约2cm，位于上部；雌、雄花序之间有长约3cm的中性花序；肉穗花序先端有棒状附属器，紫色。浆果成熟时红色。花期6~7月；果期7~8月。（图895）

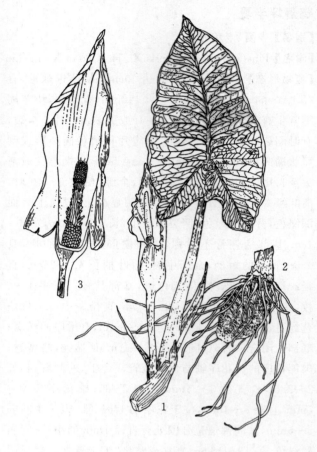

图895 独角莲
1.植株地上部分 2.块茎及根
3.剖开佛焰苞，示肉穗花序

【生长环境】生于山沟、林下较阴湿处或栽培于药圃。

【产地分布】山东境内产于泰山、蒙山等山区。在我国除山东外，还分布于河北、吉林、辽宁、河南、湖北、陕西、甘肃、四川、西藏等地。

【药用部位】块茎：白附子（禹白附）。为较常用中药。

【采收加工】秋季采挖，除去须根及外皮，晒干。

【药材性状】块茎椭圆形或卵圆形，长2~5cm，直径1~3cm。表面白色至黄白色，略粗糙，有环纹及须根痕，顶端有茎痕或芽痕。质坚硬，断面白色，粉性。无臭。味淡、麻辣刺舌。

以个大、质坚实、色白、粉性足者为佳。

【化学成分】块茎含木脂素：松脂素-4-O-β-D-葡萄糖苷，松脂素，新橄榄脂素，落叶松脂醇，松柏苷(coniferin)，乙基松柏苷(ethyl coniferin)等；有机酸及甘油酯：亚油酸，油酸，琥珀酸，天师酸(tianshic acid)，桂皮酸，棕榈酸，蛋氨酸，三亚油酸甘油酯(linolein)，二棕榈酸甘油酯(dipalmitin)，棕榈酰甘油酯苷，单癸酸甘油酯，3-单十八烯酸甘油酯；含氮化合物：白附子脑苷(typhonoside) A、B、C、D，1-O-β-D-glucopyranosyl-(2S,3R,4E,8E)-2-[2′(R)-hydroxyicosanoyl-amino]-4,8-octadecadiene-1,3-diol，尿嘧啶，尿苷，腺苷，二苯胺，胆碱等；甾醇类：β-谷甾醇，β-谷甾醇-3-O-葡萄糖苷，胡萝卜苷，芸苔甾醇苷，胡萝卜苷-6-O-棕榈酸酯；氨基酸：天冬氨酸，谷氨酸，酪氨酸，缬氨酸；尚含内消旋肌醇(mesoinositol)，白附子凝集素(typhonium giganteum lectin)，5-羟甲基-2-呋喃甲醛及无机元素铁、铜、钼、钾、钠、钙、镁、磷等。地上部分和块茎含谷氨酸，天冬氨酸，脯氨酸和亮氨酸等氨基酸。种子脂肪油主含亚油酸；氨基酸主为谷氨酸。

【功效主治】辛，温；有毒。祛风痰，定惊搐，解毒散结，止痛。用于中风痰壅，口眼㖞斜，语言謇涩，痰厥头痛，偏正头痛，喉痹咽痛，破伤风；外用于瘰疬痰核，毒蛇咬伤。

【历史】白附子始载于《名医别录》，云："生蜀郡，三月采。"因无形态描述，原植物属于何种，很难肯定。其后的《新修本草》《本草纲目》等对白附子产地及形态的记述，均为毛茛科植物黄花乌头，药材称关白附。应与目前使用的白附子区别。

【附注】《中国药典》2010年版收载。

浮萍科

浮萍

【别名】青萍、水面草（烟台）、浮萍草。

【学名】Lemna minor L.

【植物形态】浮水小草本。根1条，丝状，生于叶状体下面，白色，长0.5～4cm；根冠钝头，根鞘无翅。叶状体对称，倒卵形、倒卵状椭圆形或近圆形，全缘，长1.5～5mm，宽1.5～3mm，上面绿色，有不明显3脉，下面绿白色或带褐色条纹；其一侧有囊，新叶状体由囊内浮出，以细柄与母体相连，后脱落。花单性，生于叶状体边缘开裂处，佛焰苞三唇形。果实圆形近陀螺状，无翅或有窄翅。（图896）

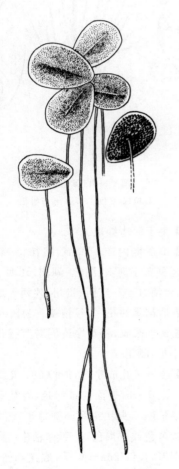

图896 浮萍

【生长环境】生于水田、池沼、湖泊或水库。

【产地分布】山东境内产于各地。我国南北各地均有分布。

【药用部位】全草：浮萍。为少常用中药。

【采收加工】6～9月采收，除去杂质，洗净，晒干。

【药材性状】叶状体呈倒卵形或倒卵状椭圆形或近圆形，长1～4.5mm，宽1～2.5mm，全缘。上表面淡绿色至灰绿色，有不明显3脉，下表面绿白色或灰白色，根1条。体轻，手捻易碎。气微，味淡。

以叶状体完整、色绿、无杂质者为佳。

【化学成分】全草含黄酮类：木犀草素-7-β-D-葡萄糖苷，8-羟基木犀草素-8-β-D-葡萄糖苷；氨基酸：赖氨酸，缬氨酸，精氨酸，亮氨酸，异亮氨酸，酪氨酸，苯丙氨酸，色氨酸等；尚含反式-1,3-植二烯（trans-1,3-phytadiene），十氢番茄红素（lycopersene），谷甾醇，植醇（phytol），4(R)-4-羟基异植醇，(10R)-羟基-7Z,11E,13Z-十六碳三烯酸[(10R)hydroxyhexadeca-7Z,11E,13Z-trienoic acid]，D-洋芫荽糖（D-apiose），浮萍多糖，维生素B_1、B_2、C，蛋白质及无机元素碘、溴等。

【功效主治】辛，寒。宣散风热，透疹，利尿。用于麻疹不透，风疹瘙痒，水肿尿少。

【历史】见紫萍。

紫萍

【别名】紫背浮萍、浮萍、浮萍草。

【学名】Spirodela polyrrhiza (L.) Schleid.
(Lemna polyrrhiza L.)

【植物形态】多年生微小草本，漂浮于水面。根5～11条，束生，细长纤维状，长3～5cm，着生于叶状体背面；在根的着生处从一个侧囊内形成新芽，萌发后，幼小叶状体渐从囊内浮出，新芽与母体分离之前由一细柄相连接。叶状体阔倒卵形，长3～7mm，宽2～6mm，1或2～5个簇生，先端圆钝，上面绿色，下面紫色，掌状脉5～11条。花序生于叶状体边缘的缺刻内；花单性，雌、雄同株；佛焰苞袋状，短小，2唇形，内有2雄花和1雌花，无花被；雄花有雄蕊2，花药2室，花丝纤细；雌花有雌蕊1，子房无柄，1室，具直立胚珠2，花柱短，柱头扁平或环状。果实圆形，边缘有翅。花期4～6月，果期5～7月。（图897）

【生长环境】生于池沼、藕池、水田、湖湾或静水中。

【产地分布】山东境内产于各地。我国南北各地均有分布。

【药用部位】全草：浮萍。为少常用中药。

【采收加工】6～9月采收，除去杂质，洗净，晒干。

【药材性状】叶状体阔倒卵形或卵圆形，扁平，长径2～6mm。上表面淡绿色至灰绿色，偏侧有1小凹陷，边缘整齐或微卷曲。下表面紫绿色至紫棕色，于凹陷处生有数条须根。体轻，手捻易碎。气微，味淡。

以完整、色绿、背紫者为佳。

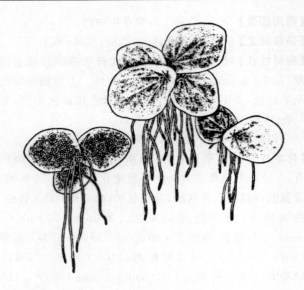

图897 紫萍

【化学成分】全草含荭草素，牡荆素，芹菜素-8-C-(2″-O-阿魏酰基)-β-D-葡萄糖苷[apigenin-8-C-(2″-O-feruoyl-)-β-D-glucoside]，木犀草素-7-O-β-D-葡萄糖苷，芹菜素-7-O-β-D-葡萄糖苷，丙二酰矢车菊素-3-葡萄糖苷(malonyl-cyanidin-3-glucoside)，β-胡萝卜素，叶黄素，环氧叶黄素(epoxyluteine)，堇黄质(violaxanthin)，新黄质(neoxanthin)，亚麻酸，棕榈酸，亚油酸，单棕榈酸甘油酯，豆甾醇，胡萝卜苷及无机元素钾、钙、镁、铁、锌、铜、磷、钼等。

【功效主治】辛，寒。宣散风热，透疹，利尿。用于麻疹不透，风疹瘙痒，水肿尿少。

【历史】紫萍始载于《神农本草经》，列为中品，原名水萍，一名水花。《名医别录》云："生雷泽池泽，三月采。"《本草拾遗》云："《本经》云水萍，应是小者。"《本草纲目》曰："本草所用水萍，乃小浮萍，非大蘋也……浮萍处处池泽止水中甚多，季春始生……一叶经宿即生数叶。叶下有微须，即其根也。一种背面皆绿者。一种面青背紫赤若血者，谓之紫萍，入药为良。"背面皆绿者与浮萍相符，面青背紫赤若血者则为紫萍。

【附注】《中国药典》2010年版收载。

谷精草科

白药谷精草

【别名】谷精草、赛谷精草、谷精珠。

【学名】Eriocaulon cinereum R. Br.

【植物形态】一年生草本。叶丛生；叶片狭线形，长2~8cm，宽1~2mm。花葶6~30个，长约9cm，高于叶；头状花序卵球形；总苞片长椭圆形，膜质，光滑；苞片长圆形，膜质，长约2mm，中央带黑色；雄花花萼佛焰苞状结合，3裂，花冠裂片3，裂片先端有白色毛，中央有一黑色腺体；雄蕊6，与花瓣对生的3枚较长，发育正常，花药白色；雌花萼片2，条形，离生，花瓣缺，子房3室，柱头3。蒴果球形。种子卵圆形，棕黄色，表面有六边形的横隔，无突起。花期6~8月；果期9~10月。（图898）

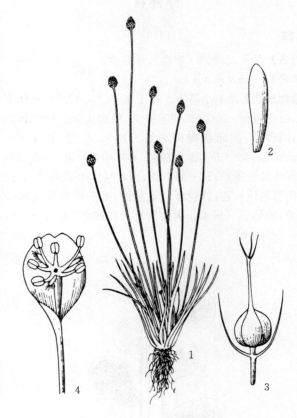

图898 白药谷精草
1.植株 2.苞片 3.雌花 4.雄花

【生长环境】生于河边湿地。

【产地分布】山东境内产于青岛、徂徕山等地。在我国除山东外，还分布于河南、湖北、湖南、江西、安徽、江苏、浙江、福建、台湾、广东、广西、贵州、陕西等地。

【药用部位】带花茎的花序：谷精草。为民间药。

【采收加工】秋季采收，将花序连同花茎拔出，除去残叶杂草，扎成小把，晒干。

【药材性状】药材多扎成小把，淡棕色。花茎纤细，长短不一，直径不及1mm；表面淡黄绿色，有数条扭曲棱线；质柔软，不易折断。头状花序卵圆球形，疏松，直径2~4mm；表面灰黄色或灰褐色，基部有总苞；总苞片长椭圆形，苞片长圆形，长约2mm，膜质；雄花和雌花数10朵，排列甚密；用手搓碎花序，可见多数白色花药及灰绿色未成熟的细小果实。气微，味淡。

以花序大而紧、花茎短小、色黄绿者为佳。

【功效主治】辛、甘，平。疏散风热，明目，退翳。用于风热目赤，肿痛羞明，眼生翳膜，风热头痛。

【历史】谷精草始载于《本草拾遗》。《开宝本草》云："二月、三月于谷田中采之。一名戴星草，花白而小圆似星。"《本草纲目》云："此草收谷后，荒田中生之。江湖南北多有。一科丛生，叶似嫩谷秧。抽细茎，高四五寸，茎头有小白花，点点如乱星。九月采花，阴干。"所述形态及附图与谷精草科谷精草属植物相符。

鸭跖草科

饭包草

【别名】火柴头、竹叶草。

【学名】Commelina bengalensis L.

【植物形态】多年生披散草本。茎多分枝，大部匍匐，节上生根，上部及分枝上部上升，长达70cm，多少被毛。叶互生；叶片卵形至卵状椭圆形，长3~7cm，宽1.5~4cm，先端钝或短尖，基部急剧收缩而成一明显的短阔叶柄，鞘和叶柄被疏长毛。佛焰苞与上部叶对生，或2~4个相聚，有极短的柄，下部合生成扁漏斗状，长和宽0.8~1.4cm，淡绿色，被疏毛；聚伞花序有数朵花，几不伸出佛焰苞外；花蓝色，花萼3，膜质，花瓣3，长3~4mm。蒴果椭圆形，膜质，长4~5mm，3室，腹面2室，每室有种子2粒。种子黑色，粗糙多皱，有不规则网纹。花、果期7~10月。（图899）

【生长环境】生于路边、水溪边、林下阴湿处或田野。

【产地分布】山东境内产于崂山、昆嵛山、沂山、泰山、蒙山等各大山区。在我国除山东外，还分布于秦岭、淮河流域以南及河北等地。

【药用部位】全草：竹叶菜。为民间药，幼苗可食。

【采收加工】夏季采收，除去杂质，晒干或鲜用。

【药材性状】全草皱缩成团，黄绿色。茎长圆柱形，略压扁；表面较粗糙，被毛。完整叶片卵形或卵状椭圆形，长3~6cm，宽1.5~3cm，具短柄。花序总苞下缘连合成扁漏斗状。蒴果3室。气微，味淡。

以叶多、色黄绿、带花者为佳。

【化学成分】叶、花含矢车菊素-3,3′,7′-三葡萄糖苷，飞燕草素三葡萄糖苷，对-香豆酰基飞燕草素-3,5-二葡萄糖苷（p-coumaroyl-delphinidin-3,5-diglucoside）等。全草含飞燕草素-3-对-香豆酸葡萄糖苷（delphinidin-3-p-coumaric acid-glucoside），正二十八醇，正三十醇，正三十二醇，豆甾醇，β-谷甾醇，菜油甾醇，苄基腺嘌呤（benzyladenine），胸腺嘧啶脱氧核苷，腺嘌呤核苷，2′-脱氧腺苷等。

【功效主治】苦，寒。清热解毒，利水消肿。用于小儿风热咳嗽，小便不利，淋沥作痛，赤痢，疔疮肿痛，蛇咬伤。

图899 饭包草

鸭跖草

【别名】三节子草（蒙山）、气死日头（崂山）、菱角草（烟台）、竹叶草。

【学名】Commelina communis L.

【植物形态】一年生草本。茎肉质多分枝，基部匍匐，节上生根，上部近直立。叶互生；叶片披针形或卵状披针形，长3~9cm，宽1.5~2cm，先端锐尖；无柄或几无柄，基部有膜质短叶鞘，白色，有绿纹，鞘口有白色纤毛。总苞片佛焰苞状，有柄，心状卵形，边缘对合折叠，基部不相连，有毛，与叶对生；聚伞花序，下面1枝仅有1花；上面1枝具3~4花；花两性，两侧对称；萼片3，薄膜质；花瓣3，深蓝色，后方的2片较大，卵圆形，前方的1片卵状披针形；能育雄蕊3。蒴果椭圆形，2室，每室2枚种子。种子表面有不规则的窝孔。花、果期6~10月。（图900）

【生长环境】生于路旁、林下、田野或山涧水沟边较阴湿处。

【产地分布】山东境内产于各地。我国各地均有发布。

【药用部位】全草：鸭跖草。为少常用中药，幼苗可食。

【采收加工】夏、秋二季花期采收地上部分，洗净，晒干或鲜用。

图900 鸭跖草
1.植株上部 2.花 3.前面萼片 4.后面萼片 5.前面花瓣
6.退化雄蕊 7.发育雄蕊 8.开裂雄蕊背腹面 9.雌蕊 10.果实

【药材性状】全草常缠绕成团,长20~60cm;黄绿色或黄白色,较光滑。茎圆柱形,老茎略方柱形,直径约2mm,有分枝及须根;表面光滑,有数条纵棱,节稍膨大,节间长3~9cm;质柔软,断面中央有髓。叶互生,多皱缩破碎;完整叶片展平后呈卵状披针形或披针形,长3~8cm,宽1~2cm;先端尖,全缘,基部下延成膜质叶鞘,抱茎,叶脉平行。花多脱落,总苞佛焰苞状,心形,两边不相连;花瓣皱缩,蓝色或蓝棕色。气微,味淡。

以叶花多、色黄绿者为佳。

【化学成分】全草含黄酮类:木犀草素,芹菜素,异荭草素,芦丁,3,7,3′,4′-四甲氧基黄酮,水仙苷(narcissin)即5,7,4′-三羟基-3′-甲氧基黄酮-3-O-β-D-芸香糖苷,当药素(swertisin)即5,4′-二羟基-7-甲氧基黄酮-6-C-β-D-吡喃葡萄糖苷,当药素-2″-O-α-L-鼠李糖苷;有机酸:丁香酸,月桂酸,香豆酸,对-羟基桂皮酸;生物碱:1-甲氧甲羰基-β-咔啉(1-carbomethoxy-β-carboline),哈尔满,去甲哈尔满(norharman),1-deoxymannojirinycin,1-deoxynojirinycin,α-homonojirinycin,7-O-β-D-glucopyranosyl-α-homonojirinycin等;还含左旋-黑麦草内酯(ioliolide),无羁萜,胡萝卜苷,β-谷甾醇,豆甾醇,D-甘露醇及鸭跖草多糖等。花瓣含鸭跖黄酮苷(flavocommelin),丙二酸单酰基-对-香豆酰飞燕草苷(malonylawobanin),蓝鸭跖草苷即鸭跖兰素(commelinin),丁香酸,月桂酸等。

【功效主治】甘、淡,寒。清热泻火,解毒,利水消肿。用于风热外感,热病烦渴,咽喉肿痛,水肿尿少,热淋涩痛,痈肿疔毒。

【历史】鸭跖草始载于《本草拾遗》,云:"生江东、淮南平地,叶如竹,高一二尺,花深碧,有角如鸟嘴"。《本草纲目》名竹叶菜,曰:"三四月生苗,紫茎竹叶,嫩时可食。四、五月开花,如蛾形,两叶如翅,碧色可爱。结角尖曲如鸟喙,实在角中,大如小豆,豆中有细子,灰黑而皱,状如蚕屎。巧匠采其花,取汁作画色及彩羊皮灯,青碧如黛色。"所述形态和附图与植物鸭跖草一致。

【附注】《中国药典》2010年版收载。

裸花水竹叶

【别名】红毛草、水竹叶、鸭舌头。

【学名】Murdannia nudiflora (L.) Brenan
(Commelina nudiflora L.)

【植物形态】多年生草本。根须状。茎常丛生,柔弱,近直立,下部常匍匐生根,无毛。叶互生;叶片禾叶状或披针形,长2~10cm,宽0.5~1cm;叶鞘有长睫毛。聚伞花序有花数朵,排成顶生圆锥花序;总苞片条形;苞片早落;花梗细而挺直,长3~5mm;花瓣紫色,长3mm;能育雄蕊2,不育雄蕊2~4,花丝下部有须毛。蒴果卵圆状三棱形,长3~4mm,3室,每室2粒种子。种子有窝孔。花、果期8~10月。(图901)

【生长环境】生于山坡、水沟或湿地。

图901 裸花水竹叶
1.植株 2.蒴果 3.种子

【产地分布】山东境内产于鲁中南山区及胶东丘陵。在我国分布于华东、中南地区及四川、云南等各地。

【药用部位】全草:红毛草。为民间药。

【采收加工】夏季采收,除去杂质,晒干或鲜用。

【药材性状】全草常缠绕成团,黄绿色,无毛。茎圆柱形,直径约1.5mm,有分枝及须根;表面光滑,有纵棱,节稍膨大;质柔软,断面中央有髓。叶互生,多皱缩破碎;完整叶片展平后呈披针形,长2~10cm,宽0.5~1.5cm;全缘,叶鞘有长睫毛;叶脉平行。花多脱落,总苞片条形,早落;花瓣皱缩,紫色。气微,味淡。

【化学成分】全草含生物碱,香豆素等。

【功效主治】甘、淡,凉。清肺热,凉血解毒。用于肺热咳嗽、咳血、吐血,咽喉肿痛,目赤肿痛,疮疖肿毒。

图902 水竹叶
1.植株 2.花 3.果实

水竹叶

【别名】鸡舌草、竹叶草、三角菜。

【学名】Murdannia triquetra (Wall.) Brückn. (*Aneilema triquetrum* Wall.)

【植物形态】多年生草本。根茎长而横走,具叶鞘。节上具细长须根。茎多分枝,基部匍匐。叶互生;叶片竹叶形,长2~7cm,宽6~7mm,先端渐尖,基部鞘状,叶鞘边缘有白色柔毛。花单生于分枝顶端的叶腋内;花梗长1.5~2.5cm;苞片条状;萼片3,长4~6mm;花瓣3,蓝紫色,比萼长;发育雄蕊3,退化雄蕊顶端戟状,不分裂。蒴果长圆状三棱形,两端较钝,3瓣裂,每室有种子3粒。种子短柱状,表面有沟纹。花、果期8~10月。(图902)

【生长环境】生于溪边或河滩湿草地。

【产地分布】山东境内产于五莲山、徂徕山及牟平等地。在我国分布于华东、中南、西南等地区。

【药用部位】全草:水竹叶。为民间药。嫩茎叶可食。

【采收加工】夏季采收,除去杂质,晒干或鲜用。

【药材性状】全草常缠绕成团,黄绿色,较光滑,有时带有根茎。茎圆柱形,多分枝;表面光滑,有纵棱,节稍膨大;质软,断面中央有髓。叶互生,多皱缩;完整叶片展平后竹叶状,长2~7cm,宽5~7mm;先端渐尖,全缘,基部鞘状,叶鞘边缘有白色柔毛;叶脉平行。花多脱落,苞片线形;花瓣皱缩,蓝紫色。气微,味淡。

【化学成分】全草含β-蜕皮素(β-ecdysone),α-去氧-β-蜕皮素(α-deoxy-β-ecdysone),5-羟基-β-蜕皮素即水龙骨素(polypodine)B等。

【功效主治】甘,平。清热利尿,消肿解毒。用于肺热喘咳,赤白下痢,小便不利,咽喉肿痛,痈疖疔肿。

【历史】水竹叶始载于《本草拾遗》,云:"水竹叶,如竹叶而短,生水中。亦云去虫。人取水竹叶生食。"所述形态与现今植物水竹叶较相似。

竹叶子

【别名】竹叶子草、笋壳菜、猪耳朵。

【学名】Streptolirion volubile Edgew.

【植物形态】多年生缠绕草本。茎长1~6m,常无毛。叶互生;叶片心状圆形,长5~8cm,宽3~5cm,先端尾尖,基部深心形,边缘有细毛,上面有时散生长毛,叶脉弧形,显著;有长柄,长3~6cm,叶鞘常截形,有缘毛,长1~2cm。蝎尾状聚伞花序常数个,生于穿鞘而出的侧枝上,有花1至数朵;下部的总苞片叶状,长2~6cm,上部的小而呈卵状披针形;下部花序的花两性,上部花序的花常为雄性;花无梗,白色;萼片3,长椭圆形,离生;花瓣3,条形,离生,略比花萼长;雄蕊6,全发育,花丝密被绵毛。蒴果卵状三棱形,长约4mm,有喙。种子有3棱,表面不平滑。花、果期7~10月。(图903)

【生长环境】生于山沟或林下湿润处。

【产地分布】山东境内产于青州市仰天寺、泰山等地。在我国除山东外,还分布于东北、华北、华中、西南地区。

图903 竹叶子
1.植株上部及花序 2.花纵剖 3.果实

【药用部位】全草:竹叶子(笋壳菜)。为民间药。

【采收加工】夏季采收全草,洗净,晒干或鲜用。

【药材性状】全草常缠绕成团,长1m以上;黄绿色,常无毛。叶互生,多皱缩或破碎;完整叶片展平后呈心状圆形,长4~6cm,宽2~3cm;先端尾尖,基部深心形,边缘有细毛;上表面黄绿色,有时着生长毛,下表面色较浅;弧形叶脉;叶柄长3~5cm,叶鞘有缘毛。蝎尾状聚伞花序常数个生于穿鞘而出的侧枝上,有花1至数朵;花序下部的花两性,总苞片叶状,上部的花常为雄性,总苞片卵状披针形;花瓣皱缩,白色。蒴果卵状三棱形,长约4mm,有喙。种子具3棱。气微,味淡。

【功效主治】甘,平。清热利尿,解毒,化瘀。用于外感发热,肺痨咳嗽,口渴心烦,水肿,热淋,白带,小便不利,痈疮肿毒,咽喉肿痛,跌打损伤,风湿骨痛。

雨久花科

雨久花

【别名】水白菜、水葫芦、雨韭。

【学名】Monochoria korsakowii Regel et Maack

【植物形态】多年生水生草本。茎直立,高30~60cm,基部常呈紫红色。叶基生或茎生;基生叶宽卵状心形,长4~10cm,宽3~8cm;叶柄长约30cm,有时膨胀成囊状;茎生叶阔心形,长3~8cm,宽2.5~7cm,先端急尖或渐尖,基部心形,全缘,有弧状脉,叶柄短,基部常扩大成鞘,抱茎。总状花序超出叶的长度,有花10余朵;花梗长5~10cm;花被蓝紫色或稍带白色;雄蕊6,花药长圆形,其中1枚较长,浅蓝色,其他较小,黄色。蒴果长卵圆形,长约1cm。种子长圆形,长约1.5mm,有纵棱。花期7~9月;果期8~10月。(图904)

图904 雨久花
1.植株一部分 2.花序 3.花 4.雄蕊 5.雌蕊 6.果实 7.种子

【生长环境】生于稻田、池塘或湖沼靠岸的浅水处。

【产地分布】山东境内产于各地。在我国除山东外,还分布于东北、华北、华东、华中、华南各地区。

【药用部位】全草:雨韭(雨久花)。为民间药。

【采收加工】夏季采收,除去杂质,晒干或鲜用。

【药材性状】干燥全草常皱缩成团,带根茎者,有众多纤维状须根。茎长约50cm,黄绿色,有皱纹和沟纹,无毛,基部常紫褐色或紫红色;断面常中空。叶皱缩或破碎;完整者展平后呈卵形或卵状心形,长2~10cm,宽2~8cm;先端急尖,基部心形,全缘;薄纸质,叶脉弧形;叶柄长约25cm;茎生叶叶柄短,基部鞘状抱茎。有时可见总状花序,花被裂片6,蓝色或蓝褐色。气微,味淡,微腥。

【功效主治】甘,寒。清肺热,利湿热,解疮毒。用于高热咳喘,湿热黄疸,丹毒,疮疖。

【历史】雨久花始载于《救荒本草》,名浮蔷。《秘传花镜》云:"雨久花,苗生水中,叶似此菰,夏日开花,似牵牛而色深蓝。"《本草纲目拾遗》引汪连仕《草药方》云:"雨韭生水泽旁,即青茨菇花。"所述形态与雨久花科植物雨久花相似。

鸭舌草

【别名】水玉簪、鸭儿嘴。

【学名】Monochoria vaginalis (Burm. f.) Presl (*Pontederia vaginalis* Burm. f.)

【植物形态】多年生水生草本。根茎极短,具软须根。茎直立或斜生,高20～30cm。叶基生或茎生;叶片卵形至卵状披针形,长2.5～7.5cm,宽1～5cm,先端短尖至渐尖,基部圆形或浅心形。总状花序由叶鞘内抽出,不超过叶长度,有3～6花,蓝色略带红色。蒴果卵形,长约1cm。种子多数,椭圆形,长约1mm,有8～12条细纵纹。花、果期7～10月。(图905)

【生长环境】生于水田或水沟旁。

【产地分布】山东境内产于各地。我国南北各地均有分布。

【药用部位】全草:鸭舌草。为民间药,嫩茎叶民间食用。

【采收加工】夏季采收,除去杂质,鲜用或晒干。

【化学成分】全草含豆甾-5,22-二烯-3β,20β-二醇,十四烷酸。

【功效主治】苦,凉。清热,凉血,利尿,解毒。用于外感高热,肺热咳嗽,百日咳,咳血,崩漏,尿血,热淋,痢疾,泄泻,肠痈,齿龈肿痛,丹毒,蛇虫咬伤,疮疖,毒蕈中毒。

图905 鸭舌草
1.植株一部分 2.花 3.雌蕊和雄蕊 4.果实 5.种子

【历史】鸭舌草始载于《新修本草》,原名蓣草,曰:"叶圆,似泽泻而小。花青白,亦堪啖。"《植物名实图考》云:"鸭舌草,处处有之,因始呼为鸭儿嘴,生稻田中,高五六寸,微似茨菇叶末尖后圆,无歧,一叶一茎,中空。从茎中抽葶,破茎而出,开小蓝紫花,六瓣,小大相错;黄蕊数点,袅袅下垂,质极柔肥。"所述形态及附图与植物鸭舌草相符。

灯心草科

灯心草

【别名】窝草(牙山)、羊毛胡子、胡草(五莲)。

【学名】Juncus effusus L.

【植物形态】多年生草本。有短缩的横生根状茎,密生须根。秆圆柱形,具纵条纹,直立,丛生,高0.4～1m,直径1.5～4mm,绿色,内部充满乳白色髓心。叶全部为低出叶,呈鞘状或鳞片状,包围在茎基部,长1～22cm,叶片退化为芒状,基部红褐色。聚伞花序假侧生,花多,排列紧密或疏散;花长2～2.5mm,灰黄色;花被片6,线状披针形,先端尖,外轮较内轮稍长,边缘膜质;雄蕊通常3,稀4或6,长为花被片的2/3,花药短于花丝;花柱很短。蒴果长圆形或卵形,3室,略短于花被片或与花被片等长,顶端钝或微凹。种子多数,黄褐色,卵状长圆形,长约0.5mm。花期4～7月;果期6～9月。2n=40,42。(图906)

【生长环境】生于溪旁、水边或湖边湿地。

【产地分布】山东境内产于除鲁西北以外各地。我国各地均有分布。

【药用部位】茎髓:灯心草。为较常用中药。

【采收加工】夏、秋二季割茎,晒干,将茎皮纵向剖开,取出茎髓,理直,捆扎成把。

【药材性状】茎髓细长圆柱形,长达90cm,直径1～3mm。表面白色或淡黄白色,放大镜下可见隆起的细纵纹及海绵样的细小孔隙,微有光泽。体轻,质柔软,有弹性,易拉断,断面不平坦,白色。无臭,无味。

以条长、粗壮、色白、有弹性者为佳。

【化学成分】茎髓含菲类:灯心草二酚(effusol),6-甲基灯心草二酚(juncusol),灯心草酚(juncunol),去氢灯心草二酚(dehydroeffusol),去氢灯心草醛(dehydroeffusal),去氢-6-甲基灯心草二酚(dehydrojuncusol),juncusol,7-羧基-2-羟基-1-甲基-5-乙烯基-9,10-二氢菲,2,6-二羟基-1,7-二甲基-5-乙烯基-9,10-二氢菲(2,6-dihydroxy-1,7-dimethyl-5-ethenyl-9,10-dihydrophenanthrene),灯心草酮(juncunone);还含2,3-异丙叉-1-O阿魏酰甘油酯,(2S)-

图 906 灯心草
1.植株 2.花被及蒴果 3.种子

2,3-异丙叉-1-O-对羟基桂皮酰甘油酯,stigmast-4-en-6β-ol-3-one,(24R)-stigmast-4-ene-one,对羟基苯甲醛,7,4-二羟基-5,3′-二甲氧基黄酮,2,7-二羟基-1,6-二甲基芘等。全草含黄酮类:圣草酚(ericdictyol),木犀草素,木犀草素-7-O-β-D-葡萄糖苷,5,7,2′,5′-四羟基黄酮;挥发油:主成分为芳樟醇,2-十一烷酮(2-undecanone),1,2-二氢-1,5,8-三甲基萘(1,2-di-hydro-1,5,8-trime-thylnaphthalene),α-及β-紫罗兰酮,β-甜没药烯(β-bisabolene)等;氨基酸:苯丙氨酸,正缬氨酸,蛋氨酸,β-丙氨酸等;还含β-谷甾醇,胡萝卜苷,对羟基苯甲酸甲酯,香草酸,棕榈酸,正十四烷及三肽(tripeptide)等。

【功效主治】甘、淡,微寒。清心火,利小便。用于心烦失眠,尿少涩痛,口舌生疮。

【历史】灯心草始载于《开宝本草》,云:"灯心草生江南泽地,丛生,茎圆细而长直,人将为席。"《本草品汇精要》云:"灯心草,莳田泽中,圆细而长直,有干无叶。南人夏秋间采之,剥皮以为蓑衣。其心能燃灯,故名灯心草。"《植物名实图考》云:"细茎绿润,夏从茎旁开花如穗,花不及寸,微似莎草花。"其形态和附图与现今植物灯心草相符。

【附注】《中国药典》2010年版收载。

百部科

直立百部

【别名】百部、百部子、百部袋。

【学名】Stemona sessilifolia (Miq.) Miq. (*Roxburghia sessilifolia* Miq.)

【植物形态】半灌木。根肉质,纺锤形,常数个或数十个簇生。茎直立,不分枝,高30~60cm。叶通常3~4片轮生;叶片卵状长圆形或卵状披针形,长3.5~6cm,宽1.5~4cm,顶端短尖或锐尖,基部楔形,叶脉5~7,中间3脉较明显;具短柄或近无柄。花通常生于茎下部鳞片状叶腋内,花被片4,2轮,淡绿色,外轮2片较内轮2片稍大;雄蕊4,紫红色,药隔顶端有披针形附属物;子房三角状卵形。蒴果卵形稍扁。种子长椭圆形,深紫褐色。花期4~5月;果期6月。(图907)

图 907 直立百部
1.块根 2.植株上部 3.花 4.雄蕊 5.雄蕊正面
6.雄蕊侧面 7.雌蕊 8.植株下部

【生长环境】生于山坡、林内或杂草丛中。

【产地分布】山东境内产于沂山、鲁山、泰山、蒙山等山区;分布于济南(章丘、长清)、泰安、临沂、淄博(沂源)等山地丘陵。在我国除山东外,还分布于浙江、江苏、安徽、河南等地。

【药用部位】块根：百部。为常用中药。

【采收加工】春、秋二季采挖，除去须根，洗净，置沸水中略烫或蒸至无白心，取出，晒干。

【药材性状】块根呈纺锤形，上端较细长，皱缩弯曲，长5～12cm，直径0.5～1cm。表面黄白色或淡棕黄色，有不规则深纵沟，间或有横皱纹。质脆，易折断，断面平坦，角质样，淡黄棕色或黄白色，皮部较宽，中柱扁缩。气微，味甜、苦。

以根粗壮、质坚实、色黄白者为佳。

【化学成分】根含生物碱：百部碱(stemonine)，原百部碱(protostemonine)，原百部次碱(protostemotinine)，对叶百部碱(tuberostemonine)，百部定碱(stemonidine)，异百部定碱(isostemonidine)，霍多林碱(hordonine)，直立百部碱(sessilis temonine)，stemospironine等；有机酸：苯甲酸，香草酸，4-甲氧基苯甲酸，4-羟基苯甲酸，对羟基苯甲酸，4-羟基-3-甲氧基苯甲酸，4-羟基-3,5-二甲氧基苯甲酸，(S)-异戊二酸，绿原酸；木脂素类：芝麻素，左旋丁香树脂酚葡萄糖苷[(−)-syringaresinol-4-O-β-D-glucopyranoside]；甾醇类：β-谷甾醇，豆甾醇，胡萝卜苷；还含3,5-dihydroxy-4-methyl bibenzyl(stilbostemin B)，3,5-dihydroxy-2′-methoxy-4-methyl bibenzyl (stilbostemin D)，4′-methylpinosylvin，7-甲氧基-3-甲基-2,5-二羟基-9,10-二氢菲(7-methoxy-3-methyl-2,5-dihydroxy-9,10-dihydrophenanthrene)，28-羟基-正二十八烷酸-3′-甘油单酯，26-羟基-正二十六烷酸-3′-甘油单酯，3,3′-bis(3,4-dihydro-4-hydroxy-6-methoxy)-2H-1-benzo-pyran，羽扇豆烷-3-酮，4-羟基-3-甲氧基苯甲醛，3,4-二甲氧基苯酚，3-feruoyl chinasueure 等。

【功效主治】甘、苦，微温。润肺下气止咳，杀虫灭虱。用于新久咳嗽，肺痨咳嗽，顿咳，百日咳；外用于头虱，体虱，蛲虫病，阴痒。

【历史】百部始载于《名医别录》，药用根。《本草经集注》云："山野处处有，根数十相连，似天门冬而苦强。"《本草图经》谓："百部根旧不著所出州土，今江、湖、淮、陕、齐、鲁州郡皆有之。春生苗，作藤蔓，叶大而尖长，颇似竹叶，面青色而光，根下作撮如芋子，一撮乃十五六枚，黄白色。"所述形态与蔓生百部原植物基本一致。《本草图经》所附"滁州百部"图与直立百部相符。

【附注】①《中国药典》2010年版收载。②《山东地道药材》在百部项下收载了直立百部 S. sessilifolia (Miq.) Miq.，蔓生百部 S. japonica (Bl.) Miq. 和对生百部 S. tuberosa Lour. 三种原植物，并记述"山东省是直立百部和蔓生百部的全国主产省之一。"据本志编著者调查，山东未见蔓生百部和对叶百部的分布。

附：山东百部

山东百部 S. shandongensis D. K. Zang，与百部的主要区别是：茎蔓生。叶片倒卵形，先端突尖。花序柄贴生叶片基部；花被片直立，宽4～6mm，外轮2片较狭。产于泰山、济南（章丘胡山、长清、历城红叶谷）等山地丘陵。药用同百部。

百合科

粉条儿菜

【别名】肺筋草、小肺筋草。

【学名】Aletria spicata (Thunb.) Franch.
(Hypoxis spicata Thunb.)

【植物形态】多年生草本，高35～60cm。根状茎短。须根多；根毛局部膨大，膨大部分白色。叶簇生；叶片条形，扁平，长10～30cm，宽3～4mm，先端渐尖，有3脉。花葶高30～70cm，有棱，密生柔毛，中下部有数枚苞片状叶，长1～2cm；花序长10～20cm，花多数，疏生；苞片2，窄条形，位于花梗基部，短于花；花梗极短，有毛；花坛状，裂片6，长6～7mm，条状披针形，黄绿色，上端带粉红色，外面被柔毛；雄蕊着生于花被裂片上，花丝短；子房半下位，卵形，花柱极短。蒴果倒卵状椭圆形，有棱，长约3mm，密被柔毛。花期5月；果期6月。（图908）

【生长环境】生于山坡、路边或灌木草丛中。

【产地分布】山东境内产于沂蒙山区及胶东丘陵。在我国除山东外，还分布于华东、华南地区及湖南、湖北、河南、河北、山西、陕西、甘肃等地。

【药用部位】全草：粉条儿菜（肺筋草）。为民间药。

【采收加工】夏、秋二季采挖带根全草，洗净，晒干。

【药材性状】全草长30～50cm。根茎短，须根丛生。根纤细弯曲，有的着生多数白色细小块根，习称"金线吊白米"。完整叶片，条形，长10～25cm，宽3～4mm，稍反曲；先端尖，全缘；表面灰绿色。花茎细柱形，稍波状弯曲，密被柔毛；花多数，疏生，花被棕黄色，6裂，裂片条状披针形。蒴果倒卵状三棱形。气微，味淡。

以根多、叶绿、花多者为佳。

【化学成分】根含皂苷，其苷元为异娜草皂苷元(isonarthogenin)及薯蓣皂苷元(diosgenin)；还含黄酮类，氨基酸，糖类，有机酸，内酯等。叶含铝。

【功效主治】甘、苦，平。清热，润肺止咳，活血调经，杀虫。用于外感咳嗽，哮喘，肺痈，乳痈，小儿疳积，风火牙痛，口舌生疮，咽喉肿痛。灭蛆虫。

【历史】粉条儿菜始载于《救荒本草》，云："生田野中，其叶初生就地，丛生，长则四散分垂，叶似萱草叶而瘦细微短，叶间撺葶，开淡黄花。"《植物名实图考》又名肺

图908 粉条儿菜
1.植株 2.花,展开花被 3.果实

筋草,列入卷九山草类,云:"江西山坡有之。叶如茅芽,长四五寸,光润有直纹……春抽细葶,开白花,圆而有叉,如石榴花,蒂大如米粒。细根亦短。"所述产地、形态及附图与粉条儿菜及其同属植物相似。

【附注】《中国药典》1977年版曾收载。

洋葱

【别名】圆葱、洋葱头、洋蒜。

【学名】Allium cepa L.

【植物形态】多年生草本。鳞茎粗大,球形、长球形或扁球形;外皮紫红色、褐红色、黄色或淡黄色,纸质或薄革质,内层皮肥厚,肉质,均不破裂。叶圆筒形,中空,长25～50cm,直径1～1.5cm,中部以下粗,向上渐细,绿色,有白粉。花葶圆筒形,粗壮,高可达1m,中部以下膨大,向上渐细,中空,下部被叶鞘。伞形花序,球形,花多而密;花绿白色;花被片6,有绿色中脉;花丝基部合生并与花被片贴生;子房近球形,腹缝线基部有带帘的凹陷蜜穴。花期5～6月;果期7月。

【生长环境】栽培于园地或农田。

【产地分布】山东境内各地均有栽培,主产于菏泽(单县)、济宁(金乡)等地。我国各地广泛栽培。

【药用部位】鳞茎:洋葱。为民间药,药食两用。

【采收加工】夏初当下部1～2片叶枯黄,鳞茎外层鳞片变干时采收,在田间晒至叶片7～8成干时,编成辫子,置通风处储存。

【化学成分】鳞茎含有机含硫化合物:硫醇(thiol),烯丙基丙基二硫化物(allyl propyl disulphide),二烯丙基二硫化物(diallyl disulphide),硫代亚磺酸二苯酯(diphenylthiosulfinate),甲基硫代亚磺酸丙烯酯,异硫氰酸苄酯(benzyl isothiocyanate),大蒜素(allicin);挥发油:主成分为蒜素,硫醇,三硫化合物,环蒜氨酸等;黄酮类:槲皮素,山柰酚,芹菜素,杨梅素等;还含腺苷,维生素C、B_1、B_2、PP,胡萝卜素及无机元素钙、磷、铁等。**外层干鳞叶**含山柰酚。**全草**含核酸,柠檬酸盐,苹果酸盐,焦谷氨酸盐(pyroglutamate),己酸盐(caproate),草酸盐,反式-(+)-S-(1-丙烯基)-L-半胱氨酸亚砜,邻-及对-羟基桂皮酸,咖啡酸,阿魏酸,芥子酸,原儿茶酸;黄酮类:槲皮素,槲皮素-7,4'-二葡萄糖苷,槲皮素-3,4'-二葡萄糖苷;尚含多糖A、B及天冬氨酸,半胱氨酸,胱氨酸,谷氨酸等24种氨基酸。**种子**含天师酸,N-trans-feruloyl tyramine,β-sitosterol-3β-glucopyranoside-6'-palmi-tate,β-谷甾醇,胡萝卜苷,色氨酸,腺嘌呤核苷。含胡萝卜素。

【功效主治】辛、甘,温。健脾理气,解毒杀虫,化泄。用于食少腹胀,创伤,疱疡,滴虫病,头晕头胀。

【历史】《岭南杂记》载:"洋葱,形似独颗蒜,而无肉,剥之如葱。澳门白鬼饷客,缕切如丝,珑玖满盘,味极甘辛。今携归二颗种之,发生如常葱,至冬而萎。"所述形态与洋葱相符。另有学者根据《蜀本草》载胡葱"茎叶粗短,根若金灯"之特点,认为古代的胡葱亦即今之植物洋葱。

【附注】《中华人民共和国药》2010年版附录收载。

葱

【别名】大葱、小葱、葱子。

【学名】Allium fistulosum L.

【植物形态】多年生草本。鳞茎单生,圆柱形,直径1～2cm,有的达4cm;鳞茎外皮白色或淡红褐色,膜质或薄革质,不破裂。叶基生;叶片圆筒形,中空。花葶圆柱形,中空,中部以下膨大,向顶端渐细,下部有叶鞘;总苞2裂,膜质;伞形花序,球形,多花,密集;花梗纤细,基部无小苞片;花白色,花被片有反折的小尖头;花丝锥形,长为花被片的1.5～2倍;子房倒卵形,腹缝线基部有不明显的蜜穴,花柱细长,伸出花被外。蒴果三棱形,室背开裂。种子三角状扁卵形,黑色。花期4～5月;果期6～7月。

【生长环境】栽培于园地或农田。

【产地分布】山东境内各地均有栽培,主产章丘,为著名的大葱之乡。"章丘大葱"、"寿光大葱"、"安丘大葱"、"莱芜鸡腿葱"已注册国家地理标志产品。我国各地普遍栽培。

【药用部位】种子:葱子;根及鳞茎盘:葱须;鳞茎:葱白;茎或全草捣取之汁:葱汁;叶:葱叶;花序:葱花。为少常用中药和民间药,葱白和葱叶药食两用。

【采收加工】春、夏花序未开裂时采摘,鲜用或晒干。夏季果实成熟时,采下果序,晒干,搓出种子,除去杂质。葱叶、葱白和葱须在食用时存留,鲜用。取鲜葱,捣汁,鲜用。

【药材性状】种子三角状扁卵形,长3～4mm,宽2～3mm。表面黑色,光滑或偶有疏皱纹,一面微凹,另一面隆起,有棱线1～2条,凹面平滑。基部有两个突起,较短的突起顶端灰棕色或灰白色,为种脐,较长的突起顶端为珠孔。体轻,质坚硬;纵切面可见种皮菲薄,胚乳灰白色,胚白色,弯曲,子叶1。气特异,嚼之有葱味。

以颗粒饱满、色黑、无杂质者为佳。

【化学成分】鳞茎含有机含硫化合物:S-烯丙基巯基-半胱氨酸(S-allylmercaptocysteine),S-甲基巯基-半胱氨酸(S-methylmercaptoyateine),大蒜素,二烯丙基硫醚(allyl sulfide);有机酸:草酸,亚麻酸,亚油酸,棕榈酸,油酸,花生酸;尚含黏液质(macilage),戊聚糖,多糖,维生素C、B_1、B_2、A、PP,胡萝卜素,泛醌-9(ubiquinone-9)等。全草含有机含硫化合物:二丙基三硫醚,二烯基硫醚等;脂肪酸:油酸,9,12-十八烷二烯酸,亚油酸,7,10,13-十六三烯酸,十八碳-6-烯酸;氨基酸:谷氨酸,谷氨酰胺,天冬氨酸,天冬酰胺,脯氨酸,精氨酸,γ-氨基丁酸等。叶尚含蒜氨酸裂解酶(alliin lyase)。种子含S-丙烯基-1-半胱氨酸硫氧化物(S-propenyl-1-cysteine sulfoxide),2,3,4,5,6-五羟基己酸,S-顺式-烯丙基-L-半胱氨酸,S-反式-烯丙基-L-半胱氨酸,壬二酸,阿魏酸,香草酸,对羟基苯甲酸甲酯,(R)-$(+)$-2-羟基-3-苯基丙酸,对羟基苯甲酸,腺苷,1,4-二羟基-2-甲氧基苯,反-异扁柏脂素,β-谷甾醇等。

【功效主治】葱子辛,温。补肾明目。用于肾虚,阳萎,目眩。葱须辛,平。祛风散寒,解毒,散瘀。用于风寒头痛,喉疮,痔疮,冻伤。葱白辛,温。发表,通阳,解毒,杀虫。用于外感风寒,阴寒腹痛,虫积内阻,二便不通,痢疾,痈肿。葱汁辛,温。散瘀止血,通窍,解毒,驱虫。用于头痛,衄血尿血,虫积,耳聋,痈肿,外伤出血,跌打损伤,疮痈肿痛。葱叶辛,温。发汗解表,解毒散肿。用于外感风寒,风水浮肿,头痛鼻塞,身热无汗,面目浮肿,疮痈肿痛,跌打创伤。葱花辛,温。散寒通阳。用于脘腹冷痛,胀满。

【历史】葱始载于《神农本草经》,列为中品,原名葱实。《新修本草》云:"人间食葱有二种……一种汉葱,冬即叶枯,食之入药。"《本草图经》曰:"葱有数种。入药用山葱、胡葱,食品用冻葱、汉葱。"《本草纲目》云:"葱从怱,外宣中空,有怱通之象也。"又云:"汉葱春末开花成丛,青白色,其子味辛色黑,有皱纹,作三瓣状。"所述形态与植物葱相似。

薤白

【别名】小根蒜、宅蒜(临沂)、鲜也白(章丘、荣成)、山韭菜(海阳)。

【学名】Allium macrostemon Bge.

【植物形态】多年生草本。鳞茎近球形,鳞茎外皮带黑色,纸质或膜质,外皮脱落后现出白色内层鳞叶。叶3～5;叶片近半圆柱形,中空,表面有沟槽。花葶圆柱形,高55～70cm,下部有叶鞘;总苞2裂;伞形花序半球形或球形,花密集或稀疏,杂有肉质珠芽或有时全部特化为珠芽,芽暗紫色;花梗近等长;花淡紫色或淡红色,初开时色深,后渐变淡,花被片有1深色脉;花丝等长,伸出花被外;子房球形,腹缝线基部有带帘的凹陷蜜穴。蒴果近球形。花期5～6月;果期6～7月。(图909)

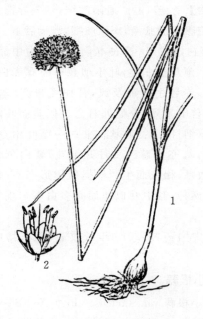

图909 薤白
1.植株 2.花

【生长环境】生于山坡草丛或林缘。

【产地分布】山东境内产于各山地丘陵；以诸城、日照、潍坊、胶南、文登产量较多。在我国分布于除新疆、青海以外的各地。

【药用部位】鳞茎：薤白。为较常用中药，药食两用。山东道地药材。

【采收加工】夏、秋二季采挖，洗净，除去茎叶及须根，蒸透或置沸水中烫透，晒干。

【药材性状】鳞茎呈不规则卵圆形，长0.5～2cm，直径0.7～1.8cm。表面黄白色或淡黄棕色，皱缩，半透明，有纵沟和皱纹，或包被类白色膜质鳞片，顶端有残存茎基或茎痕，基部有突起的鳞茎盘。质坚硬，角质样，不易破碎，断面黄白色。微有蒜气，味微辣。

以个大、饱满、质坚、黄白色、半透明者为佳。

【化学成分】鳞茎含有机含硫化合物：二甲基三硫化物(dimethyltrisulfide)，甲基丙基三硫化物(methylpropyl trisulfide)，丙基异丙基二硫化物(propylisopropyl disulfide)，甲基烯丙基三硫化物(methylallyl trisulfide)，甲基烯丙基二硫化物(methyl allyl disulfide)，二甲基四硫化物(dimethyl tetrasulfide)，二丙基三硫化物(dipropyl trisulfide)，2,4-二甲基噻吩(2,4-dimethyl thiophene)，1,3-二噻烷(1,3-dithiane)，3,5-二甲基-1,2,4-三噻烷(3,5-dimethyl-1,2,4-trithiane)；有机酸：21-甲基二十三烷酸，琥珀酸，棕榈酸，十八碳-9,12-二烯酸，尚含薤白苷(macrostemonoside) A、D、E、F，胡萝卜苷，腺苷，前列腺素(prostaglandin) A_1、B_1，呋甾皂苷 I，薤白多糖 PAM-I b、PAM-II a 及 PAM-III′等。

【功效主治】辛、苦，温。通阳散结，行气导滞。用于胸痹心痛，脘腹痞满胀痛，痰饮咳喘，泄痢后重。

【历史】薤白始载于《神农本草经》，列为中品。《新修本草》云："薤乃是韭类，叶不似葱……有赤白二种：白者补而美，赤者主金疮及风，苦而无味。"《本草图经》谓："薤生鲁山平泽，今处处有之。似韭而叶阔多白无实。"《本草纲目》曰："叶状似韭……薤叶中空，似细葱叶而有棱，气亦如葱。二月开细花，紫白色。根如小蒜，一本数颗，相依而生。"根据所述形态，古代药用薤白至少有两种，其中叶似韭而阔多白者与现今植物薤白相符。

【附注】《中国药典》2010年版收载，原植物中文名小根蒜。

附：密花小根蒜

密花小根蒜 var. uratense (Fr.) Airy-Shaw，与原种的主要区别是：伞形花序花多而密，花序间无肉质珠芽。山东境内产于泰山、徂徕山等山区。鳞茎药用同原种。

蒜

【别名】大蒜、蒜头、蒜瓣。

【学名】Allium sativum L.

【植物形态】多年生草本。鳞茎球形或扁球形，由多数瓣状肉质的小鳞茎组成；外皮数层，白色或带紫色，膜质。叶数枚，基生；叶片宽条形或条状披针形，扁平，宽约2.5cm。花葶圆柱形，实心，比叶长，高达60cm，中部以下有叶鞘；总苞片质厚，有长7～20cm的喙，早落；伞形花序密生珠芽，间有数花；小苞片卵形，膜质，有短尖；花淡红色，内轮花被片较短；内轮花丝的基部扩大，两侧各有1齿，齿端长丝状，长于花被片，外轮的花丝锥形；子房球形，花柱不伸出花被外；花通常不育。花期5～6月。

【生长环境】栽培于园地或农田。

【产地分布】山东境内各地均有栽培；主产临沂苍山、济宁金乡、泰安、菏泽等地。临沂"苍山大蒜"、"安丘大蒜"、"商河大蒜"、"莱芜大蒜"、"金乡大蒜"、"安丘两河大蒜"、广饶"花官大蒜"和"花官蒜苔"、平度"仁北蒜苔"已注册国家地理标志产品。我国各地普遍栽培。

【药用部位】鳞茎：大蒜；幼苗：蒜苗；花葶：蒜薹。为较常用中药和民间药，药食两用。

【采收加工】早春采收幼苗，春末夏初采收蒜薹，鲜用。夏初蒜薹采收后20～30天后采挖蒜头，除去残茎及泥土，置通风处晾至外皮干燥。

【药材性状】鳞茎呈类球形，略扁，直径3～6cm；表面包被1～3层白色或淡紫红色膜质鳞叶，内有6～10个小鳞茎着生于扁平的木质鳞茎盘上，中央为干缩的花葶残基，基部有多数黄白色须根或须根痕。小鳞茎瓣长卵圆形，顶端略尖，背面略隆起，外被膜质鳞叶，内为白色肥厚的肉质鳞叶；切断面可见黄色油点。气特异，味辛辣。

以个大、肥厚、辛辣味强者为佳。

【化学成分】鳞茎含有机含硫化合物：大蒜素(allicin，蒜辣素)即二烯丙基三硫醚(diallyltrisufide)，二烯丙基硫醚，甲基烯丙基二硫醚，二烯丙基二硫醚，反式-及顺式-大蒜烯(ajoene)，烯丙基硫代亚磺酸-1-丙烯酯(1-propenylallylthiosulfinate)，烯丙基硫代亚磺酸甲酯(methylallylthiosulfinate)，蒜氨酸(alliin)，S-甲基半胱氨酸亚砜(S-methylcysteinsulfoxide)，环蒜氨酸(cycloalliin)，S-烯丙基-L-半胱氨酸(S-allyl-L-cystein)，γ-L-谷氨酰-L-苯丙氨酸(γ-L-glutamyl-L-phenylalanine)，γ-L-谷氨酰-S-甲基-L-半胱氨酸(γ-L-glutamyl-S-methyl-L-cystein)，葫蒜素(scordinin) A_1、A_2、A_3、B_1、B_2、B_3；还含蒜氨酸酶(alliinase)，槲皮素和山柰酚的糖苷。

【功效主治】**大蒜**辛,温。解毒消炎,杀虫止痢。用于痈肿疮疡,疥癣,肺痨,顿咳,泄泻,痢疾。**蒜苗**辛,温。醒脾,消食,健胃。用于周身乏力。**蒜薹**辛,温。温中下气,补虚,调和脏腑。用于腹痛,腹泻。

【历史】蒜始载于《名医别录》,列为下品,原名葫。曰:"今人谓葫为大蒜。"《博物志》谓:"张骞使西域,得大蒜。"《本草图经》曰:"葫,大蒜也。旧不著所出州土,今处处有之,人家园圃所莳也。每头六七瓣,初种一瓣,当年便成独子葫,至明年则复其本矣。然其花中有实,亦葫瓣状而极小,亦可种之。"所述形态与现今大蒜完全相符。

【附注】①《中国药典》2010年版、《山东省中药材标准》2002年版收载大蒜。②以大蒜为原料,采用超临界流体萃取技术,提取的蒜辣素是一种纯天然的广谱抗菌素,药理试验证明,其杀菌能力为同剂量青霉素的100倍,能在短时间内作用于血液,清除血液中的毒素,广泛适用于血脂异常、高血压、高血糖等症。此外,还有抗肿瘤、增强免疫、保护肝脏、预防感冒等作用,具有很大的开发潜力。

韭

【别名】韭菜、韭菜子、韭菜仁。

【学名】Allium tuberosum Rottl. ex Spreng.

【植物形态】多年生草本。根状茎短而坚韧;鳞茎簇生,近圆柱形,外皮黄褐色,常破裂成纤维状或网状。叶通常3~5片,基生;叶片扁平条形,实心,宽2~7mm,边缘平滑。花葶自叶丛中抽出,细圆柱形,常有2纵棱,比叶长,高25~50cm,下部有叶鞘;总苞单侧开裂或2~3裂,宿存;伞形花序近球形,花稀疏;花梗近等长,基部有小苞片;数枚花梗的基部还有1片共同的苞片;花白色或微带红色,花被片有黄绿色的中脉。蒴果,有倒心形的果瓣。种子近扁卵形,黑色。花期7~8月;果期8~9月。

【生长环境】栽培于园地或农田。

【产地分布】山东境内各地有栽培。"寿光韭菜"、"寿光独根红韭菜"、高密"夏庄大金钩韭菜"、"诸城韭青"、"诸城韭黄"、桓台"荆家四色韭黄"已注册国家地理标志产品。我国各地普遍栽培。

【药用部位】种子:韭菜子;全草:韭菜;根及鳞茎:韭根。为少常用中药及民间药,韭菜药食两用,韭菜子可用于保健食品。

【采收加工】秋季果实成熟时,采下果序,晒干,搓出种子。全年采割嫩茎叶,鲜用。秋季采挖鳞茎及根,鲜用或晒干。

【药材性状】种子呈半圆形或半卵圆形,略扁,长2~4mm,宽1.5~3mm。表面黑色,一面凸起,有微细的网状皱纹,另一面较平坦微凹,皱纹不明显。顶端钝,基部稍尖,有点状突起的种脐。质坚硬,不易破碎;纵切面可见种皮菲薄,胚乳灰白色,胚白色,弯曲,子叶1。气特异,味微辛,嚼之有韭菜味。

以颗粒饱满、色黑、无杂质者为佳。

【化学成分】种子含挥发油:主成分为己醛,甲基(2-)丙烯基二硫醚,庚醇,十九烯-2-酮,油酸,叶绿醇,棕榈酸,二甲基丙烯基硫醚,4,8,12-三甲基-2-十八酮,正十六烷,二烯丙基二硫醚,2-戊基呋喃,甲基(2-)丙烯基二硫醚等;甾体苷类:26-O-β-D-吡喃葡糖基-(25R)-3β,22ξ,26-三羟基-5α-呋甾烷-3-O-β-马铃薯三糖苷,26-O-β-D-吡喃葡糖基-(25S)-3β,5β,6α,22ξ,26-五羟基-5β-呋甾烷-3-O-α-L-吡喃鼠李糖基-(1→4)-β-D-吡喃葡糖苷,3-O-α-L-吡喃鼠李糖基-(1→4)-β-D-吡喃葡糖基-3β,5β,6α,16β-四羟基孕甾烷-16-[5-O-β-D-吡喃葡糖基-4(S)-甲基-5-羟基戊酸]酯;还含维生素C,生物碱。全草含二甲基硫代亚磺酸酯[dimethylthiosulfinate,MeS(O)SMe],二丙烯基硫代亚磺酸酯[dipropylthiosulfinate,PrS(O)SPr],丙烯基硫代亚磺酸甲酯[methylpropenylthiosulfinate,MeSS(O)Pr],甲基硫代亚磺酸丙烯酯[propenylmethylthiosulfinate,MeS(O)SPr]等。**根**尚含甲基烯丙基二硫化物,二甲基二硫化物,2-丙烯基(烯丙基)二硫化物和蒜氨酸等。**鳞茎**含蒜氨酸及甲基蒜氨酸(methylalliin)。**叶**含黄酮类:山奈酚葡萄糖苷,槲皮素葡萄糖苷,芹菜素葡萄糖苷,异鼠李素葡萄糖苷;氨基酸:L-酪氨酸,丙氨酸,谷氨酸,天冬氨酸;还含大蒜辣素,蒜氨酸,类胡萝卜素(carotenoid),β-胡萝卜素,维生素C等。

【功效主治】**韭菜子**辛、甘,温。补肾,温中,行气,散瘀,解毒。用于肾虚阳痿,里寒腹痛,噎膈反胃,胸痹疼痛,衄血,吐血,尿血,痢疾,痔疮,痈疮肿痛,漆疮,跌打损伤。**韭菜**辛,温。补肾,温中,行气,散瘀,解毒。用于肾虚阳痿,里寒腹痛,噎膈反胃,胸痹疼痛,捣汁咽服用于胸痛,食物梗阻作噎,滴鼻用于中暑昏迷。**韭根**辛,温。温中行气,散瘀解毒。用于里寒腹痛,食积腹胀,胸痹疼痛,赤白带下,衄血,吐血,漆疮,疮癣,跌打损伤。

【历史】韭始载于《名医别录》,列为中品。《本草图经》谓:"韭字象叶出地上形,一种而久生,故谓之韭,一岁三、四割,其根不伤,至冬壅培之,先春复生。"《本草纲目》谓:"韭丛生丰本,长叶青翠,可以根分,可以子种……八月开花成丛……九月收子,其子黑色而扁,须风处阴干。"所述形态及附图与现今植物韭一致。

【附注】《中国药典》2010年版收载韭菜子。

附：矮韭

矮韭 A. anisopodium Ledeb.，与韭的主要区别是：有明显的横生根状茎；鳞茎数个簇生，近圆柱形，外皮紫褐色或黑褐色，膜质，不规则破裂，有时顶端呈纤维状，内部常带紫红色。叶三棱状窄条形或半圆柱形，宽1～2mm，光滑，或沿叶缘及纵棱有细糙齿。花紫红色至淡紫色。山东境内产于烟台。鳞茎抗菌消炎。

野韭

野韭 A. ramosum L.，与韭的主要区别是：叶三棱状条形，背面有隆起的纵棱，中空，宽1.5～5mm，叶缘及纵棱有细糙齿。花初开时带紫红色，后逐渐变淡，淡红色至白色；花被裂片长0.7～1.1cm，有红色中脉；花丝长为花被片的1/2。蒴果瓣近圆形。山东境内产于各山地丘陵。药用同韭菜。

球序韭

球序韭 A. thunbergii G. Don，与韭的主要区别是：鳞茎单生，狭卵形或卵状柱形，直径0.7～2cm；鳞茎外皮者时黑褐色，纸质，顶端破裂成纤维状。叶三棱状条形，中空，背面有1条纵棱，成龙骨状突起，宽1.5～8mm，或扁平仅基部中空。伞形花序，球形，花密集；花紫红色到蓝紫色。山东境内产于胶东半岛山区。鳞茎用于痢疾。

茗葱

【别名】山葱、天韭、格葱。

【学名】Allium victorialis L.

【植物形态】多年生草本。鳞茎单生或2～3枚聚生，近圆柱形，外皮灰褐色至黑褐色，破裂成纤维状，呈明显的网状。叶2～3枚；叶片倒披针状椭圆形至椭圆形，长8～20cm，宽3～9cm，先端渐尖或短尖，基部楔形，沿叶柄稍下延；叶柄长为叶片的1/5～1/2。花葶圆柱状，高20～80cm，1/4～1/2被叶鞘；总苞2裂，宿存；伞形序花球形；小花梗近等长，比花被片长2～4倍，果期伸长，基部无小苞片；花白色或带绿色，极少带红色；内轮花被片椭圆状卵形，长5～6mm，宽2～3mm；外轮花被片狭而短，舟状，长4～5mm，宽1.5～2mm；花丝比花被片长，内轮花丝狭长三角形，基部宽1～1.5mm，外轮花丝锥形，比内轮狭；子房具3圆棱，基部有短柄，长约1mm，每室有1胚珠。花、果期6～8月。（图910）

【生长环境】生于山坡草丛或林下。

【产地分布】山东境内产于蒙山。在我国除山东外，还

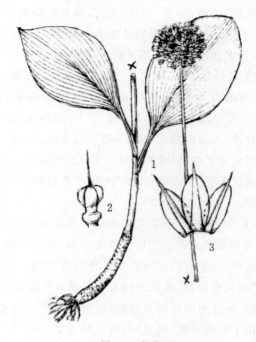

图910 茗葱
1.植株 2.去花被片，示雌蕊 3.花被片展开

分布于东北地区及河北、山西、内蒙古、陕西、甘肃、四川、湖北、浙江等地。

【药用部位】鳞茎及全草：天韭。为民间药。

【采收加工】夏、秋二季采收，洗净，晒干或鲜用。

【化学成分】鳞茎、叶含有机含硫化合物：甲基烯丙基二硫化物，二烯丙基二硫化物，甲基烯丙基三硫化物，1-丙烯基次磺酸（1-propenylsulfenic acid），甲基-1-丙烯基二硫化物（methyl-1-propenyl disulfida），3,4-二氢-3-乙烯基-1,2-二硫杂苯（3,4-dihydro-3-vinyl-1,2-dithiin），2-乙烯基-4H-1,3-二硫杂苯；尚含1-蔗果三糖（1-kestose），新蔗果三糖（neokestose）及皂苷。鲜叶含维生素C。种子含挥发油及磷脂。

【功效主治】辛，温。止血，散瘀，化痰，行气，止痛。用于衄血，跌打损伤，瘀血肿痛，咳嗽痰喘，肝阳上亢，目赤肿痛，衄血，驱虫，发汗。

【历史】茗葱始载于《新修本草》。《本草图经》云："茗葱生山中，细茎大叶，食之香美于常葱，宜入药用。"《本草纲目》云："开白花，结子如小葱头。"《植物名实图考》云："一名鹿耳草，生辉县太行山山野，叶似玉簪叶，微团，叶中撺似蒜薹，甚长而涩，梢头结蓇葖，似葱蓇葖，微开白花，结子黑色"。所述形态及附图与茗葱相似。

芦荟

【别名】芦荟叶、库拉索芦荟。

【学名】Aloe vera (L.) N. L. Burm.
(A. barbadensis Miller)
[A. vera (L.) Burm. f. var. chinensis (Haw.) Berg.]

【植物形态】多年生草本。茎极短。叶簇生于茎顶,直立或近直立;叶片狭披针形,长15~35cm,宽2~6cm,先端长渐尖,基部宽阔,粉绿色,边缘有刺状小齿,肥厚多汁。花茎单生或稍分枝,高60~90cm;总状花序疏散;花下垂,长约2.5cm,黄色或有赤色斑点;花被管状,6裂,裂片稍外弯;雄蕊6,花药丁字着生;雌蕊1,3室,每室有多数胚珠。蒴果,三角形,室背开裂。花期2~3月。(图911)

【生长环境】栽培于温室、塑料大棚、公园或庭院。

【产地分布】山东境内莱芜、平邑等地有栽培,省内种植面积约千余亩,莱芜市莱城区寨里镇建有芦荟繁育场;山东境内各公园温室及家庭常见盆栽。原产非洲北部地区,南美洲的西印度群岛广泛栽培,我国各地有栽培。

【药用部位】叶汁液浓缩干燥物:芦荟;叶:芦荟叶;花:芦荟花;根:芦荟根。为民间药,鲜芦荟叶药食两用,汁液美容。

【采收加工】全年采叶,夏、秋二季采花,鲜用。秋季采根,洗净,鲜用或晒干。全年割取叶片,将叶片切口向下直放入容器中,取其流出的汁液,蒸发浓缩至适当的浓度,任其逐渐冷却凝固,为"老芦荟"或"肝色芦荟"。或将汁液蒸至稠膏状,迅速冷却凝固为"新芦荟"或称"光亮芦荟"。

【药材性状】汁液干燥物呈不规则块状,常破裂为多角形,大小不一。表面呈暗红褐色或深褐色,无光泽。体轻,质硬,不易破碎,断面粗糙或显麻纹。富吸湿性。有特殊臭气,味极苦。新芦荟呈棕黑色或绿棕色,有光泽;黏性大,遇水易溶化;质松脆,易破碎,破碎面平滑而具玻璃样光泽;味极苦。

新鲜叶片呈狭披针形,长15~36cm,宽2~6cm。先端长渐尖,基部宽,表面粉绿色或浅绿色,边缘有刺状小齿。质较脆,肥厚多汁。气微,味微苦。

【化学成分】叶含蒽醌类:芦荟苷(aloin,barbaloin)A、B,大黄素甲醚,大黄酚,大黄素,异芦荟大黄素苷,5-羟基芦荟大黄素苷,7-羧基芦荟大黄素苷(7-hydroxyaloin),芦荟大黄素(aloe-emodin),8-甲氧基-7-羟基芦荟苷 B(8-methoxyl-7-hydroxyaloin B),elgonica-dimer A、B;色原酮:芦荟色苷 G(aloeresin G),异芦荟色苷 D(isoaloeresin D);氨基酸:L-天冬酰胺,天冬氨酸,DL-苏氨酸,L-色氨酸等;甾醇类:胆甾醇,菜油甾醇,β-谷甾醇,胡萝卜苷;有机酸:苹果酸,柠檬酸,酒石酸;糖类:D-葡萄糖,D-甘露糖(D-mannose),芦荟多糖(aloeferan)和果胶酸(pectic acid)、D-半乳聚糖、葡萄甘露聚糖(glucomannan)、阿拉伯聚糖(arabinan)等的多糖混合物;还含羽扇豆醇,芦荟树脂鞣酚(aloeresitannol)与桂皮酸结合的酯,好望角芦荟内酯(feralolide),2-丙烯酸 3-(4-羟基苯)-甲酯,何伯烷-3-醇(hopan-3-ol),4-甲基-6,8-二羟基-7 氢-苯并[de]-蒽-7-酮以及无机元素钠、钾、钙、镁、氯等。

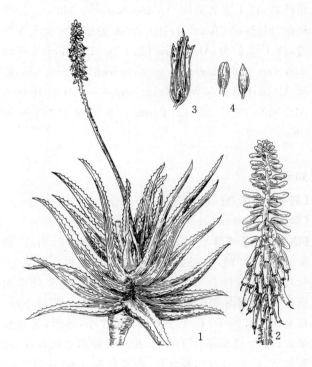

图911 芦荟
1.植株 2.花序 3.花纵剖 4.雄蕊

【功效主治】**芦荟**苦,寒。泻下通便,清肝泻火,杀虫疗疳。用于热结便秘,惊痫抽搐,小儿疳积;外治癣疮。**芦荟叶**苦、涩,寒。泻火解毒,化瘀,杀虫。用于便秘,目赤,白浊,疳积,经闭,痔疮,疮疖肿毒,疥癣,跌打损伤,烧烫伤。**鲜芦荟叶**苦、涩,寒。泻火,通经,杀虫,解毒,凉血止痛,驻颜。用于湿热白浊,尿血,经闭带下,白带,小儿惊痫,疳积,疔痈肿毒,痔疮,疥疮,痈肿,丹毒,内伤,痄腮,跌扑损伤,汤火灼伤,咳嗽痰血,肌肤粗糙。**芦荟花**甘、淡,凉。止咳,凉血化瘀。用于咳嗽,咳血,吐血,白浊。**芦荟根**甘、淡,凉。清热利湿,化瘀。用于小儿疳积,小便短赤,涩痛。

【历史】芦荟始载于《海药本草》,原名卢会,曰:"卢会生波斯国,状似黑饧"。《开宝本草》名芦荟,谓:"广州有来者,其木生山野中,滴脂泪而成,采之不拘时月"。《本草纲目》曰:"芦荟原在草部,药谱及图经所状,皆言是木脂,一统志云,爪哇三佛齐诸国所出者,乃草属,状如鲨尾,采之以玉器捣成膏"。《植物名实图考》载

"象鼻草",谓:"初生如舌。厚润有刺,两叶对生,高可尺余,边微内翕。外叶冬瘁,内叶即生……与仙人掌相类"。《云南府志》收载油葱,云:"油葱,形如水仙叶,叶厚一指,而边有刺。不开花结子,从根发生,长者尺余。破其叶,中有膏,妇人涂掌中以泽发代油"。所述形态及附图与现今芦荟属植物相似。

【附注】①《中国药典》2010年版收载,原植物名为库拉索芦荟,拉丁学名采用 Aloe barbadensis Miller。②本种在"Flora of China"24:160.2000. 的植物中文名为芦荟,拉丁学名为 Aloe vera (L.) N. L. Burm.,并将 Aloe vera (L.) Burm. f. var. chinensis (Haw.) Berg. 和 A. barbadensis Mill. var. chinensis Haw. 均并入 Aloe vera (L.) N. L. Burm.。本志采纳"Flora of China"分类。

知母

【别名】山韭菜(莒南)、穿地龙(招远)。

【学名】Anemarrhena asphodeloides Bge.

【植物形态】多年生草本。根状茎稍呈块状,肉质,横生,被残存叶鞘,下面生有多数较粗的须根。叶基生;叶片禾叶状,长15～60cm,宽0.2～1cm,向先端渐尖成丝状,基部渐宽成鞘状,有多数平行脉,无明显中脉。花葶比叶长得多,长50～80cm;苞片小,卵形,先端长渐尖;花2～3朵簇生于苞腋,排列成穗形总状花序;花狭筒状,长6～8mm,粉红色、淡紫色至白色;花被片6,条形,中央有3脉,宿存;雄蕊3,与内轮花被片对生,花丝与内轮花被片贴生;雌蕊1,子房长卵形,3室。蒴果长椭圆形,两端尖,长1cm左右。种子黑色,有3～4条纵狭翅。花期5～6月;果期8～9月。(图912)

【生长环境】生于山坡草丛中。

【产地分布】山东境内产于牟平、招远、栖霞、莱西及蒙山等地;菏泽等地有栽培。在我国除山东外,还分布于东北地区及河北、山西、陕西、甘肃、内蒙古等地。

【药用部位】根茎:知母。为常用中药,可用于保健食品。

【采收加工】春、秋二季采挖,除去须根及泥沙,晒干,习称"毛知母";除去外皮,晒干,称"光知母"。

【药材性状】根茎呈长条形,略扁,微弯曲,偶有分枝,长3～15cm,直径0.8～1.5cm。表面黄棕色至棕色,一端有浅黄色茎叶残痕,上面有一凹沟,具紧密排列的横环节,节上密被黄棕色残存的叶基,由两侧向根茎上方生长;下面隆起而略皱缩,并有凹陷或突起的点状根痕。质硬,易折断,断面黄白色。气微,味微甜、微苦,嚼之带黏性。

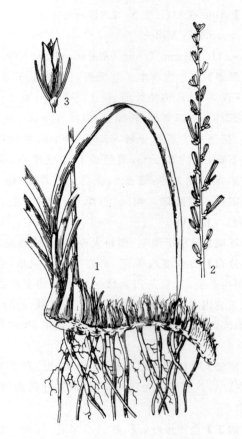

图912 知母
1.植株 2.花序 3.果实

光知母为除去大部分外皮的根茎,呈略扁的长条形。表面黄白色,有的残留少数毛须状叶迹及凹点状根痕。其他同知母。

以条粗、质硬、断面色白黄者为佳。

【化学成分】根茎含皂苷:知母皂苷(timosaponin)A-Ⅰ、A-Ⅱ、A-Ⅲ、A-Ⅳ、B-Ⅰ、B-Ⅱ、C_1、C_2、D、D_2、E_1、E_2、F、G、H、I,西陵皂苷(xilingsaponin)B,去半乳糖替告皂苷(desgalactotigonin),F-芰皂苷(F-gitonin),伪原知母皂苷(pseudoprototimosaponin)A-Ⅲ,异菝葜皂苷(smilageninoside),(25S)-26-O-β-D-吡喃葡糖基-22-羟基-5β-呋甾-2β,3β,26-三醇-3-O-β-D-吡喃葡糖基-(1→2)-β-D-吡喃半乳糖苷(知母皂苷N),(25S)-26-O-β-D-吡喃葡糖基-22-甲氧基-5β-呋甾-2β,3β,26-三醇-3-O-β-D-吡喃葡糖基-(1→2)-β-D-吡喃半乳糖苷(知母皂苷O),(25R)-26-O-β-D-吡喃葡糖基-22-羟基-5α-呋甾-2α,3β,26-三醇-3-O-β-D-吡喃葡糖基-(1→2)-[β-D-吡喃木糖基-(1→3)]-β-D-吡喃葡糖基-(1→4)-β-D-吡喃半乳糖苷(purpureagitosid),marcogenin-3-O-β-D-glucopyranosyl-(1→2)-β-D-galactopyranoside等;黄酮类:芒果苷(mangiferin),新芒果苷(neomangiferin),异芒果苷(ismangiferin),宝藿苷Ⅰ(baohuoside Ⅰ),淫羊藿次苷Ⅰ

(icariside Ⅰ）；含 N 化合物：aurantiamide acetate，环（酪-亮）二肽，香豆酰基酪胺，N-反式阿魏酰基酪胺，N-顺式阿魏酰基酪胺，烟酸，烟酰胺；多糖：知母多糖（anemaran）A、B、C、D；木脂素类：构树宁 B（broussonin B），顺-扁柏树脂酚（hinokiresinol），单甲基-顺-扁柏树脂酚（monomethyl-*cis*-hinokiresinol），氧化-顺-扁柏树脂酚；蒽醌类：大黄酚，大黄素；挥发性成分主含龙脑，己醛，糠醛，2,4-癸二烯醛等；还含 2,6,4'-三羟基-4-甲氧基二苯甲酮（2,6,4'-trihydrnxy-4-methoxy benzophenone），对-羟苯基巴豆酸（*p*-hydroxyphenyl crotonic acid），二十五烷酸乙烯酯（pentacosyl vinyl ester），十七烷酸-1-甘油酯（2,3-dihydroxypropyl heptadecoate），β-谷甾醇，泛酸等。

【功效主治】苦、甘，寒。清热泻火，生津润燥。用于外感热病，高热烦渴，肺热燥咳，骨蒸潮热，内热消渴，肠燥便秘。

【历史】知母始载于《神农本草经》，列为中品。《本草图经》载："知母生河内川谷……根黄色，似菖蒲而柔润，叶至难死，掘出随生，须燥乃止。四月开青花如韭花，八月结实。二月、八月采根，暴干用。"其"隰州知母"和"卫州知母"附图与知母相符。

【附注】《中国药典》2010 年版收载。

天门冬

【别名】天冬、明天冬、吊竹。

【学名】Asparagus cochinchinensis（Lour.）Merr.（*Melanthium cochinchinensis* Lour.）

【植物形态】多年生攀援植物。根肉质，纺锤状膨大，簇生，灰黄色。茎细，平滑，常扭曲，长达 2m，分枝有棱或狭翅。叶状枝一般 3 枚簇生；扁平，近基部呈三棱形，稍呈镰刀状，长 0.5～7cm，宽约 1～1.5mm，有软骨质齿；茎上鳞片叶基部延伸为硬刺，分枝上的刺有时不明显。花一般 2 朵腋生，淡绿色；花梗长 3～6mm；花单性，雌、雄异株；雄花花被片 6；雄蕊稍短于花被片，花丝不贴生于花被片上；雌花有 6 枚退化雄蕊。浆果直径 6～7mm，熟时红色。种子一枚，黑色，圆球形。花期 5 月；果期 8～9 月。（图 913）

【生长环境】生于山坡或林下。

【产地分布】山东境内产于崂山、蒙山；各地有栽培。在我国分布于华东、中南、西南地区及河北、山西、陕西、甘肃等地。

【药用部位】块根：天冬。为常用中药，可用于保健食品。

【采收加工】秋、冬二季采挖，洗净，除去茎基和须根，

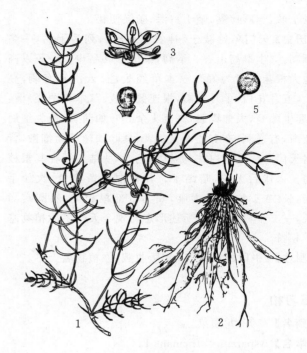

图 913 天门冬
1. 果枝 2. 根 3. 雄花 4. 雌花 5. 浆果

置沸水中煮或蒸至透心，趁热除去外皮，洗净，干燥。

【药材性状】块根呈长纺锤形，略弯曲，长 5～18cm，直径 0.5～2cm。表面黄白色至淡黄棕色，半透明，光滑或具深浅不等的纵皱纹，偶有残存的灰棕色外皮。质硬或柔润，有黏性，断面角质样，中柱黄白色。气微，味甜、微苦。

以肥满、致密、色黄白、半透明者为佳。

【化学成分】块根含甾体皂苷：天冬呋甾醇寡糖苷 Asp-Ⅳ、Asp-Ⅴ、Asp-Ⅵ、Asp-Ⅶ，伪原薯蓣皂苷（pseudoprotodioscin），甲基原薯蓣皂苷（methyl protodioscin），薯蓣皂苷元-3-O-β-D-吡喃葡萄糖苷，菝葜皂苷元（sarsasapogenin），异菝葜皂苷元（smilagenin），菝葜皂苷元-3-O-[α-L-鼠李吡喃糖基（1→4）]-β-D-葡萄吡喃糖苷，26-O-β-D-吡喃葡萄糖基-呋甾-3β,22,26-三醇-3-O-β-D-吡喃葡萄糖基（1→2）-O-β-D-吡喃葡萄糖苷，26-O-β-D-吡喃葡萄糖基-呋甾-5-烯-3β,2α,26-三醇-3-O-[α-L-吡喃鼠李糖基（1→2）]-[α-L-吡喃鼠李糖基-（1→4）]-β-D-吡喃葡萄糖苷，26-O-β-D-吡喃葡萄糖基-呋甾-3β,26-二醇-22-甲氧基-3-O-α-L-吡喃鼠李糖基（1→4）-O-β-D-吡喃葡萄糖；木脂素类：(+)-4'-O-methyl-nyasol，(+)-nyasol；多糖：天冬多糖（asparagus polysaccharide）A、B、C、D，多糖 AGP_1 为半乳糖聚糖；还含 5,7-二羟基-6,8,4'-三甲氧基黄酮，5-羟甲基糠醛，正三十二碳酸，棕榈酸，9-二十七碳烯，豆甾醇，胡萝卜苷等。

【功效主治】甘、苦，寒。养阴润燥，清肺生津。用于肺

燥干咳,顿咳痰黏,咽干口渴,肠燥便秘。

【历史】天门冬始载于《神农本草经》,列为上品,一名颠勒。"生奉高山谷。奉高,泰山下县名也。……以高地大根味甘者为好"。《本草经集注》云:"叶有刺,蔓生,五月花白,十月实黑,根连数十枚。"《本草图经》谓:"春生藤蔓,大如钗股,高至丈余。叶如茴香,极尖细而疏滑,有逆刺,亦有涩而无刺者,其叶如丝杉而细散,皆名天门冬。夏生白花,亦有黄色者,秋结黑子在其根枝傍。入伏后无花,暗结子。其根白或黄紫色,大如手指,长二三寸,大者为胜,颇为百部根相类,然圆实而长,一二十枚同撮"。所述形态与现今天门冬原植物基本相符。

【附注】《中国药典》2010年版收载,原植物名天冬。

石刁柏

【别名】芦笋、龙须菜。

【学名】Asparagus officinalis L.

【植物形态】直立草本。茎高达1m,上部在生长后期常俯垂;分枝柔细。叶状枝针状,扁圆形,3~6枚或更多枚簇生,长0.5~3cm,直径约3mm;鳞片状叶基部有刺状短距或近无距。花单性,雌、雄异株;黄绿色,1至数朵腋生;花梗长0.5~1.2cm,关节位于上部或近中部;雄花花被长6mm左右;花丝中部以下与花被片贴生;雌花花被长约3mm。浆果熟时红色,直径约8mm。花期5月;果期7~8月。(图914,彩图80)

【生长环境】栽培于园地或大田。

【产地分布】在山东境内,济南、潍坊、烟台、泰安、德州、菏泽(单县)等地有栽培。"莒县绿芦笋"已注册国家地理标志产品。在我国除山东外,还分布于新疆西北部(塔城)。

【药用部位】嫩茎:芦笋(石刁柏);块根:小百部。为民间药和保健食品,芦笋药食两用。

【采收加工】春季采收嫩茎,鲜用或采取保鲜处理贮存。秋季采挖块根,洗净,鲜用或开水烫后晒干。

【药材性状】嫩茎捆成小把,长30~60cm。茎表面粉绿色或粉黄绿色,节明显,下端节间长,向上较密集;肉质而脆,易折断,断面淡绿色。鳞叶三角形或长三角形,先端渐尖,全缘;表面淡紫色或淡绿紫色,交互贴生于茎节上。上端鳞叶叶腋中有花序,鳞叶闭合或微开裂。气微,味甜。

以茎粗肥满、质嫩、色绿紫者为佳。

块根长圆柱形,数个或数十个成簇,或单个散在,长10~25cm,直径2~4mm。表面黄白色或土黄色,具不规则纵皱纹或沟纹,上端略膨大,残留茎基。质柔韧,断面淡黄白色或淡棕色,中柱椭圆形,类白色。味苦,微辛。

【化学成分】茎含甾体皂苷:3-O-{[β-D-吡喃葡萄糖基(1→2)][β-D-吡喃木糖基(1→4)-β-D-吡喃葡萄糖基]}-25S-5β-螺甾烷-3β-醇{3β-O-[β-D-glucopyranosyl(1→2)][β-D-xylopyranosyl(1→4)-β-D-glucopyranosyl]-25S-5β-spirostan-3β-ol};木脂素类:(+)-nyasol,(−)-4′-O-methyl-nyasol,1-O-feruloyl-3-O-p-coumaroyl-glycerol;黄酮类:槲皮素,槲皮苷,芦丁,山柰酚,异鼠李素;糖类:果糖,葡萄糖,果糖吡咯烷酮酸(fructose pyrrolidonicacid),果糖谷氨酰胺(fructose glutamine),蔗果三糖(kestose),芦笋多糖(asparagosin)等;维生素B_1、B_2、B_6、C,类胡萝卜素(carotenoid);还含咖啡酸(caffeic acid),棕榈酸,1-棕榈酸单甘油脂,过氧化麦角甾醇,α-菠菜甾醇等。块根含甾体皂苷:美洲菝葜皂苷元(sarsasapogenin),石刁柏皂苷(aspargoside)A、B、C、D、E、F、G、H、I,原薯蓣皂苷(protodioscin),菝葜皂苷,菝葜皂苷M、N,雅姆皂苷,(25S)-5β-螺甾烷-3β-醇-3-O-β-D-吡喃葡萄糖基(1→2)[β-D-吡喃木糖基(1→4)]-β-D-吡喃葡萄糖苷,(25S)-5β-螺甾-3β-醇-3-O-β-D-吡喃葡萄糖基(1→2)-β-D-吡喃葡萄糖苷,(25S)-5β-螺甾-3β-醇-3-O-α-L-吡喃鼠李糖基(1→2)[-α-L-吡喃鼠李糖基(1→4)]-β-D-吡喃葡萄糖苷,(25S)-26-O-β-D-吡喃葡萄糖基-5β-呋甾-20(22)-烯-3β,26-二醇-3-O-β-D-吡喃葡萄糖基(1→2)-β-D-吡喃葡萄糖苷等;木脂素类:(+)-nyasol,syringaresinol-4′,4″-O-bis-β-D-glucopyranoside,3′-methoxynyasin,syringaresinol-4-O-β-D-glucopyranoside,1,3-O-di-trans-p-coumaroylglycerol等;黄酮类:槲皮素,芦丁,山

图914 石刁柏
雄株一部分

萘酚-7,4′-二甲醚;有机酸:棕榈酸,1-棕榈酸单甘油脂,二十四烷酸,咖啡酸,阿魏酸等;还含松柏苷(coniferin),α-D-fructofuranose-1,2′:2,1′-β-D-fructofuranose dianhydride,5-羟甲基糠醛,肌苷,正丁基-β-D-吡喃果糖苷,乙基-β-D-吡喃果糖苷,蔗糖,白屈菜酸(chelidonic acid),天冬酰胺,天门冬糖,β-谷甾醇等。**鲜根**含石刁柏酸(2,2′-dithiolisobutteric acid)。

【功效主治】芦笋(石刁柏)微甘,平。清热利湿,活血散瘀。用于胁痛,牛皮癣,周身乏力,乳岩,瘰疬,癥瘕积块。**小百部**苦、甘、微辛,温。润肺,止咳,祛痰杀虫。用于风寒咳嗽,百日咳,肺痨,咳喘,蛲虫,疥癣。

【附注】《山东省中药材标准》2002年版收载芦笋,但药用部位为块根。

龙须菜

【别名】雉隐天冬。

【学名】Asparagus schoberioides Kunth

【植物形态】直立草本,高近1m。根细长,直径2～3mm。茎上部和分枝有纵棱,分枝有时具狭翅。叶状枝3～4枚簇生,狭条形,呈镰刀状,基部近于三棱状,上部扁平,长1～3(4)cm,宽约1mm;鳞片状叶近披针形,基部无刺。花2～4朵腋生,黄绿色;花梗短;雄蕊花丝不贴生于花被片上。浆果直径约6mm,熟时红色。花期5～6月;果期8～9月。(图915)

【生长环境】生于山坡草丛中或林下。

【产地分布】山东境内产于各大山区。在我国除山东外,还分布于东北地区及河北、河南、山西、陕西、甘肃等地。

【药用部位】根及根茎:雉隐天冬;全草:龙须菜。为民间药。

【采收加工】夏季采收全草,秋季采挖根及根茎,洗净,晒干。

【药材性状】根茎呈不规则块状,表面密被多数棕黄色至黄棕色膜质鳞片。根扁圆柱形,长而弯曲,簇生于根茎上,直径1～2mm;表面灰棕色或暗棕色,不光滑或具细根毛;质柔韧,不易折断,切断面有一细木心。气微,味淡、微酸。

【功效主治】**雉隐天冬**润肺降气,下痰止咳。用于肺实喘满,咳嗽多痰,胃脘疼痛。**龙须菜**止血利尿。

铃兰

【别名】君影草、秀才塔拉头(五莲)、草玉铃。

【学名】Convallaria majalis L.

【植物形态】多年生草本,高10～30cm,无毛。根状茎细长,匍匐。叶2片;叶片椭圆形或椭圆状披针形,长7～17cm,宽3～6cm,先端渐尖,基部楔形,全缘;叶柄长8～22cm,下部成鞘状。花葶高15～30cm,侧生;总状花序有花6～10朵,偏向一侧;苞片膜质;花梗长0.6～1cm,近顶端有关节,果熟时自关节处脱落;花白色,下垂,钟状,长宽各5～8mm;花被先端6浅裂,裂片卵状三角形,有1脉;雄蕊6,花丝短于药;花柱柱状。浆果球形,直径0.6～1cm,熟时红色,稍下垂。花期5～6月;果期6～7月。(图916)

【生长环境】生于阴湿的山坡林下或林缘草丛中。

【产地分布】山东境内产于全省各大山区。在我国除山东外,还分布于东北、华北地区及内蒙古、陕西、甘肃、宁夏、湖南、浙江等地。

【药用部位】全草:铃兰。为民间药。

【采收加工】夏季开花时采挖带根全草,洗净,晒干。

【药材性状】全草长10～25cm。根茎细长圆柱形,表面黄白色,节上有细小须根。叶片2,皱缩卷曲;完整者呈椭圆形或椭圆状披针形,长7～15cm,宽3～5cm;先端渐尖,基部楔形,全缘;两面绿色或灰绿色;叶柄长8～20cm,基部有膜质鞘状鳞片。总状花序于花茎顶端偏向一侧;花被类白色或淡棕色,广钟形,先端6裂;雄蕊6。偶见球形浆果,暗红色或暗褐色,皱缩。种子4～6粒。质稍韧,干后质脆。气微,味微淡。

以根茎粗壮、叶大、带花者为佳。

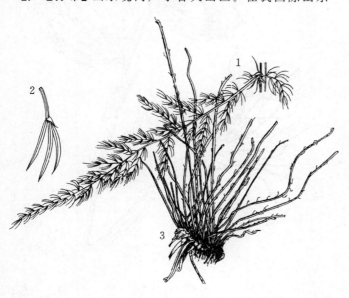

图915 龙须菜
1.植株一部分 2.叶状枝 3.根茎及根

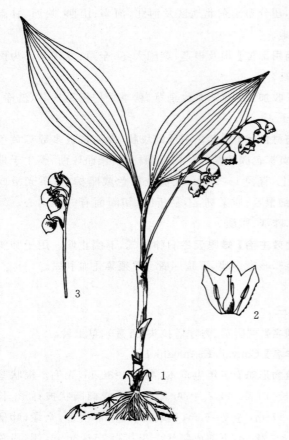

图916 铃兰
1.植株 2.花去掉部分花被 3.果序

【化学成分】全草含强心苷：铃兰毒苷（convallatoxin），杠柳鼠李糖苷（periplorhamnoside），杠柳古罗糖苷（periguloside），铃兰苷（convalloside），铃兰葡萄糖苷（glucoconvalloside），欧铃兰苷（majaloside），铃兰毒醇苷（convallatoxol），铃兰葡萄糖毒醇苷（convallatoxoloside）等；皂苷类：铃兰皂苷（convallasaponin）A、B、C、D、E，铃兰葡萄糖皂苷（glucoconvallasaponin）A、B，万年青皂苷元（rohdeasapogenin），异万年青皂苷元（isorhodeasapogenin），君影草苷（keioside），欧铃兰苦苷（convallamarin），欧铃兰皂苷（convallarin）等；黄酮类：异鼠李素-3-O-半乳糖苷，异鼠李素-3-O-半乳鼠李糖苷，异鼠李素-3-O-半乳二鼠李糖苷，槲皮素-3-O-半乳糖苷，槲皮素-3-O-半乳鼠李糖苷，槲皮素-3-O-半乳糖二鼠李糖苷，山柰酚-3-O-半乳糖苷，山柰酚-3-O-半乳鼠李糖苷，山柰酚3-O-半乳糖二鼠李糖苷；还含白屈菜酸，吖啶-2-羧酸（铃兰氨酸）及挥发油等。地上部分尚含异鼠李素，槲皮素，山柰酚，木犀草素，芹菜素，金圣草素（chrysoeriol），坎纳醇-3-O-α-L-鼠李糖苷（cannogenol-3-O-α-L-rhamnoside），新铃兰毒原苷（neoconval-loside），铃兰毒原苷（convalloside）。叶尚含灰毛糖芥强心苷（canescein）以及以萝藦苷元、沙门苷元、毒毛旋花子苷元为主的鼠李糖苷或葡萄糖苷。花尚含生物槲皮素（bioquercetin），铃兰黄酮苷（keioside），异槲皮素等。根茎含呋甾烷醇皂苷（furostanol saponin），螺甾烷醇皂苷（spirostanol saponin）等。

【功效主治】甘、苦，温；有毒。强心，温阳利水，活血祛风。用于气虚欲脱，怔忡，浮肿，劳伤，带下，跌打损伤。

宝铎草

【别名】玉竹、竹林霄、百尾笋。

【学名】Disporum sessile D. Don

【植物形态】多年生草本。根状茎肉质，横出，长达10cm。根簇生，直径2～3mm。茎光滑，直立，高70～80cm，上部叉状分枝。叶互生；叶片卵形、长圆形或长椭圆形，长4～8cm，宽2～6cm，先端尖，基部圆形或阔楔形，边缘及背面的主脉上有乳头状突起，纸质；近无柄。花黄色，1～3朵，稀5朵，着生于分枝顶端；花梗长1～2cm；花被片直出，倒卵状披针形，长2～2.5cm，内面有细毛，边缘有乳头状突起，基部向内兜，末端矩状；雄蕊6，内藏；花柱伸出花被，柱头3裂，外弯。浆果椭圆形，直径约1cm，熟时黑色。种子3粒，深棕色。花期4～5月；果期8～9月。（图917）

图917 宝铎草

【生长环境】生于山坡、林下或草丛中。

【产地分布】山东境内产于崂山、昆嵛山、荣成、沂山、蒙山等地。在我国除山东外,还分布于东北、华北、华东、华中、西南等地区。

【药用部位】根及根茎:宝铎草。为民间药。

【采收加工】秋季采挖,除去茎叶,洗净,晒干。

【药材性状】根茎细长圆柱形,长 5~10cm,上端有突起的茎基,下侧簇生细根。根细长纺锤形或条形,直径 2~3mm;表面灰黄色,有细密纵皱纹;质硬脆,断面淡黄白色。气微,味淡。

【功效主治】甘、淡,平。清肺化痰,止咳,健脾消食,舒筋活血。用于肺痨咳嗽,咯血,食欲缺乏,胸腹胀满,肠风下血,筋骨疼痛,腰腿痛,烧烫伤,骨折。

黄花菜

【别名】金针菜、黄花萱草、萱草根、黄花苗。

【学名】Hemerocallis citrina Baroni

【植物形态】多年生草本。根稍肉质,中下部常纺锤状膨大。基生叶排成2列;叶片条形,长0.5~1m,宽1~2cm。花葶稍长于叶,基部三棱形,上部近圆柱形,有分枝;苞片披针形,自下而上渐短;花梗短,长不及1cm;花多朵,淡黄色,花蕾期有时先端带黑紫色;花被管长3~5cm,花被裂片6,长6~12cm。蒴果钝三棱状椭圆形。种子多枚,黑色,有棱。花期6~7月;果期9月。(图918)

【生长环境】生于山坡、林缘或栽培于田边、园内。

【产地分布】山东境内产于各山地丘陵。在我国除山东外,还分布于秦岭以南及河北、山西等地。

【药用部位】根及根茎:萱草根;花蕾:金针菜。为少常用中药和民间药,金针菜药食两用。

【采收加工】5~8月花未开放时采收,蒸后晒干。秋季采挖根及根茎,洗净,晒干。

【药材性状】根茎类圆柱形,长 1~4cm,直径 1~1.5cm;顶端有时残留叶基。根多数,长 5~20(~30)cm,直径 3~4mm;表面灰棕色或灰黄色,有的根中下部稍膨大成棍棒状或略呈纺锤形,常干缩抽皱,有多数纵皱纹和少数横纹。体轻,质松,略有韧性。气微香,味微甜。

以根条粗大、质充实、色灰黄、无地上部分者为佳。

花呈弯曲的条状,长约10cm。表面黄棕色或淡棕色。湿润展开后呈喇叭状,花被管较长,先端6裂;雄蕊6。有的基部具细花梗。质韧。气微香,味微甜,凉。

【化学成分】根及根茎含大黄酚,大黄酸,黄花蒽醌(hemerocal),芦荟大黄素,美决明子素(obtusifnlin),美决明子素甲醚(2-methoxyobtusifolin),萱草酮(hemerocallone),萱草素(hemerocallin)等。全草尚含毒性物

图 918 黄花菜
1.花序 2.叶 3.根及根茎 4.雄蕊 5.雌蕊

质甲、乙。花含卵磷脂,黄酮,多糖及氨基酸。

【功效主治】萱草根甘,凉;有毒。清热利湿,凉血止血,解毒消肿。用于黄疸,水肿,淋浊,带下,衄血,崩漏,乳痈,乳汁不通。金针菜甘,凉。清热利湿,宽胸解郁,凉血解毒。用于小便短赤,黄疸,胸闷心烦,少寐,痔疮便血,疮痈。

【历史】《本草纲目》引晋代嵇含所著的《宜男花序》中云:"荆楚之土号为鹿葱,可以荐菹。尤可凭据。今东人采其花跗干而货之,名曰黄花菜。"所述形态似百合科黄花菜类。

【附注】《中国药典》1977年版曾收载。

附:小黄花菜

小黄花菜 H. minor Mill.,与黄花菜的主要区别是:根较细,绳索状,无膨大部分。叶宽 2~8mm。花葶与叶近等长或稍短于叶,几不分枝,有花1~2朵,少为3朵;花淡黄色,花被管较短,长1~2.5cm,极少近3cm。药材根茎较短;根较细而多,长5~15cm,直径2~3mm,末端尖细,无纺锤形块根,表面灰棕色或灰黄棕色,具细密横纹,质韧,难折断,切断面灰白色。根含大黄酚,大黄酸,1,8-二羟基-2-乙酰基-3-甲基萘(1,8-dihydroxy-2-acetyl-3-methylnaphthalene),天冬酰胺,小萱草根素(mihemerocallin),萱草素,萱草酮(hemerocallone),β-及γ-谷甾醇等。产地、分布和药用同黄花菜。

萱草

【别名】金针菜、黄花菜、萱草根。

【学名】Hemerocallis fulva (L.) L.

【植物形态】多年生草本。须根多数，先端膨大呈纺锤状。叶簇生；叶片条形，长40~60cm，宽2~3.5cm。花葶高0.6~1m，顶端分枝，有花6~12朵或更多，排列为总状或圆锥状；花梗短；苞片卵状披针形；花桔红色或桔黄色，无香气；花被管长2~3.5cm，花被裂片长8~9cm，开展而反卷，内轮花被片中部有褐红色的粉斑，边缘波状皱褶。蒴果三角状长圆形，室背开裂。种子数粒，黑色，有光泽。花期6~8月；果期8~9月。（图919）

图919 萱草
1.根及根茎 2.叶 3.花序

【生长环境】生于山沟、草丛、岩缝中或栽培于田边地头。

【产地分布】山东境内产于昆嵛山、崂山、牙山、沂山、蒙山等山区。在我国除山东外，还分布于秦岭以南各地。

【药用部位】根及根茎：萱草根；花蕾：金针菜。为少常用中药，金针菜药食两用。

【采收加工】春、秋二季采挖根及根茎，洗净，略烫，晒干。5~8月花未开放时采收，蒸后晒干。

【药材性状】根茎短圆柱形，长1~1.5cm，直径约1cm；有时顶端残留叶基。根簇生，常折断，完整者长5~20cm，直径3~4mm；表面灰黄色或淡灰棕色，中下部常膨大成纺锤形，直径0.5~1.5cm，干瘪抽皱，有多数纵皱纹及少数横纹。体轻，质松软，稍韧性，不易折断，断面灰黄色或灰棕色，有多数放射状裂隙。气微香，味稍甜。

以根条粗大、色灰黄、质充实、无地上部分者为佳。

【化学成分】根含三萜类：3α-乙酰基-11-氧代-12-乌苏烯-24-羧酸，3-氧代-羊毛甾-8,24-二烯-21-羧酸，3β-羟基-羊毛甾-8,24-二烯-21-羧酸，3α-羟基-羊毛甾-8,24-二烯-21-羧酸，何伯烷-6α,22-二醇，α-乳香酸，β-乳香酸，11-氧代-β-乳香酸，11-α-羟基-3-已酰基-β-乳香酸，HN saponin F，长春藤皂苷元-3-O-β-D-葡萄糖吡喃-(1-3)-α-L-阿拉伯糖吡喃基苷-28-O-β-D-葡萄糖吡喃基酯；黄酮类：4,2′,6′-三羟基-4′-甲氧基-3′-甲基-二氢查耳酮，葛根素，3-甲氧基葛根素；甾醇类：海可皂苷元，25(R)-螺甾烷-4-烯-3,12-二酮，β-谷甾醇，谷甾-4-烯-3β-醇，谷甾-4-烯-3-酮；有机酸：ω-阿魏酰氧酸（ω-feruloyloxy acid），3,4-二羟基反式肉桂酸，对甲基反式肉桂酸，香草酸；尚含蒺藜嗪（terresoxazine），獐牙菜苷，laganin，picraquassioside C，3,5-二羟基甲苯-3-O-β-D-葡萄糖苷，7-hydroxynaphthalide，7-hydroxylnaphthalide-O-β-D-glucopyranoside。

【功效主治】萱草根 甘，凉；有毒。清热利湿，凉血止血，解毒消肿。用于黄疸，水肿，淋浊，带下，衄血，崩漏，乳汁不通，乳痈。金针菜 甘，凉。清热利湿，宽胸解郁，凉血解毒。用于小便短赤，黄疸，胸闷心烦，少寐，痔疮便血，疮痈。

【历史】萱草始载于《本草拾遗》，名萱草根。《本草纲目》谓："萱宜下湿地，冬月丛生。叶如蒲、蒜辈而柔弱，新旧相代，四时青翠。五月抽茎开花，六出四垂，朝开暮蔫，至秋深乃尽，其花有红、黄、紫三色……结实三角，内有子大如梧子，黑而光泽，其根与麦门冬相似，最易繁衍。"所述形态与现今之百合科植物萱草相似。

【附注】《中国药典》1977年版曾收载。

附：北黄花菜

北黄花菜 H. lilio-asphodelus L.，与萱草的主要区别是：根稍肉质，多少呈绳索状，直径2~4mm。花梗明显，长1~2cm；花被管长1.5~2.5cm，不超过3cm。山东境内产于泰山、崂山等山区。药用同萱草。

野百合

【别名】百合、淡紫百合。

【学名】Lilium brownii F. E. Brown ex Niellez.

【植物形态】多年生草本，高0.8～1.5m。鳞茎近球形，直径3～4.5cm；鳞叶白色，披针形或卵状披针形，长2～4cm，宽0.8～1.2cm。茎直立，绿色，带紫色条纹，下部有小乳头状突起。叶互生；叶片披针形或条形，通常自下向上渐小，长5～15cm，宽1～2cm，先端渐尖，基部渐狭，全缘，有5～7条脉，两面无毛。花单生或2～数朵排成近伞形；花大，喇叭形，乳白色，中肋稍带紫色条纹，有香气；花被片6，2轮，倒披针形，长12～16cm，外轮花被片宽2～3cm，内轮花被片宽2.5～3.5cm，蜜腺两边有小乳头状突起；雄蕊6，花丝向上弯，中部以下被柔毛，花药长椭圆形，带紫色；雌蕊1，子房圆柱形，花柱长于雄蕊，柱头3浅裂。蒴果长圆形至倒卵形，长3.5～5cm，表面有棱。种子多数，片状。花期6～7月；果期9～10月。

【生长环境】生于山坡、林缘或草丛中。栽培于公园或药圃。

【产地分布】山东境内产于崂山、威海等地；济南、青岛等地有少量引种。在我国除山东外，还分布于广东、广西、湖南、湖北、江西、安徽、福建、浙江、四川、云南、贵州、陕西、甘肃、河南等地。

【药用部位】鳞叶：野百合；花：野百合花；种子：野百合子。为民间药，野百合药食两用。

【采收加工】秋季采挖，洗净，剥取鳞叶，置沸水中略烫，晒干或烘干。夏季花尚未开放时采收，阴干或晒干。夏、秋季果实成熟时采摘，晒干，打下种子，除去杂质。

【功效主治】野百合甘，凉。滋补强壮，润肺止咳，镇静安神。用于阴虚燥咳，劳嗽咳血，虚烦惊悸，失眠多梦，精神恍惚。野百合花用于咳嗽痰少，眩晕，心烦，夜寐不安，湿疮。野百合子用于肠风下血，大便带血。

百合

【别名】百合花、白花百合、山百合。

【学名】Lilium brownii F. E. Brown ex Niellez. var. viridulum Baker

【植物形态】与原种的主要区别是：叶片倒披针形至倒卵形。（图920）

【生长环境】生于山坡、林缘、山沟杂木林下。

【产地分布】山东境内产于昆嵛山、崂山、蒙山等山区，以昆嵛山较为常见。沂水、济阳有较大面积的栽培。在我国除山东外，还分布于河北、山西、河南、陕西、湖北、湖南、江西、安徽、浙江等地。

【药用部位】鳞叶：百合；花：百合花；种子：百合子。为常用中药，百合药食两用，嫩茎叶、花可食。

图920 百合
1.植株上部 2.鳞茎及根 3.雄蕊 4.雌蕊
5.内轮花被片 6.外轮花被片

【采收加工】秋季采挖，洗净，剥取鳞叶，置沸水中略烫，晒干或烘干。6～7花尚未开放时采收，阴干或晒干。夏、秋季果实成熟时采摘，晒干，打下种子，除去杂质。

【药材性状】鳞叶长椭圆形，长1.5～3cm，宽0.5～1cm，厚约4mm。顶端尖，基部较宽，微波状，向内卷曲。表面白色或淡黄色，光滑半透明，脉纹3～5条，有的不明显。质硬脆，易折断，断面平坦，角质样。气微，味微苦。

以大小均匀、色白、肉厚、质硬、味微苦者为佳。

【化学成分】鳞茎含百合皂苷（brownioside），去酰百合皂苷（deacylbrownioside），岷江百合苷（regaloside）A、D，26-O-β-D-葡萄糖基-奴阿皂苷元-3-O-α-鼠李糖基(1→2)-β-D-葡萄糖苷［26-O-β-D-glucosyl-nuatigenin-3-O-α-L-rhamnosyl(1→2)-β-D-glucoside］，$β_1$-澳洲茄边碱（$β_1$-solamargine），澳洲茄胺-3-O-α-L-鼠李糖基-(1→2)-O-[β-D-葡萄糖基-(1→4)]-β-D-葡萄糖苷｛solasodine-3-O-α-L-rhamnosyl-(1→2)-O-[β-D-glucosyl-(1→4)]-β-D-glucoside｝，3,6'-O-二阿魏酰蔗糖（3,6'-O-diferuloylsucrose），1-O-阿魏酰甘油（1-O-feruloylglycerol），1-O-对香豆酰甘油等。

【功效主治】**百合**甘,寒。养阴润肺,清心安神。用于阴虚燥咳,劳嗽咳血,虚烦惊悸,失眠多梦,精神恍惚。**百合花**甘、平、微苦,凉。清热润肺,宁心安神。用于咳嗽痰少或黏,眩晕,心烦,夜寐不安,天疱湿疮。**百合子**甘、微苦,凉。清热止血。用于肠风下血。

【历史】百合始载于《神农本草经》,列为中品。《本草经集注》云:"根如胡蒜,数十片相累。"《新修本草》云:"此药有二种,一种细叶,花红白色;一种叶大,茎长,根粗,花白,宜入药用。"《本草图经》云:"春生苗,高数尺,干粗如箭,四面有叶如鸡距,又似柳叶,青色,叶近茎微紫,茎端碧白,四、五月开红白花,如石榴嘴而大,根如胡蒜重叠,生二三十瓣。二月、八月采根,暴干。人亦蒸食之,甚益气。又有一种,花黄有黑斑,细叶,叶间有黑子,不堪入药。"《本草纲目》云:"叶短而阔,微似竹叶,白花四垂者,百合也。叶长而狭,尖如柳叶,红花,不四垂者,山丹也。茎叶似山丹而高,红花带黄而四垂,上有黑斑点,其子先结在枝叶间者,卷丹也。"所述形态表明,古代药用百合来源于百合属多种植物,可能包括百合、山丹和卷丹等。

【附注】《中国药典》2010年版收载。

渥丹

【别名】山丹、山百合(昆嵛山、威海、莱州)、山蛋子(苍山、邹城、沂源)、山瓣子花(莱州)、野百合。

【学名】Lilium concolor Salisb.

【植物形态】多年生草本,高30～50cm。鳞茎卵圆形,直径1.5～3.5cm;鳞叶白色,卵形或卵状披针形,长2～3cm,宽0.7～1.2cm;基部丛生须根。茎直立,初被小乳头状突起,后渐脱落而光滑,基部近鳞茎处有横生白色须根。叶互生;叶片条形,长3.5～11cm,宽3～6mm,先端尖,基部渐狭,边缘有小乳头状突起,有3～7条脉,背面中脉突起,两面无毛。花1～4朵,直立,排列近伞形;花红色,无紫色斑点,有光泽;花被片6,2轮,长椭圆形至狭卵状披针形,长2.5～4cm,宽7mm,先端钝,钟状开展,不反卷,蜜腺两边有乳头状突起;雄蕊6,向中心靠拢,花丝短于花被片,无毛,花药长椭圆形,花粉红色;雌蕊1,子房圆柱形,花柱稍短于子房,柱头略膨大。蒴果长圆形,长2.5～3.5cm,宽1.5～1.7cm。种子多数,片状。花期5～7月;果期7～9月。(图921)

【生长环境】生于山坡、林缘、石缝、山沟或路旁草丛中。

【产地分布】山东境内产于昆嵛山、崂山、蒙山、千佛山等山地丘陵。在我国除山东外,还分布于河南、河北、

图921　渥丹
1.植株上部　2.鳞茎及根　3.内轮花被片

山西、陕西和吉林等地。

【药用部位】鳞叶:百合;花:百合花;种子:百合子。为民间药,百合药食两用。

【采收加工】秋季采挖,洗净,剥取鳞叶,置沸水中略烫,晒干或烘干。6～7月,花尚未开放时采收,阴干或晒干。夏、秋季果实成熟时采摘,晒干,打下种子,除去杂质。

【化学成分】鳞茎含多糖。

【功效主治】**百合**甘,寒。养阴润肺,清心安神。用于阴虚燥咳,劳嗽咳血,虚烦惊悸,失眠多梦,精神恍惚。**百合花**甘、平、微苦,凉。清热润肺,宁心安神。用于咳嗽痰少或黏,眩晕,心烦,夜寐不安,天疱湿疮。**百合子**甘、微苦,凉。清热止血。用于肠风下血。

附:有斑百合

有斑百合 var. pulchellum (Fisch.) Regel,与原种的主要区别是:花被片有紫色斑点。山东境内分布于全省各山区,生境和药用同原种。

卷丹

【别名】百合、红合(昆嵛山)、山百合。

【学名】Lilium lancifolium Thunb.

【植物形态】多年生草本,高40～80cm。鳞茎卵状球形,直径4～6cm;鳞叶白色,宽卵形。茎直立,绿色或

带淡紫色,有白色绵毛。叶互生;叶片卵状披针形或披针形,长6～16cm,宽1.2～1.8cm,先端渐尖,边缘有乳头状突起,两面疏被短毛或渐脱落近无毛,有5～7条脉;上部叶腋有珠芽。花3～10朵,排成总状花序;花桔红色,下垂;苞片叶状,卵状披针形,长1.5～2cm,宽0.4～1cm;花梗长5～10cm,有白色绵毛;花被片6,披针形,长6～10cm,宽1.2～2cm,反卷,内侧有紫黑色斑点,蜜腺两边有乳头状突起和白色短毛;雄蕊6,花丝无毛,花药长圆形,紫色,四面开裂;雌蕊1,子房圆柱形,柱头3浅裂。蒴果狭长倒卵形,长3～4cm。种子多数。花期6～7月;果期8～9月。(图922)

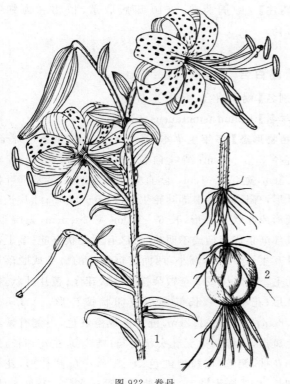

图922 卷丹
1.植株上部 2.鳞茎及根

【生长环境】生于山坡、林缘、山沟路旁草丛中。

【产地分布】山东境内产于各大山区。沂水、济阳有较大面积栽培。在我国除山东外,还分布于华东、华北、西北、华中地区及河南、吉林、广西、四川等地。

【药用部位】鳞叶:百合;花:百合花;种子:百合子。为常用中药,百合药食两用,嫩茎叶、花可食。

【采收加工】秋季采挖,洗净,剥取鳞叶,置沸水中略烫,晒干或烘干。6～7花尚未开放时采收,阴干或晒干。夏、秋季果实成熟时采摘,晒干,打下种子,除去杂质。

【药材性状】鳞叶长2～3cm,宽1.2～2cm,厚1～3mm。表面乳白色或淡黄棕色,有纵直脉纹3～8条。质硬脆,易折断,断面平坦,角质样。气微,味微苦。

【化学成分】鳞茎含皂苷:麦冬皂苷D′(ophiopogonin D′)即薯蓣皂苷元-3-O-{O-α-L-鼠李糖基-(1→2)-O-[β-D-木糖基(1→3)]-β-D-葡萄糖苷},卷丹皂苷A(lililancifoloside A)即薯蓣皂苷元-3-O-{O-α-L-鼠李糖基-(1→2)-O-[α-L-阿拉伯糖基(1→3)]-β-D-葡萄糖苷},(25R)-3β,17α-二羟基-5α-螺甾烷-6-酮-3-O-α-L-鼠李糖基-(1→2)-β-D-葡萄糖苷,(25R)-3β-羟基-5α-螺甾烷-6-酮-3-O-α-L-鼠李糖基-(1→2)-β-D-葡萄糖苷,(25R)-螺甾烷-5-烯-3β-O-α-L-吡喃鼠李糖基-(1→6)-β-D-吡喃葡萄糖苷,(25R,26R)-26-甲氧基螺甾烷-5-烯-3β-O-α-L-吡喃鼠李糖-(1→2)-[β-D-吡喃葡萄糖-(1→2)-[β-D-吡喃葡萄糖-(1→6)]-β-D-吡喃葡萄糖苷,(25R,26R)-17α-羟基-26-甲氧基螺甾烷-5-烯-3β-O-α-L-吡喃鼠李糖-(1→2)-[β-D-吡喃葡萄糖-(1→6)]-β-D-吡喃葡萄糖苷;甾醇类:胡萝卜苷,豆甾醇,β-谷甾醇;还含甲基-α-D-吡喃甘露糖苷,甲基-α-D-吡喃葡萄糖苷,β-D-葡萄糖糖基-(1→4)-β-D-吡喃葡萄糖苷,β-D-果呋喃糖基-α-D-吡喃葡萄糖苷(β-D-fructose-a-D-glucopyranosid),王百合苷A(regaloside A)即(2S)-1-O-对香豆酰基-3-O-β-D-吡喃葡萄糖甘油苷,王百合苷C即(2S)-1-O-对咖啡酰基-3-O-β-D-吡喃葡萄糖甘油苷,顺-1-O-对香豆酰基甘油酯,反-1-O-对香豆酰基甘油酯,1-O-对香豆酰基甘油酯,咖啡酰基甘油酯,3,4-二羟基苯甲醛,邻羟基苯甲酸,小檗碱,腺嘌呤核苷,二十九烷醇,正二十二烷酸。茎叶含百合苷(lilioside),麦冬皂苷D′,卷丹皂苷A。花粉含己糖激素(hexokinase),维生素B_1、B_2、C,β-胡萝卜素,泛酸等。

【功效主治】百合甘,寒。养阴润肺,清心安神。用于阴虚燥咳,劳嗽咳血,虚烦惊悸,失眠多梦,精神恍惚。百合花甘、平、微苦,凉。清热润肺,宁心安神。用于咳嗽痰少或黏,眩晕,心烦,夜寐不安,天疱湿疮。百合子甘、微苦,凉。清热止血。用于肠风下血。

【历史】见百合。

【附注】《中国药典》2010年版收载。

山丹

【别名】细叶百合、野百合、山丹花。

【学名】Lilium pumilum DC.

【植物形态】多年生草本,高25～60cm。鳞茎卵圆形或圆锥形,直径1.5～3.5cm;鳞叶白色,长卵形或卵形。茎直立,有小乳头状突起。叶互生;叶片条形,长3.5～9cm,宽2～3mm,先端尖,基部稍狭,边缘有小乳头状突起,两面无毛,背面有1条明显的脉。花1至数朵,稍下垂,排列成总状花序;花红色,通常无紫斑,有时有少数斑点；花被片6，长3.5~4.5cm，宽5~7mm，钟状开展，反卷，蜜腺两边密被毛；雄蕊6，花丝无毛，花药长椭圆形；雌蕊1，子房圆柱形，长0.8~1cm，花柱稍长于子房或长1倍以上，柱头膨大，3浅裂。蒴果长圆形。种子多数。花期6~7月；果期9~10月。（图923）

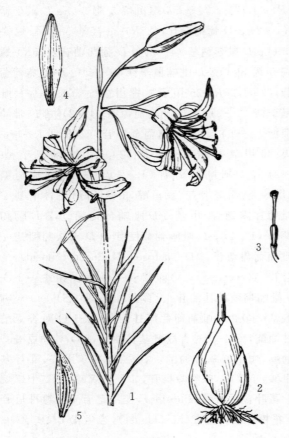

图923 山丹
1.植株上部 2.鳞茎及根 3.雌蕊
4.外轮花被片 5.内轮花被片

【生长环境】生于山坡草丛；或栽培于公园、花圃、庭院内。

【产地分布】山东境内产于荣成、泰山、蒙山等山地；崂山、青岛、济南有少量栽培。在我国除山东外，还分布于东北地区及内蒙古、河北、河南、山西、陕西、宁夏、青海、甘肃等地。

【药用部位】鳞叶：百合；花：百合花；种子：百合子。为常用中药，百合药食两用，嫩茎叶、花可食。

【采收加工】秋季采挖，洗净，剥取鳞叶，置沸水中略烫，晒干或烘干。6~7花尚未开放时采收，阴干或晒干。夏、秋季果实成熟时采摘，晒干，打下种子，除去杂质。

【药材性状】鳞叶长约4.5cm，宽约2cm，厚至3.5mm，色较暗，脉纹不太明显。质硬脆，易折断，断面平坦，角质样。气微，味微苦。

【化学成分】鳞茎含山丹苷（tenifolioside）A、B，蛋白质，脂肪，还原糖，淀粉，维生素B、C，胡萝卜素，泛酸，秋水仙碱等。叶含黄酮类。花含β-胡萝卜苷，$(3S,5R,3'S,5'R)$-辣椒红素酯，$(3S,3'S,5'R)$-辣椒红素酯，正二十九酸，正二十七酸，正二十五酸，正二十三酸。

【功效主治】百合甘，寒。养阴润肺，清心安神。用于阴虚燥咳，劳嗽咳血，虚烦惊悸，失眠多梦，精神恍惚。百合花甘、平、微苦，凉。清热润肺，宁心安神。用于咳嗽痰少或黏，眩晕，心烦，夜寐不安，天疱湿疮。百合子甘、微苦，凉。清热止血。用于肠风下血。

【历史】见百合。

【附注】《中国药典》2010年版收载，植物名为细叶百合。

青岛百合

【别名】崂山百合、野百合、百合。

【学名】Lilium tsingtauense Gilg

【植物形态】多年生草本，高40~80cm。鳞茎近球形，直径2.5~4cm；鳞叶白色，披针形或菱形，长2~2.5cm，宽0.6~1cm。茎直立，平滑无毛。茎基部叶披针形，有长柄；茎中部叶轮生，有时6~14片；叶片长卵圆形或卵状披针形，长6~12cm，宽2~5cm，先端尖，基部渐狭成短柄或不明显，边缘有乳头状突起；茎上部叶互生，1~2片，渐小，两面有极稀疏的短毛或脱落近无毛。花单生或2至数朵排成总状花序；苞片叶状，披针形；花被片6，长椭圆形或卵状披针形，长3.5~4.8cm，宽0.8~1.2cm，橙黄色或橙红色，内侧有紫红色斑点，蜜腺两边无乳头状突起；雄蕊6，花丝细长，短于花被，无毛，花药橙红色；雌蕊1，子房圆柱形，花柱细长，柱头膨大，3浅裂。蒴果。种子多数。花期6月；果期7~8月。（图924）

【生长环境】生于山坡林缘、山沟石缝或杂草丛中，国家Ⅱ级保护植物。

【产地分布】山东境内产于崂山、胶南及胶东山地丘陵。在我国除山东外，还分布于安徽等地。

【药用部位】鳞茎：青岛百合；花：青岛百合花；种子：青岛百合子。为民间药，青岛百合药食两用。

【采收加工】秋季采挖，洗净，剥取鳞叶，置沸水中略烫，晒干或烘干。夏季花尚未开放时采收，阴干或晒干。夏、秋季果实成熟时采摘，晒干，打下种子，除去杂质。

【药材性状】鳞茎近球形，直径2.5~4cm。鳞叶披针形或菱形，长2~2.5cm，宽0.6~1cm；表面类白色。质硬脆，易折断，断面平坦，角质样。气微，味微苦。

1mm；子房近球形，花柱短柱状，长约2mm，柱头微3裂。种子近球形或卵圆形，直径4～6mm，熟时蓝黑色。花期5～8月；果期8～10月。（图925）

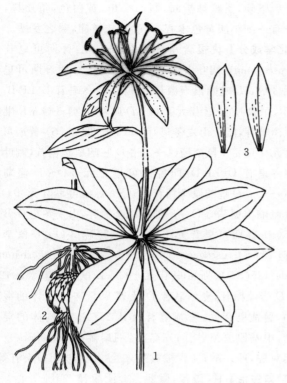

图924 青岛百合
1.植株上部 2.鳞茎及根 3.花被片

【化学成分】鳞茎含氨基酸：天冬氨酸，苏氨酸，丝氨酸，谷氨酸，甘氨酸，丙氨酸，胱氨酸，缬氨酸，蛋氨酸，异亮氨酸，亮氨酸，酪氨酸，苯丙氨酸，赖氨酸，组氨酸，精氨酸，脯氨酸等。

【功效主治】青岛百合甘，寒。养阴润肺，清心安神。用于阴虚燥咳，劳嗽咳血，虚烦惊悸，失眠多梦，精神恍惚。青岛百合花用于咳嗽痰少，眩晕，心烦，夜寐不安，天疱湿疮。青岛百合子用于肠风下血。

禾叶山麦冬

【别名】土麦冬、麦冬、禾叶土麦冬。

【学名】Liriope graminifolia (Thunb.) Lour.
（Asparagus graminifolia L.）

【植物形态】多年生草本。根状茎短或稍长，有地下匍匐茎。根细长，分枝多，根端或中部有时膨大成纺锤形小块根，肉质。叶丛生；叶片条状披针形，长20～50cm，宽2～5mm，先端钝或尖，全缘，叶脉5～7条，基部有残存枯叶或撕裂成纤维状。花葶通常稍短于叶，长15～30cm；总状花序长5～12cm，有多数花，常3～5朵簇生于苞腋；苞片卵圆形，长3～5mm，先端长尖，干膜质；花梗长约4mm，关节位于顶端；花被片6，卵圆形，长3.5～4mm，淡紫色或白色，先端钝圆或略尖；雄蕊6，花丝长1～1.5mm，基部稍宽，花药长圆形，长约

图925 禾叶山麦冬
1.植株 2.花

【生长环境】生于山沟、灌丛、林下或林缘草丛；或栽培于田间、公园和庭院内。

【产地分布】山东境内产于青岛、烟台、泰安、临沂等地山区。在我国除山东外，还分布于华东、华北地区及陕西、甘肃、河南、湖北、贵州、四川、广东、台湾等地。

【药用部位】块根：土麦冬。为民间药。

【采收加工】夏季采收块根，洗净，晒干。

【化学成分】块根含黄酮类：甲基麦冬二氢高异黄酮B（methylophiopogonanone B），7,4′-二羟基-5-甲氧基二氢黄酮，橙皮苷，5,7-dihydroxy-6-methyl-3-(4′-methoxybenzyl)-chroman-4-one；甾体皂苷类：25(S)-ruscogenin-1-O-β-D-xylopyranoside-3-O-α-L-rhamnopyranoside, 25(R)-ruscogenin-1-O-α-L-rhamnopyranosyl(1→2)-β-D-xylopyranoside, 25(S)-spirost-5-ene-3β, 17α-diol-3-O-β-D-xylopyranosyl(1→3)-α-L-arabinofuranosyl(1→2)-[α-L-rhamnopyranosyl(1→4)]-β-D-glucopyranoside, 25(R,S)-ruscogenin-1-O-sulfate-3-O-α-L-rhamnopyranoside.

【功效主治】甘、微苦，寒。养阴润肺，清心除烦，益胃生津。用于肺燥干咳，吐血，咯血，肺痈，虚痨烦热，消渴，热病津伤，咽干口燥，便秘。

阔叶山麦冬

【别名】大麦冬、常青草（五莲）、大叶麦冬、麦门冬、土麦冬。

【学名】Liriope platyphylla Wang et Tang

【植物形态】多年生草本。根状茎短，木质。根丛生，细长，分枝多，有时末端膨大成肉质小块根。叶丛生；叶片宽条形，长25～60cm，宽1～3cm，先端尖或钝，基部渐狭，革质，有9～11条脉，有时具明显横脉。花葶长于叶，长30～70cm；总状花序长15～30cm，花多而密，通常3～6朵簇生于苞腋；苞片近刚毛状；小苞片卵形，干膜质；花梗长4～5mm，关节位于中部或中部偏上；花被片6，长约3.5mm，淡紫色；雄蕊6，花丝长约1.5mm，花药披针形，长1.5～2mm；子房近球形，花柱短棒状，柱头3齿裂。种子球形，直径5～7mm，成熟时深紫黑色。花期7～8月；果期9～10月。（图926）

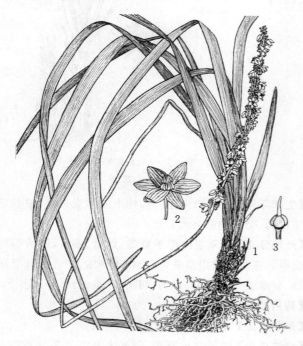

图926 阔叶山麦冬
1.植株 2.花 3.雌蕊

【生长环境】生于山沟或林下草丛；或栽培于田间、公园和庭院内。

【产地分布】山东境内产于各大山区；济南、烟台、青岛、潍坊等地有少量栽培。在我国除山东外，还分布于华东地区及河南、湖南、湖北、江西、广东、广西等地。

【药用部位】块根：大麦冬（土麦冬）。为民间药。

【采收加工】夏季采收，洗净，晒干。

【药材性状】块根长椭圆形，两端略尖，长2～4cm，直径0.5～1cm。表面土黄色至暗黄色，不透明，干后外皮坚硬，有多数宽大的纵槽沟及皱纹。未干透时质柔韧，干后坚硬，质脆易折断，断面平坦，黄白色，角质样，中央有一细小淡黄色木心。气微，味微甜，嚼之发黏。

【化学成分】块根含甾体皂苷及苷元：鲁斯可皂苷元（ruscogenin），阔叶山麦冬皂苷A(LP-A)即鲁斯可皂苷元-3-O-α-L-吡喃鼠李糖苷，阔叶山麦冬皂苷B(LP-B)即25(S)-鲁斯可皂苷元-1-O-β-D-吡喃夫糖-3-O-α-L-吡喃鼠李糖苷，阔叶山麦冬皂苷C(LP-C)即25(S)-鲁斯可皂苷元-1-O-α-L-鼠李糖(1→2)-β-D-呋喃鼠李糖苷，阔叶山麦冬皂苷D(LP-D)即鲁斯可皂苷元-3-O-β-D-葡萄糖(1→3)-α-L-吡喃鼠李糖苷，25(S)-鲁斯可皂苷元-1-O-β-D-吡喃木糖基-3-O-α-L-吡喃鼠李糖苷，山麦冬皂苷B即25(S)-鲁斯可皂苷元-1-O-β-D-岩藻糖-3-O-α-L-鼠李糖苷［25(S)-ruscogenin-1-O-β-D-fucoside-3-O-α-L-rhamnoside］，25(S)-鲁斯可皂苷元-1-O-α-L-鼠李糖基-(1→2)-β-D-岩藻糖苷，麦冬皂苷D'及其25(S)-异构体的混合物，薯蓣皂苷元，薯蓣皂苷及其25(S)-异构体的混合物，甲基原薯蓣皂苷；三萜类：羽扇烯酮（lupenone），羽扇豆醇，熊果酸；还含棕榈酸、β-谷甾醇、β-胡萝卜苷等。

【功效主治】甘、微苦，微寒。养阴生津，润肺清心。用于肺燥干咳，阴虚痨嗽，喉痹咽痛，津伤口渴，心烦失眠，内热消渴，肠燥便秘。

山麦冬

【别名】大叶麦冬、兰草（费县）、野麦冬、土麦冬、山韭菜。

【学名】Liriope spicata (Thunb.) Lour.
(Convallaria spicata Thunb.)

【植物形态】多年生草本。根状茎短，木质，常丛生，有地下匍匐茎。根稍粗，直径1～2mm，有时多分枝，近根端有时膨大成长圆形、纺锤形或椭圆形小块根，肉质。叶丛生；叶片条状披针形，长25～50cm，宽4～8mm，先端急尖或钝，边缘有极细锯齿，基部常包有褐色叶鞘，通常有5条脉。花葶通常长于叶，或几等长，稀稍短于叶，长25～55cm；总状花序长8～16cm，有多数花，常3～5朵簇生于苞腋；苞片小，披针形，干膜质；花梗长约4mm，关节位于中上部或近顶端；花被片6，长圆形或长圆状披针形，长4～5mm，淡紫色或淡蓝色，先端钝圆；雄蕊6，花丝长约2mm，花药狭长圆形或短条形，长约2mm；子房近球形，花柱长约2mm。种子近球形，直径5～6mm，熟时黑色。花期6～8月；果期8～10月。（图927）

【生长环境】生于山沟、林下草丛或栽培于田间、公园和庭院内。

【产地分布】山东境内产于各大山区。在我国除山东

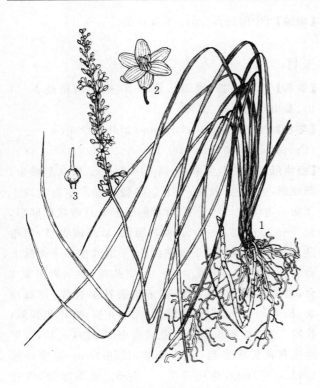

图927 山麦冬
1.植株 2.花 3.雌蕊

外,还分布于除东北地区及内蒙古、青海、新疆、西藏以外的其他各地。

【药用部位】块根:土麦冬。为民间药。

【采收加工】夏季采收块根,洗净,晒干。

【药材性状】块根纺锤形,略弯曲,两端狭尖,中部略粗,长1.5~3.5cm,直径3~5mm。表面淡黄色或黄棕色,具粗糙纵皱纹。质柔韧,纤维性较强,断面黄白色,蜡质。气微,味较淡。

以肥大、色淡黄白、质柔韧者为佳。

【化学成分】块根含皂苷:麦冬皂苷(ophiopogonin)A、B、B'、C、C'、D'、阔叶山麦冬皂苷B,短亭山麦冬皂苷C,山麦冬皂苷(liriopesides)B、J;糖类:D-葡萄糖,D-果糖,蔗糖;氨基酸:苏氨酸,丝氨酸,门冬氨酸,谷氨酸,丙氨酸,组氨酸等;还含β-谷甾醇葡萄糖苷,黄酮类及无机元素磷、铁、锰、钙、钾、镁、锌、硒等。

【功效主治】甘、微苦,微寒。养阴生津,润肺清心。用于肺燥干咳,阴虚痨嗽,喉痹咽痛,津伤口渴,心烦失眠,内热消渴,肠燥便秘。

麦冬

【别名】沿阶草、麦门冬。

【学名】Ophiopogon japonicus (L. f.) Ker-Gawl. (Convallaria japonicus L. f.)

【植物形态】多年生常绿草本。根状茎短而肥厚,具细长匍匐茎,直径1~2mm,节上有膜质鞘。须根细长,近根端或中部常膨大成肉质小块根,椭圆形或纺锤形。叶丛生;叶片条形,长15~40cm,宽1.5~3.5mm,先端尖或钝,基部成鞘状,膜质,边缘粗糙,或有细锯齿,有3~7条脉。花葶长7~15cm,比叶短得多;总状花序长2~5.5cm,有数朵至十几朵花,花单生或成对着生于苞腋;苞片披针形,长7~8mm;花梗关节位于中部以上或近中部;花常下垂,稍张开,淡紫色或白色;花被片披针形,长约5mm;花丝极短,花药三角状披针形或箭形,长2.5~3mm;子房半下位,花柱长约4mm,基部较粗,向上渐细,柱头3齿裂。种子球形,直径6~7mm,裸出或浆果状,熟时蓝黑色。花期6~8月;果期8~9月。(图928)

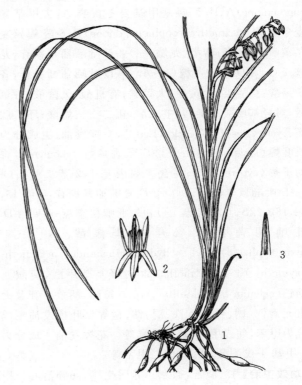

图928 麦冬
1.植株 2.花 3.花柱

【生长环境】生于山坡林下或沟边阴湿草丛。

【产地分布】山东境内青岛、济南、泰安、菏泽等地有栽培;分布于昆嵛山、崂山、蒙山等山区。在我国分布于除华北、东北、西北以外的各地区。

【药用部位】块根:麦冬。为常用中药,可用于保健食品。

【采收加工】夏季采挖,洗净,反复暴晒、堆置,至七八成干,除去须根,干燥。

【药材性状】块根纺锤形,两端略尖,长1.5~3cm,直径

$3\sim6$mm。表面黄白色或淡黄色,有细纵纹。质柔韧,断面类白色,半透明,中柱细小圆柱形。气微香,味甜、微苦,嚼之微有黏性。

以肥大、淡黄白色、半透明、质柔韧、嚼之具黏性者为佳。

【化学成分】块根含皂苷:麦冬皂苷 A、B、B'、C、C'、D、D',其苷元为鲁斯可皂苷元(ruscogenin)、薯蓣皂苷元及麦冬苷元(ophiogenin)等;黄酮类:麦冬黄烷酮(ophiopogonanone) A、B,5,7-dihydroxy-8-methoxy-6-methyl-3-(2'-hydroxy-4'-methoxybenzyl) chroman-4-one,甲基麦冬黄烷酮 A、B,6-醛基异麦冬黄烷酮(6-aldehydo-isoophiopogo-nanone) A、B,6-醛基-7-O-甲基异麦冬黄烷 A、B,麦冬黄酮 A,甲基麦冬黄酮(methyl ophiopogonone) A、B,甲基麦冬二氢黄酮(R-methylophiopogonanone) A、B,2'-羟基甲基麦冬黄酮 A,去甲基异麦冬黄酮(desmethylisoophiopogonone) B,6-醛基异麦冬黄酮 A、B 等;萜类:龙脑-7-O-β-D-吡喃葡萄糖苷,龙脑-7-O-[β-D-呋喃芹糖(1→6)]-β-D-吡喃葡萄糖苷,齐墩果酸;蒽醌类:大黄酚,大黄素;有机酸:天师酸,香草酸,对羟基反式丙烯酸,壬二酸,正二十三烷酸;环二肽类:cyclo-(Phe-Tyr),cyclo-(Leu-ILe);挥发油:主成分为长叶烯(longifolene),α- 及 β-广藿香烯(patchoulene),香附子烯(cyperene)等;尚含 4-烯丙基-1,2-苯二酚-1-O-[α-L-吡喃鼠李糖(1→6)]-β-D-吡喃葡萄糖苷,5-烯-1β,3β,16β,22S-胆甾四醇-1-O-α-L-吡喃鼠李糖-16-O-β-D-吡喃葡萄糖苷,5-羟甲基糠醛,N-[2-(4-hydroxyphenyl)ethyl]-4-hydroxycinnamide,[5-(dinethoxymethyl)-2-furyl]methanol,对羟基苯甲醛,硫酸龙脑钙(calcium bornyl sulfate),β-谷甾醇,胡萝卜苷及无机元素钾、钠、钙、镁、铁、铜、钴、锰等。**叶**挥发油主成分为甲苯,邻二甲苯,乙酸丙酯等。**花**挥发油主成分为3-甲基-4-戊酮酸,甲苯,邻二甲苯等。

【功效主治】甘、微苦,微寒。养阴生津,润肺清心。用于肺燥干咳,阴虚痨嗽,喉痹咽痛,津伤口渴,心烦失眠,内热消渴,肠燥便秘。

【历史】麦冬始载于《神农本草经》,列为上品。《本草图经》谓:"叶青似莎草,长及尺余,四季不凋,根黄白色,有须根,作连珠形,似穬麦颗,故名麦门冬。四月开淡红花如红蓼花,实碧而圆如珠。江南出者,叶大者苗如鹿葱,小者如韭。大小有三四种。功能相似,或云吴地者尤胜。"据形态及附图分析,古代药用麦门冬可能包括麦冬属和山麦冬属多种植物。《本草纲目》云:"古人惟用野生者,后世所用多是种莳而成……浙中来者甚良,其叶似韭而多纵纹且坚韧为异。"所述植物形态、产地及栽培与现今药用麦门冬相符。

【附注】《中国药典》2010 年版收载。

玉竹

【别名】老鸦子瓣(蒙山)、黄半节(崂山)、鬼蔓菁(沂山、泰山)、毛管草(海阳)。

【学名】Polygonatum odoratum (Mill.) Druce (Convallaria odorata Mill.)

【植物形态】多年生草本,高 $30\sim60$cm。根状茎横生,圆柱形,黄白色,肉质,节上生多数须根。茎直立或上部向一边倾斜。叶互生;叶片椭圆形或长卵状椭圆形,长 $5\sim12$cm,宽 $2\sim4.5$cm,先端尖,基部阔楔形,稍抱茎,全缘,上面绿色,下面灰白色,平滑或仅在下面脉上有乳头状突起。花腋生,有 $1\sim3$ 朵花,栽培者可至 8 朵;总花梗长 $1\sim1.5$cm,有条状披针形苞片;花被筒状,长 $1.5\sim2$cm,白色或绿色,先端 6 裂,裂片卵圆形,长约 3mm;雄蕊 6,着生于花被管中部,花丝丝状,近平滑或有乳头状突起,花药条形,长约 4mm;子房卵圆形,长 $3\sim4$mm,花柱长 $1\sim1.5$cm。浆果球形,直径 $0.7\sim1$cm,熟后蓝黑色。花期 $4\sim6$ 月;果期 $7\sim8$ 月。(图 929)

【生长环境】生于山坡林下或背阴山坡山石旁。

【产地分布】山东境内产于各山地丘陵,以昆嵛山、崂

图 929 玉竹
1.植株上部 2.根茎及根 3.花被展开,示雄蕊及雌蕊

山、泰山、蒙山等山区较多。沂水等地有少量栽培。在我国除山东外,还分布于东北、华北地区及甘肃、青海、河南、湖北、湖南、安徽、江西、江苏、台湾等地。

【药用部位】根茎:玉竹。为常用中药,根茎药食两用。

【采收加工】秋季采挖,除去须根,洗净,晒至柔软后,反复揉搓,晾晒至无硬心,晒干;或蒸透后,揉至半透明,晒干。

【药材性状】根茎长圆柱形,略扁,少有分枝,长4～18cm,直径0.3～1.6cm。表面黄白色或淡黄棕色,半透明,具纵皱纹及微隆起的环节,残留白色圆点状须根痕和圆盘状茎痕。质硬脆或稍软,易折断,断面角质样或颗粒性,受潮易变柔软。气微,味甜,嚼之发黏。

以根条长、肥壮、质柔润、色黄白、味甜者为佳。

【化学成分】根茎含糖类:玉竹黏多糖(odoratan),由D-果糖、D-葡萄糖、D-甘露糖及半乳糖醛酸组成,玉竹果聚糖(polygonatum-fructan)A、B、C、D,由果糖和葡萄糖组成;甾体类:黄精螺甾醇(polyspirostanol)PO_a,黄精螺甾醇苷(polyspirostanoside)PO_b、PO_e、PO_1、PO_2、PO_3、PO_4、PO_5,黄精呋甾醇苷(polyfuroside),黄精呋甾醇苷 PO_c、PO_d、PO_6、PO_7、PO_8 及 PO_9,$3\beta,14\alpha$-二羟基-(25S)-螺甾烷醇-5-烯[$3\beta,14\alpha$-dihydroxy-(25S)-spirost-5-ene],25(S)螺甾-5-烯-3β-醇-3-O-β-D-吡喃葡萄糖基-(1→2)-[β-D-吡喃木糖基-(1→3)]-β-D-吡喃葡萄糖基-(1→4)-β-D-吡喃半乳糖苷,3β,26-二醇-25(R)-$\Delta^{5,20(22)}$-二烯-呋甾-26-O-β-D-吡喃葡萄糖苷,26-O-β-D-吡喃葡萄糖基-3β,26-二醇-25(R)-$\Delta^{5,20(22)}$-二烯-呋甾-3-O-[α-L-吡喃鼠李糖基(1→2)]-α-L-吡喃鼠李糖基(1→4)-β-D-吡喃葡萄糖苷,β-谷甾醇,胡萝卜苷;黄酮类:甲基麦冬黄烷酮 B(4-methoxy-5,7-dihydroxy-6,8-dimethylhomoisflavanone),5,7,4'-三羟基-6,8-二甲基高异黄烷酮,5,7,4'-三羟基-6-甲基-8-甲氧基高异黄烷酮,5,7,4'-三羟基-6-甲基高异黄烷酮,5,7-dihydroxy-6-methyl-3-(2',4'-dihydroxybenzyl)-chroman-4-one,(±)5,7-dihydroxy-3-(2-hydroxy-4-methoxybenzyl)-6,8-dimethylchroman-4-one,(3R)-5,7-dihydroxy-3-(4-hydroxybenzyl)-8-methoxy-6-methylchroman-4-one 等;含氮化合物:N(N-苯甲酰基-S-苯丙胺酰基)-S-苯丙胺醇乙酸酯,N-反式阿魏酸酪酰胺,5-氮杂环丁烷-2-羧酸(azetidine-2-carboxylic acid);还含羟甲基糠醛,(一)-丁香树脂酚,十六碳酸等。

【功效主治】甘,微寒。养阴润燥,生津止渴。用于肺胃阴伤,燥热咳嗽,咽干口渴,内热消渴。

【历史】玉竹始载于《神农本草经》,列为上品,原名女萎。《尔雅》云:"叶似竹,大者如箭竿,有节,叶狭长,而表白里青,根大如指,长一二尺"。《本草经集注》谓:"根似黄精而小异。"《本草图经》曰:"生泰山山谷丘陵。今滁州、岳州及汉中皆有之。叶狭而长,表白里青,亦类黄精,茎干强直似竹,箭干有节,根黄多须……三月开青花,结圆实。"《本草纲目》云:"其根横生似黄精差小,黄白色,性柔多须,最难燥。其叶如竹,两两相值。"所述形态与现今玉竹原植物基本相符。

【附注】《中国药典》2010年版收载。

附:二苞黄精

二苞黄精 Polygonatum involucratum (Franch. et Savat.) Maxim.,与玉竹的主要区别是:根状茎细圆柱形,直径3～6mm。花腋生,有花2朵,包于叶状苞内,下垂;总花梗顶端有叶状苞2片,卵圆形或广卵圆形,长2～2.5cm,宽1.5～2cm。浆果包于宿存苞片内,熟后变黑色。山东境内产于昆嵛山、崂山、鲁山等山区。药用与玉竹相似。

黄精

【别名】鸡头黄精、鬼蔓菁(沂源)、地管子(莱州)。

【学名】Polygonatum sibiricum Delar. ex Redoute

【植物形态】多年生草本,高0.6～1m。根状茎横走,圆柱状,结节状膨大,常形成一头粗,一头细,直径1～2.5cm;节上生少数须根。叶轮生,每轮3～7片;叶片条状披针形,先端渐尖,向下卷曲成钩;无柄。花腋生,有花2～4朵,下垂,伞形;总花梗长1～2cm;花梗长0.4～1cm,基部有小苞片,钻形或披针形,膜质,白色;花被筒状,白色或淡黄色,长1～1.2cm,先端6浅裂;雄蕊6,着生于花被管上部,花丝短,花药短条形,长2～3mm;子房长约3mm,花柱长为子房的1.5～2倍。浆果球形,熟时黑色。花期5～6月;果期7～8月。(图930)

【生长环境】生于背阴山坡、石缝、林下杂草丛中或土坡上。

【采收加工】山东境内产于昆嵛山、崂山、牙山、沂山、蒙山、泰山等山区。在我国除山东外,还分布于东北、华北地区及河南、安徽、浙江等地。

【药用部位】根茎:黄精。为常用中药,药食两用。

【采收加工】秋季采挖,去掉茎叶须根,洗净,蒸到透心后,晒干或烘干。

【药材性状】根茎结节状圆锥形,一端粗,另一端渐细,全体形似鸡头,长2.5～11cm,粗端直径1～2cm,细端直径0.5～1cm,常有短分枝。表面黄棕色,有的半透明,具多数纵皱纹。上面有圆形微凹的茎痕,环节明显,须根痕较多。质硬脆或稍柔韧,易折断,断面黄白色,颗粒状,有众多黄棕色维管束小点。气微,味微甜,有黏性。

短,根似萎蕤。萎蕤根如荻根及菖蒲,概节而平直;黄精根如鬼臼、黄连,大节而不平,虽燥并柔软有脂润。"萎蕤即玉竹,说明黄精与玉竹相似,应为百合科黄精属,但植物来源不止一种。《本草图经》中"滁州黄精"、"解州黄精"和"相州黄精"附图叶为轮生,与植物黄精相似。

【附注】《中国药典》2010年版收载。

附:热河黄精

热河黄精 P. macropodium Turcz.(图931),与黄精的主要区别是:植株高40～60cm。根状茎圆柱形,直径1～2cm。叶互生;叶片卵状椭圆形或卵圆形,长4～8cm,宽2～4.5cm,先端尖,基部阔楔形或楔形,全缘或略皱波状。花3～12朵或更多,排成近伞形花序;总花梗长3～5cm;苞片无或极小。产地、分布和药用同黄精。

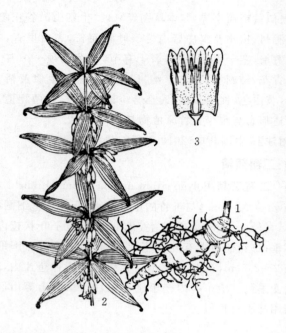

图930 黄精
1.根茎及根 2.植株中部 3.花被展开,示雄蕊和雌蕊

以粗大、色黄棕、体重、质柔韧、油润、味甜者为佳。

【化学成分】根茎含糖类:黄精多糖A、B、C,多糖甲、乙,黄精低聚糖A、B、C均由葡萄糖、甘露糖、半乳糖醛酸组成,低聚糖由葡萄糖和果糖组成;甾体皂苷:黄精苷(sibiricoside)A、B,14α-羟基黄精苷(14α-hydroxysibiricoside)A,新巴拉次薯蓣皂苷元A-3-O-β-石蒜四糖苷(neoprazerigenin A-3-O-β-lycotetraoside),薯蓣皂苷元-3-O-β-D-吡喃葡萄糖基(1→3)-β-D-吡喃葡萄糖基(1→4)-[α-L-吡喃鼠李糖基(1→2)]-β-D-吡喃葡萄糖苷,薯蓣皂苷元-3-O-α-L-吡喃鼠李糖基(1→2)-[α-L-吡喃鼠李糖基(1→4)]-β-D-吡喃葡萄糖苷,薯蓣皂苷元-3-O-α-L-吡喃鼠李糖基(1→2)-[β-D-吡喃葡萄糖基(1→4)]-β-D-吡喃葡萄糖苷等;木脂素类:(+)-syringaresinol,(+)-syringaresinol-O-β-D-吡喃葡萄糖苷,liriodendrin,(+)-pinoresinol-O-β-D-吡喃葡萄糖基(1→6)-β-D-吡喃葡萄糖苷;含氮化合物:黄精神经鞘苷A、B、C;挥发油:主成分为β-乙烯基苯乙醇,1,2,3-三甲基苯,4-乙基-1,2-二甲基苯等;尚含正丁基-β-D-吡喃果糖苷,5,7,4'-三羟基-6,8-二甲基高异黄酮等。茎挥发油主成分为1-乙基-4-甲基苯,β-乙烯基苯乙醇,1,4-二乙基苯,1-乙基-3,5-二甲基苯等。

【功效主治】甘,平。补气养阴,健脾,润肺,益肾。用于脾胃虚弱,体倦乏力,胃阴不足,口干食少,肺虚燥咳,痨嗽咳血,精血不足,腰膝酸痛,须发早白,内热消渴。

【历史】黄精始载于《雷公炮炙论》,曰:"叶似竹叶"。《本草经集注》曰:"二月始生,一枝多叶,叶状似竹而

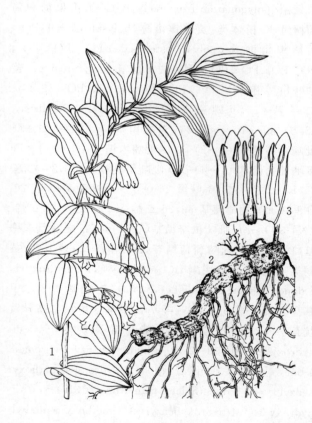

图931 热河黄精
1.植株上部 2.根茎及根 3.花被展开,示雄蕊及雌蕊

吉祥草

【别名】松寿兰、玉带草、广东万年青。

【学名】Reineckia carnea (Andr.) Kunth
(Sansevirea carnea Andr.)

【植物形态】多年生草本。根状茎匍匐于地面,逐年延伸或发出新枝,节上有残留叶鞘。叶3～8簇生于节

上;叶片条形或条状披针形,长10~35cm,宽0.5~3cm,先端渐尖,基部渐狭成柄,全缘,深绿色,平行脉明显,在背面稍凸起。花葶短于叶,长5~15cm;穗状花序长2~6.5cm;苞片卵状三角形,长5~7mm;花芳香,花被粉红色,裂片长圆形,长5~7mm,先端略钝,稍肉质;雄蕊6,短于花柱,花药近长圆形,长2~2.5mm,两端微凹;子房瓶状,长3mm,花柱丝状,细长。浆果球形,直径0.6~1cm,熟时鲜红色。种子1枚,白色。花期7~9月;果期9~11月。(图932)

图932 吉祥草
1.植株 2.花 3.1/2 花被展开

【生长环境】栽培于公园或庭院。
【产地分布】山东境内各地有栽培。在我国除山东外,还分布于西南、华中、华南地区及陕西、江西、浙江、安徽、江苏等地。
【药用部位】全草:吉祥草。为民间药。
【采收加工】全年采收带根茎全草,洗净,晒干或鲜用。
【药材性状】全草长20~50cm,常皱缩。根茎细长,直径3~5mm;表面黄褐色或淡黄色,节明显,节上残留膜质鳞叶及少数弯曲卷缩的须根。叶丛生于根茎或节上,卷缩,完整者展平后呈线形、线状披针形至卵状披针形,长10~30cm,宽0.5~3cm;先端长渐尖,基部平阔,全缘;表面黄绿色或黄褐色,两面无毛,平行脉,中脉明显。有时带有花序或果序。气微,味淡。

以根茎黄褐、叶多、色绿者为佳。

【化学成分】全草含皂苷及苷元:铃兰苦苷元(convallamarogenin),异万年青皂苷元(isorhodeasapogenin),吉祥草皂苷元(reineckiagenin),异吉祥草皂苷元(isoreineckiagenin),异卡尔嫩皂苷元(isocarneagenin),薯蓣皂苷元,凯提皂苷元(kitigenin),潘托洛皂苷元(pentologenin),万年青-1-O-α-L-吡喃鼠李糖基-(1→2)-β-D-木糖苷,新蜘蛛抱蛋苷(neoaspilistrin),1α,3β-dihydroxy-5β-pregn-16-en-20-one-3-O-β-D-glucopyranoside,凯提皂苷元-5-O-β-D-吡喃葡萄糖苷,(25S)-1β,3β,4β-trihydroxyspirotan-5β-yl-O-β-D-glucopyranoside;挥发油:主成分为反式-石竹烯,芳樟醇L,松油酮,(一)桃金娘醛等;黄酮类:芦丁,槐黄酮B(sophoraflavone B),7-甲氧基-8-甲基-4'-羟基-黄酮;甾体类:β-豆甾醇-3-O-β-D-葡萄糖苷,β-谷甾醇,胡萝卜苷;有机酸:1-O-十六烷酸甘油酯,亚油酸甲酯,熊果酸,棕榈酸,十四酸;还含syringaresinol-β-D-glucoside,2-癸基-6-[(1E,10Z)-1,10-十九二烯]-5-O-β-D-吡喃葡萄糖-3-吗啉酮,N-对-香豆酰酪胺,肌-肌醇,三十烷等。**地上部分**含凯提皂苷元-4-O-硫酸酯(kitigenin-4-O-sulfate),潘托洛皂苷元-5-O-β-D-吡喃葡萄糖苷(pentologenin-5-O-β-D-glucopyranoside),铃兰苦苷元-1-O-α-L-吡喃鼠李糖基(1→2)-β-D-吡喃岩藻糖苷-3-O-α-L-吡喃鼠李糖苷[convallamarogenin-1-O-α-L-rhamnopyranosyl-(1→2)-β-D-fucopyranosido-3-O-α-L-rhamnopyranoside],异万年青皂苷元-1-O-α-L-吡喃鼠李糖基-(1→2)-β-D-吡喃岩藻糖苷-3-O-α-L-吡喃鼠李糖苷等。**根及根茎**含薯蓣皂苷元-3-O-[O-β-D-吡喃葡萄糖基-(1→2)]-O-[β-D-吡喃木糖基-(1→3)]-O-β-L-吡喃葡萄糖基-(1→4)-β-D-吡喃半乳糖苷,凯提皂苷元-5-O-β-D-吡喃葡萄糖苷及挥发油。

【功效主治】甘,平。润肺止咳,凉血解毒,清热利湿。用于肺热咳嗽,吐血,衄血,便血,疮毒,目赤,疳积,风湿痹痛;外用于跌打损伤,骨折。
【历史】吉祥草始载于《本草拾遗》。《本草纲目》曰:"叶如漳兰,四时青翠,夏开紫花成穗,易繁,亦名吉祥草"。《植物名实图考》名松寿草,曰:"叶微宽,花六出稍大,冬开,盆盎中植之。秋结实如天门冬,实色红紫有尖。"所述形态及附图与现今植物吉祥草相似。

绵枣儿

【别名】地溜子(莒南、费县、郯城、平邑、莱州)、山蒜(长清、青州)、毒蒜头(泰安)、八步紧(蒙山)、山地枣(胶东地区)、药狗蒜(诸城)。
【学名】*Scilla scilloides* (Lindl.) Druce
(*Barnardia scilloides* Lindl.)
【植物形态】多年生草本,高20~40cm。鳞茎卵圆形或长卵形,外皮黄褐色或黑棕色;基部丛生白色须根。叶基生,常2叶相对;叶片狭带形或披针形,长15~30cm,宽2~8mm,先端尖,全缘,两面绿色。花葶单生,直立,长于叶;总状花序顶生,长3~15cm,有多数花,粉红色或淡紫红色;花梗长0.4~1cm,基部有1~2枚小苞片,披针形或条形;花被片6,椭圆形或匙形,长2.5~4mm,宽1~2mm,先端钝尖,基部稍合生;雄蕊6,花丝基部扩大,扁平,有细小乳头状突起;雌蕊1枚,子房卵圆形,基部有短柄,表面有细小乳头状突起,花柱长1~1.5mm,柱头小。蒴果倒卵形,长4~6mm,宽2~3.5mm。种子1~3,棱形或狭椭圆形,黑色。花期8~9月;果期9~10月。(图933)

图933 绵枣儿
1.植株 2.花 3.雄蕊 4.雌蕊 5.蒴果

【生长环境】生于荒坡、山野或路旁草丛中。
【产地分布】山东境内产于各山地丘陵。在我国除山东外,还分布于东北、华北、华中地区及四川、云南、广东、江西、江苏、浙江、台湾等地。
【药用部位】鳞茎:绵枣儿。为民间药。
【采收加工】秋季采收,除去茎叶及泥沙,晒干或鲜用。
【药材性状】鳞茎卵圆球形或长卵形,长2~3cm,直径0.5~1.5cm。表面黄褐色或黑棕色,外被数层膜质鳞叶,向内为半透明肉质叠生的鳞叶,中央有黄绿色心芽,上端残留茎基,下部有须根。质硬或较软,断面有黏性。无臭,味微苦而辣。
【化学成分】鳞茎含绵枣儿糖苷(scillacilloside)D-l、E-1、E-2、E-3、E-4、E-5、G-1,15-去氧-30-羟基-eucosterol-3-O-α-L-吡喃鼠李糖基-(1→2)-[(β-D-吡喃葡萄糖基)-(1→3)]-β-D-吡喃葡萄糖基-(1→2)-α-L-吡喃阿拉糖基-(1→6)-β-D-吡喃葡糖苷(scillanoside L-1),3β,31-二羟基-17α,23-环氧-5α-羊毛甾-8-烯-23,26-内酯-3-O-α-L-吡喃鼠李糖基-(1→2)-[β-D-吡喃葡萄糖基-(1→3)]-β-D-吡喃葡糖基-(1→2)-α-L-吡喃阿拉糖基-(1→6)]-β-D-吡喃葡萄糖苷(scillanoside L-2),15-去氧尤可甾醇(15-deoxyeucosterol),15-去氧-22-羟基尤可甾醇,15-去氧尤可甾酮(15-deoxyeucosterone),绵枣儿素(scillascillin),2-羟基-7-O-甲基绵枣儿素,海葱原苷(procillaridin)A,淀粉,蔗糖,果糖,鼠李糖,阿拉伯糖,2,5-脱氧-2,5-亚氨基-D-甘油-D-甘露庚糖醇I(homo DMDP)等。
【功效主治】甘、苦,寒;有小毒。强心利尿,消肿止痛,解毒。用于跌打损伤,腰腿疼痛,筋骨痛,牙痛,水肿;外用于痈疽,乳痈,毒蛇咬伤。
【历史】绵枣儿始载于《救荒本草》,云:"一名石枣儿,出密县山谷中,生石间,苗高三五寸,叶似韭叶而阔,瓦陇样,叶中撺葶出穗,似鸡冠苋穗而细小。开淡红花,微带紫色。结小蒴儿,其子似大蓝子而小,黑色,根类独颗蒜,又似枣形而白。"《植物名实图考》有附图。所述形态及附图与植物绵枣儿基本一致。

鹿药

【别名】雪花菜、黄蝎子根(昆嵛山)、糖精(威海)。
【学名】Smilacina japonica A. Gray
【植物形态】多年生草本,高30~60cm。根状茎横生,圆柱状,直径0.6~1cm,肉质,淡黄色,环节明显,生有多数须根。茎直立,单生,密被粗毛。叶互生;叶片卵状椭圆形,长6~13cm,宽3~6cm,先端尖,基部圆形,全缘,两面均被白色柔毛,或渐脱落;有短柄,略抱茎。圆锥花序顶生;花两性,白色,有细梗,长2~6mm;花被片6,长圆形或椭圆形,长约3mm;雄蕊6,与花被片对生,花药小,椭圆形;子房近球形,花柱与子房近等长,柱头3浅裂。浆果球形,直径4~7mm,熟时红色或淡黄色。种子卵圆形或近球形,直径2.5~3.5mm。花期5~6月;果期7~8月。(图934)
【生长环境】生于阴湿山坡、石缝、林下或山沟林缘。
【产地分布】山东境内产于胶东半岛及鲁中南各山区。在我国除山东外,还分布于东北、华北地区及陕西、甘肃、四川、湖北、安徽、江苏、浙江、江西、和台湾等地。
【药用部位】根及根茎:鹿药。为少常用中药。
【采收加工】春、秋二季采挖,除去茎叶,洗净,晒干。
【药材性状】根茎略呈结节状,稍扁,长6~15cm,直径

图 934 鹿药
1.植株 2.叶片放大,示柔毛 3.花 4.花被展开,示雄蕊

14cm,先端钝圆或微凹,有短尖,基部圆形、浅心形或阔楔形,全缘或微波状,薄革质,叶脉3～5,弧形;叶柄长1～1.7cm,1/3或1/2以下有狭鞘;几乎全部有卷须,脱落点位于近卷须处。花单性;雌、雄异株;伞形花序,生于幼嫩小枝上,有花十几朵或更多;总花梗长1～2cm,花序托稍膨大或稍延长,花期有小苞片;花黄绿色,花被片6,2轮,卵状披针形;雄花稍大,雄蕊6;雌花有6枚退化雄蕊,雌蕊1枚,柱头3裂,略反曲,子房卵圆形。浆果球形,直径1～1.5cm,熟时红色。花期5月;果期10～11月。(图935)

5～9mm。表面棕色至棕褐色,有皱纹。上端残留数个茎基或芽基,周围密生多数须根。质较硬,断面白色,粉性。气微,味甜、微辛。

以根茎粗壮、断面白色、粉性足者为佳。

【化学成分】根及根茎含异鼠李素-3-O-半乳糖苷,5,7,3',4'-四羟基-3-甲氧基-8-甲基黄酮,8-甲基木犀草素(8-methylluteolin),3'-甲氧基木犀草素(3'-methoxyluteolin),木犀草素,槲皮素等。

【功效主治】甘、苦,温。补肾壮阳,祛风止痛,活血祛瘀。用于肾虚阳痿,偏正头痛,风湿痹痛,乳痈,痈肿疮毒,月经不调,跌打损伤。

【历史】鹿药始载于《千金·食治》。《开宝本草》云:"鹿药生姑臧以西,苗根并似黄精,根鹿好食。"所述形态似百合科鹿药及其同属植物。

菝葜

【别名】大青草筋(威海)、串地铃(青岛)、青草筋(烟台)、金刚果(崂山)。

【学名】Smilax china L.

【植物形态】落叶攀援灌木,长2m以上。根状茎为不规则块状,直径1～3cm,坚硬,四周生有细长的根,质坚韧。茎枝疏生粗刺,稍弯曲、基部骤然变粗。叶互生;叶片近圆形或卵圆形,通常长宽4～10cm,可达

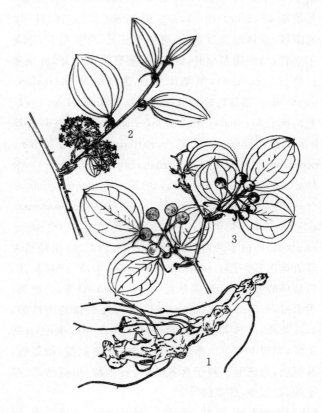

图 935 菝葜
1.根茎及根 2.雄株花枝 3.果枝

【生长环境】生于山沟石缝、林下、灌丛或山坡溪沟边。
【产地分布】山东境内产于胶东半岛及蒙山。在我国除山东外,还分布于华东、中南、西南各地。
【药用部位】根茎:菝葜。为少常用中药。
【采收加工】春、秋二季采挖根茎,除去泥土及须根,晒干。
【药材性状】根茎扁圆柱形或不规则形,略弯曲,长10～20cm,直径2～4cm。表面紫棕色或黄棕色,结节膨大处常有圆锥状突起的坚硬茎基、芽痕、细根断痕或硬刺状细根,节上有鳞叶,有时先端残留地上茎。质坚硬,断面棕红色或黄棕色,略平坦。气微,味微苦。

以粗壮、表面紫棕色、断面棕红者为佳。

【化学成分】根茎含黄酮类：黄杞苷（engeletin）即二氢山柰酚-3-O-α-L-鼠李糖苷，异黄杞苷（isoengeletin），落新妇苷（astibin），山柰酚，二氢山柰酚，二氢山柰酚-7-O-β-D-葡萄糖苷，二氢山柰酚-5-O-β-D-葡萄糖苷，山柰酚-5-O-β-D-葡萄糖苷，芦丁，槲皮素-3-O-α-L-鼠李糖苷，二氢槲皮素，二氢槲皮素-3'-O-β-D-葡萄糖苷，槲皮素-3'-O-β-D-葡萄糖苷，槲皮素-4'-O-β-D-葡萄糖苷，(2R,3R)-3,5,7,3',5'-五羟基黄烷，3,5,7,3',5'-五羟基二氢黄酮，花旗松素-3-O-葡萄糖苷，儿茶素，表儿茶素-(7,8-bc)-4α-(3,4-二羟基苯)-二氢-2(3H)-吡喃酮，儿茶素-(7,8-bc)-4β-(3,4-二羟基苯)-二氢-2(3H)-吡喃酮等；甾体皂苷及苷元：薯蓣皂苷元，薯蓣皂苷，原薯蓣皂苷，伪原薯蓣皂苷，22-O-甲基原薯蓣皂苷，纤细薯蓣皂苷（gracillin），甲基原纤细薯蓣皂苷（methylprotogracillin），新替告皂苷元-3-O-α-L-鼠李糖-(1→6)-β-D-葡萄糖苷（neotigogenin-3-O-α-L-rhamnosyl-(1→6)-β-D-glucoside），borassoside B，isonarthogenin-3-O-α-L-rhamnopyranosyl(1→2)-O-[α-L-rhamnopyranosyl(1→4)]-β-D-glucopyranoside，diosgenin-3-O-[α-L-rhamnopyranosyl(1→3)-α-L-rhamnopyranosyl(1→4)]-β-D-glucopyranoside 等；二苯乙烯类：3,5,4'-三羟基芪（3,5,4'-trihydroxystilbene）即白藜芦醇（resveratrol），3,5,2',4'-四羟基芪即氧化白藜芦醇（oxyresveratrol），2,4,3',5'-四羟基芪，白藜芦醇苷（piceid），蔗草素 A（scirpusin A）等；酚酸类：香草酸，3,5-二甲氧基-4-O-β-D-吡喃葡萄糖基肉桂酸，原儿茶酸，云杉鞣酚（piceatannol）；尚含齐墩果酸，β-谷甾醇，胡萝卜苷等。**果实**含氨基酸：天冬氨酸，精氨酸，谷氨酸，缬氨酸。**种子**含氨基酸：谷氨酸，精氨酸，天冬氨酸，亮氨酸，缬氨酸等。

【功效主治】甘、微苦、涩，平。利湿去浊，祛风除痹，解毒散瘀。用于风湿痹痛，小便淋浊，带下量多，痈肿疮毒，顽癣，烧烫伤。

【历史】菝葜始载于《名医别录》，云："生山野，二月、八月采根，暴干。"《本草图经》云："苗茎成蔓，长二三尺，有刺，其叶如冬青、乌药叶，又似菱叶差大。秋生黄花，结黑子樱桃许大。其根作块，赤黄色。"《本草纲目》云："菝葜山野中甚多。其茎似蔓而坚强，植生有刺。其叶团大，状如马蹄，光泽似柿叶，不类冬青。秋开黄花，结红子。其根甚硬，有硬须如刺。"《植物名实图考》云："实熟红时，味甘酸可食。其根有刺甚厉。"所述形态及附图与现今菝葜原植物基本一致。

【附注】《中国药典》2010 年版、《山东省中药材标准》2002 年版收载。

白背牛尾菜

【别名】牛尾菜、大伸筋、软叶菝葜。
【学名】Smilax nipponica Miq.
【植物形态】多年生草本，直立或上部稍攀援，高 25～80cm。根状茎较细，直径 3～7mm，节间明显，节上生有细长须根，质稍坚韧。茎枝绿色，无刺，有细纵槽。叶单生；叶片卵圆形至长圆形，长 3.5～10cm，宽 2～7cm，先端尖或渐尖，基部浅心形或近圆形，全缘或稍波状，下面苍白色或淡绿白色，常有粉尘状微柔毛，主脉上无毛，叶脉 3～5，稍弧形，纸质；叶柄长 2.5～4cm，脱落点位于上部，通常无卷须。伞形花序有花 10～20 朵，或有时更多；总花梗长 2～7.5cm，较粗壮，花序托稍膨大，小苞片甚小，开花时常早落；花淡黄绿色，花被片 6，长卵形或条形，开放时反折；雄花有雄蕊 6，稍短于花被片，花药长不及 1mm；雌花有 6 枚退化雄蕊，雌蕊 1 枚，柱头 3 裂，子房卵圆形。浆果近球形或椭圆形，直径 6～8mm，熟时黑色。花期 4～5 月；果期 6～8 月。（图 936）

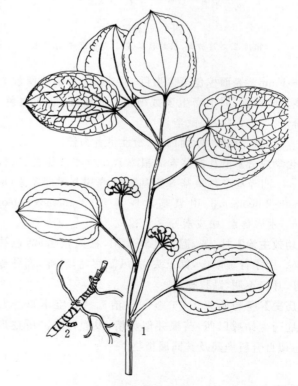

图 936 白背牛尾菜
1. 果枝 2. 根茎及根

【生长环境】生于山坡林下或石崖阴湿处。
【产地分布】山东境内产于昆嵛山、崂山等胶东山地丘陵。在我国除山东外，还分布于秦岭以南各地。
【药用部位】根及根茎：大伸筋（马尾伸筋）；叶：大伸筋叶。为民间药。

【采收加工】秋季采挖,除去茎叶和泥沙,扎成小把后晒干。

【药材性状】根茎呈不规则结节状,上端残留茎基,下侧生有多数细根。根细长条形,长12～30cm,直径1～3mm;表面黄白色或黄棕色,具细皱纹。质韧,不易折断,切断面白色,中央有黄色木心。气无,味微苦。略有黏性。

【化学成分】根及根茎含新替告皂苷元-3-O-β-D-吡喃葡萄糖苷,长叶牛尾菜苷(smilanippin)A,β-谷甾醇,胡萝卜苷等。

【功效主治】大伸筋(马尾伸筋)苦,平。壮筋骨,利关节,活血止痛。用于腰腿疼痛,屈曲不伸,月经不调,跌打伤痛。大伸筋叶用于癥瘕痞块,消渴,骨节痛,痢疾泄泻,带下。

牛尾菜

【别名】米儿菜(昆嵛山)、马虎铃铛(烟台)。

【学名】Smilax riparia A. DC.

【植物形态】多年生草质藤本,高1～2m。根状茎细柱状或不规则块状,横走,直径0.4～1.2cm,节间明显;下面生有多数须根,质稍坚韧。茎枝无刺,有少量髓。叶互生;叶片长卵圆形、卵圆形或卵状披针形,长5～11cm,宽2～6cm,先端短尖或渐尖,基部钝圆或浅心形,全缘或稍波状,下面浅绿色,无毛,叶脉3～5,稍弧形,厚纸质;叶柄长1～2.5cm,脱落点位于近中部,一般有卷须。伞形花序有花数朵至十余朵;总花梗稍细,长2～5cm,花序托稍膨大,小苞片卵形或披针形,长约1～2mm,花期通常不脱落;花淡黄绿色,花被片6,长卵形或条形,开放时常反折;雄花有雄蕊6,花药条形或椭圆形,长约1.5mm,开裂后常卷曲;雌花无或有退化雄蕊,雌蕊1枚,柱头3裂,子房近球形或卵圆形。浆果近球形,直径5～8mm,成熟时黑色。种子1～3粒。花期6～7月;果期8～10月。(图937)

【生长环境】生于山坡林下、背阴坡或石崖较阴湿处。

【产地分布】山东境内产于烟台、青岛、临沂、泰安、威海等山地丘陵。在我国分布于除内蒙古、新疆、西藏、青海、宁夏、甘肃以外的其他各地。

【药用部位】根茎:牛尾菜。为民间药。

【采收加工】秋季采收,除去茎叶,洗净,捆把,晒干。

【药材性状】根茎呈结节状或不规则圆柱形,有分枝;表面黄棕色至棕褐色,节处有凹陷的茎痕或残留坚硬的茎基,侧面着生多数细根。根细长圆柱状,长20～30cm,直径约2mm,扭曲;表面灰黄色至浅褐色,具细纵纹、横

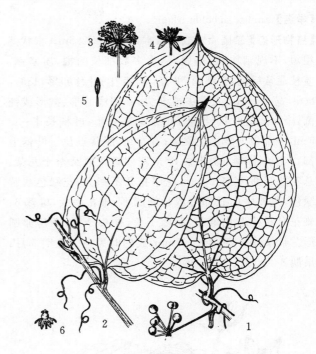

图937 牛尾菜
1.果枝 2.部分枝,示叶及卷须 3.雄花序
4.雄花 5.雄蕊 6.雌花

裂纹及少数须根,皮部常横裂露出木部。质韧,难折断,切断面中央有黄色木心。气微,味微苦、涩。

以根多细长、质韧、色灰黄者为佳。

【化学成分】根茎及根含新替告皂苷元-3-O-α-L-鼠李糖基-(1→6)-β-D-葡萄糖苷,新替告皂苷元-3-O-β-D-葡萄糖基-(1→4)-O-[α-L-鼠李糖基-(1→6)]-β-D-葡萄糖苷等。嫩茎叶含氨基酸,B族维生素及钙、锌、铁等。

【功效主治】甘、微苦,平。祛风湿,通经络,祛痰止咳。用于风湿痹痛,劳伤腰痛,筋骨疼痛,偏瘫,咳嗽气喘,带下,跌打损伤。

【历史】牛尾菜始载于《救荒本草》,云:"生辉县鸦子口山野间。苗高二三尺,叶似龙须菜叶。叶间分生叉枝,及出一细丝蔓,又似金刚刺叶而小,纹脉皆竖。茎叶梢间开白花,结子黑色。"《植物名实图考》列入卷五蔬类。所述形态及附图与现今百合科植物牛尾菜较相似。

附:尖叶牛尾菜

尖叶牛尾菜 var. acuminata (C. H. Wright) Wang et Tang,与原种的主要区别是:叶片卵状披针形或披针形,先端长渐尖或近尾状,叶下面尤其是脉上有乳突状微柔毛。雄花有退化雌蕊或无;雌花有6枚退化雄蕊。山东境内产于威海和蒙山等地。药用同牛尾菜。

华东菝葜

【别名】黏鱼须、倒钩刺、黏鱼须菝葜。

【学名】Smilax sieboldii Miq.

【植物形态】攀援灌木或半灌木,长1.5~2.5m。根状茎粗短,不规则块状,坚硬,丛生多数细长的根,质坚韧。茎枝通常绿色,有细刺,平直。叶互生;叶片卵形,长3~8cm,宽2~6cm,先端尖或渐尖,基部浅心形、截形或钝圆,全缘或略波状,纸质,叶脉5,稍弧形;叶柄长1~1.5cm,中部以下渐宽成狭鞘;有卷须,脱落点位于叶柄上部。花单性,雌、雄异株;伞形花序有花数朵至十几朵;总花梗纤细,长1~2cm;花序托几不膨大;花绿色或黄绿色,花被片6,长卵形或长椭圆形;雄花稍大,雄蕊6;雌花有6枚退化雄蕊,雌蕊1枚,柱头3裂,子房卵圆形。浆果球形,直径6~7mm,成熟时黑色。花期5月;果期8~10月。(图938)

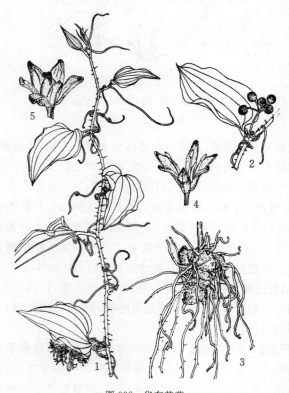

图938 华东菝葜
1.花枝 2.果枝 3.根茎及根 4.雄花 5.雌花

【生长环境】生于山沟、路边、灌丛、林缘或山坡石缝。

【产地分布】山东境内产于昆嵛山、崂山等胶东及鲁中南山地丘陵。在我国除山东外,还分布于辽宁、江苏、安徽、浙江、台湾、福建等地。

【药用部位】根及根茎:威灵仙(铁灵仙)。为山东地区较常用中药。

【采收加工】春、秋二季采挖,除去茎叶及泥沙,捆成小把晒干。

【药材性状】根茎呈不规则圆柱形或块状,表面黑褐色,上部残留茎基,下侧丛生多数细长的根。根细长条形,长30~80cm,直径1~2mm,弯曲;表面灰褐色或黑褐色,有少数须根及细小钩状刺,刺尖微曲,触之刺手;质坚韧,不易折断,切断面灰白色,外圈为浅棕色环,内有一圈小孔。气无,味淡。

以根多细长、质坚韧、色黑褐者为佳。

【化学成分】根茎含菝葜皂苷(smilaxin)A、B、C,华东菝葜皂苷(sieboldiin)A、B,26-O-β-葡萄糖基-3β,22ξ,26-三醇-(25R)-5α-呋甾-6-酮-3-O-α-L-阿拉伯糖基-(1→6)-β-D-葡萄糖苷[26-O-β-D-glucosyl-3β,22ξ,26-trihydroxy-(25R)-5α-furostan-6-one-3-O-α-L-arabinosyl-(1→6)-β-D-glucoside],26-O-β-D-葡萄糖基-3β,22ξ,26-三醇-(25R)-5α-L-呋甾-6-酮-3-O-β-D-葡萄糖基(1→4)-O-[α-L-阿拉伯糖基(1→6)]-β-D-葡萄糖苷,替告皂苷元,新替告皂苷元,拉肖皂苷元(laxogenin)等。

【功效主治】甘、温。祛风活血,消肿止痛。用于风湿筋骨疼痛,疔疮肿毒,偏头痛。

【历史】华东菝葜始载于《救荒本草》,原名鲇鱼须,曰:"初生发笋,其后延蔓生茎发叶。每叶间皆分出一小叉,及出一丝蔓。叶似土茜叶而大,又似金刚刺叶,亦似牛尾菜叶,不涩而光泽。"《植物名实图考》也收载。所述形态及附图与百合科菝葜属植物相似。

【附注】《山东省中药材标准》2002年版收载,称威灵仙(铁灵仙)。

附:鞘柄菝葜

鞘柄菝葜 S. stans Maxim.,与华东菝葜的主要区别是:茎无刺。叶卵圆形,全缘,3~5脉,叶柄向基部渐宽成鞘状,无托叶,无卷须。伞形花序1~3朵花。根含薯蓣皂苷,甲基原薯蓣皂苷,伪原薯蓣皂苷,正丁基-O-β-D-吡喃果糖苷,薯蓣皂苷元,无羁萜,3,5,4′-三羟基芪,胡萝卜苷等。山东境内产于济南、泰山及胶东丘陵。药用同华东菝葜。

老鸦瓣

【别名】光慈姑、山慈菇。

【学名】Tulipa edulis(Miq.)Baker
(Orithya edulis Miq.)

【植物形态】多年生草本,高10~25cm。鳞茎卵圆形;鳞茎皮纸质,棕褐色,内侧密被褐色长柔毛。须根多数,纤细。茎通常不分枝,无毛。叶基生,通常2片;叶片长条形或条形,长10~25cm,宽0.3~1.2cm,先端尖,基部鞘状抱茎,边缘平展。花茎1~3,细弱,短于叶;苞片2片对生或3片轮生状,苞片狭条形或条状披针形,长2~4cm,宽3~6mm;单花顶生;花被片6,狭椭圆状披针形或条状披针形,长2~3cm,宽3~7mm,

白色,有紫色条纹;雄蕊6,3长,3短,花丝长0.6~1cm,向基部稍扩大,无毛,花药椭圆形或长圆形,长2.5~4mm;雌蕊1,子房长椭圆形,花柱较花丝短,柱头小。蒴果扁球形或近球形,直径约1~1.5cm,顶端有宿存花柱,长喙状,长5~7mm。种子红色。花期3~4月;果期4~5月。(图939)

图939　老鸦瓣
1.植株上部　2.鳞茎及根　3.蒴果

【生长环境】生于山坡草丛中。

【产地分布】山东境内产于各山地丘陵,目前资源量极度减少,应注意保护。在我国除山东外,还分布于辽宁、江苏、浙江、安徽、江西、湖北、湖南、陕西等地。

【药用部位】鳞茎:光慈姑。为少常用中药。

【采收加工】春、夏二季采收,除去茎叶及须根,洗净,晒干;或蒸至柔软,撞去外皮,晒干。

【药材性状】鳞茎呈卵状圆锥形,高1~2cm,直径0.5~1.5cm。表面类白色、黄白色或浅棕色,光滑。先端渐尖,基部圆平,中央凹入,一侧有纵沟,自基部伸向先端。质硬脆,断面白色,粉质,内有一圆锥形心芽。经蒸煮过者表面浅黄色或浅棕色,断面角质样。气微,味淡。

以质硬、色白、粉性足者为佳。

【化学成分】鳞茎含秋水仙碱(colchicine),淀粉和多糖。

【功效主治】甘、辛,寒;小毒。清热解毒,消肿散结,化瘀。用于咽喉肿痛,瘰疬结核,瘀滞疼痛,痈疖肿毒,风湿痹痛,蛇虫咬伤。

【历史】老鸦瓣始载于《本草纲目》,名山慈姑,云:"山慈姑,处处有之。冬月生叶,如水仙花之叶而狭。二月中抽一茎,如箭杆,高尺许。茎端开花白色……四月初苗枯,即掘取其根,状如慈姑及小蒜……慈姑有毛壳包裹为异尔,用之去毛壳。"《植物名实图考》始名老鸦瓣,云:"生田野中,湖北谓之棉花包,固始呼为老鸦头,春初即生,长叶铺地,如萱草叶而屈曲索结,长至尺余,抽葶开五瓣尖白花,似海栀子而狭,背淡紫,绿心黄蕊,入夏即枯。根如独根蒜"。所述形态及附图与现今百合科植物老鸦瓣相符。

【附注】《中国药典》1977年版曾收载。

藜芦

【别名】旱葱(泰山)、苍蝇草(烟台)、黑藜芦。

【学名】Veratrum nigrum L.

【植物形态】多年生草本,高60~90cm。根状茎粗短,丛生多数须根。根细长,稍肉质,表面黄色或淡黄棕色,有环状横皱纹。茎直立,圆柱形,密被灰白色毡状毛,后渐脱落;基部有叶鞘包围,外面数层为残留纤维状枯鞘,呈黑褐色网状。叶互生;茎下部叶片阔卵形或卵状椭圆形,长20~30cm,宽8~17cm,先端尖,基部渐狭成鞘状抱茎,全缘,两面无毛或有极稀疏的细短毛;茎上部叶片渐狭小,狭椭圆状披针形至披针形。圆锥花序长30~50cm;总轴至花梗密被灰白色卷曲的毡状毛;顶生总状花序长常比侧生花序长2倍以上;生于总轴和上部侧轴的花常为两性,下部侧轴的花多为雄性;小苞片披针形,长约5mm,密被毡状毛;花梗长5~7mm;花被片6,紫褐色,椭圆形,长5~7mm,宽3~4mm,先端钝或尖,开展;雄蕊6,短于花被片;雌蕊1,花柱3裂,反卷,子房卵圆形,无毛。蒴果卵状三角形或椭圆形,长1.5~2cm,宽1~1.5cm。种子扁长圆形或近扁卵圆形,有翅。花期7~8月;果期9月。(图940)

【生长环境】生于背阴山坡、石缝或林边草丛中。

【产地分布】山东境内产于崂山、昆嵛山、泰山、蒙山等山区。在我国除山东外,还分布于东北地区及山西、内蒙古、河南、陕西、甘肃、湖北、四川、贵州等地。

【药用部位】根及根茎:藜芦。为少常用中药。

【采收加工】夏初未抽花茎前采挖根及根茎,除去茎叶,洗净,晒干;或采挖带根及根茎全草,除去泥土,晒干。

【药材性状】根茎圆柱形,长2~4cm,直径0.7~1.5cm;表面棕黄色或土黄色,上端残留棕色叶基维管束及鳞毛状物,形如蓑衣,俗称"藜芦穿蓑衣",下方及四周生有多数细根。根细长圆柱形,略弯曲,长10~20cm,直径1~

图940 藜芦
1.植株下部 2.植株中部茎叶 3.果枝 4.雄花
5.两性花 6-7.雄蕊 8.种子

4mm；表面黄白色或灰褐色，有细密横皱纹，下端多纵皱纹；质坚脆，断面类白色，中心有淡黄色中柱，易与皮部分离。气微，味极苦，粉末有强烈的催嚏性。

以根及根茎粗壮、味极苦者为佳。

【化学成分】根茎及根含生物碱：原藜芦碱（protoveratrine）A，去乙酰基原藜芦碱（deacetylprotoveratrine）A，双去乙酰基原藜芦碱A，计默任碱（germerine），藜芦马林碱（veramarine），计米定碱（germidine），藜芦嗪（verazine），新计布定碱（neogermbudine），芥芬胺（jervine），藜芦酰棋盘花碱（veratroylzygadenine），玉红芥芬胺（rubijervine），异玉红芥芬胺（isorubijervine），藜芦胺（veramine），藜芦碱胺（veratrum-alkamine）A、B、C、D，藜芦甾二烯胺（veratramine），藜芦米宁（veramiline），3,15-二当归酰基计明胺（3,15-diangeloylgermine），茄咪啶（solamidine）；黄酮类：3-甲氧基异鼠李素（3-methoxylisorhamnetin），异鼠李素，3-甲氧基槲皮素，槲皮素，异槲皮苷，3,5,7-三羟基-3',5'-二甲氧基黄酮，5,7,4'-三羟基-3'-甲氧基黄酮，5,7,3',4'-四羟基黄酮，5,7,3',5'-四羟基黄酮还含虎杖苷（polydatin），白藜芦醇，β-谷甾醇，β-谷甾醇硬脂酸酯（β-sitosterylstearate），胡萝卜苷，硬脂酸等。须根及茎叶还含藜芦碱。

【功效主治】辛、苦，寒；有毒。涌吐风痰，杀虫疗疮。用于中风痰壅，喉痹不通，癫痫，疟疾；外用于疥癣秃疮。

【历史】藜芦始载于《神农本草经》，列为下品，一名葱苒。《本草图经》曰："三月生苗。叶青，似初出棕心，又似车前。茎似葱白，青紫色，高五、六寸，上有黑皮裹茎，似棕皮。有花肉红色。根似马肠根，长四、五寸许，黄白色。二、三月采根，阴干。……今用者名葱白藜芦，根须甚少，只是三、二十根，生高山者佳。均州土俗亦呼为鹿葱"。《蜀本草》载："叶似郁金、秦艽、蘘荷等，根若龙胆，茎下多毛，夏生冬凋"。所述形态及产地与植物藜芦相似。

【附注】《山东省中药材标准》2002年版收载。

附：毛穗藜芦

毛穗藜芦 V. maackii Regel，与藜芦的主要区别是：叶具柄；茎下部的叶片狭椭圆形或椭圆状披针形。花被片6，淡黄绿色或稍紫色。山东境内产于崂山、昆嵛山、牙山、艾山等山区。根茎含藜芦嗪，当归酰棋盘花胺（angeloylzygadenine），毛穗藜芦碱（maackinine），计马尼春碱（germanitrine），棋盘花碱（zygadenine），藜芦嗪宁（verazinine）。药用同藜芦。

薯蓣科

穿龙薯蓣

【别名】穿山龙、串地龙、穿龙骨、山常山。

【学名】Dioscorea nipponica Makino

【植物形态】多年生缠绕草本。根状茎横走，坚硬，骨质，呈稍弯曲的圆柱形，外皮黄褐色，易剥离。茎纤细，有纵沟纹，左旋缠绕。叶互生；叶片卵形至阔卵形，通常掌状5~7裂，中间裂片大，先端有长尖，基部心形，叶脉下面隆起，疏生细毛；有长柄。花单性，雌、雄异株；雄花序长，排成复穗状，花小下垂；花被片6，黄绿色；雄蕊6枚；雌花序穗状，单一；雌花有退化雄蕊，子房3室。蒴果倒卵状椭圆形，有3宽翅，着生于下垂的穗轴上，顶端向上。种子上部有长方形膜质的翅，基部两侧的翅狭窄。花期6~8月；果期8~10月。（图941）

【生长环境】生阴湿山坡林下或灌丛中，国家Ⅱ级保护植物。

【产地分布】山东境内产于各山地丘陵。在我国除山东外，还分布于东北、华北、西北、华东地区及河南、江西等地。

【药用部位】根茎：穿山龙。为少常用中药。

【采收加工】春、秋二季采挖，除去茎叶、须根及外皮，晒干。

【药材性状】根茎呈类圆柱形，稍弯曲，常有分枝，长10~15cm，直径0.3~1.5cm。表面黄白色或棕黄色，有不规则纵沟纹，具点状须根痕、细根，茎痕凸起偏于一侧，偶有浅棕色膜状栓皮，易片状剥落。质坚硬，断

图 941 穿龙薯蓣
1.枝叶 2.根茎及根 3.花及苞片 4.雄花展开
5.雄蕊背腹面 6.果序 7.种子

面平坦,白色或淡黄色,粉性,散有淡棕色维管束小点。气微,味苦涩。

以粗壮、色黄白、质坚、苦涩味强者为佳。

【化学成分】根茎含皂苷：薯蓣皂苷,纤细薯蓣皂苷,穗菝葜甾苷(asperin),25-D-螺甾-3,5-二烯(25-D-spirosta-3,5-diene),薯蓣皂苷元-3-O-{α-L-鼠李糖基(1→2)-[β-D-葡萄糖基(1→3)]}-β-D-葡糖糖苷,薯蓣皂苷元-3-O-[α-L-鼠李糖基(1→3)-α-L-鼠李糖基(1→4)-α-L-鼠李糖基(1→4)]-β-D-葡萄糖苷,26-O-β-D-吡喃葡萄糖基-25(R)-22-羟基-呋甾-$\Delta^{5(6)}$-烯-3β,26-二羟基-3-O-{[α-L-吡喃鼠李糖基(1→2)]-β-D-吡喃葡萄糖基(1→3)}-β-D-吡喃葡萄糖苷,26-O-β-D-吡喃葡萄糖基-25(R)-22-羟基-呋甾-$\Delta^{5(6)}$-烯-3β,26-二羟基-3-O-{[α-L-吡喃鼠李糖基(1→2)]α-L-吡喃鼠李糖基(1→4)}-β-D-吡喃葡萄糖苷；尚含对-羟基苄基酒石酸(piscidic acid)等。
地上部分含黄酮类：山柰酚,芦丁,山柰酚-3-O-β-芸香糖苷,山柰酚-3-O-β-D-吡喃葡萄糖苷；菲类：4,6-二羟基-2,3,7-三甲氧基-9,10-二氢菲(4,6-dihydroxy-2,3,7-trimethoxy-9,10-dihydrophenanthrene),1-(4,7-二羟基-2,6-二甲氧基-9,10-二氢菲)-4,7-二羟基-2,6-二甲氧基-9,10-二氢菲,4,7-二羟基-2,3,6-三甲氧基菲,7-羟基-6-甲氧基-2-乙氧基-1,4-菲醌(2-ethoxy-7-hydroxy-6-methoxy-1,4-phenanthraquinone),7-羟基-2,6-二甲氧基-1,4-菲醌等；香豆素类：(3S)-6,8-二羟基-3-苯基-3,4-二氢异香豆素(montroumarin)；甾醇类：薯蓣皂苷元,胡萝卜苷,β-谷甾醇,麦角甾醇过氧化物；有机酸：3,4-二羟基苯甲酸,4-羟基-3-甲氧基苯甲酸,对羟基苯甲酸,对羟基苯乙酸；还含 1,7-双-(4-羟基苯基)-1,4,6-庚三烯-3-酮,1,7-双-(4-羟基苯基)-4,6-庚二烯-3-酮,4,4'-二羟基-3,3'-二甲氧基-反式-1,2-二苯乙烯,4-羟基苯乙醇-4-O-β-D-吡喃葡糖苷,5,4'-二羟基-3,3'-二甲氧基联苄,甘露醇,正癸烷,儿茶酚。果实挥发油主含 n-十六烷酸,亚油酸,诺卡酮(nootkatone)等。

【功效主治】苦,平。祛风除湿,活血通络,止咳平喘。用于风湿痹痛,腰腿疼痛,肢体麻木,胸痹心痛,跌打损伤,疟疾,痈肿,闪腰岔气,咳嗽痰多气喘。

【历史】穿山龙在历代本草中未见记载,《植物名实图考》收载的穿山龙非薯蓣科植物。考证《本草图经》所载"成德军萆薢",很可能是穿山龙,因《名医别录》载："生真定山谷。"即今河北正定县,而薯蓣科植物在我国黄河以北的分布,除薯蓣外,只有穿龙薯蓣一种。

【附注】《中国药典》2010 年版、《山东省中药材标准》2002 年版收载。

薯蓣

【别名】山药蛋、山药豆根(青岛)、野山药。
【学名】Dioscorea opposita Thunb.
【植物形态】多年生缠绕草本。根状茎圆柱形,垂直生长,长达 1m,直径 2～7cm,外皮灰褐色,生多数须根,肉质,质脆,断面白色,带黏性。茎纤细而长,常带紫色,有棱线,光滑无毛,右旋缠绕。单叶,茎下部叶互生,茎中部以上叶对生或 3 叶轮生；叶腋常生珠芽,名"零余子",俗称"山药豆"；叶片三角状卵形或三角状阔卵形,全缘,通常 3 裂,侧裂片圆耳状,中裂片先端渐尖,基部心形,叶脉 7～9,自叶基部伸出,网脉明显；叶柄带紫色。花单性,雌、雄异株；花小,排成穗状花序,雄花序直立,雌花序下垂；花被片 6；雄花有 6 枚雄蕊；雌花花柱 3,柱头 2 裂。蒴果有 3 棱,呈翅状。种子扁圆形,有宽翅。花期 6～9 月；果期 7～11 月。(图 942)
【生长环境】生于向阳山坡或疏林下。栽培于土层深厚疏松的砂质壤土。
【产地分布】山东境内产于昆嵛山、崂山、泰山、徂徕山、蒙山等各山地丘陵；菏泽泰安、邹平等地有大面积栽培。定陶"陈集山药"、邹平"长山山药"、桓台"新城细毛山药"已注册国家地理标志产品。我国各地均有分布。
【药用部位】根茎：山药；珠芽：零余子；茎叶：山药藤。

图942 薯蓣
1.根茎及根 2.雄株 3.部分雄花序 4.雄蕊
5.雌花 6.雌株 7.花柱及柱头

为常用中药和民间药,山药和零余子药食两用。

【采收加工】冬季茎叶枯萎后采挖,切去根头,洗净,除去外皮及须根,干燥,或趁鲜切片,晒干;选择肥大顺直的干燥山药,置清水中,浸至无干心,闷透,切齐两端,用木板搓成圆柱状,晒干,打光,习称"光山药"。秋季采收珠芽,鲜用。夏、秋季采收茎叶,鲜用或晒干。

【药材性状】根茎圆柱形,弯曲而稍扁,长15~30cm,直径1.5~6cm。表面白色、黄白色或淡黄色,有纵沟、纵皱纹及须根痕,偶有浅棕色外皮残留。体重,质坚实,断面白色,强粉性。无臭,味淡、微酸,嚼之发黏。

光山药圆柱形,两端平齐,长9~18cm,直径1.5~3cm。表面光滑,白色,粉性。

以根条粗、色洁白、质坚实、粉性足者为佳。

【化学成分】根茎含蛋白质;糖类:山药多糖RP由葡萄糖、D-甘露糖和D-半乳糖组成,山药多糖RDPS-I由葡萄糖、半乳糖和甘露糖组成,甘露聚糖(mannan),糖蛋白,山药黏液含植酸(phytic acid)和甘露聚糖Ia、Ib、Ic等;甾醇类:胆甾醇,麦角甾醇,菜油甾醇,豆甾醇,β-谷甾醇,7-羰基-β-谷甾醇;氨基酸:丝氨酸,精氨酸,谷氨酸,天冬氨酸,赖氨酸,组氨酸,苏氨酸,γ-氨基丁酸等;环二肽:环(苯丙氨酸-酪氨酸),环(酪氨酸-酪氨酸);酯类:柠檬酸单甲酯,柠檬酸双甲酯,柠檬酸三甲酯,β-谷甾醇乙酸酯;含氮化合物:尿囊素,尿嘧啶,腺苷,多巴胺(dopamine);还含薯蓣皂苷元,盐酸山药碱(batatasine hydrochloride),多酚氧化酶(polyphenoloxidase),止权素Ⅱ(d-abscisinⅡ),儿茶酚胺(catecholamine)和无机元素钡、铍、铈、钴、铬、铜、磷及钠、钾、铝、铁、钙、镁的氧化物等。**珠芽**含山药素(batatasin)Ⅰ、Ⅱ、Ⅲ、Ⅳ、Ⅴ,胆甾醇,(24R)-α-甲基胆甾烷醇[(24R)-α-methyl cholestanol],菜油甾醇,异岩藻甾醇,赪桐甾醇(clerosterol),7-胆甾烯醇(lathosterol),止权素,多巴胺等。

【功效主治】山药甘,平。补脾养胃,生津益肺,补肾涩精。用于脾虚食少,久泻不止,肺虚喘咳,肾虚遗精,带下,尿频,虚热消渴。**麸炒山药**补脾健胃。用于脾虚食少,泄泻便溏,白带过多。**零余子**甘,平。补虚益肾,强腰膝。用于虚劳羸瘦,腰膝酸软。**山药藤**微苦,微甘,凉。清利湿热,凉血解毒。用于湿疹丹毒。

【历史】山药始载于《神农本草经》,列为上品,原名薯蓣。因唐太宗名预,故避讳改为薯药;后因宋英宗讳署,遂改为山药。《本草图经》云:"春生苗,蔓延篱援,茎紫、叶青,有三尖角,似牵牛更厚而光泽,夏开细白花,大类枣花,秋生实于叶间,状如铃,二月、八月采根。"所述形态与现今植物山药一致。

【附注】《中国药典》2010年版收载山药。

鸢尾科

射干

【别名】蝴蝶花(临沂)、老婆扇子(昆嵛山、莱州、威海、海阳、五莲)、皮虎扇子(莱芜)、燕尾(郯城)、扁竹。

【学名】Belamcanda chinensis (L.) DC.
(Ixia chinensis L.)

【植物形态】多年生草本。根状茎为不规则的块状,黄色或黄褐色。茎高1~1.5m。叶2列,嵌迭状排列;叶片剑形,扁平,长20~60cm,宽2~4cm,先端渐尖,无中脉,有多数平行脉,革质。花序顶生,二歧分枝,成伞房状聚伞花序;花梗细,长约1.5cm;苞片膜质;花橙红色,散有紫褐色斑点;花被裂片6,2轮排列,内轮3片较外轮3片略小;雄蕊3;花柱上部稍扁,顶端3裂,裂片边缘略向外反卷,有细而短的毛。蒴果倒卵形至椭圆形,3室,熟时室背开裂。种子圆形,黑色,有光泽。花期7~9月;果期10月。(图943)

【生长环境】生于山坡草地或林缘。栽培于排水良好、肥沃的沙质壤土。

【产地分布】山东境内产于全省各山区丘陵;菏泽等地有栽培。在我国除黑龙江、内蒙古和新疆外的其他各地均有分布。

【药用部位】根茎:射干。为较常用中药。

图 943 射干
1. 根茎及根 2. 植株上部 3. 雄蕊 4. 花柱上部（示柱头三浅裂）
5. 蒴果开裂（示种子及向外反曲的果皮）

【采收加工】春初刚发芽或秋末茎叶枯萎时采挖,除去须根及泥沙,干燥。

【药材性状】根茎呈不规则结节状,长3～10cm,直径1～2cm。表面黄褐色、棕褐色或黑褐色,皱缩,有较密的横环纹,上面有数个圆盘状凹陷茎痕,偶有残留茎基、细根及根痕。质硬,断面黄色,颗粒性。气微,味苦、微辛。

以粗壮、色黄棕、质硬、断面色黄、味苦者为佳。

【化学成分】根茎含黄酮类:次野鸢尾黄素(irisflorentin,洋鸢尾素)即6,7-亚甲二氧基-5,3',4',5'-四甲氧基异黄酮,芹菜素,异鼠李素,鼠李柠檬素(rhamnocitrin)即3,5,4'-三羟基-7-甲氧基黄酮,白射干素(dichotomitin)即5,3'-二羟基-6,7-亚甲二氧基-4',5'-二甲氧基异黄酮,野鸢尾苷(iridin),鸢尾新苷B(iristectorin B),irilin D,野鸢尾苷元(irigenin,野鸢尾黄素)即5,7,3'-三羟基-6,4',5'-三甲氧基异黄酮,3',2''-羟基鸢尾苷,3'-羟基鸢尾苷,鸢尾黄素(tectorigenin,射干苷元,鸢尾苷元)即5,7,4'-三羟基-6-甲氧基异黄酮,二甲基鸢尾苷元(dimethyl tectorigenin),鸢尾苷(belamcandin,tectoridin,射干苷),甲基尼泊尔鸢尾黄酮(methylirisolidone),鸢尾黄酮新苷元(iristectoriginin)A,5-去甲洋鸢尾素(noririsflorentin),5,7,4'-三羟基-6,3'-二甲氧基异黄酮,粗毛豚草素(hispidulin,刚毛黄酮)即5,7,4'-三羟基-6-甲氧基黄酮,5,7,4'-三羟基-3',5'-二甲氧基黄酮,木犀草素,5,7,4'-三羟基二氢黄酮,染料木素,德鸢尾素(irilone),芒果苷;醛酮类:罗布麻宁(apocynin),射干酮(sheganone),香草乙酮(acetovanillone),5-羟甲基糠醛,射干醛(belamcandal),去乙醚基射干醛(deacetylbelamcandal),异德国鸢尾醛(isoiridogermanal),16-O-乙酰基异德国鸢尾醛(16-O-acetylisoiridogermanal);含氮化合物:尿嘧啶,腺苷,尿嘧啶核苷(uridine);还含4-羟基-3-甲氧基苯甲酸,环阿尔廷醇(cycloarlanol),异阿魏酸,β-谷甾醇,胡萝卜苷,维太菊苷(vittadinoside)等。**根须**含芒果苷,鸢尾苷,鸢尾黄素及次野鸢尾黄素。**叶**含黄酮类:鸢尾苷元,鸢尾苷,次野鸢尾黄素,鸢尾黄酮新苷(iristectorin)A,野鸢尾苷,染料木素,染料木苷,樱黄素(prunetin)即5,4'-二羟基-7-甲氧基黄酮,异牡荆素,2''-O-鼠李糖基异牡荆素,当药素(swertisin),2''-O-鼠李糖基当药素;尚含香草乙酮,对羟基苯乙酮等。**种子**含射干醇(betamcandol)A、B,射干醌(belamcandaquinone)A、B等。

【功效主治】苦,寒。清热解毒,消痰,利咽。用于热毒痰火郁结,咽喉肿痛,痰涎壅盛,咳嗽气喘。

【历史】射干始载于《神农本草经》,列为下品,又名乌扇、乌蒲。《本草拾遗》谓:"射干即人间所种为花卉,亦名凤翼,叶如乌翅,秋生红花,赤点。"《本草图经》谓:"今在处有之,人家庭砌间亦多种植,春生苗,高二三尺,叶似蛮姜而狭长,横张疏如翅羽状……叶中抽茎,似萱草而强硬。六月开花,黄红色,瓣上有细纹。秋结实作房,中子黑色。根多须,皮黄黑,肉黄赤。"历代本草所述形态与现今植物射干基本一致。

【附注】《中国药典》2010年版收载。

番红花

【别名】西红花、藏红花、红花。

【学名】Crocus sativus L.

【植物形态】多年生草本。地下鳞茎扁圆球形,直径约3cm。叶基生,9～15片;叶片狭条形,灰绿色,长15～20cm,宽2～3mm,边缘反卷;叶丛基部有4～5片膜质的鞘状叶。花茎甚短;花1～2朵,着生于花茎顶端;花淡蓝色、红紫色或白色,有香味;花被管细长,花被裂片6,长3.5～5cm;雄蕊直立,长2.5cm,花药黄色,长于花丝;花柱细长,橙红色,长约4cm,上部3分枝,分枝弯曲而下垂,柱头略扁,与花被片略等长。花期9～10月。(图944)

【生长环境】栽培于肥沃疏松、湿润、排水良好的沙质壤土。

【产地分布】山东境内在青岛等地有引种栽培。在我国除山东外,浙江、江西、江苏、北京、上海等省市有少量栽培。

【药用部位】柱头:西红花;花:番红花。为较常用中药

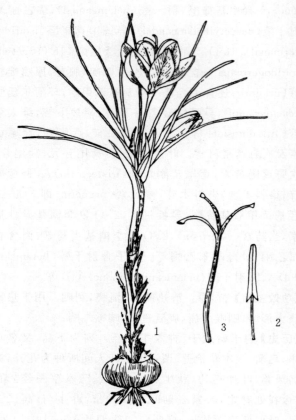

图944 番红花
1.植株 2.雄蕊 3.花柱

和民间药。

【采收加工】10～11月下旬，晴天早晨日出时采花，摘取柱头，随即晒干，或于55～60℃下烘干，即干红花；或采摘花朵，鲜用。

【药材性状】柱头呈线形，三分枝，长约3cm。表面暗红色，上部较宽而略扁平，顶端边缘呈不整齐的齿状，内侧有一短裂隙，下端有时残留一小段黄色花柱。体轻，质松软，无油润光泽，干燥后质脆易断。将柱头投入水中则膨胀呈喇叭状，并散出深黄色色素，水被染成黄色。气特异，微有刺激性，味微苦。

以色暗红、黄色花柱少、有特殊香气、味微苦者为佳。

【化学成分】柱头含西红花苷（crocin）Ⅰ、Ⅱ、Ⅲ、Ⅳ～Ⅷ，西红花苦苷（picrocrocin），西红花酸（crocetin），八氢番茄烃（phytoene），六氢番茄烃（phytofluene），番茄烯（lycopene），α-胡萝卜素，β-胡萝卜素，玉米黄质（zeaxanthin），芒果素-6′-O-藏红花酰基-1″-O-β-D-葡萄糖苷酯等；挥发油主成分为反式-β-紫罗兰醇，佛尔酮（phorone）及西红花醛（safranal）等；还含菜油甾醇，豆甾醇，β-谷甾醇，熊果酸，齐墩果酸，棕榈酸，棕榈油酸，油酸，亚油酸，亚麻酸，氨基酸等。花被含山柰酚，紫云英苷，槲皮素-3-(6′-对香豆酰)葡萄糖苷（helichrysoside），山奈酚-3-O-β-D-葡萄糖基(1→2)-β-D-葡萄糖苷，山奈酚-3-O-β-D-葡萄糖-6-乙酰葡萄糖苷，二十九烷等。花粉含番红花新苷甲（crosatoside A）即异鼠李素-4′-O-α-L-鼠李吡喃糖(1→2)-β-D-吡喃葡萄糖苷，番红花新苷乙（crosatoside B）即β-对羟基苯基-乙醇-α-O-α-L-鼠李糖素-4′-O-α-L-鼠李吡喃糖(1→2)-β-D-吡喃葡萄糖苷，山奈素-3-O-β-D-葡萄吡喃糖(1→2)-β-D-葡萄吡喃糖苷。侧芽含大黄素，2-羟基大黄素，1-甲基-2-羧基-3-甲氧基-8-羟基-蒽醌，1-甲基-3-甲氧基-2,6,8-三羟基-蒽醌。

【功效主治】西红花 甘，平。活血祛瘀，凉血解毒，解郁安神。用于经闭癥瘕，产后瘀阻，温毒发斑，忧郁痞闷，惊悸发狂。番红花 甘，微苦，凉。活血祛瘀，调经止痛，培元健身。用于血瘀血滞，月经不调，产后恶露不尽，肺痈，身体衰弱，跌打损伤，内外出血，各种痞结。

【历史】番红花始载于元代《饮膳正要》，名"洎夫蓝"。《本草品汇精要》始名番红花，又名撒馥兰，曰："三月莳种于阴处。其根如蒜，硬而有须，抽一茎，高六七寸，上著五六叶，亦如蒜叶，细长，绿色。五月茎端开花五六朵，如红蓝花，初黄渐红。六月结子，大如黍……"。所述形态与植物番红花基本一致，并表明番红花在我国的使用和种植已具有悠久的历史。《本草纲目》列入隰草类，将红蓝花和番红花列为两种药物，但将番红花与汉代传入的红蓝花（红花）混淆，其附图也极似菊科植物红花。

【附注】《中国药典》2010年版收载。

野鸢尾

【别名】白射干、马虎扇子（济南）、白花射干、射干鸢尾。

【学名】Iris dichotoma Pall.

【植物形态】多年生草本。根状茎短粗。须根丛生。茎直立，高约50cm。叶剑形，蓝绿色，先端外弯，呈镰刀形，基部鞘状抱茎，无明显中脉。花茎上部二歧状分枝，分枝处有披针形茎生叶，花序生于分枝顶端；苞片4～5，干膜质；花蓝紫色、浅蓝色或白色；花梗细，长2～3.5cm，常超出苞外；花被管甚短；外轮花被裂片上部向外反折，基部渐狭，边缘黄棕色，中央有紫色斑纹，无附属物；内轮花被裂片直立，顶端微凹；雄蕊花药与花丝等长；花柱分枝扁，花瓣状。蒴果长圆柱形，革质，成熟时自顶端向下开裂至1/3处。种子暗黑色，有小翅。花期7～8月；果期8～9月。（图945）

【生长环境】生于向阳山坡或丘陵地。

【产地分布】山东境内产于各山地丘陵。在我国除山

图 945 野鸢尾
1.植株下部 2.花序 3.花 4.果实

东外,还分布于东北地区及内蒙古、河南、河北、山西、陕西、甘肃、宁夏、青海、安徽、江苏等地。

【药用部位】根及根茎或全草:白花射干。为民间药。

【采收加工】秋季采收,除去茎叶、泥土,晒干。

【药材性状】根茎呈不规则结节状,长2~5cm,直径0.7~2.5cm;表面灰褐色,粗糙,上端可见圆形茎痕或残留茎基,下方密生须根。根细长弯曲,下部常折断,长5~20cm,直径1.5~4mm;表面黄棕色,有明显纵皱纹并疏生纤细绒毛。质空虚、软韧或硬脆,断面中央有小木心。气微弱,味淡、微苦。

【化学成分】根及根茎含黄酮类:粗毛豚草素,汉黄芩素,3′-甲基鼠李素(rhamnazin),鼠李柠檬素,鸢尾甲黄素A(iristectorigenin A),5,7,8,4′-四羟基-6-甲氧基异黄酮,5,3′,4′-三甲氧基-6,7-亚甲二氧基异黄酮,5,6,4′-三羟基-7-甲氧基异黄酮,6,8,4′-三羟基-7,3′-二甲氧基异黄酮,5,4′-二羟基-7-甲氧基异黄酮-6-β-O-β-D-葡萄糖苷,3,5,3′-三羟基-7,4′-二甲氧基异黄酮-3-O-β-D-半乳糖苷,6-羟基鹰嘴豆素A(6-hydroxybiochanin A),鸢尾甲苷即鸢尾新苷A、B,柽柳黄素-7-葡萄糖苷(tamarixetin-7-glucoside),野鸢尾苷,鸢尾苷,尼鸢尾黄素(nigricin),德鸢尾素,鸢尾苷元,山柰酚-7-甲醚,5,4′-二羟基-7,3′-二甲氧基异黄酮-3′-O-β-D-葡萄糖苷,6,8,4′-三羟基-7,3′-甲氧基异黄酮,6,8,4′,-三羟基-7-甲氧基异黄酮,白射干甲、乙、丙素(irisdichotin A、B、C)等;苯丙素类:夹竹桃麻素(apocynin,茶叶花宁)即1-(4-羟基-3-甲氧基苯基)乙酮,松柏苷(laricin),草夹竹桃苷(androsin),草夹竹桃二糖苷(tectoruside),云杉苷(picein),梣皮树脂醇[(+)-medioresinol],表松脂醇[(-)epipinoresinol],5′-羟基松脂素等;还含反式白黎芦醇,6-O-对羟基苯甲酸-β-吡喃葡萄糖酯,6-O-对羟基苯甲酸-α-吡喃葡萄糖酯,6-O-(3-羟基-4-甲氧基苯甲酸)-β-吡喃葡萄糖酯,6-O-(3-羟基-4-甲氧基苯甲酸)-α-吡喃葡萄糖酯,葵酸甘油酯(1-decanoylglycerol)等。

【功效主治】苦、辛,寒;有小毒。清热解毒,活血消肿,止痛止咳。用于咽喉肿痛,牙龈肿痛,痄腮,胁痛,胃脘疼痛,肺热咳喘,乳痈,跌打损伤。

【历史】野鸢尾始载于《植物名实图考》,名白花射干,曰:"江西、湖广多有之,二月开花,白色有黄点,似蝴蝶花而小,叶光滑粉披,颇似知母,亦有误为知母者,结子也小……俚医谓冷水丹以为行血、通关节之药"。所述形态与野鸢尾相似。

玉蝉花

【别名】紫花鸢尾、花菖蒲、马蔺、马莲。

【学名】Iris ensata Thunb.

【植物形态】多年生草本。根状茎粗壮。植株基部有叶鞘残留的纤维。基部叶条形,长30~80cm,宽0.5~1.2cm,顶端渐尖,基部鞘状,两面中脉明显突起。花茎直立,高0.4~1m,坚挺,实心;叶1~3片;苞片3,近革质,卵状披针形;花梗长1.5~3.5cm;花1~2朵;花大,深紫色,直径9~10cm;花被管长1.5~2cm;外轮花被裂片倒卵形,开展或反折,先端钝,中部有黄斑和紫纹,爪部细长,中央下陷呈沟状;内轮花被裂片较小,长椭圆形,直立;花药紫色;花柱分枝扁平,紫色,花瓣状,顶端2裂。蒴果长椭圆形,有6条明显的肋,成熟时自顶端向下开裂至1/3处。种子扁平,边缘呈翅状。花期6~7月;果期8~9月。(图946)

【生长环境】生于山沟、沼泽地或河岸水湿处。

【产地分布】山东境内产于昆嵛山、荣成等地。在我国除山东外,还分布于黑龙江、吉林、辽宁等地。

【药用部位】根茎:玉蝉花。为民间药。

【采收加工】秋季采挖根茎,除去茎叶,洗净,晒干。

【药材性状】根茎呈不规则条形,有分枝,长7~18cm,直径1~2cm。表面棕黄色,上部残留茎基及叶鞘纤维,顶端有横环纹,下侧有须根痕。质松脆,断面类白色,角质样。气微,味甜、微苦。

【化学成分】地上部分含阿魏酸,对-香豆酸,香荚兰酸,对-羟基苯甲酸,恩比宁(embinin),荭草素,高荭草素

图946 玉蝉花
1.植株全形 2.果实

(homoorientin)等。

【功效主治】辛、苦,寒;有小毒。消积理气,活血利水,清热解毒。用于食积饱胀,胃痛,气胀水肿,湿热痢疾,经闭腹胀。

马蔺

【别名】马莲(德州)、马兰草(海阳)、马兰花。

【学名】Iris lactea Pall. var. chinensis (Fisch.) Koidz. (*I. pallasii* Fisch. var. *chinensis* Fisch.)

【植物形态】多年生密丛草本。根状茎短粗,有多数坚韧的须根。叶基生;叶片条形,长20~40cm,宽2~6mm,坚韧,淡绿色,基部带红褐色;老叶鞘纤维状,残存。花茎光滑,高3~10cm;苞片3~5,草质,绿色,边缘白色,内有2~4花;花浅蓝色、蓝色或蓝紫色;花被管长2~5mm,外轮花被片匙形,长4~5cm,向外弯曲,内面平滑,中部有黄色条纹,内轮花被片倒披针形,长5~6cm,直立;花柱3,先端2裂,花瓣状。蒴果长椭圆状柱形,先端有喙。种子呈不规则多面体,棕褐色,有光泽。花期4~5月;果期5~6月。(图947)

【生长环境】生于荒野、路旁、田埂或山坡草地。

【产地分布】山东境内产于各地。在我国除山东外,还分布于东北、华北、西北、华东、华中地区及内蒙古等地。

【药用部位】种子:马蔺子;根及根茎:马蔺根;全草:马蔺;叶:马蔺叶;花:马蔺花。为少常用中药和民间药。

【采收加工】春季花开后,择晴天采花,阴干。夏季采叶,晒干或鲜用。夏、秋季采收全草,扎把晒干。秋季采收果实,晒干,搓出种子,除去果壳及杂质,晒干。秋、冬季挖根,除去茎叶、泥土,晒干。

【药材性状】种子呈不规则多面体形或扁卵形,长4~5mm,宽3~4mm。表面红棕色至棕褐色,略有细皱纹。基部有棕黄色或浅黄色种脐,顶端有突起的合点。质坚硬不易破碎,切断面胚乳肥厚,灰白色,角质样,胚位于种脐的一端,黄白色,细小弯曲。气微,味淡。

以颗粒饱满、色红褐、无杂质者为佳。

根茎短而粗壮,木质;表面红褐色或深褐色,被有大量致密的红紫色残留叶鞘及毛发状叶鞘纤维。须根多数,少分枝;表面黄白色或棕褐色;质硬而坚韧,难折断。气微,味淡。

干燥全草常扎成把。叶基生,完整叶片条形,长30~50cm,宽4~6mm;先端渐尖,基部鞘状;表面灰绿色,基部常带红褐色,平滑无毛,叶脉平行,无明显中脉;革质,坚韧,纤维性极强。有时可见花果;花蓝紫色或棕色,花被片6;蒴果纺锤形,具3棱,先端有一尖喙,

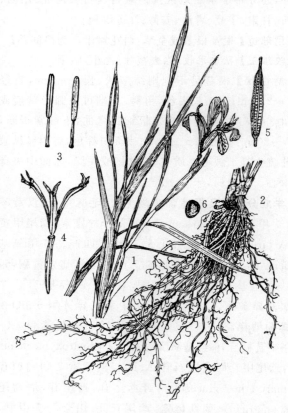

图947 马蔺
1.植株上部 2.根茎及根 3.雄蕊
4.雌蕊 5.果实 6.种子

内有棕褐色种子多数,种子不规则多面体形,具棱。气微,味淡。

花呈不规则条状,皱缩。完整者长2.5～5cm,直径2～4mm。花被片6,2轮,线形,蓝紫色、蓝色或深棕色,具深色条纹,多皱缩,顶端弯曲,基部略膨大。雄蕊3,花药多碎断或脱落,花丝残存。花柄长短不等。体轻质脆,易碎。气清香,味微苦。

以花朵整齐、色紫、气味浓者为佳。

【化学成分】种子含马蔺子甲、乙、丙素(pallasone A、B、C)、6-甲氧基-2-十七烷基-1,4-苯醌。种仁油主含亚油酸和油酸,以及少量硬脂酸,软脂酸,肉豆蔻酸,月桂酸,癸酸等。种皮含马蔺子甲、乙素,羽扇豆烯-3-酮,白桦脂酸及β-谷甾醇。根及根茎含黄酮类:5-羟基-7-甲氧基黄酮,5,2'-二羟基-6,7-亚甲二氧基二氢黄酮,5,7-二羟基-6,2'-二甲氧基异黄酮,5,4'-二羟基-6,7-二甲氧基异黄酮,5,7,4'-三羟基-6-甲氧基异黄酮,5,3'-二羟基-2'-甲氧基-6,7-亚甲二氧基异黄酮,5,2'-二羟基-6,7-亚甲二氧基异黄酮,5,7,3'-三羟基-4'-甲氧基黄酮等;有机酸:香草酸,奎酸(decanoic acid),4-methylpentanoic acid,十七烷酸;还含 irisoid A、D,1-β-D-arabinofuranosyluracil, hyperolactone B, 2-methylpropyl-β-D-glucopyranoside,胡萝卜苷等。叶含黄酮类:5,7,4'-三羟基-6-甲氧基黄酮,5,4'-二羟基-6,7-亚甲二氧黄酮,5-羟基-7,4'-二甲氧基黄酮-6-C-β-D-葡萄糖苷(embigenin),1,3,6,7-四羟基双苯吡酮-2-C-β-D-葡萄糖(mangiferin)等;还含 5,7-二羟基-苯并呋喃色酮(ayamenin B),3-苯基乳酸(3-phenyllacitc acid)等。

【功效主治】马蔺子甘,平。清热利湿,解毒杀虫,止血定痛。用于湿热黄疸,淋浊,小便不利,肠痈,虫积,咽痛红肿,吐血,衄血,血崩。马蔺根甘,平。清热解毒,活血利尿。用于咽喉肿痛,黄疸,痔疮,牙痛。马蔺苦、微甘、微寒。清热解毒,利尿通淋,活血消肿。用于喉痹,淋浊,骨节疼痛,痈疽恶疮。马蔺叶用于喉痹,痈疽,淋病。马蔺花微苦、辛、微甘、寒。清热解毒,凉血止血,利尿通淋。用于喉痹,吐血,衄血,便血,小便不利,淋病,疝气,痔疮,痈疽。

【历史】马蔺子始载于《神农本草经》,列为中品,原名蠡实。《证类本草》曰:"此即马蔺子也"。《本草图经》曰:"叶似韭而长厚,三月开紫碧花,五月结实作角,子如麻大而赤色有棱。根细长,通黄色。人取以为刷。三月采花,五月采实,并阴干用"。《本草纲目》谓:"蠡草生荒野中,就地丛生,一本二、三十茎,苗高三、四尺,叶中独茎,开花结实。"所述形态与现今植物马蔺一致。

【附注】《山东省中药材标准》2002年版收载马蔺子、马蔺花,附录收载马蔺根,原植物拉丁学名用 I. ensata Thunb. (I. ensata auct. non Thunb.)。

鸢尾

【别名】川射干、蝴蝶花、蓝蝴蝶、鸢尾花。
【学名】Iris tectorum Maxim.
【植物形态】多年生草本。根状茎短粗,淡黄色。叶片剑形,稍弯曲,中部略宽,长15～50cm,宽1.5～3.5cm,质薄,淡绿色。花茎与叶近等长,单一或2分枝,通常有花1～4朵;苞片2～3,草质,边缘膜质;花蓝紫色,直径约10cm;花被管细长;花被裂片6,外轮花被裂片较大,倒卵形,内面中央有鸡冠状附属物,反折;内轮花被裂片稍小,倒卵状椭圆形,斜开展;花柱分枝扁平,淡蓝色。蒴果长椭圆形,有6条明显的肋,成熟时自上而下3瓣裂。花期4～5月;果期6～8月。(图948)

图948 鸢尾
1.植株下部,示根茎及根 2.花 3.果实

【生长环境】栽培于公园、花坛或庭院。
【产地分布】山东境内全省各地均有栽培。在我国分布于华东、华中地区及山西、陕西、甘肃、广西、四川、云南、贵州、西藏等地。
【药用部位】根茎:川射干;叶及全草:鸢尾。为少常用中药和民间药,四川省地区习用药。
【采收加工】夏、秋二季采收叶或全草,洗净,鲜用或晒干。全年采挖根茎,除去茎叶、泥土,洗净,晒干。
【药材性状】根茎呈不规则条状或圆锥形,略扁,有分枝,长 3～10cm,直径 1～2.5cm。表面灰黄褐色或黄棕色,有环纹和纵沟。常有残存的须根及凹陷或圆点状突起的须根痕。质松脆,易折断,断面浅黄色或黄棕色。气微,味甜、苦。

以身干、无须根、断面色黄者为佳。

【化学成分】根茎含黄酮类:射干苷,鼠李柠檬素,二氢山柰甲黄素(dihydrokaempferide),野鸢尾苷元,野鸢尾苷,鸢尾苷元,二甲基鸢尾苷元,鸢尾甲黄素 A,鸢尾新苷 B,鸢尾苷元-7-O-葡萄糖-4′-O-葡萄糖苷,染料木素,鸢尾黄酮新苷 A、B,鸢尾黄酮新苷元 A、B,去甲基鸢尾黄酮新苷元 A 或 B,鸢尾酮苷等;还含点地梅双糖苷(tectoruside),草夹竹桃苷,茶叶花宁,正丁基-β-D-吡喃果糖苷,胡萝卜苷,谷甾醇等。花含恩比宁(embinin)。种子含鸢尾醌(irisquinone),射干醌(belamcandaquinone),鸢尾尾烯(iristectorene) A～H,鸢尾酮(iristectorone) A～H 及单环三萜酯类;挥发油主成分为十四酸甲酯,十四酸,5-庚基二氢-2(3H)-呋喃酮[5-heptyldihydro-2(3H)-furanone],6-庚基四氢-2H-吡喃-2-酮(6-heptyltetrahydro-2H-pyran-2-one),3-羟基-苯甲醛肟(3-hydroxyl-benfromoxine)等。

【功效主治】川射干苦,寒;有毒。清热解毒,祛痰,利咽。用于热毒痰火郁结,咽喉肿痛,痰涎壅盛,咳嗽气喘。鸢尾苦、辛,凉;有毒。清热解毒,祛风利湿,消肿止痛。用于咽喉肿痛,胁痛,肝脾肿大,小便短赤,涩痛,风湿痛,跌打肿痛,疮疖,皮肤瘙痒。

【历史】鸢尾始载于《神农本草经》,列为下品。《新修本草》云"此草所在有之,人家亦种,叶似射干而阔短,不抽长茎,花紫碧色,极似高良姜,皮黄肉白,嚼之戟人咽喉与射干全别"。《蜀本草》云:"此草叶名鸢尾,根名鸢头,亦谓之鸢根。"所述形态和名称与植物鸢尾基本一致。

【附注】《中国药典》2010 年版收载,称川射干。

姜科

姜

【别名】生姜、鲜姜、老姜。

【学名】Zingiber officinale Rosc.

【植物形态】多年生草本。根状茎块状,肉质,肥厚,扁平,淡黄色,横走,多分枝,有芳香和辛辣味。地上茎由根状茎节上生出,直立并列。叶互生,2 列;叶片披针形或条状披针形;叶舌膜质;叶鞘抱茎。花茎直立,由根茎抽出,高 15～25cm,被覆瓦状疏离的鳞片;穗状花序球形,花稠密;苞片淡绿色,边缘黄色;花冠黄绿色,裂片披针形,唇瓣有紫色条纹及黄白色斑点,短于花冠裂片;能育雄蕊 1 枚。花期夏、秋间。(图 949)

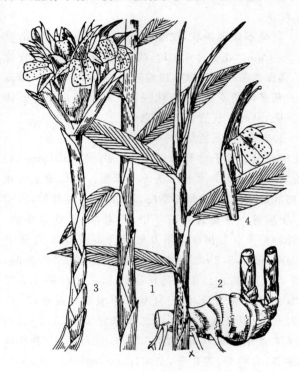

图 949 姜
1.枝叶 2.根茎 3.花序 4.花

【生长环境】栽培于菜园或农田。

【产地分布】山东境内各地广泛栽培,尤以泰安、莱芜、临沂、昌邑等地为多。"莱芜生姜"平度"蟠桃大姜"、"莱州大姜"、"乳山大姜"、"莒县大姜"、"昌邑大姜"、"安丘大姜"、"沂水生姜"等已注册国家地理标志产品。我国中部、东南部至西南部各省区广为栽培。

【药用部位】鲜根茎:生姜;干根茎:干姜;根茎栓皮:姜皮;叶:姜叶。为常用中药和民间药,生姜、干姜药食两用。

【采收加工】秋冬季采挖根茎,除去须根及泥沙,贮存于阴湿处或埋于沙土中备用,为生姜;晒干或低温干燥为干姜。将生姜浸于清水中过夜,用刀将外皮刮下,晒干为姜皮。夏季采叶,晒干或鲜用。

【药材性状】鲜根茎呈不规则块状,略扁,具指状分枝,长 4～18cm,厚 1～3cm。表面黄褐色或灰棕色,有环节,分枝顶端具凹陷茎痕或芽痕。质脆,易折断,折断时有汁液渗出,纤维性较强;切断面浅黄色,内皮层环纹明显,维管束小点散在。气香特异,味辛辣。

以块大、肥满、色黄、质嫩、气味浓者为佳。

干燥根茎呈不规则块状,略扁,具指状分枝,长 3～10cm,厚 1～2cm。表面灰棕色或浅黄棕色,粗糙,具纵皱纹及明显环节,分枝处残留鳞叶,顶端有茎痕或芽痕。质坚实,断面黄白色或灰白色,粉性或颗粒性,有一明显圆环（内皮层），维管束小点及黄色油点散在。气香，特异，味辛辣。

以质坚实、断面色黄白、气味浓者为佳。

根茎栓皮呈不整齐卷缩的碎片，大小不一。外表面淡黄色或灰黄色，具细皱纹，有的具线状环节痕迹。内表面不平滑，放大镜下可见黄色油点。体轻，质软。有特殊香气，味辛辣。

以片大、色黄、气味浓、无杂质者为佳。

【化学成分】鲜根茎含挥发油：主成分为 α-姜烯（α-zingiberene），莰烯（camphene），柠檬烯，β-水芹烯，β-檀香萜醇（β-santalol），β-甜没药烯（β-bisabolene），α-姜黄烯（α-curcumene），姜醇（zingiberol）等；辛辣成分：6-姜辣素（6-gingerol，6-姜辣醇），6-姜辣二醇（6-gingediol），6-甲基姜辣二醇（6-methylgingediol），4-姜辣二醇双乙酸酯（4-gingediacetate），6-甲基姜辣二醇双乙酸酯（6-methylgingediacetate），6-姜辣二酮（6-gingerdione），6-去氢姜辣二酮（6-dehydrogingerdione），6-乙酰姜辣醇（6-acetylgingerol），6-姜辣烯酮（6-shogaol），8-姜酚，6-姜酚，6-姜烯酚，1-去氢姜辣二酮等；双苯吡酮类：1-羟基-7-甲氧基双苯吡酮，优双苯吡酮，1,6-二羟基双苯吡酮；氨基酸：天冬氨酸，谷氨酸，丝氨酸等；还含呋喃大牻牛儿酮（furanogermenone），2-哌啶酸（pipecolic acid），三十一烷醇，正二十四烷酸，3,5-二酮-1,7-二-(3-甲氧基-4-羟基)苯基庚烷，(3S,5S)-3,5-二羟基-1-(4-羟基-3-甲氧基苯基)癸烷及 β-谷甾醇。姜皮含挥发油：主成分为[s-(R,S)]-5-(1,5-二甲基-4-己烯基)-2-甲基-1,3 环己二烯，4-亚甲基-1-(1-甲基乙基)-双环[3.1.0]己烷等。干根茎挥发油主成分为 α-姜烯，柠檬烯，β-水芹烯，莰烯，牻牛儿醛，牻牛儿醇，β-甜没药烯，橙花醇（nerol），1,8-桉叶素，α-松油醇，龙脑，芳樟醇，甲基壬基酮等；并含与鲜根茎相似的辛辣成分以及姜烯酮（gingerenone）A、B、C，异姜烯酮（isogingerenone）B，六氢姜黄素（hexahydrocurcumin），6-姜辣磺酸（6-gingesulfonic acid），姜糖脂（gingerglycolipid）A、B、C；还含多糖，棕榈酸，环丁二酸酐，β-谷甾醇，胡萝卜苷等。

【功效主治】干姜辛，热。温中散寒，回阳通脉，温肺化饮。用于脘腹冷痛，呕吐泻泄，肢冷脉微，寒饮喘咳。生姜辛，微温。散寒解表，温中止呕，止咳化痰，解鱼蟹毒。用于风寒感冒，胃寒呕吐，寒痰咳嗽，鱼蟹中毒。干姜皮辛，凉。行水，消肿。用于水肿胀满。姜叶辛，温。活血散结。用于癥积，扑损瘀血。

【历史】姜始载于《神农本草经》，列为中品，名干姜。《名医别录》另立生姜，与干姜区别应用。《本草图经》载："生姜，生犍为山谷及荆州、扬州。今处处有之，以汉、温、池州者为良。苗高二三尺，叶似箭竹叶而长，两两相对，苗青，根黄，无花实。"《本草纲目》曰："姜，初生嫩者其尖微紫，名紫姜，或作子姜，宿根谓之母姜也。"据考证，古今姜之原植物一致。

【附注】①《中国药典》2010 年版收载生姜、干姜。②《山东省中药材标准》2002 年版收载姜皮。

美人蕉科

美人蕉

【别名】凤尾花

【学名】Canna indica L.

【植物形态】多年生草本，高达 1.5m。茎、叶绿色。总状花序略超出叶片；花小，红色；外轮退化雄蕊 2～3 枚，鲜红色，其中 2 枚呈倒披针形，长约 3.5～4cm，宽 5～7mm；另 1 枚如存在也特别小，长 1.5cm，宽仅 1mm；唇瓣披针形，长 3cm，弯曲；能育雄蕊长 2.5cm；花柱扁平，一半和能育雄蕊的花丝连合。蒴果绿色，长卵形，有软刺。花、果期 8～10 月。

【生长环境】栽培于公园或庭院。

【产地分布】山东境内各地有栽培。国内栽培于全国各地。

【药用部位】根茎：美人蕉根；花：美人蕉花。为民间药。

【采收加工】夏季采花，晒干或鲜用。秋、冬二季挖根，除去茎叶，洗净，晒干或鲜用。

【化学成分】根茎含淀粉，蛋白质，脂肪，正十八烷，正二十七烷和癸酸庚酯（decanoic acid heptyl ester）等。

【功效主治】美人蕉根甘、微苦、涩，凉。清热解毒，调经利水。用于月经不调，带下，黄疸，疟疾，疮疖肿毒。美人蕉花甘、淡，凉。凉血止血。用于吐血，衄血，金疮及其他外伤出血。

兰科

天麻

【别名】赤箭。

【学名】Gastrodia elata Blume

【植物形态】多年生腐生草本。块茎卵形至长椭圆形，肉质，表面有均匀的环纹。茎直立，高 0.6～1m，黄褐色，稍带肉质。叶呈鳞片状，淡黄褐色，膜质，长 1～2cm，基部鞘状抱茎。总状花序顶生，长 10～30cm；花多数，黄褐色，长约 1cm，直径 6～7mm；萼片和花瓣合生，基部膨大呈歪壶状，口偏斜，顶端 5 齿裂；唇瓣白色，3 裂，中裂片舌状，上部反曲，基部有一对肉质突起，侧裂片耳状；合蕊柱白色，短于花被，有翼；子房倒卵形，子房柄扭转。蒴果倒卵状长椭圆形，顶端常有宿存的花被残基。种子多数，细小，粉尘状。花期6～7月；果期7～8月。（图950）

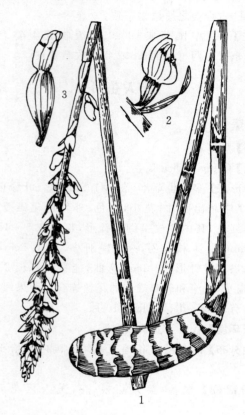

图950 天麻
1. 植株 2. 花 3. 果实

【生长环境】生于林下腐殖质较多的阴湿处，国家Ⅱ级保护植物。栽培于药场。

【产地分布】山东境内产于昆嵛山；莱阳等地有人工栽培。在我国除山东外，还分布于东北、西南地区。

【药用部位】块茎：天麻。为常用中药，可用于保健食品，药膳原料。

【采收加工】立冬后至次年清明前采挖块茎，立即洗净，蒸透，低温烘干。未出芽前采收者为"冬麻"，出芽或结籽之后采收者为"春麻"。

【药材性状】块茎呈椭圆形或长条形，略扁，皱缩而稍弯曲，长3～15cm，宽1.5～6cm，厚0.5～2cm。表面黄白色至淡黄棕色，有纵皱纹及多轮由潜伏芽排列而成的横环纹，有时可见棕褐色菌索。顶端有红棕色至深棕色鹦哥嘴状芽（冬麻）或残留茎基（春麻），另一端有圆脐形疤痕（与母麻脱离的痕迹）。质坚硬，不易折断，断面较平坦，黄白色至淡棕色，角质样，春麻断面常中空。气特异，味甜。

以质地坚实、沉重、有鹦哥嘴、断面明亮、无空心（冬麻）、味甜为佳。

【化学成分】块茎主含天麻素（gastrodin，天麻苷），天麻苷元（gastrodigenin）即对-羟基苯甲醇，天麻醚苷（gastrodioside，赤箭苷），腺苷，尿苷，天麻核苷（gastronucleoside）即 N^2-(对羟苄基)-鸟苷[N^2-(p-hydroxybenzyl)-guanosine]，腺嘌呤，对甲基苯基-1-O-β-D-吡喃葡萄糖苷，3,5-二甲氧基苯甲酸-4-O-β-D-吡喃葡萄糖苷，1-异阿魏酸-β-D-吡喃葡萄糖苷，4-甲酰苯基-β-D-吡喃葡萄糖苷，天麻多糖 WPGB-A-H、WPGB-A-L、GeB40-1、GeB80-4、GE-Ⅰ、GE-Ⅱ、GE-Ⅲ，甘露糖，蔗糖，肿根糖A（dactylose A），柠檬酸，琥珀酸，棕榈酸，酪氨酸，对羟基苯甲酸，柠檬酸单乙酯，柠檬酸甲酯，丙三醇-1-软脂酸单酯，赛比诺啶A（cymbinodin A），硫化二对羟基苄[bis(4-hydroxybenzyl)sulfide]，4-(β-D-吡喃葡萄糖氧)苯甲醛，对-羟基苯甲醛，4-羟苄基甲醚（4-hydroxybenzyl methyl ether），4-(4′-羟苄氧基)苄基甲醚[4-(4′-hydroxybenzyloxy)-benzylmethyl ether]，香草醇（vanillyl alcohol），β-谷甾醇，胡萝卜苷，肽类，挥发油及无机元素铁、氟、锰、锌、碘、铜等。鲜块茎含3,4-二羟基苯甲醛，4,4′-二羟基二苯甲烷（4,4′-dihydroxydiphenylmethane），对-羟苄基乙醚（p-hydroxybenzylethylether），4-乙氧基甲苯基-4′-羟基苄醚等。幼块茎含抗真菌蛋白，天麻多糖等。茎、花、果实中均含天麻素。

【功效主治】甘，平。息风止痉，平抑肝阳，祛风通络。用于小儿惊风，癫痫抽搐，破伤风，头痛眩晕，手足不遂，肢体麻木，风湿痹痛。

【历史】天麻始载于《神农本草经》，列为上品，原名赤箭。《吴普本草》载："茎如箭赤无叶，根如芋子"。《雷公炮炙论》始名天麻。《本草图经》曰："春生苗，初出若芍药，独抽一茎直上，高三二尺，如箭簳状，青赤色，故名赤箭脂。茎中空，依半以上贴茎微有尖小叶，梢头生成穗，开花结子如豆粒大，其子至夏不落，却透虚入茎中，潜生土内，其根形如黄瓜，连生一二十枚，大者有重半斤或五、六两，其皮黄白色，名白龙皮，肉名天麻。"《本草衍义》云："赤箭，天麻苗也"。据各家本草所述特征考证，赤箭与天麻为同一植物，与现今植物天麻相符。

【附注】《中国药典》2010年版收载。

角盘兰

【别名】人参果、人头七。

【学名】Herminium monorchis (L.) R. Br. (Ophrys monorchis L.)

【植物形态】多年生草本，高6～35cm。块茎球形，直径约8mm。茎直立，无毛。叶2～3片，生于茎下部；叶片狭椭圆状披针形或狭椭圆形，先端急尖，基部渐狭成鞘，包围茎基部，长4～10cm，宽1～2.5cm。总状花序，长15cm，顶生，有多花。苞片条状披针形；中萼片卵状披针形，先端钝，侧萼片斜披针形，比中萼片稍长；花瓣近于菱形,向先端渐狭,或在中部微3裂,中裂片条形,先端钝,上部稍肉质增厚,较萼片稍长;唇瓣肉质增厚,与花瓣等长,基部凹陷,近中部3裂,中裂片条形,长1.5mm,侧裂片三角形,较中裂片短得多;退化雄蕊2枚,显著;柱头2裂,叉开;子房无毛。花期6～7月;果期7～9月。(图951)

【植物形态】多年生陆生草本。假鳞茎卵球形。叶2片,生于茎下部;叶片卵形或卵状椭圆形,长5～14cm,宽2.5～8.5cm;有鞘状叶柄。总状花序顶生;花序轴有翅;苞片鳞片状,膜质;花淡黄绿色或带紫色;中萼片条状披针形,长9mm,基部下延,侧萼片长7mm;花瓣丝状,长约7mm;唇瓣倒卵形,长5～6mm,宽3～4mm,中部常缢缩,不分裂,先端边缘有短尖;合蕊柱短。蒴果,倒卵形,无毛。花期6～8月;果期7～9月。(图952)

【生长环境】生于林下或山沟草丛中。

【产地分布】山东境内产于各大山区。在我国除山东外,还分布于东北地区及河北、山西、陕西、甘肃、四川、贵州等地。

【药用部位】全草:羊耳蒜。为民间药。

【采收加工】夏、秋二季采收带假鳞茎全草,除去杂质,晒干或鲜用。

【化学成分】全草含生物碱;挥发性成分主含顺丁烯二酐,3,4-二甲苯胺,2,3-二氢-苯并呋喃,5,6,7,8-四氢氮茚,5-甲基-2-呋喃甲醛,肉豆蔻酸,十六烷酸,1-苯基-3-甲基-2-氮杂芴,桉叶油二烯-5,11(13)-内酯-8,12,藜芦嗪等20余种。

【功效主治】甘、微酸,平。活血止血,消肿止痛。用于崩漏,产后腹痛,白带过多,咽痛,跌打损伤,外伤出血。

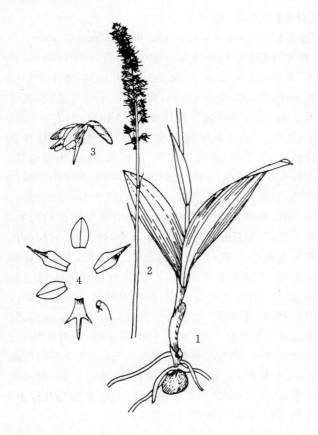

图951 角盘兰
1.植株下部 2.花序 3.花 4.花的各部分

【生长环境】生于山坡草地。

【产地分布】山东境内产于泰山、崂山、荣成等地。在我国分布于长江流域及以北各省区。

【药用部位】全草:角盘兰。为民间药。

【采收加工】夏、秋季采收带根及根茎全草,除去杂质,晒干或鲜用。

【功效主治】甘、温。滋阴补肾,健脾胃,调经活血,解毒。用于气血亏虚,头昏失眠,烦躁口渴,不思饮食,须发早白,月经不调,毒蛇咬伤。

羊耳蒜

【别名】两片草、石蒜头。

【学名】Liparis japonica (Miq.) Maxim.
(*Micrastylis japonica* Miq.)

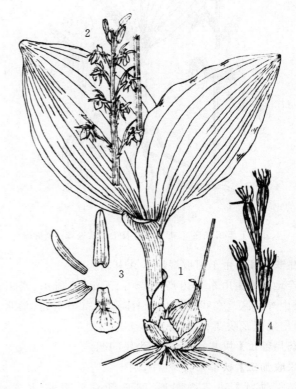

图952 羊耳蒜
1.植株 2.花序 3.萼片及花瓣 4.果实

二叶舌唇兰

【别名】土白芨、蛇儿参。

【学名】Platanthera chlorantha Gust. ex Richb.

【植物形态】多年生草本,高30~50cm。有1~2个卵形块茎。茎直立,无毛。茎生叶2,近于对生,茎下部被膜质鞘,茎中部以上有数片鳞片状叶,向上逐渐过渡为苞片;叶片椭圆形或倒披针状椭圆形,先端钝或急尖,基部渐狭成鞘状叶柄。总状花序,顶生,有10余朵花;苞片狭披针形,与子房近等长;花白色,较大;中萼片阔卵状三角形,长4~5mm,宽5~7mm,先端钝,侧萼片椭圆形,先端急尖;花瓣偏斜,条状披针形,基部较宽大,唇瓣条形,舌状,肉质,不裂,长0.8~1.3cm,先端钝;距弧曲成镰刀状,先端钝,长1~1.5cm,先端以下明显增粗;合蕊柱宽而短,药隔宽3~3.5mm,药室下部叉开;子房细圆柱状,弧曲,上端下弯,无毛。蒴果有喙。花期6~7月;果期7~8月。(图953)

图953 二叶舌唇兰
1.植株下部 2.花序 3.花 4.萼片及花瓣 5.合蕊柱及唇瓣

【生长环境】生于山坡湿地草丛中。

【产地分布】山东境内产于崂山、牙山、昆嵛山、泰山、蒙山等山区。在我国除山东外,还分布于东北、华北、西南地区及陕西、甘肃等地。

【药用部位】块茎:蛇儿参。为民间药。

【采收加工】秋季采收,洗净,晒干。

【药材性状】块茎椭圆形、卵圆形或类圆形,长1~3.5cm,宽0.8~2.5cm,厚0.5~1.8cm。表面灰白色至淡黄白色,微半透明状,有凹凸不平的皱纹。质坚硬,不易破碎,破碎面角质样,浅黄白色,略具光泽。湿润时具黏性。气微,味淡。

【功效主治】苦,平。补肺,生肌,化瘀,止血。用于肺痨咳血、吐血、衄血;外用于外伤出血,痈肿,烧烫伤。

蜈蚣兰

【别名】蜈蚣草、柏子兰、还阳草。

【学名】Cleisostoma scolopendrifolium (Makino) Garay

【植物形态】植物体匍匐。茎细长,直径约1.5mm,多节,具分枝。叶革质,二列互生,彼此疏离,多少两侧对折为半圆柱形,长5~8mm,宽约1.5mm,先端钝,基部具长约5mm的叶鞘。花序侧生,常比叶短;花序柄纤细,长2~4mm,基部被1枚宽卵形的膜质鞘,总状花序具1~2朵花;花苞片卵形,长约0.5mm,先端稍钝;花梗和子房长约3mm;花质地薄,开展,萼片和花瓣浅肉色;中萼片卵状长圆形,长3mm,宽1.5mm,先端钝,具3脉;侧萼片斜卵状长圆形,与中萼片等长而较宽,具3脉;花瓣近长圆形,比中萼片小,具1脉;唇瓣白色带黄色斑点,3裂;侧裂片直立,近三角形,上端钝且稍向前弯;中裂片多少肉质,舌状三角形或箭头状三角形,长约3mm,先端长急尖,基部中央具1条通向距内的褶脊;距近球形,直径约0.8mm,末端凹入,内面背壁上方的胼胝体3裂;侧裂片角状,下弯;中裂片基部2裂呈马蹄状,其下部密被细乳突状毛,远离3裂的胼胝体;蕊柱粗短,长1.5mm,上端扩大;蕊喙2裂,裂片近方形;药帽前端收窄,先端截形且凹缺;黏盘柄宽卵形,基部折叠,黏盘马鞍形。花期4月。

【生长环境】生于崖石上或山地林中树干上,国家Ⅱ级保护植物。

【产地分布】山东境内产于山东崂山、昆嵛山及胶东沿海各山区。在我国除山东外,还分布于河北、江苏、安徽、浙江、福建、四川等地的部分区域。模式标本采自山东崂山。

【药用部位】全草:蜈蚣兰。为民间药。

【采收加工】夏、秋季随时采收,鲜用或晒干。

【功效主治】微苦,凉;清热解毒,润肺止咳,止血,利水通淋。用于咳嗽痰喘,咯血,胁痛,咽痛,鼻渊,肾虚腰痛,小儿惊风。

绶草

【别名】盘龙参。

【学名】Spiranthes sinensis (Pers.) Ames.
(Neottia sinensis Pers.)

【植物形态】多年生草本,植株细弱,连花序高15~50cm。基部簇生数条白色肉质的绳状根。叶2~4片近基部着生；叶片条形或条状倒披针形，长3～15cm，宽0.3～1cm，先端渐尖，基部多少膨大而抱茎，上部叶渐小而成鞘状。花序顶生，长5～15cm，花序轴细弱，有多数密生的小花，排成螺旋状旋转的穗状花序；花白色或淡红色，钟状；萼片长3～4mm，中萼片狭椭圆形，侧萼片披针形；两侧花瓣略短于萼片，唇瓣与萼片约等长，长圆形，中部略收缩，上部边缘不整齐细裂而皱缩，先端钝而有短尖，稍反曲。蒴果椭圆形，长约5mm。花期6～8月；果期7～9月。（图954）

图954　绶草
1.植株下部　2.花序　3.花及苞片　4.花去苞片

【生长环境】生于阴湿山坡、路边或杂草丛中。
【产地分布】山东境内产于各山地丘陵。广泛分布于全国各地。
【药用部位】全草：盘龙参。为民间药。
【采收加工】夏秋二季采收带根全草，除去杂质，晒干或鲜用。
【药材性状】全草长15～40cm。茎圆柱形；表面灰白色，具细纵条纹；基部簇生数条近纺锤形块根，表面具纵皱纹。叶基生；完整叶片呈条状披针形或条形，长2～14cm，宽2～8mm；表面绿色或灰绿色。有时可见穗状花序，呈螺旋状扭转。气微，味淡、微甜。
【化学成分】根含二氢菲类：盘龙参酚（spiranthol）A、B、C，盘龙参新酚（spirasineol）A、B，盘龙参醌（spiranthoquinone），盘龙参二聚菲酚（spiranthesol）A、B，红门兰酚（orchinol）；黄酮类：盘龙参黄酮Ⅰ（spiranthetin Ⅰ）即 5-羟基-3,7-二甲氧基-4'-O-异戊烯基黄酮，5-羟基-3,7,3'-三甲氧基-4'-O-异戊烯基黄酮，3-O-[β-D-吡喃木糖基(1→2)-β-D-吡喃葡萄糖糖基]-8-(对-羟基苄基)山奈酚，(2S)-5,2',6'-trihydroxy-6-lavandulyl-4''-(γ,γ-dimethylallyl)-2'',2''-dimethylpyrano-[5'',6'',7,8]-flavanone 等；还含阿魏酸十九醇酯（nonadecyl ferulate），阿魏酸二十醇酯，阿魏酸二十一醇酯，阿魏酸23～28醇酯，β-谷甾醇，豆甾醇，菜油甾醇，对-羟基苯甲醛，对-羟基苄醇（p-hydroxybenzylalcohol）等。**地上部分**含 sinensol A～H 等。**全草**挥发性成分主含9,12-十八烷二烯酸，(Z)-9-十八烯酸等。

【功效主治】甘、淡，平。滋阴益气，凉血解毒，涩精。用于产后气血两虚，少气无力，气虚白带，遗精，失眠，燥咳，咽喉肿痛，缠腰火丹，肾虚，肺痨咯血，消渴，小儿暑热症；外用于毒蛇咬伤，疮肿。
【历史】绶草始载于《滇南本草》，名盘龙参。《植物名实图考》云："袁州、衡州山坡皆有之。长叶如初生萱草而脆肥，春时抽葶，发苞如辫绳斜纠，开小粉红花，大如小豆瓣，有细齿上翘，中吐白蕊，根有黏汁。其根似天门冬而微细，色黄。"所述形态及附图与绶草相符。

参考文献

[1] 魏·吴普. 神农本草经[M]. 清·孙星衍,孙冯翼,辑. 鲁兆麟,主校. 石学文,点校. 沈阳:辽宁科学技术出版社,1997.

[2] 宋·唐慎微. 证类本草[M]. 尚志钧,郑金生,尚元藕,等校点. 北京:华夏出版社,1993.

[3] 梁·陶弘景. 名医别录[M]. 尚志钧,辑校. 北京:人民卫生出版社,1986.

[4] 唐·苏敬. 新修本草[M]. 尚志钧,辑校. 合肥:安徽科学技术出版社,2005.

[5] 唐·陈藏器. 本草拾遗[M]. 尚志钧,辑校. 合肥:安徽科学技术出版社,2002.

[6] 宋·苏颂. 本草图经[M]. 尚志钧,辑校. 合肥:安徽科学技术出版社,1994.

[7] 明·李时珍. 本草纲目(第1册)[M]. 北京:人民卫生出版社,1975.

[8] 明·李时珍. 本草纲目(第2册)[M]. 北京:人民卫生出版社,1977.

[9] 明·李时珍. 本草纲目(第3册)[M]. 北京:人民卫生出版社,1979.

[10] 明·李时珍. 本草纲目(第4册)[M]. 北京:人民卫生出版社,1982.

[11] 清·吴其濬. 植物名实图考(上册)[M]. 北京:中华书局,1963.

[12] 清·吴其濬. 植物名实图考(下册)[M]. 北京:中华书局,1963.

[13] 山东卫生干部进修学院. 山东中药[M]. 济南:山东人民出版社,1959.

[14] 山东中草药手册编写组. 山东中草药手册[M]. 济南:山东人民出版社,1970.

[15] 中国药典委员会. 中华人民共和国药典(1977年版一部)[M]. 北京:人民卫生出版社,1978.

[16] 中国药典委员会. 中华人民共和国药典(1985年版一部)[M]. 北京:人民卫生出版社,1985.

[17] 中国药典委员会. 中华人民共和国药典(1990年版一部)[M]. 北京:人民卫生出版社,化学工业出版社,1990.

[18] 中国药典委员会. 中华人民共和国药典(1995年版一部)[M]. 广州:广东科技出版社,北京:化学工业出版社,1995.

[19] 中国药典委员会. 中华人民共和国药典(2000年版一部)[M]. 北京:化学工业出版社,2000.

[20] 中国药典委员会. 中华人民共和国药典(2005年版一部)[M]. 北京:化学工业出版社,2005.

[21] 中国药典委员会. 中华人民共和国药典(2010年版一部)[M]. 北京:中国医药科技出版社,2010.

[22] 山东经济植物编写组. 山东经济植物[M]. 济南:山东人民出版社,1978.

[23] 山东省农业区划委员会办公室. 山东省综合农业区划[M]. 济南:山东科学技术出版社,1982.

[24] 中国科学院植物研究所. 中国高等植物图鉴(第一册)[M]. 北京:科学出版社,1987.

[25] 中国科学院植物研究所. 中国高等植物图鉴(第二册)[M]. 北京:科学出版社,1987.

[26] 中国科学院植物研究所. 中国高等植物图鉴(第三册)[M]. 北京:科学出版社,1987.

[27] 中国科学院植物研究所. 中国高等植物图鉴(第四册)[M]. 北京:科学出版社,1987.

[28] 中国科学院植物研究所. 中国高等植物图鉴(第五册)[M]. 北京:科学出版社,1987.

[29] 中国科学院植物研究所. 中国高等植物图鉴(补编第一册)[M]. 北京:科学出版社,1987.

[30] 中国科学院植物研究所. 中国高等植物图鉴(补编第二册)[M]. 北京:科学出版社,1987.

[31] 陈翼胜,郑硕. 中国有毒植物[M]. 北京:科学出版社,1987.

[32] 胡世林. 中国道地药材[M]. 哈尔滨:黑龙江科学技术出版社,1989.

[33] 江苏省植物研究所,中国医学科学院药物研究所,中国科学院昆明植物研究所. 新华本草纲要(第一册)[M]. 上海:上海科技出版社,1988.

[34] 江苏省植物研究所,中国医学科学院药物研究所,中国科学院昆明植物研究所. 新华本草纲要(第二册)[M]. 上海:上海科学技术出版社,1991.

[35] 江苏省植物研究所,中国医学科学院药物研究所,中国科学院昆明植物研究所. 新华本草纲要(第三册)[M]. 上海:上海科学技术出版社,1990.

[36] 中国医学科学院药物研究所. 中药志(第一册)[M]. 北京:人民卫生出版社,1979.
[37] 中国医学科学院药物研究所. 中药志(第二册)[M]. 北京:人民卫生出版社,1982.
[38] 中国医学科学院药物研究所. 中药志(第三册)[M]. 北京:人民卫生出版社,1984.
[39] 中国医学科学院药用植物资源开发研究所. 中药志(第五册)[M]. 北京:人民卫生出版社,1994.
[40] 傅立国. 中国植物红皮书[M]. 北京:科学出版社,1992.
[41] 周荣汉. 中药资源学[M]. 北京:中国医药科技出版,1993.
[42] 田聚成. 山东地道药材[M]. 北京:中国医药科技出版社,1993.
[43] 王仁卿,张昭洁. 山东稀有濒危保护植物[M]. 济南:山东大学出版社,1993.
[44] 山西省植物学会. 北方植物学研究(第一集)[C]. 天津:南开大学出版社,1993.
[45] 中国药材公司. 中国中药区划[M]. 北京:科学出版社,1994.
[46] 中国药材公司. 中国中药资源志要[M]. 北京:科学出版社,1994.
[47] 中国药材公司. 中国常用中药材[M]. 北京:科学出版社,1995.
[48] 李法曾,姚敦义. 山东植物研究[M]. 北京:科学技术出版社,1995.
[49] 田景振. 中药研究与应用[M]. 北京:中医古籍出版社,1996.
[50] 谢宗万,余友芩. 全国中草药名鉴(上册)[M]. 北京:人民卫生出版社,1996.
[51] 徐国钧,何宏贤,徐珞珊,等. 中国药材学(上册)[M]. 北京:中国医药科技出版社,1996.
[52] 徐国钧,何宏贤,徐珞珊,等. 中国药材学(下册)[M]. 北京:中国医药科技出版社,1996.
[53] 陈汉斌,郑亦津,李法曾. 山东植物志(上册)[M]. 青岛:青岛出版社,1990.
[54] 陈汉斌,郑亦津,李法曾. 山东植物志(下册)[M]. 青岛:青岛出版社,1997.
[55] 王伏雄,钱南芬,张玉龙,等. 中国植物花粉形态[M]. 第2版. 北京:科学出版社,1997.
[56] 中国科学院中国植物志编辑委员会. 中国植物志(第3卷第1分册)[M]. 北京:科学出版社,1959.
[57] 中国科学院中国植物志编辑委员会. 中国植物志(第3卷第2分册)[M]. 北京:科学出版社,1999.
[58] 中国科学院植物研究所,昆明植物研究所,华南植物园,等. Flora of China (Vol. 2)[M]. 北京:科学出版社,2011.
[59] 中国科学院中国植物志编辑委员会. 中国植物志(第4卷第1分册)[M]. 北京:科学出版社,1999.
[60] 中国科学院中国植物志编辑委员会. 中国植物志(第5卷)[M]. 北京:科学出版社,2001.
[61] 中国科学院植物研究所,昆明植物研究所,华南植物园,等. Flora of China (Vol. 3)[M]. 北京:科学出版社,2011.
[62] 中国科学院中国植物志编辑委员会. 中国植物志(第6卷第1分册)[M]. 北京:科学出版社,1999.
[63] 中国科学院中国植物志编辑委员会. 中国植物志(第6卷第2分册)[M]. 北京:科学出版社,2000.
[64] 中国科学院中国植物志编辑委员会. 中国植物志(第7卷)[M]. 北京:科学出版社,1978.
[65] 中国科学院植物研究所,昆明植物研究所,华南植物园,等. Flora of China (Vol. 4)[M]. 北京:科学出版社,1999.
[66] 中国科学院中国植物志编辑委员会. 中国植物志(第20卷第1分册)[M]. 北京:科学出版社,1982.
[67] 中国科学院中国植物志编辑委员会. 中国植物志(第20卷第1分册)[M]. 北京:科学出版社,1984.
[68] 中国科学院中国植物志编辑委员会. 中国植物志(第21卷)[M]. 北京:科学出版社,1979.
[69] 中国科学院中国植物志编辑委员会. 中国植物志(第22卷)[M]. 北京:科学出版社,1998.
[70] 中国科学院植物研究所,昆明植物研究所,华南植物园,等. Flora of China (Vol. 5)[M]. 北京:科学出版社,2003.
[71] 中国科学院中国植物志编辑委员会. 中国植物志(第22卷第1分册)[M]. 北京:科学出版社,1998.
[72] 中国科学院中国植物志编辑委员会. 中国植物志(第22卷第2分册)[M]. 北京:科学出版社,1995.
[73] 中国科学院中国植物志编辑委员会. 中国植物志(第22卷第1分册)[M]. 北京:科学出版社,1988.
[74] 中国科学院中国植物志编辑委员会. 中国植物志(第25卷第1分册)[M]. 北京:科学出版社,1998.
[75] 中国科学院中国植物志编辑委员会. 中国植物志(第25卷第2分册)[M]. 北京:科学出版社,1979.
[76] 中国科学院中国植物志编辑委员会. 中国植物志(第26卷)[M]. 北京:科学出版社,1996.

参考文献

[77] 中国科学院植物研究所,昆明植物研究所,华南植物园,等. Flora of China(Vol. 6)[M].北京:科学出版社,2001.

[78] 中国科学院中国植物志编辑委员会.中国植物志(第27卷)[M].北京:科学出版社,1979.

[79] 中国科学院中国植物志编辑委员会.中国植物志(第27卷)[M].北京:科学出版社,1980.

[80] 中国科学院中国植物志编辑委员会.中国植物志(第29卷)[M].北京:科学出版社,2001.

[81] 中国科学院植物研究所,昆明植物研究所,华南植物园,等. Flora of China(Vol. 19)[M].北京:科学出版社,2011.

[82] 中国科学院中国植物志编辑委员会.中国植物志(第30卷第1分册)[M].北京:科学出版社,1996.

[83] 中国科学院植物研究所,昆明植物研究所,华南植物园,等. Flora of China(Vol. 7)[M].北京:科学出版社,2008.

[84] 中国科学院中国植物志编辑委员会.中国植物志(第30卷第2分册)[M].北京:科学出版社,1979.

[85] 中国科学院中国植物志编辑委员会.中国植物志(第31卷)[M].北京:科学出版社,1982.

[86] 中国科学院中国植物志编辑委员会.中国植物志(第32卷)[M].北京:科学出版社,1999.

[87] 中国科学院中国植物志编辑委员会.中国植物志(第33卷)[M].北京:科学出版社,1987.

[88] 中国科学院植物研究所,昆明植物研究所,华南植物园,等. Flora of China(Vol. 8)[M].北京:科学出版社,2001.

[89] 中国科学院中国植物志编辑委员会.傅书遐,傅坤俊,阮伟球,等.中国植物志(第34卷第1分册)[M].北京:科学出版社,1984.

[90] 中国科学院中国植物志编辑委员会.中国植物志(第34卷第2分册)[M].北京:科学出版社,1992.

[91] 中国科学院中国植物志编辑委员会.中国植物志(第35卷第2分册)[M].北京:科学出版社,1979.

[92] 中国科学院植物研究所,昆明植物研究所,华南植物园,等. Flora of China(Vol. 9)[M].北京:科学出版社,2003.

[93] 中国科学院中国植物志编辑委员会.中国植物志(第36卷)[M].北京:科学出版社,1974.

[94] 中国科学院中国植物志编辑委员会.中国植物志(第37卷)[M].北京:科学出版社,1985.

[95] 中国科学院中国植物志编辑委员会.中国植物志(第38卷)[M].北京:科学出版社,1986.

[96] 中国科学院中国植物志编辑委员会.中国植物志(第39卷)[M].北京:科学出版社,1988.

[97] 中国科学院中国植物志编辑委员会.中国植物志(第40卷)[M].北京:科学出版社,1994.

[98] 中国科学院中国植物志编辑委员会.中国植物志(第41卷)[M].北京:科学出版社,1995.

[99] 中国科学院中国植物志编辑委员会.中国植物志(第42第1分册卷)[M].北京:科学出版社,1993.

[100] 中国科学院中国植物志编辑委员会.中国植物志(第42卷第2分册)[M].北京:科学出版社,1998.

[101] 中国科学院植物研究所,昆明植物研究所,华南植物园,等. Flora of China(Vol. 10)[M].北京:科学出版社,2010.

[102] 中国科学院中国植物志编辑委员会.中国植物志(第43卷第1分册)[M].北京:科学出版社,1998.

[103] 中国科学院植物研究所,昆明植物研究所,华南植物园,等. Flora of China(Vol. 11)[M].北京:科学出版社,2008.

[104] 中国科学院中国植物志编辑委员会.中国植物志(第43卷第2分册)[M].北京:科学出版社,1997.

[105] 中国科学院中国植物志编辑委员会.中国植物志(第43卷第3分册)[M].北京:科学出版社,1997.

[106] 中国科学院中国植物志编辑委员会.中国植物志(第44卷第1分册)[M].北京:科学出版社,1994.

[107] 中国科学院中国植物志编辑委员会.中国植物志(第44卷第2分册)[M].北京:科学出版社,1996.

[108] 中国科学院中国植物志编辑委员会.中国植物志(第44卷第3分册)[M].北京:科学出版社,1997.

[109] 中国科学院中国植物志编辑委员会.中国植物志(第45卷第1分册)[M].北京:科学出版社,1980.

[110] 中国科学院中国植物志编辑委员会.中国植物志(第45卷第2分册)[M].北京:科学出版社,1999.

[111] 中国科学院中国植物志编辑委员会.中国植物志(第45卷第3分册)[M].北京:科学出版社,1999.

[112] 中国科学院中国植物志编辑委员会.中国植物志(第47卷第1分册)[M].北京:科学出版社,1985.

[113] 中国科学院植物研究所,昆明植物研究所,华南植物园等. Flora of China(Vol. 12)[M].北京:科学出版

社,2007.
- [114] 中国科学院中国植物志编辑委员会. 中国植物志(第47卷第2分册)[M]. 北京:科学出版社,2001.
- [115] 中国科学院中国植物志编辑委员会. 中国植物志(第48卷第1分册)[M]. 北京:科学出版社,1982.
- [116] 中国科学院中国植物志编辑委员会. 中国植物志(第48卷第2分册)[M]. 北京:科学出版社,1998.
- [117] 中国科学院中国植物志编辑委员会. 中国植物志(第49卷第1分册)[M]. 北京:科学出版社,1989.
- [118] 中国科学院中国植物志编辑委员会. 中国植物志(第49卷第2分册)[M]. 北京:科学出版社,1984.
- [119] 中国科学院中国植物志编辑委员会. 中国植物志(第49卷第3分册)[M]. 北京:科学出版社,1998.
- [120] 中国科学院中国植物志编辑委员会. 中国植物志(第50卷第2分册)[M]. 北京:科学出版社,1990.
- [121] 中国科学院植物研究所,昆明植物研究所,华南植物园,等. Flora of China (Vol. 13)[M]. 北京:科学出版社,2007.
- [122] 中国科学院中国植物志编辑委员会. 中国植物志(第51卷)[M]. 北京:科学出版社,1991.
- [123] 中国科学院中国植物志编辑委员会. 中国植物志(第52卷第1分册)[M]. 北京:科学出版社,1999.
- [124] 中国科学院中国植物志编辑委员会. 中国植物志(第52卷第2分册)[M]. 北京:科学出版社,1983.
- [125] 中国科学院中国植物志编辑委员会. 中国植物志(第53卷第2分册)[M]. 北京:科学出版社,2000.
- [126] 中国科学院植物研究所,昆明植物研究所,华南植物园,等. Flora of China (Vol. 14)[M]. 北京:科学出版社,2005.
- [127] 中国科学院中国植物志编辑委员会. 中国植物志(第54卷)[M]. 北京:科学出版社,1978.
- [128] 中国科学院中国植物志编辑委员会. 中国植物志(第55卷第1分册)[M]. 北京:科学出版社,1979.
- [129] 中国科学院中国植物志编辑委员会. 中国植物志(第55卷第2分册)[M]. 北京:科学出版社,1985.
- [130] 中国科学院中国植物志编辑委员会. 中国植物志(第55卷第3分册)[M]. 北京:科学出版社,1992.
- [131] 中国科学院中国植物志编辑委员会. 中国植物志(第56卷)[M]. 北京:科学出版社,1990.
- [132] 中国科学院中国植物志编辑委员会. 中国植物志(第57卷第1分册)[M]. 北京:科学出版社,1999.
- [133] 中国科学院中国植物志编辑委员会. 中国植物志(第57卷第2分册)[M]. 北京:科学出版社,1994.
- [134] 中国科学院中国植物志编辑委员会. 中国植物志(第59卷第1分册)[M]. 北京:科学出版社,1989.
- [135] 中国科学院植物研究所,昆明植物研究所,华南植物园,等. Flora of China (Vol. 15)[M]. 北京:科学出版社,1996.
- [136] 中国科学院中国植物志编辑委员会. 中国植物志(第60卷第1分册)[M]. 北京:科学出版社,1987.
- [137] 中国科学院中国植物志编辑委员会. 中国植物志(第60卷第2分册)[M]. 北京:科学出版社,1987.
- [138] 中国科学院中国植物志编辑委员会. 中国植物志(第61卷)[M]. 北京:科学出版社,1992.
- [139] 中国科学院中国植物志编辑委员会. 中国植物志(第62卷)[M]. 北京:科学出版社,1988.
- [140] 中国科学院植物研究所,昆明植物研究所,华南植物园,等. Flora of China (Vol. 16)[M]. 北京:科学出版社,1995.
- [141] 中国科学院中国植物志编辑委员会. 中国植物志(第63卷)[M]. 北京:科学出版社,1977.
- [142] 中国科学院中国植物志编辑委员会. 中国植物志(第64卷第1分册)[M]. 北京:科学出版社,1979.
- [143] 中国科学院中国植物志编辑委员会. 中国植物志(第64卷第2分册)[M]. 北京:科学出版社,1989.
- [144] 中国科学院中国植物志编辑委员会. 中国植物志(第65卷第1分册)[M]. 北京:科学出版社,1982.
- [145] 中国科学院植物研究所,昆明植物研究所,华南植物园,等. Flora of China (Vol. 17)[M]. 北京:科学出版社,1994.
- [146] 中国科学院中国植物志编辑委员会. 中国植物志(第65卷第2分册)[M]. 北京:科学出版社,1977.
- [147] 中国科学院中国植物志编辑委员会. 中国植物志(第66卷)[M]. 北京:科学出版社,1977.
- [148] 中国科学院中国植物志编辑委员会. 中国植物志(第67卷第1分册)[M]. 北京:科学出版社,1978.
- [149] 中国科学院中国植物志编辑委员会. 中国植物志(第67卷第2分册)[M]. 北京:科学出版社,1979.
- [150] 中国科学院中国植物志编辑委员会. 中国植物志(第68卷)[M]. 北京:科学出版社,1963.
- [151] 中国科学院植物研究所,昆明植物研究所,华南植物园,等. Flora of China (Vol. 18)[M]. 北京:科学出版社,1998.

[152] 中国科学院中国植物志编辑委员会. 中国植物志(第69)[M]. 北京:科学出版社,1990.
[153] 中国科学院中国植物志编辑委员会. 中国植物志(第70卷)[M]. 北京:科学出版社,2002.
[154] 中国科学院植物研究所,昆明植物研究所,华南植物园,等. Flora of China (Vol. 19)[M]. 北京:科学出版社,2011.
[155] 中国科学院中国植物志编辑委员会. 中国植物志(第71卷第1分册)[M]. 北京:科学出版社,1999.
[156] 中国科学院中国植物志编辑委员会. 中国植物志(第71卷第2分册)[M]. 北京:科学出版社,1999.
[157] 中国科学院中国植物志编辑委员会. 徐柄声,胡嘉琪,王汉津编著. 中国植物志(第72卷)[M]. 北京:科学出版社,1988.
[158] 中国科学院中国植物志编辑委员会. 中国植物志(第73卷第1分册)[M]. 北京:科学出版社,1986.
[159] 中国科学院中国植物志编辑委员会. 中国植物志(第73卷第2分册)[M]. 北京:科学出版社,1983.
[160] 中国科学院中国植物志编辑委员会. 中国植物志(第74卷)[M]. 北京:科学出版社,1985.
[161] 中国科学院中国植物志编辑委员会. 中国植物志(第75卷)[M]. 北京:科学出版社,1979.
[162] 中国科学院中国植物志编辑委员会. 中国植物志(第76卷第1分册)[M]. 北京:科学出版社,1983.
[163] 中国科学院中国植物志编辑委员会. 中国植物志(第76卷第2册)[M]. 北京:科学出版社,1991.
[164] 中国科学院中国植物志编辑委员会. 中国植物志(第77卷第1分册)[M]. 北京:科学出版社,1999.
[165] 中国科学院中国植物志编辑委员会. 中国植物志(第77卷第2分册)[M]. 北京:科学出版社,1989.
[166] 中国科学院中国植物志编辑委员会. 中国植物志(第78卷第1分册)[M]. 北京:科学出版社,1987.
[167] 中国科学院中国植物志编辑委员会. 中国植物志(第78卷第2分册)[M]. 北京:科学出版社,1999.
[168] 中国科学院中国植物志编辑委员会. 中国植物志(第79卷)[M]. 北京:科学出版社,1996.
[169] 中国科学院中国植物志编辑委员会. 中国植物志(第80卷第1分册)[M]. 北京:科学出版社,1997.
[170] 中国科学院中国植物志编辑委员会. 中国植物志(第80卷第2分册)[M]. 北京:科学出版社,1999.
[171] 中国科学院植物研究所,昆明植物研究所,华南植物园,等. Flora of China (Vol. 20-21)[M]. 北京:科学出版社,2011.
[172] 中国科学院中国植物志编辑委员会. 中国植物志(第8卷)[M]. 北京:科学出版社,1992.
[173] 中国科学院植物研究所,昆明植物研究所,华南植物园等. Flora of China (Vol. 23)[M]. 北京:科学出版社,2010.
[174] 中国科学院中国植物志编辑委员会. 中国植物志(第9卷第2分册)[M]. 北京:科学出版社,2002.
[175] 中国科学院中国植物志编辑委员会. 中国植物志(第10卷第1分册)[M]. 北京:科学出版社,1990.
[176] 中国科学院中国植物志编辑委员会. 中国植物志(第10卷第2分册)[M]. 北京:科学出版社,1997.
[177] 中国科学院中国植物志编辑委员会. 中国植物志(第9卷第3分册)[M]. 北京:科学出版社,1987.
[178] 中国科学院植物研究所,昆明植物研究所,华南植物园,等. Flora of China (Vol. 22)[M]. 北京:科学出版社,2008.
[179] 中国科学院中国植物志编辑委员会. 中国植物志(第11卷)[M]. 北京:科学出版社,1961.
[180] 中国科学院中国植物志编辑委员会. 中国植物志(第13卷第2分册)[M]. 北京:科学出版社,1979.
[181] 中国科学院中国植物志编辑委员会. 中国植物志(第13卷第3分册)[M]. 北京:科学出版社,1997.
[182] 中国科学院植物研究所,昆明植物研究所,华南植物园等. Flora of China (Vol. 24)[M]. 北京:科学出版社,2000.
[183] 中国科学院中国植物志编辑委员会. 中国植物志(第14卷)[M]. 北京:科学出版社,1980.
[184] 中国科学院中国植物志编辑委员会. 中国植物志(第15卷)[M]. 北京:科学出版社,1978.
[185] 中国科学院中国植物志编辑委员会. 中国植物志(第16卷第1分册)[M]. 北京:科学出版社,1985.
[186] 中国科学院中国植物志编辑委员会. 中国植物志(第16卷第2分册)[M]. 北京:科学出版社,1981.
[187] 中国科学院植物研究所,昆明植物研究所,华南植物园等. Flora of China (Vol. 25)[M]. 北京:科学出版社,2010.
[188] 中国科学院中国植物志编辑委员会. 中国植物志(第17卷)[M]. 北京:科学出版社,1999.
[189] 中国科学院中国植物志编辑委员会. 中国植物志(第18卷)[M]. 北京:科学出版社,1999.

[190] 赵遵田,曹同. 山东苔藓植物志[M]. 济南:山东科学技术出版社,1998.

[191] 张宪春,邢公侠. 纪念秦仁昌论文集[M]. 北京:中国林业出版社.1999,370~379.

[192] 国家中医药管理局《中华本草》编委会. 中华本草 [M]. 上海:上海科学技术出版社,1999.

[193] 中华人民共和国卫生部药政管理局,中国药品生物制品鉴定所. 现代实用本草(上册)[M]. 北京:人民卫生出版社,1997.

[194] 中华人民共和国卫生部药政管理局,中国药品生物制品鉴定所. 现代实用本草(中册)[M]. 北京:人民卫生出版社,2000.

[195] 中华人民共和国卫生部药政管理局,中国药品生物制品鉴定所. 现代实用本草(下册)[M]. 北京:人民卫生出版社,2000.

[196] 赵可夫,冯立田. 中国盐生植物资源[M]. 北京:科学出版社,2001.

[197] 肖培根. 新编中药志(第一卷)[M]. 北京:化学工业出版社,2002.

[198] 肖培根. 新编中药志(第二卷)[M]. 北京:化学工业出版社,2002.

[199] 肖培根. 新编中药志(第三卷)[M]. 北京:化学工业出版社,2002.

[200] 肖培根. 新编中药志(第五卷)[M]. 北京:化学工业出版社,2007.

[201] 中国药品生物制品检定所,广东省药品检验所. 中国中药材真伪鉴别图典2(常用根及根茎药材分册)[M]. 广州:广东科技出版社,2004.

[202] 中国药品生物制品检定所,广东省药品检验所编. 中国中药材真伪鉴别图典3(常用种子、果实及皮类药材分册)[M]. 广州:广东科技出版社,2004.

[203] 中国药品生物制品检定所,广东省药品检验所编. 中国中药材真伪鉴别图典4(常用花叶、全草、动矿物及其它药材分册)[M]. 广州:广东科技出版社,2004.

[204] 李法曾. 山东植物精要[M]. 北京:科学出版社,2004.

[205] 王惠清. 中药材产销[M]. 成都:四川科技出版社,2004.

[206] 阎玉凝. 精编彩图版中药图典 [M]. 北京:北京科学技术出版社,2007.

[207] 傅立国,陈潭清,郎楷永,等. 中国高等植物(第二卷)[M]. 青岛:青岛出版社,2008.

[208] 龙兴超,马逾英. 全国中药材购销指南[M]. 北京:人民卫生出版社,2010.

[209] 管华诗,王曙光. 中华海洋本草[M]. 上海:上海科技出版社,2010.

[210] 周光裕. 山东的植被分类和分区[J]. 山东大学学报(自然科学版),1963,(1):63-74.

[211] 李建秀,卫云,王长塘. 山东蕨类植物两新种[J]. 植物分类学报,1984,22(2):164-166.

[212] 李建秀. 山东植物蕨类新种[J]. 植物研究,1984,4(2):142-146.

[213] 周凤琴,李建秀,丁作超. 山东鳞毛蕨属植物叶柄基部解剖的初步观察[J]. 山东中药大学学报,1985,9(专辑):68-72.

[214] 李建秀,李峰. 山东鳞毛蕨属一新种[J]. 植物分类学报,1988,26(5):406-407.

[215] 李建秀,丁作超. 山东假蹄盖蕨属两新种[J]. 植物分类学报,1988,26(2):162-164.

[216] 李建秀,周凤琴. 日本节节草(新组合变种)在中国的新记录[J]. 植物分类学报,1991,11(2):35-36.

[217] 李建秀,周凤琴. 山东贯众属中药资源调查及生药鉴定[J]. 植物生物学报,1994,4(1):85-88.

[218] 李建秀,孙秀霞. 山东丹参类植物新资源[J]. 山东中医药大学学报,1995,19(3):190-191.

[219] 周凤琴,李建秀,张照荣. 中药瞿麦的本草考证[J]. 中药材,1995,18(11):581-583.

[220] 周凤琴,张照荣,司梅. 山东不同产地香附的鉴别[J]. 中药材,1996,19(3):119-121.

[221] 周凤琴,李建秀,张照荣. 山东珍稀濒危野生药用植物的调查研究[J]. 中草药,1998,29(1):46-49.

[222] 郭庆梅,李静,张艳敏,等. 山东新植物[J]. 植物研究,2001,21(4):511-512.

[223] 张永清. 山东金银花生产情况调查[J]. 山东中医杂志,2000,19(10):621-624.

[224] 张永清,孙维洋,孙笑嫚,等. 产地加工对北沙参碳水化合物含量的影响[J]. 山东中医杂志,2001,20(8):487-490.

[225] 张永清. 山东省北沙参生产情况调查[J]. 山东中医杂志,2001,20(3):169-171.

[226] 张永清. 北沙参根中化学成分分布规律探讨[J]. 山东中医药大学学报,2002,26(3):221-224.

[227] 周凤琴,郭庆梅,汤淑彧,等.山东产蹄盖蕨科2属植物形态解剖学的研究[J].西北植物学报,2006,26(8):1569-1574.

[228] 郭庆梅,周凤琴,李定格,等.瓜蒌的名称、原植物和产地的本草考证[J].中医研究,2006,19(3):28-29.

[229] 郭庆梅,周凤琴,张卉,等.瓜蒌的药用部位、采收加工和功效的考证[J].中医药学刊,2006,24(10):48-50.

[230] 郭庆梅,周凤琴,李建秀.山东3种金星蕨科植物的比较解剖[J].山东师范大学学报(自然科学版),2007,22(2):116-119.

[231] 郭庆梅,周凤琴,张照荣.山东道地药材瓜蒌中无机元素及农药残留的检测[J].国外医药·植物药分册,2008,23(4):166-169.

[232] 杨金玲,郭庆梅,周凤琴,等.有柄石韦及其近缘种叶的显微鉴别[J].中药材,2009,32(7):1046-1048.

[233] 郭庆梅,周凤琴.商品全瓜蒌的干燥加工试验[J].现代中药研究与实践,2009,23(1):16-17.

[234] 孙稚颖,周凤琴,郭庆梅.山东东营河口区柽柳林场药用植物资源调查[J].国土与自然资源研究,2009,(1):94-95.

[235] 刘会,姜海荣,刘洪超,等.中药西河柳的本草考证[J].中药材,2009,32(7):1151-1154.

[236] 张永清,刘金花,李佳,等.黄芩最佳采收期研究[J].现代中药研究与实践,2009,23(2):1-3.

[237] 张永清,纪云,赵传亮.对《中华人民共和国药典》部分植物药材药用部位的商榷[J].中国中医药信息杂志,2009,16(12):3-4.

[238] 张永清,张春凤,李佳.黄芩植株体内黄芩苷积累规律及其影响因素研究进展[J].中华中医药学刊,2009,27(5):914-916.

[239] 邵明辉,张永清,李长峰.丹参与白花丹参产量及有效成分含量的比较研究[J].齐鲁药事,2009,28(1):24-26.

[240] 车勇,李松涛,张永清.酸枣超临界萃取物的化学成分研究[J].安徽农业科学,2009,37(17):7822,7834.

[241] 刘金花,张永清,王修奇.不同方法繁殖黄芩药材的产量与质量比较[J].中国中医药科技,2009,16(5):394-395.

[242] 崔洋洋,周凤琴,郭庆梅,等.中药碱蓬的文献考证与研究进展[J].时珍国医国药,2010,21(10):2645-2646.

[243] 赵金凤,周凤琴,郭庆梅,等.忍冬叶研究进展[J].中国药房,2010,21(39):3738-3740.

[244] 周凤琴,李佳,冉蓉,等.我国金银花主产区种质资源调查[J].现代中药研究与实践,2010,24(3):21-25.

[245] 段旭静,李佳,张永清.米口袋属药用植物研究[J].山东中医药大学学报,2010,34(2):181-183.

[246] 车勇,张永清.酸枣根超临界流体二氧化碳萃取物化学成分研究[J].时珍国医国药,2010,21(4):1009-1010.

[247] 李聪,张永清,李佳,等.茶藨子叶孔菌子实体(忍冬)的化学成分研究[J].天然产物研究与开发,2010,22(3):422-424.

[248] 郭庆梅,孙稚颖,李佳,等.黄河三角洲湿地(东营)药用植物群落调查[J].国土与自然资源研究,2011,(1):93-94.

[249] 郭庆梅,孙稚颖,韩琳娜,等.黄河三角洲东营市河口区柽柳资源调查及综合开发[J].中国海洋药物,2011,30(6):59-62.

[250] 郭庆梅,周凤琴,吴群,等.忍冬不同农家品种叶形态特征比较[J].中国中药杂志,2011,36(14):1927-1930.

[251] 张芳,张永清,于晓,等.不同变异类型忍冬花蕾绿原酸含量分析比较[J].中国现代中药,2011,13(3):9-10,28.

[252] 于京平,李佳,张永清.长清产栝楼果实与种子变异性分析[J].山东中医药大学学报,2011,35(3):244-246.

[253] 张芳,张永清,周凤琴,等.忍冬5个农家品种花粉形态比较观察[J].中国中药杂志,2011,36(10):1266-1268.

[254] 刘谦,李佳,王集会,等.山东地区丹参种质多样性分析[J].山东中医药大学学报,2011,35(2):102-107.

[255] 刘芳瑞,胡晶红,李佳,等.银杏植株活性物质合成与积累的影响因素分析[J].山东中医药大学学报,2011,35(3):199-202.

[256] 车勇,张永清.枣属植物化学成分研究新进展[J].天然产物研究与开发,2011,23(5):979-982.

[257] 李建秀,周凤琴,李晓娟,等.山东贯众属(鳞毛蕨科)两新种[J].植物分类与资源学报,2012,34(1):17-21.

[258] 李彦文,李志勇,郭庆梅,等.虎掌南星的本草考证[J].现代中药研究与实践,2012,26(4):18-20.

[259] 韩琳娜,周凤琴.我国引种药用植物紫锥菊研究进展[J].中华中医药学刊,2012,30(8):1799-1801.
[260] 邵林,郭庆梅,周凤琴,等.不同种质忍冬植株形态特征比较[J].时珍国医国药,2012,23(3):739-740.
[261] 郭庆梅,周凤琴,郭伟,等.忍冬不同栽培类型花蕾形态学比较[J].中国药房,2012,23(3):271-273.
[262] 李晓娟,张永清,李建秀,等.扫描电镜下山东丹参与近缘种花粉形态特征比较观察[J].广西植物,2013,33(1):20-24.
[263] 辛杰,韩琳娜,郭庆梅,等.不同种质瓜蒌子形态学研究[J].种子,2012,31(11):92-94.
[264] 韩琳娜,郭庆梅,周凤琴.瓜蒌采收期的初步研究[J].现代中药研究与实践,2012,26(5):9-11.
[265] 秦红岩,韩琳娜,裴素银,等.山东栽培瓜蒌糖类成分的含量测定[J].山东中医药大学报,2012,36(4):349-351.
[266] 张秀云,周凤琴.野生枸杞茎总黄酮提取工艺研究[J].山东中医杂志,2012,31(4):274-276.

附录一 建议列为山东省重点保护的野生药用植物名录

植物名	药材名	学名	注	保护级别
狭叶瓶尔小草	狭叶瓶尔小草	Ophioglossum thermale Kom.	★	I
胡桃	核桃	Juglans regia L.	★	I
细辛	细辛	Asarum sieboldii Miq.	★★★▲	I
五味子	五味子	Schisandra chinensis（Turcz.）Baill.	★★★▲	I
小药八旦子	土元胡	Corydalis caudata（Lam.）Pers.	△	I
玫瑰	玫瑰花	Rosa rugosa Thunb.	★★	I
甘草	甘草	Glycyrrhiza uralensis Fisch.	★▲	I
黄芪	黄芪	Astragalus membranaceus（Fisch.）Bge.	★★	I
西伯利亚远志	远志	Polygala sibirica L.	★★★▲	I
远志	远志	Polygala tenuifolia Willd.	★★★▲	I
防风	防风	Saposhnikovia divaricata（Turcz.）Schischk.	★★★▲	I
珊瑚菜	北沙参	Glehnia littoralis Fr. Schmidt ex Miq.	★★★▲	I
山茴香	山茴香	Carlesia sinensis Dunn	△	I
连翘	连翘	Forsythia suspensa（Thunb.）Vahl	★★★▲	I
条叶龙胆	龙胆	Gentiana manshurica Kitag.	★★★▲	I
紫草	紫草	Lithospermum erythrorhizon Sieb. et Zucc.	★★★▲	I
单叶蔓荆	蔓荆子	Vitex trifolia L. var. simplicifolia Cham.	★★★▲	I
黄芩	黄芩	Scutellaria baicalensis Georgi	★★★▲	I
天门冬	天门冬	Asparagus cochinchinensis（Lour.）Merr.	★★	I
青岛百合	青岛百合	Lilium tsingtauense Gilg	△	I
山东万寿竹	万寿竹	Disporum smilacinum A. Gray	△	I
天麻	天麻	Gastrodia elata Blume	★★	I
蜈蚣兰	蜈蚣兰	Cleisostoma scolopendrifolium（Makino）Garay	△	I
卷柏	卷柏	Selaginella tamariscina（Beauv.）Spring		II
紫萁	紫萁贯众	Osmunda japomica Thunab.		II
马兜铃	马兜铃	Aristolochia debilis Sieb. et Zucc.		II
北马兜铃	马兜铃	Aristolochia contorta Bge.		II
何首乌	何首乌	Fallopia multiflora（Thunb.）Harald.		II
孩儿参	太子参	Pseudostellaria heterophylla（Miq.）Pax		II
多被银莲花	两头尖	Anemone raddeana Regel		II
老鹳草	老鹳草	Geranium wilfordii Maxim.		II
牻牛儿苗	老鹳草	Erodium stephanianum Willd.		II
白鲜	白鲜皮	Dictamnus dasycarpus Turcz.		II
北柴胡	柴胡	Bupleurum chinense DC.		II

续表

植物名	药材名	学名	注	保护级别
红柴胡	柴胡	Bupleurum scorzonerifolium Willd.		II
芫花	芫花	Daphne genkwa Sieb. et Zucc.		II
络石	络石藤	Trachelospermum jasminoides (Lindl.) Lem.		II
徐长卿	徐长卿	Cynanchum paniculatum (Bge.) Kitag.		II
白首乌	白首乌	Cynanchum bungei Decne.		II
羊乳	四叶参	Codonopsis lanceolata (Sieb. et Zucc.) Trautv.		II
丹参	丹参	Salvia miltiorrhiza Bge.		II
桔梗	桔梗	Platycodon grandiflorus (Jacq.) A. DC.		II
直立百部	百部	Stemona sessilifolia (Miq.) Miq.		II
半夏	半夏	Pinelliaternata (Thunb.) Breit.		II
老鸦瓣	光慈姑	Tulipa edulis (Miq.) Baker		II
黄精	黄精	Polygonatum sibiricum Delar. ex Redouté		II
全缘贯众	小贯众	Cyrtomium falcatum (L. f.) Presl		III
山东贯众	小贯众	Cyrtomium shandongense J. X. Li		III
倒鳞贯众	小贯众	Cyrtomium reflexosquamatum J. X. Liet F. Q. Zhou		II
密齿贯众	小贯众	Cyrtomium confertiserratum J. X. Li, H. S. Kung et		II
芒萁	芒萁	Dicranopteris pedata (Houtt.) Nakai		III
蛇足石杉	千层塔	Huperzia serrata (Thunb.) Trev.		III
阴地蕨	阴地蕨	Scepteridium ternatum (Thunb.) Lyon		III
中日节节草	节节草	Hippochaete ramosissima (Desf.) Boern. var. japonicum (Milde) J. X. Li et F. Q. Zhou		III
中日假蹄盖蕨	假蹄盖蕨	Athyriopsis kiusianum (Koidz.) Ching		III
草麻黄	麻黄	Ephedra sinica Stapf		III
北桑寄生	北桑寄生	Loranthus tanakae Franch. et Savat.		III
槲寄生	槲寄生	Viscum coloratum (Kom.) Nakai		III
山东石竹	石竹	Dianthus shandongensis (J. X. Li et F. Q. Zhou) J. X. Li et F. Q. Zhou		III
烟台翠雀花	烟台翠雀花	Delphinium chefoense Franch.		III
乌头	草乌	Aconitum carmichaeli Debx.		III
展毛乌头	草乌	Aconitum carmichaeli Debx. var. truppelianum (Ulbr.) W. T. Wang et Hsiao		III
圆锥乌头	草乌	Aconitum paniculigerum Nakai		III
拟两色乌头		Aconitum loczyanum Rapes.		III
山东银莲花	山东银莲花	Anemone chosenicola Ohwi var. schantungensis (Hand.-Mazz.) Tamura		III
细叶小檗	三颗针	Berberis poiretii Schneid.		III
黄芦木	小檗	Berberis amurensis Rupr.		III
小果白刺	白刺	Nitraria sibirica Pall.		III
野百合	农吉利	Crotalaria sessiliflora L.		III

续表

植物名	药材名	学名	注	保护级别
无梗五加	五加皮	Acanthopanax sessiliflorus (Rupr. ee Maxim.) Seem		Ⅲ
山茶花	山茶花	Camellia japonica L.		Ⅲ
山东丹参	丹参	Salvia shandongensis J. X. Li et F. Q. Zhou.		Ⅲ
白花丹参	白花丹参	Salvia miltiorrhiza Bge. f. alba C. Y. Wu et H. W. Li		Ⅲ
山东百部	百部	Stemona shandongensis D. K. Zang		Ⅲ
独角莲	白附子	Typhonium giganteum Engl.		Ⅲ
二苞黄精	玉竹	Polygonatum involucratum (Franch. et Savat.) Maxim.		Ⅲ
卷丹	百合	Lilium lancifolium Thunb.		Ⅲ

注：★已列为国家二级重点保护的药用植物物种

★★已列为国家三级重点保护的药用植物物种

△已列为国家第二批稀有濒危保护物种

▲已列为国家重点保护的野生药材物种

Ⅰ 一类保护植物（已列为国家级重点保护物种）

Ⅱ 二类保护植物（道地药材物种及濒危重要药用植物）

Ⅲ 三类保护植物（山东特有物种及稀有濒危物种）

附录二 药用植物中文名索引*

一画

一支香 /618
一支箭 /56
一见喜 /626
一包针 /695,697
一叶萩 /21,390
一团云 /47
一年蓬 /5,716
一把伞 /750
一球悬铃木 /261

二画

丁子蓼 /464
丁香 /521
丁香花 /521
丁香蓼 /464
七七芽 /707
七叶胆 /656
九头艾 /721,736
九节菖蒲 /795
九死还魂草 /52
二月蓝 /245
二叶舌唇兰 /854
二色补血草 /5,26,510
二色匙叶草 /510
二花 /637
二角菱 /461
二苞玉竹 /24
二苞黄精 /19,28,833
人头七 /852
人字草 /123
人参 /472,474
人参果 /852
人青菜 /154
八月扎 /206
八步紧 /835
八角枫 /460
八角麻 /115
八角棵 /638
八宝 /249

八宝茶 /68
八宝景天 /249
刀豆 /311
刀豆子 /311
刀豆荚 /311
十大功劳 /209

三画

万斤 /503
万年蒿 /686
万经棵 /503
丈菊 /724
三七草 /5,722
三爪龙 /278
三叶木通 /207
三叶委陵菜 /285
三叶草 /328,337,355
三叶蛇子草 /285
三节子草 /805
三角叶驴蹄草 /190
三角麦 /124
三角泡 /408
三角草 /120
三角菜 /807
三针松 /71
三脉叶马兰 /688
三脉石竹 /11,20,25,28,29,168
三脉紫菀 /688
三桠乌药 /5,28,219
三球悬铃木 /260
三棱 /4,5,760
三棱草 /791,793
三裂蛇葡萄 /5,417
三颗针 /207,208
习见蓼 /133
千人耳子 /224
千斤拔 /769
千日红 /5,159
千头菊 /710

千年不烂心 /605
千年红 /159
千层塔 /49,716
千里光 /743
千屈菜 /456
千金子 /387,388
千金子霜 /388
卫矛 /406
叉分蓼 /129
土人参 /163
土三七 /251,722
土大黄 /5,140
土元胡 /4,5,225
土木香 /729
土贝母 /4,651
土瓜 /661
土白芨 /854
土白芷 /480
土当归 /478
土沙参 /485
土豆 /607
土连翘 /442
土麦冬 /829,830
土参 /634
土茜草 /632
土荆皮树 /77
土荆芥 /145
土香薷 /562
土常山 /513
土黄连 /201,203,221,224,632
土椿树 /400
土藁本 /499
土圞儿 /303
大丁草 /5,21,720
大七七菜 /704
大力子 /672
大山黧豆 /329
大马勃 /45
大天落星 /796,797

---

* 索引中黑体字为药用植物正名,余为药用植物别名。

大木漆 /402
大贝母 /651
大车前 /630
大半边莲 /670
大叶牛心菜 /440
大叶白蜡树 /516
大叶灰菜 /145
大叶杨 /89
大叶芹 /491
大叶苎麻 /113
大叶麦冬 /830
大叶胡颓子 /453
大叶柴胡 /482
大叶桦 /516
大叶海藻 /38
大叶铁线莲 /194
大叶菠萝 /101
大叶蓼 /123,145
小决明 /314
大叶藻 /762,763
大头花 /578
大头翁 /748
大头菜 /234
大瓜蒌 /532
大白茅 /772
大白菜 /235
大白蒿 /688
大地锦 /385
大米罐 /174
大红袍 /368
大红眼儿 /296
大羊角瓢 /535
大丽花 /5,709
大丽菊 /709
大伸筋 /838
大杜梨 /288
大皂角 /318
大秃马勃 /45
大芦苇 /777
大花瓦松 /20
大花铁线莲 /195
大花旋覆花 /728
大花葵 /432
大苍耳 /755
大豆 /320

大豆豉 /320
大豆黄卷 /321
大麦 /771
大麦冬 /830
大刺儿菜 /18,706,707
大果山楂 /277
大果草 /750
大果榆 /105
大枣 /4,5,26,27,415
大苦菜 /732,733
大贯众 /57
大金银花 /636
大金鹊 /440
大青 /241
大青叶 /4,26,27,136,241
大青青菜 /704
大青草筋 /837
大青蒿 /678
大活 /476
大籽蒿 /688
大胡枝子 /332
大胡麻 /358
大柴胡 /482
大烟 /229
大狼杷草 /5,695
大绿 /413
大菟丝子 /546
大麻 /106
大麻子 /394,595
大戟 /25,389
大落新妇 /254
大葱 /812
大蒜 /814,815
大蓟 /705
大蜀季花 /427
大橡子 /100
大豌豆 /339
大藻 /5,801
女贞 /25,519
女贞子 /4,519
女娄菜 /174
女菀 /753
子午莲 /182
小刀豆 /328
小山菠菜 /248

小飞蓬 /708
小马泡 /20
小升麻 /253
小叶女贞 /520
小叶山泼盘 /295
小叶山楂 /275
小叶石韦 /67
小叶冻青 /519
小叶杨 /88
小叶远志 /377
小叶茶 /378
小叶桑 /113
小叶海藻 /37
小叶黄杨 /398
小叶锦鸡儿 /313
小瓜拉瓢 /539
小白酒草 /708
小白菜 /232
小白蜡树 /520
小龙胆 /524
小光光花 /432
小灯笼草 /602
小灯笼棵 /601
小米 /782
小米子 /782
小米干饭 /554
小米团花 /555
小红绿豆 /353
小羽贯众（变型） /7,20
小防风 /496
小皂角 /318
小花木兰 /28
小花杜鹃 /503
小花草木犀 /335
小花鬼针草 /5,696
小花椒 /370
小花糖芥 /240
小豆 /353
小远志 /376
小鸡腿 /378
小麦 /786
小麦角 /41
小果白刺 /19,359
小肺筋草 /811
小苦荬 /733

小苦药 /656	小葱 /812	山地苗 /569
小贯众 /61,64	小媳妇喝酒 /613	山延胡索 /222
小金丝桃 /443	小楠木 /220	山托盘 /295
小金银花 /636	小蓟 /4,19,704,705,706,707,708	山扫帚 /325,326
小鱼仙草 /572	**小蓬草** /708	山百合 /825,826
小鱼荠苎 /572	**小酸浆** /602	山羊胡子 /165
小南瓜 /655	小檗 /207,208	山芋 /547
小孩拳头 /425	**小藜** /144	山芋头 /419
小牵牛花 /548	山大黄 /138	山芝麻 /465,466,566,577,643
小窃衣 /499	山丹 /826,827	山西瓜秧 /432
小胡麻 /567	山丹花 /827	山防风 /498
小茜草 /631	山五加皮 /540	山杆子草 /784
小茴香 /489	山凤尾 /58	**山杏** /269
小茶叶 /331	山毛桃 /263	**山杨** /88
小茶花 /168	**山牛蒡** /5,750	**山皂荚** /318
小荆芥 /573	山东万寿竹 /24,28	山花 /390
小草 /5,378	**山东山楂** /20,25	山花子 /325,326
小草乌 /183	**山东丰花草** /20	山花椒 /367,369
小药八旦子 /25,28,29,225	**山东丹参** /10,11,19,20,25,28,585	山芹 /497
小香艾 /685	**山东瓦松** /20	山芹菜 /479,480,497
小香蒲 /759	**山东白鳞莎草** /20	山芹菜根 /498
小鬼针 /696	**山东石竹** /5,11,19,20,25,28,29,169	山苇子 /785
小柴胡 /483		山苍术 /692
小核桃 /92	**山东百部** /20,25,29	山苎 /113
小根蒜 /813	**山东耳蕨** /6,19,25,28	山苏子 /566,577,580
小盐灶 /612	**山东邪蒿** /496	山豆花 /332
小接骨丹 /419	**山东何首乌** /534	山豆苗 /349,350
小旋花 /542	**山东佩兰** /574	**山里红** /277
小犁头草 /447	**山东泡桐** /612	山里果子 /276
小球胞藻 /33	**山东肿足蕨** /5,63	**山麦冬** /830
小球藻 /33	**山东贯众** /6,19,25,28,29,65	山佩兰 /718,719
小绿豆 /352	**山东茜草** /636	山刺儿菜 /691,692
小菖蒲 /795	**山东假瘤蕨** /7,20,25	山刺枚 /293
小野艾 /680	**山东假蹄盖蕨** /6,8,19,24,25,28	山松 /50
小野鸡尾草 /60	**山东银莲花** /23,24,28,188	山板栗 /98
小黄花菜 /823	山东黄豆 /394	山果子 /275
小黄连 /221	山东葛根 /341	山枣 /415,500
小黄药 /126	**山东峨眉蕨** /6,19,20,24,62	山爬蔓头根 /295
小黄紫堇 /224	**山东鳞毛蕨** /6,9,19,25,28	**山罗花** /5,609
小喇叭花 /542	山瓜拉瓢 /532	山苦荬 /645,733
小楝子 /297	山白菊 /688	山茄子 /446,603
小紫珠 /554	山白蜡 /515	山姜 /218
小萹蓄 /133	**山合欢** /302	山屎瓜 /661
小葛子 /210,211	山地瓜 /206	山指甲 /554
小葫芦 /657	山地枣 /835	**山柳菊** /726,727

山栀子 /633
山独活 /491
山胡枝子 /325,326
山胡麻 /307,358
山胡椒 /218,592
山茱萸 /25,26,500
山茴香 /24,28,484
山茶 /19,23,24,28,438
山茶花 /438
山荆芥 /572
山药 /844
山药豆根 /843
山药蛋 /843
山蚂蚱草 /176
山韭菜 /813,818,830
山鸦雀儿 /196
山鸦雀花 /196
山柴胡 /481
山核桃 /92
山根菜 /481
山桃 /20,263,264
山桑 /113
山海螺 /667
山莓 /5,294
山莴苣 /18,21,739
山豇豆 /329
山铃铛 /666
山常山 /842
山梗菜 /5,670
山绿豆 /351
山菊花 /710
山菠菜 /138,578
山萌 /484
山萝卜 /283,419,647,648
山蛋子 /826
山野豌豆 /349
山银柴胡 /165,176
山麻 /106,115,567
山麻子 /255
山麻杆 /380
山麻条 /462
山黄杨 /398
山棉花 /219
山棘子 /291
山椒 /367

山椒子 /592
山葡萄 /417,423
山葫芦 /539
山葱 /816
山黑豆 /343
山慈菇 /840
山楂 /4,5,25,26,276
山楂石榴 /276
山槐 /302,303,325,333,345
山槐子 /299
山蒜 /835
山膀子 /596
山辣子 /198
山辣椒 /198,199
山酸溜 /138
山樗 /400
山樱花 /21,103,269,273
山豌豆 /329,349
山薄荷 /570,579
山檀子 /317
山檫 /221
山爆仗 /308
山瓣子花 /826
山藿香 /560
川乌 /183
川白芷 /477
川射干 /849,850
川续断 /647
川椒 /368
川楝 /374
川楝子 /374
川楝树 /374
干姜 /26,851
干蕨鸡 /51
干瓢 /657
广东万年青 /834
广州蕹菜 /247
飞来鹤 /533
飞轻 /699,700
飞廉 /699,700
马兰 /688,735
马兰头 /735
马兰花 /848
马兰草 /848
马生菜 /162

马先蒿 /612
马扫帚芽 /390
马耳足 /713
马耳草 /766
马尾升麻 /186
马尾连 /201,202,203
马尾松 /74
马尾黄连 /203
马尿花 /765
马苋菜 /162
马虎枣 /297
马虎扇子 /846
马虎铃铛 /120,839
马虎眼 /381
马齿苋 /4,23,25,27,162
马勃 /45,46
马胡须 /54
马莲 /847,848
马铃薯 /607
马兜铃 /4,5,25,29,120,121
马康草 /244
马断肠 /404
马褂木 /212
马褂树 /212
马蓼 /130
马蔺 /847,848
马蹄 /789
马鞭草 /25,557
马鞭梢 /557

四画

中日节节草 /7,18,19,28,56
中日假蹄盖蕨 /25
中亚滨藜 /18,20,26,142
中华小苦荬 /21,645,732,733
中华水芹 /495
中华列当 /625
中华卷柏 /5,50
中华苦荬菜 /645,732
中华秋海棠 /449
中华栝楼 /663
中华猕猴桃 /436
中华鳞毛蕨 /9
中国沙棘 /455
中国柳穿鱼 /608
中国黄芪 /306

中国蓟 /704
中国樱桃 /272
中型千屈菜 /457
中麻黄 /83
丹参 /4,5,10,13,23,24,25,26,27,
　　28,29,582,585
乌云竹梢 /779
乌头 /10,19,23,24,28,183,185
乌头叶蛇葡萄 /417
乌苏里瓦韦 /23,25
乌麦 /124
乌鸦嘴 /742
乌扇 /845
乌桕 /395
乌桕子 /395
乌菱 /462
乌楸 /621
乌蒲 /845
乌蔹莓 /5,420,421,657
五月艾 /5,680
五加 /467,468,469
五加皮 /468
五叶木通 /206
五叶茶 /206
五叶莓 /420
五叶藤 /420
五朵云 /383
五味子 /19,23,24,25,28,29,215
五香茶 /592
五莲杨 /20
井边草 /59
井栏边草 /5,59
仁瓜蒌 /661
元参 /614
元宝草 /440
元胡 /225,226
公孙树 /69
公道老 /638
六月寒 /496
六角英 /627
内折香茶菜 /5,579
凤仙花 /411
凤尾花 /851
凤尾草 /25,59
凤尾蕨 /59

凤梨草莓 /279
凤眼草 /5,371
分枝木贼 /55
分枝蓼 /129
化香树 /95
及己 /86
双边栝楼 /663
双花堇菜 /448
双果草 /617
双珠草 /617
反枝苋 /154
天门冬 /25,28,819
天仙藤 /121
天冬 /28,819,820
天生子 /109
天目琼花 /640
天花粉蔓 /661
天泡子 /602
天泡草 /601,765
天茄棵 /606
天南星 /4,15,16,24,25,27,797,
　　798,799
天胡荽 /492
天韭 /816
天球草 /649
天麻 /19,24,28,851,852
天落星 /796
天蓝苜蓿 /337
天蓬草 /177
天蓼 /126
太子参 /4,5,25,26,28,172
太行铁线莲 /5,25,195
太粘苍 /556
孔石莼 /35
少花米口袋 /324,325
少管短毛独活 /492
少蕊败酱 /646
巴天酸模 /141
巴旦杏仁 /262
巴茅 /785
引线包 /698
心叶荆芥 /573
手瓜 /660
手柑 /361
扎菜 /183

扎蓬棵 /148
支柱拳参 /135
支柱蓼 /25,28,135
文仙果 /109
文芩 /587
斗铃 /121
无心菜 /166,799
无毛山楂 /277
无花果 /5,109
无刺枣 /415
无根藤子 /546
无粉银粉背蕨 /60
无患子 /410
无梗五加 /468
无瓣蔊菜 /247
日开夜合草 /392
日日新 /528
日本木瓜 /16
日本毛连菜 /739
日本节节草 /26
日本续断 /648
日本菟丝子 /25
日本散血丹 /603
日本紫珠 /556
日本黑松 /76
月下草 /466
月月红 /290
月见草 /5,23,24,465
月季 /290
月季花 /4,26,290
月腺大戟 /386
木天蓼 /437
木兰 /212,213
木半夏 /453
木瓜 /4,5,16,19,25,26,273
木羊角科 /540
木耳 /42
木耳菜 /164
木芝 /45
木防己 /5,20,25,210
木芙蓉 /429
木梨 /273
木梨瓜 /273
木莓根 /294
木贼麻黄 /81

木患子 /410
木菌 /42
木麻黄 /81
木黄芪 /306
木犀 /520
木犀花 /520
木犀草 /335
木蛾 /42
木槿 /430
木槿花 /430
止痛草 /506
毛大丁草 /720
毛水苏 /591
毛风藤 /603
毛叶木瓜 /16
毛叶石楠 /282
毛叶地瓜儿苗 /569
毛叶欧李 /20,271
毛叶黄栌 /400
毛打碗花 /541
毛白杨 /89
毛地笋 /569
毛芋头 /797
毛连菜 /739
毛鸡矢藤 /635
毛姑朵花 /196
毛果扬子铁线莲 /192
毛果堇菜 /445
毛果碎米荠 /238
毛泡桐 /610
毛苦参 /21,346
毛金竹 /780
毛姜 /67
毛胡枝子 /332
毛脉山莴苣 /740
毛脉翅果菊 /21,740
毛茛 /199
毛轴蚤缀 /165
毛栗子 /99
毛桃 /263,264
毛曼陀罗 /594
毛梾 /501
毛绿豆 /352
毛葡萄 /424
毛管草 /832

毛稀莶 /745
毛酸浆 /602
毛穗藜芦 /842
气包 /661
气死大夫 /194
气死日头 /805
气管炎草 /618
水马兰 /457
水木草 /48
水仙桃草 /616
水玉簪 /809
水田芥 /244
水田荠 /238
水田碎米荠 /238
水白菜 /763,808
水竹叶 /5,806,807
水红花子 /131
水红棵 /131
水旱莲 /456
水杉 /79
水条子棵 /527
水杨梅 /279
水芹 /494
水芹菜 /494
水苎麻 /115
水苏 /590
水泽兰 /254
水苦荬 /616,617
水虎掌草 /199
水金凤 /412
水草 /466,761
水面草 /803
水桃 /460
水桐树 /459
水浮莲 /801
水烛 /26,757
水烛香蒲 /757
水珠草 /463
水荸荠 /764
水莎草 /792
水莲花 /182
水莴苣 /616
水接骨草 /464
水菖蒲 /4,794,795,796
水菜花 /237

水萍 /804
水萝卜 /161,245
水铜钱 /524
水麻叶 /116
水麻芁 /135
水麻蓼 /135
水黄连 /526
水晶花 /84
水晶桃 /556
水朝阳花 /464
水落藜 /144
水葫芦 /290,801,808
水葫芦杆 /290
水葱 /792
水蓼 /129
水薄菜 /244
水蔓菁 /5,618
水蜡烛 /759
水辣菜 /200
水辣蓼 /129
水蕨 /27
水鳖 /5,765
火绒草 /5,736
火绒根子 /714
火柴头 /805
火球花 /159
牙牙葫芦 /657
牙刷草 /588
牛子 /672
牛心菜 /508
牛毛菜 /40
牛奶子 /453,454
牛皮冻 /634
牛皮消 /5,533
牛耳大黄 /139,141
牛耳草 /625
牛舌头 /139
牛舌草 /139
牛西西 /141
牛尾菜 /5,838,839
牛李 /413
牛筋子 /514
牛筋树 /218
牛筋草 /5,769
牛叠肚 /295

牛蒡 /19,25,672
牛膝 /4,27,151
牛膝菊 /720
牛繁缕 /171
犬问荆 /7
王不留 /178
王不留行 /4,178
王母牛 /161,178
瓦韦 /23,25
瓦松 /250
见水蓝 /516
见血住 /509
见肿消 /722
车子蔓 /544
车前 /25,27,628,631
车辙子菜 /628,629,630
长毛委陵菜 /20
长毛草 /716
长冬草 /23,193
长叶车前 /629
长叶地榆 /298
长叶苎麻 /113
长叶柳 /91
长叶绿柴 /414
长生果子 /304
长刺酸模 /141
长苞香蒲 /757
长冠夏枯草 /578
长春花 /5,528
长药八宝 /250
长豇豆 /355
长梗红果山胡椒 /20
长萼石竹 /25
长萼鸡眼草 /327
长萼堇菜 /445
长萼瞿麦 /11,25,28,170
长裂苦苣菜 /5,746,747
长蕊石头花 /23,25,171
长嘴老鹳草 /357
风轮菜 /561

五画

丘角菱 /462
东丹 /205
东方泽泻 /21,763
东方香蒲 /759,760

东风菜 /5,713
东北天南星 /24,796
东北长鞘当归 /476
东北龙胆 /523
东北延胡索 /5,222
东北杏 /20,266,267
东北苍耳 /755
东北茶藨子 /255
东北埃雷 /522
东北堇菜 /447
东北蛇葡萄 /418
东北楤木 /470
东北蛾眉蕨 /6
东北鹤虱 /551
东亚唐松草 /202
丝毛飞廉 /699,700
丝叶唐松草 /20,204
丝瓜 /658
丝瓜络 /658
丝瓜瓤 /658
丝石竹 /171
丝连皮 /259
丝茅 /772,773
丝柄短尾铁线莲 /192
丝棉木 /407
丝棉树 /259
丝裂沙参 /664
丝穗金粟兰 /28,84
仙人巴掌 /449
仙人头 /245
仙人掌 /5,449
仙鹤草 /23,25,261
兰布政 /279
兰考泡桐 /611
兰枝 /265
兰草 /718,830
冬瓜 /650
冬白术 /692
冬花 /754
冬枣 /453
冬青 /119,220,519
冬凌草 /580
冬葵 /433,434
冬葵果 /433
凹叶厚朴 /215

凹头苋 /156
功劳木 /403
加杨 /87
加拿大杨 /87
包袱草 /408
包袱根 /670
北马兜铃 /25,29,120
北乌头 /10
北五加皮 /540
北五味子 /215
北升麻 /190
北方獐牙菜 /525
北水苦荬 /616
北巨胜子 /648
北玄参 /615
北沙参 /4,5,15,24,28,490
北牡蒿 /679
北芫花 /451
北苍术 /23,25,692
北豆根 /4,211
北京元胡 /225
北京花楸 /299
北京粉背蕨 /7
北败酱 /645,747
北鱼黄草 /5,548
北枳椇 /412
北洋金花 /594
北美独行菜 /243
北柴胡 /25,481,484
北桑寄生 /118
北续断 /648
北黄花菜 /824
北鲜皮 /362
北藁本 /494
半支莲 /589
半边花 /669
半边莲 /588,669,670
半边菊 /669
半岛鳞毛蕨 /5,9,66
半枝莲 /4,588
半夏 /4,5,14,19,24,25,27,28,29,
  799,800,801
台湾黄堇 /224
叶下珠 /392
叶底珠 /21,390

叶顶珠 /344
四片瓦 /86
四叶沙参 /665
四叶参 /667
四叶细辛 /86
四叶草 /631
四叶葎 /631
四块瓦 /84,85
四时春 /528
四角菱 /462
四季花 /290
四季豆 /339
四籽野豌豆 /351
四棱杆蒿 /586
奶浆果 /109
奶椎 /322
宁夏枸杞 /597
对叶草 /441
对叶莲 /456
对叶藤 /529
对生百部 /811
对芹 /476
巨马勃 /45
巨胜 /623
布氏紫堇 /223
平车前 /629
平柳 /96
平盖灵芝 /43
平榛 /98
扑弄蔓 /422
扒根草 /768
打碗花 /5,542
本氏木蓝 /325
术 /691
母铃铛 /670
汉年草 /715
玄参 /4,25,26,27,614
玉兰 /212
玉竹 /4,24,25,822,832,833,834
玉米 /786
玉带草 /834
玉荷花 /182
玉葡萄根 /417
玉蜀黍 /786
玉蝉花 /5,847

瓜子金 /376
瓜子草 /177,376
瓜子黄杨 /398
瓜木 /461
瓜拉瓢 /538
瓜蒌 /4,5,15,25,26,27,661
瓜蒌鞭子 /538
甘肃大戟 /19,21,386,387
甘草 /19,26,28,323
甘菊 /5,12,28,710
甘野菊 /710
甘紫菜 /39
甘蓝 /234
甘露 /569
甘露子 /591
生姜 /4,26,850,851
生晒参 /472
田皂角 /300
田基黄 /441,442
田旋花 /544
田菁 /344
田葛缕子 /485
田蒿 /679
申姜 /67
白丁香 /522
白木乌桕 /395
白毛草 /553
白毛藤 /122,604
白水蜡 /520
白头松 /71
白头翁 /4,5,25,196
白头婆 /718
白头蒿 /677
白术 /4,24,27,692
白玉兰 /212
白皮瓜 /650
白皮松 /71
白石薯 /116
白龙须 /460
白羊草 /18
白芍 /4,5,25,27,204
白芍根 /204
白杜 /20,407
白杨 /88
白杨树 /87,89

白芥 /248
白花丹参 /4,5,10,11,19,25,26,
　　27,28,583
白花白头翁 /20,198
白花地丁 /447
白花百合 /825
白花米口袋 /20,21,325
白花参 /583
白花泡桐 /611
白花败酱 /645
白花树 /258
白花芜蔚 /568
白花草 /230
白花草木犀 /333
白花夏枯 /565
白花射干 /846,847
白花益母 /565
白花益母草 /5,568
白花曼陀罗 /595,596
白花菜 /230
白花藤 /529,530,544
白芷 /4,21,27,476,477
白芽松 /76
白苋 /157
白苏 /576
白里叶莓 /296
白附子 /4,802,803
白饭菜 /390
白乳木 /395
白刺 /26,359
白刺花 /5,21,347
白屈菜 /221
白拉秧 /132
白果 /4,5,25,69
白果树 /69
白果堇菜 /445
白英 /27,604
白茅 /18,21,26,27,772,773
白茅根 /773
白前 /4,25,535
白带草 /236
白扁豆 /328
白柳 /91
白栎 /102
白背牛尾菜 /838

白背叶 /391
白背杨 /87
白茜草 /632
白草 /784
白草木犀 /333
白药谷精草 /804
白首乌 /4,5,19,25,26,29,534
白骨松 /71
白射干 /846
白桃 /264
白桦 /97
白梨 /289
白莲茶 /550
白莲蒿 /686
白猪仔菜 /116
白菀 /753
白菊花 /711
白菜 /235
白萍 /765
白麻根 /114
白棘子 /453,454
白棠子树 /5,554
白筋条 /460
白缘蒲公英 /752
白榆 /104
白蒺藜 /142
白蒿 /686,688
白蒿子 /721
白鼓钉 /719
白薇 /4,25,419
白蜡条 /515
白蜡树 /515
白鲜 /19,23,24,362
白鲜皮 /4,5,362
白樱 /302
白豌豆 /339
白薇 /4,25,532
白薯 /547
白穗子秧梨 /419
皮虎扇子 /844
矛叶荩草 /21,767
矛状紫萁 /58
石刁柏 /820
石见穿 /581
石韦 /23,24,25,68

石打穿 /581
石龙芮 /199
石龙胆 /524
石竹 /11,25,167,168,169
石竹子 /167
石竹子花 /167,168
石竹花 /169
石血 /19,23,28,29,530
石衣 /47
石防风 /5
石沙参 /23,25,664
石花 /47
石花草 /40
石花菜 /40
石松毛 /49
石板菜 /252
石指甲 /252
石胡荽 /702,703
石茅芎 /573
石茅芋 /573
石香薷 /571
石荷叶 /256
石莼 /34
石梅衣 /47
石菖蒲 /795,796
石楠 /281,282
石楠藤 /5,281
石蒜头 /853
石蓬串子 /421
石榴 /458
石蜡花 /609
禾叶土麦冬 /829
禾叶山麦冬 /5,829
艾 /676
艾叶 /676
艾蒿 /676,684
节儿根 /83
节节草 /5,26,54,55,457
节节菜 /457
节草 /55
节菖蒲 /795
边缘鳞盖蕨 /7
辽五味子 /215
辽东石竹 /11,168
辽东楤木 /470

辽杏 /266
辽藁本 /4,23,24,25,494
鸟不宿 /469
鸟足升麻 /253
龙牙楤木 /470
龙芽草 /261
龙胆 /28
龙须草 /718,781
龙须菜 /820,821
龙葵 /25,27,606

六画

亚美蹄盖蕨 /61
"亚特"金银花 /13
"亚特立本"金银花 /13
"亚特红"金银花 /13
亚麻 /358
仰卧委陵菜 /286
伏地卷柏 /7
伏辣子 /364
伞花山柳菊 /726
光叶苦荬 /733
光皮木瓜 /4,273
光光叶 /211
光光花 /427
光光茶 /211
光华柳叶菜 /464
光明子秸 /574
光明草 /783
光果甘草 /324
光枝盐肤木 /20,401
光泡桐 /611
光滑米口袋 /325
光慈姑 /840
光楝子 /300
全叶延胡索 /225
全缘贯众 /19,24,28,63
关龙胆 /523
关黄柏 /365
兴安升麻 /190
兴安白芷 /476
兴安石竹 /5,11,20,25,28,29,168
兴安胡枝子 /331
农吉利 /316
冰凉花 /187

决明 /313,314
决明子 /4,26,27,313
列当 /5,624
刘寄奴 /5,616
华山矾 /513
华乌头 /10
华风轮 /561
华东菝葜 /25,839,840
华东蓝刺头 /25,713,714
华东漏芦 /713
华北白前 /536
华北石韦 /67
华北鸦葱 /740
华北散血丹 /5,603
华北紫丁香 /521
华北鳞毛蕨 /9
华矾松 /510
华细辛 /122
华南鹤虱 /499
华桑 /113
华黄芪 /5,306
华鼠尾草 /581
印度草木犀 /335
印度蓣菜 /247
合欢 /300
合萌 /300
合掌消 /531,532
吉祥草 /5,834,835
吊干麻 /404
吊竹 /819
吊墙花 /620
后老婆罐子 /120
后娘棍 /471
向天蜈蚣 /344
向日葵 /723,724
地丁 /324
地丁草 /223,445
地木耳 /33
地扒子草 /768
地瓜 /547
地瓜花 /709
地瓜瓢 /537
地皮菜 /33
地石榴 /117
地网子 /50

地耳 /33
地耳草 /5,441,442
地衣 /47
地达菜 /33
地豆 /607
地构叶 /396
地肤 /146
地肤子 /4,146
地柏 /50
地胡椒 /702
地骨皮 /4,597
地栗子 /303
地核桃 /445
地梢瓜 /5,537
地浮萍 /47
地笋 /569
地莓 /278
地蚕 /591
地钱 /5,47
地黄 /4,5,19,25,26,27,613
地黄芪 /306
地椒 /23,25,592
地榆 /4,19,23,24,25,297
地榆子 /297
地槐 /345
地溜子 /835
地锦 /385,421
地锦草 /25
地管子 /833
地瘤子根 /569
多头苦荬菜 /734
多花一叶萩 /390
多花水苋 /456
多枝柽柳 /5,26,445
多脉高粱 /783
多被银莲花 /19,23,24,28,188
多萼白头翁 /198
多裂阴地蕨 /7
多裂翅果菊 /21,739,740
多腺悬钩子 /296
夹竹桃 /528
如意草 /447,763
宅蒜 /813
安石榴 /458
寻骨风 /122

尖叶牛尾菜 /839
尖叶杜鹃 /23,504
尖叶走灯藓 /48
尖叶提灯藓 /48
尖佩兰 /720
尖瓣堇菜 /447
并头草 /588
延胡 /226
延胡索 /23,24,222,225,226
异叶天南星 /797
异叶败酱 /641
异叶假繁缕 /172
当药 /25,525
托叶龙芽草 /262
托盘 /295
扫帚苗 /146,307,330,335
扫帚菜 /146,147
扬子毛茛 /200
早开堇菜 /28,447
有柄石韦 /68
有斑百合 /826
杂配藜 /145
江良 /548
江良子 /548
灯心草 /25,809
灯心草蚤缀 /165
灯笼果 /255,600
灯笼泡 /601
灯笼草 /175,565
灯笼棵 /432,666
灰枣 /453,454,559
灰毡毛忍冬 /13,638
灰绿碱蓬 /149
灰绿藜 /144
灰菜 /143
灰糖梨 /453,454
百鸟不站 /469
百合 /824,825,826,827,828
百合花 /825
百尾笋 /822
百里香 /592,593
百乳草 /117
百金花 /522
百部 /4,810
百部子 /810

百部袋 /810	红姑娘子 /600	羊角棵子 /539
百蕊草 /5,25,117	**红松** /72	羊角蒿 /622
祁木香 /729	**红果山胡椒** /219	**羊乳** /5,19,23,24,25,26,28,
祁州漏芦 /748	**红枝卷柏** /7	29,667
竹叶子 /807	红枣 /415	羊乳参 /667
竹叶子草 /807	红玫瑰 /292	羊枣 /437
竹叶延胡索 /226	红线儿蓝 /761	羊屎蛋 /316
竹叶草 /167,805,807	红金银花 /638	**羊栖菜** /37
竹叶椒 /367	红顶松 /71	羊桃 /436
竹节香附 /188	红柳 /445	羊羝角棵 /622
竹灵消 /535	红栀子 /633	羊蹄 /141
竹卷心 /779	红荆条 /445	羊蹄草 /139
竹林霄 /822	红荚豆 /343	羽裂苦荬菜 /737
竹茹 /780	红娘 /600	**羽裂黄瓜菜** /20,738
米儿菜 /839	红娘娘 /600	老山芹 /491
米口袋 /21,27,324,325	**红柴胡** /25,483	老公花 /196
米瓦罐 /174,175	红根 /582,585	老牛舌 /628
米米蒿 /238	红根草 /583,635	老牛冻 /533
米蒿 /239,681	红梅 /267	老牛苋 /379
红小豆 /352,353	红眼儿 /295	老牛扁口 /704
红升麻 /253	红菟丝子 /546	**老牛筋** /165
红毛草 /806	红铧头草 /448	老头草 /736
红丝毛 /507	红楝子根 /635	老布袋花 /196
红丝酸模 /141	红椒 /368	老母鸡肉 /666
红叶 /399	红紫苏 /575	老母猪挂打子 /194
红叶黄栌 /399	**红萼月见草** /466	老母菌 /43
红白忍冬 /13,638	红楠 /220	老瓜瓢 /537
红皮松 /75	红筷子 /462	老妈妈花 /84
红艾 /687	红蓝花 /701	老来少 /153
红合 /826	**红蓼** /25,131	老和尚头 /713
红地毯 /150	红蜀黍 /783	老虎脚迹草 /509
红耳坠 /598	红薯 /547	老虎棒子 /471
红芝 /44	网果酸模 /141	老姜 /850
红旱莲 /440	羊不奶棵 /537	老鸦子瓣 /832
红花 /4,27,701,702,845,846	羊毛胡子 /809	老鸦爪 /283,356
红花杜鹃 /504	羊奶子 /454,742	老鸦肉 /666
红花菜 /310	羊奶草 /537	老鸦葱 /740
红苋菜 /153,154,156	**羊红膻** /496	**老鸦糊** /5,555
红足艾 /685	**羊耳蒜** /5,853	**老鸦瓣** /840,841
红足蒿 /685	羊角瓜 /539	老鸦鳞 /282
红陈艾 /687	羊角豆 /313,315,428	老婆子花 /196
红饭豆 /352	羊角桃 /540	老婆子针线 /627
红鸡冠花 /158	羊角秧 /534	老婆指甲 /250
红参 /472,474,582	羊角透骨草 /5,622	老婆扇子 /844
红姑娘 /659	羊角菜 /230	老鸹芋头 /797,799

老鸹眼 /799,801
老鸹翎 /282
老鸹嘴 /356,357
老鸹瓢 /539
老鹤子嘴 /356
老鼠屎 /188
老鹳草 /4,5,25,27,357
老鹳眼 /799
耳水苋 /456
耳叶牛皮消 /533
耳朵草 /256
耳挖草 /589
耳基水苋 /456
耳聋草 /256
舌头苗 /732
芋 /797,798
芋头 /547,797
芍药 /19,27,204
芍药花 /204
芒 /774
芒苞车前 /629
芒种草 /617
芒草 /774
芒萁 /19,24,28
芝麻 /623
芝麻蒿 /616
血三七 /135
血山头 /379
血见愁 /189,379
血参根 /582
血筋草 /388
西瓜 /652
西瓜皮 /652
西瓜香 /297
西瓜翠 /652
西红花 /845
西红柿 /599
西伯利亚白刺 /359
西伯利亚远志 /25,28,29,377
西伯利亚牵牛 /548
西伯利亚滨藜 /143
西河柳 /444
西南卫矛 /20
西洋人参 /474
西洋参 /23,24,28,474

西洋菜干 /244
西葫芦 /655
西藏木瓜 /16
达呼里胡枝子 /331
过山飘 /539
过冬青 /407
邪蒿 /493
问荆 /26,53,54
防风 /4,19,23,24,25,28,29,
　　　495,498
阳芋 /607
阴山大戟 /386
阴地蕨 /19,23,28,56
阴行草 /4,616
阴柳 /444
齐头蒿 /681

七画

两片草 /853
两头尖 /24,188
两色鳞毛蕨 /9
两歧飘拂草 /790
两栖蓼 /126
串地龙 /842
串地铃 /837
低矮山麦冬 /20
何首乌 /4,20,25,28,29,125,
　　　126,534
余麦 /786
佛手 /361
佛手瓜 /660
佛手柑 /361
佛耳草 /721
冻绿 /413
冻菜 /40
卤蓬 /149
卵叶远志 /377,378
君迁子 /5,512
君影草 /821
吴茱萸 /364
吴萸 /364
吴萸子 /364
尾穗苋 /153
庐山石楠 /20
库拉索芦荟 /816,817,818
张大罗 /788

张牙子 /742
张罗草 /788
忍冬 /13,23,637
怀牛膝 /151
怀槐 /333
扯丝皮 /259
扯根菜 /254
扶子苗 /542,543
扶芳藤 /407
抓麻子 /718
折耳根 /83
报春花 /505
拟两色乌头 /10,24,28,186
拟高帽乌头 /24
旱生卷柏 /51
旱芹 /480
旱麦瓶草 /176
旱苗蓼 /130
旱柳 /26,91
旱莲 /459
旱莲木 /459
旱莲草 /4,25,715,716
旱葱 /841
旱榆 /104
杈棵子 /409
杉 /78,79
杉木 /78
李 /288
李子 /288
李子树 /288
杏 /20,25,268,269
杏子 /268
杏仁 /266
杏叶沙参 /665
杏树 /268
构子菜 /700
杜仲 /19,24,27,259
杜仲皮 /259
杜梨 /288
杜梨子 /288
杜鹃花 /23,504
杠板归 /5,132
杠柳 /540
条叶龙胆 /19,25,523
条斑紫菜 /40

杨柳花 /508
杨树 /87,88,89
步步丁 /751
沙木 /78
沙参 /23,25,490,663,664,665,666
沙枣 /5,26,452
沙枣子 /452
沙苑子 /306
沙苑蒺藜 /306,310
沙苦荬菜 /21
沙荆 /559
沙棘 /455
沟酸浆 /609
灵芝 /5,19,23,24,29,44
灵芝草 /44,45
牡丹 /19,27,205
牡丹皮 /4,5,25,27,205
牡蒿 /5,681
疗疮草 /589
皂李 /413
皂角 /318
皂角刺 /318
皂角板 /318
皂角板刺 /318
皂荚 /318
秀才塔拉头 /821
秃苍个儿 /725
芙蓉 /429
芙蓉花 /429,300
芙蓉树 /300,302
芡 /27,179
芡实 /5,27,179
芥 /233
芥子 /233
芥菜 /233
芦子 /777
芦巴子 /348
芦苇 /17,18,21,26,27,777,779
芦荟 /816,817
芦荟叶 /816
芦根 /779
芦笋 /820,821
芦棒子 /777
芫条 /450
芫条花 /450

芫花 /4,450
芫花条 /4,5,450
芫荽 /487
芫荽菜 /487
芫棵 /450
花木香 /95
花木蓝 /326
花王 /205
花卡子 /385
花生 /304
花曲柳 /516
花荞 /124
花菖蒲 /847
花椒 /4,368
花椒茴香 /369
花楸 /622
花楸树 /299
花旗杆 /239
花旗参 /474
芸豆 /339
芸苔 /231
芸苔子 /231
芹菜 /480
芽茶 /439
苇子 /777
苇根 /777
苋 /156
苋菜 /154,155
苍子棵 /755
苍术 /4,23,25,690,691,692
苍耳 /25,755
苍耳子 /4,755
苍蝇花 /175
苍蝇草 /841
苎麻 /114
苎麻根 /114
苏 /575
苏子 /575
苏叶 /575
苏败酱 /645
苣苣芽 /746
苣荬菜 /645,746,747
补丁菜 /739
补血草 /5,17,18,26,27,510
补肾菜 /428

补骨脂 /4,340
角豆 /339
角茴香 /227
角盘兰 /5,852
角蒿 /622
谷 /782
谷子 /782
谷茴 /489
谷精草 /804
谷精珠 /804
豆角 /354
豆豆苗 /336
豆须子 /545
豆梨 /288
豆瓣子菜 /554
豆瓣子棵 /554
豆瓣菜 /5,244
赤小豆 /21,353
赤木 /381
赤术 /691
赤芝 /44
赤何首乌 /125
赤李 /271
赤李子 /270,271
赤豆 /21,352
赤松 /71
赤首乌 /125
赤爮 /5,661
赤麻 /115
赤箭 /851
走马芹 /485,492
辛夷 /213
迎红杜鹃 /504
迎春 /517
迎春花 /5,517
迎春藤 /517
返顾马先蒿 /612
还阳草 /251,854
还魂草 /52
远志 /4,19,23,24,25,26,28,
　　29,378
连钱草 /564
连翘 /4,5,19,23,24,25,26,28,
　　29,514
针扎 /312

针包草 /698	鸡腿儿 /283	刺枚花 /291
针筒草 /424	鸡腿堇菜 /448	刺果甘草 /322
阿尔泰狗娃花 /18,26,726	鸡零子 /282	刺玫花 /292
阿尔泰银莲花 /796	麦 /771,786	刺柏 /81
阿尔泰紫菀 /726	麦子 /771,786	刺椒 /370
附地菜 /5,554	麦门冬 /830,831	刺椿 /372
陆地棉 /428	麦冬 /27,829,831	刺椿头 /469
韧丝草 /777	麦余子 /786	刺楸 /5,471
饭包草 /5,805	麦李 /21,269	刺楸皮 /471
饭瓜 /655	麦芽 /771	刺槐 /343
饭豆 /354	麦角 /41	刺蒺藜 /360
驴毛蒿 /53	麦角菌 /41	刺蓼 /134
驴耳朵 /628,630	麦瓶草 /175	单叶丹参 /10,25,582
驴耳朵花 /720	麦蒿 /238	单叶佩兰 /718
驴耳朵菜 /689	麦蓝菜 /178	单叶蔓荆 /15,18,19,23,24,26,
驴齐口 /704	麦穗夏枯草 /578	28,559
驴刺口 /704	龟儿草 /649	单条草 /506
驴欺口 /714	**八画**	卷丹 /19,28,29,826
驴蹄草 /190	乳苣 /21	卷心菜 /234
鸡丁棍 /556	乳浆大戟 /381,382	卷柏 /23,24,25,28,51,52
鸡儿肠 /735	京三棱 /760	和尚头 /647,725
鸡公花 /158	京大戟 /389	和尚头花 /748
鸡爪蒿 /282	京黄芩 /590	咖啡黄葵 /428
鸡头米 /179	佩兰 /4,717,718	坤草 /567
鸡头莲 /179	侧李 /270,271	垂序商陆 /162
鸡头黄精 /833	侧金盏花 /187	垂柳 /90
鸡矢藤 /5,634	侧柏 /25,27,80	垂盆草 /4,252
鸡米树 /555	兔儿奶 /742	夜关门 /393
鸡舌草 /807	兔儿伞 /5,750	夜合树 /300
鸡卵菜 /171	兔儿苗 /742	夜合草 /331
鸡肠草 /177	兔子伞 /750	夜来香 /466
鸡苏 /590	兔子拐棒 /624	委陵菊 /710
鸡冠子花 /158	净肠草 /124	委陵菜 /23,25,282,284,285,
鸡冠术 /692	刮头篦子 /406	286,287
鸡冠花 /158	刮拉鞭 /514	宝铎草 /5,822
鸡屎藤 /634	刺儿菜 /27,706,707,708	宝盖草 /565
鸡树条 /640	刺五加 /28	宝塔菜 /591
鸡树条荚蒾 /640	刺瓜 /654	岩败酱 /642
鸡根 /283	刺红花 /701	岩茴香 /484
鸡桑 /5,113	刺老鸹 /470	岩香菊 /710
鸡眼草 /5,327,328	刺杉 /78	念骨朵子 /261
鸡蛋壳菜 /379	刺苋 /155	忽布 /110
鸡蛋黄草 /278	刺苋菜 /155	抱茎小苦荬 /733,734
鸡麻 /290	刺针草 /697	抱茎苦荬菜 /21,733
鸡粪草 /642	刺刺菜 /706	抱茎眼子菜 /762

拉拉秧 /110,132
拉拉秧子根 /635
拉拉藤 /110
拉狗蛋 /110,635
拐子芹 /479
拐头草 /777
拐芹 /5,479
拐芹当归 /479
拐枣 /412
拔地麻 /646
拔拉蒿 /679,681
放香树 /95
斩龙剑 /618
斩鬼箭 /406
昆布 /4,24,36
明天冬 /819
杭子梢 /330
杭白芷 /21,477,478
松寿兰 /834
松树 /70,71,72,74,76
松蒿 /612
板栗 /99
板蓝根 /4,26,27,241
板凳腿 /740
构树 /105
林问荆 /54
林泽兰 /719
林荫千里光 /5,743
果子 /280,304
枣 /19,26,27,415
枣皮 /500
枣香 /297
枪刀菜根 /739
枪头菜 /692
枫杨 /96
枫柳 /96
枫树 /257
枫香树 /257
欧甘草 /324
欧亚旋覆花 /728
欧李 /21,270,271
欧李果 /270
欧洲菊苣 /703
欧美杨 /87
欧菱 /462

河北木兰 /325,326
河北蛾眉蕨 /19,20,25,61,63
河南桐 /611
河毒 /485
河楸 /622
河楸叶 /556
河朔荛花 /451
油白菜 /232
油松 /75
油桐 /397
油菜 /231,232
油菜子 /231
治疟草 /716
治晕草 /63
沼生蔊菜 /247
沾药草 /739
沿阶草 /831
法国梧桐 /261
泡三棱 /793
泡桐 /610,611
波斯菜 /149
泥胡菜 /5,725
泽兰 /4,717,718
泽芹 /499
泽泻 /763,764
泽珍珠菜 /506
泽漆 /383
泽漆棵 /527
浅波缘糖芥 /240
爬山虎 /5,421,530
爬石虎 /421
爬墙虎 /407
狐尾藻 /466
狗牙半支 /252
狗牙根 /5,768,769
狗头前胡 /496
狗奶子 /207,208,598
狗奶子根 /598
狗甘草 /322
狗舌草 /21,753
狗尾巴 /507
狗尾巴花 /157
狗尾巴树 /380
狗尾巴草 /466,769,783
狗尾草 /5,18,783

狗枣猕猴桃 /28
狗狗秧 /541
狗蛋子 /636
狗椒 /370
狗葛子 /405
狗鞭子 /557
玫瑰 /19,24,25,26,28,292
玫瑰花 /4,5,25,292
画眉草 /769,770
直立百部 /19,25,28,29,810,811
直立两色乌头 /10
直立黄芪 /305
直立萹蓄 /18,20,26,128
知母 /4,818,819
空心苋 /152
空心莲子草 /152
空沙参 /665
线叶柴胡 /484
线叶旋覆花 /731
线形眼子菜 /761
线茶 /378
细毛石花菜 /41
细叶十大功劳 /209
细叶小檗 /208
细叶地榆 /299
细叶百合 /827
细叶沙参 /23,663
细叶砂引草 /553
细叶香薷 /571
细叶鬼针草 /696
细叶柴胡 /483
细叶婆婆纳 /618
细叶鳞毛蕨 /9
细辛 /19,24,28,122,536
细果野菱 /462
细齿草木犀 /334
细柱五加 /467
细草 /183
织锦木 /513
绊根草 /769
罗布麻 /17,18,26,27,28,527
罗罗葱 /741
罗勒 /5,574
肥田草 /350
肺筋草 /811

肾叶打碗花 /543
肿手棵 /381,382,383
肿手棵 /389
肿足蕨 /63
胀果甘草 /324
苕子 /310,350
苗柴胡 /483
苘 /426
苘麻 /426
苘麻子 /426
苜蓿 /336
苜蓿草 /338
苜蓿根 /338
苞米 /786
苦丁 /223
苦丁香 /653
苦八旦杏 /262
苦马地丁 /739
苦木 /372
苦瓜 /5,659
苦皮树 /372
苦皮藤 /404
苦地丁 /4,5,223
苦扫根 /326
苦竹 /779
苦竹叶 /779,780
苦杏仁 /4,5,268
苦芥菜 /739
苦苣 /703
苦苣菜 /5,747,748
苦豆根 /307
苦刺 /347
苦参 /4,23,25,345
苦枥白蜡树 /516
苦姜草 /787
苦扁桃 /262
苦树 /372
苦树皮 /404
苦草 /305,626,766
苦荬菜 /734,737,748
苦莲 /196
苦菜 /645,732,733,734,737,746,747,748
苦菜子 /732,733
苦荸荠 /239

苦荸荠子 /240
苦楝子 /373
苦糖果 /5,636
苦薏 /709
苦藏 /5,601
苹果 /280
茄 /605
茄子 /605
茅针花 /772
茅草 /772,774
茅香 /770
茅根 /772
茅莓 /295
茉莉 /518
茉莉花 /5,518
虎子桐 /397
虎牙草 /173
虎皮松 /71
虎耳草 /5,256
虎尾珍珠菜 /506
虎尾草 /506
虎杖 /4,20,137
虎掌 /16,798,799
虎掌南星 /15,16,798,799
虱子草 /5,463,488,785
败毒草 /456
败酱 /641,642,643,645,646
败酱草 /5,642,645,737,738,746
贯叶连翘 /443
贯叶金丝桃 /443
贯叶蓼 /132
贯众 /5,6,25,29,61,64
转子莲 /195
轮叶八宝 /250
轮叶节节菜 /458
轮叶过路黄 /509
轮叶沙参 /23,25,665
轮叶泽兰 /719
轮叶婆婆纳 /619
轮叶景天 /250
软叶菝葜 /838
软杆黄芪 /309
软灵仙 /193,195
软枣 /437,512
软枣子 /435

软枣猕猴桃 /5,435
软柴胡 /483
软菠萝 /102
软蒺藜 /5,26,142
郁李 /21,23,25,269,271,272,281
金不换 /5,140
金牛草 /60
金丝草 /773
金丝桃 /442
金丝海棠 /442
金刚果 /837
金灯藤 /5,546
金竹 /780
金色狗尾草 /783
金花菜 /336
金针菜 /823,824
金鸡脚假瘤蕨 /7,20
金松 /77
金沸草 /728,731,732
金线草 /123
金鱼藻 /183
金挖耳 /700
金盏花 /187
金盏银盘 /695
金粉蕨 /60
金钱松 /77
金钱草 /60,564
金钱蒲 /796
金陵草 /716
金银子菜 /446
金银花 /4,5,13,24,25,26,27,637
金银藤 /637
金雀花 /312
陕西粉背蕨 /7,60
雨久花 /808
雨韭 /808
青冈树 /102
青木香 /121,729
青牛舌头花 /689
青龙衣 /94
青龙草 /331
青岛百合 /5,19,24,28,828
青岛老鹳草 /358
青杞 /607
青刺蓟 /705,706

青松 /74	娃娃拳 /425	柘柴 /108
青青菜 /706,707	娇气花 /596	柘桑 /108
青草筋 /837	**孩儿参** /19,23,24,25,28,29,172	柞栎 /101
青桐 /434	带子草 /766	柞树 /102
青菜 /232	弯曲碎米荠 /237	**柳兰** /462
青萍 /803	**待霄草** /465,466	柳叶山柳菊 /726
青椒 /369	扁木灵芝 /43	柳叶树 /528
青葙 /25,157	扁竹 /844	柳叶桃 /528
青葙子 /4,157	扁竹草 /127	柳叶菊 /720,731
青蒿 /4,5,678,679	扁芝 /43	**柳叶菜** /464
青檀 /29	扁杆京三棱 /792	柳树 /90,91
青檀香 /210	**扁杆藨草** /5,792	**柳穿鱼** /5,26,27,608
鱼草 /183	**扁豆** /21,328,329	**柽柳** /17,18,19,26,27,444
鱼腥草 /83	**扁担木** /5,425	柿 /511
鱼锹串 /735	扁担杆子 /425	柿子 /511,599
鸢尾 /849,850	扁茎黄芪 /306	柿子树 /511,550
鸢尾花 /849	**扁桃** /20,262	柿树 /511
齿叶东北南星 /797	扁蓄子芽 /127	**栀子** /633
齿果酸模 /139	括头篦子 /261	栌兰 /163
齿瓣延胡索 /5,225	**挂金灯** /600	树舌 /43
九画	指甲草 /177	**歪头菜** /351
修株肿足蕨 /63	指甲桃 /411	毒羊 /390
前胡 /4,495	指甲桃子 /411	**毒芹** /485
匍匐苦荬菜 /21	指甲桃花 /411	毒蛆草 /627
南五加皮 /467	挖耳草 /700	毒蒜头 /835
南方菟丝子 /544	星星草 /769	洋大麻子花 /595
南瓜 /655	星宿菜 /506	洋丝瓜 /660
南沙参 /663,665	映山红 /504	洋甘草 /324
南牡蒿 /679	枳 /366	**洋金花** /27,595,596
南苜蓿 /21,336	枳椇子 /412	洋姜 /724
南星 /796	**枸杞** /19,26,27,597,598	洋柿子 /599
南蛇藤 /405	枸杞果 /597	洋腊条 /303
厚朴 /214	枸杞菜 /598	**洋葱** /5,812
厚朴树 /214	枸茄子 /598	洋葱头 /812
厚壳树 /550	**枸骨** /21,403	洋槐树 /343
厚萼凌霄 /621	枸骨叶 /403	洋蒜 /812
变色白前 /538	**枸橘** /5,366	洗手果 /410
变豆菜 /497	柏子兰 /854	洛宁淡竹 /780
咽喉草 /227	柏木 /81	洛阳花 /620
哈哈笑 /405	柏树 /80	**活血丹** /419,564
垫状卷柏 /53	柏树种 /80	活血龙 /137
姜 /850	**柔毛宽蕊地榆** /297	**济南岩风** /20
姜十八 /646	**柔毛路边青** /280	济菊 /12,711
姥娘瓢 /539	柞条 /108	炮竹草 /766
威灵仙 /4,5,195,840	**柞树** /27,108	**点地梅** /5,505

牯岭野豌豆 /350
牵牛 /25,549
牵牛花 /548,549
独叶茶 /67,68
独行菜 /242,243
独角莲 /25,802
独脚金鸡 /56
狭叶十大功劳 /209
狭叶山胡椒 /219
狭叶半夏 /800
狭叶米口袋 /325
狭叶松果菊 /715
狭叶珍珠菜 /508
狭叶香蒲 /757
狭叶柴胡 /483,484
狭叶瓶尔小草 /19,24,28
狭叶紫雏菊 /715
狭顶鳞毛蕨 /9
狭裂太行铁线莲 /195
珊瑚菜 /15,19,23,24,26,28,490
珍珠子 /555
珍珠草 /392
珍珠透骨草 /5,396
珍珠菜 /5,393,507,508
珍珠蒿 /358,686
疥巴子草 /584
省头草 /574
眉豆 /328
砂引草 /552
砂纸树 /105
神血宁 /129
神草 /472
禹白附 /802
禹州漏芦 /713,714
秋苦荬菜 /21,738
秋海棠 /448
秋海棠花 /448
秋黄瓜 /654
秋葵 /428
秋辣子 /363
种洋参 /474
秕麦子 /786
穿山龙 /842,843
穿心莲 /626
穿叶眼子菜 /762

穿龙骨 /842
穿龙薯蓣 /24,25,842,843
穿地龙 /818
穿地香 /592
穿筋龙 /137
窃衣 /500
类叶升麻 /186
绒儿茶 /378
绒木树 /302
绒毛胡枝子 /332
绒花树 /300
绒线草 /708
绒棒头 /300
结巴子瓜 /538
络石 /24,529
络石藤 /5,530
绞股蓝 /421,656,657
美人蕉 /5,851
美洲凌霄 /621
美商陆 /162
耐冬 /438,529
背扁黄芪 /306
胖子棵 /386
胡瓜 /654
胡芥 /248
胡芦巴 /348
胡枝子 /5,330
胡枝子苗 /330
胡草 /809
胡韭子 /340
胡桃 /25,28,94
胡桃隔 /94
胡桃楸 /93
胡萝卜 /489
胡麻 /358,623
胡颓子 /453
茖葱 /816
茜草 /23,24,25,27,635
茜堇菜 /445
茭白 /787
茳芒决明 /314,315
茳芒香豌豆 /329
茴芹 /496
茴茴蒜 /5,198
茴香 /489

茴香苗 /489
茵陈 /4,5,25,26,674,677
茵陈蒿 /17,18,19,26,675,677
茶 /439
茶叶树 /439,514,520
茶花 /438
茶芽 /439
茶棵子 /168,400,527
茺蔚 /567
茺蔚子 /567
荆三棱 /793
荆子 /558
荆条 /444,558,559
荆条子 /559
荆芥 /4,5,26,573
荆棵 /558
荇菜 /524
草三棱 /793
草乌 /185
草乌头 /183,185
草木犀 /18,27,334,335,336
草木犀状黄芪 /307
草贝 /651
草本女萎 /194
草本水杨梅 /279
草本威灵仙 /619,620
草玉铃 /821
草龙珠 /422
草决明 /313
草红花 /701
草问荆 /54
草灵仙 /619
草苁蓉 /624
草虱子 /785
草珠珠 /768
草莓 /279
草麻黄 /19,26,82
草黄连 /201
荔枝草 /5,25,584
荚蒾 /5,640
荚蒾子 /640
荛花 /451
荞麦 /5,124
荠 /235
荠苨 /23,25,666

荠菜 /5,27,235
荣成薰草 /20
茜草 /5,766
茳草 /131
药包 /46
药芹 /480
药狗蒜 /835
药鱼草 /450
药菊花 /711
虾参 /128
虾钳菜 /153
蚂蚁草 /328
蚂蚱菜 /162
蚕缀 /166
贴梗木瓜 /274
贴梗海棠 /274
费菜 /251,252
追风草 /618
重阳木 /381
钝叶酸模 /140
面条菜 /742
面梨 /288
韭 /815
韭菜 /815
韭菜子 /4,815,816
韭菜仁 /815
韭菜草 /766
首乌藤 /126
香人艾 /672,736
香大活 /476
香丝草 /708
香瓜 /653
香白芷 /477
香芹 /493
香附 /4,5,12,26,27,788,789
香附子 /788
香附草 /788
香佩兰 /574
香枫 /257
香炉草 /175
香茅 /770
香青 /5,672
香青密生变种 /672
香柏 /70
香柳 /452

香茶菜 /579,580
香荆芥 /586
香草 /348,562,646,717,769,770
香菜 /230,487
香蛇麻 /110
香椒子 /369
香椿 /5,375
香椿芽树 /375
香椿树 /375
香蒲 /27,759
香蒿 /674,678
香樟 /217
香薷 /4,23,25,562,563,571,572
香藁本 /494
骨缘当归 /5,476
鬼子姜 /724
鬼针草 /20,693,695,696,697,698
鬼搠针 /693,697
鬼蔓菁 /832,833
鬼箭羽 /406
鸦片花 /229
鸦葱 /5,741,742

十画

倒地铃 /408
倒扣草 /627
倒垂柳 /90
倒挂野芝麻 /316
倒钩芹 /479
倒钩刺 /839
倒栽柳 /90
倒鳞贯众 /6,19,25,29,65
倭瓜 /655
党参 /668
凌霄 /620
唐松草 /5,201
圆叶牵牛 /549
圆叶牵牛花 /549
圆叶锦葵 /433
圆叶鼠李 /414
圆白菜 /234
圆柏 /81
圆葱 /812
圆锥乌头 /5,10,19,24,25,185
圆锥沙参 /663
夏至草 /5,565

夏枯头 /578
夏枯草 /578
家艾 /676
家独行菜 /244
家桑 /111
家榆 /104
家槐 /346
家樱桃 /272
宽叶水苏 /590
宽叶荨麻 /117
宽叶缬草 /647
宽羽贯众(变型) /7,20
宽蕊地榆 /23,24,297
射干 /25,844,845
射干鸢尾 /846
展毛乌头 /10,19,24,25,28,29,185
展枝沙参 /23,25,663
峨参 /5,480
崂山百合 /24,29,828
崂山棍 /218,219
崂山蓟 /24,704
崂山鳞毛蕨 /9,24
席子草 /792
徐长卿 /4,5,14,19,25,26,28,29,536
恶实 /672
恶实根 /672
拳头参 /128
拳头草 /52
拳头菜 /58
拳参 /4,23,25,128
拳蓼 /128
旁风 /498
旁旁 /498
晚饭花 /160
柴胡 /4,23,481,484
栓翅卫矛 /20
栗子树 /99
栗蓬 /99
栝楼 /14,15,661
核桃 /94
核桃楸 /93
格葱 /816
栾伞子 /409
栾树 /409

栾棒 /409
桂花 /520
桂花树 /520
桃 /20,25,264,265
桃仁 /4,5,264
桃叶鸦葱 /742
案板菜 /761
桑 /19,27,111
桑叶 /4,111
桑树 /111,113
桑寄生 /118
桔梗 /4,5,13,19,23,24,25,27,28,
29,670
柏子树 /395
桦木 /97
桦皮树 /97
桦树 /97
桧 /81
梧桐 /21,260,434
梨 /289
梨树 /289
泰山母草 /20
泰山何首乌 /534
泰山花楸 /20
泰山谷精草 /20
泰山参 /667
泰山前胡 /5,496
泰山柳 /20
泰山韭 /20
泰山盐肤木 /20,401
泰山椴 /20
泰山鳞毛蕨 /9
流苏树 /5,514
浆水罐 /419
浮小麦 /786
浮萍 /27,803
浮萍草 /791,803
浮蔷 /808
海风丝 /60
海甲菜 /147
海白菜 /34,35
海地瓜 /543
海州香薷 /563
海州骨碎补 /5,67
海州常山 /556

海州蒿 /5,17,18,26,674
海条 /35
海芥菜 /37
海松 /72
海青菜 /33
海带 /23,24,36
海带草 /762
海带菜 /36
海胖子 /147
海草 /762
海根菜 /38
海莴苣 /35,37
海菜 /34
海菜芽 /37
海菠菜 /34,35
海棠花 /448
海蒿子 /23,38
海蓬子 /147
海藻 /24
海藻菜 /38
涩芥 /244
烟 /599
烟台山蓼 /193
烟台柴胡 /5,24,482
烟台翠雀花 /24,196
烟叶 /599
烟草 /5,599
烟梨 /606
烟袋草 /700
烟袋锅 /211
烟窝草 /202
烟榴 /606
烟管头草 /5,700,701
热河黄精 /834
狼牙刺 /347
狼尾巴 /708
狼尾巴花 /506,619,785
狼尾花 /506
狼尾草 /5,777
狼尾蒿子叶 /676
狼杷草 /5,695,698
狼毒 /25,161,162,382,387
狼毒大戟 /382,383
珠芽草 /127
留行子 /178

疳积草 /627
皱叶羊蹄 /141
皱叶酸模 /139
皱皮木瓜 /5,16,274
皱皮木瓜-"金宝"萝青101 /16,275
皱皮木瓜-"金宝"萝青102 /17,275
皱皮木瓜-"金宝"萝青106 /16,275
皱皮木瓜-"金宝"萝青108 /17,275
皱皮木瓜-"金宝亚特"红香玉
/16,275
皱皮木瓜-"金宝亚特"金香玉
/17,275
皱皮木瓜-"金宝亚特"绿香玉
/16,275
皱皮木瓜-"金宝亚特"黄香玉
/17,275
皱果苋 /157
益母草 /4,23,25,26,27,567
益母蒿 /567
盐云草 /510
盐地碱蓬 /17,18,19,26,150
盐角草 /18,26,147
盐肤木 /400
盐柳 /527
破子草 /499
破血丹 /502
破故纸 /340
离蕊芥 /244
秦头 /307
秦连翘 /515
积药草 /117
窄叶小苦荬 /21
窄叶泽泻 /764
窄叶败酱 /642
窄叶香薷 /563
笆壁花 /430
笋壳菜 /807
笔龙胆 /524
笔筒草 /55,740
粉子草 /377
粉团蔷薇 /292
粉条儿菜 /811,812
粉豆子花 /160
绣毛泡桐 /610
绣球草 /609

缺刻叶茴芹 /496,497
翅果菊 /18,26,739,740
翅碱蓬 /150
胭脂叶 /405
胭脂花 /160
胭脂菜 /164
胶东桦 /20
胶东椴 /20
脂麻 /623
脆条子棵 /390
臭大麻子 /595
臭山牛蒡 /750
臭瓜蛋 /661
臭李子 /281
臭牡丹 /194,557
臭姑子 /794
臭枝子 /556
臭狗粪 /230
臭苜蓿 /334
臭枳子 /366
臭荆芥 /145
臭草 /5,145,773
臭根皮 /362
臭梧桐 /556
臭麻子 /594,596
臭棘 /366
臭椿 /371,376
臭椿子 /400
臭椿芽 /363
臭稞棵子 /322
臭蒲 /794
臭蒲子 /794
臭蒲根 /794
臭蒿 /145,675
臭蒿子 /678,688
臭橘子 /366
臭檀 /363
臭藤 /634
荷花 /180
荷花丁香 /522
荸荠 /5,789
荸荠梗 /789
荻 /5,21,785
莎草 /12,25,789
莓叶委陵菜 /284

莕菜 /524
莙荙菜 /37
莞草 /792
莠子 /783
莠西瓜 /432
莱阳沙参 /490
莱菔 /245
莲 /27,180
莲子草 /153,716
莲叶荇菜 /524
莲花 /180,250
莳萝蒿 /5,674
莴苣 /5,736
莴笋 /736
莴菜 /736
蚊子草 /592
诸葛菜 /5,245
豇豆 /21,354
赶山鞭 /443
赶黄草 /254
起泡草 /200
透茎冷水花 /116
透骨草 /4,5,396,536,627
透筋草 /561
通天窍 /702
通奶草 /385
通经草 /60
酒药子树 /391
酒棵 /613
铁马鞭 /133
铁玉米 /767
铁玉蜀黍 /767
铁扫把 /331
铁扫帚 /193,312,557
铁苋菜 /5,379
铁线草 /768,769
铁线莲 /192,195
铁麻蜀黍 /767
铁筷子 /462
铃兰 /5,821
铃铛花 122,670
铃铛草 /166
饽饽花 /427
高丽槐 /333
高帽乌头 /10,186

高粱 /21,783
高粱米 /783
高粱菊 /727
鸭儿嘴 /809
鸭子草 /761
鸭舌头 /806
鸭舌草 /809
鸭脚老鹳草 /357
鸭脚前胡 /478
鸭跖草 /19,25,805,806

十一画

假人参 /163
假中华鳞毛蕨 /20
假贝母 /651
假异鳞毛蕨 /9
假苏 /573,586
假苦瓜 /408
假荆芥 /573
假崂山棍 /219
假绿豆 /313
假菠菜 /141
假黄麻 /424
假蹄盖蕨 /7,20,24,28
偏头草 /562
偶栗子 /414
剪子股 /240
匙叶草 /510
商陆 /4,25,161,162
啤酒花 /110
啤酒花菟丝子 /547
堇叶延胡索 /223
堇菜 /5,447
堑头草 /769
婆婆丁 /751
婆婆纳 /617
婆婆针 /5,693,695,697
婆婆英 /751
婆婆指甲花 /166
婆婆蒿 /238,677
寄生 /118,119
密毛白莲蒿 /687
密花小根蒜 /814
密齿贯众 /6,19,25,29,65
密柑草 /21
常青草 /830

常春藤 /421
廊茵 /134
弹裂碎米荠 /237
彩绒革盖菌 /43
悬钩子 /294,296
悬铃 /661
悬铃木 /260
悬铃叶苎麻 /115
惊风草 /376
掐不齐 /310,327,328
排香草 /560
探春花 /518
接力草 /695
接生草 /627
接骨木 /53,565,638,640
接续草 /53
救荒野豌豆 /350
斜茎黄芪 /305
断血流 /561
断肠草 /224
旋花 /5,542
旋朔苣苔 /625
旋覆花 /728,729,730,731
曼陀罗 /596
望江南 /5,315
望江南子 /315
梅 /267,268
梅花 /216,267
梅树 /267
梅藓 /47
梓 /622
梓白皮 /622
梾木 /501
淑气子花 /432
淡竹 /780,781
淡花当药 /525
淡豆豉 /320
淡紫百合 /824
淡紫松果菊 /715
淡紫紫锥菊 /715
清明花 /315
清明草 /505
清明菜 /721
牻牛儿苗 /25,356
犁头草 /446

猕猴桃 /435,436
猕猴梨 /435
猪毛菜 /5,26,148
猪毛蒿 /678
猪牙皂 /5,25,26,318
猪牙草 /133
猪耳朵 /807
猪耳朵棵 /628,629
猪屎草 /230
猪殃殃 /5,631
猫儿刺 /134
猫儿眼 /389
猫儿眼草 /383
猫儿菊 /21,727
猫儿黄金菊 /727
猫子眼 /389
猫毛草 /773
猫耳朵 /67,625,720,731
猫耳朵花 /731
猫耳朵草 /122
猫耳花 /720
猫乳 /414
猫眼子 /482
猫眼草 /5,25,381,382
猫眼棵子 /389
球子草 /702
球子蕨 /7,23,24
球序卷耳 /166
球序韭 /816
球形鸡冠花 /159
球果堇菜 /5,445
球茎甘蓝 /232
琉璃嘴 /742
瓠瓜 /658
甜叶菊 /5,749
甜瓜 /653
甜石榴 /458
甜茄子 /606
甜草 /323
甜根草 /772
甜桔梗 /664
甜酒棵 /613
甜菊 /749
甜菊叶 /749
甜菜 /143

甜菜根 /143
甜麻 /424
痒痒草 /117
盒子草 /649
盘龙参 /854,855
盘死豆 /544
眼子菜 /5,761
眼药草 /570
笨白杨 /89
笨槐 /346
粗毛鳞盖蕨 /7
粗茎鳞毛蕨 /8,9
粗糙紫云英 /310
粘毛卷耳 /166
粘毛黄芩 /588
粘牛尾巴草 /261
粘苍子 /755
粘珠子 /551
续断 /647
续随子 /387
绵毛马兜铃 /22
绵毛酸模叶蓼 /131
绵芪 /309
绵枣儿 /5,835,836
绵黄芪 /309
绶草 /5,854,855
绿花耧斗菜 /189
绿豆 /21,352
绿豆升麻 /186
绿豆芽 /351
绿饭豆 /352
绿柴 /414
绿粉竹 /780
绿菜 /34
绿蓟 /704
脚巴桠子 /250
脚带草 /766
脱皮马勃 /46
脱皮榆 /103
萱草 /784
菊 /12
菊三七 /722
菊叶委陵菜 /287
菊红花 /701
菊芋 /5,724

菊花 /4,5,12,26,27,711,713	野山药 /843	**野胡萝卜** /488,489,485,493
菊苣 /703,704	**野山楂** /275	野胡萝卜子 /488
菊苣根 /703	野马兰 /753	野茴香 /486
菖蒲 /25,794,819	野马蹄草 /791	野荆芥 /573
菘蓝 /19,241	野毛豆 /343	**野韭** /816
菜豆 /339	野火麻 /380	野料豆 /321
菠萝 /837	野兰 /749	**野核桃** /5,92
菟丝子 /4,5,19,25,27,545	野半夏 /802	野桃 /263
菠菜 /5,149	野甘露秧 /569	**野海茄** /603
菠萝 /102	野白菊 /688	野益母草 /565
菠萝盘 /295	野艾 /672,676,680,682,687	野绿豆 /303,351
萡蓂 /248,645	**野艾蒿** /5,680,682,683,684	**野菊** /12,28,709,710
菩提珠子 /768	野亚麻 /358	野菊花 /12,709,710,726
茄 /787	野向日葵 /715	野菜子 /237
茄根 /787	野当归 /478	野菠菜 /578
菱 /461,462	野扫帚 /330	野麻 /116
菱角 /461	野灰菜 /143	野黄菊 /709
菱角草 /805	**野百合** /5,19,23,24,25,28,	野葡萄 /417
菴闾 /682	316,824,826,827,828	**野葵** /433
菴闾子 /682	野芝麻 /566	野塘蒿 /708
菴蒿 /682	**野西瓜苗** /5,432	**野慈姑** /5,21,764,765,802
草麻子 /394	野杏 /20,269	野楝子 /300
萝卜 /245	野沙参 /490	野槐 /345
萝卜子 /245	野皂荚 /318	野蒿子种 /486
萝花 /355	野芫荽 /486	**野蓟** /705
萝藦 /539	**野花椒** /5,370	野蔷薇 /291
萤蔺 /791	野芹 /485,494	野樱花 /273
黄肉 /500	野芹菜 /199,476,494,499	野豌豆 /329,349,350
蛇儿参 /854	野苋菜 /157	野薄荷 /570
蛇牙草 /173	野苏子 /580	野藿香 /560,566
蛇白蔹 /418	野豆子 /321	铜丝草 /60
蛇米 /486	野鸡羽 /57	铜草 /563
蛇含 /286	野鸡尾 /60	铜钱草 /505
蛇含委陵菜 /286	野鸡冠花 /157	铜盘一支香 /753
蛇床 /25,26,486	野麦冬 /830	铜锣草 /536
蛇足石杉 /7,23,24,28,49	野京三棱 /792	**银白杨** /5,87
蛇足石松 /49	野枣 /415	银耳 /42
蛇莓 /278	野苜蓿 /5,335,336	银杏 /24,25,26,28,69
蛇麻草 /110	野苦荬 /725,746	银线草 /85
蛇葡萄 /418	野茄子 /607	银柳 /452
蛎皮菜 /33	**野鸢尾** /846,847	银柴胡 /24,171
蛎菜 /5,33	野南瓜 /738	**银粉背蕨** /60
野大豆 /18,19,26,321	野扁豆 /315	银莲花 /188
野大麻 /106	野枸杞 /607	银粟子 /395
野大棵 /322	野牵牛 /544	雀儿不食 /240

雀儿卧单 /385
雀儿菜 /236
雀儿蛋 /166
雀舌草 /177,441,442
雀瓢 /538
雪花菜 /836
雪松 /70
鸢枝梅 /265
鹿含草 /502
鹿角尖 /37
鹿药 /5,836,837
鹿衔草 /502
鹿蹄草 /28,502
鹿藿 /5,343
麻 /106
麻子棵 /394
麻芋子 /802
麻芋头 /799
麻壳淡竹 /780
麻柳树 /96
麻栎 /100
麻雀棺材 /539
麻雀蓑衣 /385
麻黄 /81,82
麻黄草 /81,82
麻蒿 /55
麻蜀黍 /786
黄开口 /509
黄半节 /832
黄瓜 /5,654
黄瓜菜 /21,737,738
黄皮树 /365,366
黄龙尾 /262
黄米 /776
黄网子 /545
黄条花 /514
黄杨 /398
黄芥 /233
黄芦木 /5,25,207
黄芩 /4,5,13,14,19,23,24,25,26,
　　27,28,29,587
黄芪 /19,23,24,25,27,28,29,
　　308,310
黄芫花 /451
黄花乌头 /803

黄花龙牙 /643
黄花地丁 /751
黄花苗 /823
黄花苜蓿 /336
黄花败酱 /643,645
黄花草 /227
黄花菜 /823,824
黄花萱草 /823
黄花蒿 /26,675,679
黄花鞭 /514
黄芽白菜 /235
黄芽菜 /235
黄豆 /320
黄连木 /400
黄连丝 /400,545
黄连花 /508
黄连茶 /400
黄刺玫 /293
黄刺莓 /293
黄苑 /743
黄金条 /587
黄金条根 /587
黄金茶 /587
黄金菊 /727
黄柏 /365
黄栀子 /633
黄栌 /399
黄秋葵 /428
黄背草 /784
黄荆 /558
黄草 /784
黄须菜 /150
黄香草木犀 /335,336
黄海棠 /28,440
黄耆 /308,309
黄堇 /224
黄绿合掌消 /531
黄脚鸡 /203
黄菊花 /711
黄楝 /409
黄楝树 /400
黄榆 /105
黄蒿 /675
黄蒿蒿 /682
黄精 /24,25,26,29,833,834

黄蜀葵 /428
黄蜀葵花 /428
黄蝎子根 /836
黄檀 /317
黄檗 /365

十二画

博落迴 /228
喇叭花 /541,548,549
喉咙草 /505
喜旱莲子草 /152
喜树 /459
堪察加费菜 /252
富贵花 /205
嵌宝枫 /96
戟叶堇菜 /447
戟叶蓼 /135
掌叶半夏 /15,16,24,798,799
掌裂草葡萄 /418
掌裂蛇葡萄 /418
搓不死 /554
散血丹 /603,631
散血草 /507,722
斑地锦 /21,388
斑鸠窝 /442
斑珠科 /327
普通小麦 /786
景天 /249,252
景天三七 /251
朝天委陵菜 /286
朝阳花 /723
朝鲜艾 /677
朝鲜老鹳草 /19,20,24,25,28,358
朝鲜苍术 /5,23,690
朝鲜松 /72
朝鲜唐松草 /202
朝鲜槐 /333
棉 /428
棉团铁线莲 /193
棉花 /428
棉黍棵 /744
棉槐 /303
棉槐条子 /303
棉槐棵 /303
棒子 /786
棒棒木 /522

棒槌草 /578	紫花山莴苣 /18	舒筋龙 /137
棕边鳞毛蕨 /9	紫花合掌消 /532	萱草 /824
棘子树 /415	紫花地丁 /4,25,324,377,	萱草根 /823,824
棠毯 /276	446,447	**萹蓄** /4,25,26,27,127
棱草根 /788	紫花补血草 /28	落叶松 /79
椒子 /593	紫花松果菊 /714	落回 /228
楮树 /105	紫花泡桐 /610	**落花生** /304
楮桃子 /105	紫花鸢尾 /847	落葵 /5,20,164
榔头花 /748	紫花前胡 /478	落新妇 /253
榔榆 /103	紫花树 /315	**萱蒿苗** /542
款冬 /754	紫花菜 /190	**葎叶蛇葡萄** /5,419
款冬花 /754	**紫花楼斗菜** /190	**葎草** /110
渥丹 /5,826	紫花獐牙菜 /526	**葛** /23,25,341
湖北花楸 /299	**紫苏** /4,27,575,576	**葛子** /341
湖南连翘 /440,716	紫苏子 /28	葛子根 /341
猴儿腿 /624	紫参 /135,581	**葛仙米** /5,33
猴子毛 /148	紫姐包袱 /670	葛条 /341
猴子鞭 /405	紫松果菊 /714	葛条根 /341
番瓜 /655	紫苑 /4,713	葛枣子 /437
番红花 /845,846	紫苜蓿 /337,338	**葛枣猕猴桃** /437
番茄 /599	紫茄子 /605	**葛缕子** /485
番薯 /547	紫茉莉 /160	**葛藟葡萄** /424
短毛金线草 /124	紫茎京黄芩 /590	葡萄 /422
短毛独活 /491	紫背浮萍 /803	葫芦 /5,657,658
短叶松 /75	紫荆 /315	葫芦叶 /738
短梗五加 /468	**紫草** /4,19,23,24,25,26,28,	葫芦头 /390
短梗箭头唐松草 /203	29,552	葫芦瓜 /657
短嘴老鹳草 /358	紫草根 /552	葫芦瓢 /657
硬水黄连 /203	紫根 /552	**葫芦藓** /49
硬杆黄芪 /308	紫珠草 /555	**葱** /5,812,813
硬苗柴胡 /481	紫球 /554	葱子 /4,812
硬质早熟禾 /781	紫菀 /689	葱实 /813
硬紫草 /552	紫菜 /5,23,24,39,40	葵花 /723
窝草 /809	**紫萁** /19,23,24,28,57	葵花子 /723
童参 /172	紫萁贯众 /24,57	**葶苈** /240
筋骨草 /5,561,590	紫萍 /803,804	**葶苈子** /4,242,243
筛子底 /240	紫筒草 /5,553	**萎蒿** /687
粟 /782	紫葳 /620	蛤蟆皮 /584
紫丁香 /521	紫楸 /621	蛤蟆草 /553,584
紫丹参 /582	**紫雏菊** /19,714,715	蛤蟆秧 /527
紫云英 /310	紫薄荷 /570	蛤蟆眼 /278
紫玉兰 /213	**紫穗槐** /5,303	裂马嘴 /624
紫色马勃 /46	紫藤 /355	**裂叶牵牛** /25,548
紫色秃马勃 /46	缘毛狗舌草 /753	**裂叶荆芥** /586
紫芝 /44,45	腋花蓼 /133	裂瓜蔓子 /206

裂瓣老鹳草 /20
裙带 /37
裙带菜 /37
跑马子 /521
遏蓝菜 /248
道道车 /629
酢浆草 /355
铺地委陵菜 /286
锄头草 /578
锅叉 /693
阔叶十大功劳 /210
阔叶山麦冬 /830
阔鳞鳞毛蕨 /7,20,24,28
隔山消 /5,533,539
雁来红 /156,528
韩信草 /589
鲁山假蹄盖蕨 /6,19,25
鹅儿肠 /171
鹅不食草 /492,702,703
鹅肠菜 /171,177
鹅绒藤 /5,18,19,534
鹅掌楸 /5,212
黍 /776,777
黍子 /776
黍米 /776
黑三棱 /25,27,760
黑木耳 /42
黑水缬草 /646
黑玄参 /614
黑老婆秧 /193
黑芝 /45
黑芝麻 /623
黑豆 /320,321
黑松 /76
黑枣 /512
黑狗弹 /513
黑软枣 /512
黑故子 /340
黑茵陈 /616
黑荚苜蓿 /337
黑榆 /103
黑蒿 /675
黑辣子 /363
黑藜芦 /841

十三画

墓头回 /5,641,642
慈姑 /764,765
慈姑蛋子 /764
椴树 /426
椿芽树 /375
椿树 /371
椿根皮 /371
楝 /373
楝子树 /373
楝实 /374
楝树 /373
楤木 /469
楸 /621
楸叶泡桐 /611
楸白皮 /621
楸树 /93
榆 /104
榆叶梅 /20,265
榆树 /103,104
榆梅 /265
槐 /27,346
槐叶决明 /314
槐叶萍 /27
槐花 /4,5,343
槐连豆 /346
槐树 /343,346
滇刺枣 /11
滇苦菜 /747
满山红 /504
满山香 /646
满天星 /492
满条红 /315
滨海前胡 /5,28,495
滨旋花 /543
滨蒿 /678
照山白 /23,503
痱子草 /572,573
痴花 /595,596
睡莲 /182
矮齿韭 /20
矮韭 /816
矮桃 /507
碎米荠 /236,238
稠李 /281
窟窿牙根 /190
粱 /782
腺毛委陵菜 /288
腺梗豨莶 /745
蒙山老鹳草 /20
蒙山柳 /20
蒙山粉背蕨 /20
蒙山莴苣 /21
蒙古艾 /683
蒙古苍耳 /5,755
蒙古栎 /102
蒙古鸦葱 /5,18,26,742
蒙古黄芪 /309
蒙古蒿 /5,683
蒙桑 /113
蒜 /814
蒜头 /814
蒜瓣 /814
蒲子 /757
蒲公英 /4,25,26,27,751
蒲草 /757
蒲扇卷柏 /51
蒲黄 /4,27,757
蒲棒 /757,759
蒲棒头 /757
蒺藜 /4,360
蒺藜古堆 /360
蒺藜狗子 /360
蒿子 /675
蒿叶委陵菜 /287
蓖齿眼子菜 /761
蓖麻 /394
蓝花沙参 /663
蓝刺头 /714
蓝荆子 /504
蓝萼香茶菜 /580
蓝蝴蝶 /849
蓟 /704,705
蓬子菜 /5,148,149,632
蛾眉蕨 /61
蜂斗菜 /5,738
蜈蚣兰 /24,28,854
蜈蚣草 /456,618,854
裸叶鳞毛蕨 /9
裸花水竹叶 /806
赖毛子 /551
赖楝子 /300

路边青 /5,279	蔓荆 /15,559	播娘蒿 /25,27,238
路路通 /257	蔓荆子 /24,26	暴马丁香 /522
辟汗草 /333,335	蔷薇 /291	暴马子 /522
锦灯笼 /600	蜀葵 /427,783	槲树 /101
锦鸡儿 /312	蜜柑草 /5,393	槲寄生 /119
锦葵 /5,432	蜜草 /323	槿皮 /430
锯子草 /631	蜡条 /515	樟 /217
雉子筵 /284	蜡梅 /216	樟木 /217
雉隐天冬 /821	蜡梅花 /216	樟树 /217
魁艾 /684	蝇子草 /175	樱花 /273
魁蒿 /5,684	褐紫铁线莲 /192	樱桃 /21,272,273
鹐子嘴 /357	豨莶 /25,744	樱桃骨 /272
鼠曲草 /721	豨莶草 /4,744,745	橄榄莲 /626
鼠李 /413	赛谷精 /804	橡树 /100
鼠掌老鹳草 /358	辣子草 /199,720	潼蒺藜 /306
鼠麹草 /721	辣米菜 /247	瘤毛獐牙菜 /526
十四画	辣菜 /243	瞎妮子 /402
墙草 /116	辣菜子 /248	瞎眼花 /383
截叶铁扫帚 /331	辣椒 /593	稷 /776,777
榛 /98	辣椒子 /593	稻 /774
榛子 /98	辣蒿 /242	稻子 /774
榠楂 /273	辣蓼 /25,129	稻芽 /774,775
榧子草 /769,770	辣蓼草 /130	稻谷 /774
漆姑草 /5,173	辣辣草 /198,199,242	稻根须 /775
漆树 /402	辣辣椒 /199	箭叶蓼 /20,134
漏芦 /4,25,713,714,748,749	酸不溜 /129	箭头草 /447
獐毛 /18,26	酸木瓜 /274	缬草 /5,646
獐牙菜 /525,526	酸水菜 /762	篓斗菜 /189
獐耳细辛 /86	酸石榴 /458	蕨 /58
碱蒿子 /149	酸刺 /455	蕨菜 /58
碱蓬 /18,19,26,149	酸枣 /11,23,25,415	蕺菜 /83
算盘子 /390	酸泡子 /601	蝎子草 /251
算盘珠 /390	酸浆 /600,609	蝙蝠葛 /211
罂子桐 /397	酸梅子 /640	蝴蝶花 /844,849
罂粟 /229	酸楂 /276	豌豆 /339
翠云草 /50	酸溜草 /355	醋柳 /455
聚藻 /466	酸模 /138,141	醋溜溜 /355
膜荚黄芪 /308	酸模叶蓼 /5,130	飘拂草 /790
蓼大青叶 /136	酸藤 /418	鹞落坪半夏 /20,801
蓼香棵 /335	鲜也白 /813	鹤虱 /497,551
蓼蓝 /136	鲜姜 /850	鹤虱子 /488
蓼蓝叶 /136	鼻药 /173	**十六画**
薄菜 /247	**十五画**	潞党 /668
蔓生白薇 /538,539	墨旱莲 /716	燕子柳 /96
蔓生百部 /811	墨菜 /715,716	燕子草 /544

燕尾 /844
瓢儿瓜 /532,535
瓢儿树 /434
瓢瓢藤 /534
糖萝卜 /143
糖精 /836
糙叶败酱 /21,642
糙叶黄芪 /310
糙苏 /577
薄叶荠苨 /666
薄叶鼠李 /414
薄荷 /4,21,25,27,570
薏米 /21,767,768
薏苡 /767,768
薤白 /4,5,813
薯蓣 /843,844
避风草 /672
蕫菜 /568
鞘柄菝葜 /840

十七画
擘蓝 /232
檀树 /317
檀根 /317
爵床 /627
穗状狐尾藻 /466
糠椴 /426
繁缕 /177

繁穗苋 /154
藁本 /494
藏红花 /845
藏茴香 /485
藏菖蒲 /795
螫麻 /117
螺丝菜 /591
蟋蟀草 /769
霞草 /171
黏米 /776
黏苍狼 /745
黏鱼须 /839
黏鱼须菝葜 /839
黏胡菜 /744

十八画
檫木 /221
檫树 /221
檵木 /258
檵花 /258
癞瓜 /659
癞树叶 /501
癞葡萄 /659
癞蛤蟆草 /584
瞿麦 /4,11,23,25,28,29,167,169
翻白叶 /720
翻白草 /4,5,25,283
翻白蒿 /282
藕 /180

藜 /5,143
藜芦 /841,842
藤合欢 /406
藤萝 /355
藤萝花 /355,620
鞭叶耳蕨 /6
鹰咬豆子 /604

十九画
攀倒甑 /645
瓣蕊唐松草 /203
藻纹梅花衣 /47
藿香 /4,25,560
蹲倒驴 /769

二十画
籍姑 /765
糯米 /775
糯稻 /775
糯稻根 /775,776
糯稻根须 /775
蘡薁 /422
鳞叶龙胆 /5,524

二十一画
露珠草 /463
鳢肠 /715,716

附录三 药用植物拉丁名索引*

A

Abelmoschus esculentus (Linn.) Moench /428
Abelmoschus manihot (Linn.) Medicus /428
Abutilon theophrasti Medicus /426
Acalypha australis L. /379
Acanthopanax gracilistylus W. W. Smith /467
Acanthopanax sessiliflorus (Rupr. et Maxim.)Seem. /468
Acarna chinensis Bge. /692
Acer septemlobum Thunb. /471
Achyranthes bidentata Bl. /151
Achyrophorus ciliatus (Thunb.) Sch.-Bip. /21,727
Aconitum albo-violaceum Kom. var. erectam
　　W. T. Wang /10
Aconitum carmichaeli Debx. /10,19,183
Aconitum carmichaeli var. *truppelianum* (Ulbr.)
　　W. T. Wang et Hsiao /10,185
Aconitum chinenses Paxt. /10,185
Aconitum japonicum var. *truppelianum* Ulbr. /18
Aconitum kusnezoffii Reichb. /10
Aconitum loczyanum Rapcs /10,186
Aconitum longecassidatum Nakai /10,186
Aconitum paniculigerum Nakai /10,185
Acorus calamus L. /794
Acorus gramineus Soland. /796
Acorus tatarinowii Schott /795,796
Actaea asiatica Hara /186
Actinidia arguta (Sieb. & Zucc.) Planch. ex Miq. /435
Actinidia chinensis Planch. /436
Actinidia polygama (Sieb. & Zucc.) Maxim. /437
Actinospora dahurica Turcz. ex Fisch. et. Mey. /190
Actinostemma tenerum Griff. /649
Adenophora capillaris Hemsl. /664
Adenophora capillaris subsp. *paniculata* (Nannf.)
　　D. Y. Hong & S. Ge /663,664
Adenophora divaricata Franch. et Sav. /663
Adenophora paniculata Nannf. /663
Adenophora polyantha Nakai /664
Adenophora remotiflora (Sieb. et Zucc.) Miq. /666
Adenophora stricta Miq. /665

Adenophora tetraphylla (Thunb.) Fisch. /665
Adenophora trachelioides Maxim. /666
Adonis amurensis Regel et Radde /187
Aeschynomene cannabina Retz. /344
Aeschynomene indica L. /300
Agastache rugosa (Fisch. et Mey.) O. Ktze. /560
Agrimonia coreana Nakai /262
Agrimonia nepalensis D. Don. /262
Agrimonia pilosa Ldb. /261
Agrimonia pilosa var. nepalensis (D. Don) Nakai /262
Agyneia pubera L. /390
Ailanthus altissima (Mill.) Swsingle /371
Ailanthus vilmoriniana Dode /372
Ajuga ciliata Bge. /561
Akebia quinata (Thunb.) Decne. /206
Akebia trifoliata (Thunb.) Koidz /207
Alangium chinense (Lour.) Harms. /460
Alangium platanifolium (Sieb et Zucc.) Harms /461
Alaria pinnatifida Harv. /37
Albizia julibrissin Durazz. /300
Albizia kalkora (Roxb.) Prain /302
Alcea rosea L. /427,428
Alchornea davidii Franch. /380
Aletria spicata (Thunb.) Franch. /811
Aleurites fordii Hemsl. /397
Aleuritopteris argentea (Gmel.) Fée /60
Aleuritopteris mengshanensis F. Z. Li /20
Aleuritopteris niphobola (C. Chr.) Ching var. penk-
　　ingensis Ching et Hsu /7
Aleuritopteris shensiensis Ching /7,60
Alisma canaliculatum A. Btaun et Bouche. /764
Alisma orientale (Sam.) Juzep. /21,763
Alisma plantago-aquatica L. var. *orientale* G. Sam.
　　/21,763
Allium anisopodium Ledeb. /816
Allium brevidentatum F. Z. Li /20
Allium cepa L. /812
Allium fistulosum L. /812
Allium macrostemon Bge. /813

---

* 注:索引中拉丁学名正体为药用植物正名,斜体为药用植物异名。

Allium macrostemon var. uratense (Fr.) Airy-Shaw /814
Allium ramosum L. /816
Allium sativum L. /814
Allium taishanensis J. M. Xu /20
Allium thunbergii G. Don /816
Allium tuberosum Rottl. ex Spreng. /815
Allium victorialis L. /816
Aloe barbadensis Mill. var. chinensis Haw. /818
Aloe barbadensis Miller /817,818
Aloe vera (L.) Burm. f. var. *chinensis* (Haw.) Berg. /817,818
Aloe vera (L.) N. L. Burm. /817,818
Alsine media L. /177
Alternanthera philoxeroides (Mart.) Griseb. /152
Alternanthera sessilis (L.) DC. /153
Althaea rosea (L.) Cavan. /427
Amaranthus caudatus L. /153
Amaranthus lividus L. /156
Amaranthus paniculatus L. /154
Amaranthus retroflexus L. /154
Amaranthus spinosus L. /155
Amaranthus tricolor L. /156
Amaranthus viridis L. /157
Ammannia arenaria H. B. K. /456
Ammannia auriculata Willd. /456
Ammannia multiflora Roxb. /456
Amorpha fruticosa L. /303
Ampelopsis aconitifolia Bge. /417
Ampelopsis aconitifolia Bge. var. *glabra* Diels & Gilg /418
Ampelopsis brevipedunculata (Maxim.) Trautv. /418
Ampelopsis delavayana Planch. /417
Ampelopsis delavayana var. glabra (Diels & Gilg) C. L. Li /418
Ampelopsis glandulosa var. *brevipedunculata* (Maxim.) Mom. /418,419
Ampelopsis heterophylla (Thunb.) Sieb. & Zucc. var. brevipedunculata (Regel) C. L. Li /418
Ampelopsis humulifolia Bge. /419
Ampelopsis japonica (Thunb.) Makino /419
Ampelopsis tricuspidata Sieb. & Zucc. /421
Amygdalus communis L. /20,262
Amygdalus davidiana (Carr.) C. de Vos ex Henry /20,263,264

Amygdalus persica L. /20,264,265
Amygdalus triloba (Lindl.) Ricker /20,266
Anaphalis sinica Hance /672
Anaphalis sinica var. densata Ling /672
Anchusa saxatilis Pall. /553
Andreskia dentatus Bge. /239
Andrographis paniculata (Burm. f.) Nees /626
Androsace umbellata (Lour.) Merr. /505
Aneilema triquetrum Wall. /807
Anemarrhena asphodeloides Bge. /818
Anemone altaica Fisch ex C. A. Mey. /796
Anemone chinensis Bge. /196
Anemone chosenicola Ohwi var. schantungensis (Hand.-Mazz.) Tamura /188
Anemone raddeana Regel /19,188
Anemone schantungensis Hand.-Mazz. /188
Angelica cartilaginomarginata (Makino) Nakai var. foliosa Yuan et Shan /476
Angelica cartilaginomarginata var. matsumurae (de Boiss) Kitagawa /476
Angelica dahuiica (Fisch.) Benth. et Hook. cv. 'Hangbaizhi' Yuan et Shan /21,477
Angelica dahurica (Fisch. ex Hoffm.) Benth. et Hook. f. ex Franch. et Sav. /21,476
Angelica dahurica (Fisch. ex Hoffm.) Benth. et Hook. f. ex Franch. et Sav. cv. Hangbaizhi Yuan et Shan /21,477,478
Angelica dahurica (Fisch. ex Hoffm.) Benth. et Hook. f. ex Franch. et Sav. var. *pai-chi* Kimura /477
Angelica dahurica (Fisch. ex Hoffm.) Benth. et Hook. f. var. *formosana* (Boiss.) Shan et Yuan /477,478
Angelica dahurica (Fisch.) Benth. et Hook. /21,476
Angelica dahuruca var. *formosana* (Boiss.) Shan et Yuan /477
Angelica decursiva (Miq.) Franch. et Sav. /478
Angelica formosana Boiss. /477
Angelica polymorpha Maxim. /479
Antenoron filiforme (Thunb.) Rob. et Vaut. /123
Antenoron filiforme var. neofiliforme (Nakai) A. J. Li /124
Anthistiria japonica Willd. /784
Anthriscus sylvestris (L.) Hoffm. /480
Anthyllis cuneata Dum.-Cours /331

Antidesma scandens Lour. /110
Apios fortunei Maxim. /303
Apium graveolens L. /480
Apocynum venetum L. /527
Aquilegia viridiflora f. atropurpurea (Willd.) Kitag. /190
Aquilegia viridiflora Pall. /189
Arachis hypogaea L. /304
Aralia chinensis L. /469
Aralia elata (Miq.) Seem. /469,470
Aralia elata (Miq.) Seem. var. *glabrescens* (Franch. & Savat.) Pojark. /470,471
Arctium lappa L. /672
Arenaria juncea M. Bieb. /165
Arenaria serpyllifolia L. /166
Arisaema amurense Maxim. /796
Arisaema amurense var. serratum Nakai /797
Arisaema heterophyllum Bl. /797
Aristolochia contorta Bge. /120
Aristolochia debilis Sieb. et Zucc. /121
Aristolochia mollissima Hance /122
Armeniaca mandshurica (Maxim.) Skv. /20,266,267
Armeniaca mume Sieb. /267,268
Armeniaca vulgaris Lam. /20,268,269
Armeniaca vulgaris Lam. var. ansu (Maxim.) Yü et Lu /20,269
Arnica ciliata Thunb. /727
Artemisia anethoides Mattf. /674
Artemisia annua L. /675
Artemisia argyi Lévl. et Vant. /676
Artemisia argyi var. gracilis Pamp. /677
Artemisia capillaris Thunb. /677
Artemisia carvifolia Buch.-Ham. ex Roxb. /678
Artemisia eriopoda Bge. /679
Artemisia fauriei Nakai /674
Artemisia indica Willd. /680
Artemisia japonica Thunb. /681
Artemisia keiskeana Miq. /682
Artemisia lavandulaefolia DC. /682
Artemisia minima L. /702
Artemisia mongolica (Fisch. ex Bess.) Nakai /683
Artemisia princeps Pamp. /684
Artemisia rubripes Nakai /685
Artemisia scoparia Waldst. et Kit. /678
Artemisia selengensis Turcz. ex Besser /687
Artemisia sieversiana Ehrhart ex Willd. /688
Artemisia vulgaris L. var. *mongolica* Fisch. ex Bess. /683
Arthraxon hispidus (Thunb.) Makino /766
Arthraxon lanceolatus (Roxb.) Hochst. /21,767
Arthraxon prionodes (Steud.) Dandy /21,767
Artemisia sacrorum Ledeb. /686
Artemisia sacrorum var. messerschmidtiana (Bess) Y. R. Ling /687
Arum esculenta L. /797
Arum ternatum Thunb. /799
Arundinaria amara Keng /779
Arundo australis Cav. /777
Asarum sieboldii Miq. /19,122
Asclepias paniculata Bge. /536
Asparagus cochinchinensis (Lour.) Merr. /819
Asparagus graminifolia L. /829
Asparagus officinalis L. /820
Asparagus schoberioides Kunth /821
Asplenium acrostichoides Sw. /61
Aster ageratoides Turcz. /688
Aster altaicus Willd. /726
Aster annuus L. /716
Aster fastigiatus Fisch. /753
Aster indicus L. /735
Aster scaber Thunb. /713
Aster tataricus L. f. /689
Astilbe chinensis (Maxim.) Franch. et Sav. /253
Astilbe grandis Stapf ex Wils. /254
Astragalus adsurgens Pall. /305
Astragalus chinensis L. f. /306
Astragalus complanatus Bge. /306
Astragalus laxmannii Jacq. /305,306
Astragalus melilotoides Pall. 307
Astragalus membranaceus (Fisch.) Bge. /19,308,310
Astragalus membranaceus (Fisch.) Bge. var. mongholicus (Bge.) P. K. Hsiao /309
Astragalus mongholicus Bunge /308
Astragalus mongholicus Bunge /309,310
Astragalus scaberrimus Bge. /310
Astragalus sinicus L. /310
Astragalus verna Georgl /324
Athyriopsis japonica (Thunb.) Ching /7,20
Athyriopsis lushanensis J. X. Li /6,19
Athyriopsis shandongensis J. X. Li et Z. C. Ding /6,19

Athyrium acrostichoides (Sw.) Diels /61
Atractylis chinensis (Bge.) DC. /692
Atractylis coreana Nakai /690
Atractylis lancea Thunb. /691
Atractylodes chinensis (DC.) Koidz. /692
Atractylodes coreana (Nakai) Kitam. /690
Atractylodes lancea (Thunb.) DC. /691,692
Atractylodes lancea (Thunb.) DC. var. chinensis (Bge.) Kitam. /692
Atractylodes macrocephala Koidz. /692
Atriplex centralasiatica Iljin /20,142
Atriplex sibirica L. /20,143
Auricularia auricula (L. ex Hook.) Underw. /42

B

Barnardia scilloides Lindl. /835
Basella alba L. /20,164
Basella rubra L. /20,164
Begonia evansiana Andr. /448
Begonia grandis Dryander /449
Begonia sinensis A. DC. /449
Belamcanda chinensis (L.) DC. /844
Benincasa hispida (Thunb.) Cogn. /650
Benzoin glaucum Sieb. et Zucc. /218
Berberis amurensis Rupr. /207
Berberis fortunei Lindl. /209
Berberis poiretii Schneid. /208
Beta vulgaris L. /143
Betula jiaodongensis S. B. Liang /20
Betula platyphylla Suk /97
Bidens bipinnata L. /693
Bidens biternata (Lour.) Merr. et Sherff /695
Bidens frondosa L. /695
Bidens parviflora Willd. /696
Bidens pilosa L. 20,697
Bidens tripartita L. /698
Bignonia grandiflora Thunb. /620
Bignonia radicans L. /621
Bignonia tomentosa Thunb. /610
Biota orientalis (L.) Endl. /80
Bischofia polycarpa (Lévl.) Airy-Shaw /381
Boea hygrometrica (Bge.) R. Br. /625
Boehmeria longispica Steud. /114
Boehmeria nivea (L.) Gaud. /114
Boehmeria penduliflora Wedd. ex D. G. Long /113
Boehmeria platanifolia Franch. et Savat. /115

Boehmeria platyphylla var. *tricuspis* Maxim. /115
Boehmeria tricuspis (Hanee) Makino /115
Bolboschoenus yagara (Ohwi) Y. C. Yang & M. Zhan /793,794
Bolbostemma paniculatum (Maxim.) Franq. /651
Borreria shandongensis F. Z. Li et X. D. Chen /20
Botrychium ternatum (Thunb.) Sw. /56
Brassica campestris L. /231
Brassica caulorapa Pasq. /232
Brassica chinensis L. /232
Brassica juncea (L.) Czern. et Coss. /233
Brassica oleracea L. var. capitata L. /234
Brassica oleracea var. gongylodes L. /232
Brassica pekinensis (Lour.) Rupr. /235
Brassica rapa var. *chinensis* (L.) Kitam. /232,233
Brassica rapa var. *glabra* Regel. /235
Brassica rapa var. *oleifera* DC. /231,232
Broussonetia papyrifera (L.) L' Hert. ex Vent. /105
Bupleurum angustissimum (Franch.) Kitagawa /484
Bupleurum chinense DC. /481
Bupleurum chinense f. vanheurchii (Muell.-Arg.) Shan et Y. Li /482
Bupleurum longiradiatum Turcz. /482
Bupleurum scorzonerifolium Willd. /483
Bupleurum vanheurchii Muell.-Arg. /482
Buxus sinica (Rehd. et Wils.) M. Cheng /398

C

Cacalia aconitifolia Bge. /750
Calamintha chinensis Benth. /561
Callicarpa bodinieri Moldenke /555
Callicarpa dichotoma (Lour.) K. Koch /554
Callicarpa giraldii Hesse ex Rehd. /555
Callicarpa japonica Thunb. /556
Caltha palustris L. var. sibirica Regel /190
Calvatia gigantea (Batsch ex Pers.) Lloyd /45
Calvatia lilacina (Mont. & Berk.) Lloyd /46
Calycanthus pracox L. /216
Calystegia dahurica (Herb.) Choisy /541
Calystegia hederacea Wall. /542
Calystegia pubescens Lindl. /541
Calystegia pubescens Lindl. /541,542
Calystegia sepium (L.) R. Br. /542
Calystegia soldanella (L.) R. Br. /543
Camellia japonica L. /19,438
Camellia sinensis (L.) O. Kuntze /439

Campanula grandiflora Jacq. /670
Campanula tetraphylla Thunb. /665
Campanumoea lanceolata Sieb. et Zucc. /667
Campanumoea pilosula Franch. /668
Campsis grandiflora (Thunb.) Schum /620
Campsis radicans (L.) Seem. /621
Camptotheca acuminata Decne. /459
Canavalia gladiata (Jacq.) DC. /311
Canna indica L. /851
Cannabis sativa L. /106
Capsella bursa-pastoris (L.) Medic. /235
Capsicum annuum L. /593
Caragana microphylla Lam. /313
Caragana sinica (Buchoz) Rehd. /312
Cardamine dasycarpa M. Bieb. /238
Cardamine flexuosa With. /237
Cardamine hirsuta L. /236
Cardamine impatiens L. /237
Cardamine impatiens var. dasycarpa (M. Bieb.) T. Y. Cheo et R. C. Fang /238
Cardamine lyrata Bge. /238
Cardiospermum halicacabum L. /408
Carduus crispus L. /699
Carlesia sinensis Dunn /484
Carpesium cernuum L. /700
Carthamus tinctorius L. /701
Carum buriaticum Turcz. /485
Carum carvi L. /485
Cassia obtusifolia L. /314
Cassia occidentalis L. /315
Cassia sophera L. /314
Cassia tora L. /313,314
Castanea mollissima Bl. /99
Catalpa bungei C. A. Mey. /621
Catalpa ovata G. Don. /622
Catharanthus roseus (L.) G. Don /528
Caucalis japonica Houtt. /499
Cayratia japonica (Thunb.) Gagnep. /420,421
Cedrela sinensis A. Juss. /375
Cedrus deodara (Roxb.) G. Don /70
Celastrus angulatus Maxim. /404
Celastrus orbiculatus Thunb. /405
Celosia argentea L. /157
Celosia cristata L. /158
Celtis polycarpa Lévl. /381

Centaurium pulchellum (Swartz) Druce var. altaicum (Griseb.) Kitagawa /523
Centipeda minima (L.) A. Br. et Aschers. /702
Cerastium aquaticum L. /171
Cerastium glomeratum Thuill. /166
Cerastium viscosum L. /166
Cerasus dictyoneura (Diels) Yü /271
Cerasus glandulosa (Thunb.) Lois. /21,269
Cerasus humilis (Bge.) Sok. /21,270,271
Cerasus japonica (Thunb.) Lois. /21,271,272
Cerasus pseudocerasus (Lindl.) G. Don. /21,272,273
Cerasus serrulata (Lindl.) G. Don ex London /21,273
Ceratophyllum demersum L. /183
Cercis chinensis Bge. /315
Cesasus dictyoneura (Diels.) Yu /20
Chaenomeles cathayensis (Hemsl.) Schneid. /16
Chaenomeles japonica (Thunb.) Lindl. /16
Chaenomeles sinensis (Thouin.) Koehne /16,273
Chaenomeles speciosa (Sweet.) Nakai /16,274
Chaenomeles speciosa 'Hongxiangyu' /16,275
Chaenomeles speciosa 'Huangxiangyu' /17,275
Chaenomeles speciosa 'Jinxiangyu' /17,275
Chaenomeles speciosa 'Luoqing 101' /16,275
Chaenomeles speciosa 'Luoqing 102' /17,275
Chaenomeles speciosa 'Luoqing 106' /16,275
Chaenomeles speciosa 'Luoqing 108' /17,275
Chaenomeles speciosa 'Lvxiangyu' /16,275
Chaenomeles thibetica Yu /16
Chaerophyllum scabrum Thunb. /500
Chaerophyllum sylvestre L. /480
Chamaenerion angustifolium (L.) Scop. /462
Chamerion angustifolium (L.) Hol. /462,463
Chelidonium majus L. /221
Chenopodium album L. /143
Chenopodium ambrosioides L. /145
Chenopodium glaucum L. /144
Chenopodium hybridum L. /145
Chenopodium scoparia L. /146
Chenopodium serotinum L. /144
Chimonanthus praecox (L.) Link. /216
Chionanthus retusus Lindl. et Paxt. /514
Chloranthus fortunei (A. Gray) Solms-Laub. /84
Chloranthus japonicus Sieb. /85
Chloranthus serratus (Thunb.) Roem. et Schult. /86
Chlorella vulgaris Beij. /33

Chorisis repens (L.) DC. /21
Chrysanthemum indicum L. /709,710
Chrysanthemum lavandulifolium (Fisch. ex Trautv.) Makino /710
Chrysanthemum morifolium Ramat. /711,713
Chrysanthemum potentilloides Hand.-Mazz. /710
Chylocalyx senticosum Meisn. ex Miq. /134
Cichorium intybus L. /703
Cicuta virosa L. /485
Cimicifuga dahurica (Turcz.) Maxim. /190
Cinnamomum camphora (L.) Presl. /217
Circaea canadensis (Linn.) Hill subsp. *quadrisulcata* (Maxim.) Bouff. /463
Circaea cordata Royle /463
Circaea lutetiana L. forma *quadrisulcata* Maxim. /463
Circaea lutetiana L. subsp. quadrisulcata (Maxim.) Asch. et Maq. /463
Circaea quadrisulcata (Maxim.) Fr. et Sav. /463
Cirsium chinense Gardn. et Champ. /704
Cirsium japonicum Fisch. ex DC. /704
Cirsium lyratum Bge. /725
Cirsium maackii Maxim. /705
Cirsium segetum Bge. /706,708
Cirsium setosum (Willd.) MB. /707,708
Cissus humulifolia (Bge.) Regel var. brevipedunculata Regel /418
Citrullus lanatus (Thunb.) Matsum. et Nakai /652
Citrullus vulgaris Schrad. ex Kckl. et Zeyh. /652,653
Citrus medica L. var. sarcodactylis (Noot.) Swingle /361
Citrus sarcodactylis Noot. /361
Citrus trifoliata L. /366,367
Claviceps purpurea (Fr.) Tul. /41
Cleisostoma scolopendrifolium (Makino) Garay /854
Clematis brevicaudata DC. var. *tenuisepala* Maxim. /192
Clematis fusca Turcz. /192
Clematis ganpiniana (Lévl. et Vant.) Tamura var. tenuisepala (Maxim.) C. T. Ting /192
Clematis heracleifolia DC. /194
Clematis hexapetala Pall. /193
Clematis hexapetala Pall. var. tchefouensis (Debeaux) S. Y. Hu. /193
Clematis kirilowii Maxim. /195
Clematis kirilowii var. chanetii (Lévl.) Hand.-Mazz. /195

Clematis patens Morr. et Decne. /195
Clematis trifoliata Thunb. /207
Cleome gynandra L. /230
Clerodendrum bungei Steud. /557
Clerodendrum trichotomum Thunb. /556
Clinopodium chinense (Benth.) O. Ktze. /561
Cnicus uniflorus L. /748
Cnidium jeholense Nakai et Kitag. /494
Cnidium monnieri (L.) Cuss. /486
Cocculus orbiculatus (L.) DC. /20,210
Cocculus trilobus (Thunb.) DC. /20,210
Codonopsis lanceolata (Sieb. et Zucc.) Trautv. /19,667
Codonopsis pilosula (Franch.) Nannf. /668
Coix chinensis Tod. /21,767,768
Coix lacryma-jobi L. /768
Coix lacryma-jobi L. var. *ma-yuen* (Roman.) Stap /21,767,768
Colocasia esculenta (L.) Schott /797
Commelina bengalensis L. /805
Commelina communis L. /805
Commelina nudiflora L. /806
Convallaria japonicus L. f. /831
Convallaria majalis L. /821
Convallaria odorata Mill. /832
Convallaria spicata Thunb. /830
Convolvulus arvensis L. /544
Convolvulus batatas L. /547
Convolvulus dahuricus Herb. /541
Convolvulus nil L. /548
Convolvulus purpurus L. /549
Convolvulus sepium L. /542
Convolvulus sibiricus L. /548
Convolvulus soldanella L. /543
Conyza bonariensis (L.) Cronq. /708
Conyza canadensis (L.) Cronq. /708
Corchorus aestuans L. /424
Corchorus scandens Thunb. /290
Cordia thyrsiflora Sieb. et Zucc. /550,551
Coreopsis biternata Lour. /695
Coriandrum sativum L. /487
Coriolus versicolor (L. ex Fr.) Quel /43
Cornus officinalis Sieb. et Zucc. /500
Cornus walteri Wanger. /501,502
Corydalis ambigua Cham et Schlecht. var. amurensis

Maxim. /222
Corydalis balansae Prain. /224
Corydalis bungeana Turcz. /223
Corydalis caudata (Lam.)Pers. Syn. /225
Corydalis ochotensis Turcz. var. raddeana Regel. /224
Corydalis pallida (Thunb.) Persl. /224
Corydalis remota Fisch. ex Maxim. /225
Corydalis repens Mandl. et Muhl. /225
Corydalis turtschaninovii Bess. /225
Corydalis yanhusuo W. T. Wang /226
Corylus heterophylla Fisch. ex Trautv. /98
Cotinus coggygria Scop. var. cinerea Engl. /399
Cotinus coggygria Scop. var. pubescens Engl. /400
Cotyledon fimbriata Turcz. /250
Crataegus cuneata Sieb. et Zucc. /275
Crataegus pinnatifida Bge. /276
Crataegus pinnatifida var. major N. E. Br. /277
Crataegus pinnatifida var. psilosa Schneid. /277
Crataegus shandongensis F. Z. Li et W. D. Peng /20
Crataegus villosa Thunb. /282
Crocus sativus L. /845
Crotalaria sessiliflora L. /19,316
Croton tuberculatus Bge. /396
Cucholzia philoxeroides Mart. /152
Cucumis bisexualis A. M. Lu et G. C. Wang ex Lu et Z. Y. Zhang /20
Cucumis melo L. /653
Cucumis sativus L. /654
Cucurbita hispida Thunb. /650
Cucurbita moschata (Duch. ex Lam.) Duch. ex Poiret /655
Cucurbita pepo L. /655
Cucurbita pepo L. var. *moschata* Duch. ex Lam. /655
Cucurbita siceraria Molina /657
Cudrania tricuspidata (Carr.) Bur. ex Lavallee. /108
Cullen corylifolium (Linn.) Med. /340,341
Cunninghamia lanceolata (Lamb.) Hook. /78
Cuscuta australis R. Br. /544
Cuscuta chinensis Lam. /545
Cuscuta japonica Choisy /546
Cuscuta lupuliformis Krocker /547
Cydonia sinensis Thouin. /273
Cydonia speciosa Sweet. /274
Cynanchum amplexicaule (Sieb. et Zucc.) Hemsl. /531
Cynanchum amplexicaule var. castaneum Makino /532

Cynanchum atratum Bge. /532
Cynanchum auriculatum Royle ex Wight /533
Cynanchum bungei Decne. /19,534
Cynanchum chinense R. Br. /534
Cynanchum hancockianum (Maxim.) Al. Iljin. /536
Cynanchum inamoenum (Maxim.) Loes. /535
Cynanchum paniculatum (Bge.) kitag. /14,19,536
Cynanchum thesioides (Freyn) K. Schum. /537
Cynanchum thesioides var. australe (Maxim.) Tsiang et P. T. Li /538
Cynanchum versicolor Bge. /538
Cynanchum wilfordii (Maxim.) Hemsl. /539
Cynoctonum wilfordii Maxim. /539
Cynodon dactylon (L.) Persl. /768
Cynosurus indicus L. /769
Cyperus rotundus L. /12,788
Cyperus shandongense F. Z. Li /20
Cyrtomium confertiserratum J. X. Li,H. S. Kung et X. J. Li /6,19,65
Cyrtomium falcatum (L. f.) Presl /19,63
Cyrtomium fortunei J. Sm f. latipinna Ching /7,20
Cyrtomium fortunei J. Sm f. polypterum (Diels) Ching /7,20
Cyrtomium fortunei J. Sm. /6,64
Cyrtomium reflexosquamatum J. X. Li et F. Q. Zhou /6,19,65
Cyrtomium shandongense J. X. Li /6,19,65
Cystophyllum fusiforme Harv. /38

D

Dahlia pinnata Cav. /709
Dalbergia hupeana Hance /317
Daphne genkwa Sieb. et Zucc. /450
Datura innoxia Mill. /594
Datura metel L. /595
Datura stramonium L. /596
Daucus carota L. /488
Daucus carota var. sativa Hoffm. /489
Davallia mariesii Moore ex Bak. /67
Delphinium tchefoense Franch. /196
Dendranthema indicum (L.) Des Moul. /12,709
Dendranthema lavandulifolium (Fisch. ex Trautv.) Ling et Shih /12,710
Dendranthema morifolium (Ramat.) Tzvel. /12,711
Dendranthema potentilloides (Hand.-Mazz.) Shih /710
Descurainia sophia (L.) Webb. ex Prantl /238

Dianthus chinensis L. /11,19,167
Dianthus chinensis L. var. versicolor (Fisch. ex Link) Y. C. Ma /11,20,168
Dianthus chinensis var. liaotungensis Y. C. Chu /11,168
Dianthus chinensis var. *shandongensis* J. X. Li et F. Q. Zhou,Bull. Bot. Res. /169
Dianthus chinensis var. trinervis D. Q Lu /11,20,168
Dianthus longicalyx Miq. /11,10
Dianthus shandongensis (J. X. Li et F. Q. Zhou) J. X. Li et F. Q. Zhou,Stat. nov. /11,19,20,169
Dianthus superbus L. /11,169
Dianthus versicolor Fisch. ex Link /168
Dicranopteris dichotoma (Thunb.) Bernh. /19
Dictamnus dasycarpus Turcz. /19,362
Digitalis glutinosa Gaert. /613
Dimorphanthus elatus Miq. /470
Dioscorea nipponica Makino /842
Dioscorea opposita Thunb. /843
Diospyros kaki Thunb. /511
Diospyros lotus L. /512
Dipsacus asper Wall. ex C. B. Clarke /647
Dipsacus asperoides C. Y. Cheng et T. M. Ai /647
Dipsacus japonicus Miq. /648
Disporum sessile D. Don /822
Doellingeria scaber (Thunb.) Nees /713
Dolichos angularis Willd. /352
Dolichos gladiatus Jacq. /311
Dolichos lablab L. /21,328
Dolichos lobatus Willd. /341,343
Dolichos purpureus L. /329
Dolichos sinensis L. /354
Dolichos umbellatus Thunb. /353
Dolichos unguiculatus L. /354
Dontostemon dentatus (Bge.) Ledeb. /239
Dorcoceras hygrometrica Bge. /625
Draba nemorosa L. /240
Drosera umbellata Lour. /505
Dryopteris chinensis (Bak.) Koidz. /9
Dryopteris crassirhizoma Nakai /9
Dryopteris goeringiana (Kunze) Koidz. /9
Dryopteris gymnophylla (Bak.) C. Chr. /9
Dryopteris immixta Ching /9
Dryopteris lacera (Thunb.) O. Ktze. /9
Dryopteris laoshanensis J. X. Li et S. T. Ma /9
Dryopteris parachiensis Ching et F. Z. Li /20
Dryopteris peninsulae Kitagawa /9,66
Dryopteris sacrosancta Koidz. /9
Dryopteris setosa (Thunb.) Akasawa /9
Dryopteris shandongensis J. X. Li et F. Z. Li /6,9,19
Dryopteris taishanensis F. Z. Li et C. K. Ni /9
Dryopteris woodsiisora Hayata /9
Drypopteris championii (Benth.) C. Chr. ex Ching /7,20
Duchesnea indica (Andr.) Focke /278

E

Eaonymus hamiltonianus Wald. /20
Eaonymus phellophyllus Loes. /20
Echinacea angustifolia DC. /715
Echinacea pallida (Nutt.) Nutt. /715
Echinacea purpurea (L.) Moench /714
Echinops grijisii Hance /713
Echinops latifolius Tausch /714
Eclipta prostrata (L.) L. /715
Eguisetum palustre L. /7
Ehretia acuminata R. Brown /550
Ehretia thyrsiflora (Sieb. et Zucc.) Nakai /550
Elaeagnus angustifolia L. /452
Elaeagnus macrophylla Thunb. /453
Elaeagnus multiflora Thunb. /453
Elaeagnus umbellata Thunb. /454
Eleocharis dulcis (N. L. Burman) Trin. ex Hensch. /790
Eleusine indica (L.) Gaertn. /769
Eleutherococcus nodiflorus (Dunn) S. Y. Hu /467,468,469
Eleutherococcus sessiliflorus (Rupr. & Maxim.) S. Y. Hu. /468
Elsholtzia ciliata (Thunb.) Hyland. /562
Elsholtzia splendens Nakai ex F. Maekawa /563
Ephedra equisetina Bge. /81
Ephedra intermedia Schrenk ex Mey. /83
Ephedra sinica Stapf /19,82
Epilobium amurense Hausskn. subsp. cephalostigma (Hausskn.) C. J. Chen /464
Epilobium angustifolium L. /462
Epilobium cephalostigma Hausskn. /464
Epilobium hirsutum L. /464
Equisetum arvense L. /53
Equisetum pratense Ehrh. /54
Equisetum ramosissimum Desf. /55

Equisetum ramosissimum Desf. var. *japonicum* Milde /56
Equisetum sylvaticum L. /54
Eragrostis pilosa (L.) Beauv. /770
Erigeron annuus (L.) Pers. /716
Erigeron canadensis L. /708
Eriocaulon cinereum R. Br. /804
Eriocaulon taishanense F. Z. Li /20
Erodium stephanianum Willd. /356
Erysimum cheiranthoides L. /240
Erythraea ramosissima var. *altaice* Griseb. /523
Eucommia ulmoides Oliv. /259
Euonymus alatus (Thunb.) Sieb. /406
Euonymus bungeanus Maxim. /407
Euonymus fortunei (Turcz.) Hand.-Mazz. /407
Euonymus maackii Rupr. /20,407
Eupatorium fortunei Turcz. /717
Eupatorium japonicum Thunb. /718
Eupatorium lindleyanum DC. /719
Eupatorium rebaudianum Bertoni /749
Eupborbia ebracteolata auct. non Hayata /21,386,387
Eupborbia ebracteolata Hayata /387
Eupborbia kansuensis Prokh. /21,386,387
Euphorbia esula L. /381,382
Euphorbia fischeriana Steud. /382
Euphorbia helioscopia L. /383
Euphorbia humifusa Willd. ex Schlecht. /385
Euphorbia hypericifolia L. /385
Euphorbia indica Lam. /385
Euphorbia lathyris L. /387
Euphorbia lunulata Bge. /381,382
Euphorbia maculata L. /21,388
Euphorbia pallasii Turcz. /382
Euphorbia pekinensis Rupr. /389
Euphorbia supina Rafin. /21,388
Euryale ferox Salisb. ex Sims. /179
Evodia daniellii (Benn.) Hemsl. /363
Evodia rutaecarpa (Juss.) Benth. /364

F

Fagopyrum esculentum Moench. /124
Fallopia multiflora (Thunb.) Harald. /20,125,126
Ficus carica L. /109
Filago leontopodioides Willd. /736
Fimbristylis dichotoma (L.) Vahl /790
Firmiana plantanifolia (L. f.) Marsili /21,434

Firmiana simplex (L.) W. F. Wight /21,434,435
Flueggea suffruticosa (Pall.) Baill. /21,390
Flueggea virosa (Roxb. ex Willd.) Voigt. /390
Foeniculum vulgare Mill. /489
Fomes applanatum Pers. ex Gray /43
Forsythia giraldiana Lingelsh. /515
Forsythia suspensa (Thunb.) Vahl /19,514
Fragaria ananassa Duch. /279
Fragaria indica Andr. /278
Fraxinus chinensis Roxb. /515
Fraxinus chinensis subsp. *rhynchophylla* (Hance) E. Murray /516,517
Fraxinus rhynchophylla Hance /516
Fucus pallidus Turn. /38
Fumaria caudata Lam. /225
Funaria hygrometrica Hedw. /49

G

Galinsoga parviflora Cav. /720
Galium aparine L. var. tenerum (Gren. et Godr.) Rchb. /631
Galium bungei Steud. /631
Galium verum L. /632
Ganoderma applanatum (Pers. ex Gray) Pat. /43
Ganoderma lucidum (Leyss. ex Fr.) Karst. /19,44
Ganoderma sinense Zhao, Xu et Zhang /45
Gardenia jasminoides Ellis /633
Gastrodia elata Blume /19,851
Gelidium amansii Lamx. /40
Gelidium crinale (Turn.) Lamx. /41
Gentiana diluta Turcz. /525
Gentiana mandshurica Kitag. /19,523
Gentiana scandens Lour. /634
Gentiana squarrosa Ledeb. /524
Gentiana zollingeri Fawcett /524
Geradia japonica Thunb. /612
Geranium koreanum Kom. /19,20,358
Geranium sibiricum L. /358
Geranium tsingtauense Yabe. /358
Geranium wilfordii Maxim. /357
Geraniun tsingtauense Yabe. f. album. (F. Z. Li) F. Z. Li /20
Geraniun wilfordii Maxim. var. schizopetalum F. Z. Li /20
Gerbera anandria (L.) Sch.-Bip. /21,720
Geum aleppicum Jacq. /279

Geum japonicum Thunb. var. chinense F. Bolle /280
Ginkgo biloba L. /69
Glechoma longituba (Nakai) Kupr. /564
Glechoma hederacea L. var. *longituba* Nakai /564
Gleditsia japonica Miq. /318
Gleditsia officinalis Hemsl. /318
Gleditsia sinensis Lam. /318
Glehnia littoralis Fr. Schmidt ex Miq. /15,19,490
Glochidion puberum (L.) Hutch. /390
Glycine max (L.) Merr. /320
Glycine sinensis Sims /355
Glycine soja Sieb. et Zucc. /321
Glycyrrhiza glabra L. /324
Glycyrrhiza inflata Batal. /324
Glycyrrhiza pallidiflora Maxim. /322
Glycyrrhiza uralensis Fisch. /19,323
Gnaphalium affine D. Don /721
Gomphrena globosa L. /159
Gossypium hirsutum L. /428
Grewia biloba G. Don var. parviflora (Bge.) Hand.-Mazz. /425
Grewia parviflora Bge. /425
Gueldenstaedtia maritima Maxim. /325
Gueldenstaedtia multiflora Bge. /21,324
Gueldenstaedtia multiflora Bge. f. *alba* F. Z. Li /21,325
Gueldenstaedtia stenophylla Bge. /325
Gueldenstaedtia verna (Georgi) Boriss. subsp. multiflora (Bge.) Tsui /21,324,325
Gueledenstaedtia verna Bge. (Georgi) Boriss. f. alba Tsui /20,21
Gynandropsis gynandra (L.) Briquet /230,231
Gynostemma pentaphyllum (Thunb.) Makino /421,656
Gynura japonica (Thunb.) Juel. /722
Gypsophila oldhamiana Miq. /171

H

Hedysarum striatum Thunb. /328
Hedysarum tomentosum Thunb. /332
Heleocharis dulcis (Burn. f) Trin. Ex Henschel /790
Helianthus annuus L. /723
Helianthus tuberosus L. /724
Hemerocallis citrina Baroni /823
Hemerocallis fulva (L.) L. /824
Hemerocallis lilio-asphodelus L. /824
Hemerocallis minor Mill. /823

Hemistepta lyrata (Bge.) Bge. /725
Heracleum moellendorffii Hance /491
Heracleum moellendorffii var. paucivittatum Shan et T. S. Wang /492
Herminium monorchis (L.) R. Br. /852
Hesperis africana L. /244
Heteropappus altaicus (Willd.) Novopokr. /726
Hibiscus mutabilis L. /429
Hibiscus syriacus L. /430
Hibiscus trionum L. /432
Hieracium umbellatum L. /726
Hierochloe odorata (L.) Beauv. /770
Hippochaete ramosissima (Desf.) Boern. /55
Hippochaete ramosissima var. japonicum (Milde) J. X. Li et F. Q. Zhou /7,18,19,56
Hippophae rhamnoides L. subsp. sinensis Rousi /455
Hippophae rhamnoides Linn. /455,456
Holcus bicolor Linnaeus /784
Holcus odoratus L. /770
Homamelis chinense R. Br. /258
Hordeum vulgare L. /771
Hoteia chinensis Maxim. /253
Houpoëa officinalis (Rehd. & Wils.) N. H. Xia & C. Y. Wu /214,215
Houttuynia cordata Thunb. /83
Hovenia dulcis Thunb. /412
Humulus lupulus L. /110
Humulus scandens (Lour.) Merr. /110
Huperzia serrata (Thunb.) Trev. /7,49
Hydrocharis dubia (Bl.) Backer /765
Hydrocotyle sibthorpioides Lam. /492
Hylotelephium erythrostictum (Miq.) H. Ohba /249
Hylotelephium spectabile (Bor.) H. Ohba /250
Hylotelephium verticillatum (L.) H. Ohba /250
Hypecoum erectum L. /227
Hypericum ascyron L. /440
Hypericum attenuatum Choisy /443
Hypericum chinense L. /442
Hypericum japonicum Thunb. ex Murray /441
Hypericum monogynum L. /442
Hypericum perforatum L. /443
Hypochaeris ciliata (Thunb.) Makino /21,727
Hypodematium gracile Ching /63
Hypodematium sinense Iwatsuki /63
Hypoxis spicata Thunb. /811

I

Ilex cornuta Lindl. ex Paxt. /21,403
Ilex crenata Lindl. /21
Illecebrum sessile L. /153
Impatiens balsamina L. /411
Impatiens noli-tangere L. /412
Imperata cylindrica (L.) Beauv. /21,772,773
Imperata cylindrical (L.) P. Beauv. var. major (Nees) C. E. Hubb. /21,772,773
Imperata koenigii (Retz.) Beauv. /772,773
Imperata sacchariflora Maxim. /785
Incarvillea sinensis Lam. /622
Indigofera bungeana Walp. /325
Indigofera kirilowii Maxim. ex Palibin /326
Inula britanica L. /728
Inula helenium L. /729
Inula japonica Thunb. /720
Inula lineariifolia Turcz. /731
Ipomoea batatas (L.) Lam. /547
Ipomoea nil (Linn.) Roth /549
Ipomoea purpurea (Linn.) Roth /549,550
Iris dichotoma Pall. /846
Iris ensata auct. non Thunb. /849
Iris ensata Thunb. /847,849
Iris lactea Pall. var. chinensis (Fisch.) Koidz. /848
Iris pallasii Fisch. var. chinensis Fisch. /848
Iris tectorum Maxim. /849
Isatis indigotica Fort. /241
Isatis tinctoria L. /241,242
Isoden inflexus (Thunb.) Kudo /579
Isodon glaucocalyx (Maxim.) Kudo /580
Isodon japonicus var. glaucocalyx (Maxim.) H. W. Li /580,581
Ixeridium chinense (Thunb.) Tzvel. /21,645,732,733
Ixeridium gramineum (Fisch.) Tzvel. /21
Ixeridium sonchifolia (Maxim.) Shih /734
Ixeridium sonchifolium (Maxim.) Shih /21,733
Ixeris chinensis (Thunb.) Nakai /21,645,732,733
Ixeris denticulata (Houtt.) Stebb. /21,737
Ixeris denticulata (Houtt.) Stebbins f. pinnatipartita (Makino) Kitaga /738
Ixeris graminea (Fisch.) Nakai /21
Ixeris polycephala Cass. /734
Ixeris repens (L.) A. Gray /21
Ixeris sonchifolia (Bge.) Hance /21,733
Ixia chinensis L. /844

J

Jasminum floridum Bunge /518
Jasminum nudiflorum Lindl. /517
Jasminum sambac (L.) Ait. /518
Juglans cathayensis Dode /92
Juglans mandshurica Maxim. /93
Juglans regia L. /94
Juncus effusus L. /809
Juniperus chinensis L. /81
Justicia paniculata Burm. f. /626
Justicia procumbens L. /627

K

Kadsura chinensis Turcz. /215
Kalimeris indica (L.) Sch.-Bip. /735
Kalopanax septemlobus (Thunb.) Koidz. /471
Kochia scoparia (L.) Schrad. /146
Kochia scoparia f. trichophylla (Hort.) Schinz et Thell. /147
Koelreuteria paniculata Laxm. /409
Krascheninnikowia heterophylla Miq. /172
Kummerowia stipulacea (Maxim.) Makino /327
Kummerowia striata (Thunb.) Schindl. /328

L

Lablab purpureus (L.) Sweet /21,328,329
Lactuca indica L. /21,739
Lactuca raddeana Maxim. /21,740
Lactuca sativa L. /736
Lactuca tatarica (L.) C. A. Mey. /21
Lagenaria siceraria (Molina) Standl. /657
Lagenaria siceraria var. depressa (Ser.) Hara /658
Lagenaria siceraria var. microcarpa (Naud.) Hara /657
Lagopsis supina (Steph.) IK.-Gal. ex Knorr. /565
Laminaria japonica Aresch. /36
Lamium amplexicaule L. /565
Lamium barbatum Sieb. et Zucc. /566
Lappula echinata Gilib. /551
Lappula myosotis V. Wolf /551
Larix amabilis Nelson /77
Lasiosphaera fenzlii Reich. /46
Lathyrus davidii Hance /329
Laurus camphora L. /217
Leibnitzia anandria (L.) Nakai /21,720
Lemna minor L. /803

Lemna polyrrhiza L. /803
Leontopodium leontopodioides (Willd.) Beauv. /736
Leonurus artemisia (Lour.) S. Y. Hu /567
Leonurus hetrophyllus Sweet /567
Leonurus japonicus Houtt. /567
Leonurus pseudomacranthus Kitag. /568
Leonurus supinus Steph. /565
Lepidium apetalum Willd. /242
Lepidium sativum L. /244
Lepidium virginicum L. /243
Lespedeza bicolor Turcz. /330
Lespedeza cuneata (Dum.-Cours) G. Don /331
Lespedeza daurica (Laxm.) Schindl. /331
Lespedeza stipulacea Maxim. /327
Lespedeza tomentosa (Thunb.) Sieb. ex Maxim. /332
Libanotis jinanensis L. C. Xu et M. D. Xu /20
Libanotis seseloides (Fisch. et Mey.) Turcz. /493
Lichen saxatilis L. /47
Ligusticum jeholense (Nakai et Kitag.) Nakai et kitag. /494
Ligusticum seseloides Fisch. et Mey. /493
Ligustrum lucidum Ait. /519
Ligustrum quihoui Carr. /520
Lilium brownii F. E. Brown ex Niellez. /824
Lilium brownii F. E. Brown ex Niellez. var. viridulum Baker /825
Lilium concolor Salisb. /826
Lilium concolor var. pulchellum (Fisch.) Regel /826
Lilium lancifolium Thunb. /19,826
Lilium pumilum DC. /827
Lilium tsingtauense Gilg /19,828
Limnanthemum peltatum Gmel. /524
Limnochloa caduciflora Turcz. ex Trin. /787
Limonium bicolor (Bge.) O. Kuntze /510
Limonium sinense (Girard) O. Kuntze /510
Linaria vulgaris Mill. subsp. sinensis (Bebeaux) Hong /608
Linaria vulgaris Mill. var. *sinensis* Bebeaux. /608
Lindera angustifolia Cheng /219
Lindera erythrocarpa Makino var. longipes S. B. Liang /20
Lindera eythrocarpa Makino /219
Lindera glauca (Sieb. et Zucc.) Bl. /218
Lindera obtusiloba Bl. /219
Lindera tzumu Hemsl. /221

Lindernia taishanensis F. Z. Li /20
Linum stelleroides Planch. /358
Linum usitatissimum L. /358
Liparis japonica (Miq.) Maxim. /853
Liquidambar formosana Hence /257
Liriodendron chinense (Hemsl.) Sarg. /212
Liriodendron tulipifera var. *chinense* Hemsl. /212
Liriope graminifolia (L.) Baker /829
Liriope platyphylla Wang et Tang /830
Liriope spicata (Thunb.) Lour. /830
Liriope spicata (Thunb.) Lour. var. humilis F. Z. Li /20
Lithospermum erythrorhizon Sieb. et Zucc. /19,552
Lobelia chinensis Lour. /669
Lobelia sessilifolia Lamb. /670
Lonicera fragrantissima Lindl. et Paxt subsp. standishii (Carr.) Hsu et H. J. Wang /636
Lonicera japonica 'Yate' /13
Lonicera japonica 'Yateliben' /13
Lonicera japonica Thunb. /13,637
Lonicera japonica var. chinensis (Wats.) Bak. /13,638
Lonicera japonica 'Yatehong' /13
Lonicera macranthoides Hand.-Mazz. /13,638
Lonicera standishii Carr. /636
Lophonthus rugosus Fisch. et Mey. /560
Loranthus tanakae Franch. et Savat. /118
Loropetalum chinense (R. Br.) Oliver /258
Ludwigia prostrata Roxb. /464
Luffa aegyptiaca Mill. /658,659
Luffa cylindrica (L.) Roem. /658
Lunathyrium acrostichoides Ching /61
Lunathyrium pycnosorum (Christ) koidz /6,62
Lunathyrium shandongense J. X. Li et F. Z. Li /6,19,20,62
Lunathyrium vegetius (Kitagawa) Ching /19,20,61
Lycium barbarum L. /597
Lycium chinense Mill. /598
Lycopersicon esculentum Mill. /599
Lycopodioides sinensis (Desv.) J. X. Li et F. Q. Zhou /50
Lycopodioides stauntoniana (Spr.) J. X. Li et F. Q. Zhou /51
Lycopodioides tamariscina (Beauv.) H. S. Kung /52
Lycopodium serratum Thunb. /49
Lycopus diathera Buch.-Ham. /572

Lycopus lucidus Turcz. /569
Lycopus lucidus Turcz. var. hirtus Regel /569
Lysimachia barystachys Bge. /506
Lysimachia candida Lindl. /506
Lysimachia clethroides Duby /507
Lysimachia davurica Ledeb. /508
Lysimachia klattiana Hance /509
Lysimachia pentapetala Bge. /508
Lythrum intermedium Ledeb. et Colla /457
Lythrum salicaria L. /456

M

Maackia amurensis Rupr. et Maxim. /333
Machilus thunbergii Sieb. et Zucc. /220
Macleaya cordata (Wmd.) R. Br. /228
Maclura tricuspidata Carr. /108
Magnolia denudata Desr. /212
Magnolia liliflora Desr. /213
Magnolia officinalis Rehb. et wils var. *biloba* Relnd. et Wils. /215
Magnolia officinalis Rehd. et Wils. /214
Magnolia officinalis subsp. biloba (Relnd. et Wils.) Law /215
Mahonia bealei (Fort.) Carr. /210
Mahonia fortunei (Lindl.) Fedde /209
Malachium aquaticum (L.) Fries /171
Malcolmia africana (L.) R. Br. /244
Mallotus apelta (Lour.) Muell.-Arg. /391
Malus pumila Mill. /280
Malva cathayensis M. G. Gilb. /432,433
Malva rotundifolia L. /433
Malva sinensis Cavan. /432
Malva verticillata L. /433
Marchantia polymorpha L. /48
Marlea platanifolia Sieb. et Zucc. /461
Medicago falcata L. /336
Medicago hispida Gaertn. /21,336
Medicago lupulina L. /337
Medicago polymorpha L. /21,336
Medicago sativa L. /338
Melampyrum roseum Maxim. /609
Melandrium apricum (Turcz.) Rohrb. /174
Melanthium cochinchinensis Lour. /819
Melia azedarach L. /373
Melia toosendan Sieb. et Zucc. /374
Melica scabrosa Trin. /773

Melilotus albus Medic. ex Desr. /333
Melilotus dentata (Waldst. et Kit.) Pers. /334
Melilotus indicus (L.) All. /335
Melilotus officinalis (L.) Pall. /335,336
Melilotus suaveolens Ledeb. /335,336
Menispermum dauricum DC. /211
Menispermum orbiculatus L. /210
Mentha arvensis L. var. *haplocalyx* Briq. /21,570
Mentha canadaensis L. /570,571
Mentha haplocalyx Briq. /21,570
Merremia sibirica (L.) Hall. f. /548
Messerschmidia sibirica L. /552
Messerschmidia sibirica var. angustior (DC.) W. T. Wang /553
Metaplexis japonica (Thunb.) Makino /539
Metasequoia glyptostroboides Hu et Cheng /79
Micrastylis japonica Miq. /853
Microlepia marginata (Houtt) C. Chr. /7
Microlepia strigosa (Thunb.) Presl /7
Microrhamnus franguloides Maxim /414
Mimosa kalkora Roxb. /302
Mimulus tenellus Bge. /609
Mirabilis jalapa L. /160
Miscanthus sacchariflorus (Maxim.) Benth. /785
Miscanthus sacchariflorus (Maxim.) Hack. /21
Miscanthus sinensis Anderss. /774
Mitrosicyos paniculatus Maxim. /651
Mnium cuspidatum Hedw. /48
Momordica charantia L. /659
Momordica cylindrica L. /658
Momordica lanata Thunb. /652
Monochoria korsakowii Regel et Maack /808
Monochoria vaginalis (Burm. f.) Presl /809
Morus alba L. /111
Morus alba L. var. *mongolica* Bur. /113
Morus australis Poir. /113
Morus cathayana Hemsl. /113
Morus mongolica (Bur.) Schneid /113
Morus papyrifera L. /105
Mosla chinensis Maxim. /571
Mosla dianthera (Buch.-Ham.) Maxim. /572
Mosla scabra (Thunb.) C. Y. Wu et H. W. Li /573
Mulgedium tataricum (L.) DC. /21
Murdannia nudiflora (L.) Brenan /806
Murdannia triquetra (Wall.) Brückn. /807

Myosotis peduncularis Trev. /554
Myosoton aquaticum (L.) Moench /171
Myriophyllum spicatum L. /466
Myrtus chinensis Lour. /513

N

Nardosmia japonica Sieb. et Zucc. /738
Nasturtium officinale R. Br. /244
Nelumbo nucifera Gaertn. /180
Neottia sinensis Pers. /854
Nepeta cataria L. /573
Nepeta tenuifolia Benth. /586,587
Nerium indicum Mill. /528
Nerium oleander L. /528,529
Nicotiana tabacum L. /599
Nigrina serrata Thunb. /86
Nitraria sibirica Pall. /19,359
Nostoc commune Vauch. /33
Nostoc sphaeroids Kutz /33
Nyctanthes sambac L. /518
Nymphaea tetragona Georgi /182
Nymphoides peltata (Gmel.) O. Kuntze /524

O

Ocimum basilicum L. /574
Ocimum frutescens L. /575
Ocimum inflexus Thunb. /579
Ocinum scabrum Thunb. /573
Oenanthe javanica (Bl.) DC. /494
Oenanthe sinensis Dunn /495
Oenothera biennis L. /465
Oenothera erythrosepala Borb. /466
Oenothera odorata Jacq. /466
Oenothera stricta Ledeb. et Link. /466
Olea fragrans Thunb. /520
Onoclea interrupta (Maxim.) Ching et Chiu /7
Onopordum deltoides Ait. /751
Onychium japonicum (Thunb.) Kze. /60
Ophioglossum thermale Kom. /19
Ophiopogon japonicus (L. f.) Ker-Gawl. /831
Ophrys monorchis L. /852
Opuntia dillenii (Ker.-Gaw.) Haw. /449
Orithya edulis Miq. /840
Orobanche coerulescens Steph. /624
Orobanche mongolica G. Beck. /625
Orostachys fimbriata (Turcz.) Berger /250
Orostachys fimbriatusa (Turcz.) Berger var. glandiflorus F. Z. Li /20
Orostachys fimbriatusa (Turcz.) Berger var. shandongensis F. Z. Li et X. D. Chen /20
Orychophragmus violaceus (L.) O. E. Sch. /245
Oryza sativa L. /774
Oryza sativa L. var. glutinosa Matsum. /775
Osmanthus fragrans (Thunb.) Lour. /520
Osmunda japonica Thunb. /19,57
Osmunda japonica var. sublancea (Christ) Nakai /58
Osmunda ternata Thunb. /56
Oxalis corniculata L. /355

P

Padus racemosa (Lam.) Gilib. /281
Paederia foetida L. /634
Paederia scandens (Lour.) Merr. /634
Paederia scandens var. tomentosa (Bl.) Hand.-Mazz. /635
Paeonia lactiflora Pall. /204
Paeonia suffruticosa Andr. /205
Panax ginseng C. A. Mey. /472
Panax quinquefolium L. /474
Panax schin-seng Nees /472
Panicum alopecuroides L. /777
Panicum dactylon L. /768
Panicum italicum L. /782
Panicum miliaceum L. /776
Panicum viride L. /783
Papaver somniferum L. /229
Paraixeris denticulata (Houtt.) Nakai /21,737
Paraixeris pinnatipartita (Makino) Tzvel. /20,738
Parietaria micrantha Ledeb. /116
Parmelia saxatilis (L.) Ach. /47
Parthenocissus tricuspidata (Sieb. & Zucc.) Planch. /421
Patrinia angustifolia Hemsl. /642
Patrinia heterophylla Bge. /641
Patrinia heterophylla subsp. angustifolia (Hemsl.) H. J. Wang /642
Patrinia monandra C. B. Clarke /646
Patrinia rupestris (Pall.) Juss. /642
Patrinia rupestris (Pall.) Juss. subsp. scabra (Bunge) H. J. Wang /21,642,643
Patrinia scabiosaefolia Fisch. ex Trev. /643
Patrinia scabiosiolia Link /643,645
Patrinia scabra Bunge /21,642,643
Patrinia villosa (Thunb.) Juss. /645

Paullinia japonica Thunb. /419
Paulownia catalpifolia Gong Tong /611
Paulownia elongata S. Y. Hu /611
Paulownia fortunei (Seem) Hemsl. /611
Paulownia tomentosa (Thunb.) Steud. /610
Paulownia tomentosa var. tsinligensis (Pai) Gong Tong /611
Pedicularia resupinata L. /612
Pennisetum alopecuroides (L.) Spreng. /777
Penthorum chinense Pursh /254
Peplis indica Willd. /457
Pergularis japonica Thunb. /539
Perilla frutescens (L.) Britt. /575
Periploca sepium Bge. /540
Persica davidiana Carr. /263
Petasites japonicus (Sieb. et Zucc.) Maxim. /738
Peucedanum decursivum (Miq.) Maxim. /478
Peucedanum japonicum Thunb. /495
Peucedanum wawrae (Wolff) Su /496
Phaca membranaceus Fisch. /308
Phalaris hispida Thunb. /766
Pharbitis hederacea (L.) Chisy /549
Pharbitis nil (L.) Choisy /548
Pharbitis nil (Linn.) Choisy /549
Pharbitis purpurea (L.) Voigt /549
Pharnaceum suffruticosa Pall. /390
Phaseolus angularis W. F. Wight. /21,352
Phaseolus calcaratus Roxb. /21,353
Phaseolus max L. /320
Phaseolus radiatus L. /21,352
Phaseolus vulgaris L. /339
Phedimus aizoon (Linn.) Hart /251
Phedimus kamtschaticus (Fisch.) 't Hart /252
Phellodendron amurense Rupr. /365
Phellodendron chinense Schneid. /366
Phlomis umbrosa Turcz. /577
Photinia serratifolia (Desf.) Kalk. /281
Photinia serrulata Lindl. /281
Photinia villosa (Thunb.) DC. /282
Photinia villosa (Thunb.) DC. var. sinica Rehd. et Wils. /20
Phragmites australis (Cav.) Trin. ex Steud. /21,777
Phragmites communis Trin. /21,777
Phryma leptostachya L. subsp. asiatica (Hara) Kitamura /627

Phtheirospermum japonicum (Thunb.) Kanitz. /612
phyllanthus matsumurae Hayata /21,393
Phyllanthus urinaria L. /392
Phyllanthus ussuriensis Rupr. et Maxim. /21,393
Phyllanthus virosus Roxb. ex Willd. /390
phyllostachys glauca Mcclure /780
Phyllostachys nigra (Lodd.) Munro var. henonis (Mitf.) Stapf ex Rendle /780
Phymatopteris hastata (Thunb.) Pic. Serm. /7,20
Phymatopteris shandongensis J. X. Li et C. Y. Wang /7,20
Physaliastrum japonicum (Frasch. et Sav.) Honda /603
Physaliastrum sinicum Kuang et A. M. Lu /603
Physalis alkekengi L. var. francheti (Mast.) Makino /600
Physalis angulata L. /601
Physalis franchetii Mast. /600
Physalis minima L. /602
Physalis pubescens L. /602
Physkium natans Lour. /766
Phytolacca acinosa Roxb. /161
Phytolacca americana L. /162
Picrasma quassioides (D. Don.) Benn. /372
Picris japonica Thunb. /739
Pilea mongolica Wedd. /116
Pilea pumila (L.) A. Cray /116
Pimpinella thellungiana Wolff. /496
Pinallis yaoluopingensis X. H. Guo et X. L. Liu /801
Pinellia pedatisecta Schott /15,798
Pinellia ternata (Thunb.) Breit. /19,799
Pinellia ternata f. angustata (Schott.) Makino /800
Pinellia yaoluopingensis X. H. Guo ex X. L. Liu /20
Pinus bungeana Zucc. ex Endl. /71
Pinus densiflora Sieb. et Zucc. /71
Pinus deodara Roxb. /70
Pinus koraiensis Sieb. et Zucc. /72
Pinus lanceolata Lamb. /78
Pinus massoniana Lamb. /74
Pinus tabulaeformis Carr. /75
Pinus thunbergii Parl. /76
Pistacia chinensis Bge. /400
Pistia stratiotes L. /801
Pisum sativum L. /339
Plagiomnium cuspidatum (Hedw.) T. Kop. /48
Plantago aristata Michx. /629

Plantago asiatica L. /628
Plantago depressa Willd. /629
Plantago lanceolata L. /629
Plantago major L. /630
Platanthera chlorantha Gust. ex Reichb. /854
Platanus acerifolia (Aiton) Willd. /261
Platanus occidentalis L. /261
Platanus orientalis L. /260
Platycarya strobilacea Sieb. et Zucc. /95
Platycladus orientalis (L.) Franco /80
Platycodon grandiflorus (Jacq.) A. DC. /19,670
Plectranthus glaucocalyx Maxim. /580
Pleioblastus amarus (Keng) Keng f. /779
Poa pilosa L. /770
Poa sphondylodes Trin. /781
Polygala japonica Houtt. /376
Polygala sibirica L. /377
Polygala tenuifolia Willd. /19,378
Polygonatum involucratum (Franch. et Savat.) Maxim. /19
Polygonatum macropodium Turcz. /834
Polygonatum odoratum (Mill.) Druce /832
Polygonatum sibiricum Delar. ex Redoute /833
Polygonum amphibium L. /126
Polygonum aviculare L. /127
Polygonum aviculare L. forma erectum J. X. Li et Y. M. Zhang /18,20,128
Polygonum aviculare L. var. erectum (J. X. Li et Y. M. Zhang) J. X. Li et F. Q. Zhou, stat. nov. /18,20,128
Polygonum bistorta L. /128
Polygonum cuspidatum Sieb. et Zucc. /20,137
Polygonum divaricatum L. /129
Polygonum filiforme Thunb. /123
Polygonum hydropiper L. /129
Polygonum lapathifolium L. /130
Polygonum lapathifolium var. salicifolium Sibth. /131
Polygonum multiflorum Thunb. /20,125,126
Polygonum neofiliformis Nakai /124
Polygonum orientale L. /131
Polygonum perfoliatum L. /132
Polygonum plebeium R. Br. /133
Polygonum sagittatum auct. non L. /20,134
Polygonum senticosum (Meisn.) Franch. et Savat. /134
Polygonum sieboldii Meisn. /20,134
Polygonum suffultum Maxim. /135
Polygonum thunbergii Sieb. et Zucc. /135
Polygonum tinctorium Ait. /136
Polypodium davidii Bak. /67
Polypodium falcatum L. f. /63
Polypodium petiolosum Christ /68
Polyporus lucidus Leyss. ex Fr. /44
Polystichum craspedosorum (Maxim.) Diels /6
Polystichum shandongense J. X. Li et Y. Wei /6,19
Poncirus trifoliata (L.) Raf. /366
Pontederia dubia Bl. /765
Pontederia vaginalis Burm. f. /809
Populus alba L. /87
Populus canadensis Moench. /88
Populus davidiana Dode /88
Populus tomentosa Carr. /89
Populus wulianensis S. B. Liang /20
Porphyra dichotoma Lour. /554
Porphyra tenera Kjellm. /39
Porphyra yezoensis Ueda /40
Porphyroscias decursiva Miq. /478
Portulaca oleracea L. /162
Portulaca paniculata Jacq. /164
Potamogeton distinctus A. Benn. /761
Potamogeton pectinatus L. /761,762
Potentilla chinensis Ser. /282
Potentilla discolor Bge. /283
Potentilla fragarioides L. /284
Potentilla freyniana Bornm. /285
Potentilla kleiniana Wight et Arn. /286
Potentilla longifolia Willd. ex Schlechr. var. villosa F. Z. Li /20
Potentilla longifolia Willd. ex Schlecht. /288
Potentilla supina L. /286
Potentilla tanacetifolia Willd. ex Schlecht. /287
Prenanthes chinensis Thunb. /645,732
Prenanthes denticulata Houtt. /737
Prenanthes sonchifolia Bge. /733
Prunella asiatica Nakai /578
Prunella vulgaris L. /578
Prunus amygdalus Batsch. /20,262
Prunus armeniaca L. /20,268,269
Prunus armeniaca L. var. ansu Maxim. /20,269
Prunus armenica L. var. mandshurica Maxim. /266,267

Prunus davidiana (Carr.) Franch. /20,263,264
Prunus dictyoneura Diels /271
Prunus glandulosa Thunb. /21,269
Prunus humilis Bge. /21,270,271
Prunus japonica Thunb. /21,271,272
Prunus mandshurica (Maxim.) Koehne /21,266,267
Prunus mume Sieb. et Zucc. /267,268
Prunus padus L. /281
Prunus persica (L.) Batsch. /20,264,265
Prunus pseudocerasus Lindl. /21,272,273
Prunus racemosa Lam. /281
Prunus salicina Lindl. /288
Prunus serrulata Lindl. /21,273
Prunus triloba Lindl. /20,266
Pseudolarix amabilis (Nelson) Rehd. /77
Pseudostellaria heterophylla (Miq.) Pax /19,172
Psoralea corylifolia L. /340
Pteridium aquilinum (L.) Kuhn var. latiusculum (Desv.) Underw. /58
Pteris argentea Gmel. /60
Pteris latiusculum Desv. /58
Pteris multifida Poir. /59
Pterocarya stenoptera DC. /96
Pterocypsela indica (L.) Shih /21,739
Pterocypsela raddeana (Maxim.) Shih /21,740
Pueraria lobata (Willd.) Ohwi /341
Puerariamontana var. *lobata* (Willd.) Maes. & S. M. Alm. ex Sanj. & Pred. /341,343
Pulsatilla chinensis (Bge.) Regel /196
Pulsatilla chinensis f. alba D. K. Zang /20,198
Pulsatilla chinensis f. plurisepala D. K. Zang /198
Punica granatum L. /458
Pyrethrum lavandulifolium Fisch. ex Trautv. /710
Pyrola calliantha H. Andr. /502
Pyrola rotundifolia L. ssp. *chinensis* H. Andr. /502
Pyrrosia davidii (Bak.) Ching /67
Pyrrosia pekinensis (C. Chr.) Ching /67
Pyrrosia petiolosa (Christ) Ching /68
Pyrus betulifolia Bge. /288
Pyrus bretschneideri Rehd. /289
Pyrus discolor Maxim. /299
Pyrus pohuashanensis Hance /299

Q

Quercus acutissima Carr. /100
Quercus dentata Thunb. /101
Quercus fabri Hance /102
Quercus mongolica Fisch. ex Ledeb. /102

R

Rabdosia inflexa (Thunb.) Hara /579
Rabdosia japonica (Burm. f.) Hara var. glaucocalyx (Maxim.) Hara /580
Ranunculus chinensis Bge. /198
Ranunculus japonicus Thunb. /199
Ranunculus sceleratus L. /199
Ranunculus sieboldii Miq. /200
Raphanus sativus L. /245
Raphanus violaceus L. /245
Rehmannia glutinosa (Gaert.) Libosch. ex Fisch. et Mey. /613
Reineckia carnea (Andr.) Kunth /834
Reynoutria japonica Houtt. /20,137
Rhamnella franguloides (Maxim.) Weberb. /414
Rhamnus davurica Pall. /413,414
Rhamnus globosa Bge. /414
Rhamnus leptophylla Schneid. /414
Rhamnus utilis Decne. /413
Rhododendron micranthum Turcz. /503
Rhododendron simsii Planch. /504
Rhodotypos scandens (Thunb.) Makino /290
Rhus chinensis Mill. /400
Rhus chinensis Mill. var. glabrus S. B. Liang /20,401
Rhus taishanensis S. B. Liang /20,401
Rhus verniciflua Stokes. /402
Rhynchosia volubilis Lour. /343
Rhynchospermum jasminoides Lindl. /529
Ribes mandschuricum (Maxim.) Kom. /255
Ribes multiflorum Kitag. ex Roem. et Schult. var. *mandschuricum* Maxim. /255
Ricinum apelta Lour. /391
Ricinus communis L. /394
Riotia cantoniensis Lour. /247
Robinia pseudoacacia L. /343
Robinia sinica Buchoz /312
Rorippa cantoniensis (Lour.) Ohwi /247
Rorippa dubia (Pers.) Hara /247
Rorippa indica (L.) Hiern. /247
Rorippa palustris (L.) Bess. /247
Rosa chinensis Jacq. /290
Rosa multiflora Thunb. /291
Rosa multiflora var. cathayensis Rehd. et Wils. /292

Rosa rugosa Thunb. /19,292
Rosa xanthina Lindl. /293
Rostellularia procumbens (L.) Ness /627
Rotala indica (Willd.) Koehne /457
Rotala maritimus auct. non L. /141
Rotala mexicana Cham. et Schlechtend. /458
Roxburghia sessilifolia Miq. /810
Rubia cordifolia L. /635
Rubia truppeliana Loes. /636
Rubus corchorifolius L. f. /294
Rubus crataegifolius Bge. /295
Rubus parvifolius L. /295
Rubus phoenicolasius Maxim. /296
Rumex acetosa L. /138
Rumex chalepensis Mill. /141
Rumex crispus L. /139
Rumex dentatus L. /139
Rumex obtusifolius L. /140
Rumex patientia L. /141
Rumex trisetifer Stokes /141

S

Salix taishanensis C. Wang et J. F. Fang /20
Salix triandra L. var. mengshanensis S. B. Liang /20
Sabina chinensis (L.) Ant. /81
Sagina japonica (Sw.) Ohwi /173
Sagittaria sagittifolia auct. non L. /21,764
Sagittaria trifolia L. /21,764
Salicornia europaea L. /147
Salix babylonica L. /90
Salix matsudana Koidz. /91
Salsola collina Pall. /148
Salvia chinensis Benth. /581
Salvia miltiorrhiza Bge. /10,582
Salvia miltiorrhiza Bge. f. alba C. Y. Wu et H. W. Li /10,11,19,27,583
Salvia miltiorrhiza var. charbonnelii (Levl.) C. Y. Wu /10,582
Salvia plebeia R. Br. /584
Salvia shandongensis J. X. Li et F. Q. Zhou sp. nov. /10,11,19,20,585
Sambucus williamsii Hance /638
Sanguisorba applanata var. villosa Yü et Li /297
Sanguisorba applanata Yü et Li /297
Sanguisorba officinalis L. /297
Sanguisorba officinalis var. longifolia (Bertol.) Yü et Li /298
Sanguisorba tenuifolia Fisch. ex Link /299
Sanicula chinensis Bge. /497
Sanseviera carnea Andr. /834
Sapindus mukorossi Gaertn. /410
Sapindus saponaria L. /410,411
Sapium japonicum (Sieb. et Zucc.) Pax et Hoffm. /395
Sapium sebiferum (L.) Roxb. /395
Saponaria segetalia Neck. /178
Saposhnikovia divaricata (Turcz.) Schischk. /19,498
Sargassum fusiforme (Harv.) Setch. /38
Sargassum pallidum (Turn.) C. Ag. /38
Sassafras tzumu (Hemsl.) Hemsl. /221
Saxifraga stolonifera Curt. /256
Saxifraga stolonifera L. /256
Scepteridium multifidum (Gmel.) Nishlida /7
Scepteridium ternatum (Thunb.) Lyon /19,56
Schisandra chinensis (Turcz.) Baill. /19,215
Schizonepeta tenuifolia (Benth.) Briq. /586
Schoberia glauca Bge. /149
Schoenoplectus tabernaemontani (C. C. Gmel.) Pall. /792
Scilla scilloides (Lindl.) Druce /835
Scirpus dichotomus L. /790
Scirpus juncoides Roxb. /791
Scirpus planiculmis Fr. Schmidt /792
Scirpus rongchengensis F. Z. Li /20
Scirpus tabernaemontani Gmel. /792
Scirpus validus Vahl /792
Scirpus yagara Ohwi /793
Scorzonera albicaulis Bge. /740
Scorzonera austriaca Willd. /741
Scorzonera glabra Rupr. /741
Scorzonera mongolica Maxim. /742
Scorzonera ruprechtiana Lipsch. et Krasch. ex Lipsch. /741
Scorzonera sinensis Lipsch. et Krasch. ex Lipsch. /742
Scrophularia buergeriana Miq. /615
Scrophularia ningpoensis Hemsl. /614
Scutellaria baicalensis Georgi /14,19,587
Scutellaria barbata D. Don. /588
Scutellaria indica L. /589
Scutellaria pekinensis Maxim. /590
Scutellaria pekinensis var. purpureicaulis (Migo) C. Y. Wu et H. W. Li /590
Scutellaria viscidula Bge. /588
Sechium edule (Jacq.) Swartz /660

Securinega mulitiflora S. B. Liang /390
Securinega suffruticosa (Pall.) Rehd. /21,390
Sedum aizoon L. /251
Sedum erythrostictum Miq. /249
Sedum kamtschaticum Fisch. /252
Sedum sarmentosum Bge. /252
Sedum spectabile Bor. /250
Sedum verticillatum L. /250
Selaginella nipponica Franch. et Sav. /7
Selaginella pulvinata (Hook. et Grev.) Maxim. /53
Selaginella sanguinolenta (L.) Spring /7
Selaginella sinensis (Desv.) Spring /50
Selaginella stauntoniana Spring /51
Selaginella tamariscina (Beauv.) Spring /52
Selinum monnieri L. /486
Senecio integrifolius auct. non (L.) Clairv. /753
Senecio japonicus Thunb. /722
Senecio kirilowii Turcz. ex DC. /21,753
Senecio nemorensis L. /743
Senna occidentalis (L.) Link /315
Senna tora (L.) Roxb. /313
Senna tora L. var. obtusifolia (Linnaeus) X. Y. Zhu /314
Serratula setosa Willd. /707
Sesamum indicum L. /623
Sesbania cannabina (Retz.) Poir. /344
Seseli wawrae Wolff /496
Setaria glauca (L.) Beauv. /783
Setaria italica (L.) P. Beauv. /782
Setaria viridis (L.) P. Beauv. /783
Sicyos edulis Jacq. /660
Sideritis ciliata Thunb. /562
Siegesbeckia orientalis L. /744
Siegesbeckia pubescens Makino /745
Silene aprica Turcz. ex Fisch et Mey. /174
Silene conoidea L. /175
Silene fortuneiVis. /175
Silene jenisseensis Willd. /176
Simaba quassioides D. Don. /372
Sinapis alba L. /248
Sinapis juncea L. /233
Siphonostegia chinensis Benth. /616
Sisymbrium dubium Pers. /247
Sisymbrium islandicum Oed. /247
Sisymbrium sophia L. /238

Sium javanicum Bl. /494
Sium suave Walt. /499
Smilacina japonica A. Gray /836
Smilax china L. /837
Smilax nipponica Miq. /838
Smilax riparia A. DC. /839
Smilax riparia var. acuminata (C. H. Wright) Wang et Tang /839
Smilax sieboldii Miq. /840
Smilax stans Maxim. /840
Solanum cathayanum C. Y. Wu et S. C. Huang /605
Solanum japonense Nakai /603
Solanum lyratum Thunb. /604
Solanum melongena L. /605
Solanum melongena L. var. esculentum (Dunal) Nees /606
Solanum nigrum L. /606
Solanum septemlobum Bge. /607
Solanum tuberosum L. /607
Sonchus arvensis L. /645,747
Sonchus brachyotus DC. /746
Sonchus oleraceus L. /747
Sophora davidii (Franch.) Skeels /21,347
Sophora flavescens Ait. /345
Sophora flavescens var. *galegoides* Hemsl. /346
Sophora flavescens var. kronei (Hance) C. Y. Ma /21,346
Sophora japonica L. /346
Sophora moorcroftiana (Benth.) Baker var. *davidii* Franch. /347
Sophora viciifolia Hance /21,347
Sorbus discolor (Maxim.) Maxim. /299
Sorbus hupehensis Schneid. /299
Sorbus pohuashanensis (Hance) Hedl. /299
Sorbus taishanensis F. Z. Li et X. D. Chen /20
Sorghum bicolor (Linnaeus) Moench. /783
Sorghum nervosum Bess. ex Schult /21
Sorghum vulgare Pers. /784
Sparganium ramosum Huds. subsp. *stoloniferum* Graebn. /760
Sparganium stoloniferum Hamt. /760
Speranskia tuberculata (Bge.) Baill. /396
Spergula japonica Sw. /173
Spinacia oleracea L. /149
Spiranthes sinensis (Pers.)Ames. /854

Spirodela polyrrhiza (L.) Schleid. /803
Stachygynandrum tamariscinum Beauv. /52
Stachys baicalensis Fisch. ex Benth. /591
Stachys japonica Miq. /591
Stachys sieboldi Miq. /591
Statice bicolor Bge. /510
Statice sinense Girard /510
Stellaria alsine Grimm. /177
Stellaria uliginosa Murr. /177
Stellaria media (L.) Cyr. /177
Stemmacantha uniflora (L.) Ditrich /748
Stemona japonica (Bl.) Miq. /811
Stemona sessilifolia (Miq.) Miq. /19,810,811
Stemona shandongensis D. K. Zang /20
Stemona tuberosa Lour. /811
Stenocoelium divaricatum Turcz. /498
Stenosolenium saxatiles (Pall.) Turcz. /553
Sterculia plantanifolia L. f. /434
Stevia rebaudiana (Bertoni) Hemsl. /749
Stillingia japonica Sieb. et Zucc. /395
Streptolirion volubile Edgew. /807
Strotonostoc commune (Vauch.) Flenk. /33
Stylidium chinense Lour. /460
Suaeda glauca (Bge.) Bge. /149
Suaeda heteroptera Kitagawa /150
Suaeda salsa (L.) Pall. /150
Swertia diluta (Turcz.) Benth. et Hook. f. /525
Swertia pseudochinensis Hara /526
Swida walteri (Wangen) Sojak /501
Symplocos chinensis (Lour.) Druce /513
Syneilesis aconitifolia (Bge.) Maxim. /750
Synurus deltoides (Ait.) Nakai /750
Syringa amurensis Rupr. /522
Syringa oblata Lindl. /521
Syringa oblata var. alba Hort. ex Rehd. /522
Syringa reticulata (Bl.) Hara subsp. amurensis (Rupr.) P. S. Green & M. C. Chang /522
Syringa reticulata (Bl.) Hara var. *mandshurica* (Maxim.) Hara /522
Syringa suspensa Thunb. /514

T

Talinum paniculatum (Jacq.) Gaertn. /164
Tamarix chinensis Lour. /444
Tamarix ramosissima Ledeb. /445
Taraxacum mongolicum Hand.-Mazz. /751

Taraxacum platypecidum Diels /752
Tephroseris kirilowii (Turcz. ex DC.) Holub /21,753
Tetradium daniellii (Benn.) T. G. Hartl. /363,364
Tetradium ruticarpum (A. Juss.) T. G. Hartl. /364,365
Thalictrum aquilegiifolia L. var. sibiricum Regel et Tiling /201
Thalictrum coreanum Lévl. /202
Thalictrum foeniculaceum Bge. /20,204
Thalictrum hypoleucum Sieb. et Zucc. /202
Thalictrum ichangense Lecoy. ex Oliv. var. coreanum (Lévl.) Lévl. ex Tamura /202
Thalictrum minus L. var. hypoleucum (Sieb. et Zucc.) Miq. /202
Thalictrum simplex L. var. brevipes Hara /203
Thalictrum thunbergii DC. /202
Thalictrumpetaloideum L. /203
Thea sinensis L. /439
Themeda japonica (Willd.) Tanaka /784
Themeda triandra Forsk. var. *japonica* (Willd.) Makino /784
Thesium chinense Turcz. /117
Thladiantha dubia Bge. /661
Thlaspi arvense L. /248,645
Thlaspi bursapastoris L. /235
Thuja orientalis L. /80
Thymus mongolicus Ronn. /593
Thymus quinquecostatus Celak. /592
Tilia jiaodongensis S. B. Liang /20
Tilia mandshurica Rupr. et Maxim. /426
Tilia taishanensis S. B. Liang /20
Toona sinensis (A. Juss.) Roem. /375
Torilis japonica (Houtt.) DC. /499
Torilis scabra (Thunb.) DC. /500
Toxicodendron altissima Mill. /371
Toxicodendron vernicifluum (Stokes.) F. A. Barkl. /402
Trachelospermum jasminoides (Lindl.) Lem. /529
Trachelospermum jasminoides (Lindl.) Lem. var. heterophyllum Tsiang /530
Tragus berteronianus Schult. /785
Trapa bicornis Osbeck. /462
Trapa bispinosa Roxb. /461
Trapaincisa Sieb. & Zucc. /462
Trapa japonica Fler. /462

Trapa maximowiczii Korsh. /462
Trapa natans L. /462
Trapa quadrispinosa Roxb. /462
Tremella auricula L. ex Hook. /42
Tremella fuciformis Berk. /42
Triadica sebifera (Linn.) Small /395,396
Triarrhena sacchariflora (Maxim.) Nakai /21,785
Tribulus terrestris L. /360
Trichomanes japonicum Thunb. /61
Trichosanthes kirilowii Maxim. /14,661
Trichosanthes rosthornii Harms /663
Trifolium dauricum Laxm. /331
Trifolium dentatum Waldst. et Kit. /334
Trifolium indica L. /335
Trifolium officinalis L. /335
Trigonella foenum-graecum L. /348
Trigonotis peduncularis (Trev.) Benth. ex Baker et S. Moore /554
Triticum aestivum L. /786
Trochostigma arguta Sieb. & Zucc. /435
Tulipa edulis (Miq.) Baker /840
Turczaninowia fastigiata (Fisch.) DC. /753
Tussilago anandria L. /720
Tussilago farfara L. /754
Typha angustata Bory et Chaub. /757
Typha angustifolia L. /757
Typha minima Funk. /759
Typha orientalis Presl. /759
Typhonium giganteum Engl. /802

U

Ulmus davidiana Planch. /103
Ulmus glaucescens Franch. /104
Ulmus macrocarpa Hance /105
Ulmus parvifolia Jacq. /103
Ulmus pumila L. /104
Ulva conglobata Kjellm. /34
Ulva lactuca L. /34
Ulva pertusa Kjellm. /35
Undaria pinnatifida (Harv.) Sur. /37
Urtica laetevirens Maxim. /117
Urtica nivea L. /114
Urtica pumila L. /116

V

Vaccaria hispanica (Mill.) Rausch. /178,179
Vaccaria segetalis (Neck.) Garcke /178

Valeriana amurensis Smir. ex Kom. /646
Valeriana officinalis L. /646
Valeriana officinalis var. latifolia Miq. /647
Valeriana rupestris Pall. /642
Valeriana villosa Thunb. /645
Vallisneria natans (Lour.) Hara /766
Veratrum maackii Regel /842
Veratrum nigrum L. /841
Verbena officinalis L. /557
Verbesina prostrata L. /715
Vernicia fordii (Hemsl.) Airy-Shaw. /397
Veronica anagallis-aquatica L. /616
Veronica didyma Tenore /617
Veronica linariifolia Pall. ex Link. /618
Veronica linariifolia Pall. ex Link. subsp. dilatata (Nakai et Kitag.) Hong /618
Veronica linariifolia Pall. ex Link. var. *dilatata* Nakai et Kitag. /618
Veronica sibirica L. /619
Veronica undulata Wall. /617
Veronicastrum sibiricum (L.) Pennell. /619
Viburnum dilatatum Thunb. /640
Viburnum opulus L. subsp. *calvescens* (Rehd.) Sug. /640,641
Viburnum opulus L. var. calvescens (Rehd.) Hara /640
Viburnum sargentii Kochne /640
Viburnum sargentii Kochne var. *calvescens* Rehd. /640
Vicia amoena Fisch. ex DC. /349
Vicia edentata Wang et Tang /350
Vicia kulingiana Bailey /350
Vicia sativa L. /350
Vicia tetrasperma (L.) Schreber /351
Vicia unijuga A. Br. /351
Vigna angularis (Willd.) Ohwi et Ohashi /21,352
Vigna radiata (L.) Wilczak /21,352
Vigna sinensis (L.) Hassk. /21,354
Vigna umbellata (Thunb.) Ohwi et Ohashi /21,353
Vigna unguiculata (L.) Walp. /21,354
Vigna unguiculata subsp. Sesquipedailis (Linn.) Verdc. /355
Vinca roseus L. /528
Vincetoxicum amplexicaule Sieb. et Zucc. /531
Vincetoxicum inamoenum Maxim. /535
Vincetoxicum thesioides Freyn /537

Viola acuminata Ledeb. /448
Viola arcuata Blume /447,448
Viola betonicifolia J. E. Smith /447
Viola biflora L. /448
Viola collina Bess. /445
Viola inconspicua Bl. /445
Viola mandshurica W. Beck. /447
Viola patrinii DC ex Ging. /447
Viola phalacrocarpa Maxim. /445
Viola philippica Cav. /446
Viola prionantha Bge. /447
Viola verecunda A. Gray /447
Viola yedoensis Makino /446,447
Viscum album L. ssp. *coloratum* Kom. /119
Viscum coloratum (Kom.) Nakai /119
Vitex negundo L. /558
Vitex negundo var. heterophylla (Franch.) Rehd. /559
Vitex rotundifolia Linnaeus f. /15,559
Vitex trifolia L. var. simplicifolia Cham. /15,19,559
Vitis adstricta Hance /422
Vitis amurensis Rupr. /423
Vitis bryoniifolia Bge. /422
Vitis flexuosa Thunb. /424
Vitis heyneana Roem. & Schult /424
Vitis japonica Thunb. /420
Vitis pentaphylla Thunb. /656
Vitis quinquangularis Rehd. /424
Vitis vinifera L. /422

W
Wikstroemia chamaedaphne Meissn. /451
Wisteria sinensis (Sims) Sweet /355

X
Xanthium mongolicum Kitag. /755
Xanthium sibiricum Patrin. ex Widder /755

Y
Youngia sonchifolia Maxim. /733
Yulania denudata (Desr.) D. L. Fu /212

Z
Zanthoxylum armatum DC. /367
Zanthoxylum bungeanum Maxim. /368
Zanthoxylum daniellii Benn. /363
Zanthoxylum schinifolium Sieb. et Zucc. /369
Zanthoxylum simulans Hance /370
Zea mays L. /786
Zingiber officinale Rosc. /850
Zizania caduciflora (Turcz. ex Trin.) Hand.-Mazz. /787
Zizania latifolia (Gris.) Turcz. /787,788
Ziziphus jujuba Mill. /415
Ziziphus jujuba Mill. var. spinosa (Bge.) Hu et H. F. Chow. /11,415
Ziziphus jujuba Mill. var. inermis (Bge.) Rehd. /415
Ziziphus maunitiana Lam. /11
Ziziphus vulgaris Lam. var. *spinosa* Bge. /415
Zostera marina L. /762

附录四 重要药用植物彩色照片

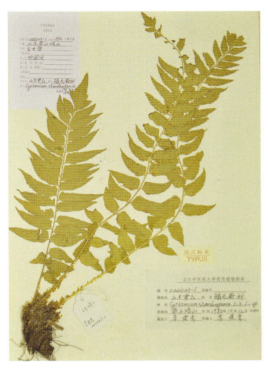

彩图 1 山东贯众
Cyrtomium shandongense J. X. Li

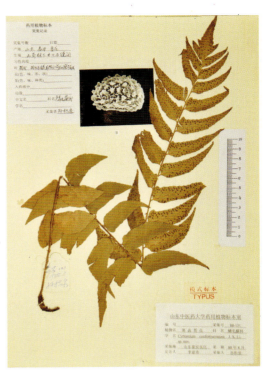

彩图 2 密齿贯众
Cyrtomium confertiserratum J. X. Li, H. S. Kung et X. J. Li

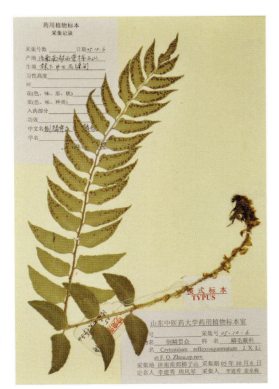

彩图 3 倒鳞贯众
C. reflexosquamatum J. X. Li et F. Q. Zhou

彩图 4 山东蛾眉蕨
Lunathyrium shandongense J. X. Li et F. Z. Li

彩图 5　山东鳞毛蕨
Dryopteris shandongensis J. X. Li et F. Li

彩图 6　中日节节草
Hippochaete ramosissima var. japonicum (Milde) J. X. Li et F. Q. Zhou

彩图 7　山东石竹
Dianthus shandongensis (J. X. Li et F. Q. Zhou) J. X. Li et F. Q. Zhou

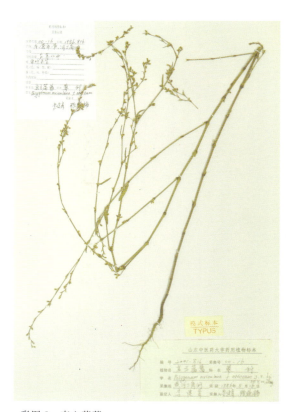

彩图 8　直立萹蓄
Polygonum aviculare L. var. erectum (J. X. Li et Y. M. Zhang) J. X. Li et F. Q. Zhou

彩图 9　灵芝
Ganoderma lucidum (Leyss. ex Fr.) Karst.

彩图 10　卷柏
Selaginella tamariscina (Beauv.) Spring

彩图 11　中亚滨藜
Atriplex centralasiatica Iljin

彩图 12　盐角草
Salicornia europaea L.

彩图 13　盐地碱蓬
Suaeda salsa (L.) Pall.

彩图 14　孩儿参
Pseudostellaria heterophylla (Miq.) Pax

彩图 15 莲
Nelumbo nucifera Gaertn.

彩图 16 山东银莲花
Anemone chosenicola Ohwi var. schantungensis (Hand.-Mazz.) Tamura

彩图 17 毛茛
Ranunculus japonicus Thunb.

彩图 18 芍药
Paeonia lactiflora Pall.

彩图 19 牡丹
Paeonia suffruticosa Andr.

彩图 20 玉兰
Magnolia denudata Desr.

彩图 21 五味子
Schisandra chinensis (Turcz.) Baill.

彩图 22 小药八旦子
Corydalis caudata (Lam.) Pers. Syn.

彩图 23 菘蓝
Isatis indigotica Fort.

彩图 24 杜仲
Eucommia ulmoides Oliv.

彩图 25 杏
Armeniaca vulgaris Lam.

彩图 26 木瓜
Chaenomeles sinensis (Thouin.) Koehne

彩图 27　皱皮木瓜
Chaenomeles speciosa（Sweet.）Nakai
["金宝亚特"红香玉 C. speciosa 'Hongxiangyu'（s-sv-cs-029-2011）]

彩图 28　皱皮木瓜
Chaenomeles speciosa（Sweet.）Nakai
["金宝亚特"绿香玉 C. speciosa 'Lvxiangyu'（s-sv-cs-030-2011）]

彩图 29　皱皮木瓜
Chaenomeles speciosa（Sweet.）Nakai
["金宝"萝青 101 C. speciosa 'Luoqing 101'（s-sv-cs-031-2011）]

彩图 30　皱皮木瓜
Chaenomeles speciosa（Sweet.）Nakai
["金宝"萝青 106 C. speciosa 'Luoqing 106'（s-sv-cs-032-2011）]

彩图 31　皱皮木瓜
Chaenomeles speciosa（Sweet.）Nakai
["金宝"萝青 102 C. speciosa 'Luoqing 102'（鲁 s-sv-cs-025-2017）]

彩图 32　皱皮木瓜
Chaenomeles speciosa（Sweet.）Nakai
["金宝"萝青 108 C. speciosa 'Luoqing 108'（鲁 s-sv-cs-027-2007）]

彩图 33　皱皮木瓜 Chaenomeles speciosa（Sweet.）Nakai ["金宝亚特"黄香玉 C. speciosa 'HuangxiangYu'（鲁 s-sv-cs-029-2007）]

彩图 34　皱皮木瓜 Chaenomeles speciosa（Sweet.）Nakai ["金宝亚特"金香玉 C. speciosa 'Jinxiangyu'（鲁 s-sv-cs-030-2007）]

彩图 35　玫瑰 Rosa rugosa Thunb.

彩图 36　月季花 Rosa chinensis Jacq.

彩图 37　合欢 Albizia julibrissin Durazz.

彩图 38　蒙古黄芪 Astragalus membranaceus（Fisch.）Bge. var. mongholicus（Bge.）P. K. Hsiao

彩图 51　补血草
Limonium sinense (Girard) O. Kuntze

彩图 52　连翘
Forsythia suspensa(Thunb.)Vahl.

彩图 53　罗布麻
Apocynum venetum L.

彩图 54　徐长卿
Cynanchum paniculatum (Bge.) kitag.

彩图 55　单叶蔓荆
Vitex trifolia L. var. simplicifolia Cham.

彩图 56　益母草
Leonurus japonicus Houtt.

彩图 33　皱皮木瓜 Chaenomeles speciosa（Sweet.）Nakai
["金宝亚特"黄香玉 C. speciosa 'HuangxiangYu'（鲁 s-sv-cs-029-2007）]

彩图 34　皱皮木瓜
Chaenomeles speciosa（Sweet.）Nakai
["金宝亚特"金香玉 C. speciosa 'Jinxiangyu'（鲁 s-sv-cs-030-2007）]

彩图 35　玫瑰
Rosa rugosa Thunb.

彩图 36　月季花
Rosa chinensis Jacq.

彩图 37　合欢
Albizia julibrissin Durazz.

彩图 38　蒙古黄芪
Astragalus membranaceus（Fisch.）Bge. var. mongholicus（Bge.）P. K. Hsiao

彩图 39 皂荚
Gleditsia sinensis Lam.

彩图 40 野大豆
Glycine soja Sieb. et Zucc.

彩图 41 甘草
Glycyrrhiza uralensis Fisch.

彩图 42 葛
Pueraria lobata (Willd.) Ohwi

彩图 43 小果白刺
Nitraria sibirica Pall.

彩图 44 酸枣
Ziziphus jujuba Mill. var. spinosa (Bge.) Hu et H. F. Chow

彩图 45 乌蔹莓
Cayratia japonica (Thunb.) Gagnep.

彩图 46 柽柳
Tamarix chinensis Lour.

彩图 47 芫花
Daphne genkwa Sieb. et Zucc.

彩图 48 珊瑚菜（野生）
Glehnia littoralis Fr. Schmidt ex Miq.

彩图 49 珊瑚菜（栽培）
Glehnia littoralis Fr. Schmidt ex Miq.

彩图 50 山茱萸
Cornus officinalis Sieb. et Zucc.

彩图 51　补血草
Limonium sinense (Girard) O. Kuntze

彩图 52　连翘
Forsythia suspensa(Thunb.)Vahl.

彩图 53　罗布麻
Apocynum venetum L.

彩图 54　徐长卿
Cynanchum paniculatum (Bge.) kitag.

彩图 55　单叶蔓荆
Vitex trifolia L. var. simplicifolia Cham.

彩图 56　益母草
Leonurus japonicus Houtt.

彩图 57　薄荷
Mentha haplocalyx Briq

彩图 58　丹参（野生）
Salvia miltiorrhiza Bge.

彩图 59　白花丹参
Salvia miltiorrhiza f. alba C. Y. Wu et H. W. Li

彩图 60　山东丹参
Salvia shandongensis J. X. Li et F. Q. Zhou

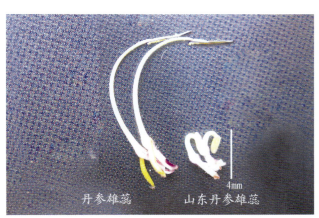

彩图 61　山东丹参和丹参雄蕊

彩图 62　黄芩
Scutellaria baicalensis Georgi

彩图 63　宁夏枸杞
Lycium barbarum L.

彩图 64　枸杞
Lycium chinense Mill.

彩图 65　地黄
Rehmannia glutinosa (Gaert.) Libosch. ex Fisch. et Mey.

彩图 66　玄参
Scrophularia ningpoensis Hemsl.

彩图 67　厚萼凌霄
Campsis radicans (L.) Seem.

彩图 68　忍冬(野生)
Lonicera japonica Thunb.

彩图 69　忍冬（栽培）
Lonicera japonica Thunb.

彩图 70　忍冬
Lonicera japonica Thunb.
["亚特"金银花 L. japonica 'Yate　LSB'（s-sv-LJ-022-2010）]

彩图 71　忍冬
Lonicera japonica Thunb.
["亚特立本"金银花 L. japonica 'Yateliber　LSB'（s-sv-LJ-023-2010）]

彩图 72　红白忍冬
Lonicera japonica var. chinensis（Wats.）Bak
["亚特红"金银花 L. japonicavar 'Yatehong'　LSB（s-sv-LJ-023-2010）]

彩图 73　灰毡毛忍冬
Lonicera macranthoides Hand.-Mazz.

彩图 74　栝楼
Trichosanthes kirilowii Maxim.

彩图 75　桔梗
Platycodon grandiflorus (Jacq.) A. DC.

彩图 76　红花
Carthamus tinctorius L.

彩图 77　紫锥菊
Echinacea purpurea (L.) Moench.

彩图 78　薏米
Coix chinensis Tod.

彩图 79　虎掌
Pinellia pedatisecta Schott

彩图 80　石刁柏
Asparagus officinalis L.

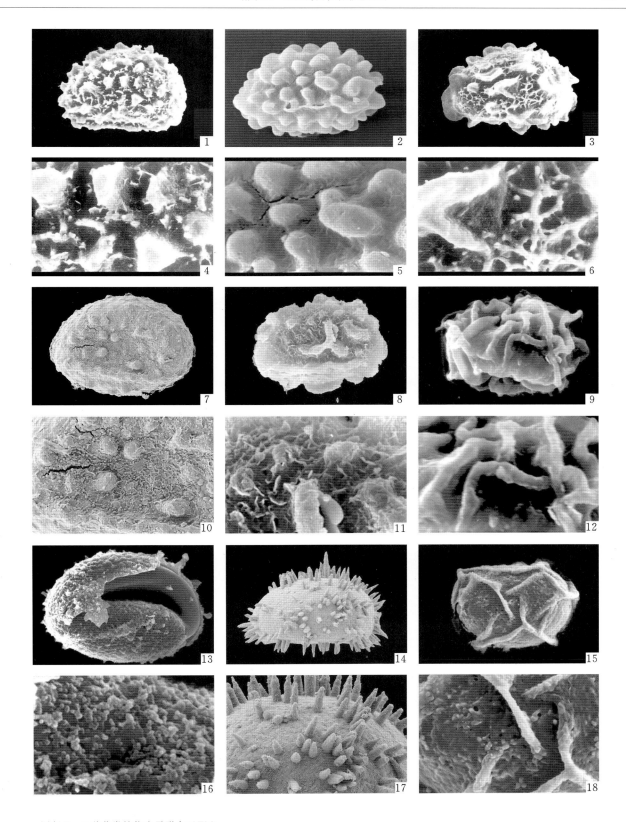

图版Ⅲ 9种蕨类植物孢子形态(SEM)

1,4:密齿贯众(Crytomium confertiserratum);2,5:全缘贯众(C. falcatum);3,6:倒鳞贯众(C. reflexosquamatum);7,10:山东贯众(C. shandongense);8,11:贯众(C. fortunei);9,12:小羽贯众(变型)(f. polypterum);13,16:山东假瘤蕨(Phymatopteris shandongensis);14,17:金鸡脚假瘤蕨(Phy. hastata)15,18:山东蛾眉蕨(Lunathyrium shandongense);1,2,3,7,8,9,13,14,15.孢子赤道面观;4,5,6,10,11,12,16,17,18.孢子赤道面观局部放大

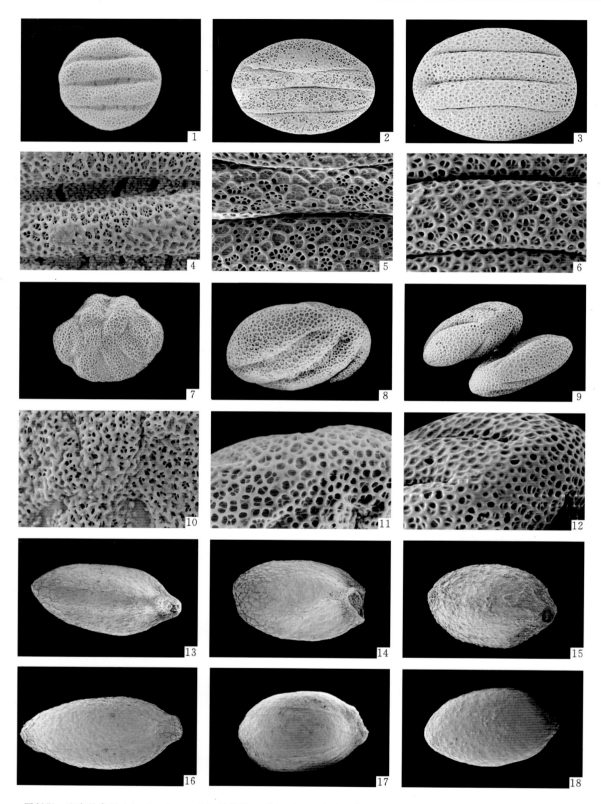

图版Ⅳ 山东丹参(Salvia shandongensis)、丹参(S. miltiorrhiza)、白花丹参(S. miltiorrhiza f. alba)花粉粒与小坚果(SEM)

1,4,7,10:山东丹参花粉粒；2,5,8,11:丹参花粉粒；3,6,9,12:白花丹参花粉粒；1,2,3:赤道面观；4,5,6:赤道面局部放大；7,8,9:极面观；10,11,12:极面局部放大；13,16:山东丹参小坚果；14,17:丹参小坚果；15,18:白花丹参小坚果；13,14,15:腹面观；16,17,18:背面观